国家出版基金项目
NATIONAL PUBLICATION FOUNDATION

中國水利史典

運河卷 一

中國水利史典編委會 編

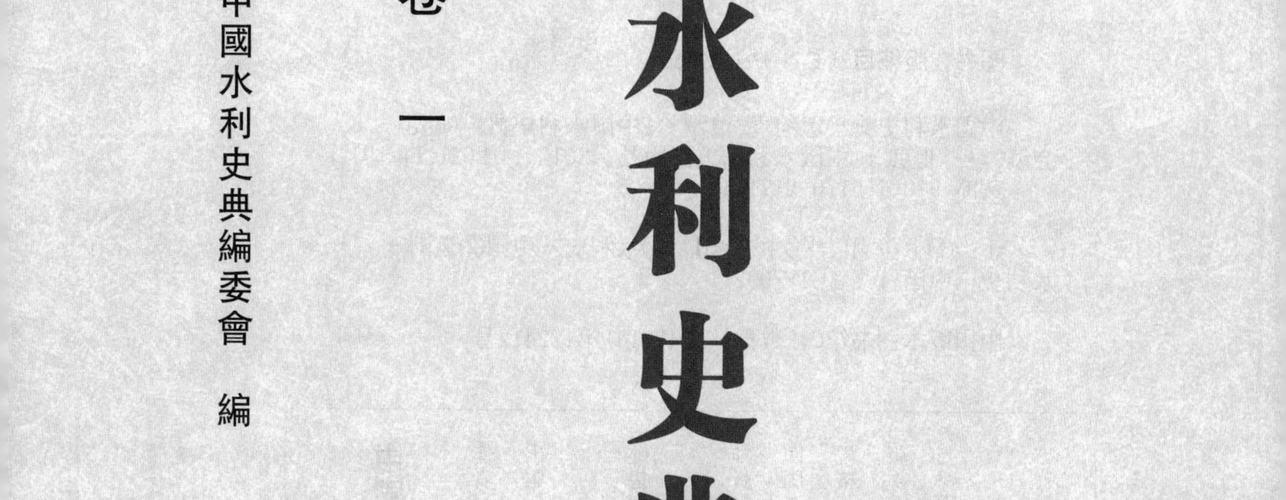

中國水利水電出版社

图书在版编目（CIP）数据

中国水利史典. 运河卷. 1 / 《中国水利史典》编委会编. -- 北京 : 中国水利水电出版社, 2015.11(2021.1重印)
ISBN 978-7-5170-2171-1

Ⅰ. ①中… Ⅱ. ①中… Ⅲ. ①水利史－中国②运河－水利史－中国 Ⅳ. ①TV-092

中国版本图书馆CIP数据核字(2014)第122412号

中國水利史典 運河卷一

作者：中國水利史典編委會 編
出版：中國水利水電出版社
（北京市海淀區玉淵潭南路1號D座 100038）
經售：北京科水圖書銷售中心（零售）
全國各地新華書店和相關出版物銷售網點
排版：北京萬水電子信息有限公司
印刷：北京印匠彩色印刷有限公司
規格：184mm×260mm 16开本 76.75印張 1423千字
版次：2015年11月第1版 2021年1月第2次印刷

定價：980.00圓

『十一五』國家重大工程出版規劃圖書

『十二五』國家重點圖書出版規劃項目

首批國家出版基金資助項目

中國水利史典

主　編　陳　雷

常務副主編　周和平　李國英　周學文

副　主　編（按姓氏筆畫排序）

匡尚富　任憲韶　岳中明　党連文　陳小江

陳東明　葉建春　湯鑫華　蔡　蕃　鄭連第

劉雅鳴　錢　敏

中國水利史典

專家委員會

序一

讀史明今　鑒往知來

經過四年的緊張籌備和編纂，《中國水利史典》開始正式出版。這是貫徹落實黨的十八大精神、加快推動水文化建設的重要舉措，也是功在當代、澤被後人的重大工程。

我國是一個治水歷史悠久的文明古國和水利大國，興修水利、治理水害、消除水患歷來是治國安邦的頭等大事。在長期的治水實踐中，中華民族不僅修建了都江堰、鄭國渠、靈渠、京杭運河、黄河堤防、江浙海塘等衆多舉世聞名的水利工程，而且非常注重對治水歷史的記録整理。早在公元前一百年前後，歷史學家司馬遷就在《史記》中安排專章，記述了從公元前二十一世紀的大禹治水到西漢時期的重大水利事件，第一次提出了以防洪、灌溉、排水、航運、供水爲主要内容的『水利』概念，開了史書專門記録水利史的先河。繼司馬遷之後，我國編纂水利歷史、總結治水經驗、探索水利規律、提供後世借鑒的優良傳統薪火相傳，綿延至今，留下了《河渠書》《水經注》《水部式》《河防通議》《行水金鑑》等諸多彌足珍貴的水利文獻，形成了獨特而豐富的水文化。

盛世修典是中華民族的優秀傳統。我國水利典籍卷帙浩繁、博大精深。但是，經過千百年間朝代更替、戰火兵燹、天災人禍，許多珍貴歷史文獻遺失或毁損。能够保存至今的古代文獻，藏本分散，複本稀少，孤本難求，極爲珍貴。爲了保護好、傳承好、利用好這些古代文化遺産，全面揭示歷代水利事業的輝煌成就，系統總結我國水利發展的歷史規律，傾力打造文化出版精品工程，爲水利改革發展提供可資借鑒的歷史經驗和現實指導，在國家圖書館和國家出版基金管理委員會的精心指導和大力支持下，水利部决定組織編纂《中國水利史典》。

作爲國家出版基金管理委員會批准并首批支持的重大出版項目，《中國水利史典》具有以下五個鮮明特點：一是歷史的厚重性。《中國水利史典》編纂内容上起大禹治水，下迄一九四九年，涉及我國五千年治水歷史，不僅是新中國成立以來實施的最大單項水利出版項目，也是我國乃至世界歷史上文獻最豐富、結構最完整、時間跨度最長、篇幅規模最大的水利典籍集成。其中收録的歷史文獻，記述了江河湖泊的自然狀况及其演變，記述了治水思想和治水方略的歷史變遷，記述了興修水利的艱辛實踐，記述了水利科技的進步歷程，記述了水利規約制度和管理經驗，凸顯了中國治水實踐的歷史縱深感。二是文化的傳承性。中華民族數千年的治水實踐，不僅創造了豐富的物質文明，而且積澱了深厚的文化財富。《中國水利史典》既是對水利歷史文獻的系統整編，也是對中國治水文化的全面梳理，凝聚了中華民族在治水興水漫長歷史進程中積累的科學認識、思想理念。這是祖先留下的寶貴遺産，是中華民族歷史經驗和智慧的結晶，也是中國傳統文化的絢麗瑰寶。三是内容的豐富性。我國現存的水利典籍，僅專著就有上千種，輿圖、碑刻、拓片、劄子更是不勝枚舉，水利古籍數量之多、領域之廣、内容之豐，居於世界前列。按照編纂方案，《中國水利史典》全書總計十卷，約五十個分册，近五千萬字，可謂鴻篇巨制。在編纂過程中，相關人員充分依托國家圖書館和其他機構的古籍文獻資源，深入查找，廣泛搜集，全面摸清了水利典籍的内容、種類和分布情况，科學厘清了部分文獻記述的來龍去脉和具體特徵，基本做到了應收盡收、精華不漏、系統完整。四是體例的科學性。《中國水利史典》嚴格遵循統一的編纂體例格式，對水利歷史典籍進行甄别、校勘、標點和評注。屬於專門水利著作而内容系統完整的，收録全書；内容涉及門類衆多而水利單獨成篇的，摘録相關篇章；内容豐富而龐雜的，節録水利相關文字和插圖。全書主體部分是經過校點的典籍本身或摘編，全部用繁體字出版，保留了原汁原味。作爲輔助部分的評注，文字簡潔，表述客觀，説理有據，爲讀者閲讀和理解主體部分内容提供了便捷通道。五是編纂的嚴謹性。水利部專門成立編委會，要求各有關單位全力配合、大力支持。爲選准配强編纂隊伍，編委會特别從高校、科研機構選聘了一批綜合素質高、工作責任心强、古文功底深厚、文史水平較高的專家學者參與相關分卷的編纂工作；堅持馬克思主義的立場觀點，堅持科學正確的學術方向，既兼收并蓄、博采衆長，古爲今用，又科學鑒别、去僞存真、去粗取精；建立嚴格規範的工作制度，明確每個環節、每位人員的責任，嚴把選題、大綱、點校、評注以及編輯、出版、印刷等關鍵環節關口，確保了編纂質量的高標準。

『以古爲鑒，可知興替』。當前和今後一個時期，是全面建成小康社會的關鍵時期，是加快轉變經濟發展方式的攻堅時期，也是大力發展民生水利、推進傳統水利向現代水利、可持續發展水利轉變的重要時期。二〇一一年中央一號文件、中央水利工作會議對水利改革發展作出全面部署，黨的十八大把水利放在生態文明建設的突出位置，提出了新的更高要求。《中國水利史典》的出版，爲當前水利工作提供了寶貴的歷史借鑒，爲開展現代水利科學研究提供了深厚的文獻基礎，對於豐富和完善可持續發展治水思路，推進民生水利新發展，加快水生態文明建設，具有重要的現實意義和深遠的歷史影響。我們要充分吸收借鑒歷史實踐的經驗智慧，緊緊抓住用好治水興水的戰略機遇，在新的歷史起點上加快推進水利改革發展新跨越，讓江河更加安瀾，山川更加秀美，人民更加安康，讓水利更好地造福中華民族。

是爲序。

中華人民共和國水利部部長　陳雷

二〇一三年七月

序二

汲古潤今　嘉惠萬代

盛世修史治典是中華民族的優秀傳統。水利部組織相關領域專家，系統整理我國水利典籍，編纂《中國水利史典》，全面揭示我國歷代水利事業的輝煌成就，系統總結我國水利發展規律，爲當今水利建設提供借鑒，是一項功在當代、嘉惠子孫的重要文化建設項目。

中國幅員遼闊，從世界屋脊的青藏高原到東海之濱，黃河、長江蜿蜒流轉，奔流不息，經歷高山峽谷、草地平原，造就了獨具特色的景觀。巨大的落差和磅礴的水系，也使生活在這片土地上的人們很早就懂得涵養水源、興修水利，疏通河渠，造福生靈，中國的江河水利哺育滋養了璀璨的中華文明。

中國作爲一個歷史悠久的農業大國，歷來重視水利建設，它不僅是農業的命脈，也是治國安邦的要務。從大禹治水至今，涌現出許多可歌可泣的治水英傑，留下了許多造福萬代的水利工程。《元史・河渠志》中曾説：『水爲中國患，尚矣。知其所以爲患，則知其所以爲利。』歷代王朝都十分關注水利建設，康熙皇帝親政之初即把河務、漕運和三藩等三件大事寫成條幅懸挂堂中，作爲立國根本。一部中華民族繁衍發展史，在很大程度上也是中華兒女興水利、除水害的歷史。中華先賢不斷總結治水經驗和規律，留下了卷帙浩繁的水利典籍，數量和内容之豐富，都居於世界前列。這些典籍至今仍閃耀着光芒，是我們治水興國的重要鏡鑒。

早在先秦時期，《禹貢》《管子》《周禮》《考工記》等典籍中，就記有全國水土資源、水流理論、渠系設計、測量方法、施工組織及管理維修等知識。吕不韋等編修《吕氏春秋》，最早提出水文循環原理。西漢時期，著名史學家司馬遷在《史記》中就有記載水利的篇章——《河渠書》，該書記載了從大禹治水到漢武帝黄河瓠子堵口這一歷史時期内一系列治河防洪、開渠通航和引水灌溉的史實。後世的《水經注》、正史中的《河渠志》，以及《農政全書·水利》等，均是水利文獻中的代表作。隨着水利事業的發展，唐代中央政府頒行了我國第一部水利管理法規——《水部式》。這部珍貴法規二十世紀初在敦煌出土後被伯希和劫走，現藏法國國家圖書館。一九三五年，國立北平圖書館（國家圖書館前身）派員把這部珍貴文獻拍照帶回。《水部式》有二千六百多字，内容包括農田水利管理、航運船閘和橋梁渡口管理、漁業和城市水道管理等内容。《水部式》還規定，水利管理的好壞將作爲有關官吏考核晋升的重要依據。中華民族善於學習，兼收并蓄，明末徐光啓與傳教士熊三拔合譯的《泰西水法》，結合中國水利具體情况，經過實驗後，編譯成書，圖文并茂地記述了往復抽水機、螺旋提水車、雙筒往復抽水機等水利機械的結構和製造方法，以及修建蓄水池和鑿井的基本方法，爲近代西方水利技術的引進開了先河。

在衆多存世的河渠水利文獻中，各種類型的河工輿圖最能直觀描繪水利狀况，尤以明清時代河防工程體系形態最爲重要，如黃河河工輿圖上的提示，明確了各種堤防適合在哪一段工程中使用，如果配合文字史料，就可以細化黃河水利史的研究。又如在運河輿圖上有大量詳盡的文字注記，對沿途各程站的名稱與間距、運河水閘間里程、運河沿綫湖泊大小和儲水量多少、運河與其他水道通塞情況、各運河廳管段交界等狀況均有詳細的文字記述，可以通過地圖上的景物、地名與注記逐一對應，至今仍有重要的參考價值。

這些古代水利典籍，是中華民族的寶貴經驗和智慧結晶，源遠流長，博大精深，有待進一步整理、揭示、傳承、利用，這正是編纂出版《中國水利史典》的重要意義所在。

國家圖書館是全國最大的古籍收藏機構，也是古今水利典籍收藏數量最多的單位之一。在這些古籍和民國文獻中，有大量具有重要價值的水利史典籍。特別是有關河渠水利的地方文獻、金石拓片、輿圖資料和老照片檔案等，内容豐富，頗具特色。這些典籍，有的記録江河湖海的自然狀況，有的反映河渠水利的修造過程，有的闡述治水防災的方略，有的彰顯造福百姓的德政，不乏精品，有重要借鑒意義。新中國成立後，水利部門爲了治河防洪，曾充分利用國家圖書館收藏的古舊河道圖。如一九六四年，水電部水利史研究室、水電部北京勘測設計院根據毛主席『一定要根治海河』的指示進行重大水利工程建設，制定漳、衛、滏陽、滹沱等河流域的治水方案，爲此查閲了當時國家圖書館收藏的各地清代河道圖一百餘種，爲工作的順利開展提供了文獻保障。

二〇〇七年，國務院下發《關於進一步加强全國古籍保護工作的意見》後，古籍整理及利用受到更多關注。《中國水利史典》作爲古籍整理的重要工程，一定會成爲名山之作，傳之後人。

國家圖書館館長
國家古籍保護中心主任
周和平

二〇一三年七月

編纂説明

《中國水利史典》是中華人民共和國成立以來首次全面系統整編水利歷史文獻的大型工具書。它全面記録了我國歷代水利事業的輝煌成就，系統呈現了我國水利發展規律，可爲現代水利建設提供借鑒。它既是梳理歷代治水脉絡、服務現代水利的大型出版工程，也是傳承治水文明、弘揚中華水文化的重要文化工程。

二〇〇七年，中華人民共和國國務院批准設立了『國家出版基金』，這是繼『國家自然科學基金』『國家社會科學基金』之後設立的第三大文化類基金。經過申請，二〇〇九年《中國水利史典》被國家出版基金管理委員會批准爲首批支持的項目，并被新聞出版總署列爲『十一五』『十二五』國家重點圖書出版規劃項目。二〇一〇年，水利部決定成立《中國水利史典》編纂委員會（以下簡稱編委會），負責領導全書編纂工作，并成立了編委會辦公室和專家委員會。編委會辦公室設在中國水利水電出版社。

中華文明有三千多年連續的文字記録，其中關於防洪、灌溉、水運等治水的文獻，爲人們提供了寶貴的歷史借鑒。紀傳體史書《二十五史》中的水利專篇《河渠志》，是中國水利史的縮編；以《資治通鑑》爲代表的編年體史書記載了歷代有重大影響的水利項目；歷代紀事本末體史書把散見於不同年代的同一水利項目編輯在一起；歷朝的會要、實録是歷史事實的原始記録，水利内容豐富。在古代行政管理及法制文獻中，也有如唐《水部式》、宋《農田水利條約》等十分珍貴的資料。大量現存的關於流域綜合治理的水利專志，是研究江河湖泊及其治理的重要依據，如明代《問水集》《河防一覽》《漕河圖志》《漕運通志》《浙西水利書》等。此外，清代編寫的《行水金鑑》《續行水金鑑》等水利史料彙編性圖書，分别摘録了黄河、長江、淮河、濟水和運河從遠古傳説到清代的水利史實。古代科技著作中亦不乏水利記載，如宋代著名科學家沈括的《夢溪筆談》、元代王禎的《王禎農書》和明代徐光啓的《農政全書》等著作中都有關於河湖和水利的内容，有的還比較詳細。

爲把這些浩如烟海的水利文獻有序整理出版，《中國水利史典》分爲十卷，分别是綜合卷、長江卷、黄河卷、淮河卷、海河卷、珠江卷、松遼卷、太湖及東南卷、運河卷和西部卷。其中，綜合卷收録的主要是全國性和跨流域的水利文獻，長江卷、黄河卷、淮河卷、海河卷、珠江卷、松遼卷六卷以相關流域範圍内水利文獻爲主，太湖及東南卷收録的主要是太湖流域、浙、閩、臺地區流域、獨流入海河流及海塘的文獻，運河卷收録的主要是京杭運河及全國性運河的文獻，西部卷包括西北和西南地區流域的水利文獻。

《中國水利史典》所收録的文獻時間範圍確定爲從有文字記載開始至一九四九年止。每卷分爲若干册，每册書一百萬字左右，收録一种文獻（稱爲編纂單元）或數种文獻，主要采用標點、校勘、注釋等方式，并增加整理説明、前言、後記等内容重新排版後付梓。

本次水利古籍整理工作的原則是：句讀合理，標點正確，校讎細緻，校勘有據。主要工作如下：

一、對原文獻分段，逐句加標點。標點遵循GB/T 15834—2011《標點符號用法》。

二、對原文獻進行校勘。凡有可能影響理解的文字差異和訛誤（脱、衍、倒、誤）都標出并改正，如有必要再以校勘記進行説明，校勘記置於頁末，文中校碼〔一〕〔二〕〔三〕……緊附於原文附近。正文改字在正文中標注增删符號，擬删文字用圓括號標記，正確文字用六角括號標記，如把擬删的『下』改成『卜』，格式爲『（下）〔卜〕』。

三、對於史實記載過於簡略、明顯謬誤之處，以及古代水利技術專有術語，專業管理機構，工程專有名稱、名詞等，進行簡單注釋。

四、整理後的文獻采用新字形繁體字。除錯字外，通假字、異體字原則上保留底本用字，不出校。

五、每個編纂單元前，有文獻整理人撰寫的『整理説明』。其主要内容包括：文獻的時代背景，作者簡介及其主要學術成就，文獻的基本内容、特點和價值，文獻的創作、成書情況和社會影響，本次整理所依據的版本及其他需要説明的問題。

六、每册書前，有卷編委會或卷主編撰寫的『卷前言』。其主要内容包括：本分卷涵蓋的水域範圍及其地理、水文、水資源基本特點，水域範圍内主要的古代水利事件、水利工程、水利典籍及其在現代水利中發揮的借鑒作用和參考實例，本分卷典籍入選原則，與編纂有關的、需要特别説明的問題，編纂組織工作簡介。

七、整理過程中，有根據文獻收録情况撰寫的『後記』。其主要内容包括：本册選取編纂單元的原則以及需要重點提示的問題，本册書不同編纂單元中有關職官、異體字等内容在點校工作中不同於其他分册的問題，本册書成稿過程中需要特别向讀者説明的事情。

八、爲便於檢索，書籍出版時在雙頁面加『中國水利史典　分册名』書眉，單頁面加『編纂單元名　篇章名』書眉。

九、爲保持文獻歷史原貌，本次整理不對插圖進行技術處理。

《中國水利史典》的編纂出版得到了水利行業及社會各界的廣泛關注和大力支持。水利部長江水利委員會、黄河水利委員會、淮河水利委員會、海河水利委員會、珠江水利委員會、松遼水利委員會、太湖流域管理局、中國水利水電科學研究院等單位承擔了相關分卷的編纂工作。國家圖書館、國家古籍保護中心、中國科學院、中國社會科學院、清華大學、北京大學、北京師範大學、南開大學、中華書局等單位爲本書的編纂出版提供了積極的幫助。本書的點校專家、審稿專家、編纂工作組織者、編輯出版人員亦付出了巨大努力，在此誠表謝意。

《中國水利史典》是連接歷史水利與現代水利的橋梁，搭建這座橋梁工程浩大，編校繁難，在編纂出版過程中難免存在疏漏與錯誤，歡迎讀者、專家批評指正。

《中國水利史典》編委會辦公室

中國水利史典　運河卷

主　編　匡尚富

副主編　吕　娟　譚徐明

參編人員（按姓氏筆畫排序）

王　力　王英華　吕　娟　朱雲楓　李雲鵬
周　波　邱志榮　荀德麟　馬建明　袁長極
陳方舟　張念强　萬金紅　鄧　俊　蔡　蕃
劉建剛　譚徐明

前言

中國大運河據明確文獻記載始建於公元前四八六年，至今已有兩千五百年歷史，自北而南溝通了海河、黄河、淮河、長江和錢塘江等水系，至今仍在發揮水運、灌溉、防洪、排澇和景觀等效益，還是南水北調東綫工程的主要輸水通道。

中國大運河貫穿中國東部大部分地區。沿運區域多年平均降雨量爲五百至一千五百毫米，所經地區地形和水資源條件千差萬别，這使得運河沿綫誕生了類型豐富、數量衆多的具有鮮明時代性和地域性的水利工程。如通惠河水源工程，會通河濟寧汶上南旺分水樞紐，運河與黄河、淮河交匯處的淮安運口樞紐工程，以及唐代的堰埭、宋代的複閘和澳閘等，它們都代表了當時先進的水利工程技術與管理水準。在兩千五百年間，中國大運河不僅有力地保障了漕運目標的實現，而且促進了國内的物資交流，帶動了沿綫造船、運輸、紡織、建築材料等行業的發展，推動了沿綫城鎮的興起與發展，影響了沿綫居民的生活形態和習俗，並衍生出豐厚的地域文化，有力地見證了中華民族的發展歷程。

中國大運河初創於春秋時期。歷史上的運河建設大體上可以分爲三個時期：一是自春秋開始歷秦漢至南北朝分裂時期，全國通航水運初步溝通，建成中國運河網路的雛形；二是隋代到唐宋時期，完成南北大運河建設，全國運河大發展；三是元代至明清時期，從創建京杭運河並逐步完善取得巨大成就，到清末運河衰落停止漕运。隨著運河的建設運行，歷史上關於運河的文獻十分豐富。早在二千年前司馬遷撰寫的《史記·河渠書》中，『渠』是專指人工渠道和運河，因此古代運河大多以『渠』命名，如靈渠、汴渠、通濟渠和永濟渠等。

現存有關運河的典籍種類多，數量大，主要包括如下幾類：一是專門著作。主要由元代以來主持或參與過運河治理的官員和學者編纂而成，內容涉及河道變遷，運河沿綫水利工程的建設歷程和管理沿革，以及漕運的管理等，流傳至今的約有一百餘種。二是史書方志。二十五史的《河渠志》《地理志》等以及運河沿綫區域的省志、府志、州志、縣志、山水志和榷關志等皆有關於大運河的內容，文獻數量達數百種之多。三是水利檔案。中國第一歷史檔案館藏上諭檔和大臣奏摺中有關運河的多達兩萬餘件，是研究大運河的第一手資料。四是政書類書，如各歷史時期的《會典》《會要》等書中皆有關於大運河的內容。五是文集筆記，官員文士有時沿大運河往返辦理公務或旅行會友等，其文集筆記中有大量關於沿運區域社會、風俗、人物等內容，明清時期的文集筆記多達五六百種。六是外國史料，隋唐明清時期來華使者、商人或傳教士等多沿大運河往返都城與沿海各港口間，在其著述中記録了大量關於運河的內容。

本卷典籍的選擇主要遵循如下原則：

一、中國大運河自元代以京杭運河爲核心，因而有關京杭運河的典籍優先選擇。

二、空間上，京杭運河按其自然條件、水文水資源條件和工程特性的不同而分爲通惠河、北運河、南運河、山東運河、中運河、裡運河和江南運河（含浙東運河）七段，因而所選典籍内容涵蓋京杭運河的總述和各分段；時間上，京杭運河貫通於元代，完善於明清時期，較大變革發生於近代，因而所選典籍主要集中於明、清兩代，兼顧近代。

三、記載運河河道變遷、運河水利工程建設與管理、漕運管理等内容的典籍優先選擇。

四、著名文獻或史料豐富、信息量大者優先選擇。

五、儘量選擇原版典籍，或未經修改删節的版本。

本卷主編爲中國水利水電科學研究院院長匡尚富，副主編爲水利史研究所所長吕娟和本院副總工程師譚徐明，具體點校人員和審稿人員詳見各分册整理説明。

限於整理者水準，本書點校過程中可能會有疏失遺漏，衷心希望讀者朋友給予批評指正。

《中國水利史典·運河卷》主編

目録

漕河圖志

〔明〕王瓊　著

譚徐明　整理

整理説明

『漕河』古代專以指代運河。自漢以來，中國便開始了以都城爲目的地，爲運輸糧食開鑿和經營運河的歷史。運河志至十五世紀始有編纂。《漕河圖志》成書於明弘治九年（一四九六年），是留存時間最久遠的運河志。據《明史・藝文志》及《清史稿・藝文志》載，繼本志以後的明清運河志有三十餘種，其內容及體例反映出《漕河圖志》對這類專業志的相當影響。

元代開會通河、通惠河，與前代御河、淮揚運河、江南運河構成了縱貫中國南北的大運河，即今人所稱的京杭運河。京杭運河開通之時，黄河南徙不到二百年，新河道形成中頻繁的決溢，對會通河水道以極大的干擾，加上會通河的越嶺河段水源不足，因此元代運河不能全綫暢通，北上的漕糧主要取道海運。明永樂時遷都北京，重修會通河，南北大運河得以全線貫通，成爲此後明清王朝的重要水道。《漕河圖志》記載了永樂以來運河及其水源，水利工程，河道管理制度等。本書涉及的範圍，北自北京昌平神山泉引水工程，南至運河揚州瓜洲港，爲其時國家經營的運河水道及水利工程。《漕河圖志》保留了當時大運河工程系統且權威的資料。

本書作者王瓊（一四五九—一五三二年），字德華，太原人，成化二十年（一四八四年）進士，授工部主事，出治漕河三年。正德元年（一五〇六年）升右副都御史督漕運，正德八年（一五一三年）進户部尚書，嘉靖七年（一五二八年）以督三邊，遷兵部尚書。王瓊於漕河任上見前任王恕著《漕河通志》，以爲是書『古今事雜，難於披覽』，遂以其時漕渠爲主，記源流、工程、制度等。《漕河通志》未能傳之於今，而《漕河圖志》亦佚失大半，清修四庫全書列本書於存目中，記其有殘本三卷。二十世紀八十年代水利史研究室從國家圖書館善本部影印明代刊本照相膠卷八卷全書。該書系明舊版重刻，不僅錯訛脱衍，漫漶不清處也極多，再加上照相翻拍更是模糊不清。後得到日本中國水利史研究會幹事長森田明先生幫助，獲日本前田氏尊經閣所藏我國閩中蔣氏三逕藏書本複印件。這一版本保存情况較好，但也有殘缺。兩個複製本合并爲一，仍爲完書。

本書整理工作始於一九八四年，作者采用閩中蔣氏三逕藏書本爲底本，以國家圖書館明刊本爲參校本，並參證其後成書的運河志、沿綫地方志，以及有關文獻校勘本書，校勘前後歷時一年又三個月。姚漢源先生對本書標點，校勘予以指導及審校。本次重勘再次翻檢原件，對校注本遺漏、錯誤予以訂正。

整理者

目録

〔一〕據正文卷一改。

〔二〕據正文卷一改。

〔三〕正文卷一無蕭縣條。

〔一〕原目録與正文卷五標題順序不一致，據正文卷五改。
〔二〕原目録與正文卷五標題順序不一致，據正文卷五改。
〔三〕牐原目録作閘，據正文卷五改。
〔四〕牐原目録作閘，據正文卷五改。
〔五〕原書目録缺，據卷八補。

(一) 瓜洲新河餞族叔舍人賁　目録作『瓜州新河』，據本書卷七及《全唐詩》卷一八四補。

(二) 黃樓賦　渡黃河賦原書目録缺，據本書卷七補。

漕河之圖

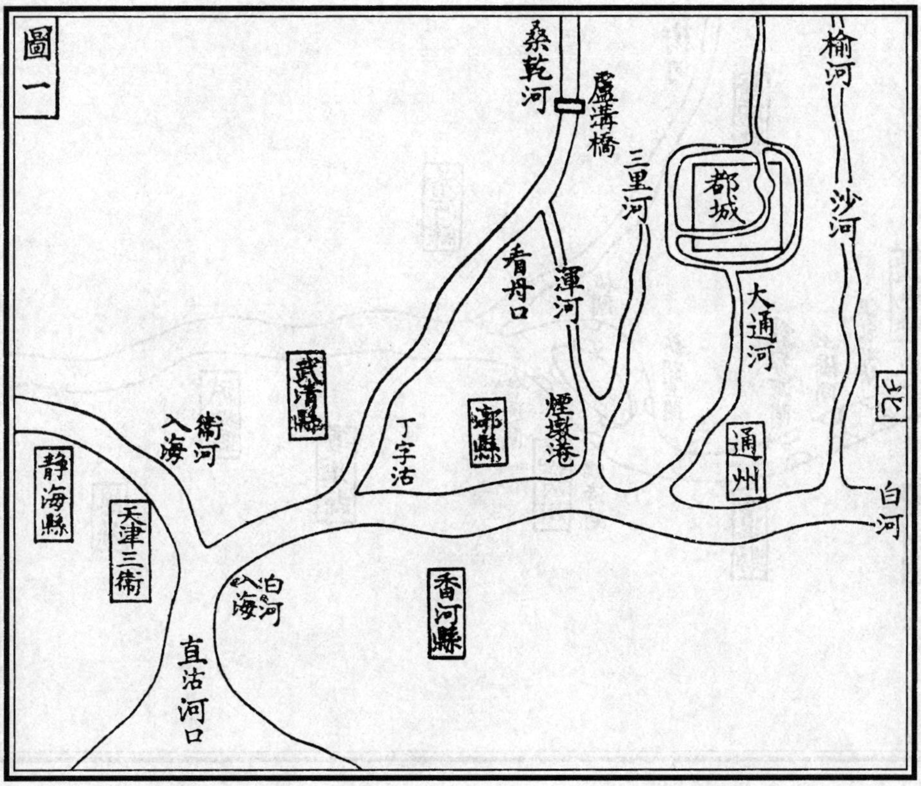
圖一
桑乾河
盧溝橋
三里河
都城
榆河
沙河
看丹口
渾河
大通河
北
武清縣
漷縣
煙墩港
丁字沽
衛河入海
通州
白河
靜海縣
天津三衛
白河入海
香河縣
直沽河口

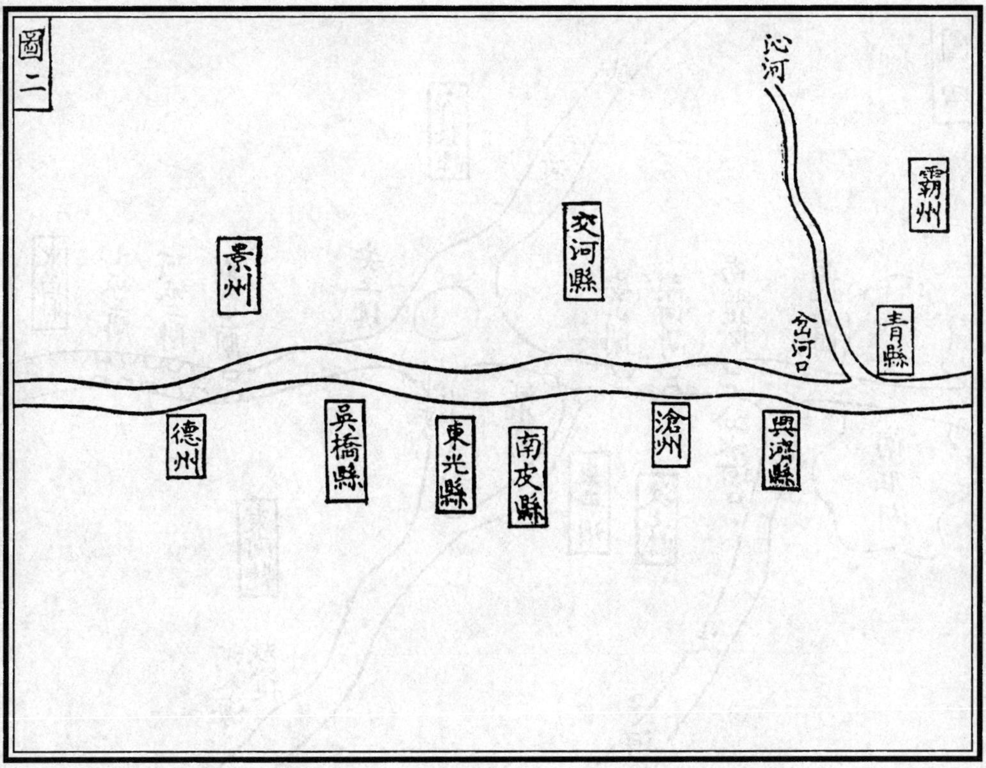
圖二
沁河
霸州
交河縣
景州
分河口
青縣
德州
吳橋縣
東光縣
南皮縣
滄州
興濟縣

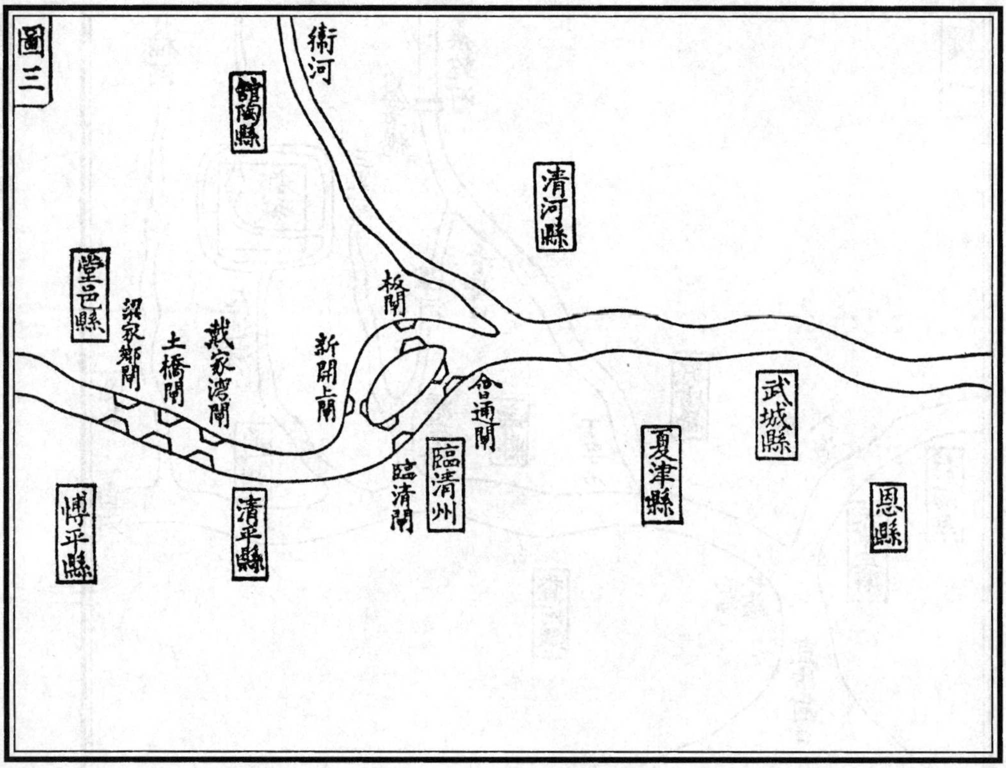
圖三
衛河
館陶縣
清河縣
堂邑縣
梁家鄉閘
土橋閘
戴家灣閘
新開上閘
板閘
會通閘
臨清州
臨清閘
武城縣
夏津縣
恩縣
博平縣
清平縣

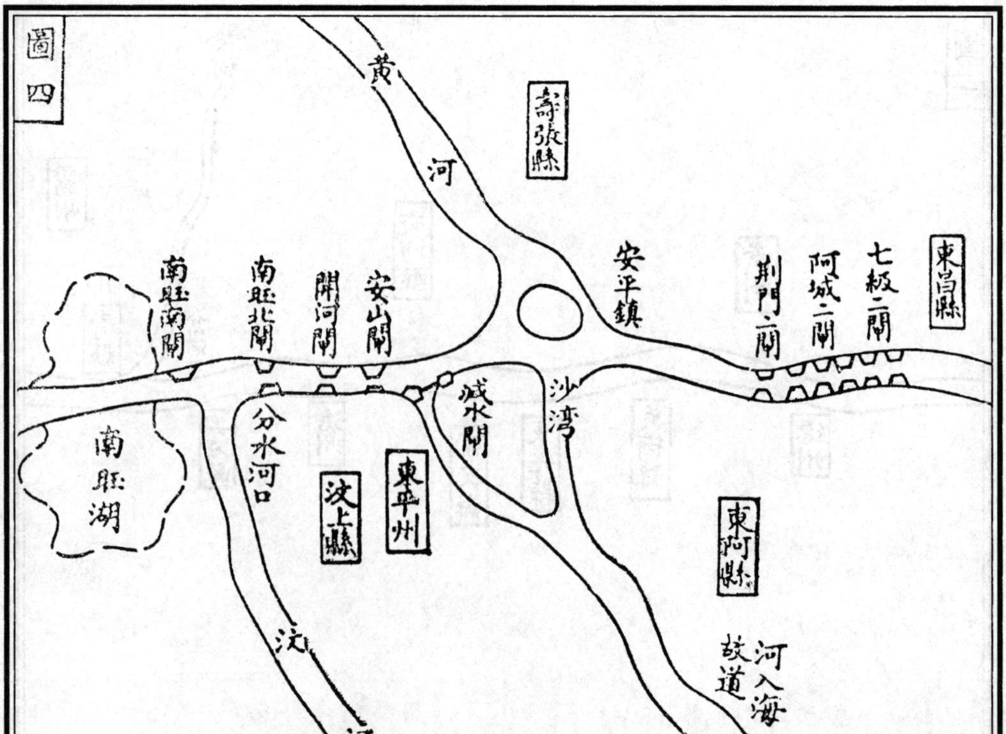
圖四
黄河
壽張縣
安平鎮
七級二閘
阿城二閘
荆門二閘
東昌縣
南旺南閘
南旺北閘
開河閘
安山閘
減水閘
沙灣
南旺湖
分水河口
汶上縣
東平州
東阿縣
汶河
河入海故道

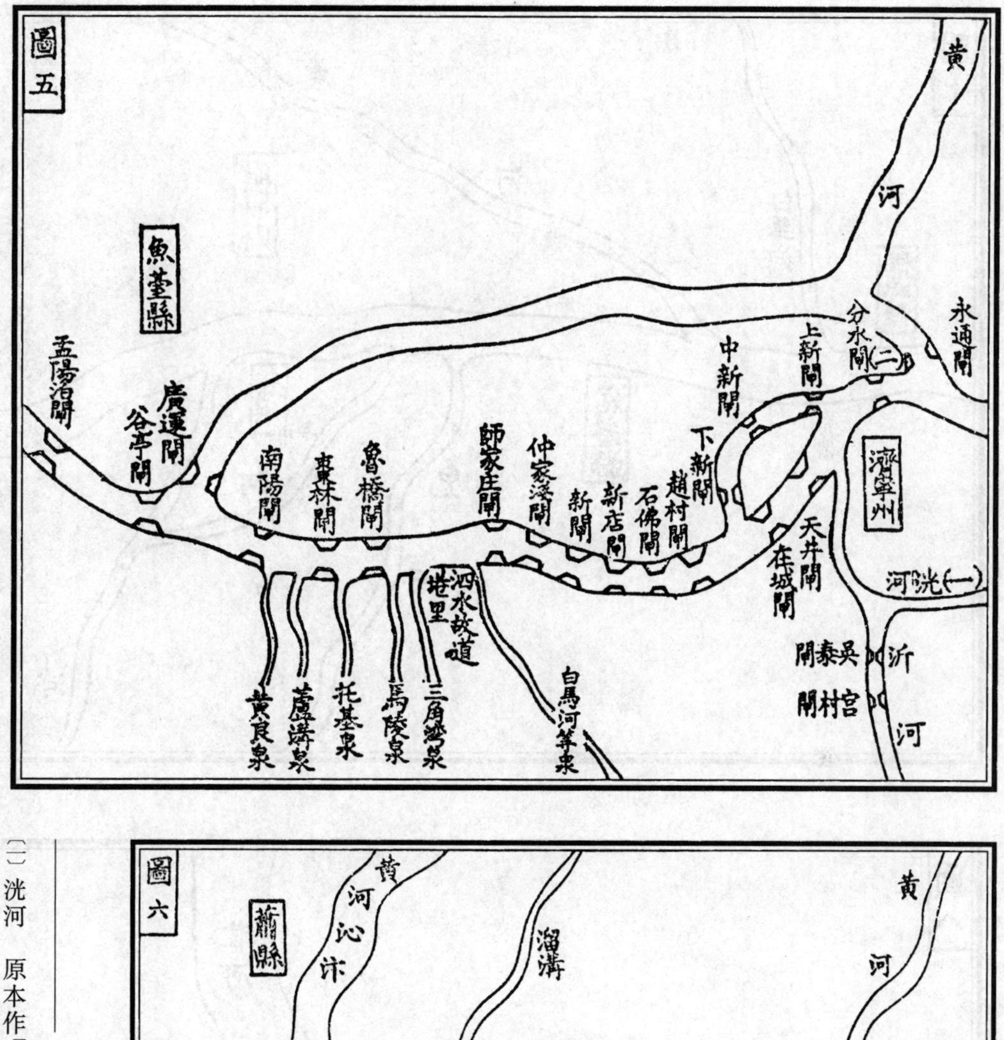

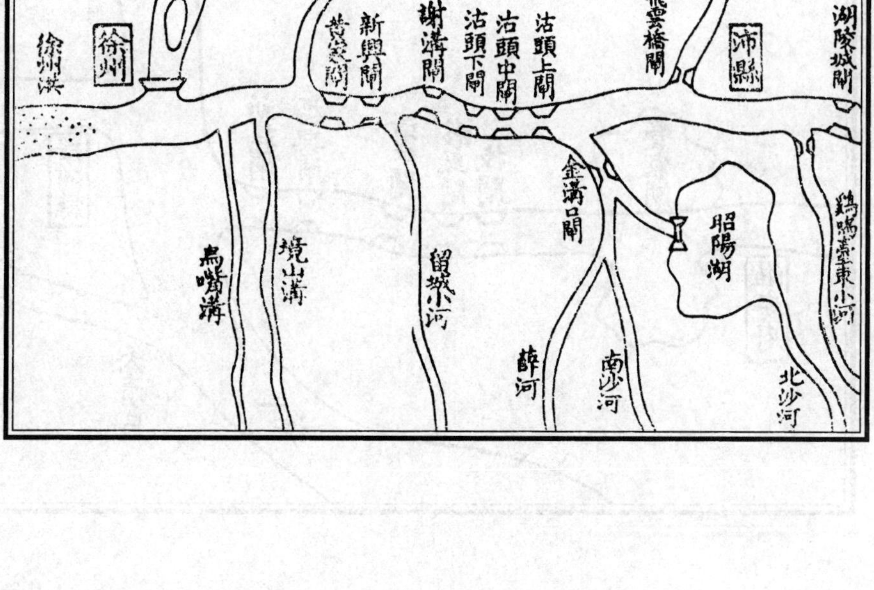

〔一〕洸河　原本作『沈河』，據本書卷一改。

〔二〕分水閘　原本作『焚閘』，據本書卷一改。

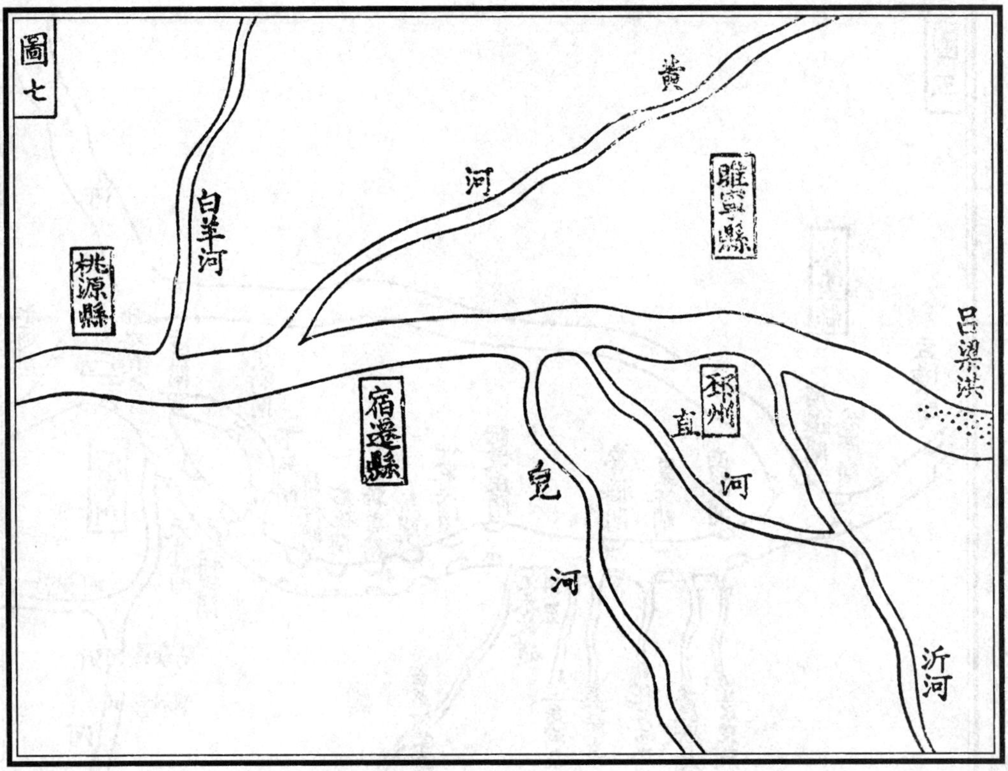
圖七
黃
河
白羊河
桃源縣
睢寧縣
宿遷縣
邳州
直
河
皂
河
沂河
呂梁洪

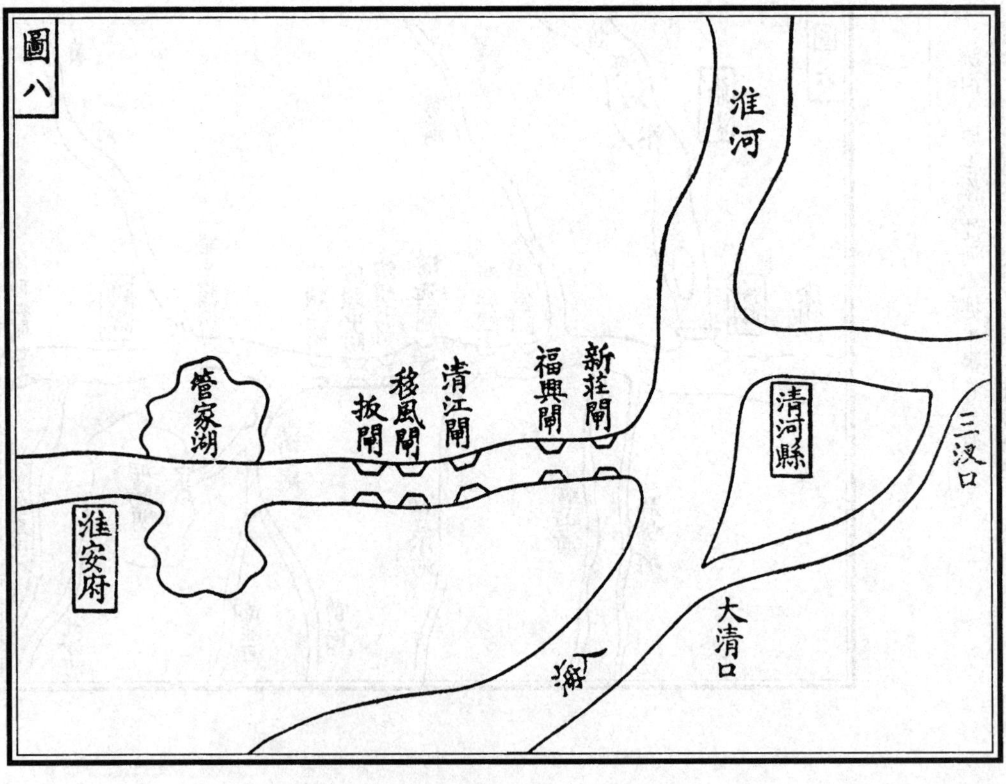
圖八
淮河
新莊閘
福興閘
清江閘
移風閘
板閘
管家湖
淮安府
清河縣
三汊口
大清口
海

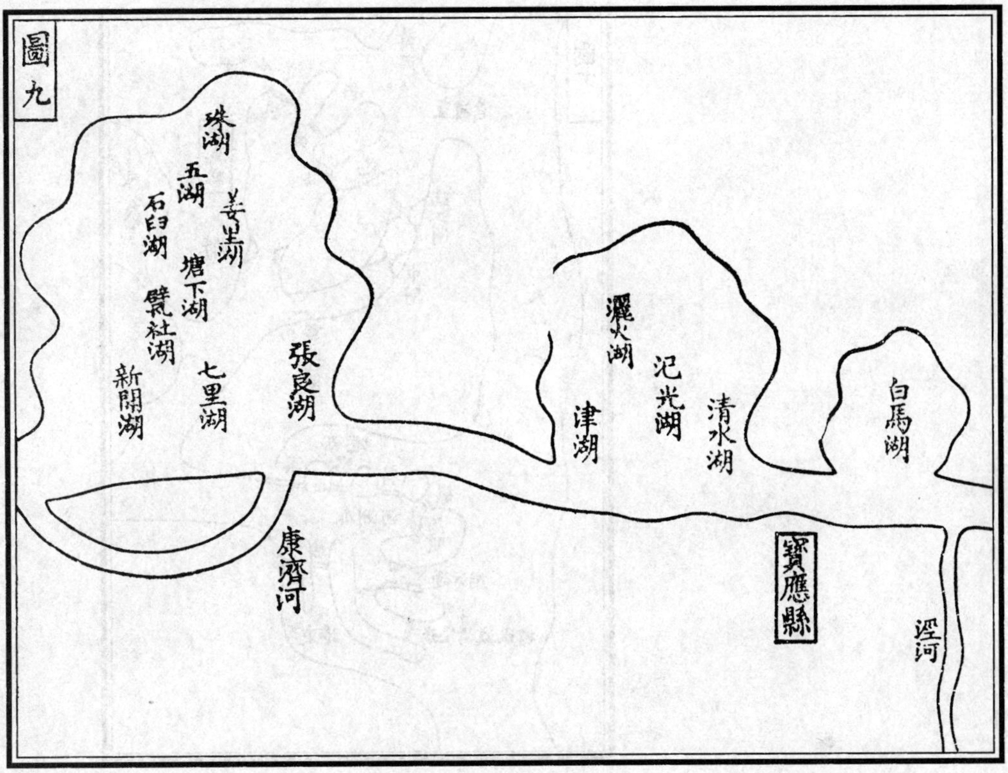
圖九
珠湖
五湖
姜里湖
石臼湖
塘下湖
甓社湖
新開湖
七里湖
張良湖
康濟河
灑火湖
津湖
氾光湖
清水湖
白馬湖
寶應縣
涇河

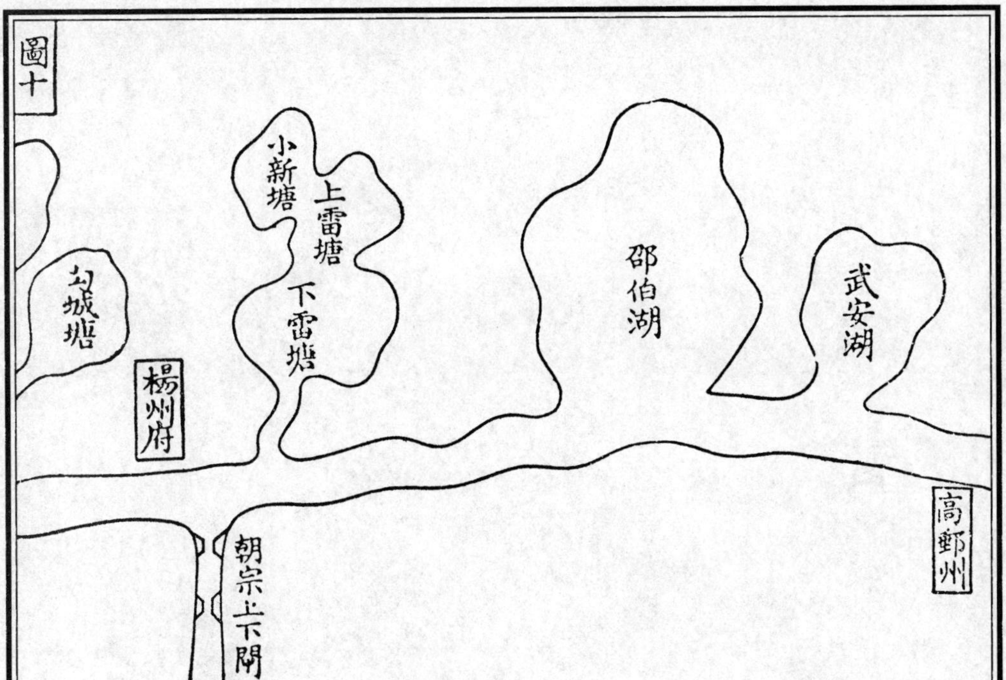
圖十
小新塘
上雷塘
下雷塘
句城塘
揚州府
邵伯湖
武安湖
高郵州
朝宗上下閘

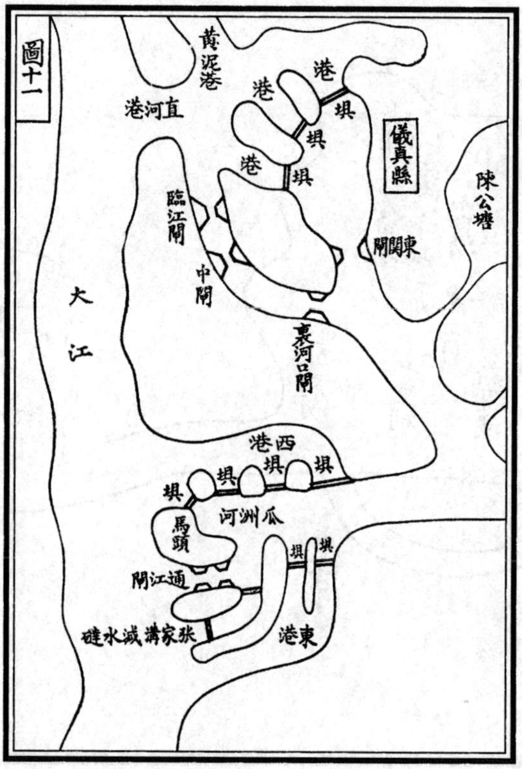
圖十一
黄泥港
直河港
港
港
港
壩
壩
壩
儀真縣
陳公塘
臨江閘
中閘
東關閘
裏河口閘
大江
西港
壩
壩
壩
壩
瓜洲河
馬頭
壩
壩
通江閘
张家溝減水碰
東港

卷之一[一]

漕河建置

太祖高皇帝建都金陵，四方貢賦由大江，至洪武三十年海運七十萬石于遼東，以供軍餉。太宗文皇帝肇建北京，江南糧餉一由江入海出直沽，由白河運至通州；一由江入淮，由淮入黄河至陽武縣，陸運至衛輝府，由衛河運至通州。永樂九年，以濟寧州同知潘叔正言，命工部尚書宋禮、都督周長等發山東丁夫十六萬五千疏濬元會通河，自濟寧至臨清三百八十五里。十年，宋禮奏：『三年海運二次。於徐州、濟寧州置倉收糧，造淺船五百隻，撥附近衛軍領駕，從會通河攢運，每年三次，以補海運一年之數。』十三年，户部會官議奏停罷海運，悉於裏河轉運。裏河者，江船不入海而入河，故曰裏也。裏河自通州而至儀真、瓜洲，水源不一，總謂之漕河，又謂之運河。

神山泉等水自西山來，貫都城，過大通橋，東至通州入白河，開渠置閘而漕舟不行。自通州而南至直沽，會衛河入海者，白河也。自臨清而北至直沽，會白河入海者，衛河也。自汶上縣分水河口分流而北至陽穀縣絶黄河，又至臨清州會衛河；南至濟寧州會汶、泗、沂三水者，汶水也。自濟寧州城東北來，南流至徐州會沁河者，汶、泗、沂三水也。自徐州城西北來，東南流至清河縣入淮者，沁水也。北至清江浦通淮，南至儀真、瓜洲壩臨江，中爲漕渠者，諸湖無源之水也。

諸河源委

諸河有源有委，發源各異，而委流相合如絡繹，然漕水[二]所經者，乃名漕河。自發源以至入漕之處，皆漕河上源也。

大通橋河

大通橋河，源出昌平縣白浮村神山泉，西南會一畝、馬眼二泉，繞出甕山後，匯爲七里濼，東入都城西水門，貫積水潭，又東至月橋入内府，南出都城東水門，過大通橋，又東五十餘里至通州入白河。

[一] 漕河圖志卷之一　原本作『卷一』，據本書體例改。
[二] 漕水　原本脱『水』，據膠卷本補。

白河

白河源出密雲縣霧靈山，南流經通州、漷縣、香河、武清，會榆、渾諸河，凡三百六十里，至直沽會衛河，同入于海。

衛河

衛河源出輝縣蘇門山百門泉，東北流，經新鄉、汲縣、淇縣、濬縣、湯陰、安陽、滑縣、內黄、魏縣、大名、元城、館陶，會淇、漳諸水，凡千里至臨清州會汶水，又經清河、夏津、武城、恩縣、故城、德州、景州、吴橋、東光、南皮、交河、滄州、興濟、青縣、霸州、静海，凡千里餘，至直沽會白河，同入于海。

黄河

黄河勢趨東北，自河南開封府祥符縣金龍口，流經蘭陽、儀封，過黄陵岡，又經曹縣、鉅野、曹州、鄆城、壽張、東平地界，凡七百餘里，至陽穀縣南入漕河。若河勢趨於東南，則東北通漕之道淤塞。

汶河

汶河源出萊蕪縣原山之陰。又一支出萊蕪縣寨子村，又一支出泰山之陽仙臺嶺，俱名汶水，至静封鎮合流。經泰安州寧陽縣分爲二支：

一支自東平州戴村壩西南流，至汶上縣會白馬河、鵝河，凡八十里，出分水河口：一派分流而北，經東平、壽張、東阿、陽穀絶河，又經聊城、博平、堂邑、清平，凡三百六十五里，至臨清會衛河，北入于海；一派分流而南，經嘉祥、鉅野，凡一百里，至濟寧州城南天井閘，東與沂、泗、汶三水合流而南。

一支自寧陽縣堽城壩西南流，别名洸河，經滋陽、濟寧之境，合泗、沂二水，凡一百餘里，至濟寧州城南天井閘東，合分水河口流來汶水，又南流，經鄒縣、魚臺、沛縣，凡四百一十里，至徐州合沁水，東南入于淮。

泗河

泗河源出泗水縣陪尾山，其源有四：一出山西麓石竇內，名趵突泉；一出山東麓石竇內，名淘米泉；一出山東五步；一出山東南四十步，二泉無名，與淘米泉合流，向南遶山西一里(一)，合趵突泉，西流一百七十餘里至滋陽縣城東五里與沂水合，同入金口閘，又西南流三十里，至濟寧州城東與汶水合，南達于淮。

(一) 遶山西一里　原本作『遶山面一里』，據膠卷本改。

沂河

沂河源出曲阜縣尼山，西流三十五里，至滋陽縣東五里與泗水合。

沁河

沁河源出山西沁源縣綿山東南，經河內、武陟、獲嘉、新鄉、原武、陽武、封丘、祥符、陳留、蘭陽、杞縣、儀封、睢州、考城、寧陵、歸德、虞城、夏邑、永城、碭山、蕭縣，凡一千二百餘里至徐州。一名汴河，又名小黄河。河、汴、沁異源，分合無定，河居中、汴居南、沁居北。河北徙，則與沁爲一；河南徙，則與汴合流，故此河之名有三。既至徐州會汶、泗、沂三水，又經邳州、睢寧、宿遷、桃源，凡四百八十里，至清河縣入于淮。

諸湖

自清河縣淮河口迤南一百六十里至江都縣，又南四十五里至瓜洲，又西南七十五里至儀真。諸湖之水大匯於高郵、寶應之境，穿渠引水南北通江、淮。東築長隄，以爲陸行牽輓之路。湖名不一，附見於各州縣之下。

漕河

諸河發源遠近不一，而下流相合。循其合流之道而爲漕運之河，自通州至儀真，凡三千里。河之所經，軍衛有司分而屬之。

宛平縣五閘

青龍閘，在都城西北三十餘里。白石閘，西至青龍閘二十餘里。

廣源閘，在西直門西七里，元至元二十六年建，本朝重修。

高梁閘，在西直門外往北一里許高梁店，元至元二十九年建，名西城閘㈠。本朝重修，改名高梁。

澄清閘，在都城内鼓樓南、海子東岸萬寧橋西，元至元二十九年建，名海子閘。本朝重修，改名澄清㈡。

大興縣四閘

慶豐上下二閘，在都城東王家莊。上閘至大通橋八里，下閘至上閘五里。元至元二十九年始建木閘，名籍東閘，至順元年修石閘，改名慶豐。本朝重修。

平津上下二閘，上閘西至慶豐下閘十里，下閘至上閘七里，元至元二十九年始建木閘，名郊亭閘，延祐以後修石閘，改名平津。本朝重修。

㈠ 西城閘　《元史·河渠志》載元改名爲會川。

㈡ 澄清　據《元史·河渠志》載，元時已改是名。

直隸通州

通州在漕河之西三里。該管河：東岸北自本州城東北角起，南至營州前屯衛界魯家務上淺止，長一百二十五里；西岸北自通州右衛界東關淺起，南至通州左衛界荆林兒止，長六里。

支流四

榆河，源出昌平縣南月兒灣，下流爲沙河，會清河，經順義縣入白河。

潮河，源出密雲縣，至順義縣牛欄山入白河。

富河，源出甕山口，合壩河，至通州東北入白河。

桑乾河，源出山西大同府桑乾山，流至宛平縣盧溝橋南看丹口分爲二：其一名渾河，東流至通州張家灣下馬頭入白河；其一名盧溝河，南流至霸州苑家口合易水，又南至武清縣丁字沽入白河。

閘五

博濟〔一〕上下二閘：上閘西至大興縣平津下閘八里，下閘至上閘五里。元至元二十九年始建木閘，名楊尹閘，延祐以後修石閘，改名博濟。本朝重修。

通流上下二閘：上閘在州治西門外，西至博濟下閘十里，下閘在南門外，西北至上閘五里，元至元二十九年始建木閘，名通州閘，延祐以後修石閘，改名通流。本朝重修。

廣利閘，在張家灣中碼頭西，上至通流下閘十一里，下至閘河口三里，元至元二十九年始建木閘，名河門閘，延祐以後修石閘，改名廣利，本朝重修。

淺舖十　郝家務淺　南營淺　盧家淺　李二寺淺　王家務淺　孝行淺　和合站淺　半壁店淺　蕭家林淺　高家灣淺

通州左衛

通州左衛在通州城內〔二〕，該管河西岸，北自通州界郝家務淺起，南至通州右衛界張家灣中碼頭淺止，長二十三里。

淺舖二　荆林兒淺　張家灣上碼頭淺

通州右衛

通州右衛在通州城內，該管河西岸，北自通州館驛前起，南至神武中衛界公鷄店淺止，內除通州並左衛該管隄岸外，長二十二里。

淺舖四　東關淺　張家灣中碼頭淺　長店兒淺　李二寺淺

〔一〕博濟　《元史·河渠志》作『溥濟』。

〔二〕在通州城內　原本『在』作『左』，不辭，當係『在』之誤，今改。

直隸定邊衛

定邊衛在通州城內，該管河：西岸北自通州右衛中碼頭淺起，南至通州右衛長店兒淺止，長四里；東岸北自武清縣王家甫淺起，南至天津衛王家莊淺止，長五里。

淺鋪二　張家灣下碼頭淺　王家務淺

直隸神武中衛

神武中衛在通州城內，該管河西岸，北自通州右衛界李二寺淺起，南至武清縣界紅廟兒淺止，內除漷縣該管隄岸外，長四十里。

淺鋪三　公鷄店淺　李家淺　白埠淺

直隸漷縣

漷縣在漕河之西三里，該管河西岸，北自神武中衛界公鷄店淺起，南至神武中衛李家淺止，長二十里。

淺鋪四　榆林上淺　榆林中淺　榆林下淺　楊家莊淺

直隸香河縣

香河縣在漕河之東八里，該管河東岸，北自營州前屯衛界謝家店淺起，南至武清縣耍兒渡口止，長四十里。

淺鋪六　野鷄兒淺　葉清店淺　狼窩淺　紅廟兒淺　土門樓淺　蔣家灣淺

直隸營州前屯衛

營州前屯衛在香河縣城內[一]，該管河東岸，北自通州界高家灣起，南至香河縣葉清店止，長二十里。

淺鋪四　魯家務上淺　魯家務下淺　西坊莊淺　謝家莊淺

直隸武清縣

武清縣在漕河之西二十五里，該管河：西岸北自武清衛地界起，南至静海縣界楊柳青止，長二百三十八里；東岸北自香河縣界蔣家灣淺起，南至天津右衛界蒲溝兒淺止，內除天津等衛隄岸外，長八十三里。

支流一　盧溝河，源出桑乾山，流經霸州，合易水等水，至本縣丁字沽入漕河。

淺鋪十一　耍兒渡口淺　白廟兒淺　蒙村淺　王家甫淺　蔡村淺　桃園兒淺　筐兒港淺　楊村淺　朱家莊淺　老米店淺　浧溝兒淺[二]

[一] 城內　原本作「淺內」，不辭，「淺」當係「城」之誤，今據上下文意改。

[二] 浧溝兒淺　「浧」字漫漶，據本卷「直隸天津右衛」條補。

直隸武清衛

武清衛在武清縣城内，該管河西岸，北自神武中衛白埠淺起，南至武清縣界楊村止，内除武清縣隄岸外，長五十二里。

淺鋪四　紅廟兒淺　木廠兒淺　車營兒淺　三里屯淺

直隸天津衛

天津衛在白河之西，衛河之南，二水至此合流，同入于海。本衛該管白河東岸，北自武清縣界要兒渡口起，南至武清縣界蔡村止，内除定邊衛、武清縣隄岸外，長二十二里。該管衛河東岸，北自静海縣界釣臺起，南至興濟縣界八里塘口止，長五十里。

淺鋪十一　通濟河淺　白廟兒淺　小蒙村淺　大蒙村淺　王家莊淺（右白河五淺）　新家口淺　寨里口淺　馬濟圈淺　劉家淺　吕家口淺　蔡家口淺（右衛河六淺）

直隸天津左衛

天津左衛在天津衛東。該管白河東岸，北自武清縣界蔡村起，南至武清縣界楊村止，内除武清縣隄岸外，長三十里。該管衛河：東岸北自興濟縣界柳巷口起，南至滄州寇家圈止，内除興濟縣、滄州隄岸外，長四十里；西岸北自青縣界運坊起，南至青縣界磚河止，長二十里。

淺鋪二十四　北蔡村淺　南蔡村淺　堅子窩淺　寶家營淺　楊村淺（右白河五淺）　無名口淺　窪子口淺　張家口淺　小掃灣口淺　大掃灣口淺　高家碼頭口淺　安都寨[一]口淺　索家碼頭淺　北橫隄口淺　南橫隄口淺　草寺口淺　石塘口淺　李家口淺　蓮花池口淺　許家口淺　官莊口淺　南絶隄口淺　北絶隄口淺　西留佛住口淺（右衛河十九淺）

直隸天津右衛

天津右衛在天津衛西。該管白河隄岸，北自武清縣界渾溝淺起，南至静海縣界小直沽淺止，長三十五里。該管衛河東岸，北自滄州王家圈起[二]，南至南皮縣界三角堤止，内除南皮縣、滄州隄岸外，長十八里。

淺鋪十　浦溝兒淺　蔡家口淺　桃花口淺　尹兒灣淺　丁字沽淺（右白河五淺）　北馮家口淺　南楊家口淺　大白洋橋淺　小白洋橋淺　北楊家口淺（右衛河五淺）

[一] 寨　原本作『賽』，當係『寨』之誤，據本卷『直隸興濟縣』條所列淺鋪名改。

[二] 北自滄州王家圈起　原本『滄』字漫漶，膠卷本作『德』。文中有『南至南皮縣界』之語，德州遠在南皮縣之南，『北自德州王家圈』不妥。則應爲滄州。

直隸静海縣

静海縣在漕河之東半里。該管河： 西岸北自武清縣界楊柳青起，南至青縣界新莊口止，内除霸州隄岸外，長一百里； 東岸北自天津右衛界丁字沽淺起，南至天津衛界北新莊止，内㈠除霸州隄岸外，長一百三十一里。

淺鋪九 小直沽淺 稍直口淺 楊柳青淺 新口淺 沙窩淺 獨流淺 在城淺 雙堂淺 釣臺淺㈡

直隸霸州

霸州在漕河之西北一百五十里。該管河： 東岸北自静海縣秀麥屯起，南至天津衛界陳百户屯止，長九里； 西岸南北俱接静海縣界，長十二里。

淺鋪一 蘇家淺

直隸青縣

青縣在漕河西岸。該管河西岸北自静海縣北新莊起，南至交河縣界白洋橋止，内除天津左衛、彭城衛隄岸外，長一百五十四里。

支流一 滹沱河，源出大戲山，自代郡東流，經真定城南，至武邑縣合漳水，至本縣岔河口入漕河。

淺鋪六 新莊口淺 流河口淺 留小兒口淺 李家口淺 運坊淺 磚河口淺

直隸興濟縣

興濟縣在漕河東岸。該管河東岸，北自天津衛界蔡家口起，南至天津左衛界索家碼頭止，内除天津左衛隄岸外，長三十五里。

淺鋪七 八里塘口淺 李家口淺 柳巷口淺 安家口淺 流洪口淺 清水口淺 安都寨口淺

直隸滄州

滄州在漕河之東半里。該管河東岸，北自天津左衛界南横隄起，南至天津右衛界北楊家口止，内除天津左右二衛隄岸外，長五十里。

淺鋪七 朱家墳口淺 華嚴口淺 紅孩兒口淺 回灣口淺 寇家圈淺 王家圈淺 磚河南口淺

直隸交河縣

交河縣在漕河之西五十里。該管河西岸，北自青縣界神樹口起，南至東光縣界北下口止，内除瀋陽衛、河間衛隄岸外，長五十五里。

淺鋪五 白洋橋淺 菱角窩淺 大流口淺 丁家口

㈠ 内 此處漫漶，據膠卷本補。

㈡ 釣臺淺 本卷『天津衛』條有『静海縣界釣臺』之語。

淺　李道灣淺

直隸南皮縣

南皮縣在漕河之東二十里，該管河東岸，北自天津右衛界馮家口起，南至東光縣界北下口止，長五十八里。

淺鋪五　馮家口淺　三角隄淺　龍堂口淺　齊家堰淺　北下口淺

直隸東光縣

東光縣在漕河之東三里。該管河：東岸北至南皮縣界三十二里；西岸北至交河縣界二十八里，南至吳橋縣界三十五里。

淺鋪七　油房口淺　桑園口淺　大龍灣口淺　古堤口淺　北下口淺　任家口淺　狼十一口淺

直隸吳橋縣

吳橋縣在漕河之東十八里。該管河：東岸北自東光縣界起，南至德州衛申百户屯止，內除德州衛降民等屯隄岸外，長六十六里；西岸北自東光縣界起，南至德州衛金百户屯界止，除德州衛、景州隄岸外，長四十五里。縣南三里有黃河故道，東北入海。

淺鋪十　舊連窩口淺　小馬營口淺　鐵河圈口淺　降民屯口淺　羅家口淺　王家口淺　郭家圈口淺　朱官人屯口淺　高家圈口淺　白草窪口淺

直隸景州

景州在漕河之西二十里。該管河西岸，北自吳橋縣界朱官人屯起，南至德州衛界羅家口止，長二十五里。

淺鋪四　狼家口淺　薄皮口淺　破塘口淺　羅家口淺

山東德州

德州在漕河東岸。該管河：東岸北自德州衛張家河口起，南至恩縣四女樹止，內除德州左衛小西門隄岸外，長四十二里[一]；西岸北自德州左衛界鄭家口起，南至德州衛界楊烏屯止，長二十里。境內有黃河故道，自州城西南地名九思來，經城東二十里，東北入海。

淺鋪六　下八里屯淺　四里屯淺　耿家灣淺　劉皮口淺　蔡張成口淺　上八里堂淺

直隸德州衛

德州衛在德州西。該管河：東岸北自吳橋縣界降民屯起，南至德州界下八里堂淺止，內除吳橋縣隄岸外，

[一] 長四十二里　原本『二』字漫漶，據膠卷本補。

長六十三里； 西岸北至景州界羅家口起，南至故城縣界方還止，內除德州、故城、吴橋隄岸外，長一百五十四里。

淺鋪八 高官廠淺 四里屯淺 楊烏屯淺 降民屯淺 五里莊淺 圓窩口淺 泊皮口淺 張家灣淺

直隸德州左衛

德州左衛在德州城內。該管河： 東岸北自德州界四里屯起，南至小西門止，長三里； 西岸北至德州衛界四里屯起，南至德州劉皮口止，長一里。

淺鋪二 鄭家河口淺 小西門淺

直隸故城縣

故城縣在漕河北岸。該管河西岸，北自德州衛界第二屯起，南至武城縣鄭家口止，內除德州衛屯三十五里外，長三十七里。

淺鋪三 孟家口淺 焦谷寺淺 鄭家口淺

直隸恩縣

恩縣在漕河之東南五十里。該管河東岸，東北自德州界四女樹起，西南至武城縣白馬廟止，長七十里。

淺鋪五 新開淺 回龍廟淺 滕家口淺 高師姑淺 白馬廟淺

直隸武城縣

武城縣在漕河之東一里。該管河： 東岸北自恩縣界白馬廟起，南至夏津縣界桑園口止，長一百四十四里； 西岸北自故城縣界鄭家口起，南至夏津縣界王家莊止，長一百一十四里。

淺鋪二十六〔一〕 王家口淺 孟家莊淺 小流口淺 北釣口淺 南釣口淺 西關口淺 初家道口淺 周家道口淺 劉家道口淺 方還口淺 陳家橋淺 何家隄口淺 陳家林淺 高家圈口淺 大還河口淺 耿家林口淺 灣頭口淺 大隴頭口淺 白家圈口淺 白隴口淺 呂家道口淺 徐家道口淺 侯家道口淺 商家道口淺 桑園口淺

直隸夏津縣

夏津縣在漕河之東四十里。該管河： 東岸北自武城縣界桑園口，南至臨清州界趙貨郎口止，長四十六里； 西岸北自武城縣界劉家道口起，南至清河縣界渡口驛止，長七里。

淺鋪八 黄河口淺 大口子淺 小口子淺 郝家圈

〔一〕二十六 下所列淺鋪數爲二十五處。

淺　草廟兒淺　新開口淺　裴家圈淺　趙貨郎口淺

直隸清河縣

清河縣在漕河之西五十里。該管河岸，北自夏津縣界渡口驛起，南至臨清州界二哥營止，長四十一里，境內有黄河故道。

淺鋪八　賈家口淺　黄家口淺　草廟口淺　蒲萄蓬淺　孫家口淺　吴家圈淺　嚴家口淺　二哥營淺

山東臨清州

臨清州先爲縣，成化間改爲州，在汶河之北一里，衛河之東六里，二水至此合流，北入於海。本州該管衛河：東岸北自夏津縣趙貨郎口起，南至板閘口止，長三十四里； 西岸北自清河縣界二哥營起，南至板閘口止，長三十一里。該管汶河： 北岸西自板閘口起，東至清平縣界潘家橋淺止，長二十里； 南岸西自板閘口起，東至清平縣界趙家口止，長二十三里。

閘四

會通閘，在州治西南三里餘，東至臨清閘一里餘，元至元三十年建，永樂九年重修，天順五年移置于舊閘南五十餘丈。

臨清閘，在州治西南二里半，元元貞二年建，永樂九年重修。

南板閘，在州治西南六里三百七十三步，東至新開上閘一里半。永樂十五年，平江伯陳瑄始建板閘，宣德七年鄧郎中改爲石閘。

新開上閘，在州治西南五里四十八步，正統二年始建磚閘，後改爲石閘。

會通、臨清二閘河居北，元開會通河建，地勢陡峻，數壞舟楫，築閉不行。南板閘、新開上閘河居南，本朝開建，地勢頗平，往來船行。

壩一　臨清壩在會通閘之南，南扳閘之北，元時已有，本朝修復，設官管理。每遇汶水微細，閉閘積水，船由壩車過。正統元年，樊郎中建議革罷。

淺鋪十二㈠　下伏柳圈淺　上伏柳圈淺　丁家碼頭淺　上口廠淺　北土門淺　破閘淺　潘家屯淺　陳家莊淺　沙灣淺　潘家橋淺

山東臨清衛

原係濟寧左衛，景泰元年改調臨清，無該管隄岸。

山東清平縣

清平縣在漕河東岸。該管河： 東岸北自臨清州界

㈠ 十二　下列淺鋪數爲十。

潘官屯起，南至博平縣界減水閘止，內除德州左衛、博平縣隄岸外，長三十九里；　西岸北自臨清州界潘家橋起，南至堂邑縣界涵谷洞止，內除德州左衛、博平縣隄岸外，長三十三里。

閘一

戴家灣閘，在縣治西南，北至臨清州新開上閘三十里。成化元年，總督漕運左副都御史王竑建議而設。

減水閘二　李家口減水閘，在德州左衛屯河東岸，成化八年建。魏家灣減水閘，在本縣與博平縣地界河東岸，元時建。

淺鋪九　潘家橋淺　張家口淺　左家橋淺　李家口淺　丁家口淺　趙家口淺　戴家灣淺　十里井淺　魏家灣淺

山東堂邑縣

堂邑縣在漕河之西南三十里。該管河西岸，北自清平縣界魏家灣起，南至聊城縣界呂家灣止，長三十五里。

閘二

土橋閘，在縣治東北，北至清平縣戴家灣閘四十八里。成化七年，巡撫右副都御史翁世資建議而設。

梁家鄉閘，在縣治北，北至土橋閘十五里。宣德四年，工部主事鄧□建。

減水閘二　土城減水閘，成化八年建。中閘減水閘，景泰五年建。

淺鋪七　涵谷洞淺　新開口淺　土橋淺　中閘口淺　馬家灣淺　北梁家鄉淺　南梁家鄉淺

山東博平縣

博平縣在漕河之東四十五里。該管河：　東岸北自清平縣界十里井起，南至聊城縣界棱隄兒止，內除清平縣隄岸外，長三十七里；　西岸北自清平縣界丁家口起，南至清平縣界魏家灣止，長四十里。

減水閘一　老隄頭北減水閘，景泰五年建。

淺鋪六　朱家灣淺　減水閘淺　老隄頭淺　袁家灣淺　朱官屯淺　棱隄淺

山東聊城縣

聊城縣在漕河之西三里，東昌府在焉。該管河：　東岸北至博平縣界棱隄兒，長三十里；　西岸北自堂邑縣界南梁家鄉，內除東昌衛隄岸外，長二十九里，南至陽穀縣界官窰口，長三十五里。

閘三

通濟橋閘，在縣治東三里，北至堂邑縣梁家鄉閘三十五里。永樂十六年建。

李海務閘，在縣治東南二十里，北至通濟閘二十里。元元貞二年建。

周家店閘，在縣治東南三十一里，北至李海務閘十二里，元大德四年建。

減水閘五　裴家〔一〕口減水閘，正統六年山東按察僉事王亮建。米家口減水閘，景泰七年山東布政司參議陳雲鵬建。官窑口減水閘，景泰七年工部主事孔詡建。方家口減水閘，正統六年山東按察司僉事王亮建。柳家口減水閘，成化八年本府通判馬聰建。

淺鋪二十三　北壩口淺　徐家口淺　柳行口淺　房家口淺　吕家灣淺　龍灣兒淺　宋家口淺　破閘口淺　林家口淺　于家口淺　周家店淺　北壩口淺　稍張閘淺　柳行口淺　白廟兒淺　雙隄兒淺　裴家口淺　方家口淺　李家口淺　米家口淺　耿家口淺　蔡家口淺　官窑口淺

山東平山衛

平山衛在東昌府治東南。該管河岸，北自崇武水驛起，南至聊城縣界龍灣兒止，長五里。

淺鋪五　第一淺　第二淺　第三淺　第四淺　第五淺

山東東昌衛

東昌衛在東昌府治東，原係武昌護衛，宣德六年改調。該管河岸，北自兑軍廠起，南至通濟橋閘止，長九十三丈。

山東陽穀縣

陽穀縣在漕河之西五十里。該管河岸，北自聊城縣界官窑口起，南至東阿縣界荆門上閘止，長四十里。黄河西南自開封府祥符縣金龍口來，至本縣南入漕河，淤塞不常。

閘六

七級下閘，北至聊城縣周家店閘十二里，元大德元年建，永樂九年重修。

七級上閘，北至七級下閘三里，元元貞元年建，永樂九年重修。

阿城下閘，北至七級上閘一十二里，元大德三年建，永樂九年重修。

阿城上閘，北至阿城下閘三里，元大德二年建，永樂九年重修。

荆門下閘，北至阿城上閘十里，元大德三年建，永樂九年重修。

荆門上閘，北至荆門下閘三里，元大德六年建，永樂九年重修。

〔一〕裴家　原本此處漫漶，據《江北運程》卷十三補。

淺舖十　官窑口淺　擺渡口淺　劉家口淺　何家口西岸淺　舘驛灣西岸淺　汊河口淺　秦家口淺　張家道口淺　何家口東岸淺　舘驛灣東岸淺

山東東阿縣

東阿縣在漕河之東六十里。該管河岸，北自陽穀縣界荆門上閘起，南至壽張縣界沙灣止，長二十里。正統十三年，河決汴梁，東北趨漕河，至本縣，決沙灣東隄，以達于海。遣工部尚書石璞、侍郎王永和、都御史王文相繼塞之。景泰四年，左僉都御史徐有貞塞成。天順八年，僉事劉進用石修砌東隄㈠，自大感應廟起至沙灣止，長一百六十丈。成化年間，副使陳善用石修砌東隄，自沙灣淺起，至荆門驛止，長一千九百三十丈。弘治六年，河決汴梁，東北趨漕河，至本縣，決張秋東隄，以達于海。遣右副都御史劉大夏治之。七年，復遣太監李興、平江伯陳鋭同治，決河塞成，復於黃陵岡築隄，以絶其流。詔改張秋名安平鎮。

閘一

通源閘，在河西岸廣濟渠口，黃河所出。景泰三年僉事古鏞建。

淺舖八　新添淺　北灣淺　中渡口淺　掛劒淺　北浮橋淺　安家口淺　南浮橋淺　沙灣淺

山東壽張縣

壽張縣在漕河之西三十里，北自東阿縣界沙灣淺起，南至東平州界戴家廟止，長二十里。

積水閘一　積水石閘在沙灣北舊黃河口。成化七年山東按察司僉事陳善建。

壩二　師家壩在沙灣西南二十五里，堨黃河水，使入通源閘，以分沙灣水勢。野猪腦堰在縣治南六十里，縈紆三十餘里，用土石修築以潴水，使不衝決漕河隄岸。

淺舖五　沙灣淺　張家莊淺　戴洋屯淺　劉家口淺　戴家廟下淺

山東東平州

東平州在漕河之東北十五里。該管河岸，北至壽張縣界戴家廟，長三十里；南至汶上縣界靳家口，内除東平千户所隄岸外，長二十三里。

湖一　安山湖，距州治西南十五里，北臨漕河，縈迴百餘里。正統三年，知州傅霖於湖口建閘蓄水。

減水閘一　減水石閘，在戴家廟鎮漕河北岸。景泰五年，左僉都御史徐有貞建，以殺水勢。弘治五年，山東

㈠僉事劉進　原本漫漶，據膠卷本補。

參政熊繡、提督兗州府通判劉福、東平州同知王珣重修。

淺鋪十三　戴家廟上淺　沙孤堆淺　邢家莊淺　蘇家莊淺　譚家莊淺　安山下淺　積水湖淺　馮家莊淺　王忠口淺　劉家莊淺　李家莊淺　栗家莊淺　靳家口淺

山東東平守禦千户所

東平守禦千户所在東平州治東南。該管河岸，北自東平州界安山淺起，南至東平州界馮家莊止，長二十里。

淺鋪四　安山上淺　韓家口淺　長張口淺　劉家口淺

山東汶上縣

汶上縣在漕河之東北三十五里。該管河岸，北自東平州界靳家口起，南至嘉祥縣界界首止，長七十二里。汶水自本縣東北來，至鵝河口南北分流，是爲漕河。

湖一　南旺湖去縣治西南四十五里，縈迴百五十餘里，中爲二長隄，漕渠貫其中。西隄有斗門，上有橋，以便牽挽，外蓄水，號爲水櫃。成化四年，山東按察司僉事陳善因舊土隄易壞，始用石修砌西隄，又負土增築東隄。

閘三

開河閘，北至荆門上閘一百四十里，元至元間建。洪武二年，知縣鄭原重修，二十四年河淤閘廢。永樂九年，開會通河重修。

南旺北閘在分水河口北。

南旺南閘在分水河口南，俱成化間工部郎中楊恭建議而設。

積水閘二　界首積水閘，成化六年管河主簿蔣寬重修。石口積水石閘，成化四年管河主簿魏端重修。

淺鋪十四　靳家口淺　步家口淺　張八老口淺　闞家口淺　袁家口淺　劉家口淺　開河淺　闞城淺　田家口淺　鵝河口淺　南旺淺　柳隄淺　石口淺　界首淺

山東嘉祥縣

嘉祥縣在漕河之西二十五里。該管河岸，北自汶上縣界界首起，南至鉅野縣界大長溝止，長十八里。原係濟寧左衛管。景泰元年，調左衛於臨清，嘉祥代之。隄岸用石修砌一十里。

淺鋪四　孫村淺　寺前淺　十字河淺　大長溝淺

山東鉅野縣

鉅野縣在漕河之西八十里。該管河岸北自嘉祥縣界大長溝起，南至濟寧衛界火頭灣淺止，長二十五里。原係濟寧左衛管。景泰元年，調左衛於臨清，鉅野代之。隄岸用石修砌一十二里。

壩一　蓬子山壩，在縣治北，漕河之西。地有大薛湖，北連南旺湖，南接晉陽湖。成化四年，僉事陳善因南旺湖水漲溢入大薛湖，衝決而南，漫流于晉陽湖，水退漕渠淺涸，故於大薛湖之南築壩以障水。

淺鋪五　小長溝淺　黄沙灣淺　白嘴兒淺　梁家口淺　火頭灣淺

山東濟寧衛

濟寧衛在濟寧州東南。該管河岸，西自鉅野縣界火頭灣起，東至濟寧州槐疙疸止，長二十五里。

淺鋪五　曹井橋淺　耐牢坡淺　安居淺　十里淺　五里淺

山東濟寧州

濟寧州在漕河北岸。該管河岸，西自濟寧衛界五里淺起，南至魚臺縣界界牌淺止。東岸内除鄒縣隄岸三里外，長六十八里。洸、泗、沂三水自本州東北來，合流至城南天井閘，東合汶水南流，是爲漕河。

支流三　馬陵泉，在州治東南五十餘里，西南至魯橋閘北入漕河。托基泉，在州治南六十里，西南流三里，至魯橋閘南入漕河。蘆溝泉，在州治南七十里，西流六里，至棗林閘南入漕河。

湖一　馬塲湖，在州治西十里，縈迴四十里，水通漕河。

閘十一

分水閘，在州治西三里，西北至汶上縣開河閘一百五里，元大德五年建，名上閘。本朝重修，改今名。

天井閘，在州城南門外，西至分水閘三里。元至元二十一年建，名中閘，一名會源閘。本朝重修，改今名。

在城閘，西至天井閘二里，元至元二十一年建，名下閘。本朝重修，改今名。

趙村閘，西北至在城閘六里，元泰定四年建。

石佛閘，北至趙村閘七里，元延祐六年建。

新店閘，北至石佛閘十八里，元大德元年建。

新閘，北至新店閘八里，元至正元年建。

仲家淺閘，北至新閘五里，宣德五年建。

師家莊閘，北至仲家淺閘六里，元大德二年建。

魯橋閘，北至師家莊閘五里，永樂十三年建。

棗林閘，北至魯橋閘六里，元延祐〔一〕五年建。

月河閘三　上新閘，在分水閘西月河口，天順三年建。中新閘，在月河中。下新閘在在城閘下月河口，天順三年建。

新河閘三　耐牢坡閘，在州治西二十里，漕河南岸，閘裏有黄河故道，西通汴梁。洪武初用兵梁晉，開通以輸軍餉。二年，因水散泄，於坡口北一里建閘，以

〔一〕延祐　原本作『元祐』，元代無此年號，據《元史·河渠志》改。

節水勢，設閘官一員，正統三年革去。成化年間，因黄河故道開濬通魚臺縣塌塲口，重修閘座，改名永通閘。復於永通閘之南建一閘，曰永通上閘；塌塲口北建一閘，曰廣運閘。汶水盛發，由此河行。黄河自曹州雙河口來，亦通此河。永通上閘在永通閘南。廣運閘在魚臺縣塌塲口之北。

淺鋪十二　趙村淺　楊灣淺　石佛淺　花家淺　新店淺　新閘淺　仲家莊淺　師家莊上淺　師家莊下淺　魯橋淺　棗林淺　硯瓦溝淺

新河淺鋪十五　永通淺　夾河淺　馮翟淺　河長口淺　大河淺　禮義淺　大留淺　夾灣淺　王貴淺　張家淺　牛頭河淺　王家淺　邢家上淺　邢家淺　談村淺

山東鄒縣

鄒縣在漕河之東北七十里。該管河東岸，北自濟寧州界師家莊下淺起，南至濟寧州界魯橋閘止，長三里。

支流二　白馬河泉，在縣治東北二十五里，會淵源等泉，南流九十里入泗、沂故道，由堽里閘橋下入漕河。三角灣泉，在縣治西南六十五里，水西南流十里，由堽里南石橋下入漕河。

積水閘一　堽里積水石閘，正統年間建，閘外河口石橋五間，以便牽挽經行。閘橋下即泗、沂二水故道。

淺鋪二[一]　堽里淺

山東魚臺縣

魚臺縣在漕河之西南二十里，該管河岸北自濟寧州界界牌淺起，南至沛縣界沙河止，長五十四里。

支流三　黄河自曹州雙河口來，流經嘉祥縣界，至本縣塌塲口廣運閘入漕河，北通耐牢坡閘，盈涸不常。陽城湖小河，自本縣寨、兖二山來，南流五十餘里，會滕縣大烏河，南匯爲湖，又十五里至沙河店北入漕河。黄良泉，在縣治東北五十里，水西南流六里，由硯瓦溝入漕河。

湖泊二　陽城湖，在漕河北十五里，縈迴五十里。孟陽泊，在漕河之西，縈迴十餘里。

閘四

南陽閘，北至濟寧州棗林閘十二里。

穀亭閘，北至南陽閘十八里，元至順二年建。

八里灣閘，北至穀亭閘八里，宣德八年建。

孟陽泊閘，北至八里灣閘十八里，元大德八年建。

積水閘三　硯瓦溝積水閘　陽城湖積水閘　泥河積水閘　俱正統年間建。

壩一　蘇家壩，長二十丈五尺，高五尺。在沙河店北，堨大烏河水入陽城湖，以達於漕河。

[一] 二　下列淺鋪數爲一。

淺舖二十一　界牌淺　北林圈淺　南陽閘上淺　南陽閘下淺　大塌塲口淺　小塌塲口淺　擺渡口淺　馬溝淺　大龍灣淺　小龍灣淺　穀亭閘上淺　穀亭店上淺　穀亭店下淺　穀亭閘下淺　八里灣淺　三柳樹淺　壩子頭淺　孟陽泊閘上淺　孟陽泊閘下淺　徐家林淺　張家林淺

新河淺舖五　廣運閘上淺　馬家淺　梅家淺　古家淺　張家淺

直隸豐縣

豐縣在漕河之西南八十里。該管河北岸，西自沛縣上閘下淺起，東至沛縣類家淺止長二里。

淺舖一　王家淺

直隸沛縣

沛縣在漕河西岸。該管河岸，北自魚臺縣界沙河起，南至徐州界謝溝[一]止，内除豐縣隄岸外，長一百四里。

支流三　泡河，上通賈魯新開黄河，流經單縣，至本縣飛雲閘橋入漕河，盈涸不常。薛河，自滕縣東高、薛二山之間來，西南流二百里，會南沙河、玉花等泉，由金溝口閘入漕河。鷄鳴臺東小河，在縣治東北五十五里，源出滕縣三里橋泉并七里溝泉，西南流百餘里，至鷄鳴臺東入漕河。初二泉之水漫流爲澤，正統六年漕運參將湯節始開渠[二]引入漕河。置閘於河口以積水，既以濟漕又變沮洳爲良田云。

湖一　昭陽湖，去縣治東北八里，縈迴八十餘里，北屬滕縣，南屬沛縣。永樂八年，於湖口建石閘，於東西二湖口建板閘，成化八年，改爲石閘，弘治七年重修。遇漕河水涸，開閘放湖水入薛河，由金溝口閘達于漕河。湖所受水不一，北沙河出滕縣北龍山，西南流經魚臺縣境入湖；辛莊橋河出滕縣西南五十里，南流十里入湖；漷河出滕縣界，西南入湖；荆溝泉出滕縣東北十五里，泉眼百餘，水流迅急，西南流八十里至辛莊橋漫流爲澤，正統六年，參將湯節開渠十里，引水入湖，塞其西流故道，復於北岸建回龍廟以鎮之。

閘三

湖陵城閘，在縣治北五十五里，北至魚臺縣孟陽泊閘八里。宣德四年建。

謝溝閘，在縣治南四十里，北至徐州沽頭下閘十里。宣德八年工部主事侯暉建議設。

新興閘，在縣治南五十八里，北至謝溝閘十八里。宣德八年，工部主事侯暉建議設。

積水閘四　金溝口閘，在縣治東南八里，薛河并昭陽湖水入漕河之處。旱則閉閘積水，澇則開月河以泄泛溢。

[一] 謝溝　原本此處漫漶，據膠卷本補。

[二] 湯節始開渠　原本作『湯節治開渠』，不辭，據文意改。

元大德十年建，永樂十四年縣丞李欽改修。昭陽湖閘，在昭陽湖南隄中口。永樂八年建東西二小閘，原用板修，成化八年改爲石閘。飛雲橋閘，在泡河口，景泰六年徐州判官潘東建議設。鷄鳴臺小河閘，在縣治東北五十五里河北岸，正統十一年參將湯節建。

淺鋪十九　湖陵淺　鷄鳴臺淺　廟道口淺　張家淺　泗亭淺　金溝口淺　金溝上淺　金溝中淺　金溝下淺　魯村淺　上閘上淺　上閘下淺　類家淺　馬家淺　破閘淺　下閘上淺　下閘下淺　梁村淺　閻村淺

直隸徐州

徐州在漕河西岸。該管河岸，北至沛縣界謝溝閘止，長一百二十五里。東岸內有徐州衛三里溝至秦梁洪隄岸十四里，西岸內有徐州衛黄家、茶城二淺，隄岸一里。南至睢寧縣界雙溝止，長一百一十里，西岸內有靈璧縣雙溝西地方十里。沁水自西北來，至本州城東北角入漕河，一名汴河，又名小黄河。

支流四　留城小河，源出山東滕縣黄溝泉及徽山三家灣等泉，西流八十里至留城鎮北東岸入漕河。境山溝，源出東北馬跑等泉，西南流三十里，至境山鎮北東岸入漕河。溜溝河，在州城北五十五里，自沛縣泡河上流分來，至許家淺北西岸入漕河。烏嘴溝，源出城北十八里屯東冷泉來，西流三五里，至秦梁洪入漕河。

閘七

沽頭上閘，在沛縣境內，北至沛縣湖陵城閘七十里，元延祐二年建，一名隘船閘。本朝改修。

沽頭中閘，在沛縣境內，北至上閘七里，成化二十年工部郎中顧餘慶建議而設。

沽頭下閘，在沛縣境內，北至中閘八里，創建年月無考。

黄家閘，北至沛縣新興閘十六里，天順三年本州判官潘東建議而設。

徐州洪閘，在徐州洪東，月河之南口，正統年間參將湯節因洪水淺急，數壞舟楫，建議於洪之上流築堰逼水，悉歸月河，於月河南口設閘以壅積水勢，景泰年間水漲閘壞。

吕梁上閘、下閘，在吕梁洪之南北，俱正統年間參將湯節建議設，後壞。

洪二(一)　徐州洪，宋名百步洪，在州城東南二里，皆巨石盤踞地中，長百餘步，河流必經其上，號爲洪。每歲水漲深闊，石没入水，舟行不爲害。水半消分爲三派，中爲正洪，東爲月河，西爲外洪，皆可行舟；水全消月河、外洪皆不可行，惟一派聚流正洪中，石之峭者或露出水

(一) 洪二：原本脱，據本書體例補。

面，或隱水半，舟行誤觸之，輒覆溺。成化四年，工部主事郭昇鑿外洪峭石三百餘塊，又用石甃砌縴〔一〕路，長一百三十一丈。成化二十年，工部主事饒泗因洪上障水土壩易壞，改爲石壩，長八十丈，闊三丈。吕梁洪在州治東南六十里，上下相距七里餘，其險如百步洪而過之。成化八年，工部主事張達修砌上洪石隄，長三十六丈，闊九尺。下洪石隄長三十五丈，闊一丈四尺。成化十六年，工部主事費瑄因洪北障水土壩易壞，改爲石壩，長一百六十五丈，復於壩西築堤二十餘丈。十九年，又於洪東用石甃砌縴路，長四百二十丈。

積水閘二　留城積水石閘，正統五年參將湯節建。境山積水石閘，天順四年判官潘東建。

淺鋪三十六　謝溝淺　小閻村淺　榮家淺　留城上淺　留城中淺　留城下淺　賀家淺　皮溝上淺　皮溝中淺　皮溝下淺　李家淺　侯村上淺　侯村下淺　黄家淺　夾溝淺　白廟兒淺　許家淺　白洋圈上淺　白洋圈下淺　梁山淺　茶城淺　秦梁洪淺　新洪淺　九里溝淺　狼屎溝淺　青田淺　乾谷堆淺　白羊淺　李家溝淺　黄鍾淺　石橋淺　孟城灣淺　侯家石淺　房村淺　龍塘淺　雙溝淺

直隷徐州衛

徐州衛在徐州東南。該管河：　東岸北自徐州秦梁洪起南至徐州三里溝止，內除徐州隄岸四里外，長十四里。西岸北自徐州侯村下淺界起，南至徐州黄家淺界止，長二百八十八步〔二〕。

淺鋪二（成化年間廢革）　黄家淺　茶城淺

直隷徐州左衛

徐州左衛在徐州西南。原係楚府護衛，宣德五年，改調徐州，無該管隄岸，管修新洪下攔水土壩。成化二十年，工部主事饒泗改修石閘。

直隷邳州

邳州在漕河北岸。該管河岸，西自睢寧縣界乾溝起，東至宿遷縣界直河口止，內除邳州衛隄岸四里外，長六十里。

支流三　沂河，源出山東沂水縣蒙上澗，經沂州郯城縣流三百餘里〔三〕，至州治西一百二十步北岸入漕河。武河，源出山東嶧縣馬旺山許家泉，流一百八十五里匯爲蛤河，又二十五里至州治西五里乾溝口入漕河。直河源出

〔一〕縴　原本作『牽』，今改。它處俱改。

〔二〕長二百八十八步　原本『二』漫漶，疑爲『三』字。

〔三〕流三百餘里　原本『流』字作『泥』，據文意改。

沂河[一]，至本州受賢鎮南分流一百二十里，至州治東南六十里直河鎮北岸入漕河。

淺鋪十　西合沂淺　石城淺　東合沂淺　池頭上淺　池頭下淺　張林淺　城安淺　沙坊上淺　沙坊下淺　蔡家莊淺

直隸邳州衛

邳州衛在邳州東南，北自邳州界城安淺隄，南至邳州界沙坊上淺止[二]，長四里。

淺鋪一　東城安淺

直隸睢寧縣

睢寧縣在漕河之南五十里。該管河：南岸西自徐州界雙溝起，東至宿遷縣界龍崗止，長一百五十里。北岸西自徐州界雙溝起，東至邳州界乾溝止，長六十五里。

淺鋪十一　馬家淺　辛安淺　白浪淺　塘池淺　乾溝淺　木社淺　青墊淺　皂河上淺　皂河中淺　皂河下淺　龍崗淺

直隸宿遷縣

宿遷縣在漕河北岸。該管河：西岸西北自睢寧縣界龍崗淺起，東南至桃源縣界白羊河止，長四十里。東岸西北自邳州界直河鎮起，東南至桃源縣界古城驛止，長六十里。

支流三　小河，在本縣東南十里，源自開封府黃河來，流經歸德州、虹縣、宿州，至睢寧縣，東南流六十餘里至本縣入漕河。皂河，源出本縣港頭社，流至本縣西北五十里入漕河。白羊河，源自虹縣黃河水分來，至本縣東南四十里入漕河，盈涸不常。

淺鋪二十一　皂河上淺　皂河中淺　皂河下淺　龍堽上淺　龍堽下淺　炭處上淺　炭處下淺　朱乙淺　崔家淺　龍王廟河東淺　龍王廟河西淺　新溝淺　孟城灣淺　陸家墊河東上淺　陸家墊河西上淺　陸家墊河東中淺　陸家墊河西中淺　陸家墊河西下淺　堪口上淺　堪口下淺　武家溝淺

直隸桃源縣

桃源縣在漕河南岸，該管河：北岸西北自宿遷縣界武家溝起，東南至清河縣界駱家營止，長九十五里。南岸西北自宿遷縣界白羊河起，東南至清河縣界駱家營止，長一百一十五里。縣治東南三十里三汊口有河故道東至大清河口通淮，盈涸不常。

[一] 源出沂河　原本作「沂出沂河」，不辭，當係「源」之誤，今改。

[二] 至邳州界沙坊上淺止　原本「至邳州」三字漫漶，本卷有「沙坊上淺在邳州」，據補。

淺舖十二　武家溝淺　九里崗河北淺　九里崗河南淺　龍溝河東淺　龍溝河西淺　武家營河西淺　武家營河東淺　石碑河南淺　石碑河北淺　張泗沖河西淺　張泗沖河東淺　三汊淺

直隸清河縣

清河縣在漕河之北，淮河之西。該管河岸，西北至桃源縣界駱家營，長二十五里。東至淮五里，渡淮七里，入新河口，又四里至山陽縣界李家橋，共長十六里。

閘一

新莊閘，在縣治東十三里新河口通淮之處，永樂十四年平江伯陳瑄建議而設。

淺舖五　吴城淺　清河口淺　新河口淺　新莊閘上淺　季家橋淺

直隸山陽縣

山陽縣在漕河東岸，淮安府在焉。該管河岸，西北至清河縣季家橋，内除淮安、大河二衛隄岸外，長四十一里，南至寶應縣界黃浦止，長六十里。

支河一　涇河，在縣治南五十里，東通射陽湖，東南通鹽城、興化等處，入裏東行二十里，有土壩一座。

湖一　管家湖在城西門外，縈迴八十餘里，宋嘉定九年於湖北岸開河築隄。本朝永樂十四年平江伯陳瑄於湖內修築長隄，以便縴挽，謂之『新路』，通湖橋口三處。

閘七

福興閘，北至清河縣新莊閘十里，永樂十四年平江伯陳瑄建議而設。

清江閘，北至福興閘九里，永樂十四年建。

移風閘，北至清江閘十四里，永樂十四年建。

板閘，北自移風閘二里，永樂十五年建，後改石閘。

磚閘，在城南門漕河東岸，由菊花溝東北通淮，洪武九年建。

新城上下二閘，上閘在新城北，下閘在新城內，二門相接，內通菊花溝，外通淮，洪武十年建。

壩十　清江浦東壩，成化七年因漕河水涸，將新莊閘口築閉，設壩於清江浦漕河北、淮河南岸。車船。清江浦西壩，成化七年設。淮安壩，在新城西北七里，淮岸之南。滿浦壩，在新城西北七里，淮岸之南。南鎖壩，在舊城南七里，漕河東菊花溝。洪武初，淮安、滿浦、南鎖三壩，每壩設官二員管車船隻。正統十一年裁革壩官一員。景泰二年俱革。自後，滿浦壩坍没，淮安壩專車鹽船。仁、義、禮、智、信五壩，俱在新城之北，淮岸之南。建置年月無考。仁字、義字二壩，一名東壩，專車鹽船。成化七年新莊閘口築閉，船隻由東壩車過。

淺舖十五　福興閘下淺　福興閘上淺　朱家溝淺　保乙溝淺　童家溝淺　移風閘下淺　板閘下淺　新路五

淺　新路四淺　新路三淺　新路二淺　新路一淺　包家圍淺　平河橋淺　黄舖淺

直隸淮安衛

淮安衛在淮安府南。該管河岸，北自大河衛界雙廟起，南至山陽縣界浮橋止，長三百三十丈。

直隸大河衛

大河衛在新城内。該管河岸北自山陽縣界新挑溝起，南至淮安衛界雙廟止，長四百二丈。

直隸寶應縣

寶應縣在漕河東岸。該管河東岸，北至山陽縣界黄浦，長二十里；南至高郵州界界首，長六十里。自本縣至槐樓南諸湖相接，西抵泗州盱眙地界，縈迴百有餘里。湖東爲隄，長三十餘里，舊用土築，洪武九年用磚修砌高家潭等處隄岸。成化二十一年工部郎中楊榮用石修砌一千二百丈，并每年漸次修砌石隄幾二十里。弘治七年石隄坍壞，加石補修，並新修石隄七百餘丈。

湖五　白馬湖，在縣治北十五里，南北接漕渠。清水湖，在縣治南半里，西南接氾光湖，北接漕渠，東臨湖隄。氾光湖[一]，在縣治西南十五里，東北接清水湖，西南接灑火湖，南接津湖。灑火湖在縣治西南四十里，東北接氾光湖。津湖，在縣治南四十里，西接氾光湖，南接漕渠，東臨湖隄。

減水閘三　七里溝淺隄内減水閘一座，在城北塔下。萊橋口減水閘一座，在縣市西。魚兒溝減水閘一座，在縣治南五里淺該管隄内。

滚水壩三　白馬湖口淺隄内滚水壩一座。七里溝淺隄内滚水壩一座。槐樓淺隄内滚水壩一座。

減水涵洞十五　黄浦淺隄内涵洞一座。白馬湖口淺隄内涵洞二座。七里溝淺隄内涵洞三座。白田淺隄内涵洞一座。槐樓淺隄内涵洞一座。瓦店淺隄内涵洞三座。子嬰溝淺隄内涵洞四座。

淺鋪九　黄舖淺　白馬湖口淺　七里溝淺　五里淺　白田淺　丁家潭淺　槐樓淺　瓦店淺　子嬰溝淺

直隸高郵州

高郵州在漕河東岸。該管河東岸，北至寶應縣界界首，長六十里；南至江都縣界露筋，長三十里。自張家溝至州城西北杭家嘴諸湖相連，西抵天長等處，縈迴一百餘里。湖東爲隄，長三十餘里。洪武九年令知州趙原等修爲磚隄。永樂十九年工部樊主事燒造大磚

[一] 氾光湖　原作『范光湖』，據本書卷一《漕河之圖》改。它處俱改。

重修，湖旁三十里悉爲磚隄。弘治七年隄壞，造磚十餘萬補修。

支河一　康濟河，在州治北漕河之東，長三十五里，南北通漕河。弘治三年，刑部侍郎白昂因舟行湖中，有西風觸隄之害，議開此河，設淺鋪六，置卒以守。弘治五年，巡河御史汪鋐改河北口近南五里，於河南北口置閘二座，以防衝決，又用磚石修砌東岸。

湖十　新開湖，在州城西北，南接杭家嘴漕渠，北接七里湖。甓社湖，在州治西三十里，東接新開湖。七里湖，在州治北十七里，南接新開湖，北接張良湖。張良湖，在州治北二十里，南接七里湖，北接漕渠。塘下湖，在州治西四十里。石臼湖，在州治西五十里。姜里湖，在州治西五十里。五湖，在州治西六十里。珠湖，在州治西七十里。武安湖，在州治西南三十里，通露筋漕渠。

閘二

上下二閘，在州治北。上閘在遐觀橋下；下閘在遐觀橋東。西通新開湖，東通興化縣運鹽河。

壩一　蛤蜊壩，在州治東北，西通漕河，東通興化縣。

減水石閘二　車邏淺隄內減水石閘一座。王琴淺隄內減水石閘一座。

減水磚橋二　張家溝淺隄內減水磚橋一座。十里橋淺隄內減水磚橋一座。

減水涵洞十八　界首淺隄內涵洞一座。永定淺隄內涵洞三座。丁志淺隄內涵洞三座。張家溝淺隄內涵洞一座。十里橋淺隄內涵洞一座。丁家灣淺隄內涵洞二座。五里壩淺隄內涵洞二座。王琴淺隄內涵洞五座。

淺鋪十一　界首淺　永定港淺　丁志淺　張家溝淺　十里橋淺　九里廠淺　小北門淺　丁家灣淺　五里壩淺　車邏淺　王琴淺

康濟河淺鋪六　第一淺　第二淺　第三淺　第四淺　第五淺　第六淺

直隸高郵衛

高郵衛在高郵州西，該管河東岸，自城西門起，至南門止。

直隸江都縣

江都縣在漕河之西三里，揚州府、衛在焉。該管河岸，北至高郵州界露筋，長九十里；南至瓜州揚子江岸，長四十五里；西南至儀真縣界老人頭，長三十五里。

湖一　邵伯湖，在縣治東北四十五里，縈迴百餘里，南北接漕渠，東爲隄，長二十餘里，舊用土築。成化年間，巡河御史楊守隨始議用磚修砌。後都御史陳濂、張鵬等相繼提督，修砌石隄二百餘丈。屢決屢修。

塘四　雷公上下二塘，在縣治北十五里平崗上。唐貞觀十八年，李襲稱〔一〕爲揚州大都府長史，嘗引雷陂水以溉田。其地西、南、北峻昂，獨東一面卑下，作隄於東，以蓄潦水，旱則引之溉田，爲利不貲。上塘，東西闊七百三十五丈，南北長九百二十丈。下塘，東西闊五百八十丈，南北長七百五十丈。元至正元年於上塘隄北建石閘一，成化八年，刑部侍郎王恕重修，造水䃮一。下塘造石閘一，水䃮二，後廢壞。小新塘，東西闊一百丈，南北長一百七十丈，東北連接上雷塘。小新塘轉注上塘，上塘轉注下塘，由懷子河至灣頭入漕河。句城塘在縣治西三十五里，東西闊三百四十六丈，南北長一千一百六十丈。唐貞觀十八年，李襲稱爲揚州大都府長史，築此塘以溉田，百姓穫其利，徵拜大府卿。成化八年，侍郎王恕行令郎中郭昇增築隄岸，造石閘一、水䃮一，後廢壞。其水南流至儀真縣東四十里烏塔溝入漕河。

支河一　運鹽河，在縣治東北三十里，地名灣頭，漕河東岸。成化九年，侍郎王恕於河口建朝宗上下二閘以節水利。自閘口東行七十里，至斗門入泰州界；又東行一百六十里，至海安入如皋界；又東南行一百一十里，至白蒲入通州界；又東行七十里，至新寨入海門界；又東行八十里達吕四塲。自灣頭東四十里宜陵鎮側，一支往南，名白塔河，凡四十五里，通揚子江。江南糧船由孟瀆河過江而入此河。

閘十二

朝宗上下二閘，在本縣東北二十里運鹽河口，成化九年建。

新開閘，在白塔河口，宣德七年建，成化十年廢。

潘家莊閘，北至新開閘十里，宣德七年建，成化十年廢。

大橋閘，北至潘家莊閘十里，宣德七年建，成化十年廢。

江口閘，北至大橋閘二十里，下至揚子江五里，宣德七年建，後坍没入江。

新開閘，在白塔河内，成化十年建。

大同閘，在白塔河内。

通江閘，在白塔河内，成化十年建。

留潮閘，在白塔河内，成化十年建。

邵伯上下二閘，洪武初開設，止許官船行，民船由東西四壩車過，後閘壩俱廢。

減水石閘十三　通江上下二閘，在瓜洲，上接漕河，下通大江。宋徽宗命朱勔領奉應局建花石綱，采取江南奇花異石，舳艫相銜，於淮、汴置閘通舟。後因走泄水利築閉。本朝亦不開通，惟遇漕河水漲暫開，減水入江。新廟淺隄内減水石閘二座。浪蕩湖淺隄内減水石閘一座。

〔一〕李襲稱　《新唐書地理志》《新唐書本傳》俱作李襲譽，似避景泰帝祁鈺諱，據改。

頭潭淺隄内減水石閘二座。宋家淺隄内減水石閘二座。柳青湖淺隄内減水石閘二座。東西灣淺隄内減水石閘二座。

減水石磋一　瓜洲減水磋，成化八年侍郎王恕建，在通江閘之東，别爲一港，其長數里，可以泊舟。上接漕河隄，下通大江，臨江處爲石磋。漕河水漲，則決隄放水，由磋入于江。

減水橋二　宋家淺隄内減水橋一座，在邵伯驛前。柳青湖淺隄内減水橋一座，名鳳凰橋。

減水涵洞九　新廟淺隄内涵洞一座。浪蕩淺隄内涵洞一座。頭潭淺隄内涵洞二座。宋家淺隄内涵洞二座。柳青湖淺隄内涵洞一座。東西灣淺隄内涵洞二座。

壩十三　邵伯小壩，在邵伯鎮漕河東岸，壩下小河通泰州興化縣。楊子橋古壩，在縣治南十五里，漕河東岸，壩外深港通揚子江，長十八里。瓜洲壩十一座，漕河至此分爲三支，如瓜字之形。中一支阻隄隔江；東一支通江，名東港；西一支通江，名西港。由中一支入東港有二支：第一支築壩二，北曰八壩，南曰九壩；第二支築壩一，曰十壩。由中一支入西港有四支：第一支築壩三[一]，北曰七壩，中曰六壩，南曰五壩；第二支築壩二，北曰四壩，南曰三壩；第三支築壩二，北曰二壩，南曰一壩；第四支築壩一，曰鹽壩。東西二港以通江潮之來，各壩以限漕河之水。洪武三年，設東港八壩、西港七壩。永樂九年，平治東港八壩爲楠木廠。正統二年，修復八壩、九壩。十四年修復十壩。成化六年，工部主事吴英移置十壩于舊壩東一里許。

淺舖十一　新廟淺　浪蕩湖淺　頭潭淺　朱家淺　柳青湖淺　東西灣淺　花家園淺　李家莊淺　姚家潭淺　吉祥莊淺　江家莊淺

直隸儀真縣

儀真縣在漕河之西北盡處，儀真衛在焉。該管河岸，東北至江都縣界石人頭，長四十里；西南至大江五里餘。

塘一　陳公塘，在縣治東北二十里，漢建安中廣陵太守陳登元龍修，以資灌溉。縈迴九十餘里。其地西北倚山爲形，潦水自山入塘，有三十六汊。東南一面爲隄，以障潦水，長八百九十餘丈，隄置斗門、石磋各一，過則洩之，由太子港入漕河。宋淳熙九年州判錢冲之重修，遷其磋於西二十丈。本朝成化八年侍郎王恕令郎中郭昇增築隄岸，造水磋二，石閘一，後廢壞。

閘八　清江閘，在縣城南門裏。潮閘，在城南門外。腰閘，在廣惠橋下。三閘内通漕河，外通江港，俱宋嘉定

[一] 築壩三　原本作『築壩二』，文中有『北曰七壩，中曰六壩，南曰五壩』，共爲三壩，據改。

元年郡守張顏建，廢久。本朝洪武十六年兵部尚書單安仁建言修復。永樂十五年縣丞陳孚先重修，後因泄水，於閘上築土壩障水，閘廢不用。裏河口閘，一名東關閘，在縣東關漕河南岸。響水閘，在裏河口閘南百步。中通濟閘，一名中閘，在響水閘西南二里許。臨江閘，一名羅四橋閘，在中閘西二里許。四閘俱成化十年工部巡河郎中郭昇建議而設，以通大江。成化二十一年築閉。弘治四年南京守備太監蔣琮建議修復，撤去響水閘不用。東關閘，在城東門外漕河中。成化二十三年，南京工部主事夏英因先年水漲壩決，急難築塞，建議於壩上河中設閘，以待壩決則閉閘，以截其流。

減水閘二　東門外減水閘，在縣治東一里，漕河南岸，水漲由此減入于江。新高橋減水閘，在縣治東八里，漕河南岸。俱成化九年侍郎王恕用石重修。

減水磋二　蔣家溝水磋，在縣治東五里，漕河南岸。張家溝水磋，在縣治東二十五里，漕河南岸。俱成化九年侍郎王恕重修。

壩六　儀真壩五座。一壩、二壩，在縣治東南半里許，共一港。三壩在縣治東南二里許，獨一港；四壩、五壩，在縣治東南三里許，共一港。俱洪武十六年兵部尚書單安仁建議而設。新壩一座，在縣治東十二里，景泰五年，工部主事鄭靈建議而設。

淺舖三　麻線港淺　張家溝淺　蔣家溝淺

自通州至儀真軍衛有司之瀕河者，凡爲府三，衛二十有二，州十有一，縣三十有七，守禦千户所一；閘當河之中者六十有二；舖舍在河之兩崖者五百七十有六。

卷之二

漕河上源

衛河至臨清州爲漕河，其源出輝縣。

河南輝縣

輝縣西北七里蘇門山百門泉衛河出焉，東南流二十五里，入新鄉縣界。

支流三　卓水泉在縣治西，流至雲門社入衛河[一]。焦泉丁公泉在縣治西，東南流五十里，至合河口入衛河。在縣治西，南流五十里，至合河口入衛河。

河南新鄉縣

新鄉縣在衛河之南一里。該管河岸，西北至輝縣界合河，東北至汲縣界曲里。

支流一　砦河，源出太行山口[二]，西流至本縣永康社入衛河。

淺舖六　永康淺　水東淺　大郭淺　北門淺　穆村淺　新莊淺

河南汲縣

汲縣在衛河南岸。該管河岸，西南至新鄉縣界，東北至淇縣界。

支流三　聖水池河自本縣頓坊店來，東流一十里，至謝家口入衛河。蒼峪山河，自本縣西城北社來，東流三十里至北馬營入衛河。太公泉，自縣治西北土山流入衛河。

淺舖十二　謝家淺　莊嚴淺　府君淺　倪家淺　許家淺　堠子淺　蕭公淺　樊家淺　姚村淺　王魁淺　汲城淺　曲里淺

河南淇縣

淇縣在衛河之西二十五里。該管河岸，西南自汲縣界謝家口起，東北至濬縣界薛村口止，長一十五里。

支流二　折脛河[三]源出本縣泉兒頭，流至西閻村入衛河。山河源出太行山，至本縣薛村口入衛河。

[一] 雲門社入衛河　原本「社」作「袚」，下有「永康社」、「城北社」，「袚」當係「社」之誤，今改。

[二] 太行山　原本作「大行山」，今改。

[三] 折脛河　又作斮脛河。因《尚書》「斮朝涉之脛」典故而得名，今改。

淺鋪三　薛村口淺　黄村淺　西閻村淺　淺　河陰村淺

直隸濬縣

濬縣在衛河東岸。該管河岸，西南接淇縣界，東北接滑縣界。

支流一　淇水，源出林慮山中，綿歷太行而東，至枋頭入衛河。枋頭，古淇門也。

淺鋪十八　老鸛嘴淺　石井兒淺　東陽澗淺　屯子淺　王橋淺　西關淺　周口兒淺　李家道口淺　雙曹淺　崔家渡淺　埽頭淺　石羊淺　郭家渡淺　劉家渡淺　新鎮淺　高宋淺　丁家莊淺　淇門淺

河南湯陰縣

湯陰縣在衛河之西七十里。該管河西岸，東北接安陽縣界，西南接濬縣界。

淺鋪六　五陵淺　宋村淺　鎮撫淺　埽河淺　任固淺　故城淺

河南安陽縣

安陽縣在衛河之東八十里，彰德府在焉。該管河西岸，東北自魏縣界回龍鎮起，西南至湯陰縣界河陰村止，長三十里。

淺鋪五　北新莊淺　南新莊淺　高利村淺　伏恩村淺　河陰村淺

直隸滑縣

滑縣在衛河之東八里。該管河東岸，東北至內黄縣界高隄兒，西南至濬縣界老鸛嘴。

淺鋪一　草坡淺

直隸內黄縣

內黄縣在衛河之東四十里。該管河東岸，東北接大名縣界，西南接滑縣界。

支流二　洹水，一名安陽河。源自故洹水縣來，至安陽縣會拔劍泉、零泉，東經永和鎮至尹家口入衛河。湯水，源出湯陰縣西玄泉，東流至防城會防、羑二水，至本縣界入衛河。

淺鋪十　泊口淺[一]　回龍廟淺　五里淺　田氏淺　安陽河口淺　北豆公淺　南豆公淺　原村淺　冉村淺　高隄兒淺

直隸魏縣

魏縣在衛河之北四十里。該管河西岸，西南自安陽

[一] 泊口淺　原本『泊』字漫漶不清，亦可能是『汨』或俗體之『旧』。

縣界回龍廟起，東北至大名縣凌家口淺止，長八十里。

淺鋪六　閻家淺　二教口淺　雙井店淺　申家口淺　小王渡淺　回龍廟淺

直隸大名縣

大名縣在衛河之東南六十里。該管河岸，西南自魏縣界閻家渡淺起，東北至元城縣界劉家淺止，長三十里。

淺鋪三　磚橋淺　艾家口淺　凌家口淺

直隸元城縣

元城縣在衛河之北二里，大名府在焉。該管河岸，西南自大名縣界凌家口淺起，東北至館陶縣界遷隄兒淺止，長九十里。

淺鋪六　草廟淺　横隄淺　小灘淺　岔道淺　潮門淺　劉家淺

山東館陶縣

館陶縣在衛河之東三里。該管河岸，西南自元城縣界草廟淺起，東北至臨清州界尖塚止，長一百五十里。

支流一　漳河，源有二：一出山西潞州長子縣發鳩山，名濁漳；一出平定州樂平縣沾嶺，名清漳，俱東北至彰德府林縣合漳村合流。過臨漳縣分爲二：一北至武邑縣界入滹沱河；一東流至本縣界入衛河。

淺鋪十二　遷隄兒淺　稱鈎灣淺　小碼頭淺　南館陶淺　安靖淺　黄花臺淺　計家淺　窩兒頭淺　北碼頭淺　灘上淺　馬欄廠淺　尖塚兒淺

山東臨清州

臨清州在衛河之東六里。該管衛河隄岸，西南自館陶縣界尖塚兒起，東北至南板閘止，長九十里，衛河至本州西合汶水爲漕河。

淺鋪八　尖塚兒淺　白廟兒淺　羅家圈淺　孟家口淺　弔馬橋淺　房村廠淺　趙家口淺　撞圈淺

黄河至陽穀縣爲漕河，其源自積石來，至河南與沁水、汴水或分或合，自開封祥符縣東北流八十餘里入蘭陽縣境，又五十餘里入儀封、長垣二縣境，一支東南由賈魯河趨徐州，一支東北經黄陵岡入曹縣境。

山東曹縣

曹縣在黄河之東七十里。該管河岸，南自儀封縣界起，北至定陶縣界張政淺止，長四十里。

淺鋪四　小張家灣淺　新添鋪淺　安陵淺　夏侯淺

山東定陶縣

定陶縣在黄河之東二十五里。該管河岸，南自曹縣界夏侯淺起，北至曹州界程義淺止，長一十九里。

淺鋪三　張政淺　彭家淺　團潭淺

山東鉅野縣

鉅野縣在黄河之東八十里。該管河岸，南自曹州界寶珠口起，北至曹州界昝家口止，長十二里。

淺鋪二　張大口淺　安興墓淺

山東曹州

曹州在黄河之西五里。該管河岸，南自定陶縣界彭家淺起，北至鄆城縣紅船口止。内除鉅野縣隄岸十二里外，長一百八里。黄河至本州雙河口一支東南流，經嘉祥縣，又經濟寧州西，東南至魚臺縣塌場口入漕河。

淺鋪十一　程義淺　郭家淺　孫家淺　雙河口淺　張家道口淺　郝家淺　周家淺　夾河灘淺　寶珠口淺　昝家口淺　新集淺

山東鄆城縣

鄆城縣在黄河之東三十餘里。該管河岸，南自曹縣界沈家口起，北至壽張縣界黑虎廟止，長一百九十七里。

淺鋪七　張勞口淺　韓家道口淺　紅船口淺　潘家渡淺　蕭皮口淺　秤鈎灣淺　五岔口淺

山東壽張縣

壽張縣在黄河之西北二十五里。該管河岸，南自鄆城縣界王亮口起，北至東平州界魚護口止，長三十里。

淺鋪二　黑虎廟淺　范城淺

山東東平州

東平州在黄河之東七十里。該管河岸，西南自壽張縣界范城淺起〔一〕，東北至陽穀縣界高吾淺止，長五里。

淺鋪一〔二〕　魚護口淺

山東陽穀縣

陽穀縣在黄河之西北六十里。該管河岸，西南至東平州魚護口淺止，長十六里。黄河至本縣虎坵鋪東北，通於汶爲漕河。

淺鋪二　高吾淺　虎坵坡淺

汶河，一支至汶上縣分水河口分流南北，爲漕河；一支至濟寧州城南天井閘東南流爲漕河。其源有三，俱出萊蕪縣，至寧陽縣分爲二，會泗、沂二水，并百泉注焉。

〔一〕該管河岸范城淺起　原本脱『該管河岸』四字，據上下文意及本書體例補。

〔二〕淺鋪一　原本脱『一』，據淺鋪數補。

山東寧陽縣

寧陽縣在汶河之東三里，汶水自堽城壩分流而南，至濟寧州一百餘里，別名洸河。

閘二

堽城東、西二閘，在縣治北三十里汶水之陰，堽城之左。宋蒙古七年濟倅畢輔國建。本朝重修。

壩一　堽城壩在堽城閘之西二十步。元始筑壩，堨汶水由閘入于洸渠。本朝重修，成化間修爲石壩。

山東滋陽縣

滋陽縣在汶河東南三十里，兖州府在焉。沂、泗二水至本縣城東五里合流入金口閘，西流至濟寧州城東與汶河合流，一名濟河。

閘三

金口閘，在縣治東五里北砂碓社，引沂、泗二水西流，以達於濟寧。元至元中建，延祐四年重修。

土婁閘，在縣治西十里，東至金口閘十五里，元至元中建。

杏林閘，在縣治西三十里，濟寧州境內杏林莊，東至土婁閘二十里，元至元中建。

壩一　金口壩，在金口閘南九十二步泗、沂故道內。隋兖州刺史薛胄積石爲堰，決泗、沂二水令西注。元爲滾水石壩，坍塌。本朝築土壩。成化八年工部主事張盛復修滾水壩，長五十丈，湫口三。

洸河淺舖十　梅家淺　新村淺　病村淺　高吴淺　白家淺　頻村淺　孔家淺　故趙淺　翟家淺　長頭淺

濟河淺舖五　金口淺　伊家淺　王家淺　花欄淺　肘頭淺

山東濟寧州

濟寧州汶水出其北，沂、泗二水出其東，至城東合流，又至城南天井閘東南流爲漕河。

閘二

宫村閘，在州治東二十里，東至滋陽縣杏林閘二十里。元至元中建。

吴泰閘，在州治東十里，東至宫村閘十里，元至元中建。

山東東平州

汶水，自寧陽縣堽城壩西流，至州治東六十里戴村壩西南流五十里，會汶上縣白馬河。

壩一　戴村壩在州治東六十里，汶水入海故道之處，永樂九年，工部尚書宋禮開會通河，築壩，以塞汶水故道，使西南會白馬河，至分水河口入漕河。天順五年，東平州知州潘洪、汶上縣主簿魏端增筑高厚，上植以柳，水衝不壞。

山東汶上縣

汶水自縣治正北東平州戴村壩來，二十里至陽城湖，又三十里會白馬河，又八里過黑馬溝，又十里過鵝河，又十里出鵝河口，分流南北爲漕河。

諸泉發源[一]

諸泉出於兖州、濟南、青州三府境內，不能獨達於漕河，入汶、入泗、入沂，凡一百六十有三。

兖州府所屬泉九十三。

東平州（九泉俱入於汶）：獨山泉　安圈泉　鐵鈎嘴泉　蓆橋泉　吴家泉　坎河泉　張胡郎泉　王老溝泉　芭頭山泉

汶上縣（二泉入於汶）：龍鬬泉　朴當山泉

滋陽縣（六泉俱入於汶）：闕黨泉　城西新泉　負瑕泉　東白泉　蔣詡泉　城東新泉

鄒縣（三泉俱入於泗）：柳青泉　江村泉　鱔眼泉

曲阜縣（十八泉俱入於沂、泗）：逵泉　車輞泉　雙泉　茶泉　柳青泉　兩觀下泉　新泉　濯纓泉　曲水　詠歸泉　潺聲泉　温泉　連珠泉　青泥泉　埠下泉　横溝泉　新安泉　南新泉　萬柳莊泉

泗水縣（二十三泉俱入於泗）：泉林泉（即泗源）　卞莊泉　潘波泉　吴家泉　黄陰泉　鮑村泉　杜家泉　蔣家泉　東巖石縫泉　趙家泉　龜陰泉　曹家泉　岳陵泉　黄溝泉　珍珠泉　石河泉　璧溝泉　柘溝泉　西巖石縫泉　盧城泉　大玉泉　小玉泉　三角灣泉

滕縣（十八泉）荆溝泉　絞溝泉　趙溝泉　辛莊橋泉　南豹突泉　北豹突泉（六泉俱滙於昭陽湖）　玉花泉　三山泉　玉灌泉　南石橋泉　北蔣溝泉（五泉俱入薛河，出金溝口閘。）　黄溝泉　百塚河泉　三家溝泉　黄家泉　龍灣泉　温水泉　魏莊泉（七泉合流，俱至徐州留城小河入漕河。）

嶧縣（三泉）：許池泉　許有泉　温水泉（三泉合流，俱至徐州留城小河入漕河。）

寧陽縣（十泉俱入於汶）：龍魚泉　龍港溝泉　張家泉　暖泉　蛇眼泉　金馬莊泉　古城泉　朴當山泉　魯姑泉　柳青泉

平陰縣一泉入於汶。柳溝泉

濟南府所屬泉六十五。

泰安州（三十四泉俱入於汶）：下張狗跑泉　滔灣泉　報恩泉　柳林胡家泉　雙村馬黄溝泉　水磨泉　曲溝清泉　西張鐵佛寺泉　栗林周家泉　埇峪順河泉

[一] 諸泉發源　原本脱此四字，據目録補。

新店鯉魚溝泉　埇峪北滾泉　新店板橋溝泉　羊舍泉　羊舍斜溝泉　西南張家泉　柴城東西二柳泉　山陰水泊泉　宫里濁河泉　南村龍灣泉　下村木頭灣泉　力里力溝泉　侯村上泉　朔蔣溝泉　馬蹄溝泉　臭泉　良輔龍堂泉　龍謝泉　舊縣馬兒溝泉　南村梁家泉　黄前谷家泉　皂泥泉　范家溝泉　天封泉

新泰縣（十四泉俱入於汶）：南師家泉　五峰泉　北鮑泉　南陳泉　西都泉　古河泉　劉社泉　零查泉　和莊泉　公家莊泉　孫村泉　崖頭泉　張家泉　西周泉

肥城縣七泉俱入於汶。鹹水泉　董家泉　臧家泉　吴家泉　王家莊泉　清泉　新開臧家泉

萊蕪縣（十泉俱入於汶）：郭郎泉　牛王泉　湖眼泉　蓮花池泉　鵬山泉　小龍灣泉　烏江泉　半壁店泉　鎮里泉　王家溝泉

青州府所屬泉五

蒙陰縣（五泉俱入於沂）：伏牛峪泉　泉河泉　順德泉　魯家泉　官橋泉

沁河至徐州爲漕河，其源出山西沁源縣綿山，經太行山東南流三十餘里至河内縣，繞城東北而南，東入武陟縣境，與黄河或分或合，無定。

河南河内縣

河内縣在沁河之南三里，東至武陟縣界五十里。

支河一　丹河，源自太行山白沽泉來，東南流三十里，至本縣萬南鄉入沁河。

河南武陟縣

武陟縣在沁河之南一里。該管河岸西自河内縣界武德鎮起，東至獲嘉縣豐樂淺止，長八十里。沁河流至本縣，經汴梁城北，東流達徐州；一支自本縣小原村口東北，由紅荆口經衛輝府，凡六十里入衛河。昔隋煬帝引沁水，北通涿郡，蓋即此地。其河或通或淤。天順七年，因黄河東南趨陳潁[一]，以達於淮，不與沁合。役夫一萬四千餘名，自本縣東寶家灣開渠三十餘里，引河入沁達徐州，以濟漕運。後沁水由此全入黄河，而故道淤。

淺舖十八　東關淺　郭村淺　北賈村淺　城子村淺　水賽村淺　吉家灣淺　木欒店淺　曲馬灣淺　小原村淺　宜理村淺　崗頭淺　沙窩淺　第一淺　第二淺　第三淺　第四淺　第五淺　第六淺

河南獲嘉縣

獲嘉縣在沁河之北四十五里。該管河岸，西自武陟縣界第六淺起，東至新鄉縣界小冀淺止，長二十里。

[一] 潁　原本皆誤作『穎』，今改。它處均改。

淺舖四　豐樂淺　忠義淺　新安淺　永興淺

河南新鄉縣

新鄉縣在沁河之北六十里。該管河岸，西自獲嘉縣界永興淺起，東至原武縣界小壩兒止，長二十里。

淺舖二　小冀淺　曹村淺

河南原武縣

原武縣在沁河之南十五里。該管河岸，西自新鄉縣界小壩兒起，東至陽武縣界黑陽山止，長二十五里。

淺舖五　第一淺　第二淺　第三淺　第四淺　第五淺

河南陽武縣

陽武縣在沁河之北八里，舊沁河合黃河，在縣治北二十里，後決於縣治南。該管河岸西自原武縣界第五淺起，東至封丘縣界東姜社止，長八十里。

淺舖八　留侯淺　馬村淺　谷倫淺　東隅淺　名石淺　宣化淺　東趙淺　中嶽淺

河南封丘縣

封丘縣在沁河之北三十里。該管河岸，西自陽武縣界中嶽淺起，東至祥符縣界翟家淺止，長四十里。

淺舖八　東姜寨淺　南邢寨淺　張八寨淺　船劉寨淺　草店寨淺　天鵝泊寨淺　時文寨淺　蒜劉寨淺

河南祥符縣

祥符縣在沁河之南三十里，河南布政司并開封府在焉。黃河在縣治南，或於縣治北，與沁水合流，經蘭陽、儀封縣北，而縣南黃河之故道淤。該管河岸，西自封丘縣界蒜劉寨淺起，東至陳留縣界埽頭淺止，長一百二十里。

淺舖二十四　翟家淺　回回馬頭淺　太平寺淺　時和淺　陳家淺　柳園淺　府營淺　翟家馬頭淺　王家馬頭淺　歹回回淺　太黃寺淺　毛家淺　小胡馬頭淺　吴家淺　寧家淺　趙家碼頭淺　董盆馬頭淺　王家淺　西兔白堽淺　渠家碼頭淺　東兔白堽淺　康家埠口淺　西埽頭集淺　王家埠口淺

河南陳留縣

陳留縣在沁河之南四十里。該管河岸西自祥符縣界埽頭起，東至蘭陽縣界宜王淺止，長三十五里。

淺舖十六　埽頭集淺　小上寨淺　王宗寨淺　馮讓寨淺　田真寨淺　潘堽寨淺　官廳淺　李真寨淺　王山寨淺　興河集淺　王興寨淺　李英寨淺　段家寨淺　姚興寨淺　孫爐寨淺　宜王廟淺

河南蘭陽縣

蘭陽縣在沁河之北六里。該管河岸，西自陳留縣界宜王淺起，東至杞縣界西安村止，長四十里。

淺鋪八　宜王淺　白雲山淺　陳彬淺　楊山淺　野莊淺　紙坊淺　江家桑園淺　獅子堌淺

河南杞縣

杞縣在沁河之南五十里，該管河岸，西自蘭陽縣界獅子堌淺起，東至儀封縣界孤柳樹止，長九里。

淺鋪四　西安村淺　東安村淺　西小閣淺　東小閣淺

河南儀封縣

儀封縣在沁河之北八里。該管河岸，西自杞縣孤柳樹起，東至考城縣界王家淺止，長三十五里。

淺鋪十　孤柳樹淺　圈頭淺　野庄淺　十五里淺　紙房淺　李得中淺　七里淺　大里淺　同城淺　賈家林淺

河南睢州

睢州在沁河之南九十里。該管河岸，西南自杞縣界小東閣起，東北至考城縣界王家淺止，長一百里。

淺鋪十　上雙堌淺　下雙堌淺　上新莊淺　下新莊淺　上魏家口淺　下魏家口淺　王家口淺　上柳家口淺　下柳家口淺　寺堽淺

河南考城縣

考城縣在沁河之北三里。該管河岸，西自儀封縣界賈家林淺起，東南至寧陵縣界扳罾口止，長九十二里。

淺鋪九　王家淺　江淹墓淺　荆家淺　葛堽淺　十字河淺　林七口淺　秤鈎淺　梁村淺　扳罾口淺

河南寧陵縣

寧陵縣在沁河之南三十里。該管河岸西自考城縣界梁村淺起，東至歸德州界賀家淺止，長二十五里。

支流一　柳河，自睢州界三漲坡東北流，至本縣堌里淺入沁河。

淺鋪四　桃園淺　園浪淺　拘流淺　堌里淺

河南歸德州

歸德州在沁河之南三十里。該管河岸，西自寧陵縣堌里淺起，東至歸德衛界丁家道口止，長五十里。

淺鋪十三　趙村淺　韓家潭淺　壩堡淺　小壩淺　跌波淺　鳳池口淺　楊家淺　五花營淺　清河淺　弋家

淺　楚家灣淺(一)　汲家淺　丁家道口淺

直隸歸德衛

歸德衛在歸德州城內。該管河岸，西自歸德州界起，東至虞城縣界止，長六十三里。

淺鋪八　丁家道口淺　孫家道口淺　趙家道口淺　張家道口淺　裴家道口淺　武家道口淺　鴛鴦口淺　小馬牧淺

河南虞城縣

虞城縣在沁河之北十五里。該管河北岸，西自歸德州界丁家道口起，東至夏邑縣界劉福營止，長五十里。

淺鋪十二　丁家道口淺　黃家圈淺　烏馬埽淺　宋女堌淺　時家灣淺　馬牧灣淺　占家道口淺　飛澄橋淺　稍堽集淺　劉家道口淺　駱駝店淺　洪陵灣淺

河南夏邑縣

夏邑縣在沁河之南三十里。該管河岸，西自歸德衛界(二)小馬牧起，東至永城縣界胡父橋止，長六十里。

支流一　白河，上接歸□□□河東流(三)，經本縣南五里，又東北流，至永城縣界胡父橋入沁河。

淺鋪十六　范家淺　牛王堌淺　李家淺　程家淺　劉福淺　四大王廟淺　劉家淺　木杓王道口淺　鹿家淺　司家淺　姚家淺　葛家淺　韓家淺　韓家道口淺　龍壩溝淺　胡父橋淺

河南永城縣

永城縣在沁河之南一百里。該管河南岸，西自夏邑縣胡父橋起，東至蕭縣界墳臺淺止，長三十里。

淺鋪四　胡父橋淺　蔡家淺　翟家淺　朱家淺

直隸碭山縣

碭山縣在沁河之北三十五里。該管河岸，西自永城縣界胡父橋起，東至蕭縣界墳臺淺止，長四十五里。

淺鋪五　龍壩淺　胡父橋淺　孟姑道口淺　鄭家淺　張百戶屯淺

直隸蕭縣

蕭縣在沁河之南三里。該管河：北岸西自碭山縣界趙家圈起，東至徐州界楊家溜止，長八十里；南岸西自永城縣界朱家淺起，東至徐州界楊家溜止，長六十里。

支流一　東新河，自永城縣薛家湖流至本縣東三里

(一) 楚家灣淺　原本脱『淺』字，今補。『灣』亦可能係『淺』之誤。

(二) 歸德衛界　原本脱『德』字，據上文補。

(三) 以地理形勢推測，此處當爲『歸德州界睢河東流』。

入沁河。

淺鋪十五　墳臺淺　宋家淺　趙家圈淺　黄家淺　東鎮淺　常家淺　秦家淺　朱家淺　丁家淺　邵家淺　羅家淺　兩河口淺　梁樓淺　爛石淺　熊家淺

直隸徐州

徐州在沁河之南，漕河之西。該管沁河堤岸，西自蕭縣界楊家溜起，東至本州城東北角止，長四十里。沁河至本州城東北角，合汶、泗、沂爲漕河。

淺鋪五　楊家淺　許家上淺　許家下淺　陵家淺　汊河淺

諸河考論

大通河

元世祖至元二十九年，郭守敬上言水利十有一事。其一，欲導昌平縣白浮村神山泉，過雙塔榆河，引一畝、玉泉諸水入城，滙於積水潭，復東折而南入舊河，每十里置一閘，以時蓄洩。帝稱善。復置都水監，命守敬領之。丞相以下皆親操畚鍤爲之倡，河自白浮村至通州高麗莊，長一百六十四里。塞泄水缺口十二處，爲牐二十有四〔一〕。置閘之處，往往於地中得舊時磚木，人服其識。逾年畢工。自是免都民陸輓之勞，公私便之。帝自上都還，過積水潭，見舳艫蔽水，大悦，賜名曰通惠。

至元三十年九月漕司言：『通州運糧河全仰白、榆、渾、三河之水合流，名曰潞河，舟楫之行有年矣。今歲新開牐河，引渾、榆二河上源之水，故自李二寺至通州三十餘里河道淺澁。今春夏天旱，有止深二尺處，糧船不通，改用小料船般載，淹延歲月，故虧糧數。』

元順帝至正二年正月，左丞相脱脱用言者，於都城外開河置牐，引金口渾河之水，東流達通州，以通舟楫。廷臣多言不可，而脱脱排群議不納。左丞許有壬言：『渾河之水湍悍易決〔二〕，而足以爲害；淤淺易塞，而不可行舟。況西山水勢高峻，金時在城北流入郊野，縱有衝決，爲害亦輕。今則在都城西南，若霖潦漲溢，加以水性湍急，宗社所在，豈容僥倖。設使成功一時，亦不能保其永無衝決之患。』帝不聽。河成，果水急泥壅不可行，費用不貲而卒以無功。金口在都城西三十五里東麻谷，即盧溝東岸。今都城南有三里河，又東南有十里河，城濠水漲自正陽橋東減水橋下入三里河，經十里河至煙墩巷入渾河，或以爲即脱脱開金口河之故道。

按《元史》言：至元二十九年郭守敬開通惠河，

〔一〕牐二十有四　原本作『鍤』，今據文意改。
〔二〕湍悍易決　『悍』原本作『涅』，今據文意改。

舟自通州達都城，免都民陸輓之勞。三十年漕司言：新開牐河引榆、渾二河上源之水，故通州河道三十餘里淺澁，糧船不通。《史》又言：至正二年，脱脱開金口河，引渾河之水。河成，水急泥壅不可行。以郭守敬事觀之，渾河之水既可引，自通州至都城河亦可通。以漕司言及脱脱事觀之，渾河水既不可引，自通州至都城河亦不可通。二者所紀事實相悖。

本朝通州至京師，自來陸運。雖屢有言者，欲開河通舟而竟不能行。愚意元始開通惠河，導神山泉，過雙塔榆河，則榆河亦引而西；自都城南又引渾河注之，二水相合，故河水盈溢，而舟楫行焉。其後，值時亢旱，二河之源以及諸泉皆微細，故河淺而不能通舟。漕司言因引渾、榆二河上源之水，故通州河道淺澁。殊不知渾、榆二水雖引入新開牐河，而其下流亦必至于通州別無走泄。其淺澁不能載重者，乃時旱水涸之故，非引其上源之所致也。至於脱脱開金口河，則因開河之始，偶值渾河泛溢而致壅淤耳。若當水勢平緩之時引之，而又於分流之處爲之節制，未必遽爾泥壅也。使果水性善淤如是，則自盧溝以至通州，渾河流經之道至今淤爲平地矣，豈理也哉。蓋陸運車户得利，而漕卒受害。元時亦多陸運，故接運糧提舉司有車户之設，隸都水監。漕司之言未必不惑於車户之私，因時亢旱而爲沮廢之計者。

今若不惑群議，修復元之舊河，導引西山諸泉盡歸一河，以達於都城之西，於雙塔開渠，引榆河入焉。又於渠口置閘，以待天旱水微，於榆河東流之處築壩遏水，西出閘口，由渠以達於都城之西；雨潦水漲決壩，令水東由故道，以殺水勢。又尋金口河故道而開濬之，築長堤於渾河之東岸，而置閘於分水之口，設官卒以守，水微則開閘以納水，水漲則閉而築之。水由一閘口來，勢不全注，旁又有隄，正如寧陽置堽城閘壩之法，既不淤塞，亦不爲害。如此，惟大旱之歲，舟不能行；雨若時降，上源有水，舟必可通，使漕軍免四十餘里陸運之勞，其爲利可勝言哉。況近京之地，土脈堅實，水之所經遏塞導引，其法易施。若以爲此河經歷賢哲多矣，果可漕運必不至今日。是不然，水性有定者，利害易見；其盈涸不常者，不可即一時之事而昧變通之宜，苟遏引有方[一]，未有不可興利除害者。豈可以前人所未及爲而遂棄不爲哉。且元郭守敬始開通惠河，舟至積水潭，舳艫蔽水。則前人已爲之而有驗矣。有志於興水利者不可不知。

[一] 遏引有方　原本作『過引有方』，『過』當係『遏』之誤，今改。

白河

秦欲攻匈奴，使天下飛芻輓粟，起於黄腄琅邪負海之郡，轉輸北河。（北河蓋即白河。）

隋煬帝穿永濟渠，引沁水北通涿郡。（蓋自白河入於丁字沽，由易水而達于涿也〔一〕。）

唐明皇事邊功，運青萊之粟浮海，以給幽平之兵。（浮海給幽平，蓋亦由白河也。）

宋太平興國中，於清苑界開徐河、鷄距河入白河，以通關南漕運。（今保定府西北有徐河，東南通白河。）

元世祖至元十九年，始海運至京師。（出直沽入白河運勇通州〔二〕。）

按舊志桑乾河自盧溝橋東南流，經固安縣楊先務，又經霸州苑家口合灰河、渾源川、㵠川、胡良河、琉璃河、廣陽河、鹽河至武清縣丁字沽，凡四百餘里入白河。自楊先務至丁字沽通舟楫。又保定府西北曹河、徐河、石橋河、一畝泉河、滋河、沙河、鵶兒河、唐河諸水發源不一，至安州西北十八里合流，總名易水。過安州至雄縣南，又名瓦濟河。東北經保定縣猫兒灣，又會中堡河、長流河、温義河、拒馬河、白溝河，至霸州苑家口，與桑乾河合。自安州至丁字沽四百餘里通舟楫。又鐵燈竿河自博野縣東北流，至河間府數支繞城而北相合，東北流五十餘里，至市莊分爲二：一自市莊西北十五里，流經任邱縣南分爲二，繞城而北相合，東北流二十餘里至武盍淀；一自市莊東北流，經東莊橋至武盍淀，二水又合，東北至猫兒灣與桑乾河合。自河間府至丁字沽五百餘里、任邱縣至丁字沽四百餘里俱通舟楫。

按此則白河西北可通固安縣，又可通安州；東南可通河間府，桑乾、易水亦可以漕運無疑矣。抑燕趙之間地方千里，其間巨細河流悉至武清縣丁字沽注於白河，故一遇雨潦，白河滿溢，武清縣要兒渡口南蔡村等處衝決隄岸，壞民田廬。起夫築塞，勞費萬計；逮時旱乾，舟行白河又或淺阻。以此知水勢盈涸不常，不可以經久而論也〔三〕。

衛河

漢哀帝初即位，待詔賈讓奏言：治河〔四〕若多穿漕渠於冀州地，使民得以溉田，分殺水怒。可從淇口以東

〔一〕由易水而達于涿也　原本『達』作『遠』，不辭，當係『達』之誤，今改。

〔二〕運勇通州　『勇』不辭，當係『於』之誤。

〔三〕經久而論也　原本『久』漫漶，據文意補。

〔四〕治河　原本作『沱河』，據文意改。

爲石隄，多張水門，旱則開東方下水門溉冀州；水則開西方高門，分河流通渠。是爲中策。（淇口，在今濬縣枋頭，淇水入衛河之處〔一〕。觀此則知今衛河乃漢時黃河故道。）

隋煬帝發河北諸軍百餘萬，穿永濟渠，引沁水北通涿郡〔二〕。（隋時黃河自板渚東入汴，故煬帝開渠，引沁水北入衛，由衛入白河也。新穿渠南北通河、衛者，謂之永濟渠，或以爲衛河即永濟渠，非是。）

宋神宗熙寧四年，役兵萬人濬漳河〔三〕，徙東從西，袤一百六十里。（今按漳水〔四〕至館陶入衛河，或熙寧所浚與？）

按衛河一名御河，因漳水合流，又名漳河，或總謂之漳御衛河。古無所考。禹貢衛水、《地志》以爲時常山郡靈壽縣東入滹沱河，而今衛水出輝縣水不入滹沱河。而衛水不入，意者輝縣所出本百門泉〔五〕，又下流會淇、漳諸水，以其俱自衛地而來，故總名之爲衛河歟？昔黃河東北流，率在今衛河所沁之地。今沁河自武陟縣東北，由紅荆口六十里至衛輝府入衛河。賤惟河勢北徙，則與沁合而通者寬；若決於東南，則沁亦隨而南。而紅荆荆口淤，不與衛通矣。衛河上通河、沁，而汶水又漲，則自臨清以至静海、天津隄岸悉被決溢，民受其害；或河、沁不通，汶水又微〔六〕，則德州武城一帶河道淺澁，糧船遲阻。衛河之爲漕，繫於河沁者如此。

河沁汴

《禹貢》：導河積石，至于龍門，南至于華陰，東至于底柱，又東至于孟津；東過洛汭，至于大伾；北過洚水，至于大陸，又北播爲九河，同爲逆河，入于海。（禹九河蓋在今德州、滄州、静海之地。今其地尚有黃河故道。其分爲九，亦如今黃河泛溢，數派分流，初無一定。《爾雅》乃有九河之名，而先儒又强求其地，或遂以爲九河已淪入於海，皆非也。蔡氏謂：『河自大伾而下，垠岸高於平地，故決齧流移，水陸變遷，而洚水、大陸、九河、逆河皆難指實』。其論當矣。）

《禹貢》：『導沇水，東流爲濟，入于河，溢爲滎，東出於陶丘北；又東至于荷；又東北會于汶；又北，東入于海。』（今濟水出濟源縣，東南至孟縣喬二營入黃河。蔡

〔一〕淇口在今濬縣枋頭淇水入衛河之處　原本『淇口』俱誤作『洪口』，今俱改。
〔二〕引沁水北通涿郡　原本作『利沁水北通涿郡』，不辭，『利』當係『引』之誤，今改。
〔三〕漳河　原本作『漳河』，誤，今改。
〔四〕漳水　原本作『渾水』，誤，今改。
〔五〕百門泉　原本作『百碧水』，據本書卷二《漕河上源河南輝縣》條修改。
〔六〕汶水又微　原本『微』作『徵』，誤，今改。

氏曰：濟水東北至於東平府壽張縣安民亭合汶水。唐李賢謂：濟自鄭以東，貫滑、曹、鄆、濟、齊、青，以入於海。酈道元謂：『濟水當王莽之世，川瀆枯竭。其後水流逕通，津渠勢改。尋梁、脈水不與昔同。』然則滎澤、濟河雖枯，而濟水未嘗絶流也。按此則今黄河，自曹、鄆入漕河之道，即古濟水經流之故道無疑也。）

周定王五年，河徙砱礫。

漢文帝十二年，河決酸棗，東潰金隄，興卒塞之。

漢武帝元光三年春，河徙頓丘，東南流。夏復決濮陽瓠子，注鉅野，通于淮泗。（頓丘即澶淵，今大名府南開州是。濮陽，今山東濮州是。瓠子，堤名。鉅野，今山東鉅野縣。）

漢武帝元封二年，帝自泰山還，自臨決河沈白馬、玉璧，令群臣負薪，卒填決河，築宫其上，名曰宣防。導河北行二渠，復禹舊跡。後河復北決於館陶，分爲屯氏河，東北入海，廣深與大河等。大河在西，屯河在東，二河相並而行。至元帝永光五年，河決清河靈鳴犢口而屯氏河絶。（史炤曰：『鳴犢，河名，在清河郡靈縣。』《集覽》云：清河，今恩州是；或以爲屯氏河，即今館陶至直沽河也。』）

漢成帝建始四年，河大決於舘陶，東南流，東郡金隄皆被害。先是，清河郡都尉馮逡言：『郡承河下流[一]，土壤輕脆易傷。頃所以無大害者[二]，以屯氏河通，兩川分流也。今屯氏河塞，靈鳴犢口又益不利。獨一川兼受衆河之任[三]，雖高增隄防，終不能泄，可復濬屯氏河以泄暴水。』事下丞相、御史，以爲方用度不足，可且勿濬。至是大雨，果決。（今清河縣西有黄河故道，疑即漢時與屯氏河並流者。東郡，今東昌府是。）

漢平帝元始四年，關並言：河決率常於平原、東郡左右，其地形下而土疏惡。聞禹治河時，本空此地。秦漢以來河決，南北不過百八十里，可空此地，勿以爲官亭民室。（平原今德州是，境内現有黄河故道。）

漢明帝永平十三年，汴渠成。河汴分流，復其舊蹟。初，平帝時，河汴決壞，久而不修。建武時，光武欲修之而未果。其後汴渠東侵，日月彌廣，兖豫百姓怨嘆。會有薦樂浪王景能治水者。乃詔發卒數十萬，遣景與將作謁者王吴修汴渠隄。自滎陽東至千乘海口千餘里。十里立一水門，令更相洄注，無潰漏之患，費以百億計。（按此汴渠隄自滎陽東至千乘海口。則今汴梁東北，由曹州、陽穀、東阿通海一帶河渠，又乃漢時汴水經流之故道。今汴水出滎陽縣大周山，至中牟縣入河。千乘，今青州樂安縣

[一] 郡承河下流　原本作『承河上流』，《漢書溝洫志》作『承河下流』，據改。
[二] 頃所以無大害者　《漢書溝洫志》作『頃所以闊無大害者』。
[三] 衆河之任　《漢書溝洫志》作『數河之任』。

是。蓋明帝時黃河東北由澶、濮、平原以入於海，而汴河則東至豫、兗，以達於青州。河汴決壞，或相連合，故王景修汴渠隄，而二水分流也。）

晉武帝太始十年，鑿陝南山，決河東注洛，以通運漕。竟未成功。（今洛水出商縣冢嶺山，東流，經盧氏、永寧至鞏縣入黃河。）

晉謝玄既敗苻堅〔一〕諸軍，又平兗州。患水道險澀，糧運艱難，用督護聞人奭謀，堰呂梁水，樹柵立七埭，爲派，擁二岸之流，以利漕運。自此公私利便。（按此黃河未通呂梁，故水淺。其立埭之法，後人未有求之者。）

隋煬帝大業元年，發河南淮北諸郡民，前後百餘萬，開通濟渠。自西苑引穀、洛水，達于河；復自板渚引河，歷滎澤入汴；又自大梁之東引汴水入泗，達于淮。（按此則黃河合汴，自汴梁東至徐州而達于泗也。但未詳黃河未引汴之前經流何地耳？穀水出永寧縣熊耳山，經韓城流入洛。板渚在虎牢之東，淮水出河南唐孫桐柏山，東南至清河口合泗水，東入于海。）

煬帝大業四年，發河北諸軍百餘萬，穿永濟渠，引沁水南達于河。（未詳沁水未引入河之前，經流何地。）

唐明皇時，李傑奏濬汴州梁公堰，以通江淮漕運。（梁公堰未詳其地。按肅宗時史朝義兵分出宋州，淮運阻絕，汴渠堙廢。宋州即歸德州。蓋汴渠自歸德由渦河至泗州入淮，在唐時已然，今歸德、宿州、虹縣、泗州一帶汴堤尚存。）

唐明皇開元二十七年，河南採訪使、汴州刺史齊澣以江淮漕運經淮水，波濤有沈損，遂開廣濟渠，下流自泗州虹縣至楚州淮陰縣北十八里合于淮。逾時畢工。既而以水流峻急，行旅艱險〔二〕，旋即停廢，却由舊河。（唐楚州今淮安府是，今泗水至桃源縣東南三十里三汊鎮有故道至大清河口通淮。而桃源縣北八十里，白洋河與虹縣汴河通。或疑唐開渠自泗州虹縣，至淮陰縣北十八里合於淮，即白洋河至大清河口河也，未詳是否。舊河歸德至泗州汴渠也。）

後周世宗顯德四年，詔疏汴水，北入五丈河。由是齊魯舟楫皆達於大梁。（五丈河，蓋即漢明帝永平十三年所修汴渠也。）

顯德五年，濬汴口，導河流達於淮。此蓋歸德至泗州河渠也。

顯德六年，發徐、宿、宋、單等州丁夫數萬濬汴水。又自大梁城東導汴水，入於蔡水，以通陳潁之漕。濬五丈渠，東過曹濟梁山泊，以通青鄆之漕。發畿內及滑、亳丁夫數千，以供其役。（《九域志》云：浚義縣之琵琶溝即

〔一〕苻堅　原本作『符堅』，今改。

〔二〕行旅艱險　原本作『行旋艱險』，據《新唐書齊澣傳》《地理志》等《紀史》實改。

蔡河也。梁山泊在東平州西四十里。）

宋太祖建隆元年，導閔河，自新鄭與蔡水合，貫京師，南歷陳潁達壽春，以通淮右。舟楫相繼，商賈畢至，都下利之。於是，以西南爲閔河，東南爲蔡河。（今黄河自汴梁西南歷陳潁至壽州正陽鎮入淮，蓋即宋閔河故道，閔河宋名惠民河。）

建隆二年，濬五丈渠，自都城北通曹、濟及鄆，以通東方之漕。（五丈渠，宋名廣濟渠。）

宋太祖開寶二年，河決澶州，東滙于鄆、濮，壞民田廬。

宋太宗太平興國八年五月，河大決滑州之韓村泛，澶、濮、曹、濟諸州壞民田廬，東南流至彭城入于淮，詔發丁夫十餘萬塞之。

淳化四年九月，大水。十月，河決澶州。

淳熙二年，汴水決浚儀縣，又決宋城縣，發近縣丁夫二千人塞之。（宋城縣，今歸德州是。）

宋真宗景德三年，内使趙守倫建議，自京東分廣濟河，由定陶至徐州入清河，以達江淮漕路。役既成，遣使覆視，繪圖來上。帝以地隆阜而水勢極淺。雖置堰埭，又歷吕梁灘磧之險，非可漕運，罷之。（按隋煬帝引河入汴，引汴水入泗，以達于淮，由此河遊幸江都，龍舟四重，高四十五尺，長二百尺餘，數千艘舳艫相接，不問淺阻。今真宗時水勢極淺，又有吕梁灘磧之險。蓋真宗時河汴不通于泗，故欲於京東分廣濟河也。）

真宗天禧[一]三年，河決滑州，泛澶、濮、濟、徐境。

仁宗[二]至和二年，河決大名舘陶，殿中丞李仲昌請自澶州商胡河穿六塔渠入横隴故道，以披其勢。富弼是其策，詔發三十萬丁，修六塔河，以回河道。以仲昌提舉河渠。翰林學士歐陽修三上疏，力諫其不可行。帝不聽。明年夏四月，仲昌塞商胡北流，入六塔河，不能容，是夕，復決，溺兵夫漂芻藁不可勝計。帝以仲昌不俟秋冬塞北流，以致決潰，流于英州。

仁宗[三]嘉祐五年，都轉運使韓贄言：『四界首，古大河所經，宜濬二股渠，分河流入金、赤河，以紓決溢之患。』遂鑿二股河。

嘉祐六年，汴水淺澁，常稽漕運。都水奏：『河自應天府抵泗州，直流湍駛無所阻，惟應天府上至汴口，或岸闊淺漫，宜限以六十步，闊於此則爲木岸狹河，扼束水勢，令深駛，稍伐岸木可足也。』遂下詔興役，而衆議以爲未便。蔡京奏：『祖宗時已嘗狹河矣，俗好阻敗事，宜勿

[一] 天禧　原本誤作『天僖』，今改。

[二] 仁宗　原本作『真宗』，至和係仁宗時年號，史實據《宋史·河渠志》應在仁宗時，今改。

[三] 仁宗　原本作『真宗』，嘉祐係仁宗時年號，史實據《宋史·河渠志》應在仁宗時，今改。

聽。』役既半，木不足，募民出雜稍。岸成，而言者始息。舊灘漫流多稽留覆溺處，悉爲駛直平夷，操舟往來便之。（宋應天府今歸德州是，今邳州宿遷一帶河道遇黄河水不通，亦淺漫阻舟，但以椿草築壩逼水，若如宋人爲木岸狹河，頗爲省易。）

宋神宗熙寧元年，河決恩、冀、瀛州。

熙寧六年，開直河。時河北流閉已久，水或横決散漫，常虞壅遏，外都水監丞王令圖獻議於大名第四、第五埽等處，開修直河，使大河還二股故道。王安石主其議，言於帝曰：『開直河則水勢分。其不可開者，以近河每開數尺即見水，不容施功爾。今第見水即以濬川杷濬之。苟置數千杷，則諸河淺澱皆非所患，歲可省開濬之費幾百千萬。』帝曰：『果爾，甚善。』乃命范子淵領其事。開直河，深八尺，凡退背魚肋河則塞之。（今漕河淤淺只用筐鍤挑撈，勞而無功。嘗用木，長三五尺，削如魚之狀，虚其中，實以鐵，外布鐵釘如蝟毛，繫其首，置河中往來拽之，泥沙隨水而去。惟多用及在流水中乃效。宋濬川杷，其制無傳，疑亦此類。）

熙寧十年，河大決於澶州曹村，北流斷絶，河道南徙。東滙於梁山張澤濼，分爲二派，一合南清河入於淮；一合北清河入於海，凡灌郡縣四十五，而濮、齊、鄆、徐尤甚，壞田逾三十萬頃。遣使修閉。判大名府文彦博言：『河勢變移，四散漫流，兩岸俱被水患，而都水止固護東流北岸，希省費之賞。決溢非天灾，實人力不至也。』逾年，決口塞，詔改曹村埽曰靈平。

宋神宗元豐三年，宋用臣言：『洛水入汴至淮，河道漫闊，多淺澁，乞狹河六百里[一]爲二十一萬六千步』詔四月興役。五月癸亥罷草屯浮堰。（草屯堰，蓋即今用草捲土逼水壩也。）

元豐四年，河大決於澶州小吴埽。都水監丞李立之言：『河流自乾寧軍至劈地口入海，宜自北京至瀛州分立東西隄五十九埽。』詔從之。（今興濟縣有乾寧驛，蓋即宋乾寧軍地；宋北京，今大名府是。）

哲宗元祐四年，京東轉運司言：『清河與江、浙、淮南諸路相通，因徐州吕梁、百步兩洪湍淺險惡，多壞舟楫，水手、牛驢牽户盤剥人等，邀阻百端，商賈不行。朝廷已委官度地勢穿鑿。今若開修月河石隄，上下置閘，以時開閉，通放舟船，實爲長利。』（按此黄河不至徐州，故兩洪淺急，然置閘不如晉謝玄樹柵立埭之法爲便。）

宋哲宗元符二年，河決内黄口，東流斷絶。（内黄口即今内黄縣是。）

元世祖至元十七年，遣使窮河源，四閲月始抵其地。其源出吐蕃朶甘思西鄙，自發源至中國計及萬里。

[一] 六百里　《宋史·河渠志》作『六十里』；《宋會要方域》《資治通鑑長編》卷三〇二均作『六百里』，今據改。

至元二十三年，河決河南，衝突郡縣十五處，役民二十餘萬塞之。二十五年，河決汴梁，太康、通許、杞三縣，陳、潁二州皆被其害。（按此黄河南決入宋惠民河也。）

元成宗大德元年，河決杞縣蒲口。先是，河決汴梁，發丁夫三萬塞之；至是，蒲口復決。乃命廉訪使尚文相度形勢，爲久利之策。文言：『河自陳留抵睢，東西百有餘里，南岸視水高六七尺或四五尺；北岸故隄水視田高三四尺，或高下等，大較南高於北約八九尺，隄安得不壞，水安得不北也。蒲口今決千有餘步，東走歸舊瀆，行二百里至歸德横隄之下復合正流。或强遏之，上決下潰，功不可成。揆今之計，河北郡縣宜順水性，築長堤，以禦泛濫；歸德、徐、邳之民任擇所使，避其衝突，被害民户，量給河南退灘地以爲業。異時，河決他所亦如之，亦一時救患之良策也。蒲口不塞便。』帝從之。會河朔郡縣及山東憲部争言：『不塞則河北桑田盡化魚鱉之區。塞之便。』帝復從之。是後，蒲口復決。障塞之役無歲無之，而水北入河復故道，竟如文言。

大德二年秋七月，大雨，河決，漂歸德屬縣田廬禾稼。

元武宗至大二年，河決歸德，又決封丘。河北、河南廉訪司言：『黄河伏槽之時，似不爲害，一遇霖潦，湍浪迅猛。自孟津以東，土性疏惡，決溢可立而待。昔河至杞縣三汊口播而爲三，其後二汊湮塞，三河之水合而爲一。下流既壅，自然上溢，即今水勢趨下，有復鉅野梁山泊之意，苟不預防，不出數年，曹、濮、濟、鄆蒙害必矣。』

元泰定帝泰定元年，河決，大清河口淤，水從三汊口東南流，至小清河口入於淮。（小清河口，今清河縣漕河是。大清河口在縣治北，水通桃源縣三汊口。）

元泰定二年，河決陽武縣，漂民居萬六千五百家。尋復壞汴梁樂利堤，發丁夫六萬四千人築之。

元順帝至元二年，河決封丘。

至正四年正月，河決曹州，水勢北侵安山，沿入會通運河。發丁夫萬五千八百塞之。是月，又決汴梁。

五年，河決濟陰，漂官民廬舍殆盡。

至正十一年，漕運使賈魯言：『必塞北河疏南河，使復故道。役不大興，害不能已。』詔魯以工部尚書，充河防使。發河南、北兵民十七萬，自黄陵岡南達白茅，放於黄固、哈只等口；又自黄陵西至陽青村，凡二百八十里有奇。興工凡五閲月，諸埽堤成，河復故道，南匯於淮，入於海。（黄陵岡在今儀封縣；哈只口在今歸德州北。）

至正二十六年，黄河北徙。先是，河決小流口達於清河。壞民居，傷禾稼。至是復北徙，自東明、曹、濮，下及濟寧，民皆被害。（按此黄河北徙入濟寧，則已入會通河矣。）

本朝洪武元年，黄河一支自舊曹州雙河口至魚臺縣塌場口入於泗。征虜大將軍徐達等兵征梁晉，供需由此河運。後塌場口河壅淤，復由師莊、石佛閘北朔汶、濟，以達燕冀。又開濟寧州西耐牢坡堤，西接曹、鄆黃河水，以通梁晉之漕。

二年，因水勢散泄，於坡口北一里建閘，設官以司啓閉。

洪武二十四年，河決原武縣黑陽山。東經開封城北五里，又東南至項城縣出境，經太和、潁州潁上，東至壽州正陽鎮入于淮。

永樂九年七月二十日早，工部官欽奉聖旨：

工部，錦衣衛便差四個官舖馬里去，都齊到那黃河新開口子處，討兩隻船，從那里看將下來。到舊曹州兩河口分開：『一路往會通河那一帶去；一路往穀亭這一帶來。看那兩條河的水勢行得如何？還看那黃河水比先是那一處漫過安山湖？那一帶去淤塞了河道？若是那原漫過水處堤岸低薄時，就著再整治得高厚著；若不低薄時罷。將文書去與宋尚書每知道。』

又命刑部左侍郎金純發河南運水夫開濬黃河故道引水。首起開封，尾入魚臺縣塌場口。始役於是年三月，訖工於是年九月。每夫月支糧五斗，鈔三錠，仍復其糧差一年。（塌場口在今穀亭店之北十里許。）

正統十三年，河決滎陽。自開封城北經曹州、濮、范至陽穀入漕河；潰沙灣東堤，以達於海。漕販不便。遣工部尚書石璞、侍郎王永和、都御使王文輩相繼塞之，弗績。

景泰四年，左僉都御史徐有貞治之，決口始塞。先是，河又決開封城西南，東南經陳留、通許至亳縣，由渦河經蒙城至懷遠縣東北入於淮。有貞既塞沙灣決口，乃復於開封金龍口、筒瓦廂開渠二十里，引黃河水東北入漕河，以濟漕運。後淤塞。

弘治二年，河北徙，決金龍口，東北趨漕河。先是，河、沁二水相合，下流分爲三：一派於紅荆口北流，至衛輝府入衛河；一派於陳留、通許縣西南流，至懷遠縣入淮河；一派經蘭陽、儀封東流，至徐州入漕河。至是河決金龍口，東北流至張秋入漕河，而紅荆口并陳留、通許河俱淤塞。言者恐壞漕渠，遣刑部侍郎白昂治之。遂塞金龍口；於滎澤縣楊橋開渠導河，自中牟、尉氏舊河，由陳潁至壽州達于淮，又同郎中婁性開濬宿遷縣小河口，導水自歸德州小壩地方，經宿州、睢寧至宿遷縣入漕河。

弘治五年，河復決金龍口，東北入漕河。遣工部左侍郎陳政往治。六年，以右副都御史劉大夏代之。是年夏，河決東阿縣張秋鎮東隄，東入於海。漕舟過者，或隨水入決口覆溺。七年春，水涸，盡入決口，北河淤淺，漕舟不通。復遣太監李興，平江伯陳鋭同治。發丁夫數萬塞之。是年冬，張秋決口塞；又於河上流黃陵岡築堤，以斷其流。河乃東流，經歸德、徐州入漕河，東南達於淮。

按黃河爲患自古皆然，特以歷代用河不同，視有輕重，有治，有不治，故史有載，有不載。宋建都汴梁，故《宋史》言河獨詳。説者謂東都迄唐，河不爲患，未有是理也。河勢播遷非有定所。汴、沁諸水，雖與河異源，然每河溢則隨其所向，必吞納其流，而奪其所經之道；或全占其道；或縷分以入故河。自汴梁而下，常與沁、汴諸水混而爲一，不可復辨。

以近世論之，自汴梁以下數千里間，河流支派牽連分合，雖難悉紀，然其大派不過六條：其一自汴梁東北經蘭陽、儀封、曹、鄆至陽穀縣入漕河；其一至曹州，由雙河口分流至魚臺縣塌場口入漕河；其一至儀封縣東，經歸德州至徐州入漕河；其一至歸德州東南，經虹縣、宿州、睢寧至宿遷縣入漕河；其一自汴梁東南經陳留、通許、亳縣至懷遠縣入淮河；其一自汴梁城西南，經滎澤、中牟、尉氏、陳潁至壽州入漕河。六派或勢均並流；或併歸一二，雖涸溢不時，趨向各異，而大抵不出此六派之中也。三代之前，黄河東北入海，不與淮合，漢武帝元光三年，河徙頓丘，東南注鉅野，通于淮、泗。煬帝大業元年，開通濟渠，自板渚引河入汴。黄河通淮始見於此。酈道元曰：『禹塞淫水，於滎陽下引河，東南以通淮、泗』，與《禹貢》不合，其説不足信也。

今漕渠北自海口，南至淮河二千餘里，其間不過汶、泗諸流而已，必賴黄河之水自西入之，而後漕運流通，水利深廣。然或過多又反爲害。故方欲引之，而又欲塞之，修治之功，無時可已也。或曰：『然則黄河可治歟？』曰：『商胡蒲口費而無成。』『不可治歟？』曰：『宣防、靈平已有成效。』『若之何而可？』曰：『順其時，審其勢，輕重緩急可否之宜，臨其事裁之而已。今不可以先見而預定也。』

汶河

《禹貢》：『浮于汶，達于濟。』

宋理宗寶祐五年，蒙古蒙哥七年，濟倅奉符畢符國，始於汶水之陰堽城之左作一斗門，遏汶水入洸，至任城益泗漕，以餉宿、蘄戍邊之衆，且以溉兖、濟間田。汶由是有南入泗、淮之派。（奉符地名，洸即汶之別名。或以爲引汶入洸而遂不知洸之處。若洸果有源，惡得人不知邪？）

元世祖至元二十年，以江、淮水運不通，命兵部尚書李奧魯赤等調丁夫給庸糧，自任城委曲開穿河渠，導洸、汶、泗水西北流，至須城縣安山入清濟故瀆，經東阿至利津河〔二〕入海。後因海口沙壅，又從東阿陸轉二百里抵臨清，下漳御輸京師。（任城縣今濟寧州是。須城縣在今東平州地。安山，即安民山。今戴家廟鎮減水閘即元開河

〔二〕利津河　原本作『利澤河』，據《元史·食貨志海運》改。

引汶水入利津河之故道。按此則汶水自濟西北流。今分水河口，汶水乃東南流。蓋自分水河口至濟寧天井閘地勢相等，故汶水昔西北流，今又東南流也。）

至元二十六年，以壽張縣尹韓仲暉暨太史院令史邊源言，復自須城縣安山西南，由壽張西北至東昌，又西北至臨清開渠，凡二百五十里。引汶絶濟，直屬漳、御。爲閘十六以節水，賜名會通河，自任城南至沽頭，爲閘十；北至奉符爲閘一；　東北至兖州爲閘一。改任城縣爲濟州。（今會通河石閘并濟寧迤南石閘，多至元以後建。蓋初開會通河，建閘用木，後漸改爲石閘也。）

元仁宗延祐元年，以大船礙新開會通河，餘船不得往來，乃於金溝、沽頭兩閘中置隘閘二，臨清置隘閘一，各闊一丈，止許一百五十料船行。由是，南北大船俱不得入。其後，民乃更造減舷添倉長船，至八九十尺，甚至百尺，皆五六百料。比至閘内，遇淺不能回轉，阻礙餘舟。又於隘閘下約八十步，河北立二石，中間相離六十五尺。如舟至，量長如式，方許入閘，長者罪遣之。

永樂九年，命工部尚書宋禮等濬元會通河，引汶水至汶上縣鵝河口入漕河，南北分流。先是，元至正二十六年，黄河北徙，流入會通河，猶通舟楫。洪武二十四年，河決陽武，東南由陳潁入淮，而會通河遂淤。自濟寧至臨清三百八十五里有奇，内七十七里有河道，魚船往來；中一百二里淤爲平地；北二百五里有奇僅有河身，自濟寧至德州〔一〕陸行七百里，始入衛河。至是命工部尚書宋禮、都督周長等發山東濟、兖、青、東四府丁夫十五萬。登、萊二府願趨事赴工之人一萬五千疏濬之。舊河自汶上縣過安山西南，經壽張東門，折而西北，抵東昌〔二〕。新開河乃自汶上縣袁家口徙左幾二十里〔三〕，至壽張縣沙灣復接舊河。又用汶上縣老人白英計，於東平州東六十里戴村舊汶河口築壩，遏汶水西南流，由黑馬溝至汶上縣鵝河口入漕河。南北分流，遂通舟楫。

成化間，開濟寧西河，自耐牢坡閘至塌場口，長九十里，汶水入焉。改耐牢坡閘名永通閘，中建閘名永通上閘。塌場口建閘名廣運閘，中置淺鋪十五所。

弘治二年，巡撫山東都御史錢鉞奏言：

『濟寧天井迤南河道，地形高峻，水勢湍急〔四〕。自天井閘至塌場口不滿百里，建閘十一座。每年四五月間，河水淺澀，船只至此，少則六七日，多至十四五日，方得經過各閘，該用夫三千餘名，僱役用銀不下一二萬兩，財力俱弊。其濟寧西北耐牢坡河地形

〔一〕自濟寧至德州　『至』原本作『自』，據文意改。

〔二〕抵東昌　『抵』字原本漫漶，膠卷本作『地』，似係音似而訛，據文意改。

〔三〕二十里　『二十』原本漫漶，據膠卷本改正。

〔四〕湍急　原本作『端急』，當係形似而訛，今改。

低下，水勢平夷。每年六七月汶水盛發，南由廣運閘北出永通閘，不過三日可以越過舊河一十一閘之險，無坐食之費。合於廣運閘上十里，增建一閘。若有灘淺，於中停地方再建一閘，凍開，即可行船。』

工部巡河郎中曹元論奏：

『新河窄隘，每年夏秋，山水泛漲，暫通舟楫，其餘月日水自乾涸。其天井迤南閘洪邊設有驛遞衙門並水次倉厫，事久人便，不宜更改。』

事下漕運衙門勘議，兩河各有其便，難以偏廢。定例：水大開永通閘行，水小關閉永通閘，由舊河行。仍增建廣運上閘一座，設官管理。後閘未建。

弘治六年，都御史劉大夏因黃河自曹州雙河口分流，至廣運閘入漕河，議奏欲令船只由廣運閘出雙河口，徑達張秋。後亦未果。

按《禹貢》汶水，蔡氏以爲出泰山郡萊蕪縣原山，西南入濟。今汶水之源有三：一出萊蕪縣原山之陰，一出萊蕪縣界寨子村，一出泰山之陰仙臺嶺。宋元之前三水合流，經泰安州寧陽縣境，西南流五百餘里至汶上縣北泗汶村，又西至東平州城南，又西北經東阿縣境，又東北流五百餘里入於海。蒙古南侵，據有徐、兖。其臣畢輔國始於寧陽縣堽城之左築壩阻汶，開洸渠引水南流，至今濟寧州合沂、泗二水，以達于淮。然汶水有漲落，遇水漲時，輔國之壩輒決，汶由故道趨入海，而洸河遂淤，遏引之役，歲無寧息。

本朝永樂九年，既修輔國舊壩，復於東平戴村汶河入海之處築壩，以備漲溢，而汶之水由是盡入漕渠矣。蓋蒙古時，泗水自濟寧而南，未通于北，故輔國引汶水，但達于濟寧。我朝復開會通河，汶南北通。故今引汶又達于會通河。昔能興其利，今能盡其利也。

禹時濟水溢於河之南，獨行滑、曹、鄆、濟、齊、青之境，合于汶而達于海。後濟但入河而不復過河之南。酈道元《水經注》曰：『濟水當王莽之世川瀆枯竭。其後，水流逕通，津渠勢改，尋梁脈水不與昔同。』殊不知漢武元光間，河決瓠子，東南注鉅野，是時，濟已入河，豈至莽時，因川竭而始不過河哉。

汶與泗、沂曁百泉之水，至濟寧汶上分流，北至臨清，南至徐州，而濟寧據於其中。其地獨高，天旱水微，自閘趨下，幾如一線。閉閘積水數日，每一閘開，僅過數船，水即泄去。禁例雖嚴，人不盡知。豪勢之人往往恃强開閘，不能悉制[一]。擠塞鬬争，損船傷人，殆無虚日。惟臨清、濟寧、沽頭三處部官常居

[一] 不能悉制　原本『悉』作『悉』，當係訛字，今改。

之地，自節啓閉，頗有約束。逮夫雨潦，諸水泛溢，或又黄河水自陽穀廣運閘、飛雲橋等處決入漕河，水增漫閘。舟人畏觸閘石，悉由月河行，月河束隘，逆流牽輓，每用百人，船亦留滯。惟歲不甚旱，水雖消退，其流涓涓而來，爲閘所束，不致淺漫。或糧船重載，閉閘一二時，船即浮動，最得建閘之利。又水漲之時，汶河暨諸泉之水漫流於汶上縣南旺湖，薛河暨諸泉之水湧出於沛縣金溝口。水退壅淤〔一〕，皆致淺阻。築壩逼水，挑撈泥沙，勞費甚焉。

又論湖泊之利，南旺湖〔二〕，漕渠貫於湖中，有斗門相通，渠水涸，湖水亦涸。説者謂，引湖水以濟漕渠者〔三〕，誤也。惟高具堤防及□蓬子山壩，以障其走泄之路〔四〕，則瀦水必深，雖遇旱乾，卒難淺涸。然水大至不能四達，□渠堤波舟行抑又病焉。

昭陽湖在漕河之東北，四圍高阜〔五〕，前欲興湖利者，皆役丁夫於湖中，濬渠引泉。然不知湖水高，而後可達于漕。況湖既有源，雖不濬，竟將何之？或禁□□□□所先，亦惟高增堤防，嚴禁盜決泉流，及夏秋潦水四至，既無走洩，自瀦深淵。雖欲盜耕，無所措手矣〔六〕。自湖至沽頭上閘不過十里，遇淺，閘閘門，湖灌注，頗能濟益。然湖水終是有限。又此方之地，非如江南下濕沮洳，主旱之歲，湖水亦必消耗也。汶河之中，閘座、湖泊利害，大率如此。

近日著例：自耐牢坡閘〔七〕至廣運閘一帶河道，許於水大之時行舟，得免濟寧一帶閘座之險。但初建議者欲盡棄濟寧閘河不用，悉由此河行〔八〕。又慮淺阻，故增置永通、廣運等閘於河之南北，以節水利。然廣運閘口束隘，重船逆水而上爲難，又水退留沙易壅。今若止存耐牢坡口一閘，再於舊閘左右建閘口四座，其廣運等閘悉皆撤去；又開濬河身，比舊倍寬，以待汶河水小之時，只由濟寧閘河經行；水若泛漲，然後盡開耐牢坡五閘口，放水而南，既足以紓南旺迤北衝溢之害〔九〕，又免涉歷濟寧一帶閘路之險。因時制宜，計莫有善於此者也。

〔一〕淤　原本作『於』，據文意改。
〔二〕南旺湖　原本『南旺』漫漶，本書卷一叙蓬子山壩在南旺湖，據補。
〔三〕以濟漕渠者　原本『濟』作『齊』，據文意改。
〔四〕以障其走泄之路　原本『障』作『隌』，今改。
〔五〕四圍高阜　原本作『囬圍高阜』，今改。
〔六〕無所措手矣　『措』原本作『指』，今改。
〔七〕耐牢坡閘　原本作『耐牢皮閘』，今改。
〔八〕悉由此河行　原本『悉』作『志』，今據文意改。
〔九〕既足以紓南旺迤北衝溢之害　原本『足』作『是』，當係形似而訛，今改。

泗沂

《禹貢》：『浮于淮、泗，達于河。』又云：『淮沂其乂。』隋文帝時，兖州刺史薛胄因城東泗、沂二水合而南流，汎濫大澤中，積石堰之，決令西注，陂澤盡爲良田。又通轉運，利盡淮海。百姓賴之，號爲薛公豐兖渠。

元世祖至元年間，修復薛胄舊堰，爲滾水石壩，復建金口、土婁、杏林三閘，以引泗、沂二水，西入濟寧。

本朝永樂間，元石壩壞，築爲上壩。成化八年，復修滾水石壩，長五十丈。

按《書傳》泗水出魯國卞縣桃墟西北陪尾山。源有泉四。四泉俱導，因以爲名。西南過彭城，又東南過下邳入淮。沂水出泰山郡沂水縣南，至於下邳西南，而入於泗。酈道元云：水出尼丘山西北，經魯之雩門，亦謂之沂水。而沂水之大則出於泰山也。今泗水出陪尾山。沂水一出尼丘；一出沂水縣，與《書傳》合。但出沂水縣者，經沂州、郯城三百餘里，至邳州入漕河。其河甚微，與《傳》言沂水之大出於泰山者不合矣。泗水及曲阜縣尼山所出沂水，舊自鄒縣埢里合流，南達于淮。隋薛胄始堰之西流，以通轉運。竊意隋時汶東北由東阿入海，而泗西南由埢里入淮，濟寧之南至埢里五十餘里未有河渠，豈胄始鑿之，引泗以通運歟？

諸湖

《春秋》：哀公九年，『吴城邗，溝通江淮』。杜預注云：『於邗江築城穿溝，東北通射陽湖，西北至末口入淮。』《淮安志》：『射陽湖在今山陽縣東南七十里，縈迴三百里，與寶應、鹽城二縣接境，東北由馬邏港通淮。』（末口在江都縣西北六十里，去淮尚遠。今云至末口入淮，未詳。）

隋文帝開皇七年，開揚州山陽瀆。（瀆即溝也。）開皇九年，賀若弼伐陳，買弊艦五十艘，置于瀆內。揚州山陽瀆者，自揚州以至山陽，舉首尾而言也。或以爲揚州有山陽瀆者誤。）

隋煬帝大業元年，發民十萬，開邗溝入江。廣四十步，旁築御道，樹以柳。自長安至江都置離宫四十餘所。（按此開邗溝入江，則江淮南北通，廣四十步，則中爲渠而有兩岸。未詳今高郵、寶應自何時匯爲巨湖。）

唐明皇開元二十六年，潤州刺史齊澣奏：『自瓜步濟江迂六十里，請自京口埭下直濟江。穿伊婁河二十五里，即達揚子縣。立伊婁埭。』從之。（瓜步，今瓜洲也。京口，今鎮江府也。俗傳瓜洲過鎮江水面十八里，與齊澣所奏迂六十里相反。揚子縣未詳其地，今江都縣南二十里有揚子橋，南至瓜洲二十五里，疑即唐揚子縣治所。埭，即今之壩也。吴人開邗溝已通江淮，唐穿伊婁河，蓋因舊河濬之，別名伊婁，非新鑿也。）

唐憲宗時，揚州疏太子港、陳登塘，凡三十四陂，以益漕河。輒復堙塞。淮南節度使杜亞乃濬渠蜀崗，疏句城湖、愛敬陂，起隄，貫城，以通大舟。河益卑，水下走淮，夏則舟不得前。節度使李吉甫築平津堰，以泄有餘，防不足，漕流遂通。（太子港在今儀真縣東二十里。蜀崗在揚州府城北五里，東自灣頭，西接儀真，綿亘四十里。愛敬陂即陳登塘。平津堰或以爲即高郵、寶應一帶湖陂，但隋已開邗溝築御道。唐去隋不遠，舊堤必存，不應謂吉甫始築此堤也。觀上文云：『水下走淮』，蓋隋開邗溝，江淮通後，水走入淮，故吉甫於入淮之處爲堰，以隄防之，如今之壩耳。）

後周世宗顯德五年，上欲引戰艦自淮入江，阻北神堰，不得度。欲鑿楚州西北鸛水，以通其道。遣使行視，還，言：『地形不便，計功甚多。』上自往視之，授以規畫。發楚州民濬之，旬日而成，用功甚省。巨艦數百艘皆達于江。（北神堰在今淮安府北五里。楚州，即今淮安府是。鸛水今無。宋《嘉定志》云：『管家湖與老鸛河相接。』老鸛河疑即鸛水。今管家湖接漕渠通于淮，正在淮安之西北，蓋即後周時所鑿楚州鸛水也。）

宋時，楚州北山陽灣迅急，多有沉溺之患。雍熙中，轉運使劉璠[一]議開沙河，以避淮水之險。未克而受代，喬維岳繼之。開河自楚州至淮陰，凡六十里，舟行便之。（沙河，蓋即後周時鸛水河也。歲久堙廢，隨時易其名耳。）

宋真宗天禧二年，江淮發運使賈宗言：『諸路歲漕，自揚入淮、汴，歷堰者五，糧載煩於剝卸，民力疲於牽輓，官私船艦，由此速壞。今議開揚州古河，繚城南，接運渠；毁龍舟、新興、茱萸三堰；鑿近堰漕路，以均水勢，歲省官費十數萬，功利甚厚。』從之。明年，役既成，而水注新河，與三堰平。漕船無阻，公私大便。（五堰，龍舟、新興、茱萸，其二堰未詳。龍舟堰在今瓜洲地，茱萸堰在今白塔河內。）

宋真宗時，張綸爲江淮發運使，築漕河隄二百里於高郵北，旁錮巨石爲十礎，以泄橫流。

神宗[二]元豐六年，開龜山運河，二月乙未告成，長五十七里，闊五十丈，深一丈五尺。初，發運使許元自淮陰開新河，屬之洪澤，避長淮之險，凡四十九里。久而淺澁。熙寧四年，皮公弼[三]請復濬治，起十一月壬寅，盡明年正月丁酉而畢，舟人便之。至是，發運使羅拯復欲自洪澤而上，鑿龜山裏河，以達於淮，帝深然之。會發運使蔣之奇入對，建言：『上有清汴，下有洪澤，而風浪之險止百里

[一] 劉璠　《宋史·河渠志》作『劉蟠』。
[二] 神宗　原本作『仁宗』，元豐係神宗年號，《宋史·河渠志》紀史實在神宗時，今改。
[三] 皮公弼　原本作『史公弼』，《宋史·河渠志》作『皮公弼』，據改。

淮，宜自龜山蛇浦下屬洪澤鑿左肋爲複河，取淮爲源，不置牐堰，可免風濤覆溺之患。』帝遣都水監丞陳祐甫經度。祐甫言[一]：『往年，田棐任淮南提刑，嘗言開河之利，其後淮陰至洪澤竟開新河，獨洪澤以上未克興役。今既不用堰閘蓄水，惟隨淮面高下，開深河底，引淮通流，形勢爲便。但工食浩大。』帝曰：『費雖大，利亦博矣。』祐甫曰：『異時，淮中歲失百七十艘[二]，若捐數年所損之費，足濟此役。』帝曰：『損費尚小，如人命何。』乃調夫十萬開治。既成，命之奇撰記，刻石龜山。（龜山在盱眙縣東北三十里。洪澤在淮安府西南九十里，今清河縣南六十里洪澤是也。蓋宋時漕運由泗州汴渠渡淮後，自淮陰南至洪澤，又自洪澤至龜山開渠通□[三]，皆取近汴渠也。由洪澤入淮猶置閘堰，至龜山不用閘堰者，循淮而上，其流益高，又開深河底，水不□淮，故不用也。今新莊閘南，洪澤河故道猶存。）

宋哲宗時，京口、瓜洲、犇牛皆置閘。（京口，在今鎮江府北，漕河入江之口。犇牛在今常州府西三十里。按北宋哲宗時，瓜洲嘗置閘矣。）

宋徽宗崇寧二年，詔淮南開修遇明河，自真州宣化鎮江口至泗州淮河。五年，畢工。（真州，今儀真縣是。真州河始見於此。然唐時，疏太子港以益漕河，則自唐時，河已通真州矣。）

徽宗重和元年，前發運副使柳庭俊言：『真、揚、楚、泗高郵運河堤岸，舊有斗門、水閘七十九座，限則水勢，常得其平，比多損壞。』詔：『檢計修復。』

徽宗宣和二年，以真、揚等州運河淺澁，委陳亨伯措置。

宣和三年春，詔發運副使趙億，以車畎水運河[四]，限三月中三十綱到京。宦者李琮[五]言：『真州乃外江綱運會集要口，以運河淺澀，故不能速發。按南岸有泄水斗門八，去江不滿一里。欲開斗門河身，去江十丈築軟壩，引江潮入河，然後倍用人工車畎，以助運河水。』從之。（畎，田中溝也。）

初，淮南連歲旱，漕運不通，揚州尤甚。詔中使按視，欲濬運河與江、淮平。會兩浙有方臘之亂，內侍童貫爲宣撫使，譚積爲制置使。貫欲海運陸輦；積欲開一河，自盱眙出宣化。朝廷下發運使司相度。陳亨伯遣其屬向子諲視之。子諲曰：『運河高江、淮數丈，自江至淮凡數百里，人力難濬。昔唐李吉甫廢閘置堰，治陂塘，泄有餘，防

[一] 都水監丞陳祐甫經度祐甫言　『丞』『言』原本脱，據《宋史·河渠志》補。
[二] 淮中歲失　『歲』字原本脱，據《宋史·河渠志》補。
[三] 又自洪澤至龜山　『洪澤』兩字原本漫漶，據文意及殘蹟補。
[四] 畎水運河　原本作『畝水』，據《宋史·河渠志》改。
[五] 李琮　原本作『李宗』，據《宋史·河渠志》改。

不足，漕運流通。發運使曾孝蘊嚴三日一啓之制，復作歸水澳，惜水如金。比年行直達之法，走茶鹽之利。且應奉權倖〔一〕，朝夕經由，或啟或閉，不暇歸水。又頃毀朝宗閘。自洪澤至召伯數百里，不爲之節，故山陽上下不通。欲救其弊，宜於真州太子港作一壩，以復懷子河故道；於瓜洲河口作一壩，以復龍舟堰；於海陵河口作一壩，以復茱萸、待賢堰，使諸塘水不爲瓜洲、真、泰三河所分。於北神相近作一壩，權閉滿浦閘，復朝宗閘，則上下無壅矣。』亨伯用其言。是後，滯舟皆通利云。（按此向子諲言唐李吉甫廢閘置堰。則吉甫之平津堰非高郵一帶湖堤。尤信，朝宗閘，洪澤河中閘名也。滿浦閘，宋嘉定《山陽志》云：『在府城北門外西北四里。』）

宋光宗紹熙五年，淮東提舉陳損之言：『高郵、楚州之間，陂湖渺漫，茭葑彌滿〔二〕。宜創立隄堰，以爲瀦泄，庶幾水不至於泛溢，旱不至於乾涸。乞興築自揚州江都縣至楚州淮陰縣三百六十里，又自高郵、興化至鹽城縣二百四十里隄岸，其隄旁開一新河，以通舟船。仍存舊堤，以捍風浪。栽柳十餘萬株，數年隄岸亦牢，其木可備修補之用。』

本朝洪武九年，開菊花溝，自府城南折而東，又折而北，至新城東北由仁字等五壩西北，由淮安、滿浦二壩通淮。於城南溝口置磚閘並南鎖壩。

命揚州府所屬州縣燒造磚灰，包砌高郵、寶應湖堤岸六十餘里，以捍風濤。

洪武九年四月初一日，工部欽奉聖旨：『如今瓜洲等處船隻車壩所用篾纜，所司好生科民不便，恁部家行文書去，著那經過往來的客商船隻，每船一隻出錢二十文，買篾纜用，不許科民。仍立石碑寫著。

洪武二十八年，寶應縣槐樓之南，湖堤曲折向西，湖邊沮洳難於修築，因老人栢叢貴建言，發淮揚丁夫五萬六千餘人，於湖東直南北穿渠，自槐樓南抵界首，長三十餘里，東爲大堤，長與渠同。

永樂十三年，既罷海運。江南漕舟由淮安東北車壩入淮。逆水行六十里達清河口，猝遇風濤〔三〕不免覆溺。十四年，平江伯陳瑄把總漕運，因訪淮安故老，得宋轉運使喬維岳所開沙河舊渠而疏濬之，引淮通流。建新莊、清江、移風三閘以節水。續又置板閘一。自新莊閘渡淮七里許即達清河口，舟行便之。拽舟過壩，謂之車。

宣德七年，工部奏開白塔河，置新開、潘家莊、大橋、江口四閘，以待啓閉。江南糧船由常州府西北孟瀆河過江，由白塔河至灣頭入漕河，以省瓜洲盤壩之費。正統四年，漕運總兵官都督武興因白塔河淤淺，糧船不行，反泄

〔一〕應奉權倖　原本作『應奏』，據《宋史·河渠志》改。
〔二〕彌滿　原本作『獼滿』，據《宋史·河渠志》改。
〔三〕猝遇風濤　『猝』原本作『倅』，不辭，據文意改。

漕河之水，委官閉河口。十年，因御史吳鎰建言，於大橋閘上築壩車船，後廢。成化十年，漕運總兵官平江伯陳鋭、都御史李裕、管河郎中郭昇、巡河御史翟瑄會議重開。挑濬河口淤泥，拆去舊閘，改造通江、留潮、新開三閘，又築軟壩三座，隨水漲落，以時啟閉，最爲便利。後因水涸，仍舊築閉。

正統六年，黄河泛漲，新莊閘東淤爲洲，十餘里舟楫不通。發數郡丁夫開濬，未成。主者禱於恭襄平江侯祠。一夕，人有見侯乘白馬擁騎從數十人，行水上。明日視之，洲爲水衝去。有司上其事，命立侯祠於清江浦，春秋祀以少牢。

成化三年，因儀真壩下黄泥灘、直河口二港，瓜洲壩下東西二港江潮往來，涌沙填淤，潮不登壩，船不得過。定例，每三年冬月江涸之時，發軍民人夫挑濬一次。

成化七年，淮揚旱，漕渠乾淺。是年秋，淮河泛漲，灌入新莊閘口。水退自清江浦至淮河口二十餘里淤淺不通，遂築壩於清江浦北以蓄水。令糧船俱由淮安東北仁字、義字二壩車過；及於清江浦，又置東西二壩，開港北通淮，以助不及。八年春，刑部左侍郎王恕發軍夫萬餘人疏濬之。至夏，淮水入渠，乃決壩行舟。又役軍夫五千餘人，疏濬灣頭等處淤淺河道。

成化十年，工部巡河郎中郭昇，因漕舟過江，車壩勞費。相視儀真縣東關至羅四橋舊有通江河港，潮來水深六尺，因建議置裹河口等四閘，待潮至，開閘放船，船不車壩，省費無算。成化二年，因漕河水淺，築閉。弘治四年，守備南京太監蔣琮累奏前閘便利，復舊開通。修其敝壞，撤去響水閘不用。仍著令夏秋潮漲，則開閘以納潮，春冬潮涸，則閉閘以潴水。公私便之。

弘治四年，淮揚大旱。揚子橋、灣頭一帶漕渠淺涸，漕運總兵官都督僉事都勝以聞。命總督漕運右副都御史張偉發丁夫萬餘濬之。渠中掘得都巡檢、壽亭侯、都統制、觀察使印四顆。是後河渠水深，漕運通利。

臨川吴氏曰：『林少穎云：「禹時，江淮未通，故揚州入貢，必由江以入海，然後達於淮泗。至吳夫差掘溝通水，與晉會黄池[一]，然後江淮始通。」孟子謂：「禹排淮泗而注之江。」蓋誤指所通之水，以爲禹蹟。」某謂：「江北、淮南地高於水，雖曰溝通江淮，止是江淮之間掘一横溝，兩端築隄壅水在溝中。若欲行舟，須自江中拽舟上溝，行溝既盡，又拽舟下淮。江淮二水實未嘗通流也。」』

愚謂史書煬帝之開邗溝，已云入江，而後周之開鸛水，宋之毀龍舟堰尤爲明甚。今新莊閘北通淮，而羅四橋閘南通江，又目所親覩。蓋江淮巨流，淮受

[一] 黄池　『池』原本漫漶，據膠卷本補。

河、渭、洛、汴，江自川蜀而來，皆經數千里。時值雨潦，百川增漲，則淮波南溢，入於漕渠，江潮北湧，漫壩而過，江淮遂通；逮至天旱水涸，漕河高淮數丈，非爲堰以隄防之，則諸湖無源之水南北並泄，其涸可立而待。旱潦二者反覆相尋，自古已然，在乎因時爲制而已。苟目覩旱涸，而以爲江淮決不可通；親經雨潦，而以爲江淮必可通。則不深考乎古之過也。《隋史》但云：『開邗溝，廣四十步。』宋徽宗時，發運副使柳庭俊言：『高郵運河隄岸，舊有斗門、水閘七十九座，限則水勢，常得其平。』斗門、水閘似爲湖水設者。至光宗時，淮東提舉陳損之言：『高郵、楚州之間，陂湖渺漫，宜創立隄堰，別開新河，以通舟船，仍存舊堤，以捍風浪。』然後知陂湖之害，自宋時已然矣。

今寶應、高郵、邵伯湖旁隄岸雖漸用磚石修砌，然每遇雨潦及淮水南灌，數百里之間湖水暴漲。又遇西北風激之，波浪疊起，高至丈餘，東湧擊隄，隄輒崩壞，水決東注，淹没田廬，猝難築塞。所賴以殺其勢者，惟減水閘耳。但減水閘原少，其制未善；開閘由人，其弊多端。今若待天旱水涸，湖隄露底，於隄外有溝港之處徧造減水閘。其制，量河面水深若干可載重舟。不淺，則造閘，底亦比河面相平，及加高二尺。閘口中不施板，惟舖石密固，令滾水不壞。湖水纔增，便自閘口減出，雖欲徇私開閉，無所施力。如此，庶無增積暴漲之害。且當旱時，勿以修隄爲緩。則工程堅牢，遇潦非所憂矣。

又湖中西北風起，舟行偶遇之，隨浪觸堤，無不損溺；惟天旱水離隄遠，雖遇風浪，無觸堤之害。又自山陽至儀真惟新莊等閘河、揚州灣頭、瓜洲三汊口等處及湖口南北遇旱淺澁，必須挑濬。其寶應、高郵、邵伯湖環、浸數百里，遇旱不涸，但消縮湖邊水淺而已，入裏湖中，尚可行舟也〔一〕。雷公、句城、陳公等塘亦皆無源，必待雨潦之年，方可蓄水。然三湖皆載高地，接連山崗，勢極曠遠。潦水一發，自高趨下，隄不能禦。雖有閘䃮，窄隘不堅，易致衝壞。隄外居民，恐水滿隄溢，傷己田稼，或盗毁閘口，預以泄水；又耕湖中者，慮水瀦没田，亦有盗決之弊。今若大興工役，修築隄防，加高丈許。每塘用石甃砌滾水石壩二座。壩視堤卑五尺，闊二十丈，長一百丈。敷嵌石板，令犬牙相入，以爲跌水之路，務極精緻，不使回洑衝薄久而傾圮。如此，既可瀦水。雖水暴至，二壩共闊四十丈，足以疏泄。又其製堅確，水衝不壞，人不能盗決。且其中魚菱之利，可以資修河之費。必待大旱，漕渠乾涸，方許開引。然亦但決壩旁土隄丈餘，水自奔注。事畢，仍舊築塞，未爲勞也。

〔一〕行舟也　原本漫漶，據膠卷本補。

又儀真瓜洲壩下港口，例三年一濬。但江水盈縮不定，冬月潮猶及壩，無俟乎濬；水縮之時，江退離壩數里，雖歲一濬之，尚不能濟。議者欲待潮小之時，於港口再置一壩或閘，以留潮水行舟，亦一時救濟之良法也。』

海運薊州河

本朝海運一十三衛，管駕遮洋船，於大名府衛河兑糧，由直沽海口開洋，涉歷海道，運至薊州，以給軍費，歲有疏虞。天順二年，以大河衛百户閔恭言，命都督僉事宗勝、御史李敏、工部主事李尚，發軍夫萬餘開河。自新開沽起，至薊州止，長四十里，舟行無虞。定例，三年疏濬一次。

卷之三

漕河夫數

漕河夫役，在閘者，曰閘夫，以掌啟閉；溜夫，以挽船上下。在壩者，曰壩夫，以車挽船過壩。在淺鋪者，曰淺夫，以巡視隄岸、樹木，招呼運船，使不膠於灘沙；或遇修隄濬河，聚而役之，又禁捕盗賊。泉夫，以濬泉。湖夫，以守湖。塘夫，以守塘。又有撈沙夫，調用無定。挑港夫，徵用有時，若計工重大，則發附近軍民助役，事畢釋之。定役夫，自通州至儀真瓜洲，凡四萬七千四人。

通州

通流閘二，共閘夫六十三名：大興縣〔一〕五名，三河縣七名，遵化縣六名，良鄉縣七名，淇縣五名，汲縣一十名，修武縣三名，輝縣九名，大城縣四名，昌平縣四名。

〔一〕大興　原本作『太興』，今改。

博濟閘二，共閘夫六十五名：　固安縣七名，昌平縣六名，密雲縣六名，順義縣十五名，玉田縣四名，豐潤縣十名，薊州十二名，修武縣三名，胙城縣一名。

淺舖十，每舖小甲一名，夫十名，共一百一十名。

修隄小甲八名，夫七十五名。

通州左衛

淺舖二，每舖小甲一名，夫十名，共二十二名。

修隄小甲三名，夫二十六名。

通州右衛

淺舖四，每舖小甲一名，夫十名，共四十四名。

修隄小甲四名，夫三十六名。

定邊衛

淺舖二，每舖小甲一名，夫十名，共二十二名。

修隄總甲一名，小甲四名，夫四十五名。

看廠夫五名。

神武中衛

淺舖三，每舖小甲一名，夫十名，共三十三名。

修隄小甲五名，夫四十五名。

寶坻縣

修隄小甲四名，夫四十六名。

看廠夫五名。

東安縣

修隄總甲一名，小甲六名，夫七十名。

看廠夫十名。

漷縣

淺舖四，每舖小甲一名，夫十名，共四十四名。

修隄總甲二名，小甲八名，夫九十名。

香河縣

淺舖六，每舖老人一名，夫十名，共夫六十名。

修隄總甲一名，小甲三名，夫四十名。

營州前屯衛

淺舖四，每舖小甲一名，夫十名，共四十四名。

修隄總甲一名，小甲二名，夫二十四名。

看淺夫三名。

武清縣

淺舖十一，每舖小甲一名，夫十名，共一百二十一名。

看守要兒渡口等隄五處，總甲一名，小甲五名，夫五十名。

修隄老人二名，總甲二名，小甲九名，夫九十二名。

看廠小甲一名，夫十六名。

武清衛

淺鋪四，每鋪小甲一名，夫十名，共四十四名。

修隄總甲一名，小甲一名，夫九十九名。

看廠夫十二名。

天津衛

淺鋪十一，每鋪小甲一名，夫九名，共一百一十名。

修隄小甲五名，夫四十五名。

天津左衛

淺鋪二十四，每鋪小甲一名，夫九名，共二百四十名。

修隄小甲五名，夫四十五名。

天津右衛

淺鋪十，每鋪小甲一名，夫九名，共一百名。

修隄小甲五名，夫四十五名。

靜海縣

淺鋪九，每鋪老人一名，夫十名，共夫九十名。

修隄夫六百名。

霸州

淺鋪一，老人一名，夫十名。

修隄夫二百六十名。本州六十名，大城縣二百名。

青縣

淺鋪六，每鋪老人一名，夫十名，共夫六十名。

修隄夫六百一十六名。

興濟縣

淺鋪七，每鋪老人一名，夫十名，共夫七十名，內軍夫二十名。

滄州

淺鋪七，每鋪老人一名，夫十名，共夫七十名。

交河縣

淺鋪五，每鋪老人一名，夫十名，共夫五十名。

修隄夫三百五十名。

南皮縣

淺鋪五，每鋪老人一名，夫十名，共夫五十名。

修隄夫三百五十名。

吴橋縣

淺鋪十，每鋪老人一名，夫十名，共夫一百名。

修隄夫四百五十名。

景州

淺鋪四，每鋪老人一名，夫十名，共夫四十名。

修隄夫二百名。

德州

淺鋪六，每鋪老人一名，夫十一名，共夫六十六名。

德州衛

淺鋪八，每鋪小甲一名，夫九名，共八十名。

德州左衛

淺鋪六，每鋪小甲一名，夫九名，共六十名。

故城縣

淺鋪三，每鋪老人一名，夫十名，共夫三十名。

修隄夫八十名。

恩縣

淺鋪五，每鋪老人一名，夫十名，共夫五十名。

沙灣修隄大户夫七十五名。

武城縣

淺鋪二十六，每鋪老人一名，夫十名，共夫二百六十名。

沙灣修隄守口大户夫二十五名。

夏津縣

淺鋪八，每鋪老人一名，夫十名，共夫八十名。

沙灣修隄大户夫六名。

清河縣

淺鋪八，每鋪老人一名，夫十名，共夫八十名。

臨清州

臨清閘，閘夫三十名： 本州十名，舘陶縣十名，冠縣五名，丘縣五名。

會通閘〔一〕，閘夫三十名。

〔一〕會通閘　原本『會通』二字漫漶，據膠卷本補。

南板閘，閘夫四十名：本州十三名，丘縣十四名，館陶縣十三名。溜夫一百一十五名，俱丘縣人。

新開上閘，閘夫四十名：本州十二名，冠縣十二名，夏津縣十六名。溜夫七十五名，俱冠縣人。

淺鋪十一，每鋪老人一名，夫十名，共夫一百一十名。撈淺夫九十名。

臨清衛

巡河軍餘十名。

清平縣

戴家灣閘，閘夫三十名。

淺鋪九，每鋪老人一名，夫十名，共夫九十名。撈淺夫二百名。

堂邑縣

土橋閘，閘夫三十名：本縣十六名，博平縣十三名，清平縣一名。

梁家鄉閘，閘夫三十名：本縣十七名，博平縣九名，清平縣四名。

淺鋪七，每鋪老人一名，夫十名，共夫七十名。撈淺夫二百名。

博平縣

淺鋪六，每鋪老人一名，夫十名，共夫六十名。撈淺夫二百五十名。

聊城縣

通濟橋閘，閘夫三十名。

李海務閘，閘夫三十名。

周家店閘，閘夫三十名：本縣二十五名，朝城縣五名。

淺鋪二十三，每鋪老人一名，夫十名，共夫二百三十名。撈淺夫二百名。

陽穀縣

七級上下二閘，每閘閘夫二十名。

阿城上下二閘，每閘閘夫二十名。

荆門上閘，閘夫二十名；月河修壩夫五十名，俱東阿縣人。

荊門下閘，閘夫二十名，本縣人。月河修壩夫五十名，壽張縣人。

淺鋪十，每鋪老人一名，夫十名，共夫一百名。撈淺夫五百名。

东阿縣

淺舖八，每舖老人一名，夫十名，共夫八十名。撈淺夫一百二十名。

壽張縣

淺舖五，每舖老人一名，夫十名，共夫五十名。撈淺夫一百名。

東平州

淺舖十三，每舖老人一名，夫十名，共夫一百三十名。撈淺夫二百名。

戴村修壩，本州老人一名，夫一百五十名； 汶上縣老人一名，夫一百五十名。

東平守禦千户所

淺舖四，每舖小甲一名，夫十名，共夫四十四名。

汶上縣

開河閘，閘夫三十名。

蒲灣湖、武家湖共老人一名，夫三十名。

南旺上下二閘，共夫四十名。

淺舖十四，每舖老人一名，夫十名，共夫一百四十名。撈淺夫五百五十名。

嘉祥縣

淺舖四，每舖老人一名，夫十名，共夫四十名。撈淺夫一百八十名。

鉅野縣

淺舖五，每舖老人一名，夫十名，共夫五十名。撈淺夫三百五十名。

濟寧衛

淺舖五，每舖小甲一名，夫九名，共五十名。協濟撈沙夫二百名，俱金鄉縣人。

濟寧州

分水閘，閘夫四名。

天井閘，閘夫三十名，本州人。溜夫一百五十名，濟寧衛軍餘。

在城閘，閘夫三十名： 本州二十七名，鄆城縣三名。溜夫三百名： 鄆城縣一百四十名，鉅野縣一百六十名。

趙村閘，閘夫三十名： 本州二十二名，嘉祥縣八名。溜夫一百五十名： 鉅野縣七十名，嘉祥縣八十名。

石佛閘，閘夫三十名： 本州十二名，滕縣十八名。

溜夫一百五十名：本州八十名，滕縣七十名。

新店閘，閘夫三十名：本州二十名，城武縣十名。溜夫一百五十名：城武縣九十五名，滕縣五十五名。

新閘，閘夫三十名：本州五名，金鄉縣二十五名。溜夫一百五十名：金鄉縣一百名，滕縣五十名。

仲家淺閘，閘夫三十名，本州人。溜夫一百五十名：金鄉縣一百名，滕縣五十名。

師家莊閘，閘夫三十名：本州三名，鄒縣二十七名。溜夫一百五十名，俱鄒縣人。

魯橋閘，閘夫三十名。溜夫一百五名，俱單縣人。

棗林閘，閘夫三十名。溜夫一百五十名。俱單縣人。

上新閘，閘夫三十名，俱本州人。溜夫一百名：城武縣三十名，鉅野縣七十名。

中新閘，閘夫三十名：本州二十名，鄆城縣十名。溜夫一百名，俱本州人。

下新閘，閘夫三十名。溜夫一百名。俱本州人。

宫村閘、吴泰閘，每閘閘夫四名。

永通閘、永通上閘，每閘閘夫二十名。

廣運閘，閘夫二十名，本州人。溜夫一百名：滋陽縣三十八名，滕縣六十二名。

大南門等橋五座，每橋十名，共夫五十名。

托基泉、蘆溝泉、馬陵泉共老人一名，每泉夫八名，共夫二十四名。

淺鋪十二，每鋪老人一名，夫十名，共夫一百二十名。

永通閘河淺鋪十五，每鋪老人一名，夫十名，共夫一百五十名。撈淺夫五百名：本州二百五十名，城武縣二百名，滕縣五十名。

滋陽縣

金口閘、土婁閘、杏林閘，每閘閘夫二十名。

金口壩，本縣並曲阜、泗水、鄒縣老人四名，共修壩夫四百四十名。

淺鋪，洸河十淺，每鋪四名；濟河五淺，每鋪五名，共夫六十五名。

沙灣守口大户夫十五名。

寧陽縣

堽城閘，閘夫二十名。

堽城壩，本縣老人一名，修壩夫二百名；泰安州老人一名，夫〔一〕四百名。

魚臺縣

南陽閘，閘夫三十名，單縣人。溜夫一百五十名，本

〔一〕夫 原本作『大』，據文意改。

縣人。

穀亭閘，閘夫三十名。溜夫一百七十名。俱本縣人。

八里灣閘，閘夫三十名。溜夫一百五十名，俱本縣人。

孟陽泊閘，閘夫三十名。溜夫一百五十名，俱本縣人。

楊城湖小閘，閘夫十名；本縣五名，滕縣五名。

黄良等五泉，管泉老人四名，共夫五十五名。

淺鋪二十一，每鋪老人一名，夫十名，共夫二百一十名。永通閘河淺鋪五，每鋪老人二名，夫十名，共夫五十名。撈淺夫二百五十名：本縣五十名，單縣二百名。

鄒縣

堽里閘，閘夫十名。

堽里淺鋪，淺夫十名。

沛縣

湖陵城閘，閘夫三十名：本縣十五名，滕縣十五名。溜夫一百五十五名：本縣八十名，滕縣七十五名。

謝溝閘，閘夫二十名，碭山縣人。溜夫一百五十名：蕭縣一百一十名，豐縣四十名。

新興閘，閘夫二十名。溜夫一百三十名，俱蕭縣人。

金溝口閘，閘夫二十名。

飛雲橋閘，閘夫十名。

昭陽湖中閘，閘夫二十名：東閘八名，西閘八名。

昭陽湖看坡夫六十名。

淺鋪十九，每鋪老人一名，夫二十名，共夫三百八十名。協濟金溝撈淺夫四百七十三名：豐縣一百三十九名，碭山縣二百一十五名，蕭縣一百一十九名。

豐縣

王家淺鋪老人一名，夫六十一名。

徐州

沽頭上閘，閘夫二十名。溜夫一百五十名，俱碭山縣人。

沽頭中閘，閘夫二十名。溜夫一百五十名，俱豐縣人。

沽頭下閘，閘夫二十名。溜夫一百五十名，俱豐縣人。

黄家閘，閘夫二十名，沛縣人。溜夫一百三十名，蕭縣人。

徐州閘，洪夫九百一名：本州二百五十名，蕭縣四百五十名，碭山縣二百一名。稍水一百四十四名，月支糧三斗；總甲一名，月支糧五斗。俱本州人。

呂梁上閘，洪夫一千五十名，徐州人。稍水一百二十三名，月支糧三斗；總甲一名，月支糧五斗，俱徐州人。

吕梁下閘，洪夫五百名，先俱本州人，後改蕭縣。稍水九十名，月支糧三斗；總甲一名，月支糧五斗，俱本州人。

留城泉水閘，小甲一名，閘夫二十名。

淺舖三十六，每舖老人一名，夫四十名，共夫一千四百四十名。

睢寧縣

淺舖十一，每舖老人一名，夫一百五十名，共夫一千六百五十名。弘治三年，因黄河通流，每舖暫停一百三十名，存留二十名。

邳州

淺舖十，每舖老人一名，夫一百五十名，共夫一千五百名。弘治三年，每舖減留二十名。

邳州衛

東城安淺舖，淺夫二十名。

宿遷縣

淺舖二十一，每舖老人一名，夫一百名，共夫二千一百名。弘治三年，每舖減留二十名。

桃源縣

淺舖十二，每舖老人一名，夫一百名，共夫一千二百名。弘治三年，每舖減留二十名。

清河縣

新莊閘，夫四十名：本縣二十名，安東縣二十名。

淺舖五，每舖老人一名；內吴城淺舖夫二十名，餘俱十名，共六十名。

山陽縣

福興、清江、移風、板閘四座，每閘閘夫四十名。

淺舖十五，每舖老人一名，夫五名，共夫七十五名。

淮安衛

巡河軍餘十名。看隄軍餘十二名。

大河衛

巡河軍餘十六名。看隄軍餘十六名。

寶應縣

淺舖九，每舖老人一名，塘長一名，夫不等，共四百四十三名。內四百八名，本縣人；子嬰溝第一淺，夫二十五名，瓦店等二淺，夫十名，俱高郵州人。

高郵州

淺舖十一，每舖老人一名，夫二十名，內丁家灣淺夫十名，共夫二百一十名。　康濟河淺舖六，每舖老人一名，夫十名，共夫六十名。

高郵州巡河軍餘十名。

江都縣

雷公上下二塘，塘長二名，每塘夫四十名，共八十名。句城塘，塘長一名，塘夫四十名。

朝宗上下二閘，每閘閘夫二十名。

新開、大同二閘，每閘閘夫十名，本縣人；　壩夫十名，泰興縣人。

淺舖十一，每舖老人一名，塘長一名，共二十名，共二百三十一名。

瓜洲閘壩夫三百七名：　泰州二百名，泰興縣一百七名。

揚州衛

巡河軍餘十名。

儀真縣

淺舖三，每舖老人一名，麻線港淺夫三十名，餘淺二十名，共七十名。

清江閘壩夫四百五十名：　泰州一百五十名，正役；泰興縣一百名，正役；　通州一百五十名，僱役；　海門縣五十名，僱役。

儀真衛

巡河軍餘八名。

山東諸泉[一]

東平州管泉老人二名，夫七十二名。

滋陽縣管泉老人二名，夫三十名。

鄒縣管泉老人五名，夫一百二十名。

曲阜縣管泉老人一名，夫三十一名。

泗水縣管泉老人九名，夫一百九十五名。

滕縣管泉老人十五名，夫五百五十名。

嶧縣管泉老人三名，夫六十名。

寧陽縣管泉老人六名，夫一百八十七名。

泰安州管泉老人十四名，夫二百三十七名。

新泰縣管泉老人十四名，夫二百二十四名。

肥城縣管泉老人三名，夫六十一名。

[一] 標題原缺，據本書體例補。

萊蕪縣管泉老人十名，夫二百一十五名。

沂水縣管泉老人十名，夫五百名。

蒙陰縣管泉老人四名，夫一百五十名。

儀真瓜洲港[一]

儀真壩，三年一次，挑港夫九千二百三十名：本壩夫四百五十名，儀真縣四百名，儀真衛三百名，江都縣一千名，高郵州一千名，揚州衛三百名，泰州一千六百名，興化縣一千一百名，泰興縣九百七十名，如皋縣八百名，通州一千四百名。

瓜洲壩，三年一次，挑港夫二千四百九十二名：本壩夫三百七名，寶應縣五百名，高郵衛二百二十名，丹徒縣五百名，金壇縣五百名，丹陽縣三百五十名，鎮江衛一百一十五名。

漕河經用

凡建閘於河之中流，穴地深入，以固閘基。用海漫石、鴈翅石、金口石、閘底石、襯石、萬年枋木、地釘樁板、石灰、糯米、鐵錠，官廳庫房皆視閘之大小而計其工。車耳木、閘板、鐵環、大纜、板繩、絞關木、拖橋並更鼓等器悉具。減水閘有大小，其費亦有多寡。

凡置壩，以草土爲之，時灌水其上，令軟滑不傷船。壩東西用將軍柱各四，柱上橫施天盤木各二，下施石窩各二，中置轉軸木各二根。每根爲竅二，貫以絞關木，繫篾纜於船，縛於軸上，執絞關木，環軸而推之，以上下船也。亦有官廳庫房。

凡隄岸，石修者，用面石、襯石、糯米、石灰、地釘樁。

凡淺鋪，有正房、夫房、井亭。用竹木、磚瓦、油灰、釘鐵等料，並招旗、銅鑼、弓箭、槍刀等器。

凡月河壩在閘之旁，攔水壩、順水壩在河內灘淺之處。其法：置樁木於水中，束草捲土爲之。水漲漂没，歲一修築。

土隄受水衝者，石料未備，亦用樁草包護，屢壞屢修，所費不貲。

先是，修理閘壩之類應用物料，取給有司庫藏，或概徵於民，多至後期。其歲用樁草、檾麻就令閘、淺人夫採辦。因所費甚多，有一夫歲徵草千束者，後襲爲例。水深壩廢，猶徵原數，遂致積腐。又收支之際，吏緣爲姦，其弊滋甚。成化間，漕運總兵官平江伯陳鋭、工部郎中郭昇，因修理閘壩，並易換閘板，有司出備艱難，議將各夫應辦樁草內減半折收銀錢，以備河道之用，一以省民之費，一以易得成功。其後折錢，有司多擅用之。乃著例：樁草

[一] 標題原缺，據本書體例補。

折錢，非河道非得擅支。然樁草雖已減半，支用不盡，朽腐尚多，其半折徵銀錢，民力猶不能堪。成化十三年，勑工部管河郎中：『凡河道興利除害事務，可爲經久便益者，悉聽從宜處置。』乃得不拘常額，量用多寡，定擬徵派。本色但取足用，折色惟務從輕。又多爲榜示，以防欺弊；嚴行較覈，以杜侵盜；詳明案牘，以備勾考。由是，銀錢積有羨餘，樁草不致朽腐，緩急有備而民不受害。

凡有興修，匠用僱募。工食之費，自官給之。其丁夫非常役者，亦計口，日給食米。病者，命醫療之，官爲置買藥餌；所以重用民力，恤其疾苦也。

漕河禁例

宣德四年，行在都察院右副都御史顧佐等於奉天門奉宣宗皇帝聖旨：

沿河閘官都不盡心隄防水利，往往爲權豪勢要所脇，不時將閘開放，以致强梁潑皮的得以搶先過去，本分良善的動經旬日不得過，甚至争鬧厮打，淹死人也不顧，十分無理。

恁都察院便出榜曉諭多人知道，今後除進用緊要的船不在禁例。其餘運糧、解送官物及官員、軍民、商賈府船到閘，務俟積水至六七板，方許開放。若公差、内外官員人等，或乘馬快船及遞運站船，如果事務緊急，就於所在驛分給馬驢過去，並不許違例開閘。敢有仍前倚權豪勢要逼淩閘官及厮争厮鬧争先過去的，許閘官將犯人拿赴巡官處及所在官司，或巡按監察御使處問的得實，輕則如律處治，重則奏聞區處。那沿河管閘官以前所犯姑容不問，今後若再不用心依法照管，仍聽權豪勢要之人逼脇，啟閉不時，致水走泄，阻滯舟船，都拿來重罪不饒。

天順元年十一月初一日，兵部官節該欽奉英宗皇帝聖旨：

近年以來内外公差人員不肯安分守法，恣意妄爲[一]。且如馬快船隻遞運官物，其管船官員有索要船夫銀兩者；有裝官物三分，而帶私貨七分者；有沿途責打官吏，而多派人夫者；有縱令家人逼要茶錢者。似此奸弊，難以枚舉，凌辱官吏，苦害軍民，攪擾公私，莫此爲甚。恁兵部便出榜，前去沿河軍衛、有司、驛站、遞運所張掛禁約。今後馬快船隻裝送官物，除本船軍夫外，若每船添夫，關文開寫上水者二十名，下水者五名，軍衛三分，有司七分。該送官物務要盡船裝載，不許似前少裝。附搭人口、貨物，非奉旨不許關文開寫軍衛有司添撥人夫字樣。

[一] 恣意妄爲　原本作『姿意妄爲』，今改。

違者許所在官司指實具奏。若違例應付者一體治罪。凡私帶及求索之物盡數入官；事情重者，奏發充軍。其差使内外人員，敢有仍蹈前非，不遵榜文者，許被害去處申奏拿問，處以重罪不饒。

成化十三年五月二十八日，都察院節該欽奉憲宗皇帝聖旨：

近聞兩京公差人員裝載官物，應給官快等船，近來有等玩法之徒，恃勢多討船隻，受要各船小甲財物，縱容附搭私貨，裝載私鹽，沿途索要人夫，措取銀兩，恃强越過巡司，搶開洪閘，軍民受害不可勝言。運糧官軍倣傚成風，回還船隻廣載私鹽，阻壞鹽法。恁都察院便出榜通行禁約，敢有不思改悔，仍蹈前非者，船隻等項許管河、管閘官員並軍衛、有司巡捕官兵嚴加盤詰。應拿問者，就便拿問，如律照例發落；應奏請者，指實參奏以聞。若管河、管閘等官容情不舉，坐視民患，事發一體究治。

成化二十二年六月二十一日，都察院右都御史屠滽等於奉天門欽奉憲宗皇帝聖旨：

近聞有回原籍省祭、丁憂、起復及陞除、外任文武大小官員，或由河道，或從陸路，俱無關文，往往倚勢於經過衙門取具印信、手本，轉遞前途，照數起撥人夫、車輛、馬匹、船隻及受要廪米、雞鵝、酒肉、蔬果等物，有司阿意奉承，科用民財，略不顧恤其中。又有販賣物貨，滿車滿船，擅起軍、民夫拽送。一遇閘壩，灘淺、盤墊疏挑，開泄水利，以致人夫十分受害，糧運因而遲滯。及又有等公差内外官額外多討馬快船隻，販載私鹽，附搭私貨，起夫有一二百名，或三四百名者，甚至有七八百千名者。縱容隨從無籍之徒先往站船虚張聲勢，加倍要夫。有司一時措辦不及，輒被辱罵、鎖綁。受打不過，只得科歛民財，擅出官庫銀兩饋送。其不才官吏乘機盗取，多科者又有之。此等弊病，若不痛加懲治，則上下相貪，人民荼毒，何有紀極。

恁都察院便出榜，去各地方一帶張掛，曉諭禁約，仍行與各巡撫都御史並巡按、巡河、巡鹽御史，管洪、管閘部屬及分巡風憲官，各照節次降去禁例，嚴督所屬巡司、官吏常川往來巡視。遇有前項倚勢需索夫馬，車船、廪食等項，官員及公差内外官多討馬快船隻，就便從公盤詰私鹽、私貨俱見數入官；無籍之徒及關文内無名之人擒拿問罪；干礙内官並五品以上官，指實奏來處治；其餘應拿問者，即拿問如律。軍衛、有司、驛遞衙門，敢有前徇人情，懼勢要、應付者，事發一體治罪不饒。

成化九年二月二十三日，兵部尚書白圭等題：『南京進時鮮等項船隻，照依所擬隻數差撥運送，仍於管運官員關文内明白開寫數目，以憑沿河官司查照，應付。本部仍通行淮揚迤北一帶巡撫、巡按、管河、洪、閘等官各行所在官司，凡遇各起進鮮等項船隻經過，務要逐一查驗，比與今次所擬隻數相同，方許應付人夫，拽送前去。不許畏避。將夾帶數外船隻一概應付。靠損人難，責有所歸，開坐具題。』

奉聖旨：『是，欽此。』

計開南京各該衙門，每年起運各項物件共三十起，實用船一百六十二隻。

南京司禮監二起。

制帛一起，計二十扛，實用船五隻；筆科一起，實用船二隻。

南京守備並尚膳監等衙門各項物件二十八起，實用船一百三十五隻。

用冰物件六起。

守備處三起：鮮梅四十扛，或三十五扛，實用船八隻；枇杷四十扛，或三十五扛，實用船八隻；楊梅四十扛，或三十五扛，實用船八隻。

尚膳監三起：鮮笋四十五扛，實用船八隻；一起鰣魚四十四扛，實用船七隻；二起鰣魚四十四扛，實用船七隻。

不用冰物件二十二起。

守備處五起：鮮□□□橄欖等物五十五扛，實用船六隻；鮮茶十二扛，實用船四隻；木樨花十二扛，實用船二隻；柘榴、柿子四十五扛，實用船六隻；甘橘、甘蔗五十扛，實用船二隻。

尚膳監八起：天鵝等物二十六扛，實用船三隻；醃菜薹等物共一百三十罈，實用船七隻；口笋一百二十罈，實用船五隻；蜜煎櫻桃等物七十罈，實用船四隻；乾鰣魚等物一百二十盒（罈、箱），實用船七隻；紫蘇糕等物二百四十八罈，實用船八隻；木樨花煎等物一百五罈，實用船四隻；鵝、鳩等物十五扛，實用船二隻。

司花局五起：荸薺七十扛，實用船四隻；薑種、芋苗等物八十扛，實用船五隻；苗薑一百担，實用船六隻，鮮藕六十五扛，實用船五隻；十樣果一百四十扛，實用船六隻。

內府供用庫三起：香稻五十扛，實用船六隻；苗薑等物一百五十五扛，實用船六隻；十樣果一百一十五扛，實用船五隻。

御馬監一起：苜蓿種四十扛，實用船二隻。

凡閘，惟進貢鮮品船隻到即開放，其餘船隻務要等待積水而行。若積水未滿，或積水雖滿而船未過閘；或下閘未閉，並不得擅開。若豪强之人逼脅擅開，走泄水利；及閘已開，不依幫次，争先鬭毆者；聽所在閘官將應問之人拿送管閘並巡河官處究問。因而擱壞船隻[一]，損失進貢

[一] 擱壞船隻　原本作『閣懷船隻』，今改。

官物及漂流係官糧米；若傷人者，各依律例從重問治；干礙豪勢官員，參奏以聞；運糧旗軍有犯，非人命重情，待候完糧回日提問。其閘內船已過，下閘已閉，積水已滿，而閘官夫牌故意不開，勒取客船錢物者，亦治以罪。

凡漕河事務，悉聽典掌之官區處，他官不得侵越。

凡漕河所徵樁草，並折徵銀錢，以備河道之用，毋得以別事擅支及無故停免。

凡府、州、縣添設通判、判官、主簿及閘壩官，專理河防之務，不許別委幹辦他事，妨廢正務，違者罪之。

凡府、州、縣管河官及閘壩官有犯，開具所犯事由，行移巡河御史等官問理，別項上司不得懷挾私忿，徑自提問。

凡閘、溜夫受傭，一人冒充二人之役者，編充爲軍；冒一人者，枷項徇衆一月畢罪遣之。

凡河南省內有犯故決河防及盜決，因而淹没田廬，計所漂失物價，律該徒流者爲首之人並發充軍；軍人犯者徙于邊衛。

凡故決山東南旺湖、沛縣昭陽湖隄岸及阻絶山東泰山等處泉流者，爲首之人並遣從軍；軍人犯者徙于邊衛。

凡侵占縴路爲房屋者治罪，撤之。

凡漕河內毋得遺棄屍骸；淺鋪夫巡視掩埋，違者罪之。

凡閘、壩、洪、淺夫各供其役，官員過者不得呼招牽船。

凡馬快等船每駕船軍餘一名，食米之外，聽帶貨物三百斤。若多帶及附搭客貨、私鹽者，聽巡河、管河、洪、閘官盤檢，盡數入官。應提問者，就便提問；應參奏者，參奏提問。

凡船非載進貢御用之物，擅用響器者，治罪，其器没官。

凡南京差人奏事，水驛乘船私載貨物者，聽巡河御史、郎中及洪閘主事盤問治罪。

凡漕運軍人，許帶土產換易柴鹽，每船不得過十石。若多載貨物，沿途貿易稽留者，聽巡河御史、郎中及洪閘主事盤檢入官，並治其罪。

凡南京馬快船隻到京，順差回還，兵部給印信、揭帖，備開船數及小甲姓名，付與執照，預行整理河道郎中等官，督令沿途官司查帖驗放。若給無官帖而擅投豪勢之人乘坐回還及私回者，悉究治之。

凡運糧、馬快、商賈等船，經由津渡巡檢司照驗文引。若豪勢之人不服盤詰，聽所司執送巡河御史、郎中處罪之。

漕河水程

漕運水路自通州至儀真三千里，凡爲驛四十有二：

通州潞河水馬驛至本州合和驛一百里；
合和驛至武清縣河西驛九十里；
河西驛至本縣楊村驛九十里；
楊村驛至本縣楊青驛八十里；
楊青驛至静海縣奉新驛一百里；
奉新驛至青縣流河驛七十里；
流河驛至興濟縣乾寧驛七十里；
乾寧驛至滄州磚河驛七十里；
磚河驛至交河縣新橋驛七十里；
新橋驛至吴橋縣連窩驛七十里；
連窩驛至德州良店驛七十里；
良店驛至本州安德驛七十里；
安德驛至本州梁家莊驛七十里；
梁家莊驛至武城縣甲馬營驛一百一十五里；
甲馬營驛至臨清州渡口驛七十里；
渡口驛至本州清源驛七十里；
清源驛至清平縣清陽驛六十里；
清陽驛至東昌府崇武驛七十里；
崇武驛至陽穀縣荆門驛八十五里；
荆門驛至東平州安山驛六十里；
安山驛至汶上縣開河驛七十里；
開河驛至濟寧州南城驛一百一十里；
南城驛至本州魯橋驛五十五里；
魯橋驛至兖州府沙河驛六十五里；
沙河驛至沛縣泗亭驛六十里；
泗亭驛至徐州夾溝驛七十五里；
夾溝驛至本州彭城驛九十里；
彭城驛至本州房村驛六十里；
房村驛至邳州新安驛六十里；
新安驛至本州下邳驛六十里；
下邳驛至本州直河驛六十里；
直河驛至宿遷縣鍾吾驛六十里；
鍾吾驛至桃源縣古城驛六十里；
古城驛至本縣桃園驛六十里；
桃園驛至清河縣清口驛六十里；
清口驛至淮安府淮陰驛六十里；
淮陰驛至寶應縣安平驛八十里；
安平驛至高郵州界首驛六十里；
界首驛至本州盂城驛六十里；
盂城驛至揚州府邵伯驛六十五里；
邵伯驛至本府廣陵驛四十五里；
廣陵驛至儀真縣儀真驛七十五里。

漕河職制

永樂十二年，命工部尚書宋禮、都督周長疏濬會通河。

十五年，命平江伯陳瑄充總兵官，掌漕運河道之事。是時，又命都督陳恭、侍郎藺芳，繼又命尚書劉觀、新寧伯譚清、襄城伯李隆等往來提督，員外郎夏濟、主事劉文勇等分理。後又命侍郎張信提督，監察御史、錦衣衛千户等官往來巡視，後悉召還。

永樂十九年，命泰寧侯、鎮遠侯、新寧伯、遂安伯分理濟寧閘座及徐州洪、吕梁洪、通州等處河道。後徐州洪差御史王鉅，繼差郎中楊璉等； 吕梁洪差大理寺右少卿徐儀，繼差河南按察司副使榮華，繼又差刑部郎中王溥掌其事。其後，二洪及濟寧閘河各差工部主事一員掌治，臨清閘則令提督衛河提舉司主事兼理，皆三年更代。

正統間，差工部郎中王俊提督通州至天津河道； 員外郎郭誠提督吕梁至儀真河道。

景泰初年，差工部主事鄭靈等提督淮安至儀真、瓜洲河道。

景泰二年，命都察院左僉都御史王竑總督漕運，與總兵官參將同理其事。自通州至揚州水利有當蓄泄者，督所司行之。

景泰六年，命督察院右僉都御史陳恭提督濟寧至儀真、瓜洲河道。

天順元年，都御史王竑召還。上以河道既有工部委官及御史掌其事，特命漕運總兵官、都督同知徐恭專理漕運之事，而徐恭力陳欲遵平江伯故事，兼理河道。事下工部議，以爲：『漕運之與河道事實相須，宜令徐恭兼理河道，有與本部委官相干之事，令所在官司抄案轉行。』詔從之。

成化六年，工部侍郎李顒修築武清縣決口，因奏言通州至天津河道宜遵舊置專官掌之，遂差郎中陸鏞。後因總督漕運都御史陳濂奏，河道自臨清以北，悉隸于鏞。

成化七年，分治漕河。自通州至德州，郎中陸鏞主之； 德州至沙河，副使陳善主之； 沛縣至儀真、瓜洲，郎中郭昇主之。復命刑部左侍郎王恕總理。先是，成化六年，漕河淺甚，糧運稽阻，朝廷遣户部尚書薛遠、工部右侍郎喬毅相繼往治。監察御史丁川上言：『河道廣闊，非一二年間人力可爲，宜專設大臣一員，久任其事。』工部議，以爲：『運河洪、閘有本部郎中一員、主事八員、巡河御史二員。河南黑洋山有參議一員、張秋河道有僉事一員，兖州府同知一員管泉及各府皆有通判一員管河。立法已密。今若專設總理大臣，凡事聽其節制，地遠難遍，必致誤事，宜勿設便。』至是，言者復以爲河道因無專主，以致廢弛。乃命陸鏞等分治，王恕總之，主事分理洪閘如故。提督淮安至儀真河道主事及巡河御史奏罷不用。

成化八年，復令巡視長蘆鹽課御史兼理通州、臨清一帶河道； 專差御史一員，理濟寧至南京河道。是年，左侍郎王恕改陞，自後不設總理之官。然遇黃河變遷，漕渠淺阻，事連各省重大者，輒命大臣往治，事竣還京。

成化十三年，命工部郎中楊恭自通州至濟寧，郭昇自濟寧至儀真、瓜洲分理河道。事得專制，從宜而行。干涉巡撫、巡洪、閘官員者，會議處置；六品以下官聽自勾問。先是，總督漕運都御史李裕奏言：『德州至沙河，副使陳善分理，人皆畏法，河道整肅。惟郎中例不理刑，所理河道，事難成功，宜悉改任風憲之官，以一事體。』事下工部議，稱：『南北直隸，乃畿内近地，不應設置按察司官。河防政務正工部所掌，遣官分治，肇自國初，但責任不重，事難舉行。乞割濟寧爲界，令郎中二員分治，各賜璽書，假以事權。山東副使取回别用，庶得委任專一，功可責成。』由是，漕河南北分治。後，楊恭陞右通政，職任如故。自楊恭、郭昇後，定例三年更代。

成化十三年，兵部奏：『例工部郎中兼理河道、驛傳、捕盗、夫役之事。』

成化十九年，沛縣沽頭等閘，差主事陳瑄提督。

弘治元年，南京守備太監蔣琮奏言：『河道設官太多，冗濫爲弊，乞盡取回，令巡撫、巡按、提督額設之官修舉其事。』吏部議謂：『河道重務，自永樂以來建官整理，難以廢革。』上命悉遵舊制，惟罷沽頭閘主事及濟寧迤南河道，亦令巡鹽御史兼理。又戒吏部自今除授諸司官必慎選之。

七年，復設主事，提督沽頭等閘，三年更代。

弘治三年，刑部侍郎白昂奏令山東布政司勸農參政兼理山東地方河道。

弘治八年，太監李興、平江伯陳鋭、都御史劉大夏既塞決河，乃上言：『濟寧迤北南旺開河一帶，河道最爲要害；而安平鎮地方土脈疏惡，新築決口尤須視守。今濟寧至通州一千八百餘里，責于一人難於周通。乞分河道爲三節，分官提督。』工部議奏：『宜如所言，德州至沙河隸通政張縉，沙河至儀真、瓜洲隸郎中王瓊，通州至德州再除郎中一員隸之。』朝廷是其議。吏部因奏知州李惟聰治河有功，陞秩以充其任。

山東寧陽縣等處泉源，永樂初差主事顧大奇等疏導。後以右通政王孜、郎中史鑑等繼之。正統六年罷。參將湯節建議復置。後廢置不常。自後定例：差主事一員，三年更代。

儀真、瓜洲二壩，成化間奏：『例，南京工部提督磚廠主事兼理。』

弘治四年，新開羅四橋閘，著例同守備儀真都指揮，司其啟閉之節。

府、州、縣之瀕漕河者，增置通判、判官、主簿各一員，以司河防之務，因事繁簡，廢置不常。然夫役、工料之類亦督責長吏集辦；或工役重大，必擇賢能長吏任之。增置之官巡行河防。守其成規，防其變易，乃其專職也。成化間都察院奏言：『河道軍民欺凌商旅，强横爲害，甚妨治理，宜令巡河御史、郎中自今河道詞訟聽管河官准受理問，毋得推避。』

兖州府增置同知一員，專司源泉、陂澤之務。

軍衛各委指揮一員巡河。有分地者，修治河防；無分地，則催促運船，疏通河路。

河南布政司增置參議一員，防導河、沁二水，以濟漕運。瀕河州、縣亦設委官，掌河防之務。

成化二十年，徐州之南漕渠淺涸，工部侍郎杜謙奉命巡治，建議工部添置主事一員，修治河、沁水道，下達徐州。又著令提督徐州洪主事，以河南黑洋山河、沁水利深淺尺寸，月一疏聞。

弘治初年添置主事停罷。沿河閘座每閘設閘官一員，以司啟閉之事，兩閘相近者，以一官兼之。

儀真、瓜洲閘壩官各置二員，統領壩夫車放舟楫。若儀真羅四橋閘開，則就司閘座之務。

臨清壩國初亦置壩官，正統間革罷。

淮安各壩先亦有官，後漸廢革。

卷之四

奏議

始議從會通河饋運北京糧儲

永樂十年　月　日工部尚書宋禮奏：

『海運糧儲，每年五月太倉開洋，直沽下卸，待秋回京。船隻中多被損壞，亦有漂失不見下落者，俱用修理補造。分派江西、湖廣、浙江等布政司，並直隸徽州等府水便、產木處所，軍衛有司相兼修造。俱限次年三月終完備，駕赴太倉應用。因限逼迫，措料不及，不免科斂鈔物買辦。其間作弊，受害者不可勝言。造船者惟顧眼前之急，不慮速成不堅之患。計其所費物料、人工，又難細舉。且如造千料海船一隻，須用百人駕駛[一]，止運得米一千石。若將用過人

[一] 駛　原本作『使』，今據文意改。

工、物料估計，價鈔可辦二百料河船二十隻，每隻用軍二十名，運糧四千石。以此較之，從便則可。如將鎮江、鳳陽、淮安、揚州四府歲徵糧米定撥七十萬石赴徐州交納；　徐州並兗州府糧米三十萬石赴濟寧州交納。差撥近河徐州等衛旗軍一萬名，各委指揮、千百户管領。工部撥與二百料淺船五百隻，一如衛河事例，將前項倉糧從會通河儹運，供給北京。每三年海運二次。使造船者無逼迫之患，駕船者獲堅久之利。以兩河並海運計之，三年可得八百餘萬。十年之間國有足食之備，民無繁擾之憂。』具奏抄出，户部會各衙門官計議。

始罷海運從會通河儹運

永樂十二年閏九月初三日，行在户部奏，准行在工部咨，該本部節該奏：

『欽依裏河運糧的船，着工部去湖廣上頭，再造二千隻來，只在淮安裝運來北京便當。那太倉納的糧都着來淮安收貯。還着户部會官議得停當了來説。欽此。』除行工部外，所據運糧一節，移咨到部。除會官議得北京行屬官軍歲用俸糧並營造等項軍夫該支糧米浩大。每歲海運約有一千一百餘隻，運糧八十餘萬石到於北京，與本京所屬該徵税糧，又開中鹽糧並會通河、衛河轉運糧儲，相兼供給。今奉前因，查得會通河現運糧止有淺河船一千三百餘隻，每次可運糧二十餘萬石，於徐州並濟寧兩處倉支糧，運赴北京在城倉。一歲可運三次，共該糧六十餘萬石，比與海運糧數不及。若添造二百料船，共輳三千隻，專於淮安倉支糧，運至濟寧交收。却將二千隻於濟寧倉支糧，運至北京。一次該運糧四十萬石，往回約用五十日，自二月起至十月河凍止，可運四次，共得糧一百六十萬石，比與海運數多，又無風水之險，誠爲快便。但即日[一]船隻造辦未完及淮安等處現貯糧米未廣，合行户部將浙江布政司所屬嘉、湖、杭三府與直隸蘇、松、常、鎮等府永樂十二年秋糧，除原存本處備用及起運赴京並供給内府等項之數，照舊不動外，將餘剩並原坐太倉該收海運糧米盡數改赴淮安交收；　及將揚州、鳳陽、淮安三府秋糧内每歲定撥六十萬石，徐州並山東兗州府秋糧每歲定撥三十萬石，俱運赴濟寧交收。工部差官催造船隻完備，自永樂十三年爲始，依擬於裏河轉運，却將海運停止。所據退下海運官軍，俱令於裏河裏駕船運糧。及照前項糧儲，每歲若令徑赴北京在城倉交收，其通州至北京陸路往回八十餘里，轉運遲誤，合將所運糧儲止於

[一] 日　原本作『目』，今據文意改。

通州倉交卸。令天津並通州等衛差撥官軍專一於通州接運至北京。仍行工部並北京工部取勘淮安、濟寧、通州三處現在倉廒，如有不敷，計料蓋造。如此，庶不遲誤。奉太宗文皇帝聖旨：『是，欽此。當奏』。

這運糧到時，若只着通州官攢斗級交收，誠恐收受不前。合將通州現在倉廒照依南京江北五衛事例，撥與通州五衛管領，委官撥軍分投收受。奉聖旨：『是，欽此』。

議開汴梁陳橋河引河沁二水接濟會通河

天順八年七月二十三日，都察院經歷司都事金景輝奏：

自古有天下者，必轉天下賦稅聚之京畿，充足國計，以固根本；召四方商旅會於都邑，以通貿易。如漢之鄭當時、王延世[一]；唐之田弘正；元之郭守敬輩，皆能興水利，通漕渠者。

我太宗皇帝建立京師，首命大臣疏會通河、開清江浦，增修各閘，疏鑿三洪，以通漕販。仍於京城內外置倉廒，以貯天下糧儲；建榻房，以蓄四方客貨；富實京師，以開萬世太平之基。近年以來，河道淺阻，轉輸遲誤。天順七年，朝廷恐妨國計，仍命右副都御史王竑總督漕運。又該工部奏准，委臣前去河南，聽巡撫左副都御史賈銓提督，開疏黃、沁二河，分水灌淮運河，即今徐、呂二洪下至清河一帶河道通行無阻矣。惟安山北至臨清，衛河至直沽俱各少水，而德州武城等處淺阻船隻不下千百餘艘。又訪山東、河南及大名等府起運京糧，亦因河淺，俱赴畿內買納。況商販少至，以致京師米麥翔貴，物貨騰湧。且畿內耕獲有限，而四方買糴無窮。幸值歲豐，民食尚乏；儻遇兇荒，將何以賴？陸贄有云：『財用之在關中者，與儲之帑藏不殊，有急而需，一朝可得。』今畿內之地，正當充實，豈容虛耗。矧南京進貢馬快船隻亦皆阻誤，不可不慮。

考得安山北至臨清二百五十餘里，止有汶水。春時雨少，水脈微細，以致淺澀。其汴梁城北陳橋原有黃河故道，其河北由長垣縣大崗河經曹州至鉅野縣安興墓巡檢司地界，出會通河合汶水通臨清。每秋水漲，有船往來，止是陳橋迤西三十餘里淺狹，水小時月不得通流。若開挑深闊，亦可分引河、沁二水以通運河。如此，則徐州、臨清兩河均得河、沁之濟，而衛河亦增。且開封、長垣、曹、鄆等處稅糧俱免陸輓。又江淮民船亦可由徐州小浮

[一] 王延世 原本作『王安世』，據《漢書·溝洫志》《漢書·帝紀》改。

橋達陳橋至臨清，免濟寧一帶閘座擠塞、留滯之弊，甚爲便利。

乞開三里河通運

成化六年十月十四日，漕運總兵官都督同知楊茂奏：

通州張家灣河道，上接渾、白等河。每年山水泛漲，損壞糧船數多。況隄岸坍塌，逼近民屋，無處下橛繫船，止用繩纜互相連繫，一遇風浪，俱被衝流。今年水漲，將徐、邳、淮、泗等衛運船衝壞，漂流糧米，淹死人命，甚爲不便。

看得京師之南原有三里河直通張家灣煙墩橋。自煙墩橋往西，疏濬深闊二十餘里，却將烟墩木橋改作吊橋，糧船到彼灣泊，可免山水衝流之患。若將此河濬深，直至三里河作平水壩三四截，於內置匾淺剥船，令運糧船隻由此河盤壩而過，以達京師，歲可省官私車脚之費數百萬。乞命工部踏勘明白，將在京操備旗軍暫借前去，分定文尺，計日驗工，三五個月可以畢事，誠爲經久之利。

議修盧溝橋河衝決隄岸

成化七年二月二十六日，工部題：

據本部委官沈熊呈：『依奉本部劄付帶領土作頭並督同順天府委官人等親詣盧溝橋衝決隄岸處所，逐一踏勘得衝開兩岸決口五處，共六百七十丈五尺，淹没官民田地不計其數。其西一處衝開南北通行大路，水流成渠，往來病涉；東南一處衝成河道，水流湧急，直入南海子、弘仁橋等處，尤爲緊要；其餘三處俱衝低窪，俱合修補築塞。緣所用工料浩大，審據里老人等供稱，前項隄岸，專以防禦西北後山一帶水患。正統年間被水衝決之時，欽差內外大臣起撥軍民人夫二萬餘名修築，方得完成。今又衝決，若不趁早修築閉塞，誠恐夏秋雨潦水漲勢加洶猛，爲患愈甚。將丈量過衝決缺口畫圖貼説，並計算合用椿木、荆笆等料開單呈繳到部，送司』。案查先于內府抄出上林苑海子署，海子事都知監左監丞蔣琮等題稱：『本年二月初九日以來，河水增溢，將夾當河口椿木衝開三空。臣等看得海子內沙河舊無春水泛漲，盖因成化六年六月內被水衝開盧溝橋南東隄，漸成河道，未曾閉塞。誠恐夏秋山水泛漲，衝毁橋梁，要行修築閉塞』等因。已行踏勘去後。今該前因，看得衝開岸口係南北總路，有礙經行，況接連南海子弘仁橋等處尤爲緊要，若不及早修治，貽患非小。本部欲將合用椿木行令盧溝橋抽分竹木局，抽有松木並長柴板片。不拘各衙門已會未關，盡數存留備用，候抽有補還。荆囤、荆笆、石塊，撥人於附近山場採打、編織、搬運。白麻於丁字庫關支；綠蔴於本部收有支用數內該關，勘合後補備照㈠，木杵於盧溝橋抽分竹木局抽有選用。酌量該用人夫一萬名，欲於河間等府起撥。緣水旱相仍，路程窵遠㈡，況又二月將終，正是農忙時月，合無於順天府起民夫一千名，後軍都督府於附近屬衛起軍餘一千名，仍行兵部轉行五軍、三千、神機等營，於次撥官軍內，摘撥八千員名，各自備鍬□、筐担、口袋等器，各委的當官員管領㈢，俱限本年三月十五日前赴盧溝橋衝開隄岸去處興工修築，及照即今㈣軍餘民夫缺食艱難，若不給與口糧食用，實難成功。除官軍原有行糧外，合無行移户部照依修築耍兒渡口事例，於附近倉分將前項做工夫每月支與口糧四斗。仍請勑文武大臣各一員提督，工完造册奏繳。

乞趁時般運通州倉糧赴京倉

成化八年三月二十二日，總理河道刑部左侍郎王恕題：

臣惟京儲之充足，固資乎漕運；漕運之通塞，亦由乎天時。若導泉、濬渠、築隄、撈淺之類，皆可以人力爲也。至若雨澤之愆期，泉脈之微細，則由乎天時，似非人力所能爲也。臣以凡庸無用之材，叨塵總理河防之寄，夙夜兢惕，惟恐不勝。凡人力之可爲者，臣固宜殫力爲之；至於天時之不爲者，似臣之愚，固無如之何，然亦不可不早圖而預爲之計。

思得揚州一帶河道，別無泉源，止藉高郵、邵伯等湖所積雨水接濟。去年，因是彼處地方久旱無雨，湖水消耗，所以河道淺澀，阻滯運船。幸賴朝廷洪福，上天眷祐，偶然大江水溢横流，過壩船隻方得疏通。比及到於張家灣等處，却值秋雨連綿，路途泥濘，脚價高貴。每銀一兩，止裝京糧八九石，多亦不過十石。原領耗米，雇脚不敷，以致軍士借債賣船軁補上納。至十月終方得回還，所以多在沿途守凍，迄今尚有未到衛者。今年，揚州地方仍前乾旱，河道愈加淺澀，雖已設法挑撈，車水接濟，止可補其所耗，豈能增其所無。慮恐今年糧運又似去年，不無負累軍士。

訪得即今張家灣等處脚價比之去年有雨時月頗賤，所宜處置。如蒙乞勑户部公同總督糧儲，内外官員從長計議，合無該部出榜召募有車之家，給與勘合，趁今路乾之時，令其支運通州倉糧，赴京倉交納。

㈠後補備照　原本『照』字漫漶，據膠卷本補。
㈡窵遠　原本漫漶，據膠卷本補。
㈢當官員管領　原本『當官』漫漶，據膠卷本補。
㈣及照即今　原本『照』字漫漶，據膠卷本補。

管糧主事等官躬親監臨，平斛出納；仍令巡倉御史禁革奸弊。就於該倉支與糧米，准作脚價，每十石比街市時直脚價多加與米四五斗，則人得其利而樂爲之運納，運够〔一〕京倉糧數而止。待糧船到日，若遇天雨脚貴，却令將該運京倉糧斛，照數於通州倉上納，每石仍照今次給過脚價米數，令其抵斗稍加斛面交納，則軍得其便而願爲之。出備合用墊倉蘆席等項，就於該倉領用。如此，非惟京儲不致遲誤，而軍士亦得以蘇息矣。

議開河修塘

成化八年三月二十二日，總理河道刑部侍郎王恕題：

臣看得揚州一帶河道，南臨大江，北抵長淮，别無泉源，止藉高郵、邵伯等湖所積雨水接濟。湖面雖與河面相等，而河身比之湖身頗高，每遇乾旱，湖水消耗，則河水輒爲之淺澀，不能行舟。若將河身比湖身濬深三尺，則湖水自來，河水自深，雖遇乾旱亦不阻船。前項河道自南至北四百五十餘里，中間除深闊不用挑濬外，其淺窄可挑濬去處尚有二百餘里。約用九萬餘人，六十工可完。每人日給口糧二升，該用糧米一十萬八千餘石；捲埽打壩〔二〕，共用樁木一萬六千餘根，草二十餘萬束。

及看得高郵湖自杭家嘴至張家溝，南北三十餘里，俱係磚砌隄岸，每遇西風大作，波濤洶湧，損壞船隻，失落錢糧、人命，不可勝紀。況前項隄岸之外，地勢頗低，若再濬深三尺，闊一十二丈，起土以爲外隄；就將内隄原有減水閘三座改作通水橋洞，接引湖水於内行舟；仍於外隄築減水閘三座，以節水利。雖遇風濤，亦無前患。若興此役約用一萬三千餘人，六十工可完，每人日給口糧二升，該用糧米一萬五千六百餘石。合用築隄樁木五萬四千餘根，草二十七萬餘束；造減水閘並改造通水橋洞，約用樁木、磚石等料並工價銀二百餘兩。

又看得揚州灣頭鎮迤東河道，内通通、泰等四州縣〔三〕、二千户所、富安等二十四鹽場。其間有魚鹽、柴草之利。在前河道疏通之時，二千户所運糧船隻，俱在本所修艌。客商引鹽裝至儀真，每引船錢不過用銀四五分。揚州柴草，每束止賣銅錢二三文。近年以來，河道淤淺，不曾挑撈，加以天旱雨少，河水乾澀，舟楫不通，魚鹽、柴米等項俱用旱車裝載，二所運糧船隻不得回還。本所牛車脚貴，柴米價高，以致客

〔一〕够　原本作『勾』，今改。
〔二〕捲埽打壩　原本作『捲埽打壩』，今改。
〔三〕四州縣　《明經世文編·王端毅公文集》作『五州縣』。

商失陷本錢，軍民難以遣日〔一〕。前項河道，自灣頭起至通州白浦止三百四十餘里，俱用挑闊八丈，深三尺，約用八萬五千六百餘人，六十工可完。每人日給口糧二升，該用糧米十萬二千七百九十餘石。

再看得雷公上下塘、句城塘、陳公塘，俱係漢唐以來古蹟，各有放水、減水閘座，年久坍塌，遺址現存。近年以來止是打造土壩攔水，隨修隨坍，不能蓄積水利。若每塘修造板閘一座，減水閘二座，潦則減水，不致衝決塘岸；旱則放水，得以接濟運河。以上四塘共造放水板閘四座，減水閘八座，除舊有磚石外，約用磚石、樁木等料價〔二〕直並匠作工價銀二千餘兩，雜工止用各塘見在人夫，不必勞民動衆。

臣雖無識，詢之于衆，咸以謂：若將以上三件河道，依前整理，庶幾舟楫疏通，永無淺阻風濤之患，而爲往來軍民無窮之便。但緣前項工程浩大，合用人力錢糧數多。況揚州地方，連年災傷，人民窮困，倉庫空虛；兼且邇來玄象示警，黠虜犯邊，人心驚疑。如斯之役未易輕舉，須候時和歲豐，人力寬舒，方可爲之。惟修理陳公等塘閘座一事，既不起倩人夫，止用前項工價，爲之頗易。合無於本府收貯解京船料銅錢內，委官支給，收買物料，修造閘座，亦可以蓄積水利，接濟運河。

議兵財大勢所重

成化八年正月二十四日，廣東鹽課提舉郭祐奏：

臣聞天下之大勢，在兵與財。兵財合，則大勢張；兵財分，則大勢促。自古能擅天下之大勢，以成一統之大業者，漢唐是已。且西北乃出兵之所，而東南實產財之方，五季不得江南，故財不足，而國速亡。趙宋不得河北，故兵不振，而國日削。元人斡旋東南之財，以裕其國；張士誠攪擾淮安、揚州，而天下之大勢頃爾隔絕，兵與財既分，其國遂不支。我太宗文皇帝重整乾坤，欲擅天下之大勢於萬世。知兵出於西北，建北京以據之；知財產於東南，開裏河以通之。一生憂勤，在此二事。觀其措置山後，以固兵本；經理裏河，以活財源，一統規模，大非前代之比。

勘議黄河水患

弘治五年，總督漕運都御史張偉、巡河御史孫衍、郎中李景繁會同差委淮安府通判成桂前往河南。勘得黄河經過原武、陽武、中牟、祥符、封丘、陳留、杞縣、睢州、歸德

〔一〕軍民難以遣日　《明經世文編·王端毅公文集》作「軍民不得聊生」。
〔二〕磚石、樁木等料價　原本漫漶，據《明經世文編·王端毅文公集》補。

州，虞城、夏邑等縣，軍民田廬多被淹没。蘭陽、儀封、考城三縣城廓被水圍繞，無從疏濬以除民患。又詣上流，地名黑洋山並楊橋河口，會同所在官司、陽武等縣知縣許僖等，相看得黄河、沁河二水自大潭口合流東下，比先年間，此河於通許縣分流一股，入鳳陽渦河，連接淮河；又於紅荆口分一股，流入衛輝；河又於金龍口分一股流下張秋，其徐州止是小黄河一股流下，所以水不爲害。

近年以來，通許縣河及紅荆口二股，俱已淤塞。又因張秋水患，蒙户部侍郎白昂將金龍口築塞，却於滎澤縣楊橋地名挑濬分導河流一支，自中牟、尉氏等縣，流至壽州正陽入淮河。其分去約有三分，流下徐州者仍有七分。況上流河身寬闊，水勢漫散，及至徐州城邊，河道窄狹，所以洶湧衝決爲患。近者郎中婁性目擊[一]此患，於歸德州小壩地方挑開，分泄一支流入睢寧縣小河，名爲睢河。徐州水勢殺去一二分。職等計處得金龍口關繫頗重，既不可開；通許縣河、紅荆口二處先蒙侍郎白昂督領軍民萬人挑濬，難於成功。相視得歸德州地名馬牧、鴛鴦河口原有黄河支流故道，約有三里淤塞未開，若將此河挑通，接連睢河，亦可以殺徐州水勢。但睢寧縣地土低漫，别無山陵高崗可以抵障，新開睢河已是爲患，又加此河合流，慮恐將來爲患尤甚。衆議皆云：『徐州小浮橋北岸軍民居止地土，正受水衝，其退後迤北俱係空地，可令量移讓出房地，挑開河身，水勢自平，且免衝決淹没之患。慮恐貧難不堪行。』查徐州無礙，可支官銀，給償和買，仍爲處置拆移退後，居止街市俱各如舊，不致失所，自無他議。再相議得，徐州城北迤西地名楊施溝，下至三里溝，長一十二里，計工二千一百六十丈，亦可新開月河，以分水勢。其徐州城外南岸，計量東西長八十五丈，應用椿木修築，探得水深三丈二尺，淺者二丈有餘，下流湧急難以用力。

議疏濬黄河上流修築運河決口

弘治六年十月，總理河道右副都御史劉大夏題：

會同河南、山東巡撫都御史徐恪、熊翀，巡按御史涂昇、陳振，都、布、按三司，左布政使孫仁、吴珉等及巡河御史曾昂，管河郎中陳綺議得：

河南、山東兩直隸地方西南高阜，東北低下，黄河大勢日漸東注，究其下流俱妨運道。雖該上源分殺，終是勢力浩大，較之漕渠數十餘倍，縱有隄防，豈能容受，若不早圖，恐難善後。其河南所決孫家口、楊家口等處，勢若建瓴，皆無築塞之理。欲于下流修治，緣水勢已逼，尤難爲力。惟看得山東、河南與直隸大名府交界地方黄陵崗南北古隄十存七八，賈魯舊河尚可泄水。必修整前項隄防，築塞東注河口，盡

[一] 目擊　原本作『目繫』，今改。

將河流疏導南去，使下徐沛，由淮入海。水經州縣禦患隄防，俱令隨處整理，庶幾漕河可保無虞，民患亦皆有備。仍於張秋鎮南北各造滚水石壩一條，俱長三四十丈，中砌石隄一條，擬長十四五里，雖有小費，可圖經久。若黄陵崗等處隄防，委任得人，可以長遠。仍照舊疏導汶水，接濟運河。萬一河再東決，壩可以泄河流之漲，隄可以禦河流之衝。倘或夏秋水漲之時，南邊石壩逼近上流河口，船隻不便往來，則於賈魯河或雙河口徑達張秋北上，且免濟寧一帶閘河險阻，尤爲利便。

臣等仰知皇上洞見黄河遷徙之害，深爲國計民生之憂，凡智力所及，不敢不盡。但欲興舉此等工役，未免勞民傷財。今山東等處荒歉之餘，公私匱乏，人夫尚可起倩，財用無從取辦，況奸逸惡勞者，怨謗易興；聽聲躡影者，議論難據。如蒙乞敕户、工二部，會同在廷群臣，從長計議，斟酌前項工程，於理應否興止，倘以臣言可採，則其事宜速舉。其買辦木石等項銀兩，應於何處取用；應用匠作等項口糧，該於何處支給，或此外别有治河長策，可以不費財力，逐一處分，明白定奪，行令臣等遵守施行。

卷之五

碑記

通濟河碑　楊士奇

南去通州二百里，楊村驛之北河屢決。河仰受白河、湯河、潞河諸水，下合直沽南來之水入海。凡齊、魯、汴、蜀、湘、漢、江、廣、閩、浙之賦運，及海内、海外朝覲貢獻之上於北京者，皆道此以達，所係之重也。

其水之失性也，自洪武之季至今四五十年之間，屢決屢築，築已復決，智殫力疲[一]，公私患之。

皇上嗣大統之明年秋，有司以決聞，請如故事。可之。三年春，復決。上曰：『治事必得其理，得人斯得理矣，朕其慎簡。』遂以命太監阮安。安頓首受命。行還，奏：『水當順其勢導之。今逆之，抑使紆屈，勢蓄不得

[一] 智殫力疲　原本『殫』作『單』，據文意改。

達，故決。宜取徑道改鑿，使其順下。臣視河西務，逕行二里許可鑿。計用萬五千人，一月庶幾可免決。』遂以圖進。上曰：『理貴變通，今以命爾。』遂命武進伯朱冕發卒，少保工部尚書吴中發民，如所計之數，諏日興役，以安董之。安周行撫勞，厚其廩食，時其作息，吏絶斯弊，人勸就工；調度有方，如期竣事。遂堙其故道。河之下趣，坦焉安行；夾河築防，既崇且厚；伐木以捍之，植樹以固之；革險爲夷，往來愉懌。事聞，賜名通濟河。既又奏建祠祀河神，以道士主之。

士奇嘗經祠下，艤舟登望徘徊，嗟咨成事之得人，建功之有時也。少保吴公間屬記是役之成。古者治水，自京師始，先所重也。斯河之重，固以京師。然昔者作之難，而今作之易，何也？非奉命之臣其用心之誠與公者有異乎？誠，則志堅而慮精；公，則民悦而功遂。天下未嘗有難爲之事，顧所任者何如耳！斯役也，實本於皇上之善用人。知之明，任之專，此功之所由成也。自古英君明主所以克興事功，未有不由斯道。謹因紀是役，遂推本作詩，以頌聖天子仁明之功。詩曰：

水之爲性，順下焉耳。治循自然，斯得其理。都城之南，河決自昔，謀者無及，勞者弗息。正統三祀，再以決聞，惟帝聖明，慎簡用人，顧謂臣安，汝往祗命。安拜稽首，夙夜惟敬，秉誠致慮，惟惠用下。厥績之成，行者抃舞。滔滔安流，有厚厥防。簡任得良，惟帝聖明。帝仁如天，覆被率土，廷用材賢，弘靖四海。

勑建弘仁橋碑

李賢

都城之南，一水横流於巽方，其源由兑而坤，而離，四泉沮洳，會而爲河，至巽乃大。有一津焉，在南苑之左，去城四十里。凡外郡畿内之人，自南而來者東西二途，胥由此渡。車之大而駕者，小而挽者；物類之馱者，人之肩者、負者、騎者、步者，紛紜絡繹，四時不休。有力者，每歲爲架木橋，奈何不能堅固，而寒沍之際不免涉水。況夏秋水漲，即有覆溺艱阻之虞，而人之病涉，莫此爲甚。

天順癸未春，皇上聞之，惻然軫念，曰：『此先務也，尚可緩耶？』乃命創建石橋，凡百所需悉出内帑，而一毫不干於民。應用工役，皆以白金傭之，聽其自願而不强也。卜日興造，人皆踴躍歡欣，争趨效力，不知其勞。而木、石、灰、鐵之類，率以萬計，不督而集。橋長二十五丈，廣三丈。爲洞有九，以釃水。爲欄於兩旁以障由者。精緻工巧，無以復加。增岸於南北以防衝突。爲寺爲廟，以資維護。經始於是歲四月十五日，訖功於十一月初一日。總其事者，内官監太監臣黄順、臣黎賢；董其工者，工部右侍郎臣蒯祥，臣陸祥。告成之日，上賜名曰弘仁橋，乃命臣賢爲撰碑記，用示永久。

臣聞古先聖王之治天下也，以不忍人之心，行不忍人之政，紀綱法度細大具舉，而於橋梁道路未嘗不留意焉。觀《夏令》所謂除道成梁，月令所謂開通道路可見矣。是以利澤及人，如天地之於萬物，無有不足其分者。恭惟皇上復位以來，夙夜孜孜，躬理政務，惟恐一民不得其所。出一令也，必順於人心；行一事也，必合於天理。真無異於古先聖王之用心矣。今以津乏濟，聞之惻然，是即不忍人之心也。爲建石橋，以便往來，是即不忍人之政也。名之曰弘仁，蓋弘者，廓而大之也；仁則不忍人之心，之政也。是橋之建，信乎能弘其仁矣。然歷年之患，由此而弭，無窮之利由此而基，又非經世之遠圖歟？嗚呼，一橋之利尚不遺焉，況其大此萬萬者乎？由是以知皇上擴充仁道，被於四海，而利澤及人之廣，信如天地之於萬物矣。故宜大書而特書也。既爲之記，復系以詩，曰：

大哉元后，作民父母，民之休戚，同其安否。所以先王，發政施仁，憂勤惕厲，罔或因循。仰惟我皇，博施濟衆，視民如傷，惟樂與共。大綱小紀，乃舉乃張。有或遺者，於心則惶。都城巽方，有水病涉，惻然興懷，務遂所愜。不惜內帑，爲建石橋，工役之費，民無秋毫。易危而安，利澤惟久，億萬斯年，厥蹟不朽。由小知大，如地如天，帝王盛德，我皇無前。詞臣執筆，紀述茂實，勒諸堅珉，永昭無斁。

勑建永通橋碑

李時勉

通州在京城之東，潞河之上，凡四方萬國貢賦由水道以達京師者，必萃於此，實國家之要衝也。由州城西行八里許有河，蓋京都衆水之會流而下流者，河雖不廣而水潦沮洳。每夏秋之交，雨水泛溢，嘗架木爲橋，或比舟爲梁，以通道往來，數易而速壞，輿馬多致覆溺而運輸尤爲難阻，勞費煩擾，不勝其患。內官監太監李德以其事聞上，欲於其地建石橋。乃命司禮監太監臣王振往經度之，命總督漕運都督臣武興發漕卒，都指揮僉事臣陳信領之；工部尚書臣王巹等會計經費，侍郎臣王永和提督之；又命內官監太監臣阮安總理之。

安謂衆曰：『朝廷遷都北京，建萬萬世不拔之丕基。其要在于漕運，實軍國所資，而此橋乃陸運之通衢，非細故也。宜各盡乃心，以成盛美。』衆咸曰『然』。於是，庀群材，輯衆工，諏吉興役。萬夫齊奮，並手偕作，未及三月，而功已就緒。橋東西五十尺，爲水道三，圈與平底石皆交互通貫，錮以鐵。分水石、護鐵柱當其衝。橋南北二百尺，旁皆以石爲欄干，作二牌樓，題曰：永通橋，蓋上所賜名也。又立廟祀河神，而以玄帝鎮之。堅壯完固，宏偉盛麗。經始於正統十一年八月二十七日，告成於十一月十有九日。

阮公與侍郎公來請余記，昔文王作臺於苑囿，固無預於民事，而民歡樂之，謂其臺曰靈臺。詩人又被之歌詠，傳誦無窮。今皇上命建此橋，實所以惠利于人，而人心踴躍，懽忻以趨其事者，誠無異乎文王之時，亦何其盛哉。是故不可無所紀述，以傳示後世。因二公之請，特爲之文，而文繫之以詩，曰：

惟皇仁聖，統御寰宇〔一〕，萬方畢臣，罔有違拒。粤惟漕運，軍國所資，道江歷淮，其來如歸。潞河湯湯，漕舟所聚，陸運京師，有河伊阻。帝曰：『汝振，其往視之。惟橋惟梁，惟其宜之。〔二〕乃命永和：『汝督工匠，勿亟勿徐，德綏是尚。』曰内臣安，『汝其總之，經營規畫，惟汝是司。』安拜稽首，敢不盡心，圖爲堅久，以副德音。群工百役，莫不踴躍，攻金攻石，並手偕作。爲橋南北，惟水西東，不日而成，敷奏厥功。商旅使客，車輿步騎，昔勞跋涉，今履平易。岸有豐草，水有游魚，昔爲岊險，今爲坦途。運輸之來，紛紜絡繹，國用以舒，廩庾充實。行者抃舞，傳播頌聲，四方無虞，萬國咸寧。惟此成功，帝德之致，勒之此碑，以告永世。

改修慶豐石牐記〔三〕

宋褧

牐於字，爲閉城門具〔四〕或曰『以板有所蔽。』近代水監官厨之以時蓄泄〔五〕，因水行舟。世祖皇帝至元二十有二年，前昭文舘大學士知太史院領都水監〔六〕事臣郭守敬圖水利奏：昌平之白浮村，導神山泉，蓋西山水合馬眼泉諸水爲渠，曰通惠河。貫京城，迤邐〔七〕出南水門，過通州抵高麗莊之牐，爲里二百，視地形創爲牐。附岸壁及底皆用木，凡二十四，慶豐其一也。

後二十年當至大四年，諸牐浸腐〔八〕，宰相請以石易，爲萬世利。且請度緩急後先，作則工不迫，工不迫，則周且固。仁廟勅准有司以次第舉。由是，至順元年始及慶豐之役。都水少監王温臣率其屬〔九〕分督程作，董役士卒。暨土木金石之工，集有五百五十；輸木萬章，鐵以鈞計，凡八百有奇；石材三千二百；瓴甓、

〔一〕統御寰宇　原本『御』漫漶，據膠卷本補。

〔二〕惟其宜之　原本『其』字脱，據光緒通州志補。

〔三〕改修慶豐石牐記　宋褧《燕石集》作『都水監』改修《慶豐石牐記》。

〔四〕閉城門具　原本作『閑城門具』，據《燕石集》卷十二是文改。

〔五〕以板有所蔽近代水監官厨之　《燕石集》卷十二是文又作『有其所蔽，近代水工用之』。

〔六〕太史院領都水監　原本『太史』作『大夫』，據《燕石集》卷十二是文改。

〔七〕迤邐　原本作『迤運』，今據《燕石集》卷十二是文改。

〔八〕浸腐　原本作『浸寢』，據《燕石集》卷十二是文改。

〔九〕至順元年始及慶豐之役都水少監王温臣率其屬　原本作『至順元年始及慶豐遂役，都水少監主温臣率其屬』。據《燕石集》卷十二是文改。

灰、藁他物無算〔一〕。築基〔二〕，縱長百二十尺，三分長之二爲衡廣；高二丈，間容〔三〕二丈二尺。經始於是年三月之望，粵六月十五日告成。繩規中度，完好緻密，公私善之。

明年春，監丞阿禮、張宗顏述是役之爲日久近，牐之喬卑長廣幾何〔四〕，靡費物如干，創始改作之緒，及工之勤，成功之利之美。求識以文〔五〕，予復之曰：『此世祖開物成務，群策畢舉也。仁廟克承先烈，措注宏遠，功不百倍，不改作也，臣下莫不奉行惟謹。此事理之著者也。記是誠宜。』然予疑是牐之始命名爲役，與創始之歲果豐歟？或示微意於後世歟？惜莫可得而知。何也？牐非事游觀，蓋經營國計，民俯仰以給者，猶必待豐而後作，矧他役乎？抑果作于豐年，則後不敢妄興，民不敢苟勞，財不敢徒費，則章章矣〔六〕因其役，並原其名，是爲記。

中書右丞相領治都水監政績碑　歐陽玄

中書右丞相定住公，自居平章首席，既而陞左相，又陞右相，被命領都水監事。至正癸巳之正月，迄今數年之中，濬治舊規，抑塞新弊，水政大修。都水監長貳賓佐一日具其實蹟〔七〕，請於翰林歐陽玄文其事於石，以貽永久。玄曰：『丞相上佐天子，下理百官，日綜萬機，朝野政治，何莫非相業所經綸也，奚獨於水政而有紀述乎？』其長貳賓佐進曰：

我國家之置都水也，始于世祖皇帝至元二十八年之辛卯，丞相完澤實倡其端。當時聖君賢相爲慮甚周，爲制甚密。導昌平白浮之水西流，循西山之麓，會馬眼等諸泉，瀦爲七里濼〔八〕，東流入自城西水門，滙積水潭；又東並宮牆，環大內之左，合金水河南流，東出自城東水門。又潞水之陽南會白河，又南會直沽入海，凡二百里，是爲通惠河。置閘二十有

〔一〕無算　原本作『每算』，據《燕石集》卷十二是文改。

〔二〕築基　原本作『築其』，據《燕石集》卷十二是文改。

〔三〕間容　《通惠河志》卷下是文作『澗容』，《燕石集》卷十二是文作『間容』。

〔四〕喬卑　《燕石集》卷十二、《日下舊聞考》卷八九是文作『高深』。

〔五〕及工之勤成功之利之美求識以文　原本『庀』作『及』，『識』作『職』。均據《燕石集》卷十二。

〔六〕然予疑是牐之始命名爲役與創始之歲果豐歟或示微意於後世歟惜莫可得而知何也牐非事游觀蓋經營國計民俯仰以給者猶必待豐而後作矧他役乎抑果作于豐年則後不敢妄興　《燕石集》卷十二作『然予疑是牐之始，命名爲何人，與創始之歲果豐與歉？或示微意於後世歟？惜莫可得而知。何也？牐非侈靡游觀之所，國計民庸仰以給者，猶必待歲豐而後作，矧他役乎？斯果作於豐年，則是役不敢妄興，民不敢苟勞』。

〔七〕一日具其實蹟　《通惠河志》卷下、《日下舊聞考》引是文作『共具實蹟』。

〔八〕七里濼　原本作『七里樂』，『濼』即『泊』，七里濼即瓮山泊，今改。

四；跨諸閘之上，通京師内外經行之道，置橋百五十有六。閘以制蓄泄，橋以惠往來。乃接運糧提舉司車户千四百五十有一，隸監專治其事。閘與橋初置以木。仁宗皇帝延祐中，有旨易木以石，次第而械之。命閘户學爲石工，以至攻木，鍛鐵、煉堊，皆習其技。歲械一閘，工興費若干。有司會其凡而籍之，歲以爲常。約歲若干，諸閘皆石。一切工役取其閘户，不擾而集。國計之不匱，民用之不乏，皆利賴焉。近年，有司擅以閘户抑配各驛，以給驛置。於是，至元、延祐以來，祖宗之良法美意日就蠹壞。今右丞相以聞，有旨復還郭士英若干户，餘州縣之侵軼閘户者，悉禁絶之。他户有避徭役之類，仍因而亡者，咸復其舊。故得水利不隳，漕法不滯，有關國計民用甚重也。且通惠河之將入海也，衡漳貫之。遡漳西南，涉瀛博之野，南至於臨清、堂邑之壖，過壖而南爲會通河，盡豫、兖、青、徐四州境上之水入河絶淮，至大江而止，二河相通，其爲水利博矣。有若京城西之金口下視都邑，水勢如建瓴，一蟻穴之漏，則横潰莫制。守隄吏與閘户晝夜分番邏視不贍，則借兵士於樞密，所係尤重。故水政之修，閘户之復，丞相有功於斯甚大，可無紀述乎？

玄聞其言，乃考古而徵今。都〔一〕水在唐虞爲澤，在成周爲川衡。初，西漢太常、大司農、少府、内史、主爵都尉皆置都水長丞，武帝置水衡都尉，成帝置左右都水使者。東漢改置河隄謁者。晉改都水臺，遂又置前、後、左、右、中五水衡，以五使者領之。劉宋置水衡令。蕭梁改爲大舟卿。宇文周置都水中大夫。隋置都水臺使者；尋復置監、少監；又改令、少令。唐沿革不一，或稱都水局，或稱司津監，或稱水衡監；或置使者，或置都尉。趙宋爲都水監，置判監、同判及丞、主簿等員。大抵掌川澤、津梁、渠堰、陂池之政，兼總舟航、桴筏之算，就司其征以充用。故漢太常諸卿各有水衡，蓋征其入給俸禄，所稱『水衡錢』是也。聖代捐國家之厚費，以利天下而秋毫不征其資。視古之都水有不可同年而語者矣。且歷代建都，秦、漢、唐多都雍州，阻關陝之險，漕運極艱，用水極少。其後，有都洛陽、大梁，亦不過濬洛入汴，瀹汝、蔡入淮而已。

我元東至于海，西暨于河，南盡于江，北至大漠。水涓滴以上，皆爲我國家用。東南之粟，歲漕數百萬石。由海而至者，道通惠河以達。東南貢賦凡百上供之物，歲億萬計，絶江、淮、河而至，道會通河以達。商貨懋遷與夫民生日用之所須，不可悉數。二河泝沿南北，物貨或入，或出，遍天下者猶不在是數。又自崑崙西南，水入海者，繞出南詔之後，歷交趾、闍婆、真臘、占城、百粤之國；東南

〔一〕都水　『都』原脱，據《日下舊聞考》卷八九引是文補。

過流求，日本，東至三韓，遠人之名琛異寶、神馬奇產，航海而至。或踰年之程，皆由漕河以至闕下，斯，又古今載籍之所未有者也。水政之重，可不以重臣領之乎？昔者舜舉十六相，共治海內，禹治水土，益治川澤。今之水政，禹益皆嘗司之。然則重臣之典水政，唐虞以來之遺意也歟。

玄職在太史，紀載爲宜，右丞相康里氏，定住其名。乃祖乃父三世宿德〔一〕，逮事列聖，篤於忠貞，數從王師戰金八隣，多積功伐，不妄俘戮，不希寵榮，有陰德餘慶，施於後人。丞相踵之，揚歷臺閣三十餘年，清慎如一，熟知國家典章；及居臺揆，雅量鎮浮，坐決大政，不徵辭色，百度自貞，有古大臣之風焉。來求文以紀其蹟者，都水曰野素達邇、段定僧；少監完澤鐵睦爾、太平奴、薛徹篤，監丞鎖南滿、慈普化、沙刺贊卜、馬兒吉顔，經歷山山、知事祁師道云。係以詩曰：

國置水官，象天玄冥。都水有政，治國大經。於穆皇元，龍興朔方。秉令天一，並牧八荒。乃據析津，乃建神州。囊括萬派，衡從其流。東濬白浮，遵彼西山。即是天漢流畢、昴間。西挹紫宮，南出皇畿又東注海，萬派攸歸。東溟天池，若爲我潴，給我漕輓，徑達宸居。河濟淮江，陳若指掌。我鑿二渠，利盡穹壤。雖云盡利，我則不征。捐利利民，治水水平。

維今右相，自董水政，舉措不煩，户籍先正。昔命閘户，習鍛習礪，楗木膠堊，各程其藝。循甲及乙，諸閘遍械。歲一修閘，衆藝畢來。制水有閘，通道有梁。息耗有則，啟閉有常。夫何閘户，俾役驛厩。是求善書，遽掣之肘。相君入告，閘户乃復。每歲鳩功，群匠來族。水政既舉，國計以滋。都人日用，源委莫知。

彼水在國，血脉在身。百體輸津，五宮嗇神。相爲股肱，水利寔興。榮衛不凝，股肱宣能。維相君量，彭蠡大野。汪洋淵渟，安静整暇。維相君力，底柱龍門。捍彼衝潰，國之樊垣。有力斯定，有量斯寬。燮調雍容，歲不溢乾。重華在位，禹益作相。庶工底績，百川是障。世皇濬渠，相曰完澤，身先水官，相彼原隰。洵美相君，海內稱賢。罔彼哲輔，專美於前。六府三事，治先乎水。九叙惟歌，作者太史。太史作歌，載以龜趺。君臣都俞，永作民郛〔二〕。

都水監廳事記　宋本

都水監丞張君子元致其長颯八耳君之言曰：

吾職古爲澤衡，元制秩三品。所以列朝著者有典掌、有屬、有事功，而廢置有沿革。然設官四十一年矣，嘗莅是者無慮百餘人，其勤勞職業豈少哉。曹署老吏日以亡，簿書、歲畀、掌故日以蠹爛。有所徵

〔一〕宿德　原本作『宿位』，據《日下舊聞考》卷八九引是文改。
〔二〕君臣都俞永作民郛　原本脱，據《日下舊聞考》卷八九引是文補。

考，則茫然昧所嚮。殆非所以謹官常備遺忘也，幸文以紀其概，將刻石廳事爲方來益，敢撮其事於牘，以溷子。

讀之，則知監始以至元二十八年，丞相完澤奏置於京師。監、少監、丞各一員[一]，歲以官一；令史二，奏差二，壕寨官二，分監於汴，理決河；又分監壽張領會通河，官屬如汴監，皆歲滿更易。泰定二年，改汴監爲行監，設官與内監等。天歷二年罷，以事歸有司，岸河郡邑守令結銜知河防事，而壽張監至今不廢，此其沿革。

大都河道提舉司官三，幕官一，通惠河牐官二十又八，會通河牐官三十又三。此其屬，通惠、金水、盧溝、白溝，御、清，會通七河；通惠之廣源、會川、朝宗、澄清、文明、惠和、慶豐、平津、溥濟、通流、廣利；會通之會通、土壩、李海、周店、七級、阿城、京門、壽張、土山、三又、安山、開河、岡城、兖州、濟州、趙村、石佛、新店、師莊、棗林、孟陽泊、金溝、沽頭五十五牐；阜通之千斯、常慶、西陽、郭村、鄭村、王村、深溝七壩；都城外内百五十六橋；皇城西之積水潭隸焉。凡河，若壩填淤，則測以平而濬之；牐橋之木朽甃裂，則加理。牐置則，水至則，啓閉以制其涸溢。潭之水共尚食[二]。金水入大内，敢有浴者、澣衣者，棄土石、瓴甋其中，驅馬牛往飲者，皆執而笞之。屋于岸，道因以陿，病牽舟者，則毁其屋。碾磑金水上游者，亦撤之。或言某水可渠、可塘、可捍以奪其地；或某水墊民田廬，則受命往視而決其議，禦其患。大率南至河，東至淮，西洎□，北盡燕晉朔漠，水之政皆歸之。此其典掌。

至元二十九年，鑿通惠河，繇京師東北昌平之白浮村，導神山泉，以西轉而南，會一畝、馬眼二泉，繞出甕山後，滙爲七里濼；東入西水門，貫積水潭，又東至月橋，環大内之左，與金水合；南出東水門，又東至于潞陽，南會白河；又南會沽水入海，凡二百里。立牐二十四，役工二百八十五萬，費以鈔計百五十二萬，米三萬八千七百石，木十六萬三千八百章，銅、鐵二十萬斤，灰、油、藁稱是。八月經始，三十年七月畢事，以便公私。

至治二年七月，石麗正門南之第一，又南第二橋，以壯郊祀御道。蓋京師橋閘舊皆木，宰相謂不可以久，嘗奏命監漸易以石，今牐之石者已九，橋之石者六十又九。餘將次第及之。役之用，洎勞蓋可臆度，玆略不書。

泰定元年七月，釦積水潭之南岸以石，袤千二百五十尺，繚以赤闌，風雨湍浪不崩不淖，以利往來。

至治元年七月大霖雨，盧溝決金口，勢瀕王城，補築隄百七十步，崇四十尺，水以不及天邑，此其事功。

嗚呼！明典掌，建事功，在位者事也。若曹署之廢置，僚屬之衆寡，則亦當究知。繼官是監者，能惓惓於此，

[一] 一員　《國朝文類》卷三一、《元史百官志》作『二員』。

[二] 潭之水共尚食　《元文類》卷三一作『潭之冰共尚食』。

則無負數君子意矣。我世祖以上聖膺開物之運，建邦設都，樹官府國中〔一〕，與列聖之文致太平，更植疊立，使佩印綬，食俸錢廩稍，秩三品及過而上者將數十百所。詎皆無沿革、典掌與屬、與事功哉。未聞出意見，求縉紳先生紀之者。則數君子敬事以近文可知矣。矧徒有典掌、有屬而無事功，稽其沿革以不能道者哉。

抑水之利害在天下可言者甚夥。姑論今王畿古燕趙之壤，吾嘗行雄、莫、鎮、定間求所謂督亢陂者，則固已廢；何承矩之塘堰亦漫不可蹟；潞陽燕郡之戾陵諸堨則又並其名未聞。豪杰之士有能以興廢補弊者〔二〕，恒慨惜之。或又謂滹之沽口〔三〕，田下可塍以稻，亦未有舉者。數君子能職思其憂若是，是殆濟矣。故以是卒記之。

監者，潭側，北西皆水〔四〕，廳事三楹，曰善利堂。東西屋以棲吏，堂右少退曰雙清亭，則幕官所集之地。堂後爲大沼，漸潭水以入，植芙蕖荷芰。春夏之際，天日融朗，無文書可治，罷食啟窗牖，委蛇騁望，則水光千頃，西山如空青。環潭民居、佛屋、龍祠，金碧黝堊，橫直如繪畫；而宮垣之內，廣寒、儀天、瀛州諸殿皆巋然得瞻仰，是又它府寺所無。

至順三年三月宋本記〔五〕

直沽接運海糧王公董古魯公去思之碑 柳貫

後至元庚辰冬，海運之民倪實等介其府令史王元珪以書來言，曰：

維海漕國用重寄也，在世祖皇帝既混一區夏，爰始取道遼海，運米南土，給餉京師。內置漕運使司暨萬户府于京畿，外立都漕運萬户府于吳會。募民，籍名數，具舟航，以任其事。凡運米以石計，歲三百五十萬有奇。每春若夏再運，萬户分命僚屬吳、會、太倉，揚帆〔六〕恃風，徑絕洋海，邅道黑水〔七〕，北抵直沽。漕運萬户之在內者，亦部署其官屬〔八〕往翼舟航，交受所運，達之京倉。當其歸納授受之際，或失其當，紛拏膠轕，狼戾拆閲，則海運之民傾貲破産，以補不足。其患有不能勝言者〔九〕，故朝廷必選官接臨監護，名曰接運。監其隱微，辨其枉直，權其授受，砥其平以去其弊，皆所以恤吾民也。

〔一〕樹官府國中　原本『中』脱，據《元文類》卷三一補。
〔二〕豪杰之士有能以興廢補弊者　《元文類》卷三一作『豪杰之意有作以興廢補弊者』。
〔三〕沽口　原本作『沽又』，據《國朝文類》卷三一改。
〔四〕北西　原本作『鈍西』，據《國朝文類》卷三一改。
〔五〕至順三年三月宋本記　原本脱，據《元文類》卷三一補。
〔六〕太倉揚帆　原作『大倉帆』，據光緒《天津府志藝文》改，補。
〔七〕黑水　原本作『里水』，據光緒《天津府志藝文》改。
〔八〕官屬　原本作『官數』，據光緒《天津府志藝文》改。
〔九〕勝言者　『言』原脱，據光緒《天津府志藝文》補。

後至元再元之六年，萬户阿里〔一〕中憲職春運，抵直沽，時兵部郎中濟寧王公維翰〔二〕、君錫、禮部員外郎董古魯公元善又奉命朝省，主接運事，米凡至者百七十萬石。有司舉元所進樣以比類，其色澤有弗同者，弗受，告于公。二公曰：『郡所進米爲樣，袋二三合耳，使者晝夜馳驛數千里抵京師，風日振薄，無所壅蔽，故能致明潔若是。分運之法，六千石載一舟，氣含溟波，蒸翕歷暑，色又何能相同？凡以樣進者，懼其雜糧灰若糠耳，兹既無是也。色雖不同，苟能飯焉，以充吾饑，受之庸何傷？』或又有以米樣蒸熱弗受〔三〕。公愀然曰：『噫，儋石儲峙者尚爾，況萬斛之舟之所積乎？且民捐軀，涉萬里不測之淵，出入蛟螭爪牙間，幸至此，汝弗受，將安往歸之邪？徒久逗漫淫，鼉食侵牟，民益困〔四〕，事愈不益，若何？』有司乃不敢有所言。于是，事得其平，而吾民之職是役者免矣。

先是，接運官解毁於延燎，有司僦民居之宏敞者以舘于公。公度其費無從出，乃辭焉，即臨清萬户府廳事以居，殊湫隘。二公曰：『是雖隘，然庶無僦屋費，以厲民也。』或霖潦驕陽，則手編葦自蔽，處之泰然，無一毫勉强意。直沽素無嘉醖，海舟有貨婺東陽之名酒者，有司給傳食，市以進。公弗受曰：『若雖酬其直，寧能無所嫌也。』其公正廉平類此。官屬吏民小過者，必諄切教戒而寬容之，雖蒲鞭未始示辱於人，而人亦服其威信，罔敢怠逸。下車以五月三日，甫再越月集事。七月四日歸報於朝。盖二公歷臺省，聲聞素著，公明正大，簡重平允，而幕府令史李公亮、曹寧祖亦自風憲辟置，操從雅潔，同心協贊，故能成其美政，而民被其澤，是故我民惠之。去之愈遠，且久而不能忘，願有以識之也。

貫辭不獲命，謹述其辭，以識如石。嗚呼，海漕繫國家重寄也。然海宇之廣，民生之衆，政務之繁，且有大於此者。二公由是陞擢柄用，左右宣力，推是道也，以往何適，非善政矣。國家建官位事，登賢庸能，以釐百工，熙庶績者咸若是，則吾民之所幸望者，又豈腆腆哉。吾儕小民，盖將舉小，而明大觀，近而知遠矣。其有所識述也，宜哉。乃繫之以詩曰：

航海貢賦，實維利涉。鯨波龍濤，凛凛舟楫。況此重任，國用是資。出納失均，吾曷以支？明明天子，維賢是使。主張綱維，我公戾止。公既莅政，無煩無苛。怛焉忠誠，矜念實多。其準其繩，其權而

〔一〕阿里　原本作『何里』，據光緒《天津府志藝文》改。
〔二〕維翰　原本『翰』字漫漶，據光緒《天津府志藝文》補。
〔三〕蒸熱　原本作『蒸熟』，據光緒《天津府志藝文》改。
〔四〕民益困　原本作『民益因』，據文意改。

衡。折衷群言，謹嚴度程。有積有倉，歸于上京。惟清以寧，式和且平。民忘其勞，政有其成。維公其賢，天子聖明。天子萬壽，賢良登崇。惠我無疆，政化日隆。豈惟是哉，萬方攸同。海隅蒼生，沐浴膏澤。載謡載歌，謹識嘉績。勒諸金石，永其無斁。

直沽接運官德政碑記

貢師道

夫《易》，聖人所以明幽微之理，然理非有形、聲、氣、貌也。於是，設象以明理。其爲象大之而爲天地之覆燾，明之而鬼神之情狀，文之而禮樂之光輝。其細而爲鱗蟲之變化，草木之動植，舉因其象之，昭昭者以明乎理之所以然。建其象，天下之至險，其爲理不難知，其爲物不難見，則莫過於涉川。凡川水以爲天下之至險，何況於海？合天下名川三百，支川三千，未有不歸於海者，故海爲百川主。

夫涉其支流，聖人於《易》已設戒，而謂之險難矣。則其視鯨波萬里如坦途，溟渤九淵如郵傳。囊括東南之租米，舉而輸之海。六七千里之間，轉漕流通，儲峙不缺，抑亦何以而能若是也歟？是蓋世祖皇帝宏闊深遠之規模，列聖繼述相承之矩度，國家無窮之鴻休。要非世之人小智狹識所能窺度也已。欽惟世祖皇帝定都于燕，聚四方萬國之衆，含哺皷腹以抑食于燕。使由江河轉運以饋饟于燕，顧豈不可？然而聖朝包六合爲一家，視四海猶一衣帶水，故能運天下之至神，越天下之至險。舉無遺策，以建丕基於無窮。於是，以中吴水所聚也，稻米出焉，故即中吴以建漕府。漕府官貴重，皆佩玉麻黄金虎符，鑄銀作印章，然猶以爲未也。當歲春夏運，復於江浙行省奏選宰臣，董饟吴下〔一〕。闔東南郡國糧之給京師者。萬艘如雲，畢集海瀕之劉家港。於是，省臣、漕臣悉齋戒涓潔，以卜吉於天妃靈慈宫。卜既協吉，乃命漕臣持章以符，俾率其屬，縱金皷以統漕民。建纛置牙，無敢後先。尊師柁工，露趾文身，蠻布帕首，其散布於各艘者，每舟不下數十百人。蠻語夷歌，獷心犛面，調馴慴伏，則必本之以恩，齊之以法。龍驤萬斛，崔巍如山。纔遠舟蠕，僅此一葉。崩騰大浪，天回地徫。鰲吐鯨吸，出没變怪。方是之時，審易之象。謂天下之至險，顧不信哉。

國家以其事之重且難舉，莫大於此也，故於每歲春夏運糧舟將抵直沽口，即分都漕運官出接運矣。中書省復遣才幹重臣從至海壖一一交卸。石以萬計，可謂夥矣。萬計猶臚然〔二〕，其累至百萬；百萬猶未足，其多至數百萬。出數百萬而較計至於合勺顆粒，畸不得虧，盈不得溢矣。差毫毛即墮吏議，何況吏部之官不以理光禄，鴻臚之職不以涉司農，自昔然矣。故接運官稍立崖異輒是害。

〔一〕吴下　原本漫漶，據文意補。

〔二〕臚然　原本『臚』作『驢』，當係形似而訛，據文意改。

矧或從名以較實，騖外以徼譽，民將若之何？殊不知斯稻之載海舟涉鯨波也，不能必其無少變於其初。故或米與樣違而受辜，概量大小不齊而被斥，淹纏稍久，漕民焦然。蓋顧募令出無涯，而誅求之責方未已。於是，漕民有或剥舟匍匐而歸去，有或借貸狼狽而歸者，故以數年之間漕運之資傾疲，而國家之糧餉非可暫息。

惟至正六年歲次丙戌。是年夏，接運官奉政大夫中書户部員外郎太平禹卿、奉政大夫宣政倪〔一〕參議石郁、文甫，監察御史史筠、公質、都漕運使、臨清運糧萬户等官，一皆能以絜矩存心，寬簡布政，不炫明〔二〕以凌物，不任智以馭人。其一時從事之賢，皆能贊翼其上之人，矜哀海道之艱危，糧儲之不易。蓋所謂表之直者，影無不正，源之深者，流無不清，要皆自然之理也。是年，押運官嘉議大夫海道都漕運副萬實、信安、鄭用和、彦禮能以誠慤孚於神人。神聽不違，故海弭颶風，秘怪，淵水帖伏不肆，陰護漕程如出平陸。是則孚於神明之所致也。若夫公之廉隅慎飭，能帥其下，能使人心惠和一動，感公以爲命。故其至於直沽也，其聲實有以孚於接運之公卿。然則接運之公卿能敷惠於漕民，謂非押運若有以感動之，不可也。

於是，漕民相與言曰：『身爲齊民，世無不役之民也，然吾漕民則獨異。蓋國家論石給顧募，捐金以傭我。列聖之深恩，詎以報哉？使官吏一切如今年，則吾民蓋未至於筋疲力絶也。』若是者何？人之心理欲不齊，天之道盈虧迭異，後之來者恒若今之諸公卿，則所以息民鯨而補劓。又豈無更生之理耶〔三〕？若我漕民將叩閽〔四〕以聲於朝，則非下民之事；將泯泯而遂没其善，則不可自比於人。於是論列其所以敷惠於漕民者，勒之金石，與是年春接官《德政記》同樹之直沽。

滄州導水記

王大本

夫水之瀕洞泛濫，横流而旁出也，必疏瀹利導，使得其歸，則民無昏墊，土無沮洳，而水由地中行矣。夏禹之決九川〔五〕，距四海，而濬畎澮距川，用此道也。

黄河既南徙，九河故道遂以堙没。漳瀆不與同歸，獨行二千里，會於今北海之涯。其流滔滔汨汨，視黄河伯仲間耳。垠岸高於平地，亦猶黄河之水下成皋、虎牢而東也。皇元定都於燕，漳河爲漕運之渠。控引東南居貨，千檣萬艘，上供軍國經用，巨商富賈懋遷有無，胥此焉出。故老相傳〔六〕，在初時，波流猶未宏達，自江南内附而其勢

〔一〕宣政倪　光緒《天津府志藝文》是文作『宣政院』。
〔二〕炫明　原本作『眩明』，今改。
〔三〕更生之理耶　『之理』原脱據光緒《天津府志藝文》補。
〔四〕叩閽　原本漫漶，據光緒《天津府志藝文》補。
〔五〕九川　原本作『九州』，據光緒《天津府志藝文》改。
〔六〕故老相傳　原本作『故者』，據光緒《天津府志藝文》改。

日增。豈是水潛伏於地，天下有道則見，川流隱顯固自有時也。

至元五年秋八月，大雨時作，河決八里塘之灣，爲口者三。湍悍滾激〔一〕，如萬馬奔突，長驅而前。南皮、清池之境東西二百餘里，南北三十餘里，潴而澤，匯而淵，鼃黽而蝸産焉，塲圃而魚生焉。蕩析離居之民相與言曰：『滄州古雄藩，其濠深廣，又距海孔邇，水行故地第有屯府，小左衛曲防之阻，無由徑達。泰定間，鄉民吕叔範抗疏陳情，奉旨開掘以便民，又爲大渠以洩水，莫不舉手加額，以承無疆之休。繼有方命〔二〕圮族、實繁有徒，乘時射利，遂以復塞。今則牢不可破。有能賈勇以倡，吾徒當負鍤從之。水入濠注海，則還我壤地而修我牆屋矣。』

脱因不花者故參政莊武公之孫，今江西憲副景仁公之子也，以國學上舍生取置宣文閣。其人知學知義，又一鄉之望，即以爲己任而不辭。聞者壯其謀，從之如雲。各執其物立於兩堧。破其築，若摧枯拉朽；去其壅，如決癰潰疣。義民所趨〔三〕，水亦隨赴。始屯軍先率其徒數百人，盛氣以待。我衆直而壯，彼自度非敵，逡巡而去。

夫水之爲民害也，久矣。備禦之道，存乎其人。使南皮清池之民奮於事功，而潦不爲災，首義之方也〔四〕。其人又相與言曰：『河決可塞，而來者未可卜也；曲防可潰，而人力其可傷也〔五〕；事可以稽舊典，而義可以激流俗也。』丐文刻石，以遺後來，固斯民百世之福也。

南皮縣濬川記

治水之法，《禹貢》一書尚矣。迨及成周，惟以溝洫備旱潦。歷漢而下，始開河渠以資港溉，水利之興〔六〕，良田於此。鴻惟皇元尤以水害致其憂，以利遂其民之生，都水司官于是乎設。歲以御河漕民間之粟供京畿，至億萬計，厥利懋哉。

今之御河，源通漳水，東迤北流，經景、陵、滄等州地而入于海。南皮即滄之屬邑也，與景之吴橋、東光接境，河水至是勢益大。夏秋霖雨，隄岸決齧，其害愈劇，不決於陵，則決於景，而無歲無之。邑東北去四十五里有郎兒口，遇河水泛漲，實受所衝。故疏則下達於海，塞則大没民田。口之北率皆長蘆萬户府軍屯地。泰定初，彼欲專其利，以力塞之，隨遺邑民勢溺之患。前掌邑政者，上陳利害，奉都省移檄部屬，遂命疏通，使彼此各安其業。典

〔一〕湍悍滾激　原本『湍悍滾』漫漶據《北河續紀》卷六引文補。
〔二〕方命　原本作『方俞』，據《北河續紀》卷六引文改。
〔三〕所趨　原本漫漶，據《北河續紀》卷六引文補。
〔四〕首義之方　光緒《天津府志藝文》是文作『首義之力』。
〔五〕傷也　光緒《天津府志藝文》作『復也』。
〔六〕以資港溉水利之興　原『興』作『與』，光緒《天津府志藝文》作『以資灌溉，水利之興』，『興』據之改。

册具載，昭然可考。

迄至元五年，經涉十有六載，未嘗有易。是歲季夏，河水決陵之界，直趨河口。職屯田者以謂歲月遠而無稽，縣邑不能禦，復塞之。時懷來王公君美適尹是邑，極言其弊。奉省檄，體前議以行，民始不被其害。公既解篆，繼任是邑者，有若監縣埜迪美實公、縣尹馬公克昭、主簿宋公伯威、縣尉詣理亞思、典史張仕廉臨政之暇，興念及此，僉曰：『河口水之所經，或塞、或決，終無一定之規。簿書僅存，恐不可久恃，異日復爲民害。何若勒之貞珉，以示無窮，使後欲壅水害民者凜然知畏，不亦善乎？』仍各捐俸金爲之助。既而耆老劉榮祖，里正黃進道、社長李澤首倡鄉耆樂輸錢穀若干緡，募工伐石，謀建於河垠之上，屬予爲文以紀之。

予謂水利之在天下，是猶人之血氣通貫於身，無一息之停，否則受患，四體非復吾有。水亦不可以一日壅閉。《洪範》云：『水曰潤下。』孟子亦曰：『水無有不下。』是欲順而導之，行其所無事。白圭罪人以隣國爲壑。齊桓霸者尚有無曲防之禁，孰謂堂堂天朝隆平之世，奚容若是耶？嗚呼，前之除民害者，蹟固美於一時。今則愈久而事愈著，又將興利除害於無窮，深謀遠慮，其功有光於前人矣，夫豈小補而已哉。忠國憂民者，固士君子喜聞而樂道，姑摭開決之本末，以爲之記云。

洪濟威惠王廟碑　李謙

至元二十一年閏月辛巳，中書省奏：『禮部言衛輝路共城縣北五里所百門山有泉出其下，御水發源，實本諸此。源故有廟，歲旱祈禱，甘澍(一)隨應。前代嘗封王爵，謚曰咸惠。逮及聖朝，未蒙加贈，殆未盡咸秩無文之義。』集翰林禮官議，咸謂：『加封洪濟威惠王，於典禮爲宜。』制可。

三十一年，衛輝路總管府判官兼司稻田井德常上言：『洪濟威惠王廟歲久傾圮，寖至不支，宜命有司更葺。』會其年四月乙未，詔：　名山大川載在祀典者所在長吏擇日致祭，廟宇損致祭，官爲修理。其十一月工部符奉堂帖報下趣如乙未詔，乃檄知州司仁躬董其役，監路塔失帖木兒總綱紀之。揆功庀役，徵匠者役徒，備器執用，畢會祠下。首葺前後殿，次及顯佑公祠、五龍祠，廟廡神門，庭峙二亭，一以注香，一以表儀。神門外爲亭三，合爲楹五十有奇。瓴甓損缺者，榱桷腐敗者，皆撤而更之。完飾神像，塗塈漫漶，崇其基址，甓其階砌，以至户牖、欄檻之屬，咸一新之。經始於元貞改元之九月，落成於明年三月。靡官錢寶鈔四千七百餘緡。

(一) 甘澍　原本作『其澍』，據《北河續紀》卷七引是文改。

自井德常之言發之，其發民趣功，相與翼贊，則監輝州玉石帶馬合馬，知州繼至者劉㢧、判官朱仕榮、吏目紀好謙，韓從凱，皆與有力焉。府判井德常，知州司仁以志歲月爲請。

竊惟山川之祀，見於書曰：望秩，禮有天下者，祭百神。凡山林川谷能出雲，爲風雨見恠物，皆曰神。其祭之之制，則五岳視三公，四瀆視諸侯，餘視伯、子、男，歲凡四祭，以貍沉順其性。

百門水於衛爲巨浸，一出潏淪數百畝，畎而澮之，灌溉不啻千頃，地敏秔稌，收入畝鍾。江南未下時，輸貢之外，諸郡國醪醴粢食皆於是取足。其下流合諸水，疏爲大川，延亘千有餘里，歷郡國數十，所在倉庾，節級轉運，畢達京師。與夫清滄鹹鹺不煩輦致漕給梁魏，其爲利不既博矣乎。當夫常暘爲菑，雨澤愆爽，誠德感召，其應如響。然則國家億載之利，生民麗洪之澤，王之所以陰，相者，厥功茂哉。無德不報，尊其明靈，加號飾祠宜矣。敢叙述寵章，奉宣神德。其辭曰：

百門之山，泉出其趾，澤浹一方，利通千里。其澤維何？嘉蔬茂止，豐年高廩，萬億及秭；其利維何？京國之紀，方之舟之，衎我儲偫。昭昭神功，耿耿神祉。嘉號未稱，曷章德美。對揚徽命，作新廟祀。何福不降？何災不弭？祐我邦家，阜我生齒，千秋萬古，傳休無已。大德三年七月望日立。

孚應通利王碑記　都士周

御河者，古永濟渠也。按史書，隋煬帝大業四年春正月，發河北諸軍百餘萬，穿永濟渠，引沁水南達於河〔一〕北通涿郡。七年春二月，帝御龍舟，渡河入永濟渠。夏四月□臨朔宮，徵天下兵會涿郡，擊高麗。後巡幸往來，多由於此。今名御河，盖更之也。爰及遼金皆都於燕，國朝開闢〔二〕以來，以燕爲大都，歷代因之，以爲江河南北血脉通達要路〔三〕，轉漕之功，商賈之利不爲不多矣。自江南平定，混一區宇，又開會通河至臨清北，横截而出於此。後南方諸國貢賦，數道錢糧殊無壅滯，悉達于京師，其利溥哉。

瀕河上下津渡之處，多有孚應通利王之祠，土人祭之甚嚴，神靈應之亦速。館陶縣西約二里許故隄上舊廟其所從來遠矣，經兵火焚蕩俱盡，惟餘瓦礫而已。昭勇大將軍上都等路管軍萬户鎮守杭州段伯豫之父，乃故行軍千户濮州太守也。侯諱暹，於庚子年間適爲館陶縣令，以兄宣差權府公之命，即於故址創起正殿。濮州等處管匠官杜海實督斯役，又倡率新舊官吏各輸己財，命工塑像，廟

〔一〕達於河　原本作『進於河』，據《北河續紀》卷七引是文改。
〔二〕開闢　『闢』原本漫漶，據《北河續紀》卷七引是文補。
〔三〕通達　原本『達』漫漶，據《北河續紀》卷七引是文補。

貌粗備。至元己巳，鄭海增修獻殿三間。是年，魏進又修神門一座。至元二十年河倉副使鄭彬及鄉社諸公，管勾李清等以正殿故舊，重加修飾，仍粧繪塑像，煥然爲之一新。大德三年五月，管勾鄭温、黄楨、杜温起盖兩廡。七年馬讓、宫元、楊旺等增置庖厨。八年，馬讓及衆力重修神門。凡廟中所須之物，至是皆完美矣。於是，劉祚者，即經歷劉秉鈞之姪也，幼習吏業，長爲司倉，以信實起家，教子讀書，好善樂施，不爲守錢虜，見此盛事既完，但竭己之資，不假人之力，命工伐石，欲記始末。命其子郁與儒生步思恭偕來，持館陶儒學教諭杜承祖之狀具載實蹟。求僕爲文，以次第之。杜承祖者，即前督役者海之嫡孫也。

僕方承乏教授東昌，聞説斯美，嘆曰：『水利大事也，敬神大節也，有國家者不可須臾而忘。況諸侯於境内山川歲時致祭，凡有水旱則禱之。御河在館陶最近，不惟人得其利，又常嚴設隄防，一有不密，害亦隨之，暗中必有神爲之主，豈可不敬也哉。故段侯爲守土之官，知所先務，首加意焉。上之化下，如風之偃草。至今鄉中豪右勤勤於斯，修飾潤色至於大備而後已，豈不有所以哉。雖然數公勤力於前至今六十餘年矣。盖大小事功，成敗興廢，皆有一定之數，其間亦在人爲勤惰，有以致之也。若無蹟可見，後人也難知之者。劉祚，乃能於功成之後，作此一舉，使竭力用心之人姓名著之金石，垂之後世，俾爲官民者，則而效之，豈不偉哉！』僕鄉里晚進，雖空疎不才，義之所在，故樂爲書之。銘曰：

御水湯湯，源源流長。達於滄海，灌以衡漳。自會通合，南接荆揚。轉漕便國，貿易通商。所王河神，孚應通利，處處有祠，享祀百世。館陶廟基，兵塵瓦礫，段侯創功，杜君協力。廟貌既壯，神像斯工。鄭魏黄李，杜馬楊宫，相繼大備。鄉社所同。劉祚立石，傳之無窮。

開會通河功成之碑

楊文郁

聖神文武大光孝皇帝在位之十七年，江南平。薄海内外，罔不拱北臣順，奔走率職。汶合泗，分流以達東阿。乃置汶泗都漕運使司，控引江淮嶺海，以供億京師。自東阿至臨清二百里，舍舟而陸，車輸至御河，徒民一萬三千二百七十六户，除租庸調。柰道經茌平，其間，苦地勢卑下。遇夏秋霖潦，牛僨輹脱，艱阻萬狀。或使驛旁午，貢獻相望，負戴底滯，晦暝呼警，行居騷然。公私以爲病，爲日久矣。

皇帝方圖治以收太平之功。立尚書省，一新庶政，百廢俱興。士有出意見，論利害者，咸得自効。壽張縣尹韓仲暉、前太史邊源，相繼建言：『汶水屬之御河，比陸運利相十百。』時昭廷臣求其策，未得要便，以仲暉、源言爲然。遂以都漕運副使馬之貞同源按視。之貞等至，則循行地形，商度功用，參之衆議，圖上曲折，備言可開之狀。政府信其可成，於是，丞相相哥合同僚敷奏，且以圖進。上命允，賜中統楮幣一百五十萬緡，米四萬石，鹽五萬斤，以給傭直，備器用。徵傍近郡丁夫三萬。驛遣斷事官忙達兒、禮部尚書張禮孫，兵部郎中李處巽洎之貞、源同主其役。

二十六年正月己亥首事。起須城安山之西南壽張，西北行過東昌，又西北至臨清達御河，其長二百五十餘里。吏謹督程，人悉致力，渠尋畢功，益加濬治。以六月辛亥決汶流以趣之，滔滔汩汩，傾注順適，如迫大勢，如復故道，舟楫連檣而下。仍起堰閘，以節蓄洩；完隄防，以備盪激。凡用工二百五十一萬七百四十有八。

濱渠之民，老幼携扶，縱觀徊翔，不違按堵之安，喜見泛舟之役。於是，須城、聊城兩縣耆壽各詣所治致辭，謂：『幸生長明時，獲瞻美政。納大臣經濟之謨，興官民悠久之利。』宜紀成績，被之金石。治渠使者以耆壽之言爲請。于時大駕臨幸上都，驛置以聞。上詔翰林院，其爲運河名命，且文其碑。臣等乞賜名會通，百拜稽首而屬曰：

謹按：《書》以食貨爲八政之首。《易》稱舟楫有濟川之利，此古今不易之理，而京師所繫爲最重。故大舜命禹既平水土，定九州之貢賦，皆浮舟達河，以入冀都，功冠三代，爲萬世法。自茲以降，漢用鄭當時之言，引渭至河，以利西都；唐用劉晏之策，由汴入河，以濟關輔。蓋京師者，四方輻輳，兆姓雲集，六師所依以彊，百司所資以辦，不豐儲積，政將奚先？我國家新天邑，于析木之津，建萬億年無疆之業，規模宏遠，治具周密。若夫漕運流通，因之大計，舟車致遠，功利懸絶。所宜講而行之，雖費而不可省，勞而不可已者。今則費取於官，利及生民。役不逾時，功垂後世。加以隨時豐歉，權事輕重，以深致曲成萬物之意。致國殷富，由此途出。臣因竊迹輿地圖，若近代遼氏、金源氏皆嘗立國，當時經度，曾不是思。豈不以興王之功，非僻陋者所能與，而前弗逮，乃所以啟肇建也歟？先儒有言，聖人在上，則興利除害，易成而難廢。欽惟皇上開物成務，邁舜禹而軼漢唐。區區近代之君，固無以議爲也。臣備屬北門，職在記事之成，不敢以固陋辭。仰奉明詔，以識歲月，且推衍輿誦，昧冒論著。至若神功聖德之盛，沛惠澤以浸八荒，資始資生，上下與天地同流，蓋非纂《河渠》《溝洫》者所能髣髴也。九月　日臣文郁謹記。

河防記

歐陽玄

至正四年夏五月，大雨二十餘日，黃河暴溢，水平地深二丈許，北決白茅隄。六月又北決金隄，並河郡邑濟寧、單州、虞城、碭山、金鄉、魚臺、豐、沛、定陶、楚丘、武城，以至曹州、東明、鉅野、鄆城、嘉祥、汶上、任城等處，皆罹水患，民老弱昏墊，壯者流離四方。水勢北侵安山，沿入會通運河，延袤濟南、河間，將壞兩漕司鹽場，妨國計甚重。省臣以聞，朝廷患之，遣使體量，仍督大臣訪求治河方略。

九年冬，脱脱既復爲丞相，慨然有志於事功，論及河決，即言于帝，請躬任其事。帝嘉納之。乃命集群臣議廷中，而言人人殊。唯都漕運使賈魯昌言必當治。先是，魯嘗爲山東道奉使[一]宣撫首領官，循行被水郡邑，具得修捍成策，後又爲都水使者，奉旨詣河上相視，驗狀爲圖，以二策進獻。一議修築北隄，以制橫潰，其用功省；一議疏塞並舉，挽河使東行，以復故道，其功費甚大。至是，復以二策對，脱脱韙其後策。議定，乃薦魯於帝，大稱旨。

十一年四月初四日下詔中外，命魯以工部尚書爲總治河防使，進秩二品，授以銀印。發汴梁、大名十有三路民十五萬人、廬州等戍十有八翼軍二萬人供役，一切從事大小軍民咸禀節度，便宜興繕。是月二十二日鳩工，七月疏鑿成，八月決水故河，九月舟楫通行，十一月水土工畢，諸埽諸隄成。河乃復故道，東匯於淮，又東入於海。帝遣貴臣報祭河伯，召魯還京師，論功超拜榮禄大夫、集賢大學士。其宣力諸臣遷賞有差。賜脱脱世襲答剌罕之號，特命翰林學士承旨歐陽玄制河平碑文，以旌勞績。

玄既爲河平之碑，又自以爲司馬遷、班固記《河渠》《溝洫》僅載治水之道，不言其方，使後世任斯事者無所考，則乃從魯訪問方略，及詢過客，質吏牘，作《至正河防記》，欲使來世罹河患者按而求之。其言曰：

治河一也。有疏、有濬、有塞，三者異焉。釃河之流，因而導之，謂之疏。去河之淤，因而深之，謂之濬[二]。抑河之暴，因而扼之，謂之塞。疏濬之別有四：曰生地，曰故道，曰河身，曰減水河。生地有直有紆，因直而鑿之，可就故道。故道有高有卑，高者平之以趨卑，高卑相就，則高不壅，卑不瀦。慮夫壅生潰，瀦生堙也。河身者，水雖通行，身有廣狹。狹難受水，水溢悍，故狹者以計闢之；廣難爲岸，岸善崩，故廣者以計禦之。減水河者，水放曠，則以制其狂；水隳突，則以殺其怒。

治隄一也。有創築、修築、補築之名。有剌水隄，有截河隄，有護岸隄，有縷水隄，有石船隄。

治埽一也。有岸埽、水埽，有龍尾、欄頭、馬頭等埽。其爲埽臺及推卷，牽制、薶掛之法；有用土、用石、用鐵、用草、用木、用杙、用絙之方。

塞河一也。有缺口，有豁口，有龍口。缺口者，已成川。豁口者，舊常爲水所豁，水退則口下於隄，

[一] 奉使　原本作『奉便』，據《元史・河渠志》改。

[二] 謂之濬　原本作『爲之濬』，據《元史・河渠志》改。

水漲則溢出於口。龍口者，水之所會，自新河入故道之潨也。

此外，不能悉書，因其功用之次序，而就述於其下焉。

其濬故道，深廣不等，通長二百八十里百五十四步而强。功始自白茅，長百八十二里，繼自黃陵岡至南白茅，闢生地十里，口初受，廣百八十步，深二丈有二尺，已下停廣百步，高下不等，相折深二丈及泉。曰停，曰折者，用古算法，因此推彼，知其勢之低昂，相準折而取勻停也。南白茅至劉莊村接入故道十里，通折墾廣八十步，深九尺。劉莊至專固，至黃固墾生地八里[一]，面廣百步，底廣九十步，高下相折，深丈有五尺。黃固至哈只口長五十一里八十步，相折停廣，墾六十步，深五尺。乃濬凹里減水河，通長九十八里百五十四步，凹里村缺河口生地長三里四十步，面廣六十步，底廣四十步，深一丈四尺。自凹里生地以下舊河身至張贊店長八十二里五十四步，上三十六里，墾廣二十步，深五尺；中三十五里，墾廣二十八步，深五尺；下十里二百四十步，墾廣二十六步，深五尺。張贊店至楊青村接入故道，墾生地十有三里六十步，面廣十六步，底廣四十步，深一丈四尺。

其塞專固缺口，修隄三重，並補築凹里減水河南岸豁口，通長二十里三百十有七步。其創築河口前第一重西隄，南北長三百三十步，面廣二十五步，底廣三十三步，樹置樁橛，實以土牛、草葦、雜稍相兼，高丈有三尺。隄前置龍尾大埽。言龍尾者，伐大樹，連稍繫之隄旁，隨水上下，以破嚙岸浪者也。築第二重正隄，並補兩端舊隄，通長十有一里三百步。缺口正隄長四里，兩隄相接舊隄，置樁堵閉河身，長百四十五步，用土牛、草葦、稍、土相兼修築，底廣三十步，修高一丈。其岸上土工修築者，長三里二百十有五步有奇，高廣不等，通高一丈五尺，補築舊隄者，長七里三百步，表里倍薄七步，增卑六尺，計高一丈。築第三重東後隄，并接修舊隄，高廣不等，通長八里。補築凹里[二]減水河南岸豁口四處置樁木、草土相兼，長四十七步。

於是塞黃陵全河。水中及岸上修隄，長三十六里百三十六步。其修大隄刺水者二，長十有[三]四里七十步。其西復作大隄刺水者一，長十有二里百三

[一] 劉莊至專固至黃固墾生地八里　諸本各異《元史・河渠志》爲『劉莊至專固百有二里二百八十步，通折停廣六十步，深五尺。專固至黃固墾生地八里。』《北河續紀》卷六亦如是。《叢書集成》據《學海類編》本載是文與本書同。

[二] 凹里　原本作『凹以』，據《元史・河渠志》改。

[三] 十有　原本作『有十』，據《元史・河渠志》改。

十步，內創築岸上土隄，西北起李八宅西隄，東南至舊河岸，長十里百五十步，顛廣四步，趾廣三之，高丈有五尺。仍築舊河岸至入水，隄長四百三十步，趾廣三十步，顛殺其六之一，接修入水。

兩岸埽隄並行。作西埽者夏人，水工徵自靈武；作東埽者漢人，水工徵自近畿。其法以竹絡，實以小石，每埽不等，以蒲葦綿腰索徑寸許者從鋪，廣可一二十步，長可二三十步。又以曳埽索綯，徑三寸或四寸，長二百餘尺者衡鋪之，相間復以竹葦、麻檾、大繂。長三百尺者爲管心索，就繫綿腰索之端於其上。以草數千束多至萬餘，勻布厚鋪於綿腰索之上，囊而納之。丁夫數千，以足踏實。推卷稍高，即以水工二人立其上而號於衆。衆聲力舉，用小大推梯推卷成埽。高下長短不等，大者高二丈，小者不下丈餘。又用大索或互[一]爲腰索，轉致河濱。選健丁操管心索順埽臺立踏，或掛之臺中鐵猫大橛之上，以漸縋之下水。埽後掘地爲渠，陷管心索渠中，以散草厚覆，築之以土。其上復以土牛、雜草、小埽、稍土，多寡厚薄，先後隨宜修疊爲埽臺，務使牽制上下，縝密堅壯，互爲掎角，埽不動搖。日力不足，火以繼之。積累既畢，復施前法卷埽，以壓先下之埽。量水淺深，制埽厚薄，疊之，多至四埽而止。兩埽之間置竹絡，高二丈或三丈，圍四丈五尺，實以小石、土牛，既滿，繫以竹纜。其兩旁並埽，密下大樁。就以竹絡上大竹腰索繫於樁上。東西兩埽及其中竹絡之上，以草土等物爲埽臺，約長五十步或百步。再下埽，即以竹索或麻索長八百尺或五百尺者一二，雜厠其餘管心索之間，候埽入水之後，其餘管心索如前薶掛。隨以管心長索，遠置五七十步之外，或鐵猫，或大樁，曳而繫之，通管束累日所下之埽。再以草土等物通修成隄。又以龍尾大埽密掛於護隄大樁，分析水勢。其隄長二百七十步，北廣四十二步，中廣五十五步，南廣四十二步，自顛至趾通高三丈八尺。

其截河大隄，高廣不等，長十有九里百七十七步。其在黄陵北岸者，長十里四十一步。築岸上土隄，西北起東西故隄，東南至河口，長七里九十七步，顛廣六步，趾倍之而强二步，高丈有五尺，接修入水。施土牛、稍草、雜土多寡厚薄，隨宜修疊，及下竹絡、安大樁，繫龍尾埽，如前兩隄法。唯修疊埽臺，增用白闌、小石，並埽上及前洊修埽隄一，長百餘步，直抵龍口。稍北，欄頭三埽並行，埽大隄廣與剌水二隄不同，通前列四埽，間以竹絡，成一大隄，長二百八十步，北廣百一十步，其顛至水面高丈有五尺，水面至

[一] 互　原本作『五』，《元史河渠志》作『互』，『五』當係『互』之誤，『互』既古『絙』字，今改。

澤，腹高二丈五尺，通高三丈五尺。中流廣八十步，其顛至水面高丈有五尺，水面至澤腹高五丈五尺，通高七丈。並創築縷水横隄一，東起北截河大隄，西抵西刺水大隄。又一隄東起中刺水大隄，西抵西刺水大隄，通長二里四十步，亦顛廣四步，趾三之，高丈有五尺。修黄陵南岸，長九里百六十步，内創岸土隄，東北起新補白茅故隄，西南至舊河口，高廣不等，長八里二百五十步。

乃入水作石船大隄，盖由是秋八月二十九日乙巳道故河流。先所修北岸，西由刺水及截河三堤猶短，約水尚少，力未足恃。決河勢大，南北廣四百餘步，中流深三丈餘，益以秋漲，水多故河十之八。兩河争流，近故河口，水刷岸北行，洄漩湍激，難以下埽。且埽行或遲，恐水盡湧入決河，因淤故河，前功遂隳。魯乃精思障水入故河之方。以九月七日癸丑逆流排大船二十七艘，前後連以大桅或長椿，用大麻索、竹絙絞縛，綴爲方舟。又用大麻索、竹絙周船身[一]，繳繞上下，令牢不可破。乃以鐵猫於上流[二]硾之水中。又以竹絙絶長七八百尺者，繫兩岸大橛上，每絙或硾二舟或三舟，使不得下。船腹略鋪散草，滿貯小石，以合子板釘合之，復以埽密布合子板上，或二重或三重，以大麻索縛之急，復縛横木三道於頭桅，皆以索維之。用竹編笆夾以草石，立之桅前，約長丈餘，名曰水簾桅，復以木楮拄，使簾不偃仆。然後選水工便捷者，每船各二人，執斧鑿，立船首尾。岸上槌鼓爲號，鼓鳴，一時齊鑿，須臾舟穴，水入舟沉，遏決河。水怒溢，故河水暴增，即重樹水簾，令後復布小埽、土牛、白闌、長梢，雜以草土等物，隨宜增垜以繼之。石船下詣實地，出水基趾漸高，復卷大埽以壓之。前船勢略定，尋用前法，沉餘船[三]以竟後功。昏曉百刻，役夫分番，其勞無少間斷。船隄之後，草埽三道並舉，中置竹絡盛石，並埽置椿，用纜[四]，四埽及絡，一如修北截水隄之法。第以中流，水深數丈，用物之多，施工之大，數倍他隄。

船隄距北岸纔四五十步，勢迫東，河流峻若自天降，深淺叵測。於是，先卷下大埽約高二丈者或四或五，始出水面，修至河口一二十步，用功尤艱。薄龍口，喧豗猛疾，勢撼埽基，陷裂欹傾，俄遠故所。觀者股弁。衆議騰沸，以爲難合。然勢不容已。魯神色不動，機解捷出，進官吏工徒十餘萬人，日加奬諭，辭旨懇至，衆皆感激赴工。十一月十一日丁巳龍口遂

[一] 周船身　原本作『用船身』，據邵遠平《元史類編》改。
[二] 上流　原本作『二流』，據《元史・河渠志》改。
[三] 沉餘船　原本作『無餘船』，據《元史・河渠志》改。
[四] 用纜　《元史・河渠志》作『繫纜』。

合，決河絶流，故道復通。又於隄前通捲攔頭埽各一道，多者或三或四。前埽出水，管心大埽繫前埽，硾後攔頭埽之後，後埽管心大索亦繫小埽，硾前攔頭埽之前，後先羈縻，以錮其勢。又於所交索上及兩埽之間，壓以小石、白闌、土牛相伴〔一〕，厚薄多寡相勢措置。

埽隄之後，自南岸復修一隄，抵已閉之龍口，長二百七十步。船隄四道成隄，用農家塌圃之具，曰輣軸者，穴石立木如比櫛，薶前埽之旁。每一步置一輣軸，以橫木貫其後。又穴石以徑二寸餘麻索貫之，繫橫木上，密掛龍尾大埽，使夏秋潦水，冬春凌薄不得肆力於岸。此隄接北岸截河大隄，長二百七十步，南廣百二十步，顛至水面高丈有七尺，水面至澤腹高四丈二尺；中流廣八十步，顛至水面高丈有五尺，水面至澤腹高五丈五尺，通高七丈。

仍治南岸護隄埽一道，通長百三十步。南岸護岸馬頭埽三道，通長九十五步。修築北岸隄防，高廣不等，通長二百五十四里七十一步。

白茅河口至板城補築舊隄，長二十五里二百八十五步。曹州板城至英賢村等處高廣不等，長一百三十三里二百步。稍岡至碭山縣增倍舊隄，長八十五里二十步。歸德府哈只口合至徐州路三百餘里〔二〕，修築缺口一百七處，高廣不等，積修計三里二百五十六步。亦思剌店縷水月隄，高廣不等，長六里三十步。

其用物之凡：椿木大者二萬七千；榆柳雜稍六十六萬六千，帶稍連根株者三千六百；藁秸、蒲葦、雜草以束計者七百三十三萬五千有奇；竹竿六十二萬五千，葦蓆十有七萬二千；小石二千艘；繩索小大不等五萬七千；所沉大船百有二十，鐵纜三十有二，鐵猫三百三十有四；竹篾以斤計者千有五萬；硾石三千塊，鐵鑽萬四千二百有奇；大釘三萬三千二百三十有二。其餘若木龍、蠶椽木、麥稭、扶椿鐵叉、鐵吊枝、麻搭、火鈎、汲水、貯水等具皆有成數。官吏俸給，軍民衣糧工錢，醫藥、祭祀、賑恤、驛置馬乘及運竹、木、沉船、渡船、下椿等工，鐵、石、竹、木、繩索等匠傭貲，兼以和買民地爲河，併應用雜物等價，通計中統鈔百八十四萬五千六百三十六錠有奇。

魯嘗有言：『水工之功，視土工之功爲難；中流之功，視河濱之功爲難；決河口，視中流又難；北岸之功，視南岸爲難。用物之效，草雖至柔，能狎

〔一〕壓以小石白闌土牛相伴　《元史·河渠志》作『壓以小石、白闌、土牛，草土相伴』。

〔二〕合至　『合』字原本漫漶，據《北河續紀》卷六、《學海類編》引是文補。

水。水潰之生泥，泥與草併力，重如碇。然維持夾輔纜索之功實多。』蓋由魯習知河事，故其功之所就如此。

玄之言曰：『是役也，朝廷不惜重費，不吝高爵，爲民辟害。脱脱能體上意，不憚焦勞，不恤浮議，爲國拯民。魯能竭其心思智計之巧，乘其精神膽氣之壯，不惜劬瘁，不畏譏評，以報君相知人之明。宜悉書之，使職史氏者有所考證也。』

新建耐牢坡石閘記

劉大昕

大明受命皇帝即位之元年，詔遣大將軍信國公、鄂國公，總率羽林諸衛師旅億萬，戰艦百千，定山東，平幽冀。兵不血刃而梁晉、關、陝大小郡邑悉皆附順。分兵戍以守扼塞，濬河渠〔一〕以逸漕度。舳艫千里，魚貫蟬聯，貢賦供需，有程無阻。後以黄河變易，濟寧之南陽西暨周村涯淤窒壅，數壞舟楫。乃遵師莊、石佛諸閘，北泝汶濟，以達燕、冀，西循曹、鄆，以抵梁晉。濟寧州城西二十里許耐牢坡口者，實西北分路之會，坡有隄，綿數十里，以防河決。於是時遂開通焉。倘失啟閉，水勢散泄，漕度愆期，深爲職守憂。

洪武二年，申請於山東行省，注官分任其事，南疏北導，靡所寧處。冬十一月，省檄下委大昕，相宜置閘，以爲歲久計。十二月朔，同寅知府余芳，通判胡處謙集議，率任城簿周允暨提領郭祥至於河上。視其舊口，則土崩流悍，不可即功；行視口之北幾一里許，平衍水匯，可立基焉。乃伐石轉木，度工改作。時冰凍，暫止。三年二月二日集衆材，合役丁，夷土隄，平水降八尺以爲基。樹以棗栗，密如星布，實以瓦甓，迥若砥平，然後鋪張木枋，敷嵌石板，爰琢爰甃，犬牙相入。復固以灰膠，關以鐵錠，磨礱剷削，混然天成。閘門東西廣十六尺有五寸，崇十尺一寸，西北比東西廣加二尺焉。閘之北，東向有墉，縱二十二尺；西向墉縱一十五尺有奇，閘之南稱是。翼如也，所以捍水之洄洑衝薄也。兩門之中鑿渠五寸，下貫萬年枋，以立懸板。復於閘之南北，決去壅土，以殺悍湍，且濟舟以轉折入閘。自茲啟閉有常，舟行如素。

三月二十日告成訖功，計興工至休役，凡五十日。以工計：石工二十九人，木工四人，金工二人，徒四百五十人。以材計：木一千三百有三，枋五十，甓大小七百八十有四，鐵錠一百，每錠斤重六斤四兩，鐵斤重二百五十五，木炭斤重一千五百四十二，石灰斤重六千三百四十四。工之食粟八石零七升。若鐵、粟則取於官，餘悉因沂、兖二州，任城、滕、鄆諸縣土地所有，規措給用，雖少勞於民，而民樂於趨事；不費於官，而官亦易以成功，此大

〔一〕渠　原本作『梁』，據《山東全河備考》引文改。

較也。大昕雖董是役，而主簿周允晨夕陳力，勤敏不怠，其功其勞不可盖也。遂具載本末於石，以垂永久焉。

勑修河道工完之碑

徐有貞

惟景泰紀元之四年冬十月十有一日，天子以河決沙灣又弗克治，集左右丞弼暨百執事之臣於文淵閣，議舉可以治水者，僉以有貞應詔。乃錫璽書，命之行。天子若曰：『咨爾有貞，惟河決於今七年，東方之民厄于昏墊，勞于堙築，靡有寧居。既屢遣治而弗即功，轉漕道阻，國計是虞，朕甚憂之。兹以命爾，爾其往治，欽哉。』

臣有貞祇承惟謹，既至。乃奉揚明命，戒吏飭工，撫用士衆，咨詢群策，率興厥事。已乃周爰巡行，自北東徂南西，踰濟、汶，沿衛及沁，循大河，道濮、范以還。既究厥源流，因度地行水。乃上陳於天子曰：『臣聞凡平水土，其要在知天時、地利、人事而已。天時既經，地利既緯，而人事於是乎盡。且夫水之爲性可順焉以導，不可逆焉以堙。禹之行水，行所無事，用此道也。今或反是㈠，治所以難。盖河自雍而豫，出險固而之夷斥，其水之勢既肆；又由豫而兖，土益疏，水益肆；而沙灣之東，所謂大洪之口者，適㈡當其衝。於是決焉，而奪濟、汶入海之路以去，諸水從之而洩，隄以潰，渠以淤，澇則溢，旱則涸，此漕途所爲阻者歟？然欲驟而堙焉，則不可，故潰者益潰，淤者益淤，而莫之捄也。今欲捄之，請先疏其水。水勢平，乃治其決；決止，乃濬其淤。因爲之方，以時節宣，俾無溢涸之患。必如是，而後有成。』制曰：『可』。

臣有貞乃經營焉。作治水之閘，疏水之渠。渠起張秋金隄之首，西南行九里而至于濮陽之濼，又九里而至于博陵之陂，又六里而至于壽張之沙河，又八里而至于東西影塘，又十有五里而至于白嶺之灣，又三里而至于李崋之涯，由李崋而上，又二十里而至于竹口蓮花之池；又三十里而至于大豬之潭。乃踰范暨濮又上而西，凡數百里，經澶淵以接河沁。河沁之水過則害㈢，微則利，故遏其過而導其微，用平水勢。既成，名其渠曰廣濟，閘曰通源。渠有分合而閘有上下，凡河流之旁出而不順者，則堰之。堰有九，長袤皆至丈萬，九堰既設，其水遂不東衝沙灣，乃更北出，以濟漕渠之涸。

阿西、鄄東、曹南、鄆北之區㈣出沮洳而資灌溉者，爲頃百數十萬，行旅既便，居民既安。有貞知事可集，乃參綜古法，擇其善而爲之加神用焉。爰作大堰，其上楗以水

㈠今或反是　原本作『今或及是』，據《明文衡》卷六七是文改。
㈡適　原本作『通』，據《北河續紀》卷六引是文改。
㈢水過則害　原本作『水道則害』，據《明文衡》卷六、《北河續紀》卷六改。
㈣區　原本漫漶，據《明經世文編》引《徐武功集》補；《北河續紀》卷六引是文作『地』。

門，其下繚以虹隄。堰之崇三十有六尺，其厚什之，長伯之。門之廣三十有六丈，厚倍之。隄之厚如門，崇如堰而長倍之。架濤截流，柵木絡竹，實以石而鍵之鐵，蓋合土木火金而一之，用平水性。

既乃導汶泗之源而出諸山，匯澶濮之流而納諸澤。遂濬漕渠，由沙灣而北至于臨清，凡二百四十里；南至于濟寧，凡二百一十里。復作放水之閘於東昌之龍灣、魏灣凡八，爲水之度。其盈過丈則放而洩之，皆通古河，以入于海。上制其源，下放其流，既有所節，且有所宣，用平水道。由是，水害以除，水利以興。

初議者多難其事，至欲棄渠弗治，而由河沁及海以漕。然卒不可行也。時又有發京軍疏河之議。有貞因奏：『蠲瀕河州縣之民馬牧庸役，而專事河防，以省軍費，紓民力。』天子從之。

是役也，凡用人工聚而間役者四萬五千有奇，分而常役者萬三千有奇。用木大小之材九萬六千有奇；用竹以竿計，倍木之數；用鐵爲斤，十有二萬；鍵三千；絙百八；釜二千八百有奇；用麻百萬，荊倍之，藁秸又倍之；而用石若土，則不計其算。然其用糧於官，以石計，僅五萬而止焉。蓋自始告祭興工，至于工畢，凡五百五十有五日。

於是，治水官佐工部主事臣詡、參議山東布政使司事臣雲鵬、僉山東按察司事臣蘭等咸以爲：『惟水之治，自古爲難，矧茲地當兩京之中，天下之轉輸貢賦所由以達，使終弗治，其爲患孰大焉。夫白之渠以溉不以漕，鄭之渠以漕不以貢，而工皆累年，費皆鉅億。若漢武之瓠子〔一〕，不以溉，不以漕，又不以貢而役，久弗成，兵民俱敝，至躬勞萬乘，投璧馬，籲神祇而後已。以彼視此，孰重？孰輕？孰難？孰易？乃今役不再期，費不重科，以溉焉，以漕焉，以貢焉，無弗便者。是以軍國之計，生民之資大矣，厚矣。其可以無紀述於來世。』臣有貞曰：『凡此成功，實惟我聖天子之致，所以俾臣之克效，不奪浮議，非天子之至明，孰恃焉？所以俾民之克寧，不重苦役，非天子之至仁，孰賴焉？』

有貞之於臣職，其惟弗稱是懼，矧敢貪天之功。惟夫至明、至仁之德不可以弗紀也。有貞嘗備員翰林，國史身親承之，不可以嫌故自輟。乃拜手稽首而爲之。文曰：

皇奠九有，歷年維久，延天之祐。既豫而豐，有蔀以蒙，見沫日中。陽九百六，數丁厥鞫，龍蛇起陸。水失其行，河決東平，漕渠以傾。否泰相乘，運維中興，殷憂乃凝。天子曰：『吁，是任在予，予可弗圖？圖之孔亟，歲行七易，曾非底績。王會在茲，國賦在茲，民便在茲。孰其幹濟，其爲予治？去害而

〔一〕漢武之瓠子 『漢』原本脱，據《北河續紀》卷六補。

利。惟汝有貞，勉爲朕行，便宜是經。』臣拜受命，朝嚴夕儆，將事惟敬。載驅載馳，載詢載謀，載度以爲。乃分厥勢，乃隄厥潰，乃疏厥滯。分者既順，隄者既定，疏者既濬。乃作水門，鍵制其根，河防永存。有埽如龍，有堰如虹，護之重重。水性斯從，水利斯通，水道斯同。以漕以貢，以莫不用，邦計維重。惟天子明，浮議弗行，功是用成。惟天子仁，加惠東民，民是用寧。臣拜稽首，天子萬壽，仁明是懋。爰紀厥實，勒茲貞石，昭示無極。

治水功成題名記

徐有貞

有貞之治水于山東，而作沙灣等處河防也，承命于景泰癸酉之冬，經始于甲戌之春，收功於乙亥之夏，而告成于其秋。

上詔見奉天門，嘉勞焉，因命之居京管臺事。丙子春，有貞請勑載至。乃擴前功，益爲大水之備。時方暵乾，衆莫喻其意，頗以爲過防。及秋，而大水洊至，泗、汶、淇、衛、河、沁一時俱溢，環東兖之間，若海之浸者三月逮冬始平。運河南北餘千里故隄高岸之缺而不完者，無慮百數十所，而沙灣之正隄、大堰獨巋然而存，嶷然而安。其旁近之城郭、田疇皆恃焉，而免墊没之患。以水之來，有所扞；水之去，有所洩也。

於是，東兖之軍民、耆老合辭以請：

今茲之水，蓋洪武以來所未嘗有，而大耋之人所未嘗有見也。非隄與堰爲之保障，非閘與渠爲之排解，吾田吾産，其池潰矣；吾耋吾倪，其魚鼈矣。彼四方之舟楫往來而到于斯者，乃亦有曰：『昔也，沙灣如地之獄；今也，沙灣如天之堂』之語，而況吾斯土之軍民乎哉。然而吾儕小人竊伏計焉，惟水之變不測，如今茲之溢，以龍灣六閘洩之，而猶未盡也。以故感應祠之軼隄，又煩公爲之捄築焉。微公在是，其不又將延患累年乎？願及公規畫而益爲之防，吾軍吾民幸甚。

有貞曰：『唯唯。』月中既築感應祠之軼，而作偃月之隄，鼈甲之堰，比沙灣水門大堰差小，而埽法略等。復行度東昌龍灣六閘之上，官窯之口置閘一，穿新渠而屬之篤馬；東平、戴廟之津置閘一，疏古河而屬之大清。並前六閘爲八，而皆注之海焉。乃探禹遺之秘，本星〔一〕土經緯之理，鑄玄金而作法象之器，建之隄表，大河、感應二祠之中，以爲悠久之鎮。蓋盡人事，符天造，制物宜，辟神奸，其道並行也。既訖工，有貞將歸，奏於朝，而從事諸賢亦合辭以請，曰：『治水之功，其既成矣；經久之效，其亦著矣。惟古人作事而有成也，必題其名，願以儀之。』有

〔一〕星　原本作『呈』，據《北河續紀》載是文改。

貞乃言曰：於乎，是惟吾君之德與諸大夫士之力耳，有貞其何敢當此。且夫治水，固聖人事也，次則賢者能之，如有貞又何足以與此。雖然，有貞聞之，士以天下爲心，則天下事皆吾分内事也。矧吾徒食君之禄，受君之命，而幹君之事哉。臣幹君事，視子幹父事，而加重，吾徒而弗盡其心。烏乎，可？大禹聖者也，而於治水必胼手而胝足，吾徒而弗盡其力。烏乎可？夫水之大，而爲中國患者莫如河。自禹而下，世之治河者非一，然可法者少，而可戒者多也。其不能成事者不必道，就其成事者而論之，如戰國之白圭，漢之王延世、王景，元之賈魯是已。圭之治河無所考見，然觀其以鄰國爲壑，則悖甚矣。延世之治河無所節宣，而徒亟塞其決，雖以此取侯封，而不足善也。至如魯之治河，見於歐陽玄之記者，亦皆塞之之具，初無得乎行水之法。矧其當世季民窮之時，而興十七萬衆之役，又無撫安之策[一]，卒爲元召亂，是又可以爲戒者。惟景之塢流分之，頗得古法，而孝明之治，有惠於民，故能保其成功，而終漢世無河患。方之於彼，其特善乎。有貞雖不敏也，乃所願則上法大禹，下取仲章[二]而爲之不敢不盡其心力。洪惟聖明，聽納臣言，而大賚瀕河之民，與之休息。此吾與二三子之幸以有成功也，是不可不知。

皆應曰：『然』。遂題諸從事於斯，大夫士之名于石而記之，將俾後世之當治河之任者知所法戒云爾。是行也，前後歷三載焉。凡作正隄一，副隄二，護隄四，水門、大堰一，小堰一，蓄水之堰三，截水之堰九，導水之渠二，分水之渠二，洩水之渠五，制水之閘二，放水之閘八。若其修作功用、次序本末之詳[三]，則具載前碑，兹不重出。

重濬會通河記　趙元進

爰自上古，聖人刳木爲舟，剡木爲楫，以濟不通，以利天下，後世遵之，無不得其利焉。識水利者能幾人哉？至元二十六年，前政開挑會通河道，南自乎徐，中由於濟，北抵臨清，遠及千里。各處修置閘壩，積水行舟，漕運諸貨，官站民船，偕得通濟，乃天下之利也。北河殊無上源，必須疏瀹、汶水來注于洸，決引泗源，西逾于兖，南入于濟，達于任城，合新河而流。邇者經值山水泛漲，上自堽城閘口，下至石刺之磧，蔓延一十八里。淤填河身，反高於汶，是以水來淺澁，幾不能接於漕運。

[一] 撫安之策　原本作『撫用之策』，據《北河續紀》卷六改。
[二] 仲章　《後漢書》王景字仲章，『仲章』或係『仲通』之誤。
[三] 本末之詳　原本作『本禾』，據《北河續紀》卷六改。

至元五年冬十月，都水監丞宋公韓伯顏不花〔一〕，字國英，河間阜城縣人，由中書省譯椽擢陞斯職。公奉命馳驛，分治會通河道，巡行間，覩其河水淺小，公曰：『蓋因上源壅塞之病也。』遂差壕寨梁仲祥詣彼，度其里步，計其人工。時方冰沍地凍，難便力爲。越明年春二月，選差壕寨岳聚監董本監並汶上、奉符等縣人夫七千餘名，備糗糧，具畚鍤，挑洗各處河身之淺。公乃親督其役，朝夕無怠，不怒一人而事亦辦。所謂悦以使民，民忘其勞。五旬而工畢。觀其汶、泗、洸、濟之水，源源而來，湊乎會通，滔滔焉，浩浩焉。舟無淺澁之患。

公又見濟州、會源石閘二座，中央天井廣袤里餘，停泊舟航，相次上下，內常儲水滿溢，方許放灌出牐〔二〕。近年，漸以淤澱，澮水甚少。今復掏已深濬，水常瀲灩以寬櫳艤。

夏四月間，公又率領令史奏差巡視。會源閘北元有濟河舊跡，河身填平，水已絶流。再委壕寨岳聚領夫千名，挑去泥沙，衍三百餘步，廣二丈五尺，東連米市，西接草橋，水勢分流，舟航往來無礙。百姓大悦，咸稱其便。吁上以彰監官使民之義，下以知壕寨董工之勤，實無愧於前政。濟之官僚、士庶何以報公之功？頌公之德？將紀其歲月，勒之堅珉，以示永久。

俾會源閘提領曹郁、提領郎忠信，奏差姜信持狀請爲記。予應之曰：『可。』且夫有功於世者，史必載之；有德於民者，人必懷之。公之功德已及於民，民必懷之。予乃採摭其實而書之，用規于後政者，不亦可乎？

濬洸河記

李惟明

洸河閱祀久，漸堙平，汶沙，底平相較反崇汶三尺許，山水漲後，其流涓涓，幾不接會通。汶歲築沙堰堨水如洸，堰尋決而洸自若，所在淺澀，漕事不遄。

至元四年戊寅，秋七月，漲潰東閘，閘司並上之。分監遣壕寨李讓相度，截斗際雪山麓石刺，餘十有八里，堙淤爲尤。揆日較工，知監力濬不易，因言分監倩有司贊翼，功庶可就。監丞馬兀承德爲覆實備關內監，稟中書，允發泰安之奉符、東平之汶上二縣夫六千餘開濬。五年春，創閘未遑。冬，監丞宋公伯顏、不花、文林分治會通，役先上源，乃掄壕寨官岳聚統監夫千，合二縣，權輿於六年仲春望日。底闊五步，上倍之；深五尺，濬如式。公以令史周守信、奏差不花驛來莅之，而聚也勤敏厥職。監守者不迫，趨事者不緩，居者不擾，役者不勞。未閱月工畢，而深固堅完，水濟會通，漕運無虞。原其事在公德政，寬猛相濟，號令明信，委得其人也。

〔一〕宋公韓伯顏不花　《山東全河備考》『韓』作『諱』，《濬洸河記》曰此人名宋伯顏不花，則作『諱』爲是，或『韓』係『諱』之誤。

〔二〕出牐　『出』字漫漶，據膠卷本補。

汶上尹王侯居敬欲爲國家勸功紀石，以彰不朽。詢於同知泰安州事余承德，奉符尹鄭承務，本路委官平陰尹馬從仕僉謀恊同。侯狀其實，徵文以記。

余忝部民，義弗獲辭，竊謂樹功於國者，其名必彰；録人之善者，其政必良。此我元馬、畢、邊播芳於無窮。漢、龔、黄、唐、崔、狄，流風於萬世也。今公莅政得人，不疾以速；工役，爲國不勞，而成其勛績丕茂。固馬、畢、邊三賢之並駕矣，而王、余、鄭、馬連茹爲之立石頌功，其與人爲善，豈讓於漢唐名流也哉。孟子曰：『舜何人也，予何人也，有爲者亦若是。』此之謂也。公本河西氏，字國英，家河間阜城，由都省譯椽選任是職。岳君字誠甫，衛輝新鄉人，洞儒燭吏，尤邃於數，監以是選。王侯，字行簡，燕山人，累代名儒，系出隋文中子之後。洸之本末，詳見前碑。

論者尤謂堰壅沙，以致湮洸河，是得其一，未知其二也。近年泰山徂徠等處，故所謂山坡雜木怪草盤根之固土者，今皆墾爲熟地。由霖雨時降，山水漲逸，衝突沙土，萃貫汶河，年復若是，以致汶沙其浩浩若彼，而洸因以淤澱也。設無堽城堰，洸自爾，奚獨尤彼也。閘司不知虞此，直以水之盈縮，民之利害爲節而開閉之，非知所先務矣。要之，洸河既濬，宜令閘司嚴飾閘板，謹杜閘口，絶塞沙源，勿令流沙上漫入洸，復撤堰石放沙底流。又閘口漲落，扒去淤沙，不使少停，閘水益深，俾洸常受清水，以輸注南北。役閘似繁，濬洸實簡，此源潔流清而永益也。不然以歲益無窮之汶沙，注新濬有限之洸河，數年之中，余恐淤澱有甚於今日矣。梗漕勤民，後將有不勝其淘濬之患。謹記。

重修洸河之記

洸河乃今汶水支流也，名不載於傳記，或因舊而加以新名，尤不可知。其源則出於泰山郡萊蕪縣原山之陽，折而之南達於會通，漕運南北，其利無窮。會通之源，洸也；洸之源，汶也。時霖雨作，泰岱萬壑溝瀆之間合注而之汶，洪濤洶湧，泥沙溷奔，徑入於洸。此洸所以淤填也。

至元六年，監丞宋公濬自牐口至石刺，事鐫於珉。然洸之源雖通，而其流猶梗。公謂：『不疏其流，源將安之？又恐前功徒費，後患復萌，使會通之津從而涸也。』詢及其佐，得壕寨岳聚所度自石刺至高吴橋南王家道口淺澁者，延袤五十六里百八十步，呈準中書，符下東平、濟寧兼贊厥役。公以令史王允、壕寨朱良義、奏差賽因普化馳驛來督帥本監及二路夫，以口計者，萬有二千。濬自至正二年二月十八日，落成於三月十四日。按良義以舉武計者，二萬三百四十有奇；以尺爲工計者，四十萬七百數。良義字仁可，燕山人，兼明儒吏，數且優閑。監丞開其源於濟，少監淪其流於後，逝波滔滔，永濟會通之流，使漕事無虞，非公之忠誠爲國遠慮與屬吏有司之竭心，又孰能興此事，立是功耶？今以爲國勞民，實生道存焉，吾知公之慮，將必建千百載遠大之勳，故漸能本於此耶？同知東平路事伯顏察兒奉議，濟寧路判官商承德，兗州判官王承事，寧陽縣達魯花赤兀難歹，汶上縣主簿登仕、佐郎饒裕咸董厥役。

已乃僉議曰：『少監公之功，宜勒石以昭悠久。』乃請文於予，義弗獲辭，遂援筆而紀其歲月。公西京人，畏吾氏，名口只兒，字彦文，始由提點壽武，參書奎章，參贊經筵，檢校藝文靡非遴選。至正辛巳陞都水少監，是年秋，仍分監東平。至則廣積儲蓄，修公廨，濬洸塞，水之利病靡不畢舉，其才略過人遠矣。是爲記。

改作東大閘記

泗別於滋陽，兗道之；　汶支於奉符之堽城，洸引之。西南會於任城，會通河受之。昔汶不通洸，國初，歲丁巳濟倅奉符畢輔國請於嚴東平，始於汶水之陰，堽城之左作一斗門，堨汶水入洸，至任城益泗漕，以餉宿、蘄戍邊之衆，且以溉濟兗間田。汶由是有南入泗淮之派。至元二十年，朝議以轉漕弗便，乃自任城開河，分汶水西北流，至須城之安民山，以入清濟故瀆。通江淮漕，至東阿。由東阿陸轉僅二百里抵臨清，下漳、御輸京師。二十六年，又自安民山穿渠，北至臨清，引汶絶濟，直屬漳御。由是，江淮之漕浮汶泗，徑達臨清，而商旅懋遷，游宦往來，暨閩、粵、交、廣，邛、僰、川蜀，航海諸番，凡貢篚之入，莫不由是而達，因錫河名，曰『會通』。於是，汶之利被南北矣。

始輔國直堽城西北隅，作石斗門一，後都水少監馬之貞又於其東作雙虹懸門。閘虹相連屬，分受汶水。既又以虹石易圮，乃改其西虹爲今閘制，通謂之東閘；謂輔國所作斗門爲西閘。西閘後改作，址高水不能入，獨東閘受水。汶水盈縮不常，歲常以秋分役丁夫採薪積沙，於二閘左絶汶作堰，約汶水三之二入洸，至春全堨餘波以入。霖潦時至，慮其衝突，則堅閉二閘，不聽其入。水至，徑壞堰而西循故道入海。故汶之堰歲修。延祐五年，改作石堰，五月堰成，六月爲水所壞。水退，亂石齟齬壅沙，河底增高。自是，水歲溢爲害。至元四年秋七月，大水潰東閘，突入洸河，兩河罹其害，而洸亦爲沙所塞，非復舊河矣。

初，之貞爲沙堰也，有言作石堰可歲省勞民。之貞曰：『漢曹參作興原〔一〕山河石堋，常爲漲水所壞，時復修之。汶，魯之大川，底沙深闊，若修石堰，須高水平五尺，方可行水。沙漲淤平與無堰同。河底填高，必溢爲害。況〔二〕河上廣石，材不勝用，縱竭力作成，漲濤懸注，傾敗可待。晉杜預作沙堰於宛陽，堨白水溉田，闕則補之。雖屢

〔一〕興原　即漢中興元，明代人多改『元』爲『原』。
〔二〕況　原本漫漶，據膠卷本補。

勞民，終無水害。固知川之不可塞也』。且曰：『後人勿聽浮議，妄興石堰，終困其民，壅遏漲水，大爲民害。』重修堽城閘，因自作記，勒其言于石。至是，果如其言。若合符契。閘壞岸崩，碑沉於水，爲土石所壓。

是年九月，都水監馬兀公來治會通河，行視至堽城，謂衆曰：『堽城，洸、汶之交，會通之喉襟，閘壞河塞，上源要害，役有先於此者乎？』於是，用前監丞沈温公闢爲一大閘之議，命壕寨官梁仲祥、李讓計徒庸，度材用，量事期，以狀上中書，即從其請。明年二月，命工入山取石煅灰，以壕寨官王守公董之；市物於有司，以奏差千家奴莅之。謀將以五月經始。衆議以兹役實大，非朝夕可成；暑雨方行，必妨吾事，盍以今歲備物，來春集事？公曰：『霖雨天道，豈可預必，安能優游度日，坐待來年，以己事委後人乎？但努力爲之，成否一定於天，吾意決矣。』

乃親爲經營揆度，盡圖指示，命守公令役於衆。以舊址弊於屢作，改卜地於其東。掘地及泉，降汶河底四尺，順水性也。袤其南北，爲尺百，廣其東西，爲尺八十；下於平地，爲尺二十有二，土木之工，又入其下八尺。上爲石基以承閘，閘之崇於地平。自基以上，縮掘地之深一尺；兩壁直南北爲身，皆長五十尺；其南張兩翼爲鴈翅，皆長四十五尺；其北矩折以東西，各附於其旁，亦長四十五尺，不爲兩翼。斂其前，隘漲水也。前盡基，肩岸受水，欲其前也。後遜基八之一，疊石爲岸承之。出基之南[一]五尺，長爲尺二十有五。五分基之廣，闢其中之一爲明，入明三分深之一，爲金口，廣尺，深咫。板十有三方，盈金口之廣，長亘明入金口，兩端各盡其深。上下以啟閉者十二，其一不動爲閾。其大石爲兩臬，夾制其前卻。

始議參用新舊石。舊石皆薄小而新石少。公以爲石之長短厚薄，用各有宜。苟枉其材，則石不盡用。因爲度材所堪，差別其用，無尺寸之枉，新遂以贏，又皆大石。自基至顛，凡十一疊，舊一不用焉。石相疊比，則以鐵沙磨其際，必脗合無間而後已。故其締構之工，釦砌之密，衆謂會通諸閘所未有。凡用石大小以段計，二千六十有奇，自方以尺計三萬三千六百五十，甓以萬計一十有六，石灰以斤計四十六萬三千，瓦礫以担計二萬四千，木大小以株計一萬三百一十，鐵剛柔以斤計三萬九百一十五，麻、炭諸物稱是。糜錢二萬七千餘緡，役徒千人，木石之工二百八十人。始事於五月七日，畢役於九月十日。

始又議濬洸河，自堽城閘南下一十八里有奇，塞尤甚，濬皆深五尺，闊十，其深又倍之。既得請，以非時，須後先閘役焉，從宜也。又若撤壞堰之石，以下汶河漲沙；疏附洸諸濼，以濟汶水不及；濬洸至任城，皆滌源急務，盡議已竟而未他遑者。

[一] 之南　原本漫漶，據膠卷本補。

閘既成，衆合辭請公，願識其事於石，屬筆於予。辭曰：『汶爲魯地，自古多儒，環是而列壤者，皆名郡鉅州，實衣冠英俊之淵藪，而顧予是屬。』公曰：『今兹之役，吾勉吾職而已，非有豐功茂績可以揄揚，耀人耳目。欲以枉大手筆之特書，借重名以溢美，恐魯士大夫以是覰予也，況子[一]實目擊其事乎？姑爲我識其實，毋庸拒。』予因復之曰：『汶古名川，昔畢公、馬公用之，則爲轉漕之益，爲溉灌之利。後人用之，則有横潰之憂，有墊溺之患。水性非異今昔，蓋用之善不善也。馬公既善用之，又碑其言以示來者，其慮後也深矣。不有兹役，曷彰馬公之實，其言以驗。碑仆於水，而改作石堰之碑尚存，豈天惡馬公之言，有以先發其機耶？將使後人獨受其害而不蒙其利耶？惟是役也，雨暘時若，漕運無愆，天其或者悔惡於人，俾意馬公之言乎？』既不獲辭，遂爲敍導汶始末，會通源委，以見堽城閘水利喉襟，且表出馬公之言以爲鑒。又因以識興造年月。修閘之制度，用物之會計附焉。公字仲彬，唐古氏，父孛羅歹，字謙甫，雲南行省左丞，以老謝事家居，年八十猶奉朝請云。

重修濟州任城東牐題名記

俞時中

至元二十年，朝廷初以江淮水運不通，乃命前兵部尚書李奥魯赤等調丁夫，給庸糧，自濟州任城委曲開穿河渠，導洸、汶、泗水，由安民山至東阿三百餘里，以通轉漕。然地勢有高下，水流有緩急，故不能無艱阻之患。二十一年有司創爲石牐者八，各置守卒，春秋觀水之漲落，以時啟閉。雖歲或亢陽，而利足以濟舟楫。惟是任城閘東距師家莊袤六十里，土壤疏惡，霖潦灌注，承乏歲月，至是始壞。

時都水少監分都水監事石抹奉議適膺其任，聞之中書省，易而新之。陶土而甓，採石於山，其材用所須，不費於官，不取於民，率指授役夫爲之。不數月，厥功告成。仍即其地之西偏修飾廳事，以爲使者往來休憩之所。公退，因録其同事者職役姓氏俾刻諸石，以告後之來者。

重修濟寧州會源牐記

揭傒斯

皇帝元年夏六月，都水丞張侯改作濟州會源閘成。明年春二月，具功狀，遣其屬孟思敬至京師，請文勒石。

惟我元受命定鼎幽、薊，經國體民，綏和四海；辨方物，以定貢賦；穿河渠，以逸漕度。乃改任城縣爲濟州，以臨齊魯之交，據燕吴之衝。導汶泗以會其源，置閘以分其流。西北至安民山入於新河，逮[二]于臨清地降九十尺，爲牐十六，以達於漳；南至沽頭，地降百十有六尺，爲牐十，又南入於河；北至奉符爲牐一，以節汶水；東北至

[一] 況子　『子』原本作『予』，據文意改。

[二] 逮　原本作『逮』，據《北河紀》卷四改。

兖州爲牐一，以節泗水，而會源之牐制于其中。歲益久，政日弛，弊日滋，漕度用弗時，先皇帝以爲憂。

延祐六年冬，詔以侯分治東阿，始修復舊政，誕布新令，嚴暴横之禁，杜姦利之門。南疏北導，靡所寧處。明年冬，以及期請代，弗許。行視濟牐，峻怒狠悍，歲數壞舟楫，土崩石泐岌不可持。乃伐石區里之山，轉木淮海之濱，度工即功，大改作焉。

明年，皇帝建元至治，三月甲戌朔，侯朝至於河上，率徒相宜，導水東行，堨其上下，而竭其中，以儲衆材。撤故閘，夷坳泓，徙其南二十尺，降七尺，以爲基。其下植巨栗〔一〕如列星，貫以長松，實以白石。概視其地，無有所罅漏。衡五十尺，縱百六十尺。八分其縱，四爲門縱。遜其南之三，北之一，以敵水之奔突震蕩。五分其衡，二爲門容，折其三，以爲兩墉。四分其容，去其一，以爲門崇。廉其中，而翼其外，以附於防。三分門縱，門於北之二以爲門中，夾樹石鑿，以納懸板。五分門崇，去其一以爲鑿崇，翼之外更爲石防，以御水之洄洑、衡、薄。縱皆二百三十尺。爰琢爰甃，犬牙相入；苴以白蔴，固以石膠；磨礲劘礫，關以勁鐵；厓削砥平，混如天成；冠以飛梁，偃如卧虹。越六月十有三日乙卯訖功。大會群屬，宴於河上，以落之。工徒咸在，旄倪四集，酒舉樂作，揮鍤決堨，艤櫂啟綸，水平舟行，伐鼓歡呼。進退閒暇。其稱侯之功，頌侯之德者，雷動雲合，且拜曰：『惟聖天子繼志述事，不易任，以成厥功。惟億萬年享天之休。』

是役也，以工計：石工百六十人，木工十人，金工五人，土工五人，徒千四百二十人。以材計：木萬一百四十有一，石五千一百二十有八，其廣厚皆倍於舊；甓二億一千二百有五十；以斤計，鐵二萬五千五百，麻二千三百，石之灰三億三萬三百三十有四；以石計，粟千二百有五十，視他牐三之〔二〕，視故牐倍之。其出於縣官者，鐵若麻木十之七，石五之一，粟五之三，餘一以便宜調度，不以煩民，此其大較也。

初侯至之明年，凡河之隘者，闢之；壅者，滌之；決者，塞之。拔其藻荇，使舟無所礙；禁其芻牧，使防有所固。隆其防，而廣其址；修其石之岩阤穿漏者，築其壞之疏惡者；延袤贏七百里。防之外，增爲長隄，以閼暴漲，而河以安流。潛爲石竇，以納積潦，而瀕河三郡之田民皆得耕種。又募民採馬藺之實，種之新河兩涯，以錮其潰沙。北自臨清，南至彭城，東至於陪尾，絶者通之，鬱者澌之。爲杠九十有八，爲梁五十有八，而挽舟之道無不夷矣。

乃建分司及會源、石佛、師莊三牐之署，以嚴官守；

〔一〕栗　原本誤作『粟』，據《北河續紀》卷六改。

〔二〕三之　『三』原本作『二』，據《北河紀》卷四、《揭文安公全集》是文改。

樹河伯、龍君祠八，故都水少監馬之貞，兵部尚書李粵魯赤，中書斷事官忙速〔一〕祠三，以迎休報勞。凡河之所經，命藏水以待渴者，種樹以待休者；遇流殍，則男女異瘗之；餓者爲粥，以食之。死而藏，飢而活者，歲數千人。是以上知其患，下信其令，用克果於茲役也。侯亦勤且能矣。

然古者三載考績，三考黜陟幽明，故人才得以自見。方世祖皇帝時，天清地寧，群賢滿朝，少監馬公之徒得以陳力載勞。垂功無窮者，慮之遠，擇之審，任之專也。向使侯竟代去，雖懷極忠甚智，無能究於其職，是亦侯之遇也。惟茲閘，地最要，役最大，馬氏之後，侯之功爲最盛。故詳于是碑，以告後之人。侯名仲仁，河南人。辭曰：

昔在至元，惟忠武王。自南還歸，請開河渠，自魯涉齊，以達京師。河渠既成，四海率從，萬世是資。朝帆夕檣，垂四十年，孰慢而隳。翼翼張侯，受命仁宗。號令風馳，徵工發徒。既滌既疏，濟閘攸基。先鷄而興，既星而休，觸冒炎曦。疾者藥之，死者槥之，奚有渴饑〔二〕。拊循勞徠，信賞必罰，勿亟勿遲。十旬之間，遹績于成，智罔或遺。洋洋河流，中有行舟。若遵大逵，舳艫相銜。罔敢後先，亦罔敢稽。賢王才侯，自北而南，顧盼嗟咨，曰惟京師，爲天下本，本隆則固。惟帝世祖，既有南土，河渠是務。四方之共，于千萬里，如出跬步。聖繼明承，命官選材，惟侯之遇。昔者舟行，日不數里，今以百數。昔者舟行，歲不數萬，今以億慮。惟公乃明，惟勇乃成，惟廉則恕。汶泗之會，有截其牐，有菀其樹。功在國家，名在天下，永世是度。

〔一〕忙速　《元史·河渠志》作「忙速兒」。
〔二〕渴饑　原本作「饑渴」，與韻不協，據《北河紀》卷四、《揭文安公文集》是文改。

卷之六

碑記[一]

兗州重修金口閘記　劉德智

皇元膺天命撫方夏，極天地之覆載皆臣服唯謹。東南去京師萬里，粟米、絲枲、纖縞、貝錦、象犀、羽毛、金珠、琨簜之貢，視四方尤繁重。車輓陸運，民甚苦之。至元中穿會通河，引泗汶會漳，以達于幽。由是，天下利于轉輸。泗之源會雩於兗之東門。其東多大山，水潦暴至，漫爲民患。職水者訪其利，隄土以防其溢，束石以洩其流。其一洞歲久石壞[二]。水學者曰：『一洞不足以吞吐，今近北改作二洞，以開啟閉，時庶不害。』僉謀於義其可，乃上之大司農，升中書省以聞，天子可其議。命下之日，當延祐四年。都水太監闊開分治山東，寬勤恪恭，敏於事會。曹掾王元從理簿書，壕寨官李克温董工役，役長張聚、李林、路祥、宋贇、秦澤分任其事。夫匠一千九十，石二千五百，磚三萬，灰五萬，木六千四百[三]。鐵錠、鐵鈎、鐵環不敷，取諸官錢以買。兗州知州尋敬提調，州吏鹿杲經始於四年閏正月，成於三月。

工告訖功，大祠玄冥，釃酒割牲，燔燎瘞埋，吹擊笙鼓，風日清明，役徒謳歌，人神歡悅。乃相與請辭鑱諸石以紀其始終，遂以命德智。德智謝：『非其人，必篤古而達於詞者。位不尊，不足信於人；學不廣，不足瞻於文。焉敢犯此不韙？』太監公曰：『事貴乎實，詞從乎順。今世非無大官，雖有鮮麗華藻之文，苟不以實，則信於人也，亦鮮矣。』洪惟皇元起漠北，以深仁厚德奄有天下。公家世鼎鼐，參贊化育，今誠能實於己，而勤於官；忠於上，而信於下[四]；言不妄發，事不輕改。故民易信，而功易成。雖然，又豈水曹爲然，推此誠實以理天下，則被澤溥矣。辭不獲命，因書所聞以爲記。

兗州金口堰記　劉珝

天下無不可爲之事，顧無可爲之人。人非不欲爲也，未嘗有所期也。期於高則高，語泰華之顛可躋矣；期於

[一] 碑記　原本脱，據本書《目録》補。
[二] 歲久石壞　原本『久』作『又』，據《北河續紀》卷六改。
[三] 木六千四百　原本『千』作『十』，誤，據《北河續紀》卷六改。
[四] 自『信於下』至二六三頁第一〇行『喬公志』止五百四字原本缺，據膠卷本補。

遠則遠，語幽越之域可造矣。所期既定，則所期必如。乃若汎汎而居，悠悠而圖，紛紛而議則夫人皆是矣。欲其事之不僨，不可得也。此伊昔金口堰之廢，必抵于今而始成也。堰距兖城東五里許，以其障沂泗二水入金口閘，西達濟寧會通河，因號今名。考之後魏及隋元以來，皆嘗修築，以通漕運。

都之建不一，堰之興廢亦不一，暨我太祖高皇帝定鼎金陵，無事乎堰。太宗文皇帝駐蹕北京，復通漕運而堰多事矣。前此堰築以土，每夏秋之交波濤洶湧，即圮無餘。萬夫之役，不貲之費，爲之蕩然。自永樂以迄于成化，朝廷雖數命官修固，即前所謂紛紛者、悠悠者、汎汎者，未嘗有所期也，卒莫能底定。

歲庚寅都水主事官興張盛克謙祗承是任。下馬，步自堰上，周回四顧，相厥位，度厥勢，慨然曰：『人言是堰不可爲，孰謂不可爲乎？』肆以興復爲己任。或曰：『是堰之修非一日，修必廢，廢必爲民害。』又曰：『修是堰者非一人，人人若爾，公曷爲咈衆喧騰之議乎？』克謙毅然不顧，乃曰：『與其屢費以病民，孰若一勞而永逸，斷斷乎期於必成而後已。』適冬宮亞卿喬公志弘催督漕運，克謙首舉以白之。志弘遂疏其實以聞。上下公卿議，率以爲可行。已而，秋宮亞卿、王公宗貫繼至，復注意提督獎勸。又得山東少參尹公朴之、僉憲王公廷言相與維持其事，事駸駸乎嚮成矣。

克謙結一草廬於堰側，晨夕坐卧其中，終始不懈。財不取於民，唯以堰夫歲辦椿草，折納米粟，懋易一切物料。躬率夫匠採石於山，伐木於林，煅灰於野，凡百所需，悉區劃有方。復檄兖州同知徐福、陰陽正術楊逵、耆老張綸輩分司其事。涓卜鳩工，官使畢集。興于成化七年九月，訖於次年六月。

計堰東西長五十丈，下闊三丈六尺，上闊二丈八尺。自地平石計五層，高七尺。湫口三處，眎水之消長，時其啟閉。橫巨石爲橋，以便往來。堰北復作分水二，鴈翅二，以殺水勢。堰南北跌水石直五尺，橫四十丈，以固堰基。

是役也，石以片計，餘三萬；椿木以根計，餘八萬；灰以斤計，餘百萬。以至黄糯米、鐵、錠、鐶、木、石灰〔一〕合用諸料，俱不下千萬。夫匠二千五百有奇，皆在公之人。賞勞錢數萬緡，食米千石，皆克謙自所措置，一毫不取於有司。堰既成，堅完具美，規制宏壯，不惟積水可以西接漕運，且俾一方行者無病涉之虞。于時，衆議始息，方嘆克謙之不可及也。

後數月，宗貫復巡行堰上，忻羡不已。爰命孔廟奎文閣典籍許節之、持致仕參議劉廷振、孫廷昭所爲事紀徵

〔一〕石灰　原本作『石炭』，據《北河續紀》卷六改。

言。夫節之諸公，兖人也。若謂兖堰之事不可爲也，大舜期於無刑而果無刑，大禹期於平成而果平成。許景山修蕭何故堰而成大利，趙思寛修信臣故渠而致沃壤。廣莫如海，范文正築之，以灌通、泰；深莫如洛，嚴熊穿之，以溉重泉。以及考亭朱子疏修南康石陂。一舉兩得，皆期於必成而行者也，故卒無不成。噫，不有以鵠之，焉得而中之；不有以標之，焉而趨之。此克謙所以排衆議而不顧。斷斷乎，期於成而後已。泰華之顛可躋矣，幽越之域可造矣。夫然後克謙之聲光，未必不與茲堰相悠久；其高且遠者，未必不自茲堰始。擴而充之，引而伸之。其峙中流障百川，則又出於茲堰之外者也。若然，宜乎勒斯言於石。

重建會通河天井閘龍王廟碑記　陳文

濟寧州城南，東去五十步有閘；曰會源。北導汶、泗、洸、濟之水皆合於閘，東折而入漕河，會通河也，河經石佛、師莊、魯橋諸閘，徐州、吕梁三洪，合衆水而東入於淮，則漕運之河水由閘而東注者，此爲會源之首。閘創於元，歲久復新。國朝因之，更名天井。凡江浙、江西、兩廣、八閩、湖廣、雲南、貴州及江南直隸蘇、松、常、鎮、揚、淮、太平、寧國諸郡軍衛有司，歲時貢賦之物道此閘趨京師，往來舟楫，日不下千百，則是閘爲最切要也。

閘舊有金龍四大王廟一所，凡舟楫往來之人皆祈禱之，以求利益焉。積歲既久，頹毀亦盛。前總督漕運右參將湯公節見而嘆曰：『是非所以安神。』俾衛、州官屬及郡之義士捐資以更新之。經始於正統戊辰十月三日，至臘月而廟成。三間五楹，高二丈二尺，廣三丈四尺，深二丈三尺，視舊廟基址規模蓋寛廣壯麗數倍矣。廟既成而神未有像。會冬官主事益都劉公讓來理閘事，公暇募往來之好義者助緡。循舊塑神像坐立者凡七位及其門户窗牖與凡席供且[一]未備者，劉公悉置新之。

今聖天子即位改元之歲，而江浙、江西、湖廣、中都及直隸蘇、松諸藩、衛、州郡軍民輸京師之賦者，凡四百餘萬石，舟楫之行，計萬五千餘艘，皆賴神之祐焉。予時，總督浙江糧餉七十餘萬石，載巨舫凡四千，俱經是閘。感神陰相，得以無虞。於是，謁神廟而拜之。時閘官朱銘進曰：『常歲，此河遇水泛滿，閘版不可下，下則版輒流去。舟人守候凡十日半月不得過矣。今水雖漲而版亦不流，舟行如履坦途，豈非有神祐乎？』

考之元都水監丞張侯重建濟州會源閘既成，立河伯龍君祠八，故都水監馬之貞、兵部尚書李粵魯赤、中書斷事忙速祠三，以迎休報勞，而此廟未詳創於何時。今諸祠皆廢，是廟獨存，或者謂即龍君祠之一者。然未止此處有

[一] 供且：《北河續紀》卷七載是文『且』作『具』。

之，予歷觀之，自吕梁、徐州以達臨清，凡兩岸有祠，皆祀金龍四大王之神。豈非神司此土，有庇祐人民之德，而不可無者也。夫神者，儲天地造化之精，蕴河海山嶽之靈；或生爲名臣，能御災捍患，有大功德於民者，故殁而爲神。有陰翊國家，保佑生民者，皆足以崇奉祠，以求福利也。今之神祠雖不可考，而歷代祠祀如此，謂非陰相默祐，有功德於民者能如是乎？是宜百世之下，仰神休而安此水土，福此會源之河，則神祠亦永有崇奉也。

劉君恐其久而事無所稽，屬爲文以勒諸石，遂爲之記。助廟資者：濟寧衛指揮使趙玘、濟寧左衛指揮僉事王詠、郡守廣信傅霖，貳倅周勝、張榮、何永澄，吏目鄭琚、徐勉。於法宜皆得書。義士之助資者，列諸碑陰云。

重修濟寧月河牐記

廖莊

士君子居官修政而立事，前人有爲未備者，備之；今人有見未便者，便之。其功凡上有益於國，下有利於人者，皆所當爲。事定功成，宜乎刻諸金石而垂諸永遠也。

天順改元丁丑秋，貴池孫公仁由名進士拜冬官主事，奉命治水于濟寧。濟寧天井、在城二閘舊有月河，距州治南三里許，上口東密邇大井閘，北對會通河，二水縱横若十字然。逮天雨潦溢，潺湲相持，什七八南注，其勢猶傾。舟由閘河而西者或至沉覆[一]；遡月河而上者，艱於逆輓。下口去在城閘尤邇，有閘瀕於西岸，啟而舟下，又有衝激之虞。雖善計者末如之何。

先是，冬官主事永豐陳公律、蘄陽陳公溱繼涖其地。議以下口舊閘移入百餘尺，改上口於迤西，餘七百武，棄會通河不對，置兩口而梁於其上。置閘於兩口之下。時水盈縮而閉縱之，庶免前患。議定以聞，詔許之。工未舉，孫公來代。時漕運總兵官都督徐公恭，參將都督黄公鑑移文冬官，以速其成，而巡撫都御史年公富以民貧財乏爲難。孫公乃計在官之料，儲庫之積，物因其舊，力省於人。郡邑所供者第石、灰、炭而已。

復以聞，上可其奏。而鎮守平江侯陳公豫，巡河御史蘇公燮、王公祥，山東布政司參政李公讚，按察司僉事劉公進協謀並智，贊相爲多。相其事者，則兖州府知府郭君鑑。董其事者，則推官范君雯。出納物料，則陰陽正術楊逵。至於左右經營，則濟寧衛指揮鄧君鎧、張君鎮，濟寧州知州于君鑑、同知郝君敬、判官柳君旻、醫官劉瓚。始事[二]於己卯之冬，訖工於庚辰之春。

學正陶君鼎[三]輩願刻石紀成，而因都督趙公輔屬筆於予。夫以天井、在城二閘前人爲之備矣，月河上下二口則未備焉。自前迄今凡有目者皆得而覩之，知其不便亦

[一] 沉覆　原本作『流覆』，據《北河續紀》卷六改。
[二] 始事　原本漫漶，據《北河紀》卷四是文補。
[三] 鼎　原本誤作『昪』，據《北河續紀》卷六是文改。

未如之何。今二陳啟之於前，孫公成之於後，經營有方，措置有道，官不爲擾，民不爲勞，可謂克修前人之未備，便今人之未便者矣。歐陽子有云：『作者未始不欲長存，而繼者常至於怠廢。使其繼者恒如作者之心，則天下後世豈有遺利哉。』故爲之記，使來者尚有考而用其心也。

會通河黄棟林新牐記

楚惟善

會通河導汶泗，北絶濟合漳，南復泗水故道，入於河。自漳抵河袤千里，分流地峻，散渙，不能負舟。前後置牐若沙河、若穀亭者十三，新店至師氏莊猶淺澁有難處。每漕船至此，上下畢力，終日叫號，進寸退尺，必資車於陸而運始達[一]。議立牐，久不決。

都水監丞也先不華分治東平之明年，思緝熙前功以紓民力，慨然以興作爲己任。乃躬相地宜。黄棟林適居二牐間，遂即其地庀徒蒇事。經始於至正改元春二月己丑，訖工於夏五月辛酉。牐基深常有四尺，廣三其深有六尺，長視廣又尋有七尺。牐身長三分基之一，崇弱五寸不及身之半。又於東岸創河神祠，西岸創公署。爲屋以間計者十有五。署南爲臺，榜曰退觀。其上構亭，以東與鄒嶧山對，扁曰瞻嶧。凡用石方尺長丈爲塊計三千有奇。木大小以株計，四千六百五十八。堲以斤計，二十五萬。鐵以斤計，一萬六千有奇。甓一十五萬二千五百。麻炭等物稱是。工匠、谿卒千八十有五人。用糧千七百五十斛，楮幣四萬緡。制度纖悉，備極精緻。落成之日，舟無留行，役者忘勞，居者聚觀，往來者歡忭稱慶。僚佐耆宿衆相與謀，謂不伐石以識，既無以彰公之勤，且懼來者之功不繼，而前功遂隳。介前平陰監邑道僧持李中狀來，請文勒石。

竊惟天下事立議非難，而必行爲難，故書貴果斷，傳稱勇決。房策雖嘉，非杜斷不成。鄉是牐之建，凡歷數政，雖深相難，極知是役克濟，則漕輓功省，民力少蘇，終以沮事者衆，莫適任責，故卒無成績。迨公致決令下，屬役奔走承序，曾不崇朝，事集人悦。所謂有志者事竟成也。先是，民役於河，凡大興作，率有既廩爲常制。是役將興，時適薦飢。公因預期遣壕寨官李獻赴都稟命，冀得請，俾貧窶者得竄其身，藉以有養。及久未獲命，不忍坐視斯民餓且殍，遂出公帑，人貸錢二千緡，約來春入役還官。無何糧亦至，民爭趨令。其軫民瘼如此。

又初開月河，於河東岸闢地及咫，礓礫錯出，舉牐無所施。迨營閘基近西數舉武，黄壤及泉，訖無留礙。雖國家洪福所致，抑公精誠感格天地，鬼神亦陰有以相之也。推是心以往，何任弗克負荷？何政不能舉行？將見接武

[一] 始達　原本作『始遠』，據《北河紀》卷四是文改。

夔龍不晚矣。公哈刺乞台氏，祖明理，封臨潢郡王；祖母迷仙，封順國夫人，仁皇朝特見優禮。七子，五至臺輔，二皆顯宦至三品。公爲人明敏果斷，操守絶人，讀書一過目輒不忘，律學、醫方靡不精究。始由近侍三轉官受今除。是役也，董工於其所者，令史李中、壕寨官薛源政、奏差韓也先不華。工師徒長不能備載，具列碑陰。

都水監創建穀亭石牐記

周汝霖

至順二年，歲在辛未，季夏之月，會通河穀亭石閘成。凡用工九十日，金石土木之工百有八十人，徒八百二十人。石以塊計者二千七百三十，木以株計者一萬二百七十，甓以口計者二十五萬三千。灰以斤計者三十三萬五千，鐵亦以斤計者三萬一千四百，其餘麻枲、瓴甋、斧錯、瑣細覼縷各若干。除金木糧儲出於有司，他皆監司採煉陶冶，仍資傭工錢二萬五千緡。

閘身縱二丈又七尺，衡二丈又二尺，高如之；鴈翅四，各亘五十尺；址袤八十尺，廣百又二十尺，奉直大夫都水監丞阿里公命汝霖作文以紀。再辭弗獲。勉爲之詞曰：

欽惟聖元，混一區夏，定鼎幽薊。九州内外，罔不臣順。航四海，泛九江，浮于淮，入于河。職貢糧運，商旅懋遷，以供給京師。然自東阿抵臨清二百餘里，舍舟載，從陸車輓，以進御河。每值夏秋，霖雨泥淖，馬瘏車僨，公私病之。至元二十六年，朝廷用令史邊君、同知馬公言，開會通漕河。自安民山引汶、泗、洸等水，屬之御河。度其地勢穹下，前後建石閘三十餘座，以制蓄洩。於是，川途無壅，舟楫憧憧，方諸陸運，利相十百。以故國用充，而民不匱，四十年於茲矣。惟棗林至孟陽泊七十餘里，湍激迅澓，沙土瀢漇，閘再啟鑰，舟方一游。嘉議大夫都水盧公因、壕寨楊温等議，宜於穀亭北，郵傳西創建石閘，滙黄良、艾河等泉，以厚水勢，則免齟齬之患。詢謀僉同，乃上之省堂，允請。

令下之日，奉議大夫少監德安命曹掾韓恪、壕寨劉惠，帥寮屬董其事。未幾，會監丞阿里馳驛分治山東。下車之初，首以斯閘爲己任，更命曹掾蘭芳、壕寨劉思齊，暨令史周汝霖、壕寨趙居敬、奏差賀居信、王完者秃、役長張克舉等指畫夫匠，親臨監督。靡憚晨夕，分任其事。公威嚴謹恪，寬以濟猛，故人皆獻力，惟恐弗逮，而同知濟寧事乞台奉議、濟州達魯花赤春童承事、魚棠邑尹承事李居時咸能致勤，故能克底厥功。

經始於是歲之二月，訖功於六月。中樹巨闑，傍羅釦砌，龍鱗錯落，鴈翼翬飛。冠以虹梁，懸以金鈎，周緻縝密，混若天成。於是，割牲釃酒，大祠河伯。會群屬於河上以落之。舉酒作樂，伐鼓啟鑰。水平舟行，颿檣翳空，舳艫相接，進退閒暇，莫不歡喜歌詠。噫！是役也，始則嘉議盧公建言之力，中則奉議德安公經營之勤，終則奉直阿里公踵成之功。於國於民永賴以濟。於斯見聖朝人才之盛，守職者不苟禄，而勤於效忠矣。因摭其所聞而爲之記。

創建魚臺孟陽薄石牐記

趙文昌

聖元以神武定天下，開丕基。既滅宋，遐邇率職，來享，來庭。而江淮漕運商旅之轉販，仕宦之往來，非舟楫無以濟不通，此會通河之所以作也。比歲，河南、山東水旱不常，黎民阻饑，賈航餫艘，通麥米以濟其乏者，自南而北首尾不絶，故民免飢色，一水之利豈淺淺哉。河功告成於今幾二十年，歲月滋久，霖潦浸淫，岸移谷遷，不無堙塞。

都水監上下巡視，求其利病。以沛縣之金溝、沽頭，魚臺之孟陽薄〔一〕，沙深水淺，地形峻急，皆不能舟。舟中之人翺翔乎河上，積塗泥截河，如堰埭之狀，既成而爲水盪去。遇有官物往來，必驅率瀕河之民推之、挽之者不下千餘。妨農動衆，民恒苦之。遂條陳詳，悉上其事。都省委右司都事王潛、都水大監馬之貞、壕寨官李懷璧與都水少監石抹歪頭臨視，與所説合。議曰：夫水積之不厚，不足以負大舟；蓄之不廣，不足以供下洩。今也莫若立堰以積水，立牐以通舟。堰貴長，牐貴堅，漲水時至，使漫流於其上，如斯而已矣。於是，視地之高下，程廣狹，量淺深，繪圖計工以報。

都省議修之，從孟陽薄始。今值歲晚，先辦物料興工，以春首爲期。擬用夫匠一千二百三十二名，監夫不足，於近邑差雇五百七十一名，就給工價、米糧。凡一切物料，官爲和買，給中統鈔五萬五千緡。不敷，於濟寧路官錢内支。選差覆實。司提舉仇鋭來董是役〔二〕，預辦所需金石、材木諸物，於濟寧、泰安州郡收買，先給其直，車運者亦如之。衆皆忻然，故物物不勞而備。經始之日，石抹歪頭、仇鋭一依新制，指分工役，置規矩，立准繩，事事處之有度，人人用之有節。壕寨官李懷璧、提領李林、泰安州判官敬侃監督。無風雨晨夜，故力省而功多，皆不愆其素。其堰横長一十二丈，中爲牐門，外石内甓，高一丈四尺。基縱廣八丈，牐下廣五丈，殺之如壇級，以及於上，五分廣之三。

起於大德八年正月，訖於五月，凡用工十七萬六千九百九十，中統鈔十萬三千三百五十緡，糧一千二百四十七石。落成之日，鼓聲四起，牐門啟鑰，篙師序次以進。前旗一指，通數十百艘，於飲食談笑之頃。民無少長，觀之

〔一〕孟陽薄　本書《目録》作「孟陽泊」，各本是文或「薄」、或「泊」。
〔二〕仇鋭來董是役　原本「仇」作「仇」；「董」作「量」，據《北河紀》卷四改。

者如趨市，皆相謂曰：『吾生何幸，覩茲盛事，有以見朝廷利民之意，宜勒石以傳不朽，亦使後之人知諸公致力於斯也。』命謝里高立，不遠千里而來，請文至再。

竊嘗論之，天生五材，民並用之，水居其一。在易坎爲水，爲溝瀆。坎下巽上渙，彖曰：『利涉天川。乘木有功也。』蓋巽爲木，坎爲水，其象如此。源泉混混，不舍晝夜，盈科而後進，水之體也。載舟以濟物，水之用也。自刳剡疏鑿之功行於天下，故有國者用之，莫不然。立漕以供都邑，見於司馬遷《河渠書》、班固《溝洫志》及歷代史書，著之詳矣。予謂是河之興，不特便糧道而利商販，且四海九州同風共貫享、嘉之會也。夫自南北混一之後，觀國之光者，繇嶺海而至京師，張帆鼓枻，行數萬里，卒無壅閉之虞，可謂節宣其氣矣。氣宣而通，可以致隆平，可以壽國脉其孰曰：『不然。』予不揆，因紀修牐之歲月，遂併及之。然猶有可諉焉者。公等初議所以爲河之病者三，今始完其一。美則美矣，尚稽其二。過沛之人方艤舟以待使者，若旱之望雲霓，君子圖之。

沛縣新設飛雲閘記　張曄

奧稽漕運之法，古未有也。禹貢所載，入于渭亂于河之類，而三代之輸，不過九州之方物。《管子》所言，粟行五百里之類，而春秋之漕不過一時之輓卒。自秦罷侯置守，使天下飛芻輓粟於琅琊負海之郡，以貯北河之倉。率三十鍾而致一石，漕法始講，適以病民，不足論矣。漢漕皆仰於山東而江淮未通。唐漕皆仰於江淮而諸道不給。宋漕由江而淮，由淮而汴，人頗便之。厥後，江船不至汴。船出江而風濤之突盪，道里之逗遛，以至擣水之術與直達之法置，又不能無弊焉。

我朝太祖高皇帝定鼎南京，居天下之中。四方貢賦各均所輸，其漕法固無容議。太宗文皇帝遷都北京，鎮天下之重，四夷畢獻，梯航來王，肆漕法之詳舉行。於是，疏清源，濬濟沛，鑿淮陰，以達于江。一帶脈絡，萬里通津，而舟楫攸濟，無風濤之險，有萬全之功，所以遠方之粟，曰致畿下，如坻如京，陳陳相因，猶朝宗之勢，莫之能御。創業垂統之宏規，誠萬世之不可易者也。聖子神孫纘而守之，以成百億斯年太平之丕烈，倚歟盛哉。方今皇上聰明睿智，繼天立極，華夏蠻貊，咸有帝臣之願。凡諸事爲，惟祖宗大典、大猷，是欽、是式。其於漕法尤加慎重，既命都臺大臣以總領其綱，又遣繡衣司空之官以分治其事，復委郡邑幹濟之職，以共理之。所以全民生之天，立邦家悠久計者至矣，爲人臣者可不精白一心[一]，以贊揚萬一乎？

沛之長河，實漕運之要，而泡河衆派悉納之。景泰乙亥春，徐之判官潘東巡河及此，嘆川流之逝，無以濟舟楫

[一] 不精白一心　原本作『石精白一心』，不辭，據文意改。

用。思謀乃畫〔一〕，由是於縣治東南泗亭驛前泡河之口，相度地利之宜爲閘。白其事於欽差總督漕運都臺副都王公、僉都陳公，繡衣汪公，悉如所請。遂移檄沛縣創設。發縱指示，允愜輿情。經始於三月之初，落成於四月之首。凡其木石之用，百工之需，以緡計者百餘。材出素具，費不及民。任厥責而就厥功者，沛之知縣古信；董其役者，遞運所大使李勉、泗亭驛丞楊榮。

閘之制，高一丈一尺，寬一丈五尺，東南去泗亭驛三十步，北至水母神廟二十步。東抵長河，西接飛雲橋之流，因其流而設其閘，故以橋之名名之〔二〕。爲沛邑關闌，爲舟楫濟急，遠近多賴，人以爲便，則斯閘不特〔三〕沛之壯觀，而於漕運未必無少助云。

商筭司大使張振、陰陽官馬驥重違沛人意，合辭屬予記。敬叙漢唐宋漕法之得失，與當今漕法之大備告之。然奉行其法，又在其人，若判官潘侯可謂優於謀略，而不負寄托；知縣古信可謂敏於有爲，而克盡乃職；暨縣丞朱寧、韋聰，主薄盧蓁、典史鄧林亦皆同心卑力〔四〕，以贊其成。太學生張顯樂聞善事，舍貞石鑽之，用載永久，是咸可書。

黄良泉記 頓舉

漕運通國家之貨物，山泉爲水澤之本源。然時作之雨暘弗若，則川流之深淺斯殊。須獲知來之人規規濬其津要。首尾往還，知要乃可常行，此會通河之所以開，都水監之所以設，東平景德鎮行司監丞奉議大夫劉公之所以來也。

莅官之始〔五〕，克行乃事，凡所轄去處躬親閲視。隄岸之卑下者，增築之；水脈之淺澀者，疏通之。以是歲春首頗旱，恐致堙塞，慮瀕河水地有可以排決而入之者，以增益之，庶獲助佐，泝流尋源，自北而南，過古之任國，歷今之魯橋，沙、泗、汶合流之次，里幾一舍而抵黄山之麓。覺其土脈膏潤，復進而前，得泉沮洳而出，可以濫觴者數穴，泓澄於泥沙之間。俯即探之，温如湯；掬而飲之，甘如醴；以杖引之逐勢而行，又如蛇之赴壑。就命役夫鑿爲溝港，注之於河，其流甚順，溶溶洩洩，不舍晝夜而逝。知其積之也久，翼棹櫂之工，應汎舟者之役。於是流之下者，比之往日力省而行速，莫不歡呼鼓舞而過。其爲補益，有不可勝言者存乎其間。即召彼故老，詢所稱呼，莫有知者。因憶尼父答仲由之問，『名不正則言不順，言不順則事不成』之語〔六〕，以是泉也出乎黄山，其性甚良，宜目

〔一〕思謀乃畫　原本『畫』作『晝』，不辭，據文意改。
〔二〕以橋之名名之　原本作『來橋之名』，不辭，據文意改。
〔三〕不特　原本作『不時』，據文意改。
〔四〕同心卑力　原本作『司心』，據文意改。
〔五〕莅官之始　原本作『花官』，當係形似而訛。
〔六〕之語　原本作『之認』，不辭，據文意改。

之曰黄良泉。聞者衆口一辭，應之曰可。遂定其議，謀勒諸石以告來者。遣以禮，命文於予，一至再至。予特佳其公之任職也，效其能以成其事； 泉之遇公也，出乎隱以彰乎，名，一舉而二美並，故樂道之。時皇慶元年壬子也。

汳水新渠記

陳師道

汳句于蕭，其闕如玦。《水經》謂〔一〕河至滎陽，茛蕩渠出焉，出至陽武，其下爲沙，蔡水是也。其出爲陰溝，至浚儀，其下爲渦，別爲汳。汳至蒙〔二〕。別爲獲，餘波迤於睢陽，東歷蕭、彭城入於泗。《注》謂〔三〕鴻溝、官渡、甾獲、丹、浚與渠一也。禹塞滎澤而通渠于圃田。其後河絶，旃然入焉，即索水也。《漢書・地理志》： 滎陽既有汴水，又有茛蕩而受沸，蒙有獲水，首受甾獲，至彭城入泗。

以余考之，《河渠書》云自禹之後，滎陽引河爲鴻溝，以通宋、鄭、陳、蔡、曹、衛，與濟、汝、淮、泗會於楚。而《竹書紀年》梁惠成王： 入河於甫田，又引而東。明非禹之舊也〔四〕。《書》曰： 濟入于河，東出于陶丘北者，入而復出也。溢爲滎者〔五〕，濟之別也，滎波既瀦，障而東之也。《周官》又謂： 豫之川，滎、洛； 幽、究之川，河、沸，則河南無濟矣。其謂茛蕩受濟〔六〕，禹塞滎澤而用河者皆失之。《漢志》，茛蕩無出，甾獲無始，蓋略之也〔七〕，余謂與經合。而滎水諸書皆不載，又疑渠、汳爲二，而滎有一焉。杜佑以經作于順帝之後，詭誕無據。《注》敍渠源〔八〕或河或沸，或河沸合，其説不一。次其所引《經》紛錯悖戾而《志》亦闊略，不具辨始末，蓋皆不可考也。

自漢末河入於汳，灌注究豫。永平中，導汳自滎陽，別而東北至千乘，入於海而河復。於是，故瀆在新渠之南。《注》所謂絶河而受索自此始。隋開皇中，因漢之舊，導河入汳。大業初，合河、索爲通濟渠，別而東南入於淮而故道竭，今始東都受退水爲臭河。於畿爲白溝，於宋爲長沙，於單爲石梁〔九〕，於徐爲汳，而入於南清，南清故泗也。蓋自三都而東，畿、宋、亳、宿〔一〇〕、單、濟之間千里西來，而故道淺狹，春夏不勝舟； 秋水大至，亦不能受也。

〔一〕水經謂　原本作『《水經》渭』，據《皇朝文鑑》卷八四是文改。
〔二〕汳至蒙　原本『蒙』作『家』，據《水經注汳水》卷二三改。
〔三〕注謂　原本作『《注》渭』，據《皇朝文鑑》卷八四是文改。
〔四〕明非禹之舊也　『明』原本作『朋』，據《皇朝文鑑》卷八四是文改。
〔五〕溢爲滎者　原本『溢』作『温』，據《皇朝文鑑》卷八四是文改。
〔六〕其謂茛蕩受濟　『謂』原本作『渭』，『茛』字漫漶，據《皇朝文鑑》卷八四是文改、補。
〔七〕略之也　原本作『各之也』，據《皇朝文鑑》卷八四是文改。
〔八〕注敍渠源　『注』字原本脱，據《皇朝文鑑》卷八四是文改。
〔九〕於宋爲長沙於單爲石梁　原本『宋』作『木』，『石』作『不』，據《皇朝文鑑》是文卷八四改。
〔一〇〕入於南清南清故泗也蓋自三都而東畿宋亳宿　十九字係原本脱，據《皇朝文鑑》卷八四是文補。

蕭故附庸之國，城小不足居，民又列肆於河外。每水至，南里之民皆徙避之，廬舍没焉，率數歲一逢，民以爲病。紹聖三年，縣令朝奉郎張惇始自河西因故作新，支爲大渠，合于東河，以導滯而援溺。於是，富者出財，壯者出力，曰勸旬勞，既月而成。

邑人相與語曰：『渠議舊矣，更數令不決，而卒成於吾侯，孰有惠而不報者乎？』於是不謀而同，欲紀於石，以屬余。余謂張侯其居善守，行峻而言直，以成其名；其仕善義，不畏不侮，以登於治，其可紀者多矣，而諸父兄獨有見於此者何也？夫善爲治者，人知其善而已，至共所善。蓋莫得而言也。渠之興作有迹，其效在今，此邑人之欲書也，遂爲之書。

疏鑿泉林寺泉源記

湯節

距泗水邑東五十里許，陪尾山之陽，有廟曰仁濟。廟之西有寺曰泉林。其殿宇巋然，林木蓊鬱，鳥聲樵唱，雜焉於中。傍有泉：曰珍珠，曰趵突，曰淘米，曰洗鉢，曰響水，曰紅石，曰清泉，曰湧珠，其源皆出於山。澄如湛如，其流環繞映帶寺之左右，而西南經卞橋。橋之西復有泉數十：曰大玉溝、小玉溝、潘波、黄陰、趙家莊、石泉、珍珠、東巖石縫、西巖石縫、三角灣等泉。合流于泗，會于曲阜之沂河，轉于天井閘會通河，沿淮達海。

永樂己亥，漕運前總兵平江伯陳公瑄言於朝，爰命工部主事顧大奇等遍歷山川，疏濬泉源，以通水利，以濟漕運。後以右通政王孜、郎中史鑑、主事侯暉等繼之，不減顧公之能。正統己未，朝廷簡事之宜，所司請罷是舉，其上下泉流因以淤塞。

今特董督粮儲，心計指畫，以泉源利濟所資，不可無官以典其事，乃請。上可其奏。於是，主事熊鍊、傅弼等官啣命來茲，仍疏導之，其利澤及於人多矣。邇來亢旱不雨，河道將涸，余親詣泰安州等處，疏通大小泉源。踰泗水，見乎泉林之泉，利人者廣。繇是，逆流不便者改之，亂石者去之，不通者濬之。又博訪故蹟，得聆耆耋者言，是泉皆從石竇中出，清澈無比，汪洋不窮。余聞而喜，泉之舊有名者，勒珉以紀之，無名者立石以表之，用爲名山勝概之助。尚慮未既，復同泗水縣官訪於邑之少長，所得石河等泉一十三道。泉無巨細，皆爲之開鑿，以濟不通。

事既集，不可無文記其實。竊惟漢、唐、宋鑿川濬渠以興利溉田，皆有益於人國者也。兹惟泉林乃衆山之精脈，合細流以利長洪漕運，國家以之輸饋餉，而倉廩一事之所關莫重焉。矧夫古之爲人臣者夙夜匪懈，勤勞王事，以盡厥職，庶圖報稱於萬一。余以韈線之材，奚敢趾美於前人哉。但以斯泉之利，恐歲久泯於聞，遂書以識之，使後來者有所知焉。時正統九年八月也。

重修徐州百步洪記

商輅

徐州城東南百步洪，勢極險峻，舟行艱於上下。外洪大石百餘，如獸蹲狀，人呼爲翻船石。裏洪壩下數灣，曲屈如之玄字。每歲官民船經過，被損以百數。賦税供給之需，商旅之貨物被淹没至不可勝計，甚者舟人亦往往因而覆溺。東西兩岸縴路低隘，稍遇水漲，遂至彌漫，無路可尋。水退則土去石出，巉巖磊砢，艱於步履。官府督工修治，鋪草萬束，輦土平蓋，費財勞人，僅取目前。已而水至，則前功盡隳，艱險如舊。自永樂間通漕以來，所費不知其幾，迄無經久之利。

成化丁亥，冬官主事郭昇奉命守洪。至即相其形勢，度材量力，鋭意修治。博詢土人，廣採輿議，遂具疏請之於朝，及移文部堂並總漕都憲，咸以其言爲然。於是募工鑿去外洪翻船諸石，補平裏洪下數灣，東西洪岸並縴路各用板石甃砌，扣以鐵錠，灌以石灰，既堅且固。兩隄各植柳，濬井以蔭濟行者。凡有關於洪道，有益於漕運，如金龍等神祠、觀音閣、公廳、閘廳、鼓樓及軍夫所居房屋共二百餘間，重修增建，皆焕然一新。工匠用價，雇倩夫役，日給以食，所費錢穀以萬計，悉設法勸率，所在軍民一毫無取。是以人不知勞而功易就。謀始於成化戊子春正月，落成於明年冬十月。舟行至此，如乘安流，東西牽輓，獲履坦途。往來之人衆口一詞，靡不稱快。

儒士弘毅等以主事有功是洪，不可無述，不遠千里而來，求爲之記。予惟天下事，無有不可爲者，但安於苟且，樂於因循，以爲人之受害，乃勢使之然，卒至於功無所成，害不可去者多矣。噫！此豈仁人君子之用心哉。昔李冰鑿石堰江，范希文築隄捍海，皆急於興民之利，而去其害耳。郭君先在臨清三載，督造遮洋船七百餘隻，改修南板等閘，挑濬觀音嘴等河，至今利賴之。而於此，又克成偉績，使人去險即夷，易危爲安，其濟利之功豈小補哉，是可嘉已。郭君世家蘇之崑山，近隸籍潁州，由進士拜今官，廉勤幹濟，將來名位未量。其助財修洪，多往來公使、達官貴人及富商義旅，用列名碑陰，庶來者知所勸云。

重修徐州洪碑題名記

薛遠

徐州之東亂石巉巖而呃乎河流，有起而高聳者，有伏而森列者，是爲徐州洪，舊名百步。奔流迅急，震蕩洶湧。舟之下者，一或觸之，則舟覆没而人不免於漂溺；泝流而上，挽舟之人非有强力及土人熟知水道者主持，亦幾不免於危矣。然洪有裏外之别，裏洪舊渠，兩畔隄石崎嶇，負纜之人恒難於行。前此主洪者，每積草覆土平之。水漲衝激，隨復補葺，工料費以鉅萬，民始病焉。

成化三年，工部主事潁川郭君昇奉命提督是洪，慨然有平治之志。不急近功，以規小利，務爲大計，以作永圖。遂達於總漕諸公及詢諸識者，僉以爲可。復念徐民困於挽漕，罷於奔命，費無所出，乃勸諭官民、商賈之經涉者各出所有，咸籍記而貯之。事集，乃以上聞，得允其請。

成化四年正月，始募工鑿治，俗所謂翻舟等石悉去無遺。渠兩傍之隄，咸疊以石。卑者崇之，狹者廣之，灰以固之，鐵以束之，高平廣衍，人便於行。西隄延袤，凡爲丈三百，東則殺其一焉，崇凡一丈，廣五倍之。隄隙各樹以柳，俾盛夏人有所依。役夫以工計十萬有奇，用木以根計七百，用石大小以枚數之二百一十餘萬，灰稱是，用鐵以斤計十萬，藁秸之類不可數計。人夫所食之糧僅二千七百餘石。成化五年畢功。

君及期當代，徐人以外洪未修，懇詞留之，不果行。六年春，復勸募召匠修治。秀王之國憫其勞費，賜白金助之。七年六月告成。隄長凡爲丈一百三十，崇廣以裏洪焉。水道闊凡十丈，深半之。其所經費比裏洪減十之四。

君乃追念兩洪之成，而工費實資官民、商賈之助，因礱石題名，請予記其上。竊惟朝廷所需，咸仰給東南。然漕運之所輸，王會之所經，商賈之所往，貢賦之所入，必由於徐。自南畿以抵於北三千餘里，水之險惡莫過於洪。今既平治，其有益國家，河渠之利大矣。況役雖勞而不加於民，費雖多而不出於官，徐人樂其成而無再役，行者遠其害而獲永寧與昔勞於民，費於公，靡有其效者殆相萬萬也。是役也，雖資乎財用，然非郭君才智之優，則莫能經理以濟其事。郭君復能於役成之後，推其所自，勒名以彰衆善，足以譬今而示後。後之人必有覩其名，興惠然之念；考其蹟而思平治之勞，纘其事，拯其頹，則洪之利將有以及於無窮，不徒今日然矣。

吕梁神廟記

趙孟頫

神有所憑依則靈，載於有國之典。人得通祀者，惟山川之神與古聖賢之祠。山川則能藏天地之精氣，古聖賢則有功德於民，有以聖賢而兼主山川之祠，以嚮往加多，享祀亦加數焉。徐州之水合於吕梁洪而入於淮，近世乃兼受河之下流。徐州之山自西南來，亂流而東，復起爲岡巒，累累然相繫不絕。水中橫石數百步，其縱十倍；其上下如縱，得十之二三。高出於水上者齾齾然，象人齒牙。水勢少殺，則悍急尤甚。舟行至此，百篙支拄，負纜之夫，流汗至地，進以尺寸許，其難也乃幾登天。舟中之人常號呼，假助於神明。

有元混一天下，凡東南貢賦之輸，皆引道至此，故舟至益多，日千百萬艘。有廟在洪之西堧，所祀二神：一爲漢壽亭侯關公，公事漢昭烈，昭烈嘗爲徐州牧；一爲唐鄂國公尉遲公，相傳公治水吕梁。徐州蓋有二公之遺蹟。二公生爲大將，殁而爲神。其急人之患難，夫豈忽於素志也哉。先王制禮能禦大災捍大患，則祀之。如二公者，蓋庶幾其人焉？二公所治，乃扼乎天地之巨險，在人所尤急難之地。始作廟者董恩，廟成，奉牲酒者爭門而入，拜於軒陛之間者至不能容。人之精神萃聚於此，而又挾山川之氣以自壯，故禱焉輒應。每事必祝，其靈赫然，享祀之至，將愈久而愈盛。於此見忠義之士雖歷千載，遺烈猶不泯也，豈不偉哉。

恩下邳人，嘗爲驛官，性敦樸，篤於事神。予往年被召，數往來洪上，恩礱巨石爲碑，徵予爲文。予至京師，文成書以遺之。皇慶二年十月十七日也。銘曰：

於赫二神，奮發雄武。際會風雲，服事英主。維時英主，遇合無間，左顧右盼，力翦禍亂。生爲大將，死爲明神，能介景福，以祐下民。徐合衆流，浩浩南注，石扼中路，增悍興怒，舟人至此，罔不震懼。日進萬艘，謁廟致祭，刲羊割豕，羅拜軒陛。神所主治，多部將吏。號呼乞靈，緩急如意。拔人於險，拯人於阨。水循故道，湍弛崩迫。黿鼉蛟龍，各守其宅。神依於人，英威凜然。千載不泯，禱祀益虔。作廟距涯，既壯且麗。碑銘我詩，以告來世。

吕梁洪修造記

李東陽

徐州有二洪，一以州名，一以山名。山名者曰吕梁。吕梁之爲洪有二，上下相距可十里，蓋河之下流與濟水會于徐[一]，以達于淮。國家定都北方，東南漕運歲百餘萬艘，使船來往無虛日。民船、賈舶多不可籍數，率此焉道，此其喉襟最要地也。洪石獰惡廉利，虎距劍擢，陽搤陰齟，中僅可下上。水勢爲所束，不得肆，則激爲飛流，怒爲奔湍，哮吼喧鬨，見者皆駭愕失度。巨纜弦引，進不得寸尺；乘流而放，瞥掠瞬送，迅不復措手，其艱如此。

鉛山費君仲玉，以工部主事督水利於徐，顧而嘆曰：『此可以人謀勝也』。乃循行洪北，見其支流水所洩處，舊闕以束藁，水至則蕩爲浮梗以去。會州縣所具藁歲至二十五萬，以錢輸者[二]加十有三，而恒病不足。則又嘆曰：『謀之不臧，勞無益也。』乃白諸部長及總漕都御史張公瓚、平江伯陳公鋭。聚徒給廪，輦塊石，埴壤土，疊爲長隄百六十又五丈，廣五丈而崇不過五尺。水小則迫之歸洪，河用不涸；大則縱之，使漫流其上。又於隄西築壩二十餘丈，以殺湍悍，而隄得以不齧。又觀于東隄叢石間[三]，民困牽輓，足不能良步，乃畚瓦礫，實其窪隙，外以石甃之，爲丈四百二十有奇。又東則甃爲長衢，爲丈七百九十，而梁于衢上者三，以析牽輓之壅[四]，而行者亦因以爲利。吕梁之險歷數千萬年而十去五六，君於是有奇績焉。

[一] 河之下流與濟水會于徐　原本『與』作『於』，據文意改。
[二] 輸者　原本作『輸去』，據《明經世文編》卷五四引《李西涯集》改。
[三] 又觀于東隄叢石間　『東』字原本脱，據《明經世文編》卷五四引《李西涯集》補。
[四] 爲丈七百九十而梁于衢上者三以析牽輓之壅　以上十九字原本脱，據《明經世文編》卷五四引《李西涯集》補。

然問其役，則洪夫之餘力；問其費所出，則歲課之贏財；問其食所由致，則剩載之餘粟，而自以經畫佐之，未嘗責辦於有司，勸假於漕士及往來之商民；而所奏減藁束歲十餘萬，民錢至三十餘萬。功倍而費益省，可謂難矣〔一〕。

初君自成化庚子，越三年而成西隄，任滿當代，民交章借君，又三年而東隄成。君既報政，遷武選員外郎〔二〕。予友華容劉國紀亦與君有宿，昔寔知徐州，觀君所營作，嘆其績不可無述，請予記。予復聞於君從子翰林修撰子充者爲詳，乃爲説曰：

天地之道必賴於財成輔相，然後可以利乎民。故唐虞置虞官。益掌山澤，佐禹治水。《周禮》以中士爲川師〔三〕，掌山澤之名，辨其物與其利害。其爲制不可詳，然其職固在也。今漕河所經，各有分職，要害之地，則委郎官以總之。利病興革，惟其所任，然不過水道之疏塞。如所謂溝逆地泐之屬，不理孫者，則濬滌之而已矣，修治之而已矣。若長慮倍力去險爲夷，因害以爲利者，詎不甚難已哉。天下事固有一勞而永逸者，故苟其利，倍十于舊，則雖殫力而不惜。今以利較之，殆不可訾矣。然則閲歷代之險而爲永久不遷之利者，誠可爲之難邪。夫功不必己出，惟其有益於民與世。繼費君者尚緝〔四〕而保之，則兹洪之益於國家〔五〕愈大，而聖天子財成之治，不爲小補矣。

君名瑄，仲玉其字。其爲枚舟〔六〕之廳，集夫之營，市易之場，皆洪事所賴。又值歲歉，以餘粟千石賑州民，六百石給漕士，亦洪之餘費，故附載之。

五龍王廟記　曹叔遠

高郵古望縣。皇朝重兵宿京師，倚東南六路賦入。於是，東淮轉漕之責最天下，高郵始爲郡矣。漕河自真、揚道江北趨楚，盱眙入淮，沿河而隄，延袤六百餘里，高郵治當其中。運輸淹速，繫隄修廢，郡重事無先焉。郡西界天長，凡濠、滁上流諸水至天長合聚演迤，浸爲巨濼，所謂三十六湖者，往往皆繇郡左右入漕河。清水潭在郡北二十里，尤爲受水要害處。雨潦時至，湖流自西出，蕩衝激奔，隄不爲支，始縱水所齧，匯爲潭。隄因潭爲偃月，回曲盤礴，流賴少緩。然潭以東，地勢益傾哆，里俗號稱下河。

〔一〕可謂難矣　原本「謂」作「爲」，據《明經世文編》卷五四引《李西涯集》補。

〔二〕遷武選員外郎　原本作「選武選」，據《明經世文編》卷五四引《李西涯集》補。

〔三〕益掌山澤佐禹治水周禮以中士爲川師　以上十六字原本脱，據《明經世文編》卷五四引《李西涯集》補。

〔四〕尚緝　原本「尚」字漫漶，據膠卷本補。

〔五〕國家　原本漫漶，據膠卷本補。

〔六〕枚舟　《明經世文編》卷五四引《李西涯集》作「牧舟」。

儻隄稍弱又不支，則潰潭東注，湍怒愈甚，舟冒而過之，或漂淪莫測也。

潭之左，舊有五龍祠，歲時牲祭惟謹。當承平時，舳艫相銜。郡嚴視隄，既不容一日有潰決，猶必乞靈於神以鎮之，其畏重固如此。中興以後，漕事重在江浙。南北講解，邊柝静寧，東淮糧餉徵發之令久息。惟北使歲一再至，餘即販商農畯所由歷。郡於隄因不復甚經意。間遇潭衝齧，始調民徒畚土舉簿，隨塞隨敗。或役未就，遇使命期會，急不可須，即於潭口繩聯數舟，設平版横絶湍流，權以濟事。然常必更請於轉運、常平二使，繕其力乃辦，而五龍祠亦寖廢矣。

嘉泰三年，直秘閣吴侯鑄守郡，既再期，冬十月大雨，潭復決。郡僚摭舊事諗侯。侯曰：『是奚可苟也，隄在境，其修廢正吾職。郡計雖僅足無羡贏，然敢不自力而又重凂二部使子。』乃定規要，商工力，先設二壩截河流南北，而後授役。始潭之決，其徑財十有七丈，至是益廣。偃月以殺其怒，其徑爲丈三十。圜三徑一，環潭之隄加徑之大三倍。隄址厚廣，以丈基址恢廓，棟宇嶙峋，甍拱翬飛，金碧輝映。其地勢左掖新開，右連甓社，塘下襟其南，七里，環其北，四圍皆水，旋繞而迴抱，其壯勝實甲於淮南諸郡。侯姓耿，名遇德，顯於宋哲宗時，天性純樸，心持剛正。富貴華靡不爲榮，耒耜網罟不爲屏，密可於□至，事決於方□。之孤惸寡[一]，力行方便。常以蒲席，汎身於湖波上，至捨席步水，如履平地。人有病告者，惟以棗食之即愈。厥後，自建炎、淳熙、寶祐、開慶、景定、咸淳間[二]顯靈，封爵炳然，皆載諸碑記，有可考焉。

洪惟聖朝洪武十八年秋，陰雨連綿，湖水泛漲，隄岸潰決，民被流漫。頃有[三]茭葑横流水面而至，填塞無遺。是夜，居民見紅紗燈高於斯處，照燭良久，不見。洪武三十年，大水驟然，下井行舟，隄岸復決。官民祈禱，俄頃忽有茭葑數段從西而來，竟補其缺，民獲寧居。自洪武永樂間，凡望王道經於斯，咸備牲計者六，其顛眂址三殺一焉，築功緻嚴，屹崇而堅，水波順静，檣桅奠輯，歡誦藹如也。又於祠舊址新其屋，爲四楹，祀五龍如故事。且前植亭三間，以爲拜起周旋之所。凡設壩、築隄、立祠總爲工一萬七千九百有九十，錢以緡計者七千六百五十有九，米以石計者九百五十有六。經始於明年春正月丙戌，告成於二月丁未。

夫慮不及深遠而狃於目前，以輕重爲緩急，天下七八十年病此矣。漕隄一潰穴，微事爾，誰不狎視？侯獨兢兢然，不愛重費，厚致其力，示以經久。此其見到豈常慮料，

[一] 密可於□至事決於方□之孤惸寡　原本十四字有漫漶錯訛。
[二] 咸淳間　原本作『咸熙』，宋景定後爲咸淳年號，元、明亦無『咸熙』年號。又本文詩所記亦係咸淳事，據改。
[三] 頃有　原本『頃』漫漶，據文意補。

所逮？異時矩度轉旋，庶事復古，深考置郡責成初意，則於侯斯意也，其必有合。余故叙記歲月，且詳其本末刻于石。

勑封陰澤靈應侯神功聖德記

董璘

高郵西北距城十里許，靈應侯之廟在焉。牲醴，遣官以祀之。

我皇上繼承大統，懷柔百神。宣德七年秋七月，平江伯陳瑄備本州申，據里老吕讓等呈厥所自，照會禮部，奏奉旨爰命有司歲修常祀，宜其我侯洋洋在上，濯濯興靈永在斯，民饗無窮之利澤焉。既述其事，載係之詩曰：

湖光萬頃玻瓈明，蕩摩日月涵太清。我侯鎮此福黎庶，昭著神功翊太平。粤自顯靈由宋世，斡旋造化彰神異。旌旗白馬現雲端，地翕天開地利濟。歲逢景定亢旱侵，田疇龜拆愁民心[一]。祈禱潛通運神化，傾盆四野皆甘霖。又聞咸淳乙丑夏[二]，蝗蝻生發遍中野。陰驅皆集廟之傍，疇能飛去傷禾稼。肆惟洪武乙丑秋，障隄衝決水横流。俄然茭葑補其隙，紗燈夜照祥光浮。我侯顯靈非一載，御災捍患恩如海。雨順風調五穀登，士庶忻然□仰□[三]。祗今□主御門堂，誕須祀典永爲常。牲醴惟豐禮樂備，威靈千載争輝光。

錢冲之重修陳公塘記

李孟博

淳熙九年八月丁未□□陳公塘成，復古也。惟國朝置江淮制置發運使，以□□爲治所，實總六路轉輸之任，歲漕東南粟趨汴者□□百萬。繇江入河，少遇淺涸，漕以告病，時賴堰潴之□□濟不及。故自昔陂塘之利在淮南爲尤重。今行都□□塘，淮東西諸郡皆宿兵，歲供軍儲，由上流浮江而至□愆期會，則餽餫以□□[四]。自真、揚以北，河勢徑直，支流别派比江南纔十一，故灌溉之利，民常病俠。歲值旱乾，則坐視捐瘠。來庭之使，時節、取道、館候、有常，留則乏事。盛冬水縮，千夫挽淺，有司岌岌惟淹日是懼。唯是三務在淮東爲最急。

今敷文錢公，既以郡最褒擢，將漕於此。適當連歲旱

[一] 田疇龜拆愁民心　原本「拆」作「哳」，「心」作「必」，各據文意、音韻改。

[二] 咸淳乙丑夏　「丑」原本作「且」，乙丑爲咸淳元年，咸淳凡十年，「且」當係「丑」之誤。

[三] 士庶忻然□仰□　原本此句多處漫漶。

[四] 自本篇首至此原本多處漫漶，據文意對照《宋史·河渠志》可補者：「丁未」下應爲「重修」；「以」下爲「真州」；「汴者」下爲「凡六」；「濟不及」上爲「水以」；「今行都」下爲「駐錢」；「浮江而至」下爲「秋」；「則餽餫以」以下原作「掐夊」，不知係何字之誤，或爲「惜之」。

歉之餘，以謂真之爲郡，處得地所，枕江帶河，東而會之，以達于淮，意其間殆有遺利而未復者。

先是，距真州揚子縣二十里有塘，曰陳公。漢建安中廣陵太守陳登之所鑿，周廣凡九十餘里。西南所至全隸揚子，唯東北接揚之江都者僅十之二。塘倚山爲形，獨一面爲隄，以受啟閉，凡八百九十餘丈。岡勢峻卬，環汊三十有六，畢滙于此，故渟漫涵蓄〔一〕爲利不貲。異時公私取給，纔下其尺，而漕則已贍足。淮人恃之，用備不虞。恭愛之祠〔二〕，廟食弗替。值中更搶攘，多廢弗理。芻茭障〔三〕堙，歲益淺淤；頹隄斷洫，漫不可考。公既躬至其所，周視形便，規尋利須，顧謂僚佐曰：『今仍歲旱暵，苟有毫髮便於民者，雖使規創，猶不當避其勞。況於兹塘，隱若天造豐功厚利，肇目昔人。即舊以謀，顧曷可後。』乃具以修復利害，疏言于朝，且謂：『漕運所資，故凡治塘之費，一不敢以于大司農。』奏聞。即日詔『可』。

公即俾屬吏米恁、舊僚劉煒規圖其事。量功命日，度厚薄，稱畚築〔四〕，計徒庸，慮材用，屬役賦。又以授有司募流徙之民，厚其直，使赴功而以惠之，衆皆樂趨，弗俟程督。自春三月迄秋八月而告成。總工徒凡二萬三千一百一十有二。舊有斗門、石𥖐各一，歲久決敗，不可復據，則遷其𥖐少西二十丈而更新之。浚東西兩湫以謹蓄泄〔五〕，與斗門之建皆仍舊址。飾龍祠以還舊觀，作新亭以待臨察，委官以專護守，列卒以供徼巡，而爲塘之謀益備。

初公始來顧之後，思欲爲公家長利。乃始議興築，而煒以從游之久，能識公意，相其成規弗愆于誠，一舉而三務畢恊。佽助兹役，煒勞居多。夫事之利害，隱於疑似，能曉然知之者固鮮。知而能決斷之者益加鮮。是役也，公獨權其利害而灼知之。既或慮其勞且費也，公乃奮而決，謂利不可以弗究，役固不可憚，而功固不可不濟，獨超〔六〕拘攣之見而成之。非夫明且決，弗能也。體勞惠物，繄公是賴〔七〕。昔信臣鉗盧，濬自杜母；楚相芍陂〔八〕，王景修之。古之致利者未始不賴後之人修其廢，而後乃益彰。恭愛之績自建安今垂千三十餘年，乃始因公而復興，是豈偶然也哉。

塘成之日，老稚歡趨，竭蹶争覩，相與誦之曰：『新

〔一〕涵蓄　原本作『涵芸』，據光緒《重修儀徵縣志》卷十引是文改。
〔二〕祠　原本作『詞』，據光緒《重修儀徵縣志》卷十引是文改。
〔三〕障　原本作『璋』，據光緒《重修儀徵縣志》卷十引是文改。
〔四〕築　原本作『渠』，據光緒《重修儀徵縣志》卷十引是文改。
〔五〕浚東西湫以謹蓄泄　『濬』字原本脱，據光緒《重修儀真縣志》卷十引是文補。
〔六〕獨超　原本作『獨趨』，據光緒《重修儀真縣志》卷十引是文改。
〔七〕繄公是賴　『繄』字原本漫漶，據光緒《重修儀真縣志》卷十引是文補。
〔八〕芍陂　原本作『苟陂』，今改。

塘千步，膏流澤注，長我禾黍，公爲召父〔一〕恭愛無偏，公後陳先，甘棠之陰，共垂億年。』於是，州郡之氓暨使吏咸願紀公之成績，皆以屬孟傅曰：『子於公門下士，記之成，唯子爲宜書。』遂不辭避而書。

重修恭愛廟記

孫侔

漢建安中廣陵太守陳登，字元龍，居郡有異政，沈勇内決，總衆多威略。侯所治當東南之湊，土俗勁剽，物産蕃夥。方是時，皇綱弛絶，亂臣相與犯上；天下紛擾，雄豪並起。袁曹虎眎許鄴，昭烈拔跡小沛口，吕布暴桀下邳，桓王經略江表。侯鎮是邦，挺然自固。武力既宣，疆埸不驚。法修教浹，人趨厥務。稚耋鰥寡，愉愉嬉嬉。侯以休暇，行城之西二十里，濬源爲塘，用捄饑旱，有灌有葦，黿浮魚游，民資以饒；溉浸田疇，秔稻豐衍，勤本足食，廬井恭而愛焉。名傳於今，以慶厥廟，寅寅處事，四時報享，殆將千載而莫敢忘之。古所謂有功者得其所，以濟民則懷悦當時，遺後世無窮之澤，此爲政者所勸勉也。

宋興大中祥符六年，始析唐之白沙鎮，附以二縣，置真州爲江淮制置發運治所，而塘實在其地，歲用灌注長河，增淺宣淤，渟然流通，漕轉弗乏，其利彌廣矣。於是，官輸民賈，物貨粟帛，四方使客，千艘萬舳，雷動而雲集，故於淮之南爲州最劇。熙寧五年，太常少卿陳留羅道濟拯，尚書度支郎中河南皮憲臣公弼爲之使。慨然追侯之功，治愈久而利。視祠宇之不嚴，令加完飾，使里俗益知侯之德遠，不可忘，而顯章之，以信于後，且請文而紀焉。十二月十七日記，明年四月十日建。

重修雷塘昭佑祠之記

維揚兩淮界郡也，西北相距十五里，有塘曰雷塘，或曰坡。坡即陂，陂即塘也。貞觀間，引塘水溉田，民獲其利。大和間，引塘水溉田，民得其耕。唐末迄於宋，儲水以備漕運，積而成淵，其深不可蠡測。時之晴明也，日光摇曳水波不興，瑩然上下之一碧；時之陰晦也，翳空雲霧，拍岸水聲。倏然雷雨之作解。質其所然，蓋有龍蟄于其中。祠于塘北，封之曰昭佑王。是郡值旱，長吏以下，請水設雩禱雨，其應如響。郡人歲時蔵祀而不敢忘。兵革之餘猶有存焉。

皇元混一區宇，斯民咸得其安，淮西淮東宣慰合於一，仍隸於揚。命中書省右丞李公既擢而行司事，撫治兩淮。公元勳世家，項德重望，式副兹選。今歲大旱禾枯，而公詢於衆，有以雷塘請水告者，公從之。同宣慰同知僕散輪文秀、總管刺史慶堅，率諸僚屬，詣水焚香，拜於祠下。目擊〔二〕殿宇傾頽，廟貌剥落，恊力請神，撤而新之，冀

〔一〕召父　原本作『召艾』，據光緒《重修儀真縣志》卷十引是文補。
〔二〕目擊　原本作『目繫』，今改。

其感之速耳。未幾，果如其禱。庸是涓吉日興工，凡木植，瓦石一需於官，工役樂從其事。以治中馬居仁董務，共董其役。工未竟，越明年庚子六月仍少雨，螟螣肆裁。公齋沐禁屠，復遵故典，貯塘水置諸寺中，誠意懇切。不五日間大雨蘇旱，一月凡七。民悅於市，農悅於野，官吏得以逭其責。萬口一辭，咸龍之靈，歸公之德。由是，工役轉嚴，秋八月初吉，祠宇落成。正殿六楹，門六楹，環堵約二十五丈有奇。塑像居尊，兩旁繪以兩部出入之像。公設牲醴置靈于祠。惓惓冀神惠於無窮，淮民何其幸歟？揚州路儒學教授馬允中用摭其實爲之記，時大德辛丑四月吉日。

瓜洲西津渡重建馬頭石隄記

胡濙

揚子大江自岷山道巴蜀，過九江勢已彌漫，至揚州鎮江之境而益浩瀚滋大，淵深莫測。瓜洲西津渡在揚州江都縣南三十里，與鎮江京口相對，古有馬頭石隄，莫詳所始。蓋江中之潮盈縮有時，盈則舟可附岸，縮則舟膠於塗，去岸且數百步。馬頭石隄出於江中，以爲登涉者之便，固不可無者也。歲久隄壞，凡登舟者遇潮縮，必解衣徒跣，提携負担於泥淖中。壞隄之石散列淺水，舟行弗戒，輒有觸損之患。況茲渡實東西要津，凡兩浙、甌閩入京者必由於此，而京口細民以負販爲生者，畢集瓜洲，旦暮往還，無頃刻之隙。江面險遠，風濤莫測。曩昔附江趨利之徒爲輕舠以濟行旅，中流遇風波覆溺死者歲常以百十計，叫號於江許者無日無之。

宣德八年，左侍郎廬陵周公恂如巡撫江淮，憫人病涉，始措置區畫，鳩集匠料，造巨艦二隻，以爲渡舟。每艦可容五百人，令有司選善操舟者四十人籍爲渡夫。前之輕舠逐利之人自是屏去，十餘年間無一人溺者，往來稱便。惟馬頭石隄因工力浩大，欲重建而未果。

正統九年，瓜洲鎮士民趙珣廷瑞仗義輕財，奮然告于衆曰：『巡撫大臣暫經此處，尚能憫人覆溺，造巨艦以濟渡，吾儕世居此鎮，目擊石隄之壞與往來者之病涉，安可坐視而無惻隱之心乎？況吾於永樂宣德間以公事歷西洋諸蕃，涉鯨波之險者三次，往返無虞。且年踰五十未有嗣，而天與一子，此皆出於望外，盍相共成此隄，以答神天之貺，以愜巡撫大臣之志乎。』衆皆曰『善』。廷瑞首捐白金三百兩以購石材。周公聞之，亟以其經略公用羨餘之錢二十萬補其費。揚州知府韓侯弘率其僚佐及江都縣之長貳各捐俸貲〔一〕，廣集工役，以助其不給。經始於正統十年正月，落成於十一年十有二月〔二〕。隄長三百二十尺，廣三十六尺。用石以丈計，三千三百二十有八，石灰以石計，一千三百，木以株計二千三百四十五，鐵三千四十斤，

〔一〕俸貲　原本作『棒貲』，今改。
〔二〕十一年十有二月　『十』原本作『斗』，今改。

僦工之錢一十五萬六千四百有奇。隄成，完密堅緻，往來行旅免徒跣泥淖之苦，罔不歡悅稱便。廷瑞乃復以周公之命，於隄岸之上建高樓五楹，以爲行者休憩之所，而周公扁之曰：江淮勝槩。

於是鎮之耆老相與謀曰：『周公造巨艦於前，涉江者免覆溺之患；廷瑞成石隄於後，登舟者無泥淖之苦，皆莫大之德惠也。是宜具書其實，勒諸貞珉，俾後來者知周公與廷瑞重建之由，必能嗣其修葺之功，使舟與隄常堅完於永久焉。』議既恊，乃以書來屬筆於予。予家距瓜洲僅二百里，於鄉人往還聞周公之造渡艦，廷瑞之成石隄，固嘗歆慕其利物主仁，遂因父老之請，不辭而爲之記。

江淮勝槩樓記

王英

正統十三年戊辰冬十月，予陞秩尚書，赴南京，過維揚。知府韓侯語予曰：『瓜洲江淮勝槩樓，工部侍郎周公作也。肇工歲丁卯秋，踰年而成。瓜洲東南大鎮，閩、浙諸郡與海外番國遣使貢獻、朝廷差遣使臣暨漕運商旅之舟，皆由瓜洲濟江。逐利者渡以小舟，風濤洶湧，多致覆溺。公出在官錢造二巨艦，以民之善理舟楫者載以渡之，且蠲其民徭役。又屬耆民趙珣作石隄，凡三十餘丈，瞰出江岸以艤舟，登岸者便之。然舟無候舘，或風逆雨暴，水湧潮溢，行者叢立於隄以待，臨不測之淵，遭遇險阻，相視愕然，咸有憂色。公又出官錢市材木，募工匠，具百費[一]，建樓五楹，枕于石隄。樓高三十有八尺，上闢窗牖，中置几榻以處使客貴游之士。下通其中爲路，其旁以息行旅，其後，置厨爨，以便其飲食。凡渡江者遇險則止，無復憂愁，而登樓者可縱目一覽江山之勝，遂名樓曰：江淮勝覽。敢以請記。』予諾而未敢執筆。

明年己巳，今上皇帝嗣登大寶，予走朝賀。既還，與巡撫淮甸吏部尚書趙公，巡按監察御史蔣公相遇於揚。同往鎮江及瓜洲，登樓四望，大江南來，浩渺無際，金山峙乎中流，而京口諸峰羅列如屏障，景物之勝舉在目前。趙公曰：『樓名勝槩固宜，而游息於此者盍知所自乎？此周公之功也。』予曰：『然，於是竊思古之君子善於爲政者，凡利民之事無大小必爲之。三代之時，道路津梁，舟車舘舍，賓客之所寄寓，舉皆有備。其法之詳，周官謹書之。近時，仕者於學不講，古法廢弛。周公巡撫南甸，經理財富，國用充羨，生民安富，上下蒙其利凡二十年矣，而造舟作樓特餘事耳。人大受其惠如此，君子哉，善於爲政者也。』趙公曰：『子之言可書以示後人。』是時，揚之官屬咸在。韓侯進曰：『嘗以樓之記煩執事，今幸二卿相登覽，目覩其事。敢請書以記于樓。』不可辭，遂爲之書。公名忱，字恂如，江西吉水人，永樂甲申進士，以翰林庶吉

[一] 具百費 原本作『巨百費』，『巨』當係音訛而誤，今改。

士，擢秋官主事，陞員外郎，累陞侍郎，今拜工部尚書。趙公名新，富陽人，自工部主事累官至尚書，剛直有爲。蔣公名誠，大庾人，自縣令陞御史。韓侯名弘，閩中人，爲賢太守云。

儀真縣重建新牐記

王僎

國家自遷都北平，歲漕江南粟數百萬斛，以供億京師，而由儀真入運河者十七八。至於仕者之造於朝，商賈之趍於市，置傳征徭之出於途，其往來絡繹亦多敢道于斯焉。然其地濱江，江船入河，抑舉異勢。宋嘉定間嘗即州城之南建清江牐，久而壅闕。國朝洪武辛亥築土爲壩。成化甲午，巡河郎中郭君昇復建議置牐，首東關，次響水，次中牐，以達於羅四橋港，凡爲牐四，以通舟楫，一時稱爲便利。既而達官要人旁午雜遝，啟閉無節，河流遂耗而牐復廢焉。

弘治初元，南京守備司禮監太監蔣公琮舟經其地，耳聆目擊，利弊瞭然。於是疏言於上，請復牐制。事下冬官議久未決。公累抗章論列不已。蓋當道堅持不可行者三說，而公力辯必可行者數事。閱歲再朞，公復以程式進。始奉宸斷。命南京守備太監陳公祖生、鄭公强暨公琮、南京工部尚書劉公瑄、侍郎黄公孔昭斟酌而行。於是，分遣內官監右少監党君恕、御馬監丞李君景、屯田司郎中施君恕往度形勢，延問耆老，參酌群言，歸於定論。其論有曰：『建牐非私智，因車壩之疲民，廢牐非偏見，慮漕渠之泄水，廢置兩端，各有所見。惟在夏秋，江漲則啟牐以納潮；冬春潦盡，則閉牐以瀦水。牐壩並存而互用之，庶無遺利。』

此論既定，始戒党君、施君集材庀工，因舊中牐而充拓之以爲新牐。上高一丈三尺，中廣二丈，袤四丈，列板二重，兩翼各長八丈有奇。下甃石基數級，高五尺有五寸。方冬潮涸，俾與河水相平，一如公所預定之式。先是，響水牐去首牐纔百步許，水勢衝激，舟行多敗，今撤去之，而東關、羅四二牐則仍其舊。凡用物以根計者，木一千五百六十四，竹八十三。以丈計者，石一百四十二。以石計者，灰一千四百五十八，秫米一十二。以塊計者，板六十三。以斤計者，鐵六百五十二，檾三百五十，篾一百六十，桐油二十五。以片計者，葦麻八百。工以日計者二千五百六十四。始事於辛亥十月六日，訖工於十二月十八日。明年壬子，江南夏潦，淮揚之間湖水泛溢，而牐遂成。不惟遂疏通之利，而且免衝決之患。

說者謂事之興廢，似有數焉，非偶然也。屯田君恕偕其僚都水郎中安君康具事顛末過予，請記。予竊以爲，天下事有變有常，常所當因，而變所當革。所貴即事以觀理，隨時而處中，以求合天下之公，爲百世之利，如斯牐之建是也。蔣公字宗玉，南劍尤溪人，博學多識，尤工於詞翰，而雅善持論，遇事敢爲，無所遜避。故上眷之，益隆寵任，而公感激以求無愧負。即斯牐觀之，其餘可類推矣。因爲之記以示來者，使知興利之難，而矯弊之尤不易，官於斯者，毋鶩私而隳已成之功；遊於斯者，毋怙勢以貽將來之患。庶幾事有常規，法有定守，而經國庇民之政亦永有賴矣。

儀真東關閘記

莊杲

儀真東關閘，工部主事夏公育才所建也。公以命來督儀真，謂儀真京師喉襟之地，轉輸漕運之所必由，朝覲商賈之所必涉，有京師不能無儀真也。然儀真五壩又非取給於東關不可，五壩盈則蓄東關，以待其涸；五壩涸則泄東關，以濟其急，有五壩又不能無東關也。是五壩者用於京師，東關閘用於五壩也。公之吃吃[一]於此，豈爲儀真計哉？京師計也、天下計也。公之用心朝廷，可謂至矣。

公既建閘，人有謂公於杲者曰：『儀真五壩之地，一窪沼也，以京師之大，賴其力於此尋丈之際[二]，豈不深可慮哉？』然欲爲京師計，使儀真五壩不費餘力而國用自充，蓋有難者。昔《虞文靖公送祠天妃二使者》謂：國家之東，萑葦之澤，濱海而南者，廣袤相去，淤沮可稻之地何啻千數百里。使若東南之人隄圩而是[三]，給牛種農具爲之屯種，其賦之入可省江南漕運之半。而儀真五壩之力當亦可以不費也。又謂：『儀真距急水河之地高下不下數丈，使塞瓜埠，決六合野浦橋之淤塞，自急水河以達於儀真。長江大河風帆浪舶瞬息千里[四]，孰之能御？而儀真五壩又將可以併省矣。公之所以爲朝廷計者，乃不於此而於彼，何哉？』杲曰：『不然，子將以己之所涉者以料公也，公豈不知出乎此哉。杲以病廢，所謂國家濱海而南之地，足跡未嘗一至，不知果可以此用否也。又不知虞文靖公之說行於古者，而亦可以行於今也。使其可行，從前之說，則屯田之入，但可以省江南漕運之半，而其半又果能不藉夫五壩之力哉。從後之說，其策雖無可議，然水之高下，亦未可遽以口舌而爭。使果如是，則江空水落之時，而視夫濬瀰漫之日[五]，又不知其能用否也？苟有不同，而五壩之可廢哉？五壩不可以廢，而東關之閘不可廢也。蓋公之學有本末，故其政有緩急。緩者效大而用力常難，急者效速而用力常易。公知三者皆善，故先其易而後其難。

[一] 吃吃　光緒《重修儀真縣志》卷十引是文作『汲汲』，《天下郡國利病書》卷二九是文作『急急』。

[二] 際　原本作『濬』，據《天下郡國利病書》卷二九引是文改。

[三] 而是　《天下郡國利病書》卷二九引是文作『而田之』。

[四] 千里　原本作『十里』，據《天下郡國利病書》卷二九引是文改。

[五] 視夫濬瀰漫之日　《天下郡國利病書》卷二九引是文作『視夫夏潦瀰漫』。

而若所謂以急水河達於儀真，公之友夏官主事婁公元善已上聞矣。元善之於公有不知者乎？知之，公有不爲之成乎？以元善之論而公成之，公之功也。至若文靖之説，真不甚易，非有回天測海之力不可。以杲觀之，公可辭乎？使公不以爲難而又極其力焉，則國用尚何不充之有？公殆將以三者次第行之，而謂公不知出乎此者，不知公也。不然，則善與人同不怵不忮者，又豈無道乎？知急水河之論，以儀真之水未可遽達，使併五壩而遽廢之，則往來京師者何以怵於目前。鬨東關者，急水河地也。知屯田之説，以天下之事能無齟齬。使急水河之舉，苟有不善，則爲迂談，何以取信於上？成急水河者〔一〕，屯田地也。此公裁成左右之精經綸造化之妙〔二〕，人不知之，而公獨知之〔三〕，而杲竊窺見之者，公必居其一於此矣。嗟乎天下之治，使皆結繩，使皆野鹿〔四〕，則已如欲酬酢乎。其他，則計之大者，亦無以過於此也，而若公者，尚可爲之訾哉。』

是役也，巡撫都憲李公、周公寔〔五〕可其謀管河御史婁公、郎中曹公寔贊其成，守備都指揮昌公寔同其事，而管理則有指揮張旺、知縣陳吉、千户郭鎮、縣丞謝賓、主簿李俊、劉清、典史史述，而奔走執事吏則丘紀、老人潘宣、鍾鎮、俞悌、陳倉，而吉則尤爲勤事者也。公求記，杲於公非泛愛〔六〕以深者，遂與公商確，天下事如此，公其以杲爲迂問否哉。公名英，世家吉水，育才其字云〔七〕。

卷之七

詩

高梁河　馬祖常

天下名山護此邦，《水經》曾見註高梁。一觴清淺出昌邑，幾折縈迴朝帝鄉。

直沽　王懋德

極目滄溟浸碧天，蓬萊樓閣遠相連。東吴轉海輸秔稻，一

〔一〕成急水河者　『成急』二字原本漫漶，據《天下郡國利病書》卷二九引是文補。
〔二〕經綸造化之妙　原本『綸』『化』二字漫漶，據《天下郡國利病書》卷二九引是文補。
〔三〕知之　原本作『如之』，據《天下郡國利病書》卷二九引是文改。
〔四〕鹿　原本作『庇』，據《天下郡國利病書》卷二九引是文改。
〔五〕寔　原本作『宜人』，據《天下郡國利病書》卷二九引是文改。
〔六〕泛愛　原本『愛』字漫漶，據《天下郡國利病書》卷二九引是文補。
〔七〕其字　原本作『其事』，據《天下郡國利病書》卷二九引是文改。

夕潮來集萬船。

又　曾棨

近海巖烽戍，孤城雉堞雄。河流千里合，舟楫萬方通。島嶼鯨波外，樓臺蜃氣中。春來何似景，煙緑曉霞紅。

再過天津

潞河南下接流河，飛入天津漲海波。獨坐船窗清夜寂，月明何處扣弦歌。

百門泉　周百禄

光摇暗日動珠盤，汎汎輕風漾碧瀾。俯檻怳然驚醉眼，雲天却向鏡中看。

又　王鑑

濟南七十二名泉，散在坡陀百里川。未似共城祠下水，千窠送出畫欄前。

蘇門百泉　劉豫

太行雄偉赤霄逼，枝分蘇門爲肘腋。孕奇産秀氣蟠鬱，湧作琉璃千頃碧。初疑驪龍蟄山趾，仰噴明珠飛的皪。忽如湘靈理新粧，大鑒開匣乍磨拭。峰巒倒影浸雲煙，蘋藻照沙改顔色。相輝一段佳風月，餘澤幾州及動植。昔聞隱淪有僊人，高標清與溪山敵。悠悠往事散浮雲，嘯有遺屋行有跡。我居東秦濟水南，無限泉池日親炙。一行作吏別經年，情思塵埃何處滌。雲祠因禱來憑欄，頓爽骨毛快胷臆。飄飄蘭舟七八客，罇俎笙簫隨分入。勝概紛並恨不暇，恨乏魯戈延晷刻。歸來簿領厭沉迷，春睡每着蝶夢適。心約他時杖履游，醉漱溪流枕溪石。

泗源二十韻(其泉出於石竇中)

泗泉奇且怪，聲勢各喧豗(其泉非一)。虎豹巖邊去，蛟龍窟裏來。稍流煙作陣，初激雪成堆。派必人疏導，源應鬼鑿開。乍深濤不起，漸遠浪相催。可把江心比，嘗將海眼猜。始微纔迸玉，終盛忽奔雷。澗爲寒無卉，丘因潤有苔(傍有太丘)。已觀離竇側，俄見過城隈(過泗水縣城)，石勁崖難漱，沙虛岸易頹。邇雖踰濟漯，遐亦到蓬萊。洗鉢僧常至，乘槎客未迴。我從原際瞰，誰自谷中推。洶湧曾浮磬，潺漫好泛杯。狹寧容蟻穴，湍可暴魚鰓。擘華非天爾，排淮乃力哉。傍如巫女峽(傍有衆山)，上類楚王臺(上有臺)。漏澤空神異(有漏澤波)，襄陵但水災。林幽多鳥雀，地僻少塵埃。重愛兹佳趣，題詩愧不才。

泉林會泉亭　徐有貞

靈源四出石玲瓏，自與諸泉夐不同。誰道山中無水府，只應地底有龍宮。萬珠跳湧人聲合，一鏡澄明月影空。好爲導將千里去，長流助我濟川功。

清泉　陳豫

公餘問俗得民情，此郡因泉有令名。丹詔九重憐要地，靈泉一脈見新城。味兼甘露尤鮮美，冷濺明珠散復成。瑩徹琉璃光皎潔，深期心跡與同清。

又　魏驥

井飭琉璃舊有情，元戎疏後永垂名。影吞明月深通海，光妬晴虹湧近城。面面石欄新琢就，層層碧甃古穿成。須知濟世爲甘澤，未許塵纓此濯清。

沽頭阻淺　柳貫

傾囊作舟傭，頗意遂所往。進止由他人，何異車在鞅。沽頭臨閘水，寒淺不容槳。小待得微瀾，囂噪争下上。强挽纔一篙，退却已數丈。兩艙忽棖觸，石際戛〔一〕餘響。前船如釋棚，後船如脱襁。回頭望歌岸〔二〕，心折由惝怳。投艱始誰逼〔三〕，出險終自調。却懷乘木功，在易垂象象。夫知理即事，豈有患非想。歸鳥尚依樊，游魚亦驚網。人生羈旅中，百歲徒壤壤。白雲何方來，相招洮予穎。

出彭城北門　陳孚

千載金湯拱上流，只今惟有荻花秋。江南客子笑無語，閑看黄河下汴州。

汴泗交流贈張僕射　韓愈

汴泗交流郡城角，築場千步平如削。短垣三面繚逶迤，擊鼓騰騰樹赤旗。新秋朝凉未見日，公早〔四〕結束來何爲？分曹決勝約前定，百馬攢蹄近相映。毬驚杖奮合且離，紅牛纓紱黄金羈。側身轉臂著馬腹，霹靂應手神珠馳。迢遥散漫兩閒暇，揮霍紛紜争變化。發難得巧意氣麤，讙聲四合壯士呼。此誠習戰非爲劇，豈若安坐行良圖。當今忠臣不可得，公馬莫走須殺賊。

與梁先舒煥泛舟得臨字　蘇軾

彭城古戰國，孤客倦登臨。汴泗交流處，清潭百丈深。故人輕千里，足蠒來相尋。何以娱佳客，潭水洗君心。

河復　蘇軾

熙寧十年秋，河決澶淵，注鉅野，入淮泗。自澶魏以北皆絶流，而齊楚大被其害。彭城門下水二丈八尺，七十餘日不退，吏民

〔一〕戛　《柳侍制文集》卷一是詩作『發』。
〔二〕回頭望歌岸　《柳侍制文集》卷一是詩作『回頭望欹岸』。
〔三〕投艱始誰逼　《柳侍制文集》卷一是詩作『役艱始誰逼』。
〔四〕公早　原本作『早早』，據《全唐詩》卷七九一是詩改。

疲於守禦十月十三日澶州大風終日，既止，而河流一支已復故道。聞之甚喜，庶幾可塞乎？乃作《河復》詩，歌之道路，以致民願，而迎神休。蓋守土者之志也。

君不見，西漢元光元封間，河決瓠子二十年。鉅野東傾淮泗滿，楚人恣食黄河鱣。萬里沙回封禪罷，初遣越巫沉白馬。河公未許人力窮，薪芻萬計隨流下。吾君仁聖如帝堯，百神受職河神驕。帝遣風師下約束，北流夜起澶州橋。東風吹動收微淥，神功不用淇園竹。楚人種麥滿河淤，仰看浮槎棲古木。

百步洪　蘇軾

長洪斗落生跳波，輕舟南下如投梭。水師絶叫鳧鴈起，亂石一綫争嗟磨。有如兔走鷹隼落，駿馬下注千丈坡。斷弦離柱箭脱手，飛電過隙珠翻荷。四山眩轉風掠耳，但見流沫生千渦。嶮中得樂雖一快，何異水伯誇秋河。我生成化日夜逝，坐覺一念逾新羅，紛紛争奪醉夢裏，豈信荆棘埋銅駝。覺來俯仰失千劫，回視此水殊委蛇。君看岸邊蒼石上，古來篙眼如蜂窠。但應此心無所住，造物雖駃如吾何。回船上馬各歸去，多言譊譊師所呵。

夜過徐州　楊士奇

怒濤翻河亂石横，牽船上洪初月明。夜中不辨黄樓處，惟聽層城鍾皷聲。

徐州見黄河　薛瑄

吾家正在龍門下，流出黄河幾曲長。忽向徐州城外見，牽情一水正思鄉。

黄河水下徐州　徐瓊

河滚如湯半是泥，盡衝鐵石舊隄隳[一]。龍争虎門城思保，犬吠鷄鳴聚惜移。雖得南流通國賦，何如北復護邦基。聖人在位當澄澈，歲歷三千正此時。

黄樓　吴寬

樓中不見羽衣人，黄堊依然四面新。坐使河流循故道，俯臨山石倚長津。名邦信美皆吾土，勝日高登與衆賓。從此再傳蘇子事，只須題壁掃清塵。

又　胡謐

坡老當年牧此州，東城高處築黄樓。謾憑雄鎖消河患，不爲奇觀快我游。山接青徐横翠黛，水兼汴沁入洪流。西風落日憑欄處，廊廟江湖總繫憂。

[一] 舊隄隳　原本『隄』作『提』，今改。

徐州洪　尹直

汴河自西來，泗水從北至，合流彭城隅，汩汩連天勢。亂石犖确百步洪，磬折斗落何洶洶？南船北上九牛挽，北船南下如飛鴻。篙師失利禍莫測，檣傾柁摧舟礫裂，古今通患衆所咨，底事無人獻一策。汾陽後裔冬官郎，讀書博雅稱才良，三年奉命專河防，徘徊目覩心孔傷。經綸指畫百費庀，募工疏鑿來如子。淬煆刊斵日碻磕，大者除泐小者徙。兩隄夾岸連長城，公漕私載東西行，嶮巇變作康莊路，民不知役功告成。水神從此不須禬，稽首再拜冬官惠。作詩願繼瓠子歌，名績應傳千百歲。

暮上吕梁洪　王紱

黄河從西來，萬里走濁渾。吕梁仍故道，勢若逸馬奔。我來趨王程，至此日已昏。挽夫識予意，駕牛乘夜喧。灘回石亂鬭(一)，水與船相吞。攀援一失勢，轉眼不可存。巨纜雖云牢，懷畏時自門。須臾際安流，稍覺寧心魂。因之勞其勤，斗米代雙罇。汝勞勿復道，吾儕賴君恩。

吕梁洪　楊士奇

吕梁洪，截流巉巖立巨石，森若虎豹存歌側。洪波中射勢怒激，鳴聲喧豗萬鼓擊。自昔疏鑿出神力，側身望之皆辟易。蜀江瞿塘險莫敵，百丈牽船載牛軛，棹夫操篙捷貫的。君不見，北去南來皆安流，未若人心不可測。

上吕梁洪　宋無逸

亂石穿空疊浪驚，烏犍百尺上洪輕。扁舟載雨西風急，試問徐州一日程。

吕梁洪二十韻　李東陽

吕梁天下奇，濤石動森磢。槎牙引微路，鏜鞳墮深響。周迴百里間，尺地無寸壤。天開與鬼鑿，兹事直惚恍。江淮實襟帶，幽薊乃喉吭。人云百步險，此地兼倍兩。冬乾苦焦涸，夏潦恣泱漭，憑高瞥而下，跬步不得上。光陰在瞬息，性命寄篙槳，馳驅費千夫，雇直糜萬鏹。北人駭奔湃，欲語舌已强，寧甘車馬勞，未倦風塵想。南人慣舟楫，觸險生技癢，置身當中流，舟與水争長。吾土好奇勝，寓目堪一賞，心神晝軒豁，毛骨秋颯爽。遠游向湘漢，歸路説疇曩。竭從南都來，王事紛鞅掌。平生忠信心，利涉隨所往。高歌遡天風，壯志方慨慷。

過邳州　陳孚

沂水碧潺湲，汀沙白鳥間。林邊郯子國；煙際嶧陽山。

(一) 灘回石亂鬭　『灘回』二字原本漫漶，據膠卷本改。

房屋秋先破，荒城夜不關。烹魚呼濁酒，一笑夕陽間。

晚泊宿遷 楊士奇

夕陽收棹處，撫景覺淒其。樹裏鍾吾驛，苔荒楚霸基。魯郊應北盡，泗水自東馳。莫問兵爭事，開樽一賦詩。

清河口 陳孚

百年南北戰塵昏，只指長淮作塞垣。今日清河河上水，天教洗眼看中原。

出清河口 錢溥

黄河滚滚出天源[一]，卷地聲如萬馬奔，自是長淮清徹底，應同到海不同渾。

黄河謡

長淮緑如苔，飛下桐柏山。黄河忽西來，亂瀉長淮間。馮夷鼓狂浪，峥嶸雪崖墮。驚起無支神，腥涎沃[二]鐵鏁。兩雄鬭不死，大聲吼乾坤。震撼山嶽骨，磨蕩日月魂。黄河無停時，淮亦流不息。東風吹海波，萬里湧秋色。秋色不可掃，青煙映蘆花。白鳥十四五，長鳴下汀沙。黄靈奠四瀆，各剖盤古髓。千古今合流，神理胡乃爾？漁翁一鬢霜，扁舟依古樹。隔浦欲扣之，翩然凌波去。

淮上遇風 范仲淹

聖宋非强楚，清淮異汨羅。平生仗忠信，盡日任風波。舟楫顛危甚，蛟鼉出没多。斜陽幸無事，沽酒聽漁歌。

好在長淮水，十年三往來。功名真已矣，歸計亦悠哉。今日風憐客，平時浪作堆。晚來洪澤口，捍索響如雷。

登楚州城望淮河 楊萬里

望中白處日爭明，箇是淮河凍作冰。此去中原三里許，一條玉帶界天横。

長淮水 劉士皆

長淮水，日東注，流盡年光祇如故，亘古窮今不可涯，惟見行舟往來處。長淮水，流滔滔，映空浴日排銀濤，鷗鷺翻飛岸摇曳，魚龍鼓舞風怒號。濠濤西來如折斗，汴泗交流會清口，滚滚寧辭東海遥，萬里朝宗兵趨走。長淮水，涵華滋，昔年淮右見龍飛。大河挽洗甲兵浄，恩澤汪洋洽九圍。長淮水，今澄清，聖人繼統川嶽寧，龍驤萬斛日充貢。永奠皇圖歌太平。

[一] 滚滚出天源　原本作「衮衮」，今改。

[二] 腥涎　原本作「腥延」，今改。

夜入淮安　錢溥

滔滔河忭逐淮流，雄據東南第一州。揚子江分吴地斷，嶧陽山挾楚雲浮。入城舟楫潮通浦，近水人家月滿樓。欲覓故交尋舊迹，王程有限不堪留。

高郵軍東園　蔣之奇

三十六湖水所瀦，其尤大者爲五湖。中間可以置郵戍，隱然高阜如覆盂。爾來水利復興復，汙萊墾闢成膏腴。

過高郵　楊萬里

解纜維揚破夕陽，過舟復盎已晨光。夾河漁屋都編荻，背日船蓬尚滿霜。城外城中四通水，隄南隄北萬垂楊。一舟斗大君休笑，國士秦郎此故鄉。

過甓社諸湖　前人

爲愛淮中似掌平，忽逢巨浸却心驚。怪來萬頃不生浪，凍合五湖都是冰。碧玉湖寬容我倒，白銀地滑没人行。兹游直道清無價，清殺詩翁老不勝。

過新開湖　前人

遠遠人煙點樹梢，船門一望一魂消。幾行野鴨數聲鴈，來爲湖天破寂寥。

過高郵湖　楊士奇

四顧無山色，蒼茫極遠天，水雲涵郡郭，秔稻被湖田。草舍津頭市，菱歌柳外船，覊愁念前路，非爲别離牽。

瓜洲新河餞族叔舍人賁　李白

齊公鑿新河，萬古流不絶，豐功利生人，天地同朽滅。兩橋對雙閣，芳樹有行列。愛此如甘棠，誰云敢攀折。吴關倚北固，天險自兹設，海水落斗門，潮平見沙汭〔一〕。我行送季父，彌棹徒流悦，楊花滿江來，疑是龍山雪。惜此林下興，愴爲山陽别。瞻望清路塵，歸來空寂寞。

過犇牛閘　楊萬里

春雨未多河未漲，閘官惜水如金樣。聚船久住下河灣，等待船齊不教放。忽然三板兩板開，驚雷一聲飛雪堆。衆船過水水不去，船底怒濤跳出來。下河半篙水欲滿，上河水平勢差緩，一行二十四樓船，相隨過閘如魚貫。

〔一〕沙汭　原本作『沙吶』，據《全唐詩》卷一八四是詩改。

賦

黃樓賦　蘇轍

熙寧十年秋七月乙丑，河決於澶淵，東流鉅野，北溢于濟，南溢于泗。八月戊戌，水及彭城。余兄子瞻適爲彭城守，水未至，使民具畚鍤，蓄土石，積芻茭，完窒隙，以爲水備，故水至而民不恐。自戊戌至九月戊辰水及城下者二丈八尺，塞東西北門，水皆自城際山。雨晝夜不止，子瞻衣製履屨，廬於城上。調急夫，發禁卒〔一〕。所以從事。令民無得竊出避水，以身率之，與城存亡。故水大至而民不潰。方水之淫也，汗漫千餘里，漂廬舍，敗塚墓，老弱蔽川而下。壯者狂走，無所得食，槁死於丘陵林木之上。子瞻使習水者浮舟楫，載糗餌以濟之，得脱者無數。水既涸，朝廷方塞澶淵，未暇及徐。子瞻曰：『澶淵誠塞，徐則無害。塞不塞，天也。不可使徐人重被其患。』乃請增築徐城。相水之衝，以隄捍之。水雖復至，不能以病徐也。故水既去而民益親。於是，即城之東門爲大樓焉，堊以黃土，曰：『土實勝水』。徐人相勸成之。轍方從事於宋，將登黃樓，覽觀山川，弔水之遺迹，乃作黃樓之賦。其詞曰：

子瞻與客游黃樓之上，客仰而望，俯而嘆，曰：『噫嘻殆哉，在漢元光〔二〕，河決瓠子。騰蹙鉅野，衍溢淮泗，梁楚受害二十餘歲。下者爲汙澤，上者爲沮洳，民爲魚鼈，郡縣無所。天子封祀泰山，徜徉東方，哀民之無辜，流死不藏，使公卿負薪以塞宣房。瓠子之歌，至今傷之。嗟維此邦，俯仰千載，河東傾而南洩，蹈漢世之遺害。包原隰而爲一，窺吾墉之摧敗。吕梁齟齬，橫絶乎其前，四山連屬，合圍乎其外。水迴決而不進，環孤城而爲海。舞魚龍於隍壑，閲帆檣於睥睨。方飄風之迅發，震鞞鼓之驚駭。誠蟻穴之不救，分閭閻之橫潰。幸冬日之既迫，水泉縮以自退。棲流枿於喬木，遺枯蚌於水裔，聽澶淵之奏功，非天意吾誰賴。今我與公冠冕裳衣〔三〕，設几布筵。斗酒相屬，飲酣樂作，開口而笑，夫豈偶然也哉！』

子瞻曰：『今夫安於樂者，不知樂之爲樂也，必涉於害者而後知之。吾嘗與子憑茲樓而四顧，覽天宇之宏大。繚青山以爲城，引長河而爲帶。平皐衍，其如席；桑麻蔚乎旆旆。畫阡陌之縱橫，分園廬之向背。放田魚於江浦，散牛羊於煙際。清風時起，微雲霮䨴，山川開闔，蒼莽千里。東望則連山參差，與水背馳，群石傾奔，絶流而西。

〔一〕調急夫發禁卒　原本作『調急走』；『卒』原木脱，據《欒城集》卷一七是詩改、補。

〔二〕元光　原本作『元先』，據《欒城集》卷一七是詩改、補。

〔三〕冠冕裳衣　『冕』原本作『晃』，據《皇朝文鑑》卷五改。

百步涌波，舟楫紛披，魚鼈顛沛，没人所嬉。聲崩震雷，城堞爲危。南望則戲馬之臺，巨佛之峰，巋乎特起。下窺城中，樓觀翱翔，巍峨相重。激水既平，渺莽浮空，駢洲接浦，下與淮通。西望則山斷爲玦，傷心極目，麥熟禾秀，離離滿隰。飛鴻群往，白鳥孤没，黄煙澹澹，俯見落日。北望則泗水渋漫，古汴入焉，匯爲濤淵，蛟龍所蟠。古木蔽空，烏號呼，賈客連檣。聯絡成隅。送夕陽之西盡，導明月之東出，金鉦湧於青嶂，陰霁爲之辟易。窺人寰而直上，委餘彩於沙磧。激飛楹而入户，使人體寒而戰慄。息洶洶於群動，聽川流之蕩潏。可以起舞相命，一飲千石，遺棄憂患，超然自得。且子獨不見，夫昔之居此者乎？前則項籍劉備，後則光弼建封。戰馬成群，猛士如林，振臂長嘯，風動雲興。朱閣青樓，舞女歌童，勢窮力竭，化爲虚空。山高水深，草生故墟。蓋將問其遺老，既已灰滅而無餘矣。故吾將與子弔古人之既逝，憫河決於疇昔，知變化之無在，付杯酒以終日。』

於是，衆客釋然而嘯，頽然而就醉，酒傾月墜，携扶而出。

渡黄河賦

王雲鳳

造化剖胎，混沌開械，黑水沆漭，昆侖嶄岊。乃有百泉星聚以下列，九派虹分而可邅。忽茫浵以洶湧，禀中央之正色兮，飛下萬仞之重嵒。滌戎蕩狄兮，望神州而南騖；抹雍貫豫兮，上擁磧石之滓，下呑滄海之鹹。滽潪東西，衝突南北兮，蓋不知其幾千萬折。謂之千里而一折者，乃其大凡。

時或帶雨以奔怒，齧崇崖而肆饞。渺平原兮。曾不一瞬；渠深如谷兮，岸突如巖。聲若逆雷之將擊，勢如怒兵之鼓饞。河伯湧躍兮，蛟龍嘯舞，濁濤巨浪，不啻日浴而天銜。野老稚子，號顧以遁走兮，壯夫健婦争持敝畚，荷長鑱。峻隄忽亘以百里兮，林空山赭，曾未惜乎合抱之松杉。慨何代不罹此患兮，豈水德之匪仁，抑上帝之降災兮，而吾何有乎至誠。何艱兮兹辰，汴堤兮決缄。千村萬落如刮如芟。

天子震怒，乃責守監，何獻策之紛紛兮，曾不異夫乎燕語之呢喃。我詢父老兮，噫乎何以禦水？但見漁人舟子，天際掛一葉之輕帆。欲訴真宰，何辜兮蒼生，安得神巫起鄭之咸。扣舷長太息，蘆花映征衫。

卷之八

漕河水次倉

永樂二年，該運糧旗軍言：『海運糧儲到直沽，用三板划船裝運赴通州等處交卸。水路擱淺，誠恐遲誤海船回還。合於小直沽地方高處起蓋蘆囤倉厫收貯，不誤回還。』遂於小直沽起蓋蘆囤二百八座，約收糧一十萬四千石。河西務起蓋倉囤一百六十間，約收糧一十四萬五千石。

十二年，平江伯陳瑄等奏，擬將浙江都司並直隸衛分官軍於淮安運至徐州，置立倉厫收囤；京衛官軍於徐州運至德州，置立倉厫收囤；山東、河南都司官軍於德州接運，至通州交收。

十三年，把總運糧平江伯陳瑄等會同刑部尚書劉觀等，議得淮安蓋完常盈倉厫，可收糧二百萬石。今坐派糧一百萬石，不勾攢運。合着該部於附近府、州、縣再撥秋糧一百萬石，送赴本倉交收，儹運便益。即日本倉並徐州等倉缺官提督，着户部每處委主事一員，管收支糧米，庶得糧數清切，以革侵欺之弊。

十六年，張家灣起蓋倉厫七十間，立名通濟倉。

漕運糧數

洪武三十年，海運糧七十萬石于遼東。

永樂六年，海運糧六十五萬一千二百二十石于北京。

十二年，衛河儹運衛輝府倉米麥一十六萬五千七百二十一石，德州等倉粟米二十四萬八千四百二石，臨清倉粟米三萬八千七百五十三石于北京。又接運海運粳米四十一萬四千八百一十石于通州。

十六年，會通河儹運淮安等處常盈等倉，糧料四百六十四萬六千五百三十石五斗，于北京等處。

宣德八年，官軍儹運糧儲五百餘萬石，通州倉收二分，京倉收一分。

正統二年，官軍儹運糧儲四百五十萬石，通州收六分，京倉收四分；林南、東店倉收二十萬。兑運二百八十萬一千七百三十五石，淮安倉支運五十五萬二百六十五石，徐州倉支運三十四萬八千石，臨清倉支運三十萬石，德州倉支運五十萬石。

景泰二年，官軍儹運糧料四百二十三萬五千石。

七年，官軍兑運秋糧二百八十二萬三千四百八十石。淮安、臨清、東昌、徐州、德州有糧倉分，支運一十一萬六千二十石三斗，共運糧料二百九十三萬九千五百石二斗。內遮洋船運糧三十萬石，二十四萬石於薊州倉收，六萬石於京、通二倉收。

天順四年，官軍儹運糧儲四百三十五萬石。兑運三百六十三萬八千二百石，淮安、徐州、臨清倉支運七十一萬一千八百石。遮洋船運三十萬石，二十四萬石於薊州倉收，六萬石於天津等衛倉收，餘俱在京、通二倉收。民運之數不在是焉。

成化八年，官軍儹運糧斛四百萬石。因天旱災傷，河道乾淺，內將徐、淮二倉支運二十萬八千二百九石五斗；並揚州等府災傷無兑糧米一十五萬二千石，俱免運。起運數內有一百一十餘萬石隨路寄收：天津倉寄收四十八萬七千餘石，德州倉寄收一十九萬一千一百餘石，臨清倉寄收二十四萬一千八百餘石，東昌府倉寄收一十一萬三千七十餘石，濟寧州倉寄收六萬六千八百餘石。是年，江南嘉興、湖州、蘇州、松江、常州五府民運白、糙、粳、糯等糧一十八萬八百六十餘石于京。北直隸大名等府、山東、河南二布政司所屬民運粟米、麥豆之數不在是焉。

漕運官軍船隻數

洪武年間，在京衛所與浙江、福建都司、南直隸衛所官軍海運。永樂年間，不用福建都司官軍，止用南京並南直隸及浙江、江西、湖廣、山東四都司衛所官軍儹運。共一百一十三衛所，官軍一十二萬一千五百餘員名，船一萬一千七百七十七隻。海運一十三衛，官軍七千餘員名，遮洋船三百五十隻；裏河一百一十三衛所，官軍一十一萬四千五百餘員名，船一萬一千四百二十七隻。

運糧加耗則例

洪武年間，海運每糧一石，加耗米一升。

永樂十三年，始於裏河運糧。其糧係浙江等布政司並南直隸府、州、縣民運至淮安、徐州等處上倉。各衛所官軍却駕空船赴倉支運，民費脚價，且妨農業；軍不得加耗，往往陪補，運納彼此不便。

宣德七年，以右參將吴亮言，始令官軍各於附近府、州、縣水次交兑，及令江南府、州、縣民運糧於瓜洲、淮安二處水次，俱限年裏到，兑與江北鳳陽、揚州等衛所官軍領運，量地遠近加與耗米。仍於淮安、徐州等倉支運十分之四，軍民利便。河南所屬糧，民運至大名府小灘兒兑與遮洋船官軍領運焉。

宣德八年，湖廣布政司八斗，江西、浙江二布政司七斗，南直隸六斗，江北揚州、淮安、鳳陽五斗，徐州四斗，山東、河南三斗。若民自運至淮安、瓜洲等處，兑與軍運者四斗。正糧兩尖，加耗一平斛。

正統二年，湖廣、江西、浙江三布政司六斗五升，南直隸五斗五升，江北揚州、淮安、鳳陽四斗五升，徐州四斗，山東、河南三斗，若民自運至淮安、瓜洲等處，兑與軍運者三斗。

九年，民運至瓜洲，兑與軍運者三斗七升，運至淮安，兑與軍者三斗，餘俱與正統二年同。

景泰元年，民運至瓜洲，兑與軍運者四斗五升，淮安兑軍者四斗，餘俱與正統九年同。

成化七年，罷瓜、淮二處交兑，俱去江南水次領運，比原在江南交兑每石多加耗米六升。從巡撫右副都御史滕昭之議也。

十年，支運倉糧七十萬石。原係民運，赴淮安、徐州、臨清、德州常盈等倉，支與官軍領運。原無加耗，今免民赴該倉，就於各處水次兑與官軍領運。每石加耗：湖廣、江西、浙江四斗，應天並江南直隸各府三斗，江北直隸各府一斗五升，徐州二斗，山東、河南一斗五升。如兑支不盡，仍令民運原定各倉上納。各處官軍兑運糧米，每石仍不爲常例，通加耗七升。

運糧官軍行糧

洪武二十六年以前，每年海運官軍俱自三月十五日起，至九月十五日止，每員名日支口糧二升。二十七年以後，每員名月支口糧米四斗。

永樂、正統年間，官軍行糧不分遠近，每員名俱支米三石。

景泰七年，揚州迤南衛所每員名支米三石，淮安迤北衛所每員名支米二石。

天順四年，江南衛所每員名支米三石，江北直隸廬州、鳳陽等衛所兼支米麥二石八斗，高郵、淮安、大河迤北衛所兼支米麥二石六斗，山東、河南二石四斗，天津迤北衛所二石。

運糧官軍賞賜

指揮鈔八錠。千户衛、鎮撫鈔六錠，百户所鎮撫鈔五錠，旗軍鈔四錠。

跋

始宗理來守徐，見水次廣運倉一歲所入糧數僅萬餘，而其所出則惟官軍行糧數百而已。典守官吏、役卒數年不得代去，且勑中貴二人及户部歲委司屬官一員同領其事。私竊怪其事之輕而制之重。又守卒歲增不代，爲民之病。思欲捄其弊，以紓民困而未果。近讀都水王先生所著《漕河圖志》，乃知除州廣運倉及臨清、淮安等倉在國初轉般支運，歲所出入以百餘萬計，故其制最重。後又變爲兑運，不復轉支而其制猶不廢也。又知兑運雖若軍民兩利，而往返道途，日不暇給，又爲漕卒之病焉。由此書一事觀之，則其他所載事足備稽考，可以類知。視彼荒詞冗語無益文字而紛紛傳刻之者，固有間矣。因書數語於卷終，庶使觀書者知所擇云。

賜進士出身知除州事關西何宗理謹跋

附録一

主要參考書目

〔一〕《十三經注疏》，中華書局本
〔二〕北魏酈道元，《水經注》，王氏合校本，巴蜀書社
〔三〕清彭定求編，《全唐詩》，中華書局本
〔四〕宋蘇轍，《欒城集》，《四部叢刊初編》本
〔五〕宋吕祖謙編，《皇朝文鑑》，《四部叢刊初編》本
〔六〕元蘇天爵編，《國朝文類》，《四部叢刊初編》本
〔七〕元柳貫，《柳待制文集》，《四部叢刊初編》本
〔八〕元虞集，《道園學古録》，《四部叢刊初編》本
〔九〕元揭傒斯，《揭傒斯全集》，上海古籍出版社
〔一〇〕明宋濂等，《元史》，中華書局標點本
〔一一〕明吴仲，《通惠河志》，玄覽堂叢書本
〔一二〕明程敏政編，《皇明文衡》，《四部叢刊初編》本
〔一三〕明謝肇淛，《北河紀》，四庫全書本
〔一四〕明陳子龍編，《明經世文編》，中華書局本
〔一五〕明黄宗羲編，《明文海》，中華書局本

〔一六〕明實録,中華書局本
〔一七〕清閻廷謨《北河續紀》,清順治刊本
〔一八〕清葉方恒《山東全河備考》,清康熙刊本
〔一九〕清傅澤洪《行水金鑑》《國學基本叢書》本
〔二〇〕清永瑢等《四庫全書總目提要》,商務印書館
〔二一〕清張廷玉等《明史》,中華書局標點本
〔二二〕清于敏中等《日下舊聞考》,北京古籍出版社
〔二三〕清沈家東《天津府志》,清光緒刊本
〔二四〕清劉文淇等《重修儀真縣志》,清光緒刊本

附録二

明史王瓊傳

王瓊,字德華,太原人。成化二十年進士。授工部主事,進郎中。出治漕河三年,臚其事爲志。繼者按稽之,不爽毫髮,由是以敏練稱。改户部,歷河南右布政使。

正德元年擢右副都御史督漕運。明年入爲户部右侍郎。衡府有賜地,蕪不可耕,勒民出租以爲常,王反誣民趙賢等侵據。瓊往按,奪旁近民地予之,賢等戍邊,民多怨者。三年春,廷推吏部侍郎,前後六人,皆不允。最後以瓊上,許之。坐任户部時邊臣借太倉銀未償,所司奏遲,尚書顧佐奪俸,而瓊改南京。已,復改户部。八年進尚書。瓊爲人有心計,善鉤校。爲郎時悉録故牘條例,盡得其斂散盈縮狀。及爲尚書,益明習國計。邊帥請芻糗,則屈指計某倉、某場庤糧草幾何,諸郡歲輸、邊卒歲採秋青幾何,曰:『足矣。重索妄也。』人益以瓊爲才。

十年代陸完爲兵部尚書。時四方盜起,將士以首功進秩。瓊言:『此嬴秦弊政。行之邊方猶可,未有內地

而論首功者。今江西、四川妄殺平民千萬，縱賊貽禍，皆此議所致。自今内地征討，惟以蕩平爲功，不計首級。』從之。帝時遠遊塞外，經歲不還，近畿盗竊發。瓊請於河間設總兵一人，大名、武定各設兵備副使一人，責以平賊，而檄順天、保定兩巡撫，嚴要害爲外防，集遼東、延綏士馬於行在，以護車駕。中外恃以無恐。孝豐賊湯麻九反，有司請發兵剿。瓊請密敕勘糧都御史許廷光，出不意擒之，無一脱者。四方捷奏上，多推功瓊，數受廕賚，累加至少師兼太子太師，子錦衣世千户。及營建乾清宫，又廕錦衣千户者二，寵遇冠諸尚書。

十四年，寧王宸濠反。瓊請敕南和伯方壽祥督操江兵防南都，南贛巡撫王守仁、湖廣巡撫秦金各率所部趨南昌，應天巡撫李充嗣鎮京口，淮揚巡撫叢蘭扼儀真。奏上，帝意欲親征，持三日不下。大學士楊廷和趣之，竟下親征詔，命瓊與廷和等居守。先是，瓊用王守仁撫南、贛，假便宜提督軍務。比宸濠反，書聞，舉朝惴惴。瓊曰：『諸君勿憂，吾用王伯安贛州，正爲今日，賊旦夕擒耳。』未幾，果如其言。

瓊才高，善結納。厚事錢寧、江彬等，因得自展，所奏請輒行。其能爲功於兵部者，亦彬等力也。陸完敗，代爲吏部尚書。瓊忌彭澤平流賊，聲望出己上，搆於錢寧，中澤危法。又陷雲南巡撫范鏞、甘肅巡撫李昆、副使陳九疇於獄，中外多畏瓊。而大學士廷和亦以瓊所誅賞，多取中旨，不關内閣，弗能堪。明年，世宗入繼，言官交劾瓊，繫都察院獄。瓊力訐廷和，帝愈不直瓊，下廷臣雜議。坐交結近侍律論死，命戍莊浪。瓊復訴年老，改戍綏德。

張璁、桂萼、霍韜用事，以瓊與廷和讎，首薦之，不納。至嘉靖六年有邊警，萼力請用瓊，不果。帝亦憫瓊老病，令還籍爲民。御史胡松因劾萼謫外任，其同官周在請宥松，並下詔獄。萼復言瓊前攻廷和，故廷臣群起排之。帝乃命復瓊尚書待用。明年遂以兵部尚書兼右都御史代王憲督陝西三邊軍務。

土魯番據哈密，廷議閉關絶其貢，四年矣。至是，其將牙木蘭爲酋速檀滿速兒所疑，率衆二千求内屬。沙州番人帖木哥、土巴等，素爲吐魯番役屬者，苦其徵求，亦率五千餘人入附。番人來寇，連爲參將雲昌等所敗。其引瓦剌寇肅州者，遊擊彭濬擊退之。賊既失援，又數失利，乃獻還哈密，求通貢，乞歸羈留使臣，而語多謾。瓊奏乞撫納，帝從兵部尚書王時中議，如瓊請。霍韜難之，瓊再疏請詔還番使，通貢如故。自是西域復定，而北寇常爲邊患。初入犯莊浪，瓊部諸將遮擊之，斬數十級。俄由紅城子入，殺部餉主簿張文明。明年以數萬騎寇寧夏。已又犯靈州，瓊督遊擊梁震等邀斬七十餘人。其秋，集諸道精卒三萬，按行塞下。寇聞，徙帳遠遁。諸軍分道出，縱野燒，耀兵而還。

先是，南京給事中丘九仞劾瓊，帝慰留之。及璁、萼罷政，諸劾璁、萼黨者咸首瓊，乃令致仕。俄寢前詔，遣慰諭。會番大掠臨洮，瓊集兵討若籠、板爾諸族，焚其巢，斬首三百六十，撫降七十餘族。録功，加太子太保。瓊在邊，戎備甚飭。寇嘗入山西得利，踰歲復獵境上，陽欲東，瓊令備其西。寇果入，大敗之。諸番蕩平，西陲益靖。甘肅軍民素苦土魯番侵暴，恐瓊去，相率乞守臣奏留。於是巡撫唐澤、巡按胡明善具陳其功，乞如軍民請。優詔奬之。

初，帝惡楊廷和，疑廷臣悉其黨，故連用桂萼、方獻夫爲吏部。及獻夫去，帝不欲授他人，久不補。至十年冬，遣行人齎敕召瓊爲吏部尚書。南京御史馬馱等十人力詆瓊先朝遺奸。帝大怒，盡逮馱等下詔獄，慰諭瓊。未幾，馱等亦還職。花馬池有警，兵部尚書王憲請發兵。瓊言花馬池備嚴，寇不能入，大軍至，且先退，徒耗中國。憲竟發六千人，比至彰德，寇果遁。明年秋卒官。贈太師，謚恭襄。是年，彭澤已先卒矣。

當正、嘉間，澤、瓊並有才略，相中傷不已，亦迭爲進退。而瓊險忮，公論尤不予。然在本兵時功多。而其督三邊也，人以比楊一清云。

附録三

《漕河圖志》提要

《漕河圖志》三卷浙江鄭大節家藏本　明王瓊撰，瓊有《晉溪奏議》，已著録。先是，成化間三原王恕作《漕河通志》十四卷。弘治九年，瓊以工部郎中管理河道，乃因恕之書而增損之。首載漕河圖，次記河之脈絡，原委及古今變遷、修治經費，以逮奏議、碑記，罔不具悉。《明史本傳》稱瓊出治漕河三年，臚其事爲志，繼任者案稽之，不爽毫髮，由是以敏練稱。蓋其書之切於實用如此。惜原本八卷，此本止存三卷，非完帙矣。

——摘自『四庫全書總目』

附録四

《漕河圖志》評介　姚漢源

本書寫成于明弘治九年，是京杭運河長江以北至北京段的專志。明清運河專志據《明史藝文志》及《清史稿藝文志》所載不下三十餘種。其中現存者以本書爲最早，在江河志中也是較早的一本。内容及體例對以後各江河志都有相當影響。

作者王瓊，《明史》有傳。他根據自己管理運河的經驗，提出編本書的目的：『雖于水政之重不敢妄議，然今君子欲講明漕運之法，河渠之事者，誠得是書而觀之，則不待廣詢歷覽而諸河源委利害，固已欣然于心目之間矣。既其或因是以求良法，使上不失賦額，而下不病漕軍；既順天時，亦修人事；罷紛紛補漏之策，倉卒不至失措，必有變通之術存乎其間矣。』他主張少議論，多載事實，爲後人研究漕運、河渠提供明確的根據。

王瓊認爲王恕所作的《漕河通志》『古今事雜，難于披覽。』因而删節重編，『以當今漕渠爲主』。現在王恕的書已經佚失。清代修《四庫全書》列本書于存目中，所見者係殘本，但仍贊它切于實用。現在我們整理的完整八卷本，全書十八餘萬字。

本書主要内容：

卷一，有自北京至儀真、瓜洲的運河圖十一幅，是現在能見到的最早運河圖，雖僅能粗略示意，也很有意義。文字部分包括黄河、沁河等九處運河水源的原委；并叙述通州至儀真沿河三府、十一州、三十七縣、二十二衛、一守禦千户所境内沿運河的河、湖、塘、洪及修建的閘壩、橋涵和兩岸淺鋪，共節制閘六十二座，鋪舍五百七十六所。

卷二，叙述運河五個水源所經過省、縣和它們的支流、閘壩、淺鋪等，如衛河自河南輝縣至山東臨清州共經十四州縣；黄河則自山東境始詳述曹縣至陽穀共八州縣的情況，當時黄河自張秋穿運河。汶河自寧陽以下分别叙述至汶上、濟寧五州縣的情況，并叙及泗、沂、濟、洸各河。山東諸泉共提及一百六十三處，兖州府所轄十州縣有九十三處，濟南府四州縣有六十五處，青州府蒙陰縣有五處。沁河自河内縣（今沁陽）至徐州二十三州縣亦分别叙述各段情況，當時以原武以下至徐州的黄河水道爲沁河道。本卷還叙述與運河有關各河湖的修治簡史，其中以黄、沁、汴及江淮間水道較詳細。

卷三，臚列運河所經州縣的夫役人數，分爲閘夫、溜夫、壩夫、淺夫、泉夫、湖夫、塘夫、撈淺夫、挑港夫等。自通州至儀真、瓜洲常設定額四萬七千人，其中淺夫最多。此外叙述經費、物料來源，運河河道及運輸管理的法規十七條。還詳細列出自通州至儀真水程共三千里的驛站名稱和各驛站相距里數。按年月叙述自永樂十二年至弘治八年管理修治漕河的制度演變及官員姓名。

卷四爲奏議，共收永樂十年至弘治六年有關漕運及治河奏疏十篇，大多是全文抄録。

卷五、卷六爲碑記，共收南宋、元、明各代自北京至儀真、瓜洲有關修建橋、閘、壩、官署、祠廟及治河、漕運、頌德等碑文五十四篇。多係全文抄録，保持原文面貌。

卷七爲詩賦，收録唐、宋、元、明有關運河的詩四十三首，賦兩篇。涉及的範圍北自高梁河，南至奔牛閘。

卷八，簡單叙述永樂二年至十六年所設各處漕糧倉厫；洪武三十年至成化八年各主要年份漕運糧數，宣德時已達四五百萬石；永樂時漕運官軍十二萬餘人，船一萬一千七百餘隻；洪武至成化十年漕運制度及各地每石漕糧加耗米的數量，自幾升至八斗不等；洪武二十六年至天順四年漕運官兵每次來往額定口糧及額外賞賜。

王瓊在本書自序中説明所采内容及編排次序的用意。實際全書内容可簡單地分爲三大部分：一圖、二記事、三文徵。記事中首記工程，次記水道及通航情況，又次記各河歷史，末記漕運管理體制及規章制度。文徵中又可分爲奏議、碑記、詩賦三類。

本書的優點：

一、重點突出。以『今』爲主，以渠道建置爲主。

二、圖文並重。圖是志的重要一部份。

三、簡練扼要。渠道建置雖分項羅列，但無冗長文字。漕運及歷史沿革叙述力求簡練，有的用幾百字，甚至幾十個字説明要點。

四、明瞭可靠。記當時情況能『開卷瞭然』；並使『繼任者案稽之，不爽毫髪』。

五、切於實用。瞭解漕運和河道不必廣詢博覽，只看本書就可以知道原委利弊。

六、注重事實。所選奏議，一般只限于當時，作者個人議論極少。

七、注重資料完整。奏議、碑記多録原文，資料完整性强。

本書不足之處：

一、一些史料剪裁失當。本書刪削王恕《漕河通志》而成，並未完全消化，自己撰寫，有些段落不免生剪硬裁。

二、編排失當。全書雖分八卷，但無總的分類編排，有目無綱，只是一節一節地平行排列。且長短不一，少則僅幾十個字，多到幾萬字，很不平衡。

三、體例問題。記當時事像現代日用手册，供當時漕河人員工作中參考。但奏議、碑記、詩賦各類又似一般志體。

四、内容的局限。由于簡略，不僅限於時代缺少運河對商業、運輸、經濟、文化交流及社會影響等方面的資料。就是王瓊指出的水道分合，泉流多少，陂塘大小，閘堰廢置和管理改進的方法也不能較全面地概括。

五、詩賦選擇失當。有的選自唐宋，情況已變，並無實際意義。有的空洞無物，與運河、漕運關係不大。

六、明代以前河渠史實錯誤。明人不擅長考證，作者對古代治河、治運所知不多，有不少明顯錯誤，遠如王景治河汴，近如元代開金口新河等。

總之本書記明代前期漕河多爲他書所未有，且翔實明晰，體例爲早期創新的志體。内容體例多爲以後所沿襲。可以説在當時很實用，對後代有影響，爲現代提供了珍貴水利史料，也爲江河志的修訂提供參考體例。

附録五

一九八六年點校本原前言

京杭運河自元初開通，由于山東段水源不足，不能充分發揮作用。明永樂中重修，改引汶水，自南旺分流南北並廣開河東諸泉濟運，運輸較前通暢，每年四百萬石漕糧由運河北上，它成爲南北水上交通的大動脈。實際河道的整理，堤壩的修築，閘涵的設置，水源的開闢，漕運制度的完善，管理法規的修訂，绝大部分是到成化、弘治時才完備定型。

現存記載明代運河史實的文獻多半是明後期或清代著作，誤認明後期情況爲前期事實的很不少。《明史河渠志》就很典型。如南旺分水代替濟寧分水實際到成化中建南旺上下閘和弘治中決定以戴村壩代替堽城壩才算完成。而《明史河渠志》等所叙，似乎永樂重開會通河時就已經修成了，這主要是由于永樂至弘治間詳記運河發展過程的著作不多，不能明確地反映當時形勢。

成化中三原王恕總理河漕，著《漕河通志》雜叙今古史實，文雖多而不甚明晰。後二十餘年即弘治九年，王瓊删改壓縮《通志》爲本書。今王恕書已佚失，本書流傳亦少。清乾隆時修《四庫全書》，搜集所得僅爲三卷殘本。傳播之少可謂不絶如綫，而明代早期運河面目幾于隨之堙没。

今幸得見八卷全貌，内容確有他書所没有，或雖有而不詳悉的。例如，河渠方面：徧記三千里沿岸湖泊，南旺湖之西有晉陽等湖，其他記載都未提到；魚臺縣有孟陽泊，他書僅記其名；瓜洲、儀真兩港的設施也只有簡略的記載；衛河、黄河、沁河、汶河、洸河通航河道曾徧設淺舖，亦他書所未有等等。至如黄河以從河南到山東張秋穿運河爲正流，河南原武以下至徐州爲沁河，是反映當時情况。漕運方面：永樂十二年改海運爲河運的奏議；弘治前沿運河所設夫役，漕運所置官吏、軍兵各主要年份南糧北運數量等亦往往爲他書所不詳。所收碑記等文獻多係原文，資料完整，較其他記載爲了文字省略，多所删節的也不同。像這種珍貴史料不僅爲研究水利史所必需，對探討史地、交通運輸及經濟史等也大有裨益。

王恕《漕河通志》和本書是最早創寫的運河專志，前者已不可見，本書成爲現存最早的運河志。它的體例對後來江河志不無影響，如清同治時倪文蔚修《荆江萬城堤志》，就有人指出他仿效本書。本書名《圖志》，强調圖的重要性，也是它的特色。至于本書内容、體例的缺點，瑕不掩瑜，不一一列舉。讀者可參閲附録四《評介》。

本書似只有明代刊本。北京圖書館善本部藏有照相膠卷，尚係八卷全書，僅後跋缺一頁。經水利水電科學研究院水利史室復製，放大成書，即組織人力着手整理。根據書後何宗理跋，知係原版翻刻。字體雖尚工整，刻印却很草率，錯訛脱衍每頁都有。又似舊版重印，由于全書漫漶不清處極多，再加上照相翻拍模糊更甚。除字蹟不清外，還有幾行、半頁僅剩痕蹟或墨黑一片的，整理困難。後來聽説日本尚有幾處藏有此書，經轉托日本的中國水利史研究會幹事長森田明先生代復印一部。復印原本係日本前田氏尊經閣所藏我國閩中蔣氏三逕藏書本。漫漶處較少，只王瓊自序缺前半頁，書中缺三頁。與北京圖書舘膠卷本比較，兩本顯係同一版本不同印刷，全書中兩者有一兩處三五字不同，有挖改痕蹟。

兩本雖各稍有殘缺，合併爲一，互相補充，仍爲完書。全書十五多萬字，亦只有一二十字漫漶，無法辨認，但文意尚可推測，缺陷很少。水利史研究室譚徐明同志將兩本比勘校補，並大量翻檢有關文獻參證、分段、點校，前後用了一年多時間才完成付印，筆者亦參與校核。讀者如果想先瞭解内容梗概及王瓊事蹟等可參閲附録。由于水平限制，點校難免錯誤，亦請讀者指正。

姚漢源識於水利水電科學研究院水利史研究室，

一九八八年四月。

一九八六年點校本原序

昔有元建國之初，江南糧餉或自浙西涉江入淮，逆流至中灤，陸運至淇門入御河，以達京師；或自利津河，或開膠萊河入海，勞費無成㈠。至元十九年，始置海運。二十六年，乃鑿渠，起須城縣安山西南，由壽張西北至臨清。引汶水以達御河，名曰會通河。蓋汶水自古東北入海，而以智力導引，使南接淮、泗，北通白、衛，則自元人始也。然是時漕法已立，汶渠雖開而海運如故。

我太宗文皇帝肇建北京，初亦海運。永樂九年，既濬汶水廢渠，遂修治白、衛、河、沁及故邗溝。由是南北相通，轉輸便利，海運遂罷。然自通州至揚州凡三千里，其間水道之分合，泉流之衆寡，陂塘之大小，閘堰之廢置，與夫經理之制，修爲之法，非一時所能偏覽而盡知也。

成化間，吏部尚書三原王公爲刑部左侍郎，總治河防，嘗稽典籍、公牘，作《漕河通志》，兼紀古今漕渠、漕數之類。予近得其書而伏讀之，竊歎其收録之博，用心之勤，而惜其書之不多見也。然予方奉命掌治漕河，不暇悉考前代漕運之法，又慮古今事雜，難於披覽，輒不自料，因公舊書而增損之。其法一以當今漕渠爲主，首之以圖；次紀源委，而諸河大勢、脉絡遠近開卷瞭然；次乃紀其爲漕之河，并自漕以上之源，而各列其所經之郡縣及隄岸之分界、支流、閘堰、湖陂之名數；又其次，考究諸河古今變遷之勢與夫修治難易之跡，而竊附己意論斷於其後。以至夫役之數、經用之費、禁戒條例、水程遠近，皆漕河之所有事；而職制損益，又人存政舉，根本所先故，皆撮其要略分類以載；而奏議之録，則以其所言已施行者，既足以備參考；而未施行者，又足以備采用也。若夫碑記以記鑿渠、築防、建閘、置堰之本末，而於水之利害多並言之，參互以觀，足以見諸河之水勢、歷代之治法，故亦彙而録之。至於詩賦，雖非爲漕而作，而諸河形勢往往見於吟咏之間，皆非空言，則亦不得而棄也。篇終附載漕運糧數、耗費多寡、置倉轉般，以軍代民之由，以見國家漕運遠及江西、湖廣，歲運四百餘萬石，自轉般變爲直達，始運通州二分，北京一分，而後改通州四分，北京六分。漕法既急，而漕渠之事因以急也。

書成凡八卷，名曰：《漕河圖志》。雖於水政之重，不敢妄議，然今之君子欲講明漕運之法、河渠之事者，誠得是書而觀之，則不待廣詢歷覽而諸河源委利害固已昭然於心目之間矣。其或因是以求良法，使上不失賦額，而下不病漕軍，既順天時，亦修人事，罷紛紛補漏之策，倉卒不至失措，必有變通之術，存乎其間矣，是豈區區之所敢

㈠ 自『勞費無』以上原本脱，據膠卷本補。

知哉。

弘治九年丙辰春三月戊子，奉敕管理河道工部郎中晉陽王瓊序。

整理人：譚徐明，中國水利水電科學研究院副總工，教授，博士生導師。二十世紀八十年代以來先後參與《二十五史·河渠志》注釋、《再續行水金鑒》整編，國家重點文化工程《清史·水利志》編纂等工作。

〔明〕吴仲 撰

通惠河志

蔡蕃 整理

整理説明

《通惠河志》是一部記載明代中期通惠河改造工程的專志，也是歷史上通惠河唯一的志書。

通惠河是京杭運河最北端一段人工開鑿的運河。元統一全國後，需要將江南糧食等漕運到北京。忽必烈從至元十三年開始改造南北大運河，到至元二十八年運河已經建設到通州，而通州到北京城的五十里運輸十分艱難。當時除了通過壩河可以運輸一小部分外，主要依靠效率低下的陸路站車。由於道路差，到了雨季『牛僨輹脱，驢畜死者不可勝計。』根本無法完成每年數百萬石的漕運任務。至元三十年（一二九三年）由元代著名科學家、水利家郭守敬規劃、設計並親自主持，興建成連接北京到通州的通惠河，實現了京杭運河全綫通航。

元代通惠河上源在昌平白浮泉，下游在通州李二寺河口，全長一百六十四里，其工程大體分爲四部分：一是上游引水河段——白浮甕山河。元末明初幾十年荒廢，明初無法修復使用，造成通惠河水源嚴重短缺；二是修建甕山泊調節水庫（今昆明湖）；三是爲了『節水行舟』在通航河道建閘二十四座，並設置閘官、閘夫等管理。通惠河與白河（今北運河）設在李二寺銜接；四是元代通惠河碼頭設在積水潭，江南船隻可以直接駛入大都城内。明代改建北京城後，通惠河只能通航到東便門外大通橋下，因此明代通惠河又稱爲『大通河』。

《通惠河志》分上下兩卷。上卷記載閘壩建置，明嘉靖年工程過程和有關資料；下卷收録歷代碑記等資料。全書比較詳細記載了通惠河『轉折時期』重要史實資料。如爲適應上源水量枯竭，徹底改造運河上的閘壩，從元代的二十四閘變爲『五閘二壩』。將原來通州至李二寺的河道廢棄，直接在通州建碼頭，實際切斷了通惠河與白河的通航。

《通惠河志》作者吴仲，字亞甫，江蘇武進縣人，正德十二年進士。以御史巡按直隸，嘉靖年間上疏重新疏浚通惠河，並且成功運行幾十年。多年後吴仲官至處州府（今浙江麗水地區）知府，回京看到曾經治理過的通惠河，決定將有關資料整理出來爲後人使用，而編輯成本書。

本書整理工作由蔡蕃完成，鄭連第、蔣超審稿。整理者在一九八九年曾經與段天順出版過簡單的標點本，這次爲編入《中國水利史典》，重新進行校勘與標點。所選用的底本爲影印明刻本，並大量參考其他明代文獻，儘量減少錯誤。但限於水平，疏漏和不當之處在所難免，敬請讀者批評指正。

爲了讀者對通惠河有更全面瞭解，在書後附録了蔡蕃摘録的元、明兩代有關通惠河文獻資料和《四庫全書總目·通惠河志提要》，供參考。

整理者

目録

通惠河志叙

奉議大夫、水部郎中汪一中撰

通惠河在都城之東鄙，雖導北來諸水之故流，而實宿昔未創之弘業也。其在先朝，諸臣南北河洪經略之蹟，亦已詳矣。而都城直達坐省巨費之策，何其寥寥而不講乎？嘉靖初，我皇上赫然中興議禮制度，諸物咸備，曠代經濟之略，尤所留心。乃有憲臣上疏言其事，輔臣贊其議。於是上命部臣，以董其役。因尋元人故蹟，以鑿以疏。導神山、馬眼二泉，決榆、沙二河之脉，會一畝諸泉，匯而爲七里濼；東貫都城，由大通橋下直至通州高麗庄，與白河通，凡一百六十四里，爲閘二十有四〔一〕，不數月而工告成。至今舟楫通利，直達京城。都人免陸輓之勞，歲省浮費不下四十餘萬。所以爲公家利不小矣。嗟乎！創制立法，古今所難。矧兹沙、榆諸河，源各有自，人見環出都城，水勢旋繞，往往歸之形勝固也。抑豈知天地所設，又將爲當代漕運計耶。是故，疏川灑澤，神禹之烈也，聖主以之爲能成天地之功；引渠通漕，李守鄭農之業也。諸臣以之不謂能興當世之利哉！

顧河渠形勢高下，衝擊爲患，隨時築濬防守之功，不無賴於後日。置勑使以司之，斯亦重矣。一中不類，代匱守職，曾不半歲，漕政何裨？繼兹邵君，本以宏才，殫心政業，誠足以仰答明命。稱掌漕之寄，公暇出舊圖編，復加考訂，庶軒輶所過，洞見源委。凡所倡議，使後之掌漕之使，奉而行之。考所未聞，則振脩廢事，弘保漕渠，雖曰在人，其端豈不自兹乎？

嘉靖戊午之歲，秋七月望日

工部尚書臣秦金等謹題爲紀聖政以攄愚藎事

都水清吏司案呈奉本部，送先於工科抄出，浙江處州府知府吴仲奏稱，先任監察御史奉命開濬通惠閘河。近因陞官之任，道經河旁，第念日遠人非，無所於考，掇拾古今事迹，編成一書，名曰《通惠河志》。繕寫進呈，伏乞賜覽。勑下所司，刊刻成書，用紀中興聖政之盛。等因節奉聖旨：『這所進通惠河志，送史館采入《會典》，仍著工部刊行，欽此。』欽遵移文史館，領出前書，間有圖字差訛，略加修正，寫刻已完，案呈到部，謹用摹印裝潢壹册，隨本進呈御覽。

臣等竊惟，兹河之濬，建議始於本官，伏蒙宸衷獨斷，

〔一〕二十有四　原作『一十有四』，《元一統志》《都水監事記》均作『二十有四』，據改。

迄于成功。數年以來，漕運通行，國計允賴。所據吴仲建白勤事之勞，似亦不可泯也。伏乞聖裁，緣係紀聖政，以攄愚藎，及節奉欽依『這所進通惠河志，送史館采入《會典》，仍著工部刊行』事理，未敢擅便，謹題請旨。

嘉靖拾貳年肆月貳拾柒日工　部　尚　書　臣　秦　金

左　侍　郎　臣　林庭㭿

右　侍　郎　臣　甘爲霖

都水清吏司郎中　臣　丁　洪

本月叁拾日奉聖旨：『通惠河開濬，委便粮運。這志書既已刊刻，著廣傳布，以垂永久。吴仲，你每既説他有建白勤事之勞，著吏部查有相應員缺推用。欽此。』

明通惠河專理河道職官表(一)

何　棟　嘉靖六年任。辛巳進士，陝西長安縣人，見任侍郎

黄　杭　十一年任。癸未進士，福建平海衛人

劉　悌　十二年任。癸未進士，湖廣枝江縣人

吴嘉祥　十二年任。舉人

盧應禎　十四年任。癸未進士，山東肥城縣人

周　鎬　十七年任。壬辰進士，浙江慈谿縣人

許仁卿　十九年任。戊子解元，浙江臨海縣人

張　遜　二十年任。壬辰進士，直隸高郵衛人

范之箴　二十三年任。乙未進士，浙江秀水縣人

劉廷誥　二十五年任。戊戌進士，浙江慈谿縣人

李　洞　二十七年任。辛丑進士，山東萊陽縣人

陳　鎏　二十七年任。戊戌進士，直隸吴縣人

荆應春　二十八年任。戊戌進士，河南武陟縣人

趙介夫　三十一年陞。辛丑進士，直隸阜城縣人。未任而轉陞

王　嵩　三十一年任。辛丑進士，浙江餘姚縣人

趙　勑　三十二年任。乙酉舉人，四川内江人

徐應奇　三十二年任。辛卯舉人，錦衣衛人

周思兼　三十三年任。丁未進士，直隸華亭縣人

李　淑　三十三年任。庚戌進士，湖廣京山縣人

汪一中　三十四年任。甲辰進士，直隸歙縣人

陳茂禮　三十五年任。庚戌進士，浙江慈谿縣人

邵德久　三十五年任。甲午舉人，浙江餘姚縣人

吴遵晦　三十七年任。癸丑進士，浙江錢塘縣人

鈔　介　四十年任。癸丑進士，河南彰德衛人

丘　瓚　四十一年任。丁未進士，留守衛籍福建人

蔣弘德　四十二年任。丙辰進士，四川巴縣人

(一) 此標題爲整理者所加。《明實録》：『嘉靖九年正月，敕通政司右通政何棟專理河道。棟先任都水郎中，以浚通惠河閘成，升通政。工部言：「治河有成績，宜專任之，以究其用，故有是命。」』

陶幼學　四十三年任。己未進士，浙江會稽縣人

王元敬　四十四年任。己未進士，浙江山陰縣人

劉經緯　四十五年任。壬戌進士，江西進賢縣籍，南昌縣人

李　汶　四十五年任。壬戌進士，直隸任丘縣人

吕　藿　隆慶元年任。壬戌進士，湖廣零陵縣人

崔孔昕　隆慶二年任。癸丑進士，山東濱州人

陳應薦　隆慶五年任。乙丑進士，山東青城縣人

通惠河志　卷上

臣謹按：　通惠河源出昌平州白浮村神山泉，西南會壹畝、馬眼諸泉，繞出甕山後，匯爲柒里〔泊〕。東入都城西水門，貫積水潭，又稍東由月橋入内府，環繞宫殿南出玉河橋水門，東行合南北城河貳流，由大通橋而東下焉。

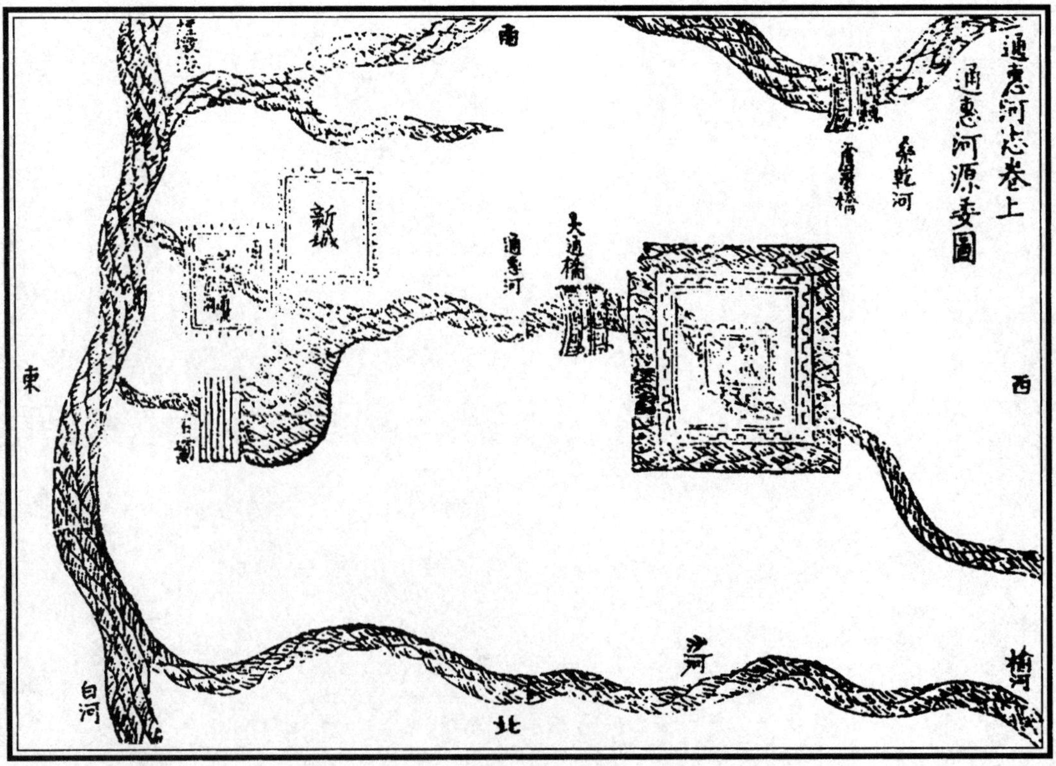

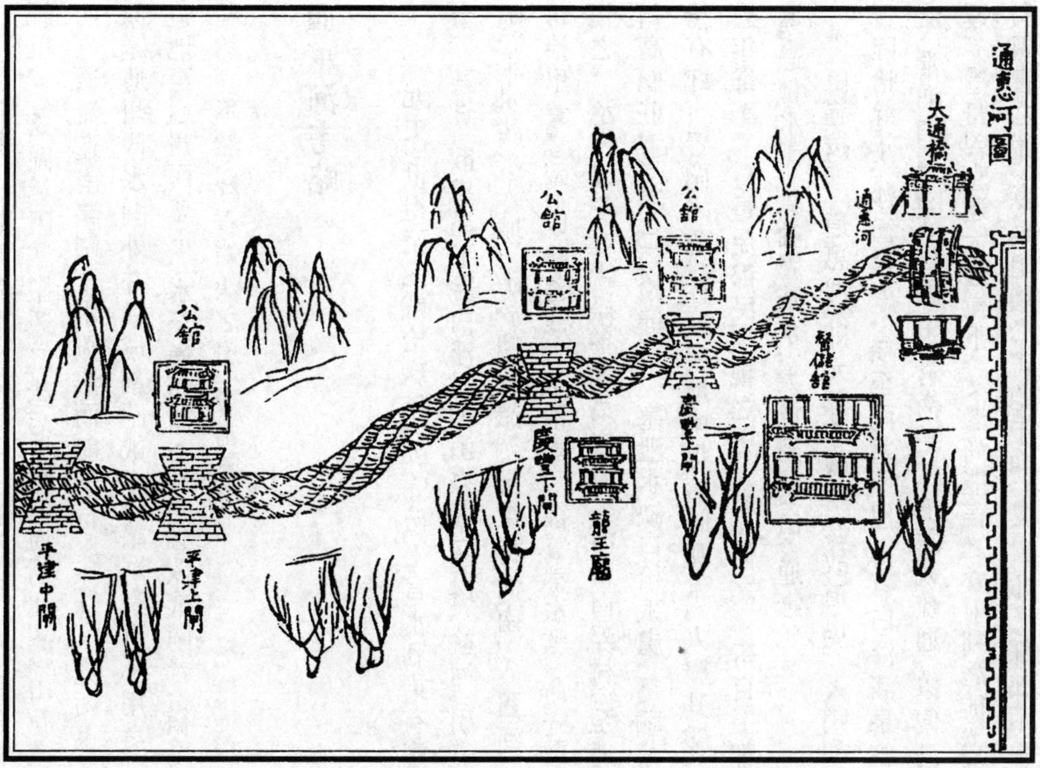
通惠河圖
大通橋
通惠河
公館
公館
督儲館
慶豐上閘
公館
慶豐下閘
龍王廟
平津上閘
平津中閘

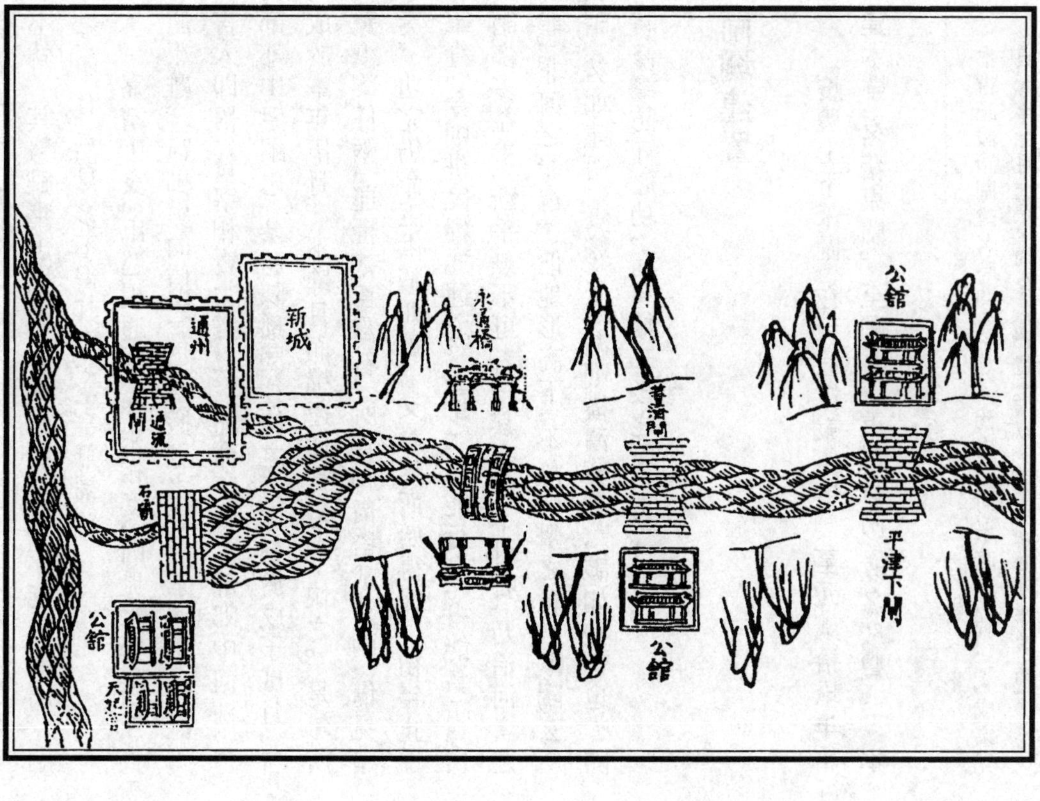
公館
永通橋
普濟閘
平津下閘
公館
新城
通州
通流閘
石壩
公館

臣謹按：通惠河自大通橋至張家灣渾河嘴，計伍拾餘里，凡玖閘。因議搬運之法，運船泊通州北關，由新壩而入通流迤南諸閘。水雖流而船不行矣，權宜之術也。原議通州西水關外并新壩創閘貳座，諸閘真可不用矣。蓋地至通州而愈下，水至通州而愈急，必欲貳閘者，猶尾閭然。不然，終有衝決之患，後當驗之。

通惠河考略

《元史》世祖至元貳拾玖年，郭守敬上言水利拾有壹事。其壹，欲導昌平縣白浮村神山泉，過雙塔、榆河，引壹畝、玉泉諸水入城，匯於積水潭。復東折而南，入舊河。每拾里置壹閘，以時蓄洩。帝稱善。復置都水監，命守敬領之。丞相以下皆親操畚鍤爲之倡。河自白浮村，至通州高麗莊，長壹百陸拾肆里。塞泄水缺口拾貳處，爲牐貳拾有肆。置閘之處，往往於地中得舊時甎木，人服其識。逾年畢工。自是免都民陸輓之勞，公私便之。帝自上都還，過積水潭，見舳艫蔽水，大悦，賜名曰『通惠』。

臣謹按：通惠河，即元郭守敬所修故道也。入國朝百陸拾餘年，沙衝水擊，幾至湮塞。但上有白浮諸泉細流，常涓涓焉。成化丙申，嘗命平江伯陳鋭疏通，以便漕運。漕舟曾直達大通橋下，父老尚能言之。射利之徒，妄假黑眚之説，竟爲阻壞。正德丁卯，又嘗命工部郎中畢昭、户部郎中郝海、參將梁璽復疏通之。所費不貲，功卒不就。其勢雖壓于權豪，要之叁人者亦不能無罪焉。嗣是，屢有言者，多不得其要，空言無補。

嘉靖丁亥，臣巡視通倉，往來相度，因見水勢陡峻，直達艱難。踵御史向信之言，爲搬剥之説。恭遇皇上神明，言入即悟，賢宰相實力贊之。隨命臣暨工部郎中何棟、户部郎中尹嗣忠、參將陳璠同往修之。工興於戊子貳月，告成於本年伍月。不肆月而糧運通行，上下快之。是年所費纔柒仟兩，運糧貳百萬石，所省脚價拾貳萬兩，備見諸奏。功完仍命臣供職如舊。又逾年而始得代。初年止運軍糧，今則併民糧亦運之。要之，水能行舟，舟能負重，所謂多多益善，斷乎無不可者。其有所不可者，乃治河者之罪，非河之罪也。但地形高下，不無衝擊之患。歐陽玄所謂『勢如建瓴，壹蟻穴之漏則横潰莫制』，誠如是言也。隨時修濬防守之功，尚有賴于後之臣工焉。

閘壩建置

慶豐上下貳閘，在大通橋東伍里。至元貳拾玖年始建木閘，名藉東閘。至順元年重建石閘，改名慶豐[一]。本

[一] 本書記載諸閘改名時間有誤。《元史·河渠志》記載：『成宗元貞元年七月，籍東閘改名慶豐』。以下諸閘均於此年改名。

朝成化、正德、嘉靖年凡叁修之。

平津上下貳閘，在慶豐閘東拾壹里，下閘去上閘肆里。至元貳拾玖年始建木閘，名郊亭閘。延祐以後重修石閘，改名平津。本朝成化、正德、嘉靖年凡叁修之。

普濟下閘，在平津下閘東拾叁里。至元貳拾玖年始建木閘，名楊尹閘。延祐以後重修石閘，改名普濟，上閘廢。本朝成化、正德、嘉靖年凡叁修之。

通流閘，在普濟閘東拾貳里。至元貳拾玖年始建木閘，延祐以後重修石閘，改名通流。本朝成化、正德、嘉靖年凡叁修之。

石壩壹座，在通州北關外。嘉靖柒年新創，工程之費于閘半之。

公署建置

大通橋督儲舘，壹座。頭門叁間，耳房拾間，大廳伍間，東西廂房陸間，高雲亭叁間，廚房貳間。嘉靖柒年新建。所欠者，後堂而已。又慮驟雨，糧無堆垛，議盖廠房肆拾間，尚因循焉。

慶豐閘公舘，壹座。頭門壹間，耳房陸間，正廳叁間，廚房壹間，閘官公廨前後陸間。龍王廟壹座。嘉靖柒年新建。

平津上閘公舘，壹座。頭門壹間，耳房貳間，正廳叁間，廂房肆間，廚房壹間。嘉靖柒年新建。

平津下閘公舘，壹座。頭門壹間，耳房貳間，正廳叁間，廂房肆間，廚房壹間。嘉靖柒年新建。

普濟閘公舘，壹座。頭門壹間，耳房貳間，正廳叁間，廂房肆間，廚房壹間。嘉靖柒年新建。

石壩公舘，壹座。頭門叁間，正廳叁間，廂房陸間，後廳叁間，廂房肆間，厨房壹間，天妃宫壹座。嘉靖柒年新建。

都水分司，壹座。坐落通州舊城内。頭門叁間，正廳伍間，後廳伍間，後堂伍間，前後左右廂房共拾貳間，厨房肆間。嘉靖捌年，該臣題奉欽依新建。

修河經用

至元貳拾玖年

壹、役過人夫貳百捌拾伍萬工。

壹、用過鈔壹百伍拾貳萬，米叁萬捌仟柒百石。

壹、用過木拾陸萬叁仟捌百根。

壹、用過銅鐵貳拾萬斤，油灰麻稱是。

成化柒年

正德貳年

壹、委用過軍衛有司官指揮樊靖等貳拾柒員。

壹、支用過太倉脚價户部折糧銀，共肆萬伍百柒拾壹兩零。

壹、疏通過大通橋月河并通州河，計陸拾壹里零。

壹、修理過大通等橋、慶豐等閘壹拾貳座。

壹、築補過堤岸、土壩肆拾壹處，共長壹仟伍拾丈零。

嘉靖柒年

壹、委用過軍衛有司指揮等官葉茂、余錠等貳拾玖員。

壹、支用過巡倉贓罰漕運脚價銀陸仟捌百玖拾兩零，銅錢貳萬伍百文零，米壹百貳拾叁石零。

壹、支用過通倉官軍、堤夫行糧叁仟柒百叁拾石零。

壹、支用過通州抽分等廠木板等項，共陸仟壹百零捌根片。

壹、支用過料甎廠半段甎壹拾伍萬塊。

壹、拆用過尼姑等寺房，共壹百貳拾玖間。

壹、借用過通州左等衛、武清等縣軍夫、隄夫共叁仟柒百貳拾名。

壹、雇募過夫匠，共壹拾壹萬肆仟柒拾工，該銀肆仟貳百捌拾兩零。

壹、置買過木植、甎瓦、灰葦、鍬钁等項，共玖仟柒百捌拾肆根、片、箇、斤、石、把、疋。

壹、修理過大通橋壹座、慶豐等閘陸座。

壹、挑濬過河道貳拾壹里零壹拾叁丈。

壹、盖造過官廳、廠房，共壹百貳拾伍間。

壹、新築石壩壹座，高壹丈陸尺，長貳拾丈，闊壹拾壹丈。

壹、新開泊船潭并河叁處，共長叁百玖拾肆丈，闊玖丈。

壹、新開搬糧小巷叁處。

壹、新築堤岸壹拾伍處，共長陸百伍拾肆丈。

經理雜記

剥船叁百隻，分爲伍閘，每閘該船陸拾隻。其始也，官爲應銀造於淮安廠，經紀領之，叁年扣還原價。自後責之經紀，官無預焉。

各閘兩岸之傍，自大通橋至張家灣，俱工部官地。通計壹拾叁頃柒拾肆畝貳分伍釐。每畝徵麻貳拾伍斤，共該徵麻叁萬肆仟叁百伍拾陸斤肆兩，備各閘繩索之用，工部領之。

慶豐閘，原額麻地壹頃捌拾玖畝貳分，共該徵麻肆仟柒百叁拾斤。

平津閘，原額麻地叁頃陸拾伍畝陸分，共該徵麻玖仟壹百肆拾斤。

普濟閘，原額麻地肆頃壹拾貳畝伍分伍釐，共該徵麻壹萬叁百壹拾叁斤拾貳兩。

通流閘，原額麻地肆頃陸畝玖分，共該徵麻壹萬壹百柒拾貳斤捌兩。

夫役沿革

慶豐等玖閘，成化年間原設閘官肆員，閘吏肆名，閘夫陸百肆拾柒名。後因閘運不行，止存閘官壹員，閘吏壹名，閘夫捌拾捌名。嘉靖柒年，因修河通運，不時起閉，添設閘官壹員，閘夫壹百名。前項夫役，照舊民間應當。而所添夫役，動支扣省脚價雇募，既不勞軍，亦不損民，亦善策也。

經紀貳百名，專管剥運糧米。張家灣舊有起糧經紀，聽與運軍自爲相識，往往誆拐脚價，負累官軍。嘉靖捌年該臣題奉欽依，揀選充當，真可行之永久而無弊矣。

車户陸拾名，專管大通橋搬送糧米進倉。嘉靖柒年選充。

小脚壹百零伍名，專管搬運糧米過閘壩。大通、慶豐上下、平津、普濟各拾伍名，石壩叁拾名，嘉靖柒年選充。

部院職制

景泰貳年，通倉專差御史壹員，京倉巡城御史帶管壹事分屬貳人，實爲掣肘難行。屢該科道官建言，爲權豪所阻不果。恭遇聖明，改屬壹官加以提督，字面深切，人情允合，治體疲軍，自是少蘇，而中官自是不便矣。

成化年間，通州以上閘座，專設工部主事壹員管理。今因閘運通行，主事權輕，改設郎中，通州住劄，帶管天津壹帶河道，兼督理糧運。今偶以通政領之，隨官差用，無定例也。

通州原無漕運參將，正德年間嘗設之，不可爲例。嘉靖柒年濬河修閘，議照正德貳年梁璽事例添差參將壹員。今河道通行，此官似爲多設，方議裁省。

通惠河先未運糧，原無户部屬官之差。嘉靖柒年濬河修閘，議照正德貳年郝海事例，添差郎中壹員。河道既行，尚有儹運之責。户部題奉欽依，每年差郎中或員外郎壹員，督理糧運，禁革奸弊。今事體已定，人習慣熟。況肆拾里之内亦甚易制。工部官責專事簡，相應帶管，恐日久官多人擾，反不便於漕運。前項官員，亦宜裁省。

通惠河志　卷下

奏議

巡按直隸監察御史臣吴仲謹題爲計處國儲以永圖治安事

臣奉命巡視通倉，備檢接管卷内，見通州閘運壹節。先該平江伯陳鋭，都御史李裕、臧鳳、俞諫、高友璣，御史薛爲學、楊儀、楊璋、秦鉞、向信，主事鄺珩，給事中翟瓚，鎮遠侯顧仕隆，署都督楊宏等各題前事。内向信壹疏，尤爲明白簡當，鑿鑿可行。但事屢議而竟無成，言雖切而卒無補。臣竊思之，水陸轉運，其勞逸省費，較然甚明。況陳鋭等多累朝漕運名臣，言必不妄。臣因考之《元史》，至元貳拾玖年，都水監郭守敬建言，疏鑿通州通惠河，引水置閘。興工之日，世祖命丞相以下皆親操畚鍤爲之倡。置閘之處，往往於地中得舊時磚木，時人爲之感服。船既通行，公私兩便。先時，通州至大都伍拾里，陸輓官糧，歲若干萬，民不勝其瘁。至是皆罷之。自是漕運無轉般之勞，而壹代事功，卒歸於守敬焉。

及考金水、海子、白浮甕山諸志典籍，昭然而可據，踪跡尚在而可尋。何獨至於我朝，必欲置閘河於無用，費脚價而不惜哉！臣又恐有風水家之説，因訪之上源，見於諸陵無損；遡其末流，又於都城無害。且源頭活水，運亦流，不運亦流。初不因運之行止，而爲河之開塞，水之盈涸，此理甚明，足破群惑。況通流等捌閘，閘石見存，無事於添補；閘夫見在，無事於添僉；閘官見任，無事於添設。近年營建大木，皆由此河直達大通橋下，滔滔無阻。參將王佐曾舉而行之，特易易耳。但每至垂成，輒復中止者，祇爲權勢之車輛罔利之，牙税不便所阻。

臣又考之《元史》，漕運糧儲，南來諸物，商賈舟楫，皆由通惠河直達海子登岸，未聞灣民餓死。況今止通軍民糧運，其官私貨物仍舊，亦未爲全絶其利源也。臣嘗竊料閘運壹年可省脚價銀拾餘萬兩。今當民窮財盡之時，於國計不爲無補。臣幾欲具疏上聞，尤恐識見未真，料理未周，不果。繼而見在京各衛因往。通州關糧，或被官吏冒支；或被行伍騙匿；或子姪不肖而花費，空手而回；或陰雨連旬而放遲，盤纏過半，累累呈告到臣，皆爲有名無實。臣因考之，漢唐都關中，宋都河南，皆由汴、由渭直達京師，未聞有貯國儲於伍拾里之外者。我朝通倉，其初如徐德等倉故事，只有神武中衛小倉。已後因漕運來遲，暫將京儲收貯通州，以待轉般。因循苟且，歲月既久，遂爲叁柒定例。嗣是，莫之能改，遂使壹代官軍，不霑實惠。又欲具疏上聞，未果。然此特其利害之小者耳。臣近因乞運邊糧，備訪邊關、寨堡、險隘遠近，以防不虞。因知密雲等處，皆有間道可通，若使姦細爲之向導，輕騎疾馳，旋日可至。或據倉廒，或肆燒燬，國儲壹空，則京師坐困矣。雖有言者，但以閘運省費爲言，而卒莫有以先代之故事，間道之危機爲陛下告者。是宜陛下信之不專，行之不決也。《語》曰：人無遠慮，必有近憂。《傳》曰：成大事者不謀於衆。惟陛下留神省察，謀之貳叁元老大臣，而獨斷焉。萬壹臣言或是誤蒙採納，即今漕運會議在邇，乞勅户、工貳部，查照先今節次題覆事例，壹併議處。就著巡倉御史，會同工部管閘修倉主事，兼理閘運。閘板見存，修補借之各廠；少有疏濬并其他，用度量支修倉餘剩、巡倉贓罰；并所省脚價，民財民力，壹不妄費。大運京糧，姑聽陸路自進。且令覔船雇人，略運百萬以試之。如果可行，就將省下銀兩，盖房造船，築堤展河，次第舉行。所謂叁柒通糧，漸撥京師，自貳捌、壹玖而全輸矣。興國家自然無窮之利，杜後世意外不測之虞。所謂富國强兵，殆壹舉而兩得之矣等因，奉聖旨：『户、工貳部便查議了來說，欽此。』

嘉靖陸年玖月初肆日

工部等部尚書等官臣童瑞等謹題爲計處國儲以永圖治安事

該本部會題都水清吏司案呈奉本部，送准户部咨雲南清吏司案，呈奉本部，送於户科，抄出巡按直隸監察御史吴仲，題奉命巡視通倉，備檢接管卷内見通州閘運壹節。先該平江伯陳鋭，都御史李裕、臧鳳、俞諫、高友璣，御史薛爲學、楊儀、楊璋、秦鉞、向信，主事鄺珩，給事中翟瓚，鎮遠侯顧仕隆，署都督楊宏等各題前事。内向信壹疏，尤爲明白簡當，鑿鑿可行。但事屢議而竟無成，言雖切而卒無補。臣竊思之，水陸轉運，其勞逸省費較然甚明。况陳鋭等多累朝漕運名臣，言必不妄。

臣因考之《元史》，至元貳拾玖年都水監郭守敬建言，疏鑿通州通惠河，引水置閘。興工之日，世祖命丞相以下皆親操畚鍤爲之倡。置閘之處，往往於地中得舊時磚木，時人爲之感服。船既通行，公私兩便。先時通州至大都伍拾里，陸輓官糧，歲若干萬，民不勝其瘁，至是皆罷之。自是漕運無轉般之勞，而壹代事功，卒歸於守敬焉。及考金水、海子、白浮甕山諸志典籍，昭然而可據，蹤跡尚在而可尋。何獨至於我朝，必欲置閘河於無用，費脚價而不惜哉！臣又恐有風水家之説，因訪之上源，見於諸陵無損；遡其末流，又於都城無害。且源頭活水，運亦流，不運亦流。初不因運之行止，而爲河之開塞，水之盈涸，此理甚明，足破群惑。況通流等捌閘閘石見存，無事於添補；閘夫見在，無事於添僉； 閘官見任，無事於添設。近年營建大木，皆由此河直達大通橋下，滔滔無阻。參將王佐曾舉而行之，特易易耳。但每至垂成，輒復中止者，祗爲權勢之車輛罔利之，牙税不便所阻。

臣又考之《元史》，漕運糧儲，南來諸物，商賈舟楫，皆由通惠河直達海子登岸。未聞灣民餓死。況今止通軍民糧運，其官糧貨物仍舊，亦未爲全絶其利源也。臣嘗竊料閘運，壹年可省脚價銀拾餘萬兩。今當民窮財盡之時，於國計不爲無補。臣幾欲具疏上聞，尤恐識見未真，料理未周，不果。繼而見在京各衛，因往通州關糧或被官吏冒支，或被行伍騙匿，或子姪不肖而花費空手而回，或陰雨連旬而放遲盤纏過半，累累呈告到臣，皆爲有名無實。臣因考之漢唐都關中，宋都河南，皆由汴、由渭直達京師，未聞有貯國儲於伍拾里之外者。我朝通倉，其初如徐德等倉故事，只有神武中衛小倉，已後因漕運來遲，暫將京儲收貯通州，以待轉般。因循苟且，歲月既久，遂爲叁柒定例。嗣是莫之能改。遂使壹代官軍，不霑實惠。又欲具疏上聞，未果。然此特其利害之小者耳。

臣近因乞運邊糧，備訪邊關寨堡，險隘遠近，以防不虞。因知密雲等處，皆有間道可通，若使姦細爲之向導，輕騎疾馳，旋日可至。或據倉廒，或肆燒燬，國儲壹空，則京師坐困矣。雖有言者，但以閘運省費爲言，而卒莫有以先代之故事，間道之危機，爲陛下告者。是宜陛下信之不事，行之不決也。《語》曰： 人無遠慮，必有近憂。《傳》曰： 成大事者，不謀於衆。惟陛下留神省察，謀之貳叁元老大臣而獨斷焉。萬壹臣言或是誤蒙採納，即今漕運會議在邇，乞勑户、工貳部，查照先今節次題覆事例，壹併議處。就著巡倉御史，會同工部管閘修倉主事，兼理閘運。閘板見存，修補借之各廠； 少有疏濬並其他用度，量支修倉餘剩、巡倉贓罰； 並所省脚價，民財民力，壹不妄費。大運京糧姑聽陸路自進。且令覓船雇人，略運百萬以試之。如果可行，就將省下銀兩，蓋房造船，築堤展河，次第舉行。所謂叁柒通糧，漸撥京師，自貳捌、壹玖而全輸矣。興國家自然無窮之利，杜後世意外不測之虞。所謂富國强兵，殆壹舉而兩得之矣，等因具題奉聖旨：『户、工貳部便查議了來説，欽此。』欽遵抄出送司案呈到部，擬合就行。爲此合咨前去，煩爲查照，會議覆奏施行等因，咨部送司。

查得成化拾捌年，該漕運總兵官平江伯陳鋭，題爲『陳言便利漕運事』。該户部議准興工挑濬，問該司禮監太監懷恩，傳奉聖旨： 『大通橋壹帶工費浩大，暫且停止，欽此。』正德貳年，該巡按直隸監察御史楊議，題爲公務事，開稱挑濬大通橋至通州閘河，以便運糧等因，奏行。户部覆奉聖旨： 『修理閘河著户、工貳部上緊議處，預先整理，務濟明年漕運，其餘俱准議行。欽此。』已經動支太倉收貯水兑脚價等銀貳萬貳仟餘兩。推委漕運參將梁璽協同户部郎中郝海、本部員外郎畢昭興工挑濬，去後未見成功。至正德陸年間，據本部管閘委官主事酈珩，爲節財裕民以圖治安事，呈准每年行取剥船伍百隻，添該閘夫三百名，以備搬剥，等因奉聖旨：『前項夫船俱令查革改正，仍著運糧官軍自行照舊雇車般運。欽此。』又於正德拾壹年捌月内，該工科給事中翟瓚題爲『疏通漕運節財用以大利軍民事』。修理運道徒費無益，乞要多官會議，開修運河，等因奉聖旨：『該衙門知道。欽此。』欽遵抄出到部。行間續該監察御史張欽，題爲節財用順人情以利軍民事。運河不必修濬，陸路實爲簡便，等因又經本部會官議題節，奉聖旨：『是這修理等項事，宜著原差侍郎等官，一併勘處停當來説，欽此。』

備行巡撫都御史李瓚、巡按直隸監察御史牛天麟并户部主事等官董琦等，看得前項河道屢議屢修，而卒無成功者，陸路實爲經久，等因節奉聖旨：『是這修路事宜，你每勘處停當，都依擬行，欽此。』已經欽遵會官將前項陸路欽差户部侍郎楊潭、本部侍郎劉永督理。修砌完備外，又查得嘉靖元年肆月内，准户部咨開稱，提督漕運都御史臧鳳、鎮遠侯顧仕隆題，京城大通橋至張家灣壹帶河道，乃前元轉運通渠。永樂、正德年間重加挑濬，糧运抵京。未幾，貪利之徒，阻滯不行。近年營建大木，悉由於此。若將此河原設伍閘少加修理，轉行漕運，衙門動支官錢，打造剥船共貳百伍拾隻，每船用軍肆名，共壹仟名，仍置口袋壹萬條，輪番領裝，悉聽參將王佐委撥官軍管領撑駕等因，已經户部會同吏部等衙門尚書等官陸完等題准，轉行參將王佐，會同巡倉御史秦鉞、本部管閘主事華湘，欽遵從宜處置。間隨該御史秦鉞亦題前事，要因捌閘之舊址，均築伍壩之新制。就於其旁，各置減水閘壹座，於内打造剥船，蓋造官房，收貯糧米，次第運至大通橋。其朝陽關原有舊河壹道，今已築爲城壕，應否疏通等因，題奉聖旨：『該部看了來説。欽此。』抄出查覆。

間又該巡按直隸監察御史向信題稱，大通橋至通州壹帶閘河，累議未修。今稱築壩蓋房，不必置蓋。每閘轉行漕運衙門，打造剥船伍陸拾隻，恐緩不濟事。或暫令張家灣、河西務壹帶居民，聽其造船覔利。等因本部已經議得陸路運至太倉，不過肆拾伍里，車運脚費雖多，壹日可抵倉内。船運脚費極省，至大通橋下亦當陸運，約肆伍里，必須車贏裝駝，方得抵倉。所以近橋須立廠蓋房，堆候車贏，亦當預處。且自張家灣即入閘河，經閘叁、肆方抵通州。近該參將王佐處置，運船俱由大河直抵通州城下。或者又謂城北置創壹閘，可省前項肆閘。雖爲捷徑，但河勢地形高下，須相度停當，方可舉行，等因覆奉聖旨：『是，欽此。』已經通行勘議。去後近查得嘉靖伍年叁月内，該總督漕運都御史高友璣、總兵官楊宏各題修治道路，以便運餉事。張家灣至京城〔朝〕[一]陽關外，運道陸拾餘里，高下不平，先因雨水衝坍，車贏負載米糧，俱遭陷溺。乞要户、工貳部計議。早起人夫差官設法填墊，或欲閘河修濬疏通船隻，水陸併行，等因又經議擬，覆奉聖旨：『是户、工貳部，便差能幹屬官壹員，前去會同巡城巡倉等官，督率府州縣應管人員，相度修理，務在早完，以便糧運。閘運事且罷。欽此。』已經通行委官行勘修理。間緣夏秋時月，雨水連綿，道路泥濘，車不得行，反爲運道之阻，合無查照。先年運官萬表所議量撥軍夫，隨處填墊，特日前壹時之急，等因覆奉聖旨：『是。欽此。』已經轉行提督漕運總兵官楊宏，責撥軍夫填墊外，今該前因通查案呈到部。

臣等會同户部尚書鄒文盛等，議得巡按直隸御史吴仲題稱，通州閘運屢議而竟無成。及考諸志典籍，乞照先年節次題覆事例，壹併議處，就着巡倉御史，會同該部管閘修倉主事兼理閘運。量支修倉餘剩，巡倉贓罰并所省脚價，民財民力，壹不妄費。如果可行，就將省下脚價，蓋房造船，築堤展河，次第舉行壹節。爲照前項河道，屢經建議，俱未成功。今本官歷陳先代之故事，慮及閘道之危機，省費轉輸皆有所據，但河道形勢難度，財力所需浩繁，事體重大，相應勘處停當，方可舉行。合無候命下之日，户部選委屬官壹員，與本部管閘修倉主事，會同巡倉御史親詣各閘，踏勘形勢高下，計料所費工力，除各閘壹應樁板等項，應合增置船隻，修房築堤，及河道淺窄處所作何挑濬，及將上源水勢向背，地里遠近，可以疏引水歸故道。及照大通橋抵倉，亦合另設陸運，作何處置，各項合用工料、錢糧，所奏修倉餘剩，巡倉贓罰，及所省脚價有無彀用，務從長便，經久可行，逐壹會處停當。通將勘過河道高下及所計工程畫圖造册，回報以憑，會請裁奪。若或有礙，亦要明白開呈，勿致中止，虛費財力。其所議通糧，全輸京倉，以興無窮之利，以杜意外之虞，姑候修河畢日，另行會處。等因奉聖旨：『修濬閘河，委係轉漕便利至計。永樂年間已有成算，後乃因循不曾舉行。近年屢議修復，皆爲附近貪利之徒所阻，亦因大臣不肯任事，小官徒事虛文。見今東南民力困竭，漕運軍士疲敝，苟有寬省之策，豈可因循不爲。著户、工貳部各委堂上官壹員，會同漕運總兵參將，并原經委錦衣衛都指揮王佐，及今舉奏這事，御史吴仲親詣彼處地方稽查。先今議處事宜，踏勘地形高下，計算所費工力，究竟修否，得實利害明白。具奏定奪。大事可成，則勞費不足計，國計有補，則浮言不必恤。若姦豪之人恐妨己利，故違騰謗撓阻，聽緝事衙門訪拏究問。欽此。』

嘉靖陸年玖月拾伍日

〔一〕朝　原作空格，京城東門只有朝陽門對應的是朝陽關。另據本文獻亦有『朝陽關』之句。據補。

户部等衙門右侍郎等官臣王軏等謹題爲計處國儲以永圖治安事

各准本部咨該工部，題於户科抄出巡按直隸監察御史吴仲，題稱奉命巡視通倉，備檢接管卷内，見通州閘運壹節。先該平江伯陳鋭，都御史李裕、臧鳳、俞諫、高友璣，御史薛爲學、楊儀、楊璋、秦鉞、向信，主事鄺珩，給事中翟瓚，鎮遠侯顧仕隆，署都督楊宏等各題前事。內向信壹疏，尤爲明白簡當，鑿鑿可行。但事屢議而竟無成，言雖切而卒無補。臣竊思之，水陸轉運，其勞逸省費較然甚明。況陳鋭等多累朝漕運名臣，言必不妄。

臣因考之《元史》，至元貳拾玖年都水監郭守敬建言，疏鑿通州通惠河引水置閘。興工之日，世祖命丞相以下皆親操畚鍤爲之倡。置閘之處，往往於地中得舊時磚木，時人爲之感服。船既通行，公私兩便。先時，通州至大都伍拾里，陸輓官糧，歲若干萬，民不勝其瘁。至是皆罷之。自是，漕運無轉般之勞，而壹代事功，卒歸於守敬焉。及考金水、海子、白浮甕山諸志典籍，昭然而可據，踪跡尚在而可尋。何獨至於我朝，必欲置閘河於無用，費脚價而不惜哉！

臣又恐有風水家之説，因訪之上源，見於諸陵無損；遡其末流，又於都城無害。且源頭活水，運亦流，不運亦流。初不因運之行止，而爲河之開塞，水之盈涸，此理甚明，足破群惑。況通流等捌閘，閘石見存，無事於添補；閘夫見在，無事於添僉；閘官見任，無事於添設。近年營建大木，皆由此河直達大通橋下，滔滔無阻。參將王佐曾舉而行之，特易易耳。但每至垂成，輒復中止者，祇爲權勢之車輛罔利之，牙税不便所阻。臣又考之元史，漕運糧儲，南來諸物，商賈舟楫，皆由通惠河直達海子登岸。未聞灣民餓死。況今止通軍民糧運，其官私貨物仍舊，亦未爲全絶其利源也。臣嘗竊料閘運壹年可省脚價銀拾餘萬兩。今當民窮財盡之時，於國計不爲無補。

臣幾欲具疏上聞，尤恐識見未真，料理未周不果。繼而見在京各衛，因往通州關糧，或被官吏冒支，或被行伍騙匿，或子姪不肖而花費，空手而回，或陰雨連旬而放遲盤纏過半，累累呈告到臣。皆爲有名無實。

臣因考之，漢唐都關中，宋都河南。皆由汴由渭直達京師，未聞有貯國儲於伍拾里之外者。我朝通倉，其初如徐德等倉故事，只有神武中衛小倉。已後因漕運來遲，暫將京儲收貯通州，以待轉般。因循苟且，歲月既久，遂爲叁柒定例，嗣是莫之能改。遂使壹代官軍不霑實惠。又欲具疏上聞，未果。然此特其利害之小者耳。臣近因乞運邊糧，備訪邊關寨堡險隘遠近以防不虞。因知密雲等處，皆有間道可通，若使姦細爲之向導，輕騎疾馳，旋日可至。或據倉廒，或肆燒燬，國儲壹空，則京師坐困矣。雖有言者，但以閘運省費爲言，而卒莫有以先代之故事，間道之危機，爲陛下告者。是宜陛下信之不專，行之不決也。《語》曰：人無遠慮，必有近憂。《傳》曰：成大事者不謀於衆。惟陛下留神省察，謀之貳叁元老大臣而獨斷焉。萬壹臣言或是誤蒙採納，即今漕運會議在邇，乞勑户、工貳部，查照先今節次題覆事例，壹併議處。就著巡倉御史會同工部管閘修倉主事，兼理閘運。閘板見存，修補借之各廠；少有疏濬并其他用度，量支修倉餘剩、巡倉贓罰；并所省脚價，民財民力，壹不妄費。大運京糧，姑聽陸路自進。且令覓船雇人，略運百萬以試之。如果可行，就將省下銀兩，蓋房造船，築堤展河，次第舉行。所謂叁柒通糧，漸撥京師，自貳捌、壹玖而全輸矣。興國家自然無窮之利，杜後世意外不測之虞。所謂富國强兵，殆壹舉而兩得之矣，等因具題奉聖旨：『户工貳部便查議了來説。欽此。』欽遵抄出，送司案呈到部，擬合就行。爲此合咨前去煩爲查照，會議覆奏施行，等因咨部送司。

查得成化拾捌年，該漕運總兵官平江伯陳鋭，題爲『陳言便利漕運事』。該户部議准興工挑濬間，該司禮監太監懷恩傳奉聖旨：『大通橋壹帶工費浩大，暫且停止。欽此。』正德貳年，該巡按直隸監察御史楊儀，題爲公務事。開稱挑濬大通橋至通州閘河，以便運糧等因，奏行户部，覆奉聖旨：『修理閘河，著户工貳部上緊議處，預先整理，務濟明年漕運，其餘俱准議行。欽此。』已經動支太倉收貯水兑脚價等銀貳萬貳仟餘兩。推委漕運參將梁璽、協同户部郎中郝海、本部員外郎畢昭，興工挑濬，去後未見成功。至正德陸年間，據本部管閘委官主事鄺珩，爲節財裕民，以圖治安事，呈准每年行取剥船伍百隻，添該閘夫叁百名，以備搬剥等因，奉聖旨：『前項夫船，俱令查革改正。仍著運糧官軍自行照舊雇車般運。欽此。』

又於正德拾壹年捌月内，該工科給事中翟瓚，題爲『疏通漕運節財用以大利軍民事』。修理運道，徒費無益，乞要多官會議，開修運河，等因奉聖旨：『該衙門知道。欽此。』欽遵抄出到部。行間續該監察御史張欽題爲節財用，順人情，以利軍民事。運河不必修濬，陸路實爲簡便。等因又經本部會官議題節奉聖旨：『是這修理等項事宜，著原差侍郎等官，壹併勘處停當來説。欽此。』備行巡撫都御史李瓚、巡按直隸監察御史牛天麟，并户部主事等官董琦等，看得前項河道屢議屢修，而卒無成功者，陸路實爲經久。等因節奉聖旨：『是這修路事宜，你每勘處停當，都依擬行。欽此。』

已經欽遵會官將前項陸路欽差户部侍郎楊潭、本部侍郎劉永督理修砌完備外，又查得嘉靖元年肆月内，准户部咨開稱提督漕運都御史臧鳳、鎮遠侯顧仕隆題，京城大通橋至張家灣壹帶，河道乃前元轉運通渠。永樂、正德年間重加挑濬，糧運抵京。未幾貪利之徒阻滯不行，近年營建大木，悉由於此。若將此河原設伍閘，少加修理，轉行漕運，衙門動支官錢，打造剥船共貳百伍拾隻，每船用軍肆名，共壹仟名。仍置口袋壹萬條，輪番領裝，悉聽參將王佐委撥官軍，管領撑駕等因，已經户部會同吏部等衙門，尚書等官、陸完等題准，轉行參將王佐，會同巡倉御史秦鉞、本部管閘主事華湘、欽遵從宜處置。間隨該御史秦鉞，亦題前事要因，捌閘之舊址，均築伍壩之新制。就於其旁各置減水閘壹座，於内打造剥船，蓋造官房，收貯糧米，次第運至大通橋。其朝陽關原有舊河壹道，今已築爲城壕，應否疏通，等因題奉聖旨：『該部看了來説。欽此。』抄出查覆。

間又該巡按直隸監察御史向信題稱，大通橋至通州壹帶閘河，累議未修。今稱築壩蓋房，不必置蓋。每閘轉行漕運衙門，打造剥船伍陸拾隻，恐緩不濟事，或暫令張家灣、河西務壹帶居民，聽其造船覓利。等因本部已經議得陸路運至太倉，不過肆拾伍里，車運脚費雖多，壹日可抵倉内； 船運脚費極省，至大通橋下，亦當陸運約肆伍里，必須車贏裝駝，方得抵倉。所以近橋須立廠蓋房，堆候車贏，亦當預處。且自張家灣即入閘河，經閘叁、肆，方抵通州。近該參將王佐處置運船，俱由大河直抵通州城下。或者又謂城北置創壹閘，可省前項肆閘，雖爲捷徑，但河勢地形高下，須相度停當，方可舉行，等因覆奉聖旨：『是。欽此。』已經通行，勘議去後。

近查得嘉靖伍年叁月内，該總督漕運都御史高友璣、總兵官楊宏，各題修治道路，以便運餉事。張家灣至京城朝陽關外，運道陸拾餘里，高下不平。先因雨水衝坍，車贏負載，米糧俱遭陷溺。乞要户工貳部計議，早起人夫，差官設法填墊。或欲閘河設填疏通船隻，水陸併行等因，又經議擬，覆奉聖旨：『是户、工貳部便差能幹屬官壹員，前去會同巡城巡倉等官，督率府州縣應管人員，相度修理，務在早完，以便糧運。閘運事且罷。欽此。』已經通行，委官行勘修理。間緣夏秋時月，雨水連綿，道路泥濘，車不得行，反爲運道之阻。合無查照先年運官萬表所議，量撥軍夫隨處填墊，特目前壹時之急，等因覆奉聖旨：『是。欽此。』

已經轉行提督漕運總兵官楊宏，責撥軍夫填墊外，今該前因通查案呈到部。臣等會同户部尚書鄒文盛等，議得巡按直隸監察御史吴仲題稱，通州閘運屢議而竟無成。及考諸志典籍，乞照先年節次題覆事例，壹併議處。就著巡倉御史會同該部管閘修倉主事，兼理閘運。量支修倉餘剩，巡倉贓罰并所省脚價，民財民力，壹不妄費。如果可行，就將省下脚價，蓋房造船，築堤展河，次第舉行壹節，爲照前項河道，屢經建議，俱未成功。

今本官歷陳先代之故事，慮及間道之危機，省費轉輸，皆有所據。但河道形勢難度，財力所需浩繁，事體重大，相應勘處停當，方可舉行。合無俟命下之日，户部選委屬官壹員，與本部管閘修倉主事，會同巡倉御史，親詣各閘，踏勘形勢，高下計料所費工力。除各閘壹應樁板等項，應合增置船隻，修房築堤，及河道淺窄處所作何挑濬，及將上源水勢向背，地里遠近，可以疏引水歸故道，及照大通橋抵倉，亦合另設陸運，作何處置，各項合用工料錢糧，所奏修倉餘剩，巡倉贓罰，及所省脚價有無敷用，務從長便，經久可行。逐壹會處停當，通將勘過河道高下，及所計工程，畫圖造册，回報以憑，會請裁奪。若或有礙，亦要明白開呈，勿致中止，虚費財力。其所議通糧，全輸京倉，以興無窮之利，以杜意外之虞，姑候修河畢日，另行會處，等因奉聖旨：『修濬閘河，委係轉漕便利至計。永樂年間已有成算。後乃因循，不曾舉行。近年屢議修復，皆爲附近貪利之徒所阻，亦因大臣不肯任事，小官徒事虚文。見今東南民力困竭，漕運軍士疲敝，苟有寬省之策，豈可因循不爲。著户、工貳部，各委堂上官壹員，會同漕運總兵參將并原經委錦衣衛都指揮王佐，及今舉奏這事。御史吴仲等，親詣彼處地方稽查。先今議處事，宜踏勘地形高下，計算所費工力，究竟修否，得實利害明白，具奏定奪。大事可成，則勞費不足計，國計有補，則浮言不必恤。若姦豪之人，恐妨己利，故爲騰謗撓阻，聽緝事衙門訪拏究問。欽此。』隨該各部覆題。節奉聖旨：『著王軏、何詔去，欽此。』各欽遵備咨到臣等欽遵隨，會同漕運總兵官楊宏、參將張奎、錦衣衛都指揮王佐、御史吴仲，除永樂年間事體，卷案不存，無憑查考外，稽查得先年節該諸臣奏建閘河壹事，俱該户、工貳部查議題覆，修濬。或因工程浩大暫止，或欲候待豐年暫停，或爲勢要罔利之徒所阻，以此俱各未見成功。

臣等議照漕運糧儲，國家大計，容受之多，車不如船，陰雨之行，陸不如水，舟車並進，脚價倍省，此閘河之所以不可廢也。自大通橋起至通州白河止，閘壩規模具在，修濬必可通行。前代君臣尚能興舉其事，舳艫直抵海子。今之閘運，止於般剥，而復屢行屢止者，固由勢要姦徒罔利所阻。亦由地形漸高，流沙淤塞。大通橋至白河僅肆拾里，其地形高下相去陸丈有餘，使其不計多費錢糧，大興工役，開深柒丈，再加廣濶，水勢就下，通引白河，則運糧大船直達京城。而諸閘可以不用，固永久之利也。但工程浩大，切近都城，不敢輕議。爲今之計，只應循照舊規，修濬河閘。臣等陛辭之日，自大通橋沿河逐閘踏勘形勢大略。此時閘門洞開，初冬水涸，流波尚且不絶，若各閘皆閉，水盈可待。至通流閘坐于通州舊城之中，經貳水門，南浦、土橋、廣利叁閘，市井輻輳之地。兩岸居民闤闠，鱗集櫛比，般運糧米大爲不便。看至本城西門白河之濱，舊有小河通過城北壹面中，有舊廢土壩地基，西不壹里。至今堰水小壩，議須挑濬河身，因舊壩添築高濶，多用樁木甎石甃砌。平時集水行舟，水大聽其漫流而過。由此徑達普濟閘，可省肆閘兩關般運之難。閘壩相去窵遠，合添設閘官吏貳員名，閘夫拾名，分管普濟、通流貳閘，看守新壩，以防盗決。乃會委户部坐糧員外郎范韶、工部修倉主事周朝著、管閘主事魏良輔公，同順天府通判何棟、通州知州曹俊及通州等衛指揮等官分投各閘，并舊壩地方踏勘丈量，應該修濬築壩去處，計工估費。

行據各官呈報會計，得修理閘座，挑濬河身，築砌新壩，合用工料價銀大約壹萬兩。自新壩起至慶豐閘，計般運伍處，每閘各用剥船陸拾隻，共船叁百隻。每隻載米壹百伍拾餘石，日運米約有壹萬石。船隻造于漕運衙門，口袋出于包運經紀，人夫聽其雇覔，槁篙隨其本船。置造船隻，每隻計該價銀叁拾伍兩，叁百隻共銀壹萬伍百兩。造完至日交付般運經紀人等。每名管領壹隻，時常看守，損壞修理。其原借官銀，仍令每年脚價銀内扣除拾兩還官。叁、肆年間，可以還足。每船每閘議定船運撑挽脚銀壹兩，閘壩伍處，共銀伍兩。自大通橋馬頭登岸，合用小車驢贏裝載般運，每船糧貳百石，議定脚價銀陸兩。每糧壹石，常年陸運原費脚價銀壹錢，今止用銀伍分伍釐，可省肆分伍釐。通計貳百肆拾萬石，京倉糧米可省銀共拾萬捌仟兩。若使皆由閘運，切恐糧多船少，船運稽遲，反致有悮。晴日路乾，聽車輛壹面照舊載運，水陸並進，則漕運官軍完糧之日，可得早回月餘。預兑下年糧米，陸運贏車責令徑赴西倉，閘運小車驢贏，止令運至東倉，遠近均便。爲照大通橋地方窄狹，人煙輳集，恐妨起陸。若於慶豐閘下登岸運糧，又省貳閘般運勞費，亦合聽從。立法非難，而難於守法；任人非難，而難於得人。苟非其人，則法雖善，亦不久而廢矣。今後合無户、工貳部，暫添選委郎中或員外郎各壹員，兵部推選曾經漕運練達老成勤能都指揮壹員，查照先年事例，用兑參將住劄通州，專管輕齎銀兩，修理閘河，般運糧米。給散脚價及管天津以北催儹糧運，仍各會同巡倉御史，俱領勑行事嚴督。選委府衛州縣的當幹濟官員，雇募人夫，并通州等衛遮洋運糧軍餘共壹萬名，分工限日作急修理築濬，務在堅完糧運。若到各官分投閘壩，坐守督運，禁革姦弊，閘運通行之日，奏請取回，量加擢用。每閘壩各造官廳叁間，廠房貳拾間，兩岸修築馬頭，地方泊船般運，剗平沿河牽路，便於行船。官廳即今起蓋廠房，以漸續成，工料脚價，查借見在修倉餘銀貳仟兩，巡倉衙門贓罰等銀壹仟兩，漕運衙門今年改撥通州收糧，扣除脚價銀肆仟伍百餘兩。如有不足，另借太倉銀兩應用。待後省出脚價餘銀，逐壹補還。閘版、木料、甎石，工部各廠取用，如或不敷，官銀買辦。

又訪得糧運入倉，多被門官、歇家、伴當、光棍人等掯留糧袋，索要錢銀。乞勑廠衛并西司房緝事衙門，巡訪拏送法司，照依打攪倉場事例，問擬枷號，發遣充軍。庶漕運疏通，錢糧節省。如此則閘運壹事有利而無害，有得而無失，可爲世守之法，而大造軍民之福矣。再照通州京輔之地，兩城夾固，叁倉豐儲，居集萬家，守以伍衛，亦當積蓄，以安人心，不宜過慮般運，自起驚疑。

及查河源之水，出于西山玉泉，由海子經流大内玉河而出，沿城至大通橋。其間事理或時之旱澇，或流之巨細，啟閉通塞，又非外人所能與者。前項節財興利事情，幸賴聖明御極，廟堂力主于上，百執事奔走于下，董事興工何有不濟。欽命臣等會同查議明白。今將修濬閘河畫圖貼説壹本，進呈御覽，伏乞聖明定奪。勑下該部再加詳議。如欲舉行，趁時地未寒凍，擇日興工。若至冰堅停止，來年貳月天煖土融，隨即繼工。務在肆月工成，不悞糧運。緣係計處國儲以永圖治安，及節奉欽依『著户、工貳部各委堂上官壹員，會同漕運總兵參將，並原經委錦衣衛都指揮王佐，及舉奏這事御史吴仲等，親詣彼處地方稽查，先今議處事宜，踏勘地形高下，計算所費工力，究竟修否，得實利害明白，具奏定奪事理』。臣等俱未敢擅便，等因奉聖旨：『是修濬通惠河，乃前人遺跡。先朝成算，近年屢議修復，輒爲姦豪射利之人所阻。今閘壩具存，河渠無礙，原設官吏夫役，俱各見在。你每今所議處，尤爲簡易，合用錢糧不多，且車舟並進，不失車脚之利。壹應疏濬，盤剥、修閘、造船等項事宜，都依擬施行。然政之修，舉必在得人。兵部便會户部，推舉曾歷漕事練達老成都指揮壹員，照例充參將通州住劄，照舊驗收輕齎銀兩，兼理修河事務。吏部仍會户、工貳部，推有才力肯任事郎中貳員，並通州巡倉御史，各寫勑與他行事，未盡事情，聽該部並各官從宜處置。事體重大者，具奏定奪。今冬先將木植甎石等項，置辦整理。待來春融煖之時，興動土工。委用官員務要用心協力，共成大功，勿得偏執違拗，妨悞經國大計，責有所歸。欽此。』

嘉靖陸年拾壹月拾叁日

巡按直隸監察御史等官臣吴仲等謹題爲計處國儲以永圖治安事

臣欽奉勑監察御史吴仲，國家漕運仰給東南。裏河自真揚直抵張家灣，閘壩洪淺，具有成規。惟通州地方距京城纔伍拾餘里，車挽之費，動至鉅萬。每或不給，未免稱貸償完，運軍之疲敝日甚，江南之加耗歲增。先年臣下建白，以通惠河乃前代遺蹟，先朝具有成算。成化年間以來，屢嘗修濬，運糧船隻曾直抵慶豐閘下，乃爲異議所撓，事遂中止。其後節嘗興舉，亦皆惑於姦人横議，迄無成功。近日廷臣有以爲言。朕命：『户、工貳部侍郎，會同漕運總兵參將等官，及原經委用修濬河道錦衣衛都指揮王佐等，前去踏勘議處。各官回奏朕，參詳始末事情。今閘壩具存，河渠有水，原設官吏夫役俱各見在，各官所處，運糧大船雖未能直達，剥船轉搬亦可省費拾之叁肆。因舊修濬隨宜幫築，合用錢糧人力不多，且夏秋晴爽之時，水陸並運，不失車脚之利。糧船過盡，商民船隻亦可通行。若處置得宜，委的有益無損，經久利便，已允所請施行。今特命爾同户部郎中尹嗣忠，工部郎中何棟，會同參將都指揮僉事陳璠，親詣沿河壹帶，查照該部原覆各官勘處事宜。著實用心整理應修工程，合用錢糧，雇募人夫，並起撥通州等衛，遮洋運糧軍餘及禁革姦弊等事，悉依原擬。各該府衛州縣，訪有能幹的當官員，爾等會委差用，不許抗違阻撓。今冬辦料計工區畫停當，來春融煖之時，擇日興動土工。凡各項事情有該載不盡者，仍聽該部並爾等從宜處置，事體重大者，具奏定奪。此係經國大計，爾等務要用心協力，共圖成功。勿偏執自用，勿違衆立異，亦勿苟且粗略，取辯目前，壹勞永逸，以爲深長久遠之圖。斯稱委任工完具奏朝廷，委官閱實，尚加擢用，以旌爾能。如或因循玩愒，徒費工力，無益於事，責亦難逭，爾其勉之慎之。故勑，欽此。』欽遵臣等深愧匪才，叨膺重託，受命以來，日夜憂懼，恐孤任使。自本年貳月初肆日起，沿河往來，親督委官夫匠，將大通橋至通州壹帶河道、橋梁、閘壩、堤岸、官廳、廠房，俱已修濬蓋造完備。蓄積水利，分布剥船，交盤糧運，通行無阻。此皆仰賴皇上剛明獨斷，克有成功。臣等身歷此河，頗知功之難成，竊念時之難遇。即今雖已通行，持久恐將廢阻。謹陳愚得用條事宜，伏乞聖明特勑該部采擇處分，務使河道長通，國儲永賴，以成萬年之利。臣等不勝幸甚，爲此具本差攢典張鑑親齎謹題請旨。

計開

壹、時修濬以通運道。臣等切照大通橋起，至通州石壩肆拾餘里，地勢高下肆丈有餘，中間設有慶豐等伍閘，蓄積水利。臣等督工修濬，今已行船，運糧無阻。但地勢陡峻，土皆流沙，猶恐夏秋天雨，河流暴漲，堤岸河身不無衝決淤塞。若不預處，恐難經久。如蒙乞勑該部行令管閘主事，時常沿河往來巡視，壹遇堤岸水口衝決，河道淤塞，隨即率領官吏閘夫，挑濬補築，晝夜撥人看守，毋致盜決。仍將閘運扣省脚價銀內，每年量支壹仟兩，通州寄庫，遞年聽候管閘主事將前銀兩雇覓人夫，置買樁料，乘暇興工，量其衝決淤塞處所，重加修濬。如銀兩不足，再行具數奏討，如此庶成功不廢，而運道永通矣。

壹、專委任以責成效。臣等切見張家灣至真揚壹帶，河道置立淺舖，僉設夫老，附近府州縣各有管河官員分治，又有管河郎中御史等官總理。至於設閘處所，俱有主事專管坐守，是以河防政務，僅無廢墜。今都城之下大通橋河，比之他處尤爲緊要。止設主事壹員又兼管别事，不無妨廢。如蒙乞勑該部計議，令無將管閘主事，照依濟寧等處事例，通州住劄，不許入京，專令督理河道，不許兼管别事。通州添設管河同知或判官壹員，專管修理大通橋起，至鮮魚閘止河道。其合用錢糧，將每年扣省脚價銀內支用。與凡應行事宜及委用官員，俱聽管閘主事處分。其有盜決水利，阻壞糧運之徒，亦聽舉問重治。仍乞勑户部，每年叁月初旬，差委郎中或員外郎壹員，請勑壹道通州住劄。會同巡倉御史沿河往來，催儹天津以北糧運，驗筭輕賫銀兩，待糧完日，造册奏繳。如此則職任專壹，而效可責成矣。

壹、復舊額以添官夫。臣等看得大通閘河，原額設官肆員，吏肆名，閘夫陸百柒拾肆名。後因糧運不行，止存官壹員，吏壹名，看守閘座。續又因接運事，添增夫捌拾名。每名河南等處州縣徵銀柒兩解部，雇夫專管運送內府衙門竹木等料，閘運停止，無事修濬啟閉，官吏夫役因此革少。即今幸賴聖明修復閘運，前項官夫似不可少。如蒙乞勑該部，查照舊額，量添閘官壹員，吏壹名分管。其閘夫量添壹百名，與同見在壹百捌拾名，分布各閘，不許雜差占役，專力啟閉。如遇堤岸河道少有淤決，官吏率領各夫併力修濬。其餘外夫捌拾名，原係接運事，合無再加詳議。將原徵解部銀共伍百陸拾兩，不必雇夫，收貯在庫，待候南京歲運竹木等料至日，本部驗實，每運量給銀兩。令經收內府衙門官壹員領出，自雇車脚。通州陸運不許入閘，庶閘夫不致重累。又運船與木料兩不相妨，如此則閘運易舉，而夫役不擾矣。

壹、改閘座以防水患。臣等看得夏秋久雨，西山水發，皆由閘河東流，閘門隘小水泄不及，遂致泛漲，衝決堤壩，勢所必有。此出不測，非人可爲。原議障水石壩，今已修成。又通流閘在通州城中，市井環繞，積水丈餘。又西水關久浸水中，俱非常便。必須將慶豐上閘、平津中閘，拆運通州西水關外，創造石閘壹座。將前石壩南移貳拾餘丈，改造石閘壹座。平時閉版積水，壹遇水發，即啟版泄水，深爲兩便。但今糧運已行，措工不及。如蒙乞勑該部，再加斟酌。如果於事有益，待糧運完日，行令管閘主事，會同漕運衙門把總都指揮壹員，陸續辦料如法改造。如此庶事得經久，而水患可免矣。

壹、處剥船以便糧運。臣等看得，原議漕運衙門打造剥船叁百隻，每隻原定價銀叁拾伍兩，共銀壹萬伍百兩。今已分布各閘，責令經紀張鑑等壹百貳拾名領運。將經紀名下脚價銀內每年扣出叁仟兩，在官抵作船價，計叁年半扣完。其船遞年修艌，經紀自備。若損壞不堪撑駕，仍將前扣船價，發漕運衙門打造，照前給領扣除，庶不悞事。又每閘該船陸拾隻，每隻載米壹百伍拾餘石，每日可運米貳萬餘石。自伍月起，至玖月終止，糧運續到計有壹百伍拾日，中間縱有陰雨阻滯，則每年京糧不過貳百伍陸拾萬石，亦可盡人閘運不難矣。臣等已運過米拾柒萬餘石，即此可驗。若以後妄生浮議，多方阻撓，以致糧運遲滯，蓋由接管官員不肯任事，非河之弊，臣等之責也。如此則事體歸壹，而糧運無虞矣。

嘉靖柒年伍月貳拾貳日具題，次日奉聖旨：『開濬通惠河。先朝屢經勘議修理，未得成功。吴仲、何棟、尹嗣忠、陳璠等不出叁肆箇月，工程就緒，糧運通行，勤勞可嘉。還照前旨差科道官各壹員，前去閲視，回奏以憑旌奬。其餘合行事宜，工部便照各官奏内事理，議了來説。欽此。』

嘉靖柒年伍月貳拾柒日

巡按直隸監察御史臣吴仲謹題爲計處國儲以永圖治安事

臣奉命整理通惠閘河，除工完會本具奏外，臣身歷河事，始知成功不易，持久爲難。先年所以屢行屢止者，有以也。若不添設專官，坐守閘壩，隨時修理，未免淤塞崩潰，終當自廢。萬壹張家灣射利之徒，寅夜偷掘壹閘壹壩，可使萬夫之勞、千金之費，壹夕委諸泥沙。是上負皇上獨斷之明，下負輔臣贊襄之力。而臣之罪始不可逭，謗始不可破矣。臣看得工部郎中何棟，才猷出衆，智慮超群，況身親經歷，多所識達。如蒙皇上軫念漕艱，乞勑該部，裁革原設主事，仍留本官督理，照例叁年壹次更换，聽其動支在庫用剩銀兩，並扣省脚價，雇倩軍民夫役，挑濬上流，改造閘座，革經紀而撥官軍自運。去雇役而添閘夫自般，嚴防山水泛漲，法禁盗泄河防。隨船帶石以包岸，逐年種柳以護堤。補盖廠房，填墊橋道。並修艌剥船等項，俱聽便宜，務爲經久。其天津壹帶河道，巡河郎中篤遠罕到，全欠疏通，連年運船，起剥艱難，亦宜改屬本官壹併整理。若何棟别有差用，亦乞暫留。必待新任郎中，交代接管，方許離任。盖此河不可壹日無工部之官，而工部官實不可壹日離此河也。

再照各處河道，俱設有有司水利官。今通惠閘河似不可缺。臣訪得通州左衛經歷趙輩，勤謹詳慎；神武中衛經歷岑時勉，潁敏精勤，曾委修河，俱肯效力。併乞勑下該部，改陞壹員，或同知或判官，填註通州專管河道。庶大小各有所司，而上下方成體統矣。其督運官壹節，賴有郎中尹嗣忠，多方調度，稍有次第。但立法之初，事多紛擾，人未慣習，乞照侍郎王軏等題准事理，仍留本官坐守催督，終始其事。以後年分恐亦不必專設。每年貳月，請差郎中或員外郎壹員，前去會同工部郎中、巡倉御史督運，完日回京，似爲穩便。又輕齎必責之憲臣而弊除，河道必責之水曹而事舉。參將之官，恐不得常，如陳璠之練達老成，反政出多門而紛更矣。但將來剥船編入漕司，改軍自運，必須設有專官，方爲久計。乞勑該部，從長計處，或待漕運會議定奪，非臣所敢輕議也。雖然設官易任事難，前項官員若不分住公署，著實用心幹辦，但高坐京師，奔走人事，秖以文移從事，則閘運決然，不久而冗員真爲徒設矣。臣過慮之私，壹得之愚，又不敢不盡言而預告之也，等因奉聖旨：『工部看了來説。』

嘉靖柒年陸月初貳日

工部左侍郎臣何詔等謹題爲計處國儲以永圖治安事

該都水清吏司案呈奉本部，送工科，抄出工科等衙門左給事中等官黎良等題。該工部手本，該本部題都水清吏司案呈奉本部，送於工科，抄出欽差巡按直隸監察御史等官吳仲等奏，奉聖旨：『開濬通惠河，先朝屢經勘議修理，未得成功。吳仲、何棟、尹嗣忠、陳璠等不出叁肆箇月，工程就緒，糧運通行，勤勞可嘉。還照前旨差科道官各壹員，前去閲視，回奏以憑旌奬。其餘合行事宜，工部便照各官奏内事理議了來説，欽此。』欽遵抄出，送司案呈到部。

嘉靖柒年陸月拾貳日，該本部覆題奉聖旨『是，欽此。』欽遵備行到科，該工科都給事中張嵩具題。本年陸月拾陸日奉聖旨：『著黎良去，欽此。』續該都察院太子太保、兵部尚書兼本院左都御史李承勛等具題，亦爲前事。本年陸月貳拾日奉聖旨：『著劉模去，欽此。』臣等俱於本年陸月貳拾柒日早朝辭畢，前往大通橋，駕小舟而行。經慶豐上下貳閘、平津上下貳閘，至普濟、石壩而止。每閘及壩，皆捨舟步履，逐壹閲視。凡其甎石之甃結，木版之啟閉，河水之盈縮蓄洩，皆諮詢而講求之。以至於臨閘有廳，棲糧有房，障隄有樁，跨岸有橋，遠近相望，聯絡不絕。其剥船分布於各閘，候者鱗次，行者魚貫。通州而抵京倉，可朝發而夕至。具見御史吳仲、郎中何棟、尹嗣忠、參將陳璠等官，仰體皇上勵精圖治之盛心，故能同心協力，通變宜民，不費時日，而克有成效。君令臣行，人存政舉，固如是夫。

臣等聞衆口鑠金，積毁銷骨，市虎成於叁人，投杼起於屢至。使當建白之初，而或生壹横議垂成之際，而復間以讒言，則今日之事去矣，謂仲等何哉。臣等又聞立法固難，而守法亦難。昔蕭何定制，較若畫壹，得曹參以守之，治清净而民寧。壹此先漢之所以興隆也。今運道之通，寔類於此。伏望皇上自今以往，命官必求其人，任人必專其事。使運道旋淤而旋濬，閘壩隨損而隨修，凡豪右之強梗者，必置之法；盜賊之竊發者，必正之刑。使得以展布其謀猷，而不拘攣於聞見，則百姓可與樂成，漕運可以長通，而壽國脉，保元氣於有永矣。緣係計處，國儲以永圖治安，及奉欽依閲視回奏事理，未敢擅便。爲此具本題，奉聖旨：『工部看了來説。欽此。』抄出送司案。查嘉靖陸年玖月内，該巡倉御史吳仲題前事，該本部會同户部議擬，合無户、工貳部添選委官郎中，或員外郎各壹員，兵部推選曾經漕運、練達老成勤能都指揮壹員，查照先年事例，修理閘河，仍會同巡倉御史，俱領勑行事。糧運若到，各官分投閘壩坐守督運，通行之日，奏請取回量加擢用等因，題奉欽依，備咨吏部選註户部郎中尹嗣忠、本部郎中何棟、兵部推選都指揮陳璠，及巡倉御史吳仲俱領勑前去整理。續於今年陸月内，該御史吳仲奏報工完，糧運通行。等因覆奉欽依，議擬題准通行。差委科道等官閱視，去後今該前因案呈到部。臣等看得御史吳仲，郎中何棟、尹嗣忠，參將陳璠，整理通惠閘河，俱有成蹟。既該科道等官黎良等覈實，前來所據，各官相應旌奬，以勵臣工。合遵照前旨，但恩典出自朝廷，非臣下所敢議。擬伏乞聖裁，緣係計處國儲，以永圖治安。及奉欽依工部看了來説，事理未敢擅便，等因奉聖旨：『各官修濬通惠閘河，糧運通行，國計有濟。既該科道等官覈實具奏，宜加旌奬。吳仲、何棟、尹嗣忠、陳璠各陞壹級。吳仲、何棟賞銀叁拾兩，紵絲貳表裏。尹嗣忠、陳璠各銀貳拾兩，紵絲壹表裏。仍各要照舊用心督理，務圖經久，勿墮成工。欽此。』

嘉靖柒年柒月初柒日

巡按直隸監察御史臣吳仲謹題爲議處輕齎銀兩事

切照嘉靖柒年，漕運京糧壹百玖拾玖萬叁仟捌百貳拾捌石肆斗肆升肆合柒勺柒抄肆撮，已於通惠河般運完訖。但秋深白河水涸，糧船違限到遲，壹時起剥艱難。除記工挑濬，及議發扣省脚價銀伍仟兩，解赴漕運衙門，打造剥船，照例扣除還官其漕運總兵參將等官。若能嚴督各總依期而來，相繼般運，較之今年，決可早完月餘，陸運真可不用矣。所有該省脚價等項銀兩，比照嘉靖伍年、陸年各衛所原造花銷文册，扣除山東總孫機下該銀貳仟玖百陸拾柒兩陸錢貳分玖釐壹毫，江北總劉倖下該銀壹萬肆仟柒百柒拾玖兩捌錢捌分捌釐捌毫，王讃下該銀陸仟肆百柒拾壹兩伍錢叁分貳釐肆毫陸絲，中都總丁鉞下該銀壹萬捌百陸拾貳兩壹錢陸分玖釐貳毫，江南總王憲下該銀柒仟玖百玖拾肆兩肆錢肆分貳釐玖毫，徐珪下該銀捌仟伍拾伍兩貳錢叁分捌釐肆毫，南京總王端下該銀壹萬壹拾貳兩玖錢伍分叁釐柒毫，潘璽下該銀玖仟伍百玖拾肆兩捌錢伍分叁釐玖毫，浙江總楊和下該銀貳萬陸仟肆百壹兩陸錢玖分叁釐叁毫，湖廣總程鵬下該銀柒仟伍百壹兩伍分肆釐貳毫，江西總張鸞下該銀捌仟柒百肆拾陸兩捌錢壹毫，共該銀壹拾壹萬叁仟叁百捌拾捌兩貳錢伍分陸釐陸絲。已經題奉欽依，陸續解送户部，收貯節據。把總等官王端等，各呈稟前項銀兩，相應照數扣除還官。但運軍疲敝，乞要寬減壹分，以霑新河之惠等因，到臣與臣所見相同，但係干錢糧，豈敢遽爲輕重。況壹應恩典俱當出自朝廷。伏望聖慈矜憫，乞勅下該部詳議，將前項應扣脚價量給叁分之壹以濟其艱，以厭其欲，使知隆恩曠典，真出尋常萬萬矣。

再照各總輕齎多有不均，並以後扣免之數，相應酌處，以爲久計。合無候明年漕運至日，將山東總壹陸銀免扣，江北等柒總貳陸銀每石扣銀叁分，浙江等叁總叁陸銀每石扣銀伍分，總計每石止扣銀叁分。比之今年，實免叁分之壹，且爲均平之制。行之壹貳年，如果閘運可久，以後年分該扣之數，相應扣減嵗漕加耗，以少寬窮民，如此庶軍民均霑實惠，而閘運不爲徒行矣。惟復止照今擬扣收貯庫，聽候别項支銷，並修閘挑河等項支用。又在臨時斟酌非臣所敢輕議，而逆料也，等因奉聖旨：『該部看了來説，欽此。』

嘉靖柒年拾月初柒日

乞修河道以便轉運事

嘉靖元年叁月拾玖日，巡視通倉監察御史向信題。

臣竊惟京儲仰藉於漕運，漕運寔利於修河。但修復之計，不難於言，而難於行。該部奉行不難於題覆，而難於責效。故晉之時，富平津河橋，久議不決，至杜預始成。武帝臨會舉杯勸杜預曰：『非卿此橋不立。』預曰：『非陛下聖明不成。』當時以爲美談。今聖明御極，百度壹新，其過晉遠甚。在庭諸臣顒顒昂昂，非無杜預其儔也。然今年曰修河，明年曰修河，自成化年間該平江伯陳鋭、都御史李裕、雲南等道監察御史薛爲學等題；正德元年又該巡按直隸監察御史楊儀題；正德陸年又該管閘主事鄺珩題；拾壹年又該工科給事中翟讚題；又該前提督漕運都御史臧鳳、鎮遠侯顧仕隆題；然事屢議而竟無成功，言雖切而無補轉運，是果智不及乎？抑亦因循推移，而無心於必成乎？臣不可得而知也。

臣謂創修者固難爲力，修復者亦易爲功。今通州至京城，通流等捌閘，其間閘石見存，無事於添派；閘夫見在，無事於添僉；閘官見任，無事於添設。即今水勢瀰漫，無事於疏濬，舉而行之，特易易耳。但每至垂成，輒復中止者，多以權勢之家，有礙地土，不利於行；繼以罔利之徒，有妨生理，不便於己；間又多以包用閘夫，占恡不發，動以勞民傷財爲説，中間執見不定，動爲所惑，隨時乾没，誰復究心？寧使有用之水，而置之無用之地；寧忍輓運之苦，而不圖水運之安；寧使脚價之費，而不惜運軍運官虧欠之苦，可勝惜哉！臣於接管卷内，查得都察院劄付壹起，爲修復河道，以便轉運京儲事。又該巡按監察御史秦鉞題，續該工部尚書李鐩等覆，奏奉聖旨：『是著參將王佐，會同巡倉御史管閘主事，從長勘處，停當來説，欽此。』未幾，參將王佐以裁革去，御史秦鉞以事滿代事，竟不聞舉行，該部不聞復議。是亦前日修河之説也。

臣巡視通倉，竊見今秋糧運又到，即今不行預處，臨期何濟轉運？前此之議者，首事之初曰：築伍壩，築必傷財。臣愚以爲不必築也。曰：置減水閘，置必勞民。臣愚以爲不必置也。曰各壩起盖房屋，盖必重傷財力，臣愚以爲不必盖也。但以各閘口下，每閘查有版不足者，或有版不堪者，就於各抽分局内查取。見在版本或添伍柒塊，則水可深伍柒尺，加捌玖塊，則水可深捌玖尺。水大漫則流而不壅，水小竭則聚而不洩。每閘轉行漕運衙門，打造剥船伍陸拾隻，恐緩不濟事。或暫令張家灣、河西務壹帶居民，聽其造船覔利，定以閘口，編以班次。其各船，合用布袋貳叁百條，令其自備。其合用脚夫，俱在臨期斟酌，責令船頭給價雇覔，務米至倉，而後袋可給，必米足數，而後人可回。輪番裝載，以次挑運，事無大小，悉聽參將王佐隨宜區處。其原僉閘夫，止令閘官督率守閘，加減版木，隄防水勢。中間若有假託，勢要名色，行使别項船隻，阻占閘口，包攬船袋，侵奪財物等項，聽科道官及參將王佐等，舉劾重治。行之既久，勢若便利，至於築壩、盖房等項方議舉行，亦不難處。又果天晴不雨，道無泥濘，船價脚價略相等分，聽其自便，水陸並進，尤爲全妙。臣查得正德拾伍年春夏間，參將王佐催督運船，由張家灣至通州東城下灣泊，運入通倉，就省脚價銀壹萬餘兩。臣謂今日若果由此轉運，則壹年所省不知幾拾萬兩。

臣又查得近年營建大木，工部侍郎趙璜曾將大木入河，直抵大通橋，滔滔無阻，節力甚多。參將王佐亦曾親臨閘口，小試剥船，屢試屢利，略無窒礙，此明效大驗，人所共知。況今趙璜見任工部事猶未遠，參將王佐見蒙取回，輕車熟路，又其所長，此誠壹大機會也，亦國家之利，運官運軍之幸也。失此不爲，無復可爲矣。伏望皇上，天語叮嚀，勑下貳臣並管理河道官，各殫心力，各竭智能，務要克期就緒，毋徒再付空言。其添版、造船、製袋、覔脚等項，悉聽該部從長區處。覆奏，但在有裨漕運，不妨有拂權豪，則屢朝議之而不定者，今日始定。屢朝議之而不行者，今日始行。抑亦新政之壹事，京儲之遠猷，其節軍之力，節軍之財國家之利莫大矣。

碑記

改修慶豐石牐記[一]

宋褧[二]

牐於字，爲閉城門具。或曰『以版有所蔽』。近代水監官廨之，以時蓄泄，因水行舟。

世祖皇帝至元貳拾有玖年，前昭文舘大學士、知大夫院，領都水監事臣郭守敬，圖水利奏，昌平之白浮村，導神山泉、西山水，合馬眼泉諸水爲渠，曰通惠河。貫京城，迤邐出南水門，過通州，抵高麗莊之牐，爲里貳百。視地形創爲牐，附岸壁及底皆用木，凡貳拾肆，慶豐其壹也。

後貳拾年，當至大肆年，諸牐寖腐，宰相請以石易，爲萬世利。且請度緩急後先作，則工不迫，工不迫則周且固。仁廟勑准，有司以次第舉。由是，至順元年始及慶豐。遂役都水少監王温臣率其屬，分督程作，董役士

[一] 本題宋褧《燕石集》作『都水監改修慶豐石牐記』。
[二] 褧 原作『聚』，據《燕石集》卷十二改。

卒，暨土木金石之工，集有伍百伍拾；輸木萬章，鐵以鈞計，凡捌百有奇；石材叁仟貳百，瓴甓、灰、藁他物（每）〔無〕[一]算。築（其）〔基〕[二]縱長百貳拾尺，叁分長之貳爲衡廣，高貳丈，澗容貳丈貳尺。經始於是年叁月之望，粤陸月拾伍日告成。繩規中度，完好緻密，公私善之。

明年春，監丞阿禮、張宗顔，述是役之爲日久近，牐之喬卑長廣，靡費物料幾何，創始改作之緒，及工之勤，〔成功〕利之美[三]，求職以文。予復之曰：『此世祖開物，成務群策畢舉也。仁廟克成先烈，措注宏遠，功不百倍不改作也。臣下莫不奉行惟謹，此事理之著者也。記是誠宜。』然予疑是牐之始命名，爲役[四]與創始之歲果豐歟？或示微意於後世歟？惜莫可得而知。何也？牐非事游觀，蓋經營國計，民俯仰以給者，猶必待豐而後作，矧他役乎！抑果作於豐年，則後不敢妄興，民不敢苟勞，財不敢徒費，章章矣！

因其役併原其名，是爲記。

中書右丞相領都水監政績碑　歐陽玄

中書右丞相定住公，自居平章首席，既而陞左相，又陞右相，被命領都水監事。至正癸巳之正月，迄今數年之中，濬治舊規，抑塞新弊，水政大修。都水監長貳賓佐共具實蹟，請於翰林歐陽玄，文其事于石，以貽後世。玄曰：『丞相上佐天子，下理百官，日綜萬幾，朝野政務，莫非相業所經綸也。奚獨於水政而紀述乎？』其長貳賓佐進曰：

我國家之置都水也，始於世祖皇帝至元貳拾捌年之辛卯[五]，丞相完澤實倡其端。當時聖君賢相爲慮甚周，爲制甚密。導昌平白浮之水西流，循西山之麓，會馬眼等諸泉，瀦爲柒里〔濼〕[六]，東流入自城西水門，匯積水潭；又東並宫牆，環大内之左，合金水河南流，東出自城東水門。又潞水之陽，南會白河。又南會直沽入海，凡貳百里，是爲通惠河。置閘貳拾有肆。跨諸閘之上，通京師内外經行之道，置橋百伍拾有陸。閘以制蓄泄，橋以惠往來。乃（即）〔接〕[七]運糧提舉司車户仟肆百伍拾有壹，隸監專治其事。

[一] 無　原作『每』，據《燕石集》卷十二改。
[二] 基　原作『其』，據《燕石集》卷十二改。
[三] 成功利之美　『成功』二字據《燕石集》卷十二補。
[四] 爲役　《燕石集》卷十二作『作何人』，則前後可標點爲『牐之始，命名爲何人』。
[五] 元都水監始創於至元初年，《元史·郭守敬傳》：『至元二年，授都水少監。』後來都水監併入司農司，至元二十八年爲修通惠河又重建。
[六] 柒里〔濼〕　原作『柒里』，宋本《都水監事記》作『七里濼』，據補。
[七] 接　原作『即』，《燕石集》卷十二作『接』，據改。

閘與橋初置以木，仁宗皇帝延祐中易木以石，次第而械之。命閘户學爲石工，〔以至攻〕木〔鍛〕〔一〕鐵、煉堊，皆習其技。歲械壹閘，工與費若干。有司會其凡而籍之，歲以爲常。約歲若干，諸閘皆石。壹切工役取具閘户，不擾而集。國計之不匱，民用之不乏，皆利賴焉。

近年有司擅以閘户抑（配）配各驛，以給驛〔置。於是〕〔二〕，至元延祐以來，祖宗之良法美意，日就蠹壞。今右丞相以聞，有旨復還郭士英若干户，餘州縣之侵軼閘户者，悉禁絶之。他户有避徭役之類，仍因而亡者，咸復其舊。故得水利不隳，漕法不滯，有關國計民用甚重也。且通惠河之將入海也，衡漳貫之，遡漳西南，涉瀛博之野，南至於臨清、堂邑之壖，過壖而南爲會通河，盡豫、兖、青、徐肆州境上之水，入河絶淮，至大江而止。貳河相通，其爲水利博矣。有若京城西之金口，下視都邑，水勢如建瓴，壹蟻穴之漏，則横潰莫制。守堤吏與閘户，晝夜分番邏視不贍，則借兵士於樞密，所係尤重。故水政之修，閘户之復，丞相有功於斯甚大，可無紀述乎？

玄聞其言，乃考古而徵今。〔都〕水〔三〕在唐虞爲澤虞，在成周爲川衡。西漢太常、太司農、少府、内使、主爵都尉皆置都水長貳，武帝置水衡都尉，成帝置左右都水使者。東漢改置河堤謁者。晉改都水臺，又置前後左右中伍水衡，以伍使者領之。劉宋置水衡令。蕭梁改爲大舟卿。宇文周置都水中大夫。隋置都水臺使者，尋復置監少監，又改令少令。唐沿革不壹，或稱都水局，或稱司津監，或稱水衡監，或置使者，或置都尉。趙宋爲都水監，置判監同判，及丞主簿等員，大抵掌川澤、津梁、渠堰、陂池之政，兼總舟航、桴筏之筭，就司其政以充用。故漢太常諸卿各有水衡，盡征其入，給俸禄，所稱『水衡錢』是也。聖代捐國家之厚費，以利天下而秋毫不征其資。視古之都水有不可同年而語者矣。且歷代建都，秦、漢、唐多都雍州，阻關陝之險，漕運極艱，用水極少。其後，有都洛陽、大梁，亦不過濬洛入汴，瀹汝、蔡入淮而已。

我元東至于海，西暨于河，南盡于江，北至大漠。水涓滴以上皆爲我國家用。東南之粟，歲漕數百萬石，由海而至者，道通惠河以達。東南貢賦，凡百上供之物，歲億萬計，絶江、淮、河而至，道會通河以達。商貨懋遷，與夫民生日用之所須，不可悉數。貳河泝沿南北，物貨或入或出，偏天下者，猶不在是數。又自崑崙西南，水入海者，繞出南詔之後，歷交趾、闍婆、真臘、占城、百粤之國，東南過流求、日本，東至叁韓，遠人之名琛異寶，神馬奇産，航海

〔一〕以至攻　鍛　原缺，據《燕石集》卷十二補。
〔二〕抑（配）配各驛，以給驛〔置。於是〕　此句據《燕石集》卷十二補。
〔三〕都水　『都』字原無，據《日下舊聞考》卷八九引文補。

而至。或踰年之程，皆由漕河以至闕下，斯又古今載籍之所未有者也。水政之重，可不以重臣領之乎？昔者舜舉拾陸相共治海內，禹治水土，益治川澤。今之水政，禹益皆嘗司之。然則重臣之典水政，唐虞以來之遺意也歟！

玄職在太史，紀載爲宜。右丞相康里氏，定住其名，乃祖乃父叁世宿（位）〔德〕[一]，逮事列聖，篤於忠貞，數從王師，戰金捌鄰，多積功伐，不妄俘戮，不希寵榮，有陰德餘慶，施於後人。丞相踵之，揚歷臺閣叁拾餘年，清慎如壹，熟知國家典章。及居台揆，雅量鎮浮，坐決大政，不徽辭色，百度自貞，有古大臣之風焉。來求文以紀其蹟者，都水野素達邇、段定僧、少監完澤鐵睦璽、太平奴、薛徹篤、監丞鎖南滿、慈普化、沙剌贊卜、馬兒吉顏，經歷山山，知事祁師道云。系以詩曰：

國（治）〔置〕[二]水官，象天玄冥。都水有政，治國大經。於穆皇元，龍興朔方。秉令天壹，並牧捌荒。乃據析津，廼建神州。囊括萬派，衡從其流。東濬白浮，遵彼西山。即是天漢，流畢昴間。西挹紫宮，南出皇畿，又東注海，萬派攸歸。東溟天池，若爲我瀦，給我漕輓，徑達宸居。河濟淮江，陳若指掌。我鑿貳渠，利盡穹壤。雖云盡利，我則不征。捐利利民，治水水平。

維今右相，自董水政，舉措不煩，户籍先正。昔命閘户，習煅習礪，楗木膠堊，各程其藝。循甲及壹，諸（徧）〔閘〕[三]徧械。歲壹修閘，衆藝畢來。制水有閘，通道有梁。息耗有則，啟閘有常。夫何閘户，俾役驛厩。是求善書，遽掣之肘。相君入告，閘户（內）〔乃〕[四]復。每歲鳩功，群匠來族。水政既舉，國計以滋。都人日用，源委莫知。

彼水在國，血脉在身。百體輸津，五官嗇神。相爲股肱，水利寔興。榮衛不凝，股肱宣能。維相君量，彭蠡大野。汪洋淵渟，安静整暇。維相君力，底柱龍門。捍彼衝（貴）〔潰〕[五]，國之樊垣。有力斯定，有量斯寬。燮調雍容，歲不溢乾。重華在位，禹益作相。庶工底績，百川是障。世皇濬渠，相曰完澤。身先水官，相彼原隰。洵美相君，海內稱賢。罔彼哲輔，專美於前。陸府叁事，治先乎水。玖叙惟歌，作者太史。太史作歌，載以龜趺。君臣都俞，永作民郛[六]。

[一] 宿德　原作『宿位』，《日下舊聞考》卷八九引文作『宿德』，據改。
[二] 置　原作『治』，《燕石集》卷十二作『置』，據改。
[三] 閘　原作『徧』，《燕石集》卷十二作『閘』，據改。
[四] 乃　原作『內』，《燕石集》卷十二作『乃』，據改。
[五] 潰　原作『貴』，《燕石集》卷十二作『潰』，據改。
[六] 君臣都俞，永作民郛　原脱。據《日下舊聞考》卷八九引文補。

工部都水分司題名記

通州設有工部衙門二。其一曰廠，乃營繕分司，專以督脩大運倉庾，以儲軍餉，其所由來久矣；其一爲都水分司，則嘉靖七年爲脩通惠河而設也。特置郎中一員，以領其事，例以三年爲代，奉勑行事，職主通惠河，兼管天津一帶漕運河道。凡閘壩之脩營，堤岸之培護，水道之疏濬，咸屬攸司，聽得隨宜從事。而軍衛有司事涉河道者，統受約束。與營繕分司雖所職不同，要之，均爲漕運計也。

嘉靖辛亥余以制回藉家居。明年壬子夏四月，都水正郎姚江王君惟中來督河道事。一日謁余而請曰：都水分司之設，於今二十有四年矣，前後司事者若干人，往往得代而去而無所記名，今求之，則已識忘相半矣。所幸年未甚久，而案牘間有可稽舊吏，故役亦有存而有記憶者。公餘校之積案，聚之舊人，得前此司事者十有三人，及今不爲題其名籍，久之皆將淪没，而無所於考矣。兹將序其姓名，注其任履，附以科貫，勒之石以竪於廳事之左，用昭既往俟方來也，惟公其記之。余曾叨二司空，且與王君有夙雅義，不能以不文辭也。嘗觀孔子有曰：『夏禮吾能言之，杞不足徵也；殷禮吾能言之，宋不足徵也，文獻不足故也。』夫文以事具也，獻以名存也，匪名無以考獻，匪獻無以徵文，則文獻乃有國者之不可缺。而後世題名之制，實因以義起者，正以備一官之文獻，以存徵也。

古者，史失且求之野，而況建有衙署，置有官屬，行有文檄，事事其間者，乃若逆旅過客，往而莫知其名，後有考其事者，將孰從而徵之？且事體關乎軍國，建白起於臺章，議擬博之廷論，而裁定斷自宸乘。雖一方之經營，實天下之大計，秉史筆者所必諮也，題名惡可已乎？是役也，關中何君伯直實經始也，費省功倍，人至於今思之，方議生祠以報功德，可使久而聞乎後。相繼事者，亦多名流，時彦度，時若功，各有树立，均之不可没其名也。然何君首事百務倥傯，題名之事，固有不遑爲者，相繼者可爲也，而向未之爲。王君來此視事甫一月耳，而乃即爲之。古人所謂事一職而不肯苟然爲者，則其重名義，而慎所舉動，可占矣。他日見其題名者，將曰：某居若官能職若職也，某幹若事能建若功也。而不然者，亦將指其名而議之。然則題名所係大矣哉。余重王君，請乃爲是以復之。若河道修建之顛末，衙署隷行之事宜，則備載《通惠河志》，兹不必贅也。是爲記。

嘉靖壬子仲秋吉旦

賜進士第、嘉議大夫、刑部左侍郎、前都察院左副都御史郡人潞橋楊行中撰

重修閘河記

國家漕運京儲，由裹河自真揚直抵張家灣入京。先是，元人郭守敬建議開通惠河，其水之源委出入，元歐陽玄詳記備載《政績碑》可考也。然歲久浸廢。於是百數十年來，糧運抵灣，由陸運六十里，始達于京師。官軍告憊，公家失利，而憑勢射利之徒坐得膏潤。嘉靖丁亥，肅皇帝始用御史吴仲議，循守敬故蹟，修復閘河。於是舍陸從舟，歲漕四百萬石，皆自灣由閘入京。省費不貲，公私大便。但地勢有高下，迄今歲月既久，不無沙衝水擊之患。歐陽玄所謂，勢若建瓴，一蟻穴之漏則横潰莫制。司水衡者，誠不可不隨時修濬，而預爲之防也。

我皇上御極之二年，軫念漕渠重務，期在得人，遂勑使水部郎中崔君來督通惠河事。先是御史蔣君機，有重修閘河之議，既得俞旨，會郎中吕君藿繼至，以改部入未及舉行。崔君視事之洽旬，即遍歷閘壩，見閘口、閘底、河身、堤岸、公署勢漸湮圮。乃所至下車徒步諦觀之，又進各役詳詰之，毅然曰：事無不自因循，以至大壞極敝者。兹吾水司事也、責也，而可他諉耶！乃悉如御史蔣君議，遂涓吉興工，檄州衛屬之才官，分董程作，而君往來稽覈，度材審勢，孰應瀹淺以通流，孰應布椿以護堤，孰應治底以培基，孰應更新，孰應葺舊，罔不一一爲之，殫慮經理，期垂永逸。人役諸見役之衆，金取諸庫貯之羡，木石取諸廠積之材，不二月而竣事。於是自都城以南，曰大通橋，曰慶豐、平津上下、普濟、通流五閘，曰石壩，曰土壩。昔之湮者通，踈者密，圮者振，陋者飭，費有經莫之靡也。成雖速，莫之擾也；役雖衆，莫之懟也。水政聿修，歲漕不滯，國儲大計，甚利賴焉。噫！君可謂無忝於督漕之寄者矣。

然閘河創修於元，尋廢於後，而必待於今日何哉？蓋天下無治法，有治人。當時人不皆守敬，則狃於恬嬉者，罔任勞巧於避嫌者，罔任事視官如傳舍，然仍敝因陋，以迄於湮勢固爾也。而吴君仲之功，非任事如君者，其孰成之。然則天下事，豈惟創始者之難，而守成者亦未易歟！予祗役通州與君共事，常督儲五閘之間，始見其敝，旋覩其新，曾日月之幾何，而先後改觀乃爾。事之成於果斷，而廢於因循也。其然哉！

是舉也，顧募夫匠共五萬四千有奇，工價料銀共二千四百兩有奇，經始於本年三月初二日，至四月十八日告成。崔君山東濱州人，癸丑進士，孔昕其名，暘谷其別號云。

隆慶戊辰孟秋吉旦

賜進士第、奉政大夫、户部郎中金堂夢竹蔣淩漢撰

浙江等處承宣布政使司處州府知府臣吴仲謹奏爲紀聖政以攄愚藎事

臣嘗備員御史建議，開濬通惠閘河，浮言横議，塞耳

填胸，雖臣亦不能以自信也。節奉聖諭有曰：『修濬閘河，委係轉漕便利至計。近年屢議修復，皆爲附近貪利之徒所阻，亦因大臣不肯任事，小官徒事虚文。見今東南民力困竭，漕運軍士疲敝，苟有寬省之策，豈可因循不爲！大事可成，則勞費不足計；國計有補，則浮言不必恤。若奸豪之人，恐妨己利，故爲騰謗阻撓，聽緝事衙門訪拏究問。』又曰：『修濬通惠河，乃前人遺跡，先朝成算。近年屢議修復，輙爲奸豪射利之徒所阻。今閘壩具存，河渠無礙，原設官吏夫役見在，你每今所議處，尤爲簡易，合用錢糧不多，壹應疏濬、盤剥、修閘、造船等項事宜，都依擬施行。未盡事情，聽該部並各官從宜處置。事體重大者，具奏定奪。務要同心協力，共成大功，勿得偏執違拗，妨誤經國大計。』大哉皇言，壹哉皇心，豈凡庸所能測識哉！既而時方肆月，費纔柒千，而舳艫啣接於大通橋下。京城父老觀者還堵，漕運官軍歡聲動地。臣因竊嘆聖見之神明，聖政之奇偉，壹至此哉！

臣聞先儒有言曰：『禹之決江水也，民聚瓦礫，事已成功，已立爲萬世利。禹之所見者，遠也，而民莫之知。故民不可與慮舉始，而可與樂成功。史起決漳水，以灌鄴田，鄴民大怨，欲籍之。起不敢出而避之，使他人遂爲之。水已行，民大得利，又相與歌之。』魏襄王可謂能決善矣，誠能決善，雖詛譁而弗爲變。故中主以呴呴也止善，賢主以呴呴也立功。斯河之舉也，若非皇上操大禹之神，兼魏襄之決，豈惟河道無成，漕事不舉，臣且以此獲罪，不知其所矣。臣邇者前去到任，道經通惠河旁，追思往事，不覺驚心，第念好事難成而易敗，讒言易興而難遏。日遠人非，無所於考詮，伏舟次掇，拾此河事跡，編成壹書名曰《通惠河志》。繕寫進呈，伏乞燕閒之暇，特賜清覽。

勑下内閣看詳，增撰序文，仍命所司刊刻成書，或容臣捐俸鋟梓，用紀中興聖政之盛事，少備他日史氏之美談，而臣亦得托名於不朽矣。但臣原奏之意，尚不止此，不敢避嫌隱默，復冒昧爲陛下陳之。臣嘗奉命乞運邊儲，因見密雲等處，皆有間道可通。萬壹奸細爲之向導，輕騎疾馳，旋日可至。若據倉厫而肆燒燬，京師可以坐困。所謂借盗兵資寇粮，古今大忌。先年土木之變，尚書于謙曾議燒通州倉厫。近年都御史汪鋐，亦曾議包築通州于城内。臣愚實與相同。仍乞勑下户部，備查于謙、汪鋐並臣先今奏内事宜，會同廷臣從長議處。先儘京倉空厫，次於大通橋督儲舘，後將逐年扣省脚價，蓋造水次厫座，並搬剥船脚之費，凡遇大運未到及空閒之日，陸續搬運來京，所謂不勞己之力，不費己之財，隱然潛消莫大之後患，亦何憚而不爲哉！若曰恐奪通人之利，則當全用舊日之官吏夫役，壹無所紛更裁革於其間，彼既不失其利，而我實未嘗無不利也。機貴可乘，慮當及遠。遭遇聖明千載壹時，不可不預爲之所，而苟且因循於目前也。區區壹得之

愚，實有未盡，不知忌諱再犯天威，下情無任，拳拳懇誠之至。等因奉聖旨：『這所進《通惠河志》，送史館采入《會典》，仍着工部刊行，奏内應行事宜，該部還會議停當來説。』欽此。

嘉靖玖年□月貳拾日〔一〕

附録一　元代通惠河文獻摘録

元有天下，内立都水監，外設各處河渠司，以興舉水利，修理河隄爲務。決雙塔、白浮諸水爲通惠河，以濟漕運，而京師無轉餉之勞；導渾河，疏灤水，而武清、平灤無墊溺之虞；浚冶河，障滹沱，而真定免決嚙之患；開會通河於臨清，以通南北之貨；疏陝西之三白，以溉關中之田；泄江湖之淫潦，立捍海之横塘，而浙右之民得免於水患。當時之善言水利，如太史郭守敬等，蓋亦未嘗無其人焉。一代之事功，所以爲不可泯也。今故著其開修之歲月、工役之次第，歷叙其事而分紀之，作河渠志。

通惠河

通惠河，其源出於白浮甕山諸泉水也。

世祖至元二十八年，都水監郭守敬奉詔興舉水利，因建言：『疏鑿通州至〔大〕都河，改引渾水溉田，於舊牐河蹤跡導清水，上自昌平縣白浮村引神山泉，西折南轉，過

〔一〕原文『月』字上漫漶，缺一字，暫用□表示。

雙塔、榆河、一畝、玉泉諸水，至西〔水〕門入都城。南匯爲積水潭，東南出文明門，東至通州高麗莊入白河。總長一百六十四里一百四步。塞清水口一十二處，共長三百一十步。壩牐一十處，共二十座，節水以通漕運，誠爲便益。』從之。首事於至元二十九年之春，告成於三十年之秋，賜名曰通惠。凡役軍一萬九千一百二十九，工匠五百四十二，水手三百一十九，没官囚隸百七十二，計二百八十五萬工，用楮幣百五十二萬錠，糧三萬八千七百石，木石等物稱是。役興之日，命丞相以下皆親操畚鍤爲之倡。置牐之處，往往於地中得舊時磚木，時人爲之感服。船既通行，公私兩便。先時通州至大都五十里，陸輓官糧，歲若干萬，民不勝其悴，至是皆罷之。

——《元史·河渠志》卷六四

至元二十八年……公（郭守敬）因至上都，別陳水利十有一事。其一，大都運粮河不用一畝泉舊源，别引北山白浮泉水，西折而南，經瓮山泊，自西水門入城，環匯於積水潭，復東折而南，出南水門，合入舊運粮河。每十里一置牐，比至通州，凡爲牐七，距牐里許，上重置斗門，互爲提閼，以過舟止水。上覽奏，喜曰：『當速行之。』於是復置都水監，俾公領之。首事於二十九年之春，告成於三十年之秋，賜名曰通惠。役興之日，上命丞相以下皆親操畚鍤爲之倡，咸待公指授而後行事。置牐之處，往往於地中偶值舊時甎木，時人爲之感服。船既通行，公私省便。先時，通州至大都陸運官粮歲若干萬石，方秋霖雨，驢畜死者不可勝計，至是皆罷。是秋車駕還自上都，過積水潭，見其舳艫蔽水，天顔爲之開。懌特賜公錢一萬二千五百緡，仍以舊職兼提調通惠河漕運事。

——齊履謙《知太史院郭公行狀》，載《國朝文類》卷五〇

至元二十九年，鑿通惠河，谿京師東北昌平之白浮村，導神山泉以西轉而南，會一畝、馬眼二泉，繞出瓮山後，匯爲七里濼。東入西水門，貫積水潭。又東至月橋，環大内之左，與金水河合，南出東水門。又東至于潞陽南，會白河。又南會沽水入海，凡二百里，立牐二十四，役工二百八十五萬，費以鈔計百五十二萬，米三萬八千七百，石木十六萬三千八百章，銅鐵二十萬斤，油藁稱是。八月經始，三十年七月畢事，以便公私。

——宋本《都水監事記》載《國朝文類》卷三一

賀雨詩并序

通惠河自壬辰（至元二十九年）秋開治，至今年夏六月中，穿土未已。時方旱，暑气極熾，兵民頗困於役。是月二十日，有司請少間，以紓民力，首相主減役，止留軍夫五千。庭議已下，而雨作盈尺。賦賀雨詩，以紀其事。

……

一畝泉深龍匯碧，遠引入城通太液。
万人雲鍤揮汗雨，薰染踰時不無疫。
有司陳請避炎輝，役敢辭辛時少息。

已聞停議出中堂，未午朋陰翕東北。

都城一雨几尺余，何俟巫呼而雩盎。

……

夕陽澹艶斗門深，一片波光連畫鷁。

——王惲《秋澗先生大全集》卷一一

〔至元〕二十八年，都水使者請鑿渠，西導白浮諸水，經都城中，東入潞河，則江淮之舟既達廣濟渠，可直泊於都城之匯。帝亟欲其成，又不欲役其細民，敕四怯薛人及諸府人專其役，度其高深，畫地分賦之，刻日使畢工。月赤察兒率其屬，著役者服，操畚鍤，既所賦以倡，趨者雲集，依刻而渠成，賜名曰通惠河，公私便之。帝語近臣曰：『是渠，非月赤察兒身率衆手，成不速也。』

——《元史·月赤察兒傳》卷二九

至元二十九年春正月己亥，命太史令郭守敬兼領都水監事，仍署都水監少監、丞、經歷、知事凡八員。八月丙午，用郭守敬言，浚通州至大都漕河十有四，役軍匠二萬人。又鑿六渠，灌昌平諸水。

至元三十年三月庚申，以平章政事范文虎董疏漕河之役。秋七月丁丑，賜新聞漕河名曰通惠。冬十月戊申，以段貞董開河、修倉之役，加平章政事。

——《元史·世祖本紀》卷一七

至元三十一年八月己丑，以大都留守段貞、平章政事范文虎監浚通惠河，給二品銀印。

——《元史·成宗本紀》卷一八

韓若愚，字希賢，保定滿城人。由武衛府史授通惠河道所都事，開河有功，詔賜錦衣一襲。

——《元史·韓若愚傳》卷一七六

武宗至大元年正月，以通惠河千户劉桀所領運粮軍九百二十人，屬萬户赤因帖木爾兵籍。

——《元史·兵志》卷九八

至大元年五月甲申，立大同侍衛親軍都指揮使司，以丞相赤因鐵木兒爲使，摘通惠河漕卒九百餘人隸之，漕事如故。

——《元史·武宗本紀》卷二二

延祐六年十月己卯，浚通惠河。

——《元史·仁宗本紀》卷二六

天歷二年八月乙巳，發諸衛軍浚通惠河。

——《元史·文宗本紀》卷三三

白浮甕山

白浮甕山，即通惠河上源之所出也。白浮泉水在昌平縣界，西折而南，經甕山泊，自西水門入都城焉。

成宗大德七年六月，甕山等處看牐提領言：『自閏五月二十九日始，晝夜雨不止，六月九日夜半，山水暴漲，漫流隄上，衝決水口。』於是都水監委官督軍夫，自九月二十一日入役，至是月終輟工，實役軍夫九百九十三人。十一年三月，都水監言：『巡視白浮甕山河隄，崩三十餘里，宜編荊笆爲水口，以泄水勢。』計修笆口十一處，四月興工，十月工畢。

仁宗皇慶元年正月，都水監言：『白浮甕山隄，多低薄崩陷處，宜修治。』來春二月入役，八月修完，總修長三十七里二百十五步，計七萬三千七百七十三工。延祐元年四月，都水監言：『自白浮甕山下至廣源牐隄堰，多淤澱淺塞，源泉微細，不能通流，擬疏滌。』由是會計工程。差軍千人疏治。

泰定四年八月，都水監言：『八月三日至六日，霖雨不止，山水泛溢，衝壞甕山諸處笆口，浸没民田。』計料工物，移文工部闕支修治。自八月二十六日興工，九月十三日工畢，役軍夫二千名，實役九萬工，四十五日。

文宗天曆三年三月，中書省臣言：『世祖時開挑通惠河，安置閘座，全藉上源白浮、一畝等泉之水以通漕運。今各枝及諸寺觀權勢，私決隄堰，澆灌稻田、水碾、園圃，致河淺妨漕事，乞禁之。』奉旨：白浮甕山直抵大都運糧河隄堰泉水，諸人毋挾勢偷決，大司農司、都水監可嚴禁之。

——《元史·河渠志》卷六四

泰定四年八月癸巳，發衛軍八千，修白浮甕山河堤。

——《元史·泰定帝本紀》卷三〇

至順三年三月乙未，以帝師泛舟于西山高梁河，調衛士三百挽舟。

——《元史·文宗本紀》卷三六

至正十四年夏四月，是月，命各衛軍人修白浮甕山等處隄堰。

——《元史·順帝本紀》卷四三

自至元三十年浚通惠河成，上自昌平白浮村之神山泉下流，有王家山泉、昌平西虎眼泉、孟村一畝泉、西來馬眼泉、侯家莊石河泉、灌石村南泉、榆河温湯龍泉、冷水泉、玉泉諸水畢合，遂建澄清閘於海子之東。有橋南直御園通惠河碑，有云：取象星辰紫宫之後，閣道横貫，天之銀漢也。擬跡古昔，恣民漁採，澤梁無禁，周之靈沼也。

——《日下舊聞考》卷五三引《元一統志》

通惠河，在縣東南，乃龍泉、白浮及馬眼、一畝等泉合流入榆河處，即壩河之源也。

白浮泉，源出縣東神山，流經本縣東，入雙塔河，爲通惠、壩河之源。

〔橋〕雙塔一，即江橋，立燕帖木兒碑處。此乃去白浮村五里許，龍王泉祖之廟，爲諸泉之始。

神山，在縣東二十里，下有水源。

百泉，源出縣城東北，至南碾頭與虎眼泉合流，入雙塔。

虎眼泉　源出昌平縣西北城下，至豐善村入榆河合流。

——《永樂大典》四六五七天字引《元一統志》

一畝泉、馬眼泉、南安眼，已上三泉俱出縣西孟村社，經南雙塔故城合流，入雙塔河。

沙澗泉，出縣常樂社，即榆河之上流也。

冷泉，源出青龍橋社金山口，與玉泉合，下流爲清河。

榆河，在縣西南二十里孟村社，乃沙澗泉之下流。至縣東南，又與雙塔河諸水合流，至順義入白河。《元一統志》河源出縣孟村西一畝泉，東流至順州入白河。《析津志》云：在州西南二十五里，出縣界西南，歷堠上保東南，接通州，與温餘河合。

七度水泉　虎眼泉附源出縣北十里虎峪山，南流半里許，伏而不見，至縣城西北復出，以其出虎峪山，遂名虎眼泉。以其水至清故，又名清水泉。《隋圖經》云：清水泉無下尾，以其不遠伏流故也，下與百泉水合。《太平寰宇記》：《隋圖經》：七度水，在昌平界，接虎眼泉。俗諺曰：高梁無上源，清水泉無下源，蓋以梁微流，憑藉泉所在分流散漫。

——《永樂大典》本《順天府志》卷一四

玉泉，在昌平縣。泉源出縣西南七十里玉泉山，東南流入宛平縣界。

——《永樂大典》卷四六五七天字引《元一統志》

玉泉山在宛平縣　庚子年十二月編修趙著碑記云：燕城西北三十里有玉泉。泉自山而出，鳴若雜珮，色如素練，泓澄百頃，鑑形萬象。及其放乎長川，渾浩流轉，莫知其涯。……山有觀音閣，玉泉湧出，有玉泉二字刻於洞門。泉極甘洌，供奉御用。

——《永樂大典》卷四六五四天字引《元一統志》

中統三年八月己丑，郭守敬請開玉泉水以通漕運；……並從之。

——《元史·世祖本紀》

中統三年，文謙薦守敬習水利，巧思絶人。世祖召見，面陳水利六事：其一，中都舊漕河，東至通州，引玉泉水以通舟，歲可省雇車錢六萬緡。……每奏一事，世祖歎曰：『任事者如此，人不爲素餐矣。』授提舉諸路河渠。

——《元史·郭守敬傳》卷一六四

公諱玉，孟州河陽人……年十七以鼓枻之勇，爲水軍萬户張侯所知，署盟津渡長。鄂渚之役，大軍駐南陽，遣公督漕宿亳，軍食以濟。明年，從世祖皇帝渡江，以勞補百夫長。中統初，定鼎於燕，召公充河道官，疏玉泉河渠。至元三年，有事襄樊，被師府檄導鄧之七里河，由新野而南，以通轉漕。

——閻復《寧公神道碑銘》載《静軒集》卷五

至元十五年十二月丙午，禁玉泉山樵採漁弋。

——《元史·世祖本紀》卷一〇

至治元年十二月甲寅，疏玉泉河。

——《元史·英宗本紀》卷二七

泰定元年八月丁丑，罷浚玉泉山河役。

——《元史·泰定帝本紀》卷二九

西湖景，在縣（昌平）西南五十里青龍橋社，玉泉山東。其湖廣袤一頃餘，舊有橋梁水閣，湖船市肆，蒲茭蓮芡，擬江浙西湖之盛，故名。今僅存一漫陂而已。

——《析津志》引自《永樂大典》本《順天府志》

礓莊七里泊在昌平縣自縣東南流入宛平縣，合高粮河。

——《永樂大典》卷四六五七天字引《元一統志》

你曾到西湖景來麽？我不曾到來。你説與我那里的景致麽？説時濟甚麽事。咱們一個日頭隨喜去來，然雖那們時，且説一説着。我説與你：

西湖是從玉泉里流下來，深淺長短不可量。湖心中有聖旨里蓋來的兩座瑠璃閣。遠望高接青霄，近看時果真奇哉？那殿一剗是纏金龍木香停柱，泥椒紅牆壁，蓋的都是龍鳳凹面花頭筒瓦和仰瓦，兩角獸頭都是青瑠璃；地基地飾都是花班石，瑪瑙幔地。兩閣中間有三義石橋；欄干都是白玉石。橋上丁字街中間正面上，有官里坐的地白玉石玲瓏龍床； 西壁廂有太子坐的地石床，東壁也有石床。前面放一個玉石玲瓏酒卓兒。北岸上有一座大寺，内外大小佛殿，影堂串廊，兩壁鐘樓。 金堂、禪堂、齊堂、碑殿，諸般殿舍，且不索説，筆舌難窮。

殿前閣後，擎天耐寒傲雪蒼松，也有帶霧披烟翠竹，諸雜名花奇樹不知其數。 閣前水面上，自在快活的是對鴛鴦。湖心中浮上浮下的是雙雙兒鴨子。河邊兒窺魚的是無數目的水老鴉，撒網垂釣的是大小漁艇，弄水穿波的是覓死的魚蝦，無邊無涯的是浮萍蒲棒，噴鼻眼花是紅白荷花。

官里上龍舡，官人們也上几只舡，做個筵席，動細樂、大樂，沿河快活。到寺裏燒香隨喜之後，却到湖心橋上玉石龍床上，坐的歇一會兒。又上瑠璃閣，遠望滿眼景致，真個是畫也畫不成，描也描不出。休夸天上瑤池，只此人間兜率。

——《朴通事諺解》卷上

海子

大都之中，舊有積水潭，聚西北諸泉之水，流行入都城，而匯於此。汪洋如海，都人因名焉。世祖肇造都邑，壯麗闕庭，而海水鏡净，正在皇城之北，萬壽山之陰。

——《日下舊聞考》卷五三引《元一統志》

海子岸

海（水）〔子〕岸，上接龍王堂，以石甃其四周。海子一名積水潭，聚西北諸泉之水，流行入都城而匯于此，汪洋如海，都人因名焉。

仁宗延祐六年二月，都水監計會前後，與元修舊石岸相接。凡用石三百五，名長四尺，闊二尺五寸，厚一尺，石灰三千斤，該三百五工，丁夫五十，石工十，九月五日興工，十一日工畢。

至治三年三月，大都河道提舉司言：『海子南岸東西道路，當兩城要衝，金水河浸潤於其上，海子風浪衝嚙於其下，且道狹，不時潰陷泥濘，車馬艱於往來，如以石砌之，實永久之計也。』泰定元年四月，工部應副工物，七月興工，八月工畢。凡用夫匠二百八十七人。

——《元史·河渠志》卷六四

海子東西南北與樞密院一帶人家婦女，率來浣濯衣服、布帛之屬，就石捶洗。

都中橋梁、寺觀，多用西山白石琢鑿闌干、狻猊等獸。青石爲甎，甃砌大方，樣如江南。鏡面甎，光可鑑人。凡橋梁、牐門、壩堰，俱以生鐵鑄作錠子，陷定石縫。

——徐氏鑄學齋抄本《析津志》

海子在皇城之北、萬壽山之陰，舊名積水潭，聚西北諸泉之水，流入都城而匯於此，汪洋如海，都人因名焉。恣民漁採無禁，擬周之靈沼云。

——《元史·地理志》卷五八

（都水）監者，（積水）潭側，北西皆水。廳事三楹，曰善利堂。東西屋以棲吏。堂右少退曰雙清亭，則幕官所集之地。堂後爲大沼，漸潭水以入，植夫渠荷芰。夏春之際，天日融朗，無文書可治，罷食啟窻牖，委蛇騁望，則水光千頃，西山如空青。環潭民居、佛屋、龍祠，金碧黝堊，橫直如繪畫。……至順二年三月　宋本記

——《都水監事記》載《國朝文類》卷三一

京師二十二倉，秩正七品。

萬斯北倉，中統二年置。萬斯南倉，至元二十四年置。千斯倉，中統二年置。永平倉，至元十六年置。永濟倉，至元四年置。惟億倉，既盈倉，大有倉，並係皇慶元年置。屢豐倉，積貯倉，並係皇慶元年增置。

已上十倉，每倉各置監支納一員，正七品；大使二員，從七品；副使二員，正八品。豐穰倉，皇慶元年置。廣濟倉，皇慶元年置。廣衍倉，至元二十九年置。大積倉，至元二十八年置。既積倉，盈衍倉，至元二十六年置。相因倉，中統二年置。順濟倉，至元二十九年置。

已上八倉，每倉各置監支納一員，正七品；大使一員，從七品；副使二員，正八品。

通濟倉，中統二年置。（慶）廣貯倉，至元四年置。豐潤倉，至元十六年置。豐實倉。

已上四倉，每倉各置監支納一員，正七品；大使一員，從七品；副使一員，正八品。

通惠河運粮千户所，秩正五品。掌漕運之事。至元三十一年始置。中千户一員，中副千户二員。

——《元史·百官志》卷八五

巡倉，省院臺官，比及車駕至第幾納鉢，京城省院臺

官出通州，謂之巡倉。蓋有京畿漕運司故耳。

——徐氏鑄學齋抄本引《析津志》

在京諸倉　隸京畿漕運司

相應倉　五十八間，可貯糧十四萬五千石。簷柱高一丈二尺，檩長一丈四尺，八椽。中統二年建。每十間用物：　赤栝檩五百四十，赤栝方二百二十五，椽一千七百三十四，板瓦三萬四千七百六十條，甎六萬八千一百三十九，重脣三百三十六，副合脊連勾一千一十六副，溝（鈎）六百七十七，穰子五百三十三稱，箔子四百一十四，石灰二萬二千六百六十四斤，麻刀六百二斤，紫胶一十斤，煤子四十斤，石礎五十五，竹雀眼二十四片，五寸釘八千一百六十二，六寸釘三百五十六，三寸釘四千五百四十七，寸釘四百八，寸鉤（鋸）子一百。高廣工物以下同。

千斯倉　八十二間，可貯粮二十萬五千石，中統二年建。

通濟倉　十七間，可貯糧四萬二千五百石，中統二年建。

萬斯北倉　七十三間，可貯糧一十八萬二千五百石，中統二年建。

永濟倉　七十三間，可貯糧二十萬七千五百石，至元四年建。

豐實倉　二十間，可貯糧五萬石，至元四年建。

廣貯倉　一十間，可貯糧二萬五千石，至元四年建。

永平倉　八十間，可貯糧二十萬石，至元十六年建。

豐閏倉　一十間，可貯糧二萬五千石，至元十六年建。

萬斯南倉　八十三間，可貯糧二十萬七千五百石，至元二十四年建。

既盈倉　八十二間，可貯糧二十萬五千石，至元二十六年建。

惟憶倉　七十三間，可貯糧二十萬七千五百石，至元二十六年九月建。

既積倉　五十八間，可貯糧十四萬五千石，至元二十六年九月建。

盈衍倉　五十六間，可貯糧一十四萬石，至元二十六年十一月建。

大積倉　五十八間，可貯糧一十四萬石，至元二十八年建。

廣衍倉　六十五間，可貯糧一十六萬二千五百石，至元二十九年建。

順濟倉　六十五間，可貯糧一十六萬二千五百石，至元二十九年建。

屢豐倉　八十間，可貯糧二十萬石。皇慶二年二月建。

積貯倉　六十間，可貯糧一十五萬石，皇慶二年二月建。

廣濟倉　六十間，可貯糧一十五萬石，皇慶二年二月建。

豐穰倉　六十間，可貯糧一十五萬石，皇慶二年二月建。

——《永樂大典》卷七五一一倉字引《經世大典·倉庫》

至正十二年春，樂陵王君德常以禮部侍郎被選爲京畿都漕運使。到官二年餘，倉廩充實，國用以贏，頌聲載塗。十四年夏，朝廷最其治績，擢拜吏部尚書，以旌其能。既去官，故吏劉國顯、益足倉監支納許禎等録其善政，謁余文石以詒後。余進國顯等詰其祥。衆謂余曰：京漕統五十有四倉，其隷百六十有五人，歲出納粮以數百萬計。……漕司有官給營運本錢計楮幣千五百定貸人，月取子錢充用；前政或遇怢侈，月入不貲，屢軼元本。君居官清儉，日膳撙節，竟補虧數。……

至正十五年歲在乙未三月丙子立石。

歐陽玄撰，王思誠書，王敬方篆。

碑額：太中大夫京畿都漕運使王公去思碑

——據《文物調查組本》

通惠河

通惠河之源，自昌平縣白浮村開導神山泉，西南轉循山麓，與一畝泉、榆河、玉泉諸水合。自西水門入都，經積水潭爲停淵，南出文明，東過通州，至高麗莊入白河。上下二百里，凡置閘二十有四：護國仁王寺西廣源閘二、西水門外會川閘二、萬億庫前朝宗閘二、海子東澄清閘三、南水門外文明閘二、魏村惠和閘二、籍田東慶豐閘二、郊亭北平津閘三、牛店溥濟閘二、通州通流閘二、高麗莊廣利閘二。按新開通惠河碑，至元二十九年八月興工，三十年八月工畢，平章政事皎貞〔一〕專董其事，世祖聖德神功文武皇帝嘉其有成，賜名通惠。倡端建言圖上方略者，昭文舘大學士、中奉大夫、知太史院領都水監、提調通惠河道漕運事郭守敬也。

——《日下舊聞考》卷八九引《元一統志》

其壩牐之名曰：廣源牐；西城牐二，上牐在和義門外西北一里，下牐在和義水門西三步；海子牐，在都城內；文明牐二，上牐在麗正門外水門東南，下牐在文明門西南一里；魏村牐二，上牐在文明門東南一里，下牐西至上閘一里；籍東牐二，在都城東南王家莊；郊亭牐二，在都城東南二十五里銀王莊；通州牐二，上牐在通州西門外，下牐在通州南門外；楊尹牐二，在都城東南三十里；朝宗牐二，上牐再萬億庫南百步，下牐去上閘百步。

——《元史·河渠志》卷六四

〔一〕皎貞　《元史》作『段貞』。

大都河道提舉司，官三，幕官一。通惠河牐官二十又八，會通河牐官三十又三，此其屬。……通惠之廣源、會川、朝宗、澄清、文明、惠和、慶豐、平津、溥濟、通流、廣利。……都城外内百五十六橋，皇城西之積水潭隸焉。凡河若壩填淤，則測以平而浚之；牐橋之木朽甃裂，則加理。牐置則，水至則，則啟，以制其涸。

蓋京師橋牐舊皆木，宰相謂不可以久，嘗奏命監漸易以石。今牐之石者已九，橋之石者已六十又九，餘將次第及之。

——宋本《都水監事記》載《國朝文類》卷三一

河閘橋梁

京閘壩之源，來自昌平白浮村，開導神山泉。西折南轉，循山麓，與一畝泉、榆河、玉泉諸泉匯合，自西水經護國仁王寺西。右始：

廣源閘二　在寺之西。

會川閘二　在西水門外。水由北方入城，萬億庫泓渟，東出抄紙坊。

朝宗閘二　在抄紙局外。此水直出高梁橋，入海子內。

澄清閘三　有記，在都水監東南，丙寅橋二，蓬萊坊西三。水自樞密橋下南薰橋、流化橋，出南水門外，入哈德門南文明橋下。

文明閘四　在哈德門第二橋下。有皇后水磨一所。

惠和閘二　在魏村葦場官柴埠。有民磨一所。

慶豐閘二　在籍田東。

平津閘三　在郊亭地。

溥濟閘二　在午磨。

通流閘二　在通州之西北。

高麗莊廣利閘二。

至元二十九年八月丁巳得卜興工，三十年七月工畢。平章政事段貞專董其事。朝臣奏，遂以其興造始末成就數陳，世祖嘉其有成，賜名通惠。倡瑞建言，圖上方略者，昭文舘大學士、中奉大夫知太史院、領都水監提調通惠河、導漕運事郭守敬也。凡水之上下二百餘里，置閘節水二十四，實有利於國矣。

朝宗閘　即國家鶩鴈之地，水草豐茂。

高梁河　原出昌平縣山澗。東南流至高梁店，經宛平縣境，由和義門北水門入抄紙坊泓渟，逶迤自東壩流出。高梁入海子內，下萬寧閘，與通惠河合流，出大興縣潞河。

詩(百咏)

天上名山護北邦，水經曾見駐高梁。一觴清淺出昌邑，幾折縈迴朝帝鄉。和義門邊通輦路，廣寒宮外接天潢。小舟最愛南薰裏，楊柳芙蕖納晚涼。

雲集橋　在南水門內，碑刻流化橋，有碑。

望雲橋　在後紅門東，今澄清下閘。

洪濟橋　在都水監前石甃，名澄清上閘，有碑文。

西寺白玉石橋　在護國仁王寺南，有三硔，金所建也。庚午至元秋七月，貞懿皇后詔建此寺。其地在都城之西十里，而近有河，曰高良。河之南也。

高梁河橋　自西來，流於東，入萬億庫橋，過抄紙坊下牐。

燒飯橋　南出樞密院橋、柴場橋。内府御厨運柴葦俱於此入。下則官酒務橋、光禄寺流化橋。此水自高梁橋入城，而出城至通惠牐，方得到通州。

丙寅橋　中閘，有記。

——以上引自徐氏鑄學齋抄本《析津志》

萬寧橋　在玄武池東，名澂清牐。至元中建，在海子東。至元後復用石重修。雖更名萬寧，人惟以海子橋名之。

——《日下舊聞考》卷五四引《析津志》

閘河水門在和義門北。金水河水門在和義門南。肅清門廣源閘别港有英宗、文宗二帝龍舟。

——《日下舊聞考》卷五三引《析津志》

澄清閘　雋景山詩：

六丁竭力用工夫，不用長虹枕海隅。
石齒冷涵雲蹟潤，樹頭寒掛月輪孤。
嘶風寶馬踏晴雪，出蟄蒼龍戲貝珠。
佇立細看今日事，臨邛未遂馬相如。

——《日下舊聞考》卷五四引《析津志》

〔至元〕二十八年，遷都水監。開通惠河，由文明門東七十里，與會通河接，置閘七、橋十二，人蒙其利。

——《元史·高源傳》卷一七〇

成宗元貞元年四月，中書省臣言：『新開運河牐，宜用軍一千五百，以守護兼巡防往來船内姦宄之人。』從之。七月，工部言：『通惠河創造牐壩，所費不貲，雖已成功，全藉主守之人，上下照略修治，今擬設提領三員，管領人夫，專一巡護，降印給俸。其西城牐改名會川，海子牐改名澄清，文明牐仍用舊名，魏村牐改名惠和，籍東牐改名慶豐，郊亭牐改名平津，通州牐改名通流，河門牐改名廣利，楊尹牐改名溥濟。』

——《元史·河渠志》卷六四

成宗大德四年二月，調軍五百人，於新浚河内看閘。

——《元史·兵志》卷九九

武宗至大四年六月，省臣言：『通州至大都運糧河牐，始務速成，故皆用木，歲久木朽，一旦俱敗，然後致力，將見不勝其勞。今爲永固計，宜用磚石，以此修治。』從之。後至泰定四年，始修完焉。

——《元史·河渠志》卷六四

〔至治〕三年二月己巳，修通惠河牐十有九所。

——《元史·英宗本紀》卷二八

泰定三年八月戊寅，修澄清石牐。

——《元史·泰定帝本紀》卷三〇

至元三十年九月，漕司言：『通州運糧河全仰白、榆、渾三河之水，合流名曰潞河，舟楫之行有年矣。今歲新開牐河，分引渾、榆二河上源之水，故自李二寺至通州三十餘里，河道淺澀。今春夏天旱，有止深二尺處，糧船不通，改用小料船搬載，淹延歲月，致虧糧數。先是，都水監相視白河，自東岸吴家莊前，就大河西南，斜開小河二里許，引榆河合流至深溝壩下，以通漕舟。今丈量，自深溝，榆河上灣，至吴家莊龍王廟前白河，西南至壩河八百步。及巡視，知榆河上源築閉，其水盡趨通惠河，止有白佛、靈溝、一子母三小河水入榆河，泉脈微，不能勝舟。擬自吴家莊就龍王廟前閉白河，於西南開小渠，引水自壩河上灣入榆河，庶可漕運。又深溝樂歲五倉，積貯新舊糧七十餘萬石，站車輓運艱緩，由是訪視通州城北通惠河積水，至深溝村西水渠，去樂歲、廣儲等倉甚近，擬自積水處由舊渠北開四百步，至樂歲倉西北，以小料船運載甚便。』都省准焉。通惠河自通州城北，至樂歲西北，水陸共長五百步，計役八萬六百五十工。

延祐六年十月，省臣言：『漕運糧儲及南來諸物商賈舟楫，皆由直沽達通惠河，今岸崩泥淺，不早疏浚，有礙舟行，必致物價翔湧。都水監職專水利，宜分官一員，以時巡視，遇有頹圮淺澀，隨宜修築，如工力不敷，有司差夫助役，怠事者究治』從之。

——《元史·河渠志》卷六四

都漕運使司，秩正三品。掌御河上下至直沽、河西務、李二寺、通州等處儹運粮斛。至元二十四年，自京畿運司分立。都漕運司於河西務置總司，分司臨清。運使二員，正三品；同知二員，正四品；副使二員，正五品；運判三員，正六品；經歷一員，從七品；知事一員，從八品。提控案牘二員，内一員兼照磨，司吏三十三人。通事、譯史各一人，奏差一十六人，典吏一人。其屬七十有五。

——《元史·百官志》卷八五

通州都漕運司，在通州大道之北。

——《日下舊聞考》卷一百八引《析津志》

丁好禮，蠡州人，除京畿漕運使，建議置司於通州，重講究漕運利病，著爲成法，人皆便之。除户部尚書。

——《元史·丁好禮傳》卷一九六

大德二年六月庚申，禁權豪、斡脱括大都漕河舟楫。

——《元史·成宗本紀》卷一九

大德三年夏四月辛未，自通州至兩淮漕河，置巡防捕盗司凡十九所。

——《元史·成宗本紀》卷二〇

通州十三倉，秩正七品。

有年倉，富有倉，廣儲倉，盈止倉，及秫倉，廼積倉，樂歲倉，慶豐倉，延豐倉。

已上九倉，各置監支納一員，正七品；　大使一員，從七品；　副使一員，正八品。

足食倉，富儲倉，富衍倉，及衍倉。

已上四倉，各置監支納一員，正七品；　大使一員，從七品；　副使一員，正八品。

——《元史·百官志》卷八五

通州諸倉

廼積倉　七十間，可貯糧一十七萬二千五百石。

及秭倉　七十間，可貯糧一十七萬五千石。

富衍倉　六十間，可貯糧十五萬石。

慶豐倉　七十間，可貯糧十七萬五千石。

延豐倉　六十間，可貯糧十五萬石。

足食倉　七十間，可貯糧十七萬五千石。

廣儲倉　八十間，可貯糧二十萬石。

樂歲倉　七十間，可貯糧十七萬五千石。

盈止倉　八十間，可貯糧二十萬石。

富有倉　一百間，可貯糧二十五萬石。

南狄倉三間，德仁府倉二十間，杜舍倉三間。

——《永樂大典》卷七五一一倉字引《經世大典·倉庫》

附録二　明代通惠河文獻摘録

大通河

大通河者，元郭守敬所鑿。由大通橋東下，抵通州高麗莊，與白河合，至直沽，會衛河入海，長百六十里有奇。十里一閘，蓄水濟運，名曰通惠。又以白河、榆河、渾河合流，亦名潞河。洪武中漸廢。

永樂四年八月，北京行部言：『宛平、昌平西湖景東牛欄莊及青龍、華家、甕山三閘，水衝決岸。』命發軍民修治。明年復言：『自西湖景東至通流，凡七閘，河道淤塞。自昌平東南白浮村至西湖景，東〔至〕[一]流水河口一百里，宜增置十二閘。』從之。未幾，閘俱堙，不復通舟。

成化中，漕運總兵官楊茂言：『每歲自張家灣舍舟，車轉至都下，僱值不貲。舊通惠河石閘尚存，深二尺許，修閘瀦水，用小舟剝運便。』又有議於三里河從張家灣烟墩橋以西疏河泊舟者。下廷臣集議，遣尚書楊鼎、侍郎喬

[一] 流水河口在通州，而西湖景至流水河口爲一百里，並據上文『自西湖景東至通流』句，補『至』字。

毅相度。上言：『舊閘二十四座，通水行舟。但元時水在宮牆外，舟得入城内海子灣。今水從皇城金水河出，故道不可復行。且元引白浮泉往西逆流，今經山陵，恐妨地脈。又一畝泉過白羊口山溝，兩水衝截難引。若城南三里河舊無河源，正統間修城壕，恐雨多水溢，乃穿正陽橋東南窪下地，開壕口以洩之，始有三里河名。自壕口八里，始接渾河。舊渠兩岸多廬墓，水淺河窄，又須增引别流相濟。如西湖、草橋源出玉匠局、馬跑等地，泉不深遠。元人曾用金口水，洶湧没民舍，以故隨廢。惟玉泉、龍泉及月兒、柳沙等泉，皆出西北，循山麓而行，可導入西湖。請濬西湖之源，閉分水清龍閘，引諸泉水從高梁河，分其半由金水河出，餘則從都城外壕流轉，會於正陽門東。城壕且閉，令勿入三里河併流。大通橋閘河隨旱澇啟閉，則舟獲近倉，甚便。』帝從其議。方發軍夫九萬修濬，會以災異，詔罷諸役。所司以漕事大，乃命四萬人濬城壕，而西山、玉泉及抵張家灣河道，則以漸及焉。越五年，乃敕平江伯陳鋭，副都御史李裕，侍郎翁世資、王詔督漕卒濬通惠河，如鼎、毅前議。明年六月，工成，自大通橋至張家灣渾河口六十餘里，濬泉三，增閘四，漕舟稍通。然元時所引昌平三泉俱遏不行，獨引一西湖，又僅分其半，河窄易盈涸。不二載，澀滞如舊。

正德二年嘗一濬之，且修大通橋至通州閘十有二，壩四十有一。

嘉靖六年，御史吴仲言：『通惠河屢經修復，皆爲權勢所撓。顧通流等八閘遺跡俱存，因而成之，爲力甚易，歲可省車費貲二十餘萬。且歷代漕運皆達京師，未有貯國儲於五十里外者。』帝心以爲然，命侍郎王軏、何詔及仲偕相度。軏等言：『大通橋地形高白河六丈餘，若濬至七丈，引白河達京城，諸閘可盡罷，然未易議也。計獨濬治河閘，但通流閘在通州舊城中，經二水門，南浦、土橋、廣利三閘皆闤闠衢市，不便轉輓。惟白河濱舊小河廢壩西，不二里至堰水小壩，宜修築之，使通普濟閘，可省四閘兩關轉搬力。』而尚書桂萼言不便，請改修三里河。帝下其疏於大學士楊一清、張璁。一清言：『因舊閘行轉搬法，省運軍勞費，宜斷行之。』璁亦言：『此一勞永逸之計，萼所論費廣功難。』帝乃却萼議。

明年六月，仲報河成，因疏五事，言：『大通橋至通州石壩，地勢高四丈，流沙易淤，宜時加濬治。管河主事宜專委任，毋令兼他務。官吏、閘夫以罷運裁減，宜復舊額。慶豐上閘、平津中閘今已不用，宜改建通州西水關外。剥船造費及遞歲修艌，俱宜酌處。』帝以先朝屢勘行未即功，仲等四閲月工成，詔予賞，悉從其所請。仲又請留督工郎中何棟專理其事，爲經久計。從之。九年擢棟右通政，仍管通惠河道。是時，仲出爲處州知府，進所編通惠河志。帝命送史館，採入會典，且頒工部刊行。自此漕艘直達京師，迄於明末。人思仲德，建祠通州祀之。

——《明史·河渠志四》卷八六

永樂四年八月癸卯，北京（刑）〔行〕部言：『宛平、昌平二縣，西湖景東牛欄莊及青龍、華家、瓮山三閘，水衝決隄岸百六十丈。』命發軍民修治。

——《明太宗實録》卷四五

永樂五年五月丁卯，北京行部言：『自西湖景東至通流凡七閘，河道淤塞。自昌平東南白浮村至西湖景東流水河口一百里，宜增置十二閘。請以民丁二十萬，官給費用修治。』命以運糧軍士浚道，其置閘俟更議。未幾，閘俱堙，不復通舟。

——《明太宗實録》卷四九

戊寅，工部言：北京文明河至通州五閘，每閘合設船二十艘，乞於龍江，告用閘户十一户，水脚夫四百六十人，於湖廣、江西、河南點充。從之。

——《明太宗實録》卷四九

永樂五年九月甲寅，修順天府西湖景堤三百七十九丈。

——《明太宗實録》卷五二

永樂六年四月乙酉，設北京通（州）惠河慶豐、平津、澄清、通流、溥濟六閘，（每閘）置官一員。

——《明太宗實録》卷五六

永樂七年十二月甲寅，命平江伯陳瑄充總兵官，前軍都督、僉事宣信充副總兵，率領舟師海運粮儲赴北京。

——《明太宗實録》卷六七

永樂十年夏四月庚申，浚北京通流等四閘河道，共一萬七百三十七丈。

——《明太宗實録》卷八三

永樂十五年春正月壬子，命平江伯陳瑄充總兵官，率領官軍攢運粮儲，并提督沿河運木赴北京。

——《明太宗實録》卷一〇二

永樂二十二年十二月癸丑，罷海子至西湖巡視官。蓋西湖受高山之流，京城南出注海子，凡三十余里。官常遣人往來巡視，禁民不得取魚，而並緣爲姦者，其旁近之草及灌田之水皆不得取。至是，上命吏部悉罷之。

——《明仁宗實録》卷五

宣德三年六月丁酉，霖雨。通州河溢及城趾，深一丈余，城壞者一百三十余丈。甲辰，巡按北直隸監察御史張瑩奏，五月六月連雨不已，河決隄岸，溺死軍民，壞通州、良鄉等處官民屋宇及淹没宛平、大興、順義……等縣田苗。

——《明宣宗實録》卷四四引自『行水金鑑』卷一〇七

宣德六年五月壬午，修宛平縣之澄清閘。

——《明宣宗實録》卷七九

宣德七年正月，重建大興縣平津牐，修通州羊訾牐橋。時平津之水衝牐，隄岸皆圮；羊訾者輓運所經之路，橋壞已久。行在工部以聞，故有是命。

宣德七年八月壬寅，修通州通流牐。

——《明宣宗實録》卷八六

宣德九年六月丙辰，行在工部尚書吴中奏，北京城東南有兩水磨及通惠河諸閘皆爲河水所壞。今南門外舊有減水河，若加疏鑿長二十余丈，即與郊壇後河通流，可洩水勢。上曰：盛夏炎暑，未宜疲民，姑緩之。

——《明宣宗實録》卷一一〇

初，永樂間欲通漕舟直至京城，自文明門至通州置六牐，俱設官吏，徵取江西、湖廣、河南民二千三百餘人爲牐夫。其後漕舟竟不能至，而牐夫逃亡過半。宣德十年，吏部侍郎趙新言：牐夫逃避，所司逮捕，累及無辜。事下工部，覆奏，止將在役者存留，其老疾者放還，逃亡者勿追。文明、惠和二牐既展入城中，宜罷官吏。從之。

——《日下舊聞考》卷八十九引《明實録》

正統三年五月壬寅，造大通橋牐成。行在工部請撥丁夫監守，且以隸附近慶豐牐官。從之。

——《明英宗實録》卷四二

正統四年十月壬午，順天府大興縣請修平津閘。從之。

——《明英宗實録》卷六〇

正統八年九月庚申，修通州普濟閘。

——《明英宗實録》卷一〇八

正統十二年閏四月壬戌，修高梁閘。

——《明英宗實録》卷一九九

正統十三年三月，修大興縣平津大、中、小三閘。

——《日下舊聞考》卷八九引《明實録》

景泰元年十二月甲戌，修平津閘。

——《明英宗實録》卷一九九

成化二年八月乙卯，修高梁橋及閘。

——《明憲宗實録》卷三三

成化六年五月，通州張家灣等處被水，軍民一千六百六十户，漂損房舍六千四百九十處。

——《二申野録》

成化六年八月，通州大雨，壞城及運倉。

——《明史·五行志》

原成化七年冬十月，户部尚書楊鼎、工部侍郎喬毅上濬通惠河舊道事宜。先是，漕運總兵官都督楊茂奏：每歲漕運自張家灣舍舟陸運，看得通州至京城四十餘里，古有通惠河故道，石牐尚存。永樂間曾於此河般運大木；以此度之，船亦可行。先年曾奏欲於此河積水船運，又有議欲於三里河從張家灣烟墩橋以西疏挑一十里灣泊糧船以避水患者，二事俱未施行。今此河道通流，其水約深二尺，不勞疏挑，惟用閘蓄水，令運糧衛所每船二十五隻造一剥船，自備米袋，挨次剥運，如此則運士得省脚費矣。事下工部侍郎王復同太傅會昌侯孫繼宗、吏部尚書姚夔等議，謂通惠河道閘座若得開通，誠有益於國計。但地形水勢高下并合用軍夫物料俱難約度，請命户工二部堂上官各一員，會漕運參將袁佑率識達水利官匠前往相度。上以命鼎毅，遂同參將袁佑等親詣昌平縣元人引水去處及宛平大興通州地方三里河道，將行船故蹟逐一踏勘，及元史并各牐見樹碑文所載事蹟稽考，回奏云：牐河原有舊牐三十四座以通水道。但元時水在宫牆外，船得進入城内海子灣泊，今水從皇城中金水河流出，難循故道行船，須用便宜改圖。除元人舊引昌平東南山白浮泉水往西逆流，經過祖宗山陵，恐於地理不宜，及一畝泉水經過白羊山溝，雨水衝截，俱難導引。其城南三里河至張家灣運河口，袤延六十餘里，舊無河源。正統年間因修城濠作壩蓄水，慮恐雨多水溢，故於楊橋東南低窪處開正通濠口以泄其水，始有三里河名。自濠口三里至八里莊，始接渾河舊渠，兩崖多人家廬舍墳墓。流自十里迤南，全接舊河，流入張家灣白河。其水深處止有二三尺，淺處一尺餘，闊處僅丈餘，窄處未及一丈。今若用此河行船，河身窄狹淤淺，必用開濬，人家房垣墳墓必須拆毁。且以今寬處一丈計之，水深二尺，若散於五丈之寬，止深四寸。況春夏天旱，泉脈易乾，流水更少，糧船剥船俱難行使。兼且沿河堤岸高者必須劃削，低者缺者必須增築填塞。又有走沙急湍，俱要創牐，倘水淺少又須增引别處水來相濟，若引西湖之水，則自河口迤西直至西湖堤岸，未免添置牐座。若引草橋之水必須於大祀壇邊一路劃鑿溝渠，亦恐有礙。況其源又止出彰義門外玉匠局等處馬跑等地，泉亦不深。大抵此河天旱則淤壅淺澀，雨潦則漫散衝突，徒勞人力，卒難成功，決不可開。況元人開此河，曾用金口之水，其勢洶湧，衝没民舍，船不能行，卒爲廢河，此乃不可行之明驗也。今會勘得玉泉、龍泉及月兒、柳沙等泉諸水，其源皆出於西北一帶山麓，堪以導引，匯於西湖。見今大半流出清河，若從西湖源頭將分水青龍牐閉住，引至玉泉諸水，從高梁河量其分數，一半仍從皇城金水河流出，其餘從都城外濠流轉通會，流於正陽門東城濠，再將泄入三里河水閘住，併流入大通橋。牐河隨時開閉，天旱水小，則閉牐瀦水，短運剥船；雨潦水大，則開牐泄水，放行大舟。況河道牐座見成，不用增造；官吏牐夫見有，不須添設。臣等勘時曾將慶豐、平津、通流等牐下板七葉，剥船日驗可行，若板下至官定水則，大船亦可通行。止是牐座河渠間有缺壞，淤淺處須加修濬，較之三里河工程甚省。況前元開創此河，漕運七八十年，公私交便。今若復興，則舟楫得以環城灣泊，糧儲得以近倉上納，在内食糧官軍得以就近關給，通州該上糧儲又得運來都城。與夫天下百官之朝覲，四方之貢獻，皆得直抵都城下，足以壯京師萬年太平氣象矣。疏入，命下於所司。

——《日下舊聞考》卷八九引《明憲宗實録》

成化八年正月己未，工部奏：漕運總兵官楊茂先乞修通州至大通橋舊石閘，以免官軍車運之費。有旨：命户部尚書楊鼎等勘報。鼎等報云：自西山玉泉並京城壕塹抵張家灣河道俱宜修濬，已准撥官軍九萬餘名修理矣。會有災異，停各項工役，而修河一事取旨。上依原擬量撥官軍四萬，令總兵官趙輔、郭登統領，先濬京城壕塹。仍以太監黄順、工部尚書王復兼董其役，其通州一路俟工完以聞。

——《憲宗實録》卷一〇〇

成化十一年八月辛巳，命濬通惠河。勑平江伯陳鋭、右副都御史李裕、户部左侍郎翁世資、工部左侍郎王詔督漕卒疏濬。先是，鋭等奏，通州至京舊有運河一道，廢閘尚存，但年久淤塞損壞，欲照尚書楊鼎奏准事理，就借漕卒用工疏濬，閉閘積水，以運糧儲。至是，特令鋭等會議，提督漕卒自下流爲始，疏濬擁塞，修閘造船，合用糧料匠作，於各司取用，務求成功。仍委附近公差御史，察其不聽約束者以聞。

——《憲宗實録》卷一四四

成化十一年十月癸未，增設工部專理河道官一員。漕運總兵官陳鋭等奏：比奏，詔疏濬通州至京河道，工將就緒，請設官理之，並提督(清)〔青〕龍等橋、廣源等閘及西山一帶泉源。時工部郎中陸鏞丁憂服闋，因以命之。

——《憲宗實録》卷一四六

成化十二年五月壬戌，漕運總兵官平江伯陳鋭奏：邇者，修造通惠河閘成，欲就西山泉河源道並通州等水關、閘座與永通橋圈俱量爲疏濬、修改，以便漕運。上從其議，下所司知之。

——《憲宗實録》卷一五三

成化十二年九月丙辰，漕運總兵官平江伯陳鋭奏：通惠河雖已通行，然其間尤有未畢感工者，欲再疏濬，使其深闊。擬摘江北運糧衛所軍一萬名，委都指揮等官督管，于明年二月興工，乞官給以稟給口糧、食鹽。從之。

——《憲宗實録》卷一五七

成化十三年七月戊子，管理河道工部郎中楊恭奏：六月以來，久雨水溢，運河東西兩岸沖決甚多，有妨糧運。乞撥京營官軍修築，仍命文武大臣董之，庶克濟事。章下工部，議：宜移文都督同知陳逵同楊恭，於通州、直隸、天津等衛附近處所，量起軍餘三千名，順天府沿河州縣起民夫一千名，相兼防淺人夫並工修築，以便漕運。本行户部，每名給與行糧。仍令董工官盡心提督，務在堅厚，以圖經久。詔從之。

——《憲宗實録》卷一六八

成化十一年，請議疏浚通州至京大通河道。

總兵官陳鋭、右副都御史李裕奏：欽奉勅沂該尔等奏稱，通州至京原有運河一道，牐座見存，但年久沙淤，牐座多有損壞。今特命尔等會同户部左侍郎翁世資、工部左侍郎王詔從長計議，設法整理。提督漕運軍夫，自下流爲始，逐一挑浚，修補牐座，置立牐板，成造船隻，合用口糧，開物料再作等件，於各該衙門支給取用。尔等須同心協力，務求成功，不許虚應故事。欽此。

臣等欽遵已於本年八月初十日興工，提督官軍挑浚，至九月十七日工完。具題，外臣等會議得該項河道今雖浚通舟楫，徑行終恐歲久沙淤灘淺不等及各牐底石被水衝突，多有損壞，與原砌規矩高低不平。若是大水時月，船隻可以通行；　春間秋末水耗之時，恐致阻礙剥運。凡查得原該户工二部奏議窄處挑寬五丈，寬處仍舊。臣等督率官軍俱已浚開六丈，尚且河身窄狹，礙船往來，必須再加挑浚深濶，改修牐底，方可行船無阻。爲此將合行事宜開坐謹題請旨。

計開

一、大通橋至通州東水關止，共三十六里五十八步。必須再將積年浮沙泥土儘行挑去浚深，其兩旁俱要挑至舊岸，以十丈爲止。其牐底高低去處相度改砌，庶得經久行船便利。

一、看得通州北門外舊有停船湖泊一處，已被沙淤，合宜挑浚深濶停船。却將北門土壩添置石牐一座，如遇水大時月，船隻俱往北門北牐進至湖内灣泊。却將通州新城開置北門一座便於般運通倉糧米。其該納糧，聽從大小船隻載運，由牐河上京。

一、通州東水關到張家灣新開河口止，計一十二里二百二十六步，合照尚書楊鼎等所奏，兩岸挑開十丈，河底浚深一丈。如此，兩岸俱可灣船，庶便往來船隻於中行使。

一、修砌牐座、馬頭、澁路、起盖牐廳等項，合用匠作、木料、磚瓦、釘板、石灰、糯米、油蔴等物，乞勑該部預爲措置齊足，委官管領運赴沿河去處收貯，俟來年二月中旬興工應用，庶不臨期有悮。

一、今疏通河道，各牐俱置有板索等項無人看守。及行船時月俱要用人，依時啟閉，最爲要緊。乞勑該部通行查照，如缺牐官、牐吏，就便選除撥補，每牐照舊添設人夫一百五十名應役。緣前項官吏人夫數多，近該欽奉勑諭，着令運粮都指揮一員管理。但今粮完，各領軍船回還原衛，修艌船隻，聽候下年儹運。合無照依南邊運河管洪、管牐事例，添設工部官一員，職專常川，管東河道牐座。官吏人夫仍將青龍橋、高梁橋、廣源等牐，與西山流濟前河一帶泉源，俱令本官往來提調整理。如此，事有責任，河道牐座不致廢弛。

一、前項該挑河道工程浩大，必須多用人力方可成功，況運粮官軍一時不能齊到用工。臣等查得直沽迤東新開海運河道，先年奏准開挑，以後三年一次，起夫一萬餘名，疏撈永爲定例。今該成化十一年正月内疏挑，所司不曾起夫整理，其挑河人夫，例該通州、天津、薊州等處起請。但薊州等處相去新開河二百五十余里，到京止該一百六十里。通州去二百余里，到挑河處三五里及天津衛，到京不過兩日之程，甚爲近便。合無將薊州、天津、通州等處今年該起人夫，除邊軍仍留在彼，聽候挑浚海運河道，其餘衛府州縣軍民人夫，乞勅工部差官二三員，今冬分投前去。會同彼巡按御史督同衛、府、州、縣官吏，點選精壯，除火頭、雜使在外，務足一萬名，合用鍬鋤筐担等項，就令官爲措辨齊備，俱委佐貳們當官一員管領，限明年二月初旬到京，聽臣等派工挑浚，完日踈放。其來年運粮官軍，候交糧畢日，照依原擬每衛所仍借用工十日，若有餘，處置必成功。卻將海運新開河淤沙着落，遮深把指揮陳鑑督令所部運糧官軍七千員，兼同存留邊軍併工挑浚。遮洋官軍一体驗日，關給口粮食用便益。

成化十一年九月二十日題。

當日奉聖旨：是該部知道。欽此。

——楊宏《漕運通志》卷八漕例

諸河源委　大通橋河

大通橋河，源出昌平縣白浮神山泉，西南會一畝，馬眼二泉，繞出瓮山後，匯爲七里濼，東入都城西水門，貫積水潭。又東至月橋入内府，南出都城東水門，過大通橋，又東五十餘里，至通州入白河。

漕河　宛平縣五閘

青龍閘　在都城西北三十餘里。

白石閘　西至青龍閘二十餘里。

廣源閘　在西直門西七里，元至元二十六年建，本朝重修。

高梁閘　在西直門外往北一里許高梁店，元至元二十九年建，名『西城閘』。本朝重修，改名『高梁』。

澄清閘　在都城内鼓樓南、海子東岸萬寧橋西。元至元二十九年建，名『海子閘』。本朝重修，改名『澄清』。

大興縣四閘

慶豐上下二閘　在都城東王家莊。上閘至大通橋八里，下閘至上閘五里。元至元二十九年始建木閘，名籍東閘。至順元年修石閘，改名慶豐。

平津上下二閘　上閘西至慶豐下閘十里，下閘至上閘七里。元至元二十九年始建木閘，名郊亭閘。延祐以後修石閘，改名平津。本朝重修。

慱濟上下二閘　上閘西至大興縣平津下閘八里，下閘至上閘五里。至元二十九年始建。

直隸通州

通州在漕河之西三里。該管河，東岸北自本州城東北角起，南至管州前屯衛界魯家務上淺止，長一百二十五里；西岸北自通州右衛界東關淺起，南至通州左衛界荆林兒止，長六里。

閘五

楊尹閘　延祐以後修石閘，改名愽濟。本朝重修。

通流上下二閘　上閘在州治西門外，西至愽濟下閘十里。下閘在南門外，西北至上閘五里。元至元二十九年始建木閘，名通州閘。延祐以後修石閘，改名通流。本朝重修。

廣利閘　在張家灣中馬頭西，上至通流下閘十一里，下至閘河口三里。元至元二十九年始建木閘，名河門閘。延祐以後修石閘，改名廣利。本朝重修。

淺鋪十

郝家務淺　南堂淺　盧家淺　李二寺淺
王家務淺　孝行淺　和合站淺　半壁店淺
蕭家林淺　高家灣淺

通州左衛

通州左衛在通州城内。該管河，西岸北自通州界郝家務淺起，南至通州右衛界張家灣中馬頭淺止，長二十三里。

淺鋪二

荆林兒淺　張家灣上馬頭淺

通州右衛

通州右衛，在通州城内。該管河，西岸北自通州舘驛前起，南至神武中衛界公鷄店淺止。内除通州並左右衛。該管岸外長二十二里。

淺鋪四

東關淺　張家灣中馬頭淺　長店兒淺

直隸定邊衛

定邊衛在通州城内。該管河西岸，北自通州右衛中馬頭淺起，南至通州右衛長店兒淺止，長四里；東岸北自武清縣王家甫淺起，南至天津衛王家莊淺止，長五里。

淺鋪二

張家灣下馬頭淺　王家務淺

——王瓊《漕河圖志》卷一

諸河考論　大通河

元世祖至元二十九年，郭守敬上言水利十有一事。

其一欲導昌平縣白浮村神山泉，過雙塔、榆河引一畝、玉泉諸水，入城匯於積水潭。從東折而南，入舊河。每十里置一閘，以時畜泄。帝稱善，復置都水監，命守敬領之。丞相以下皆親操畚鍤爲之倡。河自白浮村至通州高麗莊，長一百六十四里，塞泄水缺口十二處，爲牐二十有四。置閘之處，往往於地中得舊時甎木，人服其識，逾年畢工。自是免都民陸輓之勞，公私便之，帝自上都還，過積水潭，見舳艫蔽水，大悦，賜名曰通惠。

本朝通州至京師自來陸運，雖屢有言者欲開河通舟，而竟不能行。愚意，元始開通惠河，導神山泉，過雙塔、榆河，則榆河亦引而西至都城南。又引渾河注之，二水相合，故河水盈溢而舟楫行焉。其後，值時元旱，二河之源以及諸泉皆微細，故河淺而不能通舟。……況近京之地，土脈堅實，水之所經，遏塞導引，其法易施。若以爲此河經歷賢哲多矣，果可漕運，必不至今日是。不然，水性有定者，利害易見；其盈涸不常者，不可即一時之事，而昧變通之宜，苟過引有方，未有不可與利除害者。豈可以前人所未及爲而遂棄不爲哉。且元郭守敬始開通惠河，舟至積水潭，舳艫蔽水，則前人已爲之而有驗矣。有志於興水利者，不可不知。

——王瓊《漕河圖志》卷二

漕河夫數

漕河夫役，在閘者曰閘夫，以掌啟閉；溜夫，以挽船上下；在壩者曰壩夫，以車輓船過壩；在淺鋪者曰淺夫，以巡視堤岸、樹木，招呼運船，使不膠於灘沙，或遇修堤浚河，聚而役之，又禁捕盗賊；泉夫，以浚泉；湖夫，以守湖；塘夫，以守塘。

通州

通流閘二　共閘夫六十三名。大興縣五名，三河縣七名，遵化縣六名，良鄉縣七名，淇縣五名，汲縣一十名，修武縣三名，輝縣九名，大城縣四名，昌平縣四名。

博濟閘二　共閘夫六十五名。固安縣七名，昌平縣六名，密雲縣六名，順義縣十五名，玉田縣四名，豐潤縣十名，薊州十二名，修武縣三名，胙城縣一名。

淺鋪十　每鋪小甲一名，夫十名，共一百一十名。修堤小甲八名，夫七十五名。

通州左衛淺鋪二　每鋪小甲一名，夫十名，共二十二名。修堤小甲三名，夫二十六名。

通州右衛淺鋪四　每鋪小甲一名，夫十名，共四十四名。修堤小甲四名，夫三十六名。

——王瓊《漕河圖志》卷三

乞趁時般運通州倉粮赴京倉

成化八年三月二十二日，總理河道刑部左侍郎王恕題：

臣惟京儲之充足，固資乎漕運。漕運之通塞，亦由乎天時；若導泉、浚渠、築堤、撈淺之類，皆可以人力爲也；至若雨澤之愆期，泉脈之微細，則由乎天時，是非人力所能爲也。臣以凡庸無用之材，叨塵總理河防之寄，夙夜兢惕，惟恐不勝。凡人力之可爲者，臣固宜殫力爲之。至於天時之不爲者，似臣之愚，固無如之何，然亦不可不早圖而預爲之計。

思得揚州一帶河道，别無泉源，止籍高郵、邵伯等湖所積雨水接濟。去年，因是彼處地方久旱無雨，湖水消耗，所以河道淺澁，阻滯運船。幸賴朝廷洪福，上天眷祐，偶然大江水溢横流，過壩船隻方得疏通。比及到於張家灣等處，却值秋雨連綿，路途泥濘，脚價高貴，每銀一兩，止裝京糧八九石，多亦不過十石。原領耗米雇脚不敷，以致軍士借債賣船輳補上納。至十月終方得回還，所以多在沿途守凍，迄今尚有未到衛者。今年揚州地方仍前乾旱，河道愈加淺澁，雖已設法挑撈，車水接濟，止可補其所耗，豈能增其所無慮。恐今年粮運又似去年，不無負累軍士。訪得即今張家灣等處脚價比之去年有雨時月頗賤，所宜處置。如蒙乞勅户部公同總督粮儲内外官員從長計議，合無該部出榜召募有車之家，給與勘合，趁今路干之時，令其支運通州倉粮赴京倉交納。管粮主事等官躬親監臨，平斛出納，仍令巡倉御史禁革姦弊，就於該倉支與糧米，准作脚價，每十石比街市時脚價多加與米四五斗，則人得其利而樂爲之運，納運勾京倉粮數而止。待粮船到日，若遇天雨脚貴，却令將該運京倉粮斛，照數於通州倉上納。每石仍照今次給過脚價米數，令其抵斗稍加斛面交納，則軍得其便而願爲之出備。合用墊倉蘆席等項，就於該倉領用。如此，非惟京儲不致遲悮，而軍士亦得以蘇息矣。

——王瓊《漕河圖志》卷四

造剥船置布袋献運京糧（正德十六年）

都御史臧凤，總兵官顧仕隆奏。切照每年各衛運糧，多在六七月内到京。彼農務正忙，大雨不時，車輛數少，泥淖難行，須用厚價雇車，方肯裝載。往往脚價使用不敷，揭債上納，展轉遲悮。職等思得，京城大通橋至張家灣一帶河道，乃元時轉運通渠。國朝永樂間設立漕運，循其故道，船得抵京交納。自後，張家灣水旱，車船人户與夫包攬光棍之徒，要行窺取漕利，巧生姦計，妄言摇動，遂將此河廢置不行。

正德元年，有定議者復舉興修，題奉欽依工郭差官，會同漕運參將梁璽，用銀二萬餘兩，雇請夫匠，重加挑浚，粮運又曾抵京上納。未幾又被前項積年姦徒設計阻滯，仍前不行。

近年營造大木悉由此河拽運到京，即此度之，粮船雖曰難行，剥船必有可行之理。或者以爲地峻水急，不能由閘而上。臣等愚見，若將此河原設五閘少加修理，每閘下板六七塊，水大廳其漫流，水小任其積聚。每閘悉度河道濶窄，各造大小剥船五十隻，用軍四名，共二千名。候北直隸總下官軍運粮到灣之時，借用駕使，恐不能齊一，廳參將王佐委官雇人撑駕。本總、把總并該運軍交粮完日，就彼管領，仍置口袋一萬條，各衛輪番領裝粮米上剥船，運車協力輓拽。參將王佐總爲提調催督，逐閘盤運，雖遇陰晴泥濘，亦可達京。大意相同淛江各壩盤船之法。若或天晴道幹，亦廳分雇車脚，水陸並進，庶獲濟益。

職等每思漕運日困，使用日繁，若專守舊法，恐難拯救。北河一行，亦可少殺車脚之費矣。如蒙勅該部從長計議行，臣等於淮揚地方，動支漕運官銀，雇募夫匠，打造剥船，置辦口袋，完月送參將王佐處，廳其委撥官軍管領。船行之日，省出脚銀，以備下年添造剥船，毋使停滯。若有假托勢要名色包攬口袋，及車户光棍人等取爲倡率妄言阻壞，或別生奸弊，盗決河防，廳科道官舉劾。并行參將王佐，督同通州分守等官訪拿問，擬重罪枷號，仍發邊衛充軍。庶姦徒知警，浮議自息，而漕運可行矣。

——楊宏《漕運通志》卷八漕例

巡按直隸監察御史某具奏

其略曰：自通州至都城僅五十里，原有牐河一帶，廢渠設卒，故牐置官，非無爲也，而乃未究其誌。漕臣題奏，奉有明旨，而竟莫之舉行，京儲之陸輓，窮軍之受累，非一朝一夕矣。以此五十里之近，一衣帶水之河，前元以一人疏鑿而有功，今乃累經建議而未就緒，一難一易，夫豈無所自哉？訪得前元河道，俱在於宫牆外邊，經西山諸水，從青龍閘、海子合流於大通橋，水源盛大，水勢洶湧。慶豐、平津、通流等七閘略加挑浚，以時啟閉，則水易聚而漕艘可行，數世之享其利者，職此故也。今此水從皇城中金水河流出，非復曩時故道，禁庭瀦水深廣處甚多，則其流之出於外者微細，而其超於河者緩弱。七牐相去五十里有幾，而高低伏踰五十尺，勢甚有逐。夫水性本趨下者，流既微弱，而勢又直遂，故易涸而難盈，易洩而難聚。所以永樂間曾於此河般運大木，即今營建木植，并竹木雜料，皆從此河而入。積至月於而後可剥運一次。若粮船一齊湧到七牐，並啟上源下來，下流不接，固有經十余日而一船不得渡一牐者，水行之遲，不如陸輓之速。故寧就車驢之多費，而不圖船價之輕省也。所以，累經建議，或忽之而不修，或修之而未得其利，視有用之河，爲無用之水。

先朝之志，終於未究；貧軍之苦，終於不甦也。今之計，合無因七牐之遺址，築五壩之新制。又於其旁各置減水閘一座，晴旱水小，則儲蓄而不洩；雨澇水大，則疏通而不壅。每壩而置剥船一百隻，每船可載一百石，魚貫而行，晝夜不息，一晝一夜可運數萬石到大通橋京倉之東，計一百余日而可運竟矣。車輛脚價，每兩八石。運船一隻裝三百石，該車脚二十七兩五錢，剥船價每兩可百石，……

再照大通橋至朝陽關相隔四里二十九步，舊有河一道。今築城濠關，應否開通取自上裁。若必爲固城之計，而不欲改辟此河，則四里之脚價，亦不甚多也。

再照，自通州南門起，至張家灣廣利牐一十一里，長一千九百八十丈，係前元舊行牐河。通州西水門外小板橋以西，原有舊城河一道，至西北城角。轉至北門土壩止，共長三百五十餘步。以今年春夏間參將王佐督促之船，由張家灣至通州東城門下，搬入通倉，就省脚銀一萬三千余兩。倘蒙差官相度疏通，經達里河，則所省實多，又不止於萬余兩之脚價而已。

——楊宏《漕運通志》卷九

嘉靖六年十一月乙亥朔，下以開修河道善否，問大學士張璁，璁對曰：臣聞，積儲天下之大命。今京師半在通州，非計也。嘗聞正統間虜薄都城，彼時以通州儲積米多，下令軍民搬運入京。首日令運得二石者，以一石入官，一石入己；次日令運得者俱入己；又次日搬運不及，縱火焚之，此已前之明患也。

其河道經元郭守敬修浚，今閘壩俱存。臣聞，京城至通州五十里，地形高下才五十尺，以五十里之遠近，攤五十尺之高下，何所不可。誠浚甕山泊以蓄西山諸泉，引神山泉以合下流之歸，迂回以順其地形，因時以謹其浚治，一勞而永佚，未有不可也。成化十二年，平江伯陳鋭建議開修此河，憲宗皇帝命大臣督理，而河道已通，運船已至城外。適有黑眚之異，惑於訛言，遂止。識者恨之。

今欲開修此河，因仍舊道，誠易易耳。況一舟之運，約當十車。每年運船已到，則令剥運，新粮未到，則令剥運通州積粮。庶京師充實，永無意外之患矣。至桂萼所論開修三里河，則費廣而見效難，非直有地理之忌而已也。上是其言。

——《明世宗實録》卷八十二

昌平縣山川

七度水泉虎眼泉附源出縣北十里虎峪山，南流半里許，伏而不見。至縣城西北復出虎峪山，遂名虎眼泉。以其水至清，故又名清水泉。

白浮泉，源出縣東神山，流經本縣，東入雙塔河，爲通惠、壩河之源。

百泉，源出縣城東北，至南碾頭與虎眼泉合流，入雙塔河。

一畝泉、馬眼泉、南安泉，以上三泉俱出縣西孟村社，經南雙塔故城合流，入雙塔河。

沙澗泉出縣常樂社，即榆河之上流也。

冷泉源出青龍橋社金山口，與玉泉合，下流爲清河。

玉泉，源出青龍橋社玉泉山，與冷泉合，下流爲清河。

通惠河，在縣東南，乃龍泉、白浮及馬眼、一畝等泉合流入榆河處，即壩河之源也。

——《永樂大典》本《順天府志》卷一四

元宋正獻公本《至治集》中，有驢牽船賦。今京東五牐剥運船多用之。

——《雅坪散録》引自《日下舊聞考》卷一四六

國初都金陵，則漕於江，其餉遼卒，猶漕於海。自永樂都燕後，歲漕東南四百萬石，由江涉高寶諸湖，絶淮入河，經會通河出衛河、白河，遡大通河以達於京師。諸洪泉壩閘以次修舉，至於今纖悉俱備，故並載焉。

大通河即潞河，舊爲通惠河，其源出昌平州白浮村神山泉，過榆河，會一畝、馬眼諸泉，匯爲七里濼。東貫都城，由大通橋而下，至通州高麗莊入白河，長一百六十餘里，元初所鑿，賜名通惠。每十里爲一閘，蓄水通舟，以免漕運陸輓之勞。

永樂以來，諸閘猶多存者，仍設官夫守視。然不以轉漕，河流漸淤。成化正德間，累命疏之，功不果就。

嘉靖六年，遣漕運總兵錦衣衛都指揮及御史會濬之。自大通橋起，至通州石壩四十里，地勢高下四丈，中間設慶豐等五閘，以蓄水。每閘各設官吏，共編夫一百八十名，每名工食銀八兩。造剥船三百隻，每隻價銀三十五兩。分置各閘。責經紀領之，使製布囊盛米，雇役遞相轉輸，軍民稱便。

——《明會典》

《薈蕞》云《水部備考・大通河》成化十二年，始命平江伯陳鋭疏通之，漕舟會至大通橋。自後射利之徒，妄假黑告之説，事竟阻壞。正德二年復疏之，功不就。《桂文襄公奏議》云：成化十二年，平江伯陳鋭不察其故，建言修復。憲宗皇帝命户部左侍郎翁世資、工部左侍郎王詔挑浚，仍浚西湖諸泉以益水勢，可放運船千餘，直達大通橋下。既而水急岸狹，船不可泊，未幾即耗，船退幾不能全，遂不復行。正統七八年亦嘗挑浚，竟無成功。蓋京師之地，西北高峻，自大通橋下，視通州勢如建瓴，而强爲之，未免有害，非徒無益而已。《病逸漫記》云，白浮泉，今入清河一畝泉，在甕山後。已塞。甕山下玉龍、雙龍、青龍等泉入西湖。經高梁橋。注皇城濠。一自西流入内，一自東會入通惠。四里至慶豐，慶豐十一里至平津，慶豐地形低平津一丈許。水陡絶，故平津閘，則慶豐河身立見矣，張兆元『通惠河考』云，青龍閘在都城西北三十里，廣源閘在白石閘西二里，白石閘在西直門西六里，高梁閘在西直門外往北一里許，澄清閘在都城萬寧橋西，慶豐閘在大通橋東五里，平津上閘在慶豐閘東十一里，平津下閘在上閘東四里，普濟閘在平津下閘東三十里，通流閘在通州城内至普濟閘十二里。以上諸閘，皆通惠河經行之所。丘文莊云，自通州陸輓至都城，僅五十里耳，而元人所開之河總長一百六十四里，其間置牐壩凡二十處，所費蓋亦不貲，今廢墜已久。廢豐以東諸牐雖存，然河流淤淺，通運頗難。且今積水潭即今海子，在都城中禁城之北，漕舟即集，無停泊之所。而又分流入大内，然後南出，其啟閉蓄洩，非外人所得專者。言者往往建請，欲復元人舊規，似亦便利。然以陸輓與河運利害略亦相當。故議復元舊，欲於城東鑿潭以容漕舟，議通陸運，欲開新路以達東輓，此其大略也。《桂文襄公奏議》云，正陽門外東偏，有古三里河一道。東有南泉寺，西有玉泉菴，至今基下俱有泉脈。由三里河繞出慈源寺八里莊五箕花園一帶，直抵張家灣煙墩港，地勢低下，故道俱存，冬夏水脈不竭。見今天壇北蘆葦園草場九條巷，其地下者俱河身也，高者即舊馬頭，明白易見，不假經畫，稍加修治，即可復也。但附近勢家莊園，故成化六年，楊茂雖嘗建議，而不敢盡言，但請置壩而已，後亦竟沮不行。成化十二年亦踏勘，而勢家賄通欽天監，以爲地居京師子午方位爲説，不知三里河乃在都城巽巳，實非子午方也。今誠按此修浚，則公私大船俱可直抵三里河，不但便船剥而已。《明疏議輯略》云，成化六年，漕運總兵官都督楊茂上言，京城南原有三里河，直通張家灣煙郭橋。自橋往西疏浚，深闊二十餘里，卻將煙郭木橋改作吊橋，糧船到彼灣泊，可免漂流之患。若將此河浚深，直至三里河作平水壩三四截，於内置扁淺剥船，令運船由此盤壩，以達京師，歲可省車脚數百萬。

——《行水金鑑》卷一〇四

成化二年丙戌，户部尚書楊鼎、工部侍郎喬毅，上浚通惠河舊道事宜。先是，漕運總兵官都督楊茂奏，每歲漕運，自張家灣舍舟陸運，遇雨泥濘，每車僱銀一兩，僅載八九石，其費皆出於軍。看得通州至京城四十餘里，古有通惠河故道，石閘尚存。永樂間，會於此河船運大木，以此度之，船亦可行。先年曾奏欲於此河積水般運，又有議欲於三里河從張家灣烟墩橋以西，疏挑二十里，灣泊糧船，以避水患者，二事俱未施行。今此河道通流，其水約深二尺，不勞疏挑，唯用閘蓄水，令運糧衛所。每船二十五隻，造一剥船，自備米袋，挨次剥運。如此，則運士得省脚費，而困憊少蘇矣。

事下工部。尚書王復，同太傅會昌侯孫繼宗、吏部尚書姚夔等官，議得古通惠河道閘座，設若開通修砌，可以泊船，可以運糧，誠有益於國計。但地形水勢高下，并合用軍夫物料，俱難約度，宜請旨簡命户工二部堂上官各一員，會漕運參將袁佑，率識達水利官匠前往相度。如果相應，就將該用軍夫物料，修理事宜，具奏會議定奪。上以命鼎毅，遂同參將袁佑等，親詣昌平縣元人引水去處，及宛平、大興、通州地方、三里河各河道，將行船故迹，逐一踏勘。及據《元史》并各閘見樹碑文，所載事迹，稽考回奏。云，閘河原有舊閘二十四座以通水道。但元時水在宫牆外，船得進入城内海子灣泊。今水從皇城中金水河流出，難循故道，行船須用從宜改圖。除元人舊引昌平東南山白浮泉水往西逆流，經過祖宗山陵，恐於地理不宜，及一畝泉水，經過白羊口，山溝雨水衝截，俱難導引外；及勘得城南三里河至張家灣運河口，袤延六十餘里，舊無河源。正統間，因修城濠，作壩蓄水，兼恐雨多水溢，故於正陽橋東南低窪處，開通濠口，以泄其水，始有三里河名。自濠口三里至八里，始接渾河舊渠，兩岸多人家廬舍墳墓。流向十里迤南，全接舊河，入張家灣白河。其水深處止有二三尺，淺處一尺餘，闊處僅丈餘，窄處未及一丈，今若用此河行船，凡河身窄狹淤淺處，必用浚深開闊；凡遇人家房垣墳所，必須拆毁那移。且以今寬處一丈計之，水深二尺，若散於五尺之寬，止深四寸。況春夏天旱，泉脈易乾，流水更少，糧船剥船，俱難行使。兼且沿河隄岸，高者必須剷削，低者缺者，必須增築填塞。又有走沙急湍處，俱要創閘，派夫修挑。倘水淺少，又須增引別處水來相濟。若引西河之水，則自河口迤西直至西湖隄岸，未免添置閘座；若引草橋之水，必須於大祀壇邊一路，創鑿溝渠，亦恐有礙。況其源又止彰義門外玉匠局等處、馬跑等地泉，亦不深遠。大抵此河天旱則淤壅淺澀，雨潦則散漫衝突，徒勞人力，卒難成功，決不可開。況元人開此河，會用金口之水，其勢洶湧，衝没民舍，船不能行，卒爲廢河，此乃不可行之明驗也。今會勘得玉泉、龍泉及月兒、柳沙等泉諸水，其源皆出於西北一帶山麓，堪以導引，匯於西湖。見今大半流出清河，若從西湖源頭，將分水青龍閘閉住，引至玉泉諸水，從高梁河量其分數，一半仍從皇城金水河流出，其餘從都城外濠流轉，通會流於正陽門東城濠。再將泄入三里河水閘住，併流入大通橋，閘河隨時開閉，天旱水小，則閉閘瀦水，短運剥船；雨澇水大，則開閘泄水，放行大舟。況河道閘座見存，不用增造；官吏閘夫見有，不須添設。臣等勘時，曾將慶豐、平津、通流等閘，下板七葉，剥船已驗可行。若板下至官定水，則其大船亦可通行。止是閘座河渠間有決壞淤淺處，要逐加修浚。較之欲創三里河工程甚省，況前元開創此河，漕運七八十年，公私便宜，後來廢馳。今若復興，則舟楫得以環城灣泊，糧儲得以近倉上納，在内食糧官軍得以就近關給，通州該上糧儲，又得運來都城。與夫天下百官之朝覲，四方外夷之貢獻，其行李方物，皆得直抵都城下卸。此事舉行定實，天意暢快，人心歡悦，足以壯觀我聖朝京師，萬萬年太平之氣象也。伏望聖明早賜裁處。乞敕各該衙門會計物料，量撥官匠，并在營見操官軍人等，自西山玉泉一帶，并都城周圍濠塹，大通橋直抵通州張家灣，一路河道，分工逐一修浚。如此，則不惟損一時糧運之脚價，實足以垂萬世無窮之利益矣！疏入，命下所司。

——《明憲宗實録》據《行水金鑑》卷一一〇

成化十一年十月癸未，增設工部管理河道官一員。漕運總兵官平江伯陳鋭等奏，比奉詔疏浚通州至京河道，工將就緒，請設官理之，并提督青龍等橋，廣源等閘及西山一帶泉源。時工部郎中陸鏞丁憂服闋，因以命之。

成化十二年五月壬戌，漕運總兵官平江伯陳鋭等奏，邇者修造通惠河閘成，欲將山東泉源河道，並通州等處水關閘座，與永通橋圈，俱量爲疏浚修改，以便漕運。上從其議，下所司知之。六月丁亥，浚通惠河成。自都城東大通橋至張家灣渾河口六十里，興卒七千人，費城磚二十萬，石灰一百五十萬斤，閘板、樁木四萬餘，檾、鐵、桐油各數萬。計浚泉三，增閘四，凡十月而畢。漕舟稍通，都人聚觀。增平江伯陳鋭禄米歲二百石，賞侍郎翁世資王詔綵緞表裏。鋭又爲浚河官乞恩，乃命邳州衛指揮僉事單鏞、高郵州判官林烈等十員，俱陞署職一級，其餘職役匠卒，皆賜綵緞絹布有差。是河之源，在元時引昌平縣之三泉，俱不深廣。今三泉俱有故難引，獨引西湖一泉，又僅分其半，而河制窄狹，漕舟首尾相銜，至者僅數十艘而已，無停泊之處。又沙水易淤，雨則漲淤，旱則淺沍，不踰二載，而淺澀如舊，舟不復通。然鋭之所增禄米，猶歲給不絶，識者愧之。

正德二年九月丙午，户部郎中郝海、工部員外郎畢昭等奏，修復大通橋至通州河道，及閘十二，壩四十一，凡用銀四萬五百七十兩有奇。議者謂，漕粟自張家灣入京，僦車甚費，故欲開河通船，以免陸運之艱。然地形水勢，高下懸絶，河雖開而無所濟也。

——《明武宗實録》

正德五年榮靖公顧仕隆督漕，疏開會通河，司空王公軏申請之，至今稱便。蓋唐都關中，宋都河南，皆由汴由渭直達京師，未聞有貯國儲於五十里之外者。國初僅有神武中衛小倉耳，因漕運後期，暫將京儲收貯通州，以待轉輸。因循苟且，歲月遷延，權勢家車輛日伺而乘上之急，牙儈趑趄，吏胥破冒，猶其小者。邊關塞堡，間道可通，倘有爲之嚮道者，而輕騎疾馳者卒至，或據倉廒，或肆燒燬，國儲不一空乎！且京城大通橋至張家灣一帶河流，爲元時轉運通渠也。當都水監郭守敬疏鑿通州通惠河，引水置閘，興工之日，世祖命丞相以下，皆親畚鍤爲之倡。永樂間，亦循故道抵京，竟爲浮言所沮。正德元年，始一行之，姦徒倡議復中止。夫運糧至農務興，秋雨降，泥濘不得前，輿人索厚直，費且不貲。節浮費以紓民困，興國家自然無窮之利，杜後世意外不測之虞，計無過於此者。嘉靖庚戌，虜果薄近郊，闚通州廩粟，賴此舉也。而同人咸服公之淵迴大略云。

——《謝廷諒鎮遠侯顧公傳》

明武宗正德六年五月辛亥，革慶豐通流等閘新設閘夫及剥船，以工部奏河爲沙淤，剥運不便也。

——《行水金鑑》卷一一二

明孝宗宏治十三年三月乙丑，四川平茶峒長官司吏目許澣陳四事：一通剥運，以蘇漕卒之罷。都城西山之水，流注通州白河，向年浚之通漕，運糧船至大通橋矣。但以河狹岸峻，沙土易壅，不能久耳。設欲浚堀深廣，恐犯拘忌。今擬止於河身仍舊，惟於舊閘壩上，及張灣河口量增壩堰，略高數尺，引水貯滿，其旁各爲減閘，以洩潦漲。每壩之上，置造剥船，如浙江市河船式，每遇糧船到壩，以之遞送，每壩倒换，無問陰晴。民間有能造船裝載者，亦聽其便。仍於大通橋南一帶，創造搨房，暫上堆停，旋令小車驢羸，運入各倉收納，甚爲利便。竊計車運工價，若遇泥濘時，每遇一石約銀一錢；以剥船運之，每船貯米一百餘石，每石止錢幾文。較之車價奚止倍蓰。乞敕該部講議舟車利便，定爲經久之規，以濟民用。下其奏於所司。

——《明孝宗實録》《行水金鑑》卷一一二

嘉靖六年十月戊午，御史吴仲言：通州運河，元時郭守敬創建，已有明效。先朝漕運名臣平江伯陳鋭等，亦累以爲請。今通流等八閘，遺蹟尚存，原設官夫具在，因而成之，爲力甚易。而權勢罔利之家，從中撓之，或倡風水之説，或謂絶灣民之利，皆不足信。誠令閘運，歲可省脚價二十餘萬。又漢、唐、宋時，漕皆從汴、渭直達京師，未有貯國儲於五十里之外者。今令京軍支糧通州，率稱不便。而密雲諸處，皆有間道可通，設虜因鄉導，輕騎疾馳，旋日可至。燒燬倉庾，則國儲一空，京師坐困，此非細故。請以臣言下户、工二部定議修浚，僦舟夫略運百萬試之，與陸運兼行，竢次第就渠，徑達京倉，此興無窮之利，而杜不測之虞，於計便。上曰，疏濬閘河，誠轉漕便計。自永樂以來，屢議修復，因大小臣工不肯實心任事，以致因循至今。爲姦人嗜利者所阻，今轉輸日煩，軍民交敝，苟有息肩之策，何憚紛更，户、工二部，其各委堂上官一員，會通運官及御史吴仲等，親行相度地形，計處工力以聞。若大事可成，則勞費不足計，國計有補，則浮言不足恤。如有姦豪阻議之人，聽廠衛緝治如律。因命户部侍郎王軏、工部侍郎何詔、及御史吴仲等董其事。至是軏等言地形從大通橋至白河，高可六丈。若大興工浚之深至七丈，通引白河，則漕船可直達京城，諸閘可盡罷，此永久之利，然未易議也。爲今之計，惟應修浚河閘，然從通流閘經二水門，南浦、土橋、廣利三閘，皆衢市闤闠中，不便轉般。從温泥河濱舊小河廢壩西，不一里至堰水小壩，誠修築之，令通普濟閘則徑易，可省四閘兩關轉般之難。閘壩皆宜添設官吏人夫守視。臣等竊計修閘、浚渠、築壩之費，當用銀一萬。五閘置船各六十一船，日運糧萬石，造船之費可一萬五百。通漕糧二百三十萬石，歲脚價可十萬三千五百。若糧多船少，聽以車轉，水陸並進。通軍事易竣，亦可早還。宜令户、工二部各舉屬官一人，兵部推都指揮一人充參將，專司修理轉運諸務，會同巡倉御史各奉敕行事。募軍餘萬人作之，務在堅久。每閘壩各置公廨，其費取之修倉餘銀，巡倉贓罰及所省脚價，其木石等取之各廠。

——《行水金鑑》卷一一三

明熹宗天啟元年閏二月甲申，巡按直隸御史張新詔言：考通惠河，即元郭守敬所修故道。國朝平江伯陳鋭疏通之，運船直達大通橋下。彼時勢豪欲尅取脚價壞其事，後因御史吴仲言，乃命郎中何棟、吴嗣忠仍濬裏河。計費纔七千兩，所省脚價十二萬。此繇通州至大通橋省費之大較也。若由大通橋至朝陽門，尚有三里許，其地平衍閑曠，有掘就河身，現在倘導玉河之水，稍遡而北，至朝陽門，量建閘座及剥船若干隻，糧運到時，徑于門下上車，似爲便計。蓋會典開載車户脚價，自大通橋至東倉，每石銀一分六釐，近又議加三釐；至西倉銀二分三釐，若復省路三里許，則東倉脚價可減十之六七；西倉脚價可減十之三四，互而計之，總減一半。每歲京糧以二百六十萬爲率，即可省價脚二萬六千餘兩。彼從通州至大通橋，凡四十里，止費銀七千，此三里許之地，能費幾何？即除挑濬外，建閘造船等費，只消一年脚價之半，便已寬然有餘。一成之後，每歲省銀二萬六千，以三十年之通計，遂得七八十萬入太倉矣。詔部議覆。

十月辛巳，濬京城壕成。自東便、朝陽、東直、安定、德勝、西直、阜城、西便、正陽九門及重城共用夫一百五十萬八百九十名，匠一千二百八十九名，班軍積日三萬三千十二名，費水衡銀六萬一千六百二十九兩，司農銀一千七百三十二兩，米三千三百一石，諸椿木、灰磚、繩斗百物及運價咸具，而鍬钁以歸盔甲廠，收爲甲械之需。監工科道魏大中等，因言壕之源出玉泉山，徑高梁橋，抵都城西北而派爲二：一循城之左而東而南；一循城之右而南而東，宜按舊閘爲地形高下，次第布之，未可以丈尺概也。德勝門之水南入關，周行大內，出玉河，近且北淤南壅。而嘉靖庚戌所築重城，地勢既高，有掘未及泉而止者，俟異日清其源，審其勢，疏其脈，達其支，以總滙於大通橋。又須理葺諸閘，節宣蓄洩，以莊金湯而固風氣。下工部。

——《明熹宗實録》引自《行水金鑑》卷一三〇

白浮山

白浮山在昌平境南，上有二龍潭，其水流經白浮村。元郭守敬築堰，引水使西會馬眼等諸泉，折而南流，入於潞河，以天下漕運，堰即以白浮名。起自白浮村，至青龍橋，延袤五十餘里。

——《長安客話》卷六

西湖

西湖去玉泉山不里許，即玉泉龍泉所瀦。蓋此地最窪，受諸泉之委，匯爲巨浸，土名大泊湖。環湖十餘里，荷蒲菱芡，與夫沙禽水鳥，出没隱見於天光雲影中，可稱絶勝。武林黄汝亨記遊謂：『滄洲白石，青蘋碧草，尋厓漱流，衝沙雪竇，不能無吾家西湖之想。所少者紫衣霓裳青雀舫歌白苧詞一弄耳。』貞父此語最爲折衷。今北人直以西湖十景呼之，則不免杭州作汴州矣。王英詩：『雨餘鳧雁滿晴莎，風静花香靄芰荷。曾見牙檣牽錦纜，遥看翠浪接銀河。秋光渺渺連天净，山勢亭亭繞岸多。好是斜陽湖上景，芙蓉千疊映回波。』又王直詩：『玉泉東匯浸平沙，八月芙蕖尚有花。曲島下通鮫女室，晴波深映梵王家。常時鳧雁聞清唄，舊日魚龍識翠華。隄下連雲秔稻熟，江南風物未宜誇。』

湖濱舊有釣臺，武廟幸西山，曾釣於此。蒲坂張循占詩：『西湖南望水煙開，曾見霓旌萬騎來。自昔横汾留勝迹，五雲猶傍釣魚臺。』

萬曆十六年，今上謁陵迴鑾，幸西山，經西湖，登龍舟，后妃嬪御皆從。先期水衡於下流閉水，水與崖平，白波淼蕩，一望十里，内侍濳繫巨魚水中，以標識之。方一舉網，紫鱗銀刀潑刺波面，天顔亦爲解頤。是時餘艎青雀，首尾相銜，錦纜牙檣，波翻濤沸。即漢之昆明太液，石鯨鱗甲，殆不過是。近爲南人興水田之利，盡決諸窪，築堤列塍，爲菑爲畬，菱芡蓮菰，靡不畢備，竹籬傍水，家鶩睡波，宛然江南風氣，而長波茫白似少減矣。

廣源閘

出真覺寺循河五里，玉虹偃卧，界以朱欄，爲廣源閘。俗稱荳腐閘，即此閘。引西湖水東注，深不盈尺。宸游則堵水，滿河可行龍舟。緣溪雜植槐柳，合抱交柯，雲覆溪上，爲龍舟所駐。每通惠河水涸，糧運不前，則遣官於此祭禱諸水云。

萬壽寺

寺在廣源閘西數十武，爲今上代修僧梵處。璇宫瓊宇，極其閎麗。有山亭在佛閣後，可結趺坐。十六年上曾於此尚食，不敢啟視。

高梁橋

橋跨高梁河，故名。離西直門僅半里許。玆水源發西山，匯爲西湖，東爲小渠，由此入大内，稱玉河。方之閬中，可比滻灞。

——以上《长安客話》卷三

高梁河　一畝泉

水經：高梁河出自并州，乃黄河别源，經本州東南高梁店，流入都城海子。泉在州治西南新屯，（十五里）。廣約一畝，東流與高梁河合。元馬祖常詩：『天下名山護此邦，水經曾見注高梁。一觴清淺出昌邑，幾折縈迴朝帝鄉。』

——《長安客話》卷六

積水潭

都城北隅舊有積水潭，周廣數里，西山諸泉從高梁橋流入北水門匯此。内多植蓮，因名蓮花池。池上建有蓮花菴，净業寺，及王公貴人家水軒、水亭，最爲幽勝。于文定公慎行蓮花菴潭上夕飲詩：『禪宫遥倚北樓開，樓下平湖落照來。金水環城全象漢，蓮花湧寺宛成臺。諸香各捧空王座，一葉能浮太乙杯。便是忘歸歸亦醉，夕陽清角莫相催。』又題蓮花菴水亭詩：『西湖流入北城陰，小築祇園切禁林。閣上旃檀風細細，水邊雲樹影沈沈。天花曉落千門雨，仙梵寒飄萬井砧。咫尺青蓮成净土，將因不染印禪心。』劉效祖净業寺看蓮詩：『杖履吾何適？逢僧曲水邊。三乘開寳地，六月湧金蓮。雨過塵心净，風來爽氣偏。浮生閑自惜，不是爲逃禪。』宋獻湖上曲：『城下水光如雪鏡，城頭山色似青螺。不嫌此地游人少，只恐遊人解未多。定公園子太平菴，密樹遮簷芟布潭。日月廊牙開玳瑁，五侯七貴遞微酣。西臺青鎖望嶙峋，容易林間與水濱。禎帖高懸旬日早，香風隔岸到游人。含香罷直問林泉，祕舘詞臣望若仙。閒賦新詩答湖水，朝成篇什暮驚傳。繁謳沸管客筵譁，雜遝軋車撲柳花。羅綺果能嬌緑水，鷗鳬應不避晴沙。煙空月晶澹塵襟，雨洗霞明遠樹林。自得無聲詩句好，苦吟何事聒清音？杏襭桐衫閙掃妝，半臨水次半垂楊。琵琶捍撥偏關調，三院潮窩總一腔。雲映輕容日甲光，春來澹冶夏凝妝。間身冷眼堪消受，柳送微颸芰送香。』袁宏道遊北城臨水諸寺至德勝橋水軒集諸公詩：『西山去城三十里，紫巘青邏見湖底。一泓寒水半庭莎，賺得白雲到城裏。芰葉濃濃遮雉朵，野客登堂如登舸。稻花水漬御池香，（東爲公田）槐風陣陣宫雲涼。一番熱雨蹙波沸，穿簷撲屋生荷氣。乍時潑墨乍清澄，雲容閃爍螭蛟戲。簾波斜帶水條煙，北窗雨後夢清圓。兑將數斗意仁酒，賃取山光不用錢。』又德勝橋水軒待月詩：『一曲池臺半畹花，遠山如髻隔層紗。南人作客多親水，北地無春不苦沙。熟馬慣行溪柳路，山僧解點密雲茶。滿川澄月千條縷，踏踏蒼波過幾家。』豫章朱大夏北臺詩：『井幹迢遞錦城隈，玉户遥臨太液開。閶闔欲新三極殿，經營先起九成臺。飛甍列列棲晨霧，懸棟亭亭逼上台。簫鼓宸遊稱壽日，恍疑仙客宴蓬萊。』

——《長安客話》卷一

通惠河 即通州裏漕河

元至元間，丞相完澤倡議導昌平白浮諸泉爲渠，貫京城，迤邐出南水門，抵通州高麗莊，以便漕運。自是免都民陸輓之勞。世祖自上都還，見舳艫蔽水，大悦，賜名通惠。歲久沙衝水擊，幾至湮塞，但白浮諸泉細流常涓涓耳。成化丙申，平江伯陳鋭曾疏通之，漕舟直達大通橋下。嘉靖丁亥，御史吴仲武進人通州有祠。因見水勢陡峻，直達艱難，乃修元時五閘，置船剥運，歲省不貲，上下快之。曹代蕭詩：『靉靆煙光上苑通，紫泉繚繞玉河東。梯航萬里隨風入，遥見雲開五色中。』

通惠河五閘，大通橋之東至慶豐五里，慶豐至平津上閘七里，平津上閘至下閘四里，平津下閘至普濟十三里，普濟至石壩十里。

——《長安客話》卷六

大通橋

出崇文門二里許，有大通橋。水從玉河中出，波流演迤，帆檣往來，直至通州橋下。水飛珠濺玉，若松梢夜聲。二三園亭，依澗臨水，小舠從几案前過，林間桔槔相續，大類山莊。袁宏道大通橋泛舟詩：『京師百戲都，所少唯舟筏。御水落漕渠，淙淙流一髮。凡目未經見，雖少亦奇絶。何況集棠舟，遊遨似吴越。茭蒲得水長，鳧鴛避沙熱。朱碧好亭子，稀疏出林樾。雙航無定質，隨波作周折。遇樹即停帆，因風或回檝。閘水高十仞，百斛量珠屑。駿馬下危坡，疾雷震空碣。西門亦有水，寬丈深寸尺。計較昔人遊，居然分勝劣。』

——《長安客話》卷四

附録三　四庫全書總目·通惠河志提要

通惠河志，二卷，附録一卷，兩淮馬家裕藏本。

明吴仲撰。仲，字亞甫，武進人。正德丁丑進士，官至處州府知府。通惠河，即元郭守敬所開通州運河。明初湮廢，糧皆由陸以運，費重勞民。仲以御史巡按直隸，疏請重濬，不數月工成，遂至今爲永利。其事詳見明史。後仲外調處州時，恐久而其法寖弛，故於舟中撰此書奏進，得旨刊行。上卷載閘壩建置，開濬事宜，而冠以源委圖説。中卷及附録皆諸司奏疏。下卷皆碑記詩章也。

——《四庫全書》總目卷七五《史部·地理類存目》

整理人：　蔡蕃，中國水利史專家。曾出版《北京古運河與城市供水研究》《元代水利家郭守敬》《京杭大運河水利工程》等著作。

北河紀

〔明〕謝肇淛　著

鄧俊　整理

整理説明

《北河紀》成書于明萬曆四十二年（一六一四年），謝肇淛著，共八卷，是記載京杭運河北河段的專著。

謝肇淛，字在杭，福建長樂人，萬曆三十年（一六〇二年）中進士而出任工部郎中，後任雲南右參政，曾編纂過《滇略》。謝一生著作甚多，《北河紀》爲工部郎中任上，視察山東張秋運河所著，當時黄河決口泛濫，常侵擾運河，航運與防洪矛盾尖鋭。《北河紀》是一部區段性運河專著，主要内容有運河水資源及利用狀況、運河工程、管理體制及規章制度等。

明清兩代，京杭運河系國家交通命脉，不惜耗用鉅資全力經營，運河著述應運而生。繼明弘治年間王瓊編撰《漕河圖志》之後，體裁各異的專著或專志陆續問世。其中，明代謝肇淛的《北河紀》内容充實，取材廣泛，文筆簡練，是明代運河的權威性著作。

明初京杭運河全線開通之始，變化頻繁，管理混亂。至成化時才逐漸穩定，運河全線開始分段管理。大體上説，明清兩代長江以北的運河分爲南河、中河、北河、通惠河四段。『北河』段南起山東魚臺珠梅閘，北至天津楊青驛，是京杭運河全綫水資源最貧乏、工程問題最多的地段。

《北河紀》正文分爲八卷，正卷末附有紀餘四卷。正文之前收圖三幅：北河全圖，泉源圖，安平鎮圖。正文部分八卷中首有總叙，綜述北河所轄範圍。第一卷《河程紀》交待各驛站起止、里程。第二卷至第八卷是該書的主要部分，除卷七外，每卷都由兩部分組成——紀實和文獻薈萃。卷二《河源紀》爲濟運諸河，即汶水、泗水、沙水、薛河、御河、漳河等河流的經行及自然狀況。卷三《河工紀》，記述黄河、運河自漢迄明決溢、修堵史實，其中元明兩代以運河及與運河相關的一段黄河爲主。文獻部分彙集了明景泰以來朝廷發佈的治河敕文，具有較高的史料價值。卷四《河防紀》，只記北河工程，自南而北，以府爲單元，再以閘、壩、月河、月河閘等爲序。文獻部分有元明兩朝工程創建、修復的碑記十九篇，是研究運河工程技術及其發展的重要史料。卷五《河臣紀》，是記載運河組織管理的專篇，内容包括機構沿革、職官設置和各官在任年代，涉及上自中央、下至閘壩的各級機構及人員，條理清晰，内容充實，是明代運河管理的原始資料。卷六《河政紀》，涉及運河各項管理制度，如河工夫役及工料徵集、河防、漕河禁例等，其中運河沿岸林木管理與湖泊禁墾條例、南旺段運河大、小挑期間運河放行的規章制度、運河各工種人員配置和職責等内容，爲它書所不載或記載甚略。卷七《河議紀》，收入了漢至明治河議論五篇。卷八

《河靈紀》，對運河沿岸廟宇、祠堂的修建緣由，對修創、修復及祭祀等均有詳細的記載，内容涉及工程修治、沿革諸方面。正文末附《北河紀餘》，介紹北河沿線風景名勝，收入了明初以來歌詠山水的詩詞歌賦。

《北河紀》的明刊本傳世不多，清修《四庫全書》時收入，這便是目前所能見到的版本。《四庫全書·提要》稱此書『搜采頗備，條畫亦頗詳明』。對今天研究京杭運河史，探討跨流域水資源綜合開發以及工程管理的歷史經驗，頗有借鑒價值。

本書由中國水利水電科學研究院水利史所鄧俊點校，和衛國、蔡蕃、袁長極審稿。

整理者

目録

北河紀卷四　河防紀……二九六

北河紀卷五　河臣紀……三一六

北河紀卷六　河政紀……三二四

北河紀卷七　河議紀……三四一

北河紀卷八　河靈紀……三六一

是紀也，無所取裁。大率以河事爲主，而文附焉。其它山川往蹟，以及古今志咏，别爲四卷，命曰《紀餘》，附於其後。蓋欲徵文以取信，或未免掛一而漏萬也。潤色損益，以俟後之君子。晉安謝肇淛識。

北河紀序一

國家漕東南以輸天府，浮會通河，畫地而分三。都水郎以時飭其隄防。近稍增置厥員，乃其遡魚臺而亘天津，旁淪乎汶、泗、洸、沂、濟、漯、淇、衛、漳、洺、滹沱諸水而悉節制之，以爲吾用。則北河之履延袤特遠，奉璽書以提衡諸路，蓋其任若斯之重也。賴天子神聖，河伯効靈，使者按故牘以時疏壅塞決，而無復事矣。去黄稍遠，不藉其利，亦不食其害，乃盱衡而尋故轍，則亦有奪張秋、蝕穀亭、漶南陽，負薪沉璧之不暇者，歲時小梗，僭箸尤厘。藉非涉歷深，攷究覈，胸中具有全河，庸詎捐金錢而役徒隸，漫以填陽矦之壑？爲吾譬之人身，凡河渠之支，諸經絡也，河使引鍼石導治者也。已事其醫案也，二百年來病不一症，治不一方，案脉理而檢禁方，而湯、液、灼、熨之用，吾可以無它求矣。鵝河之南北釃也，豈其明德必禹之功？戊己築而張秋奠，夏村濬而新河通，蠱而後有事焉。行乎其不得不行，猶之乎行所無事也。蛇已成贅足焉，薪不從爛額焉。不事事與太多事兩者皆譏，已執其咎而復貽驥，於後之人是經絡方術之未諳，而徒以人費者也。

謝君在杭，夙負通才，華實兼茂，閱歷既深，成績可紀。分曹北河，幸平成之多，暇訪古河渠溝洫之志，而更充拓之，釐爲八紀，信而可徵，詳而有體，繩繩乎有用之文也。嗣斯職者，展卷而周防蓄洩之術，禁圉調集之規，方程稍食之，覈局以内，思過半哉。神而明之，即漕河全局猶是矣。或曰古今無同局，奈何？曰：『治水猶治歷也。天官者流，雖有定度，必時而測之。禹躬胼胝，豈無父書？程於舊章而周爰荒度，以勤于其官，又余所佇望時賢，而共期玄圭之錫者。』

北河紀序二

《北河紀》者，謝大夫在杭治北河之所著也。其稱北河者，國家轉漕之路，自維揚至天津，畫而爲三，而此直其北也。三河皆治以部使者，而北河所轄千餘里，於賜履最廣。其治所在張秋，即宋景德鎮。

明興，河屢決其地，徐武功、劉忠宣先後奉命築塞，費金錢無算，易鎮名『安平』，蓋其重也。自忠宣而後，稍有寧宇。然而汶、濟之間，南北建瓴，漕艘往來，倚諸泉爲命。涓滴供之，尾閭洩之，土脉一枯，泉源立涸。故河之患，患在水少。清源以北，漳、衛合流，注以滹沱，灌以瀛海，渤然巨浸，淫雨一零，千丈立潰，故河之患，患在水多。以歲之而列之，曰河程、河源、河工、河防、河臣、河政、河議、河靈。事詳而不枝，記繁而不濫，曰：吾在河言河耳，河之外非吾職也。

在昔爲河書者，始于《禹貢》。《禹貢》所敘次，首九河，次濟、漯。孟氏謂疏之瀹之以爲禹功者大，較皆大夫。部內九河故道，雖久已湮没，而總之併入于衛河。今不用疏而用隄，濟水自任城，漯水自東郡，皆達河入海，今皆逆而爲漕用。泗上諸泉不見于《禹貢》，亦濟、漯之支也。今雖用瀹而兼用積，其治法與禹不盡同，孟氏稱『禹行所無事』，無事云者，順水之性爲之。先驅以聽其所往耳，非能有損益于水也。今水少者欲使多，水多者欲使少。禹以人爲水用，今以水爲人用，微但人苦，即水亦甚苦之。由兹以談有事耶、無事耶，使禹生于今日，將安施耶？禹之史臣而紀今日之河事，其能無意于兹編耶？要于率用舊章，因勢順流，毋隳已成之績，毋徼難冀之功，無事有事，有事無事，使河與人兩相習而不相害，則大夫之志也。

大夫自爲諸生，即工古文，辭所爲聲，詩靚深婉麗，近世罕見。其倫居官所，至惟好讀書。頃在都門，日從余借秘閣書本，抄録讐校，窮日夜不休，此其人宜置石渠天禄間，乃通籍二十餘年。更兩郡，歷兩都，皆舉其職。而尚淹郎曹杜陵以工部稱，何遂以水部著，造物者殆以此官重大。

夫著述甚多，皆必傳于世。在河言河，亦掌故家所不能廢者。屬余謝事道安平大夫出以相示，使效一言。余不習河事，何以復大夫？然嘗往來河上，有概于衷，故臆而論之，如此亦談河渠者之一吷也。

總叙

國家定鼎燕山，一切軍國之儲取諸七大藩。舳艫銜尾而入，五千里不絶，而江南十七焉。江南之漕，廣陵當其咽喉。上江來者至自儀真，下江來者至自瓜洲鎮。由廣陵而達淮安爲南河，由黄河而達豐沛爲中河，由山東而達天津爲北河，由天津而達張家灣爲通惠河。之四河者，天子使部院大臣總其政，而分部以四尚書郎賜之璽書，令得便宜行事。惟是不腆之治，南至魚臺，北至天津，統轄千有餘里，任綦重、治綦驥，治而不知其政當尸官，知其非所治者當侵官。作《北河紀》，禹畫既界，都邑錯壤，衣帶盈盈蜿蜒，朝宗各有賜履，無相軼也，紀河程第一。崑崙建瓴，四瀆底定，汶、泗如綫，旁及蹄涔，聚毛爲裘，靳於濟耳，紀河源第二。陽侯、旱魃相遞爲灾，畚鍤歲興，民不堪命，非常之原衆所懼焉，紀河工第三。乘天之符，相地之行，無實實，無虚虚，因而操之，乃聽節制，紀河防第四。命吏棋置，臂指相帥，省試之以時，黜陟之以歲，歲事不脩，繇官邪也，紀河臣第五。官常既臚，庶績乃熙，上行令下行意，期無反汗，而後即安，紀河政第六。跣者鹿而舄者肉，聚訟棼如古人所歎，擇其可見諸行者，紀河議第七。百神受職允猶翕河籩豆之事，有司存矣，故紀河靈第八終焉。

謝肇淛曰：吾今而後，知河之難也。善人謀者未必具地利，有地利矣未必得天時。三者既備，有其舉之而物力絀焉。任使之弗臧無論，吏操三尺以從，即旋舉旋躓，空糜金錢，國家亦何利賴之！有繇以圮族殛，而禹以行無事成，知繇，禹成敗之故者，知河事矣！

北河全圖

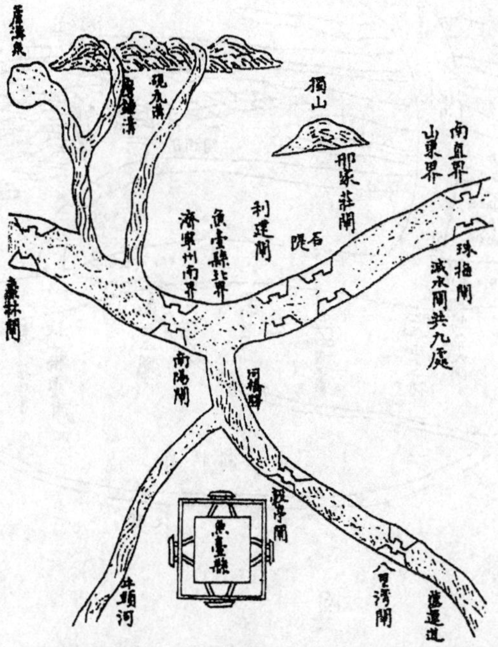
獨山
南直界
山東界
邢家莊閘
利建閘
石隄
魚臺縣北界
濟寧州南界
珠梅閘
減水閘共九處
桑林閘
南陽閘
牛頭河
魚臺縣
八里灣閘
運道

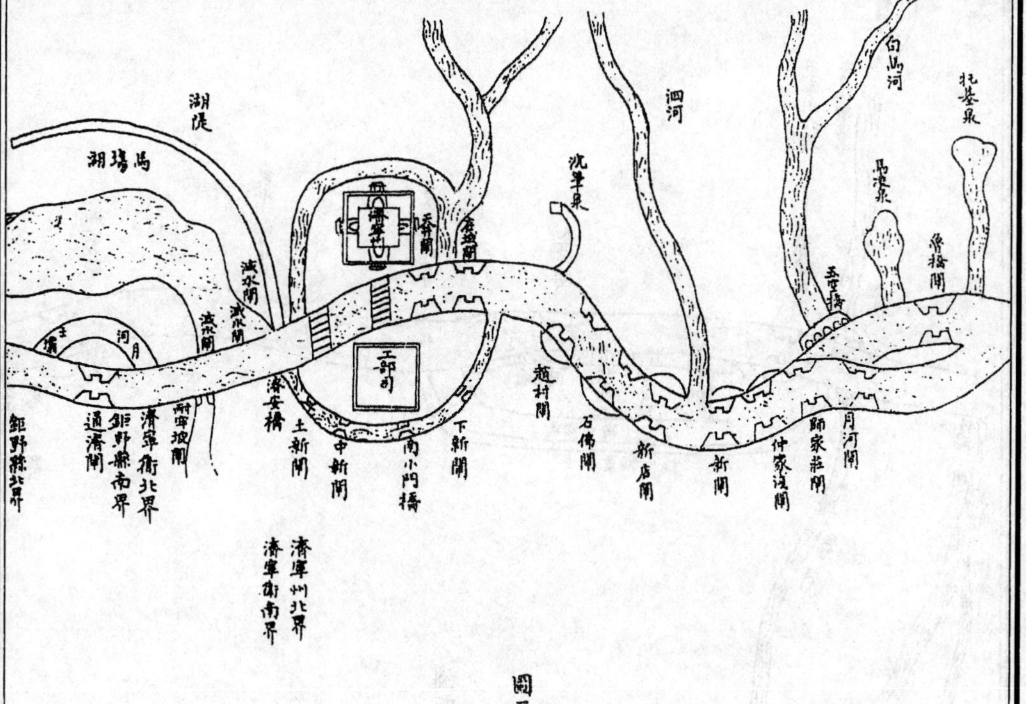
湖隄
馬場湖
減水閘
泗河
白馬河
沈糧泉
五空橋
通濟閘
鉅野縣南界
濟寧衛北界
鉅野縣北界
濟安橋
土新閘
中新閘
南小門橋
工部司
下新閘
石佛閘
新店閘
新閘
仲家淺閘
師家莊閘
月河閘
濟寧州北界
濟寧衛南界

圖二

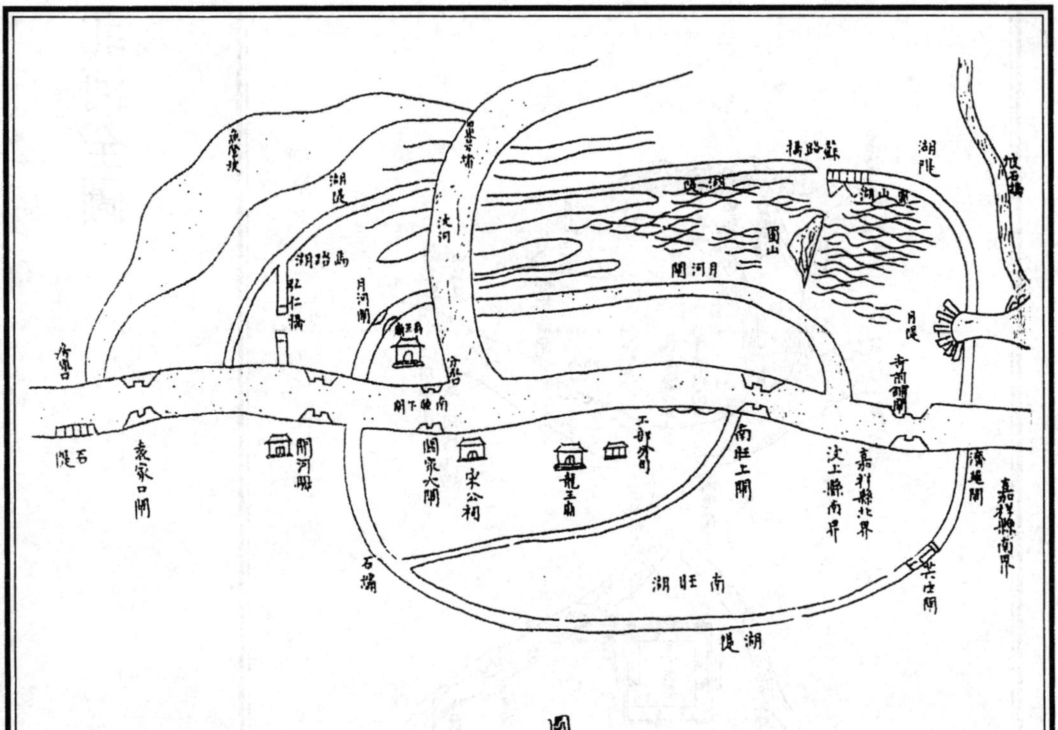
蘇路橋
湖堤
圓山
馬踏湖
月河閘
汶河
月堤
寺前鋪閘
南旺上閘
南旺下閘
工部分司
龍王廟
宋公祠
開河閘
袁家口閘
石堤
嘉祥縣北界
汶上縣南界
嘉祥縣南界
南旺湖
湖堤

圖三

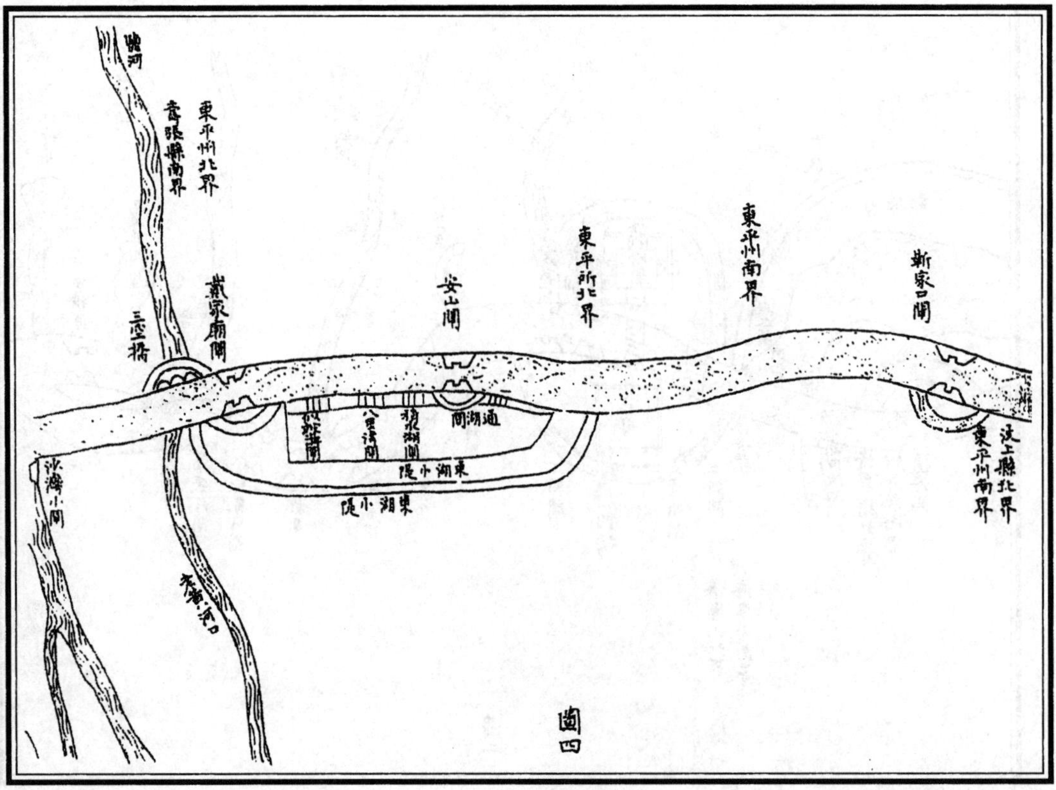
東平州北界
壽張縣南界
戴家廟閘
三空橋
安山閘
東平所北界
東平州南界
靳家口閘
通湖閘
東湖小堤
東湖小堤
沙灣小閘
汶上縣北界
東平州南界

圖四

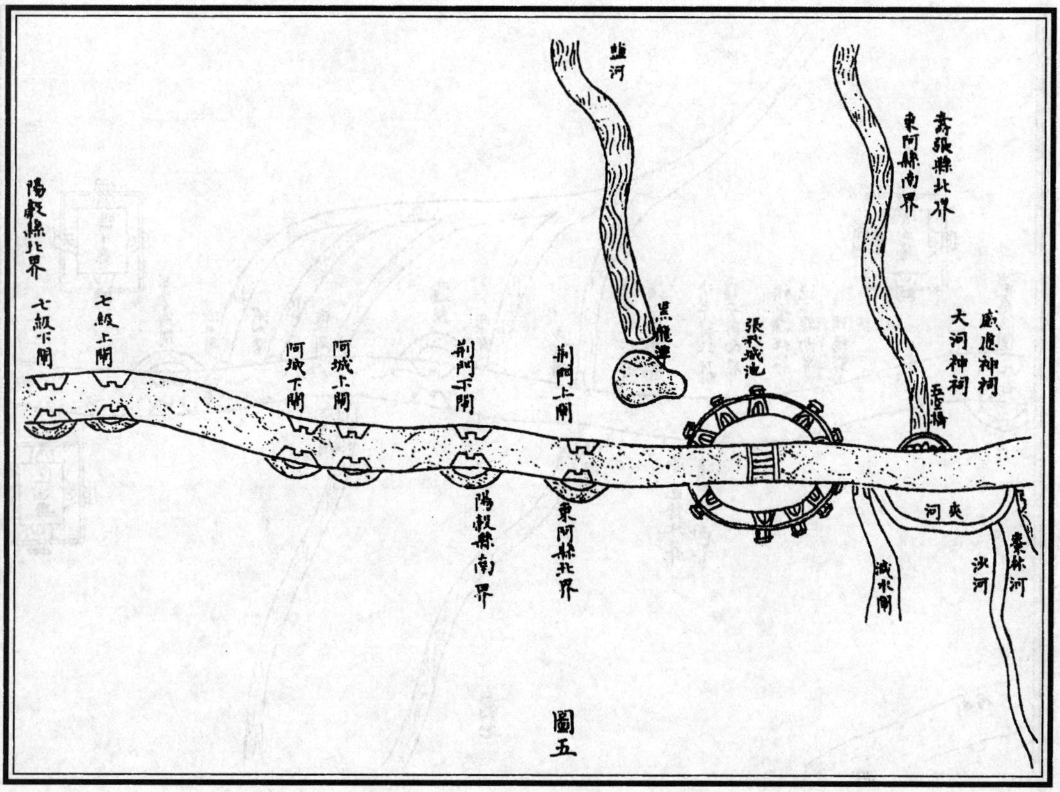
壽張縣北界
東阿縣南界
感應神祠
大河神祠
五空橋
夾河
棗林河
汶河
減水閘
張秋城池
黑龍潭
鹽河
荊門上閘
東阿縣北界
荊門下閘
陽穀縣南界
阿城上閘
阿城下閘
七級上閘
七級下閘
陽穀縣北界

圖五

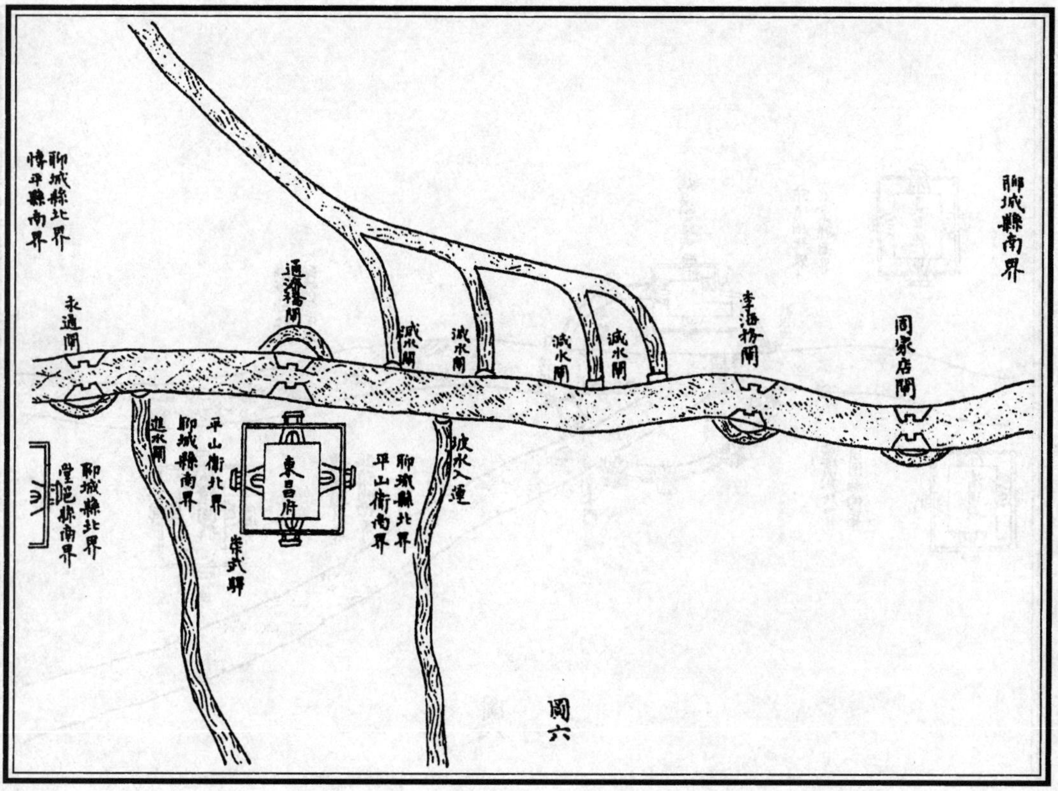
聊城縣南界
周家店閘
李海務閘
減水閘
減水閘
減水閘
減水閘
通濟橋閘
永通閘
聊城縣北界
博平縣南界
減水入運
聊城縣北界
平山衛南界
東昌府
崇武驛
平山衛北界
聊城縣南界
進水閘
聊城縣北界
堂邑縣南界

圖六

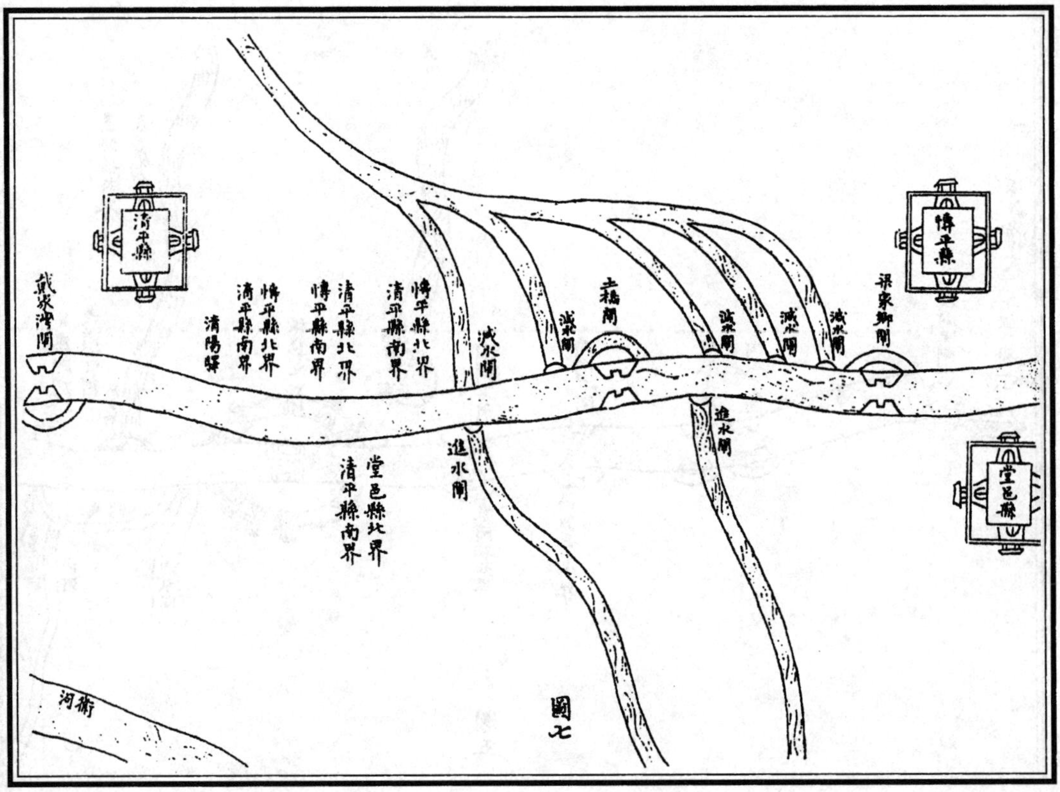
清平縣
戴家灣閘
清陽驛
博平縣北界
清平縣南界
博平縣南界
清平縣北界
清平縣南界
博平縣北界
減水閘
土橋閘
減水閘
減水閘
減水閘
減水閘
梁家鄉閘
博平縣
進水閘
進水閘
清平縣南界
堂邑縣北界
堂邑縣
衛河
圖七

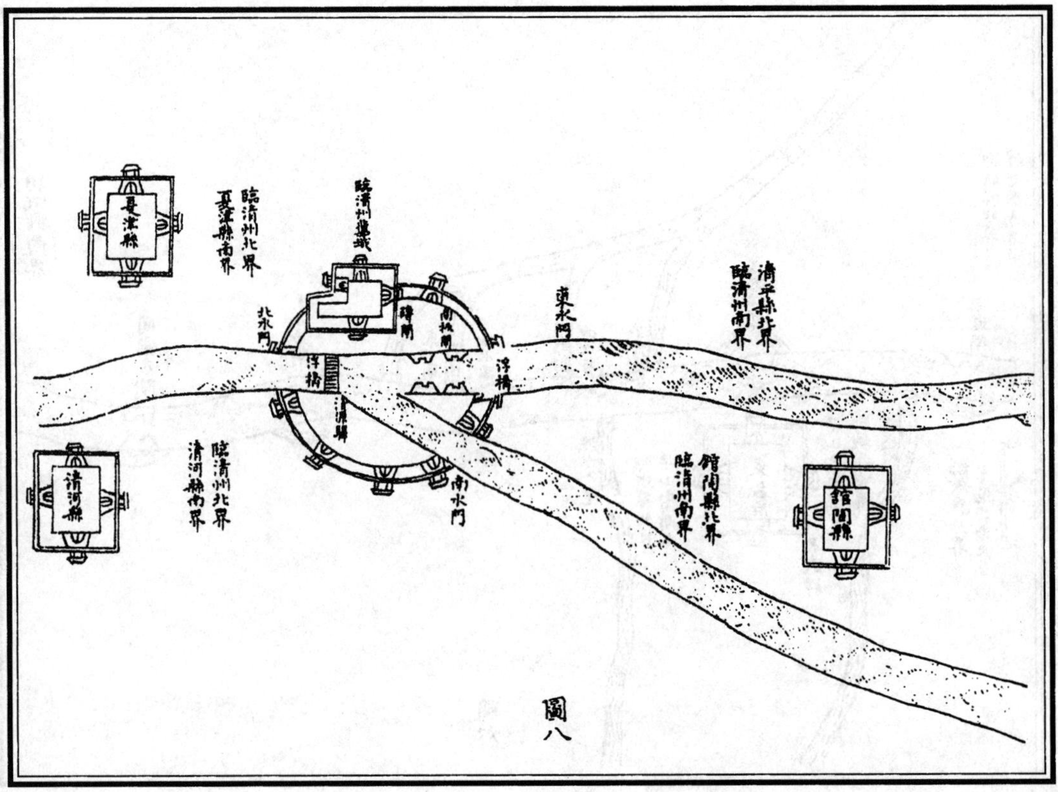
夏津縣
臨清州北界
夏津縣南界
臨清州舊城
磚閘
南板閘
北水門
浮橋
清源驛
東水門
浮橋
清平縣北界
臨清州南界
清河縣
臨清州北界
清河縣南界
南水門
館陶縣北界
臨清州南界
館陶縣
圖八

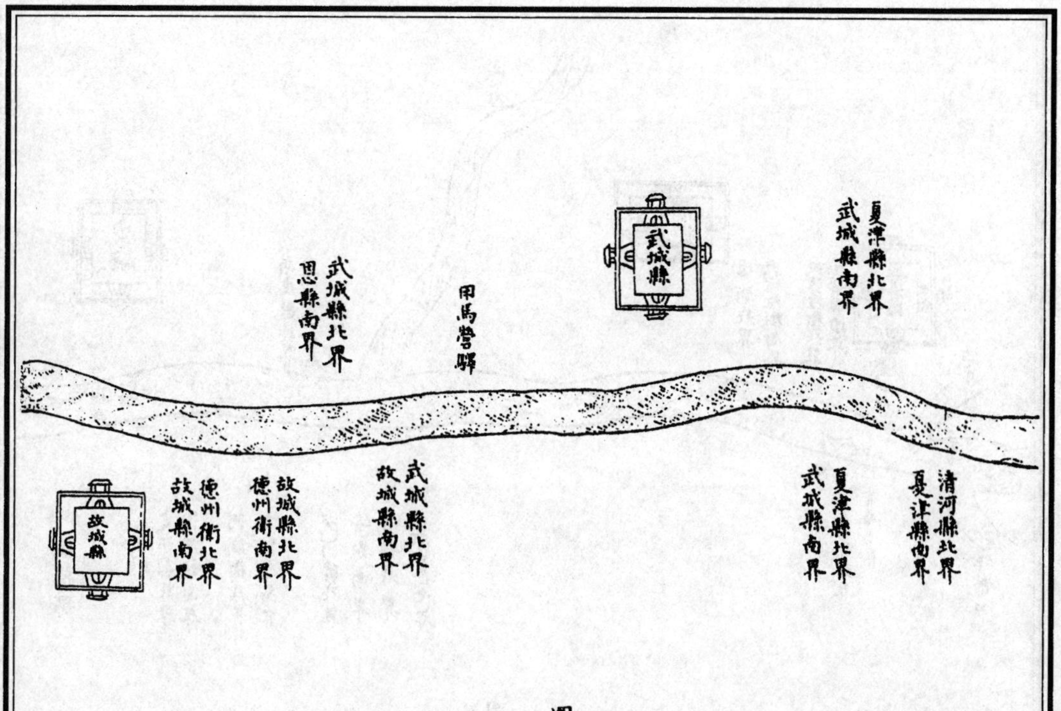
武城縣
夏津縣北界
武城縣南界
武城縣北界
恩縣南界
甲馬營驛
故城縣
德州衛北界
故城縣南界
故城縣北界
德州衛南界
武城縣北界
故城縣南界
夏津縣北界
武城縣南界
清河縣北界
夏津縣南界

圖九

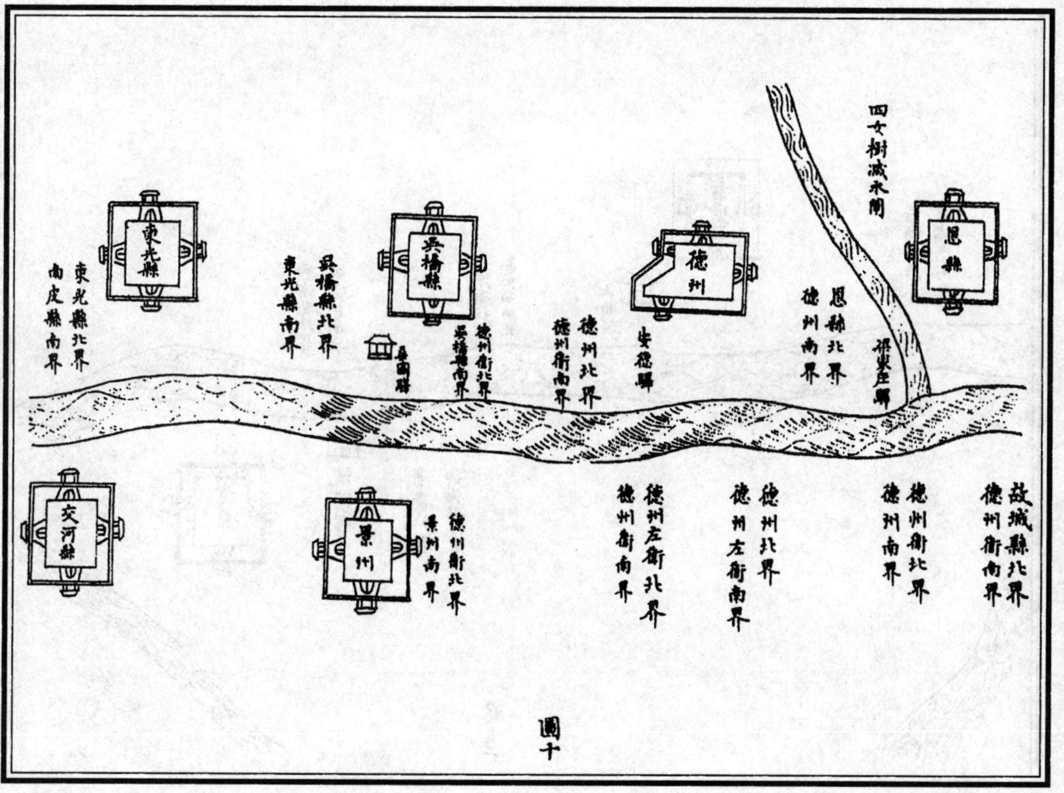
四女樹減水閘
恩縣
德州
恩縣北界
德州南界
梁家庄驛
安德驛
德州北界
德州衛南界
德州衛北界
吳橋縣南界
吳橋縣
桑園驛
吳橋縣北界
東光縣南界
東光縣
東光縣北界
南皮縣南界
交河縣
景州
德州衛北界
景州南界
德州左衛北界
德州衛南界
德州北界
德州左衛南界
德州衛北界
德州南界
故城縣北界
德州衛南界

圖十

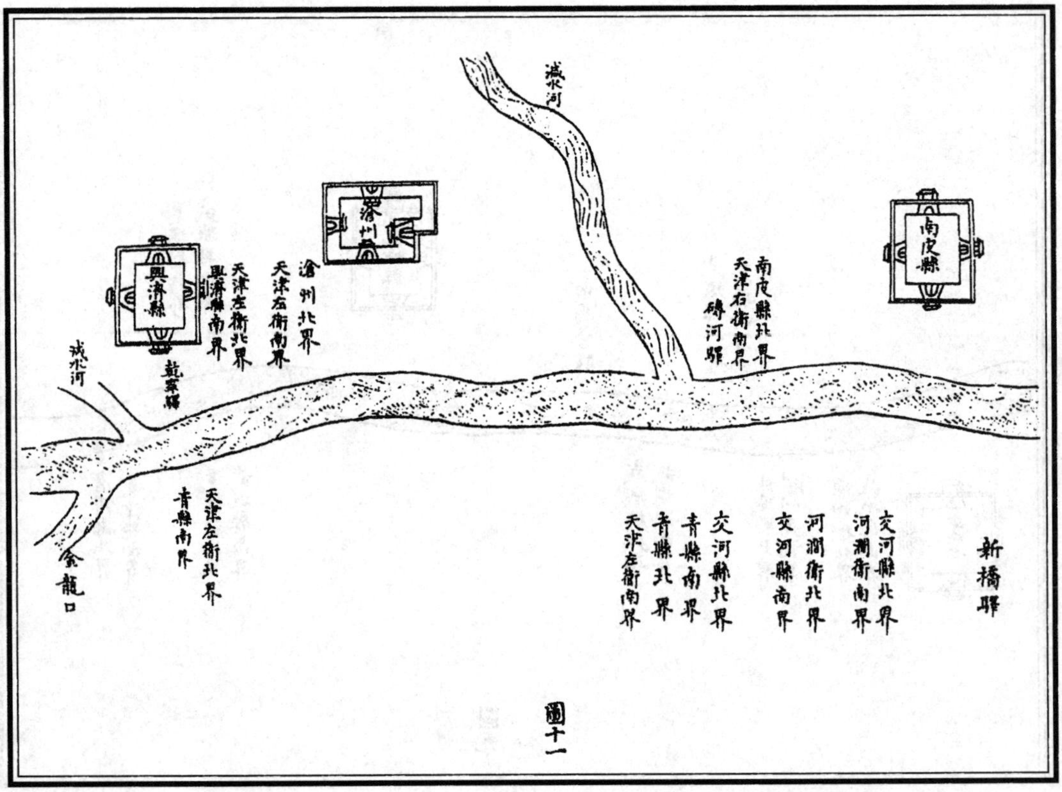
減水河
南皮縣
南皮縣北界
天津右衛南界
磚河驛
滄州
滄州北界
天津左衛南界
天津左衛北界
興濟縣南界
興濟縣
乾寧驛
減水河
新橋驛
交河縣北界
河間衛南界
河間衛北界
交河縣南界
交河縣北界
青縣南界
青縣北界
天津左衛南界
天津左衛北界
青縣南界

圖十一

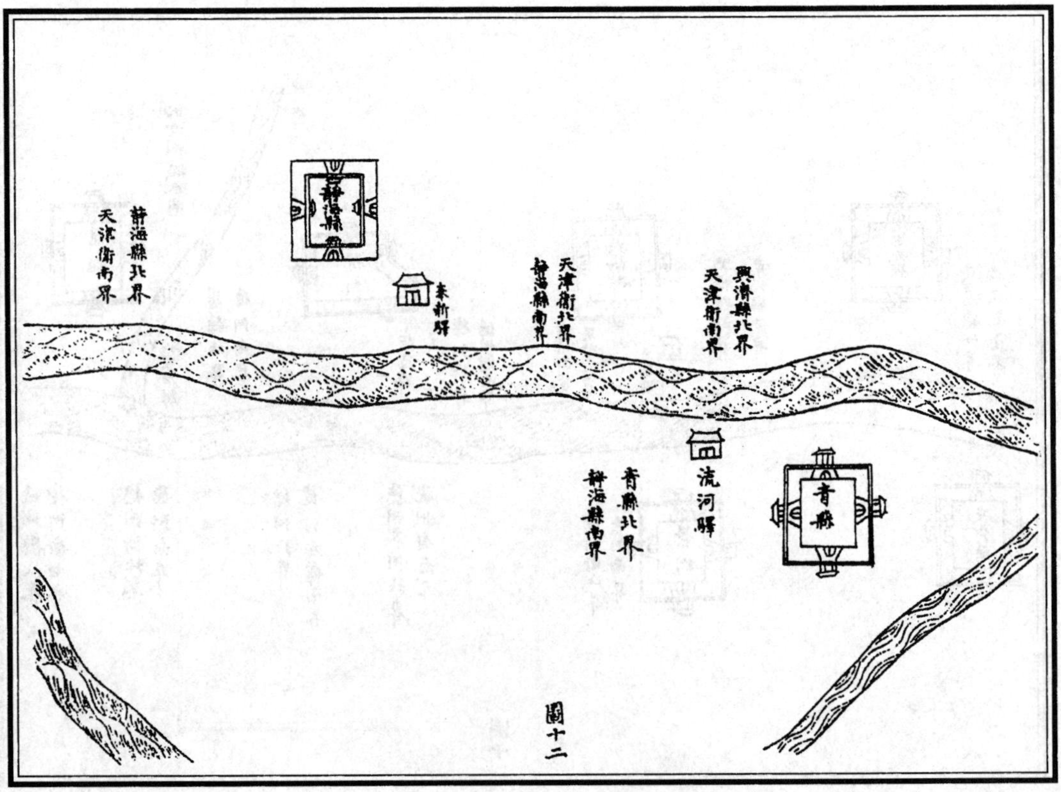
靜海縣
靜海縣北界
天津衛南界
奉新驛
天津衛北界
靜海縣南界
興濟縣北界
天津衛南界
流河驛
青縣
青縣北界
靜海縣南界

圖十二

安平鎮圖

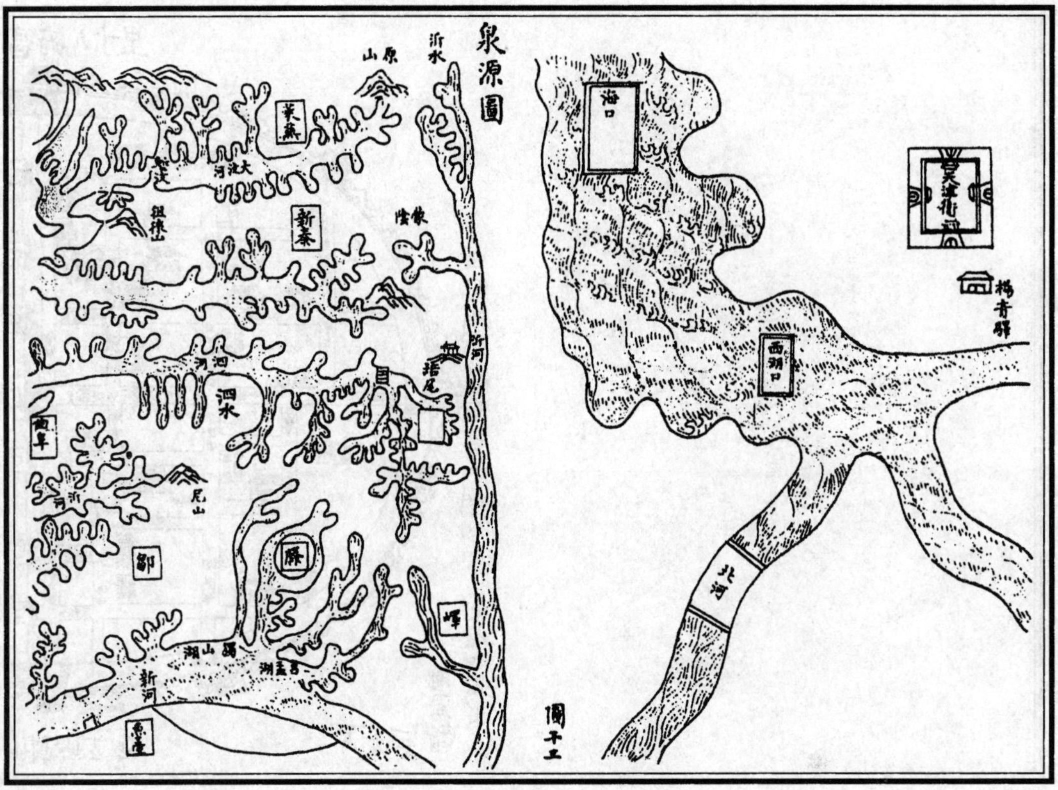
泉源圖
沂水
原山
萊蕪
新泰
蒙陰
泗水
尼山
鄒
滕
嶧
新河
魚臺
北河
海口
西湖口
楊青驛

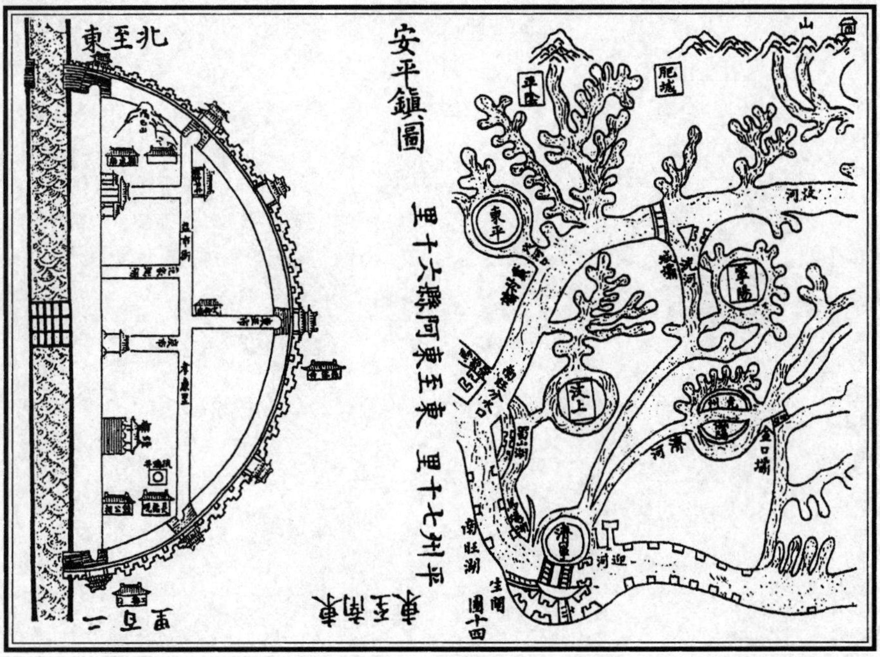
安平鎮圖
北至東
東至東阿縣六十里
東至東平州七十里
東至南
山
肥城
平陰
東平
汶上
汶河
南旺湖
金口壩

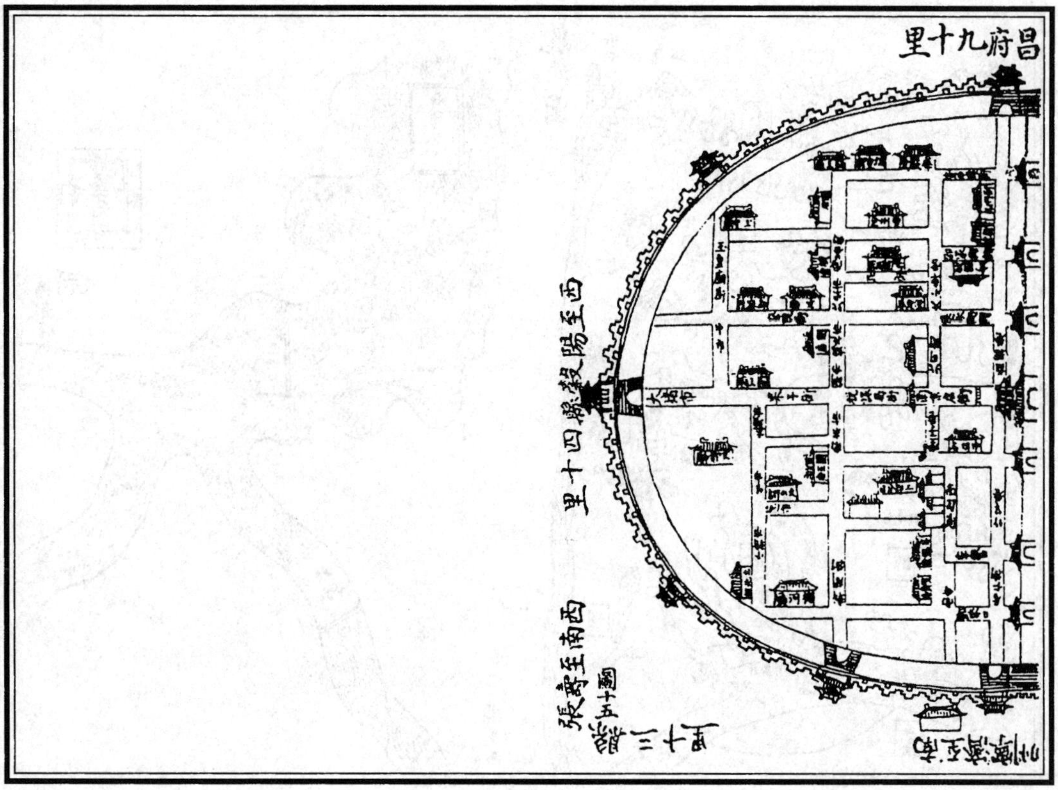
昌府九十里
西至陽穀縣四十里
西南至壽張

北河紀卷一　河程紀

元世祖既定江南，漕轉之路自浙西入江淮，由黃河逆流至於中灤，登陸以至淇門，復由御河登舟，以達燕京。至元二十年，以江、淮水運不通，乃命兵部尚書李興魯赤等，自今濟寧州開河，達於今東平州之安民山，凡百五十里。北自奉符爲一牐，以導汶水入洸；東北自兖州爲一牐，以遏泗、沂二水，亦會於洸，以出濟寧之會源牐，分流南北。其西北流者，至安民山以入清濟故瀆，經東阿縣至利津河入於海。其後海口沙壅，又從東阿陸轉二百里，抵臨清州以下御河。二十六年，以壽張縣尹韓仲暉言，復自安民山之西南開河，由壽張西北至臨清，徑達於御、漳，凡二百五十里，是名『會通河』。會源以南爲逆，以北爲順，南接豐、沛，北迄天津，凡一千五百餘里，而推輓之勢不事焉。今列其程於左。

沛縣泗亭驛北九十里，至魚臺縣之河橋驛。原有沙河、魯橋二驛，後併爲一

九十里至濟寧州之南城驛。在城南

一百里至汶上縣之開河驛。在縣西南三十里

七十里至東平州之安山驛。在州西南十五里

七十里至陽穀縣之荆門驛。在縣東四十里安平鎮之西岸

九十里至東昌府聊城縣之崇武驛。在城東

七十里至清平縣之清陽驛。在縣西南三十里

六十里至臨清州之清源驛。在新城内西北隅

七十里至臨清州之渡口驛。

七十里至武城縣之甲馬營驛。在縣北三十里

一百一十五里至德州之梁家庄驛。在州南七十里

七十里至德州之安德驛。在城西北

七十里至德州之良店驛。

七十里至吴橋縣之連窩驛。在縣東五十里

七十里至交河縣之新橋驛。在縣東五十里，俗名泊頭驛

七十里至滄州之磚河驛。在城西南

七十里至興濟縣之乾寧驛。在城西

七十里至清縣之流河驛。在縣北四十里

七十里至静海縣之奉新驛。在城西

一百里至武清縣之楊青驛。是爲天津入於海，自此而北復爲逆河矣。

北河紀卷二　河源紀

元初，漕路自中灤登陸，其後自任城開渠以通漕。任城者，今之濟寧州也，則濟寧之南即中灤矣。按《元史》：灤河源出金蓮川，由松亭北，經遷安東平州。蓋自徐、沛而北，河流漸微，故灤河雖通東平州，而力不任漕。及開會通河，以至臨清，則自臨清而北，衛水之流盛，而漕復可以飛杭而濟矣。此會通河者，衛水不南，河水不北，獨賴汶、泗、沂、洸諸泉，以濟其流者也。

汶水之源有三：一發泰山仙臺嶺，一發萊蕪原山之陽，一發萊蕪寨子村。會泰山諸泉，至静封鎮合而爲一，謂之大汶口，轉西南與小汶河合。小汶河之源出新泰宫山之下，西流至徂徠山陽，入於大汶。合流至寧陽西北，分而爲二：其一爲元人所改，由堽城南流，别爲洸水；其一由堽城西流，至東平州東五十里，會坎河諸泉，至四汶口而分。其西流者入大清河，由東阿而北，至利津入海，此故道也。永樂中，開會通河，乃於寧陽之北築堽城壩，以遏其入洸之流；於坎河之西築戴村壩，以遏其入海之路，使其全流盡出汶上城北二十五里，受灤濇諸泉，謂之魯溝。又西南流至城北二里，受蒲灣泊水，謂之草橋河。又西南流十里，謂之白馬河。又西南流二十里，謂之鵝河。鵝河者，故宋之運道也，涸而爲渠，汶水由之。又西南十五里，謂之黑馬溝。又西南至南旺，入於漕，六分北流，四分南流。入汶之泉，百四十有四：

在新泰者二十有五：曰太公、曰北陳、曰南陳、曰北鮑、曰路踏、曰南師、曰魏家、曰名公、曰張家溝、曰柳溝、曰西都、曰孫村、曰西周、曰西周新、曰公家莊、曰劉都、曰北流、曰古河、曰萬歲、曰劉杜、曰周家、曰崖頭、曰和莊、曰名灣、曰靈查。

在萊蕪者二十有四：曰海眼、曰坡里、曰湖眼、曰朱家灣、曰張家灣、曰蓮華、曰鵬山、曰趙家、曰坡草灣、曰郭孃、曰韓家溝、曰牛王、曰王家溝、曰半壁店、曰小龍灣、曰烏江岸、曰鎮里、曰薛家莊、曰水河、曰魚池、曰新興、曰賀家灣、曰渌馬、曰青陽港。

在泰安者四十有七：曰張家、曰木頭溝、曰龍灣、曰梁子溝、曰謝過、曰馬兒溝、曰風雨、曰周家灣、曰鐵佛寺、曰清、曰鳳凰、曰皁泥溝、曰雲潭、曰鯉魚溝、曰范家灣、曰板橋灣、曰北滚、曰順河、曰井、曰滄浪溝、曰吴山溝、曰梁家莊、曰顔謝、曰濁河、曰斜溝、曰羊舍、曰力溝、曰龍堂、曰東西二柳、曰小柳、曰黑虎、曰海旺、曰新莊石縫、曰水波、曰韓家莊、曰上、曰臭、曰馬蹄、曰朔港溝、曰水磨、曰狗跑、曰報恩、曰陷灣、曰胡家港、曰馬黄溝、曰龍王、曰坤温。

在肥城者九：曰黄家、曰吴家、曰臧家、曰董家、曰鹽河、曰開河、曰拖車、曰馬房、曰清。

在平陰者二：曰新柳溝、曰泊頭。

在寧陽者四：曰龍港溝、曰龍魚、曰魯姑、曰濼澢山。

在東平者二十有五：曰獨山、曰洌、曰芭頭、曰源、曰郝家、曰净、曰新、曰大黄、曰二黄、曰鐵鈎嘴、曰半畝、曰餴饎、曰安宅、曰浮汶、曰大成、曰張胡郎、曰主老溝、曰蓆橋、曰吴家、曰安圈、曰高家莊、曰坎河、曰灰、曰蘆、曰徐家莊。

在汶上者六：曰龍鬬、曰薛家溝、曰趙家橋、曰雞爪、曰濼澢、曰馬莊。

在蒙陰者二：曰官橋、曰卞家莊。按：齊魯之間，水由地中行，處處皆泉也。故舊泉十七，新泉十三，與府志所載詳略不同，下倣此。

泗水之大源，出於陪尾山之下，四泉同發，故曰泗水，亦因以名其縣。四泉合而成流，西南行經於卞城，其西有泉數十。自縣之南境北流入之，又有泉數十。自縣之北境南流入之，自此西過其縣北。又西過曲阜城北五里，分爲二流：北曰洙瀆流，繞聖墓之前，而泗水繞其後，皆過孔林西，復合爲一。西至兗州府城東五里金口閘東，沂水、雩水入之。

沂水大源，出尼山之麓，過曲阜南而至雩水，出曲阜南馬跑泉，過鄒縣境而至總謂之泗水。入兗州府城而西，至於西門之外，納闕黨蔣詡七泉，合而成流，謂之濟河。至城西過上樓閘、杏林閘，凡六十里，至濟寧城東，屈從南門合於洸，入於漕。

泗水諸源之泉，在本縣者五十有九：曰珍珠、曰趵突、曰黑虎、曰淘米、曰雪花、曰繁星、曰蓮花、曰白石、曰濤靡、曰雙睛、曰甘露、曰甘露新、曰卞莊、曰奎聚、曰新開、曰新開二、曰響水、曰紅石、曰涓涓、曰湧珠、曰三台、曰天井、曰琵琶、曰驪珠、曰石罄、曰石竇、曰石液、曰雙石縫、曰石露、曰杜家、曰石井、曰里澇溝、曰蔣家、曰曹家、曰趙家、曰合德、曰東巖石縫、曰龜陰、曰龜眼、曰龜尾、曰鮑村、曰珍珠、曰醴、曰醴前、曰七里、曰大玉溝、曰小玉溝、曰蘆城、曰西巖、石縫、曰三角灣、曰吴家、曰黄溝、曰嶽陵、曰石河、曰壁溝、曰馬莊、曰馬跑、曰魏莊。

在曲阜者五：曰横溝、曰埠下、曰新安、曰城北新開、曰蜈蚣。

沂水諸源之泉，在曲阜者十有九：曰珠河、曰詠歸、曰雙泉、曰還泉、曰輞泉、曰柳青、曰茶泉、曰城北新泉、曰城南新泉、曰新泉、曰連珠、曰温泉、曰濯纓、曰巧泉、曰曲溝、(曰青泥)曰青泥、曰新安、曰埠下、曰近温泉。兗州府城之西而會於泗者，爲滋陽之泉，曰西北新泉、曰東北新泉、曰闕黨泉、曰古溝、曰負瑕、曰上蔣詡、曰下蔣詡、曰驛後、曰紙房新泉。而其自入於漕者，則濟寧浣筆泉。

永樂中，既築堽城壩，以遏汶水入洸之流，而洸河幾絶，然堽城之南，官莊河之入於洸者如故，但其源微而流不長。成化十一年，主事張盛復爲堽城石閘，稍分汶之支以益之，遂西南流至濟寧南門，會沂、泗二水，入于漕。

官莊河之源出於寧陽之九泉：曰柳、曰金馬莊、曰古泉、曰古城、曰蛇眼、曰井泉、曰三里溝、曰張家、曰李家滕。縣之境東爲三河口，合流入漕。三河者，沙河、薛河、南石橋河也。

沙河有二：北沙河之源出嶧山，南流繞龍山之左至滕縣北，受七里泉。又南分爲二流，其一出休城南至於馬家口，其一出休城北受大吴泉。又西受北石橋泉，又西受白水。白水即界河也，其源出於龍山西麓，總而曰北沙河；南沙河即漷水，源出述山之麓，西流會以黄約山諸泉，又過鳳凰山東納黿步泉，又南過華盖山納石溝泉，過滄浪淵納明河水，西而入於漷水，會南梁水，總而曰南沙河。此兩河者，故由三河口趨湖。隆慶元年，築黄甫等壩，開辛章支河十二里，遏之，使北以匯於湖，由南陽入漕。

而滕縣之泉入沙河以達於漕者：曰北石橋、曰三里橋、曰七里、曰大烏、曰交溝、曰趙溝、曰荆溝、曰劉家溝、曰趵突、曰三界、曰龍灣，凡十一泉。

薛河之源，出寶峰山東諸泉，謂之西江。西流而納永豐、鳳凰二泉，至於薛山，故曰薛河。南流而納東江之水。又西而納玉花、三山二泉，南入南明河，故由三河口趨湖。隆慶元年，築東邵等壩，開王家口支河九十六里，使之南由微山入湖，從地坼溝入漕。

而滕縣之泉入薛河以達於漕者，曰魏家莊、曰黄溝、曰白山、曰温水、曰黄家泉，并玉花、三山，凡七泉；至三河口而會者，曰石橋泉；至吕孟湖而會者，嶧縣之泉曰龍王、曰搬井、曰許池、曰許由、曰温水。南石橋河，即俗稱牛溝水，南流與沙、薛爲三河，及沙遏而北，薛遏而南。惟此河改從佃户屯入漕，而滕縣黄溝泉亦滙焉。南自沛縣之珠梅閘，北至魚臺之南陽閘，長八十里，皆新河也。而魚臺之泉，曰東龍泉、曰西龍泉、曰平山、曰古泉、曰廌家、曰聖母、曰黄良、曰中溢、曰高家西、曰高家東、曰河頭、曰聖水、曰廟前、曰何家、曰陳家。此十五泉者，合流而至硯瓦溝，由南陽入於漕。

自濟寧州之魯橋閘，北至師莊閘，二閘之間爲五空橋，泗水南流，與白馬河之水入之。白馬河之源，出於九龍山，西過鄒縣，受蓼河之水，西北折而南流，受鄒縣之泉：曰鱔眼、曰孟母、曰東家溝、曰白馬、曰岡山、曰白莊、曰三角、曰柳青、曰淵源、曰黄溝港、曰程家莊，皆會流而入魯橋。又有托基泉入於棗林閘，蘆溝泉入于南陽閘。

御河之源，出河南衛輝府輝縣蘇門山百門泉，東引淦、洹、淇三水，流千里爲舘陶，會漳水，又北九十里，爲臨清，與會通河合。是河也，漢名屯氏，隋名永濟渠，又名御河，以其源出衛州，又名衛河。

漳河之源，出山西之長子，曰濁漳；〔出〕㈠樂平曰清漳，俱東經河南之臨漳，分流至館陶西南五十里，與衛河合入於漕。至萬歷初，漳河北徙，由魏縣入曲周釜陽河，而館陶之流絶。

衛河北流至于青縣之南，滹沱河之水入之。滹沱河之源，出於大鐵山，自代郡鹵城東流，經獻縣城南十一里單家橋，至青縣南岔河口，入運河，合流而北，至於天津入於海。

黄良泉記略

元 頓舉

皇慶元年壬子，東平景德鎮行司監丞奉議：大夫劉公蒞官之始，克勤乃事，凡所轄去處，躬親閲視。隄岸之卑下者增築之，水脈之淺澁者疏通之。沂流尋源，自北而南，過古之任國，歷今之魯橋，涉泗、汶合流之次，里幾一舍而抵黄山之麓。覺其土脈膏潤，復進而前，得泉沮洳而出，可以濫觴者數穴，泓澄於沉沙之間。俯而探之，温如湯；掬而飲之，甘如醴。以杖引之，逐勢而行，又如蛇之赴壑。就命役夫鑿爲溝港，注之於河。其流甚順，溶溶洩洩，不舍晝夜。即召彼故老詢所稱呼，莫有知者。因以是泉出乎黄山，其性甚良，宜目之，曰黄良泉，遂勒諸石，以告來者。遣以禮，命文於予。予特佳公之任職也，效其能以成其事，泉之遇公也，出乎隱以彰乎名，一舉而二美并，故樂道之。

疏鑿泉林寺泉源記

明 湯節盧江人，条將

距泗水邑東五十里許，陪尾山之陽，有廟曰仁濟。廟之西有寺曰泉林。其殿宇巋然，林木蓊鬱，鳥聲樵唱，雜焉於中。傍有泉：曰珎珠，曰趵突，曰掬米，曰洗鉢，曰響水，曰紅石，曰清泉，曰湧珠，其源皆出於山。澄如湛如，其流環繞映帶寺之左右，而西南經卞橋。橋之西復有泉數十：曰大玉溝、小玉溝、潘波、黄陰、趙家庄、石泉、珍珠，東巖石縫、西巖石縫、三角灣等泉。合流于泗，會于曲阜之沂河，轉于天(津)〔井〕閘會通河，沿淮達海。

永樂己亥，漕運前總兵平江伯陳公瑄言于朝，爰命工部主事顧大奇等遍歷山川，疏濬泉源，以通水利，以濟漕運。後右通政王孜、郎中史鑑、主事侯暉等繼之，不減顧公之能。正統己未，朝廷簡事之宜，所司請罷是舉，其上下泉源因以淤塞。

(余時)〔今特〕㈢董督糧儲，心計指畫，以泉源利濟所資，不可無官以典其事，乃請。上可其奏。於是主事熊鍊、傅弼等官銜命來兹，仍疏導之，其利澤及於人多矣。

㈠ 出 原無，據《北河紀餘卷三》補。

㈢ 今特 原作『余時』，據《漕河圖志》改。

邇來亢旱不雨，河道將涸，余親詣泰安州等處，疏通大小泉源。踰泗水，見乎泉林之泉，利人者廣。繇是，逆流不便者改之，亂石者去之，不通者濬之。又博訪故跡，得聆耆耋者言，是泉皆從石竇中出，清澈無比，汪洋不窮。余聞而益喜，泉之舊有名者，勒珉以紀之，無名者立石以表之，用爲名山勝槩之助。尚慮未既，復同泗水縣官訪于邑之少長，所得石河等泉一十三道。泉無巨細，皆爲之開鑿，以濟不通。

事既集[一]，遂書以識之，使後來者有所知焉。時正統九年八月也。

蛇眼泉記略　吴寛長洲人，吏部尚書

國家遷都于燕，其食貨之人，悉資舟檝。由京師而南，舳艫凡數千里不絶，孰非河渠之所浮乎？地勢隆汙，望若階級，置牐蓄水，洩復盈焉，又孰非泉源之所濟乎？泉多見于齊、魯之地，其發甚微，其流甚迂。微則易湮，迂則易竭。夫使滔滔汩汩出而無窮者，又孰非人力濬導之乎？工部所掌水利，其一特設主事分治之。

成化十六年，予同年洛陽喬公廷儀奉命以往。當歲之春，泉脉初動，廷儀輒率官吏、召卒徒，出而從事，畚鍤濬導如法，勤敏之稱，徹于中朝。顧所至露處，無以爲風日之庇，乃築亭泉上，名曰觀泉，求予文以記其成。

惟古人之樂，多托于山水，若柳之愚，歐陽之釀，可以槩見。獨惜其人，皆放斥于外，而不盡其用。于時徒啜其清、漱其甘，以自娱而已。若廷儀則以泉爲職者也，方其從事于斯，歷曠野，入重山，可謂天下之至勞。及功之將畢，視其溢然、沛然，濟河渠，載食貨，以給國用，亦可謂天下之至樂。故泉一也，停蓄而無爲，觀之者樂其適已；發洩而有用，觀之者樂其濟世。初廷儀受代爲吾友徐君仲山嘗著《泉志》，凡泉之形狀、流衍具載于編，計百二十餘，其用心可謂密矣。今廷儀且滿任，而閩黄君世用將往代之，世用練達詳慎，特推舉其職，殆無難者。夫亭不足書，而泉則重事也。以三君相繼，敢叙其功而望其成焉。

龍鬬泉記略　陳侃閩懷安人，東平學正

冬官尚書郎喬君廷儀，奉命督濬東泉，委出濟漕，舍檋蹻屐，窮幽陟險，抵於汶上之東北。越四十里許，登灤澢山，乃見怪石特出，堅壤蹲起，有泉一泓，涓涓南瀉。度其勢必有殊勝，因建小亭，以時舍止。又西迤三里，至龍鬬泉，泉脉鼎沸，若兩虬相擊，其左右則皆翠羽之木、龍鱗之石。下則一派南流，皎拖晶練，奔放縱激，寒冽清漾，於

[一] 與《漕河圖志》本有删減。

是順勢於自然，命官集衆，操鍤備畚，濬源泝流，決排壅塞，使由魯溝入會通河。因搆亭一楹，翼然泉上，每視泉時，憩息而聽政，名曰『觀泉』。繚以周垣，樹以杞柳，扃啟以時，以屏囂雜。工成，乃遣汶上丞徵記於余。

余讀衛武公之詩，曰：『用戒戎作，用遏蠻方。』又曰：『夙興夜寐，洒掃庭内。』夫武公，衛之元老，既有蠻方之寄，猶然不廢於洒掃之末，乃知藎臣慮周天下，事無巨細，罔不殫乃厥心耳。且漕河非泉不流，而石傍山霤，往往發源於層巖沓嶂之間。治水使者憚於露宿以濬其源，以故壅於泥沙，分於田圃，而不能自達漕河者衆矣。

喬君之治水也，凡得數百泉，而其遠於郡邑者，皆令搠亭駐節，以布水政。雖若細故無裨於民，而使後之人不憚露宿以濬泉源。其所裨於漕運，以裕夫國計者，實大盖又非洒掃庭内之比者也。君名縉，家於洛陽，漢儒喬仁之裔。仁傳《大戴禮》，世相沿襲。君雖以詩魁鄉薦，尋以禮登壬辰進士，今來職水，凡所効於水者，靡所不究。而君之才，固不止是吾之所望於君者，亦不止是顧嘗一臠，而知一鼎之味矣。

柳泉記略 王大化儀真人，工部員外郎

柳泉出寧陽城西，舊入于洸，以達于泗。末流浸淫，淪于沙者幾七十年，非其性也。

嘉靖丙戌，默泉吴子來董泉事，補偏刮垢，式克有緒。越明年丁亥，周爰詢咨，迺召屬吏，語之曰：『胡村之南可棄也，其壤惡；洸河之東可渠也，其勢于道；且古河之西可引也，夷而徑也。』僉曰唯唯，因請于少司空藺谿章公。公曰『盍亟圖之。』于是卜日料工，指洸之兩涯曰牐，此則爲牐者二，蓄洩時矣；指邑之南曰橋，此則爲橋者一，涉無病矣；指民田麗于西河之西者曰易，此則罔用厲矣。盖心計而身親之，不憚瘁焉。導若泉東至于洸，又東至堈河，折而南，又東入于蛇眼、金馬諸泉，既與灑合于泗，而其利猶夫舊也。經始于丁亥秋九月之朔，迄戊子春二月告成。

渠之長以步計二千一百七十有六，廣七步有奇；石以尺計一千九十有五；甎以塊計，如其數；以斤計者，灰一萬六千八百四十，縈二百三，鐵一百六十；椿木以根計五百四十；稍柴以箇計八百三十，力役于泉夫，以名計五百二十；財取于曠役，以斤計者三；洸河灘地償之民者以畝計一十有八。夫以數十年湮廢復之一旦，無違時，無狃常，無問有司默泉者，可謂無負其職也。遂爲之記，俾來者觀焉。

新泉序 張克文新淦人，工部主事

國家輓東南數百萬粟，遡流達于京都，南旺其襟喉，

而泉源其血脉也。舊泉凡二百二十有六，分濟南北，前人之計周矣。

文奉命兼理之，明年壬申，遍歷諸泉。其曲徑危梁不能興者，躡履從之，務窮其源。凡舊泉所出，悉按圖治之矣。顧圖所不載者，歷州縣有之，召父老問故，曰：泉豈有窮，夫則有限。如開一泉，必增數夫。故使者不及睹，有司不以告，余因進諸長吏以矢之，必不以泉益夫，以水困民也。惟取盈于舊額，蠲其遠役，而調停焉。如是而民心悦，遂報新泉三十六處，併而入河，計所助之利，視昔亦加多。或曰新泉中有甚微細者，顧亦取而濬之，而記之，何抑不見聞乎！水涸舟膠，既障之板，又從而固之，加蒿草焉，懼其涓滴不爲用也。夫已涓滴而塞其流，不涓滴而導其源，可乎？矧今不紀，後將何稽，故序其說如此。

論疏龍鬬泉略

張純漳浦人，工部主事

斯泉之始出也，會灤、滍諸泉以出魯溝，河水勢盛大，即陪尾之趵突，徂徠之濁河，不多讓也。迂洄四十餘里，而至蒲灣泊，則地漸平矣。由泊而至金龍口，又若少昂然者，是以諸泉水阻不得下，稍有漲漫，則盡由蒲灣泊以出柏浪橋，民田往往渰没，而金龍口亦隨以淤，是于民則害，而于運則失其利也。歲丁卯五月，分水幾告竭矣，試調衆一疏濬之。旬日間鬧，河水若增四五寸，然則疏濬之功可待時乎？隄蒲灣以防其漫，濬金龍口以順其流，此其喫緊也。

廢泉論

泉之資于漕大矣，而亦有不必用者，如蒙、沂之泉，所以濟邳河。然自塞孫家口，黄河悉由徐、吕至邳，則邳無資于泉也。是以弘治中，巡撫徐公源議棄此泉，且并夫省之，蒙、沂之民至今利焉。滕、嶧、魚之泉，所以出沙河而并及二洪。然自鑿新河，諸泉雖由吕孟等湖入運，而湖波浩蕩，自有餘濟，則滕、嶧、魚之泉有可也，停夫以寬民非與然。河之遷徙靡常，姑自我朝論之，嘉靖十三年水行趙皮寨，穀亭流斷，二洪告涸。向非天助其順，自衝夏邑以出小浮橋，則人力如之何哉？十九年決雞鳴岡，由渦經亳以入淮，二洪又涸，向非王公以旗力開李景高口，則二洪幾不濟矣。然猶幸其可以智力成，則人亦天也。今所恃者天耳，萬有不測，甚而人力無所施，則二洪涸，安得不賴滕、嶧、魚之泉乎？邳河溢，又安得不賴蒙、沂之泉乎？是不可不預待也。

北河紀卷三　河工紀

漢文帝十二年冬十一月，河決酸棗東，潰金隄，興卒塞之。金隄今在濮州南，迤東北抵安平鎮。

武帝建元三年，河水溢於平原。今德州

元帝永光五年冬十二月，河決。初武帝既塞宣房，後河復北決，於舘陶分爲屯氏河，即今衛河。東北入海，廣深與大河等，故因其自然不隄塞也。是歲，河決清河靈鳴犢口，而屯氏河絶。

成帝建始四年，河決，潰金隄，凡灌四郡。杜欽薦王延世爲河隄使者。延世以竹落，長四丈，大九圍，盛以小石，兩船夾載而下之。三十六日，隄成，改元河平。隄在今安平鎮之南，延亘鄆濮。

鴻嘉三年，楊焉言：從河上下，患底柱隘，可鐫廣之。上從其言，使焉鐫之，裁没水中，不能去而令水益怒。是歲，渤海清河河水溢，灌縣邑三十一，敗官亭、民舍四萬餘所，使者賑之。從許商等議故不塞，詳見《河議》。

新莽三年，河決魏郡，泛清河以東數郡。先是莽恐河決，爲元城塚墓憂，及決東去，元城無水，故遂不塞。

隋煬帝四年，發河北諸郡男女百餘萬，開永濟渠，引沁水，南達於河，北通涿郡，名曰御河。

周世宗顯德初，河決東平楊劉口，遣宰相李穀監治堤，自陽穀抵張秋，以遏之，然河決不復故道，分爲赤河。

宋真宗咸平三年五月始，赤河決，擁濟、泗，鄆州城中常苦水。遣工部郎中陳若拙經度，徙城於東南十五里。

神宗熙寧元年，河溢恩、冀等州。都水監丞宋昌言屯田，都監内侍程昉獻議，開二股河以導東流，司馬光是其策，請於二股之西，置上約澼水令東，東流漸深，即塞北流，放出御河，以紓恩、冀之困。從之。既塞北流，而河自其南四十里許家港東決，泛濫恩、德諸境，時方濬御河，乃罷其役，專治東流。

四年十二月，令河北轉運司開脩二股河上流，并塞第五埽決口。

五年二月甲寅興役，四月河成，深十一尺，廣四百尺，水入于河，決口亦塞。

八年發卒萬人，自王供埽開濬，引大河水注之御河，以通江淮漕運，仍置斗門，以時啟閉。

徽宗崇寧元年冬，詔開臨清縣壩子口，增脩御河西堤，高三尺，并計度西堤，開置斗門，決北京、恩、冀、滄州、永静軍積水入御河枯源。明年秋，黄河漲入御河，行流浸大名府舘陶縣，敗廬舍。復用夫七千、役二十萬餘工脩西堤，三月始畢，漲水復壞之。

政和五年閏正月，詔於恩州北增脩御河東堤，爲治水隄防，令京西路差借來年分溝河夫千人赴役。於是都水使者孟揆移撥十八埽官兵，分地步脩築，又取棗强上埽水口以下舊堤所管榆柳爲樁木。

元世祖至元七年，役夫一千，疏浚武清縣御河，八十日竣工。

九年七月，衛輝河決，委都水監馬良弼與本路官同詣相視，差水夫併力脩完之。

二十六年，以壽張尹韓仲暉言，遣尚書張孔孫、李處巽董夫，起於須城安山之西南開河，引汶水，達舟於臨清之御河，共長二百五十餘里。中建牐三十一，度高低，分遠近，以節蓄洩。凡六閱月竣工，役工二百五十一萬七百四十八，賜名會通河。

二十七年，遣漕副馬之貞率放罷輸運站户三千，脩濬會通河道，易牐以石。是後歲，委都水監官一員，佩分監印，率令史等往職巡視督工，至泰定二年竣工。

大德五年，詔脩灤河東西二隄，用工三十一萬。

延祐元年，以大船入會通河有礙，餘船不得往來，乃於金溝、沽頭兩閘中置二隘閘，臨清置一隘閘，各濶一丈，止許一百五十料船得入。其後民乃造長船八九十尺，甚至百尺，皆五六百料，比至閘內，不能回轉，又阻餘船。又於隘閘下約八十步河北立二石，中間相離五六十尺，如舟至，量長如式，方許入閘。

順帝至正六年，河決。九年，脱脱爲丞相，薦都漕運使賈魯於帝，用其策。十一年四月，命魯爲總治河防使。是月二十二日鳩工，七月疏鑿成，八月決水故河，九月舟楫通行，十一月畢工。詳見《歐陽玄記》。

國朝洪武元年，河決曹州雙河口，流入魚臺。命大將軍徐達開塌場口，入於泗。

二十四年，河決原武縣黑陽山，由舊曹縣、鄆城兩河口漫過安山，而會通河淤，乃自濟寧以北陸運至德州入河。

永樂九年，命工部尚書宋禮、都督周長等，發山東濟、兗、青、東四府丁夫十五萬，登、萊二府願赴工之人一萬五千，濬元會通河。又用汶上縣老人白英計，於東平州東六十里戴村舊汶河口築壩，導汶水西南流，由黑馬溝至汶上縣鵝河口入漕。

正統十三年，河決滎陽，自開封城北經曹濮，北衝張秋，潰沙灣東隄，以達於海。命工部右侍郎王永和治之，至十四年五月罷役。

景泰三年，以沙灣決口久不塞，運道膠淺，遣工部尚書兼大理卿石璞治之。五月隄成，六月大雨，河復決。十二月遣工部侍郎趙榮治之，復遣都御史王文祭告大河之神。

四年二月，築沙灣決口，功成。五月復大決，北馬頭河岸四十餘丈，運道絶，復遣石璞往。十月命都御史徐有貞治之，始塞。乃於開封金龍口簾尾厢開渠三十里，引黄河水東北入漕河以濟運。

成化間，開濟寧西河，自耐牢坡至堝場口，長九十里，汶水入焉，改耐牢坡閘名永通。

弘治二年，河徙汴城，溢流自金龍口、黄陵岡東，經曹、濮衝張秋運河。命刑部尚書白昂治之，役夫二十五萬，遂塞金龍口，於滎澤開渠導河，由陳、潁至壽州達於淮，又築渠、堰於徐、兖、瀛、滄之間，以殺河勢。

五年，河復決金龍口，由黄陵岡北趨張秋，絶運河而東，掠汶入海。命工部侍郎陳政治之。未幾，政卒。六年二月，以浙江布政劉大夏爲右副都御史，往治決河，又命太監李興、平江伯陳鋭佐之，役丁夫十二萬，乃先疏祥符、滎澤上流，東入於淮，又疏賈魯舊河四十餘里，出之徐州，支流既分，水勢漸殺，乃築張秋決口，又於黄陵岡之東、西築長堤各三百餘里，金龍口之東、西築長堤各二百餘里，於是黄河東流經歸德、徐州，達於淮，而張秋之決遂塞。八年二月，河功成，賜鎮名曰安平，大夏等陞賞有差。

十四年一月，以通政韓鼎言，築安平鎮顯惠廟地基，并瀕河堤岸。

嘉靖三十一年大水，衛河決。工部員外郎周思兼督衆築塞之。

四十四年七月，河決曹縣，自棠林集以下，分爲二支。其北一支，遶豐縣華山，出飛雲橋至湖陵城口，漫入昭陽湖沽頭一帶，運河湮塞。命工部尚書朱衡治之。先築馬家橋東隄五十餘里，遏河使出飛雲橋，盡入於秦溝，乃開新河，自南陽至留城一百四十一里，河患始息。

命都御史王文治河敕景泰三年

敕曰：近聞南京地震，江淮以北直至濟寧水漲，渰没禾稼，遠近乏食，或至流移。及東昌府，接連河南，地方往因黄河奔潰，北流散漫，衝決漕河隄岸，阻滯官民運輸，雖嘗遣人脩濬，尚未有經久計，此皆朕所晝夜在心，不遑寢食者也。朕以爾爲憲臣之長，素有幹濟之才，特命往理其事。凡所至處，苟有可以安輯國家、拯濟生民、通順河道一切興利除害之事，悉聽爾廣詢博訪，便宜而行。有應奏請及與山東、河南巡撫方面府州縣及公差官員會同計議，從長處置者，竝聽議行。務在停當，舉之有益，行之無弊。凡前數事，爲之果有成效，爾即具奏還京。爾其欽承朕命，毋怠毋忽。

命户部侍郎白昂治河敕弘治二年

敕曰：近聞河南黄河泛溢，自金龍等口分爲二股，流經北直隸、山東地方，入於張秋運河。所過閘座間有渰没，隄岸多被衝塌，若不趂時預先整理，明年夏秋大水，必至潰決旁出，有妨漕運，所繫匪輕。今以爾曾監督工程，績效著聞，特改前職馳驛，會同山東、河南、北直隸巡撫都御史，督同三處分巡、分守并知府等官，自上源决口至於運河一帶經行地方，遂一踏看明白，從長計議，脩築疏濬。應改圖者，從便改圖。各照地方，量起軍民人夫，趁時興工，務要隨在有益，各爲經久，不可虚應故事。仍須禁約所司，毋得指此妄加科派，騷擾地方。凡用工，軍夫，皆須撫恤周備，毋令下人逼迫剥害，違者輕則量加懲治，重則送各該問刑衙門問理。爾爲朝廷重臣，受兹委託，尤須晝夜用心，躬親勤勞，博采衆長，相機行事，務使軍民不擾，工程易集，斯爲爾能。事完之日，爾即回京，仍將修過緣由并用過工料數目造册奏繳，以憑查考。故勑。

命工部侍郎陳政治河勑弘治五年

勑曰：朕聞黄河流經河南、山東、南北直隸平曠之地，遷徙不常，爲患久矣，近者頗甚。蓋舊自開封東南入淮，今故道淤淺，漸徙而北，與沁水合流，勢益奔放，河南蘭陽、考城、山東曹縣、鄆城等處，俱被渰没，勢逼張秋。運道潦水一盛，難保無虞。廷臣屢請脩濬，且言事連四省不相統攝，須得大臣總理，庶克濟事。今特命爾帶同本部員外郎陶嵩、署員外郎事張謨前去，會同各該巡撫、巡按，督同布、按二司，直隸府衛掌印并管河官，自河南上流及山東、直隸一帶，直抵運河，躬親踏勘，計議何處應疏濬以殺其勢，何處應脩築以防其决。會計椿木等料若干，着落各該軍衛有司措辦，然後相度事勢緩急、工程大小，起倩附近民相兼在官人夫，趁時用工，務使民患消弭，運道通行，不可虚應故事。然此係國家大計，凡事有相關，及勑内該載不盡者，聽爾計議停當，便宜而行。文武職官敢有怠慢誤事者，輕則量情責罰，重則文職五品以下徑自送問，四品以上并方面軍職參奏。爾受兹重託，尤當晝夜籌畫，勉圖成功，仍撫恤下人，使皆樂於趨事，則工易完而人不怨，斯無負委任其勉之。故勑。

命副都御史劉大夏治河勑弘治六年

勑曰：朕聞黄河自宋元以來與淮河合流，由南清河口入海，所經河南、山東、南北直隸之境，遷徙不常，屢爲民患。近年汴城東南舊道淤淺，河流北徙，合於沁，水勢益奔。河南之蘭陽、考城，山東之曹縣、鄆城等處，俱被渰没，逼張秋，有妨運道。先命工部侍郎陳政會同各該巡撫、巡按等官設法脩理，今幾半年，未及即工，而政物故有司以聞。朕念古人治河，只是除民之害，今日治河，乃是恐妨運道、致誤國計，其所關係蓋非細故。且聞陳政所行多有非宜，故詔有司會舉，僉以爾大夏名聞，故特陞爾爲都察院右副都御史，往理其事。爾至彼，先須案查陳政所行事務，酌量其當否，當者緒續之，否者改正之，會同各該巡撫、巡按，都、布、按三司，及南北直隸府、州掌印官竝管河官，自河南上流及山東兩直隸河患所在之處，逐一躬親踏勘，從長計議，何處應疏濬以殺其勢，何處應脩築以防其決，及會計樁木等料有無，而設法分派軍民夫役多寡，趁時起集，必須相度地勢，詢訪人言，務在萬全，毋貽後患。然事有緩急，而施行之際，必以當急爲先。今已春暮，運船將至，勑爾即移文總督、漕運巡河、管河等官，約會自濟寧循會通河一帶，至於臨清相視，見今河水漫散，其於運河有無妨礙，今年船往來有無阻滯，多方設法，必使糧運通行，不至過期，以失歲額。糧運既通，方可遡流尋源，按視地勢，商度用工，以施疏塞之方，以爲經久之計，必須役不再興，河流循軌，國計不虧，斯爾之能。此係國家大事，凡勑內該載不盡事理，爾有所見，或人言可采，聽爾便宜而行，一應文武職官敢有怠慢誤事者，輕則量情責罰，重則文職五品以下徑自送問刑衙門問理，四品以上竝方面軍職參奏。爾受朝廷重託，尤當晝夜籌畫，勉圖成功，不許苟且鹵率，勞民力於無用，糜財用於不貲，以致生他變。仍須撫恤下人，使皆樂於趨事，則功易完而人不怨，斯無負於委任。其勉之慎之。故勑。

命平江伯陳鋭等同劉大夏治河勑 弘治七年

勑曰：朕惟天下之水，黃河爲大，國家之計，漕運爲重。即今河決張秋，有妨運道，先命都御史劉大夏往治之，未見成功，兹特命爾等前去總督脩理。爾等至彼，會同大夏，相與講究，次第施行，仍會各該巡撫、巡按并管河官，自河南上流及山東直隸河患所經之處，逐一躬親踏勘，從長計議，何處應疏導以殺其勢，何處應補脩以防其決，何處應築塞以制其橫潰，何處應浚深以收其汎濫，或多爲之，委使水力分散，以瀉其大勢，或疏塞竝舉，使挽河入淮，以復其故道。雖然事有緩急，而施行之際，必以當急爲先，今河既中決，運渠乾淺，京儲不繼，事莫急焉。爾等必須多方設法，使糧運通行，不致過期，以虧歲額，斯爾之能。然此乃國家大事，或勑內該載不盡事理，爾等有所見聞，聽爾便宜而行，其一應合用竹、木、麻、鐵等料，應役軍民夫匠人力，如原先科派起集不敷，方許量添，不可輕信人言，過爲科差。恒念此時，瀕河軍民方困饑疫，不幸值此大役，甚不聊生，萬一功不成，物爲徒費，或生他變，悔之何及。各該司、府、州、縣等衙門委任集辦，并借用順帶夫料等項，不許推調，稽違誤事，有應奏聞者，奏來處置。其見用官屬，非不勝任者不必改委，所委文武職官，敢有誤事作弊者，輕則聽爾量情責罰，重則文職五品以下拏送問刑衙門問理，四品以上并方面軍職參奏究治。爾等受兹重任，必思廉以律己，勤以建功，廣詢博訪，事不必專於一己，深謀遠慮，計必出於萬全，仍禁戢下人，使不敢怙勢作威，以凌人招賂，愛惜物用，使不至假公營私，以浪費冒支。所用軍夫，尤宜用心撫卹，必使勞逸均平，不至失所，如此則役不徒興，而大功可成矣！不然則勞民力於無用之地，棄民財於不測之淵，咎將誰歸？爾等其欽承朕命，毋怠毋忽！

滄州導水記略　元　王大本

黄河既南徙，九河故道遂以湮没。漳、瀆不與同歸，獨行二千里，會于今北海之涯。其流滔滔汩汩，視黄河伯仲間耳。垠岸高於平地，亦猶黄河之水下成皋、虎牢而東也。皇元定都于燕，漳河爲運漕之渠。控引東南居貨，千檣萬艘，上供軍國經用，巨商富賈懋遷有無，胥此焉出。

至元五年秋八月，大雨〔時作〕〔一〕，河決八里塘之灣，爲口者三。湍流滚激，如萬馬奔突，長驅而前。南皮、清池之境，東西二百餘里，南北三十餘里，豬而澤，滙而淵，竈陘而蝸産焉，塲圃而魚生焉。蕩析離居之民相與言曰：

滄州古雄藩，其濠深廣，又距海孔邇，水行故地第有屯府，小左衛曲防之阻，無由徑達。泰定間，鄉民吕叔範抗疏陳情，奉旨開掘以便民，又爲大渠以洩水，莫不舉手加額，以承無疆之休。繼有方命圮族、實繁有徒，乘時射利，遂以復塞。今則牢不可破矣。

脱因不花者以國學上舍生，聞其言，慨然以爲己任而不辭。聞者壯其謀，從之如雲，各執其物，立于兩堧。破其築，若摧枯拉朽；去其壅，如決癰潰疣。義民所趨，水亦隨赴。始屯軍先率其徒數百人，盛氣以待。我衆直而壯，彼自度非敵，逡巡而去。

事可以稽舊典，而義可以激流俗也。因刻石以遺後來。

開會通河功成之碑　楊文郁

聖神文武大光孝皇帝在位之十七年，江南平。薄海内外，罔不拱北臣順，奔走率職。汶合泗，分流以達東阿。乃置汶、泗都漕運使司，控引江淮嶺海，以供億京師。自東阿至臨清二百里，舍舟而陸，車輸至御河，徒民一萬三千二百七十六户，除租庸調。奈道經茌平，其間〔苦〕〔二〕地勢卑下。遇夏秋霖潦，牛僨輹脱，艱阻萬狀。或使驛旁午，貢獻相望，負戴底滯，晦暝呼警，行居騷然。公私以爲病，〔爲日〕久矣〔三〕。

〔一〕時作　據《漕河圖志》補。
〔二〕苦　據《漕河圖志》補。
〔三〕爲日久矣　原作『久矣』，據《漕河圖志》改。

壽〔一〕張縣尹韓仲暉、前太史邊源，相繼建言：汶水屬之御河，比陸運利相十百。時詔廷臣求其策，未得要便，以仲暉、源言爲然。遂以都漕運使馬之貞同源按視。之貞等至，則循行地形，商度功用，參之衆議，圖上曲折，備言可開之狀。政府信其可成，於是丞相相哥合同僚敷奏，且以圖進。上俞允，賜中統楮幣一百五十萬緡，米四萬石，鹽五萬斤，以給傭直，備器用。徵傍近郡丁夫三萬。驛遣斷事官忙達兒、禮部尚書張禮孫、兵部郎中李處巽洎之貞、源同主其役。

二十六年正月己亥首事。起須城安山之西南壽張，西北行過東昌，又西北至臨清達御河，其長二百五十餘里。吏謹督程，人悉致力，渠尋畢功，益加濬治。以六月辛亥決汶流以趣之，滔滔汩汩，傾注順適，如迫大勢，如復故道，舟楫連檣而下。仍起堰閘，以節蓄洩；完隄防，以備盪激。凡用工二百五十一萬七百四十有八。

濵渠之民，老幼攜扶，縱觀徊翔，不違按堵之安，喜見泛舟之役〔二〕。于時大駕臨幸上都，驛置以聞。上詔翰林院，其爲運河命名，且文其碑。臣等乞賜名會通，百拜稽首而屬辭曰：

謹按：《書》以食貨爲八政之首。《易》稱舟楫有濟川之利〔三〕。故大舜命禹既平水土，定九州之貢賦，皆浮舟達河，以入冀都〔四〕。自兹以降，漢用鄭當時之言，引渭至河，以利西都；唐用劉晏之策，由汴入河，以濟關輔。蓋京師者，四方輻輳，兆姓雲集，六師所依以疆，百司所資以辦，不豐儲積，政將奚先？我國家新天邑，于析木之津，建萬億年無疆之業，規模宏遠，治具周密。若夫漕運流通，國之大計，舟車致遠，功利懸絶。所宜講而行之，雖費而不可省，勢而不可已者。今則費取於官，利及於民。役不逾時，功垂後世。加以隨時豐歉，權事重輕，以深致曲成萬物之意。致國殷富，由此途出。臣因竊迹輿地圖，若近代遼氏、金源氏皆嘗立國，當時經度，曾不是思。豈不以興王之功，非僻陋者所能與，而前弗逮，乃所以啟肇建也歟？先儒有言，聖人在上，則興利除害，易成而難廢。欽惟皇上開物成務，邁舜禹而軼漢唐。區區近代之君，固無以議爲也。臣備屬北門，職在紀事之成，不敢以固陋辭。仰奉明詔，以識歲月，且推衍興誦，昧冒論著。至若神功聖德之盛，沛惠澤以浸八荒，資始資生，上下與天地同流，蓋非纂《河渠》《溝洫》者所能髣髴也。九月日臣文郁謹記。

〔一〕據《漕河圖志》，本書刪減如下內容：皇帝方圓治以收太平之功。立尚書省，一新庶政，百廢俱興。士有出意見，論利害者，咸得自效。

〔二〕與《漕河圖志》本有刪減。

〔三〕補：此古今不易之理，而京師所係爲最重。

〔四〕補功冠三代，爲萬世法。

濬洸河記

李惟明

洸河閼祀久，漸堙平汶沙，底平相較反崇汶三尺許。山水漲後，其流涓涓，幾不接會通。汶歲築沙堰竭水如洸，堰尋決而洸自若，所在淺澁，漕事不遄。

至元四年戊寅秋七月，漲潰東閘，閘司併上之。分監遣壕寨李讓相度，截斗際雪山麓石刺，餘十有八里，堙淤爲尤。揆日較工，知監力濬不易，因言分監倩有司贊翼，功庶可就。監丞馬兀承德爲覆實備關内監，稟中書，允發泰安之奉符、東平之汶上一縣夫六千餘（期）〔開〕[一]濬。五年春，刱閘未遑。冬，監丞宋公伯顏不花、文林分治會通，役先上源，迺掄豪寨官岳聚統監夫千，合二縣，權輿於六年仲春望日。底濶五步，上倍之；深五尺，濬如式。公以令史周守信、奏差不花驛來任之，而聚也勤敏厥職。監守者不迫，趨事者不緩，居者不擾，役者不勞。未閱月工畢，而深固堅完，水濟會通，漕運無虞。汶上尹王侯居敬輩肰其實，徵文以記。

余忝部民，義弗獲辭，余聞論者謂堰壅沙，以致堙洸河，是得其一，未知其二也。近年泰山徂徠等處，故所謂山坡雜木怪草盤根之固土者，今皆墾爲熟地。由霖雨時降，山水漲逸，衝突沙土，萃貫汶河，年復若是，以致汶沙其浩浩若彼，而洸因以淤澱也。設無堽城堰，洸自爾，奚獨尤彼也。閘司不知虞此，直以水之盈縮，民之利害爲節而開閉之，非知所先務矣。要之，洸河既濬，宜令閘司嚴節閘板，謹杜閘口，絶塞沙源，勿令流沙上漫入洸，後撤堰石底流。又閘口漲落，扒去淤沙，不使少停，閘水益深，俾洸常受清水，以輸注南北。役間似繁，濬洸實簡，此源潔流清而永益也。不然以歲益無窮之汶沙，注新濬有限之洸河，數年之中，余恐淤澱有甚於今日矣。梗漕勤民，後將有不勝其淘濬之患。謹記。

重脩洸河記

洸河乃今汶水支流也，名不載於傳記，或因舊而加以新名，尤不可知。其源則出於泰山郡萊蕪縣原山之陽，折而之南達於會通，漕運南北，其利無窮。會通之源，洸也；洸之源，汶也。時霖雨作，泰岱萬壑溝瀆之間合注而之汶，洪濤洶涌，泥沙溷奔，徑入于洸。此洸所以淤填也。

至元六年，監丞宋公濬自牐口至石刺，事鑴于珉。然洸之源雖通，而其流猶梗。公謂：『不疏其流，源將安之？又恐前功徒費，後患復萌，使會通之津從而涸也。』詢

[一] 開　原作『期』，據《漕河圖志》改。

及其佐，得壕寨岳聚所度自石刺至高吳橋南王家道口淺澁者，延袤五十六里百八十步，呈準中書，符下東平、濟寧兼贊厥役。本監及二路夫，以口計者，萬有二千。濬自至正二年二月十八日，落成於三月十四日。以舉武計者，二萬三百四十有奇；以尺爲工計者，四十萬七百數。同知東平路事伯顏察兒僉議：『少監公之功，宜勒石以昭悠久。』迺請文於予，義弗獲辭，遂援筆而紀其歲月。

重濬會通河記

趙元進

前至元二十六年，開挑會通河道，南自乎徐，中由於濟，北抵臨清，遠及千里。各處脩築閘壩，積水行舟，漕運諸貨，官站民船，偕得通濟。北河殊無上源，必須疏瀹汶水來注于洸，決引泗源，西逾于兗，南入于濟，達于任城，合新河而流。邇者山水泛漲，上自堽城閘口，下至石刺之磧，蔓延二十八里。淤填河身，反高於汶，是以水淺，幾不能接漕運。

今至元五年冬十月，都水監丞宋公韓伯顏不花擢陞斯職。遂差壕寨梁仲祥詣彼，度其里步，計其人工。時方冰沍地凍，難便爲力。越明年春二月，選差壕寨岳聚監董本監并汶上、奉符等縣人夫七千餘名，備糗糧，具畚鍤，挑洗各處河身之淺。公乃親督其役，朝夕無怠。五旬而工畢。汶、泗、洸、濟之水，源源而來，湊乎會通，舟無淺澁之患。

公又見濟州、會源石閘二座，中央天井廣袤里餘，停泊舟航，相次上下，內常儲水滿溢，方許放牐。近年，漸以淤澱，瀦水甚少。今復淘濬已深，水常瀲灧以宽檥艤。夏四月，公又率領令史奏差巡視。源閘北元有濟河舊跡，河身填平，水已絶流。再委壕寨岳聚領夫千名，挑去泥沙，衍三百餘步，廣二丈五尺，東連米市，西接草橋，水勢分流，舟航往來無礙。百姓大悦，持狀請予爲記。予乃採摭其實而書之，用規于後。

河防記

歐陽玄翰林學士承旨

至正四年夏五月，大雨二十餘日，黄河暴溢，水平地深二丈許，北決白茅堤。六月又北決金堤，竝河郡邑濟寧、單州、虞城、碭山、金鄉、魚臺、豐沛、定陶、楚邱、武城，以至曹州、東明、鉅野、鄆城、嘉祥、汶上、任城等處，皆罹水患，民老弱昏墊，壯者流離四方。水勢北浸安山，沿入會通運河，延袤濟南、河間。省臣以聞，朝廷患之，遣使體量，仍督大臣訪求治河方略。

九年冬，脱脱既復爲丞相，慨然請任其事。帝嘉納之。乃命集群臣議廷中，言人人殊。唯都漕運使賈魯昌言必當治。先是，魯嘗爲山東道奉使宣撫首領官，循行被水郡邑，具得脩捍成策，後又爲都水使者，奉旨詣河上相視，驗狀爲圖，以二策進獻。一議脩築北隄，以制橫潰，其用功省；一議疏塞竝舉，挽河使東行，以復故道，其功費甚大。至是，復以二策對，脱脱韙其後策。議定，乃薦魯于帝，大稱旨。

十一年四月，命魯以工部尚書爲總治河防使，進秩二品，授以銀印。發汴梁、大名十有三路民十五萬人、廬州等戍十有八翼軍二萬人供役，一切從事大小軍民咸稟節度，便宜興繕。是月二十二日鳩工，七月疏鑿成，八月決水故河，九月舟楫通行，十一月水土工畢，諸埽諸堤成。河乃復故道，東滙于淮，又東入于海。帝遣貴臣報祭河伯，召魯還京師，論功超拜榮禄大夫，集賢大學士。其宣力諸臣遷賞有差。賜丞相脱脱世襲答剌罕之號，特命翰林學士承旨歐陽玄製河平碑文，以旌勞績。

玄既爲河平之碑，又自以爲司馬遷、班固記《河渠》《溝洫》僅載治水之道，不言其方，使後世任斯事者無所考，則乃從魯訪問方略，及詢過客，質吏牘，作《至正河防記》，欲使來世罹河患者按而求之。其言曰：

治河一也。有疏，有濬，有塞，三者異焉。釃河之流，因而導之，謂之疏。去河之淤，因而深之，謂之濬。抑河之暴，因而扼之，謂之塞。疏濬之别有四：曰生地，曰故道，曰河身，曰減水河。生地有直有紆，因直而鑿之，可就故道。故道有高有卑，高者平之以趨卑，高卑相就，則高不壅，卑不潴。慮夫壅生潰，潴生堙也。河身者，水雖通行，身有廣狹。狹難受水，水溢悍，故狹者以計闢之；廣難爲岸，岸善崩，故廣者以計禦之。減水河者，水放曠，則以制其狂；水隳突，則以殺其怒。

治隄一也。有刱築、脩築、補築之名。有刺水隄，有截河隄，有護岸隄，有縷水隄，有石船隄。

治埽一也。有岸埽、水埽，有龍尾、欄頭、馬頭等埽。其爲埽臺及推卷、牽制、薶掛之法；有用土、用石、用鐵、用草、木、用栰、用絙之方。

塞河一也。有缺口，有豁口，有龍口。缺口者，已成川。豁口者，舊常爲水所豁，水退則口下於隄，水漲則溢出於口。龍口者，水之所會，自新河入故道之潨也。

此外，不能悉書，因其用功之次序，而就述於其下焉。

其濬故道，深廣不等，通長二百八十里百五十四步而强。功始自白茅，長百八十二里，繼自黄陵岡至南白茅，闢生生地十里，口初受，廣百八十步，深二丈有二尺，已下停廣百步，高下不等，相折深二丈及泉。曰停、曰折者，用古算法，因此推彼，知其勢之低昂，相準而取匀停也。南白茅至劉莊村接入故道十里，通折墾廣八十步，深九尺。劉莊至專固，至黄固墾生地八里，面廣百步，底廣九十步，高下相折，深丈有五尺。黄固至哈只口長五十一里八十步，相折停廣，墾六十步，深五尺。乃濬凹里減水河，通長九十八里百五十四步，凹里村缺口生地長三里四十步，面廣六十步，底廣四十步，深一丈四尺。自凹里生地以下舊河身至張贊店長八十二里五十四步，上三十六里，墾廣二十步，深五尺；中三十五里，墾廣二十八步，深五尺；下十里二百四十步，墾廣二十六步，深五尺。張贊店至楊青村接入故道，墾生地十有三里六十步，面廣十六步，底廣四十步，深一丈四尺。

其塞專固缺口，脩隄三重，并補築凹里減水河南岸豁口，通長二十里三百十有七步。其剏築河口前第一重西隄，南北長三百三十步，面廣二十五步，底廣三十三步。樹置樁橛，實以土牛、草葦、雜稍相兼，高丈有三尺。隄前置龍尾大埽。龍尾者，伐大樹，連梢繫之隄旁，隨水上下，以破齧岸浪者也。築第二重正隄，并補兩端舊隄，長十有一里三百步。缺口正隄長四里，兩隄相接舊隄，置樁堵閉河身，長百四十五步，用土牛、草葦、稍土相兼脩築，底廣三十步，脩高一丈。其岸上土工脩築者，長三里二百十有五步有奇，高廣不等，通高一丈五尺，補築舊隄者，長七里三百步，表裏(傍)〔倍〕[一]薄七步，增卑六尺，計高一丈。築第三重東後隄，并接脩舊隄，高廣不等，通長八里。補築凹里減水河南岸豁口四處，置樁木、草土相兼，長四十七步。

於是塞黄陵全河。水中及岸上脩隄，長三十六里百三十六步。其脩大隄刺水者二，長十有四里七十步。其西復作大隄刺水者一，長十有二里百三十步，内剏築岸上土隄，西北起李八宅西隄，東南至舊河岸，長十里百五十步，顛廣四步，趾廣三之，高丈有五尺。仍築舊河岸至入水，隄長四百三十步，趾廣三十步，顛殺其六之一，接脩入水。

兩岸埽隄竝行。作西埽者夏人，水工徵自靈武；作東埽者漢人，水工徵自近畿。其法以竹絡，實以小石，每埽不等，以蒲葦綿腰索徑寸許者從鋪，廣可一二十步，長可二三十步。又以曳埽索綯，徑三寸或四寸，長二百餘尺者衡鋪之，相間復以竹葦、麻檾、大繂。長三百尺者爲管心索，就繫綿腰索之端於其上。以草數千束多至萬餘，勻布厚鋪於綿腰索之上，囊而納之。丁夫數千，以足踏實。推卷稍高，即以水工二人立其上而號於衆。衆聲力舉，用大小推梯推卷成埽。高下長短不等，大者高二丈，小者不下丈餘。又用大索或五爲腰索，轉致河濱。選健丁操管心索順埽臺立踏，或掛之臺中鐵猫大橛之上，以漸縋之下水。埽後掘地爲渠，陷管心索渠中，以散草厚覆，築之以土。其上復以土牛、雜草、小埽、稍土，多寡厚薄，先後隨宜脩疊爲埽臺，務使牽制上下，縝密堅壯，互爲犄角，埽不動摇。日力不足，火以繼之。積累既畢，復施前法卷埽，以厭先下之埽。量水淺深，制埽厚薄，疊之，多至四埽而止。兩埽之間置竹絡，高二丈或三丈，圍四丈五尺，實以

[一]倍　原作『傍』，據《漕河圖志》改。

小石、土牛，既滿，繫以竹纜。其兩旁竝埽，密下大樁。就以竹絡上大竹腰索繫於樁上。東西兩埽及其中竹絡之上，以草土等物爲埽臺，約長五十步或百步。再下埽，即以竹索或麻索長八百尺或五百尺者一二，雜廁其餘管心索之間，候埽入水之後，其餘管心索如前薶掛。隨以管心長索，遠置五七十步之外，或鐵猫，或大樁，曳而繫之，通管束累日所下之埽。再以草土等物通脩成隄。又以龍尾大埽密掛於護隄大樁，分析水勢。其隄長二百七十步，北廣四十二步，中廣五十五步，南廣四十二步，自顛至趾通高三丈八尺。

其截河大隄，高廣不等，長十有九里百七十七步。其在黄陵北岸者，長十里四十一步。築岸上土隄，西北起東西故隄，東南至河口，長七里九十七步，顛廣六步，趾倍之而強二步，高丈有五尺，接脩入水。施土牛、小埽、稍草、雜土多寡厚薄，隨宜脩疊，及下竹絡，安大樁，繫龍尾埽，如前兩隄法。唯脩疊埽臺，增用白闌、小石，并埽上及前洊脩埽隄一，長百餘步，直抵龍口。稍北，欄頭三埽竝行，埽大隄廣與剌水二隄不同，通前列四埽，間以竹絡，成一大隄，長二百八十步，北廣百一十步，其顛至水面高丈有五尺，水面至澤，腹高二丈五尺，通高三丈五尺。中流廣八十步，其顛至水面高丈有五尺，水面至澤腹高五丈五尺，通高七丈。竝剏築縷水横隄一，東起北截河大隄，西抵西剌水大隄。又一隄東起中剌水大隄，西抵西剌水大隄，通長二里四十步，亦顛廣四步，趾三之，高丈有五尺。脩黄陵南岸，長九里百六十步，内剏岸土隄，東北起新補白茅故隄，西南至舊河口，高廣不等，長八里二百五十步。

乃入水作石船大隄，蓋由是秋八月二十九日乙巳道故河流。先所脩北岸，西由剌水及截河三隄猶短，約水尚少，力未足恃。決河勢大，南北廣四百餘步，中流深三丈餘，益以秋漲，水多故河十之八。兩河争流，近故河口，水刷岸北行，洄漩湍激，難以下埽。且埽行或遲，恐水盡涌入決河，因淤故河，前功遂隳。魯乃精思障水入故河之方。以九月七日癸丑，逆流排大船二十七艘，前後連以大桅或長樁，用大麻索、竹絙絞縛，綴爲方舟。又用大麻索、竹絙用船身，繳繞上下，令牢不可破。乃以鐵猫於(二)〔上〕[一]流硾之水中。又以竹絙絶長七八百尺者，繫兩岸大橛上，每絙或硾二舟或三舟，使不得下。船腹略鋪散草，滿貯小石，以合子板釘合之，復以埽密布合子板上，或二重或三重，以大麻索縛之，急復縛横木三道於頭桅，皆以索繼之。用竹編笆夾以草石，立之桅前，約長丈餘，名曰水簾桅，復以木楮柱，使簾不偃仆。然後選水工便捷者，每船各二人，執斧鑿，立船首尾。岸上槌鼓爲號，鼓鳴，一時齊鑿，須臾舟穴，水入舟沉，遏決河。水怒溢，故

〔一〕上　原作『二』，據《元史・河渠志》改。

河水暴增，即重樹水簾，令後復布小埽、土牛、白闌、長稍，雜以草土等物，隨宜填垛以繼之。石船下詣實地，出水基跕漸高，復卷大埽以厭之。前船勢略定，尋用前法，沉餘船以竟後功。昏曉百刻，役夫分番，其勞無少間斷。船隄之後，草埽三道竝舉，中置竹絡盛石，竝埽置樁，用纜，四埽及絡，一如脩北截水隄之法。第以中流，水深數丈，用物之多，施工之大，數倍他隄。

船隄距北岸纔四五十步，勢迫東，河流峻若自天降，深淺叵測。於是，先卷下大埽約高二丈者或四或五，始出水面，脩至河口一二十步，用功尤艱。薄龍口，喧豗猛疾，勢撼埽基。陷裂欹傾，俄遠故所。觀者股弁，衆議騰沸，以爲難合。然勢不容已。魯神色不動，機解捷出，進官吏工徒十餘萬人，日加奬諭，辭旨懇至，衆皆感激赴工。十一月十一日丁巳，龍口遂合，決河絶流，故道復通。又於岸前通港欄頭埽各一道，多者或三或四。前埽出水，管心大索繫前埽，硾後欄頭埽之後，復埽管心大索亦繫小埽，硾前欄頭埽之前，後先羈縻，以錮其勢。又於所交索上及兩埽之間，壓於小石、白闌、土牛相伴，厚薄多寡相勢措置。

埽隄之後自南岸復脩一隄，抵已閉之龍口，長二百七十步。船隄四道成隄，用農家場圃之具，曰轆軸者，穿石立木如比櫛，薶前埽之旁。每一步置一轆軸，以橫木貫其後。又穴石以徑二寸餘麻索貫之，繫橫木上，密掛龍尾大埽，使夏秋潦水，冬春凌薄不得肆力於岸。此隄接北岸截河大隄，長二百七十步，南廣百二十步，顛至水面高丈有七尺，水面至澤腹高四丈二尺；中流廣八十步，顛至水面高丈有五尺，水面至澤腹高五丈五尺，通高七丈。

仍治南岸護隄埽一道，通長百三十步。南岸護岸馬頭埽三道，通長九十五步。脩築北岸隄防，高廣不等，通長二百五十四里七十一步。

白茅河口至板城補築舊隄，長二十五里二百八十五步。曹州板城至英賢村等處高廣不等，長一百三十三里二百步。稍岡至碭山縣增倍舊隄，長八十五里二十步。歸德府哈只口合至徐州路三百餘里，脩築缺口一百七處，高廣不等，積脩計三里二百五十六步。亦思剌店縷水月隄，高廣不等，長六里三十步。

其用物之凡：樁木大者二萬七千；榆柳雜稍六十六萬六千，帶稍連根株者三千六百；藁秸、蒲葦、雜草以束計者七百三十三萬五千有奇；竹竿六千二萬五千，葦蓆十有七萬二千；小石二千艘；繩索大小不等五萬七千；所沉大船百有二十，鐵纜三十有二，鐵猫三百三十有四；竹篾以斤計者十有五萬；硾石三千塊，鐵鑽萬四千二百有奇；大釘三萬三千二百三十有二。其餘若木龍、蠶椽木、麥楷、扶樁鐵叉、鐵吊枝、麻搭、火鈎、汲水、貯水等具皆有成數。官吏俸給，軍民衣糧工錢，醫藥、祭祀、賑恤、驛置馬乘及運竹、木、沉船、渡船、下樁等工，鐵、石、竹、木、繩索等匠傭貲，兼以和買民地爲河，并應用雜物等價，通計中統鈔百八十四萬五千六百三十六錠有奇。

魯嘗有言：『水工之功，視土工之功爲難；中流之功，視河濱之功爲難；決河口，視中流又難；北岸之功，視南岸爲難。用物之效，草雖至柔，能狎水。水漬之生泥，泥與草併力，重如碇。然維持夾輔纜索之功實多。』蓋由魯習知河事，故其功之所就如此。玄之言曰：『是役也，朝廷不惜重費，不吝高爵，爲民辟害。脱脱能體上意，不憚焦勞，不恤浮議，爲國拯民。魯能竭其心思智計之巧，乘其精神膽氣之壯，不惜劬瘁，不畏譏評，以報君相知人之明。宜悉書之，使職史氏者有所考證也。』

勑脩河道功完之碑

明　徐有貞長洲人，武功伯

惟景泰紀元之四年冬十月十有一日，天子以河決沙灣久弗克治，集左右丞弼暨百執事之臣於文淵閣，議舉可以治水者，僉以臣有貞應詔。乃錫璽書，命之行。天子若曰：『咨爾有貞，惟河決於今七年，東方之民厄於昏墊，勞於堙築，靡有寧居。既屢遣治而弗即功，轉漕道阻，國計是虞，朕甚憂之。兹以命爾，爾其往治，欽哉。』

臣有貞祗承惟謹，既至。乃奉揚明命，戒吏飭工，撫用士衆，諮詢群策，率興厥事。已乃周爰巡行，自東北徂南西，踰濟、汶，沿衛及沁，循大河，道濮、范以還。既究厥源流，固度地行水。乃上陳于天子曰：『臣聞凡平水土，其要在乎天時、地利、人事而已。天時既經，地利既緯，而人事於是乎盡。且夫水之爲性可順焉以導，不可逆焉以堙。禹之行水，行所無事，用此道也。今勢反是，治所以難。蓋河自雍而豫，出險固而之夷斥，其水之勢既肆；又由豫而兖，土益疏，水益肆；而沙灣之東，所謂大洪之口者，適當其衝。於是決焉，而奪濟、汶入海之路以去，諸水從之而洩，隄以潰，渠以淤，澇則溢，旱則涸，此漕途所爲阻者與？然欲驟而堙焉，則不可，故潰者益潰，淤者益淤，而莫捄也。今欲捄之，請先疏其水。水勢平，乃治其決；決止，乃濬其淤。因爲之方，以時節宣，俾無溢涸之患。必如是，而後有成。』制曰：『可』。

臣有貞乃經營焉。作制水之閘，疏水之渠。渠起張秋金隄之首，西南行九里而至濮陽之濼，九里而至博陵之陂，又六里而至壽張之沙河，又八里而至東西影塘，又十有五里而至白嶺之灣，又三里而至李崋之涯，由李崋而上，又二十里而至竹口蓮花之池，又三十里而至大瀦之潭。乃踰范暨濮又上而西，北數百里，經澶淵以接河沁之水。過則害，微則利，故遏其過而導其微，用平水勢。既成，名其渠曰廣濟，閘曰通源。渠有分合而閘有上下，凡河流之旁出而不順者，則堰之。堰有九，長袤皆至丈萬，九堰既設，其水遂不東衝沙灣，乃更北出，以濟漕渠之涸。

阿西、鄄東、曹南、鄆北之地出沮洳而資灌溉者，爲頃百數十萬，行旅既便，居民既安。有貞知事可集，乃參綜古法，擇其善而爲之加神用焉。爰作大堰，其上楗以水門，其下繚以虹隄。堰之崇三十有六尺，其厚什之，長百之。門之廣三十有六丈，厚倍之。隄之厚如門，崇如堰而長倍之。架濤截流，櫼木絡竹，實之石而鍵之鐵，蓋合土木火金而一之，用平水性。

既乃導汶、泗之源而出諸川滙澶、濮之流而納諸澤。遂濬漕渠，由沙灣而北至於臨清，凡二百四十里；南至於濟寧，凡二百一十里。復作放水之閘於東昌之龍灣、魏灣凡八，爲水之度。其盈過丈則放而洩之，皆通古河，以入於海。上制其源，下放其流，既有所節，且有所宣，用平水道。由是，水害以除，水利以興。

初議者多難其事，至欲棄渠弗治，而由河沁及海以漕。然卒不可行也。時又有發京軍疏河之議。有貞力奏：『蠲瀕河州縣之民馬牧庸役，而專事河防，以省軍費，紓民力。』天子從之。

是役也，凡用人工聚而間役者四萬五千有奇，分而常役者萬三千有奇。用木大小之材九萬六千有奇；用竹以竿計，倍木之數；用鐵爲斤，十有二萬；鍵三千；緪百八；釜一千八百有奇；用麻百萬，荆倍之，藁稍又倍之；而用石若土，則不計其算。然其用糧於官，以石計，僅五萬而止焉。蓋自始告祭興工，至於工畢，凡五百五十有五日。

於是，治水官佐工部主事臣鈃、參議山東布政使司事臣雲鵬、僉山東按察司事臣蘭等咸以爲：『惟水之治，自古爲難，矧茲地當兩京之中，天下之轉輸貢賦所由以達，使終弗治，其爲患孰大焉。夫白之渠以溉不以漕，鄭之渠以漕不以貢，而工皆累年，費皆鉅億。若漢武之瓠子，不以溉，不以漕，又不以貢而役，久弗成，兵民俱敝，至躬勞萬乘，投璧馬，籲神祇而後已。以彼視此，孰輕孰重？孰難孰易？乃今役不再期，費不重科，以溉焉，以漕焉，以貢焉，無弗便者。是於軍國之計，生民之資大矣，厚矣。其可以無紀述於來世。』臣有貞曰：『凡此成功，實惟我聖天子之致，所以俾臣之克效，不奪浮議，非天子之至明，孰恃焉？所以俾民之克寧，不苦重役，非天子之至仁，孰賴焉？』

有貞之於臣職，其惟弗稱是懼，矧敢貪天之功。惟天子至明，至仁之德不可以弗紀也。臣有貞常備員翰林，國史身親承之，不可以嫌故自輟。乃拜手稽首而爲之。文曰：

皇奠九有，歷年維久，延天之祐。既豫而豐，有蔀以蒙，見沬日中。陽九百六，數丁厥鞫，龍蛇起陸。水失其行，河決東平，漕渠以傾。否泰相乘，運維中興，殷憂迺凝。天子曰：『吁，是任在予，予可弗圖？圖之孔亟，歲行七易，曾靡底績。王會在茲，國賦在茲，民便在茲。孰其幹濟，其爲予治？去害而利。惟汝有貞，勉爲朕行，便宜是經。』臣拜受命，朝嚴夕警，將事惟敬。載驅載馳，載詢載謀，載度以爲。乃分厥勢，乃隄厥潰，乃疏厥滯。分者既順，隄者既定，疏者既濬。乃作水門，鍵制其根，河防永存。有埽如龍，有堰有虹，護之重重。水性斯從，水利斯通，水道斯同。以漕以貢，以莫不用，邦計維重。惟天子明，浮議弗行，功是用成。惟天子仁，加惠東民，民是用寧。臣拜稽首，天子萬壽，仁明是懋。爰紀厥實，勒茲貞石，昭示無極。

治水功成題名記

有貞之治水於山東，而作沙灣等處之河防也，承命於景泰癸酉之冬，經始於甲戌之春，收功於乙亥之夏，而告成於其秋。

上詔見奉天門，嘉勞焉，因命之居京管臺事。丙子春，有貞請勑載至。乃擴前功，益爲大水之備。時方暵乾，衆莫喻其意，頗以爲過防。及秋，而大水洊至，泗、汶、淇、衛、河、沁一時俱溢，環東兗之間，若海之浸者三日，逮冬始平。運河南北餘千里故隄高岸之缺而不完者，無慮百數十所，而沙灣之正隄、大堰獨巋然而存，嶷然而安。其旁近城郭、田疇皆恃焉，而免墊役之患。以水之來有所扞而去有所洩也。

於是，東兗軍民，耆老合辭以請：

今茲之水，蓋洪武以來所未嘗有，而大耋之人所未嘗見也。非隄與堰爲之保障，非閘與渠爲之排解，吾田吾産，其池潢矣；吾輩吾倪，其魚鼈矣。彼四方之舟楫往來於斯者，乃亦有曰：『昔也，沙灣如地之獄；今也，沙灣如天之堂』之語，而況吾斯土之軍民乎哉。而吾儕小人竊伏計焉，惟水之變不測，如今茲之溢，以龍灣六閘洩之，而猶未盡也。以故感應祠之缺隄，又煩公爲之捄築焉。微公在是，其不又將延患累年乎？願及今規畫而益爲之防，吾軍吾民幸甚。

有貞曰：『唯唯。』月中既築感應神之缺，而作堰月之隄，鼈甲之堰，比沙灣水門大堰差小，而埽法略等。復行度東昌龍灣六閘之上，官窑之口置閘一，疏新渠而屬之篤馬；東平、戴廟之津置閘一，疏右河而屬之大清。并前六閘爲八，而皆注之海焉。乃探禹遺之秘，木星土經緯之理，鑄玄金而作法象之器，建之隄表，大河、感應二祠之中，以爲悠久之鎮。蓋盡人事，符天造，制物宜，辟神姦，其道竝行也。既訖工，有貞將歸，奏於朝，而從事諸賢亦合辭以請，曰：『治水之功，其既成矣；經久之效，其亦著矣。惟古人作事而有成也，必題其名，願以碑之。』有貞乃言曰：

於乎，是惟吾君之德與諸大夫士之力耳，有貞其何敢當此。且夫治水，固聖人事也，次則賢者能之，如有貞又何足以與此。雖然，有貞聞之，士以天下爲心，則天下事皆吾分内事也。矧吾徒食君之禄，受君之命，而幹君之事哉。臣幹君事，視子幹父事，而加重，吾徒而弗盡其心。烏乎可大禹聖者也，而於治水必胼手而胝足，吾徒而弗盡其力。烏乎可夫水之大，而爲中國患者莫如河。自禹而下，世之治者非一，然可法者少，而可戒者多也。其不能成事者不必道，就其成事者而論之，如戰國之白圭，漢之王延世、王景，元之賈魯是已。圭之治河無所攷見，然觀其以鄰國爲壑，則悖甚矣。延世之治河無所節宣，而徒亟塞其決，雖以此取侯封，而不足善也。至如魯之治河，見於歐陽玄之記者，亦皆塞之之具，初無得乎行水之法。矧當世季民窮之時，而與十七萬衆之役，又無撫安之策，卒之爲元召亂，是又可以爲戒者。惟景之堨流分水，頗得古法，而孝明之治，有惠於民，故能保其成功，而終漢世無河患。方之於彼，其特善乎。有貞雖不敏也，乃所願則上法大禹，下取仲章而爲之，不敢不盡其心力。洪惟聖明，聽納臣言，而大賚瀕河之民，與之休息。此吾與二三子之幸以有成功也，是不可不知。

皆應曰『然。』後題諸從事，大夫士之名於石而記之，將俾後世之當治河之任者知所法戒云爾。是行也，前後歷三載焉。凡作正隄一，副隄二，護隄四，水門、大堰一，小堰一，蓄水之堰三，截水之堰九，導水之渠二，分水之渠二，洩水之渠五，制水之閘二，放水之閘八。若其備作功用、次序本末之詳，則具載前碑，兹不重出。

弘治庚戌治河記

王僎　武進人，吏部尚書

上即位，改元弘治。之明年己酉秋七月，河決封丘，泛金龍口，溢開封諸郡邑，蹙張秋，淩會通河之長隄。巡撫山東都御史臣錢鉞以聞。上命南京兵部左侍郎臣白昂爲左侍郎，授之璽書，俾往治之。時河自原武、中牟分流爲三，其大者切近汴隄之西北，偶合沁河，泛陽武、封邱、祥符、陳留、杞縣、蘭陽、儀封、考城、曹縣、寧陵、睢州、歸德、虞城、永城、夏邑、碭山、蕭縣而下、徐淮；其次者，横流於封邱之于家集，決孫家口，漫長垣、曹濮、鄆城陽穀、壽張、東昌至臨清，下衛河，延患於德州、滄州、興濟青縣、静海、天津，始入于海；又其次者，自中牟南下尉氏，雖稍成川，而不通舟楫，若其故道，自汴城西南杏花管入渦河者，則淤澱矣。上意以汴梁爲宗室藩省所在，漕河爲京師饋餉所由，而被灾都郡爲億兆生靈之所聚，其繫尤重且急致廑聖慮，省躬脩德，圖惟治平。乃命户部撙邊庾之糧價，計河南之儲，積得白金一十七萬八千餘兩，以備資費。及諭臣昂，以疏濬脩築改圖之方，尤惓惓以撫綏爲。要臣昂於是祗承德意，敷宣於衆，經畫考量，僉謀克協。時維寒沍，預令有司集財用，繕工具。迨明年春，乃大發夫卒，河南得五萬三千山東得一十一萬南、北直隸共九萬有奇，預戒所司，役其富而舍其貧，日食給以官廩，故皆歡呼。

子來而鎮守巡按三司，若御史臣杜忠、臣陳寬、臣張冕、臣陳璧、臣鄒魯、臣馬良玉布政使臣王道、臣吴珉、臣徐恪按察使臣侯恂、副使臣傅希説，亦罔不同匡濟，且選有司之良，以分董其役。既而河條北徙，去汴城者三十里，金龍缺口日自淤塞，然後人力可施，而地理之宜，不可以不審也。於是奏舉欽天監漏刻博士臣李源以相度之，而以布政臣岫、副使臣曉綜北隄之役。自陽武、封邱、祥符、蘭陽、儀封凡五縣，環而築之，亘三百餘里，高則因地之崇卑，由七尺以及丈餘，廣則視水之緩急，自七丈而至十丈，以防張秋之衝激，以衛諸郡之泛溢。若汴梁之舊隄，歲漸卑薄，乃以僉事臣俊、都指揮臣劉勝董之，增其高，以尺計者，自五而至七，益其廣者皆五丈。保障既固，而向嘗爲遷省之議者，無事於行矣。開封知府臣衛英、同知臣劉悉，經理之副使臣曉又導南河，自原武、中牟下南頓，至潁州，由塗山達於鳳陽故道，仍環繞於皇陵、祖陵之前，合淮以入海。又奏舉南京兵部郎中臣婁性之睢河，自歸德至宿州，下睢寧，出宿遷，以入運河，疏濬、脩築、綜理益密。主事臣謝緝築塞蕭縣之徐渠等口，皆所以殺黄、沁二水，侵汴徐之勢。臣昂又以爲東、兖、徐、淮、河間諸郡，皆古九河所經之地，其故跡已湮，而陝西、山西、河南諸水皆源源而來，以通諸海。惟淮河直沽二道，來者多而逝者少，泛溢之患亦勢所必至。盍亦經理其地，南自徐州，北至天津，時有工部主事臣莫驄築隄、濬河於濟寧之境，添石壩於各閘之旁。巡河御史臣孫衍、郎中臣吴瑞開複河三十里於高郵湖隄之東畔，以免風濤之險，脩陳雷諸塘於揚州之域，以興水利。副使臣綱濬東平州戴家廟之裏河四十里，參政臣純、東昌知府臣趙琮鑿裏河十。其一於東昌至博平者，一百二十里，一於張秋之北者，二十里，餘八各數里有奇，俱下大清河，以入于海。副使臣仲宇於德州之南四女樹，鑿裏河二十五里，至右黄河之九龍口。及管河郎中臣吴珍、河間知府臣謝文於滄州之境，亦開土河，共爲十四，每河口各建減水石牐，以節運河水利。盈則泄之于海，而東、兖、德、滄之水患以紓；縮則蓄之於河，而漕艘商舶之運行益利。隨河脩隄二千餘里，隨隄植柳百萬餘株。又以管泉主事臣黄肅、參政臣純濬萊蕪諸泉一百八十餘處，以濟漕河。大名知府臣李瓚亦築长隄，以障沁、衛、漳河之暴水，竝始事於仲春，僝工於首夏，工傭稍食之資，材、水、竹、石、草、葦百物之費，皆取官羨餘，而不科於民，總爲穀粟二十五萬餘石、白金二十萬餘兩。其費出河南脩隄備者，不及八千兩，而猶存一十七萬餘兩，爲賑民之用。若臨清會通河大閘歲又頹圮，復偕都御史臣鉞議新之，且遷置於衛河之濵，去舊址百餘大，以衍其內，足以容舟楫，便漕運。而以郎中臣珍、主事臣陳玉、副使臣仲宇，程其工，推官臣戴澄、知州臣張增則集其事，不三月而工亦完繕。上聞是役既成，乃遣使齊香帛，命臣昂代祀大河之神。臣僎適以公事，自南都入朝，道經東昌。知府臣琮述其顛末，請爲之記，嘗試論之。河自崑崙入中國，沿洄數千里。其奔放逸悍之勢，蓋觸處皆然，此有事四方者之所駭矚。自瓠子之決，金隄之潰，以迄於天臺、梁山之溢，其激射浸淫之患，亦無代無之，此稽古者之所深慨。自都水有監，河渠有署，自時厥後，或遣使按行，命官監治。其施功當時、敷被後世者，亦時復有焉。此又志功業者之所艷慕，如臣昂固其人也。矧又重聖明之簡，注群賢之協贊者哉！是故宜其役不踰時，纘有成績，以上紓當宁之憂，下庇蒸人之生，非偶然之故也。是爲記。

安平鎮治水之碑

徐溥宜興人，大學士

安平鎮，舊名張秋，實運河要地也。景泰间，黄河支流決鎮之沙灣，壞運河。朝廷命僉都御史徐有貞塞而隄之。暨弘治六年，復決於下流十里許，汶水從之，由東阿舊監河以入海。厥後霖潦大溢，廣至九十餘丈，運河自東而下，率多淤涸，舟楫不通。今上以爲憂，既勑右副都御史臣劉大夏往治之，又特勑内官監太監李興、平江伯陳鋭總督山東兵民夫役，與之共事。時夏且半，漕舟已集，一經決口，挽力數倍，稍失手輒覆溺不可救。僉謂宜急先務，迺於西岸稍南鑿月河，長三里許，引舟由之，次第皆濟歲運，賴以不失。及冬水落，迺爲塞決計，規倣古法，酌以时宜，築東西二臺，植木爲表，多施大索，衆埽交下，兩岸漸合。中流用船雜實土石，鑿而沉之，厭以巨埽囊土以實其罅。役夫番代，閲三晝夜弗息，而決始塞。於外則甃石樹栰，累築而固之。又於其南爲石壩，以備宣節；於上流爲重隄，以防奔潰。至是運道復通，而舊決皆爲陸地矣。初議以安平之上流爲黄陵岡，黄陵未塞，則安平之功亦不易保，故二役竝興，而湍勢悍激，再塞再決，群喙洶洶，莫知所定。迄八年之二月皆以成告上，累遣獎勞，賜羊酒、金幣諸物，易鎮名曰『安平』，又勑建神祠以祈冥佑，名曰『顯惠』，命有司春秋脩祀事。是役也，凡用夫四萬餘，薪芻以束計者八十四萬五千，竹木以根計者三萬七千，麻、鐵以斤計者六十萬四千有奇，而黄陵之役不與焉。比復命於朝，上若曰：『河決既塞，越惟爾二三臣之勞。爾興賜歲禄二十四石。爾鋭加太保兼太子太傅，增歲禄二百石。爾大夏陞左副都御史佐院事。分董其役者，山東左參政張縉，擢通政司右通政，仍治河防。按察僉事廖中爲副使，暨文武官進秩加俸者百數十人，各有差。』既又勑臣溥爲文，紀功績歲月，以詔來世。

臣故叙事紀曰，俾刻金石，如宋靈平埽故事。用復明命且儆于有職者，系之以銘。銘曰：『河出西域，亘行域中，土疏水遷，廣武之東。虞周世邈，漢患尤數，歷宋至元，治法益鑿。我明北都，會爲漕渠，再決張秋，四紀之餘。自西徂東，赴海如注，渠流中涸，南北殊路。帝命在廷，惟内外臣，來諮來營，以拯艱屯。乃疏其源，乃塞其決，群工具興，百慮或竭。斷石於山，伐木於林，實土於囊，載積載沉。至再而三，功乃克就，故漕復通，萬艦交轃。奏章北上，勞使南行，天子有命，錫之嘉名。坤靈效順，河亦南徙，水菑告平，民乃寧止。民贊且頌，良臣之勳，臣拜稽首，天子聖神。皇不自神，子民父母，匪天惠民，孰我能佑，隄石巖巖，川流淙淙，惟兹安平，永鎮東邦。』

安平鎮治水功完碑　王鏊長洲人，大學士

皇明建都燕薊，歲漕東南以給。都下會通河實國家氣脉，而張秋又南北之咽喉。

景泰四年，河決張秋，武功伯徐有貞治之，旋復故道。弘治二年，河勢北徙。六年夏，遂決黃陵岡，潰張秋隄，奪汶水以入海。張秋上下渺瀰際天，東昌、臨清河流幾絶。前後遣官治之，績用弗成。上乃命右副都御史劉大夏往涖。時訛言、沸騰，謂河不可治，治之祇勞且費。或謂河不必治，宜復前元海運，或謂陸輓，雖勞無虞。上復命太監李興、平江伯陳鋭同往涖之。

時夏且半，漕集張秋，帆檣鱗次，財貨山委，決口奔猛，戒莫敢越。或賈勇先發，至則戰掉失度，人船滅没。鋭等聚謀，始於上流，開月河長河三里，軼決口屬之。河於是舳艫相銜，順流畢發，懽喜載道。事聞璽書，獎

勵乃始。議築黃陵岡之決[一]初，大梁之北，爲沁河東南流入徐，西爲黃河，東流入淮，其後黃河忽溢入沁，合流以北，遂決黃陵岡以及張秋。鋭等議，不治上流則決口不塞。於是，浚河及孫家渡七十餘里，由陳、潁以入淮；又浚河自中牟、扶溝、陳潁二十餘里，由宿遷以達于淮；又浚賈魯舊河四十餘里，由曹以入于徐。於時向冬，水且落，迺於張秋兩岸東西築臺，立表貫索，網聯巨艦穴而窒之，實以土牛。至決口去窒沉艦，壓以大埽。合且復決，隨決隨築。吏戒丁勵，畚鍤如雲，連晝夜不息。水乃自月河以北。決既塞，繚以石隄，輔以榥柱又於上流作減水壩，又濬南旺湖諸泉源，又隄河三百餘里，漕道復通。

役始於六年之夏，其冬告成。用軍民凡四萬餘人，鐵爲斤一萬九千有奇，木三萬七千，薪爲束六十三萬，芻二百二十萬次。其役者，通政使張縉、山東按察副使廖中、臣興、臣鋭、臣大夏。以其事聞上，遣使慰勞，令作廟鎮其上，賜額曰『顯惠神祠』。鎮曰『安平鎮』。命臣鏊紀其事。臣拜手稽首而獻詩曰：『翼翼皇都，殿此上游。灌輸東南，艨艟來浮。黃河奔溢，勢如萬馬。遂嚙黃岡，溢於鉅野。帝咨於朝，疇予治者，咨汝大夏，汝鋭、汝興。協謀合

[一] 決　《皇明經世文編》卷一百二十《王文恪公文集》爲『缺』。

力，績乃用登，三臣受命，單車來屬。迺相迺巡，迺釃迺鑿，既隄黄岡，張秋乃築。維天與時，維人効力，神謀鬼輸，隤林菑石。昔事之始，訛言震驚，不震不奪，由天子明。維明天子，維愼厥使，殷其如山，功成有偉。塗人歌矣，居人和矣，舟之方之，維其多矣。忛忛安平，新命孔虔，四方攸同，於萬斯年。』

黄陵岡河工完之碑

劉健大學士

弘治二年，河徙汴城東北，過沁水，溢流爲二：一自祥符于家店，經蘭陽、歸德，至徐、邳入于淮；一自荆隆口、黄陵岡，東經曹、濮，入張秋運河。所至壞民田廬，且損南北運河道，天子憂之，嘗命官往治。時運道尚未損也。六年夏，大霖雨，河流驟盛，而荆隆口一支尤甚，遂決張秋運河東岸，併汶水奔注于海，由是運道淤涸，漕舟阻絶。天子益以爲憂，復命都察院右副都御史劉大夏治之。既而慮其功不時，上也又以總督之柄付之内官監太監臣李興、平江伯臣陳鋭俾銜命往。三臣者乃同心協力，以祗奉詔命，遂自張秋決口，視潰決之源。以西至河南廣武山淤涸之跡，以北至臨清衛河。地形事宜既悉，然以時當夏半，水勢方盛，又漕舟鱗壅口南，因相與議曰：『治河之道，通漕爲急。』乃於決口兩岸鑿月河三里許，屬之舊河，以通漕舟。漕舟既通，又相與議，黄陵岡在張秋之上，而荆隆等口又在黄陵岡潰決之源，築塞固有緩急，然治水之法不可不先殺其勢。遂鑿滎澤孫家渡河道七十餘里，濬祥符四府營淤河二十餘里，以達淮。疏賈魯舊河四十餘里，由曹縣梁進口出徐州運河，支流既分，水勢漸殺。于是乃議築塞諸口。其自黄陵岡以上，凡地屬河南者，悉用河南兵民夫匠，即以其方面統之。按察副使臣張鼐、都指揮僉事臣劉勝分統荆隆等口，按察僉事臣李善、都指揮僉事臣王杲分統黄陵岡，而臣興、臣鋭、臣大夏往來總統之，博采群議，晝夜計畫，殆忘寢食，故官屬夫匠等悉用命，築臺捲埽，齊心畢力，遂獲成功焉。初，河南諸口之塞，惟黄陵岡屢合而屢決，爲最難塞。之後特築隄三重以護之，其高各七丈，厚半之，又築長隄荆隆口之東西各二百餘里，黄陵岡之東西各三百餘里，直抵徐州，俾河流恒南行故道，而下流張秋可無潰決之患矣。是役也，用夫匠以名計五萬八千有奇，柴草以束計一萬二千有奇，竹木大小以根計一萬二百有奇，鐵生熟以斤計一萬九百有奇，麻以斤計三十二萬有奇。其興工以弘治甲寅十月，而畢以次年二月。會張秋以南至徐州工程俱畢，臣興等遂具功完始末，以聞天子，嘉之，特易張秋鎮名爲『安平』，賜臣興禄米歲二十四石；加臣鋭太保兼太子太傅，禄米歲二百石；進臣大夏左副都御史理院事，及諸方面官屬，進秩、增俸有差。乃從興等請，於塞口各賜額立廟，以祀水神，安平鎮曰『顯惠』、黄陵岡曰『昭應』。已而又命翰林儒臣各以工完之跡，文之碑石，昭示永久。臣健以次撰黃陵岡。臣惟前代於河之決而塞之者，漢瓠子、宋澶、濮、曹、濟之間，皆積久而後成功。或至臨塞，躬勞萬乘。今黃陵岡諸口潰決已歷數年，且其勢洪濶奔放，若不可爲，而築塞之功，顧未盈二時。此固諸臣協心，夫匠用命之所致。然非我聖天子至德格天，水靈效職，及宸斷之明，委任之專，豈能成功若是之速哉？臣職在文字，覩茲惠政，誠不可以無紀述，謹摭其事，撰次如右，且繫之以詩曰：中州之水，河其最大。龍門底柱，猶未爲害。太行既北，平壤是趨。奔放潰決，遂無寧區。粵稽前代，築脩屢起。瓠子宣房，實肇其始。皇明啟運，亦屢有聞。安平黃岡，奏決紛紜。壞我民廬，損我運道。帝心憂之，成功欲蚤。乃命憲臣，乃弘廟謨。諄諄戒諭，冀効勤劬。功不時上，復遣近侍。繼以勳臣，俾同往治。三臣協力，兼采群謀。晝夜焦勞，罔或暫休。既分別支，以殺其勢。遂遏洪流，永堅其閉。水由故道，河患斯平。運渠無損，舟檝通行。工畢來聞，帝心嘉悅。加祿與官，恩典昭晰。惟茲大役，不日告成。感召之由，天子聖明。天子聖明，化行德布。匪直河水，萬靈咸附。殊方畢域，靡不來王。以漕以貢，億世無疆。

夏鎮新河記

徐階華亭人，大學士

先皇帝之四十四年秋七月，河決，而東注自華山，出飛雲橋，截沛以入昭陽湖。于是沛之北水逆行，歷湖陵、孟陽，至穀亭四十里；其南溢于徐，渺然成巨浸，運道阻焉。事聞，詔吏部舉大臣之有才識者，督河道都御史，直隸、河南、山東之撫臣，洪閘之司屬暨諸藩臬有司治之，得今萬安朱公衡，爰自南京刑部尚書改工部尚書兼都察院右副都御史，奉璽書總理其事。公至駕輕舠，凌風雨，周視河流，規復沛渠之舊，而時瀦者爲澤，淤者爲沮洳，疏與塞俱不得施。公喟然嘆曰：『夫水之性，下而茲地，下甚不獨，今不可治也。即能治之，他歲河水至，且復淪沒，若運事何？』召諸吏士及父老而問計，或曰道南陽，折而南，東至於夏村，又東南至於留城，其地高，河水不能及。昔中丞盛公應期嘗議，鑿渠於此而不果就，其迹尚存可續也。公率僚屬視之，果然馳疏，以請先皇帝，從之。工既舉而民之規利，與士大夫之泥於故常者，爭以爲復舊渠便。先皇帝若曰：『茲國之大事，謀之不可不審也。』勑工科右給事中何君起鳴勘議焉。何君具言舊渠之難復者五，急宜治新渠而增其所未備，以濟漕運。詔工部集廷臣議，僉又以爲然。詔報可。公乃廬於夏村，晝夜督諸屬程役以工，授匠以式，測水之平，鏟高而實下，道鮎魚諸泉、薛沙諸河，會其壖三河口，以杜浮沙之壅隄，馬家橋遏河之出飛雲者，盡入於秦溝，滌泥沙使不得積。凡鑿新渠，起南陽，迄留城，百四十一里有奇；疏舊渠起留城，迄境山，五十三里；建閘九，減水閘十有六，爲月河於閘之旁者六，爲壩十有三，石壩一，隄於渠之兩涯以丈計者四萬一千六百有奇，以里計者五十三，爲石隄三十里，又疏支河九十六里一千六百餘丈，脩其隄六千三百四十六丈，而運道復通。由徐達於濟，舟行坦然，視舊加捷。階惟國家建都燕薊，百官六軍之食，咸仰給於東南漕運者，蓋國之大計也。自海運罷，而舟之轉漕獨茲一線之渠。其通與塞，又國之所謂大利大害也。河勢悍而流濁，塞之則復決，濬之則輒淤，事在往代及先朝者姑弗論，即嘉靖間，疏築之役屢矣，而卒未有數歲之寧，則今徙渠而避焉，誠計之所必由也，然當議之初上也，或以爲方命，或以爲厲民，譁之以衆口，撓之以貴勢，誣之以重謗，脅之以危言。于其時，公之身且不能自保，況敢冀渠之成哉？賴先皇帝明聖，不怒不疑，徐以公論付之諫，臣擇兩端之中，而因得夫久遠之策，由是公始得竭智畢力，以竟其初志，而實其謀之非迂。然則茲渠之成，固公之功，實先皇帝成之也。昔禹受治水之命於堯，盡舍其前人堙塞之圖，而創爲疏導之說。彼其驟聞焉者，豈無或駭且謗乎？惟堯信之，深任之，篤至八年而不二，禹是以得建萬世永賴之績，奉玄圭以告厥成，則洪水底平。雖謂堯之功可也，而虞夏之史臣與後世之文人、學士，咸知稱禹，而莫知頌堯。嗚呼！此堯之德，所以爲無能名歟！洪惟先皇帝力持國是，以就茲渠，功德之隆，較之帝堯，可謂恊矣！階曩歲備員，內閣嘗屢奉治河之論，邇者謝政南歸復，得親至新渠，觀其水土而考論其事之始末，追感往昔，不自知涕泗之交頤也。遂因公請僭爲之記，且以告夫脩實録者。役始于四十四年十一月二十四日，成於次年九月初九日，用夫九萬一千有奇，銀四十萬。贊其議者河道都御史孫公慎、潘公季馴，綜理於其間者工部郎中程道東、游季勳、沈子木、朱應時、凃淵、主事陳楠、李汶、吳善言、李承緒、王宜、唐鍊、張純參政熊桴；副使梁夢龍、徐節、胡湧、張任、陳奎、李幼滋、僉事董文寀、黎德克、郭天禄、劉贊，竝列名左方。

北河紀卷四　河防紀

河之源，其最微者，莫若會通，黄水衝之，則隨而他奔，而漕不行，故壩以障其入，源微而支分，則其流益少，而漕亦不行。故壩以障其出，流駛而不積則涸，故閉閘以須其盈，盈而啟之，以次而進，漕乃可通。潦溢而不洩，必潰，於是有減水閘，溢而減河以入湖，涸而放湖以入河，於是有水櫃。櫃者，蓄也，湖之別名也。而壅水爲埭，謂之堰，沙澥之處，謂之淺，淺有鋪，鋪有夫，以時挑濬，此則衛河亦有之矣。

由沛縣入魚臺境，爲閘者二：曰利建，即宋家口，嘉靖四十五年建，月河長七十五丈。迤北十八里，曰南陽，元至順二年建，月河長三十五丈。宣德七年重脩減水閘十四，俱隆慶二年建，以洩新河水入南陽湖者也。壩一，曰南陽，隆慶元年建。淺鋪二十一。湖一，曰獨山，即南陽湖。隆慶元年，北岸築石隄三十餘里。

舊運河在昭陽湖西，爲閘者三：曰孟陽泊，在縣治東，元大德八年建，月河長十二丈。迤北八里，曰八里灣，宣德八年建，月河長二十七丈。又北八里曰穀亭，元至順二年建，月河長五十八丈。積水閘二、壩一，今皆廢。淺二十一。

由魚臺而北達於濟寧，其東岸鄒縣境也，爲小閘一，成化十年建。淺一，曰捲里。

由鄒而北入濟寧境，自州以西則濟寧衛分地也，爲閘十四：曰棗林，距南陽十二里，元延祐五年建，月河長八十丈。正德二年重脩。迤北六里，曰魯橋，永樂十三年建，正德二年重脩，月河長一千一百六十五丈，在河西岸，隆慶四年改爲正河。又北五里，曰師家莊，元大德二年建，月河長四十丈。又北十五里，曰仲家淺，宣德五年建，月河長五十一丈，萬曆十二年重脩。又北五里，曰新閘，元至正元年建，月河長五十一丈。又北八里，曰新店，元大德元年建，月河長五十一丈，嘉靖十四年重脩。又北十八里，曰石佛，元延祐六年建，掘土中得石佛像十二，故名。月河長七十九丈，弘治六年重脩。又北八里，曰趙村，元至正七年建，月河長九十八丈，弘治十二年重脩。又西北三里，曰在城，元大德七年建，弘治十二年重脩。又西北一里，曰天井，元至治元年建，一云唐尉遲敬德所剏也。其西南曰分水，元大德五年建。月河閘三，上、下二閘俱天順三年改建。曰下新，即在城月河，曰中新，至上新一里，成化十一年建；曰上新，即天井月河。減水閘六，新店、新閘、仲家淺各一屬州，五里營、十里鋪、安居鎮各一屬衛。萬曆十七年建壩一，曰趙村月河石壩。弘治初建淺十七：曰硯瓦溝、曰棗林、曰魯橋、曰師家莊下、曰師家莊上、曰仲家淺、曰新閘、曰新店、曰花家、曰石佛、曰楊灣、曰趙村、曰五里、曰十里、曰安居、曰永通、曰曹井橋。湖一，曰馬場，一名任湖，在五里東周圍四十里，上受獨山湖之水。

起魚臺至濟寧，有舊運道焉，有閘四：曰廣運上，弘治四年建；曰廣運；曰永通下，成化十一年建；曰永通，洪武四年建，今俱廢。淺二十。

由濟寧而北，其左爲鉅野，有閘一，曰通濟，距天井三十五里，萬曆十六年建，月河長七十二丈。壩一，曰蓬子山，一名彭祖上壩，成化四年築。淺五：曰火頭灣、曰梁家口、曰白嘴兒、曰小長溝、曰黃沙。

由鉅野而北，其左爲嘉祥，有減水閘六，壩一，淺四：曰大長溝、曰十字河、曰寺前、曰孫村。

由嘉祥而北爲汶上境，有閘五：曰寺前，距通濟三十五里，正德元年建。迤北十五里，曰南旺上，一名柳林閘。又北九里，曰南旺下。俱成化六年建。又北十五里，曰開河，元至正間建，永樂九年重脩，月河長一百二十六丈。又北十二里，曰袁家口，正德元年建，月河長九十九丈。月河閘二，在南旺上下，成化間建。減水閘九：曰焦欒、曰盛進、曰張全、曰劉玄、曰孫強、曰彭室、曰常名、曰闞家大、曰兼濟。壩一，曰五里舖。滾水石壩在河西岸，萬曆十七年建。淺十四：曰南界首、曰石口、曰柳隄、曰南旺、曰鵝河口、曰田家口、曰闞城、曰開河、曰劉家口、曰袁家口、曰闞家口、曰張八老口、曰步家口、曰北界首。湖一，曰南旺。在漕河兩涯周圍百八十里中爲二長隄，漕渠貫其中，嘉靖二十二年重脩。其中畫爲三：在漕渠之西者，曰西湖，縈迴九十三里，成化四年始砌石隄，嘉靖二十二年重脩，萬曆十七年，加築舊隄一萬二千餘丈，添築東面子隄一千二百餘丈；其東曰蜀山湖，周迴六十五里，嘉靖二十年創築東隄，萬曆二十五年重脩曰馬踏湖，周迴三十四里，萬曆十七年築隄三千二百丈。

由汶上而北入東平境有閘三：曰靳家口，距袁家口十八里，正德十二年建，月河長一百八十四丈。迤北三十里，曰安山，成化十八年建。又北三十里，曰戴家廟，嘉靖十六年建。洩水閘一，曰金線，在戴家廟北，景泰五年建。湖口閘二：北曰似蛇溝，南曰八里灣，萬歷二十二年建。壩二：曰戴家壩，至州六十里，永樂九年建。曰坎河口石壩，萬曆十七年建。淺十七：曰沙堆、曰邢家莊、曰蘇家莊、曰譚家莊、曰安山上、曰安山下、曰積水湖、曰馮家莊、曰劉家莊、曰李家莊、曰王仲口、曰果家莊、曰靳家口、曰戴家廟、曰韓家口、曰張長口、曰劉家口。

由東平而北入壽張縣境，有積水閘二：曰沙灣閘，成化七年建；曰高口閘。堰一，曰野豬腦，縈迴三十餘里。淺五：曰戴家廟下、曰劉家口、曰戴洋口、曰沙灣、曰張家莊。

由壽張而北入東阿縣境，有閘一，曰通源，在張秋城南運河西岸，即廣濟渠也。景泰四年，徐有貞治沙灣決河，先爲疏水之渠，起張秋金隄，通壽張之沙河，西南至於竹口，又西南至大渚潭，乃踰范暨濮而上，又西北接河沁之水，命曰廣濟渠。渠口爲通源閘，有石隄二道：自大感應廟起至沙灣，長一百六十丈，天順八年脩創；自沙灣起至荆門驛，長一千九百三丈。有五空橋，在張秋城南，與沙灣相對，即減水石壩，廣袤各十五丈。又於上甃石爲五竇，以漕渠餘水入之小鹽河。弘治四年建淺八：曰掛劍、曰新添、曰沙灣、曰北灣、曰安家口、曰仲渡口、曰南浮橋、曰北浮橋。

由東阿而北，入陽穀縣境，有閘六：在張秋北十里，曰荆門上。又北三里，曰荆門下。又北十里，曰阿城上。又北三里，曰阿城下。又北十二里，曰七級上。又北三里，曰七級下。皆元時建。永樂間脩淺十：曰何家口東岸、曰何家口西岸、曰舘驛灣東岸、曰舘驛灣西岸、曰張家口、曰秦家口、曰劉家口、曰義河口、曰官窑口、曰渡口。

由聊城縣東岸，北至博平縣境西岸，北至堂邑縣境，有閘四：曰周家店，距七級十二里，元大德四年建。迤北十二里，曰李海務，元元貞二年建。又北二十里，曰通濟橋。又北二十五里，曰永通。俱永樂十六年建。減水閘四；淺鋪二十三：曰北壩口、曰徐家口、曰柳行口、曰房家口、曰呂家灣、曰龍灣、曰宋家口、曰破閘口、曰林家口、曰于家口、曰周家店、曰北壩口、曰稍張閘、曰柳行口、曰白廟、曰雙隄、曰裴家口、曰方家口、曰李家口、曰米家口、曰耿家口、曰蔡家口、曰官窑口。

聊城西岸，南自龍灣鋪，北至西北壩鋪平山、東昌二衛分地，也有淺二：曰中淺、曰小淺。

由博平縣北至清平縣境，有減水閘一；淺鋪六：曰朱家灣、曰老隄頭、曰南減水閘、曰袁家灣、曰朱家屯、曰梭隄。

由堂邑縣北至清平縣境，有閘二：曰梁家鄉，距通濟三十里，宣德四年建。迤北十五里，曰土橋，成化七年建。減水閘三：曰函谷洞、曰土橋、曰梁家鄉。淺七：曰函谷洞、曰土橋、曰中閘口、曰馬家灣、曰北梁家鄉、曰新開口、曰南梁家鄉。

由清平縣北至臨清州境，有閘一，曰戴家灣，距土橋四十八里，成化元年建。減水閘二：曰魏家灣、曰李家口。東岸淺鋪八：曰朱家、曰張家、曰十里井、曰趙官屯、曰戴家、曰陳官屯、曰趙家、曰潘家橋。西岸淺鋪六：曰張家、曰李家、曰李官屯、曰王官屯、曰丁家屯、曰魏家灣。

河自衛、輝來者，歷舘陶縣至臨清，與會通河合流而北，其淺鋪十二：曰灘尚、曰窩兒頭、曰還隄、曰秤勾灣、曰小馬頭、曰南舘陶、曰安靖、曰黄花臺、曰李家、曰馬頭、曰馬欄廠、曰尖冢。

由臨清州東岸北至夏津縣境，有閘二：曰新開上，距戴家灣三十里。迤北五里，曰南板。俱永樂十五年建。淺舖五：曰弔馬橋、曰房村廠、曰上口、曰丁家馬頭、曰下杖柳。

西岸北至清河縣境，有淺舖八：曰尖冢、曰白廟、曰羅家、曰孟家、曰趙家、曰郭家、曰陳家、曰王家。南岸西至板閘口有淺舖六：曰潘家屯、曰七里墩、曰潘家橋、曰新莊、曰沙灣、曰閘口。

由清河縣西岸，北至夏津縣境，有淺舖八：曰二哥營、曰巖家、曰吴家、曰孫家、曰葡萄、曰草廟、曰黄家、曰賈家。

由夏津縣北至武城縣境，有淺舖六：曰新開口、曰草廟、曰郝家、曰小口子、曰大口子、曰横河。

由武城縣東岸，北至恩縣境，有淺舖十三：曰商家、曰白龍、曰白家、曰大龍、曰灣頭、曰柳林、曰大還、曰高家、曰陳家、曰何家、曰半邊店、曰陳家、曰方遷。西岸北至故城縣境，有淺舖十二：曰劉家、曰侯家、曰周家、曰南調嘴、曰北調嘴、曰絶河、曰西關、曰小流、曰孟家、曰王家、曰張家、曰果子。

由恩縣東岸，北至德州境，有淺舖七：曰白馬廟、曰高師姑、曰滕家口、曰回龍廟、曰八里堂、曰新開口、曰曹家口。而回龍廟之北有丁官屯一舖，德州衛地也有減水閘一，在四女樹。

由故城縣西岸，北至德州衛境，有淺舖四：曰鄭家口、曰范家圈、曰焦姑寺、曰孟家灣。

由德州東岸，北至德州左衛境，有淺舖三：曰新窰口、曰飲牛口、曰耿家灣。

由德州衛西岸，北至德州境，有淺舖一，曰南陽務。

由德州西岸，北至德州左衛境，有淺舖三：曰上八里、曰蔡張成、曰劉皮口。

由德州左衛東西岸俱北至德州境，有淺舖四：曰小西門、曰鄭家口、曰四里屯、曰下八里屯。

由德州衛東岸，北至吴橋縣境，西岸北至景州境，有淺舖九：曰張家灣、曰圓窩口、曰五里莊、曰降民口、曰丁官屯、曰劉官屯、曰四里屯、曰八里屯、曰高官廠。

由景州西岸，北至吴橋縣境，有淺舖四：曰羅家口、曰薄皮口、曰坡唐口、曰狼家口。

由吴橋縣東西岸俱北至東光縣境，有淺舖七：曰降民屯、曰鐵河圈、曰朱官屯、曰小馬營、曰郭家圈、曰三里、曰王家。

由東光縣東岸，北至南皮縣境，有淺舖四：曰下口、曰李家、曰任家、曰狼拾。西岸北至交河縣境，有淺舖五：曰古隄、曰大龍、曰桑園、曰油房、曰白家。而二縣之界有瀋陽衛地焉。

由南皮縣東岸，北至天津右衛境，有淺舖五：曰北下口、曰白家堰、曰雙堂、曰三角隄、曰馮家口。

由交河縣西岸，北至青縣境，有淺舖五：曰李道灣、曰丁家口、曰大流口、曰菱角窩、曰白洋橋。而其中三十八里屬河間衛。

由天津右衛東岸，北至滄州境，有淺鋪四： 曰小白洋橋、曰大白洋橋、曰南楊家口、曰北楊家口。

由滄州東岸，北至天津左衛境，有淺鋪七： 曰甎河南口、曰王家圈、曰冠家圈、曰回回灣、曰紅孩兒口、曰華嚴口、曰朱家墳口。

由天津左衛東岸，北至興濟縣境，有淺鋪九： 曰張家口、曰大掃灣、曰高家馬頭、曰安都寨、曰索家馬頭、曰北横隄、曰南横隄、曰許家淺、曰南絶隄。

由興濟縣東岸，北至天津衛境，有淺鋪七： 曰安都寨口、曰王家、曰流洪、曰安家、曰柳巷口、曰李家、曰八里堂。

由青縣西岸，北至静海縣境，有淺鋪六： 曰甎河、曰運坊、曰李家、曰留小、曰流河、曰新莊口。而甎河之北，運坊之南，天津左衛境，也有淺鋪五： 曰流佛寺、曰北絶隄、曰管莊口、曰蓮花、曰石堂。

由天津衛東岸，北至静海縣境，有淺鋪九： 曰泊漲、曰新莊、曰寨里、曰東漫撒、曰馬濟、曰王家、曰李家、曰吕家、曰蔡家。而新莊之北三里，霸州分地也，有淺曰蘇家。

由静海縣東岸，北至天津右衛境，西岸北至武清縣境，有淺鋪八： 曰釣臺、曰雙堂、曰在城、曰獨流、曰沙窩、曰辛口、曰楊柳青、曰稍直口。

創建魚臺孟陽薄石牐記略 牐即閘

元　趙文昌

聖元以神武定天下，遐邇率職，來享，來庭。而江淮漕運，商旅之轉販，仕宦之往來，非舟楫無以濟不通，此會通河之所以作也。河功告成于今幾二十年，歲月滋久，霖潦浸淫，岸移谷遷，不無堙塞。

都水監上下巡視，求其利病。以沛縣之金溝、沽頭，魚臺之孟陽薄，沙深水淺，地形峻急，皆不能舟。遇有官物往來，必驅率瀕河之民推之，挽之者不下千餘。妨農動衆，民恒苦之。遂條陳其事。都省委右司都事王潛、都水太監馬之貞等臨視，與所説合。議曰： 夫水積之不厚，不足以負大舟； 蓄之不廣，不足以供下洩。今莫若立堰以積水，立牐以通舟，堰貴長，牐貴堅，漲水時至使漫流於其上，如斯而已矣。於是，視地之高下，程廣狹，量淺深，繪圖計工以報。

都省議，修之，從孟陽薄始。今值歲晚，先辦物料興工，以春首爲期。用夫匠一千二百三十二名，監夫不足，於近邑差雇五百七十一名，就給工價、米糧一切物料，官爲和買，給中統鈔五萬五千緡。不敷，於濟寧路官錢内支。選差覆實。司提舉仇鋭來董是役，預辦所需金石、材木諸物，指分工役。其堰横長一十二丈，中爲牐門，外石内甓，高一丈四尺。基縱廣八丈，牐下廣五丈，殺之如壇級，以及於上，五分廣之三。起於大德八年正月，訖于五月，凡用工十七萬六千九百九十，中統鈔十萬三千三百五十緡，糧一千二百四十七石。落成之日，鼓聲四起，牐門啟鑰，篙師序次以進。前旗一指，通數十百艘於飲食談笑之頃。乃命謝里高立不遠千里而來，請文至再。予不揆，因記脩牐之歲月如此。

兖州重脩金口牐記　劉德智

皇元膺天命撫方夏，極天地之覆載，皆臣服唯謹。東南去京師萬里，粟米、絲枲、纖縞、貝錦、象犀、羽毛、金珠、琨簜之貢，視四方尤繁重。車輓陸運，民甚苦之。至元中，穿會通河，引泗、汶會漳以達于幽。由是，天下利于轉輸。

泗之源會雩於兖之東門。其東多大山，水潦暴至，漫爲民患。職水者訪其利病，隄土以防其溢，束石以洩其流。其一洞歲久石摧，不足以吞吐，今近北改作二洞，以開啟閉。中書省以聞天子，可其議。命下之日，當延祐四年，都水太監闊開分治山東，寬勤恪恭，敏於事會。曹掾王元、從理薄書，壕寨官李克温董工役，役長張聚、李林、路詳、宋贇、秦澤分任其事。夫匠一千九十，石二千五百，甎三萬，灰五萬，木六千四百。鐵錠、鐵鉤、鐵環不敷，取諸官錢以買。兖州知州尋敬提調，州吏鹿果經始於四年閏正月，成於三月。

工告訖，大祠玄冥，釃酒割牲，燔燎瘗埋，吹擊笙鼓，風日清明，役徒謳歌，人神懽悦。乃相與請辭鑱諸石以紀其始終，遂以命德智。洪惟皇元起漠北，以深仁厚德奄有天下。公家世鼎鼐，參贊化育，今誠能實於己而勤於官，忠於上而信於下，言不妄發，事不輕改，故民易信而功易成。雖然，又豈水曹爲然，推此誠實以理天下，則被澤溥矣！辭不獲命，因書所聞以爲記。

重脩濟州任城東牐記　俞時中

至元二十年，朝廷初以江、淮水運不通，乃命前兵部尚書李奥魯赤等調丁夫，給庸糧，自濟州任城委曲開穿河渠，導洸、汶、泗水，由安民山至東阿三百餘里，以通轉漕。然地勢有高下，水流有緩急，故不能無阻艱之患。二十一年，有司創爲石牐者八，各置守卒，春秋觀水之漲落，以時啟閉。雖歲或亢暘，而利足以濟舟楫。惟是任城牐東距師家莊衮六十里，土壤疏惡，霖潦灌注，承乏歲月，至是始壞。

時都水少監分都水監事石抹奉議適膺其任，聞之中書省，易而新之。陶土爲甓，採石於山，其材用所須，不費於官，不取於民，率指授役夫爲之。不數月，厥功告成。仍即其地之西偏修飾廳事，以爲使者往來休憇之所。公退，因録其同事者職役姓氏俾刻諸石，以告後之來者。

重脩濟寧州會源牐記

揭傒斯豐城人，侍讀學士

皇帝元年夏六月，都水丞張侯改作濟州會源閘成。明年春二月，具功狀，遣其屬孟思敬至京師，請文勒石。

惟我元受命定鼎幽、薊，經國體民，綏和四海；辨方物，以定貢賦；穿河渠，以逸漕度。乃改任城縣爲濟州，以臨齊、魯之交，據燕、吳之衝。導汶、泗以會其源，置閘以分其流。西北至安民山入于新河，逮于臨清，地降九十尺，爲牐十六，以達于漳；南至沽頭，地降百十有六尺，爲牐十，又南入于河；北至奉符，爲牐一，以節汶水；東北至兖州，爲牐一，以節泗水。而會源之牐制于其中。歲益久，政日弛，弊日滋，漕度用弗時，先皇帝以爲憂。

延祐六年冬，詔以侯分治東阿，始脩復舊政，誕布新令，嚴暴横之禁，杜姦利之門。南疏北導，靡所寧處。明年冬，以及期請代，弗許。行視濟牐，峻怒狠悍，歲數壞舟楫，土崩石泐，岌不可持。乃伐石區里之山，轉木淮海之濵，度工即功，大改作焉。

明年，皇帝建元至治，三月甲戌朔，侯朝至于河上，率徒相宜，導水東行，竭其上下，而竭其中，以儲衆材。撤故閘，夷坳泓，徙其南二十尺，降七尺以爲基，其下植巨栗如列星，貫以長松，實以白石。槩視其地，無有所罅漏。衡五十尺，縱百六十尺。八分其縱，四爲門縱。孫其南之三，北之一，以敵水之奔突震蕩。五分其衡，二爲門容，折其三，以爲兩墉。四分其容，去其一，以爲門崇。廉其中，而翼其外，以附于防。三分門，縱門于北之二以爲門，中夾柎石鑿以納懸板。五分門崇，去其一以爲鑿崇，翼之外更爲石防，以禦水之洄洑、衡、薄。縱皆二百三十尺，爰琢爰甃，犬牙相入；苴以白麻，固以石膠；磨礱剷硤，關以勁鐵；崖削砥平，混如天成；冠以飛梁，偃如卧虹。越六月十有三日乙卯訖功。大會群屬，宴于河上，以落之。工徒咸在，旄倪四集，酒舉樂作，揮鍤決堨，艤櫂啟鑰，水平舟行，伐鼓讙呼，進退閒暇，其稱侯之功頌侯之德者雷動雲合。且拜曰：『惟聖天子繼志述事，不易任，以成厥功，惟億萬年，享天之休』。

是役也，以工計，石百六十人，木十人，金五人，土五人，徒千四百二十人。以材計，木萬一百四十有一，石五千一百二十有八，其廣厚皆倍於舊；甓二億一千一百有五十；以斤計，鐵二萬五千五百，麻二千三百，石之灰三億三萬三百三十有四；以石計，粟千二百有五十，視他牐三之，視故牐倍之。其出于縣官者，鐵若麻木十之七，石五之一，粟五之三，餘一以便宜調度，不以煩民，此其大較也。

初侯至之明年，凡河之隘者闢之，壅者滌之，決者塞之，拔其藻荇，使舟無所碍禁，其芻牧使防有所固，隆其防而廣其址，脩其石之巖阤穿漏者，築其壞之疏惡者，延袤贏七百里。防之外增爲长隄，以闞暴漲，而河以安流。潛爲石竇，以納積潦，而瀕河三郡之田民皆得耕種。又募民采馬藺之實，種之新河兩涯，以錮其潰沙。北自臨清，南至彭城，東至於陪尾，絶者通之，鬱者澌之。爲杠九十有八，爲梁五十有八，而挽舟之道無不夷矣。

乃建分司及會源、石佛、師莊三牐之署，以嚴官守。樹河伯、龍君祠八，故都水少監馬之貞、兵部尚書李奥魯赤、中書斷事官忙速祠三，以迎休報勞。凡河之所經，歲藏水以待渴者，種樹以待休者；遇流殍，則男女異瘞之；餓者爲粥，以食之。死而藏，饑而活者，歲數千人。是以上知其忠，下信其令，用克果於兹役也。侯亦勤且能矣。

侯名仲彬，河南人。銘曰：

昔在至元，惟忠武王，自南還歸，請開河渠。自魯涉齊，以達京師。河渠既成，四海率從，萬世是資。朝颿夕檣，垂四十年，孰漫而隳。翼翼張侯，受命仁宗，號令風馳，徵工發徒。既滌既疏，濟閘攸基，先雞而興，既星而休。觸冒炎曦，疾者藥之，死者櫝之，奚有渴饑？柎循勞徠，信賞必罰。勿亟勿遲，十旬之間，遹績于成。智罔或遺，洋洋河流，中有行舟，若遵大逵舳艫相銜，罔敢後先，亦罔敢稽。賢王才侯，自北自南，顧盼嗟咨，曰惟京師，爲天下本，本隆則固。惟帝世祖，既有南土，河渠是務。四方之共，于千萬里，如出跬步。聖繼明承，命官選材，惟侯之遇。昔者舟行，日不數里，今以百數，昔者舟行，歲不數萬，今以億慮。惟公乃明，惟勇乃成，惟廉則恕。汶、泗之會，有截其牐，有菀其樹，功在國家，名在天下，永世是度。

都水監創建穀亭石閘記

周汝霖

至順二年，歲在辛未，季夏之月，會通河穀亭石閘成。凡用工九十日，金石土木之工百有八十人，徒八百二十人。石以塊計者二千七百三十，木以株計者一萬二百七十，甓以口計者二十五萬三千，灰以斤計者三十三萬五千，鐵亦以斤計者三萬一千四百，其餘麻枲瓴甋、斧錯、瑣細、鬫縷各若干。除金木糧儲出於有司，他皆監司採煉陶冶，仍資傭工錢二萬五千緡。

閘身縱二丈又七尺，衡二丈又二尺，高如之；鴈翅四，各亘五十尺；址袤八十尺，廣百又二十尺。奉直大夫都水監丞阿里公命汝霖作文以紀之。詞曰：

欽惟聖元，混一區夏，定鼎幽薊。九州内外，罔不臣順。航四海，泛九江，浮于淮，入于河。職貢糧運，商旅懋遷，以供給京師。然自東阿抵臨清二百餘里，舍舟從陸，車輓以進御河。每值夏秋，霖雨泥淖，馬瘠車僨，公私病之。

至元二十六年，朝廷用令史邊君、同知馬公言，開會通漕河，自安民山引汶、泗、洸等水，屬之御河。度其地勢穹下，前後建石閘三十餘座，以制蓄洩。於是，川途無壅，舟楫憧憧，方諸陸運，利相十百。以故國用充，而民不匱，四十年于兹矣。惟棗林至孟陽薄七十餘里，湍激迅澓，沙土潰淲，閘再啟鑰，舟方一洊。嘉議大夫、都水盧公因、壕寨楊温等議，宜於穀亭北、郵傳西創建石閘，滙黄良、艾河等泉，以厚水勢，則免齟齬之患。詢謀僉同，乃上之省堂，允請。

令下之日，奉議大夫少監德安帥寮屬董其事。未幾，會監丞阿里馳驛分治山東。下車之初，首以斯閘爲己任，指畫夫匠，親臨監督。靡憚晨夕，分任其事。公威嚴謹恪，寬以濟猛，人皆獻力，惟恐弗逮，故能克底厥功。

經始於是歲之二月，訖功於六月中。樹巨闑，傍羅釦砌，龍鱗錯落，鴈翼翬飛。冠以虹梁，縣以金鉤，周緻縝密，混若天成。於是，割牲釃酒祠河伯。會群屬於河上以落之。舉酒作樂，伐鼓啟鑰，水平舟行，飄檣翳空，舳艫相接，進退閒暇，莫不歡喜歌詠。噫！是役也，始則盧公建言之力，中則德安公經營之勤，終則阿里公踵成之功。於國於民，永賴以濟。於斯見聖朝人才之盛，守職者不苟禄，而勤於效忠矣！因摭其所聞而爲之記。

改作東大閘記略

李惟明

泗別於滋陽，兖道之；　汶支於奉符之堽城，洸引之。西南會於任城，會通河受之。昔汶不通洸，國初，歲丁巳奉符畢輔國請於嚴東平，始於汶水之陰、堽城之左作一斗門，堨汶水入洸，至任城益泗漕，以餉宿、蘄戍邊之衆，且以溉濟兖間田。汶由是有南入泗淮之派。至元二十年，朝議以轉漕弗便，迺自任城開河，分汶水西北流，至須城之安民山，以入清濟故瀆。通江、淮、漕至東阿。由東阿陸轉僅二百里抵臨清，下漳、御，輸京師。二十六年，又自安民山穿渠，北至臨清，引汶絶濟，直屬漳、御。由是，江、淮之漕浮汶、泗，徑達臨清，而商旅懋遷，游宦往來，暨閩、粤、交、廣、卭、僰、川蜀，航海諸番，凡貢篚之入，莫不由是而達，因錫河名，曰『會通』。於是，汶之利被南北矣！

始輔國直堽城西北隅，作石斗門一。後都水少監馬之貞又於其東作雙虹懸門。閘、虹相連屬，分受汶水。既又以虹石水易圮，迺改其西虹爲今閘制，通謂之東閘，謂國輔所作斗门爲西闸。西閘後改作，址高水不能入，獨東閘受水。汶水盈縮不常，歲常以秋分役丁夫採薪積沙，於二閘左絶汶作堰，約汶水三之二入洸，至春全堨餘波以入。霖潦時至，慮其衝突，則堅閉二閘，不聽其入。水至，徑壞堰而西循故道入海，故汶之堰歲脩。延祐五年，改作石堰，五月堰成，六月爲水所壞。水退，亂石齟齬壅沙，河底增高，自是水歲溢爲害。至元四年秋七月，大水潰東閘，突入洸河，兩河罹其害，而洸亦爲沙所塞，非復舊河矣。

初，之貞爲沙堰也，有言作石堰可歲省勞民。之貞曰：『漢曹參作興原山河石堋，常爲漲水所壞，時復脩之。汶，魯之大川，底沙深濶，若脩石堰，須高水平五尺，方可行水。沙漲淤平與無堰同。河底填高，必溢爲害。況河上廣石，材不勝用，縱竭力作成，漲濤懸注，傾敗可待。晉杜預作沙堰於宛陽，竭白水溉田，闕則補之。雖屢勞民，終無水害。固知川之不可塞也。』且曰：『後人勿聽浮議，妄興石堰，終困其民，壅遏漲水，大爲民害』。重脩堽城閘，因自作記，勒其言于石。至是，果如其言。若合符契，閘壞岸崩，碑沉於水，爲土石所壓。

是年九月，都水監馬兀公來治會通河，行視至堽城，謂衆曰：『堽城，洸、汶之交，會通之喉襟，閘壞河塞，上源要害，役有先於此者乎？』於是，用前監丞沈溫公闞爲一大閘之議，命壕寨官梁仲祥、李讓計徒庸，度材用，量事期，以狀上中書，即從其請。明年二月，命工入山取石煆灰，市物於有司，經營揆度，畫圖指示，以舊址弊於屢作，改卜地於其東。掘地及泉，降汶河底四尺，順水性也。袤其南北，爲尺百，廣其東西，爲尺八十，下於平地，爲尺二十有二，土木之工，又入其下八尺。上爲石基以承閘，閘之崇於地平。自基以上，縮掘地之深一尺；兩壁直南北爲身，皆長五十尺；其南張兩翼爲鴈翅，皆長四十五尺；其北矩折以東西，各附於其旁，亦長四十五尺，不爲兩翼。斂其前，隘漲水也。前盡基，肩岸受水，欲其前也。後遜基八之一，疊石爲岸承之。出基之高五尺，長爲尺二十有五。五分基之廣，濶其中之一爲明，入明三分深之一，爲金口，廣尺，深咫。板十有三方，盈金口之廣，長亘明入金口，兩端各盡其深。上下以啟閉者十二，其一不動爲閾。其大石爲兩臬，夾制其前卻。石相疊比，則以鐵沙磨其際，必脗合無間後已。凡用石大小以叚計，二千六十有奇，自方以尺計三萬三千六百五十，甓以萬計一十有六，石灰以斤計四十六萬三千，瓦礫以擔計二萬四千，木大小以株計一萬三百一十，鐵剛柔以斤計三萬九百一十五，麻、炭諸物稱是。糜錢一萬七千餘緡，役徒千人，木石之工二百八十人。始事於五月七日，畢役於九月十日。

閘既成，衆合辭請公，願識其事于是屬筆于予。予復之曰：『汶古名川，昔異公、馬公用之，則爲轉漕之益，爲溉灌之利。後人用之，則有横潰之憂，有墊溺之患。水性非異今昔，蓋用之善不善也。馬公既善用之，又碑其言以示來者，其慮後也深矣。不有茲役，曷驗馬公之言？碑仆於水，豈天惡馬公發其機耶？將使後人獨受其害而不蒙利耶？惟是役也，雨暘時若，漕運無愆，天其或者悔惡於人，俾憶馬公之言乎？』既不獲辭，遂爲叙導汶始末、會通源委，以見堽城閘水利喉襟，且表出馬公之言以爲鑒。又因以識興造年月。脩閘之制度，用物之會計附焉。公字仲彬，唐古氏。

會通河黃棟林新牐記

楚惟善

會通河導汶、泗，北絶濟合漳，南復泗水故道，入于河。自漳抵河，袤千里，分流地峻，散涣，不能負舟。前後置牐若沙河、若穀亭者十三。新店至師氏莊猶淺澀，有難處。每漕船至此，上下畢力，終日叫號，進寸退尺，必資車於陸而運始達。議立牐，久不決。

都水監丞也先不華分治東平之明年，思緝熙前功以紓民力，慨然以興作爲己任。乃躬相地宜。黄棟林適居二牐間，遂即其地，庀徒蕆事。經始於至正改元春二月己丑，訖工於夏五月辛酉。牐基深常有四尺，廣三，其深有六尺，長視廣又尋有七尺。牐身長三分，基之一，崇弱五寸，不及身之半。又於東岸創河神祠，西岸創公署。爲屋以間計者十有五。署南爲臺，構亭其上。凡用石方尺長丈爲塊計三千有奇。木大小以株計，四千六百五十八。堲以斤計，二十五萬。鐵以斤計，一萬六千有奇。甓一十五萬二千五百。麻炭等物稱是。工匠、繇卒千八十有五人。用糧千七百五十斛，楮幣四萬緡。制度纖悉，備極精緻。落成之日，舟無留行，役者忘勞，居者聚觀，往來者懽忭稱慶。僚佐耆宿，衆相與謀，謂不伐石以識，無以彰公之勤，且懼來者之功不繼，而前功遂隳也。

先是，民役於河，凡大興作，率有既廪爲常制。是役將興，時適薦饑，公因預期遣官赴都稟命，冀得請，俾貧窶者得竄其身，藉以有養。及久未獲命，不忍坐視斯民餓且殍，遂出公帑，人貸錢二千緡，約來春入役還官。無何糧亦至，民爭趨令。其軫民瘼如此。

又初開月河，於河東岸鬭地及咫，礓礫錯出，舉鍤無所施。迨營牐基近西數舉武，黄壤及泉，訖無留礙。雖國家洪福所致，抑公精誠感格天地，鬼神亦陰有以相之也。公哈剌乞台氏，明敏果斷，操守絶人，讀書一過目輒不忘，律學、醫方靡不精究。始由近侍三轉官受今除。是役也，董工於其所者，令史李中、壕寨官薛源政，奏差韓也先不華，工師徒長不能備載，具列碑陰。

新建耐牢坡石閘記

劉大昕濟寧府同知

大明受命皇帝即位之元年，詔遣大將軍定山東，平幽冀。兵不血刃，而梁、晉、關、陝大小郡邑悉皆附順。分兵戍以守阨塞，浚河梁以逸漕度。舳艫千里，魚貫畢聯，貢賦供需，有程無阻。後以黄河變易，濟寧之南陽西暨周村涯淤窒壅，數壞舟楫。迺遵師莊、石佛諸閘，北泝汶、濟，以達燕、冀，西循曹、鄆，以抵梁、晉。濟寧州城西二十里許耐牢坡口者，實西北分路之會。坡有隄，綿數十里，以防河決。於是時遂開通焉。倘失啟閉，水勢散泄，漕度愆期，深爲職守憂。

洪武二年，申請于山東行省，注官分任其事，南疏北導，靡所寧處。冬十一月，省檄下委大昕，相宜置閘，以爲歲久計。十二月朔，同寅知府余芳、通判胡處謙集議，率任城簿周允暨提領郭祥至於河上。視其舊口，則土崩流悍，不可即功。行視口之北幾一里許，平衍水滙，可立基焉。乃伐石轉木，度工改作。時冰凍，暫止。三年二月二日，集衆材，合役丁，夷土隄，平水降八尺以爲基。樹以棗栗，密如星布，實以瓦甓，逈若砥平。然後舖張木枋，敷嵌石板，爰琢爰甃，犬牙相入。復固以灰膠，關以鐵錠，磨礲剷削，混然天成。閘門東西廣十六尺有五寸，崇十尺一寸。西北比東西廣加一尺焉。閘之北，東向有墉，縱二十三尺；西向墉縱一十五尺有奇，閘之南稱是。翼如也，所以捍水之洄洑衝薄也。兩門之中鑿渠五寸，下貫萬年枋，以立懸板。復於閘之南北，決去壅土，以殺悍湍，且濟舟以轉折入閘。自兹啟閉有常，舟行如素。

三月二十日告成訖功，計興工至休役，凡五十日。以工計：石工二十九人，木工四人，金工二人，徒二百五十人。以株計：木一千三百有三，枋五十，甓大小七百八十有四，鐵錠一百，每錠重六斤四兩，鐵斤重二百五十五，木炭斤重一千五百四十二，石灰斤重六千三百四十四。工之食粟八石零七升。若鐵、粟則取給於官，餘悉因沂、兖二州，任城滕、鄆諸縣土地所有，規措給用，雖少勞於民，而民樂於趨事，不費於官，而官亦易於成功，此大較也。大昕雖董是役，而主簿周允晨夕陳力，勤敏不怠，其功其勞，不可蓋也。遂具載本末于石，以垂永久焉。

重脩濟寧月河閘記略

廖莊吉水人，大理寺卿

天順改元丁丑秋，貴池孫公仁拜冬官主事，奉命治水于濟寧。濟寧天井、在城二閘舊有月河，距州治南三里許，上口東密邇天井閘，北對會通河，二水縱横若十字然。逮天雨潦溢，潺湲相持，什七南注，其勢猶傾。舟由閘河而西者或至沈覆，遡月河而上者艱於逆輓。下口去在城閘尤邇，有閘瀕於西岸，啟而舟下，又有衝激之虞，雖善計者未如之何。

先是，冬官主事永豐陳公律、蘄陽陳公溱繼莅其地，議以下口舊閘移入百餘尺，改上口於迤西，餘七百武，棄會通河不對，置兩口而梁於其上，置閘於兩口之下。時水盈縮而閉縱之，庶免前患。議定以聞，詔：許之。工未舉，孫公來代。時巡撫都御史牟公富尚以民貧財之爲難。孫公乃計在官之料、儲庫之積，物因其舊，力省於人。郡邑所供者，第石灰炭而已。

復以聞，上可其奏。而鎮守平江侯陳公豫、巡河御史蘇公夔、王公祥、山東布政司參政李公讚、按察司僉事劉公進協謀併智，贊相爲多。相其事者，則兖州府知府郭君鑑。董其事者則推官范君雯。始事于己卯之冬，訖工于庚辰之春。學正陶君鼎輩咸願刻石紀成，而因都督趙公輔屬筆於予。夫以天井、在城二閘，前人爲之備矣。月河上、下二口，則未備焉。自前迄今皆知其不便，而未如之何。今二陳啟之於前，孫公成之於後，經營有方，措置有道，官不爲擾，民不爲勞，可謂克脩前人之未備，便今人之未便者矣！歐陽子有云：『作者未始不欲長存，而繼者常至於怠廢。使其繼者恒如作者之心，則天下後世豈有遺利哉。』故爲之記，使來者尚有考而用其心也。

兖州金口堰記略

劉珝壽光人，大學士

天下無不可爲之事，顧無可爲之人。此伊昔金口堰之廢，必抵于今而始成也。堰距兖州東五里許，以其障沂、泗二水入金口閘，西達濟寧會通河，因號今名。考之後魏及隋元以來，皆嘗脩築，以通漕運。

都之建不一，堰之興廢亦不一。暨我太祖高皇帝定鼎金陵，無事乎堰。太宗文皇帝駐蹕北京，復通漕運而堰多事矣。前此堰築以土，每夏秋之交波濤洶湧，即圮無餘。萬夫之役，不貲之費，爲之蕩然。自永樂以迄于成化，朝廷雖數命官脩固，卒莫能底定。

歲庚寅，都水主事宜興、張盛、克謙祇承是任。肆以興復爲己任，乃曰：『與其屢費以病民，孰若一勞而永逸』。適冬官亞卿喬公志弘催督漕運，首以白之，遂疏其實以聞。上下公卿議，率以爲可行。已而秋官亞卿、王公宗貫繼志，復注意提督獎勸。又得山東少參尹公朴之、僉憲王公廷言相與維持其事，事駸駸乎嚮成矣。

克謙結一草廬於堰側，晨夕坐卧其中，始終不懈。財不取于民，唯以堰夫歲辦樁草，折納米粟，懋易一切物料。躬率夫匠採石於山，伐木於林，煅灰於野，凡百所需，悉區畫有方。復檄兖州同知徐福輩分司其事。涓卜鳩工，官使畢集。興于成化七年九月，訖於次年六月。

計堰東西長五十丈，下濶三丈六尺，上濶二丈八尺。自地平石計五層，高七尺。湫口三處，眎水之消長，時其啟閉。横巨石爲橋，以便往來。堰北復作分水二、鴈翅二，以殺水勢。堰南北趺水石，直五尺，横四十丈，以固堰基。是役也，石以片計餘三萬；樁木以根計餘八萬；灰以斤計餘百萬。以至黄糯米、鐵、錠、鐶、木、石灰合用諸料，俱不下千萬。夫匠二千五百有奇，在公之人。賞勞錢數萬緡，食米千石，皆克謙自所措置，一毫不取于有司。堰既成，堅完具美，規制宏壯，不惟積水可以西接漕運，且俾一方行者無病涉之虞。于時，衆方嘆克謙之不可及也。

後數月宗貫復巡行堰上，忻羡不已。爰命孔廟奎文閣典籍許節之，持致仕參議劉廷振、孫廷昭所所爲事紀徵言。夫許景山脩蕭何故堰而成大利；趙思寬脩信臣故渠而致沃壤。廣莫如海，范文正築之，以灌通泰；深莫如洛，嚴能穿之，以濈重泉。以及考亭朱子疏脩南康召陂。一舉多得，皆期於必成而行者也，故卒無不成。此克謙所以排衆議而不顧。斷斷乎，期於必成而後已。遂勒斯言于石。

堽城壩記略

商輅淳安人，大學士

汶、泗二水，齊魯名川，分流南北，不相通，自古浮于汶者自兖北而止，浮于泗者自兖南而止。元時，南方貢賦之來至濟寧，舍舟陸行數百里，由衛水入都。至元二十年，始自濟寧開渠抵安民山，引舟入濟寧，陸行二百里抵臨清入衛。二十六年，復自安民山開渠至臨清。乃于兖東築金口堰障泗水西南流，兖北築堽城堰障汶水南流，而二水悉歸漕渠。于是舟楫往來無阻，因名曰『會通河』。

我文皇帝遷都于北，爰命大臣相視舊規，築堰疏渠，漕運復通。第堰皆土築，每遇淋潦衝決，水盡泄，漕渠盡涸，隨築隨決，民甚苦之。成化庚寅，工部尚書郎張君克謙奉命治河，歷觀舊跡，嘆曰：『以石易土，可一勞永逸，何乃因循弗爲經久計乎』？于是督夫採石，首脩金口堰，不數月告成。凡應用之需，以一歲椿木等折納，沛然有餘。曰：『斯堰既脩，堽城堰亦不可已。』方度材舉事，遽以言者召還。已而巡撫牟公觀其成績，騰章奏保，用畢前功。至則以堽城舊址河濶沙深，艱于用力，乃相西南八里許，其地兩岸屹立，根連河中，堅石縈絡，比舊址隘三之一，于此置堰，事半功倍。遂擇癸巳九月望日興事，儲財聚料，百需咸備。明年春三月，命工淘沙，鑿底石掌平，底之上甃石七級，每級上縮八寸，高十有一尺，中置巨細石，煑秫米爲糜，加灰以固之。底廣二十五尺，面用石板甃二層，廣一十七尺，尺袤一千二百尺。開湫口七，各廣十尺，高十一尺。置木板啟閉，遇水漲啟板，聽從故道西流；水退閉板，障水南流，以灌運河。兩端逆水鴈翅二，各長四十二尺。順水鴈翅二，各長二十五尺。爲分水各廣二十三尺，袤一百三十尺。兩石際連以鐵錠，石上下護以鐵拴。湫口横巨石三四，長十餘尺。河舊無梁，民病涉，堰成遂通車輿。有元舊閘引沙入洸，洸淤，汶水不能入。兹堰東置閘爲二洞，皆廣九尺，高十一尺。中爲分水一，旁爲鴈翅二，亦用板啟閉，以候水消漲，漲則閉板以障黄潦，消則啟板以注清流。洞上覆以石，石之兩旁仍甃石，高一十有八尺，中實以土，與地平，俾水患不致南侵，洸河免于沙淤。閘之南新開河九里，引汶通洸河口逼崖，自顛至麓皆堅，鑿堰兩閲月始通。肇工于九年九月，訖工于十年十一月。是役所費，較之金口不啻數倍，而民不擾者，以前折納外，所增無幾，蓋處置得宜，區畫有方，所以開漕運無窮之利者，實在于此。

都憲嘉其功之成，命兖郡守錢源徵予以記。往歲克謙還自東魯，語及修堰之役，予心善之。克謙再行，予實從臾。乃今績用有成，可靳於言耶？昔白公穿渠，民得其利，歌曰：『衣食京師億萬口。』若克謙斯堰之築，漕河允賴，公利兼濟，視白渠之利，不尤大乎？予故備書其事爲記。克謙，名盛，常之宜興人。天順庚辰進士，都水員外郎。

安平鎮減水石壩記

李東陽長沙人，大學士

弘治初，河徙汴北，分爲二支，其一東下張秋鎮入漕河，與汶水合而北行。六年，霖雨大溢，決其東岸，截流徑趨，奪汶以入於海，而漕河中竭，南北道阻。

上既命都御史臣劉大夏治厥事，復特命內官監臣李興，平江伯臣陳鋭總督山東兵民夫往共治之，僉議胥協，疏塞竝舉，乃於上流西岸疏爲月河三里許，塞決口九十餘丈，而漕始復通。又上議疏賈魯河、孫家渡，塞荆隆口、黄陵岡，築兩長隄，蹙水南下，由徐淮故道。又議以爲兩隄緜亘甚遠，河或失守，必復至張秋，爲漕河憂，乃相地於舊決之南一里，用近世減水壩之制，植木爲杙，中實甎石，上爲衡木，著以厚板，又上墁以巨石，屈鐵以鍵之，液糯以塡之。壩成，廣袤皆十五丈。又其上甃石爲竇，五梁而涂之，梁可引繩，竇可通水，俾水溢則稍殺衝齧，水涸則漕河獲存，庶幾役不重費而功可保。工既告畢，上更命鎮名爲『安平』，命工部伐石，勅內閣臣各紀功績。臣東陽當記。

竊考之治水之法，疏與塞而已矣。塞之説不見於經，中古以降，隄堰議起，往往亦以爲利。利與害相值，必較多寡以爲重輕。若敺土石，當水之怒，費多而利寡，此古人深戒。惟水勢未迫，後患尚未形，周思豫制，以爲之備，則障之利亦不可誣。況兹壩者，勢若爲障而實疏之，故其疏不至漏，障不至激，去水之害以成其利，蹔勞而永逸。費雖不能無，而用則博矣。揆之善溝者水漱，善防者水淫之。云者不亦兼而有之乎？《易》象財成，《書》陳脩和，君出其令，臣宣其力，雖小大勞逸不同，同是道也。嗚乎！天下之事，莫患乎可爲而不爲，彼宦成之怠，交承之諉，遺智餘力未有不貽後日之悔者，獨水也哉？人無於水監，當於民監，斯言也，可以喻大矣。

唐韋丹築扞江隄，實以疏漲，詔刻碑紀功，著在國史。臣不文，謹書此，爲明命復。

安平鎮石隄記

謝遷餘姚人，少傅大学士

國家定鼎燕京，凡上供之需、百官六軍之餽餉，大率仰給東南舟楫轉輸，以免陸地飛輓之勞，與海運風濤之險，實維漕渠是賴。

究之東阿張秋鎮，適居漕河之路，往歲河決黄陵岡，奔注张秋，而渠之東隄潰決，水由鹽河以入於海。越歲淋潦助虐，勢益悍急，決口之廣至九十餘丈，盡奪漕渠東注，而南北舟楫幾至不通。天子以爲憂，亟命治之，遣内外重臣往總其役，合山東兵民夫殫力畢作，五閱月而功告成，賜鎮名曰『安平』以示永賴於是。内外重臣皆召還，而山東布政司參政晉陽張公縉嘗與董治之任，效勞爲多，天子知其能，超擢通政使司右通政，俾專理河防。公益感激思奮，乃諗於衆曰：『兖當河下流之衝，自昔被患已劇，今雖底寧，而將來不測之虞，亦未可知。隄必甃之以石，庶可以障湍激之悍，沙灣石隄無恙，此明驗也』。既而詢謀僉同，鳩工集事，先實土以厚其址，然後布栈疊石，石必爲廉隅灰液其縫，每數十丈内爲階级，以便登降。隄外附土丈餘，高突數尺，以防侵刷。起自荆門驛之前，邐迤而南，至新建石壩，以與舊石隄接，長以步計者二千二百八十有二，高以層計者十有四深，下要害處則加石或七八層，或二三層。所用木石蓊灰皆出河夫歲辦，工匠餼廩皆出自官，不別取辦於民。經始於弘治丙辰之春，迄庚辰春三月而畢。

東阿知縣秦昂嘗與從事茲役，具以告，予謹記之，以詔其後。

建堂邑縣土橋閘記略

邱濬瓊山人，大學士

皇明因勝國，會通河故道而深廣之，通江淮漕，以實京師，餘六十年于茲矣。然地勢之變，天時不常，盡人事者必隨時因勢，一節宣之，然後盡其用而利濟於無窮焉。

自河決陽武，潰出張秋之後，朝廷既命大臣築塞之，以復其舊矣。然其間猶有所壅滯之處，一時任事諸臣，隨所在而爲其防備，非一所也。河流經東昌府之堂邑縣境，地名曰土橋。其上流之牐曰梁家鄉，沿而至是十有三里。下流之牐曰戴家灣，泝而至是二十有八里；又四十里抵臨清之上牐，漕舟至此出會通。而下漳、御僅七八十里，爾。輒膠淤淺而不能行，日集而群聚於土橋，上下十數里間，舟人叫囂推挽，力殫聲嘶，望而不可至主漕計者，病焉。

時山東按察僉事陳善專理其境之運道，議於此建牐以積水之舟，屢言於工，而弗見報。都憲翁世資巡撫山東，所至詢民疾苦，善乃以狀上。公具聞諸朝，天子可之。下其議於工部，仍命吏部設官如常制。公得請躬涖其處，區畫事宜，俾君專其事，君計徒庸致才用授其屬，東昌府通判馬聰等督工。即功於所謂土橋者。建石爲新牐，凡其規制之廣狹、長短，與夫疏水之渠、祠神之宇、涖事之署悉如常度。經始於成化癸巳冬十有一月之朔，至明年甲午春二月告成。

脩臨清州南板閘記

劉夢陽臨清人，主事

汶水發源于泰山諸泉，至汶上縣南旺湖口，南北分流爲漕河，南至徐、沛，合河、沁以入淮，北至臨清會衛河以達海。泉微流澁，故建閘蓄縮而節用之。臨清閘北流之裔尤要焉，過是則衛河承之無留行矣。閘分兩河：北曰會通，曰臨清，則前无所建誌，所謂地勢陡峻、數壞舟楫者也；南曰南板，曰新開，則本朝所建誌，所謂地勢頗平、往來船行者也。南二閘相距甫三百弓，舊閘草創，一以磚堰之，名曰磚閘，一以板障之，名曰板閘，繼後改爲石閘，易以今名。日遠闕泐，舟楫告艱。

弘治年間，司徒白昂改脩會通閘，導流而北，閘底過卑，便謝於前，仍南閘以行。今皇帝臨御之七載，冥頑弄兵，水陸途絶，廷議都憲劉公總師靖醜清道通漕。公抒勤脩職，築亭障，立保伍，士鋭器精警虞削跡。時京儲垂嗇，運舟逢達，公於癸酉歲春欲新南閘爲利涉焉，或稱截流僦功。公曰：『詎可爾。功非數月不成，何以副急餉之憂？』乃開北閘借便焉。或又難之，公曰『第爲之耳』。以規畫授工徒，疏塞濬隘，下舊河之身若干，闊舊河之身若干，復於會通閘底沉杉九板，峻瀉既殺，膠涸亦除，淡爲安流，大往小來，窮晝繼夜。南板則撤其舊而創爲之新，開則仍其舊而易其閘之金口與閘之底焉。掄工而工良，選材而材堅，趨事有嚴，布力無怠，歷時告成，鞏如鎔冶，整如截肪。

以是歲六月六日工完。放舟上者無號挽之勞，下者無激射之險，群吁衆異，相目以嘻，曰：『是何就績之易策算之神也』！蓋自前元以至今日，閘更幾作，率以不能利涉爲憾。至是始克免焉。收効於廢，變易于難，識洞于隱，才周於事，至智也。速輸貢之程，廣貨殖之用，加惠兆人，惠澤來裔，至仁也。在昔開一渠，脩一堰，民興謡、史載事。度德量力於公，其大小久近何啻倍蓰，可無紀乎？用是礱石薦詞，俾後賢有考焉。公名愷保定新安人。

脩臨清會通閘記

徐溥

昔在太宗文皇帝肇建北京，以糧運仰給東南，而海運危險，非長策也。始改造運舟，由裏河而行，歲漕四百萬石，以爲定制。歷歲既久，國用給足，積其贏餘，不可勝計。然河道自臨清以南至于徐州，凡千餘里，地形高下不啻數丈。

自前元以來，置牐蓄水，而舟始通。在臨清境上，則有會通東、西二牐，蓋當時開會通河引汶水由安山歷東昌至此，以入衛河，故亦以『會通』名之。

永樂間，初行漕法，以東牐既壞，嘗加脩治，更六十餘年，衛河益深，牐益高，水勢衝激益險，甚爲行舟之患。故廢其牐者三十年于此。

乃弘治庚戌，黄河決封邱之金龍口，其流泛溢，將出運河。都御史錢公巡撫山東具疏言于朝，下大臣議，僉謂宜擇人治之，毋緩，命刑部于左侍郎白昂以往既至，督治有法，而河得無事，他日行視河道于齊、魯間，至臨清問知東牐之廢，與錢公謀曰：『是州爲汶、衛交流之地，而運舟之所皆經者也。牐雖重建，其可以役大而免』。乃協謀于巡按憲臣暨藩臬諸司，檄東昌知府趙琮、臨清知州張增出公錢爲材用人力之費，而委推官戴澄專其事。若工部郎中吴珍、主事陳玉、按察司副使閻仲宇皆分司其地，實總督之。經始于庚戌三月，至六月而工畢。牐成，去舊址餘百丈，崇廣長闊悉如規制，其深則與河等。於是水勢既平，舟行上下，如乘安流，公私便之。

夫五行皆生于天地，以資人之用者也。人苟不盡裁成輔相之道，則天地雖生之而亦不適於用。若夫水之潤物，以行舟，其用尤大者。然其性本下，適與土之高者相值，亦惟傾而去之，而反有害於人矣。故後世始置爲閘以節宣之；乃能盡水之用，而有利於天下國家也。今白公當治水之際，其勞已甚，以其餘力復爲此舉，易害爲利，轉危爲安，其才真可任而不負朝廷之所託者乎！凡公治水成績別有紀載，此特書建牐一事，故不假及云。

坎河口記略

萬恭南昌人，總河都御史

濟水伏流，至泰山溢爲諸泉，滙爲汶，北入鹽河，道青州東注于海。初，尚書宋公壩戴村，濬源，穿渠百里，南注之，達于南旺。以其七北會漳衛而捷于天津，以其三南流會河淮而逆諸安東皆入海。青州道絶，是以汶之全力濟滕、兖，東臨八百里，故陸地運舟而不膠。然非汶之性也，其勢曷嘗一日不欲東注哉！

弘治中，汶大溢，勢不能決戴村，則潰裂而假道于坎河口。坎河者，入海之捷徑也。若建瓴而下，南流遂微。治水者議隄坎河口，歲隄歲敗，莫如之何。則議捐南旺兩涯膏腴數千頃，爲蜀山、馬踏、南旺湖，命曰『水櫃』，以待運。而坎河東注者，日漸月流注南旺者幾絶。

隆慶壬申，余治水至濟，上患之，乃與主事張君克文徘徊泗、汶之集，周覽坎河之口，向張君嘆曰：『獨奈何不以有源者爲水囊，而以無源者爲水櫃乎？北有龍山焉，亂石如魚鱗，君取彼石灘，坎河口則萬世計也』。乃役丁夫七千有奇，運石湮河。始于壬申之仲冬，成于癸酉之孟春。灘博一里，袤一里，而强壓河根，而上崇丈餘。秋水時至，則令灘踰而瀉之，復青州之故道；春夏運行，則令灘止而注之，入安東者趨而左，入天津者趨而右。灘若天成，汶失故吾，蓋不能自制其命矣。于是秋不雨，至于春二月，閘水瀰瀰，運艘繩繩，張君撫膺高蹈，爲余言宜有記，令後來者世守之。

余曰：『夫拂其性而激之，逆其流而役之，使汶水鼎足以裂，不得全其天然，吾過也，吾過也。然汶上濟陰，湯湯涇涇，孰與三分者以濟社稷之急，而紓百姓之煩痾，則汶雖失全性，而有全名，不顯汶神，其將知我乎？其將罪我乎？』張君乃刻石。

守壩論略　張純

漕河之有戴村，譬人身之咽喉也。咽喉病則元氣走泄，四肢莫得而運矣。

昔在創建之功，歲增土以培之，植柳以護之，多設夫以守之，其防衛蓋甚密也。後土日增，柳日固，則夫議停役矣，所以寬民力也。

然物久則壞，防弛則廢，即今單薄日甚，原植護柳十無一二存矣。況兗地土疎，汶性湍急，萬一水失其性，得無慮與？然則爲之奈何？乘泉夫之餘力，歲加脩築，增舖舍，植新柳，令見役之夫力加守護，則盤錯根深，壩將自固。壩固將無所事節乎？曰『不可也』。彼其溯湃浩蕩之勢，非有以順之則拂，非有蓄之則溢，拂與溢等害耳。故每遇水潦，須決坎河口以殺之，殺之不足則開滚水壩，又不足則開減水諸閘，或順之入海以披其勢，或蓄之入湖以納其流，微則盡塞，令餘波悉歸于漕，是節之者固所以守之也。

此營衛吐納之説也，不然三汶爭趨，源大流長，夏秋水潦，怒激奔逸，豈一壩之所能支與？

東平坎河口壩記　于慎行東阿人，大學士

考之《水經》，汶水出泰山萊蕪，歷奉高嬴博之境，而西過剛縣南。剛縣者，今之堽城。又西南過章，章者，今之鄣城。坎河之泉注之。又西南過無鹽，無鹽謂之須昌，今爲東平。又西南徑壽張故城之北，至安民亭入於濟，則今運河西濟故瀆也。蓋濟之見，與伏不常，而汶之西流而合於濟，則所從來久矣。

國家永樂中，尚書宋公開會通河，始築土於坎河之西，謂之戴村壩，以遏其西流之道，而南出之汶上以入于運。其稍逸而西出者，環東平而北承濟故瀆之支流，號爲大小清河，以入于海，則所謂鹽渠云。會通河成，東兗之泉皆滙放汶、泗，轉注漕渠，一盂一勺，民間不得有焉。即稍逸而西出海王之國，竊借以行鹽筴，皆漕餘瀝也。而濟之名賴以存焉，爾豈能與漕爭哉？歷歲滋久，壩或圮墜，時以全流漫衍而西。夏秋伏發，南旺以北，舟膠不行，則漕渠病。東原之田或苦羨溢，膏壤畝鍾化爲沮洳，則民亦病。是左涸漕渠，右蕩平陸，而以利鹽筴也。海王之國歲所佐水衡少府幾何？而苦東原之民以與漕爭若此乎？然又有異焉，障而不洩，漕亦苦溢。故斟酌挹損，制河渠之盈虛在汶之上流耳。

隆慶中，少司馬萬公謂汶至戴村勢如建瓴，不可復

收，且以土爲壩，疏而善潰，乃上就坎河口壩以積石，石如累九，沙流其下，久之亦潰，而坎河之功始于此。

萬曆丁亥，河決病漕，詔簡從官行視，今太僕鄉常公爲工科都給事中，奉璽書從事，與撫臺李公北河濟、汶之間脉漕所由通，乃奏書言：臣居敬與都御史臣戴行汶上流，令兖郡丞、東平長吏雜視畫便宜狀，皆言坎河口宜爲壩，其法用丈計，大石夾砌如墉，實細石其中，塗以堊坿，上鋭而下豐，狀如魚背，水高於壩，漫而西出，漕無溢也；水卑於壩，順流而南，漕無涸也，且居民亦不害焉。臣等謹與郎中臣吴之龍、主事臣蕭雍、臣王元命、按察使臣曹子朝、參政臣郝維喬、僉事臣和震等議，皆稱便。大司空覆奏，制曰『可』。會御史大夫潘公復至，率諸司道往閲，乃檄郡邑吏營焉』。計築石壩長四十丈，高三尺，上博丈五尺，下益尺六之一，兩翼之長視壩減五之二，厥高倍之。左右爲土隄，丈之二百三十。東岸爲石隄，厚一丈。

經始於萬曆戊子閏六月，明年三月告成，費凡八千金有奇。諸公不自有也，曰：『兹匪神休，其克有濟，乃爲龍宫於上，伐石紀績，用示永久。』東平守謂行郡人請勒辭焉。不佞在里中時嘗遊章城，父老指示坎河及宋公廟貌，覽眺嘆息，低回不去，謂先臣之於國家功若此，其艱也。

自嘉靖乙丑以來，數治河隄，潘公一與大司空朱公同開夏鎮新渠，而沂、泗之間通。再濬黄河，築高堰，以達海，而河淮之間通。漕渠所患，獨南旺以上，時或少涸，則其故在坎河。世争言漕輓利病，置此毋談，何也？一旦上用常公言，下詔興築，潘公受而成之，費不盈萬，役不踰時，而漕與民兼利焉。是宋公所剏造，疏引以制河渠之盈虚者，至是有永賴也。

國家歲運東南粟四百萬，給中都官從泰山下阯借一綫泉水，爲轉輸計，不得以入濟爲解，即令岱畝之民翦蒔，蓬藋之田以爲水伯假道，何辭之與敢況兼利哉。夫天下事無大小，操其本則易，脩其末則難。今世言漕渠便宜，大者引河，中者瀦水，小者疏淺，不知其本在上源，源之不濬，而制其末流，非善算也。譬漏水之在壺，一以爲盈而挹之，一以爲涸而注之，晝夜不舍，無當於漏調。渴烏之吻，正玉虬之咽，則衝渠之水可錙銖而稱矣。何者？得其本也。故吾於坎河之築，嘉諸公之功，而幸宋公之渠，有永賴焉。

是歲也，行璽使者亦於大、小清河之間建五牐蓄水，其議曰：『汶逸而西受之，可也；汶遮而南讓之，可也，不與漕争汶，故漕與居民既利而海王之筴亦得以其全力佐少府水衡如故矣。』國家萬萬年之功，謨畫竝出一時，豈不盛哉！

是役也，董正考成則兖州府同知陳君昌言，建畫經費則東平州知州徐君銘，庀材鳩工則東平判官蔡忠、沂州吏目何一鵬、曲阜丞邵賔滕縣丞包揚、泗水典史蔡茂、魚臺典史王琮。壩成，使判官汪鳳翔主之法，皆得書。

北河紀卷五　河臣紀

自虞舜命伯禹作司空，帝曰：『俞咨禹汝平水土。』至秦漢，有都水長丞。漢武帝以都水官多，乃置左、右使都以領之。成帝以王延世爲河隄使者，哀帝初平當爲鉅鹿太守，以明《禹貢》，使行河爲騎都尉領河隄。晉武帝置都水臺，而河堤爲都水官屬。梁改都水使者爲大舟卿，其最卑者主舟航、河隄。後魏初，有水衡都尉及河隄謁者都水使者。隋煬帝河渠署置令丞各一人，唐因之。開元中，以宇文融爲九河使。石晉置隄長。宋置都水監、黄、御等河，都大提舉、巡河主掃使，提舉河防司。元以工部尚書爲總治阿防使。國朝或以工部尚書侍郎、侯伯、都督，提督。運河自濟寧分南北界，或差左、右通、政少卿或都水司屬，又遣監察御史、錦衣衛千户等官巡視運河閘泉。宣德以後，遣郎中一人提督濟寧河道； 主事一人提督徂徠等處泉源。已而部郎罷遣，以山東參政副使管理河漕。天順二年，以河南道副使一員，整理濟寧以北河道。成化初，改命通政駐劄張秋，掌衛河、會通河漕政，北至天津，南至魚臺一帶，凡泉、湖、閘、壩、隄淺之事，皆隸焉。旋以山東副使兼攝之，已改都水司郎中奉勅行事，凡沿河有司及管河文武官員，悉聽節制。又除都水司主事二員，奉部檄行事，一駐劄寧陽，一駐劄濟寧，掌諸泉源、閘壩之政，凡有司管泉、管河官員，皆屬焉。弘治十八年，南旺別設分司，以濟陽都水兼攝。正德十四年，專差主事一員，駐劄南旺。嘉靖二十四年，罷遣南旺主事，而以寧陽主事兼攝其政。隆慶三年，罷遣濟寧主事，而三分司之政，俱屬寧陽，其臨清閘座，則正德間設都水司主事一員管理，嘉靖七年罷之，而屬其事於甎廠。然地雖分管，而總理之者，北河郎中也。既又以濟寧、東昌、天津三兵備道奉勅帶管河政，凡事與北河分司會議呈請。其文武官屬，郡有丞、判，州有判，縣有簿、尉，閘有官，衛有指揮，所有千、百户，各守其疆，不相逾越。是紀稗史也，不敢以辱。總督大臣、爵里、藩臬及府衛州縣具見《郡邑志》。閘官微不足録，故但具員焉，而都水司郎中獨有題名主客也。

欽差總理漕運都御史一員。或兼户部、工部銜，駐淮安府，巡撫廬、鳳、淮、揚。

欽差總督河道都御史一員。或兼工部銜，駐濟寧州。

欽差巡漕兼理河道監察御史一員。歲一差。

欽差巡鹽兼理河道監察御史一員。歲餘一差。

欽差提督河道工部都水司郎中一員。駐張秋，三年一差。

欽差提督泉源兼理南旺濟寧閘座工部都水司主事一員。舊駐寧陽，今移濟寧，三年一除。

欽差管理甎廠兼管臨清閘座、工部營繕司員外郎一員。駐臨清，三年一差。

欽差漕河道副使一員。或参政、僉事，駐淮安府，往來催趲漕糧，兼視河道。

欽差管理河工水利、濟寧兵備道副使一員。駐濟寧州

欽差分巡東昌兵備河道副使一員。駐臨清州。

欽差天津兵備河道条政一員。或副使，駐天津。

兖州府運河同知一員。駐濟寧州，魚臺以北至於汶上河道隸之，兼管泉源。

兖州府捕河通判一員。駐張秋，東平以北至於陽穀河道隸之，兼管張秋城池。

東昌府管河通判一員。駐府城，聊城以北至於德州河道隸之，兼管直隸之清河縣。

河間府管河通判一員。駐泊頭，景州以北至於天津河道隸之。

魚臺縣管河主簿一員。河道南接沛縣珠梅閘起，北接濟寧南陽閘止，共八十里。

南陽閘官一員。

濟寧州管河判官一員。河道南接魚臺界牌淺起，北接濟寧衛五里淺止，共六十八里。内東岸南自魯橋，北至師莊三里，屬鄒縣。

天井閘官一員。

在城閘官一員。

趙村閘官一員。

石佛閘官一員。

新店閘官一員。

仲家淺閘官一員。帶管新閘、師家莊二閘。

棗林閘官一員。帶管魯橋閘。

濟寧衛管河指揮一員。河道南接濟寧五里淺起，北接鉅野火頭灣止，共二十五里。

鉅野縣管河主簿一员。帶管嘉祥縣河道，南接濟寧火頭灣起，北接嘉祥大長溝止，共二十五里。又自大長溝起，北接汶上界首止，共十八里，屬嘉祥。

寺前舖閘官一員。

通濟閘官一員。

汶上縣管河主簿一員。河道南接嘉祥界首起，北接東平靳家口止，共七十二里。

袁家口閘官一員。

開河閘官一員。

南旺上下閘官一員。

東平州管河判官一員。河道南接汶上靳家口起，北接壽張戴家廟止，共三十里。

靳家口閘官一員。

安山閘官一員。

戴家廟閘官一員。

東平守禦千户所管河百户一員。河道南接東平馮家莊起，北接東平安山舖止，共七里。

壽張縣管河主簿一員。帶管東阿縣河道，南接東平戴家廟起，北接東阿沙灣止，共二十里。又自沙灣起，北接陽穀荆門上閘止，共二十里，屬東阿。

陽穀县管河主簿一員。河道南接東阿荆門上閘起，北接聊城

官窑口止，共四十里。

荆門上下閘官一員。

阿城上下閘官一員。

七級上下閘官一員。

聊城縣管河主簿一員。河道東岸南自本縣皮家寨起，北接博平梭堤止，共六十里；西岸南接陽穀官窑口起，北接堂邑梁家鄉止，共六十五里。

周家店閘官一員。帶管李海務閘。

通濟橋閘官一員。

永通閘官一員。

平山衛管河經歷一員。河道止西岸一面，南接聊城龍灣舖起，北接東昌衛冷舖止，共三里。其東昌衛河道南自真武廟起，北至糧廠止，共九十一丈，並無舖舍。

堂邑縣管河主簿一員。河道南接聊城吕家灣起，北接清平魏家灣止，共三十五里。

梁家鄉閘官一員。帶管土橋閘。

博平縣管河典史一員。河道東岸南接聊城梭堤起，北接清平減水閘止，共二十七里。西岸南接清平魏家灣起，北接清平丁家口止，共四十里。

清平縣管河主簿一員。河道東岸南接博平減水閘起，北接臨清浦官屯止，共三十九里； 西岸南接堂邑函谷洞起，北接臨清潘家橋止，共三十三里，内帶管德州左衛四舖。

戴家灣閘官一員。

臨清州管河判官一員。汶河北岸東自潘家橋起，西北至板橋止，二十里； 南岸東自趙家口起，西北至板橋止，二十三里。衛河東岸自板橋起，北接夏津趙貨郎口止，三十四里； 西岸南自板橋起，北接清河二哥營上，三十一里。

新開上閘官一員。帶管南板閘，自此以北無閘。

舘陶縣管河主簿一員。衛河南接元城南舘陶起，北接臨清南板閘止，共一百五十里。

夏津縣管河主簿一员。河道東岸南接臨清趙貨郎口起，北接武城桑園止，共四十六里； 西岸南接清河渡口起，北接武城劉家道口止，共七里。

清河縣管河典史一員。河道南接臨清二哥營起，北接夏津渡口止，共三十九里。

武城縣管河主簿一員。河道東岸南接夏津桑園起，北接恩縣白馬廟止，共一百四十四里； 西岸南接夏津王家莊起，北接故城鄭家口止，共一百一十四里。

故城縣管河主簿一員。河道南接武城鄭家口淺起，北接德州衛孟家灣淺止，共六十里。

恩縣管河主簿一員。河道南接武城白馬廟起，北接德州四女樹止，共七十里。

德州管河判官一員。河道東岸南接恩縣新開口舖起，北接德州衛張家口舖止，共五十三里； 西岸南接德州衛南陽務舖起，北接德州左衛鄭家口舖止，共十五里半。

德州衛管河指揮一員。河道東岸南接恩縣迴龍廟舖起，北接吴橋降民屯止，共八十四里； 西岸南接故城范家園止，北接景州羅家口止，共一百二十七里。

德州左衛管河指揮一員。河道東岸南接德州耿家灣起，北接德州四里屯止，共三里； 西岸南接德州蔡張城起，北接德州衛四里屯止，共一里半。又有四舖，在清平縣地方縣河官帶管。

景州管河判官一員。河道南接德州羅家口起，北接吳橋狼家口止，共二十四里。

吳橋縣管河典史一員。河道東岸南接德州羅家口起，北接東光連窩淺止；西岸南接德州白草窪起，北接東光王家淺止，各六十里。

東光縣管河主簿一員。河道東岸南接吳橋狼拾淺起，北接南皮下口淺止；西岸南接吳橋古隄淺起，北接交河白家淺止，各六十里。

瀋陽中屯衛管河指揮一員。河道南接交河劉家口起，北接交河劉家口止，共一里。

交河縣管河主簿一員。河道南接東光李道灣起，北接青縣白洋橋止，共五十里。

南皮縣管河典史一員。河道南接東光北下口淺起，北接天津右衛馮家口止，共五十里。

河間衛管河指揮一員。河道南接交河驛北口起，北接交河陳家口止，共三十八里。

滄州管河判官一員。河道南接天津右衛磚河淺起，北接天津左衛朱家墳止，共四十里。

興濟縣管河典史一員。河道南接滄州安都寨起，北接天津衛八里堂止，共四十八里。

青縣管河主簿一員。河道南接清河甎河淺起，北接靜海新莊淺止，共一百七十里。

霸州管河同知一員。河道南接靜海長屯起，北接靜海觀音堂止，共三里。

靜海縣管河主簿一員。河道南接青縣釣臺淺起，北接天津衛稍直口止，共一百三十里。

天津衛管河指揮一員。河道南接興濟蔡家淺起，北接靜海泊漲淺止，共六十五里。

天津左衛管河指揮一員。河道南接青縣流佛寺起，北接興濟張家口止，共七十七里。

天津右衛管河指揮一員。河道南接南皮北馮家口起，北接滄州北楊家口止，共十四里。

北河都水司公署，在東阿、陽穀、壽張三縣之交，其地曰張秋，宋真宗時名景德鎮，元設都水分監於此。國朝弘治七年河決張秋，命都御史劉大夏等塞之，因更鎮名曰安平。公署在河之西南未詳其建於何年。嘉靖十四年，郎中郭敦重修。四十四年，郎中姜國華以堂宇皆南向，而公門獨折而東，非居正之體，乃費公帑二百金，改而南門之左爲坊表，其右爲土地神祠，大門三間，儀門三間，大堂五間，東、西廊房各六間，左幕廳三間，右吏書房三間，外厨房二間，衙內上房五間，東西廂房各三間，左書房三間，右厨房三間，旁小房三間，東樓五間，其上有小閣三間，樓前有堂五間，東連房五間，堂之外東、西小軒各二間，外爲客廳三間，左、右耳房各一間，廳南菜園半畝許。萬歷四十年二月，衙房五間灾，四十一年春重建。

工部書院，在公署之西，創自弘治間，爲管河府佐廳。嘉靖末，添設捕廳於城西南隅，尋革而以捕務兼屬管河通判，於是移駐捕廳，而河廳爲廢署。萬歷十六年，郎中吳之龍修葺其頹圮，改爲工部書院，凡本司新舊交代，以爲駐節之所，近亦頹圮。

南旺祿署在南旺分水之傍。

臨清行署，在臨清州之西南。萬曆四十一年，以營繕分司署偪側兩易之。以上二署，每歲大小挑往來駐劄焉。

張水工部都水司郎中題名

楊　恭字克敬，陝西岐山縣人，甲申進士，成化十年任加陞右通政，仍管河。

陳　英字廷賢，浙江鄞縣人，壬辰進士，成化二十三年任。

吴　珍字汝賢，浙江長興縣人，乙未進士，弘治四年任。

汪　僎字簡之，江西弋陽縣人，辛丑進士，弘治四年任。

陳　綺字于章，浙江太平縣人，戊戌進士，弘治七年任。

張　縉字朝用，山西陽曲縣人，己丑進士，弘治十年任。

韓　鼎字廷器，陝西合水縣人，辛丑進士，弘治十四年任。

商良輔浙江淳安縣人，官生，弘治十八年任。

錢　榮浙江慈谿縣人，進士，正德元年任。

田　佑字廷相，直隸贛榆縣人，己丑進士，正德三年任。

王　溱直隸濬縣人，舉人，正德五年任。

李思儒字宗正，直隸高陽縣人，庚戌進士，正德六年任。

陸應龍字翼之，直隸長洲縣人，己未進士，正德六年任。

荀　鳳字丈端，直隸徐州人，丙辰進士，正德八年任。

楊　淳字重夫，陝西臨潼縣人，戊辰進士，正德十一年任。

畢濟時字汝霖，江西貴溪縣人，辛未進士，正德十三年任。

孔　鳳字廷瑞，山東海寧州人，舉人，嘉靖元年任。

錢　瀾字師孟，直隸阜城縣人，舉人，嘉靖四年任。

李　煌字德融，江西浮梁縣人，丁丑進士，嘉靖六年任。

李　重字子任，直隸江都縣人，辛巳進士，嘉靖七年任。

佟應龍字師言，直隸山陽縣人，辛巳進士。嘉靖八年任。

劉守良字君燧，直隸贛榆縣人，辛巳進士，嘉靖十年任。

郭　敦字君厚，福建晉江縣人，舉人，嘉靖十二年任。

楊　旦字啟東，河南偃城縣人，辛巳進士，嘉靖十四年任。

邵元吉字德旋，浙江餘姚縣人，壬辰進士，嘉靖十六年任。

王　廷字仕卿，四川南充縣人，壬辰進士，嘉靖十八年任。

朱懷幹字中正，浙江歸安縣人，壬辰進士，嘉靖二十年任。

張文鳳字公儀，直隸常熟縣人，己丑進士，嘉靖二十年任。

歐陽烈字懋之，江西泰和縣人，舉人，嘉靖二十三年任。

趙　瀛字文海，陝西三原縣人，己丑進士，嘉靖二十四年任。

吴崇文字質夫，河南光山縣人，辛丑進士，嘉靖二十五年任。

嚴　中字執甫，浙江餘姚縣人，戊戌進士，嘉靖二十七年任。

沈　科字子進，浙江嘉善縣人，甲辰進士，嘉靖三十年任。

梁　恩字子承，湖廣巴陵縣人，甲辰進士，嘉靖三十二年任。

鄔　璉字宜塋，江西新昌縣人，甲辰進士，嘉靖三十四年任。

徐九思字子慎，江西貴谿縣人，舉人，嘉靖三十四年任。

汪　泓字汝東，直隸旌德縣人，舉人，嘉靖三十五年任。

史朝賓字應之，福建晉江縣人，丁未進士，嘉靖三十八年任。

王陳策字師董，直隸泰州人，丁未進士，嘉靖四十一年任。

周　望字道見，廣東東莞縣人，癸丑進士，嘉靖四十三年任。
吴道直字敬甫，直隸定州人，癸丑進士，嘉靖四十三年任。
姜國華字邦直，浙江慈谿縣人，己未進士，嘉靖四十四年任。
朱　茹字以彙，四川瀘州人，癸丑進士，嘉靖四十四年任。
陳應麟字仁卿，錦衣衛，籍浙江鄞縣人，己未進士，嘉靖四十五年任。
游季勲字英甫，江西豐城縣人，壬戌進士，隆慶元年任。
涂　淵字時躍，江西南昌縣人，乙丑進士，隆慶二年任。
張　純字碩恒，福建漳浦縣人，乙丑進士，隆慶四年任。
劉　泮字汝化，江都縣籍江西泰和縣人，壬戌進士，隆慶四年任。
金學會字子魯，浙江錢塘縣人，戊辰進士，隆慶六年任。
汪　審字惟幾，江西弋陽縣人，戊辰進士，隆慶六年任。
牛若愚字思明，河南祥符縣人，己未進士，萬曆二年任。
徐　儒字邦範，江西臨川縣人，乙丑進士，萬曆四年任。
張德夫字子成，江西浮梁縣人，己丑進士，萬曆七年任。
屠元沐字日新，浙江嘉興縣人，己丑進士，萬曆八年任。
顧其志字太冲，直隸長州縣人，辛未進士，萬曆十一年任。
郁　文字從周，浙江山陰縣人，丁丑進士，萬曆十四年任。
吴之龍字汝陽，直隸武進縣人，庚辰進士，萬曆十五年任。
李民質字元素，直隸東明縣人，癸未進士，萬曆十八年任。
詹在泮字獻功，浙江常山縣人，丙戌進士，萬曆二十年任。
黄承玄字履常，浙江秀水縣人，丙戌進士，萬曆二十一年任。
康夢相字予賁，江西泰和縣人，丙戌進士，萬曆二十四年任。
張甲徵字茂一，山西滿州人，癸未進士，萬曆二十八年任。
李之藻字振之，浙江仁和縣人，戊戌進士，萬曆三十二年任。
趙可教字子修，四川温陵縣人，壬辰進士，萬曆三十三年任。
施爾志字章甫，浙江嘉興縣人，壬辰進士，萬曆三十五年任。
沈朝燁字李彪，浙江仁和縣人，甲辰進士，萬曆三十八年任。
謝肇淛字在杭，福建長樂縣人，壬辰進士，萬曆四十一年任。

管理北河工部郎中勅每差一領，大略相同。

皇帝勅工部郎中都水司郎中謝肇淛：今命爾管理静海縣迤北而南直抵濟寧一帶河道往來，提督所屬軍衛有司掌印、管河併閘壩等項官員人等，及時挑濬淤淺，導引泉源，修築隄岸，務使河道疏通，糧運無阻。其應該出辦椿草等項錢糧，俱要查照原額數目，依期徵完，收貯官庫，以備應用，出納之際，仍要稽查明白，毋容所司别項支用。其各該管河官員，務令常行巡視，不許營求别差，亦不許别衙門違例差遣。但遇水漲，衝決隄岸，各照地方即時修理。如或工程浩大，人力不敷，量起附近軍民，相兼用工，事畢即行放回。其南旺等處大小挑濬，俱遵照近日題准事理，於九月興工。一應興利除害有益河道事務，悉聽爾從宜區處。爾仍聽總理河道都御史提督，遇有地方事務，呈請轉達施行。若該管地方軍衛有司官員人等，敢有徇私作弊、賣放夫役，侵欺椿草錢糧及輕忽河務，不服調度，併閘溜淺舖等夫工食不與徵給，致誤漕運者，輕則量情責罰，重則拿問如律。干礙文職五品以上并軍職參奏處治。事體重大及事干漕運，並撫按巡河等衙門亦要公同會議，具奏定奪。每年終，通將役過人夫、用過錢糧、修理過工程徑自造册奏繳。其各該掌印管河文武官員賢否，爾備送工部，轉送吏、兵二部黜陟。三年滿日，差官更替，如遇陞遷考滿，俱候委官至日，交代明白，方許離任。爾受兹委用，宜修職奉公，盡心經畫，俾河道無阻，糧運有賴，斯稱任使。如或因循怠忽，徒事虚丈，責有所歸，爾其欽承之。故勑。

河隄謁者箴　漢　崔瑗

伊昔鴻泉，浩浩滔天。有夏作空，爰奠山川。導河積石，鑿于龍門。疏爲砥柱，率彼河湝。大陸既礙，播於北野。濟、漯咸顺，沂、泗從流。江、淮湯湯，而冀宅乃州。澮菑濺濺，東歸于海。九野孔安，四隩不殆。爰及周哀，夏績陵遲。導非其導，堙非其堙。八野填淤，水高民居。溢溢滂汩，屢決金隄。瓠子潺潺，宣房作歌。使臣司水，敢告執河。

都水分監記　元　揭傒斯

會通河成之四年，始建分都水分監於東阿之景德鎮，掌凡河渠壩牐之政，令以通朝貢、漕天下、實京師。地高平則水疾泄，故爲堨以蓄之，水積則立機引繩以輓其舟之下上，謂之壩；地下迤則水疾涸，故爲防以節之，水溢則縋起〔一〕懸版以通其舟之往來，謂之牐。皆置吏以司其飛輓啟閉之節，而聽其訟獄〔二〕焉。雨潦將降，則命積土壤，具畚牐，以備奔軼衝射；水將涸，則發徒以導閼滯，塞崩潰。時而巡河周視，以察其用命不用命而賞罰之。故監之責重以煩。

延祐六年秋九月，河南張侯仲仁以歷佐詹事、翰林院〔三〕，皆能其官，且周知渠事，選任都水丞。冬十有一月，分司東阿，詔凡河渠之政，毋襲故、狃私，毋怛勢沮威，惟宜適從，敢有撓瀆亂政，雖天子使，五品以上，以名聞，其下隨以輕重論刑，毋有所貸。侯北自永濟渠，南至河，東極汶、泗之源，滯疏決防，凡千九百餘所，咸底於理，退即以所署治文書，庳冗儉陋，吏側立無所。爰告於衆曰：『余承命來此，惟恪恭是圖，顧以函丈之屋制千里之政，役徒百工何所受職？下官群吏何所聽命？鄉遂之老、州邑之長何所稟政？荆、揚、兖、豫數千里，供億之吏，何所視禁？山戎島夷、遐徼絶域朝貢之使，何所爲禮？朝廷重使

〔一〕縋起　四部叢刊本作『純起』。
〔二〕訟獄　四部叢刊本作『獄訟』。
〔三〕翰林院　『揭傒斯全集』作『翰林、太醫三院』。

何所止舍?』乃會財於庫,協謀於吏,攻石伐材,爲堂於故署之西偏〔一〕。左庖右庫〔二〕,前列吏舍於兩廂,次樹洛、魏、曹濮三役之肆於重門之內,後置使客之舘,皆環拱內向〔三〕,外臨方池,長堤隱虹。又折而西,達於大逵,高柳布陰,周垣繚城,遐邇縱觀〔四〕,嘆曰:惟侯明慎周敏,惟公罔私,故役大而民弗知,功成而監益尊,政益行。斯河渠之利,永世攸賴。

爰稽在昔,自丞相忠武王建議於江表初平之日,少監馬之貞奏功於海內一家之時,自時厥後,分治於茲者,鮮不著勤悼勞,載於簡書。而公署之役,乃以待侯,侯非樂侈其居〔五〕以夸其民,所以正官守,肅上下,崇本而立政也〔六〕。

是役也,首事於侯至之明年某月日,卒事於至治元年某月日。合內外之屋餘八十楹。是歲九月記。

都水行署題名碑記

邵元吉 餘姚人,工部郎中

凡公署立題名碑,猶古列國乘也,可以論世,可以勸德,可以考政,可以表年,匪直爲觀美已也。山東河道舊隸憲職,成化間工部建議,始割濟寧爲南北界,命郎中二貞主之,賜璽書,假以事權,使繼憲職行事,然後山東河道與南北直隸均隸部矣。郎中雖部使,有憲體焉,故於官屬則司考核之權,於錢糧則主稽查之籍,於夫役則酌倩調之宜,於勢豪則申禁遏之例,於詞訟則准受理之典。是故公考核則官屬勸矣,密稽查則錢糧清矣,時倩調則夫力節矣,抑豪强則河道肅矣,公聽斷則遐邇威矣。出納之制,則有司存,徵科於州縣有司。總貯於府有司,支發於掌印有司,給領於佐貳有司。郎中惟驗估繩費,度力信直省成計弊斯已矣。是故昵官屬則比,親錢糧則褻,勤倩調則煩,阿豪强則諛,濫聽斷則妄,皆自失也,故必存憲體,而後可以不愧此官。必自憲其身,然後可以舉憲之職,否則惑也。吉爲此懼,甫涖任,即考先輩行事,將取師焉。公署舊無題名碑,鮮有知者。喟然曰:缺典也,先儒謂名者治世脩身之具。治世云者,即予所謂考政表年之類也;脩身云者,即予所謂論世勸德之類也。今名雖不知,況望得其行事之實,以資諸政事乎?子言之,君子疾没世而名不稱,是不可已焉者也。乃盡閱廢卷爲編年,考得其職名、鄉貫者若干人,失其名者一人,失其鄉貫者二人,究其素履始終者則間然矣。歲月若流而逝者如斯也,

〔一〕補:隅隩廓深,周阿崇穹藻績之篚,文不勝質,幾席之美,物不跄軏。
〔二〕補:整密峻完。
〔三〕補:有翼有嚴。
〔四〕補:仰。愕俯歎。
〔五〕居 改爲『名』。
〔六〕補:誠宜爲而不敢後惟國家一日不可去河渠之利,河渠之政一日不可授非其人,若侯者其人也。

是可慨已。恭惟我國家歲漕永賴兹河，河之變凡四，蓋漕河、黄河相爲表裏，而南、北河之利害不同。黄河導而南，則洪，以南利之，黄河決而北，則閘以北受其害。而害有二：經陽阿、壽張則潰，出金、單、魚、沛則淤。潰以疏治，疏之法以洩；淤以衍治，衍之法以濬。斯二者，先輩治有顯績可監也。公署舊在河西務泊頭鎮，成化以來，謂潰之功難成，而害最大，乃令郎中駐劄兹土。今黄河效靈，南行順軌，前之二害，萬無再至。但潰之害不待黄河而然，近滄静間，無歲無之，其勢亦能奪流而注之海。直霜降後，則勢減易塞耳。蓋上有汶、漳、衛，下流惟此河而已。近雖復古四女樹絶堤、小埽灣減水閘，猶未足以洩百一，議者欲於滄州絶堤大開支河，如兹兹地鹽河五孔橋之制，或庶幾耳。況黄河南北不可期也。思患而防待時而動，足力而舉，必有變通之術存乎其間，而非吉今日之所能爲也。因併識，以俟後之主斯土者。

北河紀卷六　河政紀

宋太祖乾德五年正月詔：大名、淄、滄、德、博等州長吏並兼本州河隄使。

開寶五年正月，詔曰：應緣清、御等河州縣，除準舊制種藝桑棗外，委長吏課民別種榆柳及土地所宜之木。仍案户籍高下，定爲五等：第一等歲樹五十本，第二等以下遞減十本。民欲廣樹藝者聽之，孤、寡、惸、獨者免。

太宗淳化二年三月詔：長吏以下及巡河主埽使臣，經度行視河隄，勿致隳壞，違者寘於法。

真宗咸平三年詔：緣河官吏，雖秩滿，須水落受代。知州、通判兩月一巡隄，縣令、佐迭巡隄防，轉運使勿委以他職。又申嚴河上盗伐榆柳之禁。

天禧三年詔：河北路經水災州軍，勿復科調丁夫，具守捍隄防役兵，仍令長吏存恤而番休之。

仁宗天聖元年，以河決未塞，募民輸薪芻，調兵伐瀕河榆柳。

神宗元豐元年，以都水監言，給錢十萬緡下諸路，以時市椿草。非朝旨及埽岸危急，毋得擅用。

元世祖至元三年，詔以御河濱州縣佐貳官兼河防事，巡視各地分河，拔去水內樁橛，仍禁園圃之家毋穿堤作井，栽樹取土。

仁宗延祐元年禁： 約船入會通河者，止許百五十料，過此恐致阻滯。官民舟楫違者罪之，仍没其船。其大都、江南權勢紅頭花船，一體不許來往。 仍立南北隘牐，各濶九尺，使大船不得入其後。 民乃改造減舷添倉長船至百尺，皆五六百料，入至牐內，不能回轉，又礙他舟，乃於恤牐下岸立二石，相去六十五尺，如舟至彼，驗量如式方許入河，長者罪之。

天歷三年，詔禁： 諸王駙馬各枝、往來使臣及幹脱權勢，下番使臣，并運官糧船到牐，俱遵定例啟閉。若不候水則，恃勢捶拷守牐人等，勒令啟牐，及河內用土築壩壞牐之人，皆治罪。

國朝宣德四年，奉聖旨： 今後除進用緊要的船外，其餘運糧、解送官物及官員、軍民、商賈等船到閘，務候積水至六七板，方許開放。若公差內外官員等，或乘馬快船及遞運站船，如果事務緊急，就於所在驛，分給馬騾過去，竝不許違例開閘，敢有仍前倚恃豪勢逼淩閘官，及厮争厮鬬搶先過去的，許閘官將犯人拿赴巡河官處，及所在官司或巡按監察御史處問實，輕則如律處治，重則奏聞區處。那沿河管閘官若再不用心依法照管，仍聽豪權勢要逼脅，啟閉不時，致水走洩，阻滯舟船，都拿來重罪。

成化九年二月，兵部題： 奉聖旨通行，淮揚迤北一帶，撫按管河洪閘等官，凡遇南京進鮮等項船隻經過，務要逐一查驗，比與今次所擬隻數相同，方許應付。

成化十三年五月，奉聖旨： 近聞兩京公差人員，裝載官物，應給官快等船。有等玩法之徒，恃勢多討船隻，附搭私貨，裝載私鹽，沿途索要人夫，措取銀兩，恃强搶開洪閘，軍民受害，不可勝言。運糧官物倣效成風，回還船隻，廣載私鹽，阻壞鹽法。恁都察院便出榜通行禁約，敢有不思改悔仍蹈前非者，船隻等項許管河、管閘官員弁軍衛，有司、巡捕，官兵嚴加盤詰，應拿問者就便拿問，如律照例發落，應奏請者指實參奏，以聞若管河、管閘等官容情不舉，坐視民患，事發一體究治。

成化二十二年六月，奉聖旨： 近聞有回原籍省祭、丁憂、起復及陞、除外任文武大小官員，或由河道，俱無關丈，倚勢於經過衙門取具印信手本，轉遞前途，照數起撥人夫船隻。又有販賣物貨滿船，擅起軍民夫拽送，一遇閘壩，灘淺盤墊，疏挑開泄水利，以致人夫十分受害，糧運因而遲滯。 又有等公差內外官，額外多討馬快船隻，販載私鹽，附搭私貨，起夫一二百名至七八百千名者，人民荼毒何有紀極。恁都察院便出榜，各地方曉諭禁約，仍行撫按，巡河、巡鹽御史，管洪管閘部屬，嚴督所屬巡司官吏往來巡視，遇有前項官員船隻，就便從公盤詰，私鹽、私貨入官，無藉之徒及關文內無名之人擒拿問罪，干礙內官并五品以上官指實奏來處治，其餘應拿問者即拿問如律。

凡閘惟進貢鮮品船到即開放，其餘務待積水而行。若積水未滿，或雖滿而船未過閘，或下閘未閉，竝不得擅開。若豪强逼脇擅開，走泄水利，及閘已開，不依帮次争先鬬毆者，閘官拿送管閘并巡河官處究問。若因而閣壞船隻，損失進貢官物及漂流係官糧米，若傷人者，各依律例從重問治。干礙豪勢官員，參奏以聞。糧運旗軍有犯，非人命重情，俱待完糧回日提問。其閘內船已過，下閘已閉，積水已滿，而閘官夫牌故意不閉，勒取客船錢物者，亦治以罪。

凡漕河事務，悉聽典掌之官區處，他官不得侵越。凡府州縣添設通判、判官、主簿及閘壩官專理河防，不許別委幹辦他事，防廢正事，違者罪之。

凡漕河所徵椿草并折徵銀錢，以備河道之用，毋得以別事擅支及無故停免。

凡府州縣管河官及閘壩官有犯，開具所犯事由，行移巡河、御史等官問理。別項上司不得懷挾利忿，徑自提問。以上《會典》

凡閘溜夫受雇一人，冒充二人之役者，編充爲軍；冒一人者，枷項徇衆一月畢，罪遣之。

凡故決山東南旺湖、沛縣昭陽湖隄岸及阻絶山東泰山等處泉源者，爲首之人竝遣從軍，軍人犯者徙於邊衛。《問刑條例》

凡侵占牽路爲房屋者，治罪撤之。

凡漕河内，毋得遺棄屍骸，淺舖夫巡視掩埋，違者罪之。

凡閘壩洪淺夫各供其役，官員過者，不得呼召牽船。

凡馬快等船，每駕船軍餘一名食米之外，聽帶貨物三百斤。若多帶及附搭客貨、私鹽者，聽巡河、管河、洪閘官盤檢，盡數入官，應提問者，就便提問，應參奏者參奏提問。

凡南京差人奏事，水驛乘船私載貨物者，聽巡河御史郎中及洪閘主事盤問治罪。

凡漕運軍人，許帶土産換易柴鹽，每船不得過十石，若多載貨物、沿途貿易稽留者，聽巡河御史郎中及洪閘主事盤檢入官，并治其罪。

凡南京馬快船隻到京，順差回還，兵部給印信揭帖，備開船數及小甲姓名，付與執照，預行整理，河道郎中等官督令沿途官司查帖驗放，若給無官帖，而擅投豪勢之人乘坐回還及私回者，悉究治之。

凡運糧馬快、商賈等船，經由津渡，巡檢司照驗文引。若豪勢之人不服盤詰，聽所司執送巡河御史郎中處罪之。以上《會典》

南旺、臨清等處，舊係三年兩次挑穵。隆慶六年，題准每二年大挑一次，以九月初一日興工，十月終完。北河郎中預呈本部，具題命下之日，備咨漕撫衙門并山東巡撫及咨都察院轉行山東巡按，會同本官，調集兖州、東昌、濟南等府泉、壩、閘、溜、淺舖、守口見役人夫前來興工，并動兗、東二府河道官銀，召募夫役，以備停役各夫不足之數。其南旺月河及臨清阿城、七級等處淤淺，俱調附近驛遞等夫，協同見在徭夫依期挑濬，合用樁草、錢糧及廩糧、工食亦於兗州府庫河道銀內動給。北河郎中仍與南旺主事往來督查。

沿河兩岸栽柳護堤，兗、東二府各州縣衛所管河閘官、下民、舖夫每名種二十株，軍舖十五株，撈淺、閘溜、隄壩等夫十八株；河間府屬各河官、下民、舖夫每名種二十株，軍舖十五株，歲以爲常。其卧柳不拘夫數，每舖三百株，與高柳相兼栽植。卧柳者，出土新柳也。每年冬前本部奉總河檄通行查勘，但有枯損、空缺去處，俱責令立春後補栽，不如數者扣曠工銀入官，盜拔者問罪。

每年入秋通行沿河一帶，州縣衛所管河官將沿河各湖并運河隄岸生長蘆葦、蒿蓼、水紅等草盡行收割，每夫一日採取二十束，每束曬乾二十斤，以草盡爲止，如法堆垛苫蓋，以備河工埽料之用。積久浥腐者，出陳變價，採不足數捏報及偷盜者問罪。

總督河道軍門禁約：糧運旗軍及木筏水手、一應官吏船隻，不許盜伐在隄官柳，違者聽巡隄夫役拿送管河官，解赴軍門綑打一百，坐贓究遣。押運官知而故縱者，一併參提重處。

嘉靖二十年，山東布政司分守東兗道參政暨工部都水司，管理南旺閘座主事，同遵明旨：照得南旺湖跨漕東西，其東湖跨汶南北，南曰蜀山，北曰馬踏，縈迴百五十里，原係濟運水櫃。自正德三年以來，節被豪右占侵，據爲己業，及因隄岸傾頹，召民佃種，辦納子粒，一遇旱乾，遂阻糧運。今按《圖志》爰清疆域，定立界石，東自泰晏橋頭界石起，由小河口跨長溝運河至秦家舊閘南界石止，計長三十里，南至秦家舊界石起，由山家營一帶隄岸至孤柳樹西界石止，計長四十六里；西自孤柳樹界石起跨運河由弘仁橋至北界首止，計長三十四里；北自弘仁橋北界石起，跨黑馬溝，由苑村至泰晏橋頭東界石止，計長四十里。除豁税糧子粒，以杜侵占之端，週圍栽植柳株，以防盜耕，敢有肆行無忌仍蹈前非者，定行照例充軍發遣。

萬曆十六年，總督河道僉都御史欽奉勅諭：南旺、臨清一帶，每年大挑、小挑俱有欽限不議外，但勢豪船隻多方阻撓築壩，惟利其遲，天寒挑濬爲難，開壩又利其早，水利瀦蓄不廣。大挑年分原有欽限外，其小挑年分亦以欽定限期，每年以十月十五日築壩，至次年二月初一日開壩，遇有鮮貢船到彼，另爲設法前進，其餘官民船隻俱暫停止，候開壩放行，敢有勢豪阻撓者，聽管河衙門從重參究。仍大書刻石竪立南旺板閘，示衆遵守。工部都水司郎中員下：書手十名、聽事官七員、巡警官一員、管橋官一員、門子六名、皂隸十八名、傘轎夫九名、馬快手十名、步快手六十九名、民壯二十名、總院探事快手二名、聽事水夫一名、厨子二名、兵夫二名、馬夫三名、座船頭二十名、守門總甲二名。書手工食不等。一年共銀一百四十四兩四錢，遇閏遞加，外給飯食、火炭銀二十兩，遇大挑，年終犒賞銀五兩，小挑犒賞銀二兩五錢，俱於臨清、東平、壽張、武城等州縣子粒賃基地租銀內支給。聽事等官工食不等，一年共銀八十兩五錢九分六釐，於陽穀縣徭編、壽張、汶上、聊城、堂邑、夏津、武城、館陶、東阿、清平、博平等縣淺夫、廠夫銀內支給。門子工食不等，一年共銀四十二兩，於單、曹、鉅野、陽穀四縣徭編銀內支給。皂隸工食每名每年十兩八錢，內東平州徭編六名，陽穀縣五名，壽張縣四名，東阿縣三名。轎夫工食每名每年十兩，傘夫每名每年九兩五錢，於陽穀、堂邑二縣徭編臨清州行夫銀內支給。馬快手工食不等，一年共銀二百零三兩六錢，於青縣、滄州、東光、景州、壽張、東阿、陽穀、汶上等州縣徭編堂、邑、清平、聊城、博平、武城、館陶等縣淺夫、臨清州行夫銀內支給。步快手工食不等，一年共銀四百零七兩四錢，於陽穀、壽張、東阿、東平、聊城、臨清等州縣淺夫，及臨清州行夫，恩縣、清河縣廠夫銀內支給。民壯工食不等，一年共銀一百六十八兩一錢，於壽張、東阿、陽穀三縣徭編銀內支給。探事每名每年工食銀一兩五錢，聽事水夫每年工食銀十兩八錢，厨子每名每年工食銀九兩，兵夫每名每年工食銀四兩八錢，俱於陽穀縣徭編銀內支給。馬夫每名每年工食銀二十兩，於陽穀、東阿、壽張三縣徭編銀內支給。船頭每名每年工食銀十兩八錢，於濟寧州徭編、陽穀縣徭夫銀內支給。守門總甲工食每名每年八兩，地方雜行內追給。其它聽事吏承、土地祠官吏及南旺、臨清二行署聽事官吏俱無工食，亦無定數，大都近邑幸民藉部役以色州縣雜差而已，即其有工食者，半出徭編，半出設處，扣除占役之數，或因乏用而增加，或因眷顧而賜予，歷年久遠，不可窮詰，蓋至於今而冗濫極矣。使後來者復仍宿弊，長此安窮朘，貧役之脂膏，以飽遊子之蠹猾，將安用之？故即今現在定數著之於編，俾後之人有所考核，且以杜僥覬之端云。

兗州府運河同知員下：典吏二名，書手三十四名、門子四名，皂隸十六名，馬快四石，步快九十七名，轎夫七名，燈夫四名，更夫五名，水夫二名，頭號船頭九名，二號六名。書手工食每年共銀九十六兩，係濟寧州鉅野縣占役淺夫工食銀內解給。門子工食每年共銀一十八兩九錢，係濟寧州滋陽縣徭編銀內解給。皂隸工食每年共銀一百一十八兩八錢，於郯城、鄆城、陽穀、寧陽、濟寧、滕縣各州縣徭編，及東平、泗水、泰安、萊蕪各州縣淺夫、泉夫工食銀內扣給。馬快每名每年工食銀二十四兩，共銀九十六兩，於鄆城、魚臺、東阿、曹州、鉅野、郯城、汶上、曹縣、城武、曲阜、陽穀、單縣、金鄉、定陶、東平、壽張等州縣徭編銀內解給。步快每名每年工食銀一十二兩，共銀三百四十二兩，於魚臺、濟寧、沙溝、廠城、武鄒縣各州縣徭編及汶上、陽穀、壽張、濟寧、魚臺各州縣并濟寧衛占役淺夫工食銀内扣給。轎夫每名每年工食銀一十二兩，共銀八十四兩；燈夫每名每年工食銀四兩六錢，共銀一十八兩四錢；更夫每名每年工食銀三兩六錢，共銀一十八兩；水夫每名每年工食銀七兩二錢，共銀一十四兩四錢，俱係濟寧州僉編。頭號船頭占役曹縣橋夫五名，每名每年工食銀十兩八錢，共銀五十四兩。二號船頭占役汶上淺夫二名，濟寧州淺夫二名；共四名，每名每年工食銀一十二兩，共銀四十八兩。

兖州府捕河通判員下：典吏二名，書手三名，門子一名，馬快十名，步快十名，民壯十六名，皂隸十二名，轎夫六名，兵夫一名，禁子四名，船頭十名。每名歲給工食，書手十二兩，門子七兩二錢，馬快二十二兩，步快七兩二錢，民壯八兩，皂隸五兩，轎夫八兩，兵夫四兩八錢，禁子六兩，船頭六兩，俱於本府各州縣徭編并役占淺夫銀内支給。

東昌府河務通判員下：典吏二名，書手八名，門子二名，馬快六名，步快十二名，民壯三名，皂隸十名，轎夫八名，燈夫四名，兵夫二名，船頭六名。書手每名每年工食銀十二兩，共銀九十六兩，内聊城縣十六兩，堂邑縣十二兩，清平縣十二兩，臨清州十二兩，館陶縣十二兩，夏津縣十二兩，武城縣二十兩，以上俱在前項州縣淺舖夫工食銀内扣給。馬快每名每年工食銀二十兩，共銀一百二十兩，於堂邑、莘縣、清平、館陶、夏津、武城六縣條鞭銀内解給。步快每名每年工食銀八兩四錢，共銀一百兩八錢，内濮州八兩四錢，朝城縣十六兩八錢，冠縣三十三兩六錢，恩縣十二兩六錢，夏津縣四兩二錢，臨清州四兩二錢，丘縣十六兩八錢，館陶縣四兩二錢，俱於條鞭銀内解給。民壯每名每年工食銀八兩，共銀二十四兩，内高唐州八兩，丘縣十六兩，俱於條鞭銀内解給；門子每名每年工食銀七兩二錢，共銀一十四兩四錢，於本府大盈庫支領。皂隸每名每年工食銀十二兩，共銀一百二十兩，内聊城縣二十兩，堂邑縣十二兩，博平縣十二兩，清平縣十二兩，臨清州十二兩，清河縣十二兩，武城縣四兩，恩縣十二兩，館陶縣十二兩，德州十二兩，俱於淺舖夫工食銀内扣給。轎夫每名每年工食銀十二兩，共銀九十六兩，燈夫每名每年工食銀四兩八錢，共銀一十九兩二錢，俱於聊城縣條鞭銀内解給。兵夫每名每年工食銀七兩二錢，一名在聊城縣條鞭銀内解給，一名在河下淺舖夫内扣給。船頭每名每年工食銀十兩，共銀六十兩，於本府大盈庫支給。

河間府管河通判員下：典吏二名，書手八名，門子二名，皂隸二十三名，快手六名，民壯八名，轎夫四名，兵夫三名，船頭八名，每名歲給工食，書手、門子、皂隸、民壯、兵夫俱七兩二錢，快手十五兩一錢六分，轎夫六兩二錢，船頭九兩四錢，俱於所屬各州縣徭編銀内支給。

魚臺縣管河主簿員下：書手三名、門子一名、皂隸二名、清衣三名、燈夫一名、淺鋪夫二百四十五名、南陽閘跟官一名、書手一名、三閘閘溜隄夫二百二十七名、司府占役一十二名，實在夫四百五十八名。本色椿草銀兩、各該原額州縣徵解折色磚灰銀，每年額徵五十六兩六錢四分，解兗州府庫夫役每年工食銀共五千七百零一兩二錢，魚臺縣出銀四千二百四十六兩八錢，曹州出銀四百一十兩四錢，曹縣出銀九十一兩二錢，陽穀縣出銀六十四兩八錢，單縣出銀八百八十八兩，河灘租簗歲徵七千斤。

濟寧州管河判官員下：書手三名、門子二名、皂隸三名、僱工快手六名、燈夫二名、撈淺夫二百五十名、淺鋪夫七十二名、天井閘夫三十名、南門橋夫十名、草橋橋夫十名、溜夫六十八名。上、中新閘夫八名，閘官占一名、跟官占一名、寫字占一名、看廳占一名、巡樹占一名、運河廳占役十名，實在橋夫十名、閘夫二十五名、溜夫六十八名，工部分司快手占上中新閘夫四名、管河衙書手占役二名、南門橋夫撥占二名，在城閘夫三十名、帶管下新閘夫四名，閘官占一名、跟官占一名、寫字占一名、看廳占一名、巡樹占一名，實在二十五名、溜夫六十七名。下新閘四名，管河衙催工快手占役二名、工部分司快手占役二名。趙村閘夫三十名、溜夫六十七名，閘官占一名、跟官占一名，寫字占一名、看樹占一名，實在二十六名，溜夫六十七名。石佛閘夫三十名，閘官占一名，跟官占一名，寫字占一名、看樹占一名，實在二十六名； 溜夫六十七名、工部分司快手占役一名，實在六十六名。新店閘夫三十名，閘官占一名、跟官占一名、寫字占一名、看樹占一名，實在二十六名； 溜夫六十七名； 內工部分司快手占役一名，實在六十六名； 新閘閘夫三十名，跟官占一名、寫字占一名、看樹占一名，實在二十七名，溜夫七十七名，內工部分司快手占役一名，實在六十六名。仲家淺閘夫三十名，寫字占一名、跟官占一名、看樹占一名、摘撥南陽橋一名、管河衙占役一名，實在二十四名； 溜夫十名，內工部分司快手占役一名，實在九名。師家莊閘夫三十名，閘官占一名，跟官占一名、看樹占一名、摘撥南門橋一名、管河衙占役一名，實在二十五名、溜夫三十三名，內工部分司快手占役二名，實在三十一名。魯橋閘夫三十名，閘官占一名、看樹占一名、管河衙占役一名、摘撥草橋二名、寫字占一名、工部分司快手占役二名，實在二十二名； 隨溜夫用工棗林閘夫三十名，跟官占一名、看樹占一名、管河衙占役一名，實在二十七名。本州撈淺鋪夫共三百二十二名，內看樹夫占十二名，送丈夫十二名，運河廳船頭快手占役三名、濟寧道船頭占役一名、工部分司快手占役三名，實在二百九十一名。其河官書手快手工食每名每年銀十兩八錢，俱係占役，淺夫門子工食每年銀六兩，皂隸工食每名每年銀七兩二錢，俱係本州徭編； 夫役、工食、淺鋪、溜夫每名每年十二兩，閘夫每名每年十兩八錢。內濟寧州編二百三十二名，在城閘夫三十名，石佛閘夫十名，師家莊閘夫十名、溜夫三名。單縣協編天津閘溜夫四十五名，趙村閘夫十名，溜夫二十名，石佛閘溜夫二十二名，新店閘夫十名、溜夫十七名，新閘夫五名、溜夫十八名，仲家淺閘夫十名，魯橋閘夫三十名，棗林閘夫十名，上、中新閘夫八名； 金鄉縣協編天井閘溜夫八名，在城閘溜夫十二名，石佛閘夫二十名，新店閘夫二十名，新閘夫二十五名、溜夫十八名，仲家淺閘夫十名，撈淺夫三十名； 鄆城縣協編天井閘溜夫十五名，在城閘溜夫五十五名，趙村閘溜夫十名，棗林閘夫二十名，撈淺夫四十五名； 曹州協編天井閘夫三十名； 曹縣協編南門草橋夫二十名，趙村閘夫二十名，溜夫二十二名； 城武縣協編石佛閘溜夫三十名，新店閘溜夫五十名，仲家淺閘夫十名，撈淺夫十五名； 定陶縣協編趙村閘溜夫八名，石佛閘溜夫十五名； 滕縣協編新閘溜夫三十一名； 鄒縣協編師家莊閘溜夫三十名； 鉅野縣協編趙村閘溜夫七名； 嶧縣協編師家莊閘夫二十名； 陽穀縣協編仲家淺閘溜夫十名。 俱按季解給。

濟寧衛管河指揮員下： 撈淺夫一百零二名，又帶管永通閘夫二名，淺舖夫本衛原編軍丁正户五十名，工部分司占淺夫二名，閘夫一名，運河廳占淺夫一名，本管河官占淺夫六名，看器具廠占閘夫一名，實在夫九十三名。 淺舖軍丁五十名，内小甲五名、巡樹五名、遞文十名，工部分司占役五名，係軍牢常川答應外二十五名。 巡河、撈淺、淺閘夫共一百零四名，每年每名奉例徵副磚、石灰、銀一錢二分，共銀一十二兩四錢八分解，兖州府貯庫。 軍舖夫五十名，每年每名額徵椿草銀二錢，共銀十兩解府貯庫。檾園地七十畝七分，每年額徵本色檾共二百一十二斤一兩，折色銀一兩四錢八分一釐，檾貯本廠，聽河工支用，銀解濟寧州貯庫。 夫役、工食、曹州編淺夫十七名，每名每年工食銀十二兩，閘夫二名，每名每年工食銀十兩八錢。曹縣編淺夫十七名，鉅野縣編淺夫十七名，單縣編淺夫十五名，定陶縣編淺夫十九名，金鄉縣編淺夫十七名，工食俱同曹州軍。 舖夫五十名，係本衛老幼軍餘，每名編銀七兩，自取於屯伍。 鉅野縣管河主簿員下： 書手二名，每名每年工食銀十二兩，皂隸四名，每名每年工食銀十二兩，俱係占役。 淺夫門子一名，每年工食銀六兩，皂隸二名，每名每年工食銀七兩二錢，俱係本縣條編。 淺舖徭夫共二百八十名，每名每年工食銀十二兩，四季赴各州縣支領，本縣二百名，嘉祥縣五十名，曹州十名，鄆城縣二十名，停役一百八十三名，徵銀貯庫。 南旺工部占役二名，本府運河廳占役六名，管河衙占六名，巡湖老人一名，管廠老人一名，廠夫一名，渡夫二名，巡樹遞文夫一十八名，實在夫二百四十三名。 寺前舖閘夫三十名，每名每年工食銀十兩八錢，閘官占一名，寫字一名，跟官一名，看廳一名，巡樹一名，實在二十五名。 溜夫四十五名，每名每年工食銀一十二兩，以上工食，汶上縣編。 閘夫二十名，東阿縣編；閘夫十名，鉅野縣編。溜夫四十五名，南旺工部占役一名，看浮橋一名，實在溜夫四十三名。通濟閘夫三十名，每名每年工食銀十兩八錢，各州縣支領。閘官占一名，看廳一名，寫字一名，巡樹一名，跟官一名，實在二十五名。溜夫五十名，每名工食銀十二兩，四季赴各州縣支領。新占看橋夫一名，實在四十九名，以上工食鉅野縣編。閘夫十七名，溜夫二十九名，嘉祥縣編。閘夫一名，曹州編。閘夫四名，溜夫七名，鄆城縣編。閘夫八名，溜夫十四名，淺鋪夫并占役每名額徵磚灰折色銀一錢二分，共銀三十三兩六錢，解本府貯庫。二閘閘溜夫額徵磚灰折色銀一錢二分，共銀十八兩六錢，解府。本管撈淺夫秋後放假入湖，採割本色湖草，曬乾收廠堆垛，聽備河工支用，或調出外工，不暇採辦，原無額數。本管鋪夫并所屬寺前、通濟二閘閘溜夫秋後俱放採割沿堤本色蒿草，曬乾入各廠堆垛，聽備河工支用，採盡止原無額數。本管河道舊有地租本色粲二千零二十斤十五兩，每年有認有退，原無額數。本管撈淺閘溜夫除占役外，每名每年辦柳十八根，鋪夫每名辦柳二十根，辦完在於沿河兩岸空缺處所，如法栽插。

汶上縣管河主簿員下：書手四名、門子一名、皂隸五名，管下淺鋪夫除司府占役及巡樹遞文共二十八名、實在夫三百五十四名。袁家口閘夫三十名，除跟官寫字并本閘官坐占共四名，實在夫二十六名。開河閘夫三十名，除跟官寫字本閘官坐占共四名，實在夫二十六名。南旺上下閘溜夫四十五名，閘夫四十名，除看廳跟官寫字本閘官坐占共六名，實在夫三十四名。本管河道錢糧俱在縣徵收，止有淺鋪夫歲辦磚灰折色銀每年每名一錢二分，共銀四十五兩八錢四分，每年徵解本府貯庫。其河官書手、工食每名每年銀一十二兩，皂隸二名每名每年銀一十二兩，俱係占役。淺夫、門子、工食每年銀六兩，皂隸三名每名每年銀七兩二錢，俱係本縣條編。淺鋪夫、工食每名每年一十二兩，俱在本縣支給。本管河灘地租并湖地租銀，俱在本縣徵收。其應辦樁草原無定數，每歲修計用多寡，領銀買辦。其河灘租粲歲徵一千二百一十斤七兩零。河道支用。

東平州管河判官員下：書手五名、門子二名、皂隸十三名，淺鋪夫共一百六十六名，內部占役一名，運河廳占役一名，捕河廳占役二名，河官占役八名，安山看廠老人一名，看廠夫一名，遞文一十六名，巡樹一十五名，實在夫一百二十一名。靳家口閘夫三十名，內官占一名，安山閘夫三十名，內官占一名，戴家廟閘夫三十名，內官占一名。書手、工食、占役淺夫三名，每名十二兩，共銀三十六兩，門子每名每年工食三兩，皂隸內三名，每名每年工食銀三兩六錢，俱本州條編銀內支給。外皂隸十名，占役淺夫五名，每名十二兩，共銀六十兩，淺鋪夫每名每年工食一十二兩，共一千九百九十二兩，東平州支領。閘夫每名每年工食十兩八錢，靳家口閘共銀三百二十四兩，本州及東阿寧陽二縣各編十名，安山閘共銀三百二十四兩，俱東阿縣支領。戴家廟閘共銀三百二十四兩，俱本州支領。淺鋪夫每名每年應辦折色磚灰銀一錢二分，共一十九兩九錢，零觧本府庫。

東平所管河百户員下：軍夫四十名、遞文四名、巡樹四名、跟官一名、寫字一名，逃亡二十六名，見在只存四名。軍夫每名每年應辦椿草銀二錢，共銀八兩，解本府庫。河灘地一頃三十六畝零，每畝租銀三分，共銀四兩零九分，每畝粲三斤，共四百零九斤，俱解本州庫廠。

壽張縣管河主簿員下：門子一名、皂隸二名、燈夫一名，淺夫四十六名，鋪夫二十五名，帶管東阿縣淺夫七十九名、鋪夫四十五名，内部占役一十五名，運河廳占役四名，捕河廳占役三名，東窑廠三名，河衙十名，遞文巡樹二十九名，實在一百三十一名，渡夫二名，沙灣小閘夫一名。壽張運河灘粲地三頃六十畝零，每畝本色粲六斤，共二千一百六十二斤零，折色每畝銀四分共一十四兩四錢零，以上俱解縣。壽張運河灘地三頃六十畝零，每畝租銀三分，共銀一十兩八錢零，裏河行犁地五頃零六畝，每畝租銀三分，共一十五兩一錢零，裏河葦地三頃七十九畝零，每畝租銀五分，共一十八兩九錢零，房基七百四十六間，租銀不等，共三十六兩八錢零，以上俱解部。東阿縣運河灘粲地六頃，每畝徵本色粲六斤，共三千六百零五斤，每畝徵折色銀四分共二十四兩零，以上俱解縣。東阿縣運河灘地六頃零，每畝租銀三分共一十八兩零，鹽河行犁地一頃四十八畝零，每畝租銀三分，共四兩四錢零，鹽河葦地一十九頃三十四畝零，每畝租銀五分共九十六兩七錢零；房基七百九十五間租銀不等，共五十九兩二錢零，以上俱解部。其各夫役每年工食，淺夫每名一十二兩，共銀一千五百兩；鋪夫每名一十二兩，共八百四十兩；渡夫每名六兩六錢，共一十三兩二錢；小閘夫十兩八錢；門子六兩；皂隸每名七兩二錢，共一十四兩四錢；燈夫三兩六錢。俱於本縣徭編銀内支領。

陽穀縣管河主簿員下：門子一名、皂隸二名、燈夫二名，淺夫二百四十四名、鋪夫六十名，内工部占役一十四名，運河廳占役四名，捕河廳占役五名，西窑廠占役一名，麻廠占役二名，河衙占十三名，遞文巡樹二十四名，橋夫八名，實在二百三十三名。河道河灘地一十頃八十四畝零，每畝徵本色粲六斤，共六千五百零五斤，每畝折色銀四分，共四十三兩三錢零，以上俱解縣。河道地一十頃八十四畝零，每畝租銀三分，共三十二兩五錢二分零；房基共一千零一十七間，各賃銀不等，外譙樓下地基租銀二錢，共四十四兩二錢九分零，以上俱解部。其各夫役每年工食，淺夫每名一十二兩，共銀二千九百二十八兩；鋪夫每名一十二兩，共銀七百二十兩；皂隸每名七兩二錢，共銀一十四兩四錢；門子六兩；燈夫每名三兩六錢，共銀七兩二錢；荆門、阿城、七級三閘閘夫共一百五十名，每名十兩八錢，共銀一千六百二十兩。俱本縣支領。內七級閘夫二十名，壽張縣支領。以上各役每名每年徵磚灰銀一錢二分，共銀五十四兩四錢零，解兖州府庫。

聊城縣管河主簿員下：書手三名、門子一名、皂隸六名、淺舖夫二百三十名，內看廠夫一名、催工皂隸六名、遞送公文巡灌柳株六十九名，實在夫一百五十四名。周李二閘夫共六十名，內官占一名，實在五十九名。永通閘夫三十名，官占一名，實在二十九名。通濟橋閘夫三十名、橋夫十名，官占一名，實在三十九名。本管河灘地共一十五頃一十一畝九分，內子粒地七頃五十五畝九分，每畝徵銀三分，共銀二十二兩六錢七分；檾地七頃五十五畝九分，每畝徵檾五斤，共本色檾三千七百八十斤，折色銀三十兩二錢四分，賃基地二頃三十二畝四分，每畝徵銀六分，共銀一十三兩九錢；外房價銀五錢。以上銀解府庫，麻解本縣官廠。河官書手召募無工食。門子每年工食銀六兩，皂隸每名每年銀七兩二錢，俱於本縣徭編銀內支給。淺舖夫每名徵椿草銀一兩，共銀二百三十兩，本縣派徵一百兩，濮州協派一百一十二兩，莘縣協派一十八兩，俱解府庫。又每名徵折色磚灰銀一錢二分，共銀二十七兩六錢，在各夫名下追徵解府。每名每年工食銀一十二兩，共銀二千七百六十兩，本縣派銀九百三十六兩，濮州協派銀一千三百四十四兩，莘縣協派銀二百一十六兩，冠縣協派銀二百六十四兩。工部分司快手占役三名，工食銀二十四兩，廳事官一員，工食銀七兩二錢，本府河廳書皂三名，工食銀三十六兩，餘銀支給各夫。周家店閘夫三十名，每名椿草銀一兩，共銀三十兩，工食銀每名十兩八錢，共銀三百二十四兩，濮州協編椿草銀十兩，工食銀一百零八兩，朝城縣協編椿草銀十兩，工食銀一百零八兩，范縣協編椿草銀十兩，工食銀一百零八兩。李海務閘夫三十名，每名椿草銀一兩，共銀三十兩，工食銀十兩八錢，共銀三百二十四兩，堂邑縣協編椿草銀二十兩，工食銀二百一十六兩，本縣派徵椿草銀十兩，工食銀一百零八兩。通濟橋閘夫四十名，每名椿草銀一兩，共銀四十兩，工食銀十兩八錢，共銀四百三十二兩，本縣派徵椿草銀二十五兩，工食銀二百七十兩，清平縣協編椿草銀一十五兩，工食銀一百六十二兩。永通閘夫三十名，每名椿草銀一兩，共銀三十兩，工食銀十兩八錢，共銀三百二十四兩，本縣派徵椿草銀三十兩，堂邑縣協編工食銀三百二十四兩，椿草徵解府庫工食支給。以上閘夫每名徵折色甎灰銀一錢二分，共銀一十五兩六錢，徵解府庫。

平山衛管河本衛經歷員下：書手一名、門子一名、皂隸六名，軍舖夫一十五名。遞送、濬築、栽柳、巡守本管每年額徵折色椿木四十根，每根徵銀二錢，共銀八兩；穀草四百束，每束徵銀五釐，共銀二兩。二項共銀十兩，在本衛人丁內徵解。河灘地一頃九十八畝五分五釐，內除子粒地六十九畝，每畝徵銀三分，共銀二兩八分；又賃基地五十五畝，每畝徵銀六分，共銀三兩三錢；又地三畝五釐，蓋房三間半，每間徵銀五分，共銀一錢七分；外剩徵檾地七十畝九分半，徵折色共銀二兩八錢四分半，徵本色檾三百五十四斤，檾麻本衛河官徵解。聊城縣官廠子粒賃基，折麻銀兩，聊城縣帶徵其椿草銀，亦係本衛河官徵收，各解府貯庫。河官、書手、門子每名每年工食銀三兩，皂隸、鋪夫每名每年工食銀五兩，俱於本衛人丁內徵給。

堂邑縣管河主簿員下：書手一名、門子一名、皂隸三名、青夫皂隸二名、淺鋪溜夫一百二十一名，內隨本官催工皂隸六名、遞送公文巡灌柳株占役二十一名、看廠一名，實在九十三名。梁家鄉閘夫三十名，閘官占用一名，實在二十九名。王橋閘夫三十名。俱各在閘應役。河灘地九頃七十五畝，除徵租地四頃八十八畝，每畝徵銀三分，共銀一十四兩六錢四分；檾地四頃八十七畝，半徵折色銀一十九兩四錢八分，半徵本色麻二千四百三十五斤；賃基房三百七十七間半，每間徵銀三分，共銀一十一兩三錢二分。以上銀解府庫，麻解聊城縣官廠。管河官書手召募無工食。門子每年工食銀六兩，皂隸每名每年工食銀七兩二錢，青夫皂隸每名每年工食銀八兩，俱本縣徭編徵給。淺鋪夫每名每年工食銀一十二兩，共銀一千四百五十二兩，本縣派徵一千二百三十六兩，冠縣協給二百一十六兩，內工部分司占用快手工食銀一十二兩，本府河廳占用書皂工食銀二十四兩。

博平縣管河典史員下：書手一名、門子一名、皂隸四名，淺鋪夫九十六名，除看廠占用一名，前項皂隸四名遞文巡柳占用一十八名，實在夫七十三名。河灘地一十三頃三十畝，分租地六頃一十四畝三分，每畝徵租銀三分共銀一十八兩四錢零；檾地五頃一十五畝，半徵折色共銀二十五兩三錢，半徵本色檾一千九百八十五斤；賃基房一百九十八間半，每間徵租銀三分，共銀五兩九錢零。淺鋪夫每名每年工食銀一十二兩，共銀一千一百五十二兩，內除前項書手一名工食銀一十二兩，門子一名工食銀二兩，本府河廳皂隸占用工食銀一十二兩，皆於各夫銀內勻攤支給，餘銀各夫分用。淺鋪夫每名徵椿草銀二兩，共銀九十六兩，在本縣條鞭銀內徵收支解。又每名徵磚灰銀一錢二分，共銀一十一兩五錢二分，在於各夫名下追徵。以上子粒麻銀、椿草磚灰銀兩俱解府庫，檾麻解貯聊城縣官廠。

清平縣管河主簿員下：門子一名、皂隸三名、燈夫一名，淺鋪夫一百一十一名，內除看舖遞文巡樹看廠占用二十五名，實在夫八十六名。德州左衛四舖河道坐落本縣河道地方本縣河官帶管四舖軍夫四十名。戴家灣閘夫三十名，閘官占一名，實在夫二十九名。淺鋪夫每名徵磚灰銀一錢二分，共銀一十三兩三錢，於各夫工食銀內扣解府庫。本管河灘官地共一十三頃九十一畝六分，內租地六頃九十五畝四分，每畝徵銀三分，共銀二十兩八錢零；粲地六頃九十六畝二分，每畝徵粲十斤，半徵本色三千四百八十一斤，半徵折色共銀二十七兩八錢；賃基地七分徵銀八分，帶管左衛四舖河灘地一頃四十三畝，內租地七十畝五分，每畝徵銀三分，共銀二兩一錢一分，粲地七十二畝六分，每畝徵粲十斤，半徵本色三百六十三斤，半徵折色共銀二兩九錢，以上縣衛銀解府庫，麻解臨清州官廠。本縣河官皂隸每名每年工食銀七兩二錢，門子每年工食銀六兩，燈夫每年工食銀二兩八錢，淺舖夫每名每年工食銀一十二兩，俱本縣支領。閘夫三十名，每名每年工食銀十兩八錢，內本縣編徵銀二百一十六兩，冠縣協濟銀一百零八兩。淺舖閘夫每名歲徵椿草銀一兩，共銀一百四十一兩，本縣派徵一百三十一兩，冠縣派徵十兩，俱解府庫。左衛軍夫四十名，每名工食銀三兩六錢，俱在該衛徵收。

臨清州管河判官員下：書手十名、門子一名、皂隸四名、甲首二名、淺舖夫一百三十四名，內除巡柳遞文每舖占夫三名，一十九舖共占五十七名，看司看廠占三名、催工皂隸占八名、量工水手四名，實在夫六十二名、新開閘夫八十四名、溜夫四十名，內除工部快手占役二十名、駕船占二名、看守北橋占四名、閘官占一名、書手占一名，實在夫五十六名、溜夫四十名、橋夫一十八名，奉文裁減二名，徵銀貯庫修橋支用，實在夫一十六名。管河書手係召募應役，原無工食。皂隸每名每年工食銀七兩二錢，共銀二十八兩八錢，甲首每名每年工食銀四兩八錢，共銀九兩六錢，門子每年工食銀六兩，淺舖夫每名每年工食銀一十二兩，共銀一千六百零八兩，內除本府河廳占用書皂二名，工食銀二十四兩，餘銀各夫領用。閘夫每名每年工食銀十兩八錢，共銀九百零七兩二錢，內除閘官支領一名，餘銀各府領用。溜夫每名每年工食銀十二兩，共銀四百八十兩，淺舖閘溜夫每名徵椿草銀一兩，共銀二百五十八兩，以上銀兩俱在本州支解。各夫每名徵磚灰銀一錢二分，共銀三十兩九錢六分，俱在各夫名下徵解。橋夫每名每年工食銀十兩八錢，共銀一百九十四兩四錢，又徵灰麻銀五兩零四分，俱在本州徵收。裁減二名，工食扣存貯庫修橋支用，餘銀各夫領用。本州河灘地一十九頃七十四畝，每畝徵銀三分，共銀五十九兩二錢三分；賃基地一十二頃一十七畝五分，每畝徵銀五分，共銀六十兩八錢零；粲地四頃三畝，徵本色粲二千零七斤，折色粲二千二十四斤，每斤折銀八釐，共銀一十六兩一錢零。

館陶縣管河主簿員下：書手一名、門子一名、皂隸四名、淺舖夫七十二名內催工皁隸占六名、看舖夫四十四名、看廠夫二名，實在夫四十二名。河灘官地一十二頃九十九畝，內麻地六頃四十三畝五分，每畝徵麻五斤，徵本色麻三千二百一十七斤半，折色銀二十五兩七錢四分，租地六頃五十五畝，每畝徵銀三分，共銀一十九兩六錢零，皆縣徵收，銀觧府庫，麻解臨清官廠。淺舖夫每名徵椿草銀一兩，共銀七十二兩，本縣條鞭銀內徵收起解。每名又徵磚灰銀一錢二分，共銀八兩六錢四分，在各夫名下徵解。河官書手係召募代寫，原無工食。門子每年工食銀六兩，皂隸每名每年工食銀七兩二錢，淺舖夫每名每年工食銀一十二兩，共銀八百六十四兩，以上工食俱在本縣支領。其淺夫工食，內除工部分司聽事官工食銀三兩，快手工食銀一十二兩，并本府河廳書皂工食銀二十四兩，餘銀各夫領用。

夏津縣管河主簿員下： 書手二名，門子一名，皂隸四名，青夫、皂隸、五夫、淺夫、皂隸六名，催工燈夫二名、看廠夫一名，澆灌巡挑夫八名，遞送公文舖夫八名，挑淺夫三十七名內本部占役一名，工食給巡警官本府河廳占役一名，工食給書辦。 河灘官地二十六頃八十畝，賃基地八十七畝，每年額徵子粒賃基銀四十八兩四錢，折麻銀五十三兩六錢，正麻六千七百零一斤，淺舖灌廠夫并淺夫、皂隸共六十名，每名每年徵磚灰銀一錢二分，共銀七兩二錢，俱河官徵收解縣，磚解本府，麻解臨清廠。 河官書手係各夫僱募書寫，原無工食。 門子每季一兩五錢，皂隸每季每名一兩四錢四分，青夫皂隸每季每名二兩，燈夫每季每名八錢，催工皂隸并廠舖灌淺夫每季每名三兩，俱本縣支給。又各夫額載每年椿草銀共六十兩，亦在本縣條鞭徵解本府。

清河縣管河典史員下： 門子一名，皂隸四名，淺舖夫四十八名內除遞文巡柳占用一十六名看廠一名，催工皂隸二名，實在夫二十九名。 河灘徵租地七頃一十八畝九分，每畝徵銀三分，共銀二十一兩五錢零； 徵麻地七頃一十八畝六分，半徵折色共銀二十八兩七錢四分，半徵本色麻三千五百九十三斤； 賃基地五十四畝，各價不等，共徵賃銀六兩三錢八分。以上銀解府庫，麻解臨清官廠。淺舖夫每名編椿草銀一兩，共銀四十八兩，本縣條鞭銀內徵解。府庫淺舖夫每名工食銀內扣磚灰銀一錢二分，共銀五兩七錢六分解府。 其河官門子皂隸每名每年工食銀七兩二錢，淺舖夫每名每年工食銀一十二兩，共銀五百七十六兩，內除工部分司快手一名銀三兩，本府河廳皂隸一名工食銀一十二兩，餘銀各夫分用，俱在本縣支給。

武城縣管河主簿員下： 書手二名，門子一名，河道老人一名，皂隸四名，淺舖夫一百七十四名內除占看廠夫一名，舖夫五十八名，催工皂隸六名，實在夫一百九名。 河灘官地一百一十一頃一十五畝七分，內徵租地五十五頃五十八畝，每畝徵銀三分，共銀一百六十六兩七錢四分，徵檾地五十五頃五十七畝，半徵本色檾每畝五斤，共檾二萬七千七百八十五斤，半徵折色銀每畝徵銀四分，共銀二百二十二兩二錢零； 賃基房七十二間，每間徵銀一錢，共銀七兩二錢； 新丈出地二頃二十九畝，每畝徵銀五分，共銀一十一兩四錢五分，解部充書辦工食。其河官皂隸每名每年工食銀七兩二錢，共銀二十八兩八錢，河道老人每年工食銀一十二兩，出自淺夫工食銀內攤給，門子每年工食銀六兩，書手每年工食銀一十八兩，出自淺舖夫工食銀內攤給。淺舖廠夫并占役皂隸每名每年工食銀一十二兩，共銀二千八十八兩，內夥除本府河廳書手二名工食銀二十四兩，餘銀各夫領用，又每名椿草銀二兩共銀一百七十四兩，入淺舖夫每名追磚灰銀一錢二分，共銀二十兩八錢八分，以上椿草及皂隸門子工食俱出本縣，磚灰銀在各夫名下追。

恩縣管河主簿員下： 書手二名、門子一名、皂隸四名、燈夫一名、淺舖夫六十三名內除占役皂隸六名、巡灌夫七名、遞文協巡夫七名、廠夫一名，實在夫四十二名。河灘官地一十三頃七畝，內租地六頃五十四畝，每畝徵銀三分，共銀一十九兩六錢二分； 粲地六頃五十三畝，每畝徵麻十斤，共麻六千五百三十斤，分折色麻三千二百六十五斤，每斤折銀八釐，共銀二十六兩一錢二分，徵本色麻三千二百六十五斤； 賃基房六十五間，每間徵銀一錢，共銀六兩五錢五分。河官書手每名每年工食銀六兩，在淺舖夫工食內夥除給與，門子每年工食銀六兩，皂隸每名每年工食銀七兩二錢，共銀二十八兩八錢，燈夫每年工食銀四兩八錢，淺舖夫每名每年工食銀一十二兩，共銀七百五十六兩。內除本府河廳皂隸一名工食銀一十二兩，餘銀各夫領用，每名又徵椿草銀二兩，共銀六十三兩。以上俱在本縣徭編徵給。淺舖夫每名又徵磚灰銀一錢二分，共銀七兩五錢六分，在各夫名下追徵。其椿草、磚灰、子粒、折麻銀兩徵解府庫，本色粲，麻解臨清官廠。

德州管河判官員下： 書手三名、門子一名、皂隸四名、淺舖夫七十名內除遞文巡灌夫一十四名，管河官占役八名、看廠夫一名，實在夫四十七名、橋夫六名。河灘地一十頃九十五畝八分，內租地五頃四十八畝，每畝徵銀三分，共銀一十六兩四錢； 粲地五頃四十七畝，徵本色麻二千七百三十七斤三兩，徵折色麻銀二十一兩八錢九分，基地一頃七十一畝九分，每畝徵銀一錢二分，共銀二十兩六錢三分。以上銀解東昌府并本州庫，麻解臨清官廠。管河書手原無工食。門子每年工食銀六兩，皂隸每名每年工食銀七兩二錢，淺舖夫每名每年工食銀一十二兩，共銀八百四十兩，本府河廳占用皂隸一名，工食銀一十二兩，餘銀各夫分用。每名又徵椿草銀一兩，共銀七十兩，橋夫每名每年工食銀四兩，又徵麻銀二兩八錢八分，俱在本州條鞭徵給，椿草麻銀解東昌府并本州庫。 淺舖夫每名徵磚灰銀一錢二分，橋夫又徵石灰銀四錢八分，俱在各夫工食內扣解。 本州庫。

德州衛管河指揮員下： 淺舖十座，召募軍夫一百名，內除巡樹、遞文、應接座船、鳴道、旗鑼、併催船催工占用四十名，實在夫六十名。賃基子粒地四十七頃七十五畝八分，徵租銀七十八兩八錢九分，本色檾麻一萬一千八百七十七斤，折色檾麻銀九十五兩。三項錢糧出自前項河灘地內辦納。椿草銀一十六兩，出自本衛。以上銀解東昌府并本州庫，麻解臨清州官廠。淺夫工食每名每日給銀一分，出自本衛條鞭地畝銀。

德州左衛管河指揮員下：淺舖二座，每舖召募軍夫十名，共夫二十名，內除遞文、巡柳、鳴道、旗鑼占用六名，書手一名，實在夫一十三名。河灘地畝本折檾麻，歸併清平縣就近徵收彼處逕解東昌府庫。其椿草銀一十八兩，出在本衛條鞭德州徵收。淺夫工食每名每年銀三兩六錢，俱在本衛條鞭丁地內派徵，各夫親自支領。

景州管河判官員下：書手二名、門子一名、皂隸四名、淺舖夫四十名。其工食，書手每名每年銀六兩，門子、皂隸、淺舖夫每名每年銀七兩二錢，俱於本州條編銀內支給。每年河道錢糧一十六兩九錢七分四毫，椿木銀一十二兩八錢，葦草銀一十二兩八錢，檾麻銀三兩二錢。

吳橋縣管河典史員下：門子一名、皂隸四名。河灘官地共二十四頃五畝，房基十二間，每畝每間各徵銀四分，共銀九十六兩七錢，折色椿木葦草銀八十四兩。門子每年工食銀七兩二錢，皂隸每名每年工食銀七兩二錢，俱本縣支領。

東光縣管河主簿員下：門子一名，皂隸六名，淺舖九座，每座淺夫十名。椿木銀二十八兩八錢，磚灰銀十兩八錢，檾麻銀七兩二錢，河灘子粒銀七十六兩九錢六分，又奉文加租銀二十四兩八錢，俱解本府庫。人役工食在於本縣支領。

故城縣管河主簿員下：書手一名、門子一名、皂隸六名、淺舖夫四十名，淺夫遞送公文、旗鑼、巡灌樹株、修墊缺口。狼窩河灘官地一十四頃四分，屋基二百一十五間半，每年共該徵銀三十九兩一錢七分，俱解本府。椿木六十四根，葦草一千二百八十束，檾麻三百二十斤，俱淺夫置辦，折銀解府。衙役工食每年共該銀五十兩四錢，淺夫工食銀每年共該二百八十八兩，俱本縣支領。

南皮縣管河典史員下：門子一名、皂隸四名、五淺淺舖夫各十名。地租銀七十六兩二錢一分二釐八毫，折色椿草灰麻銀共四十二兩。門子、皂隸每名每年工食銀七兩二錢，淺夫每名每年工食銀七兩二錢，俱於本縣傜編銀內支給。

交河縣管河主簿員下：門子一名、皂隸六名、淺夫五十名。河灘地一十二頃五十二畝，每畝徵銀四分，房基八十六間，每間徵銀三分，共銀五十二兩六錢，內支三兩解府河廳公用，餘解府庫。門皂每名每年工食銀七兩二錢，淺夫每名每年工食銀七兩二錢，俱本縣傜編銀內給發。每夫一名每年坐椿草磚灰麻斤等銀八錢四分，共坐工食銀四十二兩。

滄州管河判官員下：門子一名、皂隸六名，每名每年工食銀七兩二錢，淺夫七十名，每名每年工食銀七兩二錢，俱本州徭編銀内支給。河灘賃基官地六頃四十二畝，每畝徵子粒銀四分，賃基房三間，每間賃價銀三分，二項共銀二十五兩七錢，解本府。萬曆二十四年，新增河灘官地二頃八十一畝，每畝徵子粒銀四分，賃基房二百二十六間，每間賃價銀三分，二項共銀一十八兩，解本府。河廳每夫一名坐椿草磚灰麻等銀八錢四分，共銀五十八兩八錢，解本府。

興濟縣管河典史員下：門子一名、皂隸四名、淺夫七十七名，每年額編椿木、葦草、檾麻、磚灰、子粒、賃基等銀共九十五兩三錢六分，淺夫每名每年工食銀七兩二錢，共銀五百五十四兩四錢，吴橋縣協濟銀三百七十四兩四錢，青縣協濟銀一百八十兩。管河官門皂等役每年工食共銀三十六兩，俱在本縣徭編銀内支給。

青縣管河主簿員下：門子一名、皂隸六名、燈夫一名，六淺舖名淺夫十名共六十名。每年額編檾麻、椿草折色銀五十兩四錢，在淺夫工食内扣除，徵解子粒、賃基銀一百八兩九錢，門皂、燈夫工食每名每年銀七兩二錢，俱在縣支領。淺夫每名除扣椿草銀八錢四分外，止實在每年工食銀六兩三錢六分，俱係免貼人丁給批自取。

霸州管河同知員下：南蘇家淺舖夫六名，每名工食銀七兩二錢，在本州及大城縣支領。河灘官地一頃八十畝，每年共徵租銀七兩二錢，椿木葦草銀共五兩四分，在淺夫工食内扣辦貯州庫。

静海縣管河主簿員下：門子一名、皂隸七名、八淺淺舖夫各十名。地租銀一百三十九兩七錢九分，折色椿草麻灰銀共六十七兩二錢。皂隸、門子、淺夫每名每年工食銀七兩二錢，俱於本縣徭編銀内支給。

河間衛管河指揮員下：分管淺夫十名，每歲額編修理河工銀一百兩，守口淺夫每名每年工食銀七兩二錢，俱於本衛丁地錢糧編派州縣徵解府庫。

瀋陽中屯衛管河指揮員下：分管淺夫一名，每歲額編修理河工銀二十七兩，守口淺夫每年工食銀七兩二錢，俱派本衛丁地錢糧銀内州縣徵解府庫。

天津衛管河指揮員下：淺夫人役工食出自本衛條鞭銀内。本府清軍廳徵給河灘官地八項一十四畝七分，每年額徵子粒銀二十五兩九錢，静海縣帶徵解河間府每年額徵椿木銀十六兩，葦草銀八兩，共徵二十四兩，俱在條編銀内出辦，清軍廳徵解河間府庫。

天津左衛管河指揮員下：夫役工食出自本衛條鞭銀内，本府清軍廳徵給。河灘官地及新增應徵子粒銀二十二兩四錢七分，滄州管糧官徵解本府庫額徵椿木銀二十二兩四錢，葦草銀一十一兩二錢，共銀三十三兩六錢，清軍廳徵收條鞭銀出辦，解本府庫。

天津右衛管河指揮員下：淺夫五十名，每名工食銀七兩二錢，係本衛條鞭人地丁銀内出辦。歲解樁草銀一十二兩，在淺夫工食銀内照扣，解河間府庫。

北河紀卷七　河議紀

漢成帝建始四年，清河都尉馮逡議奏言：郡承河上流，土壤輕脆易傷。頃所以闊無大害者，以屯氏河通，兩川分流也。今屯氏河塞，靈鳴犢口又益不利，獨一川兼受數河之任，雖高增隄防，終不能泄。如有霖雨，旬日不霽，必盈。九河今既難明，屯氏河絶未久，其處易浚，又其口所居高，於分殺水力，道理便宜，可復浚以助大河泄暴水，備非常。不豫修治，北決病四五郡，南決病十餘郡，然後憂之，晚矣。事下丞相、御史，以爲方用度不足，可且勿浚。至是大雨水十餘日，河果大決東郡金隄。

鴻嘉四年，渤海、清河、信都河水湓溢，灌縣邑三十一，敗官亭民舍四萬餘所。河隄都尉許商與丞相史孫禁共行視，圖方略。禁以爲：今河溢之害數倍於前決平原。金隄間，開通大河，令入故篤馬河。至海五百餘里，水道浚利，又乾三郡水地，得美田且二十餘萬頃，足以償所開傷民田廬處，又省吏卒治隄救水，歲三萬人以上。許商以爲『古説九河之名，有徒駭、胡蘇、鬲津，今見在成平、東光、鬲界中。自鬲以北至徒駭間，相去二百餘里，今河雖數移徙，不離此域。孫禁所欲開者，在九河南篤馬河，失水之迹，處勢平夷，旱則淤絶，水則爲敗，不可許。』公卿皆從商言。先是，谷永以爲『河，中國之經瀆，聖王興則出圖書，王道廢則竭絶。今潰溢横流，漂没陵阜，異之大者也。脩政以應之，災變自除』。是時李尋、解光亦言『陰氣盛則水爲之長，故一日之間，晝減夜增，江河滿溢，所謂水不潤下，雖常於卑下之地，猶日月變見於朔望，明天道有因而作也。衆庶見王延世蒙重賞，競言便巧，不可用。議者常欲求索九河故迹而穿之，今因其自決，河且勿塞，以觀水勢。河欲居之，當稍自成川，挑出沙土，然後順天心而圖之，必有成功，而用財力寡』。於是遂止不塞。滿昌、師丹等數言百姓可哀，上數遣使者處業賑贍之。

哀帝初，平當議奏言：『九河今皆寘滅，按經義治水有決河深川，而無隄防壅塞之文。河從汲郡以東，北多溢決，水迹難以分明。四海之衆不可誣，宜博求能浚川疏河者。』下丞相孔光、大司空何武，奏請部刺史、三河、弘農太守舉吏民能者，莫有應。待詔賈讓言治河上中下策：

古者立國，居民，疆理，土地必遺川澤之分，度水勢所不及。大川無防，小水得入，陂障卑下，以爲汙澤，使秋水得有所休息，左右游波，寬緩而不迫。夫土之有川，猶人之有口也。治土而防其川，猶止兒啼而塞其口，豈不遽止，然其死可立而待也。故曰：『善爲川者，決之使道；善爲民者，宣之使言。』蓋隄防之作，近起戰國，壅防百川，各以自利。齊與趙、魏，以河爲境。趙、魏瀕山，齊地卑下，作隄去河二十五里。河水東抵齊隄，則西而泛趙、魏，趙、魏亦爲隄去河二十五里。雖非其正，水尚有所遊盪。時至而去，則填淤肥美，民耕田之。或久無害，稍築室宅，遂成聚落。大水時至漂没，則更起隄防以自救，稍去其城郭，排水澤而居之，湛溺固其宜也。今隄防陿者去水數百步，遠者數里。近黎陽南故大金隄，從河西西北行，至西山南頭迺折東，與山相屬。民居金隄東爲廬舍，住十餘歲更起隄，從東山南頭直南與故大隄會。又内黄界中有澤，方數十里，環之有隄，住十歲，太守以賦民，民今起廬舍其中，此臣親所見者也。東郡白馬故大隄亦復數重，民皆居其間。從黎陽北盡魏界，故大隄去河遠者數十里，内亦數重，此皆前世所排也。河從内黄北至黎陽爲石隄，激使東抵東郡平岡；又爲石隄，使西北抵黎陽、觀下；又爲石隄，使東北抵東郡津北；又爲石隄，抵使西北抵魏郡昭陽；又爲石隄，激使東北。百餘里間，河再西三東，迫阸如此，不得安息。

今行上策，徙冀州之民當水衝者，決黎陽遮害亭，放河使北入海。河西薄大山，東薄金隄，勢不能遠泛濫，期月自定。難者將曰：『若如此，敗壞城郭田廬冢墓以萬數，百姓怨恨。』昔大禹治水，山陵當路者毁之，故鑿龍門，闢伊闕，拆砥柱，破碣石，墮斷天地之性。此乃人功所造，何足言也！今瀕河十郡治隄，歲費且萬萬，及其大決，所殘無數。如出數年治河之費，以業所徙之民，遵古聖之法，定山川之位，使神人各處其所而不相奸。且以大漢方制萬里，豈其與水爭咫尺之地哉？此功一立，河定民安，千載無患，故謂之上策。

其次多穿漕渠，臣竊按視遮害亭西十八里，至淇水口，乃有金隄，高一丈。是自東地稍下，隄高，至遮害亭高四五丈。往五六歲，河水大盛，增丈七尺，壞黎陽南郭門，入隄下。水未踰隄二尺所，從隄上北望，河高出門，百姓皆走上山。水流十三日，隄潰，吏民塞之。臣循隄上，行視水勢，南七十餘里，至淇口，水適至隄半，計出地上五尺所。今可從淇口以東爲石隄，多張水門。初元中，遮害亭下河去東足數十步，至今四十餘歲，適至隄足。由是言之，其地堅矣。恐議者疑河大川難禁制，滎陽漕渠足以止之，其水門但用木與土耳。今據堅地作石隄，勢必完安。冀州渠者，盡當仰此水門。治渠非穿地也，但爲東方一隄，北行三百餘里，入漳水，其西因山足地高，諸渠皆往往股引取之，旱則開東方下水門溉冀州，水則開西方高門分河流。通渠有三利，不通有三害。民常罷於救水，半失作業，此一害也；水行地上，湊潤上徹，民則病濕氣，木皆立枯，鹵不生穀，此二害也；決溢有敗，爲魚鱉食，此三害也。若有渠溉，則鹽鹵下濕，填淤加肥，此一利也；故種禾麥，更爲秔稻，高田五倍，下田十倍，此二利也；轉漕舟船之便，此三利也。今瀕河隄吏卒郡數千人，伐買薪石之費歲數千萬，足以通渠成水門；又民利其灌溉，相率治渠，雖勞不罷。民田適治，河隄亦成，此誠富國安民，興利除害，支數百歲，故謂之中策。

若繕完故隄，增卑倍薄，勞費無已，數逢其害，此最下策也。丘濬曰：『古今言治河者，未有出此三策者也。』

宋真宗大中祥符三年，著作郎李垂議上《導河形勝書》三篇并圖，其略曰：

臣請自汲郡東推禹故道，挾御河，較其水勢，出大伾、上陽、太行山之間，復西河故瀆，北注大名西、館陶東南，北合赤河而至於海。因于魏縣北析一渠，正北稍西逕衡瀆直北，下出邢、洺，如《夏書》過洚水，稍東注易水，合百濟，會朝河而至于海。大伾而下，黄、御混流，薄山障隄，勢不能遠。如是則載之高地而北行，百姓獲利，而契丹不能南侵。《禹貢》所謂夾右碣石入于河，孔安國曰：河逆上北州界。

其始作自大伾西八十里，曹公所開運渠東五里，引河水正北稍東十里，破伯禹古隄，逕牧馬陂，從禹故道，又東三十里轉大伾西、通利軍北，挾白溝，復回大河，北逕清豊、大名西，歷洹水、魏縣東，暨館陶南，入屯氏故瀆，合赤河而北至于海。既而自大伾西新發故瀆西岸析一渠，正北稍西五里，廣深與汴等，合御河道；逼大伾北，即堅壞析一渠，東西二十里，廣深與汴河等，復東大河。兩渠分流，則三四分水，猶得注澶淵舊渠矣。大都河水從西大河故瀆東北，合赤河而達于海。然後于魏縣北發御河西岸析一渠，正北稍西六十里，廣深與御河等，合衡漳水；又冀州北界、深州西南三十里決衡漳西岸，限水爲門，西北注滹沱，潦則塞之，使東漸勃海；旱則決之，使西灌屯田，此中國禦邊之利也。

兩漢而下，言水利者，屢欲求九河故道而疏之。今考《圖志》，九河竝在平原而北，且河壞澶、滑，水至平原而上已決矣，則九河奚利哉。漢武捨大伾之故道，發頓丘之暴衝，則濫兖泛齊，流患中土，使河朔平田，膏腴千里，縱容邊寇刼掠其間。今大河盡東，全燕陷北，而禦邊之計，莫大于河。不然，則趙、魏百城，富庶萬億，所謂誨盜而招寇矣。一日伺我饑饉，乘虚入寇，臨時用計者實難；不如因人足財豐之時，成之爲易。

詔樞密直學士任中正、龍圖閣直學士陳彭年、知制誥王曾詳定。中正等上言：『詳垂所述，頗爲周悉。所言起滑臺而下，派之爲六，則緣流就下，湍急難制，恐水勢聚而爲一，不能各依所導。設或必成六派，則是更增六處爲口，悠久難于隄防；亦慮入滹沱、漳河，漸至二水淤塞，益爲民患。又築隄七百里，役夫二十一萬七千，工至四十日，侵占民田，頗爲煩費。』其議遂寢。

神宗熙寧二年，劉彝、程昉上言：『二股河北流，今已閉塞。然御河水由冀州下流，尚當疏導，以絶河患。』先是，議者欲於恩州武城縣開御河入黃河北流故道，以下五股河，故命彝、昉相度。而通判冀州王庠謂：第開今流之處，下接胡盧河尤便。而彝等又奏：『如庠言，雖於流爲順，然其間漫淺沮洳，費工尤多，不若開烏欄隄，東北至大、小流港，橫截黃河，入五股河，復故道尤便。』遂命河北提舉糴便糧草皮公弼、提舉常平王廣廉按視。二人議協，詔調鎮、趙、邢、洺、磁、相兵夫六萬浚之，以寒食後入役。

三年正月，韓琦言：『河朔累經災傷，雖得去年夏秋一稔，瘡痍未復。而六州之人，奔走河役，遠者十一二程，近者不下七八程，比常歲勞費過倍。兼鎮、趙二州，舊以次邊，未嘗差夫，一旦調發，人心不安。又於寒食後入役，比滿一月，正妨農務。』乃詔河北都轉運使劉庠相度，如可就寒食前入役，即亟興工，仍相度最遠州縣，量減差夫，而輟修塘堤兵千人代其役。二月，琦又奏：『御河漕運通流，不宜減大河夫役。』於是止令樞密院調兵三千，并都水監卒二千。三月，又益發壯城兵三千，仍詔提舉官程昉等促迫功隄。六月，河成，遷昉宮苑副使。

四年，命昉爲黃、御等河都大提舉。

八年，昉與劉璯言：『衛州沙河湮没，宜自王供埽開浚，引大河水注之御河，以通江、淮漕運。仍置斗門，以時啟閉。其利有五：王供危急，免河勢變移而別開口地，一也；漕舟出汴，橫絶沙河，免大河風濤之患，二也；沙河引水入于御河，大河漲溢，沙河自有限節，三也；御河漲溢，有斗門啟閉，無衝注淤塞之弊，四也；德博舟運，免數百里大河之險，五也。一舉而五利附焉，請發卒萬人，一月可成。』從之。

九年秋，奏畢功，中書欲論賞，帝命河北監司按視保明，大名安撫使文彦博覆實。彦博言：

去秋開舊沙河，取黄河行運，欲通江、淮舟楫，徹於河北極邊。自今春開口放水，後來漲落不定，所行舟栰皆輕載，有害無利，枉費功料極多。今御河上源，止是百門泉水，其勢壯猛，至衛州以下，可勝三四百斛之舟，四時行運，未嘗阻滯。隄防不至高厚，亦無水患。今乃取黄河水以益之，大即不能吞納，必致決溢；小則緩漫淺澁，必致淤澱。凡上下千餘里，必難歲歲開浚。況北河穿北京城中，利害易覩。今始初冬，已見阻滯，恐年歲間，反壞久來行運。儻謂通江、淮之漕，即尤不然。自江、浙、淮、汴入黄河，順流即下，又合於御河，歲不過一百萬斛。若自汴順流徑入黄河，達於北京，自北京和雇車乘，陸行入倉，約用錢五六千緡，却於御河載赴邊城，其省工役、物料及河清衣糧之費，不可勝計。

又去冬，外監丞欲於北京黄河新隄開置水口，以通行運，其策尤疎。此乃熙寧四年秋黄河下注御河之處，當時朝廷還差近臣，督役修塞，所費不貲。大名、恩、冀之人，至今瘡痍未平，今柰何反欲開口導水耶？都水監雖今所屬相視，而官吏恐忤建謀之官，止作遷延回報，謂俟修固御河隄防，方議開置河口。況御河隄道，僅如蔡河之類，若欲吞納河水，須如汴岸增修，猶恐不能制蓄。乞別委官相視利害，并議可否。

又言：『今之水官，尤爲不職，容易建言，僥倖恩賞，朝廷便爲主張，中外莫敢異議，事若不効，都無譴罰。臣謂更當選擇其人，不宜令狂妄輩横費生民膏血。』

已而都水監言，運河乞置雙牐，例放舟船實便，與彦博所言不同。十二月，命知制誥熊本與都水監、河北轉運司官相視。本奏：

河北州軍賞給茶貨，以至應接沿邊榷場要用之物，竝自黄河運至黎陽出卸，轉入御河，費用止於客軍數百人添支而已。向者朝廷曾賜米河北，亦於黎陽或馬陵道口下卸，倒裝轉致，費亦不多。昨因程昉等擘畫，於衛州西南，循沙河故跡決口置牐，鑿隄引河，以通江、淮舟檝，而實邊郡倉廩。自興役至畢，凡用錢米、功料二百萬有奇。今後每歲用物料一百一十六萬，廂軍一千七百餘人，約費錢五萬七千餘緡。開河行水纔百餘日，所過船栰六百二十五，而衛州界御河淤淺已及三萬八千餘步，沙河左右民田渰浸者幾十頃，所免租税二千貫石有餘，有費無利，誠如議者所論。

然尚有大者。衛州居御河上游，而西南當王供向著之會，所以捍黄河之患者，一堤而已。今穴堤引河，而置牐之地，纔及隄身之半。詢之土人云，自慶歷八年後，大水七至，方其盛時，游波有平隄者。今河流安順三年矣，設復暴漲，則河身乃在牐口之上。以湍悍之勢，而無隄防之阻，泛濫衝溢，下合御河，臣恐墊溺之禍不特在乎衛州，而瀕御河郡縣，皆罹其患矣。

夫此河之興，一歲所濟船栰，其數止此，而萌每歲不測之患，積無窮不貲之費，豈陛下所以垂世裕民之意哉！臣博采衆論，究極利病，咸謂葺故堤，堰新口，存新牐而勿治，庶可以銷淤澱決溢之患，而省無窮之費。萬一他日欲用此河轉粟塞之，則暫開亟止，或可以紓飛輓之勢。未幾，河果決衛州。

元豐五年，提舉隄防司言：『御河狹隘，隄防不固，不足容大河分水，乞令綱運轉入大河，而閉截徐曲。』既從之矣。

明年，户部侍郎蹇周輔復請開撥，以通漕運，及令商旅舟船至邊。是時每有一議，朝廷輒下水官相度，迄莫能定。

哲宗元符三年正月，徽宗即位。中書舍人張商英陳五事：一曰行古沙河口；二曰復平恩四埽；三曰引大河自古漳河、浮河入海；四曰築御河西隄，而開東隄之積；五曰開水門口，泄徒駭河東流大安，欲隨地勢疏濬入海。

徽宗崇寧三年十月，臣僚言：『昨奉詔措置大河，即由西路歷沿邊州軍，回至武城縣，循河堤至深州，又北下衡水縣，乃達于冀。又北度河過遠來鎮，及分遣屬僚相視，恩州之北河流次第，大抵水性無有不下，引之就高，決不可得。況西山積水勢必欲下，各因其勢而順導之，則無壅遏之患。』詔開脩直河，以殺水勢。

七年五月丁巳，臣僚言：『恩州寧化鎮大河之側，地勢低下，正當灣流衝激之處。歲久堤岸怯薄，沁水透堤甚多，近鎮居民例皆移避。方秋夏之交，時雨霈然，一失隄防，則不惟東流莫測所向，一隅生靈所係甚大，亦恐妨阻大名、河間諸州往來邊路。乞付有司，貼築固護。』從之。

元世祖至元三年，都水監言：『運河二千餘里，漕公私物貨，爲利甚大。自兵興以來，失於修治，滄州之南，景州以北，頹闕岸口三十餘處，淤塞河流十五里。至癸巳年，朝廷役夫四千，修築浚滌，乃復行舟。今又三十餘年，無官主領。滄州地分，水面高於平地，全藉堤堰防護。其園圃之家掘堤作井，深至丈餘或二丈，引水以灌蔬花。復有瀕河人民就堤取土，漸至闕破，走洩水勢，不惟澁行舟，妨運糧，或至漂民居，没禾稼。其長蘆以北，索家馬頭之南，水内暗藏樁橛，破舟船，壞糧物。』部議以濵河州縣佐貳之官兼河防事，於各地分巡視，如有闕破，即率衆修治，拔去樁橛，仍禁園圃之家毋穿堤作井，栽樹取土。

仁宗延祐元年二月二十日，省臣言：『江南行省起運諸物，皆由會通河以達于都，其河淺澁，大船充塞於中，阻礙餘船不得來往。每歲省臺差人巡視，其所差官言，始開河時，止許行百五十料船，近年權勢之人，并富商大賈，貪嗜貨利，造三四百料或五百料船，於此河行駕，以致阻滯官民舟楫，如於沽頭置小石牐一，止許行百五十料船便。臣等議，宜如所言，中書及都水監差官於沽頭置小牐一，及於臨清相視宜置牐處，亦置小牐一，禁約二百料之上船，不許入河行運。』從之。

至治三年四月十日，都水分監言：『會通河沛縣東金溝、沽頭諸處，地形高峻，旱則水淺舟澀，省部已准置二滾水堰。近延祐二年，沽頭牐上增置隘牐一，以限巨舟，每經霖雨，則三牐月河、截河土堰，盡爲衝決。自秋摘夫刈薪，至冬水落，或來歲春首脩治，工夫浩大，動用丁夫千百，束薪十萬之餘，數月方完，勞費萬倍。又況延祐六年雨多水隘，月河、土堰及石牐鴈翅日被衝囓，土石相離，深及數丈，其工倍多，至今未完。今若運金溝、沽頭竝隘牐三處見有石，於沽頭月河內修堰牐一所，更將隘牐移置金溝牐月河，或沽頭牐月河內，水大則大牐俱開，使水得通流，小則閉金溝大牐，止開隘牐，沽頭則閉隘牐，而啟正牐行舟。如此歲省脩治之費，亦可免丁夫冬寒入水之苦，誠爲一勞永逸。』

移文工部，今委官與有司同議。於是差濠寨約會濟寧路官相視，就問金溝牐提領周得興，言每歲夏秋霖雨，衝失牐隄，必候水落，役夫採薪脩治，不下三兩月方畢，冬寒水作，苦不勝言。會驗監察御史言，延祐初，元省臣亦嘗請置隘牐，以限巨舟，臣等議，其言當，請從之。

泰定四年四月，御史臺臣言：『巡視河道，集都水分監及瀕河州縣官民，詢考利病，不出兩端。一曰壅決，二曰經行。卑職參詳，自古立國，引漕皆有成式。自世祖屈群策，濟萬民，疏河渠，引清、濟、汶、泗，立牐節水，以通燕薊、江淮，舟楫萬里，振古所無。後人篤守成規，舉其廢墜，實萬世無窮之利也。蓋水性流變不常，久廢不修，舊規漸壞，雖有智者，不能善後。以故詳歷考視，酌古準今，參會衆議，輒有管見，倘蒙采録，責任水監，謹守勿失，能事畢矣。不窮利病之源，瀕歲差人，具文巡視，徒爲煩擾，無益於事。都水監元立南北隘牐，各濶九尺，二百料下船梁頭八尺五寸，可以入牐。愚民嗜利無厭，爲隘牐所限，改造減舷添倉長船至八九十尺，甚至百尺，皆五六百料，入至牐內，不能回轉，動輒淺閣，阻礙餘舟，蓋緣隘牐之法，不能限其長短。今宜於隘牐下岸立石則，遇船入牐，必須驗量，長不過則，然後放入，違者罪之。牐內舊有長船，立限遣出。』省下都水監，委濠寨官約會濟寧路委官同歷視議擬，隘牐下約八十步河北立二石則，中間相離六十五尺，如舟至彼，驗量如式，方許入牐，有長者罪遣退之。又與東昌路官親詣議擬，於元立隘牐西約一里，依已定丈尺，置石則驗量行舟，有不依元料者罪之。

至元末，漕運馬之貞上言，宋金以來，汶、泗相通河道，郭都水按視，可以通漕。於二十年中書省奏准，委兵部李尚書等開鑿，擬脩石牐十四。二十一年，省委之貞與尚監察等同相視，擬脩石牐八、石堰二，除已脩畢外，有石牐一、石堰一，堽城石堰一，至今未脩。二十三年，調之貞充漕運副使，委管牐接放綱船。沿河捧道，元無崩損去處，在前年例，當麻麥盛時，差官修理捧道，督責地主割刈麻麥，并差人於濟州牐監督江淮綱運船隻過牐，不令阻滯客旅，苟取錢物。據新開會通并濟州汶、泗相通河，非自然長流河道，於兖州立牐堰，約泗水西流，堽城立牐堰，分汶水入河，南會于濟州，以六牐撙節水勢，啟閉通放舟楫，南通淮、泗，以入新開會通河，至於通州。近去歲四月，江淮都漕運使司言，本司糧運，經濟河至東阿交割，前者濟州運司，不時移文瀕河官司，修治捧道，若有緩急處所，正官取招呈省，路經歷縣達魯花赤以下就便斷罪。今濟州漕司革罷，其河道撥屬都漕運司管領，本司糧運未到東阿，凡有阻滯，竝是本司遲慢。迤南河道，從此無人管領，不時水勢泛溢，隄岸摧塌，澁滯河道。又濟州牐，前濟州運司正官親臨監視，其押綱船户不敢分争。即日各處官司差人管領，與綱官船户各無統攝，争要水勢，及攙越過牐，互相毆打，以致損壞船隻，侵没官糧。擬將東阿河道撥付江淮都漕運司提調管領，庶幾不誤糧運，都省准焉。又准江淮都漕運司副使言，汶、泗、堽城二牐一堰，泗河兖州牐堰，濟州城南牐，乃會通河上源之喉衿，去歲流水衝壞堽城汶河土堰、兖州泗河土堰，必須移文兖州、泰安州，差人修閉。又被漲水衝破梁山一帶隄堰，走洩水勢，通入舊河，以致新河水小，澁糧船，乞移文下東平路修閉，上流撥屬江淮漕運司，下流屬之貞管領。若已後新河水小，直下濟州監牐官，并泰安、兖州、東平修理。據兖州石牐一所、石堰一道，堽城石牐一道，合用材物已行措置完備，必須修理，雖初經之貞相視會計，即今不隸管領，乞移文江淮漕司修治。其泰安州堽城安、梁山一帶隄岸，濟州牐等處，雖是撥屬江淮漕司，今後倘若水漲，衝壞堤堰，亦乞照會東平、濟寧、泰安，如承文字，亦仰奉行。又東阿、須城界安山牐，爲糧船不由舊河來往，江淮所委監牐官已去，目今無人看領，必須之貞修理，以此權委人守焉。

順帝至正九年冬，脱脱既復爲丞相，慨然有志於事功，論及河決，即言于帝，請躬任其事，帝嘉納之。及命集群臣議廷中，而言人人殊，惟都漕運使賈魯，昌言當治。先是，魯嘗爲山東道奉使宣撫首領官，循行被水郡邑，具得修捍成策；後又爲都水使者，奉旨詣河上相視，驗狀爲圖，以二策進獻：一議脩築北隄以制横潰，其用工省；一議疏塞竝舉，挽河使東行以復故道，其功費甚大。及是復以(一)〔二〕策對，脱脱韙其發策。於是，遣工部尚書成遵與大司農禿魯行視河，議其疏塞之方以聞。遵等自濟、濮、汴梁、大名，行數千里，掘井以量地之高下，測岸以究水之淺深，博采輿論，以講河之故道，斷不可復，又曰：『山東連歉，民不聊生，若聚二十萬衆於此地，恐他日之憂又有重於河患者。』時脱脱先入魯言，及聞遵等議，怒曰：『汝謂民將反邪！』自辰至酉，論辯終莫能入。明日，執政謂遵曰：『脩河之役，丞相意已定，且有人任其責，公勿多言，幸爲兩可之議。』遵曰：『腕可斷，議不可易。』遂出遵河間鹽運使。議定，乃薦魯于帝，大稱旨國朝。

永樂十二年，户部疏略：查得會通河見運糧止有淺河船一千三百餘隻，每次可運糧二千餘萬石，於徐州并濟寧兩處倉支糧，運赴北京在城倉，一歲可運三次，共該糧六十餘萬石，比與海運糧數不及。若添造二百料船，共湊三千隻，專於淮安倉支糧，運至濟寧交收，却將二千隻於濟寧倉支糧，運至北京，一次該運糧四十萬石，往迴約用五十日，自二月起至十月河凍止，可運四次，共得糧一百六十萬石，北於海運數多，又無風水之險，誠爲快便。天順八年，都察院都事金景輝疏略：工部委官前去河南聽，巡撫左副都御史賈銓提督開疏黄、沁分水，灌注運河，即今一帶河道，通行無阻矣。惟安山北至臨清，衛河至直沽俱各少水，而德州、武城等處淺阻船隻不下千百餘艘。又訪山東、河南及大名等府，起運京糧亦因河淺，俱赴畿内買納。況商販少至，以致京師米麥翔貴，物貨騰涌，且畿内耕穫有限，而四方買糴無窮。幸值歲豐，民食尚乏，儻遇凶荒，將何以賴？陸贄有云：『用財之在閒中者，與儲之帑藏不殊，有急而需，一朝可得。』今畿内之地正當充實，豈容虛耗？矧南京進貢，馬快船隻亦皆阻誤，不可不慮。考得安山北至臨清二百五十餘里，止有汶水，春時雨少，水脉微細，以致淺澁。其汴梁城北陳橋原有黄河故道，其河北由長垣縣大崗河，經曹州至鉅野縣安興墓巡檢司地界，出會通河，合汶水，通臨清。每秋水漲，有船往來，止是陳橋迤西三十餘里淺狹水小，時月不得通流。若開挑深潤，亦可分引河、沁二水以通運河。如此則徐州、臨清西河均得河、沁之濟，而衛河亦增，且開封、長垣、曹、鄆等處税糧俱免陸輓，又江淮民船亦可由徐州小浮橋達陳橋至臨清，得免濟寧一帶閘座擠塞留滯之弊，甚爲便利。

弘治六年，總理河道劉大夏疏略：議得河南、山東兩直隸地方，西南高阜，東北抵下。黄河大勢，日漸東注，究其下流，俱妨運道。雖該上源分殺，終是勢力浩大，較之漕渠數十餘倍。縱有隄防，豈能容受？若不早圖，恐難善後。其河南所決孫家口、楊家口等處，勢若建瓴，皆無築塞之理。欲於下流修治，緣水勢已逼，尤難爲力。惟看得山東、河南與直隸大名府交界地方黄陵岡，南北古隄十存七八，賈魯舊河尚可泄水，必修整前項隄防，築塞東注河口，盡將河流疏導南去，使下徐沛由淮入海。所經州縣禦患隄防，俱令隨處整理，庶幾漕河可保無虞，民患亦皆有備。仍於張秋鎮南北各造滚水石壩一條，俱長三四十丈，中砌石隄一條，擬長十四五里，雖有小費，可圖經久。若黄陵岡等處隄防委任得人，可以長遠，仍照舊疏導汶水接濟運河。萬一河再東決，壩可以泄水流之漲，堤可以禦河流之衝。倘或夏秋水漲之時，南邊石壩逼近上流河口，船隻不便往來，則於賈魯河或雙河口徑達張秋北下，且免濟寧一帶閘河險阻，尤爲便利。

嘉靖間，河南道御史王廷奏略曰：宋禮、陳瑄經營漕河，既已成績，乃建議請設水櫃，以濟漕渠，在汶上曰南旺湖，在東平曰安山湖，在濟寧曰馬場湖，在沛縣曰昭陽湖，名爲四水櫃。水櫃，即湖也，非湖之外别有水櫃也。漕河水漲則減水入湖，水涸則放水入河，各建閘壩以時啟閉。故問刑條例一款，凡故決、盜決山東南旺湖、沛縣昭陽湖、蜀山湖、安山積水湖各隄岸，爲首之人，發附近衛所，係軍調發邊衛各充軍。此見在條例可考。仰測累朝嚴禁之意，豈不知各湖可竭以與民，以取征賦之入哉？蓋以利有大於此，慮有遠於此者，不可以小害大、以近妨遠也。昔人云事有煩而不可省，費而不得已者，正今日湖地之謂耳。臣近巡歷泰安、寧陽等處，竊見漕河所資，止泰山諸泉。自新泰、萊蕪等縣經流汶上，故曰汶河。雖以河名，而實諸泉之委滙也。然諸泉之水濬則流，不濬則伏，雨則盛，不雨則微。故汶河至南旺分流南北，則水勢益少，非有閘座以時蓄洩，則其涸可立而待也。每年春夏之交，天旱水涸，而阿城、七級之間如置水堂坳之上，舟膠而不可行，非借安山等湖之水以濟捧挽，即進鮮船隻，亦不能依限入京矣。故宋禮諸臣議設水櫃者，誠有見於此耳。計今一百六七十年，爲國家久長之利，豈其微哉？今四湖俱在，而昭陽湖因先年黄河水淤平，漫如掌，已議召佃。而安山、南旺二湖，不知何時，破人盜決盜種，認納子粒，以致湖乾水少。民又於安山湖内復置小水櫃以免淹漫，遂致運道枯澁，漕輓不通。嘉靖十二、三等年，加以黄河南徙，兩洪溢澁。其時在朝諸臣講海運則迷失其故道，修膠萊河又徒費而不成。上廑皇上宵旰之憂，勑遣兵部侍郎王以旂往視漕河，并爲經理。以旂至此，訪究弊源，建議修復官湖，築隄岸，建水門閘座，以圖永久。素嘗盜種決隄之民，盡行問遣驅逐，不許佃種，以啟閉端。題奏欽依施行，迄今漕河無阻。然自官湖議復後，而東平、汶上之民垂涎湖地，何嘗一日忘情哉？今據各官開報之數，湖中水落，露出高阜地土止四百四十三頃，非不可以召人佃種，但成事不可破，巨方〔一〕不可開。且小民奸頑日甚，惟欲利己，罔知國法。頃者議復官湖已嘗懲創，恬不知畏，若再奉例召令佃種辦子粒，則將一家開報數名，占種不計頃畝，遇水發入湖，恐傷禾稼，必盡決隄防，以滿其望。是所名水櫃者，將來爲一望禾黍之場耳。而漕河何所賴哉？今山東地方鄒、滕、沂、費、泰安等州縣，即東平、汶上之間，抛荒地土不知幾千百萬頃，即安山湖外荒地亦不知幾千百頃，而東平、汶上之民必欲舍彼而就此者，以民田

〔一〕方　應爲『防』，據《漕運通志卷之八・漕例略》改。

納糧養馬當差，寧抛荒而不顧湖地，止認納子粒，更無別差，期必種而後已。況未必皆貧困之民也。昔東平民曾以安山湖地投獻德府，隱占地畝，莫能誰何。後被查出，方歸于湖。且安山湖舊稱延袤百里，今止量七十三里，據郎中汪泓、主事陳南金召納過人數計算，每畝照今例五分，止得銀六百兩有奇。若盡湖中高阜地，止得二千二百兩有奇，亦非有大利也。今每年河漕轉輸四百萬石之外，輸將於京師者，又不知幾千百萬焉。則其利孰多孰寡，而京儲與邊餉孰重孰輕，此不較而知也。萬一湖水告竭，漕河失利，臣恐所得不償所失，而其爲費又不知其幾。往年山東議開膠州河，布政司即議費銀六十萬兩，又未必其能成也。今之欲種湖地者，乃倡爲水入而不能出之説。臣近親歷各湖，湖高於河殆六七尺，春夏水涸，每借各湖之水以濟河漕。況各湖原設水車各三百五十輛，若遇盛旱，亦令車水以濟，奚謂入而不出乎？臣又覽觀地勢，詢訪民謡，湖櫃之設不但漕河有利，而庶民亦有賴焉。蓋泰山以西，地漸窪下，夏秋水發，俱奔注此中，宋末嘉祥、鉅野、曹、濮、壽張之間遂成巨浸，是以有梁山水泊之亂。今東平去梁山不遠，而水既入湖，湖外皆納糧民田也。若隄防稍廢，則水將漫衍淹没，而嘉祥、鉅野、曹、濮、壽張之間又成巨浸矣。是所利者止數百家，而所害者將幾千百萬家及數州縣也。事有召釁，法有啟奸，不尤可慮乎？此就其害於下者言之耳。若湖廢河乾，漕運不通，其所關係尤重且大，又不可不深慮也。

嘉靖間，刑部尚書胡世寧奏：臣聞河流遷徙不常，自古爲患。歷考周漢至今，未有能治久而不決之術，國家救灾恤民，亦未有聽其決而不治之理。今之河流漲溢，淹浸豐、沛、徐三州縣地方，數年于兹矣！去年以來復致運道阻塞。夫此三州縣之地，兩京南北衝要，國家咽喉之地，其民常歲爲國運道勞苦不息，猶咽喉之氣也。今之被水逃亡過半，是猶咽喉之氣有傷，救之不可以不急也。至論國家財賦仰給東南，而運道少阻，猶人隔噎之病，爲飲食之阻，救之尤不可以不急也。故今日之事，開運道最急，而治河次之。然今運道之塞者，河流致之也。蓋使運道不假於河，則亦易防其塞矣。臣請先述治河之説，而後言運道。夫自古言河流者曰，分則勢小，合則勢〔大〕〔一〕。夫言河身者曰，寬則勢緩，狹則勢急，大而急則難治，小而緩則易防，理固然也。其言治河者曰，順其性則易，遏其性則難，又曰不與水争地，此其大法也。河自吐番發源流入中國，漸納百川之歸而行萬數千里，其勢之猛烈可知也。其過孟津而下至汴梁以東，土疏易決，故能爲患。然自宋以前多決而東北，自宋以後漸決而東南。其決于東南也，入海路近，所經爲害猶小，決于東北也，入海路遠所

〔一〕補「大」，《皇明經世文編卷一百三十三》。

經爲害尤大。然因決而分，得以殺其勢者，亦多矣。河自經汴以來，南分二道：一出汴梁城西滎澤縣、中牟、陳、潁等州縣，至壽州入淮；一出汴梁城東祥符縣，經陳留、亳等州縣至懷遠入淮。其東南一道，自歸德、宿州經虹縣、睢寧至宿遷縣出，其東分新舊五道：一自長垣、曹鄆等縣至陽穀出，一自曹州、雙河口至魚臺縣塌場口出，一自儀封、歸德等州縣至徐州小浮橋出，一由沛縣之南飛雲橋出，一在徐、沛之中境山之北溜溝出。是此新舊分流六道，皆入漕河而總南入淮，今聞皆塞矣，而止存沛縣一道，則所謂合則勢大，而河身又狹，不能容納，所以不得不泛濫横溢。豐、沛二縣，徐之半州漫爲巨浸。近有溢出沛縣之北而漫入昭陽湖，以致運道舊河流緩沙壅，而漸致淤塞也。或恐沙壅積久，其地漸高，水高趨下，其勢必決，而東南有山限隔猶禍小也。決而東北，則往年張秋之潰，運道因之以爲竭。前宋澶州之決，郡縣數十皆灌，禍不可言也。故今治河不得不因故道而分其勢。其前出陽穀、魚臺二道，恐其決而東北，斷不可開也。其在汴西、滎澤近開孫家渡至壽州一道決，宜常濬以分其上流之勢，不可使壅也。乃若自汴東南原出懷遠、宿遷二道，及正東如徐州小浮橋、溜溝二道，各宜擇其便利者開濬一道，以分其下流之勢。或恐豐沛漫流久而北徙，欲脩城武以南廢隄一帶，至於豐、單等縣黄德、賀固、楊明等集地方，接至沛縣之北廟道口築隄一道，以塞新決河口，而防其北流，此亦一計也。此治河急患，當急施功；而開運道尤在所急也。然今運道止塞沛縣以北三十餘里，而不能遂開者，雖人力不至，亦由天時未利也。方夏秋水溢，其塞處半流沙壅，使人撈沙水中，爲力甚難，而沙隨水勢，隨掘隨壅，豈能成功？或謂乘今冬初水退，昭陽湖暫可通船之日，預備工力，截其上流，乾其下土，而併工挑築，旬月可開矣。或慮挑沙開築，終不能久，來歲水淹，或憂再塞。不若趁冬水涸冰凍船阻不行之時，照依南旺湖式樣，就於昭陽湖中開河一帶，兩面築隄，以通運道。比今塞舊道，不增十里之遠。來歲通漕與舊道二處，隨便行舟，此一策也。或又慮河水入湖，亦能帶沙致塞，只如今昭陽南口金溝舊閘處所，漸入涉壅，此其驗也。臣與尚書李承勛同行計議，以爲莫若於昭陽湖東岸滕、沛、魚臺、鄒縣地方之中地名獨山、新安社等處，擇其土堅無石處所，另開河一道，南接留城，北接沙河口。二處舊河其間應開不過百十餘里，更或隨勢利便，各尋近道，工力尤省。其河新開，深則各隨地勢，濶則先止五六丈，以通二舟之交行。其就取土厚築西岸，以爲湖之東堤，且防河流之漫。山水之洩，而隔出昭陽湖在外，以爲河流漫散之區。所謂不與水爭地也。來冬冰結船止之時，更加濬濶，以爲運道。於彼立一夫廠，量撥山東州縣人夫接遞以暫寬豐沛之民，而稍息咽喉之氣。此其上策也。其開掘之處，有礙民田民居，則宜補給閒田，扣除糧稅，而量措與開荒遷徙之力可也。

嘉靖間，總督河道盛應期奏略：准分守東兗道左參議劉淑相、分巡東兗道僉事陳德鳴各咨關會，議得黃河近年以來水溢單縣、魚臺等處，漸又退淤馴溢沛縣地方，南岸高於北岸，故泛溢至於廟道口等處，遂將運河淤塞。訪求其故，蓋因殺水諸河俱各淤塞，護河隄岸日就傾圮，沛縣上下運河原非黃河正流，水起而溢，水退而淤，固其所也。今運河上下仍舊，惟自廟道口起，至胡家林止，壅塞三十餘里。若挑濬可通，似亦無甚難處，但勢積淤，不可爲工。比水陸睥睨往來盼望，運河以西，積淤瀰漫，茫無止極。運河以東亦皆浮沙，未有實地，河岸淤泥，動摇垂墮，道傍官柳，沉埋半截，非惟目前不能行船，誠恐黃水再至，奄忽爲平地，或者雨久泥濘，兩岸浮沙自爾崩合，決難望其疏通。又細勘得昭陽湖水面廣濶，原無歸漕，水起則大船可通，而重載不免撥卸，水落則止行水筏，而大船即難往來爬淺，則下皆淤泥隄障，則難爲下手，大率非長久之計。若欲一勞永逸，須是遠開新河，但地理窵遠，工程浩大。今勘得運河之東昭陽湖之西平地一塊，相去六七里許，上雖少有淤泥，下皆黃黑實土。若自雞鳴臺口起，直開一河，下接沛縣，大約不滿四十里，計用工費比創。開汪家口，全省視挑濬舊河亦易。若恐西水復來，則運河之東既築一長隄，以爲外蔽。此河兩傍又有實土隄岸，從而倍加高廣，縱使水來便難跨越。徐與魚單地方各處決口悉填塞，再築護河長隄，以防泛溢之患。又於河南孫家渡等處疏濬舊日支河，以殺湍奔之勢，使水流歸河，不復東溢。及於新開小河，責令管河官夫多方防守，加意隄備，或即可爲經久，誠天相我國家，留此地以俟改作，以通運道。臣以事體重大，工費浩繁，節行山東都布按三司勘議，俱各依違猶豫，莫之靡定。臣與面議，山東地方連年灾傷，財力匱竭，肯忍視民窮，輕舉斯役耶？顧故道之卒難復，糧運之當攸重，與其終歲撈沙水中，勞民於不可爲力之處，孰若一舉興作，而漕舟永賴乎。然則舍此其將誰圖？既而與之，從長詳議，衆心允協，僉謀亦同。

嘉靖四十四年，總河朱衡奏略：臣初至沛縣，乘舟偏歷，黃水無處不漫。獨南陽河口直抵留城一帶，黃水少浸。先年曾挑間類河形，臣於彼時竊已在念，猶冀水消工畢，再行詳勘處理。詎意運河漫水未消，黃河又難分導，則於此地應亟勘理。臣即與河道都御史孫慎，漕運都御史馬森，山東巡撫、户部右侍郎霍冀，河南巡撫、户部右侍郎暹鳳翔，又委郎中程道東，主事李汶、吴善言、王纘宗，副使梁夢龍、徐節、張任、胡湧，參政熊桴，僉事劉贊等，前往南陽留城一帶相勘。隨據道東等呈稱，遵依踏勘，南陽閘起至留城一帶新河，計一百四十一里八十八步。先年曾挑間類河形，須加創挑，方可成河。隨委鄒縣知縣章時鸞、濟寧衛指揮李肇芳等，即日帶領吏書及慣熟知地人等，勘得上自南陽閘起至新莊橋六十里，下自滿家橋起至留城四十里，中段新莊橋至滿家橋四十里，尚未成河，合用人工挑穵，方可通水。又勘得三河口沙河一道，每年山水大發，應築壩堵塞。爲防水患，東有薛河，中有趕牛溝，上自山東滕縣關橋諸泉發源，水向西行出金溝。今議於西岸築壩二道，引水入河接濟，共算挑土三十四萬九百一十方，該用夫六十八萬一千八百二十工。又勘得地形北高南下，水易傾洩，合於沙河兩崖等處建閘六座，修築兩崖隄岸及打壩補塞缺口。爲照國家重務，莫切於漕運，妨運莫重於黃水。黃水之性，湍激浩蕩，難以禦治，即或治之，而工費不貲。況其變遷無常，屢爲運害。如嘉靖六年決於沛縣，十三年決於魚臺縣，皆旋挑旋淤，迄無成績。今歲黃水復決徐沛，汎溢運河，淤連百里，至今水尚未消，工難措手。驚愕於中，莫知爲計。蒙委徧歷踏勘，看得此地兩岸形高，土俱堅實，三十餘年黃水不侵。雖今歲水勢瀰漫，亦未侵及。況河路徑直，挽輸更便，成功以後，可保無虞。實天留此地，以貽國家億萬年通漕之利者也！臣看得，黃河上源既難分導，水勢散漫，不能施工，雖湖坡之水暫藉行舟，然乾涸無常，終不可恃。來歲糧運，實切隱憂，反覆思惟，計無所出。所據勘議，開通新河以便轉漕，委宜亟處。臣即與河道都御史等前往南陽留城一帶，看得此處地遠黃水，可免侵淤，人力堪施，開挑成河，不惟近可以濟來歲之運，而又遠可以垂無疆之休。此實我皇上至德潛孚，精誠昭格，天啟其機，地顯其靈，載觀人情，僉謀允協。臣願督率群工於此效力，務期一勞永逸，少伸微臣體國之念，以仰答皇上知遇之恩。

嘉靖間，總河劉天和議：滄、德、天津之間，河決無歲無之。亦有水不甚盛、河不甚盈而決者，非盡由隄岸單薄也。一則鹽徒盜決，以圖行舟私販；一則鹻薄地土盜決，以圖淤肥；一則對河軍民盜決，以免衝決彼岸。巡守當嚴，而防察當預也。臨清板閘，運河入衛處也。衛河水漲，即壅入閘，或漫閘面以入故閘。上下常淤，運舟每爲停阻，宜增培閘面，旱澇舉須下板啟閉。蓋啟則閘下之淤每日衝洗可盡，閉則衛水不入閘，河之水積盈。及啟則二河水勢相當，淤亦不入矣。司閘者所宜審也。汶水出泰、萊諸山，伏秋流亦混濁，率皆虛浮淤沙。故老相傳，成化間戴村壩以下河道猶未淤滿，意者開導未久，爾近則沙淤直至南旺湖皆平滿矣。故水易漲溢，頻年挑濬，沙積兩岸，或平鋪地上，風起飛颺，仍歸河內。衆議兩岸築堤以約攔之，猶慮水漲隄壞。迺議開減水閘、滾水壩各四，以洩暴水。嘉靖十三年秋，築東隄。十四年秋，築西隄。去河遠而高厚閘壩，亦計料修建，嗣而治之，運道其永賴矣。汶水自泰萊至南旺幾三百里，遠近咸謂汶泉水微而不考其故。蓋盈河淤淺，春夏久旱，沙極乾燥，汶泉經之多滲入河底，所經既遠，安得不微邪？嘗測其上源、下流深廣尺寸，所耗十之三四，然數百里之淤沙不可盡濬，且將所濬之沙終歸河內，勞費無已，而卒莫能效。有獻議者云：汶水自春城口以下，河流迂遠，宜於春城口置石壩一道，中爲數硲洞，創開小河八里餘，取徑入魯姑、龍鬪二泉，渠量加濬，廣凡六十三里餘，而至黑馬溝。伏秋水盛流濁，則閉硲洞，俾由故道。春夏之間，及天旱水微流清，則遏水由硲洞下出黑馬溝口，即可避汶河百數十里之沙滲。余大奇之。隨因中道有五泉，隔絶不能入，遂止。如將五泉者橫汶開溝以入焉，亦無不可。治水者尚其審諸。

萬曆間，工科都給事中常居敬《河工八議》：一濬泉源以資灌注。查得會通河南北千里，盡賴十八州縣百八十餘泉之流，分爲五派，新泰、萊蕪、平陰、汶上、蒙陰、寧陽等九州縣入南旺者爲分水派；泗水、曲阜等四縣入濟寧者爲天井派，其功最大，其所需尤甚切也。乃平昔之疏濬既疎，天時之亢旱又久，是以泉政多弛，通流無幾。近據濟寧道按察使曹子朝、分守濟南道參政吕坤新濬出泰安州謝過城等六泉、新泰縣劉官莊等五泉、萊蕪縣韓家莊等五泉、東平州源頭泉一處、曲阜縣新跑泉一處，發源頗盛，導入汶河，堪以濟接。則自此之外，安知無湮没於沙礫，而散漫於草莽者乎？但濬泉雖易，治汶實難。蓋河廣沙深，屈曲之流不足以潤久渴之吻。臣等親視龍灣等泉，源源而來，比至汶則一吸而盡，猶無泉也。又必督令撈淺等夫，擇其積沙淤漫者，濬爲河泓，俾深五尺、闊一丈，則水得所歸，而趨壑亦易矣。然各泉坐落各府州縣，近者四五十里，遠者三四百里，管泉分司豈能偏歷？近奉明旨，各分守道兼管，似爲得策。臣以爲仍當責成各掌印官督率夫役，以時疏濬，每年終分守道會同管泉分司，將各官新泉撈出若干、舊泉廢棄若干，類報總河，分別獎戒。庶人心有所警惕而泉流足濟運道矣。

一復湖地以預瀦蓄。查得山東泉源有時微細，故設諸湖積水以濟飛輓。盜決有禁，占種有禁，誠重之也。乃今則不然。南旺、安山、蜀山、馬塲等湖始因歲旱水涸，地屬閒曠，當事者召人佃種，徵租取息，以補魚滕兩縣之賦。於是諸湖之地半爲禾黍之塲，甚至姦民壅水自利，私塞斗門，復倡爲湖低河高之説，申禁非不嚴，而占悋若故矣。除安山湖批查未報外，今勘得南旺湖周圍九十三里，計地二千七百頃，原有斗門一十四座，止存關家大閘、常明口二處，其餘邢通口、孫強口等十二處俱已湮塞。合行修復。本湖東邊南皁地量留護岸一里，共計一百六十二頃，南北留護岸地半里，共計一百一十六頃一十畝，令原主佃種納課其餘專備蓄水，仍築子隄一道，以爲封界。湖內北高南低，應於中亘築長隄一道，自吴家巷起至黄家寺止，長一十四里，根闊一丈五尺，頂闊八尺，高八尺，界爲二區。寺前舖張住口建斗門一座，以便上下接濟。馬踏湖周圍三十四里零二百八十步，計地四百一十餘頃，俱應退出還官，其東北空缺處長十里零二百四十步，應築土隄一道，約束湖水不使洩漏，西岸原有王巖口滚水石壩，年久渰没，合行修復。蜀山湖周圍六十五里零一百二十步，計地一千八百九十餘頃，除宋尚書香火地六頃、并高亢地八頃五十三畝，照舊令民佃種納租外其餘地一千八百七十五頃四十六畝二分，俱築隄蓄水。東岸李泰口閘以下十五里，原有馮家滾水大壩，相應修復。馬場湖周圍四十里零三分，內高阜地九十三頃二畝，先年召種納課，抵補魚滕縣糧。今查得前項補足，責令退業還官，并低窪地六百四十頃四十二畝九分，俱築隄蓄水。內有安居斗門三座，合行修復。其各湖占種麥田，法應追奪，但念年荒民貧，且承業已久，收成將近候麥熟之日，令其芟刈，照地退還。以上工料人夫等項，通共銀該四千七百一十七兩七錢，於兗州府庫河道銀內動支。修完於湖口監立大石，明註界址、斗門，以杜侵占，如是庶法明而漕河永賴矣。

一築坎河，以防滲漏。查得汶合諸泉之水西流，抵南旺分注南北，以成漕。而濟運故汶蓄則漕盈，汶洩則漕涸。夏秋之間，水固有餘，冬春之後，不可便有涓滴他適明矣。乃戴村以上有坎河口，西趨鹽河爲入海故道。沛然就下，勢若建瓴。先年總河侍郎萬恭堆集石灘，蓋謂溢則縱之，平則留之，意甚善也。但時久灘廢，非不歲有修築，而沙隄一線，亂石數堆，走洩甚易。萬一全河盡趨，則運道涸可立待，豈得爲完計哉！臣等督同管河同知州判等會估得，本口應修滾水石壩一座，計長六十丈，面闊一丈，底闊一丈五尺，深入土四尺，出土三尺，并鴈翅細石及椿木、鐵灰、工食等項，通共該銀八千一百六十七兩四錢，一面辦料興工。水溢則由頂以上任其宣洩，水落則由壩以內盡資實用，且以免鹽徒盜決之弊也。汶其有全利乎！如是則一勞永逸，而歲歲補石之費亦可免矣！

一建閘座以便節宣。夫漕河之水，其出有限，而其流無窮。所以樽節積蓄，俾盈科而進，全有賴於諸閘也。故地有高下，則閘有疎密，要之勢相聯絡，庶幾便於啟閉，惟濟寧寺前舖閘至天井閘，則延長七十里，東昌通濟橋閘至梁家鄉閘，則延長五十里。閘啟水洩，積蓄爲難。司河者每當糧運盛行之時，排木堵水，名爲活閘，苟且一時，終非久計。甚至各幇運軍船一經過，捧土築壩，流入河中，愈成灘淺。運艘正行不便，挑濬無惑乎？舟行之艱也，合於二處。適中之所，南則鉅野縣火頭灣地方建閘一座，名曰『通濟』，北則博平縣梭隄集地方建閘一座，名曰『永通』，俱照各閘事規啟閉濟運。除各匠役工食候完扣算外，每閘估計粗細石料并木椿、鐵麻、船隻等項，各該銀三千九十五兩八錢九分五釐，於東兗二府河道銀內動支。每閘閘夫三十名，溜夫五十名，即於各縣停役夫內撥用。如是則關束有具，節宣得宜，水利有停蓄，而運艘不致淺閣矣。

一設閘官以肅漕規。國家之設官也，有似大而實冗者，裁之爲宜；有似小而實切者，增之爲便。查得運河一帶閘座，每閘設官一員，統領夫役。蓋啟閉有人，責成良便。頃緣。新河告成，棗林上下水平閘面不行啟閉，遂將棗林閘官裁而不設，間付之南陽閘官兼理之。邇來天時久旱，河流微細，本閘水淺，啟閉爲急，尚可以南陽之官攝之乎？夫一啟、南陽，一閉棗林，互相闔闢，勢如呼吸，一不得人，瀉而盡矣。近且無官付之一二，閘夫之手在官船則莫敢誰何，在民船則大爲簸弄。既以病商，復以敝運，以故漕舟至此，殊費牽輓，而往來者亦稱不便也。不知閘官雖卑，職掌猶在，且廩俸無多，國家亦何惜此五斗，而令河道要害之地爲無人之境哉？合於棗林，并新添二閘，各設官一員，俾司閘務，庶職守得人，而漕規不廢矣。

一給關防以重事權。國家之事莫重於河漕，故於泉閘特設部臣經理之，所以重委任而專責成也。各管河郎中俱奉有勑印，是以文移稱便。惟南旺管泉主事，其設已久，關防未給，因循至今。夫管泉管閘先年曾以二人理之，今并責之一官，其任亦重矣。督理乎十六州縣之泉，而相隔數百里之遠，止以空白文移，臨之即旁午，載道鮮不不以弁髦視河臣，欲其昭法守而一衆志也，難矣。且糧船過閘，例應十日一報漕撫衙門，相隔千里無關防，則驛遞不行，事多掣肘，殊非一端。夫以閘官之微，尚有條記關防，何獨於部臣而反靳之也。至於運河、黄河二同知，職守既專，責任亦重。凡工程之勤惰、錢糧之出入，咸賴稽察，事緒孔棘，弊實易生，使少失於防閑，未免稽違河務。近見邸報，楊村管河通判已奉明旨給與關防，則兖州府管河同知事體相同，合無將管泉主事并兩河同知均賜鑄給庶文移便，而事權重矣。

一嚴築壩以便挑濬。照得汶水入湖，接濟運道，每歲寒沍之時，遂將河口築壩，遏流分洩蜀山、馬踏等湖，候來春冰泮之日，開壩受水。是冬則以河之水滙於湖，春則以湖之水濟於河。故南旺、臨清一帶因得乘時挑濬，不致淤淺，法至善也。除隔歲大挑已奉有欽定期限外，其餘每年當天氣漸寒，正宜築壩絶流也。而往來船隻，力以緩築爲請，多方阻撓，甚至十一月終尚不得築者。不知天寒冰合，乃驅荷鍾之夫，裸體跣足，鑿冰施功，其將能乎？及寒冰初解，正宜固封蓄水也，則又以速啟爲請，百計催促。至有正月初旬放水行舟者。不知隔歲之水所蓄無幾，三春無雨則運艘方至，又將何以濟之乎？法制未明，事體掣肘，管河官徒茹苦而不敢言也。合無請賜明旨，除大挑年分外，每年定以十月十五日築壩絶流，至次年二月初一日開壩行舟，勢豪船隻不能横擾，該管河官員不許阿徇，違者聽督撫衙門參究。大書刊石於南旺、板閘二處，以便觀覽，如是則明旨森嚴，人心惕息，不但便於挑河，亦且足以蓄水，一舉而兩得之矣。

一復夫役以備脩防。山東河道淺深不一，而汶河衝發淤塞爲多，各項夫役俱不可缺。查得兖州府屬如汶上、鉅野、嘉祥、濟寧、魚臺、南陽、利津等處，原額設撈淺、淺舖隄夫各數不等，共計二千四百五十二名。後因河流稍順，遂裁減一千一百三十三名，扣銀入官，以備支用，止存見役夫一千三百一十九名，不知扣存有節省之名，而雇募起無窮之弊。一時河道淤淺，調度徵發爲難，工之弛廢久矣。今議於汶上縣量復撈淺夫七十四名、淺舖夫三十名，鉅野、嘉祥二縣量復撈淺夫三十八名，淺舖夫五名，濟寧衛量復撈淺夫二十一名，濟寧州量復撈淺夫三十二名、淺舖夫一十二名，魚臺縣量復撈淺夫十名、淺舖夫二十名，南陽、利津量復隄夫八名，東平州量復泉夫二十名，東昌府通濟橋閘量添閘夫十名，庶挑河濬泉不致乏人矣。然猾民之包攬肆意偷安，管河之代替任情影射，甚至逃故不報，占悋私役，種種情獘，雖增猶弗增也。合行管河同知通判逐一汰選，嚴加稽覈，庶工役得有實濟，而河務不致稽違矣。常居敬請開安山湖，奏略：據兗州府管河通判王心查得安，山一湖周圍共一里，其間東北自通湖閘起，至西北焦天禄莊止，計長十三里；自焦天禄莊起，至西南王禹莊止，計長七里零；自王禹莊起，至東南青孤堆止，計長九里零；自青孤堆起，至通湖閘止，計長七里零。周圍共計三十八里。此係水櫃，堪以積水者也。但湖形如盆碟，高下不甚相懸，水積於中，原無隄岸，東南風急則流入西北燥地，西北風急則流入東南燥地，未及濟運，消耗過半。且自許民佃種以來，百里湖地盡成麥田。先年總理河道傅都御史履畝分析，除徵租銀二千六百五十三兩，歲抵魚、滕二縣秋糧外，其低窪處所封爲水櫃，法非不善，但統隴無界，禁例不嚴，民情無厭，漸至今日，殆無曠土矣。爲今之計，應將水櫃三十八里築一高隄，隄以外照舊佃種徵銀，隄以內挑深蓄水，管河通判等官不時巡歷，庶隄界既明，人無盜種之獘矣。至於安山閘邊原有通濟、積水二閘，不便出水。訪得萬歷九年有金把總曾於八里灣握溝放水，人甚稱便，至今形迹猶存，應於此處建閘一座。又西北地名似蛇溝，其地更低，水勢散漫，應於此處亦建閘一座，庶於舊閘入者，於新閘出，蓄洩得宜，漕河有賴矣。臣即便會同巡撫山東右副都御史李戴、巡按山東御史吴龍徵會議得，設湖蓄水，本漕政之良規，清湖濟漕，實治河之要務。自南旺而下四百餘里始達衛河，其間全賴安山一湖積水濟運，所係之重，何如也！惟自召佃之獘政一行，而豪民之侵占無已，變沮洳爲膏腴，視官湖爲己業，日侵月削，久假不歸，寸土無遺，殊可痛恨。即今久旱河淺，百計疏濬，如抱漏巵、沃焦釜，徬徨無策，皆緣水櫃未復之故也。及今則清湖蓄水，真若蓄艾，豈非第一義哉？侵盜奸民本應盡法重究，槩奪還官，亦不爲過。但私相授受，其來已久，展轉耕佃，已非一人，且四外高亢之地不便瀦蓄，終成曠廢。據勘將少窪之地三十八里，周遭築隄，封爲水櫃，既可以免滲漏易竭之患，又可以杜强梁無厭之謀，似亦計之得也。外八里灣、似蛇溝二處便於放水，委應建立閘座。其築隄建閘之費，初據各官議將盜種湖麥刈半入官，以爲工料之需。但恐饑民乘幾起釁，且非大公之體，仍聽本主收割，前項經費相應動支河道銀兩應用。清理之後，大豎石碑，立文册，又必嚴盗決之禁，定巡視之法，如是則一勞永逸，而國朝水櫃之良規庶幾可復矣。總河潘季馴《北河十議》：一守戴村壩。汶水從陶泰而來，就鹽河由博興車瀆入海。自宋司空築壩戴村，蜒蜿九里，屹如天成，迴狂瀾而逆之，西會通河始得濟運。此壩係全河屏障，先年設夫增土植柳，培護周密，歲年防弛，以漸單薄。萬一乘瑕復歸故道，不無可慮。宜令東平、汶上管河官，督夫培土栽柳，悉如舊制。此係運河第一喫緊關鍵，故首及之。一守坎河口。與戴村壩無異，蓋因戴村既築之後，水無傍洩，歲久復衝此口。泉水決入鹽河，運河每至淺涸。萬歷十六年，都給事中常居敬會同撫按題請築壩。馴於十七年刱築石壩一道，長六十丈，水漲則任其外洩，而湖河無泛濫之患，水平則仍復內蓄，而漕渠無淺涸之虞。利賴甚重，防守當嚴，必每歲六月初旬，即令東平州管河官駐劄壩上，備料集夫，相機捍禦。九月初旬，始得撤守。著爲定例，永保萬全，司河者宜加慎焉。

一守馮、何二壩。馮家壩係蜀山湖之門户，地卑而水易洩，故築壩以障之。蓄可益運，泛不病民。何家口係南旺湖之尾閭，此口稍卑，汶水就西而下，每決房家口而傷運河之隄，南旺之水則涸矣。今築石壩，平時任其南逝，水漲洩而之西，良得策也。每歲伏秋，專責管河官不時巡視，少有圮壞，即便修砌。

一挑濬汶河淤沙。坎河口石壩固爲完策，但可以洩水而不可以通沙，日久淤停。沙填河內，則能致水漲漫，或沙嘴横射河灣，則能逼水衝決。宜督管河官乘暇集夫挑濬，使水不東逼，径直南趨，誠爲保全石壩要務。是在司河者先事而加之意爾。

一巡守五湖隄岸。運艘全賴於漕渠，每資於水櫃五湖者，水之櫃也。止因舊隄浸廢，界址不明，民乘乾旱越界私種，盡爲禾黍之塲。先臣兵部侍郎王某原建土隄，南旺湖周圍隄長一萬九千七百八十八丈三尺；蜀山湖隄自馮家壩起至蘇魯橋止，長三千五百八十丈，自蘇魯橋西至田家樓止，原係收水門户，栽植封界高柳；馬塲湖隄東面長一千六百二十丈，北面原留入水渠道栽植封界高柳；馬踏湖隄自弘仁橋起至禹王廟止，長三千三百一十三丈；安山湖隄長四千三百二十丈，而斗門閘壩悉已完備，可收濟漕永利。馴因舊爲新，督築完固，但近湖射利之徒，覬覦水退，希圖耕種盗決之弊，禁令當嚴。每年冬春，管河官周圍巡閲，責令守湖人役投遞甘結，庶河防飭而水利無滲洩之患，疆界明而奸民杜侵越之萌矣。

一因時分合汶流。南旺分水地形最高，所謂水脊也。決諸南則南流，決諸北則北流，惟吾所用何如耳。當春夏糧運盛行之時，正汶水微弱之際，分流則不足，合流則有餘。宜效輪番法，如運艘淺於濟寧之間，則閉南旺北閘，令汶盡南流，以灌茶城。如運艘淺於東昌之間，則閉南旺南閘，令汶盡北流，以灌臨清。當其南也，更發濵南諸湖水佐之；當其北也，更發濵北諸湖水佐之。泉湖兼注，南北合流，即遇旱暵克有濟矣。此以智役水，以人勝天力，不勞而功倍計，無愈此臨時酌之。

一先期挑濬月河。南旺舊例兩年一大挑，築壩斷流，不通舟楫，始開月河，官民稱便。欲挑正河，必先挑月河，一時兩役竝興，夫多苦累。時迫則工必略，工略則沙必淤。自今萬歷十八年，挑正河爲大挑，十九年挑月河爲小挑，以後著爲定規，庶舟楫往返既不阻於稽緩，夫投用工亦不病於煩難矣。

一築土壩以利接濟。閘河地亢，衛河地窪，臨清板閘口正閘，衛兩水交會處所。每歲三四月間，雨少泉澁，閘河既淺，衛河又消，高下陡峻，勢若建瓴。每一啟板放船，無幾水即盡耗，漕舟多阻，宜於閘口百丈之外，用椿草設築土壩一座，中留金門，安置活板，如閘制然。將啟板閘，先閉活閘，則外有所障，水勢稍緩，而於運艘出口易於打放。衛水大發，即從拆卸。歲一行之費無幾何，此亦權宜之要術也。

一疏衛濟運。衛水發源於河南輝縣蘇門，山名曰搠刀。泉經新鄉等處合淇、漳二水，逾舘陶至臨清，合汶河之水，經德州出天津直沽入海。板閘以下，全賴此水濟運。夏秋之交，糧運盛行，每患淺澁，蓋因輝縣源頭建有仁、義、禮、智、信五閘，壅泉灌溉民田，以致水不下流，殊妨國計。宜行分巡東昌道，每歲糧運北行；　衛水消涸，呈報總河衙門，移文河南管河道，速將五閘封閉，俾水盡歸運河。其餘月分，或水勢充盈，仍聽民便，庶公私兩不相妨而運艘不滯矣。

一疏濬泉源。按山東泉源屬濟、兖二府一十六州縣，共一百八十泉，分爲五派：以濟運道。新泰、萊蕪、泰安、肥城、東平、平陰、汶上、蒙陰之西，寧陽之北，九州縣之泉，俱入南旺分流，其功最多，關係最重，是爲分水派也；　泗水、曲阜、滋陽、寧陽迤南，四縣之泉俱入濟寧，關係亦大，是爲天井派也；　鄒縣、濟寧、魚臺、嶧縣之西，曲阜之北，五州縣之泉俱入魯橋，是爲魯橋派也；　滕縣諸泉近入獨山呂孟等湖，以達新河，是爲新河派也；　又沂水、蒙陰諸泉與嶧縣許池泉俱入邳州，徐呂而下黄河，經行無藉，於此是爲邳州派也。酌其緩急，則分水、天井、魯橋之派，均屬漕河命脉。每歲春夏，聽司道嚴督管泉官夫，疏濬通達，俾源源而來，庶幾有濟。但數月不雨，其流必竭。萬歷十六年，漕渠乾涸，百計疏濬，卒無涓滴之流。至閏六月初旬，大雨連朝，諸泉俱湧，河渠遂盈，則地利未嘗不係於天時也。至於山泉，沙磧頗多，汶河每爲淤墊，須於大挑之期，一併挑濬，使泉流無阻，亦一策也。

北河紀卷八　河靈紀

夫龍圖授舜，元甲獻姬，是以先王祭川，先河後海。河之爲靈，其所繇來長遠矣，固非漢武好祠而始沈馬於瓠子也。北河之濵，壇宇無數，然非効靈河渠，即先師之廟、釋老之宫，皆不敢録紀以河名，而旁及非鬼，懼其諂也。

大濟神廟，在兖州府東闕金口壩上，府正官以春秋祭享。 汶河神廟，在堽城壩，成化十一年建，奏請勅封，春秋秩祀，本司主之。 泗水神廟，在泗水縣陪尾山。 宋封仁濟侯，國朝改今稱。歲以二月二日有司致祭。 漕河神祠，舊在濟寧州天井閘上，萬歷二十七年移於河東漕運總府，有司春秋致祭。州境復有渚湖神祠：汶水神祠、大望神祠、洸水神祠、泗水神祠、百泉神祠、濟水神祠，舊志但列其名，不詳所在。 龍神廟，一在南旺湖上，奉勅建，春秋秩祀，主事主之；一在濟寧城南門外，一在戴村壩，一在堽城壩左，一在坎河口。 新河神廟，在南陽鎮，嘉靖四十四年建。 禹王廟，在南旺分水口北岸，正德十二年建。 宋尚書祠，在分水龍王廟西，祀尚書宋禮，以侍郎金純、都督周長配享，濟寧州同潘叔正、汶上老人白英侑食，正德七年建，春秋祭。 報功祠，在天井閘東，治河功臣尚書宋禮、平江伯陳瑄、萊陽伯周長、侍郎金純，春秋秩祀，總河主之。 白老人祠，在戴村龍王廟後，祀老人白英，萬曆二十六年建。 感應祠，在沙灣，祀大河之神，景泰間勅建，仍加封『朝宗順正惠通顯靈廣濟大河之神』。其左祀護國金龍四大王，及平浪侯晏公、英佑侯蕭公，以春秋二仲及起運、運畢，凡四祭，北河郎中主之。大河神祠，在八里灣，俗呼爲八里廟，景泰四年勅建，歲時致祭，與沙灣同。 顯惠廟在張秋城北，祀真武及東岳、文昌三神像，弘治間勅建。 東、西兩廡祀龍王五及晏公、蕭公、耿公三神像。 歲時致祭與沙灣同。 韓公祠，在張秋城南，祀管河通政韓鼎。 劉公祠，在顯惠廟後，祀兖州管河同知劉福。 龍王廟，在崇武驛北河東岸。 羊使君廟，在東昌府城東。 使君逸其名，後晉開運二年守博州，河決城欲没，使君祀天，冀以身代民災，乃投水死，水患迄息，百姓德之，立祠。 晏公保運祠三所，俱在臨清州，一會通閘，一南板閘，一新開閘。 洪濟威惠王廟，在衛輝府百門山下御水發源之所，元至元間封。 孚應通利王廟。在舘陶縣西南二里，以祀水神。 五龍祠，在夏津縣西南二十里。 龍王廟，在吴橋縣南門外。 龍王廟，在興濟縣東十里。 分水龍王廟，在青縣岔河口滹沱河、衛河交會之所。

景泰三年歲次壬申，九月庚申朔，初三日壬辰，皇帝謹遣太子太保兼都察院左都御史王文祇捧香帛，以太牢致祭於朝宗順正惠通靈顯廣濟河伯之神曰： 茲者河流泛濫，自濟寧州以南至於淮北，民居農畝皆被墊溺，所在救死不贍，朕實傷切於懷。夫朕爲民牧，神爲河伯，皆帝所命。今河水爲患，民不聊生，伊誰之責？固朕不德所致，神亦豈能獨辭？必使河循故道，民以爲利而不以爲患，然後各得其職，仰無所負而俯無所愧。專候感通，以慰懸切。謹告。

景泰四年歲次癸酉，二月戊子朔，二十一日戊申，皇帝遣刑部尚書薛希璉，以太牢致祭於朝宗順正惠通靈顯廣濟河伯之神曰：茲者漕河東注，不循故道。遣人脩築，屢見頹決，民徒用力而不得濟。神視其患忍不恤乎？茲特加封神爲『朝宗順正惠通靈顯廣濟大河之神』，尚冀神休，順正河道，民得享無窮之利，神亦著莫大之勳。專候感孚，以慰虔禱尚饗。

景泰六年歲次，乙亥朔，越三日丁丑，皇帝謹遣都察院左僉都御史徐有貞奉香帛牲醴之儀，專禱祀於朝宗順正惠通靈顯廣濟大河之神曰：恭承大命，重付眇躬。民社所依，災祥攸繫。志恒內省，政每外乖。茲者雨澤不敷，河流災泱，舟船淺滯，禾稼焦萎，疾患由臻，公私所病。究惟所自，良有在茲。然因咎致災，固朕躬罔避，而轉患爲福，實神職當專。夫有咎無勤，過將惟臺，而轉患爲福，功孰與均？特致懇祈，幸副懸望。謹告。

隆慶六年某月日，勅遣總河副都御史翁大立致祭於大濟之神曰：邇者水災異常，殃及黎庶，良軫朕懷。茲特遣官祭告，惟神鑒祐，永福邦民。謹告。

隆慶六年六月癸亥，勅遣總河僉都御史萬恭致祭勅封金龍四大王之神曰：茲者漕河横溢，運道阻艱，特命大臣總司開濬。惟神職主靈源，功存默相，式用遣官，備申祭告。伏望鑒茲重計，紓予至懷，急竭洪瀾，佑成群役，俾運儲以通濟，永康阜於無疆。謹告。

隆慶六年歲次壬申，六月乙卯朔，越五日己未，皇帝遣總理河道兼提督軍務兵部左侍郎兼都察院右僉都御史萬恭致祭於分水龍王之神：茲者漕河横溢，運道阻艱，特命大臣總司開濬。惟神職司水道，捍患禦菑，式用遣官，備申祭告。端望監茲重計，紓予至懷，急靖洪瀾，佑成群役，俾運儲以通濟，永康阜於無疆。顯惠廟祭文同。

隆慶六年歲次壬申，六月朔，越五日己未，皇帝遣總理河道兼提督軍務兵部左侍郎兼都察院右僉都御史萬恭致祭於工部尚書宋禮：茲者漕河横溢，運道阻艱，特命大臣總司開濬。惟神功存運道，廟食明時，凡前事之不忘，洵後人之表，式是用遣官，備申祭告。所望監茲重計，紓予至懷，急靖洪瀾，佑成群役，俾運儲以通濟，永康阜於無疆。以刑部侍郎金純、都督府都督周長配享。

孚應通利王碑記　元　都士周

御河者，古永濟渠也。按史書，隋煬帝大業四年春正月，發北河諸軍百餘萬穿永濟渠，引沁水南達於河，北通涿都。七年春二月，帝御龍舟渡河入永濟渠，夏四月臨朔宮，徵天下兵會涿郡，擊高麗。後巡幸往來，多由於此。今名御河，蓋更之也。爰及遼、金皆都於燕，國朝開闢以來，以燕爲大都，歷代因之，以爲江河南北血脉通逵要路，轉漕之功，商賈之利，不爲不多矣。自江南平定，混一區宇，又開會通河至臨清北，横截而出於此。後南方諸國貢賦，數道錢糧，殊無壅滯，悉達於京師，其利溥哉。

灝河上下津渡之處，多有孚應通利王之祠，土人祭之甚嚴，神靈應之亦速。館陶縣西約二里許故隄上舊廟，其所從來遠矣，經兵火焚蕩俱盡，惟餘瓦礫而已。故行軍千户、濮州太守叚侯暹，於庚子年間適爲館陶縣令，以府公之命，即於故址剏起正殿，命工塑像，廟貌粗備。至元己巳，增脩獻殿三間。是年，又脩神門一座。至元二十年，河倉副使鄭彬及鄉社諸公重加修飾，仍粧繪塑像，焕然爲之一新。大德三年起蓋兩廡，七年增置庖厨，八年重修山門。凡廟中所須之物，至是皆完美矣。司倉劉祚者，持館陶縣儒學教諭、杜承祖之狀，求僕爲文，以次第之。

僕方承之教授東昌，聞説斯美，嘆曰：『水利大事也，敬神大節也。有國家者不可須臾而忘也。況諸侯於境内山川歲時致祭，凡有水旱則禱之。御河在館陶最近，不惟人得其利，又常嚴設隄防，一有不密，害亦隨之，暗中必有神爲之主，豈可不敬也哉！故叚侯爲守土之官，知所先務，首加意焉。上之化下，如風之偃草，至今鄉中豪右勤勤於斯，修節潤色，至於大備而後已，豈不有所以哉！雖然數公勤力於前，至今六十餘年矣。蓋大小事功，成敗興廢，皆有一定之數。其間亦在人爲，勤惰有以致之也。若無跡可見，後之人惡知之。劉祚乃能於功成之後，作此一舉，著之金石，垂之後世，俾爲官民者則而傚之，豈不偉哉！』僕鄉里晚進，雖空疎不才，義之所在，故樂爲書之。銘曰：『御水湯湯，源遠流長，達於滄海，灌以衡漳。自會通合，南接荆揚，轉漕便國，貿易通商。所王何神，孚應通利，處處有祠，享祀百世。館陶廟基，兵塵瓦礫，叚侯創功，杜君協力。廟貌既壯，神像斯工，鄭魏黄李，杜馬楊宫，相繼太備。鄉社所同，劉祚立石，傳之無窮。』

洪濟威惠王廟碑　李謙東阿人，學士

至元二十一年閏月辛巳，中書省奏：『禮部言，衛輝路共城縣北五里所百門山有泉出其下，御水發源，實本諸此。源故有廟，歲旱祈禱，甘澍隨應。前代嘗封王爵，謚曰「威惠」。逮及聖朝，未蒙加贈，殆未盡咸秩無文之義。集翰林禮官議，咸謂加封「洪濟威惠王」，於典禮爲宜。』制可。

三十一年，衛輝路總管府判官兼司稻田井德常上言：『洪濟威惠王廟歲久傾圮，寖至不支，宜命有司更葺。』會其年四月乙未，詔名山大川載在祀典者，所在長吏擇日致祭，廟宇損壞者，官爲修理。其十一月，工部符奉堂帖報下趣如乙未詔，乃檄知州司仁躬董其役，監路塔失帖木兒總綱紀之。撥功庀役，徵匠者、役徒，備器執用，畢會祠下。首葺前後殿，次及顯佑公祠、五龍祠廟廡神門庭峙二亭，一以注香，一以表儀。神門外爲亭三，合爲楹五十有奇。瓴甓損缺者，榱桷腐敗者皆撤而更之。完飾神像，塗墍漫漶，崇其基址，甃其階砌，以至户牖、欄檻之屬，咸一新之。經始於元貞改元之九月，落成於明年三月，靡官錢寶鈔四千七百餘緡。自井德常之言發之，其發民趣功，相與翼贊，則監輝州玉石帶馬合馬，知州繼至者劉廣、判官朱仕，榮吏目紀好謙、韓從凱，皆與有力焉。府判井德常、知州司仁以志歲月爲請。竊惟山川之祀見於《書》曰：『望秩禮，有天下者祭百神。』凡山林川谷，能出雲爲風雨，見怪物，皆曰神。其祭之之制，則五岳視三公，四瀆視諸侯，餘視伯、子、男。歲凡四祭，以貍沉順其性。百門水於衛爲巨浸，一出奫淪數里，畎畝而會之，灌溉不啻千頃。地敏秔稌，收入畝鍾，江南未下時，輸貢之外，諸郡國醪醴粢食皆於是取足。其下流合諸水，疏爲大川，延亘千有餘里，歷郡國數十，所在倉庾，節級轉運，畢達京師。與夫清滄鹹醝，不煩輦致，漕給梁魏，其爲利不既博矣乎。當夫常暘爲菑，雨澤愆爽，誠德感召，其應如響。然則國家億載之利，生民麗洪之澤，王之所以陰相者，厥功茂哉。無德不報，尊其明靈，加號飾祠，宜矣。敢叙述寵章，奉宣神德，其辭曰：『百門之山，泉出其趾，澤浹一方，利通千里。其澤維何，嘉蔬茂止。豐年高廩，萬億及秭。其利維何，京國之紀，方之舟之，衍我儲偫。昭昭神功，耿耿神社，嘉號未稱，曷章德美。對揚徽命，作新廟祀。何福不降，何災不弭！祐我邦家，阜我生齒，千秋萬古，傳休無已。』大德三年七月望日立。

重建會通河天井閘龍王廟碑記　陳文大學士

濟寧州城南東去五十步有閘，曰會源。北導汶、泗、洸、濟之水，皆合於閘，東折而入會通河。河經石佛、師莊、魯橋諸閘，徐州、吕梁二洪，合衆水而東入於淮。閘剏於元，歲久復新，國朝因之，更名天井。凡江浙、江西、兩廣、八閩、湖廣、雲南、貴州及江南、直隸蘇、松、常、鎮、揚、淮、太平、寧國諸郡軍衛有司，歲時貢賦之物道此閘趨京師，往來舟楫日不下千百。

舊有金龍四大王廟，凡舟楫往來之人皆祈禱之，以求利益。歲久頹毁。前總督漕運右叅將湯公節，俾衛州官屬及郡之義士捐資以更新之，經始於正統戊辰十月三日，至臘月而廟成。三間五楹，高二丈一尺，廣三丈四尺，深二丈三尺，視舊廟基址規模蓋寬廣、壯麗數倍矣。廟既成而神未有像。會冬官主事益都劉公讓來理閘事，乃募往來之好議者助緡，循舊塑神像，坐立凡七，及其門户牕牖與几席供具未備者，悉宜新之。

予時總督浙江，糧餉七十餘萬石，載巨舫凡四千，俱經是閘，感神陰相，得以無虞，於是謁神廟而拜焉。考之元都水監丞張侯重建濟州會源閘既成，立河北龍君祠（入）〔八〕，故都水少監馬之貞、兵部尚書李粤魯赤、中書斷事忙速祠三，以迎休報勞，而此廟未詳剏於何時。今諸祠皆廢，是廟獨存。或者謂即龍君祠之一。予歷觀自呂梁徐州以達臨清，凡兩岸有祠，皆祀金龍四大王之神。今之神祠雖不可考，而歷代祠祀如此謂，非陰相默佑有功德於民者，能如是乎？

劉君恐其久而事無所稽，屬爲文以勒石，遂爲之記。

重修顯惠廟記略 張天瑞清平人，春坊庶子

弘治癸丑春，河決張秋，阻漕道，壞民田。於時九重宵旰，抱瓠子之憂，遣重臣築塞之。工成而更名曰『安平』，仍賜祠祠河神。祠名『顯惠』。適當決口地，故沮洳，而雜以薪楗。居無何，土悉龜坼，祠幾圮。

越八年庚申冬，吾同年韓君廷器實來蘄重新之，則具疏聞上，報曰可。明年辛酉春，乃檄東昌府倅王珣等先後尸孱鳩之役。凡土之疏惡者，地之汚萊者，與堧堉之頹圮者，悉步杵而寸斲之。凡實地南北四十八丈，東西三十丈有畸。益撤黄陵岡守隄繇二百人，填廟後河身五十餘丈而加柔焉。先是，東廡有祠祠熒惑，西廡有祠祠子姆良無謂。至是，祠熒惑於東街，別爲殿三楹，革名錫胤祠以祠子姆。又爲楹東嚮三藏儀仗，西嚮三藏祭器。鐘鼓樓各一，翼列左右以相嚮。廟初惟一門，來謁者行堧道上幾於褻，於是鑿兩堧而門焉。又爲東西廡以祀河神之凡當祀者，像二十，倣東坡徐州黄樓之遺意，瀕河之厓，聚土爲山，命曰『戊巳』，蓋有厭勝之意焉。環植竹、栢、楸、榆數百本。祠成，翬如翼如，輪焉奂焉。禱禳者駿奔而至，神亦屑焉，若見其景光。是役也，鼻工於辛酉之春，落成於壬戌之冬。其經營勞倈，秋毫皆廷器力也。君名鼎家世，陝西慶陽合水人，成化辛丑成進士，舉歷左司諫、通政、条議、尚寶卿，至今右通政，爲人抗節敢言，忠公端謹，古稱寵辱不驚者，蓋庶幾云爾。

宋尚書祠堂記 李鐩工部尚書

弘治甲子夏，鐩爲工部左侍郎。孝宗敬皇帝遣往山東，議處守臣所言漕河事。鐩馳入其境，稽古考迹，知漕河元故運河也。元復有海運者，蓋河之制，尚弗善也。國朝洪武中，河決原武，過漕入於安山，漕河塞四百里，自濟寧至於臨清舟不可行，作城村諸所，陸運至於德州。

永樂初，太宗皇帝肇建北京，立運法，自海運者由直沽至於京；自江運者浮於淮，入於河，至於陽武；陸運

至於衛輝，又入於衛河，至於京。當是時，每險陸費，耗財溺舟，歲以萬億計。已而上命工部尚書宋禮修元運河，發濟、兖、青、東民十五萬人，登、萊民願役萬五千人，疏淤啟隘，因勢而治之。禮用老人白英計，作壩於戴村，橫亘五里，遏汶勿東流，令盡出於南旺，乃分爲二水，以其三南入於漕河，以接徐吕；以其七北會於臨清，以合漳衛。塞河口於曹、鄆，濬河灣至曹故道以行水，蓋漕河之廢，自二患生焉。河善決則淤，水病涸則滯。自是漕河成而海運廢矣。祭法曰：有功於民則祀之。鐩因陳禮之功可祀也，遂請勅。下有司，工部主事王寵又言，刑部侍郎金純、都督周長佐禮之勞宜不可泯。

今上皇帝嗣位之六年命，鐩等之請命於南旺分水祠禮，而左右以純、長配有司，并祠平江伯陳瑄，而純、長之位亦紊。又六年，工部郎中楊淳始釐正如制。淳暨主事王鑾來徵。予言夫人臣之奉國事也，富才者創之，慎慮者守之。徒守者蠱事而敝國，數創者棼政而煩民。是故俗之所厭，聖人不强行；民之所安，聖人不亟改。往者，守臣欲改汶疏洸，求利於漕，不亦鑿乎？夫宋公之治，漕河也，因元哲臣之迹，采令達民之謀，相流泉之宜，操獨決之智，因民之欲，避民之勞。嗣是者置閘以防洩，蓄湖以永灌，引泉以備涸，時浚以殺淤，漕河大成，萬世之利也。夫慮淺者易動，尚奇者好更，昧於事者恒作，忍於民者喜役，故事之敝也。柔者廢，剛者僨。予待罪三朝，備員卿末，今老且病，行將明農以待盡，因公祠事之成，僭以是而爲後之君子告焉。宋公，字大本，河南永寧人。金公，泗州人，累官刑部尚書。周公，天長人，封萊陽伯，謚忠毅，亦一時名臣。祠之建，經始於正德七年春，落成於十一年冬，廟宇廊廡垣墻具備，別刻於記石之陰。

重脩報功祠記　萬恭

濟寧，故任國地，當濟、洸、沂、泗之交。唐武德中，尉遲敬德爲盧龍節度使，苦北地餉道之絶，乃開吕梁。夫吕梁者，非孔子所舊觀龍門者，尉遲公以其險類真吕梁，故藉名，如東坡赤壁者云。遡四百里而上，及任爲天井閘，閘故尉遲公所建，特堅緻不敗，底石博厚，專車刻云『大唐武德七年尉遲敬德建』。而今治河者誤爲元人分水創建，非也。元肉食者鄙，襲唐人之誤，餉上都，向天井而分水焉。夫濟寧地聳，與徐境山巔濟，洵勢便形利矣。迺仰視南旺，而南旺地聳，又與任城大白樓岑齊。激水而逆諸南旺，凡九十尺，胡可分水？宋司空則從南旺分流，而古天井閘故在，然委也，非源也。報功祠逆濟寧南門而峙，沂、泗流於右，汶、濟流於左，皆滙於祠之前方，折千二百里，而入於安東注於海，則報功祠實扼濟、洸、沂、泗諸水，而襟帶於任，載在祀典，以報諸水神及宋司空而下治河諸臣之功，無有佚墜。隆慶壬申河敗，餉道不支，天子召臣恭治水。河平，遂命臣恭禋報功祠，將事徘徊，蓋敗垣頹楹就圮矣。余爲有司言：『此何以章國家之祀典，而續尉遲公、宋司空之雄圖？』

乃以壬申五月治河臣後祠，六月治水神前庭，七月治二碑亭，八月治垣及門，明年二月堙門河尋文，而錮之石隄，奉諭祭報功祠文，建亭而勒貞珉焉。蓋鳥革翬飛，朱棟翠甍，而濟、洸增長，沂、泗增深矣。二月，坎河石灘適成，汶水洋洋東奔，觸祠如騰驤，運河西馳，掠祠如貫魚。余乃登太白之樓，俯南池之流，亂沂、泗，迎汶、濟，顧張都水使者嘆曰：『洋洋乎！巍巍乎！唐人創之，無王會之，盛元人繼之，無建瓴之便。宋司空乃振長策招四方，而侈王會居高而建瓴水。余與君復堙坎河，役全汶以南，浮長江大河之舟楫，而帆檣萬里，簫鼓揚波，令唐人有遺算而元人無全功，是祠也。天壤俱弊可也。』

重修龍王廟碑記

傅光宅聊城人，御史

東平戴家廟閘，有龍王廟，正德八年建，歲久傾頹，無以妥神靈。司城傅君鼎新之，規模宏敞，益增於舊，而威神赫奕，侍衛森嚴，庭宇肅清，金碧輝映，儼然披海藏而覲娑竭之宮也。

蓋嘗讀易爻之六乾，皆稱龍德。孔子見老聃，贊以猶龍。夫龍之神靈，其飛騰變化，利澤寰宇，不可測識矣。況龍而有王，又神力功德爲群龍主，其呼吸爲風雲，喜爲雨露，怒爲雷霆，行爲江河，止爲淵海，尤非可爲擬議者。據内典稱：有大福德者爲龍王。亦或權伍大士，見身行化，至興雲致雨，開江導瀆，各有司存。龍又八贊，一贊讓如來教法者，故國家江河之側，各有勅建廟宇，其民間私建者尤重，良以龍王功德利澤在人間者無量也。雖然神豈無望報於人哉？精神感通，神人無間，睹廟貌而生敬，假瞻拜以致誠，可以悔過遷善，滅罪造福，轉旱潦爲時若，通壅閼爲安流，神之應之，捷於影響矣。是舉也，於祀神可以明敬，於澤物可以明仁，於捐財可以明義，於繩武可以明孝，以是祈福祐而衍祚胤，寧有窮哉？余於司城有兄弟之雅故，因記其事而廣其意焉。

重新分水龍王廟記

馬玉麟長洲人，工部主事

龍於天地間爲物最巨，記禮者。列於四靈。其興雲致雨，變化窈冥，簸弄江海之狀，疑非人力所能御也。意必有河嶽之英靈，默宰於其間，俾之時其出沒，制其橫逸，而人特未之見耳。

蓋古者有豢龍氏，龍非可擾，而豢者名曰：『豢龍』。計其人必有驅雷鞭霆、駕風役雨之術，疑於莊生。所謂真人者，今之龍神，得非古豢龍氏之流歟？抑豢龍氏没，天帝命以爲神，使主龍事歟。大江以北，起瓜步至黄河，龍神隨地有廟，而神廟於黄河爲最盛，神亦與黄河爲最靈。漕艘商舶日往來者以千計，河性湍悍善壞舟，一遇風濤震蕩，舟人束于無措，往往呼號於神以求救，倏忽風順浪恬，挂席千里。蓋余目擊而心駭者數矣。是豈無神以主之歟？藉令無神，烏能傾動一世之民，而尸祝之歟？

南旺舊有分水龍王廟，萬曆八年余初蒞任，百務未舉，志於鼎新而未暇也。明年二月，大宗伯新會潘公至曰：『疇昔室人夢與神語，願助餘貲，子其爲我新之。』余唯唯於是，亦捐餘貲，擇日命工飾其廟貌，潔其堂廡，始於四月十五日，而畢工於二十七日。蓋百年之故址煥然一新，而神靈益妥矣。抑聞之志云，南旺視他地爲特高，號曰地脊，勢若建瓴，此汶水所由分也。繇斯以談昔人立廟之意，豈非以兹地之水易洩而難蓄，而覬神陰相其源流也耶？國家歲漕五百萬石給京，仰賴會通一河，而南旺僅以汶、泗諸泉之水，供五百萬石之運，微神力孰能保障於無虞也。蓋黄河之水多潰決，而龍神顯濟，常在風濤之間。運河之水多淺澁，而龍神響應，常在旱涸之日。其神同，其功同。然則龍神之廟祀遍天下，豈徒以其禍福可畏，而斯民群趨之已哉。是宜有記。

記成而作迎享送神之辭，辭曰：　神之遊兮九河，駕兩螭兮委蛇。陳桂醑兮雜蘭者，奏雲璈兮吹洞簫，女巫進兮屢舞，風肅肅兮堂廡。日將暮兮睠予，澹忘歸兮徐徐。泗之泉兮汶之水，流斯會兮萬國倚。願泉源兮常沛，俾漕河兮永賴。千萬禩兮神功，國報事兮攸同。

通政韓公祠碑記

馬中錫 故城人，都御史

先帝之十有三年冬，通政使司右通政韓公鼎奉璽書提督河道，駐節安平鎮，鎮臨運河，即元之會通河也。

成祖駐蹕於燕，謂海運有風濤之險，南北漕舟俱由江淮迤邐是河，以達於都，於是河水始有淺隘之患。議者乃濬南旺湖以瀦衆水，秋冬之交蓄之以備漕，春夏之際洩之以濟河，然後千料萬斛之舟可以通行，爲永世之利，此則會通河之大較也。第歲久法隳，湖漸淤塞，蓄水既少，洩水遂微，而河淺舟澁，漕運不通，有國者病之。

韓公甫下車即考前志，詢故老，具得其實。故其治安平也，先南旺而次會通，修牐壩以節水之流，築隄堰以防水之潰，塞決口以止水之衝，設斗門以通水之變，造浮梁以濟水之險，建神祠以妥水之靈，刱官廠以儲水之材，復埶田以免水之患，奠民居以償水之失。起辛訖乙，五年之間，經畫措置，夜以繼日，不遺餘力，而其竹木麻葦鐵石磚灰諸料以及工食之需，所費不貲，又未嘗一毫或擾於民。嗚虖，亦難矣哉！湖水既充，河道遂濟，漕販俱通，官民兩便，是上有功於國而下有德於民也。

今上軫念其勞，即位之初擢通政使，勅管易州柴廠。韓公既去鎮之，賢豪若馮儀等數十百家感慕無已，相率庀財鳩工，立生祠於鎮，而塑像其中，以寓不忘之意。復礱巨石，請予文記之。

夫生祠起於後世，非古典也。持是報德，不幾於瀆禮乎。然唐狄文惠公、宋韓忠獻公皆嘗宦於魏州而有生祠。二公正人，當時視此宜，其自以爲瀆，或能止之而卒未聞，而其時抑豈無稽古知禮之士，亦未聞有病其瀆而訾議之者，則生祠果不在所當建耶？又祭法以勞定國，及法施於民者，皆祀之。今韓公督河之功，著於生前，爲國爲民，歷歷若此，身後當不在祀典邪？況其由名進士，歷給諫、尚寶，累陞今官，將來位遇，豈愧前修？然則生祠義起，固當亦如二公，不自以爲瀆而止之，而人復不以爲瀆而訾之矣。安平舊名張秋，屬兗州，魏州，即今大名，相距甚邇。今祠古祠又不當竝傳於無窮邪。敢以是告儀等，俾歸而鑱諸石。

重修大河神祠碑記

謝肇淛

景皇帝時，河決張秋，東入海，運道絶。上遣都御史臣徐有貞發山東、河南丁壯萬人往塞之，逾三載始訖事。有貞上言：『賴主上神聖，馮夷効順，俾十年巨患，一朝永弭。臣等區區智力不及此，請建朝宗順正惠通靈顯大河神祠於八里村，有司春秋祠以爲常。』制曰可。迄今百六十餘禩，俎豆蘋藻，虔共勿替，蓋其重也。

萬曆癸丑之夏，苦潦愆旬，水齧隄不能以寸環隄，黔首藉神休以不至魚鱉，而神之祠摧落於風雨者日益甚。維時肇淛奉天子璽書，拮据河上，顧視怛焉。以便宜奏記當事，掘偶錢，擿踐更，卒而檄壽張簿曰：『爾士亨爲神，董陶埴，視堅茨，量金錢出入，毋竊也』。於是不三月而告成。

肇淛居恒謂：『今治水與古異。古人之治水也，一意於水而已。然應龍畫而伊闕鑿，支祁鎖而淮渦安。緑文既授，延喜攸歸，彼大聖人也，猶然以神道設教。矧於今日軍國之輸十九，仰給東南四百萬石，余皇銜尾，貫魚咽喉，涓涓一衣帶水耳。而復上獲陵寢，下衛城邑田廬，計銖，而授之尅晷而責之，前跋後疐，左方右員，雖百神禹其如河何？故今任河事者責滋囏，而神以功食報亦滋鉅以遠。今上在宥以來海不揚波雖有疾風雷雨而翕河如故，蓋四十二年於此矣。神受天子封爵，廟食無已，時尚益敬，共其職以時雨暘而加肸蠁焉。寧獨河臣藉手免於皐戾，即宗社軍國實式憑之。祝史陳信其何媿詞之有？如其不然，而徒擁虚位水滸，煩有司粢盛犧牲，辱國家禋祀，安用之矣。』是舉也，御史中丞劉公士忠主其事，庀材鳩工則沈簿士亨力居多，而兗王別駕沼陽穀李簿羡咸有勞也，法得書。

北河紀餘　卷一

沛縣之北，北河之南界也。其縣爲魚臺，隸於兗。南接夏鎮，北達南陽，皆新河也。黄良諸泉入之，其鎮曰穀亭。魚臺，春秋爲魯棠邑，隱公觀魚于棠，即此。漢爲湖陵方與。至唐寶應初，始改今名。宋屬單州，元屬濟州，國初屬濟寧府，後府降爲州，改屬兗州府。縣治在運河西南二十里。

宋文天祥《發魚臺》詩：晨炊發魚臺，淬雨飛擊面。團團四野周，冥冥萬象變。疑是江南山，烟霧昏不見。豈知此中原，今古經百戰。英雄化爲土，飛霧灑郊甸。天寒日欲短，遊子淚如霰。

明四明陳沂《憫魚臺水灾》詩：黄河水決衛漕渠，直入青兗連淮徐。魚臺單縣作巨浸，洪流顧望茫無餘。乘舟摇摇莫知所，魚鱉民居漫無處。扶踈草樹向高原，彷彿菰蒲今沮洳。昊天不弔降荼毒，已絶來牟仍菽粟。漂泊無依生理窮，婦子流離向誰告。昔聞洪水遭帝堯，聖皇不讓唐虞朝。九河失道有時治，安忍鴻鴈聲嗷嗷。中丞聞之動鳴邑，幸免田租更施及。氣息已盡仍復蘇，相向歡聲皆歙泣。勉强卒歲存餘生，俯仰還期明年耕。治水何人任深惻，各以饑溺紓皇情。

普暉《題魚臺》詩：匹馬秋風别古棠，小橋流水對斜陽。郁郎亭毁貔貅去，夫子堂空草木長。甯母江頭雲淡淡，觀魚臺上月蒼蒼。湖陵城與清凉院，物换星移歲月忙。

新河北自南陽，南至留城，凡百四十一里，嘉靖四十四年工部尚書朱衡所鑿也。先是，河決華山，出沛縣飛雲橋，漫入昭陽湖，運道湮塞，自此河開，水始不能爲暴。詳見《河工紀》。

明曆下李攀龍呈朱司空《新河功成》詩二首：重華冀北再開天，益作山林涉大川。四岳受成方貢日，三邊仰給縣官年。黄金不及隄形壯，白馬長隨練影懸。轉自流言能悟主，老臣知遇兩朝偏。河隄使者大司空，兼領中丞節制同。轉餉千年軍國壯，朝宗萬里帝圖雄。春流無恙桃花水，秋色依然瓠子宫。太史但裁《溝洫志》，丈人何減漢臣功。

吴郡王世貞詩二首：日出烟空匹練飛，大荒中劃萬流依。連山盡壓支祁鎖，逼漢疑穿織女機。九道徵輪寬氣象，六軍容物逈光輝。甘棠欲讓金隄柳，曾護司空却蓋歸。兩朝三錫璽書專，自矢流言格上天。功似玄熊官百揆，渠名龍首帝元年。飛艘雪擁吴都稻，繫笮波穿少府錢。長孺秪令稱社稷，當時鉅野總茫然。

吴興徐《中行詩》二首：揚塵忽自阻神州，紓策誰分聖主憂。疏鑿九河唐伯禹，轉輸三輔漢酇侯。天連河岳仍通貢，地壓魚龍自穩流。却笑漢皇臨瓠子，負薪投璧不曾休。漂摇獨立衆言餘，胼胝功成總不如。隄築千金高鄭白，艫銜百里蔽青徐。玄圭已告開天績，玉簡曾傳治水書。更道史才司馬後，濡毫還自紀河渠。

銅梁張佳《胤詩》二首：河溢當年警帝衷，疇咨僉屬大司空。濟川元仗商臣楫，沉玉徒誇漢主宫。萬竺如雲歸冀北，千帆明月送江東。清時何必録封禪，受計常思轉餉功。一望中原氣象新，九河如帶抱燕秦。桃花水隱司津棹，竹落隄餘太府薪。乘橇三門飛練影，搴茭兩岸白雲屯。若論璧馬千秋事，長孺徒稱社稷臣。

信陽王祖嫡《入閘志喜》詩：春煖新渠静不波，夾隄楊柳映青莎。錦帆三月離洪險，白粲千艘入閘多。足餉漫思唐相晏，轉漕今有漢廷何。至尊旰食從兹慰，賑貸無勞議歲和。

閩中林爊《經兖郡新河》詩五首：治水功成後，分明德可歌。數州人宅土，四海貢通河。兖土河新鑿，春流漲接天。秖疑銀漢落，來遶岱宗前。種柳漸成陰，他年總作林。誰知築隄者，辛苦土如金。且喜黄河治，寧論白髮繁。麒麟宫錦在，先帝解衣恩。百萬軍儲足，南風送去帆。問誰能若濟，帝賚是商巖。

京山李維楨《新河紀績》十二首：何年玄武赤符開，砥柱中流萬壑迴。莫訝禹功今可續，司空原是濟川才。一自澄潭鎮石犀，翠屏紅樹擁金隄。榮光萬里通淮泗，流向仙陵作彩霓。錦纜牙檣百萬艘，波光一望接天高。黄熊爲解崇侯憤，白馬翻憐漢使勞。千山月色浸平沙，岸芷汀蘭簇晚花。銀漢迴瞻天北極，仙郎從此泛仙槎。匣裏寒光躍太阿，蛟龍無數匿深波。只今津吏逢迎處，夜聽鳴舷鼓枻歌。宛委山頭駕使車，玄夷親授石函書。河清欲待千年後，不似功成二載餘。千尋竹箭排雲下，萬疊桃花蔽日飛。却憶當年王刺史，乘隄猶賜漢金歸。問俗三齊撫畫熊，羔羊名節遠相同。神河似解朝宗意，一夜驚濤向海東。狂瀾豈惜蘆灰塞，洪水翻嗟息壤堙。不是司空疏鑿遍，何緑貢賦接天垠。懷襄復抱儆予憂，淼淼東秦十二州。一向淇園輸竹楗，萬家烟火傍清流。一沉白璧通神貺，遂有玄圭錫帝恩。聞道黄河今似帶，好從西北望崑崙。三門九曲勢如狂，此日安流一葦航。應笑河渠書太史，負薪却愧自宣房。

黄良泉，距縣東北四十五里，出黄山下土中，西北流入硯瓦溝閘河。元頓舉有記，詳見《河源紀》。穀亭鎮，在縣東二十里，古濟、泗合流之地。一云甯母亭，即齊桓公盟于甯母處，元改今名置閘。

明太和羅正《穀亭晚渡》詩：幽亭結構倚河流，人待黄昏古渡頭。萬頃碧波迷塞鴈，一川紅照落江鷗。風聲蕭索分漁火，晚色淒涼起棹謳。多少經過名利客，不知明月上西樓。

華亭沈愷《次穀亭》詩：林靄横蘭徑，孤帆落野塘。雨來山樹暝，風静渚花香。釣艇時能問，村醪或可嘗。白鷗知我意，去住欲相忘。

魚臺之北，其州爲濟寧，其河爲泗、爲汶、爲洸，諸泉滙焉。其鎮曰魯橋，其蹟曰樊城、曰邾婁城、曰鄭均莊、曰太白酒樓、曰南池、曰浣筆泉、曰宣聖墨池。

濟寧州，古任國也。漢爲任城，晉爲高平，宋爲濟州，國初置濟寧府，後降爲州，屬之兖州府，州治在運河北岸。

唐李白《贈任城盧主簿》詩：海鳥知天風，竄身魯門東。臨觴不能飲，矯翼思淩空。鐘鼓不爲樂，烟霜誰與同。歸飛不忍去，流泪謝鴛鴻。又《離濟寧汎舟北行》詩：楊柳娉婷緑，荷花旖旎紅。魚遊華蓋底，人在鑑湖中。大白拈春酒，輕衣受晚風。龜蒙與凫繹，只隔片雲東。

宋晁端友《宿濟州》詩：寒林殘日欲棲烏，壁際青燈乍有無。小雨愔愔人不寐，卧聽羸馬齕殘芻。

文天祥《過濟州》詩：借問新濟州，徐鄆兄弟國。昔爲大河南，今爲大河北。雲屯四萬里，平原望不極。百草盡枯死，黄花自秋色。時時見桑柘，青青雜阡陌。路上無人行，烟火渺蕭瑟。車轍紛從横，過者臨岐泣。積潦流交衢，霜蹄破叢棘。江南寒未深，銅鑪獸花赤。焉知行路人，鐵冷衣裳濕。

元朱德潤《任城南門橋》詩：任城南畔長隄邊，橋壓丈水如犇湍。閘官聚水不得過，千艘銜尾拖雙牽。非時泄水法有禁，關梁夜閉妨民姦。日中市貿群物聚，紅氍碧椀堆如山。商人嗜利暮不散，酒樓歌舘相喧闐。太平風物知幾許，耕桑處處增炊烟。明朝北上别旅叟，叟持清尊求贈言。欲圖豐駢貞未暇，爲君寫作康衢篇。《又過濟寧》詩：閭井皆臨牐，郊原四望平。横峰連岱嶽，分水向彭城。笳鼓屯千騎，舟車會兩京。沿洄不能住，俱是重王程。

明廬陵楊士奇《望濟寧》詩：踈翠輕紅水岸迂，漁家遠近映菰蒲。高城前望晴雲下，却計行程是半途。

長洲吴寬《濟寧夜泊》詩：嗚嗚畫角語城頭，暝色蒼茫倚舵樓。古戍烟生人已散，長河月落水空流。異鄉信美非吾土，他日重來是舊遊。千里鄉心孤枕上，可能今夜夢刀州。

臨川聶大年《濟寧懷湯条將》詩：閘頭塵土污征衫，河上垂楊礙去帆。玉帛梯航通蘇北，石田茅屋夢江南。九重魏闕心常戀，千里鄉書手自緘。却憶元戎油幕下，幾時捫虱接清談。

江寧金大車《濟寧道中》詩：西北風塵擁斷丘，旅魂中夜鬱鄉愁。漢廷未上孫弘閣，濟水頻經太白樓。候鳥翩翩迷遠浦，輕帆颯颯帶春流。十年來往青袍在，羸得霜華滿鬢秋。

李楨《濟寧夜泊》詩：踈星斜月在扁舟，寒鼓鼕鼕出郡樓。最憶往年何處聽，長安門外五更頭。

壽張殷《雲霄題濟寧圖》詩：太白樓前春水多，南湖春老白蘋波。白蘋波上風還雨，欲採芙蓉將柰何。

長洲皇甫沖《暮至濟寧》詩：濟州城鴉啼暮天，太白樓虛楊柳烟。欲解吴鈎沽美酒，無人同醉白雲邊。

任城靳學顔《安居東望濟城》詩：平楚蒼然見十里，驅車西出桃花底。郡中樓閣霞作城，湖上人家錦爲水。對此披襟宜進觴，胡爲遠行自悲傷。啼鶯百囀喚人醉，垂楊千條拂苑長。即今已是花如霰，何處春光是故鄉。

謝肇淛《泊濟寧城感事》詩：汶河南下勢憑陵，一片孤城爽氣澄。風飽布帆飛度閘，雨腥漁艇乱拋罾。春深水族家家市，夜泊牙檣處處燈。回首舊遊雲物異，高樓蕭索不堪憑。

泗水，出泗水縣陪尾山下泉林寺南，四源並出，故曰泗水。西南會諸泉水達於曲阜，合沂、雩二水，從金口壩入兖州，出西門納闞黨蔣詡七泉通於濟寧，又合洸水，至天井閘入運。

唐李白《金口壩》詩：水作青龍盤石堤，桃花夾岸魯門西。若教月下乘舟去，何啻風流到剡溪。

宋程企《泗源》詩：泗源奇且恠，聲勢各喧豗。虎豹巖邊去，蛟龍窟裏來。稍流烟作陣，初激雪成堆。派必人疏導，源應鬼鑿開。乍深濤不起，漸遠浪相催。可把江心比，嘗將海眼猜。始微纔迸玉，終盛忽犇雷。澗爲寒無卉，丘因澗有苔。已觀離竇側，俄見過城隈。石勁崖難漱，沙虛岸易頹。邇雖逾濟漯，遐亦到蓬萊。洗鉢僧常至，乘槎客未迴。我從原際瞰，誰自谷中推。洶涌曾浮磬，潺湲好泛杯。狹寧容蟻穴，湍可暴魚鰓。劈華非天意，排淮迺力哉。傍如巫女峽，上類楚王臺。漏澤空神異，襄陵但水灾。林幽多鳥雀，地僻少塵埃。重愛茲佳趣，題詩愧不才。

明長洲徐有貞《泉林會泉亭》詩：靈源四出石玲瓏，自與諸泉夐不同。誰道山中無水府，只應地底有龍宫。萬珠跳躑人聲合，一鏡澄明月影空。好爲導將千里去，長流助我濟川功。

吴寬《泗河》詩：四源合一水，古河因以名。望之渺千頃，永日汪然清。蕩摇鄒嶧山，映帶兖州城。餘波入漕渠，資國功匪輕。疏濬藉水部，來往勞經營。欲渡免舟楫，石堰築且平。臨流一縱步，魚鱉不我驚。即欲窮其源，何惜此數程。念昔洙泗間，講業皆諸生。河廣豈水然，聖澤惟盈盈。茲遊幸沾溉，自慶非徒行。浴沂效前哲，春服亦既成。

四明邵莊《陪尾泗源》詩：老龍横穿地維裂，天吴移海來漏澤。十派犇騰萬丈虹，終古乾坤終不竭。我來司泉過魯東，馬蹄踏破春山紅。頻向源頭探真趣，乃知道體千年同。會泉亭子聳孤秀，愛我狂歌坐清晝。渚聲漱出耳底塵，微甘洗却胸中垢。秋來我欲朝明光，讜才無補心蒼皇。把取天瓢獻天子，大鴻甘霖覃八荒。

張祚《遊泉林次石上韻》詩：問俗來山舘，停車憩古林。蟬鳴秋樹杪，龍隱石函深。沫散浮珠彩，流飛漱玉琴。願言滌塵垢，終日坐苔陰。

宜興張盛《宿泉林寺》詩：山泉聲漱玉玲瓏，到處看來總不同。一竅直通龍子穴，四圍長遶梵王宮。穿巖映彩霞生漢，落澗浮光月在空。流入漕渠能利國，就中疏導是誰功。

天水胡纘宗《過泉林觀泗源》詩：停車獨步泗源頭，一曲源泉活水流。璚島翻雲争日月，銀河遶漢歷春秋。潺潺石竇珍珠涌，滚滚沙潭菡萏浮。安得結茅泉上住，放歌終歲看飛鷗。

長洲馬玉麟《泗水諸泉》詩：東土多靈泉，勝乃在泗水。屈曲山形轉，公舍叢林枳。一溪諸竅通，號呼瀉清泚。珠濺百斛圓，疑是驪龍趾。聲吼徹林薄，母亦虎豹壘。白石何巉巉，寒濤競靡靡。色映群木青，光凝一潭紫。玉膏澤我膚，哀響醒人耳。俯竇驚蟄雷，漱流知石髓。道體固如斯，國脉良在此。

閩中黄鶴四《泉林歌》：驪龍閒卧陰崖許，戲弄珍珠不知數。婪饞黑虎口垂涎，豹突前頭欻相踞。山童淘米臨清流，驚見奔呼報寺主。老僧洗鉢來降龍，卞莊持矛欲刺虎。虎豹咆哮龍奮争，涌珠散出成甘露。血流響水紅石巔，腥氣上衝天帝怒。下令六丁悉取將，壓以巨石填幽阻。神物精靈不可藏，化爲泉水濺濺注。林深地僻少人知，英爽時時吼風雨。水部仙郎職運渠，濟川無策心良苦。旁觀林藪忽相逢，憑陵大叫得其所。天生地設遺吾儕，舍此不用將安取。決排壅滯力疏通，導入濟漯踰淮泗。汩没多年喜得伸，奮然效用酬知遇。近漕國課上京華，遠達夷琛獻天府。更無冠佩混塵泥，還有餘波到商賈。施博功高難自陳，東馳直與東海處。馮夷海若笑拍肩，攜謁龍宫共尊俎。黿鼉擊鼓聲鼕鼕，婺女持觴聲楚楚。醉倒林泉卧不醒，天吴紫鳳空延佇。問傳遺事何人斯，烏有先生善言語。

東阿于慎行《泉林歌》：雷澤萬頃波，澎渤如萬馬。陪尾鎮之不得溢，釃爲龍瀆出其下。洞門噴薄瀉流泉，沸珠迸玉聲潺湲。天山雪花四月落，片片吹上春衣寒。拍浮大白相對飲，緑蘿作簟石作枕。金潭百尺映文石，熒熒細濯巴江錦。行盡回溪地轉偏，疑是鏡湖春水旋。深林蔽虧不見日，但聞雜樹多鳴蟬。樹裏泉聲百道重，木根詰曲盤虬龍。解衣羅坐泛流羽，天光水色何溶溶。遠峰隱見烟嵐滅，殘霞飛丹手可掇。此時林壑暝色來，呼酒彈琴望雲月。月上青山醉若何，臨流垂手楊素波。且謌白石吟渌水，紅塵萬事空蹉跎。日出高林送客子，清風四面松聲起。石橋一出到人間，武陵桃花空流水。

任城于若瀛《遊泉林》詩：泉林久約已春深，纔到泉林愜素心。往往尋源逢臣石，時時倚樹聽幽禽。孤亭倒映空青色，曲竇翻騰太古音。向夕臨流坐深壑，便捐塵想欲抽簪。

古吴陸化淳《泗源》詩：靈源陪尾殆天開，一脈勾連百道迴。波面吐吞驚渤澥，地中傾動自風雷。禹功終古無消息，元化何心任去來。我欲浮槎到天漢，只疑足下是蓬萊。

汶水，出萊蕪縣原山之陽，會泰山、徂徠諸泉，流于堽城壩，至南旺南下入運。

明太原喬宇《過汶河橋》詩：九峰南望碧崔嵬，汶水平添一丈波。渡口客來休便過，北山溪雨正滂沱。

長洲祝允明《舟行汶上薄暮看月》詩：璇蓋瑩空青，飛鑑泛華艷。川原邈夷曠，踈木媚寒瀲。廣路斷浮鞅，旅翫諧清念。迹逝偕志行，萬里靡坊塹。苟無忠宣持，誰能勞不厭。

閩中鄭善夫汶上對月聞笛，作商調，命船人度曲爲和，因賦醉歌：焉耆八月高風起，鴻鴈群飛渡淮水。月下清砧愁遠人，天涯芳草思公子。王郎哀時最蕭瑟，萬里迢迢向南國。呼我上船設水鱠，仰天傾酒開胸臆。闕山茫茫何處邊，但見急管哀中天。馮夷聽曲波面出，楊柳亂落西風前。酒酣月落歌未已，隴思江情嗒然起。未掛姓名玉策上，願添海水金樽裏。人生合歡那可測，有似大海翻萍葉。回首親朋各別離，豈無江漢通舟楫？流光過鳥不復駐，達官好爵身之蠹。況迺豺狼横地軸，何限驊騮窘天步。竹林諸賢皆酒徒，嗣宗只願步兵厨。古來賢達一澌盡，醉鄉之托今何如。

白水王謳《汶上泛舟》詩：山雨彌晦朔，洪流奔巨川。我來當此日，舟濟喜晴天。渡口浄芳樹，人家生野烟。孤城隱雉堞，豊壤帶郊廛。行潦及時降，陰林或鬱然。遥聽疊鼓發，縱目雙旌懸。廪禄身徒竊，閭閻風未宣。古人貴達節，負弩奚稱賢。又《晚渡汶水》詩：天寒北風緊，日落孤鴻鳴。汶水秋浩浩，凍雲凝不行。餘霞散天際，古木撐微明。東來數峰秀，紫草横太清。歲暮此爲客，感物傷遠情。一麾在行役，百年非久生。顯晦冥有定，憂喜交相并。疇昔玉京道，彯塵翳冠纓。今兹值山澤，緬然懷令名。臨流自扼腕，偏爲逝者驚。

謝肇淛《蚤渡汶河》詩：霜飛月落野雞啼，霧鎖長林水拍堤。夾岸人家寒未起，孤舟已過汶河西。

上虞張文淵《題泰安木頭溝泉》詩：千里澄溝映碧空，穿巖赴壑濺溟濛。翠圍新甫千章栢，玉立徂徠幾樹松。沮洳影紛虬榦亂，鬱葱陰動石根通。東人莫道閒無用，排決終成濟世功。

毗陵薛章憲《泰山泉》詩：泰山之溜直下五十里，傾崖赴壑成川流。不知何年鬼斧鑿，日下滚滚無時休。鯨呿鼇擲與石鬬，琤然落磵鏗琳球。銀河倒捲碧海立，駿馬下坂鷹辭鞲。盤渦斗絶涵倒景，貝宫珠闕藏蛟虬。飛流濺沫下噴千丈。壑明珠百斛，飄灑誰雕鎪。先生解衣坐其下，脱帽露頂凉颸颸。兩涯不復辨牛馬，手弄白日逍遥遊。

檇李吴鵬《龍港泉》詩：一水平分二水流，徂徠山下更悠悠。半竿釣破蒼龍影，一葉凋殘碧樹秋。持節柏松空自老，忘形鷗鷺解人遊。當年莫道魚龍港，盡入西風古渡頭。王謳《舊堽城》詩：故城廢閘依然在，千古興亡但刧灰。一種傷心何處切，西風空上釣魚臺。

洸水，汶之支也，從堽城南官莊河入州境，會沂、泗二水入運。

明河東薛瑄《過洸河》詩：車轉香阿過遠山，洸河一夕漲漫漫。蛟鼉出没蒼茫裏，鷗鳥浮沉杳靄間，浩歎每思臨逝水，雄才長憶障狂瀾。龍門魚躍波千丈，便有風雲出瀒湍。

趙弼《洸水》詩：岱宗何巖巖，士彌休休。

薛瑄《曉出東平》詩：憲節凌秋發，城門逼曉開。溝長流水去，野曠遠風來。跋馬橋頻度，看山客屢回。川原行未已，齊魯望悠哉。漢檢天門石，秦碑海岸臺。嘆烟横曲阜，旭日上蓬萊。遺蹟懷前古，觀風慰好懷。衢樽須共飲，井税不煩催。每見桑麻野，深期杞梓材。行歌方自得，前陟更崔嵬。

壽張，春秋良邑，戰國爲剛壽，漢置壽良縣，光武避叔父諱改今名，元屬東平路。國朝因之。縣治在運河西三十里。

東阿，春秋爲齊邑，莊公十三年盟于柯，即此。歷漢至唐俱屬濟北，後改屬鄆州。元改鄆爲東平。國朝因之。洪武初以水患徙治穀城，即今邑，治在運河東六十里。

宋文天祥《發東阿》詩：東原深處所，時或見人烟。秋雨桑麻地，春風桃李天。貪程頻問候，怯馬緩加鞭。多少飛檣過，吁嗟是北船。

明四明《萬表過東阿答嚴水部》詩：别君荆門道，重會山東阿。别時初履霜，堅冰今渡河。微勞不自慎，積困成沉痾。衝寒枉遠駕，攜觴列清歌。眷眷此交情，一顧豈在多。

陽穀，春秋齊地，僖公三年會于陽穀，即此。秦漢爲須昌縣，至隋析置今名。唐屬鄆州，元改鄆爲東平。國朝因之，縣治在運河西四十里。

安山，在開河北六十里置閘，以安民山故名。山在州西南三十五里，山半有寺，上有甘羅墓。

明皇甫沖《安山道中》詩：泊舟安山北，忽見山南船。銜尾若魚麗，鉦鼓紛喧闐。樓櫓樹干盾，笭箵插戈鋋。琱弓赤羽箭，朱旗當檣懸。長年盡紅巾，抹額絳絲纏。言與群盗鬬，僅不爲摧殘。請看身上創，衣血何新鮮。聞之不敢進，倚棹生憂煎。載聞持節使，提兵邏河壖。脱者有重聚，獲者無幸全。哀此封中氓，棄擲潢池間。雖云饑寒故，信也誰爲宣。懷保道不足，政刃皆深淵。服妖古所畏，涓涓乃滔天。巢角鑒不遠，此理庶可研。

又《安山坐閘》詩：客行貪利涉，流水鎖重闗。津吏惟高卧，征人盡損顔。纜紆青草際，檣寄緑楊間。縱有分風送，那能任往還。

徐階《夜行安山道中》詩：木落山蕭蕭，殘燈照寂寥。病驚時日暮，愁厭客途遥。急澗聽逾響，荒村語不囂。月明如有意，深夜伴歸橈。

沙灣，在張秋南十二里，黄河舊决口也。弘治間，塞黄陵岡口，有裏河一道由鄆城來，逕壽張黑虎廟至此入漕。

安平鎮，舊名張秋，春秋爲衛地，秦漢以來爲東阿、壽良、穀城三界之地，或屬濟北，或屬東平。柴世宗時，遣宰相李穀治隄，自陽穀抵張秋口，鎮名昉此。宋改爲景德鎮。國朝弘治七年，塞决河功成，賜鎮名曰『安平』，抱河爲城。北河都水郎中治之，其地仍爲東阿、陽穀、壽張三邑邊界云。

明于慎行《安平鎮新城記》：國家漕會通河，設工部分司於故元之景德鎮，以掌河渠之政令，即今所謂安平也。安平在東阿界中，枕陽穀、壽張之境，三邑之民夾渠而室者以數千計，五方之工賈駢坒而墆鬻其中。齊之魚鹽，魯之棗栗，吴越之織文纂組，閩廣之果布珠琲、奇珍異巧之物，秦之罽毳，晉之皮革，鳴櫂轉轂，縱横磊砢，以相灌注而取什一之贏者，其廛以數百計。則河濟之間一都會矣。往天順、弘治中，河决。其西絶而入濟。徐武功、劉忠宣二公皆總十萬之徒，聚諸道之錢穀以來，有事於兹土，至建祠築宫，以比於宣房瓠子之役，地至重矣。而無城以域民封圻之吏畫地而守之，往議者蓋數數置籌莢焉。萬歷戊寅，大中丞汝陽趙公實撫東夏，既已考憲修令，吏人烝烝，祗若休德，罔敢不虔。於是巡行郡邑，問民疾苦。過安平而眙之，乃進三道大夫謀曰：天子申勑中外，惟是城隍之守，以勤下吏。吾等幸而從事，以是地之在河隄，而民無所庇以守。即有後事，敢毋與知大夫？其圖之三道大夫出而謀諸三邑之長。三邑之長屬吏民而告之，故咸曰：『不忘一二坻庶，憫其露處而賜之垣墉，使有所扃鐍以居，敢不惟力。』公乃與侍御常熟錢公議之。錢公欣然協謀，亟下記道府，謹若中丞公命。於是使城之城方八里，高二丈五尺，其下厚四丈，其上鋭四之一，四門各樓，四角亦各樓。凡用夫三千五百名，鎮之民居其四，三邑取六焉。銀三千七百餘兩，東阿居其六，東平若二邑取四焉。厥制跨河而環之水，之所出入皆爲臺櫓，狀如兩玦，而華閣飛梁横亘其中，琳宫璿題巍峙其左，煌煌乎漕渠之臣觀矣。城且竣，公以少宰召入，而大中丞内江何公繼之，躬駕往視，以終厥功。侍御忻郡陳公亦至，相與陳之法紀，以授守吏。於安平士民鼓舞謳吟，永奠厥居。而史于生以爲此非一方之利也。國家都燕，冀仰東南四百萬粟以給長安。惟是一衣帶之水，曾不容舠以綰億萬年之命脉。自江淮以北，每數百里之中，各往往有名城大都，聚五方之貨，賄以爲公私之所頓置。而安平以一聚落，居臨清、濟寧之間，十得四五焉。辟諸人之一身，其血脉上下周流，乃至於腠理、支節之處，則疾之所由入，而國工之年操鍼而取也。此之爲要害，豈惟是一城一邑之所庇賴，天下幸，而乂安？即有灼見遠覽，利害較然，朝不及夕，難以動衆勤民，逡巡卻步，幸少斯須以爲持重。迨其有緩急，索而圖之，嗟何及矣。深哉！易之言重門擊柝以待暴客蓋取諸豫。夫豫者，先事而早計之。武功、忠宣二公奠乂此土，控制南北，俾國家有漕渠之利，而公爲之形勝以固其防。俾國家無漕渠之憂，皆所謂豫也。往正德中，群盗流劫且徧齊境，不能抉一城之鑰，而安平市里。實居然有封豕雄虺之跡，以驚父老。假令少淹朝夕，廟堂南向而籌，安能忘此一衣帶水？此不先事而早計之效也。故豫之時義大矣哉！城之成也，史于生在邑里，公使記焉。

謝遷《安平譙樓記》： 安平鎮舊名張秋，隸兖之東阿，實當漕河要衝之會。民夾東西岸而居者，無慮數千百家。岸西有譙樓，置漏刻角鼓以正節候，以警晨昏，以示民之作息。樓之下，凡商賈販息日中爲市者，皆歸焉。弘治癸丑，河決東岸，運道幾絶。上亟命重臣往治之。於時漕舟牽挽者率就西，而西岸摧剥已久，樓並河甚逼，行者迂迴以趨，乃議撤樓以便往來牽挽，許河平而復已。而執事者悉力決口，急於竣事以復上命，樓未暇及也。越八年，闗西韓公廷器以右通政來嗣河事，始議修築。西岸疊石以固其外，延袤凡五百有餘，而樓亦遂重建焉，從民志也。規模閎壯於昔，黝堊丹雘行焕然一新。於是逵巷、市肆悉復其舊，居民、漕卒、行旅、商賈各遂其宜，咸忻忻相告，謂韓公之功不可忘也。監察御史平陽秦君昂嘗知東阿縣事，請予文記之。嗟夫！物之成毁，固以時爲重輕，而興墜舉廢之功，則未始不存乎其人也。方河無恙時，樓固一方之望，其所係亦重矣。不幸河流告變，墊溺是懼，救災捍患，日不暇給，則斯樓之存亡甚輕，故撤而毁之，若棄敝屣耳。及夫河靈順軌，挽道復故，則其所係於一方者固在功，豈容於久廢，而群心之望豈可久孤也哉？然非韓公之明足以識時，才足以集事，則斯樓之復亦豈易言哉？況望其有加於昔哉！韓公之功於是爲大矣。抑古之人重用民力，義所不當者，雖微必謹；其於所當爲者，雖大不恤。故延廄之新南門之作，以及一臺一囿之築，夫子悉書於《春秋》以示戒。至於修泮宫、復閟宫之役，則詩人頌其事，而夫子删詩，特存之以示美。斯樓爲民而復，固政務之所先，其亦泮宫、閟宫之類，而安知無頌美其事者邪？記以示後，予固不得而辭也。

四明楊守陳《張秋賦》： 駕艅艎以南邁兮，經齊魯之故疆。何石堤之巋吾目兮，蔞千里之垂楊。顧僕夫以咨問兮，曰兖郡之張秋。曩河決於此地兮，奔滄溟而横流。

漫黍稷之方疇兮，奄千頃爲一壑。渺風濤其沟欻兮，抃虬龍而舞蛟鰐。民居蕩析兮，舟楫沉淪。嗟彼河伯兮，一何不仁。貪婪百川兮，吸濟沇而吞汴漕。渠寢涸而將湮兮，僅涓涓其如綫。萬艘鱗集以櫛比兮，悉膠杯於坳堂。壅萬國之經絡兮，撫兩京而搤其吭。堯以洚水爲警兮，咨伯禹其焉。在共與鯀而相承兮，幾精衛之填海。楗石菑之鉅萬兮，付一髮於熸爐。役夫纘其荷鍤兮，倏皆化而爲魚。河與歲而偕逝兮，公與私其同窘。日箠笞掊克以蹙民於流亡兮，有人心其誰忍。幸河流之他徙兮，築新堤其若墉。乃售僞以叨榮兮，自詫纂禹之神功。若强敵之負固兮，師老財殫而弗克。俄大醜之自殞兮，溢刑誅以爲口實嗟。彼僞之一售兮，志滔滔其溢逞。再售而邦其殆喪兮，卒自歸於陷穽。歡世時之每下兮，紛售僞其日繁。戮懷中之赤子兮，謂剪狄而平蠻。朝捷書之方奏兮，夕羽檄之已翔。曾不若張秋之一築兮，歸至今其猶岡。吾恐衆僞之玆售兮，將百吪之並罹。群蟻穴其不塞兮，潰千仞之長堤。倚危檣以曾思兮，涕潸潸其若霰。顧四海之在念兮，於張秋乎奚歡。

李東陽《過安平鎮懷劉司馬》詩：黄陵岡頭河水黄，衝沙走石聲礌硠。北趨平原下廣澤，直壞運道無津梁。坐令漕舟百萬如山壅，民船賈舶何紛龐。帝遣臺臣出治水，水性津硋難爲降。千金作埽萬夫力，頃刻下墮輕豪芒。臺臣焦思廢食寢，夜夢神禹授以玉簡青琳琅。水行在導不在障，豈以木石争濤瀧。地靈順軌水恬伏，河遂南徙歸徐方。因高爲陵下爲澤，復有石壩磊犖長如岡。豐功偉績不可以數計，此乃餘力非末强。憶昔文皇建都向燕薊，中導汶泗通漕綱。尚書宋公富經略，世上但識陳恭襄。武功徐公何人亦奇士，盛以勲績爲文章。四十餘年復一決，嗟此之績安可忘。帝念儒臣分書刻金石，此記正屬臣東陽。使軺東來一登眺，風日颯爽炎天凉。是時臺臣入兵省，我在江湖思廟廊。願岡不隳河不徙，縱有帶礪無滄桑。

皇甫沖《過安平鎮》詩：武功鎮略雄，取日升虞淵。功成身見疑，竄跡投蠻烟。憶昔奉皇猷，秉旄治頽川。神人授龍欲，懋績河隄篇。姒靈自有恊，漢璧何須捐。新防若崇墉，故水流潺湲。堂皇漕貢途，天子稱萬年。

錫山秦旭《過張秋次韻》詩：漢朝河決自元封，未抵張秋一倍功。百辟祝神沉白馬，萬夫持畚截長虹。風雲久護坤靈黑，草木遥連海氣紅。詞客經行思無限，坐看江漢自流東。

臨海王士昌《張秋舟中喜逢謝在杭賦贈》詩：當時嚴譴赴黔巫，詞客如雲別酒罏。玄玉君垂蒼水佩，白頭余戀步兵厨。交情豈問音塵隔，世事真堪涕泪俱。歸思秋風共蕭索，東行應只爲蓴鱸。

新野馬之駿《寄張秋謝在杭水部》詩：懷人雲樹阻江東，一札三年未可通。墨氣想流春草後，罏薰如坐水聲中。河渠太史書堪續，省署何郎字略同。衣帶到吴應不遠，估船無賴托郵筒。

謝肇淛《送沈季彪治水張秋》詩：春風擁傳出京華，汶水梁山護建牙。河伯無波侵瓠子，詩人有閣對梅花。閉門過客時妨卧，行部移舟半作家。轉餉河源憂不細，豈同博望遠乘槎。

又《赴張秋》詩：本無寥廓志，甘作支離形。乘槎意不遂，風波殊未寧。挂席下潞河，回首燕山青。殘冰觸柔櫓，宿莽迷寒汀。天津片月落，海氣何冥冥。迢遥涉濟漯，擊汰揚芳舲。孤城河之干，飄若水中萍。幸無簿牒擾，吏散門長扃。邊邑錯三五，落落如郊坰。山水多清暉，亦足娱心靈。天步苟如此，幸不獨爲醒。

又《入安平署》詩二首：謾説皇華署，凄凉似遠藩。抱河雙半郭，錯壤一孤村。帆影晴侵户，郵籤夜到門。盈盈衣帶水，不必問河源。偶罷含香直，來乘奉使槎。晨粂津吏集，秋雨石堤斜。客過時鳴鼓，官閒早放衙。舊遊渾似夢，重到便爲家。

又《登安平譙樓》詩：高樓遥控九河關，海岱微茫指顧間。千里飛帆衣帶水，半窗斜日錦屏山。孤城粉堞連雲起，平楚蒼烟逐鴈還。氛祲坐消波浪息，風光赢得獨開顔。

閩中徐𤊹《贈張秋謝在杭治河》詩：使者分曹治北河，應知瓠子不興謌。既憐驛路攜家遠，又苦官船過客多。屐到東山登小魯，膠和深井煮名阿。俸錢莫惜抄書籍，雙眼將花柰老何。

天長陳從舜《送謝在杭治河張秋》詩：雪花如席壓層城，忽捧天書出漢京。亦有玄夷稱使者，偏從水部盛才名。狂瀾自合迴川后，沉璧無勞壓聖明。歲暮秖憐知己别，臨風那不重闗情。

閩中陳鳴鶴《初至張秋》詩：浪迹風沙倦，停車寄水村。蘑菇山籔旨，毳褐野裘温。北禮從宗國，南冠識故園。還應登泰岳，絶頂望吴門。

又張秋公署《贈謝在杭》詩：幾年南北悵離群，此日桃丘鴈獨聞。耽寂不辭都水使，著書寧數漆園君。粟行奥府聯青雀，吏散公庭長白雲。入幕不堪閒似病，朝朝揮麈到斜曛。

莆田郭天親《送謝水部往張秋》詩：風塵爲客久，一再送君行。當此看花候，那堪折柳情。維舟臨古岸，分署坐孤城。人事逢迎少，應高水部名。

荆門驛，在鎮城北隅，而上下二閘在鎮北十餘里。又有荆門寺在鎮北十五里，荆門舖在鎮北九里。

明金華王禕《荆門》詩一首：任城北行三百里，官樹如雲夾河水。樹深水淺船行遲，五日纔到荆門西。荆門津吏不開閘，前船後船似鱗櫛。名驅利逼貪途程，落月在地登車行。

吉水周述《上荆門閘得風》詩：我辭京國遊鄉土，官船十日南風阻。客程空自算歸期，誰識愁懷此事苦。鬧河忽遇水波平，高幡直挂長風輕。風幡去若飛鳥疾，飄飄何異昇天行。南船今日誰可比，心似北船昨日喜。

陽穀李際元《荆門》詩：鼓角催清曙，樓船漾碧流。使星穿柳急，野焰入雲浮。雞犬隨人亂，旌旗傍岸稠。皇華無遠邇，此地共咽喉。

南海盧雲龍《荆門驛》詩：草緑荆門柳更濃，別來霄漢一萍蹤。餘寒四月衣初袷，落日孤舟路幾重。千里帆檣新禹貢，百年耕鑿舊堯封。美人自古傷遲暮，回首天涯可易逢。

阿城，在張秋北五十里，即齊阿大夫所治邑也。今爲市集，魚鹽貿遷，商賈輻輳。置有上下二閘，夾岸而居者千餘家。

明謝肇淛《阿城》詩：荒隧宿寒烟，蒼鼯竄槈栗。行人畊廢坂，牛羊下頹壁。百里有遺墟，芳草無萬古奠坤元。有泉出其下，實維洸水源。東流幾百折，經我踈籬門。雨暗鳧鷖游，月出蛟龍奔。滔滔復混混，無問朝與昏。往過來者續，道體於焉存。臨風佇立久，歎息無語言。

吴鵬《洸河》詩：北城西下古洸河，一派寒流蘚碧螺。柳拂平橋摇旆影，鳥吟奇語雜笙歌。波心雲没山光出，渡口舟横夕照多。有客抱琴塵上卧，醒來不見釣魚艖。

胡纘宗《飲蛇眼泉亭同張水部孟蔣二司》詩：秉燭覘蛇泉，泉虚星滿天。溪橋通市遠，亭榭傍城偏。下榻憐平子，開樽對浩然。更催蔣詡至，歌吹雜潺湲。

魯橋鎮，在州南六十里。居民稠密，商賈輻輳，設巡檢司以守之。有南州書院，祀仲子路，其(兆)〔北〕二十里爲仲家淺。

元周權《過魯橋》詩：泗河汩汩流青銅，魯橋突兀横長虹。驚波蕩潏石闘怒，石門空洞如弛弓。風霜剥蝕勢欲壓，亂石齒齒填深洪。南連淮楚九地厚，東導齊魯群流通。賈商貿易百貨阜，來幡去棹紛奔衝。車輪彭輷鐸聲急，馬蹄蹴躍塵影紅。我遊天京偶經此，一見淳俗真堯封。扁舟膠涸守連日，欲去未去心忡忡。嗟予行役浪自苦，颯颯吟鬢將秋蓬。摩挲殘碣討遺迹，搔首躑躅斜陽中。銜杯一洗胸芥帶，信歌目送吴天鴻。

楊敬德詩：風色今朝好，揚帆上魯橋。林昏烟正積，崖濕雨初消。新岸緑青蔓，平田長緑苗。物華紛滿眼，詩思坐來超。

明大理吴懋詩：忽見郵籤報水程，客中無限故鄉情。雲連翠巘尼山近，雨過平湖汶水清。季札南來聊問俗，仲連東去欲逃名。難乘吾黨歸與興，轉羨遲遲是此行。

青社陳夢鶴《仲家淺夜泊》詩：閘水經行處，扁舟向晚通。岸雲縈柳暗，漁火射波紅。地説南洲近，人傳仲子風。徘徊中夜起，彈劍意無窮。

故樊城，在州北，漢置縣，屬東平國。

郳婁城，在州南十里。《春秋》『城郳瑕』(社)〔杜〕預注任城，亢父縣北郳婁城也。

鄭均莊，在州南十里。均仕漢爲尚書，辭疾不出。章帝東巡，嘗幸其舍，給禄終身。時人號爲白衣尚書，今呼東鄭莊。

太白酒樓，在州南城上。唐李白客遊任城，縣令賀知章觴之於此。後人因建樓焉，并塑二公像，爲二賢祠。

唐沈光記：有唐咸通辛巳歲正月壬午，吴興、沈光過任城，題李白酒樓。夫觸强者靦緬而不發，乘險者帖蘮而不進，潰毒者隱忍而不能就其鍼砭，搏猛者持疑而不能盡其膽勇。而復視其强者弱之，險者夷之，毒者甘之，猛者柔之，信乎酒之作於人也如是。翰林李公太白，聰明才韻，至今爲天下倡首。業術正學，天必賦之矣。致其君如古帝王，進其臣如古藥石，揮直刃以血其邪者，推義轂以輦其正者，豈憑酒而作也？憑酒而作者，强非真勇。太白既以峭直矯時之狀，不得大用，流斥齊魯。眼明耳聰，恐貽顛踣，故狎弄杯觴，沉溺麴糵。耳一淫雅，目混黑白。或酒醒神健，神聽鋭發，振筆著紙，乃以聰明移於月露風雲，使之涓潔飛動。移於草木禽魚，使之妍茂褰擲。移於邊情閨思，使之壯氣激人，離情溢目。移于幽巖邃谷，使之遼歷物外，爽人精魄。移於車馬弓矢，悲憤酣歌，使之馳騁決發，如睨幽并。而失意放懷，盡見窮通焉。嗚虖！太白觸文之强，乘文之險，潰文之毒，搏文之猛而作，狎弄杯觴，沉溺麴糵，是真築其聰，翳其明，醒則移于賦咏。宜乎醉而生，醉而死。余徐思之，使太白疏其聰，決其明，移于行事，强犯時忌，其不得醉而死生也。當時骨鯁忠赤，遞有其人，收其逸才，萃于太白。至于齊魯，結構凌雲者何限。獨斯樓也，廣不逾數席，瓦缺椽蠹，雖樵兒牧豎，過亦指之曰：『李白嘗醉于此矣。』

宋文天祥《太白樓》詩：『高城蘸雲根，聊可慰心跡。長風萬里來，如對騎鯨客。監州好事者，樹此樓與石。隆鼻號金仙，更長漫嗟惜。』

元陳儼《太白酒樓歌》：公昔去兮乘龍，窅雲氣兮蓬萊宫。襟青霞兮佩明月，横四海兮焉窮。濟水兮無波，泰山繚兮鬱嵳峩。思故園兮神游，悦臨風兮浩歌。醉而生兮醉而死，曩孰非兮今孰是。千鍾百榼兮彼且奚，適操一瓢兮吉且止。擥春風兮折瓊芳，援北斗兮斟桂漿。浩冥冥兮徙倚以望，歸來歸來兮舉我觴。

趙孟頫《太白酒樓》詩：城迥當平野，樓高屬暮陰。謫仙何俊逸，此地昔登臨。慷慨空懷古，徘徊獨賞心。嶧山明望眼，百里見遥岑。

陳剛中詩：昔聞李太白，山東飲酒有酒樓。今我登樓來，北風吹髪寒颼颼。太白天酒仙，人間不可留。金光絳氣九萬里，翩然而上騎赤蚪。左蹴大江濤，右翻黄河流。手舉北斗招摇柄，瓊田倒瀉銀灣秋。銀灣吸乾日月液，蟾驚兔走黄姑愁。太白方悠然，掀髯送汀鷗。烱如曉霞一點映秋水，紅痕微涌玉波浮。太虛變化如蜉蝣，仙人何在不可求？惟有胸中燦爛五色錦，化爲元氣包神州。我欲起仙從之遊，安得羽翼飛上崑崙丘。

曹元用詩：太白一去不復留，任城上有崔嵬樓。樓頭四望渺無際，草木黄落悲清秋。梟嶧插天摩翠壁，汶泗迢迢展空碧。争奇獻秀百年態，作意隨人來几席。諸老高會秋雲端，金璧照耀青琅玕。談笑不爲禮法窘，酒杯更比乾坤寬。飲酣意氣横今古，玉山傾倒忘賓主。謫仙人去杳何許，異代同符吾與汝。誰能跨海爲一呼，八表神遊共豪舉。

周權詩：大羅仙人李太白，秋水踈蓮浮玉色。笑傲玉堂金馬中，詩酒猖狂天子客。飄飄豪氣秋風起，登樓曾醉山東市。放浪形骸宫錦袍，榮華富貴東流水。酒酣揮灑翻河筆，險語能令鬼神泣。至今光燄照塵寰，一字堪償雙白璧。我來懷古空悽愴，風月千年尚無恙。何時相見崑崙丘，汗漫從游九天上。

明青田劉基詩：小逕迂行客，危樓舍酒星。河分洸水碧，天倚嶧山青。昭代空文藻，斯人竟斷萍。登臨無賀老，誰與共忘形。

王猷《太白樓》歌：金天精氣化長虹，神遊八表無留踪。醉挽姮娥向水底，騎鯨盪倒馮夷宫。吟魂浩蕩無處着，散作酒星落城角。城角猶存舊酒樓，碧瓦朱甍凌清秋。俯瞰長河走飛練，波濤洶湧東南流。老我登臨慨今古，天地沈淪一坏土。前代衣冠掃電空，謫仙去後吾誰與。有時典却千金裘，有時牽出五花馬。呼兒换取盃酒來，醉睨乾坤極瀟灑。有時把酒問青天，青天有月自何年。有時把酒問明月，明月在天幾圓缺。玉井蓮開十丈花，此叚幽閒向誰説。我欲思君去不還，白雲漠漠連青山。七十二峰在咫尺，嶧梟巖障相迴環。左迴環右挹抱，惟有雲山頽同調。脱巾爛醉夕陽西，獨拍闌干發長嘯。

吴門黄省曾詩：浮雲引客思，爲我西南流。酒樓春風生，逝者中泉遊。今朝緑蟻杯，不到黄狐丘。當年若弗飲，白髮徒生愁。我攜鸚鵡來，笑無高陽儔。鳳鳥不銜圖，皇皇棲孔丘。且吟王喬篇，寄興瀛臺洲。

華亭莫如忠詩：縹緲層樓霄漢隈，南城山色鏡中開。不知仙馭遊何處，長擬星辰謫上台。林杪鶴巢珠樹遍，日邊鯨負海濤來。秦碑魯殿俱銷歇，未覺浮名勝酒杯。

南海鄺堯齡詩：謫仙人去已千秋，河水依然盡日流。滿地濕雲生紫閣，半天晴雨落滄洲。名從白雪空詞苑，興到青山買酒樓。遥憶賀公能醉客，齊名二老至今留。

信陽樊鵬詩：北地深秋得並遊，振衣縹緲一登樓。軒前落日江光盡，榻外滄洲樹影浮。萬里艱難看逐客，一身飄泊有孤舟。山川人事俱今古，回首烟波極目愁。

休寧吴錦詩：太白天下士，骯髒在塵埃。萬言倚馬就，豪邁振三台。明主方見用，群小生嫌猜。不逢賀賓客，誰識謫仙才。同遊鄒魯國，飲酒凌高臺。八窗遺飛樓，遠眺俯城限。殘碑横蔓草，文章翳緑苔。風流千載下，綿邈思悠哉。

番禺梁有譽詩：天寒霜雪繁，日没城上樓。樓中謫仙人，玉立娱清秋。金龜换美酒，醉脱鷫鸘裘。玩弄清玉塵，長揖謝王侯。我來千載後，萬壑風颼颼。聞昔有丹鳳，不與凡鳥儔。朝食玉山禾，夕宿崑崙丘。銜圖將獻誰，鳴聲鏘琳球。始知空田雀，飲啄徒啁啾。營營嗤青蠅，楚楚嘆蜉蝣。請看黄河水，滔滔萬古流。

汴人田汝耕《重登太白樓》詩：二豪臨眺罷，千古擅風流。我輩同登日，江山萬里秋。風烟淮海色，舟楫故園愁。把酒斜陽外，長歌憶舊遊。

南海歐大任詩：狂歌采石月，高卧謫仙樓。珠斗當窗見，銀河拂檻流。朔風飄塞色，羌笛入邊愁。何處思公子，蛾眉夜夜秋。

謝肇淛《同劉郡丞登太白樓》詩：醉倚高樓俯大荒，憐才還共賀知章。東來山色全歸岱，北去河流半入漳。平楚寒烟凝睥睨，中原落日動帆檣。亦知信美非吾土，塞鴈闗雲總斷腸。

華亭徐階《過賀知章宅》詩：汶水孤帆遠，任城四望開。風流賀監宅，寥落李仙盃。樹色含秋冷，泉聲帶雨回。金龜復何在，忼慨有餘哀。

南池，在城東南，即洸水經由停泓以入天井閘者。有池蓄荷數畝，唐杜甫與許主簿泛舟遊此。

唐杜甫詩：秋水通溝洫，城隅集小船。晚凉看洗馬，森木亂鳴蟬。菱熟經時雨，蒲荒八月天。晨朝降白露，遥憶舊青氊。

明武昌吴國倫《南池蓮亭》詩：瀑水侵堦上，危亭背郭開。分荷移小艇，取石坐深苔。地迥秋陰合，軒空海色來。誰能共心賞，懷古正徘徊。

信陽何出光《古南池》詩：南池滄漭古城邊，杜老尋幽不記年。勝地一時留翰墨，高踪千古重山川。菰蒲烟擁留觴曲，楊柳風牽載酒船。日暮凭闌一長望，伊人宛在水中央。

桐城何如寵詩：堤繞層城水遶廊，憑虚臺榭俯滄浪。春風桃李千門錦，秋月芙蓉一院凉。工部才名詩草在，水曹詞賦筆花香。年來好事真成癖，莫厭風流索酒狂。

謝肇淛《同劉郡丞遊南池》詩：高歌擊筑酒如澠，天末西風濟水冰。候鴈一聲秋嶂月，寒星數點夜船燈。池邊岸幘歸山簡，草裹殘碑弔杜陵。失路相憐且沉醉，坐看北斗拂觚稜。

浣筆泉，在州東門外，相傳李太白浣筆處。嘉靖五年，主事白旆築亭其上。

明崑山吴擴詩：良夜不能寐，閒過浣筆泉。獨看池上月，空憶酒中仙。落魄何爲者，高風萬古傳。臨流重搔首，哀鴈下江烟。

陳夢鶴詩：東泉七十二，不及此泉清。昔浣才人筆，因傳學士名。分池流桂月，轉澗瀉壺冰。誰識滄浪興，吾今一濯纓。宣聖墨池在魯橋，閘下俗名硯瓦溝，其水墨色，有古碑刻云宣聖墨池。

明新安程敏政詩：一派泉聲出澗長，千金猶帶墨華香。源流色正分玄武，删述功深仰素王。湘水有魚還識字，滎河無馬復呈祥。稽疑欲借圖經看，斷港裵徊又夕陽。

北河紀餘 卷二

濟寧而北，歷鉅野、嘉祥、汶上三邑之境，其河汶也。其地爲南旺，分水爲開河，其湖爲馬塲、爲南旺、爲蜀山、爲馬踏，其蹟曰獲麟、曰闞亭。

鉅野，古大野澤，春秋西狩獲麟其地也。漢置鉅野縣，唐置麟州，宋元爲濟州治，國朝改濟寧於任城，以縣隸焉，縣治在運河西八十里。明陳夢鶴《春日泊鉅野火頭灣》詩：開棹移曹井，迴灘向火頭。人家縣岸口，烟爨隔溪流。寒盡春堤柳，潮平野渡舟。迷津誰欲問，江海愧浮鷗。

嘉祥，古武城子游絃歌地也。漢以後皆爲鉅野境，金置今縣，屬濟州，元屬單州。國朝改屬濟寧，縣治在運河西二十五里。明高郵汪廣洋《舟中望嘉祥山》詩：放溜數百里，悠然纔見山。凉風吹雨過，好鳥背人還。河水翻銀浪，岡巒擁翠鬟。不知幽谷底，能得幾家閒。

汶上，故魯中都，夫子所宰邑也。漢爲平陸，唐宋爲中都，金改今名，元國朝因之。縣治在運河東北三十五里。

唐李白《登魯中都東樓醉起》詩：昨日東樓醉，還應倒接䍦。阿誰扶上馬，不省下樓時。

又《酬中都小吏攜斗酒雙魚于逆旅見贈》詩：魯酒琥珀色，汶魚紫錦鱗。山東豪吏有俊氣，手攜此物贈遠人。意氣相傾兩相顧，斗酒雙魚表情素。雙鰓呀呷鬐鬣張，撥剌銀盤欲飛去。呼兒拂机霜刃揮，紅肥花落白雪飛。爲君下筯一餐飽，醉着金鞭上馬歸。

明四明陳束《過汶上》詩：古汶棲靈地，孤城水上依。昔賢懷此隱，今我去何依。遺風邑里秀，落日稻秔肥。羇眺傷來往，空嗟人代非。

王謳《汶上道中》詩：孤遊來汶上，歸思滿秦中。水泛山城雨，花殘野樹風。行人尋魯道，落日向齊宫。茅屋應如昔，傷予類轉蓬。

又《汶上公署》詩：兩鬢如蓬行路難，高秋風露宿臺端。雲藏畫角青山暮，月轉空城碧樹寒。爲客數年非樂土，舊遊何日是長安。獨留三尺齊門鋏，猶自狂歌醉裏彈。

吴國倫《過汶上贈韓尹》詩：中都文物古來傳，問俗新知茂宰賢。海上峰陰郕子國，城頭沙合汶陽田。歌聲已傍千花動，詩思翻從五柳懸。孤署細論心並折，不知明月落尊前。

南旺，在濟寧北九十里。其地特高，汶水西南流至此，四分南流達於濟寧，六分北流達於御河。有分水龍王廟、禹廟，及宋尚書祠祀宋禮。

明劉基《南旺守閘》詩：客路三千里，舟行二月餘。壯顔隨日減，衰鬢受風踈。蔓草須句國，浮雲少昊墟。愁心如汶水，蕩漾遶青徐。

餘姚謝遷《南旺分水》詩：南旺湖通黑馬溝，濟南汶北兩分流。淵源直自徂徠出，珍重前人爲國謀。

程敏政《分水》詩二首：濟水潺潺向北流，濟河瀧瀧向南流。官船私舶都過此，南來北去幾時休。龍王廟前石作堤，馬頭灣脚路成泥。莫笑水流分彼此，只緑地勢有高低。

殷雲霄《南旺道中》詩：夜雨既過無塵土，芳草微烟亦可憐。白雲欲共青山遠，鷗鳥似矜湖水妍。平生事半風塵裏，兩年歸俱清明前。楊柳岸頭春幾許，與君沽酒問漁船。

上海陸深：南旺水溢舟不得去，同行者謀就陸。戲成自慰詩：春江多柳花，風起花還飛。夕陽斂飄蕩，委地相因依。行止諒有數，早暮同所歸。百年總行旅，安用長歔欷。羲和無東回，安樂誠幾希。眇焉泣岐子，人遠事已非。飄飄山水間，志願良不違。朝多清風來，暮多繁星輝。古稱太史公，千載欽嘉徽。

王謳《南旺公署》詩：何處忘形好，官齋似此稀。地幽還獨往，日没竟忘歸。荷芰香堪製，湖魚味可依。隱居誰更卜，在世亦忘機。

淮南宗臣《南旺湖夜泊》詩：秋日孤舟下石梁，蒹葭寒色起蒼茫。青天忽墮太湖水，明月長流萬里光。中夜鸕鷀迴朔氣，南來鴻鴈亂胡霜。他鄉歲暮悲遊子，涕泪時時滿客裳。

皇甫冲《過分水望泰嶽》詩：神岳既蔚奥，靈海亦盤紆。金文秘漢簡，玉册藏秦符。帝草日月光，宫樹雲霞敷。蒸石發靈泉，播流爲川渠。皇心諒有眷，造明開神都。北逝溢聊濮，南奔潤豊徐。貢至充大盈，漕來悦王途。疏導底巨績，玄理非人謨。兹睨信可封，願上長鄉書。

清江敖英《過分水有感》詩：龍舟前日往來輕，邊馬蕭蕭兩岸鳴。顦顇會通河上柳，至今猶自怨南征。

謝肇淛《南旺挑河行》：堤遥遥，河瀰瀰，分水祠前卒如蟻。鶉衣短髮行且僵，盡是六郡良家子。淺水没足泥没骭，五更疾作至夜半。夜半西風天雨霜，十人九人趾欲斷。黄綬長官虬赤鬚，北人騎馬南肩輿。伍伯先後恣訶撻，日昃喘汗歸蘧蒢。伍伯訶猶可，里胥怒殺我。無錢水中居，有錢立道左。天寒日短動欲夕，傾筐百反不盈尺。道傍濕草炊無烟，水面浮冰割人膝。都水使者日行隄，新土堆與舊崖齊。可憐今日岸上土，雨來仍作河中泥。君不見，會通河畔千株柳，年年折盡官夫手。金錢散罷夫未歸，催築南河黑風口。

瓊山丘濬《題宋尚書祠》詩：清江浦上臨清閘，簫鼓叢祠飽餕餘。幾度會通河上過，更無人説宋尚書。

開河，在南旺北十五里。其地每歲以十月下旬爲市集，百貨聚焉。元至正間置閘。

明永豐曾《棨舟次開河，同胡祭酒、鄒侍講登岸散步長林》詩：芳晨藹新霽，弭楫長河曲。睠兹丘園趣，褰裳涉平陸。郊原渺空曠，竚望舒遠目。村中夜來雨，土脉高且沃。茅廬雞犬静，日出烟樹緑。牛羊散平野，隔水見樵牧。麥深雉初雊，桑柔蠶已浴。老翁多懽顔，生事一云足。偶兹一留憩，幽境愜所欲。僕夫戒前征，迤邐出林麓。緬想塵外踪，於焉恣遊矚。

胡儼《汶上開河與仲熙子啟登岸散步》詩：逶迤陟長坂，攝衣披草莽。遥見村落中，緑野平如掌。秀麥苗已交，柔桑葉漸長。雞犬適閒曠，牛羊遂生養。欣欣物自私，春光正駘蕩。緩步隨東風，林花飄惚怳。朝耕土脉潤，午炊孤烟上。草屋十數家，幽棲亦蕭爽。童稚訝衣冠，車馬絶來往。田夫鉏鍤歸，村舂隔林響。依微輞川居，悠然快心賞。

詹瀚《開河迤南即事》詩：憶昔長垣昏墊日，曾經沉璧奠張秋。梁山忽斷陶祥路，鉅野還浮曹濮舟。千里民居今底定，十州麥壠近全收。黄陵岡塞河循舊，黑馬溝深水自流。

開化方豪《開河》詩二首：三月開河驛，垂楊緑覆堤。征人歎蕭索，未有一鶯啼。開河河不開，萬舸在平地。海市不得觀，見此河中市。

王謳《開河小憩》詩：棄繻策已建，持節寵還新。水驛留停午，山花紀暮春。烟光寒際草，風色晝迷津。異國傷愁眼，偏勞作宦人。

馬塲湖，在濟寧州西十里，北接蜀山湖，蜀山之水溢而入之。萬歷間，尚書潘季馴始建閘，築堤壩千餘丈，以備蓄泄。湖周圍四十里。

南旺湖，在漕河西岸，縈迴九十里，即鉅野大澤東畔也。宋時與梁山濼水滙而爲一，圍三百餘里，即宋江所據梁山泊也。及會通河開，畫爲二隄，漕渠貫其中。湖多菱芡魚鼈之利，夏秋間荷花滿湖，笙歌遊舫，有江南之致。

明古田張以寧《梁山濼》詩：風正吴檣去不牽，雲融汶水緑堪憐。菰蒲渺渺官爲市，楊柳青青客上船。

謝遷詩：湖水經秋分外清，順風南下片帆輕。尋源不盡平生興，翹首萊蕪詠濯纓。

蜀山湖，在東岸，即南旺東湖也。周回六十五里。有山一區在水中央，望之若螺髻焉。曰蜀山，蜀者獨也。山上有聖母祠，云是伏羲母，未知何據。舊有唐老子宫及大佛殿，今廢。

明錫山龔《勉同胡水部招遊蜀山》詩：乘暑來湖上，炎蒸苦未休。水部興不淺，相約蜀山遊。挂席烟波裏，艤棹雲谿頭。湖心得小島，散步登林丘。青山樹外見，碧浪坐間浮。攜尊就佳蔭，風生水面秋。頓令暑氣遠，滌我塵襟幽。少焉月初出，清光蕩中流。天宇一何濶，胸次俱悠悠。陶然共往返，恍疑在瀛洲。

懷寧於惟一詩：爲愛湖山景，攜朋集小船。浮雲移水底，野鳥集灘前。漁笛迷烟弄，僧鍾隔樹傳。維舟依古木，躡磴訪幽禪。

謝肇淛《冬日同李元祉水部遊蜀山》詩：一水劃爲三，兩湖東西滙。漕渠貫其中，盈盈若衣帶。西湖漸成陸，東湖淼無届。千頃碧琉璃，風雲互變態。中流一卷石，突起砥淜湃。金鏡浮芙蓉，銀盤捧螺黛。荒祠久零落，花旛皆破敗。雞栅倚龜趺，燕泥凝佛背。開尊面南浦，雲水澹相對。漁艇散復集，鳴榔出深瀨。蒲荇交亂流，帆檣遶天外。濤驚山影摇，波漾日光碎。恍如金焦間，疑在蓬壺內。憑虚倏往還，已隔人天界。浮生何時閒，勝遊與君會。回首空烟波，疎鐘隱林靄。

馬踏湖，在汶河隄北漕河東，周回三十四里，其上有釣臺。

獲麟渡，在嘉祥縣境，漕河傍地，名大長溝。上有坊，云獲麟古渡。

明薛瑄詩：使旌雨駐獲麟臺，秋色蒼茫積雨開。一帶青山連縣郭，數家茅屋接蒿萊。山川自昔曾呈瑞，鄒邑于今豈乏才。却愧白頭巡歷遍，使人寧不重徘徊。

華容孫宜詩：渡古寒烟積，沙明落照懸。春秋悲鳳日，天地泣麟年。魯變時交阻，周衰轍竟旋。至今留絶筆，真意更誰傳。

闞亭，在南旺湖中，高阜六七。春秋桓十年，會于闞是也。魯自隱桓以下皆葬於此，至今水際時見烟雲樓臺之狀。

開河迤北，東平、東阿、壽張、陽穀四州邑之境也。其地爲安山，爲沙灣，爲安平鎮，爲荆門，爲阿城，爲七級，其湖爲安山，其蹟爲挂劍臺，爲戊己，山爲黑龍潭，爲阿井、爲桃丘，爲釣臺，爲金堤，爲麗涓井。

東平，春秋須句、郕、鄣、宿四附庸之國。漢置東平國，唐爲鄆州，宋元爲東平府。國初降爲州，屬濟寧，後改屬兗州，治在運河東北十二里。

唐高適《東平路作三首》：南圖適不就，東走豈吾心。索索凉風動，行行秋水深。蟬鳴木葉落，兹夕更秋霖。明時好畫策，動欲干王公。今日無成事，依依親老農。扁舟向何處，吾愛汶陽中。清曠凉夜月，徘徊孤客舟。渺然風波上，獨愛前山秋。秋至復摇落，空令行者愁。

又《東平路中大水》詩：天灾自古昔，昏墊彌今秋。霖霪溢川原，澒洞涵田疇。指塗適汶陽，掛席經蘆洲。永望齊魯郊，白雲何悠悠。傍沿鉅野澤，大水縱横流。蟲蛇擁獨樹，麋鹿奔行舟。稼穡隨波瀾，西成不可求。室居相枕籍，鼃黽聲啾啾。乃憐穴蟻漂，益羡雲禽遊。農夫無倚着，野老生殷憂。聖主當深仁，廟堂運良籌。倉廩終爾給，田租應罷收。我心胡鬱陶，征旅亦悲愁。縱懷濟時策，誰肯論吾謀。

宋文天祥《東平舘》詩：憔悴江南客，蕭條古鄆州。雨聲連五日，月色徹中流。萬里山河夢，千年宇宙愁。欲鞭劉豫骨，衰草暗荒丘。

明南楚廖道《南發東平》詩：粤從神禹聖，濬川防冀州。碣石鎮瀛島，崖峩鬱蛟虬。東原既底平，百川皆東流。海若鼓飛瀾，川后時出遊。世邈古道湮，滄桑復誰謀。洎元創運道，鑿渠引龍湫。移山奔巨靈，填海潛陽侯。皇明御天軌，百神翕懷柔。漕輓聯巨艦，不必勞車牛。袛役泊兹土，日夕烟光浮。津吏候沙渚，簫鼓下中流。逖哉藉寵靈，良阡術。子奇昔爲政，同載皆耆逸。銷兵作農具，制挺撻强敵。惠愛流嘉聞，丘壑存遺蹟。云胡阿大夫，揮金事交暱。譽言雖日聞，卒自膏鑊鑕。井邑故不殊，善敗迥超軼。悠悠千載事，誰復論名實。驅車再三歎，西風動蘆荻。

七級鎮，在阿城北十二里，古渡也。元時置上下二閘。

明李際元詩：渡古遊人穩，津湍舟子招。緑垂楊柳密，紅映旗旆飄。水趨瀛洲急，途分江漢迢。前程經險盡，此地可魂銷。

陽穀柴世需詩：浩渺七級水，渡船渡人行。試問蓬瀛路，茫茫隔幾程。

安山湖，在東平州西十五里漕河西岸，縈洄可百里，繞安民山下，四面有隄，置閘以時蓄洩，謂之水櫃。歲久填淤，民多茇牧其中。萬歷十六年始復舊制。

明東平劉爾收《安山河上登千佛閣》詩：　莊嚴寶閣枕河流，龍象開成南部洲。金刹倒摇波影動，天花穠接水光浮。風塵迥出三千界，雲氣如登十二樓。坐對孤烟登樹杪，懸知暮磬度林丘。

掛劍臺，在張秋城南河東岸。後有徐君墓，相傳吴季札聘齊過徐君，返而掛劍處也。墓前有祠，並祀二賢，有司春秋致祭。臺左右生草，曰挂劍草，一正一斜，若負劍然，能療人心疾。今按：泗州城北徐城亦有徐君墓，未知孰是也。

春秋徐人歌：　延陵季子兮不忘故，脱千金之劍兮掛丘墓。

元都水監丞滿慈記：　季札掛劍，事載於史，世次備見於《春秋》，遂索其略。昔季聘魯過徐，徐君好季札劍，弗言，季札心知之，爲使上國未獻。還過徐，徐君已死，遂解劍繫之徐君冢樹，曰『始吾已心許之，豈以死背吾心哉』。夫徐君爲人，無傳可攷，觀季札心交以信，槩可見矣。冢在景德故鎮之南百舉武，惟地叢草蔓延，形皆肖劍，土人以『掛劍』名之。或云冢在泗州，今按此地古有碑刻『季札掛劍徐君墓樹』八字。昔人已嘗訪其墓而封樹之，又從而歌詠之，故老相傳，必有所據，愚不復置辯。嗚呼！春秋之際世不知義，而以權利相軋，雖齊桓、晉文輩，亦以力攘奪而成名，況其下者乎！季子之於吴有可取之義，遜讓守節，棄而逃之，其視當時豈不萬萬相懸者哉？觀其葬子嬴，博恩不累其志，引闕避楚名闕。掛劍於墓，死不背其心，孰謂一劍之誠，化異草而旌信過之者式。闕藏於魚腹以逞堀室之凶，舞於鴻門以快沐猴之怒者，不啻天淵也。元至正十三年仲秋記。

陳張正《見季子廟》詩：　延州高讓遠，傳芳世祀移。地絶遺金路，松悲懸劍枝。野藤侵藻井，山雨濕苔碑。别有觀風處，樂奏無人知。

北周無名法師《徐君墓》詩：　延陵上國返，枉道過徐公。死生命忽異，懽娱意不同。始往邛山北，聊踐平陵東。徒解千金劍，終恨九泉空。日盡荒郊外，烟生松栢中。何言愁寂寞，日暮白楊風。

元李謙《過徐君墓》詩：　瘠鹵豐茅菅，荒林翳荆棘。此地果何地，云有徐君域。當年吴公子，過此聘上國。心交固已許，一劍非可惜。豈期軺車還，君已掩窀穸。撫摩三尺鐵，欲交知無及。惟有挂劍樹，此恨庸可釋。精誠達泉壤，千載未容息。至今地效靈，化爲異草碧。采采不忍去，觀此疑今昔。今人交面顔，昔人示胸臆。胸臆久益堅，面顔徒外飾。我詩志其墓，匪獨吊陳迹。百世聞高風，衰俗庶可激。

明吴郡楊基《挂劍臺》歌：　語諸諸尚淺，死諸諸更深。當時季子意，即是徐君心。嗟嗟徐君骨已朽，寶劍摩挲在吾手。正擬臨岐解贈君，不意挂君墳上柳。挂劍果何益，聊以明不欺。當時讓國心，肯使徐君疑。於乎！劍可折，臺可隳，死生之諾不可虧。

會稽唐肅《挂劍冢》詩：季子讓一國，視之敝屣然。寧當寶一劍，不爲徐君捐。徐君雖亡骨未朽，挂劍墳前向楊柳。君知不知不足悲，我心許君終不移。

山陰王懌《過徐君墓》詩：黄河流水幾清渾，斷碣殘碑尚有文。塚樹不懸當日劍，空留啼鳥向斜曛。

曾嶼《挂劍臺》詩：有吴季子鮮儔侣，當世翩翩若霞舉。帶劍聘魯過徐君，徐君色欲子心許。還車不見君顔色，挂劍墓木空延佇。君不聞，雷氏發劍酬所辟，子胥解劍求脱楚。紛紛盡爲生前謀，誰視幽明同爾汝。至今神物不磨滅，化作異草人争貯。異草何功争貯之，心疾不瘳須一茹。楊郎好古攜我遊，遲迴嘆息沿清渚。嗚乎！高誼千古在，薄夫惡俗應消沮。

李東陽詩：長劍許烈士，寸心報知己。死者豈必知，我心元不死。平生讓國心，耿耿方在此。

濮陽李先芳詩：口諾不如心諾深，徐君之意季子心。壯遊未畢徐君死，寶劍匣中悲知己。掛汝墳頭高樹枝，寧論地下知不知。

王謳《拜吴季子祠》詩二首：荒丘摧蘚木，挂劍獨遺枝。白晝雲山古，青春鳥雀悲。居人收異草，過客讀殘碑。心許顧如此，應爲浮世嗤。陵谷千年改，遺祠宿莽中。孤墳無短劍，暮野但悲風。亂草生春碧，啼鵑灑血紅。傷心誰共此，落日向衰翁。

謝肇淛《挂劍臺》詩：察君欲劍色，未諾心相許。生死良不渝，枯殺墳頭樹。只今遺廟枕孤墳，寸草青青帶劍文。過客秋風奠蘋藻，汶河西逝水連雲。

戊己山，在鎮城北顯惠廟後。弘治間，塞決河成。通政韓鼎築之，下臨龍潭，取土制水之義，名曰『戊己』云。

明麻城劉天和《九日登戊己山》詩四首：野色依微近，藤花掩映開。丹房驚鶴夢，白日向人來。鼓吹聲初動，松杉影自迴。十年懷地主，乘月共登臺。迤邐尋幽徑，還登最上臺。河流聲共渺，野色首頻迴。誰訝湘雲遠，相將楚客才。論詩動幽興，籬菊若爲開。歸路山雲合，裹裳野徑開。微風迎鶴舞，滴露傍松來。詩癖頻拈句，情深不記迴。夜闌人語寂，一笑下重臺。暝色迷幽境，黄花滿砌臺。片帆秋共遠，短棹夜仍迴。落照依人近，征鴻入望來。故鄉千里思，對月酒重開。

許用中詩：古廟松杉裏，崔嵬皓月臺。山從碣石斷，水自海門迴。障霧重崖宿，驚濤孤嶼開。檣帆問行客，誰是濟川才。

秀水沈謐詩：初春乘晚眺，細雨踏花遊。古洞空丹府，平沙見帝丘。水深魚戲藻，天濶鳥盤樓。勝槩人難遇，何妨竟日留。

福唐葉向高《過安平謝水部在杭招飲，戊己山亭》詩二首： 孤亭突兀倚城樓，烟樹微茫入望收。地坼洪流迷禹跡，山迴重鎮壯神州。寒空鴈去闗河暮，遠浦葭生水國秋。直北長安天尺五，浮雲不散古今愁。不惜芳尊此地攜，平蕪秋色晚凄凄。荒村烟火梁山下，落日帆檣濟水西。聖代無勞沉璧馬，使臣應自紀河隄。在杭時新纂《北河紀》登臨欲問前朝事，陵谷于今半已迷。

雲間馮時可《同謝在杭登戊己山》詩二首： 河通南北奠神鰲，璧馬沉來水恡逃。千里王功殊濯濯，百年民力亦勞勞。溪花含吐如半醉，林葉蒼黄似二毛。冠蓋往來徒自苦，浮名天地一秋毫。異鄉天地一登臺，矯首浮雲萬里開。重鎮闗河明自壯，梁山寇盗宋堪哀。寒空鴈鶩爭霞去，濁水魚龍引浪來。自挾仙郎相唱和，古今感慨亦悠哉。

無爲劉汝佳《過張秋謝在杭招飲山亭》詩： 霽晚憑高四望賒，蕭蕭秋色敞平沙。銜盃綺席歸鴻度，緩帶孤亭落照斜。萬里艅艎飛曉月，千尋雉堞鎖晴霞。使君治水饒休暇，乘興何妨客泛槎。

謝肇淛《登戊己山感事》詩： 龍潭東注後，禹力至今存。水恡庚辰鎖，山形戊己尊。雲帆千里目，桑柘萬家村。莫問前朝事，孤城有浪痕。

黑龍潭，在鎮城北半里許，一名平河泉，故黄河決口也。東流既塞，泉涌地中，滙而爲潭，深不可測，大旱不枯，相傳有龍潛焉。嘉靖初，郎中楊旦飲其地，欲涸而觀之，水決未半，風雷大作，舟皆覆没。楊迺懼而祭之。

明福寧崔世召《謝水部招集黑龍潭》詩： 水部風流白接䍦，黑龍潭畔共金巵。沙明野色雲千頃，風約池痕月半規。柳黛正肥鶯漸老，荷香未透客先知。獨餘一種清狂在，爛醉從教兩鬢絲。

謝肇淛《與崔徵仲孝兼飲黑龍潭》詩： 天吴驅雷雲冥冥，崑崙西下建高瓴。一泓灌盡沃焦土，枯槎猶帶龍涎腥。神物千年睡不起，銀盤堆出空青裏。十里芙蓉五里苔，花落花開藕根死。與君共醉卧漁磯，苔色荷香滿素衣。梁山日落孤城晚，探得驪珠照乘歸。

阿井，在故阿城内。《水經注》曰： 『阿城北門西側臯上有井，其巨若輪，深六丈，歲常煑膠，以貢天府。』《禹貢》傳曰： 『東阿，濟水所經，取其井水煑膠，謂之阿膠。用攪濁則清，服之下鬲疏痰。』今其水不盈數尺，色緑而重。阿膠歲解藩司入貢。其法用黑驢皮加鹿角二十之一，以桑火煑之，黑可以鑒者佳。井覆以亭。歲時有司封閉。

明寧陽許彬《重修阿井記》： 兖之東阿、陽穀縣界古阿城内，舊有井一泓，瀾圍如車輪，名曰『阿井』。泉水清洌甘美，鄰境汲以熬膠，供國用者，歲以爲常。先是井亭傾圮，泉源涸澁，兖州守郭鑑率州屬僦工甃石。及泉，復亭其上。其北建亭三楹，爲官僚往來棲息之所，繚以週垣闢以門徑。經始於九月之望，落成於十月之朔。太守具其事，授予屬爲之記。攷之於古井者，清也，謂泉之清洌，山之精氣所發也。《爾雅》謂，改邑不改井，井以不變爲德，若蘇耽之橘井、陸羽之茶井、葛洪之丹井，皆是已。李白云：『古甃冷蒼苔，寒泉湛明月。』杜甫云：『月峽瞿塘雲作頂，亂石崢嶸俗無井。』蓋井之見重於世，而致詞人之詠謌也如是。況兹井自古及今，清洌不變，制良劑以延年，上供國用而下利民生，豈淺鮮哉？是宜記之，以告於東魯，俾毋褻焉。

李際元《阿井》詩：九仞天開甃，一泓味出常。和膠供上國，排劑表仙方。液静丹砂冷，珠浮碧玉香。搆亭珍造化，不爲納清凉。

謝肇淛詩：濟水伏流三百里，迸出珠泉不盈咫。銀牀玉甃閉蒼苔，餘瀝争分青石髓。人言此水重且甘，踈風止血仍祛痰。墨驢皮革山柘火，靈膠不脛馳郵函。屠兒封剥如山積，官司催取頻飛檄。驛騎紅塵白日奔，夭札疲癃竟何益。我來珍重勤封閉，免造業錢充餽遺。任他自息仍自消，還却靈源與天地。

桃丘，在鎮東北十八里。春秋桓公十年，會衛侯于桃丘，即此。今爲桃城舖。舖旁一丘，高可數仞，每陰雨後，烟霞中隱隱有市井車馬之形，土人以爲蜃市云。

明謝肇淛詩：桃丘一坏土，高與培塿齊。古道無人烟，芳草何萋萋。會盟有遺壘，介駟猶疑嘶。風雨晦林薄，倏忽幻虹霓。精靈不可測，市語非無稽。不見海上山，空中聞天雞。

釣臺山，在鎮東南二十五里，山多碎石，若魚蟹狀。其麓有釣磯，相傳嚴子陵釣魚處，石上有雙趺痕。離此不遠有子陵臺，考之《漢書》，但言子陵釣大澤中，而不言所在，未知是否。

明謝肇淛詩：驅車東南巔，苔阜俯清泚。危石蘆花中，隱隱趺雙履。云是嚴子陵，披裘釣於此。只今砂礫形，魚蟹紛相似。清風渺莫攀，丘壑徒爲爾。擾擾風塵間，客星竟誰是。

金堤，在鎮城南，堤墳隆起，延亘鄆、濮，俗稱『始皇堤』。漢文帝時，河決酸棗東，潰金堤即此。或云即漢王景所修汴渠堤。自滎陽至千乘海口千餘里，此其故址，未知是否。按《别傳》云，始皇堤二，屹壽張范縣之中，一以障河之南徙，一以爲馳道至東海，求神仙，疑此爲秦築者近是。

明殷雲霄《大堤》詩二首：北隄楊柳緑絲烟，更有桃花紅可憐。攜酒邀我南隣去，憐他美酒不索錢。南隄北隄布穀飛，隄邊禾黍青離離。隄上野花開復落，隄下行人行不稀。

謝肇淛《始皇堤》詩：穹虹亘神臯，哀湍齧其足。百恠互簸騰，崇墉維坤軸。南流滙汶泗，西走延鄆濮。屹若金石鞏，神功駭盱矚。云是嬴政時，東巡納大麓。馳道象天闕，畚鍤周四瀆。玉輦春復秋，千里遥相屬。既登之罘封，復窮蓬來躅。東海何茫茫，引領望徐福。那知滈池君，竟祕沙丘櫝。霸業久烟沉，遺址猶雲矗。輦路無人行，春風草空緑。怒瀾既東迴，迢遞黄龍舳。誰念作者勞，千載爲陵谷。懷古更惆悵，鵶啼寒城曲。

龐涓井，在鎮東數里，方圓七十二眼，俱以琉璃甃之，名曰琉璃井，相傳龐涓所開。又其東三里許，有孫臏營。

明謝肇淛詩：沙埋白骨草沉碑，戍壘蕭蕭落日遲。鬬智争雄渾似夢，西風七十二琉璃。

北河紀餘　卷三

安平鎮之北九十里，其郡爲東昌，其縣爲聊城，古漯河道也，其瀆曰光嶽，樓曰魯連臺。

東昌府，春秋齊西鄙也。秦置東郡，漢以後分爲魏郡、爲濟陰、爲清河，唐爲博平郡，元改爲東昌路。國初改爲府，隸山東布政司，領三州三十五縣，郡治在運河西岸二里。

唐李德裕《懷東郡太守王尊》詩：河水昔將決，衝波溢川潯。峥嶸金堤下，噴薄風雷音。投馬灾未弭，爲魚歎方深。惟公執圭璧，誓與身俱沉。誠信不虚發，神明豈爾臨。湍流自此迴，咫尺焉能侵。逮我守東郡，凄然懷所欽。雖非識君面，自謂知君心。意氣首相合，神期無古今。登城見遺廟，日夕空悲吟。

明劉基《過東昌》詩：夜發高唐灣，旦及東昌郭。喬樹拂疎星，霜飛月將落。仰觀天宇清，平見原野廓。白楊號悲風，蔓草杳漠漠。但見荆棘叢，白骨翳寒籜。展季骨已朽，清風散藜藿。絃歌滅遺音，繭絲盡籠絡。鴟嘯魍魎憑，螽鳴草蟲躍。遂令一變資，化爲跖與蹻。況聞太行東，水旱薦爲虐。饑氓與暴客，表裏相倚着。賑卹付群吏，所務惟刻削。征討乏良謀，乃反恣剽掠。坐令參苓劑，翻成毒腸藥。今年秋租登，行止稍有託。餘波尚披猖，未敢開一噱。但恐習俗成，何由返初昨。藩宣有重寄，胡不慎遠略。往者諒難追，來者猶可作。歌詩附里謡，大猷希聖莫。

古田張以寧《過東昌》詩：暖日初抽宿麥芽，東風吹草緑平沙。江南開遍春多少，二月東昌見杏花。

莫如忠《登東郡望嶽樓》詩：麗譙飛構倚嶙峋，面面虚無逈絶塵。忽向望中低岱嶽，始知行處逼星辰。傳聞馳道猶餘漢，指點巖松不辨秦。齊魯到今青未了，題詩誰繼杜陵人。

東阿于玭《舟至東昌》詩：烟水蒼茫月滿樓，行人春盡至齊州。兩年鄉國牽長夢，千里鶯花笑短舟。孤劍歸來無舊業，空山相對有同遊。關河五月還須涉，毒熱應知塵滿頭。

聊城傅光宅《登郡城東樓》詩：滄海孤城接素秋，萬山摇落此登樓。青徐近遶秦封在，江漢遥通汶水流。舊雨東南頻入夢，浮雲西北逈生愁。魯連箭去人千古，尊底斜陽照白頭。

麻城周弘禴《登東郡城樓》詩：樓頭風定落花踈，楚客扁舟去釣魚。烽火江關征戰少，聊城莫射魯連書。

謝肇淛《郡城懷古》詩二首：魯連多意氣，一矢下堅城。千載雄圖盡，河流日夜聲。關樹無春色，荒城起戰雲。城東諸父老，能説盛將軍。

又《過東郡》詩二首：長堤十里水悠悠，旌節猶迎舊細侯。最是隄頭楊柳色，向人憔悴不勝秋。十年蹤跡半沉浮，腸斷城南望嶽樓。烟火萬家河遶郭，却疑此地是并州。

聊城，東昌附郭邑也。春秋齊聊攝之地。至秦始置聊城縣。歷代因之，但所隸不同。元屬東昌路，國朝改路爲府，而縣屬焉。

明北地李夢陽《聊城歌送顧明府》：聊城纍纍枕桑野，使君懷古聊城下。龍蛟慘淡七雄鬬，當時誰是排紛者。海東隱淪難見面，平原不見安平見。已聞笑却邯鄲軍，還遺書飛燕將箭。平生急難輕列侯，功成豈必千金酬。只今往蹟浮雲盡，遥矚滄溟日夜流。

莫如忠《過聊城》詩：濟北争雄地，遺墟尚可疑。秋風鳴劍戟，野哭想瘡痍。一矢論功日，孤城委命時。獨憐天下士，憤世意何爲。

方豪《憇李海務空衙》詩：人間無不可，此地況臨流。踈柳描窻紙，新魚上釣鈎。夢回沙月午，門掩徑蘿秋。誰曰居夷陋，堪忘寓惠愁。

漯河，在城東七里，俗呼湄河，黄河之支流也。按《水經》云，源自頓丘，出東武陽縣，經博平至州境，又東北流入海。《穆天子傳》『天子自五鹿東征，釣於漯水』，即其地也。

明郡人王子魯詩：吾聞東郡古漯源，千年故跡成桑田。白雲飛來蘆捲雪，黄葉亂下鳴殘蟬。清風颯颯林篩響，鴈行遠送來天邊。幾番登眺發長恨，綿駒舊曲無人傳。

光嶽樓，在府城中央，創始莫考。臺高廣數丈，爲樓四層，盤互玲瓏，矗立雲表，雄勝甲於齊魯。萬歷間，知府莫與齊重脩。

明四明《屠隆》詩：高閣崔嵬切太虚，大荒東去獨踟蹰。憑陵白日雕窻合，陡插中天繡柱孤。萬里風塵連海岱，千家烟火接淮徐。閒呼濁酒供長嘯，一帶微茫見舳艫。

傅光宅詩：畫棟雕甍倚太清，平臨岱岳俯東瀛。天低遠樹浮烟迥，水遶孤城落日明。座引長風銷暑氣，野含時雨近秋城。傳聞海外風波急，一劍同懷報主情。

謝肇淛《春霽登光嶽樓》詩：殘雪初消緑水波，客愁無賴且高歌。春回郡郭晴烟滿，天近長安王氣多。海上霞光連泰岱，雲邊樹色遶漳河。故園兄弟空相憶，芳草萋萋柰爾何。

又《重登光嶽樓》詩：飛閣層層接絳辰，憑虚下界總黄塵。帆檣遠水遥連楚，雲樹斜陽半入秦。衆壑陰晴生海岱，萬家烟火傍城闉。可憐信美非五土，腸斷天涯久逐臣。

魯連臺，在城西北十五里，古聊城地，高七十尺。魯仲連射書遺燕將，即此。

陳徐伯陽《詠魯仲連》詩：魯連有高趣，意氣本相求。笑罷秦軍却，書成燕將愁。聊棄南金賞，方從滄海遊。寄言人世客，非君能見畱。

唐李白詩：齊有倜儻士，魯連特高妙。明月出海岱，一朝開光耀。却秦振英聲，後世仰末照。意輕千金贈，顧向平原笑。吾亦澹蕩人，拂衣可同調。

明謝肇淛《魯連臺懷古》詩：即墨城中火牛出，七十齊城一夜復。大冠如箕卷甲來，殘兵半壁吞聲哭。先生慷慨吐奇謀，一矢射天天爲愁。壯士泣血甘刎頸，排難解紛何所求。功成脱屣杳然去，海上浮桴幾烟霧。霸業雄圖安在哉，空餘昔日射書處。日落城西古壘荒，高臺野樹自蒼蒼。只今臺畔多秋草，猶帶當年戰血黄。

又《齊中雜詩》：西郊一坏土，傳是魯連臺。遺鏃莓苔冷，孤城烟霧開。冥鴻高士意，躍馬霸圖灰。蘋藻年年薦，松風夜鶴哀。

聊城而北，歷堂邑、博平、清平三邑之境，達于臨清州舘陶縣，其水爲汶，爲漳，爲衛，其泉爲靈，爲漱玉，其蹟爲鰲頭磯，爲琉璃井，爲耿貴人墓，爲駙馬渡，爲黄花臺。

堂邑，漢發干、樂平二縣地也。隋開皇初始改今名。石晉改爲清河，尋復舊。元屬東昌，國朝因之，縣治在運河西南三十里。

元縣令張養浩《題縣治四知堂》詩：邑壯憐才弱，官微慮患深。韋弦千古意，冰蘗一生心。袖有歸來賦，囊無暮夜金。三年何所得，憔悴雪盈簪。

博平，周時爲齊博陵邑。漢置今縣，後析置靈縣。唐析置靈泉縣，尋廢。元屬東昌，國朝因之，縣治在漕河東岸四十里。

清平，齊貝丘地，《左傳》襄公田于貝丘，即此。漢置貝丘縣。隋改今名，屬清河郡。宋金屬大名府，元屬德州。國朝改屬東昌府，縣治在漕河東岸二十里。

臨清，戰国趙東鄙也。漢爲清淵縣，屬魏郡。晉後趙，改置臨清，後析爲清泉、沙丘、永濟。宋屬大名府，元屬濮州，國初屬東昌府。弘治初始升爲州，領館陶、陶丘二縣，州治在汶河之北、衛河之東，二水至此合而北流。

明聶大年《泊清源》詩：渡口人家半掩扉，隔林烟火望中微。急呼斗酒勞火伴，逆旅主人猶未歸。

薛瑄《臨清曲》：臨清人家枕閘河，臨清賈客何其多。停舟落落無可語，呼酒只對長年歌。

江陰沈翰卿《過清源》詩二首：撲面遊絲羂抱開，彩雲垂幔鳥喈喈。舟車繞郭稱都會，鶯燕穿花過别街。幕下材官轆轤劍，月中遊女鳳凰釵。朱纓錦席淹留處，苦憶揚州夢與偕。迤邐星橋雀舫迴，欲凌倒景上層臺。雞鳴萬井烟光合，雉堞重城日暈開。楊柳樓深吹玉笛，蒲桃酒滿泛金杯。無端約伴尋芳草，康樂祠前步紫苔。

長洲皇甫涍《臨清新城行》君不見，清源都會天下無，昨來築城西備胡。長河十里萬艘集，乃知保障爲良圖。戈船隱隱横川流，蒸霞照曜雙飛樓。華京鼎峙争雄長，氣壓百二當中州。言徂于齊泊河汜，左右帆檣閲崇雉。甲第紛紛亂入雲，紅波緑樹歌鐘起。我皇垂衣二十載，玉帛群方協文禮。邊頭晏和稍失備，晉代之間近多壘。金湯委輸軫長顧，峩峩此城遂輝峙。更聞安石下東山，焉得有馬飲江水？

于玭《臨清》詩：兩岸歌鐘十里樓，江聲帆影月明秋。今宵始作離家夢，人在漳河一葉舟。

謝肇淛《清源行》：清源城中多大賈，舟車輣載紛如雨。一夜東風吹血腥，高牙列戟成焦土。虎視眈眈何所求，飛霜六月天含愁。匹夫首難膏鼎俎，瘿瘤割裂病微瘳。只今毒燄猶未破，依舊豺狼當道卧。萬姓眉顰不敢言，但恨時無王朝佐。

館陶，春秋晉冠氏邑，後屬趙。西北有陶丘焉，置館其側，因名館陶。隋爲毛州。唐改永濟，尋復置館陶縣。宋屬大名府，元屬濮州。國朝改屬臨清，縣治在衛河東岸二里。

宋王安石《發館陶》詩：促轡數殘更，似聞雞一鳴。春風馬上夢，沙路月中行。笳鼓遠多思，衣裘寒始輕。稍知田父穩，燈火閉柴荆。

元許有壬《次館陶》詩：浦雲林霧欝蒼蒼，水面無風晚自涼。今夜蓬窻應不寐，計程三百是吾鄉。

明安福劉球《過舘陶》詩：　霄漢度鴻毛，行舟及舘陶。路通西蜀遠，浪捲北風高。郡邑稀村舍，田疇半野蒿。民淳皆變魯，跋涉敢辭勞。

汶水，自南旺分水北流，至此流漸微細，沿途置閘，出臨清之南板閘，始與衛河合而北流。漕舟過此，謂之出口，無復閘矣。

明閩中袁表《竹枝詞》：　三春不雨閘河乾，内使樓船盡日歡。四十水門都鎖却，書生不敢舉頭看。

漳水，源出山西，一出長子縣，曰『濁漳』；一出樂平縣曰『清漳』，倶東經河南臨漳縣分流，至舘陶縣與衛水合，北流入漕。至萬歷初，北徙入曲周之釜陽河。

衛水，源出輝縣百門泉，東北逕舘陶至臨清，與汶水合北流，至天津入海。隋時疏爲永濟渠，亦名御河。

宋王安石《次御河寄諸友》詩：　客路花時秖攪心，行逢御水半晴陰。背城野色雲邊盡，隔屋春聲樹外深。香草已堪回步履，午風聊復散衣襟。憶君載酒相追處，紅萼青跗定滿林。

又《永濟道中寄諸舅弟》詩：　燈火匆匆出舘陶，回看永濟日初高。巳聞空舍烏烏樂，更覺荒陂人馬勞。客路光陰真棄置，春風邊塞秖蕭騷。辛夷花下烏塘尾，握手何時叙汝曹。

蘇軾《自河北放舟歸江南寄楊南宮》詩：　曉來銅雀東風起，春冰凌亂漳河水。郎官驚起解歸舟，一日風帆可千里。侵晨鼓柁發臨清，薄暮乘流下濟寧。南官先生先我去，花時想達瓜州步。尋君何處典春衫，杏花烟雨大江南。

劉豫《登蘇門山百泉》詩：　太行雄偉赤霄逼，枝分蘇門爲肘腋。孕奇産秀氣蟠欝，涌作琉璃千頃碧。初疑驪龍蟄山趾，仰噴明珠飛的皪。忽如湘靈理新粧，大鑑開匣乍磨拭。峰巒倒影浸雲烟，蘋藻照沙改顔色。相輝一段佳風月，餘澤幾州及動植。昔聞隱淪有仙人，高標清與溪山敵。悠悠往事散浮雲，嘯有遺屋行有跡。我居東秦濟水南，無限泉池日親炙。一行作吏別經年，情思塵埃何處滌。雲祠因禱來憑欄，頓爽骨毛快胸臆。飄飄蘭舟七八客，尊俎笙簫隨分入。勝槩紛并接不暇，恨乏魯戈延晷刻。歸來簿領厭沉迷，春睡每着蝶夢適。心約他時杖履遊，醉漱溪流枕溪。

石周百禄《百門泉》詩：　光摇暗日動珠盤，汎汎輕風漾碧瀾。俯檻怳然驚醉眼，雲天却向鏡中看。

王鑑《百門泉》詩：　濟南七十二名泉，散在坡陀百里川。未似共城祠下水，千窠送出畫欄前。

明李夢陽《遊百泉》詩：　束髮懷幽奇，覽籍冀有遇。來登百門泉，果協佳勝趣。毖毖圓波涌，藹藹浮陽聚。止坎停泓洌，激石迅湍注。昔聞滄浪濯，今解川上喻。豈惟傷衛歌，兼以發蒙慮。況值春序中，群物已改故。菰蒲冒清深，鱗介各有慕。行羨浴渚鳧，靜對棲雲鷺。巖霏空潭影，林藹變朝暮。極目北上帆，朝宗感游寓。

祥符李濂《共城雜歌》：共城西北蘇門山，烟霞滿目白日閒。春風杖藜恣幽賞，暫依泉澗聆潺湲。君不見，孫登嘯臺幾千尺，巉巖上有仙人跡。天空不聞鸞鳳音，石壁孤雲爲誰白。

錫山秦金《再至百泉書院》詩：我懷百泉勝，再作蘇門觀。巖谷阻且深，泉流亦潺湲。天風灑林樾，五月溪堂寒。維時息塵鞅，於焉且盤桓。攤書坐日夕，造化探無端。林茂衆鳥歸，鳴聲似交歡。撫景有真樂，頗覺吾心安。捫蘿復登臺，蓊澗尋考槃。劃然此長嘯，世路空漫漫。

鄭善夫《衛河集》別詩：去國心仍苦，風塵病未休。六飛淹歲月，八極想遨遊。水動魚龍夕，雲盤鸛鶚秋。江山回紫氣，沙塞度青牛。秖有簪萍戀，聊爲文字留。遐心渺無盡，應與衛何流。

王世貞《衛河》詩八首：擊汰蕩金波，流光起千鬣。仰看雲間質，如鉤帶殘堞。河流曲曲轉，十里還相喚。那比下江船，揚帆忽不見。前望渡口驛，行行轉相隔。非關驛路移，應是儂心迫。十五誰家女，紅粧嬌自多。低頭浣衣坐，不解聽吴歌。欸乃櫓聲低，來船座自移。無須苦相羨，各有去來時。人家半侵河，屋後曬漁網。夜深喚小婦，篝燈聽波響。青青河畔柳，蕭索半無枝。爲是輕攀折，非關贈別離。人云風波惡，風波信自惡。生長在家鄉，那能容華落。

靈泉，在博平縣之莎堤，漕河之傍，一名涵管洞，巨石甃成，六管三竅，以泄暴水。唐因之置縣。永樂初，疏會通河，遂塞。

漱玉泉，在臨清州城内西南隅。兵備副使陳璧鑿構亭其上，四明楊守阯、錢唐李旻俱有記。

鼇頭磯，在臨清州，延亘二十餘里，汶衛合流，而洲峙其中。自勝國來名曰『中洲』，環砌以石，如鼇頭突兀。四閘分建，而廣濟橋尾其後。四方商賈、財貨輻凑於此。其上有觀音閣，俗呼觀音嘴。

明儲瓘詩：十年三往復，此地忽重經。塵土長安轄，烟波汶水舲。平川涵夕景，遠樹隱春星。魯酒偏難醉，從人笑獨醒。

李東陽詩二首：十里人家兩岸分，層樓高棟入青雲。官船賈舶紛紛過，擊鼓鳴鑼處處聞。拆岸驚流此地回，濤聲日夜響春雷。城中烟火千家集，江上帆檣萬斛來。

琉琉璃，井在臨清州城外西南隅，古湮泉也。甃以琉璃，莫知年代。景泰間，平江伯陳豫築城掘得之，名爲清泉。

明周叙詩：閱兵餘暇喜留情，千載靈泉舊有名。地脉重疏興勝跡，井亭新構映高城。源頭活水流難竭，鏡裏秋光畫不成。最是元戎堪賞處，琉璃澄澈玉壺清。

魏驥《清泉》詩：井飭琉璃舊有情，元戎疏後永垂名。影呑明月深通海，光姤晴虹涌近城。面面石欄新琢就，層層碧甃古穿成。須知濟世爲甘澤，未許塵纓此濯清。

耿貴人墓，在衛河西岸十五里，有大塚，舊有甘陵，東漢安帝母葬處也。其下有池，俗名蓮花池。

明州人管昌詩：甘池高塚御河濵，故老相傳耿貴人。千載淑魂應有意，芙蓉開處見前身。

大冶向日紅詩：蕭瑟西風草木黄，貴人曾此瘞羅裳。只今花貌芙蓉出，猶帶宫娃一段香。

駙馬渡，在舘陶縣西南二十里。明帝封公主於此，築臺遺址尚存。

由臨清渡口歷清河東鄙而北，其縣爲夏津、爲武城，迤北爲故城、恩縣之境，爲德州，其蹟爲鯀堤、爲甲馬營、爲白馬營、爲四女樹、爲陳公堤、爲董子讀書臺、爲廣川樓。

渡口，在臨清州北七十里，其地爲臨清、清河、夏津之交。有驛。

明吴寬《渡口阻風》詩：黄沙障天天半昏，砲頭風急萬家奔。何人去塞土囊口，天與河流一色渾。曠野麥苗纔尺許，只見風來不見雨。雨師風伯不相能，彼蒼高高柰何汝。

清河，齊貝丘地，漢爲甘陵，晉始置清河縣，歷代因之。宋屬恩州。元屬大名府。國朝洪武六年改屬廣平府，縣治在運河西岸三十里。

夏津，春秋爲齊晉會盟之要津，漢爲鄃縣，至隋始置夏津，屬貝州。唐屬清河郡，宋金屬大名府，元屬高唐州。國朝因之，縣治在運河東岸四十里。

明謝肇淛《鄃城春日》詩：東風開遍白楊柯，寂寂空庭任雀羅。鄉夢每從江上去，春光都在客中過。城臨古渡逢人少，門閉殘燈聽鴈多。一榻孤琴數行泪，相思愁問夜如何。

武城，戰國時爲趙平原君封邑。漢爲東武城，屬清河郡。唐屬貝州，宋屬恩州，元屬高唐州，國朝因之，縣治在漕河東岸一里。

明南康吴與弼《泊舟武城》詩：長年掠柁棹謳停，淡月疎星泊武城。若使九原人可作，絃歌聲裏拜先生。

錫山王問《泊武城縣》詩：一自髫年爲禄仕，掛帆常向魯門行。孤城日出人烟少，遠戍秋深苜蓿平。土燕避風藏細柳，水鳥銜食上危旌。臨河悵望絃歌里，極目蕭條萬古情。

李東陽《武城懷古》詩：野堠東連魯，荒城北帶河。遠山藏雨暗，老樹得春多。古邑今如此，貧民柰爾何。使舟停衛滸，想像古絃歌。

王謳詩二首：古縣名空在，荒城草自多。秖應餘父老，不復有絃歌。曠野迷陵谷，斜陽隱薜蘿。乾坤殊變幻，惆悵獨來過。昔日絃歌地，經行不復春。城隍剥古木，徑路入荒榛。誰念客遊子，空悲泉下人。停舟四顧望，迸泪一沾巾。

于慎行詩：停橈齊趙路，河上見孤城。故國佳公子，高臺亦已傾。川光孤嶼斂，暝色片雲生。嗚咽清漳水，千秋恨未平。東郡、武城乃平原君舊邑，世謂言游所宰誤也。

故城，古蓨縣蓨池地也。隋爲歷亭縣，屬清河郡。唐貞元五年置今縣，屬甘陵郡。宋屬貝州，金元廢爲鎮，後復置縣。國朝因之，隸景州，縣治在運河西岸一里。

明河間程信《過故城》詩：故城界出兩河間，七十灣過又二灣。回首風濤隨處是，何時得許卧東山。

閩中許天錫《過故城懷孫吏部》詩：已過煩囂地，晨興自懶梳。忘傳遞中信，貪了讀殘書。雪甕看浮蟻，風簾見買魚。美人在何處，時復夢蘧蘧。

李東陽《過故城會戴侍郎珍》詩：逆流衝長風，岸渚成百折。舟中落日暝，篙櫓力已竭。同袍烏臺彦，待我心切切。飄飄康莊步，回首爲跛鱉。結交重恩義，此道已久絶。偶逢賢太守，論舊語不輟。繡衣冰霜姿，官好不自熱。周旋共觴酌，燕坐齒爲列。相顧同起居，停杯聽予説。自從離京邑，道路屢危脆。欹帆怯撑駕，長纜阻牽掣。復聞南河水，淤淺不過轍。黄沙捲驚濤，千里地欲裂。雨師一何頑，風伯無乃褻。我舟未妨遲，農事長若觖。懷蓄問蒼天，心亂不可揲。二公濟世者，慊慨憂不歇。方將奉明威，庶用掃氛孽。峩峩南州蓋，矯矯中臺節。許國同肝腸，匡時仗豪傑。閒官愧升斗，兹計予所拙。且復盡君觴，倉卒慰離別。

邑人馬偉《永衛河》詩：雪消春水緑生波，掩映風檣向晚多。擊楫豈無人自誓，扣舷應有客相歌。依依帶柳隨流去，渺渺衝烟隔樹過。我亦有懷山水趣，朝簪未解柰渠河。

邑人周世選《觀河水漲溢》詩：茫茫烟水浪花新，村北村南不見人。遠寺依稀三島岸，平疇渺漠五湖津。田家坐苦秋場廢，園守空嗟露井湮。眼底凄凉無限事，西風回首自沾巾。

于慎行《故城夜泊》詩：長堤高柳暮雲平，入夜扁舟堰口横。千里烟波通海戍，三家村落雜齊聲。殘燈微照孤帆動，短笛寒吹片月明。客枕清泠渾不寐，滄洲一望颯然驚。

恩縣，春秋爲齊里丘，漢置清河郡，唐改貝州。宋慶歷中，王則作亂，討平之，宥其餘黨，改爲恩州。金屬大名府，元屬東平路。國朝降爲縣，屬高唐州，縣治在運河東南五十里。

宋王安石《貝州逢北使》詩：朱顔使者錦貂裘，笑語春風入貝州。欲報東都近消息，傳聲車馬少淹留。行人盡道還家樂，騎士能吹出塞愁。回首此時空慕羨，驚塵一段向南流。

明王世貞《恩縣道中》詩：東風數杯酒，細雨三家村。行旅片時濕，農家素業存。梨花時一暝，水鸛忽群喧。大有江南色，翻然憶故園。

德州，周齊地也。漢爲平原郡。至隋始置德州，屬平原郡治，唐以後皆因之。國朝屬濟南府，領德平、平原二縣，州治在漕河東岸傍。

明程敏政《德州道中》詩：出逢漕舟來，入逢漕舟去。聮檣密於指，我舫無着處。沿流或相妨，百詬亦難禦。有如暴客至，中夜失所據。又如操江師，擊榜散還聚。摧篙與折纜，往往繫愁慮。平生凡幾出，苦口戒徒御。忍後莫争先，寧緩勿求遽。今兹畏簡書，刻日覲當宁。而況河防嚴，衣冠重相懼。危坐欝成晚，少寢驚達曙。蕭蕭傍水村，隱隱隔城樹。緬懷古賢哲，高卧得深趣。愧此行路難，推蓬得長句。

山陰周祚《德州》詩：落日仙帆麗，微風綺席清。黄沙衛河水，青野德州城。一失平原國，雙開細柳營。將軍盡日暇，千里偃高旌。

四明張時徹《德州館中》詩：踈鐘迢遞落寒扉，獨上高臺望紫微。碧海靡蕪人共遠，青林霜露鴈初飛。自憐白日移玄鬢，無那緇塵染素衣。夜半滄洲塵夢醒，故園松菊待予歸。

鯀堤，在故城縣西南三十里，延袤千里，自順德廣宗界來，相傳鯀治水時築也。

宋司馬光詩：東郡鯀堤古，向來烟火踈。提封百里遠，生齒萬家餘。賢守車纔下，疲人意已紓。行聞歌五袴，京廩滿郊墟。

甲馬營，在武城縣東北三十里，與宋太祖所生地同名，有驛。

白馬營，在恩縣西十五里，相傳唐時故鎮。

四女樹，在恩縣西北五十里漕河之傍，地名安樂鎮。有古槐一株，相傳云有四女不嫁，同植此樹。

陳公堤，在德州東南五里，歷恩縣，抵東昌東北抵海。宋時河決，濬縣陳堯佐守滑州，築此以障水患，百姓賴之，名曰陳公堤。

董子讀書臺，在德州。國朝正統六年，知州韋景元因脩學掘地得石碣，刻曰『董子讀書臺』。弘治間建祠其上。

明分宜嚴嵩詩：董子讀書處，寂寂臨高臺。門墻窺孔室，編簡拾秦灰。業守三餘積，宫存一畝開。墨池春草徧，園木晚禽來。獨有賢良策，人稱王佐才。

廣川樓，在德州，祠董仲舒。

明盧陵陳鳳梧詩：萬里風帆遡晚秋，凌雲更上廣川樓。天空落木千山遠，潦盡寒潭一鏡浮。西漢文章懷往哲，東藩冠蓋記同遊。雙梧亭下一尊酒，素月流光入賞眸。

北河紀餘　卷四

由德州而北，歷吳橋、景州之境，達於東光，歷交河、南皮之境，達於滄州。其瀆爲古隄、爲弓高城、爲胡蘇臺、爲泊頭鎮、爲郎兒口、爲會盟臺、爲清風樓、爲毛公井、爲鐵獅子，其河之故道爲馬頰、爲胡蘇、爲簡、爲潔、爲鈎盤、爲太史、爲覆釜、爲徒駭。

吳橋，春秋晉地，至宋爲將陵縣，後改長河縣永静軍。金改今名，屬景州。元屬河間路，後陞爲陵縣。國朝仍降爲縣，屬河間府之景州，縣治在運河東岸二十里。

明錢唐瞿佑《泊吳橋連窩驛》詩：官船來往泊官河，鳳有高梧鵲有柯。久客羈棲嫌寂寞，喜聞水驛是連窩。

沈愷《吳橋夜泊》詩：二月下神京，春風催客程。草生汶水渡，花發魯王城。不向山中去，翻爲湖上行。悠悠戀行役，何處可逃名。聶大年《夜泊連窩大風》詩二首：北風吹雨暗長河，今夜連兒十里窩。憔悴江南遊宦客，黃塵滿面柰愁何。河邊白鳥蹴飛花，河上垂楊是酒家。馬上行人莫回首，異鄉終日苦風沙。王世貞《吳橋道中》詩：三輔行將遍，孤城客久稀。朔風深引幔，寒日淡沾衣。何物人堪老，浮名計總違。黃塵滿天地，不點北山薇。

景州，春秋爲晉條地，漢爲蓨市，後爲廣川縣，至唐武德四年，始置景州。宋爲永静軍，又曰崇寧。金元仍爲景州。國朝因之，屬河間府，領吳橋、東光、故城三縣，州治在運河西岸二十里。明程敏政《夜泊景州安陵河》詩：我行滄景路，渺渺夜過亥。東風何太顛，勢欲簸鯨海。盤渦如穿旋，駭浪若山嵬。崩騰沙口決，斬剗崖形改。官舟浮一匏，出没漸危殆。牽夫屢前卻，舟子失精采。無乃蛟龍怒，或恐黿鼉餒。合力眠高桅，擇地艤而待。家人走徬皇，船頭設俎醢。相呼酹馮夷，亦欲訴真宰。狂飈俄爾帖，愁雲散其靉。張帆下中流，擊楫歌欸乃。起坐推雙蓬，喜氣人百倍。向來得失心，悠悠竟何在。劉基《發景州》詩：淡淡夕風作，蕭蕭蘆葉鳴。林間衆鳥息，河上一舟行。海近雲常濕，天虛月更清。神京看漸近，且緩望鄉情。楊士奇《晚次景州》詩：下馬郭西村，蕭條盡掩門。荒城明落景，獨步出平原。野水條侯墓，寒蕪董氏園。間因訪遺事，邂逅故人論。鄭善夫《安陵阻風》詩：落日安陵上，荒蕪望薊丘。風沙無晝夜，家室此淹畱。江漢悲多故，干戈賦遠遊。河清是何日，吾志欲東周。倪敬《過安陵》詩：南望吳山百感生，東風吹棹過安陵。青春誰爲更寒服，白髮渠同話夜燈。貧去江湖長作伴，年來親友冷如冰。還鄉暫脫風塵吏，不負花間酒似澠。于慎行《安陵雨泊》詩：廣川城北倚扁舟，寒色蕭蕭對驛樓。過雨菰蘆驚午夢，乘波鳧鷺激中流。長天積水千帆暮，斜日踈林五月秋。指點津亭問前路，居人爲説古瀛洲。

東光，漢渤海郡弓高縣地。隋置觀州。唐武德四年析置東光縣，隸滄州。宋改渤海縣，元仍今名。國初省入阜城，後復置屬景州，縣治在運河東岸三里。明錫山王瑛《東光夜泛》詩：暝樹高寒雲不生，長河新纜覺舟輕。津鳧隊隊如相識，飛上霜堤伴客行。

交河，漢中水縣治也。金大定七年置今縣，屬獻州，以滹沱、高河二水交流，故名。元仍之。國朝改屬河間府，縣治在漕河西岸五十里。唐胡曾詩：交河水薄日遲遲，漢將思家感别離。塞北草生蘇武泣，隴西雲起李陵悲。曉侵雉堞烏先覺，春入關山鴈獨知。何處疲兵心最苦，夕陽樓上笛聲時。明謝肇淛《交河遇風》詩：細柳如絲踏作塵，乾坤近塞本無春。交河日暗黄雲起，風急沙飛不見人。

南皮，春秋燕、齊二國之交，齊桓公北伐至此。繕脩皮革，名古皮城，後以章武有北皮亭，故曰南皮以别之。秦始置縣，歷漢、晉，俱屬渤海郡。唐宋屬滄州，元屬河間府。國朝屬河間府之滄州縣，治在漕河東岸十八里。

滄州，古渤海地。海水盤洄曰渤，以其在海曲，故名。漢置浮陽縣，拓跋魏始置滄州。隋以後仍之，但所隸不一。宋屬横海軍，元屬河間。國朝因之，領南皮、鹽山、慶雲三縣，州治在蘆鎮運河東岸。

唐李白《送趙少府赴長蘆》詩：我去揚州市，送客迴輕舠。因誇吴太子，便覩廣陵濤。仙樹趙家玉，英風凌四豪。維舟至長蘆，目送烟雲高。摇扇對酒樓，持袂把蟹螯。前途倘相思，登岳一長謡。

僧無可《送吕郎中赴滄州》詩：出守滄州去，西風送旆旌。路遥經幾郡，地盡到孤城。拜廟千山緑，登樓遍海清。河人共東望，日向積濤生。

宋黄庭堅《發白沙口次長蘆》詩：篙師救首尾，我爲制中權。挂席滿風力，如摧彊弩絃。曉放白沙口，長蘆見炊烟。一葉託秋雨，滄海百尺船。反觀世風波，誰能保長年。念昔聲利區，與世閱周旋。大道甚閒暇，百物不廢捐。誰知目力浄，改觀舊山川。又《阻風入長蘆》詩：福公開百室，不借鄰國權。法筵森佛像，天樂下管絃。我來雨花地，依舊薰爐烟。金碧動江水，鐘聲到客船。茗椀洗昏垢，經行數阻年。歲寒風落木，故鄉喜言旋。林回負赤子，白璧乃可捐。侍親如履冰，風雨速暗川。

元吴萊《滄州》詩：荒亭沽酒壯心違，目極東南霧雨微。百里齊封滄海接，千年禹跡濁河稀。暗塵掉馬呈金轡，衰草看羊着錦衣。猶記上元鳴鼓夜，滿船燈火越歌歸。

薩天錫《宿長蘆》詩：柳花漠漠春歸寺，柳色青青晚渡江。屋角松聲撼風雨，道人一夜不開窓。

王懋德《長蘆遇順風》詩：水聲怒激春雷響，帆影輕隨遠鴈飛。東望水雲三百里，沙鷗待我釣魚磯。

明瞿佑《滄州城》詩：滄州城，城何高，城上樓櫓城下壕。龍跳虎躑怒咆嗥，陣雲紛起戰鏖鏖。落日無光照白旄，只今偃武弓矢櫜。但見運河遶郭流滔滔。高桅大柁長短篙，自南餉北連千艘。漕夫呌號挽卒勞，朔風刮面穿征袍。我倚船窻望遠皋，手掬清光照鬢毛。朗誦招魂歌楚騷，憂心爲汝徒忉忉。又《長蘆》詩：接棟連甍屋宇重，喧然雞犬認年豐。時當鳳歷三秋後，人在鯨川八景中。萬竈青烟皆煮海，一川白浪獨乘風。遥瞻寶塔凌霄漢，知是前途有梵宫。

滑臺宋訥《舟過長蘆》詩：列肆亭臺土已崩，舊時和氣冷如冰。城池人物分今昔，市井繁華問廢興。斷壁野花迎客棹，壞橋津柳曬漁罾。誰知兵後商人少，歲課猶隨國用增。

楊翥《長蘆道中》詩：秋色兼旬暑未捐，蓼花開遍亂鳴蟬。兒童嬉戲清陰裏，屋室鱗鱗傍水邊。薛瑄《滄州北舟中》詩：瀰漫滄州北，舟行逆水遲。連林秋柳瘦，接翅曉鴉稀。原野波溝減，人家生理微。端居對明燭，深念莫相違。

于玭《滄州》詩：九月一日渤海郡，凉風落葉何紛紛。孤舟伏枕逢秋色，長路停尊對暮雲。寒鴈亂迷龔遂廟，清江曲抱獻王墳。古今蹤跡堪惆悵，獨立滄波倚夕曛。

徐中行《長蘆官署》詩：蕭齋無事日垂簾，飄泊何知吏隱兼。猶憶主恩分虎竹，敢辭宦跡混漁鹽。南皮詞客堪誰向，北海青尊只自拈。舊社五湖秋正好，未歸空復羨陶潛。四明張琦《長蘆晚發》詩：扁舟病起試滄浪，猿臂篙師水技長。日照醝泥通海白，風吹江氣入雲黃。漁樵亂屋依深柳，鵁鶄清流呌夕陽。迢遞青徐行入眼，天涯終恐是他鄉。

古堤，在吴橋縣城南，古黄河隄也。西南接德州界，東北入寧津界。歲久河涸，隄址猶存。

元薩天錫《過吴橋古隄》詩：迢迢古河隄，隱隱若城勢。古來黄河流，而今作耕地。都邑變通津，滄海化爲塵。隄長燕麥秀，不見築堤人。

弓高城，在東光縣西南三十里，漢韓頹當所封國也。其址在縣之順城鄉。

明周翰詩：頹當封建日，漢邑稱弓高。于今荒草裏，時聞風怒號。亂鴉噪古堞，寒雨灑空濠。遺跡宛然在，黄土圍周遭。

胡蘇臺，在東光縣東南，高二丈許，圍二十餘丈，以臨胡蘇河得名。

泊頭鎮，在交河縣東五十里運河之傍，商賈輳集，南北一大都會也。河間府管河通判駐此。有新橋驛，俗名泊頭驛。

明瞿佑《新橋夜泊》詩二首：浪静風恬月色明，葦花灘上鴈知更。游魚故欲驚人夢，躍出船頭水有聲。數點漁燈隔遠陂，斗杓插地夜何其。推篷自覺霜威重，正是烏啼月落時。

倪敬《夜泊》：泊頭驛下水東流，獨倚篷窻散客愁。江上夕陽斜度鳥，雨中春樹遠迎舟。一官牢落辭京國，千里蕭條入霸州。歸藉圖書營舊業，梨花麥飯老林丘。

郎兒口，在南皮縣，有大堤自南亘北五十里，高丈餘。東爲滄州境，西爲南皮境。衛河水漲，西患特甚。元泰定以來，屯軍王民爭訟不決，乃分勘開掘，截然中斷二十餘里，水由中流，名郎兒口，有碑記。明趙叔紀詩：古來漳水苦橫流，南皮直瀉來滄州。古人築堤障其下，南皮民命隨魚游。中有志士伸敵手，鼓義興工破隄口。約束狂流俾中行，兩岸從茲樂農畝。大患已除民已安，前人事蹟今人看。豐碑兩立截文字，從來孰便興爭端。因笑當年築堤日，懵然狂夫與愚卒。那知曲防世所禁，嫁禍移灾天不恤。我來披荆隄上行，摩挲石刻百感生。時和今賴天子聖，河不決兮民不爭。

會盟臺，在長蘆，一名盟亭，古燕、齊之界，二國常會盟於此，故名。

清風樓，在滄州公署中，相傳建於晉永康中。元薩天錫《元統乙亥録囚至滄州清風樓題》詩：晉代繁華地，如今有此樓。暮雲連海岱，明月滿滄州。歸鳥如雲過，飛星拂瓦流。城南秋欲盡，寂莫采蓮舟。

毛公井，在舊滄州城東北隅。唐開元間，清池縣令毛公母老，苦水鹹不堪爲養，遂於縣舍旁穿地得泉，甚甘，人謂之毛公井。

鐵獅子，在舊滄州城内。周世宗北征契丹，駐蹕滄州，有罪人善治輸金，鑄獅鎮城，贖罪，高一丈七尺，長一丈六尺，至今存。明閩中陳全之《鐵獅》歌：滄州云有鐵獅子，傳在舊治故城裏。我特乘風一覯之，分明守護有神鬼。昂頭峙足百尺餘，英風猛烈射太虚。勢若騰踏上霄漢，欲去不去仍踟躕。幾迴弔古訪遺老，言是周家天子造。表此神物威契丹，氣吞幽薊烟塵掃。憶昔駐蹕蕭寺前，金羈玉絏吼青烟。豈知浮雲變顔色，丹雘剥落漫桑田。僧去堂空幾人世，碧瓦殘垣雜畊地。天寒野曠啼慈烏，日暮村孤走空隧。如今聖代統華夷，百獸率舞鳳皇儀。貔貅百萬遠山後，吁嗟乎！鐵獅子，英風猛烈爾奚爲。

馬頰河，在東光縣界，後呼爲篤馬河。唐開元中重開，號新河。

胡蘇河，在東光縣東三里許，歷慶雲鹽山入海，豐夾河會于海。《漢志》云，以其水散若胡鬚然，故名。

簡河、潔河，皆在滄州之臨津。

鉤盤河在南皮縣城北。

覆釜河，在南縣。

徒駭河，在滄州廢清池縣西五十里，有隄。按程氏

《九河考》謂，鉤盤在獻縣東南八十里餘，八河皆在滄州南皮、東光、慶雲之境，而酈道元及宋儒程氏皆謂九河之地已淪於海，與書傳所載不同。此蓋後世新河，而傳以舊名，耳未敢信以爲真也。

滄州之北，其縣爲興濟、爲青、爲静海，其山爲中條，其水爲滹沱、爲潞、爲海，其鎮爲天津、爲楊柳青、爲楊村，其蹟爲盤古溝、爲神堤、爲鳳皇臺，是爲北河之北界。

興濟，本宋范橋鎮地，大觀中置今縣，金屬滄州，元屬清州。國朝改屬河間，府縣治在運河東岸。

明東萊黄福《興濟阻風》詩：天風連日自南來，星使扁舟適北回。嶔嶔篋簟頻斷續，迢迢河道又縈迴。燕臺有記新恩集，楚舘無書舊恨堆。凡事從容由命裹，不須妄想不須猜。張頌詩：城下西流遶衛河，秋來雨急漲洪波。排空雪浪奔騰遠，得水魚龍變化多。兩岸人众分野色，萬株楊柳挂烟蘿。漁翁不解東西路，穩坐船頭發浩歌。

青縣，春秋時清國也。晉爲清州，唐置盧臺軍，五代周置乾寧軍，又爲永安縣。宋大觀中，以河清七晝夜，仍爲清州。金元因之。國朝降爲縣，屬河間府，縣治在運河西岸。明瞿佑詩：未飲青州酒，先乘青縣風。川原通趙北，境界入山東。饌設河魚白，筵供野棗紅。連屯禾黍熟，飽飯樂年豐。李時勉《青縣遇舊》詩：晚過小邑蹔徘徊，舊友相邀醉一杯。高枕西風吹棹去，不知明月上船來。無錫浦瑾《青縣曉發》詩：垂柳迷歸路，飛花引去舟。疊峰山錯峙，曲岸水迴流。梟鴈晴方舉，魚龍暖欲浮。身隨吾道在，此外復何謀。

静海，本宋清州之渦口寨，大觀中置靖海縣。金、元仍之，隸清州。國朝改靖爲静，屬河間府，縣治在運河東岸。元張寧《泊獨流淺》詩：霽月中天見絳河，黄流滿地漾金波。荒陂野火兼漁火，短棹吴歌雜楚歌。去鴈已連家信遠，閒鷗豈識客愁多。江南二月花如錦，獨負歸期柰爾何。明瞿佑《過静海縣》詩：古縣臨河口，遺民住岸傍。荒田多廢棄，破屋半逃亡。薄薄沽來酒，低低坐處牀。舟人知往事，相對話偏長。曾棨《過静海逢侯主事同宿寺中》詩：皇華千里客，何意此相逢。水郭春光早，郵亭柳色濃。偶因牛渚棹，來聽虎溪鐘。明發孤舟別，相思隔九重。倪敬《過静海縣》詩：朝來過静海，歸路有三千。吟稾添詩句，行囊只舊氊。水禽飛傍客，河柳遠迎船。注目淮南道，龍峰隔楚烟。又《過獨流淺》詩：獨流清曉發，高下亂帆檣。潮入雙塘淺，風高孤樹忙。荒祠烟火斷，遠戍角聲長。男女勤生計，葦蕭聚海商。

中條山，在青縣。唐陽城傳城家于北平，隱居滄州中條山，詔於滄州起之。考滄州無此山，而滄州舊有條縣，或因而名之耳。其山有懸崖瀑布數十丈，如猿鶴聲。明邑人馬政詩：界破城南萬頃田，猿啼鶴唳自年年。拾遺幾度溪頭過，猶見餘波浸碧天。

滹沱河，源出大鐵山，自代郡鹵城東流，經獻縣城南十一里單家橋至青縣南岔河口，與衛河合流而北，至于天津入于海。

唐李益《臨滹沱見蕃使》詩：漠南春色到滹沱，邊柳青青塞馬多。萬里江山今不閉，漢家頻許郅支和。宋黄庭堅《次韻孔四著作北行滹沱》詩：駝褐蒙風霜，雞聲渺墟里。青燈登豆粥，落月踏冰水。平生不龜藥，纔可衛十指。指此千户侯，誰能優劣此。

文天祥《渡滹沱》詩：過了長江與大河，横流數仞絶滹沱。蕭王麥飯曾倉卒，回首中原感慨多。明金幼孜詩：前驅聞警蹕，傳道近滹沱。凍合含初日，風微動碧波。人從仙仗出，路自畫橋過。北望幽燕外，青山疊疊多。

程敏政詩：寒風挾霜起，冰浪從西來。下觸斷橋柱，碎此千瓊瑰。流響甚清麗，驚波屢盤洄。官舟大如掌，疾棹過南隈。古來濟川人，感激多良材。

上黨栗應宏詩：迢迢滹河水，遥自古并州。異國風沙遠，辭鄉日夜流。鴻飛依暗浦，花發滿平疇。宛宛箕山在，誰能向此流。

李攀龍詩：滹沱來不極，野色蕩孤城。擊檝中流過，褰幃下吏情。天銜紆岸轉，日上大波行。獨在知津後，風塵見濯纓。

樊鵬詩：滹水寒津斷，常山古郡開。城猶宋帝閣，野即趙王臺。關遠邊風入，川長朔氣來。蒼蒼戰場處，愁見水東迴。

潞水，源出幽州。漢光武遣吴漢等十二將軍追賊，戰于潞東，即此。今青縣有流河驛，北至于通州，通謂之潞河。

明瞿佑《流河驛》詩：河水滔滔不盡流，今來古往幾春秋。波濤不覆漁翁艇，館舍長迎使客舟。青眼有情惟岸柳，白頭無悶是沙鷗。從今解却塵纓去，一任滄浪孺子謳。

李東陽《流河驛遇謝内脩太守》詩：仰止懷先達，相逢即舊知。别離曾有贈，舟檝本無期。細雨春燈暗，高歌暮角悲。從君問前路，江海得吾師。

黄巖謝省次韻詩：舟檝愁誰語，風波未自知。偶逢君共泊，恰與月相期。夢憶仙舟會，情忘客路悲。論詩意無極，一飲亦吾師。

于玭《夜泊流河驛》詩：流河灘頭夜不寐，海風江霧旅魂驚。洪濤漭沆魚龍影，野戍荒凉豺虎聲。客路此生渾未了，鄉關愁緒迥難平。可憐蘿月還相照，明發前洲問水程。

海，在静海縣東二百里，《禹貢》『同爲逆河，入于海』，即此。古謂之渤海，以其在齊之東，亦謂之東海。又謂之北海。楚子語齊師『君處北海』。洪景盧曰：『北至于清滄，故曰北海。以其地連滄州，亦謂之滄海』。金封王福

『滄海公』是也。而河間謂之瀛海者，以其地居水中，若道家蓬萊三島然，故名。

天津，在静海縣北九十里，其地居白河之西、衛河之南，二水至此合流同入於海。有三衛：鎮城、大直沽、小直沽。海口魚鹽、商賈、百貨畢集。元寧《直沽》詩：野灤天低水，人家時兩三。鴈聲連漠北，魚味勝江南。雪擁茅痕短，寒禁柳眼緘。持竿吾欲往，拙宦百何堪。王懋德詩：極目滄溟浸碧天，蓬萊樓閣遠相連。東吴轉餉輸秔稻，一夕潮來集萬船。

明瞿佑《過天津》詩：官河通海道，軍府壯京畿。赴北千艘集，投南一客歸。潮聲添水勢，霞彩弄晴暉。對酒留連久，人情莫敢違。又《次直沽》詩：長川波浪去漫漫，直指東南送客還。潮水四時來海上，天河一派落人間。挂帆商舶秋風順，曬網漁翁夕照閒。蹔倚船窗遥望處，青螺數點見前山。

曾棨《過直沽》詩：近海嚴烽戍，孤城雉堞雄。河流千里合，舟楫萬方通。島嶼鯨波外，樓臺蜃氣中。春來何似景，烟緑曉霞紅。又《再過天津》詩：潞河南下接流河，飛入天津漲海波。獨坐船窗清夜寂，月明何處扣舷歌。

黄淮《直沽》詩：孤城近海曉光遲，遥認歸程望不迷。潮水分流波上下，人家相對岸東西。市聲喧雜商人集，野色荒凉鴈影低。猶記前年留飲處，菊花插帽賦新題。

宋訥詩：旅思摇摇嗜晝眠，舟人報是直沽前。夕陽野飯烹魚釜，秋水蒲帆賣蟹船。詩有白鷗沙上興，書無青鳥海東傳。老爲聲利閒驅遣，少讀南華四五篇。又《夜泊直沽》詩：海艦河帆到此分，直沽多舊遠方聞。十年水路風塵隔，兩岸人家漁火焚。鷗鷺河邊船泊月，魚蝦鄉裏飯抄雲。却思昔日曾經過，紅酒青歌醉夕曛。

無錫邵寶《泊天津舟中觀水》詩：河水東注海，海流亦復東。人言如沃焦，畢竟誰能窮。蓬萊不可渡，萬里悲天風。北斗揭西柄，影落清波中。耿耿欲迴瀾，蕩漾涵虚空。昔聞有碣石，助禹成神功。我將往求之，道險多蛟龍。静觀歎逝者，緬懷川上翁。

程信《天津》詩：天津橋上水雲横，紅蓼灘頭蹔駐旌。行盡人家無犬吠，却從海上看潮生。

王洪《過直沽》詩：水出漁陽郡，山横薊北天。高樓瞰海日，遠嶼入江烟。市集諸番舶，軍屯列陣田。風高悲鼓角，霧重失旌旓。匪獨關河壯，由來節制全。精兵亘雲朔，勁騎出幽燕。大漠黄塵外，三韓落照前。將持定遠策，不用繞朝鞭。

信陽何景明《送杭憲副備兵天津》詩：天津橋北望京樓，金鼓東行節使舟。日月晝懸滄海樹，龍蛇春壓九河流。百年貢篚通南極，萬里旌旄屬上游。莫笑談兵尊俎上，書生原不爲封侯。

程敏政《天津題劉憲副拱北樓》詩：危樓突兀中天起，雄峙高城壓諸壘。登樓北望渺茫間，正距皇都三百里。直沽東去當海門，九河下瀉鯨濤奔。一道科徵比州縣，十里虎豹分營屯。天子端居不忘武，敕遣提刑此開府。眼中壯觀忽巋然，緩帶時來閱干櫓。四方玉帛趨神京，千車萬舶無留行。題品休歌太行路，鹿譙却數天津城。憶昔文皇曾駐蹕，父老相傳至今日。憲臣初下新條章，宿將誰諳舊軍律。城頭大旆翻晴虹，城邊細柳摇春風。我來徙倚不能去，宸居宛在紅雲中。畫角悠揚鼓聲壯，雉堞嵯峨日初上。掀髯聽講陰符篇，誰道儒生不堪將。檻外滔滔河水流，酒酣擊節歌新樓。盛年相與赤心在，范公敢謝蒼生憂。

薛瑄《早過天津》詩：烟收澤國曉天晴，日出扶桑萬里明。二水交流東海濶，一城雄鎮朔方清。連雲風送孤帆遠，夾岸潮隨大舶平。借問關門來往客，不知誰是棄繻生。

真州蔣山卿《宿天津》詩：津口波濤曲抱迴，孤城正逐海門開。凍埋澤窟魚龍卧，霜滿關河鼓角哀。一夜朔風吹地轉，五更寒月涌潮來。自憐水宿平生事，腸斷今宵亦屢回。村㈠李東陽《舟次直沽與謝太守》詩：二水斜通海，孤村合抱城。夜窻明月過，春浦暗潮生。憂國身將遠，還家夢不驚。留歡有親舊，羇旅見真情。又《過天津》詩：玉帛都來萬國朝，梯航南去接天遥。千家市遠晨分集，兩岸河平夜退潮。貢賦舊通滄海運，星辰還象洛陽橋。河山四塞襟喉地，重鎮還須擁使軺。

《歷下邊貢直沽城樓》詩：宦遊數覽東南勝，西北乾坤見此樓。冠冕八方通驛道，河山千里控神州。風連碣石雲秋黯，日倒扶桑海夕流。老病獨懸戎馬泪，俯身疑入洞庭舟。樊深《舟次天津》詩：遠別長安日未曦，野花春樹兩相隨。攀鱗玉珮聞青鎖，化鶴仙臺見紫芝。晴景半含雲徑閣，驚湍曲抱海門祠。風塵驛路行應遠，回首蒼茫動旅思。

謝省《直沽次韻》詩：喧寂初收市，河流暗入城。蒲深春水長，沙起晚風生。隔浦漁猶唱，浮波鳥不驚。孤舟老江海，到處識人情。長洲皇甫汸《天津荅少玄兄》詩：别家五月渡江水，棹拂炎雲入淮汜。行殘六月臻衛流，凉飈一夕秋聲起。眼中全闕已在望，手持玉杯喜相向。聞道長安有狹邪，明朝走馬踏晴沙。莫將潞水橋邊柳，看作玄都觀裏花。武進薛應旂《過天津謝敖憲副》詩：海上風高遊子哀，夢同沙鶴夜飛迴。孤城畫角寒聲急，荒寺疎鐘曙色催。麟閣雲霄誰薦士，豸冠江漢獨憐才。片帆已出黄河口，便向吴門望越臺。

錫山顧彦夫《泊天津稍直口》詩：名津稍直一舟横，

㈠村　衍字删去。

野曠誰知夜幾更。山月徘徊人獨立，海天寥落鴈孤鳴。河流東下烟波遠，風陣西來草木驚。有酒欲斟斟不得，邊防民瘼正關情。

華容孫宜《天津南舟行》詩：凌波舟楫驚風定，傍海帆檣落照斜。三島樹深迴鸖鶴，九河冰泮壓龍蛇。南來貢篚通王服，北望樓臺近帝家。莫道壯遊非此日，會將詞賦達京華。

隴西金鑾《泊天津》詩：月明天際酒初酣，直北雲深海氣涵。一夜潮聲來枕上，夢中猶似在江南。

徐中行《夜泊天津與黎惟敬對酌》詩：張翰秋風去不疑，桂叢猶帶故人期。平蕪落日千帆宿，大漠天高片月垂。潮起魚龍吟北海，露寒烏鵲繞南枝。長安多少衣冠地，此日誰論楚客悲。

于慎行《天津月夜》詩：放舟乘晚浪，伐鼓注歸流。明月千帆夜，長風萬里秋。篙師探渡口，津吏指潮頭。浩蕩烟波裏，應憐估客遊。又《天津》詩：白浪浮空拍海門，天津城下萬艘屯。吹簫代鼓中流渡，賣酒烹魚何處村。黯黮平林含雨氣，迷茫遠岸吐潮痕。江淮百億輸王府，歲歲梯航奉至尊。

鄒人潘榛《天津》詩：極目望天津，高秋徹原野。蒼茫雲霧生，水色同瀟灑。地勢缺東南，河流日夜下。滄溟指顧中，千里驚一瀉。長風促急流，迅速過於馬。防兵億萬多，鼓角聲啞啞。舳艫望如雲，旌旗赫渥赭。轉餉日不給，誅求及鰥寡。獨抱憂世心，涕泪忽盈把。浮海欲避之，孤舟無從者。安得樓船將，爲報倭平也。

楊柳青，在静海縣北五十里。明瞿佑《楊柳青謡》：昔聞楊柳青，今見楊柳黄。三秋既迫暮，午夜仍飛霜。黄葉辭舊枝，青眼存生意。稍待春陽回，又看柔荑翠。榮枯互乘除，氣運長相參。在物尚如此，在人何以堪。喬林蔽日昏，古樹停雲密。爲作短歌行，聊備樂府什。宋訥《過楊柳青》詩：楊柳青枯異昔年，人家猶有在河邊。縛蘆厚覆低低屋，把竹輕撑小小船。半刈霜禾喧鳥雀，輕橈烟柳立鵁鶄。眼前莫究興亡事，萬里華夷自一天。程敏政《楊柳青見桃李》詩：春陰淡淡緑楊津，兩岸風來不動塵。一日船窗見桃李，始驚身是卧遊人。于慎行《楊柳青望天津海口》詩：夕泊大隄口，雨氣侵肌骨。舟子不得停，鳴槳中夜發。聞道海門近，驚栗不敢越。漁燈隱遥浦，簫鼓聲未歇。人語烟中村，舟横沙上月。岸接遠流平，樹入回波没。不覩潮漲奇，安知溟渤濶。喔喔天雞鳴，東望蒼烟裂。霞生赤城嶠，日出扶桑窟。朧朧五雲裏，欲吐金銀闕。鍾鼓羅宫廷，百辟修朝謁。整衣顧我僕，神情坐超忽。又《楊柳青道中》詩：鳴榔凌海月，捩舵破江烟。楊柳青垂驛，蘼蕪緑刺船。笛聲邀落日，席影掛長天。望望滄州路，從兹遂渺然。

南海盧雲龍《楊青驛》詩：漂泊風塵悵遠遊，楊青亭下暫維舟。故鄉門巷經梅雨，客路山川到麥秋。潦倒詩篇時自適，飄零杯酒暮堪愁。幾宵尚憶長安道，北斗遥瞻接鳳樓。

楊村，在天津城北三十里，有驛。明李時勉《過楊村驛》詩：小驛臨河口，萋萋草上堂。門邊一枯井，堦下幾垂楊。寂寂塵生榻，喧喧鳥過墻。逢迎惟驛吏，木偶被衣裳。李東陽《楊村阻風》詩：春風蕩漾河水渾，驚沙走石天地昏。舟人喧呼怒濤涌，海若戰鬬群虎奔。前船咫尺不得上，去路倉皇安可論。床欹几側坐未穩，乘月夜過蒲溝村。王問《楊村與朱司空言懷》詩：北路饒長風，方舟成淹泊。遲遲通潞亭，瀰瀰沽水曲。辛勤洲渚間，委心在行役。俱抱虚曠懷，已志在空谷。羲和無停軌，世事如轉矚。長盧猶爲謬，而況杞人哭。嘉德爲我鄰，良晤行可續。勿忘秉燭言，皓首以自勗。程敏政《楊村驛逆風通夕》詩：忽忽無言裏，悠悠不寐中。短檠留白蠟，陰牖落青蟲。人幸窺蓬月，天慳上水風。白河三百里，覊思浩無窮。又《楊村道中》詩：幾處炊烟認水村，數聲山犬吠籬門。寒天日落明鴉背，荒歲田空剩草墩。垂澗石如牛馬飲，排山雲似節旄屯。眼中無限詩情在，欲對沙鷗了一尊。武進徐《問楊村大風》詩：仲冬天氣肅，疋馬向河干。林撼風聲厲，沙昏日色寒。驅馳竟何意，漂泊自無歡。天地無情者，誰憐遊子難。

盤古溝，在青縣南十五里。相傳盤古之墓在水中，有石棺鐵鎖繫之，或隱或見，溝北岸有盤古廟。明廬陵鄒德溥詩：蕭蕭遺廟夕陽天，野殿崢嶸曲澗邊。萬古乾坤心上闢，于今日月掌中懸。有無石匣滄波隱，彷彿仙衣碧草傳。我亦離形遊太始，停舟問訊思逌然。

神堤，在興濟縣漕河，堤上有柳數百株。永樂間，知縣王彬以河決未及築堤，民居盡没，痛不能救，投水而死，屍直漂入縣堂之上，人民憐之，置祠祀焉，名曰神堤。明樂素老人詩：河防未就竟沉淵，誰識當年令尹賢。惟有春風祠下柳，翠眉長爲鎖寒烟。

鳳皇臺，在静海縣西五里。相傳有鳳皇集此，遺址尚存。

北河紀提要

地理類四 河渠之屬

臣等謹案：《北河紀》八卷、《紀餘》四卷，明謝肇淛撰。肇淛有《史觹》，已著録。此書乃其以工部郎中視河張秋時作。《明史·藝文志》著録，卷數與此本同。前列河道諸圖，次分河程、河源、河工、河防、河臣、河政、河議、河靈八紀，詳疏北河源委及歷代治河利病，搜採頗備，條畫亦頗詳明。至山川古蹟及古今題咏之屬，則别爲四卷附後，名曰《紀餘》。蓋河道之書，以河爲主，與州郡輿圖體例各不侔也。

國朝順治中，管河主事閻廷謨益以新制，作《北河續紀》四卷。雖形勢變遷，小有同異，要其大致，仍皆以是書爲藍本。蓋其發凡起例，具有條理，故續修者莫能易焉。肇淛著作甚夥，而《明史》於《文苑傳》中獨載此書，稱其具載河流原委及歷代治河利病，其必有以取之矣。乾隆四十六年十二月恭校上。

總纂官臣紀昀臣陸錫熊臣孫士毅

總校官臣陸費墀

整理人：鄧俊，工程師。主要出版作品：《中國大運河遺産構成及價值評估》《中國大運河文化遺産保護技術基礎》等。

北河續紀

〔清〕閻廷謨　著

周波　整理

整理説明

《北河紀》成書于明萬曆四十二年（一六一四年），共八卷，是記載京杭運河山東至天津段的專著。清順治十年（一六五三年），工部主事閻廷謨對《北河紀》略加改編，删掉卷五《河臣紀》及少量其他管理方面的内容，並將明末清初的變化沿革加注在正文下，起名《北河續紀》。作者自序曰：『删其不宜於今而增其正行於今者。』

明初京杭運河全綫暢通之始，管理混亂，變化頻繁。至成化時期才逐漸穩定，運河全綫開始分段管理。大體地説，明清兩代長江以北的運河分爲南河、中河、北河、通惠河等四段。『北河』所包括的河段，南起山東魚臺珠梅閘，北至天津楊青驛，是京杭運河全綫水源最貧乏、工程問題最多的地段。

《北河續紀》作者閻廷謨，生卒年不詳，清朝河南省河南府孟津縣（今河南省孟津縣）人，進士出身。順治三年（一六四六年），任工部都水司主事，管理北河等處河道，後升任吏部郎中。順治十二年（一六五五年），任湖廣按察使司副使、分巡下荆南兵備道。順治十五年（一六五八年），任苑馬寺卿，兼任陝西按察使司僉事、山東濟南道。康熙六年（一六六七年），任湖北按察使司按察使。

《北河續紀》正文共分爲七卷，正卷末附有别卷一卷，共計六萬餘字，卷一主要是清順治皇帝關於整治和管理北河的敕書一道，之後附三圖，目前缺失，今据《北河紀》補全。卷二到卷七分别是河程紀、河源紀、河政紀、河議紀、河工紀、河靈紀，與《北河紀》相比，内容略有删減，講述内容基本一致。正文末附《北河紀餘》，介紹北河沿綫風景名勝，收入了明初以來歌詠山水的詩詞歌賦。

本編纂單元由中國水利水電科學研究院水利史所周波點校，和衛國、蔡蕃、袁長極審稿。

整理者

目録

(一) 北河全圖　原文缺，據《北河紀》補。

敘北河續紀

讀行所無事之文知治河之智
嘗圖其大然不勤則智滲不
敏則智銷不早且練智將流

而為孱為猛於新發之硎芾
銳深究乎當世之故歷績其功
舉實慮多況水利難於南而
北人久不之講我

國家循元明都燕漕四百年
獨寄命乎河流一綫而淺梗多
溢誠勞心積患之時乃
帝命都水主張秋事者惟我

舅岳閻公吳顏公學精性命道
濟軍民初抵汛見岸齧而塗堙
輒皇於切納溝之恥仰副
河撫奏查於千五百里之間數

水衆徵椿勿嚴工儴胥築鑿
庚寅九月河決荊隆寢饕半
歲目力殫竭於有年壬辰夏
秋霖雨百日繼以大河洙源口之

決支渡滔天公痛加興築當來
下功役同日興此其勤矩智所迫
而出之者乎
功益嚴切之不時不經營夙夜而才

非倚馬得每上弦急而下弦絶答
觀公之治河也地分尺丈餉查晰
夕算而獨照行若電發方驗濟
流未幾而抵津門矣方宿河

于未幾已漕泉泗矣
朝廷之上乘世振至才于本職之外
益之以臨清閘座宦民舟集各
依流順事興利除害必其司安

乎者是繇之迅而有條也敏也年
來治紀為當青所穿鑿亂者昌
而勝數持之以公平肅之以體
統有功必賞寔皆休其殊褒有

皋即與按必寘之重法畏若神
明而後愛如父母繇繇之老且高
柳家繼卓之若是積此迄者報
最於五載務不經大變易與耳

即得一石再成幸而時公兩邁非
常之河決初務事之朔生今則
胸有成竹風土人情無致物理了
了筆下森森舌下所舌轄循所

為輯收蒐又熟練圓通而人紀
無繇之久當大成如歐聞日以得此
悉心搜訪有謝在杭先生所著之
河程河源河段河議河工河靈

在準古訂今吾公又重較增補而
書之梨棗俾後人有所取法是
更引天下之智於無窮日勤日敏
日阜日練以河地為經天從泥水
作富國宋白諸公豈得專美于
近代哉大有為乎天下是之謂行
所無事於天下
順治九年壬辰陽月之朔
年家弟傅以漸拜題

北河續紀序

北河續紀者水部
閻公壽山取於謝在杭先
生舊集刪增續訂彙

輯成之書紫立位之謀志
也河查漕之籍如為漕計
久無有多於河湖儀
至津河之受名志之所

北河千里昭先慈經營為
多今代漕航所重後猶
陸毅康東平江請多乘
敘識蓋其竊署郡邑之

百四十四泉引出汶濟合
於衛漳而北河之勢始張
嗣後在杭先生之在河之
河也其紀北挈務星頒

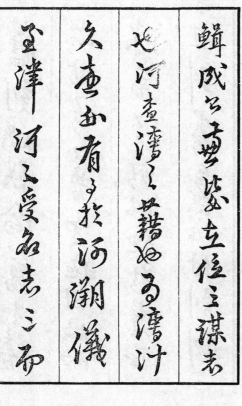

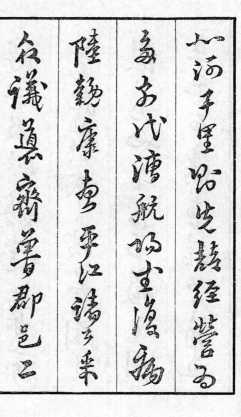

舊刻爛軼淪傷并錯
亦時有之昔處推因放而
踵者又詐以傳訛釐正
且刻書家以付剞劂

也文士君子學術經世期
于聯業相劑量互以有
實用者為正任天下一聚
不肯取諸經誥傳亦以

守立政之義立為以持
衡而河經世之業諸義之思久
如蔡之爭不或多於經戴凡
而為暢慎錯落會義源

浮以及諸濬建築一方
昔記載成之掇拾閣之
纂之如也星火嵩拔之用
立紀而康熙諸家之用立

急在於成業每有做
尚訪謂後先羽翼以成
務者昨欲昔出其所歷
覽山川而爲河渠之蒭

謂訪附之下處也與北河
而政山南山脉咽至啟文
紛多烽寇樹擘治學
士謂之瀏灝且自組律出

珍重每人而國謀能略
以出歟謀正多有其岂
僅一二皆揀之考此未
莫海衛濱齊漆河洛

齊濮壽花之皆滙而已
澤受汶乃在北河議者別
而漕叶久變慎厥底
績敢請從之將自爲道

又令事於紀焉維務
之君子觀于紀而益求治
河之匯而之也
順治壬辰季秋漕運使
者鍾陵朱紱題於水鏈
舟中

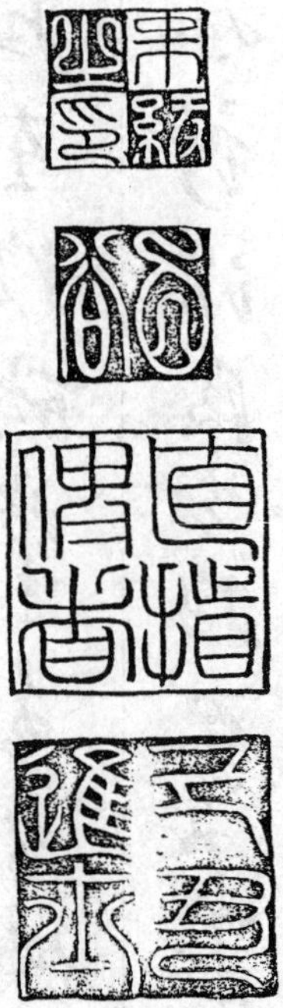

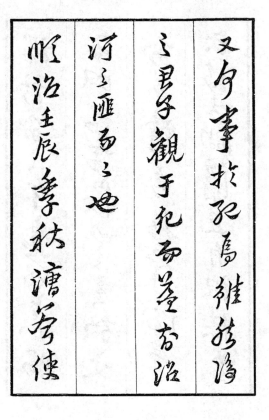

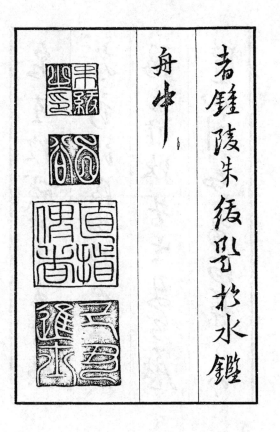

北河續紀序

北河紀者何襄謝在杭氏職河时所
輯也其以續紀名者何論編歷久
而簡帙湮矣惟
山高少嶽閻公實踵厥事焉右披豹

稱也　閻公鴻才偉望隸水部名
籍甚是以
天子咨於廷因勅鎮安平其領厥職
也首通漕渠渠之出入凡自濟而亂于
汶衛以入於海皆其所有事者也

自　閻公來止頃歲殘若三載而下
吳潛於錢　室壁馬伏令駛流蓋大有
功於漕也乃余備兵清源兼有事
於河于時　閻公同均寢畝導
濬之勞即函版鍤箕舉役于之程

趾相錯而綸閣之務不相閡也因得
晚從　公後論凡渠之源渠之委
渠之創廢　閻公燎然若火之燭
物而指之數記也之來如出是書於
予且將壽之棗梨然后知　公之研心

者素矣甚非是所本而云然者而又
公之于世殆為來者鏡也大疏出原
後而有裨軍國一事而三善備焉
故不可使不傳也因　公命序爰
為及之實余志也雖然適者黃河
連決潛墊未已而　公適竣事
行將
詔承明對宣室其即以此書為拜手
之獻焉烏用余言數篇為哉
菊月望日西蜀岷峨逸史高射斗
拜誤

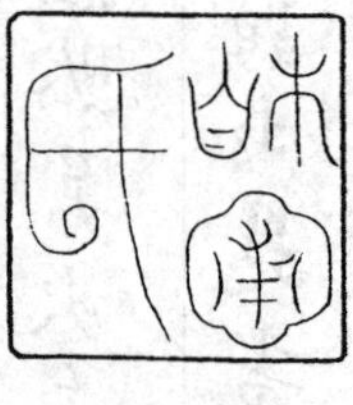

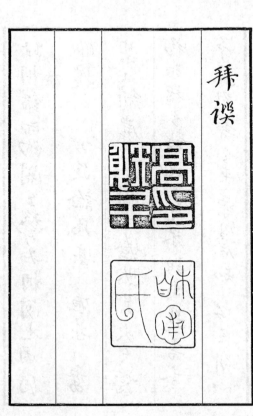

總序

粤稽古大禹疏九河子輿氏稱行所無事噫此皆伊耆氏之水非為今日之漕河言也計國家轉漕之路猷北河所轄千餘里溯兗台而亘天津旁淪乎汶泗洸沂濟漯淇衛漳洺滹沱諸水而悉節制之以為漕用蠲北河之履延袤特遠往者按故牘以行無復事〻自謨受命蒞茲邑值陽侯肆虐黃河決荊隆湓溢泛濫竟走東北掠汶入海謨上賴天子聖神河伯效靈仰資總河楊公洞豁周晰指授規畧並偕各屬職司河務者分猷以佐故雖河失故經而漕未始少愆期也因當築甃畚鍤之餘遍及所隸之地思得一紀以誌其詳乃搜掌故得謝在杭氏紀北

河一書惜丁燹熖梨棗一炬簡帙散佚誤不揣謭陋重為纂輯額曰續紀然其中稍有增刪但刪其不宜於今者而增其已行于今者而已矣此外不敢蛇足也首璽書重帝命也次繪圖便瞭睫也都邑繡錯蜿蜒朝宗各有厥守無相軼也為紀河程汶泗如綫旁及蹄涔聚毛為裘期于有濟為紀河源上行令下行意期無反汗而後即安為紀河政跣者鹿而騁者向聚訟棼如古人所嘆攢其可見諸行者為紀河議陽侯旱魃相遞為災畚鍤興而民不堪命眾所懼也為紀河工百神受職允猶翕河籩豆之事有司存矣終紀河靈至于山川往跡古今誌詠別為一卷曰紀餘大率

此紀無所取裁唯以河事為主
而文附焉或亦掛一而漏萬也
潤色損益俟諸後之君子而予
竊有說焉按古治河者始于禹
貢首九河次滏漯子與氏謂疏

瀹以為功言行所無事然今眢
異宜地勢懸絶故道已湮今不
用疏而用隄濟水自任城漯水
自東郡皆達河入海今皆逆而
為漕用泗上諸泉不見于禹貢

乃亦濟漯之支今雖用瀹而兼
用積其治河與禹不盡同而子
與氏稱行所無事夫無事云者
順水之性非能有所撥激今汶
濟之間南北建領漕艘偕諸泉

為命涓滴供之尾閭洩之土脈
一枯泉源立涸故河之患〻在
水少清源以北漳衛合流注以
滹沱灌以瀛海渺然巨浸淫霖
一零千丈立潰故河之患〻在

水多兼以歲之不時馮夷河伯之不盡如人意遂使水少者欲多水多者欲少微人告將水亦若昔禹以人為水用令欲以水為人用由斯以言有事耶無事耶使禹史臣而紀令日之河事又將何如耶大抵在杭氏之紀欲人〻洞夫河事隨時置宜無非使河與人兩相習耳謨之續是紀不過踵先生之故智在河言河或亦掌故家所不欲廢者也書成弁言用昔摠河潘印川公言以綴之曰時勢懸隔脩防異宜可因則因如不可則急返焉勿以僕誤後人〻〻而後誤後人也可

旹

順治九年壬辰復月

賜進士出身奉

勑提督北河工部都水清吏司主

事天中閻廷謨題並書

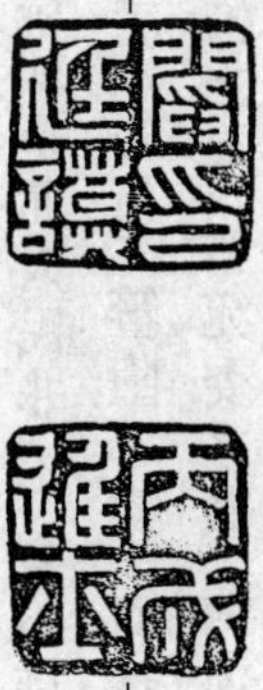

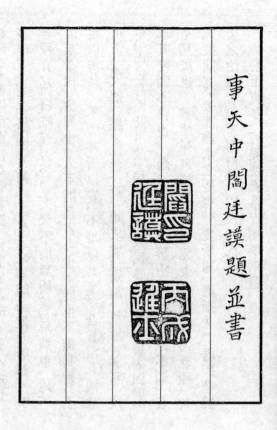

《北河紀餘》叙

北河紀矣，曷爲及其餘也。紀者，紀河以内者也，而餘者紀河以外者也。豐沛以北，析不以南。其間井邑都鄙之變，山川畛隰之奇，高賢之所寄托，達士之所詠歌，皆足寄賞心於一時，垂徵信於來禩，標秇苑之赤幟，示臥游之指南。故特臚而列之，遴其因革之大者，勝迹之著者，文辭之典以則者，載之於編，曰是河之餘也。梁肉徹而海錯陳，華厦閉而曲房列。稗説、里語亦掌故家所不廢也。客曰：『子在河則言河耳。』水土之不職而闌及雕蟲。其若侵官，何曰唯唯否否？夫天不能無陽侯、旱魃也，地不能無桑田、滄海也，人不能無古今也。變也不盡其變，不足以濟時。不考其所以變，不足以當卒。吾嘗沿九河故道沂、濟、漯，歷齊、魯、燕、趙之墟，别館、荒原，離宫、茂草，山色存而時事改，城郭是而人民非，未嘗不徘徊四顧，求其變而不得也。禹之治水也，簪墮不掇，冠挂不顧，若是其汲也。猶然探會稽之穴，發宛委之藏，濁河既觀，黄熊授簡，然後能盡水之變也。變斯通，通斯久。吾所望於後之治河者也。客曰善，以授剞氏。

前甲寅冬，河隄使者晋安謝肇淛題。

序

予讀印川潘公勿誤後人之言，而嘆前人垂示之深遠也。治河以利漕爲主，議漕無慮百家，層累數折，而後確畫始出此。元、明迄今，相因之治也，則層折之爲熟計，甚于畫一。若夫時難遥必，工難預料，受懸者急解懸，抱痛者審釋痛，固不敢妄投瞑眩。然方疏古昔脉診，今人則神聖之，爲方便甚于功巧。宿春適溟，指南之倚，長年則臂而長年之視指南，則目茱臂從，目駕萬斛若承蜩，即不敢知顧。無望濤而驚，無築舍而摇，神者先告矣。

予初事北河，跋履所及，必求源委，因革而詳之。適霪雨肆虐，岸柳村煙，半成溪壑，遺民故址，莫詗波臣。幸携嵩岳閻公重纂在杭謝公《北河紀》，得按圖攷牘校訂，尋繹而嘆前人垂示之深遠也。昔神禹佩符金簡，詎必載九州治法哉？因而則之曰非天錫不及此，况後焉者乎？如論焉，不覈擇焉，不精寧簡，書可畏，亦昔賢所訶矣。至午《孫武兵法》，得曹公而益神，以俟君子。

順治甲午夏月檇李莊鏻題

卷之一

敕書一道

敕工部都水清吏司主事莊鏻：兹命爾管理北河等處河道，兼管臨清閘座事務，駐劄張秋，首在約束衙門官吏、胥役，使恪遵法紀，毋致作弊生事，擾害地方。所轄河道自静海以南，直抵濟寧一帶，并靳口迤南，仍歸北河。凡各該閘座、堤壩、工程、物料，俱與地方官照例估辦修築。提督所屬有司、衛所掌印管河并閘壩等項官吏人等，時常往來巡歷，令其挑濬淤淺，增築堤岸。其夫役、工食及應出辦椿草等項錢糧，察原額數目，依期徵收，貯庫以備倉卒支用。出納之際，稽核明白，毋使奸胥勒索短少，亦毋容所司别項那移。各該管河官員，須精擇才能，常川巡視，不許營求别差。各衙門亦不許違例差遣，但遇水漲，衝決堤岸，各照地方即時修理。如或工程浩大，人力不敷，照舊量起附近丁民赴工，事畢即放，不許躭延。其臨清閘座，既經歸併，務以時啟放，先儘糧船，後放官民船隻。如各船一時湊集，必須一日兩放，以從民便，不許故縱胥役借端苛索。凡一應興利除害、有益河道開載不盡事宜，聽從便區處。應候河道總督裁酌者，仍呈報裁酌施行。若該地方有司衛所官員人等，敢有(狗)〔徇〕私作弊、賣放夫役、侵欺椿草錢糧，及輕忽河務、不服調度，并閘溜淺舖等夫工食不與徵給，致誤漕運，輕則量情罰治，重則拿問如律，于礙職官，具報總督參奏處治。年終將役過人夫、用過錢糧及修過工程，各造細數清册奏繳。三年將滿，預先呈部，差官更替。如遇陞遷，仍候交代明白，方許離任。差滿之日，將各掌印管河文武官員分別賢否，從公舉刻。爾受兹委任，須持廉秉公，清祭冒破，不避怨勞，使河道通利，糧運無阻，斯稱厥職。如或貪黷乖張，因循誤事，貴有所歸。爾其慎之。故敕。

順治十年正月　敕命之寶

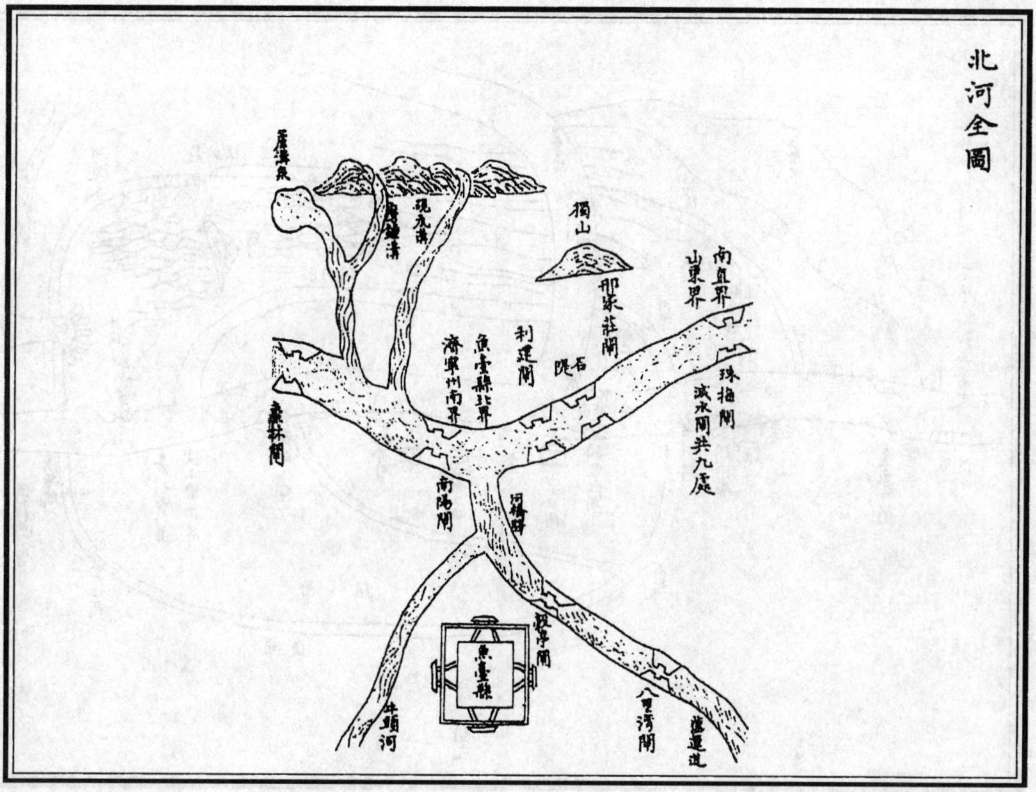
獨山
南直界 山東界
邢家莊閘
利建閘
石隄
魚臺縣北界
濟寧州南界
珠梅閘
減水閘共九處
南陽閘
穀亭閘
魚臺縣
八里灣閘
牛頭河

北河全圖

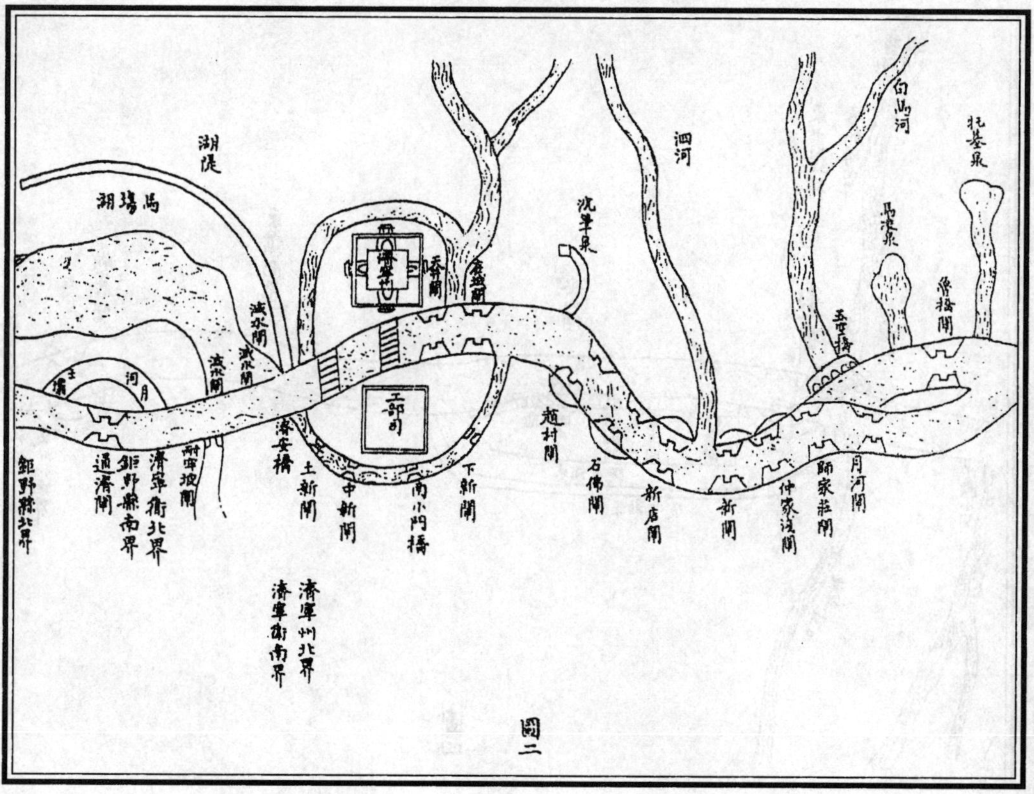
湖隄
馬場湖
泗河
白馬河
天井閘
在城閘
減水閘
月河
通濟閘
鉅野縣北界
濟寧衛北界
鉅野縣南界
濟安橋
上新閘
中新閘
南小門橋
下新閘
工部司
趙村閘
石佛閘
新店閘
新閘
仲家淺閘
師家莊閘
月河閘
濟寧州北界
濟寧衛南界

圖二

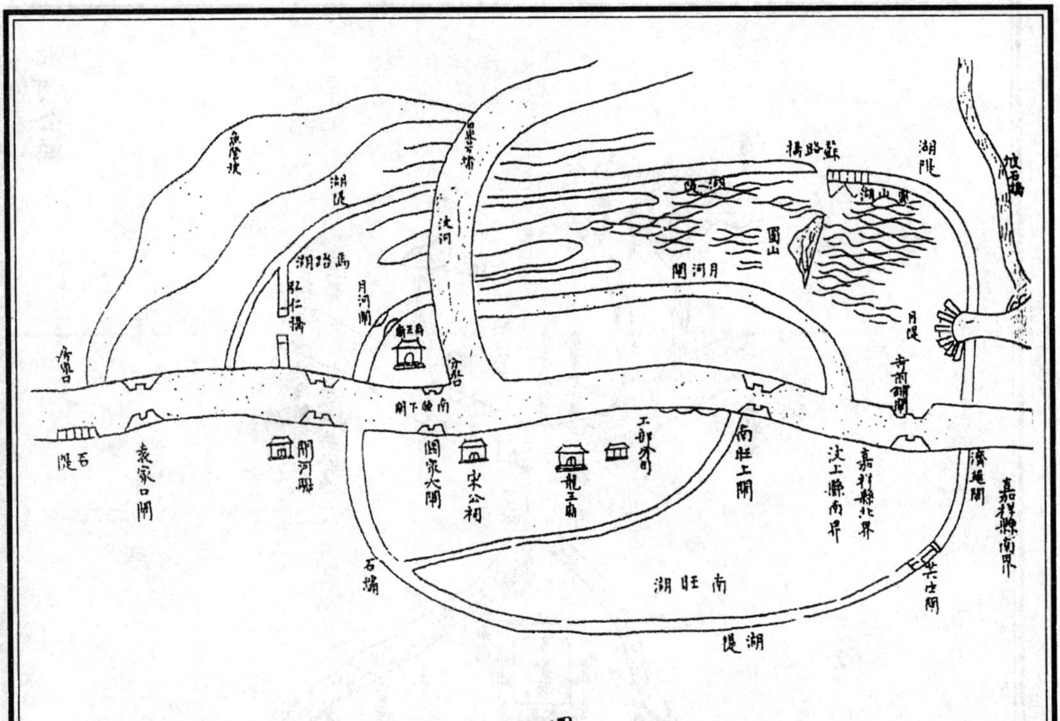
袁家口閘
開河閘
閆家大閘
宋公祠
龍王廟
南旺上閘
汶上縣南界
嘉祥縣北界
嘉祥縣南界
南旺湖
湖堤
月河閘
蜀山
月堤
石堤

圖三

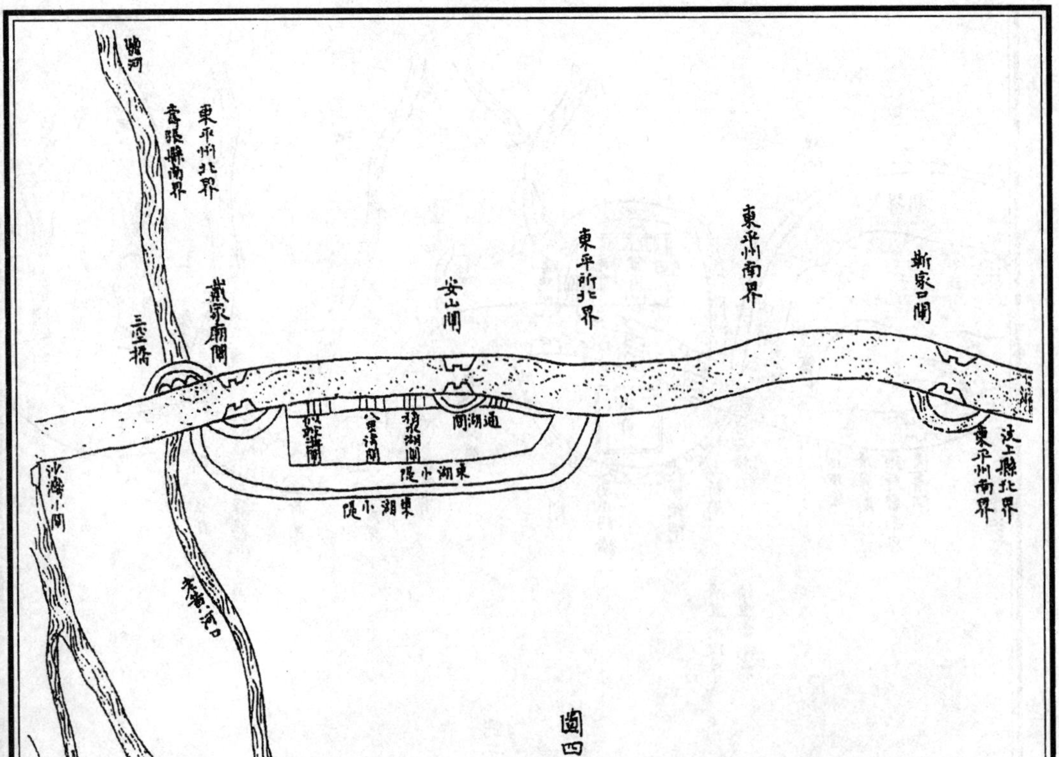
東平州北界
壽張縣南界
戴家廟閘
三空橋
安山閘
東平所北界
東平州南界
靳家口閘
汶上縣北界
東平州南界
通湖閘
東湖小堤
沙灣小閘

圖四

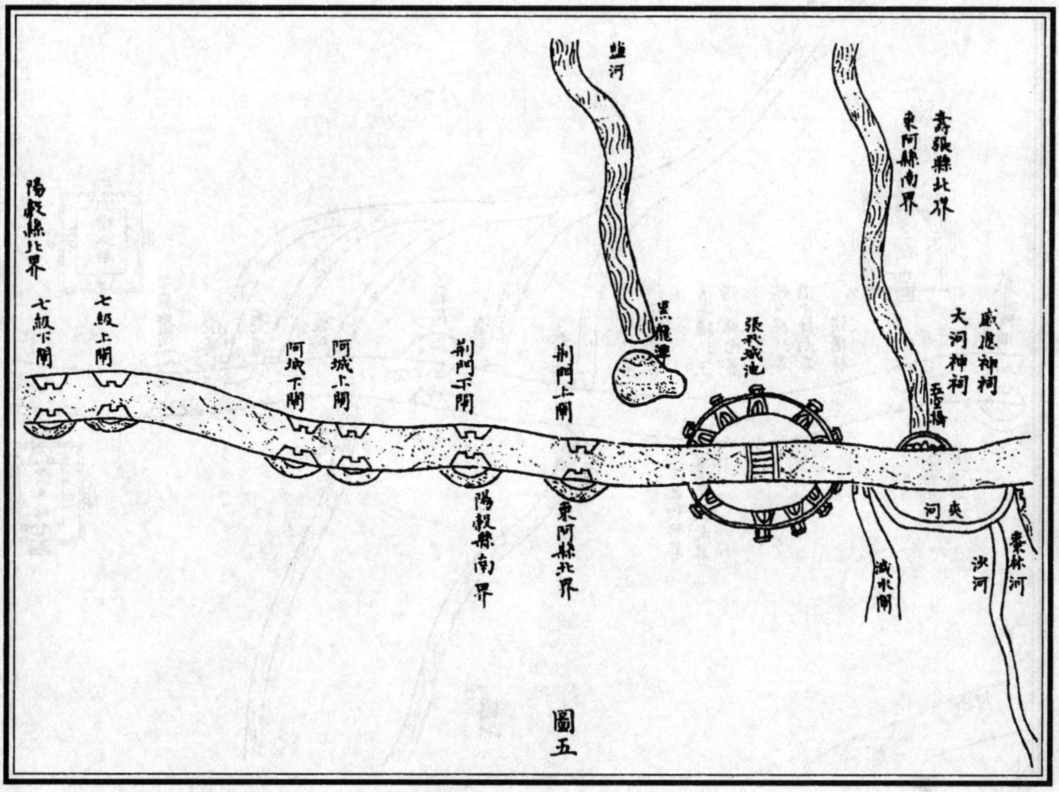
鹽河
壽張縣北界
東阿縣南界
陽穀縣北界
七級上閘
七級下閘
阿城上閘
阿城下閘
荊門下閘
荊門上閘
黑龍潭
張秋城池
感應神祠
大河神祠
五空橋
陽穀縣南界
東阿縣北界
夾河
減水閘
沙河
棗林河

圖五

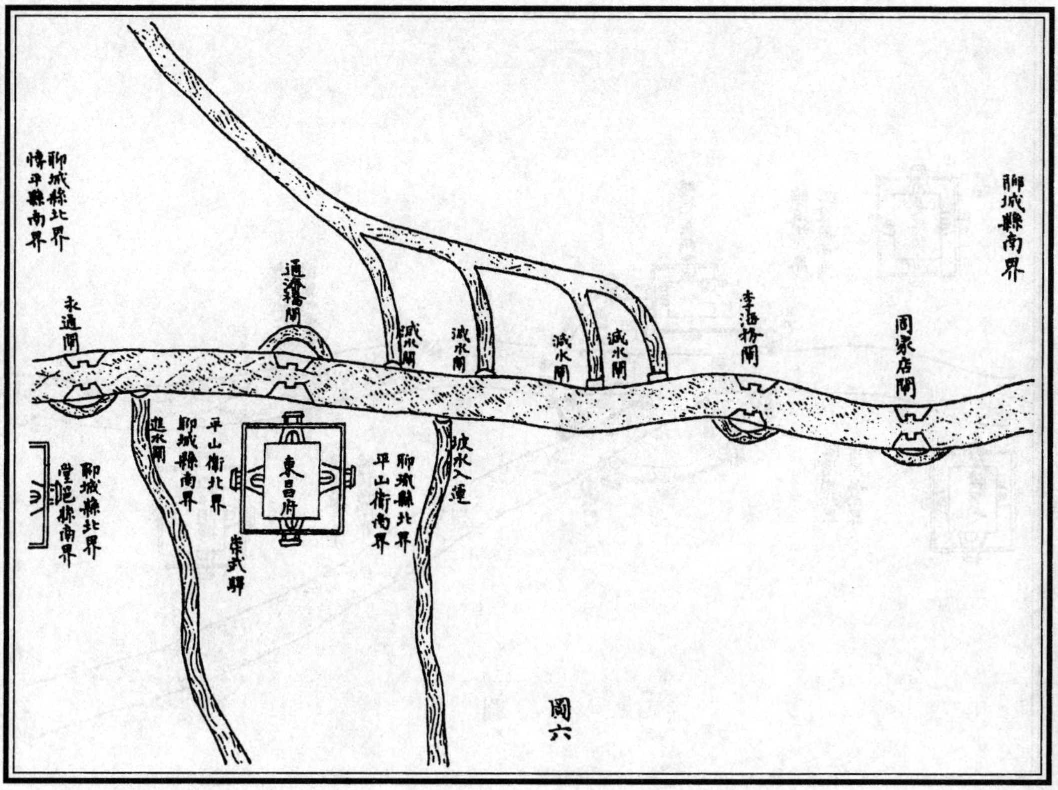
聊城縣北界
博平縣南界
聊城縣南界
永通閘
通濟橋閘
減水閘
減水閘
減水閘
減水閘
李海務閘
周家店閘
進水閘
平山衛北界
聊城縣南界
東昌府
聊城縣北界
平山衛南界
陂水入運
崇武驛
聊城縣北界
堂邑縣南界

圖六

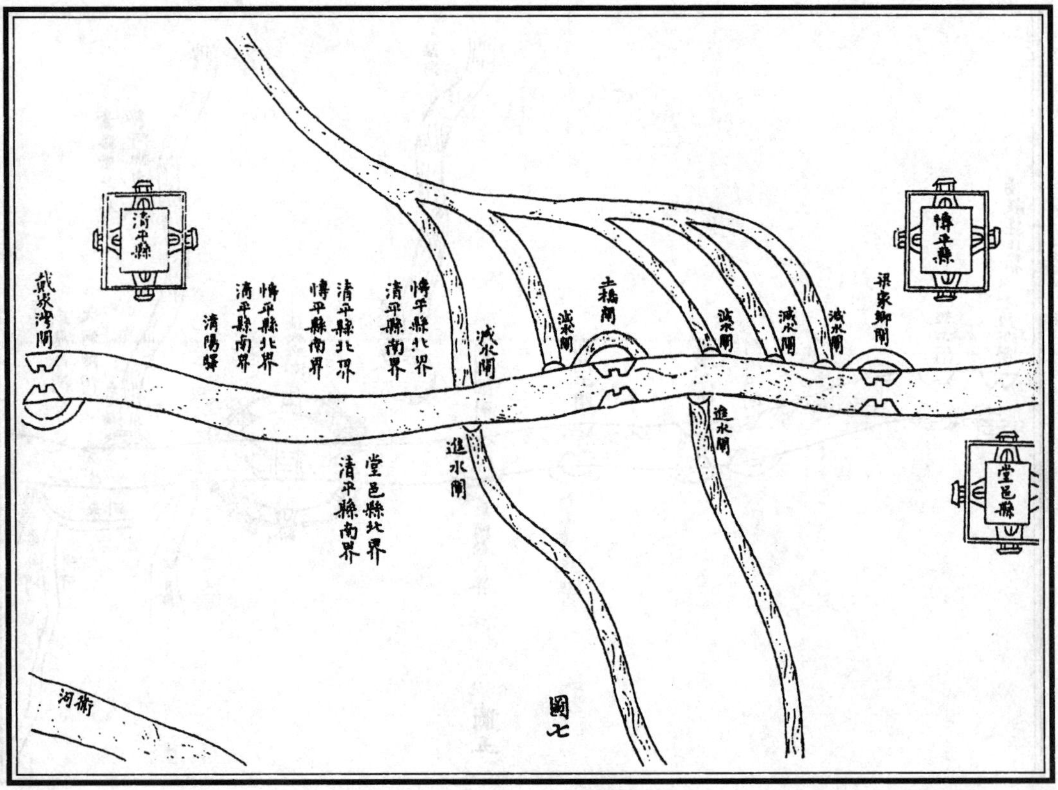
清平縣
博平縣
堂邑縣
戴家灣閘
清陽驛
清平縣南界
博平縣北界
博平縣南界
清平縣北界
清平縣南界
博平縣北界
減水閘
土橋閘
減水閘
減水閘
減水閘
減水閘
梁家鄉閘
進水閘
進水閘
堂邑縣北界
清平縣南界
衛河

圖七

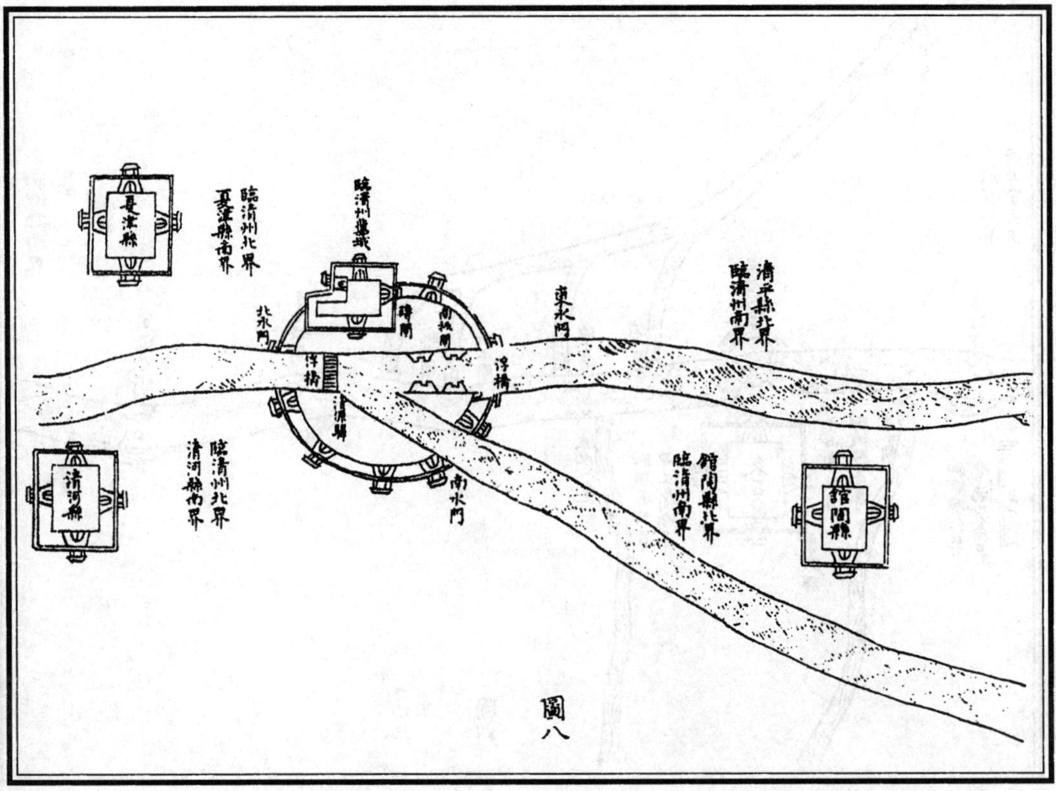
夏津縣
清河縣
館陶縣
臨清州北界
夏津縣南界
臨清州舊城
北水門
浮橋
磚閘
南板閘
東水門
浮橋
清平縣北界
臨清州南界
臨清州北界
清河縣南界
南水門
館陶縣北界
臨清州南界

圖八

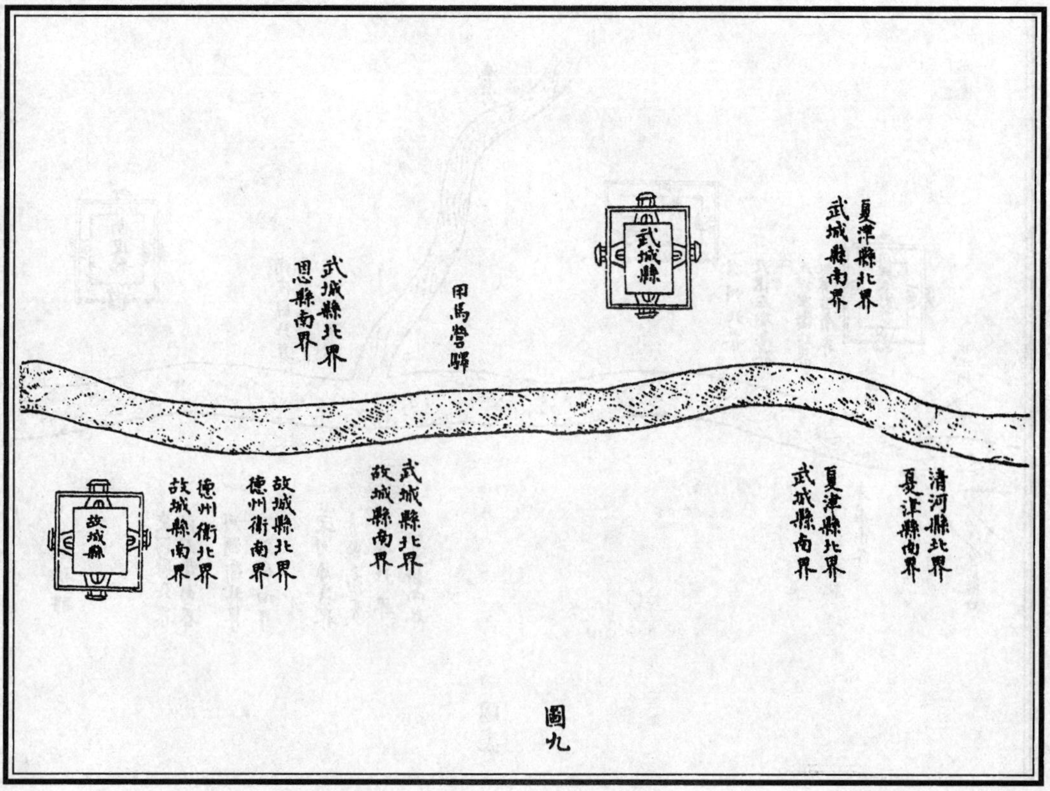
夏津縣北界
武城縣南界
武城縣
甲馬營驛
武城縣北界
恩縣南界
清河縣北界
夏津縣南界
夏津縣北界
武城縣南界
武城縣北界
故城縣南界
故城縣北界
德州衛南界
德州衛北界
故城縣南界
故城縣

圖九

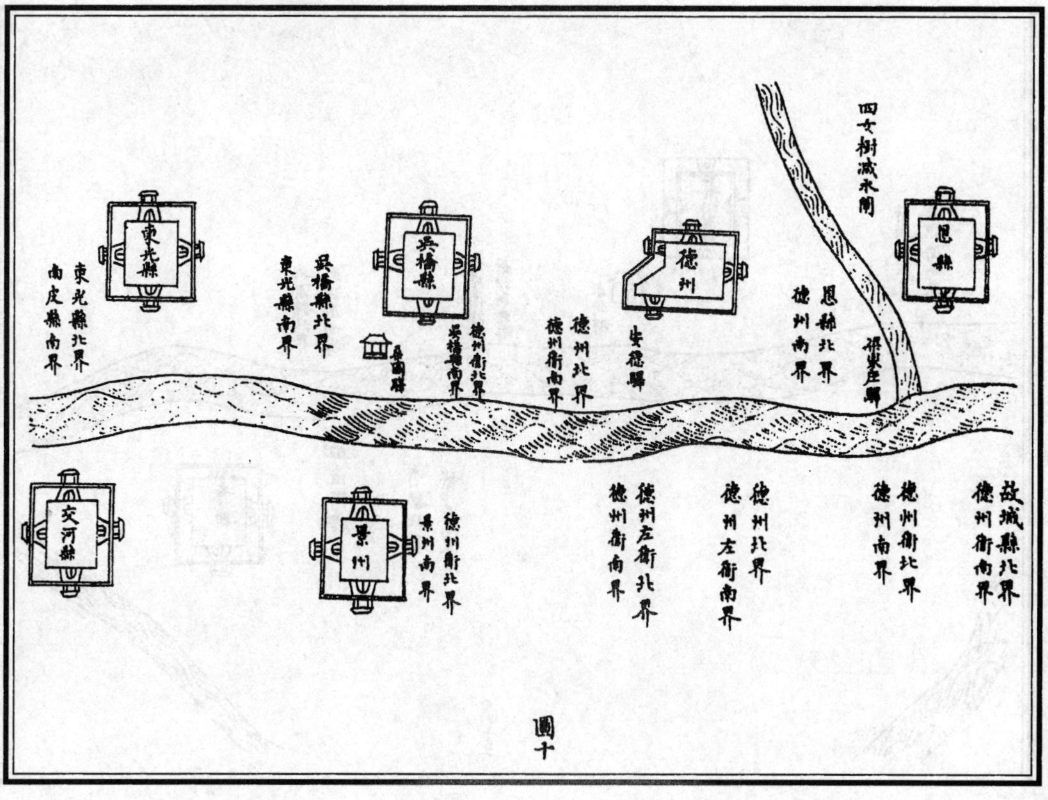
四女樹減水閘
恩縣
德州
吳橋縣
東光縣
恩縣北界
德州南界
梁家庄驛
安德驛
德州北界
德州衛南界
德州衛北界
吳橋縣南界
桑園驛
吳橋縣北界
東光縣南界
東光縣北界
南皮縣南界
故城縣北界
德州衛南界
德州衛北界
德州南界
德州北界
德州左衛南界
德州左衛北界
德州衛南界
德州衛北界
景州南界
景州
交河縣

圖十

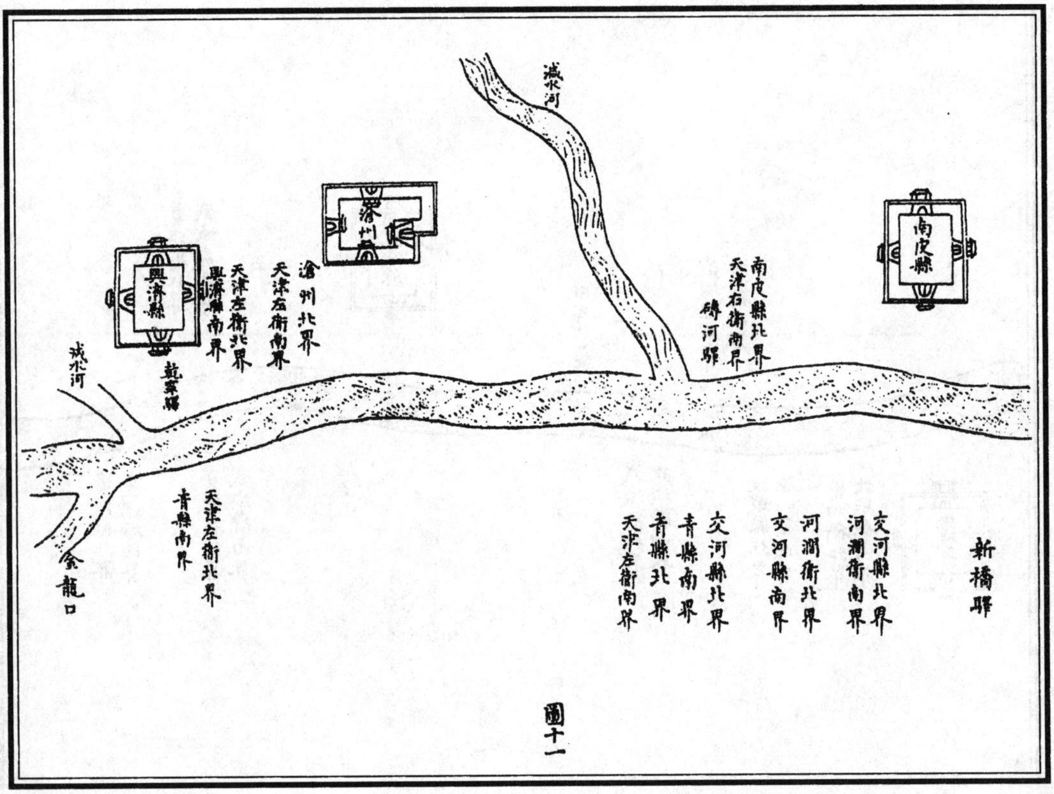
減水河
南皮縣
滄州
興濟縣
滄州北界
天津左衛南界
天津左衛北界
興濟縣南界
乾寧驛
南皮縣北界
天津右衛南界
磚河驛
減水河
金龍口
天津左衛北界
青縣南界
交河縣北界
河間衛南界
河間衛北界
交河縣南界
交河縣北界
青縣南界
青縣北界
天津左衛南界
新橋驛
圖十一

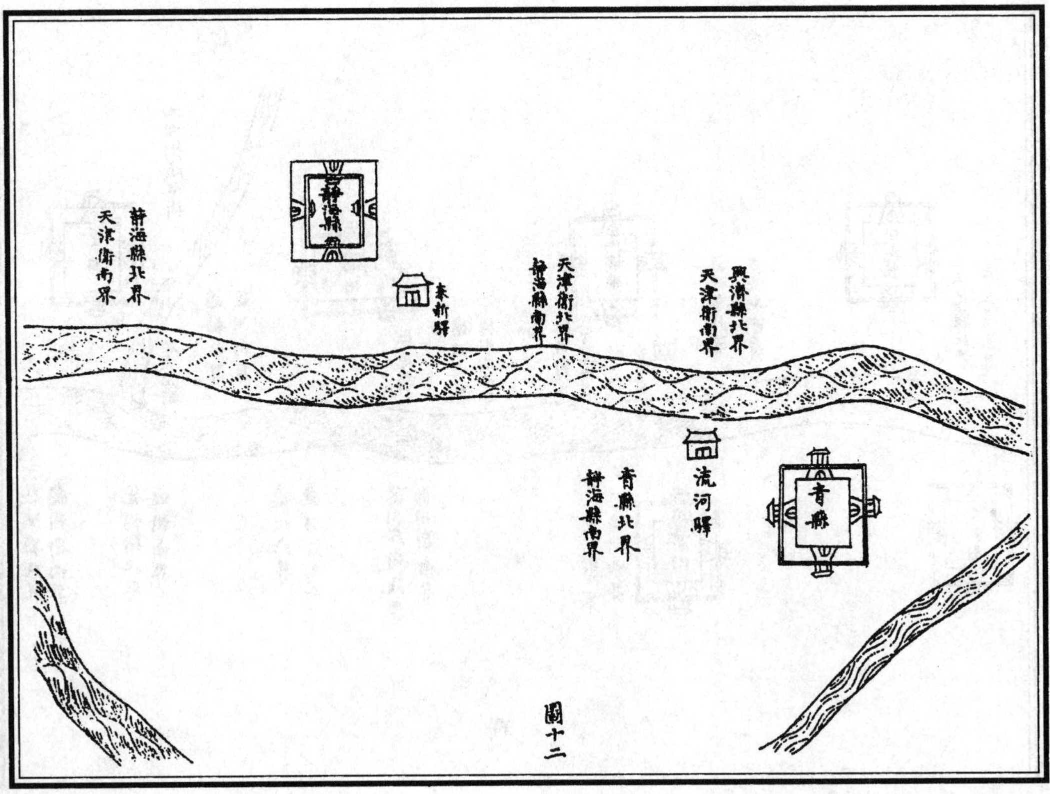
靜海縣
靜海縣北界
天津衛南界
奉新驛
天津衛北界
靜海縣南界
興濟縣北界
天津衛南界
流河驛
青縣
青縣北界
靜海縣南界
圖十二

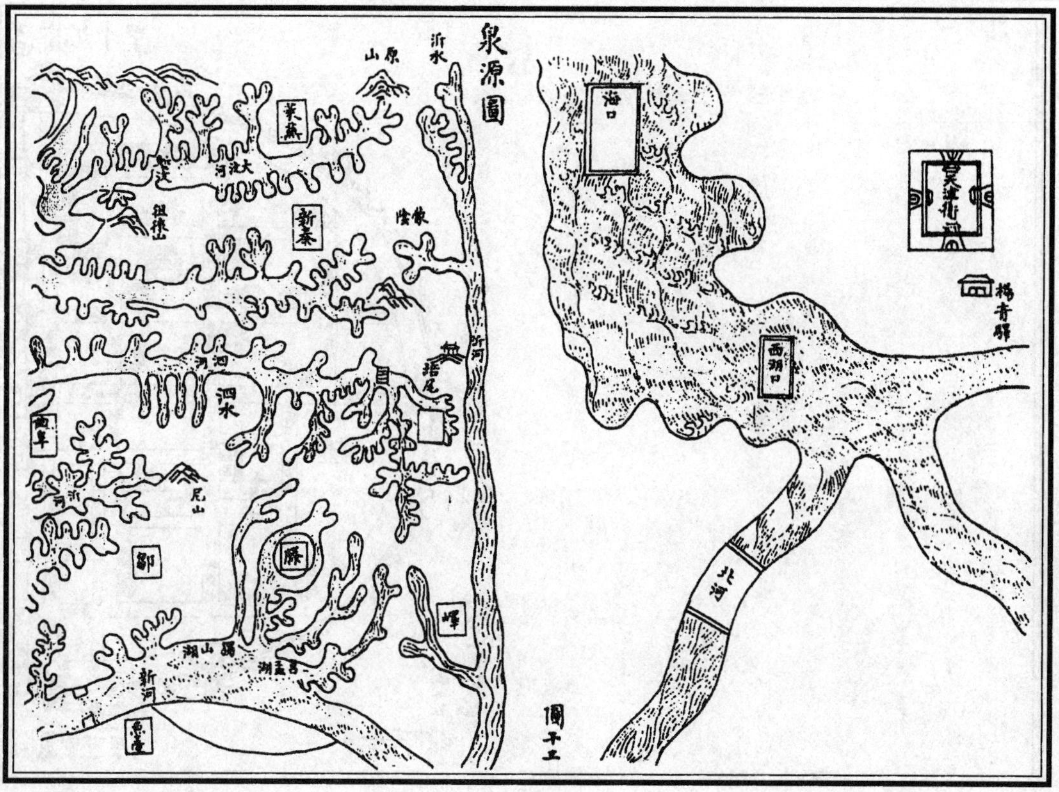
泉源圖
海口
西湖口
北河
楊青驛
泗水
滕

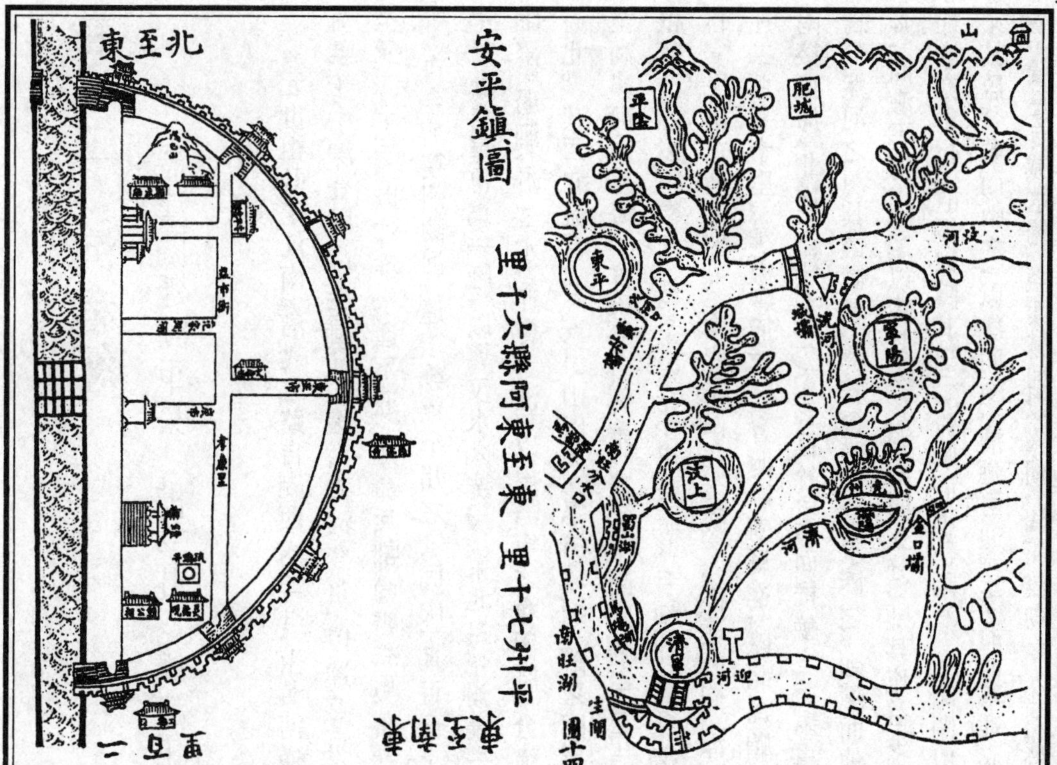
安平鎮圖
東平
汶上
肥城
平陰
寧陽
濟寧

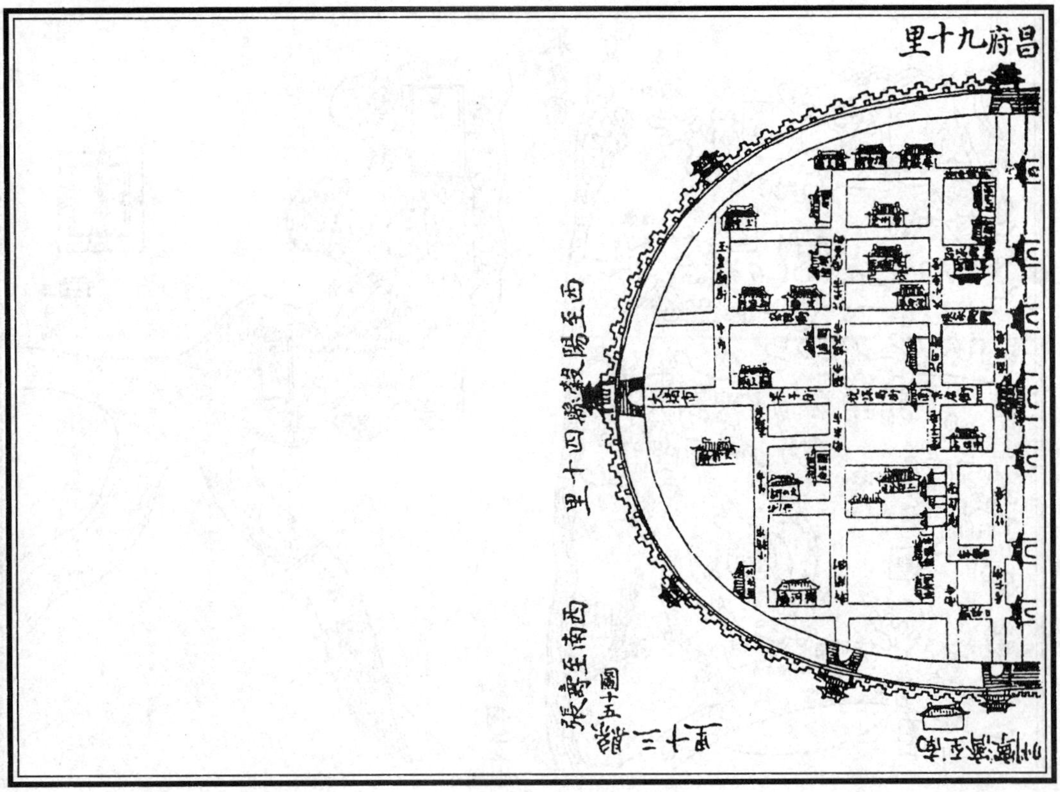

卷之二　河程紀

孟津閻廷謨重纂　檇李莊　鏻訂正

元世祖既定江南，漕轉之路自淛西入江淮，由黄河逆流至于中灤登陸，以至淇門，復由御河登舟，以達燕京。至元二十年，以江淮水運不通，廼命兵部尚書李奥魯赤等，自今濟寧州開河，達于今東平州之安民山，凡百五十里。北自奉符爲一牐，以導汶水入洸；　東北自兖州爲一牐，以遏泗、沂二水，亦會于洸，以出濟寧之會源牐，分流南北。其西北流者，至安民山以入清、濟故瀆，經東阿縣至利津河入於海。其後海口沙壅，又從東阿陸轉二百里，抵臨清州以下御河。二十六年，以壽張縣尹韓仲暉言，復自安民山之西南開河，由壽張西北至臨清，徑達於御、漳，凡二百五十里，是名會通河。會源以南爲逆，以北爲順，南接豊沛，北迄天津，凡一千五百餘里，而推輓之勞不事焉。然河之源其最微者，莫若會通。黄水衝之，則隨而他奔，而漕不行，故壩以障其入。源微而支分，則其流益少，而漕亦不行，故壩以障其出。流駛而不積則涸，故閉閘以須其盈。盈而啟之，以次而進，漕廼可通。潦溢而不洩必潰，於是有減水閘，溢而減河以入湖，涸而放湖以入河，於是有水櫃。櫃者，蓄也，湖之别名也。而壅水爲埭，謂之堰；沙澥之處，謂之淺，淺有舖，舖有夫，以時挑濬焉。

由沛縣北九十里入魚台境，爲閘者二：曰利建，即宋家口，明嘉靖四十五年建，月河長七十五丈。迤北十八里，曰南陽，元至順三年建，月河長三十五丈。明宣德七年重修減水閘十四，俱明隆慶二年建，以洩新河水入南陽湖者也。壩一曰南陽，明隆慶元年，建淺舖二十一。湖一曰獨山，即南陽湖。明隆慶元年，北岸築石隄三十餘里。

舊運河在昭陽湖西，爲閘者三：曰孟陽泊，在縣治東，元大德八年建，月河長十二丈。迤北八里，曰八里灣，明宣德八年建，月河長二十七丈。又北八里，曰穀亭，元至順二年建，月河長五十八丈。積水閘二、壩一，今皆廢。淺二十一。

由魚臺而北九十里達於濟寧，其東岸鄒縣境也，爲小閘一，明成化十年建；淺一，曰捲里。

由鄒縣而北入濟寧境，自州以西則濟寧衛分地也，爲閘十四：曰棗林，距南陽十二里，元延祐五年建，月河長八十丈。明正德二年重修。迤北六里，曰魯橋，明永樂十三年建，明正德二年重修，月河長一千一百六十五丈，在河西岸，明隆慶四年改爲正河。又北五里，曰師家莊，元大德二年建，月河長四十丈。又北十五里，曰仲家淺，明宣德五年建，月河長五十一丈。明萬曆十二年重修。又北五里，曰新閘，元至正元年建，月河長五十一丈。又北八里，曰新店，元大德元年建，月河長五十一丈。明嘉靖十四年重修。又北十八里，曰石佛，元延祐六年建，掘土中得石佛像十二，故名。月河長七十九丈。明弘治六年重修。又北八里，曰趙村，元至正七年建，月河長九十八丈。明弘治十二年重修。又西北三里，曰在城，元大德七年建，明弘治十二年重修。又西北一里，曰天井，元至治元年建，一云唐尉遲敬德所刱也。其西南曰分水，元大德五年建。月河閘三，上、下二閘俱明天順三年改建。曰下新，即在城月河。曰中新，至上新一里，明成化十一年建。曰上新，即天井月河。減水閘六，新店新閘、仲家淺各一屬州，五里營、十里舖、安居鎮各一屬衛，明萬曆十七年建。壩一，曰趙村月河石壩，明弘治初建。淺十七：曰硯瓦溝、曰棗林、曰魯橋、曰師家莊下、曰師家莊上、曰仲家淺、曰新閘、曰新店、曰花家、曰石佛、曰楊灣、曰趙村、曰五里、曰十里、曰安居、曰永通、曰曹井橋。湖一曰馬塲，一名任湖，在五里東周圍四十里，上受獨山湖之水。起魚臺至濟寧，有舊運道焉，有閘四：曰廣運上，明弘治四年建。曰廣運，曰永通下，明成化十一年建。曰永通，明洪武四年建，今俱廢。淺二十。

由濟寧而北一百里至汶上縣之開河驛，其左爲鉅野，有閘一，曰通濟，距天井三十五里，明萬曆十六年建，月河長七十二丈。壩一，曰蓬子山，一名彭祖上壩，明成化四年築。淺五：曰火頭灣、曰梁家口、曰白嘴兒、曰小長溝，曰黄沙。

由鉅野而北，其左爲嘉祥，有張水閘六、壩一、淺四：曰大長溝、曰十字河、曰寺前、曰孫村。

由嘉祥而北爲汶上境，有閘五：曰寺前，距通濟三十五里，明正德元年建。迤北十五里，曰南旺上，一名柳林閘。又北九里，曰南旺下，俱明成化六年建。又北十五里，曰開河，元至正間建，明永樂九年重修，月河長一百二十六丈。又北十二里，曰袁家口，明正德元年建，月河長九十九丈。月河閘二，在南旺上下，明成化間建。減水閘九：曰焦欒、曰盛進、曰張全、曰劉玄、曰孫强、曰彭室、曰常名、曰關家大、曰兼濟。壩一，曰五里舖。滚水石壩在河西岸，明萬曆十七年建。淺十四：曰南界首、曰石口、曰柳隄、曰南旺、曰鵝河口、曰田家口、曰闞城、曰開河、曰劉家口、曰袁家口、曰關家口、曰張八老口、曰步家口、曰北界首。湖一，曰南旺，在漕河兩涯周圍一百八十里，中爲二長隄，漕渠貫其中，明嘉靖二十二年重修，其中盡爲三：在漕渠之西者，曰西湖，縈迴九十三里，明成化四年始砌石隄，明嘉靖二十二年重修，明萬曆十七年加築舊隄一萬二千餘丈，添築東面子隄一千二百餘丈。其東曰蜀山湖，周迴六十五里，明嘉靖二十年創築東隄，明萬曆二十三年重修。曰馬踏湖，周迴三十四里，明萬曆十七年築隄三千二百丈。

由汶上而北至東平七十里有閘三：曰靳家口，距袁家口十八里，明正德十二年建，月河長一百八十四丈。迤北三十里，曰安山，明成化十八年建。又北三十里，曰戴家廟，明嘉靖十六年建。洩水閘一，曰金線，在戴家廟北，明景泰五年建。湖口閘二：北曰似蛇溝，南曰八里灣，明萬曆二十二年建。壩二：曰戴家壩，至州六十里，明永樂九年建；曰坎河口石壩，明萬曆十上年建。淺十七：曰沙堆、曰邢家莊、曰蘇家莊、曰課家莊、曰安山上、曰安山下、曰積水湖、曰馮家莊、曰劉家莊、曰李家莊、曰王仲口、曰果家莊、曰靳家口、曰戴家廟、曰韓家口、曰張長口、曰劉家口。

由東平七十里至陽穀縣之荆門驛，其間首入壽張縣境，有積水閘一，曰沙灣閘，明成化七年建，曰高口閘。堰一，曰野猪腦，縈迴三十餘里。淺五：曰戴家廟下、曰劉家口、曰戴洋口、曰沙灣、曰張家莊。

由壽張而北入東阿縣境有閘一，曰通源，在張秋城南運河西岸，即廣濟渠也。明景泰四年，徐有貞治沙灣決河，先爲疏水之渠，起張秋金隄，通壽張之沙河，西南至於竹口，又西南至大渚潭，逾范暨濮而上，又西北接河沁之水，命曰廣濟渠。渠口爲通源閘，有石隄二道：自大感應廟起至沙灣，長一百六十丈，明天順八年修創；自沙灣起至荆門驛，長一千九百三丈。有五空橋，在張秋城南，與沙灣相對，即減水石壩，廣袤各十五丈。又於上甃石爲五竇，以漕渠餘水入之小鹽河，明弘治四年建，我朝順治八年重修。順治七年，黃河決荆隆，衝潰張秋南北隄岸，獨此石隄巍然而存，復整以濟綽挽此橋力于漕者，大而功倍于昔矣。淺八：曰掛劍、曰新添、曰沙灣、曰北灣、曰安家口、曰仲渡口、曰南浮橋、曰北浮橋。

由東阿而北入陽穀境，有閘六：在張秋北十里曰荆門上，又北三里曰荆門下，又北十里曰阿城上，又北三里曰阿城下，又北十二里曰七級上，又北三里曰七級下。皆元時建，明永樂間修。淺十：曰何家口東岸、曰何家口西岸、曰舘驛灣東岸、曰舘驛灣西岸、曰張家口、曰秦家口、曰劉家口、曰義河口、曰官窑口、曰渡口。由陽穀九十里，至東昌府聊城縣之崇武驛，其聊城縣東岸，北至博平縣境西岸，北至堂邑縣境有閘四：曰周家店，距七級十二里，元大德四年建。迤北十二里，曰李海務，元元貞二年建。又北二十里，曰通濟橋。又北二十五里，曰永通。俱明永樂十六年建。減水閘四。淺舖二十三：曰北壩口、曰徐家口、曰柳行口、曰房家口、曰吕家灣、曰龍灣、曰宋家口、曰破閘口、曰林家口、曰于家口、曰周家店、曰北壩口、曰稍長閘、曰柳行口、曰白廟、曰雙隄、曰裴家口、曰方家口、曰李家口、曰米家口、曰耿家口、曰蔡家口、曰官窑口。

聊城西岸南自龍灣舖，北至西北壩舖，平山、東昌二衛分地也，有淺二：曰中淺、曰小淺。此在昔年爲二衛分地，今則官夫俱屬平山衛，而東昌衛遂無河道之責矣。由聊城七十里至清平之清陽驛內博平縣，北至清平縣境，有減水閘一，淺舖六：曰朱家灣、曰老隄頭、曰南減水閘、曰袁家灣、曰朱家屯、曰梭隄。

由堂邑縣北至清平縣境，有閘二：曰梁家鄉，距通濟三十里，明宣德四年建。迤北十五里，曰土橋，明成化七年建。減水閘三：曰函谷洞、曰土橋、曰梁家鄉。淺七：曰函谷洞、曰土橋、曰中閘口、曰馬家灣、曰北梁家鄉、曰新開口、曰南梁家鄉。

由清平縣北，至臨清州六十里，有閘一，曰戴家灣，距土橋四十八里，明成化元年建。減水閘二：曰魏家灣、曰李家口。東岸淺舖八：曰朱家、曰張家、曰十里井、曰趙官屯、曰戴家、曰陳官屯、曰趙家、曰潘家橋。西岸淺舖六：曰張家、曰李家、曰李官屯、曰王官屯、曰丁家、曰魏家灣。

河自衛輝來者，歷舘陶縣至臨清，與會通河合流而北，其淺舖十二：曰灘尚、曰窩兒頭、曰還隄、曰秤勾灣、曰小馬頭、曰南舘陶、曰安靖、曰黄花臺、曰李家、曰馬頭、曰馬攔廠、曰尖冢。

由臨清州東岸，北至夏津縣境，有閘二：曰新開上，距戴家灣三十里；迤北五里，曰南板。俱明永樂十五年建。淺舖五：曰吊馬橋、曰房村廠、曰上口、曰丁家馬頭、曰下杖柳。西岸北至清河縣境，有淺舖八：曰尖冢、曰白廟、曰羅家、曰孟家、曰趙家、曰郭家、曰陳家、曰王家。南岸西至板閘口有淺鋪六：曰潘家屯、曰七里墩、曰潘家橋、曰新莊、曰沙灣、曰閘口。

由清河縣西岸，北至夏津縣境，有淺鋪八：曰二哥營、曰嚴家、曰吴家、曰孫家、曰葡萄、曰草廟、曰黄家、曰賈家。

由夏津縣北，至武城縣境，有淺鋪六：曰新開口、曰草廟、曰郝家、曰小口子、曰大口子、曰横河。

由臨清至武城縣之甲馬營驛，爲一百四十里，其間仍有一渡口驛，亦州境也。而武城縣東岸，北至恩縣境，有淺鋪十三：曰商家、曰白龍、曰白家、曰大龍、曰灣頭、曰柳林、曰大還、曰高家、曰陳家、曰何家、曰半邊店、曰陳家、曰方遷。西岸北至故城縣境，有淺鋪十二：曰劉家、曰侯家、曰周家、曰南調嘴、曰北調嘴、曰西關、曰小流、曰孟家、曰王家、曰張家、曰果子、曰絶河。

由恩縣東岸，北至德州境，有淺鋪七：曰白馬廟、曰高師姑、曰滕家口、曰回龍廟、曰八里堂、曰新開口、曰曹家口。而回龍廟之北，有丁官屯一舖，德州衛地也，有減水閘一，在四女樹。

由故城縣西岸，北至德州衛境，有淺鋪四：曰鄭家口、曰范家圈、曰焦姑寺、曰孟家灣。

由甲馬營驛一百一十五里，北至德州之梁家莊驛，而德州東岸北至德州左衛境，有淺鋪三：曰新窑口、曰飲牛口、曰耿家灣。

由德州衛西岸，北至德州境，有淺鋪一，曰南陽務。

由德州西岸北至德州左衛境，有淺鋪三：曰上八里、曰蔡張成、曰劉皮口。

由德州左衛東、西岸，俱北至德州衛境，有淺鋪四：曰小西門、曰鄭家口、曰四里屯、曰下八里屯。

由德州之梁家莊驛，歷七十里爲安德驛，再七十里爲良店驛，再七十里，爲吴橋之連窩驛也。而德州衛東岸，北至吴橋縣境西岸，北至景州境，有淺鋪九：曰張家灣、曰圓窩口、曰五里莊、曰降民口、曰丁官屯、曰劉官屯、曰四里屯、曰八里屯、曰高官廠。

由景州西岸，北至吴橋縣境，有淺鋪四：曰羅家口、曰薄皮口、曰坡唐口、曰狼家口。

由吴橋縣東、西岸，俱北至東光縣境，有淺鋪七：曰降民屯、曰鐵河圈、曰朱官屯、曰小馬營、曰郭家圈、曰三里、曰王家。

由連窩驛而北七十里，至交河之新橋驛，即今泊頭鎮。然東光縣東岸，北至南皮縣境，有淺鋪四：曰下口、曰李家、曰任家、曰狼拾。西岸北至交河縣境，有淺鋪五：曰古隄、曰大龍、曰桑園、曰油房、曰白家。而二縣之界，有瀋陽衛地焉。其河道之責并河夫，俱隸於交河主簿。

由南皮縣東岸，北至天津右衛境，有淺鋪五：曰北下口、曰白家堰、曰雙堂、曰三角隄、曰馮家口。

由泊頭而北走七十里，至滄州之甎河驛。然其間交河縣西岸，北至青縣境，有淺鋪五：曰李道灣、曰丁家口、曰大流口、曰菱角窩、曰白洋橋，而其中三十八里，屬河間衛。

由天津右衛東岸，北至滄州境，有淺鋪四：曰小白洋橋、曰大白洋橋、曰南楊家口、曰北楊家口。

由甎河驛七十里，至興濟縣之乾寧驛，而滄州東岸，北至天津左衛境，有淺鋪七：曰甎河南口、曰王家（曰）〔圈〕[一]、曰寇家圈、曰回回灣、曰紅孩兒口、曰華嚴口、曰朱家墳口。

由天津左衛東岸，北至興濟縣境，有淺鋪九：曰張家口、曰大掃灣、曰高家馬頭、曰安都寨、曰索家馬頭、曰北橫隄、曰南橫隄、曰許家淺、曰南絶隄。

由興濟縣東岸，北至天津衛境，有淺鋪七：曰安都寨口、曰王家、曰流洪、曰安家、曰柳巷口、曰李家、曰八里堂。

由乾寧驛七十里，至青縣之流河驛，而青縣西岸北至静海縣境，有淺鋪六：曰甎河、曰運坊、曰李家、曰畱小、曰流河、曰新莊口。而甎河之北、運坊之南，天津左衛境也，有淺鋪五：曰流佛寺、曰北絶隄、曰管莊口、曰蓮花、曰石堂。

由天津衛東岸北至静海縣，有淺鋪九：曰泊張、曰新莊、曰寨里、曰東漫撒、曰馬濟、曰王家、曰李家、曰吕家、曰蔡家。而新莊之北三里，霸州分地也，有淺曰蘇家。

由静海縣東岸，北至天津右衛境，西岸北至武清縣境，有淺鋪八：曰釣臺、曰雙堂、曰在城、曰獨流、曰沙窩、曰辛口、曰楊柳青、曰稍直口。南自流河驛，走七十里，至静海之奉新驛。又一百里，至武清縣之楊青驛，是爲天津，入於海。自此而北，復爲逆河矣。

[一] 圈　原作『曰』字，據《北河紀》改。

卷之三　河源紀

孟津閻廷謨重纂　檇李莊　鏻訂正

元初，漕路自中灤登陸，其後自任城開渠以通漕。任城者，今之濟寧州也，則濟寧之南即中灤矣。按《元史》：灤河源出金蓮川，由松亭北，經遷安東平州。蓋自徐沛而北，河流漸微，故灤河雖通東平州，而力不任漕。及開會通河，以至臨清，則自臨清而北，衛水之流盛，而漕復可以飛航而濟矣。此會通河者，衛水不南，河水不北，獨賴汶、泗、沂、洸諸泉，以濟其流者也。

汶水之源有三：一發泰山僊臺嶺，一發萊蕪原山之陽，一發萊蕪寨子村。會泰山諸泉，至靜封鎮合而爲一，謂之大汶口，轉西南與小汶河合。小汶河之源出自新泰宮山之下，西流至狙猍山陽，入于大汶。合流至寧陽西北，分而爲二：其一爲元人所改，由堽城南流，別爲洸水；其一由堽城西流，至東平州東五十里，會坎河諸泉，至四汶口而分。其西流者入大清河，由東阿而北，至利津入海，此故道也。明永樂中，開會通河，迺於寧陽之北築堽城壩，以遏其入洸之流；于坎河之西築戴村壩，以遏其入海之路，使其全流盡出汶上城北二十五里受灤、濫諸泉，謂之魯溝。又西南流至城北二里，受蒲灣泊水，謂之草橋河。又西南流十里，謂之白馬河。又西南流二十里，謂之鵝河。鵝河者，故宋之運道也，涸而爲渠，汶水由之。又西南十五里，謂之黑馬溝。又西南至南旺入于漕，六分北流，四分南流。

入汶之泉，百四十有四：在新泰者二十有五，在萊蕪者二十有四，在泰安者四十有七，有肥城者九，在平陰者二，在寧陽者四，在東平者二十有五，在汶上者六，在蒙陰者二。泉有目，各有名，亦可考而誌之。弟以管理泉閘，又有南旺主事耑勅隸焉，故不詳記者，示不越俎也。然諸泉印河官之殿最歲　奏例屬之，故亦并及其概也。又按齊、魯之間，水由地中行，處處皆泉也。故舊泉十七，新泉十三，與府志所載詳略不同，下倣此。

泗水之大源，出于陪尾山之下，四泉同發，故曰泗水，亦因以名其縣。四泉合而成流，西南行經於卞城，其西有泉數十，自縣之南境北流入之；又有泉數十，自縣之北境南流入之。自此西過其縣北，又西過曲阜城北五里，分爲二流：北曰洙瀆流，繞聖墓之前，而泗水繞其後，皆過孔林西，復合爲一。西至兖州府城東五里金口閘東，沂水、雩水入之。

沂水之大源，出尼山之麓，過曲阜南而至雩水，出曲阜南馬跑泉，過鄒縣境而至總謂之泗水。入兖州府城而西，至于西門之外，納闕党蔣翊七泉，合而成流，謂之濟河。至城西過上樓閘、杏林閘，凡六十里，至濟寧城東屈從南門，合于洸水，入于漕。

泗水諸源之泉，在本縣者五十有九，在曲阜者五。沂水諸源之泉，在曲阜者十有九。兖州府城之西而會于泗者，爲滋陽之泉，而其自入于漕者，則濟寧浣筆泉。

明永樂中，既築堽城壩，以遏汶水入洸之流，而洸河幾絶，然堽城之南官莊河之入于洸者如故，但其源微而流不長。明成化十一年，主事張盛復爲堽城石閘，稍分汶之支以益之，遂西南流至濟寧南門，會沂、泗二水入于漕。

官莊河之源，出于寧陽之九泉。泉各有名，亦不詳紀。滕縣之境東爲三河口，合流入漕。三河者，沙河、薛河、南石橋河也。

沙河有二：北沙河之源出嶧山，南流繞龍山之左至滕縣北，受七里泉。又南分爲二流，其一出休城南至于馬家口，其一出休城北受大吴泉。又西受北石橋泉，又西受白水。白水即界河也，其源出于龍山西麓，總而曰北沙河；南沙河即漷水，源出述山之麓，西流會以黄約山諸泉，又過鳳凰山東納龜步泉，又南過華蓋山納石溝泉，過滄浪淵納明河水，西而入於漷水，會南梁水，總而曰南沙河。此兩河者，故由三河口趨湖。明隆慶元年，築黄甫等壩，開辛章支河十二里，遏之使北，以滙於湖，由南陽入漕。而滕縣之泉入沙河以達于漕者，凡十有一。

薛河之源，出寶峰山東諸泉，謂之西江。西流而納永豐、鳳凰二泉，至於薛山，故曰薛河。南流而納東江之水。又西而納玉花、三山二泉，南入南明河，故由三河口趨湖。明隆慶元年，築東邵等壩，開王家口支河九[一]十六里，使之南由微山入湖，從地垬溝入漕。而滕縣之泉入薛河以達于漕者，凡七泉。

南石橋河，即俗稱牛溝水，南流與沙、薛爲三河，及沙遏而北，薛遏而南。惟此河改從佃户屯入漕，而滕縣黄溝泉亦滙焉。南自沛縣之珠[二]梅閘，北至魚臺之南陽閘，長八十里，皆新河也。而魚台之泉，凡十有五，合流而至硯瓦溝，由南陽入于漕。自濟寧州之魯橋閘，北至師家莊閘，二閘之間爲五空橋，泗水南流，與白馬河之水入之。白馬河之源，出于九龍山，西過鄒縣，受蓼河之水，西北折而南流，受鄒縣之泉，凡十有一，皆會流而入魯橋。又有托基泉，入于棗林閘，蘆溝泉入于南陽閘。

御河之源，出河南衛輝府輝縣蘇門山百門泉，東引滏、洹、淇三水，流十里爲舘陶，會漳水，又北九十里，爲臨清，與會通河合。是河也，漢名屯氏，隋名永濟渠，又名御河，以其源出衛輝府，又名衛河。此迺窮御河之源耳。明崇禎十三年，總河張國維題請專設司官疏導百泉，防盗水利。此不載其詳者，亦示不越俎也。

漳河之源，出山西之長子，曰濁漳，樂平曰清漳，俱東

[一] 九 原作『北』，據《北河紀》改。

[二] 珠 原作『朱』，據《北河紀》改。

經河南之臨漳，分流至舘陶西南五十里，與衛河合，入于漕。至明萬曆初，漳河北徙，由魏縣入曲周釜陽河，而舘陶之流絶。

衛河北流至於青縣之南，滹沱河之水入之。滹沱河之源，出於大鐵山，自代郡鹵城東流，經獻縣城南丨一里單家橋，至青縣南岔河口入運河，合流而北，至於天津入於海。

黃良泉記略　元　頓舉

皇慶元年壬子，東平景德鎮行司監丞奉議：人夫劉公蒞官之始，克（勒）〔勤〕[一]涖事，凡所轄去處，躬親閱視。隄岸之卑下者，增築之；水脉之淺澁者，疏通之。泝流尋源[二]，自北而南，過古之任國，歷今之魯橋，涉泗、汶合流之次，里幾一舍而抵黃山之麓。覺其土脉膏潤，復進而前，得泉沮洳而出，可以濫觴者數穴，泓澄於沉沙之間。

俯而探之，温如湯；掬而飲之，甘如醴。以村引之，逐勢而行，又如蛇之赴壑。就命役夫鑿爲溝港，江之於河。其流甚順，溶溶洩洩，不舍晝夜[三]。即召彼故老，詢所稱呼，莫有知者。因以是泉出乎黃山，其性甚良，宜目之曰黃良泉，遂勒諸石，以告來者。遣以禮，命文於予。予特佳公之任職也，效其能以成其事；泉之遇公也，出乎隱以彰其名，一舉而二美（井）〔并〕[四]，故樂道之。

疏鑿泉林寺泉源記　明　湯節盧江人　參將

距泗水邑東五十里許，陪尾山之陽，有廟曰仁濟。廟之西有寺曰泉林。其殿宇巋然，林木蓊鬱，鳥聲樵唱，雜焉於中。傍有泉：曰珍珠，曰趵突，曰掬米，曰洗鉢，曰響水，曰紅石，曰清泉，曰湧珠，其源皆出於山。澄如湛如，其流環繞映帶寺之左右，而西南經卞橋。橋之西復有泉數十：曰大玉溝、小玉溝、潘波、黃陰、趙家莊、石泉、珍珠、東巖石縫、西巖石縫、三角灣等泉。合流於泗，會於曲阜之沂河，轉於天井閘會通河，沿淮達海。

永樂巳亥，漕運前總兵平江伯陳公瑄言於朝，爰命工部主事顧大奇等遍歷山川，疏濬泉源，以通水利，以濟漕運。後右通政王孜、郎中史鑑、主事侯暉等繼之，不減顧公之能。正統巳未，朝廷簡事之宜，所司請罷是舉，其上

〔一〕勤　原作『勒』，據《北河紀》改。

〔二〕泝流尋源　原作『泝流築源』，據《北河紀》改。《漕河圖志》本該句前有『是歲春首頗旱，恐致壅塞，慮瀕河水地有可以排決而入之者，以增益之，庶獲助佐。』一句

〔三〕『不舍晝夜』後有『知其積之也久，翼棹櫂之工，應泛舟之役。於是流之下者，比之往日力省而行速，莫不歡呼鼓舞而過。其爲補益，有不可勝言者存乎其間。』一句，據《漕河圖志》本補。

〔四〕并　原作『井』字，據《北河紀》改。

下泉源因以淤塞。

余時董督糧儲，心計指畫，以泉源利濟所資，不可無官以典其事，迺請。上可其奏。於是，主事熊鍊、傅弼等官啣命來兹，仍疏導之，其利澤及於人多矣。邇來亢旱不雨，河道將涸，余親詣泰安州等處，疏通大小泉源。踰泗水，見乎泉林之泉，利人者廣。由是，逆流不便者改之，亂石者去之，不通者濬之。又博訪故跡，得聆耆耋者言，是泉皆從石竇中出，清澄無比，汪洋不窮。余聞而益喜，泉之舊有名者，勒珉以紀之，無名者立石以表之，用爲名山勝概之助。尚慮未(及)〔既〕〔二〕，復同泗水縣官訪於邑之少長，所得石河等泉一十三道。泉無巨細，皆爲之開鑿，以濟不通。

事既集，遂書以識之，使後來者有所知焉。時正統九年八月也〔三〕。

蛇眼泉記略

明　吴寛　長洲人　吏部尚書

國家遷都於燕，其食貨之入，悉資舟楫，由京師而南，舳艫凡數千里不絶，孰非河渠之所浮乎？地勢隆汙，望若階級，置牐蓄水，洩復盈焉，又孰非泉源之所濟乎？泉多見於齊、魯之地，其發甚微，其流甚迂，微則易湮，迂則易竭。夫使滔滔汩汩出而無窮者，又孰非人力濬導之乎？工部所掌水利，其一特設主事分治之。

成化十六年，予同年洛陽喬公廷儀奉命以往。當歲之春，泉脉初動，廷儀輒率官吏、召卒徒出而從事，畚鍤濬導如法，勤敏之稱，徹於中朝。顧所至露處，無以爲風日之庇，迺築亭泉上，名曰覯泉，求予文以記其成。惟古人之樂，多托於山水，若柳之愚、歐陽之釀，可以概見。獨惜其人皆放斥於外，而不盡其用。於時徒啜其清、漱其甘，以自娱而已。若廷儀則以泉爲職者也，方其從事於斯，歷曠野，入重山，可謂天下之至勞。及功之將畢，視其溢然、沛然，濟河渠，載食貨，以給國用，亦可謂天下之至樂。故泉一也，停蓄而無爲，覯之者樂其適已；發洩而有用，覯之者樂其濟世。初廷儀受代，爲吾友徐君仲山嘗著《泉志》，凡泉之形狀、流衍且載於編，計百二十餘，其用心可謂密矣。今廷儀且滿任，而閩黄君世用將往代之，世用練達詳慎，特推舉其職，殆無難者。夫亭不足書，而泉則重事也以。三君相繼，敢叙其功，而望其成焉。

〔二〕既　原作『及』，據《北河紀》改。

〔三〕《漕河圖志》該段內容爲：『事既集，不可無文記其實。竊惟漢、唐、宋鑿川浚渠以興利溉田，皆有益於人國者也。兹惟泉林及衆山之精脈，合細流以利長洪漕運，國家以之輸饋餉，而倉廩一事之所關莫重焉。矧夫古之爲人臣者夙夜匪懈，勤勞王事，以盡厥職，庶圖報稱于萬一。餘以韈綫之材，奚敢趾美於前人哉。但以斯泉之利，恐歲久泯于聞，遂書以識之，使後來者有所知焉。時正統九年八月也。』，據《漕河圖志》補。

龍鬬泉記略

明　陳侃闓　懷安人　東平學正

冬官尚書郎喬君廷儀奉命督濬東泉，委出濟漕，舍樺躡屐，窮幽陟險，抵於汶上之東北。越四十里許，登濼澢山，迺有恠石特出，堅壤蹲起，有泉一泓，涓涓南瀉。度其勢必有殊勝，因建小亭，以時舍止。又西迤三里，至龍鬬泉，泉脉鼎沸，若兩虬相擊，其左右則皆翠羽之木、龍鱗之石。下則一派南流，皎拖晶練，奔放縱激，寒洌清漾，於是順勢於自然，命官集衆，揫鍤稱畚，濬源泝流，決排壅塞，使由魯溝入會通河。因構亭一楹，翼然泉上，每梘[一]泉時，憇息而聽政，名曰『觀泉』。繚以周垣，樹以杞柳，扃啟以時，以屏囂襍。工成，乃遣汶上丞徵記於余。余讀衛武公之詩曰：『用戒戎作，用逷蠻方。』又曰：『夙興夜寐，洒掃庭內。』夫武公，衛之元老，既有蠻方之寄，猶然不廢於洒掃之末，乃知蓋臣慮周天下，事無巨細，罔不殫乃厥心耳。且漕河非泉不流，而石傍山霤，往往發源於層巖沓嶂之間。治水使者憚於露宿以濬其源，以故壅於泥沙，分於田圃，而不能自達漕河者衆矣。喬君之治水也，凡得數百泉，而其遠於郡邑者，皆令剏亭駐節，以布水政。雖若細故無裨於民，而使後之人不憚露宿以濬泉源。其所裨於漕運，以裕國計者實大，蓋又非洒掃庭內之比者也。君名縉，家於洛陽，漢儒喬仁之裔。仁傳大戴禮，世相沿襲。君雖以詩魁鄉薦，尋以禮登壬辰進士，令來職水，凡所効於水者，靡所不究。而君之才固不止是，吾之所望於君者，亦不止是，顧嘗一臠而知一鼎之味矣。

柳泉記略

明　王大化　儀真人　工部員外郎

柳泉出寧陽城西，舊入于洸，以達(午)〔于〕[二]泗。末流浸淫，淪于沙者幾七十年，非其性也。嘉靖丙戌，默泉吴子來董泉事，補偏刮垢，式克有緒。越明年丁亥，周爰詢咨，迺召屬吏，語之曰：『胡村之南可棄也，其壤惡；洸河之東可渠也，其勢下道；且古河之西可引也，夷而徑也。』僉曰唯唯，因請千少司空蘭谿章公，公曰：『盍亟圖之。』于是卜日料工，指洸之兩涯曰牐，此則爲牐者二，蓄洩時矣；指邑之南曰橋，此則爲橋者一，涉無病矣；指民田麗于西河之西者曰易，此則罔用厲矣。蓋心計而身親之，不憚瘁焉。導若泉東至于洸，又東至柵河，折而南，又東入于蛇眼、金馬諸泉，既與灖合于泗，而其利猶夫舊也。經始于丁亥秋九月之朔，迄戊子春二月告成。渠之長以步計，二千一百七十有六，廣七步有奇；石以尺計，一千九百有五；甎以塊計，如其數，以斤計者，灰一

[一] 梘　通『視』。
[二] 于　原作『午』，據《北河紀》改。

萬六千八百四十，綮二百三，鐵一百六十；椿木以根計，五百四十；稍柴以個計，八百三十；力役于泉夫，以名計，五百二十；財取于曠役，以斤計者三；洗河灘地償之民者，以畝計，一十有八。夫以數十年湮廢，復之一旦，無違時，無狃常，無問有司默泉者，可謂無負其職也。遂爲之記，俾來者觀焉。

新泉序

明　張克文　新淦人　工部主事

國家輓東南數百萬粟，遡流達于京都，南旺其襟喉而泉源其血脉也。舊泉凡二百二十有六，分濟南北，前人之計周矣。文奉命兼理之，明年壬申，遍歷諸泉。其曲徑危梁不能輿者，躡履從之，務窮其源。凡舊泉所出，悉按圖治之矣。顧圖所不載者，歷州縣有之，召父老問故，曰：『泉豈有窮，夫則有限。如開一泉，必增數夫。故使者不及睹，有司不以告。』余因進諸長吏以矢之，必不以泉益夫以水困民也。惟取盈於舊額，蠲其遠役，而調停焉。如是而民心悅，遂報新泉三十六處，併而入河，計所助之利，視昔亦加多。或曰新泉中有甚微細者，顧亦取而濬之，而記之，何抑不見閙乎？水涸舟膠，既障之板，又從而固之，加薦草焉，懼其涓滴不爲用也。夫已涓滴而塞其流，不涓滴而導其源，可乎？矧今不紀，後將何稽，故序其說如此。

論疏龍鬬泉略

明　張純　漳浦人　工部主事

斯泉之始出也，會濼、澢諸泉以出魯溝，河水勢盛大，即陪尾之趵突，狙狘之濁河，不多讓也。迂洄四十餘里，而至蒲灣泊，則地漸平矣。由泊而至金龍口，又若少昂然者，是以諸泉水阻不得下，稍有漲漫，則盡由蒲灣泊以出栢浪橋，民田往往渰没，而金龍口亦隨以淤，是于民則害，而于運則失其利也。歲丁卯五月，分水幾告竭矣，試調衆一疏濬之。旬日間閘，河水若增四五寸，然則疏濬之功可待時乎？隄蒲灣以防其漫，濬金龍口以順其流，此其喫緊也。

卷之四　河政紀

孟津閻廷謨重纂　檇李莊　鏻訂正

自虞舜命伯禹作司空，帝曰俞咨禹汝平水土。至秦漢有都水長丞。漢武帝以都水官多，乃置左、右使都以領之。成帝以王延世爲河隄使者，哀帝初平當爲鉅鹿太守，以明《禹貢》，使行河爲騎都尉領河隄。晉武帝置都水臺，而河隄爲都水官屬。梁改都水使者爲大舟卿，其最卑者主舟航、河隄。後魏初，有水衡都尉及河隄謁者、都水使者。隋煬帝河渠署置令丞各一人，唐因之。開元中，以宇文融爲九河使。石晉置隄長。宋置都水監、黄御等河都大提舉、巡河主埽使、提舉河防司。元以工部尚書爲總治河防使。

明或以工部尚書、侍郎、侯伯、都督、提督。運河自濟寧分南北界，或差左、右通政少卿或都水司屬，又遣監察御史、錦衣衛千户等官巡視運河閘泉。宣德以後，遣郎中一人提督濟寧河道，主事一人提督徂徠等處泉源。已而部郎罷遣，以山東參政副使管理河漕。天順二年，以河南道副使一員，整理濟寧以北河道。成化初，改命通政駐劄張秋，掌衛河、會通河漕政，北至天津，南至魚臺一帶，凡泉湖閘壩、隄淺之事，皆隸焉。旋以山東副使兼攝之，已改都水司郎中奉勅行事，凡沿河有司及管河文武官員，悉聽節制。又除都水司主事二員，奉部檄行事，一駐劄寧陽，一駐劄濟寧，（堂）〔掌〕[一]諸泉源閘壩之政，凡有司管泉、管河官員，皆屬焉。弘治十八年，南旺別設分司，以寧陽都水兼攝。正德十四年，耑差主事一員，駐劄南旺。嘉靖二十四年，罷遣南旺主事，而以寧陽主事兼攝其政。隆慶三年，罷遣濟寧主事，而三分司之政，俱屬寧陽，今止南旺分司一員，駐劄濟寧管理泉閘。其臨清閘座，則正德間設都水司主事一員管理，嘉靖七年罷之，而屬其事於甎廠，甎廠，今順治八年裁，歸并北河。然地雖分管，而總理之者，北河郎中也。其在所屬者文武官，郡有丞、判，州有判，縣有簿、尉，閘有官，衛有指揮，所有千、百户，今易以守備、千總。各守其疆，不相踰越。

北河公署，在東阿、陽穀、壽張三縣之交，其地曰張秋，宋真宗時名景德鎮，元設都水分監於此。明弘治七年，河決張秋，命都御史劉大夏等塞之，因更鎮名曰安平。公署在河之西南，未詳其建於何年。明嘉靖十四年，郎中姜國華以堂宇皆南向，而公門獨折而東，非居正之體，乃費公帑二百金，改而南門之左爲坊表，其右爲土地神祠，

[一] 掌　原作『堂』，據《北河紀》改。

大門三間，儀門三間，大堂五間，東、西廊房各六間，左幕廳三間，右吏書房三間，廚房二間，衙内上房五間，東西廂房各三間，左書房三間，右廚房三間，旁小房三間，東樓五間，其上有小閣三間，樓前有堂五間，東連房五間，堂之外東、西小軒各二間，外爲客廳三間，左、右耳房各一間，廳南菜園半畝許。明萬曆四十年二月，衙房五間災，四十一年春重建。

工部書院，在公署之西，創自明弘治間，爲管河府佐廳。明嘉靖末，添設捕廳於城西南隅，尋革，而以捕務兼屬管河通判，於是移駐捕廳，而河廳爲廢署。明萬曆十六年，郎中吳之龍修葺其頹圮，改爲工部書院，凡本司新舊交代，以爲駐節之所，今甚頹廢。南旺行署，在南旺分水之傍，近俱廢亡。順治九年，因大挑駐劄，必爲修建。臨清行署，在臨清州之西南，明萬曆四十一年，以營繕分司署偪側兩易之。以上二署，每歲大小挑往來駐節焉。今俱廢亡，止存舊址。

河隄謁者箴　漢　崔瑗

伊昔鴻泉，浩浩滔天。有夏作空，爰奠山川。導河積石，鑿于龍門。疏爲砥柱，率彼河滸。大陸既礙，播于北野。濟、漯咸順，沂、泗從流。江淮湯湯，而冀宅乃州。澮菑濺濺，東歸于海。九野孔安，四隩不殆。爰及周衰，夏績陵遲。導非其導，堙非其堙。八野填淤，水高民居。溢溢滂汩，屢決金隄。瓠子潺湲，宣房作歌。使臣司水，敢告執河。

都水分監記　元　揭傒斯

會通河成之四年，始建都水分監於東阿之景德鎮，掌凡河渠壩牐之政令，以通朝貢、漕天下、實京師。地高平則水疾泄，故爲堨以蓄之，水積則立機引繩以輓其舟之下上，謂之壩。地下迤則水疾涸，故爲防以節之，水溢則縋起懸版，以通其舟之往來，謂之牐。皆置吏以司其飛輓啟閉之節，而聽其訟獄焉。雨潦將（溢）〔降〕[一]，則命積土壤，具畚鍤，以備奔軼衝射；水將涸，則發徒以導閼滯，塞崩潰。時而巡河周視，以察其用命不用命[二]而賞罰之。故監之責重以煩。

延祐六年秋九月，河南張侯仲仁以歷佐詹事、翰林、〔太醫三〕[三]院，皆能其官，且周知渠事，選任都水丞。冬十有一月，分司東阿，詔凡河渠之政，毋襲故狃私，毋怛勢沮威，惟宜適從，敢有撓法亂政，雖天子使，

[一] 降　原作『溢』，據《揭傒斯全集》改。
[二]『不用命』，《四部叢刊》本無。
[三]『翰林、太醫三院』原作『翰林院』，據《揭傒斯全集》改。

五品以上，以名聞，其下隨以輕重論刑，毋有所貸。侯北自永濟渠，南至河，東極汶、泗之源，滯疏、決防，凡千九百餘所，咸底於理，退即以所署泊文書，庳冗儉陋，吏側立無所，爰告于衆曰：『余承命來此，惟恪恭是圖，顧以函文之（屋）〔室〕〔一〕制千里之政，役徒百工何所受職？下官群吏何所聽命？鄉遂之老州邑之長，何所稟政？荆、揚、益、兖、豫〔二〕數千里，供億之吏，何所視禁？山戎島夷，遐徼絶域，朝貢之使，何所爲禮？朝廷重使何所止舍？』乃會財于庫，協謀于吏，攻石伐材，爲堂。於故署之西偏。

左庖右庫〔三〕，前列吏舍于兩廂，次樹洛、魏、曹濮三役之肆於重門之内，後置使客之舘，皆環拱内向〔四〕，外臨方池，長隄隱虹。又折而西，達于大逵，高柳布陰，周垣繚城，遐邇縱覩，嘆曰：『惟侯明慎周敏，（惟）〔於〕〔五〕公罔私，故役大而民弗知，功成而監益尊，政益行，斯河渠之利，永世攸賴。

爰稽在昔，自丞相忠武王建議於江表初平之日，少監馬之貞奏功於海内一家之時，自時厥後，分治于兹者，鮮不著勤焯勞，載于簡書，而公署之役，乃以待侯，（侯）〔六〕非樂侈其（居）〔名〕〔七〕以夸其民，所以正官守，肅上下，崇本而立政也〔八〕。

是役也，首事於侯至之明年某月日，卒事於至治元年某月日。合内外之屋餘八十楹。是歲九月記。

〔一〕室　原作『屋』，據《揭傒斯全集》改。
〔二〕荆、揚、益、兖、豫　原作『荆、揚、兖、豫』，據《揭傒斯全集》改。
〔三〕『左庖右庫』，據《揭傒斯全集》，前有『隅隩廓深，周阿崇穹，藻饋之麗，文不勝質，幾席之美，物不踰軌。』後有『整密峻完』。
〔四〕『皆環拱内向』，據《揭傒斯全集》。後有『有翼有嚴』的文字。
〔五〕於　原作『惟』，據《揭傒斯全集》改。
〔六〕侯　《揭傒斯全集》無。
〔七〕名　原作『居』，據《揭傒斯全集》改。
〔八〕此處后據《揭傒斯全集》有『誠宜爲而不敢後，惟國家一日不可去河渠之利，河渠之政一日不可授非其人，若侯著其人矣』一句。

都水行署題名碑記

明　邵元吉餘姚人　工部郎中

凡公署立題名碑，猶古列國乘也，可以諭世，可以勸德，可以考政，可以表年，匪直爲觀美已也。山東河道舊隸憲職，成化間工部建議，始割濟寧爲南北界，命郎中二員主之，賜璽書，假以事權，使繼憲職行事，然後山東河道與南、北直隸均隸部矣。郎中雖部使，有憲體焉，故于官屬則司考核之權，於錢糧則主稽查之籍，於夫役則酌倩調之宜，於勢豪則申禁遏之例，於詞訟則准受理之典。是故公考核則官屬勘矣，密稽查則錢糧清矣，時倩調則夫力節矣，抑豪强則河道肅矣，公聽斷則遐邇威矣。出納之制則有司存，徵科於州縣有司，總貯於府有司，支發於掌印有司，領給於佐貳有司。郎中惟驗估繩費，度力信直，省成計弊斯已矣。是故昵官屬則比，親錢糧則褻，勤倩調則煩，阿豪强則諛，濫聽斷則妄，皆自失也，故必存憲體，而後可以不愧此官，必自憲其身，然後可以舉憲之職，否則惑也。

吉爲此懼，甫涖任，即考先輩行事，將取師焉。公署舊無題名碑，鮮有知者。喟然曰：『缺典也。先儒謂，名者，治世修身之（共）〔具〕[一]。治世云者，即予所謂考政表年之顛也。修身云者，即予所謂論世勸德之類也。今名且不知，況望得其行事之實，以資諸政事乎？子言之，君子疾没世而名不稱，是不可已焉者也。』乃盡閲廢卷爲編年，考得其職名、鄉貫者若干人，失其名者一人，失其鄉貫者二人，究其素履始終者，則間然矣。歲月若流而逝者如斯也，是可慨已。

恭惟我國家歲漕永賴兹河，河之變凡四，盖漕河、黄河相爲表裏，而南、北河之利害不同。黄河導而南，則洪以南利之。黄河決而北，則閘以北受其害。而害有二，經陽阿、壽張則潰，出金、單、魚、沛則淤。潰以疏治，疏之法以洩；淤以衍治，衍之法以濬。斯二者，先輩治有顯績，可監也。公署舊在河西務泊頭鎮，成化以來，謂潰之功難成而害最大，乃令郎中駐劄兹土。今黄河效靈，南行順軌，前之二害，萬無再至。但潰之害不待黄河而然，近滄静間，無歲無之，其勢亦能奪流而注之海。直霜降後，則勢減易塞耳。盖上有汶、漳、衛，下流惟此河而已。近雖復古四女樹絶堤、小埽灣減水閘，猶未足以洩百一。議者欲於滄州絶隄大開支河，如兹地鹽河五孔橋之制；或庶幾耳。況黄河南北不可期也，思患而防，待時而動，足力而舉，必有變通之術有乎其間，而非吉今日之所能爲也。因并識，以俟後之主斯土者。宋太祖乾德五年正月，詔大名淄滄德博等州長吏並兼本州河隄使。

開寶五年正月，詔曰：『應緣清、御等河州縣，除準舊制，種藝桑、棗外，委長吏課民，别種榆、柳及土地所宜之木，仍案户籍高下，定爲五等。第一等歲樹五十本，第二等以下遞減十本。民欲廣樹藝者聽。其孤寡惸獨者免。』

太宗淳化二年三月，詔長吏以下，及巡河、主埽使臣，經度行視河隄，勿致隳壞，違者置于法。

真宗咸平三年，詔緣河官吏，雖秩滿須水落受代知州通判兩月一巡隄，縣令佐迭巡隄防，轉運使勿委以他職。又申嚴河上盗伐榆柳之禁。

天禧三年，詔河北路經水灾州軍，勿復科調丁夫。其守捍隄防役兵，仍令長吏存恤而番休之。

明宣德四年，奉旨：今後除進用緊要的船外，其餘運糧解送官物，及官員、軍民、商賈等船到閘，務俟積水至

[一] 具　原作『共』，據《北河紀》改。

六七板，方許開放。若公差內外官員等，或乘馬快船及遞運站船，如果事務緊急，就於所在驛分給馬騾過去，並不許違例開閘，敢有仍前倚恃豪勢，逼淩閘官，及厮争厮鬬搶先過去的，許閘官將犯人拿赴巡河官處，及所在官司，或巡按監察御史處問實，輕則如律處治，重則奏聞區處。那沿河管閘官，若再不用心依法照管，仍聽豪權勢要逼脇，啟閉不時，致水走洩，阻滯舟船都拿來重罪。

明成化九年二月，兵部題奉旨：通行淮揚以北一帶，撫按管河洪閘等官，凡遇南京進鮮等項船隻經過，務要逐一查驗，比與今次所擬隻數相同，方許應付。

明成化十三年五月奉旨：近聞兩京公差人員裝載官物，應給官快等船，有等玩法之徒，恃勢多討船隻，附搭私貨，裝載私鹽，沿途索要人夫，掯取銀兩，恃强搶開洪閘，軍民受害，不可勝言。運糧官軍倣傚成風，回還船隻，廣載私鹽，阻壞鹽法。恁都察院便由榜通行禁約，敢有不思改悔，仍蹈前非者，船隻等項，許管河管閘官員，并軍衛有司巡捕官兵，嚴加盤詰，應拿問者就便拿問，如律照例發落，應奏請者，指實參奏以聞。若管河管閘等官容情不舉，坐視民患，事發一體究治。

明成化二十二年六月奉旨：近聞有回原籍省祭丁憂起復，及陞除外任文武大小官員，或由河道，俱無關文，倚勢於經過衙門取具印信手本，轉遞前途，照數起撥人夫、船隻。又有販賣貨物滿船，擅起軍民夫拽送，一遇閘壩灘淺，盤墊疏挑，開泄水利，以致人夫十分受害，糧運因而遲滯。又有等公差內外官，額外多討馬快船隻，販載私鹽，附搭私貨，起夫一二百名至七八百千名者，人民荼毒，何有紀極？恁都察院便出榜各地方，曉諭禁約，仍行撫按、巡河、巡鹽御史、管洪管閘部屬，嚴督所屬巡司官吏往來巡視，遇有前項官員船隻，就便從公盤詰，私鹽私貨入官，無籍之徒，及關文內無名之人，擒拿問罪，干礙內官并五品以上官，指實奏來處治。其餘應拿問者，即拿問如律。凡閘惟進貢鮮品船到即開放，其餘務待積水而行。若積水未滿，或雖滿而船未過閘，或下閘未閉，並不得擅開。若豪强逼脇擅開，走洩水利，及閘已開，不依幇次，争先鬬毆者，閘官拿送管閘并巡河官處究問。若因而閣壞船隻、損失進貢官物，及漂流係官糧米，若傷人者，各依律例，從重問治。干礙豪勢官員，參奏以聞。糧運旗軍有犯，非人命重情，俱待完糧回日提問。其閘內船已過，下閘已閉，積水已滿，而閘官夫牌故意不開，勒取客船錢物者，亦治以罪。

凡漕河事務，悉聽典掌之官區處，他官不得侵越。凡府州縣添設通判、判官、主簿及閘壩官，專理河防，不許別委幹辦他事，妨廢正事，違者罪之。

凡府州縣管河官及閘壩官，有犯開具所犯事由，行移巡河御史等官問理，別項上司不得懷挾私忿，徑自提問。

以上明《會典》。

凡閘溜夫受雇一人，冒充二人之役者，編充爲軍；倡一人者，枷項徇衆，一月畢，罪遣之。

凡故決山東南旺湖、沛縣昭陽湖隄岸，及阻絶山東泰山等處泉源者，爲首之人，並遣從軍，軍人犯者徙于邊衛。

凡侵占纖路爲房屋者，治罪撤之。

凡漕河内，毋得遺棄屍骸，淺舖夫巡視掩埋，違者罪之。問刑《條例》。

凡閘壩洪淺夫，各供其役，官員過者，不得呼召牽船。

凡馬快等船，每駕船軍餘一名，食米之外，聽帶貨物三百斤，若多帶及附搭客貨私鹽者，聽巡河、管河、洪閘官盤驗，盡數入官，應提問者，就便提問，應參奏者，參奏提問。

凡南京差人奏事水驛，乘船私載貨物者，聽巡河御史郎中及洪閘主事盤問治罪。

凡漕運軍人，許帶土産换易柴鹽，每船不得過十石。若多載貨物，沿途貿易稽留者，聽巡河御史郎中及洪閘主事盤檢入官，并治其罪。

凡南京馬快船隻到京，順差回還，兵部給印信揭帖，備開船數及小甲姓名，付與執照，預行整理。河道郎中等官督令沿途官司，查帖驗放，若給無官帖，而擅投豪勢之人乘坐回還及私回者，悉究治之。

凡運糧、馬快、商賈等船，經由津渡，巡檢司照驗文引，若豪勢之人不服盤詰，聽所司執送巡河御史郎中處罪之。以上明《會典》。

南旺臨清等處，舊係三年兩次挑穵。明隆慶六年，題准每二年大挑一次，以九月初一日興工，十月終完。北河郎中預呈本部具題，命下之日備咨漕撫衙門，并山東巡撫及咨都察院轉行山東巡按，會同本官調集兖州、東昌、濟南等府泉壩、閘溜、淺舖、守口、見役、人夫前來興工，并動兖、東二府河道官銀，召募夫役以備停役。各夫不足之數，其南旺、月河及臨清、阿城七級等處淤淺，俱調附近驛遞等夫，恊同見在徭夫，依期挑濬，合用樁草、錢糧及廩糧工食，亦於兖州府庫河道銀内動給，北河郎中仍與南旺主事往來督查。

沿河兩岸栽柳護隄，兖、東二府各州、縣、衛所管河閘官下民舖夫，每名種二十株，軍舖十五株，撈淺、閘溜、隄壩等夫十八株。河間府屬各河官下民舖夫，每名種二十株，軍舖十五株，歲以爲常。其卧柳不拘夫數，每舖三百株，與高柳相兼。栽植卧柳者，出土新柳也。每年冬前，本部奉總河檄，通行查勘，但有枯損空缺去處，俱責令立春後補栽，不如數者，扣曠工銀入官，盜拔者問罪。

每年入秋，通行沿河一帶州、縣、衛所管河官，將沿河各湖，并運河隄岸生長蘆葦、蒿蓼、水紅等草，盡行收割。每夫一日採取二十束，每夫曬乾二十斤，以草盡爲止，如法堆垛，苫蓋，以備河工埽料之用。積久浥腐者，出陳變價採，不足數捏報及偷盗者問罪。

凡漕河所徵椿草，并折徵銀錢，以備河道之用，毋得以别事擅支，及無故停免。陽穀、東阿、壽張三縣，籽粒賃基銀兩，歲觧北河備支；供文廟、關帝廟、掛劍祠、韓通政祠、劉同知祠春秋祭祀用。

總督河道軍門禁約：糧運旗軍及木筏水手一應官民船隻，不許盗伐在隄官柳，違者聽巡隄夫役拿送管河官，解赴軍門，綑打一百，坐贓究遣。押運官知而故縱者，一并參提重處。

明嘉靖二十年，山東布政司分守東兖道參政，暨工部都水司管理南旺閘座主事同遵旨，照得南旺湖跨漕東西，其東湖跨汶南北，南曰蜀山，北曰馬踏，縈迴百五十里，原係濟運水櫃。自明正德三年以來，節彼豪右占侵，據爲己業，及因隄岸傾頹，召民佃種，辦納籽粒，一遇旱乾，遂阻糧運。今按圖志，爰清疆域，定立界石：東自泰晏橋頭界石起，由小河口跨長溝運河，至秦家舊閘南界石止，計長三十里；南至秦家舊界石起，由山家營一帶隄岸，至孤柳樹西界石止，計長四十六里；西自孤柳樹界石起，跨運河，由弘仁橋至北界首止，計長三十四里；北自弘仁橋北界石起，跨黑馬溝，由苑村至泰晏橋頭東界石止，計長四十里。除豁税糧籽粒，以杜侵占之端，週圍栽植柳株，以防盗耕。敢有肆行無忌，仍蹈前非者，定行照例充軍發遣。

明萬曆十六年，總督河道僉都御史，欽奉勑諭：南旺、臨清一帶，每年大挑小挑俱有欽限不議外，但勢豪船隻多方阻撓築壩，惟利其遲，天寒挑濬爲難，開壩又利其早，水利瀦蓄不廣。大挑年分原有欽限外，其小挑年分，亦以欽定限期，每年以十月十五日築壩，至次年二月初一日開壩。遇有解貢船到彼，另爲設法前進。其餘官民船隻，俱暫停止，候開壩放行。敢有勢豪阻撓者，聽管河衙門從重參究。仍大書刻石，豎立南旺、板閘，示衆遵守。

北河屬員

兖州府運河同知一員。

駐濟寧州，魚臺以北至於汶上河道隸之，兼管泉源。

兖州府捕河通判一員。

駐張秋，東平以北至於陽穀河道隸之，兼管張秋城池。

東昌府管河通判一員。

駐府城，聊城以北至於德州河道隸之，兼管直隸之清河縣。

河間府管河通判一員。

駐泊頭，景州以北至於天津河道隸之。

魚臺縣管河主簿一員。

河道南接沛縣珠梅閘起，北接濟寧南陽閘止，共八十里。

南陽閘官一員。

濟寧州管河判官一員。

河道南接魚臺界牌淺起，北接濟寧衛五里淺止，共六十八里。內東岸，南自魯橋，北至師莊三里，屬鄒縣。

天井閘官一員。在城閘官一員。

趙村閘官一員。石佛閘官一員。

新店閘官一員。仲家淺閘官一員。帶管新閘、師家莊二閘

棗林閘官一員。帶管魯橋閘。

濟寧衛管河千總一員。

河道南接濟寧五里淺起，北接鉅野火頭灣止，共二十五里。

鉅野縣管河主簿一員。帶管嘉祥縣河道。

南接濟寧火頭灣起，北接嘉祥大長溝止，共二十五里。又自大長溝起，北接汶上界首止，共十八里，屬嘉祥。

寺前舖閘官一員。通濟閘官一員。

汶上縣管河主簿一員。

河道南接嘉祥界首起，北接東平靳家口止，共七十二里。

袁家口閘官一員。開河閘官一員。

南旺上下閘官一員。

東平州管河判官一員。

河道南接汶上靳家口起，北接壽張戴家廟止，共三十里。

靳家口閘官一員。安山閘官一員。

戴家廟閘官一員。

東平所管河千總一員。

河道南接東平馮家莊起，北接東平安山舖止，共七里。

壽張縣管河主簿一員。帶管東阿縣。

河道南接東平戴家廟起，北接東阿沙灣止，共二十里。又自沙灣起，北接陽穀荊門上閘止，共二十里，屬東阿。

陽穀縣管河主簿一員。

河道南接東阿荊門上閘起，北接聊城官窑口止，共四十里。

荊門上下閘官一員。阿城上下閘官一員。

七級上下閘官一員。

聊城縣管河主簿一員。河道東西俱有。

東岸南自本縣皮家寨起，北接博平梭堤止，共六十里。

西岸南接陽穀官窑口起，北接堂邑梁家鄉止，共六十五里。

周家店閘官一員。帶管李海務閘通濟橋閘官一員。

永通閘官一員。

平山衛管河千總一員。河道止西岸一面。

南接聊城龍灣舖起，北接東昌衛冷舖止，共三里。其東昌衛河道南自真武廟起，北至糧廠止，共九十一丈，並無舖舍。

堂邑縣管河主簿一員。

河道南接聊城吕家灣起，北接清平魏家灣止，共三十五里。

梁家鄉閘官一員。帶管土橋閘。

博平縣管河典史一員。河道東西俱有。

東岸南接聊城梭堤起，北接清平減水閘（北）〔止〕[一]，共二十七里。

西岸南接清平魏家灣起，北接清平丁家口止，共四十里。

清平縣管河主簿一員。河道東西俱有。西岸內帶管德州左衛四舖，

東岸南接博平減水閘起，北接臨清潘官屯止，共三十九里。西岸南接堂邑函谷洞起，北接臨清潘家橋止，共三十三里。

戴家灣閘官一員。

〔一〕止　原作『北』，據《北河紀》改。

臨清州管河判官一員。

汶河北岸東自潘家橋起，西北至板橋止，二十里。

南岸東自趙家口起，西北至板橋止，二十三里。

衛河東岸自板橋起，北接夏津趙貨郎口止，三十四里。

西岸南自板橋起，北接清河二哥營止，三十一里。

新開上閘官一員。帶管南板閘，自此以北無閘。

舘陶縣管河主簿一員。

衛河南接元城南舘陶起，北接臨清南板閘止，共一百五十里。

夏津縣管河主簿一員。河道東西俱有。

東岸南接臨清趙貨郎口起，北接武城桑園止，共四十六里。

西岸南接清河渡口起，北接武城劉家道口止，共七里。

清河縣管河典史一員。

河道南接臨清二哥營起，北接夏津渡口止，共三十九里。

武城縣管河主簿一員。河道東西俱有。

東岸南接夏津桑園起，北接恩縣白馬廟止，共一百四十四里。

西岸南接夏津王家莊起，北接故城鄭家口止，共一百一十四里。

故城縣管河典史一員。

河道南接武城鄭家口淺起，北接德州衛孟家灣淺止，共六十里。

恩縣管河主簿一員。

河道南接武城白馬廟起，北接德州四女樹止，共七十里。

德州管河判官一員。河道東西俱有。

東岸南接恩縣新開口舖起，北接德州衛張家口舖止，共五十三里。

西岸南接德州衛南陽務舖起，北接德州左衛鄭家口舖止，共十五里半。

德州衛管河千總一員。河道東西俱有。

東岸南接恩縣迴龍廟舖起，北接吴橋降民屯止，共八十四里。

西岸南接故城范家圈起，北接景州羅家口止，共一百二十七里。

德州左衛管河千總一員。河道東西俱有，內有四舖在清平縣地方，縣河官帶管。

東岸南接德州耿家灣起，北接德州四里屯止，共三里。

西岸南接德州蔡張城起，北接德州衛四里屯止，共一里半。

景州管河判官一員。

河道南接德州羅家口起，北接吴橋狼家口止，共二十四里。

吴橋縣管河典史一員。河道東西各六十里。

東岸南接德州羅家口起，北接東光連窩淺止。

西岸南接德州白草窪起，北接東光王家淺止。

東光縣管河主簿一員。河道東西各六十里。

東岸南接吴橋狼拾淺起，北接南皮下口淺止。

西岸南接吴橋古隄淺起，北接交河白家淺止。

瀋陽衛河道一里。交河縣帶管。

河道南接交河劉家口起，北接交河劉家口止，共一里。

交河縣管河主簿一員。

河道南接東光李道灣起，北接青縣白洋橋止，共五十里。

南皮縣管河典史一員。

河道南接東光北下口淺起，北接天津右衛馮家口止，共五十里。

河間衛河道三十八里。交河縣帶管。

河道南接交河驛北口起，北接交河陳家口止，共三十八里。

滄州管河判官一員。

河道南接天津右衛磚河淺起，北接天津左衛朱家墳止，共四十里。

興濟縣管河典史一員。

河道南接滄州安都寨起，北接天津衛八里堂止，共四十八里。

青縣管河主簿一員。

河道南接清河甎河淺起，北接静海新莊淺止，共一百七十里。

覇州河道三里，係覇州委官管理。

河道南接静海長屯起，北接静海觀音堂止，共三里。

静海縣管河主簿一員。

河道南接青縣釣臺淺起，北接天津衛稍直口止，共一百三十里。

天津衛管河千總一員。

河道南接興濟蔡家淺起，北接静海泊張淺止，共六十五里。

天津左衛管河千總一員。

河道南接青縣流佛寺起，北接興濟張家口止，共七十七里。

天津右衛管河千總一員。

河道南接南皮北馮家口起，北接滄州北楊家口止，共十四里。

張秋工部都水司郎中題名照原紀，自前成化十年序起。

楊　恭陝西岐山人，進士，以右通政管河。　陳　英浙江鄞縣人，進士。

吴　玠浙江長興人，進士。　汪　僎江西弋陽人，進士。

陳　綺浙江太平人，進士。　張　縉山西陽曲人，進士。

韓　鼎陝西合水人，進士。　商良輔浙江淳安人，官生。

錢　榮浙江慈谿人，進士。　田　佑江南贛榆人，進士。

王　溱直隸濬縣人，舉人。　李思儒直隸高陽人，進士。

陸應龍江南長洲人，進士。　荀　鳳江南徐州人，進士。

楊　淳陝西臨潼人，進士。　畢濟時江西貴溪人，進士。

孔　鳳山東寧海人，舉人。　錢　瀾直隸阜城人，舉人。

李　煌江西浮梁人，進士。　李　重江南江都人，進士。

佟應龍江南山陽人，進士。　劉守良江南贛榆人，進士。

郭　敦福建晉江人，舉人。　楊　旦河南偃城人，進士。

邵元吉浙江餘姚人，進士。　王　廷四川南充人，進士。

朱懷幹浙江歸安人，進士。　張文鳳江南常熟人，進士。

歐陽烈江西泰和人，舉人。　趙　瀛陝西三原人，進士。

吴崇文河南光山人，進士。　嚴　中浙江餘姚人，進士。

沈　科浙江嘉善人，進士。　梁　恩湖廣巴陵人，進士。

鄔　璉江西新昌人，進士。　徐九思江西貴溪人，舉人。

汪　泓江南旌德人，舉人。　史朝賓福建晋江人，進士。

王陳策江南泰州人，進士。　周　望廣東莞人，進士。

吴道直直隸定州人，進士。　姜國華浙江慈谿人，進士。

朱　茹四川瀘州人，進士。　陳應麟浙江鄞縣人，進士。

游季勳江西豐城人，進士。　涂　淵江西南昌人，進士。

張　純福建漳浦人，進士。　劉　泮江西泰和人，進士。

金學曾浙江錢塘人，進士。　汪　審江西弋陽人，進士。

牛若愚河南祥符人，進士。　徐　儒江西臨川人，進士。

張德夫江西浮梁人，進士。　屠元沐浙江嘉興人，進士。

顧其志江南長洲人，進士。　郁　文浙江山陰人，進士。

吴之龍江南武進人，進士。　李民質直隸東明人，進士。

詹在泮浙江常山人，進士。　黄承玄浙江秀水人，進士。

康夢想江西泰和人，進士。　張甲徵山西蒲州人，進士。

蕭　椿江西盧陵人，進士。
趙可教四川温陵人，進士。
沈朝燁浙江仁和人，進士。
汪起鳳江南吴縣人，進士。
項夢原浙江秀水人，進士。
王之柱江南武進人，進士。
沈景夔浙江餘姚人，官生。
姜天樞浙江紹興人，官生。
周　沂湖廣江夏人，舉人。
姜　銼浙江餘姚人，舉人。
梁知先山東鄒平人，進士。
莊　鏻浙江嘉興人，進士。
李之藻浙江仁和人，進士。
施爾志浙江嘉興人，進士。
謝肇淛福建長樂人，進士。
胡士相浙江平湖人，進士。
笪繼良江南句容人，舉人。
鄭鳴珂福建莆田人，官生。
朱茂時浙江秀水人，官生。
許自表江南吴縣人，恩貢。
唐士鳳江西豐城人，官生。
袁中棨遼東廣寧人，生員。
閻廷謨河南孟津人，進士。

卷之五　河議紀

孟津閻廷謨重纂

漢成帝建始四年，清河都尉馮逡議奏言：『郡承河上流，土壤輕脆易傷，頃所以闊無大害者，以屯氏河即今衛河，通兩川分流也。今屯氏河塞，靈鳴犢口又益不利，獨一川兼受數河之任，雖高增隄防，終不能泄。如有霖雨，旬日不霽，必盈九河。今既難明，屯氏河絶未久，其處易浚，又其口所居高，於分殺水力，道理便宜，可復浚以助大河，泄暴水，備非常。不豫修治，北決病四五郡，南決病十餘郡，然後憂之，晚矣！』事下丞相、御史，以爲方用度不足，可且勿浚。至是，大雨水十餘日，河果大決東郡金隄。

宋神宗熙寧二年，劉彝、程昉上言：『二股河北流，今已閉塞。然御河水由冀州下流，尚當疏道，以絶河患。』先是，議者欲於恩州武城縣開御河入黃河，北流故道以下五股河，故命彝、昉相度。而通判冀州王庠謂：第開今流之處，下接胡盧河尤便。而彝等又奏：『如庠言，雖於流爲順，然其間漫淺沮洳，費工尤多，不若開烏欄隄，東北至大小流港，横截黃河，入五股河，復故道尤便。』遂命河北提舉糴便糧草皮公弼、提舉常平王廣廉按視。二人議協，詔調鎮、趙、邢、洺、磁相兵夫六萬濬之，以寒食後入役。三年正月，韓琦言：『河朔累經災傷，雖得去年夏秋一稔，瘡痍未復。而六州之人，奔走河役，遠者十一二程，近者不下七八程，比常歲勞費過倍。兼鎮趙二州，舊以次邊，未常差夫，一旦調發，人心不安。又于寒食後入役，比滿一月，正妨農務。』乃河北都轉運使劉庠相度，如可就寒食前入役，即興工，仍相度最遠州縣，量減差夫，而輟修塘堤兵千人代其役。二月，琦又奏：『御河漕運通流，不宜減大河夫役。』于是止令樞密院調兵三千，并都水監卒二千。三月，又益發壯城兵三千，仍照提舉官程昉等促迫功隄。六月，河成，遷昉宮苑副使。四年，命昉爲黄、御等河都大提舉。八年，昉與劉璯言：『衛州沙河湮没，宜自王供埽開濬，引大河水注之御河，以通江淮漕運。仍置斗門，以時啟閉。其利有五：王供危急，免河勢變移而別開口地，一也；漕舟出汴，横絶沙河，免大河風濤之患，二也；沙河引水入于御河，大河漲溢，沙河自有限節，三也；御河漲溢，有斗門啟閉，無衝注淤塞之弊，四也；德博舟運，免數百里大河之險，五也。一舉而五利附焉，請發卒萬人，一月可成。』從之。九年秋，奏畢功，中書欲論賞，帝命河北監司按視保明，大名官撫使文彦博覈實。彦博言：『去秋開舊沙河，取黄河行運，欲通江、淮舟楫，徹於河北極邊。自今春開口放，水後來漲落不定，所行舟栰皆輕載，有害無利，枉費功料極多。今御河上源，止是百門泉水，其勢壯猛，至衛州以下，可勝三四〔一〕百斛之舟，四時行運，未嘗阻滯。隄防不至高厚，亦無水患。今乃取黄河水以益之，大即不能吞納，必致決溢；小則緩漫淺澁，必致淤澱。凡上下千餘里，必難歲歲開浚。況北河穿北京城中，利害易覩。今始初冬，已見阻滯，恐年歲間反壞久來行運。倘謂通江、淮之漕，即尤不然。自江、淛、淮、汴入黄河順流即下，又合于御河，歲不過一百萬斛。若自汴順流徑入黄河，達于北京，自北京和雇車乘，陸行入倉，約用錢五六千緡，却于御河載赴邊城，其省工役、物料及河清衣糧之費，不可勝計。

又去冬，外監丞欲于北京黄河新隄開置水口，以通行運，其策尤疏。此乃熙寧四年秋黄河下注御河之處，當時朝廷遣差近臣，督役修塞，所費不貲。大名、恩、冀之人，至今瘡痍未平，今奈何反欲開口導水耶？都水監雖令所屬相視，而官吏恐忤建謀之官，止作遷延回報，謂俟修固御河隄防，方議開置河口。況御河隄道僅如蔡河之類，若欲吞納河水，須如汴岸增修，猶恐不能制蓄。乞別委官相視利害，并議可否。』又言：『今之水官，尤爲不職，容易建言，僥倖恩賞，朝廷便爲主張，中外莫敢異議，事若不効，都無譴罰。臣謂更當選擇其人，不宜令狂妄輩横，費

〔一〕字迹不清，據《北河紀》作『下，可勝三四』。

生民膏血。』已而都水監言：『運河乞置雙牐，例放舟船實便』，與彥博所言不同。十二月，命知制誥熊本與都水監、河北轉運司官相視。本奏：『河北州軍，賞給茶貨，以至應接沿邊榷場要用之物，竝自黃河運至黎陽出卸，轉入御河，費用止於客軍數百人添支而已。』向者，朝廷魯賜米河北，亦於黎陽或馬陵道口下卸，倒裝轉致，費亦不多。昨因程昉等擘畫，于衛州西南循沙河故跡決口置牐，鑿隄引河，以通江淮舟檝，而實邊郡倉廩。自興役至畢，凡用錢米功料二百萬有奇。今後每歲用物料一百一十六萬，廂軍一千七百餘人，約費錢五萬七千餘緡。開河行水纔百餘日，所過船栰六百二十五，而衛州界御河淤淺已及三萬八千餘步，沙河左右民田渰浸者幾千頃，所免租稅二千貫石有餘。有費無利，誠如議者所論。然尚有大者。衛州居御河上游，而西南當王供向著之會，所以捍黃河之患者，一堤而已。今穴堤引河，而置牐之地，纔及隄身之半。詢之土人云，自慶曆八年後，大水七至，方其盛時，游波有平堤者。今河流安順三年矣，設復暴漲，則河身乃在牐口之上。以湍悍之勢而無隄防之阻，泛濫衝溢，下令御河，臣恐墊溺之禍，不特在乎衛州，而瀕御河郡縣，皆罹其患矣。

夫此河之興，一歲所濟船栰，其數止此，而萌每歲不測之患，積無窮不貲之費，豈陛下所以垂世裕民之意哉？臣博采衆論，究極利病，咸謂葺故堤堰新口，存新牐而勿治，庶可以銷淤澱決溢之患，而省無窮之費。萬一他日欲用此河轉粟塞之，則暫開亟止，或可以紓飛輓之勞。未幾，河果決衛州。元豐五年，提舉隄防司言：『御河狹隘，隄防不固，不足容大河分水，乞令綱運轉入大河，而閉截徐曲。』既從之矣。明年，户部侍郎蹇周輔復請開撥，以通漕運，及令商旅舟船至邊。是時每有一議，朝廷輒下水官相度，迄莫能定。

哲宗元符三年正月，徽宗即位。中書舍人張商英陳五事：一曰行古沙河口；二曰復平恩四埽；三曰引大河自古漳河、浮河入海；四曰築御河西隄，而開東隄之積；五曰開水門口，泄徒駭河，東流大安，欲隨地勢疏濬入海。

徽宗崇寧三年十月，臣僚言：『昨奉詔措置大河，即由西路歷沿邊州軍，回至武城縣，循河堤至深州，又北下衡水縣，乃達于冀。又北度河過遠來鎮，及分遣屬僚相視，恩州之北河流次第，大抵水性無有不下，引之就高，決不可得。況西山積水勢必欲下，各因其勢而順導之，則無壅遏之患。』詔開修直河，以殺水勢。七年五月丁巳，臣僚言：『恩州寧化鎮大河之側，地勢低下，正當灣流衝激之處，歲久堤岸怯薄，沁水透堤甚多，近鎮居民例皆移避。方秋夏之交，時雨霈然，一失隄防，則不惟東流莫測所向，一隅生靈，所係甚大，亦恐妨阻大名、河間諸州往來邊路。乞付有司，貼築固護。』從之。

元世祖至元三年，都水監言：『運河二千餘里，漕公私物貨，爲利甚大。自兵興以來，失於修治，滄州之南，景州以北，頽闕岸口三十餘處，淤塞河流十五里。至癸巳年，朝廷役夫四千，修築浚滌，乃復行舟。今又三十餘年，無官主領。滄州地分，水面高于平地，全籍堤堰防護。其園囿之家掘堤作井，深至丈餘或二丈，引水以灌蔬花。復有瀕河人民就堤取土，漸至闕破，走洩水勢，不惟澁行舟，妨運糧，或至漂民居，没禾稼。其長蘆以北，索家馬頭之南，水内暗藏樁橛，破舟船，壞糧物。』部議以濵河州縣佐貳之官兼河防事，于各地分巡視，如有闕破，即率衆修治，拔去樁橛，仍禁園囿之家毋穿堤作井，栽樹取土。

仁宗延祐元年二月二十日，省臣言：『江南行省起運諸物，皆由會通河以達于都，其河淺澁，大船充塞于中，阻礙餘船不得來往。每歲省臺差人巡視，其所差官言，始開河時，止許行百五十料船，近年權勢之人，并富商大賈貪嗜貨利，造三四百料或五百料船，于此河行駕，以致阻滯官民舟楫，如于沽頭置小石牐一，止許行百五十料船便。』臣等議，宜如所言，中書及都水監差官于沽頭置小牐一，及于臨清相視宜置〔牐〕〔一〕處，亦置小牐一，禁約二百料之上船，不許入河行运。』從之。

至治三年四月十日，都水分監言：『會通河沛縣東金溝、沽頭諸處地形高峻，旱則水淺舟澁，省部已准置二滾水堰。近延祐二年，沽頭牐上增置隘牐一，以限巨船，每經霖雨，則三牐月河、截河土堰，盡爲衝決。自秋摘夫刈薪，至冬水落，或來歲春首修治，工夫浩大，動用丁夫千百，束薪十萬之餘，數月方完，勞費萬倍。又況延祐六年雨多水隘，月河、土堰及石牐、雁翅日被衝嚙，土石相離，深及數丈，其工倍多，至今未完。今若運金溝、沽頭並隘牐三處見有石，于沽頭月河内修隘牐一所，更將隘牐移置金溝牐月河或沽頭牐月河内，水大則大牐俱開，使水得通流；小則閉金溝大牐，止開隘牐，沽頭則閉隘牐，而啟正牐行舟。如此歲省修治之費，亦可免。丁夫冬寒入水之苦，誠爲一勞永逸。』移文工部，令委官與有司同議。于是差濠寨約會濟寧路官相視，就問金溝牐提領周得興，言每歲夏秋霖雨，衝失牐隄，必候水落，役夫採薪修治，不下三兩月方畢，冬寒冰作，苦不勝言。會驗監察御史言，延祐初，元省臣亦常請置隘牐，以限巨舟，臣等議其言，當請從之。

明永樂十二年，户部疏略：『查得會通河見運糧，止有淺河船一千三百餘隻，每次可運糧二十餘萬石，于徐州并濟寧兩處倉支糧，運赴北京在城倉，一歲可運三次，共該糧六十餘萬石，比與海運糧數不及。若添造二百料船，共湊三千隻，耑于淮安倉支糧，運至濟寧交收，却將二千

〔一〕此處原字跡不清，據《北河紀》作『牐』。

隻于濟寧倉支糧，運至北京，一次該運糧四十萬石，往迴約用五十日，自二月起至十月河凍止，可運四次，共得糧一百六十萬石，比與海運數多，又無風水之險，誠爲快便。

明天順八年，都察院都事金景輝疏略：　工部委官前去河南聽，巡撫左副都御史賈銓提督開疏黄、沁分水，灌注運河，即今一帶河道，通行無阻矣。惟安山北至臨清、衛河至直沽俱各少水，而德州、武城等處淺阻船隻不下千百餘艘。又訪山東、河南及大名等府起運京糧，亦因河淺，俱赴畿内買納。況商販少至，以致京師米麥翔貴，物貨騰涌，且畿内耕穫有限，而四方買糴無窮。幸值歲豊，民食尚乏，倘遇凶荒，將何以賴？陸贄有云：『用財之在關中者，與儲之帑藏不殊，有急而需，一朝可得。』今畿内之地正當充實，豈容虚耗？矧南京進貢馬快船隻，亦皆阻誤，不可不慮。考得安山北至臨清二百五十餘里，止有汶水，春時雨少，水脉微細，以致淺澁。其汴梁城北陳橋原有黄河故道，其河北由長垣縣大崗河，經曹州至鉅野縣安興墓巡檢司地界，出會通河，合汶水，通臨清。每秋水漲，有船往來，止是陳橋迤西三十餘里，淺狹水小，時月不得通流。若開挑深闊，亦可分引河、沁二水以通渾河。如此則徐州、臨清西河均得河、沁之濟，而衛河亦增，且開封、長垣，曹、鄆等處税糧俱免陸輓，又江淮民船亦可由徐州小浮橋達陳橋至臨清，得免濟寧一帶閘座擠塞留滯之弊，甚爲便利。

明弘治六年，總理河道劉大夏疏略：　議得河南、山東兩直隸地方，西南高阜，東北低下。黄河大勢，日漸東注，究其下流，俱妨運道。雖該上源分殺，終是勢力浩大，較之漕渠數十餘倍。縱有隄防，豈能容受？若不早圖，恐難善後。其河南所決孫家口、楊家口等處，勢若建瓴，皆無築塞之理。欲於下流修治，緣水勢已逼，尤難爲力。惟看得山東、河南與直隸大名府交界地方黄陵岡，南北古隄十存七八，賈魯舊河尚可洩水，必修整前項隄防，築塞東注河口，盡將河流疏道南去，使下徐沛由淮入海。所經州縣禦患隄防，俱令隨處整理，庶幾漕河可保無虞，民患亦皆有備。仍於張秌鎮南北各造滚水石壩一條，俱長三四十丈，中砌石隄一條，擬長十四五里，雖有小費，可圖經久。若黄陵岡等處隄防委任得人，可以長遠，仍照舊疏導汶水接濟運河。萬一河再東決，壩可以泄水流之漲，堤可以禦河流之衝。倘或夏秋水漲之時，南邊右壩逼近上流河口，船隻不便往來，則於賈魯河或雙河口徑達張秋北下，且免濟寧一帶閘河險阻，尤爲便利。

明嘉靖間，河南道御史王廷奏略曰：　宋禮、陳瑄經營漕河，既已成績，乃建議請設水櫃以濟漕渠，在汶上曰南旺湖，在東平曰安山湖，在濟寧曰馬塲湖，在沛縣曰昭陽湖，各爲四水櫃。水櫃，即湖也，非湖之外別有水櫃也。漕河水漲則減水入湖，水涸則放水入河，各建閘壩以時啟閉。　故問刑條例一款，凡故決、盗決山東南旺湖、沛縣昭陽湖、蜀山湖、安山積水湖各隄岸，爲首之人，發附近衛所，係軍調發邊衛各充軍。此見在條例可考。仰測累朝嚴禁之意，豈不知各湖可蠲以與民，以取徵賦之入哉？蓋以利有大于此，慮有遠于此者，不可以小害大，以近妨遠也。昔人云：『事有煩而不可省，費而不得已者，』正今日湖地之謂耳。

臣近巡歷泰安、寧陽等處，竊見漕河所資，止泰山諸泉。自新泰、萊蕪等縣經流汶上，故曰汶河。雖以河名，而實諸泉之委滙也。然諸泉之水濬則流，不濬則伏，雨則盛，不雨則微。故汶河至南旺分流南北，則水勢益少，非有閘座以時蓄洩，則其涸可立而待也。每年春夏之交，天旱水涸，而阿城七級之間如置水堂坳之上，舟膠而不可行，非借安山等湖之水以濟捧挽，即進鮮船隻，亦不能依限入京矣。故宋禮諸臣議設水櫃者，誠有見于此耳。計今一百六七十年，爲國家久長之利，豈其微哉？今四湖俱在，而昭陽湖因先年黃河水淤，平漫如掌，已議召佃。而安山、南旺二湖，不知何時被人盜決盜種，認納籽粒，以致湖乾水少。民又於安山湖內復置小水櫃，以免淹漫，遂致運道枯澁，漕輓不通。嘉靖十二、三等年，加以黃河南徙，兩洪溢澁。其時在朝諸臣講海運則迷失其故道，修膠萊河又徒費而不成。上厪皇上宵旰之憂，勅遣兵部侍郎王以旂往視漕河，并爲經理。以旂至此，訪究弊源，建議修復官湖，築隄岸，建水門閘座，以圖永久。素嘗盜種決隄之民，盡行問遺驅逐，不許佃種，以啟弊端。題奏欽依施行，迄今漕河無阻。然自官湖議復後，而東平、汶上之民垂涎湖地，何嘗一日忘情哉？今據各官開報之數，湖中水落，露出高阜地土，止四百四十三頃，非不可以召人佃種，但成事不可破，巨方不可開。且小民奸頑日甚，惟欲利已，罔知國法。頃者議復官湖已嘗懲創，恬不知畏，若再奉例召令佃種辦籽粒，則將一家開報數名，占種不計頃畝，遇水發入湖，恐傷禾稼，必盡決隄防，以滿其望。是所名水櫃者，將來爲一望禾黍之場耳。而漕河何所賴哉？今山東地方鄒、滕、沂、費、泰安等州縣，即東平、汶上之間，拋荒地土不知幾千百萬頃，即安山湖外荒地亦不知幾千百頃，而東平、汶上之民必欲舍彼而就此者，以民田納糧養馬當差，寧拋荒而不顧湖地，止認納籽粒，更無別差，期必種而後已。況未必皆貧困之民也。昔東平民魯以安山湖地投獻德府，隱占地畝，莫能誰何。後被查出，方歸于湖。且安山湖舊稱延袤百里，今止量七十三里，以此推之，寧望其辦納籽粒，保全湖隄耶？今據郎中汪弘、主事陳南金召納過人數計算，每畝照今例五分，止得銀六百兩有奇。若盡湖中高阜地，止得二千二百兩有奇，亦非有大利也。今每年河漕轉輸四百萬石之外，輸將於京師者，又不知幾千百萬焉。則其利孰多孰寡，而京儲與邊餉孰重孰輕，此不較而知也。萬一湖水告竭，漕河失利，臣恐所得不償所失，而其爲費又不知其幾。

往年山東議開膠州河，布政司即議費銀六十萬兩，又未必其能成也。今之欲種湖地者，乃倡爲水入而不能出之説。臣近親歷各湖，湖高於河殆六七尺，春夏水涸，每借各湖之水以濟河漕。況各湖原設水車各三百五十輛，若遇盛旱，亦令車水以濟，奚謂入而不出乎？臣又覽觀地勢，詢訪民謡，湖櫃之設不但漕河有利，而庶民亦有賴焉。蓋泰山以西，地漸窪下，夏秋水發，俱奔注此中。宋末嘉祥、鉅野、曹濮、壽張之間遂成巨浸，是以有梁山水泊之亂。今東平去梁山不遠，而水既入湖，湖外皆納糧民田也。若隄防稍廢，則水將漫衍淹没，而嘉祥、鉅野、曹濮、壽張之間又成巨浸矣。是所利者止數百家，而所害者將幾千百萬家及數州縣也。事有召衅，法有啟奸，不尤可慮乎？此就其害於下者言之耳。若湖廢河乾，漕運不通，其所關係尤重且大，又不可不深慮也。

明嘉靖四十四年，總河朱衡奏略：臣初至沛縣，乘舟遍歷，黄水無處不漫。獨南陽河口直抵留城一帶，黄水少浸。先年魯挑間類河形，臣於彼時窃已在念，猶冀水消工畢，再行詳勘處理。詎意運河漫水未消，黄河又難分導，則於此地應亟勘理。臣即與河道都御史孫慎，漕運都御史馬森，山東巡撫、户部右侍郎霍冀，河南巡撫、户部右侍郎遲鳳翔，又委郎中程道東，主事李汶、吴善言、王纘宗，副使梁夢龍、徐節、張任、胡湧，參政熊桴，僉事劉贄等，前往南陽留城一帶相勘。隨據道東等呈稱，遵依踏勘，南陽閘起至留城一帶新河，計一百四十一里八十八步。先年魯挑間類河形，須加創挑，方可成河。隨委鄒縣知縣章時鸞、濟寧衛指揮李肇芳等，即日帶領吏書及慣熟知地人等，勘得上自南陽閘起至新莊橋六十里，下自滿家橋起至留城四十里，中段新莊橋至滿家橋四十里，尚未成河，合用人工挑空，方可通水。又勘得三河口沙河一道，每年山水大發，應築壩堵塞。爲防水患，東有薛河，中有趕牛溝，上自山東滕縣關橋諸泉發源，水向西行出金溝。今議於兩岸築壩二道，引水入河接濟，共算挑土三十四萬九百一十方，該用夫六十八萬一千八百二十工。又勘得地形北高南下，水易傾洩，合於沙河兩崖等處建閘六座，修築兩崖隄岸及打壩補塞缺口。爲照國家重務，莫切於漕運，妨運莫重于黄水。黄水之性，湍激浩蕩，難以禦治，即或治之，而工費不貲。況其變遷無常，屢爲運害。如嘉靖六年，決於沛縣，十三年決于魚臺縣，皆旋挑旋淤，迄無成績。今歲黄水復決徐沛，汎溢運河，淤連百里，至今水尚未消，工難措手。驚惕於中，莫知爲計。蒙委遍歷踏勘，看得此地兩岸形高，土俱堅實，三十餘年黄水不侵。雖今歲水勢瀰漫，亦未侵及。況河路徑直，挽輸更便，成功以後，可保無虞。實天留此，以貽國家億萬年通漕之利者也！臣看得，黄河上源既難分導，水勢散漫，不能施工，雖湖坡之水暫藉行舟，然乾涸無常，終不可恃。來歲糧運，實切隱憂，反覆思惟，計無所出。所據勘議，開通新河以便轉漕，委宜亟處。臣即與河道都御史等前往南陽留城一帶，看得此處地遠黄水，可免侵淤，人力堪施，開挑成河，不惟近可以濟來歲之運，而又遠可以垂無疆之休。此實我皇上至德潛孚，精誠照格，天啟其機，地顯其靈，載觀人情，僉謀允協。臣願督率群工，於此效力，務期一勞（來）〔永〕[一]逸，少申微臣體國之念，以仰答皇上知遇之恩。

明嘉靖間，總河劉天和議：滄、德、天津之間，河決無歲無之。亦有水不甚盛、河不甚盈而決者，非盡由隄岸单薄也。一則鹽徒盜決，以圖行舟私販；一則鹻薄地土盜決，以圖淤肥；一則對河軍民盜決，以免衝決。彼岸巡守當嚴，而防察當預也。臨清板閘，運河入衛處也。衛河水漲，即壅入閘，或漫閘面以入故閘。上下常淤，運舟每爲停阻，宜增培閘面，旱澇舉須下板啟閉。盖啟則閘下之淤每日衝洗可盡，閉則衛水不入閘，河之水積盈。及啟則二河水勢相當，淤亦不入矣。司閘者所宜審也。汶水出泰、萊諸山，伏秋流亦混濁，率皆虛浮淤沙，故老相傳，成化間戴村壩以下河道猶未淤滿，意者開導未久，爾近則沙淤，直至南旺湖皆平滿矣。故水易漲溢，頻年挑濬，沙積兩岸，或平鋪地上，風起飛颺，仍歸河內。衆議兩岸築隄以約攔之，猶慮水漲隄壞。迺議開減水閘、滚水壩各四，以洩暴水。嘉靖十三年秋，築東隄。十四年秋，築西隄。去河遠而高厚閘壩，亦計料修建，嗣而治之，運道其永賴矣。汶水自泰萊至南旺，幾三百里，遠近咸謂汶泉水微而不考其故。盖盈河淤淺，春夏久旱，沙極乾燥，汶泉經之多滲入河底，所經既遠，安得不微耶？嘗測其上源、下流深廣尺寸，所耗十之三四，然數百里之淤沙不可盡濬，且將所濬之沙終歸河內，勞費無已，而卒莫能效。有獻議者云：汶水自春城口以下，河流迂遠，宜於春城口置石壩一道，中爲數硿洞，創開小河八里餘，取徑入魯姑、龍闘二泉，渠量加濬，廣凡六十三里餘，而至黑馬溝。伏秋水盛流濁，則閉硿洞，俾由故道。春夏之間，及天旱水微流清，則遏水由硿洞下出黑馬溝口，即可避汶河百數十里之沙滲。余大奇之。隨因中道有五泉，隔絶不能入，遂止。如將五泉者横汶開溝以入焉，亦無不可。治水者尚其審諸。

明萬曆間，工科都給事中常居敬《河工八議》：一濬泉源以資灌注。查得會通河南北千里，盡賴十八州縣百八十餘泉之流，分爲五派，新泰、萊蕪、平陰、汶上、蒙陰、寧陽等九州縣入南旺者爲分水派，泗水、曲阜等四縣入濟寧者，爲天井派，其功最大，其所需尤甚切也。乃平昔之疏濬既疎，天時之亢旱又久，是以泉政多弛，通流無幾。

[一] 永 原作『來』字誤，據《北河紀》改。

近據濟寧道按察使曹子朝、分守濟南道參政吕坤新濬出泰安州謝過城等六泉、新泰縣劉官莊等五泉、萊蕪縣韓家莊等五泉、東平州源頭泉一處、曲阜縣新跑泉一處，發源頗盛，導入汶河，堪以濟接。則自此之外，安知無湮没於沙礫，而散漫於草莽者乎？但濬泉雖易，治汶實難。盖河廣沙深，屈曲之流不足以潤久渴之吻。臣等親視龍灣等泉，源源而來，比至汶則一吸而盡，猶無泉也。又必督令撈淺等夫，擇其積沙淤漫者，濬爲河泓，俾深五尺、闊一丈，則水得所歸，而趨壑亦易矣。然各泉坐落各府州縣，近者四五十里，遠者三四百里，管泉分司豈能遍歷？近奉明旨，各分守道兼管，似爲得策。臣以爲仍當責成各掌印官，督率夫老以時疏濬，每年終分守道會同管泉分司，將各官新泉摎出若干、舊泉廢棄若干類報總河，分别奬戒，庶人心有所警惕而泉流足濟運道矣。

一復湖地以預瀦蓄。查得山東泉源有時微細，故設諸湖積水以濟飛輓。盜決有禁，占種有禁，誠重之也。乃今則不然。南旺、安山、蜀山、馬場等湖始因歲旱水涸，地屬閑曠，當事者召人佃種，徵租取息，以補魚、滕兩縣之賦。於是諸湖之地半爲禾黍之場，甚至姦民壅水自利，私塞斗門，復倡爲湖低河高之説，申禁非不嚴，而占悋若故矣。除安山湖批查未報外，今勘得南旺湖周圍九十三里，計地二千七百頃，原有斗門一十四座，止存關家大閘、常明口二處，其餘邢通口、孫强口等十二處俱已湮塞，合行修復。本湖東邊南阜地量留護岸一里，共計一百六十二頃，南北留護岸地半里，共計一百一十六頃一十畝，令原主佃種納課，其餘專備蓄水，仍築子隄一道，以爲封界。湖内北高南低，應於中亘築長隄一道，自吴家巷起至黄家寺止，長一十四里，根闊一丈五尺，頂闊八尺，高八尺，界爲二區。寺前舖張住口建斗門一座，以便上下接濟。馬踏湖周圍三十四里零二百八十步，計地四百一十餘頃，俱應退出還官。其東北空缺處，長十里零二百四十步，應築土隄一道，約束湖水，不使洩漏。西岸原有王巖口滚水石壩，年久淹没，令行修復。蜀山湖周圍六十五里零一百二十步，計地一千八百九十餘頃，除宋尚書香火地六頃、并高亢地八頃五十三畝，照舊令民佃種納租外，其餘地一千八百七十五頃四十六畝二分，俱築隄蓄水。東岸李泰口閘以下十五里，原有馮家滚水大壩，相應修復。馬場湖周圍四十里零三分，内高阜地九十三頃二畝，先年召種納課，抵補魚、滕縣糧。今查得前項補足，責令退業還官，并低窪地六百四十頃四十二畝九分，俱築隄蓄水。内有安居斗門三座，合行修復。其各湖占種麥田，法應追奪，但念年荒民貧，且承業已久，收成將近，候麥熟之日，令其芟刈，照地退還。以上工料人夫等項，通共銀該四千七百一十七兩七錢，於兖州府庫河道銀内動支。修完於湖口竪立大石，明註界趾、斗門，以杜侵占，如是庶法明而漕河永賴矣。

一築坎河以防滲漏。查得汶合諸泉之水西流，抵南旺分注南北，以成漕而濟運。故汶蓄則漕盈，汶洩則漕涸。夏秋之間，水固有餘，冬春之後，不可使有涓滴他適明矣。乃戴村以上有坎河口，西趨鹽河爲入海故道。沛然就下，勢若建瓴。先年總河侍郎萬恭堆集石灘，盖謂溢則縱之，平則留之，意甚善也。但時久灘廢，非不歲有修築，而沙隄一線，亂石數堆，走洩甚易。萬一全河盡趨則運道涸可立待，豈得爲完計哉！臣等督同管河同知、州判等會估得，本口應修滚水石壩一座，計長六十丈，面闊一丈，底闊一丈五尺，深入土四尺，出土三尺，并雁翅、細石及樁木、鐵灰、工食等項，通共該銀八千一百六十七兩四錢，一面辦料興工。水溢則由頂以上任其宣洩，水落則由壩以内盡資實用，且以免鹽徒盜決之弊也。汶其有全利乎！如是則一勞永逸，而歲歲補石之費亦可免矣！

一建閘座，以便節宣。夫漕河之水，其出有限，而其流無窮，所以樽節積蓄，俾盈科而進，全有賴於諸閘也。故地有高下，則閘有踈密，要之勢相聯絡，庶幾便於啟閉，惟濟寧寺前舖閘至天井閘，則延長七十里，東昌通濟橋閘至梁家鄉閘則延長五十里。閘啟水洩，積蓄爲難。司河者每當糧運盛行之時，排木堵水，名爲活閘，苟且一時，終非久計。甚至各幫運軍船一經過，捧土築壩，流入河中，愈成灘淺。運艘正行不便，挑濬無惑乎？舟行之艱也，合於二處。適中之所，南則鉅野縣火頭灣地方建閘一座，（各）〔名〕[一]曰『通濟』；北則博平縣梭隄集地方建閘一座，名曰『永通』，俱照各閘事規啟閉濟運。除各匠役工食候完扣算外，每閘估計粗細石料并木樁、鐵麻、船隻等項，各該銀三千九十五兩八錢九分五釐，於東、兖二府河道銀内動支。每閘閘夫三十名，溜夫五十名，即於各縣停役夫内撥用。如是則關束有具，節宣得宜，水利有停蓄，而運艘不致淺閣矣。

一設閘官以肅漕規。國家之設官也，有似大而實冗者，裁之爲宜；有似小而實切者，增之爲便。查得運河一帶閘座，每閘設官一員，統領夫役，盖啟閉有人責成，良便頃緣。新河告成，棗林上下水平閘面不行啟閉，遂將棗林閘官裁而不設，間付之南陽閘官兼理之。邇來天時久旱，河流微細，本閘水淺，啟閉爲急，尚可以南陽之官攝之乎？夫一啟南陽，一閉棗林，互相闔闢，勢如呼吸，一不得人，瀉而盡矣。近且無官付之一二，閘夫之手在官船則莫敢誰何，在民船則大爲簸弄。既以病商，復以敝運，以故漕舟至此，殊費牽輓，而往來者亦稱不便也。不知閘官雖卑，職掌猶在，且廪俸無多，國家亦何惜此五斗，而令河道要害之地爲無人之境哉？合於棗林，并新添二閘，各設官

[一] 名　原作『各』，筆誤，據《北河紀》改。

一員，俾司閘務，庶職守得人，而漕規不廢矣。

一給關防以重事權。國家之事，莫重於河漕，故於泉閘特設部臣經理之，所以重委任而專責成也。各管河郎中俱奉有敕印，是以文移稱便。惟南旺管泉主事，其設已久，關防未給，因循至今。夫管泉管閘先年曾以二人理之，今并責之一官，其任亦重矣。督理乎十六州縣之泉，而相隔數百里之遠，止以空白文移，臨之即旁午載道鮮不不以并髦視河臣，欲其昭法守而一衆志也，難矣。且糧船過閘，例應十日一報漕撫衙門，相隔千里無關防，則驛遞不行，事多掣肘，殊非一端。夫以閘官之微，尚有條記關防，何獨於部臣而反靳之也。至於運河、黄河二同知，職守既專，責任亦重。凡工程之勤惰，錢糧之出入，咸賴稽察，事緒孔棘，弊竇易生，使少失於防閑，未免稽違河務。近見邸報楊村管河通判已奉明旨給與關防，則兖州府管河同知事體相同，合無將管泉主事并兩河同知均賜鑄給庶文移便，而事權重矣。

一嚴築壩，以便挑濬。照得汶水入湖，接濟運道，每歲寒沍之時，遂將河口築壩，遏流分洩蜀山、馬踏等湖，候來春冰泮之日，開壩受水。是冬則以河之水滙於湖，春則以湖之水濟於河。故南旺、臨清一帶，因得乘時挑濬，不致淤淺，法至善也。除隔歲大挑已奉有欽定期限外，其餘每年當天氣漸寒，正宜築壩絶流也。而往來船隻，力以緩築爲請，多方阻撓，甚至十一月終尚不得築者，不知天寒冰合，乃驅荷鍤之夫，裸體跣足，鑿冰施功，其將能乎？及寒冰初解，正宜固封蓄水也，則又以速啟爲請，百計能促，至有正月初旬放水行舟者，不知隔歲之水所蓄無幾，三春無雨則運艘方至，又將何以濟之乎？法制未明，事體掣肘，管河官徒茹苦而不敢言也。合無請賜明旨，除大挑年分外，每年定以十月十五日築壩絶流，至次年二月初一日開壩行舟，勢豪船隻不得横擾，該管河官員不許阿狥，違者聽督撫衙門參究。大書刊石於南旺、板閘二處，以便觀覽，如是則明旨森嚴，人心惕息，不但便於挑河，亦且足以蓄水，一舉而兩得之矣。

一復夫役以備修防。山東河道淺深不一，而汶河衝發淤塞爲多，各項夫役俱不可缺。查得兖州府屬如汶上、鉅野、嘉祥、濟寧、魚臺、南陽、利津等處，原額設撈淺、淺舖隄夫各數不等，共計二千四百五十二名。後因河流稍順，遂裁減一千一百三十三名，扣銀入官，以備支用，止存見役夫一千三百一十九名。不知扣存有節省之名，而雇募起無窮之弊。一時河道淤淺，調度徵發爲難，工之弛廢久矣。今議於汶上縣量復撈淺夫七十四名，淺舖夫三十名，鉅野、嘉祥二縣量復撈淺夫三十八名，淺舖夫五名，濟寧衛量復撈淺夫一十一名，濟寧州量復撈淺夫三十二名、淺舖夫一十二名，魚臺縣量復撈淺夫十名，淺舖夫二十名，南陽利津量復隄夫八名，東平州量復泉夫二十名，東昌府通濟橋閘量添閘夫十名，庶挑河濬泉不致乏人矣。

然猾民之包攬肆意偷安，管河之代替任情影射，甚至迯故不報，占悋私役，種種情弊，雖增猶弗增也。令行管河同知通判逐一汰選，嚴加稽覈，庶工役得有實濟，而河務不致稽違矣。

總河潘季馴《北河十議》：一守戴村壩。汶水從陶泰而來，就鹽河由博興車瀆入海。自宋司空築壩戴村，蜒蜿九里，屹如天成，迴狂瀾而逆之，西會通河始得濟運。此壩係全河屏障，先年設夫增土植柳，培護周密，歲年防弛，以漸單薄，萬一乘瑕復歸，故道不無可慮。宜令東平、汶上管河官，督夫培土栽柳，悉如舊制。此係運河第一喫緊關鍵，故首及之。一守坎河口。與戴村壩無異，盖因戴村既築之後，水無傍洩，歲久復衝此口。泉水決入鹽河，運河每至淺涸。明萬曆十六年，都給事中常居敬會同撫按題請築壩。馴於十七年剏築石壩一道，長六十丈，水漲則任其外洩，而湖河無泛濫之患；水平則仍復內蓄，而漕渠無淺涸之虞。利賴甚重，防守當嚴，必每歲六月初旬，即令東平州管河官駐劄壩上，備料集夫，相機捍禦。九月初旬，始得撤守。著爲定例，永保萬全，司河者宜加慎焉。一守馮、何二壩。馮家壩係蜀山湖之門户，地卑而水易洩，故築壩以障之。蓄可益運，泛不病民。何家口係南旺湖之尾閭，此口稍卑，汶水就西而下，每決房家口而傷運河之隄，南旺之水則涸矣。今築石壩，平時任其南逝，水漲洩而之西，良得策也。每歲伏秋，專責管河官不時巡視，少有圮壞，即便修砌。

一挑濬汶河淤沙。坎河口石壩固爲完策，但可以洩水而不可以通沙，日久淤停，沙填河內，則能致水漲漫，或沙嘴横射河灣，則能逼水衝決。宜督管河官乘暇集夫挑濬，使水不東逼，徑直南趨，誠爲保全石壩要務。是在司河者先事而加之意爾。

一巡守五湖隄岸。運艘全賴于漕渠，每資于水櫃。五湖者，水之櫃也。止因舊隄浸廢，界址不明，民乘乾旱越界私種，盡爲禾黍之場。先臣兵部侍郎王某原建土隄，南旺湖周圍隄長一萬九千七百八十八丈三尺；蜀山湖隄自馮家壩起至蘇魯橋止，長三千五百八十丈，自蘇魯橋西至田家樓止，原係收水門户，栽植封界高柳；馬場湖隄東面長一千六百二十丈，北面原留入水渠道栽植封界高柳；馬踏湖隄自弘仁橋起，至禹王廟止，長三千三百一十三丈；安山湖隄長四千三百二十丈，而斗門閘壩悉已完備，可收濟漕永利。馴因舊爲新，督築完固，但近湖射利之徒，覬覦水退，希圖耕種盜決之弊，禁令當嚴。每年冬春，管河官周圍巡閲，責令守湖人役投遞甘結，庶河防飭而水利無滲洩之患，疆界明而奸民杜侵越之萌矣。

一因時分合汶流。南旺分水地形最高，所謂水春也。決諸南則南流，決諸北則北流，惟吾所用何如耳。當春夏糧運盛行之時，正汶水微弱之際，分流則不足，合流則有餘。宜效輪番法，如運艘淺于濟寧之間，則閉南旺北閘，令汶盡南流，以灌茶城；如運艘淺于東昌之間，則閉南旺南閘，令汶盡北流，以灌臨清。當其南也，更發濵南諸湖水佐之；當其北也，更發濵北諸湖水佐之。泉湖兼注，南北合流，即遇旱暵克有濟矣。此以智役水，以入勝天力，不勞而功倍計，無愈此臨時酌之。

一先期挑濬月河。南旺舊例兩年一大挑，築壩斷流，不通舟楫，始開月河，官民稱便。欲挑正河，必先挑月河，一時兩役並興，夫多苦累。時迫則工必略，工略則沙必淤。自今萬曆十八年，挑正河爲大挑，十九年挑月河爲小挑，以後著爲定規，庶舟楫往返既不阻於稽緩，夫役用工亦不病於煩難矣。

一築土壩以利接濟。閘河地亢，衛河地窪，臨清板閘口正閘，衛兩水交會處所。每歲三四月間，雨少泉澁，閘河既淺，衛河又消，高下陡峻，勢若建瓴。每一啟板放船，無幾水即盡耗，漕舟多阻。宜於閘口百丈之外，用樁草設築土壩一座，中留金門，安置活板，如閘制然。將啟板閘，先閉活閘，則外有所障，水勢稍緩，而于運艘出口易於打放。衛水大發，即從拆卸。歲一行之，費無幾何，此亦權宜之要術也。

一疏衛濟運。衛水發源於河南輝縣蘇門山，名曰搠刀泉。經新鄉等處合淇、漳二水，逾舘陶至臨清，合汶河之水，經德州出天津直沽入海。板閘以下，全賴此水濟運。夏秋之交，糧運盛行，每患淺澁，盖因輝縣源頭建有仁、義、禮、智、信五閘，壅泉灌溉民田，以致水不下流，殊妨國計。宜行分巡東昌道，每歲糧運北行，衛水消涸，呈報總河衙門，移交河南管河道，速將五閘封閉，俾水盡歸運河。其餘月分，或水勢充盈，仍聽民便，庶公私兩不相妨而運艘不滯矣。

一疏濬泉源。按山東泉源屬濟、兖二府一十六州縣，共一百八十泉，分爲五派：以濟運道。新泰、萊蕪、泰安、肥城、東平、平陰、汶上、蒙陰之西，寧陽之北，九州縣之泉，俱入南旺分流，其功最多，關係最重，是爲分水派也；泗水、曲阜、滋陽、寧陽迤南，四縣之泉俱入濟寧，關係亦大，是爲天井派也；鄒縣、濟寧、魚臺、嶧縣之西，曲阜之北，五州縣之泉俱入魯橋，是爲魯橋派也；滕縣諸泉近入獨山、呂孟等湖，以達新河，是爲新河派也；又沂水、蒙陰諸泉與嶧縣許池泉俱入邳州、徐呂而下黄河，經行無藉，于此是爲邳州派也。酌其緩急，則分水、天井、魯橋之派，均屬漕河命脉。每歲春夏，聽司道嚴督管泉官夫疏濬通達，俾源源而來，庶幾有濟。但數月不雨，其流必竭。當萬曆十六年，漕渠乾涸，百計疏濬，卒無涓滴之流。至閏六月初旬，大雨達朝，諸泉俱湧，河渠遂盈，則地利未嘗不係于天時也。至於山泉，沙磧頗多，汶河每爲淤墊，須於大挑之期，一并挑濬，使泉流無阻，亦一策也。常居敬請開安山湖奏略：

據兖州府管河通判王心查得，安山一湖周圍共一百里，其間東北自通湖閘起，至西北焦天禄莊止，計長十三里；自焦天禄莊起，至西南王禹莊止，計長七里零；自王禹莊起，至東南青孤堆止，計長九里零；自青孤堆起，至通湖閘止，計長七里零。周圍共計三十八里，此係水櫃，堪以積水者也。但湖形如盆碟，高下不甚相懸，水積於中原，無隄岸。東南風急則流入西北燥地，西北風急則流入東南燥地，未及濟運，消耗過半。且自許民佃種以來，百里湖地盡成麥田。先年總理河道傳都御史履畝分析，除徵租銀二千六百五十三兩，歲抵魚、滕二縣秋糧外，其低窪處所封爲水櫃。法非不善，但統龍無界禁例不嚴，民情無厭，漸至今日，殆無曠土矣。爲今之計，應將水櫃三十八里築一高隄，隄以外照舊佃種徵銀，隄以内挑深蓄水，管河通判等官不時巡歷，庶隄界既明，人無盜種之弊矣。至于安山閘邊，原有通濟、積水二閘，不便出水。訪得萬曆九年，有金把總魯于八里灣掘溝放水，人甚稱便，至今形迹猶存，應于此處建閘一座。又西北地名似蛇溝，其地更低，水勢散漫，應于此處亦建閘一座，庶于舊閘入者，于新閘出，蓄洩得宜，漕河有賴矣。臣即便會同巡撫山東右副都御史李戴巡按山東御史吴龍徵會議得，設湖蓄水本漕政之良規，清湖濟漕實治河之要務，自南旺而下四百餘里，始達衛河，其間全賴安山一湖積水濟運，所係之重，何如也。惟自召佃之弊政一行，而豪民之侵占無已，變沮洳爲膏腴，視官湖爲己業，日侵月削，久假不歸，寸土無遺，殊可痛恨。即今久旱河淺，百計疏濬，如抱漏巵、沃焦釜，徬徨無策，皆緣水櫃未復之故也。及今則清湖蓄水，真若蓄艾，豈非第一義哉！侵盜奸民本應盡法重究，概奪還官亦不爲過，但私相授受，其來已久，展轉耕佃，已非一人，且四外高亢之地，不便瀦蓄，終成曠廢。據勘將少窪之地三十八里，周遭築隄封爲水櫃，既可以免滲漏易竭之患，又可以杜强梁無厭之謀，似亦計之得也。外八里灣、似蛇溝二處，便於放水，委應建立閘座，其築隄建閘之費，初據各官議，將盜種湖麥刈半入官，以爲工料之需，但恐饑民乘機起釁，且非大公之體，仍聽本主收割。前項經費相應動支河道銀兩，應用清理之後，大竪石碑立文册，又必嚴盜決之禁，定巡視之法，如是，則一勞永逸，而水櫃之良規庶幾可復矣。

卷之六上　河工紀前

孟津閻廷謨重纂

漢文帝十二年冬十一月，河決酸棗東，潰金堤，興卒塞之。金堤，今在濮州南，迤東北抵安平鎮。武帝建元三年，河水溢於平原。今德州。元帝永光五年冬十二月，河決。初武帝既塞宣房，後河復北決，於館陶分爲屯氏河，即今衛河東北入海，廣深與大河等，故因其自然，不堤塞也。是歲，河決清河靈鳴犢口，而屯氏河絶。成帝建始四年，河決，潰金隄，凡灌四郡。杜欽荐王延世爲河堤使者。延世以竹絡，長四丈，大九圍，盛以小石，兩船夾載而下之。三十六日，堤成，改元河平。堤在今安平鎮之南，延亘鄆濮。

鴻嘉三年，楊焉言：『從河上下，患底柱隘，可鐫廣之。』上從其言，使焉鐫之，裁没水中，不能去而令水益怒。是歲，渤海清河河水溢，灌縣邑三十一，敗官亭、民舍四萬餘所，遣使者賑之。

新莽三年，河決魏郡，泛清河以東數郡。先是莽恐河決，爲元城冢墓憂，及決東去，元城無水，故遂不塞。

隋煬帝四年，發河北諸郡男女百餘萬，開永濟渠引沁水，南達於河，北通涿郡，名曰御河。

周世宗顯德初，河決東平楊劉口。遣宰相李穀監治堤，自陽穀抵張秋以遏之，然河決不復故道，分爲赤河。

宋真宗咸平三年五月始，赤河決，擁濟、泗，鄆州城中常苦水。遣工部郎中陳若拙經度，徙城于東南十五里。

神宗熙寧元年，河溢。恩、冀等州都水監丞宋昌言屯田，都監内侍程昉獻議，開二股河以導東流，司馬光是其策，請於二股之西，置上約擗水令東，東流漸深，即塞北流，放出御河以紓恩、冀之困，從之。既塞北流，而河自其南四十里許家港東決，泛濫恩、德諸境。時方濬御河，乃罷其役，專治東流。四年十二月，令河北轉運司開修二股河上流，并塞第五埽決口。五年二月甲寅興役，四月河成，深十一尺，廣四百尺。水入于河，決口亦塞。八年，發卒萬人，自王供埽開濬，引大河水注之御河，以通江淮漕運，仍置斗門，以時啟閉。

徽宗崇寧元年冬，詔開臨清縣壩子口，增修御河西堤，高三尺，并計度西堤，開置斗門，決北京、恩、冀、滄州、永静軍積水入御河枯源。明年秋，黄河漲入御河，行流浸大名府館陶縣，敗廬舍。復用夫七千，役二十萬餘工修西堤，三月始畢，漲水復壞之。政和五年閏正月，詔於恩州北增修御河東堤，爲治水隄防，令京西路差借來年分溝河夫千人赴役。於是都水使者孟揆移撥十八埽官兵，分地步修築，又取棗强上埽水口以下舊堤所管榆柳爲椿木。

元世祖至元七年，役夫一千，疏浚武清縣御河，八十日竣工。九年七月，衛輝河決，委都水監馬良弼與本路官同詣相視，差水夫并力修完之。二十六年，以壽張尹韓仲暉言，遣尚書張孔孫、李處巽董夫，起於須城安山之西南開河引汶水，達舟於臨清之御河，其長二百五十餘里。中建牐三十一，度高低，分遠近，以節蓄洩。凡六閱月竣工，役工二百五十一萬七百四十八，賜名會通河。二十七年，遣漕副馬之貞率放罷輸運站户三千，修濬會通河道，易牐以石。是後歲，委都水監官一員，佩分監印，率令史等往職巡視督工，至泰定二年竣工。大德五年，詔修灤河東西二隄，用工三十一萬。延祐元年，以大船入會通河有礙，餘船不得往來，乃於金溝、沽頭兩閘中置二隘閘，臨清置一隘閘，各闊一丈，止許一百五十料船得入。其後民乃造長船八九十尺，甚至百尺，皆五六百料，比至閘内，不能回轉，又阻餘船。又于隘閘下約八十步河北立二石，中間相離五六十尺，如舟至，量長如式，方許入閘。

順帝至正六年，河決。九年，脱脱爲丞相，薦都漕運使賈魯于帝，用其策。十一年四月，命魯爲總治河防，使是月二十二日鳩工，七月疏鑿成，八月決水故河，九月舟楫通行，十一月畢工。詳見歐陽玄記。

明洪武元年，河決曹州雙河口，流入魚臺。命大將軍徐達開塌場口，入于泗。二十四年，河決原武縣黑陽山，由舊曹縣、鄆城兩河口漫過安山，而會通河淤，乃自濟寧以北陸運至德州入河。

明永樂九年，命工部尚書宋禮、都督周長等，發山東濟、兗、青、東四府丁夫十五萬，登、萊二府願赴工之人一萬五千，濬元會通河。又用汶上縣老人白英計，于東平州東六十里戴村舊汶河口築壩，導汶水西南流，由黑馬溝至汶上縣鵝河口入漕。

明正統十三年，河決滎陽，自開封城北經曹濮，北衝張秋，潰沙灣東隄，以達于海。命工部右侍郎王永和治之，至十四年五月罷役。

明景泰三年，以沙灣決口久不塞，運道膠淺，遣工部尚書兼大理卿石璞治之。五月隄成，六月大雨，河復決。十二月遣工部侍郎趙榮治之，復遣都御史王文祭告大河之神。四年二月，築沙灣決口功成。五月復大決，北馬頭河岸四十餘丈，運道絶，復遣石璞往。十月，命都御史徐有貞治之，始塞。乃于開封金龍口筩瓦厢開渠三十里，引黄河水東北入漕河以濟運。

明成化間，開濟寧西河，自耐牢坡至塌場口，長九十里，汶水入焉，改耐牢坡閘名永通。

明弘治二年，河徙汴城，溢流自金龍口、黄陵岡東，經曹濮衝張秋運河。命刑部尚書白昂治之，役夫三十五萬，遂塞金龍口，于滎澤開渠導河，由陳潁至壽州達于淮，又築渠堰于徐、兗、瀛、滄之間，以殺河勢。五年，河復決金龍口，由黄陵岡北趨張秋，絶運河而東，掠汶入海。命工部侍郎陳政治之。未幾，政卒。六年二月，以浙江布政劉大夏爲右副都御史，往治決河，又命太監李興、平江伯陳鋭佐之。役丁夫十二萬，乃先疏祥符、滎澤上流，東入于淮，又疏賈魯舊河四十餘里，出之徐州，支流既分，水勢漸殺，乃築張秋決口。又于黄陵岡之東西築長隄各三百餘里，金龍口之東西築長隄各二百餘里，于是黄河東流，經歸德、徐州達于淮，而張秋之決遂塞。八年二月，河功成，賜鎮名曰安平，大夏等陞賞有差。十四年二月，以通政韓鼎言，築安平鎮顯惠廟地基，并瀕河堤岸。

明嘉靖三十一年，大水，衛河決。工部員外郎周思兼督衆築塞之。四十四年七月，河決曹縣，自棠林集以下，分爲二支。其北一支，繞豊縣華山，出飛雲橋至湖陵城口，漫入昭陽湖沽頭一帶，運河湮塞。命工部尚書朱衡治之。先築馬家橋東隄五十餘里，遏河使出飛雲橋，盡入于秦溝，乃開新河，自南陽至留城一百四十一里，河患始息。

滄州導水記略

元　王大本

黄河既南徙，九河故道遂以湮没。漳瀆不與同歸，獨行二千里，會于今北海之涯。其流滔滔汩汩，視黄河伯仲間耳。垠岸高于平地，亦猶黄河之水，下成臯、虎牢而東也。皇元定都于燕，漳河爲運漕之渠。控引東南居貨，千檣萬艘，上供軍國經用，巨商富賈，懋遷有無，胥此焉出〔一〕。

至元五年秋八月，大雨〔時作〕〔二〕，河決八里塘之灣，爲口者三。湍流滚激，如萬馬奔突，長驅而前。南皮、清池之境東西二百餘里，南北三十餘里，瀦而澤，滙而淵，鼃陘而蝸産焉，場圃而魚生焉。蕩析離居之民相與言曰：『滄州古雄藩，其濠深廣，又距海孔邇，水行故地，第有屯府，小左衛曲防之阻，無由徑達。泰定間，鄉民吕叔範抗疏陳情，奉旨開掘以便民，又爲大渠以洩水，莫不舉手加額，以承無疆之休。繼有方命圮族、實繁有徒，乘時射利，遂以復塞。今則牢不可破矣。』〔三〕

脱因不花者，以國學上舍生，聞其言，慨然以爲己任而不辭。聞者壯其謀，從之如雲。各執其物立于兩堧。破其築，若摧枯拉朽；去其壅，如決癰潰疣。義民所趨，水亦隨赴。始屯軍先率其徒數百人，盛氣以待。我衆直而壯，彼自度非敵，逡巡而去。事可以稽舊典，而義可以激流俗也。因刻石以遺後來。

〔一〕《漕河圖志》本『出』字後有：『故老相傳，在初時，波流猶未宏達，自江南内附而其勢日增。豈是水伏於地，天下有道相見，川流隱顯固自有時也。』據補。

〔二〕《漕河圖志》本『大雨』後有『時作』二字。據補。

〔三〕《漕河圖志》本該句後有：『有能賈勇以倡，吾徒當負金錙從之。水入濠注海，則還我壞地而修我牆屋矣。』據補。

開會通河功成之碑　元　楊文郁

聖神文武大光孝皇帝在位之十七年，江南平。薄海內外，罔不供北臣順，奔走率職。汶合泗，分流以達東阿。乃置汶泗都漕運使司，控引江淮嶺海，以供億京師。自東阿至臨清二百里，舍舟而陸，車輪至御河，徒民一萬三千二百七十六户，除租庸調。柰道經茌平，其間[一]地勢卑下。遇夏秋霖潦，牛僨輹脱，艱阻萬狀。或使驛旁午，貢獻相望，負戴底滯，晦暝呼警，行居騷然，公私以爲病久矣[二]。

壽張縣尹韓仲暉、前太史邊源，相繼建言：『汶水屬之御河，比陸運利相十百。』時詔廷臣求其策，未得要，便以仲暉、源言爲然。遂以都漕運副使馬之貞同源按視。之貞等至，則循行地形，商度功用，參之衆議，圖上曲折，備言可開之狀。政府信其可成，於是丞相相哥合同僚敷奏，且以圖進。上俞允，賜中統楮幣一百五十萬緡、米四萬石、鹽五萬斤，以給傭直，備器用。徵傍近郡丁夫三萬，驛遣斷事官忙達兒、禮部尚書張禮孫、兵部郎中李處巽洎之貞、源，同主其役。

二十六年正月己亥首事。起須城安山之西南壽張，西北行過東昌，又西北至臨清達御河，其長二百五十餘里。吏謹督程，人悉致力，渠尋畢功，益加濬治。以六月辛亥，決汶流以趨之，滔滔汩汩，傾注順適，如迫大勢，如復故道，舟楫連檣而下。仍起堰閘以節蓄洩，完隄防以備盪激。凡用工二百五十一萬七百四十有八。

濵渠之民，老幼携扶，縱觀徊翔，不違按堵之安，喜見泛舟之役。于時大駕臨幸上都，驛置以聞。上詔翰林院，其爲運河命名，且文其碑。臣等乞賜名會通，百拜稽首而屬辭曰：

謹按：《書》以食貨爲八政之首，《易》稱舟楫有濟川之利[三]，故大舜命禹既平水土，定九州之貢賦，皆浮舟達河，以入冀都[四]。自兹以降，漢用鄭當時之言，引渭至河，以利西都；唐用劉晏之策，由汴入河，以濟關輔。蓋京師者，四方輻輳，兆姓雲集，六師所依以疆，百司所資以辦，不豊儲積，政將奚先？我國家新天邑，于析木之津，建萬億年無疆之業，規模宏遠，治具周密。若夫漕運流通，國之大計，舟車致遠，功利懸絶。所宜講而行之，雖費而不可省，勞而不可已者。今則費取于官，利及于民。役不

[一]《漕河圖志》本『間』字後有『苦』字。

[二]該句《漕河圖志》本爲『公私以爲病，爲日久矣。』據補。

[三]《漕河圖志》本『利』字之後『有此古今之不易之理，而京師所系爲最重。』據補。

[四]《漕河圖志》本『以入冀都』句後有『功冠三代，爲萬世法』一句。

逾時，功垂後世。加以隨時豊歉，權事重輕，以深致曲，成萬物之意。致國殷富，由此途出。臣因窃迹輿地圖，若近代遼氏、金源氏皆嘗立國，當時經度，曾不是思。豈不以興王之功，非僻陋者所能與，而前弗逮，乃所以啟肇建也歟？先儒有言，聖人在上，則興利除害，易成而難廢。欽惟皇上開物成務，邁舜禹而軼漢唐。區區近代之君，固無以議爲也。臣備屬北門，職在紀事之成，不敢以固陋辭。仰奉明詔，以識歲月，且推衍輿誦，昧冒論著。至若神功聖德之盛，沛惠澤以浸八荒，資始資生，上下與天地同流，蓋非纂《河渠》《溝洫》者所能彷彿也。九月□[一]日臣文郁謹記。

濬洸河記　元　李惟明

洸河閼祀久，漸堙乎汶沙，底平相較，反崇汶三尺許。山水漲後，其流涓涓，幾不接會通。汶歲築沙堰竭水如洸，堰尋決而洸自若，所在淺澁，漕事不遄。

至元四年戊寅秋七月，漲潰東閘，閘司併上之。分監遺壕寨李讓相度，截斗際雪山麓石刺，餘十有八里，堙淤爲尤。揆日較工，知監力、濬不易，因言分監倩，有司贊翼，功庶可就。監丞馬兀承德爲核實備關內監，稟中書，允發泰安之奉符、東平之汶上二縣夫六千餘（期）〔開〕[二]濬。五年春，刱閘未遑。冬，監丞宋公伯顏不花、文林分治會通，役先上源，乃掄（豪）〔壕〕[三]寨官岳聚統監夫千，合二縣，權輿於六年仲春望日。底闊五步，上倍之；深五尺，濬如式。公以令史周守信、奏差不花驛來任之[四]，而聚也勤敏厥職。監守者不迫，趨事者不緩，居者不擾，役者不勞。未閱月工畢，而深固堅完，水濟會通，漕運無虞[五]。

汶上尹王侯居敬輩狀其實，徵文以記。余忝部民，義弗獲辭。余聞論者謂堰壅沙，以致堙洸河，是得其一，未知其二也。近年泰山、徂徠等處，故所謂山坡雜木恠草盤根之固土者，今皆（豤）〔墾〕爲熟地。由霖雨時降，山水漲逸，衝突沙土，萃貫汶河，年復若是，以致汶沙其浩浩若彼，而洸因以淤澱也。設無堽城堰，洸自爾，奚獨尤彼也。閘司不知虞此，直以水之盈縮、民之利害爲節而開閉之，非知所先務矣。要之，洸河既濬，宜令閘司嚴飭閘板，謹杜閘口，絕塞沙源，勿令流沙上漫入洸，後撤堰石[六]底流。

[一]『月』字後，原文日期空缺。
[二]開濬　原作『期濬』，據《漕河圖志》改。
[三]壕　原作『豪』字。據《漕河圖志》改。
[四]任　《漕河圖志》本作『莅』字。
[五]《漕河圖志》本後有『原其事在公德政，寬猛相濟，號令明信，委得其人也。』據補。
[六]《漕河圖志》本『石』後有『放沙』二字。據補。

又閘口漲落，扒去淤沙，不使少停，閘水益深，俾洸常受清水，以輸注南北。役閘似繁，濬洸實簡，此源潔流清而永益也。不然以歲益無窮之汶沙，注新濬有限之洸河，數年之中，余恐淤澱有甚于今日矣。梗漕勩民，後將有不勝其淘濬之患。謹記。

重修洸河之記

洸河乃今汶水支流也，名不載于傳記，或因舊而加以新名，尤不可知。其源則出于泰山郡萊蕪縣原山之陽，折而之南達于會通，漕運南北，其利無窮。會通之源，洸也；洸之源，汶也。時霖雨作，泰岱萬壑溝瀆之間合注而之汶，洪濤洶涌，泥沙溷奔，徑入于洸。此洸所以淤填也。

至元六年，監丞宋公濬自牐口至石刺，事鐫于珉。然洸之源雖通，而其流猶梗。公謂：『不疏其流，源將安之？又恐前功徒費，後患復萌，使會通之津從而涸也。』詢及其佐，得壕寨岳聚所度自石刺至高吴橋南王家道口淺澁者，延袤五十六里百八十步，呈準中書，符下東平、濟寧兼贊厥役。本監及二路夫，以口計者，萬有二千。濬自至正二年二月十八日，落成于三月十四日。以舉武計者，二萬三百四十有奇，以尺爲工計者，四十萬七百數。同知東平路事伯顏察兒僉議少監公之功，宜勒石以昭悠久。乃請文于予，義弗獲辭，遂援筆而紀其歲月。

重濬會通河記 元 趙元進

前至元二十六年，開挑會通河道，南自乎徐，中由於濟，北抵臨清，遠及千里。各處修築閘壩，積水行舟，漕運諸貨，官站民船，偕得通濟〔一〕。北河殊無上源，必須疏瀹汶水來注于洸，決引泗源，西逾于兖，南入于濟，達于任城，合新河而流。邇者〔二〕山水泛漲，上自堽城閘口，下至石刺之磧，蔓延一十八里，淤填河身，反高於汶，是以水淺〔三〕，幾不能接漕運。

今至元五年冬十月，都水監丞宋公韓、伯顏不花〔四〕，擢陞斯職，遂差壕寨梁仲祥詣彼，度其里步，計其人工。時方冰沍地凍，難便爲力〔五〕。越明年春二月，選差壕寨岳聚監董本監，并汶上、奉符等縣人夫七千餘名，備糗糧，具

〔一〕《漕河圖志》本『濟』字後有『乃天下之利也。』一句。據補。
〔二〕《漕河图志》本『者』字後有『經值』二字。據補。
〔三〕《漕河圖志》本『水淺』原作『水來淺澀』，『接』字後有『於』字。據補。
〔四〕宋公韓伯顏不花 《山東全河備考》『韓』作『諱』，《浚洸河記》曰此人名宋伯顏不花，則作『諱』爲是，或『韓』系『諱』之言。
〔五〕難便爲力 《漕河圖志》本爲『難便力焉』。

畚鍤，挑洗各處河身之淺。公乃親督其役，朝夕無怠〔一〕，五旬而工畢，汶、泗、洸、濟之水，源源而來，湊乎會通〔二〕，舟無淺澁之患。

公又見濟州、會源石閘二座，中央天井廣袤里餘，停泊舟航，相次上下，内常儲水滿溢，方許放牐〔三〕。近年漸以淤澱，澮水甚少。今復淘濬已深〔四〕，水常瀲灧以寬檥艤。夏四月，公又率領令史奏差巡視。會源閘北元有濟河舊跡，河身填平，水已絶流。再委壕寨岳聚領夫千名，挑去泥沙，衍三百餘步，廣二丈五尺，東連米市，西接草橋，水勢分流，舟航往來無礙。百姓大悦，持狀請予爲記。予採摭其實而書之，用規于後。

河防記　元　歐陽玄　翰林學士承旨

元至正四年夏五月，大雨二十餘日，黄河暴溢，水平地深二丈許，北決白茅堤。六月又北決金堤，並河郡邑濟寧、單州、虞城、碭山、金鄉、魚臺、豊、沛、定陶、楚丘武城，以至曹州、東明、鉅野、鄆城、嘉祥、汶上、任城等處，皆罹水患，民老幼昏墊，壯者流離四方。水勢北浸安山，沿入會通運河，延袤濟南、河間〔五〕。省臣以聞，朝廷患之，遣使體量，仍督大臣訪求治河方略。

九年冬，脱脱既復爲丞相，慨然請任其事〔六〕，帝嘉納之。乃命集群臣議廷中，而言人人殊。唯都漕運使賈魯昌言必當治。先是，魯嘗爲山東道奉使宣撫首領官，循行被水郡邑，具得修捍成策，後又爲都水使者，奉旨詣河上相視，驗狀爲圖，以二策進獻。一議修築北隄，以制横潰，其用功省；一議疏塞並舉，挽河使東行，以復故道，其功費甚大。至是，復以二策對，脱脱韙其後策。於是遣工部尚書成遵與大司農禿魯行視河，議其疏塞之方以聞。遵等自濟濮、汴梁、大名行數千里，掘井以量地之高下，測岸以究水之淺深，博采輿論，以謂河之故道斷不可復，且曰山東連歉，民不聊生，若聚二十萬衆於此地，恐他日之憂又有重於河患者。時脱脱先入魯言，及聞遵等議怒，曰：『汝謂民將反邪？』自辰至酉論辨，終莫能入。明日執政謂遵曰：『修河之役，丞相意已定，且有人任其責，公勿多言，幸爲兩可之議。』遵曰：『腕可斷，議不可易。』遂出遵河間鹽運使。議定，乃薦魯于帝，大稱旨。

〔一〕《漕河圖志》本『朝夕無怠』後有『不怒一人而事亦辦。所謂悦以使民，民忘其勞。』一句。據補。

〔二〕湊乎會通　《漕河圖志》本後有『滔滔焉，浩浩焉。』據補。

〔三〕放牐　《漕河圖志》本作『放灌出牐』。

〔四〕淘濬已深　《漕河圖志》本作『淘已深濬』。

〔五〕河間　《漕河圖志》本後有『將壞兩漕司鹽場，妨國計甚重。』一句。據補。

〔六〕該句《漕河圖志》本爲『慨然有志於事功，論及河決，即言於帝，請躬任其事。』據補。

十一年四月，命魯以工部尚書爲總治河防使，進秩二品，授以銀印。發汴梁、大名十有三路民十五萬人，廬州等戍十有八翼軍二萬人供役，一切從事大小軍民咸禀節度，便宜興繕。是月二十二日鳩工，七月疏鑿成，八月決水故河，九月舟楫通行，十一月水土工畢，諸埽諸堤成。河乃復故道，南滙于淮，又東入於海。帝遣貴臣報祭河伯，召魯還京師，論功超拜榮禄大夫、集賢大學士。其宣力諸臣遷賞有差。賜丞相脱脱世襲答剌罕之號，特命翰林學士承旨歐陽玄製河平碑文，以旌勞績。

玄既爲河平之碑，又自以爲司馬遷、班固記《河渠》《溝洫》僅載治水之道，不言其方，使後世任斯事者無所考，則乃從魯訪問方略，及詢過客，質吏牘，作《至正河防記》，欲使來世罹河患者，按而求之。其言曰：

治河一也，有疏、有濬、有塞，三者異焉。釃河之流，因而導之，謂之疏。去河之淤，因而深之，謂之濬。抑河之暴，因而扼之，謂之塞。疏濬之别有四：曰生地，曰故道，曰河身，曰減水河。生地有直有（紓）〔紆〕[一]，因直而鑿之，可就故道。故道有高有卑，高者平之以趨卑，高卑相就，則高不壅，卑不瀦。慮夫壅生潰，瀦生堙也。河身者，水雖通行，身有廣狹。狹難受水，水溢悍，故狹者以計闢之；廣難爲岸，岸善崩，故廣者以計禦之。減水河者，水放曠，則以制其狂；水隳突，則以殺其怒。

治隄一也。有刱築、修築、補築之名。有剌水隄，有截河隄，有護岸隄，有縷水隄，有石船隄。

治埽一也。有岸埽、水埽，有龍尾、欄頭、馬頭等埽。其爲埽臺及推卷牽制、薶掛之法；有用土、用石、用鐵、用草、〔用〕[二]木、用杙、用絙之方。

塞河一也。有（決）〔缺〕[三]口，有豁口，有龍口。決口者，已成川。豁口者，舊常爲水所豁，水退則口下於隄，水漲則溢出于口。龍口者，水之所會，自新河入故道之潨也。

此外不能悉書，因其用功之次序，而就述于其下焉。

其濬故道，深廣不等，通長二百八十里百五十四步而强。功始自白茅，長百八十〔二〕[四]里，繼自黄陵岡至南白茅，闢生地十里，口初受，廣百八十步，深二丈有二尺，以下停廣百步，高下不等，相折深二丈及泉。曰停曰折者，用古算法，因此推彼，知其勢之低昂，相準〔折〕[五]而取匀停也。南白茅至劉莊村接入故道十里，通折墾廣八十步，深九尺。劉莊至專固，百有二里二百八十步，通折停廣六十步，深五尺。專固至黄固墾生地八里，面廣百步，底廣九

[一] 紆　原作『紓』，據《漕河圖志》改。
[二] 用木　原作『木』，據《漕河圖志》改。
[三] 缺　原作『決』字，據《北河紀》改。
[四] 八十二　原作『八十』，據《北河紀》改。
[五] 準　《漕河圖志》本後有『折』字。據補。

十步，高下相折，深丈有五尺。黄固至哈只口長五十一里八十步，相折停廣，墾六十步，深五尺。乃濬凹里減水河，通長九十八里百五十四步，凹里村缺河口生地長三里四十步，面廣六十步，底廣四十步，深一丈四尺。自凹里生地以下舊河身至張贇店，長八十二里五十四步，上三十六里，墾廣二十步，深五尺；中三十五里，墾廣二十八步，深五尺；下十里二百四十步，墾廣二十六步，深五尺。張贇店至揚青村接入故道，墾生地十有三里六十步，面廣十六步，底廣四十步，深一丈四尺。

其塞專固缺口，修隄三重，并補築凹里減水河南岸豁口，通長二十里三百十有七步。其刱築河口前第一重西隄，南北長三百三十步，面廣二十五步，底廣三十三步。樹置樁橛，實以土牛、草葦、襍稍相兼，高丈有三尺。隄前置龍尾大埽。言龍尾者，伐大樹，連稍繫之隄旁，隨水上下，以破囓岸浪者也。築第二重正隄，并補兩端舊隄，通長十有一里三百步。缺口正隄長四里，兩隄相接舊隄，置樁堵閉河身，長百四十五步，用土牛、草葦、稍、土相兼修築，底廣三十步，修高一丈。其岸上土工修築者，長三里二百十有五步有奇，〔高〕〔一〕廣不等，通高一丈五尺，補築舊隄者，長七里三百步，表裏（傍）〔倍〕〔二〕薄七步，增卑六尺，計高一丈。築第三重東後隄，并接修舊堤，高廣不等，通長八里。補築凹里減水河南岸豁口四處，置樁木、草土相兼，長四十七步。

于是隄〔三〕塞黄陵全河。水中及岸上修隄長三十六里百三十六步。其修大隄剌水者二，長十有四里七十步。其西復作大隄剌水者一，長十有二里百三十步。內刱築岸上土隄，西北起李八宅西隄，東南至舊河岸，長十里百五十步，顛廣四步，趾廣三之，高丈有五尺。仍築舊河岸至入水隄，長四百三十步，趾廣三十步，顛殺其六之一，接修入水。

兩岸埽堤並行。作西埽者夏人，水工徵自靈武；作東埽者漢人，水工徵自近畿。其法以竹絡實以小石，每埽不等，以蒲葦綿腰索徑寸許者從舖，廣可一二十步，長可二三十步。又以曳埽索綯，徑三寸或四寸，長二百餘尺者衡舖之。相間復以竹葦、麻檾、大縴，長三百尺者爲管心索，就繫綿腰索之端于其上，以草數千束，多至萬餘，勻布厚舖于綿腰索之上，囊而納之。丁夫數千，以足踏實，推卷稍高，即以水工二人立其上而號于衆，衆聲力舉，用大小推梯，推卷成埽，高下長短不等，大者高二丈，小者不下丈餘。又用大索或五爲腰索，轉致河濱，選健丁摻管心索，順埽臺立踏，或掛之臺中鐵猫大橛之上，以漸縋之下水。埽後掘地爲渠，陷管心索渠中，以散草厚覆，築之以

〔一〕高廣　原作『廣』，據《北河紀》改。
〔二〕倍　原作『傍』，據《元史·河渠志》改。
〔三〕隄　字原無，據《元史·河渠志》改。

土，其上復以土牛、䄡草、小埽、稍土，多寡厚薄，先後隨宜。修疊爲埽臺，務使牽制上下，縝密堅壯，互爲犄角，埽不動摇。日力不足，火以繼之。積累既畢，復施前法，卷埽以壓先下之埽，量水淺深，制埽厚薄，疊之多至四埽而止。兩埽之間置竹絡，〔高二丈〕〔一〕或三丈，圍四丈五尺，實以小石、土牛。既滿，繫以竹纜，其兩旁並埽，密下大椿，就以竹絡上大竹腰索繫于椿上。東西兩埽及其中竹絡之上，以草土等物築爲埽臺，約長五十步或百步，再下埽，即以竹索或麻索長八百尺或五百尺者一二，䄡廁其餘管心索之間，候埽入水之後，其餘管心索如前薶掛，隨以管心長索，遠置五七十步之外，或鐵猫，或大椿，曳而繫之，通管束累日所下之埽，再以草土等物通修成隄。又以龍尾大埽密掛于護隄大椿，分(析)〔折〕〔二〕水勢。其隄長二百七十步，北廣四十二步，中廣五十五步，南廣四十二步，自顛至趾，通高三丈八尺。

其截河大隄，高廣不等，長十有九里百七十七步。其在黄陵北岸者，長十里四十一步。築岸上土隄，西北起東西故隄，東南至河口，長七里九十七步，顛廣六步，趾倍之而强二步，高丈有五尺，接修入水。施土牛、小埽、稍草、䄡土多寡厚薄，隨宜修疊，及下竹絡，安大椿，繫龍尾埽，如前兩隄法。唯修疊埽臺，增用白闌小石。并埽上及前洊修埽隄一，長百餘步，直抵龍口。稍北，攔頭三埽並行，埽大隄廣與剌水二隄不同，通前列四埽，間以竹絡，成一大隄，長二百八十步，北廣百一十步，其顛至水面高丈有五尺，水面至澤，腹高二丈五尺，通高三丈五尺；中流廣八十步，其顛至水面高丈有五尺，水面至澤腹高五丈五尺，通高七丈。並剏築縷水横隄一，東起北截河大隄，西抵西剌水大隄。又一隄東起中剌水大隄，西抵西剌水大隄，通長二里四十二步，亦顛廣四步，趾三之，高丈有(五)〔二〕〔三〕尺。修黄陵南岸，長九里百六十步，內剏岸土隄，東北起新補白茅故隄，西南至舊河口，高廣不等，長八里二百五十步。

乃入水作石船大隄，蓋由是秋八月二十九日乙巳道故河流。先所修北岸，西(由)〔中〕〔四〕剌水及截河三隄猶短，約水尚少，力未足恃。決河勢大，南北廣四百餘步，中流深三丈餘，益以秋漲，水多故河十之八。兩河争流，近故河口，水刷岸北行，洄漩湍激，難以下埽。且埽行或遲，恐水盡湧入決河，因淤故河，前功遂隳。魯乃精思障水入故河之方。以九月七日癸丑，逆流排大船二十七艘，前後連以大桅或長椿，用大麻索、竹絙絞縛，綴爲方舟。又用大麻索、竹絙周船身，繳繞上下，

〔一〕高二丈　據《北河紀》補。
〔二〕折　原作『析』，據《元史·河渠志》改。
〔三〕二　原作『五』，據《元史·河渠志》改。
〔四〕中　原作『由』，據《元史·河渠志》改。

令牢不可破，乃以鐵猫于上流硾之水中。又以竹絙絶長七八百尺者，繫兩岸大橛上，每絙或硾二舟或三舟，使不得下。船腹略鋪散草，滿貯小石，以合子板釘合之，復以埽密布合子板上，或二重，或三重，以大麻索縛之，急，復縛横木三道于頭桅，皆以索（繼）〔維〕〔一〕之。用竹編笆，夾以草石，立之桅前，約長丈餘，名曰水簾桅。復以木榰柱，使簾不偃仆，然後選水工便捷者，每船各二人，執斧鑿，立船首尾，岸上撾鼓爲號，鼓鳴，一時齊鑿，須臾舟穴水入，舟沉，遏決河。水怒溢，故河水暴增，即重樹水簾，令後復布小埽、土牛、白闌、長稍，雜以草土等物，隨宜填垜以繼之。石船下詣實地，出水基（跕）〔趾〕〔二〕漸高，復卷大埽以壓之。前船勢略定，尋用前法，沉餘船，以竟後功。昏曉百刻，役夫分番其勞，無少間斷。船隄之後，草埽三道並舉，中置竹絡盛石，並埽置椿（用）〔系〕〔三〕纜四埽及絡，一如修北截水隄之法。第以中流水深數丈，用物之多，施工之大，數倍他隄。

船隄距北岸纔四五十步，勢迫東河，流峻若自天降，深淺叵測。于是先卷下大埽約高二丈者，或四或五，始出水面。修至河口一二十步，用功尤艱。薄龍口，喧豗猛疾，勢撼埽基，陷裂欹傾，俄遠故所，觀者股弁，衆議騰沸，以爲難合。然勢不容已。魯神色不動，機解捷出，進官吏工徒十餘萬人，日加奬諭，辭旨懇至，衆皆感激赴工。十一月十一日丁巳，龍口遂合，決河絶流，故道復通。又于（岸）〔隄〕〔四〕前通（港）〔卷〕〔五〕欄頭埽各一道，多者或三或四，前埽出水，管心大索繫前埽，硾後欄頭埽之後，後埽管心大索亦繫小埽，硾前欄頭埽之前，後先羈縻，以錮其勢。又於所交索上及兩埽之間，壓以小石、白闌、土牛、〔草木〕相（伴）〔半〕〔六〕，厚薄多寡，相勢措置。

埽隄之後，自南岸復修一隄，抵已閉之龍口，長二百七十步。船隄四道成隄，用農家場圃之具，曰轆軸者，穴石立木如比櫛，薶前埽之旁，每一步置一轆軸，以横木貫其後。又穴石，以徑二寸餘麻索貫之，繫横木上，密掛龍尾大埽，使夏秋潦水、冬春凌薄，不得肆力于岸。此隄接北岸截河大隄，長二百七十步，南廣百二十步，顛至水面高丈有七尺，水面至澤腹高四丈二尺；中流廣八十步，顛至水面高丈有五尺，水面至澤腹高五丈五尺，通高七丈。

仍治南岸護隄埽一道，通長（一）〔七〕百三十步。南岸

〔一〕維　原作『繼』，據《元史·河渠志》改。
〔二〕趾　原作『跕』，據《元史·河渠志》改。
〔三〕系　原作『用』，據《元史·河渠志》改。
〔四〕隄　原作『岸』，據《元史·河渠志》改。
〔五〕卷　原作『港』，據《元史·河渠志》改。
〔六〕『土牛』後有『草木』二字，『半』原作『伴』，據《元史·河渠志》改。
〔七〕『一』字無，據《元史·河渠志》改。

護岸馬頭埽三道，通長九十五步。修築北岸隄防，高廣不等，通長二百五十四里七十一步。

白茅河口至板城，補築舊隄，長二十五里二百八十五步。曹州板城至英賢村等處，高廣不等，長一百三十三里二百步。稍岡至碭山縣，增培舊隄，長八十五里二十步。歸德府哈只口至（合）〔一〕徐州路三百餘里，修（築）〔完〕〔二〕缺口一百七處，高廣不等，積修計三里二百五十六步。亦思剌店縷水月隄，高廣不等，長六里三十步。

其用物之凡椿木大者二萬七千，榆柳襍稍六十六萬六千，帶稍連根株者三千六百，藁秸、蒲葦、襍草以束計者七百三十三萬五千有奇，竹竿六十二萬五千，葦蓆十有七萬二千，小石二千艘，繩索大小不等五萬七千，所沉大船百有二十，鐵纜三十有二，鐵猫三百三十有四，竹（筏）〔篾〕〔三〕以斤計者十有五萬；硾石三千塊，鐵鑽萬四千二百有奇，大釘三萬三千二百三十有二。其餘若木龍、蠶椽木、麥稭、扶椿、鐵叉、鐵吊枝、麻搭、火鉤、汲水、貯水等具，皆有成數。官吏俸給，軍民衣糧工錢，醫藥、祭祀、賑恤、驛置馬乘及運竹木、沉船、渡船，下椿等工，鐵、石、竹、木繩索等匠傭貲，兼以和買民地爲河，并應用襍物等價，通計中統鈔百八十四萬五千六百三十六錠有奇。

魯嘗有言：『水工之功，視土工之功爲難；中流之功，視河濱之功爲難；決河口視中流又難；北岸之功視南岸爲難。用物之效，草雖至柔，柔能狎水，水（積）〔漬〕〔四〕之生泥，泥與草并，力重如碇。然維持夾輔，纜索之功實多。』蓋由魯習知河事，故其功之所就如此。玄之言曰：『是役也，朝廷不惜重費，不吝高爵，爲民辟害。脱脱能體上意，不憚焦勞，不恤浮議，爲國拯民。魯能竭其心思智計之巧，乘其精神膽氣之壯，不惜劬瘁，不畏譏評，以報君相知人之明。宜悉書之，使職史氏者有所考證也。』

剏建魚臺孟陽薄石牐記略 元 趙文昌

聖元以神武定天下〔五〕，遐邇率職，來享，來庭。而江淮漕運商旅之轉販，仕宦之往來，非舟楫無以濟不通，此會通河之所以作也。河功告成於今幾二十年，歲月滋久，霖潦浸淫，岸移谷遷，不無堙塞。

都水監上下巡視，求其利病。以沛縣之金溝、沽頭，

〔一〕合字無，據《元史·河渠志》改。
〔二〕完 原作『築』，據《元史·河渠志》改。
〔三〕篾 原作『筏』，據《元史·河渠志》改。
〔四〕漬 原作『積』，據《元史·河渠志》改。
〔五〕《漕河圖志》本『天下』後有『開丕基。既滅宋，』一句。

魚臺之孟陽薄，沙深水淺，地形峻急，皆不能舟〔一〕。遇有官物往來，必驅率瀕河之民推之、挽之者，不下千餘。妨農動衆，民恒苦之，遂條陳其事。都省委右司都事王潛、都水太監馬之貞等臨視，與所説合。議曰：『夫水積之不厚，不足以負大舟；蓄之不廣，不足以供天下洩。今莫若立堰以積水，立牐以通舟。堰貴長，牐貴堅，漲水時至，使漫流于其上，如斯而已矣。』

于是，視地之高下，程廣狹，量淺深，繪圖計工以報。都省議修之，從孟陽薄始。今值歲晚，先辦物料興工，以春首爲期。〔擬〕〔二〕用夫匠一千二百三十二名，監夫不足，於近邑差雇五百七十(二)〔一〕〔三〕名，就給工價、米糧。〔凡〕〔四〕一切物料，官爲和買，給中統鈔五萬五千緡。不敷，于濟寧路官錢內支。選差覈實。司提舉仇鋭來(董)〔量〕〔五〕是役，預辦所需金石、材木諸物，指分工役。其堰横長一十二丈，中爲牐門，外石內甓，高一丈四尺。基縱廣八丈，牐下廣五丈，殺之如壇級，以及于上，五分廣之三。

起于大德八年正月，訖于五月，凡用工十七萬六千九百九十、中統鈔十萬三千三百五十緡、糧一千二百四十七石。落成之日，鼓聲四起，牐門啟鑰，篙師序次以進。前旗一指，通數十百艘，于飲食、談笑之頃。乃命謝里高立不遠千里而來，請文至再。予不揆，因記修牐之歲月如此。

兖州重修金口閘記

元　劉德智

皇元膺天命撫方夏，極天地之覆載，皆臣服唯謹。東南去京師萬里，粟米、絲枲、纖縞、貝錦、象犀、羽毛、金珠、琨蕩之貢，視四方尤繁重。車輓陸運，民甚苦之。至元中穿會通河，引泗、汶會漳，以達于幽。由是，天下利于轉輸。

泗之源會雩于兖之東門。其東多大山，水潦暴至，漫爲民患。職水者訪其利病，隄土以防其溢，束石以洩其流。其一洞歲久石摧，不足以吞吐，今近北改作二洞，以開啟閉。中書省以聞，天子可其議，命下之日，當延祐四年。都水太監闊開分治山東，寛勤恪恭，敏于事會。曹椽王元從理簿書，壕寨官李克温董工役，役長張聚、李林、路詳、宋贇、秦澤分任其事。夫匠一千九十，石二千五百，甎三萬，灰五萬，木六千四百。鐵錠、鐵鈎、鐵環不敷，取諸官錢以買。兖州知州尋敬提調，州吏鹿果經始於四年閏

〔一〕《漕河圖志》本該句後有『舟中之人翱翔乎河上，積塗泥截河，如堰埭之狀，既成而爲水蕩去。』據補。
〔二〕擬用　原作『用』，據《漕河圖志》改。
〔三〕一　原作『二』，據《漕河圖志》改。
〔四〕『一』字前有『凡』字，據《漕河圖志》改。
〔五〕量　原作『董』，據《北河紀》改。

正月，成于三月。

工告訖，大祠玄冥，釃酒割牲，燔燎瘞埋，吹擊笙鼓，風日清明，役徒謳歌，人神懽悦。乃相與請辭，鑱諸石以紀其始終，遂以命德智。洪惟皇元起漠北，以深仁厚德奄有天下。公家世鼎鼐，參贊化育，今誠能實於己而勤于官，忠于上而信于下，言不妄發，事不輕改，故民易信，而功易成。雖然，又豈水曹爲然，推此誠實以理天下，則被澤溥矣。辭不獲命，因書所聞以爲記。

重修濟州任城東閘記

元 俞時中

至元二十年，朝廷初以江淮水運不通，乃命前兵部尚書李粵魯赤等調丁夫，給庸糧，自濟州任城委曲開穿河渠，導洸、汶、泗水，由安民山至東阿三百餘里，以通轉漕。然地勢有高下，水流有緩急，故不能無阻艱之患。

二十一年，有司創爲石牐者八，各置守卒，春秋觀水之漲落，以時啟閉，雖歲或亢暘，而利足以濟舟楫。惟是任城閘東距師家莊衺六十里，土壤疏惡，霖潦灌注，承乏歲月，至是始壞。時都水少監分都水監事石抹奉議適膺其任，聞之中書省，易而新之。陶土爲甓，採石于山，其材用所須，不費於官，不取於民，率指授役夫爲之。不數月，厥功告成。仍即其地之西偏修餘廳事，以爲便者往來休憩之所。公退，因録其同事者職役姓氏，俾刻諸石，以告後之來者。

重修濟寧州會源閘記

元 揭傒斯 豐城人 侍讀學士

皇帝元年夏六月，都水丞張侯改作濟州會源閘成。明年春二月，具功狀，遣其屬孟思敬至京師，請文勒石。

惟我元受命定鼎幽、薊，經國體民，綏和四海； 辨方物，以定貢賦； 穿〔河〕渠[一]，以逸漕度。乃改任城縣爲濟州，以臨齊、魯之交，據燕、吴之衝。導汶、泗以會其源，置閘以分其流。西北至安民山入于新河，（逮）〔埭〕[二]于臨清，地降九十尺，爲牐十六，以達于漳； 南至沽頭，地降百十有六尺，爲牐十，又南入于河； 北至奉符爲牐一，以節汶水； 東北至兖州爲牐一，以節泗水，而會源之牐制于其中。歲益久，政日弛，弊日滋，漕度用弗，時先皇帝以爲憂。

延祐六年冬，詔以侯分治東阿，始修復舊政，誕布新令，嚴暴横之禁，杜姦利之門。南疏北導，靡所寧處。明年冬，以及期請代，弗許。行視濟牐，峻怒狠悍，歲數壞舟楫，土崩石泐，岌不可持。乃伐石區里之山，轉木淮海之濆，度工即功，大改作焉。

[一] 穿河渠 原作『穿渠』，據《北河紀》改。

[二] 埭 原作『逮』，據《漕河圖志》改。

明年，皇帝建元至治，三月甲戌朔，侯朝至于河上，率徒相宜，導水東行，堨其上下，而竭其中，以儲衆材。撤故閘，夷坳泓，徙其南(九)〔二〕[一]十尺，降七尺，以爲基。其下植巨栗如列星，貫以長松，實以白石。概視其地，無有所罅漏。衡五十尺，縱百六十尺，八分其縱，四爲門縱。遜其南之三，北之一，以敵水之奔突震蕩。五分其衡，二爲門容，折其三，以爲兩墉。四分其容，去其一，以爲門崇，廉其中而翼其外，以附于防。三分門縱，門於北之二以爲門中，夾樹石鑿，以納懸板。五分門崇，去其一以爲鑿崇，翼之外更爲石防，以禦水之洄洑，衡薄。縱皆二百三十尺。爰琢爰甃，犬牙相入；苴以白(麻)〔蔴〕[二]，固以石膠；磨礲剷硤，關以勁鐵；厓削砥平，混如天成；冠以飛梁，偃如卧虹。越六月十有三日乙卯訖功。大會群屬，宴于河上，以落之。工徒咸在，旄倪四集，酒舉樂作，揮鍤決堨，艤櫂啟鑰，水平舟行，伐鼓讙呼，進退閒暇。其稱侯之功，頌侯之德者，雷動雲合，且拜曰：『惟聖天子繼志述事，不易任，以成厥功。惟億萬年享天之休。』

是役也，以工計，石百六十人，木十人，金五人，土五人，徒千四百二十人[三]。以材計：木萬一百四十有一，石五千一百二十有八，其廣厚皆倍于舊；甓二億一千一百有五十。以斤計：鐵二萬五千五百，麻二千三百，石之灰三億三萬三百三十有四。以石計：粟千二百有五十，視他牐三之，視故牐倍之。其出于縣官者，鐵若麻木十之七，石五之一，粟五之三，餘一以便宜調度，不以煩民，此其大較也。

初，侯至之明年，凡河之隘者闢之，壅者滌之，決者塞之。拔其藻荇，使舟無所礙；禁其芻收，使防有所固。隆其防而廣其址，修其石之巖陁穿漏者，築其壞之疏惡者，延袤贏七百里。防之外增爲長隄，以閑暴漲，而河以安流。潛爲石竇，以納積潦，而瀕河三郡之田民皆得耕種。又募民采馬藺之實，種之新河兩涯，以錮其潰沙。北自臨清，南至彭城，東至於陪尾，絶者通之，鬱者澌之。爲杠九十有八，爲梁五十有八，而挽舟之道無不夷矣。

乃建分司及會源、石佛、師莊三牐之署，以嚴官守；樹河伯、龍君祠八，故都水少監馬之貞，兵部尚書李粤魯赤，中書斷事官忙速〔兒〕[四]祠三，以迎休報勞。凡河之所經，歲藏水以待渴者，種樹以待休者，遇流殍則男女異瘞之，餓者爲粥以食之。死而藏，饑而活者，歲數千人。是以上知其忠[五]，下信其令，用克果于茲役也。侯亦勤且能

[一] 二十尺　原作『九十尺』，據《漕河圖志》改。
[二] 蔴　原作『麻』，據《漕河圖志》改。
[三] 該句《漕河圖志》本『石、木、金、土』四字後均有『工』字。
[四] 忙速兒　原作『忙速』，據《漕河圖志》改。
[五] 忠　《漕河圖志》本作『患』字。

矣。侯名仲彬[一]，河南人。銘曰：『昔在至元，惟忠武王。自南還歸，請開河渠。自魯涉齊，以達京師。河渠既成，四海率從，萬世足資。朝颿夕檣，垂四十年，孰漫而隳。翼翼張侯，受命仁宗。號令風馳，徵工發徒。既滌既疏，濟閘攸基。先雞而興，既星而休，觸冒炎曦。疾者藥之，死者櫝之，奚有渴饑？拊循勞狹，信賞必罰，勿亟勿遲。十旬之間，遹績于成，智罔或遺。洋洋河流，中有行舟。若遵大逵，舳艫相銜。罔敢後先，亦罔敢稽。賢王才[二]侯，自北自南，顧盼嗟咨，曰惟京師，爲天下本，本隆則固。惟帝世祖，既有南土，河渠是務。四方之共，于千萬里，如出跬步。聖繼明承，命官選材，惟侯之遇。昔者舟行，日不數里，今以百數。昔者舟行，歲不數萬，今以億慮。惟公乃明，惟勇乃成，惟廉則恕。汶、泗之會，以截其牐，有菀其樹。功在國家，名在天下，永世是度。

都水監創建穀亭石閘記

元 周汝霖

至順二年，歲在辛未，季夏之月，會通河穀亭石閘成。凡用工九十日，金石土木之工百有八十人，徒八百二十人。石以塊計者二千七百三十，木以株計者一萬二百七十，甓以口計者二十五萬三千，灰以斤計者三十三萬五千，鐵亦以斤計者三萬一千四百，其餘麻枲、瓴甋、斧錯、瑣細覼縷各若干。除金木糧儲出于有司，他皆監司採煉陶治，仍資傭工錢二萬五千緡。

閘身縱二丈又七尺，衡二丈又二尺，高如之；雁翅四，各亘五十尺；址袤八十尺，廣百又二十尺，奉直大夫都水監丞阿里公命汝霖作文以紀之。詞曰：『欽惟聖元，混一區夏，定鼎幽薊。九州內外，罔不臣順。航四海，泛九江，浮于淮，入于河。職貢糧運，商旅懋遷，以供給京師。然自東阿抵臨清二百餘里，舍舟[三]從陸車輓，以進御河。每直夏秋，霖雨泥淖，馬瘠車僨，公私病之。至元二十六年，朝廷用令史邊君、同知馬公言，開會通漕河。自安民山引汶、泗、洸等水，屬之御河。度其地勢穹下，前後建石閘三十餘座，以制蓄洩。于是，川途無壅，舟楫憧憧，方諸陸運，利相十百。以故國用充，而民不匱，四十年于茲矣。惟棗林至孟陽薄七十餘里，湍激迅澓，沙土瀢湤，閘再啟鑰，舟方一（洊）〔游〕。嘉議大夫都水盧公因、壕寨楊溫等議，宜於穀亭北，郵傳西創建石閘，滙黃良、艾河等泉，以厚水勢，且免齟齬之患。詢謀僉同，乃上之省堂，允請。

令下之日，奉議大夫少監德安帥寮屬董其事。未幾，會監丞阿里馳驛分治山東。下車之初，首以斯閘爲己任，

[一] 仲彬 《漕河圖志》本作『仲仁』。
[二] 原字不清，據《北河經》補。
[三] 舍舟 《漕河圖志》本作『舍舟載』。

指畫夫匠，親臨監督。靡憚晨夕，分任其事。公威嚴謹恪，寬以濟猛，人皆獻力，惟恐弗逮，故能克底厥功。

經始于是歲之二月，訖功于六月。中樹巨闌，傍羅鉅砌，龍鱗錯落，雁翼翬飛。冠以虹梁，縣以金鉤，周緻縝密，混若天成。於是，割牲釃酒，大祠河伯。會群屬于河上以落之。舉酒作樂，伐鼓啟籥。水平舟行，飄檣翳空，舳艫相接，進退閑暇，莫不歡喜歌詠。噫！是役也，始則盧公建言之力，中則德安公經營之勤，終則阿里公踵成之功[一]。於國於民永賴以濟。於斯見聖朝人才之盛，守職者不苟禄，而勤於效忠矣。因撫其所聞而爲之記。

改作東大閘記略

元　李惟明

泗别於滋陽，兖道之；汶支於奉符之堽城，洸引之。西南會於任城，會通河受之。昔汶不通洸，國初，歲丁巳，奉符畢輔國請於嚴東平，始於汶上之陰，堽城之左作一斗門，堨汶水入洸至任城，益泗漕以餉宿、蘄戍邊之衆，且以溉濟、兖間田。汶由是有南入泗、淮之派。至元二十年，朝議以轉漕弗便，廼自任城開河，分汶水西北流，至須城之安民山，以入清濟故瀆。通江淮漕至東阿。由東阿陸轉僅二百里，抵臨清，下漳、御輸京師。二十六年，又自安民山穿渠，北至臨清，引汶絶濟，直屬漳、御。由是，江淮之漕浮汶、泗，徑達臨清，而商旅懋遷，游宦往來，暨閩、粤、交、廣、邛、僰、川蜀，航海諸番，凡貢篚之入，莫不由是而達，因錫河名，曰『會通』。於是汶之利被南北矣。

始，輔國直堽城西北隅，作石斗門一。後都水少監馬之貞又於其東作雙虹懸門。閘虹相連屬，分受汶水。既又以虹石水易圮，乃改其西虹爲今閘制，通謂之東閘，謂輔國所作斗門爲西閘。西閘後改作，址高水不能入，獨東閘受水。汶水盈縮不常，歲常以秋分役丁夫採薪積沙，於二閘左絶汶作堰，約汶水三之二入洸，至春全堨餘波以入。霖潦時至，慮其衝突，則堅閉二閘，不聽其入。水至徑壞堰，而西循故道入海，故汶之堰歲修。延祐五年，改作石堰，五月堰成，六月爲水所壞。水退，亂石齟齬壅沙，河底增高，自是水歲溢爲害。至元四年秋七月，大水潰東閘，突入洸河，兩河罹其害，而洸亦爲沙所塞，非復舊河矣。

初，之貞爲沙堰也，有言作石堰可歲省勞民。之貞曰：『漢曹条作興原山河石堋，常爲漲水所壞，時復修之。汶，魯之大川，底沙深闊，若修石堰，須高水平五尺，方可行水。沙漲淤平，與無堰同。河底填高，必溢爲害。況河上廣石，材不勝用，縱竭力作成，漲濤懸注，

[一] 本句《漕河圖志》本爲：『是役也，始則嘉議盧公建言之力，中則奉議德安公經營之勤，終則奉直阿里公踵成之功。』據改。

須敗可待。晉杜預作沙堰於宛陽，（竭）〔堨〕〔一〕白水溉田，闕則補之。雖屢勞民，終無水害，固知川之不可塞也。』且曰：『後人勿聽浮議，妄興石堰，終困其民，壅遏漲水，大爲民害。』重修堽城閘，因自作記，勒其言于石。至是，果如其言。若合符契，閘壞岸崩，碑沉于水，爲土石所壓。

是年九月，都水監馬兀公來治會通河，行視至堽城，謂衆曰：『堽城，洸、汶之交，會通之喉襟，閘壞河塞，上源要害，役有先於此者乎？』於是用前監丞沈温公闢爲一大閘之議，命壕寨官梁仲祥、李讓計徒庸，度材用，量事期，以狀上中書，即從其請。明年二月，命工入山取石煅灰，市物於有司，經營揆度，畫圖指示，以舊址弊于屢作，改卜地于其東。掘地及泉，降汶河底四尺，順水性也。袤其南北爲尺百，廣其東西爲尺八十，下于平地爲尺二十有二，土木之工，又入其下八尺。上爲石基以承閘，閘之崇子地平。自基以上，縮掘地之深一尺；兩壁直南北爲身，皆長五十尺；其南張兩翼爲雁翅，皆長四十五尺；其北矩折以東西，各附于其旁，亦長四十五尺，不爲兩翼。斂其前，隘漲水也。前盡基，肩岸受水，欲其前也。後遜基八十一，疊石爲岸承之。出基之高五尺，長爲尺二十有五。五分基之廣，闊其中之一爲明，入明三分深之一，爲金口，廣尺深咫。板十有三方，盈金口之廣，長亘明入金口，兩端各盡其深。上下以啟閉者十二，其一不動爲閾。其大石爲兩臬，夾制其前郤。石相疊比，則以鐵沙磨其際，必脗合無間後已。凡用石，大小以段計，二千六十有奇，自方以尺計三萬三千六百五十，甓以萬計一十有六，石灰以斤計四十六萬三千，瓦礫以擔計二萬四千，木大小以株計一萬三百一十，鐵剛柔以斤計三萬九百一十五，麻、炭諸物稱是。糜錢一萬七千餘緡，役徒千人，木石之工二百八十人。始事于五月七日，畢役于九月十日。

閘既成，衆合辭請公，願識其事于石，屬筆于予。予復之曰：『汶，古名川，昔畢公、馬公用之則爲轉漕之益，爲溉灌之利。後人用之，則有横潰之憂，有墊溺之患。水性非異今昔，蓋用之善不善也。馬公既善用之，又碑其言以示來者，其慮後也深矣。不有茲役，曷彰馬公之實，其言以驗。碑仆於水，而改作石堰之碑尚存，豈天惡馬公之言，有以先發其機耶？將使後人獨受其害而不蒙利耶？惟是役也，雨暘時若，漕運無愆，天其或者悔惡於人，俾憶馬公之言乎？』既不獲辭，遂爲叙導汶始末、會通源委，以見堽城閘水利喉襟，且表出馬公之言以爲鑒。又因以識興造年月、修閘之制度、用物之會計附焉。公字仲彬，唐古氏。

〔一〕堨 原作『竭』，據《漕河圖志》改。

會通河黃棟林新牐記　元　楚惟善

會通河導汶、泗，北絕濟合漳，南復泗水故道，入于河。自漳抵河袤千里，分流地峻，散渙，不能負舟。前後置牐若沙河、若穀亭者十三，新店至師氏莊猶淺澀有難處。每漕船至此，上下畢力，終日叫號，進寸退尺，必資車於陸而運始達。議立牐，久不決。

都水監丞也先不華分治東平之明年，思緝熙前功以紓民力，慨然以興作爲己任。乃躬相地宜。黃棟林適居二牐間，遂即其地庀徒蔵事。經始於至正改元春二月巳丑，訖工於夏五月辛酉。牐基深常有四尺，廣三其深有六尺，長視廣又尋有七尺。牐身長三分基之一，崇弱五丁不及身之半。又于東岸創河神祠，西岸創公署。爲屋以間計者十有五。署南爲臺，構亭其上，凡用石方尺長丈爲塊計三千有奇，木大小以株計，四千六百五十八，堊以斤計，二十五萬，鐵以斤計，一萬六千有奇，甓一十五萬二千五百，麻炭等物稱是。工匠、繇卒千八十有五人，用糧千七百五十斛，褚幣四萬緡，制度纖悉，備極精緻。落成之日，舟無留行，役者忘勞，居者聚觀，往來者懽忭稱慶。僚佐耆宿衆相與謀，謂不伐石以識，〔既〕無以彰公之勤〔一〕，且懼來者之功不繼，而前功遂隳也。

先是，民役於河，凡大興作，率有既廩爲常制。是役將興，時適薦饑。公因預期遣官赴都禀命，冀得請，俾貧窶者得竄其身，藉以有養。及久未獲命，不忍坐視斯民餓且殍，遂出公帑，人貸錢二千緡，約來春入役還官。無何糧亦至，民爭趨令。其軫民瘼如此。

又初開月河，于河東岸闢地及咫，礓礫錯出，舉鍤無所施。迨營牐基近西數舉武，黃壤及泉，訖無留礙。雖國家洪福所致，抑公精誠感格天地，鬼神亦陰有以相之也。公哈剌乞台氏，明敏果斷，操守絶人，讀書一過目輒不忘，律學、醫方靡不精究。始由近侍三轉官受今除。是役也，董工於其所者，令史李中、壕寨官薛源政，奏差韓也先不華。工師徒長不能備載，具列碑陰。

勑修河道功完之碑　明　徐有貞長洲人　武功伯

惟景泰紀元之四年冬十月十有一日，天子以河決沙灣，久弗克治，集左右丞弼暨百執事之臣，于文淵閣議舉可以治水者，僉以臣有貞應詔。乃錫璽書，命之行。天子若曰：『咨爾有貞，惟河決于今七年，東方之民阨于昏墊，勞于堙築，靡有寧居。既屢遣治而弗即功，轉漕道阻，國計是虞，朕甚憂之。茲以命爾，爾其往治，欽哉。』

〔一〕無以彰公之勤　《漕河圖志》本作『既無以彰公之勤』。據補。

臣有貞祗承惟謹，既至，乃奉揚明命，戒吏飭工，撫用士衆，咨詢群策，率興厥事。已乃周爰巡行，自東北〔一〕徂南西，踰濟、汶，沿衛及沁，循大河，道濮、范以還。既究厥源流，因度地行水。乃上陳于天子曰：『臣聞凡平水土，其要在乎〔二〕天時、地利、人事而已。天時既經，地利既緯，而人事于是乎盡。且夫水之爲性可順焉以導，不可逆〔三〕焉以堙。禹之行水，行所無事，用此道也。今勢反是，治所以難。盖河自雍而豫，出險固而之夷斥，其水之勢既肆，又由豫而兖，土益疎，水益肆，而沙灣之東，所謂大洪之口者，適當其衝。于是決焉，而奪濟、汶入海之路以去，諸水從之而洩，隄以潰，渠以淤，澇則溢，旱則涸，此漕途所爲阻者與？然欲驟而堙焉，則不可，故潰者益潰，淤者益淤，而莫捄〔四〕也。今欲捄之，請先疏其水。水勢平，乃治其決；決止，乃濬其淤。因爲之方，以時節宣，俾無溢涸之患，必如是而後有成。』制曰：『可。』

臣有貞乃經營焉。作制水之閘、疏水之渠。渠起張秋金隄之首，西南行九里而至濮陽之濼，九里而至博陵之陂，又六里而至壽張之沙河，又八里而至東西影塘，又十五里〔五〕而至白嶺之灣，又三里而至李隼之涯，由李隼而上又二十里而至竹口蓮花之池，又三十里而至大豬之潭。乃踰范暨濮，又上而西，北數百里，經澶淵以接河沁，〔河沁〕之水過則害〔六〕，微則利，故遏其過而導其微，用平水勢。既成，名其渠曰廣濟，閘曰通源。渠有分合而閘有上下，凡河流之旁出而不順者，則堰之。堰有九，長衮皆至丈萬，九堰既設，其水遂不東衝沙灣，乃更北出，以濟漕渠之涸。

阿西、鄄東、曹南、鄆北之地出沮洳而資灌溉者，爲頃百數十萬。行旅既便，居民既安。有貞知事可集，乃參綜古法，擇其善而爲之加神用焉。爰作大堰，其上楗以水門，其下繚以虹隄。堰之崇三十有六尺，其厚什之，長百之。門之廣三十有六丈，厚倍之。隄之厚如門，崇如堰而長倍之。架濤截流，欐木絡竹，實之石而鍵之鐵，盖合土水火金而一之，用平水性。

既乃導汶、泗之源而出諸川，滙澶濮之流而納諸澤。遂濬漕渠，由沙灣而北至于臨清，凡二百四十里；南至于濟寧，凡二百一十里。復作放水之閘于東昌之龍灣、魏灣凡八，爲水之度。其盈過丈則放而洩之，皆通古河，以入于海。上制其源，下放其流，既有所節，且有所宜，用平

〔一〕東北　《漕河圖志》本作『北東』。
〔二〕乎　《漕河圖志》本作『知』。
〔三〕逆　即『逆』。
〔四〕莫捄　《漕河圖志》本作『莫之捄』。
〔五〕又十五里　原作『十五里』，據《北河紀》改。
〔六〕『經澶淵以接河沁之水』，應作『經澶淵以接河沁，河沁之水過則害』。據《漕河圖志》改。

水道。由是，水害以除，水利以興。

初，議者多難其事，至欲棄渠弗治，而由河、沁及海以漕，然卒不可行也。時又有發京軍疏河之議，有貞力〔一〕奏：『蠲瀕河州縣之民馬牧庸役，而專事河防，以省軍費、紓民力。』天子從之。

是役也，凡用人工聚而間役者四萬五千有奇，分而常役者萬三千有奇，用木大小之材九萬六千有奇，用竹以竿計，倍木之數，用鐵爲斤，十有二萬，鍵三千，絙百八，釜一千八百有奇，用麻百萬，荊倍之，藁稍又倍之，而用石若土，則不計其算。然其用糧于官，以石計，僅五萬而止焉。蓋自始告祭興工，至于工畢，凡五百五十有五日。

于是，治水官佐工部主事臣鍘、參議山東布政使司事臣雲鵬、僉山東按察司事臣蘭等咸以爲：惟水之治，自古爲難，矧茲地當兩京之中，天下之轉輸貢賦所由以達，使終弗治，其爲患孰大焉。夫白之渠以溉不以漕，鄭之渠以漕不以貢，而工皆累年，費皆鉅億。若漢武之瓠子，不以溉，不以漕，又不以貢而役，久弗成，兵民俱敝，至躬勞萬乘，投璧馬、籲神祇而後已。以彼視此，孰重？孰輕？孰難？孰易？乃今役不再期，費不重科，以溉焉，以漕焉，以貢焉，無弗便者。是于軍國之計，生民之資大矣，厚矣。其可以無紀述于來世。』臣有貞曰：『凡此成功，實惟我聖天子之致，所以俾臣之克效，不奪浮議，非天子之至明，孰恃焉？所以俾民之克寧，不苦重役，非天子之至仁，孰賴焉？』

有貞之于臣職，其惟弗稱是懼，矧敢貪天之功。惟天子至明，至仁之德不可以弗紀也。臣有貞常備員翰林，國史身親承之，不可以嫌故自輟。乃拜手稽首而爲之。文曰：

皇奠九有，歷年維久，延天之祐，既豫而豐。有蔀以蒙，見沬日中。陽九百六，數丁厥鞠，龍蛇起陸。水失其行，河決東平，漕渠以傾。否泰相乘，運維中興，殷憂殛凝。天子曰：『吁，是任在予，予可弗圖？圖之孔亟，歲行七易，曾靡厎績。王會在茲，國賦在茲，民便在茲。孰其幹濟，其爲予治？去害而利。惟汝有貞，勉爲朕行，便宜是經。』臣拜受命，朝嚴夕警，將事惟敬。載驅載馳，載詢載謀，載度以爲。乃分厥勢，乃隄厥潰，乃疏厥滯。分者既順，隄者既定，疏者既（通）〔浚〕〔二〕。乃作水門，鍵制其根，河防求存。有埽如龍，有堰如虹，護之重重。水性斯從，水利斯通，水道斯同。以漕以貢，以莫不用，邦計維重。惟天子明，浮議弗行，功是用成。惟天子仁，加惠東民，民是用寧。臣拜稽首，天子萬壽，仁明是懋。爰紀厥實，勒茲貞石，昭示無極。

〔一〕力　《漕河圖志》本作『因』。
〔二〕浚　原作『通』，據《北河紀》《漕河圖志》改。

治水功成題名記

有貞之治水于山東，而作沙灣等處之河防也。承命于景泰癸酉之冬，經始于甲戌之春，收功于乙亥之夏，而告成于其秋。

上詔見奉天門，嘉勞焉，因命之居京管臺事。丙子春，有貞請勅載至。乃攟前功，益爲大水之備。時方暵乾，衆莫喻其意，頗以爲過防。及秋，而大水洊至，泗、汶、淇、衛、河、沁一時俱溢，環東、兗之間，若海之浸者三月，逮冬始平。運河南北餘千里故隄高岸之缺而不完者，無慮百數十所，而沙灣之正隄大堰獨巋然而存，嶷然而安。其旁近城郭、田疇皆恃焉，而免墊没之患。以水之來有所扞，而去有所洩也。於是，東兗之軍民、耆老合辭以請：

今兹之水，蓋洪武以來所未嘗有，而大耋之人所未嘗見也。非隄與堰爲之保障，非閘與渠爲之排解，吾田吾産，其池潢矣，吾耋吾倪，其魚鼈矣。彼四方之舟楫往來於斯者，乃亦有曰：『昔也，沙灣如地之獄；今也，沙灣如天之堂』之語，而況吾斯土之軍民乎哉。而吾儕小人竊伏計焉，惟水之變不測，如今兹之溢，以龍灣六閘洩之，而猶未盡也。以故感應祠之缺隄，又煩公爲之捄築焉。微公在是，其不又將延患累年乎？願及(今)〔公〕[一]規畫而益爲之防，吾軍吾民幸甚。

有貞曰：『唯唯。』月中既築感應神之缺，而作堰月之隄，鼇甲之堰，比沙灣水門大堰差小，而埽法略等。復行度東昌龍灣六閘之上，官窑之口置閘一，疏新渠而屬之篤馬；東平、戴廟之津置閘一，疏古河而屬之大清。并前六閘爲八，而皆注之海焉。乃探禹遺之秘，本星土經緯之理，鑄玄金而作法象之器，建之隄表大河、感應二祠之中，以爲悠久之鎮。蓋盡人事，符天造，制物宜，辟神奸，其道並行也。既訖工，有貞將歸，奏於朝，而從事諸賢亦合辭以請，曰：『治水之功，其既成矣；經久之效，其亦著矣。惟古人作事而有成也，必題其名，願以碑之。』有貞乃曰：

於乎！是惟吾君之德與諸大夫士之力耳，有貞其何敢當此。且夫治水，固聖人事也，次則賢者能之，如有貞又何足以與此。雖然，有貞聞之，士以天下爲心，則天下事皆吾分内事也。矧吾徒食君之禄，受君之命，而幹君之事哉。臣幹君事，視子幹父事而加重，吾徒而弗盡其心。烏乎可？大禹聖者也，而于治水必胼手而胝足，吾徒而弗盡其力。烏乎可？夫水之大而爲中國患者，莫如河。自禹而下，世之治者非一，然可法者少，而可戒者多也。其不能成事者不必道，就其成事者而論之，如戰國之白圭，

[一] 公　原作『今』，據《漕河圖志》改。

漢之王延世、王景，元之賈魯是已。圭之治河，無所考見，然觀其以鄰國爲壑，則悖甚矣。延世之治河，無所節宣，而徒亟塞其決，雖以此取侯封，而不足善也。至如魯之治河，見於歐陽玄之記者，亦皆塞之之具，初無礙乎行水之法。矧當世季民窮之時，而興十七萬衆之役，又無撫安之策，卒之爲元召亂，是又可以爲戒者。惟景之堨流分水，頗得古法，而孝明之治，有惠於民，故能保其成功，而終漢世無河患。方之于彼，其特善乎！有貞雖不敏也，乃所願則上法大禹下取仲章[一]而爲之，不敢不盡其心力。洪惟聖明，聽納臣言，而大賚瀕河之民，與之休息。此吾與二三子之幸以有成功也，是不可不知。

皆應曰：『然。』後題諸從事，大夫士之名于石而記之，將俾後世之當治河之任者知所法戒云爾。是行也，前後歷三載焉。凡作正隄一，副隄二，護隄四，水門、大堰一，小堰一，蓄水之堰三，截水之堰九，導水之渠二，分水之渠二，洩水之渠五，制水之閘二，放水之閘八，若其備作功用、次序本末之詳，則具載前碑，茲不重出。

卷之六下　河工紀後

弘治庚戌治河記　明　王僎武進人　吏部尚書

上即位，改元弘治之明年巳酉秋七月，河決封丘，泛金龍口，溢開封諸郡邑，蹙張秌，淩會通河之長隄。巡撫山東都御史臣錢鉞以聞。上命南京兵部左侍郎白昂爲左侍郎，授之璽書，俾往治之。

時河自原武、中牟分流爲三，其大者切近汴堤之西北隅，合沁河，泛陽武、封丘、祥符、陳留、杞县、蘭陽、儀封、考城、曹縣、寧陵、睢州、歸德、虞城、永城、夏邑、碭山、蕭縣而下徐淮；其次者，横流于封丘之于家集，決孫家口，漫長垣、曹濮、鄆城、陽穀、壽張、東昌至臨清下衛河，延患于德州、滄州、興濟、青縣、静海、天津始入於海；又其次者，自中牟南下尉氏，雖稍成川，而不通舟楫，若其故道自汴城西南杏花營入渦河者，則淤澱矣。

[一]仲章　《後漢書》王景字仲通，『仲章』或係『仲通』之誤。

上意以汴梁爲宗室藩省所在，漕河爲京師饋餉所由，而被灾。諸郡爲億兆生靈之所聚處，其繫尤重且急，致厪聖慮，省躬修德，圖維治平。乃命户部樽邊庚之糧價，計河南之儲積，得白金一十七萬八千餘兩，以備資費。及諭臣昂以疏濬、修築、改圖之方，尤惓惓以撫綏爲要。臣昂于是祗承德意，敷宣于衆。經畫考量，僉謀克協。時維寒沍，預令有司集財用，繕工具。迨明年春，乃大發夫卒，河南得五萬三千，山東得一十一萬，南、北直隸共九萬有奇。豫戒所司，役其富而舍其貧，日食給以官廪，故皆歡呼。子來而鎮守巡按三司，若御史臣杜忠、臣陳寬、臣張冕、臣陳璧、臣鄒魯、臣馬良玉、布政使臣王道、臣吴珉、臣徐恪、按察使臣侯恂、副使臣傅布説，亦罔不同心匡濟，且選有司之良，以分董其役。既而河倏北徙，去汴城者三十里，金龍缺口日目淤塞，然後人力可施，而地理之宜，不可以不審也。于是奏舉欽天監漏刻博士臣李源以相度之，而以布政臣岫、副使臣曉綜北隄之役。自陽武、封丘、祥符、蘭陽、儀封凡五縣，環而築之，亘三百餘里，高則因地之崇卑，由七尺以及丈餘；廣則視水之緩急，自七丈而至十丈，以防張秌之衝激，以衛諸郡之泛溢。若汴梁之舊隄歲漸卑薄，乃以僉事臣俊、都指揮臣劉勝董之，增其高，以尺計者，自五而至七，益其廣者皆五尺，保障既固，而向嘗爲遷省之議者，無事於行矣。開封知府臣衛英、同知臣劉悉、經理之副使臣曉又導南河，自原武、中牟下南頓，至潁州，由塗山達于鳳陽故道，仍環繞于皇陵、祖陵之前，合淮以入海。又奏舉南京兵部郎中臣婁性之睢河，自歸德至宿州，下睢寧出宿遷，以入運河，疏濬、修築、綜理益密。主事臣謝緝築塞蕭縣之徐渠等口，皆所以殺黄、沁二水，侵汴徐之勢。臣昂又以爲東、兖、徐、淮、河開諸郡，皆古九河所經之地，其故跡已湮，而陝西、山西、河南諸水皆源源而來，以道諸海。惟淮河、直沽二道來者多而逝者少，泛溢之患亦勢所必至。盍亦經理其地，南自徐州，北至天津，時有工部主事臣莫驄築隄、濬河于濟寧之境，添石壩于各閘之旁。巡河御史臣孫衍、郎中臣吴瑞開複河三十里于高郵湖隄之東畔，以免風濤之險，修陳雷諸塘于楊州之域，以興水利。副使臣綱濬東平州戴家廟之裏河四十里，參政臣純、東昌知府臣趙琮鑿裏河十，其一於東昌至博平者一百二十里，一於張秌之北者二十里，餘八各數里有奇，俱下大清河，以入于海。副使臣仲字於德州之南四女樹，鑿裏河二十五里，至古黄河之九龍口。及管河郎中臣吴珍、河間知府臣謝文于滄州之境，亦闢土河，共爲十四，每河口各建減水石牐，以節運河水利。盈則洩之于海，而東、兖、德、滄之水患以紓，縮則蓄之于河，而漕艘商舶之運行益利。隨河修隄二千餘里，隨隄植柳百萬餘株。又以管泉主事臣黄肅、參政臣純濬萊蕪諸泉一百八十餘處，以濟漕河。大名知府臣李瓚亦築長隄，以障沁、衛、漳河之暴水，並始事于仲春，僝工于首夏，工傭稍食之資，材、木、竹、石、草、葦百物之費，皆取官羨餘，而不科于民，總爲穀粟二十五萬餘石、白金二十萬餘兩，其費出河南修隄備者，不及八千兩，而猶存一十七萬餘兩，爲賑民之用。若臨清會通河大閘歲久頹圮，復偕都御史臣鉞議新之，且遷置于衛河之濱，去舊址百餘丈，以衍其內，足以容舟楫、便漕運、而以郎中臣珍、主事臣陳玉，副使臣仲字、程其工，推官臣戴澄，知州臣張增則集其事，不三月而工亦完繕。上聞是役既成，乃遣使齎香帛，命臣昂代祀大河之神。臣與適以公事，自南都入朝，道經東昌，知府臣琮述其顛末，請爲之記，嘗試論之。

河自崑崙入中國，沿洄數千里，其奔放迤悍之勢，蓋觸處皆然，此有事四方者之所駭矚。自瓠子之決，金隄之潰，以迄于天臺、梁山之溢，其激射浸淫之患，亦無代無之，此稽古者之所深慨。自都水有監，河渠有署，自時厥後，或遣使按行，命官監治。其施功當時，敷被後世者，亦時復有焉。此又志功業者之所艷慕，如臣昂固其人也。矧又重聖明之簡注，群賢之恊賛者哉！是故宜其役不踰時，續有成績，以上紓當宁之憂，下庇蒸人之生，非偶然之故也。是爲記。

安平鎮治水之碑　明　徐溥宜興人　大學士

安平鎮，舊名張秋，實運河要地也。景泰間，黃河支流決鎮之沙灣，壞運河，朝廷命僉都御史徐有貞塞而堤之。暨弘治六年，復決于下流十里許，汶水從之，由東阿舊鹽河以入海。厥後霖潦大溢，廣至九十餘丈，運河自東昌而下，率多淤涸，舟楫不通。

今上以爲憂，既勅右副都御史臣劉大夏往治之，又特勅內官監太監李興、平江伯陳鋭總督山東兵民夫役，與之共事。時夏且半，漕舟已集，一經決口，挽力數倍，稍失手輒覆溺不可救。僉謂宜急先務，廼于西岸稍南鑿月河，長三里許，引舟由之，次第皆濟，歲運賴以不失。及冬水落，廼爲塞決計，規倣古法，酌以時宜，築東西二臺，植木爲表，多施大索，衆埽交下，兩岸漸合。中流用船雜寘土石，鑿而沉之，厭以巨埽囊土，以實其罅。役夫番代，閱三晝夜弗息，而決始塞。于外則甃石樹栰，累築而固之。又于其南爲石壩以備宣節，于上流爲重隄以防奔潰。至是，運道復通，而舊決皆爲陸地矣。

初議以安平之上流爲黃陵岡，黃陵未塞，則安平之功亦不易保，故二役並興，而湍勢悍激，再塞再決，群喙洶洶，莫知所定。迄入年之二月，皆以成告上，累遣奬勞，賜羊、酒、金幣諸物，易鎮名曰『安平』，又勅建神祠以祈冥佑，名曰『顯惠』，命有司春秋修祀事。

是役也，凡用夫四萬餘，薪芻以束計者八十四萬五千，竹木以根計者三萬七千，麻鐵以斤計者六十萬四千有奇，而黃陵之役不與焉。比復命于朝，上若曰：『河決既塞，越惟爾二三臣之勞。爾興賜歲禄二十四石。爾鋭加太保兼太子太傅，增歲禄二百石。爾大夏陞右副都御史佐院事。分董其役者，山東左參政張縉擢通政司右通政，仍治河防。按察僉事廖中爲副使。暨武官進秩加俸者，百數十人，各有差。』既又勅臣溥爲文，紀功績歲月，以詔來世。臣故叙事紀日，俾刻金石，如宋靈平埽故事，用復明命，且儆于有職者，系之以銘。銘曰：

河出西域，亘行域中，土疏水遷，廣武之東。虞周世邈，漢患尤數，歷宋至元，治法益鑿。我明北都，會爲漕渠，再決張秋，四紀之餘。自西徂東，赴海如注，渠流中涸，南北殊路。帝命在廷，惟内外臣，來諮來營，以拯艱屯。乃疏其源，乃塞其決，群工具興，百慮或竭。斲石于山，伐木於林，實土于囊，載積載沉。至再而三，功乃克就，故漕復通，萬艦交轃。奏章北上，勞使南行，天子有命，錫之嘉名。坤靈效順，河亦南徙，水菑告平，民乃寧止。民贊且頌，良臣之勳，臣拜稽首，天子聖神。皇不自神，予民父母，匪天惠民，孰我能佑？隄石巖巖，川流淙淙，惟兹安平，永鎮東邦。

安平鎮治水功完碑

明 王鏊長洲人 大學士

皇明建都燕薊，歲漕東南，以給都下，會通河實國家氣脉，而張秋又南北之咽喉。景泰四年，河決張秋，武功伯徐有貞治之，旋復故道。弘治二年，河勢北徙。六年夏，遂決黄陵岡，潰張秌隄，奪汶水以入海，張秌上下渺瀰際天，東昌、臨清河流幾絶。前後遣官治之，績用弗成，上乃命右副都御史劉大夏往莅。時訛言沸騰，謂河不可治，治之祇勞且費；或謂河不必治，宜復前元海運；或謂陸輓雖勞無虞。上復命太監李興、平江伯陳鋭同往莅之。時夏且半，漕集張秋，帆檣鱗次，財貨山委，決口奔猛，戒莫敢越。或賈勇先發，至則戰掉失度，人船滅没。鋭等聚謀，始于上流開月河，長可三里，軼決口屬之河，於是舳艫相銜，順流畢發，懽喜載道。事聞，璽書獎勵。

乃始議築黄陵岡之決。初，大梁之北爲沁河，東南流入徐，西爲黄河，東流入淮。其後黄河忽溢入沁，合流以北，遂決黄陸岡以及張秋。鋭等議，〔不〕〔一〕治上流則決口不塞。於是濬河及孫家渡七十餘里，由陳、潁以入淮；又濬河自中牟、扶溝、陳潁二十餘里，由宿遷以達于淮。又濬賈魯舊河四十餘里，由曹以入于徐。于時向冬，水且落，迺于張秋西岸，東西築臺，立表貫索，綱聯巨艦，穴而窒之，實以土牛，至決口去窒沉艦，壓以大埽。合且復決，隨決隨築。吏戒丁勵，畚鍤如雲，連晝夜不息。水乃自月

〔一〕『治』字前缺『不』字，據《北河紀》改。

河以北決，既塞，繚以石隄，輔以梘柱，又于上流作減水壩，又濬南旺湖諸泉源，又隄河三百餘里，漕道復通。

役始于六年之夏，其冬告成，用軍民凡四萬餘人，鐵爲斤一萬九千有奇，水三萬七千，薪爲束六十三萬，芻二百二十萬。次其役者，通政使張縉、山東按察副使廖中、臣與臣鋭、臣大夏以其事聞，上遣使慰勞，令作廟鎮其上，賜額曰『顯惠神祠』，鎮曰『安平鎮』，命臣鍪紀其事。臣拜手稽首而獻詩曰：

翼翼皇都，殿此上游，灌輸東南，艨艟來浮。黄河奔溢，勢如萬馬，遂囓黄崗，溢于鉅野。帝咨于朝，疇予治者，咨汝大夏，汝鋭汝興。恊謀合力，績乃用登，三臣受命，单車來屬。廼相廼巡，廼釃廼鑿，既隄黄崗，張秋乃築。維天與時，維人効力，神謀鬼輸，隤林菑石。昔事之始，訛言震驚，不震不奪，由天子明。維明天子，維慎厥使，殷其如山，功成有偉。塗人歌矣，居人和矣，舟之方之，維其多矣。忱忱安平，新命孔虔，四方攸同，於萬斯年。

黄陵崗河工完之碑

明　劉健大學士

弘治二年，河徙汴城東北，過沁水，溢流爲三：一自祥符于家店經蘭陽、歸德，至徐邳，入于淮；一自荆隆口黄陵岡東，經曹濮入張秋運河。所至壞民田廬，且損南北運河道，天子憂之，嘗命官往治。時運道尚未損也。

六年夏，大霖雨，河流驟盛，而荆隆口一支尤甚，遂決張秋運河東岸，并汶水奔注于海，由是，運道淤涸，漕舟阻絶。天子益以爲憂，復命都察院右副都御史劉大夏治之，既而慮其功不時，上也又以總督之柄付之內官監太監臣李興、平江伯臣陳鋭俾銜命往。三臣者乃同心恊力，以祇奉詔命，遂自張秋決口視潰決之源，以西至河南廣武山淤涸之跡，以北至臨清衛河地形，事宜既悉，然以時當夏半，水勢方盛，又漕舟鱗壅口南，因相與議曰：『治河之道，通漕爲急。』乃于決口兩岸鑿月河三里許，屬之舊河，以通漕舟。漕舟既通，又相與議，黄陵岡在張秋之上，而荆隆等口又在黄陵岡潰決之源，築塞固有緩急，然治水之法不可不先殺其勢。遂鑿滎澤、孫家渡河道七十餘里，濬祥符四府營淤河二十餘里，以達淮；疏賈魯舊河四十餘里，由曹縣梁進口，出徐州運河，支流既分，水勢漸殺。于是乃議築塞諸口。其自黄陵岡以上，凡地屬河南者，悉用河南兵民夫匠，即以其方面統之。按察副使臣張鼐、都指揮僉事臣劉勝分統荆隆等口，按察僉事臣李善、都指揮僉事臣王杲分統黄陵岡。而臣興、臣鋭、臣大夏往來總統之，博采群議，晝夜計畫，殆忘寢食，故官屬夫匠等悉用命，築臺捲埽，齊心畢力，遂獲成功焉。

初，河南諸口之塞，惟黄陵岡屢合而屢決，爲最難塞。之後特築堤三重以護之，其高各七丈，厚半之。又築長堤荆隆口之東西各二百餘里，黄陵岡之東西各三百餘里，直抵徐州，俾河流恒南行故道，而下流張秋河無潰決之患矣。

是役也，用夫匠以名計五萬八千有奇，柴草以束計一萬二千有奇，竹木大小以根計一萬二百有奇，鐵生熟以斤計一萬九百有奇，麻以斤計三十二萬有奇。其興工以弘治甲寅十月，而畢以次年二月。會張秋以南至徐州工程俱畢。臣興等遂俱功完始末，以聞，天子嘉之，時易張秋鎮名爲安平，賜臣興禄米歲二十四石，加臣鋭太保兼太子太傅，禄米歲二百石，進臣大夏左副都御史理院事，及諸方面官屬，進秩、增俸有差。乃從興等請，于塞口各賜額立廟，以祀水神，安平鎮曰『顯惠』，黄陵岡曰『昭應』。已而又命翰林儒臣各以工完之跡，文之碑石，昭示永久。

臣健以次撰黄陵岡。臣惟前代于河之决而塞之者，漢瓠子、宋澶濮、曹濟之間，皆積久而後成功。或至臨塞，躬勞萬乘。今黄陵岡諸口潰決已歷數年，且其勢洪闊奔放，若不可爲，而築塞之功，顧未盈二時。此固諸臣協心，夫匠用命之所致然。非我聖天子至德格天，水靈效職及宸斷之明、委任之專，豈能成功若是之速哉？臣職在文字，覩兹惠政，誠不可以無紀述，謹摭其事，撰次如右，且繫之以詩曰：

中州之水，河其最大。龍門底柱，猶最爲害。太行既北，平壤是趨。奔放潰決，遂無寧區。粤稽前代，築修屢起。瓠子宣房，實肇其始。皇明啟運，亦屢有聞。安平黄岡，奏決紛紜。壞我民廬，損我運道。帝心憂之，成功欲蚤。乃命憲臣，乃弘廟謨。諄諄戒諭，冀効勤劬。功不時止，復遣近侍。繼以勳臣，俾同往治。三臣協力，兼采群謀。晝夜焦勞，罔或暫休。既分别支，以殺其勢。遂遏洪流，永堅其閉。水由故道，河患斯平。運渠無損，舟楫通行。工畢來聞，帝心嘉悦。加禄與官，恩典昭晰。惟兹大役，不日告成。感召之由，天子聖明。天子聖明，化行德布。匪直河水，萬靈感附。殊方異域，靡不來王。以漕以貢，億世無疆。

新建耐牢坡石閘記　明　劉大昕濟寧府同知

大明受命皇帝即位之元年，昭遣大將軍定山東，平幽冀。兵不血刃而梁晉關、陝大小郡邑悉皆附順。分兵戍以守阨塞，濬河梁以逸漕度。舳艫千里，魚貫蟬聯，(而)〔貢〕〔一〕賦供需，有程無阻。後以黄河變易，濟寧之南陽西暨周村涯淤窒壅，數壞舟楫。迺遵師莊、石佛諸閘，北泝汶濟，以達燕、冀，西循曹、鄆，以抵梁晉。濟寧州城西二十里許耐牢坡口者，實西北分路之會，坡有隄，綿數十里，

〔一〕貢　原作『而』，據《北河紀》改。

以防河決。于是時遂開通焉。倘失啟閉，水勢散泄，漕度愆期，深爲職守憂。

洪武二年，申請于山東行省，注官分任其事，南疏北導，靡所寧處。冬十一月，省檄下委大昕，相宜置閘，以爲歲久計。十二月朔，同寅知府余芳，通〔判〕㈠胡處謙集議，率任城簿周允暨提領郭祥至于河上。視〔其〕㈡舊口，則土崩流悍，不可即功；行視口之北幾一里許，平衍水滙，可立基焉。乃伐石轉木，度功改作。時冰凍，暫止。三年二月二日集衆材，合役丁，夷土隄，平水降八尺以爲基。樹以棗栗，密如星布，實以瓦甓，迥若砥平，然後舖張木枋，敷嵌石板，爰琢爰甃，犬牙相入。復固以灰膠，關以鐵錠，磨礲剷削，混然天成。閘門東西廣十六尺有五寸，崇十尺一寸，西北比東西廣加二尺焉。閘之北，東向有墉，縱二十三尺；西向墉縱〔一〕十五尺㈢有奇，閘之南稱是。翼如也，所以捍水之洄洑衝薄也。兩門之中鑿渠五寸，下貫萬年枋，以立懸板。復于閘之南北，決去壅土，以殺悍湍，且濟舟以轉折入閘。自此啟閉有常，舟行如素。

三月二十日告成訖功，計興工至休役，凡五十日。以工計：石工二十九人，木工四人，金工二人，徒二百五十人。以株計：木一千三百有三，枋五十，甓大小七百八十有四，鐵錠一百，每錠重六斤四兩，鐵斤重二百五十五，木炭斤重一千五百四十二，石灰斤重六千三百四十四。工之食粟八石零七升。若鐵、粟則取給於官，餘悉因沂、兖二州，任城、滕、鄆諸縣土地所有，規措給用，雖少勞于民，而民樂於趨事；不費于官，而官亦易於成功，此大較也。大昕雖董是役，而主簿周允晨夕陳力，勤敏不怠，其功其勞不可蓋也。遂具載本末于石，以垂永久焉。

重修濟寧月河閘記略

明　廖莊　吉水人　大理寺卿

天順改元丁丑秋，貴池孫公仁拜冬官主事，奉命治水于濟寧。濟寧天井、在城二閘舊有月河，距州治南三里許，上口東密邇天井閘，北對會通河，二水縱横若十字然。逮天雨潦溢，潺湲相持，什七，南注，其勢猶傾。舟由閘河而西者，或至沉覆；遡月河而上者，艱於逆輓。下口去在城閘尤邇，有閘瀕於西岸，啟而舟下，又〔無〕〔有〕㈣衝激之虞雖善計者未如之何。

先是，冬官主事永豐陳公律、蘄陽陳公溱繼蒞其地。議以下口舊閘移八百餘尺，改上口於迤西，餘七百武，棄會通河不對，置兩口而渠於其上，置閘於兩口之下。時水

㈠ 通判　原作『通』，據《北河紀》改。
㈡ 視其舊口　原作『視舊口』，據《北河紀》改。
㈢ 一十五尺　原作『十五尺』，據《北河紀》改。
㈣ 有　原作『無』，據《北河紀》改。

盈縮而閉縱之，庶免前患。議定以聞，詔許之。工未舉，孫公來代。時巡撫都御史牟公富尚以民貧財乏爲難。孫公乃計在官之料，儲庫之積，物因其舊，力省於人。郡邑所供者苐石、灰、炭而已。

復以聞，上可其奏。而鎮守平江侯陳公豫，巡河御史蘇公燦、王公祥，山東布政司參政李公讚，按察司僉事劉公進協謀并智，賛相爲多。相其事者，則兗州知府郭君鑑。董其事者，則推官范君雯。始事于巳卯之冬，訖工於庚辰之春。

學正陶君鼎輩咸願刻石紀成，而因都督趙公輔屬筆於予。夫以天井、在城二閘前人爲之備矣，月河上下二口則未備焉。自前迄今皆知其不便，而未如之何。今二陳啟之於前，孫公成之於後，經營有方，措置有道，官不爲擾，民不爲勞，可謂克修前人之未備，便今人之未便者矣。歐陽子有云：『作者未始不欲長存，而繼者嘗至於怠廢。使其繼者恒如作者之心，則天下後世豈有遺利哉。』故爲之記，使來者尚有考而用其心也。

兗州金口堰記略

明　劉珝壽光人　大學士

天下無不可爲之事，顧無可爲之人。此伊昔金口堰之廢，必抵于今而始成也。堰距兗州東五里許，以其障沂、泗二水入金口閘，西達濟寧會通河，因號今名。考之後魏及隋元以來，皆嘗修築，以通漕運。

都之建不一，堰之興廢亦不一，暨我太祖高皇帝定鼎金陵，無事乎堰。太宗文皇帝駐蹕北京，復通漕運，而堰多事矣。前此堰築以土，每夏秋之交，波濤洶湧，即圮無餘。萬夫之役，不貲之費，爲之蕩然。自永樂以迄于成化，朝廷雖數命官修固，卒莫能底定。

歲庚寅，都水主事宜興張公克謙祗承是任，肆以興復爲己任，乃曰：『與其屢（廢）〔費〕〔一〕以病民，孰若一勞而永逸。』適冬官亞卿喬公志弘催督漕運，首以白之〔二〕，遂疏其實以聞，上下公卿議，率以爲可行。已而，秋官亞卿、王公宗貫繼志，復注意提督獎勸。又得山東少參尹公朴之、僉憲王公廷言相與維持其事，事駸駸乎嚮成矣。

克謙結一草廬于堰側，晨夕坐臥其中，始終不懈。財不取于民，唯以堰夫歲辦椿草，折納米粟，懋易一切物料。躬率夫匠採石于山，伐木于林，煅灰於野，凡百所需，悉區畫有方。復檄兗州同知徐福輩分司其事。涓卜鳩工，官使畢集。興于成化七年九月，訖于次年六月。

計堰東西長五十丈，下闊三丈六尺，上闊二丈八尺。自地平石計五層，高七丈。湫口三處，眎水之消長，時其啟閉。橫巨石爲橋，以便往來。堰北復作分水二，雁翅

〔一〕費　原作『廢』，據《北河紀》改。
〔二〕首以白之　《漕河圖志》本中爲『克謙首舉以白之』。據補。

二，以殺水勢。堰南北跌水石直五尺，横四十丈，以固堰基。

是役也，石以斤計餘三萬，樁木以根計餘八萬，灰以斤計餘百萬，以至黄糯米、鐵錠、鐶、木、石灰合用諸料，俱不下千萬。夫匠二千五百有奇，在公之人，賞勞錢數萬緡，食米千石，皆克謙自所措置，一毫不取于有司。堰既成，堅完俱美，規制宏壯，不惟積水可以西接漕運，且俾一方行者無病涉之虞。于時，衆方嘆克謙之不可及也。

後數月，宗貫復巡行堰上，忻羨不已。爰命孔廟奎文閣典籍許節之持致仕參議劉廷振、孫廷昭所爲事紀徵言。夫許景山修蕭何故堰而成大利，趙思寛修信臣故渠而致沃壤。廣莫如海，范文正築之，以灌通、泰；深莫如洛，巖能穿之，以溉重泉。以及考亭朱子疏修南康石陂。一舉多得，皆期于必成而行者也，故卒無不成。此克謙所以排衆議而不顧，斷斷乎，期于必成而後已。遂勒斯言于石。

堽城壩記略　明　商輅淳安人　大學士

汶、泗二水，齊魯名川，分流南北不相通。自古浮于汶者，自兖北而止；浮于泗者，自兖南而止。元時，南方貢賦之來，至濟寧舍舟陸行數百里，由衛水入都。至元二十年，始自濟寧開渠抵安民山，引舟入濟寧，陸行二百里抵臨清入衛。二十六年，復自安民山開渠至臨清。乃于兖東築金口堰，障泗水西南流，兖北築堽城堰，障汶水南流，而二水悉歸漕渠。于是，舟楫往來無阻，因名曰『會通河。』

我文皇帝遷都于北，爰命大臣相視舊規，築堰疏渠，漕運復通。第堰皆土築，每遇淋潦衝決，水盡泄，漕渠盡涸，隨築隨決，民甚苦之。成化庚寅，工部尚書郎張君克謙奉命治河，歷觀舊跡，嘆曰：『以石易土，可一勞永逸，何乃因循弗爲經久計乎？』于是，督夫採石，首修金口堰，不數月告成。凡應用之需，以一歲樁木等費折納，沛然有餘。曰：『斯堰既修，堽城堰亦不可已。』方度材舉事，遽以言者召還。

已而，巡撫牟公觀其成績，騰章奏保用畢前功。至則以堽城舊址河闊沙深，艱于用力，乃相西南八里許，其地兩岸屹立，根連河中，堅石縈絡，比舊址隘三之一，于此置堰，事半功倍。遂擇癸巳九月望日興事，儲財聚料，百需咸備。明年春三月，命工淘沙，鑿底石掌平。底之上，甃石七級，每級上縮八寸，高十有一尺，中置巨細石，煮秫米爲糜，加灰以固之。底廣二十五尺，面用石板甃二層，廣一十七尺，袤一千二百尺。開甃口七，各廣十尺，高十一尺。置水板啟閉，遇水漲啟板，聽從故道西流；水退閉板，障水南流，以灌運河。兩端逆水雁翅二，各長四十二尺，順水雁翅二，各長二十五尺。爲分水，各廣二十三尺，袤一百三十尺。兩石際連以鐵錠，石上下護以鐵拴，湫口橫巨石三四，各長十餘尺。河舊無梁，民病涉，堰成，遂通車輿。有元舊閘引沙入洸，洸淤，汶水不能入。茲堰、東置閘爲二洞，皆廣九尺，高十一尺，中爲分水一，旁爲雁翅二，亦用板啟閉，以候水消漲，漲則閉板以障黄潦，消則啟板以注清流。洞上覆以石，石之兩旁仍甃石高一十有八尺，中實以土，與地平，俾水患不致南侵，洸河免于沙淤。閘之南新開河九里，引汶通洸。河口逼崖，自顛至麓皆堅，鑿石兩閱月始通。肇工于九年九月，訖工于十年十一月。

是役所費，較之金口，不啻數倍，而民不擾者，以前折納外所增無幾，蓋處置得宜，區畫有方。所以開漕運無窮之利者，寔在于此。都憲嘉其功之成，命兖郡守錢源徵予以記。往歲克謙還自東魯，語及修堰之役，予心善之。克謙再行，予實從更。乃今績用有成，可靳于言耶？昔白公穿渠，民得其利，歌曰：『衣食京師億萬口。』若克謙斯堰之築，漕河允賴，公利兼濟，視白渠之利，不尤大乎？予故備書其事爲記。克謙，名盛，常之宜興人。天順庚辰進士，都水員外郎。

安平鎮減水石壩記

明　李東陽長沙人　大學士

弘治初，河徙汴北，分爲二支。其一東下張秋鎮，入漕河，與汶水合而北行。六年，霖雨大溢，決其東岸，截流徑趨，奪汶以入于海，而漕河中竭，南北道阻。上既命都御史臣劉大夏治厥事，復特命內官監臣李興、平江伯臣陳鋭總督山東兵民夫往共治之，僉議胥協，疏塞並舉，乃于上流西岸，疏爲月河三里許，塞決口九十餘丈，而漕始復通。又上，則疏賈魯河、孫家渡，塞荆隆口、黄陵岡，築兩長隄，蹙水南下，由徐淮故道。又議以爲兩隄綿亘甚遠，河或失守，必復至張秋，爲漕河憂，乃相地於舊決之南一里，用近世減水壩之制，植木爲杙，中實甎石，上爲衡木，著以厚板。又上墁以巨石，屈鐵以鍵之，液糯以填之。壩成，廣袤皆十五丈。又其上甃石爲竇五，梁而涂之，梁可引繩，竇可通水俾水溢則稍殺衝齧，水涸則漕河獲存，庶幾，役不重費，而功可保。工既告畢，上更命鎮名爲『安平』，命工部伐石，勅內閣臣各紀功績。

臣東陽當記，竊考之治水之法，疏與塞而已矣。塞之說不見于經，中古以降，隄堰議起，往往亦以爲利，利與害相值，必較多寡，以爲重輕。若敺土石，當水之怒，費多而利寡，此古人所深戒。惟水勢未迫，後患尚未形，周思豫制，以爲之備，則障之利亦不可誣。況茲壩者，勢若爲障而寔疏之，故其疏不至漏，障不至激，去水之害以成其利，蹔勞而永逸。費雖不能無，而用則博矣。揆之善溝者，水漱〔之〕〔一〕，善防者，水淫之。云者不亦兼而有之乎？《易》

〔一〕之　原無，據前後文補。

象財成，《書》陳修和，君出其令，臣宣其力，雖小大勞逸不同，同是道也。嗚呼！天下之事，莫患乎可爲而不爲，彼宦成之怠，交承之諉，遺智餘力未有不貽後日之悔者，獨水也哉？人無於水監，當於民監。斯言也，可以喻大矣。唐韋丹築扞江隄，實以疏漲，詔刻碑紀功，著在國史。臣不文，謹書此爲明命復。

安平鎮石隄記　明　謝遷餘姚人　少傅大學士

國家定鼎燕京，凡上供之需、百官六軍之餽餉，大率養給東南舟楫轉輸，以免陸地飛輓之勞，與海運風濤之險，實惟漕渠是賴。

兖之東阿張秌鎮，適居漕河之路，往歲河決黄陵岡，奔注張秌，而渠之東隄潰決，水由鹽河以入于海。越歲淋潦助虐，勢益悍急，決口之廣至九十餘丈，盡奪漕渠東注，而南北舟楫幾至不通。天子以爲憂，亟命治之，遣内外重臣往，總其役，合山東兵民夫殫力畢作，五閲月而功告成，賜鎮名曰『安平』，以示永賴。

于是，内外重臣皆召還，而山東布政司參政晉陽張公縉嘗與董治之任，效勞爲多，天子知其能，超擢通政使司右通政，俾專治河防。公益感激思奮，乃諗于衆曰：『兖當河下流之衝，自昔被患已劇，今雖底寧，而將來不測之虞，亦未可知。隄必甃之以石，庶可以障湍激之悍，沙灣石隄無恙，此明驗也。』既而詢謀，僉同鳩工集事，先實土以厚其址，然後布杙疊石，石必爲廉隅灰液其縫，每數十丈内爲階級，以便登降。隄外附土丈餘，高突數尺，以防侵刷。起自荆門驛之前，邐迤而南，至新建石壩，以與舊石隄接。長以步計者二千二百八十二，高以層計者十有四，深下要害處，則加石或七八層，或二三層，所用木石、蒭灰皆出河夫歲辦，工匠餼廩，皆出自宫，不別取辦于民。經始于弘治丙辰之春，迄庚辰春三月而畢。東阿知縣秦昂嘗與從事兹役，具以告予謹記之，以詔其後。

建堂邑縣土橋閘記略　明　丘濬瓊山人　大學士

皇明因勝國，會通河故道而深廣之，通江淮漕，以實京師，餘六十年于兹矣。然地勢之變，天時不常，盡人事者，必隨時因勢，一節宣之，然後盡其用而利濟于無窮焉。

自河決陽武，潰出張秌之後，朝廷既命大臣築塞之，以復其舊矣。然其間猶有所壅滯之處，一時任事諸臣，隨所在而爲其防備，非一所也。河流經東昌府之堂邑縣境地，名曰土橋。其上流之牐曰梁家鄉，沿而至是十有三里；下流之牐曰戴家灣，泝而至是二十有八里；又四十里抵臨清之上牐，漕舟至此出會通而下漳、御，僅七八十里爾。輒膠淤淺而不能行，日集而群聚于土橋，上下十數里間，舟人叫囂推挽，力殫聲嘶，望而不可至主漕計者病焉。時山東按察僉事陳善專理其境之運道，議于此建牐以積水濟舟，屢言于上，而弗見報。都憲翁世資巡撫山東，所至詢民疾苦，善乃以狀上，公具聞諸朝，天子可之，下其議于工部，仍命吏部設官如常制。公得請躬涖其處，區畫事宜，俾君專其事，君計徒庸致才用，授其屬東昌府通判馬驄等督工。即功于所謂土橋者，建石爲新牐，凡其規制之廣狹、長短，與夫疏水之渠，祠神之宇，涖事之署悉如常度。經始于成化癸巳冬十有一月之朔，至明年甲午春二月告成。

修臨清州南板閘記 劉夢陽臨清人 主事

汶水發源于泰山諸泉，至汶上縣南旺湖口，南北分流爲漕河，南至徐沛合河、沁以入淮，北至臨清會衛河以達海。泉微流澁，故建閘蓄縮而節用之。臨清閘北流之裔尤要焉，過是則衛河承之無留行矣。閘分兩河：北曰會通，曰臨清，則前元所建誌，所謂地勢陡峻、數壞舟楫者也；南曰南板，曰新開，則本朝所建誌，所謂地勢頗平、往來船行者也。南二閘相矩甫三百弓，舊閘草創，一以甎堰之名，曰甎閘；一以板障之名，曰板閘，繼後改爲石閘，易以今名。日遠闕泐，舟楫告艱。

弘治年間，司徒白昂改修會通閘，導流而北，閘底過卑，便謝于前，仍南閘以行。今皇帝臨御之七載，冥頑弄兵，水陸途絶，廷議都憲劉公總師靖醜清道通漕。公抒勒修職，築亭障，立保伍，士鋭器精，警虞削跡。時京儲垂嗇，運舟逢達。公子癸酉歲春欲新南閘爲利涉焉，或稱截流僦功。公曰：『詎可爾？功非數月不成，何以副急餉之憂？』乃開北閘借便焉。或又難之，公曰：『第爲之耳！』以規畫授工徒，疏塞濬隘，下舊河之身若干，闊舊河之身若干，復于會通閘底沉杉九板，峻瀉既殺，膠涸亦除，淡爲安流，大往小來，窮晝繼夜。南板則撤其舊而創爲之，新開則仍其舊，而易其閘之金口與閘之底焉。掄工而良工，選材而材堅，趨事有嚴，布力無怠，歷時告成，鞏如鎔冶，整如截肪。

以是，歲六月六日工完放舟，上者，無號挽之勞，下者無激射之險，群吁衆異，相目以嘻曰：『是何就績之易，策算之神也。』蓋自前元以至今日，閘更幾作，率以不能利涉爲憾。至是，始克免焉。收効於廢，變易於難，識洞於隱，才周於事，至智也。速輪貢之程，廣貨殖之用，加惠兆人，惠澤來裔，至仁也。在昔開一梁、修一堰，民興謠、史載事。度德量力於公，其大小久近，何啻倍蓰，可無紀乎？用是礱石薦詞，俾後賢者有考焉。公名愷，保定新安人。

修臨清會通閘記 明 徐溥

昔在太宗文皇帝肇建北京，以糧運仰給東南，而海運危險，非長策也，始改造運舟，由裏河而行，歲漕四百萬石，以爲定制。歷歲既久，國用給足，積其贏餘，不可勝計。然河道自臨清以南至于徐州，凡千餘里，地形高下，不啻數丈。自前元以來，置牐蓄水，而舟始通。在臨清境上，則有會通東、西二牐，蓋當時開會通河引汶水由安山歷東昌至此，以入衛河，故亦以會通名之。永樂間，初行漕法，以東牐既壞，嘗加修治。更六十餘年，衛河益深，牐益高，水勢衝激益險，甚爲行舟之患。故廢其牐者三十年于兹。

乃弘治庚戌，黄河決封丘之金龍口，其流泛溢，將出運河。都御史錢公巡撫山東具疏言于朝下大臣議，僉謂宜擇人治之毋緩，命刑部左侍郎白昂以往。既至，督治有法，而河得無事，他日行視河道于齊、魯間，至臨清問知東牐之廢，與錢公謀曰：『是州爲汶衛交流之地，而運舟之所皆經者也，牐雖重建，其可以役大而免。』乃協謀于巡按憲臣暨藩臬諸司，檄東昌知府趙琮、臨清知州張增出公錢爲材用人力之（廢）〔費〕，而委推官戴澄專其事，若工部郎中吴珍、主事陳玉、按察司副使閻仲宇皆分司其地，實總督之。經始于庚戌三月，至六月而功畢。牐成，去舊址百餘丈，崇廣長闊悉如規制，其深則與河等。

於是水勢既平，舟行上下，如乘安流，公私便之。

夫五行皆生于天地，以資人之用者也。人苟不盡裁成輔相之道，則天地雖生之，而亦不適于用。若夫水之潤物以行舟，其用尤大者。然其性本下，適與土之高者相值，亦惟傾而去之，而反有害於人矣。故後世始置爲閘以節宣之，乃能盡水之用，而有利于天下國家也。今白公當治水之際，其勢已甚，以其餘力復爲此舉，易害爲利，轉危爲安，其才真可任而不負朝廷之所託者乎！凡公治水成績別有紀載，此特書建牐一事，故不假及云。

坎河口記略

明　萬恭南昌人　總河都御史

濟水伏流，至泰山溢爲諸泉，滙爲汶，北入鹽河，道青州，東注于海。初尚書宋公壩戴村，濬源穿渠百里，南注之，達于南旺。以其七北會漳、衛而捷于天津，以其三南流會河、淮而逆諸安東皆入海。青州道絶，是以汶之全力濟滕、兖，東臨八百里，故陸地運舟而不膠。然非汶之性也，其勢曷嘗一日不欲東注哉！

弘治中，汶大溢，勢不能決戴村，則潰裂而假道于坎河口。坎河者，入海之截徑也。若建瓴而下，南流遂微。治水者議隄坎河口，歲隄歲敗，莫如之何。則議（損）〔捐〕〔一〕南旺兩涯膏腴數千頃，爲蜀山、馬踏、南旺湖，命曰『水櫃』，以待運。而坎河東注者日澌月流注南旺者幾絶。

〔一〕捐　原作『損』，據《北河紀》改。

隆慶壬申，余治水至濟，上患之，乃與主事張君克文徘徊泗、汶之集，周覽坎河之口，向張君嘆曰：『獨柰何不以有源者爲水囊，而以無源者爲水櫃乎？北有龍山焉，亂石如魚鱗，君取彼石灘，坎河口則萬世計也。』乃役丁夫七千有奇，運石湮河。始于壬申之仲冬，成于癸酉之孟春。灘慱一里、袤一里，而强壓河根，而上崇丈餘。秋水時至，則令灘踰而瀉之，復青州之故道；春夏運行，則令灘止而注之，入安東者趨而左，入天津者趨而右。灘若天成，汶失故吾，蓋不能自制其命矣！于是秋不雨，至于春二月，聞水瀰瀰，運艘绳绳，張君撫膺高蹈爲余言：『宜有記，令後來者世守之。』余曰：『夫拂其性而激之，逆其流而役之，使汶水鼎足以裂，不得全其天然，吾過也，吾過也！然汶上濟（隱）〔陰〕[一]，湯湯滔滔，孰與三分者以濟社稷之急，而紓百姓之煩疴，則汶雖失全性而有全功，享全名，不顯汶神，其將知我乎？其將罪我乎？』張君乃刻石。

守壩論略　明　張純

漕河之有戴村，譬人身之咽喉也。咽喉病則元氣走，洩四肢莫得而運矣。昔在創建之功，歲增土以培之，植柳以護之，多設夫以守之，其防衛蓋甚密也。後土日增，柳日固，則夫議停役矣，所以寬民力也。然物久則壞，防弛則廢，即今單薄日甚，原植護柳十無一二存矣。況兖州土踈，汶性湍急，萬一水失其性，得無虞與？然則爲之柰何乘泉夫之餘力，歲加修築，增舖舍，植新柳，令見役之夫力加守護，則盤錯根深，壩將自固。壩固將無所事茚乎？曰：『不可也。』彼其淜湃浩蕩之勢，非有以順之則拂，非有以蓄之則溢，拂與溢，等害耳故。每遇水潦，須決坎河口以殺之。殺之不足，則開滚水壩，又不足，則開減水諸閘，或順之入海，或蓄之入湖，以納其流，微則盡塞，令餘波悉歸于漕，是節之者，固所以守之也。此營衛吐納之説也，不然三汶争趨，源大流長，夏秋水潦，怒激奔逸，豈一壩之所能支與？

東平坎河口壩記　明　于慎行東阿人　大學士

考之《水經》，汶水出泰山萊蕪，歷奉高嬴博之境，而西過剛縣南。剛縣者，今之堽城也。又西南過章，章者，今之鄣城，坎河之泉注之。又西南過無鹽，無鹽，謂之須昌，今爲東平。又西南經壽張故城之北，至安民亭入于濟，則今運河西濟故瀆也。蓋濟之見與伏不常，而汶之西流而入於濟，則所從來舊矣。

永樂中，尚書宋公開會通河，始築土於坎河之西，謂

[一] 陰　原作『隱』，據《北河紀》改。

之戴村壩，以遏其西流之道，而南出之汶上以入于運。其稍逸而西出者，環東平而北承濟故瀆之支流，號爲大小清河，以入于海，則所謂鹽渠云。會通河成，東兗之泉皆滙放汶、泗，轉注漕渠，一盂一勺，民間不得有焉。即稍逸而西出海王之國，窃借以行鹽筴，皆漕餘瀝也。而濟之名賴以存焉，爾豈能與漕爭哉？歷歲兹久，壩或圮墜，是以全流漫衍而西。夏秋伏發，南旺以北舟膠不行，則漕渠病。東原之田或苦羡溢，膏壤畝鐘化爲沮洳，則民亦病。是左涸漕渠，右蕩平陸而以利鹽筴也。海王之國，歲所佐水衡少府幾何？而苦東原之民以與漕爭若此乎？然又有異焉，障而不洩，漕亦苦溢。故斟酌挹損，制河渠之盈虚在汶之上流耳。

隆慶中，少司馬萬公謂汶至戴村勢如建瓴，不可復收，且以土爲壩，疏而善潰，乃上就坎河口壩以積石，石如纍丸，沙流其下，久之亦潰，而坎河之功始於此。萬曆丁亥，河決病漕，詔簡從官行視，令太僕卿常公爲工科都給事中，奉璽書從事，與撫臺李公北河、濟、汶之間脉漕所由通，乃奏書言：『臣居敬與都御史臣戴行汶上流，令兗郡丞、東平長吏裸視畫便宜狀，皆言坎河口宜爲壩，其法用丈許大石夾砌如墉，實細石其中，塗以堊坩，上鋭而下豐，狀如魚背，水高於壩，漫而西出，漕無溢也；水卑于壩，順流而南漕無涸也，且居民亦不害焉。臣等謹與郎中臣吴之龍、主事臣蕭雍、臣王元命按察司臣曹子朝、參政臣郝維喬、僉事臣和震等議，皆稱便。』大司空覆奏，制曰『可』。會御史大夫潘公復至，率諸司道往閱，乃檄郡邑吏營焉。計築石壩長四十丈，高三尺，上博丈五尺，下益尺六之一，兩翼之長視壩減五之二，厥高倍之，左右爲土隄，丈之二百三十。東岸爲石隄，厚一丈。經始于萬曆戊子閏六月，明年三月告成，費凡八千斤有奇。諸公不自有也，曰：『兹匪神休，其克有濟。』乃爲龍宫於上，伐石紀績，用示永久。東平守謂行郡人請勒辭焉。

不佞在里中時常游章城，父老指示坎河及宋公廟貌，覽眺嘆息，低回不去，謂先臣之於國家功若此，其艱也。

自嘉靖乙丑以來，數治河隄，潘公一與大司空朱公同開夏鎮新渠，而沂、泗之間通。再濬黄河，築高堰以達海，而河、淮之間通。漕渠所患，獨南旺以上，時或少涸，則其故在坎河。世爭言漕輓利病，置此毋談，何也？一旦上用常公言，下詔興築，潘公受而成之，費不盈，萬役不踰時，而漕與民兼利焉。是宋公所剏造，疏引以制河渠之盈虚，至是有永賴也。國家歲運東南粟四百萬，給中都官從泰山下阯借一綫泉水，爲轉輸計，不得以入濟爲解，即令岱畝之民蒻蒔，蓬藿之田以爲水伯假道，何辭之與敢？況兼利哉！夫天下事無大小，操其本則易，修其末則難。今世言漕渠便宜，大者引河，中者瀦水，下者疏淺，不知其本在上源，源之不濬，而制其末流，非善算也。譬漏水之在壺，一以爲盈而挹之，一以爲涸而注之，晝夜不舍，無當於漏，調渴烏之吻，正玉虬之咽，則衡渠之水可錙銖而稱矣！何者？得其本也。故吾於坎河之築，嘉諸公之功，而幸宋公之渠有永賴焉。

是歲也，行鹽使者亦于大、小清河之間建五牐蓄水，其議曰：『汶逸而西受之，可也；汶遮而南讓之，可也，不與漕爭汶，故漕與居民既利，而海王之筴亦得以全其力佐少府水衡如故矣。國家萬萬年之功，謨畫并出一時，豈不盛哉！』是役也，董政考成，則兖州府同知陳君昌言，建畫經費則東平州知州徐君銘，庀材鳩工，則東平判官蔡忠、沂州吏目何一鵬、曲阜丞邵賓、滕縣丞包揚、泗水典史蔡茂、魚臺典史王琮。壩成，使判官汪鳳翔主之法，皆得書。

重修五空橋碑記

宋祖乙 東平人 刑部主事

張秋城南之有五空橋也，剏始于明弘治十年，重修于皇清順治八年，聿考始剏以明弘治。

初，河徙汴北，東北下張秋入漕，益以六年霪潦水大泛漲，遂決漕東岸，截流奪汶而入于海，漕乃中竭，南北道阻，特命劉忠、宣內官李興、平江伯陳鋭總督山東兵民夫役往共治，乃疏賈魯河、孫家渡，塞荆隆口、黄陵岡，築兩長堤，蹙水南下。又恐兩隄綿亘千里，河守一失，復決張秋，爲漕崇奈何？爰相地于張秋舊決之南一里許，高築河堤，仍用近世減水壩制，植木爲栈，中實磚石，上爲衡木，著以厚板。上漫巨石爲梁五竇，梁可引纜，竇可洩水，用需漕運。迄今，幾歷三百祀矣，石頹木落，板爛土湮，相沿而未有整者。

順治庚寅工部即閻君欽命視河，初蒞安平，正值黄河決荆隆，水勢溢溢洶激，患及張秋河堤兩岸，獨此隄完固無虞。良由此五空洩水殺其威也，閻公喟然曰：『橋于今誠有賴，信先賢制作美備哉！雖然竇可通水，而梁既圮，土石相傾，壅滯多激，未免旁衝之患。且梁圮路廢，捧挽亡由，竟成一大決口，舟至輒阻不幾，棄先賢制作爲無用耶！』閻公乃于八年春，乘重運未至，佑計度材，重爲修葺。謀之東阿令史公三榮，榷木選椿，役夫于淺舖之額，掀石于泥沙之中，共計巨木百有五十，灰萬有五千，䌛有七百餘，釘百餘，觔石揀用二百餘塊，匠工八百零，夫工千有一百六十，役不重費，工可倍昔。閲月而橋屹然告成矣！且五竇既疏，湍急可殺，檐負車馬，利不病涉，引縆輓纜，履道坦然。是舉也，疏通漕儲，用裨軍國，巨功也；接濟往來，利涉大川，至仁也；玄圭奏績而民不勞，鴻才也；克昭前賢之令緒，大德也。一舉而四善，備不可無文以誌不朽，公諱廷謨，號嵩嶽，丙戌科進士，河南孟津人。

卷之七　河靈紀

夫龍圖授舜，元甲獻姬，是以先王祭川，先河後海。河之爲靈，其所繇來長遠矣，固非漢武好祠而始沈馬於瓠子也。北河之濱，壇宇無數，然非効靈河渠，即先師之廟、釋老之宫，皆不敢録紀以河名，而旁及非鬼，懼其諂也。

大濟神廟，在兖州府東關金口壩上府正官以春秋祭享。

汶河神廟，在堽城壩，明成化十一年建，奏請勑封，春秋秩祀，本司主之。

泗水神廟，在泗水縣陪尾山。宋封仁濟侯，明朝改今稱。歲以二月二日有司致祭。

漕河神祠，舊在濟寧州天井閘上。明萬曆二十七年，移於河東漕運總府，有司春秋致祭。州境復有渚湖神祠、汶水神祠、大望神祠、洸水神祠、泗水神祠、百泉神祠、濟水神祠，舊志但刻其名，不詳所在。

龍神廟，一在南旺湖上，奉勑建，春秋秩祀，主事主之；一在濟寧城南門外，一在戴村壩，一在堽城壩左，一在坎河口。

新河神廟，在南陽鎮，明嘉靖四十四年建。

禹王廟，在南旺分水口北岸，明正德十二年建。

宋尚書祠，在分水龍王廟西，祀尚書宋禮，以侍郎金純、都督周長配享，濟寧州同潘叔正、汶上老人白英侑食，明正德七年建，春秋祭。

報功祠，在天井閘東，祀治河功臣尚書宋禮、平江伯陳瑄、萊陽伯周長、侍郎金純，春秋秩祀，總河主之。

白老人祠，在戴（材）〔村〕[一]龍王廟後，祀老人白英，明萬曆二十六年建。

感應祠，在沙灣，祀大河之神，明景泰間勑建，仍加封『朝宗順正惠通顯靈廣濟大河之神。』其左祀護國金龍四大王，及平浪侯晏公、英佑侯蕭公，以春秋二仲及起運、運畢，凡四祭，北河郎中主之。

大河神祠，在八里灣，俗呼爲八里廟，明景泰四年勑建，歲時致祭，與沙灣同。

顯惠廟，在張秋城北，祀真武及東岳、文昌三神像，明弘治間勑建。東、西兩廡祀龍王五及晏公、蕭公、耿公三神像歲時致祭，與沙灣同。

韓公祠，在張秋城南，祀管河通政韓鼎。

劉公祠，在顯惠廟後，祀兖州管河同知劉福。

龍王廟，在崇武驛北河東岸。

[一] 村　原作『材』，據《北河紀》改。

羊使君廟，在東昌府城東。使君逸其名，後晉開運二年守博州，河決城欲没，使君祝天，冀以身代民灾，乃投水死，水患迄息，百姓德之，立祠。

晏公保運祠三所，俱在臨清州，一會通閘，一南板閘，一新開閘。

洪濟威惠王廟，在衛輝府百門山下御水發源之所，元至元間封。

孚應通利王廟，在舘陶縣西南二里，以祀水神。

五龍祠，在夏津縣西南二十里。

龍王廟，在吴橋縣南門外。

龍王廟，在興濟縣東十里。

分水龍王廟，在青縣岔河口滹沱河、衛河交會之所。

孚應通利王碑記

元　都士周

御河者，古永濟渠也。按史書，隋煬帝大業四年春正月，發(北河)〔河北〕[一]諸軍百餘萬，穿永濟渠，引沁水南達於河，北通涿郡。七年春二月，帝御龍舟，渡河入永濟渠。夏四月臨朔宫，徵天下兵會涿郡，擊高麗。後巡幸往來，多由於此。今名御河，蓋更之也。爰及遼、金皆都於燕，國朝開闢以來，以燕爲大都，歷代因之，以爲江河南北血脉通逵要路，轉漕之功，商賈之利，不爲不多矣。自江南平定，混一區宇，又開會通河至臨清北，横截而出於此。後南方諸國貢賦，數道錢糧殊無壅滯，悉達於京師，其利溥哉。

瀕河上下津渡之處，多有孚應道利王之祠，土人祭之甚嚴，神靈應之亦速。舘陶縣西約二里許故隄上舊廟其所從來遠矣，經兵火焚蕩俱盡，惟餘瓦礫而已。故行軍千户、濮州太守段侯暹，於庚子年間適爲舘陶縣令，以府公之命，即於故址刱起正殿，命工塑像，廟貌粗備。至元己巳，增修獻殿三間。是年，又修神門一座。至元二十年，河倉副使鄭彬及鄉社諸公，重加修飾，仍粧繪塑像，焕然爲之一新。大德三年，起蓋兩廡。七年，增置庖厨。八年，重修山門，凡廟中所須之物，至是皆完美矣。司倉劉祚者，持舘陶縣儒學教論杜承祖之狀，求僕爲文，以次第之。

僕方承乏教授東昌，聞説斯美，嘆曰：『水利大事也，敬神大節也，有國家者不可須臾而忘也。況諸侯于境内山川歲時致祭，凡有水旱則禱之。御河在舘陶最近，不惟人得其利，又常嚴設隄防，一有不密，害亦隨之，暗中必有神爲之主，豈可不敬也哉。故叚侯爲守土之官，知所先務，首加意焉。上之化下，如風之偃草。至今鄉中豪右勤勤於斯，修飾潤色，至於大備而後已，豈不有所以哉。雖

[一] 河北　原作『北河』，據《漕河圖志》改。

然數公勤力于前，至今六十餘年矣。蓋大小事功，成敗興廢，皆有一定之數，其間亦在人爲勤惰，有以致之也。若無跡可見，後之人惡知之？劉祚，乃能於功成之後，作此一舉，著之金石，垂之後世，俾爲官民者，則而傚之，豈不偉哉！』僕鄉里晚進，雖空疎不才，義之所在，故樂爲書之。銘曰：

御水湯湯，源源流長。達于滄海，灌以衛漳。自會通合，南接荆楊。轉漕便國，貿易通商。所王河神，孚應通利，處處有祠，享祀百世。舘陶廟基，兵塵瓦礫，叚侯創功，杜君協力。廟貌既壯，神像斯工。鄭魏黄李，杜馬楊宫，相繼大備。鄉社所同。劉祚立石，傳之無窮。

洪濟威惠王廟碑　李謙東阿人　學士

至元二十一年閏月辛巳，中書省奏：『禮部言衛輝路共城縣北五里所百門山有泉出其下，御水發源，實本諸此。源故有廟，歲旱祈禱，甘澍隨應。前代嘗封王爵，謚曰「威惠」。逮及聖朝，未蒙加贈，殆未盡咸秩無文之義。』集翰林禮官議，咸謂『加封洪濟威惠王，於典禮爲宜。』制可。

三十一年，衛輝路總管府判官兼司稻田井德常上言：『洪濟威惠王廟歲久傾圮，寖至不支，宜命有司更葺。』會其年四月乙未，詔：名山大川載在祀典者，所在長吏擇日致祭；廟宇損壞者，官爲修理。其十一月，工部符奉堂帖報下趣如乙未詔，乃檄知州司仁躬董其役，監路塔失帖木兒總綱紀之。揆功庀役，徵匠者、役徒，備器執用，畢會祠下。首葺前後殿，次及顯佑公祠、五龍祠，廟廡神門，庭峙二亭，一以注香，一以表儀。神門外爲亭三，合爲楹五十有奇。瓴甓損缺者，榱桷腐敗者，皆撤而更之。完飾神像，塗墍漫漶，崇其基址，甓其階砌，以至户牖、欄檻之屬，咸一新之。經始于元貞改元之九月，落成於明年三月。靡宫錢寶鈔四千七百餘緡。

自井德常之言發之，其發民趣功，相與翼贊，則監輝州玉石帶馬合馬，知州繼至者劉廣，判官朱仕榮，吏目紀好謙、韓從凱，皆與有力焉。府判井德常、知州司仁以志歲月爲請。

竊惟山川之祀，見于《書》曰：『望秩，禮有天下者祭百神。凡山林川谷，能出雲，爲風雨見怪物，皆曰神。其祭之之制，則五岳視三公，四瀆視諸侯，餘視伯、子、男。歲凡四祭，以貍沉順其性。

百門水於衛爲巨浸，一出奫淪數（里）〔百〕〔一〕畝，畝而會之，灌漑不啻千頃，地敏秔稌，收入畝鍾。江南未下時，輸貢之外，諸郡國醪醴粢食皆於是取足。其下流合諸水，

〔一〕百　原作『里』，據《漕河圖志》改。

疏爲大川，延亘千有餘里，歷郡國數十，所在倉庚，節級轉運，畢達京師。與夫清滄醎醝，不煩輦致，漕給梁魏，其爲利不既博矣乎。當夫常暘爲菑，雨澤愆爽，誠德感召，其應如響。然則國家億載之利，生民龐洪之澤，王之所以陰相者，厥功茂哉。無德不報，尊其明靈，加號節祠宜矣。敢叙述寵章，奉宣神德，其辭曰：

『百門之山，泉出其趾，澤浹一方，利通千里。其澤維何？嘉蔬茂止，豐年高廩，萬億及秭；其利維何？京國之紀，方之舟之，衍我儲待。昭昭神功，耿耿神祉。嘉號未稱，曷章德美。對揚徽命，作新廟祀。何福不降？何灾不弭？祐我邦家，阜我生齒，千秋萬古，傳休無已。』大德三年七月望日立。

重建會通河天井閘龍王廟碑記　明　陳文大學士

濟寧州城南，東去五十步有閘，曰會源，北導汶、泗（汶）〔洸〕[一]濟之水皆合于閘，東折而入會通河[二]。河經石佛、師莊、魯橋諸閘，徐州、吕梁三洪，合衆水而東入於淮。閘剏於元，歲久復新。明朝因之，更名『天井。』凡江浙、江西、兩廣、八閩、湖廣、雲南、貴州及江南、直隸，蘇、松、常、鎮、揚、淮、太平、寧國諸郡軍衛有司，歲時貢賦之物，道此閘趨京師，往來舟楫，日不下千百。

舊有金龍四大王廟，凡舟楫往來之人皆祈禱之，以求利益。歲久頹毁，前總督漕運右參將湯公節，俾（德）〔衛〕[三]州官屬及郡之義士損資以更新之。經始於明正統戊辰十月三日，至臘月而廟成。三間五楹，高二丈一尺，廣三丈四尺，深二丈三尺，視舊廟基址規模蓋寬廣壯麗數倍矣。廟既成而神未有像。會冬官主事益都劉公讓來理閘事，乃募往來之好義者助緡，循舊塑神像，坐立凡七，及其門户牕牖與凡席供異未備者，悉宜新之。

予時，總督漕江，糧餉七十餘萬石，載巨舫凡四千，俱經是閘。感神陰相，得以無虞。於是，謁神廟而拜焉。考之元都水監丞張侯重建濟州會源閘，既成，立河伯龍君祠八，故都水少監馬之貞、兵部尚書李粵魯赤、中書斷事忙速祠三，以迎休報勞，而此廟未詳剏于何時。今諸祠皆廢，是廟獨存，或者謂即龍君祠之一。予歷觀自吕梁、徐州以達臨清，凡兩岸有祠，皆祀金龍四大王之神。今之神祠雖不可考，而歷代祠祀如此，謂非陰相默佑，有功德于民者能如是乎？劉君恐其久而事無所稽，屬爲文以勒石，遂爲之記。

[一] 洸　原作『汶』，據《漕河圖志》改。
[二] 該句《漕河圖志》本作『東折而入漕河，會通河也。』據補。
[三] 衛　原作『德』，據《北河紀》改。

重修顯惠廟記略

明　張天瑞清平人　春坊庶子

明弘治癸丑春，河決張秋，阻漕道，壞民田。于是九重宵旰抱瓠子之憂，遣重臣築塞之。工成，而更名曰『安平』，仍賜祠，祠河神，祠名『顯惠。』適當決口，地故沮洳，而雜以薪楗。居無何，土悉龜坼，祠幾圮。

越八年庚申冬，吾同年韓君廷器實來蘄重新之，則具疏聞上，報曰『可』。明年辛酉春，乃檄東昌府倅王珣等先後户孱鳩之役。凡土之疏惡者，地之污萊者，與堧埆之頹圮者，悉步杵而寸斵之。凡實地南北四十八丈，東西三十丈有畸。益撤黃陵岡守隄繇二百人，填廟後河身五十餘丈而加柔焉。先是，東廡有祠，祠熒惑；西廡有祠，祠子姆，良無謂。至是，祠熒惑於東街，別爲殿三楹，革名錫胤祠，以祠子姆。又爲楹東嚮三藏儀仗，西嚮三藏祭器，鐘鼓樓各一翼列左右以相嚮。廟初惟一門，來謁者行墀道上幾于褻，于是鑿兩堧而門焉。又爲東西廡以祀河神之凡當祀者，像二十，倣東坡徐州黃樓之遺意，瀕河之厓，聚土爲山，命曰戊巳，蓋有厭勝之意焉。環植竹、栢、楸、榆數百本。祠成，翬如翼如，輪焉奂焉。禱禳者駿奔而至，神亦屑焉，若見其景光。

是役也，鼻工於辛酉之春，落成於壬戌之冬。其經營勞徠，秋毫皆廷器力也。君名鼎家世，陝西慶陽合水人，明成化辛丑成進士，舉歷左司諫、通政、參議、尚寶卿，至今右通政，爲人抗節敢言，忠公端謹，古稱寵辱不驚者，蓋庶幾云爾。

宋尚書祠堂記

明　李鐩工部尚書

明弘治甲子夏，鐩爲工部左侍郎，孝宗敬皇帝遣往山東，議處守臣所言漕河事。鐩馳入其境，稽古考迹，知漕河元故運河也。元復有海運者，蓋河之制尚弗善也。國朝洪武中，河決原武，過漕入于安山，漕河塞四百里，自濟寧至於臨清舟不可行，作城村諸所陸運至于德州。迨永樂初，太宗皇帝肇建北京，立運法，自海運者由直沽至于京，自江運者浮于淮，入于河，至于陽武，陸運至于衛輝，又入于衛河，至于京。當是時，海險陸費，耗財溺舟，歲以萬億計。已而上命工部尚書宋禮修元運河，發濟、兖、青、東民十五萬人，登、萊民願役萬五千人，疏淤啟隘，因勢而治之。禮用老人白英計，作壩于戴村，橫亘五里，遏汶勿東流，令盡出于南旺，迺分爲二水，以其三南入于漕河以接徐吕，以其七北會于臨清，以合漳、衛。塞河口于曹、鄆，濬河灣至曹故道以行水。蓋漕河之廢，自二患生焉。河善決則淤，水病涸則滯，自是，漕河成而海運廢矣。

祭法曰：『有功于民則祀之。』鐩因陳禮之功可祀也，遂請勑。下有司，工部主事王寵又言，刑部侍郎金純、都督周長佐禮之勞宜不可泯。今上皇帝嗣位之六年命，鐩等之請命於南旺分水祠禮，而左右以純、長配有司，并祠平江伯陳瑄，而純、長之位亦紊。又六年，工部郎中楊淳始釐正如制。淳暨主事，王鑾來徵。

予言夫人臣之奉，國事也，富才者創之，慎慮者守之，徒守者蠱事而敝國，數創者棼政而煩民。是故俗之所厭聖人不强行；民之所安，聖人不亟改。往者守臣欲改汶疏洸，求利于漕，不亦鑿乎？夫宋公之治漕河也，因元哲臣之述，采今達民之謀，相流泉之宜，操獨決之智，因民之欲，避民之勞。嗣是者，置閘以防洩，蓄湖以永灌，引泉以備涸，時浚以殺淤，漕河大成，萬世之利也。夫慮淺者易動，尚奇者好更，昧於事者恒作，忍於民者喜役，故事之敝也。柔者廢，剛者僨。予待罪三朝，備員卿末，今老且病，行將明農以待盡，因公祠事之成，僭以是而爲後之君子告焉。宋公，字大本，河南永寧人。金公，泗州人，累官刑部尚書。周公，天長人，封萊陽伯，謚忠毅，亦一時名臣。祠之建，乃經始於正德七年春，落成于十一年冬，廟宇、廊廡、垣墻具備，别刻於記石之陰。

重修報功祠記

明　萬恭

濟寧，故任國地，當濟、洸、沂、泗之交。唐武德中，尉遲敬德爲盧龍節度使，若北地餉道乏絶，乃開吕梁。夫吕梁者，非孔子所舊觀龍門者，尉遲公以其險類真吕梁，故藉名，如東坡赤壁者云。遡四百里而上，及任爲天井閘，聞故尉遲公所建，特堅緻不敗，底石博厚，專車刻云：『大唐武德七年尉遲敬德建。』而今治河者誤爲元人分水創建，非也。元肉食者鄙，襲唐人之誤，餉上都，向天井而分水焉。夫濟寧地聳，與徐境山巔齊，洶勢便形利矣。迺仰視南旺，而南旺地聳，又與任城太白樓岑齊。激水而逆諸南旺，凡九十尺，胡可分水？宋司空則從南旺分流，而古天井閘故在，然委也，非源也。報功祠逆濟寧南門而峙，沂、泗流于右，汶濟流于左，皆滙于祠之前方，折千二百里而入于安東注于海，則報功祠實扼濟、洸、沂、泗諸水而襟帶于任，載在祀典，以報諸水神及宋司空而下治河諸臣之功，無有佚墜焉。

隆慶壬申河敗，餉道不支，天子詔臣恭治水。河平，遂命臣恭禋報功祠，將事徘徊，蓋敗垣頽楹就圮矣。余爲有司言：『此何以章國家之祀典，而續尉遲公、宋司空之雄圖？』乃以壬申五月治河臣後祠，六月治水神前庭，七月治二碑亭，八月治垣及門，明年二月堙門河尋丈，而錮之石隄，奉諭祭報功祠文，建亭而勒貞珉焉。蓋鳥革翬飛，朱棟翠甓，而濟、洸增長，沂、泗增深矣。二月，坎河石灘適成，汶水洋洋東奔，觸祠如騰驤，運河西馳，掠祠如貫魚。余乃登太白之樓，俯南池之流，亂沂、泗，迎汶濟，顧張都水使者嘆曰：『洋洋乎！巍巍乎！唐人創之，無王會之盛；元人繼之，無建瓴之便。宋司空乃振長策招四方，而侈王會居高而建瓴水。余與君復堙坎河，役全汶以南，浮長江大河之舟楫，而帆檣萬里，簫鼓揚波，令唐人有遺算而元人無全功。是祠也，天壤俱弊可也。』

重修龍王廟碑記

明　傅光宅聊城人　御史

東平戴家廟閘，有龍王廟焉。正德八年建，歲久傾頹，無以妥神靈。司城傅君鼎新之。規模宏敞，益增于舊，而威神赫奕，侍衛森嚴，庭宇肅清，金碧輝映，儼然披海藏而覩娑竭之宫也。

蓋嘗讀易爻之六乾，皆稱龍德。孔子見老聃，贊以猶龍。夫龍之神靈，其飛騰變化、利澤寰宇，不可測識矣。況龍而有王，又神力功德爲群龍主，其呼吸爲風雲，喜爲雨露，怒爲雷霆，行爲江河，止爲淵海，尤非可爲擬議者。據内典稱：有大福德者爲龍王。亦或權伍大士，見身行化，至興雲致雨，開江導瀆，各有司存。龍又八贊，一贊讓如來教法者，故國家江河之側，各有勑建廟宇，其民間私建者尤重，良以龍王功德利澤在人間者，無量也。雖然神豈無望報于人哉？精神感通，神人無間，睹廟貌而生敬，假瞻拜以致誠，可以悔過遷善，滅罪造福，轉旱潦爲時若，通壅閼爲安流，神之應之，捷于影響矣！是舉也，于祀神可以明敬，于澤物可以明仁，于捐財可以明義，于繩武可以明孝，以是祈福祐而衍祚胤，寧有窮哉？余于司城有兄弟之雅故，因記其事，而廣其意焉。

重新分水龍王廟記

明　馬玉麟長洲人　工部主事

龍於天地間爲物最巨，記禮者列於四靈，其興雲致雨，變化窈冥，簸弄江海之狀，疑非人力所能御也。意必有河嶽之英靈，默宰於其間。俾之時其出没，制其横逸，而人特未之見耳蓋古者有豢龍氏，龍非可擾，而豢者名曰『豢龍』，計其人必有驅雷鞭霆、駕風役雨之術，疑於莊生。所謂真人者，今之龍神，得非古豢龍氏之流歟？抑豢龍氏没，天帝命以爲神，使主龍事歟。大江以北，起瓜步至黄河，龍神隨地有廟，而神廟於黄河爲最盛，神亦與黄河爲最靈。漕艘商舶日往來者以千計，河性湍悍善壞舟，一遇風濤震蕩，舟人束手無措，往往呼號於神以求救，倏忽風順浪恬，挂席千里。蓋余目擊而心駭者數矣。是豈無神以主之歟？藉令無神，烏能傾動一世之民而尸祝之歟？

南旺舊有分水龍王神廟，萬曆八年，余初莅任，百務未舉，志於鼎新而未暇也。明年二月，大宗伯新會潘公至曰：『疇昔室人夢與神語，願助餘貲，子其爲我新之。』余唯唯於是，亦捐餘貲，擇日命工飾其廟貌，潔其堂廡，始於四月十五日，而畢工於二十七日。蓋百年之故址焕然一新，而神靈益妥矣。抑聞之志云，南旺視他地爲特高，號曰地脊，勢若建瓴，此汶水所由分也。繇斯以談昔人立廟之意，豈非以兹地之水易洩而難蓄，而覬神陰相其源流也耶？國家歲漕五百萬石給京師，仰賴會通一河，而南旺僅以汶、泗諸泉之水，供五百萬石之運，微神力孰能保障於無虞也。蓋黄河之水多潰決，而龍神顯濟，常在風濤之間。運河之水多淺澁，而龍神響應，常在旱涸之日。其神同，其功同。然則龍神之廟祀遍天下，豈徒以其禍福可畏，而斯民群趨之已哉？是宜有記，記成而作迎享送神之辭，辭曰：

神之遊兮九河，駕兩螭兮委蛇。陳桂醑兮雜蘭肴，奏雲璈兮吹洞簫。女巫進兮屢舞，風肅肅兮堂廡。日將暮兮睠予，澹忘歸兮徐徐。泗水泉兮汶之水，流斯會兮萬國倚。願泉源兮常沛，俾漕河兮永賴。千萬禩兮神功，國家事兮攸同。

通政韓公祠碑記

明　馬中錫故城人　都御史

先帝之十有三年冬，通政使司右通政韓公鼎奉璽書提督河道，駐節安平鎮，鎮臨運河，即元之會通河也。成祖駐蹕於燕，謂海運有風濤之險，南北漕舟俱由江淮迤邐是河，以達于都，於是河水始有淺阻之患。議者乃濬南旺湖以瀦衆水，秋冬之交蓄之以備漕，春夏之際洩之以濟河，然後千料萬斛之舟可以通行，爲永世之利，此則會通河之大較也。第歲久法隳，湖漸淤塞，蓄水既少，洩水遂微，而河淺舟澁，漕運不通，有國者病之。韓公甫下車即考前志，詢故老，具得其實，故其治安平也，先南旺而次會通，修牐壩以節水之流，築隄堰以防水之潰，塞決口以止水之衝，設斗門以通水之變，造浮梁以濟水之險，建神祠以妥水之靈，剏官廠以儲水之材，復墊田以免水之患，奠民居以償水之失。起辛訖乙，五年之間，經畫措置，夜以繼日，不遺餘力，而其竹木、麻葦、鐵石、磚灰諸料以及工食之需，所費不貲，又未嘗一毫或擾於民。嗚虖，亦難矣哉！湖水既充，河道遂濟，漕販俱通，官民兩便，是上有功於國而下有德於民也。

今上軫念其勞，即位之初擢通政使，勑管易州柴廠。韓公既去鎮之，賢豪若馮儀等數十百家感慕無已，相率庀財鳩工，立生祠於鎮，而塑像其中，以寓不忘之意。復礱巨石，請予文記之。夫生祠起於後世，非古典也。持是報德，不幾於瀆禮乎？然唐狄文惠公、宋韓忠獻公皆嘗宦於魏州而有生祠。二公正人，當時視此宜，其自以爲瀆，或能止之而卒，未聞，而其時抑豈無稽古知禮之士，亦未聞有病其瀆而訾議之者，則生祠果不在所當建耶？又祭法以勞定國，及法施於民者，皆祀之。今韓公督河之功，著於生前，爲國爲民，歷歷若此，身後當不在祀典邪？況其由名進士，歷給諫、尚寶，累陞今官，將來位遇，豈愧前修？然則生祠義起，固當亦如二公，不自以爲瀆而止之，而人復不以爲瀆而甞之矣。

安平舊名張秌，屬兗州，魏州即今大名，相距甚邇，今祠、古祠又不當並傳於無窮邪。敢以是告儀等，俾歸而鑱諸石。

重修大河神祠碑記

明　謝肇淛

景皇帝時，河決張秌，東入海，運道絶。上遣都御史臣徐有貞發山東、河南丁壯萬人往塞之，逾二載始訖事。有貞上言：『賴主上神聖，馮夷効順，俾十年巨患，一朝永弭。臣等區區智力不及此，請建朝宗順正惠通靈顯大河神祠於八里村，有司春秋祠，以爲常。』制曰『可。』迄今百六十餘禩，俎豆蘋藻，虔共勿替，蓋其重也。

當萬曆癸丑之夏，苦潦浹旬，水齧隄不能以寸壞隄。黔首藉神休以不至魚鱉，而神之祠摧落於風雨者日益甚。維時肇淛奉天子璽書，拮据河上，顧視怛焉。以便宜奏記當事，掘偶錢，擿踐更，卒而檄壽張簿曰：『爾士亨爲神，董陶埴，視塈茨，量金錢出入，毋竄也。』於是不三月而告成。肇淛居恒謂：『今治水與古異。古人之治水也，一意於水而已。然應龍畫而伊闕鑿，支祁鎖而淮渦安。緑文既授，延喜攸歸，彼大聖人也，猶然以神道設教。矧於今日軍國之輸十九，仰給東南四百萬石，余星銜尾，貫魚咽喉，涓涓一衣帶水耳。而復上護陵寢，下衛城邑田廬，計銖而授之，尅晷而責之，前跋後疐，左方右員，雖百神禹，其如河何？故今任河事者責滋囏，而神以功食報亦滋鉅以遠。今上在宥以來，海不揚波，雖有疾風雷雨而翕河如故，蓋四十二年於此矣。神受天子封爵，廟食無已，時尚益敬，共其職以時雨暘而加肹蠁焉。寧獨河臣藉手免於辠戾，即宗社軍國實式憑之。祝史陳信其何媿詞之有？如其不然，而徒擁虛位，水滸，煩有司粢盛犧牲，辱國家禋祀，安用之矣。』是舉也，御史中丞劉公士忠主其事，庀材鳩工則沈簿士亨力居多，而兗王別駕沼陽穀李簿羕咸有勞也，法得書。

重修八里廟記

霍叔瑾工部員外郎

八里廟，大河神祠宇也，以距村八里得名。創自明景泰間，勅封朝宗順正通惠靈顯大河之神，歲事祭四，北河使者主之。壬辰之秋，余往濟寧謁河臺，行茲見廟貌巍煥，入而瞻之，知爲余同官閻公嵩嶽之舉也。余於是欽神之爲靈昭昭，公之此舉善善。夫國家以輓漕之治，綰轂南北，天下咽喉，張秌界於其間。建是祠者，實有憑依河伯尸祝社稷之報，與世之紜紜邀福者有異，歷年久而震風陵雨，榱覆瓦摧，將古壁龍蛇立風月下舊矣。公以膺命視河，往來仰睇，惻然於心，而神已默鑒。所以庚寅歲黃流横決，沖城盪堤，如破浪之風，莫之或禦，而廟基寸許，岌岌然立洪波中不能囓，且漕艘雲行揚帆無恙，使非神爲之主，鮮不爲失虞者矣。

公以地隸東阿，爰謀宰治史尹，度材庀工，頓然起建重新之。余於是深嘉公維新之意，有大者存焉。聞之傳曰：『凡有功德於民者，祠之。况在軍國乎？其新之也。』是一曰：『揚王休煌煌祀舉，邀朝廷之寵，靈不可褻也。是可新。』一曰：『奬神功，天子有道，河瀆效靈，桃花無恙，神受職也。是可新。』一曰：『顯厥靈，驚鯢怒鯨，山奔海立，而不能囓廟基，靈有赫也。是又可新。』既新矣，而公之功不可泯矣。嗣是而神明大顯，默相安瀾，鞏皇靈而保黎庶，且永末勿替矣。兹人士將爲祝甘棠而祠壽域，與公並俎豆，春秋揚德，遺於不窮者。余所以欽神之爲靈昭昭，公之此舉善善也。是舉也，公成之，史君督之，而余且附青雲之後，亦與聲施焉。是爲記。

附餘　附餘前

孟津閻廷謨重纂

沛縣之北，北河之南界也。其縣爲魚臺，隸于兖。南接夏鎮，北達南陽，皆新河也。黄良諸泉入之，其鎮曰穀亭。魚臺，春秋爲魯棠邑，隱公觀魚于棠，即此。漢爲湖陵方與。至唐寶應初，始改今名。宋屬單州，元屬濟州，明初屬濟寧府，後府降爲州，改屬兖州府，縣治在運河西南二十里。

憫魚臺水灾作　明　四明　陳沂

黄河水決衝漕渠，直入青兖連淮徐。魚臺單縣作巨浸，洪流顧望茫無餘。乘舟摇摇莫知所，魚鱉民居漫無處。扶踈草樹向高原，彷彿菰蒲今沮洳。昊天不吊降荼毒，已絶來牟仍菽粟。漂泊無依生理窮，婦子流離向誰告。昔聞洪水遭帝堯，聖皇不讓唐虞朝。九河失道有時治，安忍鴻雁聲嗷嗷。中丞聞之動鳴邑，幸免田租更施及。氣息已盡仍復蘇，相向懽聲皆歔泣。勉强卒歲存餘生，俯仰還期明年耕。治水何人注深惻，各以饑溺紓皇情。

題魚臺　普暉

匹馬秋風別古棠，小橋流水對斜陽。郁郎亭毀貔貅去，夫子堂空草木長。甯母江頭雲淡淡，觀魚臺上月蒼蒼。湖陵城與清凉院，物换星移歲月忙。

呈朱司空新河功成二首　明　歷下　李攀龍

新河北自南陽，南至留城，凡百四十一里，明嘉靖四十四年工部尚書朱衡所鑿也。先是，河決華山，出沛縣飛雲橋，漫入昭陽湖，運道湮塞，自此河開，水始不能爲暴。詳見《河工紀》。

重華冀北再開天，益作山林涉大川。四岳受成方貢日，三邊仰給縣官年。黄金不及隄形壯，白馬長隨練影懸。轉自流言能悟主，老臣知遇兩朝偏。

其二

河隄使者大司空，兼領中丞節制同。轉餉千年軍國壯，朝宗萬里帝圖雄。春流無恙桃花水，秋色依然瓠子宫。太史但裁《溝洫志》，丈人何減漢巨功。

新河成呈朱司空　明　吴郡　王世貞

日出烟空匹練飛，大荒中畫萬流依。連山盡壓支祁鎖，逼漢疑穿織女機。九道徵輪寬氣象，六軍容物迥光輝。甘棠欲讓金堤柳，曾護司空却盖歸。

新河成奉朱司空　吴興　徐中行

漂摇獨立衆言餘，胼胝功成總不如。隄築千金高鄭白，艫舳百里蔽青徐。玄圭已告開天績，玉簡曾傳治水書。更道史才司馬後，濡毫還自紀河渠。

入閘志喜　明　信陽　王祖嫡

春暖新渠静不波，夾隄楊柳映青莎。錦帆三月離洪險，自燦千艘入閘多。足餉漫思唐相晏，轉漕今有漢廷何。至尊旰食從兹慰，賑貸無勞議歲和。

新河紀績　明　京山　李維禎

何年玄武赤符開，砥柱中流萬壑迴。莫訝禹功今可續，司空原是濟川才。

其二

一自澄潭鎮石犀，翠屏紅樹擁金隄。榮光萬里通淮泗，流向仙陵作彩霓。

其三

錦纜牙檣百萬艘，波光一望接天高。黄龍爲解崇侯憤，白馬翻憐漢使勞。

其四

委宛山頭駕使車，玄夷親授石函書。河清欲待千年後，不似功成二載餘。

黄良泉，距縣東四十五里，出黄山下土中，西北流入硯瓦溝開河。元頓舉有記，詳見《河源紀》。

穀亭鎮，在縣東二十里，古濟、泗合流之地。一云甯母亭，即齊桓公盟于甯母處，元改今名，置閘。

穀亭晚渡 明 太和 羅正

幽亭結構倚河流，人待黄昏古渡頭。萬頃碧波迷塞雁，一川紅照落江鷗。風聲蕭索分漁火，晚色凄涼起棹謳。多少經過名利客，不知明月上西樓。

次穀亭 明 華亭 沈愷

林靄横蘭徑，孤帆落野塘。雨來山樹暝，風静渚花香。釣艇時能問，村醪或可嘗。白鷗知我意，去住欲相忘。

魚臺之北，其州爲濟寧，其河爲泗，爲汶，爲洸，諸泉滙焉。其鎮曰魯橋，其跡曰樊城，曰邾婁城，曰鄭均庄，曰太白酒樓，曰南池，曰浣筆池，曰宣聖墨池。

濟寧州，古任國也，漢爲任城，晉爲高平，宋爲濟州。明初置濟寧府，後降爲州，屬兖州府，州治在運河北岍。

贈任城魯主簿 唐 李白

海鳥知天風，竄身魯門東。臨觴不能飲，矯翼思凌空。鐘鼓不爲樂，煙霜誰與同。歸飛不忍去，流泪謝鴛鴻。

離濟寧汎舟北行 唐 李白

楊柳娉婷緑，荷花旖旎紅。魚遊華盖底，人在鑑湖中。太白拈春酒，輕衣受晚風。龜蒙與凫嶧，只隔片雲東。

宿濟州 宋 晁端友

寒林殘日欲棲鳥，壁際青燈乍有無。小雨愔愔人不寐，卧听嬴馬齕殘芻。

過濟州 宋 文天祥

借問新濟州，徐鄆兄弟國。昔爲大河南，今爲大河北。屯雲四萬里，平原望不極。百草盡枯死，黄花自秋色。時時見桑柘，青青襍阡陌。路上無人行，煙火渺蕭瑟。車轍紛縱横，過者臨岐泣。積潦流交衢，霜蹄破叢棘。江南寒未深，銅爐獸花赤。焉知行路人，鐵冷衣裳濕。

望濟寧 明 楊士奇

踈翠輕紅水岸迂，漁家遠近映菰蒲。高城前望晴雲下，却計行程是半途。

濟寧懷湯參將　明　臨川　聶大年

閘頭塵土污征衫，河上垂楊礙去帆。玉帛梯航通薊北，石田茅屋夢江南。九重魏闕心常戀，千里鄉書手自緘。却憶元戎油幕下，幾時捫風接清談。

安居東望濟寧　明　任城　靳學顔

平楚蒼然見十里，驅車西出桃花底。郡中樓閣霞作城，湖上人家錦爲水。對此披襟宜進觴，胡爲遠行自悲傷。啼鶯百囀唤人醉，垂楊千條拂苑長。即今已是花如霰，何處春光是故鄉。

泊濟寧城感事　晉安　謝肇淛

汶河南下勢憑陵，一片孤城爽氣澄。風飽布帆飛度閘，雨腥漁艇亂拋罾。春深水族家家市，夜泊牙檣處處燈。回首舊遊雲物異，高樓蕭索不堪憑。

泗水，出泗水縣陪尾山下泉林寺南，四源並出，故曰泗水。西南會諸泉水達于曲阜，合沂、雩二水，從金口壩入兖州，出西門納闕党蔣詡七泉通于濟寧，又合洸水，至天井閘入運。

金口壩　唐　李白

水作青龍盤石堤，桃花夾岸魯門西。若教月下乘舟去，何啻風流到剡溪。

泉林會泉亭　明　長洲　徐有貞

靈源四出石玲瓏，自與諸泉夐不同。誰道山中無水府，只應地底有龍宮。萬珠跳踴人聲合，一鏡澄明月影空。好爲導將千里去，長流助我濟川功。

陪尾泗源　明　四明　邵莊

老龍横穿地維裂，天吴移海來漏澤。一派犇騰萬丈虹，今古乾坤終不竭。我來司泉過魯東，馬蹄踏破春山紅。頻向源頭探真趣，乃知道體千年同。會泉亭子聳孤秀，愛我狂歌坐清晝。渚聲漱出耳底塵，微其洗却胸中垢。秋來我欲朝明光，謭才無補心蒼皇。把取天瓢獻天子，大瀉甘霖覃八荒。

泉林次石上韻　張祚遠

問俗來山舘，停車憩古林。蟬鳴秋樹杪，龍隱石函深。沫散浮珠彩，流飛漱玉琴。願言滌塵垢，終日坐苔陰。

泉林謌　閬中　黄寓

驪龍閑卧陰崖許，戲弄珍珠不知數。婪饞黑虎口垂涎，豹突前頭欻相踞。山童淘米臨清流，驚見奔呼報寺主。老僧洗鉢來降龍，下莊持矛欲刺虎。虎豹咆哮龍奮争，涌珠散出成甘露。血流响水紅石巔，腥氣上冲天帝怒。下令六丁悉取將，壓以巨石填幽阻。神物粗靈不可藏，化爲泉水濺濺注。林深地僻少人知，英爽時時吼風雨。水部仙郎職運渠，濟川無策心良苦。旁觀林藪忽相逢，憑陵大呌得其所。天生地設遺吾儕，舍此不用將安取。決排壅滯力疏通，導入濟、漯踰淮、泗。汩没多年喜得伸，奮然効用酬知遇。近漕國課上京華，遠達瑶琛獻天府。更無冠佩混塵泥，還有餘波到商賈。施博功高難自陳，東馳直與東海處。馮夷海若笑拍肩，携謁龍宫共樽俎。黿鼉擊鼓聲鼕鼕，異女持觴聲楚楚。醉倒林泉卧不醒，天吴紫鳳空延佇。問傳遺事何人斯，鳥有先生善言語。

林泉歌　明　東阿　于慎行

雷澤萬頃波澎湃如萬馬。陪尾鎮之不得。溢釃爲龍瀆出其下。洞門噴薄瀉流泉，沸珠遊玉聲潺湲。天山雪花四月落，片片吹上春衣寒。拍浮太白相對飲，緑蘿作簟石作枕。金潭百尺映文石，熒熒細濯巴江錦。行盡回溪地轉偏，疑是鏡湖春水旋。深林蔽虧不見日，但聞雜樹多鳴蟬。樹裡泉聲百道重，木根詰曲盤虬龍。解衣羅坐泛流羽，天光水色何溶溶。遠風隱見烟嵐滅，殘霞飛丹手可掇。此時林壑暝色來，呼酒彈琴望雲月。月上青山醉若何，臨流垂手揚素波。且謌白石吟渌水，紅塵萬事空蹉跎。日出高林送容子，清風四面松聲起。石橋一出到人間，武陵桃花空流水。

遊泉林　任城　于若瀛

泉林久約已春深，纔到林泉愜素心。往往尋源逢巨石，時時倚樹听幽禽。孤亭倒映空青色，曲竇翻騰太古音。向夕臨流坐深壑，便捐塵想欲抽簪。

汶水，出萊蕪縣原山之陽，會泰山徂徠諸泉，流于堽城壩，至南旺南下入運。

舟行汶上薄暮看月　明　長洲　祝允明

璇盖瑩空青，飛艦泛華艷。川原邈夷曠，踈木媚寒瀲。廣路斷浮鞅，旅翫諧清念。迹逝偕志行，萬里靡坊塹。苟無忠宣持，誰能勞不厭。

汶上對月聞笛作商調，命船人度曲爲和，因賦醉歌　閬中　鄭善夫

焉者八月高風起，鴻雁群飛渡淮水。月下清砧愁遠人，天涯芳草憶公子。王郎哀時最蕭瑟，萬里迢迢向南國。呼我上船設水鱠，仰天傾酒開胸臆。關山茫茫何處邊，但見急管哀中天。馮夷听曲波面出，楊柳亂落西風前。酒酣月落歌未已，隴思江情踏然起。未掛姓名玉策上，願添海水金樽裡。人生合歡那可測，有似大海翻萍葉。回首親朋各別離，豈無江漢通舟楫？流光過鳥不復駐，達官好爵

身之蠹。況乃豺狼横地軸，何限驊騮窘天步。竹林諸賢皆酒徒，嗣宗只願步兵厨。古來賢達一澌盡，醉鄉之託今何如。

晚渡汶水　白水　王謳

天寒北風緊，日落孤鴻鳴。汶水秋浩浩，凍雲凝不行。餘霞散天際，古木撑微明。東來數峰秀，紫草横水清。歲暮爲此客，感物傷遠情。一麾在行役，百年非久生。顯晦明有定，憂喜交相並。疇昔玉京道，影塵翳冠纓。今兹值山澤，緬然懷令名。臨流自扼腕，偏爲逝者驚。

汶上泛舟　白水　王謳

山雨彌晦朔，洪流奔巨川。我來當此日，舟濟喜晴天。渡口浄芳草，人家生野煙。孤城隱雉堞，豊壤帶郊廛。行潦及時降，陰林或欝然。遥听叠鼓發，縱目雙旌懸。廪禄身徒竊，閭閻風未宣。古人貴達節，負弩奚稱賢。

蚤渡汶河　晉安　謝肇淛

霜飛月落野雞啼，霧鎖長林水拍堤。夾岸人家寒未起，孤舟已過汶河西。

題泰安木頭溝泉　上虞　張文淵

千里澄溝映碧空，穿岩赴壑濺溟濛。翠圍新雨千章柏，玉立徂徠幾樹松。沮洳影紛虬幹亂，欝葱陰動石根通。鄉人莫道閒無用，排決終成濟世功。

詠泰山諸泉　毗陵　薛章憲

泰山之溜直下五十里，傾崖赴壑成川流。不知何年鬼斧鑿，日下滚滚無時休。鯨呿鼇擲與石鬥，琤然落澗鏗琳球。銀河倒捲碧海立，駿馬下坂鷹辭鞲。盤渦斗絶涵倒影，貝宫珠闕藏蛟虬。飛流濺沫（直）[一]下噴千丈壑，明珠百斛飄洒誰雕鎪？先生解衣坐〔其〕[二]下，脱帽露頂凉飀飀。兩涯不復辯牛馬，手弄白日逍遥遊。

港泉　醉李　吴鵬龍

一水平分二水流，徂徠山下更悠悠。半竿釣破蒼龍影，一葉凋殘碧樹秋。持節栢松空自老，忘形鷗鷺解人遊。當年莫道魚龍港，盡入西風古渡頭。

洸水，汶之支也，從堽城南旺庄河入州境，會沂、泗二水入運。

過洸河一首　河東　薛瑄

車轉香阿過遠山，洸河一夕漲漫漫。蛟鼉出没蒼茫裡，鷗

[一] 直　據《北河紀》删。
[二] 其　據《北河紀》補。

鳥浮沉杳靄間。浩嘆每思臨逝水，雄才長憶障狂瀾。龍門魚躍波千丈，便有風雲出濬端。

洸水詩　趙弼

岱宗何岩岩，萬古奠坤元。有泉出其下，實維洸水源。東流幾百折，經我踈籬門。雨暗鳧鷺遊，月出蛟龍奔。滔滔復混混，無間朝與昏。往過來者續，道體于焉存。臨風佇立久，嘆息無語言。

飲蛇眼泉亭同張水部孟蔣二司作　胡纘宗

秉燭覘蛇泉，泉虚星滿天。溪橋通市遶，亭榭傍城偏。下榻憐平子，開尊對浩然。更催蔣翊至，謳吹襍潺湲。

魯橋鎮，在州南六十里。居民稠密，商賈輻輳，設巡檢司以守之。有南州書院祀仲子路，其北二十里爲仲家淺。

過魯橋　大理　吴懋

忽見郵籤報水程，客中無限故鄉情。雲連翠巘尼山近，雨過平湖汶水清。季扎南來聊問俗，仲連東去欲逃名。難乘吾黨歸與興，轉羨遲遲是此行。

仲家淺夜泊　青社　陳梦鶴

閘水經行處，扁舟向晚通。岸雲縈柳暗，漁火射波紅。地説南洲近，人傳仲子風。徘徊中夜起，彈劍意無窮。

故樊城，在州北，漢置縣，屬東平國。

郕婁城，在州南十里。春秋『城郕瑕』，杜預注『任城亢父縣北婁城也』。

鄭均莊，在州南二十里。均仕漢爲尚書，辭病不出。章帝東巡，嘗幸其舍，給禄終身。時人號爲『白衣尚書』，今呼爲鄭莊。

太白酒樓，在州南城上。唐李白客遊任城縣，令賀知章觴之于此，後人因建樓焉，並塑二公像爲二賢祠。唐沈光記：

唐咸通辛巳歲正月壬午，吴興沈光過任城，題李白酒樓。夫觸强者靦緬而不發，乘險者帖藺而不進，潰毒者隱忍而不就其針砭，搏猛者持疑而不能盡其胆勇。而復視其强者弱之，險者夷之，毒者甘之，猛者柔之，信乎酒之作于人也如是。翰林李公太白，聰明才韻，至今爲天下倡首。業術正學，天必賦之矣。致其君，如古帝王，進其臣，如古藥石，揮直刃以血其邪者，推義轂以輦其正者，豈憑酒而作也？憑酒而作者，强非真勇。太白既以峭直矯時之狀，不得大用，流斥齊魯。眼明而耳聰，恐貽顛躋，故狎弄杯觴，沉溺麯糵。耳一淫雅，目混黑白。或酒醒徤，神聽鋭發，振筆著紙，乃以聰明移于月露風雲，使之涓潔飛動；移于草木禽魚，使之妍茂騫擲；移于邊情閨思，使之壯氣激人，離情溢目；移于幽岩邃谷，使之遼歷物外，爽人情魂；移于車馬弓矢，悲憤酣謳，使之馳騁決發，如睨幽並。而失意放懷，盡見窮通焉。嗚呼！太白觸文之强，乘文之險，潰文之毒，搏文之猛而作，狎弄杯觴，沉溺麯糵，是真築其聰，翳其明，醒則移于賦咏。宜乎醉而生，醉而死。余徐思之，使太白疏其聰，決其明，移于行事，强犯時忌，其不得醉而死生也。當時孤鯁忠赤，遞有其人，收其逸才，萃于太白。至于齊魯，結構凌雲者何限。獨斯樓也，廣不逾數席，瓦缺椽蠹，雖樵兒牧豎，過亦指之曰：『李白嘗醉于此矣。』

太白樓　宋　文天祥

高城蘸雲根，聊可慰心跡。長風萬里來，如對騎鯨客。監州好事者，樹此樓與石。隆鼻號金仙，更長漫嗟惜。

太白酒樓歌　元　陳儼

公昔去兮乘龍，窅雲氣兮蓬萊宫。襟青霞兮佩明月，横四海兮焉窮。濟水兮無波，泰山繚兮欝嵯峨。思故園兮神遊，悦臨風兮浩歌。醉而生兮醉而死，曩孰非兮今孰是。千鍾百榼兮彼且奚，適操一瓢兮吉且止。臨手春風兮折瓊芳，援北斗兮斟桂漿。浩冥冥兮徙倚以望，歸來歸來兮舉我觴。

太白酒樓　趙孟頫

城迴當平野，樓高屬暮陰。謫仙何俊逸，此地昔登臨。伉慨空懷古，徘徊獨賞心。嶧山明望眼，百里見遥岑。

太白樓　陳剛中

昔聞李太白，山東飲酒有酒樓。今我登樓來，北風吹髪寒颼颼。太白天酒仙，人間不可留。金光絳氣九萬里，翻然而上騎赤虯。左蹴大江濤，右翻黄河流。手舉北斗招摇柄，瓊田倒瀉銀灣秋。銀灣吸乾日月液，蟾驚兔走黄姑愁。太白方悠然，掀髯送汀鷗。炯如曉霞一點映秋水，紅痕微涌玉波浮。太虚變化如蜉蝣，仙人何在不可求？惟有胸中燦爛五色雲，化爲元氣包神州。我欲起仙從之遊，安得羽翼飛上崑崙丘。

太白樓　曹元用

太白一去不復留，任城上有崔嵬樓。樓頭四望渺無際，草木黄落悲清秋。鳧嶧插天摩翠壁，汶、泗迢迢展空碧。争奇獻秀百年態，作意隨人來几席。諸老高會秋雲端，金壁照耀青琅玕。談笑不爲禮法窘，酒杯更比乾坤寬。飲酣意氣横今古，玉山傾倒忘賓主。謫仙人去杳何許，異代同符吾與汝。誰能跨海爲一呼，八表神遊共豪舉。

太白樓　明　青田　劉基

小遥于行客，危樓舍酒星。河分洸水碧，天倚嶧山青。昭代空文藻，斯人竟斷萍。登臨無賀老，誰與共忘形。

太白酒樓作　吴門　黄省曾

浮雲引客思，爲我西南流。酒樓春風生，逝者中泉遊。今朝緑蟻盃，不到黄狐丘。且吟王喬篇，寄興瀛臺洲。

太白樓 華亭 莫如忠

縹緲層樓霄漢隈，南城山色鏡中開。不知仙馭遊何處，長擬星辰謫上臺。林杪鶴巢珠樹遍，日邊鯨負海濤來。秦碑魯殿俱銷歇，未覺浮名勝酒盃。

太白樓上作 南海 歐大任

狂歌採石月，高卧謫仙樓。珠斗當窗見，銀河拂檻流。朔風飄塞色，羌笛入邊愁。何處思公子，蛾眉夜夜秋。

同劉郡丞登太白樓 晋安 謝肇淛

醉倚高樓俯大荒，怜才還共賀知章。東來山色全歸岱，北去河流半入漳。平楚寒煙凝睥睨，中原落日動帆檣。亦知信美非吾土，塞雁關雲總斷腸。

過賀知章宅 華亭 徐階

汶水孤帆遠，任城四野開。風流賀監宅，寥落李仙盃。樹色含秋冷，泉聲帶雨回。金龜復何在，忼慷有餘哀。

太白酒樓 鄒平 梁知先

雲煙縹緲滿滄州，此地謫仙記勝遊。珠樹亂從窗外落，海濤遥自日邊浮。筆酣白雪空詞苑，袖拂春風過酒樓。魯殿秦碑芳未歇，詩名千載共河流。

南池，在城東南，即洸水經由停泓以入天井閘者。有池蓄荷數畝，唐杜甫與許主簿泛舟遊此。

南池 唐 杜甫

秋水通溝洫，城隅集小船。晚景看洗馬，森木亂鳴蟬。菱熟經時雨，蒲荒八月天。晨朝降白露，遥憶舊青毡。

南池蓮亭 明 武昌 吴國倫

瀑水侵堦上，危亭背郭開。分荷移小艇，取石坐深苔。地逈秋陰合，軒空海色來。誰能其心賞，懷古正徘徊。

南池 桐城 何如寵

堤繞層城水繞廊，憑虚臺榭俯滄浪。春風桃李千門錦，秋水芙蓉一院凉。工部才名詩草在，水曹詞賦筆花香。年來好事真成癖，莫厭風流索酒狂。

同劉郡丞遊南池 晋安 謝肇淛

高歌擊節酒如澠，天末西風濟水冰。候雁一聲秋嶂月，寒星數點夜船燈。池邊岍幘歸山簡，草裡殘碑吊杜陵。失路相怜且沉醉，坐看北斗拂觚稜。

浣筆泉，在州東門外，相傳李太白浣筆處。明嘉靖五年，主事白旆築亭其上。

浣筆泉作　陳梦鶴

東泉七十二，不及此泉清。昔浣才人筆，因傳學士名。分池流桂月，轉澗瀉壺水。誰識滄浪興，吾今一濯纓。

宣聖墨池，在魯橋閘下，俗名硯瓦溝，其水黑色，有古碑刻云宣聖墨池。

墨池　明　新安　程敏政

一派泉聲出澗長，千金猶帶墨花香。源流色正分玄武，删述功深仰素王。湘水有魚還識字，滎河無馬復呈祥。稽疑欲借圖經看，斷港裵徊又夕陽。

濟寧而北歷鉅野、嘉祥、汶上三縣之境，其河汶也。其地爲南旺，合水爲開河，其湖爲馬塲，爲南旺，爲蜀山，爲馬踏，其跡曰獲麟，曰闞亭。

鉅野，古大野澤，春秋西狩獲麟其地也。漢置鉅野縣，唐置麟州，宋元爲濟州治。明時改濟寧於任城，以縣隸焉，治在運河西八十里。

春日泊鉅野火頭灣　明　陳梦鶴

開棹移曹井，迴灘向火頭。人家懸岸口，烟爨隔溪流。寒盡春堤柳，潮平野渡舟。迷津誰欲問，江海愧浮鷗。

嘉祥，古武城子游絃歌地也。漢以後皆爲鉅野境，金置今縣屬濟州，元屬單州。明時改屬濟寧，縣治在運河西二十五里。

舟中望嘉祥山　明　高郵　汪廣洋

放溜數百里，悠然纔見山。涼風吹雨過，好鳥皆人還。河水翻銀浪，岡巒擁翠環。不知幽谷底，能得幾家閒。

獲麟渡，在嘉祥縣境漕河傍也，名大長溝。上有坊云獲麟渡。

闞亭，在南旺湖中，高阜六七。春秋桓公十年，會於闞是也。魯自隱桓以下皆葬於此。至今水際時見烟雲樓臺之狀。

汶上，故魯中都，夫子所宰邑也。漢爲平陸，唐、宋爲中都，金改今名，元明因之。縣治在運河東北三十五里。

登魯中都東樓醉起　唐　李白

昨日東樓醉，還應倒接籬。阿誰扶上馬，不省下樓時。

酬中都小吏携斗酒雙魚於逆旅見贈　唐　李白

魯酒若琥珀，汶魚紫錦鱗。山東豪吏有俊氣，手携此物贈遠人。意氣相傾兩相顧，斗酒雙魚褁情素。雙鰓呀呷鬐鬣張，蹳刺銀盤欲飛去。呼兒拂几霜刃揮，紅肥花落白雪飛。爲君下筯一餐飽，醉着金鞭上馬歸。

汶上道中　明　王謳

孤遊來汶上，歸思满秦中。水泛山城雨，花殘野樹風。行人尋魯道，落日向齊宮。茅屋應如昔，傷予類轉蓬。

汶上公署 王謳

兩鬢如蓬行路難，高風秋露宿臺端。雲藏画角青山暮，月轉空城碧樹寒。爲客數年非樂土，舊遊何日是長安。獨留三尺齊門鋏，猶自狂歌醉裏彈。

南旺，在濟寧北九十里。其地特高，汶水西南流至此，四分南流達於濟寧，六分北流達於御河。有分水龍王廟、禹王廟，及宋尚書祠祀宋禮。

守牐詩 明 劉基

客路三千里，行舟二月餘。壯顔隨日減，衰鬢受風踈。蔓草須句國，浮雲少昊墟。愁心如汶水，蕩漾遶青徐。

南旺分水作 餘姚 謝遷

南旺湖通黑馬溝，濟南汶北兩分流。淵源直自徂徠出，珍重前人爲國謀。

南旺水溢，舟不得去，同行者謀就陸，戲成自慰 上海 陸深

春江多柳花，風起花還飛。夕陽歛飄蕩，委地相因依。行止諒有數，蚤暮同所歸。百年總行旅，安用長欷歔。義和無東回，安樂誠幾希。眇焉泣岐子，人遠事已非。飄飄山水問，志願良不違。朝多清風來，暮多繁星輝。古稱太史公，千載欽嘉徽。

南旺公署 王謳

何處忘形好，官齋似此稀。地幽還獨往，日没竟忘歸。荷芰香堪製，湖魚味可依。隱居誰更卜，在世亦忘機。

南旺挑河行 謝肇淛

堤遥遥，河瀰瀰，分水祠前人如蟻。鶉衣短髮行且僵，盡是六郡良家子。淺水没足泥没骭，五更疾作至夜半。夜半西風天雨霜，十人九人趾欲斷。黄綬長官虯赤鬚，北人騎馬南人輿。伍伯先後恣訶撻，日昃喘汗歸蘧蒢。伍伯訶猶可，里胥怒殺我。無錢水中居，有錢立道左。天寒日短動欲夕，傾筐百反不盈尺。道傍濕草炊無烟，水面浮冰割人膝。都水使者日行堤，新土堆與舊厓齊。可怜今日岸上土，雨中仍作河中泥。君不見會通河畔千株柳，年年折盡官夫手。金錢散罷夫未歸，催築南河黑風口。

南旺分水 梁知先

餘航萬里頌神功，賴有鑿疏衆派通。南北平分湖渚外，江淮遥注汶流中。隄高無礙桃花水，壁塞長連瓠子宮。春雨暗烟舒眺處，龟蒙指顧片雲東。

題宋尚書祠　瓊山　丘濬

清江浦上臨清閘，簫鼓叢祠飽餕餘。幾度會通河上過，更無人説宋尚書。

開河，在南旺北十五里。其地每歲以十月下旬爲市集，百貨聚焉。元至正間置一閘。

舟次開河同胡祭酒鄒侍講登岸散步長林

明　永豐　魯桊

芳晨藹新霽，弭楫長河曲。睠茲丘園趣，褰裳涉平陸。郊原渺空曠，竚望舒遠目。村中夜來雨，土脉高且沃。茅廬雞犬静，日出烟樹緑。牛羊散平野，隔水見樵牧。麥深雉初雊，桑柔蚕已浴。老翁多懽顔，生事一云足。偶兹一留憩，幽境愜所欲。僕夫戒前征，迤邐出林麓。緬想塵外踪，於焉恣遊矚。

汶上開河與仲熙子啟登岸散步　胡儼

逶迤涉長坂，攝衣披草莽。遥見村落中，緑野平如掌。秀麥苗已交，柔桑葉漸長。鷄犬適閒曠，牛羊遂生養。欣欣物自私，春光正駘蕩。緩步隨東風，林花飄惚恍。朝耕土脉潤，午炊孤烟上。草屋十數家，幽棲亦蕭爽。童稚訝衣冠，車馬絶來往。田夫鉏鍤歸，村舂隔林响。依微輞川居，幽然快心賞。

開河迤南即事　詹瀚

憶昔長垣昏墊日，曾經沉璧奠張秋。梁山忽斷陶祥路，鉅野還浮曹濮舟。千里民凥今底定，十州麥隴近全收。黄陵岡塞河循日，黑馬溝深水自流。

馬塲湖，在濟寧州西十里，北接蜀山湖，蜀山之水溢而入之。明萬曆間，尚書潘季馴始建閘，築堤壩千餘丈，以備蓄洩。湖周圍四十里。

南旺湖在漕河西岸，縈迴九十里，即鉅野大澤東畔也。宋時與梁山濼水滙而爲一，圍三百餘里，即宋江所據梁山泊也。及會通河開，畫爲二堤，漕渠貫其中。湖多菱芡魚鱉之利，夏秋間荷花滿湖，笙歌遊舫，有江南之致。

梁山濼詩　明　古田　張以寧

風正吴檣去不牽，雪融汶水緑堪怜。菰蒲渺渺官爲市，楊柳青青客上船。

前題　餘姚　謝遷

湖水經秋分外清，順風南下片帆輕。尋源不盡平生興，翹首萊蕪味濯纓。

蜀山湖，在東岸，即南旺東湖也。周迴六十五里。有山一區在水中央，望之若螺髻焉。日蜀山，蜀者獨也。山上有聖母祠，云是伏羲母，未知何據。舊有唐老子宫及大佛殿，今廢。

蜀山湖中　明懷寧於惟一

爲愛湖山景，攜朋集小船。浮雲移水底，野烏集灘前。漁笛迷烟弄，僧鍾隔樹傳。維舟依古木，躡磴訪幽禪。

冬日同李元祉水部遊蜀山　晋安　謝肇淛

一水劃爲三，兩湖東西滙。漕渠貫其中，盈盈若衣帶。西湖漸成陸，東湖淼無屆。千頃碧琉璃，風雲互變態。中流一卷石，炎起砥淜湃。金鏡浮芙蓉，銀盤捧螺黛。荒祠久零落，花旛皆破敗。鷄柵倚龜趺，燕泥凝佛背。開尊面南浦，雲水澹相對。漁艇散復聚，鳴榔出深瀨。蒲荇交亂流，帆檣遠天外。濤驚山影揺，波漾日光碎。恍如金焦間，疑在蓬壺內。憑虛倏往還，已隔人天界。浮生何時閒，勝遊與君會。回首空烟波，疎鍾隱林藹。

馬踏湖，在汶河堤北漕河東，周迴三十四里，其上有釣臺。

開河迤北，東平、東阿、壽張、陽穀四州邑之境也。其地爲安山、爲沙灣、爲安平鎮、爲荆門、爲阿城、爲七級，其湖爲安山，其跡爲挂劍臺、爲戊己山、爲黑龍潭、爲阿井、爲桃丘、爲釣臺、爲金堤、爲龐涓井、爲孫臏營。

東平，春秋須句、郲、鄣、宿四附庸之國。漢置東平國，唐爲鄆州，宋元爲東平府。明降爲州，屬濟寧，後改屬兖州，治在運河東北十二里。

東平路作　唐　高適

南圖適不就，東走豈吾心。索索涼風動，行行秋水深。蟬鳴木葉落，茲夕更秋霖。

東平路中大水作　高適

天灾自古昔，昏墊（迷）〔彌〕今秋。霖霪溢川原，澒洞涵田疇。指塗適汶陽，掛席經盧洲。永望齊魯郊，白雲何悠悠。傍沿鉅野澤，大水縱横流。虫蛇擁獨樹，麋鹿奔行舟。稼穡隨波瀾，西成不可求。室屋相枕藉，鼃龜聲啾啾。乃怜穴蟻漂，益羡雲禽遊。農夫無倚着，野老生殷憂。聖主當深仁，廟堂運良籌。倉廩終爾給，田租應罷收。我心胡鬱陶，征旅亦悲愁。縱懷濟時策，誰肯論吾謀。

曉出東平　明　薛瑄

慮節凌秋發，城門逼曉開。溝長流水去，野曠遠風來。跋馬橋頻渡，看山客屢回。川原行未已，齊魯望悠哉。漢檢天門石，秦碑海岸臺。嘆烟横曲阜，旭日上蓬萊。遺跡懷前古，觀風慰好懷。衢樽須共飲，井稅不煩催。每見桑麻野，深期祀梓材。行歌方自得，前陟更崔嵬。

安山，在開河北六十里置閘，以安民山故名。山在州西南三十五里，山半有寺，上有甘羅墓。

安山坐閘　皇甫冲

客行貪利涉，流水鎖重關。津吏惟高卧，征人盡損顔。纜紆青草際，檣寄緑楊間。縱有分風送，那能任往還。

夜行安山道中　徐階

木落山色蕭，殘燈照寂寥。病驚時日暮，愁厭客途遥。急澗听逾响，荒村語不囂。月明如有意，深夜伴歸橈。

安山湖，在東平州西十五里漕河西岸，縈洄可百里，繞安民山下，四面有堤，置閘以時蓄洩，謂之水櫃。歲久填淤，民多茭收其中。明萬曆十六年始復舊制。

安山湖上登千佛閣　東平　劉爾牧

嚴莊寶閣枕河流，龍象開成南部洲。金刹倒摇波影動，天花穠接水光浮。風塵迥出三千界，雲氣如登十二樓。坐對孤烟發樹杪，懸知暮磬度林丘。

壽張，春秋良邑，戰國壽剛，漢置壽良縣，光武避叔父諱改今名，元屬東平路。明因之縣治在運河西三十里。

東阿，春秋爲齊邑，莊公十三年盟于阿，即此。歷漢至唐俱屬濟北，後改屬鄆州。元改爲東平。明因之。洪武初以水患徙治穀城，即今邑，治以運河東六十里。

發東阿　宋　文天祥

東原深處所，時或見人烟。秋雨桑麻地，春風桃李天。貪程頻問候，怯馬緩加鞭。多少飛檣過，吁嗟是北船。

過東阿荅嚴水部　明　四明　萬表

別君荆門道，重會在東阿。別時初履霜，堅冰今渡河。微勞不自慎，積困成沉痾。冲寒枉遠駕，携觴列清歌。眷眷此交情，一顧豈在多。

陽穀，春秋齊地，僖公三年會于陽穀，即此。秦漢爲須昌縣，至隋析置今名。唐屬鄆州，元改鄆爲東平。明因之，縣治在運河西四十里。

沙灣，在張秋南十二里，黄河舊決口也。明弘治間塞黄陵岡口，有裏河一道由鄆城來逕黑虎廟至此入漕。

安平鎮，舊名張秋，春秋爲衛地，秦漢以來爲東阿、壽良、陽穀三界之地，或屬濟北，或屬東平。柴世宗時，遣宰相李穀治隄，自陽穀抵張秋口，鎮名昉此。宋改爲景德鎮。明弘治七年，塞決河功成，賜鎮名安平，抱河爲城，北河都水郎中治之，其地仍爲東阿、壽張、陽穀三邑邊界云。

安平新鎮記　明　東阿　于慎行

國家漕會通河，設工部分司於故元之景德鎮，以掌漕渠之政令，即今所謂安平也。安平在東阿界中，枕陽穀、壽張之境，三邑之民夾渠而室者以數千計，五方之工賈駢坒而墆鬻其中。齊之魚鹽，魯之棗栗，吴越之織文纂組，閩廣之果布珠琲、奇珍異巧之物，秦之罽毳，晉之皮革，鳴櫂轉轂，縱横磊砢，以相灌注，而取什一之贏者，其廛以數百計，則河濟之間一都會矣。

往天順弘治中，河決。其西絶而入濟。徐武功、劉忠宣二公皆總十萬之徒，聚諸道之錢穀以來，有事於兹土，至建祠築宫，以比於宣房瓠子之役，地至重矣。而無城以域民封圻之吏畫地而守之，往議者蓋數數置籌筴焉。

萬曆戊寅，大中丞汝陽趙公實撫東夏，既已考憲修令，吏人烝烝，祇若休德，罔敢不虔。於是巡行郡邑，問民疾苦。過安平而眙之，乃進三道大夫謀曰：『天子申勑中外，惟是城隍之守，以勤下吏。吾等幸而從事，以是地之在河隄，而民無所庇以守。即有後事，敢毋與知大夫？』其圖之三道大夫出而謀諸三邑之長。三邑之長屬吏民而告之故，咸曰：『公不忘一二氓庶，憫其露處而賜之垣墉，使有所扃鐍以居，敢不惟力。』公乃與侍御常熟錢公議之。錢公欣然協謀，亟下記道府，謹若中丞公命。於是使城之城方八里，高二丈五尺，其下厚四丈，其上鋭四之一，四門各樓，四角亦各樓。凡用夫三千五百名，鎮之民居其四，三邑取六焉。銀三千七百餘兩，東阿居其六，東平若二邑取四焉。厥制跨河而環之水之所出入，皆爲臺櫓，狀如兩玦，而華閣飛梁横亘其中，琳宫璿題巍峙其左，煌煌乎漕渠之巨觀矣。城且竣，公以少宰召入，而大中丞内江何公繼之，躬駕往視，以終厥功。侍御忻郡陳公亦至，相與陳之法紀，以授守吏。於安平士民鼓舞謳吟，永奠厥居。而史于生以爲此非一方之利也。

國家都燕，冀仰東南四百萬粟以給長安。惟是一衣帶之水，曾不舠以綰億萬年之命脉。自江淮以北，每數百里之中，各往往有名城大都，聚五方之貨，賄以爲公私所頓置。而安平以一聚落，居臨清、濟寧之間，十得四五焉。辟諸人之一身，其血脉上下同流，乃至於腠理、支節之處，則疾之所由入，而國工之所操鍼而取也，此之爲要害，豈惟是一城一邑之所庇賴，天下幸而乂安？即有灼見遠覽，利害較然，朝不及夕，難於動衆勤民，逡巡卻步，幸少斯。須以爲持重。迨其緩急，索而圖之，嗟何及矣。深哉！《易》之言重門擊柝以待暴客，蓋取諸豫。夫豫者，先事而早計之。武功、忠宣二公奠乂此土，控制南北，俾國家有漕渠之利，而公又爲之形勝以固其防，俾國家無漕渠之憂，皆所謂豫也。往正德中，群盗流刼，且遍齊境，不能抉一城之鑰，而安平市里實居然有封豕雄虺之跡，以驚父老，假令少淹朝夕，廟堂南向而籌，安能忘此一衣帶水？此不先事而早計之效也。故豫之，時義大矣哉！

蓋是役也，捐助工則工部郎中徐公儒，屠公元沐分猷襄畫，則臨清兵備副使艾公可久、賈公元仁分守，東兖道查公志立、南公軒、張公思忠、趙公允升分守，東兖道僉事粟公在庭、詹公沂及兗州府知府周公標、朱公文科、楊公材專董章程，則兗州府同知樊公克宅、通判李公養浩榷財庀徒，則東平州知州丘公如嵩、杜公化中、東阿知縣朱應轂、陽穀知縣吴之問、壽張知縣曹勷，而東阿主簿張德懋，則督工有勞者。云城之成也，史于生在邑里，朱公使記焉。

安平鎮譙樓記　明　餘姚　謝遷

安平鎮舊名張秋，隸兗之東阿，實當漕河要衝之會。民夾東西岸而居者，無慮數千百家。岸西有譙樓，置漏刻角鼓正節候，以警晨昏，以示民之作息。樓之下，凡商賈敗息日中爲市者，皆歸焉。

弘治癸丑，河決東岸，運道幾絶，上亟命重臣往治之。於時漕舟牽挽者，率就西岸，摧剥已久，樓並河甚逼，行者迂迴以趨，乃議撤樓以便往來牽挽，許河平而復。已而執事者悉力決口，急於竣事以復上命，樓未暇及也。越八年，關西韓公廷器以右通政來嗣河事，始議修築，堤岸疊石以固其外，延袤凡五里有餘，而樓亦遂重建焉，從民志也。規模閎壯倍於昔，黝堊丹艧，焕然一新。於是逵巷、市肆悉復其舊，居民、漕卒、行旅、商賈各遂其宜，咸忻忻相告，謂韓公之功不可忘也。監察御史平陽秦君昂嘗知東阿縣事，請予文記之。嗟夫！物之成毁，固以時爲重輕，而興墜舉廢之功，則未始不存乎其人也。方河無恙時，樓固一方之望，其所係亦重矣。不幸河流告變，墊溺是懼，救災捍患，日不暇給，則斯樓之存忘甚輕，故撤而毁之，若棄敝屣耳。及夫河靈順軌，挽道復故，則其所係於一方者固在功，豈容於久廢，而群心之望豈可久孤也哉？然非韓公之明足以識時，才足以集事，則斯樓之復豈易言哉？況望有加於昔哉！韓公之功於是爲大矣。抑古之人重用民力，義所不當爲者，雖微必謹；其於所當爲者，雖大不恤。故延廄之新南門之作，以及一臺一囿之築，夫子悉書於《春秋》以示戒，至於修泮宮、復閟宮之後，則詩人頌其事，而夫子删詩，特存之以示美。斯樓爲民而復，固政務之所先，其亦泮宮、閟宮之類，而安知無頌美其事者邪？記以示後，予固不得而辭也。

張秋賦　四明　楊守陳

駕艅艎以南邁兮，經齊魯之故疆。何石堤之巋吾目兮，蔓千里之垂楊。顧僕夫以咨問兮，曰兗郡之張秋。曩河決於此兮，奔滄溟而横流。漫黍稷之方疇兮，奄千頃爲一壑。渺風濤其洶歘兮，抃虬龍而舞蛟鰐。民居蕩析兮，舟楫沉淪。嗟彼河伯兮，一何不仁。貪婪百川兮，吸濟沇而吞汴漕。渠寢涸而將湮兮，僅涓涓其如綫。萬艘鱗集以櫛比兮，悉膠杯於坳堂。壅萬國之經絡兮，撫兩京而搤其吭。堯以洚水爲警兮，咨伯禹其焉。在共與鯀而相承兮，幾精衛之填海。捷石畚之鉅萬兮，付一髮於熸爐。役夫續其荷鍤兮，倏皆化而爲魚。河與歲而偕逝兮，公與私其同窘。日箠笞掊克以蹙民於流亡兮，有人心其誰忍。幸河流之他徙兮，築斯堤其若墉。乃售偽以叨榮兮，自詑纂禹之神功。若强敵之負固兮，師老財殫而弗克。俄大醜之自殞兮，溢形誅以爲嗟。彼偽之一售兮，志淫淫其溢遈。再售而邦其殆喪兮，卒自歸於陷穽。歎世時之每下兮，紛售偽其日繁。戮懷中之赤子兮，謂剪狄而平蠻。朝捷書之方奏兮，夕羽檄之已翔。曾不若張秋之一築兮，歸至今其猶岡。吾恐衆偽之兹售兮，將百吡之並罹。群蟻穴其不塞兮，潰千里之長堤。倚危檣以曾思兮，涕潸潸其若霰。顧四海之在念兮，於張秋乎奚歎。

過安平鎮懷劉司馬　李東陽

黄陵岡頭河水黄，衝沙步石聲礧硠。北趨平原下廣澤，直壞運道無津梁。坐令漕舟百萬如山壅，民船賈舶何紛龐。帝遣臺臣出治水，水性硉矹難爲降。千金作埽萬夫力，頃刻下墮輕豪芒。臺臣焦思廢食寢，夜夢神禹授以玉簡青琳琅。水行在導不在障，豈以木石争濤瀧。地靈順軌水恠伏，河遂南徙歸徐方。因高爲陵下爲澤，復有石壩磊犖長如岡。豊功偉績不可以數計，此乃餘力非末强。憶昔文皇建都向燕薊，中導汶、泗通漕綱。尚書宋公富經略，世上但識陳恭襄。武功徐公何人亦奇士，盛以勳績爲文章。四十餘年復一決，嗟哉之績安可忘。帝命儒臣分書刻金石，此記正屬臣東陽。使軺東來一登眺，風日颯爽炎天凉。是時臺臣入兵省，我在江湖思廟廊。願此岡不墮河不徙，縱有帶礪無滄桑。

過安平鎮作　皇甫冲

武功鎮略雄，取日升虞淵。功成身見疑，竄跡投蠻烟。憶昔奉皇猷，秉旄治潁川。神人授龍欲，懋績河隄篇。姒靈自有協，漢璧何須捐。新防若崇墉，故水流潺湲。堂皇漕貢途，天子稱萬年。

寄張秋謝在杭水部　新塗　馬之駿

懷人雲樹阻江東，一扎三年未可通。黑氣想流春草後，爐薰如坐水聲中。河渠太史書堪續，省署何郎字略同。衣帶到吴應不遠，佑船無賴托郵筒。

送沈季彪治水張秋　謝肇淛

春風擁傳出京華，汶水梁山護建牙。河伯無波侵瓠子，詩人有閣對梅花。閉門過客時妨卧，行部移舟半作家。轉餉河源憂不細，豈同慱望遠乘槎。

入安平署　謝肇淛

謾説皇華署，凄凉似遠藩。抱河雙半郭，錯壤一孤村。帆影晴侵户，郵籤夜到門。盈盈衣帶水，不必問河源。

其二

偶罷含香直，來乘奉使槎。晨參津吏集，秋雨石堤斜。客過時鳴鼓，官閑早放衙。舊遊渾似梦，重到便爲家。

登安平譙樓　謝肇淛

高樓遥控九河關，海岱微茫指顧間。千里飛帆衣帶水，半窗斜日錦屏山。孤城粉堞連雲起，平楚蒼煙逐鴈還。氛祲坐消波浪息，風光赢得獨開顔。

張秋贈謝在杭治河作　閩中　徐𤊹

使者分曹治北河，應知瓠子不興歌。既怜驛路携家遠，又苦官船過客多。屐到東山登小魯，膠和深井煮名阿。俸錢莫惜抄書籍，雙眼將花奈老何。

送謝在杭張秋治河　天長　陳從舜

雪花如席壓層城，忽捧天書出漢京。亦有玄夷稱使者，遍從水部盛才名。狂瀾自合迴川後，沉璧無勞厘聖明。歲暮秪怜知己别，臨風那不重關情。

初至張秋　閩中　陳鳴鶴

浪迹風沙倦，停車寄水村。蘑菇山簌旨，毳褐野裘温。北禮從宗國，南冠識故園。還應登泰岳，絶頂望吴門。

送謝水部往張秋　莆田　郭天親

風塵爲客久，一再送君行。當此看花候，那堪折柳情。維舟臨古岸，分署坐孤城。人事逢迎少，應高水部名。

始皇堤　謝肇淛

金堤，在鎮城南，堤墳隆起，延亘鄆濮，俗稱『始皇堤。』漢文帝時，河决酸棗，東潰金堤，即此。或云即漢景王所修汴渠堤。自滎陽至千乘海口千餘里，此其故址，未知是否。按别傳云，始皇堤二，屹壽張、范縣之中，一以障河之南徙，一以爲馳道至東海求神仙，疑此爲秦築者近是。

穹虹亘神臯，哀端齧其足。百怪互簸騰，崇墉維坤軸。南流滙汶、泗，西走延鄆濮。屹若金石鞏，神功駭盱矚。云是嬴政時，東巡納大麓。馳道象天闕，畚鍤周四瀆。玉輦春復秋，千里遥相屬。既登之梁封，復窮蓬萊躅。東海何茫茫，引領望徐福。那知滈池君，竟秘沙丘櫝。覇業久烟沉，遺趾猶雲矗。輦路無人行，春風草空緑。怒瀾既東迴，迢遞黄龍軸。誰念作者勞，千載爲陵谷。懷古更惆悵，鵶啼寒城曲。

挂劍臺，在張秋城南河東岸。後有徐君墓，相傳吴季扎聘齊過徐，返而挂劍處也。墓前有祠，並祀二賢，有司春秋致祭。臺左右生劍草，一正一斜，若負劍然，能療人心疾。今按：泗州城北徐城亦有徐君墓，未知孰是也。

春秋徐人之歌

延陵季子兮不忘故，脱千金之劍兮挂丘墓。

吴季扎挂劍徐君墓記　元　都水監丞　滿慈

季扎挂劍，事載于史，世次備見於《春秋》，遂索其略。昔季聘魯過徐，徐君好季扎劍，弗言，季扎心知之，爲使上國未獻。還過徐，徐君已死，遂解劍繫之徐君冢樹，曰：『始吾以心許之，豈以死背吾心哉』夫徐君爲人無傳可考，觀季扎心交以信概可見矣。冢見在景德故鎮之南百舉武，惟地叢草蔓延，形皆肖劍，土人以『挂劍』名之。或云冢在泗州，今按此地古有碑刻『季扎挂劍徐君墓樹』八字。昔人已嘗訪其墓而封樹之，又從而歌詠之，故老相傳，必有所據，愚不復置辯。嗚呼！春秋之際，世不知義，而以權利相軋，雖齊桓、晋文輩，亦以力攘奪而成名，況其下者乎！季子之於吴有可取之義，遜讓守節，棄而逊之，其視當時豈不萬萬相懸者哉？觀其葬子嬴，博恩不累其志，引闕避楚名闕。挂劍於墓，死不背其心，孰謂一劍之誠，化異草而旌信過之者式。闕藏於魚腹以逞堀室之凶，舞於鸿門以快沐猴之怒者，不啻天淵也。

挂劍臺記　明　楊淳

讓國得仁挂劍，全信延陵季子其賢矣哉！淳生二千餘年之後，每經徐君墓，輒仰季子高風，徘徊而不忍去。元至元間，有爲都水丞者，蓋嘗封樹徐君之墓矣，而弗季子祠之建可嘆已。淳承命巡河，因其傍有三官廟，遂撤之以祠季子，仍封樹徐君之墓，而并祀焉。歲在丁丑正德十二年春正二十五日也。工部都水司郎中前江西道御史關中楊淳記。

見季子廟詩　陳張正

延州高讓遠，傳芳世祀移。地絶遺金路，松悲懸劍枝。野藤侵藻井，山雨濕苔碑。别有觀風處，樂奏無人知。

徐君墓　北周　無名法師

延陵上國返，枉道過徐公。死生命忽異，懽娱意不同。始往邙山北，聊踐平陵東。徒解千金劍，終恨九泉空。日盡荒郊外，烟生松栢中。何言愁寂寞，日暮白楊風。

過徐君墓　元　東阿　李謙

瘠鹵豊菅茅，荒林翳荆棘。此地果何地，云有徐君域。當年吴公子，過此聘上國。心交固已許，一劍非所惜。豈期軺車還，君已掩窀穸。撫摩三尺鐵，欲效知無及。惟有挂劍樹，此恨容可釋。精誠達泉壤，千載未易息。至今地效靈，化爲異草碧。采采不忍去，觀此嘆今昔。今人交面顔，昔人示胸臆。胸臆久益堅，面顔徒外飾。我詩誌其墓，非徒吊陳迹。百世聞高風，衰俗庶可激。

挂劍臺歌　明　吴郡　楊基

語諾諾上淺，死諾諾更深。當時季子意，即是徐君心。嗟嗟徐君骨已朽，寶劍摩挲在吾手。正擬臨岐解贈君，不意挂君墳上柳。挂劍果何意，聊以明不欺。當時讓國心，肯使徐君疑。於乎！劍可折，臺可隳，死生之諾不可虧。

挂劍塚詩　會稽　唐肅

季子讓一國，視之敝屣然。寧當寶一劍，不爲徐君捐。徐君雖亡骨未朽，挂劍墳前向楊柳。君知不知不足悲，我心許君終不移。

挂劍曲　李東陽

長劍許烈士，寸心報知己。死者豈必知，我心原不死。平生讓國心，耿耿方在此。

拜吴季子祠　王謳

陵谷千年改，遺祠宿莽中。孤墳無短劍，暮野但悲風。亂草生春碧，啼鵑灑血紅。傷心誰共此，落日向衰翁。

挂劍臺　梁知先

蕭蕭樹色落苔陰，斷碣殘碑尚有文。一劍長懸季子意，千年永佩徐君心。猶留異草生春碧，時共啼鵑帶血深。誰道塚頭陵谷變，芳名傳播至于今。

戊巳山，在鎮城北顯惠廟後。明弘治間，塞決河成，通政韓鼎築之，下臨龍潭，取土制水之義，名曰『戊己』云。

九日登戊己山　明　麻城　劉天和

野色依微近，藤花掩映開。丹房驚鶴梦，白月向人來。鼓吹聲初動，松杉影自迴。十年懷地主，乘月共登臺。

其二

暝色迷幽境，黄花滿砌臺，片帆秋共遠，短棹夜仍迴。落照依人近，征鴻入望來。故鄉千里思，對月酒重開。

戊己山作　許用中

古廟松杉裏，崔嵬皜月臺。山從碣石斷，水自海門迴。障霧重崖宿，驚濤孤嶼開。檣帆問行客，誰是濟川才。

戊己山詩　秀水　沈謐

初春乘晚眺，細雨踏花遊。古洞空丹府，平沙見帝丘。水深魚戲藻，天闊鳥盤樓。勝概人難遇，何妨竟日留。

過安平謝水部在杭招飲戊己山亭　福唐　葉向高

孤山突兀倚城樓，煙樹微茫入望收。地坼洪流迷禹跡，山迴重鎮壯神州。寒空雁去關河暮，遠浦葭生水國秋。直北長安天尺五，浮雲不散古今愁。

同謝在杭登戊己山　雲間　馮時可

異鄉天地一登臺，矯首浮雲萬里開。重鎮關河明自壯，梁山冠盜宋堪哀。寒空雁鶩爭霞去，濁水魚龍引浪來。自挾仙郎相唱和，古今感慨亦悠哉。

登戊己山感事　晋安　謝肇淛

龍潭東注後，禹力至今存。水恠庚辰鎖，山形戊己尊。雲帆千里目，桑柘萬人村。莫問前朝事，孤城有浪痕。

戊己山亭　鄒平　梁知先

亭自突崖水自洄，神鰲坐奠一山隈。天臨尺五星河近，地接東南錦纜開。浪息何勞沉壁馬，烟晴不斷鎖樓臺。憑欄遠眺空無際，雉堞千尋入望來。

黑龍潭，在鎮城北半里許，一名平河泉，故黄河決口也。東流既塞，泉涌地中，滙而爲潭，深不可測，大旱不枯，相傳有龍潛焉。明嘉靖初，郎中楊旦飲其地，欲涸而觀之水，決未半，風雷大作，舟皆覆没。楊迺惧而祭之。

謝水部招集龍潭　明　福寧　崔世召

水部風流白接䍦，黑龍潭半共金巵。沙明野色雲千頃，風約池痕月半規。柳黛正肥鶯漸老，荷香未透客先知。獨餘一段清狂在，爛醉從教兩鬢絲。

與崔徵仲孝廉飲黑龍潭　謝肇淛

天吴驅雷雲冥冥，崑崙西下建高瓴。一泓灌盡沃焦土，枯槎猶來龍涎腥。神物千年睡不起，銀盤堆出青空裏。十里芙蓉五里苔，花落花開藕根死。與君共醉卧漁磯，苔色荷香滿素衣。梁山日落孤城晚，探得驪珠照乘歸。

阿井，在故阿城内。《水經注》曰：『阿城北門西側臯上有井，其巨若輪，深六丈，歲嘗煑膠，以貢天府。』《禹貢傳》曰：『東阿，濟水所經，取其井水煑膠，謂之「阿膠。」用攪濁則清，服之下鬲疏痰。』今其水不盈數尺，色緑而重。阿膠歲解藩司入貢。其法，用黑驢皮加鹿角二十之一，以桑火煮之，黑可以鑒者佳。井覆以亭，歲時有司封閉。

重修阿井記　明　寧陽　許彬

究之東阿、陽穀縣界古阿城内，舊有井一泓，闊圍如車輪，名曰『阿井。』泉水清冽甘美，隣境汲以熬膠，供國用者，歲以爲常。先是并亭傾圮，泉源涸溢，兖州守郭鑑率州屬僦工甃石。及泉復，亭其上。其北建亭三楹，爲官僚往來棲息之所，繚以週垣，闢以門徑。經始于九月之望，落成于十月之朔。太守具其事，授予屬爲之記。考之於古井者，清也，謂泉之清冽，山之精氣所發也。《爾雅》謂『改邑不改井』，井以不變爲德，若蘇耽之橘井、陸羽之茶井、葛洪之丹井，皆是已。李白云：『古甃冷蒼苔，寒泉湛明月。』杜甫云：『月峡瞿塘雲作頂，亂石峥嶸俗無井。』蓋井之見重於世，而致詞人之詠謌也如是。況茲井自古及今，清冽不變，制良劑以延年，上供國用而下利民生，豈淺鮮哉？是宜記之以告於東魯，俾毋褻焉。

阿井詩 谷山 李際元

九仞天開甃，一泓味出常。和膠供上國，排劑表仙方。液靜丹砂冷，珠浮碧玉香。構亭珍造化，不爲納清凉。

遊阿井 謝肇淛

濟水伏流三百里，迸出珠泉不盈咫。銀床玉甃閉蒼苔，餘瀝争分青石髓。人言此水重且甘，疎風止血仍祛痰。黑驢皮革山柘火，靈膠不脛馳郵函。屠兒封剥如山積，官司催取頻飛檄。驛騎紅塵白日奔，夭札疲癃竟何益。我來珍重勤封閉，免造業錢充餽遺。任他自息仍自消，還却靈源與天地。

阿井 梁知先

濟流伏見鍾名阿，滙得清泉冽以多。膠可疏風輸上國，味堪和橘表仙科。捧來色燦丹砂冷，泛去香浮碧玉波。自是靈源宜□惜，一亭止許歲時過。

桃丘，在鎮東北十八里。春秋桓公十年，會衛侯與桃丘，即此。今爲桃城舖，舖旁一丘，高可數仞，每陰雨後，烟霧中隱隱有市井車馬之形，土人以爲蜃市，云安平八景之一，詳見《安平鎮志》。

桃丘 謝肇淛

桃丘一坏土，高與培塿齊。古道無人煙，芳草何萋萋。會盟有遺壘，介駟猶疑嘶。風雨晦林薄，倏忽幻虹霓。精靈不可測，市語非無稽。不見海上山，空中聞天雞。前終

附餘 附餘後

孟津閻廷謨重纂

釣臺山，在鎮東南二十五里，山多碎石，若魚蟹狀。其麓有釣磯，相傳嚴子陵釣魚處，石上有雙趺痕。離此不遠有子陵臺，考之《漢書》，但言子陵釣大澤中，而不言所在，未知是否。

釣臺 明 謝肇淛

驅車東南巔，苔阜俯清泚。危石蘆花中，隱隱趺雙履。云是嚴子陵，披裘釣于此。只今砂礫形，魚蟹紛相似。清風渺莫攀，丘壑徒爲爾。擾擾風塵間，客星竟誰是。

龐涓井，在鎮東數里，方圓七十二眼，俱以琉璃甃之，名曰琉璃井，相傳龐涓所開。又其東三里許，有孫臏營，詳見《安平鎮志》。

龐涓井作 謝肇淛

沙埋白骨草沉石，戍壘蕭蕭落日遲。鬪智争雄渾似梦，西風七十二琉璃。

荆門驛，在鎮城北隅，而上下二閘在鎮北十餘里。又有荆門寺，在鎮北十五里，荆門舖在鎮北九里。

荆門詩 明 陽穀 李際元

鼓角催清曙，虚舟漾碧流。使星穿柳急，野焰入雲浮。雞犬隨人亂，旌旗傍岸稠。皇華無遠邇，此地其咽喉。

荆門驛作 南海 盧雲龍

草緑荆門柳更濃，别來霄漢一萍踪。餘寒四月衣初褐，落日孤舟路幾重。千里帆檣新禹貢，百年耕鑿舊堯封。美人自古傷遲暮，回首天涯可易逢。

阿城閘，在張秋北二十里，即齊阿大夫所治邑也。今爲市集，魚鹽貿遷，商賈輻輳，置有上下二閘，夾岸而居者千餘家。

過阿城五言古風 明 謝肇淛

荒隧宿寒烟，蒼鼯竄榛栗。行人畊廢坂，牛羊下頹壁。百里有遺墟，芳草無阡術。子奇昔爲政，同載皆耆逸。鎖兵作農具，制挺撻强敵。惠愛流嘉聞，丘壑存遺跡。云胡阿大夫，揮金事交暱。譽言雖日聞，卒自膏鑊鑕。井邑故不殊，善敗逈超軼。悠悠千載事，誰復論名實。驅車再三嘆，西風動蘆荻。

七級鎮，在阿城北十二里，古渡也。元時置上下二閘。

七級鎮古渡　明　李際元

渡古遊人穩，津湍舟子招。緑垂楊柳密，紅映旗旄飄。水趨瀛洲急，途分江漢迢。前程經險盡，此地可塊消。

安平鎮之北九十里，其郡爲東昌，其縣爲聊城，古漯河道也。其跡曰光嶽樓，曰魯連臺。東昌府，春秋齊西鄙也。秦置東郡，漢以後分爲魏郡，爲濟陰，爲清河，唐爲博州博平郡，元改爲東平路。明初改爲府，隸山東布政司，領三州十五縣，郡治在運河西岸二里。

懷東郡太守王尊　唐　李德裕

河水昔將決，衝波溢川潯。峥嶸金隄下，噴薄風雷音。投馬灾未弭，爲魚歎方深。惟公執圭璧，誓與身俱沉。誠信不虚發，神明豈爾臨。湍流自此迴，咫尺焉能侵。逮我守東郡，凄然懷所欽。雖非識君面，自謂知君心。意氣首相合，神期無古今。登城見遺廟，日久空悲唫。

過東昌　明　古田　張以寧

暖日初抽宿麥芽，東風吹草緑平沙。江南開遍春多少，二月東昌見杏花。

登郡城東樓　聊城　傅光宅

滄海孤城接素秋，萬山摇落此登樓。青徐遠遶秦封在，江漢遥通汶水流。舊雨東南頻入夢，浮雲西北迥生愁。魯連箭去人千古，尊底斜陽照白頭。

郡城懷古　晉安　謝肇淛

魯連多義氣，一矢下堅城。千載雄圖盡，河流日夜聲。

其二

闕樹無春色，荒城起戰雲。城東諸父老，能説盛將軍。

聊城，東昌附郭邑也。春秋齊聊攝之地，至秦始置聊城縣。歷代因之，但所隸不同。元屬東昌路，明改路爲府，而縣屬焉。

聊城歌送顧明府　明　李夢陽

聊城纍纍枕桑野，使君懷古聊城下。龍蛟慘淡七雄閗，當時誰是排紛者。海東隱淪難見面，平原不見安平見。已聞笑却鄲邯軍，還遺書飛燕將箭。平生急難輕列侯，功成豈必千金酬。只今往跡浮雲盡，遥矚滄溟日夜流。

憩李海務空衙　方豪

人間無不可，此地況臨流。踈柳描窻紙，新魚上釣鈎。夢回沙月午，門掩徑蘿秋。誰曰居夷陋，堪忘寓惠愁。

漯河，在城東七里，俗呼湄河，黄河之支流也。按《水經》云，源自頓丘，出東武陽縣，經博平至州境，又東北流入海。《穆天子傳》『天子自五鹿東征，釣于漯水』； 即其地也。

漯河作 明 郡人 王子魯

吾聞東郡古漯源，千年故跡成桑田。白雲飛來盧捲雪，黃葉亂下鳴殘蟬。清風颼颼林篩响，雁行遠送來天邊。幾翻登眺發長恨，綿駒舊曲無人傳。

光嶽樓，在府城中央，創始莫考。臺高廣數丈，爲樓四層，盤互玲瓏，矗立雲表，雄勝甲于齊魯。明萬曆間，知府莫與齊重修。

登光岳樓 明 四明 屠隆

高閣崔嵬切太虛，大荒東去獨躊躕。憑陵白日雕窻合，陡揷中天綉柱孤。萬里風塵連海岱，千家烟火接淮徐。閒呼濁酒供長嘯，一帶微茫見舳艫。

光岳樓作 郡人 傅光宅

画棟雕甍倚太清，平臨岱嶽俯東瀛。天低遠樹浮烟逈，水遶孤城落日明。座引長風消暑氣，野含時雨近秋城。傳聞海外風波急，一劍同懷報主情。

春宵登光嶽樓 謝肇淛

殘雪初消緑水波，客愁無賴且高歌。春回郡郭晴烟滿，天近長安王氣多。海上霞光連泰岱，雲邊樹色遶漳河。故園兄弟空相憶，芳草萋萋奈爾何。

魯連臺，在城西北十五里，古聊城地，高七十尺，魯仲連射書遺燕將，即此。

魯連臺 唐 李白

齊有倜儻士，魯連特高妙。明月在海底，一朝開光耀。却秦振英聲，後世邱末照。意輕千金贈，顧同平原笑。吾亦澹蕩人，拂衣不可調。

魯連臺懷古 明 謝肇淛

即墨城中火牛出，七十齊城一夜復。大冠如箕卷甲來，殘兵半壁吞聲哭。先生忼慨吐奇謀，一矢射天天爲愁。壯士泣血甘刎頸，排難解紛何所求。功成脱屣杳然去，海上浮槎幾烟霧。霸業雄圖安在哉，空餘昔日射書處。日落城西古壘荒，高臺野樹自蒼蒼。只今臺畔多青草，猶帶當年戰血黃。

聊城而北，歷棠邑、博平、清平三邑之境，達于臨清州舘陶縣，其水爲汶，爲漳，爲衛，其泉爲靈，爲漱玉，其跡爲鰲頭磯，爲琉璃井，爲耿貴人墓，爲附馬渡，爲黃花臺。

棠邑，漢發干、樂平二縣地也。隋開皇初始改今名。石晉改爲清河，尋復舊。元屬東昌，明因之，縣治在運河西南三十里。

題縣治四知堂詩　元　令　張養浩

邑壯怜才弱，官微慮患深。韋弦千古意，冰蘗一生心。袖有歸來賦，囊無暮夜金。三年何所得，憔悴雪盈簪。

博平，周時爲齊博陵邑。漢置今縣，後析置靈縣。唐析置靈泉縣，尋廢。元屬東昌，明因之。縣治在運河東岸四十里。

清平，齊貝丘地，《左傳》襄公于貝丘，即此。漢置貝丘縣，隋改今名，屬清河郡。宋金屬大名府，元屬德州。明改屬東昌府，縣治在運河東岸二十里。

臨清，戰國趙東鄙也。漢爲清淵縣，屬魏郡。晉後趙改置臨清，後析爲清泉、沙丘、永濟。宋屬大名府，元屬濮州，明屬東昌府。弘治初加陞爲州，領館陶、丘二縣，州治在汶河之北、衛河之東，二水至此合而北流。

臨清曲　明　薛瑄

臨清人家枕閘河，臨清賈客何其多。停舟落落無可語，呼酒只對長年歌。

過清源　江陰　沈翰卿

撲面遊絲羃抱開，彩雲垂幔鳥喈喈。舟車遶郭稱都會，鶯燕穿花過別街。幕下材官轆轤劍，月中遊女鳳凰釵。朱纓錦席淹留處，苦憶楊州夢與偕。

其二

迤邐星橋雀舫迴，欲凌倒景上層臺。雞鳴萬井烟光合，雉堞重城日暈開。楊柳樓深吹玉笛，葡萄酒滿泛金盃。無端約伴遊芳草，康樂祠前步紫苔。

臨清作　東阿　于玭

兩岸歌鍾十里樓，江聲帆影月明秋。今宵始作離家夢，人在漳河一葦舟。

清源詩　謝肇淛

清源城中多大賈，舟車梱載紛如雨。一夜東風吹血腥，高牙列戟成焦土。虎視眈眈何所求，飛霜六月天含愁。匹夫首難膏鼎俎，瘦瘤割裂病微瘳。只今毒燄猶未破，依舊豺狼當道卧。萬姓眉顰不敢言，但恨時無王朝佐。

館陶，春秋晉冠氏邑，後屬趙。西北有陶丘焉，置館其側，因名館陶。隋爲毛州。唐改永清，尋復置館陶縣。宋屬大名府，元屬濮州。明改屬臨清，縣治在衛河東岸二里。

發館陶　宋　王安石

促轡數殘更，似聞雞一鳴。春風焉上夢，沙路月中行。笳鼓遠多思，衣裘寒始輕。稍知田父隱，燈火閉柴荊。

浦雲林霧藹蒼蒼，水面無風晚自凉。今夜蓬窗應不寐，計程三百是吾鄉。

次舘陶　元　許有壬

汶水，自南旺分水北流，至此漸微細，沿途置閘，出臨清之南板閘，始與衛河合而北流。漕舟過此，謂之出口，無復閘矣。

汶上竹枝詞　明　閩中　袁表

三春不雨閘河乾，內使樓船日日歡。四十水門都鎖却，書生不敢舉頭看。

漳水，源出山西長子縣，曰『濁漳』，一出樂平縣，曰『清漳』，俱東經河南臨漳縣分流，至舘陶縣，與衛水合，北流入漕。至明萬曆初，北徙入曲周之釜陽河。衛水，源出衛郡輝縣百門泉，東北逕舘陶至臨清，與汶水合北流，至天津入海。隋時疏爲永濟渠，亦名御河。

次御河寄諸友　宋　王安石

客路花時秖攪心，行逢御水半晴陰。背城野色雲邊盡，隔屋春聲樹外深。香草已堪回步履，午風聊復散衣襟。憶君載酒相追處，紅萼青跗定滿林。

自河北放舟歸江南寄楊南宮　蘇軾

曉來銅雀東風起，春冰凌亂漳河水。郎官驚起解歸舟，一日風帆可千里。侵晨鼓柁發臨清，薄暮乘流下濟寧。南宮先生先我去，花時想達瓜洲步。尋君何處典春衣，杏花烟雨大江南。

登蘇門百泉　劉豫

太行雄偉赤霄逼，枝分蘇門爲肘腋。孕奇産秀氣蟠鬱，涌作琉璃千頃碧。初疑驪龍蟄山趾，仰噴明珠飛的皪。忽如湘靈理新粧，大鑑開匣乍磨拭。峰巒倒影浸雲烟，蘋藻照沙改顔色。相輝一段佳風月，餘澤幾州及動植。昔聞隱淪有仙人，高標清與山溪敵。悠悠往事散浮雲，嘯有遺屋行有跡。我居東秦濟水南，無限泉池日新炙。一行作吏別經年，情思塵埃何處滌。雲祠因禱來憑欄，頓爽骨毛快胸臆。飄飄蘭舟七八客，尊俎笙蕭隨分入。勝概紛並恨不暇，恨乏魯戈延晷刻。歸來簿領厭沉迷，春睡每着蝶夢適。心約他時杖履遊，醉漱流溪枕溪石。

百門作　明　周百禄

光摇暗日動珠盤，汎汎輕風漾碧瀾。俯檻恍然驚醉眼，雲天却向鏡中看。

遊百泉謌　山陰　李夢陽

共城西北蘇門山，烟霞滿目白日閒。春風杖藜恣幽賞，暫依泉澗聆潺湲。君不見孫登嘯臺幾千尺，巉岩上有仙人跡。天空不聞鸞凰音，石壁孤雲爲誰白。

衛河集別　鄭善夫

去國心仍苦，風塵病未休。六飛淹歲月，八極想遨遊。水動魚龍夕，雲盤鸛鶚秋。江山回紫氣，沙塞度青牛。秪有簪萍戀，聊爲文字留。遐心渺無盡，應與衛河流。

衛河八首之四　吴郡　王世貞

擊汰蕩金波，流光起千鬣。仰看雲間質，如鉤帶殘堞。十五誰家女，紅粧嬌自多。低頭浣衣坐，不解听吴歌。人家半侵河，屋後晒漁網。夜深唤小婦，篝燈听波响。青青河畔柳，蕭索半無枝。爲是輕扳折，非關贈别離。

靈泉，在博平縣之莎堤運河之傍，一名涵管洞，巨石甃成，六管三竅，以泄暴水。唐因之置縣，明永樂初，疏會通河塞。潄玉泉，以臨清州城内西南隅。兵備副使陳壁鑿構亭其上，四明楊守阯、錢塘李旻俱有記。

鰲頭磯，在臨清州延亘二十餘里，汶、衛合流而洲峙其中。自元明來名曰『中洲』，環砌以石，如鰲頭突兀，四閘分建而廣濟橋尾其後。四方商賈、財貨輻輳于此，其上有觀音閣，俗呼爲觀音嘴。

過鰲頭磯　明　儲瓘

十年三往復，此地忽重經。塵土長安轄，烟波汶水舲。平

川涵文景，遠樹隱春星。魯酒偏難醉，從人笑獨醒。

泊磯頭作　李東陽

十里人家兩岸分，層樓高棟入青雲。官船賈舶紛紛過，擊鼓鳴鑼處處聞。

其二

拆岸驚流此地回，濤聲日夜响如雷。城中烟火千家集，江上帆檣萬斛來。

琉璃井，在臨清州城外西南隅，古湮泉也。甃以琉璃，莫知年代。明景泰年，平江伯陳豫築城掘得之，名曰清泉。

詠清泉　明　周叔

閲兵餘暇喜留情，千載靈泉舊有名。地脉重疏興勝跡，井亭新構映高城。源頭活水難流竭，鏡裏秋光画不成。最是元戎堪賞處，琉璃澄澈玉壺冰。

清泉詩　魏驥

井餙琉璃舊有情，元戎疏後永垂名。影呑明月深通海，光妬晴虹涌近城。面面石欄新琢就，層層碧甃古穿成。須知濟世爲甘澤，未許塵纓此濯清。

耿貴人墓，在衛河西岸十五里，有大塚，舊有甘陵，東漢安帝

母葬處也。其下有池，俗名蓮花池。

耿貴人墓上　明　州人　管昌

甘池高塚御河濱，故老相傳耿貴人。千載淑魂應有意，芙蓉開處見前身。

詠耿貴人墓　大冶　向日紅

蕭瑟西風草木黄，貴人曾此瘗羅裳。只今花貌芙蓉出，猶帶宫娃一段香。

附馬渡，在舘陶縣西南二十里。明帝明公主于此築臺，遺址尚存。

由臨清渡口歷清河東鄙而北，其縣爲夏津、爲武城，迤北爲故城恩縣之境，爲德州，其跡爲鯀堤、爲甲馬營、爲白馬營、爲四女樹、爲董子讀書臺、爲廣川樓。

渡口，在臨清州北七十里，其地爲臨清清河、夏津之交，有驛。

渡口阻風　明　吴寬

黄沙障天天半昏，砲頭風急萬家奔。何人去塞土囊口，天與河流一色渾。曠野麥苗纔尺許，只見風來不見雨。雨伯風師不相能，彼蒼高處奈何汝。

清河，齊貝丘地，漢爲甘陵，晉始置清河縣，歷代因之。宋屬恩州，元屬大名府。明洪武六年改屬廣平，府治在運河西岸三十里。

夏津，春秋爲齊、晉會盟之要津，漢爲鄃縣，至隋始置夏津，屬貝州。唐屬清河郡，宋金屬大名府，元屬高唐州，明因之，縣治在運河東岸四十里。

鄃城春日　明　謝肇淛

東風開遍白楊柯，寂寂空庭任鳥蘿。鄉夢每從江上去，春光都在望中過。城臨古渡逢人少，門閉殘燈听雁多。一榻孤琴數行泪，相思愁問夜如何。

武城，戰國時爲趙平原君封邑。漢爲東武城，屬清河郡。唐屬貝州，宋屬恩州，元屬高唐州，明因之，縣治在運河東岸一里。東郡武城乃平原君舊邑，世謂言子游所宰處，誤也。

泊舟武城　明　南康　吴與弼

長年捩柁棹謳停，淡月踈星泊武城。若使九原人可作，絃歌聲裏拜先生。

武城懷古二首之一　王謳

古縣名空在，荒城草自多。秪應餘父老，不復有絃歌。曠野迷陵谷，斜陽隱薜蘿。乾坤殊變幻，惆悵獨來過。

故城，古蓨縣鬲池地也。隋爲歷亭縣，屬清河郡。唐貞元五年置今縣，屬甘陵郡。宋屬貝州，金元廢爲鎮後，復置縣。明因之，隸景州，治在運河西岸二里。

過故城懷孫吏部　明　閩中　許天錫

已過煩囂地，晨興自懶梳。忘傳遞中信，貪了讀殘書。雪瓮看浮蟻，風廉見買魚。美人在何處，時復夢蘧蘧。

觀河水漲溢　邑人　周世選

茫茫烟水浪花新，村北村南不見人。遠寺依稀三島岸，平疇渺漠五湖津。田家坐苦秋塲廢，園守空嗟露井湮。眼底凄凉無限事，西風回首自沾巾。

故城夜泊　東阿　于慎行

長堤高柳暮雲平，入夜扁舟堰口横。千里烟波通海戍，三家村落襍齊聲。殘燈微照孤帆動，短笛塞吹片月明。客枕清冷渾不寐，滄洲一望颯然驚。

恩縣，春秋爲齊里丘，漢置清河郡，唐改貝州，宋慶曆中，王則作亂，討平之，宥其餘黨，改爲恩州。金屬大名府，元屬東平路，明降爲縣，屬高唐州，縣治在運河東南五十里。

貝州逢北使　宋　王安石

朱顔使者錦貂裘，笑語春風入貝州。欲報東都近消息，傳聲車馬少淹溜。行人盡道還家樂，騎士能吹出塞愁。回首此時空慕羡，驚塵一段向南流。

恩縣道中　明　王世貞

東風數盃酒，細雨三家村。行旅片時濕，農家素業存。梨花時一暝，水鸛忽群喧。大有江南色，翻然憶故園。

德州，周齊地也，漢爲平原郡，至隋始置德州，屬平原郡治，唐以後皆因之，明屬濟南府，領德平、平原二縣，州治在運河東岸傍。

德州道中　明　程敏政

出逢漕舟來，入逢漕舟去。聯檣密如指，我舫無着處。沿流或相妨，百詬亦難禦。有如暴客至，中夜失所據。又如操江師，擊搒還散聚。摧篙與折纜，往往擊愁慮。平生凡幾出，苦口戒徒御。忍後莫争先，寧緩勿求遽。今兹畏簡書，刻日覲當宁。而況河防嚴，衣冠重相惧。危坐欝成晚，少寢驚達曙。蕭蕭傍岸村，隱隱隔河樹。緬懷古賢哲，高卧得深趣。愧此行路難，推蓬賦長句。

德州　山陰　周祚

落日仙帆麗，微風綺席清。黄沙衛河水，青野德州城。一失平原國，雙開細柳營。將軍盡日暇，千里偃高旌。

德州舘中　四明　張時徹

踈鍾迢遥落寒扉，獨上高臺望紫微。碧海蘼蕪人共遠，青林霜路雁初飛。自怜白日移玄鬓，無那緇塵染素衣。夜半滄洲塵夢醒，故園松菊待子歸。

鯀堤，在故城縣西南三十里，延袤千里，自順德廣宗界來，相傳鯀治水時所築也。

鯀堤詩　宋　司馬光

東郡鯀堤古，向來烟火踈。提封百里遠，生齒萬家餘。賢守車纔下，疲人意已紓。行聞歌五袴，京廪滿郊墟。

甲馬營，在武城縣東北三十里，與宋太祖所生地同名，有驛。白馬營，在恩縣西十五里，相傳唐時故鎮。四女樹，在恩縣西北五十里運河之傍，地名安樂鎮。有古槐一株，相傳有四女不嫁，同植此樹。陳公堤，在德州東南五里，歷恩縣，抵東昌東北抵海。宋時河決，濬縣陳堯佐守滑州，築此以障水患，百姓賴之，名曰陳公堤。

董子讀書臺　明　分宜　嚴嵩

董子讀書臺，在德州。明正統六年，知州韋景元修學掘地，因得石碣，刻曰『董子讀書臺。』明弘治間建祠其上。

董子讀書處，寂寂臨高臺。門墻窺孔室，編簡拾秦灰。業守三餘積，宮存一畝開。墨池春草遍，園木晚禽來。獨有賢良策，人稱王佐才。

廣川樓，在德州祠，董仲舒。

題董子祠　明　盧陵　陳鳳梧

萬里風帆遡晚秋，凌雲東上廣川樓。天空落日千山遠，潦盡寒潭一鏡浮。西漢文章懷往哲，東藩冠蓋記同遊。雙梧亭下一杯酒，素月流光入賞眸。

由德州而北，歷吴橋景州之境，達于東光，歷交河南皮之境，達于滄州。其跡爲古堤、爲弓高城、爲胡蘇臺、爲泊頭鎮、爲郎兒口、爲會盟臺、爲清風樓、爲毛公井、爲鐵獅子，其河之故道爲馬頰、爲胡蘇、爲簡、爲潔、爲鈎盤、爲太史、爲覆釜、爲徒駭。

夜泊吴橋　明　沈愷

吴橋，春秋晉地，至宋爲將陵縣，後改長河縣永静軍。金改今名，屬景州。元屬河間路，後陞爲陵州。明仍降爲縣，屬河間府之景州，縣治在運河東岸二十里。

二月下神京，春風催客程。草生汶水渡，花發魯王城。不向山中去，翻爲湖上行。悠悠戀行役，何處可迯名。

夜泊連窩大風　聶大年

北風吹雨暗長河，今夜連兒十里窩。憔悴江南遊宦客，黄塵滿面奈愁何。

其二

河邊白馬蹴飛花，河上垂楊是酒家。馬上行人莫回首，異鄉終日苦風沙。

吴橋道中　王世貞

三輔行將遍，孤城客久稀。朔風深引幔，寒日落沾衣。何物人堪老，浮名計怎違。黄塵滿天地，不點北山薇。

景州，春秋爲晉條地，漢爲蓚市，後爲廣川縣，至唐武德四年，始置景州。宋爲永静軍，又曰崇寧。金元仍爲景州。明因之，屬河間府，領吴橋、東光、故城三縣，州治在運河東岸二十里。

發景州　明　劉基

淡淡夕風作，蕭蕭蘆葉鳴。林間衆鳥息，河上一舟行。海近雲常濕，天虚月更清。神京看漸近，且緩望鄉情。

晚次景州　楊士奇

下馬郭西村，蕭條盡掩門。荒城明落景，獨步出平原。野水條侯墓，寒蕪董氏園。問因訪遺事，邂逅故人論。

安陵雨泊　東阿　于慎行

廣川城北倚扁舟，寒色蕭蕭對驛樓。過雨菰蘆驚午夢，乘波鳧鷺激中流。長天積水千帆暮，斜日疎林五月秋。指點津亭問前路，居人爲説古瀛洲。

東光漢，渤海郡弓高縣地。隋置觀州。唐武德四年析置東

光縣，隸滄州。宋改渤海縣，元仍今名。明初省入阜城，後復置屬景州，縣治在運河東岸三里。

東光夜泛　明　錫山　王瑛

暝樹高寒雲不生，長河新纜覺舟輕。津梟對對如相識，飛上霜堤伴客行。

交河，漢中水縣治也。金大定七年置今縣，屬獻縣，以滹沱、高河二水交流，故名。元仍之。明改屬河間府，縣治在運河西岸五十里。

交河一首　唐　胡曾

交河水薄日遲遲，漢將思家感别離。塞北草生蘇武泣，隴西雲起李陵悲。曉寢雉堞烏先覺，春入關山雁獨知。何處疲兵心最苦，夕陽樓上笛聲時。

交河遇風　明　晋安　謝肇淛

細柳如絲踏作塵，乾坤近塞本無春。交河日暗黄雲起，風急沙飛不見人。

南皮，春秋燕、齊二國之交，齊桓公北伐至此，繕修皮革，名古皮城。後以章武有北皮亭，故曰南皮以别之。秦始置縣，歷漢、晉俱屬渤海郡，唐、宋屬滄州，元屬河間府。明屬河間府之滄州，縣治在運河東岸十八里。

滄州，古渤海地。海水盤洄曰渤，以其在海曲，故名。漢置

浮陽縣，拓跋魏始置滄州。隋以後仍之，但所隸不一。宋屬横海軍，元屬河間。明因之，領南皮、覽山、慶雲三縣，州治在長盧鎮運河東岸十八里。

送趙少府赴長蘆　唐　李白

我去揚州市，送客迴輕舠。因誇吴太子，便覩廣陵濤。仙樹趙家玉，英風凌四豪。維舟至長蘆，目送煙雲高。摇扇對酒樓，持袂把蟹螯。前途倘相思，登岳一長謠。

送吕郎中赴滄州　唐　僧無可

出守滄州去，西風送旆旌。路遥經幾郡，地盡到孤城。拜廟千山緑，登樓遍海清。何人共東望，日向積濤生。

滄州作　元　吴萊

荒亭沽酒壯心違，目極東南霧雨微。百里齊封滄海接，千年禹跡濁河稀。暗塵掉馬呈金轡，衰草看芊着錦衣。猶記上元鳴鼓夜，滿船燈火越歌歸。

長蘆詩　薩天錫

柳花漠漠春歸寺，柳色青青晚渡江。屋角松聲撼風雨，道人一夜不開窻。

長蘆有作　明　瞿祐

接棟連甍屋宇重，喧然雞犬認年豐。時當鳳曆三秌後，人在鯨川八景中。萬灶青烟皆煮海，一川白浪獨乘風。遥瞻寶塔凌霄漢，知是前途有梵宫。

長蘆道中　楊翥

秋色兼旬暑未捐，蓼花開遍亂鳴蟬。兒童嬉戲清陰裏，屋室鱗鱗傍水邊。

滄州北舟中　薛瑄

澶滿滄州北，舟行逆水遲。連林秋柳瘦，接翅曉鴉稀。原野波清減，人家生意微。端居對明燭，深念莫相違。

滄州　于玭

九月一日渤海郡，凉風落葉何紛紛。孤舟伏枕逢秋色，長路停尊對暮雲。寒雁亂迷龔遂廟，清江曲抱獻王墳。古今踪跡堪惆悵，獨立滄波倚夕曛。

長蘆官署　徐中行

蕭齋無事日垂簾，飄泊何知吏隱兼。猶憶主恩分虎竹，敢亂宦跡混魚鹽。南皮祠客堪誰向，北海青罇只自拈。舊社五湖秋正好，未歸空復羨陶潛。

古堤，在吴橋縣城南，古黄河堤也。西南接德州界，東北入寧津界。歲久河涸，堤址猶存。

過吴橋古堤　元　薩天錫

迢迢古河堤，隱隱若城勢。古來黄河流，而今作畊地。都邑變通津，滄海化爲塵。堤長燕麥秀，不見築堤人。

弓高城，在東光縣西南三十里，漢韓頹當所封國也。其址在縣之順城鄉。

弓高城作　明　周翰

韓頹當建日，漢邑稱弓高。于今荒草裏，時聞風怒號。亂鴉噪古堞，寒雨洒空濠。遺跡宛然在，黄土圍周遭。

胡蘇臺，在東光縣東南，高二丈許，圍二十餘丈，以臨胡蘇河得名。

泊頭鎮，在交河縣東五十里運河之傍，商賈輻輳，南北一大都會也。河間府管河通判駐此，有新橋驛，俗名泊頭驛。

新橋夜泊　明　瞿祐

浪静風恬月色明，葦花灘上雁知更。游魚故欲驚人夢，躍出船頭水有聲。

郎兒口，在南皮縣，有大堤自南亘北五十里，高丈餘。東爲滄州境，西爲南皮境。衛河水漲，西患特甚。元泰定以來，屯軍王民争訟不决，乃公勘開掘，截然中斷二十餘里，水由中流，名郎兒口，有碑記。

郎兒口感興　明　趙叔紀

古來漳水苦横流，南皮直瀉來滄州。古人築堤障其下，南皮民命隨魚遊。中有志士伸敵手，鼓義興工破堤口。約束狂流俾中行，兩岸從兹樂農畝。大患已除民已安，前人事跡今人看。豐碑兩立截文字，從來孰便興事端。因笑當年築堤日，懵然狂夫與愚卒。那知曲防世所禁，嫁禍移灾天不恤。我來披荆堤上行，摩挲石刻百感生。時和今賴天子聖，河不决兮民不争。

會盟臺，在長蘆，一名盟亭，古燕齊之界，二國常會盟于此，故名。

清風樓，在滄州公署中，相傳建于晉永康中。

元統乙亥録囚至清風樓題　元　薩天錫

晉代繁華地，如今有此樓。暮雲連海岱，明月滿滄州。歸鳥如雲過，飛星拂瓦流。城南秋欲盡，寂寞採蓮舟。

毛公井，在舊滄州城東北隅。唐開元間，清池縣毛公母老，苦水鹹不堪爲養，遂于縣舍傍穿地得泉，甚甘，人謂之毛公井。

鐵獅子，在舊滄州城内。周世宗北征，駐蹕滄州，有罪人善冶輸金，鑄獅鎮城贖罪，高一丈七尺，長一丈六尺，至今存。

馬頰河，在東光縣界，後呼爲篤馬河。唐開元中重開，號新河。

胡蘇河，在東光縣東三里許，歷慶雲鹽山入海，豐夾河會于海。《漢志》云其水散若胡鬚然，故名。

簡河、潔河，皆在滄州之臨津。

鈎盤河，在滄州東南，經樂陵縣入海。

太史河，在南皮縣城北。

覆釜河，在南皮縣。

徒駭河，在滄州廢清池縣西五十里，有堤。

按《陸氏九河考》謂：鈎盤在獻縣東南八十里餘，八河皆在滄州南皮、東光、慶雲之境，而酈道元及宋儒程氏皆謂九河之地已淪于海，與書傳所載不同。此蓋後世新河，而傳以舊名耳，未敢信以爲真也。

滄州之北，其縣爲興濟、爲青縣、爲静海，其山爲中條，其水爲滹沱、爲潞、爲海，其鎮爲天津、爲楊柳青、爲楊村，其跡爲盤古溝、爲神堤、爲鳳凰臺，是爲北河之北界。

興濟，本宋范橋鎮地，宋大觀中置今縣，金屬滄州，元屬清州。明改屬河間府，縣治在運河東岸。

興濟舟中 明 張頌

城下西流遶衛河，秋來雨急漲洪波。排空雪浪犇騰遠，得水魚龍變化多。兩岸人家分野色，萬株楊柳挂煙蘿。漁翁不解東西路，穩坐船頭發浩歌。

青縣，春秋時清國也。晉爲清州，唐置盧臺軍，五代周置乾寧軍，又爲永安縣。宋大觀中，以河清七晝夜，仍爲清州。金元因之。明降爲縣，屬河間府，縣治在運河西岸。

青縣唫 明 瞿祐

未飲青州酒，先乘青縣風。川原通趙北，境界入山東。饌設河魚白，筵供野棗紅。連屯禾黍熟，飽飯樂年豐。

青縣曉發 無錫 浦瑾

垂柳迷歸路，飛花引去舟。叠峰山錯峙，曲岸水迴流。鳧雁晴方舉，魚龍暖欲浮。身隨吾道在，此外復何謀。

静海，本宋清州之渦口寨，宋大觀中置靖海縣。金、元仍之，隸清州。明改靖爲静，屬河間府，縣治在運河東岸。

泊獨流淺 元 張寧

霽月中天見絳河，黄流滿地漾金波。荒陂野火兼漁火，短棹吴歌襍楚歌。去雁已連家信遠，閒鷗豈知客愁多。江南二月花如錦，獨負歸期奈爾何。

過静海縣 明 瞿祐

古縣臨河口，遺民住岸傍。荒田多廢棄，破屋半逃亡。薄薄沽來酒，低低坐處床。舟人知往事，相對話偏長。

静海逢侯主事同宿寺中 曾棨

皇華千里客，何意此相逢。水郭春光早，郵亭柳色濃。偶因牛渚棹，來听虎溪鐘。明發孤舟別，相思隔九重。

獨流淺作　倪敬

獨流清曉發，高下亂帆檣。潮入雙塘淺，風高孤樹忙。荒祠烟火斷，遠戍角聲長。男女勤生計，葦蕭聚海商。

中條山，在青縣。唐陽城傳城家于北平，隱居滄州中條山，詔于滄州起之。考滄州無此山，而滄州舊有條縣，或因而名之耳。其山有懸崖瀑布數十丈，如猿鶴聲。

咏中條山　明　邑人　馬政

界破城南萬頃田，猿啼鶴唳自年年。拾遺幾度溪頭過，猶見餘波浸碧天。

滹沱河，源出大鐵山，自代郡鹵城東流，經獻縣城南十一里單家橋至青縣南岔河口，與衛河合流而北，至于天津入海。

次韵孔四著作北行滹沱　宋　黃庭堅

駝褐蒙風霜，雞聲渺墟里。青燈登豆粥，落日踏冰水。平生不龟藥，纔可衛十指。指（此）〔比〕千户侯，誰能優劣此。

滹沱道中　明　金幼孜

前驅聞警蹕，傳道近滹沱。凍合含初日，風微動碧波。人從仙仗出，路自画橋過。北望幽燕外，青青叠叠多。

滹沱有作　歷下　李攀龍

滹沱來北極，野色蕩孤城。擊楫中流過，褰幃下吏情。天唧紆岸轉，日上大波行。獨在知津後，風塵見濯纓。

滹水詩　樊鵬

滹水寒津斷，常山古郡開。城猶宋帝閣，野即趙王臺。關遠邊風入，川長朔氣來。蒼蒼戰場處，愁見水東迴。

潞水，源出幽州。漢光武遣吴漢等十二將軍追賊，戰于潞東，即此。今青縣有流河驛，北至於通州，通謂之潞河。

流河驛遇謝内修太史　明　李東陽

仰止懷先達，相逢即舊知。別離曾有贈，舟楫本無期。細雨春燈暗，高歌暮角悲。從君問前路，江海得吾師。

次前韻　黃岩　謝省

舟楫愁誰語，風波未自知。偶逢君共泊，恰與月相期。夢憶仙舟會，情忘客路悲。論詩無意極，一飲亦吾師。

夜泊流河驛　于玭

流河灘頭夜不寐，海風江霧旅塊驚。洪波漭沆魚龍影，野戍荒凉豺虎聲。客路此生渾未了，鄉關愁緒迥難平。可怜蘿月還相照，明發前州問水程。

海，在静海縣東二百里，《禹貢》同爲逆河入于海，即此。古謂之渤海，以其在齊之東，亦謂之東海，又謂之北海。楚子語齊師：『君處北海。』洪景盧曰：『北至于清海，故名北海。以其地連滄州，亦謂之滄海。』金封王福『滄海公』是也。而河間謂之瀛海者，以其地居水中，若道家蓬萊三島然，故名。

天津，在静海縣北九十里，其地戹白河之西，衛河之南，二水至此合流同入于海。有三衛：鎮城、大直沽、小直沽。海口魚鹽、商賈、百貨畢集。

鸛海于天津 明 王懋德

極月滄溟浸碧天，蓬萊樓閣遠相連。東吴轉餉輸秔稻，一夕潮來集萬船。

過天津 瞿祐

官河通海道，軍府壯京畿。赴北千艘集，投南一客歸。潮聲添水勢，霞彩弄晴暉。對酒留連久，人情莫敢違。

過直沽 曾棨

近海嚴烽戍，孤城雉堞雄。河流千里合，舟楫萬方通。島嶼鯨波外，樓臺蜃氣中。春來何似景，烟緑曉霞紅。

再過天津 曾棨

潞河南下接流河，飛入天津漲海波。獨坐船窗清夜寂，月明何處扣舷歌。

直沽作 黄淮

孤城近海曉光遲，遥認歸程望不迷。潮水分流波上下，人家相對岸東西。市集喧褋商人集，野色荒凉雁影低。猶記前年留飲處，菊花插帽賦新題。

夜泊直沽 宋訥

海艦河帆到此分，直沽多舊遠方聞。十年水路風塵隔，兩岸人家漁火焚。鷗鷺河邊船泊月，魚蝦鄉裏飯抄雲。却思昔日曾經過，紅酒青歌醉夕曛。

天津 程信

天津橋上水雲横，紅蓼灘頭甃駐旌。行盡人家無犬吠，却從海上看潮生。

過直沽作 王洪

水出漁陽郡，山横薊北天。高樓瞰海日，遠嶼入江烟。市集諸番舶，軍屯列陣田。風高悲鼓角，霧重失旌旃。匪獨關河壯，由來節制全。精兵亘雲朔，勁騎出幽燕。大漠黄塵外，三韓落照前。將持定遠策，不用繞朝鞭。

送杭憲副備天津　信陽　何景明

天津橋北望京樓，金鼓東行節使舟。日月書懸滄海樹，龍蛇春壓九河流。百年貢篚通南極，萬里旌旄屬上游。莫笑談兵尊俎上，書生原不爲封侯。

天津題劉憲副拱北樓　程敏政

危樓突兀中天起，雄峙高城壓諸壘。登樓北望渺茫間，正距皇都三百里。直沽東去當海門，九河下瀉鯨濤奔。一道科徵比州縣，十里虎豹分營屯。天子端居不忘武，勅遣提刑此開封。眼中壯觀忽巋然，緩帶時來閱千櫓。四方玉帛趨神京，千車萬泊無留行。題品休歌大行路，麗譙却教天津城。憶昔文皇曾駐蹕，父老相傳至今日。憲臣初下新條章，宿將誰諳舊軍律。城頭大斾翻晴虹，城邊細柳摇春風。我來徙倚不能去，宸居宛在紅雲中。畫角悠揚鼓聲壯，雉堞嵯峨日初上。掀髯听講陰符篇，誰道儒生不堪將。檻外滔滔河水流，酒酣擊楫歌新樓。盛年相與赤心在，范公敢謝蒼生憂。

宿天津　真州　蔣山卿

津口波濤曲抱迴，孤城正逐海門開。凍埋澤窟魚龍卧，霜滿關河鼓角哀。一夜朔風吹地轉，五更寒月涌潮來。自怜水宿平生事，腸斷今宵亦屢回。

舟次直沽與謝太守　李東陽

二水斜通海，孤村合抱城。夜窗明月過，春浦暗潮生。憂國身將遠，還家夢不驚。留歡有親舊，羈旅見真情。

舟次天津　樊深

遠別長安日未曦，野花春樹兩相隨。板鱗玉珮聞青鎖，化鶴仙臺見紫芝。晴景半含雲徑閣，驚湍曲抱海門祠。風塵驛路行應遠，回首蒼茫動旅思。

天津荅少玄兄　長洲　皇甫汸

別家五月渡江水，棹拂炎雲入淮汜。行殘六月臻衛流，凉飈一夕秋聲起。眼中金闕已在望，手持玉杯喜相同。聞道長安有狹邪，明朝走馬踏晴沙。莫將潞水橋邊柳，看作玄都觀裏花。

過天津謝敖憲副　武進　薛應旂

海上風高遊子哀，夢同沙鶴夜飛迴。孤城画角寒聲急，荒寺踈鍾曙色催。麟閣雲霄誰薦士，豸冠江漢獨怜才。片帆已出黄河口，便向吴門望月臺。

泊天津稍直口　錫山　顧彥夫

名津稍直一舟橫，野曠誰知夜幾更。山月徘徊人獨立，海天寥落雁孤鳴。河流東下烟波遠，風陳西來草木驚。有酒欲斟斟不得，邊防民瘼正關情。

泊天津　隴西　金鸞

月明天際酒初酣，直北雲深海氣涵。一夜潮聲來枕上，夢中猶似在江南。

天津月夜　于慎行

放舟乘晚浪，伐鼓注歸流。明月千帆夜，長風萬里秋。篙師探渡口，津吏指潮頭。浩蕩烟波裏，應怜估容遊。

又天津作　于慎行

白浪浮雲拍海門，天津城下萬艘屯。吹簫伐鼓中流渡，賣酒烹羔何處村。黯黮平林含雨氣，迷茫遠岸吐潮痕。江淮百億輸王府，歲歲梯航奉至尊。

過楊柳青作　明　宋訥

楊柳青，在靜海縣北五十里。

楊柳青枯異昔年，人家猶有在河邊。縛蘆厚覆低低屋，把竹輕撑小小船。半刈霜禾喧鳥雀，一橈烟柳立鵞鳶。眼前莫究興亡事，萬里封疆自一天。

楊柳青見桃李　程敏政

春陰淡淡綠楊津，兩岸風來不動塵。一日船窗見桃李，始驚身是卧遊人。

楊柳青道中　于慎行

鳴榔凌海月，捩舵破江烟。楊柳青垂驛，蘼蕪綠刺船。笛聲邀落日，席影挂長天。望望滄州路，從玆遂渺然。

楊柳青驛中　南海　盧雲龍

漂泊風塵悵遠遊，楊青亭下暫維舟。故鄉門巷經梅雨，客路山川到棗秋。潦倒詩篇時自適，飄零盃酒暮堪愁。羌宵尚憶長安道，北斗遥瞻接鳳樓。

過盤古溝　明　盧陵　鄒德浦

盤古溝，在青縣南十五里。相傳盤古之墓在水中，有石棺鐵鎖繫之，或隱或見，溝北岸有盤古廟。

蕭蕭遺廟夕陽天，野殿峥嶸曲澗邊。萬古乾坤心上闢，于今日月掌中懸。有無石匣滄波隱，彷彿仙衣碧草傳。我亦離形遊太始，停舟問信思逌然。

神堤，在興濟縣運河，堤上有柳數百株。明永樂間，知縣王彬以河決未及築堤，民屋盡没，痛不能救，投水而死，屍直漂入縣堂之上，人民怜之，置祠祀焉，名曰神堤。

神堤詩　明　樂素老人

河防未就竟沉淵，誰識當年令尹賢。惟有春風祠下柳，翠眉長爲鎖寒烟。

鳳凰臺，在静海縣西五里。相傳有鳳凰集此，遺址尚存。

後終

整理人：周波，高級工程師。主要從事水利史、水利遺産方面的研究，發表相關論文十餘篇。

〔清〕陸燿　著

山東運河備覽

李雲鵬　陳方舟　整理

整理説明

山東運河是元明清京杭運河全綫貫通最關鍵的一段，也是自然條件最複雜、水資源條件最差，而工程系統最爲完善的一段。元代開鑿會通河，北至臨清接入衛河，南至徐州接入黄河，京杭運河全綫貫通。中間跨越山東地壘，使京杭運河沿綫最大地形高差達五十多米。水源短缺是最爲突出的問題，于是引汶、泗水入運，並建連續閘群節制水流。從而使山東運河成爲人工控制程度最高的運段，由系統的水源工程（包括引水工程、調蓄水櫃、分水工程等組成）、節制閘群，以及完備的水資源和工程管理制度，共同支撑漕運暢通數百年。

山東運河自元代開鑿之後，其工程及管理制度存在不斷完善的過程。元代會通河開鑿之初，分處在濟寧，運河歲漕僅四十萬石，大部分仍由海運。至明永樂建戴村壩，引汶水至最高點汶上縣南旺鎮分流，京杭運河自此實現暢通，漕糧始全由河運，每歲達四百萬石。明後期先後開南陽新河、泇河，避開黄河行運。閘壩工程也續有增建、改建，而泉源水櫃建設、濟運水資源管理、閘群運行制度等也逐漸完備。十八世紀之後達到最高水平。至十九世紀末黄河銅瓦廂改道後，在張秋衝斷會通河，漕運遂敗並最終廢止。

《山東運河備覽》成書于乾隆四十一年（一七七六年），恰是山東運河工程體系最爲完善、管理最爲系統成熟的時期，因此文獻價值極爲突出。全書共十三卷（含卷首圖説一卷），約三十萬字，圖、表、文並茂，内容詳盡，結構清晰，考據嚴謹，全面、系統、清楚、具體地記載了十八世紀山東運河工程體系及管理制度。全書圖並説一卷（卷首）；表二卷，分别編年列述工程沿革記職官；河道五卷，按管理廳屬區劃（泇河廳一卷、運河廳二卷、補河廳一卷，上河廳和下河廳共一卷）及各閘分布，自南而北分段詳述閘工沿革、月河丈尺、淺、閂門水口、官夫衙署等，各濟運水系、水櫃據其位置在相應河段亦述之甚詳；泉河諸泉、沂河壩工一卷；挑河事宜、錢糧款項一卷；治迹一卷；名論二卷。

本書作者陸燿（一七二三至一七八五年），字青來，號朗甫（也作朗夫），江蘇吴江人，乾隆十九年舉人，曆任濟南知府、山東運河道、山東按察使、山東布政使、湖南巡撫等職。作此書时爲運河道任上事，至書刊刻時恰擢山東按察使。在此書之前，關于運河的著作不少，但體例不一，内容也各有偏重，且『前賢各以所聞記録，不能精確無訛』。康熙時有葉方恒《山東全河備考》（康熙十九年成書）、張伯行《居濟一得》（康熙四十年），況數十年之間，河道又有所變化。陸燿既司事於東省，于是想專就東省運河，博采衆書，悉心考據，編纂一部體例嚴謹、脈絡清晰、内容完備准確、查閱方便的專著，使『司其地者只須各賫數頁，因時調劑，職業已可無負』。時任巡視山東漕務工科掌印給事中王猷，在其序言中講到陸燿説：『自葉學亭《山東全河備考》以來，作者寥寥。雖有靳文襄之《治河方略》、張文端之《河防志》、傅樸庵之《行水金鑑》，皆不專爲運河。若張清恪之《居濟一得》，又自爲一家言，于掌故、沿革甚略。閘壩之增改，湖河之淺深，較之清恪之時已不可刻舟求劍。而九十余年來，聖謨廟筭及名臣之經畫，百職事之題名，不可使久而無征也。』于是在《山東全河備考》基礎上，『闕者補之，訛者正之』『博采旁搜，稽之載籍，考之見聞，核之案牘』，用三年時間輯成此書。從體例、内容上看，應該説此書達到了作者的要求。

本書所載謹限山東省境内運河，自與江蘇交界之峄縣黄林莊起，至與直隸交界之德州拓園鎮止，共約一千一百二十七余里，含泇河、南陽新河、會通河及南運河。其『河道』部分以閘爲節點分段敘述的體例，便于查詢，而作者的目的即在于此，作者在原書『凡例』中特别説明：『運河以閘座爲關鍵，自南而北，明其里至起訖，凡修建沿革之源流，啟閉節宣之機要，與夫湖河壩堰工程緩急之程度，瓜分門區，悉載本閘之後。』其卷首圖較之以往輿圖尤爲進步，以統一的直方來明確方位、里程，每方十里，類似于現代地圖的比例尺。各河流、工程的走向、位置准確度和可參考性大大提高，于各河道工程考據尤精：『玆據正史詳考，必史所不載，方以各書爲據』。並『特竊仿史例，爲沿革、職官二表，益可一覽無余』，也爲此書一大亮點。

《山東運河備覽》未曾出版過標點本。此次《中國水利史典》整編工作，將此書作爲『運河卷』之一點校出版，具有重要學術價值。本次點校以現存最早的乾隆四十一年（一七七六年）切問齊刊本爲底本，原本現藏國家圖書館，綫裝書局出版的《中華山水志叢刊》曾將此本影印出版。參校本爲中國水利水電科學研究院水利史研究所藏清同治十年（一八七一年）重刻本，此版職官表續增了乾隆四十一年至同治十年的内容。原書兩序爲書寫體，重刻時亦改爲宋體。重刊主持者爲王化堂（號莅之），時任鹽運使銜山東通省運河兵備道兼管河庫事務。時黄河已于銅瓦廂改道奪大清河入海，于張秋衝斷會通河，漕運難行。『自河決銅瓦廂，適值寇盜縱横。數十年來，河運浸廢。』『（同治）戊辰（即同治七年，一八六八年）夏，賊殲直東之交，中原底定。中外臣工咸以規複河運爲議。』而此書爲述會通河諸機宜而集大成者，被認爲『欲複河運，而是書顧可忽乎哉！』而原版已多殘缺，于是王化堂主持集資重刻。此書至今仍是研究會通河最主要的基礎資料之一。

本次點校雖以乾隆初刊本爲底本，同治重刻時續補之職官表内容亦補入，保留此重要歷史資料。原圖、原表保留原格式。原版部分字迹不清或漫漶，則據參校本改。

本書點校工作由中國水利水電科學研究院水利史研究所李雲鵬工程師和陳方舟博士共同完成，亦負完全責任。由于水平有限，點校難免存在錯誤，亦請讀者指正。

整理者

目録

卷首

運河備覽序

姚立德序

治水之道，在順水之性而無所私，惟漕河則似强水之性以爲我用，而實未甞不順其性也。是故爲之閘座，使之盈科而進，不至於有建瓴之勢。旁則有涵洞斗門，時其蓄洩。自宋尚書改分水口於南旺，使三分南流、七分北流，其實分水又當視乎南北水勢之衰旺，三分、七分非一成不變之法，其樞機正當因時而制宜。

自有漕河以來，任事者頗有著述，略舉一二，如黄承元之《河漕圖考》、王瓊之《漕河志》、王寵之《濟寧閘河志》、胡伯玉之《泉河史》、謝肇淛《北河紀》。其存於今而集其成者，爲國朝崑山葉觀察之《運河備考》。百餘年來，沿革紛更，將虞日久事湮。即儀封張公《居濟一得》以昔準今，亦事隨時變。

吴江陸君朗夫，好古篤實之君子也，於職事勤而且敏，在任河道三年，纂輯《運河備覽》若干卷，既爲之表，使歷朝官制及事之大綱如羅掌上，而繪圖則開方計里，閘座則以羅盤定其向背之陰陽，使一展卷，而南北東西，不必身履其地，如在目前。至於分段編次，於修築、啟閉之機宜爲特詳。使有地職者，讀其書而成規具在，不待他求而得之。信乎！其爲後人圭臬，君之盡心，乃職於此。益見視崑山之書，信有過之，而題曰『備覽』，猶然有不自滿之意焉。蓋所見者大，故心益虚也。書成，遷山東提刑按察使。下車之始，即并日視事，不使案有留牘，蓋又以所以治河者見之於理刑矣。

剞劂既竣，屬余一言以附簡端。他日樹屏開府，其所以靖共而報國者，皆於是書卜之。余故樂爲之序。

乾隆四十一年丙申正月，兵部尚書兼都察院右都御史、總督河南山東河道提督軍務年家眷弟仁和姚立德頓首拜。

王猷序

余與朗夫觀察陸君同舉京兆試，又同官京師幾二十年。君落落寡合，清介拔俗，雖過從頗踈，余久心儀其人。及君備兵運河之三年，余以奉命巡視漕河，始得共晨夕。

君出所輯《山東運河備覽》索序。君他無嗜好，性耽若述，惟職分爲兢兢，謂自葉學亭《全河備考》以來，作者寥寥，雖有靳文襄之《治河方略》、張文端之《河防志》、傳樸庵之《行水金鑑》，皆不專爲運河，若張清恪之《居濟一淂》，又自爲一家言，於掌故、沿革甚略，牐垻之增改、湖河之淺深，較之清恪之時，已不可刻舟求劍。而九十餘年來，聖謨廟筭，及名臣之經畫，百職事之題名，不可使久而無徵也。

於是博採旁搜稽之載籍，考之見聞，核之案牘，成書一十二卷。其敘河道，以諸廳所領爲分段，凡各牐之建置啟閉之機宜附焉，使任其事者執一卷之書，即如指掌。又於《備考》之闕者補之，訛者正之，其最妙者，莫若沿革、職官二表。劉知幾所謂『使讀書者閲文便覩，舉目可詳，而在河渠之書，尤非表不可』。君真具良史才乎！

《易》曰：『君子思不出其位』。《傳》曰：『思其始而成其終，朝夕而行之，如農農有畔』。君之所以自勵而率屬者，於此見之矣。且余与君相知二十餘年，他日見其面，今見其心，賞奇析疑，麗澤之益非一，又幸淂附簡端，以垂不朽，蓋天假之緣也，故不辭而爲之序。

乾隆四十年乙未五月，巡視山東漕務、工科掌印給事中年愚弟淩川王猷書。

凡例

一、葉學亭《全河備考》成於康熙十九年，迄今九十餘載。所賴以資考証者，靳文襄、張文端之《治河書》，傅樸庵之《行水金鑑》而已。文案册籍，遺亡過半，張清恪《居濟一得》、白莊恪《宣防録》散在各書，尤難統一，不及今蒐輯成書，後益難理。爰積三歲之力，網羅咨訪，取備翻閲，若謂毫髮無憾，請俟後之君子。

一、河圖止載東境起黄林莊至柘園止，潘印川《河防一覽》、靳文襄《治河方略》、傅樸庵《行水金鑑》不爲一省而作，故黄自星宿海以至雲梯關，運自杭州府以至通惠河，綿長各數千里。《全河備考》既自東境黄林莊起而於衛河，則又遠至天津入海而止，前後不能畫一，今特改正。

一、《五水濟運》各書沿襲繪圖，今據《治河方略》更之。其泉源散在十七州縣，每縣一圖，方向、里至未必可憑。今止繪總圖，存其大略，而禹王臺爲沂、沭二河分合扼要之區，關係泇河下游運道，故亦附載。

一、會通、新河、泇河先後施功之序，載在《全河備考》者，已可按籍而稽，但通省四十餘牐及舊運河牐、垻興廢，前賢各以所聞記録，不能精確無訛。兹據正史詳考，必史所不載，方以各書爲據。至經理河功，其始本無專官，後乃漸成經制，各署題名未能遠追曩昔。今特竊倣史例，爲沿革、職官二表，益可一覽無遺。

一、運河以牐座爲關鍵，自南而北明其里至、起訖。凡修建、沿革之源流，啟閉、節宣之機要，與夫湖河垻堰工程緩急之程度，瓜分豆區，悉載本牐之後。司其地者，秖須各竇數頁。因時調劑職業已可無負。其有槩論大勢不能件繫者，別爲名論附後。

一、各泉分流，汶、泗衰旺不常，道里遠近與曲折形勢亦復隨時變易。循舊録寫，徒增簡册，茲但分爲三則，注其距縣方向，以備巡查。沂河所屬，事更簡略，特考沂、沭源流附載備覽。

一、名臣治蹟，《備考》纂敘甚略，且如奥魯之爲粤魯、孔孫之爲禮孫，訛謬更多。今特稽諸正史志，乘詳加釐訂。自《備考》書成後九十餘年，有功業彪炳、勤勞懋著者，披閲文案并訪求其家辜志、行狀，録其事關河政者，各著於篇餘，不泛及。

一、夫役原額詳載《全河備考》，但與現行事例新舊並列，轉使閲者易眩，而竟行删汰，又恐後有興復無所依據，今附録原文并泉河史、《北河續記》異同者，於後考古証今，庶無失墜。

修輯姓氏

鑒定

兵部尚書、都察院右都御史、河南山東河道總督：

姚立德浙江仁和人，字次功，號小坡。

排纂

山東通省運河兵備道，今陞山東按察使司、按察使：

陸燿江蘇吴江人，字青來，號朗甫。

參閲

兖州府運河同知章輅浙江富陽人，字乘殷，號質庵。

兖州府泇河同知王鳳詔安徽潛山人，字逢殊，號慕齋。

原任兖州府捕河通判馮誠奉天鑲黄旗人。

兖州府捕河通判程國檠順天宛平人，字良甫，號竹坡。

東昌府上河通判洪世儀福建南安人，字叔來，號棣村。

東昌府下河通判胡增江西萬年人，字秉義，號巽齋。

兖州府泉河通判陳本義湖南湘潭人，字集孟，號質溪。

沂州府沂河通判姚信璧甘肅靈州人，字錫侯，號粟菴。

東平州州同羅煐浙江上虞人，字禹光，號雲亭。

候補直隸州州同谷廷珍直隸豐潤人，字照千，號竹村。

查訪

候補縣丞王河浙江山陰人，字配岳，號崑源。

汶上縣主簿章南金順天宛平人，字在鎔，號天鑑。

聊城縣主簿許祖堯江蘇元和人，字肇虞，號省齋。

天井牐牐官錢士達順天宛平人，字若霖。

頓莊牐牐官黄照江蘇元和人，字容照，號霞軒。

七級牐牐官嚴立功浙江仁和人，字克讓，號顔亭。

繕校

嶧縣縣丞陳青藜福建漳平人，字仲光，號虹渡。

候補州同張光昱江蘇江都人，字海初，號曙堂。

夏津縣主簿吴華浙江錢塘人，字元暉，號松洲。

候補從九品周近仁浙江烏程人，字静山，號蕉如。

候補從九品李奉瑞奉天正藍旗人，字疑之，號夢白。
候補從九品潘祖綬江蘇溧陽人，字穀貽，號雪堂。
候補從九品陳宏厚江蘇江陰人，字晉昭，號載亭。
繪圖
試用外委馮彰

引用書目

《爾雅》
《述征記》
《水經注》
《括地志》
《禹貢指南》
《漢書》
《唐書》
《元和郡縣志》
《元史》
《明史》
《明會典》
《明朝實録》
《明職方地圖》
《大清會典》
《江南通志》
《山東通志》
《兖州府志》
《東昌府志》
《泰安府志》
《沂州府志》
《嶧縣志》
《滕縣志》
《鄒縣志》
《魚臺縣志》
《濟寧州志》
《濟寧圖記》王元啟著
《鉅野縣志》
《嘉祥縣志》
《汶上縣志》
《東野志》
《宋康惠祠志》
《東平州志》
《壽張縣志》
《陽穀縣志》
《張秋志》
《聊城縣志》
《堂邑縣志》
《博平縣志》

《清平縣志》
《臨清州志》
《館陶縣志》
《夏津縣志》
《恩縣志》
《德州志》
《長河志》田雯著
《泗水縣志》
《曲阜縣志》
《闕里文獻考》孔繼汾著
《萊蕪縣志》
《新泰縣志》
《泰安縣志》
《寧陽縣志》
《平陰縣志》
《蒙陰縣志》
《郯城縣志》
《南河志》
《南河全考》
《泉河史》明胡伯玉著
《問水集》明劉天和著
《河防一覽》明潘季馴著
《治水筌蹄》明萬恭著
《治河方略》靳輔著
《全河備考》葉方恒著
《居濟一得》張伯行著
《聖謨全書》張鵬翮著
《河防志》
《豫東宣防録》白鍾山著
《防河奏議》嵇曾筠著
《讀史方輿紀要》顧祖禹著
《黄河考》汪份著
《河程記》周洽著
《禹貢錐指》胡渭著
《行水金鑑》傅澤洪著
《小谷口薈撮》
《兩河蒔鏡》
《今水學》俱鄭元慶著
《鄭與僑集》
《空山集》牛運震著
《趙誠夫集》趙一清著
《介石堂集》郭起元著

山東運河圖并説

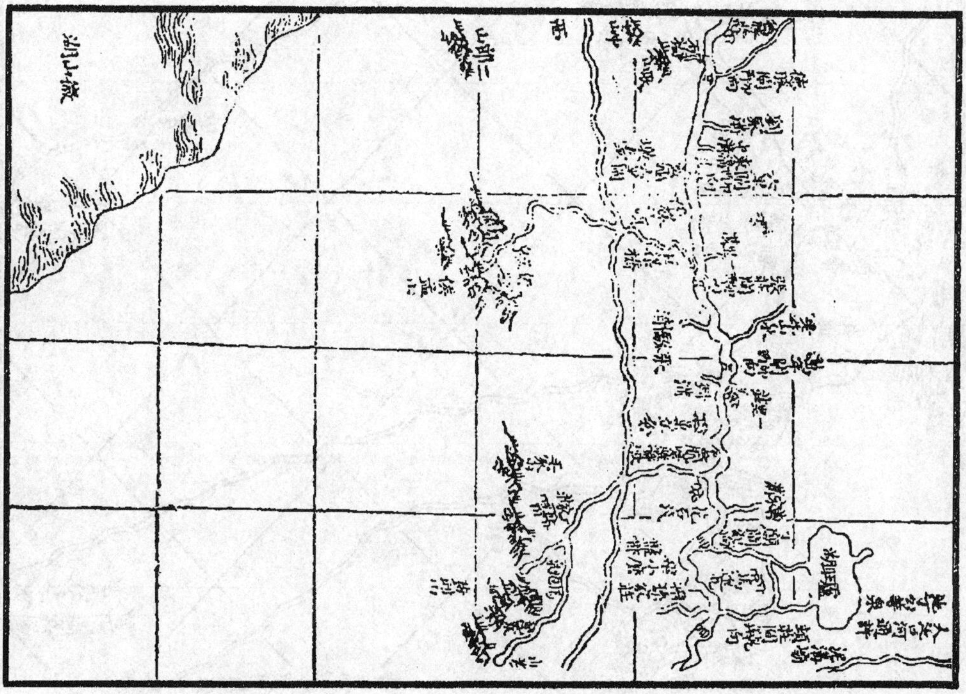

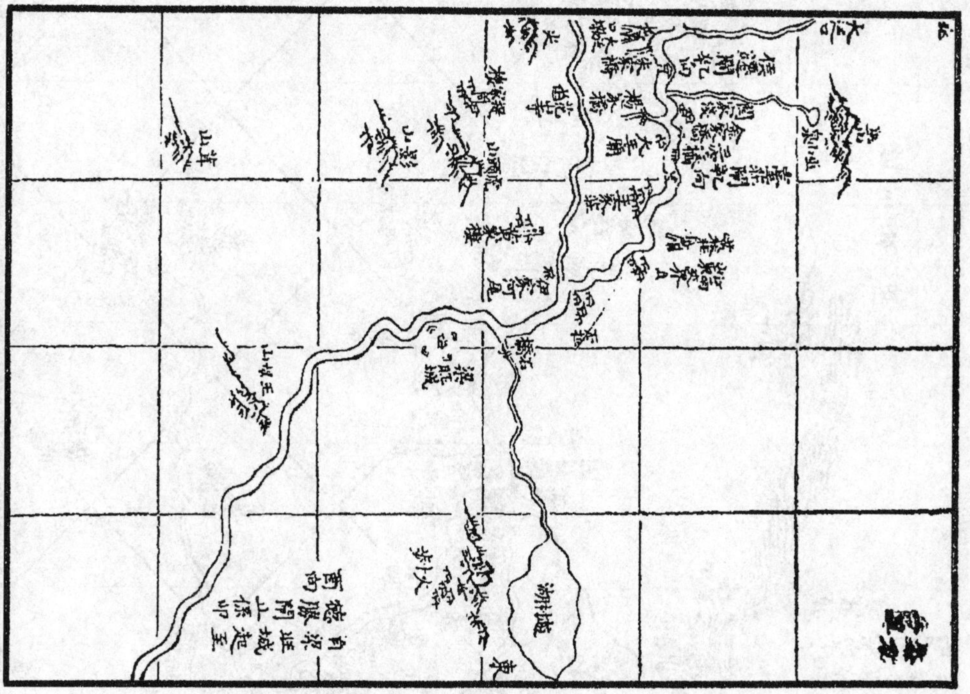

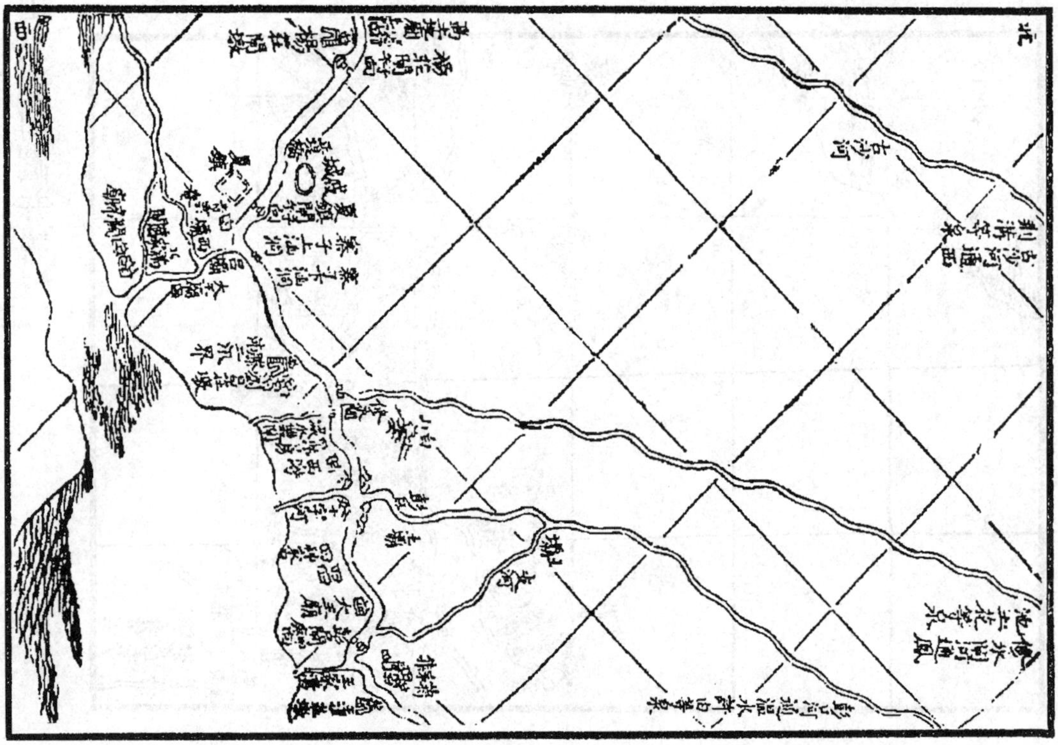

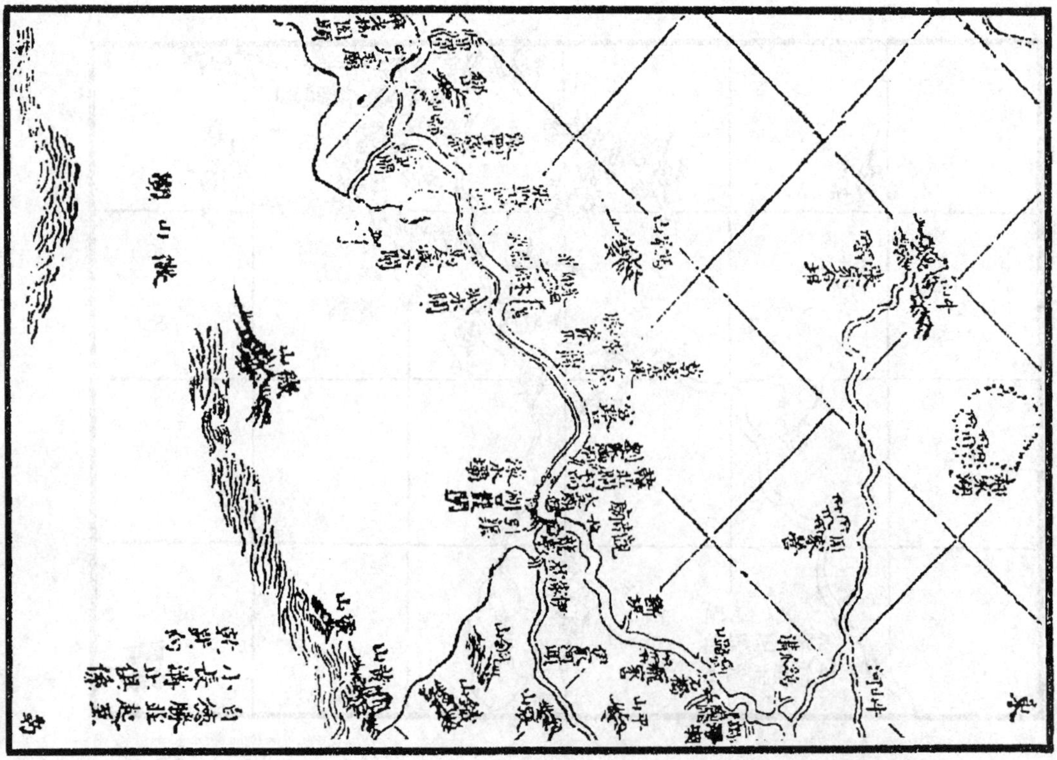

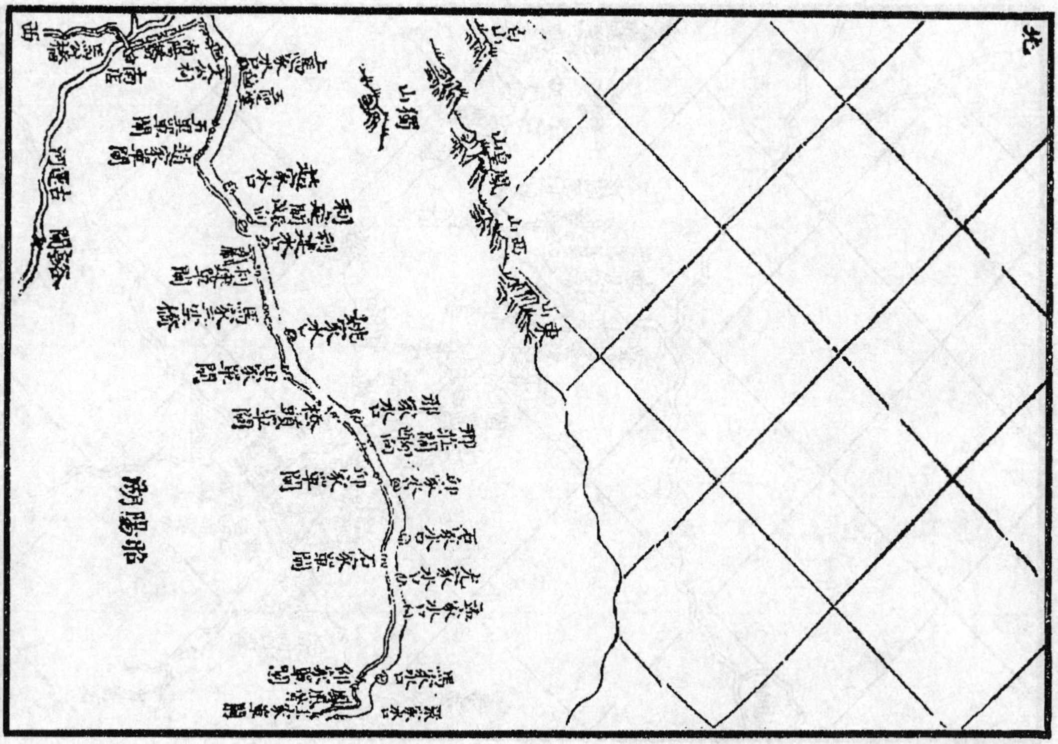

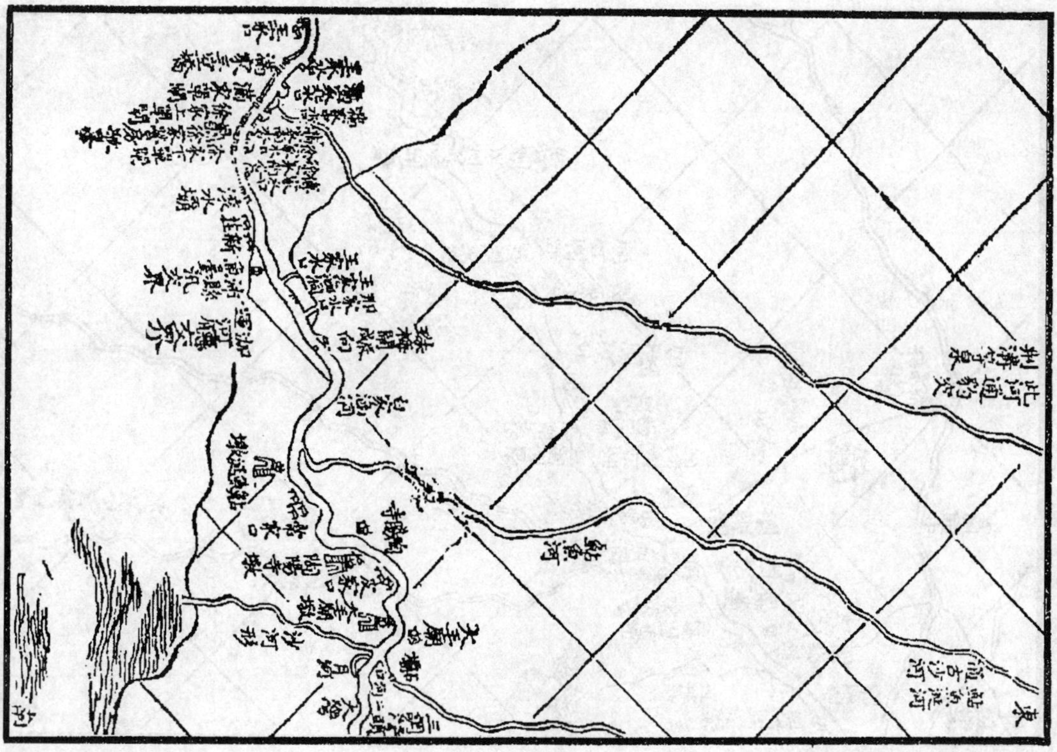

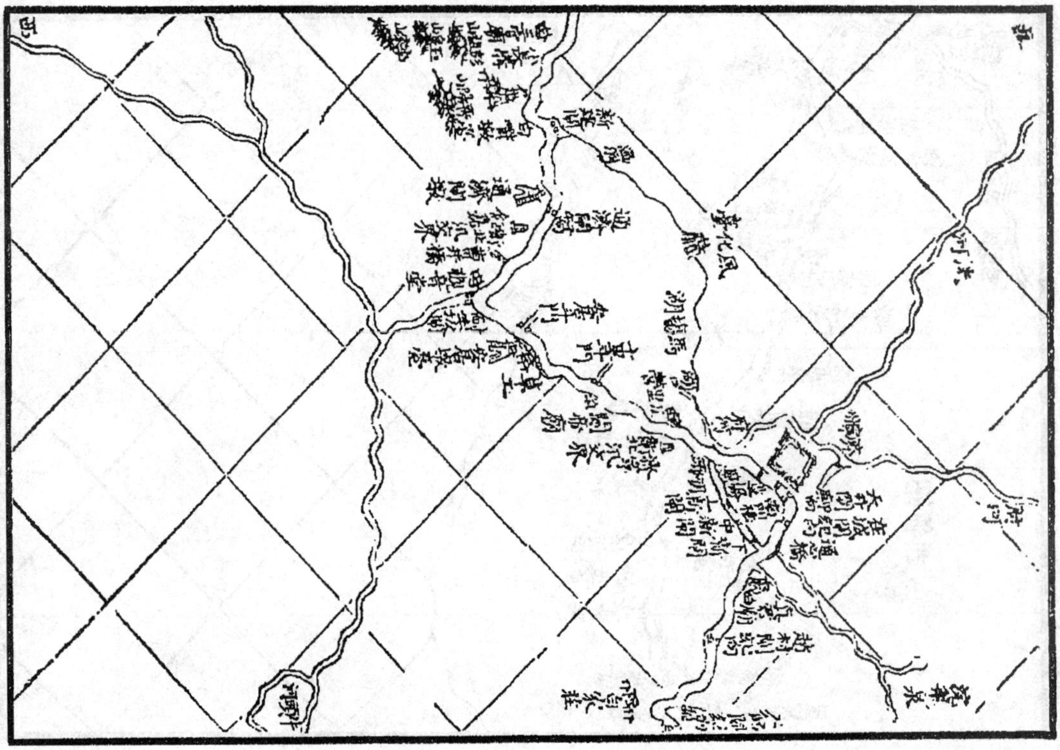

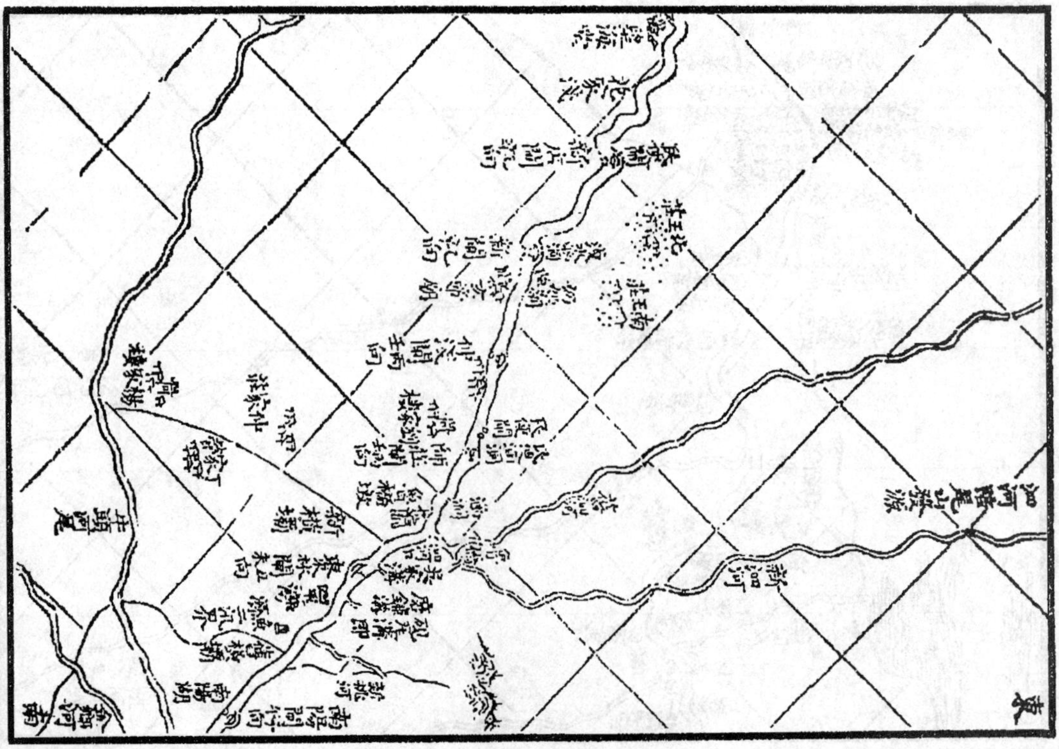

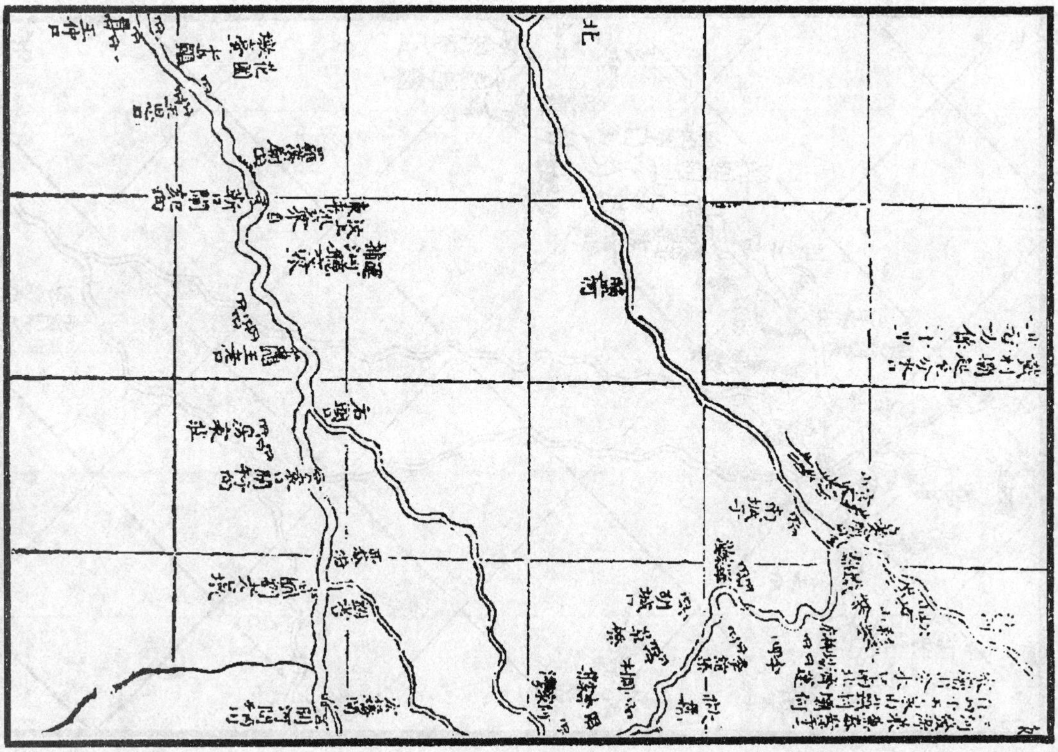

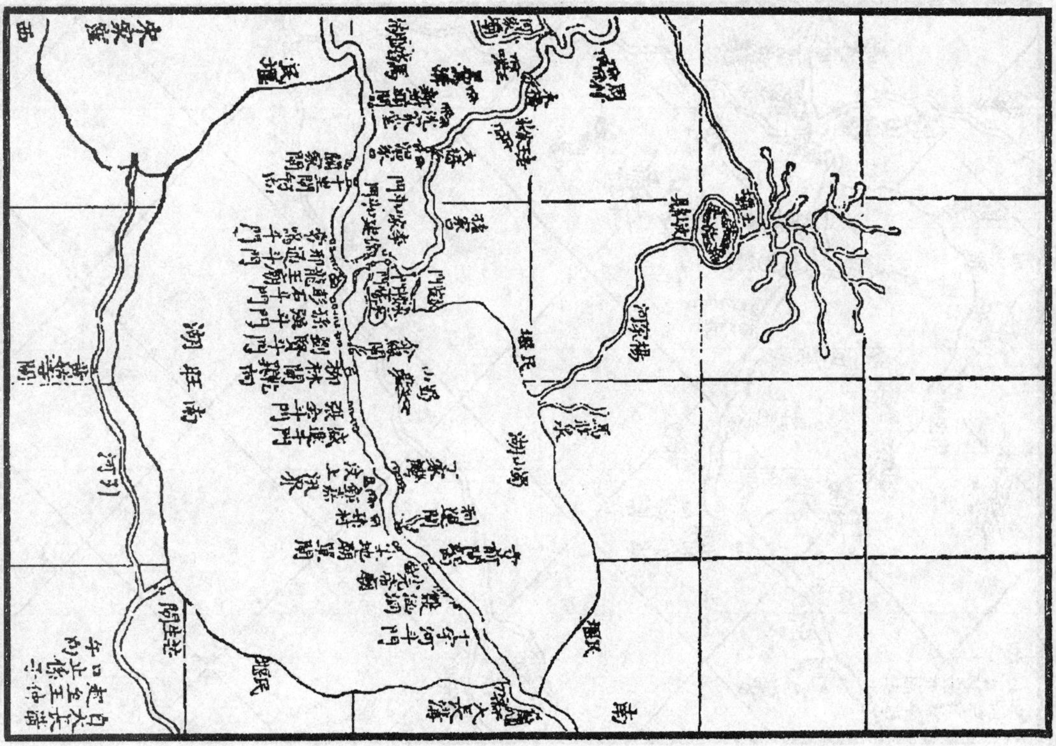

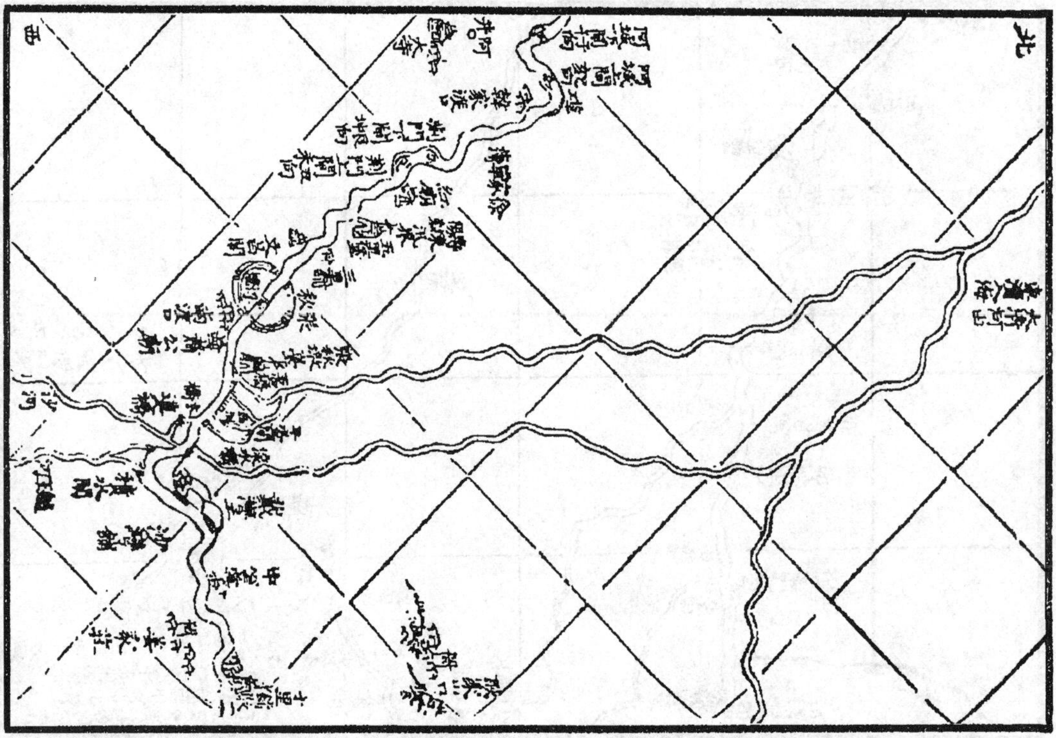

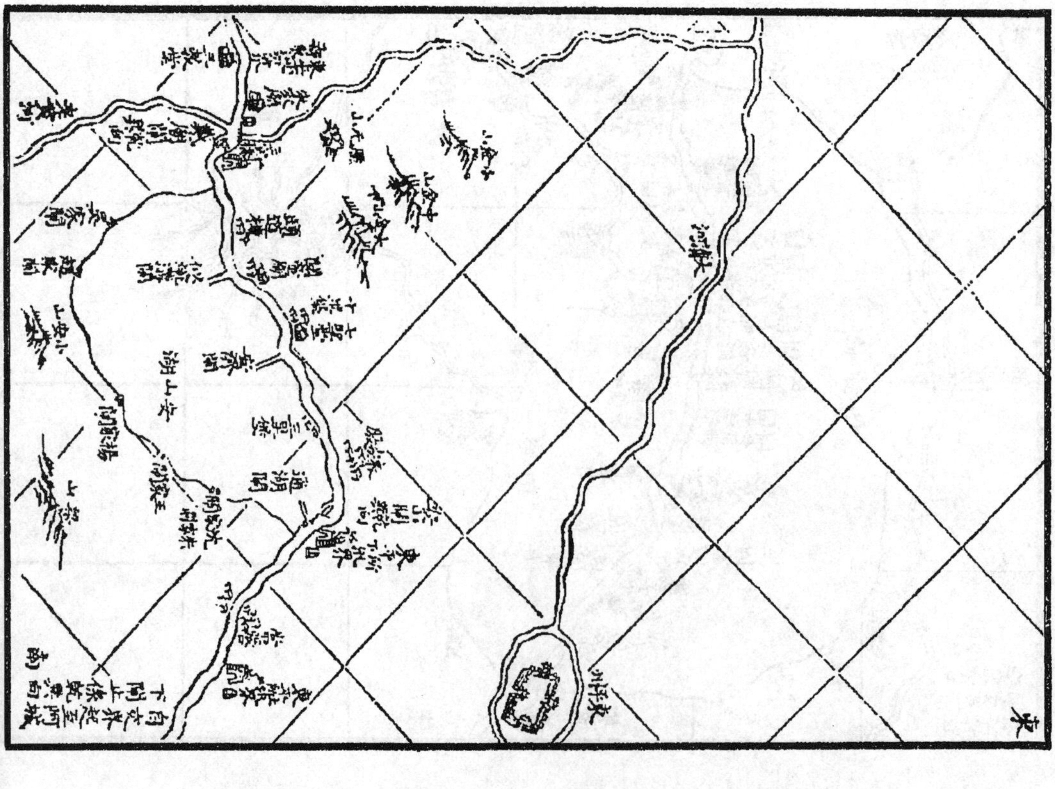

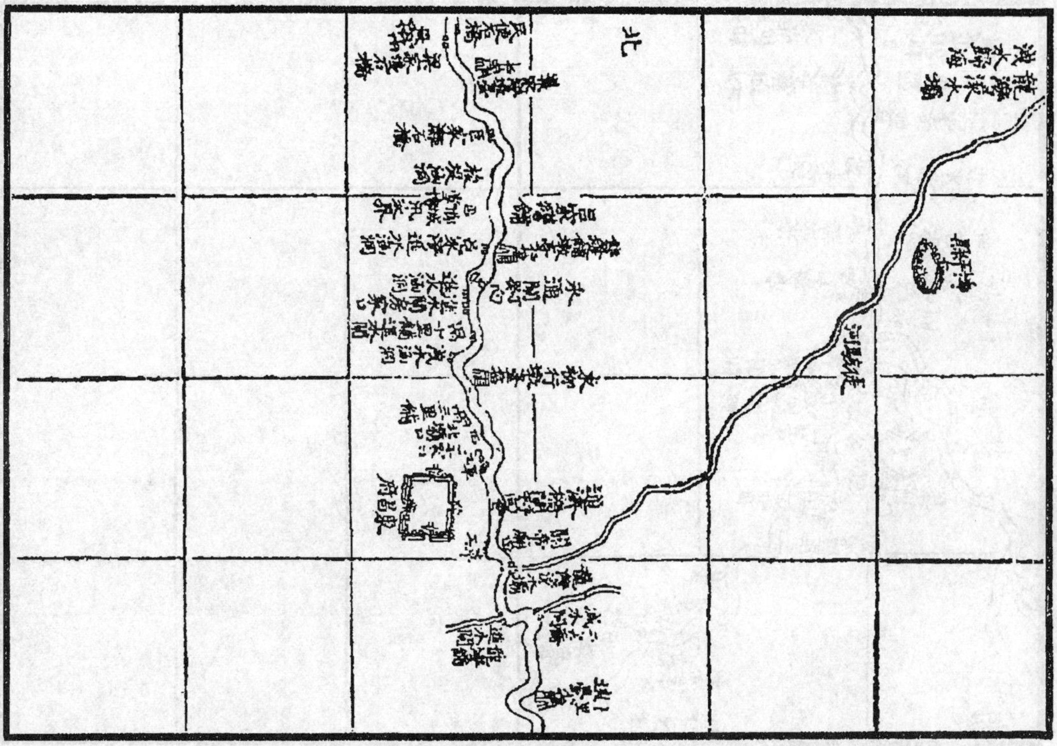

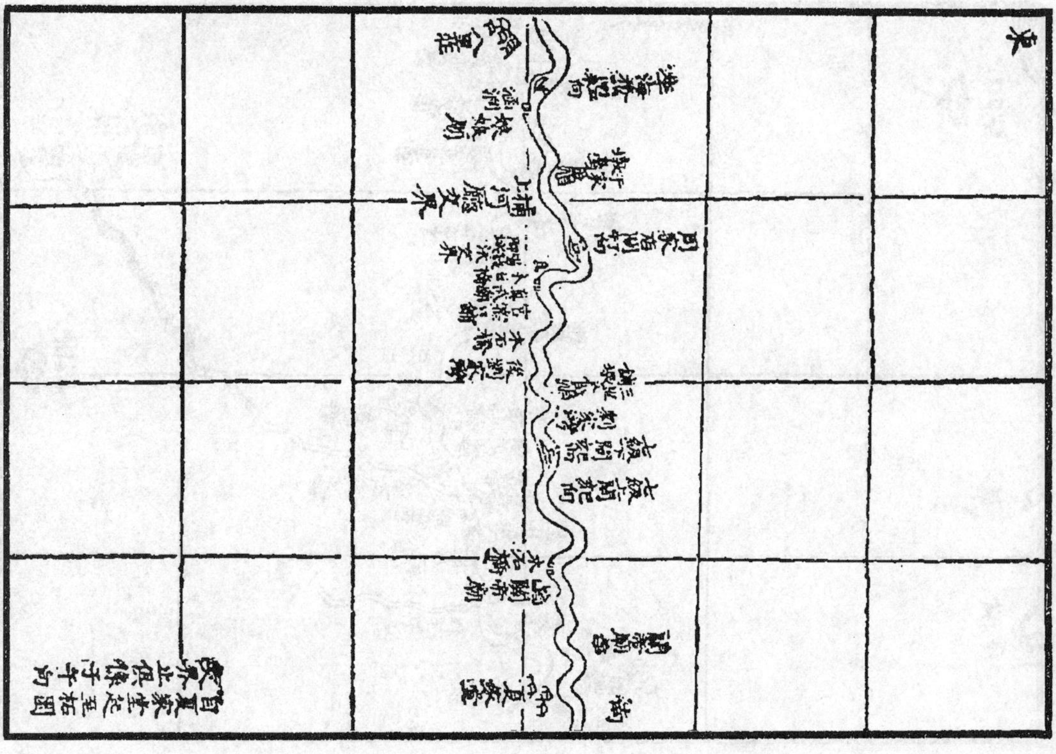

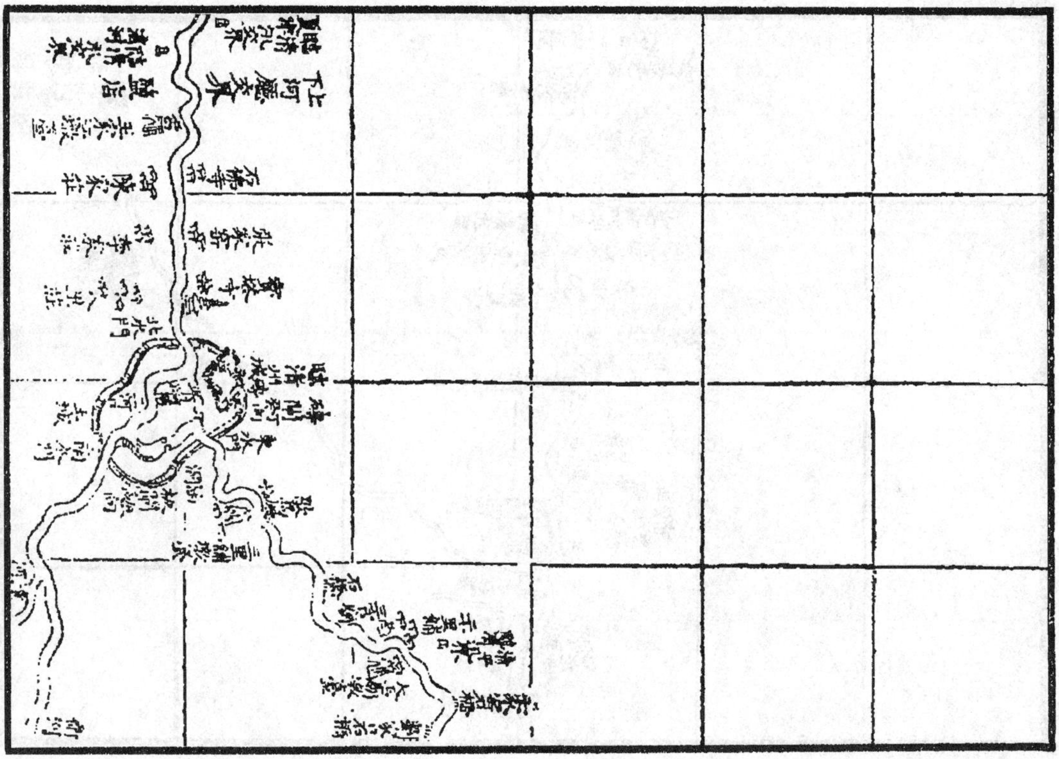

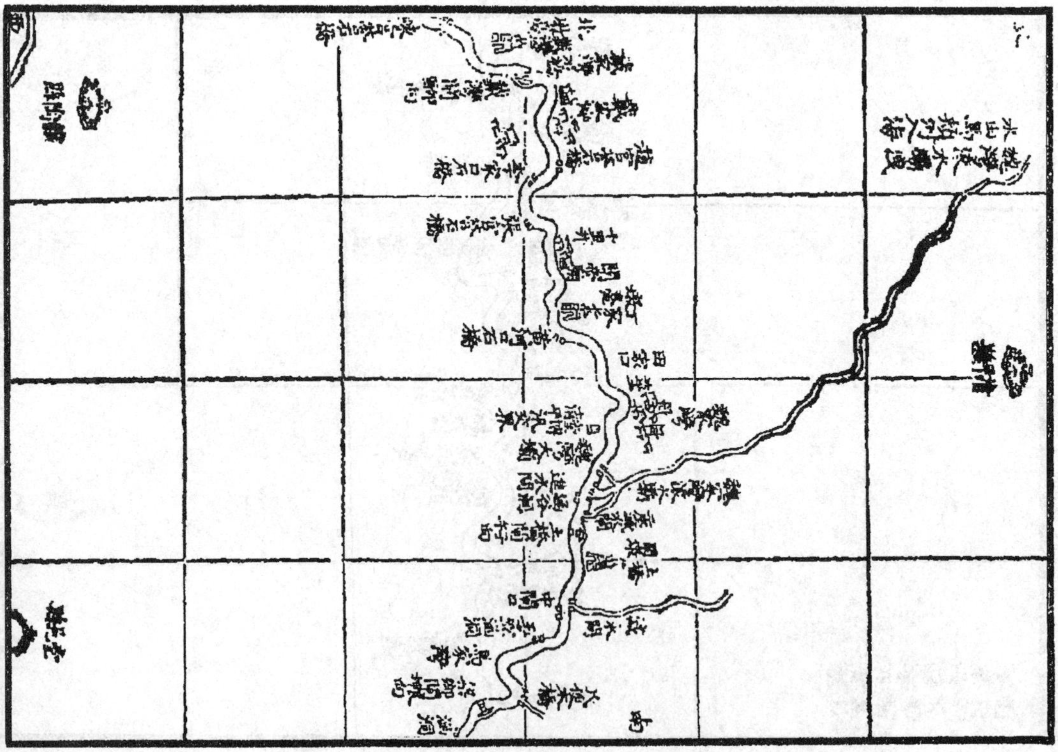

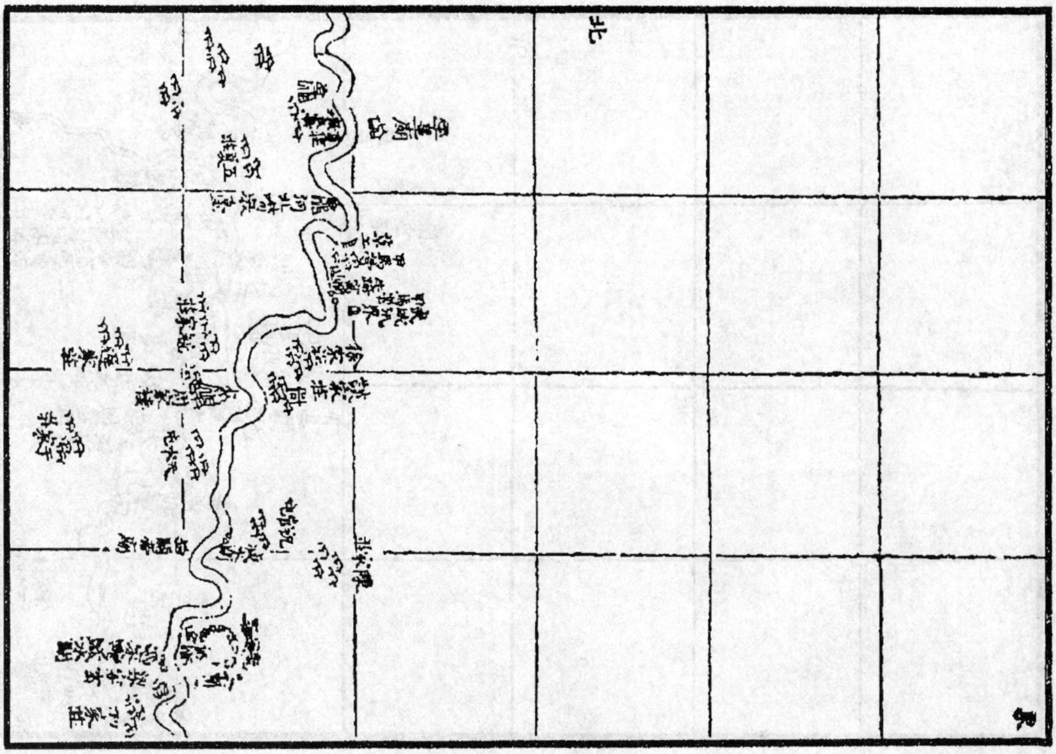

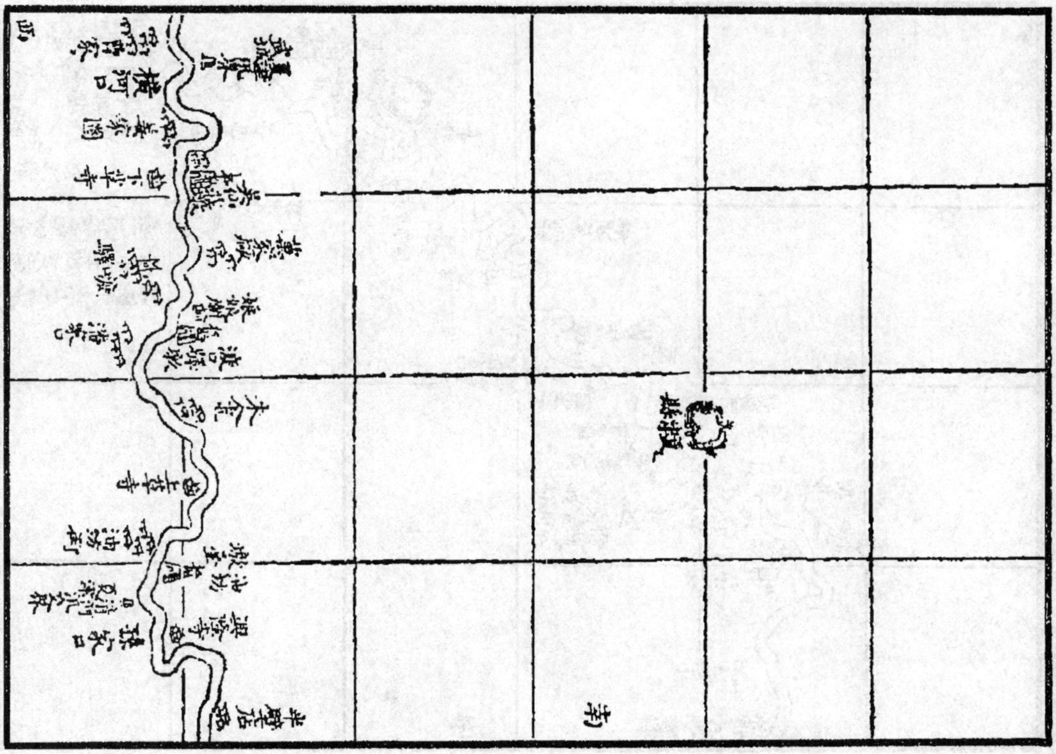

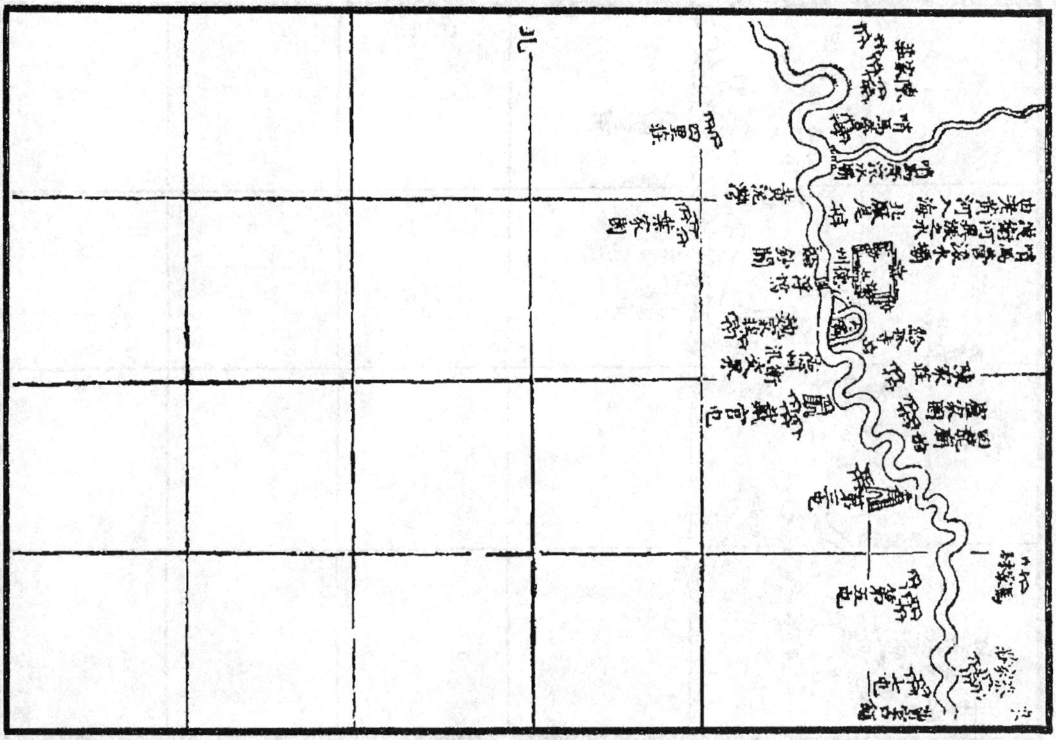

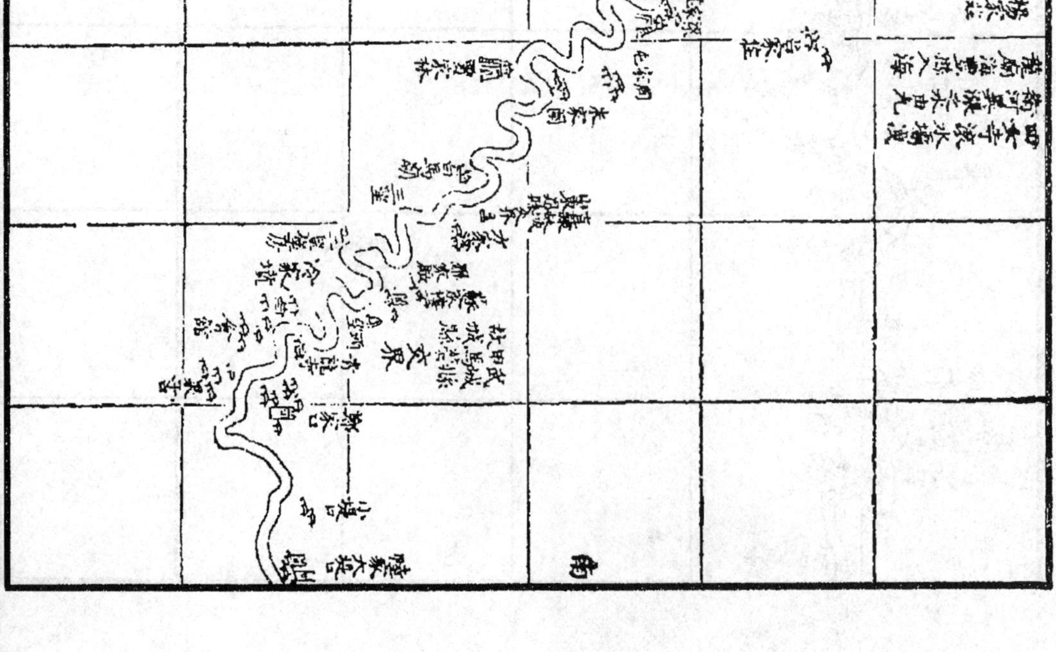

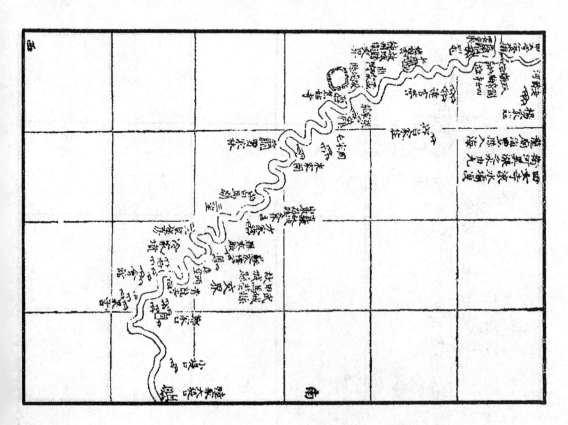

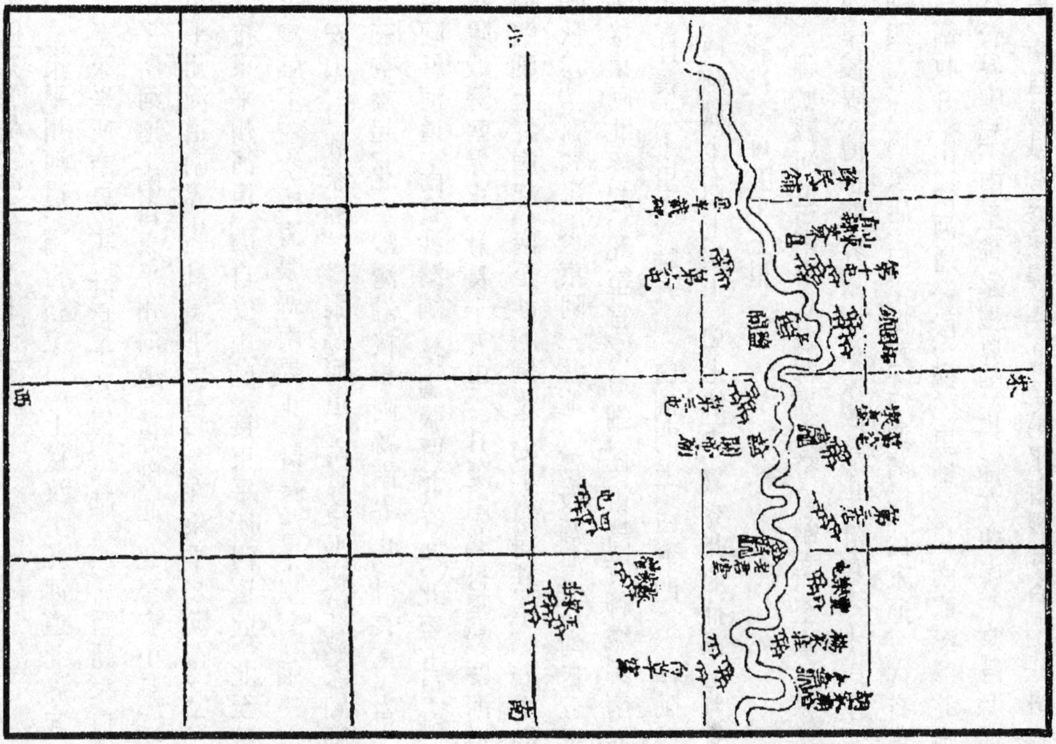

山東運河，自江南下邳梁王城，五里至黃林莊入嶧縣境，是爲牐河之始。嶧縣河道，南自黃林莊起，北至滕縣朱姬莊止，計長一百里；牐九：曰臺莊、曰侯遷、曰頓莊、曰丁廟、曰萬年、曰張莊、曰六里石、曰德勝、曰韓莊。滕縣河道，南自嶧縣界朱姬莊起，北至江南沛縣界劉昌莊止，計長四十七里；牐曰彭口。沛縣河道，南自滕縣劉昌莊起，北至魚臺縣界王家口止，計長四十八里；牐三：曰夏鎮、曰楊莊、曰珠梅，屬兖州府泇河同知管轄，計長一百九十五里。

魚臺縣河道，南自沛縣界王家口起，北至濟寧州四里灣交界止，計長八十五里；牐三：曰邢莊、曰利建、曰南陽。濟寧州河道，南自魚臺縣四里灣交界起，北至五里營之東濟寧衛交界止，計長七十五里；牐九：曰棗林、曰師家莊、曰仲家淺、曰新牐、曰新店、曰石佛、曰趙村、曰在城、曰天井；又有月河三牐：曰下新、曰中新、曰上新。濟寧衛河道，南自五里營迤東濟寧州交界起，北至曹井橋迤北鉅野縣交界止，計長一十八里。鉅野縣河道，南自濟寧衛曹井橋迤北交界起，北至嘉祥縣大長溝迤南交界止，計長二十五里；牐一：曰通濟。嘉祥縣河道，南自鉅野縣小長溝迤北交界起，北至汶上縣孫村交界止，計長一十六里。汶上縣河道，南自孫村嘉祥縣北界起，北至靳家口東平州南界止，計長五十六里；牐五：曰寺前鋪、曰南旺上、曰南旺下、曰開河、曰袁家口，屬兖州府運河同知管轄，計長二百七十五里。

東平州河道，南自靳家口，上接汶上縣河道北界起，北至東平所南界止，計長十八里； 牐一： 曰靳家口。 東平所河道，南自東平州河道北界牌起，北至安山牐，接東平州河道南界止，計長十三里； 在東平州河道之內，又接東平州河道，南自安山牐，接東平所河道起，北至戴家廟牐下三空橋壽張縣南界止，計長三十里； 牐二： 曰安山、曰戴家廟。 壽張縣河道，南自東平州界戴家廟牐下三空橋起，北至沙灣舖接東阿縣南界止，計長三十里。 東阿縣河道，南自沙灣舖，接壽張縣北界起，北至五里舖，接陽穀縣南界止，計長十五里。 其隄岸北自陽穀縣河道荆門牐上紅廟起，南至沙灣舖止，安平鎮居其中。 安平即張秋，係陽穀、壽張、東阿三縣地。 陽穀縣河道，南自五里舖接東阿北界起，北至官窑口舖，接東昌府聊城縣南界止，计長六十里； 牐六： 曰荆門上、曰荆門下、曰阿城上、曰阿城下、曰七級上、曰七級下，屬兖州府捕河通判管轄，計長一百五十五里。

聊城縣河道，南自陽穀縣界官窑口舖起，至堂邑縣界西岸梭隄、博平縣界東岸吕家灣舖止，計長六十三里； 牐四： 曰周家店，曰李海務，曰通濟橋，曰永通。 內有東昌衛收并平山衛河道一段，僅三里地，名『南龍灣』，北自本營界牌起，南至鄧家樓界牌止，係在西岸。 堂邑縣河道，南自聊城縣界梭隄起，北至清平縣界涵谷洞止，計長三十五里，係西岸一邊，與博平縣對岸。 其河道截分一十七里半，內牐二： 曰梁家鄉、曰土橋。 博平縣河道，南自聊城縣界吕家灣舖起，北至清平縣界魏家灣迤南田家口止，計長三十五里，係東岸一邊，與堂邑縣對岸。 其河道截分一十七里半，德州衛收并。 左衛南河河道，計長六里，在清平縣河道之內。 清平縣河道，南自博平縣界魏家灣迤南田家口起，北至臨清州界二十里舖止，計長三十九里； 牐一： 曰戴家灣。 臨清州河道，南自清平縣二十里舖起，北至直隸清河縣界鹽店止，計長四十里； 牐二： 曰甎牐、板牐。 屬上河通判管轄，計長一百七十七里。

清河縣河道，南自臨清州界鹽店北半壁店起，北至夏津縣界孫家口止，計長二十里。 夏津縣河道，南自清河縣界孫家口起，北至武城縣界横河口止，計長二十七里。 武城縣河道，南自夏津縣界横河口起，北至故城縣界冷家墳止，計長一百四十六里。 故城縣河道，南自武城縣界冷家墳起，北至恩縣界孟家灣止，計長一十六里。 恩縣河道，南自故城縣孟家灣起，北至德州界曹家口舖止，計長一十二里。 德州河道，南自恩縣界曹家口舖起，北至德州衛下八里塘止，計長一十五里。 德州衛河道，南自德州界下八里塘起，北至直隸吴橋縣界降民口舖止，計長八十九里。 德州左衛河道夾在德州衛河道內，計長一里有奇，內除清河故城河道割屬直隸，餘俱屬下河通判管轄，計程三百二十五里，內有清河故城河道三十六里。

按：葉方恒《全河備考·運河南北圖説》，自梁王城入境起至天津直沽止，載其里至、起訖、並各牐、月河丈尺、古淺多寡，最爲詳備。但今昔情形隨時變易，逐加考量，不無異同。字數既多，不便省覽，故取鄭元慶《兩河薛鏡》，按切現在形勢增損其文，附於圖後，而月河、古淺，詳載各牐之下，以類相從，庶更便於□。

五水濟運圖并説

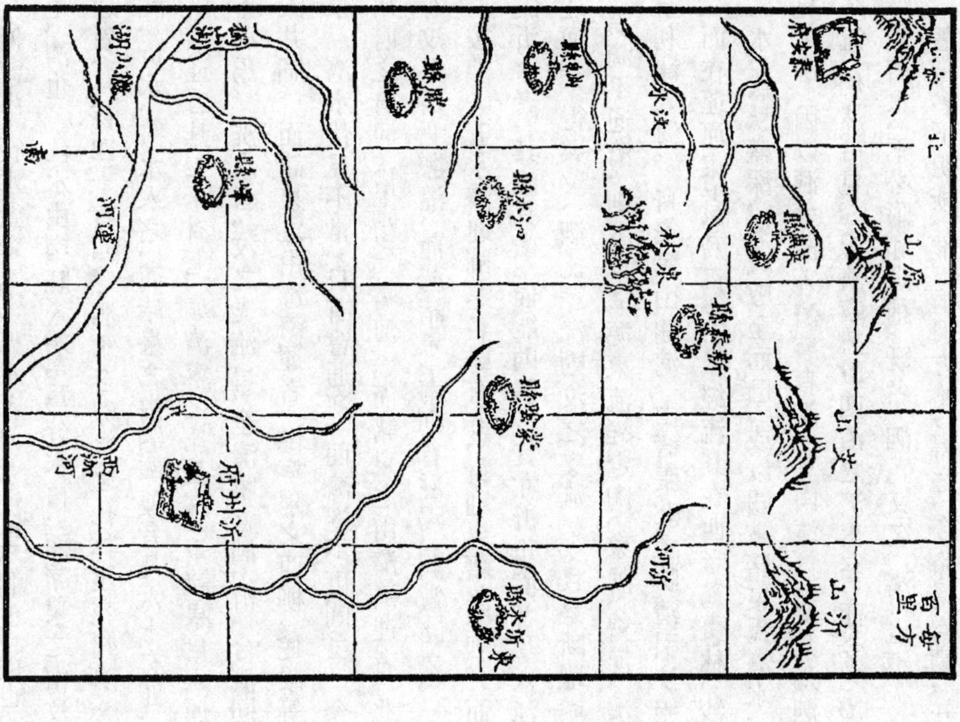

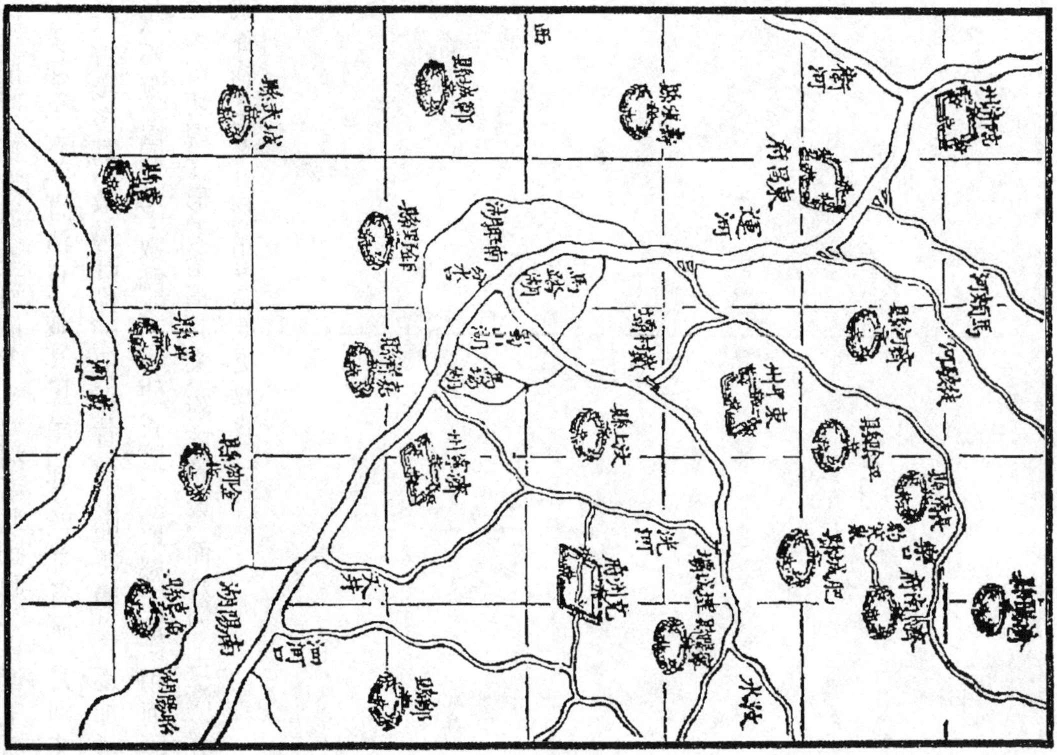

傅澤洪《行水金鑑》：五水者何？汶也、泗也、沂也、洸也、濟也。汶水由南旺入漕，爲分水口，而諸泉之由汶濟運者，凡百四十有四。泗水合洙水過孔林至兗州府金口牐，沂水、雩水入之，而諸泉之由泗濟運者凡六十有四，由沂濟運者凡二十有七，如濟寧之托基、浣筆諸泉自入運者不與焉。洸水者，汶之支流也，至濟寧會泗、沂，合流同入天井牐。而諸泉之由洸濟運者，惟寧陽之西柳、蛇眼等九泉。濟水伏見不常，自有會通河，而濟遂不可問矣。今兗州府之府河，俗謂之『濟河』，而諸泉之由濟濟運者，北則有汶上西北濼澢、蒲灣諸泉，南則有滋陽、闕黨諸泉。

按：《五水濟運圖》，名雖有五，實則專藉汶、泗。而所謂沂水者，其流其微，僅能助泗。其在沂州境者乃入江南運河，不得與汶、泗比。洸則汶之支流，今且築斷堽城壩，涓滴不通濟，則本自濟源東流經定陶、東阿、齊河、濟陽至利津入海。自安民山開河，由壽張北至臨清引汶絶濟。而在運河東者，乃爲汶水，經流其在西者爲棗林、沙河二水，伏秋盛漲，歲或數至而已，或以闕黨諸泉爲濟水，伏見之源，因以泗之流入濟寧者謂之『南濟』。要其爲泗水經流，灼然可見。況濟寧雖以四瀆之濟得名，而今之濟州實無濟水，不必附和虚稱，既名『泗』，又名『濟』也。

舊圖多不明晰，惟《治河方略》得之，今略爲增潤，并識如此。

明張文淵《泉源志序略》：天下之泉皆泉也，惟山之東之泉爲盛，而且濟於用，故志。其支流之濟漕渠者有四焉：　出於汶上、於東平、於平陰、於肥城、於泰安、於萊蕪、於新泰、於蒙陰之西、寧陽之北者，同入於汶，而會歸於分水漕渠，出於滋陽、於曲阜、於泗水、於寧陽之南者，分播於沂、洸、濟、泗，而會歸於濟寧天井漕渠；　出於鄒、於滕、於濟寧、於魚臺、於嶧之西，分播於河、於湖，而會歸於濟以南之漕渠；　出於沂水與蒙嶧之東者，同入於沂，而會歸於下邳之漕渠。　故導分水必自汶上始，導濟寧必自滋陽始，導濟以南必自滕嶧始，導下邳必自蒙沂始，反是，則非水之道矣。

按：《五水濟運》已取《治河方略》更正，而濟寧等十七州縣之疆界與四百七十八泉之脈絡，惟此圖爲可按。大致由汶入運者二百四十四泉，由泗、沂、白馬湖歸魯橋入運者一百二十八泉，由洸、府二河歸馬場湖濟運者二十一泉，徑由獨山、蜀山二湖濟運者四十六泉，別爲一河入運者三十九泉。

泉河總圖并説

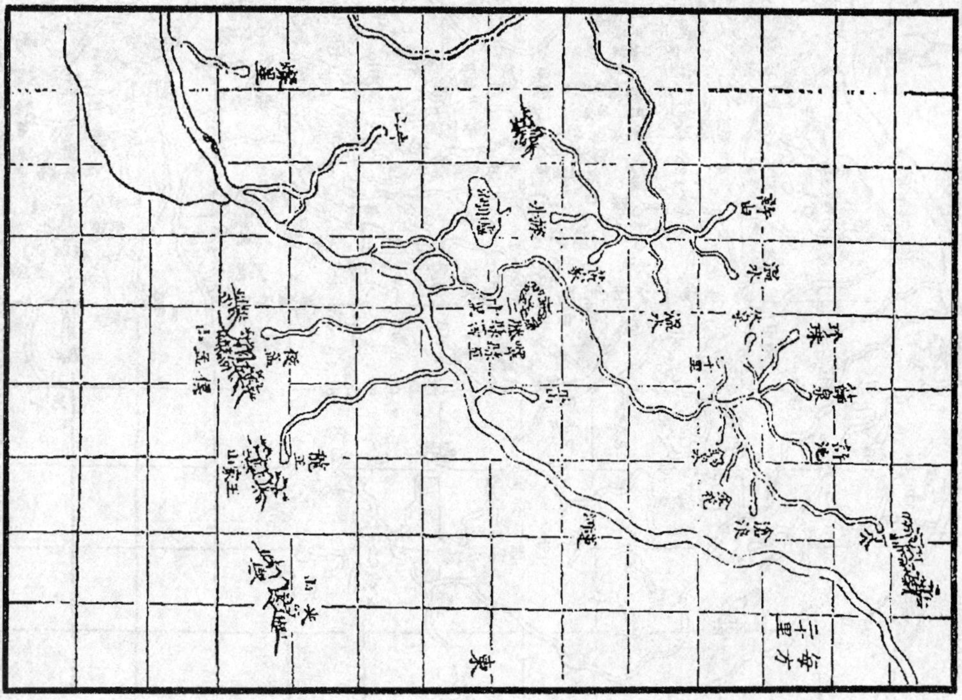

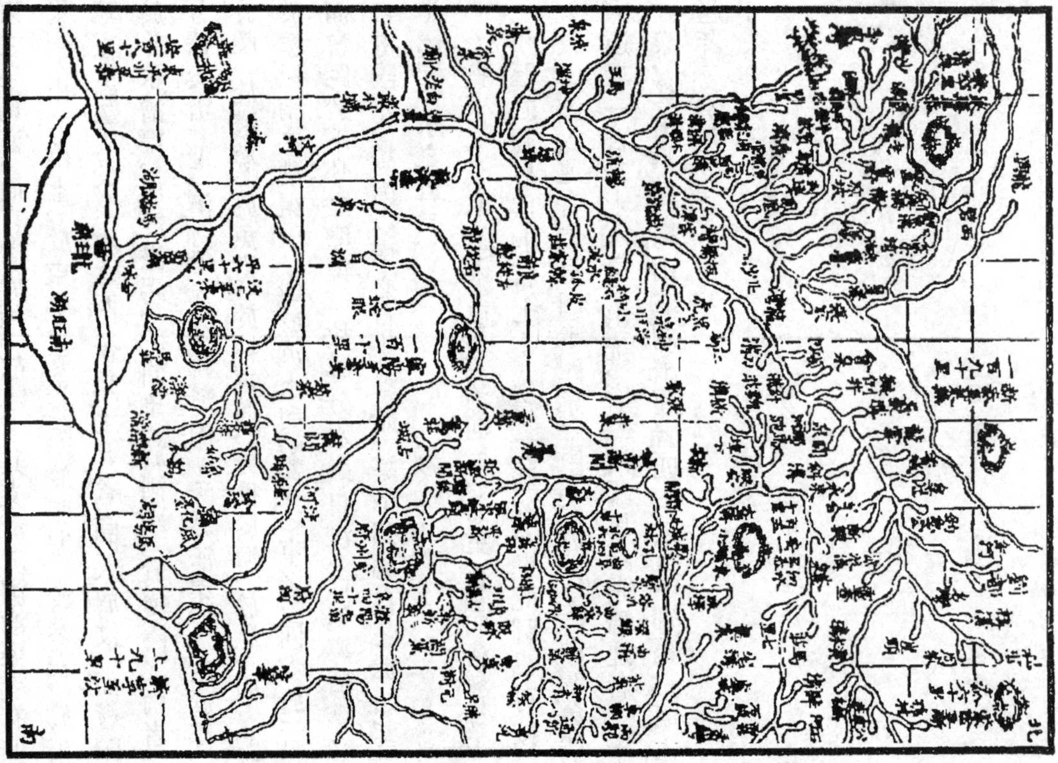

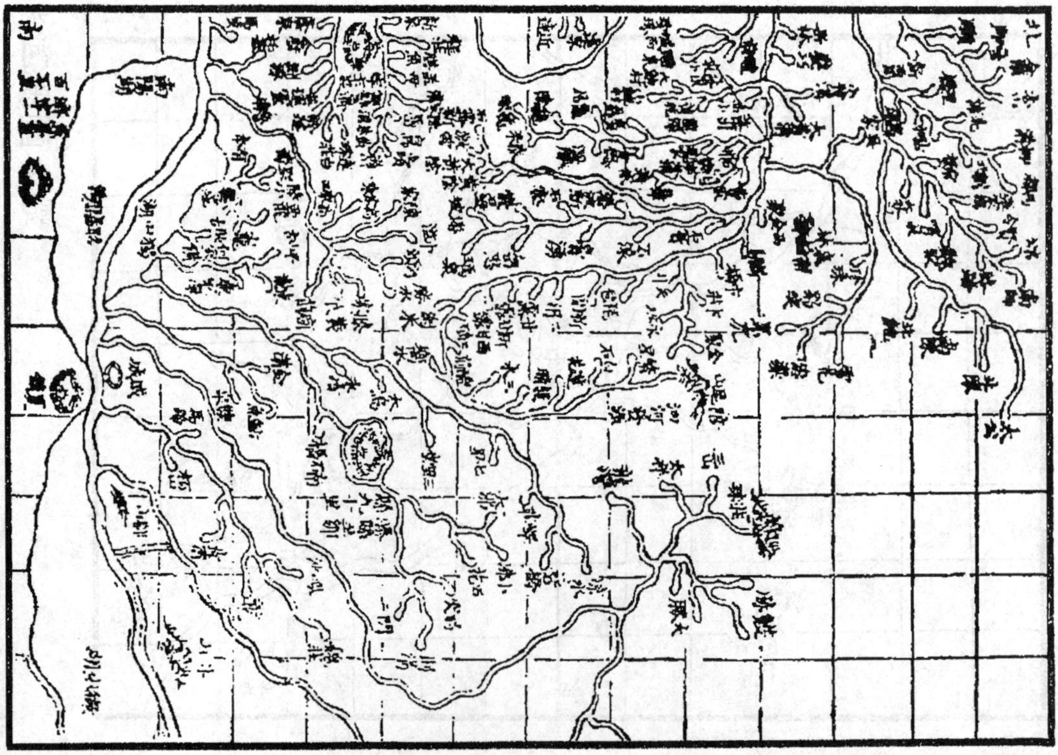

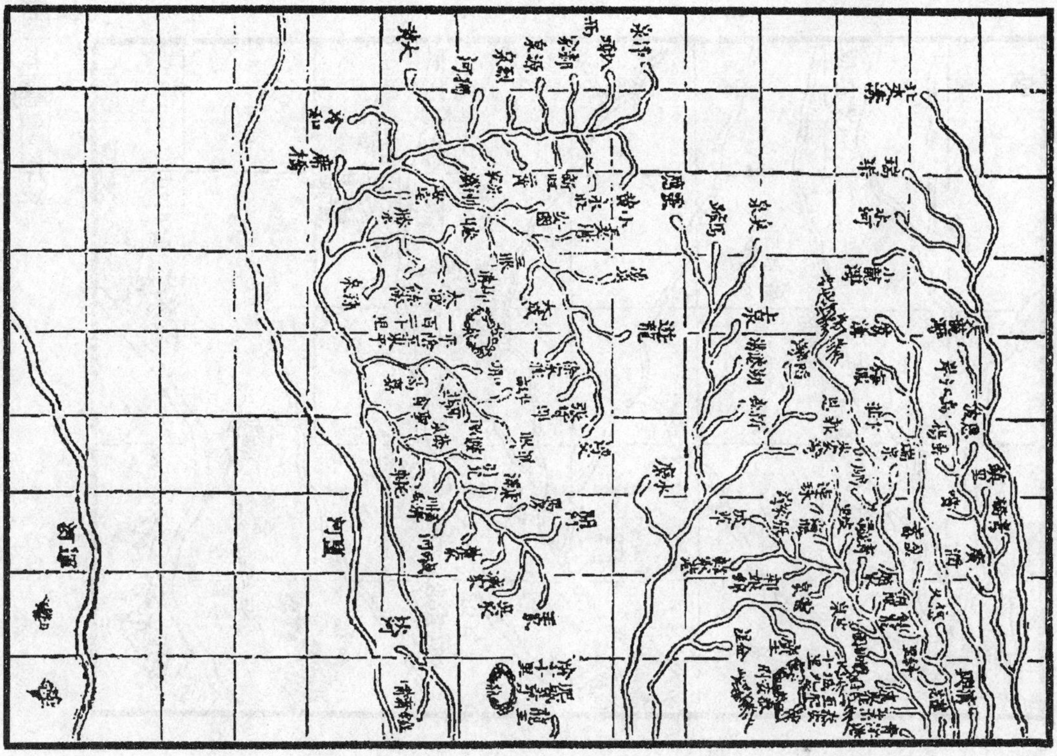

其等差則以萊蕪、泰安、泗水、嶧縣之泉爲極盛，新泰、東平、汶上、魚臺、滕縣次之，肥城、鄒縣、曲阜、濟寧又次之，蒙陰、寧陽微矣，滋陽、平陰又微之極者。要之，地利出於自然、天時，非可强致。

考明時《職方地圖》，萊蕪十六泉、新泰四泉、泰安三十八泉、平陰十泉，東平十七泉，寧陽十二泉，汶上三泉； 凡汶水之泉一百； 泗水五十八泉，曲阜二十八泉，鄒縣十三泉，滕縣十八泉，魚臺十四泉，濟寧三泉； 凡泗水之泉一百三十有四，合得二百三十四泉而已。國朝靳文襄公《治河方略》又增十泉。《山泉通志》所引《會典》之數，遂至四百二十五泉。雍正五年著籍者又增三十泉，減除廢泉二十有六，仍增新泉四十有九。相沿至今，遂有此四百七十八泉之數。偶逢熯旱，仍不免有水少之慮，假使僅如明代二百餘泉之日，豈遂廢運不行乎？是在司泉之員，擇要勤疏，無增虛數，乃爲覈實利漕之切務矣。

禹王臺圖并説

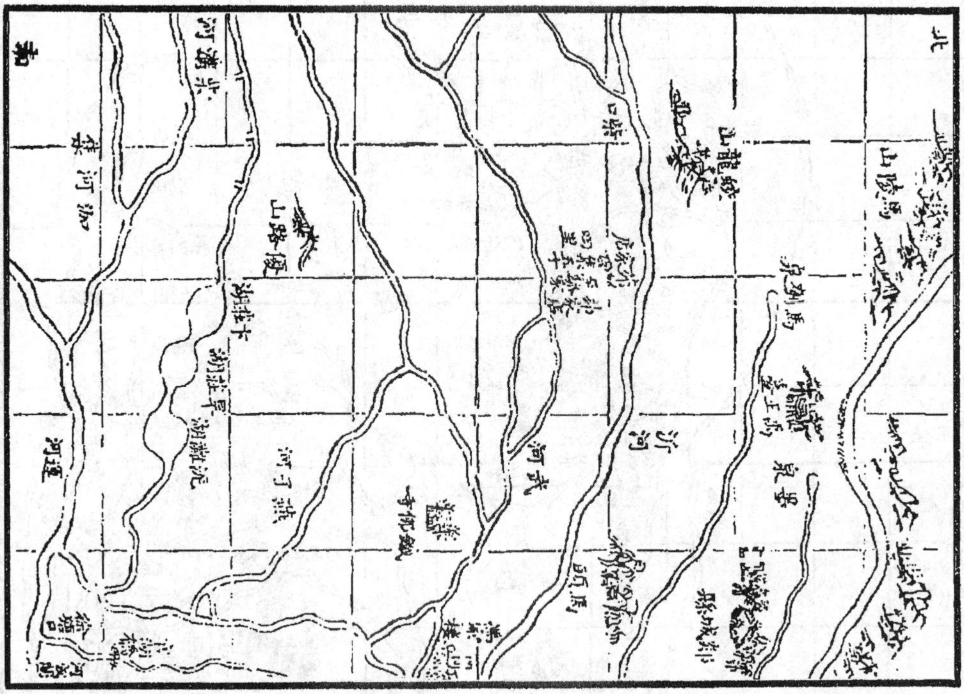

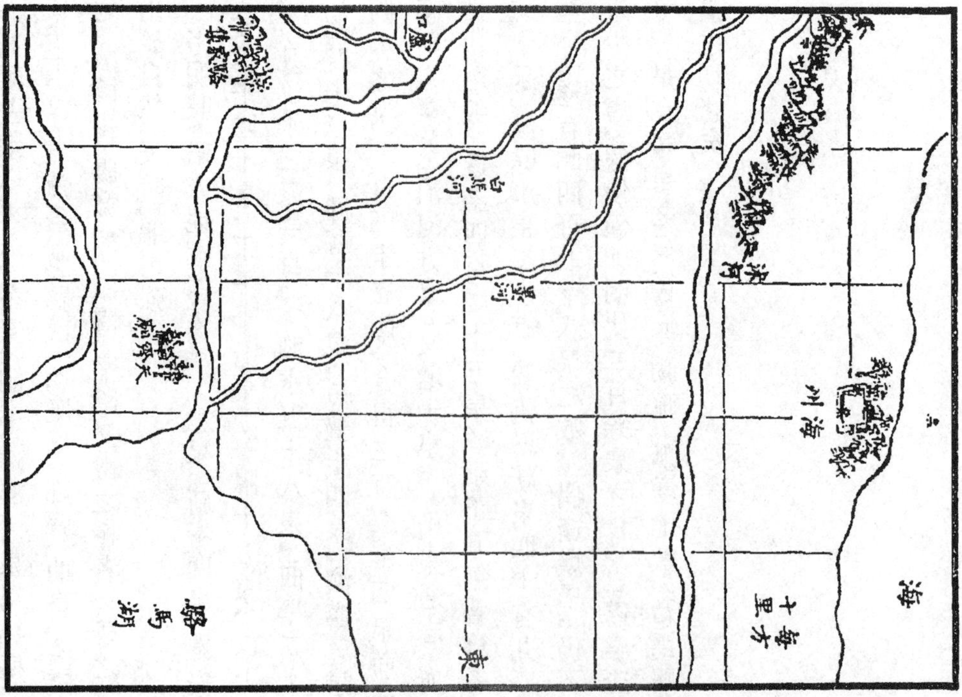

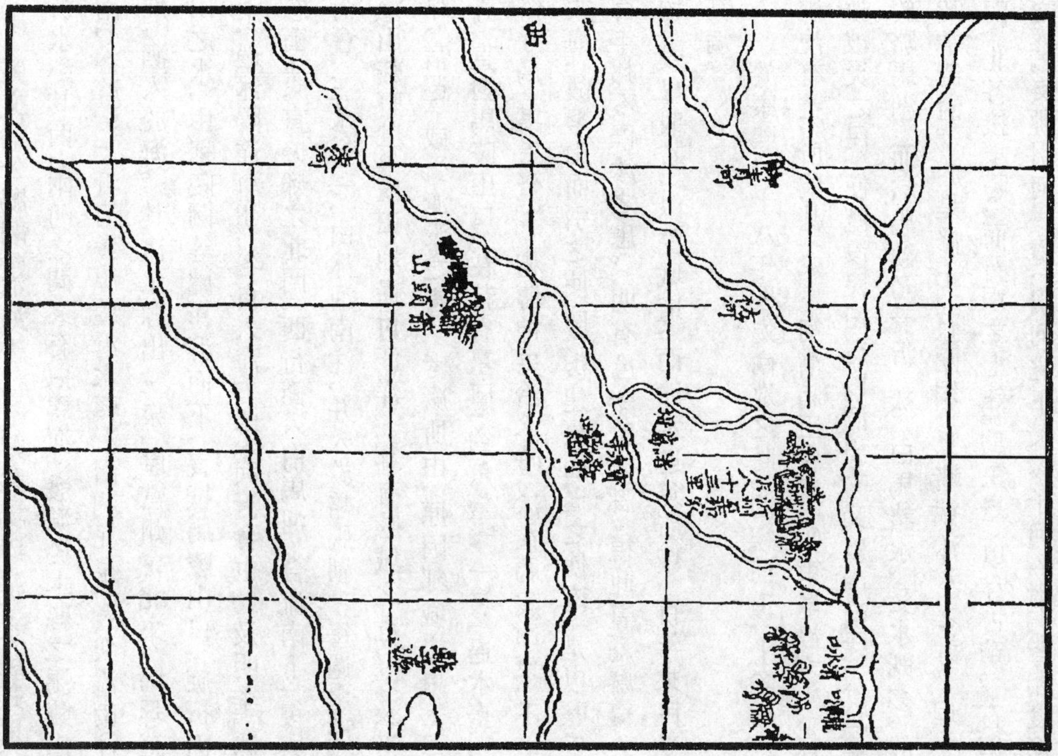

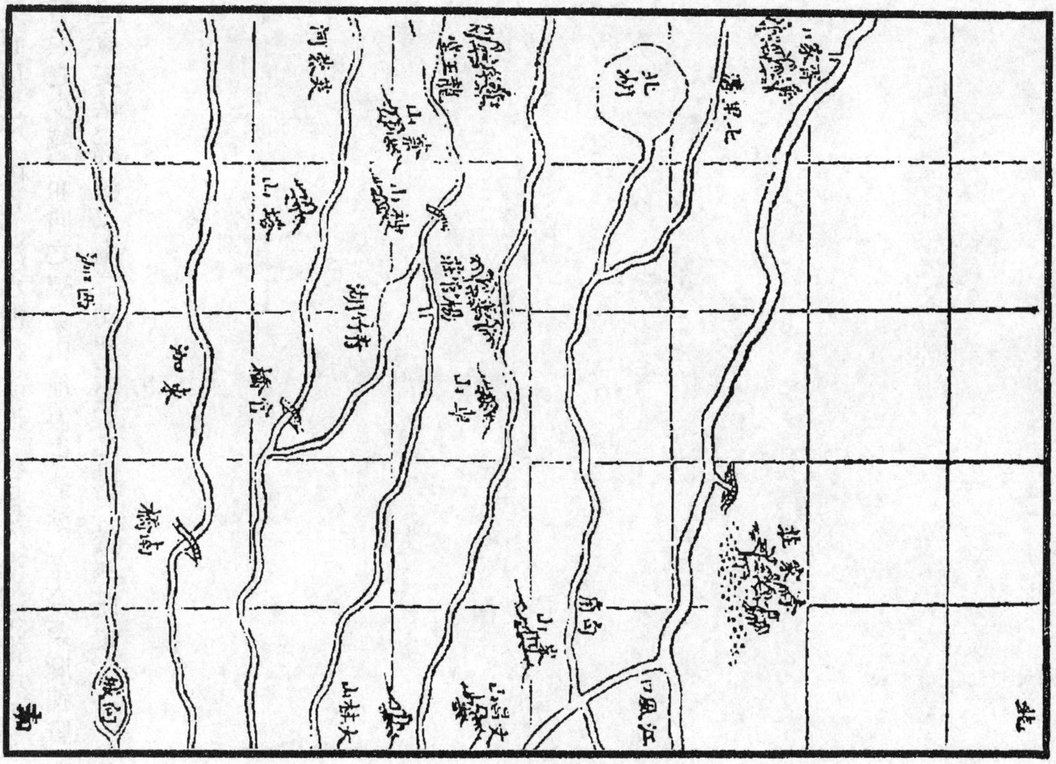

張文端公鵬翮《治河書》：郯縣境內，沭水經其東，沂水經其西，兩河之間又有白馬河，發源於本縣之馬陵山，南，入於沂。沂河發源於沂水縣沂山狗兒泉，會衆流南注淮、泗入於海。其沭水源出三泉，歷莒州會北來、馬耳諸山之水，由穆陵關等處澎湃而下，直抵馬陵山口，旋折而南，過沭陽達海州，各自入海，原不與沂會也。及明季，沭忽衝決，直搗郯之北門，西行衝入白馬河，合流南下，復與沂會，三水合一，由沭河南注，并入於駱馬湖。每遇水漲，漫山蔽野，室廬田地盡付汪洋。郯有嚙城之危，旁及沂邳、宿遷，咸受淹没之害。考厥所由，原因郯城之東七里許，直對馬陵山口，在昔有臺曰『釣魚臺』，一名『逼水臺』，俗呼爲『禹王臺』。相傳神禹治水時，沭在馬陵山東，不能入海，故鑿山而引之使西，復建臺而逼之使南，是以歷千百年郯不罹沭之患。明有邑令黄琮者，視此臺爲廢棄之物，毁臺取石，以甃城垣，而沭水遂無所禦，百年來民受其病。

於康熙二十八年聖駕南巡之時，閲視河道，上諭中河挑浚有益，所關甚大，下河漕諸臣會議，收束散漫之水，拯救被災之民，使淹没民田得以涸出。又以中河之水全藉於駱馬湖，而駱馬湖乃受沂、沭、白馬諸水，受水既多，故時常泛溢。於是修土、石兩垻，爲堵截沭水之計。垻之南、北各接土隄，而石垻之上建『禹王臺』以存古蹟。石垻之外，又挑引河一道，引河之下又浚子河一道，皆相度形勢而爲之。由是，沭水循行故道，各自入海，不惟中河水勢因之少減，而向之被災田地俱得播種，至今桑麻徧野，室廬安堵，郯城以南群頌聖天子之洪恩於無既也。

卷一

沿革表

運河歷代經營之迹與建置先後，散在簡册，豈能責人以偏觀？即《備考》所書沿革源流，已屬簡便易知，而上下五百餘年、縱横一千餘里，非素有全局在胸，猶執卷而未免茫然也。兹爲年經事緯，羅列於篇，可以因黄、運相關之勢，而知古人奏績之難。考牐、漕遞變之形，而見古人施功之序。起元至元十六年者，重是年爲元始一統之年也。

《全河備考》：京師之在燕自元始，故漕運之自南而北亦自元始。元初，糧道自浙西涉江入淮，由黄河逆水至中灤旱站，陸運至淇門，入御河，以達京。至元二十年，李奥魯赤自任城開穿河渠，分汶之西北流至須城入清濟，故瀆通，江淮漕經東阿至利津河入海，由海道至直沽。後因海口沙壅，從東阿舍舟，陸運抵臨清，下漳、御至京。陸運道經茌平，地勢卑下，夏秋霖潦，艱阻萬狀，公私病之。至元二十六年，用壽張尹韓仲暉言，自安山湖西開河，由壽

元

元世祖至元十六年己卯	先是至元十三年已穿濟州渠，其時運道大抵由黄河逆水至中灤，又陸運至淇門入御河
十七年	
十八年	差奥魯赤、劉都水及精算數者一人往濟州定開河夫役
十九年	浚濟州渠
二十年	八月，濟州新開河成。初畢輔國引汶入洸，由洸通泗，汶水得至任城。至是，李奥魯赤自任城開渠，分汶西北流至須城故瀆通漕，修牐十四，經東阿、利津海道至直沽
二十一年	創爲石牐八，各置守卒

二十二年		
二十三年		
二十四年	命都水監開汶、泗以達京師	
二十五年		
二十六年	用韓仲暉言，自安山開河，北至臨清二百五十餘里，引汶絶濟，直屬漳御，建牐三十有一，賜名「會通」。御河溢入東昌。築金口壩，建安山開河牐	
二十七年	霖雨岸崩，河道淤淺，放罷輸運，站户專供淺河役，易牐以石。御河決高唐，没民田。建沂河減水牐及土婁、杏林二牐，又於濟河建吴泰、宮村二牐，洸河減水牐，今俱廢	

二十八年	建堽城壩。浚運糧壩河，築隄防	
二十九年		
三十年	建臨清會通鎮頭牐及壩	
三十一年	建壽張牐，今廢	
成宗元貞元年乙未		
二年	建臨清中李海務、七級南等牐	

大德元年丁酉	建七級北、辛店二牐。辛店即新店。建濟州上牐，一名『分水』，在州北三里，今廢
二年	建阿城南牐、師家莊牐
三年	建阿城北牐、荆門北牐
四年	建周家店牐
五年	
六年	建荆門南牐

七年	築濟州下牐，即在城牐
八年	建金溝沽頭牐，在舊運河，今廢。建孟陽泊牐，今廢
九年	
十年	建金溝隘船牐，今廢
十一年	建沽頭南牐，今廢
武宗至大元年戊申	

二年	
三年	浚會通河
四年	
仁宗皇慶元年壬子	
二年	建戴灣牐
延祐元年甲寅	建臨清隘牐

二年	建沽頭北牐，今廢
三年	
四年	修金口牐，疏爲三洞
五年	建棗林、魯橋二牐，魯橋今廢。改作堽城石堰，始畢輔國直堽城西北作石斗門，馬之貞作雙虹懸門，又改西虹爲牐，牐左聚沙爲堰，至是易石，閱月壞
六年	浚會通河。建石佛牐
七年	

英宗至治元年辛酉	改東昌黄河故道，疏爲斗門以洩潦水。建濟州中牐，即會源牐，又名天井
二年	
三年	拆移沽頭隘牐，置於金溝大牐南，作連環牐，又作滾水堰及沽頭截河石堰，今廢
泰定帝泰定元年甲子	
二年	建土山牐，在舊運河，今廢。御河水溢。會通河工始畢
三年	

四年	浚會通河。建趙村牐。金溝沽頭隘牐下立二石以限船
致和元年　文宗天歷元年戊申	
二年	
至順元年庚午	
二年	建南陽牐。建穀亭牐，在舊運河，今廢
三年	

順帝元統元年癸酉	
二年	
至元元年乙亥	
二年	丹沁水漲，與御河通流，平地水二丈
三年	御河水溢
四年	大水潰堽城東牐，突入洸河，兩牐被其害，洸爲沙塞

五年	改作堽城東大牐。沂、沭暴漲，逆流決隄防，臨沂大水。重浚會通河
六年	浚洸河牐口至石剌。黃河水溢，自曹縣入會通河。浚會通河
至正元年辛巳	築堽城土壩。運黃棟林新牐，即仲淺新牐
二年	浚洸河
三年	
四年	河決曹州，侵安山，入會通河

五年	
六年	
七年	
八年	
九年	疏浚運河。白茅河東注沛縣，遂成巨浸，修建魯橋
十年	

十一年	賈魯治河功成，祭告河伯
十二年	
十三年	
十四年	
十五年	
十六年	

十七年	
十八年	
十九年	徵海運於張士誠，任城河決
二十年	
二十一年	
二十二年	
二十三年	河決東平壽張，圯城墻
二十四年	
二十五年	東平須城、東阿、平陰三縣河決小流口，達於清河
二十六年	河北徙，濟寧受其害，德州水
二十七年	
二十八年 戊申元年	

明

明太祖洪武元年戊申	河決曹州雙河口，入魚臺，大將軍徐達開塌場口，入於泗以通運。尋淤，復由師莊、石佛諸牐，北泝汶濟以達燕冀。又開耐牢坡隄，西接曹、鄆以通梁、晉之漕
二年	
三年	建耐劳坡永通石牐，今廢
四年	
五年	
六年	
七年	
八年	
九年	
十年	
十一年	
十二年	

十三年	由海道運糧，餉遼東軍
十四年	
十五年	
十六年	
十七年	
十八年	

十九年	修築並河隄岸。王晏督開運河，造梁莊等牐，今廢
二十年	
二十一年	
二十二年	
二十三年	
二十四年	河決原武，由舊曹州、鄆城兩河口漫入安山湖，會通河淤

二十五年	
二十六年	
二十七年	
二十八年	
二十九年	
三十年	

三十一年	
惠帝建文元年己卯	
二年	
三年	
四年	
成祖永樂元年癸未	修沂、沭二河決口。運河阻塞。疏導寧陽等處泉源。議開衛河

二年	始建北京，糧艘一由大江入海，一由江、淮歷黃至陽武，陸運至衛輝入衛河
三年	
四年	
五年	衛河溢，自臨清至渡口驛隄岸潰決，遣官修築
六年	
七年	
八年	命宋禮等開會通河。金純自金龍口下達塌場，築隄導河入淮
九年	會通河成，賜銀幣有差。築堽城及戴村垻。浚沙河，入馬場泊。改東昌通濟橋爲石牐。開濟寧月河，建上新、下新二牐，《志》稱天順年，非。浚沭河。河決，北入魚臺。設四水櫃
十年	開魏家溝二支河及德州西北洩水支河。德州長店驛東南舊黃河及土河二處開河置牐
十一年	
十二年	修聊城龍灣河隄岸。疏浚運河
十三年	罷海運。移置堽城垻於青川驛

十四年	臨清埧成
十五年	建新開上、南板二牐
十六年	建永通、通濟二牐
十七年	初濬泉源，從陳瑄請也
十八年	
十九年	
二十年	
二十一年	
二十二年	
仁宗洪熙元年乙巳	
宣宗宣德元年丙午	
二年	

三年	
四年	浚長溝至棗林運河。建梁家鄉牐。建謝溝、湖陵城、八里灣、南陽淺等牐，今俱廢。濬徂徠諸山泉源湖塘
五年	開臨清月河，置牐。建仲家淺牐
六年	浚金龍口，引河水入徐州
七年	
八年	建八里灣牐，今廢

九年	
十年	浚濟寧至東昌運河，并疏鑿沙灣張秋舊引黃河故道，作斗門，及臨清衛河
英宗正統元年丙辰	永平縣丞李祐請開漳疏衛，從之。建陽城、泥河二積水牐，今倂廢
二年	浚濟寧南北河道。壽張、東阿、汶上、陽穀、鄆城、范縣淫雨，運河漲泛，沖決隄防。河決陽武，灌金鄉、魚臺、嘉祥
三年	東平、嘉祥大雨，隄岸沖決，淹没濟寧北門。修築隄防。建捲里積水牐
四年	重修魯橋爲五空

五年	淫雨，湖河泛溢
六年	浚金龍口及徂徠等處泉源。建龍灣減水牐
七年	
八年	旱，運河淺澁，五月大雨漕艘乃濟
九年	山東大水，河溢。修德州耿家灣等隄。疏泉林泉
十年	浚滕縣七里河及沙河、泥溝泉河，濟寧盧家溝等泉源，鄒縣淵源舊泉河口，各置小牐
十一年	
十二年	
十三年	河決滎陽，經曹、濮衝張秋，潰沙灣，奪濟、汶入海。又經蒙城至懷遠入會通河，遂淤
十四年	修金口堰。浚臨清撞圈灣河達衛
景帝景泰元年庚午	築沙灣二缺口
二年	浚沙灣運河。改造沙灣板牐二座

三年	沙灣復決。築沙灣石隄，開月河二，引水濟運。沙灣隄成，六月復決，掣運河水以東。濬臨清以南月河。徐州抵濟寧一帶大水
四年	沙灣屢決，掣運河水入鹽河，漕運不行，乃鑿一河長三里，避決口通運。給供役民夫月糧
五年	疏沙灣渠，起張秋，上接沁河。建戴家廟北洩水牐，名『金線』，即今三空橋
六年	黃流入淮，沙灣功成，名其渠曰『廣濟』，牐曰『通源』。建九堰及龍灣、魏灣等泄水八牐。免徵沿河民負
七年	山東運河水溢，修運河隄岸，置濟寧抵臨清各減水牐
武宗天順光年子丑	

二年	改建濟寧濟安牐
三年	建黃家牐，在舊運河，今廢。疏浚運河。開天井、在城月河
四年	
五年	展寬臨清隘牐。增築戴村垻，植柳培護
六年	
七年	疏金龍口以接漕河

八年	修臨清新開上牐。修廣濟渠口石壩二
憲宗成化元年乙酉	修戴家灣牐
二年	命采石塊包砌金口壩
三年	修築小長溝北至開河驛隄及減水牐。命三年一浚運河，冬初興工
四年	砌南旺西湖石隄。築篷子山壩，障大薛河水
五年	疏濬運河

六年	開南旺月河，建上、下二牐。修理臨清以北河口。旱，泉流枯竭
七年	復建沙灣積水牐及舊黃河口。改建金口土壩，易以石。浚濟寧運河
八年	修金口壩。是年旱，運河水涸
九年	改堽城土壩爲石壩，建堽城新牐。建土橋牐
十年	改作臨清板牐。建魚臺小牐，今廢
十一年	建堽城新牐，建濟寧月河中新牐，移耐勞坡永通牐，并建廣運牐，今俱廢

十二年	疏浚山東泉源河道	
十三年	易張秋南旺木隄以石。建築沙河口土壩	
十四年	修濟寧至汶上運河隄岸	
十五年	頒漕禁	
十六年		
十七年		

十八年	開臨清月河并南旺各減水牐、石堰。衛、漳河漲溢，運河口岸多決	
十九年		
二十年		
二十一年	浚山東運河泉源	
二十二年		
二十三年		

寧宗宏治元年戊申	建趙村等月河石垻十一
二年	河決金龍口，入張秋運河，令白昂治之
三年	修臨清東大牐。增置濟寧廣運上牐，今廢。修魚臺、德州古長隄，又自東平至興濟鑿小河十二道，河口各建石堰。建天井、在城月河石垻
四年	修張秋五空橋、沙灣減水石垻
五年	河復決金龍口，潰黃陵岡東北，入漕河，掠汶入海。劉大夏治張秋決河。會通河溢
六年	

七年	河復決張秋，從沙灣潰東隄入海。甃張秋決口石岸，築南旺東隄，樹柳其上
八年	張秋河工成，賜名「安平鎮」，陞賞劉大夏等有差
九年	
十年	建張秋五空橋
十一年	
十二年	命張縉修浚南旺湖

十三年	立泉源碣，清理南旺、安山湖界。修築安平鎮石堤工竣
十四年	棄蒙沂泉
十五年	
十六年	修浚運河
十七年	築修堽城戴村等壩，議毀堽城壩，不果
十八年	

武宗正德元年丙寅	建寺前、袁口二牐
二年	
三年	
四年	築楊家壩。始製水車於南旺激水。河決曹、濮，趨飛雲橋入運河。建孫村減水牐
五年	
六年	祀尚書宋禮於南旺

七年	
八年	修東昌以北減水牐及臨清南板、新開二牐
九年	
十年	
十一年	
十二年	河決武城縣。增置堽城石壩二空
十三年	
十四年	浚南旺運河八十餘里
十五年	河決蘭陽、考城、曹、濮，奔飛雲橋溜溝，悉入漕河，泛溢瀰漫
十六年	
世宗嘉靖元年壬午	
二年	天旱，運河水溢。添設長溝牐，今廢

三年	
四年	建靳家口牐
五年	河驟溢，至沛縣截運道入昭陽湖，汶、泗從之而東
六年	黄河決梁靖口入雞鳴臺，淤塞沛縣河道，寧陽泉忽湧數尺，南旺膠舟始行。築安山水櫃新隄十餘里。建洸河東西二牐，引柳泉避洸
七年	盛應期請於昭陽湖左改挑新河，功半罷役。河決徐、沛，漕渠不通
八年	飛雲橋之水北徙魚臺穀亭，舟行牐面
九年	河由單縣決塌場口，衝穀亭，歷三年水竟不耗
十年	
十一年	
十二年	自分水至湖城口兩岸築隄七十里
十三年	黄河從趙皮寨南徙，運道淤阻。築南旺東隄。建恩縣減水牐。挑濬河身，修復牐座，築運河東隄
十四年	修四女寺減水牐。築汶河西隄。築馬場湖長隄六十里、減水牐五座。濬昭陽雞鳴臺口及湖東新河，隔絶之泉口築壩

十五年	修建治水行臺於濟寧。疏浚泉源
十六年	
十七年	
十八年	
十九年	建小河口及長溝減水牐。命分司浚山東諸泉。建戴廟牐
二十年	浚南旺、安山、馬場、昭陽四湖，築堤、開渠，置牐壩斗門。築蜀山湖東堤

二十一年	清理山東水櫃
二十二年	重修南旺西湖長堤。築獨山湖東堤
二十三年	增修德州北石壩，仍于沿河作攔水堤
二十四年	
二十五年	
二十六年	河決曹縣，衝穀亭，運河復淤

二十七年	
二十八年	
二十九年	
三十年	
三十一年	大水，衛河決
三十二年	漕河工完。河溢，運道淤塞
三十三年	
三十四年	
三十五年	沁決，入衛至臨清
三十六年	
三十七年	復易金口堨以石，仍爲口門三，設牐板啟閉。河決曹縣，分六支，俱入運河
三十八年	築南旺西湖隄缺口，設立舖舍

三十九年	建築沙灣減水牐橋，濬府河。修金口石垻，加高尺七寸
四十年	
四十一年	
四十二年	
四十三年	
四十四年	河決沛縣，逿豐縣華山出飛雲橋，入昭陽湖，北泛湖陵城孟陽泊至穀亭。疏南陽新河，濬留城舊河。築沙河、薛河、趕牛溝兩岸隄垻，建牐六

四十五年	開南陽新河。開回回墓支河。建馮家垻。修獲麟古渡。築坎河石垻。築五里舖垻、長溝減水牐
穆宗隆慶元年丁卯	建利建、珠梅、楊莊、夏鎮、滿家西、柳莊、馬家橋、留城八牐。修南陽、沙河等垻。敘開南陽新河功。鮎魚口山水暴決，衝薛河石垻。開廣秦溝運道，建獨山湖北岸石隄，築十四減水牐
二年	建築佃户屯減水牐、東邵垻、王家口垻、豸裏溝、宋家垻、皇甫垻、薛河口垻。浚回回墓達鴻溝，引昭陽水沿鴻溝出留城，鑿邵家嶺山境山入漕河。立泊船界石
三年	河決沛縣，運道淤阻，翁大立請開泇河以避黃行運，未果，此爲治泇河始議。莒、沂、郯城水溢。衛河決舘陶。減夫役
四年	沙、薛、汶、泗驟溢。決仲家淺運河，由梁山出戚家港入河。黃河暴漲，淤茶城，運道阻。改魯橋月河爲正河，建王家窪、尹家窪通河大垻。挑浚運河
五年	

六年	挑浚運河，築昭陽、蜀山湖隄，又築東、西決口二隄。漕河水溢，祀泰山，河濟。鑿新泉二百有三十
神宗萬歷元年癸酉	坎河口壘石爲灘。築金口導泗流，皆會於天井。追録宋禮功，並録白英
二年	查濟寧、汶上二湖舊界
三年	傳希摯復請開泇，不果
四年	修浚南旺月河，建牐二，改大挑於九月，回空船隻皆由月河行走，崇正問廢。毁長溝坝及宫村吴泰牐
五年	

六年	清丈安山湖地畝。洽崔鎮決河
七年	坎河石坝成
八年	
九年	
十年	濟寧、臨清牐河淺澁。清查南旺、馬場、安山等湖原界
十一年	建梁境内華古洪等牐及官，今廢。築坎河口坝隄

十二年	
十三年	
十四年	建何家垻
十五年	
十六年	增修鎮口牐，今廢。建東昌永通牐。築安山湖隄。察復湖地。築坎河口垻
十七年	建馮家大垻，建新店、新牐、仲淺、十里舖、五里營、安居六減水牐，南旺減水牐，長溝及五里舖滾水石垻。加築南旺西湖舊隄、東面子隄、馬場湖隄減水牐三。黃水沖入夏鎮內河

十八年	
十九年	自夏鎮牐起經李家口開裏河一，計七十餘里。自滿家牐西築攔河垻一。設李口減水牐
二十年	
二十一年	河決汶上、魚臺、濟寧、鉅野，舒應龍挑韓莊中心溝，泇河之水始通。築堽城垻，遏汶水之南，開馬踏湖月河口，導汶水之北，開通濟牐，放月河土垻以殺水勢。坎河口下開洩水渠，築石垻
二十二年	韓莊新河成，陞賞有差。建似蛇溝、八里灣二湖口牐。大水
二十三年	

二十四年	浚南旺湖，築何家口垻及白馬河隄。撤長溝、馮家洩水土垻
二十五年	漕河乾涸。鑿良城侯選頓莊，由黃泥灣至宿遷董家口行運。泗水衝決金口垻，汶決石梁土隄。重修獨山湖隄。濬衡魚河。議復蒙陰泉。濬永濟橋
二十六年	給事楊廷蘭、楊應文，御史佴祺益議開泇。濬金口垻及石梁口。浚洸河橋。浚泉功成
二十七年	
二十八年	
二十九年	劉東里開泇，功成十分之三。巡按張養志請建萬莊一帶牐座

三十年	
三十一年	河決沛縣，灌昭陽湖，穿夏鎮，沖運道。李化龍、梅守相及僉事汪光岸備陳開泇之利
三十二年	開泇功成，賞賚有差。建韓莊以南八牐及湖口牐。河決豐縣，由昭陽湖穿李家港口，出鎮口，上灌南陽，單縣復潰，濟寧、魚臺平地成湖
三十三年	
三十四年	河決蕭縣至茶城鎮口
三十五年	築郗山隄，削頓莊嘴，平大泛口溜，浚貓窩淺，建鉅梁牐，增王市、徐塘垻，泇河至是功竣

三十六年	
三十七年	疏南旺、獨山、安山諸湖泉，又滄浪水改從斜針口入泇
三十八年	
三十九年	
四十年	
四十一年	泇黃并用

四十二年	
四十三年	
四十四年	河決狼矢溝，由鰻蛤、周柳諸湖入泇河，出直口。清查各湖，修築隄壩斗門
四十五年	重築堽城壩
四十六年	巡按黃元儒請於戴家灣、臨清甎牐適中之處建石牐一座，又於王家淺、回龍橋各建牐一座，於鰲頭磯前鑿月河，建小牐。浚汶上等縣運河
四十七年	

四十八年八月光宗泰昌元年庚午	以水櫃廢興爲河官殿最
熹宗天啟元年辛酉	挽漳、引沁、闢丹皆未行
二年	
三年	
四年	
五年	
六年	
七年	沭河暴漲，灌沂州、郯城民田
莊烈帝崇正元年戊辰	
二年	
三年	
四年	沂河漲，没民居。濬泇河

五年	
六年	重浚泇河
七年	
八年	浚江南麥河支河，築王母山前後壩、勝陽山東隄、馬蹄崖十字河攔水壩，挑良城牐抵徐塘口六千餘丈
九年	重浚泇河工竣。沂水暴漲
十年	敘泇河功。沂水冲郯城，壞城郭
十一年	漕河乾涸
十二年	給事宋之普請疏通沂河口
十三年	
十四年	浚鄒縣白馬河，由仲淺入運。運河同知譚綵始引府河入馬場湖
十五年	
十六年癸未	

十七年甲申明亡	築楊家垻

清

大清世祖章皇帝順治元年甲申	
二年	大水河決，泛濟寧州南
三年	
四年	
五年	堵築楊家垻。安山、南旺湖地未升科者不許開墾
六年	

七年	黃水淤安山湖。河決金龍口，潰張秋運隄，挾汶由鹽河入海，次年河督楊方興塞之
八年	大挑漕河。修五空橋
九年	河決大王廟口，沙灣隄復潰，斷運道。楊方興修築隄岸，開八里廟引河
十年	今南昭、臨清每年一小濬，間年一大濬。禁開安山、南旺湖地
十一年	
十二年	
十三年	令新舊隄岸皆種榆柳，禁放牧。塞河工竣。申嚴牐座之令
十四年	
十五年	
十六年	築韓莊西岸石隄
十七年	導衛注河
十八年	

年份	事件
聖祖仁皇帝康熙元年壬寅	
二年	
三年	
四年	
五年	
六年	
七年	江南董口決，運道改由駱馬湖
八年	
九年	
十年	
十一年	
十二年	

十三年	
十四年	
十五年	
十六年	修朱姬莊西岸牐、張阿南岸牐
十七年	
十八年	江南駱馬湖淤。聽民開墾安山湖
十九年	江南開皂河接泇河，又開張莊通運口。修復嘉祥利運牐
二十年	
二十一年	
二十二年	建滕縣修永牐
二十三年	修砌南旺湖十字河斗門，加築湖隄
二十四年	開楊家垻，洩水入天井，尋復塞之。題修禹王臺垻

二十五年	
二十六年	
二十七年	江南開中河，建仲莊牐
二十八年	築沂河隄岸
二十九年	修復禹王臺舊址，遏沭水。浚北田寺至柳溝村舊運河，至安家口接昭陽湖。東省挑河定以十一月十五日煞壩，正月二十五日開壩
三十年	引小丹河入衛。修南陽大堤及馬公橋。沂水冲決禹王臺工

三十一年	
三十二年	
三十三年	江南築中河兩岸束水隄。修築禹王臺沭河口
三十四年	開楊家壩，建減水牐
三十五年	
三十六年	漳水驟至館陶，與衛河合

三十七年	改挑柳河至种家莊新引河
三十八年	沂河水發，淹没田廬
三十九年	江南改舊中河上段入新中河下段。築沂河盧口牐垻
四十年	
四十一年	汶水溢，衝决隄岸
四十二年	江南改中河口於楊家莊。疏浚沭河。汶水溢決隄岸
四十三年	修築運河隄岸。挑浚戴村垻淤塞舊河
四十四年	立『擅開湖地及決湖阻泉禁』。重建四女寺減水垻
四十五年	引漳入衛
四十六年	
四十七年	修丁廟、頓莊、侯遷、臺莊等牐。全漳入館陶
四十八年	修德勝等牐

四十九年		
五十年		
五十一年	沂水壞禹王臺工	
五十二年		
五十三年		
五十四年		

五十五年	引漳入衛，浚四女寺引河	
五十六年		
五十七年		
五十八年	沂水壞禹王臺工	
五十九年		
六十年	巡撫李樹德請開彭口新河，未行。河決釘船幫，趨張秋，潰曹家單薄，南至靳家口，北至周家店皆淹没。修東平等州縣隄岸、橋道及南旺等湖隄，袁口等牐并戴村垻	

六十一年	河決馬營口，復灌張秋，開葦河放之入大清河。又築東平、壽張、東阿、聊城、博平隄工。沂水壞禹王臺工
世宗憲皇帝雍正元年癸卯	挑浚運河。浚治湖泉。建獨山湖東水土隄，留水口十九，各築壩
二年	建六里石牐。修獨山隔隄、昭陽湖隄石牐十二、三空橋二
三年	於江南河兵內選二百名安插山東險要地方。改建四女寺牐爲滾水壩
四年	欽差勘議南旺、獨山、安山、馬踏湖地，增修隄堰牐壩，支河添分水口之八斗門牐板，又將戴村坎河三壩重修，統建滾水石壩
五年	開浚安山湖支河六，並於隄口建牐六，今廢

六年	建築沙灣大壩。安山湖圍隄圮，勘視停築。建朱姬莊等板工二十六段，築分水口西岸東沙壩。改龍灣減水牐爲滾水壩
七年	築堽河壩護隄。修獨山湖土隄。開浚恩縣至德州四女寺引河
八年	汶河石梁口決。衛河漫溢
九年	拆低戴村復舊制，改建磯心五十六，中留水竇五十五。修獨山、南旺湖隄，大梭新隄，建河湖子隄。開浚老塩河引河
十年	
十一年	改建韓莊湖東石隄。堵塞劉老等二口並築高隄堰。衛河漲漫，溢哨馬營老虎倉

十二年	建李海務旁涵洞。改運河自德州馬家迴溜北至舊月河頭，仍築攔水壩一道。改德州哨馬營滚水壩，開引河，挑西方庵引河
十三年	停築安山湖圈隄
今乾隆元年丙辰	建新店、開河二涵洞
二年	定德州哨馬營支河每年疏濬。令泉河通判每年疏浚山泉。幫築馬踏湖隄。定每年以十一月初一日煞壩挑河，其開壩日期以南漕抵臺莊爲準
三年	修邢莊牐。幫修蜀山圈隄。改建何家石壩爲涵洞。建房家口進水牐，又博平三教堂減水舊牐
四年	令山東運河每春夏之交建築束水草壩。增築田智莊至火頭灣北圈隄。增築蘇魯橋至顏珠隄湖隄，添建涵洞五

五年	黄水自黄村石林漫入微湖，加築土壩。漳河故道禁民築堤。修臨清至德州堤岸
六年	開通漳河故道。增修恩縣民修隄堰及聊城護城隄岸。揠浚德州等處子河宜洩運河内漳、衛、汶漲發之水由鈎盤河達老黄河入海
七年	疏浚濟寧、嘉祥等縣水道。河決石林口湖水倒溢
八年	
九年	運、捕、迦三廳河夫改設河兵四百名
十年	改楊家壩爲減水牐

十一年	
十二年	疏築郯城蘭山河道隄堰。開浚郯城墨河,建蘭山江風等口處石工
十三年	修築沂河隄堰
十四年	安山湖聽民墾種。疏浚運河,改泗河董家口壩爲滾水壩,又開支河自貫家灣達魯橋入運。落低戴村玲瓏壩
十五年	
十六年	

十七年	仍改何家涵洞爲滾水壩
十八年	
十九年	
二十年	建張秋平水三牐。河溢孫家集,淤墊微湖,接築攔黄壩七十里
二十一年	
二十二年	開伊家河,改楊家壩減水牐爲雙槽石牐

二十三年	築微山湖西岸壩工。建張秋八里廟滾水壩。龍灣滾水壩舖石底
二十四年	建彭口牐。築微山湖滾水壩
二十五年	落低何家壩脊二尺。移金線牐于柳林之北
二十六年	
二十七年	落低五空橋。建辛莊橋滾水壩。展寬四女寺壩口門四丈。德州魏家莊至新莊頭另開引河
二十八年	挑浚小梁山茶城內華山以達荆山橋。汛水沖塌何家壩，拆修添築雁翅。復加寬四女寺壩口門十二丈，添磯心五座
二十九年	建湖口新牐。改正萬年閘金門
三十年	於微湖石壩添設石槽牐板
三十一年	
三十二年	落低沙灣三空橋爲五空。修臨清舊河上口觀音嘴牐座
三十三年	
三十四年	

三十五年	建小土地廟單牐
三十六年	伏秋漲沖戴村坝身，重修之
三十七年	堵白馬河董家口石坝
三十八年	鑲築武城南關草工
三十九年	開潘家屯引河。加鑲彭口門兩岸草工。將民便牐圈入馬場湖內，不煩建牐。議引洹濟運
四十年	修砌蜀山湖東南兩面石工并碎石坝坡共二千三百四十一丈

四十一年	
以下續增	

張西北過東昌，至臨清，達御河，長二百五十餘里。決汶流以趨之，舟楫連檣而下，建堰牐以節蓄洩，完隄防以備盪激，賜名『會通』。然當時河道初開，岸狹水淺，不能負重。每歲不過數十萬石，故終元之世，海運未罷。

明初，黄河變易，濟寧之南陽西暨周村泥淤窒壅，乃於濟寧西二十里開耐牢坡口，引曹、鄆黄河水由牛頭河九十八里至魚臺之塌場口，出穀亭，以爲連道。上有忙生牐通南旺，中有永通牐通濟寧，下經塌場口通穀亭，謂之『舊黄河』。

永樂初，糧道由江入淮，由淮入黄河，運至陽武，發山東、河南丁夫由陸運至衛輝，下御河，達京師。九年，以濟寧州同潘叔正言，命尚書宋禮役丁夫一十六萬，濬會通河。用老人白英計，築戴村垻遏汶全流，南出汶上之西，入於南旺，南北分流。又開新河自汶上袁家口左徙二十里，至壽張之沙灣接舊河。又命侍郎金純自汴城金龍口，下達魚臺塌場口，築隄導河，經二洪南入淮。漕事定，爲罷海運。成化間，於永通牐南二里建牐曰『明鏡』，一名『永通下牐』，又於南陽牐東一里地名『釣鈎嘴』建牐曰『廣運』。洪治間，復於魚臺之吉家淺建牐，曰『廣運上牐』。水大則開永通牐，水小則由濟寧天井牐，總從南陽達穀亭，自穀亭南經八里灣牐、孟陽泊牐，在昭陽湖西岸過沛城達飛雲橋，後又從沙河橫截昭陽湖西南，經沛縣東抵赤龍潭，轉入秦溝，出茶城以通大浮橋，總謂之『舊運道』。

正德間，河決曹、單，直衝沛邑，趨飛雲橋入運。少司空崔巖役丁夫四萬二千有奇弗能塞，俟其自定而後築隄捍之。嘉靖初，沛縣曹單城武塌場口，黄河屢決，自濟寧至徐沛運道悉淤。中丞相天和築曹、單長隄，運道始通。繼決野雞岡，二洪俱涸，少司馬至以旂濬李景口引水，由蕭縣出小浮橋濟洪。後曹縣復決，衝穀亭，迨房村之決，漕舟阻閣於邳以下者至二千餘。中丞曾鈞疏濬下流，役夫數萬。未幾，而新集至小浮橋悉淤，全河之水俱徙於北，從沙河至徐、吕二洪，無復漕渠之跡，於是開南陽新河之議起矣。方當河決沛縣之時，南司空胡世寧上言：『運道之塞，河流致之也。使運道不假於河，則亦易防其塞矣。莫若於昭陽湖東岸滕、沛、魚臺、鄒縣界擇土堅無石之地另開一河，南接留城，北接沙河口，就取其土，厚築西岸爲湖之東隄，以防河流之漫入、山水之漫出，而隔出昭陽湖在外，以爲河流漫散之區。』下其議，總河盛應期以爲可行，役丁夫九萬八千開渠，自南陽經三河口，過夏村，抵留城，百四十里，閱四月。怨讟上聞，褫職停工，自是四十年無敢言改河者。

至嘉靖四十五年，運道大壞。工部尚書朱衡謂，黄水未消，工難措手，惟此地形高土堅，黄水不侵，河路徑捷，輓輸更便，疏請開挑，以備運道。兼採中丞潘季馴議，請濬留城口至白洋淺舊河，屬之新河。言官有狃於沽頭舊運，而乘雨久水溢以阻其成者，會給事何起鳴以勘議上言

『舊河難復，新河宜開』，得報『可』。時南陽口至仲家口已通舟行，惟夏村迤北十七里未與水接，乃加力開濬，創利建、珠梅、夏鎮、西柳莊四牐，砌馬家橋埽口石隄，遏河之出飛雲橋者入秦溝。復留城至赤龍潭舊河五十餘里，以接泉水。六月工甫績，適暴雨，黄溢嚙新隄幾盡百，中橋至白洋淺一帶亦淤。言官復劾衡悮河工，而衡報糧艘已過薛河，抵南陽出口北，上得不問。迨九月，馬家橋石隄成，水南趨秦溝，飛雲橋之流始斷，而言者終以復舊爲便。衡言：『黄水自西來，而舊河在昭陽湖西，横截舊河以達湖。水去沙停，河所以數年必一淤。若新河則在湖之東，相距漸遠，黄水淤塞舊河而不及新河有之矣，未有至新河而不淤舊河者也。』

隆慶元年，山水驟漲，衝塌薛河石壩，壞糧艘數多，議復譁然。給諫吴時來言：『舊河已不必議，惟新河所受上源山水，亟宜疏濬。』詔仍下衡區畫，於是經理沙薛上流，既開東邵支河以殺其勢，即於東邵築土壩，薛河口築石壩，以障其流。又挑王家口支河以洩薛河之水，即於王家口豸裹溝各築土壩，以攔薛水之溢。挑皇甫以洩沙河之水，即於皇甫翟家口、宋家口各築土壩，以捍沙河之趨。而昭陽湖之積水復大，挑回回墓河以瀉之。自此運道俱由新河，改『夏村』爲『夏鎮』。然有夏鎮河、有留城河、有李家口河、有鎮口河，總名之曰『新河』。夏鎮河爲尚書朱衡所開，乃循中丞盛應期未竟之緒。其河起南陽，七十八里至王家口，由宋家集折而東，又南經夏村，五十七里至留城是也。留城河，又尚書朱衡、採中丞潘季馴議疏濬舊河屬之新河者，其河北至滿家橋，四十里南經境山，由茶城口四十五里出濁河是也。自李家口開，此河即廢。李家口河，則中丞潘季馴所開，以避留城一帶之湖水者。其河自吕公堂迤西轉東南經龍堂，至内華牐以接鎮河口，共一里。鎮河口，則中丞凌雲翼所徙，一十八里，内建三牐，隨舟出入爲啟閉者。牐成，不勝黄水之灌注，閉日常多，諸湖泛濫，新、舊兩渠仍通爲一，一二十年間屢變屢遷，總以地逼於黄，故河患不息，於是開泇河之議起矣。泇以嶧東、西兩泇水得名。西泇自抱犢山東南流與東泇合，又南合武河入泗，謂之『泇口』，淮泗通焉。嶧之南有中心溝，復受衆水下流，東會永水入泇。

隆慶間，徐、邳淤，都御史翁大立疏請開河，自馬家橋經利國監入泇口，出邳州以避秦溝徐、吕之險。科臣駱遵言：『河出馬家橋葛虗嶺，高出河底五丈餘。侯家灣、梁城多伏石周柳，諸湖達直河口須築隄水中，功費無算。』議遂寢。萬歷癸巳，雨潦大作，河決汶上，灌徐、沛，潰漕隄幾二百里。總河舒應龍求通洩之途，於微湖東得韓家莊。其地在性義嶺南，不經葛墟嶺而可引湖水由彭湖注之泇，乃疏請開支渠四十餘里。閱五月功成，猶未能通漕也。自黄堌口決、鎮口淤數年間，專用力於分黄導淮，及接引黄流出小浮橋濟運，而開挑未久，淤塞隨之。己亥，都御史劉東星與夏鎮分司梅守相議舉韓莊未竟工，淺者深之，狹者廣之，併鑿侯家灣、梁城通泇口，使可行舟，以水溢暫撤辛丑，上疏請竟前功，得報『可』，遂不問淺狹難易，一切修濬，建鉅梁橋石牐一，德勝、萬年、萬家莊各草牐一。是年，漕艘由泇行者十之三矣。癸卯，霖雨水漲，河決黃莊，入昭陽湖穿李家口，逆行從鎮口出。中丞李化龍定計開泇，乃議棄王市以下三十里之泇河，徑從王市直達紀家集，南取當河深處，以避鑿郗山及周柳諸湖百里之險。通計挑河、建牐垻工費二十萬八千一百有奇。乃上疏言：『今之稱治河難者，謂河由宿遷入運，則徐、邳涸而無以載舟，是以無水難也。河由豐、沛入運，則漕隄壞而無以維繂，是以有水難也。泇河開而運不借河，有水、無水第任之耳。疏瀹決排，皆無庸矣。又以二百六十里之泇河避三百三十里之黃河，二洪自險，鎮口自淤，不相關也。糧艘過洪，每爲河漲所阻，運入泇，而安流無患。且運借何則河爲政，河得以困我；運不借河則我爲政，我得以熟察機宜而治之。』廷議韙之，遂改挑直河之支渠，修砌王市之石垻，平治大泛口之湍溜，撈浚彭家口之淺沙，建牐設垻，次第畢舉，而運道實賴之矣。自李家港口東至黃林莊一百六十里爲東省境，又南接邳界，河道百里，共開泇二百六十里，徑從駱馬湖由董、陳二口入黃，河經宿遷一百八十里，抵淮安清江浦牐。我朝因之，四十年來歲輓無誤，皆此一綫漕河力也。

竊嘗於尚書朱公衡之治新河，中丞李公化龍之成泇河，而知昔人避黃以護漕，用意至深遠也。蓋自永樂中重濬會通河以接江淮漕運，與黃實相爲終始，而黃性遷徙不常，難必其安瀾無患，每遇溢決必至礙漕。故欲治漕必先治黃，害莫甚於嘉靖之間，是以不得已有新河之役，新河開而穀亭之淤避矣。但留城以至鎮口，猶地逼於黃，一經雨潦，遂壞漕隄。隆、萬之間，歲歲爲梗，是以不得已有泇河之役。泇河開而鎮口之淤，徐、呂二洪之險又避矣。是漕河之至今得以通行者，二公之功也。然新河之議，自嘉靖初，司空胡公世寧建言，中丞盛公應期開浚，功垂成而以之獲罪，乃至四十年無敢言改河者。迨嘉靖末年，運道大壞，朱公始得收盛公之績，而言者猶以悞工見之彈章。泇河之議，自隆慶初中丞翁大立建言，萬歷初中丞傅公希摯上疏，俱以費煩寢議。萬歷二十年，中丞舒公應龍始開韓莊支渠四十里。二十六年，中丞劉公東星舉韓莊未竟之緒。三十一年，中丞李公化龍挑渠修垻，浚淺設牐，運道始成，而邳、徐人情不便，猶怨咨流傳，謂：『黃不可廢』，可見昔人成事之難也。假使朱公非有盛公濟艱難於昔，李公非有舒、劉二公宏締造於先，則異同之見，鮮不一試而輒阻，亦安能奏厥成效哉？用是歎朱、李二公成事之難，尤深惜盛公、舒公、劉公創事之不易也。嗚呼！彼六七公者，殫智盡力，任勞任怨，竭蹶於數十年之中者，無非爲避黃計也。然則後之君子覩昔賢之遺迹，思所以保護運道隔截黄流，又當何如哉？

又曰：元改任城爲濟州，開會通河，導汶、泗以會其源，置牐以分其流。南自濟寧至沽頭，地降百十六尺；爲牐九，南入於河，曰分水、曰天井、曰在城、曰趙村、曰石佛、曰新店、曰師家莊、曰棗林、曰南陽；北至奉符爲牐以節汶水，曰堽城；東北至兖州爲牐以節泗水，自北而南曰金口，出魯橋，自東而西曰黑風口，由府河以出會源牐。會源，即『天井牐』也。此未開會通以前所建。西北自安民山入於新河，至臨清，地降九十尺；爲牐十六，以達於漳河：曰戴家廟、曰荆門上、曰荆門下、曰阿城上、曰阿城下、曰七級上、曰七級下、曰周家店、曰李海務、曰通濟、曰永通、曰梁家鄉、曰土橋、曰戴家灣、曰新開上，曰南板，此既開會通以後所建，皆在至元大德延祐之間。至元中，又於金口牐南建減水牐，曰沂河，引沂入泗；又建一牐於兖州之西十里，曰土婁；建一牐於兖州之西三十里，曰杏林。節泗、沂之西流者，受闕黨諸泉，謂之『府河』，亦謂之『濟河』，西流至天井牐；又於濟寧東北四十里建牐曰吴泰，曰宫村，以節汶水；又於馬驛北建牐曰減水，以殺洸水。大德間，又於南陽之南建一牐曰孟陽泊，以通江淮。至正間，又於新店、師莊二牐之間增一牐曰黄陳林新牐。至順間，又於孟陽泊南建一牐，曰穀亭，滙黄良、艾河等泉以厚水勢。

合觀所建壩牐，元人之於會通一河，計已周矣，而南旺一帶止於至元間建開河一牐，其他未及講也。

明初，用兵梁晋，大將軍徐達於濟寧西二十里耐牢坡口建一牐曰永通，從牛頭河以達魚臺之塌場口，出穀亭運道。迨永樂間宋禮浚會通河，開袁家口至沙灣之二十里，用老人白英計移堽城壩於青川驛，又築壩於東平州之戴村，横遏汶水，全流南出汶上之南旺分水。於是成化間於分水口南建一牐曰南旺上，於分水口北建一牐曰南旺下，三年大挑，以疏其淤塞。又於牐之左右各建減水牐，一名曰『斗門』，一通馬踏湖，一通蜀山。湖平時則斗門盡閉，中牐常開，放水入運；一遇洪水，則斗門盡啟，中牐下板，沙泥盡隨斗門入湖，大挑始爲省力。又於濟寧在城、天井二牐南，穿月河四里許益以牐，曰上新、曰下新，上、下之間更建一牐，曰中新；於師莊牐北增一牐，曰仲家淺；於師莊牐南增一牐，曰魯橋，魯橋、師莊之間復建一小牐，曰埢里，横遏泗水入漕。自濟寧北至鉅野境，築石隄十二里；自鉅野北至嘉祥境，亦築石隄十里，南旺西湖始砌石隄。并建靳家口、安山、沙灣、高口諸牐，又修沙灣以北元人所建十六牐。又於廣濟渠口築石隄二道，自大感應廟起至沙灣，長一百六十丈；自沙灣起至荆門驛，長一千九百三丈。又於永通牐南增建三牐，曰永通下、曰廣運、曰廣運上。又築濟寧西蓬子山壩、濟寧趙村月河石壩。又於孟陽泊牐南建一牐，曰八里灣，修天井以南諸牐。又於寧陽縣西四里洸河兩涯引柳泉之水，横過洸河，東西立牐，曰洸河，東西水漲則閉牐以防其淤，水澀則啟牐以達其流。又於堽城石堰上流建一牐，曰堽城新牐。

自永樂至嘉靖初，北自臨清，南至穀亭，或壩或牐，或堰或隄，歲有修建，會通一河得以無阻，而曹、單屢次南衝穀亭，漕渠淤塞。嘉靖四十五年，自南陽至留城開新河以避穀亭之淤；建牐八：曰利建、曰珠梅、曰楊莊、曰夏鎮、曰滿家、曰西柳莊、曰馬家橋、曰留城。接舊河自留城南至鎮口，又建牐五：曰黄家、曰梁境、曰内華、曰古洪、曰鎮口。又減水牐二十，開月河於牐之旁者六，爲土若石之壩十有二，築兩涯土隄五十三里，石隄三十里。又於内華牐築伊家林横隄，於戴家山築戴家山横隄，鑿支河八，築夾隄六千三百四十餘丈。又築獨山湖北岸石隄三十餘里，各留口引水入運。建減水牐十四座，大者二，各三洞，小者十有二。建南陽壩以障獨山之流，開回回墓支河以引昭陽之水。又於濟寧之北建通濟牐，建小河口減水牐六，築馮家滚水壩，修大長溝獲麟古渡。又於戴村之東築坎河口石壩，以遏汶水入海之路，使水大則漫而西出，漕不至溢，水小則順流而南，漕不至涸。又開南旺上、下月河，各建大牐。大挑之日，汶河及上、下二牐各築土壩，於此通舟。又建五里鋪滚水石壩，以備運河水大洩入西湖。又修南旺湖漕渠長隄，築西湖缺口，加築舊隄一萬二千餘丈，添築東面子隄一千二百餘丈。築蜀山湖東隄，蓄水濟運。築長溝、減水二牐，以備蜀山湖水大洩入馬場湖。又築馬踏湖土隄三千二百餘丈。

自嘉靖末至萬歷中，北自臨清南至鎮口，或壩或牐，或堰或隄，亦歲有修建，新、舊運河僅能通漕，而地逼於黄，每足爲害。萬歷三十四年，又自李家港口至黄林莊開泇河，以避鎮口之淤，并避徐、吕二洪之險，建韓莊、德勝、張莊、萬年、丁廟、頓莊侯遷、臺莊等八牐。又建彭家口之三洞牐、郗山之減水牐、韓莊之湖口牐，以備旱潦蓄洩濟運。又築韓莊湖護牐石隄一道，築朱姬莊至韓莊縴道隄十八里，以障郗山、韓莊諸湖之水。又築彭家口壩，以遏許由、三山、龍灣諸泉之由彭口出者；築拖泥溝壩，以遏許池、滄浪諸泉之由大泛口出者；築滿壩，以遏河水之由滿牐河洩者；築吕壩，以遏河水之由李家口河洩者。

自元至元迄，明萬曆開泇，工成之日，建築壩、牐、堰、隄奚止數百，而一舉一廢，要必於漕運有關。表而出之，以見古人用意之周，庶後人知所則傚云。

卷二

職官表

漕河經始，官無定員。明初，或以工部尚書、侍郎、侯伯、都督提督。運河自濟寧分南北界，或差左右通政、少卿，或都水司屬分理，又差監察御史、錦衣衛、千户等官巡視。其運河牐泉，或以御史，或以郎中，或以河南按察司官管理。後止設主事，三年一代，然俱爲漕運之河，不爲黄河也。惟總督河道大臣，則兼理南北直隸、河南、山東等處黄河。自明成化、宏治間始，或以工部，或以都御史駐劄濟寧州。

國朝康熙十六年以後，江南工程緊要，移駐清江浦。雍正七年，分設總河，駐清江者專管江南河道，駐濟寧者專管河南、山東黄、運兩河，加兵部尚書、都察院右都、御史銜。十年，又添設副總河，旋罷。其濟寧管河兵巡道，設於前明隆慶年間。然南旺、寧陽、夏鎮、張秋、臨清等處各有分司，自分司裁革，河道、牐、泉全併濟寧道管理。康熙十九年，改爲通省河道，乾隆元年加兵備銜。凡院道以至丞倅等官題名碑記，已不能全無訛漏。

自元迄今，差遣督治諸臣，不係專官，事竣即已。其間姓名湮晦，勞績罔聞者多矣。茲據元、明諸史志悉爲羅載，而仍録《全河備考》以資考証，庶幾展卷瞭然云。

元

元	總部	差巡	分理	丞副	掾屬
	開濬諸臣、都水監、行都水監、總治河防使	宣差、巡視、相度、董役、建議	分監、少監、都漕運司、河防提舉司、都水判官	都水監丞、漕運副使、同提舉、副提舉、提領、副提領	經歷、知事、令史、必闍赤、通事、知印、奏差、壕寨、典吏
世祖至元十六年己卯	是年元始一統，行江淮漕	張楷任城人。濟州判官。上書請東引汶、泗匯任城通漕。歷都水丞，授朝。列大夫，致仕有傳。據州志補蒞任歲月未詳，附録於此			畢輔國奉符人。濟倅。先是至元丁巳引汶入洸，由洸通泗，汶水始至任城。有傳

十七年			置汶泗都漕運使司馬之貞		
十八年		奥魯赤、劉都水及精算數者一人，給宣差印，往濟州定開河夫役			
十九年					
二十年	李奥魯赤兵部尚書，開鑿任城至安民山漕渠。有傳		立都漕運司鄭彬河倉副使		
二十一年		尚監察闕名馬之貞員外郎，省委同相視開浚。有傳	石抹奉議少監，分都水鹽事。修任城東牐，年月未詳，附録於此		
二十二年					

二十三年			罷濟州漕運司，河道撥屬都轉運司管領	馬之貞調充漕運副使，委管牐、接放綱船	
二十四年					
二十五年		桑哥請開渠			
二十六年	忙速兒中書斷事官 張孔孫字夢符，烏若部人，禮部尚書。 李處巽一作處遜，兵部員外郎，一作兵部尚書。同奉命開河。俱有傳	韓仲暉壽張尹，建議開河。有傳 邊源太史院令，建議。有傳 馬之貞三人同往商定工用	罷漕運使，立會通汶、泗提舉司，職河渠事		
二十七年		是後每歲委官，佩分監印巡督	馬之貞少監。二十九年領河道提舉		

二十八年	二十九年	三十年	三十一年	成宗元貞元年元未	二年	大德元年丁酉
	建都水分監於阿城之景德鎮					

二年	三年	四年	五年	六年	七年	八年	九年	十年	十一年
					馬之貞都水太監，建孟陽泊石牐				
					王濬行省右都事，監視孟陽泊石牐				
					仇鋭覈實司提舉，董役修孟陽泊石牐				
					俞時中都水令史				

武宗至大元年戊申					
二年					
三年	塔失海牙河南平章政事，董役修浚運河				
四年					
仁宗皇慶元年壬子				劉闕名行司監丞，奉議大夫，見頓舉《黃良泉記》	
二年					
延祐元年甲寅					
二年					

三年					
四年	潤開都水太監，修金口牐	尋敬兗州知州，提調金口牐工役			王元都水掾，從理簿書 李克温壕寨官，董工役
五年					
六年				張仲仁河南人，分治東阿監丞。有傳	
七年					
英宗至治元年辛酉	王結字儀伯，定興人，東昌路廉訪使，於會通隄下作斗門，疏黃河積潦。歷中書左丞，封太原郡公，謚文忠				
二年					孟思敬都水屬
三年				周德興金溝牐提領	

泰定帝元年甲子			令瀕河州縣官兼知河防事		
二年					
三年					
四年					
文宗天歷元年戊辰					
二年					
至順元年庚午	廬闕名，都水監，嘉議大夫，修穀亭牐	乞台奉議同知濟寧牐事　春童承事濟州達魯花赤　李居時魚棠縣尹。皆董役修穀亭牐。按奉議、承事，皆似官階	德安少監，奉議大夫	阿里監丞，奉直大夫，建穀亭牐	楊温壕寨官　韓恪曹掾　劉惠壕寨官　藺芳曹掾　劉思齊壕寨官　趙居敬壕寨官　周汝霖令史　賀居信奏差　王完者禿奏差

二年					
三年					
順帝元統元年癸酉		李黼字子威，潁人，宣文閣監書博士，巡視河渠，陞秘書監，封隴西郡公，謚文忠			
二年					
至元元年乙癸					
二年					
三年				沈温公闕名，前監丞	
四年	馬兀公都水監，見李惟明《任城東大牐記》，按此似即馬兀承德之誤			馬兀承德字仲彬，唐古氏。監丞　按承德，似官階	梁仲祥壕寨　李讓壕寨

五年				宋伯顏不花字國英，都水監丞，有傳　曹郁會源牐提領　郎忠信副提領	岳聚壕寨　周守信令史　不花奏差　姜信奏差　王守恭壕寨
六年					
至正元年辛巳			宋口只兒少監	也先不花都水監丞，有傳	薛源政壕寨　李中令史　韓也先不花奏差
二年		伯颜察兒同知東平路事，浚會通董役。有傳			
三年					
四年	賈魯字友恒，高平人。行都水監，循行河道，攷察地形，遷右司郎中，後治河。有傳				

五年					
六年	立山東、河南都水監				
七年					
八年	立濟寧、鄆城行都水監	脱脱丞相，請治河，功成，賜世襲答剌罕			
九年	立山東、河南行都水監	成遵字叔誼，穰縣人。工部尚書，偕秃魯奉命行視河，議其疏塞之方　秃魯大司農，同治河　李宗漢字彦文，衛輝人。濟州判官，修魯橋董役			
十年	秃魯兼都水				

十一年	賈魯以工部尚書總治河防使，進秩二品。河成，超拜榮祿大夫，集賢殿大學士	玉樞虎兒吐華中書右丞黑厮同知樞密院事時命賈魯治河，二人以兵鎮之	立河防提舉司，隸行都水監，巡視河道		
十二年			添設行都水判官		
十三年				慈滿並□下一字缺，見徐君墓記，承直郎都水監丞	
十四年					
十五年					
十六年			添設少監一員	添設監丞一員	添設知事一員
十七年					

十八年					
十九年					
二十年					
二十一年					
二十二年					
二十三年					
二十四年					
二十五年					
二十六年					
二十七年					
二十八年戊申元亡					

明

明	總部	差巡	監司	分司	丞倅
	總理河道 總督河道 經理河漕 總漕兼河道 巡撫兼河道	巡視 巡按 會勘 相度 建議 協治 董役	布政司參政 參議 按察司副司 僉事	寧陽 濟寧 南旺 北河 夏鎮 臨清 沽頭	管理河泉同知通判 牐壩官置裁及管河指揮 附府州縣及佐貳官督工者，並附載
太祖洪武元年戊申		徐達字天德，濠人，大將軍，魏國公，贈中山王，諡武寧。開塌場口 薛祥字彥祥，無爲人，都漕運使。時自揚至蔡達濟，垻堰皆沙塞崩塌，祥疏通修築，役使均平。歷工部尚書			
二年					涂芳濟寧知府 劉大昕濟寧同知 胡處謙濟寧通判 均建耐牢坡石牐
三年					
四年					
五年					
六年					
七年					
八年					
九年					
十年					
十一年					
十二年					
十三年					
十四年					
十五年					
十六年					
十七年					

十八年					
十九年					
二十年			王晏字士寧，盱眙人，山東左參政，督開運河，取梁山泊壂石建梁莊等牐		
二十一年					
二十二年					
二十三年					
二十四年					
二十五年					
二十六年					
二十七年					
二十八年					
二十九年					

三十年					
三十一年					
惠帝建文元年己卯					
二年					
三年					
四年					
成祖永樂元年癸未				設寧陽管泉及管牐主事各一員。其臨清牐令衛河提舉主事兼管，皆三年更代	革耐牢坡、周家店、李海務、臨清、會通等五牐官
二年				差管河通政、郎中各一員	
三年					
四年					
五年					
六年					

七年					
八年					
九年	宋禮字大本，河南永寧人，國子生，以工部尚書總理開河工役，追贈太子太保，謚康惠，有傳 金純字德修，泗州人，國子生，刑部侍郎，同督開河，進刑部尚書兼太子賓客，贈山陽伯，有傳 周長天長人，都督同督開河，贈萊陽伯，謚忠毅，有傳 陳瑄字彥純，合肥人，平江伯，充漕運總兵官，經理開河，謚恭襄，贈侯，有傳	命御史二員監理開河 潘叔正仙居人，國子生，濟寧州同知，首建議開河，有傳 師逵吏部侍郎，字九達，東阿人。特遣以開河，祭告山川 張本字致中，東阿人，刑部侍郎，督北運河，躬自相視，立程度 徐亨興安伯，續差管事者三人 竇奇户部郎中，分遣管工者五十四人 藺芳夏縣人，孝廉，工部辦事官等三十五人。以開河功薦陞工部侍郎，又見總部，有傳 蔣廷瓚工部侍郎，治決河，自金龍目至塌場口			

九年		張信户部侍郎，請浚魚王口至中灤			
十年	藺芳工部侍郎，經理德州良店驛東南土河，開支河、置牐。據《明史·河渠志》補	許堪巡按御史，請修理臨清以北運河 楊砥禮部侍郎，巡視河渠，降主事，歷北京行太僕卿，奏請治德州舊黄河及土河。字大用，澤州人			
十一年					
十二年	令工部尚書及都督各一員疏濬運河 按《明史·七卿表》，是年，仍宋禮爲工部尚書				

十三年	十四年
劉觀雄縣人，進士，刑部尚書。按《明史》作「左都御史」，十五年督浚漕河。《全河備考》作「刑部尚書」，亦在十五年。今據《七卿表》十三年六月觀自刑部改左都御史，似《備考》猶有誤	
	置穀亭、孟陽泊、魯橋、金溝、沽頭等牐官及臨清垻官

十五年	十六年	十七年	十八年
令伯一員充總兵官，創行漕事陳瑄見前。是時，漕即兼河，故録焉			
令都督、侍郎各一員及尚書一員，伯二員往來提督，以本部員外郎主事二員分理，又遣侍郎、提督、御史、錦衣千户等官巡視按《南河全考》，尚書劉觀，侍郎藺芳、張信，新寧伯譚清，襄城伯李隆，員外郎夏濟主事劉文勇等往來督視，似在此時			
	顧大奇工部主事，寧陽分司		

十九年	二十年	二十一年	二十二年
趙泰工部郎中,塞東昌決河,周忱薦,爲協同都運			
遣侯、伯各二員,分理濟寧諸牐及諸處河道。《南河備考》云:遣泰寧侯、鎮遠侯、新寧伯、遂安伯,後又遣大理少卿、工部郎中、員外郎、主事、御史、河南副使等官			
			黃鐸工部主事　王孜右通政。二人皆永樂間寧陽分司,年月未詳,附於末年。後倣此。　樊敬鄆城人,侍郎　馮冕二人皆永樂間臨清磚廠分司

仁宗洪熙元年乙巳	宣宗宣德元年丙子	二年	三年	四年	五年
			劉觀左都御史,巡視北京至南京河道	黃福字如錫,昌邑人,工部尚書,出督漕河,加太子太保,謚忠宣	
					趙新吏部郎中,請開臨清月河,北置牐
	以山東參政副使管河漕牐座				
	設濟寧管牐主事及提督徂徠泉源主事,尋罷				
			命山東三司遣官專理河道		

六年		白珪字宗玉，南宮人，御史，請浚金龍口，歷尚書，謚恭敏		史鑑直隸成安人，工部司務，歷官郎中、侯前、寧陽分司	
七年		李懋御史，請浚金龍口		侯暉工部主事。二人皆寧陽分司 凡歷官在前，而年分無可考者，從後任追序之，以下倣此	
八年					
九年					
十年				夏濟工部員外郎 辛壽河南人，工部主事。二人皆宣德時濟寧分司 范宗嘉定人，宣德時臨清分司	

英宗正統元年丙辰				張秋、徐洪各委工部官一員	
二年	鄭辰字文樞，浙江西安人，進士，工部侍郎，治濟寧以南河道 賈諒字子信，嶧縣人，舉人，副都御史，治濟寧以北河道	王瑜字廷器，山陽人 武興二人皆都督，往來提督		定巡視河道部屬官六員	
三年		陳韶巡按御史，請築隄防。按《山東志》無詔，有陳韶，青田人，似字誤，俟考	袁文僉事，陞本司副使，提督濟寧等處河道。按《山東志》無文，有文華，俟考	熊鍊進賢人，宣德庚戌進士，寧陽分司	增置東昌通判一員，專理河道 戴浩東昌通判
四年				裁寧陽分司	
五年					

六年	七年	八年	九年	十年	十一年	十二年
令總漕都督兼管河道武興督漕都督同知，兼管河道舊志無，據實録補						石璞河南臨漳人，舉人，工部尚書，治河
湯節漕運右參將，都指揮同知，奏請嚴牐禁、浚泉源			武興見前勘視金溝上牐			
			榮華副使，請置金溝上牐			
			復寧陽分司熊鍊復差黃瓚臨川人，宣德癸丑進士，濟寧分司		傅弼寧陽分司	
			革臨清垻官			

十三年	十四年	景帝景泰元年庚午
王永和工部右侍郎，代璞治河		設漕運都御史兼通州至儀真河道，令提督河道專屬都御史
林廷舉御史，請引漳入衛	錢清御史，請濬南擡圈灣河達衛	陳全御史，請築沙灣二洩水口
	李權臨淮人孫承先吳綸張闕名孔闕名童闕名劉誠盧龍人劉勸江寧人劉讓益都人，又濟寧分司。上九人皆正統時臨清分司	

二年	王竑字公度，江夏籍，河州人，正統四年進士，僉都御史，奉敕總漕兼治運河，歷兵部尚書，贈太子少保，謚莊毅。據《明史》補 石璞再任治河，加太子太保	裁巡河御史二員，以巡鹽御史兼理 洪英山東巡撫，左副都御史，治臨清以南河道 王暹河南巡撫右副都御史，治黑洋山直至徐州河道。二人同奉敕：協力合治，務令水歸漕河 黎賢中官 阮落中官 彭誼字景宜，東莞人，舉人，御史，同中官協治沙灣決河，進秩二等。歷巡撫副都御史 張文質給事中，言治河事宜	王聰左參政 王琬僉事，同督浚沙灣運河 陳忠僉事 趙全參議 古鏞僉事。三人分理治河	裁河道主事一員	陳忠都指揮僉事，分理治沙灣決河
三年	王文字千之，初名强，束鹿人，永樂十九年進士，左都御史。《紀事本末》：石璞，王永和、王文相繼治河。按《明史》，文視河在是年二月。歷少保、大學士，謚端毅 趙榮字孟仁。工部侍郎，同二中官往治河。又奉勑祭河神，歷尚書	劉清河南僉事，奏請引沁資衛，未行 唐學成清河訓導，言河務，命同洪英相視河道 陳冕訓導，從治河有績 羅澄御史，奏山東水勢 徐恭漕運總兵官，請築沙灣決河 黎賢中官，再差 武良中官。二人同侍郎趙榮理河	劉整參議。同王琬塞河無功，宥罪自効	令山東臨河州縣各設官一員	

四年	五年
石璞七月復任 徐有貞字元武，吴縣人，宣德八年進士，僉都御史，命治決河，功成，晉副都御史，歷大學士，封武功伯有傳	陳泰字吉亨，光澤人，《河渠志》作「泰一」，鄉試第一，僉都御史，提督濟寧至儀真、瓜州河道。據《實録》及《南河全考》補，又作『六年』
吴福工部司務，命往治河，未行 王晏行人，請置牐分沁，南入黄，北入衛。按《山東志》稱僉事，俟考。 趙榮見前命同王晏相視沁、衛 練綱御史 彭塤教諭，請建牐開河 張瀾巡按御史，請因沙灣決口改挑一河，以接舊道	
陳雲鵬餘姚人，右參議	陳蘭江陰人，僉事
	鈕鬫姓，工部主事。見徐有貞河道碑
田竣東昌推官，石尚書保奏加陞一級，不允	

六年
令漕運都督兼管河道
張琛《山東志》作深，陝西宜州人，貢生，巡按御史 陸瑜鄞縣人，右布政，委督工役，歷刑部尚書，謚康僖 王信都指揮使 龔理崑山人，左布政 劉孜萬安人，按察使 陳忠署都指揮使 薛希璉麗水人，巡撫、尚書
梅森上元人，參議 胡鼎僉事
李蕃管河主事

七年
李春山西稷山人，永樂甲辰進士 龔定華亭人 牛順臨漳人，宣德庚戌進士。上三人皆景泰時寧陽分司 劉讓益都人 張寰南昌人，己酉貢士 陳津永豐人，正統乙丑進士 陳臻蘄州人，宣德壬子貢士。上四人皆景泰時濟寧分司 王闕名 黄闕名 相傑華亭人 莊鑑溧水人 謝綬據《臨清志》增。上五人皆景泰時臨清磚廠分司

天順元年丁丑	二年	三年	四年
徐恭漕運總兵官、右都督，兼理河道。據《英宗實録》補			
陳豫字立卿，瑄孫，平江侯，鎮守濟寧，贈黟國公，謚莊敏 蘇燮巡河御史 王祥巡河御史			
李讚參政 劉進僉事	以河南副使一員，整理濟寧以北河道		
減臨清、沙灣巡河各主事 孫仁貴池人，景泰辛未進士，主事，濟寧分司	陳湊管河主事改濟安牐		
范雯推官，同董役者又有指揮鄧鐘、張鎮，濟寧知州于鑑、同知郝敬、判官柳旻 郭鑑兗州府同知 王恭西安人，國子生，管河同知			冉雲湖廣人，管河同知

五年	六年	七年
		俞楙萊陽人 蔣宣鈞州人 谷琰開州人，進士，歷布政 孔詡華陽人 田畯咸寧人 車寧閬縣人 姜濬江山人 以上七人皆天順時郭昇前臨清分司
潘洪東平知州，同主簿魏端增築戴村壩		楊清平定人。舉人，管河同知

八年
金景輝都察院經歷，請引沁通衛 賈銓河南巡撫，開疏黃、沁，分注運河
郭昇潁川人，臨清分司主事，修臨清新開上牐 張祥江夏人，《題名》作『胡祥』 李清字希憲，上海人，景泰甲戌進士，歷右布政 陳安字士寧，昆明縣人，解元 倪顒字廷瞻，海鹽人，丁丑進士，歷河東鹽運使。以上四人皆天順間寧陽分司 王臣長安人，景泰甲戌進士 何廣字博之，滑縣人，庚辰進士。上二人皆天順間濟寧分司 俞綸巴縣人，天順末臨清分司

憲宗成化元年乙酉	二年	三年 四年
喬毅工部尚書，字志宏。按《南河全考》，六年命户部尚書薛遠、工部侍郎喬毅分行疏濬運河。並録俟考		
	命御史一員提督通州抵臨清、衛輝河道。先係巡鹽兼理，至是專設	
命通政駐張秋，掌衛河、會通河漕政，旋以山東副使兼之，尋改都水司郎中，又除主事三員，分駐寧陽、濟寧、上沽頭	梁明字廷光，臨汾人，天順丁丑進士，寧陽分司 謝敬德州衛人，天順丁丑進士，濟寧分司	畢瑜字廷珍，貴溪人，成化丙戌進士，濟寧分司，歷僉事
		陳翼崇明人，舉人，管河通判，陞府丞

五年	六年	七年
		始設總理河道，侍郎一員 王恕字宗貫，陝西三原人，正統戊辰進士，刑部左侍郎。任歷吏部尚書，加少保，謚端毅
	張誥御史，請修築臨清以北決口	罷巡河御史 韋焕太監，奏請專官管理河道 陳鋭平江伯，漕運總兵 陳濂總漕都御史，請挑浚運河
		自德州至濟寧屬山東按察司副使管理 陳善僉事，陞副使分理 尹朴之參政 王廷言僉事
	張盛字克謙，宜興人，天順庚辰進士，歷左參政，有傳	罷巡河主事，自通州至德州、自濟沛至瓜儀各設郎中分理 陸鏞郎中分理 郭昇員外，陞郎中分理 罷主事御史，惟管洪牐主事如故
徐福字福民，江山人，舉人，管河同知		馬驄東昌通判

八年	九年	十年
	仍設河道都御史	令漕河事委專掌官區處，他官不得侵越
復令長蘆御史兼通州至臨清河道。又御史一員，管濟寧至南京河道	旻謙御史，請自通州至臨清添設管河官	牟俸巡撫，奏修堽城石壩
魏容陝西安定人 林鳳錦衣衛人 周正浙江人 林璧閩縣人 周宏德清人 繆昌無錫人 徐寬海寧人 滑浩餘姚人 吳智莆田人 南鵬滿城人 十人皆臨清分司	李鐩湯陰人，壬辰進士，主事臨清分司，歷工部尚書，謚恭敏	過璘字大璞，平湖人，成化丙戌進士，濟寧分司

十一年	十二年	十三年	十四年
諸觀字民瞻，餘姚人，成化丙戌進士。濟寧分司 曹琚主事。建中新牐		自通州至濟寧，自濟寧至儀真，仍以郎中二員分理 楊恭陝西岐山人，進士，郎中	徐源字仲山，長洲人，乙未進士，主事，寧陽分司，歷官副都御史 洪漢字天章，章邱人，成化壬辰進士，濟寧分司，歷都御史
	王輔松江人，舉人，兗府管河通判		

十五年	十六年	十七年
	李顒廣東博羅人，工部尚書任	薛遠工部侍郎，見王鏊所撰《神道碑》。按《全河備考·題名志》作户部尚書，《南河全考》亦作户部尚書。六年同喬穀分浚運河，存考
楊恭右通政，經理北河，抵濟寧河道。二十二年京察閑住		
	喬縉字廷儀，洛陽人，壬辰進士，主事寧陽分司，歷官四川參政，有傳 陳奐字朝美，漳浦人，成化乙未進士，濟寧分司	
	邵廷貴建德人，國子生，兖府管河通判	

十八年	十九年	二十年	二十一年
			復設總河侍郎 杜謙字益之，昌黎人，景泰甲戌進士。工部侍郎，敕浚運河，見《本紀》，《備考》作二年，《山東志》作尚書，存考
趙英蘭州人，巡河御史，會勘開臨清月河			蕭冕郎中 李濬員外郎，杜侍郎帶往董役
	別差主事提督沽頭等牐 黃寯字仲安，閩縣人，丙戌進士。寧陽分司 俞璣字廷美，吴縣人，成化壬辰進士。濟寧分司		別差河沁主事，宏治元年裁
張欽四川人，兖府管泉同知		袁安錦衣衛人。舉人。兖府泉河同知	

二十二年	二十三年
移夏鎮分司於濟寧	陳愈字節之，淳安人，辛丑進士。成化時濟寧分司 陳英鄞縣人，進士。北河分司。按《實録》，楊恭於二十二年京察閑住，陳英接任宜在是時 吴珍長興人。又北河郎中 姚昺錦衣衛人 陳福漢陽人 劉杲吴縣人上四人皆成化時李鐩後臨清分司
孫昌直隸趙州人，國子生。兗府管泉河同知	

孝宗宏治元年戊申
罷沽頭主事，濟寧以南令巡鹽御史兼理 盧濬天台人，臨清分司 黄肅字敬夫，六合人。寧陽分司，歷副使 莫驄字曰良，無錫人，辛丑進士。濟寧分司
傅皓兗州知府，建趙村石壩 李賓濟寧州，州判

	二年	三年	四年	五年
	白昂字廷儀，武進人，天順丁丑進士。户部侍郎，九月任，《備考》在五年，《題名》在十四年。累官刑部尚書，加太子太傅，謚康敏。玆據《明史》在是年		陳政工部侍郎。《全河備考》作三年，《題名碑》《張秋志》皆作五年，玆據《河渠志》列四年	
	婁性南兵部郎，中協治河道 杜忠 陳寬新河人 張冕長垣人 陳璧陽曲人 鄒魯 馬良玉六人皆御史 王道蠡縣人左 吳珉靈石人右 徐恪皆布政 侯恂白水人，按察使 張岫布政 李源欽天監漏刻博士 劉勝都指揮 孫衍巡河御史，董河事 錢鉞仁和人，山東巡撫都。御史 楊理 李昂 張鼎三人俱巡撫		陶嵩員外郎 張謨署員外郎，帶往治河	羅鑒户科給事。應詔言金溝淺阻，宜於大河西岸開河；南旺淺阻，宜於孫村西岸開河
	傅希説副使 曉闕姓副使 謝綱副使，巴陵人 俊僉事闕姓 沈純南陽人參政 閻仲字隴州人副使 史相副使	令山東勸農參政兼河道		
	吳珍字德徵，成化乙未進士。郎中，治濟寧以南河道 謝緝主事 陳玉涿鹿人，臨清分司主事	汪俁弋陽人，進士。張秋分司	邵莊字天衢，鄞縣人，甲辰進士。寧陽分司，歷副使。 程頊字廷臣，上饒人，丁未進士，濟寧分司。	
	衛英開封知府 劉悉開封同知 趙琮東昌知府 謝支河間知府 李瓚大名知府 戴澄推官 張增知州以上皆庚戌治河，董役。諸臣，見輿記 鐘鏞字朝用，上元人，壬辰進士。兖府泉河同知	移兖府通判駐南旺，提調各牐；令管河官沿河居住，置廣運上牐官一員	許誼長洲人，舉人，兖府泉河同知	

六年	劉大夏字時雍，華容人，天順甲申進士。右副都御史，奉敕治河。見《本紀》有傳。《實録》《河渠志》皆作七年，《濟寧志》作五年。歷兵部尚書，太子太保，謚忠宣	屠勳大理少卿，請管河郎中常在沽頭管理　李邦彦巡河郎中，洛陽人　李興内官監　陳鋭平江伯協同治河		張縉陽曲人。左參政，陞右通政，北河分司，累官户部尚書　陳綺太平人，進士。北河分司郎中　蔡錬字懋成，餘姚人，庚戌進士。濟寧分司	劉福臨淮人，舉人。兗府泉河同知，兼管河。董修河役，盡瘁而死，立祠張秋祀之
七年		張縉右通政，仍治河防，提調沙河至德州　劉勝都指揮僉事，分統工役　王杲都指揮僉事，分統工役	廖忠僉事，陞副使　張鼐字用和，歷城人，成化乙未年進士。副使，協治黄陵岡。十二年，引沁入衛。歷巡撫都御史　李善僉事，隴州人　楊茂元副使	復差沽頭主事　吴綱字宏舉，建寧人，庚戌進士。寧陽分司　許昍字景暉，浙江開化人，成化丁未進士。寧陽分司	
八年	仍以河道分三節設官理之				余濬字仲深，慈谿人，成化辛丑進士。兗府泉河同知，由御史謫任
九年				盛應期字思徵，吴江人，癸丑進士。濟寧分司。又見總部	王文州人，國子生。兗府管河通判
十年				王子成字公大，成寧人，癸丑進士。寧陽分司	
十一年				曹琚字仲至，桂陽人，丙辰進士。濟寧分司	郭宏字元量，直隸延慶人，舉人兗府管泉河。同知　吕澤靈寶人，舉人。兗府管河通判

十二年		周旋刑科給事，請查勘開濬南旺湖 郭鋐漕運總兵官，上引沁入衛議		韓鼎合水人，進士，北河右通政 高貫字曾唯，江陰人，己未進士。沽頭主事	
十三年				張文淵字公本，上虞人，己未進士。寧陽分司	張琮平涼人，舉人。兗府管河通判
十四年				盧宅仁字伯居，四會人，己未進士。濟寧分司	王珣東昌管河通判
十五年					
十六年				歐陽瓊字汝玉，鉛山人，丙辰進士。寧陽分司	
十七年		徐源山東巡撫。請修堤壩。 李鐩工部侍郎。同徐撫勘築堤壩	冒政泰州人，成化十一年進士。參政，歷巡撫，都御史 崔巖孝感人，參政。見總部 袁經僉事	林文煥字允章，漳浦人，己未進士。濟寧分司	

十八年				以南旺二牐歸寧陽分司兼理 彭夔字師舜，安福人，丙辰進士。寧陽分司 王惠慈谿人 李麟鄞縣人 劉祥安福人 李天衢樂平人 錢仁夫常熟人 童器浙江平陽人，字大用，己未進士。又正德二年濟寧分司 傅謐崇寧人 黄暐蘇州衛人 趙松上海人 范璋餘姚人 龍霓南京牧馬千户所人 王納誨長安人，自王惠以下十二人，皆宏治間臨清分司

武宗正德元年丙寅				專設南旺主事，又設臨清管牐主事	
二年					
三年				裁寧陽分司，以濟寧分司帶管	革管泉同知，令管河通判帶管尋復
四年		邵錫深州人，山東巡撫		王寵字仲錫，歙縣人，戊辰進士。濟寧分司。議製水車自爲之記，見第十二卷	呂倣兗府管河通判，帶管泉
五年	崔巖工部侍郎。任 李鏜鄞縣人，工部侍郎任。以上二人皆據《河渠志》增入			商良輔淳安人，官生 錢榮慈谿人，進士 田佑贛榆人，進士 王溱濬縣人，進士 李思儒高陽人，進士五人皆六年，前北河郎中	劉州東光人，舉人。兗府管河通判，帶管泉
六年		陳天祥捕盜都御史，整理東昌以北河道 張鳳蘇松巡撫，整理東昌至沛縣河道	設副使一人專理河道		郭寵兗府管泉同知 葉天球字良器，婺源人，進士。知東昌府建城北減水牐。有傳
七年	劉愷字丞華，新安人，宏治庚戌進士。副都御史，任歷官禮部尚書，掌通政使事		吴漳曹州兵備副使，兼理山東河道	復差寧陽主事。 蘇民字天秀，遂昌人，乙丑進士。寧陽分司 東魯字希會，華州人，舉人。濟寧分司	吴瓚曹州知州 賈存哲濟寧同知，同巡視河道祭告河神 兗府添設管泉同知 王大淵雲南晉寧州人，舉人。兗府管泉同知

八年	九年
陸應龍長洲人，進士 荀鳳徐州人，進士 二人皆正德間北河分司 汪彬祁門人 程浩樂平人 王大用莆田人 蔣愷華亭人 賀晉永新人 劉寅大庚人 高尚賢新鄭人 任思南宮人 裴繼芳靈石人 上九人皆正德時臨清分司	
宋偉高陽人，舉人。兖府管河通判	

十年	十一年
	專設總理侍郎都御史兼軍務 趙璜字廷實，安福人，宏治庚戌進士，工部侍郎，任歷尚書，謚莊靖
尹京字兆之，江西安福人，辛未進士。寧陽分司 侯一元字應乾，泰安人，甲戌進士。濟寧分司	定設張秋分司，郎中、臨清南旺夏鎮主事各一員 楊淳臨潼人，郎中北河分司 王鑾工部主事，字廷和，大庚人，戊辰進士。南旺分司 朱寅字時元，常熟人，辛未進士。寧陽分司
	革金口牐、堽城牐各官夫

十二年		吴誾直隸巡按，言山東沿河夫役銀折		命沽頭主事帶管南旺後罷	姚文瑞吴橋人，舉人。兖府泉河同知
十三年	龔宏字元之，嘉定人，成化戊戌進士。工部侍郎，任《實録》見十四年			李瑜字長卿，晉寧人，丁丑進士。南旺主事	
十四年		朱裳山東巡按，御史。又見總部		專差主事一員駐南旺 畢濟時貴溪人，北河郎中 劉布字時服，長洲人，甲戌進士。寧陽分司 葉珩字鳴玉，黄田人，丁丑進士。濟寧分司	

十五年				王謳字舜夫，陝西右護衛人丁丑進士。寧陽分司，歷僉事 陳嘉言字伯行，陝西西安右護衛人甲戌進士濟寧分司	
十六年	李瓚字宗器，濮州人，宏治丙辰進士，工部右侍郎，任累官户部尚書，提督倉場			李玘玉山人 茅貢太倉人 蕭廷傑瀘州人 韓坤滿城人 上四人皆正德末臨清分司	花魁順天通州人，舉人，兖府管河通判
世宗嘉靖元年壬午		楊洪漕運總兵，請疏浚河泉 唐臯修撰，聞浚河疏泉 譚魯御史，請均修河夫役		楊撫字安世，餘姚人，辛巳進士。濟寧分司	

二年	三年	四年
遣都御史提督河道，山東、河南直隸巡撫皆受節制		
向信御史，請建長溝靳口兩牐		
罷沽頭主事，歸洪主事兼管，添設郎中、員外主事各一員分理　陳良謨字忠夫，安吉州人，辛巳進士。寧陽分司，歷參政	革安平北河四牐官夫	白旆字文之，新鄭人，舉人。濟寧分司
罷湖陵等八牐官吏		賀有年字天錫，臨潼人，舉人。兗府泉河同知　曹瑛無錫人，舉人。兗府管河通判

五年	六年
章拯字以道，蘭谿人，宏治壬戌進士。工部侍郎任。累官工部尚書。《題名》《備考》俱在六年。茲據《實録》改正	盛應期籍貫見前。分司，右都御史任，明年閑住。有傳
	黄綰光録少卿，諭泉源之利　霍韜詹事，議濬湖河　李承勳字立卿。兵部尚書，謚康惠　胡世寧字永清，仁和人。刑部尚書，謚端敏。二人議開新河　柯維熊郎中，從開新河　王大化員外郎，從開新河
	江良材僉事，言開新河，又言通河於衛未行
吴鵬字萬里，秀水人，癸未進士。寧陽分司，歷吏部尚書	
張儒東安人，舉人。兗府管河通判	

七年	八年	九年
潘希曾字仲魯，金華人，宏治壬戌進士。工部右侍郎，任加尚書		
罷衛河提舉司主事，令管甎主事帶管牐座 龔良傅字起巖，浦圻人，丙戌進士。寧陽分司，歷副使 李邦直字汝司，廣東茂名人，癸未進士。濟寧分司	罷户部督運官，令管河郎中兼理	徐存義字質夫，餘姚人，己丑進士。寧陽分司，歷知府
	李仁濬縣人，舉人。兖府泉河同知	

十年	十一年	十二年
李緋字廷章，固始人，宏治乙丑進士。右副都御史任	戴時宗字宗道，晉江人，正德甲戌進士。僉都御史任	朱裳字公垂，沙河人，正德甲戌進士。右副都御史任，謚端簡
趙漢工科都給事，條陳運河便宜 詹寬御史，請德州置減水牐		
楊本仁字次山，杞縣人，己丑進士。濟寧分司	段承恩字德夫，晉寧人，壬辰進士。寧陽主事，改御史知府	
	劉純蔚州人，舉人。兖府管泉同知	丁鵬如皐人，舉人。兖府管河通判

十三年
劉天和字養和，麻城人，正德戊辰進士。工部侍郎任，歷左都御史、兵部尚書，太子太保，謚莊襄。著『問水集』，有傳
復沽頭主事 顧翀字于漸，慈谿人，壬辰進士。寧陽主事，歷參議 孔鳳寧陽人舉人 鐵瀾阜城人，舉人，郎中 李煌浮梁人，進士 佟應龍山陽人，進士。又臨清 李重江都人，進士 劉守良贛榆人，進士 郭敦晉江人，進士 楊旦偃城人，進士 上八人皆邵元吉前北河分司
復湖陵等七牐官吏人夫

十四年	十五年
	李如圭字國寶，灃州人，宏治乙未進士。右都御史任，歷户部尚書
曾翀巡按御史，請修四女寺減水牐 馬卿漕運都御史 唐胄巡撫都御史 管楫 簡霄皆巡撫 郭圻 陳表 蔡靉 徐九臯皆巡按御史	
王暘左參議 呂陶 查應兆皆副使 謝蘭僉事 胡宗明河南副使	
邵元吉字德旋，餘姚人，壬辰進士，濟寧分司，又北河歷知府 鄭鋼 李仁 涂健皆郎中 張鏜主事	自東昌至南旺添管牐主事 王廷字子正，南充人，壬辰進士。又見總部 朱懷幹歸安人，進士 二人皆十六年以前北河分司
宋應宿陽曲人，舉人，兗府管泉通判 張廷相同知 以上皆見《治河本末》，凡六百二十員	專設兗府管泉同知一員，聽泉分司提調

十六年
于湛字瑩中，金壇人，正德辛未進士。右副都御史任，歷户部侍郎
張文鳳字公儀，常熟人，己丑進士。寧陽分司，又北河歷知府 董漢策辰州人 譚縉湖廣人 劉守良贛榆人 周紳吴縣人 邵經濟仁和人 郟鼎常熟人 盧紳咸寧人 程嘉行樂平人 周鎬慈谿人 王良柱南安人 王佩文安人 封祖裔昆明人 上十二人皆萬歷前臨清分司

十七年	十八年	十九年
胡纘宗字世甫，秦安人，正德戊辰進士。副都御史任，改河南巡撫	郭持平字守衡，萬安人，正德丁丑進士。副都御史任，歷工部侍郎	
		萬表字民望，定遠人，漕運參將，立漕河論
萬汝楫字濟卿，瀘州人，乙未進士。濟寧分司，又北河	沈良字貞夫，莆田人，乙酉貢生。濟寧分司 張交鳳再任	徐楚字世望，淳安人，戊戌進士。寧陽分司，歷官參政
裁兗府同知一員，兼管黃河	王冊陽曲人，國子生。兗府管河通判	

二十年	二十一年
王以旂字士招，江寧人，進士。兵部侍郎，總理河道，協總河治河。歷少保，兵部尚書，謚襄敏。有傳。舊志俱不載，茲據《明史》增入	
劉繪給事，請浚泉 韓威豐潤人，進士。御史。劾總河郭持平，修河無功，歷布政 周金漕運都御史會勘南旺湖隄	賈大亨巡按御史
	命守巡兵備等道兼泉務 余鍐參政修宋公祠
劉鳳池字文甫，渭南人，乙未進士。是年仍設寧陽分司專管泉務 設南旺管牐主事 李夢祥字幼徽，監利人，乙未進士。歷知府 南旺主事專管南旺始此	周士字厚卿，太倉人，辛丑進士，濟寧分司
陳瀛合肥人，國子生。兗府管河通判 陳鋭任邱人，國子生。兗府管泉同知	程尚寧兗州知府。及管河通判陳瀛，推官劉燾，知，縣王昱，胡宗憲，州官王世昌，主簿高豸、宋崇簡，訓導鄧應龍等同修宋公祠 劉瑶傅野人，字汝舟，國子生。兗府管泉同知

二十二年	二十三年	二十四年
周用字行之，吳江人，安治壬戌進士。工部尚書任，改右都御史，歷吏部尚書，謚巷肅	韓邦奇字汝節，朝邑人，正德戊辰進士。副都御史任，歷兵部尚書，謚恭節	于湛再任
郭持平漕運總督		
傅學禮字立之，安化人，丙戌進士。寧陽分司，歷官按察使	歐陽烈泰和人，舉人。北河郎中 吳守貞字定夫，電白人，乙未進士。南旺分司，歷參政	革南旺主事，令泉主事帶管 吳必孝字純卿，餘姚人，辛丑進士。濟寧分司，歷參議 馮熊字伯祥，金華人，甲辰進士。寧陽分司仍管南旺牐，歷知府
何英才福清人，舉人。兗府管河通判，又張秋通判		戴梗字汝材，沔池人，戊戌進士。兗府管泉同知

二十五年	詹瀚字汝約，玉山人，正德丁丑進士。副都御史，歷任工部侍郎				
二十六年	胡松字茂卿，績溪人，正德甲戌進士。副都御史任，歷工部尚書			陳夢鶴字子羽，益都人，丁未進士。濟寧分司，歷副使	黄棟字宏任，湯陰人，舉人。兗府管泉同知
二十七年	王守字履約，吴縣人。僉都御史任。陞南院副都御史			顧言字子行，仁和人，丁未進士。寧陽分司，歷布政使 呂癊陽信人，字承之，丁未進士。寧陽分司，歷僉事	
二十八年	方鈍字仲敏，巴陵人，辛未進士，僉都御史任，歷户部尚書				
二十九年	何鰲字巨卿，山陰人，正德丁丑進士。副都御史任，歷刑部尚書 汪宗元字子允，湖廣崇陽人，己丑進士。右副都御史任				陸乾元宣城人，舉人。兗府管河通判，同修小河口減水牐，有東平判官楊科、汶上主簿竇一貫 劉芝中部人，舉人。兗府管河通判

三十年
連鑛字伯金，永年人，丙戌進士。副都御史任，改總漕巡撫鳳陽
谷嶠字維升，興前衛籍，豐潤人，戊戌進士。管河左参政，歷官副都御史，巡撫鄖陽
鄭述字世美，聞縣人，庚戌進士。寧陽分司，累官参議 陳茂禮字履，卿慈谿人，庚戌進士。濟寧分司，歷副使 陳瑚華亭人 朱繼忠樂平人 王景象歙縣人 嚴中餘姚人，進士。又北河 荊應春武陟人 王會華亭人 趙介夫阜城人 上七人皆周前臨清分司

三十一年	三十二年
曾鈞字廷和，進賢人，壬辰進士。副都御史任，晉工部侍郎，贈南京刑部尚書，謚恭肅	
吴鵬侍郎，賑災視河	
周思兼字叔夜，華亭人，進士。員外郎，臨清甎廠分司，又北河歷副使	
	趙世奎江都人，進士。由御史，謫兖府管河通判

三十三年
於惟一字德夫，懷寧人，癸丑進士。寧陽分司，歷副使 林敬字德成，漳浦人，癸丑進士。濟寧分司，歷知府 趙瀛三原人，進士 吳崇文光山人，進士 沈科嘉善人，進士 梁恩巴陵人，進士 鄔璉新昌人，進士 徐九思貴溪人，舉人。郎中。又臨清以上六人皆北河分司，有傳

三十四年	三十五年	三十六年
胡植字立之，南昌人，乙未進士。僉都御史任	孫應奎字文卿，餘姚人，己丑進士。副都御史任	王學益字虞卿，安福人，己丑進士。右都御史任，歷南京工部尚書
		汪浤旌德人，舉人，北河郎中 史朝賓晉江人，進士。北河郎中 陳南金字子兼，餘姚人，丙辰進士。寧陽主事，又北河
	鄭盡忠山西人平人，舉人。兗府管河通判	復設兗府管河同知 黎天敵字尹聰，廣東順德人，舉人。兗府管泉同知

三十七年	三十八年	三十九年	四十年
	王廷籍貫見前。分司，副都御史任，歷左都御史，謚恭節。《北河續記》在三十六年	林應亮字熙載，侯官人，壬辰進士。副都御史任，歷南京户部侍郎	胡植十月再任
王陳策字師董，泰州人，丁未進士。濟寧分司，又北河歷知府	張烈字明建，華亭人，乙未進士。寧陽分司	張橋字衡如，雲南右衛人，己未進士。寧陽分司，歷官僉事	達其道字行甫，任縣人，己未進士。濟寧分司，歷提舉副使
	李才優長陽人，國子生。兖府管河通判 莫如善兖州知府 汪應昂滋陽知縣，勘浚府河	祁天敘兖府同知。同浚渠者有經歷張一科主簿李琅州判李金琅 陶儆黄岡人。官至兖府管河通判	

四十一年	四十二年
孫植字斯立，平湖人，乙未進士。僉都御史任，歷南京刑部尚書 王士翹字民瞻，安福人，戊戌進士。僉都御史任，歷副都御史	吴桂芳字子實，進賢人，甲辰進士。副都御史任，歷兵部尚書、閩廣總督 李遷字子安，新建人，辛丑進士。工部侍郎任，歷南京刑部尚書
陳應麟鄞縣人，進士。游前北河分司	
劉宗舜大名人，國子生。兖府管河河判	添設張秋捕盗通判一員

四十三年	陳堯字敬甫，北直通州人，乙未進士。工部侍郎任，改刑部侍郎		羅復南昌人，字雨巖，癸丑進士。濟寧副使	葉以蕃字承敘，遂昌人，壬戌進士。濟寧分司，歷員外郎 周望東莞人進士 吴道直定州人進士 姜國華慈谿人進士 上三人皆涂淵前北河分司 顧柄常熟人 費懋樂鉛山人 徐用光蘭谿人 三人皆朱茹前臨清甎廠分司	巫璋字朝章，廣德人，舉人。兗府管泉河同知
四十四年	孫慎字用修，大寧都司人，甲辰進士。僉都御史任，陞左副都御史 朱衡字士南，萬安人，壬辰進士。工部尚書、右都御史，總理河漕，加太子太保。有傳 潘季馴字時良，烏程人，庚戌進士。僉都御史，總理河道。有傳	馬森漕運都御史 霍冀孝義人，山東巡撫，户部侍郎 遲鳳翔河南巡撫户部侍郎 張瀚都御史 冀練都御史 洪朝選同安人，都御史 孟養性都御史 尚德恒 蘇朝宗 韓君恩沁水人 孫丕揚 孫以仁 李文續六人皆先後巡撫	李幼滋麻城人，字義河，丁未進士。濟寧副使 梁夢龍字乾吉，真定人，癸丑進士。副使。治河，董役，歷兵部尚書，謚貞敏 徐節副使 張任嘉定人副使 胡湧星子人副使 熊桴武昌人參政 劉贊洛陽人僉事 皆同相勘 柴淶鄞縣人副使 黎元涪州人僉事 董文寀僉事 陳奎副使 郭天禄定興人，僉事 黎德光 陳失名河南布政	游季勳字懋勳，豐城人，壬戌進士。寧陽分司 朱茹瀘州人，進士。臨清郎中 程道東郎中 朱應時郎中 李汶任邱人，主事，陞郎中 吴善言主事 王纘宗主事 皆同相勘 李承緒字伯餘，永新人，壬戌進士。濟寧分司 唐練主事 以上皆先後經理河道 王宜主事 沈子木郎中 張純字碩恒，漳浦人，乙丑進士。寧陽分司，又北河歷參政 陳楠字鹿峰，奉化人，壬戌進士。夏鎮主事	李肇芳濟寧衛指揮 李敬之貴池人，國子生，兗府管河通判 以上皆見《朱衡奏疏》及《新河記》

四十五年	穆宗隆慶元年丁卯
朱衡潘缺就理河道	
何起鳴工科給事中，奉勘河工	始分巡漕御史。兼管 劉翾御史。奏查勘汶上等縣隄岸、橋牐 吳時來給事。奏新河三難 張應治御史。請經理三河決口 馬成龍給事。奏相度新河地勢三患
黃墱字雲浦，富順人，丁未進士。濟寧副使 劉庠字思臺，鍾祥人，壬戌進士。上二人皆嘉靖末濟寧副使	
應存性仙居人 夏謐進賢人 鄭允璋閩縣人 王朝相永平人四人皆嘉靖末臨清分司	移沽頭主事，於夏鎮管新河 游季勳再任 徐淵南昌人，進士。北河郎中
章時鸞兖府運河同知，管理新河，陞副使 設牐河同知，管新河駐濟寧 胡尚志續溪人。濟寧知州，同判官鄭夢陵、後任知州景一元修利建牐	李敬之通判。同判官陳宰、鄭夢陵建新河減水牐

二年	三年
翁大立字孺參，餘姚人，戊戌進士。副都御史，提督軍務，工部侍郎。有傳	
蒙詔御史。條議河工四事	鄭大經給事中，建議併濟寧牐務於泉分司
劉泮字汝化，江都人，壬戌進士。寧陽分司，又北河歷副使 笪東光字景暘，江西德興人，乙丑進士。濟寧分司 錢錫汝字朗峰，吳江人，乙丑進士。夏鎮分司	併濟寧牐務於寧陽，改稱南旺分司
李時沛縣知縣，開回回墓等口，以達昭陽湖	裁張秋捕盜通判，歸併捕河通判 革棗林、魯橋，利建新牐、師莊各牐官，以南旺仲淺牐官帶管 何其賢字少愚，休寧人，舉人。兖府管泉同知

四年	陳大賓代任未至 潘季馴再任	萬恭字肅卿南昌人，甲辰進士。御史。請疏下流捍決口，又見總部	馮敏功字元卿，平湖人，乙卯舉人，山東副使，兼治漕河	季膺字雁山，華亭人，乙丑進士，夏鎮分司	
五年		宋良佐給事。劾總河等治河無功 唐錬御史 張憲翔御史。沿河督運 朱衡閱視		張克文字宗質，新溢人，戊辰進士。南旺分司，員外郎 罷南河分司歸併寧陽帶管	顧應龍無錫人，乙丑進士。兗府運河同知，管理新河
六年	朱衡三任。經理河工 萬恭科貫見差巡。兵部侍郎僉都御史任。有傳。著《治水筌蹄》。歷南京兵部尚書	雒遵給事。中會勘泇河 吳從憲晉江人，巡按御史	洪忻字龍江，蒲州人，壬戌進士。濟寧副使	高自新字劍山，獲鹿人，戊辰進士。夏鎮分司 詹世用號荷湖，弋陽人，戊辰進士，管河主事	尹梓南宮人，舉人。兗府管河通判

神宗萬歷元年癸酉		傅希摯山東巡撫 俞一貫山東巡撫 賈三近給事。奏議飭河運停海運 鮑希顏御史	陳于堦臨汾人，壬戌進士。濟寧副使，正月任 潘允端上海人，按察使，兼右參政	錢錫汝再任夏鎮	曹文鐸兗府管河同知 孫仲科深澤人，國子生，兗府管河通判
二年	傅希摯字承弼，衡水人，嘉靖丙辰進士。山東巡撫，調任僉都御史，歷戎政尚書	吳文佳給事。請河道官詣茶城踏勘	馮敏功河南參政，調山東管河道 吳道明字豫齊，元城人，乙丑進士。濟寧副使，二月任	陸檄字沖臺，長洲人，甲戌進士。夏鎮分司	
三年		劉光國巡漕御史 侯于趙給事，勘議泇河 張純原任郎中。添註原銜，同往勘泇	定管河司道官久任之令	余毅中字子執，銅陵人，解元，甲戌進士。南旺分司，歷郎中，卒於河工，贈太僕少卿	裁兗府南旺管河通判，令管河同知帶管，仍兼泉務。設濟寧衛管河指揮一員 樊克宅霸州人，舉人。兗府管河同知

四年	添設河漕總督都御史，革河道都御史，命巡撫照地分管 吳桂芳再任總督河漕、工部尚書。《題名》《備考》皆無，據《明史》補	商爲正會稽人，山東巡按			添設山東督漕官每州縣設管泉義官一員，革管泉老人
五年	李世達字子成，涇陽人，嘉靖丙辰進士。副都御史，總理河漕，未上，歷左都御史，謚敏肅		邵元哲字古愚，上元人，乙丑進士。濟寧副使，十二月任	張文奇字原正，長洲人，丁丑進士。南旺分司，歷副使。 詹思謙字同源，常山人，甲戌進士。夏鎮分司 王煥字鍾門，咸寧人，隆慶辛未進士。夏鎮分司	

六年	潘季馴三任總督河漕，加太子太保、兵部尚書	江一麟漕督，相度水勢		添設中河郎中，駐呂梁兼洪務，革洪主事 金學會錢塘人進士 汪審弋陽人，進士 牛若愚祥符人進士 徐儒臨川人，進士 張德夫浮梁人，進士 上五人皆屠前北河分司 屠元沐嘉定人，進士，北河分司	
七年	命山東河南兩直隸巡撫銜內添兼管河道，仍與專勅				

八年	九年	十年	十一年
		凌雲翼字洋山，太倉人，嘉靖二十六年進士。總督河漕，兵部尚書 據録補	
		楊楫巡按	
邱浙字厚山，南城人，乙丑進士。濟寧副使，八月任			
馬玉麟字德徵，長洲人。丁丑進士。南旺分司，歷參政 詹世用見前 夏鎮分司			邵伯悌字本敬，貴溪人，庚辰進士。南旺分司，歷參政 韓杲字文軒，光山人，辛丑進士。夏鎮分司
革土橋李海務牐官，以梁家鄉周家店帶管	王一鳳博野人，舉人。兗府管河同知	詹諮管河通判 龔天申澧州人，兗府管河同知	設梁境牐官一員，內革古洪牐官各一員，併鑄給條記

十二年	十三年	十四年
	王廷瞻字稚表，黄岡人，嘉靖乙未進士。總理河漕都御史，陞户部尚書兼管巡撫如，故據《實録》補	
高尚忠字訥軒，祥符人，丁丑進士。濟寧副使，七月任		
	楊信字助我，咸寧人，癸未進士。夏鎮分司	蕭雍字思賢，涇縣人，癸未進士。南旺分司主事，歷副使
	凡漕河正牐各設牐官一員，吏一名，其無牐官者以別牐代管	高自修四川嘉定人，舉人。兗府管河同知 李養浩兗府通判 武成陝西寧州人，舉人。陳昌言前兗府管河同知

十五年	楊一魁字子選，安邑人，嘉靖乙丑進士。總督河漕都御史。請因決河濟運，及引沁入衛。據《明史》補入 復設總理河道都御史	常居敬工科都給事，差勘，行河 李戴山東巡撫，都御史 吳龍徵山東巡按御史，會議清湖濟漕 宋應昌巡撫 鍾化民 陳唯芝 賈名儒皆巡按	曹子朝字洵川，直隸。三河人，丙辰進士。濟寧河道按察使，九月任 郝維喬扶溝人，參政 和震祥符人，僉事	陳瑛郎中 顧其志長洲人，進士 郁文山陰人，進士 上二人皆吳前北河分司 吳之龍武進人，進士。北河郎中 李民質東明人，進士。北河郎中 王元命字長齡，蒲城人，庚辰進士。寧陽分司歷副使	陳昌言河南真陽人，舉人。兖府管河同知 王心通判 徐銘東平知州。同州判，蔡忠沂州吏目何一鵬，曲阜縣丞邵賓、滕縣丞包揚、典史蔡茂、王琮等，葺坎河口坝役。坝成，命判官莊鳳翔主之 易登瀛兖州知府，修通濟牐。同事者，運同羅大奎、陳昌言，知縣殷汝孝
十六年	舒應龍字時見，全州人。嘉靖壬戌進士。工部尚書都御史，總河。有傳。見是年常居敬補入 潘季馴右都御史，四任	衷貞吉巡撫 王世揚巡按 皆同常給事，會勘沁衛	周夢暘副使 吕坤字叔簡，寧陵人。濟南守道左參政，浚泉	給分司關防 羅用敬郎中 余繼善字見桐，固始人，庚辰進士。夏鎮分司	復棗林牐官夫，設通濟、永通二牐官夫，給管泉主事及兖府管河同知關防

十七年			曹時聘字嗣山，獲鹿人，隆慶辛未進士。濟寧副使，九月任。又見總部	
十八年				
十九年				韓范字思兼，沁水人，丙戌進士。寧陽分司歷郎中
二十年	舒應龍四月再任，開新河，加太子太保	陳于陛總漕，會議 張貞觀給事，差勘	張朝瑞字鳳梧，海州人，戊辰進士。濟寧副使，六月任	錢養廉字心卓，仁和人，乙丑進士。夏鎮分司 李發祥監利人，字初徵，乙未進士，濟寧分司

二十一年		李戴字仁夫，延津人，漕督户部户部尚書 鄭汝璧山東巡撫 連格山東巡按，禹州人 牛應元直隸巡按，皆會議 李時華贊運御史，覆閱 姚思仁號羅浮，秀水人，萬曆癸未進士。直隸巡鹽 徐元正直隸巡鹽 綦才兩淮巡鹽 吳崇禮兩淮巡鹽 劉曰寧屯田馬政 曹學程屯田馬政，皆御史 王藻清源人，左布政 田疇文水人，右布政 陳文衡鄱陽人，按察使	梅淳字凝初，當塗人，辛未進士。濟寧參政，十二月任 趙壽祖分巡東兗，副使 邵以仁上元人。沂州兵備副使 楊德政分守東兗，參政 徐成位參政並往相閱。 李天植分巡東兗，僉事	尹從教字少方，宜賓人，戊辰進士。夏鎮分司 詹在泮常山人，進士。北河分司 黃承元字輿參，秀水人，進士。北河工部郎中。有傳	羅大奎略陽人，選貢濟寧州同知 唐楨無錫人，舉人。運河同知，皆董工 盧學禮兗州知府，調度工費 以上皆見于慎行《韓莊新河記》
二十二年		彭應參 張企程給事往勘	龔勉字毅所，無錫人，戊辰進士。濟寧副使十二月任	陸化淳字居復，常熟人，萬曆壬辰進士。南旺分司，歷知府	
二十三年	楊一魁工部尚書，再任加太子少保，二十六年。兼漕運				
二十四年				楊爲棟字寓肩，綦江人，己丑進士。夏鎮分司 吳守貞字定夫，電白人，乙未進士。濟寧分司 是年裁革，仍屬寧陽兼管	

二十五年				胡瓚字伯玉，桐城人，乙未進士。南旺分司。有傳	唐楨同寧陽令李沐民，縣丞翁道修石梁口 陳良材兗州知府，董修金口石壩，役同事滋陽知縣楊明盛、主簿徐時泰 周六書字豫之，延津人，壬辰進士。汶上令及主簿梁守身省祭李華修《蜀山湖》有記
二十六年	劉東星字子明，沁水人，隆慶戊辰進士。工部侍郎，總理河漕，加尚書，謚莊靖。有傳	楊應文給事，議開泇 楊廷蘭給事，請開泇	江學詩字津臺，棗强人，舉人。濟寧副使，十二月任	梅守相字春寰，宣城人，己丑進士。夏鎮分司，開韓莊新河，開泇河，功最鉅。有傳	泰懋約、劉子唯皆知州。及判官李國祥、知縣楊明盛、李沐民、王一楨、趙邦清、解經邦、孫應龍、尹就湯、姚宗道、張致中判官、羅一夔皆浚泉褒賞

二十七年			黃承元籍貫見分司，濟寧副使，六月任		劉廷柱江夏人，壬辰進士。兗府通河同知 李國祥南昌人，國子生。兗府管泉湖河通判
二十八年		佴祺巡按御史，奏開泇引漳 王德完都給事。上漳流二變、二患、三策	衛一鳳字桐陽，陽城人，庚辰進士。濟寧副使，十一月任	樊兆程原任郎中，薦治漳 馬從龍字之龍，新蔡人，壬辰進士。南旺分司	劉宇知縣王德完薦治漳
二十九年		張問達字德允，涇陽人，癸未進士。給事中，請開泇，歷吏部尚書，加少保 張養志御史言，開泇 李三才字道甫，順天通州人，甲戌進士，總漕都御史，請建牐六節宣汶、泗 高舉御史。獻河漕三策			

三十年	分設河漕二臣　李頤字惟貞，餘千人，戊辰進士。南京右都御史，改工部侍郎，正月任　曾如春字元祥，臨川人，乙丑進士。副都御史，工部侍郎，五月任		設漕河道一員　汪可受字静峰，黄梅人，庚辰進士。由霸州兵備參政陞山東按察使管河道　汪光岸僉事陳開泇之利		
三十一年	李化龍字子田，長垣人，甲戌進士。右都御史，工部侍郎任，歷少保兵部尚書，贈太師，謚襄毅，有傳	侯慶遠給事。主開泇	傅良諫字忠川，臨川人，乙丑進士。濟寧副使，十一月任	沈孚先字白生，嘉興人，戊戌進士。南旺分司	
三十二年	曹時聘科貫見分司。工部侍郎，僉都御史，二月任		裁漕河道	袁應泰字長卿。鳳翔人，乙未進士。南旺分司	

三十三年		范守己茶陵知州，請引沁入衛通漕，不行	顧雲鳳字瑞菴，常熟人，丙戌進士。濟寧副使，六月任		
三十四年		史弼御史。請移黄家留城等牐官夫	加兗東道管河務	湯沐安陸人，壬辰進士。南旺泉分司，又夏鎮分司　茅園縉字二岑，歸安人，癸未進士。夏鎮分司	令兗府馬捕通判，管泇務。移黄留馬三牐官夫於韓、臺、頓三牐
三十五年				改夏鎮主事爲郎中	
三十六年			汪可受十一月再任	曹震陽字穉春，海寧人，丁未進士。南旺分司	移駐泇河通判於臺莊　劉廷柱江夏人進士　汪兆龍金州人舉人　劉崇正儀真人舉人　三人皆運河同知

三十七年		顏思忠御史，條議申飭漕規	王國楨字翼廷，安邑人，己丑進士。濟寧副使，八月任		劉芳譽運河同知，進士，陳留人 李充元泇河通判
三十八年	劉士忠字純卿，華州人，甲戌進士。僉都御史任			劉一鵬字南溟，南昌人，壬午舉人。夏鎮分司	
三十九年		劉元霖任邱人，庚辰進士。工部侍郎，歷工部尚書 蘇惟霖巡按御史，同查勘泇河 何士晉給事，請浚泇工		周士顯字思皇，京山人，辛丑進士。南旺分司 錢時俊，字仍峰，常熟人，甲辰進士。夏鎮分司	移泇河通判於萬家驛左右

四十年				康夢想泰和人，進士 張甲徵蒲州人，進士 蕭椿盧陵人，進士 李之藻仁和人，進士 趙可教溫陵人，進士 施爾志嘉興人，進士 沈朝燁仁和人，進士 以上七人皆謝前北河分司	
四十一年		陳薦漕撫，帶管河道	趙世祿字紫房，鄞縣人，辛丑進士。濟寧副使，四月任	謝肇淛長樂人，進士。北河郎中，有《北河記》	王沼兗府通判
四十二年	劉士忠卒，總河三年不補			俞當泰字元祉，泗州人，乙未進士。南旺分司	

四十三年				石炬字紉韋，興國州人，丁未進士。夏鎮分司	
四十四年		朱堦巡漕，言漕政，修復泉湖；梁州彥巡漕，言漕河事宜	周泰峙字孟巖，金壇人，丁未進士。濟寧副使三月任		
四十五年					
四十六年	王佐字翼卿，鄞縣人，癸未進士。工部侍郎任，歷工部尚書	畢懋康山東巡按；董元儒直隸巡按，言漕運六議		甯熿字永懷，邵陽人，癸丑進士。南旺分司；黃元會字陽平，太倉人，癸丑進士。夏鎮分司	
四十七年	王在晉太倉人，萬歷壬辰進士。由山東巡撫進督河道。泰昌時遷添設兵部侍郎，歷蘇遼經略，兵部尚書。《通志》作濬縣人，《題名》《備考》皆無。茲據《明史》本傳補入		柯泉字和山，莆田人，甲辰進士。濟寧副使，六月任		

四十八年 光宗泰昌元年庚申
毛一鷺巡撫，陳漕河三事
張應完字寅楼，鄞縣人，丁酉舉人。夏鎮分司 汪起鳳吳縣人，進士 胡士相平湖人，進士 二人皆萬歷末北河分司 曹爾珍北直人，進士 史起龍浙江人，進士 趙琦雲南人，進士 米萬鐘大興人，進士 趙贊化江西人，進士 寇慎陝西人，進士 陸懷玉浙江人，進士 賀逢舜 上八人皆萬歷時臨清分司
方遇熙邵武人，進士 王國柱錢塘人，舉人 管學經鄞縣人，舉人 以上皆萬歷時兗府運河同知

熹宗天啟元年辛酉	二年	三年
陳道亨字孟起，新建人，丙戌進士。工部侍郎任，陞南京兵部尚書，謚清襄		房壯麗字威武，安州人，乙未進士。工部侍郎任
熊文燦字心開，貴州永寧人，丁未進士。濟寧河道左參政，四月任。歷兵部尚書，總理七省軍務	唐嗣美字翼如，嘉興人，甲辰進士。濟寧副使，八月任	
陸化熙字濬源，常熟人，癸丑進士。夏鎮分司 章謨字定泓，德清人，丁未進士。夏鎮分司	陸之祺管河主事 薛玉衡字緯符，定海人，己未進士。南旺分司	劉浤字長源，海鹽人，己未進士。夏鎮分司

四年	朱光祚字世貞，江陵人，乙未進士。工部尚書，副都御史任		費兆元字臺簡，烏程人，乙未進士。濟寧副使，三月任 朱國盛漕儲參政，開通濟新河	熊江字元邱，富順人，己未進士。南旺分司	宋士中同知開通濟新河
五年				羅寬字斗南，光州人，丙辰進士。南旺分司 朱瀛字齡洲，餘姚人，癸丑進士。夏鎮分司	
六年	李從心字敦矩，南樂人，壬辰進士。工部尚書，副都御史任，歷加少保兼太子太師，提督倉場、户部尚書	徐卿伯巡漕請清查水櫃		董志稷字天麟，海寧人，丙辰進士。南旺分司 豐建字萬年，鄞縣人，乙丑進士。夏鎮分司	

七年	崔文昇内侍，總督河漕。據《實録》增		王化行字京臺，聞縣人，丁未進士。濟寧副使，十二月任	吴國徵北直人，進士 周迪福建人 二人皆天啟時臨清分司 項夢原秀水人，進士 笪繼良句容人，進士 王之柱武進人，進士 三人皆天啟時北河分司	房象乾三原人，舉人 李果嘉 霍震宇 任大仰 上四人皆天啟時運河同知
莊烈帝崇正元年戊辰	李若星字紫垣，息縣人，甲辰進士。工部侍郎，僉都御史，任歷兵部侍郎	何可及巡漕御史，奉命參查河道	董暹字蘇白，江夏人，甲辰進士。濟寧河道按察使，十二月任		翟凌雲撫寧人，貢生。運河同知
二年				吴昌期字蓮陂，吴縣人，乙酉舉人。夏鎮分司 張醇儒字念銘，太倉人，舉人。南旺分司	

三年	四年	五年	六年
朱光祚再任			劉榮嗣字半舫，曲周人，丙辰進士。工部尚書，右副都御史
	楊一鵬總漕尚書，浚泇河	趙振業巡按直隸，查閱運河	
孫紹統字華坪，華州人，癸丑進士。濟寧河道按察使，十二月任	王三德字宜蘇，永城人，癸丑進士，濟寧僉事，十二月任	閔心鏡字符婁，烏程人，壬戌進士。濟寧副使，十二月任	
		汪邦柱字孺石，休寧人，己未進士。南旺分司 趙士履字南屏，常熟人，官生。夏鎮分司	

七年	八年	九年
	周鼎字實甫，宜興人，癸丑進士。工部侍郎	
徐九章字思健，景州人，癸丑進士。濟寧副使，二月任	黃曰昌字源簡，晉江人，乙丑進士。濟寧河道，十二月任 徐標參議東河水淺，標於洪上開月河行運，明年復出東河	
	胡璉郎中 張獻廷字豸山，宜城人，官生。南旺分司 于重慶字祖洲，金壇人，辛未進士。夏鎮分司	

十年	十一年	十二年
	張國維字玉笥，東陽人，壬戌進士。提督徐、臨、津、通漕餉。有傳	
朱大典字延之，金華人，巡撫總漕 張任學安岳人。巡按，改總兵 張宸極 劉遵憲 蔡國用 鍾炌同濬泇河	楊一俊巡漕	宋之普工科給事，請疏沂濟運
孫如洵字木菴，餘姚人，癸丑進士。濟寧副使，一月任	馮元飈字留仙，慈谿人，乙丑進士。運判，署濟寧道事	龔而安字又安，南昌人，乙未進士。濟寧副使
姜鉎餘姚人，舉人 鄭鳴珂莆田人，官生 沈景夔餘姚人，官生 朱茂時號葵石，秀水人，官生 上四人俱崇正十一年前北河分司	宮繼蘭字鶩隣，泰州人，丁丑進士。夏鎮分司	

十三年	十四年	十五年
		黃希憲字又生，分宜人，乙丑進士。工部侍郎，提調□、臨津、通四鎮漕餉，十七年四月回籍
盧世㴶巡漕	吳邦臣巡漕	
葉重華字香城，崑山人，戊辰進士。濟寧副使	設監軍道 王維新廣宗人，舉人。濟寧監軍道	楊毓楫字剡伯，宜良人，舉人。濟寧監軍副使，八月任
姜天樞紹興人，官生。北河分司，《浙江通志》：順治時又任北河 丁汝驤字叔潛，仁和人，舉人。南旺分司	楊之易字勉齋，應山人，官生。南旺分司 朱錫元字惕菴，山陰人，戊辰進士。夏鎮分司	
辛志謌同知 張鶴齡東昌管河通判 譚系管河同知據《榮正長編》增人，似即謂綵之悞	李松管泉通判 譚綵運河同知	

	十六年	十七年
		吳化鳳休寧人。崇正末南旺分司 許自表吳縣人，恩貢 周沂江夏人，舉人 唐士鳳豐城人，官生 三人皆崇正末北河分司 徐廷宗南直人，進士 桂一章浙江人，進士 陸奮飛南直人，進士 朱曰燦南直人，舉人 趙臺北直人，官生 饒元珙江西人，舉人 于蓮耀北直人，進士 上七人皆崇正間臨清磚廠分司
		閻調鼎臨汾人，運河同知，崇正末任

清

	皇清世祖章皇帝順治元年甲申	一年	二年
總部	總河部院，欽命署理	設河道總督駐濟寧 楊方興字浡然，漢軍鑲白旗，舉人。以兵部侍郎提督軍務，九月任。累加尚書、太子太保。有傳	
差巡	欽差、查勘、巡視、督工、看議副總河、協辦河務官，督撫帶管		
監司	濟寧河道、東兗巡道、兗寧道、兗東道、通省運河兵備道	濟寧道駐濟寧，管南河兗東道駐張秋，管北河 朱國柱字盤石，瀋陽人。戶部啟心郎，九月任	李旹字元沖，解州人，舉人
分司	北河南旺夏鎮臨清	工部督廠分司駐臨清，北河分司駐張秋，濟寧分司駐濟寧，夏鎮分司駐夏鎮	楊天祥字興寰，瀋陽人，夏鎮分司
丞倅	府州縣同事者附載牐埧官，置裁及黃運守備附運河、泉河、泇河、捕河、上河、下河、郯沂海贛，即沂河	程雲大同籍，光山人。副榜泇河通判，陞葭州知州	楊茂魁字苑捷，瀋陽人，貢生。三月任運河同知，陞關內道 張雲宣化龍門人，拔貢。八月任泇河通判

三年	四年	五年	六年
申飭道府州縣官協河務		談天佑字正寰，遼東錦州人，監生。三月任	
		高鵬南字養六，曹縣人，丙戌進士。夏鎮分司	袁中桀廣寧人貢生 梁知先鄒平人，舉人。二人皆七年前北河分司
曹曰良安邑人，官生。任泇河，本年改東昌通判 曹延俊汲縣人，廩生。任泇河，陞本年黃河同知		李正華字茂先，獻縣人，拔貢。五月任運河，陞松江知府	

七年	八年
	王第魁字聚五，鍾祥人，廩貢。閏二月任濟寧河道
袁于令江南貢生，臨清分司 閻廷謨孟津人，丙戌進士。北河分司	狄敬字陶隣，溧陽人，己丑進士。夏鎮分司
王廷弼上元人，禀生。十一月到泇河任 李本植直隸歲貢 聶進賢，安邑人，歲貢 吴道隆 三人皆方前捕河通判	方聖時歙縣人，貢生。捕河通判督修張秋隄時，同事者知州則有東平周三斌，知縣則有陽穀佟成年、東阿史三榮、壽張韓豫，見閻廷謨《張秋決口行漕說》

年					
九年			彭欽兗兵道，勘度沙灣，見《決口行漕說》	霍叔瑾井陘人，舉人。臨清分司員外郎	張蒲孟縣人，拔貢。七月到泇河任，陞太平府同知 李言大興監生，上河通判
十年					
十一年			何啟圖字瑞徵，華州人，廩貢。八月任濟寧河道	常錫允字御泠，鄢陵人，戊子舉人。夏鎮分司	佟養鉅字魁菴，遼東人，貢生。二月任運河，陞冀南道
十二年					郭本勝上元人，拔貢。十月到泇河任
十三年		侯于唐巡漕御史申嚴牐座	杜果字景略，號影庵，新建人丁亥進士。任濟寧河道		路金鏡北通州人，恩貢。六月到泇河任

年					
十四年	朱之錫字孟九，號梅麓，浙江義烏人，順治丙戌進士。以兵部尚書兼右副都御史任。有傳		楊奇烈字元初，蓋州人，貢生。九月任濟寧河道	顧大申華亭人，進士。夏鎮分司	胡一璉廣濟人，拔貢。十月到泇河任，陞東昌府同知
十五年				騶漢滿洲人，夏鎮分司	
十六年				戴錫綸夏鎮分司 是年，裁夏鎮分司	趙攀勝字抑甫，栢鄉人，恩貢。九月任運河 曹復興遼東人，貢士 刁象賢南和人，貢士。二人皆吕前捕河通判 吕振之臨潼人，拔貢。捕河通判。見蔡士英《挂劍臺記》

十七年	十八年	聖祖仁皇帝康熙元年
楊茂勳字燕石，遼東人，據《濟寧州志》增 苗澄字大生，滿洲籍任縣人。由左僉都御史。九月內奉旨署，十二月回京 朱之錫十二月內復任加太子少保		
方兆及字蛟峰，桐城人，甲午舉人。八月任濟寧河道		
	王篤慶武定人，進士。臨清分司 裁臨清督廠分司，其牐務歸併北河分司管理	
邵洪廖餘姚人，貢生。四月任運河		王有容字古亭，麻城人，貢生。四月任運河，陞遵義府知府

二年	三年	四年
		周文華翼城人 劉可徵奉天人 馬登科奉天人 謝道奉天人 劉應錫開原人 王尹祚文安人，進士 范承祖奉天人 潘超先奉天人 張宏俊大興人，進士 李登第廣寧人 武全功孟縣人，進士 以上俱順治至康熙五年前兗東道
房星煥盧龍人，廩生。六月到泇河任，陞武德道	周曰序新河人，拔貢教習。七月到泇河任	

五年	六年	七年	八年
盧崇俊字斗山，奉天廣寧人。由廣東總督四月任，改陝西總督	楊茂勳二月再任，授正一品，加太子少保		羅多滿洲人。歷工部左侍郎十一月任，調山陝總督
裁兗東道	裁濟寧道設南北分司		
			任有鑑平原人，貢生 史載字筆公，蘭陽人，丙戌進士 魯道焜字奇男，華亭人，舉人
陸輅常熟人，貢生。上河通判		馬光遠遼東人 殷本患開平人，貢生 李董吳江人，拔貢 三人俱林瓦以前捕河通判	林芃長樂人，見佐署張秋通判

八年
唐廖堯字載歌，會稽人，壬辰進士 劉元琬字芝麓，汝寧人，己丑進士 胡尚衡涇縣人，壬辰進士 張有光字揆原，清浦人，乙未進士 孫允恭丹陽人 王澧字蘭陔，常熟人，癸未進士 邵于道慈谿人，戊戌進士 陸舜字吳洲，泰州人，甲辰進士 上十一人皆順治至康熙九年前濟寧分司 莊鏻嘉興人，進士

八年	九年
	復設濟寧道 岳登科字捷元，鐵嶺人。拔貢 八月任
葉獻章紹興人，舉人 楊毓蘭新鄉人，進士 高恒豫静海人，官生 高瑜遼東人，進士 王章遼東人，貢生 傅當阿滿洲人 祁文友東莞人，進士 上七人皆順治七年後至康熙九年前北河分司	添設各分司滿、官一員，筆帖式一員 納錫滿洲人 佟成年遼東人，貢生 以上二人皆濟寧分司 王滙儀封人，進士。北河分司
	劉澤遠字仁寰，慶陽人貢生。三月任運河 李得貴字仲良，正白旗人，官生。十月任運河 項九思嘉定人，副榜。正月任泇河

十年	十一年	十二年
王光裕字中立，遼東人，四月任左副都御史，加尚書		
裁筆帖式		達乎禮字貫一，滿洲正黃旗人 鍾國義字赤松，山陰人，戊戌進士。上二人皆四月任濟寧分司 阿哈理滿洲人，北河分司 劉祚長清源人，進士。北河分司
姜思謨進賢人，儒士。十二月到泇河任		

十三年	十四年	十五年
		濟寧河道兼分巡
裁濟寧分司		
葉方恒字嵋初，崑山人，進士。五月任運河，陞分巡濟寧道 秦善南昌人，貢生。十二月到泇河任		任璣涇陽人，辛丑進士。八月到泇河任，陞運河同知 張如煥代州人 張晏趙州人 施克威 陳九鵬上四人皆田前捕河通判

十六年	十七年
靳輔字紫垣，奉天人。由安徽巡撫授兵部尚書、右副都御史，食正一品俸。四月任。有傳。著《治河方略》 總河就近駐劄江南清江浦	
李煊延津人，壬辰進士。東兗道	將東兗道所併夏鎮、滕、嶧河道牐座盡歸濟寧道 葉方恒籍貫見同知。二月任。有傳。著《山東全河備攷》
裁南旺、夏鎮二分司，歸併濟寧、東兗、淮徐三道分管	陶作楫會稽人，進士，北河主事 裁北河分司歸併濟寧天津道管理分司至此盡裁，後以同知通判分載 同知 任璣正月任運河，陞滁州府知府，總河靳奏留。二十大年陞長蘆都轉鹽運使
田瑞年廣寧人，捕河通判	通判 葉九思字開天，鑲藍旗人，官生。三月到泇河任

十八年	十九年	二十年	二十一年	二十二年	二十三年	二十四年
			董安國字寧寰，鑲紅旗廕生。六月任，陞四川按察使			
						設郯沂海贛同知 李興祖正黃旗廕生，郯沂同知
				尚登岸字未山，京山人，庚戌進士。十一月到泇河任，陞江南宿虹河務同知		

二十五年	二十六年	二十七年	二十八年	二十九年
		馬齊滿洲人，左都御史，奉行署理，歷大學士，謚文穆 王新命四川三臺人，鎮藍旗漢軍兵部侍郎，有傳		
		凱音布侍郎，往看中河 圖納 馬奇 張玉書尚書，同看議修河		
		楊廷耀字彤華，海城人。由正紅旗筆帖式十二月任，陞本省按察使	韓作棟字公吉，鑲藍旗人，恩廕生。十月任	
	陳良謨正藍旗監生，二月到運河任		談允誠進士，郯沂同知	遲炳正白旗，監生。十二月到運河任 傅星郯沂同知
張兆熊字文卜，分水人。附監生。四月到泇河任	柳天楨字維周，蓋平人。廕生。七月到泇河任，陞本府黃河同知	魯一輔正紅旗監生。東昌通判		

三十年		閻興邦河南巡撫，奏引丹河入衛			馬得貞魚臺知縣，修南陽馬公橋
三十一年	總河移駐清江浦 靳輔再任 于成龍字振甲，奉天鑲紅旗人，廕生。左都御史兼都統，改兵部尚書、右都御史，諡襄勤。有傳	博濟侍郎，同勘中河等工	佟國聘字君華，正藍旗人，廕生。六月任	魯一輔四月到運河任。 施世驥郯沂同知	柳毓茂字秀實，京陽人，監生。六月到迦河任 黃應登順天通州吏員，上河通判 是年，添設下河通判一員，改東昌府通判爲上河通判
三十二年					
三十三年				韓文煜奉天鑲藍旗廕生，郯沂同知	張六吉 史在雍皆捕河通判
三十四年	董安國籍貫見前。由湖廣偏沅巡撫轉總漕，改兵部侍郎，九月任	永停差遣查勘官	趙景元字簡齋，休寧人，歲貢。六月任。改湖南衡永郴桂道參議總河于保留，以新銜留任	羅景滿洲正白旗監生。七月任運河	胡頊奉天官學生，上河通判
三十五年					胡琪字子樹，號間山，漢軍鑲黃旗人。以淮安同知管中河通判。九月調迦河，陞廣東惠潮道
三十六年					
三十七年	于成龍再任	徐廷璽總河協理			
三十八年		費揚古員外郎，差看水勢			
三十九年	張鵬翮字運青，四川遂寧籍，湖廣麻城人，庚戌進士。歷刑部尚書，由兩江總督調任，晉太子太保，回部著《治河書》，歷大學士，諡文端。有傳	王登魁員外，詳稱沂河盧口原委			

四十年	四十一年	四十二年
蔣陳錫字念祝，常熟人，乙丑進士。四月任，調天津道		張伯行字孝先，儀封人，乙丑進士。三月任，陞江蘇按察使，歷倉場。總督諡清恪。有傳。著《居濟一得》
		蘇稷滿洲正紅旗，監生。六月到運河任 陞銅仁府知府
	吳輔聖高郵人，泇河通判 張琨錢塘人，廩貢生 按：兖府《職官志》吳輔聖下有通判，黄吉星，江都人，未詳到任年月，俟考	

四十三年	四十四年	四十五年	四十六年	四十七年	四十八年	四十九年
	上諭：山東河道與總河相距甚遠，交該省巡撫就近料理				趙世顯漢軍，鑲紅旗人	
	蕭土蟠正黄旗人。分巡東兖道，會勘戴村壩工					
		劉光業鑲藍旗人，廩生。十一月任，調湖南衡永郴桂道				
		許大定江陰人，監生。六月到運河任，陞濟寧道				
連璧潁川人，歲貢。上河通判	鄧之琮北河廳，見《居濟一得》估計引沁	黄汝全東昌知府，議引漳入衛			徐成棟漢軍正黄旗監生。上河通判	

五十年	五十一年	五十二年	五十三年	五十四年	五十五年	五十六年	五十七年
許大定字禹清，江陰人，監生。十二月任，調湖北督糧道							宋基業字嘉蕤，長洲人，監生。二月任。是年，歸併東兗道，改衍兗寧道
徐成棟六月到運河任，調江南宿虹同知						張廷霖歸安人。三月到運河任，調繁南工	張懋齡見前運河同知
		張懋齡遂寧人，上河通判					

五十八年	五十九年	六十年	六十一年
		陳鵬年字北溟，湘潭人，辛未進士。有傳。著《河工條約》	
		張鵬翮吏部尚書，看開彭口新河 牛鈕副都御史 齊蘇勒侍講 馬泰員外郎皆監修，堵築河溢工程 李樹德山東巡撫，駐沙灣，修治決河	李樹德築葦河口 齊蘇勒協理河道
			余甸字田生，南平人，進士。七月任，調山東督糧道。《通志》作元年任，誤
董廷桂運河同知			
	常建極漢軍正藍旗監生，上河通判		王濤 張鎬鑲紅旗人 上二人俱捕河通判

世宗憲皇帝雍正元年癸卯	齊蘇勒滿洲正白旗人河道總督謚勤恪	設巡視河湖御史二年停 須周武進人	徐湛恩字沛潢，正藍旗人四月任陞山東按察使，歷河東副總河。有傳		陸允欽捕河通判 袁靈號彤雲，三韓人。捕河通判
二年		設副總河一員 嵇曾筠兵部侍郎副總河		常建極正藍旗監生。鄒沂同知	
三年		何國宗內閣學士 塞楞額巡撫，勘議湖地，修復工程	楊三炯字千禾，諸暨人，舉人。十二月陞任	楊三炯運河同知，陞兗寧道	
四年		令副總河兼管山東與河南接壤河務		吴象賢山陰貢生。鄒沂同知	白鑅漢軍正白旗監生。上河通判 增設管泉通判一員
五年			傅澤洪字樸菴，鑲黃旗人，廕生。二月任。有《行水金鑑》	巴潮運河同知	郎燦泉河通判

六年		岳濬巡撫。會同河臣勘視湖隄	吕維炳字虎文，鑲藍旗人，監生。六月任，調江南淮徐道		徐贊王字思亮，烏程人。下河通判
七年	是年，分河道爲三：南河總督駐清江浦，河南山東河道總督駐濟寧，明年設直隸河道總督駐天津 嵇曾筠字松友，常州人，進士。河東總河調任江南總河，歷文華殿大學士，謚文敏	田文鏡奉天正黃旗人。以河東總督帶管河東總河事務		邱三錫運河同知 白鑅漢軍正白旗監生。十二月到運河任	

八年	徐湛恩副總河		改兗寧道爲分巡曹東河道 王鴻勳字功圖，漢軍正白旗石勇佐領下等。豐潤人，監生。七月內陞京堂		許佩璜泉河通判
九年	沈廷正漢軍鑲白旗人 朱藻號鹿亭，漢軍鑲白旗人，甲午副榜	孫國璽奉天人，進士。協理副總河			下河廳直隸河道歸河開府同知管轄
十年		添設副總河一員，協理河務			
十一年		岳濬山東巡撫，衛河溢，循勘決河 李衛直隸總督 顧琮南河總督會勘	以曹州併兗沂，以東平併濟東，二道專設河道	范昌治鄞縣人，監生。郯沂同知	

十二年			是年，改衛督理通省運河道，不兼分巡		張綸涼州人，優貢。八月到泉河任 吳廷清錢塘人，監生。十一月到泉河任
十三年	白鍾山字毓秀，漢軍正藍旗人。正月任。乾隆八年調江南河道總督。有傳。著《宣防録》。謚莊敏	劉勷山西人協理副總河 岳濬巡撫，請停築安山湖圈隄			許豐蘇州人，兩任 羅鴻德滿洲人 邱三錫蘇州人 林逸宣城人 邵瑀睢寧人 張瑄寧夏人 以上皆雍正間捕河通判
今上皇帝乾隆元年丙辰		命山東巡漕御史協理修築隄壩、疏浚泉源事務 倉德滿洲鑲黃旗人，巡漕給事中 移駐副總河於徐州，就近會商兩河事宜	加兵備銜，換給關防	高沅鑲黃旗，漢軍監生。六月到運河任	高趩奉天鑲藍旗人。八月到泉河任 增設山東黃運守備

二年	三年
撤回副總河 陳世倌副都御史，條奏河渠 趙殿最户部侍郎，議覆河渠，會勘支河 晏斯盛安臺布政，奏請分沁入衛 恒文滿洲正黃旗人，巡漕御史	侯嗣達金匱人，進士。巡漕御史
郭有寧滿城人，監生。十一月到泉河任	呂肅高河南新安人，舉人正月到泉河任

四年	五年	六年
宗室都隆額滿洲正紅旗人，巡漕御史 鄂爾泰大學士，伯，謚文端 孫嘉淦直隸總督，歷協辦大學士，謚文定 顧琮江南河道總督 同勘議漳衛	吴元安上元人，巡漕御史 高斌調任江南河督 完顏偉現任江南河督，會勘石林、黃村土壩	金溶大興人，進士。巡漕御史
陳法字定齋，普安州人，癸丑進士。任調江南盧鳳道		
	傳振扆湖北人，貢生。八月到運河任	
汪容商邱人。六月到泉河任	馬占鰲桐城人，十二月到泉河任	始令上河通判管理河道

七年		張湄錢塘人，巡漕御史 胡定御史條奏石林、黄村加築土壩		張潮山陽人，舉人。鄒沂同知	
八年	完顏偉滿洲鑲黄旗人。由江南總河二月調任	李敏第夏邑人，巡漕御史	高越字步青，鑲黄旗漢軍監生。十一月任調濟東道		李雲龍祥符監生。上河通判
九年		沈廷芳仁和人，號晚芝，丙辰博學鴻詞科。巡漕御史		張潮十二月調運河任，陞萊州府知府	
十年		周祖榮漢軍鑲黄旗人。巡漕給事中			
十一年		宗室同寧鑲黄旗人。巡漕給事中		喻宏猷湖廣舉人。鄒沂同知	張曾肇桐城人，廕生。八月到泉河任

十二年		沈廷芳再差巡漕			徐志鼐德清人，副榜。十二月到泉河任
十三年	顧琮滿洲鑲黄旗人。浙江巡撫六月調任	程鍾彦嘉善人。巡漕御史 高斌大學士，謚文定 準泰山東巡撫 阿里兖調任巡撫，勘議沂河埧堰	高晉字昭德，鑲黄旗人，廕生。六月任陞山東按察使，今大學士、兩江總督	王汝礪考城人。由候補州同九月到運河任 李雲龍祥符人，監生鄒沂同知	馮敢奕仁和人，監生。四月任泉河
十四年		楊二酉太原人，癸丑進士。巡漕兵科給事中 設協辦河務官，職掌與副總河同	盧憲觀字石林，仁和人，丁巳進士。五月任 史奕昂字抑堂，溧陽人，副榜廕生。由兖沂曹道調補，十二月任，陞甘肅布政使		張廣基正黄旗漢軍。十二月到泉河任

十五年		張湄再差巡漕御史 張師載協理河務			時廷銓濟寧人，貢生。正月到泉河任。 陳思義海寧人。八月到泉河任
十六年		程盛修泰州人，巡漕户科給事中			徐志幽再任泉河
十七年		朱若東臨桂人，乙丑進士。巡漕工科給事中			馮啓奕調上河通判
十八年		伊靈阿滿洲鑲藍旗人。巡漕户科給事中		馮啓奕十月到運河任	汪容虞城人，監生，上河通判 徐志幽三任泉河 大章鑲黄旗漢軍包衣人。四月到泉河任

十九年	白鍾山三月復任	立柱滿洲鑲紅旗人。巡漕户科給事中 恩丕滿洲鑲白旗人。世襲雲騎尉巡漕兵科給事中	金祖静字會川，吴縣人，己酉薦舉，由濟東道閏四月調任	李雲龍祥符人，監生。三月到運河任	張克儉蓬萊人，監生。署泇河通判 成其名直隸人 蔣山年滿洲人 張廣基 夏鎮滿洲人 呂肅高河南人 張映樞甘肅人 陳鍾瑶廣西人 上七人皆楊前捕河通判 楊紹曾常州人捕河通判
二十年		立柱再差	蔡學頤虞城人，十二月任	楊綬陽湖人，監生。六月到運河任 邵隨龍祥符人，監生。郯沂同知	种經滕縣人，監生，上河通判 徐績漢軍正藍旗人，舉人。二月到泉河任

年	二十一年	二十二年
		張師載字又渠，號愚齋，儀封人，康熙丁西舉人。由總漕尚書，二月調任，贈太子太保，謚慤敬
	方世儁桐城人，己未進士。巡漕工科給事中 裘曰修侍郎 夢麟侍郎 鶴年侍郎 同會勘挑濬伊家河	海明蒙古鑲黃旗人。巡漕給事中 尹繼善江南總督，歷大學士，謚請於微山湖口築滚水垻
	李清時科貫見總部。于十一月任，二十九年調江南淮徐河道。有傳	
	改郯沂海贛同知爲沂河同知，移駐大興鎮	白樹屏正白旗，監生。九月到下河任 馮振鴻魚臺知縣，添設南陽南涵洞

年	二十三年	
	佟琳滿洲鑲白旗人。巡漕給事中 海明 復奉命督視江南、山東兩省隄工 陳宏謀桂林人，癸卯進士。兩廣總督，歷大學士，謚文恭。條奏築遥隄七十里 阿爾泰山東巡撫，條奏孫家集一帶亂石工	
	彭理正藍旗漢軍監生。五月到運河任	
	白樹屏正月到上河任 趙宏漢興安人，庚午舉人。正月到下河任 張克儉九月到下河任 王興堯署泇河通判 楊德仁嘉應人，進士。三月到泉河任	

二十四年	二十五年
耀海滿洲正白旗人。巡漕給事中	覺羅明善滿洲鑲黃旗人。巡漕御史
白樹屏二月到運河任。 顧岳齡長洲人，以州判銜効力河工，七月到運河任	王興堯九月到運河任，推陞西安府知府
韓鑅大興捐貢。上河通判 謝光綬福山人監生。十月到下河任，陞河南上北河同知 陳思義復任泉河 顧嵩楷閩中人貢生。閏六月任泉河 王正來正定人拔貢。閏六月任泉河	謝沈生武進人監生。署泇河 張際盛銅山人。正月任泉河 謝沈生四月任泉河 顧岳齡六月任泉河 高文玉武進人，監生。六月任泉河 顧秉衡十二月任泉河

二十六年	二十七年	二十八年
		葉存仁字心一，號墨村，江夏人。由河南巡撫兵部尚書、右都御史十二月陞任
洋海滿洲鑲藍旗人。世管佐領巡漕給事中	覺羅明善再任巡漕給事中	德成滿洲正黃旗人。巡漕 崔應階山東巡撫，奏請挑浚 兆惠大學士、武毅謀勇公。欽差挑浚小梁山等引河
嵇璜無錫人，副榜。十二月任泉河	王興堯五月署泉河	韓煦合州人，捐貢。四月到下河任，陞河南上北河同知 徐朝柱崑山人，監生，任泉河

二十九年	三十年
李宏字濟夫，號湛亭，漢軍正藍旗人。由淮徐道陞任，兼兵部侍郎、右都御史，三十年調任南河	李清時字授侯，號惠圃，安溪人，乾隆壬戌進士。由淮徐道八月陞授，兼兵部侍郎、右都御史，調山東巡撫，有傳。著《汎牐約言》
温如玉撫寧人，乙丑進士。巡漕刑科給事中	塘古泰滿洲正藍旗人，生員給事中巡漕
何煟字謙之，號如如，湖南靖州人，浙江山陰籍。由河南開歸陳許道七月調任。三十年調河南、河北兵備道，四月陞河南按察使，歷河南巡撫，加總督銜、太子少保，諡恭惠	姚立德字次功，號小坡，仁和人，廩生。由山東濟南府二月陞任。三十三年九月調補江南淮徐河務兵備道，今陞兵部尚書、河東河道總督
魏逢堯十二月到泇河任	吕又祥沭陽人，監生。署泇河 張傳黄縣人正月到泉河 童肇驥會稽人閏二月任泉河 吕又祥四月任泉河 徐朝柱八月再任泉河

三十一年	三十二年	三十三年
	嵇璜字尚佐，號拙修，無錫人，雍正庚戌進士。由禮部尚書改兵部尚書、右都御史。七月任。今工部尚書	吴嗣爵字樹屏，號淡軒，錢塘人，雍正庚戌進士。由江南淮徐河道十月陞任，調江南河道總督
葛峻起河南人進士巡漕	喀爾崇義滿洲鑲白旗人，生員。刑科給事中巡漕	范宜賓鑲黄旗人，廩生。兵科給事中巡漕
	陳思義九月到運河任	
童肇驥又任捕河	秦溥金匱監生。上河通判 江澍桐城人，監生六月任泉河 張爲薙景州人，監生九月任泉河 張符升蕭縣人貢生十月任泉河	童肇驥泇河 汪容署泇河 莊經文秀水人，副榜。九月任泉河

三十四年		瑚世泰滿洲正白旗人，蔭生。户科給事中巡漕	王興堯字澄宇，號梅影，華亭人，監生。由西安府知府陞任，調河南開歸陳許河務兵備道	汪容虞城人，監生。八月到運河任，陞員外郎	趙宏漢正月補下河原缺，陞沂河同知 張惇典考義人，舉人。四月到泉河任
三十五年		伯興滿洲鑲白旗，蔭生。吏科給事中		魏逢堯沛縣人，監生。八月任運河，陞福建延平府知府	張松孫華亭人，正月任泉河 洪世儀南安人，舉人，八月任泉河 布顔蒙古鑲黄旗恩監生。十二月到泉河任
三十六年	姚立德字次功，號小坡，蔭生，仁和人。由山東按察使陞任兵部尚書、河東河道總督	高樸字旭亭，滿洲鑲黄旗人，蔭生。兵科給事中巡漕	孫廷槐字右階，號芥舟，仁和人，壬戌進士。由河南開歸陳、許河務兵備道，五月調任，陞山東按察使		洪世儀調上河 布顔調任泇河
三十七年		郎圖滿洲人，京畿道監察御史巡漕	陳繩祖字孝祐，號組橋，祁陽人。山户部郎中任，調補甘肅西寧道 陸燿字青來，號朗甫，吴江人，壬申恩科舉人。由濟南府知府授西寧道調任，陞本省按察使		郭昫沛縣人，監生十二月任下河，調曹儀通判

三十八年
滿岱滿洲鑲藍旗人。浙江道監察御史巡漕
是年，改泇河通判爲同知 同知 王鳳詔調任泇河，陞授同知
是年，改沂河同知爲通判 通判 姚信璧靈州人，癸酉舉人。閏三月任下河 王鳳詔潛山人 泉河通判 夏廷芳天長人沂河 胡增萬年人，癸酉舉人。泉河通判 楊綬 陳思義 楊紹曾 陶杏秀浙江人 顧岳齡 顧嵩楷 童肇驥 吕際昌沭陽人 宋景玉長洲人 章輅 上十人皆乾隆三十九年前捕河通判

三十九年	四十年	四十一年以下續增
王猷號元亭，奉大義州人，壬申進士。由工科掌印給事中巡漕	高晉大學士、兩江總督，會勘蜀山湖 王興堯籍貫見前十月再任 楊景素字樸園，江都人。山東巡撫會勘 成德滿洲正藍旗人，生員。户科給事中巡漕	
章輅字質哲，監生，富陽人運河同知		
	程國棨字良甫，號竹坡，宛平人，監生。泉河通判 胡增三月調任下河 姚信璧調任沂河 陳本義湘潭人，監生，十月任泉河 程國棨十月調捕河	

四十一年		章輅字乘殷，號質菴，富陽人監生，任運河道	韓煦四川合州人，任運河同知		程國繁字良甫，順天人			
四十二年					陳本義 張廣昱			羅瑛字禹光，號雲亭，上虞人，貢生，任下河通判
四十三年					白樹藩			
四十四年	袁守侗字執冲，號愚谷，山東長山人，甲子舉人，由刑部尚書任調直隸總督 陳輝祖字雨亭，湖南祁陽人，廕生，由河南巡撫陞任，調江南河督	沈啟震字位東，號青齋，浙江桐鄉人，乙丑進士	羅瑛陞任運河同知		馮鵬飛字乘六，浙江人。以上五人任泉河通判			甘定進秦新人，貢生
四十五年	李奉翰字薌林，漢軍正藍旗人，監生，是年二月任，調江南河督 國泰字抽齋，滿洲正白旗人，監生，九月由山東巡撫兼任 李奉翰十二月再任							

四十六年	翰鑅字序東，號蘭亭，貴州畢節人，二月由淮徐道陞任							吉佩琮韓城人，貢生
四十七年	何裕誠字惺菴，浙江山陰籍，湖南靖州人，貢生，由淮徐道陞任，調河南巡撫							洪世儀南安人，舉人
四十八年	蘭第錫字素亭，山西吉州人，庚午舉人，由永定河道陞任，調江南河督，有傳							
四十九年						師元德陝西韓城人，監生，任上河通判		馮津桐鄉人，監生
五十年		羅瑛是年陞任運河道						
五十一年			馬鵬飛浙江慈谿人，辛未進士					
五十二年			龔孫枝字梧生，江蘇江甯人，甲戌進士					

五十三年								
五十四年	李奉翰是年三月三任	沈啟震是年五月再任	黃易字小松，浙江錢塘人，監生					
五十五年						朱文炤江蘇太湖廳人，監生		
五十六年						袁秉鈞江蘇華亭人，由考職主簿任		
五十七年		龔士煃是年七月任護理 唐侍陛字贊宸，號芑洲，江南甘泉人，廕生				王嘉訓漢軍廂黃旗人，由生員考中筆帖式		阮光增大興人，吏員
五十八年		歸朝煦字叔申，號梅坡，江蘇常熟人						
五十九年		羅瑛是年六月再任						畢繼曾鎮洋人，拔貢 張瑄磁州人，監生
六十年		孫星衍	阮廣曾順天大興人，議敘					

嘉慶元年		策丹字壽年，號芝圃，正黃旗人						
二年	康基田字茂園，山西盂縣人，由江蘇巡撫陞任，調江南河督，有傳 司馬騊容川，江蘇江甯人，監生，由山東布政司陞任，卒於漕河工次							
三年								
四年	吳敬字松圃，號立崖，錢塘人，乾隆戊戌進士					徐光第江蘇吳縣人，副榜		
五年	王秉韶字三韓，號含溪，漢軍鑲紅旗人，乾隆丁卯舉人，由河南布政司陞任，卒於蘭陽工次		黃易再任					沈惇彝歸安人，監生
六年						吳茂楠直隸天津人，監生 甘運濂漢軍正藍旗人 河洲年漢軍正黃旗人		

七年	八年	九年	十年	十一年	十二年
嵇承志字翼清，號籍浦，無錫人，乾隆庚寅舉人		徐端字肇之，號心如，浙江德清人	李亨特字曉園，漢軍正藍旗人		
高三畏字惕若，號知岩，河南陝縣人，乾隆四十五年進士		嵩山是年十二月任護理 王念孫字懷祖，號石曜，江南高郵州人，乾隆乙未進士			
徐日簪字柳塘，江蘇陽湖人，廕生					何洲漢軍正黃旗人
	康試祖江蘇清河人，監生，任泉河通判		徐章江蘇吴縣人，副貢	劉光遠河南鄭州人，監生	
		李大業紹興人，監生		章成斐浙江歸安人，監生	
	甘運濂漢軍正藍旗人		董有恂漢軍正黃旗人 朱長坦 徐鼐 蔣嘉瑞 葉鵬翥 汪元琨		錢焯漢軍正藍旗人

十三年	馬慧裕字朗山，漢軍正黃旗人，由刑部侍郎陞任		沈惇彝字敘軒，浙江歸安人		徐章再任	吕棠順天大興人		
十四年	陳鳳翔字竹香，江西崇仁人，由永定河道陞任，調江南河督，有傳	徐國楠字讓木，號古梅，紹興人，乾隆癸丑進士				馮召棠浙江桐鄉人		
十五年	吉綸字正齋，滿洲鑲藍旗人		章承斐浙江歸安人		華燦江蘇無錫人	牛耆德浙江錢塘人		
十六年	李亨特是年再任					牛繼祖		
十七年		陸言字有章，號心蘭，浙江錢塘人，乙未科翰林			朱長垣江蘇人			甘運濂漢軍正藍旗人
十八年	戴均元字可亭，江西大庾人，進士	洪範字養泉，號石農，安徽人						錢日炤浙江仁和人，廩貢生
十九年	李鴻賓字鹿苹，江西德化人，辛酉進士				劉執桓山西洪洞人，廩貢生	王承業江蘇金壇人		馮召棠 顧禮璜 黃家積

二十年	李逢亨字培元，陝西平利人，乾隆丁酉拔貢				嚴理字午橋，桐城人	方傳穀安徽桐城人		王槐慶浙江仁和人
二十一年	葉觀潮字丹崖，福建人，乾隆癸卯舉人							
二十二年						唐均金江蘇甘泉人		
二十三年			莫麥齡字商山，河南盧氏人，廩生					
二十四年			馮召棠浙江桐鄉人					錢熙浙江人
二十五年	張文浩字蓮舫，順天大興人		莫麥齡再任					王承業是年九月接署
道光元年	姚祖同 嚴烺字小農，浙江仁和人 琦善由山東巡撫兼署	覺羅慶善字仲璠，廂藍旗人	章承斐 莫麥齡 馮召棠					
二年					錢倬浙江人	龔慶祥長洲人 嚴清垣江蘇吳縣人		蕭以霖浙江山陰人
三年						方傳穀安徽桐城人		

四年	張井字芥航，陝西盧施人，嘉慶辛酉進士，由河南開歸道陞任							方傳穀代理
五年		李恩繹字謖甫，號東雲，漢軍正白旗人，嘉慶戊辰進士	章承斐 莫㷷齡再任					
六年					錢熙字緝齋，浙江嘉善人			
七年						鄭昜年安徽鳳台人，州同		
八年								
九年						龍慶榮江蘇長洲人		張承恩順天宛平人
十年			朱長垣字雲帆，江蘇吳縣人		王長卿字曼雲，順天大興人，嘉慶舉人			李麟圖代理
十一年	林則徐字少穆，福建侯官人，嘉慶辛未進士				張漢字梯仙，江蘇蕭縣人			龔慶榮江蘇長洲人
十二年	吳邦慶字霽峰，直隸霸州人，嘉慶庚辰進士，由江蘇巡撫陞任，有傳							

十三年		敬文字廉喈滿洲廂白旗人				方傳穀委署		文鴻 張漢接署
十四年					王承業字錦堂，江蘇金壇人			
十五年	栗毓美字箕山，號樸園，山西渾源人，嘉慶辛酉拔貢，由河南布政陞任，卒於胡家屯工次，謚恭勤，有傳				蔣原培字淑同，江蘇常熟人			
十六年								譚爲紹江西南豐人，優貢生
十七年					文鴻州判署任			
十八年			德克金布改名德鈞，號暢亭，滿洲正黃旗人，壬午舉人			王長卿順天大興人，嘉慶戊辰舉人		龔瑞穀委署
十九年		徐經字拜庚，江蘇嘉定人	黃慶安字蘅洲，福建永福人，壬辰進士		馮爾熾字雙帆，浙江桐鄉人			方傳穀安徽桐城人

二十年	牛鑑字鏡堂，甘肅武威人，嘉慶甲戌進士，由河南巡撫兼署 文冲字□飛，號竹吾，滿洲鑲紅旗人，廕生，由湖北按察司陞任	清平字康農，滿洲正黃旗人，嘉慶丙子舉人			賴安字仁宅，漢軍正黃旗人，嘉慶己卯舉人			
二十一年	朱襄字唯齋，號雲溪，安徽蕪湖人，嘉慶庚辰進士，由江蘇淮揚道陞任				范慶長字竹初，浙江錢塘人			
二十二年	慧成字裕亭，滿洲鑲黃旗人，丙申進士				郭承緒字淑徽，號浦南，山西壽陽人，優貢			
二十三年	鍾祥號雲亭，漢軍，嘉慶戊辰進士，歷任山東巡撫、浙閩總督		周均江蘇江陰人，舉人 孫家良安徽鳳陽人，丙申進士			陸延喜江蘇寶應人		
二十四年			嚴文瀚紹興會稽人，祖籍順天			王長鄉		
二十五年			沈維敬直隸天津人			沈瑞年浙江仁和人		劉文著直隸順天人，嘉慶丁卯舉人

二十六年			湯建中順天人，辛巳舉人			龔國珍 沈瑞年		
二十七年			周樹衡 湯建中					
二十八年								
二十九年	徐澤醕滿洲正藍旗人，嘉慶庚辰進士，由山東巡撫兼署 顏以燠廣東連平人，丙子舉人				陸費瀩浙江錢塘人。是年，將泉河通判裁汰，一切事宜歸併運河同知兼管	沈維敬委署		龔熙齡 張錫麟江甯人，舉人，委署
三十年		方墉字既堂，浙江錢塘人，戊辰進士			王濯漢軍，舉人 婁鼎號小松，浙江山陰人			唐簡河南新鄭人，進士
咸豐元年			莊縉度江蘇陽湖人，道光丙申進士 羅鑲順天大興人，祖籍江蘇					

二年	陸應穀雲南昆明人，道光壬辰翰林，由河南巡撫兼署 慧成蒲洲鑲黃旗人，道光丙申進士 福濟滿洲鑲白旗人，道光癸巳進士，由奉天府尹補授，調漕運總督						
三年	長臻鑲黃旗人，漢軍，嘉慶戊寅舉人，由奉天府尹補授	羅鑲字子襄，順天人，任運河同知護任	龔國珍				
四年							
五年	蔣啟敭廣西金州人，由河北道署理 李鈞直隸河間人，道光壬午進士，由刑部左侍郎補授 瑛棨由河南巡撫兼署	敬和字詩舲，號琴舫，滿洲鑲白旗人，道光庚子進士	吳吉昌江蘇人，道光戊戌進士				毓明正白旗人，漢軍考取筆帖式
六年				朱懋瀾江蘇人，任迦河同知			

七年					張鏞湖北棗陽人，道光丙午舉人 婁鼎		
八年		吳吉昌護理 敬和冉任	蔡鑒安徽人 張學宗江蘇人，貢生		毓明		蕭湘直隸人，副榜
九年	黃贊湯江西盧陵人，道光癸巳進士，由户部右侍郎補授		沈鍠江蘇人，道光丁未進士				胡鎔庚 沈公麟 王建衡 黃杰 姚□□ 沈公麟 王瑾熙 沈公麟
十年							
十一年		周鶚字翼庭，直隸人，辛亥舉人，由濟甯州護理 宗稷辰字迪樓，浙江人，道光辛巳舉人	蕭湘	同順四川成都人，駐防，滿洲廂黃旗人，辛亥舉人			
同治元年	譚廷襄浙江人，道光癸巳進士，由山東巡撫補授		松秀滿洲正藍旗人			曹文振山西人，附貢生，捕河通判	
二年							
三年	鄭敦謹湖南人	敬和署理 宗稷辰回任	黃杰 陳繼業順天人，祖籍浙江，咸豐壬子進士	姚延壽江蘇上元人	吳吉昌江蘇上元人，道光戊戌翰林 毓明回任		

四年	張之萬字子青，直隸南皮人		同順 陳繼業				
五年	蘇廷魁字賡堂，廣東高要人，道光乙未進士，由河南布政司補授	江健由運河同知護理 承啟字立齋，滿洲廂黃旗人 陳繼業由洳河同知護理	江健字梅卿，安徽人，進士				
六年		王化堂字莅之，河南蜜縣人，咸豐壬子翰林	朱懋瀾江蘇吴縣人	陳繼業 黃杰			
七年				蔡壽生順天大興人，祖籍安徽		朱懋瀾江蘇吴縣人	
八年				蕭彥甲江西崇義人，咸豐辛亥舉人		查筠順天宛平人 廣恩字錫三，漢軍鑲白旗人	
九年			蕭彥甲江西崇義人，咸豐辛亥舉人 沈公麟兼理	沈公麟字定生，浙江德清人			秦培字子厚，浙江會稽人
十年			桂德均字筌陔，廣東南海縣人		黎耀景字曉初，廣東高要縣人		

《全河備考》： 元至元二十有六年，會通河成後四年，始建都水監於東阿之景德鎮，掌河渠、埧牐之政。明永樂都於燕，尤重漕政，始差主事一員，疏導山以東泉源，及分汶水以利漕。其後或以通政、少卿，及監察御史、錦衣衛、千户等官巡視運河牐泉。宣德中設主事，管理濟寧牐座，兼管河道。又設主事提督徂徠等處泉源，已而罷，遣以山東參政副使管理河漕。天順二年，以河南副使一員整理濟寧以北河道。成化初改命通政，駐劄張秋，掌衛河、會通河漕政，北至天津，南至魚臺一帶，凡泉湖、牐埧、隄淺之事皆隸焉。旋以山東副使兼攝之，尋改都水司郎中奉敕行事，凡沿河有司及管河文武官員悉聽節制。又除都水司主事二員，奉部檄行事，一駐劄寧陽管泉源，一駐劄濟寧管牐座。其南陽以南沛縣所轄，用平江伯陳鋭議，命主事一員駐劄於上沽頭以治水事。宏治十八年，以南旺南、北二牐係水泉總會分派之所，最爲要害，二牐一官，一吏管理。職卑任小，往來官豪得以擅自啟閉，常至走洩水利，糧艘淺閣，别設分司，以寧陽管泉主事兼攝之。正德間，專差主事一員駐劄南旺，又設主事一員管理臨清牐座。嘉靖間，罷遣南旺主事，仍以寧陽主事兼攝其政，亦罷臨清主事，屬其事於甎廠，移沽頭分司於夏鎮。隆慶初，議併濟寧牐務於管泉主事，遂以都水主事一員管理徂徠等處泉源，兼管南旺、濟寧牐座，改稱南旺分司。萬歷十六年，以科臣常居敬請，夏鎮、南旺各給關防，以重事權。國初，移南旺分司，駐劄濟寧，臨清牐務歸併張秋郎中。康熙十五年，以總河王光裕議，裁南旺、夏鎮分司，將南旺所管泉牐事務歸併濟寧道； 其夏鎮所管河道牐座在江南沛縣者，歸併淮徐道； 在山東滕、嶧二縣者，歸併東兖道。康熙十七年，又以總河靳輔議，將東兖道所併夏鎮，原管山東滕、嶧二縣河道牐座，亦併濟寧道； 並張秋郎中所管河道、牐座事務，盡併濟寧道。於是南自黄林莊，北至桑園驛，一千二百里之運道有專責矣。

濟寧道設於明隆慶年間調之『管河兵巡道』，其責專於運道，而兼職兵巡，有防禦敉寧之責，設標兵二百名，由來舊矣。國朝順治年間，以兖屬九邑民事隸之，蓋治河不無勞民，使濵河百姓疾苦有所控陳也。康熙六年，以省官裁去，至九年，河督大司空疏請復設，專管通省河道。十五年歸併泉務，十七年並併南北牐務，謂之『分巡濟寧河道』，凡黄運之在山東者，與有責焉。

元揭傒斯《都水分監記》各曰： 『會通河成之四年，始建都水分監於東阿之景德鎮，掌凡河渠、埧牐之政，令以通朝貢、漕天下、實京師。地高平則水疾洩，故爲堨以蓄之； 水積則立機引繩，以挽舟之下上，謂之埧。地下迤則水疾涸，故爲防以節之； 水溢則縋起懸板以通舟之往來，謂之牐。皆置官以司飛輓啟閉之節，而聽其獄訟焉。雨潦將降，則命積土壤，具畚锸，以備奔軼衝射； 將涸則發徒以導闕淤、塞奔潰。時而巡行，以察其用命、不用命而賞罰之，故監之責重以煩。延祐六年秋九月，河南張侯仲仁以周知河渠事，選任都水丞。十有一月，分司東阿，詔凡河渠之政，毋襲故狃私，毋怛勢沮威，惟宜適從。敢有撓法亂政，雖天子使五品以上以名聞，其下隨以輕重論刑毋貸。乃知河渠一官，在元時開設之初已權有獨尊，矧今重以漕運之責，天儲之虛實係之，居是職者，能勿思仰副設官之意哉？

卷三

泇河廳河道

山東運河，由江南下邳梁王城至黄林莊入山東嶧縣境，爲兖州府泇河通判所轄。其地當漕運入境首程，事務頗繁，兼以微山一湖瀦洩事宜，經理不易。乾隆三十九年，今河督姚公奏請改設同知，即以駐劄郯城之沂河同知改爲通判。一經轉移，彼此各協。至於治泇之績，在山東省一百六十里，尚有一百里爲江南所轄，且自隆慶以後，屢議屢寢，凡閲數十年而其功始竟。昔人成勞，不可不令首尾完備，因具録開泇始末并經理中、皁二河事略於前，然後以牐爲綱，詳其經制規畫，述前聞，徵近事，使司事者有考焉。

泇河，以東、西兩泇得名。東泇源發費縣箕山，經沂山下莊而南；西泇由嶧縣抱犢山，東南流至三合村，與東泇合，又南合武河，至邳州入泗，謂之『泇口』。嶧之南有中心溝，受白茅山泉水，下流爲彭河，又東會氶水入泇。

明初運道經徐州、吕梁二洪，懸流三十丈，水險害運。

隆慶間，都御史翁大立屢請開泇，自馬家橋出邳州，以避徐、吕之險，以功費無算議寢。萬歷初，都御史傅希摯繼之，屢議屢止。二十一年，汶、泗泛濫，隄潰運阻，總河舒應龍挑韓莊中心溝通彭河水道以入黄，而泇口遂開其後二十五年，河決黄堌，二洪告涸，總河劉東星尋韓莊故道，鑿長城、侯遷、頓莊，及挑萬莊，由黄泥灣至宿遷董家溝以試行運，而泇脈始通。至三十一年，河決沛縣，由昭陽湖穿夏鎮横衝運道，總河李化龍尋舒、劉舊績，主事梅守相爲陳《泇河利運狀》，復請開泇行運，起自夏鎮，迄於董口，綿二百六十餘里，以避黄河三百里之險。其間改李家港以避河淤，開王市、田家口以遠湖險，中鑿郗山以展河渠，建韓莊、臺莊等八牐以節宣水利，而泇之運始行。總河曹時聘復大加展拓，建垻遏沙，修隄度縴，置郵驛，設兵巡，增河官，立公署，至今泇爲坦途。然漕舟溯河而北，尚有黄流二百里風濤之險。

迨國朝總河靳文襄公輔開挑皁河，上接泇流，復於遥、縷二隄之内續浚中河，後又欽奉聖祖仁皇帝諭旨，自仲家莊改由楊家莊入口，而運道之經黄河者順流逕渡，一葦可杭矣。

明傅希摯開泇疏：治河當視其大勢，慮患務求其永圖。頃見徐、邳一帶，河身墊淤，壅決變徙之患不在今秋則在來歲。幸而決於徐、吕之下，猶可言也，若決於蕭、碭之上，則牐河中斷，兩洪俱涸矣；幸而決於南岸，猶可爲也，若決於北岸，則不走張秋，必至豐沛矣。臣悉心講求，竊惟禹之治水，順水之性耳。今資河爲漕，方强水之性以就我，雖神禹亦難底績。惟開創泇河，置黄河於度外，庶爲永圖耳。泇河之議，嘗建而中止，謂有三難。而臣遣錐手、步弓、水平、畫匠人等，於三難之處逐一勘踏，起自上泉河口開向東南，則起處低窪，下流趨高之難可避也；南經性義村，東則葛墟嶺，高堅之難可避也；從陟溝河，經郭家西之平坦，則良家城、侯家灣之伏石可避也。至於泇口上下，河渠之深淺不一，湖塘之繹絡相因，間有砂礓無礙挑穵。大較上起泉河口，水所從入也；下至大河口，水所從出也。自西北而東南，計長五百餘里，比之黄河近八十里。河渠湖塘十居八九，源頭活水脈絡貫通，此天之所以資漕也。

昔尚書朱衡之開新河，都御史潘季馴之開邳河，權救一時，其情事忙促，工費浩大，難以名言。今雖尚幸無梗，然相時度勢，要之不免卒有不虞，而後竭天下之財力以通咽喉，何啻如新河、邳河情事之洶洶而已哉？若以十年治河之費成泇河，泇河既成，黄河無慮壅決矣，茶城無慮淤填矣，二洪無慮艱險矣，運艘無慮漂損矣。洋山之支河可無開，境山之牐座可無建，徐口之洪夫可盡省，馬家橋之隄工可中輟，今日不貲之費，他日所省抵尚有餘也。

李化龍疏：河自開、歸而下合運入海，其路有三：由蘭陽道考城至李吉口，過堅城集入陸座樓，出茶城而向徐、邳，名濁河，爲中路； 由曹、單經豐、沛，出飛雲橋泛昭陽湖入龍塘，出秦溝而向徐邳，名銀河，爲北路； 由潘家口過司家道口至何家隄，經符離道睢寧入宿遷，出小河口入運，名符離河，爲南路。 南路近陵，北路近運，惟中路既遠於陵亦濟於運。 前督臣排群議興茲役，竟以資用乏絶不得竣事。 然自堅城以至鎮口，河形尚爾宛然。 爲今之計，惟守行隄開泇河，其善有六，其不必疑有二。 泇河開而運不借河，有水無水聽之，善一； 以二百六十里之泇河，避三百三十里之黄河，善二； 運不借河則我爲政，反得以熟察機宜而治河，善三； 估費二十萬金，開二百六十里，比宋尚書新河事半功倍，善四； 開河必行召募，春荒役興，麥熟人散，富民不苦賠，窮民得資養，善五； 糧船過洪必約春盡，如果河漲，運入泇河，朝暮無妨，善六。 爲陵捍患，爲民禦災，無疑者一； 徐州城向苦洪水暴至，泇河既開，徐民之爲魚者亦少，無疑者二。

何士晉疏： 運道最稱險阻，人力難施者無如黄河。先年水出昭陽湖，夏鎮以南運道衡阻。 於是開泇之議始決，入直河口經猫窩抵夏鎮，長二百六十里，較黄爲近，避淺澁、急溜、二洪之險，建牐置壩，聚諸泉河之水，以時啓閉，用之六年，通行無滞。

今歲忽有舍泇由黄之議，卒致倉皇，損傷糧艘，且有淪溺以死者； 費人工牽輓，有至大浮橋，以闕塞復還由泇者。 以故今運抵灣甚遲，汲汲有守凍之虞。 由此言之，黄之害大略可見，然泇亦未竟之功也。

河面濶八丈，底濶三丈，深一丈三尺至一丈六尺不等，節年雖有增修，大概止此。 地近湖、山，厈泉引水易盈易涸，全藉人工深厚，使有容受瀦蓄之勢。 若河身太隘，伏秋則山水暴漲，旱乾則枯竭無餘，非策也。 謂宜挑廣浚深，令與會通河相等，重運回空，往來不相礙，回旋不相避。 即時有亢潤，地有高下，而水常充盈，舟無留滯。 計歲捐水衡數萬，全督以廉能之吏，爲期三年可以竣工。 然後循駱馬湖北岸東達宿遷，大興畚鍤，盡避黄河之險，則泇河之事訖矣。

或謂泉脈細微，太濶太深水不能存。 不知泇源遠自蒙沂，近挾徐塘、許池、文、武諸泉，大率視濟寧泉河略相等。 吕公堂口既塞，則山東諸水總合全收，加以牐壩隄防，何憂不足？ 或謂直抵宿遷，此功迂而難竟，是又不然。夫昔年不估以二百六十萬乎？ 不慮山水暴漲、河水泛溢乎？ 不慮石硼山礓難鑿、沙淤奔潰乎？ 王市垻不再築再圮乎？ 夫荒度誠難，不無錯愕，及任用得人，綜理有法，功成晏如，此難與衆人慮始也。 然近日由黄之説，蓋因泇河二百六十里，曠野新闢，人跡荒凉，萬艘蟻泊，公私旅困，恐生意外之虞。 且計徐州一大都會，貿遷化居者一旦有折閲之恨，然此害之小者，唯是飭郵傳，設機防，由之既久，漸成樂郊，何必徐土？ 此亦破紛紜之一説也。

國朝靳文襄公輔治河方略： 明萬歷三十一年，總河李化龍開泇河行運，自夏鎮達於直河口，不由徐、吕二洪，避黄河之險者二百里，漕運利之。後直河口塞，改行董口。及董口復淤，遂取道於駱馬湖，由汪洋湖面西北行四十里始得溝河，又二十餘里至窑灣口而接泇。

苐駱馬湖本窪田也，因明季黄河漫溢停積而成湖，夏秋水發不礙行舟，至冬春水涸，其淺處不流束楚。且水面遼闊，縴纜無所施，每重運入口，即役兵夫數萬於湖中撈淺，浮送北上，而所撈之渠不旋踵而汩没於風浪之中，年年畚鍤，宿邑騷然苦之。況黄河復故，雨潦各有所歸，湖水必致日涸，且撈淺無所施，實漕運咽喉之大虞矣。

查宿邑西北四十里皁河集，其地溝渠斷續，有舊淤河形一道，若挑新浚舊，因而通之，可以上接泇河之委而下達於黄。但啟土於沮洳之地，爲力甚艱，又南患黄河之逼，北虞山左群山之水，不有隄防不可以行運。乃揆測規畫，即取水中之土以築水中之隄，南起皁河口，北達温家溝，水深之處挑水旱工共二千四百丈，兩岸築隄四千八百丈，凡邳、宿兩州縣舊河内一切浸流旁洩決口三十餘處，盡行築塞。

又起自温溝，歷窑灣至邳境猫兒窩，計四十里，從無隄岸，每山泉暴漲，即一望滔天，復兩岸築隄二萬七千丈。然猫兒窩一帶爲徐、兖諸水之所注，納水太盛則隄必傷，故建減水大壩三座以洩之。至如猫兒窩以上地亢土堅，則空之而弗隄。

又猫兒窩以西至唐宋山三千餘丈，乃霪霖暴漲之所從出入者，則隄之。蓋自皁河而上者無不治矣。惟是下口直截黄河，遇伏秋暴漲，不無内灌之虞。於是復加斟酌，相得皁河迤東二十餘里張家莊，其地形卑於皁河口二尺餘。而黄河上下水勢，大抵每里高低一寸，自皁河至張家莊二十餘里，黄水更低二尺餘，内外水面，高低相準。乃復挑支河一道，自皁河歷龍岡岔路口達之張家莊出口，如丁字形，黄水自西而東，皁河水自北而南，兩截相抵而不相比，且黄强清弱，故易灌。今張家莊之出口如人字形，黄水與張家莊之水俱自西而東，兩溜相比而不相抵。況又以皁河地高之水，下注於二十餘里地卑之出口，其迅流更足以抵黄也。由是，上則東省河流滔滔奔注，常束本等之水於漕中，而洩暴漲之水於坝外；下則運口常通，永無淤塞之慮矣。

又百川莫險於黄河，然南北通運以來，浮黄河而達者凡五百餘里。議者莫不以爲治河即所以治漕，一似乎舍河别無所謂漕也。雖然水性避高而就下，地爲之不可逆也。運道避險而就安，人爲之所慮者，爲之或不當耳。

有明一代，治河莫善於泇河之績，然其議倡始於隆慶年間都御史翁大立，而傅希摯繼之，再歷舒應龍、劉東星兩河臣屢興屢阻。迨至萬歷三十一年，河臣李化龍實始通漕，卒避黄河三百里之險，至今賴之。嗣後直河口塞，董口淤，駱馬湖又淺澁不行，臣因有開皁河之請，而泇河之尾間復通。然自清口以達張莊運口，河道尚長二百里，重運泝黄而上，僱覓縴夫艘不下二三十輩，蟻行蚊負，日不過數里，每艘費至四、五十金，遲者或至兩月有奇方能進口，而漂失沉溺往往不免。蓋風濤激駛，固非人力所能勝也。

康熙二十五年，題覆詞臣張鴻烈《聖心愛民已極》案内：加築北岸遥隄，後復加籌酌，若於遥、縷二隄之内再挑中河一道，上接張莊運口并駱馬湖之清水，歷桃、清、山安入平旺河以達於海，而於清口對岸清河縣西仲家莊建大石牐一座，既可以洩山左諸山之水，而運道從此東行，避黄河之險溜，行有縴之穩途，大利也。

乃決計題請，奉命興工，至二十七年正月而工竣。連年重運一出清口，即截黄而北，由仲家牐進中河以入皁河，風濤無阻，縴挽有路，又避黄河之險二百里，抵通之期較歷年先一月不止，回空船隻亦無守凍之虞。在國家歲免漂失漕米之患，在各運大則無沉溺之患，小則省縴夫之費。

蓋自吴開邗溝，隋開御河，歷唐、宋、元、明，漕東南以濟西北者，無不仰藉黄河以爲灌輸，欲去其害又欲收其利，故治河愈難。至康熙二十七年，而運道歷黄河者僅七里矣。

張文端公鵬翮《楊家莊中河口門説》：中河之水，向由仲莊牐出黄河，在清口上游逼溜南趨，時有助黄倒灌之虞，且運艘逆流而上，每需數百人之力，方能挽拽過牐。我皇上不辭萬乘之勞，親臨閲視，指授方略，改移口門於清口迤下之楊家莊，使清水暢流，中河順軌，誠善後良圖也。臣仰遵聖謨，於清邑鹽壩起改挑中河，穿子隄，由雙金門牐以入鹽河，經花家莊迤東穿黄河縷隄，至楊家莊出口與黄水會。河長二千三百零八丈，南岸築隄一道，長二千零九十八丈五尺。北岸自雙金門牐起至花家莊止，即以遥隄爲北隄。惟縷隄之外迄黄河岸邊，創築束水隄二百三十四丈。慮黄水之倒灌中河也，建石牐一座、草壩二座，重重收束，爲預防之計。又慮水長溜急，挽拽維艱也，挑月河一道，以分水勢。建鹽河牐一座，春初水小則閉牐以濟運行。又於鹽壩頭則築草壩，於雙金門牐則拆去磯心，改爲草裹頭，於孫家集則建小牐，其蓄洩之制亦如前。工成，重運漕艘、官民舟楫揚帆穩渡，歡聲雷動，莫不感戴皇恩。即如康熙四十四年伏汛異漲，清水依然暢出敵黄，直抵惠濟祠迤下。聖謨宏遠，睿算周詳，萬世永賴矣。

由黄林莊五里至臺莊牐。

明萬歷三十二年建，國朝乾隆九年修。金門寬二丈三尺二寸，高二丈六尺四寸，月河長九十二丈。

張清恪公伯行《居濟一得》：臺莊等八牐月河皆宜挑空寬深，使微山湖之水有所洩，則濟寧南鄉及魚臺、沛縣，徐州之田地，自不至於淹没矣。蓋八牐月河盡皆淤塞，微山湖向出荆山口，由彭家河洩。今則荆山口已經淤平，不能宣洩，若將月河挑空深通，則湖水可洩，必不至泛濫於濟寧、魚臺一帶矣。倘微山湖水小，自宜蓄之濟運，八牐仍宜下板嚴閉，不可輕洩。

王家莊擺渡口牐下塘轉灣古淺三，今仍淺，俱在牐下。東西兩岸水口四，俱有石橋，無來源。牐官一員，牐夫三十名。明萬曆三十四年，御史史弼請以黄家牐官夫移之韓莊牐，留城牐官夫移之臺莊，馬家橋官夫移之頓莊。

由臺莊牐十二里《備考》：八里。**至侯遷牐。**

明萬曆三十二年建，國朝乾隆十六年修，二十三年加高。金門寬二丈二尺五寸，高一丈一尺。

月河長一百六十五丈。

臺莊牐上、龍王廟、花山溝古淺三，今俱不淺； 馬家灣、閆家淺、興福院古淺三，今仍淺； 又屠子莊新淺一。

水口三。東岸金家橋，無來源，有石橋； 西岸花山溝，無來源。東岸巫山溝《備考》作陳家莊。發源巫山泉，距河六十里，由興福院迤北微水入運，寬三丈。《全河備考》：巫山泉距縣東南四十五里，南流侯遷牐入運。

臺莊牐官兼管牐夫三十名。

由侯遷牐八里《備考》：十二里。**至頓莊牐。**

明萬曆三十二年建，國朝乾隆三年修。金門寬二丈一尺六寸，高二丈一尺。

月河長一百八十丈。

埸發涯、大泛口古淺二，今仍淺； 孫勝莊、馬家溝、頓莊牐上、月河上古淺四，今俱不淺； 又朱家橋新淺一。

水口六。西岸朱家橋，微水長流，向有潦泉，由橋下入運； 東岸大泛口山河，來自縣西滄浪、許池、石室、十里等泉，距河六十里發源，入運現有水口二，寬七丈，噴河激溜，時有淤澀； 又龍家溝，微水長流； 西岸李家溝寬二丈，孟家溝寬三丈，俱有潦泉，微水長流； 張家溝寬二丈，涸。

《全河備考》：滄浪泉距縣北八里，即滄浪淵，出車梢山下，長一百二十六步，至許池泉一里會入。石室泉東南流至泥溝，西分兩道：一西南五十里至丁廟牐，一東南五十里至大泛口入運。許池泉距縣西北十里，嶺阜下突出五泉：曰珍珠，曰鍋，曰篩，曰金花，曰灰。惟灰泉稍濁，餘皆清徹，可鑒鬚眉。南會滄浪、石室二泉，東南流至泥溝，而伯王山泉自西北來會，同出大泛口。今建石壩於泥溝遏之，由馬蘭屯出針鉤口，又於馬蘭屯築坝，遏水而西行以濟丁廟牐。石室泉距縣八里，去許由三十里，長半里流至泥溝分兩道，一至丁廟牐； 一至大泛口入運。

牐官一員，牐夫三十名。

由頓莊牐六里至丁廟牐。

明萬曆三十二年建，國朝乾隆三年修。金門寬二丈二尺，高二丈五尺八寸。

月河長一百二十四丈。

頓莊牐下、月河下、周家口即榆樹溝、賈家莊即彭家莊、小磨盤嘴古淺五，今俱不淺； 西溝口即黃家河、孫家莊古淺二，今仍淺。 水口四。 西岸針鉤口，向有潦泉，由橋下入運； 金溝口寬四丈，微水不能長流； 東岸黃家河寬四丈，縣西諸泉發源之水，冬日大挑大泛口，則於泥溝築壩遏水西流，始由馬蘭《備考》作藺屯折橫河頭，西向而出黃家河，平時則微水細流入運； 榆樹溝一處，涸。

頓莊牐官兼管牐夫三十名。

由丁廟牐十二里《備考》：十里。**至萬年牐。**

明萬歷三十二年建，國朝雍正九年修，乾隆二十九年總漕楊慤勤公錫紱以該牐金門不正行船不便，奏准拆修，將牐底落低二尺，金門取正，比舊加寬二尺。現在金門寬二丈一尺五寸，高二丈五寸。

月河長二百三十六丈。

月河口古淤一，今仍淤； 擺渡口、龍王堂即周家莊觀音堂、周家林古淺三，今俱不淺； 賈家溝、花石廠、萬年倉、對溝口、萬年牐下古淺五，今仍淺； 又磨盤嘴堡樓新淺一。

水口六。 西港溝，無來源，涸； 東岸賈家溝，無來源，坡水細流入運，寬四丈； 西岸花石廠溝，涸； 又龍王泉，從黃邱山下由靳家莊、王家莊入伊家河，出黃林莊濟運； 東岸水口一，無來源； 西岸水口謂之對溝，亦無來源，涸。《全河備考》： 龍王泉出黃邱山東南，遶西北流二十五里會許池泉。今開泇河後，至萬年莊牐入運。

牐官一員，牐夫三十名。

東岸有三公祠，祀明舒公應龍、劉公東星、李公化龍，乾隆二十九年建。

總漕楊慤勤公錫紱記： 國家定鼎燕京，歲漕東南粟四百萬石，抵京師，實軍儲，所恃者一綫運河耳。顧運河之成，非一手一足之烈也。考之前史，治河諸臣各有功績可紀，而夏鎮以南，則功莫隆於開泇。 先時運道由清口入黃，逆泝數百里抵徐城，然後由鎮口牐入微山諸湖，其間風濤之洶湧，徐、吕二洪伏石之險惡，動遭覆溺，兼稽程限。甚或河決彭城以上，溜勢別趨，膠舟之患，更束手而莫可如何。

自鑿韓莊至梁城百餘山岡，引汶水以通泇，於是入黃之艘由直河口入泇，由泇入湖，揚帆牽纜，如行袵席。而泇之開也，則河臣舒公應龍建其議，劉公東星繼其事，李公化龍畢其功。在當日，言事諸臣好以口舌持短長，或忌或阻，嘖有繁言。而三公殫心國事，不恤人言，盡智竭力，前後相繼，疏鑿挑濬，卒避三百里黃流之險，而成此二百六十里安流之運道。吁！豈非萬世之利歟？

《記》云：『禮反其所自生，不忘本也』。又云：『法施於民則祀之』。則三公不可以無祀，而祀即宜於泇。癸未夏，余督運北上，舟過萬年牐，正泇河適中處，登岸徘徊，得隙地數弓。因商之總河儀封張公、運河李監司，各捐俸糈所入，命牐官孔毓貴董其役，飭匠庀材創建廟宇三楹。落成之日，祀三公於其上，庶幾報本返始之義。且俾東南萬艘連檣挂帆於此河者，知今日之安而不蹈危，其法施有自來云。

舒公字時見，全州人，嘉靖戊辰進士；　劉公字子明，沁水人，隆慶二年進士。　李公字子田，長垣人，萬歷二年進士。並書之以告來兹。

由萬年牐六里《備考》：　八里。**至張莊牐**即鉅梁牐。

明萬歷三十二年建，國朝雍正八年修。　金門寬二丈三尺，高一丈九尺五寸。

月河長四十九丈。

上月河口、棗莊古淺二，張莊人家頭古淤一，今俱不淺；　舊牛山泉、張家林、牐口下古淺三，今仍淺。

水口四。　萬年牐上人家西岸水溝，無來源，有石橋；　東岸舊牛山泉水溝，寬四丈，坡水微流入運，無來源；　西岸張家林水溝，微水入運，有石橋；　棗莊溝，涸；　張莊人家東頭水溝，坡水入運，不能長流，寬二丈。

萬年牐官兼管牐夫三十名。

由張莊牐六里舊稱張莊，至德勝牐十二里。**至六里石牐。**

國朝雍正二年建。　金門寬二丈二尺，高一丈五寸。

按：　雍正二年，總河齊勸恪公蘇勒以該牐河形甚直，兩涯陡峻，每遇水小之年，不能存蓄水勢，奏准於適中六里建築石壩一座，中留金門，較比上下兩牐減矬六尺，水小收蓄濟運，水大漫壩順流。至乾隆二年，總漕張公大有以牐面太低，議令加高。經運河道王公鴻勳覆稱，加高牐牆恐山河驟漲之時宣洩不及，阻礙漕舟，請於壩面鑲草六尺，如遇水發，聽其隨水漂淌，水得暢流下瀉，壩基亦免鼓動。總河白公鍾山據議，奏准。原鑿雙槽下板實土，糧船由月河行走，水勢迂曲不令直瀉，近年幫丁貪由金門徑過，且上面鑲草啟閉不便，牐板雖設而罕用矣。

月河長八十六丈。

中張莊即鉅梁橋古淺一，六里石牐下古淤一，今俱不淺；　張莊牐上，樣工頭今名堰工頭古淺二，今仍淺。

水口三。　西岸張莊牐迤上鉅梁橋，源出距河二十餘里，今由伊家河歸黃林莊入運，橋下仍有坡水微流；　四里溝東岸一里溝俱涸。《全河備考》：　侯孟泉距縣西南五十里，東北流至張莊入運。

萬年牐官兼管牐夫十名。舊係三十名，後建彭口牐，調往二十名。

由六里石牐六里至德勝牐。

明萬歷三十二年建。　金門寬二丈二尺五寸，高二丈二尺。

月河長六十丈。

六里石牐上四里溝、德勝牐下古淺三，今俱不淺；　小塌發涯、大塌發涯古淤二，今俱不淺。

水口三。　六里溝寬一丈，坡水微流；　四里溝涸；

東岸三里溝寬二丈，坡水入運。

韓莊牐官兼管牐夫三十名。

由德勝牐二十四里《備考》：二十里。**至韓莊牐。**

明萬歷三十二年建，國朝雍正六年修，乾隆二十三年加高。金門寬二丈二尺五寸，高二丈六尺四寸。

月河長五十七丈。

二調灣、雞心洲、十一里溝、馬頭迤下、引渠口、牐下塘古淺六，今俱不淺；德勝牐上、德勝莊南、牛山泉、壘路口、三調灣、廣福莊、八里溝、乾、溝公館嘴古淺九，今俱仍淺。

水口十二。德勝牐上坡水入運，有石橋，無來源；西山平水溝坡水入運，涸；牛山泉溝距發源處四十里，寬三丈，微流入運；壘路口寬三丈，時有坡水；西岸雞心洲無來源，有石橋，涸；雞爪溝、朱家溝、十一里溝、十里溝俱寬四丈，坡水入運，今涸；九里溝、八里溝俱坡水入運，無來源；東岸乾溝坡水入運。《全河備考》：牛山泉距縣西南三十里，流至德勝牐入運。

按：舊牛山泉流入張莊牐者，即此牛山泉之分流也。

微山湖《備考》作韓莊湖。週圍一百八十里，隸江南者十之七，隸山東者十之三。

《治河方略》：微山湖，界滕、嶧、徐、沛之中，週圍百餘里，凡鄆城、嘉祥、鉅野、魚臺、金鄉、城武、曹州、定陶、壽張、曹、單各州縣之水皆南注之，兗、徐間一巨浸也。然查河渠各志並不載。《沛志》：有微山而無湖，惟河圖內有之，豈當時尚未成巨浸故歟？

《全河備考》：在郗山之南者爲郗山湖，又東南爲呂孟湖，又東爲張莊湖，又東爲韓莊湖，名雖不同，實無限隔。自東北南陽垻至西南徐境利國監，瀰漫幾二百里，俱隔在運河西岸。運道從韓莊牐至夏鎮牐，計程七十里，皆逼臨諸湖，僅隔土垻一道，寬窄不齊，最稱危險。其韓莊之北，建有郗山減水牐、韓莊湖口牐及護牐石垻一道，以障諸湖之水，並資蓄洩濟運，固歲應修治。而微湖之西南切近黄河，每慮有漫瀉之患，苟不堅禦，濁流一入，不特滕、嶧爲巨浸，而運道必至梗阻，固保運者所宜加意也。

《居濟一得》：微山湖南宜築攔黄垻一道，上接沛縣太行隄，下至徐州荆山口。黄水泛漲時，使由隄南東行入彭家河至猫兒窩，微山湖清水使由舊河出荆山口，合彭家河亦至猫兒窩。蓋堙頭湖俱經淤平，微山湖已淤其大半，南岸若不築隄，不數十年黄水屢灌，微山湖勢必淤平，不惟微山湖不能蓄水濟運，恐泇河亦受其淤，所關於運道者，良非淺鮮也。

白莊恪公鍾山《豫東宣防録》：乾隆七年，議覆御史胡定條奏，據稱石林口起至燮子、黄村兩集地方，向有支河三道，分黄河之勢趨入微山、昭陽兩湖中，近年議堵支河，由王家山石牐金門口歸入雙橋湖，吞咽不及，到處生險，徐、邳一帶保無漫溢之虞，請仍行開通，俾河水分流，等語。

臣查黄河之水，本宜合而不宜分，第大勢上游寬而下游窄，至江南徐州，河道止寬數十丈，南係州城，北係山根，河道至此不能暢流下達，不免上擁前河。臣靳輔因於南岸毛城舖地方建石垻、石牐各一座，北岸留石林、黄村口以減黄河異漲之水。由毛城舖減下者則注洪澤，出清口助勢敵黄，合流歸海；由石林、黄村減下者則歸微山湖，一出湖口牐濟運，一出茶城張谷口，由荆山橋至猫兒窩濟運。乾隆五年黄水盛漲，黄村、石林二口内各刷深溝二道，洩水過多，爲日又久，以致微山湖内拍岸盈隄，湖河交漲，沿湖土石隄工危險堪虞。迨至冬間，水尚未消，東省運河未能築垻興挑，經巡漕御史宗室臣都隆額條奏，部議令江南總河並臣會勘，籌畫修防。臣與調任江南河臣高斌，現任江南河臣完顔偉同至該處查勘，所刷深溝已經高斌將溝槽内加築土垻，鑲做防風，以禦水勢。乾隆六年過水無多，漲退亦即斷流。臣隨會同籌酌，惟有將土垻於汛水未長之前修築堅厚，則節宣有制，自無過多之慮。今如欲將河溝再行開通，則不但微湖不能容納，奔潰四出有悮漕運，而江南瀕臨黄河之銅山、沛縣，與東省近湖之滕、嶧、魚臺等縣，皆有淹漫之患矣。

乾隆二十三年兩廣總督陳文恭公宏謀奏：黄水在河南孟縣以上，兩山夾流，不用築隄，應無水患。自孟縣以下，由江南以抵海口，全賴兩岸隄工捍冲。在岸寬者則築遥隄，岸近者不得已堅築縷隄。江南徐州府銅山縣境内近山者，亦即以山爲隄。惟北岸自李家莊起至徐城之蘇家山，計九十里，向無隄岸，河臣靳輔曾經題明接築遥隄，未及興工。此後築接二十里，尚有七十里未曾築隄。歷年河水漫溢灘地，北岸田地皆已受淹。議者以爲，黄河南逼近徐城，故北岸留此數十里無隄，聽其泛溢，以衛徐城，因此不復修防，以致乾隆二十年孫家集漫口，渾水直趨東南，將微山等湖及荆山橋等河淤成平地。年來湖水不能宣洩，銅山、沛縣皆變淹浸，其患皆由於此。上年特命侍郎夢麟等竭力開浚湖口之茶城、小梁山等河，又開挑荆山橋河，多方疏浚。自去冬各河開通，湖水得以暢流，田地方始涸出。自此之後，黄水決不可再令東漫，黄河北岸不可再無隄岸，利害已明。

臣曾沿河查勘，凡此無隄之處，現已冲成小河斷港，情形危險可虞。年來挑浚微山等湖水口咽喉及荆山橋以下之河，費帑不少，倘無隄之七十里再有一線漫流，渾水直射東流，湖河立見淤塞，前功盡棄，爲患更大。臣查此七十里，河岸近則七八里，遠則十數里。若就稍高平地接築遥隄，以爲外冲，黄河水漲聽其出灘漫流，僅及隄根而止，水緩則沙積。隄遠則水平，一俟河水落後，漫灘消水仍歸河中，不但不能爲害，且可冲刷河底。此江南黄河最要之策，而於徐城一帶尤最相宜者也。今各河均已疏浚，徐城南岸已築石隄，對岸有子房山、獅子等山爲岸，徐城可以無慮，此七十里河岸亟宜築隄，以結通河之全局。遥隄既築之後，再就隄内衝成之小河斷港疏浚成河，遇有雨水，可以引入河中，數十里民田可無被淹之患矣。

按：是時總河張愍敬公師載、山東巡撫阿公爾泰亦奏，徐城逼近黄河，前人千里金湯，無不築隄防衛，何獨留此數十里無隄之處？蓋緣當日河低岸高，且南有毛城鋪大壩互相節制，苟遇盛漲，則分洩以保徐城，一至歸槽，則收束以刷河底。今河身日高，遇漲即溢，溢即冲刷溝槽，分洩正溜，不特徐、邳民田廬舍在在堪虞，即東省微湖被其挾沙倒灌，每多墊溢之患。請將孫家集一帶數十里凡有溝漕未堵之處，逐一探量，照依花樁做法，一體堆砌亂石壩工。不惟湖水免致盈溢，而河底日藉冲刷，亦可借水攻沙，無虞淤墊。於是一律築壩，永無黄水倒灌。迨乾隆三十九年，微湖水弱不能濟運，經今河督姚公奏請，於江南潘家屯開穵引渠，引黄入湖。大學士兩江總督高公初議，照毛城鋪做法量爲收小，建立碎石滚壩，寬以二十丈爲度，兩頭簽樁砌石裹護，於壩外建設束水隄并箝口草壩，酌留口門六丈以爲重門關鍵，復於米家莊開穵倒勾引渠以防吸溜。欽奉聖明指示，引黄入運，關係匪輕，改議建壩十丈，於秋冬水落沙輕之時引水入湖，一届桃汛，先期堵築。即於是年冬間開穵試行，湖中增水尺餘，於清明日堵閉如常。河湖水勢操縱由人，防險利漕，法制斯備。

湖口舊牐，明萬歷三十二年建，國朝雍正七年修，乾隆十六年拆修。金門寬二丈一尺五寸，高一丈七尺七寸。乾隆十七年議定，牐口之水以深一丈爲度，一丈以内開壩挑河，一丈以外民田有礙，毋庸堵閉，仍聽洩放，將應挑淤淺改爲撈濬。

湖口新牐，乾隆二十九年建。金門寬二丈二尺，高二丈四寸，在滚水壩以南、舊牐以北。仍照舊制，以水深一丈爲度，水大則雙牐俱啟，水小則雙牐俱閉。

滚水壩，乾隆二十四年建。長三十丈，兩頭各修裹頭五丈，共長四十丈。準湖口牐金門水深一丈爲度，建高二丈四寸，寬一丈四尺四寸。中砌石垛十四座，上搭橋梁以通縴挽。乾隆三十年，總漕楊愍勤公錫紱以微山湖内之水一丈爲度不足濟運，請於石壩添設石槽牐板，多收水一尺，以水深一丈一尺爲度。

按：微山湖上承昭陽、南陽以及魚臺、金鄉、滕、沛各縣坡水，由湖口牐宣洩，以濟嶧縣八牐並江南邳、宿運道。每遇水大之年，湖水浩瀚，僅恃湖口二丈口門，不足以資暢流，是以乾隆二十二年江南總督尹公繼善請於湖口迤上築滚水壩三十丈，又堵截下游邳州境内盧口入運之水，使微湖自小梁山、茶城經荆山橋河成牐分洩入運。運河道李公清時又請挑伊家河，使自江南之梁王城分洩入運，民田始能涸出。

然二十四年，因江省大行隄外順隄、耿家二河開通入湖，而小梁山、茶城二處原挑河頭露出淤灘，相去八九百丈，以至一千餘丈河頭高仰，湖水不得東下，湖口牐滚水壩、伊家河三處仍屬宣洩不及。二十八年，運河道李公清時復請大挑小梁山、茶城、内華山以達荆山橋。山東巡撫崔公應階奏准，欽差大學士公兆公惠等大加挑濬，計動帑金六七萬餘兩。而水流石罅，挾沙帶泥，不一、二年仍即淤高，脱遇盛漲，仍恐淹浸民田，爲山東州縣之害。乃水小之年湖無上源，惟恃雨水調匀，上游九州縣坡水下注，收蓄湖中，以濟新運。若天時稍有乾旱，即不能敷。總漕楊公錫紱所言一丈一尺之水，則江南運河如隅頭、駱馬等湖積年淤涸，無水濟運，專仰微山湖灌注四百里之遠，途長流弱，難期浮送。

自二十四年挑濬小梁山、茶城、伊家河等處洩水之路，湖水消退，漸恐不敷。濟運於湖口牐迤南開䆁引渠一道，使湖水三路入運，頗爲暢利。然當時滚壩之上過水尚六七寸，則湖中存水尚在一丈之外。今三十八年，天時久晴，湖水僅收一丈，自三十九年二月開壩，用至四月下旬，湖水僅存八尺餘寸，雖開挑引渠，仍慮不足。議於郗山、馬蘭二處引水入運，如河湖相平不能出水，並用江南戽水之法以資接濟。迨至五六月間，湖水止存七尺餘寸，復慮來歲水勢不敷，不得已而遂有潘家屯引黄之議矣。

《居濟一得》：微山湖水，所以接濟運河之不足者也，故常宜閉板蓄水，至八牐下板水猶不足，然後酌量啟板以接濟之。蓋湖水小則八牐宜下板，湖水大則八牐不宜下板。若湖水盛大則八牐不下板，仍宜開月河以放之。

按：自臺莊至韓莊，計程八十五里，地勢建瓴，高下相懸計四十二尺餘寸。乾隆二十七、八年以前，湖水消至七八尺，濟運無多，牐牐啟閉，尚虞水淺。三十年以後，湖水皆至一丈三尺，每患水多，通漕暢放，習爲故常。三十九年水勢又小，酌議八牐啟閉，而運丁輒爲口實，不知水淺下板自昔已然，否則牐座竟爲虚設矣。

牐官一員，牐夫三十名。

由韓莊牐五十里《備考》：全夏鎮牐七十里。**至彭口牐。**

國朝乾隆二十四年建。金門寬二丈四尺，高一丈九尺二寸。

按：《舊志》：自韓莊至夏鎮相距七十里，地勢平衍，塘長水弱，並無牐座關束。兼東南山河一道，向由沛汛三河口入運，故下游建有楊莊、夏鎮二牐，上啟下閉，以爲收蓄。前明萬歷年間，將入運口門移於滕汛之舊彭口，山水驟漲，挾沙而來，歷年挑䆁，積沙如山。國朝雍正二年，復移於今之十字河，旋又堆沙壅塞，運道淺阻。總緣下游無牐關束，水過沙停。議於彭口以下創建此牐，北距夏鎮二十里，南距韓莊五十里。

月河長一百三十五丈。

劉家口、葛虚店古淺二，今仍淺；入滕縣境，朱姬莊、張阿、三里溝古淺三，今仍淺。

東岸劉家口涵洞，從狼尾溝、潦泉遶性義村，復出口濟運； 吴家橋涵洞，無來源，坡水入運； 入滕縣境，東岸張阿下涵洞、上涵洞相距三里，俱洩伏秋東山一帶坡水。《全河備考》： 燦星泉距滕縣九十里，出張阿莊土中，直入運河。

西岸三里減牐、馬蘭減牐、朱姬莊減牐俱洩異漲入微山湖。以上爲嶧縣縣丞汛，縣丞一員，徭夫七十五名半。兩岸隄長一萬九千八百丈，官隄三千三百九十一丈六尺。自黄林莊至劉家口北吴家橋止，計程一百里，舊云一百十里。入滕縣界。

嶧縣，周初爲鄫子國； 春秋時屬魯，其東爲魯次室邑，南爲偪陽國地，後入於楚改次室曰『蘭陵』； 秦屬薛郡； 漢爲丞、蘭陵、繒三縣地，屬東海郡； 東漢因之； 晉廢繒，置蘭陵郡，治丞縣； 隋改丞爲蘭陵縣，屬彭城郡； 唐復改爲丞，屬沂州琅琊郡； 金復改爲蘭陵縣，置嶧州治此； 元省縣入州，屬益都路； 明改爲嶧縣，屬兖州府； 今因之，治在運河北四十里。

《居濟一得》： 嶧縣縣丞專以蓄微山湖水爲職。 蓋微山湖水所以蓄之，濟八牐之運道者也。故韓莊湖口牐最關緊要，堵閉不嚴則水從此洩，必將兩板嚴下，中間用埽堵實，則水不妄洩矣。 但徐州往來民船皆從此牐入運，牐夫借此取利，則湖口牐必不能閉矣。 官宜時爲稽察，稍有疎失，即宜嚴究。

按： 水大之年無須閉板，固聽民船出入。 若水小，則於牐内築垻收蓄，八牐乾塘挑空，此弊不禁自絶。 春間啟垻之後，仍須嚴行查察。

西岸石隄，順治十六年建。 牐上有楊公祠，祀總漕楊慤勤公，乾隆三十一年建。

夏鎮牐官兼管牐夫三十名。

由彭口二十里至夏鎮鋪。

明隆慶元年建，國朝康熙五十二年、雍正四年、乾隆九年、十七年屢次增修，乾隆三十九年拆修。 金門寬二丈二尺五寸，高二丈一尺六寸。

月河長一百四十二丈。

十字河西灣古淺二，今仍淺； 入沛縣境，寨子迤東、夏鎮牐下古淺二，今亦仍淺。

北岸彭口山河發源費縣，分水嶺距河二百餘里，内有仰珠大勝、雙勝、蘂珠三山。 龍灣等泉之水入河濟運，本在种家渡南，今謂之舊彭口，雍正二年改挑於此。 南岸有三洞橋，明萬歷年建，今廢。

《全河備考》： 許由泉距縣北四十里，以堯讓許由於沛澤得名。 出陳郝集沙中，西南會温泉南流入滕縣百中河，至留城自開新河至吕孟湖。 開泇河後，流至滕縣西倉橋會彭口入運。 又搬井泉，距縣西北六十里，由滕縣西倉橋四十里入黴山湖，開泇後亦由彭口入運。 温水泉距縣西北五十里，出石溝營五十里會搬井泉，亦由彭口入運。

又滕縣三山泉距東南四十里，出羊莊村土中，一里會入蘂珠泉。蘂珠泉距縣四十里，入温水泉會河。大勝泉距縣東南四十里，出羊莊村土中，一里入三山泉會河。雙勝泉距城東南四十里，出羊莊村土中，一里入蘂珠泉會河。温水泉距縣南七十里，出匡山下土中，入西倉橋沙河。龍灣泉又名泥溝泉，距縣南七十里，出林城社种家樓土中，五里入中山店沙河。黄家泉距縣東南七十里，出黄山石縫中，八里入洪家林會河。以上諸泉俱入彭口。

按：今彭口對岸有引渠一道，名十字河，每遇山水驟發，令其直衝引渠，以備囊沙。然山河口門斜衝引渠西岸，沙岡隨水傾卸，尤易淤高。乾隆三十九年，於口門兩岸加鑲草工，水勢取直，浮沙入引渠，餘波屈曲可達微湖。或謂亦宜取直，與湖相通，則山水挾沙而來直至湖中，彭口上下可免歲歲加挑。不知微山湖水下灌八牐，邳、宿必須上源水深乃敷挹注。如令河沙洊至，必至墊高湖底，蓄水愈少，濟運愈難。歲挑雖有小費，在所不免。又彭口牐未建之先，河水直抵韓莊，每以水去沙停爲患。乃自建牐以後，又倒灌至夏鎮以上，故近年彭口至夏鎮挑工較昔加多。

張文端公鵬翮《河防志》：彭口挾沙，每年如歲終挑淺，百倍艱難。蓋滕邑薛沙彙諸泉，出沛之河口以入運河。自明萬曆中開東、西兩泇，乃築東邵壩於薛河中，遏水使盡入沙河，由彭口入運，而水挾沙以行，故及冬挑浚歲不可少。挑浚之法，其初必築大壩於兩頭以攔河水，又必逐段築土壩十餘道以隔兩旁之水，又必就岸築龍溝百餘丈以戽挑浚時流聚之水。及其竣事，又必一一去之，然後水可通行。每歲浚河，其勢且費如此。今應照康熙三十七年改挑引河一道，自柳園迤西起至种家樓後大壩以上止，使山河之水總歸吕壩以入湖。自此水有去路，而畚鍤之功稍易矣。

《居濟一得》：每年彭口當大挑之期，宜於彭口上源築壩，使水由三河口入運；又於運河彭口之上築攔河大壩一道，使運河之水由吕壩入微山湖，則彭口上下、内外俱可以挑空矣。既挑完彭口運河，俟開壩之後即將彭口内石壩上、石壩下盡挑深通。俟五六月伏水將發之時，然後將三河口上源築壩，將彭口上源之壩開放，使水由彭口入運，然後將三河口石壩上下挑放深通，以便大挑之時使水仍由此入運。若以築壩不便，即輪年遞挑。今年挑三河口，即使水由彭口出；明年挑彭口，即使水由三河口出。以一年之力挑河，而河有不深通者乎？

又曰：彭口之水原從三河口出。今三河口内現有石壩，其後改於彭口，亦照三河口建壩。每於冬月挑河之時，將壩上里許築一土壩，遏水他流，然後將石壩上下挑浚深廣，使足容沙，而正河不至於淤塞。其後河官以樂於簡便，遂止挑正河，而石壩上下置之不問。不知挑石壩上下，正河必不淤，淺不挑石壩上下，正河勢必淤淺，此必然之理也。今彭口每年止挑正河，一遇水漲，河身即爲淤塞，糧船既被阻滯，撈空倍費人力。此予之所目覩者也，其如人情難於更始，何哉？

按：雍正四年，總河齊勤恪公以彭口噴沙爲害最大，宜在彭口南岸另開運河三里餘，如月河形，借舊河以囊沙，運河始無淺阻。部議三里之正河囊沙有限，而數十處之噴沙無窮，不一二年即致盈滿，非惟徒縻帑項，更恐有礙運道。竊謂部駁是矣。然開此月河，使盛漲之時舟從月河行走，一面將舊河新淤照例撈空，不且彼此無礙乎？至回空之時，又可令其全走月河，將正河大挑改於九月興工，十月竣事，如明代萬恭之議，不更便乎？

北岸修永牐引山泉入運，南岸雙滅牐宣洩運河異漲。冬令挑工於彭口、西灣、修永牐三處，築垻引水歸牐，收入微湖。過滅牐即劉昌莊南爲沛縣境，有民便牐、寨子下涵洞、上涵洞，俱洩坡水入運。

《全河備考》：玉花泉距縣東南三十五里，出鄭家莊土中，一里入位家灣，共七十里入劉昌莊。魏莊泉即位家莊，距縣東南三十五里，出魏莊村土中，三十里入位家灣，共六十里入劉昌莊。黄溝莊距縣東南七十里，出黄家莊土中，八里入白山泉會河，共十八里入劉昌莊。白山泉即柏山泉，距縣南七十里，出白山坡土中，二里入馬蹄泉。馬蹄泉距縣南七十里，出白山坡土中，一里入白山泉會河，入劉昌莊。

牐官一員，牐夫三十名。舊係四十名，建彭口牐後調往十名。

以上爲滕縣主簿汛，主簿一員，垻夫八十一名。兩岸隄長九千丈，官隄八千一百九十四丈。吴家橋起至劉昌莊止，計程四十七里舊云五十里入沛縣境。

滕縣古爲滕薛地，周爲滕、薛、小邾三國地；秦屬薛郡；漢分小邾，爲蕃縣，屬魯國，分滕薛爲戚昌、慮、公邱、薛四縣；晉蕃縣屬魯郡；北魏置蕃郡；隋改滕縣，屬彭城郡；宋爲滕陽軍；金改滕州，以縣爲倚郭；元屬益都路；明廢滕州爲滕縣；今因之，治在運河東北六十里。

迦河千總一員，轄滕、嶧二汛兵夫九十名，内外委一名，百總三名。

由夏鎮八里至楊莊牐。

明隆慶元年建，國朝乾隆三十三年修。金門寬二丈一寸，高二丈六尺四寸。

月河長七十丈。

戚城南門楊莊牐下古淺二，今仍淺。

牐官一員，牐夫三十名。

東岸戚城有迦河同知衙署，滕、沛二縣主簿，夏鎮、楊莊二牐官衙署。

由楊莊三十里至珠梅牐。

明隆慶元年建，國朝乾隆三十三年修。金門寬、高各二丈二寸。

《居濟一得》：珠梅牐係江南沛縣牐，其上爲山東邢莊牐。舊例兩牐不相聞問，並無會牌，蓋以成規久廢，獨山湖水可以接濟，故上源之水不至膠舟。一遇天旱，棗林、邢莊處處淺阻，此由珠梅牐放船無節，洩水太過所致。予已將獨山湖築隄界出，故此二牐須用會牌，照例啟閉，庶水不致於大洩。若遇水小，則開獨山湖口放水以助之。若水太小，船隻難行，須邢莊牐一啟板，放船五六百或七八百，然後珠梅牐再啟板灌放，則水不大洩，而船自易過矣。

按：韓莊牐起至珠梅牐上王家水口止，計程一百十里，北高南下，遞卑六尺七寸，水勢平緩。近來夏鎮、楊莊、珠梅、邢莊、利建等牐俱不下板，然水小之年毫無關束，上游南陽、棗林每一啟板，洩瀉過多，致令迤北各牐行走艱澀，而下游彭口暴漲，水過沙停，夏鎮以上水頭平坦，不能冲刷新淤，反慮倒漾。乾隆三十九年，汶水微弱，專藉南旺、蜀山南流，因議於邢莊、夏鎮下板擎蓄，運弁、幫丁即有議其未便者。至獨山湖底卑於運河底數尺，當運河水足浮運之時，河面高出湖面一二尺不等。張清恪公所言開獨山湖水助之之説，非所施於今日。

又云：邢莊一啟板，放船五六百或七八百，更非情理所有，蓋一塘之船積至兩幫、三幫而止，不過一、二百隻而已，安能等待十數幫始一啟板耶？

月河長九十二丈。

陶陽寺、常家口、百子堂古淺三，今不淺；三河口下、鮎魚涎古淺二，今仍淺。

東岸三河口，發源馬蹄泉，流水入運。鮎魚涎又名鮎魚泉。發源滕縣玉花泉。白家口涵洞，無來源，坡水入運。

《南河全考》：三河口在滕縣西南五十里，以上源薛河、沙河、趕牛溝三處之水俱由此會，故謂之三河口。本年三河淤，乃於薛河則築王家口、豸裹溝等垻，開支河引水由吕孟湖出地濵溝；於沙河則築皇甫等垻，開支河引水會趙溝等泉出滿家湖坡，入南陽湖。

《全河備考》：薛河距縣南四十里，其西江出寶峰山南，過青蓮步、將軍步，左過高山亭而永豐、鳳凰二泉出薛河南岸山麓者流入之，西至薛山，入悟真、巖茶泉，南過雲龍山；其東江出胡陵山，西至吴山伏不見，至鐵脚山柳泉湧出，至觀山前滙爲濯筆泉，亦至雲龍山入之，會西江，兩江爲薛河，其地即靴頭城處也。南至斬蛟臺折而西，經昌慮城南陶山下瀦爲刁潭，納玉花、義河、三山三泉，南經豐山東，過官橋，經薛城至東邵，爲垻遏入微山湖。舊經山陽湖，從金溝入泗，自新河開漕東徙，恐沙爲漕害，故築石垻於東邵遏之，又恐水爲垻害，開支河於奚公山西，導入南明河。開泇河以後，仍由新河故道入運。

《又》：滕水即沙河，距城十五里，出寶峰山南，經空同山鳳凰嶺，東過祝其城會黄約山諸泉，過鹿山鳳凰山，而龜步水發連珠山，過歐家谷來入之，南至華蓋山，而石溝水自嶧山瀑布東南至寶峰馬山經石溝來入之，西至梁山村南過滄浪淵，而明河水出馬山前，繞樓山過全義來入之，西至沙河店，爲皇甫壩所遏，稍北趨趙溝，由獨山湖入運。

閻廷謨《北河續記》：南石橋河即俗稱趕牛溝水，南流與沙、薛爲三河。及沙遏而北，薛遏而南，惟此河改從佃户屯入漕，而滕縣黄溝泉亦滙焉。南自沛縣之珠梅牐，北至魚臺之南陽牐，長八十里，皆新河也。而魚臺之泉凡十有五，合流而至硯瓦溝，由南陽入於漕。《全河備考》：至鮎魚涎又作弦。濟運。

按：馬蹄、玉花二泉，《備考》俱出劉昌莊。

楊莊牐官兼管牐夫三十名。《全河備考》：由夏鎮八里至楊莊，牐由楊莊二十八里至珠梅牐，係江南沛縣境。從珠梅南至黄林莊共一百九十四里，而泇河則自夏鎮稍南李家港起，歷八牐以達黄林莊，實一百六十里，南接邳境河道一百里共二百六十里。是爲泇河。

以上爲沛縣主簿汛。主簿一員，淺夫四十名。兩岸隄長八千六百四十丈，官隄三千九十四丈。自劉昌莊至珠梅牐上王家水口止，計程四十八里，入魚臺縣境。

沛縣，周爲留邑；漢爲沛縣，屬沛郡，沛郡治相因，謂此爲『小沛』，又爲楚國留縣；後漢屬沛國，又屬彭城國，又爲廣戚縣；隋爲沛留縣，屬彭城郡；唐爲沛縣；金屬滕州；元屬濟寧路，又移滕州治於此，旋復爲縣；明改屬徐州。今因之，治在運河西南四十里。

《河防志》：沛地低窪，河道四十八里，係漕運舊地，與山東諸山接近，一遇水發，即患冲決。所賴吕壩一道，時當水涸則蓄水以濟漕，時當水溢則洩水以便民，洩蓄得宜，庶可無患。其如下流彭口，因流沙冲塞，每年回空糧船過畢，例應挑濬，則閉彭而開吕，工竣則閉吕而開彭，此吕壩在冬則開，在春則閉，歲事修築，所費不貲。況開閉一年一次，修築未幾而秋水暴漲，壩仍冲決，及搶修方畢，又值閉彭開吕之期，民力如是其僕僕也。又每開一次，水勢湍急，其口愈寬愈深，今吕壩之口，寬至三十四丈，深至二三丈不等，田廬盡遭淹没，將來水患愈大，修築愈難，而所費亦愈多，將何底止？且一年之間，時方水涸而欲蓄水，或彭口之工未完，則築隄有待；時方水溢而欲洩水，或挑濬之工未起，則開壩又不能。今吕壩之日日加深廣，倘或山水非時陡發，再有冲決，將有急不及治之虞，運道民生所關非小。今籌一勞永逸之圖，莫若建立石牐，則蓄洩爲便。然吕壩之口難以築牐。其吕壩之下舊有滿牐一座，廢棄已久，若仍於此處建築石壩，遇彭口挑濬，則挑滿閉彭，挑濬工完則開彭閉滿，凡遇水涸、水溢，隨時啟閉蓄洩，可免非時冲決之患，可省歲歲修築之勞，上有益於漕運，下有利於民計，誠莫善於此。

《居濟一得》：沛縣主簿專以收水入湖爲職，微山湖口有吕壩、滿壩二處，遇湖水盛大或伏秋水發，即當開此二垻收水入湖，蓄以濟來歲之運，不可有悞。若稍有怠玩不能蓄水，即爲溺職。沿河兩岸亦宜時加修築。境內有鮎魚泉，每遇天旱中，輒乾斷不能通水，宜時加疏濬，令暢流入運。

凡泇河廳同知所屬，自黄林莊起至王家水口止，計長一百九十五里。舊云二百八里。內設縣丞一員、主簿二員、千總一員、牐官六員。

卷四

運河廳河道上

運河同知所轄，踞山東全省運河之上流，其水則汶、泗、沂、洸；其瀦洩則蜀山、南旺、馬踏、馬場、南陽、獨山、昭陽諸湖，而署在濟寧，又爲河帥監司治所，號稱繁劇。先是，濟寧、寧陽、南旺先後設有分司，雖兼泉職，實專漕務。同知一員，俯首受成而已。自分司裁，而同知之責斯重，始明正德七年，嘉靖中裁而復設，利導節宣，實司機要。故運河廳二百七十五里之河湖既治，即通省一千二百里之牐漕無不治也。其間興革源流，古今殊勢，摘要綴録，篇幅較多，釐爲運河廳河道上、下二卷。

自珠梅牐四十四里《備考》：四十八里。至邢莊牐，創建年月無考。國朝乾隆三年修，加頂面石二層。金門寬二丈二尺五寸，高一丈五尺。

按：明嘉靖四十五年，自南陽至留城開新河，以避穀亭之淤，建牐有八：曰利建、曰珠梅、曰楊莊、曰夏鎮、曰滿家、曰西柳莊、曰馬家莊、曰留城。是時，利建、珠梅、之間未有邢莊一牐，《南河全考》云：『利建屬北河，珠梅以南八牐屬夏鎮』。蓋自珠梅至黄家牐爲八牐。萬歷間常居敬以濟寧寺前鋪至天井牐延長七十里，東昌通濟橋牐至梁鄉牐延長五十里，請於二處適中之地火頭灣地方建通濟牐，梭堤集地方建永通牐，亦未言珠梅至利建延長五十六里，請於邢莊建牐。是以《河防一覽》刻於萬歷十八年庚寅歲，其河圖内尚無邢莊。《北河續記》刻於順治八年，第云『由沛縣北九十里入魚臺境，曰利建，即宋家口』，亦不言邢莊一牐。今相傳爲隆慶間建，不知何所據也。

月河無。

王家口古淺一，今不淺；邱家水口新淺一。

東岸水口十四。王家水口，今廢。傅家水口、徐家南水口、徐家北水口、滿家南水口、滿家中水口、滿家北水口、王家水口、張家水口、馬家北水口、孟家南水口、尤家北水口、石家水口、邱家水口，俱明隆慶年建。

《全河備考》：北石橋泉距縣北二十里，出柳莊泉土中，二十五里入小白橋沙河，共四，入耿武莊湖。涼水泉距縣西北二十五里，出孫家莊土中，十二里入驛莊泉，共三十里，入耿武莊湖。驛莊泉距縣西北二十五里，出驛莊村土中，十里會涼水泉，二十五里入耿武莊湖。大馬泉距縣西北二十五里，出大馬集土中，五里會驛莊泉，二十五里入耿武莊湖。三里橋泉距縣三里，出蕭家橋土中，十二里會七里泉，上源至下源出水口五十五里，會入耿武莊湖。七里泉距縣北十里，出張家莊土中，十五里入三里泉，共五十里入耿武莊湖，出滿家口濟運。

按：《備考》又云：趵突泉距縣東十五里，出梁上村土中，一里會入五花泉，五里入東荆溝會河，共七十里入姚家口。五花泉、大沸泉、小沸泉，距縣東十二里，出小宫村土中，五十里入絞溝泉，會河七十里，入姚家口。絞溝泉西荆溝泉距縣西南二十五里，出絞溝村土中，入東荆溝會河，皆會趙溝泉入姚家口。查姚家口距滿家口甚遠，且中隔廉家潭、何家源等泉，無緣直至姚家口。乾隆三十年，總漕楊公錫紱自滕縣南關荆溝泉飭查疏浚，由姜家橋土山子修築子埝，出滿家中水口入運。現在每年疏導，甚得其益。則舊稱姚家口者，誤也。

辛莊橋滚水壩，乾隆二十七年建，長二十丈，高一丈四尺四寸。西岸單牐七，俱明隆慶元年建，曰徐家下單牐、徐家上單牐，曰滿家單牐、王家單牐、邵家單牐、石家單牐、邱家單牐。乾隆二十三年俱加高石面二層。

昭陽湖周圍一百八十里，受金、單、曹、定等縣坡水，下達微湖。《河防志》：在縣東六十里，一名刁陽。故爲運河東岸，受滕縣諸泉，滙爲巨浸，溢水沽頭牐入運。嘉靖末，黄河東決，由運趨湖，漕渠阻塞，尚書朱衡改新渠於湖東以避河水。隆慶六年，又於南築土隄二百五十餘丈，又築東、西决口二堤，以防河患。自是，河益南徙，不復趨湖。滕縣諸泉水西流入運，亦阻漕隄，不入湖内。於是填淤日積，居民樹藝承糧，謂之淤地。然西境隣邑，諸山泊水自高趨下，每遇淫霖，滙爲巨浸，下流阻塞，洊浸爲災，隄防宜洩之方所宜講求者也。

《會典》：　昭陽湖周圍一百八十餘里，界在滕、沛、魚臺三縣境内。舊設減水牐十四座，遇湖泛漲，啟牐洩水，下達微山等湖，以濟韓莊東泇河運道。《全河備考》：　昭陽湖有大、小二，在新河下流。自泇河通，資微吕諸湖，以濟韓莊東之運道，則又據上游所受獨山諸流，從棗莊湖出李家口，其東即棗莊湖，又東爲李家湖。

附安家口《河防志》：　鈞鉤觜直北爲故廣運牐，即牛頭河下流接引耐牢坡之水，同注穀亭，直達沛縣安家口。安家口者，昭陽湖之下口，塔具湖之上口也。自白鼠寺至安家口，約十里長，三里寬，泥草壅塞，水流微弱，不能洩入塔具湖以入圍河。支渠下至李家口，又有横石垻一道，約長六里許，亦土沙壅塞，不能洩水微山湖東，入韓莊牐以濟運。自康熙二十九年疏浚，西自北田寺至柳溝村，皆口寬五丈、深五尺。舊運河如舊制，至安家口接連昭陽湖，計程八里，則深廣倍之，自此宣洩無患。

獨山湖周圍一百九十六里，受濟寧鄒、滕諸縣山泉坡水，由隔堤水口入運河。明張純《南陽減水牐石堤記》：　南陽之東有獨山，山下有坡，厥地平衍卑窪，舊爲滕魚諸泉所滙。自宫保朱公奏鑿新河，坡始蓄爲湖，資灌注也。然每遇伏水驟發，則奔濤傷堤，堤於是用石凡三十餘里，各留口引水入運河，濶不過十餘丈，水溢河漲，非有以宣洩必潰。於是有減水牐十四座，大者二，各三洞，小者十有二。始事於隆慶元年秋，訖於今冬之十月。隄防既固，宜蓄得宜。其規畫盡制，皆公經畫，而郎中游君季勲、涂君淵則承委經理後先繼續者。純不敏，亦咸厥勞。工告竣，因請予記。國家罷海運，漕會通。

然河之西北與黄河鄰，故洪水之爲運道梗，屢屢有之。有之則治，治之而去，去之而復來，則又治。治之功愈奇，而民之膏脂亦已竭矣。夫爲國家建大計，何能惜錙銖？第終非久遠，豈策之上哉？迄嘉靖乙丑黄水决豐、沛，舊運淤没，視昔尤甚。公承命治之乃舍沽沛，議滕、薛之墟開新河焉。自南陽至留城新者凡一百四十里，復留城至境山舊者凡五十三里，而黄水之患息。

顧兹上源三河之水，惟沙、薛爲最大。夏秋潦則奔突怒沖，勢不可制，然亦河之利也。吾將資以爲利，則又因之以爲害。乃酌利害，而垻堰之議興。薛之水築王家口等垻，障使南趨，由豸裏出。地濵溝沙之水，築皇甫等堤，導北流會南陽湖，而是隄與牐亦次第舉。水得湖以爲容，湖恃堤以固。牐以洩，則水不暴，運不能傷。美哉！

公之用意遠矣。湖舍舊，而圖新，因高以避險，不與水争尺寸，而横逆之勢自消，所謂治之以不治也，斯爲上策。他如堨薛水以南趨，去其害之甚也。導沙入湖，并諸泉以爲蓄，剪其害，且贏其利，以待匱也。昔都御史王公以旂復四湖爲水櫃，蓋即此意。故自昭陽復，而沽、沛舊渠實賴以濟。然其地卑下，素爲黄水所必趨。其趨之而東，勢必横決舊河，而後及湖。天下事其可兼得與？今之新河、昭陽居其西，南陽居其東，縱使黄河之水從西逆奔，則有昭陽爲之受。山之水自東突衝，而南陽湖有以爲之蓄，是又一昭陽也。謂非天地所造設，以待今日歟？然則是湖也資，新河以利濟，而兹隄、兹牐則全新河以收功者，是安可無記？

南陽牐官兼管牐夫二十四名。

自邢莊牐十二里至利建牐又名宋家口。

明嘉靖四十五年建。國朝乾隆三十五年修，加頂面石二層。金門寬二丈一尺，高一丈五尺五寸。明游季勲《利建牐記略》：先皇御極之四十四年，河堙、沽沛，上命大司空朱公治之。乃謀開新河，首南陽，導水東南行，相地建牐，檄有司分治。而以南陽之下十五里爲第一牐，屬之濟寧。肇事於明年二月，堰水盤基，泉從中溢，百桔槔不能徹。尋涸尋盈，數旬弗績。衆難之，予亦擬改卜焉。胡知州尚志、鄭判官夢陵以爲無踰初地著之，得利。建谿意益決，轉樞運水利以千計，晝夜番休，民踴躍弗怠。五越月牐成料具制，周視他牐，尤壯。無何胡以致仕行，予亦報竣還朝。又明年，予再役。河上往閱諸牐，有塞亢而梗者，有制疎而圮者。而濟寧所建獨稱完績，因名曰利建以著辭與言有默契云。景知州一元請予記，遂書以授之。胡子績溪人，鄭子縉雲人。景代胡知濟寧事，聞喜人。

月河長九十三丈。

馬家三空橋新淺一

東岸水口三，曰邢家水口、姚家水口、利建水口。

西岸單牐二，曰馬家三空橋、利建單牐，俱隆慶元年建，乾隆二十三年修。

南陽牐官兼管牐夫二十七名。

自利建牐十八里至南陽牐。

元至順二年建。國朝乾隆三年修，加頂面石二層。金門寬二丈二尺，高一丈九尺二寸。

月河長七十一丈。

土地廟至人家南頭、人家北頭，至月河口，趙家水口下、趙家水口上，共新淺四。

東岸水口二，曰趙家水口、馬家上水口。《全河備考》：聖母池泉、西龍泉、有本泉、聖裔泉、小龍泉、陸小泉，俱出縣東北六十里寨裏集土中，至張家橋共會一股，由趙家水口入運，南流五里至利建牐蓄濟。

西岸單牐二，曰趙家單牐、五里單牐，俱明隆慶元年建，國朝乾隆二十三年修。

馬公橋在五里單牐北、南陽鎮南，康熙三十年魚臺縣知縣馬得正建。下臨昭陽，爲魚邑往來要道。乾隆二十二年，知縣馮振鴻添設涵洞七，以通湖水。三十七年加寬十丈，增設橋洞。

南陽湖周圍九里五分，受金、單、曹、武等縣坡水入湖。《治河方略》：南陽湖在魚臺縣東三十里，周圍約四五十里，運河經其中。至深者五六尺，淺者二三尺。東湖俱茭荷，西湖率叢生馬蘭草與蒲葦而已。

按：此所云東湖蓋即獨山，西湖今南陽湖也。然所載里數，與舊志及現今情形俱不合。

《全河備考》：自南陽南七十八里至王家水口，由宋家集折而東，又南經夏鎮五十七里至留城，是爲南陽新河。留城之南又有三河，曰留城河，曰李家河，曰鎮口河，接古運道。萬歷三十四年，於未至留城二十里李家港口另開迦河，留城以南運道遂廢，止南陽至留城一百二十里仍由新河。

明胡世寧《請開新河疏》：臣聞河流遷徙不常，歷周至今，未有久治而不決之術。國家救災恤民，亦未有聽其決，而不治之理。今日之事，開運道最急，治河次之。夫自古言河流者，曰分則勢小，合則勢大；言河身者，曰寬則勢緩，狹則勢急。大而急則難治，小而緩則易防，理固然也。其言治河者，曰順其性則易，遏其性則難，又曰不與水爭地，此其大法也。河自經汴以來，南分二道：一自汴城西滎澤縣，經陳留、亳等處，至懷遠入淮；其東南一道，自歸德、宿州，經虹縣、睢寧至宿遷出。其東分新舊五道：一自長垣、曹、鄆等縣，陽穀出；一自曹州雙河至魚臺塌場口出；一由沛縣之南飛雲橋出；一在徐沛之中境山之北溜溝出。今諸道皆塞，止存沛縣一道。此正所謂河流合則勢大者。而河身又狹，則又所謂狹則勢急者，所以不得不泛濫横溢於豐、沛二縣，徐之半州，漫爲巨浸。近又溢入沛縣之北，漫入昭陽，以致運道、舊河流緩沙壅，漸至淤塞也。或恐沙壅積久，其地漸高，水高趨下，其勢必決，決而東南，有山限隔，其禍猶小，決而東北，則往年漲秋之潰，運道以竭。前宋澶州之決，灌數十郡縣，禍不可言。

故言治河，當因故道而分疏之。故道雖六，其前出陽穀、魚臺二道，恐其決而東北，斷不可開。其在汴西滎澤，近開孫家渡至壽州一道，決宜常濬，以分疏上流之勢，勿使壅也。其自汴東南，原出懷遠、宿遷三道，及正東如徐州小浮橋、溜溝二道，各宜擇便開濬一道，以分疏其下流。或恐曹沛漫流，久而北徙，宜修城武以南廢堤一帶，至於曹、單等縣黄德、和固、楊明等集地方，至沛縣之北廟道口築堤一道，以塞新決河口，并防其北徙。此治河急務也。若開運道，尤在所急。

然今止塞沛縣，以北三十里而不能遂開者，以方秋水溢塞處，半爲流沙所壅。撈沙水中，沙隨水勢，隨掘隨壅，甚難成功。或謂乘今冬初水退，昭陽湖暫可通船之時，預備工力，截其上流，乾其下土，并土排築旬月可開。或謂此暫挑沙開築，終不可永杜來歲之再淹，則宜趁冬水涸，冰凍船阻，照南旺開湖式，於昭陽湖中間開河一帶兩岸築堤，以通運道。比之今塞舊道，不增十里之遠，而來歲通漕，可與舊道二處隨便行舟。或又慮河水入湖，亦能沖沙填塞，即今昭陽南口、金溝舊牐處所漸於可驗。臣等再三計議，莫若於湖東岸滕、沛、魚、鄒之中地，地名獨山新安社等處，擇其土堅無石處，另開新河一道，南接留城，北接沙河口。二處舊河，其間應開不過百十餘里。更或隨勢利便，各尋近道，工力尤省。其河新開，深則各隨地勢，濶則先止五六丈，以通二舟之交行。就取其土厚，築西岸爲湖東堤，且防河之漫、山水之洩，而隔出昭陽湖在外，以爲河流散漫之區，是則所謂不與水爭地者。來冬冰結船停，更加濬濶。仍於彼立一夫廠，量撥山東人夫接遞，暫寬豐、沛之民，以稍息咽喉之氣。此上策也。

徐階《新河記》：先皇帝四十四年秋七月，河決而東注，自華山出飛雲橋，截沛以入昭陽湖，於是沛之北水逆流，歷湖陵、孟陽至穀亭四十里，其南溢於徐，渺然巨浸，運道爲阻。事聞，詔舉大臣之有才識者督有司治之，得今萬安。朱公衡奉璽書，總理其事。公至駕輕舠，凌風雨，周視河流。復沛渠之舊，而時瀦者爲澤。淤者爲沮洳，疏與塞俱不得施。乃召諸父老問計。或曰道南陽，折而東南至於夏村，又東南至於留城，其地高，河水不能及。昔中丞盛公應期嘗議鑿渠，不果，其迹尚存。公率僚屬視之，果然。馳疏以請，先皇帝從之。工既舉，而民之規利與士大夫之泥於故常者，爭以爲復舊渠便。先皇帝若曰：茲大計不可不審。勑工科右給事中何君起鳴勘議。何君具言：『舊渠之難復者五。急宜治新渠而增所未備，以濟漕運』。詔集廷臣議，僉以爲然。詔報，可。公乃廬於夏村晝夜督諸屬，程役以工，授匠以式，測水之平，鏟高而實下，導鮎魚諸泉、薛沙諸河，會其中垻三河口，以杜浮沙之壅。堤馬家橋，遏河之出飛雲橋者，盡入於秦溝。滌泥沙，使不得積。凡鑿新渠，起南陽，迄留城，百四十一里有奇，疏爲月河，於牐之旁者六，爲土若石之垻十有二，爲土堤於渠之兩涯，以丈計者三萬五千二百八十有奇；以里計者五十三，爲石堤三十里，而運道復通已。又遡薛河之上流鑿王家口，導其水於赤山湖；鑿薛城之左右，導玉泉趕牛溝之水會於赤山，經微山、吕孟諸湖達於徐。遡沙河之上流鑿皇甫，導其水入於獨山渠，沿渠之東西建減水牐十有三，獨山溢則洩而歸諸昭陽；鑿翟家等口，導其水入於尹家湖及飲馬池。凡爲支河八，夾以堤六千三百四十六丈，旱足以濟而潦不能爲災，於是新渠之功備矣。階惟漕運，國之大計，而轉輸獨茲一綫之渠，其通與塞，又國之所謂大利害也。

河勢悍而流濁，塞之則復決，濬之則輒淤，事在往代及我朝者勿論，即嘉靖間疏築之役屢矣，而卒未有數歲之寧。則今徙渠而避焉，誠計所必出也。然當議之初上也，或以爲方命，或以爲厲民，誣之以重謗，脇之以危言。於其時，公之身且不能保，況復冀渠之成哉！賴先皇帝明聖，不怒不疑，徐以公論付之，諫臣擇兩端之中，而因得遠猷之所在。由是公始得竭智畢力，以竟其初志，而質其謀之非迂，然則兹渠之成固公之功，實先皇帝成之也。階曩備員内閣，嘗屢奉治河之諭。邇謝政南歸，復得親至新渠，觀其水土而考論其事之始末，追感往昔，不自知涕泗之交頤也。遂因公請，僭爲之記。

《河防志》：舊運河在昭陽湖西岸，由沛縣城東至孟陽泊入境，孟陽泊亦巨滙也。湖陵故城在焉，瀠洄十餘里，渠貫其中，又北二十里至於穀亭，《水經》所謂『穀亭城』，古濟、泗合流之地也。一云『甯母亭』，即齊桓公盟於甯母處。上爲菏河，下爲秦梁，自會通河開，歷爲漕渠要鎮。明工部管河主事駐之，河橋水驛在焉。南自湖陵，北至南陽，相距五十里。又北二十里，爲廣運牐，明初所開牛頭河也，地名塌場口。嘉靖四十四年，河決飛雲橋，運道告阻，乃開夏鎮新河以達南陽，此渠不復行舟。既而曹、單決口塞，河水亦絶，惟牛頭河下流運渠暴漲則溢而入也。

元趙文昌《孟陽泊石牐記》：聖元以神武定天下，遐邇率職來享來庭，而江淮漕運、商旅之轉販，仕宦之往來，非舟楫無以濟不通，此會通河之所以作也。

河工告成於今幾二十年，歲月滋久，霖潦浸淫，岸移谷遷，不無堙塞。都水監上下巡視，求其利病，以沛縣之金溝、沽頭，魚臺之孟陽泊沙深水淺，地形峻急，皆不能舟。遇有官物往來，必驅率瀕河之民推之挽之者不下千餘，妨農動衆，民恒苦之。

遂條陳其事，都省委右都事王潛、都水太監馬之貞等臨視，與所説合。議，曰：『夫水積之不厚，不足以負大舟；蓄之不廣，不足以供下洩。今莫若立堰以積水，立牐以通舟。堰貴長，牐貴堅，漲水時至，使漫流於上，如斯而已矣。』於是視地之高下，程廣狹，量淺深，繪圖計工，以報都省議修之，從孟陽泊始。今值歲晚，先辨物料，興工以春首爲期。用夫匠一千二百三十二名，監夫不足，於近邑差傭五百七十二名，就給工價米糧。一切物料，官爲和買，給中統鈔五萬五千緡，不敷，於濟寧路官錢内支，選差覈實。司提舉仇鋭來董是役，預辨所需金石、材木諸物，指分工役。

其堰横長一十二丈，中爲牐門，外石内甓高一丈四尺，基縱廣八丈。牐下廣五丈，殺之如壇級，以及於上五分，廣之三。起於大德八年正月，訖於五月。凡用工十七萬六千九百九十、中統鈔十萬三千三百五十緡、糧一千二百四十七石。落成之日，鼓聲四起。牐門起鑰，篙師序次以進，前旗一指，通數十百艘於談笑之頃。乃命謝里高立不遠千里而來，請文至再，予不揆，因記修牐之歲月如此。

牐官一員，牐夫三十二名。

《居濟一得》：南陽牐官管南陽、利建、邢莊三牐。此三牐最關緊要，下板一不嚴，而魯橋、棗林勢必淺阻。

故此三牐與棗林牐均宜候會牌，必上、下兩牐閉，中間一牐乃可啟板，則水勢不致妄洩，而糧運無淺阻之患矣。

以上爲魚臺主簿汛，主簿一員，淺夫四十三名。兩岸隄長一萬五千三百丈，官隄二萬二千八百二十四丈七尺。自王家水口起至四里灣界碑止，計程八十五里入濟寧州境。

魚臺，周爲魯棠邑；秦置方與、湖陵二縣，屬薛郡；漢屬山陽郡；晉屬高平國；宋屬高平郡；北魏因之；隋爲方與縣，屬彭城郡；唐改魚臺，屬兖州；宋、金屬單州；元屬濟寧路；明屬兖州府；今因之，治在運河西南二十里。

《居濟一得》：魚臺有南陽、獨山二湖，運河兩岸俱有牐座。爲主簿者，惟在蓄洩得宜、啟閉有方，乃爲稱職。南陽湖低於運河，若將各牐門堵閉，不放水入湖，獨山湖高於運河；若將各湖開放，將水放盡，此則溺職之甚。

按：南陽湖各牐門只可於冬間開放，使獨山湖水穿運入湖，以資收蓄。若春夏之間，宜嚴行堵閉，運河之水方不旁洩。獨山湖今亦低於運河二三尺不等，湖口若開，能入而不能出，是以春夏之間亦俱堅閉，惟冬間運河乾塘，方行開放，使穿運入於南陽收蓄。

有魚臺主簿、南陽牐官衙署。

由南陽牐十二里至棗林牐。

元延祐五年建，國朝乾隆二十三年修。金門寬二丈二尺，高二丈七尺六寸，由身各長二丈三尺，東、西兩岸上、下雁翅各長一丈。

《居濟一得》：棗牐上、下俱不深通，故每遇天旱之年輒有淺阻，而以上師家莊、仲家淺新牐並無淺阻之患。乙酉初夏，又遇淺阻，船不得行。予設一法，令啟師家莊牐板，而船仍不行，又啟仲家淺牐板，而船遂通行。直過上兩牐，上、下俱無淺阻，此亦已試之一法也。然又須南陽、利建、邢莊多下牐板，草塞蓆貼，不使過水，則水不妄洩，而船可通行。

明劉天和《問水集》：自徐州北至臨清，七百里間爲牐四十有三，自元建者二十餘，聖朝永樂至今，先後建者二十有餘，故牐面牐底高下不一。如下牐過低，積水盈板即須啟，則上牐之水必迅急而舟難入，必易涸而舟難行矣。余問水歷觀而竊疑之，然未敢以爲必然。至冬黃河南徙，諸牐有僅露牐面者，有没入泥底者，而牐口之泥深淺不一，乃一以牐面平石至泥水平面測之，時惟棗林牐露牐面三尺，餘各有差，惟棗林牐下之南陽牐已没入泥底，牐面泥淤仍四尺六寸，八里灣牐面泥淤仍五尺，始知舊傳棗林牐之過高，而不知其下南陽之過低也。乃一以棗林牐爲準，餘悉培而平之，由是啟閉水不復洩。仍各測其淺深，其牐底過深者則量留底板，均止以十二板啟閉，師家莊深一丈三尺二寸，留底板二；棗林牐深一丈六尺二寸，留底板三；南陽牐深一丈八尺，留底板四。則上牐之水益深，苟非久旱水涸，固可直達上牐，舟行其永利矣。南旺迤北諸牐亦可行之。

月河長一百八十丈。

横垻下新挑河新淺一，硯尾溝古淺一，即磨鐮溝，仍淺。

東岸水口二：曰新挑河，受黄良等泉之水入運；曰磨鐮溝，受白、泗二河并魯橋東坡水入湖，在獨山湖上游。

《全河備考》：黄良泉距縣東北四十里，出黄山下土中，東西長八十五丈，至三岔河共會一股。廟前泉距縣四十里，在黄良南，出土中，東西長九十丈，至三岔河。河頭泉距縣四十里，在黄良東，出土中，東西長一百七十二丈，至三岔河。陳家泉、中溢泉距縣四十里，城東北黄山土泉，東西長一百五十丈，至三岔河由新挑河入運。高家東泉、高家西泉距縣四十里，城東北黄山土泉，東西長一百十五丈，至三岔河。滕家泉、勝水泉並距縣四十里。城東黄山土泉東西長一百二十丈，至三岔河。以上九泉皆會新開河入運，至南陽牐濟運。

牐官一員，牐夫二十四名。

明潘季馴《河防一覽》：頃緣新河告成，棗林上下冰平牐面，不行啟閉，遂將棗林牐官裁而不設，付之南陽牐官兼理之。邇來天時久旱，河流細微，本牐水淺，啟閉爲急，尚可以南陽牐官攝之乎？夫一啟南陽，一閉棗林，互相闔闢，勢如呼吸，一不得人，直瀉而盡矣。近日無官，直付之一二牐夫之手，在官船則莫敢誰何，在民船則夫爲箝弄，既以病商，復以弊運，以故漕舟至此，殊費牽輓，而往來亦稱不便。不知牐官雖卑，職掌猶在，且廪俸無多，國家何惜此五斗，而令河道要害之地爲無人之境哉？

由棗林牐十二里《備考》：迤北六里至魯橋，又五里至師莊牐，是爲十一里。至師莊牐。舊名師家店。元大德二年建，國朝乾隆二十三年修。金門寬二丈，高二丈八尺。《居濟一得》：此牐宜酌量上下水勢，上下水勢俱足，則此牐宜下板蓄水。如棗林牐上水淺，船不能行，糧船既過棗林牐，棗林牐閉板，即啟師莊牐，如仍淺阻，即並啟仲家淺牐，則船自易行矣。

月河長四十丈。

棗林牐下、魯橋、師莊牐上古淺三，今俱淺。

東岸水口一，曰魯橋，泗河口。明成化年間，此處建有魯橋牐。

《治河方略》：凡沂之下流通乎埢里河，鄒之諸泉入於白馬河，并濟、魚二州縣等泉各出魯橋入運，爲魯橋派。《全河備考》：棗林迤北六里至魯橋牐，月河長一千一百六十丈，今改正河是也。又云：自魚臺而北九十里至濟寧，其東岸係鄒縣境。魯橋、師莊之間有埢里小牐一，横遏泗水入漕。

按《河程記》：隆慶四年改月河爲正河，魯橋牐遂廢。所謂埢里小牐，今亦無存。

泗河源出泗水縣陪尾山，四泉并發，西流至兗州城東，又南流經橫河與沂水合。元時於兗州東門外五里金口作埧建牐，遏泗之南趨。每夏秋水長則啟牐，放使南流，會沂水由埢里河出師莊牐。冬春水微，則閉牐令由黑風口東經兗城入濟，又南流會德水，至濟寧出天井牐。

胡渭生《禹貢錐指》：泗水出泗水縣，歷曲阜、滋陽、濟寧、鄒縣、魚臺、滕縣、沛縣、徐州、邳州、宿遷、桃源至清河縣入淮，此禹跡也。今其故道自徐州以南悉爲黃河所占，而淮不得擅會泗之名矣。

明胡伯玉《重濬泗河記》：鄒之泉，唯三角灣自入漕，餘悉會白馬湖入泗，有橋跨之，曰『永濟』。云：『泗既爲金口埧所遏，而其東出者，猶循故道入淮。顧其挾洙、沂而來也，積沙乘之，歲久不濬，而飛虹之不沒者僅尺許。於是諸泉假道三角灣而來，而渠不能容，橫逸潰嚙，居民患苦之』。余行水至此，有司以爲言。余心記曰：『是不過費三旬役耳』。先是，泉夫悉遠調，舍其事不事，余爲請於今大司空楊公，期以來年各歸於泉，毋出鄉。令既定未布，乃召泉夫，以十二月經始，而益以濟、魚、滕、曲凡百人。余又慮皸瘃躬拊，循之若挾纊。是歲除日丙戌立春，復命先丙七日，後丙七日俱免役，益復大喜，先期而集。時令會朝王正而丞攝事，且職在畚挶，爲出夫家之征二百，濬深若干丈，築隄長五丈，濶殺其二，高幾尺，屬之河防，潰逸者亟月報竣。越三日余至，自南陽則梁下可舟行，而兩涯之麥芃芃矣。

夫前人以病涉之，故爲飛虹者三，而湮沒若彼。今舟行之水，余豈能加滴瀝，而顧視三角灣不加少也？獨奈何以民田爲壑乎？且是役也，不費水衡一文錢，又胡宜爲而久不爲也？往余嘗謂：『自濟以西地稍高，水虞其出不虞其入；自濟以東地近窪，水虞其入不虞其出』。如鄒所謂淵源、勝水諸泉，其流自盛，濬之稍易，因與有司約夫自治其泉。而衆水所滙，則聚而用之，略倣洸濟故事，以充淺夫之用，庶泗濵之民，歲食麥秋之利，而漕渠亦永永有賴矣。餘詳第八卷。

沂河出曲阜尼山，西南流與泗水合。

《全河備考》：源出尼山麓，過曲阜南而東來。雩水出曲阜南馬跑泉，過鄒縣而東來，同謂之沂水。

孔繼汾《闕里文獻考》：沂水有二，此非《水經》所稱『出蓋縣艾山』之沂水，蓋酈道元所謂『出尼山西北流，逕魯縣故城南，北對稷門，又西逕圓丘北，又西右注泗水』者是也。

《居濟一得》：沂河，舊制合泗河，由金口埧入濟運者僅一二分，而出魯橋入運者乃八九分。今舊制盡湮，河道淤墊，沂河之水並不能由金口埧濟運，而盡出魯橋矣。故今宜於金口埧之東南建埧一道，如金口之制，又將沂河合泗水之舊制挑挖深通，使沂河之水出金口牐入府河。

白馬河自鄒縣九龍山下發源，會陳溝、白馬、馬山、孟母四泉，合爲一渠，西南逕屯頭橋，復會諸泉水至崇義橋，南有蓼水入之；又南逕平陽橋至故夏社，有大沙河水入之；又西南逕徐鎮濟勝橋，又逕黄路橋、永濟橋、至兩川橋會泗水，由魯橋入運。

明《崇正長編》張國維言：濟寧運河自棗林牐，溯師家莊、仲家淺二牐，歲患淤淺，重艘維艱。考之《泉志》，泗河自魯橋入運，濟漕棗林牐，名爲泗河派。伏秋水勢洶湧，足資利濟，而挾沙注河，水退沙積，利害亦參半焉。傍有白馬，滙鄒縣諸泉，并蓋、云二河之水，經埢里與泗合流，而出魯橋。向因泗水猛悍，白馬力弱不敵，以致河身半歸淤塞，不爲漕運者久矣。今歲船滯棗林，牽輓莫施，鄒縣管泉縣丞王訪吾，集夫挑濬白馬河口，一泓初出而停滯，遂疏：今廣爲咨訪，逐加丈量，察泗河出魯橋水道迂遠，河形漸狹。白馬河上源甚窄，而泗流扼之，以致下流遂化溝渠。且魯橋一帶地勢高亢，展浚不易爲力，近改入師家莊，已多濟一牐，而流尚涓涓。白馬上源寬處，止與仲家淺牐對不里許，且地勢獨窄。若導令入仲家淺，較之魯橋、師家莊迂直高下，遠近之勢自不侔矣。

《居濟一得》曰：馬河之水，出魯橋以濟南運者也。自河身淤淺，每逢天旱則河水阻斷，不能出而濟運，故議大加挑浚，使之寬深，庶河水可出而南運爲有賴矣。

附：金口垻在兖州府城東五里泗河經由適中之地。此處地勢最高，每逢水大漲湧，下游宣洩爲難，且沂河會入泗河之處，泗强沂弱，即致泛溢，民田下浸。運河東岸是以設牐箝束，自前唐代、北朝，至元延祐，明成化、嘉靖，屢次修築，凡爲牐門者五。北即黑風口，爲牐門者二。冬閉金口，導水入黑風口，西流府河至馬場湖收蓄，以濟天井等八牐之運。若下游水淺，仍開金口、閉黑風，使南出魯橋，以濟棗林等八牐之運。

《全河備考》：金口垻，元至元中爲滾水石垻，引泗入運，即隋文帝、薛胄於沂、泗之交積石爲堰，決令西注坡澤以溉良田者。延祐中，疏爲三洞，以洩水勢。明初堰垻以土，旋築旋廢。成化間築石堰，東西長五十丈，下濶三丈六尺，上濶二丈八尺，自地平石計五層，高七尺，湫石三處，視水消長，時其啟閉。横巨石爲橋，以便往來。堰北復作分水二雁翅，以殺水勢。堰南北趺水石直五尺，横四十丈，以固堰基。後歲久土淤，舊堰獨低，水消泗不入洸，每春築土垻高一尺七寸以障之。水漲土潰，勞費無益。嘉靖三十七年，主事陳南金易以石，高亦如之，仍爲金口三，添牐板以時啟閉，歲省前費，亦賴以節宣。

元劉德智《重修金口牐記》：皇元膺天命，撫方夏，極天地之覆載皆臣服。惟謹東南去京師萬里，粟米、絲枲、纖縞、貝錦、象犀、羽毛、金珠、琨蕩之貢，視四方尤繁。重車輓陸運，民甚苦之。至元中，穿會通河，引泗、汶會漳以達於幽，由是天下利於轉輸。泗之源會雩於兖之東門，其東多大山，水潦暴至，漫爲民患。職水者訪其利病，隄土以防其溢，束石以洩其流。其一洞歲久石摧，不足以吞吐，今近北改作二洞，以牐啟閉。中書省以聞天子，可其議。命下之日，當延祐四年，都水太監凋開分治山東，寬勤恪恭，敏於事。會曹掾王元從理簿書，壕寨官李克温董工役，役長張聚、李林、路詳、宋賫、秦澤分任其事。夫匠一千九十，石二千五百，甎三萬，灰五萬，木六千四百，鐵錠、鐵鈎、鐵鐶不敷，取諸官錢以買。兖州知州尋敬、提調州吏鹿果。經始於四年閏正月，成於三月。工告訖，大祠元冥，釃酒割牲，燔、燎瘞埋，吹擊笙鼓，風日清明，役徒謳歌，人神歡悦。乃相與請辭，鑱諸石以紀其始終，遂以命德智洪。惟皇元起漠北，以深仁厚德奄有天下。公家世鼎鼐，參贊化育，今誠能實於己而勤於官，忠於上而信於下，言不妄發，事不輕改，故民易信而功易成。雖然，又豈水曹爲然？推此誠實以理天下，則被澤溥矣。辭不獲，因書所聞以爲記。

明胡伯玉《重修金口記》：山以東，古徐兖之域，衆流之所滙也。環岱宗而東，近以名川稱者，爲汶、泗兩者。遞主以灌輸於漕，若風馬牛之不相及。廼汶別營一穴，以通海王之國，其內注者僅僅十之三，而又罷於奔命，彊弩之末，不能不倚於泗。泗既挾洙、沂，率其衆流以全力奉漕，而尤分其十之三以益濟。至於任城，而二川畢會，譬則晉、楚交相見矣。然汶之入漕，跡泗而爲之者也。其性善潰，不常厥居，姑毋論堙城之役，倏修倏廢，即如戴村得所據矣。而猶踰歲輒決，決輒糜水衡、少府錢數千始塞。若泗之所謂金口堰者，肇自隋季，迄今幾千年，渠之溉而運也，埧之土而石也，隄之卑而高也，雖稍稍易致，而卒不失其跬步。《語》云：『泰山之霤，至於穿石』，而況以尋丈之隄，扼衆流而奪其勢，欲其踰百年無敗，亦難矣。今上御寓二十有五載，大司空安邑楊公治河之。又明年，會河伯南徙，徐、吕告急，特請於朝，勅所司瀹濬汶、泗無怠。不佞適承乏治東泉，既至，而天井之渠加長，蓋泗之助云。亡何大霖雨，沂、泗突如其來，故隄不足以支，而金口埧堰蕩析殆盡。滋陽令楊君修築圖後功，度財慮庸，計費九百餘金。不佞爲請於公，卜日蕆事，因檄主簿徐時泰董之。不佞往爲諸生時，數道出石頭城下，見其從石竇溢出者堅如金石，蓋異時和灰秫而成之者也。喟然嘆曰：『秫附於右而膠於石，剛柔固相倚哉！』時泰故金陵人，習其法，故維繫鐵錠既密且深，而用灰秫累之，幾與石平。迨成，而父老暨四方遊士觀者咸嗟異，以爲宏麗密緻，自有斯埧以來未之覩也。始於冬十月甲子，越明年四月甲子，匝六月告竣。令請余落成且謬爲余功也者，謀勒之石而屬筆焉。余曰：『是大司空之教也，邦伯師長之勞也，士用命也，伯玉何功之與有！』令曰：『大司空主之，使君相之，毋庸辭！』余再拜曰：『雨暘時若，神之賜也，伯玉何功之與有？』令固以請曰：『神庥民悦，繄使君之德，毋庸辭！』余復再拜稽首曰：『嶽瀆効靈，奠國家億萬年之丕基，是聖天子之福也，伯玉何功之與有？』雖然，余有進於此者。今時詘舉贏，議者爭言仍貫矣。而革言三就易，何以稱焉？《記》有之：『涓涓不塞，流爲江河』，此善喻也。夫金口之懸飛虹者三，長各十咫，方垻之末穎也，尚存其二，今竟何如哉？昔劉晏治漕，大約優漕費以收其利，彼豈無節而漫言經濟者乎？夫亦備患防害，暫費永寧之計也。晚近世廼以備患之意移之於備奸，防害之術施之於防蠹，固將曰毋動爲擾耳。日漫月循，弊更滋甚。然則晚救何如早救，而省正所以爲費也。顧所任者謂何耳？任得其人，則急爲杜微，而不且見爲喜事；緩爲理本，而不且見爲墮幾；費爲幹蠱，而不且見爲奢；省爲惜財，而不且見爲慳。惟是邦伯師長之功，尤不佞所藉手以報聖天子者也。

《居濟一得》：金口垻，遇冬月挑河煞垻之期，即將此垻嚴閉，使泗河之水盡歸金口牐，入馬場湖以濟運。

牛運震《空山集》：黑風口，一名金口牐，與金口垻一時並建。元至元中開會通河，因隋薛胄舊堰爲之，堤土以防其溢，束石以洩其流。其制壘石爲隄，下穿涵洞，形如陰溝，以時啟閉。泗水穿城濟運，俾不爲害。延祐四年，都水太監潤開因舊洞歲久石摧，董工重修，改作二洞，節宣之宜，事乃大備。夫水之出於高者，其流暢而疾；水之出於卑者，其流平而細。其勢易見也。然高而暢疾者難收，卑而平細者易制。其勢又易見也。爲涵洞則利於束水，而啟閉之權在人；爲牐口則利於放水，而蓄洩之權在水。其勢尤易見也。夫牐以減水，其牐身必深，其牐口必寬，其牐板之用木，與涵洞之參用甎，其疎密堅脆相百也。查黑風口去郡城五里，其隄堰之巔，與城堞準較猶高一尺三寸，由隄闕城，如從高墉俯臨井底。而泗河之水由陪尾山而來，挾山溪溝泉諸水直瀉百里，遇夏秋泛漲，拍天駕岸，彭沙礐石，洶洶動人心魄。郡城綰領州邑，壇社、倉庫集於斯，廬舍、人民庇於斯，萬一牐口不支，高屋建瓴之勢不足言也，萬衆之不爲魚者幸耳。故爲涵洞安，爲板牐危。凡圖天下事，去安就危難。且石隄涵洞之設，幾千百年矣。歷唐、宋、元、明凡數代，經河臣水司明達之士凡數十人，而悉無以易之，匪惟不易之，又從而增修牢固之，彼豈不企更制創獨裁，殆亦有所見於此深慮焉，而不肯動爾。故曰無始患無變舊章，古人未必愚，而今人未必智，襲故未必失，而改作未必得。況水之利害，尤其一動而不可復收者哉。議者將曰：『減水牐以殺水怒也，泗河之水分諸支河，則魯橋之下流不壅，魯橋不壅則白馬之河不溢，而魚臺、徐、沛無汎浸之苦』。愚以爲其說未盡也。夫泗水之利於分也，黑風口已得之矣。較之減水牐所分，特洪細之差爾。即使爲牐，嫁魯橋之害於府河，第少紆折遼緩之，其末流歸於魚臺、徐、沛，曾無所加損也。即令爲魚臺、徐、沛計，已開衣架河，并濬魯橋河身，水之歸洩不患無路，不必改黑風口爲減水牐，而後無害也。且兖城與魚臺、徐、沛何分輕重？抑何厚薄？如使水之害誠無所避矣，則魚臺、徐、沛受之，與移而兖城受之等耳，勢不得兖城代受災也。

按：乾隆十四年，總河顧琮奏：泗河下流董家口頻年被刷，應建滚水壩減洩漫水。仍將衝成河形順勢挑浚，直入白馬湖。其白馬湖淺窄之處再加疏通，引入迤南貫家灣，使歸獨山湖。是爲新泗河。又闢支河，自貫家灣西達魯橋入運。三十七年，今河督姚公復以壩基過高，每遇水勢盛漲，宣洩不及，輒於董家壩迤上漫及運河東坡，又寧陽縣石梁口、小腿灣等處，汶水漫堰入洸，至濟寧城北頂阻府河之水，亦多旁溢，東坡民田被淹，因將董家口石壩展寬，并浚孟家橋、馬坡，暢入尾閭。水小之年，即於孟家橋築堰攔截，使由興隆橋入運，石梁口飭縣堵築，汶不入洸。

仲莊牐官兼管牐夫二十四名。明隆慶三年革師莊新牐牐官，以仲家淺帶管。

由師莊牐五里《備考》：十五里。**至仲家淺牐**

明宣德五年建，國朝乾隆三十二年修。金門寬二丈八寸，高二丈八尺八寸。

月河長二百八十丈。

本牐古淺一，今不淺。

東岸涵洞一，在月河內，乾隆二十三年建，洩坡水入運。

牐官一員，牐夫二十四名，有牐官衙署。

西岸仲廟，有仲氏世襲博士，奉祀子路。

由仲家淺牐六里《備考》：五里。至新牐。舊稱黃棟林新牐。

元至正元年建，國朝雍正六年修。金門寬二丈一尺，高二丈八尺八寸。

元楚惟善《黃棟林新牐記》：會通河導汶、泗，北絶濟合漳，南復泗水故道入於河。自漳抵河袤千里，分流地峻，散渙不能負舟。前後置牐若穀亭者十三，新店至師氏莊猶淺澁有難處，每漕船至此，上下畢力，終日叫號，進寸退尺，必資於陸，而運始達。議立牐，久不決。都水監丞也先不華分治東平之明年，緝熙前功，以紓民力，慨然以興作爲己任。乃躬相地宜，黃棟林適居二牐間，遂即其地庀徒蕆事。經始於至正改元春二月，訖工於夏五月辛酉。牐基深常有四尺，廣三其深有六尺，長視廣又尋有七尺。牐基長三分，基之一崇弱五寸，不及身之半。又於東岸創河神祠，西岸創公署，制度纖悉，備極精緻。落成之日舟無留行，役者忘勞，居者聚觀，往來者懽忭稱慶。僚佐、耆宿衆相與謀，謂不伐石以識，無以彰公之勤，且懼來者之功不繼，而前功遂墮也。先是，役民於河，凡大興作率有常廩，是役將興，時適洊饑，公請俾貧窶者，得竄其身，藉以有養，久未獲命，不忍坐視斯民餓且殍，遂出公帑人貸錢二千緡，約來春入役。還官無何，糧亦至，民爭趨。令其軫民瘼如此。又初開月河，於河東岸闢地，及咫，礓礫錯出，鍤無所施。迨營牐基近西數武，黄壤及泉，訖無留礙，精誠感格，鬼神陰有以相之也。公爲人明敏果斷，操守絶人，讀書一過目輒不忘，律學醫方，靡不精究。始由近侍三轉，官受今除。是役也，董工於其所者，令史李中壕、寨官薛源政，其工師徒長具列碑陰。

月河長二百一十丈。

本牐古淺一，今仍淺。

東岸涵洞一，在月河內，洩坡水入運。

仲淺牐官兼管牐夫二十五名。

由新牐六里《備考》：八里。**至新店牐。**舊作辛店。

元大德元年建，國朝雍正八年修。金門寬二丈，高一丈九尺二寸。

月河長二百丈。

本牐古淺一，今仍淺。

東岸涵洞一，在牐下。乾隆元年建，二十三年拆修，宣洩黑土店坡水入運。

牐官一員，牐夫二十五名。

由新店十八里至石佛牐。

元延祐六年建，國朝雍正三年修。金門寬二丈九尺五寸，高二丈二尺五寸。

《全河備考》：掘土中得石佛十二，故名。

《居濟一得》：石佛牐牐背亦低，趙村牐背既接高四尺，石佛牐背亦宜接高三尺。牐板宜下十四塊，則上源有蓄，不至過洩。

按：此牐雍正三年拆修，金門展寬五寸，加高一尺，實寬二丈，高二丈三尺五寸。自上而下，每尺收進五分，計至牐底實收一尺一寸五分。乾隆三十八年，突有杭嚴幫新造之船卡住不行，歸咎牐門太窄，議請改建展寬，當以一丈九尺丈竿縋量，牐牆七八尺以下方不能容，又以一丈八尺九寸丈竿縋量，牐牆一丈七寸以下方不能容，以上皆寬二丈，容受一丈九尺之竿均屬有餘。因何卡住該船，不能前進？當經牐官將船身細量，則寬至一丈八尺四寸，站板尚在其外。因思運丁造船，並不遵照漕規一丈四尺四寸之定例，妄欲拆造牐座，遂其私圖，以便多裝貨物。不知船重貨多，一遇水小之年，在在阻擱，即塘河寬廣之處亦難駕駛。寧得一一歸咎於牐門之狹小耶！此於漕政大有關係，備録於此。

月河長二百三十丈。

本牐古淺一，又花家淺古淺一，今仍淺。

牐官一員，牐夫二十五名。

由石佛牐五里至趙村牐。

元泰定四年建《北河續記》作至正七年。國朝乾隆二十三年修。金門寬二丈五尺，高二丈二尺五寸。

《居濟一得》：趙村牐牐背亦低，在城牐背既接高五尺，趙村牐背亦宜接高四尺。牐板宜下十六塊始足蓄水，而糧船不至淺阻。

月河長二百五十丈，有石垻，宏治元年建。

明張正《趙村月河垻記》：制牐必旁疏一渠，爲垻以待暴水，如月然，曰月河。其垻高殺於牐，廣可三四步，長無慮七八十尺。然率畚壤、雜藁，芻，剡木以約其旁，弗堅弗可以久。水暴下垻，輒掃蕩去無遺，蕩已復葺，葺已復毀，民赴役歲無已時，而芻木需費歲以萬計。無錫莫君驄以冬曹主事來視濟寧漕河，欲易以石，庶幾堅久而一勞永逸。則躬度所理天井至趙村牐十一垻，最其長四百四十丈有奇，內外用石計，當萬有餘丈。乃上議：『十一牐歲役民三千有餘，河沍無事，人出錢爲葺垻用。今宜比兩歲勿徵，歲第令人採石丈五尺，所費曩歲錢半而已。山東沿河歲不登省，茲民以少甦，合兩歲半費，可以就數百歲之永圖。公私便計，莫良於此者。』詔可。於是以屬州判官李寘輩數人，既兩歲石具，不數月十一垻俱成。其募工餉役，一以都水贏錢，不歛民秋毫，其出入錙銖必籍。其相度地形，損益盈朒，灰膠鐵錮，崇庳適中，皆出君指畫。官不縻，民不擾，而成算不愆。君子曰：『茲足以驗莫君之才。惟弗舉，舉必濟。』又曰：『茲足以驗莫君爲政之不苟，利不百不興不舉也，而一時一夫之利云乎哉？』郡守傅皓等以予素厚於君，來徵記。予不得辭。

本牐古淺一，又楊灣古淺一，即窰灣，今仍淺。

牐官一員，牐夫二十五名。

由趙村牐六里《備考》：西北三里。至在城牐。《備考》：原名下牐。

元大德七年建，國朝乾隆三十三年修。金門寬二丈八寸，高二丈九寸。

《居濟一得》：在城牐舊例下板十八塊，始足蓄水。蓋天井牐高，此牐最下，若下板或少，則水一洩無餘。故此牐最關緊要，其稽查之勤宜倍於天井，始足以關上源之水，而不至於下洩。此南運之一大關鍵也。其放船之法，亦宜隨到隨放，則濟寧以南之船自不至於壅積矣。然此塘之船，須儘塘灌放，庶水不至於多洩，而上源亦無淺阻之患。此牐啟閉，視南陽一帶水之大小，如南陽一帶水大，則將在城牐板少啟。在城牐下積船至一百二、三十隻，足滿一塘，然後啟放灌塘，則水之所洩必少，而南陽一帶不患乎水大矣。如南陽一帶水小，需水甚急，則在城牐啟板宜勤，到一幫即過一幫，不拘船數之多少，則水之所洩必多，而南陽一帶不患乎水少矣。總之，下用水則宜洩於下，下不用水則宜蓄於上，務斟酌得宜，蓄洩有方，乃爲盡善。

按：視下流水勢之大小，以定此牐啟閉之疎密是矣。然亦須度上下塘船隻之多寡，方爲合宜。如上塘打船會牌未至，下塘船已陸續抵牐，固可積至一百二三十隻，然後啟板。如上塘無船，會牌已至，下塘船少，僅到一二幫，止數十隻，亦豈能留前等候，不即啟板？如慮南陽一帶水大，只可將利建、邢莊、珠梅等牐啟板宣洩，水小即將利建、邢莊、珠梅等牐嚴板擎蓄，不專恃此牐啟板得法也。

又云：在城牐地勢甚低，而其牐背亦低，故不能多下板塊。不能多下板塊，即不能關上源之水。故宜將此牐背再接高五尺，則板可以多下，或下二十塊，或下二十二塊，則上源之水有所關蓄，而不至過洩矣。蓋前言下板十八塊者，以牐背太低，不能多下板也，非謂十八塊足以關水也。

元侖時中《任城東牐記》：至元二十年，朝廷初以江淮水運不通，乃命前兵部尚書李奥魯赤等，調丁夫給庸糧，自濟州任城委曲開通河渠，導洸、汶、泗水由安民山至東阿三百餘里，以通轉漕。然地勢有高下，水流有緩急，故不能無阻艱之患。二十一年，有司創爲石牐者八，各置守卒，春秋觀水之漲落，以時啟閉。雖歲或亢暘，而利足以濟舟楫。惟是任城牐，東距師家莊袤六十里，土壤疏恶，霖潦灌注，承乏歲月，至是始壞。時都水少監分都水監事石抹奉議適膺其任，聞之中書省，易而新之。陶土爲甓，采石於山，其材用所須不費於官，不取於民，率指授役夫爲之。不數月，厥功告成。仍即其地之西偏，修飭廳事，以爲使者往來休憇之所。公退，因録其同事者職役、姓氏，以告後之來者。據此記，應爲任城牐，今稱在城，乃俗呼之訛。

月河長四里，自牐下起至濟安橋止牐三，曰下新、中新、上新。自下至上相去一里，下新即在城之月河，上新即天井之月河。

明廖莊《月河牐記》：天順改元丁丑秋，貴池孫公仁由名進士拜冬官主事，奉命治水於濟寧。濟寧天井、在城二牐舊有月河，距州治南三里許。上口東密邇天井牐，北對會通河。二水縱横若十字，然逮天雨潦溢，潺湲相持，什七八南注，其勢尤傾。舟由牐河而西者，或至沈覆，遡月河而上者，艱於逆輓。下口去在城尤邇，有牐瀕於西岸，啟而舟下，又有衝激之虞，雖善計者莫如之何。先是，冬官主事永豐陳公津、蘄陽陳公溱繼莅其地，議下口舊牐移入百餘尺，改上口於迤西，餘七百武棄會通河，不對置兩口。而梁於其上，置牐於兩口之下，時水盈縮而閉縱之，庶免前患。議定以聞，詔許之。工未舉，孫公來代。時漕運總兵都督徐公恭、參將都督黄公鑑移檄冬官以速其成，而巡撫都御史年公富以民貧財乏爲難，孫公乃計在官之料，儲庫之積物，因其舊，力省於人，郡邑所供苐石灰炭而已。復以聞上，可其奏。而鎮守平江侯陳公豫，巡河御史蘇公燮、王公祥，山東布政司参政李公瓚，按察司僉事劉公進協謀併智，贊相爲多。相其事者則兖州府同知郭鑑，董其事者則推官范雯，出納物料則陰陽正術楊逵。至於左右經營，則濟寧衛指揮鄧鎧、張鎮，濟寧州知州于鑑、同知郝敬、判官柳旻、醫官張瓚。始事於己卯之冬，訖工於庚辰之春。學正陶鼎輩咸願刻石紀成，而因都督趙公輔屬筆於予。夫以天井、在城二牐，前人爲之備矣，月河上、下二口則未備焉。今二陳啟之於前，孫公成之於後，經營有方，措置有要，官不爲擾，民不爲勞，其修政立事，有益於國而利於人，爲何如也？歐陽子有云：『作者未始不欲常存，而繼者常至於怠廢，使繼者恒如作者之心，則天下後世豈有遺利哉？』故爲之記。

又劉珝《濟寧中新牐記》：濟寧郡城南河曰會通。元人開漕運者，自濟寧分水牐至東昌臨清，凡四百餘里，久而淤塞。國朝永樂初，詔大臣率民夫往濬之，其濟寧則引泗、洸及徂徠諸山谷水注焉。然而舸舶鱗集，在城、天井二牐有不能容，肆於二牐南穿月河，可四里許，更益以牐曰上新、下新。數十年來，人雖爲便，然下新之上幾二百步，舊有小南門橋鏵石，以岸中僅二丈，往來浮者艱於牐上。新牐之上有濟安橋，中流石堆屹立，篙工楫師至此，東肩瞪目不敢前。成化甲午，平江伯合肥陳公志堅督運過此，步自堤上，相厥地勢，詢知宿弊，遂與都憲李公啓德議曰：『斯橋斯堆弗夷，斯舟弗良於行。』乃檄東臬憲副陳公善及兗郡倅陳公翼卜吉倡屬，具畚挶，列綆鍤，撤其橋，去其石，撥腐曝淤，倍高即卑，叠石爲趾，琢石爲柱，覆石爲梁，直上、下新之中增一牐焉。首事於乙未二月，奏功於四月。既成，名曰『中新』。中新之上爲拖橋一，易濟安爲渡舟二，於是水陸無滯。凡糜錢十九萬四千餘，夫丁千餘，木石以數千計，他百色之需以百計。財因素蓄，民不告勞。工曹諸公觀謂：『斯傑跡不可不石刻名言於河滸。』因以言見徵。夫自漢初用蕭何計，户轉漕而有漕運之名。唐用李傑爲水陸發運使，而有漕運之官。歷代官設不一，漕法亦異，而建都亦不同。如漢漕仰於山東，唐漕仰於江淮，宋漕仰於汴，元漕仰於會通、衛、潞，以其邇於都也。我國家遷都於北，蓋漕元人之漕者，志堅大父恭襄公、父莊敏公調度經營，河道清肅，裕國福人，至今清江臨清祠之、碑之，足以耀當世而芳千古矣。志堅心二公之心，繼疏續鑿，成此懋功。《傳》曰：『纘乃舊服，無忝祖考。』志堅有焉，於是乎記。

本牐古淺一，又通心橋新淺一。

東岸濟寧州自在城牐下真君廟起，至天井牐上濟安橋止，皆在該州。城外曰韋馱棚、曰通心橋，分洩楊家壩下注之水。

楊家壩在濟寧州城東。

《全河備考》：泗河之水貫兗府，西流合洸水，同經此口，南入運道。原未嘗設壩，正德間因劉寵之亂，築壩引水西繞，以爲濟城外護，始有壩基。然事平即開，仍得通運。自崇正十七年流寇猖獗，東省震動，於是復築此壩，障水護城，此特一時固圉之計，至今未改。每遇伏秋水漲，不能洩瀉歸河，兩岸民田大受淹没之害。且泗、洸之水爲此壩所遏，由夏家橋入馬場湖而後濟運，其道反迂。不若改壩爲牐，時啟時閉，急則借以濟運，緩則儲以待用，民田可無淹没之虞矣。

鄭與橋《開楊家垻議》：濟寧南門外漕運咽喉也。建立兩牐，曰天井，曰在城。天井牐地勢高亢，全賴洸、泗二水以濟之。洸水發源徂徠山，與汶水合流，至寧陽石梁口支分而南，會蛇眼、金線諸泉，直趨濟城東北。泗水發源陪尾山，至兖州府城東金溝垻支分而西，穿府城趨濟城正東。正德以前，洸水由城北閲城西，至城西南角通濟橋入運。泗水由城東轉城南，至古南池觀瀾橋入運。兩水環抱，如玉帶然。先祖中憲公《修儒學碑》記之極詳，可考也。嗣則二水亦時有分合，大要旱則令合，潦則令分，亦權其宜而已。至崇正末，戎馬生郊，因城西、北兩面無險可恃，官紳公議築垻於楊家口，攔洸、泗二水全滙城之西北，一帶汪洋，使敵人不得直抵城下。原從守城起見，非爲漕運計長久也。及順治初年，大司馬楊公初到地方，見城西之水汗漫無歸，於狀元墓南開小河一道，引水入馬場湖，以備天旱之用。但濟城形勢，北昂而東、西、南三面俱下，洸水來自東北，地勢相等，故前人特開長河引之西行。若泗水來自正東，激之北上若登山然，所以楊垻一築之後，夏秋間泗流上源如小店上下等處，恒若氾濫，淹没民田無算，是有用之水反成無窮之害，違其性也。議者謂楊家垻宜開，然開垻之議正未易言。天井牐勢如建瓴，重運逆挽而上，已覺費力，再加以二水併流，浪頭洶猛，益覺難前。萬歷年間，每遇伏秋大發，日挽不過數舟，弊坐此也。且二水俱由山來，各帶泥沙，會於天井，水去沙留，每歲挑濬大費人工。大司馬楊公晚年有開垻之議，欲建滚水石垻於馬驛橋南，正慮沙之爲害，思有以障之。查城東北有林家橋一座，在洸水之南、泗水之北，距楊家垻僅兩射餘。此橋石砌堅固。爲今之計，莫若將楊家垻土塞橋之空處，再濶而堅之，令洸水仍由城北、城西至通濟橋入運，泗水仍由馬驛橋下轉至古南池觀瀾橋入運，復正德年間玉帶之舊。從來治水之術，取其順不取其逆，欲其分不欲其合，分則力弱，順則怒平，不易之經也。此議一行，兩水皆有益於漕，而民間淹没之患亦免，所需人工有限，或於馬驛橋，或於浮橋改建一牐，石塊粗備，基址亦堅，事半而功倍。楊司馬挑濬小河仍不廢，當洸水有餘之日亦可分注入湖，一舉而數善備。或可備採擇云。

按：楊家垻，總河楊方興堵築。康熙三十四年開通，建減水牐。乾隆二十二年，改建雙槽石牐，伏秋水漲，啟板宣洩，由葦馱棚、通心橋、觀瀾橋、西小門、草橋五股分洩，而其議實始於《備考》一書，蓋閲四十年而其策方行云。

牐官一員，牐夫二十五名。帶管下新牐廢，牐夫四名隨同在城牐夫應役，共牐夫二十九名。又舊有吴泰、宫村、馬驛橋三牐，俱隸在城牐官管理，今裁。

按：楊家垻以上十里爲吴泰牐，又東十里爲宫村牐，皆元至元中建。又東十里爲孫時牐，又東十里爲杏林牐，俱廢。

有真君廟，其南爲總漕行署。

由在城牐一里三分《備考》：又西北一里。至天井牐。《備考》：原名中牐，又名會源。元至治元年建，國朝乾隆十九年修。金門寬二丈九寸，高一丈八尺。

《全河備考》：天井牐南雁翅底有古井一甃，相傳爲唐時尉遲敬德所創。

按：舊説唐武德中，尉遲恭鎮盧龍，穿渠於濟以通漕，故牐底尚有『唐武德七年尉遲敬德建』石刻。考武德七年，敬德方隨太宗於豳州備突厥，無鎮盧龍事。

《居濟一得》：天井牐宜用板十五塊，使水蓄在牐上，常使有餘，毋使不足。此牐啟板，在城牐須下板十八塊，勿使水洩過多。如下邊水小，酌量啟一二塊，放下些須，務使足用而止，不可過洩，須與在城牐兩相照應爲妙。又天井牐舊例板係十五塊，此一定而不可易者也。板不全下則上源必致淺阻，牐官宜常稽查牐牌，同知州判亦宜常稽查牐官。蓋牐夫利於少下一塊則少啟一板，此好逸惡勞之常情也。若聞牐上一帶淺澁，必此牐下板未足之故，急宜查考加板，則上源永無淺阻之虞。至於此牐之船，必須隨到隨放，不可稍遲，以致濟寧以南一帶之船壅滯不行。此牐放四次或五次，通濟牐始可放一次。若此牐水小不能放船，即令通濟牐放船，則此牐自有水矣。然又不專恃通濟牐上之水，須馬場湖水常盈滿，或開安居牐，或開十里舖牐，水自足用。若長溝建牐，則只開長溝牐，十里舖、安居牐俱可以不開矣。

元揭傒斯《修濟寧州會源牐記》：皇帝元年夏六月，都水丞張侯改作濟州，會源牐成。明年春二月，具功狀，遣其屬孟思敬至京師，請文勒石。惟我元受命定鼎幽薊，經國體民，綏和四海，辨方物以定貢賦，穿河渠以逸漕度。乃改任城爲濟州，以臨齊魯之交，據燕吴之衝，導汶、泗以會其源，置牐以分其流，西北至安民山入於新河。逮於臨清地降九十尺，爲牐十六，以達於漳；南至沽頭地降百十有六尺，爲牐十。又南入於河。北至奉符爲牐一，以節汶水；東北至兖州爲牐一，以節泗水；而會源牐制於其中。歲久政弛，漕度用弗時，先皇帝以爲憂。延祐六年冬，詔以侯分治東阿，始修復舊政，南疏北導，靡所寧處。明年冬，以及期請代，弗許，行視濟牐，峻怒狠悍，歲數壞舟楫，土崩石泐，岌不可持，乃伐石區里之山，轉木淮海之濆，度工即功。明年，皇帝建元至治，三月甲戌朔，侯朝至於河上，率徒相宜導水東行，堨其上下，而竭其中以儲衆材，撤故牐，夷均浲，徙其南二十尺，降七尺以爲基，下錯植巨栗如列星，貫以長松，實以白灰，槩視其地，無有罅漏。衡五十尺，縱百六十尺八分，其縱四爲門縱，遂其南之三，北之一，以敵水之奔突震蕩；五分其衡，二爲門，容折其三以爲兩墉，四分其容，去其一以爲門崇，廉其中而冀其外，以附於防。三分門縱閒於北之二以爲門，中央樹石，鑿以納懸板。五分門縱，去其一以爲鑿，崇翼之外更爲石防，以禦水之泂洑衝薄。縱皆三百三十尺，爰琢爰甃，犬牙相入，苴以白麻，固以石膠，關以勁鐵，冠以飛梁。越六月十有三日，乙卯訖功，大會群屬，宴於河上，以落之工徒咸在，旄倪四集，舉酒樂作，揮牐決堨，艤櫂啟鑰，水平舟行，伐鼓懽呼，稱功頌德，雷動雲合。且拜曰：『惟聖天子繼志述事，不易任，以成厥功，惟億萬年享天之休。』

是役也，以工計，石工百六十人，木工千人，金工五人，土工五人，徒千四百二十人；以材計，木萬一百四十有一，石五千一百二十有八，其廣厚皆倍於舊，甓二億一千二百有五十；以斤計，鐵二萬五千五百，麻二千三百，石之灰三億二萬三百三十有四；以石計，粟千二百有五十，視他牐三之，視故牐倍之。其出於縣官者，鐵若麻十之七，石五之一，粟五之三，餘一以便宜調度，不以煩民。

初侯至之明年，凡河之隘者闢，壅者滌，決者塞，拔藻荇，禁芻牧，隆其防而廣其址，修其石之岩陁穿漏者，築其壞之疏惡者，延袤贏七百里。防之外增爲長堤，以閑暴漲，而河以安流。潛爲石竇，以納積潦，而瀕河三郡之田，民皆得耕種。又募民采馬藺之實，種之新河兩涯，以錮潰沙。北自臨清，南至彭城，東至陪尾，絕者通之，鬱者澌之，爲杠九十有八，爲梁五十有八，而挽舟之道無不夷矣。乃建分司及會源、石佛、師莊三牐之署，以嚴官守。樹河伯龍君祠，入故都水少監馬之貞、兵部尚書李奧魯赤、中書斷事忙速祠三，以迎休報勞。凡河之所經，命藏水以待渴者，種樹以待休者。遇流殍則男女異瘞之，餓者爲粥以食之，死而藏，饑而活者歲數千人。是以上知其忠，下信其令，用克果於茲役。

然古者三載考績，三考黜陟幽明，故人才得以自見，向使侯竟代去，雖懷極忠甚智，無能究於其職，是亦侯之遇也。惟此牐地最要，役最大，馬氏之後，侯之功爲最盛。故詳於是碑，以告後之人。

侯名仲仁，河南人。其辭曰：『昔在至元，惟忠武王。自南還歸，請開河渠。自魯涉齊，以達京師。河渠既成，四海率從，萬世是資。朝帆夕檣。垂四十年，孰慢而隳。翼翼張侯，受命仁宗。號令風馳，徵工發徒。既滌既疏，濟牐攸基。先鷄而興，既星而休，觸冒炎曦。疾者藥之，死者櫝之，奚有渴饑？拊循勞徠，信賞必罰，勿亟勿遲。十旬之間，遹績於成，知罔或遺。洋洋河流，中有行舟。若遵大達，舳艫相啣，罔敢後先，亦罔敢稽。賢王才侯，自北自南，顧盼嗟咨。曰惟京師，爲天下本，本隆則固。惟帝世祖，既有南土，河渠是務。四方之共，于千萬里，如出跬步。聖繼明承，命官選才，惟侯之遇。昔者舟行，日不數里，今以百數。昔者舟行，歲不數萬，今以億慮。惟公乃明，惟勇乃成，惟廉則恕。汶、泗之會，有截其牐，有菀其樹。功在國家，名在天下，永世是度。』

牐上爲觀瀾橋，洸、泗二水所經，今已淤廢。

《全河備考》：泗、沂西下，夾流而南，出泗水、曲阜、滋陽、寧陽，會汶與洸，以入元人所謂會源牐者，爲天井派。

按顧祖禹《讀史方輿紀要》：泗水自府城東折而西流，洸水自寧陽北折而南流，會於州城南，由天井牐入河。自州西三里分水牐，北出至臨清，南至徐州。分水牐，元人謂之上牐，今廢。

《兖州府志》：汶水西流，其勢甚大，而元人以濟寧分水，遏汶於堽城，非其地矣。每遇水發，西奔坎河，洸流益微，運道或壅。故元時會通歲漕不過數十萬石，不若海運之爲多。

《居濟一得》：元人分水於濟寧，亦未審乎地勢之宜也。濟寧北高而南下，故水之南行也易，而北行也難。雖天井牐去分水口僅數丈，而開河牐去分水口一百餘里，然究之南水每有餘，而北水常不足，故南旺每有淺阻。宋禮聽白英之計，改分水口於南旺，其制善矣。但止言汶水而不及泗水，亦未爲法之盡善也。雖泗水蓄之馬場湖中，亦由安居牐、十里鋪入運，不知運河水大而馬場湖亦大，運河水小而馬場湖亦小，究歸無用。蓋因府河淤塞，水不大通也。況安居牐、十里鋪猶是當年之舊牐，當年馬場湖受蜀山湖之水，故宜由此入運。今馬場湖不受蜀山湖之水，而受泗河之水矣，故今馬場湖之水不宜由安居牐、十里鋪入運，而宜於獲麟古渡建牐一座，使泗河之水由此入運，則以泗河之水合諸泉水以濟南運，而以汶河之水專濟北運，則北運自無淺澁之患矣。或曰：『安居、十里二牐亦可以入運，何必又改於獲麟古渡？』不知安居、十里二牐地勢最下，不足以敵汶水，獲麟古渡在通濟牐之上，泗水若由此入運，便足以敵汶水，使汶水不致南洩，專濟北運，又何有不足之患乎？

按：地勢北高而南下，安居十里在南，河底尚卑，故馬場湖水可以入運。獲麟古渡在北，河底已高，馬場湖水引至此處，不能更高於運河之水出以濟運，非必前人尚有遺慮也。今金線牐已移建柳林之上，惟有嚴閉柳林，開金線牐專濟北運，馬場湖水令由白嘴下注，再啟南旺雙涵洞水以助之，如糧船已過南旺，并嚴閉寺前，使利運之水亦往北行，則南北俱得接濟矣。

元趙元進《重濬會通河記》：前至元二十六年開會通河道，南自徐，中由於濟，北抵臨清，遠及千里，修置牐垻，積水行舟，漕運通濟，乃天下之利也。此河殊無上源，必淪汶注洸，決引泗源，西入於兖，南入於濟，達於任城，合於新河。而流瀰者，山水泛漲，上自堽城牐口，下至石磧，漫延一十八里，淤填河身，返高於汶，是以水來淺澁，幾不能接於漕運。今至元五年冬十月，都水監丞宋公諱伯顏不花由中書省譯掾，奉命分治會通河道，睹河水淺小，蓋因上源壅塞之病，遂差壕寨梁仲祥度地計工。時方冰沍，越明年春二月，選差壕寨岳聚、董本監，并汶上、奉符等縣人夫七千餘，備糗糧，具畚鍤，挑各河之淺。公乃親督其役，朝夕無怠。五旬而工畢，汶、泗、洸、濟之水湊乎會通，舟無淺澀之患。公又見濟州、會源石牐二座，中央天井，廣袤里餘，停泊舟航，相次上下，内常儲水滿溢，方許放牐，近漸淤澱，滄水甚少。今復挑濬，水常瀲灧，以寬艫艤。夏四月，公又率領令史奏差巡視，會源牐北原有濟河舊跡，河身填平，水已絶流。再委岳聚領夫千名挑去泥沙衍三百餘步，廣二丈五尺，東連米市，西接草橋，水勢分流，舟航往來無礙。百姓大悦，持狀請予爲記。予採摭其實而書之，用規於後。

洸河元時於汶水之陰、堽城之左作斗門，遏汶南流入泗，謂之洸水。明成化間，於新堰鑿河十餘里，南入於洸，從高吴橋西南入濟寧州境。

《水經注》：洸水上承汶水，於岡縣西闡東。《爾雅》：汶别爲闡，其猶洛之有波也。

王元啟《濟寧圖記》：晉穆帝時，兗州刺史荀羨自洸水引汶通渠至東阿，征慕容蘭。是時洸水已爲運道。太和中，桓温北伐，掘渠通濟。後劉裕西入長安，又廣其功。

《河防志》：洸河起自寧陽縣南，有兩道：一則上承九山口諸處山水，與滋陽縣之三岔河合流而南；一則汶水分流，出寧陽縣之堽城壩。俱經滋陽縣之高吴橋，南流至八龍橋，兩道會合由洸河大廠，至州城東北與府河合，一南流入楊家垻，一西流入馬場湖。

元李惟明《泉河史》作『劉承』。《重濬洸河記》：洸河乃汶水之支流也，名不載於傳記，或因舊而加以新名，尤不可知。其源則出於泰山郡萊蕪縣原山之陽，折而之南，達於會通，漕運南北，其利無窮。會通之源，洸也；洸之源，汶也。時霖雨作，泰岱萬壑溝瀆之間合注而之汶，洪濤洶湧，泥沙溷奔，徑入於洸，此洸所以淤填也。至元六年，監丞宋公濬，自牐口至石刺，事鐫於珉。然洸之源雖通，而其流猶梗，公謂不疏其流，源將安之？又恐前功徒費，後患復萌，使會通之津從而涸也。詢及其佐，得壕寨岳聚所度自石刺至高吴橋南王家道口淺澁者，延袤五十六里百八十步。呈准中書，符下東平，濟寧兼贊厥役。本監及二路夫，以口計者萬有二千。濬自至正二年二月十八日，落成於三月十四日。以舉武計者，二萬三百四十有奇；以尺爲工計者，四十萬七百數。同知東平路事伯顔察兒僉議少監公之功，宜勒石以昭悠久，乃請文於予，義弗獲辭，遂援筆而記其歲月。

按：洪治十七年，山東都御史徐源奏：『分水龍王廟前起至濟寧天井牐，通計九十里，水共高三丈有奇，緣水性就下，若將洸河濬深，則汶水盡出濟寧，南流徐吕，恐濟迤北直至臨清四百餘里仍復乾涸，必梗漕運。又洸河上截自舊堽城垻口起，至柳泉共九十餘里，廢棄年久，無益運河，不必挑濬。自柳泉起至濟寧，係汶、泗諸水會流之處，内四十餘里淤塞者半，應合疏通導，引二水專接濟寧迤南運道。』自此之後，洸河遂廢。

附： 堽城壩《全河備考》：古堽城距寧陽縣北三十里。元至正間，築土壩，以遏汶水入洸。明永樂中，宋禮移置青川驛。成化中，張成改築以石，當汶水中一百二十丈，濶一丈七尺，爲水門七，又於新堰鑿河十里南入於洸，謂之洸河。爲牐者二： 曰堽城牐，在堽城西北隅百步，元至元建； 曰堽城新牐，距舊牐八里，在新堰上流，明成化中建，乃遏汶之要津也。然自永樂中改從南旺分水，於西南下流增築戴村壩，而堽城稍輕矣。宏治中，巡撫徐源奏毁石壩，命侍郎李鐩勘議，尋已之。張純議棄堽城壩，略曰：『堽城石壩，築於成化之十三年，然非始於是年也。在昔有元畢輔國曾於堽城之左作斗門，遏汶入洸矣。其後如馬之貞作雙虹門，馬兀公改作東大牐，皆有事於堽城者也。然則何可棄乎？蓋元分水在濟，故遏汶入洸，會沂、泗以出天井。自宋公移分水於南旺，則遏汶之功全在戴村，而汶遂不通洸矣。議者徒以元人遺跡，乃復事於堽城，移其壩於青川，改建以石，糜財疲力，置諸無用之地，未幾壩亦隨壞。蓋未解宋公之意，與元人所以設壩之由也。以今觀之，堽城之議，當以徐公之見爲是。後人幸無借口李公也。』萬歷二十五年，大水衝決南岸石梁土隄，主事胡伯玉重築五百餘丈。今歲久，南岸石梁皆傾，雖與運道無關，然有舉無廢地方之責。且石俱在河，止需工而不需料，仍修築以資利涉，未爲不可。

元李惟明《改作東大牐記》： 泗别於滋陽。兖道之汶支於奉符之堽城，洸引之西南，會於任城，會通河受之。昔汶不通洸，國初歲丁巳，濟倅奉符畢輔國請於嚴東平，始於汶水之陰、堽城之左作一斗門，堨汶水入洸，益泗漕，以餉宿蘄戍邊之衆，且以溉濟、兖間田。汶由是有南入淮、泗之派。至元二十年，朝議以轉漕弗便，乃自任城開河，分汶水西北流，至須城之安民山以入清、濟故瀆，通江、淮漕至東阿，由東陸轉僦二百里抵臨清，下漳、御，輸京師。二十六年，又自安民山穿渠北至臨清，引汶絶濟直屬漳、御，於是汶之利被南北矣。

始輔國直堽城西北隅作石斗門一，後都水少監馬之貞又於其東作雙虹懸門牐，虹相連屬，分受汶水。既又以虹石水易圮，乃改西虹爲今牐制，通謂之東牐，謂輔國所作斗門爲西牐。後改作，址高水不能入，獨東牐受水。汶水盈縮不常，歲常以秋分役丁夫採薪積沙於二牐左，絶汶作堰，約汶水三之二入洸，至春全堨餘波以入。霖潦時至，慮其衝突，則堅閉二牐，不聽其入，水至，徑壞堰而西循故道入海，故汶之堰歲修。延祐五年，改作石堰。五月堰成，六月爲水所壞，水退，亂石齟齬壅沙，河底增高，自是水歲溢爲害。至元四年秋七月，大水潰東牐，突入洸，兩牐被其害，而洸亦爲沙所塞，非復舊河矣。

初，之貞爲沙堰也，有言作石堰可歲省勞民。之貞曰：『汶，魯大川，底沙深濶。若修石堰，須高平水五尺，方可行水。沙漲淤平，與無堰同。河底填高，必溢爲害。況河上廣，石材不勝用，縱竭力作成，漲濤懸注，傾敗可待。晉杜預作沙堰於宛陽，堨白水溉田，缺則補之，雖屢勞民，終無水害。固知川不可塞也。』且曰：『後人勿聽浮議，妄興石堰重困民，壅遏漲水爲民害。』重修堽城牐，因自作記，勒其言於石。至是，果如其言，牐壞岸崩，碑沉於水，爲土石所壓。

是年九月，都水監馬兀公來治會通河，行視至堽城，謂衆曰：『堽城，洸、汶之交，會通之喉襟，牐壞河塞，上源要害。役有先於此者乎？』於是用前監丞沈温公闢爲一大牐之議，命壕寨官梁仲祥、李讓計徒庸，度材用，量工程，乃以狀，上從其請。明年二月，命工入山取石，陶甓煅灰，以壕寨官王守恭董之，市物於有司，謀將以五月經始。衆議以爲兹役實大，非朝夕可成，暑雨方行，必妨興作，曷以來年。公曰：『霖雨天道，豈可預必？安能優游度日，待來年，以己事諉後人乎？』乃親爲經營揆度，以舊址弊於屢作，改卜地於其東，掘地及泉。降汶河底四尺，順水性也。袤其南北爲尺百，廣其東西爲尺八十，下於平地爲尺二十有二。土木之工又入其下八尺，上爲石基以承牐，牐之崇於地平。自基以上縮，掘地之深一尺，兩壁直南北爲身，皆長五十尺。其南張兩翼爲雁翅，皆長四十五尺。其北短折以東西，各附於旁，亦長四十五尺，不爲兩翼，斂其前，隘漲水也。前盡基肩岸受水，欲其前也；　後遂基八之一，壘石爲崖承之；　出基之南五尺，長爲尺二十有五。五分基之廣，瀾其中之一以爲明。入明三分身之一爲金口，廣尺深咫，板十有三，方盈金口之廣，長亘明入金口兩端，各盡其身。上下以啟閉者十二，其一不動，閾以大石爲兩臬，夾制其前卻。

始議參用新舊石，舊石皆薄小，而新石少。公因爲度材所堪，差別其用，無尺寸之枉，新遂以羸，又皆大石，自基至顛凡十一壘，舊一不用焉。石相壘比，則以鐵沙磨其際，必脗合無間，故其締搆之工，釦砌之密，會通諸牐所未有。凡用石，大小以段計二千六十有奇，自方以尺計三萬三千六百五十，甓以萬計一千有六，石灰以斤計四十六萬三千，瓦礫以擔計二萬四千，木大、小以株計一萬三百一十，鐵剛、柔以斤計三萬九百一十五，麻炭諸物稱足，糜錢一萬七千餘緡。徒役千人，木、石之工二百八十人。始事於五月七日，畢役於九月十日。

牐既成，衆請識其事於石，屬筆於予。予曰：『汶，古名川。昔畢公、馬公用之，則爲轉漕之益，爲灌溉之利。後人用之，則有横潰之憂，有墊溺之患。水性非異，蓋用之善不善也。馬公既善用之，又碑其言以示來者，其爲慮深矣。不有兹役，曷彰馬公之識？其言已驗，碑仆於水，而改作石堰之碑尚存，豈天忌馬公之言先發其機耶？將使後人獨受其害而不蒙其利耶？惟是雨暘時若，漕運無愆，天其或者悔禍於人，俾思馬公之言乎！』既不獲辭，遂爲敘其始末，以見堽城牐水利喉襟，且表馬公之言爲鑒。

明商輅《改築堽城石埧記》：汶、泗二水，齊魯名川，分流南北不相通。自古浮於汶者，自兗北而止；浮於泗者，自兗南而止。元時南方貢賦之來，至濟寧舍舟而陸行數百里，由衛水入都。至元二十年，始自濟寧開渠抵安民山，引舟入東阿，陸行二百里抵臨清入衛。二十六年，復自安民山開渠至臨清。乃於兗東築金口堰，障泗水西南流，兗北築堽城堰，障汶水南流，而二水悉歸漕渠。於是舟楫往來無阻，因名曰會通河。

我文皇帝遷都於北，爰命大臣相視舊規，築堰疏渠，漕運復通。第堰皆土築，每遇霖潦衝決，水盡洩，漕渠盡涸，隨築隨決，民甚苦之。成化庚寅，工郎尚書郎張君克謙奉命治河，歷觀舊跡，歎曰：『濬泉源，疏漕渠，此誠不可廢。至若埧堰以石易土，可一勞永逸，何乃因循，弗爲經久計乎？』於是督夫採石，首修金口堰，不數月告成。凡應用之需，以一歲椿木等費折納，沛然有餘。曰：『斯堰既修，堽城堰亦不可已。』方度材舉事，遽以言者召還。已而巡撫牟公觀其成績，騰章保奏，用畢前功。

至則以堽城舊址河濶沙深，艱於用力，乃相西南八里許，其地兩岸屹立根連，河中堅石縈絡，比舊址隘三之一，於此置堰，事半功倍。遂擇癸巳九月望日興事，委兗州同知徐福、陰陽正術楊逵耆民張綸、許鑑分領其役。儲材聚料，百需咸備。明年春三月，命工淘沙，鑿底石掌。平底之上甃石七級，每級上縮八寸，高十有一尺。中置巨細石，煮秫米爲糜，加灰以固之。底廣二十五尺，面用石板甃二層，廣一十七尺，袤一千二百尺。開湫口七，各廣十尺，高十一尺，置木板啟閉，遇水漲啟板，聽從故道西流。水退閉板，障水南流以灌運河。兩端爲逆水雁翅二，各長四十二尺；順水雁翅二，各長二十五尺。爲分水五，各廣二十三尺，袤一百三十尺。兩石際連以鐵錠，石上下護以鐵拴。湫口橫石三四，各長十餘尺。舊河無梁，民病涉。堰成，遂通車輿。

有元舊牐引汶入洸，洸淤，汶水不能入。茲堰東置牐爲二洞，皆廣九尺，高十一尺，中爲分水一，旁爲雁翅二，亦用板啟閉，以候水消漲，漲則閉板以障黃，潦消則啟板以注清流。洞上覆以石，石之兩旁仍甃石，高一十有八尺，中實以土，與地平，俾水患不致南侵，洸河免於沙淤。牐之南新開河九里，引汶通洸。河口逼崖，自巔至麓皆堅鑿石，兩閱月始通。肇工於九年九月，訖工於十年十一月。

是役所費，較之金口不啻數倍而民不擾者，以前折納外所增無幾，蓋處置得宜，區畫有方，所以開漕運無窮之利者，實在於此。都憲嘉其功之成，命兗郡守錢源徵予以記。往歲克謙還自東魯，語及修堰之役，予心喜之。及克謙再行，予實從臾。乃今績用有成，可靳於言耶！昔白公穿渠，民得其利，歌曰：『衣食京師億萬口。』若克謙斯堰之築，漕河允賴，公私兼濟，視白渠之利不尤大乎？予故備書其事爲記。克謙名盛，常之宜興人，天順庚辰進士。

牐官一員，牐夫二十八名。又帶管上新牐廢，牐夫六名，隨同應役。又南門草橋二，橋夫二十三名。共夫五十七名。

北岸有龍王廟，尚書舒應龍建，乾隆二十一年修。天后宮，乾隆三十一年建。文昌閣，乾隆三十二年建。李公祠，祀總河李公清時，乾隆三十二年建。又大王廟，嘉靖年間建。以上俱在在城牐迤西。靳公祠，祀總河靳公輔。報功祠，前殿祀禹王，後殿祀元、明以來治河諸名臣，即觀瀾亭遺址。

按：元至治元年，都水丞張仲仁改建會源牐，揭傒斯爲記曰：『樹河伯龍君祠，入故都水少監馬之貞、兵部尚書李奥魯赤、中書斷事忙速，祠三以，迎休報勞。』此則祠之原起也。至國朝靳文襄公重修後，止祠宋康惠公以下數人。乾隆三十九年，今河督姚公復增祀元、明以來迨於本朝有功河道諸名臣。

國朝靳文襄公輔《重修報功祠記》：昔魯展禽有言：『夫祀，國之大節也，而即政之所成也。聖王之制，祀也。能禦大災則祀之，能捍大患則祀之，以其有功烈於民也。』前哲令德之人，所以爲民質者也。故仁者講功於山川社稷，同載於祀典。然則追功而崇報，振古爲重矣。夫勞績施於當時，德澤垂於奕世，而闕焉不報，非政也。報之必將告虔焉，而所假以憑依，從而妥侑之者，乃苟且因循，而日即於墮，是重之瀆以滋其慢也，曷以彰國政而示民質乎？

濟寧州城南天井牐之西有祠曰『報功』，祀宋康惠而下治河諸名臣於其中。自前代以來，春秋薦馨不絕，誠以諸公之經營荒度，克殫厥職者，或善作，或善成，後先踵武以相濟也。縱其間時異勢殊，難易非一，槩其所施設建豎，巨細偏全不一轍，而功在民生則均咸宜，世世不祧於兹土者。是雖一方之秩祀，而國之鉅典與政之舉廢繫焉，庸可歠諸。

余不佞弇陋無識，竊嘗有志師古。自歲丁巳啣督河之命，來駐任城，遡會通之源流，觀吕梁之設險，徘徊於尉遲建牐之遺踪，則左汶、濟，而右沂、泗，襟帶交流，畢滙於此祠之下。凡縈折千餘里，而委輸乎東海。乃知任爲東省之要，而祠又扼任城形勝之要會焉。因歎昔人之低徊相度，特營祠宇於斯者，良有深意，寧第乞靈於焄蒿肸蠁之餘哉？

逮仰瞻榱桷，巡覽檐楹，則皆傾圮不支，敗礫朽椽，寖爲無知籬爨間物。噫嘻！是匪直貽先賢之恫爲後人之羞，將向之覘勝槩而表雄圖，屹然特峙乎中流者，亦奚取乎爾也？其凡事之承敝襲蠹，類如斯乎？而濟之南郊，故有禹廟三楹，益湫隘而庳陋，非所以崇永賴之報。方低徊周覽，俄見道觀中有平江伯陳恭襄木主附列神几之上，不覺歎異曰：『嗟乎！慢侮前賢乃至斯乎！』遂亟謀所以更置者。因念南旺禹廟僅存廢址，而址較倍廣，盍重建以還宏敞之規，而移像於彼，更葺茲三楹，以移祀恭襄，則神聖與名臣位置兩得矣。又念禹之禋祀於濟也，所從來久，不可以廢也，宜以報功祠之中央更立一主，而諸賢次列於左右，若四配十哲之於宣聖，則諸賢直上，繼垂刊之統矣。詢諸僚吏，僉曰善哉。一舉而三合宜焉，莫不慨然協力。

首營茲祠，相與運陶，甓採堅良，故其財不賦而具，其工不發而集一。撤其故而鼎新之，堂室巍如，廊廡翼如，階序、閈垣以次就理，凡兩閱歲而成。又相與謀厥可久，而屬余誌其始末。嗟夫！古語不云乎：『不習爲吏，視已成事。』況司水土之責較民社而尤艱乎！非民社則易也。事有必至，理有固然，誠準乎人情風俗之便，而審處其宜，休養生息，興其利而革其弊，庶乎不負厥職矣。治水土者，則必合天時地勢，握全算而施人力焉。施之得其當，即大費大勞，一時難與慮始，而終享其利，愈久而彌見思；施之稍不得其當，見爲宜創矣，或以更張而滋擾，見爲宜因矣，或以仍貫而貽誤。一興作，一期會，而四氣之雨暘難料也，土性之堅疏異宜也，工役之勤惰、信詐雜出而不齊也，非酌劑之悉協，求以底績也猶難。欲膺斯俎豆而無忝也，庸有冀歟？彼大智之行所無事，固不容更贊一詞矣。

偉哉！數公孰非功成而論定，宜與金石不磨者乎！孰不有故智成法，卓然足爲後事之師乎！而顧忍令其几筵徒設，風雨不蔽乎！夫末世侈尚淫祠，往往溺於不經，邀神貺於無何。有崇飾廟貌，彌望輝煌，適供緇流，羽客偃息徜徉，已爾於崇德報功，垂法來者，奚有當焉？然則吾儕之汲汲於是舉也，豈惟出於因前之欽奉哉？庶幾後有同志時葺而新之，曉然於祀典，民政之所重，在此而不在彼也。其重建南旺禹廟，與移祀恭襄侯，並有別記，茲不具載。

又總河姚公立德《重修報功祠記》：國家承元、明之後，定鼎燕京，歲漕荆揚粟數百萬石以實京師。雲帆蔽空，舳尾遞進，刻期鱗集，無敢後期。此固聖朝如天之福，爲亘古未有，豈人力也哉？然會通河所資泗、洸、汶三水，究其原委，南北分馳，又與御河、漳水本不相屬，乃能使之曲折以達，範我馳驅，如六轡之在手，洵非人力不爲功。有元中統以來，經營圖度，其細微不可殫述。大約自引汶入洸，以益泗漕，饟蘄宿之兵，而江淮之舟楫通。從任城鑿河達安民，引洸、汶入清濟故瀆，既又從安民鑿河達御河，而推輓之勞省。至明改分水口於南旺，而轉漕益利。若夫從清口入河，溯流至徐州之吕梁入運，歷洪濤之險七百里，牽挽之勞百倍於今。自泇河開而避黃流入險者三百里，阜河、中河繼開而絶河亂流，萬斛之舟直從枕席過，謂非元、明以來及國朝諸公創議，經營胼胝之力哉？

濟州據南北之中，爲泗、汶、洸、濟水之交，督河使者之治所舊有報功祠，創建不知所始。前明隆慶六年，曾勅總河侍郎萬恭致祭，且重修立碑記事，蓋祀宋尚書、周萊陽、陳平江、金侍郎四人而已。國朝康熙丁巳，靳文襄公又重爲整理，奉神禹木主於中，而以治河諸臣爲配，亦以宋尚書爲首。夫改移分水口於南旺，其功於會通誠爲第一。然非元人創基於前，尚書亦未能成此巨伐也。泇河之議，始明之隆慶，屢興屢阻，歷二十餘年而功始成。塹山剗石，引泗合沂，爲功艱且鉅。前人任其勞，後人享其利，且皁河、中河踵事者亦易爲力矣。寧可忘其所自哉？祠自文襄至今幾百年，其中雖亦間有修治，不免因陋就簡。歲在甲午，余與運河兵備使吴江陸公始捐金，撤而新之，奉神禹於前殿，又徵諸故籍，考求本末，增祀有元以來迄於我朝凡有功可録者若而人。《記》云：『法施於民則祀之，以死勤事則祀之，以勞定國則祀之。』諸公蓋無愧焉。

或曰：『唐尉遲敬德爲盧龍節度使，實引泗出吕梁通汴。武德七年建天井牐，由汶入濟故瀆，以饟遼海之師。元人會源牐之建，即踵其故迹。故萬侍郎報功祠碑以鄂公、宋尚書之雄圖並稱，今何不及？』曰：『萬侍郎雖有是説，而報功之祀當時無名。且鄂公建功於盧龍，與上都無涉。會通河之功自元人始，則祀典亦斷自元人，又何疑焉？』

杜文貞公祠在南池上，總河楊公方興重建，乾隆三十年鑾輿臨幸，於祠旁建座落三楹，有御題『蓋臣詩史』石刻。城上有太白樓，俱見《濟寧州志》。又金龍四大王廟，萬歷四十四年修。

按：《濟寧州志》有漕河神祠，在天井牐上，總河舒應龍移於運河北岸，所祀有汶水神、大河神、洸水神、泗水神。郡人李堯民有記，今查無此廟。

南門橋，創建年月無考。金門寬二丈二尺七寸，高一丈六尺八寸。草橋，創建年月無考。金門寬二丈一尺三寸，高一丈四尺。以上俱在天井牐西。

濟安橋即在城牐下，南岸月河之上口，每歲挑河開此口門，使水由月河出，在城牐下天井塘河方可挑挖。工竣仍行堵閉，使水由正河餔灌。

總河衙署，運河道衛署，運河、泉河二廳及在城、天井等河員公署，俱在州城内外。《泉河史》：舊有濟寧分司署，在南門外，東向。

明于湛《總理河道題名記》：王者宅中圖治，必輓天下財賦以給經費。我朝始由海運，繼由陸運，凡三變乃改今河運。然地勢中高，南北迤邐就下，乏水以濟。濟水伏流齊魯，隨地溢出爲泉，泉在東郡凡二百八十有奇，各以近入汶、泗、洸、沂諸水，東流赴海。文皇帝命工部尚書宋公禮修復會通河，伐石起埝，東遏諸水，西注漕渠，南北分流。北流者會漳、會衛上接白河，南流者會河、會淮下接寶應、高郵諸湖，而漕渠隨亘南北。濬泉以廣其源，建牐以節其流，築隄以防其潰決，列舖舍以通其淤淺，闢湖瀦水以時其蓄洩，引水灌洪以平其險阻。備夫以供其役，設官以司其事。董之以主事八，各有專職；臨之以郎中三，各有分地。監司守令亦與有責焉。又以地廣事劇，役重費繁，宗統不可以無人，乃勅差大臣一人總理於上，爰集衆思以舉群策。歲輓東南四百萬石，萬艘鱗次而進。當盛夏，維揚迤北乘風揚帆，南旺迤北順流放舟。既脱海運之險，亦無陸輓之勞，四方萬國，五材百貨，罔不畢集。民命獲全，國計斯裕。

文皇帝開濟之功同於天地，諸臣弼成之蹟要亦不可泯也。《禹貢》一書記神禹治水之蹟，與典、謨、訓、誥並列爲經，昭示罔極。我朝前此効勞諸臣，水部分司各有題石，而總理大臣漫無所考，豈非缺典耶？嘉靖丁酉，子承乏是任，深用慨惜，乃構亭公宇之東偏，爰披往籍，録宋禮以下若干人立石題名，而各疏履歷其下，仍虛左方以俟將來，庶後來者有考焉。

或曰：『海運由浙西，不旬日可達都下，較之河運費省而功倍。邱文莊《衍義補》言之詳矣。近年言者亦多，厭運河之勞而欲舉文莊之策。子顧極言河運之利，而欲侈諸臣之功示諸久遠，何也？』曰：『海運之法，作俑於秦，効尤於元，祖宗已棄之策，三代以前未有聞也。文莊計漂溺之米而不計漂溺之人，故以海運爲便。不知米漂，而載米之舟與駕舟之卒、管卒之官能獨免乎？考之《元史》，至元二十八年海運，漂米二十四萬五千六百有奇。至大二年，漂米二十萬九千六百有奇。即如文莊言，每舟載米千石，用卒二十人，則歲溺而死者殆五六千人。河運之費費於人，所謂「人亡人得者，損上益下者」，王者以天下爲家，又奚恤哉？』

曰：『海運誠不可復矣！今之河運築隄建牐，並以人勝，時不常泰，人不皆良，能保無意外之變乎？』曰：『變不可保也，海胡可蹈哉？今之黄河經行河南之祥符者，去衛河僅七十里。鑿而通之，萬夫一月之力也，議者徒以衝決爲難。竊以爲黄河之難，不難於海也。二道並設而各從其便常，可也，變亦可也，是則可爲也。』曰：『此尤不可之大者。先朝河決張秋，運道梗塞，罄數省之力，捐不貲之費，再歷寒暑，乃克底寧。衆方幸其南，子欲引之北，吾不知其何説也？如子之言，且將爲運道憂矣！』曰：『今之黄河固古之運道也。昔固北行而今始南遷也。民間舟楫往來如織，未嘗一日廢也。在古則宜，在今則否；在南則利，在北則否；在民則可，在公則否；在海則易，在河則難。吾亦不知其何説也！』此不穀之見也，謹併誌之。

以上爲濟寧州州判汛。州判一員，淺夫一百三十三名半。兩岸堤長一萬三千五百丈。官堤一萬九千七百二十九丈，自魚臺縣四里灣交界，至二里半舊稱五里營。止，計程七十五里，入濟寧衛界。自牐下起至小長溝止，南岸爲鉅野縣境。

濟寧，周爲任、邿二國地；秦屬東郡；漢置任城縣，屬東平國；東漢屬任城國；晉爲任城國治；宋任城屬高平郡，後廢；北魏復置任城縣，又於縣置任城郡；隋屬魯郡；唐屬兗州；宋屬濟州；金徙濟州治任城；元隸濟寧路；明移濟寧府治任城，洪武十八年省任城入濟寧，降爲州，屬兗州府；今因之。

卷五

運河廳河道下

由天井牐三十里《備考》：三十五里。至通濟牐。明萬歷十六年建，國朝乾隆十八年修。金門寬二丈，高二丈四尺。

《居濟一得》：通濟牐舊例下板十二塊，但牐夫利於少下，故牐之上下每有阻澀，須時爲稽查，使板全下，則運艘自可通行矣。船少時，自當一塘灌一塘。若濟寧以南一帶船多，須天井牐過四塘或五塘，此牐始放一塘，則水不妄洩，上下目無淺阻之虞。若上下水勢足用，又不必儘塘灌放，躭延時日，須一塘約過二百隻，可滿寺前牐一塘足矣。

予斟酌南北之宜，專以此牐爲界水第三牐。蓋寺前牐啟板放船，則此牐之板嚴下，水自不至於南洩。此牐宜下板十八塊，蓋必多下板方能蓄水。而牐板又不宜多啟，蓋多啟則水洩太甚。故或三日一次啟板，或二日一次啟板，必不得已亦必一日一次啟板，斷不可一日二次或三次啟板，以致洩水太甚，後不能繼，必致淺阻。啟板之後，船已過完，即速下板。而會牌亦不可早送，必俟次日方可送到寺前舖牐。使馬場湖水必由白嘴入運河，將通濟上牐一塘灌滿，然後啟寺前舖牐，則上源之水不致多洩，而南旺上下不致淺阻矣。

月河無。《備考》『七十二丈』，誤。

五里營、十里舖、安居古淺三，今俱不淺；永通牐、曹井橋古淺二，今仍淺；又馬家口北、楊園上下、北交界新淺三。

北岸十里舖

《居濟一得》：十里舖牐在五里營牐之上。五里營已廢，不必言矣。至十里舖牐，亦不可輕開。蓋此牐界在湖心，一經開放，則湖水一洩無餘，必運河水涸，糧船淺阻。萬不得已，然後可開此牐，且看後來糧船多少。如糧船已多，乃爲可開；若糧船尚少，必不可開。開恐後不接濟也。惟白嘴開放無妨。

安居牐

《居濟一得》：安居牐亦不可輕開，爲其洩水太甚也。必俟白嘴不能入運，方可開放此牐。然開放亦當有節，須牐上下板酌量放水，使僅足濟運，無致水洩。仍於牐内引河兩旁開引河二道，每道開導水之小渠五處，二道共十處。如用水時先開一渠，如不足再開一渠，又不足乃再開一渠，漸次開放，水足即止，不可多開，致水洩盡。十里舖亦宜倣此。

南岸永通牐即耐牢坡，在州西二十里，南距永通下牐三里，一名『明鏡』。又南爲廣運牐，地名釣鉤嘴。又南爲廣運上牐，地名吉家淺，在魚臺縣境。

《居濟一得》：永通牐，所以洩運河之水入牛頭河者也。每逢水漲，運河難容，則由此牐宣洩。故天井牐水不甚大，糧船得以遄行。自永通牐堵閉，運河之水無處宣洩，天井牐水勢湍激，糧船難行，一船用數百人夫，一日僅過數船，此糧運所以遲滯也。今議復建此牐，水大則洩之，水小則蓄之，誠宣洩之善道也。

明劉大昕《耐牢坡永通牐記》：大明受命皇帝即位之元年，詔遣大將軍信國公、鄂國公，總率羽林諸衛師旅億萬，戰艦百千，定山東，平幽冀，兵不血刃，而梁、晉、關、陝大小郡邑悉皆附順。分兵戍以守阨塞，浚河渠以逸漕度，舳艫千里，有程無阻。後以黄河變易，濟寧之南陽西暨周村泥淤窒壅，數壞舟楫。乃西遵師莊、石佛諸牐北，泝汶、濟以達燕、冀，西循曹、鄆以抵梁、晉。濟寧城西二十里耐牢坡口，實西北分路之會。坡有隄，綿亘數十里，以防河決，於是時遂開通焉。倘失啟閉，水勢散洩，漕度愆期，深爲職守憂。洪武二年，申請山東行省注官分任其事，南疏北導，靡所寧處。冬十一月，省檄大昕相宜置牐，以爲歲久計。十二月朔，知府涂芳、通判胡處謙集議，率任城簿周允暨提領郭祥至於河上，視舊口則土崩流悍，不可即功。行視口之北，幾一里許平衍水滙。乃伐石轉木，度工改作，時冰凍暫止。三年二月二日，集衆材，合役丁，夷土隈，平水降八尺以爲基，樹以棗栗，實以瓦甓，然後鋪張木枋，數嵌石板，爰琢爰甃，犬牙相入。復固以灰膠，關以鐵錠。牐門東西廣十六尺有五寸，崇十尺一寸，西北比東西廣加二尺。牐之北，東向有墉縱二十二尺，西向墉縱一十五尺有奇，牐之南稱是，冀如也，所以捍水之洄洑衝薄也。兩門之中鑿渠五寸，下貫萬年枋以立懸板。復於牐之南，北決去壅土，以殺悍湍，且濟舟以轉折入牐。自兹啟閉有常，舟行如素。三月二十日告成，計興工至休役凡五十日。

以工計，石工二十九人，木工四人，金工二人，徒四百五十人。以材計，石一千三百有三，枋五十，甓大小七百八十有四，鐵錠一百，每錠斤重六斤四兩，鐵斤重二百五十五，木炭斤重一千五百四十二，石灰斤重六千三百四十四。工之食粟八石零七升。若鐵粟則取給於官，餘悉用沂、兖二州任城、滕、鄆諸縣土地所有，規措給用，雖少勞於民，樂於趨事，不費於官，而官亦易以成功，此大較也。大昕雖董是役，而主簿周允晨夕陳力，其勞不可蓋也。遂具載於石，以垂永久焉。

府河係泗河分支，由兖郡黑風口分流入馬場湖。

《河防志》：府河一名濟河，即泗水之支流也。穿兖州府城，西流至濟，舊由林家橋繞濟寧州城北入馬場湖。

明王廷《濬府河記》：兖州府城東舊有埧，曰金口埧，之上西偏曰金口牐，所謂黑風口是也。埧之堰沂、泗二水，導入牐口，抵府城東門，繞城南復折而北，經西門會闕黨諸泉西流，七十里抵濟寧東城外，遶而東與洸、汶合。而東出天井牐者，曰府河，蓋元人遺跡也。後魏及隋實經始焉，今爲漕河之益非細矣。

國初堰埧以土，隨築隨毀。成化中，工部侍郎喬公毅均易以石，而錮以鐵，歲省勞費不貲。是後不復修治。垂九十年，山水疾激，埧石傾圮，而水行故道，瀰原淹野，禾盡腐敗。是爲利於漕者什一，而貽患於民者恒千百也。嘉靖戊午，廷承命總河。頃之，兖州府同知黎天啟來言堰坍塌狀。余爲檄管河郎中汪君浤、管泉主事陳君南金，同兖州府知府莫如善、滋陽縣知縣汪應昂等往勘議合。秋九月，余因歷埧上旋視，其宜增高一尺七寸。而董是役者，即黎天啟也。工始於是年冬十一月，訖於次年夏四月。然河渠淤淺，水之入猶夫故也，是運道僅受什一之利，而小民仍蒙千百之害也。

今年春，濟寧管牐主事王君陳策以濬渠請，適朝殿需用材木，而水次拽筏夫役坐曠，又南旺大挑甫畢，均可借調。乃檄兖州府同知祁天敘卜日興工。自黑風口至孫氏牐四十里，以泉埧并拽筏夫共四千八百名濬，而以任城衛經歷張一科、滋陽主簿李琅董之。自孫氏牐至濟寧馬驛橋四十里，以濟寧淺溜等夫并拽筏夫共四千八百名濬，而以判官李金董之。其河渠所取之土，即加築兩岸，河之深廣，隄之高厚視昔加倍。隄植以柳，置舖其上。自三月二十九日始，至四月十八日工完。是歲，水由河渠行不爲害，田乃有秋。而泗水之出數倍於昔，舟楫利焉。王君因詣余，請紀其事，乃爲記之。

國家建都於燕，歲漕四百萬石，而吴、楚、閩、粤、交、廣物貨之入，海内外諸國各以其方賄來貢，利涉惟漕河耳。永樂中，築壩於戴村，遏汶水分流，而會通河復通。然濟寧之南河漸衍，地漸下，所分水又微甚，故不得不截沂、泗以合流也。夫事不患於不成，而患其易壞。今漕河固無恙，而瀦防遏洩之具，率因循毁敗，倘能以次修舉，廢者飭，壅者疏，豈惟百世利哉？而議者不此之卹，乃講海陸故道，修膠萊廢河，徒虚談浩費不亦左乎？今所濬者，特泗河一支耳，即於漕獲利，於民尠害，況有大於此而甚利乎？昔治水者，引漳導汶以利農，而轉漕之功弗聞。堰洛導渭以利漕，而佐農之績罔著。功有不能兼施者，猶不辭胼胝爲之。既兼利而無害，是所謂務一而兩得者也，則兹役不爲徒矣。

牛頭河在州西南二十里。漕河南岸即耐牢坡，上有永通牐，洩出漕渠之水，至魚臺縣塌場口入舊運河，蓋黄河之故道也。

《全河備考》：牛頭河西自耐牢坡口，東至魚臺縣之塌場口九十里，係明初徐達所開，不惟可以通運，而濟寧以南窪地之水由之洩入昭陽，實濟寧以南之水道也。自穀亭淤而塌場口塞，濟寧南鄉遂歲受水患。仍應浚牛頭河，使達昭陽諸湖以通蓄洩，而濟寧南鄉一帶窪地倘能築岸分圩，效江南插秧種稻之法，以獲水田之利，即可轉荒瘠而變膏腴，亦存乎其人之興舉也。

商輅《記平江伯陳鋭開耐牢坡略》曰：前史云：『有志者，事竟成。』此可爲遇事而不爲，與爲事而無成功之勸。昔洪水爲害，禹受命治之，疏三江、導九河，鑿龍門，排伊闕，而後水順其道，人得其寧居。此聖人之功，萬世永賴，卓乎不可及已。後世若李冰疏江水以利民，范仲淹築海隄以捍患，皆足惠當時而傳後世。孰謂天下果有不可爲之事，有不可成之功乎？若今漕運總兵平江伯陳君鋭，可謂勇於有爲，而果於成功者已。

君故平江伯恭襄公曾孫，年富力强，才高識卓，搢紳大夫咸推重之。遂自兩廣總鎮移董漕運。期歲之間，凡恭襄所遺良法美意，悉舉而行。漕途坦坦，人自以爲弗勞。頃至濟寧，見運舟上牐之難，因以所聞耐牢坡舊河詢之居民。有進而告者曰：『是河不通舟楫已踰百年。宣德初，恭襄公嘗命工疏浚，未及成而公捐舘，至今人猶惜之。』君乃躬詣相度，果有可行勢，遂令總督漕運都憲李君裕，移檄山東管河副使陳君善、通判陳翼，出公帑之積，鳩工市材，卜日舉事。自耐牢坡至塌場口計九十八里，其間石橋土堰灘淺淤塞，一一疏之。耐牢坡河口舊有減水牐，移進二里許，改置大牐。又增置塌場口牐，以節下流之疾。

於是水勢平夷，舟行便利，因改耐牢坡河曰永通河，牐曰永通牐，其新設塌場口牐曰廣運牐。各有廳，皆三楹一軒，翼以兩廂，拱以門樓，衛以垣墉。挽舟有具，供役有夫。經始於成化乙未春二月，畢功於是歲夏五月。事聞朝廷，特設牐官涖之。

蓋是河故蹟，郡志載：至元六年，黄河水溢，自曹縣界東北流，瀦鉅野澤，從東南經嘉祥縣蓮花池抵古濟州，以西二十五里爲耐牢坡，南經魚臺縣大塌場入會通河，即今運河。當時江南舟楫，俱此經行。洪武戊辰，河水復溢，而此河因塞，自魯橋以北皆舍舟從陸，設爲車站。永樂辛卯，復命大臣疏濬河道，止從近州牐河用功，而是河遂廢。夫廢於前而興於後，果誰之功乎？於是漕運中都留守把總都指揮高興，南京各衛把總指揮徐昇、夏堅輩相率來徵予文，立碑示久，遂次第其始末爲記。

翁大立《開廢渠洩積水疏》略曰：臣查國初洪、永間開濟寧迤西耐牢坡，引曹、鄆黄河水，經塌場出穀亭以爲運道。今上有芒生牐通南旺，中有永通牐通濟寧，下有廣運牐通穀亭者，謂舊黄河。自舊黄河之下，湖陵城小道尚存，舟航可達。惟湖陵城之下，黄河既退，地形反高。臣乃督令兖州府同知章時鸞、沛縣知縣李時，自留城之回回墓，大開決口以達佃户屯，再開淤澱以達李家口，遂與鴻溝相通，使穀亭湖陵城之水皆入昭陽湖，昭陽湖之水又由鴻溝以出。若汶、泗水漲，則由斗門宣洩，鴻溝可以納流。汶、泗水消，則斗門封閉，漕河可以免涸，脣齒相依之形也。由芒生牐以至廣運牐，由廣運牐以至湖陵城，由湖陵城以至回回墓，上下三百里，皆與漕河相接。首尾相銜之勢也。漕河爲主，鴻溝爲輔，譬之閥閲之家，旁開側户。艨艟之艦，尾繫輕舠，緩急相濟之意也。由二公之言觀之，則耐牢坡之復開，不惟可以變濟寧以南之窪地爲膏腴，而漕河藉此以吐納，亦未始非蓄洩之利也。

方恒嘗有《瀕運諸湖水田議》略曰：近歲承乏河干，時履疆域，相度邱原，得觀滕、沛、魚臺各被水淹之處，益知東南之水田未嘗不可立致也。誠仿東南治田法，就其被水患者，中間開爲支河，四圍築以圩岸，最爲便易。乃爲之時，其耘耔以種秧苗，備其桔槔以資車戽，則水荒棄地不難變爲沃壤。獨此國用匱乏，生民困苦之時，以牛種廬舍問之上，上無餘財，以陞科告佃責之下，下無餘力，是以逡巡而不敢行。是莫若仿元人虞集所言，視田授官之意，開力田之科，能闢水田若干頃者，予以幾品冠帶，多者秩以遞增，其田即授爲永業，如是永著爲令，則既有閒田以酬其開墾之勞，復有冠帶以勵其急公之念，凡有餘力之家，有不踴躍趨事者乎？并附載以備採擇。

馬場湖周圍四十里三分《濟寧州志》：周圍六十里。舊承蜀山有餘之水，由馮家垻入湖。今堵築馮家垻，東承泗。

沂、府、洸之水入運。

《全河備考》：濟寧之西湖曰馬場，又名任湖，在漕渠北岸。上受蜀山湖水，北岸爲減水牐三，即五里營、十里鋪、安居牐是也。東岸爲隄一道，長一千六百餘丈，湖之西口爲馮家垻。

按：乾隆四年，自田宗智莊起至火頭灣北運隄止，增築圈隄二千五百七十九丈，五里營舊牐已廢。

以上爲濟寧衛北汛。千總一員，兵夫九十五名，內外委一名，百總三名，軍夫二十五名。兩岸隄長三千二百四十丈，官隄三千三百七十七丈。自濟寧州二里半起，至鉅野縣曹井橋止，計程十八里，入鉅野縣境。又兼管嘉祥、汶上三汛河道。安居有千總署。

牐官一員，牐夫二十八名。

由通濟牐三十里《備考》：三十五里。**至寺前牐。**舊名棠林。

明正德元年建，國朝乾隆二十二年修。金門寬二丈，高一丈八尺。東岸爲汶上境，西岸爲嘉祥境。

《明武宗實録》：正德元年，添設袁家口、寺前鋪二牐，以地在南旺之南、開河之北，地勢高下懸絶，至春末水淺舟膠，漕運阻滯故也。

《居濟一得》：寺前牐最宜嚴謹，故南旺之水南行最順。此牐一不嚴謹，則水之洩於南者太多，而北運勢必淺阻，此一定之理也。若逢天旱之年，汶水不足濟運，開利運牐以濟北運，則此牐尤爲緊要。此牐既嚴，而柳林牐、十里牐、開河牐俱不下板，而水始可以通行北注。若一牐下板，水即不能往矣。

乙酉初夏，汶河水微，不能濟運，已經用此法以濟北運，甚覺有益，故附志於此。予相度形勢，特以此牐爲界水第二牐。蓋柳林啟板放船，專恃此牐，嚴謹下板堵水使不南行。若此牐下板或少，或板不嚴謹，則水之南洩太多，不惟濟寧以南之民田被淹，而北運反苦無水矣。故以此牐爲界水第二牐，亦以堵水之南行也。

又曰：寺前鋪牐宜下板十八塊。蓋板須多下，則水不大洩也。如牐上水大，則令由盛進口、張箱口入南旺湖以蓄之，務使水足濟運而止。水大則宜加板草、塞薦貼，毋使洩水乃妙。查此牐最關緊要，蓋南洩太多，則水之北行者少矣。

月河見後『寺前至南旺』。

火頭灣、梁家口即楊家河灘、白嘴、黃沙灣、小長溝、大長溝、十字河古淺七，今仍淺。又沙山北、朱家河灘、張家路口、天妃廟北、王家河灘、關帝廟、傅家祠新淺七。

東岸石牐三，曰民便牐、利通牐、金線牐。民便在白嘴稍南，對岸與馬場湖隄相近，洩五羊坡水入運。金線牐於乾隆二十五年移建柳林之北，詳見南旺。

《居濟一得》：白嘴宜建牐一座，使馬場湖之水由此入運，則不至一洩無餘。

按：乾隆三十九年，將民便牐圈入馬場湖內，不煩建牐，而水自從此入運。

西岸口門一，曰十字河，洩運河異漲入湖，今廢。涵洞二，曰關帝廟、雙涵洞，乾隆二十四年建。

按：乾隆三十九年開壩之始，汶水微弱，不能南北灌注，因閉寺前、柳林，使汶水專往北行，而啟雙涵洞并挖傅家祠隄岸，俾往南行，頗得其益。

蜀山湖由永定、即徐家壩永安、即田家樓永泰即南月河三斗門收蓄汶水，出金線、利運二牐濟運。乾隆四十年，大學士高公晉、山東巡撫楊公景素會同河督姚公議准，蜀山湖週圍六十五里，坐落汶河之南、運河之東，素名『水櫃』，助濟南北運行，實爲東省諸湖中最關緊要之區。臨汶有永定、永安、永泰三斗門，臨運有金線、利運二單牐，用資蓄洩。

先因秋冬之間，湖中瀦水多少不等，多則湖隄受險，少則不足濟運。乾隆二十八年，經前任運河道李清時酌定水誌，以伏秋汛內連底水收至七尺三寸煞壩，至開壩又續收水二尺五寸，合計共蓄湖水九尺八寸，詳明前任河臣張師載批准照辦在案。嗣此十數年以來，湖中水勢歷係按照詳定尺寸以時收蓄，並無貽悞。

緣湖之東北只有馬莊一泉入湖，涓涓細流，此外別無來源，全賴收蓄汶水。而汶河冬月煞壩以後，至次年春月開壩，計三箇月挑河期內，泉源漸弱，汶水歸槽，總雨雪較多之年，所收汶河清水不過二尺上下，於來年漕運不能有濟。是以重運尾幫過後，必須於伏秋汛內連底水先期收至七尺三寸，以外再加冬月收水二尺餘寸，湊足九尺七八寸之數，始敷全漕應用。此歷年籌辦濟運之章程也。

今部臣以收蓄伏秋渾水，於湖河全局亦恐有礙。此固慎重全湖淤墊，恐致多糜錢糧之意。茲臣等考之歷年卷案，又咨詢諳習工員，每年汶河汛水漲發不過三四次，每次長水不過五六日，旋長旋消。永定、永安、永泰三斗門及金線、利運二單牐，統計口寬六丈餘尺，汶河長水之際爲時既促，不得不全行開放，使之進水暢利，以資收蓄。而伏秋汛水挾泥帶沙，水性渾濁，不免停積，然由各引渠流入湖中，爲清水頂阻蕩漾，勢緩力綿，散漫於湖灘渠道，尚不致淤積湖心。隨週圍履勘，歷年所挑者皆係湖邊引渠，並未挖過湖身。探視湖中底土色黑，較數十年前即稍有淤墊，此亦理勢之自然。其於湖河全局，則實無妨礙。

臣等再四講求，悉心籌酌，蜀山一湖既無來源，非收蓄汶河伏秋盛長之水，不足以濟漕運。若必俟十一月煞壩後，始行收蓄清水，其時汶水歸槽，誠如聖諭，不足以資收瀦，實於濟運無益。是收水不得不在伏秋盛長之時。行之多年，雖有停淤，不過在湖邊引河渠道之間，不致淤及湖身，多費錢糧。所淤之引河渠道，每年冬底勘明估定，春初如式挑挖，所用錢糧亦屬無多，似屬有利無患。應請仍循舊例辦理，無庸另定章程。

惟是每年收水定以九尺七八寸之數，不無過於拘泥。查山東濟運，别無辦法，全賴水櫃收水，而蜀山湖又爲諸湖之第一水櫃，收蓄水勢自無多多益善。屢奉聖明訓示，令於常規之外多蓄數寸，以備雨泉之不足，自當奉爲法守。其定有常規，未能多蓄之故，蓋恐收水過多，冬間西北風浪，湖隄受險。本年臣姚立德察看該湖，臨運一帶隄工單薄，業經奏蒙聖恩，准將險要處所分别修砌，石工并碎石坦坡各加高頂土二尺，現在興修。自此以下地勢漸高，舊有民埝，臣亦在濟飭濟寧州於秋收後勸民一律修整，足禦風浪。從此隄工可期鞏固，即使每年多收水一二尺，亦可無虞汕掣。測量湖中現已收水七尺六寸，較定數已多三寸，將來煞垻後再收汶水三尺以外，總以收水一丈一尺爲度，俾瀦蓄充盈，於濟運更爲有益。奉旨允行。

《爾雅·釋山》：「屬者嶧，獨者蜀。」

《全河備考》：蜀山湖，一山獨在湖中。其幫湖運隄屬嘉祥者，自馮家垻起至蘇魯橋止，共長三千五百一十丈，以蓄水濟運，歷歲收蓄汶水。原有南月河口、林家村口、田家樓口及胡家樓口，而無子隄。每水大則出長溝滚水垻入馬場湖，而石垻自明季來久廢，現從蘇魯橋陳蔡口注之。其東北受水之處，有植柳以禁侵佃。

按：蜀山湖圈隄坐落濟寧、汶上、嘉祥三州縣境。舊有隄長六千九百七十八丈，建築年月無考。乾隆三年，題請動帑幫修。又東面濟寧州境內蘇魯橋起，汶上縣北界顔珠隄止，向無隄岸，湖坡相連，乾隆四年題請增築二千五百九丈，於汶上境内添建涵洞二，濟寧境内添建涵洞三，洩民田坡水入湖。又有楊家河，亦洩民田坡水，遇伏秋多雨，則汶上馬莊泉、蒲灣泊水由此河歸湖。四十年，以東南隄岸單薄，經今河督姚公奏請，鑲砌石工并碎石坦坡共長二千三百四十一丈。

《居濟一得》：蜀山湖周圍六十五里零一百二十步，計地一千八百九十餘頃。除宋尚書祭田地二十頃，并高亢地八頃五十三畝令民佃種外，其餘一千八百六十九頃四十六畝二分蓄水濟運。

按：乾隆四十年，設立子堰，清理湖地，除宋尚書祀田并兵夫工本各田共□□頃□□畝外，實餘湖地□□頃□□畝。議以所收湖租，酌爲收割水草之用。堰以内爲湖，堰以外爲地，立石表界，永禁侵佃。

馮家垻在大長溝，萬歷十七年建，長十餘丈。

《全河備考》云：係蜀山湖之門户，地卑而水易洩，故築石垻以障之。水大則洩入馬場湖，不至病民；水小則洩以濟運。又云：本垻以北别有歲築草垻一道，兩頭洩瀉，接連湖隄。

按：舊時石垻之上另有土垻，今已將此垻堵截，不復過水，而馬場湖則專收府河之水濟運。故《居濟一得》每謂「宜於長溝開一泗水口以濟南運」，蓋以長溝在上流，運河在下流故也。茀馬場湖亦在下流，欲逆挽至長溝入運，勢不能也。

南旺湖東岸臨運，洩運河異漲之水入湖。

《禹貢錐指》《水經注》：汶水自桃鄉四分，當其派別之處，謂之『四汶口。』即戴村。其二水雙流，西南入無鹽縣之郈鄉城南，又西南逕東平陸故城北，又西逕危山南，又西合爲一水，西入茂都澱。即南旺湖。

明胡伯玉《泉河史》：大野澤在鉅野縣北，濟水故瀆所入也，亦曰巨澤。漢元光中，河決瓠子東，西注鉅野，通於淮泗是也。五代以後，河水南徙，滙於鉅澤，連南旺、蜀山諸湖方數百里。

《治河方略》：南旺湖，宋時與梁山濼滙而爲一，周圍三百餘里。明代周圍九十三里，漕渠貫其中，湖分爲二，東湖廣衍倍於西，跨汶南北，南曰蜀山，北曰馬踏，其初則一。湖全形北高而南下。萬歷間，周圍築隄凡一萬九千七百八十八丈零，北接馬踏，西北接安山，南接馬場以及昭陽諸湖，綿亘數百里，於五水櫃之中最當要會。測其地形，與任城太白樓齊，南北通運之脊也。西湖環築隄岸一萬五千六百餘丈，既開大渠與隄並長，湖內復縱橫穿小渠二十餘道，聯絡引水入漕。東湖以東，地勢漸高，無煩防遏，止植柳豎石以封界。南至長溝、小河口、蘇魯橋，北至田家樓，受水之處亦隄而築之，視西湖功又倍之。今湖身日淤，彌望民田，舊制不可復問矣。

王道《南旺湖隄記略》：《禹貢》：『大野既豬，東原底平。』《周禮》：『兖州澤曰大野。』《地志》謂：『大野在鉅野縣北。』而何承天云：『鉅野廣大，南導洙、泗，北連清濟。』則其地與其所鍾可知。或又云：『鄆州中都西南有大野坡。』鄆州，今東平州，即古東原。而中都，則汶上縣。去古既遠，陵谷變遷，求古大野未知孰是。顧今南旺湖，實在汶水西南，會通漕河貫其中，湖界爲二。東湖廣衍倍於西湖，北接馬踏武莊坡以及安山，南接馬場以及昭陽諸湖，綿亘數百里，而徐、兖、東、鉅諸郡邑又悉環列於左，與古經、志合，是南旺湖即古大野無疑。

禹治水大野，既鍾洙、泗、濟水而成，而泗通於汶，淮通於沂，泗之上源又自大野而通於濟，揚、兖、徐之貢悉由此達。是大野在古已爲貢道之要會矣。文皇帝定鼎燕都，控制上游，與堯、舜、禹所都同在冀州方域之內，故貢道亦與禹迹大略相同。永樂中，疏鑿會通以濟漕運。顧瞻南旺，適當其衝，乃導汶自戴村西南合洸與濟，伏所發徂徠諸泉瀦於南旺，上下交灌，而又建牐設埧，蓄洩以時，遂使三千年已廢之大野，復爲聖世利涉之用。

向非南旺，則會通河雖開亦枯瀆耳，烏能轉萬里舳艫以供億萬之國計哉？是南旺又今日貢道之要會也。物盛致蠧，積習生常。邇年以來，河沙壅而吏職曠，於是有堙塞之患；水土平而利孔開，於是有盜耕之患；私藝成而官防礙，於是有盜決之患。三患生而湖漸廢，湖廢而運道遂失其常，此所以不能不軫聖明宵旰之憂也。

近者廷議，請遣大臣往任其事，而兵部右侍郎王公以旂受命以行，祇承德意，視事之始，會同漕運管河都御史周公金、郭公持平曁內外諸司相與稽考，因盡得湖泉放失之由，於是按圖牒以正疆界，照典憲以懾豪强，飭官聯以慎法守。而又躬履地形，指受方略，先濬諸泉以開湖源，繼疏四湖以爲水櫃。又以南旺地當要會，用力尤多。西湖環築隄岸，以丈計凡萬五千六百有奇。隨隄既開大渠，與隄俱長，而湖內縱横復穿小渠二十餘道，使相聯絡，引水入漕。經始於辛丑八月十有二日，至十月望告成焉。

其承委官屬張文鳳、劉鳳池若而人。君既肅將王命，率由舊章，而諸君亦咸惟懷永圖，恪守成筭。所以群策畢效，衆力協濟，甫三閱月，而百年濬政，犁然悉還其舊。愚惟建事而有所因，則功易成；法立而後能守，則德可久。今之功敘，誠不可無傳矣。

王廷《奏止南旺一帶水櫃餘田給民佃種疏》略：宋禮、陳瑄經營漕河既已成績，乃建議請設水櫃，以濟漕渠，在汶上曰南旺，在東平曰安山，在濟寧曰馬場，在沛縣曰昭陽，名曰『四水櫃』，即湖也，非湖之外别有水櫃也。漕河水漲則減水入湖，水涸則放水入河，各建牐壩以時啟閉。凡故決、盜決者有禁，豈不知各湖可蠲以與民，取征賦之入哉？蓋以利有大於此，慮有遠於此者，不可以小害大，近妨遠也。

臣近巡歷泰安、寧陽等處，竊見漕河所資，止泰安諸泉，自新泰、萊蕪等縣，經流汶上，故曰汶河。雖以河名，而實諸泉之委也。然諸泉之水，濬則流，不濬則伏，雨則盛，不雨則微。故汶河至南旺分流南北，則水勢益少，非有牐座以時蓄洩，則其涸可立待也。每年春夏之交，天旱水涸，阿城、七級之間如置水堂坳之上，舟膠而不可行。宋禮諸臣議設水櫃者，誠有見於此耳。今四湖俱在，昭陽因先年黄河水淤，平漫如掌，已議召佃。而安山、南旺、馬場等湖，夏秋水發，則水俱瀰滿，足以濟運。若再召令種辦籽粒，則所名水櫃者，將來爲一望禾黍之場矣。漕河何所賴焉？

樊繼祖《南旺圖説略》：歲在辛丑，運道告艱，侍郎王公任其事，疏在濬泉、建牐，復湖、導河。余謂：『濬泉尚矣，復湖次之，建牐又次之。第泉脈微渙，諸湖爲民居所有，根據盤錯，吾懼其成功之難也。』及歷覽諸湖，皆瀰漫浩蕩，盈視無涯，卒有緩急，足恃無恐，而好事者尤不免以閑曠疑。余曰：『即今諸湖置諸閑曠，使河流不至滲漏，已爲利益，令其餘波洋溢，水鮮菱芰，於國於民尤兩利也。其爲關係豈小哉？』

萬歷十七年常居敬奏：南旺等湖各查頃畝，於高下相承之地築一束湖小隄，隄以內永爲水櫃，隄以外作爲湖田，聽民佃種，庶界限分明，內外有辨，小民難於侵占，官司易於稽查。詔從之。

《全河備考》：南旺諸湖有淤高可耕之地，自昔已然。其所以不令召種者，慮其有礙於運也。今西湖積沙日久，高地雖多，而低窪之處仍以蓄洩濟運，國用稍贏，隨宜開濬深通，復其原界。惟昰湖地肥沃，奸民之窺伺已久。安山一湖既有聽民開墾之令，勢將競起告佃，若輕給耕種，必且廢爲平陸。一遇旱潦，緩急無恃，所關不小，非安山湖無礙運河者比，此尤經理河漕所宜留意也。

按：南旺湖圈隄之築，舊案無存。萬曆十九年，幫築西北南三面湖隄，長一萬二千餘丈。國朝康熙四十年間，汶上縣知縣重修，雍正九年補修，悉資民力。至乾隆十一年，伏秋汛漲，水與隄平，發帑搶護，得保平穩。十二年，動帑補修。三十七年，復奏明，借動司庫銀兩修築，自汶上縣甘公碑界起，至嘉祥縣大仙廟止，實共長九千一百八十三丈。西南有芒生牐，洩水入牛頭河，今廢。

牐官一員，牐夫二十六名。

自寺前牐十二里至南旺牐。又名柳林牐。

明成化六年建，國朝乾隆三十七年修。金門寬二丈，高二丈一尺。

《居濟一得》：柳林牐爲南運第一牐，最關緊要，須多下板，草塞蓆貼，不可輕忽。蓋南行水多，則北運之水必少矣。且此塘無慮水大，水大則由斗門入南旺湖以蓄之，北運用水則放之北行，南運用水則放之南行，斷不可使之輕易過柳林牐也。蓋欲以此牐爲界水牐，使汶水止瀉北運，而泗水竟瀉南運也。然此牐之板尤宜少啟，或三日一次，或二日一次，至不得已亦須一日一次，決不可一日兩次，使水多洩於南也。又南旺以南湖水甚多，不虞水少，故柳林牐宜常閉。南旺以北止恃此一線之水，故十里牐，開河牐宜常開。但恐北既有餘，而南或不足，又宜暫閉十里，將柳林牐亮板一塊，以接濟南運。然此北運之水有餘然後可，不然恐南有水而北又無水矣，不可不慮也。南旺塘河原所以酌南北之宜，南運水小，宜啟柳林牐板，放水使南；北運水小，宜啟十里牐板，放水使北；若南北水俱足用，而汶河之水仍大，則仍宜閉柳林牐、十里牐，使水由斗門入南旺湖，仍以備南北不時之需。舊例柳林牐爲南旺上牐，十里牐爲南旺下牐，一例啟閉。予今直以柳林牐爲界水第一牐，常閉此牐，堵水使不南行，汶水專濟北運，泗水專濟南運。柳林牐下糧船積至二百，方可開放一次，決不可輕易啟板，使水南洩也。蓋南運原不少水，多洩於南，不惟隄岸難保，民田受淹，而糧船亦難行走，況北運之需水更急乎！

月河無。

《全河備考》：此牐與南旺下牐均有月河，各長二十里，並設月河牐一座，南曰石口、積水，北曰界首。每遇大挑，汶河及上下二牐各築土壩，由此通舟。

《河程記》：隆慶中，開南旺月河二十里有奇，以便大挑。北至王家窪，南出尹家窪里餘，各建通河大牐一座。崇正年間湮廢。

《汶上縣志》：舊月河原在漕河東岸，與隄相近。因大隄下歲挑淤沙，積而成山，一遇霖潦，沙仍溜入河內。且夫役挑濬，深苦負重登陟。康熙十八年，總河靳公委運河廳，於舊月河西百五十步之邢家林改挑新月河一道，以吐納汶水，并將淤沙填入舊河，四顧蕩平，永無淋沙之患。

又曰：沙堆既平，又慮歲歲挑濬，不久沙堆如故，復移沙於東，濬渠周圍四五百步，東西短而南北長，儼如囊形，歲納歲轉，不使沙土久積，名之曰『寄沙囊』。康熙十九年，運河廳任璣創制。

按：舊月河，成化六年建，《河程記》謂隆慶年間者，悞。今并康熙中所挑新月河，與寄沙囊之制俱廢矣。

寺前、孫村、柳隄、南旺古淺四，今仍淺；小元帝廟、大王廟、利運牐、徐家口門新淺四。

東岸利運牐明嘉靖年建，國朝康熙十九年、乾隆三十七年修。金門寬一丈三尺，高一丈三尺二寸。

《居濟一得》：利運牐在寺前舖之北、柳林牐之南，爲蜀山湖之門户。相傳以爲濟南運而不濟北運，予始亦信以爲然。見南來濟運之水甚多，而北運每苦無水，故二年以來堅閉利運牐，不令開放，使蜀山湖水由田家樓、邢家林口入汶河，出南旺分水口濟運。至初夏聖駕回鑾，見運河自南旺以北水勢甚小，乃相度形勢，量水淺深，知利運之水可以北注。於是命牐官堅閉寺前舖牐，並啟柳林、十里、開河三牐板，開利運牐放水北注，其勢暢流。心竊喜之，遂赴臺莊接駕。豈期牐官不用吾命，寺前舖牐數日並不下板，以致水盡南往，南旺以北水勢仍小。聖駕一到，予恐有淺阻，乃閉開河牐板、袁口牐板、靳口牐板，聖駕到時，即爲啟板，幸得龍舟無阻。方聖駕在五里舖下營，見河水甚小，一夜之間内侍到牐數次，問水大小。衆河官紛紛議論，有謂利運牐濟南運而不濟北運者，有謂當閉利運牐者，有謂當閉柳林牐者。予雖有百口，無能措辨。及聖駕已過，河水更小。蓋因隨駕船隻不時北上，牐板難下，洩水太多。糧船停泊南旺塘内已月餘矣，不能行走。乃堅閉寺前舖牐，啟柳林牐、十里牐、開河牐各板，開利運牐放水北注，而從前停泊之糧船遄行無阻。自此以後，河官牐官乃皆知利運牐可以濟北運矣。前言濟南運而不濟北運者，蓋以利運牐之水一過寺前舖牐，至通濟牐有三十餘里之遠，且地勢最下，水性就下，安得而不往南哉？北過柳林牐至十里牐止十里遠，又有汶水南行，柳林牐一啟板，汶河之水且往南流，利運之水安能北往乎？是利運常開，則止濟南運而不濟北運矣。予今用一法，南北兼濟。將牐板常閉，南邊水小則閉柳林牐，啟寺前舖板，開利運牐放水以濟南運，水勢足用即行下板，不可多洩；北邊少水則閉寺前舖牐，啟柳林、十里、開河三牐之板，開利運牐放水以濟北運，水勢足用即行下板。則南北兼濟，而水勢不致妄洩，似爲得節宣之要矣。

西岸單牐曰小土地廟，乾隆三十五年建。

以上爲鉅嘉主簿汛。主簿一員，淺夫九十一名半。兩岸隄長七千三百丈，官隄七千一百三十五丈。自鉅野縣曹井橋起至嘉祥縣孫村止，計程四十一里入汶上縣境。鉅野，古大野澤，《春秋》『西狩獲麟』即其地，今稱大長溝，爲獲麟古渡。漢置鉅嘉縣；唐置麟州；宋、元爲濟州治；明時改濟寧於任城，以縣隸焉；今屬曹州府，治在運河西八十里。嘉祥，古武城，子游弦歌地也。漢以後皆爲鉅野境；金置今縣，屬濟州；元屬單州；明改屬濟寧；今屬兗州府，治在運河西二十五里。長溝有鉅嘉主簿署。

牐官一員，牐夫十八名。

由南旺上牐十里《備考》：又北九里。至南旺下牐。又名十里牐。明成化六年建，國朝乾隆十六年修。金門寬一丈九尺，高二丈二尺六寸。

鵲河即老鸛巷，田家口即王化莊，闞城即觀音堂，古淺三，今仍淺。

《東野志》：魯隱、桓以下九公林墓俱在闞城。

《泉河史》：高阜六七，有時水際見烟雲樓臺之狀。

東岸金線牐在本寺前牐之南，創建年月無考。乾隆二十五年，運河道李公清時議，蜀山一湖從前進水出水止有臨汶三斗門，原屬簡便。其利運、金線二牐，相傳爲運河廳任璣重建，使湖水多向南流，以防本境水勢不足。利運在寺前之北，金線在寺前之南，二牐齊開，水盡南行。南運苦多，北運苦少，而魚臺窪地亦因有水溢之患。康熙四十五年間，張公伯行在濟寧道任，閉寺前、開利運，使水北走南旺以濟北運，歷年行之有驗。但尚有金線一牐，鉅嘉汛員年年開通以濟本汛。重運既過，開放以洩湖水。

蜀山湖水北去少而南行多，南旺、馬場二湖之水又爲此水頂阻，積年彌月，不得暢洩，既於運道無益，而徒爲瀕河民田之害。今議將金線牐移上十里餘，建在柳林牐之北，重運到時，使寺前與利運、此牐與柳林互相啟閉，則水不南下，盡爲北用。一轉移間，其利有四：以蜀山湖補安山湖之涸，而北運有賴，一也；蜀山既不南灌，馬場可以出水，白嘴一帶年年不淹，二也；重運來時，騰空馬場湖身，秋汛驟漲，府、洸有所容納，而龍王口不沖濟寧運隄，南鄉不致被淹，三也；每歲尾幫既過，暢放利運，封鎖寺前，差民船隻守候甚苦，今令寺前、柳林上下啟閉，水不濡漏，船可通行，四也。總河張愨敬公奏准改建，金門寬一丈五尺，高一丈一尺三寸。

南旺分水口上承汶河之水入運。明永樂九年，以濟寧州同潘叔正言，命尚書宋禮役丁夫一十六萬濬會通河，用老人白英計，築戴村壩遏汶全流，出汶上之西入於南旺，由分水龍王廟前南北分流。

《河防一覽》：南旺地高，決諸南則南流，決諸北則北流，惟吾所用耳。當春夏糧運盛行之時，正汶水微弱之際，分流則不足，合流則有餘。宜效輪番法，如運艘淺於南，則閉南旺北牐，令汶盡南流；如運艘淺於北，則閉南旺南牐，令汶盡北流。當其南也，更發瀕南諸湖水濟之；當其北也，更發瀕北諸湖水佐之。泉湖並注，南北合流，即遇旱暵靡不克濟，此誠力不勞而功倍也。

《居濟一得》：南旺分水最宜斟酌。如春日重運盛行之時，南邊淺阻則多放水往南，北邊淺阻則多放水往北。若遇伏秋水長，運河水大，重運在北則水往南放，重運在南則水往北放，可使水勢常平，糧船易行。

按：歷來治河諸書，皆就水大之年及有水之年而論，故曰『淺於南則令汶南流，淺於北則令汶北流。』又曰『南邊淺阻則多放水往南，北邊淺阻則多放水往北。』不知水小之年，天時亢旱，汶河幾欲斷流，南北牐河塘塘有船，處處皆淺，當如之何？此非江南，水車斷不濟事。昔主事王寵嘗謂：『旱乾之甚，則當行水車之法。試以百船論，每船漕卒十人，至南旺盤剥當費百也。此法行則每船止用一人，給車二十輛，什二守船，什八踏車，以挽湖水。每車用四人，二十車用八十人。一車加水七寸，二十車則加水一丈四尺。逮五十里之湖水乾，則天雨必至矣。』又嘉靖中都御史王廷奏：『臣近親歷各湖，河高於湖殆六七尺，春夏水涸，每借各湖之水以濟漕河。況各湖原設水車各三百五十輛，若遇盛旱，亦令車水以濟。』是則水車之法自昔行之，不知何時竟廢。無論每湖各三百五十輛爲數太多。即通省運河預備百輛，亦可以用之不盡矣。乾隆三十九年汶河水小，江南邳、宿一帶需水尤急。余請於河憲，嘗試行於獨山微山兩湖，後之司事河干者，幸毋忽諸。

明劉天和《問水集》：汶水自泰萊至南旺，幾三百里。遠近咸謂汶泉水微，而不考其故。蓋盈河淤沙深廣，春夏久旱亢陽，沙極乾燥，汶泉經之，多滲入河底。所經既遠，安得不微耶？嘗測其上源下流各深廣尺寸，蓋所耗十之三四。然數百里之淤沙不可盡濬，且將復淤，所濬兩岸之沙終歸河內，勞費無已，而卒莫能效，真無以爲處。

有獻議者曰：『汶水自春城以下河道迂遠，宜於春城口置石垻一道，中爲數涵洞，創開小河八里餘，取徑入魯姑、龍鬬二泉渠，量加濬廣，凡六十三里而至黑馬溝。伏秋水盛流濁，則閉涵洞，俾由故道。春夏之間及天旱水微，則遏水由涵洞下出黑馬溝，即可避汶河百數十里之沙滲。』余大奇之，隨因中道有五泉，隔不能入，遂止。如將五泉橫汶開溝以入焉，亦無不可。治水者尚其審諸。

《居濟一得》：《宋尚書祠記》云：『用白英計，作垻戴村，橫亘五里，遏汶水，令盡出南旺，乃分爲二水，以其三南入於漕河，以接徐、呂，以其七北會於臨清，以合漳、衛。』此定制也。其三分往南，蓋以南有府河、泗河、洸河並馬場、獨山、昭陽、微山各湖，有彭口、大彭口二河，其餘諸泉不可勝數，此所以三分往南而不患其水少也。不知始自何年，今竟改爲七分往南矣。惟其七分往南，所以每逢雨澇之年，濟寧、魚臺一帶民田在在淹没。今議仍改爲三分往南，民田得免淹没之患矣。其七分往北者，蓋以北止有安山一湖以爲之接濟，所以七分往北而不患其水多也。不知始自何年，今竟改爲三分往北矣。惟其三分往北，水勢甚微，而安山一湖又經招佃起租，無水接濟，每逢亢旱之年，東昌一帶在在淺阻。今仍議改七分往北，庶糧船無淺阻之患矣。

按：當時此議曾經詳院，總河張文端公鵬翮批云：『據詳，南旺水勢今改爲七分往南、三分往北。始於何年？改自何人？水之分數有何憑據？未經聲明。』又云：『今議仍改七分往北。查安山湖久涸，民田起科，無水濟運，故早年東昌一帶有膠舟之患。今作何開引導水？作何修築牐壩，蓄水濟運？未據籌畫指陳。遽云改七分往北，何其言之易也！』自是之後，亦不聞有籌畫改流之事。

乾隆二年，直隸總河朱公藻奏：『分水口南、北柳林二牐牐基南高北低，水分北六、南四，嗣後修建牐底以漸鑿低加高。今北柳林高於南柳林三尺，南下水多、北下水少，竟成南七北三之勢，應請速復舊規。』山東總河白莊恪公鍾山議曰：『明永樂間，尚書宋禮用老人白英計，築戴村壩遏諸泉水，由此入運，汶水南北分流之勢已定。成化間，郎中楊恭始於南旺之南五里建一牐，曰『柳林』，北五里建一牐，曰『十里』。此又楊恭爲南北分流之水增一關鍵，非宋禮分水初制也。康熙四十八年修過十里牐，六十年修過柳林牐，不過照舊增修，並無鑿低加高案。據今用較準水平細心測量，自分水口水脊起，按篙量至柳林牐，牐底低於水脊一尺一寸五分；自分水口水脊起，量至北十里牐，牐底低於水脊二尺二寸。現係南高北低，並非南低北高。朱藻所奏或係傳聞之誤，毋庸另行改建。』

迨乾隆二十二年，運河道李公清時始以汶水分流南多北少，議將分水口南岸東沙壩轉灣處接築雞嘴壩工，挑水北行，俾減南流。北岸東沙壩轉灣處挑切沙山，收進壩口丈餘，展寬河口以益北注。然每年南仍有餘、北仍不足，汶流分數究不分明。因思春初開壩鋪水，向來兼啟馬場之十里、安居以助南流，無由分别汶水幾何。今應於開壩之時堅閉迤南各湖，專令汶水分注。計自南旺北至臨清三百四十四里，南至韓莊三百三十九里，遠近相等，先看水頭何處先到，次看逐塘鋪灌六尺，何處先足，則南北分數可明矣。乾隆三十八年正月稟院試行。當於正月二十五日開放大壩，水頭於二月初一日南抵韓莊，初二日北抵臨清，南先於北一日；逐塘鋪灌，自下而上挨次閉板，二月十五日南行者先至柳林，十九日北行者方至十里牐，南行於北四日。蓋以地勢高下論，自會源牐北至臨清四百十四里。故元揭傒斯記云地降九十尺，南至沽頭二百六十六里，故云地降百十六尺。今自南旺分水口起，北至臨清僅三百四十四里，則所降之數已不及九十尺，南至韓莊三百三十九里，則又不止百十六尺矣。水性就下，固宜南疾於北，而以一月三十日計算，是爲南行多得四日之水也。

然地勢雖有一定，調劑要在得人，故《居濟一得》亦謂『利運牐相傳以爲濟南運而不濟北運，予始亦信以爲然，後乃堅閉寺前牐，啟柳林、十里、開河各牐板，開利運牐北注，而從前停泊之船遄行無阻，是誠南北兼濟之術也。』況今金線一牐復移建於柳林之上，何患北水之不足乎？

西岸斗門八，曰焦鸞、盛進、張全、劉賢、孫强、彭石、邢通、常鳴，俱明永樂年建，國朝康熙五十六年、乾隆十七年修。每遇伏秋暴漲，開放洩水，掣沙入湖。今焦鸞斗門久廢，其張全、盛進、孫强、彭石四斗門亦淤，止邢通、劉賢、常鳴三斗門及十里牐下之關家大牐收水入湖。

《居濟一得》：南旺各斗門俱宜重修，仍照舊下板，每遇伏秋水長，河水入湖，則啟板收水入湖。湖水入河，則下板蓄水，不使洩出。至秋後無水可收，仍於湖口築壩堵水，直至春夏水小糧運難行時，方可酌量開放，陸續接濟。

汶河水有數源，一出新泰縣宮山之下，曰小汶河；一出泰安州仙臺嶺，一出萊蕪縣徂徠山之陽，而小汶來會。至寧陽西北分而爲二：其一爲元朝所改由堽城壩南流，別爲洸水；其一由堽城壩西流，會坎河諸泉入大清河，由東阿而北至利津入海，此故道也。明永樂中開會通河，乃於寧陽之北築堽城壩，阻汶入洸於東平州，坎河之西築戴村壩，阻汶會濟，使其全流盡入汶上城北二十五里，受濼、澢諸泉，謂之魯溝。又西南流會草橋，曰馬河、鵝河、黑馬溝，至南旺入於漕以濟運道。

《東平州志》：由戴村南流謂之蓆橋，又西南至汶上城北二十五里，受濼、澢諸泉謂之魯溝，又西南至城北三里，受蒲灣泊水，謂之草橋。又西南流，謂之白馬河。又西南流二十里，謂之鵝河，原宋之運道，涸而爲渠，汶水由之。又西南十五里，謂之黑馬溝。又西南至南旺入漕。

《禹貢錐指》：汶河自萊蕪歷泰安、肥城、寧陽至東平入濟，合流以至於海，此禹迹也。迨元人引汶絶濟，爲會通河，明永樂中又築戴村壩，遏汶盡出南旺以資運，而安山入濟之故道填淤久矣。餘詳卷第八。

馬踏湖在運河之東、汶河之北，周圍三十四里。

《全河備考》：其上有釣臺泊，水漲則滙入，北出開河牐迤北洪仁橋入運。其幫湖運隄，自禹王廟起洪仁橋止，二千六百六十三丈，其湖隄亦自禹王廟起至洪仁橋止，共三千三百餘丈，係土築以蓄水濟運。歷歲收蓄汶水，原有北月河口、王義士口、徐建口，亦無子隄。

按：乾隆二年，又幫築隄二千一百八十四丈六尺。臨汶口門，今止徐建口、李家口二處，餘並無考。

何家壩在上游汶河西岸，一由開河牐下劉老口入運，一由袁口牐下石頭口入運，明萬歷十四年築。

《居濟一得》：宜將石壩改牐一座，可以開放接濟，汶河水發亦可分洩，蓄積其用，與王堂口等。乾隆三年改建涵洞，口寬一丈，高一丈八尺。十七年，仍改爲滚水壩，脊高一丈，寬二十丈。二十五年，總河張懿敬公以汶水漲發無處分洩，奏請落低壩脊一尺。奉旨，竟應以二尺爲度，欽遵施行。二十八年汛水沖塌，復經拆修，添築雁翅。

按：《宋康惠公祠志》：凡所新造爲牐者一，在李太口洪仁橋；爲壩者二，在馮家口王巖口；爲河者九百丈，在李村、王堂二口，皆蓄洩要害處所也。

張清恪公《坎河口議》：夏秋之間，南旺濟寧一帶通漕啟板，水尚漲溢與運河岸平，坎河口雖開，而迤下王堂、王巖、何家缺口十餘處，且不免一二衝缺，此又云分洩蓄積，用與王堂口等。

《汶上縣志》：王堂口距何家壩五里，係土壩。

《泉河史》胡伯玉《議建三墩兩空》略曰：治泉者治其出，固當肖其入。近據所閱，如寧陽之柳泉爲洸所隔，而不得入漕；鄒之白馬河永濟橋口沙淤且半，而不得通入漕；汶水至王堂口歲有決嚙，而不能保其常通入漕，奈何積之涓勺而委之泥沙乎？以愚所計，彼二役也，不費公帑一錢，獨王堂口欲爲三墩兩空，費當不貲。然與其頻修以擲無窮之浪，孰若暫費以建不拔之基。合無委官估計，以時創舉，庶入漕者無復漏卮，便今王巖、李村、王堂，人皆不知其處。自清恪公至今不過四五十年，而舊迹之湮晦如此，則豈非缺於纂録之故與？

上牐牐官兼管牐夫十八名。

禹王廟，明正德十二年建，國朝康熙十九年總河靳文襄公重修。龍王廟，明初建，天順間主事孫仁重修，國朝順治三年封『延休顯應分水龍王』。宋康惠祠，明正德七年侍郎李鐩請建；國朝雍正四年封『寧漕公』，從祀白英，封『永濟之神』；乾隆二年，總河白莊恪公復請重修；三十年，河督李公宏奏給永濟神子孫八品頂帶；三十八年，今河督姚公又以署汶上令范君俣言，奏請復賜康惠後人宋心濟頂帶，如白氏例，世襲奉祀。

明李鐩《創建宋尚書祠堂記》：宏治甲子夏，鐩爲工部左侍郎，孝宗敬皇帝遣往山東，議處守臣所言漕河事。鐩馳入其境，稽古考迹，知漕河元故運河也。元復有海運者，蓋河之制尚弗善也。國朝洪武中，河決原武，過曹入安山，漕河塞四百里，自濟寧至於臨清舟不可行，作城村諸所陸運至德州。永樂初，太宗文皇帝肇建北京，立運法：自海運者由直沽至於京，自江運者浮於淮、入於河，至於陽武陸運至於衛輝，又入於衛河至於京。當是時，海險陸費，耗財溺舟歲萬億計已。上命工部尚書宋禮修元運河，發濟、兖、青、東民十五萬人，登、萊民願役者萬五千人，疏淤啟隘，因勢而治之。禮用老人白英計，作壩於戴村，横亘五里，遏汶勿東流，令盡出於南旺。乃分爲二水，以其三南入於漕河，以接徐吕；以其七北會於臨清，以合漳、衛。塞河口於曹、鄆，濬沙灣至曹故道以行水。蓋漕河之廢，自二患生焉。河善決則淤，水病涸則滯。自是漕河成，而海運廢矣。

《祭法》曰：『有功於民則祀之。』鐩因陳禮之功可祀也，遂勅下有司。工部主事王寵又言，邢部侍郎金純、都督周長佐禮之勞宜不可泯。今上皇帝嗣位之六年，俞鐩等之請，命於南旺分水祠禮，而左右以純長配有司，並祀平江伯陳瑄，而純長之位亦紊。又六年，工部郎中楊淳始釐正如制。淳暨主事王鑾來徵余言。夫人臣之奉國事也，富才者創之，慎慮者守之，徒守者蠱事，而敝國數創者，棼政而煩民。是故俗之所厭，聖人不强，行民之所安，聖人不棘改往者。守臣欲改汶疏洸，求利於漕，不亦鑿乎？夫宋公之治漕河也，因元哲臣之迹，采今達民之謀，相流泉之宜，操獨決之智，因民之欲，避民之勞。嗣是者制牐以防洩，蓄湖以永灌，引泉以備涸，時浚以殺淤，漕河其大成，萬世之利也。夫慮淺者易動，尚奇者好更，昧於事者恒作，忍於民者喜役，故事之敝也。柔者廢，剛者憤，子待罪三朝，備員卿末，今老且病，行將明農以待盡。因公祠事之成，僭以是而爲後之君子告焉。

祠之建，經始於正德七年春，落成於十一年冬。廟宇廊廡，垣牆具備，别刻於記石之陰焉。

國朝靳文襄輔《宋公祠記》：功民者有祀，古制也，矧創建非常者乎！祀而建之，祠所以旌公論，誌不忘也，矧追功尚慕，久而彌耀者乎！《傳》曰：『有其舉之不可廢』，祠而榛莽焉，廢矣。廢則忘善，將奚彰乎公論？更奚當乎追功者耶？

兹余於宋康惠之祀，竊有感矣。遡自歲丁巳，余奉命視河，時淮揚昏墊孔劇，故余之荒度自淮始，比歷清口、高堰各區，揆得失之由，諦觀陳恭襄諸遺蹟，慨然想見其人。蓋多其河漕一治，而能黜海運之糜帑費人也。及八濟河，遵南旺，觀戴村分水奇烈，相詡有臣靈贔屭之感，則又知康惠公之創無前，而建非常也，尤足繫人深思焉。何也？元之都燕也，以海運稱捷。及明洪武間河決原武，流彌塞，而籌海運者彌亟。公白奏海運之險，歲漂人與糧無算，且漂舟督補於諸郡，騷然費煩，耗公私復億萬計。於是請相元故渠因革之，更鑿袁家口二十餘裡，元渠始通。又慮乎渠雖通，而渠流之盈涸不可準也，公乃納老人白英策，於戴村蜒垻五裡許，遏汶水之東者而西之，且以其三濟南漕，浹徐、吕，以其七北會臨、德，合漳、衛。然後故渠無擁塞之患，而海運之停自此始。

夫海運停而帑金以節，民命以全，則公分水之烈，詎非創無前而建非常者哉？乃旋會營建起，廷推公啣命而南，無何卒於蜀。卒之日，家無餘貲，輿情多悼之。而當時論河者，未之奇也，公功幾泯焉！

厥後數十年，尚書李鐩等窮覈治河諸實政，於是率僚屬詣河濱，輯公論於遺編，證齒碑於故老，遂臚公蹟，廷諍之；而後公之祠祭贈謚得與恭襄埒。嗚呼！此亦見公之功德在人，久而彌耀者，殆如此矣！

顧今日者，瞻其宇，榱棟剥蝕，幾委追功而榛莽之。烏乎！可余是以囑兖郡任丞而亟新之也。逮戊午夏，余式恭襄祠，亦復摧圮爲劇。余又語淮郡王丞，令亦如新。公者而並新之，蓋深凜乎有舉毋廢之訓云爾。

兹王丞已事庀鳩，而任丞適以公祠告竣報，且徵余言以記之。余復爲之憑弔往蹟，參以記乘總之。恭襄勠力於淮南，康惠開奇於河北，固均黜海運之糜帑費人者也。勳誠未易軒輊矣。其祀典之應並新也，宜哉！

然余竊有感者。康惠非常之烈，藉微李尚書力，白於後，則前勳直置冥冥矣。此千古所以多耿恭、任尚之憾也乎！乃復有耳食者流，事不探其本源，慮鮮周乎亘遠，往往以塗飾因循之習，與福國利民者同類而並稱之，亦足悲夫！要而論之，功德以歷試而彌彰，公論以討蒐而始定。若公之追功於異日，而尚慕於無窮者，殆久而彌耀者歟！嗟乎！後之君子欲覈祀典之不黷，而綜名實於不淆者，慎毋徇碱砆之眩，而貽醯雞之誚也。斯庶幾矣。

有汶上主簿、南旺牐官衙署。

《泉河史》：南旺分司署，在運河西岸分水龍王廟右，東向，正德十一年主事朱寅建，今廢。

由南旺下牐十三里《備考》：五里。至開河牐。元至正間建，國朝康熙五十七年修。金門寬二丈，高二丈一尺五寸。

《居濟一得》：開河牐板可不必下。開河若下板，北運再無不淺阻之理。或曰：開河不下板，十里牐下糧船淺阻，奈何？曰：俟糧船淺阻時，再將開河酌量下板三五塊。至糧船齊幫後，則將板盡啟放船。及船放完時，牐板又不必下矣。然亦當視分水口水勢之大小。若分水口不足五尺五寸，則十里牐宜酌量下板矣。此牐不下板，其法固善，但恐袁口牐一少下板，而上源之淺阻立見，是不若開河仍下板。開河放兩塘，袁口放一塘。或船太多有三兩幫，塘內不能容者，仍一塘放一塘。

又曰：此牐亦宜下板十八塊，積水使由關家大牐及五里鋪石垻入南旺湖中，蓄以待用。

關家牐、五里鋪新淺二。

東岸新河頭牐，創建年月無考，雍正四年修。金門寬一丈，高一丈八尺，洩馬踏湖水濟運。

西岸牐座二：曰關家大牐，曰五里鋪牐。

《居濟一得》：十里鋪下關家大牐，所以放水濟北運者也。五里鋪滚水垻，亦所以放水濟北運者也。

按：今王里牐已廢，關家大牐、五里鋪滚水垻洩運河有餘之水，蓄以濟運。及運河之水不足，則由開河之下兼濟牐放出以濟北運，並不言此處可以放水。後『駁臺臣樊紹祚疏』乃有此言，且云『關家大垻引河現在疏通矣，五里鋪滚水垻亦將開放矣。』其實此二處不能放水，即兼濟牐亦不能放水。乾隆三十八年，署汶上令范君侯議疏宋家窪積水，欲於牛頭河、兼濟牐兩處洩放，探量地勢，知不可行，遂止。

牐官一員，牐夫二十六名。西岸有牐官衙署。

自開河牐十六里《備考》：十二里。至袁家口牐。

明正德元年建，國朝乾隆二十三年修，金門寬一丈九尺六寸，高二丈二尺八寸。

《居濟一得》：袁家口牐板宜多下，乃可蓄水。蓋遇北運水小之時，十里牐、開河牐俱可不必下板，而專以此牐最爲緊要。若啟閉稍不如法，非上源淺阻，必下源淺阻。袁家口牐上下河水甚淺，每逢天旱，船最難行。此牐放船，須先將柳林牐板嚴下，用人看守，然後將十里牐板全啟，放水北注。若牐上有船，即令隨水放下。至開河牐，又將開河牐全啟，放水北注。若牐上有船，亦令隨水並放到袁口牐，然後將袁口牐全啟放船，自無淺阻之虞。放過袁口，即將此板勿下，再啟靳口牐板放船。直待船放完時，却先將靳口牐下板，然後再下袁口牐板，却將柳林牐板全啟，將牐上之船直放至袁口。若開河牐上水淺，將板略下一時，水足即啟，自無不通行者。

月河長一百七十丈。

本牐古淺一，即舘驛門；又劉家口即劉老口，今俱淺。

東岸洪仁橋牐，創建年月及寬高丈尺均與新河頭牐同。水口一，曰劉老口，上承何家壩所洩汶河有餘之水入運。

牐官一員，牐夫二十六名，有衙署。

以上爲汶上主簿汛。主簿一員，淺夫七十二名。兩岸隄長一萬一百七十丈，官隄一千七百三十一丈。自孫村起至靳口牐上止，計程五十六里入東平州境。

《居濟一得》：南旺主簿，每年重運過完之後，如遇汶河水發，即將柳林牐嚴閉。宜將寺前牐嚴閉，使水由各斗門入南旺湖。再看水勢之大小，如水不甚大，即將十里牐並開河牐亦嚴閉，收水入南旺湖。如南旺湖滿，水勢仍大，即將十里牐、開河牐及迤北各牐牐板全啟，放水北行。蓋北行入海爲近，百里即有戴家廟三空橋洩水入海，再北又有張秋五空橋洩水入海，再北又有聊城之減水牐、博平之減水牐，皆洩水入海者也。所以嚴閉柳林、寺前二牐者，以水不可往南行，南行之水入海甚遠也。查南行之水，直至宿遷始有西寧橋可以洩水入海。南旺至宿遷七八百里遠，安能一時入海？中間田地之淹没者不知幾何也。予所以分汶河之水專濟北運，而以泗河之水專濟南運者，以水小之時東昌一帶不至膠舟，水大之時南旺、夏鎮、徐州、邳州不至盡爲澤國也。然此就微山湖、昭陽湖、南陽湖水大而言之也。若此三湖水小，又宜閉十里、開河二牐，放水南行蓄之各湖矣。但南旺去徐、沛甚遠，水之大小恐無由知，而南陽甚近，又同屬運河廳轄，視南陽之大小則知徐、沛矣。

汶上，古厥國。周爲魯中都邑，後屬齊，爲平陸邑；

秦屬東郡； 漢置東平陸縣，屬東平國； 晉因之； 宋爲平陸縣，屬東平郡； 北魏因之； 隋復爲平陸，屬魯郡； 唐改中都縣，屬鄆州東平郡； 宋屬東平府； 金爲汶上縣，屬東平府； 元屬東平路； 明初屬東平府，後東平降爲州，改屬兗州府，治在運河東北三十五里。

凡運河廳同知所屬，自王家水口起至袁口牐北止，計程二百七十五里一百八十步入東平州境。內設州判一員、主簿三員、守備一員、千總二員、牐官八員。

卷六

捕河廳河道

捕河通判駐劄张秋，其地當黄河荆隆口水流之衝，前明屢受淹浸，徐武功、劉忠宣先後築塞，厥功茂焉。今雖外倚黄陵爲固，而沙趙驟長，直貫鹽河入海，地勢亦關緊要。且戴村一壩爲全汶伸縮之鎖紐，均係廳員專責，可不慎與！考明宏治年間設立河廳，嘉靖中兼管曹州、曹縣、定陶、單縣、嘉祥、鉅野、城武、金鄉、平陰、鄆城捕務，因有捕河之銜。今既別設糧捕通判，而河廳仍沿舊號，似宜徐議改正云。

由袁口牐十八里至靳家口牐。

明嘉靖四年建，《北河續記》作正德十二年。 國朝雍正七年修。金門寬二丈，高二丈四寸。

《居濟一得》： 靳口牐地勢最高，故牐上下之水不至大相懸遠。若此牐上水比牐下高四五尺，即知安山牐少下板塊，須速着人去叫安山牐下板。安山牐既多下板，則此牐上下水勢自不大差，無論啟板之時糧般易放，而牐上之水亦不至一洩無餘，袁口上下亦不至於淺阻矣。此牐放船一完，即送袁口會牌，而不送安山會牌，須俟袁口再放一塘來，此牐再放一塘去，然後送安山會牌，使安山放船。蓋此牐放兩塘，安山始可放一塘也。

月河長九十五丈。

牐上古淺、牐下古淺，又楊家橋、羅漢廟、高隄頭古淺三，今俱仍淺。

東岸石頭口，分受何家坝水入運，今俱淤淺。

牐官一員，牐夫二十八名。

由靳家口牐三十里至安山牐。

元至元二十六年建，《北河續記》作『成化十八年』。國朝雍正九年修。金門寬二丈二寸，高二丈一尺三寸。

《居濟一得》： 安山牐板宜多下，蓋以靳口牐地勢太高，若此牐一少下板，則靳口牐水勢必致太峻，且牐上之水一洩無餘，而袁口、開河上下必致淺阻矣，此必然之理也。然亦宜俟靳口放兩塘，此牐始可放一塘也。

按：《元史河渠志》載，自荆門南牐南至壽張牐六十三里，大德六年正月二十三日興工，六月二十九日工畢。壽張牐南至安山牐八里，至元三十一年正月一日興工，五月二十一日工畢。是此牐迤北八里有元人建牐處也。

月河長一百四丈。

王仲口、馮家莊、李家莊古淺三，今不淺； 小坝、大坝、常張口、王家窑、五里墩、老隄頭、柳園頭北界碑新淺七。

西岸通湖牐，雍正五年建。金門高一丈二尺，寬一丈。

安山湖周圍六十八里三十二步。 明永樂九年，創築圈隄以作水櫃。 國朝順治七年，河決荆隆口，湖口淤填，聽民墾種。 雍正四年，内閣學士何公國宗請重濬濟運，後益淤高不能洩水，仍撥貧民認墾。

《治河方略》： 自明中葉許民佃種，百里湖地盡爲麥田，然其低窪之區，自東北通湖牐起歷西北至天禄莊，轉西南至王禹莊，又東南至青姑堆，復東北接通湖牐，周圍三十八里，湖形尚存。尚書朱衡四圍築隄以蓄水，但湖形如盆碟，高下不甚相懸。湖水隨風蕩漾，西北風則流入東南燥地，未及濟運，消耗過半。其西北地形稍卑，水勢散漫，東南地名『八里灣』，放水之地並建石牐。 其隄長四千三百二十丈，舊稱『自南旺』，下至衛河四百餘里，其間全賴安山一湖以濟運。今自河淤之後，一望平陸。録之以備參者。

《問水集》： 安山湖，昔稱『縈迴百餘里』，而不詳其界止。宏治十三年，韓通政鼎始踏四界，東至馬家湖，西至舊東湖，南至安山，北至運河。 其十里舖在湖中界，自舖至安山湖廣十五里。四圍東自馬家口，西至戴家廟，長二十二里六分； 自戴家廟北至壽張集長二十四里三分； 自壽張集東至趙家莊長二十四里七分； 自趙家莊南至馬家口長八里八分。周圍共八十里四分。置立界牌，栽植柳株，用心勤矣。但積水、通湖二牐底高，河水非甚漲不能入。四圍多侵占，而湖之下口無牐，水不能出。嘉靖六年間，治水者不考其故，止於湖中築新隄，周迴僅十餘里，號爲『水櫃』，湖之廣益狹矣。

《全河備考》：安山即安民山，湖以此得名。明永樂間，宋禮、陳瑄經營漕河，既成，建議設水櫃以濟漕渠。在汶上爲南旺，在東平爲安山，在濟寧爲馬場，在沛縣爲昭陽，名曰『四水櫃』。漕河水漲則減水入湖，水涸則放水入運。各建牐垻以時啟閉。凡盜決侵種者有禁。萬曆六年清丈，安山湖原廣百里，其高而宜田者已七十七頃有奇，其卑而宜櫃者止四百一十六頃有奇。當時建議欲於高下相承之處，築東湖小垻，畫分二區。隄以內櫃水濟運，隄以外聽民稅糧。萬歷十六年築土隄，共長四千三百二十丈，又於似蛇溝、八里灣增建二牐，以爲蓄洩永利。自通湖口起，過焦天禄以西吴家口止，共十七里，係幫湖運隄。自吴家口運隄起至王禹莊，又至青姑堆，環轉復至通湖口共十九里，皆縮內湖隄，其間不無缺口。自吴家口至青姑堆，中有横截東西子隄一千八百一十五丈，亦多缺口。又運隄四牐之內，各有隨隄小河，自南而北共約二十餘丈，引流順下以出濟運，皆宜修治。

然總論諸湖，惟蜀山、馬踏在漕岸之東，可稱水櫃，南旺西湖及安山湖在漕岸之西。但稱水壑，不可稱水櫃。且自順治年間，河決荆隆，泛張秋，安山湖淤成平陸。前河使盧曾議挑復湖心，計費帑金二十餘萬，無可設法，因而中止。今湮塞已二十餘年，水旱不時，輓輸如故，則此湖之興廢，無關漕運之利病明矣。今方搜索利孔，久淤膏腴，不若聽民開墾，收税濟餉，以荒棄之土充耕鑿之利，未爲失策。倘國用贏餘，力可修復，或滄桑變更，勢必資之以爲漕利，乃割賦仍加挑濬，未爲不宜也。此以無用作有用，若執禁湖之名，與蜀山、馬踏等湖同視，則又爲膠柱之見矣。

《居濟一得》：安山湖，所以蓄運河有餘之水者也，運河水大則蓄之湖中。下板堵閉；運河水小則啟板開放，接濟糧艘。故安山牐上有通湖牐，內有引河尚可收水。戴家廟牐上有積水河牐，地勢太高，似不能過水。又有八里灣牐，地勢稍平，猶可以過水，惟有似蛇溝牐地勢甚窪，可以蓄水。故此湖之地仍宜除糧，用以蓄水，庶於漕運大有裨益矣。

《河防志》：康熙十八年，聽民間開墾佃種九百二十五頃三十八畝九分零，起科銀兩載入全書，本州起解邳睢廳河庫，永以爲例。是向之所謂安山湖者，今一望皆禾黍之場矣。

按：雍正三年，內閣學士何公國宗查勘運河，議將安山湖復設水櫃，重築臨河並圈湖等隄，修通湖、似蛇溝二牐，併於八里灣、十里舖兩廢牐之間建一石牐，名曰『安濟牐』，牐下各設支河一道通入湖心。其湖南六隄口，亦每口建牐挑河以納陂水。又請開柳長湖，引魚營陂、宋家窪兩處積水入湖。奏准動帑興修，嗣因柳長河介於魚營陂、宋家窪之間，內隔金線嶺一道，不能相通，巡撫塞公楞額請從金線嶺北魚營陂開河，下注柳長河入湖，又從金線嶺、南宋家窪開河，東出兼濟牐入運。十三年，巡撫岳公濬以湖水無源不堪，復作水櫃，停築圈隄，後遂給民墾種，於乾隆十四年陞科納糧，而湖內遂無隙地矣。

戴村壩在運河之北，距靳口牐五十里、安山牐八十里，受汶河下注之水入於大清河。大清河即古濟水，一名鹽河，《禹貢》『導沇水東流爲濟，溢爲滎，東出於陶邱北，又東北會於汶』者是也。汶水自陶泰而來，就鹽河博興車瀆入海。明永樂間，尚書宋禮在坎河口西築戴村壩，截汶南流至分水口，南北濟運。

《全河備考》：戴村壩距東平州六十里，一名周李村，長五十里三步。其壩屢修屢圮，營費不貲。天順五年，知州潘洪增築高厚，上植以柳，至今不壞。先年設夫、增土、植柳，培護周密。

張純《守壩論》曰：漕河之有戴村，譬人身之有咽喉也。咽喉病則元氣走洩，四肢莫得而運矣。昔在創建之初，歲增土以培之，植柳以護之，多設夫以守之，其防禦蓋甚密也。後土日增，柳日固，則夫議停役矣，所以寬民力也。然物久則壞，防弛則廢，即今單薄日甚，而原植護柳十無一二存矣。況兗地土疎，汶性湍急，萬一水失其性，得無慮與？然則爲之奈何？乘泉夫之力，歲加修築，增舖舍，植新柳，令現役之夫力加守護，則盤錯根深，壩將自固。固將無所事節乎？曰不可也。彼其淜湃浩蕩之勢，非有以順之則拂，非有以蓄之則溢，拂與溢等害耳。故每過水潦，須決坎河口以殺之，殺之不足則開滾水壩，又不足則開減水諸牐，或順之入海以披其勢，或蓄之入湖以納其流，微則盡塞，令餘波悉歸於漕，是節之者固所以守之也。此則營衛吐納之説也。不然三汶爭趨，源大流長，夏秋水潦，怒激奔逸，豈一壩所能支與？誠至論也。今歲久防弛，以漸單薄，宜如舊例，督夫培土栽柳，乃運河第一關鍵，不可不加之意。

又，宋尚書既築壩於戴村，遏汶水之入海者注之南旺，水無旁洩，留坎河口不壩，以備分洩入海。每歲重運過時，止用刮沙板作一沙壩於坎河口，即涓滴盡趨南旺。若水漲則連沙衝出坎河。後河身漸移近坎河口，全河之水直灌坎河口，故土壩歲築歲決。萬歷初，侍郎萬恭疊石爲灘，而每歲築壩勞費不貲。且全流漫衍而入鹽河，南旺每致膠舟。萬歷十七年，總河潘季馴築石壩四十丈，高三尺，上博丈五尺，下益尺六之一，兩翼之長視壩減五之二，其高倍之。左右爲土壩二百三十丈，東岸爲石壩厚一丈。其法，用丈許大石夾砌如墉，實細石其中，塗以堊，上鋭下豐，狀如魚脊。水高於壩，漫而西出，漕無溢也；水卑於垻，順流而南，漕無涸也。二十一年水大發，尚書舒應龍又於河口之下開渠洩水，因於兩旁各築石堰以防衝刷，利賴甚重，防守宜嚴。

當石垻未築之先，主事余毅中議應築石垻，略曰：汶河原從迤南松山之麓衝向戴村入海，彼時松山之麓正河深廣，水性就下，即順流而南，故坎河口止用沙垻。近松山一帶沙漸淤平，河身移近坎河，全河之水俱入，故土垻歲築歲決。萬歷以來創爲石灘，似亦良法，但重運水濁之時，有隙可以洩水，而伏秋水溢之日，則無路可以通沙，以故正河淤塞日甚，每歲築垻之勢費如故。

爲今之計，急宜大集泉垻人夫，從正河見流之身挑去淤沙，使漸近松山一帶照舊深廣。水入正河既順，則入坎河漸微。但坎河口深廣倍昔，沙土隄垻必不足恃，欲爲經久之策，莫如運建數牐，以時蓄洩，如元人堽城垻之制。蓋國朝運道之有戴村，猶元人運道之有堽城，堽城可牐，坎河亦可牐也。其次莫若採大石爲垻，如馮家滚水垻之制。查迤東龍山一帶可取大石，去坎河僅五里許，合無量動河官銀，募工製器如式，開盤運砌，西接戴村垻，東盡坎河，俱挑沙入地數尺，先砌石基，後酌量水平，建滚水長垻。其兩土岸俱用大石砌爲雁翅，以防水之旁衝。

主事張文奇又議應仍築土垻，略曰：宋公築垻戴村，而留坎河口不垻者，勢不可也。諸泉合流，三汶争趨，勢曷嘗一日不欲東注之海哉？況霖潦之時乎。故方其水涸，春夏三四月、秋冬九十月，運道咽喉所係，即涓滴盡歸南旺湖，可洩也。若夏秋之間，則南旺濟寧一帶通漕啟板，水尚漲溢，與運河岸平，坎河口雖開，而迤下王堂、王巖、何家缺口十餘處，且不免一二衝決，汶邑民田多罹淹没。宋公之慮深遠矣。邇來議者因土垻歲築勞費，創爲石灘，但方其水溢勢甚洶湧，若石灘阻塞不能大洩，勢必多潰裂於王堂諸口，及草橋上下驟水所經，民田受害非細，不便一。灘能走水，不能走沙，淤沙日積，河身日高，漸與灘平，反助障阻，不便二。況未及兩年，石灘冲動，水涸之時乘隙而洩，土垻仍不能免，又奚賴焉？議者又欲築建滚水大垻，以淤沙不得衝出，弊與石灘等。

爲今之計，坎河既決，一俟霜降後即當仍舊歲築土垻，計每歲之費大約不踰百金。且水直衝坎河，則上源之勢既殺，而下源之勢微消，王堂諸口不致盡決，汶邑民田得免淹没。以利害計，雖有數十金之費，利倍於害矣。加之歲挑西岸沙嘴，使正河深廣漸復，故吾水不東逼，徑趨南旺，則戴村垻根既避冲刷之患，坎河垻兩際亦不至盡決無存。議者慎無惜小費，輕議難成，壅遏漲水而貽意外之虞也。二公之議不無異同，然其慮未始不周。迨常公居敬循行汶上，規畫建言，而潘公季馴之石垻始成，宋公之渠於以永賴。乃知創建非常，昔人不敢輕視一坎河也。宋公留其口而不垻，萬公以石爲灘，潘公以石爲垻，因時異建，罔弗合宜，蓋慎之也。後之人披覽往迹，其可妄行舉廢哉？

《居濟一得》：戴村壩遏絶汶流，引水南旺分行濟運，明臣宋禮之功也。冬春大挑，歲勞民力，夏秋水長，運河漫溢，南北被淹者不啻四五十州縣，在明臣陳瑄似不能無過也。蓋戴村壩乃宋禮因堽城壩而制之者也。查元至正二十年，朝議以轉漕弗便，乃自任城開河，分汶水西北流至須城之安民山。今之開河閘即當年之舊閘也。故今日之河底較當年閘底高一丈有餘，是其明驗也。始濟倅奉符畢輔國於堽城之左作斗門一，遏汶水入洸。後都水少監馬之貞又於其東作雙虹懸門，虹閘相聯屬，分受汶水，而於汶河築沙隄一道以遏汶流。其後屢築屢傾，歲勞民力，議者乃欲改作石壩，爲一勞永逸之計。而馬之貞又以石壩能走水而不能走沙，沙漲淤平與無堰同，河底填高必溢爲害。成化庚寅，張克讓既築金口壩，並欲築此壩，未幾遽以言者召還。已而巡撫牟公觀其成績，作斗門六，春月水小則將斗門盡閉，使汶水盡出堽城壩至濟寧以利漕運。若遇伏秋水漲，則閉堽城閘，將六斗門盡開，使水與沙盡由斗門入海，故運河無泛濫之虞，而濟寧塘河亦未聞如今日南旺大挑之甚也。其制度盡善盡美，莫有加矣。

至永樂九年，明臣宋禮以地勢南下而北高，故水之南行也易，而北行也難，因用老人白英之計，改分水口於南旺，而於戴村築壩以遏汶流，又自戴村開河九十里至南旺，規模方定，偶以微過蒙督責以儒巾治事，旋命取材川蜀。而明臣平江伯陳瑄即於是年經理河漕，續成其功，而與侍郎金純、都督周長兼督其事。功成，後人隨於南旺立祠祀陳瑄、金純、周長。此後數十年，止知其爲陳瑄之功，並無有知其爲宋禮之功者。故前明文淵閣大學士邱濬《過南旺》詩曰：『清江浦上臨清閘，簫鼓叢祠飽餕餘。幾度會通河上過，更無人説宋尚書。』謹身殿大學士李東陽詩曰：『文皇建都向幽薊，中導汶泗通漕綱。尚書宋公富經略，世上但識陳恭襄。』宏治十七年，工部左侍郎李鐩題請表彰宋禮、白英之功，其後又經工部尚書張昇等具題。至正德六年四月初五日，又經工部尚書費宏具題。初七日奉旨：是宋禮等既有功於運道，准立祠致祭。於是數十年後，始知爲白英之計、宋禮之功也，而不知白英之計未盡行，宋禮之功尚未成也。若使宋禮、白英始終其事，則戴村壩自應如堽城壩之制，戴村自應建閘如堽城閘之制，啟閉有方，蓄洩得宜，又何至冬春大挑？歲勞民力，夏秋水漲，南北運河漫溢，淹没四五十州縣哉？惟陳瑄不能曉宋禮改河之意，既未竟厥功，而萬恭疊石爲灘，潘季馴、常居敬築石爲壩，亦未曉馬之貞沙淤壩平之説也。至今日而沙淤河高，底與壩平，馬之貞之言已驗矣。

故今日之壩，宜照堽城壩之制，除舊壩一百丈外再築一百丈，較舊再高二尺，其中作斗門閘八座，視水之消長以爲啟閉，仍於戴村建閘二座，如堽城之制，引水由閘至南旺以節宣運河，使不至有甚大甚小之患。如是而白英之計始全，宋禮之功始成矣。

明于慎《行坎河滚水壩記》： 考之《水經》汶水出泰山萊蕪，歷奉高、嬴、博之境，至安民亭入濟，則今運河西濟故瀆也。蓋濟之見伏不常，汶之西流合於濟，所從來久矣。國朝永樂中，宋公開會通河，始築戴村壩以遏其西流之道，而南出之汶上以入於運。其稍逸而西出者，環東平而北，承濟故瀆之支流，號爲大川清河以入海，則所謂『鹽渠』云。會通河成，究之泉皆滙於汶、泗，轉注漕渠。即稍逸而西出，海王之國竊借以行鹽筴，皆漕之餘瀝也，而濟之名賴以存焉，爾豈能與漕争哉？歷歲滋久，壩或圮墜，時以全流漫衍而西。夏秋伏發，南旺以北舟膠不行，則漕渠病； 東原之田或若羡溢，膏壤畝鍾化爲沮洳，則民亦病。是左涸漕渠、右蕩平陸。而以利鹽筴也，海王之國，歲所佐水衡少府幾何，而苦東原之民以與漕争若此乎！然猶有異焉。障而不洩，漕亦苦溢，故斟酌挹損制河渠之盈虚，在汶之上流耳。

隆慶中，少司馬萬公謂汶至戴村勢如建瓴，不可復收，且以土爲壩，疏而善潰，乃上就坎河口壩以積石，石如累丸，沙流其下，久之亦潰，而坎河之功始此。萬歷丁亥，河決病漕，詔簡從官行視。今太僕常公爲工科給事中，奉璽書從事，與巡撫李公北行濟、汶間，乃奏言：『臣居敬與都御史臣戴行汶上流，今長吏雜視畫便宜狀，皆言坎河口宜爲壩。其法用丈許大石夾砌如墉，實細石其中，塗以堊柎。上鋭下豐，狀如魚脊。水高於壩，漫而西出，漕無溢也； 水卑於壩，順流而南，漕無涸也。且居民亦不害。臣等謹與郎中臣吴之龍，主事臣蕭雍、臣王元命，按察使臣曹子朝，參政臣郝維喬、僉事臣和震等議，皆稱便。』大司空覆奏，制曰可。會御史大夫潘公至復率諸司往閲，乃檄郡邑吏營之。計築石壩長四十丈，高三尺，上博丈五尺，下益尺六之一，兩翼之長視壩減五之二，其高倍之。左右爲土隄丈之二百三十，東岸爲石隄厚一丈。經始於戊子閏六月，明年三月告成，費凡八千金有奇。諸公不自有也。

曰：『兹匪神庥，其克有濟，乃爲龍宫於上，伐石紀績，用示永久。東平守謂行郡人請勒辭焉。不佞嘗謂漕渠所患，獨南旺以上時或少涸，則其故在坎河。世争言漕河利病，置此毋談，何也？一旦上用常公言，下詔興築，潘公受而成焉，譬漏水在壺，一以爲盈而挹之，一以爲涸而注之，晝夜不舍，無當於漏，調渴烏之吻，正虬之咽，則衡渠之水可錙銖而稱矣。何者得其本也？故吾於坎河之渠，嘉諸公之功，而幸宋公之渠有永賴焉。』

按： 戴村三壩通長一百二十六丈八尺。北爲玲瓏壩，高七尺，長五十五丈五尺； 中爲亂石壩，高六尺二寸，長四十九丈一尺； 南爲滚水壩，高五尺，長二十二丈二尺。汶水伏秋漲發，挾沙而來，上清下濁，水由壩面滚入鹽河，沙由玲瓏亂石洞隙隨水滚瀉。冬春水弱，上下俱清，則築土堰滙流濟運。所以水不泛濫，沙不停淤。國朝雍正四年，內閣學士何公國宗議於三壩之內增築石壩一道，高寬堅實，涓滴不行，石工橫亘，既無尾閭以洩水，又無罅隙以通沙，汶河挾沙入運，淤積日高。雍正九年，署總河田公文鏡奏請拆去新建石壩，即以所拆石料修葺舊壩。總河朱公藻以新壩椿石堅厚，應因時制宜，改建磯心五十六座，中留水竇五十五門，安設牐板以資蓄洩。然當時即不能啟閉，另築土隄名春秋壩。乾隆二年，户部侍郎趙公殿最議覆副都御史陳公世倌條奏，又以朱公所改涵洞泥沙壅塞，不能啟閉，請於中間迎溜之處用灰石填塞，兩頭各留八洞下板攔束，春秋壩悉行起除。部議謂中洪堵塞，水分兩流，既恐湍激之水直射壩身，又慮逼近崖岸摟刷隄根，未便允行。

乾隆十三年，大學士高文定公斌奏，汶水未漲，靈瓏走洩濟運之水，甚爲可惜，請靈瓏壩兩頭各留五丈，中間三十九丈落低七寸。十四年議准落低。三十六年伏秋盛漲，過水一丈五尺餘寸，冲塌壩身八十餘丈，三十七年動帑重修。

以上爲東平州州同汛。州同一員，淺夫十四名。兩岸隄長三千四十丈，官隄九百三十丈，自靳口牐上龍王廟交界起，至東平所汛界牌止，計程十八里入東平所境。東平所千總一員，軍夫二十名，共夫六十一名，內外委一名，百總二名。兩岸隄長二千一百六十丈。官隄一千三百二十四丈，自所汛界牌起，至安山牐止，計程十二里入東平州州判汛。

牐官一員，牐夫三十名。

由安山牐三十里至戴家廟牐。

明嘉靖十九年建，《北河續記》作十六年。國朝乾隆四年修。金門寬二丈二尺，高一丈八尺。

《居濟一得》：戴廟放船，舊候荆門牐會牌，以至遲滯。今不宜候荆門牐會牌，但安山牐會牌一到，即便啟板放船。蓋荆門舊止一牐，下板不候會牌，每致通漕。今上下兩牐，俱經下板，一啟一閉，必無通漕之患。

月河八十二丈。

安山牐上、安山牐下、趙家園、十里舖即積水湖古淺四，今仍淺；紅沙灣、朱家莊、吴家漫今淺三。

西岸安濟牐似蛇溝牐，建置年月、高寬丈尺均與通湖牐同。安山湖圈隄，復有沈家口、朱家口、王家口、楊家口、趙家口、吴家口等六牐俱。雍正五年，內閣學士何公國宗議收梁山魚營一帶坡水建築，今廢。

牐官一員，牐夫二十八名。

由戴家廟四十四里《備考》『三十六里』。**至荆門上牐**舊名南牐、北牐，阿城七級同。

元大德六年建，國朝乾隆十六年修。金門寬二丈五寸，高一丈八尺。

《居濟一得》：荆門牐塘河與甎、板牐、天井牐、在城牐均爲水門關鍵，蓋不使水之下洩也。自司牐者不詳察古人建牐之義，往往兩牐齊啟齊閉，以致上源之水一洩無餘。湖水甚大，船猶可行。天旱之年湖水一小，東昌一帶在在淺阻，皆由啟閉失宜之故也。故宜倣甎、板牐、天井牐，在城牐例，上啟下閉，下啟上閉，務使船皆可出而水不大洩，此誠運河之一大關鍵也。今春一用之，而東昌上下水勢足用，並無淺阻之患，張秋以南水勢盛大可備異日之用，又何慮糧儲之不早登天府乎？如牐上積船太多，又不可拘此例，須兩牐齊啟板，則放船更快。但船少之時，須一啟一閉，決不可兩牐齊啟，致洩水勢。上下兩牐板俱要下板二十塊，少則不足以蓄水矣。

又：荆門上牐所以關南旺以北運河之水也，其牐與天井牐相對，故宜設鎖如天井牐之制，而其鑰匙宜掌之於捕河廳，一啟一閉，繳上牐鑰匙使領下牐鑰匙，繳下牐鑰匙使領上牐鑰匙，不得混行開放，以洩水勢。

月河長一百一十五丈。

戴廟牐上古淺一，今仍淺；牐下、張家莊、沙灣古淺三，今俱不淺。八里廟、利建涵洞、平水牐、五空橋、文昌閣、三里鋪、五里鋪新淺七，又老隄頭、紅寺新淺二，上牐下舘驛灣古淺一。

東岸三空橋，明景泰五年建，洩運河異漲之水，三十里至東阿縣之鬬雞山，又五里至斑鳩店入鹽河，歸大清河。國朝乾隆三十二年，總河李公清時奏明，改爲五空橋，落低三尺。

西岸老黄河口，今廢。

以上爲東平州州判汛。州判一員，淺夫二十四名。兩岸隄長五千四百丈，官隄三千二百丈，自安山牐東平所汛起至三空橋止，計程三十里入壽東汛。東平州，周爲魯附庸須句國，後屬魯；戰國時屬齊；秦屬東郡，置須昌縣；漢爲東平國，治無鹽；晉東平國，治須昌；宋爲東平郡；北魏因之；隋東平郡，治鄆城；唐須昌，爲鄆州東平郡治；宋爲東平府；金謂之東京；元改爲東平路；明降爲州，省須城縣入屬兗州府。今屬泰安府治，在運河東北十五里。

東岸曹家單薄雞心埧長八十一丈，又沙灣子埧、貼心埽埧長六十一丈，又接連雞嘴埧長十九丈。康熙六十一年，河南武陟縣黄水漫溢，建築斷流。該埧頂冲迎溜，兼以沙、趙二河汛水異漲，危險堪虞，歷年加鑲，高厚不一。

又平水三牐，乾隆二十年建。

按：是時山東巡撫楊公應琚請於運河東岸添建牐座，並酌開水口分洩西岸積水。經總河白公鍾山議，張秋西岸上承趙王河、沙河來水暨濮、范等邑窪地坡水，由積水橋道人橋分洩入運。運河有餘之水向有東岸三空橋、五空橋洩入鹽河。近年上游各州縣疏通民便等河宣導坡流，較前倍多，悉行滙注，穿運入橋。橋空稀少，宣洩不及，以致西岸窪地積潦難消，農民不能及時耕種。今查橋內鹽河東北至大清河六十餘里，河身寬濶，愈東愈低，下游入海去路並無阻塞，宜於三空橋迤北、五空橋迤南，近對西岸諸河進水之八里廟後添建減水牐三座，相機啟閉，以資暢洩。每座出水金門各寬二丈，牐底高運河底一丈，高鹽河底五尺。

利浚涵洞一，在南牐之北、中牐之南。八里廟滚水壩，乾隆二十三年，以五空橋底高宣洩不暢創建此壩，寬十二丈，上設木橋以通人行。五空橋，明宏治十年建。面寬十一丈五尺，底高一丈二尺。國朝乾隆二十七年，總河張愨敬公奏明落低，現在底高七尺。

宋祖乙《重修五空橋記》：張秋城南之有五空橋也，創始於明宏治十年，重修於皇清順治八年。聿考創始，以明宏治初河徙汴北，東北下張秋入漕，益以六年霪潦，水大泛漲，遂決漕東岸，截流奪汶而入於海。漕乃中竭，南北道阻，特命劉忠宣內官李興、平江伯陳鋭總督山東兵民夫役往治，乃疏賈魯河、孫家渡，塞荆隆口、黄陵岡，築兩長隄蹙水南下。又恐兩隄綿亘千里，河守一失，復決張秋爲漕祟，爰相地於張秋舊決之南一里許高築河隄，仍用近世減水壩制，植木爲杙，中實甎石，上爲衡木，著以厚板，上漫巨石，爲梁五竇，梁可引纜，竇可洩水，用需漕運。迄今幾歷三百祀矣，石頹木落，板爛土湮，相沿而未有整者。

順治庚寅，工部郎閻君欽命視河，初莅安平，正值黄河決荆隆口，水勢溢溢洶激，患及張秋，河隄兩岸獨此隄完無虞，良由此五空洩水殺其威也。閻公喟然曰：『橋於今誠有賴，信先賢制作美備哉！』雖然竇可通水，而梁既圮，土石相傾，壅滯多激，未免旁衝之患。其梁傾路廢，牽挽無由，竟成一大決口。舟至輒阻不幾，棄先賢制作爲無用耶。

閻公乃於八年春，乘重運未至，估計度材，重爲修葺，謀之東阿令史公三榮榷木選椿，役夫於淺舖之額，掀石於泥沙之中。共計巨木百有五十，灰萬有五千。蔴千有七百餘，釘百有餘斤，石揀用二百餘塊，匠工八百零，夫工千有一百六十，役不重費，工可倍昔，閱月而橋屹然告成矣。且五竇既疏，湍急可殺，擔負車馬，利不病涉，引緪挽纜，展道坦然。是舉也，疏通漕儲，用裨軍國，巨功也；接濟往來，利涉大川，至仁也；元圭奏績，而民不勞，鴻才也；克昭前賢之令緒，大德也。一舉而四善備，不可無文以志不朽。公諱廷謨，號嵩嶽，丙戌進士，河南孟津人。

西岸黄家隄木石橋一，又便民橋一，積水牐一。舊黄河口，明成化七年建。又引河一，俱洩趙王河水。沙灣大壩長四十三丈，寬一丈五尺，高一丈三尺，雍正六年築，十三年題定編入歲修。引河二，俱洩沙河水，一由道人橋入運。又涵洞二，曰蕭公廟，曰牐子口。

以上爲壽東主簿汛。主簿一員，淺夫三十九名。半隄長七千二百丈，官隄二千七百一十一丈，自東平州州判汛起至陽穀汛止，計程三十五里入陽穀汛。壽張，春秋良邑；戰國爲剛壽；漢置壽良縣，光武避叔父諱，改今名；元屬東平路；今隸兖州府，治在運河西三十里。東阿，春秋爲齊邑，莊公十三年盟於柯即此；歷漢至唐俱屬濟北，後改爲鄆州；元改鄆爲東平；明洪武初，以水患徙治穀城，即今邑。今隸泰安府，治在運河東六十里。

趙王河自積水牐起至曹縣紙房集止，長三百七十八里。上通鄆城、曹州等八州縣，坡水合流滙聚，出積水牐入運。伏秋坡河並漲，沙灣埽埧俱屬頂冲，甚爲險要。

《山東通志》：自儀封、祥符、曹縣、菏澤分流，由鉅野嘉祥入牛頭河，至鄆城爲古灉河，又爲棗林河，由濮州、鄆城、汶上入壽張爲趙王河，又經陽穀復入壽張界，逕巡半邊店至積水牐。

《居濟一得》：此河自張秋南沙灣小牐起，係東阿縣地方，三里至丁家橋，又七里至萬家橋，河東岸係東平州地方，河西岸係陽穀縣地方，又三十一里至黑虎廟，係壽張縣地方，又十四里至李家橋，係汶上縣地方，又九十里至紅船口橋，係鄆城縣地方，又二十五里至閻什口橋，係濮州地方，直至雙河集，兩岔分流：一入小黄河，至南旺，入牛頭河；一即爲棗林河，由沙灣小牐入運。其上爲壖邱坡之水，又其上爲天鵝坡之水，遞而上之以至於荆隆口，六七百里之遥。若稍爲疏浚，其利當無窮也。

沙河自沙灣大埧起至東明縣之李連莊止，計長三百五里，通范、濮等五州縣諸窪之水，合流滙聚由引河入運。每遇伏秋水勢浩大。

《山東通志》：沙河大埧，明之廣濟渠口也。景泰中徐有貞治沙灣決口，先爲疏水之渠，起張秋金隄，通壽張之沙河，西南至於竹口，又西南至大瀦潭，踰范暨濮，上接河沁之水出通源牐濟運。蓋導上流有源之水以瀦之爲渠也。自築黄陵塞斷河流，衹藉各坡水灌注，運長則長，運消則消。水所經由，類皆沙石，下無滋灌之益，而有淤澱之虞。成化中，於沙河口建築土埧，引入支河，由道人橋入運。今循厥舊，修築勿墜。

《張秋志》：安平以西諸州邑水利，其源自黑羊山澶淵等坡而入濮者爲魏河，其源自澶淵青龍等坡而入濮之董家橋者爲洪河，其源自曹州而入濮者爲小流河。三河合流於濮之東南，出楊二莊橋入范縣竹口，又東逕張秋城南，過道人橋達月河。其溢出者則由通源牐俱入運河。又有源自曹、濮逕范縣迴龍廟而來者爲清河，亦名水保河，有源自定陶新集而來者，爲天鵝坡之水，有源自鄆城出五岔口而來者，爲壖邱坡之水，俱入西裏河，逕黑虎廟楊家橋至沙灣小牐入運河。

方張秋之未決也，津流逕通，直抵運道。及張秋屢決，高築隄岸，扼其下流，而故渠亦往往湮廢。故開濮、曹、濟之間，遂苦水患，溢之於東則范縣、壽張、陽穀爲壑，溢之於北則清豐、南樂、觀城、朝城、莘縣、聊城爲壑，溢之於南則鄆城、定陶、曹縣、鉅野爲壑。蓋譬之身乎，曹、濮諸州邑其腹也，張秋其尾閭也。尾閭下壅而欲腹無中滿，得乎？

先是，司河者執拘攣，重爲運道慮，而不敢量爲疏通，諸州邑之患遂計畫無復之矣。愚謂前此之決河爲患耳，自黄陵岡一築，則河害永絶，而運河之東又設有諸減水牐壩，可恃節宣，即使鄆、濮諸水溢而東出，由鹽河入海，豈遂有妨於運乎？余初承乏安平，值大澇後，鎮西諸水不得外瀉，率鍾爲汙澤。余謂盡啟沙灣諸堰，聽其常流，諸邑沮洳得見土可蓺，即漕河亦稍資其灌輸，此已事之一驗矣。今州邑長吏若能就故道，準高下，開濬成渠，上下通利無阻，旱則遏流股引，資其灌溉，潦則疏湮導滯，任其東趨，下不病民，上不妨運，斯亦兩利之術也。

《問水集》：汶泉之水遇旱則微，滙水諸湖以淤而狹，運舟恒苦淺澀。若於武陟境内沁河横建滚水石壩，於東岸開三斗門，引沁自原武、陽武北界大隄之外逕延津縣，南循大隄而東，至長垣界入黄河舊衝張秋故道，又東至曹州境舊分水處，黄河舊於此分流，一大支逕冲張秋，一小支下濟寧永通牐月河。北向張秋之道則設一牐，南向濟寧之道則大加疏濬，俾出永通牐入運河。旱則沁水盡東，全濟運河；澇則半由滚水壩仍歸黄河。是運河又增一汶，爲永遠無窮之利，黄河亦可少殺矣。

《居濟一得》：沁河發源於山西，由河南武陟縣東四十里木欒店，往東南會入黄河。若將此河改來入南旺濟運，則南北俱無淺阻之患矣。但沁河之水微則利，大則害，須於引河頭建牐一座，水小時開放濟運，水大時下板閉牐，使不爲害。仍宜於十月以後開牐放水，至五月初一日即行閉牐，仍於牐外建築土壩，使水不至牐，則下源永無泛濫之虞。此河由武陟、獲嘉、原武、陽武至封邱劉廣，挑通六里至王奓莊，即入荆隆口舊河。由祥符、長垣、蘭陽、東明、曹縣、定陶、曹州至雙河集，往東由鉅野縣安興墓巡檢司至鄆城縣，東由宋家窪入南旺湖，又由南旺湖北流，出兼濟牐濟運。又於曹州雙河集分支河一道，由曹縣、單縣、金鄉柳溝河入魚臺南陽湖。又於鄆城東分支河一道，由鉅野、嘉祥小黄河入濟寧牛頭河，至魚臺亦歸南陽湖，至沛縣昭陽湖、微山湖，由徐州荆山口下邳州猫兒窩，出彭家河口，過運河入駱馬湖。又由宿遷西寧橋歷桃源、清河、安東、沭陽、海州頭圖口大伊山下海。

但徐州荆山口已被黄水淤墊，即使挑乞，隨挑隨淤，必無善法。須接沛縣太行隄建築攔黄隄一道，由張谷山、藺家山、荆山口南至子房山，使徐州以上黄河之水出黄河者，仍由子房山下歸入黄河，不惟荆山口之淤墊可以挑乞，而邳州一帶之湖不致淹没，俱可爲膏腴之田矣。此河一成，若慮張秋水大，又可於大感應廟東建牐一座，將戴村壩下汶河築壩堵塞，使水由牐入運。冬春小水，又係清水，則放入濟運；伏秋水大恐有沙淤，則堅閉石牐，開坎河口使水由鹽河下海。則南旺塘河免致淤墊，而亦可省歲歲挑穵之費矣。

按：明劉天和嘗欲引沁入衛，常居敬駁之，以爲沁水甚濁，臨德一帶必致淤塞，而入運之説猶未致辨。故《居濟一得》復有數道分洩之議。第水緩則沙停，亦恐旋濬旋淤，徒費人力。惟十月開放、五月堵閉，似可參酌試行。今並録之，以備採擇。

張秋跨河爲城，周世宗時遣宰相李穀治隄，自陽穀至張秋口是也；宋改爲景德鎮；元有景德鎮都水分監；明劉大夏治沙灣功成，賜名安平鎮。

《張秋志》：蓋談張秋河政者，其利在汶，而其要在黄河。夫古黄河自大伾而北，從信都滄瀛北入於海，去鎮故風馬牛不相及也。即汶水故道，亦從東北合濟瀆以入海，與鎮無涉焉。時境上之水，惟汴渠及北濟之支讀爾。自後河漸南徙，潰金隄，至漢元光中決瓠子，注鉅野，建始中決舘陶，灌東郡，而害始左右波及於張秋矣。於時河、汴決裂，東浸瀰廣，至永平中，乃詔樂浪王景修汴渠隄，自滎陽至於千乘入海口千餘里，河、汴分流，復其故蹟，而兩鄆之間得免於河害者幾七百年。至五代北宋時，河復南決，百餘年中凡四決楊劉，七泛鄆濮，而張秋非當其口，則首受其下流，被害尤極。故後周遣宰相李穀監治隄，則起陽穀屬之張秋。宋設鄆州六埽，則張秋居其一，孑遺一鎮，何啻今日之徐、邳也。自南渡後，河益南徙，由渦入淮，而東流故道遂涸。

至元二十六年，始用壽張尹韓仲暉議，自安民山西南開河，由壽張西北歷張秋至臨清，引汶絶濟，直屬御、漳，賜名『會通』。又特設都水分監於景德鎮，即張秋。以飭牐渠之政令，而張秋始稱襟喉重地矣。明初北征，舟師饟道俱逕此途。至洪武二十四年，河決原武黑洋山，由曹州、鄆城西安口漫安山湖，而會通河塞。永樂九年，復命尚書宋禮等濬其故道，自沙灣南暨袁家口，則稍北徙二十里，而又改壩戴村遏汶水分流南旺，而運道復通，八百斛之舟迅流無滯，歲漕東南數百萬石，上給京師。蓋會通之業自明收其全功，而利十倍於元矣。

然是時，猶堰黄河支流，自金龍口至沙河□□□，以濟汶流之□□，雖資其利，能祛其害乎？故至正統十三年，河決滎陽，自開封北經曹、濮，衝張秋，潰沙灣東隄以達於海。遣侍郎王永和塞之，弗績。景泰之二年，遣尚書石璞往治，兩年之中再塞再決，迄無成功，乃復輟侍從臣徐有貞僉都御史往，貞至則上言：『河自雍而豫，出險即夷，水勢奔放，又由豫而兖，土益踈而水益横。沙灣之東所謂大洪口者適當其衝，故決而奪濟、汶以入於海。今欲驟堙之不可，請先疏其水。水勢平，乃治其決，決止，乃濬其淤。』制曰可。

貞於是度地行水，濬廣濟渠，起張秋金隄達於大潴，踰范暨濮，經澶淵上接河、沁，爲設九堰，以節其過而導其微，俾不東冲沙灣。更北出通源牐以濟漕渠之涸，而又作大堰，即戴家廟之三空橋，又一名金線牐。殺以水門，入大清以達於海。水勢既平，乃濬漕渠四百餘里。

貞先後臨治，凡四載工始成。先是，沙灣之決垂十年，時僥有天幸，河南徙入淮勢少殺，故貞得竟其功。然猶踵前人故智，引河入漕，强半欲資其利也。故貞之言曰：『水勢大者宜分，小者宜合。今黄河勢大，故恒衝決，運河勢小，故恒乾澀，必分黄河、合運河，則可去其害而取其利。』嗟乎！河不兩行，事無兩利，見其利而遂忘其害，君子是以知役之不終矣。

至宏治之二年，河果復決金龍口，逕曹、濮下趨張秋，命侍郎白昂治之。遂塞金龍口，於滎澤開渠導河由陳潁入淮，而張秋賴以稍寧。至六年，河復決張秋，潰東隄，奪汶入海，咽喉幾絶。訛言沸騰，謂河不可復治，宜復元海運，而朝議弗之是也。命都御史劉大夏及太監李興、平江伯陳鋭視之，曰『張秋是下流襟喉，未可輒治，治上流導之南行，候其循軌，而後決可塞也。』乃發丁夫，一濬賈魯河，出彭城入泗；一濬孫家渡由潁壽入淮；一濬四府營淤河，一由小河口，一由渦河入淮。於是沿張秋兩岸東西築臺立表，聯巨艦，實以土石，穴而沈之，壓以大埽，合且復決，隨決隨塞，凡三晝夜乃成。又於上流黄陵岡築隄二百餘里，以斷其流。於決口迤南建減水石垻，即五空橋。以殺其勢。蓋不藉其利，而亦不被其害。河始全趨歸德、徐、淮以入海，而涓滴不及於會通，張秋遂無河患。工成，賜鎮名曰『安平』。

夫明自初葉以來，張秋決者三，而宏治癸丑爲甚。諸臣塞決者三，而劉公大夏爲最，迄今百有餘年，遠袪河害而獨資汶利，狂瀾不驚，歲運如期，伊誰之力哉？即牐河淤淺固時有之，要之可人力爲者非難也。然則守黄陵岡之舊隄，時泉湖之蓄洩，其張秋今日之急務乎！

按：自黄陵岡築垻之後，東省運河藉爲外蔽，張秋一帶民田廬舍庶幾可以無憂。然當順治七年河決荆隆口，衝潰隄岸，由大清河入海，東兗齊北皆罹其害。九年又決大王廟口，沙灣復潰，阻絶運道。總河楊公方興修築隄岸，又自西岸河邊起至八里廟河邊止，開引河五百丈，至順治十三年工始告成。康熙六十年，又決武陟縣之詹家口、馬營口魏家口，合流直注沙灣，泛濫四出，漕運幾梗，費帑百萬僅能塞之。六十一年又決於釘船幫，由李先鋒莊逼馬營口，隄裂二十餘丈，水深溜急不可塞。六月又決於秦家廠，釘船幫大垻又陷四十五丈，乃倍費帑金，廣派人夫，於廣武山下王家溝、官莊峪開挑引河，水勢稍平，雍正元年正月築塞方竣。是年，武陟縣姚其營、梁家營、二鋪營及詹家店，馬營口又漫坍八處，駸駸有下注沙灣之勢。近數十年雖號安瀾，但金鄉、魚臺、徐州、沛縣等處地處下流，恃有太行隄隔絶，昭陽、微山等湖可免黄水淤墊。而張秋沙灣地居上游，荆隆口上下適當黄河南折之初，隄防踈懈，至易生事。保運之道，又在豫工廳汛加意綢繆矣。

《讀史方輿紀要》：五代周顯德初河決楊劉，遣宰相李穀治隄，自陽穀抵張秋。元至元二十七年，會通河成，置都水分監於景德鎮。明正統十三年河決滎陽，沖張秋；景泰三年潰沙灣，徐有貞爲廣濟渠建通源牐；宏治六年又決，奪汶入海，劉大夏等治之，賜名『安平』。抱河爲城，周八里，北河都水分司治焉。城北有戊己山，築土所成，下臨龍潭，即故決口也。山名『戊己』，取土制水之意。潭在鎮北半里許，深不可測，一名『平河泉』。

明徐有貞《敕修河道功成之碑》：惟景泰紀元之四年冬十月十有一日，天子以河決沙灣弗克，治集左右丞弼暨百執事之臣於文淵閣，議舉可以治水者，僉以有貞應詔，乃錫璽書命之行。天子若曰：『咨爾有貞，惟河決於今七年，東方之民厄於昏墊，勞於堙築，靡有寧居，既屢遣治而弗即功，轉漕道阻，國計是虞。朕甚憂之，兹以命爾，爾其往治。欽哉。』有貞祗承惟謹，乃奉揚明命，戒吏飭士，撫用士衆，諮詢群策，率興厥事。已乃周爰巡行，自東北徂西南，踰濟、汶，沿衛及沁，循大河，道濮、范以還。

既究厥源流，因度地以行水，乃上陳於天子曰：『臣聞凡平水土，其要在乎天時、地利、人事而已。天時既經，地利既緯，而人事於是乎盡。且夫水之爲性可順焉以導，不可逆焉以堙。禹之行水行所無事，用此道也。今或反是，治所以難。蓋河自雍、豫出，險固而之夷，斥其水之勢既肆。又由豫而兖，土益疎，水益肆。而沙灣之東所謂大洪之口適當其衝，於是決焉而奪濟、汶入海之路以去。諸水從之而洩，隄以潰，渠以淤，澇則溢，旱則涸，漕途所爲阻與。然欲驟而堙焉則不可，故潰者益潰，淤者益淤，而莫之救也。今欲救之，請先疏其水勢，水勢平乃治其決，決止乃浚其淤，因爲之防，以時節宣，俾無溢涸之患，如是而後有成。』制曰可。

於是乃作制水之牐、疏水之渠，隨宜先後之渠，則異流同歸，牐乃上下櫛比，以次啟閉。渠起金隄張秋之首，西南行九里而至濮陽之濼，九里而至博陵之陂，又六里而至壽張之沙河，又八里而至東西影塘，又十五里而至白嶺之灣，又三里而至李崋之涯，由李崋而上，又二十里而至竹口蓮花之池，又三十里而至大瀦之潭，又踰范暨濮，又上而西北數百里，經澶淵以接沁河之水。過則害，微則利，故遏其過而導其微，用平水勢。既成，名其渠曰『廣濟』，牐曰『通源』。渠有分合，而牐有上下。凡河之旁出而不順者皆堰之，堰有九，長袤皆至萬丈。九堰既設，其水遂不東衝沙灣，乃更北出以濟漕渠之涸，阿西、鄄東、曹南、鄆北之地出沮洳而資灌溉者，爲頃百數十萬。

行旅既便，居民既安，有貞知事可集，乃參綜古法，擇其善而爲之，加神用焉。妥作大堰，其上殺以水門，其下繚以虹隄。堰之崇三十六尺，其厚什之，長百之；門之廣三十有六丈，厚倍之；　隄之厚如門，崇如堰，而長倍之。架濤截流，攔木絡竹，實之石而鍵之鐵，蓋合土、木、水、火、金而一之，用平水性。既乃導汶、泗之源而出諸川，滙澶、濮之流而納諸澤，遂濬漕渠，由沙灣而北至於臨清，凡二百四十里，南至於濟寧，凡二百一十里。復作放水之牐於東昌之龍灣魏灣凡八，爲水之度，其盈過丈則放而洩之，皆通古河以入於海。上濟其源，下放其流，既有所節，且有所宣。由是水害以除，水利以興。

初議者多難其事，至欲棄渠弗治，而由河沁及海以漕，然卒不可行也。時又有發京軍疏河之議。有貞力奏，蠲瀕河州縣之民馬牧庸役而專事河防，以省軍費、紓民力。天子從之。

是役也，凡用工人聚而間役者四萬五千有奇，分而常役者萬三千有奇；用木大小之材九萬六千有奇；用竹以竿計倍木之數；用鐵爲斤十有二萬；鍵三千絙八百，釜一千八百有奇；用麻百萬，荊倍，藁稍又倍之；而用石若土則不計其算，然其用糧於官以石計僅五萬而止焉。蓋自始告祭興工至於工畢，凡五百五十有五日。

於是治水官佐咸以爲水之治，自古爲難，矧兹地當兩京之中，天下之轉輸貢賦所由以達，使終弗治，其爲患孰大焉？夫白之渠以溉不以漕，鄭之渠以漕不以貢，而工皆累年，費皆鉅億。若漢武之瓠子，不以溉，不以漕，又不以貢，而役久不成，兵民俱敝，至躬勞萬乘，投璧馬、籲神祇而後已。以彼視此，孰重孰輕、孰難孰易？乃今役不再期，費不重料，以溉焉、以漕焉、以貢焉，無弗便者，是於軍國之計、生民之資大矣、厚矣。其可無紀述於來世？

臣有貞曰：凡此成功，實惟我聖天子之所致，所以俾臣之克效，不奪浮議，非天子之至明孰恃焉！所以俾民之克寧，不苦重役，非天子至仁孰賴焉！有貞之於臣職，其惟弗稱是懼，矧敢貪天子之功？惟天子至明至仁之德，不可以弗紀也。臣有貞嘗備員翰林國史，身親承乏，不可以嫌故自輟，乃拜手稽首而爲之文曰：

皇奠九有，歷年惟久，延天之祐，既預而豐。有蔀以蒙，見沬日中，陽九百六，數丁厥鞠。龍蛇起陸，水失其行，河決東平，漕渠以傾。否泰相承，運惟中興，殷憂乃疑。天子曰，吁！是任在予，予可弗圖？圖之孔亟，歲行七易，曾靡底績。王會在兹，國賦在兹，民便在兹，孰其幹濟？其爲予治，去害而利。惟汝有貞，勉爲朕行，便宜是經。臣拜受命，朝嚴夕警，將事惟敬。載驅載馳，載詢載謀，載度以爲。乃分厥勢，乃隄厥潰，乃疏厥滯。分者既順，隄者既定，疏者既浚。乃作水門，鍵制其根，河防永存。有埽如龍，有堰如虹，護之重重。水性斯從，水利斯通，水道斯同。以漕以貢，以莫不用，邦計惟重。惟天子明，浮議弗行，功是用成。惟天子仁，加惠東民，民是用寧。臣拜稽首，天子萬壽，仁明是懋。爰紀厥實，勒諸貞石，昭示無極。

王鏊《安平治水功成碑》：安平鎮舊名『張秋』，實運河要地也。景泰間，黄河支流決鎮之沙灣，壞運河。朝廷命僉都御史徐有貞塞而隄之。宏治二年，河徙汴城東北，過沁水溢流爲二：一自祥符于家店，經蘭陽、歸德至徐邳入於淮；一自荆隆口黄陵岡東，經曹、濮入張秋運河。六年夏大霖雨，河流驟盛，遂決黄陵岡，潰張秋隄，奪汶水以入海。運河自東昌而下，率多淤涸，舟楫不通。天子以爲憂，命右副都御史劉大夏往治之。時訛言沸騰，謂河不可治，治之秖勞且費；或謂河不必治，宜復前元海運；或云陸挽雖勞無虞。上復命太監李興、平江伯陳鋭總督山東兵民夫役與之共事。

時夏將半，漕集張秋，帆檣鱗次，財貨山委。決口奔猛，戒莫敢越。或賈勇先發，至則戰悼失度，人船滅沒。鋭等聚謀，於西岸稍南鑿月河長三里許，引舟由之。於是舳艫相銜，次第皆濟，歲運賴以不失。及冬水落，乃於張秋兩岸東西築臺立表，貫索網聯，巨艦穴而窒之，實以土牛。至決口去窒沉艦，壓以大埽。合且復決，隨決隨築，吏戒丁勵，畚鍤如雲，晝夜不息，水乃自月河以北。決既塞，繚以石隄，轉以楗柱，又於上流作減水壩，又濬南旺諸湖泉源，又隄河三百餘里，漕道復通。

事聞上，遣使慰勞，令作廟鎮其上，賜額曰『顯惠神祠』，鎮曰『安平鎮』。命臣鏊紀其事，臣拜手稽首而獻詩曰：

翼翼皇都，殿此上游。灌輸東南，艨艟來浮。黄河奔溢，勢如萬馬。遂嚙黄岡，溢於鉅野。帝咨於朝，疇予治者。咨汝大夏，汝鋭、汝興，協謀合力，績用乃登。三臣受命，單車來屬。乃相乃巡，乃釃乃鑿。既隄黄岡，張秋乃築。維天與時，維人効力。神謀鬼輸，隮林菑石。昔事之始，訛言震驚。不震不奪，由天子明。惟明天子，惟慎厥使。殷其如山，功成有偉。塗人歌矣，居人和矣。舟之方之，維其多矣。屹屹安平，新命孔虔。四方攸同，於萬斯年。

劉健《黄陵岡功成碑》：宏治六年，河決黄陵岡，潰張秋隄，運道阻絶。天子命劉大夏治之，又以總督之柄付内官李興、平江伯陳鋭，俾啣命往。三臣者同心協力，祗奉詔命。遂自張秋決口視潰決之源，以西至河南廣武山淤涸之跡，以北至臨清衛河。地形事宜既悉，以治河之道通漕爲急，乃於決口兩岸鑿月河，屬之舊河以通漕。漕舟既通，又相與議。黄陵岡在張秋之上，而荆隆等口又在黄陵岡潰決之源，築塞固有緩急，然治水之法不可不先殺其勢。遂鑿滎澤孫家渡河道七十餘里，濬祥符四府營淤河二十餘里以達淮，疏賈魯舊河四十餘里，由曹縣梁進口出徐州運河。

支流既分，水勢漸殺，於是乃議築塞諸口。其自黄陵以上，凡地屬河南者悉用河南兵民夫匠，即以其方面統之副使張鼐，指揮劉勝分統荆隆等口，僉事李善、指揮王杲分統黄陵岡，而興、鋭、大夏往來總統之。博采群議，晝夜計畫，殆忘寢食，故官屬夫匠等悉用命，齊心畢力，遂獲成功焉。

初河南諸口之塞，惟黄陵岡屢合而屢決，爲最難塞。之後特築隄三重以護之，其高各七丈，厚半之。又築長隄，荆隆之東、西各二百餘里，黄陵之東、西各三百餘里，直抵徐州。俾河流恒南行故道，而下流張秋可無潰決之患矣。

是役也，用夫匠以名計五萬八千有奇，柴草以束計一萬二千有奇，竹木大小以根計一萬二百有奇，鐵生熟以斤計一萬九百有奇，麻以斤計三十二萬有奇。其興工以宏治甲寅十月，而畢以次年二月。

會張秋以南至徐州工俱畢，興等遂具工完始末以聞，天子嘉之，賜興禄米歲二十四石，加鋭太保兼太傅，禄米歲二百石，進大夏左副都御史，理院事，諸方面官屬進秩增俸有差。乃於塞口各賜額立廟，以祀水神。安平鎮曰『顯惠』，黄陵岡曰『昭應』。已而，又命翰林儒臣各以工完之跡文之碑石，昭示永久。臣健以次撰黄陵岡。臣惟前代於河之決而塞之者，漢瓠子，宋澶、濮、曹、濟之間，皆積久而後成功。或至臨塞，躬勞萬乘。今黄陵岡諸口潰決已歷數年，且其勢洪濶奔放，若不可爲，而築塞之功未盈二時。此固諸臣協力、夫匠用命之所致，然非我聖天子至德格天，水靈效職及宸斷之明、委任之專，烏能成功若是之速哉？臣職在文字，覩兹惠政，誠不可以無紀述。謹摭其事撰次如右，且繫之以詩曰：

『中州之水，河其最大。龍門底柱，猶未爲害。太行既北，平壤是趨。奔波潰決，遂無寧區。粤稽前代，築修屢起。瓠子宣房，實肇其始。皇明啟運，亦屢有聞。安平黄岡，奏決紛紜。壞我民廬，損我運道。』帝深憂之，成功厥早。乃命憲臣，乃宏廟謨。諄諄戒諭，冀效勤劬。功不時上，復遣近侍。繼以勳臣，俾同往治。三臣協力，兼采群謀。晝夜焦勞，罔或暫休。既分別支，以殺其勢。遂遏洪流，永堅其閉。水由故道，河患斯平。運渠無損，舟楫通行。工畢來聞，帝心嘉悦。加禄與官，恩典昭晰。惟兹大役，不日告成。感召之由，天子聖明。天子聖明，化行德布。匪直河水，萬靈感附。殊方異域，靡不來王。以漕以貢，億世無疆。

李東陽《減水石壩記》：宏治初，河徙汴北分爲二支。其一東下張秋鎮入漕河，與汶水合而北行。六年霖雨，大溢決，其東岸截流逕趨，奪汶以入於海。而漕河中竭，南北道阻。上既命都御史臣劉大夏治厥事，復特命内監臣李興、平江伯臣陳鋭總督山東兵民夫役往共治之。僉議胥協，疏塞并舉，乃於上流西岸疏爲月河三里許，塞決口九十餘丈，而漕始通。又上則疏賈魯河、孫家渡，塞荆隆口、黄陵岡，築兩長隄，蹙水南下由徐淮故道。

又議以爲兩隄綿亘甚遠，河或失守，必復至張秋爲漕河憂。乃相地於舊決之南一里，用近世減水垻之制，植木爲杙，中實甎石，上爲衡木，著以厚板，又上墁以巨石，屈鐵以鍵之，液糯以塡之。垻成，廣袤皆十五丈。又其上甃石爲竇五，梁而涂之，梁可引繩，竇可通水，俾水溢則稍殺衝嚙，水涸則漕河獲存。庶幾役不重費，而功可保。工既告畢，上更命鎮名爲『安平』，命工部伐石，敕内閣臣各紀工績。臣東陽當記。

竊考之治水之法，疏與塞而已矣。塞之説不見於經中古以降，隄堰議起，往往亦以爲利。利與害相值，必較多寡以爲重輕。若毆土石當水之怒，費多而利寡，此古人所深戒。惟水勢尚未迫，後患尚未形，周思豫制以爲備，則障之利亦不可誣。況兹垻者，勢若爲障，而實疏之故。其疏不至漏，障不至激，去水之害以成其利，暫勞而永逸，費雖不能無而用則博矣。揆之善溝者水漱之，善防者水淫之，云者不亦兼而有之乎！《易》象裁成，《書》陳修和，君出其令，臣宣其力，雖大小勞逸不同，同是道也。嗚呼！天下之事莫患乎？可爲而不爲，彼宦成之怠，交承之諉，遺智餘力未有不遺，後日之悔者獨水也哉！人無於水監，當於民監，斯言也可以喻大矣。唐韋丹築捍江隄，竇以疏漲，詔刻碑紀功，著在國史。臣不文，謹書此爲明命。

謝遷《安平石隄記》： 國家定鼎燕京，凡上供之需，百官六軍之餽餉，大率仰給東南，舟楫轉輸，以免陸地飛輓之勞與海運風濤之險，實惟漕渠是賴。究之東阿張秋鎮，適居漕河之路。往歲河決黄陵岡，奔注張秋，而渠之東隄決，水由鹽河以入於海。越歲霖潦助虐，勢益悍急，決口之廣至九十餘丈，盡奪漕渠東注，而南北舟楫幾至不通。天子以爲憂，亟命治之，遣内外重臣往總其役，合山東兵民夫殫力畢作，五閲月而功告成，賜鎮名曰『安平』，以示永賴。

於是内外重臣皆召還，而山東布政司參政晉陽張公縉嘗與董治之任，效勞爲多。天子知其能，超擢通政使司右通政，俾專治河防。公益感激思奮，乃諗於衆曰：『究當河下流之衝，自昔被患已劇。今雖底寧，而將來不測之虞亦未可知。隄必甃之以石，庶可以障湍激之悍。沙灣石隄無恙，此明驗也。』既而詢謀僉同，鳩工集事。先實土以厚其址，然後布杙疊石，石必爲廉隅，灰液其縫，每數十丈内爲階級，以便登降。隄外附土丈餘，高突數尺，以防侵刷。起自荆門驛之前，邐迤而南至新建石垻，以與石隄接。長以步計者二千二百八十有二，高以層計者十有四。深下要害處則加石，或七八層，或二三層。所用木、石、蓟、灰皆出河夫，歲辦於民。經始於宏治丙辰之春，迄庚申春三月而畢。東阿知縣秦昂嘗與從事斯役，具以告予。謹記之以詔其後。

捕河通判衙署，在城西南隅。 壽東主簿署，在南水門外。 陽穀主簿署，在北水門内。

牐官一員，兼管下牐牐夫四十七名。

大河神祠在沙灣，距張秋八里，俗名『八里廟』，明景泰四年建。又感應神祠，建造年月同。挂劍臺有徐君季子祠，後即徐君墓，在南水門外。顯惠廟在北水門內，明宏治年建。

明謝肇淛《重修大河神祠碑記》：景皇帝時，河決張秋，東入海，運道絶。上遣都御史臣徐有貞發山東、河南丁壯萬人往塞之，逾三載始訖事。有貞上言：『賴主上神聖，馮夷效順，俾十年巨患，一朝永弭。臣等區區智力不及此，請建朝宗順正惠通靈顯大河神祠於八里村，有司春秋祠以爲常。』制曰可。迄今百六十餘禩，俎豆蘋藻，虔共勿替。當萬歷癸丑之夏，苦潦愆旬，水齧隄不能以寸。環隄黔首藉神休以不至魚鼈，而神之祠摧落於風雨者日益甚。

維時肇淛奉天子璽書，指据河上，顧視怛焉，以便宜奏記，當事掘偶錢、擿踐更，卒而檄壽張簿曰：『爾士亨爲神，董陶埴，視墍茨，量金錢，出入毋竄也。』於是不三月而告成。

肇淛居恒，謂今治水與古異。古人之治水也，一意於水而已，然應龍畫而伊闕鑿，支祁鎖而淮渦安，綠文既授，延喜攸歸，彼大聖人猶然以神道設教。矧今日軍國之輸，十九仰給東南，余皇啣尾，貫魚咽喉，涓涓一衣帶水耳。而復上護陵寢，下衛城邑田廬，計銖而授之，尅晷而責之，前跋後疐，左方右員，雖百神禹其如河何？故今任河事者責滋囏，而神以功食報，亦滋鉅以遠。今上在宥以來，海不揚波，雖有疾風雷雨而翕河如故。蓋四十二年於此矣。神受天子封爵廟食無已時，尚益敬共其職，以時雨暘而加肸蠁焉。寧獨河神藉手，免於罪戾？即宗社軍國，實式憑之。祝史陳信，其何媿詞之有？如其不然，而徒擁虛位水濟，煩有司粢盛犧牲，辱國家禋祀，安用之矣。是舉也，御史中丞劉公士忠主其事，庀材鳩工，則沈簿士亨力居多，而兖王別駕沼、陽穀李簿羨咸有勞也。法得書。

按：《括地志》『徐君廟在泗州徐城縣。』郭起元《介石堂集》『泗州百二十里長河西畔有土阜，人云季子挂劍處。』而壽張主簿馬之驌以爲今兖州四境盡爲古徐州之域，周人并徐州於青州，雖無徐州之名，而徐地自在，以徐地而有徐國，因有徐君併徐君之墓，不爲無稽云。

由荆門上牐二里《備考》：『三里』。**至荆門下牐。**

元大德三年建，國朝乾隆二年修。金門寬二丈五寸，高一丈七尺。

《居濟一得》：荆門下牐亦宜設鎖，其鑰匙亦宜掌之捕河廳。蓋此牐與在城相對，故亦宜照在城牐之例，與上牐一啟一閉，庶乎蓄洩得宜，而水勢長足矣。

月河長一百九十丈。

馬家灣古淺，今不淺； 張家林、義河口，古淺二，今仍淺。池家灘、徐家單薄，新淺二。

牐官見上。

由荊門下牐十二里《備考》『十里』。**至阿城上牐。**

元大德二年建，國朝乾隆十一年修。金門寬一丈九尺八寸，高一丈七尺。

月河長一百三十八丈。

牐下新淺一。

西岸觀音堂木橋一。

牐官一員，兼管下牐，牐夫四十六名。

由阿城上牐四里《備考》『三里』。**至阿城下牐。**

元大德三年建，國朝乾隆元年修。金門寬一丈九尺八寸，高一丈七尺。

《居濟一得》：阿城兩牐，其上啟下閉、下啟上閉，亦與荊門牐等。其在荊門之下，猶天井、在城之有趙村、石佛也。蓋其斟酌得宜，古人不知幾經籌畫而始建此良規。數年以來，亦因司牐者失其意，兩牐齊啟齊閉，以致水勢太洩。每逢水小之年，北運輒有淺阻。今亦爲訂正之，使悉遵古人之制。一啟一閉，則水勢有餘，而糧運無阻矣。若牐上積船太多，亦宜上下兩牐齊起放船，又不可執定一啟一閉，反致船行遲滯也。

又：阿城上、下牐皆陽穀縣主簿所管也。主簿衙門在張秋，今宜移於阿城，亦掌二牐之鎖鑰。蓋此二牐與趙村、石佛相對，故宜如趙村、石佛之例，一啟一閉，遞爲開放，以蓄水勢，庶糧運不至於淺阻。亦如荊門牐，繳上牐鑰匙則領下牐鑰匙，繳下牐鑰匙則領上牐鑰匙，則水有所蓄，而不至大洩矣。

月河長一百四十五丈。

秦家坑古淺，今不淺。牐下月河尾、郎家灣、土地廟新淺三。

阿井在運河西岸五里許，土人汲水煎製阿膠。

《讀史方輿紀要》：『井在縣東阿城鎮，水清冽而甘。』

《水經注》：『阿城北門內西側臯上有井，巨若輪，深六尺，歲嘗煑膠以貢天府。』

牐官見上。

由阿城下牐十二里至七級上牐。

元元貞二年建，國朝乾隆十八年修。金門寬二丈五寸，高一丈七尺二寸。

月河長一百四十五丈。

牐下新淺一。

牐官一員，兼管下牐，牐夫四十七名。

由七級上牐三里至七級下牐。

元大德元年建，國朝乾隆十年修。金門寬二丈一尺五寸，高一丈九尺六寸。

《居濟一得》：七級塘河亦係上啟下閉、下啟上閉者也。但七級塘河止二里許，而至周家店則有十二里。二里塘河之水，焉能足十二里河之用？此周家店所以每有淺阻，而七級放船必兩牐並放也。夫兩牐並啟，既慮洩上源之水，而下啟上閉，二里塘河又不足十二里之用，爲之奈何？則惟有並塘之法焉。七級放兩塘，周家店始放一塘。若仍不足，七級放三塘，周家店始放一塘，再無不足之理。船愈多則水愈高，至船盡歸下塘，而水仍留上塘，此法之至善者也。查七級塘河可灌六七十隻，兩塘則有百餘隻，三塘則有二百隻，即發會牌於周家店，令周家店啟板放船，此一定不易之理也。若一塘灌二三十隻，兩塘止灌四五十隻，而周家店即行啟板，則水仍多洩矣。故七級必盡塘灌放，乃爲得法也。若牐上積船太多，亦宜上下兩牐齊啟放船，更爲便捷也。

月河長二百三十八丈。

劉家口、渡口古淺二，今俱不淺；牐下立佛堂新淺一。

牐官見上。

以上爲陽穀主簿汛。主簿一員，淺夫一百一名半，橋夫八名。兩岸隄長九千九百丈，官隄三千二百五十八丈。自壽東汛紅寺起，至上河官窑口止，計程六十里入聊城汛。〇陽穀，春秋齊地，『僖公三年會於陽穀』即此； 秦漢爲須昌縣； 至隋徙置今名； 唐屬鄆州； 元改鄆爲東平； 後因之，縣治在運河西四十里。

凡捕河廳通判所屬，自靳口牐上起，至官窑口止，計程一百五十五里入聊城縣境內。設州同一員，州判一員，主簿二員，所官一員，牐官六員。

卷七

上河廳河道

東昌府管河通判，原管德州等十餘州縣衛河道，計六百餘里。康熙二十一年，總河靳文襄公輔始請添設下河通判一員，分轄德州一州二衛、恩縣、夏津、武城、直隸之清河、故城八州縣衛河道，駐劄武城縣，而以原設之通判改爲上河通判，分轄聊城、堂邑、博平、清平、臨清、舘陶六州縣河道，駐劄郡城。然是時，上河通判猶兼管聊城等十四州縣糧務，當收漕監兑之時，正挑挖運河之候，彼此兼顧，難以分身。乾隆六年，總河白莊恪公鍾山奏令專管河道，其糧務歸清軍水利同知管理。

由七級下牐十四里《備考》『十二里』。**至周家店牐。**

元大德四年建，國朝雍正六年修。金門寬一丈九尺六寸，高一丈九尺二寸。

《居濟一得》：周家店距七級牐十二里，而七級塘河僅有二里餘，以二里餘之塘而灌十二里之河，水勢自不足用。故必七級放兩塘而周家店始放一塘，乃爲得法；或七級放兩塘而周家店水勢仍小，則俟；　七級放三塘而周家店乃放一塘，水勢再無不足之理。若一塘放一塘，周家店上下未有不致淺阻者，司牐者不可以不知也。然船少則洩水必多，而船多則洩水必少，故周家店放船必須百五十隻，多不過二百隻，少亦必須一百隻始可放一塘，則船既易出而水亦不至大洩矣。

月河長六十五丈。

官窑口、周家店古淺二，今不淺。

西岸劉家灣木石橋一，真武廟木石橋二。

牐官一員，牐夫二十八名。明萬歷八年革李海務牐官，以周家店牐官兼管。

由周家店十四里《備考》『十二里』。**至李海務牐。**

元元貞二年建，國朝雍正六年修。金門寬一丈九尺五寸，高二丈一尺六寸。

于家口、林家口即洪廟古淺二，今仍淺；　蔡家口即張家道口古淺一，今不淺。

西岸娘娘廟涵洞一。

周家店牐官兼管牐夫二十八名。

由李海務牐二十里至通濟橋牐。

明永樂九年建，國朝雍正六年修。金門寬二丈高二丈四寸。

月河長三百八十丈。

耿家口即真武廟、裴家口即養生堂古淺二，今仍淺；　米家口、宋家口、李家口、龍灣、舖北垻口，古淺五，今俱不淺。

《北河續記》：　聊城西岸南自龍灣，北至西北垻舖，平山、東昌二衛地也，有淺二，曰中淺，曰小淺。

東岸減水牐二：　一爲明景泰年建，國朝乾隆四年修；　一爲明成化年建，國朝乾隆十七年修。

龍灣滚水垻，明正統六年建，本係減水牐，國朝雍正六年改爲滚水垻，乾隆二十三年改舖石底，俱洩異漲，入徒駭河。

《山東通志》：龍灣減水垻，明徐有貞所作，有一空、二空、三空、四空、五空等橋。第五空橋分支入小鹽河，其大鹽河故道已堙，餘四橋俱洩入土河，即俗所謂徒駭也。今用第一空橋爲滚水垻，第二空橋爲減水牐。

西岸舊牐口涵洞一、龍灣進水牐涵洞一，俱受聊城、陽穀等縣坡水入運。

徒駭河在運河之東，由聊城東岸龍灣減水牐、滚水垻，洩汶水並陽穀、莘縣積水入之東北，逕博平、高唐、茌平、禹城、齊河、臨邑、濟陽、商河、惠民、濵州至霑化之久山口入海。

《禹貢指南》：　徒駭，郭璞曰：　『今在成平縣，義未聞。』

汪份《黄河考》：　禹九河中有經流焉，其名實曰徒駭。徒駭之與八支分流而前奪也。其西北岸則新河、東鹿、深州、獻縣、青縣、大城、文安、寶坻，其東南岸則南宮、冀州、衡水、武邑、武强、阜城、交河、滄州、静海、天津。及禹河既徙，而漳河循徒駭北流。今德平、樂陵、齊河、濟陽、慶雲、海豐之有土河，乃在九河之南，志以爲徒駭者，妄也。

按：此河雖在運河東岸，而於西岸東昌、曹州一帶州縣最關緊要。蓋聊城運河之西上，受陽穀魯家堤口之急流，並接濮、范、觀、朝等州縣之坡水，每遇伏秋大汛，水勢日增，運河頂阻，疏洩無路，必俟運河水落，方能開西岸之牐放之入運，使由運入河歸海。若運河消落稍遲，則數州縣之淹浸不免矣。乾隆十九年河道水利工程案内，曾自聊城至臨邑等八州縣衛挑濬淤澱河身凡三萬六百一十三丈，使水由減水牐滚水壩暢流入海。

漯河在城東七里，俗呼涓河，黄河之支流也。

《水經注》：源自頓邱，出東武陽縣，經博平至州境，

《穆天子傳》『天子自五鹿東釣於漯水，即其地也。』

又東北流入海。

《禹貢指南》：漯水出東郡東、武陽至樂安千乘入海。

田雯《長河志》：漯河又作漯沃，爲漯沃津。《漢書》作溼沃，《水經》謂之商河，隋加水曰滴河，從其音近又以字改，互異也。《禹貢》『浮於濟，漯達於河。』《水經》云：『漯水又東北過陽墟縣東，商河出焉。』注云：『陽墟，平原之隸縣也。商河亦曰小漳河，商、漳聲相近，故字與讀移耳。』《水經》又云：『商河逕安德縣故城南，又東北漯沃津注云。漯沃縣，王莽之延亭也。《水經》所稱逕平，原歷安德，此地是其所經。按《漢書》，許商所欲開者乃是九河，雖數移徙，不離此地。其流逕平原、安德之間，即是九河故道。自九河不能復開，後人乃於故處名爲商河，故桑欽、漯沃之津，酈元小漳之號爲得之矣。若夫許商名河，未聞前史也。

西岸爲東昌府治，古漯河故道所經。其古跡曰光嶽樓，在城中；曰魯連臺，在東門外。春秋齊之西鄙；秦置東郡；漢後分爲魏郡，爲濟陰，爲清河；唐爲博州、博平郡；元改爲東昌路；明初爲府，領三州十五縣；今因之上河通判、聊城主簿、通濟橋牐官皆駐此城。

牐官一員，牐夫三十七名。

由通濟橋牐二十二里《備考》『二十五里』。至永通牐。

明萬歷十六年建，國朝雍正六年修。金門寬一丈九尺五寸，高二丈一尺六寸。

月河長一百六十丈。

稍長牐即三里舖古淺一，今不淺；徐家口、柳巷口、白廟房家口，古淺四，今俱不淺。

西岸涵洞一，曰大寺東，曰七里舖。又進水牐二，曰十里舖牐，曰房家口牐。又牐下涵洞一，曰吕家灣。

按：聊城西岸白家窪滙聚濮、范、觀、朝、莘、陽等州

縣。坡水由十里舖、吕家灣入運，宣洩不及，於乾隆三年巡撫岳公濬請於房家口另建進水牐，後恐運河下游難以容納，總河白莊恪公復於博平縣三教堂地方修建減水舊牐，使洩入馬頰河。

以上爲聊城主簿汛。主簿一員，淺夫八十七名。西岸堤長一萬一千三百四十丈，官堤七千四十五丈，自官窑口起至永通牐下堂博界止，計程六十三里。西岸爲堂邑縣境，東岸爲博平縣境。聊城附府郭邑也，春秋聊攝之地；至秦始置聊城縣，歷代因之；元屬東昌路；明改路爲府而縣屬焉，治在運河西岸二里。

牐官一員，牐夫二十八名。

由永通牐二十二里《備考》『二十里』。**至染家鄉牐。**

明宣德四年建，國朝乾隆二年修。金門寬一丈九尺六寸，高一丈九尺二寸。

月河長二百三十九丈。

吕家灣、雙堤舖、梭堤、朱家屯、宋家灣、梁鄉牐南古淺六，今俱不淺。

西岸涵洞一，曰大梭堤。石橋二，曰巨家灘，曰梁家淺。又涵洞二，曰梁家淺，曰皮狐洞。

牐官一員，牐夫二十八名。明萬歷八年，革土橋牐官，以梁家鄉牐官兼管。

由梁家鄉牐十五里至土橋牐

明成化九年建，國朝乾隆二年修。金門寬一丈九尺六寸，高一丈九尺二寸。

《居濟一得》：此牐離梁家鄉十里，戴家灣三十里。以十里之水放入三十里塘内，故每有淺阻之虞，此放船之所以難也。法宜戴家灣牐上常存數十隻或百餘隻，則此塘之水可以接濟土橋之水，土橋放船自無淺阻之患。土橋放完，然後戴家灣牐啟板，將前數十隻或百餘隻盡行放出，却將土橋新放下之船存在塘内，使土橋再放一塘，然後啟板將此船放出，又將再放之船存入塘内，以接濟後船，如此節節放去，則淺阻之患庶可免矣。此土橋放船之的着也。

明邱濬《建土橋牐記》：皇明因勝國會通河故道而深廣之，通江、淮漕以實京師，餘六十年於兹矣。然地勢之變，天時不常，盡人事者必隨時因勢以節宣之，然後盡其用而利濟於無窮焉。自河決陽武，潰出張秋之後，朝廷既命大臣築塞之，以復其舊矣。然其間猶有所壅滯之處，一時任事諸臣隨所在而爲防備，非一所也。

河流經東昌府之堂邑縣境地，名曰土橋，其上流之牐曰梁家鄉，沿而至是十有三里，下流之牐曰戴家灣，泝而至是一十有八里。又四十里抵臨清之上牐，漕舟至此出會通而下漳、御，僅七八十里爾，輒膠淤淺而不能行，日集而群聚。於土橋，上下十數里間，舟人叫囂推挽，力殫聲嘶，望而不可至，主漕計者病焉。時山東按察僉事陳善專理其境之運道，議於此建牐以積水濟舟，屢言於上，而弗見報。都憲翁世資巡撫山東，所至詢民疾苦。善乃以狀上，公具聞諸朝，天子可之，下其議於工部，仍命吏部設官如常制。公得請，躬蒞其處，區畫事宜，俾君專其事。君計徒庸致材用，授其屬東昌府通判馬驄等督工，即功於所謂土橋者建石爲新牐。凡其規制之廣狹、長短，與夫疏水之渠、祠神之宇、莅事之署，悉如常度。經始於成化癸巳冬十有一月之朔，至明年甲午春二月告成。余以此牐之建，實與漕運有關，因援筆而爲之記。

月河長一百八十五丈。

牐上月河新淺一，白堤兒新淺一； 袁家灣、馬家灣、南減水牐、中牐口、土橋牐上古淺五，今俱不淺。

東岸板橋一，曰王婆寨，減水牐一，曰三教堂。

西岸進水牐二，曰中牐口，曰涵谷洞。

梁家鄉牐官兼管牐夫二十八名。

由土橋牐三十四里，《備考》『四十八里』。**至戴家灣牐。**

明成化元年建，國朝乾隆九年修。金門寬一丈八尺八寸，高二丈三尺。

《居濟一得》： 戴灣牐，上離土橋三十里，下離甎板牐四十里，乃運河一大關鍵也。此處最宜斟酌得宜，蓄積有方，必先計數船隻之多寡、水勢之大小，或土橋放兩塘，此牐放一塘，或土橋放一塘半，此牐放一塘，則土橋三塘可分爲此牐二塘，要使水勢足用，運行無阻，乃爲盡善。然此處放船，必酌量甎板牐之水，使不大不小。蓋水大則恐漫溢，水小則慮淺阻，必審奪至當，使之得宜，則既無淺阻之虞，亦無漫溢之患矣。此牐宜多備板塊，若水勢太大，則此牐可蓄積，倘一放至甎板，勢不能留矣。然此牐放船尤宜船多，無論甎板牐能出不能入，皆宜多放。蓋外河水小，則船難出口，而甎板牐以上不可不多存船隻者，則以船蓄既多，外河水一漲，即可俱出矣。若不先存船數百隻，恐外河水一漲，即欲放而無船矣。故戴家灣牐放船宜多也。

月河長一百十六丈。

新開口涵谷洞、魏家灣、丁家墩十里井，張家屯、李家口、趙官屯、李官屯，古淺九，今俱不淺； 戴家灣牐上古淺一，今仍淺； 又田家灘新淺一。

東岸石橋三，曰趙官營，曰戴家灣西，曰陳官營。

魏灣滾水壩。《山東通志》： 徐有貞作減水牐於魏灣，舊有六牐，今用第四空爲減水牐，第五空爲滾水壩，又石涵洞一。

按減水牐一，即土橋上； 三教堂一，即魏壩上。

馬頰河在魏灣由博平東岸減水牐、滾水壩洩汶水，並馬頰上源之水入之東北，逕清平、高唐、夏津、恩縣、平原、德州、德平、樂陵、慶雲、海豐之沙河口入海。《禹貢指南》： 河勢上廣下狹，狀如馬頰。《長河志》： 樂史以『篤馬河』爲『馬頰河』，自古河堙塞，名稱相亂。 又復同爲『馬』字，後人乃以『篤馬』爲『馬頰』，樂氏不尋其源，漫指爲一，非也。『馬頰』本道在徒駭，太史南其數，居九河之三，在滄州廢清池縣東南，爲是自河水旁流，後人穿渠引派，因循舊名，謂之『馬頰』，若今土河名『徒駭』矣。

按：　乾隆三十八年，以馬頰河淤淺已久，運河横梗中間，每年伏秋之際運水盈滿，洩放不及，以致莘、冠、堂三邑恒被水災。議將馬頰河挑挖寬深，使各處坡水有容，俟運水消落，糧艘過完，開牐洩放。經上河通判洪世儀覆勘議稟，馬頰河來自直隸開州、清豐、南樂、元城，經曹州之觀城、朝城等，綿亘數百里，至莘、冠、堂三邑境内，復一百三十餘里，積淤年久，有僅存河形者，有淤成平陸者。每至伏秋，積水散溢，寬至十餘里，深至數尺。至霜降後，由中牐口及迤南、迤北里許二牐通啟洩放，尚未得及時，乾涸有妨播種。若照議開挑，則河歸一泓，水勢全注中牐口出運，伏秋水發建瓴而下，源遠流長，波瀾浩瀚。彼時運水盈漕，涓滴難消，兩水夾堤，沖激堪虞。即運水消耗，可望宣洩，顧欲以寬丈餘之牐口，疏導數百里之積水，勢必擁噻牐座，汕刷堤岸，干係運河匪淺。

查西岸中牐口，係馬頰河上游歸運之所，現在該牐底石高運河底五尺，馬頰河底較運河底高九尺五寸，應將中牐口一帶舊堤加倍幫築高厚堅實，以備攩禦，再將馬頰河上游長河通挑，深與運河底平，口底加倍寬濶，所挑之土堆積兩涯，順築堤堰，俾水有歸宿。或該牐兩旁接建兩空，或左近添設牐座，各牐金門深開板槽，照例清明後通下牐板，裏面靠板堅築高厚土埧，至伏秋時，視運河水勢之强弱，爲酌量啟閉板塊之多寡，以節宣之。縱水潦不時，無虞倒灌，亦不至積水久停，淹浸逾時。至馬頰河下游在東岸魏家灣水埧入口，經博平、清平、高唐、夏津、恩縣等共一百六十餘里，現在河身寬窄深淺不齊，向來只能洩運河異漲之水。若西岸上游開通添牐宣洩，運河必加漲滿，苟不導其去路，水滿堪虞。東岸亦應添設減水牐數座，接挑引渠，導達馬頰故道，併將博清等馬頰下游疏濬寬深，以暢全流，則承受有門，消納有路，運道、民生均有裨益，堤岸、莊田各無妨礙矣。至接恩縣界爲平原、禹城、陵縣、慶雲、海豐等地，居該河之尾閭，尤須通會，一律挑挖深寬，俾入海之道不至湮塞，方爲萬全之策也。

西岸石橋三：　曰黄河口，曰張官營，曰李家口。

以上爲堂博主簿汛。主簿一員，淺夫九十一名半。兩岸堤長六千三百丈，官堤五千四百八丈，自聊城汛起至清平交界止，計程三十五里入清平汛。

堂邑縣，周爲齊清邑；　秦屬東郡；　漢置發干、清二縣，屬東郡；　東漢爲樂平縣侯國，仍屬東郡；　晉屬陽平郡；　隋置堂邑縣，屬武陽郡；　唐屬博州；　宋、金因之；　元屬東昌路；　明屬東昌府；　今因之，縣治在運河西四十里。

博平縣，周爲齊博陵邑；　秦屬東郡；　漢置博平縣，屬東郡；　晉屬平原國；　北魏屬平原郡；　隋屬清河郡；唐屬博州；元屬東昌路；明屬東昌府；今因之，縣治在運河東三十里。

牐官一員，牐夫二十八名。

由戴家灣牐三十八里《備考》『三十里』。至甎牐。

明永樂十五年建，國朝雍正六年修。寬二丈，高二丈四尺。

《居濟一得》：甎牐灌塘，必先於板牐多下板塊，使水不下洩，則無論船之多少皆可灌放而無難。若下牐下板太少，灌塘之時板牐水已下洩，則船必不能多放，而上源恐致淺擱。惟於甎牐灌塘時相機酌奪，審時度勢，以一心權衡之而已。牐上之水若可以過一百五十隻船，止過一百隻即送會牌，俟戴家灣再放一塘，有水接濟，然後再放。若放船太多，水之消耗已盡，則戴家灣牐恐難放矣。此處之水常使有餘，無使不足，蓋一經水小則接濟難也。予聞甎板牐每日止放船三二十隻或十數隻，心竊疑之，故親來放船，每日放船一百二三十隻，甚至一百八十五隻，予乃悟從前之放船極少者，以放水之時不即放船，放船之日已無水也。何以言之？戴家灣放船之時，甎板牐水大之時也。甎板牐既不放船，而候會牌又不多加板塊，使水直從板上空過，至戴家灣牐放完船而水亦盡矣。會牌始至甎牐，啟板放船已無水矣。況外河水小，板牐一啟，板水去而船留，放船無多也。予力爲改之，使放水之時即放船，放船之日始放水，故一日過船至一百八十五隻。惟於牐上酌量水勢，水將大則亮板以放船，水將小則加板以蓄水，不過啟閉得宜、蓄洩有方而已。

月河長三百九十五丈。

明徐溥《會通東牐記》：昔在太宗文皇帝肇建北京，以糧餉仰給東南，而海運危險，非長策也，始改造運舟，由裏河而行，歲漕四百萬石以爲定制。歷歲既久，國用給足，積其贏餘，不可勝計。河道自臨清以南至於徐州，凡千餘里，地形高下不啻數丈。自前元以來置牐蓄水，而舟始通。在臨清境，上則有會通東、西二牐，蓋當時開會通河引汶水，由安山歷東昌至此以入衛河，故亦以『會通』名之。永樂間初行漕法，以東牐既壞，重加修治。經六十餘年，衛河益深，牐益高，水勢沖激益險，甚爲行舟之患，故廢其牐者三十年。

於此乃宏治庚戌，黄河決封邱之金龍口，其流泛溢將出，運河都御史錢公巡撫山東，具疏言於朝，下大臣議，僉謂宜擇人治之，毋緩。今刑部左侍郎白公方居南京，上知其才可任，即命以往。公至，督治有法，而河得無事。暇日行視河道於齊魯間，至臨清聞知東牐之廢，與錢公謀曰：『是州爲汶、衛交流之地，而運舟之所皆經者也。牐雖重建，其可以役大而免。』乃協謀於巡按、憲臣暨藩、臬諸司，檄東昌知府趙琮、臨清知州張增出公錢爲材用、人力之費，而委推官戴澄專其事。若工部郎中吴君珍、主事陳君玉、按察副使閻君仲宇皆分司其地，實總督之。經始於庚戌三月，至六月而工畢。牐成，去舊址百餘丈，崇廣長濶悉如規制，其深則與河等。於是水勢既平，舟行上下如乘安流，公私便之。參政沈君純適蒞其地，覩是牐之有益也，使人奉書求記其事。凡公治水政績别有紀載，亟特書建牐一事，故不暇及云。

按：明景泰三年，直隸清河縣訓導唐學成言：『臨清至沙灣有牐十二，有水之口其勢甚陡。今秋漕運畢得洩乾牐河於臨清，濬月河以通船，不必由牐。其臨清迤南俱從月河疏濬，不動原牐直抵沙灣。』又成化十八年，總漕陳鋭請於臨清縣南三里開通月河分減水勢，則知臨清之開月河久矣。觀徐溥《東大牐記》，豈不可令兩利俱存乎？

潘家橋即左家橋、陳官屯、趙家屯、張家莊、朱家灘古淺五，今俱不淺；又臨清汛新莊、七里墩、潘家屯、沙灣、潘家屯古淺五，今亦不淺。

東岸王家窑石橋一。

西岸劉家口石橋一。

以上爲清平主簿汛。主簿一員，淺夫五十三名。兩岸堤長七千二十丈，官堤九百四十七丈，自博平縣界至臨清州界止，計程三十九里入臨清汛。

清平縣，周爲齊貝邱地；秦屬鉅鹿郡；漢置貝邱縣，屬清河郡；東漢爲清河國；北魏屬清河郡；隋改貝邱爲清陽，復改清平，屬清河郡，後廢；唐清平縣屬博州；宋清平縣屬大名府；元屬德州；明屬東昌府；今因之。縣治在運河東四十里。

觀音嘴在舊河上口，乾隆三十二年修建牐座，金門寬二丈，高一丈五尺六寸，牐板八塊，運河異漲由此宣洩。《薈撮》：『汶、衛二水合處名「鰲頭磯」，延亘二十餘里，突峙中流。有四牐：曰會通，曰臨清，在汶北；曰新開，曰南板，在汶南。俗名「觀音嘴」。』今會通、臨清已廢，止存新開南板而已。

按：此即前臨清月河，今宜倣白司從之制重加開浚，使回空之船由此入汶，而移大挑於九十月間。

牐官一員，兼管板牐。牐夫共七十七名。

由甎牐二里《備考》『五里』。**至板牐。**

明永樂十五年建，國朝雍正六年修。金門寬二丈，高二丈七尺六寸。

《居濟一得》：灌塘之時，必使糧船在先，民船在後。蓋民船吃水甚小，而糧船吃水甚大，若先放民船，及至水小，糧船不能行矣。四月，目覩放船，每板止放糧船三四隻，皆因先放民船太多也。必先放糧船，俟糧船阻澀不能出口之時，然後放民船。蓋民船甚輕，至糧船不能行而民船猶自易行也。如此放去，則糧船所放必多矣。

蓋外河之水當惜如金，豈可以有用之物而置之無用之地乎？外河水小，板牐一啟板，水洩而船淺擱矣，故放船最難也。予心竊憂之，復設一法，於板牐啟板之時，將甎牐之板多下，滴水不至空洩。俟板牐啟完，放船出口，視船將淺擱之時，即將甎牐之板酌亮一塊，或二塊、或三塊，使足送船出口而止，又視糧船可以盡出牐口，不至淺擱之時，即將甎牐之板依舊嚴下，毋使洩水，如此則水不空洩，而水多船得出矣。故從前每日止放船三、二十隻，自予行此法，每日出船一百二三十隻，甚至一百七八十隻。附志於此，以備後人之採擇焉。

又：山東四十餘牐放船皆易，惟板牐獨難。蓋板牐之下即係外河，更無牐以蓄水也，而獨外河水小之時放船爲尤難。蓋以板牐一啟板，則塘內之水一洩無餘，糧艘每致淺擱，須於甎牐灌塘之時，板牐放船之時，甎牐多下板塊，無使水勢下洩，直至塘內淺阻不能出口，然後亮甎牐板一塊，或二塊、三塊以接濟之。然又不可待其既淺而後亮板也，既淺而後亮板，則糧船一時恐難行動，須於將淺之時即行亮板。如放二十隻，淺則放至十五隻時即行亮板，則水足以接濟，到底不淺矣。然必甎牐、板牐多下板塊，上源蓄水盛，然後可行，不然，上源無水，恐板亦難亮矣。

《問水集》：臨清板牐，運河入衛處也。衛河水漲即壅入牐，或漫牐面以入故牐，上下常淤，運舟每爲停阻，宜增牐面，旱澇俱須下板啟閉。蓋啟則牐下之淤每日衝洗，閉則衛水不入，牐河之水積盈，及啟則二河水勢相當，淤亦不入矣。

《全河備考》：此爲會通河盡境，即爲牐河盡境。衛河歷館陶而至臨清，亦於板牐之西南與汶合流，而北運艘過此即云出牐矣。汶清而微，衛濁而盛，倒灌即沙壅，故有間年大挑之役。若衛漲之時，必禁擅開，板牐與甎牐更番啟閉，庶積沙少而挑濬易爲力也。

又曰：牐河地勢亢，衛河地勢窪，臨清板牐口正牐、衛兩水交會處。每歲三、四月間，雨少泉澁，牐河既淺，衛水又消，高下陡峻，勢若建瓴。每一啟板放船無幾，水即耗盡，漕船多阻。潘季馴謂『宜於牐口百丈之外用樁草設築土壩，中留金門，安置活板，如牐制然。將啟板牐，先閉活牐，則外有所障，水勢稍緩，運艘出口易於打放。衛水大發即從拆卸。』此亦權宜之要術也。

明劉夢陽《臨清南板牐記》：汶水發源於泰山諸泉，至汶上縣南旺湖口南北分流爲漕河，南至徐沛，合河沁以入淮北，至臨清會衛河以達海。泉微流澀，故建牐蓄縮而節用之。臨清牐北流之裔尤要焉。過是則衛河承之，無留行矣。牐分兩河，北曰會通，曰臨清，則前元所建，『志』所謂地勢陡峻，數壞舟楫者也；南曰南板，曰新開，則前朝所建，『志』所謂地勢頗平，往來船行者也。南二牐相距甫三百弓，舊牐草創一甎以堰之，名曰『甎牐』；一板以牐之，名曰『板牐』，繼復改爲『石牐』，易以今名。日遠闕泐，舟楫告艱。

宏治年間，司徒白昻改修會通牐，導流而北，牐底過卑，便謝於前，仍南牐以行。今皇帝臨御之七載，冥頑弄兵，水陸途絶。廷議都憲劉公總師靖醜，清道通漕。公抒勤修職，築亭障，立保伍，士鋭氣精，警虞削迹。時京儲垂罄，運舟遲達。公於癸酉歲春欲新南牐，爲利涉焉。或稱截流僦功，公曰：『詎可，爾功非數月不成，何以副急餉之憂？』乃開北牐借便焉。或又難之，公曰：『弟爲之耳』。

以規畫授工，疏塞浚隘，下舊河之身若干，濶舊河之身若干，復於會通牐底沉杉九板，峻瀉既殺，膠涸亦除，澮爲安流，大往小來窮晝繼夜。南板則撤其舊，而創爲之新牐，則仍其舊而易其牐之金門與牐之底焉。掄工而工良，選材而材堅，趨事有嚴，布力無怠，歷時告成，鞏如鎔冶，整如截肪，以是歲六月六日工完放舟。上者無號挽之勞，下者無激射之險，群吁衆異，相目以嘻，曰：『是何就績之易，策算之神也？』

蓋自前元以至今日，牐幾更作，率以不能利涉爲憾。至是，始克免焉。收效於廢，變易於難，識洞於隱，才周於事，至智也；　速輸貢之程，廣貨殖之周，加惠兆人，惠澤來世，至仁也。在昔開一渠，終一堰，民興謡、史載事。度德量力於公，其大小、久近何啻倍蓰，可無紀乎？用是礱石薦詞，俾後賢者有考焉。

公名愷保定，新安人。按：此記與《東昌府志》微有異同。

雞嘴垻一，在板牐西岸汶、衛交流處。

按：乾隆三十一、三十四等年，衛灌入汶，淤澱四十餘里。李公清時以甎、板牐外舊有垻，爲抵衛重障，不宜廢，因於牐南汶、衛交流處築雞嘴垻一，寬其勢以禦之，仍歲加高厚，著爲永例。

漳神廟在板牐衛河東岸，康熙六十一年建。

國朝沈起元《福漕河神靈異記》：乾隆歲在辛未秋七月，晉水驟盛，齊、豫積潦，黄、運兩河一時漲溢，河決河南，灌入運河，而山東之東平、張秋並決，運河所經，在在危險。臨清爲汶、衛、漳三水合流之衝，隄岸尤岌岌。州牧王俊晨夜河干，不遑寢處，虔禱於漳河之神。是時水勢騰湧，堤不没者一板，而竟得無恙。王牧感荷神祐，馳書濟南，索余文將勒珉石以紀功德。

神廟在州河口北岸，康熙六十年建，每漕運淺阻，司漕者致禱水立長，屢有靈感。雍正三年，奉旨勅封福漕漳河之神，春秋致祭，載在祀典。余考漳河之去來，而歎河神之福。我國家漕運，豈僅區區淺阻漲溢之際哉？

漳水自臨清由成安、元城入舘陶，以達衛河。其故道也，乃萬歷二年北徙，舘陶之流絶已一百二十四年，於康熙三十六年六月驟至舘陶入衛，於是東南數百萬漕艘得暢流北上無艱阻。此豈人力之所決排疏瀹而致之者？是皆神之所爲矣。蓋我列聖之敬天事神，精誠感孚，呼吸幽明，是以景運方昌，百神效順。而漳河之神，乃特挽北流以顯衛我漕運之功，宜其有禱必應，遇災成祥也。

夫漳水自晉而豫，而齊魯，而燕以入海，神之威靈無不届寧，獨私我臨清？然廟在州境，神所憑依，州之吏民享祀祈禱，呼籲奔走於其下，於神尤尊且親，神其忍聽臨清萬户一民失所哉？隄之固無足異者，余因念天人感應，如響應聲，今臨清吏民荷神之庥，獲保田禾家室，其所仰答神貺者，匪直馨香俎豆之，是將是享，當亦惟吏日敬其事，民日厚其俗，以無作神羞，以膺永永無疆之福祐，是在於善成之者敬書之，以報王牧之委。

以上爲臨清州判汛。州判一員，淺夫九十二名。兩岸堤長七千二百丈，自清平汛起至直隸清河縣界止，計程四十里。又經管衛河自舘陶界尖塚起至三岔河止，計程六十里，過清河境入下河廳夏津汛。

臨清州，周爲衛國地，後入於晉；戰國時爲趙之東鄙；秦屬東郡；漢置清淵縣，屬魏郡；晉屬平陽郡；北魏清淵縣，又析置臨清縣，並屬平陽郡；唐屬貝州清河郡；宋屬大名府；金屬恩州；元屬濮州；明陞縣爲州，屬東昌府；今因之。治在運、衛兩河東岸二里。

衛河即隋御河，源出河南輝縣蘇門山之百門泉，亦名『搠刀泉』。方池二十畝許，泉出其中，不可數計。南流至新鄉境，漸深廣，通舟楫。蜿蜒而東，經汲縣、淇縣、湯陰、安陽，直隸濬縣、滑縣、内黄、大名、元城至山東舘陶縣，北入臨清州，與汶河會。自發源至汶河會流處，共計九百二十三里零。

《薈撮》：臨清西有衛河，自舘陶縣入合會通河，又入夏津縣界，亦名『清河』，即隋煬帝所開之『永濟渠』也。濶一百七十丈，深二丈四尺，南自汲郡引清、淇二水，東北入白溝，穿永濟縣入臨清。蓋漢屯氏故溝，隋修之。宋皇祐初，合永濟渠注乾寧軍用，李立之言以永濟延安鎮在大河兩堤間，相度遷於堤外。崇寧初，開臨清垻子口，增修御河西堤，開置斗門，決大名、恩、冀、滄州、永静軍，積水入御河。

《黄河考》：禹導河至大伾，厮爲二渠。二渠者，其一爲漯川，自大伾之南東北流至千乘入海，千乘者，今高苑也；其一爲大河經流，則冀州東河之來自宿胥口者也。酈道元謂之『宿胥故瀆』，在濬縣西十里，亦曰『西河』。班『志』：鄴東，故大河之上流也。故大河北折行二百里，西岸爲湯陰、安陽、臨漳，東岸則内黄、魏縣，再北西岸爲肥鄉、曲周，而漳水入之，《禹貢》『北過洚水』是也。禹河既徙，而漳水循其道北行，彰德土人至今知其地舊有大河，故有所謂『黄河老身』、『黄河老家』者。《薈撮》云『汲縣，即衛輝府治，與新鄉、濬縣接界，衛河在城北一里，入大名府。濬縣界南有古黄河』，即此是也。

《長河志》：衛河，即漢之屯氏河，隋大業中疏爲永濟渠，亦名御河。其源出蘇門山，《魏書·地形志》所謂『蘇門山，蘇門水所出南流，名大清水』是也。晉阮籍常於蘇門山遇孫登，至半嶺聞嘯聲，歸著《大人先生傳》、《神仙傳》。孫登授嵇康一絃之琴。《魏氏春秋》云『康採藥於汲郡，共北山見隱者孫登矣。山有百門泉，泉通百道。衛風泉源在左，淇水在右』是也。又合滏、洹、淇三水。滏水源出磁州神麕山，東入於漳。洹水者，《水經注》『出上黨洹氏縣洹山，過鄴城南』，《春秋左氏傳》曰『聲伯夢涉洹水』，歌曰：『濟洹之水，贈我以瓊瑰。歸乎？歸乎！瓊瑰盈我懷乎？』，杜預曰『水出汲郡林慮縣』是也。屢伏屢見，東入衛河。洪水者，源出彰德府林縣大號山，流逕淇縣，合清水入衛河。《山海經》曰：『淇水出沮洳山』，疑大號沮洳一山，異名矣。

《河防志》曰：臨清板牐以北，全賴衛水接運。然春夏之交漕船盛行，每患淺澀。康熙二十九年，原任河臣王新命議以丹河口分渠九道，每歲三月初用竹絡裝石橫塞八河渠，使水歸小丹入衛，而留涓涓之水與民間溉地。至五月盡，重運過畢，則開八河渠，用竹絡裝石塞小丹口以防山水漫溢。奉旨行河撫閻興邦再議，如雨水足時，照河臣議；倘遇亢旱，令每三日放水濟運，一日灌田，五月十五日以後聽民便用。中有淺阻，責令各官量濬。王新命又議：衛河於輝縣境內，民間設立五牐蓄水灌田。往例於五月初一日封板放水濟運，惟是五月正當農人需水之時，未免有妨農務，應亦用竹絡裝石，量渠口之高下堵塞，使各渠之水常盈，而所餘之水晝夜常流濟運。其萬金渠水即洹水。出自安陽縣西南六十里善應村，山下約二十餘里至高平村。昔人建牐開渠引水溉地，其水仍由縣東北五里許入安陽河，亦應照五牐之法，用竹絡裝石塞牐通渠，漕民兩便。

按：乾隆三十九年，總河姚公復奏引洹濟運，議令四月初一日啟板濟運，五月十五日封板灌田。

漳河其源有二：一出山西潞州長子縣，名濁漳；一出平定州樂平縣，名清漳。至林縣東北涉縣境合流，經臨漳縣又分爲二，一北流入滹沱河，一東流至館陶入衛。明宏治至隆慶間出没不常，萬歷中北徙入曲州滏陽河。自漳水入滏，而館陶之流絶。國朝順治九年，漳水自廣平縣逕元城縣之賈家莊直注邱縣，分爲二道，一從縣西逕廣宗縣入滹沱，一從縣東逕青縣北入運河。康熙三十六年，漳水又至館陶，與衛合，北流漸微。四十七年，入邱之上流盡塞，而全漳入於館陶，自此漳衛滙流，舟行順利，無膠澀虞。

四十五年，濟寧道張清恪公伯行復請引漳入運，謂：『清河縣東北漳河去衛河僅十餘里，康熙四十一二年大水時曾由此入衛，後被武城縣堵塞。若將此河疏通，將漳河之水由武城引入衛河，則北河一帶永無淺阻。』奉院批，委下河通判清河、武城二縣確查。據覆，漳河發源雖有清漳、濁漳之分，然東支、西派總合流於河南彰德府之合漳村，由合漳而下注於東省之邱縣城壕，分爲二股。其一自城北分流，經廣宗、鉅鹿諸邑，向西北至寧晉之大陸澤，會滹沱、滏陽諸水由天津入海，名清陽江，又名黃路河。

對清河之沙土村有蔡河一道，接黃路河之水，可以入衛濟運。惟是蔡河雖有河形，現今無水，地勢高於黃路河五六尺不等，自張寬村而東，俱係民間承糧之地，延袤二十餘里，至武城之北三官廟，方可引入運河。若將蔡河挖掘深通，引之濟運，無論壞民田無數，萬難開挖，即使開挖成河，則黃路河現今水小之時，尚有寬至二三丈、五六丈之處，一經水發洶湧浩瀚，其勢莫當，恐一綫之運河不能分受，反有衝決之患也。從此引漳入衛，殊不可也。然更有説者，即使無虞，亦止可濟武城以北之淺，而武城以南之淺尚多，亦必不能使水逆流而上以濟之也。

查直隸成安縣柏寺營有通漳新河一道，直至山東館陶縣之沙河，即古之所名馬頰河者，綿長一百二十餘里，寬自一丈七八尺至二丈四五尺不等，深自一丈七八尺至二尺四五寸不等。獨至沙河，因其淤成一片沙坡，故接新河之水止有涓涓一滴入衛。惟無河身不能束水，所以不暢，若力爲疏浚深通，則漳河之水混混而暢流入衛矣。漳水入衛既暢，則衛水盛，衛水盛則外河之水面自高，牐河之水不致建瓴而下，臨清迤北各州縣古淺之處不事疏浚而自無沮滯之患矣。

乾隆四年總河白莊恪公奏：漳河源出山西，其自長子縣出者爲濁漳，自樂平縣出者爲清漳，穿太行山至河南涉縣之合漳村合流，與萬山衆壑之水會而爲一，洶湧異常。從前係由直隸入海，其引至山東館陶縣入衛河，自康熙四十五年始。其時山東濟寧道以衛河水弱，議詳河、撫二臣請引漳水入衛，以濟漕運。撫臣趙世顯並未具題，即批飭館陶縣，並咨直隸撫臣，轉飭挑濬。蓋欲分漳之有餘，以濟衛之不足。初不意全漳之歸衛也，乃自康熙四十五年以後，漳河故道歷久漸淤，漳水全歸衛河。

漳、衛合力並馳，排山倒峽而來，一線衛河勢難容受。山東德州適當衛河之衝，不但漕艘經臨，波撼浪湧，每有沖激損壞之虞，而且水勢泛漲，廬舍、民田難免淹没之患。德州首受其害，直隸吴橋、寧津、東光、南皮、滄州等處亦皆波及，雍正八年、十一年，其最甚者。前撫臣岳濬因奏請會同直隸督臣李衛、河臣顧琮、河東河臣朱藻公同會勘，於德州哨馬營建築滚水壩，開挑支河以分衛河泛漲之水，由鈎盤河達老黃河入海，蓋以保護堤岸、田廬，則誠善矣。又不意沙水之易淤支河也。

乾隆二年，部臣趙殿最等會同臣等查勘支河上下情形，每年洩水必致淤澱，隨議重加疏濬，並將支河壩以下曹村堤口開挑，中間阻礙水勢之橋梁拆除，以冀水勢暢達，浮沙少淤。復請照歲修之例，每年挑浚。無如漳、衛二水源出萬山，挾沙帶泥而來，本來渾濁支河，又旁設衛河東岸，無迎溜吸川之勢，有流緩沙停之病。又支河入鈎盤河處，形如丁字，難以直達，縱百計經營，究不能禁其淤墊。

今欲另擇捷徑，使之建瓴直瀉，不但上下左右並無可以另開支河之處，即有可開之處，亦恐取徑太直，建瓴下瀉，有奪河阻運之患。欲將現在支河棄而不治，則恐復淹漫田廬，不得不歲加修浚，年挑年淤，幾成漏卮。臣等再四籌畫，抽挑中泓，使河窄流急，沙隨水行，並於漳水漸消，力已綿弱之際，衛河無庸分洩，即於埧上加築草土，不令過水，以免勢緩沙停。雖將來淤沙較前可以稍減。然亦止支河爲補偏救敝之法，而非治漳水釜底抽薪之計。

臣等細加商酌，哨馬營支河原爲衛河水漲而設，而衛河之所以易漲者，由於全漳歸衛之故。與其每歲糜帑以挑必淤之支河，曷若令漳水復其故道，衛河不致漲溢，爲一勞永逸之計？且漳水性本湍悍，今與衛水合流，於一綫運漕之衛河，其勢斷不能容。查康熙四十五年，東昌知府黄汝全詳內有云『引漳入衛以濟漕運，策非不善，但恐有意外之横流。館陶民生恐不可問』等語。今已全漳由館陶歸衛，則館陶一帶地方尤爲可慮，又不獨德州與直隸、吴橋等州縣有淹没之憂。

臣等伏查，康熙四十五年河決館陶之西。直隸威縣有漳水支河一道，名爲清陽江，又名黄路河，由東北經直隸清河縣，歸天津入海。又西有正河一道，由西北經直隸寧晉縣大陸澤，亦歸天津入海。彼時正河勢尚浩大，即不長水，亦可舟楫通行。黄路河水小之時，尚寬至二三尺、五六尺不等，淤阻未久，故道或尚可復。於兩處內擇其易於疏浚者，請復一處，使漳水有歸海之路，而於館陶相度其地勢，如可建一牐洞，衛河水大，則聽漳水入海，以防其漲；衛河水小，則分漳水入衛，以濟漕運。操縱在人，節宣有制，收漳之利而不受其害，此則一勞永逸而目前所當急爲籌議者也。

大學士鄂文端公爾泰議：山東迤北至直隸南運河一帶，統名衛河，其初原從平地穿鑿以爲漕渠，勢不能多有容受。前山東河道張伯行因衛河水弱，創爲引漳入衛之舉。閲其所著《居濟一得》內云，漳河之水小時，固足爲運河之利，一經漲發，又恐爲元城、館陶之害，須於重運到臨清時，將漳河築埧，引水入衛濟運，至重運過完，仍將漳河埧開通，將入衛支河堵塞，等語。是其分漳濟運之初，即以漲發爲虞，雖其築埧、開埧之議爲不可行，然繼此以後並未聞有經營防範之策，以致漳水全勢東趨，故道堙塞，以一綫運河而受汶、衛、漳三水，此泛濫之患所由甚也。

迨後籌及分減之法，山東於恩縣四女寺建有減水牐，於德州哨馬營建有滾水石埧；直隸於滄州建有捷地牐，青縣建有興濟牐，開挑支河，使由老黄河等處東流入海。然各牐河每年過水之後，溜斷沙停，旋即淤墊，沙泥□土積至六七尺丈餘不等，一次疏濬所費皆不下萬餘兩。兼之老黄河身及海潰，較之牐河高幾丈，水至數十里之外即不能復下，下壅上淤，徒耗帑金，終歸無益。

臣前奉命查勘河道，由南運河至哨馬營牐壩一帶察看情形，知支河之不足以資分洩，而全漳入運之患所當別籌長策。自此留心訪詢，聞每年四、五月間重運北上之時，漳水常小，助衛無力，或遇漲發，則又洶湧排蕩。漕艘沖擊，在在堪虞。南運河堤岸自雍正四年以來，屢經加築，而水發之時輒與堤平。夫水不加多而堤歲歲增高，水又歲歲與堤平，則河底日漸淤高。可知以淤淺之河身受全漳之大漲，是以德州以下直隸臨河州縣之民田廬舍動輒沖決，每歲爲害，此其勢之相因而益病者也。

今河臣白鍾山等請復漳河故道，並築牐洞以資啟閉，臣欽遵諭旨，與河臣詳勘熟籌，案閲舊圖，並詢問熟知漳河故道之人，講求曲折，事屬應行。按漳河故道有二：其一由直隸魏縣北，經山東邱縣西，歷王路等處，至效口村會滏陽河，入大陸澤即寧晉泊，下會子牙河，由天津歸海； 其一由魏縣北之老沙河，俗呼爲清陽江，又名黄路河，河形自潘爾莊起，至漳桐村北，轉經邱縣城東、清河縣城北、武城故城、景州阜城各地方，過千頃窪，入運歸海。查邱縣城西故道去衛河較遠，且自魏縣北至滏陽約三百餘里，河形舊迹全堙，開通匪易，又滏陽、滹沱兩大河會流歸子牙，復益以全漳，勢難容納，寧晉泊恐更易淤，此一故道似不可復。 其邱縣城東老沙河，即古馬頰河，河形寬濶，自二三十丈至七八十丈不等，河身内如路爾莊、軍營村等處，淤段不遠，挑浚亦易爲力。 若於此處請復故道，自和爾寨村東承現在漳河北折之勢，接下開挑十餘里至漳洞村，歸入舊河，溜勢稍順，工費亦省。即於所挑新河頭之下東流入衛處，詳加審度，建立牐座。如衛水微弱，則啟牐分漳以濟運； 如衛水足用，則緊閉牐洞，俾漳水盡歸舊河。至千頃窪東北，於青縣之鮑家嘴入運，由天津歸海，再於青縣以下酌量水勢，或仍須分洩，則另議建立牐堤，以保萬全。

如此則自臨清以北，山東直隸境内，運河共六百餘里，可避濁水之淤墊。即青縣以下運河，已減六百餘里夾東灌注之濁水，而沿河居民永免田廬淹浸之患。四女寺、哨馬營、捷地、興濟四牐俱可不用，又節省每歲浚、築若干之工費。且鑿渠引漳水灌鄴，而河内富饒，《史記》具載。今將舊河請復，則近河田地既可資其灌溉，爲利甚溥，而豫省濱河郡縣與畿南各處，商販米糧亦可漸次流通，以濟民食，實於運道、民生均有裨益。

直隸總督孫文定公嘉淦復奏： 漳河之性洶湧奔湍，擁挾沙泥，雖有淤田之利，實多沖決之虞。其現在所宜復者，乃漳河之支派也。臣歷青縣交河等處，親行查勘，雖有河形，類多淺狹。阜城有柳株橋，跨河直渡，臣量其牐口，僅寬十一丈有奇，自此以上河身漸堙。 今欲引全漳之水俱歸於此，不能容納，必須挑浚，所費不貲。 即使不惜費而濬之，濁水善淤，將又別徙，徒費無益。 聽其遷徙而不爲之所，沿河田廬在在堪虞。若欲防護，勢必築堤，紆迴千里，工程難計。兩堤束水，必致沖決，善始圖終，不可不慎。且運河中不能不需漳也，衛水力弱，不勝漕舟，漳水未入之先，山東、河北凡有泉流靡不疏引，額設淺夫，隨處挑挖。自引漳入衛，然後漕船通行，若漳復故道，則衛水不足濟運。於是欲建牐以分之，不知濁流洶湧不能由人操縱。借使果能操縱而分流，竊恐運河水勢轉致停淤，又煩挑浚數十里之減河，猶以爲費，乃轉挑六百里之運道，是欲省費而費更多也。

且漳水終不能不歸運也，於邱縣雖能分之，使出至青縣，不能不引之，使入漳、衛同流。有四減河以洩之，若復故道，則減河無庸集全力以突入下游，焉能保固？於是議於青縣以下，酌量減牐。查青縣下游建牐之處惟有獨流。今獨流之牐既已勘明不可建立，全漳之水分洩無方，静海、天津之患不僅村莊，而兼及城垣，是欲除害而害更大也。今漳河不歸故道，於運河原無害也。負舟而走，水大則行速；刷沙而行，水大則不淤。自設減河以來，大堤從無漫溢。至挑淤之費，在山東者臣不詳知，若直隸之減河，並未動帑挑淺，實無費至萬餘兩之事。且現今運河兩岸，淤土漸次將滿，各處險工皆化爲平。設有漫溢，又有遥堤以障之，自可永保無虞。經營甫就，乃不覩其有無成效而棄之別圖，似非行所無事之義也。

今復故道之利害尚在未定，若南運之工程，則今年已有成規，明年可觀成效，非久遠難待之事，姑緩一二年之期，以徐考其實。若自明年以後，漕艘直達，河身不淤，既省挑淺之費，又無沖決之虞，則事已完善，自可無庸改作。如其尚有費帑病民之處，則是臣言不驗，然後考究漳河之故道而歸復之，或亦未晚。

直隸總河顧琮等議：漳水自康熙四十五年間，因衛河水弱，引漳由山東館陶入衛以濟運。後緣全漳入運，漳、衛、汶三水會同渾流奔赴，勢甚浩瀚，以致衛河難以容受，每有漲溢之患。此臣白鍾山所議有改復漳河故道之請也。

今臣等勘得漳河故道，自魏縣北會滏陽縣子牙河達海之正路，舊跡全堙，亦不可復，無庸置議。惟支流一道，自山東邱縣之堤上村起，抵青縣之鮑家嘴，會歸運河之處舊跡尚存。自和爾寨村東現有河口，乃當年引漳入衛之故跡。上游雖亦淤塞，尚可疏濬。若於此處開河宣洩，則山東德州以下、直隸滄州等處可免沖潰，實於運河有益。惟是和爾寨東起至青縣鮑家嘴入運之處止，計程六百餘里，深淺寬窄不一，而景州、阜城、交河各州縣無數支河積水滙歸，悉由鮑家嘴而出，河身久淤，兩岸居民較前稠密。

臣顧琮查勘故道，目擊情形，若益以全漳之水，別無減河可以分流，勢難容納，鮑家嘴以下之青縣、静海、天津城社堪虞。則漳水改由故道，於直隸不能無患，然不由故道，於山東亦不能無患。臣再四籌畫，公同熟商，惟有分洩防禦，使兩省均無所害，庶爲經久之圖。

查元城縣之和爾寨村北原有河溝一道，由袁爾寨、潘爾莊等處以達堤上村，與漳河故道連。而袁爾寨等處村民將河身築堤橫截，雖有河渠，中多阻塞。請將此河口不必堵塞，以壅水勢，留此天然埧口，飭令地方官嚴禁小民，不許於故道築埧攔水，聽其宣洩，以分水勢。又自鈎盤河入老黄河之處起，至海豐小泊頭潮河止，凡直、東兩省地方俱請挑挖子河，務須一律深通，暢流無阻，以洩暴漲。

但漳、衛、汶三水並趨大汛之際，猶恐不足宣洩，致有漲漫之患。查臨清、恩縣、夏津、武城、德州一帶，間有民修堤堰，尚未聯絡整齊，汛水出漕，難以防護。若令民力修整，而連年被水，災民勢難力役，應照東省官堤之例，請帑興築。河岸寬平者，估築遥堤以防暴漲；河岸狹窄者，估築月堤以備放淤。印官領帑承辦，河員指示督修。工竣責令地方官仍行交民修守防護，無庸另議歲修錢糧。再前應修工段，有堤在山東，而堤後居民無論在直、在東，汛漲之際，派令附近村民協同加緊搶護，毋許彼此歧悮，庶於運道、民生有濟。乾隆五年五月二十四日，部議允行。

按：明代諸臣於引漳之外，復有籌及引沁入衛者。嘉靖間，左都御史胡世寧言：『沁水至武陟縣紅荆口分流，一派通衛，宜遣官踏視，北達衛水。』萬歷間，參政范守已言：『沁水自山西穿太行而南至武陟縣東南入河，乃自木蘭店東決，奔流入衛。守土諸臣塞其決口，仍導入河，而堤外遺有河形，直抵衛滸。宜於原決築堤處建一石牐，分沁一派東流入衛，爲力甚易。』又楊一魁、張國維先後皆有此説，而潘季馴《河議辨惑》則曰：『黄可殺也，衛不可益也，移此與彼不可也，衛、漳暴漲，元、魏二縣田地每被淹浸，民已不堪，況可益以沁乎？且衛水固濁，而沁水尤甚，以濁益濁，臨德一帶必至堙塞。』泰昌中，侍郎王佐亦言：『沁水之闢新，汲一帶地方郵署相連，廬舍鱗次，必闢渠以受沁，此地不爲邱墟乎！』

迨國朝乾隆二年，安徽布政使晏斯盛復有作滾水埧於武陟境内，分洩沁漲，以殺黄河水勢之請。

總河白莊恪公議曰：臣等將沁、衛兩河細加丈量，沁河寬一二百丈不等，衛河寬八九丈至四五丈不等，衛小沁大，勢難容納。武陟境内沁河長一百九十餘丈，沙底虚鬆，不能簽樁下石，難以建埧。懷慶以下，俱有大堤障護。

今建埧分沁，必挖開大堤，另開河道。但大堤一開，自撤屏障，沁水穿堤奔注，黄水隨之而入，一往無阻，不惟分沁而且引黄，其可慮者一；衛河淺隘，不能容受沁水，又必得開闊寬深，兩岸民田廬舍不可勝計，兼有汲、新、濬三縣城垣，遷徙爲難，濬邑境内兼有一十八里山根石底，人力難施，其可慮者二；衛、沁合流，水勢浩瀚，又必堅築高寬堤岸，且新、淇等縣近依太行山，水長發全賴衛河歸宿，若因東沁築堤，則阻山水歸路，橫流爲害，其可慮者三。

沁水歸黄，衛水歸運，其來已久。即導沁入衛之議，元、明以來屢議屢止，亦非一次。如元世祖至元十四年，衛輝路總管董文用因漕司議通沁入衛，文用言：『衛郡浮屠最高者僅與沁水平，若引之使來，豈惟無衛，將無大名、長蘆矣！』又明萬歷十六年，漕臣楊一魁請引沁通衛，科臣常居敬言：『衛輝府治地既卑下，河復窄隘，狂流灌注，容受爲難。獲嘉已成巨浸，新鄉亦若浮盂，府城不遠，沖決可患。』

我朝康熙六十年，尚書張鵬翮查勘黄、沁兩河，奏稱：『武陟、沁河西北高而東南窪，沁堤内平地較沁河涯低一丈，從此而東，地勢愈低，且此處沙底虚鬆，將來建牐，築垻難以堅固。若引水時從高直下，建瓴之勢，牽動全沁，灌入内地，黄河隨躡其後。』又云：『引沁必由小丹河入衛，此二河身皆極淺窄，勢難容受。』奉旨：『張鵬翮等查河回奏甚明，極好。即令照依所奏，不得稍有更改。欽此！』欽遵在案。

歷觀從前諸臣奏議，利害較然。如董文用言，沁水高於衛輝浮屠，則害在衛輝，且及直隸之大名、長蘆。如常居敬言，沁水沙多善淤，入漕淤牐，昔有左驗。考明嘉靖三十五年，沁決入衛，至臨清逆流上擁運河七十餘里，泥沙沉積，甎、板二牐淤塞二千餘丈，則害又在漕運。如張鵬翮言，牽動全沁，黄河躡其後，則黄河之水勢分溜緩下，流勢必淤墊，泛溢四出，其患又在黄河，而懷、衛一帶爲害更不可勝言矣。夫使利多害少，或利害相半，猶當審擇而慎處之，況有害於城社民生，有害於漕運，而並有害於黄河。是未可以違前人之成説，改數百年之成規，而漫爲嘗試也。

抑臣等聞之，明河臣潘季馴有言曰：『黄河防禦爲難，而中州爲尤難。自漢以來，東沖西決，未有不始自河南。』明河臣萬恭亦言：『河南沙鬆土疎，大穿則全河由渠，而正河必淤，小穿則水性不趨，過則平陸。夫水專則急，分則緩，河急則通，緩則淤。由是觀之，以原歸黄河之沁水改歸衛河，穿渠則土疎之地不能保無奪河之患，而順其水性仍歸黄河，則力全流急，不無以水攻沙之功。臣等詳察地勢，博詢耆老，歷考前人論説分沁入衛之議，有害無利，斷不可行者也！』以上諸賢之論，鑿鑿如此。然則沁水之不可引於衛且然，張清恪公乃別有引沁入運之議，其可嘗試乎哉？

《山東通志》：會通一津全以各牐節蓄，而臨清以北則環曲而行，不復置牐，世遂有『三灣抵一牐』之説，而不知前人用曲之意，全爲漳水而設，漳水之濁雖減於黄河，而易淤亦與黄河等。然而治漳之法與治河又有不同。黄河來源甚高，建瓴而下，徹底翻掀，順其所趨則沙隨水漲，絶無壅阻。遇曲則勢逆，勢逆則脉滯。水過之處餘沙易留，漸留漸長，路愈曲而勢愈逆、脉愈滯。迫之使怒，横決隨之，故以逢灣取直爲上策。蓋循其性而行所無事也。

漳水濁滓稍輕，而來源平坦，無奔激振盪之力。若津道徑直，緩緩而行，則水浮沙沉，隨路澱積，疏之不勝疏矣。今多用灣曲使之左撞右擊，自生波瀾，鼓動其水而不使之少寧，則沙亦帶之而去，無復停頓。是紆折之正以排淪之耳，豈僅以此爲節蓄之方哉？若知其防淤而概以黄河逢灣取直之義施之，則求通反滯，大失曩賢夫畫之精意矣。

乾隆三年，侍郎趙公殿最奏請於館陶、臨清設立水則。總河白莊恪公鍾山議：該侍郎所奏，蓋欲知東省運河水勢足用，即可將衛水來源留溉民田，意非不善。但既立水則，而不定尺寸，則深淺以何爲準？臣莅任四載，深知衛河水勢情形大約，漕船將抵臨清之候正在三、四、五月，其時天晴日燥，源微流弱，澀流居多，平流殊少，暢流則數年不能一遇。今即定以若干尺寸，如遇來源微弱，尺寸不足，即將分灌民田之渠牐全行久閉，則於小民不便，勢不可行。如或尺寸數足，即將官渠、官牐飛往全閉，悉令灌溉民田，而來源頓息，下流已逝，運河之水又立見消涸，漕船必致淺阻，又須飛往開放，無論羽書絡繹、往返徒勞，而路隔數百里，動需旬日。漕船因此守淺坐候，躭延時日，轉多遲悞。況汶、衛合流之處，地屬浮沙，加以河流湍悍，長落不常，使立有水則、定有尺寸，或漩聚而沙壅，或沖流而水深，或順風而傾瀉，或逆風而湧注，亦難執彼時之尺寸，定此日之淺深。此漕船盛行之際，情事確係如此。至若六、七月間大雨時行，各處山泉湧發，運河之水拍岸盈堤。其時重運漕船已全數過臨清北上，而漳、衛一帶民田亦憂雨水過多，不憂不足，又可不必計較於尺寸之間。

以臣愚見，水則竟可不立。如雨水調勻之年，運河水勢足，即將百泉等處渠、牐照舊官民分用； 如遇雨澤愆期，河水淺澀，即將民渠、民牐酌量啟閉，以濟漕運； 若遇重運經臨之時，河水充暢，或漕船早過臨清，民田尚須灌溉，則官渠、官牐亦即酌量下板緊閉以灌民田。總令東省管河道及上河通判、豫省河北道及衛河通判不時查勘，彼此關照，相機啟閉，庶幾，漕運、民田兩利無害。

自板牐下起西南至直隸元城界止，爲館陶主簿汛。主簿一員，兵夫二十名，淺夫三十名。堤長三萬二千四百丈，南自直隸元城界遷堤起，北至臨清尖塚止，計程一百二十里。又經管漳河，西南自直隸元城界鴨窩村起，東北至孫家莊止，計程三十里，入直隸清河汛。

館陶縣，周爲晉冠氏縣，後屬趙； 秦屬東郡； 漢置館陶縣，屬魏郡； 晉屬陽平郡； 唐屬魏州； 宋屬大名府； 元屬濮州； 明屬東昌府。今因之，治在衛河東岸一里餘。

凡上河廳通判所屬，自陽穀縣官窑口起，至直隸清河縣界臘店止，計程一百七十七里。又經管館陶主簿汛衛河一百八十里。內設州判一員，主簿四員，牐官六員，館陶汛把總一員。

下河廳河道

下河添設通判，已見於前。而其所屬境內有直隸清河縣河道二十里、故城縣河道十六里，各有縣丞，屬下河通判兼轄，如江南沛縣河道屬泇河同知之例。雍正九年，改歸直隸河間府同知管轄。於是上、下不能相應，撈淺催漕不免觀望推卸之弊。今宜仍歸下河，則此三百餘里漳、衛之水責成益專矣。凡自夏津至德州河道皆爲下河通判所轄。

由臨清逕直隸清河縣境二十里至夏津汛。

東岸弓馬橋、房村廠、南關上口、丁家馬頭、杖柳舖古淺五，今俱不淺；西岸尖冢即漳神廟、後孟家即黑家坑、趙家即下灣、陳家即石佛寺古淺四，今亦不淺；白廟即朳蜡廟、羅家即土山、郭家即張家窑、王家即王家口共古淺四，今仍淺。

清河，齊貝邱地；漢爲甘陵；晉始置清河縣，歷代因之。宋屬恩州；元屬大名府；明洪武六年改屬廣平府；今因之，縣治在運河西岸三十里。

由夏津汛四十三里至武城汛。

東岸新開口即孫家口、草廟即上草寺、郝家即老窑頭、小口子即柳園、大口子即萬家廠，共古淺五，今俱不淺；橫河即狐仙店，古淺一，今仍淺；西岸二哥營即孫家口、嚴家即蛤蜊灘、吴家即郭家屯、葡萄即新堤、草廟即老堤頭、黃家即下草寺，共古淺六，今俱不淺；孫家即渡口驛、賈家即姜家圈，共古淺二，今仍淺。

以上爲夏津主簿汛。主簿一員，淺夫三十四名，民埝七千七百四十丈。所管河道南自孫家口起，北至七里亭止。

夏津，春秋爲齊、晉會盟之要津；漢爲鄃縣；至隋始置夏津縣，屬貝州；唐屬清河郡；宋、金屬大名府；元屬高唐州；後因之，今屬東昌府，縣治在運河東岸四十里。

由武城汛六十四里至甲馬營汛。

東岸商家、白龍、白家、大龍、灣頭、柳林、大還，共古淺七，今俱不淺；西岸劉家、侯家、周家、西關、南調嘴、北調嘴、小流古淺七，今俱不淺。

東岸石牐一，曰朱官屯；西岸石牐一，曰馮家灣。

按：武城南關緊逼運河，堤內悉屬民居，危險堪虞。乾隆三十八年，知縣畢璉於迎溜處所鑲築草工，僅資保護。

以上爲武城縣丞汛。縣丞一員，淺夫五十名，民堰一萬一千五百二十丈。所管河道南自七里亭起，北至牛蹄窩止。

武城，戰國時爲平原君封邑；世謂言『子游所宰處』者，誤。漢爲東武城，屬清河郡；唐屬貝州；宋屬恩州；元屬高唐州，後因之，今屬東昌府，縣治在運河東岸一里。

由甲馬營六十六里至直隸故城縣境。

東岸陳家即陳林舖，何家即何家堤，又陳家即陳家橋，共古淺三，今不淺； 高家、半邊店古淺二，今仍淺； 西岸孟家、王家、張家、方遷，共古淺四，今不淺； 果子口古淺一，今仍淺。

東岸石牐一，曰牛蹄窩，又減水牐一。

以上爲武城縣甲馬營巡檢汛。巡檢一員，淺夫四十一名，民堰一萬八百八十丈。所管河道南自牛蹄窩起，北至冷家墳止。

又經直隸故城縣境十六里至德州衛千總汛。

東岸白馬廟、高師、姑滕家口、回龍廟、八里堂、新牐、曹家口、丁官屯、減水牐、新窑口、飲牛口、上八里、耿家灣，共古淺十三，今俱不淺； 西岸鄭家口、范家圈、白馬廟、焦姑寺、孟家灣、南陽務，共古淺六，今俱不淺。

故城，古滌縣膏池地也； 隋爲歷亭縣，屬清河郡； 唐貞元五年置今縣，屬甘陵郡； 宋屬貝州； 金、元廢爲鎮，後復置縣； 明隸景州； 今屬河間府，縣治在運河西岸二里。

由德州衛千總汛七十九里至德州州同汛。

東岸小西門古淺一，今不淺； 西岸蔡張成、劉皮口、鄭家口，共古淺三，今俱不淺； 四里屯古淺一，今仍淺。又東岸楊家莊新淤一。 內有恩境十二里，原設主簿一員，乾隆七年裁汰，歸併千總管理。

恩縣，春秋爲齊里邱； 漢置清河郡； 唐改貝州； 宋慶歷中王則作亂，討平之宥，其餘黨改爲恩縣； 金爲大名府； 元屬東平路； 明降爲縣，屬高唐州； 今屬東昌府，縣治在運河東岸五十里。

四女寺滚水埧，舊爲減水牐，明嘉靖十四年建。其地以傳姓『四女』得名，亦曰『四女樹』，見《黄始記》

《居濟一得》：四女寺北舊有減水牐一座，所以洩運河有餘之水者也。運河有餘之水從此洩出，則上不致爲害於山東，下亦不致爲害於北直，此古制之墁善者也。乃數百年來，牐座廢壞不修，引河淤塞已平，運河之水無處宣洩，泛溢於南則山東受其害，泛溢於北則北直之吴橋、東光等處悉受其害，此固不可以不復者也。然牐座之復猶易，而引河之復甚難。蓋引河久已淤平，百姓悉皆佃種，今欲仍挑爲河，此人情所最難者，故必照原舊河身挑挖，則人亦無辭。但工程浩大，費無所出，此工一成，并有益於北直。若北直之吴橋、東光及天津一帶州縣肯相幫助，則亦何難之有哉？

按：雍正三年，内閣學士何公國宗奏請改建滚水埧，計寬八丈，埧身高出河底一丈七尺。自恩縣至德州引河共五百四十八丈，於雍正七年挑浚。又自德州至老鹽河口引河，計一千八百七十六丈，於雍正九年挑浚。是年大學士朱文端公軾請將四女寺之埧口、河身一槩落低二丈，口門開寬三十丈，引河開寬三十四丈。總河朱藻議以運河口面止寬十九丈五尺，若將引河開寬三十四丈，遂成本小支大，恐有奪河之患。十一年，山東巡撫岳公濬奏：

德州境内衛河漲發，漫開哨馬營、老虎倉、第三店、桑園鎮等口，次第堵築完固。苐念衛河溢水雖在德州，而州北灌入直隸之吴橋、寧津、東光、南皮、滄州等處，前此雍正八年有第九屯漫開，淹及吴橋等縣，今次泛溢更甚。漫口在於東省，而滋害及於鄰封。臣雖竭力經營，尅期堵塞，然止可爲一時捍災之計，而非經久銷患之圖。因查衛河發源於河南輝縣之百泉，東流旁納淦、淇、洹、漳等水，入東省之舘陶縣，達於臨清州，歷程九百餘里，並無支河旁洩。至臨清甎、板，又與汶水合流折而北行，計二百六十餘里。至恩縣之四女寺東岸，始有減水牐一座，由引河及老黄河歸海。又行二百四十餘里至直隸滄州之甎河，有減水垻一座。又行七十餘里至青縣之興濟，有減水垻一座，俱由引河東流入海。有此三垻，衛河小有漲滿，足以宣洩無虞。一遇衛輝上源積雨横溢，河水陡發丈餘千里，洪濤大溜直注，雖有四女寺之滚水垻，而建瓴之勢一時疏洩不及，在甎河興濟二垻口相隔尚遠，又有滹沱横擁下流不能迅達。惟德州一區距四女寺三十五里，河流至此，奮勇欲洩，而運道紆折，正當迴溜頂衝，兼之東北一帶地漸低窪，更有以引其趨下之性，於是前冲後激，直潰東堤。罅漏偶開，全河側瀉，實非尋丈土堤所能抵禦。臣思治漲之法，分洩爲先，凡溢水所趨，必由自然歸宿之路，因勢利導，即可轉害爲功。查德州上游衆流所滙，總以老黄河爲要津。河在德州城南二十里，自西南而環於東北，經吴橋、寧津、東光、南皮以至海豐大沽口入海。其河之北岸有陳公堤一道，横障河濵，綿亘數縣，凡溢水穿過此堤，即能循路以達老黄河。若不及穿過而繞堤以行，則轉爲高阜所阻，不得不灌入吴橋以北之東光等縣，直至滄州入海。則是德州之堤岸，揆之地形水勢，斷不能不使之不衝不溢。若使因其漫決之路開挖成渠，與老黄河相通，俾水至有歸，免致横泛，此則人力之所當爲而不可不急爲酌議者也。但事關河道，又地係兩省接壤，容移會兩省總河並直隸督臣公同會勘，將德州各漫口水道逐一查驗，但有可以引過陳公堤導入老黄河之處，即應於此建垻開渠，分路宣洩，實於瀕河州縣有益。

命下直、東兩省勘議，於哨馬營另開支河穿陳公堤，經鈎盤河故道入老黄河歸海。詳後『哨馬營下』。二十七年，大學士劉文正公統勳等奏請將口門展寬四丈，其寬一十二丈，垻面準哨馬營尺寸落低一尺六寸。一切修防事宜交德州糧道就近督率。二十八年，復加展寬十二丈，共寬二十四丈，添磯心五座。

以上爲德州南河千總汛。千總一員，淺夫五十八名，兵夫四十名，内外委二名，百總一名。南自白馬廟起，北至新河頭止，計程七十九里，其德州以北河道屬德州北汛千總管理；南自德州豆腐巷起，至柘園鎮止，計程五十里。乾隆二十四年，總河張愨敬公師載奏，將南河千總改爲黄運河營協辦守備，兩汛河道俱歸北汛千總一人管理。由德州州同汛七十里至直隸吴橋縣境，山東運河止此。

自楊家莊新淤至柘園境三十三里，並無古淺。

按：德州運河從前逼近小西門，於振河閣下建有護城甎工。雍正十二年，於西方菴改挑引河二百六十五丈，堵築舊河口門，漕船由引河行走，以避大溜衝刷。後西方菴引河又成兜灣頂沖之勢，内臨深潭，外逼汛漲，勢漸危險。乾隆二十七年，復於對岸魏家莊起至新莊頭另開引河四百九十五丈，分洩溜勢，保護城垣。

哨馬營滚水壩在德州城北。雍正十一年衛河漲發，漫溢哨馬營、老虎倉等。巡撫岳公濬請因漫決之勢開挖新渠，以資分洩。經直、東兩省會勘，即於哨馬營開挖新河，東至陳公堤，由曹家決口放水通鈎盤河故道，東北流至吴橋縣之玉泉莊，入老黄河歸海。壩寬三十丈，頂高一丈六寸，中建磯心十二座，兩岸遥堤相距百丈，動帑至九萬九千餘兩。

《禹貢指南》：郭璞云：『水曲如鈎，流盤桓也。』

按：顔師古謂『平原般縣』，即九河鈎盤。而孔穎達亦謂『徒駭在成平；胡蘇在東光；鬲津在鬲縣』，九河之次，從北而南，既知三河之處，其餘六者，太史、馬頰、覆釜在東光之北、成平之南；簡潔、鈎盤在東光之南、鬲縣之北也。德州在後魏時爲般縣地，《後漢書》注：『鬲縣屬平原郡，今德州是。』則徒駭、馬頰爲妄，而鈎盤爲信矣。

以上爲德州州同汛。州同一員，淺夫五十四名半，橋夫二名。所管河道南自蔡家莊起，北至哨馬營止。

德州，周齊地也；漢爲平原郡；至隋始置德州，屬平原郡；唐以後皆因之；明屬濟南府，領德平、平原二縣；今俱屬濟南府管轄，州治在運河東岸傍。

凡下河通判所屬，自直隸清河縣孫家口起，至德州柘園鎮止，計程三百三里三百餘步入直隸吴橋縣境。内設州同一員，縣丞一員，主簿一員，千總一員，巡檢一員。

卷八

泉河廳諸泉

山東漕渠，名有五水濟運，實則專賴汶、泗。其泉源散布於十七州縣，分隸兖、泰二府，非有專員濬治，難以暢利通流。明永樂時原設管泉分司於寧陽，管河分司於濟寧，後裁寧陽分司歸併濟寧。國朝康熙十四年，又裁濟寧分司，以運河同知兼管。至雍正四年，方以内閣學士何公國宗言增設管泉通判一員，顧幅員方數百里，而泉在山溝，泥穴之中，或聚數十泉於跬步之間，或發一二泉於百十里之外，一人耳目未能周徧，因有管泉佐雜十二員，督率泉夫分地疏濬，法已盡善。惟是各佐雜進退黜陟之權不由通判，仍未免呼應不靈，視泉務爲緩圖。是又當酌量變更，使通判得持三尺以繩其後，庶幾濬發不窮，靈泉日出矣。

《泰安府志》：汶水有數源，其經流曰『大汶』。一自萊蕪縣東北原山之陽發源，西南流逕普通莊、麻塔莊，又西逕危石莊、雪野莊，折而南流，又逕大舟山東，合長城嶺南，滙夾溝水、河芹泉逕新興堡會新興諸泉，又西南逕舊寨保合魚池等泉，至板橋灣入泰安縣界，又西南至故縣鎮。又一自泰安縣泰山之北傒臺嶺發源，東南流逕祝陽集、山口集，至故縣鎮二水合流，是爲大汶河，一名『塹汶』，又西南逕焦家店與萊蕪縣之牟、嬴二汶會。牟汶有二：一自縣東南寨子村海眼泉發源，合湖眼、蓮花等泉，西流逕顔莊至盤龍莊；一自縣東古牟城東響水灣發源，會鵬山、趙家諸泉，西南流至盤龍莊，二水合流。又西有孝義河水入之，又西至濾馬河，合於嬴汶。嬴汶有二：一自萊蕪縣南宫山之陰石漏河發源，北流逕安仙寺，至濾馬河會牟汶，又西逕縣城南坡草窪至嘶馬河；一自縣東北大、小龍潭發源，南流逕垂楊保，受垂楊、烏江等泉，逕鎮里保，受鎮里諸泉，至方下集爲嘶馬河。又南流會牟汶，並南嬴汶水，合爲一流。又西逕新莊保、南宫保、魯西集、半壁店，復會南北諸泉入泰安縣界，至集家店合於大汶。自此北納范家灣諸泉，南受北滚、順河諸泉，逕無鹽山西與北汶會。北汶本名泮水，自泰山西桃花峪發源。《水經注》云：『汶水又南，右合北汶水，由分水溪。』又云：『溪一源兩分，半水出山茌縣西北流，半水南出泰山入汶』，即此水也。東南流逕石拉村、新莊、火樓莊、粥店至高里山南，又逕舊鎮南，又東至郡城南，有淶河水入之。又東南至郡城東，有環水入之。又東南流，有石汶水入之。又東南至無鹽山西，合於大汶。自此又西南流，循徂徠山西麓，南逕龍堂村、香城村至大汶口東與小汶水會。

小汶水，自新泰縣東北龍堂山南麓發源，會諸澗水，南流逕嶅陽店，由蒙陰縣之汶南莊至南鮑莊，西復入新泰界，有龍池河水入之。又西流逕大峪莊，有平陽河水入之。又西流逕西都莊，右受杏山澗水。又西至古河保，有西周河水入之。又西流逕劉官莊，又西有廣寧河水入之，又西有廣明河水入之。又西有羊流河水入之。又西流逕靈查保至安家莊新泰縣境內，行一百二十里入泰安縣。界左受濁河泉爲淄水，逕徂徠山南故梁父城。又西南逕故柴城北，世謂之『柴汶』也。又西南逕韓家莊，又西至大汶口，即古静封鎮，合於大汶。汶河自大、小二水合流，又西南逕大汶口橋甎舍集，又西有濁河水入之。又西逕沙河口，有沙河水入之。又西至道溝入東平州界。又西流逕楊郭口至東西出水口，有衡魚河水入之。又西逕坎河之戴村壩，溢水北出，與大清河會。戴村壩所以遏汶南流濟運，制甚堅。乾隆十四年，以大學士高斌議，落低三尺，溢出者倍於前，東平患之。其經流屈而西南，逕劉家口東平州境內，共行四十八里，至孫家村入汶上縣界，西南流逕四汶口、新河口、草橋鎮、白馬河、鵓河、黑馬溝至南旺分水口，始南北分流入運河。孫家村以下皆非泰安府境，其北流者歷三空橋、五空橋，仍分派東北流入大清河。

趙一清《五汶考》：五汶之名始於《述征記》，曰：『泰山郡水，皆名曰「汶」。汶凡有五：曰北汶、嬴汶、牟汶、柴汶、浯汶，皆源別而流同』。《元和志》爲更其名曰『汶水』。出乾封縣東北原山，又有北汶、嬴汶、柴汶、牟汶，縣有五汶皆源別而流同也。顧宛溪取《述征記》之説，而胡東樵欲以小易嬴，因《水經注》無嬴汶也，不知《水經》所主之『汶』即『嬴汶』，以其首過漢嬴縣南，酈道元《注》不別著其名，即明無所謂『大汶』也。而以出牟縣故城西南阜下俗謂之『胡盧堆』者爲『牟汶』，今有水出萊蕪縣東北之原山，亦名『馬耳山』。魏收《地形志》：『嬴縣有馬耳祠，汶水出焉。』是知即原山之異名矣。西南流至泰安縣東北之故縣鎮，有水出岳東北之仙臺嶺，南流注於汶，是名『天津河，亦曰雁嶺河。』其水南流與嬴、牟二汶合，今統名曰『大汶』，又曰『塹汶』。《禹貢錐指》以北汶爲塹汶，非是。嬴有二源，一出萊蕪縣東北原山，西南流與大、小龍灣之水合流入於牟汶。牟亦有二源：一出萊蕪縣東南寨子村海眼泉；一出縣東二十里古牟城東響水灣。二水合流與嬴、汶會，西南流注於大汶河。牟汶以漢牟縣名之。

二汶者，自東徂西者也。其一曰『北汶』，《水經注》『北汶出分水溪源，與中川分水。』今謂之『泮河』，即古『半水』也。又曰：『北汶』，《泰山紀事》謂之『北王河』，而以環水爲南王河，云皆汶水，以音略相類混而爲稱，正不知其土音作何等語也。東南流逕泰山東，合天門下溪水；今謂之『渿河』，又曰『西溪』。其一曰『石汶』，《水經注》：『其水又合環水，水出泰山南溪，今名『梳妝河』，又曰『中溪』。東流入汶，世謂此水爲「石汶」』。今《志》分環水、石汶爲二。又云天津河即石汶，與酈《注》不合，非是。二汶者，自北達於南者也。其一曰柴汶，《水經注》『汶水又南，左會淄水，水出泰山梁父縣東，西南流逕菟裘城北。又逕梁父縣故城南，又西逕柴縣故城北。世謂之「柴汶」矣。又逕郕縣北，又西逕陽關城南，西流注於汶。』《泰山紀事》謂之『巖嶂河』，名從其地也。此亦即漢柴縣以名之。

而世傳又有小汶，源出新泰縣東北龍堂山，南流入沂州府蒙陰縣界，折西流逕縣境，繞城而西流至泰安縣南，與大汶河合。小汶之名雖不見於《水經注》，水道則鑿然可按。名之曰『小汶』者，對大注而言。大汶爲經水、川水，而小汶則枝水也。小汶、柴汶並自東北以達於西南，大較與大汶之會，嬴、牟等；北汶、石汶在大汶之北，南入大汶；柴汶在小汶之東北，西南入小汶。故言五汶者，當主嬴汶、牟汶、北汶、石汶、柴汶，知者以有前紀可憑也。郭緣生遠數浯汶繆甚，浯汶，出朱虛縣靈門山，見《水經維水注》中。顧宛溪迷而不察，而遂因之。李吉甫以爲其一則經流，《禹貢錐指》引《元和志》有『其一則經流』之語，今本無此文，然據所說止有四汶，則其一經流之語未爲無據。或東樵所見之本與今書有異同耶。蓋俱不知有『石汶』也者，胡東樵曰『以小易嬴』，斯爲當矣，似非無說。第小汶不見他書，且與淄水合流。而淄水甚古，小汶似不得遽擅一汶之目，古今水道變遷不常，自非目驗不能悉也。余親至泰山，觀其圖籍，訪其脈絡，粗陳原委，地理之學真談何容易！

《五汶考二》：然予猶有疑者，據《水經》，汶出泰山萊蕪縣原山，西南過嬴縣南，又東南過奉高縣北，屈從縣西南流。蓋自萊蕪歷古嬴城而至泰安，與今水道合自下，酈道元即以『牟汶』釋之。其上源不詳也，入泰安境又不記，出仙臺嶺之一支亦甚疎略矣。而乃即繼之，曰左合北汶，由北汶而天門下溪水，而環水蓋自西而東也。今汶水由東以達於西，豈以北汶水視天門下溪水、環水爲較長歟？二水皆入北汶，以達於大汶。不然東西倒置爲不順矣。

而淄水據《水經注》所出與所逕之地如菟裘城、梁父縣故城、柴縣故城、郕縣、陽關城，皆在縣南境。菟裘城，屬兖州府泗水縣，郕屬寧陽縣。《一統志》『成縣故城在寧陽縣北，成即春秋之郕國也。』《公羊傳》作『盛』地近洸水，《水經注》『洸水逕盛鄉城』，西京相璠曰：『岡縣，西南有盛鄉』，《史記》作『成』，後漢因置成縣，晉省陽關故城，亦與寧陽分界，是皆小汶之經流，即古淄水之沿。

注：小汶之來甚遠，前古未有此水。後人或以人力溝通之，未可知也。故予謂東樵欲以小易嬴，爲未允何也。郭緣生、李吉甫固皆列嬴、牟爲二汶矣。相傳已久，如合嬴、牟爲一，而分柴、小爲二，安見彼不可得而分稱，而此顧可得而各擅也？合之《水經注》北、石、柴三汶是爲五汶。嬴、牟、北、石并於大汶，柴汶會於小汶，是五汶。又總分二支，而總出大汶口，名位、次第秩然。郭氏、李氏無石汶，其名著於《水經注》固不可泥矣，敢爲前賢正之。

《五汶考三》：自地理之學不明，而人得家自爲説，好奇標異，古義盡晦矣。如嬴汶，《一統志》云：『一自萊蕪縣東北大、小龍灣發源，此即《水經注》「出原山之下流」也』。又云：『一自萊蕪縣南宫山之陰石漏河發源。』又云：『宫山在新泰縣西北三十里，嬴縣故城，亦在縣西北。即古新甫山。』山、交二縣之間，《通志》因之於圖，別出新泰縣東南二十里之鳳凰山，與三十里之大石山，中有小水，曰『嬴汶』，易『西北』爲『東南』，相去遼濶。然則是『牟汶』而非『嬴汶』矣。此一源當出萊蕪縣東二十里之大屋山，又名太室山，下流爲司馬河，亦曰『嘶馬河』者，近是。牟、汶二源一出寨子村，一出響水灣。縣志指出：『寨子村者，爲浯汶。』

《通志》既辨其誤，而圖猶存其名，何也？嬴、牟二汶合流入泰安縣東北之故縣鎮，與仙臺嶺之水會，是爲『大汶』，亦曰『塹汶』。《方輿紀要》云：『汶水出萊蕪縣東北七十二里原山之南。《水經》所謂「北汶」也。』考《水經注》：『北汶出分水溪源，與中川分水』，而濟水篇注云：『濟水又東北與中川水合，東南出山茌縣之分水嶺。溪一源兩分，泉流半解，亦謂之分流，交半水出泰山入汶，半水出山茌縣，西北流與寘溪谷水合。又北逕盧縣故城東，而北流入濟。』

山茌故城，今屬長清縣，於岱宗爲右壤，故今有水名『泮河』，亦謂之『北汶河』，即半水也，豈出原山之謂乎？不謂宛溪亦有此失，既入泰安縣境，則有所謂『石汶』者，環水也。今俗謂之『梳洗河』，亦曰『梳妝河』。縣志又名『十里河』，而與石汶分爲二水，豈古今水道有遷移與？又曰『石汶源出仙臺嶺』，是又以天津河當之，非矣。有所謂天門下溪水者，《水經注》：『水與北汶合，今俗謂之涂河。』涂河之名不知何昉，而世盛傳之。其流入於北汶，恰與酈注合。

又有所謂『柴汶』，者《水經注》以爲出梁父縣東。梁父山舊在泰安縣東南百十里，圖在正南，非是。今割入新泰縣西界，去縣治四十里，爲二縣連接之區，又名『淄水』，以其逕漢柴縣故城南，故謂之柴汶。縣志名東濁河，以其水色混濁也，取名爲淄，亦以濁故。志云：『西出徂徠山東南泉里莊石罅中，西北入小汶』，竟不知其出梁父縣東矣。今梁父縣東之源已絶，僅存濁河泉之一名，乃即『淄水』之平地洪出者。而《萊蕪縣志》直以爲『紫汶』，云『出仙臺嶺』。『紫』，乃『柴』之誤。此與隋人呼『屯氏河』爲『毛河』同一笑柄。且出仙臺嶺之水在大小汶之北，而柴汶在大汶之南，隔越大，河何由强合乎？《一統志》亦誤以爲出仙臺嶺，又云『泰山東有董家河，南流入汶，即柴汶』，未知何據。

《水經注》無嬴汶之目，道元遊歷三齊，方士之稱無弗該載，寧獨遺此？是必當日其名未顯然。郭緣生在道元之前，其從劉裕北征也，作爲此記，是所耳聞而目覩，有不可誣者。故予謂胡東樵欲以『小』易『嬴』，其説終未當也。大、小汶之名不見古記傳，後人因嬴、牟、北、石四汶相合，故名之曰大、小汶，所納祇一柴汶，故名之曰『小』。然考小汶發源新泰縣龍堂山，其來遠且長矣，其吐納衆流亦甚夥矣，與大汶河不相上下，若古有是水，則道元何由不詳記之？此必後人溝通之以合於梁父之淄水，而《泰安縣志》乃云『小汶亦名淄汶』，淄汶之名究非所據，似因紫汶而造作者，以『淄』、『紫』同音也。《萊蕪志》因字形相近而誤，而《泰安志》又借其聲之轉，《通志》則以爲淄水，或云即徂徠山紫源池，尤附會可笑。其他隋地變名不可勝紀，皆庸妄人杜撰，故宜一切屏絶之。

《五汶考四》：五汶之中，惟柴汶尤難明，以其源流爲小汶所亂也。欲知柴汶之發源，當先按梁父之所在。《史記·始皇本紀》云：『禪梁父服虔云泰山下小山，而不言其方位。』《封禪書》云：『從陰道下禪於梁父。』又云：『乙卯漢元封元年夏四月也。上泰山，明日下陰道，丙辰禪泰山下趾東北肅然。』《山制詔》亦云：『登封泰山至於梁父，而後禪肅然。』若在正南《説見》第三篇。則不得云下陰道也。《漢書·武帝紀》云：『遂登封泰山至於梁父，然後升禪肅然。』然則梁父與肅然必相近，而稍卑小。服虔曰：『肅然，山名也，在泰山。』下有脱字。《一統志》：『肅然山在萊蕪縣西北六十里。』縣志云：『泰山東麓也。』《方輿紀要》：『肅然山在泰安縣東北七十里。』蓋漢武遵始皇之故迹而小異之，既登封泰山下陰道，除東北之小山以降禪。始皇禪梁父，武帝禪肅然。肅然又在梁父之北。登封以祀昊天上帝，故就山之陽降禮以祀皇地祇，故就山之陰。若果在正南，則是就陽位而非就陰位，乖祀事之義矣。

梁父究不知定在何所，惟唐貞觀二十一年司空房元齡《封禪議》云：『梁父、社首二山，禪祭之所。去十五年，議奏請禪梁父，今奉詔詳議，梁父去泰山七十里，又在東南，至於行事，未得穩便。社首去泰山五里，是周家禪處，臣等參詳，請禪社首。』有詔依奏。梁父之在泰山東南七十里，唐人尚能確指其地，可據也。故《方輿紀要·泰山總序》云東六十里曰梁父山，又東曰云云山，與元齡之言相合。又泰安州下云：『梁父山，州東百十里。』志云：『西接徂徠』，今徂徠在府東南四十里，人所共曉。梁父西接徂徠，宜更在徂徠之東。府志乃云：『梁父山，徂徠西南，距泰安城九十里』，是易『東』爲『西』，幸有肅然、徂徠二山足爲標準，猶可得其彷彿，不然直一下阯之小山耳，宜其湮没而無聞。然而《水經注》有明文矣，云『淄水出梁父縣東，西南流逕菟裘城。』《春秋左氏傳》：『隱十一年』杜預註：『菟裘，魯邑也，在泰山梁父縣南。』《魏書·地形志》：『梁父，有菟裘澤』，《方輿紀要》『菟裘聚在泗水縣西』是也。然後云：『淄水又逕梁父縣故城南』，《方輿紀要》：『梁父城在泗水縣北四十里。』然後云：『淄水又西南，逕柴縣故城北，世謂之『柴汶』。又逕郕縣北，又西逕陽關城南，西流注於汶水。』自東迄西，序次分明。若如今圖志所載，當先柴縣而後梁父，水道倒置，其謂之何？予觀《新泰縣圖》，其西有梁父山，云縣治西至泰安府一百六十里，縣境西至泰安縣境八十里，山在新泰界内，計距府治東南百里，而近斯爲得之。乃《通志》、府志圖俱在府治正南，其誤有不待言者。雖然，淄水之源，酈道元且不能溯其所自出，予又烏從而測識之哉？胡東樵以爲『柴汶』俗名即『司馬河』，大非。

《五汶考五》：柴汶之源，雖不可考，然而蛛絲馬迹猶可尋者。《一統志》：『小汶河源出新泰縣之東北三十里龍池，即龍堂山泉之池。西南流百里，《府志》云百二十里。經泰安縣東南，繞徂徠山之南麓西流，合汶河，所謂「大汶口」也。』《縣志》：『小汶水自新泰縣東北龍堂山南麓發源，會諸澗水，南流出蒙陰縣界東，西流入新泰界，合龍池河、平陽河、香山岡澗、西周河、廣寧河、廣明河諸水，又西流合羊流河水，又西逕泰安縣界，受濁河泉，經徂徠山南故梁父城，又西南逕故柴城北，俗亦謂之「柴汶」。又西至大汶口。』按之圖志，諸河皆不近梁父，惟羊流河一支之水繞梁父東麓而下入小汶，則道元所云『淄水出梁父縣東』者，殆指此歟。其受濁河泉也，泉在小汶之南。淄水故道本在小汶之東北，故知兹泉乃其水洪出地中者而反藉以存，古迹可慨也。其下流至古柴城，即與大汶河合爲大汶口。《水經注》所云『又逕郕縣北、陽關城南』，皆不可問。當道元時嬴、牟、北、石四汶合注於陽關城之西，而柴汶自南來注之。陽關，魯邑也，城在寧陽縣東北。杜預曰：『陽關在鉅平縣東』，劉昭曰：『鉅平有陽關亭』，《括地志》曰：『陽關在博城西南二十九里，西臨汶水是也。』今泰安縣東南有東濁河，又曰會河。西南有西濁河，又曰小會河，即柴汶。自東達西之首尾也，以其會小汶，故名之曰『會』，又以其合於大汶，故名之曰『小會』。若濁之稱名猶仍『淄水』之舊耳。

元憲宗七年，濟倅畢輔國始於汶陰堽城之左作斗門一，遏汶水南流，至任城合泗水以餉宿蘄戍邊之衆，且以溉濟、兖間田，出是有南入泗、淮之派，事見至元五年李惟明《改作東大牐記》。堽城壩在寧陽縣東北三十里，元始置堰，明永樂中改爲壩。《明史·宋禮傳》：『禮以會通河之源必資汶水，乃用汶上老人白英策築堽城壩，横亘五里，遏汶流，使無南入洸而北歸海。』蓋改畢倅所通之道也。戴村既築，汶水盡出南旺，不復通洸矣。成化十一年，主事張盛以舊堰水潤河深，相視其西南八里爲堽城新石堰，置牐啟閉，以時蓄洩，壩在大汶口之西。《行水金鑑》：『寧陽縣洸河東、西二牐，嘉靖六年建，舊有堽城石壩，堽城牐，今廢。

於是小汶之流盡爲大汶所奪，而柴汶因兹而俱泯矣。今所存僅自泰安縣東南百里之濁河泉，西流至城東南七十里之鄉城泉，鄉城，古龍鄉城也。泉以地傳名，有作香城者，非。即合於大汶口，間關不及五六十里耳。上源既絶，而下流又亂其名，復改稱『東濁河』。又或被清泥溝泉、坡里泉、坡草泉、東靈泉、西靈泉、芝泉、韓家港泉、蘆家莊泉、清洋港泉、有本泉、西夾溝泉、星波泉、辛冷泉、噴珠泉、青礄泉、鎮里泉、片家泉、龍興泉、沙灣泉、助沙泉、北夾溝泉、恩波泉、雪夜泉、李家灣泉、靈源泉、老龍泉、大龍灣泉、小龍灣泉，則皆下泉也。

萊蕪縣在周爲牟地，屬魯；秦屬齊郡；漢置萊蕪縣，牟縣屬泰山郡；南宋省萊蕪入牟縣；北魏因之，移置嬴縣於萊蕪故地；隋爲嬴縣，屬魯郡；唐復置萊蕪縣，屬兗州；宋初屬兗州，尋屬襲慶府；金屬泰安州；明屬濟南府泰安州；今屬泰安府。

泰安府經歷管理泉夫九十名，內泉老一名，總甲二名，小甲一名。

新泰縣泉三十有五：其上泉曰南陳泉，縣東南十五里。劉杜泉，縣西南四十里。西都泉，縣南二十里。柳溝泉，縣南二十里。張家溝泉，縣南十里。東柳泉，縣西南四十里。賢今泉，縣南三里。位家泉，縣北十八里。舊西周泉，縣西北十五里。黃水灣泉，縣西南四十里。靈堂泉，縣西南七十里。紅河泉，縣西北五十里。釣魚臺泉，縣西南五十里。名灣泉，縣西南四十里。中泉曰萬松泉，縣南三十里。北流泉，縣西南二十五里。孫村泉，縣西南十五里。泉里泉，縣西三十里。曹家泉，縣南三里。名公泉，縣東南三里。太公泉，縣東北三十里。南師泉，縣東北十五里。賈家泉，縣西十五里。古河泉，縣西南二十里。以上共二十四泉；其曰鳳皇泉、哨泉、路踏泉、周家泉、崖頭泉、金溝泉、新西周泉、公家莊泉、里橋泉、構溝泉、和莊泉，則皆下泉也。

新泰縣，周爲魯平陽邑；秦屬泗水郡；漢置東平，陽縣屬泰山郡；東漢省入南城；晉太始中即東平陽故地置新泰縣，屬泰山郡；南宋屬東安郡；北魏屬東泰山郡；隋屬瑯邪郡；唐屬沂州瑯邪郡；金屬泰安州；明屬濟南府泰安州；今屬泰安府。

上泗莊巡檢管理泉夫七十五名，內泉老一名，總甲二名，小甲一名。

泰安縣泉六十有九：其上泉曰廣生泉，縣西北二里。鐵佛堂泉，縣東一十五里。滙泉，縣東六十里。風雨泉，縣東二十五里。狗跑泉，縣西南五十里。上泉，縣西南五十里。龍王泉，縣西南一百里。滄浪溝泉，縣東南四十五里。羊舍泉，縣東南九十里。石縫泉，縣東南一百里。水泊泉，縣東南一百里。白土崖泉，縣東南七十里。明堂泉，縣東南十五里。神泉，縣東南一百里。泰應泉，縣東南二十五里。光化泉，縣東南九十里。新羊泉，縣東南九十里。中泉曰張家泉，縣南五里。梁子溝泉，縣南二十五里。鳳凰泉，縣東四十里。皁泥溝泉，縣東四十里。鯉魚溝泉，縣東五十里。范家灣泉，縣東六十里。搬倒井泉，縣東六十里。順河泉，縣東六十里。北滚泉，縣東六十里。雲臺泉，縣東五十里。報恩泉，縣西南五十里。坤温泉，縣西南一百里。龍灣泉，縣東南十八里。力溝泉，縣東南八十里。韓家莊泉，縣東南一百里。鄉城泉，縣東南七十里。皮狐泉，縣東南一百里。針鈎泉，縣東南一百里。嶽鍋靈泉，縣東六十里。南梁泉，縣南三十里。白坡泉，縣南三十里。以上共三十八泉；其曰周家灣泉、陷灣泉、靈應泉、臭泉、水磨泉、馬黄泉、龍王泉、梁家泉、馬兒溝泉、木頭溝泉、龍堂泉、斜溝泉、濁河泉、二柳泉、大興橋泉、涼泉、新旺泉、黑虎泉、新興泉、水泉、清泉、坡里泉、溯港泉、新查出泉、梁父泉、鬬泉、小柳泉、海潤泉、利運泉、廣濟泉、王莊泉，則皆下泉也。

《全河備考》：泰安州，汶水本出萊蕪原山，經徂徠山南三十里曰大汶口，又西南流入漕渠。又淶河出嶽頂，滙爲西溪白龍池大峪口，南流入泮。又梳妝河源出黃峴嶺諸峪，滙爲中溪，過王母池，上有梳妝樓，由州東爲泮水。而泮水源出嶽頂桃花谷諸水，轉州治東南十里入於汶。一濁河，自有本源迤西一帶，總謂之淄河，亦會河，入汶。

泰安縣，周爲齊魯地；秦屬齊郡；漢爲博、嬴、奉高三縣地，屬泰山郡；東漢及晉因之；北魏改『博』曰『博平』，與奉高仍屬泰山郡，嬴縣廢；隋改『博平』曰『博城』，屬魯郡；唐改『博城』曰『乾封』，屬兖州魯郡；宋改『乾封』曰『奉符』，屬襲慶府魯郡；金初爲泰安軍，尋改爲泰安州，仍治奉符；元因之，直隸省部；明省縣入屬濟南府，國朝雍正初改泰安州，十三年升府設附郭縣，曰泰安。

泰安縣丞管理泉夫一百二十一名，内泉老一名，總甲六名，小甲二名。

蒙陰縣泉五：其上泉曰官橋泉、縣北一百里。卞家泉、縣北一百五里。海眼泉；縣北一百十里。其中泉曰葛溝泉，縣北一百十五里。卞西泉。縣北一百五里。

按：舊圖説：『蒙陰五泉，相距不遠，皆流入萊蕪太汶河以達南旺，惟官橋一泉入新泰小汶。』

蒙陰縣，周爲顓臾國，魯附庸；秦爲琅邪郡；漢爲蒙陰縣，屬泰山郡；魏晉爲琅邪國；南北朝爲新泰縣地，後皆因之；元仍爲蒙陰縣，屬益都路；明屬青州府；今屬沂州府。

沂州府經歷管理泉夫十六名，内泉老一名，小甲一名。

肥城泉十有六：其上泉曰鹽河泉、縣西南四十里。董家泉、縣西南四十里。臧家泉、縣西南四十五里。吴家泉、縣西南四十五里。王家泉、縣西南四十五里。托車泉、縣西南五十里。馬房泉、縣西南六十里。清泉，縣南四十里。以上凡八泉；曰開河泉、清安泉、福川泉、聖惠泉、震澤泉、引兑泉、書城泉、衡魚泉，皆下泉也。

《全河備考》：衡魚河在縣西南五十里，會縣九泉，東南流一百里入汶，俗名會河。

肥城縣，周爲齊地；秦屬齊郡；漢置肥城縣，屬泰山郡；東漢屬濟北國，尋省入盧縣；今長清縣。南宋爲濟北郡，治北魏，復置肥城爲東濟北郡，治北周，改肥城郡；隋屬濟北郡；唐初屬東泰州，後省入博城，屬兖州魯郡；宋爲平陰縣地，屬東平郡；元置肥城縣，屬濟寧路；明屬濟南府；國朝雍正十二年改屬泰安州，今屬泰安府。

泰安府經歷管理泉夫三十五名，内泉老一名，總甲一名，小甲一名。

平陰縣泉二：太液泉、縣南四十里。爲匕泉，柳溝泉距太液泉六十九步，爲中泉。

《全河備考》：平陰泉東北流至衡魚河入汶者，止此二泉。其餘東南、西南諸山出泉有橋口、天井、拔井、馬跑等泉，俱入大清河，不濟運。又縣西濟水下流南岸有山蹲龍磐石，跨礙行舟，宋時別鑿新開河避之北行，而大清河即西北抵東阿縣界三空、五空橋等處，東北隣逼漕河不遠，宜慎固防守云。

平陰縣，周爲齊地；秦屬東郡；漢爲肥城縣地，屬泰山郡；東漢爲盧縣地，屬濟北國；南宋屬濟北郡；隋置榆山縣，屬濟州，復曰『平陰』，屬濟北郡；唐屬鄆州；宋屬東平府，元屬東平路；明屬兖州府；國朝雍正八年屬東平州，十三年改屬泰安府。

泰安府經歷管理泉夫十名，内泉老一名。

東平州泉四十有七：其上泉曰大黄泉、二黄泉、州東五十二里。北蓆泉、蓆橋泉、州東五十五里。吴家泉、徐家泉、州東南五十二里。浮文泉、三眼泉、安圈泉、單眼泉、州東五十八里。坎河泉；州東六十里。其中泉曰神濼泉、州東五十二里。源遠泉、半畝泉、勝水泉、大成泉、張貨郎泉、口頭泉，以上共泉一十有八；其曰小王泉、有本泉、静深泉、浄泉、扒頭泉、源泉、都家泉、獨山泉、烈泉、大黄北泉、大黄東泉、新旺泉、永旺泉、東蓆泉、冷河泉、近滙泉、王老溝泉、孫泉、遊龍泉、湧泉、餑饝泉、南餑饝泉、安宅泉、卷耳泉、河邊泉、雙鳴泉、高莊泉、鐵嘴泉、高泉，皆下泉也。

按：東平諸泉，以蓆河爲總領。有東、西二出水口，自肥城衡魚河經本州官橋、蓆橋、蓆河，又經坎河戴村壩南流入會通河。沿革見第五卷。

東平州州同管理泉夫七十八名，内泉老一名，總甲一名，小甲一名。

汶上縣泉十有一：其上泉曰龍鬬泉、白沙泉；中泉曰老源頭泉、雞爪泉、濼澢泉、西濼泉，以上共六泉；曰西龍泉、趙家泉、薛家溝、新濼澢泉，皆下泉也。並在縣東北四十五里。又南馬莊泉，凡二十四眼，涓流微細，抑下之下者。

《泉河史》陳侃龍《鬬泉記》略：冬官尚書郎喬君廷儀奉命督濬東泉，委出灌牐，抵汶陽之東北，越四十里許。登濼澢曲，見怪石特出，堅壤蹲起，有泉一泓，涓涓南瀉。度其勢必有殊勝，因建小亭以時舍止。又西迤三里至龍鬬泉，泉脉鼎沸，若兩虬相擊。視之左右，又皆翠羽之木、龍鱗之石。下則一派南流，皎拖晶練，奔放縱激，寒冽清漾。於是順勢於自然，命官集衆，操鍤稱畚，濬源泝流，決排壅塞，使由魯溝入會通河，因構亭一楹，翼然泉上。每視泉時，憩息而聽政，名曰『覿泉』，繚以周垣，樹以杞柳，建一宇以時扃啟，復象龍神其中，以悚囂雜。

工成，汶丞來，徵記。予謂：『大臣周天下之慮，事無巨細。率心以爲，内自庭除，外及蠻方。細而寢興洒掃，大而車馬戎兵，如衛武公之爲者，故其詩曰『夙興夜寐，洒掃庭内。維民之章，修爾車馬。弓矢戎兵，用戒戎作，用逷蠻方。』今喬君泉亭之建，非爲觀美，蓋數百泉源遠於郡邑者多，皆令創亭以蔽風雨而布水政。雖符占之茇舍，抑亦武公庭除、寢興之嚴意。雖其細故，於時政非有大損益而爲之，不忽作以不費，後當爲之大於此者，能無奮然以爲而無齟齬耶？古今人一於君信矣！君名縉，别號虚一，家河南之洛陽，漢儒喬仁之裔。仁傳《大戴禮》世相沿襲。君雖以詩魁鄉薦，尋以禮登壬辰進士第。今來職水，凡爲國爲民分所宜爲者，靡不殫心。功化之隆，固將有大於斯！』

張純論《疏龍闘泉》略：斯泉之始出也，會濼滍諸泉以出魯溝河，水勢盛大，即陪尾之趵突、徂徠之濁河，不多讓也。迂迴四十餘里而至蒲灣泊，則地漸平矣。由泊而至金龍口，又若少昂然者，是以諸泉水阻不得下，稍有漲漫，則盡由蒲灣泊以出栢浪橋，民田往往潦没，而金龍口亦隨以淤。是於民則害，而於運則失其利也。歲丁卯五月分水，幾告涸矣。試調衆一疏濬之，旬日間牐河水若增四五寸。然則疏濬之功可待時乎？隄蒲灣以防其漫，濬金龍口以順其流，此其喫緊也。

沿革已見第四卷。

汶上縣縣丞管理泉夫四十三名，内泉老一名，總甲一名，小甲一名。

以上爲汶源諸泉。

張文端公《治河書》：泗河出陪尾山，其山陰有河謂之『漏澤』，亦謂之『雷澤』。山下有泗水神祠，號仁濟侯，故宋所封也。廟西即泉林寺，寺之左右泉有數十，互相灌激，合而成流。西南經卞城有橋跨之，名曰卞橋。橋之西南，有泉二十一，而北流入泗；橋之西北有泉十三，而南流入泗。明初開會通河引泗入運，後命工部主事顧大奇等徧歷山川，疏濬諸泉以通水利。正統中，參將湯節大加疏濬，諸泉盡出，漕渠賴焉。

泗水又西過其縣北，又西過曲阜城北五里，分而爲洙水，春秋所謂『洙瀆』也。洙水經聖墓前，泗水繞其後，過孔林之西合而爲一，總謂之泗水。泗水又西至府城東五里金口牐東，沂水、雩水入之。沂水出曲阜尼山之麓，過其縣西至府城東入於泗；雩水出曲阜縣南五里馬跑泉，西流過鄒縣境至府城東入於泗。

泗水正流西入金口牐，金口牐在府城東五里，所謂黑風口也。隋文帝時沂、泗南流，泛濫大野。薛胄於二水之交積石堰之決，令西注陂澤以溉良田，號爲薛公豐兖渠。元至元二十年開會通河，乃修薛公舊堰爲滚水石壩，以引泗水入運。延祐四年，都水太監潤開始疏爲三洞，以洩水勢，而金口牐壩所由始矣。明初堰壩以土，旋築旋廢。成化七年，侍郎喬毅、主事張盛以石爲壩，固之以鐵。夏秋水潦則開壩洩水，使南流會沂，由堌里牐入師莊牐河；

冬春水微則閉牐遏水，西入府河以出濟寧。皆運道所賴也。

金口牐河入府城而西，至西門之外納闕黨、將詡七泉，水合而成流，謂之濟河，以其通濟寧也。

按：泗河地據上流，泉源數十而皆順入泗河，直趨而西凡三十里，而挾洙以經曲阜，又三十里而奪沂，以會於兖之東門，又六十里而會洸與泗，以入於濟。又泗水與洙水相接。洙水源在蓋縣，其河在曲阜，洙、泗二水異源同流。洙源在北，泗源在南，而同流之中又有分合焉。

《全河備考》：泉林寺諸泉若林，合流爲泗源，自珍珠以下有繁星、甘露、淘米、醴橋、卞莊、潘坡等各泉頭，俱入卞橋會河。卞橋一里入泗河，水經泰山中脉，由徂徠、梁父而南，而東。陪尾之山，泗水出焉，循古卞城西流至曲阜、滋陽，與沂水合入金口堰。初源二十餘竇會於卞橋，西北有泉十三注之，西南又有泉二十一注之。

又曰：洙源久湮，明嘉靖初濬得之，建橋近聖墓，經林内，西南流入沂。其外又有縣北二十里發源石門之嶮河，南流入泗縣，南十里發源昌平山之蓼河，西流入泗，舊志未備，蓋洙、泗之間，神明之地，凡水皆東流，曲阜水獨西流云。

《闕里文獻考》：洙水源在城東北五里，地名五泉莊，西流入林東牆水關，逕聖墓前，出西牆水關又西流，折而遶城西南入於沂以達泗。

按：此非古洙水也。考《水經》，云『洙水出泰山』，蓋縣臨樂山西南，至卞縣入於泗。而《山東通志》則辨之，云『蓋縣在沂水縣西北八十里，距卞不下三百餘里，重山疊嶂，其道難通。』而今洙水之源實在泗水縣東北闕山。闕山乃費縣蒙山之麓，費北境有漢華縣故址，意『蓋』字乃『華』字之訛。又《泗水縣志》云，『泗源在南，洙源在北』，其説似爲得之。又《水經注》云，『洙水西南流，盜泉水注之。又西南流於卞城西，西南泗水亂流，西南至魯縣。東北又分爲二水，水側有故城，兩水之分會也。』洙水西北流逕孔里，此是謂洙、泗之間矣。『洙水又西南枝津出焉。又南逕瑕邱城東而南入石門，又西南逕南平陽縣之顯閭亭西，又南洸水注之，又南至高平，南入於泗。』

細繹《水經注》，是漢時洙水逕卞縣故城北，泗水逕其城南，會合於卞城之西。今則泗水北出卞橋，即與洙會，蓋已在故卞城之東矣。至洙水在卞城以北，其流尚湯湯不匱，而既合之，後遂不復分，所謂至魯縣東北又分爲二，分逕孔里至高平入於泗者，其故道久絶。乾隆八年，繼汾同弟繼涑欲尋洙水經流古蹟，至五泉莊北得古碑一，有『浚復洙河』四大字，無年月欵識，即其地掘之，得源泉混混，然後知古人曾有修復之者，而故道終不可得，遂濬此泉以當之耳。今歲久，仍就淤塞，乃具畚鍤，聚徒旅，循舊迹而深浚之，引逕聖林由沂以入於泗，即今之洙水也，而古時故道終不可復識云。

按：泗水縣距運最遠，又泗源也，次則曲阜，次則鄒縣、滋陽，再次則寧陽，以入於濟寧。今敘録諸泉，一如汶水之例。

泗水縣泉八十有二：其上泉曰大鮑村泉，縣東八里。小鮑村泉，縣東八里。龍澤泉，縣東八里。東岩石縫泉，縣東十五里。趙家泉，縣東十五里。雙石縫泉，縣東五十里。瑪泉，縣東五十里。西岩石縫泉，縣西南二十里。珍珠泉，縣東五十里。趵突泉，縣東五十里。黑虎泉，縣東五十里。濤麋泉，縣東五十里。響水泉；縣東五十里。其中泉曰蔭出西小泉，縣東八里。城南珍珠泉，縣南五里。醴前泉，縣南五里。龜眼泉，縣東十五里。龜陰泉，縣東十五里。龜尾泉，縣東十五里。曹家泉，縣東十六里。溢津泉，縣東十六里。蔣家泉，縣東北十七里。里老泉，縣東北十八里。石井泉，縣東北十八里。小黄陰泉，縣東南四十里。大黄陰泉，縣東南四十里。石露新泉，縣東南四十里。激雪泉，縣東南四十里。石液泉，縣東五十里。石豆泉，縣東五十里。石鏨泉，縣東五十里。膏湧泉，縣東五十里。珠澤泉，縣西南十二里。豊潤泉，縣西北二十五里。馬跑泉，縣西北二十六里。雪花泉，縣東五十里。甘露泉，縣東五十里。甘露新泉，縣東五十里。西甘露泉、縣東五十里。淘米泉，縣東五十里。涓涓泉，縣東五十里。醴橋泉，縣東五十里。東奎聚泉，縣東五十里。三水泉，縣東五十里。湧珠泉，縣東五十里。以上共四十五泉；其曰蔭出東小泉、醴泉、太來泉、合德泉、四勝泉、天津泉、杜家泉、岳陵泉、吴家泉、潘坡泉、變巧泉、大黄溝泉、小黄溝泉、三角灣泉、大玉溝泉、小玉溝泉、蘆城泉、壁溝泉、馬莊泉、位莊泉、石河泉、新開一泉、紅石泉、琵琶泉、新開二泉、天井泉、西奎聚泉、卞橋泉、卞莊泉、三台泉、石下泉、井邊泉、地震泉、近鮑泉、東窪泉、南玉泉、南壁泉，〔一〕則皆下泉也。

明湯節《疏泉林記》略曰：泗邑東陪尾山之陽，有寺曰泉林，殿宇歸然，林木蓊鬱，鳥聲樵唱，雜焉於中。旁有泉曰珍珠、趵突、淘米、洗鉢、響水、紅石、清泉、湧珠，其源皆出此山，澄如湛如，環遶映帶泗之左右。而西南經卞橋之西，復有泉數十，曰大、小玉溝，潘坡、黄陰、趙莊、石泉、珍珠，東、西石縫，三角灣等泉，合流於泗，會於曲阜之沂，轉於天井牐會通河，沿淮達海。

永樂己亥，漕運總兵陳平江伯瑄言於朝，爰命工部主事顧大奇等徧歷山川，疏濬泉源，以濟漕運。後以右通政王孜，郎中史鑑、主事侯暉等繼之，不減顧公之能。正統己未，朝廷簡事之宜，所司請罷是舉，泉源因以淤塞。

余時督儲，心計以爲泉源利濟所資，不可無官典其事，乃請，上可其奏。於是主事熊鍊、傅弼等啣命來茲，仍疏導之。邇來亢旱不雨，河道將涸，余親詣泰安疏通泉源，踰泗水見泉林之泉利人者廣，由是遡流不便者改之，亂石者去之，不通者濬之。又博訪故跡，舊有名者勒砥以紀之，無名者立石以表之，用爲名山勝概之助。尚慮未

〔一〕底本以注文補正文，未改。

周，復訪於衆，得石河等泉一十三道，皆爲之開鑿以濟不通。事既集，遂書以識之，使後來者有所知焉。

又張文鳳《合德泉記》略曰：嘉靖戊戌春二月，余巡泉泗水，過趙家泉，清徹可愛，乃下車徐步泉上，得一石，高可二三尺憇焉。其下，有水津津溢出，廼俯拾沙石四五，泉漸有聲，從者争拾之，泉遂噴湧。有二巨石夾泉旁，命工鑿之，益大迸裂，導之與趙家泉合流，爰曰『合德』。

泗水縣古爲卞國；周爲魯國卞邑；秦屬薛郡；漢置卞縣，屬魯國；晉屬魯郡；魏省入鄒縣；隋改泗水縣，屬兖州魯郡；宋屬襲慶府；金屬兖州；元屬濟寧府；明初屬兖州，隸濟寧府，洪武十八年升州爲府縣，仍屬焉，今因之。

兖州府經歷管理泉夫六十名，内泉老一名，總甲一名，小甲一名。

曲阜縣泉二十有九：其上泉曰逵泉；在縣東南三里。中泉曰兩觀泉、近逵泉、車輞泉、橋上泉，俱在縣東南三里。洙泗泉、新泉、曲水詠歸泉、浴沂泉、渥聲泉、濯纓泉，俱在縣東南二里。城南新開泉、縣南半里。通沂泉、縣東南七里。温泉、西陬泉、連珠泉，俱在縣東南十五里。映安泉、新安泉，在縣西北三十里。以上共十有八泉；其曰柳青泉、雙泉、茶泉、曲溝泉、文獻泉、近温泉、黑虎泉、横溝泉、城北新開泉、變巧泉、蜈蚣泉，則皆下泉也。

上古神農氏都陳，遷曲阜。應劭曰：『曲阜在魯城東，委曲

長七八里，故名。』黄帝生於壽邱，在魯東門之北。少皞邑於窮桑，以登帝位，徙都曲阜。殷爲奄國；周爲魯國；秦屬薛郡；漢置魯縣，爲魯國治；晉爲魯郡；隋改曲阜，屬魯郡；唐屬兖州；宋改仙源，屬襲慶府；金復名曲阜，屬泰定軍；元仍改軍曰兖州，曲阜爲屬；明屬兖州，隸濟寧府，洪武十八年升州爲府，仍屬焉，今因之。

寧陽縣縣丞管理泉夫四十名，内泉老一名，總甲一名，小甲一名。

鄒縣泉十有七：其上泉曰鱔眼泉、縣西北三十里。聯珠泉、縣西南十八里。益運泉、縣西南十八里。淵源泉、縣西南七十里。三角灣泉，縣西南八十里。其中泉曰陳家溝泉、縣北二十里。孟母泉、縣北二十五里。程莊泉、縣西北三十里。崗山泉、縣北二十里。濟運泉、縣西南十八里。合璧泉，縣南七十里。以上共十一泉；其曰白馬泉、馬山泉、新泉、屯頭泉、倉山泉、稻屯泉，皆下泉也。

《全河備考》：諸泉惟白馬入泗處尤要，蓋以泗上流身大，下流至白馬入處身小，泗流勁，白馬弱，不能出，反被泗逆之。諸泉不得已，皆假道於三角灣流出，然一灣不能盡容，往往爲西鄉民田患。又他泉河入白馬者往往以此，故積沙填淤，漕亦終病之矣。

鄒縣，周爲邾國，後改爲騶；秦置騶縣，屬薛郡；漢屬魯國；晉屬魯郡；唐屬兖州；宋屬襲慶府，後省入仙源縣；金屬滕州；元屬滕州，隸益都路；明屬兖

州，隸濟寧府，後州升爲府，仍屬焉。

鄒縣縣丞管理泉夫三十名，內泉老一名，小甲一名。

滋陽縣泉十有四：其上泉曰闞黨泉、惠泉、既濟泉、蔣詡上泉，俱在縣北一里。驛後泉；城西附郭。其中泉曰三義泉、縣東北附郭。照星泉、縣北一里。古溝泉、縣北二里。蔣詡下泉、縣北一里。西北新泉，縣西北附郭。以上共十泉；曰東北新泉、元對泉、負瑕泉、紙房泉，則下泉也。

滋陽縣，周爲魯負瑕；邑秦屬薛郡；漢置瑕邱縣，屬山陽郡；晉省入南平陽縣，屬高平國；隋復置瑕邱爲魯郡治；唐爲兖州魯郡；宋陞兖州爲襲慶府，改瑕邱曰嵫陽，仍倚郭；金爲泰定軍治；元仍爲兖州治，屬濟寧路；明省入兖州，隸濟寧府，後陞州爲府，置縣附郭如故，改嵫爲滋，今因之。

滋陽縣縣丞管理泉夫三十六名，內泉老一名，總甲一名，小甲一名。

寧陽縣泉十有三：其上泉曰龍港溝泉、縣東北五十里。魯姑泉、縣西北三十里。左從龍泉、縣東北五十六里。右從龍泉、縣東北五十五里。中泉曰三里泉、縣東北一里。張家泉、縣東八里。龍魚泉、縣東北六十里。濼濇泉、縣西北四十里。以上共八泉；曰〔一〕蛇眼泉、古泉、曰淵泉、井泉、古城泉，則下泉也。

明吴寬《蛇眼泉記》略曰：國家還都於燕，其食貨之入悉資舟檝，由京師而南，舳艫凡數千里不絕，孰非河渠之所浮乎？地勢隆汙，望若階級，置牐蓄水，洩復盈焉，又孰非泉源之所濟乎？泉多見於齊魯之地，其發甚微，其流甚迂，微則易湮，迂則易竭。夫使滔滔汩汩出而無窮者，又孰非人力濬導之乎？

工部所掌水利，其一特設主事分治之。成化十六年，余同年洛陽喬君廷儀奉命以往，當歲之春，泉脉初動，廷儀輒率官吏召卒徒出而從事，畚鍤濬導如法，勤敏之稱，徹於中朝。顧所至露處，無以爲風日之庇，乃築亭泉上，名曰『覲泉』，求予文以記其成。

惟古人之樂多託於山水，若柳之愚、歐陽之釀可以槩見，獨惜其人皆放斥於外而不盡其用於時，徒啜其清、漱其甘以自娱而已。若廷儀則以泉爲職者也，方其從事於斯，歷曠野，入重山，可謂天下之至勞。及功之將畢，視其溢然沛然。濟河渠，載食貨，以給國用，亦可謂天下之至樂。故一泉也，停蓄而無爲觀之者，樂其適己；發洩而有用觀之者，樂其濟世。初，廷儀受代，爲吾友徐君仲山嘗著《泉志》，凡泉之形狀、流衍具載於編，計百二十餘，其用心可謂密矣。今廷儀且滿任，而閩黄君世用將往代之，世用練達詳慎，特推舉其職，殆無難者。夫亭不足書，而泉則重事也，以三君相繼敢敘其功而望其成焉。

〔一〕原似『口』，字迹有漫漶，當爲『曰』。

又王大化《柳泉記》略曰：柳泉出寧陽城西，舊入於洸，以達於泗，末流浸淫淪於沙者，幾七十年，非其性也。嘉靖丙戌，默泉吳子來董泉事，補偏刮垢，式克有緒。越明年丁亥，周爰詢咨，廼召屬吏語之曰：『胡村之南可棄也，其壤惡；洸河之東可渠也，其勢下；道且古河之西可引也，夷而徑也。』僉曰：『唯唯。』因請於少司空藺谿章公，公曰：『盍亟圖之。』於是卜日料工，指洸之兩涯曰：『牐此。』則爲牐者二，蓄洩時矣；指邑之南曰：『橋此。』則爲橋者一，涉無病矣；指民田麗於西河之西者曰：『易此。』則罔用厲矣。蓋心計而身親之，不憚瘁焉。

導若泉東至於洸，又東至堈河，折而南又東入於蛇眼、金馬諸泉，既與灉合於泗，而其利猶夫舊也。經始於丁亥秋九月之朔，迄戊子春二月告成。渠之長以步計二千一百七十有六，廣七步有奇。石以尺計一千九十有五，甎以塊計如其數；以斤計者，灰一萬六千八百四十，蔴二百三，鐵一百六十；椿木以根計五百四十；稍柴以箇計八百三十。力役於泉夫，以名計五百二十；財取於曠役，以斤計者三；洸河灘地償之民者，以畝計一十有八。夫以數十年湮廢復之一旦，無違時，無狃常，無問有司，默泉者可謂無負其職也。遂爲之記，俾來者觀焉。

又龔良傳《新柳泉記》略曰：新柳泉者，泉舊而流易焉者也。紀石橋者昔無，而今始創之者也。先是，有水出西北地中，嘗道之入洸以爲漕濟，既而淪没於沙者幾七八十年。嘉靖丙戌，嘉興吳子來視泉務，顧瞻兹泉，喟然嘆曰：『水性無常，浚之惟宜。』乃請於樸庵章公，於是渠洸之東而引之，使南會蛇眼、金馬諸泉之水，經灉合泗以達於河，抱城而流，涓滴不遺。惟是泉渠既成，兩涯限隔而已。之城西數武，則四通五達之道也。

草創之初，横木爲橋日久幾墮，過者病焉。邑侯陳子患之，於時繕城甃門業已就緒，乃捐俸若干，首圖改創。而一時好義之夫富者樂於出貲，貧者敏於趨事，椎者、鑿者、運者、築者莫不畢力殫慮，呈藝獻工，橋乃告成。始於己丑之冬，訖於庚寅之春。結搆礱密，規制完備，峨然一偉觀也。陳子乃請予記其事，余乃嘆曰：『儒者之政不見於天下久矣！好名者略實，亟欲者棄禮，利己者忘義，皆政之蠹也。兹橋之建累石以代木，可謂務實矣；先城而後橋，可謂率禮矣；捐俸以動民，可謂崇義矣！惟實，則功以成；惟禮，則政以舉；惟義，則民以服，三者兼盡，治官之道其庶幾矣。』乃書以歸之俾劖於石。

按：柳泉今已淤廢。

寧陽縣，周爲闡、讙、成三邑；秦屬薛郡；漢置寧陽縣，屬泰山郡；南宋後分故寧陽地，僑置平原縣，屬平郡；隋改平原曰『龔邱』，屬魯郡；唐屬兖州：魯郡；宋改名『龔縣』，屬襲慶府；金復爲寧陽，屬兖州；元屬兖州，隸濟寧路；明屬兖州，隸濟寧府，後陞州爲府，仍屬焉；今因之。寧陽縣縣丞管理泉夫六十一名，內泉老一名，總甲一名，小甲一名。

濟寧州泉六，曰托基泉、蘆溝泉爲上泉；馬陵泉、南馬泉，兩城泉爲中泉；浣筆泉附會李白，無益於運。沿革已見第二卷。濟寧州州同管理泉夫九名，內泉老一名。

以上爲泗源諸泉。

《治河方略》：凡鄒、滕、嶧、魚諸泉或分入沙河，或出沽頭，或出留城牐，統與沙河相近，故曰『沙河派』。今多會於昭陽湖及王家口等處支河，故又作新河派。

按：鄒縣各泉已見上文。歸入泗水入運，惟滕、嶧、魚三縣之泉別自入運，然亦非汶、泗諸泉合爲一河者可比。新河派之名原可不立，況五派中所稱天井一派，久廢不行，今止有分水、魯橋二派，以其餘波收蓄蜀山、馬場濟運而已。此三縣之泉僅比於沙、趙二河，時有助益，不足專恃，部婁不可與泰嶽齊名，涓流豈得與靈源爭盛乎？今依備考，敘次具録於後。

魚臺縣泉二十有二：其上泉曰青山泉，即黃良泉。河頭泉、陳家泉、高家泉、高家西泉，俱在縣東北七十里。聖母池泉、西龍泉，俱在縣東北九十里。倣古泉；縣東北一百一十里。其中泉曰廟前泉，縣東北七十里。勝水泉，縣東北七十里。滕家泉、新滕泉、中益泉，俱在縣東北七十里。聖裔泉、大小泉、西六泉，俱在縣東北九十里。平山古泉，縣東北一百一十里。以上共十七泉；曰有本泉、小龍泉、東龍泉、何家源泉、廉家泉，皆下泉也。

元頓舉《黃良泉記》略曰：皇慶元年壬子，東平景德鎮行司監丞奉議大夫劉公莅官之始，克勤乃事，閱視隄岸之卑下者增築之，水流之淺澀者疏通之。泝流尋源，自北而南，過古任國，歷魯橋，涉泗、汶合流之次，里幾一舍而抵黃山之麓，覺其土脉膏潤，復進而前，得泉沮洳而出，可以濫觴者數泓，沉於泥沙間。俯而探之，温如湯，掬而飲之，甘如醴，以杖引之，逐勢而行，又如蛇之赴壑。就僉役夫鑿而注之河，其流甚順，溶溶洩洩，不舍晝夜。即召故老，詢所稱呼，莫有知者，因以是泉出於黃山，其性最良，宜目之曰『黃良』，謀勒諸石以詔來者，遣以禮。命文於予。予特佳公之任職也，故樂道之。

沿革見第四卷。濟寧州州同管理泉夫二十名，內泉老一名，總甲一名，小甲一名。

滕縣泉三十有三：其上泉曰玉花泉、鳳池泉、馬勝泉、魏莊泉、武興泉、西魏莊泉、趙溝泉；俱縣東南四十里。中泉曰荆溝泉、五花泉、大沸泉、小沸泉、伏玉泉、趵突泉、俱縣東十五里。北石橋泉、涼水泉、嶧莊泉、俱在縣西北三十里。大烏泉、永清泉、西永清泉、俱在縣西北四十里。黃溝泉、縣南七十里。柏山泉、馬蹄泉、龍灣泉、俱縣南八十里。温水泉、縣南九十里。仰珠泉、大勝泉、雙勝泉、東雙勝泉、藍珠泉、三山泉，俱在縣東南四十里。以上共三十泉；南石橋泉、雙泉、三里泉，則下泉也。

沿革已見第三卷。

滕縣主簿管理泉夫四十名，内泉老一名，總甲一名，小甲一名。

嶧縣泉十有三：其上泉曰許池泉、縣西北十里。許由泉、縣西北四十里。牛山泉、縣西南二十五里。石室泉；縣西北十里。其中泉曰滄浪泉、縣西北九里。龍王泉、縣南五十里。巫山泉、縣東南四十五里。侯孟泉、縣西南五十里。南山泉、縣西北十里。十里泉、縣西北十里。陳郝泉、縣西北四十里。搬井泉、縣西北六十里。温水泉。縣西北五十里。

明浦應麒《許池泉記》略曰：歲在丁酉，石沙王公考牧三方，季秋月朏，輶軒東巡，路出嶧陽，則偕二三君子登許池泉亭，蒼然古墟，亭構湮滅，爲之憮然久之。既醴酒臨池，矚諸泉互發，小者珠噴，大者鼎沸，翕歘萬狀，則又顧而樂焉，以語許令憲曰：『嗟乎！是古滄浪之遺也，而使然哉！』許君亦敬進曰：『公嘉惠兹泉而錫之亭，不腆敝邑，敢後從事？』公乃即泉上賦詩見志，且授之指令。乃鳩工聚材，面流爲臺而軒其上，以俯澄虚堂。其中以敞清讌廬，其兩偏備衡宇也。衢其南北，便逕行也。環以周垣，翼以守舍，謹防瞭也。始事於月日，訖工於月日。寘以燕好，旅以舘至，亭不待飭而已奂矣。爲徵之太史，俾後之觀風者得焉。

沿革見第三卷。

嶧縣縣丞管理泉夫二十名，内泉老一名，小甲一名。

沂河聽埧工

沂河通判，其始本爲沂郯海贛捕盗同知，屬兖州府。康熙二十三年，准沂州生員王卣等請而設；二十九年，總河王公新命修築禹王臺埧工，因令郯城縣丞管理，而以同知就近兼轄。雍正二年，分沂州爲直隸州；十二年陞爲府，遂隸沂州府。乾隆二十一年，始改沂郯海贛爲沂河同知，專管河務；三十八年，今河督姚公奏移同知於泇河，而以泇河通判移爲沂河通判，所屬止郯城縣丞一員。歷年沂、沭安流，事務清簡，在河員中最爲閒冗云。

一經管沭河，自蘭山入郯城境，下入江南宿遷縣境，長一百一十里。

山東通志：沭水自沂水縣北沂山連麓之大弁山發源，東流逕邳鄉南，又南受峴山之水；逕老牛嶺，復受箕山之水；又南逕馬站集至趙北湖集，入莒州界，逕朱漢莊至絡山，有絡水入之；又東南逕楊家店，有袁公水入之；又南逕州城東，有沙河水入之，又南逕西樓牌，有鶴水入之；又南有潯水入之；又南會三泉山水；又西南至徐口集入蘭山縣界，逕常旺村；又南有温泉水入之；又南逕蒼山，會武陽溝水；又南流循馬陵山東入郯城縣界，由山口池穿峽，抵禹王臺；又循馬陵山西逕茅茨莊、重興集至紅花埠，入江南宿遷縣界，轉入沭陽縣，逕桑墟湖，爲漣水東南入於海。

《江南通志》：沭水至沭陽縣分爲五道：一入漣水，二入桑虛湖，三入太湖。太湖即碩項湖。蕭梁時，土人張高等於縣北鑿河引水溉田二百餘頃，俗呼紅花水。又宋沈括爲沭陽簿，疏沭水爲百渠、九堰，得上田七千頃。

一經管沂河，由蘭山入郯城境，下入江南邳州境，長一百一十三里。

《山東通志》：沂水自臨朐縣之沂山西嶺發源，南源出柞泉山，北源出魚窮山，合成一川，東南入沂水縣界。一會松仙河，《水經注》所謂螳螂水也。源出蒙陰縣北魯山之松仙嶺東南，流逕沂北縣之釣魚臺，又東合於沂。一會南川河，《水經》所謂源出艾山，《寰宇記》以爲即狗跑泉也。源出蒙陰縣北魯山南麓，東南逕雕崖山、艾山至臨樂縣，受狗跑泉水； 又東流至高莊，合於沂； 又東南逕纖女洞，至蓋縣故城南； 又東逕浮來山； 又逕爆山受張莊泉； 又南逕縣西有小沂水入之； 又南合閭山之水，逕東安故城； 又南有大石泉水入之； 又南至交梁村與東汶河會； 又南流至葛溝集入蘭山縣境； 又南有蒙山水入之； 又南逕諸葛城石梁頭至柳行頭，有孝河水入之； 又南至沂郡城北，與浚水會； 又南逕郡城東鎮海門外，受涑河之水； 又南逕樓子頭龍堂口蕭莊至李家莊，轉而西南至江風口、華埠村、尚莊，至紅佛寺入郯城縣境； 又西南至馬頭集有白馬河水入之； 又南流至重坊集，入江南邳州境會武河水，分爲二支： 一支由徐塘口西南入運，一支入駱馬湖東南入海。

《全河備考》：蒙陰及鄒縣許池等泉會汶、沂二河而下，經古邳與黃河入淮者，舊爲邳州派。自嘉靖四十五年開新河，其沂水、蒙陰入沂諸泉已廢。至萬歷三十五年開泇河，即并廢夏鎮以南新河，而滕、嶧二縣諸泉之向入新河以至留城者，盡移昭陽湖東，改入泇河，并南岸徐、沛之泉，出夏鎮以南。新建張莊等八牐，現在濟運者宜爲泇河派。

《崇正長編》：總理河道張國維疏： 行水之道，疏其上流則可以并濟下流，而去其壅，勢使然也。邳、宿運道原有沂水一支，發源於蒙陰、沂水，經沂州、郯城，而南流於駱馬湖以濟運。自運道不經駱馬湖，由旁水一小支，從嵎頭集入迢長山口，決嵎頭出水之口，遂爲黃流倒灌成淤，全流俱空趨駱馬矣。宿遷於薛家口、馬胡店兩處引沂入運，然但濟宿遷，而上不能挽流溯邳也。以故邳之梁王城、英莊、貓兒窩、馬莊等處一經暵旱，在在報淺，奈何以如許名河，竟無裨輪將之涓滴耶？

因徧考河志，見有『邳河涸，不得不賴蒙沂』之文，而查前科臣宋之普奏議，亦謂『駱馬之下流淤塞，全沂之昏墊彌深，曷若疏以入運，使運收其利而沂治其害。』臣因躬詣沂河，見其水浩渺不減南旺之汶河而入運者，曾未一二。再勘嵎頭集出水處，濬復不難，然界在邳、宿之交，濬之亦止濟宿，而邳毫不得其用也。不改從河上不可，而爲下不因，又恐力難而費鉅。察徐塘一口，其流雖細，實從沂水分來，而據邳之上流者也，於此疏之、濬之，所謂事半功倍者。又盧家口分流，下官湖橋尚多淤阻，徐塘出水之渠亦多淺狹，并濬深濶，則濟全邳之涸，并益宿遷之深。而邳與宿三分其流以殺奔驅駱馬之勢，不特漕得其利，亦可減全沂之害，洵一舉而數善備焉。

《河防志》：康熙三十八年，總河于成龍以沂河水發淹没田廬，議於盧口建牐以資啟閉。三十九年，張鵬翮題稱：『臣到任後，檢查舊案，行據員外王登魁等詳稱，沂河水勢原有七分入盧口，由官河出徐塘口等處流入中河，南下濟運；有三分流入嵎頭集，歸宿遷駱馬湖，從西寧橋引河，經桃源、沭陽、安東入海。此向年兩分之水勢也。近來如遇水發，宿邑民田尚且受災，如將盧口一帶建牐攔截，恐水多由宿境入駱馬湖，未免湖水泛濫，關係宿遷、桃源、沭陽、安東之田舍，不無顧此失彼之慮。』等語。隨於七月初八日自清江浦起程，初十日至猫兒窩，率同宿虹同知鄧之琮、邳州知州佟國詔等至盧口查看。

沂水至此分爲二派：一由正河東流入駱馬湖，一直趨盧口，東南流出徐塘口入運。盧口面寬八十餘丈，河勢急溜，河底積沙。詢據邳州居民戴題名等供稱，自順治十六年衝開此口，水大之年被其渰没，須築隄閉塞方免水患。問據盧口東岸宿遷民戴天祥等供稱，若堵塞盧口，則沂河東岸全被渰没。等語。此二處之民各執偏見，以利於此者又不利於彼也。該臣看得，邳州民劉三靈等將盧口受患情形叩閽一案，先經河臣于成龍等疏稱，沂河兩岸築隄，盧口建牐，可免漲漫之患。部議令臣親往查看。今臣委官踏看，據稱若將盧口一帶建牐築垻，恐水多歸駱馬湖，未免湖水泛濫，關係宿、桃、安、沭之田舍，是有顧此失彼之慮等語。臣復率廳州等官親往盧口查看，沂河水勢直趨盧口，面寬溜急，且係沙底，不便建牐，應於盧口兩傍隄岸殘缺之處修補，一律束水流入徐塘口，既可濟運，又使民生得所矣。

按：沂河發源既遠，受水又多。蘭山江風口，俗名夾縫口者，堤岸坍卸，每遇水漲，則浸溢洶湧，分行兩道，南入沂河，西入武河，此口實爲全河之險隘。又沂河西距武河僅數里，武河西距燕子河，再西而芙蓉河，皆十數里、數里不等。三河舊無隄堰，當春水涸一綫淺流，夏秋暴漲，即與三河溢水相連。乾隆十三年，經河督高公斌請發帑金數萬，修築隄堰，東岸自高莊起至郯境交界觀音堂止，堤長八千五百一十八丈；西岸自埠東起至郯境交界孚家莊止，堤長九千九百四十五丈。蘭、郯等縣又各開溝渠數十道，爲分水受水之處，然後上源下委無不貫注，而水患永除。

禹王臺在郯城縣東北十里安塢穴下，一名釣魚臺。

臨沂即邱以南，群山連絡，沭在沂西，夾山而行。峽間有山口池，相傳爲神禹所鑿。沭水由三十六穴湖灌此峽口，一支南流入海，一支西流會沂。恐注沂勢急，仍築臺以堰之。及明中葉，因寇修拱極門，毁臺取石，沭水漲發，屢爲邑害。國朝康熙二十四年題准建垻，斷其西流，沭患乃息。

《河防志》：禹王臺一工，爲減中河之水勢而設。中河之水全藉於駱馬湖，而考湖水之源，則郯城西之沂與白馬二水會流濟運，由來舊矣。初不與沭會也，其後三水合一，並滙於湖。自毁禹王臺始，水多河溢，難以容納，不無奪河之患，沂、郯、邳、宿並罹昏墊，則臺之存廢關係固何如乎？

《沂州府志》：康熙二十八年，總河王新命奏：前挑浚中河，原避黄河一百八十里之險，且收束散漫之水，使不至淹没民田。惟是中河逼近黄流，形勢窄狹。伏秋水發，清、黄並漲，不惟浩瀚之勢難禦，而奪河之慮更深。今廣咨博訪，中河之水全藉駱馬湖，而駱馬湖乃受沂、沭、白馬諸水，所以時多泛濫。考沭水東即係馬陵山，山形南北綿亘數百里，而山口嶄然中畫，宛如斧劈，是爲大禹開鑿處。水勢奔騰，直抵此口，勢如建瓴，以至山口之西沖成深淵，旋折而南由沭入海。大禹建臺於西以鎮之，自明季毁臺取石，沭水西行直搗郯城北關，沖白馬湖南流至澇溝、葛溝，而沂河之水亦分派東行。三水會合，俱滙入駱馬湖，而沂、郯、暨、邳、宿各州縣均受其害。

今既開中河，堵塞駱馬湖口以利漕艘，而此水從中河而下，浩瀚奔騰必致旁潰，治之宜急，而禹王臺其首務也。但臺址俱成巨浸，湮没無考。惟郯城東北十二里地名『安塢穴』，其勢稍高，南岸有舊堤，土人以爲此即禹王臺故址。西至郯城一千四百丈，東至沭河，亦一千四百丈，河形甚寬，自七八十丈至白餘丈不等，一望俱係沙渚，惟安塢穴天然獨隘，兩岸土堅，止濶二十八丈，河陂倍之。允宜此處建工，築石垻以斷西流之水，一面疏通沭河故道，使水暢流入海。

考漢河平元年塞決河，王延世以竹絡長四丈、大九圍，盛以小石，兩船夾載而下之，石絡之工自此始。今倣古編造竹絡，將浮土盡去，用埽填實，然後上加石絡，釘頭密排共五層，計三百七十二箇，每層收進一丈，根濶八丈八尺，頂舖散石，收頂二丈五尺，現高二丈一尺五寸。又石工北係河陂，接築大土垻一道，長二十九丈七尺五寸。東西各下石絡，河底一十二箇，仍釘頭排列。第二層即通長順下石絡一箇，計三十一丈一尺。第三層亦如之，計二十七丈零，俱與石垻相平。其石垻南岸斜石雁翅一道，因底土堅實，順下石絡一箇，長六丈二尺，中間頂沖下石絡十箇，釘頭密排。上面稍平，亦順下石絡一箇，長七丈四尺。各相河勢位置，至緊接石垻以南，則又堅築堤頭五十八丈三尺，各與石垻一律。東面亦下石絡一箇，順長十丈四尺，足以包裹河頭。北岸接築小長堤一道，長二百一十六丈，高寬不等；南岸雁翅迤東又開引河一道，恐水至埧根不能東迴故也，通長三百五十丈，挑成龍頭蛇尾之勢，直入沭河。又從引河之下浚子河一道，以通小溜。而引河北口又挑寬加倍，以便納水，現濶一十五丈五尺，深與外河底相等。其石埧轉灣之處河頭昂聳，俱切去，不令障礙。若河内挑出土方，即於西岸築成長堤，直接石埧，堤頭環繞引河，他如沭河口。又築大土埧一道，長六十二丈一尺，而南北亦築小堤二百零九丈，以爲重門疊障之計。至於沭河淤積沙石，重加疏通，共浚三道深口，大溜湧入，即令大水驟長，俱歸沭河故道，由紅花埠、峒峿、沭陽、海州一帶歸海，以殺駱馬湖黄、運兩河之水勢。

今已竣事，共用工料銀五千五百三十兩有零。自此中河一百八十里之運道可以無虞。蓋禹王臺成而水歸沭，沭河復故而駱馬湖平，治沭即所以治駱馬湖，並所以治黄河、治中河也。再紅花埠一帶直至沭陽，沿河原有舊堤，近爲車馬踏毁。應飭地方官歲加修理，以防異漲。而禹王臺各堤隙壞，廣栽柳株以爲歲修計。復建禹廟，俾故蹟重新，垂裕久遠。而工成之後，必須專員典守。查郯城縣縣丞職守甚閒，似應改爲管河縣丞，責令專管，而沂郯海贛同知雖司捕務，亦可帶管河工至統轄之任，就近總歸東兖道，庶工有責成，可免傷壞。

按：禹王臺工自康熙二十八年建立，二十九年復被沖決。逮五十一、五十八、六十一等年屢經大水，隨壞隨修，計竹絡埧並南、北土堤共長一千二百九十六丈三尺，其石埧裹面、魚鱗石戧歷經雍正十年、乾隆元年、八年先後加幫，接築埧北土堤三百丈，以後並無更改、添減之工。

以上爲郯城縣縣丞所轄，現在應管埧工長六百六十七丈，設立埧夫二十名。

《沂州府志》：乾隆十四年六月十九日，山東巡撫準泰奏：

沂州府屬之蘭山、郯城二邑地處下游，每遇沂水泛漲，横潰四溢，境内田廬屢受其患。大學士高斌、巡撫阿里衮等先後履勘，相度機宜，請建埧築堤，並挑濬柳、墨兩河以除民患，共費帑金一十四萬餘兩，於上年四月開工，今年二月一律告竣。惟是此處工程與江南之邳、宿接壤，不特本省有資宣洩，且爲隣境之水滂攸關。而江風口尤爲喫緊之地，兩岸綿延計二百里，其間田廬不少，宜酌立章程，歲加防護。謹陳善後之見者五：

一分責專員不時履勘，以重防護也。蓋蘭、郯二邑土石工程，大學士高斌等原奏，告成之後，如有堤埝殘損、河道淺塞，即令各縣督率民夫隨時修浚。碎石工程非民間所能經理，應交就近河員兼管經部覆准。但各縣印官管理地方庶務事緒紛繁，不能時加親勘，而沂郯海贛同知雖係水利專員，其駐劄之處距工寫遠，且有河臣差委汛防諸務，莫能專一。應將沂河土石堤埧並柳青河、墨河，責令各縣縣丞於本境内每月逐段查勘一、二次，或有民人作踐，即時查責。凡遇大雨時行，以及桃伏、秋汛水發之際，親爲駐工防守。倘值工程緊急，一面牒縣，一面通報。知縣即馳赴工所查勘，協同縣丞集民夫搶護，不得推諉貽悞。其稽察知縣縣丞之勤惰，仍責沂郯海贛同知，牒明知府詳定功過，歲終取縣丞防護堅固印結，由縣及同知送府加結轉呈，以憑考覈，則事有章程，而於原議益加詳矣。

一設堰長分段經理，以專責成也。蓋沂河堤埧既請責成縣丞防護，但新堤綿延，非派附近村民照管，仍恐鄉愚時有踐毁。應令約地各照所管地方分段查理，仍於各保内殷實矜者，公舉勤幹公正之人以充堰長，每名所管河堰統以二里爲率，其馬道堤工，皆令照看，免其差徭。如有作踐耕佔，許即指名稟究。至汛水漲發之時，督率約地，各照段落上下巡防。設遇搶堵，即於所管界内，按地集夫。凡水溝浪窩，隨時粘補。每歲秋後大修，俱令照界總理。其堤上河旁所生草株，一年之内毋許採割，以固工程。其後草根糾蔓，聽堰長收割草莖，以酬其勞。果能盡心，縣丞核明牒縣，分别奬勵。三年後願退者，另舉代之，則工有專責而呼應亦靈矣。

一培護修防宜預定，以便遵守也。蓋新築堤埝，土性生嫩，應令堰長約地，各按界址栽柳，使其根株盤結，以資捍禦。樹成，許原植之人，斫取柳枝以償之，枯萎者責令補之。其險要處每逢秋冬農隙，縣丞照業主出食，佃户出力之例，按地派夫，量集土牛，惟貯附近隙地，以備搶護。仍將所種樹株暨土牛方數册報。至柳、墨兩河原有之橋樑、馬道，亦令縣丞督率衆力，照舊修建，以利行旅，下留高洞，以通汛水。其新堤陡陂，行旅必經之地，並令縣丞督堰長添築馬頭，以防堤身踐毁，則防護有資，而工程愈固矣。

一隨時疏濬以免沙淤也。蓋柳、墨二河，原係分洩田間坡水，每當汛水漲發，不無水過沙停漸至淤塞之患。應令縣丞，凡遇大雨之後，即往查勘，一有淤塞，隨集夫疏瀹，仍於秋後水涸，將浮沙停積之大者，亦照業食佃力之例，督率挑濬一律深通，則積水暢流，水無淤滯矣。

一江風口各處石工宜專設人夫巡守，以期永固也。蓋工係碎石築砌，地當衝途，車馬蹂躪，頂土易於殘損，應設巡夫二名，給以器械，令其隨時巡視，如遇船隻停泊，或車馬踐損，即爲填補，俱令縣丞查理。其巡夫工食及器械之資，爲數無幾，應於各縣養廉内支給，則工有巡護，不致損毁矣。

按：柳青河即小沂水，源出郯城茶芽山後雲白湖，至老莊滙入沂墨河，即皁河發源處，其色如墨，故名，在舊城東北。明正德中以此水能毒禾稼，以鐵鍋壓塞泉源。雍正十年，邑人王欽始請疏浚。

同知衙署舊駐大興鎮，管理沂、郯、海、贛捕務，後陞江南海州爲直隸州，海贛捕務歸州同管理，而沂、郯捕務亦歸沂州府通判管理，是以將同知移駐馬頭集地方。乾隆二十一年後令仍駐大興鎮，凡沂郡七屬水利俱屬焉。

郯城縣，周郯子國，併於楚；　秦屬郯郡；　漢置郯縣，屬東海郡；　東漢至晉俱因之；　北魏改郯郡，隋屬下邳郡；　唐省入臨沂縣；　宋金俱屬沂；　元屬益都路；　明置郯城縣，屬兖州府；　國朝雍正二年分沂州爲直隸州；　十二年陞爲府郯城屬焉。

卷九

挑河事宜

昔胡伯玉言：『河渠徒役，防旱、防溢迄無休暇，裸袒從事，不罹蒸濕，則病瘃皹。』《林郎山紀事》謂：『南旺大挑，晝既靡遑，夜尤業業，非漏下二鼓弗休，邪許之聲相聞數里。時值祁寒，滕六大作，淤泥亦成堅冰。丁夫煢窮瑣尾，非有綿緼厚繒沾體塗足，盡皆皴裂，顧此能不惻然？』謝在杭詩云：『淺水没足泥没骭，五更疾作至夜半。夜半西風天欲霜，十人八九指欲斷。』又云：『天寒日短動欲夕，傾筐百返不盈尺。隄旁濕草炊無烟，水面浮冰割人膝。』蓋夫役勞苦自昔如此。

顧額設尚多，赴功差易，有牐夫以守津渡，橋夫以時啟閉，溜夫以助導輓，淺夫則習淺阻，導舟使不膠，沙泉夫濬泉，湖夫治湖，又有司廠之夫、護隄之夫、防垻之夫、闢沙之夫，每牐多者百八十名，少者百三十名。自筦東光、佘毅中諸人屢議裁革，至國朝康熙十五年尚共存夫七千六百四十名。逮於今日，止長夫三千一百五十八名，泉夫七百八十四名而已。每逢大挑，除調各夫應役外，仍須募夫六千二百餘名。

十月糧船過竣，即測河道深淺，以七尺爲度，如水深三尺，估挑四尺；水深四尺，估挑三尺。惟臨清塘河挑與牐底相平。例以十一月初一日堵閉南旺大壩，插鍬興挑，正在深冬寒沍之時，春和瞬届，則南漕已抵臺莊，又迫開壩矣。臨清、南旺、濟寧、彭口歲歲積淤，無論大、小挑之年，總須一律施工，登山盤遠，每土一方需夫三名；長河每土一方需夫二名；八牐砂礓每土一方需夫五名，莫不立雪凔冰，竭蹶將事。其情狀有伯玉諸人所不能言者。萬恭九月挑河之策，允宜籌復裨公也。

募夫

凡大挑之年，共需各州縣募夫六千二十四名半，請動工價器具並下河廳僱船工價銀共一萬七千二百十一兩八錢五分。內於東省司庫請撥銀一萬五千一十九兩三錢一分八釐八毫，在本道河庫河銀項下撥銀二千一百九十二兩五錢三分一釐二毫。臨期給發瀕河州縣募夫挑河，俟工竣核明有無節省，如有節省，存貯道庫留爲下年之用，在請定報銷挑河工程之限期案內，同長夫、器具一併報銷。

濟寧州募夫六百九十六名。

濟寧衛募夫九十九名。

汶上縣募夫三百七十名。

嘉祥縣募夫六十八名。

魚臺縣募夫二百九十七名。

鉅野縣募夫二百二名。

以上運河廳屬共募夫一千七百三十二名，內濟寧募夫挑挖濟寧塘河，其餘募夫俱挑挖南旺塘河。每名日給工價銀五分，外給器具銀二錢，共該工價銀五千八百八十八兩八錢，器具銀三百四十六兩四錢，均用工六十八日。

陽穀縣募夫六百四十四名半。

壽張縣募夫四百五十二名。

壽張縣鄉夫五十名。

東阿縣募夫一百五十四名。

東平州募夫三百九十七名。

東平所募夫二十名。

以上捕河廳屬共募夫一千七百一十七名半，內除壽張鄉夫五十名不協挑南旺，止挑本境長河四十三日，其餘募夫一千六百六十七名半協挑運河廳屬汶上汛南旺塘河，四十三日散去。夫九百二十二名半下剩夫七百四十五名，仍回本境用工二十五日。每名日給工價銀五分，外給器具銀二錢，共該工價銀四千六百二十三兩八錢七分五釐，器具銀二百四十三兩五錢。再查捕河廳額設淺牐夫五百四十一名，大挑之年例挑南旺四十三日，始回本境挑挖。查前項募夫協挑南旺四十三日，有仍回本境挑挖之夫。歷年詳明，將長夫應挑南旺土方令募夫代挑，其募夫應回本境挑挖土方，將長夫留本汛代挑，按土計工，兩相抵挑，以免往返。

滕縣募夫三百七十名，挑挖彭口用工四十三日。

嶧縣募夫三百名，挑挖本汛河道用工二十三日。

以上泇河廳屬共募夫六百七十名。每名日給工價銀五分，外給器具銀二錢，共該工價銀一千一百四十兩五錢，器具銀一百三十四兩。

聊城縣募夫五百十五名半。

臨清州募夫四百五十六名。

堂邑縣募夫三百二十三名。

清平縣募夫二百九名。

博平縣募夫二百二十名半。

舘陶縣募夫一百八十一名。

以上上河廳屬募夫一千九百五名。每名日給工價銀五分，外給器具銀二錢，共該工價銀四千九十五兩七錢五分，器具銀三百八十兩。例挑臨清塘河，均用工四十三日。

下河各汛河身寬濶，不能築垻興挑，例無募夫，止需長夫駕船撈濬。每船一隻抵夫一名，每年三千工，支給僱船工價銀一百五十兩。

凡小挑之年，共需各州縣募夫一千二百五十五名，請動工價器具，並下河僱船工價，共該銀二千八百四十九兩六錢，係動支本道存貯歷年節省募夫欵項銀兩。除運河廳小挑之年止用長夫挑挖，例無募夫，下河廳支給船價外，餘並開後。

陽穀縣募夫三百六十一名半。

東阿縣募夫五十八名半。

壽張縣募夫二十三名。

壽張縣鄉夫五十五名。

東平州募夫七十八名。

東平所募夫二十名。

以上捕河廳屬共募夫五百九十六名。共該工價銀一千三百九兩三錢，器具銀一百八兩二錢。小挑之年各在本汛挑挖四十六日，並不協挑南旺。

滕縣募夫一百七十名，挑挖彭口用工三十六日。

嶧縣募夫一百名，挑挖本汛河道用工二十三日。

以上泇河廳屬共募夫二百七十名，共該工價銀四百十一兩，器具銀五十四兩。

聊城縣募夫九十四名。

堂邑縣募夫五十五名。

清平縣募夫五十五名。

臨清州募夫七十四名。

博平縣募夫五十五名半。

舘陶縣募夫五十五名半。

以上上河廳屬共募夫三百八十九名，挑挖臨清塘河用工三十六日。共該工價銀七百兩二錢，器具銀七十七兩八錢。

長夫

汶上汛淺夫七十二名。

鉅嘉汛淺夫九十一名半。

濟寧衛北汛軍夫二十五名。

濟寧衛南汛兵夫二百一十名，内調撥下河廳二十一名，實在夫一百八十九名。

魚臺汛淺夫四十三名。

邢莊牐夫二十五名。

南旺牐夫三十六名。

利建牐夫二十六名。

南陽牐夫三十二名。

袁口牐夫二十六名。

開河牐夫二十六名。

寺前牐夫二十六名。

通濟牐夫二十五名。

共計十三處長夫六百四十五名半。小挑之年，派令挑挖南旺塘河長河，臨期酌量淤沙之厚薄，協挑三十六日至四五十日不等。南旺工完各回本汛挑挖。

濟寧汛淺夫一百三十三名半。

天井牐夫五十七名。

在城牐夫二十九名。

趙村牐夫二十五名。

石佛牐夫二十五名。

新店牐夫二十五名。

仲淺牐夫三十四名。

新牐牐夫二十五名。

師莊牐夫二十四名。

棗林牐夫二十四名。

共計十處長夫三百九十一名半。大小挑之年，派令挑挖濟寧塘河，協挑三十餘日至四十餘日不等，工竣各回本汛挑挖。

以上運河廳屬共設兵、淺、牐夫一千三十七名，内兵夫一百八十名，除朋建歲支工食銀二千八百七十六兩九錢零，係在司庫支領；淺牐夫八百八十四名，歲支工食銀一萬一千三百三十五兩二錢，係在道庫淺牐夫工食項下支給。

常居敬《河工議》：汶上、嘉祥、鉅野、魚臺、南陽、利建等處原設撈淺、淺鋪、隄夫各數不等，共計二千四百五十二名。後因河流稍順，遂裁減一千一百三十三名，扣銀入官以備支用。止存見役夫一千三百一十九名，不知扣存有節省之名，而僱募起無窮之弊。一時河道淤淺，調度徵發爲難，工之弛廢久矣。

東平所軍夫二十名。

壽東汛淺夫三十九名半。

壽東汛兵夫五十名，內調撥下河廳五名，上河廳二十名，實在二十五名。

東平州下汛淺夫二十四名。

東平州下汛兵夫四十名，調撥下河廳四名，實在三十六名。

東平州上汛淺夫十四名。

陽穀汛淺夫一百九十名半，內橋夫八名。

七級牐夫四十七名。

阿城牐夫四十六名。

荆門牐夫四十七名。

戴廟牐夫二十八名。

安山牐夫二十八名。

靳口牐夫二十八名。

以上捕河廳屬共夫五百三十二名，各按本汛挑挖。內兵夫八十一名，除朋建歲支工食銀一千一百二十九兩八錢零，係在司庫支領； 淺牐等夫四百五十一名，歲支工食銀五千九百四十九兩八錢，係在道庫支領。

滕嶧二汛兵夫一百名，內調撥下河十名，實在九十名。

沛汛淺夫四十名。

嶧汛徭夫七十五名半。

楊莊牐夫三十名。

珠梅牐夫三十名。

夏鎮牐夫三十名。

彭口牐夫三十名。

韓莊牐夫三十名。

六里石牐牐夫十名。

頓莊牐夫三十名。

侯遷牐夫三十名。

張莊牐夫三十名。

臺莊牐夫三十名。

滕汛垻夫八十一名。

德勝牐夫三十名。

萬年牐夫三十名。

丁廟牐夫三十名。

以上泇河廳屬共夫六百六十六名半。如彭口淤沙深厚，全數調赴彭口挑挖，完竣始回本汛挑挖。如淤沙稍薄，各在本汛挑浚。內兵夫九十名，除朋建歲支工食銀一千三百六十九兩五錢五分零，係在司庫支領； 沛汛淺夫四十名，歲支工食銀四百八十兩，係請撥司庫銀兩； 徭垻牐夫五百二十六名半，夏、楊、珠三牐夫一百名，額支工食歸解江南。准部文，於乾隆二十八年爲始，全數在於東省司庫請撥，計歲支工食銀七千二百六兩，係在道庫支領。

東昌衛軍夫七名。

上河把總兵夫五十名。

舘陶汛淺夫三十六名半。

臨清汛淺夫九十二名。

清平汛淺夫五十三名。

堂博汛淺夫九十一名半。

聊城汛淺夫八十七名。

新牐牐夫七十七名。

戴灣牐夫二十八名。

梁土牐夫五十六名。

永通牐夫二十八名。

通濟橋牐夫三十七名。

周李二牐夫五十六名。

以上上河廳屬共夫七百三名半，全數赴臨塘挑河工完回汛挑挖。長河歲支工食銀八千五百一十八兩八錢，係在道庫支領。

德州汛淺夫五十四名半。

德州汛橋夫二名，例不挑河。

甲馬營汛淺夫四十一名。

德州衛淺夫五十八名。

武城汛淺夫五十名。

夏津汛淺夫三十四名。

又抽撥運捕泇三廳兵四十名，防守衛河隄岸。冬月協挑上河、臨清塘河。

以上下河廳屬共夫二百七十九名半。除抽撥兵夫四十名，伏秋防汛，冬月協挑臨清，應支工食銀六百六兩九錢零，係在司庫支領；其餘夫二百三十九名半，各在本汛駕船撈濬，應支工食銀二千八百七十三兩六錢，係在道庫支領。

凡運、捕、泇、上、下五廳共額設長夫三千一百五十八名半。內除兵夫四名、沛汛淺夫四百名，應支工食例請司庫銀兩外，其餘淺牐、徭埧等夫每年共應支工食銀三萬五千八百八十三兩零。除支給各州縣額解河銀工食銀二萬七千七百八十餘兩，其不敷銀八千五十餘兩在於司庫請撥。再查前項長夫三千一百五十八名半，內除橋夫二名例不挑河，不給器具外，其餘各夫每於挑河時，每名支給器具銀八錢，共銀二千五百二十五兩二錢。臨期核明上届存有堪用器具，值銀若干，其不敷銀兩，係在司庫請撥。

泉夫

汶上縣本管泉夫四十三名。

汶上縣代泰安縣募泉夫二百二十一名。

汶上縣代平陰縣募泉夫十名。

東平州本管泉夫七十八名。

東平州代萊蕪縣募泉夫九十名。

東平州代肥城縣募泉夫三十五名。

東阿縣代新泰縣募泉夫七十五名。

嘉祥縣代寧陽縣募泉夫六十一名。

以上共泉夫五百十三名，例同長夫用工，協挑南旺塘河。

魚臺縣本管泉夫四十名。

濟寧州本管泉夫九名。

濟寧州代泗水縣募泉夫六十名。

濟寧州代曲阜縣募泉夫四十名。

濟寧州代鄒縣募泉夫三十名。

濟寧州代滋陽縣募泉夫三十六名。

濟寧州代蒙陰縣募泉夫十六名。

以上共泉夫二百三十一名，例同長夫用工，協挑濟寧塘河。

滕縣本管泉夫四十名。

嶧縣本管泉夫十名。

以上共泉夫五十名。例同長夫用工，協挑塘河。

凡泉河廳屬泉夫七百八十四名。每名歲支工食銀十兩，例在司庫請領。其距河窵遠各縣，於謹陳泉夫挑河苦累等事案內奉准部覆，每名止在司庫領銀四兩，下剩銀六兩扣存司庫，於十月間領貯道庫，給發瀕河州縣，代爲募夫，循照額募鄉夫挑河。日給工價銀六分之例，一體給發。後經前任總河白莊恪公鍾山題明，鄉夫每名止給五分，獨泉夫仍給六分。乾隆三十七年，今河督姚公奏請均給五分，以昭畫一，即以節存一分，爲每年修砌泉池之用。

郯城縣縣丞壩夫二十名。

向係黃、運、捕、泇四河廳各撥夫五名，赴郯力作，後改就近招募，止將工食銀兩照數扣解道庫，給發黃河廳，於徭夫歲曠銀內動支四十四兩一錢五分，運河廳於兵淺牐夫內抽扣工食銀六十兩，捕河廳於額編各夫內抽扣銀四十一兩五錢零，泇河廳於壩牐夫內抽扣銀六十兩，共銀二百五兩六錢零，每夫一名，歲支工食銀十兩二錢有零。

按：　運河大挑應分作三段修防。南自泇河廳屬之臺莊起至運河廳屬之南旺止，此汶水南流，旁有泗、沂、白馬等河，又有蜀山、南旺、馬場等湖衆水入運，祇患有餘，無虞不足。惟通濟以北地勢陡峻，雖有牐座啟閉，而長河亦當擇淺而挑，以資容納，至濟寧以南至南陽。東岸進水，西岸無處減水，河窄水大，伏秋防汛甚爲喫緊。南陽以南至夏鎮，界在兩湖之中，地平水緩，形如釜底，河水隨風南北蕩漾，足資浮送，例少估挑。夏鎮至韓莊緣沙、薛等河，挾沙帶泥，逢雨則淤，年年估挑。即糧船到時，亦隨淤隨撈。韓莊至臺莊爲八牐，地勢自高而下，河流湍激。乾隆二十七八年以前，湖水消至七八尺，濟運無多，必須牐牐啟閉，尚虞水淺。三十年以後，每年湖水皆在一丈三尺，每患水多。至三十八九等年，水勢復小，因開江南潘家屯引河以資灌溉。此第一段之大概也。

自南旺至靳板牐爲第二段。此汶水北流，兩岸並無別處支流入運。雖有沙趙等河，春夏皆乾，不能濟運。伏秋雨甚，反受其害。乾隆二十四五年，因移寺前舖下之金線牐於柳林牐上，俾蜀山湖水北流與馬踏湖濟運。此段工程，伏秋若無外來之水，防工頗易。此第二段之大概也。

自館陶至德州柘園爲第三段。經流本止衛水，因全漳歸衛，水勢浩大，防汛頗難。但兩岸皆係民堰，全在地方官協力修守，臨清甎、板牐外挑水一壩，最爲緊要，須謹防保固，衛水方不入塘。至水淺之年，牐外長河惟有用混江龍臨時挑挖，冬月先擇古淺之處，照例督夫撈浚。但與直隸清河、故城犬牙相錯，漕船經行，應分界限以防推諉。此第三段之大概也。

錢糧欵項

河銀 雍正十二年，由運河廳歸道庫。

德州徵銀六百六十九兩。
德州衛左所徵銀一百一十七兩五錢零。
德州衛中所徵銀七十五兩九錢零。
德州衛前所徵銀四十三兩七錢零。
德州衛徵銀十八兩。
滕縣徵銀九百七十六兩四錢零。
嶧縣徵銀二百五十兩八錢零。
金鄉縣徵銀一千一百五十七兩七錢零。
魚臺縣徵銀一千八百五十六兩一錢零。
濟寧州徵銀二千一百六十六兩六錢零。
嘉祥縣徵銀二百二十二兩三錢零。
汶上縣徵銀二千四百八十一兩八錢零。
陽穀縣徵銀三千二十六兩八錢零。
濟寧衛徵銀二十兩九錢零。
東平州徵銀六千七百六十一兩二錢零。
東平所徵銀三十二兩五錢零。
聊城縣徵銀三百二十三兩二錢零。
堂邑縣徵銀五百六十兩八錢零。
博平縣徵銀五百二十七兩九錢零。
清平縣徵銀九百三兩八錢零。
臨清州徵銀一千二百三十六兩四錢零。
館陶縣徵四百五十八兩五錢零。
莘縣徵銀四百九十兩六錢零。
冠縣徵銀九十九兩六錢零。
夏津縣徵銀六百三十兩一錢零。
武城縣徵銀七百八十六兩五錢零。
恩縣徵銀三百六十四兩零。
泰安縣徵銀九百六十七兩八錢零。
新泰縣徵銀八百一十九兩八錢零。
萊蕪縣徵銀五百七十八兩二錢零。

肥城縣徵銀二百二十三兩一錢零。

東阿縣徵銀一千二百八十六兩八錢零。

平陰縣徵銀八十一兩九錢零。

以上共額徵銀三萬四百三十二兩零。

按：從前濟、兖、東、曹、泰五府原河銀四萬五千四百二十九兩三錢，於請旨事案內，奉准部覆，東省曹州府屬菏、曹、鉅、定、鄆、單、濮、范、朝城，兖州府屬滋、曲、寧、鄒、泗、壽，東昌府屬東昌衛等十七州、縣、衛，額徵銀一萬五千六兩五錢零，自乾隆二十年爲始，解交黄河道收支，造報河庫，實止徵銀三萬四百二十二兩七錢零。又乾隆二十三年東平州河灘起租，應徵銀九兩二錢零，實共徵銀三萬四百三十二兩二分零。

各州縣額解銀數，除河銀三萬四百三十二兩零外，尚有應解：

淺舖夫工食銀二萬三千八百二十八兩零；

兵夫工食銀二千八百二十九兩零；

河兵餉米銀九百九十二兩零；

船夫工食銀四百五十一兩零；

曠盡銀三千一百八十一兩零；

解費飯食裁夫等銀一千一百十兩零。

以上共額支銀四萬六千餘兩。在各州縣額解河銀三萬四百三十二兩之外，隨同徵解每年餘銀一萬七千六百餘兩以爲工程之用。其工程之平險歷年不同，每年約用銀一萬七八千至二萬餘兩不等，係無定額。

湖租

伽河沛汛灘地八頃二十四畝六分七釐零，每畝額徵租蔴五觔，共徵蔴四千一百二十三觔五兩七錢零。

捕河壽東汛灘地二頃六十畝七分五釐零，每畝徵蔴五觔，共徵蔴一千三百零三觔十二兩。又裏河灘地七頃六十一畝六分每畝，徵葦五束，共徵葦三千八百零八束。

東阿汛灘地五頃一十九畝二分三釐，每畝徵蔴五觔，共徵蔴二千五百九十六觔二兩四錢。鹽河灘地九頃八十六畝九分九釐，每畝徵葦五束，共徵葦四千九百三十四束。

以上額徵蔴觔葦束，俱係年內全完。如年底不足數，過年再徵，並無議敘之例。

東平所灘地三頃九十三畝三分零，每畝徵葦三束共徵葦一千一百七十九束半，亦無議敘之例。

蜀山湖地八畝三分二釐，每畝徵葦十五束，共徵葦二百七十四束八分，每束重八觔，共二千一百九十八觔。

南旺湖地一頃八十九畝，每畝徵葦十五束，共徵葦二千八百七十三束，每束八觔，共重二萬二千七百二觔。

以上二項係汶上主簿經徵。

馬場湖地五頃八十六畝零，每畝徵葦十五束，共徵葦八千七百九十六束，每束八觔，共重四萬七千四百六十觔。

以上俱係北汛千總徵收。

獨山湖地二頃三畝一分，每畝徵葦十五束，共徵葦三千四十六束，每束重八觔，共重二萬四千三百七十二觔。

以上係魚臺主簿經徵。

微山湖地二十四頃三十四畝，每畝徵枯漿十束，共徵枯漿二萬四千三百四十束，每束重十觔，共重二十四萬三千四百觔。

以上係滕縣主簿經徵。

官役俸工

河院俸銀一百五十兩，養廉六千兩，係山東河南兩司庫支解。

運河兵備道俸銀一百五兩，養廉四千兩，係赴司庫按月支領。

同知俸銀八十兩，養廉八百兩。

通判俸銀六十兩，養廉六百兩。

州同俸銀六十兩，州判縣丞俸銀四十五兩，主簿俸銀四十兩，牐官俸銀三十三兩一錢一分四釐，養廉各六十兩，俱在各該衙門支領。

河營守備一員，俸薪九十兩七釐零，馬乾銀四十五兩六錢，尚有該守備養廉二分，在於黃、運兩河河兵之六百名撥給。

管河千總四員，內伽屬三員，各於本管河兵內撥給養廉二分。把總二員，分撥養廉各三分。

德州管河千總每年銀八十兩八錢四分，自行赴司請領。

泉夫每名歲支工食銀十兩。

牐夫每名歲支工食銀十四兩四錢。

淺、橋、徭、壩、軍、渡等夫每名歲支工食銀十二兩。

郯城縣壩夫每名歲支工食銀十兩二錢零。

運河五汛河兵四百名，內戰兵八十名，守兵三百二十名，戰兵食銀二十兩六錢四分，守兵食銀十四兩六錢四分，在於司庫地丁銀內支給朋建銀兩，內扣存司庫。乾隆二十七年，河院張奏准抽撥四十名，歸下河廳南北汛千總管理。

河營生息銀兩，係豫省河營生息銀內撥解，每年約需銀三百兩。

一堡房

每河隄二里設立堡房一座，自黃林莊至柘園，計共二百八十座，並係所坐州縣承修。

一柳株

查沿隄共有柳四十二萬八千二百一十六株，係歷年沿河各官捐栽。

舊制係《全河備考》原文，《泉河史》附見。

牐河州縣

臺莊牐夫三十名，每名歲食銀九兩八錢三分七毫六絲九忽二微，共銀二百九十四兩九錢二分三釐七絲六忽，額編嶧縣支給。

侯遷牐夫三十名，每名歲食銀九兩八錢三分七毫六絲九忽二微，共銀二百九十四兩九錢二分二釐七絲六忽，額編嶧縣支給。

頓莊牐夫三十名，每名歲食銀九兩八錢三分七釐六絲九忽二微，其銀二百九十四兩九錢二分三釐七絲六忽，額編嶧縣支給。

丁廟牐夫三十名，內額編嶧縣十名，每名歲食銀九兩八錢三分七毫六絲九忽二微，共銀九十八兩三錢有零；額編滕縣二十名，每名歲食銀十兩八錢，共銀二百一十六兩。

萬年牐夫三十名，每名歲食銀十兩八錢，共銀三百二十四兩，額編滕縣支給。

張莊牐夫三十名，每名歲食銀九兩八錢三分七毫六絲九忽二微，共銀二百九十四兩九錢二分三釐七絲六忽，額編嶧縣支給。

德勝牐夫三十名，每名歲食銀十兩八錢，共銀三百二十四兩，額編滕縣支給。

韓莊牐夫三十名，每名歲食銀九兩八錢三分七毫六絲九忽二微，共銀二百九十四兩九錢二分三釐七絲六忽，額編嶧縣支給。

夏鎮牐夫四十名，每名歲食銀十兩八錢，共銀四百三十二兩，額編江南豐縣支給。

楊莊牐夫三十名，每名歲食銀十兩八錢，共銀三百二十四兩，額編江南碭山縣支給。

珠梅牐夫三十名，每名歲食銀十兩八錢，共銀三百二十四兩，額編江南蕭縣支給。

邢莊牐夫二十四名，內額編魚臺縣五名，每名歲食銀十兩八錢，共銀五十四兩；額編曹州十九名，每名歲食銀十兩八錢，共銀二百五兩二錢。

溜夫四十七名，康熙十五年奉裁一半，見存夫二十三名五分，每名歲食銀十二兩，共銀二百八十二兩，額編魚臺縣支給。

利建牐夫二十七名。內編魚臺縣二十二名，每名歲食銀十兩八錢，共銀二百三十七兩六錢；額編曹州五名，每名歲食銀十兩八錢，共銀五十四兩。

溜夫四十六名，康熙十五年奉裁一半，見存夫二十三名，每名歲食銀十二兩，共銀二百七十六兩，額編魚臺縣支給。

隄夫三名，康熙十五年奉裁一半，見存夫一名五分，每名歲食銀十二兩，共銀一十八兩，額編曹州支給。

南陽牐夫三十二名。內額編魚臺縣七名，每名歲食銀十兩八錢，共銀七十五兩六錢； 額編曹州九名，每名歲食銀十兩八錢，共銀九十七兩二錢； 額編陽穀縣五名，每名歲食銀九兩四錢七分九釐二毫，共銀四十七兩三錢九分六釐； 額編單縣八名，每名歲食銀十兩八錢，共銀八十六兩四錢； 額編曹縣三名，每名歲食銀十兩八錢，共銀三十二兩四錢。

《泉河史》： 魚臺縣見役撈淺夫一百二十名，淺舖夫一百二十五名。 八里灣隄夫七十六名，利建牐夫三十名，隄夫八十名。

南陽牐夫三十名，隄夫四名，帶管廣運上牐溜夫七名。

棗林牐夫二十四名。內額編魚臺縣十六名，每名歲食銀十兩八錢，共銀一百七十二兩八錢； 額編單縣八名，每名歲食銀十兩八錢，共銀八十六兩四錢。

魯橋牐夫二十五名，康熙十五年奉裁一半，見存夫十二名五分，每名歲食銀十兩八錢，共銀一百三十五兩，額編單縣支給。今牐廢，夫隨淺夫應役河工。

師家莊牐夫二十五名。內額編濟寧州八名，每名歲食銀十兩八錢，共銀八十六兩四錢； 原編嶧縣十七名，後改編單縣，每名歲食銀十兩八錢，共銀一百八十三兩六錢。

溜夫二十五名，康熙十五年奉裁一半，見存夫十二名五分。內額編濟寧州一名，歲食銀十二兩； 額編鄒縣十一名五分，每名歲食銀十二兩，共銀一百三十八兩。

仲家淺牐夫二十四名。內額編金鄉縣七名，每名歲食銀十兩八錢，共銀七十五兩六錢； 額編城武縣八名，每名歲食銀十兩八錢，共銀八十六兩四錢； 額編單縣九名，每名歲食銀十兩八錢，共銀九十七兩二錢。

溜夫八名，康熙十五年奉裁一半，見存夫四名，每名歲食銀十二兩，共銀四十八兩，額編陽穀縣支給。

新牐夫二十五名。 內額編金鄉縣二十一名，每名歲食銀十兩八錢，共銀二百二十六兩八錢； 額編單縣四名，每名歲食銀十兩八錢，共銀四十三兩二錢。

溜夫四十九名，康熙十五年奉裁一半，見存夫二十四名五分，內額編金鄉縣六名五分，每名歲食銀十二兩，共銀七十八兩； 額編單縣六名五分，每名歲食銀十二兩，共銀七十八兩； 額編滕縣十一名五分，每名歲食銀十二兩，共銀一百三十八兩。

新店牐夫二十五名。內額編金鄉縣十七名，每名歲食銀十兩八錢，共銀一百八十三兩六錢； 額編單縣八名，每名歲食銀十兩八錢，共銀八十六兩四錢。

溜夫四十九名，康熙十五年奉裁一半，見存夫二十四名五分。內額編城武縣一十八名五分，每名歲食銀十二兩，共銀二百二十二兩； 額編單縣六名，每名歲食銀十二兩，共銀七十二兩。

石佛牐夫二十五名。內額編濟寧州九名，每名歲食銀十兩八錢，共銀九十七兩二錢； 額編金鄉縣十六名，每名歲食銀十兩八錢，共銀一百七十二兩八錢。

溜夫四十九名，康熙十五年奉裁一半，見存夫二十四名五分。內額編城武縣十一名五分，每名歲食銀十二兩，共銀一百三十八兩； 額編單縣七名五分，每名歲食銀十二兩，共銀九十兩； 額編定陶縣五名五分，每名歲食銀十二兩，共銀六十六兩。

趙村牐夫二十五名。內額編曹州十六名，每名歲食銀十兩八錢，共銀一百七十二兩八錢； 額編單縣九名，每名歲食銀十兩八錢，共銀九十七兩二錢。

溜夫五十名，康熙十五年奉裁一半，見存夫二十五名。內額編鄆城縣三名，每名歲食銀十二兩，共銀三十六兩； 額編單縣七名五分，每名歲食銀十二兩，共銀九十兩； 額編曹縣八名五分，每名歲食銀十二兩，共銀一百二兩； 額編定陶縣三名五分，每名歲食銀十二兩，共銀四十二兩； 額編鉅野縣二名五分，每名歲食銀十二兩，共銀三十兩。

在城牐夫二十五名，每名歲食銀十兩八錢，共銀二百七十兩，額編濟寧州支給。

溜夫五十二名，康熙十五年奉裁一半，見存夫二十六名。內額編金鄉縣五名，每名歲食銀十二兩，共銀六十兩； 額編鄆城縣二十一名，每名歲食銀十二兩，共銀二百五十二兩。又下新牐廢牐夫四名，每名歲食銀十兩八錢，共銀四十三兩二錢，額編定陶縣支給。

天井牐夫二十五名，每名歲食銀十兩八錢，共銀二百七十兩，額編曹州支給。

溜夫五十四名，康熙十五年奉裁一半，見存夫二十七名。內額編金鄉縣二名，每名歲食銀十二兩，共銀二十四兩； 額編鄆城縣五名，每名歲食銀十二兩，共銀六十兩； 額編單縣二十名，每名歲食銀十二兩，共銀二百四十兩。

南門草橋夫二十三名。內額編金鄉縣一名，歲食銀十兩八錢； 額編鄆城縣一名，歲食銀十兩八錢； 額編單縣二名，每名歲食銀十兩八錢，共銀二十一兩六錢； 額編曹縣十九名，原額工食銀二百五兩二錢，康熙十五年奉裁一半，每名歲食銀五兩四錢，共銀一百零二兩六錢。又上新牐廢牐夫六名，每名歲食銀十兩八錢，共銀六十四兩八錢，額編單縣支給。

《泉河史》： 濟寧州見役撈淺夫二百五十名，淺鋪夫七十二名。 棗林牐夫三十名； 魯橋牐夫三十名； 師家莊牐夫三十名，溜夫三十三名； 仲家淺牐夫三十名，溜夫十名； 新牐夫三十名，溜夫六十七名； 石佛牐夫三十名，溜夫六十七名； 趙村牐夫三十名，溜夫六十七名； 在城牐夫三十名，溜夫六十七名，帶管下新牐夫四名； 天井牐夫三十名，溜夫六十八名，帶管上新、中新各夫四名，南門草橋各夫十名。

通濟牐夫二十八名。內額編鉅野縣十七名，每名歲食銀九兩六錢一分二釐，共銀一百六十三兩四錢四釐；　額編鄆城縣八名，每名歲食銀十兩八錢，共銀八十六兩四錢；　額編曹州二名，每名歲食銀十兩八錢，共銀二十一兩六錢；　額編嘉祥縣一名，歲食銀十兩八錢。

溜夫四十七名，康熙十五年奉裁一半見，存夫二十三名。內額編鉅野縣十三名五分，每名歲食銀九兩六錢二釐九毫，共銀一百二十八兩四錢二分一釐八毫；　額編鄆城縣七名，每名歲食銀十二兩，共銀八十四兩；　額編曹州三名，每名歲食銀十一兩一錢一釐六毫，共銀三十三兩三錢五釐。

寺前舖牐夫二十六名。內額編汶上縣十八名，每名歲食銀十兩四錢七分六釐，共銀一百八十八兩五錢六分八釐；　額編東阿縣八名，每名歲食銀八兩七錢九分五釐九毫，共銀七十兩三錢六分八釐。

溜夫四十二名，康熙十五年奉裁一半，見存夫二十一名，每名歲食銀九兩五錢一分二釐七毫，共銀一百九十九兩七錢六分七釐，額編鉅野縣支給，隨鉅野縣河官應役。

《泉河史》：鉅野縣見役撈淺夫一百四十七名，淺舖夫二十八名。通濟牐夫三十名，溜夫五十名。又有嘉祥縣見役撈淺夫八十三名，淺舖夫二十二名。

南旺上牐夫十八名，每名歲食銀十兩四錢七分六釐，共銀一百八十八兩五錢六分八釐，額編汶上縣支給。

溜夫十八名，康熙十五年奉裁一半，見存夫九名，每名歲食銀十二兩，共銀一百零八兩，額編汶上縣給支。

南旺下牐夫十八名，每名歲食銀十兩四錢七分六釐，共銀一百八十八兩五錢六分八釐，額編汶上縣支給。

溜夫十八名，康熙十五年奉裁一半，見存夫九名，每名歲食銀十二兩，共銀一百零八兩，額編汶上縣給支。

開河牐夫二十六名。內額編汶上縣十七名，每名歲食銀十兩四錢七分六釐，共銀一百七十八兩九分二釐；　額編曹縣九名，每名歲食銀十兩六錢八分，共銀九十六兩一錢二分。

袁口牐夫二十六名，每名歲食銀十兩四錢七分六釐，共銀二百七十二兩三錢七分六釐，額編汶上縣支給。

《泉河史》：汶上縣見役撈淺夫三百名，淺舖夫一百名；　寺前牐夫三十名，溜夫四十五名；　南旺上、下牐夫四十名，溜夫四十五名；　開河牐夫三十名；　袁家口牐夫三十名；　靳家口牐夫三十名。

靳家口牐夫二十八名。內額編東平州十名，每名歲食銀十兩一錢六分七釐八毫，共銀一百零一兩六錢七分八釐；　額編東阿縣九名，每名歲食銀八兩七錢九分六釐，共銀七十九兩一錢六分三釐；　額編寧陽縣九名，每名歲食銀十兩八錢，共銀九十七兩二錢。

安山牐夫二十八名，每名歲食銀八兩七錢九分六釐，共銀二百四十六兩二錢八分八釐，額編東阿縣支給。

戴家廟牐夫二十八名，每名歲食銀十兩一錢六分七釐八毫，共銀二百八十四兩六錢九分八釐七毫，額編東平州支給。

荆門上、下牐夫四十七名，每名歲食銀九兩四錢七分九釐二毫，共銀四百四十五兩五錢二分四釐，額編陽穀縣支給。

阿城上、下牐夫四十六名，每名歲食銀九兩四錢七分九釐，共銀四百三十六兩四分五釐，額編陽穀縣支給。

七級上、下牐夫四十七名。內額編陽穀縣十九名，每名歲食銀九兩四錢七分九釐，共銀一百八十兩一錢五釐六毫；額編壽張縣二十八名，每名歲食銀十兩八錢，共銀三百二兩四錢。

橋夫八名，原額工食銀八十四兩四錢八分，康熙十五年奉裁一半，止存每名歲食銀五兩二錢八分，共銀四十二兩二錢四分，額編陽穀縣支給。

周家店牐夫二十八名。內額編濮州九名，每名歲食銀十兩八錢，共銀九十七兩二錢；額編朝城縣十名，每名歲食銀九兩六錢一分二釐，共銀九十六兩一錢二分；額編范縣九名，每名歲食銀九兩四錢四分三釐七毫，共銀八十四兩九錢九分四釐。

李海務牐夫二十八名，內額編聊城縣十名，每名歲食銀八兩八錢五分五釐三毫，共銀八十八兩五錢五分三釐；額編堂邑縣十八名，每名歲食銀九兩六錢一分二釐，共銀一百七十三兩一分六釐。

永通牐夫二十八名，每名歲食銀九兩五錢四分六釐，共銀二百六十七兩三錢七釐，額編堂邑縣支給。原水關通濟橋牐夫工一條。

梁家鄉牐夫二十八名，每名歲食銀九兩六錢一分二釐，共銀二百六十九兩一錢三分六釐，額編堂邑縣支給。

土橋牐夫二十八名，每名歲食銀九兩六錢一分二釐，共銀二百六十九兩一錢三分六釐，額編堂邑縣支給。

戴家灣牐夫二十八名。內額編清平縣十八名，每名歲食銀九兩六錢一分二釐，共銀一百七十三兩零一分六釐；額編冠縣十名，每名歲食銀九兩六錢一分二釐，共銀九十六兩一錢二分。

新開南板二牐夫七十七名，每名歲食銀九兩六錢一分二釐，共銀七百四十兩一錢二分四釐，額編臨清州支給。

橋夫十八名，每名歲食銀六兩，共銀一百八兩，額編臨清州支給。

滕縣河道共設埧夫一百五十三名，每名歲食銀十兩八錢，共銀一千六百五十二兩四錢，額編本縣支給。

嶧縣河道原設徭夫二百三十一名，額銀二千四百九十四兩八錢，康熙十五年奉裁一半，見存夫一百一十五名五分，每名歲食銀十兩八錢，共銀一千二百四十七兩四錢，額編本縣支給。

沛縣河道原設淺埧夫七百一十名，每名歲食銀十兩八錢，共額銀七千六百六十八兩。內額編徐州一百四十七名，豐縣一百零四名，沛縣八十八名，蕭縣一百七十四名，碭山縣九十七名，康熙十五年全裁。

魚臺縣河道原設淺夫一百八十三名，額銀二千一百九十六兩，康熙十五年奉裁一半，見存夫九十一名。內額編本縣六十八名，每名歲食銀十二兩，共銀八百一十六兩；單縣協濟二十三名五分，每名歲食銀十二兩，共銀二百八十二兩。

濟寧州河道原設淺夫二百四十六名，額銀二千九百五十二兩，康熙十五年奉裁一半，見存夫一百二十三名。內額編本州八十七名，每名歲食銀十二兩，共銀一千四十四兩；金鄉縣協濟十名五分，每名歲食銀十二兩，共銀一百二十六兩；鄆城縣協濟二十名五分，每名歲食銀十二兩，共銀二百四十六兩；城武縣協濟五名，每名歲食銀十二兩，共銀六十兩。

濟寧衛河道原設淺夫七十名，額銀九百二十七兩三錢六分，康熙十五年奉裁一半，見存夫三十九名。內單縣協濟五名五分，每名歲食銀十二兩，共銀六十六兩；金鄉縣協濟六名五分，每名歲食銀十二兩，共銀七十八兩；曹縣協濟六名五分，每名歲食銀十二兩，共銀七十八兩；鉅野縣協濟六名五分，每名歲食銀十二兩，共銀七十八兩；定陶縣協濟七名五分，每名歲食銀十一兩七錢一分二釐，共銀八十七兩八錢四分；曹州協濟六名五分，每名歲食銀十一兩六錢六分七釐六毫，共銀七十五兩八錢四分。永通廢牐原設牐夫二名，額銀二十一兩六錢，康熙十五年奉裁一半，見存夫一名，歲食銀十兩八錢，係曹州協濟，隨淺夫應役；原設河夫五十名，額銀三百六十兩，康熙十五年奉裁一半，見存夫二十五名，每名歲食銀七兩二錢，共銀一百八十兩，額編本衛支給。

鉅野縣河道原設淺夫一百六十六名，額銀一千五百九十六兩五錢二分三釐五毫。康熙十五年奉裁一半，見存夫八十三名，每名歲食銀九兩六錢二釐九毫，共銀七百九十八兩二錢六分一釐，額編本縣支給。

嘉祥縣河道原設淺夫九十七名，額銀九百八十三兩五錢五分四釐。康熙十五年奉裁一半，見存夫四十八名。內額編本縣二十三名，每名歲食銀九兩八錢二分四釐四毫，共銀二百二十五兩九錢六釐；鄆城縣協濟九名，每名歲食銀十二兩，共銀一百八兩；鉅野縣協濟十二名五分，每名歲食銀九兩六錢二釐九毫，共銀一百二十八兩九錢一分；曹州協濟四名，每名歲食銀九兩七錢二分六釐，共銀三十八兩九錢五釐。

汶上縣河道原設淺夫三百零四名，額銀三千五百二十五兩六錢。康熙十五年奉裁一半，見存夫一百五十二名，每名歲食銀一十一兩五錢九分七釐，共銀一千七百六十二兩八錢，額編本縣支給。

東平州河道原設淺舖夫一百五十六名，額銀一千五百八十六兩一錢七分八釐八毫。康熙十五年奉裁一半，見存夫七十八名，每名歲食銀十兩一錢六分七釐，共銀七百九十三兩零八分九釐，額編本州支給。

東平所河道原設軍夫四十名，額銀四百八十兩。康熙十五年奉裁一半，見存夫二十名，每名歲食銀十二兩，共銀二百四十兩，額編本所支給。

壽張縣河道原設淺舖夫五十五名四分，額銀六百六十四兩。康熙十五年奉裁一半，見存夫二十七名七分，每名歲食銀十一兩九錢八分五釐，共銀三百三十二兩，額編本縣支給。沙灣小牐夫一名，歲食銀十兩八錢，額編本縣支給；　渡夫二名，原額銀六兩六錢，康熙十七年奉文全裁。

東阿縣河道原設淺舖夫一百一十七名，額銀一千一百四十三兩四錢七分九釐。康熙十五年奉裁一半，見存夫五十八名五分，每名歲食銀九兩七錢七分，共銀五百七十一兩七錢三分九釐，額編本縣支給。

陽穀縣河道原設淺舖夫二百四十三名，額銀二千二百八十兩四錢。康熙十五年奉裁一半，見存夫一百二十名五分，每名歲食銀九兩三錢八分四釐，共銀一千一百四十兩二錢，額編本縣支給。

聊城縣河道原設淺舖溜夫一百九十四名，額銀二千八十兩八錢五分八釐。康熙十五年奉裁一半，見存夫九十七名。內額編本縣三十三名，每名歲食銀十一兩二錢九分，共銀三百七十二兩五錢七分；　冠縣協濟九名五分，每名歲食銀十兩四錢七分七釐，共銀九十九兩五錢四分；　濮州協濟四十七名五分，每名歲食銀十兩四錢六分五釐，共銀四百九十七兩八分七釐；　莘縣協濟七名，每名歲食銀十兩一錢五分七釐，共銀七十一兩一錢。

平山衛河道原設撈淺夫十五名，額銀一百八兩。康熙十五年奉裁一半，見存夫七名五分，每名歲食銀七兩二錢，共銀五十四兩。

堂邑縣河道原設淺舖夫八十六名，額銀九百一十八兩二錢九分二釐。康熙十五年奉裁一半，見存夫四十三名，每名歲食銀十兩六錢七分九釐，共銀四百五十九兩一錢九分六釐，額編本縣支給。又冠縣原協濟淺夫十六名，原額銀一百七十兩八錢八分。康熙十五年奉裁一半，見存夫八名，每名歲食銀十兩六錢八分，共銀八十五兩四錢四分。

博平縣河道原設淺舖夫八十一名，額銀八百六十五兩八分。康熙十五年奉裁一半，見存夫四十名五分，每名歲食銀十兩六錢八分，共銀四百三十二兩五錢四分，額編本縣支給。

清平縣河道原設淺舖夫九十四名，額銀一千零三兩九錢二分。康熙十五年奉裁一半，見存夫四十七名，每名歲食銀十兩六錢八分，共銀五百零一兩九錢六分，額編本縣支給。

臨清州河道原設淺舖夫一百四十八名，額銀一千五百七十八兩二錢四分。康熙十五年奉裁一半，見存夫七十四名，每名歲食銀十兩六錢六分三釐，共銀七百八十九兩一錢二分，額編本州支給。

舘陶縣河道原設淺舖夫六十一名，額銀六百五十一兩四錢八分。康熙十五年奉裁一半，見存夫三十名五分，每名歲食銀十兩六錢八分，共銀三百二十五兩七錢四分，額編本縣支給。

夏津縣河道原設淺舖夫五十一名，額銀五百四十四兩六錢七分。康熙十五年奉裁一半，見存夫二十五名五分，每名歲食銀十兩六錢七分九釐，共銀二百七十二兩三錢三分五釐，額編本縣支給。

武城縣河道原設淺舖夫一百四十六名，額銀一千五百五十九兩二錢八分。康熙十五年奉裁一半，見存夫七十三名，每名歲食銀十兩六錢八分，共銀七百七十九兩六錢四分，額編本縣支給。

恩縣河道原設淺舖夫五十三名，額銀五百六十六兩四分。康熙十五年奉裁一半，見存夫二十六名五分，每名歲食銀十兩六錢八分，共銀二百八十三兩二分，額編本縣支給。

德州河道原設淺舖夫五十九名，額銀六百三十兩一錢二分。康熙十五年奉裁一半，見存夫二十九名五分，每名歲食銀十兩六錢八分，共銀三百一十五兩六分。橋夫二名，每名歲食銀六兩，共銀一十二兩。俱額編本州支給。

德州衛河道原設撈淺夫一百名，額銀七百二十兩。康熙十五年奉裁一半，見存夫五十名。內額編左所一十七名五分，每名歲食銀七兩二錢，共銀一百二十六兩；中所一十三名，每名歲食銀七兩二錢，共銀九十三兩六錢；前所一十九名五分，每名歲食銀七兩二錢，共銀一百四十四兩四錢。

德州左衛河道原設撈淺夫六十名，額銀四百三十二兩。康熙十五年奉裁一半，見存夫三十名。內額編左所十名二分半，每名歲食銀七兩二錢，共銀七十三兩八錢；右所一十二名二分半，每名歲食銀七兩二錢，共銀八十八兩二錢；中所七名五分，每名歲食銀七兩二錢，共銀五十四兩。

葉方恒曰：『牐河間年一大挑，每年一小挑。小挑止調各州縣額設河夫應役。大挑之年除調各夫外，南旺工應募夫三千五百八十三名，每名日給銀四分，定例十八日完工，共該銀二千五百七十九兩七錢六分；臨清工應募夫一千六百七十九名，每名日給銀四分，定例十日完工，共該銀六百七十一兩六錢。又南旺工築壩物料犒賞夫役銀二百三十兩六錢八分，臨清工築壩物料犒賞夫役銀三十兩一錢。通計銀三千五百十二兩一錢四分。例於兖州府運河廳庫動支河銀二千七十六兩四錢八分，東昌府庫動支河銀一千零四兩九錢八分，汶上縣庫動支河銀二百三十兩六錢八分。』

泉河州縣

東平州泉源三十八處，原設泉垻夫七十八名，每名歲食銀十兩一錢六分三釐八毫，共銀七百九十二兩七錢七分八釐二毫。

平陰縣泉源二處，原設泉夫十名，每名歲食銀十二兩，共銀一百二十兩。

汶上縣泉源七處，原設泉垻夫四十三名，每名歲食銀十一兩六錢四分，共銀五百兩五錢二分。

滋陽縣泉源十四處，原設泉垻夫二十九名，每名歲食銀十二兩，共銀三百四十八兩。

寧陽縣泉源十五處，原設泉夫九十三名，每名歲食銀九兩五錢四分八釐，共銀八百八十七兩八錢八分；　堽城垻垻夫一名，歲食銀三兩。

曲阜縣泉源二十八處，原設泉夫二十六名，每名歲食銀一十一兩八錢六分，共銀三百八兩四錢。

泗水縣泉源七十九處，原設泉夫六十名，每名歲食銀一十一兩八錢八分，共銀七百一十二兩九錢二分。

鄒縣泉源十五處，原設泉夫二十四名，每名歲食銀十二兩，共銀二百八十八兩。

滕縣泉源三十一處，原設泉夫二十九名，每名歲食銀九兩八錢七分三釐，共銀二百八十六兩三錢二分。

嶧縣泉源十處，原設泉夫五名，每名歲食銀九兩七錢八毫，共銀四十八兩五錢四釐。

魚臺縣泉源二十處，原設泉夫十一名，每名歲食銀十二兩，共銀一百三十二兩。

濟寧州泉源四處，原設泉夫九名，每名歲食銀十兩九錢七分三釐，共銀九十八兩七錢六分。

泰安州泉源六十五處，原設泉夫一百二十一名，每名歲食銀九兩五錢一分六釐，共銀一千一百五十一兩五錢五分。

萊蕪縣泉源四十六處，原設泉夫九十名，每名歲食銀十一兩八錢三分八釐零，共銀一千六十五兩四錢八分。

新泰縣泉源三十六處，原設泉夫七十五名，每名歲食銀一十一兩八錢五分六釐，共銀八百八十九兩二錢。

肥城縣泉源十三處，原設泉夫三十五名，每名歲食銀十二兩，共銀四百二十兩。

已上各州縣泉夫工食，於康熙十五年奉文全裁。

蒙陰縣泉源四處，原設泉夫十六名，役食向係該縣設措，不動正項。

葉方恒曰：『額設泉夫挑濬渠道、栽種柳株，使無枯竭阻塞，以濟運道。原係通力合作，如一泉阻塞，則衆夫齊集應役，互相幫助，是以夫額少而工無悮。自裁食之後，夫役渙散，挑渠、栽柳諸務廢弛。恒於康熙十七年查勘諸泉，各州縣設法，民夫挑濬，每多草率，將來必致淤塞。遂進諸長吏而商之，咸謂工食既裁，勢不得不於泉源左右就近起夫，而近泉之民祇能自應其地之役，若源長河遠，原額夫數力不能贍者，豈能令别泉之民裹糧以襄厥事？

於是量泉之大小，度渠之遠近，添設民夫，免其雜差，用酬勞苦，除東平、平陰、寧陽、魚臺、肥城各州縣仍照舊額，泰安、萊蕪二州縣未奉裁食之先已經添設義夫外，其滋陽縣議添夫八名，曲阜縣議添夫十六名，泗水縣議添夫二十九名，鄒縣議添夫二十八名，勝縣議添夫二十三名，嶧縣議添夫二名，濟寧州議添夫八名，新泰縣添夫七十五名，汶上縣添夫二十名。東平、滋陽、鄒縣、魚臺、濟寧、寧陽、新泰、平陰、肥城、汶上各州縣每夫議免地五頃雜差；泗水、嶧縣每夫議免地四頃雜差；曲阜縣每夫議免地三頃雜差；泰安、萊蕪每夫議免地二頃雜差。各設老人、總甲、小甲，董率稽查，泉源得以無恙。此雖一時權宜之術，而於漕運未必無小補云。然以言平經久可垂之策，則惟復額夫以專其責，庶幾無弊歟！』

卷十

治蹟

古者汶與濟通而不與泗通。自元畢輔國引汶入洸，由洸入泗，而淮泗之舟可達任城。李奥魯赤分汶北流，仍合汶濟入海，而任城之舟可逕東阿。後用韓仲暉言，安山開河北至臨清，而東阿之舟又可北入漳、衛。運河開濬之功，三君其稱首矣！明初阻塞，借資於河，宋禮重濬會通，糧艘不至陽武，避鎮口以上黄河之險數百里。李化龍開泇口，糧艘不由徐、吕，避董口以上黄河之險又三百里。國朝靳文襄公輔開中、皁二河，糧艘徑由仲莊入口，後又改由楊莊，并避宿、桃以上黄河之險又二百餘里。迄今河自爲河，運自爲運，監司以下不以左右兼顧爲患，寧非數君子經營之力哉？謹按《全河備考》所載治河名臣事蹟，增補釐訂，凡得如干人詳載如左。

元

畢輔國，濟倅奉符人。元初汶不通洸，輔國於汶水之陰、堽城之左作斗門，遏汶水入洸通泗，以餉宿、蘄戍邊之衆，且以溉濟、兖間田，汶由是有南入泗、淮之派。

按：《全河備考》首李奧魯赤，事在輔國之後，兹據李惟明記補之。

張楷，字道寧。至元初，主濟南簿，遷濟州判官。濟居南北要衝，屬江左甫定，奏捷貢覲者接踵，課民飛輓絡繹道路。楷上章中書，請東引汶泗滙任城，以通江淮之漕北輸京師。鑿渠爲四牐，置漕運司於濟州。以楷爲經歷，贊畫有方，歷行都水監丞。

李奧魯赤，兵部尚書。至元二十年，自任城開穿河渠，導洸、汶、泗水至東阿，以通江、淮之漕。由東阿陸轉二百里至臨清，建任城以東石牐八，於任城東、西河牐最爲有功。

韓仲暉，壽張縣尹。至元中，建議開會通河。

按《元世祖本紀》：至元二十五年冬十月庚午，桑哥言：『安山至臨清爲渠二百六十五里，若開浚之，爲工三百萬，當用鈔三萬錠，米四萬石，鹽五萬斤。其陸運萬三千户復罷爲民，其賦入及芻粟之估爲鈔二萬八千錠，費略相當，然渠成亦萬世之利。請以今冬備糧費，來春浚之』。制可。是則會通河之開浚，又不獨韓仲暉爲創議之首功矣。

邊源，太史院令，亦建言開會通河，同馬之貞循行地形，商度功用，極言可開之狀，始得允行。

按：邊源，一作邊深；太史院令，一作令史。

馬之貞，字□叔，滄州人。至元十七年爲泗、汶都轉運使，控引江、淮嶺海，供億京師。自東阿至臨清二百里，舍舟而陸車輸至御河，牛僨輻脱，艱阻萬狀。二十三年調漕運副使。二十六年，以壽張尹韓仲暉等言，使之貞按視。還，上可開狀，即命之貞與張孔孫等同主其役。功竣，人思其德，立石汶上。又嘗於堽城牐東作雙虹懸門，分受汶水。常以秋分役丁夫采薪積沙於二牐之左，絶汶作堰，春夏水至則堰隨水去。有言以石爲之可省民力，之貞曰：『汶魯大川，底沙深瀾，若修石堰，須高平水五尺方可行水，沙漲淤平，與無堰同，河底填高必溢爲害。昔晋杜預作沙堰於宛陽，堨白水灌田，缺則補之，雖屢勞民，終無水害，固知川不可塞也。』因自作記，勒其言於石。

右據《汶上縣志》并李惟明《東大牐記》重作。

張孔孫，字夢符，烏若部人，遷隆安。至元二十六年，壽張尹韓仲暉、太史院令邊源相繼建言開河，引汶水達舟於御河，以便公私漕販。省遣漕副馬之貞與源等按視，上言可開之狀，於是驛遣孔孫偕斷事官忙速兒董其役，起須城安山之西南，壽張北行，過東昌，又西北至臨清，達御河，共長二百五十里。

按：《全河備考》『孔孫』作『禮孫』，閲《山東通志》，乃知『孔』訛爲『礼』，『礼』又改『禮』，令據《元史·河渠志》更正。

李處巽，一作選。兵部郎中。至元二十六年，奉命同張孔孫開會通河。

忙速兒斷事官。至元二十六年，奉命同張孔孫開會通河。

張仲仁，河南人，由翰林詹事分治東阿監丞。至治元年，改建會源牐，自臨清南至彭城，延袤七百里。疏其淤塞，築其隄防，爲杠九十有八，爲梁五十有八，建分司及會源、石佛、師莊牐。署有揭傒斯《重修會源牐記》。

宋伯顔不花，字國英，阜城人，都水監丞。後至元五年重濬會通河，漕運始通。有趙元進《重濬會通河記》。

按：李惟明《重浚洸河記》稱：至元六年，監丞宋公，西京人，畏吾氏，名口只兒，字彦文。至正辛巳陞都水少監，仍分監東平。考其姓氏迴異，而年月相接，不應一時，輒有兩宋伯顔不花存之，以俟博雅者考正焉。

伯顔察兒，同知東平路事。至正二年，濬洸河淺澀者五十六里。有李惟明《濬洸河記》。

賈魯，字友恒，河東高平人。至正四年，河決白茅隄，又決金隄，濵河郡邑濟寧、單州等處皆罹水患，沿入會通河，特命魯行都水監。魯訪求河道圖，上二策：一議修築北隄以制横潰，則用工省；一議疏塞並舉挽河東行，使復故道，其功數倍。會遷去，未及行，河水北侵安山，淪入運河，延及濟南。河間右丞相脱脱集廷臣議，魯復申前策，丞相取其後議，以魯爲工部尚書總治河防，使領河南、北諸路軍民，發汴梁、大名十有三路民一十五萬，廬州等戍十有八翼軍二萬供役。十一年四月興工，七月河成，八月決水故河，九月舟楫通行，十一月諸埽、諸隄悉成。超拜魯榮禄大夫、集賢大學士，尋拜中書左丞。鄭元慶云：『賈魯治河，當時頗費經營，至今三百年後，猶蒙其利。而作《大河志》者誤信「石人一隻眼」之説，謂魯速元之亡，此亦妄人也與。』

也先不華，都水監丞。至正間，建黄棟林新牐。有楚惟善記。

明

宋禮，字大本，河南永寧人。洪武中河決陽武，衝安山，會通河淤。永樂九年，濟寧州同潘叔正請加修濬，命禮以工部尚書與刑部侍郎金純、都督周長，發濟、兖、青、東民十五萬人，登、萊願役民萬五千人治之，越二十旬而竣事。初，會通河引汶入洸，合洸、泗以出於濟寧會源牐，北至臨清地降九十尺，南至沽頭地降百有十六尺，而南旺視濟寧地尚與太白樓岑齊，南流水多，北流水少。禮乃用汶上老人白英計，相度地勢，作戴村壩，横亘五里，遏絶汶流，使盡出於南旺，以其三南接徐、吕，其七北會漳衛，爲罷海運，省金錢鉅萬。是時，平江伯陳瑄亦鑿維揚運道，南北通流，漕河大治。顧瑄蒙祭葬，贈謚、廕襲之典，而禮曾不及。宏治中，主事王寵、工部左侍郎李鐩訟於朝，立祠南旺。萬歷中，總理河道提督萬恭請謚康惠，廕其孫一人入監讀書。餘四人住南旺奉祀。

按：李鐩疏誤以濟寧至臨清、沽頭地勢所降之數爲南旺所降之數，《明史稿》又誤以分水口爲南流十之四、北流十之六，又役丁夫三十萬人，今據元揭傒斯《會源牐記》及宋《康惠祠志》正之。

陳瑄，字彦純，合肥人，以平江伯充漕運總兵官。永樂九年，宋禮既治會通河，罷海運，瑄用故老言，自淮安城西管家湖鑿渠二十里爲清江浦，導湖水入淮，築四牐以時宣洩。又緣湖十里築隄引舟漕，舟直達於河。其後復濬徐州至濟寧。又築沛縣刁陽湖、濟寧南旺湖長隄。又自淮至臨清，相水勢置牐四十有七，自淮至通州置舍五百六十有八，設卒導舟，避淺，緣隄、鑿井、樹木以便行人。宣德四年，又言濟寧以北自長溝至棗林淤塞，計用十二萬人疏濬，半月可成。命尚書黄福往同經理。卒贈侯，謚恭襄。孫豫，字立卿，襲封，建濟寧月河。卒謚莊敏。子鋭，字志堅，嗣成化中，言濟寧南北牐河賴徂徠、沂、泗、泰山、曲阜等處泉源，并昭陽、南旺、孫村等湖水。所司視爲泛常，請責副使陳善疏濬。又請於臨清縣南三里開通月河，分減水勢。又於濟寧分水龍王廟，自南距北十里各置一牐，今南旺上、下二牐是也。又建濟寧中新牐，見第四卷劉珝記。

按：平江三世咸有治績，莊敏以下，例得附書，兹故牽連及之。

金純，字德修，泗州人。永樂九年，命與宋禮同治會通河，又同徐亨等濬魚臺、王口黄河故道。初，太祖用兵梁、晉，使大將軍徐達開塌場口通河於泗，又開濟寧西耐牢坡，引曹、鄆河水以通中原。其後故道寖塞，純疏治之。自開封北引水達鄆城入塌場，出穀亭北十里，今永通廣運二廢牐是其遺蹟。累官刑部尚書，卒贈山陽伯。

周長，天長人。永樂九年，奉命同宋禮治漕，修復會通河，駐濟寧。卒贈萊陽伯，謚忠毅。

潘叔正，仙居人。永樂九年，由太學生任濟寧州同知，奏請開漕渠自濟寧抵臨清，以通東南漕輓。

藺芳，夏縣人。永樂中，從宋禮治河，以工部辦事官有功，陞授工部侍郎。經理德州良店驛東南土河，開河置牐。時岸埽並用草索，芳謂宜編竹爲囷，貫椿其中，實以瓦石，復以横木貫椿，表索築垻，後皆遵其法。

徐有貞，字元武，初名珵，字元玉，吴人，宣德八年進士。景泰中，河決沙灣，七載前後治者皆無功，乃擢有貞左僉都御史往治之。有貞條上三策：置水門、開支河、濬運河。督漕都御史王竑以漕渠淤淺滯運，請急塞決口。有貞言：『臨清河淺舊矣，非因決口未塞也。漕臣但知塞決口爲急，而不知秋冬雖塞，春夏必復決。』於是大集民夫沿渠建牐，起張秋以接河、沁。堰其旁流不順者，更築大堰，楗以水門。閲五百五十日而工成，名其渠曰『廣濟渠』，牐曰『通源牐』。方工之未成也，工部尚書江淵請遣京軍五萬人助役，有貞言：『京軍一出，日費不貲，遇漲則束手坐視，無所施力。今洩口已合，決隄已堅，但用沿河民夫自足集事。』事竣召還，帝厚勞之。復出，巡視河漕，奏免濟寧十三州縣河夫官負。其後山東大水，惟有貞所築無恙，自臨清抵濟寧增置減水牐，水患竟除。以奪門功封武功伯。

張盛，字克謙，宜興人，天順四年進士。成化六年任寧陽分司，修堽城堰及金口堰。

喬縉，字廷儀，洛陽人，成化八年進士。十六年，以都水司主事督理山東泉源，得堙塞泉四百有奇，侵匿泉二百有奇，合六百餘泉會於洸、汶、沂、泗四水，漕運大濟。

劉大夏，字時雍，華容人，天順八年進士。宏治六年，河決張秋，吏部尚書王恕薦大夏，自上流黄陵岡浚賈魯河，復自孫家渡疏其壅七十里，四府營三十里，聯長隄以分大名、山東水勢。起胙城，歷東明、長垣抵徐州，亘三百六十里。五旬而竣，更名『張秋鎮』曰『安平鎮』。八年，奏禁豪强軍民決隄洩水，阻遏泉源。又請自濟寧至通州分地爲三，南、北各設工部郎中，中間增設通政提調。卒謚忠宣。

盛應期，字思徵，吴江人，宏治六年進士。授都水主事，出轄濟寧諸牐，累遷工部待郎。嘉靖六年，河決沛縣，堙塞運道。工部尚書胡世寧言：『運道之塞，河流致之也。使運道不假於河，則亦易防其塞矣。計莫若於昭陽湖東岸滕、沛、魚臺、鄒縣界，擇土堅無石之地另開一河，南接留城，北接沙河口。就取其土，厚築西岸爲湖之東隄，以防河流之漫入、山水之漫出，而隔出昭陽湖在外，以爲河流散漫之區。』應期用其議，役丁夫九萬八千，開渠自南陽經三河口，過夏村抵留城百四十里。閲四月，以流言褫職，自是無敢言改河者。終嘉靖之世，河凡六決。卒尋應期未竟功，另開新河行運

王以旂，字士招，江寧人，正德六年進士。嘉靖中，徐、吕洪弱，漕舟滯不行。以旂上言：『漕河仰給諸泉，貴以時浚。今主事一員勢難遍歷，乞分隸各地方管兼理漕河。四櫃被豪强佔種，蓄水不足，官因循而不問，民隱忍而不言，昭陽一湖淤成高地，俱乞委官清查，河溢則懸河以入湖，河澀則懸湖以入河，庶蓄洩有地，緩急足恃。』從之。卒謚襄敏。

劉天和，字養和，正德三年進士。嘉靖九年，河決塌場口，衝穀亭、天和。役夫十四萬濬之，四月而成。其法：凡淤深泥陷不能着足之工，則雜施土草，截河築垻，縱横填路，下施新製兜杓、方杓、杏葉杓、魚貫以濬之；泥最稀、陷最深者則用木筲、柳木，下取猿臂，傳遞登岸。瓦礫之工則用鍬钁；溜沙之工則用兜杓；沙礓石之工則製鋸齒、鐵叉，尺寸鑿之。泥陷者施斗子法，兜杓者以鐵爲方口，繫布爲兜，以取泥幾至斗許，泥稀及溜沙用之。二方杓者以鐵爲平底，而周遭各高寸許，泥稍堅者用之。

杓俱舊製，鋸齒及鐵叉皆創製也。杏葉杓者舊有之，而加廣厚。泥最陷者，用斗子法塗泥爲坎，自下倒戽於上，出水隄外。濬深泉湧之工，則先擇臬稍淺者，分番設夫車戽，并力急濬，而後將泉深者倒施工。濬淤甫數尺，泉即湧出。盡日車戽，一夕將復滿，莫能措手，乃併力番休，先將下垻徹夜取水，歷數坎而始達隄。水盡即急濬之，淤盡河成，方將上垻倒水急濬如前法。工已垂就而河廣。淤深所在隨濬隨墜者，則倍給夫值增僱夫役，以重濬之。魯橋以下運河諸牐，悉元時及明永樂、宏治間建，高低不一。如下牐過低，則上牐易涸，乃逐牐測其牐面至水面之高下，一以棗林牐爲準，低者倍而平之。自牐板水面至牐石面各以二尺爲準，用平準以測濬之淺深。其法用錫匣貯水，浮木其上，而兩端各安小横板，置於數尺方桌之上，前竪木表長竿，懸紅色横板而低昂之，又於匣上横板，平準以測高下。凡上、下牐底高低及所濬河底淺深，悉以此度之。復施植柳六法以護隄岸，曰卧柳、低柳、編柳、深柳、漫柳、高柳。濬月河以備〔一〕霖潦，建減水牐以司蓄洩，築縷水隄以防衝決，置順水垻以束漫流。凡濬河三萬四千七百九十丈，築長隄、縷水隄一萬二千四百丈，修牐座一十有五、順水滚垻八，植柳二百八十餘萬株。始於乙未春正月，迄於夏四月初旬。分董其役者撫按以下部郎、道府、衛所庶官凡百六十二員。所著有《問水集》。歷兵部尚書，謚莊襄。

徐九思，貴溪人。嘉靖中，以工部郎中治張秋，築減水橋於沙灣，漕河溢則洩入鹽河，少則留水濟運而不涸。工成，遂爲永利。

朱衡，字士南，萬安人，嘉靖十一年進士。同潘季馴經理河漕，舟行樹杪，力無所施，得鄒縣章時鸞新渠規度，謂黄水未消，工難就理，惟昔年盛應期所開河渠地高土堅，黄水不侵，河路徑捷，輸輓更便，疏請開挑以備運道。兼採季馴議，濬留城至白洋河，屬之新河。惟夏村迤北十七里未與水接，乃力加開濬，創利建、珠梅、夏鎮、西柳莊四牐，砌馬家橋埽口石隄，遏河之出飛雲橋者入秦溝，復留城至赤龍潭舊河五十五里以接泉水。時言者猶慮新河不足恃，衡謂『黄水自西來，而舊河在昭陽湖西。横截舊河以達湖，水去沙停，所以數年必一淤。若新河則在昭陽湖之東，相距漸遠，故黄水淤塞舊河而不及新河者有之矣，未有至新河而不淤舊河者也。』廷議從之。

潘季馴，字時良，烏程人，嘉靖二十九年進士。與朱衡共開新河，以憂去。隆慶四年，河決邳州、睢寧，再理河道，爲給事中雒遵劾罷。萬歷六年，代傅希摯治崔鎮決河。言者劾其黨，庇張居正，落職。十三年，御史李棟上疏訟之。十六年復起故官。季馴凡四任總河，前後二十

〔一〕底本以注文補正文，未改。

七年，修築五湖舊隄，開濬南旺湖中渠道，加築南、西、北三面舊隄一萬二千六百丈，添築東面子隄七千一百八十八丈。又於五里舖建石壩五丈，創築馬踏湖隄，自洪仁橋至禹王廟三千三百一十三丈，建何家口石壩三十餘丈，滾水至房家口入運。修蜀山湖舊隄，自馮家壩起至蘇魯橋，長一千五百一十丈。建馮家壩十餘丈，以障蜀山湖水之洩入馬場湖者。修馬場湖東面舊隄一千六百二丈，修安山湖土隄四千三百二十丈。又於似蛇溝八里灣建牐二，又築坎河滾水石壩六十丈。凡守壩、挑河、濬泉濟運事宜，無不講求精覈，可以垂後。而獨謂泇河之不必開者，則就治黄而言也。蓋以黄河泛濫於中國，自古而然，即使運不借黄，乃不可一日不治，與其多費金錢别開一河以通運，而治黄之費固在，何如治黄而運即在其中？故後人以此爲公之間然。

章時鸞，號孟泉，青陽人，知鄒縣事。尚書朱衡令沿河官集議，時鸞獨言開新河之便，衡用其策。卒潰於成，陞兗州府管河同知，歷副使。

翁大立，字孺參，餘姚人，嘉靖十七年進士。朱衡既開新河，漕渠便利，大立因頌新河之利有五，而請濬回回墓以達鴻溝，引昭陽之水沿鴻溝出留城，以灌湖下腴田千頃。未幾，又請鑿邵家嶺，令水由地浜溝出境山入漕河。三年七月，河大決沛縣，漕艘阻不進，貯粟徐州倉，平價出糶，詔許以三萬石賚民。復以淮水大漲，自清河縣至通濟牐抵淮安城西，淤三十餘里，決方、信二壩出海。平地水深丈餘，寶應湖隄往往崩壞。山東沂、莒、郯城水溢，從沂河出邳州，人民多溺死。大立奔走經營，次第濬治。山東薛、沙、汶、泗諸水驟漲，決仲家淺諸處。黄河又暴至，茶城復淤，已而淮自泰山廟至七里溝亦淤十餘里，遂罷去。

萬恭，字肅卿，南昌人，嘉靖二十二年進士。隆慶六年，河決邳州，運道大阻，已遣尚書朱衡經理，復命恭總督河道。恭與衡築長隄，自磨鐮溝迄邳州直河，南自離林迄宿遷小河口，各延三百七十里，費帑金三萬，六十日而成。高寶諸湖夏秋泛濫，歲議增隄，而水益漲。恭緣隄建平水牐二十餘，以時蓄洩，專令濬湖，不復增隄，河遂無患。其在坎河口壘石爲灘也，謂汶水盛發，不能攻戴村壩，則從戴村之東、龍山之西攻開，名曰坎河口，注鹽河以復歸於青州故道，而山東水復東傾。隆慶六年，余以主事張克文言：『循南旺百里而上歷戴村壩，壩故堅，汶不能破也。又東數里爲坎河口，東北注若駛。』顧謂張水部曰：『何縱汶曰坎河口？』歲敗亡益，余就龍山取亂石，灘坎河口里許，若天成平水，溢則縱之東注，平則留之。北灌天津，南入淮安，因勢而鼎足分之，恃此坎河灘也。在職三年，號爲才臣。所著有《治水筌蹄》。

黄承元，字輿參，秀水人，萬歷十四年進士，爲北河郎中。濮、鄆大水，承元啟河灣諸堰，輸納外流山河入海，沮洳畢出。著有《安平水利志》。

舒應龍，字時見，全州人，嘉靖四十一年進士。萬歷二十一年，河決汶上，灌徐、沛，潰漕隄幾二百里。應龍求通洩之途，於微湖東得韓家莊，其地在性義嶺南，不經葛墟嶺而可引湖水由彭河注之泇，乃疏請開支渠四十餘里，凡閱五月工成。此爲開泇之始事。

劉東星，字子明，沁水縣人，隆慶二年進士。萬歷中，自黄堌口決，鎮口淤。數年間，專用力於分黄導淮及接引黄流出小浮橋濟運，而開挑未久，淤塞隨之。東星議舉韓莊未竟工，淺者深之，狹者廣之，并鑿侯家灣、梁城通泇口，使可行舟。二十八年，復上疏請竟前功，不問淺狹難易，一切修濬。建鉅梁橋石牐一，德勝、萬年、萬家莊各草牐一。漕艘由泇行者，至是蓋十之三矣。卒，謚莊靖。

李化龍，字于田，長垣人，萬歷三年進士。三十二年，河決黄莊入昭陽湖，穿李家口逆行，從鎮口出。化龍議棄王市以下三十里之泇河，逕從王市取直達紀家集南當河深處，以避鑿郗山及周柳諸湖百里之險，通計挑河、建牐壩，凡工費二十萬八千一百有奇。乃上疏言：『今之稱治河難者，謂河由宿遷入運，則徐、邳涸而無以載舟，是以無水難也。泇河開而運不借河，有水無水第任之耳。疏瀹決排，皆無庸矣。善一。又以二百六十里之泇河避三百三十里之黄河，二洪自險，鎮口自淤，不相關也。善二。運借河則河爲政，河爲政則河得以困我。運不借河則我爲政，我爲政則我得以熟察機宜而治之，其利害較然睹矣。善三。糧艘過洪，每爲河漲所阻，運入泇而安流無恙，過洪之禁可弛，条罰之累可免。善四。廷議韙之，遂改挑直河之支渠，修砌王市之石壩，平治大泛口之湍溜，撈濬彭家口之淺沙，建牐設壩，次第畢舉，通計泇河二百六十里。由駱馬湖從董家溝出口，運無險淤，至今爲利。

按：天啟七年，化龍從子中書舍人李不伐上疏，訟開泇之功。崇正元年，廕化龍一子爲中書舍人。

胡瓚，字伯玉，桐城人，萬歷二十三年進士，工部主事。二十五年任南旺分司，修金口壩，疏賈魯河故道，濬治泉源。著《泉河史》若干卷。

梅守相，字春寰，宣城人，萬歷十七年進士，二十六年，任夏鎮分司。自劉東星開濬韓家莊，以及李化龍鑿泇功成，皆守相爲之佐理。

張國維，字玉笥，東陽人，天啟二年進士。崇正十一年，漕河乾涸，國維濬諸水以通漕。十四年，上言：『濟寧運道自棗林溯師家莊、仲家淺二牐，歲苦淤墊，引泗河由魯橋入運以濟之。河水挾沙下注，水退沙積，利害參半。』因陳導泗出仲家淺之策，説詳第四卷。又言南旺藉泰安、新泰、萊蕪、寧陽、汶上、東平、平陰、肥城八州縣泉源由汶入運，今淤沙中斷，宜亟濬之，皆未及行。

國朝

楊方興，字浡然，漢軍鑲黄旗人。順治元年授河道總督。時四方盜賊竊據，漕艘難行。方興設方略，十里置一臺，三十里建一城，聯絡汛守，安集流亡，糧運得以通達。七年，荆隆朱源寨口決，直趨沙灣。張秋一帶隄岸皆潰，由大清河東奔入海，兖、濟以北皆罹其害。方興結茅廬隄上，盛暑隆冬，寢食其中。九年復決大王廟口，衝潰沙灣，治塞如前。並自西岸河邊起至八里廟河邊止開引河五百丈，至十三年竣事。葉方恒《全河備考》曰：『張秋爲黄河下流，其決於明世者，正統十三年徐有貞治之，宏治五年劉大夏治之，皆費極浩繁，功極艱難。』至是三歲再見，卒用敉寧，蓋多於前人功矣。

朱之錫，字孟九，號梅麓，浙江義烏人，順治三年進士。十四年，出任河道總督，承楊方興之後。凡修守運河隄岸，夫役工程錢糧職守，一一條奏報可。十八年再任，先後在事十年，未嘗有大工巨役，其開董口新河，復太行老隄，挑高郵運道，治石香爐決口，功著揚、豫二省。所著有《寒香舘河防疏略》。徐、兖、淮、揚間人盛傳之錫死爲河神。十一年，總河王光裕俯徇民情，疏請建祠。濟寧部議未允，而豫河兩岸往往私自肖像立廟，稱爲『朱大王』事載王士正《池北偶談》。

靳輔，字紫垣，其先濟南歷城人，後爲遼陽人，由翰林編修歷兵部尚書，總督河道。康熙十六年，上經理河工事宜八疏，治江南黄河及清水潭諸工，悉歸底定。乃以北運河口舊在徐州之留城，東徙宿遷之皂河，且三百里黄河一漲，時苦淤澱，於皂河迤東挑河二十里。又以山東汶、泗、沂、泇諸水一當暴漲，漂溺宿、桃、清山、安、沭、海七州縣民田無算。且滙入黄河，黄河益怒，益以淮水，三瀆争流以趨清口，上流横潰則下流益緩，緩則益淤，而上流愈潰。又漕艘道至黄河二百里，涉風濤不測之險，買夫挽溜費且不貲，於是復開中河三百里，殺黄河之勢，灑七邑之災，漕艘揚帆若過枕席，説者謂功不在宋禮開會通、陳瑄鑿清江之下。卒，謚文襄。著有《治河書》十二卷《奏疏》八卷。其幕友陳潢，字天一，錢塘人，佐輔經理河干，殫竭智能。其與輔往來問答語，詳具張靄生《河防述言》。以治河功給僉事職銜。

葉方恒，字嵋初，號學亭，江南崑山人。父重華，於前明崇正末任濟寧兵備道副使。方恒以順治十五年進士，由萊蕪縣知縣再遷至濟寧河道。嘗論蓄洩要害，謂『微湖之西南切近黄河，每慮有漫潰之患，苟不堅禦，濁流一入，不特滕、嶧爲巨浸，運道必至梗阻。』後張伯行因有微山湖南宜築攔黄埧上接太行隄之説，迨乾隆二十年孫家集漫口，渾水直趨東南幾成平陸，乃始堆砌亂石，接築七十里攔截河流，一如方恒所料。又言：『滕、沛、魚、濟瀕運水田宜仿東南治田法，開支河、築圩岸，時其耘耔以種秧苗，備其桔槔以資車戽，則水荒棄地不難變爲沃壤。』又以嘗令萊邑，熟悉地利，山東運河仰藉諸泉而在萊蕪者，其流獨長。志載鑛山産鐵，陰涼山産銅。金爲水母，母氣盛是以泉源得長。開鑛之説惟萊蕪不可行。挖傷山脈，泉枯礙運，其害匪細。所著有《山東全河備考》四卷。《濟寧州志》稱其『在濟四年口不言功，百姓多陰受其惠』云。

王新命，字純嘏，漢軍鑲藍旗人，原籍四川三臺縣。康熙十七年，于成龍、慕天顔等争言靳輔中河不便，至新命總河，乃請留攔馬湖洩黄三壩於駱馬湖，用竹絡裝石，下於臨河，外面旁依草埽，密樁夾持，小則逼水入運，大則由壩減洩。又以沭水西流，湖河易漲，令於禹王臺迎水處所築隄斷流，使循故道入海。又奏臨清運河每歲淺阻，引河南小丹河水入衛。又於衛水上游捌刀泉及安陽上游洹水各渠，並用竹絡裝石之法灌田濟運，漕民稱便。

于成龍，字振甲，漢軍鑲紅旗人。靳輔開中河，成龍以爲非便，及開浚下河，議又不協，而靳輔疏薦，謂：『司臣于成龍訪采輿論，審量經營之處頗費苦心』。遂繼王新命畀以河道總督。三十一年，桃、清中河南岸逼近黄河，地勢卑下，瀦水瀰漫，難以築隄。成龍自盛家道口至清河棄中河下段，改鑿六十里，名曰『新中河』。又江南盧口發源東省雲蒙諸山，各澗滙流而成沂河，由沂、郯而入邳境，水從盧口分流出徐塘口入運，其正河至隅頭集徑入駱馬湖，凡遇水發瀰漫，兩岸淹没田廬。請於沂河兩岸築隄一萬八千一百八十丈，建牐啟閉，而其由盧口分汛者仍入運河濟運。卒，謚襄勤。

張鵬翮，字運青，四川遂寧籍，湖廣麻城人，康熙九年進士。三十九年，上以仲莊牐清水出口逼溜使南，恐礙運口，命自陶家莊以下楊家莊處開挑引河，令中河之水從此出口。雖楊家莊地勢低窪，間有倒灌，不過一二里，清水仍然頂出。鵬翮乃相度形勢，於清邑中河鹽壩施工挑挖，今中河之水穿子隄由雙金門牐入鹽河，至花家莊迤東，穿黄河縷隄至楊家莊出口。又於花家莊鹽河撐隄之上建牐洩水，漕、鹽兩利，動帑七萬八千餘兩，河道大治。疏請勅下史館編輯《治河事宜》，上即命鵬翮纂之，成書二十四卷。雍正元年，授武英殿大學士。卒，謚文端。

張伯行，字孝先，號恕齋，河南儀封人。康熙二十四年進士。三十八年，河溢儀邑，決隄入城。伯行適家居，爲布囊盛沙，僱民堵塞，隄完無恙。總河張鵬翮行河至儀，知出其力，請於朝，使赴河工効用，上治河條議。四十一年，補濟寧道。四十四、五等年，河運水小，命伯行設法蓄水，量塘放船。著《居濟一得》五卷、《補遺》一卷。六十年條奏黄河水勢，赴湯山面陳得失。因言河南歲有河患，皆因黄、沁交會，水勢過盛，宜於交會之處建牐一座，草壩二座，重重關鎖，使不泛濫。一引沁由賈魯河，經嘉祥、鉅野入濟；一引沁由新決之河再加挑挖入張秋，不但濟運有利，民田可盡成膏腴。上謂：『嘉祥有山，如何行水？』即出地圖指示。兵部侍郎牛鈕在側，因斥伯行書生，止據紙上陳言妄奏。上曰：『畢竟是他留心，即書本亦是他看過，爾等誰留心者？』雍正元年，又請大開府河，使泗水由金口垻引入，至濟寧馬場湖內蓄之濟運。又稱濟寧至臺莊相去四百里，中間之牐將及二十座，而臺莊以下至黄淮交滙，中間將及四百里，並無蓄水之牐，宜於臺莊以下徐塘口以上增建牐座。今江南河清、河定、河成三牐用其議也。卒，謚清恪。子師載，另有傳。

陳鵬年，字北溟，一字滄洲，湖廣湘潭人，其先江西廬陵人，康熙三十年進士。六十年，與張鵬翮同閱南北河隄。時河南武陟縣馬營口衝決，直注山東張秋、直隸長垣。鵬年言：『黄河老隄衝開八、九里，大溜直趨決口。宜於對岸上流廣武山下別開引河，更於決口稍東亦開引河，俾河流仍歸正河，乃可堵築。』明年，馬營口隄冰凌積水再決。鵬年謂：『地勢低窪，雖有引河，流不能暢。惟有分疏上、下，殺其悍怒。請於沁、黄交滙對岸王家溝開河，使水東南行入滎澤正河，隄工可成。』乃復親至決口，開放河頭大溜直趨引河，河流南徙，堵塞可俟。爲文以禱大河及沁水之神，黄水一夕驟退八尺。棲宿河上，勞瘁致疾。卒，謚恪勤。著有《政略》一卷、《河工條約》一卷、《詩文集》六十二卷。

齊蘇勒，滿洲正白旗人。康熙六十年，督修河南武陟縣黄河決口，六十一年，協理運河道事。雍正元年授河道總督。二年以德勝至張莊河形陡直，水勢建瓴，於適中六里建設石垻，令較上、下兩牐各減六尺，水小資其攔蓄，水大聽其漫溢，漕運便之。五年，督塞朱家口決河，卒於官，上命總督尹繼善爲靳輔、齊蘇勒合祠，歲祭，謚勤恪。

嵇曾筠，字松友，無錫人，康熙四十五年進士。雍正元年，河決中牟縣十里店，曾筠以兵部侍郎馳往堵築。適黄、沁並漲，漫溢姚其營、秦家廠、馬營口諸隄，因思下流受患，其上源必有致患之由。露處小舲，沿流審視。水勢自三門七津建瓴而下，歷孟縣、温縣，北岸長有沙灘，逼水南趨至倉頭口，遶廣武山根，逶迤屈曲而下，勢成兜灣。官莊峪有山嘴外伸，形如挑水，又由西南直注東北沁、黄交滙之區，秦家廠一帶頂衝受險，頻年爲患。議就倉頭口開挑引河，準對官莊峪下游水口，越過山嘴，大溜全走中洪，秦家廠遂安於磐石。二年，授副總河。請修兩岸隄工，建官司，設兵夫，製濬船。七年，授河東總督。以封邱縣荆隆口密邇運河，素稱險要，於對岸開挖引河，導水東行。八年，管理南河總督。山水異漲，滙歸駱馬一湖，溢運浮黄，河湖合一。赴山盱周橋以南開垻洩水，並啟高、寶諸堰分入江海。又復禹王臺竹絡石垻，分導沂、沭二河歸海之路。拜文華殿大學士。卒，謚文敏。著有《防河奏議》。

徐湛恩，字沛潢，正藍旗漢軍，康熙五十四年武進士，以侍衛賦詩稱旨，改授文職。雍正元年，陞兗寧道僉事。嶧縣有湖壖荒地，許貧民開墾，勢家佔爲己業，私納其稅。又各屬瀕湖草廠地，歲徵草束，備工料株，累及於民田，湛恩禁除之。使者行河，求賄不應，怒曰：『汝所司何庫？』曰：『四大庫：南旺、南陽、蜀山、馬場也。』累遷爲河東河道逼總督，營建魯橋以南至黄林莊石牐，捍禦湖波，利賴至今。

白鍾山，字毓秀，號玉峰，正藍旗漢軍。雍正十三年總督河東河道，更定夫役工價，設立司泉佐雜。乾隆四年，漕督補熙請造十丈大船，運河以水深四尺爲則。鍾山謂：『牐河無源之水，需雨而後泉旺，泉旺而後河盈。上牐閉而下牐啟，則下牐倍深、上牐倍淺。各牐相距遠近不均，水近者深，則遠者必淺，以人役水，以水送舟，必不能均深四尺。』侍郎趙殿最又請於舘陶、臨清各立衛河水則，鍾山謂：『尺寸不足，將衛輝民田渠牐盡閉，致妨灌溉，事既難行。尺寸苟足，將官渠、官牐盡閉，來源頓息，下流已逝，運河之水亦立見消涸，二者均屬非計。』議並寢。勘辦荆山橋工，消涸微山湖積水，修復淮揚、徐、海、鳳、潁、泗各州縣支、幹河道。歷任兩河四十餘年，於河道情形、工程利弊熟悉周知，奏疏數十餘上。著有豫東宣防、南河宣防等録。卒，謚莊恪。

李宏，字濟夫，一字用兹，號湛亭，正藍旗漢軍。初以州同知薦歷江南河庫道，疏濬淮、揚、徐、海、鳳、潁、泗各郡縣支、乾河道一百數十餘處，動帑二百四十餘萬有奇。二十九年，授河東河道總督。以江南耿家寨險要，察勘對岸，引渠切灘，順勢帑節。工平，赴陝州三門查探黄河來歷，諮度久安之計。又以汶上老人白英立祠戴村，子孫蔭襲頂帶。自入國朝，未奉明旨，奏請仍給八品世職，奉旨允行。

張師載，字又渠，號愚齋，儀封人，伯行子也，康熙丁酉科舉人。乾隆十五年，同大學士高斌協理江南河務。十八年，徐州張家馬路黄河漫溢，褫職後復起，爲河東總河。二十一年，以孫家集漫口入湖害運，與運河道李清時共宿河干，疏築並舉。又以豫省黄河工多暗險，廣開引河，挑土幫隄，自此兩岸遥縷免受衝刷。卒，謚慤敬。著有《改過齋文集》《讀書日鈔》等書。

李清時，字授侯，號惠圃，福建安溪人，乾隆七年進士。二十一年，任運河兵備道，時孫家集漫決，夏鎮、南陽一帶連爲巨浸。清時首作東隄界出湖面，又於湖口牐北掘地，深四五尺，長十七丈，以宣洩之。旋就其處作滚水壩，高一丈，長三十丈，著令湖水減至一丈，則閉牐以蓄之。濟寧城東有楊家壩者，上承泗河，貫兖府，西流經此入運。明正德、崇正間，曾障水以爲州城外護，僅有壩基。國朝順治間，總河楊方興復加堵築，每遇伏秋水漲，不能洩瀉歸河，兩岸民田大受淹没之害。葉方恒作《全河備考》謂：『不若改壩爲牐，隨時啟閉。』康熙三十四年，總河董安國曾建減水牐，其後張伯行又謂『府河之水當令全入馬場湖收蓄，此壩必不可開。』因遂歷年堵閉，淹漫民田，清時遵葉方恒策，重建牐座，盛則啟板分洩，微則閉板入湖，著爲永例。又以汶河之水南流既多，而蜀山一湖既建利運牐於柳林之南，又作金線牐於寺前之南，南水有餘，北水益形不足，若移建金線於柳林之北，閉柳林、啟金線，則湖水可濟北運。因請於總河漲師載，以爲一轉移間其利有四，詳見第五卷。又請落低何家埧三空五空等橋，加寬四女寺，創築八里廟、臨清口門等埧。三十年，陞河東河道總督。著有《汛牐約言》一卷、《治河事宜》若干卷，又《蠶書》一卷、《周易》《經義》十二卷、《朱子或問語類》二十二卷。

卷十一

名論上

前賢治蹟已具前卷，其區畫之方與紀載之作，亦於河道內因地備録，尚有其詞無可附麗，而立論不在一時者，仿靳文襄《治河方略》例，别爲《名論》二卷，尤司事者所宜究心云。

論黄運相關

《全河備考》：從古治水稱神禹，禹治水首黄河。黄河自崑崙發源，萬里而來，禹導之自積石龍門，蓋特遡其流入中國之始以爲肇端，後人必追窮河源，好博矣而不適於用，故論禹治水導河，斷自龍門積石始。河從積石東北而南，計三千里至龍門，爲西河。龍門在冀州吕梁山，石勢崇竦，其流激震。禹治其北，鑿龍門分殺其勢，西因其迴流之性而導之。又南而至華陰，在陝之華陰縣，自南而東至底柱，在河南陝州之三門山。又東經孟津，河南府孟津縣，過洛汭鞏縣至於大邳，爲大名府濬縣臨河之山。北過滏水爲真定，冀州北枯降渠至於大陸，屬中山郡，今真定邢、趙、深三州之地。北分其勢播爲九河，復同聚一處而爲逆河。逆，迎也，蓋迎之以入於海。簡潔一水，九河其一，則河之經流也，徒駭等八河故道皆在河間、滄州、南皮、東光、慶雲、獻縣，山東平原、海豐，由寧津、吴橋、南皮諸處直達東海，是爲禹之故道。

禹之『載河高地以入海』，蓋自河陰始。河陰以西之故道，終古不失。以東入海之故道，後世一失，從此泛濫南下，四出於冀、豫、兗、徐之區，其勢不可勝窮矣。周定王五年，河徙砱礫，始失故道。漢文帝時決酸棗，東潰金隄，在河南延津、滎陽諸縣至大名、清豐一帶，延亘千里。武帝時溢平原，屬德州，徙頓邱，今清豐縣，又決濮陽瓠子口，開河界注鉅野，屬濟寧州，即大野，通淮、泗，蓋河始與淮通，尚未入淮也。元帝時決舘陶，舊屬大名，今屬臨清，又決清河靈鳴犢口，今高唐州，舊屬清河郡。成帝時決東郡金隄，決平原，溢渤海、清江、高唐州一帶，信都，今冀州界。唐元宗時決博州，今東昌，溢魏州，今大名，冀州。五代時決鄆州，今鄆城縣，博之揚劉，今東平之東阿縣揚劉鎮，滑之魚池。宋太祖時決東平之竹村，開封之陽武、大名之靈河澶淵。太宗時決温縣，滎澤、頓邱，泛於澶、濮、曹、濟諸州，東南流至彭城界，即今徐州，入於淮，自此爲河入淮之始。真宗時決鄆及武定州，尋溢滑、澶、濮、曹、鄆諸邑州，浮於徐、濟，而東入淮。仁宗時，決開州舘陶。神宗時決冀州棗强、大名州邑，一合南清河以入淮，一合北清河以入海。南渡後，河上流諸郡爲金所據，獨受河患，其亡也，始自開封北衛州決而入渦河，南直壽、亳、蒙城、懷遠之間。元初決衛輝之新鄉、開封之陽武、杞縣之蒲口、滎澤之塔海莊，歸德、封邱諸界。其時專議疏塞而已。

自至元二十六年開會通河以通運道，而河遂與運相終始矣。蓋至元以前，河自爲河，治之猶易；至元以後，河即兼運，治河必先保運，故治之較難。至正初，河決白茅、金隄等處，瀕河郡邑皆罹水患，水勢北侵安山，沿入會通河，延袤濟南、河間，將壞兩漕，司鹽埸用都漕運使賈魯言，挽河使東行以復故道。五月功成，命翰林學士歐陽元製《平河碑文》並作《河防記略》，其法制工用，爲世取法。明洪武元年，河決曹州雙河口。二十五年河決原武，會通河淤。河自洪武中決陽武，東經開封城北五里，又南行至項城，經潁上，東至壽州正陽鎮全入於淮，故道遂淤。至永樂時，歲爲決徙，修築隄防，民困國弊。至九年，決益甚，議濬黄河故道，尚書宋禮加濬會通河，用老人白英計，改從南旺分水，遏汶北合漳、衛，遏泗南入沂、淮。其北道魏家灣與土河相連，開二小河以洩之，有溝渠於衛東北岸，通黄河，可直至海豐者如舊。其南道，在南旺之北者開新河，自汶上袁家口左徙二十里，至壽張之沙灣接舊河，以免陸運之艱。侍郎金純導河支流，從汴城金龍口至堨塲，仍合會通以入淮。漕事定，於是運必借黄，欲通運不得不先治黄也。

正統十三年，河決新城八柳樹，漫流山東，經曹、濮，衝張秋，潰沙灣東隄，奪濟、汶入海路以去，諸水俱洩，壞民廬無算。景泰三年又大決沙灣，近河地皆没。翰林侍講徐有貞承命，以都御史往治之，作制水之牐、疏水之渠，而河流之旁出不順者則堰之，水遂不東衝沙灣，更北出而濟漕渠之涸。宏治三年決陽武，河自原武、中牟分流爲三：其大者切近汴隄，西北隅合沁河，泛陽武、封邱、祥符、陳留、杞縣蘭陽、儀封、考城、曹縣、寧、睢、歸、虞、永、夏、碭、蕭，而下徐、淮；其次者横流封邱之于家集，決孫家口，漫長垣、曹、濮、鄆城、陽穀、壽張、東昌，至臨清下衛河，延患於德、滄與青縣、静海，天津始入於海；又其次者，自中牟南下尉氏，雖稍成川，不通舟楫，至其故道，自汴城西南杏花營入渦河者則淤澱矣。侍郎白昂治之，河倏北徙，去汴城三十里，金龍決口自淤。昂乃築北隄以防張秋之衝激，衛諸郡之泛濫，導南河自原武、中牟，下南頓至潁州，由塗山達於鳳陽故道，合淮以入海。又於東平州戴家廟及德州之南一帶多鑿裏河，每河口各建減水牐以節運河之水，盈則洩之海，而東、兖、德、滄之患紓，縮則蓄之河，而漕艘商舶之行利。隨河修隄二千餘里，隨隄植柳百萬餘株。又濬萊蕪諸泉二百八十餘以濟漕河。南塞決口三十六，疏月河十餘，使由河入汴，汴入睢，睢入泗，泗入淮，以達於海。又以河南入淮非正道，恐不能容，復自魚臺歷德州至吴橋修古河隄，自東平北至興濟鑿小河十二道，引水入大清河及古黄河以入海。

宏治五年，決張秋入漕河，與汶水合。僉都御史劉大夏治之，謂宜疏治上流黄陵岡、孫家渡，工方興而復決張秋東隄百丈，漕舟一經決口，挽力數倍，稍失手輒覆溺。時訛言沸騰，疑河不可治，應復元海運。大夏於西岸稍南鑿月河長三里許，引舟次第以濟，歲運不失。及冬水落，始爲塞決計，乃親行相視潰決之源，於孫家渡口開七十餘里，濬祥符四府營淤河二十餘里以達淮，疏賈魯舊河四十餘里，由曹縣糧道口出徐州運河。支流既分，水勢漸殺，爲築兩長隄，蹙水南下由徐、淮故道，自武陵屬之碭、沛，凡三百六十里，曰『太行隄』；自金龍口起于家店及銅瓦箱東橋抵小宋渠凡百六十里，曰『新堤』。又以兩堤綿遠，河或失守，必復至張秋爲漕患，相地於舊決之南一里許，爲減水壩以殺衝齧。自春徂夏，張秋之決塞，賜名『安平鎮』。九年，考城縣境東來水勢徑衝賈魯河，曹縣梁靖白水溢大堤，遂于賈魯河東岸築小堤以護之。正德四年，河決曹單，八年復決黄陵岡。

嘉靖六年，決曹、單城武楊家口，衝雞鳴臺，阻運尤甚。下廷臣議，刑部尚書胡世寧疏言：『河自經汴以來，新舊分疏，六道皆入漕河，而總南入於淮。今聞諸道皆塞，止存沛縣一道，當因故道而分疏之。若運道則宜於昭陽湖東岸、獨山新安社等處，擇其土堅無石之處，另開新河一道，南接留城，北接沙河口，二處舊河應止百四十里，隔出昭陽湖在外，以爲河流散漫之區，是則所謂不與水争地者。』七年，復決徐沛，漕渠不通。詔舉才幹大臣治之，衆推都御史盛應期，奉命單車就道親詣相度。乃請疏趙皮寨以殺河勢，導之亳、泗、歸、宿以入淮，别開昭陽湖左新渠一百四十餘里以通漕。垂成謗興，詔罷役奪職。

嘉靖十二年，河決亳、泗、歸、宿等處，淤濟寧至徐、沛數百里運道。命劉天和督浚。時議紛紜，或謂别引黄河便，或謂濬漕河便。天和躬親相度，自趙皮寨東流故道淤一百二十餘里而至梁靖，又自梁靖岔河口東流故道淤二百七十餘里始至穀亭，遂定計，用浚河扒浚南旺淤淺以免盤剥，築曹單長堤以防衝決，植柳株以護堤岸，浚月河以備霖潦，建減水牐以司蓄洩，置順水壩以束漫流，運道暫復。十九年，河決睢州野雞岡，經渦入淮，二洪大涸。命侍郎王以旂督理。以旂特言：『所資河者以濟運也。河今南徙，第疏山東諸泉入之洪，沛以南障之隄，如會通河制，運即通矣。』於是開李景高支河一道，引水出徐濟洪，八月而成。三十一年，決房村。三十七年河北徙新集，淤而爲陸者二百五十餘里，視故道高三丈有奇。河分流弱，離爲十一，河南、山東、徐、邳皆苦之。四十四年河決，以南京刑部尚書朱衡，僉都御史潘季馴協治之。既至，舟行樹杪，力無所施，得鄒縣章時鸞新渠規度，遂開新渠。舊渠之東湖曰昭陽，河從西來滙之，其勢遂絶。渠而左，故舊渠不可復，而新渠在湖之東，河即横決得湖而止。乃決策，往廬於河畔，撫循十萬衆，與同甘苦。明年，新渠成，南陽至留城百四十里。疏舊渠留城至境山五十三里。

隆慶元年，開廣秦溝以通運道。先是，河決沛縣，議者欲復古道，從事於新集、郭貫樓諸處上源。衡言上源之議可罷，惟廣開秦溝，使下流通行，修築長隄以防奔潰。乃鑿舊渠，深廣之，爲牐八、減水牐二十、壩十二、隄三萬五千二百八十丈、石隄三十里，旱則資以濟漕，潦則洩之昭陽湖，運道盡通，是名夏鎮河。於是河專由秦溝入洪。夏五月，山水驟漲，沖坍薛河石壩，壞糧艘，議復譁然。給諫吴時來言：『舊河不必議，惟新河所受上源山水宜疏濬。』仍詔衡區處，遂經理挑築薛河、沙河各支河隄壩以資蓄洩，運道俱由新河矣。

隆慶三年，河水溢，自清河抵淮安城西淤者三十餘里，決方、信二壩出海，平地水深丈餘，寶應湖隄崩壞，山東莒、郯諸處水溢，從沂河、直河入邳州。山東巡撫洪朝選疏言：『黄河出口之處必多，然後可容其萬里遠來之勢。請開支河，以爲宣洩利導之方。』四年，河決邳州，自睢寧白浪淺至宿遷小河口淤百八十里，溺死漕卒千人，失米二十餘萬石。總督翁大立言：『邇來黄河之患，不在河南、山東、豐、沛，而專在徐、邳。故先欲開泇口河以遠河勢，開蕭縣河以殺河流。』詔令大立躬自相度，條其利害以聞。復上疏言:『治邳河閼阻之策有三:一開泇河,一就新衝,一復古道。』五年,河決雙溝,北決油房、曹家、青半諸口,南決關家、曲頭集、馬家淺、閆家、張擺渡、王家、房家、白浪淺諸口,凡十一。枝流既散,幹流遂微,乃淤自匙頭灣八十里,而南變又極矣。議者欲棄幹河,而行舟於曲頭集大枝間。冬初水落,則幹已平沙,而枝復阻淺,遂欲棄黄河運,而紛紛及於膠河、泇河,海運乃復起。已潘季馴開匙頭灣,塞十二口,大疏八十里,故道漸復。已而以漕舟壞,被劾去。六年,河決邳州,運道阻。朱衡於茶城南、北築兩隄,以防河水之出入。北隄自磨臍溝迄邳州之直河,南隄自離林舖迄宿遷之小河口,各延袤三百七十里。運艘東於河流。設軍民守之,河流乃安。

萬歷元年,黄河水平。先是,運道多梗,户科賈三近小試海運,至山東即墨縣福島,異常風雨,壞糧船七隻,哨船三隻,漂没糧米五千石,淹死運丁五名,隨罷海運,重行河運。二年,黄河沙淤海口,決房村,傅希摯議開泇河,不果行。三年,河從崔鎮等口北決,淮從高家堰東決,徐、邳以下至淮南北漂没千里。總漕吴桂芳上言:『淮揚洪潦,萬民號泣,蓋由濵海汊港歲久道堙,入海惟恃雲梯一徑,至海擁横流盡成泥,溢鹽、安、高、寶,遂不可收拾矣。國家轉運,惟知急漕而不暇急民,故朝廷設官亦主治河而不知治海。請另設一官,專疏海道,講求捷徑,如草灣及老黄河皆趨海,不必專事雲梯爲便。』又上言:『今日之河,雲梯關塞而不通,高家堰通而不塞,兩者爲病。蓋高堰決則淮水東,黄水隨躡其後,清口塞而堰内皆住址陸地,其洩不及清口之半,故泗州之水并聚矣。塞高堰所以通清口,而洩泗州之水也。又高堰塞黄浦上游,則黄浦之工自易。黄浦既塞,則興寶、鹽城田地盡出。自兹兩河横流,涓滴皆由正道,千里之内,民業可安,海口河身日見深刷,亦可免壅潰之患矣。』

六年,復起潘季馴。時高堰崔鎮決口猶然未塞,運道阻梗。議者謂諸決口當勿塞,别開支河殺水,而浚海口以通之。季馴則謂:『海口潮汐往來,隨浚而亦隨淤。惟慎固隄防,使無旁決,水入地益深,則治防即以導河也。導河以歸之海,則導河即以浚海。而導河未易以人力,惟若令河決上流,固宜用疏。今下流之決,但欲其疾赴海,而害祛豈必疏哉?』於是築堤堰,自徐抵淮六百餘里南、北兩隄。淮水畢趨清口,會大河入海,二口不浚得通。十五年,命常居敬踏勘黄河。時河漫流開封封邱縣及東明長隄等處,禮科王士性言宜復河故道,居敬謂故道難復,議開柴家營支河。尋諸決口皆塞,而淤者復疏。十六年,復起潘季馴督理河道。十九年泗州大水,淮水泛起高於城,溺人無算。季馴上言:『人欲棄舊爲新,臣謂故道必不可失;人欲支分以殺其勢,臣謂濁流必不可分。霖雨水漲,久當自消。』季馴三仕三已,一以求故道,築隄束水,借水衝沙爲主。是年有《條議河道疏》:一放水淤平内地，一接築遥隄，一增支渠大隄，一增砌石隄，一浚河避湖，諸事並於運道民生有利。

二十三年，泗水爲患，總河楊一魁疏言分黄導淮。明年，開桃源黄垻新河，自黄家嘴起至五港灌口止，分洩黄水入海，以抑黄强。闢清口沙七里，建武家墩涇河牐，洩淮水由永濟河達涇河，下射陽湖入海。又建高良澗減水石牐、子嬰溝周家橋減水石牐，洩淮水一由岔河下涇，一由草子湖、寶應湖下子嬰溝，俱通廣洋湖入海。二十五年，河大決單縣之黄堌口，溢於夏邑、永城，經宿之符離橋，出宿遷新河口入大河，二洪告涸。楊一魁大挑李吉口以挽黄流，謂黄堌口深淵難塞，議浚小浮橋、築小河口。功成，東利運。尋久旱，運河澁，而河又決義安東垻。一魁乃議浚黄堌口及上歸灣活嘴以受黄水，救小浮橋泗上之涸，因繪河圖，上言謂：『小浮橋股引之水，李吉口未斷之流已足濟運，以汶、泗、沂、兖之水建牐節宣，運道自裕，何必殫力決塞，以回全河而用之哉？』三十年，於黄家口漲，衝魚、單、豐、沛。三十一年，特用李化龍偏行淮、徐、鳳、泗間，得前所開泇河遺跡，喟然興歎，遂專力浚成之，於是運艘通行。昔稱『過洪』，今稱『過淮』，爲出險矣。

按：開泇之議，始自隆慶年間中丞翁大立，萬歷三年中丞傅希摯建議詳明，未得允行。二十年，中丞舒應龍於韓家莊引湖水注之泇，始啟厥緒。二十六年，中丞劉東星鑿侯家灣梁城通，泇口遂可行舟。然總未能通達，至是始共贊成，出奇道以避至險。迄今運道無阻，開泇之功蓋亦偉哉！然東南之漕，自清江浦出口，由清河溯桃源，經宿遷，從董溝口入駱馬湖而抵泇河，尚有一百八十里假道於黄河，雖河伯安瀾，不受其害，不可謂非黄與運究相終始也。然則治黄者固先估運，而利運者不尤急於治黄也哉！

天啟六年，總河李從心以運舟過宿遷，淺劉口、磨兒莊等處，一船挽拽夫以百計，一夫工費動以數錢，窮旗典鬻，以償官夫人力。與水爭衡，簟纜中斷，前船横下，後船互相磕撞，官儲民命須臾歸之逝波，風急浪高，竟日不能移一舟，前阻後壓，千艘等待。乃自馬頰口起下至陳瑶溝止，另挑一河，計程六十七里，運船改從陳口，諸溜遠避，公私幇拽之費遂省，漂蕩磕撞之虞亦遂以杜。崇正八年，駱馬湖淤，泇河運道中阻。總河劉榮嗣自宿遷至徐州別鑿新河，分黄水注之通運，計二百餘里，費五十萬。其鑿處皆河故道，尺許下皆沙，挑掘成河，沙落河坎，數四引黄水注之，沙隨水下，爲淺爲澁。明年，漕至駱馬湖之淤適平，仍專行泇河。榮嗣被逮，然駱馬湖間淤，此河亦可行舟，其功不容盡泯。

國朝順治七年，荆隆朱源寨口決，直趨沙灣，運隄衝潰，挾汶水由鹽河東奔入海。順治八年，總河楊方興塞之。順治九年，大王廟口決，沙灣復潰，衝斷運道，方興修築隄岸。又自西岸湖邊起至八里廟河邊止，開引河一道，長五百丈。至順治十三年工始告成。蓋張秋爲黃河下流，其決於明世者，正統十三年徐有貞治之，宏治五年劉大夏治之，皆費極浩繁，工極艱難。然運道得以無恙者垂三百年，防禦之法周矣。至是三歲再見，不重可慮哉！

總之漕運一河，泇河以南之勢，自不得不借黃以達淮。而牐河以內苟一近黃，未有不受其害者，故避之務遠，防之務至。即使黃流水大，不得已爲減水之策，亦宜疏之使南，不宜逼之使北也。

以上論黃、運相關。

論運河大勢

《居濟一得》：善治水者，爲其水大而能治之使小，水小能治之使大也。水大而能治之使小，所以除水之害也；水小而能治之使大，所以資水之利也。故古之治河也易，今之治河也難；古之治河止以除水之害，今之治河兼以資水之利。惟其止以除水之害，故禹之治水，使水以四海爲壑而已無餘事；惟其兼以資水之利，故不得聽其以海爲壑，必使之曲折迴旋，致其水爲有用之水，而其餘乃歸之於海也，此善治水也。若竟聽其以海爲壑，則不得資水之利矣。若使之曲折迴旋，致其水爲有用之水，而其餘不使之歸海焉，則資水之利而究不免於受水之害，烏覩所謂善治水者乎？

我國家歲漕東南數百萬以實京師，所藉者會通河一綫之水耳。故方其旱也，則運道乾涸而漕病；及其潦也，則潰溢衝決民病，而漕亦病。所貴乎善治水者，使水不至於甚大，而隄岸無漫溢之虞，民田免淹浸之患；使水不至於甚小，而運河不致於淺澁，糧艘不至於艱阻，斯已矣！何今之不然也？

予於癸未年始膺簡命，受治河之職，適遇雨潦，隄岸在在漫溢，民田處處淹没。而予以奉上憲之命，兩次監收截留漕米，並無暇計及於河，是水大而不能使之小也；予之職有所未盡也。迨至甲申，又遇亢暘河水處處淺澁，糧艘在在艱阻，而予極力設法，多方處置，糧運幸得無悮，是水小而不能使之大也，予之職又有所未盡也。予夙夜兢兢，日求所以無負是職者而不能，乃博極群書，考古人治河之方，又遍歷河干，觀古人已然之蹟，乃知尚書宋禮分水南旺，其法雖善，而猶有所未盡也。

考元李惟明《改作東大牐記》，略曰：

昔汶不通洸，國初歲丁巳奉符畢輔國請於嚴東平，始於汶上之陰，堽城之左作一斗門，遏汶入洸至任城，汶由是有南入泗、淮之派。後都水少監馬之貞又於其東作雙虹懸門，牐、虹相連屬，分受汶水。既又以虹石水易圮，乃改其西虹爲今牐制，通，謂之『東牐』，謂輔國所作斗門爲『西牐』。西牐後改，作址高，水不能入，獨東牐受水。汶水盈縮不常，歲常以秋分役丁夫採薪積沙，於二牐左絶汶作堰，約汶水三之二入洸；至春全竭餘波以入。霖潦時至，慮其衝突，則堅閉二牐，不聽其入。水至，徑壞堰而西循故道入海，故汶之堰歲修。延祐五年改作石堰，五月堰成，六月爲水所壞，水退，亂石齟齬壅沙，河底增高，自是水歲溢爲害。至元四年秋七月，大水潰東牐，突入洸河，兩河罹其害，而洸亦爲沙所塞，非復舊河矣。

初，之貞爲沙堰也，有言『作石堰可歲省勞民』，之貞曰：『漢曹參作興原山石棚，常爲漲水所壞，時復修之。汶魯之大川，底沙深濶，若修石堰，須高水平五尺方可行水，沙漲淤平，與無堰同，河底填高必溢爲害，況河上廣，石材不勝用，縱竭力作成，漲濤懸注，傾敗可待。晉杜預作沙堰於宛陽，堨白水溉田，闕則補之，雖屢勞民，終無水害，固知川之不可塞也。』且曰：『後人勿聽浮議，妄興石堰，終困其民，壅遏漲水，大爲民害。』重修堽城牐，因自作記，勒其言於石。至是，果如其言，若合符契。牐壞岸崩，碑沉於水，爲土石所壓。

是年九月，都水監馬兀公來治會通河，行視至堽城，謂衆曰：『堽城，洸、汶之交，會通之喉襟。牐壞河塞，上源要害。役有先於此者乎？』於是，用前監丞沈温公闢爲一大牐之議，命壕寨官梁仲祥、李讓計徒庸、度材用、量事期，以狀上中書，即從其請。明年二月，命工入山取石、煅灰市物，於有司經營揆度，畫圖指示，以舊址弊於屢作，改卜地於其東，掘地及泉，降汶河底四尺，順水性也。始事於五月七日，畢役於九月十日。

牐既成，衆合辭請公，願識其事於石，屬筆於予。予復之曰：『汶古名川，昔畢公、馬公用之，則爲轉漕之益，爲溉灌之利；後人用之，則有橫潰之憂，有墊溺之患。水性非異，今昔，蓋用之善不善也。馬公既善用之，又碑其言以示來者，其慮後也深矣。不有兹役，曷彰馬公之實？其言以驗，碑仆於水，而改作石堰之碑尚存，豈天惡馬公之言有以先發其機耶？將使後人獨受其害而不蒙利耶？惟是役也，雨暘時若，漕運無愆，天其或者悔禍於人，俾憶馬公之言乎？』既不獲辭，遂爲敘導汶始末、會通源委，以見堽城牐水利喉襟，且表出馬公之言以爲鑒。

觀於此記，知堽城之宜牐，則知戴村之宜牐矣；知沙壩之爲善，則知石壩之爲不善矣。

又李惟明《濬洸河記》略曰：『至元六年，監丞宋公委壕寨官岳聚，統奉符、汶上二縣夫六千餘濬洸河，底濶五步，上倍之，深五尺。未閲月工畢，而深固堅完。洸河既濬，宜令牐司嚴飭牐板，謹杜牐口，絶塞沙源，勿令流沙上漫入洸，俾洸常受清水以輸注南北。役牐似繁，濬洸實簡，此源潔流清而永益也。不然，以歲益無窮之汶沙，注新濬有限之洸河，數年之中，余恐淤墊甚於今日矣。梗漕勤民，後將有不勝其淘濬之患。』

觀於此記，則知牐之可以納清流而避淤沙，司牐者宜嚴而不可以或忽也。

明商輅《堽城壩記》略曰：『成化戊寅，工部尚書郎張君克謙奉命治河。歷觀舊跡，首修金口堰，以石易土，不數月告成。乃曰：「斯堰既修，堽城堰亦不可已。又以堽城舊址河闊沙深，艱於用力，乃相西南八里許，其地兩岸屹立根連，河中堅石縈絡，比舊址隘三之一。於此置堰，事半功倍。」隨擇癸巳九月，望日興事，儲材聚料，百需咸備。明年春三月，命工淘沙，鑿底石掌，平底之上甃石七級，每級上縮八寸，高十有一尺。中置巨細石，煮秫米爲糜，加灰以固之。底廣二十五尺，面用石板甃二層，廣一十七尺，袤一千二百尺。開甃口七，各廣十尺，高十一尺，置木板啟閉，遇水漲啟板，聽從故道西流，水退閉板，障水南流，以灌運河。茲堰東置牐，爲二洞，皆廣九尺，高十一尺，中爲分水一，旁爲鴈翅二，亦用板啟閉，以候水消漲。漲則閉板以障黃潦，消則啟板以注清流。洞上覆以石，石之兩旁仍甃石，高一十有八尺，中實以土與地平，俾水不致南侵，洸河免於沙淤。』

覩於此記，建石堰則開甃口七，置板啟閉，水退閉板，障水南流以灌運河，水漲啟板，聽從故道西流，是水去而沙亦與之俱去，自無河底墊高，水溢爲害之爲患矣。修石牐亦用板啟閉，水漲則閉板以障黃潦，消則啟板以注清流，自無沙淤運河，歲歲挑挖之患矣。

此古人制度之盡善，可法而可傳者也。何尚書宋禮之改河，猶未深察乎此也？改河南旺，分水南北以濟漕運，此宋禮之功也。不修石牐相時啟閉，任水南流以致運河沙淤，歲歲挑挖，遂貽山東無窮之害，宋禮亦有不得而辭其咎者矣。然在改河之初，不過數丈，水之入鹽河也順，而赴南旺也，逆且築壩戴村，而留壩在備分洩，故止坎河口不壩，歲築沙堰一，遇水漲，盡皆衝去。故水之趨海也多，而至南旺也少，山東運河兩岸之州縣猶未爲大害也。迨其後，河日刷寬，其赴南旺也易，而入鹽河也難。萬恭又壘石爲灘，潘季馴復築石爲壩，豈二公者獨未聞馬之貞之言乎？抑未覩張克謙堽城壩、堽城牐之制乎？何至今日，而沙填河底，水溢爲害，遂使馬公之言若爲左券也？

夫汶河之水，原由坎河口入鹽河以達於海，是以海爲壑者也。自石壩既築，而於石壩之北又高築土壩，遂使水不得歸海，而盡趨南旺。夫以運河一綫之渠，豈能容汶河泛漲之水？漫決横潰洋溢民田，勢所必至，是水不以海爲壑，而直以山東運河兩岸之州縣爲壑也。且不獨以山東運河兩岸之州縣爲壑，而並以直隸、江南運河兩岸之州縣爲壑也。張純《守戴村壩論》略曰：

每遇水潦，須決坎河口以殺之。殺之不足，則開滚水壩。又不足，則開減水諸牐，或披之入海，以分其勢，或蓄之入湖，以納其流。微則盡塞，令餘波悉歸於漕。是坎河口之當決，決坎河口之宜急也，在昔日而已然。初不以既有滚水壩，而遂不開坎河口也。乃今則不決坎河口矣，且於坎河口高築土壩矣。以故每逢水潦，先淹汶上，積水既高，一遇衝決，驟水所經，並淹東平。且南而濟寧、魚臺、鉅野、嘉祥以及江南之徐州、沛縣等處，北而東昌、臨清以及直隸之清河、故城等處，皆所不免。又何怪乎民生之受害無窮也？夫昔日之守垻也，守戴村垻則決坎河口，此古人神明變化妙運於一心者也。今之守垻也，守戴村垻而並守坎河口垻，此後人之執泥悖謬膠，固而不通者也。或曰：『坎河口石垻亦足洩水矣，安在水之不歸於海也？』不知坎河口石垻僅百十丈耳，以數百丈之汶河，而僅恃此百十丈之石垻以洩之，且高出三尺而後洩之，其所洩亦有限耳，安能殺汶河之勢哉？

由此觀之，是汶上、鉅野、嘉祥、濟寧、滋陽、寧陽魚臺、滕縣、嶧縣以及江南之沛縣、徐州、邳州連年屢被水災者，一由於汶河隄岸不修之故，一由於戴村垻入運之汶河太寬也。查寧陽汶河南岸有石梁口，最稱險要，一遇衝決，先淹寧陽，次及汶上、濟寧、滋陽，又次及鄒縣、魚臺、滕縣、嶧縣，而後至江南沛縣、徐州、邳州，是此十數州縣之所以被水者，歷來皆由於石梁口也。至康熙四十一年、二年爲害更烈，而汶河南岸之衝決者又不止石梁一口也。又有桑家等口俱被衝決，所以淹没之慘，較往昔而倍甚也。去歲已奉河憲飭行該縣堵築矣，今年雨水稀少，河水又無大漲，幸未衝決，然而不可恃也。昨親往查看，見隄甚單薄，且係頂衝，而離隄數十丈内，有高阜之地可以加築越隄。又見石梁口上、下隄岸殘缺者甚多，若於石梁口加築越隄，再於桑家等口堵築堅固，又於沿河一帶隄岸加幫高厚，不惟寧陽不受水災，而汶上、滋陽、濟寧、魚臺、滕縣、嶧縣及江南之沛縣、徐州、邳州俱受寧陽之福矣。

夫堵築石梁等口，加幫汶河隄岸，非有浩大工程難以奏績也，用力甚少而成功甚多，爲費無幾而造福無窮。從前皆以因循悞事，迨至衝決，即欲補救而已，無及矣。直至十數州縣被淹之後，而始行堵築，則何益矣？及今若不早行堵築堅固，將來山水時發，勢必仍屬難免。今宜將石梁口加築越隄，桑家等口修築完固，沿河一帶隄岸加土高厚，並嚴飭汶上縣，今其將汶河隄岸亦爲加幫高厚，庶捍禦有資，水不爲害，而寧陽、汶上、濟寧、滋陽等十數州縣之民得免淹没之患矣，何言乎戴村垻入運之汶河太寬也？查南旺分水口往南例係三丈，往北例係七丈，是合南、北運河而總計之不過十丈寬耳。而戴村垻之汶河乃有數百丈寬，以數百丈寬汶河而盡注於十丈寬運河之内，欲其不衝決隄岸、泛濫民田也，得乎？所以一經泛濫，而汶上先被其害，次及鉅野、嘉祥、濟寧、魚臺、滕縣、嶧縣，漸至江南之沛縣、徐州、邳州均受其害矣。查宋尚書既分水南旺，築垻戴村，留坎河口不垻者，所以備分洩也。故遇伏秋水大則決坎河口以殺之，不足則開滾水諸垻，又不足則開減水諸牐，蓋以運河之水止取足以濟運而止，餘水盡令由鹽河下海，所以運河可保隄岸無沖決之虞，民田免淹没之患。

此載在《全河備考》昭然可查。今則伏秋水漲，不決坎河口分殺水勢矣，且於坎河口高築隄岸矣。僅恃百丈之石壩以洩之，洩水能幾何乎？坎河口不能洩水，勢必盡趨於南旺，泛溢於運河，衝決隄岸，淹没民田。先淹汶上，次及鉅野、嘉祥、濟寧、魚臺十數州縣，又何怪乎諸州邑之水患不息也？不此之圖，而乃欲開忙生牐及馮家大壩。

夫欲開忙生牐及馮家滾水大壩者，將欲使汶上竟不受淹乎？抑欲使鉅野、嘉祥、濟寧、魚臺等十數州縣同汶上一併受淹乎？若使汶上竟不受淹，則開忙生牐馮家滾水大壩誠屬有益矣，而必不能也。若使鉅野、嘉祥、濟寧、魚臺等十數州縣同汶上一併受淹，何不仁之甚也？況以隣國爲壑，古人所戒乎？

且馮家滾水大壩所以障蜀山湖之水，而非以洩蜀山湖之水也。特水有餘，則洩之耳。故無論馮家滾水壩不當開，即利運牐亦不當開也；無論忙生牐不當開，即十字河亦不當開也。何也？水宜洩於北而不宜洩於南也，南固未嘗乏水也。竊聞從前一遇伏秋，無論水之大小，輒開利運牐、十字河，將水盡往南放，所以北河一帶每遇天旱，糧船即爲淺阻，而濟寧、魚臺等處無論旱潦，田沉水底，數年不得耕種。余到任聞之駭然，乃博覽群書，且往來相度形勢，始恍然悟曰，此皆由開利運牐、十字河之故耳。乃嚴飭河官，不許開利運牐、十字河，而又差人專守利運牐，使水不得南行，又差人守柳林牐板，又盡啟十里牐版放水北行。且開八牐月河，以放微山湖及昭陽湖、南陽湖之水。所以北河無淺阻之虞，而濟寧東南、魚臺等處之田盡皆涸出。而不知者猶曰『今年天旱，故田地得以涸出』，獨不思濟寧東南及魚臺等處田沉水底已經十數餘年矣，豈從前十數餘年來盡屬雨潦之年乎？何其不亮之甚也！

夫欲開忙生牐及馮家滾水壩者，不過欲洩汶上之水，以淹鉅野、嘉祥、濟寧、魚臺等十數州縣耳。夫欲救汶上者，當使汶上之不淹，而不當使汶上先受其災，而並使鉅野、嘉祥、濟寧、魚臺等十數州縣均受其害也。夫與其先淹汶上，而鉅野、嘉祥、濟寧、魚臺等十數州縣均受其害，何如不淹汶上，而鉅野、嘉祥、濟寧、魚臺等十數州縣均不受害之爲得也？

然果何以能不淹汶上乎？查汶河之水，當未有南旺漕河時，原由坎河口入鹽河下海者也。自宋尚書用白英之言，築戴村壩以遏汶水，又往南開支河一道，引汶水以達南旺分流濟運。夫宋尚書開河之始，不過數丈寬耳，以數丈寬之河引以達南旺，汶上又何由得淹乎？汶上不淹，而鉅野、嘉祥、濟寧、魚臺十數州縣又何由而得淹乎？自數百年以來，此河日刷日寬，逮至今日，不啻數百丈矣。以汶水全河之勢而盡趨南旺，此運河之所以受害，而民田之所以被淹也。

善哉！潘季馴之言曰：『治河者，無一勞永逸之法，止有補偏救弊之法。』則於今日而施補救之術，惟有倣堽城牐、壩之制，建石牐、石壩，乃爲萬全，但工程浩大，一時難成。其次莫若先於戴村汶河兩岸築土壩，用埽裹頭，中留二十丈口門，引汶水達南旺濟運，餘水俱由鹽河下海，俟石牐修完，將此二十丈亦行堵閉。如是則蜀山、南旺二湖不得盈溢，忙生牐、馮家壩俱不必開。不惟汶上不被水災，而鉅野、嘉祥、濟寧、魚臺等十數州縣均不受害矣。

或曰：『留二十丈口門達南旺濟運，餘水俱由鹽河下海，東平州獨不慮淹没乎？』予曰：『東平州原有鹽河兩岸隄工，故民不受水患。柰年深日久，傾圮剥削殆盡，而鹽河之底沙淤日高，所以邇年以來屢被水災，職是故也。今惟將兩岸隄工加幫高厚，則水有所束，自不至於泛濫民田矣。』或曰：『加築隄岸，東平州可以不淹矣。獨是使水俱由鹽河下海，僅留二十丈口門達南旺濟運，則東昌一帶運河不虞水小乎？』予曰：『不然。有張秋棗林河、沙河在。』

昔宋尚書既分水南旺，又慮北河水小，乃於張秋西南開汊河一道，上達汴梁。於金龍口建壩，分黄河之水達於張秋以濟北運。宣德五年十月，平江伯陳瑄言：『自臨清至安山漕河，夏水淺舟澀，張秋西南原有汊河通汴，舊嘗遣官修治，遇水小時於金龍口堰水入河，下注臨清，以便漕運。比年缺官，遂失水次，漕運實難。乞仍其舊。』從之。至十年九月，廷臣會議漕運事宜，言沙灣張秋運河，舊引黄河支流，今歲久沙聚，河水壅塞，而運河幾絶，宜加疏鑿。從之。正統元年，漕臣會議，復言金龍口水接張秋，是引水通運之處，宜令工部委官一員巡視提督，遇有淤塞，會同河南三司鳩工濬之。上命允行，其遴選公廉幹濟之人以往，毋使因而擾民，違者罪不宥。凡此者，是止知爲漕運之利，而未嘗計及其害也。豈知利方得而害已隨之乎？

自是之後，黄河屢決，而張秋之害乃不可勝言矣。至十三年七月，河決滎陽，從開封北經曹、濮、張秋，潰沙灣之東隄，決大洪口，諸水從之以達於海。事聞上，命工部右侍郎王永和往理其事。四年正月，河復決沙灣新決口之南。二月，趙榮言：『黄河之趨運河勢甚峻急，而沙灣抵張秋舊岸低薄，故此方築完，彼復決溢，不爲長計，恐其患終不息也。臣會議，請於新決之處用石置減水壩以殺其勢，使東入鹽河，則運河之水可蓄。然後高厚其隄岸，填實其缺口，庶無後患。』從之。仍命原廠給鐵牛十八、鐵牌十二，與之。五年十一月，有貞言沙灣治河三策：

一置造水門。臣聞水之性，可使之通流，不可使堙塞者。禹鑿龍門，闢伊闕，無非爲疏導計。故漢武之堙瓠子終勿成功，漢明之疏汴渠逾年著績，此其明驗也。世之言治水者雖多，然於沙灣，獨樂浪王景所述『制水門之法』可取。蓋沙灣地土皆沙，易致塌決，故作壩、作牐皆非善計。

臣請依景法爲之，而加損益於其間，置門於水而實其底。令水常五尺爲準，水小則可拘之以濟運，水大則疏之使趨於海。如是則有通流之利，無堙塞之患失。

一開分水河。凡水勢大者宜分，小者宜合。分以去其害，合以取其利。今黄河之勢大，故恒衝決。運河之勢小，故恒乾淺。必分黄河合運河，則可去其害而取其利。請相黄河地形水勢，於可分之處開成廣濟河一道，下穿濮陽、博陵二泊，及舊沙河二十餘里，上連東西影塘及小嶺等地。又數十餘里，其内别有古大金隄，可倚以爲固，其外則有八百里梁山泊，可恃以爲泄。至於新置二牐，亦堅牢，可以節宣之，使黄水大不至泛溢爲害，小不至乾淺以阻漕運。

一挑深運河。臣惟水行地中，避高趨低，勢不能遏，故河道深則能蓄水，淺則勿能。今運河，永樂間尚書宋禮即會通河浚之，其深三丈，但以流沙恒多淤塞。後平江伯陳瑄爲設淺舖，又將軍丁兼挑，故常疏通。久乃廢弛，而河沙益淤不已，漸至淺狹。今之河底乃與昔之岸平，其視鹽河上下固相懸絶，上比黄河來處亦差丈餘，下比衛河接處亦差數丈，所以取水則難，走水則易，誠宜浚之如舊。

宏治二年，河決封邱金龍口，漫祥符，下曹、濮，衝張秋運河，命户部侍郎白昂塞之。五年七月，河復決金龍口，潰黄陵岡東北入漕河。遣工部左侍郎陳政兼僉都御史往治之。未幾政卒，陞浙江右布政劉大夏爲右副都御史，往治決河。七年二月，河復決張秋，從沙灣之下十里潰東隄入海，運河水涸，盡入決口，漕舟不通。四月，復遣太監李興、平江伯陳鋭協同大夏督治張秋決河。十月，山東按察使司副使楊茂元奏：『張秋之役，官多而責任不專，供億甚鉅。乞取太監李興、總兵陳鋭回京，專任都御史劉大夏以責其成功。』八年二月，塞張秋決河功成。

本朝順治七年九月，黄河決荆隆口，荆隆口，即金龍口。趨張秋城南，馬星海、甜瓜口、沙灣、戴家廟迤西隄岸並決，水由大清河入海。張秋工部分司閻廷謨率捕河通判方聖時督官夫修治，至次年辛卯漸有成緒。九年壬辰七月，黄水又大溢，力不能施，工役暫停。廷謨亦得代去，著《決口行漕圖説》以貽後官。十年癸巳，黄水爲災，其杜塞之蹟無文籍可考。十一年河又決。十一、十二兩年，杜塞之蹟無文籍可考。十三年，荆隆決口塞成，張秋決口並塞。

是數十年來止以塞金龍口爲事，專避黄河之害，而開封至張秋一帶之河遂廢而不修，日漸淤塞。運河隨失其利，而曹州、鄆城、鉅野、嘉祥、濮州、范縣之水不能入運，遂泛溢而不可治。泛溢於南，則自曹州、鄆城、定陶、曹縣、鉅野、嘉祥以至濟寧、魚臺、滕縣、嶧縣及江南之沛縣、徐州、邳州均受其害；泛溢於北，則濮州、范縣朝城、莘縣、陽穀、壽張，以及聊城、東阿、博平、清平、堂邑、臨清、夏津、恩縣，及直隸之清豐、南樂、清河、故城俱被其災。

是山東之水災不除而並及於直隸、江南者，皆由於張秋之沙河、棗林河不行開濬故也。

旨哉！黄承元之言曰：『其譬之身乎！曹、濮諸州其腹也，張秋其尾閭也。尾閭下壅，而欲腹無中滿，得乎？先是，司河者執拘攣重，爲運道慮而不敢量爲疏通，諸州邑之患遂計畫無復之矣。愚謂前此之決河爲患耳，自黄陵岡一築，則河害永絶。而運河之東又設有減水諸牐坝，可恃節宣。即使鄆、濮諸水溢，而東出由鹽河入海，豈遂有妨於運乎？奈之何懲噎而廢食也！余初承乏安平，值大潦後，鎮西諸水不得外瀉，率鍾爲汙澤。余爲盡啟沙灣諸堰，聽其常流，諸邑沮洳得見土可藝，即漕河亦稍資其灌輸，此已事之一驗矣。』黄承元之言如此。

總之，前此諸公日以開金龍口爲議者，欲堰黄水入漕濟運，是計及運河之利，而未嘗計及於黄河之水之爲害也；後此諸公日以堵築金龍口爲事者，又止知避黄水之害，而未嘗計及運河之利也。況順治十四年正月内，總河楊方興奏銷北河分司所轄壽張縣沙灣西岸湖口南北工，段長二十二丈五尺，又湖邊起至八里廟河邊止挑過引河一道，計長五百丈口濶三丈，底濶二丈，深一丈，共奏銷過銀二千三百九十六兩五錢二分。是在本朝未嘗不疏濬也。

或曰：『金龍口既經堵築矣，黄河之水已絶。即使開沙河、棗林河，安所得水濟運乎？』予曰：『不然，曹、濮之間未嘗無水也。查張秋西南諸邑水利，其源自黑羊山、澶淵等坡而入濮者爲魏河，其源自澶、滑青龍等坡而入濮之董家橋者爲洪河，其源自曹州而入濮者爲小流河，三河合流於濮之東南，出楊二莊橋入范縣竹口，又東逕張秋城南，過道入橋入運。又有源自曹、濮、范縣回龍廟而來者爲清河，亦名水保河，有源自定陶逕曹州新集而來者爲天鵝坡之水，有源自鄆城出五岔口而來者爲廩邱坡之水，俱入西裏河，逕黑虎廟、楊家橋，至沙灣小牐入運河。方張秋之未決也，津流逕通，直抵運道。及張秋屢決，高築隄堰，扼其下流，而故渠亦往往湮廢。故曹州、鄆城、濮州、范縣遂苦水患，而隣邑之受害者亦無窮焉。今惟將此二河開通，不惟諸州邑之水患永除，民生可蘇，而國家漕運亦賴以永濟焉。』

或曰：『開此二河，固可除諸邑之水患，可濟漕運之淺澀。但一遇雨潦之年，運河水大，而再以諸州邑之水滙聚於沙灣，隄岸可保無虞乎？』曰：『有五空橋減水坝在，但今坝底太高不能洩水，宜去面石二層或三層，使遇水大則由此洩入鹽河下海，隄岸自可保固，不致疎失。再將大感應廟東建減水坝十丈寬，以洩運河有餘之水，則隄岸可保而民亦免淹没之患矣。再將沙河之上源分一支由陽穀之官窰口入運，再分一支由聊城之龍灣入運，且將聊城之減水牐四座俱行開通，以洩運河有餘之水，使入徒駭河由漯河下海。查徒駭河無所考，據聊城縣申稱，即七里河之別名也。再查七里河，即古之漯河也。孟子曰：『禹疏九河，瀹濟漯而注之海』，即此是也。由聊城而北博平縣境，又有減水牐五座，亦所以洩運河有餘之水也。將此牐亦行疏通，則水之入海者順，而運河兩岸自無泛溢之虞矣。是山東全河之利也。

最可異者，聊城之徒駭河，濮州、范縣之魏河、洪河、小流河，皆有利於運道，有益於百姓，急宜開濬者也。而乃以爲有礙運道，無容開濬。夫張秋、東昌一帶之運河每苦於水小，則開魏河、洪河、小流河，由沙河入運，以濟運道之淺。利運道乎？礙運道乎？若一遇河水泛漲，則開聊城之減水牐，由徒駭河洩之入海，而隄岸可保，民田不淹。利運道乎？礙運道乎？

至開忙生牐、牛頭河有礙運道者也，而乃以爲當開。夫忙生牐、永通牐爲牛頭河之上源，而運河底高，牛頭河窪下，忙生牐、永通牐一開，運河之水必至乾涸，此固人人所共知、共見者也。即曰蓄洩有時，啟閉由人，獨不思此二牐廢壞已久，重修不有費乎？司牐不需官乎？啟閉不需夫乎？又何必多此無益之費也。況自山東之忙生牐、牛頭河以及江南之海州沭陽海口，其間山東之濟寧境内現在有河、有隄，江南之桃源、清河亦俱有河、有隄，無容修築，其餘州縣略爲修築疏濬即可通流。而最宜挑挖者，惟徐州之荆山口、宿遷之西寧橋、安東之碩項湖幾處耳。然究之無甚關係也，蓋欲開牛頭河者，欲先淹汶上而後淹鉅野、嘉祥、濟寧、魚臺以及江南之諸州邑，此治其末而均受其害者也。水以海爲歸，治戴村垻，開坎河口，使水由鹽河下海者，汶上不受水害，而鉅野、嘉祥、濟寧、魚臺及江南之諸州邑俱不受者，此治其本而均享其利者也。救民者何不使均享其利而顧使均受其害乎？且均受其害又何益於汶上乎？

此愚一得之見也。

以上論運河大勢。

卷十二

名論下

論經理漕河

《河防一覽》常居敬《查理漕河疏》：國計莫重於漕河，漕河必資乎水利。我成祖文皇帝定鼎燕薊，輓漕東南，自徐邳以北、臨清以南千有餘里，全賴汶、泗、沂、洸諸泉之水以濟運道。雖祖元人會通遺意，然垻戴村遏汶流分濟南北，則尚書宋禮用老人白英之議也。其間設官立法，建牐築垻，至精至備，二百年來運道其永賴矣。第泉源雜於沙礫，則湮塞甚易。湖地侵於豪右，則清復爲難。事權間多牽制，法制廢於因循，兼之天時久旱，地脈漸微，運艘經行不無遲滯。乘時經理，委不容緩。臣等周行河上，逐一查勘，博采群策，列爲八事。雖率循不外於舊章，而經畫似關乎要務。

一濬泉源以資灌注。會通河南北千里，賴十八州縣百八十餘泉之流，分爲五派。至於新泰、萊蕪、平陰、汶上、蒙陰、寧陽等九州縣入南旺者爲分水派，泗水、曲阜等四縣入濟寧者爲天井派，其功最大，其所需尤甚。切夫藉泉以資運，則涓滴當惜，必使泉源充溢，庶於漕渠有濟。若養身者，氣血周流始無壅遏之患。乃平昔之疏濬既疎，天時之亢旱又久，是以泉政多弛，通流無幾。近據新濬出泰安州謝過城等六泉、新泰縣劉官莊等五泉、萊蕪縣韓家莊等五泉，東平州源頭一處、曲阜縣新跑泉一處，發源頗盛，導入汶河堪以接濟。則自此之外，安知無湮没於沙礫而散漫於草莽者乎？但濬泉雖易，治汶實難。蓋河廣沙深，屈曲之流不足以潤久渴之吻。臣等親見龍灣等泉源源而來，至汶則一吸而盡猶無泉也。必督令撈淺等夫，擇其積沙淤漫者濬爲河泓，俾深五尺、濶一丈，則水得所歸，而趨壑亦易矣。

一復湖地以預瀦蓄。山東泉源有時微細，故設諸湖積水以濟飛輓。溢決有禁，占種有禁，誠重之也。今南旺、安山、蜀山、馬場等湖，始因歲旱水涸，地屬曠閒，當事者召人佃種，徵租取息以補魚、滕二縣之賦，於是諸湖之地平爲禾黍之場，甚至奸民壅水自利，私塞斗門。復倡爲湖低河高之説，申禁非不嚴，而占悋若故，今應將南旺等湖高阜地，令原主佃種納課，其餘專備蓄水，仍築子隄一道以爲封界。

一築坎河以防滲漏。汶合諸泉之水，西抵南旺分注南北，以成漕而濟運。汶蓄則漕盈，汶洩則漕涸。夏秋之間水固有餘，冬春之後不可使有涓滴他適。乃戴村以上有坎河口，直趨鹽河，爲入海故道，沛然就下勢若建瓴。先年總河萬恭堆集石灘，蓋謂溢則縱之，平則留之，意甚善也。但時久灘廢，非歲有修築，而沙隄一線亂石數堆，其走洩甚易矣。萬一泉河盡趨，則運道之涸可立而待，豈得爲完計哉？今議修築滚水石垻，水溢則由頂以上任其宣洩，水落則由垻以内盡資實用，且以免鹽徒盜決之弊。

一建牐座以便節宣。漕河之水名曰無源，蓋謂其出有限，其流無窮，所以撙節積蓄、盈科而進，全有賴於諸牐。故地有高下，則牐有疎密，要之勢相聯絡，庶幾便於啟閉。惟濟寧寺前牐至天井牐延長七十里，東昌府通濟橋牐至梁家鄉牐延長五十里，牐啟水洩積蓄爲難。司河者每當糧運盛行之時，排木堵水，名爲『活牐』，苟且一時，終非長計。甚至各幫運軍，一船經過，捧土築垻，流入河中愈成灘淺。運艘正行不便挑濬，無惑乎舟行之難也。合於二處適中之所，南則鉅野縣火頭灣建一牐，名曰『通濟』；北則博平縣梭隄集建一牐，名曰『永通』。俱照各牐事規，啟閉濟運，則關東有具，節宣得宜，水利有所停蓄，而運艘不致淺擱矣。

一設牐官以肅漕規。國家之設官也，有似大而實冗者裁之爲宜，有似小而實切者增之爲便。查運河牐座，每牐設官一員，蓋啟閉有人，責成良便。頃緣新河告成，棗林上、下水平，牐面不行啟閉，遂將棗林牐官裁而不設，付之南陽牐官兼理。邇來天時久旱，河流細微，本牐水淺，啟閉爲急，尚可以南陽之官攝之乎？夫一啟南陽，一閉棗林，互相開闔，勢如呼吸，一不得人，直瀉而盡矣。近且無官，付之一二牐夫之手，在官船則莫敢誰何，在民船則大爲簸弄。既以病商，復以弊運漕。舟至此殊費牽輓，而往來者亦稱不便。不知牐官雖卑，職掌猶存，廩俸無多，國家亦何惜此五斗，而令河道要害之地爲無人之境哉？合於棗林，并新添二牐各設官一員，俾司牐務，庶職守得人而漕規不廢矣。

一給關防以重事權。國家之事，莫重於河漕，故於泉、牐特設部臣經理之，所以重委任而專責成也。各管河郎中俱奉有勑印，是以文移稱便。惟南旺管泉主事，其設已久，關防未給，因循至今。夫管泉、管牐併責一官，其任重矣。督理乎十六州縣之泉，而相隔數百里之遠，止以空白文移臨之，即旁午載道，鮮不以弁髦視，欲其昭法守而一衆志也難矣。且糧船過牐，例應十日一報，漕撫衙门相隔千里，無關防則驛遞不行，事多掣肘，殊非一端。夫牐官之微，尚有條記關防，何獨於部臣而反靳之？至於漕河、黄河二同知，職守既專，責任亦重，凡工程之勤惰、錢糧之出入咸賴稽察。事緒孔棘，弊竇易生，使少失於防閑，未免稽遲河務。合將管河主事併兩河同知，均賜鑄給，庶文移便而事權重矣。

一嚴築垻以便挑濬。汶水入湖接濟運道，每歲寒沍之時，遂將河口築壩，遏流分洩蜀山馬踏等湖，俟來春冰泮之日開壩受水。是冬則以河之水滙於湖，春則以湖之水濟於河。故南旺臨清一帶，因得乘時挑濬，不致淤淺，法至善也。除隔歲大挑已奉有欽定期限外，其餘每年當天氣漸寒正宜築壩絶流也，而往來船隻力以緩築爲請，多方阻撓，甚至十一月中尚不得筑者。不知天寒冰合，乃驅荷插之夫裸體跣足鑿冰施工，其將能乎？及寒冰初解，正宜固封蓄水也，則又以速啟爲請，百計催促，至有正月初旬放水行舟者，不知隔歲之水所蓄無幾，三春無雨則運艘方至，又將何以濟之乎？法制未明，事體掣肘，管河官徒茹苦而不敢言。合請除大挑年分外，每年定以十月十五日築壩絶流，至次年二月初一日開壩行舟，勢豪船隻不得横擾，該管官員不許阿徇。刊石於南旺、板牐二處，則人心惕怵，不但便於挑河，亦且足以蓄水，一舉而兩得之矣。

一復夫役以備修防。山東河道淺深不一，而汶河衝發淤塞爲多，各項夫役俱不可缺。查兖州府屬如汶上、鉅野、嘉祥、濟寧、魚臺、南陽、利建等處，原額設撈淺、淺鋪、隄夫名數不等，共計二千四百五十二名。後因河流稍順，遂裁減一千一百三十三名，扣銀入官以備支用，止存見役夫一千三百一十九名。不知扣存有節省之名，而僱募起無窮之弊。一時河道淤淺，調度徵發爲難，工之弛廢久矣。今議於汶上縣量復撈淺夫七十四名、淺鋪夫三十名，鉅野、嘉祥二縣量復撈淺夫三十八名、淺鋪夫五名，濟寧衛量復撈淺夫一十一名，濟寧州量復撈淺夫三十二名、淺鋪夫十二名，魚臺縣量復撈淺夫十名、淺鋪夫二十名，南陽利建量復隄夫八名，東平州量復泉夫二十名，東昌府通濟牐量添牐夫十名，庶挑河濬泉，不致乏人。然猾民之包攬肆意安閑，管工之代替任情隱射，甚至逃故不報，占恡任意，種種情弊，雖增猶弗增也。合行管河同知逐一汰選，嚴加稽覈。庶工役得有實濟，而河防不致稽違矣。

《行水金鑑》朱之錫疏：竊惟我朝奠鼎燕京，轉漕東南，上供玉食，下給百官六軍之需。運河一綫，悉仍明舊，則凡所以利涉者，自不得不一循舊章，修明而謹守之也。順治十三年以前，河道多故糧運率遲。自十四年迄今，仰賴朝廷洪福，幸漸免凍阻之患矣。第有一二規制，或自明季相沿，或有日久弛廢，尚須急爲講求者，臣謹徵考故籍，爲我皇上敬陳之。

一曰牐座。運河臺莊以南、臨清以北，原無牐座節宣，每遇旱乾尤易淺閣者，姑且勿論。其臺莊以北、臨清以南，將及千里之内，惟恃山東諸泉之水，從石罅泥穴中尺疏寸導，會流於南旺河渠分濟南北，而南旺南距臺莊高一百二十尺，北距臨清高九十尺，其間或數十里置一牐，或數里置一牐，必上啟下閉，互相灌輸，方可浮運。春夏之交雨澤愆期，源枯流細，更必倍費守候以漸積水，然後盈漕，否則建瓴之勢一瀉無餘，舟膠而不可行也。查《會典》一欵：凡運糧及解送官物，並官員軍民商賈等船到牐，務積水至六七板方許開放。若公差内外官員人等乘坐馬快船或站船，緊急公務就於所在驛分給與馬驢過去，不許違例開牐，進貢緊要不在此例。又一欵：凡牐，惟進鮮船隻隨到隨開，其餘務待積水。若豪强擅開走洩水利，及牐開不依幫次争鬭者，聽牐官拿送管牐并巡河官究問，因而閣壞船隻損失進貢物件，及漂流官糧並傷人者，各依律例從重問罪，干礙豪勢官員条奏究治。而且附搭黄馬快船有禁，貢新船隻夾帶有禁，令甲森嚴，歷歷可考。順治十三年十二月内，工部題覆巡漕臣侯于唐申嚴牐座等事一疏内開，牐座啟閉原關糧運，務照舊例，首先糧艘，次及官商等因，亦經奉有依議飭行之旨。奈邇來官差船隻只顧一己速行之私，罔念朝廷京儲之重，每到牐口，輒聽船役喝令啟板，么麽官夫稍有違拗，則捶楚繼之。積水既洩，牐内糧船不免淺閣，即使洩而復蓄，亦不免加倍擔延。甚或有隨帶貨船，須水浮送，則上牐應閉而不聽閉，下牐當開而不容開。年來争競之端，實由於此。如是而欲責糧運之速行無滯，是何異於却步而求其前也。除臣屢示禁飭，本年四月具有據報題条一疏，並將搶牐緣由題請議飭外，但往來滿漢官船絡繹如織，河水非易，舊典空存，未免由而不察。仰懇睿鑒，特賜嚴旨申飭，容臣衙門仍照舊例刊刻紅牌，通行竪立各牐。除緊急兵船暫應讓行外，其餘官差船隻一體遵守，隨漕啟放。如有逼勒官夫開牐，搶越洩水悞運者，應拏究者照例問發，應条奏者據實指条，庶人心知警而漕法不廢，此所宜講者一也。

一曰船式。重運自過淮後，經由黄、運兩河抵通交納。黄河逆水溜急，運河源流細微，必須船米輕便一律，然後可銜尾速輓。是以漕船名曰『淺船』。各省漕糧共計四百萬石，各衛所淺船舊額共計一萬二千餘隻。查《會典》所開淺船頭稍、底棧俱有定式，龍口梁濶不過一丈，深不過四尺。内隆慶四年一欵：如糧船過淮驗烙之時，查有船隻不如式者，該管官員不分軍職，有司一體条奏。又一欵：將江北、南京等積年損壞缺船，行督糧道照依湖廣、江西二省船式，就於瓜、儀設廠打造，約載正耗米可五百石，務要底平艙濶，入水不深。又漕運議單一欵：漕司及各該巡撫等官，備查各總下漕船若干、原缺若干、補造若干、現少若干，嚴督各糧儲道催行該廠補造足額，不許仍前僱覓民船，及將損壞者補數派搭本幫，以致船重難行，如不足額照例条奏。即《治河書》内亦有『牐河運船載正米不得過四百石，入水深不得過六掭。六掭者，三尺也。故船力勝米力，水力勝船力。若不務足船，而徒搭運以省船，河力安能運船，而漕大困矣。歸罪無源之河何益哉？』等語。

此皆先年已試之法，有可考據者也。邇來惟江南、山東、河南船式米數不異往制，江西、湖廣、浙江漕船梁頭濶至一丈六七尺，深至七八尺不等，空船入水已四五掭。且又船數不足，往往倍載票糧入水，多至十掭以外。如式船糧經過黄、運兩河，不難相連而進。而一遇重船，在黄河則合幫人夫逐船倒縴，始得過溜；在運河則守板蓄水，集船起剥，倍費時日。一程間斷，積而數程，相距必遠。在後船隻固被阻壓，即前船之在下牐者，緣上牐候水封閉，過時無水下注，亦不得不停橈以待。兩河之水勢猶昨，而今昔之船米迥殊。雖沿河各官凛遵功令，百計催趲，亦豈能别有異術，使之飛渡哉？除臣已會同總漕臣檄行各省糧道，備查各省漕船因何打造不如淺式，又因何缺船倍載不行補造，某衛某所額船若干、現缺若干，今應作何補造，議妥通詳，以憑覈奪外。但比年以來，重運回空較之十三年以前爲期雖早，而該省船隻屢行體式過重，阻礙全漕。江西一省尤多違例。若不從長酌議，誠恐將來必致貽悮。合無請勅該部查議飭行各省糧道，遵照舊例漸次補造，以備輓運，庶舊制可復，而全漕無阻。此所宜講者二也。

河漕事宜雖不止此，而此二者實運事遲速之大關鍵也。至於言新運者，每責成於回空之早，然又必自受兑開幫，以至過淮一一如期，然後抵通上倉，無所不早。查《會典》開載，重運抵通完糧，屢經酌議，初則九月爲期，嗣始移於六月。即據最後一條，大約自淮以北仍有三月水程，而其間必先於冬兑冬開。二月過淮之限，預爲嚴切者，此可以見由先及後、遲早相因之故矣。况回空各船苟不至凍阻，歲前自亦不難到次，是又在該省之受兑開幫，力圖振作，無致後時耳。

《豫東宣防録》：本年九月二十七日，接准工部咨開，漕臣補熙摺奏，江西湖廣糧船，於雍正二年改造十丈爲率，請嗣後牐河之水務以四尺爲度。部議行，令各總河飭令沿河官弁務將牐河水勢定以四尺爲準，實力挑挖。如重運經臨之時，水勢不足尺寸，致有淺阻，起剥苦累旗丁等事，該總漕即行查条等因。奉旨：依議速行。欽此。欽遵。

移咨到臣。除即嚴飭沿河官弁遵照外，臣查沿河官弁原有挑河催漕之責，如河道淤淺不行挑挖，致阻漕船，自應立挂彈章，豈容稍事姑息？第挑河在乎人力，而雨水則由天時。如責挑挖河深尺寸不足，查条咎有何辭？至於水勢消長不常，深淺無定，實難責以一定之數。南北運河理勢皆同，而於東省牐河無源之水，尤萬萬難行者也。查東省牐河，非若江、淮、河、漢源遠流長者可比，全賴山泉之水，從石罅泥穴中尺疏寸導，引涓涓之細流，會於汶河出南旺分濟南北，流經一千一百數十里，歷四十八牐，而後南出江南、北達直隸。其間層層灌輸，晝夜不息，無崑崙之源，多尾閭之泄，加以春夏天氣日燥風炎，尤易銷爍，其不能使此水有長而無消者，勢也。况地勢高下懸殊，南旺分水之處，南高於臺莊百十六尺，北高於臨清九十尺，勢若建瓴，是以前人設牐蓄水以防傾瀉。但上牐閉而下牐啟，則下牐受上牐之水自必倍深，上牐之水洩入下牐，自必較淺，其不能兩牐俱深者，亦勢也。至於長河，距上下各牐有十餘里者，亦有三四十里至七八十里者。以十餘里之水輸於三四十里、七八十里之長河，其必不能如十餘里之深者，亦其勢然也。況河水原本山泉，必山泉旺而後河水足。倘遇春夏之交雨澤愆期，源微流細水，有去路而無來源，其不能不淺者，又時勢之必然也。

伏查康熙四年河臣朱之錫疏稱：『今歲三春迄於孟夏，天旱源微，設法積水，終覺艱澀。及五月得雨之後，於七月十二日止，南漕過濟共四千四百三十八隻，尾船八百餘隻於九月初五日過濟。』等語。是河水必資山泉，山泉必因雨澤，自昔已然。今年天時與康熙四年大略相同，所恃疏浚泉源，關東湖水，撙節蓄洩，先事圖維，復嚴下揑脾倒板，並依潘季馴『偶淺急疏』之法，多築逼水草壩，臨時竭力資送，南漕重船並未停橈待雨，亦未船船起剝，而五月二十日已全數過濟，較之康熙四年早三四月不止矣。是未可以天旱水微之年與雨多水旺之年較其淺深，亦未可以偶值天旱水微而即謂河淺，大興工役也明矣。

且查『漕船載正米不得過四百石，入水不得過六搽。空船以四搽爲度』，載在《大清會典》，並非不經部議，一時私定之成規。前河臣朱之錫疏載《治河書》內，亦有『牐河運船載正米不過四百石，入水深不過六搽。六搽者，三尺也。故船力勝米力，水力勝船力。若不務足船，而徒搭運以省船，河力安能運船，而漕大困矣。歸咎無源之河何益哉？』等語。則是自有漕河以來已定有此水則，苟可以過六搽，前人又何爲而反覆丁寧，筆於書而傳於後也？且查向來六搽水則，遇天旱之年尚亦不足，未聞阻漕誤運。即雍正二年，江西湖廣兩省船式改長以來已十有餘載，亦未聞年年淺阻，年年起剝，良以水源無多，而節宣有制，蓄洩得宜，以水送舟，以人役水，故多不至溢而少不至涸。蓋惜水正所以利運也。今一旦以江廣兩省船式改長，而欲改數百年之水則定制，不知船雖改長，水源並未加多。江廣兩省船式雖改，其餘五省糧船並未改長。今不問船之輕重大小，槩定以四尺爲度，則是二月頭幇入牐河起，至五六月尾幇出牐河止，數月之久，千一百數十里之遠，總須一律四尺，必將所蓄湖水早爲開放以敷水則。臣恐涓滴如金之水消耗於無用之時，前去後空，迨至江廣重船到時水已告竭，反無可接濟。是因儹運而增水，必致耗水而悮運矣。況運軍驕惰之習積漸已久，近年稍稍歛戢。今定以四尺水則，沿河官弁不足此數則聽漕臣查叅，將來運軍必以水勢不足，借端停泊逗留，沿途貿易，鬨鬭生事，又從此而起，沿河官弁方懼罪之不遑，豈敢再爲稽查催儹？是强河員難行之事，而啟運軍驕惰之習，此尤臣之所不能不鰓鰓過慮者也。

或者謂水之消長不常，河之深淺有定，責河員以挑河宜無辭矣。臣又查自有運河以來，歷年大小輪挑者，止有汶上之南旺、臨清之甎板、濟寧之天井三處塘河，並滕縣彭口凡四處，長不過七八千丈，折算不過四五十里。東省運河綿亘一千一百四十三里有奇，除此四處大小挑外，尚有一千一百餘里並未嘗尺尺而疏、寸寸而導，夫豈盡惜費而憚勞哉？臣蓋深思其故，有不能挑挖者二，有不必過於挑深者一。南旺等四處係運河關鍵，淤沙倍積，是以定有『二年一大挑，一年一小挑』之例。歷年遵照，於冬間煞壩斷流，調集額夫、添募鄉夫，按夫挑土計工，限日開壩通舟。所挑此四處河道，係視受淤之深淺，自一二尺至七八尺不等，總以去盡淤墊浮沙，以見河底老土而止。其餘河道，尚不啻有數十倍之多，夫役不能遍及，期限不能趕副，是以從不動帑募夫挑挖，惟令額夫於挑完四處塘河之後，各回本汛擇淺疏浚，順勢切挑，期於河道淺深一律可以行舟，不使淤塞膠阻而已。此自有運河以來歷年挑浚之定例。蓋額夫無多，限期又迫，其不能通行挑挖者一也。

即使請發帑金，責令瀕河數十州縣廣募鄉夫，一齊下河挑挖，或可於煞壩開壩一、二月限內完竣，不致漕艘停泊守候。然挑河必先築壩，將河內之水車乾方可興挑。若倒塘放水，則候一塘挑完再挑一塘。人夫雖多，無可用力，躭遲時日，有悮開壩。若處處一齊築壩，河內之水於何收蓄？不但安山以北無湖之處，兩岸民田不便放水，即安山以南有湖之處，湖內已蓄有山水，水面已高於河，河水勢難放入。即使多方設法放入，湖內水勢過大，不能保其不決隄而出，仍瀉入河，甚或泛溢奔放，淹及民間田廬。其不能通行挑挖者二也。

南旺一帶上承汶河之水挾沙而來，當伏秋水發之時，開放東岸[一]常鳴等八斗門，將浮沙掣入南旺湖內。若河身過於挑深，則斗門底高於河底，勢不能掣沙入湖，而河內之積淤更甚矣。此不可過於挑深者一也。運河雖爲漕船而設，而南北往來差民船隻亦俱隨漕通行。運河河面本不甚寬，若執『水聚則深』之説，止將河洪挑深，僅可容漕船啣尾而進，一切差民船隻無路可通，而全河之水盡歸河洪，兩邊俱係乾灘，亦且泊舟無地。況河身愈深愈窄，則兩岸壁立，形似長溝，漕船亦難掉頭迴尾，而兩船不能並行。設有差民船隻迎頭而來，置之何地？且東省糧船回空多在四五月間入山東境，其時江廣等省重運糧船正在北上，兩船相值必致頂阻。此不可過於挑深者，二也。

若謂就現在河身挑挖則水隨地落，徒見河身低陷，未見河水加增。前明直隸巡按蘇惟霖疏云：『山泉之脈止有此數，河身高則高受，低則低受。深淺相隨，水之多寡不係河身深淺。譬如置一極深土缶而注以杯水，豈能滿溢？與瓴盎何異？』此不必過於挑深者一也。

且東省運道綿長，若通行挑挖，以面寬六丈、底寬三丈、深二尺、長一千一百餘里計算，需帑金一二十萬。即

[一] 當爲『兩岸』。

挑深尺許，亦需十餘萬，而河洪尚屬淺窄。山水發時濁沙居半，下止一線河洪，上載深廣丈餘之沙，水勢必水從上過，沙停於下，而河洪兩旁一受鼓盪撞激，又必立至坍卸淤平，年挑年淤，更甚於前。查雍正元年，特命專員動帑十萬，擇段大挑，宜乎河道深通，漕運迅速。乃查是年天旱，河水僅一二尺。漕臣張大有親督疏浚，官民交困，仍以束水起剥，逐程前進，尾幫直至八月初六日過濟。近年重運俱於五六月内過濟，較之雍正元年又早一兩月，是重運漕船北上，全賴設法蓄水，加意撙節節宣，分合借助，通融籌算接濟，所當竭盡人力者在此，而不在河道之通挑與否，又其明証也。臣查沿河官弁，原以疏築爲事。今見更定四尺水則，不足查条，勢必借口將所管河道與南旺等塘河一例，大請帑金興挑，此例一開，歲需數萬金不止。臣身任河防，深知其徒費無益，豈敢虚糜國帑，上負聖恩。

至旗丁領運漕糈，經年勞苦，原宜體恤，但糧船起剥，並非常有之事，亦非近今創行之事。前河臣朱之錫疏内有云：『因重運而積水，因倍載而起剥，皆運河不得不然之勢。』可見從前已有起剥之例。今止江廣兩省糧船載多船重，偶遇天旱水微，僱船剥運，一年所費無多，一船所費更屬有限。與其因此費國家將來無限之金錢，歲歲挑河增水，以希冀於不可必之雨澤山泉，不若酌給起剥之費，所省實多。況旗丁原給有行月漕贈錢糧並負重潤耗等項銀米，給與沿途盤剥食用，已屬寬裕。例帶土宜貨物向止六十石，今蒙恩賞至一百二十六石，皇恩不爲不厚。其所帶貨物裝載現成漕船，省納幾重關税，即偶一起剥，所費者少而所獲者多，似亦不爲苦累。

臣既恐司漕弁丁將來以水勢尺寸不足，借端停泊生事，反致遲悮漕運，復慮沿河員弁因畏条處，請帑通挑，而究之河可浚深、水不加增，徒費國帑，無益漕運。是以細察水源地勢，歷考前人奏疏議論，確有見於數百年循行有效之法，一經更張，將來流弊必致謬誤，反覆籌思。種種難行，謹詳晰奏明，伏乞皇上俯鑒。東省牐河實與各省運河不同，准照舊制，不必另定水則。其河道亦仍照大小挑舊例挑挖南旺等四處塘河。其餘仍令額夫於挑完四處之日，各將本汛擇淺實力撈浚，不必槩請帑銀募夫興挑。間有一二段淤沙較厚之處，照雍正八年之例勘估段落丈尺，題請酌量添募挑挖。其重運經臨之時，如有浮淤停淤之處，該管廳印各官立即多撥人夫依法撈刮，務期一律通順，不致梗澁膠阻，亦不即令旗丁起剥漕米。設遇天旱水微，悉力設法疏泉蓄水，或下倒板，或做捱牌並束水草壩。果係人力難施，方令糧船起剥，先剥貨物，貨物剥盡再剥米石。倘印河各官平時不疏浚泉源泉河，任其湮塞阻遏水勢，臨時又不住宿河干竭力撈浚，應做捱牌草壩，不行上緊建置，河臣即會同撫臣、漕臣条究。倘押運官弁藉稱水勢不足挾制停泊，或額外多帶貨物，以致船重難行，又不肯將貨物起剥，漕臣亦即會同河臣撫臣条究。如此則旗丁既不苦累，而沿河官弁與司漕弁丁又不致藉端推諉，重運漕船自可早達天庾，斷不至有阻誤之事矣。臣非好爲異同，亦非敢畏勞省費，實緣關係河漕重務，不敢不據實具奏。伏乞皇上睿鑒諭示遵行。又《諭衛河不立水則一疏》已見第九卷。

以上論經理漕河。

論疏浚泉源

《河防一覽》：山東泉源屬濟、兗二府一十六州縣，共一百八十泉，分爲五派以濟運道：新泰、萊蕪、泰安、肥城、東平、平陰、汶上、蒙陰之西，寧陽之北，九州縣之泉，俱入南旺分流，其功最多，關係最重，是爲分水派；泗水、曲阜、滋陽、寧陽迤南四縣之泉俱入濟寧，關係亦大，是爲天井派；鄒縣濟寧、魚臺、嶧縣之西，曲阜之北五州縣之泉俱入魯橋，是爲魯橋派；滕縣諸泉近入獨山、吕孟等湖以達新河，是爲新河派；又沂水、蒙陰諸泉與嶧縣許池泉俱入邳州、徐、吕而下，黄河經行無藉於此，是爲邳州派。酌其緩急，則分水、天井、魯橋之派均屬漕河命脉，每歲春夏，聽有司嚴督管泉官夫疏濬通達，俾源源而來。萬歷十六年漕渠乾涸，百計疏濬，卒無涓滴之流。至閏六月初旬，大雨連朝，諸泉俱湧，河渠遂盈，則地利未嘗不繫於天時也。至於山泉砂磧頗多，汶河每爲淤墊，須於大挑之期一併挑濬，使泉流無阻，亦一策也。

《問水集》：運道以徐、兗牐河爲喉襟，牐河以諸泉爲本源。泉源修廢，運道之通塞係焉，可不重耶？《泉志》記載詳矣，惜未能紀泉所由及測其穴數大小、形狀，以故官夫疏濬，率多虚文，未可考矣，至有湮没莫知所在者。且泉源四時微盛各殊，大率冬春微，夏秋盛，旱微潦盛。渠流深廣亦不一，必四時徧測而後可驗，廼各紀其方向、在州縣東、南、西、北或四隅。遠近、去州縣若干里。保社、某里分。村莊、某村莊東、南、西、北若干里。所出、或山谷，或平地，或津泉。穴數、若干穴眼。大小形狀，如盤、如琖、如酒鍾、如雞子、如棗核、如錢之類。備測泉口成渠之深廣尺寸，自泉流若干步成渠，深廣若干。入汶、運之里至遠近，流幾里合某泉，或入汶，或入運。沿途之渠道隄防罔不詳備。有無沖决、坍塌、淤塞、盗引。司泉者若有所稽，有未盡復者嗣而求之，備載於志，可免湮没矣。近傳黄河入運，山東諸泉悉皆堙廢。蓋遠地未始經歷之訛傳也。牐河自徐達衛七百里，黄河正德已巳方决沛縣飛雲橋，所濟自沛至徐百餘里爾。嘉靖九年、十年間，漸北由孟陽泊泥河口，出穀亭口，所濟自魚臺至徐二百餘里爾，餘猶全資汶泉也。如盡堙，漕運不遂廢耶？泥於近小而忘其遠且大者可乎？惟魚臺、滕縣而下，泉源渠道爲黄水淤漫，近雖疏治而或猶未盡其利爾，嗣而求之復其舊矣。齊魯之地多泉，近於東平州詢訪，即得新泉五，苐民間病於開渠占地之勞費，匿不肯言爾。凡久旱地潤之處，其下必泉。

司泉者能懸以厚賞而徧求之，雖尺寸之水有益運道矣。漢李尋解光言：『陰氣盛則水爲之長，故一日之間，晝減夜增。』歷試之，信然。

《全河備考》：張純《廢泉論》曰：『泉之資於漕大矣，而亦有不必用者。如蒙沂之泉，所以濟邳河，然自塞孫家口，黃河悉由徐、吕至邳，則邳無資於泉也。是以宏治中巡撫徐公源議棄此泉，并夫省之，蒙沂之民至今利焉。滕、嶧、魚之泉，所以出沙河而並及二洪，然自鑿新河，諸泉雖由吕孟等湖入運，而湖波浩蕩，自有餘濟，則滕、嶧、魚之泉有可也，無可也，停夫以寬民非與。然河之遷徙靡常，姑自我朝言之，嘉靖十三年水行趙皮，塞穀亭，流斷，二洪告涸。向非天助其順，自衝夏邑以出小浮橋，則人力如之何哉？十九年決雞鳴岡，由渦經亳以入淮，二洪又涸。向非王公以旂力開李景高口，則二洪幾不濟矣。然猶幸其可以智力成，則人亦天也。今所恃者天耳，萬有不測，甚而人力無所施，則二洪涸，安得不賴滕、嶧、魚之泉乎？邳河澀，又安得不賴蒙沂之泉乎？是不可不預待也。』

又胡伯玉《議廣泉源》略曰『夫所貴乎泉者，謂其濟運也。若冬春枯澀，夏秋暴長，無爲貴泉矣。近據所閱新泰諸泉，皆此類也。訪得蒙陰廢泉，如官橋、卞莊二泉，下流俱入汶河，夫非漕渠涓滴之助歟？愚謂勞力於無源之水，莫若施功於有用之泉。況其故道可尋，因舊爲易。或者以爲復泉仍須復夫。查該縣原額泉夫百五十名，自宏治十四年暫議停役，今經百年，所省當二萬計，何莫非王土而困此兩郡民乎？合無將前項廢泉亟爲修濬，量復人夫，仍以附近新泰泉官督之便。』

又張克文《新泉序》曰：『國家輓東南數百萬粟，遡流達於京都，南旺其襟喉，而泉源其血脉也。舊泉凡二百二十有六，分濟南北，前人之計周矣。文奉命兼理之。明年壬申，遍歷諸泉，其曲徑危梁不能輿者，躡履從之，務窮其源。凡舊泉所出，悉按圖治之矣。顧圖所不載者，歷州縣有之。召父老問，故曰：『泉豈有窮，夫則有限。如開一泉必增數夫，故使者不及問，有司不以告。』余因進諸長吏，而矢之：必不以泉益夫，以水困民也，惟取盈其舊額，蠲其遠役而調停焉，如是而民心悅。遂報新泉三十六處，併而入河，計所助之利，視昔亦加多。或曰：『新泉中有甚微細者，顧亦取而濬之，而記之，何抑不見牐乎？』水涸舟膠，既障之板，又從而固之，加薦草焉，懼其涓滴不爲用也。夫已涓滴而塞其流，不涓滴而導其源，可乎？矧今不紀，後將何稽？並敘其說。如此歷觀前人之論，泉之所係重矣。而酌其緩急，則分水、天井、魯橋之派尤屬漕河命脈，每歲春夏，宜嚴督官夫疏濬，庶克有濟。至於山泉砂磧頗多，汶河每爲淤墊，須於大挑之期一併挑濬，使泉流無阻，名曰『理白河』。其各處泉源，必於三四月間查挑，貴及時而用之也。乃自泉夫裁而挑濬無人，泉爲之壅矣。且蔭泉宜多植柳，斯溝渠得以遮蔽，盛夏烈日，水不消耗，尤需人培護之。夫牐河千里，所藉以利漕者，惟此十七州縣之泉源屈曲灌注，而後爲我用。苟以裁夫而壅塞，則病漕之害豈區區役食所能較其輕重耶？是泉夫宜復，有不待再計而決者。

以上論疏濬泉源。

論清理水櫃

《治水筌蹄》：諸牐漕以汶爲主，而以諸湖輔之。若蜀山、馬踏、南旺、安山、沙灣諸湖，皆輔汶北流者也。獨山、微山、昭陽、吕孟諸湖，皆輔汶南流者也。顧汶水微於春夏之交，而灌輸方盛；湖水溢於夏秋之交，而運事以竣。要在節宣諸湖，秋終則悉閉之以待運，春終則漸發之以濟運，則得之矣。

《河防一覽》：運艘全賴於漕渠，而漕渠每資於水櫃。五湖者，水之櫃也，止因舊隄浸廢，界址不明，民乘乾旱越界私種，盡爲禾黍之場。先臣兵部侍郎王原建土堤，南旺湖週圍長一萬九千七百八十八丈三尺；蜀山湖自馮家垻起至蘇魯橋止，長三千五百八十丈，自蘇魯橋西至田家樓止，原係收水門户，栽植封界高柳；馬塲湖堤東面長一千六百二十丈，北面原留入水渠道，栽植封界高柳，馬踏湖隄洪仁橋起至禹王廟止，長三千三百一十三丈；安山湖隄長四千三百二十丈，而斗門牐垻悉已完備，可收濟漕永利。萬歷十六年，又該都給事中常會題增修濬，因舊爲新，督築完固。但近湖射利之徒，覬覦水退希圖耕種，盜決之弊禁令當嚴，每年冬春管河官周迴巡閱，責令守湖人役投遞甘結，庶河防飭而水利無滲洩之患，疆界明而奸民杜侵越之萌。

鄭元慶《今水學》：水櫃之設，原以蓄洩濟運，遇有淤淺，即當開浚深通，復其舊界。無如濵水之民貪利占佃，庸吏槩令陞科，水櫃盡變民田，以致潦則水無所歸，汎濫爲災，旱則水無所積，運河龜坼，大爲公私之害。不獨山東爲然，如淮北之射陽湖、江南之開家湖皆水櫃也，今盡行陞科，蓄洩無繇，官民交困。爲水官者，有能知其所以然之故乎？或曰：『然則陞科不可行與？』曰：陞科原爲朝廷增賦，才吏之所爲也，而於濟運之處獨不可。明成化中杜謙以工部侍郎行河，自通州抵淮揚，相地勢、去淤塞、復水櫃、導泉源、修牐垻，河乃復舊，此十五字誠爲治河司運者之要訣矣。匪但水櫃，即黄河淤灘亦不可陞科。昔高御史明曰：『河徙無常，税糧不改。平陸忽復巨浸，常税獨按舊額，民何以堪？』旨哉言乎！或曰：『然則將聽其棄爲汙萊與？』曰：此又不可。不若仍爲官地，責令汛官廣植榆、柳、蘆葦之類，歲收其材以爲河工之料，不亦利乎？夫陞科之法，斷不可行於兩河之間。其爲利甚小，而其爲害甚大也。

以上論清理水櫃。

論南旺大挑

《河防一覽》： 南旺舊例，兩年一大挑，築垻斷流，不通舟楫，始開月河，官民稱便。欲挑正河，必先挑月河，一時兩役並興，夫多苦累。時迫則工必略，工略則沙必淤。自今萬歷十八年，挑正河爲大挑；十九年，挑月河爲小挑，以後著爲定規。庶舟楫往返既不阻於稽緩，夫役用工亦不病於繁難矣。

《治水筌蹄》： 舊制三年二挑，俱正月興工，三月竣事，是治本年之河爲本年之運者也，倉卒周張。今運期早，蓋二月有過南旺者矣，則挑期亦宜早。故隆慶六年改期大挑，是治頭年九月之河爲次年二月之運者也，餉道遂大利焉。故糧務舊以冬兑而夏開幫，兩年事也；今則冬兑而冬開幫，合之而爲一。河務舊以春挑而夏行舟，一年事也；今則秋挑而春行舟，分之而爲二。或合或分，百世不能易矣。

兩河大挑有五不便，有五便。舊以正月興工，二月竣事，則新運踵至，停積河流，既慮風濤，復稽程限，一不便。夫役年終徭役更换，舊役已滿，新役未來，二不便。春事方興，民無暇力，迫之工作，田野不安，三不便。未接青黄，室如懸磬，頭會箕斂，工食艱窘，四不便。堅冰初解，時尚嚴凝，驅之泥淖之中，責以疏鑿之力，五不便。若改期九月興工，十月竣事，則回空已盡，築垻絶流，疏濬甫完，藉冰封閉，春融凍解，河即有待，是新運之便也。舊夫未更按册可稽，正役者不勞於再籍，僱役者無事於更張，是徵夫之便也。秋事告成，農多暇日，既無私慮，自急公家，是民力之便也。新秋豐稔民多蓋藏，閭閻利以供輸，夫役易於徵斂，是工食之便也。天霽秋高，氣候清爽，河鮮沮洳，鍬鍤易施，是用工之便也。

《全河備考》： 南旺大挑，舊例三年再舉，正月十五築垻，絶流興工，二月中完工。主事笪東光議創上源牐垻以省大挑，略曰：『竊惟運河實國家命脈攸關，而其最莫如南旺分水。每遇大挑，征夫以萬計，支銀以千計，非惟勞費不資，且斷流二月，南北舟楫不通，是一利亦一害也。歲丁卯一挑，越己巳又挑，三年之内再舉大役，民力得無竭乎？推原其故，皆因南旺上接汶河及徂徠諸泉，平時固皆清流，霖雨驟至，則數百里之沙泥盡洗而流入汶河。至南旺則地勢平洋，而又有二牐横攔，故沙泥盡淤，比他處獨高。每水漲一次則淤高一尺，積一年則高數尺，二年不挑則河身盡填，此大挑之役亦勢之不得不然者也。乃從來大挑用工甚拙，不識分工自下而上放水爲便，每築隔起水，晝夜不息，皆用力於無用之地。其始也有打垻築隔之勞，其既也有起水之苦，其終也又費起垻挑隔之力，曠日既久，大垻一開，上下隨至，各處淤淺俱不及挑，傾隄亦不能築，名曰大挑，實非完工矣。曷若於上源打垻之處，設立石牐一座，隨時啟閉？又於牐之左右各建減水牐一座，名曰斗門，一通馬踏湖，一通蜀山湖。平時則斗門盡閉，中牐常開，放水入運。一遇洪水則斗門盡啟，中牐下板五塊，沙泥盡隨斗門入湖。如此則二湖之設，不惟可爲水櫃，亦可爲沙櫃矣。縱洪水溷濁未可盡汰，亦能去其十之七八，雖十年一挑亦可也。萬一各處或有傾頹淤淺，欲行濬撈，則一札板之下可以斷流，不用樁草夫力之煩，又無曠日遲延之苦。用力少而成功多，雖每年一挑亦不爲勞矣。河道侍郎萬恭議改於九月，誠爲先事預圖，且量地施工，力既不費於槩挑，乘時興役，夫又不苦於凍沍。回空已盡，築垻絶流，疏濬一完，藉冰封閉，是新運之便也。萬歷四年開鑿月河，間年一大挑，每年一小挑。大挑之期定於九、十月起工，其回空及一應船隻皆由月河行走，官民稱便。自明季崇正壬午年間，土寇、旱荒一時並作，月河湮廢，於是改爲十一月閉垻，十二月、正月挑浚。祁寒膠凍，墮指裂膚，人夫施力十倍艱辛。今牐基河形俱在，設法修復猶屬易事，國用稍裕，即應整理。至南旺運河兩岸，每年挑河，積土成山，一經霖雨仍淋入河中，徒勞挑浚，殊爲無益。南岸積沙近已捲去，北岸尚未興挑，應於閒曠之時展運使平，嗣後責令挑河夫役，務將所挑沙土擡至廣衍處所，不得即置岸旁，庶爲得之。

以上論南旺大挑。

論速漕諸法

《治水筌蹄》：行河有八因：因河未泛而北運；因河未凍而南還；因風南北爲運期；因河順流爲運道；因河安則修隄；因河危則塞決；因冬春則沿隄修治；因夏秋則據隄防守。守有二：曰官守；曰民守。防有四：曰晝防；曰夜防；曰風防；曰雨防。有三策焉：夏秋水發，運舸度河，漕既愆期，河無全算，是謂『無策』；運艘入牐，國計無虞，黄水齧隄，隨缺隨補，是謂『中策』；四月方終，舟悉入牐，夏秋之際，河復安流，是謂『上策』。

牐有三叢：石爲之，有龍門、有鴈翅、有龍骨、有燕尾，曰『石牐』；漕長恐水之洩也，則木板爲之，視漕之廣狹而多寡焉。中留龍門十有八尺，遇淺則施，深則否，可導而上下者也，曰『活牐』；牐水出口，與河上下相懸爲之垻，以留水與河接也。龍門如制，曰『土牐』。皆濟石牐之不及也。

牐漕與河接，若河下而易傾，則萃漕船，塞牐河之口，數重牐水爲船所扼，不得急奔則停迴。即深留一口，牽而上，遞相爲塞，障而壅水也，命曰『船隄』，是以船治船者也。

牐漕下流通河者，必留一淺，長數丈，戒勿濬以蓄上流，以一淺省多淺。若棄之與啟牐等，而上流諸淺見矣。此以淺治淺也。

牐漕一里，藉令舟滿，漕可容九十艘。舊制魚貫三十艘而過之，余令之九十艘盈漕焉。漕盈則水溢，且上牐之水不得直遂焉，而善停蓄，水可逆灌上牐矣。此以漕治漕者也。

治牐漕之淤有二法：遇淤泥之淺，利用爬杓，不利於刮板，遇沙淤之淺，利用刮板，不利於爬杓。

牐河水平，率數十里置一牐，水峻則一里，或數里一牐焉。舊制漕淺即濬，夫數十里淺深一尺，勞費則何益一板焉？則數十里水深尺半晌耳，故救急莫如加板。

理牐如理財，惜水如惜金。糧艘入水深不踰三尺五寸，濬至四尺，則水從下過。廣不過一丈五尺至四丈，則水從旁過，皆非惜水之道也。故法曰：凡濬法，深不得過四尺，博不得過四丈，務令舟底僅餘浮舟之水，船旁絕無閒曠之渠。所謂以少淺治多淺，以下水束上水。

啟閉諸牐法，若潮信焉。如啟上牐，即閉下牐，啟下牐即閉上牐，節縮之道也，不然將恐竭。

又啟板時，上下水舟俱泊五十步之外，每啟一板輒停半晌，命曰『晾板』，則水勢殺，舟乃不敗。若通牐、若頂牐，是竭河毀舟之道也，漕大忌之。

制牐三法：一曰填漕。凡開牐，糧船預滿牐漕，以免水勢從旁奔洩，如甘蔗置酒杯中，半杯可成滿杯，下漕水可使逆流入上漕。二曰乘水。打牐時船皆啣尾，其間不能以尺，如前船拽過上牐口七分，即付運軍爲牽之，溜夫急回拽後船，循前船水漕而上，使後船毋與水頭鬬。牐夫省路一半，過船快利一倍。三曰審淺。凡下活牐蓄水，如係上水淺，則於船頭將臨淺處安牐，如係下水淺，則於淺尾下流水深處安牐。故活牐必從深淺相交之界，則淺者自深。若騎淺安之，則一半淺者深，一半淺者愈淺矣。

《問水集》：濬河止以底廣五丈爲準，蓋南旺上源分水處河底僅四丈，下流愈廣則愈淺矣。牐河僅取通舟，非務爲觀美。元人有因水散，至以板爲岸，逼水行舟，可驗矣。治水者慎無病其狹而圖爲廣大也。惟河廣淤深，間復下墜，河底不及五丈者，以時濬之而已。余濬河至三柳灣，廼八里灣、孟陽泊二牐之間，役夫云：『下皆生土』，河底舊止此矣。余猶病其淺，一老叟進云：『聞之先輩兩牐之間須留稍淺一處，余恍然而悟。蓋中道皆深，下牐一開，上牐之水盡洩，牐近者積水猶易，牐遠者倍費時日矣。故中道留淺，不過十餘丈或數丈，船行至此雖少待，然積水不必盈牐，即可越之而直上牐，舟行顧速矣。益知前人用心之勤，爲慮之遠若此。爲之歎慕，自愧不能已，後之人慎毋忽也！

《河防一覽》：牐河偶淺急疏之法，凡牐河淺處，如水溜在中，須兩岸築丁頭垻以束之；水溜在旁，將淺邊順築束水長垻以逼之；水由垻中，其勢自急，中溜自深。如淺處不多，或排板插下泥內，逼水湧刷，或排小船，用杏葉杓挖濬之，不得已則用椿草製活牐節水，亦一策也。

《全河備考》王寵《水車記略》：今之漕河，勝國鑿之於先，宋司空濬之於後，至陳恭襄之排決，而萬世永賴也。

南旺之水車又何爲而增置耶？蓋徂徠諸泉會於汶，至是而中分之，南析百里，經鉅野，泝嘉祥而爲濟寧，始與洸河諸水會而入淮，故決什三，爲牐二，以緩其流。北折三百餘里，經東平，泝壽張、聊城，過堂邑而爲臨清，始與衛河諸水會而入海，故決什七，爲牐十有六以節其瀾。南北盤旋，其中形勢獨高，冬春旱涸之時，守牐之吏積之未盈，而豪强撓之，涸可立待，漕卒叫囂，甚至一船之盤剥而奔走百人焉。正德己巳春，予以水部郎奉使濟上，兼督諸泉，是時自秋七月不雨，至於夏四月舳艫鱗次，漕卒蟻屯，束手無策。予乃召漕運官軍諭之曰：『東西隄有湖水，其出無窮，瀠洄百五十里。僉憲陳公之所濬，正爲今日也。但比漕河窪而下，可挽而不可放耳。』曰運官：『爾其爲我嚴牐座。』曰屬吏：『爾其爲我置水車。』曰漕卒：『爾其爲我每艘一丁以激水。』不用命者毋貸。由是三日之內，千餘艘皆可揮而走矣。漕卒於是歌舞曰：『一艘之中逸者九而勞者一，視盤剥之費百什，霄壤矣。守一日不如車一時，誠良法也。請著爲令。』爰命兖州府管河通判吕僘、濟寧衛管河指揮陳塘增置水車四十輛，掌其出納，葺其廢壞，復以其事移檄於平江伯陳公、都憲邵公、參將莊公、巡河郎中王公，皆曰然，可爲漕河旱涸之一助。於是記其規制，以備司漕者采焉。

以上論速漕諸法。

整理人：李雲鵬，中國水利水電科學研究院水利史研究所工程師。主要研究方向爲水利史、水利遺産保護，出版專著《中國大運河遺産構成及價值評估》（合著）、《中國大運河文化遺産保護技術基礎》（合著），發表相關學術論文十餘篇。

陳方舟，中國水利水電科學研究院水利史研究所博士，主要研究方向爲水利史、水文化。

〔明〕朱國盛　編纂

南河志

王英華　劉建剛　整理

整理説明

《南河志》，明朱國盛編纂，徐標續纂。朱國盛，字敬韜，華亭人（今松江，屬上海市）。萬曆三十八年（一六一○年）進士，官至工部尚書，兼理侍郎事。天啟元年（一六二○年），以工部郎中管理南河事務。天啟五年，升任河南參政。主持南河期間，纂成此志。徐標，字准明，山東濟寧人。天啟五年進士，崇禎初年（一六二七年）官淮徐道參議。崇禎二年，以工部都水郎中主持南河河務，常參閲朱國盛所纂《南河志》，後加續纂，補充收録了自己關於南河治理的奏疏、條議等内容。另編纂《南河全考》，別自爲卷。

明代南河主要指淮安至揚州間的運河。時南河主要流經淮安府及其所轄清河、山陽等縣，揚州府及其所轄寶應、高郵、江都和儀真等縣。南宋建炎二年（一一二八年），黄河奪泗入淮，在淮安清口地區（今江蘇省淮安市碼頭鎮）與淮河合流。原本獨流入海的淮河幹流，自淮安以下河道爲黄河與淮河所共占。元代縱貫南北的京杭運河全線貫通後，與東西向的黄河、淮河也交匯於清口地區。據此，南河又泛指黄河奪淮期間（一一二八—一八五五年）江蘇、安徽兩省境内的黄河、淮河與運河河段。黄河含沙量較高，常侵擾淮河和運河，形成『黄河南行，淮先受病，淮病而運亦病』的局面。由是『治河、導淮、濟運三策，群萃於清口一隅』，使得以淮安清口爲中心的南河治理十分複雜。《南河志》是第一部全面記録有明一代尤其是明中後期南河水系變遷與治理歷程的文獻。

明成化以前，南河並無專職管理，遇有河決等重大事件，多遣尚書、侍郎或都御史等官員前往督治。至成化三年（一四六七年），黄河奪淮已三百餘年，在黄河泥沙淤積的影響下，漕船過淮穿黄、祖陵保護等問題日漸凸顯，因設南河分司，遣工部郎中管理，成化年間，南河郎中駐紮徐州。正德年間改駐高郵，重運過淮之際則移駐儀征。除本志作者朱國盛和徐標曾出任過該職外，本志跋的作者彭期生和顧民暑也分別於天啟五年（一六二五年）和天啟六年（一六二六年）管理過南河。

《南河志》包括正文、序和跋。正文之前有朱國盛自作《序例》一篇，有李思誠、徐標二人所作《序》，以及顧民暑、彭期生二人所作《跋》。正文共十四卷，分三十三門。卷一爲敕諭、律令、疆域和水利。敕諭主要收録了萬曆皇帝向南河郎中下達的用以明確其職責的敕令；律令主要收録了明代法律法規中關於河務和漕務的規定；疆域主要記載了南河流經的地區及各水驛間的里程；水利主要記載了南河水系與工程的分佈情況。卷二爲河賦、職官、年表、公署、祠廟、舖舍、夫役、淺船、物料和樹株，主要記載了南河管理機構與衙署、河工經費、職官設置沿革與歷任南河郎中、河工建築材料以及祭祀河神、紀念有功河臣的場所等。卷三至卷六爲章奏，主要收録了成化至崇禎年間河臣關於黄、淮、運治理的奏疏。卷四中以萬曆年間河道總督潘季馴的奏疏最多，卷六中以徐標的最多。從這些奏疏中，我們可以清晰地瞭解到，爲減輕黄河泥沙的淤積，潘季馴創造性地提出通過修築徐州至淮安間黄河兩岸系統堤防以『束水攻沙』，通過修築高家堰（今洪澤湖大堤）抬高淮河水位以沖刷黄河泥沙的『蓄清刷黄』等黄、淮、運綜合治理的方略。這些方略爲後來治河者所沿襲。我們還可以清晰地瞭解到，保障民生並不是明代黄、淮、運治理的首要目標。當時首要目標是確保明祖陵免受水灾影響和運河暢通。明祖陵位於盱眙，盱眙則位於淮河進入洪澤湖的湖口處，若黄河南决入洪澤湖，或洪澤湖出水不暢，都會危及明祖陵同時还要確保漕糧順利運抵首都北京。這兩條目標的提出使明代的南河治理更爲棘手。卷七爲規條，主要收録了明代皇帝頒佈或批准的有關南河河務、漕務的管理制度。卷八至卷九爲條議，主要收録了地方主管機構或官員頒佈的管理制度。卷十爲雜議，主要收録了明代主管官員或水利專家關於治河、通運和管理等内容的議論文章。卷十一爲碑記，收録了明代與南河有關的碑刻數十種。卷十二爲列傳，主要是爲有功于南河治理的河臣所做的小傳。卷十三爲詩文和遺事。卷十四爲文移，主要收録了與南河治理有關部門之間往來傳遞的公文。本志所記内容很多是他書所没有的，或雖有而不詳悉的。如章奏、條議、雜議、碑記和文移中保存了許多明代著名的有關南河治理與管理的原始文件，具有很高的史料價值。

本次整理所用版本爲明崇禎年間刻本的影印本。該版本的《南河志》末附有徐標所纂《南河全考》二卷和《全河總圖》一幅，由於篇幅限制，未加收録。本志上册（卷一至卷六）由王英華點校，下册（卷七至卷十四）由劉建剛點校，和衛國、蔡蕃審稿。

整理者

目録

卷之十四……一一八四

南河志序

寰中之士大夫其膏唇撇舌奔走於治河之議者無慮數十家聽其言雖嗇夫之對上林禽獸簿纖悉不

序　一

是過而考其實欲求陶荆襄竹頭木屑以備應事之用者亦不可得余嘗寓目于國家之河計而尤屢箸怵息於我鄒之南河也夫

南河之視大河若第一衣帶水餘瀋噴沫之緒然而起崑崙導積石滔騰洶湃播於廣陸如瓠子之決也氏之塞轉徙無常動煩辟

序　二

馬此大河之神異也至若經三湘度七澤過洞庭下彭蠡飛萬里之帆破千層之浪舉吴楚閩粵數百萬石之漕粟取道入淮以達

京師此則南河之神異也夫大河有患時有潰決然所壞官亭民舍田里墟落不過一隅告警而南河一有春桃花有患秋水生塵南北脈絶稊米不通如目中之疵喉間有物此其弊視大河不能爭巨細而能爭舒迫故歷考治大河者自三代以前唯殷世中葉

患至遷耿還亳以避其橫下此唯漢日與之角淇園之竹幾罄內府之藏長沈此至拮据不可殫述而南河之締造始於隋煬帝植堤南巡始自秦郵貫於淮陽聯絡五湖迤邐龍舟自汴踰淮以看花廣陵延袤三百餘里迄唐以降代藉為運道而遲日錦纜之迹

乃為韓渠運米之區至我朝尤賴其用舊堤之外復建越堤以護持東南數百萬石之漕粟而獨以一線長堤與河伯呑天排嶽之

序　五

勢抗衡岌岌乎哉于浮蠹桑而偪淮泗我鳴部朱公以郎署出攖都水長丞之使視事南河較中北西河最劇而要而公精敏強幹

莅度無怠勞不乘暑不蓋誓以与河爭丸世之安洒沉澹菑倍高堙卑其偷撤築堤開渠復閘之工罔不具瞻而復舉其成迹旁稽

序　六

綜覽彙而為帙以為南河志夫大河之淑造機緒始自禹貢疏瀹壅塞代有紀錄而南河之便宜悞事補葺一切以維今日之急此

其事尤要而瑣故龍門之
河渠書扶風之溝洫志雖
謂并包陸海籠罩無垠而
我朱公之爲此志上自金
科玉條下至萬椰捷石亦
序　七
皆列若鬚眉洞然畢見不
可謂陶公竹木之藏非蕭
相轉輸之用也大率馬班
二公取於成一己之書不
過記故實叙成事而已爲

揀籌樹策若無資焉若我
公乃心王室蚤夜請共不
以官爲傳舍河爲畫餅一
日事事期於累世爲楷以
故此志述往業詒來者不
序　八
矜奇大之談不遺纖悉之
務使梯航效順江濟安流
無此計也今馬班二家在
今日失其鋒矣則謂我公
爲河之董賈而此志爲河

河之金湯也豈云噬口乎

廣陵李思誠次郎甫

南河志序

語云防河如防虜猶易言之也虜雖狡黠亦人也可威之使不來可拒之使不入可驅之使復去若黃淮二瀆發源弘遠歷數千百里茹萬川之灌又或積霪

助其盈狂飈鼓其悍如排山倒海而下實有神焉行乎其間誰能制之無瑕不攻無疵不破蟻穴之隙可潰千里治之之法無如其難者即神禹荒度排瀹八年亦因而導之行所無事耳予

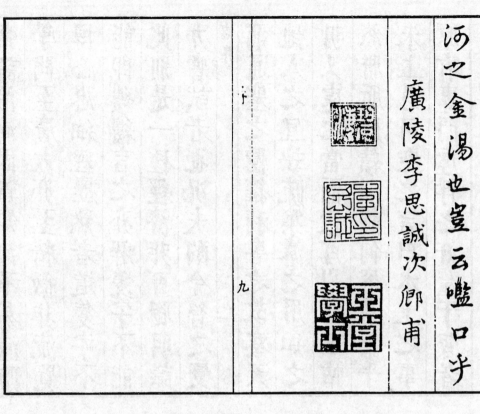

嘗謂治河固難知河不易河防
學問至廣大亦至精微非流覽
博心思細經歷熟者道隻字不
能即縷縷言之亦解隻字不能
此別是一種經濟非可聰明識
力嘗試者也況夫酌今稽之變

志序　二

窮通塞之隱權利害之故察天
地人之宜玅疏築濬之用知之
明又處之當而後可以緒理帖
然胼胝底績則譚何容易善乎
朱上愚司空之言曰水土之事
原有專門虛浮之奸聱于習者

也至淮揚南河百谷交滙巨湖
爲壑黃淮于此歸墟江海于此
受注漕運于此終始都水氏且
節宣且利導俾河流順軌民快
平成軍樂騰飽尤難之難者已
予受若事又值洪水頻災漕輓

志序　三

積玩河事多艱且内外之帑如
洗
廟堂之令如霜窮年畚鍤夙夜
皇皇人言櫛風沐雨勞予櫛沐
幾廢矣人言水宿露餐苦予宿
餐幾忘矣九經險陷而不死沉

溺上數里而又不死一差三載
而不得去一留再留而又不得
去予于南河綖有宿緣焉而肝
膽精魄亦旣殚罄于兹矣遍搜
水衡諸書讀之用率舊章而于
朱公敬韜所纂南河志覺更津

津然若所云知明處當也一披
閲思過半矣予數年陳之章奏
聆之司空益之集思隨試輒效
者胸次稍若進併以續貂兩端
之執或亦用中者之所問而察
也予丁河之亂拮据重繭誕補

捄之不遑人力物力已交困矣
事屬急務尚俟議舉者一築堤
不若挑河黄流灌河客土溜河
河身日高莫克容水年年築之
水行地上民居釜底决如建瓴
以築堤之費挑河水行地中而

河日深取泥築堤而堤日厚醫
家所謂急則治標緩則治本者
是也一保堤莫若增閘堤各有
閘閘無不通遇水之暴疏洩宜
廣如分水減水各閘湮者闢之
隘者濶之稀者密之役多閘支

河以殺之先哲所謂二壺瀉水
五竅先涸者是也至淮東大河
向無遥縷堤夫亦無鏊鋪防夫
郡河丞急淮河復急淮漕歲不
再至若或擲之令且大壞工役
繁興則設專官以嚴責成設留
志序　六
夫以圖善後皆必不容已之圖
也敢因序河志而併及之以俟
君子
旹
崇禎歲在癸酉三月朔日
賜進士出身奉政大夫修正庶

尹奉
勑提督河道兼理漕務工部都
水清吏司郎中東魯徐標撰

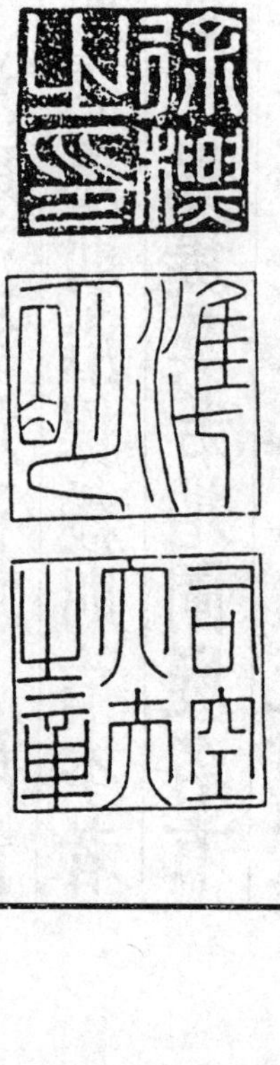

志序　七

序例

南河之分司載祀百有六十矣先臣述紀畧而未嘗志也夫郡邑之有志創自我

明九卿臺省之有志備于近代何南河之獨可無志乎志矣而不實以河則離實矣而不久其用則狭余之作

志之南河所自有也志南河所自有而彙析之為二十三條實而且詳也

夙夜匪懈畏此簡書志

勅諭敬尔在公代謹三尺志律令在河言河循境而守志彊域無源勿探無流勿歷志水利動衆須覈詳籍而發志河賦百僚師師率作有

序志職官瓜期遞易展卷即知志年表堂皇相承繕修俟後志公署山川保護藉諸百靈志祠廟傍堤假濬居夫築室志鋪舍巡守有恒興調以時志夫役運土備舟撈鑿無擾志淺船木石所需權價定式志物料堤所護持植以蕎柳志

樹株人臣無專舉事必請志章奏處有懲忘舊章是率志規條芻蕘淺見試之躬行志條議叢畢體殊宜之以牒志文移勒石紀勳表以示衆志碑記先哲懿行光以教青志列傳雍容揄揚河之鼓吹志詩文經羅舊聞每處其逸志遺

事河漕屢變今古互徵諸水分流
向背宜悉作治河以下十八考凡
志所載皆域内之水凡考所載則
就河漕而傍及之故别自爲卷本
州諸生較訂着列於卷之首素不
與較不與社者不復臚入
天啓乙丑孟陬三日河臣朱國盛書
于珠湖别署

序例　三

南河志跋

余衡覽水經河渠諸書而知天
地一積水也九州一島也古來
洚洞無垠淼茫萬狀南河無有
焉故俗相狃自黄入淮則細流
耳余受事南河則惴惴然思
天子懸咫尺之書重之俾乂吳越
江楚四百萬漕艘啣尾而進脱
纖芥有梗可手搤乎可輿輦乎
而正無如河堤之日嚙也物力
之漸窘也人情之積玩也窟穴
之彌深也高寶之形如釜底寸

跋一

土之難難于萬山將何道而令嚣者頓全一銖一粒有司者主之那移满紙徵解愆期勢必坐廢而莫可補救而玩生怠怠生弛欲仍緩之而以緩爲罪欲急之而以急爲騷非有力者大振

跋二

刷不可獨竄穴一節戎索繇我似可釐剔而一法立一弊生即所認以爲釐剔者什之六耳維此數者目洞而心騐焉亟取雲間

朱公志讀之按形勢必探其原委次沿革必考其名實酌修築必核其利病出匠心之經緯作後事之津梁實

國計而軫民瘼當使懷襄無勢滔天失險余之愳轉爲喜而公之言洵爲功也孰是編而奠坤

跋三

維絡禹烈直衿帶間耳

長水顧民嵒題于秦郵署之

鶴軒

南河志跋

門生南河之役實總雲間朱公浚其公之治南河也肅而閑精強而博大湖西河之積漱達清口之越閘築淮安江高之石堤津梁之虎翼者司之夫徑之狼攫

去清之蹤築興發屢無改不舉當道為請於秩竟成績逾四季始臣參知行省改事轉替漕計門生受成事取畫一甲令而守之淡歲間淮揚一水平如席皆公教也真考公所治河者具載

南河志一書書凡二十三卷廣豐域鉅公紀畧而稗其漏裹古今河渠諸家言而萃其長至擬郤導竅洞筋擢髓一以卓識取裁焉經之以江湖河淮之陷堰而陂塘渠瀦閘洞堤壩無不

條而析也緯之以夫役錢穀樁物而至舟檣畚鍾木屑竹頭盈把之株暴束之芻一簣土一拳石無不舉而備也利病犀然職掌眉列誠治河之司南哉南河轄運渠南北不五百里而

洪波巨浸，稽天無地，海口有易梗之吻，清灂奪路閘之期，黃流挾倒灌之勢，河行地上，城郭在釜底，堤岸若崇墉，昔之陂澤塘濼為運渠瀦蓄淺者，今皆空名可按，灌溉全湮將已襄

跋三

年中涸之患，且河性日變，徐城泗而震驟，於睢嘯歸仁，而陵無乾土，劇高堰刷，馬邏而兩郡寘胥溺，波臣典守不寧，宵寐夫臨天，憶山之異象，日提衡於心目，而浚瀾可永安，無慎戒於儀穴与逆挽於鯨浪，功用

相反也，此無它者，故審而備，明之斯志，其嗜矣矣，不然河無百年無事之運，職而圖之，曷其已。及覽斯志也，能無遂患之思哉。我生監河，歷無事然不敢以無事惱也，中朱公之跋，先後多所揭抱

跋四

會朱公屬考求年業而贊一最，旋滑量移去，因述規隨之指，自附末簡，如其損益，以俟後之輕政者。

天啓丙寅夏閏月哉生明，河使者彭於生跋於寶應河舟次

纂輯姓氏

工部水司新昌熊子臣
華亭朱國盛
海鹽彭期生
嘉興顧民碞
濟寧徐　標
同較姓氏
高郵知州萍鄉毛國宣
學正太湖趙　璧
鄉官　宋應圖
李化民
王永吉
舉人　鄭元勛
饒家慶
胡長澄
生員　胡長法等

卷之一

勑諭

王言宜尊，簡書可畏。河漕重地，職守當嚴。欽奉勑諭者三，恭録志之簡首。

萬曆元年，勑諭工部管南河郎中：今命爾管理珠梅閘直抵儀真一帶河道，提督各該軍衛、有司掌印、管河并閘、壩等項官員人等，及時挑浚淤淺，修築堤岸，務使河道疏通，粮運官民船隻往來無阻。其應該出辦樁草等項錢粮，查照原額數目，依期徵收貯庫，以備倉卒應用。出納之際，仍要稽查明白，毋容所司別項支用。其各該管河官員，務令常川巡視，不許營求別差，亦不許別衙門違例差遣。但遇洪水泛漲，衝決堤岸，各照地方即時修理。如或工程浩大，人力不敷，量起附近軍民，相連用工，事畢即行疎放。爾仍聽總理河道都御史提督，遇有地方事務，呈請轉達施行。但一應興利除害、有益河道事務，勑內該載未盡者，聽爾從宜區處。若該管地方軍衛有司官員人等，敢有徇私作弊、賣放夫役、侵欺樁草錢粮及抗違不服調度致誤漕運者，輕則量情責罰，重則挐問如律。干礙文職五品以上并軍職，參奏處治。其事體重大及事干漕運并撫、按、巡河等衙門者，亦要公同計議，具奏定奪。每年終，通將役過人夫、用過錢粮、修理過工程，查照先次題准事例，徑呈總理河道衙門，一并造册類繳。各該掌印管河官員賢否，照例備造揭帖，軍職送兵部，文職呈吏部并工部，以憑黜陟。三年滿日，差官更替。爾須持廉秉公，正己率下，凡事務在區畫停當，使人無勞擾，往來稱便，庶副委任之意。欽哉。故勑。

萬曆六年，勑諭工部管南河郎中：今命爾管理淮安天妃閘以南至儀真一帶河道，在於高郵駐劄，提督各該所屬軍衛、有司、掌印、管河并閘壩官吏人等，及時挑濬淤淺，修築堤岸。如工程浩大，人力不敷，量起附近軍民，相兼赴工，事畢即便撤放。其高家堰、柳浦灣、黃浦口各緊要處所，爾宜提督淮安府同知，加意整理，務保無虞。應該出辦樁草等項錢粮，查照原額數目徵收貯庫，仍要稽查出納，毋容所司別項挪移。若該管地方軍衛、有司官員人等，敢有徇私作獘、賣放夫役、侵欺樁草錢粮及抗違不服調度致悮漕運者，輕則量情責罰，重則挐問如律。干礙，文職五品以上并軍職，叅奏處治。爾仍聽總理河道衙門提督。其事干漕運并撫按巡河等衙門，亦要公同計議，具奏定奪。每年終，通將役過人夫、用過錢粮、修理過工程，查照先後題准事例，徑呈河道衙門造册類繳。各該掌印管河官員賢否，遵照近題事理，分別舉劾。三年滿日，預先呈部，差官更替。如遇陞遷考滿，俱候委官交代明白方許離任。其有司官叅見禮儀，知府以下，俱照恤刑郎中事體而行。敢有凌抗致悞公務者，聽爾從實叅治。爾須持廉秉公，盡心區畫，務使河道疏通，粮運無滯，毋淂因循推諉，致有踈虞，爾其慎之。欽哉。故勑。

萬曆四十三年，勑諭工部管南河郎中：近該工部題稱，酌議就近委官督徵未完木植，以備工用。先年差官前往南直隸聚木地方收買鷹平、條槁等木，陸續起運，除已收外，尚欠木價銀壹拾貳萬陸千伍百兩零，節經移文督催，久未完解。今特命爾不妨原務，帶管督徵南直隸未完木植，爾便移文會同撫、按行所屬有司，一面將各商名下逋欠木植責比買補。其撫臣所報先經買過木植、停泊淮揚未經起運者，差官驗實，即選委府佐廉能官，就彼兑領，押同本商起運。水脚缺乏，照依部議，將應天事例銀動支壹萬兩給發，委官沿途給散，以資天役實用。所到地方，着令管河有司及軍衛官即催出境，不許停泊，令其剋期抵灣。其各商逋欠，少者，限一年完足；多者，不得過二年。如有一年之內完者，准與免罪。不許支吾踰限，自干法紀。各商疲累已極，如無木，責令完銀，觧部抵補。先儘自己家財，不許（拔）〔波〕及無辜。如有奸猾之徒倚恃勢豪，不行完官及有司偏護阻撓者，爾即會同撫、按，應拏問者徑自拏問，應叅奏者叅奏處治。本差該三年報滿，能於差內追完三分以上，准與叙録，全完者，破格優處。如差滿而木植未完，新舊交代，即將勑書并欠數授受明白，俟完日繳勑，仍將已、未完木數、銀數造册報部，以便查考。如地方有司官同心任事、協贊催比者，聽爾薦奬。有玩愒者，指名叅究。本官經臨駐劄去處，吏書、門皂并各項供應，該縣驛查照恤刑事例，撥給日用廩粮、紙劄，就於見追木價銀內扣抵，免行加派。爾宜悉心區畫，殫力任事，俾逋欠早完，大工有濟，斯稱任使。如或怠緩誤事，責有所歸，爾其欽承之。故勑。

律令

《傳》曰：前主所是著爲律，後主所是疏爲令。夫禁暴止邪，律例森然。列聖相承，憲章赫若。舊志載諸事例而忽之，明其政刑，司空無法乎。今取河務及漕務凡奏准已經上裁者，按年而列之，以昭法守。

《大明律》：凡盗決河防者，杖一百。盗決圩岸、陂塘者，杖八十。若毁害人家及漂失財物、淹没田禾，計物價重者，坐贓論。因而殺傷人者，各減鬭殺傷罪一等。若故決河防者，杖一百，徒三年。故決圩岸、陂塘，減二等。漂失贓重者，准竊盗論，免刺。因而殺傷者，以故殺傷論。

凡不修河防及修而失時者，提調官吏各笞五十。若毀害人家、漂失財物者，杖六十。因而致傷人命者，杖八十。

若不修圩岸及修而失時者，笞三十。因而渰没田禾者，笞五十。

其暴水連雨，損壞堤防，非人力所致者，勿論。

《問刑條例》：凡故決、盗決山東南旺湖，沛縣昭陽湖，蜀山湖，安山積水湖，揚州高寶湖，淮安高家堰、柳浦灣及徐邳上下濱河一帶并各堤岸，阻絶山東泰山等處泉源，有干漕河禁例，爲首之人，發附近衛所；係軍，調發邊衛，各充軍。其閘官人等，用草捲閣閘板，盗泄水利，串同取財，犯該徒罪。以上，亦照前問遣。

河南等處地方，盗決及故決隄防，毀害人家，漂失財物，渰没田禾，犯該徒罪。以上爲首者，若係旗、舍、餘丁、民人，俱發附近充軍；係軍，調發邊衛。

《占夫條例》：凡運河一帶，用强包攬閘夫、溜夫二名之上，撈淺鋪夫三名之上，俱問罪。旗軍，發邊衛；民并軍丁人等，發附近，各充軍。攬當一名，不曾用强生事者，問罪，枷號一箇月，發落。

《比附》條內：直隸徐州上下，凡係黄河經由去處，如有盗決、故決河防、干碍漕運者，悉照山東、河南事例。爲首者，民，發附近衛所充軍；軍，調邊方衛所。

宣德四年令：凡運粮及鮮送官物并官員、軍民、商賈等船到閘，務積水至六七板方許開。若公差內外官員人等乘坐馬快船或站船，如是急務，就於所在驛分給與馬驢過去，并不許違例開閘。進貢緊要者，不在此例。

成化九年，兵部奏准：南京進貢時鮮等項船隻，照依所擬隻數，差撥運送。仍於管運官員關文內明白開寫數目，以憑沿河官員查照應付。本部仍通行淮揚迤北一帶，巡撫、巡按、管河洪閘等官，各行所在官司，凡遇各起進鮮等項船隻經過，務要逐一查驗，比與今次所擬隻數相同，方許應付人夫拽送前去，不許畏避，將夾帶數外船隻一概應付。

成化十年奏准：凡府州、縣添設通判、判官、主簿及閘壩官，專理河防，不許別委幹辦他事，妨廢正務。凡府州縣管河及閘壩官有犯，行巡河御史等官問理，別項上司不得徑自提問。

凡閘，惟進貢鮮品船隻到即開放，其餘船隻務待積水。若豪强逼勒擅開，走泄水利及閘開不依幇次争鬬者，聽閘官將應問之人拏送管閘并巡河官處究問。因而閣壞船隻，損失進貢官物及漂流係官粮米并傷人者，各依律例從重問罪。干碍豪勢、官員，条奏究治。其閘內船已過，下閘已閉，積水已滿，而閘官夫牌故意不開，勒取客船錢物者，亦治以罪。

凡漕河事務，悉聽典掌之官區處，他官不得侵越。凡漕河所徵椿草并折徵銀錢，以備河道之用，毋得以別事擅支及無故停免。

凡閘、溜夫，受雇一人冒充二人之役者，編充爲軍；冒一人者，枷項狗衆一月畢，罪遣之。

凡侵占牽路爲房屋者，治罪，撤之。

凡漕河内，毋得遺棄屍骸。淺舖夫巡視掩埋，違者罪之。

凡閘、壩、洪、淺夫，官員過者，不許召呼牽船。

凡馬快等船，每駕船軍餘一名，食米之外，聽帶貨物三百斤。若多帶及附搭客貨私鹽者，聽巡河、管河洪閘官盤檢，盡數入官。應提問者，就便提問；應条奏者，条奏提問。

凡船，非載進貢御用之物，擅用嚮器者治罪，其器没官。

凡南京差人奏事水驛，乘船私載貨物者，聽巡河御史郎中及洪閘主事盤問治罪。

凡南京馬快船隻到京，順差回還，兵部給印信揭帖，備開船數及小甲姓名，付與執照，預行整理河道郎中等官督令沿途官司查帖驗放。若給無官帖，而擅投豪勢之人乘坐回還及私回者，究治。

成化十三年，欽奉聖旨：近聞兩京公差人員裝載官物，應給官快等船。近有等玩法之徒，恃勢多討船隻，受要各船小甲財物，縱容附搭私貨，裝載私鹽，沿途索要人夫，指取銀兩，恃强越過巡司搶開洪閘，軍民受害，不可勝言。運粮官軍倣傚成風，回還船隻廣載私鹽，阻壞鹽法。恁都察院便出榜，通行禁約。敢有不思改悔仍蹈前非者，許管河、管閘官員并軍衛有司、巡捕官兵嚴加盤詰。應挐問者就便挐問，如律照例發落；應奏請者，指實条奏以聞。若管河管閘等官容情不舉，坐視民患事發，一體究治。

弘治三年令：各府州縣管河官帶領家人，專在該管去處住坐，管理河道，不許私回衙門，營幹他事。

正德七年，工部欽奉聖旨：京儲重事，今運河水少，又被往來馬快、座船人員挾勢越幫，强開閘座，走泄水利，誠恐阻滯粮運。恁部裏便申明舊例，行都察院出榜禁約。今後再有似這等的，重治不饒。凡民運白粮船隻，自爲一幫，聽其取便挽拽前進。如遇水淺、閘河擠塞去處，仍依幫次打放，不許恃强争搶，損壞船隻，漂流粮米。如違，聽管河、管閘、管洪等官究治。

嘉靖元年令：管河、管洪、管閘、管泉郎中、主事，嚴併所司，各將該管河道躬親巡歷，遇有決口，上緊築塞，泉源淺淤，設法挑濬。凡河道事體，一遵舊規。其南北民船，不許争搶閘座躭遲粮運。違者，聽巡河御史、管河郎中、管洪、管閘主事等官挐問。

嘉靖三十八年題准：各該河道大小官員，自通州至儀真及揚州、高郵各地方，俱要及時修築堤岸，疏濬河渠，以濟粮運。如遇非常衝決，亦要多方設處，亟行修築。臨期悮事者，軍衛、有司官員悉聽漕司、河道衙門及巡倉、巡河御史糸提，照依運官糸降事例。阻淺十日，該管有司軍衛罰俸半年。阻淺二十日，罰俸一年。阻淺一月，軍官降一級，回衛差操；有司降一級，赴部調用；管河郎中照才力不及事例，降一級，調外任；河道都御史，聽南北科道、巡鹽、巡倉御史糸奏。

隆慶元年，户部題准：凡遇粮運盛行之時，管河郎中移駐儀真，一遇阻淺，親督人夫，即時挑濬。

隆慶四年題准：每年漕粮，俱限十月開倉，十二月終完兑開幇。如十二月終，有司無粮，軍衛無船，督粮司道及府州縣掌印管粮官并領運把總、指揮、千、百户各罰俸半年。過正月者，各罰俸一年。過二月者，各降二級，布政司掌印官降一級。三月終不過淮者，督押司道等官及領運把總以下各降一級。四月終不過洪者，一體糸究。

隆慶五年題准：各處巡撫、漕運、河道等官，於兑運事竣，將兑完、過淮、過洪各日期并船粮細數奏報。巡撫不得過二月，漕司不得過三月，河道不得過四月。如有司粮米不完，軍衛船隻不備，以致過淮遲悞者，罪在巡撫。若有司有粮，軍衛無船，并船已到淮不即驗放，及不係河道變故，壓幇停泊，有悞過洪原限，因而漂凍寄囤者，罪在漕司。其粮船依限前進，河渠淤淺，疏築無法，撈淺無人，及閘座開閉失時，致有停阻不得過洪抵灣，罪在總理河道。悉聽科道官糸究。

隆慶五年題准：漕河一帶，自儀真至北通州，俱有額設淺舖淺夫。每年沿河兵備及管河郎中、主事備細清查，照額編補，不時查點，責令專在地方築堤、疏淺、拽船。事完，照例採辦樁草。違者，參究。

萬曆元年題准：直隸徐、邳上下，黄河經由去處，如有軍民盗決、故決河防，干碍漕運，照例將爲首者：民，發附近衛所充軍；軍，調邊衛。

萬曆元年題准：官軍兑粮，江北各府州縣限十二月以裡過淮，應天、蘇、松等府縣限正月以裡過淮，湖廣、江西、浙江限二月過淮，山東、河南限正月盡數開幇。如有違限，聽攢運等官查照久近，分別糸究治罪。

萬曆三年題准：黄河廣濶，運船取便越幇，利於速進，着照近例行。

萬曆七年題准：每年粮運過淮之日，高郵管河郎中駐劄儀真，張秋郎中駐劄濟寧，通州管河郎中駐劄河西務，以便督理。一遇淺阻，親督人夫，即時挑濬。

萬曆十二年題准：凡運軍士，宜每船許帶六十石。沿途遇淺盤剥，責令旗軍自備脚價。例外多帶者，照數入官。監兑粮儲等官，水次先行搜檢。督押司道及府佐官員，沿途稽查。經過儀真，聽攢運御史盤詰。淮安、天津，聽理刑主事、兵備道盤詰。六十石之外，俱行入官。經盤官員狥情賣法，一併糸治。其餘衙門，俱免盤詰。

萬曆十三年題准：各總衛所回空粮船，私攬商貨，沿途易賣，屡稽新運，許沿途司道等官着實盤詰挐問，貨物入官。押空官通同分利，叅降一級，發回原衛，帶俸差操。

又重運漂損，該總漕尚書褚鈇題，本部覆准：如遇江洋大患，漂流人船，淹没地方，有司及該道親詣勘實，具呈漕司，照例奏豁。總運各官不能自備處補，照例查降職級。其河道小患損失，除撈獲濕米准令分派各船抵换食米外，不足米石，盡令失事旗甲變産賠補，不敷，次及運官，再次及把總，不許擅扣軍粮。如係假捏，許本幇、各幇軍人及地方居民從實首舉，照例給賞。官軍問遣，把總革任。此二十三年具題事也。

萬曆十五年，兩淮巡鹽御史陳遇文題，本部覆准：每年回空粮船，漕儲道查照各船卸粮先後，挨次編定號數，明注單上，使所過官司按號稽查。如後船已過，前船不到，即沿河挨拏，私貨入官，押空官照例叅降。

萬曆十八年題准：運軍士，宜每船除六十石外，若有多餘，或違禁仍載竹木沉重等物及沿途收買貨物者，將貨物盡數入官，仍將違法運官指名叅治。如經管地方盤驗官員狥情賣法，聽河道衙門叅處。開兑之時，粮儲道加意檢查，違者，亦同叅治。

疆域

古者設官分職，必封疆畫界，以責其遵守。南河之設，雖不主於牧民畜衆，然治河調發，府縣攸關，兹特先定疆域，俾知所職司云。

成化間，南河所轄，自沙河達儀真。嘉靖四十五年，自珠梅閘達儀真。萬曆五年，別設中河郎中，則南河分司止管淮揚河道。

河道

淮安府：　山陽縣、清河縣清口界。

揚州府：　高郵州、寶應縣、江都縣瓜洲界。儀真縣攔潮閘界。

河程

湖廣、江西、上江漕者，由揚州儀真驛七十五里至廣陵驛。浙江、下江漕者，由瓜洲鎮四十里至廣陵驛，五十五里至邵伯驛，六十五里至高郵州盂城驛，六十里至界首驛，六十里至寶應縣安平驛，八十里至淮安府淮陰驛，六十里至清河縣清口驛止，凡四百五十五里。

河　湖　塘　溝　港　溪　津　潭　蕩汀

澗　灣　堰　淺　閘　壩　洞　塢　海田

水利

南河以河道爲職守，督運爲要務。夫苟欲治河通運而不知水利，可乎？必洞悉川源所從來、灘瀨之高下，而後畚锸有所施。謹詳列諸目於後：曰河，所以行水也；曰湖，曰塘，所以蓄水也；曰閘，曰壩，所以節水也；曰淺，所以防淤也；曰涵洞，所以洩水也。運道所經，惟黄、淮爲最大，今備載《考》中，且不盡爲南河之域。兹弗列溝港之屬，間有關係，亦附載焉。

運河 即邗溝也，一名漕河，一名官河。從江而入，有二道：自儀真江際東行四十里，至石人頭入江都界，又二十里至楊子橋；南自江都縣瓜洲鎮北行二十五里，亦至楊子橋，二河始合。北行一十五里至楊州府江都縣，又五十五里至邵伯鎮，又三十五里至三十里舖高郵州界，又北行三十里至高郵州，又六十里至界首鎮寶應縣界，又六十里至寶應縣，又北行二十里至黄浦山陽縣界，又六十里至淮安府山陽縣，又西北行，歷清江浦六十里，會淮出口，入黄河，至清河縣。

新河 總漕尚書凌雲翼所鑿。起自楊家廟，至清河縣文華寺止。原因兼行粮運，後因走漏部税，復閉塞。至天啟四年，本司重開行運，以便挑濬正河。河開，仍復築壩。

澗河 即菊花溝，在山陽運河之下，西接運河閘洞之水，東通射陽湖入海之路。

烏沙河 在淮安府城東，通方、信二壩，以備車盤船隻貨物入黄河。今久不車盤，河道湮廢。

沙河 即運河也。自山陽至清河凡六十里。喬維嶽所開，我明平江伯陳瑄疏濬復通，由清口入黄。

漳河 寶應縣南六十里，東北入廣洋湖。

涇河 寶應縣北四十里，東入射陽湖。

弘濟河 氾光湖東，萬曆十三年開，賜名『弘濟』，俗呼『越河』。

茅塘港支河 郎中詹在泮開。西接盱、泗諸山之水，東通邵伯金家灣，下芒稻河。

康濟河 高郵州城北，亘四十餘里。白昂所開，賜名『康濟』。

閘河 舊名『運鹽河』，在高郵下河。東抵興化縣，西抵運河堤岸，俗呼『東河』。

界首越河 萬曆二十八年，郎中顧雲鳳開挑，以避湖險。

邵伯越河 屬江都縣。萬曆二十八年，郎中顧雲鳳築堤，界湖行舟，以避湖險。

邵伯新河 邵伯南五里許，曰『金家灣』，下通運鹽河。

芒稻河 上通運鹽河，接金家灣之水，下至江十八里。今於河口建壩，然不如建閘啟閉之爲便也。

寶帶河 即江都城南新河。太守郭光復開，周廻六七里，從姚家溝入舊官河。

白塔河 江都東北六十里。平江伯陳瑄所穿，南入江。今建石壩，過水不通舟。

運鹽河　江都縣東北一十餘里至灣頭，即茱萸灣，東通海陵、如皋、通州、海門、泰興。其各支派通於諸場，故名。

伊婁河　江都南十五里。唐齊澣開以通運。

槐家河　自陳公塘接雷塘，引水入運河。

淮子河　界句城、陳公二塘間，會東湫水入運河。

汊河　儀真東十里。水出山澗，通官河。

按：諸河俱通運河，或引水濟漕，或疏漲入海。舊紀多略，今特載之。其無關河道者不録。

邵伯湖　江都縣北四十五里。晉太傅謝安出鎮廣陵，築堤捍禦，民田得收。後人以比召伯，因名湖與埭焉。

黄子湖　江都縣北六十里，東通官河，西至末口。

赤岸湖　在湖際。

新城湖　江都縣西北四十五里，東通官河，西抵民田。

艾陵湖　邵伯鎮東，西抵官河。

大石湖　江都縣東四十五里。

白茆湖　邵伯西，舊建斗門橋，官河水涸，則引湖水濟漕。

葑塞湖　江都縣東北五十里。

朱家湖　江都縣東北五十里。

渌洋湖　江都縣東北六十五里，北通高郵。

甕子湖　江都縣東北六十五里。

新開湖　高郵州西北三里，東南俱通運河，長濶一百五十餘里，天長諸水俱滙於此。

甓社湖　州西三十里，通鵝兒白湖。宋孫莘老讀書湖陰，見大珠，其光燭天，是年登科。

平阿湖　州西八十里，通天長縣銅城河。

樊良湖　與新開、甓社稱『三湖』。

五湖　州西六十里平阿東村，通銅城河。

珠湖　州西七十里，通五湖。宋秦少游詩：『高郵西北多巨湖，累累相連如貫珠。』

張良湖　州北二十里，通七里湖。

石丘湖　州西北五十里，通甓社湖。

姜里湖　州西五十里，通塘下湖。

七里湖　州北十七里，東抵運湖。

鵝兒白湖　州西二十里。

武安湖　州西南三十里，通露筋河。

塘下湖　州西四十里，通甓社湖。

渌洋湖　州南三十里，與江都渌洋湖通。

仲村湖　州東北六十里。

鼉潭湖　州東北九十里，通海陵溪。

郭真湖　州東北一百四十里中臨村，通鹽城縣河。

清水湖　寶應縣南。湖東西長十二里，南北濶十八里。西南連汜光湖，東會運河。

汜光湖　寶應西南十五里。東西長三十里，南北濶十里。

灑火湖　寶應西南四十里，入汜光湖。

津湖　寶應南六十里，東通運河，西北會汜光湖。

白馬湖　寶應北十五里，東西長十五里，南北濶三里，會運河。

廣洋湖　寶應東南五十里，東西長十五里，南北濶三里。

射陽湖　寶應東六十里，濶三十丈，長三百里。今南北淺狹，自固晉至喻口白沙入海，延亘鹽城、山陽、寶應三縣境。

（愽）〔博〕支湖　寶應東南九十里，西北通廣洋湖。

梁湖　射陽湖北。

馬家湖、徐家湖　二湖與管家湖接，由馬湖閘出水，入漕濟運。

管家湖　山陽西門外，秀麗所鍾，郡之勝地。

草子湖　連白馬湖，洩周橋之水。

洪澤湖　山陽西南九十里，舊有閘，宋魏運粮至此，出閘入淮。

阜陵湖　在清河縣，有溝通淮，北接黑魚，衝萬家湖。

倪墩湖　接萬家湖。

灰墩湖　接倪墩湖。

萬家湖　清河縣東十五里，西通七里溝入淮。　自阜陵以下四湖，俱由灰墩湖至馬頭鎮朱家口出，通運河，與淮連。天啟四年，本司於河口建裹頭，拒黄引泗，而水由外河入海，以防淤淺。

按：諸湖在運河之上者，或資以濟涸，或資以瀦水；在運河之下者，或資以分殺，或資以入海。均與河道有關，故據實紀之，以備叅考。

北山塘、茆家山塘　二塘俱在儀真城北一里許。左爲宋方運判所築，右爲袁知郡所築，長亘北山下。舊有石壩瀦水，可溉田五百頃。今俱堙廢。

陳公塘　儀真東北三十里。漢廣陵太守陳登鑿以資溉，周紆九十餘里，散爲三十六汊。西北依山，東南面水。唐宋置斗門、石磋，引之濟運。近被民占納租。

句城塘　儀真東北四十里，半屬江都。濶三百四十丈，南北長一千一百六十丈。其水南流至烏塔溝，南入於漕河。

劉塘　儀真西北五十里，方山之西，靈岩之東。今俱軍民佃墾，界六合、儀真二縣。

上雷塘、下雷塘　二塘在江都縣西北十五里。唐李襲譽引以溉田，上塘注水，長廣共六里餘；下塘注水，長廣共七里。俱由淮子河濟運。今二塘皆佃爲田。

小新塘　在上雷塘東北。長廣共二里餘，水注上塘，轉下塘，由淮子河入漕。今皆佃爲田。

鴛鴦塘　江都縣北四十里。

橫塘　江都縣東四十里。

柳塘　隋煬帝所築，唐人詩『柳塘烟起日西斜』是也。

塢塘　二塘，《江都縣志》不載所在。

白馬塘　《高郵州志》不載。

茅塘　高郵州西二十里。

柘塘　州西五十里。

裴公塘　州西南六十里。

麻塘　州西南七十里，凌塘橋北，有上麻塘、下麻塘。

盤塘　州西三十里。

以上諸塘，旱則蓄水溉田，潦則受西山暴水，以殺其勢。今盡淤爲田矣。

白水塘　寶應縣西八十五里。舊名『水陂』，一曰『射陂』。濶三十里，與盱眙蘆蒲山破斧塘相連，又通山陽縣。今廢。

羨塘　在寶應，與白水塘合。

按：　陳公、句城、上雷、下雷、小新五塘，漢唐以來，原以溉田濟運。至吾明，漕運藉以積水濟涸。平江伯陳瑄置立塘長看守；　侍郎王恕奏發帑銀三千，於五塘各築石閘、石䃮以節水，旁修堤岸，(政)〔資〕以天長、六合諸山之水，建瓴而下，盡瀦於塘。旱則洩入漕渠，潦則南注於江。　塘既墮廢，水歸三湖，潰堤妨運。　至嘉靖十八年，運河水涸，管河郎中畢鑾查修五塘，令所屬府縣各復置閘，設夫防守。二十四年，巡鹽御史齊宗道查究占塘妨運三十七人，咸置於法而塘復。三十年，奸民以陳公塘投獻仇鑾。鑾敗，歸嚴世蕃。蕃誅，維揚士民攘臂承佃，而陳公塘遂廢，諸塘悉爲豪强竊據矣，然尚有遺址閘石。三十八年，瓜洲以倭寇建城，士民陰獻五塘廢石爲城基，以滅其跡。萬曆十七年，總河侍郎潘季馴(清)〔請〕復各塘，以勞費災傷之後，姑緩其議。萬曆二十三年，總河尚書楊一魁會同科臣張企程奏將句城、陳公二塘候給買價，其三塘議即修復。揚州知府吴秀因錢粮無措，先築土壩蓄水，後復建石閘一座、減水壩三座，設立塘長，專司啟閉，即以塘中魚利充爲工食，嚴禁盜挖。後以水漲衝潰，改建實地，照舊僉塘長一名。今奸民以二塘未復，三塘侵占如故。天啟四年，本司條陳各院詳允，通行管河府佐，督同州縣清出各塘還官，高者納租充河工之用，下者，瀦水濟運，立以界石，永爲遵守，庶幾瀦蓄有資，而河漕有賴矣。是在管河印官力行清復，別立條議，爲將來者存案云。

邗溝　即今江都運河。

烏塔溝　通句城塘。

以下五溝，屬儀真縣。

帶子溝　在縣北東二十里，原建有石䃮通河。

蔣家溝　即五里舖減水小閘。

張家溝　縣東二十里，有水䃮，官河側。

東溝　縣西南四十里，其源自劉塘入江。

張家溝　州北三十里，上有巡檢司一，在州東二十八里，通淥洋湖。以下十一溝，屬高郵州。

陸漫溝　州北三十里，在康濟出口金門大閘下。

子嬰溝　州北六十里，上通運河，建有大閘，注湖水下入射陽湖。續又濬通興化，入大宗湖。

子涇溝　州東北一百里，東注射陽湖。

小京溝　州東南六十里，南通淥洋湖。

官溝　州東五十里，通運鹽河。

一溝　州東二十里。

二溝　州東三十里。

三溝　州東四十里。以上俱通運鹽河。

新溝　州西十里，通高郵湖。

夾溝　州西二十里，昔人開築，以避武安湖曹家嘴之險。

長沙溝　縣東二十五里，東入廣洋湖，西通運河。以下七溝，俱屬寶應縣。

澗溝　縣東南二十里，通子嬰溝。

蒲塘溝　縣西五里，接白馬湖。

楊家溝　縣東八十里，接射陽湖。

三王溝　縣東六十里，入射陽湖。

新溝　縣東五十里，通廣洋湖。

三里溝　縣西三里，通運河。

通濟溝　山陽縣東六十里，東經馬邏港入射陽湖，西入淮河。

塘梨溝　縣北一十里，入清河。以下七溝，俱屬清河縣。

七里溝　縣東南一十里，入淮河。

三里溝　縣東南三里，入淮河。今新改淮口。

石人溝　縣西八里，入淮河。

漁溝　縣北四十里，在新河。

楊家澗溝　縣北四十里，通淮河。

雙溝　縣西南二十里，出泗州迮家灣，通流入淮河。

七里港　縣東北十里，唐長慶間節度使王播開，長十九里，以便漕運。以下五港，俱屬江都縣。

第二港　縣東南二十里，在永貞沙通江。

馬泊港　南接深港，北接三里溝。洪武二十六年，工部遣官劉子王濬。

十里港　王播鎮揚日濬以便漕。

進水深港　縣東北四十七里，與十里港俱通楊子江。

戴子港　縣東二十里，舊傳陳登嘗役五龍開港，爲陳公塘之下流。有二灣：一曰『望兒』，一曰『相見』。凡五都、六都河，北畝澮之水皆會焉，南入于河。以下七港，俱屬儀真縣。

麻線港　縣東三十五里，運河南境。

何家港　縣東南二十里，相接運河南境。其本港下口，又名『窯港』。

黃連港　縣東南二十五里，有橋道通新城。

鐵釘港　縣東南二十里，即宋珠金沙邊地。

一戧港　縣西南二十五里，與青山港並爲神山、青山諸水所經，南入于江。

朱輝港　先是，漕舟鱗次江外，風濤漂損。萬曆八年間，當事疏請開濬。

燒香港　一在州西北十里，通鵝兒白湖，一在州東二里，南接城子河，北抵運鹽河，西入廟橋，以便東嶽廟行官燒香，故名。

以下十一港，俱屬高郵州。

茅塘港　州西十五里，續開通支河，引高、寶湖水入邵伯湖，下金家灣、芒稻河入江。

羅家港　州西二里。

五汊港　州西十里。

吴城頭港　州西北四十里。

楊絲港〔一〕　州西七十里。

洋洋港　州西。

黄白港　州西北四十里。

太師港　州西南三十里。

小堰港　州西北三十里。

曹車港　州北七十五里。以上俱通高郵州西湖。

望直港　寶應縣東十五里，東南通城子河。宋嘉定八年，港堙塞，知縣賈涉復濬。

劉家港　寶應縣東北四十里，入射陽湖。

建義港　縣東北八十里，東南流通濟溝，入射陽湖，北流入淮河。

以下三港，俱屬山陽縣。

馬邏港　縣東北九十里，通淮河。

蘆蒲港　縣東北一百一十里，東南入射陽湖，西流入淮河。

石梁溪　州西北，自天長縣發源，入新開湖。

以下三溪俱屬高郵州。

平阿溪　州西，自天長縣發源，入五湖。

樊良溪　州北，自天長縣流入高郵州界，即古之樊良湖也。

扠兒蕩　高郵州西三里新溝口。

馮家蕩　山陽縣東，出新城東南，周圍一百里。

馬長汀　寶應縣東九十里，東北通鹽城，南接博支湖，北會射陽湖。

赤水澗　寶應縣西南七十里，入灑火湖。

蓼澗　山陽縣西南六十五里，東連天井蕩，西入青州澗。

青州澗　山陽縣西南七十里，東由雙溝入白馬湖，西入高良澗。

〔一〕據《重修揚州府志》，該港爲『楊絲港』。

高良澗 山陽縣西南九十里，由清河沙埠入淮河。近建有石閘一座。

茱萸灣 即今揚州灣頭。漢吴王濞開，通海陵倉。又隋仁壽四年開，以通漕。

以下三灣，俱屬江都縣。

金家灣 即邵伯南堤東西灣。今開閘通運鹽河、芒稻河。

□家灣高郵州城東南堤灣，以禦上河盈溢之水。

父子灣 高郵州西五十里，通珠湖。

柳浦灣、草灣 以上二灣，俱山陽縣堤，臨黃河。

廟灣 屬運司淮南場，臨海口。

靈潮堰 儀真縣南官河西，與新河接，即今清江閘前古漕河也。

平津堰 即今寶應縣運河堤。自黃浦至界首，長八十里，唐李吉甫所築堰是也。

高家堰 山陽縣西三十里，以障淮湖之水。萬曆六年，總河潘公大加修砌。

蔴線等三淺 屬儀真縣。

花園等十一淺 屬江都縣。

王琴等十一淺、新河十二淺 俱屬高郵州。

子嬰溝等九淺 屬寶應縣。

黃家等十五淺 屬山陽縣。

季家橋等五淺 屬清河縣。

按：各淺相去約九里，淺各有舖，舖各有船，船各有夫，以備撈濬淺塞，詳見條議。

廣惠閘、通惠閘 俱在瓜洲。先係土壩，粮運商貨俱挑盤過壩。隆慶六年始建閘，自花園港江口至運河口止，長六里，啟閉以行粮運，民便之。

邵伯越河南口、北口閘

新閘 在楊子橋，萬曆二十五年建。伏秋啟以洩水，南入大江，春冬閉以濟運。

羅泗閘、通濟閘、響水閘 三閘，成化十年提河郎中郭昇建，俱在儀真縣。

攔潮閘 在儀真，成化十四年建。

康濟河南口、北口閘 弘治二年建。

界首越河南口、北口閘 萬曆二十八年建。

弘濟河南口、北口閘 萬曆十三年建。

板閘 萬曆四十五年，李郎中重建，在山陽西十里。

清江閘 山陽西三十里，永樂十四年建。

福興閘 山陽西四十里，萬曆七年改建。

窯灣閘 在楊家廟新河。

永清閘 在新河，二閘俱萬曆九年建。

新莊閘 永樂十四年建，萬曆七年廢。下三閘，在清河縣。

通濟閘 萬曆七年移建。

通濟月閘 天啟四年建，屬清河縣。

自瓜、儀至通濟，漕運所經之閘，凡二十三座，已廢者不載。其藉以蓄水而不施板者，曰平水閘，另列於後。

灣頭閘　入運鹽河，首閘也。

以下十三閘，屬江都縣。

新開閘　在宜陵鎮白塔河口，今改建石壩。

大同閘　在白塔河，今廢。

灣頭北閘、金家灣三閘　洩水入運鹽河，至芒稻河入江。

邵伯小壩閘

邵伯鎮北至越河口小閘五座、三溝閘一座

露筋閘二座

芒稻河閘　萬曆二十三年建，近因傾圮，改建石閘、石壩。

三十里舖閘

以下十二閘，皆屬高郵州。

車邏鎮閘

五里壩閘

南吊橋閘

南水關小閘

通湖橋閘

徐家橋閘

頭閘、二閘

清水潭閘

張家溝閘

界首鎮閘

東堤子嬰溝大閘

以下十六閘，皆屬寶應縣。

力清溝閘

朱馬灣閘　即劉家浦閘。

汜水閘

江橋閘

文峰閘　即躍龍閘。

三里溝閘

郭家溝閘

八淺閘

黃浦閘

郎兒溝閘

西堤雙橋閘

三淺、四淺閘　各一座。

七淺郭家溝小閘

九淺小閘

丁溪閘

下五閘，屬興化。天啟二年建，以禦海潮、洩河水。

小海閘

草堰閘

白駒閘

劉莊閘　俱係五場海口閘。

李稍港小閘　海門縣。萬曆四年建，以通江。

澗河龍王廟閘　萬曆三年建。

以下九閘，皆屬山陽縣。

涇河閘　萬曆二十二年建。

興文閘　萬曆四十一年建。

烏沙河永利閘　萬曆二十九年建。

通湖馬湖閘

武家墩閘　萬曆三十三年建。

高良澗閘　萬曆二十四年建。

周家橋閘　萬曆二十五年建。

古溝閘　設板，以杜客船漏税。

按：平水閘，每閘底以蓄水四尺爲度，令可運舟。不設板，亦不設夫。水漲，則任其外洩；水消，則儘閘而止，自爲補瀉云。其山陽之通湖閘，亦以防淮漲運河不及宣洩，而於湖内分殺其勢耳。

儀真五壩　縣南里許，曰『一壩』；稍南，曰『二壩』；又南，曰『三壩』；迤東，曰『四壩』『五壩』。各疏支渠數十步，與外閘河相爲表裡。

瓜洲十壩　皆官民船所由者，第以一、二、三、四。其六、七壩，則惟過水而不通舟。其十，乃實壩也。

淮安五壩　仁字壩在新城東門外，與義字壩相接；禮字壩在新城西北，去仁字壩五里；智字壩在通濟橋北，去新城五里，與信字壩相接。俱永樂十三年建，上置車盤過載。

江都沙壩　實壩，不過水。

白塔河滚水石壩　原係石閘，後船由瓜、儀閘，改爲石壩。

邵伯南小壩　上接江、儀、高、寶，下通興、泰等處鹽場。

高郵蛤蜊壩　**絞關壩**　朱家壩，俱節制上河之水。

寶應新河壩　萬曆四十三年，改建天然壩。

山陽天妃壩　實壩。

方信壩　係先年盤壩。

南鎖壩

按：諸壩有欲節内河之水而設者，有欲却外黄流之濁而設者，後既建閘，舊壩間有廢者。兹特詳列，俾後之治水者得以稽考而修復焉。

高郵、寶應、山陽涵洞各十八座　涵洞原不止此，惟三處爲要，故特紀之。

蔡家口涵洞　天啟四年，士民具呈建。西掣湖水，下通澗河，自射陽入海。

按：涵洞之設，本以疏漲溉田，然漕河一帶，以通運爲重，奸豪踞之，或潦反閉塞，而旱則私開，反爲漕害，所宜申飭明禁者也。倘有力之家願改建平水小閘者，聽焉。

屯船塢　一在儀真縣攔潮閘外，以備渡江重運各船住泊；一在瓜洲城内，屯泊官民船隻盤剥之處。

海田高郵□□舊係屯船塢，内約田有千畝。萬曆初年，係興化李文定公領佃陞租。後通學生員貢懋德等連名呈稱，與本州風水有碍，本州通詳各院，自文定公退出，而懋德等領作學田，耕耘未久，因南門外建有石閘通水，學田屡致渰没。今東隅尚有高阜，約五十餘畝，可以佈種，雖給新建東塔住持僧香火，今宜撥爲珠湖别墅之用。北有海臺，上建蚆蜡廟。

卷之二

河賦

河無賦也，徵州縣之入以充費也。然有湖塘、草蕩、官地之租，徵以備河，則河亦有賦矣。因循前志原額增損，俱詳列于左。

椿草磚灰銀

儀真縣一十一兩八錢八分。

江都縣一百三兩二錢。

高郵州一百二十兩。

寶應縣一百一十二兩八錢。

山陽縣四十四兩。

清河縣三十五兩六錢四分。

榮麻磚灰銀

山陽縣三十二兩一錢二分。

安東縣一兩七錢六分。

閘夫停役銀

儀真縣七十二兩。

泰州三十八兩四錢。

又議裁革儀真縣閘夫，扣留工食，共銀三百三十八兩四錢。

通州八十一兩六錢。

泰興縣三十三兩六錢。

又裁革協濟儀真縣閘夫，扣留銀八十九兩二錢八分。

又瓜洲閘磚灰銀九十九兩。

本司裁革瓜洲閘夫四十名，每名工食銀七兩二錢，歲該銀二百八十八兩。出自通州、泰州、泰興三州縣，協濟解發揚州河廳，扣貯江都縣庫，聽河工作正支用，年終造册銷筭。自天啟二年春季起。

壩夫椿草銀

儀真縣代通州四錢八分。

泰州一百四十七兩三錢六分。

通州一十兩八分。

泰興縣八十八兩三錢二分。遇閏，加銀二兩八錢。

協濟境山、吕梁二閘椿草銀

高郵州一十四兩四錢。遇閏，加銀一兩二錢。

又代興化二十二兩八錢。遇閏，加銀一兩九錢。

通州四十三兩二錢。遇閏，加銀三兩六錢。

泰州四十三兩二錢。

泰興縣三十三兩六錢。

額外錢粮

官地湖蕩草租銀：高郵州一千一百七十兩四錢一分六釐二毫七絲五忽，内除前任郎中許應逵蠲免郭真等湖草租外，今實徵銀四百一十五兩四錢六分三釐一毫。

沿河官地租銀六十二兩五錢八分九釐。

儀真縣陳公塘租銀三百二兩四分四釐三毫八忽一微一纖。

蕩地租銀六十兩二錢八分三釐一毫三絲八忽九纖。

江都縣湖蕩地租銀二百一十三兩九錢四分一釐一毫。

寶應縣湖灘地租銀九十四兩五錢四分二釐二毫。

山陽縣河租銀一十八兩七錢一分五釐。

清河縣河灘地租銀三錢七分五釐。

瓜洲閘艙頭每年輸剥船濟工銀二百四十兩。

無定額錢粮

瓜、儀二閘并清江廠船税銀兩。

夫役閒曠銀兩。

枯樹變價銀兩。

河道賦罰銀兩。

寶應縣泰山廟香錢。

按：前椿草磚灰銀爲正額，官地湖租等銀爲額外。正額派有定規，額外歲有盈縮，總備河防之用云。

職官

治河之官，起自古也。舜時伯禹作司空，平水土，三代因之。漢則有都水長丞、河堤使者，晉則有都水臺使者，後魏有水衡都尉、河堤謁者，隋則益以令、丞，唐有九河使，宋有河堤判官，勝國亦有都水監丞，是皆專掌河道者也。至於河決大變，則遣重臣督之，又非諸官之列矣。明興，廢置不常。至成化間，南河始有定職云，詳見《河官考》。聖祖開創，定都金陵，輸粟餉邊，猶用海運，督漕治河，俱無專職。成祖徙都燕薊，始修漕渠。命侯、伯各二員分理徐、吕二洪河道，最後遣少卿、郎中、員外、主事、御史等官。景泰年，遣都御史提督儀真、瓜洲河道，無何罷不用。天順年，仍差淮安至儀真一帶管河主事，而南河分司未設。成化年，始差工部郎中奉勑管理自沙河達儀真，爲南河官，三歲一易，駐劄徐州，罷提督淮揚河道主事。正德年，改駐高郵，遇粮運盛行，移駐儀真。萬曆五年，設中河郎中，以珠梅等處屬之。專差郎中一員管理南河，具題請勑行事，候三年將滿，預呈本部請代。四十三年，兼領大工督木之勑。其所屬官吏，俱列于左。勑諭所屬軍衛、有司掌印、管河官員賢否，分別舉劾。

淮安府

府司　清軍帶管海口同知　山清河務同知

山陽縣

知縣　管河主簿二員　清江閘閘官

福興閘閘官　板閘閘官河泊帶管　高堰所大使

清河縣

知縣　管河典史　通濟閘閘官

揚州府

府司　管河通判　瓜洲閘閘官

江都縣

知縣　管河主簿

儀真縣

知縣　管河典史　清江閘閘官

高郵州

知州　管河判官

寶應縣

知縣　管河主簿

淮安　大河　揚州　儀真　高郵等衛指揮

年表

史官紀事，必立年表，俾得考其遷擢，述其勛猷。成化至今，百有六十年矣，濟濟多賢，河漕著績，宜表章之。

成化三年，宋訥，字近仁，南直華亭人。天順丁丑進士

五年，吴英，字邦俊，江西崇仁人。天順庚辰進士

六年，陳言，字師召，福建莆田人。天順甲戌進士

七年，崔陞，字廷進，河南安陽人。成化己丑進士

八年，郭昇，字騰霄，河南潁州人。天順庚辰進士

十四年，潘洪，字裕夫，南直宿遷人。成化乙未進士

十八年，顧餘慶，字崇善，南直長洲人。成化壬辰進士

二十一年，楊榮，字時秀，浙江餘姚人。成化壬辰進士

二十三年，曹元，字以貞，直隸含山人。成化乙未進士

弘治三年，吴瑞，字德徵，南直崑山人。成化乙未進士

四年，李景繁，字□□，河南儀封人。成化己丑進士

六年，王瓊，字德華，山西太原人。成化甲辰進士

九年，謝緝，字維熙，江西樂安人。成化辛丑進士

十二年，張偉，字汝賢，四川内江人。弘治丙辰進士

十四年，劉浩，字元充，江西安福人。成化丁未進士

十七年，張瑋，字嘉玉，南直蘇州人。成化丁未進士

正德元年，曹忠，字原孝，南直江陰人。成化丁未進士

三年，周郁，字□□，直隸阜城人。成化己丑進士

六年，謝忠，字汝政，浙江上虞人。弘治己未進士

七年，胡澧，字百鍾，廣東南海人。弘治癸丑進士

九年，茅思義，字繼賢，山東信陽人。弘治壬戌進士

十年，姚鵬，字鳴南，浙江崇德人。弘治壬戌進士

十一年，廖紀，字惟修，湖廣黄梅人。弘治乙丑進士

十三年，鄭濬，字克明，福建閩縣人。弘治壬戌進士

十五年，戴恩，字子充，南直上海人。正德辛未進士

十七年，楊最，字殿之，四川射洪人。正德戊辰進士

嘉靖元年，蔣益，字守謙，南直武進人。正德辛未進士

三年，王承恩，字天寵，直隸高陽人。正德甲戌進士

四年，陳毓賢，字則英，福建長樂人。正德丁丑進士

劉璣，字德夫，陝西盩厔人。正德甲戌進士

五年，丘茂中，字子時，福建莆田人。正德辛未進士

七年，丁洪，字季學，江西鉛山人。正德甲戌進士

九年，黄行可，字兆見，福建莆田人。正德辛未進士

十一年，金述，字鳴卿，浙江鄞縣人。恩生

十二年，金克厚，字弘載，浙江僊居人。嘉靖癸未進士

十三年，鄭綱，字南金，福建懷安人。嘉靖丙戌進士

十四年，凃楗，字良翰，江西豐城人。嘉靖己丑進士

十六年，畢鸞，字明治，陝西鳳翔人。舉人

十九年，郭應奎，字致祥，江西泰和人。嘉靖己丑進士

二十一年，邵南，字文化，浙江烏程人。嘉靖乙未進士

二十三年，茅愷，字達和，浙江江山人。嘉靖乙未進士

二十四年，謝體升，字明之，江西吉水人。嘉靖戊戌進士

二十六年，陳珝，字宣甫，浙江餘姚人。嘉靖辛丑進士

二十九年，鄧璽，字邦符，湖廣龍陽人。貢生

三十年，張承叙，字懷德，直隸固安人。嘉靖甲辰進士

三十一年，彭澄，字一清，江西萬載人。貢生

三十三年，包應麟，字子瑞，浙江臨海人。嘉靖庚戌進士

三十五年，李方至，字如川，四川富順人。嘉靖庚戌進士

三十六年，葉繼美，字兆中，福建閩縣人。舉人

三十七年，臧繼芳，字原實，浙江長興人。嘉靖癸丑進士

三十九年，杜思，字子睿，浙江鄞縣人。嘉靖丙辰進士

四十一年，應存性，字成之，浙江僊居人。嘉靖丙辰進士

四十二年，程道東，字明吾，南直歙縣人。嘉靖己未進士

隆慶元年，沈子木，字汝南，浙江歸安人。嘉靖己未進士

二年，朱應時，字子中，浙江餘姚人。嘉靖壬戌進士

王楫，字光大，直隸遵化人。嘉靖乙丑進士

四年，張純，字碩恒，福建漳浦人。嘉靖乙丑進士

六年，吴自新，字伯恒，南直祁門人。隆慶戊辰進士

萬曆元年，熊子臣，字國仕，江西新昌人。刻《南河紀略》。嘉靖乙丑進士

三年，屠元沐，字沂春，浙江嘉興人。嘉靖乙丑進士

四年，陳詔，字宣卿，福建晉江人。隆慶辛未進士殷建中，字敏菴，南直吴縣人。隆慶戊辰進士

五年，施天麟，字以德，南直清陽人。隆慶辛未進士

六年，張譽，字惺菴，江西新建人。加正四品服俸，於京堂内推用，陞太僕寺少卿，添註管事。隆慶辛未進士

十一年，許應逵，字鴻川，浙江嘉興人。加正四品服俸，於京堂内推用，陞太僕寺少卿，添註管事。隆慶戊辰進士

十四年，羅用敬，字文洲，江西南昌人。贈太僕寺少卿。萬曆丁丑進士

十七年，黄曰謹，字元祇，福建鎮海人。萬曆丁丑進士

二十年，沈季文，字太素，南直吴江人。萬曆丁丑進士

二十二年，詹在泮，字定齊，浙江常山人。萬曆癸未進士

二十四年，李元齡，字仁卿，四川華陽人。加從四品服俸。萬曆丁丑進士

二十七年，顧雲鳳，字瑞菴，南直常熟人。加正四品服俸。萬曆丙戌進士

三十三年，沈孝徵，字玄海，浙江海鹽人。萬曆戊戌進士

三十五年，畢自嚴，字白陽，山東淄川人。萬曆壬辰進士

楊櫝，字天植，山東德州人。萬曆壬辰進士

三十七年，景昉，字寰果，山西安邑人。萬曆乙未進士

四十年，何慶元，字六陽，南直六安人。萬曆戊戌進士

四十三年，李之藻，字我存，浙江仁和人。陞太僕寺少卿。萬曆戊戌進士

四十六年，徐待聘，字紹虹，南直常熟人。萬曆辛丑進士

天啟元年，朱國盛，字敬韜，南直華亭人。加陞河南叅政職銜。萬曆庚戌進士

五年，彭期生，字觀民，浙江海鹽人。萬曆丙辰進士

六年，顧民碞，字霞觀，浙江嘉興人。舉人

崇禎二年，徐標，字準明，山東濟寧州人。天啟乙丑進士

公署

《傳》曰：司空以時平易道路，圬人以時塓舘宫室。夫官有上下，署有崇卑。鳥革翬飛，聽政之所蹐居也；正噲冥噦，退食之所燕息也。堂室有序，必列其目，署之所有，咸紀于篇。而浮家泛宅，亦本司之行署也，因載官舫于後，而官屬之廨宇，亦以次附焉。

河署在高郵治中市橋西。前爲大門三間，外有平水閘碑。門之栅欄外，朝南，舍快班房三間。街南朝北，府、州、衛官廳各三間，後有空地一段。各門楼一座。朝北，官吏、皂隸、民壯，家丁、轎夫，計五項，各房一間；舍快、買辦房三間。東爲更楼，大門内迎賓舘三間，次儀門内正堂三間，中有題名碑。東麗澤堂三間，中有毓龢楼碑。照廳三間，内土神祠一間，中有退省堂碑。客厨房三間，書吏公廨十間，厨房一間，東、西皂隸房各五間。内東過衕一間，大堂傍茶厨房三間，後工字廳三間，私堂三間。私堂之東，坐嘯軒三間，書房一間，後有隙地。本司朱造修竹窩一間，又後宅一所，東、西小房共十五間。墻門内川堂一間，堂屋五間，毓龢楼上下共十四間，東厨房二間。墻門西南，小書房二帶，共六間。西側，關廟一小間。由西北小徑紆行百步，爲園池一所，内直方亭三間，包後湫暗。天啟元年，本司朱用價二兩買義民唐用中地，析建調鶴軒三間。由板橋而北，則有洗心亭，環以水植芙蓉、桃、梅、榴、桂諸花，畜雙鶴徘徊。其下爲公餘檢帙之所。

淮安行署一所，在都府後。舍宇傾圮，久不脩治。俟山陽縣設處錢粮，買料建盖，方可駐劄。

新河杨家廟行署一所，亦因傾圮，本司朱設處錢粮，委山陽縣裏河主簿季子寧督修。前大門三間，東、西皂隸房各二間。二門一座，東西耳門各一座。内正堂三間，東、西書吏厨房各三間。俱修葺完固，責令老人看守，即暫爲佇料之廠。

儀真行署一所，日久頹廢，止存地基。

清河縣行署一所，廳房三間，傍厨房二間，在惠濟祠後。高郵南門外珠湖别墅一所，天啟三年建，爲諸生講習課試之處。前面西大門三間，内面南傍小房二間。門楼一座，内廳房三間。又門楼一座，後廳三間，側首小房二間，朝西楼房上下六間，後空院一區。

淮安府管河同知公署一所，在清河縣北羅城。

揚州府管河通判公署一所，在府西南。

山陽縣外河主簿公署一所，在清江浦裏河東崖。

柳浦灣大使公署一所，在本堤。

高堰前後察院二所。以下爲往來士客中大處。

本堰南老堤公署一所。

高郵六漫溝公署一所。

本司座船三隻：

一號一隻，水手十名，工食、脩船銀兩出自高郵州；其辦物料出自泰州。

二號一隻，水手十名，工食出自邳州、睢寧二州縣，脩造出自淮安府。

清字號一隻，原係儀真磚廠分司裁革，分屬本司。水手八名，工食出自高郵州。又二名，工食出自寶應縣，脩造工費出自儀真縣。以上三船，每歲一小脩，三年一大脩，十年打造。

祠廟

鄭僑除途，不毀遊氏之廟；漢武巡狩，徧脩上古神祠。祠廟者，帝王卿相所護持也。南河非社稷主，而沿堤之壽宮屬焉，歲有享祀，河漕實嘉賴之，修河者所不敢忽云。

惠濟祠　在清河縣南，鎮黃、淮交滙之處。

文華寺　在清河縣永濟河口，萬曆十年移建。

天妃宮　在淮安郡城西隅水際。

淮神廟　正德間賜額。下三廟，屬清河縣。

東嶽廟　萬曆四十五年建，今移馬頭鎮。

大王廟　萬曆七年建。天啟三年，本司朱顏其額曰『利涉大川』。郎中徐標與巡漕御史龔一程會建，坊題曰『篤祐河漕』。

淮安大王廟　郡城西門外里許，相傳爲金龍四大王。宋時建，萬曆三十七年重脩。

下十廟，屬山陽縣。

柳將軍廟　淮郡西門外對河。嘉靖四十五年，以剿倭有功建。

海神廟　在鎮海莊，隆慶六年勑建。

三官廟　在武家墩。

高家堰關帝廟

楊家廟、大王廟　二廟俱天啟四年本司朱重修。

清江浦大王廟　天啟三年重脩。

安樂鄉大王廟　萬曆四十二年建。

柳浦灣龍王廟　萬曆二年建。

晏公廟　嘉靖三十七年建。

泰山廟　在寶應北門，淮揚江南士民奉，香火不絕。

下十廟，屬寶應縣。

武安王廟、清源道君廟　二廟俱在懷闕楼，萬曆十三年建。

東嶽廟　在西堤吕家潭，萬曆十三年建。

大王廟　在弘濟河南閘。

關王廟　在弘濟河北閘，萬曆十二年建。

大王廟　在閘河裏，萬曆二十年建。

海神廟　萬曆八年建。

晏公廟　在白田舖，萬曆十二年建。

黄浦龍王廟

伍龍王廟　在高郵州清水潭鎮北。

下五廟，屬高郵州。

康澤侯廟　在新開湖，俗呼『耿七公廟』。崇禎間，郎中徐標捐貲倡新之。

平水大王廟　在杭家嘴。

行祠廟　在西湖嘴，正德九年建。

奶奶廟　在州北門，嘉靖四十三年建。

龍王廟　在露筋閘口，下七廟屬江都縣。

露筋廟　在邵伯湖口，宣德間湯節建，天啟三年本司朱重修。

關帝廟　在瓜洲閘口，正德十年建。

迴龍庵　在鈔關北，萬曆三十二年建。

泰山奶奶廟　在揚州河東。

高真廟　在瓦窑舖。

龍王廟　在腰舖。

惠濟祠　在清河口。嘉靖初賜額，本司朱捐俸百金，析建方亭，廟宇一新。

宋文丞相祠　諱天祥。在揚州南郭外。

明陳恭襄祠　諱瑄，以平江伯出總河道。

吴公祠　諱桂芳，在高郵保和舖，萬曆五年建。

李公祠　諱世逵，在弘濟河。

王公祠　諱宗沐。

李公祠　諱三才。

陳公祠　諱薦。三祠，俱在淮安西門外。上五祠，皆係總督漕運都御史。

劉公祠　諱東星，總督漕河尚書。在界首鎮，萬曆三十一年建。

潘公祠　諱允端，爲漕儲道。在瓜洲鎮。

應公祠　諱存性。在寶應縣。

詹公祠　諱在泮。萬曆二十五年建。

黄公祠　諱曰謹。二祠，在高郵攩軍楼。

許公祠　諱應逵。

羅公祠　諱用敬。二祠，在弘濟河。

顧公祠　諱雲鳳。一在高郵徐家橋，一在界首鎮，萬曆三十三年建。

李公祠　諱之藻。一在高郵杏壇東，一在寶應北門，萬曆四十七年建。

徐公祠　諱待聘。在寺巷，天啟元年建。

朱公祠　諱國盛。淮揚士民公建，高郵南門外。公不居，改爲珠湖書院，郎中徐標額曰『司空別署』。

舖舍

漢制：十里一長亭，五里一短亭，以便文檄往來，所謂置郵傳命，今之九里舖是也。若南河舖舍，非爲傳檄而設，平江伯創以居撈淺之夫者也。蓋夫無舍則散居村落，有舍則住傍河堤，且使守望得以相儆。今舖舍多廢，夫罕供役，惟在當事者請復之。

江都縣舊四座，新六座。

高郵州十三座，俱傾圮。天啟二年，本司朱脩建九座。又舖傍起建草房各二間，便夫安息。

寶應縣九座，萬曆元年建。天啟二年，本司行縣，每淺添盖草房五间。

山陽縣七座。

清河縣一座。

按：夫役坐派，各有信地。宜于近堤者僉充，俾得居以防守河工，自可呼吸相應。本司蒞任之始，見每年領銀備造淺舖皆爲烏有，雖極力查建，夫罕就居。清夫條議，論之已詳，兹不多及。

夫役

夫役有四：淺夫，主撈濬也；堤夫，主防守也；募夫，牙行出錢募以供役者也；閘夫，主閘之啟閉、挽船以遡流者也。三夫皆出條鞭，募夫則詳列其顛末于後。

淺夫：儀真縣上河二十七名、下河三十名，江都縣一百七十二名，高郵州二百名，寶應縣一百八十八名，山陽縣一百二十名，清河縣三十五名。

堤夫：寶應縣越河五十名，内除裁革三十名，其工食出自通州、如皐、興化、鹽城、寶應五州縣，計二百四十六兩，貯庫專備河工支用，實夫止二十名。高家堰三百六十五名，工食出自淮安府歲修四稅，揚州府由閘按季行府支給，内除撥板閘二十名，止存三百四十五名。

募夫：山陽縣九百名，出牙行徵給。

按：募夫原係淮安府牙行出河夫一千八百名，以備河防之用。都科常居敬題准，議以二名併一名，疏改長夫九百名，常川在河供用。後以各夫影射悞工，郎中李之藻、淮徐道袁應泰酌議徵銀，每名歲徵九兩七錢三分，在官計工僱募。後牙行日增，而吏胥通同侵占，即舊額之數日減月消。本司嚴提作弊吏書樊繼芳等，究贓擬徒，招呈總河陳公道亨批允發落，訖隨行通判連躍按册清查，凡得三千餘名，每名議減七兩有奇，復除免優恤五千餘兩，每歲約徵銀計一萬七千八十七兩三錢二分九釐，委府佐四季徵收。仍除舊額九百名，該八千七百四十八兩，觧貯府庫，專聽募夫并河工應用。餘銀，近該道詳議，暫給防兵新餉等項，復奉文總歸河工。第地方凋疲，牙行消長，故不敢輙以額聞，而吏書復圖新帖，暗消侵收拖欠六千兩有餘。迨本司親核，河廳嚴比，方得補額。若欲清其源，則在立法給帖，以司道發单掛號，該府用印註給；欲杜其流，則在立法徵比，該廳印給由票，旋給印簿，每日隨收登記，票歸納户，銀投櫃中，至夜繳簿，計日當堂折封。庶弗爲吏胥所侵漁，而得實爲公家之用，是在官得其人以無墮此法耳。

閘夫：儀真閘一百七十三名，額該泰州八十名，通州二十一名，并泰興七十一名，儀真一名。瓜洲閘一百六十名，額該泰州九十名，泰興七十名。涣觧銀以給。

按：瓜洲閘夫内多包占生事，詐害商船，本司清查罪責，議革四十名，申詳總院。自天啟二年始，以其工食銀扣江都縣庫，聽候作正供用。如粮運盛行，則調高、江淺夫，助其挽拽。夫食不至虚縻，商民兩無擾害。

清江閘五十八名，福興閘三十名，共八十八名，額該山陽縣七十三名，安東縣二名，淮安府一十三名。内清江閘夫分撥通濟閘二十名，實存六十八名。

板閘夫五十名，額該山陽縣二十名，高家堰夫撥充二十名。

按：本閘因開月河便利，夫自可省。自萬曆四十八年至今，計裁革夫二十名，又逃曠八名，其工食扣貯縣庫，實夫止二十二名。

通濟閘夫三十名，額該安東縣二名，淮庫黄墻工食二十八名。

按：以上淺閘等夫，原額頗多，邇來河道有變遷，閘座有緩急，或裒多益寡，以均工用，或裁夫徵銀，以免包占，因時制宜，總裨河道之實用云爾。

淺船

史稱：物不素具，不可以應猝。漕爲重務，運道有阻，邊且呼庚，故既設夫以防淺，備鍬以發淤矣。然必船具，而後撈濬之功可施。邇來夫多虚應，船不復存，一有所濬，必至擾民，應猝之具安在？今既清復淺夫，議損船額，以資實用，而備造之法略陳梗槩云。

舊志開載：淺船，儀真六隻，江都二十二隻，今議置十隻；高郵七十六隻，今議置二十五隻；寶應六十八隻，今議置二十五隻；山陽三十隻；清河四隻。

按：今淺船皆屬烏有，舊規每造一隻，費逾八金，不若取之捕鹽諸船，給以官價，大者兩許，小者錢計，脩之以令淺夫掌管，復汰其額之半，使易于遵守。近移文鹽院，行山陽署印連同知、高郵胡知州，俱以獲舟三十，本司給銀脩好，而印河官遂置不問，旋復湮滅。盖衙官諸役利于取舟，以虐民故也。然船不可缺，民不宜擾，販船不足，必至補造，須擇殷實淺夫以屬之，記其年月限期，給值脩費。敝壞支吾者罰。如是則責有所歸，不至速朽矣。

物料

《詩》云：『涉渭爲亂，取厲取鍛』。夫宫室有料，河工亦然。然料以用需，價以時定。萬曆初年，既罷諸役之納而入條鞭矣。至二十年，本司郎中沈始酌議物料，以定其價，申詳確守，誠當時之良規也。但物有貴賤，價有低昂，預定于先，庶可酌宜于後，因悉依沈公所定而編列之。至于瑟無膠柱，法必隨時，則在當事者權其輕重云爾。

一、紅草每十斤：

八九月間收買，安東縣二釐，山陽、清河三釐，高、寶、江都三釐，儀真三釐五毫。

十二月以後收買，如時價果賤，照八九月例筭；如時價或昂，遞增二釐。安東縣四釐，山陽、清河五釐，高、寶、江都五釐，儀真五釐三毫。

一、檾麻每斤：

七八月間收買，邳州五釐。

十二月以後收買，清河七釐，山陽、高、寶八釐，江、儀一分。

一、黄麻收買，每斤：儀真八釐，江都、高、寶一分，山、清一分二釐。

一、蘆柴每三十斤一束：

八九月間收買，安東一分，山、清一分二釐，高、寶、江、儀一分四釐。

十二月以後收買，安東一分三釐，山、清一分五釐，高、寶、江、儀一分五釐。

一、線麻每斤：

山、清二分，高、寶、江、儀一分五釐。

一、稻草每束重十斤：

山、清、高、寶、江、儀俱二釐。

一、草繩每套重九斤，計四十八條，每條長二丈二尺。

清河、高、寶、江、儀俱二分，山陽一分三釐。惟山陽用蒲草，粗濫不堪，故價獨少。

一、芬草每三十斤打繩用：

山、清二分，高、寶、江、儀三分。

一、蘋草每三十斤打繩用：

山、清三分，高、寶、江、儀四分五釐。

一、糯米每石：

山、清六錢，高、寶、江、儀五錢五分。

一、紅米每石此項須照豐歉定價：

山、清、高、寶、江、儀俱四錢。

一、絢纜每條長十二丈：

山、清二錢，江、儀一錢五分，高、寶一錢七分。

一、掕披每條長十三丈：

山、清收買價二錢，拘匠打造價一錢六分，高、寶、江、儀不用。

一、石灰每石：

山、清三分，高堰在老子山買。高、寶、江、儀五分。

一、徐州青面石每丈濶一尺二寸，厚一尺：

山、清採買，山價一錢六分，車脚一錢三分四釐，船價運至清河一錢六分，運至高堰加四分，高、寶、江、儀不用。

一、徐州碎裏石每丈：

山、清採買，山價八分，車脚八分，船價五分，高、寶、江、儀不用。

一、龍潭山青面石每丈：每塊長二尺五寸，濶一尺二寸，厚一尺。合式者：

山、清、高、寶、江、儀採買，山價二錢四分，運至儀真船價一錢，運至江都船價一錢二分，運至高郵船價一錢四分，運至寶應船價一錢六分，運至山、清、高堰船價一錢八分。如在五、六、七、八月間裝運，照前遞減銀二分。

一、龍潭山青面石每丈：每塊如長一尺八九寸二尺，濶一尺一寸，厚九寸。不合式者，俱照麻面石相應採用。

山、清、高、寶、江、儀採買，山價一錢六分，運至儀真船價八分，運至江都船價一錢，運至高郵船價一錢二分，運至寶應船價一錢四分，運至高堰船價一錢六分。如在五、六、七、八月裝運，照前遞減銀一分。

一、龍潭山青裡石每丈：

山、清、高、寶、江、儀採買，山價八分，運至儀真船價五分，運至江都船價六分，運至高郵船價七分，運至寶應船價八分，運至高堰船價一錢。

一、巏峨山麻面石每丈：每塊長二尺五寸，濶一尺二寸，厚一尺。合式者：

山、清、高、寶、江、儀採買，山價一錢六分，運至儀真船價七分，運至江都船價九分，運至高郵船價一錢一分，運至寶應船價一錢三分，運至山、清、高堰船價一錢六分。

一、巏峨山麻裡石每丈：

山、清、高、寶、江、儀採買，山價八分，運至儀真船價五分，運至江都船價六分，運至高郵船價七分，運至寶應船價八分，運至山、清、高堰船價一錢。

一、石匠：

每鏨細青面石一丈，工銀一錢，撥砌工銀一分。

每鏨細麻面石一丈，工銀八分，撥砌工銀一分。

每砌裡石一丈，計二路，工銀一分。

一、樁木俱在瓜、儀差官收買：

一尺圍圓，每根價銀三分，儀真無水脚，江都水脚銀二釐，高、寶水脚銀四釐，山、清水脚銀五釐。

一尺一寸圍圓，每根價銀三分五釐，儀真無水脚，江都水脚銀二釐，高、寶水脚銀四釐，山、清水脚銀五釐。

一尺二寸圍圓，每根價銀四分五釐，儀真無水脚，江都水脚銀二釐，高、寶水脚銀四釐，山、清水脚銀五釐。

一尺三寸圍圓，每根價銀五分五釐，儀真無水脚，江都水脚銀二釐，高、寶水脚銀四釐，山、清水脚銀五釐。

一尺四寸圍圓，每根價銀六分五釐，儀真無水脚，江都水脚銀二釐，高、寶水脚銀四釐，山、清水脚銀五釐。

一尺五寸圍圓，每根價銀八分，儀真無水脚，江都水脚銀二釐，高、寶水脚銀四釐，山、清水脚銀五釐。

一尺六寸圍圓，每根價銀一錢一分，儀真無水脚，江都水脚銀三釐，高、寶水脚銀五釐，山、清水脚銀六釐。

一尺七寸圍圓，每根價銀一錢四分，儀真無水脚，江都水脚銀三釐，高、寶水脚銀五釐，山、清水脚銀六釐。

一尺八寸圍圓，每根價銀一錢七分，儀真無水脚，江都水脚銀三釐，高、寶水脚銀五釐，山、清水脚銀六釐。

一尺九寸圍圓，每根價銀二錢，儀真無水脚，江都水脚銀三釐，高、寶水脚銀五釐，山、清水脚銀六釐。

二尺圍圓，每根價銀二錢三分，儀真無水脚，江都水脚銀三釐，高、寶水脚銀五釐，山、清水脚銀六釐。

二尺一寸圍圓，每根價銀二錢七分，儀真無水脚，江都水脚銀四釐，高、寶水脚銀六釐，山、清水脚銀七釐。

二尺二寸圍圓，每根價銀三錢一分，儀真無水脚，江都水脚銀四釐，高、寶水脚銀六釐，山、清水脚銀七釐。

二尺三寸圍圓，每根價銀三錢五分，儀真無水脚，江都水脚銀四釐，高、寶水脚銀六釐，山、清水脚銀七釐。

二尺四寸圍圓，每根價銀三錢九分，儀真無水脚，江都水脚銀四釐，高、寶水脚銀六釐，山、清水脚銀七釐。

二尺五寸圍圓，每根價銀四錢三分，儀真無水脚，江都水脚銀四釐，高、寶水脚銀六釐，山、清水脚銀七釐。

二尺六寸圍圓，每根價銀四錢七分，儀真無水脚，江都水脚銀五釐，高、寶水脚銀七釐，山、清水脚銀八釐。

二尺七寸圍圓，每根價銀五錢一分，儀真無水脚，江都水脚銀五釐，高、寶水脚銀七釐，山、清水脚銀八釐。

二尺八寸圍圓，每根價銀五錢五分，儀真無水脚，江都水脚銀五釐，高、寶水脚銀七釐，山、清水脚銀八釐。

二尺九寸圍圓，每根價銀五錢九分，儀真無水脚，江都水脚銀五釐，高、寶水脚銀七釐，山、清水脚銀八釐。

三尺圍圓，每根價銀六錢三分，儀真無水脚，江都水脚銀五釐，高、寶水脚銀七釐，山、清水脚銀八釐。

以上俱照舊規，用鈔尺圍量。水脚分爲四等：一尺五寸以下、二尺以下、二尺五寸以下、三尺以下，遞加銀一釐。

一、雜料：

生鐵每斤銀五釐。

熟鐵每斤銀一分。

鐵釘，高、寶每斤銀一分五釐，江、儀每斤銀一分二釐，山、清每斤連炭一分三釐。

桐油每斤銀一分。

煤炭每石重一百斤，銀八分。白布每疋長二丈，銀一錢二分。紅布每疋長一丈八尺，銀一錢二分。

一、雜工：

木匠刨樁，每百段工銀一分五釐。

笆匠打笆，每丈工銀三釐。

鋸匠每名解板，以長一丈、高一丈給工食銀二分。如鋸樁雜用，每日止給食米二升。

打繩匠，每名給食米二升。

一、樁木照依總河部院定價，召商收買。

一尺圍圓，每根銀五分。

一尺一寸圍圓，每根銀六分。

一尺二寸圍圓，每根銀七分。

一尺三寸圍圓，每根銀八分。

一尺四寸圍圓，每根銀九分。

一尺五寸圍圓，每根銀一錢。

一尺六寸圍圓，每根銀一錢四分五釐。

一尺七寸圍圓，每根銀一錢九分。

一尺八寸圍圓，每根銀二錢二分五釐。

一尺九寸圍圓，每根銀二錢七分。

二尺圍圓，每根銀三錢一分五釐。各水脚在外。

按：物料必得構廠以居之，廳縣封識，鎖鑰維嚴，盛貯有法，出入有經，奸吏無敢侵漁，工匠無敢破冒，既無散失，復無朽蠹，則今歲未盡之料可用于來年耳。近多棄料于野，有廠無楗，胥代硃批，木歸私室，此余憤惋而特嚴置廠之條也。

樹株

昔秦人聚榆成塞，漢將因柳結營。凡河之種柳，蓋自平江伯始也。根株足以護堤身，枝條足以供捲埽，清陰足以庇縴夫，柳之功利信溥矣。盛履任之初，即令徧種，三歲之間，僅堪拱把，已可沿堤而紀其株。夫蓄艾必宜未病之先，儲穀不在已饑之後。十歲之計，猶冀後人之培植云。

卷之三

章奏

人臣經國，有謀必聞；聖主納言，以廣忠益。上下交而德業成，惟章奏焉通之。況河漕重寄，凡荒度之訏謨，疏鑿之遠略，上關陵運，下係民生，咸以入告。舊志所載，無當于南河者删之，河史所存，有切于時宜者条入。録自先達，迄于芻蕘，凡若干牘。

偹河塘疏

河道侍郎王恕奏曰：揚州一帶河道，南臨大江，北抵長淮，别無泉源，止藉高郵、邵伯等湖所積雨水接濟。湖身雖與河面相等，而河身比之湖面頗高，每遇乾旱，湖水消耗，則河水輙爲之淺澁，不能行舟。若將河身比湖面浚深三尺，則雖乾旱，亦不阻船。

前項河道，自南至北四百五十餘里，中間除深闊不用挑濬外，其淺澁可挑浚去處尚有二百餘里。約用九萬餘工，每人日給口糧二升，該用糧米一十萬八千餘石。捲埽、打壩共用樁木一萬六千餘根、草二十餘萬束。

及看得高郵湖自杭家嘴至張家溝，南北三十餘里，俱係磚砌堤岸，每遇西風大作，波濤洶湧，損壞船隻，失落錢糧、人命，不可勝紀。況前項堤岸之外，地勢頗低，再浚三尺、濶一十二丈，起土以爲外堤，就將內堤原有減水閘三座改作通水橋洞，接引湖水，于內行舟，仍于外堤造淺水閘三座，以節水利，雖遇風濤，亦無前患。若興此役，約用一萬三千餘工可完，每人日給口糧二升，該用糧米一萬五千六百餘石。合用築堤樁木五萬四千餘根、草二十三萬餘束。造減水閘并改造通水橋洞，約用磚石、樁木等料并工價銀二百餘兩。

又看得揚州灣頭鎮迤東河道，內通通、泰等四州縣二千户所，富安等二十四鹽場，其間有魚鹽柴草之利。在前河道疏通之時，二千户所運糧船隻俱在本所修艌，客商引鹽裝至儀真，每引船錢不過用銀四、五分，揚州柴草每束止賣銅錢二三文。近年以來，河道淤淺，不曾挑撈，加以天寒雨少，河水乾斷，舟楫不通，魚鹽柴米等項俱用旱車裝載，三所運糧船隻不得回還本所，牛車脚價迥貴，柴米價高，以致客商失陷本錢，軍民難以遣日。前項河道自灣頭起至通州白浦止三百四十餘里，俱用挑濶八丈、深三尺，約用八萬五千六百餘工可完，每人日給口粮二升，該用糧米十萬二千七百九十餘石。

再看得雷公上塘、句城塘、陳公塘，俱係漢唐以來古蹟，各有放水、減水閘座，年久坍塌，遺址見存。近年以來，止有打造土壩攔水，隨修隨坍，不能蓄積水利。若每塘修造板閘一座、減水閘二座，潦則減水，不致衝決塘岸；旱則放水，得以接濟運河。以上四塘，共造放水板閘四座，減水閘八座。除舊有磚石外，約用磚石、樁木等料價值并匠作工價銀二千餘兩。雜工止用各塘見在人夫，不必勞民動衆。

臣嘗詢之于衆，咸以謂若將此三處河道依前整理，庶幾舟楫疏通，永無淺阻風濤之患，爲往來軍民無窮之便。

防盗決疏

漕運都御史叢蘭奏曰： 照得淮安清河口直抵揚州瓜、儀兩壩，運河延長四百餘里，全賴高郵、寶應二湖蓄積無源之水，而淮安、瓜、儀設有閘壩，揚州一帶設有涵洞，以時蓄洩，防禦淺澁、衝決之患。每年春初水涸，正宜固蓄以通舟楫，不意往來馬快船隻到來，不肯由壩車放，輒便用强開閘放出放入，莫敢誰何。及遇天時亢旱，漕河水落，鮮船糧船起剥，尚不能行，而高郵、寶應一帶臨河豪民乃敢蠱惑人衆，赴官告要放水救田。豈知寶應湖延長只有十七八里，高郵湖不過三十里，湖底雖深，湖面得濟漕河者止有一尺之餘。湖東高郵、寶應、興化、鹽城并各衛所屯種低田，環繞二三千里。以二三十里湖面尺餘之積而欲濟此數千里無涯之田，能救不能救，此不待言而後知也。又豈知此湖一放，其涸可立而待。除行管河郎中及該府州管河官用工築塞，將得水之家并盗決之人提問外，但前項河道專爲進貢鮮品及漕運而設，如何可與江南湖塘積蓄水利特爲灌溉民田者比？奈何無知奸豪全不畏法，而且興言怨謗。

再照涵洞、閘座，初意專爲水大洩水而建，乃今臨湖小民通同管塘夫老，凡遇水大時月，封閉堅厚，使水無所從洩；水小時月，却將涵洞偷開，閘座從底竊放，使水無所積蓄，是皆不利於漕河。先年管河官員有見于此，曾將前項涵洞改建滚水壩數座，水大從上漫流，上仍加板三層，以備旱乾公私之用，衆皆稱便。但不利于臨湖之田，富豪挑沮，而遂止之，今皆廢弛。

再照管河郎中及管閘、管泉主事，專爲河道而設。徐、沛管閘、管洪既設有主事管理，而郎中應照舊在于揚州、高郵兩處有事地方駐劄，往來巡視。仍將儀真并揚州一帶涵洞，查照先年改造滚水壩事體，將一帶牐、洞俱各改建滚水壩，務使河水與壩面相平，而下深及河底，高下量留四尺有餘，必須以河道淺深爲準，庶便船行，永無所阻，且可以消奸豪觖望之心。

臣等又伏睹《大明會典》內宣德四年令： 凡運糧及解送官物并官員、軍民、商賈等船到閘，務積水至六七板方許開。若公差內外官員人等乘座馬快船或站船，如是急務，就于所在驛分給與馬、驢過去，并不許違例開閘。

進貢緊要者，不在此例。成化間令：凡閘，惟進鮮船隨到隨開，其餘務待積水。若豪强逼勒擅開，走洩水利，及開閘不依帮次争鬥者，聽閘官將應問之人送管閘及巡官處究問。因而閣壞船隻，損失進貢官物及漂流係官糧米并傷人者，各依律從重問罪，干碍勢豪、官員參奏究治。其閘内舡已過，下閘已閉，積水已滿，而閘官夫牌故意不開，勒要客船錢物者，亦治罪。欽此欽遵外，爲緑日久，人心廢弛，合當申明前例，刊給紅牌，干各閘壩禁約，往來船隻，敢有故遠及指稱勢豪名頭夾帶民船過閘者，聽所在官司指實參奏，與世豪盗決堤岸者，俱照例究問。

浚河道疏

河道都御史李如圭奏曰：　黄河發源，俱載史傳，今不敢煩瀆，姑自寧夏爲始言之。自寧夏流至延綏、山西兩界之間，兩岸皆高山石麓，黄河流於其中，並無衝決之患。及過潼關，一入河南之境，兩岸無山，地勢平衍，土少沙多，無所拘制，而水縱其性，兼之各處小水皆趋於河，而河道漸廣矣。方其在洛陽河内之境，必東之勢未嘗拂逆，且地無高下之分，水無傾瀉之勢，河道雖大，衝決罕聞。及入開封地界，而必東之勢少折向南，其性已拂逆之矣。況又接南北直隸、山東地方，地勢既有高下之殊，而小水之入于河者愈多，淤塞衝決之患自此始矣。此黄河之大概也。

今之論黄河者，惟言其彌漫之勢，又以其遷徙不常而謂之神水，遂以爲不可治。殊不知黄河之水泥沙相半，流之急則泥沙并行，流之緩則泥沙停積，而停積則淤之漸矣；淤之既久，則河高而不能行。水性就下，必于其地勢之下者而趋之；趋之既久，則岸面雖若堅固，水行地下，岸之根基已浸灌疏散而不可支矣。及遇大雨時至，連旬不晴，河水泛漲，瀰漫浩蕩，以不可支之岸基而遇此莫能禦之水勢，頃刻奔潰，一瀉千里，遂成河道，無足怪也。合無聽臣督同河南、山東并南、北直隸管河副使張綸等，備查所管黄河州縣河道地里遠近，動支河道銀兩，打造上、中、下三等船隻，置造大小鉄扒鍬，分發各該管河官收領。遇有淤塞，即便督率人夫，撑駕舡隻，用心扒浚，堅硬去處則用鉄鍬，俾泥沙随水而去，河道爲水通流，則傾瀉之患將漸弭矣。

再照黄河先年由河南蘭陽縣趙皮寨地方流經考城、東明、長垣、曹、蕭等縣，流入徐州。近年自趙皮寨南徙，由蘭陽、儀封、歸德、寧陵、睢州、夏邑、永城等州縣流經鳳陽地方入淮。其歸德、蘭陽等州縣，即今水患頗大，亦聽臣督行管河道，責令各該管河官員調用人夫，修築堤岸，并扒浚河道，務使淤塞開除，自無衝決之患，防護完固，可免渰没之虞。其舊黄河，即今尚有微水流至徐州、吕梁二洪，亦合時加扒浚，使不致断流，接濟運道，且分殺黄河水勢。如此，則河患可息，而運道亦有益矣。

勘漕河疏

兵部侍郎王以旂奏曰：看得黄河之在運道，論其衝決之害，固不可有，計其自然之利，亦不可無。查得漕河初開之日，原不資于黄河，後因屡被衝決，曹、單、豊、沛、魚臺，數十年間泛濫瀰漫，勢莫能遏。治水諸臣因其勢而曲爲宣防，故徐、吕二洪以南亦賴濟運。然魯橋以下諸閘及昭陽湖泊多被淤塞，運道受害，不可勝言。

今河漸南徙，舊決各口若趙皮寨、若孫家渡、若銅瓦廂集、若杜勝集、若梁靖口，俱已乾塞無水，惟存野鷄岡孫繼口一處，亦係舊渠道河支流，直出徐州小浮橋，徑下徐、吕二洪，比之往年出自豊、沛、魚臺等處絶不相同，盖與諸閘無干，可免淤塞之患。若令本口多開一溝，常借三分支流，使之必歸渠内，則二洪得以通行無阻，兼之上流既分，大勢自殺，鳳陽之水亦可減輕也。

但黄河變遷不常，勢難逆料，既浚之後，難保其不復淤，既塞之後，難保其不復決。所貴得人任職，及時修築，常于本口水發之時多置混江龍、鉄爬往來疏浚。其餘一帶水涸之後，查其見役夫老，徑行設法挑濬。則上經流地方，各設管河官員查照前議，日加疏濬。則上流有所受而不拒，下流有所洩而無阻，二洪亦常得接濟矣。

開越河疏

工部郎中陳毓賢奏曰：寳應、氾光湖，往來運糧等船入湖三十餘里。湖堤舊基俱是土石築成，僅高湖面不過三尺許，堤西湖身勢高，堤東田勢下，惟賴一堤障水而已。且西有天長、六合、泗州等處，地勢高阜，一遇雨積水發，即時瀰漫，加以黄河水漲，又由淮口而横奔，數年水患，不時衝決，非惟運糧有妨，而寳應、塩城、興化、通、泰等州縣民田渰没，饑荒随至，此江北之第一患也。

如比照高郵湖先年刑部侍郎白昂修築康濟河事例，于湖堤迤東修築越河一道，庶可免百年風波之患。其次者，自淮安而下寳應堤東，有曰黄浦，有曰郎兒溝，曰劉家堡，曰三里溝，曰津湖高郵新河，曰九里灣，曰三淺，曰四淺，曰五淺，界首俱各有溝，可以通注于海。各造中等平水閘一座，大約用銀不過三千餘兩。如糧運用水五尺，則閘限以六尺爲凖，水高則聽其自洩，水平則聽其自止。自洩自止，随長随消，雖有水澇，補之有素，減之有漸。如堤下宋涇、成子、蛤拖、新溝等河港，行令人夫挑濬深濶，使之流通達海。夫然則受水有地，不害乎民田，横水有洩，不決乎堤岸。二者兼舉，亦河防之常利也。

保湖堤疏

漕運都御史周金奏曰：夫徙薪者，貴在于未燃；

遏流者，莫要于蟻穴。與其事至而無備，孰若先事而預防。況此堤南接衆湖，東連大湖，逼近黄、淮二河，水易泛濫。兼以舊埂低薄，樁石頹壞，西風一起，巨浪拍天，齧蝕之土，豈能抵此重勢？及今不治，則來歲運道重爲可虞。

臣目擊前弊，乃不敢自逸，節次撑駕小船，躬往比處，再加相度。驗得淮入閘口，東至城下，析而南向，與裏河衆流相敵，倉卒洩瀉不前，未免合勢衝決。臣屢謀諸士庶，皆曰必須查照先年原築丈尺及蓄洩事宜，置閘疏導，分洩下流，更須堅築堤岸，務期高厚，一則可以預防衝頹。

除淮安迤南、黄浦迤北河堤五十餘里，事在緊急，先行督令該府，趁時就便，取土培築。及府城西門外烏沙河一帶至方家等閘地方，見今淤淺，會行各該管理河道衙門先行挑浚。其寶應、高郵南北沿湖處所一應置閘、培築、加堤、浚導等項情節，合用錢糧、人夫不貲，事干重大，未敢擅便，謹逐一議擬，開呈上塵睿覽。

憂河患疏

工科都給事中嚴用和奏曰：　淮、邳淤塞，比前尤甚，則協心共濟，當此豈容緩圖？所有急應挑浚、修築事宜，合行申飭，伏乞勅下該部，查照節次題覆，再加詳審議擬，請自上裁。一面移咨侍郎趙孔昭親自踏勘，作速區處。

淮河上下一帶，令南河郎中王楫及淮安府縣各官，邳河上下一帶，督令呂梁主事唐鍊及邳州各官督率夫役，分任責成。且留方信壩決口未塞，以洩積潴之水。或從西湖嘴起，浚至仁義壩，另開便道，以通往來船隻。仍開通濟閘，由外口起，至淮城西門，以循故道。從長計算，視其用力多寡緩急，即爲挑浚。如河淤近已衝開，亦宜乘勢加工，俾其大通無阻。

及將寶應湖口并方信、仁義二壩決壞堤岸趁時修築，一面移咨都御史翁大立，宜知聖明德意固當動宜，臣隣職司各有專責。業已報知淮、邳淤塞，便須從此路星夜馳還，會同侍郎趙孔昭，督該河道郎中、主事及各地方兵備、守巡、府縣等官，上緊率作興事。應挑浚者挑浚，應修築者修築，定在河水未合之前挑浚修築事竣，俾南還漕艘、北來進鮮船隻俱得通行完報，庶于國計有裨，責任無忝。

復諸閘疏

兵部侍郎萬恭奏曰：　臣惟善治者，宜永其法於不匱；謀國者，當通其變于未窮。比年黄河横流，運道艱阻，朝臣拊髀而太息，河臣蓬累而奔馳，淮水之南棄焉不講。蓋淮南之運道盡壞矣，祖宗之初制盡失矣，非當事者故棄淮南也，智窮于閘道，力竭于黄河，其不得不棄淮南者，勢也。

臣以上年十一月浮河、淮，歷高、寶諸湖，以達于瓜、儀，遠覽遐思，可爲流涕。夫高、寶諸湖，周遭數百里，西受天長七十餘河，秋水灌湖，徒恃百里長堤。若障之使無疏洩，是潰堤也。以故祖宗之法，徧置數十小閘于長堤之間，又爲之令曰『但許深湖，不許高堤』，故以淺船淺夫取河之淤，厚湖之堤。夫閘多則水易落而堤堅，浚勤則湖（逾）〔愈〕深而堤厚，意至深遠也。比年畏修閘之勞，每壞一閘即堙一閘，歲月既久，諸閘盡堙而長堤爲死障矣；畏浚淺之苦，每湖淺一尺則加堤一尺，歲月既久，湖水捧起而高，寶爲盂城矣。循此安窮？臣是以有復諸閘、復淺船淺夫之議，諸閘欲密、欲狹、欲平水。密則水疏，亡脹悶之患；狹則勢緩，亡衝擊之虞；平水則湖溢耶，水從上透，湖即涸耶，閘底截住，亡啟閉之勞，高、寶、興化諸州縣亡潰堤昏墊之苦。此祖宗之法所當議復者一也。

淮安清江浦河六十里，先臣陳瑄浚至天妃祠東，其口決而注于黃河，運艘出天妃口入黃河，穿清河，半（餉）〔晌〕耳。嗣緣黃河水漲，逆注入天妃口，而清江浦多淤。第制天妃口可也，議臣乃塞天妃口，令淮水勿與黃水值，而費十餘萬開新河，以接淮河。其説曰：接清流，勿接濁流，可不淤。不知黃河非安流之水也，伏秋盛發，則西擁淮流數十里，併灌新開河。彼天妃口，一黃水之淤耳；今淮、黃會于新開河口，是二淤也。夫防一淤生二淤，又生淮、黃交會之淺，歲役丁夫千百，隨浚，水過隨合，而又使運艘迂八里淺滯而始達于清河，孰與出天妃口者便且利？今年黃、淮交會太淺，運艘阻梗，臣預開天妃月河，以待一掘而通之，四日而出南船四千二百艘于黃河，運遂盡矣，臣是以有建天妃閘之議。蓋今早運之期，黃水正落，由清江浦啟天妃閘，順出黃河，既無淺阻，又免挑浚，漕船魚貫直達清河。運盡，黃水盛發，則閉天妃閘謝絶黃水，彼河雖善淤，安所假道而犯及清江浦哉？黃水一落，又啟天妃閘以利商舶。新河口勿浚可也，勿用可也，坐省年年淮、黃交會挑浚之憂。是補陳瑄之所未備，此祖宗之法所當議補者二也。

由黃河入閘河爲茶城。出臨清板閘七百餘里，舊有七十二淺。自創開新河，汶流平衍，地勢無復高下相懸，七十淺悉爲通渠，斯萬世之利也。唯茶、黃交會之間，運盛之時正值黃河水落之候，高下不相接，則相失而相傾，是以有茶城黃家閘之淺，連年患之。祖宗時建有境山閘，今自新河水平，閘没泥淖中幾丈餘，棄不復用。臣於茶城爲之西堤，束水急衝，而茶城不淺。茶城之上爲之四活閘，束水急衝，而黃家閘不淺。然非久計也，臣是以有復境山閘之議。境山閘上距黃家閘二十里，下接茶城十里，而基故在。今特於故基之上累石而爲之，工費可省七分之五。夫此閘成，則既可以留黃家閘外二十里之上流，又可以接茶城内十里之下流，而又挾二十里之水勢衝十里之挾流，蔑不勝矣，何徒苦丁夫之挑浚、運船之盤剥爲？此祖宗之法所當議復者三也。

建瓜閘疏

漕運都御史王宗沐奏曰：瓜洲鎮當江、淮運糧咽喉，節該先任漕運都御史鄭曉及科道等官張博等建議，將原有土壩改閘，工部題奉欽依，備行候勘。近該河道都御史萬恭會臣酌議，應于本鎮花園港建閘二座，分定附近通州、泰州、如臯、泰興四州縣掌印官管造，仍候部議轉行。估計合用錢糧，先支河道銀兩，候扣下江南總過壩脚米折銀補還緣由，已經會題外，但查建閘節年議論雖多，竟未估計興舉，恐復因循，時月耽誤。該臣督行管理漕務右叅政潘允端，督同杭州府押運判官孫烺、揚州府同知任賢親詣踏勘。自花園港從江口勘至鎮西月河出運河口止，計長六里六分，路道環繞，水流平緩，而上河與下港地勢間有高低，應建四閘。會于本港時家洲月河口建爲頭閘，估計合用工料銀二千三百六十六兩一錢四分。自月河裏港陸地開浚至尤家碾爲二閘，又于詹家橋爲三閘，每閘該銀二千二百四十一兩三錢二分。阮家莊爲四閘，該銀二千三百六十六兩一錢四分。共銀九千二百一十四兩九錢二分。開港三十六畝七釐五毫，每夫日給工食銀三分，共銀二千九百二十兩四錢四分。各閘起盖官廳，置辦車盤器具，共銀八百四十六兩七錢五分。以上通共該銀一萬二千九百八十二兩一錢一分。其各閘幇堤、(澇)〔撈〕淺、栽樹等項，所費不多，俟建閘工完另議等因到臣。看得前項閘工，既該道府各官估計明白，相應及時建造。況近來糧運限以十二月完兑，即正月前來重船可抵瓜洲，所據興工，勢不可緩。然雖分定四州縣管理，必須責委專官，督工監造，庶于新運有裨。合無乞勅該部再加查議，行臣會同河道都御史將揚州、淮安二府庫貯河工銀內借支一萬二千九百八十二兩一錢一分，督同管河郎中、兵備等官，將前閘座責成各州縣分管，速行採石鳩工，刻期建造。

及查得鎮江府同知于時保、杭州府通判孫烺皆才猷老練，任事實心，相應專委，會同駐劄揚州府同知陳可大監督工程，務在十二月以裏告完，不致有悮新運。事完通將實用過錢糧數目造册奏繳。其四閘官吏、人夫不必添設，即以本鎮原有閘壩官二員、條記一顆、司吏一名、壩夫二百五十八名移置應用。每年糧運到日，查照儀真事體，開閘放行，過盡封閉，將鑰匙封送漕司收貯，每閘止留夫五名看守，其餘退回各壩，仍舊車放民船。糧運空船回南，如前啟閉。其一應民載客船，俱常川由壩挑盤，不許由閘出入。該鎮閘壩事務，責成駐劄同知提調。

兵部侍郎萬恭奏曰：瓜洲爲運道咽喉，而下江等總歲運漕儲二百萬石，咸必由之，一向建設土壩。凡江北之空船南兑，必掣壩以出，江南之重船北運，必盤壩以入。運船有靠損之虞，盤剥有脚價之費，停泊江濱有風濤之患，船隻輻輳有守候之苦。諸臣屢次建白，該部累次題覆，欲與〔於〕花園港、猪市等處建閘，慎嚴啟閉，俾運艘往來直達江滸，委屬利便。而竟格不得行者，徒以本鎮壟斷之徒欲牟大利，每假走洩水利爲辭。查得儀真亦近大江，國初亦設土壩，後因車盤不便，弘治年間改建閘座，迄今上江漕運便不可言。且高、寶諸湖之水歲以瀰漫決堤爲患，未聞以走洩涸竭爲患也。況國家之事未有全利而無害者，惟擇其利多而害少者爲之。今閘成之後，漕舟通利，若履平地，一便；盡免車盤，船無靠損，二便；隨到隨過，風波無虞，三便；閘座既通，高、寶諸湖水有疏洩，不致敗堤，四便；閘道通行，商舶雲集，市廛交易，水陸畢至，五便。夫愚民不可慮始，國計亟宜遠圖，茍有利于漕儲，少不利于百姓，即所謂多利而害少者，尚爲之也，而況官民俱便、俱有利而無害者乎？

伏乞勑下該部覆議上請，容臣等破拘攣之見，建久大之策，委官作速估計，期于必成。合用工費，聽臣于河道銀內查發應用，行令附近通州、泰州、如皐、泰興四州縣，每一州一縣共建一座，止用官員前來董理，並不令其派出錢糧。用過河道銀兩，就于下江總二百萬石漕糧內所省車壩脚米折銀，逐年扣還。則官不費而功成，民不勞而事集，閘壩並用，江湖聯屬，咽喉通利，血脉貫串，爲國家生靈計，無便於此。

兩河經略疏

臣潘季馴謹題：爲遵奉明旨，陳愚見議治兩河經略，以圖永利事。

據管理河道工部郎中佘毅中等、管河兵備糸政龔大器等蒙臣劄付，看得水性就下，以海爲壑。向因海壅河高，以致決堤四溢，運道、民生胥受其病。故今談河患者，皆咎海口，而以浚海爲上策，則誠然矣。

第海有潮汐，茫無著足，不得已而議他闢。豈知海口視昔雖壅，然自雲梯關四套以下濶七八里至十餘里，深皆三四丈不等。縱使欲另開鑿，必雖深濶相類，方便注放，則工力艱鉅，必不能成。矧未至海口，乾地猶可施工，及將入海之處，則潮汐往來，亦與舊口等耳。且海之舊口，皆係積沙，人力雖不可浚，水力自能衝刷。乃若新闢之地，則土壤堅實，不特人力難措，而水力亦不能衝。故職等竊謂：海無可浚之理，惟當導河以歸之海，則以水治水，即浚海之策也。

然河又非人力可以導也。欲順其性，先懼其溢。惟當繕治堤防，俾無旁決，則水由地中，沙隨水去，即導河之策也。顧頻年以來，無日不以繕堤爲事，亦無日不以決堤爲患，何哉？卑薄而不能支，迫近而不能容，雜以浮沙而不能久，堤之制未備耳。是以黃決崔鎮等口，而水多〔比〕〔北〕潰，爲無堤也；淮決高家堰、黃浦等口，而水多東潰，堤弗固也。乃議者不咎制之未備，而咎築堤爲下策，豈得爲通論哉？

又有所未盡者，上流既潰，堤以旁決矣。至于下流復或岐而分之，其趨于雲梯關至海口者，譬猶强（努）〔弩〕之末耳。蓋徒知分流以殺其怒，而不知水勢益分則其力益弱，水力既弱，又安望其能導積沙以注于海乎？職等故謂今日浚海之急務，必先塞決以導河，尤當固堤以杜決。而欲堤之不決者，必真土而勿雜浮沙，高厚而勿惜鉅費，讓遠而勿與争地。斯堤于是乎可固也。如徐、邳、桃、清沿河各堤固矣，崔鎮等口塞矣，則黄不旁決而衝漕力專；高家堰築矣，朱家口塞矣，則淮不旁決而會黄力專，淮、黄既合，自有控海之勢。

又懼其分之則力弱也，則必暫塞清江浦河，而嚴司啟閉，以防其内奔。姑置草灣河而專復雲梯，以還其故道，仍接築淮安新城長堤，以防其末流。盡令黄、淮全河之力涓滴悉趋于海，則力强且專，下流之積沙自去。下流既順，上流之淤墊自通，海不浚而闢，河不挑而深矣。此職等所謂固堤即所以導河，導河即所以浚海矣。

猶慮伏秋水發，暴漲傷堤。職等查得，吕梁上洪之磨臍溝、桃源之陵城、清河之安娘城等處，土性堅實，可築滚水石壩三座。若水高于壩，任其走洩，則水勢可殺，而兩堤無虞矣。

至若寶應石堤之當復，與夫下流支河之當疏，揚州運河之當浚，皆今時之切務，所宜次第併舉而不可緩者也。

但前項工程自豐、沛、徐、淮以至海口共長千有餘里，自清江浦以至儀真共長三百餘里，地勢遥遠，工程浩大，一時錢糧未措，人夫難集。除前請發銀二十萬兩，并截留漕糧八萬石，一面先將豐沛縷堤、太行遥堤及徐邳一帶縷堤酌量幇築，桃清南堤併接淮安新城長堤乘時創築，高家堰兩頭水勢稍緩，先行築塞；寶應湖，先用樁笆修築土堤外，其餘各項工程相應大加修舉者，一面請發錢糧，調集官夫，買辦物料，次第興舉，務保無虞等因，併將應做工程列款呈詳到臣。

據此因，該臣會同右侍郎江一麟議得：『事師古者罔愆，智不鑿者乃大。』《孟子·論智》一章，首以禹之治水爲喻，而論爲政，則曰『爲政不因先王之道，可謂智乎？』是大智者事必師古，而不師古，則鑿矣。故治河者必先求河水自然之性，而後可施其疏築之功；必先求古人已試之效，而後可仿其平成之業。

黄水來自崑崙，入徐濟運，歷邳、宿、桃、清，至清口會淮而東入于海。淮水自洛及鳳，歷盱、泗至清口會河而東入于海。此兩河之故道，即河水自然之性也。

胡元歲漕江南之粟，由揚州直北，出廟灣入海。至永樂年間，平江伯陳瑄始堤管家諸湖，通淮河，爲運道。然慮淮水漲溢，東侵淮郡也，故築高家堰堤以捍之。起武家墩，經小、大澗，至阜寧湖，而淮水無東侵之患矣。又慮黄河漲溢，南侵淮郡也，故堤新城之北以捍之，起清江浦，沿鉢池山、柳浦灣迤南，而黄水無南侵之患矣。尤慮河水自閘衝入，不免泥淤，故嚴啟閉之禁，止許漕艘、鮮船由閘出入，匙鑰掌之都漕，五日發籌一放，而官民船隻悉由五壩車盤，是以淮郡晏然，漕渠永賴，而陳平江之功至今未斬也。

後因剥（食）〔蝕〕既久，隄岸漸傾，水從高家堰決入，一郡遂爲魚鱉。而當事者未考其故，乃謂海口壅塞，遂穿支渠以洩之。蓋欲亟拯淮民之溺，多方規畫，以爲疏導之計，其意甚善，而其心良亦苦矣。詎知旁支暫開，水勢陡趨，西橋以上正河遂至淤阻，而新開支河濶僅二十餘丈，深僅丈許，較之故道不及三十分之一耳，豈能容受全河之水？下流既壅，上流自潰，此崔鎮諸口所由決也。

今新開尋復淤塞，故河漸已通流，雖深濶未及原河十分之一，而兩清全下，沙隨水刷，欲其全復河身不難也。河身既復，面濶者七八里，狹者亦不下三四百丈，滔滔東下，何水不容？若猶以爲不足，而欲另尋他所，别開一渠，恐人力不至于此也。以臣等度之，非惟不必另鑿一口，即草灣亦須置之勿浚矣。故爲今之計，惟有修復平江伯之故業，高築南北兩堤，以斷兩河之内灌，而淮、（楊）〔揚〕昏墊之苦可免。至于塞黄浦口，築寶應堤，浚東關等淺，修五閘，復五壩之工，次第舉之，則淮以南之運道無虞矣。

堅塞桃源以下崔鎮口諸決，而全河之水可歸故道。至于兩岸遥堤，或葺舊工，或創新址，或因高岡，或填窪下，次第舉之，則淮以北之運道無虞矣。淮、黄二河既無旁決，並驅入海，則沙隨水刷，海口自復，而桃清淺阻又不足言矣。此以水治水之法也。

若夫扒撈、挑浚之説，僅可施之于閘河耳。黄河河身廣濶，撈浚何從？捍激湍流，器具難下，前人屢試無功，徒費工料。但恐伏秋水發，淫潦相仍，不免暴漲，致傷兩堤，故欲（與）〔於〕崔鎮口、陵城、安娘城等處再築滚水壩三道。萬一水高於壩，任其宣洩，則兩堤可保，而正河亦無淤塞之患矣。徐州以南之工如此而已。

或有難臣者曰：臣等欲順水性，今淮水欲東，而乃挽之使北，黄水欲北，而乃挽之使東，無乃水性之未適乎？臣曰：水以海爲性也。決水乃過顙在山之水也，非其性也。或者又曰：昔禹治河，播九河，同爲逆河，入于海。今臣等乃欲塞諸決，併二瀆，而不使之少殺耶。縱有滚水壩，僅去浮面之水百一耳，亦焉能殺其勢也。臣應之曰：九河非禹所鑿，特疏之耳。蓋九河乃黄河必經之地，勢不能避，而禹仍合之，同入於海，其意蓋可想也。況黄河經行之地，惟河南之土最鬆。禹導河入海，（一）〔止〕經郟縣、孟津、鞏縣三處，皆隸今之河南一府，其水未必如今之濁。今自河南府之閿鄉縣起，至歸德之虞城縣止，凡五府，河已全經其地，而去禹導河之時復三千餘年。流日久，土日鬆，土愈鬆，水愈濁。故平時之水以斗計之，沙居其六，一入伏秋，則居其八矣。以二升之水載八升之沙，非極湍急，即至停滯。故水分則流緩，流緩則沙停，勢所必至者。臣等不暇遠引他證，即以近事觀之，草灣一開，而西橋故道遂淤，崔鎮一決，而桃、清以下遂湮。去歲水從崔家口出，則秦溝遂爲平陸。此眼前事也，又何疑哉？所據司道諸臣欵議前來，臣等復加參酌，似應允從，伏望勑下該部，再加查議。如果臣等所言不謬，俯賜俞允，行臣等遵照，及時興舉。除工程、夫役、錢糧數目另本具陳外，謹題請旨：

一議塞決以挽正河之水。竊惟河水旁決，則正流自微，水勢既微，則沙淤自積。民生昏墊，運道梗阻，皆由此也。臣等查得：淮以東，則有高家堰、朱家口、黄浦口三決，此淮水旁決處也桃源上下，則有崔鎮口等大小二十九決。此黄水旁決處也，俱當築塞。但伏秋之水相繼而至，非惟地爲水占，無處取土，抑且波濤洶湧，爲工不堅。除將決口稍窄者見在分投興築外，其決至數十丈以上者，一面鳩集工料，相時興舉。

一議築堤防以杜潰決之虞。照得堤以防決，堤弗築，則決不已。故堤欲堅，堅則可守，而水不能攻。堤欲遠，遠則有容，而水不能溢。累年事堤防者，既無真土，類多卑薄，已非制矣。且夾河束水，窄狹尤甚，是速之使決耳。合無力監前弊，凡堤，必尋老土；凡基，必從高厚。又必繹賈讓『不與争地』之旨，倣河南遠堤之制。除豐、沛太黄堤原址遥遠仍舊加幫外，徐、邳一帶舊堤，查有迫近去處，量行展築月堤。仍(與)〔於〕兩岸相度地形，最窪易以奪河者，另築遥堤。桃、清一帶南岸多附高岡，但上自歸仁集，以至朱連家墩古堤已壞，相應修復，下抵馬廠坡，地形頗窪，相應接築，以成其勢。北岸自古城至清河，亦應創築遥堤一道，不必再議縷堤，徒糜財力。及查清江浦外河一帶至柳浦灣止，爲淮城北堤。除埽灣单薄量行加幫外，但原基短促，防護未周，仍自柳浦灣至高嶺創行接築四十餘里，以遏兩河之水盡趋于海。自清江浦運河至淮安西門一帶舊堤，相應再行幫厚，勿致裹河之水走洩妨運。如此則諸堤悉固，全河可恃矣。

一議復閘壩以防外河之衝。查得平江伯陳瑄創開裹河，仍恐外水内侵，特建五閘，設法甚嚴，鎖鑰掌于漕撫，啟閉屬之分司，運畢即行封塞，一應官民并回空船隻悉令車壩。此在嘉靖初年尚爾循行故事，制非弗善也，奈何法久漸弛，五壩已廢其一，僅存四閘，亦且坍塌殆盡，漫無啟閉。是以黄、淮二水悉由此倒灌，致傷運道，合無議復舊制，將見存四閘俱加修理，嚴司啟閉。俟二月前後糧運過完，即行封閉，惟遇鮮貢船隻，方許啟放。仍行查復五壩，以便官民船隻照舊車盤，毋致曲狥使客，致壞良規。

一議止浚海工程以免糜費。照得海口爲兩河歸宿之地，委應深濶。但查海口原身，自清口至安東縣闊二三里，自安東歷雲梯關至海口面濶七八里至十餘里，深各三四丈不等。止因去年旁決之後，自桃、清至西橋一帶淤塞，尋復通流。今雖未及原身十分之一，而兩河之水全歸故道，並流洗刷，深廣必可復舊。至云相傳海口橫沙并東西二尖，據土民季真等吐稱，並未望見。潮上之時，海舟通行無滯，潮退，沙面之水尚深二尺。況橫沙并東西二尖各去海口三十餘里，豈能阻碍河流？故臣等以爲不必治，亦不能治。惟有塞決挽河，沙随水去，治河即所以治海也。別作一渠與復浚草灣，徒費錢糧，無濟于事。聖旨：這治河事宜，既經河、漕諸臣會議停當，依擬都准行。着他們悉心着實興建永利。各該經委分任人員，如有玩愒推諉，虛費財力者，許不時拏問条治。其未盡事宜及臨時事勢，或與原議不合的，也着陸續奏聞，務求有益。應用錢糧，部裡會户部上緊議來。

查議通濟閘疏

臣潘季馴謹題：爲目激時事，敷陳愚悃，以裨治安事。

據管理閘座工部主事黄曰謹等勘得：通濟閘建立甘羅城堅實之地，兩崖頗高，捍挽甚便。水勢北趋，河流平緩，運艘往來，頗稱利便。所據閘、壩，不必改移，宜從舊貫等因。

據此，該職等親詣前項地方，督率多官，覆加查勘。謹按：舟從今通濟閘出口者，以此口專向淮河，獨受清水。惟伏秋大漲，黄流未免倒灌。故於入伏之時，閘外捲築軟壩，無非爲避黄計也。至九月水落，仍復開壩由閘。蓋自九月以後至五月以前，通濟之水有清無濁，三閘遞相啟閉，其法甚便。故先年改天妃閘而爲通濟閘，以天妃閘當黄而通濟閘近清也。見今糧運通行，水皆清平如舊，旋啟旋閉，頗爲不難。況昔黄流只有一道，今分流草灣一百五十餘丈，已減全河大半。若欲改閘而南，必從淮城以下出口。張口受黄，日有沙壅，是平江伯建閘以避濁，今反背清而就濁矣。全河大勢已奔草灣，而清浦、西橋一帶漸淤，復從淤處建閘，是又舍通而就塞矣。且板閘、鈔關與船廠、倉庾、户、工各部三分司，皆在清江沿河地方，以便督造抽分，二百餘年於兹矣。今若改閘而南，則清江板閘一帶必至乾斷，三分司與諸閘廠俱當改建，爲費不貲。三閘延袤六十餘里，人烟輳集，仰商賈挑盤之利者萬有餘家，若閘改而南，必奪生理，移署遷民，事在得已。況糧艘經由清浦，如履盤盂之內，甚爲平穩，遽從淮南出口，是舍清夷之渠而多受黄河六十餘里捍挽之苦，仍恐運軍亦難之耳。再詢淮中士夫，皆稱：淮城風水，前有清淮，後有黄河，環流迴抱，有如襟帶，乃縉紳生靈之血脉也。今從淮南建閘，將使淮地中断，而自絕其襟帶矣。談者多稱不利，難以拂衆强圖。及勘通濟閘迤南一帶，別無可通舟楫之所。職等反覆思維，誠不如仍舊爲便。呈乞本院定議題請等因。

又據清江管閘分司呈稱，蒙臣憲牌，仰司即查通濟閘入春以來有無黄流内入？波濤湍激，是否不能閉閘迴瀾？各閘啟放之後，因何不行下板？備將致害緣由，從實呈報。依蒙查得，清口乃糧運咽喉所係，自有通濟等閘啟閉以來，順時節宣，河無漲溢，成效如睹。去冬遵守新立傳籌規矩，啟一閉二，遵行無失。入春，黄水未發，糧運出口，絡繹無停，三閘俱開，晝夜催儹，時難暫閉，外水雖入，悉皆清流平緩。若糧船出盡，即遵前法啟閉。況今清江外堤修築完固，附堤淤土，一望數十餘丈，(决)〔絕〕無他患緣由，各呈報到。

今據前因，該臣查得，國初踵習元人故事，以海爲運。永樂年間，平江伯陳瑄創鑿清江浦一帶，以通淮、黄兩河，始以河爲運矣。然清浦原無來流，全借河流内灌，方可浮舟，而黄流甚濁，恐至淤墊，故復設天妃等五閘，遞互啟閉，以便節宣。時將入伏，閘外即築軟壩，一應船隻俱於五壩車盤。良法美意，二百餘年利賴之矣。後因天妃閘全納濁流，故復改於三里溝，尋復改於甘羅城，即今之通濟閘是也。此處爲南河口，乃淮水獨經之地，離黄向淮，用清避濁，漕渠無淤墊之患，舟航有利涉之休，人甚便之。惟於五六月間，黄水盛發，不免逆上，與淮並入。而時將入伏，築壩斷流。九月開壩，則黄水業已退矣。

今給事中徐常吉題請移閘稍南，通漕別所，極爲訏謨長慮。如果徙避有地，真爲萬世之利。但細查淮郡之外，別無支流可引。欲通漕舟，不得不資兩河；欲資兩河，必難免其内灌。然分流不及十分之一，而滔滔北去由安東入海者，固如故也。若移閘愈南，則納濁愈甚。司道諸臣所云『背清就濁』『舍通就塞』，而運艘多涉險阻六十餘里，皆所不免矣。至如改建衙門，遷移廠閘，費雖不貲，無足論也。

臣又查得，初春水落，正當平緩之時，止因運艘晝夜放行，諸閘不便下板，傳者遂謂不能啟閉。今運艘如期出口，各閘啟閉如故，委與該司查勘相同。臣不敢蔽，伏望敕下該部覆加勘議，務求久安長治之策，以爲河、漕永賴之計，地方幸甚，臣愚幸甚！謹題請旨。

奉聖旨：工部知道。

查復舊規疏

臣潘季馴謹題：爲乞恩查復舊規，以利漕渠事。

臣等謬膺簡畀，肩厥鉅艱，日夕兢兢，惟恐一事未周，有負任使。兹幸廟堂主持，諸臣效力，導河防決之工，駸駸然有涓埃之驗矣。但於淮安一帶閘河，終有未安者。

臣等初至地方，目擊淮安西門外直至河口六十里，運渠高墊，舟行地面。昔日河岸，今爲漕底。而閘水湍激，糧運一艘非七八百人不能牽挽過閘者。臣竊恠之，詢之地方，俱云：自開天妃閘後，專引黄水入閘，且任其常流；並無啟閉。而高堰決進之水又復鎖其下流，以致沙淤日積。萬曆五年，河渠堙塞，隨浚隨淤。不得已，開朱家口，引清水灌之，方得通舟。臣等乃決意開復通濟閘，以引范家湖清流。且請修舉陳瑄故事，嚴其啟閉。隨該工部覆奉欽依，咨行遵照。見由通濟閘引水濟舟，河身亦覺漸刷。數年之間，或可復故矣。但沙淤可免，而湍流如舊，牽挽不易，而啟閉甚艱。且聞淮河暴發，亦有渾流。臣等求其善處之術而未得也。隨行據司道等官、郎中張譽等博訪志傳，查得永樂初年，原由海運，淮郡與黄、淮二河隔絶不通。後因平江伯陳瑄疏清江浦之渠，引水以通淮安，東南運艘始得直達京師。復慮黄、淮之水沉沙易淤也，乃建清江、福興、新莊等閘，遞互啟閉，鎖鑰掌之漕撫，開放屬之分司，法至嚴矣。復慮水發之時湍急，難於啟閉，又於新莊閘外暫築土壩，以遏水頭，水退即去壩，用閘如常。延至嘉靖八年間，壩禁廢弛，河渠淤塞。該漕運都御史唐龍、河道侍郎潘希曾題奉欽依，仍復舊規，載在簡册者，班班可考也。數十年來，初議浸失，前患復滋。臣等詢之地方耆宿，皆云：運渠卑隘，最易沙淤。淮地低窪，最易盈溢。若倣古人之制，嚴啟閉於春冬之時，築外壩於伏秋之際，則非惟河身無壅墊之患，而田廬亦無浸潦之苦矣。臣等反覆思維，請復舊規爲便。及查每歲三月以前，糧運俱過；六月初旬，鮮貢已盡；其餘船隻皆可盤壩，並無妨礙。即如鎮江京口閘，遇冬築塞，入春方啟，其例固可援也。伏望勅下該部，再加查議。如果臣等所言不謬，每歲於六月初旬，一遇運艘并鮮貢、馬船過盡，即於通濟閘外暫築土壩，以遏横流，一應官民船隻俱由盤壩出入。至九月初旬，仍舊開壩用閘，庶於國計民生兩利之矣。

再照人情易玩，法禁易弛。勢豪人員任情自恣者，難保不無地方當事之臣稍稍阿狥，輙至濫觴。懇望皇上特降嚴旨，容臣等刻石金書，垂示各閘之上，庶幾人心有常目之警，而良法無久弊之患矣。謹題請旨。

奉聖旨：工部知道。

工部覆前疏

題爲乞恩查復舊規，以利漕渠事。該總理河漕右都御史潘季馴題前事，又該總督漕運右侍郎江一麟題同前事，俱奉聖旨『工部知道』。欽此欽遵。送司案呈到部，看得總理河漕右都御史潘季馴等題稱：淮安一帶，黄、淮灌入，運渠高墊，且閘水湍急，啟閉甚難。查得平江伯陳瑄建清江、福興、新莊等閘，遞互啟閉，以防黄水之淤。又於水發之時，閘外暫築土壩，遏水頭，以便啟閉。水退，即去壩用閘如常。其法至善，議要修復舊規，并請特降嚴旨，垂示各閘，使勢豪人員不敢任情阻撓一節。爲照黄、淮二河之入淮郡也，由先臣平江伯陳瑄疏浚清江浦始也，而其立法則甚密矣。慮黄、淮灌入，泥沙易淤，而建閘以慎啟閉。又慮水發湍急，難于啟閉，而築壩以遏水衝。自是渾流不入，閘河不壅，大爲運道之利。後來閘、壩廢弛，淮安一帶河渠始日就墊塞，費區畫矣。況水發常在六月，此時糧運及鮮貢船隻俱已過盡，築壩似無妨礙。雖官民船隻盤剥未便，終不得因此而廢河漕大計也。且築壩止是水發時候，自六月至九月初旬，不過三月餘，即去壩用閘如常，不便於民船者無幾時，而便於漕渠者則甚大。所據都御史潘季馴等具題前來，似應依擬，恭候命下本部，備咨總理河漕右都御史潘季馴、漕運侍郎江一麟即查先年閘、壩舊規，斟酌修復。凡清江、福興、新莊等閘，俱要以時啟閉，不得開放無度，以致泥沙灌入，有礙運道。每歲至六月初旬，運艘、馬船過盡，伏水將發，即於通濟閘外暫築土壩，以遏横流。一應官民船隻，俱暫行盤壩出入。至九月初旬開壩，復用閘啟閉。仍將題准明旨，刊示各閘之上。如有勢豪人員恃强阻撓，應拿問者，徑自拿問，應条奏者，徑自条奏，毋得阿狥假借，庶人心知警，法不廢格，而河渠有賴矣。

奉聖旨：這築壩、盤壩事宜，俱依擬。有勢豪人等阻撓的，即便拿了問罪。完日，於該地方枷號三箇月發落。干礙職官，条奏處治。

申明鮮貢船隻疏

臣潘季馴謹題：爲乞恩查復舊規，以利漕渠事。

准南京兵部咨稱：案照先准臣等咨，已經備行南京内守備廳速查，今運鮮貢等差，總計幾起已撥裝載，五月以前過淮出口者幾起，未撥差限尚遲、約在築壩之後發行者幾起，一面移文本部差撥，就令通濟閘外停泊，以待各差抵閘盤船前進，庶免臨期誤事。隨准該廳回稱：水鮮鰣魚，例在五月初旬採完，楊梅例在小暑之後採取。俱各在京裝船，先用底蓋鹽水打築結實，然後起運前進。水鮮船隻，勢不可盤，煩爲議處到部，合咨河道、漕運衙門酌量前差。尚在五月之内，伏秋未至，水勢未發，姑待二起鮮船出口，方行築壩。如壩不容緩，前項水鮮作何計處，使不誤事，希由咨報等因到臣。

案照萬曆七年七月二十六日准工部咨，該臣等會題前事，本部覆議，每歲至六月初旬，伏水將發，即于通濟閘外暫築土壩，以遏横流。一應官民船隻，俱暫行盤壩出入。至九月初旬，開壩。仍將題准明旨，刊示各閘之上。如有勢豪人員恃强阻撓，應拿問者徑自拿問，應条奏者徑自条奏，毋得阿狥假借等因。

題奉聖旨：這築壩、盤壩事宜，俱依擬。有勢豪人等阻撓的，即便拿了。問罪完日，於該地方枷號三箇月發落。干礙職官，叅奏處治。欽此。備咨臣等通行欽遵間，今歲遇閏五月二十二日即已入伏，相應先期築壩，誠恐鮮貢船隻所至後期，預咨該部轉行早發。去後，今准前因。該臣會同漕撫右都御史江一麟議照清江裏河，向因外河伏水帶入泥沙，致澱漕渠，應照先臣陳瑄舊規，先期築壩，已經題奉嚴旨，通合遵守。今該監既謂水鮮鰣魚在五月初旬，楊梅在小暑之後各採完，若肯較常早發，沿途無滯，計五月二十以前，二項鮮船俱可趕到。若至入伏之日，各船愆期不至，勢難久待。隨經咨覆該部，及延至入伏之日定行築壩外，但恐各監拘泥故常，逗遛不發，延至壩成，又以盤船不便推諉，臣等不無掣肘。況所進水鮮不多，盤壩只須頃刻，即使車盤不便，亦可預撥馬船停泊壩外，鮮到之日，對船盤剝，亦無妨碍。漕渠關係甚重，似當量從權宜。伏望皇上軫念國計，勅下該部，申飭南京守備衙門，每歲水鮮船隻較常催儹早發，務在伏前旬日抵淮，不至有礙築壩。萬一愆期，即從天妃壩車盤，或預撥馬船停泊外河船剝，著爲定例，庶臨期不致妨阻，而漕渠永無沙澱矣。謹題請旨。

河工告成疏略

臣潘季馴爲恭報兩河工程，仰慰聖衷事。

萬曆七年十月初六日，奉河、漕衙門劄付，俱爲奉明旨，議治兩河經略，以圖永利事行職等將派定工程刻期興舉，職等遵依，督率委府州縣等官親詣工所，照式率作。總計築過土堤十萬二千二百六十八丈、石堤三千三百七十四丈，塞過大小決口一百三十九處，建過減水石壩四座、新舊閘三座、減水閘四座、涵洞二座、車壩三座，築過攔河、順水等壩十道，濬過運河淤淺一萬一千五百六十三丈，開過河渠二道，栽過堤柳八十三萬二千二百株。其各堤高卑酌量補葺者，恐煩瑣聽，候勘官至日，另册開送。

照得數年以來，黄、淮二河胥失故道，而地方爲壑。蓋由黄河惟恃縷堤，而縷堤逼近河濱，束水太急，每遇伏秋，輒被衝決，横溢四出，一瀉千里，莫之底極。故有諸決以致正河流緩，泥沙停滯，河身墊高。淮水又因高家堰年久圮壞，潰決東奔，破黄浦，決八淺，而山陽、高、寶、興、鹽悉成沮洳，清口將爲平陸。黄、淮分流，淤沙罔滌，雲梯關入海之路坐此淺狹，而運道、民生俱病矣。

自去秋興工，諸決盡塞，水悉歸（漕）〔槽〕[一]，衝刷力專，日就深廣。遥堤相望，河流其中。即使異常泛漲，縷堤不支，而溢至遥堤；勢力寬緩，必復歸（漕）〔槽〕。而減水四壩復以節宣盈溢之水，不令傷堤。故在遥堤之內，運渠可無淺阻；遥堤之外，民田可免渰没。雖不能保河

〔一〕『歸漕』應爲『歸槽』。

水之不溢，而能保其必不奪河；固不能保縷堤之無虞，而能保其至遥即止。高家堰屹然如城，堅固足恃。今淮水涓滴盡趋清口，會黄入海，清口日深，上流日涸。不特堤内之地可耕，而堰外湖坡漸成赤地矣。其高、寶一帶，因上流俱已築塞，湖水不至漲滿。且寶應石堤新砌堅緻，故雖霖潦浹旬，堤俱如故。黄浦八淺，築塞之後，俱各無虞。柳浦灣一帶新堤環抱淮城，並無嚙損。不特高、寶田地得以耕藝，而上自虹、泗、盱眙，下及山陽、興、鹽等處，皆成沃壤。此淮水復其故道之効也。

見今淮城以西、清河以東，二瀆交流，儼若涇渭，誠所謂『同爲逆河，以入于海』矣。海口之深，測之已十餘丈。蓋借水攻水，以河治河，黄、淮並注，水滌沙行，無復壅滯。非特不相爲扼，而且交相爲用。故當秋漲之日，而其景象如此。昔年沙墊河淺，水溢地上，止見其多；今則沙刷河深，水由地中，止見其少。地方士民皆謂二十年來所曠見也。此盖聖心獨斷，廟筭堅持，是以職等得胼胝。向使少爲異議所摇，則此時不知更作何狀矣。

臣等受事之初，有謂當開支河以殺下流者，有謂海口當另行開濬者。夫棄故道，則必欲乘新衝。新衝皆住址陸地，漫不成渠，淺澁難以浮舟，不可也。留諸決，則正河必奪。桃、清之間僅存溝水，淮、揚兩郡一望成湖，不可也。開支河，則黄河必不兩行。淮河泛溢，隨地沮洳，水中鑿渠，則不能；别尋他道，則不得。况殺者無幾，而來者滔滔，昏墊之患何時而止？不可也。惟開濬海口，於理爲順。臣等親詣踏看，則見積沙成灘，中間行水之路不及十分之一。然海口故道，則(東)〔一〕自二三里以至十餘里。詢之土人，皆云：往時深不可測，近因淮、黄分流，止餘涓滴入海。水少而緩，故沙停而積，海口淺而隘耳。若兩河之水仍舊全歸故道，則海口仍舊全復原額，不必别尋開鑿，徒費無益也。臣等乃思，欲疏下流，先固上源；欲遏旁支，先防正道。遂決意塞決，以挽其趨；築遥堤，以防其決；建減水壩，以殺其勢而保其堤。一歲之間，兩河歸正，沙刷水深，海口大闢，田廬盡復，流移歸業，禾黍頗登，國計無阻，而民生亦有賴矣。盖築塞似爲阻水，而不知力不專則沙不刷，阻之者，乃所以疏之也；合流似爲益水，而不知力不弘則沙不滌，益之者，乃所以殺之也。旁溢，則水散而淺；返正，則水束而深。水行沙面，則見其高；水行河底，則見其卑。此既治之後與未治之先光景大相懸絶也。每歲修防不失，即此便爲永圖。借水攻沙，以水治水，臣等蒙昧之見，如此而已。至於復閘壩，嚴啟閉，疏濬揚河之淺，亦皆尋繹先臣陳瑄故業，原無奇謀秘策，駭人觀聽者。偶倖成功，臣等何敢貪天功以爲己力哉？伏乞勑下該部覆議，差官勘閲，明實施行。謹題請旨。

〔一〕據《河防一覽》，該字當爲『廣』。

高堰請勘疏

總河侍郎潘公季馴題稱：於十月十五日准工部咨，覆奉欽依，行臣等遵奉題准事理，採石甃砌高家堰。臣即分行各司道，查照興舉。南河分司郎中張譽見在下椿甃砌間，忽聞泗州鄉官、原任湖廣叅議常三省者特具一揭，危詞悍語，不可殫述。而中間最所聳動人者，云『祖陵松栢淹枯，護沙洗蕩』二句。臣讀之，不勝駭汗。

先該臣於九月間督同南河郎中張譽、(潁)〔穎〕[一]州道副使唐鍊親詣祖陵勘議。初乘坐船，一入陵東沙湖口，則淺涸難進。復易小舟，約行六七里登岸，陸行至下馬牌邊半里許，又行里許至廷墀。恭謁訖當，同各官并奉祀朱宗唐周圍閲視得，山基高埠，松栢茂鬱，湖水僅及岡脚，堤根俱露乾地。當詢朱宗唐：淮水暴漲之時，水及何處？本官回稱：至下馬橋邊。墀水係是驟雨宣洩不及。隨據各司道議得，爲今之計，惟有量將舊閘加增高濶，便洩雨水。前歲所築東南隅石堤，較之内地反卑，無甚關係。但已成之業，亦宜修葺。隨將應修堤閘及泗州護堤工程咨覆工部，訖及。

又查得，陵東嘉靖二十一年所築堤閘堅好如故，而前歲接築石堤圮裂甚多，内無托石，外無釘筍，必係委管堤工員役侵扣錢糧所致。復行該道嚴查何官管理，應叅應究，另行呈奪。未報。

據其『淹枯』、『洗蕩』等語，則臣等恭謁之時，豈皆無目者耶？然臣終不自安也，又于十月二十二日，臣復往泗州，督同該州知州秘自謙、盱眙縣知縣詹朝等躬閲祖陵，則見河湖之水較前更澁，光景頓殊，松栢鬱然，籠雲蔽日。即地濱所栽旱柳，亦皆生意勃然，而塹外護沙高阜如故。臣殊怪士人口吻，豈宜如此誑誕？回至該州，面詢知州秘自謙。彼云：士夫何常親到陵上閲視，止據小人相搆之語，遂形紙筆耳。

竊照臣與前任漕撫都御史江一麟未至之時，稱淮水爲害之大、高堰當復之由者，不知其幾千萬人，而形之撫按之奏牘、臺省之條陳者，又不知其幾千萬言也。然臣亦不敢輕率舉事，到任之後，親詣泗州，會集生員、里老人等備詢：泗州水患，在高堰未決之前，抑既決之後也？僉曰：高堰決，而泗州水患爲甚也。清口塞于高堰未決之前，抑既決之後也？僉曰：高堰決而清口塞也。臣應之曰：是誠然矣。

蓋高堰決，則淮水東，黄河隨躡其後。故清口塞，而堰内皆住址陸地。其洩不及清口之半，故泗州之水聚。今塞高堰，乃所以通清口而洩泗州之水也，遂断然請于皇上而行之。

[一]『潁州』應爲『穎州』。

去春高堰既成，即聞泗水消落，臣未之信也。尋于五月二十二日接到該州鄉宦御史趙卿遺臣與江一麟書，云：大工底績，數十年沮洳之鄉一旦膏壤，諸名公必潰之役倏爾告成。國家幸甚，生民幸甚！古謂地平天成，萬世永賴者，更何狀哉？又遺各寮屬書曰：治河之役，古今稱難。今日之河緣雲梯關塞而不通，高家堰通而不塞，是以桑梓鞠爲巨浸，陵寢亦有小妨。十餘年來，當事者徒爲長嘆，兹幸神謨妙算，倏爾成功。然今論功者止云兩府貧民得免魚鱉之患，三陵樹木得免渰没之虞而已，而不知淮、黄合流爲祖陵一大合襟，所關尤重。如堰功不成，則淮奔而南矣。即此言之，其功在朝廷，豈特咽喉之樞、腹心之病云乎哉？至于吾民之沃壤極目，歡聲盈耳，又有不能盡述者。而臣猶未之信也。九月十八日，又據營田道僉事史邦直揭稱：本月初七日，職經越城等處達淮、泗間，沿途看得，高堰以東地方，數年間洪波浩蕩，非二、三月不見地皮，比及四月，復如初矣。而泗城，淮河瀰漲漫衍，令人蹙焉，今也皆爲平陸亢爽，無復津涘，但佈種者，即嘉禾穰穰。而泗州四外，俱成乾灘，淮田地中，去堤岸十餘丈。而黄童白叟共曰：十數年來未見，不意今日復睹平地。而職亦待罪地方既已三年，往來此地，歲不下數次，誠未睹有光景如今日也。至于避水孑遺，棄田里廬舍，携父母妻子遠去，望故土而泫然者數稔矣。今皆即舊基積土爲壁，舖蘆爲屋，子婦歡呼，雞犬聚棲。職一經行，咸入照覽，有不圖爲樂之至于斯也。泗士居民各亦互相駭愕，自遜見識不到。夫以上之士民，世世其中，歲歲其患，又皆縉紳名流，而所識見僅如此，則治河者可膚淺道哉？臣睹此揭，方快然自以爲得矣。

夫據二臣書揭，則高堰未築之前與既築之後光景頓異，了然在目矣。陛下與廟堂諸臣焦心勞思者數載，臣等胼手胝足者逾年，方成此工。今陛下且俯納科臣之言，用石甃砌，以爲億萬年無疆之計矣。三省等遽欲毁之，忍乎哉？今歲之水委果異常，往歲止發一次，今則再發；往歲以數尺計者，今則及丈然。五月末旬暴漲，六月俱消；七月中旬暴漲，九月俱消。即三省揭中亦謂目今淮流少減，遂謂祖陵無恙，誠然矣。然既稱少減，則消而復漲，漲而復消，乃水性必然之理。即徐、邳間皆然，不獨泗州爲然也；即山、陝、河南皆然，不獨徐、邳爲然也。有今歲異常之雨，則有今歲異常之水，三省等能使天之不雨乎？南都濱臨大江，蘇、浙逼近滄海，五、六月間，街市可舟，一望巨浸。又聞承天顯陵水深六、七尺，豈亦有高堰阻之乎？

臣不敢瑣瑣辯瀆，即以揭中最舛之語爲皇上陳之。案查嘉靖十二年，前任河道都御史朱裳請于祖陵東西南三面量築土堤，以障泛濫。該都御史劉天和接管，勘得祖陵西北二面土岡聯屬，永奠無虞。其南面，山岡之外即俯臨沙湖。西有陡湖之水，亦滙于此。淮河自西而來，去祖陵一十三里。但遇夏、秋淮水泛濫，與前項湖河諸水通連會合，間或渰及岡足及下馬橋邊。今據匠役王良等量得，自淮河見流水面至陵地，共高二丈三尺一寸。百餘年來，每歲水溢，未聞衝決，事體重大，未敢輕擬等因。又查得《泗州志》載元知州韓居仁所撰《淮水泛漲記》內稱：大德丁未夏五月，淮水泛漲，漂没鄉村廬舍。南門（外）〔水〕深七尺〔一〕，止有二尺二寸未抵圈磚頂，城中居民驚懼。因考宋辛丑之水大此二尺，丙寅小此二尺，今取高低尺寸，刊之于石，以後水漲，官民視此（忽）〔勿〕驚懼云〔二〕。又查得盱眙縣石刻載邑人蔣仲益《記》內稱：正統六年五月連雨，六月，水浸泗城，官民咸避盱眙山，泗州衛前水高一丈三尺，漂没廬舍，大驚駭。按：宋淳祐、咸淳、元大德及我朝洪武乙丑、永樂己丑，皆大水焉，不可不紀，以慰後人云。各志、石種種在也，漢、唐無考矣，我朝正統以後無論矣。即志、刻所載，自宋之淳祐至我朝正統，泗州每爲水困。而揭云：萬曆以前，堰未築，則鮮害，果何説也？考之郡志，高堰爲漢陳登所築，而我朝平江伯陳瑄復大葺之。相傳千有餘年，乃云原無高堰，萬曆元年創築，如其無也，則隆慶四年以前，高堰未決，淮揚何以無水患乎？塹外護沙原非人爲，自開闢以來有之者，即志、刻所載歷朝大水，較之今歲不啻三倍，護沙固無恙也，乃今遂洗蕩乎？

高堰居淮水之東，中間尚隔阜陵、泥墩諸湖。淮水北出清口，則直而順；出高堰，則逆而難。揭云：高堰横攔直受，使淮流至此紆回曲折而不得直下。是未知高堰安頓何處，可論水乎？又云：萬曆以前，河、淮于清口會合，通流入海。惟自高堰一築之後，淮益弱，河益强，蕩激泥沙，日累月積，此又不經甚矣。夫高堰通流，則淮分而弱，反謂之强；高堰斷流，則淮全而强，反謂之弱。何其舛乎？先任漕撫衙門特因清口沙塞，製混江龍，以滚刷之，畢竟無效。臣與江一麟率同司、道、府、州、縣官二十餘員親往清口閲視，僅存一線，人皆褰裳而渡，此高堰大潰時也。延至次年二月，高堰築而清口始闢。今反言之，舛甚矣。

三省又云：淮人以此堰爲便，特田土耳，孰愈害及人民。夫高堰決後，淮揚之民流離轉徙，阽于死亡者，不知其數。無論（以）〔已〕〔三〕。淮水東注黄浦、八淺，高、寶一帶横潰四決，覆溺船隻，阻梗運道，三省輩獨不聞乎？況雲梯關外海口甚澗，全賴淮、黄二河併力衝刷。若決高堰，清口必淤；止餘濁流一股，海口必塞；海口塞，則下壅上潰，黄河必決，運道必阻。此前歲之覆轍也，三省

〔一〕據《河防一覽》，『外深』應爲『水深』。
〔二〕據上下文意思，『忽』應爲『勿』。
〔三〕據上下文意思，『以』應爲『已』。

輩未之知乎？

臣前至泗州時，有以清口淤塞語臣者，臣應之曰：清口既塞，則泗州城外之水從何宣洩，而今乃消落歸（漕）〔槽〕若是也？語者詞少澁然。臣猶不自信，隨率南河郎中張譽、淮安府同知莊桐、清河縣知縣袁世南，駕扁舟從諸湖中泛至清口，直抵清河縣南，逐一探試得：河湖相連處，所滙爲巨浸，萬頃茫然。中間深淺不等，自一丈五尺以至四五尺。一入清口，淮水方有歸束。以四丈之繩繫石投之，未得其底。盖水散則淺，水聚則深，其理然也。今三省輩欲加疏浚，不知從何措手？試即令彼爲之，當自見也。

又云：二者以撤高堰爲要。此時清口水僅一二尺，近堰之外深幾二丈。是計其水所從洩，清口難而高堰易也，此又譸張甚矣。夫清口深（愈）〔逾〕四丈，堰外見有乾灘，水勢迥異，萬目昭彰，誰能掩乎？盖不言祖陵之傷，無以動人；不言清口之塞，難以毁堰，而不自知其大非士人舉動矣。

臣諦思之，三省輩寧無人心者，何其變亂黑白至此哉！且其揭不行于高堰初議之時，而行于高堰久成之後；不行于淮水暴漲之日，而行于淮水消落之餘。何哉？盖緣泗州巨商私販，北自河南，南至瓜、儀，勢必假道清浦運河，而各閘不免稽留，分司不免税榷，人甚苦之。數年以來，皆從高堰直達，爲利甚大。先任漕撫都御史王宗沐于萬曆元年築堰斷流，而泗人危言四起，卑薄不加，遂致中圮。侍郎吴桂芳亦知高堰當築，幾欲興工，有泗州棍徒楊明恕者造爲飛語，多方煽惑，因循墮誤。臣初至之時，亦常以游言力阻。臣堅執不允，繼復請于高堰迤南五十餘里周家橋至古溝一帶鑿渠通湖，而淮安之民又欲比照高堰一體加築。臣行司道，查得彼處地形亢于高堰，淮水大漲，則從此漫入白馬湖，浹旬不雨，仍爲陸地，此天然減水壩也。如欲加築，則淮水暴漲，不免增益，而高堰難守。然留此以洩異常之水則可，如欲開鑿成河，淮水從此長流，則非特淮揚被害，而清口亦將復淤，俱不可也，任之而已。

泗人無路中阻，向抱悒悒。兹當臣將去之日，復襲故智，以申前説，而不知其中更有大不可者。夫祖陵風水，全賴淮、黄二河會合于後，風氣完固，爲億萬年無疆之基。地方鄉乘載吴桂芳語云：『鳳、泗皇陵，全以黄、淮合流入海爲水會天心，萬水朝宗，真萬世帝王風水』，與趙卿前書所云『淮、黄合流爲祖陵一大合襟』，誠知言也。今若（與）〔於〕高堰等處從中劈畫一路分之，使抱身之水反跳而去，萬一有誤，誰執其咎？夫三省輩偶見淮水暴漲，則動輒以陵寢爲言。至若分淮、黄之流以壞祖宗萬年根本之地，則又悍然不顧。以全淮之力出清口，則以爲塞，中分淮水之力，則清口又以爲通，公乎私乎，誠不知其何心也？

臣又念之，當兩河泛溢之時，民生昏墊，國計梗阻，則人以朝廷不遣大臣、愛惜財費而嘵嘵矣。今朝廷遣大臣矣，不惜財費矣，一歲之間，兩河順軌，往來利涉矣，而泗人又欲毁成業而興新工，忘大體而行私臆。地方之私臆無窮，而朝廷之財力有限，臣不知其所終也。此議不息，則大舋猶存，必須速勘明白，方可杜絶後患。而見奉明旨，採石甃砌，淆言四起，人心惶惑，何以成功？誠不可不速爲之計也。

况臣管窺之見固止于此，犬馬之力亦盡于此，而寧敢遂謂其必無遺策乎？今臣奉旨離任，正地方人情得以攄發之時，勘議諸臣得以虚心之日。伏望勅下該部，轉行尚書凌雲翼，毋拘成議，毋靳成功，可改圖者，即爲改圖；可增損者，則爲增損，荒度諏諮，務求全美。此固國家之幸，地方之幸，而使臣他日無遺議焉，亦臣之大幸也。如三省等之言必不可行，亦望特降明綸，著爲令甲，使他日懷私好事之徒不得妄生厲階，以亂國是，則公論早定，而事體畫一矣。

再照人情不免顧忌讒口，尤多推（委）〔諉〕。臣若仍縻廩禄，則他日勘議者稍拂三省等意，不曰雲翼同官相護，必曰屬寮畏臣，徇臣而不敢持公議矣。伏望將臣放歸田里，使凌雲翼等得以虚心勘議。如臣之所行者是，而三省輩所言者非，即欲用臣未晚也。臣一日不去，人言一日未息，懇乞陛下憐而允之。

奉聖旨：高堰築後，河道安流，績效已著，豈可因一二無稽之言又行勘議？着遵前旨，上緊修築，以終前功。常三省倡言阻壞成議，姑革去原職爲民，其餘且不查究。以後再有這等的，拏來重處。工部知道。

寶應越河疏

漕撫都御史王廷瞻題，爲恭報開濬寶應越河興工日期事。

案照先准工部咨，爲重臣鉅工相須有成，抒陳末議，仰裨國計民生事。該吏科給事中陳大科題前事，又爲開越河，避湖險，以利國計民生事。該前總督漕撫右副都御史李世達、巡按御史馬允登、巡鹽御史蔡時析各會題，要將寶應湖石隄之東開挑越河，以避湖險，估計合用工料銀二十五萬兩等因。該本部覆議，合候命下，移咨總督漕撫衙門及咨都察院，轉行巡按、巡鹽御史督率司道等官，將前應開越河、應築隄壩悉照原估深濶丈尺，并應建閘座趂時興舉，分地責成，務期二堤堅固，湖患永消。定限本年九月内興工，萬曆十四年五月内告完。其合用錢糧，本部查照户部議動銀數，行南京户部動支庫銀十萬兩，兩淮巡鹽御史動支積餘銀十萬兩，二項共銀二十萬兩，觧發淮安府收貯，聽候先行支用。其後不敷，另行酌議題請。工完，將做過工程、用過人夫錢糧造册奏繳。管工官員，分别勤惰，覈實題請，比照高堰大工事例，從優陞賞其久任漕臣，以便責成。科臣指陳，深爲有見，仍乞皇上勑下吏部，如其所奏，責成在事諸臣，必候堤工告成之日方許陞遷。庶規畫不誤目前，一勞可期永逸等因。題奉聖旨：是。這開濬越河等項事宜，依擬，着漕運衙門督率所屬用心經理，務垂永利。欽此欽遵，備咨到臣。時臣方抵任受事之始，即仰遵明旨，一面移文南京户部及行兩淮運司，支取前項銀兩，一面督行各該司道分投委官、募夫、辦料、採石、燒磚，定限九月以裏興工。去後，又該臣勘得：寶應新開越河初勘已備，無容復議。但工大費鉅，比之尋常脩筑不同，必須致詳於前，可免貽艱於後，俾工有實效，財不虛糜，方爲停妥。隨經牌行司道，各將分管工程逐一再加會勘，分析詳報。續據南河郎中許應逵、中河郎中陳瑛，漕儲參政馮敏功，海防兵備參政舒大猷、徐州兵備副使莫與齊各會呈，督同委官淮安府同知公一楊、宋大儒、鳳陽府同知許應地、廬州府同知查志文、揚州府通判李廷楚、兩淮運司判官秦懋德親詣工所，覆加查勘。

除先經議妥外，其寶應土地廟迤南原有八潭，中間大小、深淺不等。今勘惟六淺潭、秤鈎灣二處水勢深濶，相應包石。其餘六潭俱係小潭，水亦平淺，與各潭對過處所，只用樁笆攔築堤根，不必槩用石砌。及查寶應湖石堤，上年嘗大舉脩理，採辦石塊，原有餘剩遺存，舊堤上下計有四千六百二十餘丈，俱可湊用等因。備將分析緣由呈報到臣。

該臣看得：各潭原估，俱用石砌。盖以用防越河一時水勢衝決，而爲預備之計。但湖堤原有石包，大潭又用石砌，堤防已密，而越河一線之水，勢窄流平，風浪難作，擬用樁板幇築之工，可保無虞。其前修隄遺存石塊，當此越河興工之際，公家復有採辦之難，相應就便取用，亦可省一分之費。

臣又查得：越河大工原分爲五，每司道各管一工，無非專致責成之意。但司道係是總管，必須長駐工所，調度稽查，使官夫不至怠惰，錢糧支發以時，方克有濟。若分爲五工，臣慮各司道尚有本等職務，兩相牽制，顧照不周，宜將五工併爲三工。每工司道二員，相兼總管。第一工分屬南河郎中許應逵、海防兵備參政舒大猷同管，第二工分屬中河郎中陳瑛、徐州兵備副使莫與齊同管，第三工分屬漕儲參政馮敏功、(潁)〔潁〕州兵備道同管〔一〕。今新任副使賈如式尚未到任，而漕儲道將有催運之行，此工臨時不免乏人。臣查理刑主事羅用敬駐劄頗近，無妨兼攝。庶各司道彼往此來，得以更番料理，而職業、工程兩不妨誤。

臣覆會同巡按直隸監察御史馬允登、蔡時鼎，議照前項越河工程既經司道會勘僉同，臣廷瞻復審酌無異，相應

〔一〕此處『潁州』應爲『潁州』。

及時開濬。已於九月二十一日親率各官祭告興工外，臣惟竇應湖險阻，爲國計生民之患久矣，是工肇舉之日，無問遠邇，莫不歡忭鼓舞，以頌我皇上拯救之仁。即在工大小官員，亦皆踴躍趨事，靡有後先。睹此人心競勸，而大工可尅期告成矣。除將各管工文職官員已經遵照原題，開咨吏部停止陞遷，俟工完另叙外，緣係恭報開濬竇應越河興工日期事理，爲此具本題知。查得前項工程於萬曆十二年九月二十一日興工，于十三年四月二十九日告完。該漕撫部院王廷瞻具題，該工部尚書楊兆于本年六月内覆，奉聖旨：是。河名與做『弘濟』。

又七月初七日，本部院將在事大小臣工叙録具題，奉聖旨：這河工叙薦的，須查實在效勞官員分别陞賞，毋得濫及。諸司各有專職，以後凡工完奏捷等項，再不必叙及輔臣。該部知道。欽此欽遵。又該工部尚書楊兆叙録各功，題奉聖旨：竇應越河工完，各官效有勤勞。王廷瞻陞户部尚書，兼都察院左副都御史，照舊督撫，仍賞銀三十兩，紵絲四表裡。許應逵，先與正四品，服俸差滿之日，於京堂内推補。陳瑛已陞了，還加俸一級。羅用敬、莫與齊，俱陞一級。舒大猷，陞一級，照舊致仕。馮敏功，准贈太僕寺卿。張允濟，陞服俸一級，還與傅來鵬、蔡國炳各賞銀十五兩。公一楊等九員，各陞俸一級，賞銀十兩。黄策等八員，各賞銀八兩。其餘分委佐貳等官，着漕運衙門分别給賞，該部仍各與紀録。已陞王府官的，不准調。湯世隆，加少保，仍兼太子太保。楊兆，賞銀三十兩，紵絲二表裡。王遴、李世達、傅希摯、何起鳴，各二十兩，二表裡。王友賢、曾同亨各十五兩，一表裡。王敬民、馬允登、李棟、蔡時鼎各銀十兩。該司郎中五兩。欽此欽遵。該工部移咨總漕部院，查照本部題奉欽依内事理，欽遵施行。

辯開周家橋疏

管理南河工部黄爲事關專職，見聞頗真，直陳宣洩泗水，保全運道緣由，乞聖明裁定，以垂萬年永利事。去秋見《邸報》，見原任漕撫都御史周一本，爲州治積水霪潦益甚等事，又巡按御史高一本，爲前事。

夫泗州乃祖宗根本重地，積水經年，民居墊溺，將令祖陵有沮洳之患，則宣洩之方，誠宜亟講而不容頃刻緩者。但泗水固當宣洩，而運道尤宜保全。彼撫、按二臣原疏述泗民之言，謂有欲濬施家溝者，有欲開周家橋者，有欲弛張福口堤者，不過備陳民間之策，以俟決擇，未敢以周橋爲必可開也。及部復，奉旨會勘，總漕、總河二院俱劄職會同中河郎中及徐、（顥）〔潁〕、揚三道虚心博訪，從長酌議。隨據高郵州通學生員張行中等、耆老陳雷等呈狀二紙，条酌鄙見，一詳總漕御史，一送巡鹽御史，中間條陳宣洩泗水與周橋不可開狀甚悉。諸臣回示，咸謂事在商議，未敢持爲必然之畫。而總河則以職言爲有見識，謂衆論異同，事必中止。近接《邸報》，工科一疏，意專在周橋。又見鳳陽道府等官盡圖貼説，旦夕即開周橋。職爲此大懼，敬三薰三沐，披肝瀝膽，爲我皇上直陳之。

夫高家堰與周家橋相接一堤也，特堰迤北而橋迤南者也；堰以内與橋以内之水相連一淮也，特堰地稍低而橋地稍高者也。使周橋可開，則堰地何所事守？高堰必守，則周橋斷不可開。故開周橋者，乃開堰之别名也，此非職臆説也。庚午歲，高堰常決矣，淮水盡由堰而東矣，於黄河，亦躡淮後，徑趨大（間）〔澗〕口，破黄浦口，入射陽湖，而清口遂淤，海口幾爲平陸。夫周橋距堰不過四五十步耳，黄既能躡淮而趨高堰，獨不能躡淮而趨周橋乎？竊恐淮退一尺，則黄進一尺；淮退一丈，則黄進一丈。黄既侵淮而入，淮必不能敵黄而出。如是，而清口有不淤、運道有不阻者，未之有也。難職者曰：吾所開周橋者，不過因見有河形，開濬之，以洩淮有餘之水，而清口自若也，奚至於此？職答之曰：使水而人也，則將諮之曰：汝勢十分，吾借汝三分而入湖，汝仍挾七分并黄而入海，彼且唯唯聽命。夫奚不可不知水非人也？就下，其性也。決之東則東，決之西則西。況周橋地形高下，勢甚相越，誠得再開之，濶十丈矣，深一丈五尺矣，是明導之以建瓴之勢矣。彼得其勢，則其流必急；流急，則浩浩滔天，一瀉千里，夫誰得而禁之？此其禍近在三年之外，遠不出五年之外。故謂周橋之開而謂淮不盡東也，謂淮盡東而黄不復躡也，皆必無之理也。職謂周橋之斷不可開者，此其一也。

猶未也。夫淮出清口也，是併黄入海而以海爲壑也。若開周橋而注之湖，是以湖爲壑矣。夫高寶之湖受天長、六合二十四塘并諸山溪之水，毋論伏秋，即四時，滿望連天，（巳）〔已〕不可支，所恃一線湖堤爲之保障，故運道賴以無虞。若引淮入湖，則淮水之浩蕩無涯，湖面之容受有限，勢不至決裂湖堤而奔潰四出。不止也，夫伏秋湖漲堤傾，猶有消涸之期，故補築之功可就。使淮與湖連，則無時不滿，無日不漲，萬一堤防有壞，將何所措手而築之乎？竊恐舊壞者難修，新壞者相踵，而運必從此大壞也。難職者又曰：淮爲湖之上流，而江則湖之下流也。吾引淮之水入湖，汝復引湖之水入江，奚至漲決如此？職答之曰：使湖之水入江，誠猶淮之入湖也。則悉淮而注之湖，夫奚不可不知淮之入湖也易，湖之入江也難。何也？□□□[二]外即高、寶、興、鹽、通、泰、江都七州縣之民産也。彼其地形窪下，與江面不甚低昂。每遇海嘯，江潮倒灌逆湧，民田四百餘里皆爲淹没。故今通江之路，見有芒稻、白塔二河與瓜、儀二閘，其餘減水小閘入江海者，共二十八座，晝夜宣洩，而湖水不見大消。如去秋淳家灣、清

〔二〕據上下文意，該處所缺字應爲『湖堤以』。

水潭二決，凡百餘丈，而堤內、堤外水勢半停。至決口已合，而堤外田廬水尚深三四尺不等，此湖水入江之難之明驗也。使復溢之以淮，源源不竭，則高、寶七州縣之地有不胥而爲沼乎？故職所謂周橋之斷不可開者，此又其一也。

雖然，此特就職之所屬河道言之耳。若夫淮、黄合流，堪輿家爲祖陵合襟之水。若周橋再開一大口，則淮口反跳，王氣有傷，總河詳哉且言之矣。職不敢援引附會以求勝其説，竊恐堪輿之言萬一不誣，則首事諸臣又不得不任其責，此又職之所大恐也。然則泗水將聽其停積，而不爲之所乎？職則以淮有故道，清口是也。但清口黄、淮交會，而黄之勢常强於淮，故清口易淤。總河慮其淤也，堤張福口以束之。但借淮刷黄之意勝，而堤之築太長，故出口路窄，淮不無漸高。今總河題裁二百丈，又於張福堤極窪處，如所謂黄韶口、王簡口者，建減水閘二大座。黄漲，則下板以遏黄之內侵；淮漲，則起板以縱淮之外出；黄、淮並漲，則堅守數日，俟其消而節宣之。如此，而淮水有不漸消、泗民有不漸復其業者，職不信也。夫十五年以前，高堰屹然矣，周橋宴然矣，時張福口未堤，而泗人未嘗困於水，則清口之能洩水也明甚，又奚必舍此而他求也哉？

周橋之開，總河以爲不可，職以爲不可，即撫、按二臣亦未敢毅然以爲可。職河官也，河官重務，奉勅准職具奏，非出位沽名者比。惟皇上矜其愚戇而賜裁度焉，則漕河幸甚！地方幸甚！

保堤復塘疏

南京工科署科事、禮科給事中朱維藩奏：爲高、寶湖堤難支，守臣條議有據，懇乞聖明亟勅當事之臣修復祖制，毋惑群言，以保運道，以奠民生事。

臣切維國家安攘大計，則歲漕亟矣，而所由以達于京師，則河道先焉。淮、揚兩府，道所必經，頻年治水，勞費甚鉅。除淮、泗之水已經奉有明旨，特遣科臣會勘，諒有石畫，無容别議外，惟夫高、寶二湖，界在淮、泗之下，既仰受上流之水，又旁接諸山之水，衆湖聯絡，滙爲巨浸，中間所恃者，惟一線之堤耳。堤之內，涓滴皆漕渠也，稍損之，則病漕；堤之外，尺寸皆民膏也，或溢之，則病民。二者皆所以病國也。

邇年以來，治河者但知築堤爲要，是以堤日高，而河身亦與之俱高。矧夫堤工之版築不堅，風雨之淋卸無已，堤上之土又反爲填河之害矣。如是，則內之容受者不多，暴水一至，不得不漲，堤口之決始以尋丈，既而數百丈，其勢焉能禦哉？去秋高郵清水潭決，湖水東注，數月不塞，二州五縣之沃壤悉爲沮洳之場矣。補葺未幾，又復報決，則今萬曆二十年之農事亦且觖望而不可爲矣。比聞漕渠之水亦漸艱澁焉，當此不已，則將置東土之生齒版圖于若棄，而祖宗數百年以來之運道亦可轉徙而之他哉？然則二湖堤之關係，先臣宋濂謂『堤防一決，千里爲壑』，誠屹屹乎金湯，而其在今日之勢，亦岌岌乎危矣。

臣昨以給由赴京，往來此地，因而詢該府之士夫及鄉土河濱之耆老，僉曰：此無俟多言，但考之古人之成跡耳。夫此二湖者，雖極浩蕩，尤善泛濫，然皆通江達海可以宣洩，仍有原設諸塘可以容納。前人開設運道，蓋嘗慮及此矣。爲今之計，慮其壅溢，莫若先導其下流之處。何也？水之來也，必有所歸，而後不爲害。往萬曆十五年間，臣初抵任，即當水患，業嘗具奏，請疏鹽河，疏海口，皆爲水之下流計也。查得上湖之東，在上河者，北可入海，南可入江，皆有故道可循；在下河者，則有朦朧喻口，尤爲入海要路。非漫說者，已蒙該部議覆，通行河道衙門，如法疏濬。此誠廟堂經久之善慮，亦良遘也。

又聞委有專官督理，派有額定錢糧，畢竟此河有開、有不開者，臣誠不知其故，或者有所窒礙而難行乎？且彼時河、漕、撫、按諸臣已分爲三工矣，而前項工程又何爲既作而復輟也？尤有要者，欲其容蓄，又當預復其翕受之所。何也？水之至也，必有所容，而後不横溢。查得該郡隸江都者，則有上雷、下雷、小新之三塘；隸儀真者，則有陳公、句城之二塘。緣茲二湖既受諸山之水，必此五塘，斯有容納之處。原設石閘，確有定制，溢則由塘，而南導之入江，旱則引之入漕，可以濟運。此又先臣平江伯陳瑄規畫之至計，誠大利也。夫何嘉靖年間，遂爲奸臣仇鸞竊佃，計所升科，歲止七百兩耳。夫以七百兩之稅，視三州九縣之民生爲孰多？百家享無窮之利，而使數萬生靈受無窮之害，此不待智者而後知其不可也。臣聞該府士民亦嘗建議上司，已經允行，而卒不聞修復者，則以今之占據者皆衙門之胥徒也。是以雖嘗往勘，不免報罷，此必非良有司耳，胡不畏乎公議而反見怵于私人也？

夫此二者，臣於復任之始，亦欲具奏，第以耳目雖有所及，足跡未能遍經，展轉躊躇，又忽兩月。頃見揚州府新任知府吴秀河防一議，犁然有當于臣心。又接南河郎中黄曰謹一揭，其喻言曰：『耕當問奴，織當問婢。』臣又惕然其有省。蓋言（譚）〔談〕河非易，必有專職者，斯有的見；有專責者，斯能成功，非可嘗試而漫爲之也。夫地方之事，專職無過于守臣矣，欲責成功，亦必先于守臣矣。今其議俱列主張而督責之者，不有在乎？臣叨署工垣，河道乃其職掌，維揚近在肘腋，有所知見而不爲之（昌）〔倡〕言，于朝以明其是，以期其成，則亦自負其職，有愧于河臣之見多矣。况天下雖多肩鉅之臣，而亦未必無首鼠之類。美意良法，以數十人贊之而難成，以一夫横意而即敗者，未必無也。

尤望我皇上軫念歲漕重計，關宗社之安危；生齒繁育，係國家之命脉。又况頻年旱澇之災，元氣未復；東南民竈之區，正課難免。乞勑下該部再加議覆，如果臣言不謬，通行河漕衙門，逐一踏勘，毋惑群言。如復淺政，以疏積土；復閘規，以殺衝流，皆有舊制，循而舉之，似可無難。惟濬下流并復五塘二議，尤爲喫緊要見。前歲議濬之時，承委官員因何不行通濬？用過錢糧，見今有無存貯？先年所議三工，因何日久未完？至于五塘之設，原係何人侵占？曾否題請？今係何人獲利？應否追奪？其既毀閘、⿰石建，作何修復？務俾該府惠民實心可以展布，維揚數年積害可以即除，則國計長保無虞，民生亦獲永奠矣等因。

奉聖旨：工部知道。

卷之四

章奏

部覆左給事中張企程題議周家橋武家墩疏

工部署部事左侍郎徐作等謹題：爲祖陵受患，有自諸臣會勘已悉，恭具疏洩大略，以慰聖懷，并乞嚴勑地方臣工，以圖共濟事。

都水司案呈，奉本部送工科抄出勘河給事中張企程題稱：臣本譾劣，無所比數，荷蒙皇上委以勘河之役。臣思前科臣行勘者已非一人，彼其時祖陵水患未甚，所重在運道，所急在民生。當其任者，一疏築之，一補救之已耳。即有必然之畫，或苦于經費之鉅，或阻于時事之艱。勘者一人，任者一人。勘者策慮偪億，未必身肩其任；任者瞻前顧後，未必盡行其勘。此勘者徒託之空言，而任者竟貽之後來，兩者所由來漸矣。

臣今奉皇上震怒威靈，特授簡命，專爲勘視祖陵而出，此固當爲萬世永賴之計，不可爲一時苟且之謀。故臣衝冒炎暑，陛辭兼程，業于六月二十日抵泗州。會齊總理河道工部尚書楊一魁、總督漕撫户部尚書褚鈇及巡按直隸監察御史崔邦亮、吴崇禮、唐一鵬，先期夙戒，展謁祖陵。果見長淮激湍，洪波汩流，寢殿沉淪，松楸渰枯，而下馬橋以東、東閘以南，一望汪洋萬頃，誠有如御史牛應元、崔邦亮所圖上者。已而回視泗州，若水上浮盂，而盂內之水又滿，室廬漂蕩，民人筏居，舊時桑田化作萑蒲。氣象之慘澹，景物之瀟條，且使戾夫視之，當必流涕，而臣等相顧錯愕，益不勝其恫于中矣。

熟察其故，皆言前此河故不爲陵患，自隆慶末年，高、寶、淮、揚告急，當事者習目前之見，畫拯救之略。清口既淤，而又築高堰以遏之，堤張福以東之，意不過障全淮之水與黄角勝，而不虞其勢之不相敵也。第尚壘土爲堰，時有衝決，于祖陵未甚稱害。迨後甃石加築，堙塞愈堅。舉凡七十二溪之水滙于淮、泗者，僅留數丈一口出之，出者什一，停者什九，加以黄身日高，海口日壅，淮日益不得出，而瀦蓄日益以深，月復一月，歲復一歲，周迴數百里，浩蕩若海，安得不倒流旁溢爲陵、泗之患乎？繇斯以（譚）〔談〕，則陵之受水也，于今見之，而所從來者固非一人之責，亦非一朝一夕之故矣。

夫以祖宗衣冠所藏，聖子神孫億萬年命脉所繫，而廼苦水爲孽患，不可解。無論我皇上赫然切責，即我臣子凡有見者，亦當決此而後朝食。矧雷霆威嚴，簡書鄭重而可泄泄焉，須臾之少緩耶？故今論疏淮之安陵者，有謂清口當闢，有謂高堰當決，有謂周家橋、武家墩當開，有謂高良澗、施家溝當濬；論疏黄以導淮者，有謂腰舖可仍，有謂老黄河故道可復，有謂鮑、王二口可因，有謂黄家壩五港口可尋。

臣甫到河上，足跡未遍，閱歷未周，不敢掇拾煩言以請。惟是睹陵寢之沉溺，憫泗民之昏墊，日與諸臣商度計議，退復召集士人，博訪輿論。除清口沙見行挑闢、高良澗地勢窪下，僅可建壩滚水外，目前所急者，惟有周家橋、武家墩兩處爲可圖耳。蓋淮水之漲雖由高堰之築，顧築堰工程浩巨，未可輕議遽廢。矧二十年來，屏捍高、寶、淮、揚，不至魚鱉，其功亦不可泯者。查得周家橋北去高堰五十里，見有支河，下接草子湖。若并（未）[一]挑三十餘里，大加開濬，一由金家灣入芒稻河，注之江；一由子嬰溝入廣洋湖，達之海，則淮水上流半有宣洩矣。武家墩南去高堰十五里，逼鄰永濟河，引水由窰灣閘出口，直達涇河，從射陽湖入海，則淮水下流半有歸宿矣。第周家橋浮流尚漫，稍俟水涸，更可刻期用功。而武家墩已于七月初六日決口，即今滔滔東注，陵、泗積水從此可漸洩去。

臣仰窺皇上孝思切至，故今一面會同諸臣日圖疏導

[一] 該字疑爲衍字。

之策，一面具題，庶幾少紓宵旰勤慮。但兩處俱開，高、寶下流間或有所衝突，或梗運道，或傷民産，或損鹽灶。彼中浮議，必且沸騰蜂起，而在事諸臣各有分職，意見恐有異同。臣嘗熟爲籌之，譬人一身，祖陵，腹心也；　運道，咽喉也；　民生，手足也。善醫者，腹心病，則先腹心；　咽喉病，則先咽喉；　手足病，則先手足。脱有三者俱病，則由腹心而咽喉，而手足，其緩急輕重，固自不可紊者。況今腹心受病，寧以咽喉、手足之故而遂緩勿治耶？臣竊謂今日之役，以開周家橋、武家墩爲急救祖陵第一義。其或有梗運道，隨爲區畫；　有傷民産，隨議蠲賑；　有損鹽灶，隨議減額。但處置得宜，下流有歸，斷斷不爲地方害。此并俟臣勘明，并應(佑)〔估〕工程、應動錢粮，與諸臣叅酌定議，而後上聞者也。

臣又有説焉。勘議者，臣。臣一耳目耳，一手足耳，所賴集思廣益，共分猷念者。又地方諸臣，責也。儻分彼此，便屬參商，欲勘議之得當而無負今日之任使，臣知不能矣。伏乞勑下該部，轉行地方大小共事諸臣，同心計畫，協力經營，毋恤一己之嫌怨，巧爲推諉；　毋畏一方之阻撓，互相觀望；　毋以職掌不我攝，秦越異視；　毋謂利害不身親，模棱塞責；　毋面從背違；　毋始勤終怠。有一于此，則臣爲任怨任勞之府，而諸臣居無是無非之鄉，豈直負臣，且負皇上。臣職司糾弹，何惜白簡隨其後，第非天語切責，則異日猶得藉口以枝捂也。蓋臣之勘議方始，而諸臣之共事維新，故不得不諄切屬望之耳。再乞嚴諭諸臣先將周家橋等亟圖開濬，而後徐定導淮治黄之策。則祖宗在天之靈已妥，國家萬年之脉已固，而聖懷以紓，聖孝以光，社稷幸甚，臣愚幸甚等因。

奉聖旨：　工部知道。欽此欽遵。抄出到部，送司案呈到部。看得善除患者，貴審緩急之勢。先其所急，而緩者徐圖之，則患可消而事功易就。否則，未有不至于貽害也。方今淮、泗之積水日深，祖陵之受患已甚，凡我臣子可忍坐視而不急爲之圖乎？茲科臣張企程奉命往勘，據奏所稱，衝冒炎暑，兼程而進，會集諸臣恭詣展謁。堵園寢之沉淪，憫泗民之昏墊，商確計議，博訪輿論。除清口沙見行挑闢，高良澗僅可建壩滚水，高堰之築，屏捍高、寶、淮、揚，功難盡泯，未敢輕議遽廢。爲目前計，惟有開周家橋、武家墩二處爲急救祖陵第一義。第周橋水尚浮(謾)〔漫〕，稍俟水落興工。武家墩口已決，即今滔滔東注。淮水漸消，應先馳奏，以慰皇上孝思。但謂兩處俱開，勢必衝射高、寶等處，或梗運道，或傷民産，或損鹽灶，勢所必至，誠不可無處置之宜。又謂一人手足耳目難周，而諄諄以協恭和衷，共分猷念，爲諸臣望。至于心腹、咽喉、手足之喻，尤得先後緩急之宜。此蓋廣集衆思，叅之獨斷，爲計甚悉，爲慮甚遠，可謂不負明命，克稱任使者也。恭候命下，備行治河大小臣工，同心協力，計畫經營，毋相推諉，毋事觀望，毋秦越異視，毋苟且塞責。即將科臣所奏周橋等處急行開濬，以出積水。至于殺黄導淮，與夫疏洩之宜，可爲萬世永賴之圖者，漸次酌議興舉。而凡應估工程，應動錢粮，逐一勘議明白停妥，具奏前來，以憑覆請定奪施行。庶二瀆安流，祖陵之丕基孔固，萬民永奠，運道之飛輓無虞矣。謹題請旨。

奉聖旨：黄、淮阻塞爲患，這開導事宜，既經科臣勘奏，便行與各該河道官將周家橋等處作速疏濬，以安陵寢，毋得推諉觀望。如有造言阻撓的，條來重治。其餘工程，還上緊酌議具奏。

部覆分黄導淮告成疏

工部署部事左侍郎徐等謹題：爲河工告成，遵奉欽依，分别效勞官員，以勵臣工事。

都水清吏司案呈，奉本部送工科抄出巡按直隸監察御史蔣春芳題稱：先是，分黄導淮工成，總河工部尚書楊一魁、總漕户部尚書褚鈇、勘河禮科左給事中張企程會同臣甄别效勞官員，具題上請，遂該工部題行巡按御史覆勘查核奏報等因。奉聖旨：是。欽此欽遵。隨該工部咨都察院劄行到臣。臣聞命之日，恐懼不寧，隨會同南河郎中李元齡、海口郎中樊兆程、清江員外包應登、徐州道條政徐成位、海防道條政曲遷喬、潁州道副使詹在泮，率淮、揚二府管河同知張兆元、劉不息、馮學易等趨謁祖陵。因歷清口、黄家壩至海口下流及各閘河等處，沿迴勘視。

查得泗州祖陵，往年伏秋，淮水壅浸，陵麓舊龍嘴水深一丈一尺，漫過三橋之上神庫、丹墀等處，水皆尺餘。近節據泗州申稱，今歲伏秋，陵内别處乾涸無水，惟金水河、舊龍嘴二處有水。堪輿家謂之『隨龍水』，遇雨則長，天晴即消，較之往年水勢頓減一半，祖陵並無滂没。據此，臣與司道覆勘相同也。

又查得：昔年清口沙積，泗城窪下，受水爲多，每遇淮漲，與護城石堤相平。近節據泗州申稱，六、七月内雖有連綿之雨，淮水止滂堤根一尺八寸。至八月内，旬日大雨如注，水陡增五尺，石堤尚露四尺六寸，亦無往年壅溢之患等因。據此，臣與司道覆勘相同也。

又經臣與司道各官同詣清口等工，將挑過河渠用篾篾纏量，以驗廣狹，用長竿探試，以測淺深。築過堤堰，用步弓丈量，以計土方。砌完閘座，用鐵錐鑽驗，以辨堅鬆。内勘挨工逐段細加查核，並無滲漏之處，亦無虚冒之弊。内勘得清口闢沙工，自上口起，至三岔河口止，河面濶七十丈，水深一丈三、四尺，勢甚湍急。淮、黄交會處所，河濶二百餘丈，淮水居二，黄水居一。天妃廟以下一帶河身，水深一丈五六尺不等，亦有極深，測丈不及，滔滔東下，由安東入雲梯關，以達於海，並無淺阻。詢問沿河父老，咸稱已復數十年前景象等情。

又勘高家堰綿亘七十餘里，自清口起，十五里爲武家墩，又三十餘里爲高良澗，又三十餘里爲周家橋。淮安之南五十里爲涇河，又七十里爲子嬰溝，又一百五十里爲金家灣。各工原建閘座，挑挖河渠，纍築堤岸，俱各堅完如式，足堪分洩暴漲，捍禦衝決。

臣遂又同司道各官詣黄家壩，勘得自壩口起，至周伏三庄止，計三十九里，係新鑿河渠，口濶八十餘丈，水深二丈六尺，勢極洶湧。自新河口至安娘城，計十里，河面濶三四十餘丈，深二丈不等。自安娘城起，至浪石止，計二十里，河面濶三十餘丈，水深一丈三四尺不等，俱奔流甚急。北岸衝有蔡家溝一口，見今用工堵塞。以下又有蔣家窪一口，濶二十餘丈，水深五六尺，由漁溝歷濶橋入高家溝，另道歸海，原係議建滚水石壩之所，已用埽料暫裹兩頭，待秋冬水落，用石修砌。自浪石起，至周伏三庄出口止，計九里，河面濶三十餘丈，水深一丈三四尺不等，流勢湍急。又自王家口起，至周伏三庄止，計十五里，原係行水舊渠，先經堵塞，今仍議挑濬，河面濶十丈，底濶五丈，深八九尺不等。兩頭各建石閘一座，各砌石堤二百丈，仍堅築土堤，高起縴道，蓋恐黄壩奪河，即於此中轉運。又周伏三庄起，至五港口止，一百二十五里，俱係舊衝河形，今間段挑濬，已成大渠。自周伏三庄起，至娘子莊止，計七里，河形從此轉北，面濶六七十丈，水深九尺至一丈一二尺不等。自娘子庄起，至張家庄止，計十八里，河面濶五六十丈，深八九尺不等，流勢皆急。西岸衝有郭貴、錢寶二口，俱已塞完。又張敬口濶二十餘丈，水流至梁家庄，復歸正河，此口見今議堵。東岸有鄭學、張愛二口，濶二三十丈，皆通藉家河，行三十餘里，至三岔墩，復歸正河，原非旁溢，且水勢深廣，今議留爲分洩。自張家庄起，至袁家社止，計十五里，河面濶三四十丈，深十、八尺不等，流勢亦急。自袁家社起，至陳溪止，計十五里，河面濶二三十丈，深五、六、七尺不等，水流勢稍緩。東岸衝有一口，已經堵塞。溪上寺基頭衝一小口，濶十餘丈，下通朱家口，復歸正河，不必堵塞。自陳溪至岔廟止，計十里，河面濶二十餘丈，深五六尺，流勢稍緩，内頗淺澁。溪下壩南衝開一口，濶二十餘丈，由高家溝入大湖，經新安鎮板浦另道下海。今議建滚水石壩，待水勢稍定，用石包砌。自岔廟起，一支由嵇朝口，一支由掛甲墩入鹽運河止，計二十五里，河面嵇朝口濶二十丈，掛甲墩濶四十丈，深七八尺至一丈不等，流勢亦急。自運鹽河起，至新工頭止，計十里，河面濶三四十丈，水深九尺、一丈不等，勢亦湍急。自新工頭起，至五港口止，計三十里，河面濶三十餘丈，深一丈二三尺不等。近港居民房屋逼近，河僅濶十丈，深一丈五六尺，水勢迅速。但此港乃衆流會歸出口之處，稍覺窄狹，應於七里河南另開支河一條，繞出閘外，與港北之水同入潮河，宣洩尤力。又看得五港之外，起歷南滷河，至新立子河止，計四十里，河面濶二三十丈，水深至二丈。自新立子河起，至遏蠻河止，計六十里，河面濶三四十丈，水深二丈四五尺。自遏蠻河起，至灌口止，計五十里，河面濶六七十丈至百餘丈不等，水深至三丈。灌口之外，歷竹浦四五十里至海洋，又皆深濶無際，見今重載船隻往來不絶。此皆分黄導淮工程之大較也。

隨該臣會同司道，議照黄河歷關、陝、豫、徐，由北而南以會淮。而淮水經(頴)〔潁〕、亳、鳳、泗，由西而東以會黄。二水混合，同歸於海。自隆慶三年河決崔鎮，淮決黄浦，以致黄流侵軼，淮水倒灌泗州之波遂及寢園。二瀆交病，其故坐此。先是，當事者已將清口之旁張福堤裁損，淮水精出。然正口横沙積如岡阜，新鑿二渠所洩細微，故黄流逼遏未減，淮、泗壅灌日加。乃言者未察二水故道，不曉利害源委，徒欲盡撤高堰，謂可洩方漲之勢快。目前之計，不知清口乃淮、泗門户，而高堰爲室家垣墻，今閉門毁垣，既非往來之路，而高下阻隔，又無逆流之理。即盡撤高堰之長堤，必不能減泗水之尺寸，近二十一年已有明效。況長淮大勢，南去則强黄必躡其後，不惟倒流返跳有傷王氣，而淮揚一縷之漕堤何以障萬頃之狂瀾？運道梗阻，鹽課淪没，國計民生所損非小。且堰之南開周橋，堰之中開高澗，堰之北又開武墩，凡三建石閘，各濬支渠，下達山陽之泾河、寶應之子嬰、邵伯之金灣，各歸港汊，以入江、海。則堰雖不撤，猶撤也。何必爲壑隣之舉，以貽莫大之害哉？幸蒙聖明在上，嘉納良策，分導並舉，未期成功。目今清口積沙已闢，淮、泗之身漭漭縱出交會之處，淮高黄平，清多濁少，二水判然並行不害。故去年雨僅數日，水積一丈二尺，波流漫堤，祖陵丹墀之上水浸尺餘。今年秋霖二月，驟雨旬日，視去年不啻五倍，而淮水深不過六七尺，即泗城護堤之水深亦未滿五尺，是淮、泗可無大壅，而寢園已就爽塏。自此以後，即伏秋盛漲，不能有加於今日，而因時疏洩，又有周橋、高澗、武墩諸閘以待非常之溢，則萬年寢廟庶可無震驚之患矣。

至於黄家壩新河，南仰北俯，南則正河之身，北則蒼莽之野，故南決，則有澒洞衝徙之患；北決，則衝湖港入海之路。今臣周遭查視，南岸完固。其北岸，黄家壩以裡有蔡家口，周伏三以下有張敬等大小四口，即順其衝溢，不事堵截，亦於新河未損，民間不傷。但夏秋霖雨，固可洩其羨盈，而冬春枯涸，或恐致其停緩，已經議令各用埽料堵塞。惟蔡口之下有蔣家窪，陳溪之下有高家溝，其流頗覺深濶。今相度地形，議建滚水石壩。蓋水溢，令其分殺，使餘波有所游衍，不致壅閼而射齧；水落，聽其歸洪，使河流之勢專一，不致散漫而墊淤。頗得蓄洩之宜，似爲長久之策。又娘子庄至張家庄，有鄭學、張愛二口，通藉家河，行三十里，與三岔墩正河相會。又寺基頭、岔廟、陳溪下壩共決二口，然相次分流，同入五港。皆始離終會，既無旁出之憂；此塞彼通，又免濬鑿之費，今議並留，聽其自行由此以達五港，勢順流急，咸無阻碍。但五港綰谷其口，舊閘兩旁室廬迫阨，流雖深駛，恐難延納諸川之水。今議閘外疏渠，異道同歸，似爲便計。至五港之外，勢尤窪下，一望無涯，直奔灌口，乃灌口澗至百十餘丈，深至三四餘丈，即使全河盡傾，亦無憂其吐而不納，況僅分黄流之半。其爲通利，可知矣。

大抵分、導二策，以急消祖陵水患爲第一義，次之運道，又次之民生。自兹工既奏，三利畢集，信嘉隆以來未有之績也。水濱之人、長年之叟、往來縉紳、商賈之輩咸以工成爲慶，獨臣一人之私言哉？若河性靡常，謂百載之後，保黄、淮之無遷徙，臣則何敢知？獨觀二瀆安流之勢，天時、人事之符亶，可謂智索力竭，筭無遺策者矣。此皇上巍巍治功與天無極，臣子何所言勞？而倡謀宣力，胼手胝足，諸臣實輿論僉與以爲能舉其職者，則在皇上憫其勞勩，特加優異，以風勸任事者而已。

若夫内閣主持之正，該部題覆之公，自有聖鑒，在臣何敢復贅？奉旨覆勘，臣矢心天日，無敢隱諱，亦不敢虚辭飾美，以欺君父而諛在事諸臣。伏乞聖明勅下該部，如果臣言不謬，將會題前疏覆議定奪，庶幾彰一代之偉勛，作百工之忠藎，於治道、民生非尠小矣。除効勞官員分别先奏外，謹以勘閲過兩河圖説并查核過各工錢粮造册，另本進呈御覽，青册送部查考等因。奉聖旨：工部知道。欽此。七月内，先該本官題爲前事，開稱：臣，法吏也，主於綜覈彈射，而不任乎叙請恩賚。又卷查，臣院從來不曾董治河之役，亦從來不曾叙治河之功。近蒙皇上以祖陵重鉅，兼之運道、民生關繫匪細，特勅臣與科臣戮力同心，督理兹役。其分導工程、濬築次第，臣皆相與窮委遡源，虔始毖終。及決河放水，臣與河、漕諸臣親臨守視，臣又與科臣周環查勘，質之所報，一一符合，絶無虚謬，臣不容以無言。盖黄、淮並行舊矣，黄河屢有潰敗，然皆決於上而未決於下，故雲梯深廣不改，而二瀆安流無恙。至隆慶年間，決於桃源之崔鎮，黄水散漫，雲梯沙停，形成仰瓦。此殆天之所廢矣。故徐、邳一帶河與城平，清口阻塞，泗州爲沼。識者隱憂，謂數年之間，不南決睢、泗，由湖入江，則北決張秋，奪汶入海。

祖陵有衝射之虞，不獨止於浸潤，而徐、宿、曹、單、淮、揚、高、寶數十郡邑尋將盡爲魚鱉，此其害雖未著而其形已成，岌岌乎殆矣。今費帑金僅僅數十萬耳，爲期不過幾月耳，輒使湍悍之黄奔騰而趨灌口，上流迅駛，積沙日刷。此得其要領，而河、漕二臣又皆實心任事，凡事務實，故成功之速也。盖不獨治淮，而併以治河； 不惟上奠祖陵，使松楸萬年無恙，而中之運道，下之民生俱獲其安，而無復意外之虞。此之關繫誠爲弘遠，所謂殊異之勛，無上之績者。非耶！臣與科臣親見諸臣拮据泥淖，櫛風沐雨，其勤大有可憫，而其功殊有可録。臣敢愛一言，不明社稷之大計，而泯没諸臣之勞勩哉？謹與科臣查核甄别，敬爲我皇上陳之。敘功語冗，不録，專録部覆。通抄到部。臣等看得，泗州祖陵係我國家根本重地，王氣所鍾，命脉攸繫，實聖子神孫億萬世無彊之丕基也。向者河、淮相附入海，雖間有潰決、壅塞，節經先後河臣時加疏治，水患猶未甚也。乃今淮流驟漲，震蕩祖陵，泗州民幾爲魚鱉。蓋由海口淤淺，河身墊高，清口阻塞，遂致淮流倒灌，漫衍旁溢，爲害滋甚。我皇上超然遠覽，奮然獨斷，特遣科臣會同河、漕諸臣勘議，復勑按臣以監督之，委任責成，亦既嚴且重矣。顧當始事之初，衆議紛紛，臣等且慮時勢之艱、財力之詘，分導之功有難於兼舉者。幸賴我皇上大發帑金，特留漕粟，三四輔臣協贊於中，河、漕諸臣戮力於外，酌標本之宜，決分導之策。自黄墩以達灌口，而黄流有建瓴之勢；自清口以達雲梯，而長淮無泛濫之虞。二瀆安流，百靈効順，固祖陵不拔之基，拯盱、泗昏墊之阨，運道、民生均有利賴。是皆我皇上仁孝潛孚，精誠遠格所致也，臣下何勞之敢居？

顧祖陵水患莫甚于今日，而治水之功亦莫大于今日，則懋賞勸功之典誠有不容已者。今據河、漕、勘、科諸臣并巡按御史先後奏勘明實，合宜分别查敘自上裁。如內閣輔臣趙、張、陳、沈，一德一心，善謀善斷，兼收群策，沛然歸海之百川；參贊神謨，允矣擎天之八柱，坐致平成，偉績益彰，爕理殊勛。但輔臣簡在帝心，臣等曷敢槩敘？至如臣作臣吕鳴珂，謬貳工曹，適當大役，憂勞徒切于夙夜，拮据莫效于涓埃，但知竭力奉公，安敢貪天掠美？惟是大小臣工，祗承德意，備歷艱辛，不可殫舉，委應敘賚，以彰激勸。

若總河尚書楊一魁，淵猷邃識，治河，卓有全謀，殫慮竭忠；分黄，又攄獨見。率屬而恩威兼盡，大小各効其勞；節財而盈縮有方，公私咸受其益。陵寢，鞏萬年之磐石；漕渠，轉千里之舳艫。創始既出非常，善後猶多良策，相應優加陞廕併賚者也。總漕尚書褚鈇丹衷體國，石畫匡時，建閘闢沙。長淮消壅遏之患，通江達海，下流成排決之功。役大衆而加意拊綏，群工競勸；理經費而多方節省，百蠹盡祛。陵、泗賴以奠安，宸旒永紓宵旰，所當優加陞賚者也。

勘河科臣張企程特奉璽書，力排異議。集思廣益，咨詢下及于蒭蕘；履險乘危，率作不辭乎胼胝。始終允資宏略，黄、淮並復安流，所當優敘於四品京堂陞用者也。

巡按御史蔣春芳澄清茂著，風猷稽覈，兼承簡任。堅持分導，培國家命脉于萬年；博采謀猷，奠淮、泗生靈千百世。條議建必然之畫，奏勘恊輿論之公，併當優敘于五品京堂陞用者也。户部尚書楊俊民抱憂時致主之忠，定足國裕民之計。請帑金，而閭閻無加賦之擾；留漕粟，而畚鍤興宿飽之歌。凡兹水土既平，實惟勔勸是賴。原任工科都給事中林熙春、見任工科給事中楊應文掖垣持議，計周悉于河防；殿陛攄忠，力主張乎國是。巡鹽御史楊光訓、巡漕御史況上進秉憲持衡，綱紀肅清于郡國；分猷共念，勤劳茂著于河、淮。原任都水司郎中、今陞永平府知府徐準朗識鑑空，雄才刄鮮，分導賴其贊議，執持不惑浮言。補郡原屬循資，酬功宜加憲職。先任江北巡按御史高舉條開武墩壩、高良澗，審水脉而灼有定裁。巡按御史牛應元首建流周家橋，闢清口沙，察河形而獨倡宏議。山東巡撫都御史張允濟、巡按御史姚思仁、原任河南巡撫都御史荆州土、巡按御史涂宗濬調夫衆以供役，誼切同舟，發贖鍰以犒工，心誠爲國。以上諸臣，大有裨益河工，均應優加賞賚者也。

總管工程部屬方面官員，如中河郎中袁光宇、海口郎中樊兆程、南河郎中李元齡、清江廠員外包應登、右条政徐成位、曲遷喬、副使詹在泮，職有專司，各殫謀猷而集事；工期底績，不辭櫛沐以宣勞。以上七員，均宜優加叙賚。內袁光宇、徐成位，苦心經畫，勞瘁倍常，相應破格優陞。樊兆程首建疏鑿海口之議，竟成導利兩河之功。李元齡條議悉中肯窾，程督尤著忠勤，俱應加四品服俸，久任責成。包應登勞勩久彰，雖陞本部郎中，係是循資遷轉，原與叙功無與，仍當優叙，再陞職級。詹在泮盡職于新任，相應陞俸。曲遷喬勤事于俸深，相應優轉。

北河郎中黄承玄、南旺管閘主事陸化淳、夏鎮管閘主事尹從教、山東管河按察使龔勉、管河參議王嘉謨、沂州管河僉事戴爗、河南原任僉事吕兆熊，以上各官，心存共濟，志切效忠，相度均有賢勞，告成樂觀盛美，均應併賞者也。

其分管官，如運司同知羅大奎、趙炯、陳昌言，府同知劉不息、馮學易、梁大政、張兆元、彭士遠，通判何天申、盧茂、郝鵠、趙宗禹，推官曹于汴、李應魁、李晳、徐銮，知州鄭元輔、王陞，知縣吴顕科、丁汝彦、何際可、劉體乾、何東鳳、陳從彝，都司姚伯潼，守備周一夔，指揮鄔爾極，百户孫繩祖，以上三十八員，或催辦物料，或稽督工程，或查盤錢穀，或支放廪粮，心力之區畫無遺，旦暮之奔趨靡息，均應優叙。內羅大奎應陞濱河知府，加以憲職，仍管河事。劉不息、馮學易，俟建閘工完，應陞本部司屬。趙炯，加正四品服俸，仍行管河。張兆元，管轄新河，迢遠辛勞，迥異尋常，近經按臣復加疏薦，應陞服俸一級。陳昌言、梁大政、彭士遠、何天申、盧茂，均應陞俸。郝鵠、趙宗禹、曹于汴、李應魁、李析、徐鑾、鄭元輔、王陞、吴顕科、丁汝彦、何際可、劉體乾、何東鳳、陳從彝，均應優賞，以俟擢用行取。而何際可功過相準，應免住俸。姚伯潼、周一夔、鄔爾極、孫繩祖，咨行兵部擢用者也。

其提調官，如副使張國璽，知府郭光復、范以淑、李元實，知州萬民命，知縣趙邦清、傅道重、張受訓，以上八員，雅著循良之譽，已見通才；復襄疏瀹之勳，益徵遠略。內張國璽出納錢粮，勞倍諸郡，相應實補憲職。餘當併叙賞賚，仍加紀録者也。

知府盧學禮、王命爵，運司同知唐楨，同知劉衍疇，通判高斗位，知州秦效鵬、劉道、孔調元、宋大訓、鄒希賢、許一誠、劉庭芥、李邦潢、周璲、劉應文、曾如川、黄大賁、易可訓、張文柱、崔維嶽，知縣王國禎、周六書、文廣、張居仁、尤應魯、李沐民、孫居相、冀光祚、尹就湯、王一禎、姚宗道、龔仲敏、錢德華、金德光、趙存誠、勇慎、劉志選、陳治本、王應元、薛芳、樊玉衡、張寧、杜冠時、孫延、伍惟善、劉一仝、臺存道、羅士學、吴達、徐文光、翁汝進、楊其善、任思、涂表、馬性和、冷啟元、王以蒙、廖自伸、馬應龍、陳幼學、王象恒、鍾鳴陛、蔣成材、任轍、周遷邑、鄒思亮、蕭鳴韶，以上六十七員，派夫役而委曲調停，黎庶共趋于鼓舞；徵賦餉而稽查輸轉，經費不漏于錙銖，均當併敘同加賞賚者也。

其散委官，州縣佐貳首領、指挥、千百户、省義等官，如州同郭佑承、鄭文，判官施奉惠、承業、劉杞、馮時遇，都鍾，陞任判官高雲鶚，經歷汲鳴雷、張國麟、錢宗尧、黄天秩、潘録孝，縣丞周應選、閻臯、吕堯書，主簿黄□、徐守隆、何天衢、王三聘、周之翰、徐時泰、高朝、王三汲、范文焕，典史陳應文、周鳳樟、陳綸、李一龍、許維翰、陳國輔、康皞、康璠，陞任典史儲明善，巡檢黄宗輅，倉官王明卿，指揮陳弘道，千户周九垓，名色把總李世臣、陳梓、張應兖、姚學崇、施其藴，百户張經綸，鎮撫魏一舉，以上四十五員，力親濬鑿，各效趋事之勤；躬歷風濤，共赴急公之義，相應優〔一〕

汝梅、黄秀、仲邦憲、李綸、趙夢麒、何廷貴、劉大化、石璠、朱時泰、陳學周、王一卿、陳啟龍、朱文選、李易、王懋德、將舜元、李獻可、王一方，醫生金應祥、劉藻、周尚文、李茂實、程懷忠、劉克順，以上四十七員，名承委則，寒暑載更，效勞而心力俱竭，仍照原題，省祭移咨吏部紀録。內沈華竟募夫赴工，即令赴選，量從優處。義民醫生，本部給與劄付冠帶，免其本等雜泛差徭者也。

及照原任工部尚書、今丁憂李戴敭歷熟知河務，經綸足濟時艱，在事僅兩月之餘，持議多萬全之策。原任工部左侍郎沈思孝主分黄于始事之日，持定算于盈庭之時，二瀆既奏成功，衆論咸推偉識。二臣之功，皆不容泯，均宜併叙者也。

如該司署印主事張天秩，才猷敏練，心計周詳，攝司篆，克敛寅恭；賛河工，益多謀議。資俸既深，如遇本部員外郎缺，即應陞補併賚者也。原任都水司郎中樂元聲，當河務紛紜之際，躬簿書填委之勞，雅有擔當，殊多裨助，似應併賚者也。如該司都吏董大知，典吏鄧應捷、盧應誥，勘科吏屠世德、張世廷，俱效有勤勞，併咨吏部，查照資格優處。

但恩賚出自朝廷，臣等未敢擅擬，統乞聖裁，恭候命下，容臣等遵奉施行。緣係河工告成，遵奉欽依，分別效勞官員，以勵臣工。及節奉欽依。『工部知道』事理，未敢

〔一〕下文疑有漏頁。

擅便，謹題請旨。

奉聖旨：河工告成，奠安陵寢，有裨漕務，朕心嘉悦，合宜陞賞，以酬勞勩。楊一魁加太子少保，廕一子入監讀書。褚鈇加太子少保。各賞銀伍拾兩、紵絲四表裡，仍各給與應得誥命。張企程，太僕寺少卿。蔣春芳，陞尚寶司卿。各賞銀二十兩。楊俊民賞銀二十兩、紵絲二表裡。荆州土、張允濟，各賞銀二十兩、紵絲一表裡。楊光訓、況上進、涂宗濬、姚思仁，各賞銀十五兩。林熙春、楊應文、高舉、牛應元，各賞銀十兩。徐準，加按察司副使。袁光宇、徐成位、曲遷喬，各陞一級。樊兆程、李元齡，各加四品服俸。包應登，陞二級。詹在泮，陞俸一級。仍各賞銀十兩。黄承玄等七員，各賞銀八兩。羅大奎，陞知府，加憲職。趙坰，加正四品服俸。劉不息、馮學易，侯建閘工完，陞工部司屬。張兆元，陞服俸一級。陳昌言等五員，各陞俸一級。郝鶣等十四員，各賞銀八兩，擢用行取。張國璽，實補憲職。郭光復等七員，各賞銀八兩，仍各紀録。盧學禮等六十七員，各賞銀六兩。郭佑承等四十五員，各優叙陞用。李鳳喈等六十一員，各賞銀三兩。其劣陞王官的，照前題准事例，仍以原官調用。原任尚書李戴，侍郎沈思孝，各賞銀二十兩、紵絲一表裡。該部調度有功，徐作陞右都御史，照舊署掌部事，賞銀三十兩、紵絲二表裡，仍給與應得誥命。吕鳴珂陞俸一級，賞銀二十兩、紵絲一表裡。張天秩陞本部員外郎，賞銀八兩。樂元聲賞銀六兩。餘俱依擬。

以上分黄導淮之工已經告成，在事効勞大小臣工，亦該部覆敘録，分別賞賚。惟是未盡善後事宜，又該江北巡按御史蔣春芳條議一十六欵，俱係彼時切要事宜，亦該部覆，奉旨允行，例得撮其大略併録于後：

一、築遥堤，以障潰決。議于開挑黄壩新河兩岸，倣正河之制加築遥堤，則水不能遠攻而河身永無泛濫之患。

一、砌新河口，以禦衝刷。議于新口倣照清口惠濟祠之制，將衝激處所包砌石岸，其迎溜處，堅築磯嘴，以免衝汕之患，可爲久長之計。

一、裁張福堤，以縱淮流。議將張福口堤迎溜處所再裁去數十丈，使全淮之水直出清口，泗水可以全消。

一、置犁船，以濬淤淺。議于清口置犁船，設淺夫，歲加撈濬，使沙無遺跡，淮得通流。

一、疏藉家河，以分横流。議于藉家河濬深。其旁衝二口，因勢利導；曲折之處，挑取徑直，裨于陳溪岔廟正河分洩横流。仍築南堤，以護安東。

一、闢五港口，以助宣洩。議于五港口南岸低窪處另開支河，分洩來流，同潮歸海。

一、積物料，以濟緩急。議于黄壩口等處建造棚廠，買備椿草等項以備河患，以固堤防。

一、建減水閘，以分暴漲。議于蔣家窪、高家溝建減水石壩二座，分殺急流，使內無驟漲，外無漫溢之患。

一、設舖舍，以處夫匠。議于新河口至掛甲墩建舖八十四座，編立字號，令舖老率夫防守，河官躬親巡督，庶夫役安揷有池，河道可保無虞。

一、議修閘，以杜陵患。議修陵東減水閘，并金水橋西減水溝建小閘一座，以防衝溢。其舊龍嘴及陵内地低窪，用土培墊，保護萬年。

一、復淺船，以疏河身。議于周三庄至五港口全河入海之處，宜復疏淺之制，造淺船二三十隻，船費則處之廟湾餉税，淺夫則調之廟灣餘兵，統以衛職，督以海口同知，則水沙藉此蕩滌，而河身永無淺澁之慮。

一、填泗州，以護陵寢。議于泗城大爲填築城基，修墊街衢，缮葺官民廬舍。仍于護城石堤单薄之處培補堅固，以爲外捍，泗城永賴之利。

一、治溝渠，以興水利。議于淮、揚等處開支河，分溝渠。至於高、寶、興、泰積水之處，大治溝渠，疏通水道，仍令淮、揚二府同知兼管，垂百世無疆之利。

一、塞黄堌口，以防河堤。議委官查勘，斟酌堵塞，庶爲二陵萬年之利。

一、固王公堤，以保漕渠。議將歲修之銀買石包砌本堤，則根基既固，衝嚙不憂，漕渠、民命兩利俱存矣。

一、專責成，以臻實效。議清口闢沙，委同知馮學易，以南河郎中督之。五港口河工，委同知張兆元管理。黄壩至娘子庄，委運同趙坰。王口等處建閘工程，委同知劉不息，而以海口郎中督之。庶分管得人，事權歸一等因。

具題，蒙工部覆議，除黄堌一款議行河漕撫按會議外，餘俱依欵開立前件題覆。奉聖旨：依擬行。

部覆知州俞汝爲條陳河道疏

工部尚書姚謹題，爲祖陵阽危，運道梗塞，敬陳治河簡便切要事宜，以便責成，以紓聖衷事。都水清吏司案呈，奉本部送工科抄出，原任山東按察司僉事、今降山西沁州知州俞汝爲題：臣往者備員曹南，徧歷河上，頗得梗槩，勸止草灣之議，預防符籬之決，且請疏淮水下流。盖與原任濟寧道副使、今陞南京鴻臚寺卿張朝瑞所共讁者。嗣後，草灣停止，而二議未行，卒有黄堌口一決，衝入符籬，淮水湧起，憂及祖陵。嗣後河臣楊一魁復開草灣，運道遂阻，與臣前議似有左驗，始信蒭蕘之言未必無補於聖明也。

目今事勢危急，正臣子效忠之秋。謹攄胸臆，擇其簡便切要者條爲八欵。盖治河自有要法，如楊一魁之『分黄導淮』，潘季馴之『以水刷沙』，二議最稱石畫。欲開故道，不必全鑿河身，中間只開一水道，待水歸（漕）〔槽〕，一洗深濶，此『以水刷沙』之法也。欲護祖陵，先塞決口，次疏下流，俾黄水不入，淮水得行，自然就下，此分黄導淮之策也。舍此而別議修築，總屬虚費。然而河工積獘，利開新河，不利開舊河；知開全河，不知開水道。倘行臣之言，挑河塞口，悉如欵中所陳方略，事半而功必倍之，運道大通，祖陵必安，而錢粮節省必多，即措處無難者。伏乞勅下工部酌議，上請裁擇施行。

計開：除議停泇河一欵不録外，餘欵開後。

一、沿河任事之責宜均。夫河南、山東、鳳陽巡撫俱兼河務，中河、南河、張秋、夏鎮泉閘俱係管河，特以事權不一，設總河都御史節制之耳。今秦越其心，獨累總河，以致物故者、削奪者後先相繼，而總河遂爲陷穽。臣查總督邊臣與各鎮巡利害共之，故同心協力，不致大壞。河道獨不然，節制謂何？殊失國家優任大臣之意。請乞申明璽書各處有河地方，分任其責，有功并録，有罪并議，庶同舟之念自專而事可永濟。

前件看得，陵、運、民生俱屬重務，專任分理，統係王臣。總河固爲治河之臣，巡撫亦兼河道之責，事體既各相關，利害似難獨任。據題，將河南、山東、鳳陽巡撫及各處有河地方，如總督邊臣與各鎮巡事例，各分信地，共任其責，有功並録，有罪并議。誠有見治河非一手一足之力，故爲此同舟共濟之議。相應依擬，伏乞聖裁。

一、河工緩急之勢宜審。臣惟治漕、治淮原非兩事，疏、濬、塞三法本自相資。開而不塞，河無兩流之理；塞而不開，水無歸宿之處。若運道大通，水勢必退，治漕河即以護祖陵也，豈論後先夫？淮水泛濫爲祖陵患者，黄水灌入，淮水不出，湧而起耳。往時，淮安閘口水長，則築；水涸，則啟。舊板具在，年來規制廢格，黄水倒灌入淮，遂成巨浸。故分黄導淮，此議甚當。惜南流不斷，又增決口水入，止藉瓜洲一閘，豈能宣洩？欲祖陵不溺也，得乎？臣愚以爲宜修舊制，先斷淮安閘，次塞蒙墻口，使黄水不入；再疏下流，如芒稻、白塔、射陽三湖，引淮入海，使有所歸。如是，而淮、泗之間不安流，祖陵尚憂淹灌，萬萬無是理也。決口之初，宜急包裹兩頭，不使掃潤，此爲上策。今已無及，人見瀰漫數里，駭心束手。不知急必有緩處，潤必有狹處，無論遠近，擇其可施工者以法塞之。下流既壅，上流必淤，乘其既淤，然後補塞決口，于力最便，别有方略在後。

前件看得，淮爲陵害，以其壅也；河爲漕梗，以其決也。故治河則故道復而漕運通，漕利則淮水洩而陵寢固，此疏塞之切原相資爲用，而緩急之勢所宜熟審者。據題，欲先斷淮安閘，以遏黄流之灌淮；次塞蒙墻口，以圖運道之復故。運道一通，黄流自順，黄不入淮，祖陵之水自消矣。相應依擬，伏乞聖裁。

一、山脉沙水之性宜熟。考之形象者，言黄河以南、太江以北爲中龍，由陝入嵩，過曹縣，起泰山，盡于蓬萊三島。左一支自桐栢分水，曰淮；右一支自河南分水，曰渭；而黄河北流，從天津入海，此禹故道也。自宋熙寧間引河入汴，勢遂奪淮，貽患迄今，此不察地脉之故也。夫黄河萬里遠來，合水既多，更加雨澤，湍急難制，以區區人力争之，不知量矣。然水本就下，帶土而行，急則深，緩則淤，宜急不宜緩，故可合不可分。可以停而淤，亦可以刷而潤，此其性也。沙與土異，古人有『劃脂聚米』之喻，謂其積聚難耳。然不可聚而可囊，揚之則浮，刷之則去，凝之則堅，此其性也。識沙之性，故全河不必開，借水刷之，堅土難立，致借囊沙築之。識水之性，故支河必不宜鑿，欲塞上口，必疏下流；欲通故道，必塞決口。此理甚明，人所易見者。惟山之土石有骨，起伏有勢，高下分合，本自天然。善治水者，因其勢而利導之，易以奏功。合選知地理、有心計者，沿州逐縣，相度形勢，俾全河在目，庶不致慢嘗而徒費。

前件看得，河性靡常，變遷叵測。善治河者，要在識沙水之性，因其勢而利導之。故識沙之性，不必開全河也，借水以刷之耳；識水之性，不必開支河也，因塞以通之耳。據題，欲選熟知地理之士，備察全河本性，或某地有沙當以水刷，某地有石當以力攻，務使全河預悉胸中，臨期施爲無誤。相應依擬，伏乞聖裁。

一、錢粮經畫之制宜豫。臣惟總河不司錢穀，何從便宜？無米之炊，終成畫餅。此何時也，而可虛文以責耶？上策宜借内帑，發水衡錢，或議漕粮改折，如先臣潘季馴所奏；次則倣兵興故事，内外省直協濟；下則責成河南、山東、鳳陽院道，各從地方工力，酌議方略。其行漕地方，量派夫工助之，而河道督臣總其成，庶可措手。

前件看得，當今時事孔亟，莫如治河，而河工亟需，惟錢粮爲難措。據題，請發内帑，已經本部會題，奉旨：内庫缺乏，似難再瀆。水衡金錢匱乏，舉朝共知，若有贏餘，自當蚤發，豈待今日？惟是請留漕粮一節，先經户部咨允協濟五分之一。本部題將漕粮抵數，已經奉旨准留，移咨户部，轉行近河省分查扣去訖。其内外省直協濟河南、山東、鳳陽派夫，值河工大舉之時，近河諸臣自當分憂共念，正所謂責任宜均之説也。相應依擬，伏乞聖裁。

一、治河簡便之法宜採。夫河工大費，其一在議開新河，爲新河易見功也；其二在議開全河，量沙挑濬，以尺寸計之，爲工費難查也。如臣前議，不必别鑿新河，河有故道，如李吉口至徐、碭間隄岸尚可因也。不必議開全河，中間略開小河一道通水，自下而上近水處，量留數丈，以俟塞口將成，併力通之，黄水自然歸（漕）〔槽〕[一]，沙逐水走，自然深闊，此以水治水之法也。舊議塞口必用捲埽，每埽大者費十餘金，中者六七金，長濶不過以丈尺計，所塞幾何？往年崔鎮口決，長不過一里，深不過一丈二尺，計用人工、椿、草、檾、麻等物并斜築上流，共用銀一萬六千兩。今蒙墻口長數里，深倍之，當用銀三十餘萬，且有憂其難成者。如臣前議，不拘決口遠近，從中擇其可施

[一]『歸漕』應爲『歸槽』。

工者，兩岸築入，先用柳條、草、土隨宜築之，次用囊沙之法，中流最急處用船。船不必另造也，查各處粮船拆造，原有定銀，每拆一船，除蓬桅外，估價不過二十兩至三十兩，計費止三四埽之值耳。合於粮船回南過淮時，查該拆卸船隻存留聽用在廠者，責令各處船夫駕至淮上收管，約有千隻，似省而便。囊沙不必用布也，江南米包每個值銀八釐，再加草繩二丈，即用百萬，不及萬金。即以開河夫裝貯沙土，每包定以六斗，以草塞口，以繩緊束，一人可負而走。運至工所，俟釘樁一定，以埽捲邊運沙，連包入水，時日可集至中流。急處方用舊粮船，先期令夫船運土石或沙草，滿載，撑駕河濱。每船用木樁三四根下釘，以篾篷相挽，以銕猫札定，然後加土鑿沉，一時而下水自阻塞。其更新開水道，併力挑通，使黄水流衝，故道自然深濶。其費之省約，事之速成，可坐而照也。

前件看得，黄河原有故道，堤岸尚可相因。據題，其間李吉口至徐、碭一帶，不必議開全河，略開小河一道，引水東流，以俟塞口將成，併力通之，沙遂水行，自然深濶。為費既省，成功復易，深為灼見。其議塞决口之法，謂捲埽不如用船，囊沙不如用包，調停物料之多寡，斟酌費用之煩簡，似皆鑿鑿可行。相應依擬，行河、漕查議施行，伏乞聖裁。

一、夫役募集之方宜酌。臣惟河工重大，役民動以十餘萬計。倘召募不均，苦於騷累；約束無法，易生他虞；取用不節，費難措處；體悉不周，卒多危斃。當此灾傷之後，沿門起夫，裹粮從役，大拂民情。倘行臣前議，開故道止於通水，借水刷之，可省工力十分之四；塞河用船、用囊沙二法，可省工力十分之三。往時用夫十二萬、十四萬者，今可用夫七八萬。而此七八萬，先借留河南、山東、鳳陽班軍，次宜藉洪夫、閘夫及淮安牙募夫，總計二萬有餘。此輩有本等工食，每日每人照舊例加給銀一分支給，約束頗易。然後議起民夫，選能幹有司統之，似不為虐，且無意外之虞。若厚其犒賞，便其安插，處置周悉，俾無饑寒風雨之憂，亦仁人用心也，則有司存。

前件看得，動大衆者，貴恤民艱；成大事者，不恤細費。夫徐、淮，自古争雄之地，一旦聚夫數萬，若非調度得宜，安置得法，意外之虞，固所難免。據題，欲先借留河南、山東、鳳陽班軍，次藉洪、閘等夫二萬，除本等工食，加給銀一分，恩惠既施，約束自易。然後鳩集民夫，選委廉幹官統率。各役併力興作，河工自可計日就緒矣。相應依擬，伏乞聖裁。

一、天時寒暑之候宜乘。夫治河，先察地利，次審天時。不時而動大衆，興大役，此坐困之術也。河上之役，入伏，則水發難禦；至凍，則鋤畚難入；惟春月、夏四月與九、十月乃可施工。若不預為區處，將來鮮不誤事。合行總河督臣速將築塞、開濬事宜及錢粮、夫役料理應分三四工，以淮安塞口為一工，以蒙墻塞口為一工，以開濬舊河水道分作兩工，各以本處道府官董理之。坐名請旨，而以往來相度稽察催督責之，贊畫一切停妥，待時而行，庶臨期無誤。其疏下流如芒稻、白塔等處，俟事定後相度議行，庶有次第。

前件看得，治河之役與别項工作不同，天時、地利、人和，缺一不可。據題，入伏，則水發難禦；至凍，則畚鍤難興；惟春月、夏〔田〕〔四〕月與九、十月，乃可施工。一切應舉工程，誠當預爲分理，委任本處道府督率。其應用夫役、錢粮，尤宜先爲區處，庶得乘時興作，免致臨期稽誤。相應依擬，伏乞聖裁。

緣係祖陵阽危，運道梗塞，敬陳治河簡便切要事宜，以便責成，以紓聖衷。及奉欽依『工部知道』事理，未敢擅便，謹題請旨。

奉聖旨：俱依擬行。治河大事，照防邊例，總河與各巡撫共任其責，功罪同論。

部覆曾總河題報清口淤淺疏

工部尚書姚謹題：爲淮黄消落異常，運口乾涸太甚，見今回空阻滯，將來重運可虞，伏乞大加挑濬，以裨國計事。

都水清吏司案呈，奉本部送工科抄出，總理河道提督軍務工部右侍郎兼都察院右僉都御史曾如春題：據管理南河郎中顧雲鳳呈報，清口運河原係仰受淮、黄之水，以濟粮運，每歲水落沙淤，量加挑濬。然而淮、黄之灌輸不竭，則輕重之舟行無滯。今歲十月初八日，本司過清口，查探水勢，尚深七八尺。見謂淤沙甚少，方切慶幸，不意連日西風大作，日耗尺許。盖霜降之後，上流既微，而淮、黄會合，乘風入海，其疾如駛。至二十一日，本司復到清口，則運河可褰裳而〔度〕〔渡〕，回空船阻滯千餘矣。事勢危急，且恐天寒冰合，遂不及請詳，一面牌行淮安府管河同知王建亳會同清河縣知縣闕香，督率該縣縣丞張正習、主簿胡來佐，調集長、淺、堤、壩、堡、閘夫一千六百七十六名，於二十五日興工，晝夜挑挖。至十一月初七日，水深四五尺，以爲船可通行矣，故於初八日開壩通船，不意内水外洩，纔過回空船二十八隻而淺阻如故。初九日，旋復築壩，嚴督開深河底。至十七日，又開通河心高亢處所三百一十丈，濶二、三、四丈，深三四尺不等。及接引各塘蓄水注之運河，似亦足以通舟。比一開壩，而水之奔入淮、黄者，勢若建瓴，不半日而深者復淺，淺者復涸。旗軍六七萬人環立兩傍，荷畚而待濟者，徒有相顧駭嘆耳矣。

竊照運河之水本借資於淮、黄，今内水反向外流，此淮、黄異常大變也。從來清口止闞浮沙，今則河心老土墾闞三四尺矣。顧内深一尺，外亦消一尺，計今運河之水比平時消一丈五尺，挑濬之功終不勝其消落之勢。行據清河縣查報，未進口回空粮船三千一百六十四隻，是進口之船且不及半，能無誤新運、妨國計乎？必須大濬，務使運河老底再闢，濶五丈，深七八尺，庶得與淮、黄相接，而運可無虞矣。第事勢已迫，夫役無措，淮、揚州縣應調徭夫不過二千餘名，又衝寒觸凍，晝夜不休，見今肌膚盡裂，殊爲可憫。合無容查勘動錢粮，每日量犒食米，并另募千名，齊力合作，而後今歲之河工可完，將來之重運有賴。再照回空既阻，新運必遲，計挑濬之功，必需一月。若河冰既合，風雪驟至，又有不可預期者。伏乞題請少寬期限，庶免倉卒追呼，軍民逼迫，致生意外等因。呈詳到臣。據此，該臣看得，清口係淮、黄交合之所，向來運河俱仰受其水以濟粮運。隆冬水落沙淤，雖亦其常，然不過量加挑挖，便可通舟，不意今歲淤淺乾涸一至此極。且前此淮、黄勢盛，海口宣洩不及，類多內灌，爲運河患，則有之。固未有淮、黄消落，反令內水外出爲運艘梗如今日者，此誠從前未睹聞之事也。據報，見阻回空粮船三千一百隻有奇，臣不勝駭異，爲之寢食俱廢。蓋回空既阻，勢必於新運有妨，安得無凛凛也？除一面批行南河分司，督令該管河官動支歲修錢粮，加募夫役，上緊挑濬完工，必使回空粮艘期在半月內盡數過淺，無誤新運。此則河臣之責任也，而未可以河變諉也。如有遲違愆期，容臣分別查叅施行等因。

奉聖旨：工部知道。欽此欽遵。抄出到部，送司案呈到部。看得清口爲淮、黄交會之地，粮運喫緊之鄉，邇來爲勢甚大，利運不小，所憂宣洩不及內灌爲患耳。即歲或水落沙淤，亦不過量加挑濬，然未聞有淺涸之變也。向見勘臣崔邦亮一疏，謂河自宿州南平集，由五河縣盡數入淮，符離集之水亦引之而南，其入小河口者，僅十分之一二已耳。夫河强淮弱，河既入淮，淮不能容，必泛濫南潰，而清口交會之處，其勢必殺。于時即慮清口有淺涸之虞，而今果然矣。據總河疏謂，分派夫役，上緊挑濬，期在半月過淺，無誤新運。臣等何容再議？但查挑濬二次，開壩，勢若建瓴，不半日而深者復淺，淺者復涸。如此景象，雖目前努力加工，回空無誤，竊恐轉盼春融，新運在邇。倘河流南行之勢未能遽挽，則徐、邳、宿遷以下終成平陸，運艘自淮上出者，果何途之從而能飛渡以抵京師耶？是以今日之治河，保陵固所難緩，濟運尤其亟圖。運河不治，糧艘艱難，國家百萬生靈將何所賴以全生乎？此其爲害不小，其所關係甚大，而不可不亟爲預圖之者。既經具題前來，相應覆請，恭候命下，本部移咨總理河漕部院，嚴督該管河官，將清口一帶淤淺處所上緊鳩工挑濬，務使回空盡數過淺。如有遲誤工程，不行依期通利者，即便指名查叅，以便從重究處。再照上源不利，故下流淺澁，今之挑濬，不過一時權宜之計，而其根本亟圖，原在李吉口以下舊河。總河前疏議開王家口者，雖以挽南流爲陵寢計，實以復故道爲漕運資也。兩經本部照議覆請，至今未蒙簡發，以致河臣疑慮未決，人心覬望稽延。不知王家口之開且未刻期成功，則上流之水未能源源而至，即清口日加挑濬，終何益哉？伏乞皇上并將臣部所覆總河議開王家口之疏速賜檢發，俾河臣得一意鳩工，上源既達，則淮、黄之安流無恙，清口之仰受如故，而運艘之來可保其永無他慮矣。

緣係淮、黄消落異常，運口乾涸太甚，見今回空阻滯，將來重運可虞。伏乞大加挑濬，以裨國計。及奉欽依『工部知道』事理，未敢擅便，謹題請旨。

奉聖旨：這清口淤漲及王家口等工程，俱着總河上緊從宜挑濬，以通運道，毋得躭延觀望，致誤國計。

部覆曾總河題議建閘濬渠濟運疏

工部尚書姚謹題：爲清口勘議已定，新運接濟可期，懇乞聖明，俯俞寬限，以便責成事。

都水清吏司案呈，奉本部送工科抄出，總理河道提督軍務工部右侍郎兼都察院右僉都御史曾如春題：據管理南河工部郎中顧雲鳳、管理漕河按察使汪可受、淮徐兵河副使劉大文會呈，蒙職憲牌，仰漕河道，即便會同南河分司、淮徐道選委熟於治河官員，隨同該司道遍歷清口上下一帶，查勘淮、黄消涸之原，病根何在，果否天時亢旱、有無旁溪走洩，并单内欵開事宜，孰爲可行，應當速舉；孰爲窒礙，應合免議。此外，有何良策堪以避淺利運者，一一查議詳確，作速前來，以憑施行等因。

蒙此，該司道查得，原任兖州府通判李國祥素習河務，見蒙本部院取在王家口大工效勞，堪以隨帶查勘。行據本官呈稱，遵依從王家口工所兼程，伍昕夕，抵清口。始遡流上詣洪澤，沿流下及澗河，一一相度，一一咨詢。始知淮挾七十二溪之水，居四瀆之一，非寰中迅流乎。往以黄漲口恒積沙，水多倒灌，通濟閘名爲節水者，直以禦漲而已。比全河由渦、澮入淮，淮乘河力而流益迅，寧獨口無積沙哉？中泓衝深五丈有奇，淮可幸不涸瀦、不泛濫。獨淮、黄中泓既深，通濟閘口日見高聳內灌，不啻過顙外注，不啻建瓴，此所以狃習見者疑於旱爍，疑於旁洩，而深求其病根也。今勘洪澤諸湖，漭瀁無泮，湖頭兩口分流里許，合併成河，寬約百丈，奔揚直下如瀉，即向有岔河出張福口者，今亦自爲淤墊，可得謂旱爍乎，可得謂旁洩乎？乃知今之淮、黄由地中行也，非病也。

但重運漸次抵淮，桃花麦黄漲復難期，可得泄泄坐俟河溢？故計宜有謂王家營築壩如閘，障水上湧者。然河誠深廣，即倚椿埽可以成壩，而所費不貲，業難卒辦，況有限之財終難填無窮之浪乎。有謂從許家閘開東壩者，有謂從烏沙河開外壩者，有謂從清江浦開仁、義壩者，有謂從福興閘開麗家灣者，有謂從惠濟祠前出新溝者，議雖人殊，無非已試之良。特昔者淮、黄與高、寶水勢相平，計誠爲得。若今湖水淩二瀆之上，懸流及仞，無閘爲節，湖涸可倚而俟也？瓜、儀抵淮三百漕徑，又將何寄？況諸河無不淤狹，又非旦暮可以濬復者，即不難於夫力不贍，能不難於湖水不繼耶？

惟是酌新宜，覈舊制，乃有復閘、加閘，猶爲半右功倍者。蓋永樂中，陳平江伯以湖引漕達淮，於淮安北設閘有五：一板閘，二移風，三清江，四福興，五新莊，節宣湖水，漕計賴之。嘉靖中，添設通濟閘，漕益利焉。隆慶初，黃河併流徐、邳，與淮會於清口，河强淮弱，不能衝河中堅，淮阻倒灌，黃亦躡後。迄三十餘年，通濟舊閘敗弃於泰山壩外，新閘改建於甘羅城南，無資節水，祇憑禦漲，以是閘有沉没、有衝塌者，不之問矣。乃今閘口與清口相距里餘，濬非不深，其如閉閘，則立涸露底；啟閘，則傾注溢岸，復古平江節宣之制爲今第一議也。故通濟閘內，除移風久沉者徐圖補砌外，而新莊、而板閘，俱應速爲修繕，使湖水倚閘以盈縮，亦倚閘以去留也。通濟閘外，除今閘枋基出水五尺有奇，恐擱重運別濬月河外，其逆淮水深溜處，相應濬水河一道，河口接淮處設閘一座，庶乎接淮有路矣。至於各閘相距遠者，其節長，其水費，仍當添建一二閘。信理閘如理財，惜水如惜金，高、寶諸湖自足濟漕。蓋平江經畫，居然今日事也，理合具呈等因。

據此，該司道遍歷清口上下，備細查訪無異。會看得，清口外河二瀆所會，涓滴並無旁洩。第以水面觀之，昔也外水內灌，今也內水外傾，高下之勢，今昔相反。又上之勘至高家堰一帶，昔也漲與隄平，落猶浸淫堤根，今水去堤根且十餘里矣。又下之勘至烏沙河一帶，處處皆是外低內昂。此其形似黃、淮消落，病在不足然者。及以水底測之，實有不然。清口積沙舊號門限，歲歲挑闢，深不及丈，今深且五丈，而日衝日下，未已也。通濟閘外河底化爲河岸，深藏豈是不足？蓋水以沙擁而內灌，沙以河、淮交鬭而成河。黃、淮合爲一家，則來也專而有力，去也直而無停，故其高下形局一旦變遷乃爾。國初全河入淮，此景蓋嘗有之，先總河萬都御史辯之詳矣。目前紛紛之説開渠築壩，雖有六款，大都拘泥故常，欲引河水內灌，熟察地勢，斷在難行。討惟有俟大工告成，河來擁淮，將有內灌如故之理。然四五丈深潭，豈旦夕淤填之力哉？重運將至，勢難徐待。匪因便於高、寶湖水而建閘濬渠，節宣用之，計無復之矣。職雲鳳自去年十月以來，日夕焦思河上，設法輓過回空粮船，業已將竣，正在經營建閘，爲新運計。而職可受、職大文奉檄會勘，見亦相同，乃委官季國祥所引平江五閘之例，則固蓄湖水，北引濟運，又居然往事之可因者也，無憂不濟矣。惟是運事既已屆期，河道方在改局，職等竊以過洪、過淮不能盡如常限爲懼，是所望本部院預請寬恩於朝廷耳。除一面會行淮安府動支河道錢粮，給發本府管河同知王建亳，督同清河縣知縣關香備料興工，創建石閘一座、木閘一座，修理舊石閘一座，并加濬河渠，通限三月十五以前完報等因。據此，卷查三十年十二月內，准工部咨，爲淮、黃消落異常，運口乾涸太甚，見今回空阻滯，將來重運可虞，伏乞大加挑濬，以裨國計事。該臣題清口淺，阻空船，督行挑濬緣由，本部覆議，行臣嚴督該管河官上緊鳩工挑濬，務使回空盡數過淺。及又請將部覆臣題議開王家口之疏速賜檢發，俾河臣得一意鳩工。上源既達，則淮、黄之安流無恙，清口之仰受如故，而運艘之來可保永無他慮等因。奉聖旨：這清口淤淺及王家口等工程，俱着總河上緊從宜挑濬，以通運道，毋得稽延觀望，致誤國計。欽此欽遵。備咨前來，臣隨經督行司道併力挑濬。及查將高、寶、瓜、儀諸閘與沿河一帶洩水涵洞盡數封閉蓄水，北引濟運，期於通行無阻，不謂新歲凍解，淤淺益甚，河官智窮慮竭，工力靡施。臣私念開歸上源，黄流漭沆之大勢如故也，一旦淮、黄會合之處頓成淺涸，必有受病之源，而特不得其故耳。臣爲王家口大工集夫三十萬衆，身駐河干，撫綏調度，時不可離，因以所訪士人輿議陸欵，督行漕河道汪可受會同南河分司顧雲鳳、淮徐道劉大文周遭相度，必求所以受病根源與經治方略，以仰紓主上南顧之憂。盖臣叨肩治河之責，何敢以變異自諉，而又何敢輙以疑似之見瀆灭聽也？及諸臣勘議水涸之故，大都因淮、黄會合，河底衝刷，深且五丈，外低内昂，勢不能復，溢而上河涸，病根實源於此。前項欵議，類皆拘泥故常之見，一一查驗，毫無實際。今所恃淮南高、寶諸湖之水，臣檄行封閉甚畨，不令旁洩，北引接運，頗有餘資。以故司道諸臣議欲因便於高、寶湖水而建閘濬渠，節宣用之，正昔年陳平江已然之明效也。目前濟運，似無逾此。

除臣即一面批行動支錢粮，責成該管司道督行河官上緊辦料興工，勒限三月半前報竣，必期放水接濟無誤新運外，臣查得漕運議單，過淮、過洪，漕司不得過三月，河道不得過四月，明例昭然，凛不敢越。第今河道變遷，鞏難刻期，以是在事諸臣惴惴然懼於違限之戾，不能不仰邀主上之寬恩也。懇乞勑下户、工二部覆議上請，行臣遵奉施行。儻至期如有不效，即嚴譴，其何所詞？臣無任隕越，祈籲之至等因。

奉聖旨：該部知道。

又該巡按直隸監察御史李思孝題：爲運河漸濬漸深，水勢愈消愈涸，重運萬分可憂事。本年二月初十日，准管河工部郎中顧雲鳳手本内開：河口運道，自去歲十月初十日以後，淮、黄驟落，至二十一日回空阻滯。隨該本司督同淮安府管河同知王建亳、清河縣知縣關香調集高、寶、江、儀、山、清、桃源等州縣徭夫，委高郵州判官王萬育、清河縣縣丞張正習、主簿胡來佐、山陽縣主簿謝侗、寶應縣主簿盛治世晝夜挑濬，從河心中另開一小河至通濟，復從通濟閘至清江閘二十餘里内，凡探水勢淺澁者，俱加開闢。至十二月十八日，工完。候至二十八日，水開。二十九日，放船南下。至正月十九日，過船一千一百零一隻。彼時新開河渠尚深，只因通濟閘底椿木盡露，進船一塘，必須打壩塞口，接引湖水滿（漕）〔槽〕，方可過閘，雖云費力，船猶可行。至本月二十、二十二日，淮、黄驟耗三尺，船不復可行矣。乃築壩車盤，日僅可車一二十隻，然船猶可車也。至二十六日夜，東風大作，至二十九日，三晝夜之間，頓耗水六尺，每一船過，用夫千名，船稍舊者，竟折而爲二，又不復可車矣。本司爲萬不得已之計，另於迎溜去處開河一道，彼時較量外河水面，務深丈許，以爲必濟之計。然自二十一日興工以來，水消八尺，此時僅深二尺矣。以千夫之力、數日之工，曾不足以敵旦夕之耗，則此河雖工已將完，恐又成畫餅。夫空船尚爾，重運可知。在今日雖進一船爲一船之幸，而將來又多一船爲一船之憂。本司百方計議，早夜圖維，智窮力竭，莫知所措。或謂張福口宜塞，使淮、黄不至旁溢者，此一策也。方議堵塞，而張福三百丈之口一朝忽涸，無復涓滴之流矣。或謂引接高、寶湖水以濟運者，亦一策也。嘗試洩之，若覆杯水於坳堂之上，在内河若有餘，而出外河則烏有矣。況高、寶諸湖原以淮水爲源，今尚外洩，則無本之水也。若今常流，將不數日而淮南三百餘里立涸矣。或謂天妃、龐灣諸壩宜開者，此其瀉洩湖水較河口爲甚，而其不能進舟與河口同也。至謂桃花水發，宜姑少待者，此尤渺茫。目今孟春已盡，地脉宜融，而立春以來水消八九尺，是四時之令且不足信，而況未定之天乎？總之，河涸病根，由於八月至今未有雨澤，亢旱既久，百川皆竭，人力竟無如之何耳。目擊事勢窮促，擬合揭報等因。

又據淮徐兵備副使劉大文稟稱：本職親駐清口，會同顧郎中車壩。但遇東南風起，外水消落數尺，不能接濟，必得西南風方可進船，即勉强完回空之數，新運斷不可恃。環視周遭，别無可引之水，亦無可議之跡，且宿遷白洋河而下日漸淺澁，各湖俱竭，豈人力所可施哉？自古以來，無淮、黄、湖澤乾涸之事，於今見之，可爲寒心。惟恃黄水之至，不知王家口黄河挑止深一丈七尺，即放水東流千餘里至清口，能益淮丈餘而入閘乎？似萬不能。若亢旱不雨，天下事未可知也。據目前光景，先行實報，儻有可爲，另行馳聞等因。

各揭稟到臣，該臣看得，國家命脉仰給漕粮，至重計也。而所以使之纍纍不絶灌輸京邸者，恃有此一線之運道。先是，清口斷流，回空船阻。臣曾具疏題知，荷蒙皇上留神國計，行令當事諸臣上緊挑濬矣。續得淮徐道稟揭，謂將通濟閘内外大加挑挖，候工完開放。立春之後，消凌水發，船可通行。謂此月之中，粮艘當盡回南。臣沾沾自喜，以爲轉盼春和冰開可濟，不至貽聖明南顧之憂矣。乃今顧郎中、淮徐道所報，一謂愈濬愈涸，回空粮船僅過一千有奇；一謂環視周遭，别無可引之水，亦無可議之路。據此情節，一時治河之臣似亦束手無策者。嗟嗟此一清口也，去歲之涸，猶有望於今春；今春愈涸，又將焉望？竊恐回空之船南歸無日，而新運之艘益不可期，是不可爲寒心哉？第諸臣受朝廷之委託，身河渠之重寄，運道固其專責也。乃修濬將幾半載，所費業已不貲，而竟無尺寸之効，涓滴之流，似各不能逃其責矣。伏乞勑下工部，嚴責在河諸臣，將前斷絶清口亟行設法挑濬，務使漕粮之運不至愆期，國計幸甚等因。

奉聖旨：工部知道。欽此欽遵。通抄到部送司。

又准提督漕運鎮守淮安地方總兵官太子太保新建伯王承勳揭，爲清河日涸，新運難前，乞勑當事河臣速行開濬，併懇聖恩俯賜，量寬運限事。案照先據淮安府管河同知王建亳呈稱：清口運河，原係仰藉淮、黄水入，以輸粮運。詎意入冬以來，勢日漸消，以故運口外露淤灘，内見老底，回空粮艘阻滯數多。隨調山、清二縣徭長等夫一千六百七十六名，蒙南河工部郎中顧雲鳳駐劄清口，督同卑職并清河縣知縣關香、縣丞張正習、主簿胡來佐，將前外淤内涸處所於十月二十五日興工，率夫晝夜挑挖，於十一月初八日開壩通船。祇緣淮、黄低極，内水(及)〔反〕向外流，方過空船二十餘隻即淺阻如故。隨於初九日復築土壩，將河底高亢之處又挑通三百一十丈，濶二、三、四丈，深三四尺，至十七日工完。及開兩崖堤裏各塘蓄水，引注漕河，水勢增深，足堪行運。比一開壩，而内水仍奔，淮、黄勢流湍急，不及半日，深處復淺，淺處復涸。

今欲大挑，貴在多夫。除呈合干上司外等因，且呈到爵。爵隨一面牌行本官，督率人夫併工挑濬，務求必濟；一面移書總督漕運都御史李三才，臨淮會集司道議處錢粮，添募夫役外，復思王同知所呈内外水勢懸絶既甚，縱使淺處挑深，内水無源，難勝消落。查得淮城迤北數里許，舊有方家壩一座，原爲閉口車船而設。爵親詣壩上踏勘，似可修葺通舟。又經牌行王同知，分撥人夫七百名，轉委照磨王廷璽、百户林萬叢監督挑挖，併置辦絞關器具。自上年十二月二十一日起，每日車放空船，得與河口比肩而進，迄今總計進口者已有十之七八。奈值天時亢旱，淮水日更耗涸，空船尚未盡南回，重運又安能北上？雖近日欽取萬年賓粟、牡丹花卉船隻經過，該爵牌行管河官多撥人夫，盤送出口。然貢船花木輕而易舉，運船粮米重實難移。即今廬州等衛粮船於二月初一等日業已陸續過淮，第清口淺阻，斷非車盤可盡達者。今惟仰藉淮、黄上源之水東注接濟，此外别無傍通之路矣。竊慮向後重幇銜尾而至，鱗次淮南高、寶一帶河干，則數千粮艘、數萬官軍，不惟風火盗賊可虞，抑且曠日遲久，必致稽誤欽限，此爵之所以蚤夜憂思、寢食不寧者也。

爵固知河臣曾如春身親河上，胼手胝足，勞苦萬狀，但運事急迫，有不得不據實(土)〔上〕聞者〔一〕。伏乞皇上軫念河變異常，運船被阻，勑下户、工二部，先將過淮、過

〔一〕『土聞』應爲『上聞』。

洪限期量行寬假，仍亟行總河大臣嚴督司道等官極力河工，尅期完報，俾運道早通，粮船攸濟，則國計、軍儲幸甚，豈獨漕臣得免罪戾已哉等因。

揭報到部，送司案查，過淮、過洪限期，已經户部題議寬假。其清河淺涸，粮運艱難，屢經本部覆奉明旨，通行在河諸臣上緊酌議挑濬。去後，今該前因相應議覆，案呈到部。看得清河淺涸，爲漕渠喫緊之患；粮運艱阻，關國家切膚之虞。夫時值回空，既不能資引其歸南，而期當新運，又何能飛挽以抵北？目今勢迫時窮，挑濬萬難再緩。倘疏濬未通，新運有誤，京師百萬生靈，一旦米珠薪桂，不測之變，誠有所不忍言者，此在河諸臣不得不亟于疏請也。總河目擊時艱，心懷隱憂，議倣往昔陳平江節宣舊制，引淮南高、寶諸湖之水，建閘濬渠，以濟新運，深爲有見。相應依擬覆請，恭候命下本部，移咨總河、總漕部院及咨都察院轉行各該巡按御史，嚴督管河司道等官，將總河所議高、寶諸湖建閘濬渠工程上緊興工，務期三月內引水歸（漕）〔槽〕，以濟新運，弗得遲延，有稽國計。緣係清口勘議已定，新運接濟可期，乞聖明俯俞寬限，以便責成。并運河漸濬漸深，水勢愈消愈涸，重運萬分可憂，及節奉欽依『該部知道』『工部知道』事理，謹題請旨。

奉聖旨：清河淺涸，關係漕計甚重，着上緊建閘濬渠，以濟新運，勿得稽延致誤。

濬漕築堤疏

河道總督房壯麗爲修築決口堤工，挑復故道淤淺，以衛陵、運、民生事。

據管理南河工部郎中朱國盛、淮海兵備道副使宋統殷呈詳，蒙職憲牌案，據淮海道詳開南河分司條議，欵開淮安堤工兼用磚石。該本道看得，河非堤不障，而堤非石不堅。揚屬石堤尚多，淮屬石堤甚少，即以郡城之際，上下僅六七里，不過一縷土堤，辛酉堤決城陷，職此之由。淮安重地，如此危險，而久不議及，殊可怪也。今若上自西湖嘴，下至楊家廟內起建石堤，磚石兼用，保障三城數千萬生命，是萬世之利也。酌勢度時，委屬喫緊，伏候台裁等因。牌仰司道會議，及查勘運河淤淺疏導等工。蒙此。又該淮海道抄蒙漕撫部院批，據各地方鄉民金梓、毛恩等狀詞稱，切照淮安行運河道南自寶應縣界出口處止，計長一百四十餘里。嘉、隆年間，黃、淮水漲，漕河入閘之水自北往南而流，年年漸增，歲歲爲患。雖蒙當事區畫，濬河加堤，不過以完一年運事。詎意近年黃、淮並漲，內灌爲艱，旋濁旋清，叠罹爲害，以致河心日高，堤岸日薄，水由地上，欲不潰決，難矣。且數十餘年，漕河並未徹底挑濬，求不淤墊，難矣。糧船則節年出口漸遲，又值水勢漲發，閘溜洶湧，難行重運。議開月河分行，以速糧艘。況月河開放，水勢掃刷，兩岸延至二三十丈，較比一閘金門僅二丈許，不啻十數倍矣。下流並無節制，兩岸河堤立見潰流，運道、民生均受其害。爲今之計，必俟冬深水涸，大挑漕河，以挑河之土加築兩岸堤工。至于皇華亭一帶，逼近城池，並險要包家圍、洋信港，甃砌石堤，保固三城，併將通濟、福興二閘月河之内建閘等情。批道移會到司。又據淮安府軍民鄒桂芳等、山陽縣生員陳继晟等、鄉民周文升等各呈稱：淮城地勢居下，水患靡常，乞建堤濬河，保固城社護運等情。

據此，俱經會行淮安府并管河張同知、山陽縣親勘，續據該府詳稱：爲郡城西門外運河一道，受黄、淮二瀆浸灌，停沙日積，河身日高，堤岸日增，幾與城垜相平。每遇伏秋，水勢滔天盈搵岸，只得堤上復加高以禦之。但沙土無力，新築難固，往往防守不支。萬曆三十九年一決，天啟元年再決，無論萬姓如魚，城不没者三版，即山、塩、高、寶等處田廬漂去，平地成湖，人民逃散，錢糧無辦。今歲伏秋，水滿如盂，城深如釜底者，萬姓奔號，僚屬官吏奔走，晝夜巡守靡寧，東岸幸爾無事也。西岸連決數處，禾稼悉沉水底，廬舍滸没無筭。總之，防于東而決于西，守于南而決于北。且冬春之交，河勢又淺，每多膠舟，及至夏秋，便勢莫可禦。今議建石堤，自西湖嘴起，至許家閘、包家圍，以護城。又議挑正河，使河身深廣以受水。及虞正河挑而回空糧船過往無從出也，必開新河，以便行舟。併將大加濬淺，石晝周詳，一勞永逸，萬世無窮之利也。併將管河廳山陽縣先後估計工程錢糧造册呈送前來。

該司道會看得：淮安河道當黄、淮衝激之餘，值水旱頻災之會，河身挑濬既失三年兩度之常，累年運遲。又在伏秋水漲之後，清口大壩已不能築，流沙内灌，烏得不淤？即每年估用歲修，率多冒破愆期，故淺阻旁決之患無歲無之。今親督印河各官躬詣估勘，見河心淤高，河堤卑薄，追及往患，更切近憂，則挑河築堤之役誠有不容緩者。即經該府廳詳報前來，又經司道減除，新河工程自本年四月開工，給過土方銀六百兩外，今估未完土方共一萬六千二百六十二方五分，共該銀一千三百零四兩六錢。又自西湖嘴起，至許家閘并包家圍、洋信港，石堤長一千六百一十丈，磚石相兼，共估工料銀一萬四千一十三兩七錢五釐五毫，俱係屢減實需應用之數。其挑濬正河，原估四千二百丈，係在水面丈量，恐其中高下不等，難以懸度，且估費不貲，更煩區處。今以止挑二千八百丈，計土一十二萬二千方，并築壩等工，該銀九千九十二兩七錢。以上三項，共估銀二萬四千四百一十一兩五釐五毫。查淮安府庫貯河道銀止二萬五千四兩有零，尚有歸仁等堤及各屬歲工之需用，於此似難全動。今權議三停措辦，淮庫止動一分，見徵行夫銀内凑用一分，或行别處，并不得已而於揚州府庫貯河道由閘銀内協濟一分，共足前數，及時興舉，庶爲妥便。倘有增虧稍異，不妨彼此通融。若夫先做樣工之料價，與不時臨工之小犒，則有本司清出人犯晉爵開榮等罪曠夫銀可以充用，無煩別處。其未盡事宜，可續爲商確者尚多也，候臨期酌議。揚庫應否動支，營兵應否調撥，料物應否派辦，乞詳示下。他如許家石閘并通濟月河小閘、河西一帶土堤工，候府廳詳至，陸續轉請等因。

據此，除批行外，該職看得：黄河難治，自古爲然。即使堤岸高厚，猶恐難障狂瀾。柰何邇年以來，印河各官不得其人，每遇歲修，率多虚冒，以致遥、縷二堤半就傾圮，河身又高于平地，一值伏秋水至，澎湃奔騰，此潰彼決，殆無寧歲。至于淮安山陽縣自通濟、福興以裏運河，年來淮、黄盛漲，流沙倒灌，以致河身日高，冬春淺涸膠舟，夏秋泛浸四溢，民生之昏墊，運道之艱阻更屬杞慮。今據司道詳議，運河新河，大加挑濬，以爲新運計。又自西湖嘴起，至許家閘并包家圍、洋信港一帶，土壩单薄不堪，議要石磚兼砌，以爲保障三城計。運道、民生，咸有裨益，委應准從。據估工、料，夫價共銀二萬四千餘兩，查淮庫收貯河工銀二萬有奇，除備修歸仁堤等工留用一萬兩外，止餘一萬，准其動用。不足銀兩，于該府收貯牙行夫銀并揚州府由閘兼支修舉。一勞永逸計，無便于此者。目今時已冬仲，轉盼春交，萬一稍緩，桃水一發，事必無濟。伏乞勑下工部，再加查議。如果職言不謬，覆議上請，嚴督司道、府州縣掌印管河官上緊辦料募夫舉行。如果明歲河水未發之前竣事，將工程錢糧、物料，理刑官查明，容職疏請優録。如有怠緩僨事，一併条處。

抑職。又有説焉：天下至重者，莫過于河道。防河如防虜，一切歲修堤壩及挑濬淤淺，募夫辦料，必資于河道錢糧。邇來各府州縣衛掌印官視河工爲贅疣，應徵河工銀，往往拖欠甚多；或已徵在官之數，那借別用，庫無存積。一遇河工緊急，無米不能爲炊，辦料募夫未免後時，司道河官必致束手，欲其河防修舉如期，安可得乎？查得京邊錢糧，每年完不足數，則有条罰之例；而河工錢糧事干重大，若不分別完欠查条，註爲定例，惟恐年復一年，人心愈玩，河工廢弛，將來不知其所終矣。更乞明旨，嚴加申飭，督屬各省布政司并直隸各道將府州縣未完每年額徵河道錢粮務要全完，每年終，司道分別所屬，將已、未完分數册報，職特疏糾条罰治。如有欠至三分以上者，掌印官雖考滿，不准給由。已徵在官者，凡有挪移、借動，侵欺者，容一面拏問，一面具題，註爲定例。

奉聖旨：河工，着即議覆。金元嘉，已有旨了。趙謙，着盡心供職，不得求去。錢粮着落，該地方官上緊催完，不許拖欠那借。該部知道。

治水條議疏

總督河道朱光祚爲敬陳治水約法，以豫責成，以裨陵、運事。

職接近報，見省直諸臣條上封彊，江南、江北苦水，山東苦旱，水溢則二陵當防，旱乾則四百萬漕艘可慮，是今日之河臣非行所無事之官也。況大軍之後有凶年，荆棘之鄉生亂賊，泗水□□又見告矣。然則河臣所得問者，豈趨一水濱已乎？兹且在河言河。切聞治河之法有三：曰疏，曰築，曰濬。斯必身履其地，相地利人和而爲之，未敢懸斷也。謬意治水者之法亦當有三：曰勤，曰實，曰寬嚴互用。敢先瀆宸旒，預與諸司百執事早圖同心共濟之效，庶幾藉手以紓皇上東南之顧，未可知也。謹列欵開坐，仰乞聖裁，嚴飭施行。

計開：

一、問水宜勤。查得黄河入中國，歷秦、晉、河南，由豊、碭出徐州，始爲運道，合泗、沂之水，蟺蜿而至清口，會淮而東，經安東縣，以入于海，此總河之足跡所不能盡涉也。運河自浙江抵張家灣，凡三千七百餘里，亦河臣所不能盡涉也。各管河水利道與守巡兵備之有干河泉者，下逮府州縣印官、河官，咸得過而問焉。然不當問于伏秋水漲之時，而當問于十月秋防之後。凡南北兩岸舟車馬跡，處處當到，緩急堅瑕，時時當詢。或議多築磯嘴以遏其衝，或議預捲乾埽以防其汕，或議窖栽茭葦橛柳草子以護其外，或議增修遥堤以束其狂。每年必于十月中旬踏勘明白，分別三等：以當衝最急者爲一等，次衝二等，又次三等。有小修，有大修，有添修。合用官夫錢糧，逐一委計的當，務十一月初類報到職，覆核興工，通限正月報完，聽職間一巡行，以考惰勤，以核虚實。如有營求他委，偷安悮事，懦則應急報緩以啚卸肩，貪則應緩故急以希射利，致嗟臨渴之掘，無救維魚之灾，是民生、運道之一大蠹也。雖有他美，何足贖哉？至于要地河官，悉有隣堤公廨，責令常川駐劄。不惟居恒可以修四防二守之職，即臨運催儹防護，各有司存，何可諉也？若夫修防文移，職專以河道部司爲主。盖佐二關州縣，州縣始上之府，府上之道，道上總河；總河又下之道，道下之府，府下之州縣，乃行佐領一駁，動徑數月，呼吸利害，那堪忨愒如斯？倘有不確不速者，璽書具在，何敢姑息？伏睹職銜門節奉聖旨：是各該司道等官但與河道相干的，着總理官一體甄別。欽此。又奉聖旨：近年管河佐二等官多有營求差委，妨廢職務，不行用心防守的，總理衙門務遵勑諭，拏問重治，不許姑息。欽此。職若故違，安所逃罪？伏乞聖裁。

一曰修防宜實。凡河、泉兩岸廠夫、堡夫、洪夫、溜(大)〔夫〕[一]、隄夫、泉夫、撈淺夫、淺舖夫，有一分工食，必要得一人之用；用一人上工，必須盡一日之力，不許貪吏折乾，猾胥包攬。此一實也。凡工料、夫役之數，應少應多，應徐應急，印河官必不可下信鼠狐，外徇情面，内隳

[一] 據上下文意，『溜大』應爲『溜夫』。

職守，使窮民剜肉之錢無補醫瘡之用，此二實也。凡收買稍草椿麻，必實給市價，必實收官廠，必實加苫盖晒晾，不許朽爛充數及扣例納銀，虛出通關。此三實也。凡分別功罪，實勤劳者，必不可以小過小嫌而不叙；實貪惰者，必不可以有情有勢而濫收，使賢否皎然，百工競勸。此四實也。之四者，一實百實，上有好而下必甚；一虛百虛，上雖令而下不行。三尺森然，誰敢假借？查得萬曆十八年工部題奉聖旨：河道每歲修防，先年題有定規。乃各該官員不行着實遵守，曠職悞事。這所議俱依擬行，如有仍前怠玩的，總河官司指名糸奏重治。欽此。從此，上畏簡書，計周軍國，顧與諸司交相勉矣。伏乞聖裁。

一曰民力宜寬。夫欲防水患，無愈于捲埽。捲埽之料，全資稍草椿麻與土耳。凡選買物料，印河官必平價准給，勿除例，勿後時，勿使費打點錢，勿强奪里遞草葦，勿派河夫攀折官柳，此一寬也。凡築堤修壩，不免損田。捐一人之世業，以捍一方之大患矣。既不給價，又累賠糧，且農夫饁婦當麥浪云騰，笑指南山之候，偏嗟壓占，敢怒而含愁，良可念也。今後或補以閒地，或豁彼虛糧，成量給倉穀，以償牛種，聽印河官從宜酌處，此二寬也。凡夫役工食，印官必依時面發，勿容展轉侵除。河官必恤私急公，勿再借名科擾，與夫斗笠蓑衣，皆當設法措處，勿令失所，因致踈防，此三寬也。凡河濱大户小家，工自工，農自農，不許官吏堤甲人等乘危生事，使畎棲畝被之民畏禍委去，誰與共守？此四寬也。凡民居在遥、縷二堤之中者，四月內，管河官務家喻户曉，令移高阜，或永永結廬于遥堤之上。若安土重遷，怒濤倏至，何嗟及矣。此五寬也。之五者，印官約管河佐二，司道約府佐印官，遞相率勵，仰慰尭咨。如有違臣察吏安民之指者，定以璽書從事。伏乞聖裁。

一曰責成宜嚴。昔人言『防河如防虜』，臣謂過之。何也？虜，隔邊墻外，其瑕可攻，其堅不可犯也。若河流，洶湧澎湃，所恃者惟縷堤、遥堤、月堤、格堤順堤、斜堤、横堤尋丈之土耳。尺寸有瑕，百千萬丈皆隨之，可兒戲視耶？非管河司道官留心水汛，力任障維，率有司修官民二守，謹晝夜風雨四防，實土堅夯，波濤緊束，其有幸乎？一或失事，而按信地行法，法且加大，所當嚴者一也。聞河工錢糧，河南、山東頗多，江南北、浙江亦有之，混支日久，綜覈未精，以致不肖者染指潤囊，賢者借完加餉。各守巡河道謂宜及時清查，行各州縣，公借而能補者，勿問；私挪而肯還者，恕之。自後，每三年，臣衙門請旨通查一次，不明官吏，依律議擬。事完造册奏繳，以明登耗之故，以定出入之經，庶得清楚。臣查前督臣潘季馴曾有徵收河道錢糧免入條鞭之議，以防挪移欺隱。河屬有司，遇考滿陞遷，完額不及三分之二者，不准給由離任。奉旨通行，至今未知遵否。所當嚴者二也。凡盗決河防，弊端有四：有趨利者，如惰農放淤，奸商漏税，鹽徒私販是也；

有避害者，如獨苦魚鱉，尋口放積是也；有害人者，如同讐修怨，決而沼之是也；有以隣國爲壑者，若大浸稽天，處處危急，乘便偷一鏬，則勢殺而易守是也。四弊，不獨河道河廳，即兵備與文武捕官，皆與有責。火烈知畏，申儆勿踈，所當嚴者三也。凡閘流，必資于泉源湖水。往例十月十五日築壩，滙河水于湖，以便斷流挑淺。二月初十日開壩，放湖水于河，以通糧艘、鮮船。此無問官民船隻，不敢憑闌，即進鮮亦有過期參奏之例。各閘口石板金書具在，今乃十二月不築，正月遂開，是名違禁，其故謂何？所當嚴者四也。凡濟運蓄水，必以水櫃。故安山湖以三十八里爲櫃，南旺湖以九十三里爲櫃。湖有堤，堤内爲櫃，堤外爲田。倘此櫃復堙，滄海變桑田，可言也；帶水成涸，輙不可言也。若揚州之五塘、河南之百泉、寶應之二閘、山東十一州縣之五派，斯皆利運急需。頃者天久不雨，輙告絶流，倘亦下兼并而上踈決，排之故乎？閘河主事原有專責，安得不亟亟講求也？節年明例甚嚴勿云，遂不可問，所當嚴者五也。五法行，而護陵、通運，思過半矣。伏乞聖裁。

以上四欵，皆治水者之法也，臣猶有望于同舟共濟者。往聞部臣專治河道，臣治民兼治河。峕者一有侵庖之事，或肯綮難嘗；兼者一開越畔之疑，遂町畦易起，久之成心不化，僨事自多。臣不能爲之代也，願剖破藩籬可矣。瀕河有司，終歲勤動，非易失上官之譽，則難迎寮寀之歡，每每總河之所賢而否者有之。如是，則精神弛而職業廢，且以灰烟幅任事之心。將昔奉營差失守聽總河挐問之明旨，不幾弁髦乎？請自今河官賢否，一以河臣爲主，不敢私賞罰，以負諸臣，則諸臣或亦不忍相負耳。

若夫河以通漕，使空船回濟寧不在築壩之先，雖欲速小挑以濟新運，不可得也。臣思漕來有儹運御史，有漕務道，有運總，尾幇而進，尚虞底滯。乃船去聽其攬差裝貨、拆板盗賣，大小文武官無一押催者，此運事之所以日遲也。臣意欲以回空一事委沿河分司，凡交糧完日，在通湾者，聽户部坐糧廳，在河西務起剥者，聽鈔關分司。各移會通惠河，給单編號，註日儹行。仍一報臣衙門，一會張秋郎中。俟過濟寧州，行該道驗明淹速，分别究處。中河、南河，亦如之。庶舊船早回一日，新糧即早兊一日，可免水涸膠舟、冰堅守凍之患。倘截留天津者，該道徑報臣與北河可也。

至于河西務，距通湾名雖一百四十里，而紆迴曲折，河狹冰迅，且係溜沙，通計五十九淺。分管則通州同知與漷縣曲史各八淺，香河縣丞七淺，武清縣主簿一十九淺，東岸指揮十七淺，而總管于揚村通判。額設淺夫，春夏築堤以束旁溢，堤完疏淺以導中壅。但淺處不能築壩絶流，使河乾見底。故淺夫只褰裳水面，扒去浮沙及裂指敲冰，挽幇過淺已耳。查河西務設剥船八百隻；通糧廳設漕剥三百八十隻、白剥一百隻。剥重爲輕舟乃無滯，中有私貨太多者，船愈重而不能行。有利于天津、河西務發行者，即能行而不肯速，似又與官夫分過矣。訪得郎中陸之祺揭示，于運船淺阻處，勤限先告，一可以調夫通力而速之前，一便以有淺、無淺別委官之勤惰，此法甚善。又見署倉塲督臣云：每剥船一隻，運糧一百五十石，費水脚銀八錢，旗甲食米一石五斗，河壩官各取常例銀一錢，通計不貲，公私交困，故必使淺者盡深，而後每船剥抵壩上，諸費可裁，諸弊可絶。此在漕務，道禁重載。通惠司督各河官，高築深挑，遠搬浮土，爲運事計久遠，諒必有同心矣。

臣計通灣離濟上遠，而于長安近，故舉回空一事，先與漕運諸臣共商之，皆職掌内事也。然提督軍務，臣亦有職。恭睹勑書二道，除工部一道節制河防水利撫道者不開外，其兵部所請勑書，開載南直隸淮、揚、(頴)〔潁〕州、徐州，山東濟儲臨清、沂州，河南睢陳，北直隸大名、天津等處地方軍機事務，聽爾督理，各該兵備官員并聽節制。如遇盜賊生發，即便督同各該巡撫嚴催該道管兵官上緊緝勦，毋得延蔓。若兵備各官有縱寇殃民貽患地方者，聽爾糸奏。凡一應興革、舉劾、詰戎、講武有裨軍國事宜，勑内開載未盡者，亦聽爾從宜加嚴酌處。是朝廷原重河臣之權，爲河臣者敢有輕乎？獨魏從宜酌處，臣非其人耳。一切詰戎事宜，容臣任後酌妥會行，應具奏者，另疏上請。所謂河上非消遥之時，而今日河臣非無事之官比也。伏乞勑下工部與各該相干衙門一體申飭施行。是亦臣呼伯助予，用人則裕之深恩也。臣不勝激切待命之至。

奉聖旨：這條奏河道事宜，俱切目前急務，該部便於覆行。

報木疏

管理南河加陞河南右布政職銜工部郎中朱國盛奏，爲恭報逋商銀木之數，并陳商篘賠累之窮，懇乞聖慈俯垂軫念，以清錢糧，以廣皇仁事。

照得本司原奉勑諭，帶徵南直隸未完鷹平條槁等木。欽此。又奉工部劄付，爲酌議就近委官督徵未完木植，以備工用事。劄仰到司，交代到職。奉此，除本司前任郎中李之藻、徐待聘各任内追完頭、二運木植，節次批差經歷王大器、官舍王承試等押解赴京交收外，職於天啟元年八月二十五日履任接管。查得交代册内，有久提未到逋商江孚威、吕玉等，各拖欠木價數多。隨經移會江南撫按道府及行有商縣分嚴提，經年文移往返，鮮有還報者。至於見監之商犯，家產多已盡絶，親屬俱已逃亡。除先後監故林宗、汪正興、汪之政等，已該前司題報外，其續到見追之吕玉、汪景韓，代追之吕四妹，亦相繼而斃於獄。至今年九月，而張應昇亦物故乏檄，職給棺擡至義塚。生者已死，死者無親。於是委曲移檄，致書各縣搜處。始據婺源等縣解到頭運商犯俞桂親屬程劉三、吕玉家屬吕實、江孚威、汪許等，二運商犯汪源家屬汪得名、汪之政家屬汪得宗等，運到鷹平條槁木二萬一千餘根。職親自查閱，木中多不登原式者。職守攸關，宜爲擇解。又據各商苦訴，久繫垂斃之餘，累親累屬。得尺得寸，皆係生命。再四籌之，與其發換，延爲烏有，孰若急收，可以濟公？除行高郵州知州毛國宣、督同管河判官王國祚，秉公圍量尺寸。相近者，即令揪簰解京；朽細不堪者，纔許變湊水脚。據報，揀量見木共二萬一千三百一十八根，内該頭運木一萬三千八百五十根，二運木七千四百六十八根。募夫分簰，批差官舍黄道等管押。該職設處水脚，先將頭關銀兩督同高郵州印官當堂面給水手，已於本年二月二十二日自高郵起程。三月初九日，職親押過淮。各夫每至夏鎮，即有盗攫私賣、水漂火燬之憂，特移揭夏鎮主事督行。又差舍人孫文等將二關水脚銀移揭南旺主事督行遂押，於五月過臨清，六月過德州。又差舍人張鑑等將三關水脚押至，七月過天津，直抵張家灣。因前任二次解木水手索餉延挨，起水會收太緩。初次中途盗賣、燒燬、沉没木九千五百根，二次盗賣，沉没木三千三百二十根，皆藉口水火逃亡。職故差官具文，先報部堂，下司催其堆收掣批，而後入告。隨聞水手以起水舊規爲言，職恐復蹈前轍，以致失木數多，又將續追銀一百兩呈解部堂，聽候裁行。而到灣木植俞桂等頭、二運木二萬一千三百一十八根，與圍圓號數册十二本，差官黄道俱已得掣批迴在卷，則此木與已收同。第職淮工既竣，行將謝事，可不悉陳催木諸艱、商屬諸苦於皇上之前乎？

竊念各商自萬曆三十三年以來，積欠木銀至十有二萬六千零，欠多難追，故奉有專勑催督。此時功令，新飭郡縣遵依。前任李郎中得追木七萬二千餘根、銀四千五百餘兩。盖略可搜比者，俱盡矣。該原奉勑書内開：各商疲累已極，如無木，責令完銀。先儘自己家財，不許扳及無辜。又開：本差報滿，於差内完及三分以上，准與叙録。欽此。查得李郎中督催各商十年前之欠木，已云物故，子弟代賠。子姓無人，族屬代賠。一人詭數人，數人合一夥，混冒難辨。所以督責寓調停，刑罰先勸諭，已覺艱苦。迨徐郎中接管，謂未完木價約五萬有零，其難十倍。前官即多方嚴徵曲諭，僅完木二萬五千，完銀一千零四兩有奇。方相慶完及三分以上，減除五萬之數，而不謂繕司來册將前李、徐二臣兩次所解之木減佑太多，反欠至六萬餘也。孰知二十年逋尾之尾，殘局之局，正犯斃，累及族屬者亦斃；家産窮，累及親識者亦窮，以至疾呼於千里。不屬之有司檄繁如葉，敲骨於幾沓垂盡之囚繫鬼餒不靈，懼株連之滋擾，嘆鞭撻之無施。此追比之難百倍於前者也。

木集矣，何以備篙纜？夫集矣，何以備餽糧？李郎中解木時，請支應天府事例銀一千五百兩，内動八百八十五兩零爲水脚，餘銀解部，比時尚有商人自押到京交收。若徐郎中，則動鎮江府柴馬銀三百二十五兩零，給夫前行。在職各商時已逃亡，罕有押艂者。更設處水脚以給之。不敢請應天府之銀，亦無鎮江之銀。查照前司舊規，就商屬百方設處水脚銀兩，并揀出朽細之木價，分作三次給散艂，夫復若不足。則清出徐郎中變木價銀二百零三兩以充之，皆已有數，具册報堂。既無商人料理起程，亦無商人到京使費。此鮮木之難百倍於前者也。

少給水脚，則虞不支；多給水脚，則虞花費。無商管顧，則虞抽盜；代募多夫，則虞逃亡。預籌時日，起於糧運之前；分派水程，限以行糧之給程。盼一程，差押一差。過一河閘，則求同官督行。銀不足，至借帑以資接濟；木不起，至鮮銀以聽部裁。此到湾之難百倍於前者也。

復念秋毫皆係國帑，寸木亦俾工用。運木之後，陸續再爲立法追徵，置鞭笞而善開諭。奉有堂劄，准監察工程科道衙門手本開稱，恭照皇子誕生頒行天下恩詔一欵內開：浙直木商舊欠，監追年久，正身物故，家產罄盡，累及親屬代賠者，許各撫按官勘明具奏除豁。欽此。相應查的分别應豁、應追并堂批查勘具奏定奪等因。遵依，除正犯汪之政、吕、玉、吴自芳、張敷學、汪善慶、汪源、汪萬有、汪義、程修吉、汪景韓俱監故，家產罄絶，累及親屬如汪得宷、吕實、吴大升、張耿先、汪得名、汪從龍、汪有吉、程理、汪帶等，又有正犯已故，如張新即、張應昇、汪正興、產盡人亡，並無家屬鮮到，嚴行查勘，候會同撫按具奏外，屡以朝廷德意，宣揚鼓動，勸其涓滴速輸，亦足以沾浩蕩之仁。各商屬感激涕流，哀求親識，助少成多，復得追銀一千一百零四兩三錢一分。內除一百兩預鮮部堂外，共存銀一千零四兩三錢一分。見發揚州府貯庫，取有庫收，候該府有京邊鮮官入都，搭鮮到部，赴節慎庫交納。似與前司所完三分以上者不甚相遠。隨聞部堂下檄通會河，已催夫擺灘起水矣。此職堂官仰體聖心俯念代賠之累，而時届會收，曾無一商答應周旋，則夫追察當日漂流之原，與夫近來減估之苦收，不崇朝筭從寛結，俯惜念載之後艱，弘開兩朝之四宥，豈無望於會收諸臣哉？至於中有正身欠多，而獄底難完，如俞桂、江孚威、程濟、王康、王鑰卿、汪許等，即枷追，惟見其立斃。有奸商久匿而負嵎不到者，如齊君甫，即夥商程龍、程朝光；汪諫久即汪廷諫、程成德；余義元即余懋元、家屬余兆龍、林大遠、孫蘌；汪詔即汪紹、葉正春、李和；王文德即汪文德、許應元；汪慎念即王慎念，并俞桂名下夥商汪慎，及已故俞懋春、汪元名下夥商汪思慶，皆侵久難容。其抗違明旨，所論勘明堂劄中。所謂弊侵故欠，豈容一槩濫豁者，此也。職居江北，各犯在江南，甚遠，鞭長不及，年久法窮，唯有地方之官纔能清地方之事。應請部咨直行撫、按，嚴行原籍府縣，查估田產，無許容隱。徑報撫、按，酌量具疏題奏。一面報司覆覈。造册報部，併候題覆。庶仁及枯槁，法及侵奸，錢粮始有結局之日，而職司少免尸曠之辜耳。

伏乞聖明俯鑒微職犬馬之已殫，哀矜商屬皮骨之已盡，勑下本部，行令該司，將見以賠累之木從寬銷筭，將未到、未清之商原籍徑追，乃可濟於時勢之窮，而通於兩赦之後也。職愚不勝悚惕待命之至。

卷之五

章奏

總河部院朱光祚題奉欽依《河防四要》疏

計開：

一、本部院原題：查得弘治三年，令各府州縣管河官帶領家人，專在該管去處管理河道，不許私回衙門營幹他事。

《大明會典》一欵：凡府州縣添設通判、主簿及閘、壩官，專理河防之務，不許别委幹辦他事，妨廢政務。違者，治罪。

《河防一覽》内載：萬曆十六年，該工科都給事中常居敬條議定賢否、專責成二欵，吏部覆奉欽依：近年管河佐貳等官，多有營求差委，妨廢職務，不行用心防守的，總理衙門務遵勑諭，拏問重治，不許姑息。

又天啟五年，本部院條申前例，工部覆奉欽依，俱依議，着實行。欽此。無奈日久弁髦，何也？今議責成各府州縣、衛所管河官，凡伏秋水泛、重運盛行之月，既有官、民二守，疏、築、濬三工，風、雨、晝、夜四防，必以河署爲家，而後得專精職業，可免疎虞。不許道府曲狥情面，聽河官擇印鑽差，或薄爲外臣，故委以遠差難印。違者，府佐以營求特叅。其餘，照例拏問。即違制，道府亦并糾罰。庶人知息競，河鮮曠，官所當嚴飭一也。

前件，工部覆如：河官職專治河，祖宗朝屢旨申嚴，不許營幹他事。今府州縣、衛所管河各官，多營求擇便，而道府亦每曲狥。夫河堤衝齧，不常修守，時時喫緊。伏秋重運，隄防更急。管河官一有營求別差之念，必且曠廢職業。即勉駐河干，終屬塗塞。應如河臣議，凡管河府佐官營求別差，即行特疏糾叅。其餘佐貳等官，照例拏問。道府聽狥，并行叅處。庶各官得專心河務，此嚴飭者一也。

一、本部院原題：凡沿河印官陞轉，若在行運之時，且免叅辭。上司帶印遠出，必責令率河官撈淺催漕。俟全幇過盡，或新官既到，或委署有人，申臣衙門批允，□□□任〔一〕。如河官陞轉，司道府必要將經手工程、錢糧一一查交與接管官明白，申臣衙門批允，方許啟行。使河事不廢半塗，即銷筭亦得清楚。臣又查得，近報該吏部題奉聖旨：據奏，凡既經陞轉官員，久戀原缺，即當革職還行，撫、按提問。欽此。臣奉此以繩濱河儹運之臣，于不肖者，惟恐其營留壞事；有賢能者，又慮以速去卸肩。非係運月，不在此限。所當嚴飭二也。

前件，工部覆：凡陞轉官員，近奉明旨，不敢久戀原缺。第濱河印官，濬淺通漕，責係甚重。若陞遷在運行之時，合照河臣議，一切叅辭徑行停免，仍俟全幇過盡，或有新官接管，方許離任。併將任內經手工程、錢糧交盤明白，申報總河衙門詳允，方許啟行。如謂五日京兆，惟以速去滋悞，定罪不恕。若非運行之月，仍不得藉口久戀。此嚴飭者二也。

一、本部院原題：凡府河官缺，即當以府廳帶管如委之州縣，則體礙而難行。凡沿河州、縣官缺，即當以府廳或鄰邑之賢者兼署。如聽營于佐貳、教官，則權輕而人玩。凡州縣管河官缺，即當以本縣、鄰縣佐領之能者代理。如付之候缺倉巡，則腹饑而思飽，最易爲猾書積委，與火老夫頭所玩弄。即教官、佐貳署印且然，況其下者乎？臣有慨于頃者張秋管河通判缺，始則任察處張士維戀管，繼而以府屬壽張縣知縣暫攝，已又以署陽穀縣事通判李文林兼管。一月之內，三易其人。又有慨于東平州管河判官缺、武城縣管河典史缺委署，朝更夕改，臣亦莫知適從。此外，如故城縣印署以訓導而管河，典史程其事又遠差觧銀，濘縣印署以教諭而帶河，又係候缺巡簡。人

〔一〕根據下文，此處缺字爲『方許離』。

既不存政于安，舉此等棋局，皆起于贅視河臣而不遵令甲之過也。臣請恭誦《會典》一欵：凡漕、河事，務悉聽典掌之官區處，他官不得侵越。又一欵：凡府州縣管河官及閘壩官有犯開具，所犯事繇行移巡河御史等官問理。別項，上司不得懷挾私忿，徑自提問。今後干係河、漕委署提問事件，司、道、府官斷當照例，聽臣衙門與總漕、巡漕，漕道詳裁區處。就中更有專制、兼制之分，勿大家漫不照應，而獨使河臣受責。所當嚴飭三也。

前件，工部覆：府州縣管河官以河爲事，員缺代署，自當聽河、漕衙門詳委。近來委署紛更，河臣不相聞問，又或庖匪人，掣肘悞事，而獨使河臣受責。查《會典》開載：管河各官，悉聽河、漕區處。今後府廳管河官缺，以府廳帶管。沿河州縣官缺，以府廳或鄰邑帶管。州縣管河官缺，以本縣、鄰縣佐領帶管。該司、道、府備加遴擇，申詳總漕、巡漕、漕道各衙門詳允區處，不得聽令佐貳等官規便營求。其教官及候缺倉巡，易爲委胥玩弄，尤不得委管，致悞河務。如不申明河、漕衙門而徑行徇用，責在司、道、府臣。此嚴飭者三也。

一、本部院原題：閘座額夫，例有專役。臣查《會典》一欵：凡閘、壩、洪、淺夫，各供其役。官員過者，不得呼召牽船。又《問刑條例》一欵：凡運河一帶，用强包攬閘夫、溜夫二名之上，撈淺舖夫三名之上，俱問罪。旗軍，發邊衛；民並軍丁人等，發附近，各充軍。攬當一名，不曾用强生事者，問罪，枷號一箇月發落。臣昨晤巡漕臣王邦柱于濟，告以此出嚴禁閘官迎送，不許撥淺夫一名赴舟牽攬，恐以巡河反妨河務，漕臣首肯。近據管泇河通判楊行恕揭報，浙江領兵遊擊邵師嚴凌虐官牌、紊亂漕規一事，見批濟寧道查明另議。謹先拈出，以戒將來。今後除臣舟行不用閘夫一名外，本管司道以下及經過大小官員俱不許呼召閘夫，有妨本役。違者，条治。再行各印河官，將所占傜淺夫通查退出。限一月內，府河官具册呈報，司道覈實，詳臣以憑，著發工所。仍嚴禁勢豪、衙役、委老人等用强攬當、違禁生事、包買工食、需求常例等弊。各閘官牌，尤不許勒索商民、舫舶，爲暴河渠，并賄啟偏漕，走洩水利。犯者，拏問追贓。所當嚴飭四也。

前件，工部覆：閘、洪、淺、溜額夫，專供河、漕挑濬之役。自豪猾攬占，夫傭輒苦不足，又往來客使呼召牽挽，畚鍤之夫反供迎送。應令河臣通行司道印河各官及經過官員，不許呼召閘、淺等夫赴舟推挽。并行印河官，將實在夫役逐一查驗。就中所占傜淺夫，盡行清出，册報司道，轉詳總河衙門，仍嚴禁攬當等弊。違者，照《問刑條例》問罪發落。其各閘官牌勒索商舶以及賄啟偏漕等項，照例追賊究擬。仍大書榜示，申明禁絶，爲河漕永利。至于浙江遊擊邵師嚴紊亂漕規，已經河臣查議，應行条奏，著爲後來榜樣。此嚴飭者四也。

奉聖旨：河官營差規便，員缺輕狥濫委，及運行之日借陞急卸，皆繇總巡諸臣不實心任事，以致積玩成習。至攬占淺、溜等夫併勒索商舶諸弊，禁例甚嚴，如何全無釐飭？這覆議四欵，深于河、運有裨，務着實舉行。有遵奉不恪的，着總巡衙門指名条來重治，勿但以條奏了事。

淮揚河道閘工疏

總河部院朱光祚題：河屬估計歲修，臣復任伊始，獨見南河分司徐標詳册最爲清楚。盖其會計之先親勘已確，鳩工之日程督又勤，報完之後綜覈更密。所以儀真攔潮閘旋圮旋修，不二月而告竣。今年重運通行無阻，止費銀二百一十五兩五錢，應准開銷。至山陽縣高堰大堤，爲陵寢、淮安保障。如關廟、三元廟二叚，先急工而辦實料，估銀二百八十六兩七錢七分。除上年省存石料外，實該支淮庫八十三兩八錢七分，絶不襲往年乘急浮估獘。江都縣廣惠閘，批允辦料銀四百兩，於今八閲月矣。前人以回空通運，有待未修。而標則乘糧船過淮已盡之暇，亟請責成印河官同心共濟，庀料興工，仍不憚先之勞之。除虗課，實計異日工完之後，尚有省存，此皆不容已之役與不可省之費。既得其人，俾之及時料理，漏巵可塞，永賴攸資。此臣所以簡閲徐標津津條議，鑿鑿躬行。雖徵既往，以信將來，尤備責成，而殷屬望，相期爲陵、運、民生三大要共矢一肩，勤思匪懈者也。除批行一面興工，一面候題，俟工完之日，行司道專委淮、揚二府推官會同該府河官逐一查勘果否完固，方准開銷。如有省存，仍留貯庫再取。官夫限年賠修甘結一、附卷一，報臣以備伏秋水泛查考追究。謹將南河三案工銀照例題請，伏乞勅下工部酌議，行臣轉行南河分司、淮、揚二府管河同知通判并江都、山陽二縣印河官，一體遵照，上緊修砌，工完報覈，勿踵往歲因循苟且之習，自干明罰爲也。奉聖旨：工部知道。欽此欽遵。工部題覆：爲照淮、揚歲修三工，皆南河郎中徐標所轄之工也。儀真攔潮閘實用工料，該本官所親見者，共二百一十五兩五錢，業已工完通運，應准照數開銷。高堰石堤原估工料銀二百八十六兩七錢七分，爲河臣親勘確估之數。（險）〔除〕崇禎元、二、三年省剩石料銀二百二兩九錢外，該支淮庫歲修銀八十三兩八錢七分。估既不浮，苐須覈工作之堅瑕耳。江都縣廣惠閘，前以糧船絡繹，興工有待。今徐標議乘運艘盡數過淮，亟圖鳩僝，應支發錢糧，刻限報完，料實工堅，方准銷筭。仍各取官夫限年賠修甘結，以備查考。既經具題前來，相應覆請，恭候命下臣部，行令河臣轉行各該管官遵奉施行。奉聖旨：這淮、揚閘座等工，已修的，准照數開銷；未修的，着既辦料鳩工，刻期報竣，仍俟覈實銷筭。

淮揚河道工程疏

總河部院朱光祚題：淮、揚二府所屬山、清、高、寶、江都五州縣，或當黄、淮交漲之衝，或聚湖、山并發之水，兼以去年霪雨肆虐，平地亦成巨浸，一線漕堤，時時告決，四圍澤國，浩浩無涯。全賴司臣徐標始而往來搶救，繼而築塞決口，終而履勘。歲修所估用者，皆不得不實用之數。所駁減者，皆非圖虚節省之名。聞其自夏歷秋、徂冬及春，總浮家泛宅之曰，胼手胝足之時，良亦苦矣。今南河一帶決口閘座俱已修築盡完，通漕無滯，皆其獨任怨勞之力也。所據會詳五州縣歲修，山、清二縣，共估銀二千九百九兩六錢二分；高、寶、江都三州縣，共估銀二千二百六兩六錢。既係再三勘駁，保無虚冒。臣已批令一面興工，一面候題，俟完日專委淮、揚二府推官會同府河官逐工查勘，果爾完固，方准開銷。如有省存，仍留貯庫，取各實收并官夫限年賠修甘結備查。謹將二府工程銀數照例題請，伏乞勑下工部酌議行臣，轉行該司道府廳及各州縣印河官一體遵照施行。奉聖旨：工部知道。欽此欽遵。工部題覆：爲照淮、揚所屬瀕河州、縣自去年河、湖交漲，漕堤所在告決，歲修工程萬不可緩。今據淮屬山陽、清河二縣，共估用工料銀二千九百九兩六錢二分；揚屬高郵州、寶應、江都二縣，共估用工料銀二千二百六兩六錢。業經司道悉心裁覈，河臣酌允具題，合無依議。山、清二縣河工，准于山陽縣庫貯河道歲修銀内動支二千九百九兩六錢二分；高、寶、江三州縣河工，准于江都縣庫貯繇閘等銀動支二千二百六兩六錢。鳩工辦料，責令該管河司道官率同印河等官躬親督覈，務期費省工堅，以裨河務。工完查勘奏繳，仍取官夫限年賠修甘結，以責後効。既經具題前來，相應覆請，恭候命下，通行遵奉施行。奉聖旨：是。

淮安黄河決口工程疏

總河部院朱光祚題：山陽黄河二決口，自去夏至今，築堤塞決之議久而未定。今雖議已定，而工艱費鉅，猶若相顧躊躇者，非玩非吝也。當水勢汪洋之日，莫測淺深。北臨流探估之後，又嗟賈詘。據初估，離決口三百丈擇淺處，築月堤一道，費至一萬四千一百餘金，尚非長策，臣何敢允？迨駁查數四，各官具揭同文，不曰利害重輕，驟難決擇，則曰三難十慎，誰敢輕承？只待總漕臣李待問遇臣泗上，相與講求便計，力任親勘以決之。

於是，臣北歸謝嶽，而漕臣率司道廳縣取中河委官埽手集詣，阻風淹溜三日，熟採衆思，主於必塞，廳縣官乃敢倣例會估。量得新溝口長三百五十丈，中泓二百丈，深一丈三四尺不等，餘皆六七尺，估工料二萬七千八百七十兩六錢五分。□□□□□〔一〕百六十五丈，中泓一百丈，深一丈三四尺不等，餘皆六七尺，估一萬七千六百五十九兩九錢九分。司道覈爲必用之需，稟勿再削。撫、按促爲難緩之役，亟望興工。斯皆饑溺之極思也，臣何敢不允？但錢糧用四萬五千五百三千餘兩，原文虛無坐項。在司道，稔知淮庫之實在無多矣；在督臣，亦苦時黜，難於舉贏而懼臣之遲於上聞也。則以二邑士民日日擁告山陽，願捐銀七千兩，鹽城願捐銀一萬兩，以佐官帑之詘。勉臣以此思民情，民情大可見，臣力欲竭而心滋苦矣。

然臣在河言河，除移咨撫臣行牌司道催追山陽一縣積欠八年內河道項下梁頭四稅折夫縣開銀五萬一千三百餘兩，而先儘崇禎三、四年三萬六千七十六兩，不足則動各省直觧淮修河二升米銀，再不足，請還總漕臣客春借造燬船銀一萬五千兩。行令府、縣官催追辦料，務如百日完工之限，勿長二縣維魚之苦，此臣之職分也。若士民義助，聽撫臣以樂輸勸之，臣何敢與焉？至於募夫四千名，日食三分，歲值大祲，以工寓賑，就近募山、鹽二邑之貧民而有餘，似不必遠取揚州各屬，使工房委官科富削民，遠滋騷擾。

且夫決口有長短，則夫料當分多寡。乃新溝三百五十丈，用夫二千名，募值六千；而蘇嘴一百六十五丈，少一百八十五丈者，亦用夫二千，肚埽土牛浮估强半，可乎？斷當議裁。若工已完矣，四千夫散矣，每名議犒賞二錢，此八百金，誰人領受，則又可已？此臣節愛之鄙見也。惟驗料督工最宜得人，容臣與撫、按二臣專以此工責成郎中徐標，暫駐淮安府，會同該道督率同知趙應垣、徐朝元，通判劉文蔚，知縣王正志、馬文耀等，選委殷實忠誠委官，實料實工，實實省試，可裁者裁，勿拘原估之數；當用即用，勿於大計有妨。庶幾二大決口可同仁於河伯，四萬五千金不浪委於逝波耳。

再查原詳未議徐朝元以見署府印，故今則新知府將到，而趙應垣專管山、清，又有高堰危堤一工，不妨竝用分理者也。

除一面允令興工，一面檄駁覆覈外，謹將估計工程銀數先行題請。待工成，徐議內外石堤、遥堤、縷堤，以垂久遠。此異日事，非今所能逆睹也。伏乞勅下工部酌覆行臣，轉行南河司道督同各該府佐印河官一體遵照，上緊辦築，如限報完。行委理刑官同該府知府與各經手官逐一丈驗，實有一分工程，方准一分銷算。册縣司道會勘明白，竝將應薦奬戒官報臣詳覈奏繳，以示勸懲。仍取限年賠修甘結、附卷，願諸承委者職要職詳，倍宜清慎，勿踵往歲因循冒破之習，自干明罰爲也。

奉聖旨：工部知道。欽此欽遵。工部題覆： 看得

〔一〕據下文，此處缺字爲『蘇家嘴長一』。

山陽縣新溝、蘇家嘴二決口，河勢直趨，山鹽諸地並罹墊溺。河、漕諸臣僉議築堤塞決，估用工料價銀四萬五千五百三十兩六錢四分五釐。河臣朱光祚議將山陽縣積欠八年河道項下銀五萬一千三百五(百)〔十〕餘兩內，先儘崇禎三、四年三萬六千七十六兩動支應用，不足則動修河工米銀與請還借造燬船銀，此固本項正支。乃漕臣李待問又以工役甚迫，而河鑼舊欠不能猝應工需，議從士民之請，動支鹽城縣借買米銀一萬兩、山陽縣暫借當商銀七千兩，先行鳩役，一面徵沠抵還。臣以爲新、蘇二決築塞難遲，必以山陽縣數年積欠追償應用，恐一時未可驟得，今鹽城既有見觧貯買漕米銀一萬兩，山陽縣又見有借商等銀七千兩，係士民義貸，願于地畞沠還，似亦不防取估工費。但灾邑何堪沠畞？即應于山陽縣積欠河銀內照數補還。就借漕米、貸當商二項纔一萬七千金，其餘錢糧勒令山陽湊足前數，庶百日工限可以刻期報竣。至召募之役，即于山、鹽二邑就近募用，不必遠調各屬。其蘇家嘴裁夫及裁犒賞，應照河臣議，可省即省，勿取足于原估之數。至如督工辦料，并如河臣議，責南河司臣、淮海道臣督同府、州、縣印河各官實實料理，仍取限年賠修甘結，以責後效。既經具題前來，相應覆請，恭候命下，通行遵奉施行。奉聖旨：依議。即着李待問、朱光祚嚴飭道司、各府州縣、印河各官上緊實心料理，務期費覈工堅，永垂利賴。各官仍俟竣役方准陞遷，不許營徇規卸。該衙門知道。

淮揚閘座堤工疏

總河部院朱光祚題：崇禎四年六月内准工部咨。該臣題，修完揚州府儀真縣攔潮閘，應銷銀二百一十五兩五錢；又修淮安府山陽縣高堰石堤二工，應支銀料共二百八十六兩七錢七分；揚州府江都縣廣惠閘一工，應支石工銀四百兩。奉聖旨：工部知道。本部覆奉聖旨：這淮、揚閘座等工，已修的，准照數開銷；未修的，着即辦料鳩工，刻期報竣，仍俟覈實銷筭，欽此欽遵。移咨到臣，轉行辦修。去後，今五年三月初五日，據管理南河工部郎中徐標呈，據淮安府管山清河務同知趙應垣覈詳，高堰石堤原估銀料二百八十六兩七錢七分，內領淮庫銀八十三兩八錢七分，并廠存舊料，委管河主簿何出圖修補過關廟、武家墩等處石工，餘因水發未敢輕拆，止用工料銀九十五兩五分，省石料值銀一百九十一兩七錢二分在廠。又據該司呈，據揚州府管河通判彭應選覈詳，江都縣廣惠閘原估銀八百兩，前院批准先支縣閘銀四百兩，不足再動別項。本院題報，照准數辦修。蒙本司親詣督覈，費實工堅，比舊閘添石一層，計楞木、樁木、青石、麻石、油麻、米汁灰、鐵等料，用盡四百兩，無加。到司，本司查驗，委無虛冒，應准開銷，取各限年甘結并存料廠收附卷，詳臣爲照。

高堰乃淮揚保障，四年分應修石工，皆臣所目擊手記者。據估添料與匠作之需該二百八十六兩七錢七分，今覈銷止用九十五兩五分，餘存舊石值銀一百九十一兩七錢二分。則以水發尚有未興之役留待五年者，非吝也。江都廣惠閘係瓜洲運口，初估工料八百兩，繼又加至九百五十兩。臣止題定四百兩，今雖用盡，較之舊石加高一層。則以司臣徐標先勞省試之力，下不能欺，故臣以四百兩具題，而用即如其數而止。彼承流于下，如同知趙應垣，通判彭應選，同心節愛，不可泯也。臣既覆覈無異，相應奏銷。其用過銀料細數，照例于年終歲報册內類繳。伏乞勑下工部查覈註銷施行。

高堰堤工疏

總河部院朱光祚題：高堰石堤俯視淮安城郭，所關民生利害重矣。且也有此堰而後清口之淮、黄始快合流之勢，以清之全刷濁之半，下裨運道，上益陵園，此其相關又何如巨且急者。

自去秋霪雨爲災，黄、淮交漲，飄摇𨉖𨈚，幾不可支。賴司道各官殫力修救，僅保無虞。初據廳印官勘修，估一萬二千餘金。臣頗難之，駁司道覆減至再，實用工料銀七千六百一十七兩六分。議動歲修夫，亦擇其最急者先圖之耳。盖堤長百里，不分緩急，并舉爲難。

司臣徐標廉而能任，淮揚一帶運道嘉賴已三年矣。惟勤惟實，克愛克威，其幹國如家，視夫若子之政，中外共知之。頃者山陽新溝、蘇嘴二決口，估銀四萬五千五百三十金，上自撫道，下至士民，無不願借手共濟，而此工又費至七千六百餘金。當此時詘舉贏之日，不得善任怨勞之人，其何能濟？臣思若專以畀之于標，使其移駐淮安，與道臣周汝璣同心督理，選擇府廳等官隨宜委用，實料實夫，實實省試，當用即用，不必節省之名；可裁即裁，勿庸狃一成之案，將塞決、修堰二工不日可落成也。

本官差期將滿，前見邸報，吏部議推真定、淮安知府疏，曾以廉幹上聞，則臣之非阿私所好，借工留人可知。合請勑下吏、工二部酌議，將徐標留任南河，或加銜久任以責成功，或俟二工完日從優叙擢，統聽聖裁。竊念水土之事原有專門，虚浮之奸蠹于習者。臣于淮揚一帶河道憂深慮遠，凡臣之所欲言，皆標之所能爲者，已于塞決、歲修疏內約略敷陳，品才具見，敢因題報高堰工程而再及之。伏乞勑部酌議行臣，轉行司道府縣各官一體遵照施行。

奉聖旨：該部酌議具奏。欽此欽遵。吏部題覆：看得撫按之在地方，所與共保境安民者，全在材賢得力之官。官必人人應手，而後地方在在蒙庥。所以遇一材且賢者，珍之惜之，視遷而之他，不啻奪諸其懷也。據督臣朱光祚于徐標，撫臣熊文燦于桂紹龍等，魏光緒于尹伸，各有保留之疏。其各從地方起見，自不必言。備查議留各官皆賢者，今徐標、桂紹龍等見在地方，未經遷轉，自應如其所議，俟各官資俸及格，或加銜，或就近，各隨宜用之本地，以收輕熟之效。

奉聖旨：是。欽此。

工部題覆：看得高堰石堤爲淮、黄第一保障，去秋洪水横溢，幸以修防無恙。今河臣朱光祚以險急工程亟宜補救，覆估工料銀七千六百一十七兩六分，應准照數於河道歲修銀内動支價工，竣後完日覆銷。至於督覈工程，河臣議仍責成南河郎中徐標與淮海道臣周汝璣協同督理。徐標實心敏幹，久爲河漕嘉賴，頃山陽縣新溝、蘇嘴塞決之役，漕河諸臣既以信任顓屬，應將塞決、修堰兩工責令料理，務期工可永賴。至於留任加銜一節，已經吏部覆議，俟資俸及格，或加銜，或就近，各隨宜用之本地，以收輕熟之效。工程報竣之日，聽吏部將本官另議加陞。既經具題前來，相應覆請，恭候命下，遵奉施行。

奉聖旨：依議。

淮揚搶救塞決二工疏

總河部院朱光祚題：臣惟黄、運二河，冬春之交，有歲修三法，曰『疏、築、濬』，其常也。伏秋水泛之日，有防守六法，曰官、民二守，晝、夜、風、雨四防，亦其常也。忽然變起非常，如昨歲霪雨六旬，江、海、河、湖並漲，淮揚一帶堤岸平者危矣。危則有搶救之工，官夫不分雨夜，竭死力以與河伯争一旦之命。于是，土上加土，埽外加埽，運廠料，支庫銀，用夫力，皆不可以預計，亦難等待申詳，但救得一尺，即免潰數丈、數十丈是也。救之不得，而危者傾矣。傾則有塞決之工，或衝口未深而即行堵塞，或莫能争銳而徐俟水枯。此則夫料可以估計待詳，但緩急相時，斯多寡有節是也。

臣請先言搶救之工。案查崇禎四年十月二十七日，據管理南河工部都水清吏司郎中徐標、淮海道副使周汝璣、揚州道僉事柴紹勳會詳，爲霪雨、山水異常，淮黄泛濫，堤岸可虞事，奉臣批允，責令官夫畫地，輪班曉夜巡視，加謹修防。于是，七、八兩月，司道不憚苦辛，出入泥淖之中，董率搶築。今幸河水漸消，各堤盡露。所有用過銀料，親詣查勘，面與各屬約，必功成不毁者方准入册，如漂蕩無存者，不許開銷。節據淮屬山陽縣申報，裏河一百一十里漕堤各閘座及高家堰四十里、外河王公堤用過搶築料銀一百三十兩三錢一分；清河縣申報，裏河通濟閘、外河天妃壩用過搶築料銀二十一兩四錢；揚屬高郵州申報，搶救南、北、中三堤并塞過兩金門閘用料銀二百六十兩三錢九分；寶應縣申報，九淺各堤用過搶築料銀四十四兩一錢八分；江都縣搶築六淺各堤用料銀九十五兩二錢五分，造册到司。隨經本司詣工按册查，果工有實益，料無虚開，各宜准銷詳臣。臣批：俟回空盡南，新運盡北，兩無遲滯，方允題報。今則糧艘過淮有日矣，此五州縣搶救危堤一案，實用河銀五百五十一兩五錢三分，所當准其開銷者也。

請又言塞決之工。五年三月初五日，據該司道會詳，先于四年十月奉臣批覈：山、清、高、寶四州縣各塞，共估工料銀八千四百二十一兩六錢，行司親勘，必須實用，方准量支。遵依，行據管山、清河務同知趙應垣覈詳，山陽縣初估裏河萬僧塔、驢市、新挑溝、張道官廟、楊家溝、頭鋪、二鋪、河西將軍廟、烏沙河、楊家廟十決工，共築塞銀五千二十二兩六錢，再減三減，去銀八百七十八兩三錢，實該支四千一百四十四兩三錢。今查勘板閘、驢市于四年八月初八日完工，新挑溝九月初十日完工，張道官廟、楊家溝九月十五日完工，萬僧塔十月初九日完工，二鋪、頭鋪十一月十八日完工，河西將軍廟十二月十七日完工，烏沙河十二月二十六日完工，楊家廟五年二月初十日完工，共用過價脚銀三千七百五十八兩九錢。餘在庫銀三百三十三兩六分零，在廠料值銀五十二兩三錢三分零，二項共省存三百八十五兩四錢零。清河縣初估通濟月壩、丈華寺壩、運河裏頭三決工，共築塞銀一千七百一十二兩七錢五分，再減三減，去銀二百三十四兩九錢九分，實該支一千四百七十七兩七錢六分。今查勘文華寺壩于四年十二月初三日完工，通濟月壩十二月二十三日完工，運河裏頭五年正月二十四日完工，共實用九百四十一兩八錢六分。餘在庫銀五百一十兩一錢六分，在廠料值銀二十五兩七錢四分，二項共省存五百三十五兩九錢。又據揚州府管河通判彭應選覈詳，高郵州初估車邏鎮、清水潭二決工，共築塞銀六百三十五兩五錢九分，駁減去銀九十四兩三分，實該支五百四十一兩五錢六分。今查勘車邏鎮于四年八月二十二日完工，清水潭水深二三丈，險溜之極，挽築月堤，用料甚多，于閏十一月初十日完工，共用銀五百四十一兩五錢六分，無剩。寶應縣初估子嬰溝閘、江橋、氾水、月河四大決工，共築塞銀三千四兩五錢七分，再減三減，去銀七百四十六兩五錢九分，實該支二千二百五十七兩九錢八分。今查勘月河于四年九月初八日完工，氾水十月十六日完工，江橋十一月初六日完工，子嬰溝十二月二十二日完工，共實用價脚銀二千一百四十四兩三錢一分，省存銀一百一十三兩六錢七分。以上四州縣十九工，通共原估八千四百二十一兩六錢，實用過七千三百八十六兩六錢三分，省存銀料共一千三十四兩九錢七分，冊報到司。該司道會覈明白，前非浮估，後無濫用。當霜降水落之後，向之估用三埽者減爲二埽，二埽者減爲一埽；有先議埽樁者，土基既現，止用樁笆外護，內築實土。故山陽、清河、寶應各有省存。而高郵以清水潭一工水深險溜，費料獨多，故雖印河官別有措助，亦不敢再爲請益矣。所有用過錢糧，應准開銷。印河各官，本司在工親見其出入泥淖，餐宿風霜，畢力辦修，殫心堵築，今幸民居已有平土，重運北挽如飛，似應優叙，以勵將來。各詳到臣，覆覈無異，批允候題。此四州縣塞決一案，實用河銀七千三百八十六兩六錢三分，所當准其開銷者也。

爲照淮揚一帶，河道歲修堤岸，以濟運安農，其常也；而搶救與塞決，則變矣。惟天災流行，偶值非常之變故；人事搶攘，難拘不變之常憶。客歲久雨横流，淮南上下數百里，黄濤白浪，一望兼天，幾于無城郭人民矣，安問漕堤？所賴司道諸臣棄身命，忘寝餐，以修搶救之法，急保數尺一丈，即可轉前目幾十丈百丈之危；實用一金數金，即可省異日十百千金之費。雖云焦頭爛額，亦與曲徙同功。册查高郵、江、寶、山、清五州縣所救危堤甚多，乘急開支，罔敢溢濫。北及水消堤出，估築決口料繇多而減少。夫課實以除虚，程工五月有餘，報塞一十九處，原詳銀八千四百二十一兩有零，尚省一千三百十四兩。此皆司臣徐標、郴寒暑雨忘勞，心口手眼俱到；道臣周汝璣、柴紹勲分猷率屬，省試惟殷；同知趙應垣、通判彭應選胼胝殫力；知州王體蒙、知縣王正志、吴弘功、閻家祚、李士襄鳩僝有方之所致也，似應甄别紀録，以勸將來。所有五州縣二案用過河帑七千九百三十八兩一錢六分，既經回空、重運通行無阻，司臣揭稱于馬上、舟中覆覈明白，臣查無異，相應具題請銷，其銀料細數，照例于歲報册内類繳。伏乞勅下工部核覆開銷施行。

飛報淮黄氾濫疏

總河部院朱光祚題：爲淮、黄氾濫異常，陵、運、民生可慮，謹據文飛報等事。

崇禎四年七月十七日，據管理南河工部郎中徐標呈，爲積雨異常，萬水陡發，淮、黄泛漲滔天，湖、河堤岸可虞事。查得本司所轄淮揚沿河高、寶、江、儀、山、清六州縣山水暴發，各湖驟長，堤水平漫，官夫修防各情形，業已報驗。去後，北有黄、淮併漲，淮水更强，南有諸湖山水尤暴，又兼霪雨累月，滙注諸湖，氾濫漕河，一綫土石堤岸，水踰堤面三四尺，諸城内外水亦深四五尺。本司多方救護，上加客土二尺餘，一晝夜仍復相平，堤浸水中，滲漏難支，即柳草椿笆撑抵廂護，止如救瘡塞孔。

先是，水初長時，即詣各州縣，芒稻河、子嬰溝、天然壩、黄浦口、涇河、澗河等閘，凡通江、通海閘洞盡開，乃雨日甚一日，水日長一日，終難驟消。奉總漕部院憲票，責令詣淮，相度估計工程應築塞者，即便支銀辦料集工，詳明河院。奉此，本司只得舍此顧彼，到淮查勘。父老皆謂此處無三年無水患，無三年不河決，如此大變，則數十年未有。目擊兩岸水漫堤上，胥溺號呼之狀，實可矜憫。淮城四門積土，以待閉塞，而昏墊居民數百人喧嚣盗掘，無可奈何。本司苦心修救，不遺餘力。

又據泗州等處報稱，該州縣積雨四十餘日，淮水驟漲，將近祖陵。除嚴行防護外，且高堰爲淮揚大保障，水亦平堤，尤屬險害，隨令同知徐朝元駐堤修防。但今水勢日增，各堤漸塌，變出異常，惟仰仗聖明洪福，從此雨止水消，河漕幸甚。

十八日，又據該司呈，爲目擊淮、黄汎濫，災變異常，陵寢、漕運、城社、民生危險可慮，仰乞速行查勘會題，以圖保護事。竊照淮揚等處四瀆交滙，萬水爲壑，無三年不受水患者。自四月望後，大雨月餘，揚屬高、寶、江、儀一帶，西受二十四塘、三十六湖、七十二澗之水，白浪連天；東則江盈海溢，田舍爲沼。本司將旁通支河閘洞盡開，仍跋涉泥中，指示『四防』、『二守』之法，分人限地，曉暮循環，以一綫堤與稽天之浸相持數十日。擬上源水緩，猶可徐消。溯流詣淮，見淮、黄下注，勢更洶湧，田廬盡蕩，男婦號奔。再過清江至黄淮運口，與清河縣知縣閻家祚登甘羅城四望，水天茫茫，不辨淮、黄，止見土堤如火消膏，民屋如風捲葉，父老皆謂從來未有之變。而泗州、盱眙、祖陵所在，又報水擁四門，勢更危急。此時尚屬三伏，猶慮秋水再漲，更未可測。除躬率官民，或守護，或遷徙，或堵塞，或開導，以救淪胥於萬一。

及呈總漕部院，移會各院道會議查勘外，擬合呈報。

據此，卷查七月初十日，據淮海道副使周汝璣呈，爲緊急河患事。行據淮安府知府吕奇策親詣涇河，看開南、北二閘口，以殺水勢，俟稍平即塞。至于近城各涵洞，不宜盡開，恐沃壤渰没，居民陸沉，呈詳到道。因係緊急河患，未暇申請，先已開放，仍相水勢稍殺，旋宜閉塞。

到職。該職批：涇河閘二口，既道府親勘宜開，暫洩內水以保城池，誠爲防患急着，但水勢稍殺，即宜議閉，勿見目前而忘遠慮也。除批行外，職即行牌差官，爲勘水防堤事。照得入夏以來，黄、淮一帶，水汛日長一日，淮上三城幾有浸灌之虞。雖賴道府勘開涇河閘口，內勢略殺，然伏秋水勢正高，未可偷安，旦夕至於逼近泗州、歸仁堤、高家堰、徐州、魁山等處，上關祖陵，兼之運道、民生，尤爲喫緊。與其事後議築議塞，勞費無補，不若二守四防，一遵舊例。各印河官嚴督官夫，預堆物料，移駐河干，相機謹守之爲得也。合行差官會同各印河官前往歸仁堤及桃、清、高堰、淮安、泗、盱一帶查勘各堤水勢，并該管河委官夫老人等果否駐止河濱，率夫積料，晝夜防守。如有緊急，即時發塘馬，緩則二三日一報，急則一日二三報，以憑親臨調度。如仍遵行不恪，防守踈虞，從重特叅，決不姑息，慎忽泄泄沓沓。分委聽用官姜興文、徐日昇，一往歸仁堤、淮揚等處，一往泗州、盱眙。

去後，再查七月初三日，先據南河分司呈，爲天雨異常，山水陡發，湖河泛漲，堤岸可虞事。報稱：淮南地方傷雨，四月十八日迄今二閲月，雨水無間，每日報長二三尺不等，各屬地形如釜，一綫漕堤，水浸彌月。泥土易傾，日夜責官夫傳籌防護。疊據高郵州、寶應、江都、山陽各縣印河官揭報，暴雨數旬，黄、淮交漲，漕堤十分危險，請乞辦料分救到司。除酌量批行外，本司勘得，欲嚴修防，急在備料，若候題咨買辦，緩不及用。一面暫借各户木柴等料，劄椿編笆，以備急需，本司親發，完日詳銷，可保無虞。到職，該職批：本院前艤棹張秋皆虞湯禱，獨慮堯咨。或曰此不必然之計也，今果然矣。二月霪雨，害於粢盛，已不勝爲穡事憂，況陵園、運道所關更重，何至今日方請辦料？仰司會同淮、揚二道嚴行各印河官，應料理者，上緊料理；應巡行者，作速巡行；應駐守者，鄰河駐守，星夜辦料督夫，務盡『二守』『四防』之力，以捍不虞，勿得怠忽貽患。飛文申飭，取依准繳。

職又嚴行各司道，爲申飭飛報水汛以防河患事。仰即轉行印河官。今後凡水汛河工，緩則一日、二日一報，急則一日二三報，俱於文內封上註定日時，發塘馬飛遞。仍督令各官領夫駐宿河干，務遵防守成法，不得片刻怠忽。該司道仍不時巡查勤惰，敢有執拗不服調度，以致尺寸疎虞，定行条處斥逐。一切調夫工食依時給發，以示鼓舞。或有仍前扣勒誤工者，不問是何衙門吏書，拏解究遣。此皆目下防河至緊之務，大小衙門均宜恪遵。

去後，又據中河分司郎中屠存仁呈報：今歲徐、吕自五月以來黃水驟漲，六月中旬陰雨連綿，其勢愈大，職夢寐驚惶。除身閱申嚴外，今又奉頒劄再三，俾常目顧諟憲諭諄諄，真不啻父師之爲子弟也。又據（頴）〔潁〕〔二〕州道副使吴道昌、淮徐道右条政劉泓、淮海道副使周汝璣、邳宿河務同知胡寘、徐屬河務同知孔從先、帶管山清河務同知徐朝元、清河縣知縣閻家祚等各報月日水汛，危險蕩析情形，大約相同。

復接南司徐標一揭，自四月十七日始雨，民有珠玉之喜，不意疾風恒陰積四十餘日。職率官夫保守漕堤累月，大呼不翅，如張許之守睢陽，雖危未倒，斷斷乎仰仗聖主洪福，陰有神助，父老驚傳以爲數十年來異變。至水近泗陵，往年曾主分黃導淮之議，從桃源等處引黃而東，可使清河口黃弱淮强。今安東、山陽等處各口，分決黃流，下海最近，黃日洩而淮猶强，高堰一堤，水與石平，雖以全力固守，西風一浪，震撼可虞。幸四五日内雨止風平，人心稍安。問它州縣，尚有水雹如鵝卵，所望一空者；有大風拔屋，人畜并捲，落數十里者；有海水上溢百里，民不敢居者。種種災變，殊異常聞。此時職惟以守漕堤爲主，相機堵洩，應用料銀，乞許先發後詳。職回以事干拯溺，動銀支料，一聽便宜可也。

又一揭，淮揚一帶田廬、運道、城池多被水衝，上至清口，見水愈溜愈急，豈止車馬難行，即舟行亦多危殆。向非文華寺壩決而南入新河，清江浦鱸市決而北入西湖，烏沙河決而南入南湖，三城壩決而東繇聯城入澗河，則淮城之沼久矣，清河縣如一小洲，高堰水與堤平，天妃壩上亦水二尺餘，大可駭愕。此等大災，不止堤岸潰決，似各衙

〔二〕『頴州』應爲『潁州』。

門情狀隱隱，欲推一河官，夫河官能遏淮黄之水不東南，能止數十日傾盆之雨不下乎？時時按本部院手札牌檄叮嚀告誡各屬，務要實心共濟。凡在地方，各有責成，若盡諉管河一官，此豈尋常濬築事耶？今尚幸黄水爲淮水逼而寖北，淮入清口者止得其半，下有通江、海許多涵洞洩之不消，則淮强可知。轉盻秋水再漲，西風助虐，恐淮、黄、江、海混流東南，事更不可測。伏乞早爲會題，以便同舟相呼。連揭到職。職讀徐標此揭，詞危心苦，力殫修防，蓋以全副精神捍河漕半壁者也。爲照職自入境謁陵之初，陸高堰堤上，見湖底白沙一望無際，想像伏秋水發之時，天風海濤，不知洶險何狀。心切憂之，已見卸石堆土，措置未當，似年來河官全力專用之于僨漕，而河身日高，桑田日變，未暇察也。幸驟雨時行，壅而未潰，大家且相安于無事。

職過宿遷縣探量天啟五年最大險溜一處，如磨兒莊閘，石已入水七八尺，益見水谿地上，沿河州縣形勢愈低。竊慮黄河水性必有變遷，故亟亟焉討錢糧、人夫之虚實，以備不虞，而或者病臣好察也。不知治河無它法，惟庫有實銀，夫用實力，管河官實省試而後築者可堅，濬者可深，壅者可導，危者可平，順水之性而不與之争，陵、運、民生端必賴之。不意入夏以來，聖明方閔時憂旱，繼美桑林，而淮揚一帶自四月十七日始雨。嗣是，暴雨彌月，兼以疾風，于是淮水强而壓黄，黄水逼而且北，在揚屬則西爲二十四塘、三十六湖、七十二澗之尾閭，在淮屬則黄與淮争東入于海，而海水又上溢百里，水日益長，雨日益多，外者、下者既壅，則内者、上者何洩？此祖陵之所以水逼堤根而淮城之幾于爲沼也。甘羅城巔便爲行路，揚屬堤岸如火爍膏，此爲運道、民生言耳。而陵園根本之地，泗城湯沐之鄉，或導或分，審時度勢，則非職愚一人之識見，與一手一足所敢漫議。各處閘洞，既以救急議開，有即當塞者；各決口，雖聽分流内殺，有終當塞者。事非一端，費難區處，爲今之計，唯有先講理財，有財此有用，有用此有人，有人此有土，舉凶荒、盗賊、安陵、護運之事，思過半矣。此變非常，未可以疏、築、濬三法草草行事，且伏水雖過，秋水正來，猶未可于『二守』『四防』稍怠。是時郡邑各官，一官嘗一官之職業，兼有代庖；一處救一處之城民，難于遠委。職一面拜疏恭報，一面南行查勘。歸仁、高堰堤直抵泗州，以衛陵爲主，而民運次之。所有分司二臣徐標、屠存仁，職專治河，屬地甚廣，不能分身以應，邳宿同知胡賔止可守歸仁堤，徐屬同知孔從先止可守魁山、羊山等堤，帶管山清同知徐朝元止可守高堰堤。三者，此陵園最關係處，刻刻修救，不容暫離。若一處稍緩，又可隨宜往來，聽職差用。

查得宿州知州、新陞福建汀州府同知宋士中，天啟五年曾任邳宿河務同知，與臣捌開駱馬新河五十七里，費銀不滿六千，心計已大可見。今奉旨查核六年内歲修四萬三千餘兩錢糧，職以五年、六年分工多士中管理，牌行淮徐道委同知胡賓、邳州知州甘學植、宿遷縣知縣楊獻吉會集清查，尚未回報，似宜就近留用，以收駕輕就熟之効。又有高郵州判官、新陞江西都司斷事尹覺，據司臣徐標與漕儲道臣錢士晉先後揭稱，本官恩貢種文，築堤護運有法，曾領銀入山採買高郵堤石料，星夜轉運，心切急公。今水大堤危，督工未竣，當留任以竟厥施且便銷筭。職思河事當危險之時，人皆思脱，二官或查相應河缺填補，或許寬限工完赴任。此係吏部職掌，非職所得侵越，但饑溺深思有試而用，非爲人擇地者比也，敢因題報水災而併及之。伏乞勑下吏、工二部速議上覆，一應防患恤民事宜，行各撫按諸臣，與職同心措辦。蓋此非決堤小失，可專責職與分司官者。再念知州宋士中、判官尹覺各有經手工程錢糧未報完銷奏繳，應否以新銜隨職委用候補員缺，或止寬其憑限，事完之任，統候聖明裁察，賜職可否施行。

奉聖旨：覽奏，河、淮漲發，水溢異常，陵運所關，深切朕念。卿會同該撫按道府各官躬親相度，悉心設法疏導防護，勿令冲決爲患。所有河道錢糧，原備緩急，自當催查支用，豈難實銀實夫？并委任屬官等事，都着該部酌議速覆。

奏銷淮安黃河塞決工程錢糧疏

總河部院朱光祚題：據司、道二臣徐標、周汝璣會呈稱，先蒙兩部院見客歲數月積霪，淮、黃暴漲，新溝河決三百五十丈，蘇(觜)〔嘴〕河決一百六十五丈，洪水汪洋，蒿目恫心。題奉欽依：亟塞。於二月二十五日祭告開工，嚴飭經理，本司即移駐新溝，同本道星夜儹催。淮安府推官王用予支銀辦料，委官集夫。淮安府管河同知趙應垣查覈物料，省試夫工，與山陽縣知縣王正志、糧捕通判劉文蔚殫心協力，中分三工，挨次捲下馬頭大埽，鷄鳴而起，二更始罷，不分雨夜，計日課程，至五月初一日閉合龍門。又恐草埽虚浮，即留趙同知掘取老土，內築戧堤，上加頂堤，督集夫料防守，伏秋保固無虞。至蘇觜決口，行委劉通判先於兩岸修築裹頭廂邊，以次下埽，後連雨，暴水湧深一丈七八尺，恐違時勞費無益，僉議停工，以俟水落。九月二十八日司道率趙同知、王知縣親詣本口查勘，原估一百六十五丈淤墊高潤，横成大灘，可行車馬，原估物料未敢輕縻。今據申請銷報詳稱，新溝原估二萬七千八百七十兩六錢五分，下過大小埽一千六百一十七箇、土牛埽一萬五百八十七箇、大小樁八千九百七十七根，并匠作、夫工、官役口糧等項，實用過二萬一百二十三兩三錢三分，省銀七千七百四十七兩三錢二分。蘇觜原估一萬七千六百五十九兩九錢九分，止廂築裹頭，下過大小埽二百四十箇、土牛埽二百五十三箇，樁二百七十七根，并夫工等項，實用過一千零九十六兩一錢，存銀一萬六千五百六十三兩八錢九分，二工共該銷二萬一千二百一十九兩四錢三分。備册到司道，原係親督工料，再加覆覈是的。爲照河決爲患，歷代苦之，至公卿負薪，重臣屢遣，或數十年常不克績，未有如新溝、蘇觜一決四五百丈之大者。以黄、淮交滙而下，其勢更凶。修築之始，人謀鬼謀，共稱艱巨，乃新溝之工三閱月而告成，蘇觜之決不旬日而自塞。此皆仰賴聖德格天，河伯助順；兩部院恪承宵旰，指授毖飭之效；各廳縣官拮据鞭策，不愛髪膚，或嘔心支辦，或盡瘁經營，同心共濟之力。若職等雖露處黄沙白浪間，奔馳竭蹶，黧面枯形，捐七尺以殉之，職分宜然，弗敢云勞。仰乞覆覈奏報，管工各官應否開陞，照舊例量從題叙，以示鼓舞；或照工完先賜題銷，使工程錢糧得以清楚。具詳到臣。先該臣批，再行理刑官覆覈堅瑕，查叙大、小各官效勞次第，參以往例，明確另詳，以憑會同總漕臣酌題，并催五年蘇觜以南建義新決口勘估工程。去後，今據再詳，先奏報完工前來。該臣看得，四年夏潦秋霪爲數十年所未有，通計河南、山東與中河、南河大、小沖決凡三十三處，在淮、揚(三)〔二〕府者即有二十一口[一]。臣督行南河司臣徐標，會同該道周汝璣、柴紹勳，率印河官措辦堵塞，已完一十九口，用銀七千三百八十六兩，一一報銷矣。獨山陽縣新溝、蘇觜二口，共長五百一十五丈，估銀四萬五千五百三十兩，工巨費繁，庫無見貯，陸續催追湊處，勉而竣役。在新溝，原估二萬七千八百七十兩六錢五分，實用過二萬一百二十五兩三錢三分，省七千七百四十七兩三錢二分，已經伏秋二防，可無它慮。在蘇觜，原估一萬七千六百五十九兩九錢九分，因伏水漸發，一時淮庫止有此物力，山、鹽二縣止有此人夫，委官止有此員數，勒限完工止有此時日，不得不先用裹頭廂邊埽料一千九十六兩一錢二分，以待再舉。邀天之幸，決口忽被沙淤，横亘已成通道，徐侯堵塞新決之後，另議護堤長策。乃知河工因時相利，司道諸臣先是博采衆論，不敢虚擲金錢之謂，非漫然也。

二工雖完，譚何容易？司臣徐標六月初旬舟抵板閘，遭風溺水，手牽一纜，飄流十餘里，始得漁船救出。同知趙應垣、通判劉文蔚於望日並罹碎舟之厄，九死幸而一生，此豈尋常胼手胝足之勞已哉？所有司道官徐標、周汝璣，府廳縣官趙應垣、王用予等五員，管工、管料主簿周尚義等六員，催土趕夫；經歷王問卿等十九員，捲埽官孟梅等八名，總工辦料運料；部夫耆老義民蘇士龍等二百二十四名，隨工醫生程志胤等九名，即當查例叙賞。

但以蘇觜之南四五里建義村今五年秋復決二口，南口一百四十餘丈，北口二百餘丈，兩岸深淺不等，臣於九月初七日業已彙題，不次催勘。嗣於九月二十一日接司道一詳，十月十二日山陽縣一詳，十月二十四日司道再

[一]『淮揚三府』應爲『淮揚二府』。

詳，十一月二十八日山陽縣又詳，皆言初因水大難估，繼約工費較前二口多至三四倍，終言淮庫如洗，山陽獨力難擎，欲借被災州縣協力堵塞。今雖在冬，水尚未涸，誠恐探估不的，俟司道府廳與士民會妥方詳。而徐標則云：此地黃、淮交匯，山、清以東，兩岸原無遥、縷二堤，伏秋水漲則易漫溢。溢於上，則下流緩，故淤；淤於下，則上流壅，故決。今決口之水漸漸歸（漕）〔槽〕，正河稍通，乘其通流，堤漫溢，塞旁決，挽歸故道，似亦治河之正經。若順決束堤，水未成河，勢甚遼遠，又湖坡窪下，必難底績。又稟稱：建義決口，水復歸漕，往來渡舟，探有深四五尺、五六尺者。

職意急塞旁決，挽歸正河，水行沙行，故道可復。昔蘇莊朱旺口之決百六十丈，塞決止費四萬金，挑河則費七十六萬金，可鑒也。臣查十月終淮庫銀報，實在止九千六百餘金，憂心如焚，勝於已溺，再四駁勘，必親詣荒度，有的數銀項，方敢具題，非忍忽視民瘼也。此雖於前完工無與，然總在山陽境內，臣故請先銷已完之工，繼題見估之工，而後徐言有功之工。一則不泯前勞，一則勵圖後効云爾。若五年新決工不甚大，可以刻期料理者，如山陽之涇河、清江閘等七決，先完其六；清河縣之文華等閘壩三決，已報通完；高郵州之九里決口，約初八日閉泓加築，拭目可竣，皆司臣徐標一人所經理也。所用工料不多，臣皆隨詳隨允動支興作，統俟完日覈實彙報銷筭，無庸姑待矣。除詳叙效勞各官，俟新工完日并叙，以重責成外，所有新、蘇完工應銷銀二萬一千二百一十九兩四錢三分，與省存銀數二萬四千三百一十一兩三錢一分相應回奏。即此省存乃估多用少之數，見督工諸臣無敢虚冒，非盡實貯庫也。其用過銀料細數，照例於年終歲報册内類繳。至於建義決工，容臣即詣親度具題，何敢泄泄？蓋原額一年錢糧，除拖欠外，已完者僅足供年例歲修之用。倘遇洪災大役，輙費數十餘萬，如萬曆年前河臣潘季馴一修濬淮南、淮北而請銀六十餘萬，前河臣李化龍、曹時聘一再疏泇河而請銀二十六萬，前河臣曹時聘一挑朱旺口而請銀八十餘萬。夫二十餘萬舊案歷歷可查，皆待給於南北各部與漕糧、馬價、鹽課事例者，且當太平無事之時，亦陳兵遣將於河干，以備不虞，師行糧從，措處皆在額外。今何時也，而臣敢危言大言，以煩宸慮乎？

無問錢糧難措，即勘議利害，欲遡源而窮流，亦未易。以旦夕計，往事班班，具載《水部備考》中《黃河記略》諸條。容臣赴淮上斟酌緩急，集議上聞，願中外諸臣勿視治河爲小費易事，且先圖其最急者，而後手足可措也。

至若徐標在差三載，疏河通運，甘任怨勞，無問臣與總漕臣目擊心折，即見在臺班舊漕臣龔一程、王邦柱、佘城皆可質問。今因差滿，不得終駕輕就熟之用於新工，臣殊切隱憂，似目前會勘相度新司臣未到，尚難少此習者。伏乞勑下工部查覈註銷，議覆施行。

奉聖旨：工部知道。

河帑積匱并議目前救急疏

總河部院朱光祚題：臣惟河工之難，難於物料人夫。如使庫貯充盈，募夫買料，計日可辦。而又得實心任事之官，畫地分工；舞鼓好義之民，協力終事，雖難亦易。無奈庫藏如洗，每估一工，廳印官皆畏難束手。

蓋淮、揚當大浸之後，所在堤防多潰，工程小者或百金，數十金，當年塞而當年完。如四年分南河所屬二府十九口，今春已完銷矣。即五年新決之十口，今冬亦可盡完。惟山陽縣新、蘇二口工大費繁，決在四年之秋，完於五年之夏。聞淮安官民不勝稱勞稱苦，以一募夫日給三分而告不足，買料價照淮估而告不足。遡估計之始，淮庫止有一萬八千金，而二工即估至四萬五千五百三十兩，它工與額夫待支者，尚該三萬餘兩。今工完，實用過三萬一千二百一十九兩。查秋季終庫報實在不滿萬金，而匱益甚矣。是建義新工各官難於議者，不但水未消涸，確估未便，但言比舊工加三四倍，而上下皆咋舌閣筆矣。

雖然，民瘼所係，有決必有淤，有淤又有決，正恐相尋而未已，敢不急急以圖之乎？臣查河銀額派，每年名雖二十一萬餘兩，拖欠常有五六萬兩，使無非常水患如今日，盡以歲入供歲修之用，加之省存裁曠等項截長補短，猶足支持。不意四年大浸，省直塞決共三十三處，工費俱在歲修之外。以人夫，則處處有工，無可調役；以料物，則災年遠買，市價較高。此不足之形所以日露一日也。

且也近來完銀又不盡爲河工用，自天啟六年起，大工繁興，疆場多故，臣子爭以急公自見。前河臣李從心任內解支過陵工、大工、遼餉、募沙船、冬衣布花五項，共十八萬一千八十兩；繼而李若星任內解支過南北陵工、大工、遼餉與入援兵餉，措買戰馬、軍器，接濟濟營糧料九項，共二十一萬二千三百兩，皆有題疏奉旨可查。即臣前任天啟六年春與今四、五年亦具題解支過陵工、遼餉，協濟通惠河大挑與移鎮、防漕、兵餉、登餉七項，共六萬五千兩。通計七年內，非河工而耗河帑者四十五萬八千餘兩。以二十一萬歲額計之，即使全完，已缺二年之入。況各省直自天啟五年至今，見帶徵共欠二十一萬七千三十六兩，總督、漕臣借造燬船一萬兩，與前河臣李從心查題過各屬借支難完者二萬五千二兩，易完見追者三萬九千九十八兩，三項又二十九萬一百三十四兩。合前額外之支解，則七十四萬八千有奇矣。總筭九年歲入，明明缺額四五年，入少出多，安得不乏？此河帑積匱之繇，謹略陳以祈天鑒者也。

即積匱亦非自今日始也。憶昔神祖朝時，將作未興，邊塵不聳，內外水衡業已並詘。萬曆三十三年，前河臣曹時聘以大挑朱旺口估請無額銀八十餘萬、省直丁夫二十餘萬。工部覆奉聖旨：黃河北徙，南陽運道被灌，大挑朱旺口舊河，使水歸故道，費用浩大，各當協濟。雖帑藏處處空匱，但此真不得已之役，所宜應付，亦難執例吝惜。今次户部可勉從工部之請，如數借給。若漕糧必不可留，亦須設法處足與他。其兵部准揚馬價及南京兵、工二部錢糧，俱着如數借給。寧于别項樽節，毋得自分彼此。此外開納搜括等事，俱依議，着河道會同各撫、按便宜處置行，刻期興工，慎毋輕悮妄費。欽此。益知河帑之匱所繇來者漸矣。

臣自四年二月入境後，目擊河身日高，粤稽往事，有惕于中。是以日夜清查完欠，屢瀆宸嚴，設立考成之法，正欲豫儲有餘以備非常，而無柰時不我與，洪水先至。何也？假使錢糧不乏，隨取隨給，陵、運、民生利害所關，何等重大，臣固以理河爲職者，敢自溺其職乎？若曰沽名節省，以妨大計，此時此帑，不但無意急公者甚難冒破，即有心體國者媿無節省也。然而河患如此其急，仰厪宵旰又如此其殷也，設急着以救燃眉，難再緩須臾矣。所謂急着者：一、議留户部六年分河道項下遼餉二萬一千兩。蓋户急則當耘人，工急又難舍己，待完日再觧可也。二、催總督臣速還借造燬船一萬兩。蓋船既造完，即當還以治河也。三、議崇禎三年浙江以輕齎河工誤觧户部七分漕折銀六千三百兩，鎮江府亦有誤觧一千二十兩，已准部咨，于五年分補還，正月内隨到可隨用也。四、提河南河庫先年例協淮工四千五百兩。近因河平暫止，今工程大，速觧五六兩年九千兩可也。五、查淮安府五年分欠徵折夫繇閘樑頭四税共一萬八千七百一十兩，勒限催完一萬兩募夫，不許再如舊欠玩誤，此知府汪心淵與山清同知趙應垣之責也。六、有五年分江北五府州河工輕齎車盤一萬六千六百四十九兩觧到，儘辦急工，不得他支，此山陽縣知縣王正志之責也。七、議于湖廣見題催舊欠新徵河工輕齎與觧淮究二庫減存運軍月糧共銀一萬八千一百二十一兩，江西見題催舊欠新徵河工輕齎與觧究庫減存運月糧共銀二萬三千兩，應天府見題催舊欠新徵河工輕齎與二升脚米共銀三萬一千四百八十五兩一錢，蘇、松、常、鎮四府見題催舊欠新徵河工輕齎與二升脚米共銀六萬三千五百二十八兩，浙江布政司見題催舊欠新徵觧究庫減存運軍月糧與杭嘉湖三府二升脚米共銀二萬三千六百四十一兩四錢。以上，約計二十三萬餘兩，而舊欠居多，有近者，有遠者，未必春初可完，然能十完七八，亦足以救目前之急矣。舍此别無點金之術，授鉢之門，臣將安所措手足乎？節據司道約估新工須銀七八萬，此後深者漸淺，淺者漸淤，自難拘于初估。且淮、徐二屬山、清黄壩、高堰、歸堤與邳、宿、睢寧黄河新河上源下流，疏築之用，取數不少，尤難聽其浮冒。臣謹約略豫計如此，懇乞聖裁，容臣遵照先今勑書明旨，選任部司等官及措處錢糧，俱以便宜措置，一面通融處辦，一面確議會請。不然，桃水一發，工無及矣。惟是新運過淮之後，臣又當移鎮防漕，尾幇過德，而二東眷眷，濟寧爲扼要之區，臣似不能久飄河滸，所望于漕撫督臣李待問。提衡道府弾壓群囂者甚多，就中事宜，難以殫述。即合用人夫，臣奉勑原許于河屬附近有司等官衙門調取，應今額設徭淺等夫，當春歲修，各有工占，起派里甲，慮擾災黎。即昨新、蘇二工，以三分募夫一日，猶告不足。即力役一節，不題與錢糧並難矣，非就近有司設法僱募，部領得人，無擾無騷，何況集事，此必撫臣檄行各屬遴委廉能之官，好善之臣而鼓舞用之，非臣力所及也。臣查得萬曆三年河、淮並決，工程浩大，該工科都給事中侯于趙題議，天妃閘以北，宜耑命河臣；天妃閘以南宜耑命漕臣。工部覆奉欽依，行令分理在卷。近年淮上諸臣，臣行文委用措辦，每每稽延誤事，非小故敢循舊例，爲將伯之呼，萬萬不得已也。總漕臣義切急公，誼深共濟，且饑溺繇已，必不以臣言爲創而吐棄之矣。

至于黃河水性，拖泥帶沙，遷徙無常，寔與他清流一定就下者不同。臣略舉近事以証之。本年九月初十日，據河南管河道臣陸之祺詳稱：祥符縣張家灣黃河水從西北來，直奔東南，復折而之東北，北岸淤沙愈高，水避就卑，全河之勢盡掃南灣，先年老堤衝盡，今又將小長堤塌毀數十丈。亟調鄉夫，借營兵，添築月堤四百丈。愈讓愈侵，又坐陷百餘丈，復補一堤，即下埽護堤，根亦隨陷，虗費可惜也。乞委多官會勘，從北灘挑一引水河，以水勢則南趨自緩。臣亟批集衆，熟籌確估。去後，至二十三日，該道揭報，張家灣河勢又忽自轉而北，南勢以緩，衆議遂有異同。盖河無定形如此，非人聰明所能測度，此一証也。

十月二十五日，該道又禀：封丘縣荆隆口漫決不深，用力稍易，但滄桑可怪，大河忽徙而南，從荆隆口望之，約有八九里之遥，舊日河身俱成平陸，惟水從西南分一支滔滔北流。詢之土人云，迤北行將自淤，明年可無水患，此又一証也。

臣于是知水無有不下，而黃河之水庸有不盡下者，所以古人動稱『神河』，夫亦曰不可知之謂神也。但人事嘗盡，不可圖僥倖以聽于神耳。然如張家灣新堤四百丈之築，舊堤數百埽之下，金錢空委逝波，何如九月內神河自徙之，爲省且易乎？臣因思，凡河工估計未便，倉皇具題，恐後來緩急多寡之數一有参差，題多而用少，猶可言也；若題少而用多，何法銷筭？是用附陳無常河勢以瀆舜聰若此。

奉聖旨：奏內各項急需錢糧，着嚴催速觧，及時竣役，仍清覈浮冒，毋致虗糜。其餘事情，該部看議速奏。朱光祚着殫力料理，以副委任。

卷之六

章奏

淮揚河工高郵中堤石工疏

總河部院李若星題：淮、揚兩府原係澤國，其沿河一帶，黄、運二河綿亘，上下千有餘里，皆係運道緊要咽喉之地。况邵伯、高郵、寶應等湖水勢相聯，澎湃奔騰，即洞庭、彭蠡之險，不洶猛于此矣。沿河堤岸，年年修築。惟高郵中堤之工原是土築，經今年久，湖水衝汕，塌卸不堪。且東南一帶，萬艘鱗集，綷輓北渡，只靠一線長堤，關係最大。况興、鹽、通、泰七州縣民田廬舍保障捍禦，全憑一堤爲永賴之基，勢不得不並加修砌。

今據司道議建石工，計求久遠之謀，但今虜警多事之秋，帑如懸罄，一工費至三千六百金，又加歲修二千三百金，共費銀近六千兩，恐一時卒難措辦。行令准其一項，即于二千三百之數樽節動用，其三千六百兩，候該府凑有錢糧，續發接修。至于江都、寶應、山陽、清河堤岸卑薄，牽道殘缺，均屬緊要，工不可緩，若不趁時亟行修築，恐洪水漲發，漫溢潰決，實于運道、民生貽害不小。况需用不多，酌估已定，既經司道覆覈前來，職又細加駁減磨勘無異，相應題請，伏乞勅下工部酌議行職，轉行南河分司徐標、淮海道兵備胡爾慥、揚州道兵備王象晉，責令淮安府知府董允升、揚州府知府徐伯徵動支庫銀二千九百六十六兩六錢，責令高郵州知州盧爗、江都縣知縣遲大成、山陽縣知縣朱國棟、寶應縣知縣李士襄、清河縣知縣魏知微照數領回，凑同上年省剩銀兩及廠存舊料，督委管河官鳩集夫匠，上緊興修，勒限完報，庶綢繆有備，而軍儲、民生皆有攸賴矣。

報銷高郵石堤錢糧疏

總河部院朱光祚題：據管理南河工部郎中徐標呈，據高郵州申送包砌中堤石工完册，原詳允工料銀三千五百九十九兩九錢九分零，除實用過二千八百八十五兩七錢四分二厘，省存七百一十四兩二錢四分九釐。

到司，卷查崇禎三年三月内蒙前部院批，據司道合詳，前工蒙批，高郵堤工已批准支銀二千三百兩，其後估三千六百兩，姑俟下年凑銀接修繳比。因歲修方殷，帑詘暫輟。

至四年八月内，本司目擊前工愈圮，勢不可支，况係揚州道副使先詳甃石，職掌攸關，覆詳本部院，蒙批：高郵中堤工程，前院批准支銀二千三百兩者，業已報完，不識工果堅固，銀果無冒否？此該司所常目擊者，本部院不知也。後估石工三千六百兩，雖經題准，以帑詘暫停。今乘水勢平定，亟請鳩僝宜矣。但以夏五、六月而曰水定，非藉該司駐工董率，稽覈嚴明，亦未敢嘗試金錢也。

舉政在人，再得實心共濟印河官，悦使勞民，精察石料，効該司半臂之助，勒限報完，勿虚冒，勿苟且，更勿因循，斯垂永賴。准如議，支銀辦料，及時合作，完日核實詳銷。繳本司遵依親核，前工果堅，經伏秋洪水，毫未撼動，銀料委無虚糜。其應接修新工，備行高郵州支銀辦料。本司就近躬督，包砌石堤一百四十二丈，嚴令官匠下開深槽，下地釘樁木，楝選石塊，細鑿六面界線，平穩舖砌，多加灰汁，足垂久遠。仍省銀二百二十一兩九錢一分六厘，原□堤土方，本司先派各夫就近取土，預培完固，估銀四百九十二兩二錢三分三厘。未動二項，共省存銀七百一十四兩二錢四分九厘。用過二千八百八十五兩七錢四分二厘，確實無冒取，其實收甘結在案。管工判官尹覺勞瘁急公，潔已速効，委不負題，留完工任，使相應敘奬。册報到職。查得高郵石堤初起工時，徐標在淮巡河，石匠輒用立石壘砌，細鑿面方，頗覺厚整，數日報竣多層，比歸而心疑之，掘勘皆立石也，中以碎石抵填，灰石未固，督令盡拆。見底改用扁石平砌，六面成細，即襯石亦斧斷，膠以細灰，内用實土杵堅。段段如此，所以用灰多，用工多，而費時日亦多也。則一百四十二丈之堤核銷銀料二千八百八十五兩零，不爲浮矣。且報省存并土方未動銀七百一十四兩零，非該司實任勞怨而能有此乎？所有前阿臣李若星具題原估銀三千五百九十九兩九錢九分三厘，令實用過二千八百八十五兩七錢四分二厘零，内一項州庫二年歲修存剩銀二百二十五兩五分七厘，一項州庫三年存剩石塊、杉木銀八十一兩二錢八分二厘，一項揚庫谿閘船税銀三千五百七十九兩四錢三厘，應與開銷。餘省存銀七百一十四兩二錢四分九厘，貯庫聽支。其留管本工原任判官，今陞江西都司斷事尹覺，上年伏秋水泛前工未完，職念本官雖陞，經手錢糧必須核確，方免相繼推諉，蠹帑悞工。今工已完矣，司臣核其潔已盡瘁，不負任使矣。或改憑限仍赴新任，或以陞銜留用近地，統候吏部查行。崇禎四年九月覆疏，酌議去留，非職所敢侵也。至用過銀料細數，照例于年終歲報册類繳。伏乞勅下工部查覈註銷，并咨吏部酌議完工判官尹覺去留施行。

奉聖旨：工部知道。

條議河防疏

管理南河工部郎中徐標題：爲恪奉聖諭，敬循職掌，俯陳末議，以奠河防事。

方今國家最急者，無如漕事，而漕以河運，南河尤漕運之咽喉也。臣叨簡命，經理于兹，寧敢少怠？履任來，總河漕臣日日嚴檄，臣日日拮据，無淺不濬，無險不修，胼胝匪躬，夙夜靡懈，湯湯川流，胥堪利濟矣。巡漕臣龔一程督儹回空，舳艫銜尾，幾數十里，不二日入淮出揚，風帆迅駛，僉以爲快而未可恃也。

南河與諸河不同，不患水小，每患水大；不患水涸，每患水決。臣爲此慮，思患豫防，而勢孤權輕，即心血可竭，筋力可殫，而一人之手目，其何以給望之同舟？恐積玩之餘，臣以爲急，各屬未必爲急也。極力振刷，仰祈宸嚴，謹以勑諭内應行事宜并目擊種種利病備詳總河臣李若星、總漕臣李待問，皆謂臣精心藎畫，宜著實整飭者，敬列款爲皇上陳之。事關河漕切務，不得不言而縷析條分，重懼夫言之冗也。仰乞聖明矜宥垂察，臣曷勝悚慄待命之至。

一、河官之責成宜專也。欽遵勑諭，管理淮安天妃閘以南至儀真一帶河道，提督各該所屬軍衛、有司掌印、管河并閘、堰官吏人等，及時挑濬淤淺，修築堤岸。臣甫抵秦郵，往來河上，用杆打探，某處水約幾尺，應行深濬；某處水約幾尺，應行量濬；閘壩堤岸，某處塌損極險，應行急修；某處衝刷次險，應行徐修。隨行各該印、河官指授撈濬修築之法，借郡邑力以嚴考成，固非印官不可。然河官則專司也，厭局中之艱者轉牽以局外之紛；希局外之圖者轉卸夫局中之擔。官守之謂何？臣勞而彼寧得逸？查弘治三年，令各府州縣管河官帶領家人，專在該管去處管理河道，不許私回衙門，營幹他事，則未始不可倣而行也。議令後各該管河官務在本屬地方各修本管職業，如臣所限工限程而課之完者，不得以旁騖廢事。至淺各有夫，夫各有舖，舖各有船，船各有器具，此皆河官速應料理、及時從事者也。伏候聖裁。

一、河錢之稽查宜嚴也。欽遵勑諭，應該出辦椿草等項錢糧，查照原額數目徵收貯庫，仍要稽查出納，毋容所司別項那移。若該管地方軍衛、有司官員人等敢有徇私作弊，賣放夫役，侵欺椿草錢糧及抗違不服調度，致誤漕運者，輕則量情責罰，重則拏問如律。淮、揚等處河道錢糧額數殊多，徵貯幾何，數弗以報臣；支借幾何，項弗以報臣。多寡出入之不聞，則緩急支取之何賴？此臣所最關心者也。議請兹後凡經收河道錢糧，應聽臣查考，置立循環二簿，前註額數，後開完欠，總撒輪比倒換。如或動支，移文到臣，轉詳總理河臣，必俟批允，方許給發。若有別項侵那情弊，一奉聖諭而行，則一切存貯錢糧，瞭然心目。遇有河工支用，立濟燃眉，庶不臨時道謀，沿門乞鉢，致有頽廢之虞也。伏候聖裁。

一、急需之河料宜儲也。欽遵勑諭，其高家堰、柳浦灣、黄浦口各緊要處所，宜提督淮安府同知加意料理，務保無虞。今高堰等處雖已屹然，防護之功，萬不可怠。若新溝顔家河，黄水之所直射，衝撼叵測。馬邏蘇家觜東工，原東南數城之保障，守衛宜周。天妃壩，黄、淮湍溥之處，裏外河隄止隔一綫，運道所關，邇以河金不給，權宜兩次興工，前工項將告竣，後工竚且望舉。至高、寶諸湖，汪洋無際，西昂東下，勢若建瓴，萬一告潰，國計民生受厲匪淺，此皆不減高家堰、柳浦灣、黄浦口諸險者也。議於無事之時爲有事之備，諸凡應用器具、埽料，早行置辦，各立一廠，分而貯之，即令河官具結收管，查盤交代。儻值洪濤崩決，動支應手物料，星夜堵塞，不數日間大工克完，漕事無礙。河雖有不測之變，人則有豫防之術也。伏候

聖裁。

一、河務之轉報宜確也。欽遵勑諭，其事干漕運，并撫、按、巡河等衙門亦要公同計議，具奏定奪。每年將役過人夫、用過錢糧、修理過工程，查照先後題准事例，徑呈河道衙門，造册類繳。各該掌印管河官員賢否，遵照近題事例，分別舉劾。因思南河一帶凡有興作，皆臣職掌，各屬詳臣，轉報河臣，覆駁覆議，具奏奪行，此定體也。邇來諸屬各行其所，事事每厭詳司爲迂圖，至時應奏繳取各文册，頻催不至，又多參差。欲遵造則失實，欲駁造又悮事，逐爲行提改正。然非臣好勞也，皇上所責人夫則應報，錢糧則應報，工程則應報，賢否舉劾則應報，固嚴以切耳。今議淮、揚等處河、漕修理事務，印河官先應詳臣，覆酌妥確，轉詳總河，臣具題舉事，其始事也；工程應否舉止，估值應否增減，臣得而問之，其終事也。物料曾否侵冒，官役曾否曠玩，臣得而問之。至歲報工程、夫役、錢糧，關係奏繳最鉅，先着理刑官逐查磨勘管收。除在務各分析覈實，定于季冬初旬造送，容臣詳細考覈，明白具奏。其各該印、河官，人有勞逸，工有成虧，錢糧有清紊省費，分別賢否，附奏舉劾，確遵聖諭內近題事例。夫然後臂指相屬，有呼輒應，可以效畚鍤之任，底經繕之績也。伏候

聖裁。

崇禎叁年肆月貳拾陸日具題。本月貳拾玖日奉聖

旨：漕、河事宜，勑書開載原詳，管河官只循職綜理，自能剔弊奏功。這條議具見振刷，着即與議覆。該部知道。

部覆前疏

工部尚書張鳳翔等題：爲恪奉聖諭，敬循職掌，俯陳末議，以奠河防事。

都水清吏司案呈，奉本部送工科抄出，該本部題覆：管理南河工部都水清吏司郎中徐標條議，河官責成宜專、河鑼稽查宜嚴、急需河料宜儲、河務轉報宜確緣繇。奉

旨：漕、河事宜，勑書開載原詳，管河官只循職綜理，自能剔弊奏功。這條議具見振刷，着即與議覆。該部知道。

欽此欽遵。抄出到部送司，奉此相應議覆，案呈到部。該臣等看得：河官自有職掌，旁役實以隳官。南河郎中徐標所奏欲以專任責河官，蓋慮本官營及，于職以外，故不得兼理；于職以內，官住河干，夫分信地，一切解銀、巡捕，俱宜申飭，庶官守嚴而漕河有濟耳。至於河道錢糧，

本以供河道之用，一切出納，豈可不使聞于河官？大抵挪移支放，有難以對人言者，恐言之而不便于挪移，故默默無言。即如山東兖州府庫貯河道銀，業經北河郎中王之柱册開，巡漕御史楊中極奏報，及臣部以濬河乏用，搜此河鏹，而彼竟挪用殆盡，實爲殷鑒也。嗣後藩郡州邑庫貯，凡係河道錢糧，必先申報該管衙門，置立循環，備開管收。除在按季倒换，以便稽查，其河工應用器具、埽料等項，就被衝諸險去處各立一廠收貯，令河官開具册結，聽分司不時按臨查盤。即河道應修應築，錢糧應增應減，官役或勤或惰，管河分司自是專任，豈可憑郡邑爲政，轉報不確，而視河郎爲贅疣耶？亟宜申飭，以肅漕務。此四事者，悉勑諭內之責成。近因事久人玩，故職掌易至廢弛，而河郎僅一申明之耳。統祈聖鑒，勑下臣部，轉行各該河道衙門一體遵守施行。

崇禎三年四月初八日具題。本月初十日奉聖旨：河道分設司官，原有專責，所屬有司錢糧何得不聽稽查？這奏內事款，着與嚴飭，如玩抗不遵，即行条處。兖州庫貯銀係誰挪用，着管河官及該府官明白奏來。省直河道錢糧，有無侵隱，着李若星一并清查具奏。該部即與飭行。

江北水患工程疏

南河工部郎中徐標奏：爲淮、黄氾濫，漫決河防，謹據實報聞，仰乞聖明軫念漕運咽喉，急修繕，嚴責成，以飭新運事。

臣，河官也。臣所汲汲者河，則所汲汲者漕而已矣。河得其道河之常也，臣所謂漕幸也； 河失其道，河之變也，臣所謂漕慮也。臣南河拜命，漕令孔嚴，畏此簡書，淵冰自凜，而竭蹶修濬，夙夜儹催，但覺五技之窮，不顧七尺之瘁，幸而兩年淮限盡可如期，河、漕諸臣各疏首薦，臣滋媿矣、懼矣。

今年春，總河臣督運真州，面語臣修守諸法，不啻詳切，而復三日一檄，五日一札，言言忠赤。臣豈緊承宣所司，皆設誠而力行之，督各河官自、山清而南，瓜、儀而北，處處幫培堤岸，在在撈濬淤淺。若曰事豫則立，不時回空至，重運來也。如勑諭所云『河道疏通，糧運無滯』者，其於此有備焉。乃大旱後忽而大雨，初以爲祥也，不意日以繼夜，夜以繼日，日甚一日，夜甚一夜，平地水深數尺，四野盡爲巨川，頃且高、寶諸湖之水排空而東注，河、淮二瀆之水倒海而東衝。臣往來泥水中，曲尋夫注江、注海一切支河、閘、壩，盡行闢疏，以洩洪流，誓欲以性命殉此漕堤。即水没二三尺許，疾呼官夫築土修防，而築一尺，水又長一尺餘； 築二尺，水又長二尺餘，更集文武各官及鄉紳士民分地堵塞，一綫堤與稽天之浸相持者數十日。而雨且益暴，風且益烈，倏而堤爲崩倒，壓多室廬矣； 倏而地爲塌陷，壞多樓房矣； 倏而淮、黄交漲，潰決洶湧矣。臣臨流而嘆曰：豈堯水再見也歟？何至此極也！洎溯淮、泗而上，見淮以西則無黄、無淮、無湖、無河，瀰瀁數百里而爲一大澤，城郭之上泛舟，官民以山爲棲也；淮以東則無湖、無河、無土、無田，浩蕩數百里而爲一大壑，城郭之内泛舟，官民以桴爲家也。上流如此，則下流何堪？上流之城郭如此，則下流之堤岸何堪？故山陽縣則報兩河横流，新溝、蘇家觜、清江浦，板閘、馬湖、南舖等處漫洪矣；清河縣則報兩河泛漲，通濟閘、月壩、文華寺閘漫決矣；高郵州則報湖溢淮逆，風雨助虐，城闕橋俱衝，清水潭、車邏等處漫決矣；寶應縣則報諸湖水發，怒濤莫遏，江橋氾水，朱馬灣，子嬰溝各漫決矣；江都縣則報淮湖浸溢，又西山各塘水湧，邵伯鎮民居中決，金灣河一帶平漫矣。最可駭者，禹掘地而注之海，百谷王也，兹河、淮、湖、山之水澎湃東下，而海復挾射陽湖、廣洋湖溢而西湧，濵海諸郡邑受河患，又受海患矣。千里陸沉之狀觸目恫心，萬户號哭之聲入耳酸鼻，此皆水之異形異變也。猶幸而自淮口以至江口，一切行運大閘屹然無恙，近年所修石砌堤工保固無虞也。猶幸而高家堰、黄浦口爲淮、揚大保障，天妃壩、王公堤爲河、淮大關鍵，臣與總河、漕臣、道、府、守令諸臣堤上加堤，埽外增埽，全力致死守之，尚無故也。

夫河、淮爲世間兩大瀆，即爲世間兩大害。偶經其一，或不繇道，古今稱患。乃合沁、泗、汝、汴、汶、沂諸水，匯于兩瀆，交灌淮、揚，而又益之以二十四塘、三十六湖、七十二澗之主水，助之以數十日傾盆如注之雨水，江北半壁之天下何以容之？則臣之所爲與臣之所遭，良可惻然已。臣，司河堤者也，迺錙錙銖銖而營之，尺尺寸寸而護之者，皆臣之魄力結聚焉者也。忽值此滔天之水，未當夫四至之湍激，千辛萬苦，莫問東流，臣所以仰天椎心而泣血也。臣此時艤舟一葉，出没風濤，尚設法料理，苟事猶可爲，未至傾圮者，加意搶築，加意密防，謂捄今日一尺可省異日一丈。至築塞之舉，必俟水平，恐伏水未消，秋水繼至，必不容與水争衡，成無益之勞費也。

臣南河與諸河不同，萬水之所歸，又全漕之所始，即懷襄無警，亦幾嘔心精始濟飛輓。至經此一翻洪水、一翻衝決，所破壞者大矣。況沿河洩水閘、壩、涵、港，今俱開放，漕舟行時，又都應閉塞蓄水，則都需物力。新運可虞，修圖宜蚤，臣不敢以河帑匱乏之時或稍緩，是必不得已之役已。

抑臣猶有請焉。臣一人而謬肩提督之任，一手一足，豈能拮据四百餘里毋亦惟是，諸有司戮力同心是賴。至工程浩大，時勢急迫，而支金錢、鳩夫料、課畚鍤，則所倚毗尤切。若仍是秦越無關，府廳轉行印官，印官轉行河衙之故事，工有成毁，一以付之幺麽小員，未有能濟事者也。臣議各地方堤工，即令該地方官畫地任之，府河官，州縣印、河官固屬當局，不足，再簡諸佐領敏慎者分人授事，限日考工。至錢糧、夫役，一聽理刑官逐細查覈，臣與淮、揚二道臣監督綜理。先期報完者，必加褒舉；臨期坐悞者，必與戒剌。此而責成始嚴，庶河有底績而漕有速效矣。臣勅書内一款，其事干漕運，并撫、按、巡河等衙門亦要公同計議，具奏定奪。今日事體何等重大，而職掌攸繫，何容默默？雖河上各提調官，《大明律》河防款内，其暴水連雨，損壞隄防，非人力所致者，勿論。而用力有勤惰，伏秋有甄别，例也。除臣另行確查併確估急修各工另詳總河臣具題外，謹以目前水患情事具呈總河臣朱光祚、總漕臣李待問，移會巡按臣史𡎺、巡漕臣王邦柱、巡鹽臣張錫命，具疏奏聞。仰乞皇上慇念國計民生，漕運之遲速以此，萬姓之安危以此，亟行查酌興舉。更祈嚴勅地方各官暫輟他務，董理河防，如或抗玩致梗漕儲，臣得以白簡從事。遲漕誤運，重典赫然，不容貸也。臣何勝悚慄待命之至。

崇禎四年八月二十三日具奏。本月二十七日奉聖旨：治水導河，全藉人力。徐標職掌專司，有應行事宜，即着遵照勅書盡心料理，不得徒勤控請。該部知道。

條議速運疏

南河工部郎中徐標題：爲微臣謬設速運之法，兩年幸獲過淮之利，敬陳眇識，懇乞聖明裁茹，以成永賴事。國家要務，漕運爲急，而急漕則併急河。官河者，不惟應多方修河以濟漕，更須多方儹運以速漕，則河臣之責愍以切矣。至臣所理南河，尤全漕飛輓之始也。冬春之際，百派争涸，既難乞河伯之靈，而數百萬糧儲，瓜、儀分道而入，淮口合集而出，僕僕問舟、問米、課弁、課軍，全在于此，稍忽經畫，頓遲淮限，則臣之責艱以鉅矣。臣爲此懼，莫敢或遑。歲内拮据，淮、揚間或嚴督撈濬，蓄水之深，或密塞港洞，防水之洩，滴水如金之時盈溢若伏秋，漕固不病滯矣。歲外越元旦，即遠浮淮、黄，送江北之開行者過淮；移駐瓜、儀，督兩江之進閘者過淮。止則星夜閘于以挽拽，行則號呼舟首以催儹。身之所到，目之所覩，未有一舟一人或稽玩者，漕亦不病滯矣。

然仍慮身北則不及南，身南則不及北，不及之處，偶成淹閼。臣爲設一查催之法，計地、計程、計日、計時，逐境督之。置二限單，其一分發各州縣，上註本境内水程計若干里，某衛所運官某押運船若干隻，某日某時進境，某日某時出境。該州縣立一催儹官，每運船至，各給一張，入境付之，出境收之，如遲時日，即行查處。其一於瓜、儀閘口給各運弁，上注某衛所運官某押運船若干隻，某日某時進某州縣境，某日某時出某州縣境。自瓜、儀以至清口，挨次填記，要與州縣單合。其自上江來者，單印儀閘千文字號；其自下江來者，單印瓜閘千文字號，統於臣屬盡境清口閘收。如天字號到，地字號不到，即催地字號脱帮者；如地字號到，天字號未到，即究天字號逗留者。

該閘所收之單，每五日一次報臣，則各衛所押運之官與各地方儹運之官欲時刻延緩不得也。

然尚慮地無專人，人無信地，以互推成誤？臣又爲設一分催之法，專督印河等官，查將所轄沿河隄岸自南界起至北界止共長若干里，每十里分委職官一員，或淺老一名、淺夫二名，置小木杆一根，小黄布旗一面，大書『催儹糧運』四字，插立各界，常川在彼，守定地限。如遇運船到界，逐界押送，日夜儹行。該州縣河官住堤往來，爲一總催。其各分定堤界與派定姓名，先行揭臣，復將催過船數每三日一次報臣，臣不時單騎或輕舠親詣查勘，如邊臺飛矢夜巡故事。若官夫不守信地，界内停止運船，即治官夫，併懲河官。其有風朝雨夕催挽過勞者，量行獎賞，以示鼓舞，則各地方催運之官與各官儹運之役又欲時刻延緩不得也。

蓋漕運一事，人人以爲軍國大計；而令甲赫若，亦人人以爲性命相關。總河漕臣夙夜驅策，巡漕臣與漕道臣竭蹶催督者，抑何如勞瘁？人臣之境數百里内，敢不嘔盡心血以圖遄往？臣故設此二法，若無地非催儹之處，無時非催儹之務，無人無催儹之責，數千漕艘揚帆飛渡，盡以星速過淮，頗覺於兹得力，事固無奇，期於克濟，則臣之伎倆止此，而臣之精力已痛矣。臣行之效，諸河可知；臣兩年效，異日可知。敢自陳千慮之一得，妄求爲速漕之長議。伏乞聖明俯納嚴飭焉，河漕幸甚，臣愚幸甚！臣標何勝悚慄激切待命之至。

嚴飭河防事宜疏

南河工部郎中徐標題：爲敬遵明旨，嚴飭河防，列款奏報，仰祈聖鑒事。

臣愚碌碌叨役南河，然南河與諸河不同。諸河不過南北一衣帶耳，南河則爲萬水之所終，又爲全漕之所始，陵寢、民生所關尤鉅。而復東達海濱，西虚淮堰，南淪江漢，北受淮黄，中爲三十六湖、七十二澗之壑，稍疎經理，則東南氾濫可虞，而修河、速運、固陵、保民，蓋惴惴乎難之已。

臣初受事，隨其『恪奏聖諭，敬循職掌，俯陳末議，以奠河防』一疏，奉有『管河官循職綜理，自能剔弊奏功，這條議具見振刷』之旨，臣振刷材庸，綜理心切，敢不勉圖毖飭靖共？乃職自履任來，手足拮据，必勞必先，以水爲家，以舟爲舍，以夜爲晝，以藥爲食，修營催儹，無事不嚴；號呼指示，無時不嚴，真見夫有一事則伏一弊，有一法則生一蠹，有一人則萌一姦，必欲以嚴之藥急捄夫玩之病。若兩年淮上欽限、河工欽限，漕運俱可如期告竣，實於此取効。蓋竭蹶於王事，則嫌怨所不辭。抑未知萬一有當否，特以臣標細爲挖剔，與總河漕臣力爲懲創者，備列上聞，仰乞聖明裁察焉。以條奏事宜，字限稍踰，萬懇矜宥，臣標可勝悚慄待命之至。

一、嚴領銀。南河黄、淮衝蕩，歲有急工，而舊料不敷，勢必領辦。往者河官赴府守領，或致延誤，近河鑼改貯山、江縣庫，令印官具領，司道掛號牒行關領，頗爲快便。蓋同寅共事，則自無等待，守令收掌，亦別無疎虞。仍將領過銀數及領銀日期星速報臣，異日支之清溷與支之遲速，便以此爲準甄別各官之材品，略見一斑矣。

一、嚴支銀。河工一興，山户、木商、窯户及各鋪户支料價銀，車户、船户及各工匠支脚價工食銀，如不應支而支，或應支而不支，或應支而浮於支，遲於支，庫藉不清，追比不完，工程不迅不堅，皆繇於此。臣令印官領銀，則印官支發。領銀到日，先懸牌示，分開項款，挨次進領，即將原領印封同衆驗拆，同衆分兑，某應先支幾何，某應續支幾何，唱名親給。留續支者，即同衆封識貯庫。仍面諭衆等，有需索騙詐者，許即扭稟；坐贓重擬。如此之公之平，無不趍事恐後者也。

一、嚴辦料。往年各商户或先呈預借，或溢數支發，銀一到手，轉瞬蕩然。及至興工，自甘責比，而苟且枝梧，燃眉曷濟焉？臣思民間營建，以現在銀貿現在料，如取諸寄，功成不日，在官者何獨不可倣而行之？因令印官收銀，無輕支發，一如民間營建，先招各商户批與一券，某人某料若干，應給銀若干，先支若干，料完幾何，支與若干。料務如式，不堪退换，續給紋銀足數。擇而取之，或有不敷，入山入市，隨便公買。料既工好，人争貿易，而銀無他慮，事無他虞，寔有明效也。

一、嚴運料。陸運車户、水運船户，往往巧密鑽營，或預支，或冒支，狼籍於前，寧顧其後？比督運料，苦稱無力，官即怒呼，粉骨無措矣。臣令支運銀一如支料銀，先招各户，亦批一券，某人承領運某料若干，應給脚價銀若干，先支若干，送完幾何，支與若干。運務如期，遲誤究責，給發紋銀足數，運完給完。如彼怠緩，現銀另覔，捷如響應，歸如流水，俄頃之功可立奏也。

一、嚴委官。夙聞雜職候缺官日營差委，乞恩管工，此等心腸，豈爲公務？委票到手，需索多端，厥腹果然，飽則颺去。迨其僨裂，正法懲處，則亦晚矣。臣謂嚴委官於後，不如嚴委委官者於前。如工少，則專責河官；如工多，河官照管不周，必用委官。州縣先送履歷、職名報查，或先具不致冒委甘結、附卷，如保舉之例。若工完之日，有侵欺占折嚇索及修濬傾淤情弊，即以其罪罪夫委者，仍令賠工，分別議處。人皆慎擇官役，覈實工作，巧營者不得入而剥夫壞事矣。

一、嚴工限。敏則有功，從古利之。如事事者始以怠玩成因循，繼以因循成廢弛，究至金錢日耗而無存，夫匠漸亡而不知，即後有善者抑亦無可如何。臣令支銀料户即定一限，擇役督之某日辦完，違者治。支銀運户即定一限，擇役督之某日送完，違者治。支銀夫匠計地分工，即定一限，仍親督之某日工完，早數日者若何行賞，晚數日者若何議罰，則一時精神湊集，鼓躍争先，可計日告成矣。

一、嚴浮估。應修應濬之工，如不經親見，不一覆查，止聽下官泛估，則以無爲有，指少爲多，全無可據。而輕允支辦，紙上之虚文頓費藏中之實鏹，則浮估固冒破之張本也。臣於淮揚數百里内，無尺地非經目經心之處，某應修若干，某應濬若干，可動費若干，瞭然明白矣。至用料、用夫，某料價值若干，某夫匠食米若干，可動費若干，瞭然明白矣。所應估修，彼固不敢不估；所不應估，彼亦不敢冒估。如遇修廢補缺，則更不必懸估，止令量支若干，緊急辦作，工完筭料，計料銷銀，何等真確，何等直捷。戒浮估於前，愈於懲冒破於後也。

一、嚴僞省。節省固是美名，若不求實濟，徒計省約，或先行濫估，故以留後之餘，或後歇正工，故以表先之儉，工程苟簡，塗飾多方，則『節省』二字最爲害事。臣謂課之以實事，不必豫問以節金，若果料好工堅，則支如其估亦可。或精覈慎用，則微有所節亦可。擇利必於大，擇害必於輕，錙銖之存留，又何如成平之永賴乎？

一、嚴夫蠹。河夫有額數，則工食有額銀，期于獲實用也。如使猾玩者濫竽，攬占者冒糈，或豪富者債息滋肥，諸夫果腹之資悉爲若輩蠶食之供，將夫日益窮，夫日加少矣。臣嚴行禁約，親行查考，先令印、河官造送花名册揭，備載年貌、籍貫，務精壯確實。老弱有汰，遊蕩有汰，即爲招補。曠玩必究，包占必究，即爲懲治。又慮各夫窮乏稱貸，令州縣每季先一、二月具詳，總河臣批行即給。重禁勒索，則諸夫可按時自飽，大姓難入市攫金。夫獲食之益，有一分得一分之用；官獲夫之益，有一夫得一夫之用也。

一、嚴水禁。近奉河淺誤運之令，凛於斧鉞。況漕運過淮又當冬末春初之時，沿外閘洞注江、注海故道，皆可洩水。舊有鹽徒强佃盜竊水利，明閉暗開，漫不關防者；或有河蠹市棍喜阻貨船，高值剥載，利河淤淺者。臣頻行禁閉，入冬，自清淮以及瓜、儀躬親查勘。凡遇閘洞，躬督下樁填土，實塞丈餘，派夫防守，全淮下流匯歸一路，沙無停滯，河水汪洋，數千漕艘揚帆飛渡，蓄之豫也。今後如水勢漲發，則盡開閘洞以固漕堤；如水涸之際，漕運伊邇，各該河官仍照臣築壩實塞、分地防守故事。臣仍不時往來密查，如有踈玩，懲該守者併懲河官。水深，永利飛輓，自無虞也。

謹題請旨。

歲報河道工程錢糧疏

南河工部郎中徐標奏：爲河道可虞，人心易怠，仰體宸衷，敬陳末議，以勵人心，以保河漕事。

案奉工部劄付前事，該本部題，都水清吏司案呈，奉本部送工科抄出，都給事中常居敬等具題條議四事内一款：

一、錢糧之當稽。夫河工錢糧，雖無定額，而一經舉事，所費不貲，苟非申報明悉，則出入之間何從而覈其實也？先該河臣潘季馴條議濬閘河以利運艘一款，每年八、九月間動支歲修錢糧，多募夫役，大加挑濬，限二月通完。該管河郎中照南旺事例，將用過錢糧特疏奏聞，奉有明旨，所宜欽承。乃各河道動支錢糧，其報部與否，雖不可知，然歲終未見具奏，臣等亦無自而稽覈焉。夫錢糧隨宜動用，何可使之掣肘也？然費出河工，動關國計，合無自今凡河道諸臣一切歲修經費，年終明開條件，具疏奏聞，奏册、青册部科備照，庶因錢糧以稽河工，而虛冒之弊可免矣等因。

奉聖旨：工部知道。欽此。隨該本部覆：看得河道錢糧雖無定數，而河道疏濬則有成期。先年題奉欽依，北河、中河，兩年一挑；南河及海口新豐，一年一修。所動錢糧，在南河則有各衙門協濟歲修銀兩；在北河、中河及通惠河，止調各州縣衛所原派堤淺夫役前來修理。應用樁草，量動該府庫河道銀買辦。工完之日，各河郎中造册具本，自行奏繳。節年遵依，未敢違越。今科臣覆議及此，似應再行申飭管河官員，各照節年題准事例，河工完日，具疏奏聞。黄册、青册，部科備照，則錢糧有實用，而河工亦因以可考矣。

題覆各款，俱奉聖旨：依議行。欽此欽遵。備咨總理河漕衙門及劄行司官欽遵外，奉此，卷查嘉靖十年十月內，該前任郎中金述奉本部劄付，爲修舉廢墜，以益水利

事。該工科都給事中趙漢條陳內一款，本部議擬，合候命下之日，備咨總理河道都御史、各該管河郎中，督令軍衛有司提調正官并管河官員，各照地方原設鋪舍，照舊修立。夫役，俱照額數編僉。近河殷實人户，應當夜則於本鋪守宿，日則築堤、挑淺及種灌樹株，招呼往來船隻避淺而行。若有司輕忽，不行修葺，或故將貧遠人户編作淺、溜等夫，九無一在，以致誤事，即叅究拏問。仍行管河郎中常川巡歷比較，着實修舉，每年終將該管河道有無淤淺里數、築濬過等項工程據實奏聞等因。題奉欽依，備劄本官欽遵施行，奉此遵行到今。

爲照臣自接管以來，欽奉勑諭，管理淮安天妃閘以南至儀真一帶河道。臣遵奉分定地界，通行各該府衛州縣提調正官并管河官員一體遵依。及臣常川巡歷查驗，遇有河道淤淺、鋪舍閘座廢壞、隄岸坍塌，隨即嚴督各該官夫照依地界，立限用工，着實挑濬修築，遵照節年舊規，年終開報奏繳，欽遵在卷。

今照前因，行據直隸淮安府、揚州府經歷司各呈遵行過臣案驗紙牌事理內，淮安府所屬山陽縣、清河縣，揚州府所屬高郵州、寶應縣、江都縣、儀真縣，俱自崇禎貳年正月起，至十二月終止，各將年例歲修、河道淤淺、堤岸坍塌及應修閘壩等項處所逐一督調官夫挑濬加幫，補築高厚，修砌完固。其揚州衛、儀真衛、高郵衛、淮安衛、大河衛各該管河道，俱無撥用夫工挑濬等因。各具已完工程及用

過錢糧數目，開造到臣。據此，查勘相同，遵照先後題奉欽依內事理，爲此今將修築過隄岸、閘、壩、淤淺等項工程丈尺并用過錢糧、役過人夫、栽過樹株各數目，照依每年事例，另造青册，呈送部科備照外，理合造册具本奏繳。謹具奏聞。

崇禎三年四月二十六日具奏，五月二十九日奉聖旨：工部知道。

進繳督木勅諭疏

南河工部郎中徐標奏：爲進繳勅諭事。崇禎五年四月二十七日，奉工部劄付，爲酌議就近委官督徵未完木植，以備工用事。營繕清吏司案呈，奉本部送工科抄出，該本部題本司案呈，據管理南河郎中徐標呈稱：帶追逋木，除前司追完外，餘欠查係汪正興等，未完無多，委係人亡産盡，屢奉恩赦豁免。本司接管，無從追解，伏乞銷筭開豁，以便繳勅緣繇。到部送司，奉此先准督理抽分，兼催償浙直木料。主事黎元寬手本會稱：帶追各商木價，除前任追解外，餘欠委係人亡産盡。逋商胡孝等屢追無補，事經年遠，遵奉赦款，通行開豁免追。若張元等，以淮撫家人李七抵補，及漂淌銷筭通完，俱應開豁等因在案。該本司案照先於萬曆三十二等年間，因大工需用鷹、平、條、槁等木，派商辦運，以應急需。查浙江木商程文、汪信等共領頭、二運木價水脚銀二十三萬七千七百一十五兩一錢四分五釐一毫七絲四忽八微，內除通惠河先收過木值，共完銀一十萬五千七百一十九兩四錢一分三釐二毫二絲，共欠銀一十三萬一千九百九十五兩七錢三分一釐九毫五絲四忽八微。南直木商俞桂、汪之政等共領頭、二運木價水脚銀二十二萬一千一百五十八兩四錢五分三釐四毫，內除通惠河先收過木值，共完銀九萬二千三百六十七兩一錢五分一釐二毫一絲，共欠銀一十二萬八千七百九十一兩二錢零二釐一毫九絲。後因補木到灣，工停未收，致遭兩次漂失，遂於萬曆四十三年間查照欠數題杀，請勅劄行南河、南關二監督帶催賠補。

今查浙江木商，除南關追解過木價，及通惠河續收過補木，并前後扣銷過吴守清等漂流，及加增并淮撫家人李七償還各木價銀共一十二萬七千六百零三兩五錢九分外，尚實欠銀四千三百九十二兩一錢三分六釐零。南直木商，除南河追解過木價，及通惠河續收過補木，并前後扣銷過張數學等漂流，并加增及淮撫家人李七償還各木價銀共一十二萬四千九百九十二兩五錢三分一釐零，尚欠銀三千七百九十八兩七錢七分零。內又於崇禎元年六月內追解過俞桂等六名木八千八百八十根，抵灣堆灘，續被虜焚，止現存木六百根，原在恩免之內，因追解在先，亟應驗收抵筭，被燬者似應准其開銷。至於此外未完，委係汪正興等所欠。其浙商未完，委係胡孝等所欠，俱已人亡産盡，無可追解，且屢奉恩赦，例應豁免。相應具題，以清夙案，以信明綸者也。其先年原領追木勑書，今木案既完，相應劄行該差奏繳等因。

呈蒙本部看得：前木原係漂失賠補，非妖商詐冒可比。夥商親戚代賠拖累，監斃已多。就各項計之，完已什九之外。其未完之數，委係人亡産盡，法窮於勢，催併莫施，屢奉恩詔，謂浙江、南直木商舊欠，監追年久，正身物故，家産罄盡，累及親屬代賠者，許勘明具奏除豁。仰祈皇上哀此災黎，俯允豁免，則浩蕩之施直滲入於枯骨矣。至於先年原領勑書，合俟該差齎繳。其三運木植，祈量給起水銀速收等因。

具題，於崇禎五年四月初三日奉聖旨：木商胡孝等舊欠銀兩既係年遠産盡，准與豁免。見到三運木着遵聖旨扣收，仍依議量給起水銀，一併扣筭，還着總理同巡視官覈驗明白，不得借端朦冒。欽此欽遵。除將三運木植另行量給起水銀兩扣收外，至於漂流追補木價，業經銷筭，題准豁免。仰司遵照題奉欽依事理，即將帶追未完木價槩行免追。原奉勑書，作速齎繳，以完欽案等因。備劄到臣，奉此案查：逋木一事，原係萬曆四十三年間前司郎中李之藻奉命管理，淮、揚河道隨蒙本部劄付就便帶追南直各商未完木價，題請勑諭一道，該司欽遵追解銀木，已經造册報部。其餘未完，各司官交代接管，遵依追木、追銀，節次解部驗收。訖今奉本部劄行，將已完者銷筭俱明，未完者具題開豁。奉有明旨，准與豁免。欽此。除將未完木價免追外，木案已結，所有先年原奉勑諭一道，理合進繳。謹具奏聞。

崇禎五年六月初十日具奏。七月日奉聖旨：該部知道。

卷之七

舊規條

《詩》云：不愆不忘，率繇舊章。蓋言因也。三代所寶莫如因，因則無敵。前南河都水熊公子臣成紀略，規條釐然。因事作則，如規矩準繩不可渝。朱公國盛纂《河志》，又參酌之訂以己意。風會日流，情事屢遷。通其變而濟其窮，期以懲毖，聿新玅于因耳。往邗水使兼領淮南北事，故約中并及徐、邳，欲全録其文，兹不删。

一、遵奏繳舊規。年終奏繳，每自正月起至九月終止，冬季工費無憑考核。今議自正月起至十二月終止，本司奏繳本式，止開四季築堤、濬淺、開渠、塞決做過工程，其役用過人夫、物料、錢粮，俱不必開舊規呈繳本部。工程、樹株册一本，夫役、工程、錢粮册一本，又錢粮開呈一本。今議工程夫役、物料、錢粮、樹株總造一本，以省繁文。吏部并本部文職賢否揭帖各一本，兵部武職賢否揭帖一本，年終齊報總院。年終册二本，亦自該年正月起至十二月終止，一將做過工程，役用過夫料錢粮□，養過樹株，照舊總造呈繳查考。照近題事例，止該年額徵椿草本折色正項錢粮，分别已、未完及舊管、收除、實在數目造送類奏。凡河灘、籽粒、賃基、租銀、枯樹、曠工、香銀、船税、□罰之類，已備開前册，原非奏繳錢粮，不必重載。

南河三河等處河道舊規：大挑二年一次，春月興工。近經題准，粮運期早改于隔年九月興舉，十月告竣，亦係二年一次。今照瓜、儀二港及清河口内外每患淤淺，相應比例，挑浚事完，通將工程夫料、錢粮，册報院部，及奏册具本奏繳。

盛按：奏繳之册，自宜實載，方爲不欺。乃舊管錢粮，有嘉隆年遠，繩麻、米灰朽滅無影者，相沿抄録，不敢擅除。本司業有行查，未經報確删改，殊爲未了前件。

一、嚴派单。每年十月内，本司查將淮、揚二府并徐州及所屬，并坐派協濟州縣，該徵解椿草、磚灰折色，及停役銀兩數目派单一紙，案行該府州。該府州查照填印總批二張，轉發管河官内。將一張齊赴總院，一張齊赴本司。各投遞仍行各掌印官，照依派去數目，嚴限追徵收貯，以備河防緊急支用。該府州管河官不時親詣查比，驗取真正印信庫收，赴院司兑掣總批回。府州换出派单，送司存卷，以憑查考。

盛按：邇來年終，兩府止將該庫河銀分别舊管、新收、開除、實在，并該屬原額已、未完數目，造報本司覆查，轉報總院奏繳，而總批之説不行，遂致州縣吏胥侵欺。如泰州侵至七千餘兩，本司嚴提親比，不過完元年、二年、三年而已。如江都知縣余文熠，清三十年之侵欺，吏胥咸伏其辜，豈易得哉？復舊規爲是。

一、稽季報錢粮。季報舊規每以循去環來，迭爲填註，及查内開之數，多屬冗雜。今議行令各屬，另設總簿一扇，歲分四季，只以一簿，按季填報，以正項，額外爲二總，各分别舊管新收、開除實在數目，登記簿内按季稽考，候年終總取二府歲報文册，至日查對。如有遺漏、隱匿等弊，即着落掌印官嚴究呈奪。

河道船税，原蒙總院定有梁頭則例。儀真閘属揚州府委官秤收，聽瓜、儀分司稽查。清江閘属淮安府委官秤收，聽清江廠分司稽查。俱總觧各府貯庫登入，季報送司查考。外徐吕二洪所收船税正羨銀兩，該司收發徐州貯庫，年終徑自造册呈部，亦有該州季報送司查考。

河灘、籽粒、賃基、租銀，歲有舊額，有新增，每年終須行各該掌印管、河官公同查勘，□□相兼舊額，一併追納，仍登季報查考。

盛按：得設立循□□以稽其錢粮盈縮，以便調度。邇來州縣俱不依□□换，甚有至二三季併報者。卒有急用，胡以稽查？若□通欠胡以催督？此皆吏胥沉閣錢粮作奸之故智也。今後須申飭該屬，令其一季一報，如延至二季者，吏書行提，重責究觧。至于額派錢粮，仍責吏書另具揭帖，分别帶徵。見徵完欠數目，隨循環赴比，以憑酌量完欠多寡責比。如此則錢粮稽核易明，吏胥亦無沉閣之弊，河需其有濟矣。

一、清出納。每年終呈委能幹官三員，分往淮、揚、徐并所属，將河道在庫在廠新舊錢粮，逐一查盤，要見原收若干。其動支者，要見奉何□□，修何工程，何人領去，有無支剩，發回其在庫在廠者，□□通同侵那。或已經徵收而支使未明，或妄稱領觧而批收無據，備細查明，如有奸弊，即便着落各掌印官拘究，經承人役問擬呈奪。

河道錢粮，近奉總院新規，凡遇各州縣申請，如百兩以下者，各衙門具申司道允行支給；百兩以上者，司道轉呈總院，詳允方許動支。中間如遇伏秋防河緊急，立等支用者，一面動支，一面呈詳各衙門。如有故違不行申請，擅自動支，查出該吏坐□究聿。

黄河兩岸工程，歲無寧日。近該徐、吕二司分管徐州，兵備道兼攝。凡募夫、辦料、銀兩，徑該彼處司道，調發本司，通無稽考。今後但遇各項工完，即移文該司道，并管支放官員，通取做過工程，役用過夫、料、錢、粮數目，册揭存卷，候年終再取各屬歲報、季報二册對同。

盛按：邇來每年粮運過盡之日，總院會漕院，委本處推官查盤，追究招詳，載在嚴核錢粮條議中。年來出納，多影射侵欺。如淮安行夫銀兩，承行書手通同奸夫，或以新帖消帖，或以拖欠分用，漸至虧額，則設主循環簿，逐月、逐季清查，兼以理刑之查，似不容已也。

一、覈夫役。淺停、閘溜等夫，專屬河道。近來各該衙門，或私自役占，或别爲調用，殊壞河規。今議管河、管閘官員，須要督率各夫常川應役。各該衙門，如有仍前恣縱，擅役河夫者，即將管河等官提問，治以督率不嚴之罪。

河夫曠役有罰，規行已久。但陰雨空閑時實使然，原非其罪。況邇來河防多事，工食已減，豈得過爲追罰？今議止許管河官不時點閘，敢有偷、惰，玩不到工者，量行責治警衆。其逃去日久者，行掌印官計日扣貯，登入季報，以備河防。

盛按：清夫之法，州縣或委衙官選補，受賄濫僉，老弱亦有捏造面貌，而點驗已非者，無如借習武之法，每月試驗以實之，絶其影假之弊。

一、給工食。河夫三：曰徭夫，曰白夫，曰募夫。徭夫者，編定舖淺閘溜之夫，名項各殊，工食不等，相沿已久，官民俱安。白夫者，州縣借派之夫，民貼安家，官給粮食，擾民而復損官。募夫者，雇募貧窮之民，官給雇工，民樂趨事，損官而不擾民。除白夫題革外，凡遇工作募夫，行各該沿河州縣出示召募，觧至工所，每工給官銀四分。其徭夫平居，常役及上千。百里之内，修築河隄者，止照條鞭之數，按季解給。若調發百里之外用工者，每日加添行糧銀一分，着爲定規。

河夫防守伏秋，風餐露宿，晝夜艱辛，若使掲腹供役，何以責之用命？每歲須預行各州縣掌印官，查將各夫自五月十五日起至九月十五日止四箇月工食，先期徵完，按月觧赴堤所，聽管河官唱名給散，以濟盤用。

盛按：給工食，該府發銀須文到之日即給，毋使吏書需索常例扣除，亦不許吏書放債，盤利預收，領票爲質，其給散須印官當堂兑準，面給衆夫。倘有冗奪，亦須委廉明之官，不使衙官再扣一番方是。

一、勘工程。黄河兩岸青田淺，起至水字舖，李家營止。北岸朱家口起，至鄒字舖止。各該要害地方，修築工程，最爲喫緊。管河官員，往往任憑夫老草率了事。一遇水漲，蕩刷傾頹立見，不惟糜費錢粮，抑且妨悮大計。須親督各該府佐管、河官，將各處修築工程，用錐探試，如有虚鬆不堪捍禦者，就將原委管工員役從重究治。

盛按：近來工程，皆吏胥與委官、夫老、積棍，借以冒費金錢，何嘗實做？必論土計工給銀，務要真土堅厚。其工印河官時時親勘面給，不假手于吏胥委官，而後可。其工程係衙官夫老做者，必取縣堂衙官，承管書手甘結。如旋做旋壞者，重治嚴追，以懲其後。

一、備物料。黄河防守，合用椿草、柳枝、檾麻等項，每于十月内，會同徐州道，酌估數目，會呈總院允行。合屬動支河銀，收買運貯，各廠以待來歲支用。但恐河患不測，各項物料，尤須多備，免貽後艱。事完行管河府佐官，册報查考。

塞決埽草，往年俱係河銀旋買，緩不及事。今查得沿河各湖及兩崖隄岸，生長蘆葦、蒿蓼等草，堪備捲埽。每于秋深，行管河官率夫收割、晒乾，成束分貯各廠，以備來歲支用。庶官免支銀之費，民無買辦之勞。仍將收支過數目，册報查考。

盛按：近來料廠，或在荒野，或有屋而無鎖鑰，或吏胥假偽印官硃標，或徑擅擡木植私用。今須設廠關鎖，取河廳縣堂封識，有用領鑰開取，方杜前弊。苐辦料必須擇官擇人，如近來大使汪玄瑄、何元悌之類，領銀二三年，而物料不至，若不嚴懲，何以儆後！

一、慎防守。徐、邳運隄，平時雖有管河官畫地分管，但一遇伏秋水至，對河兩岸，勢難遍歷。每歲須先期會同徐州道，選委能幹官員，協同管河官，南北分守。無事則積土預備，水發則晝夜保護。但遇衝坍剥落，去處，即便乘時幇補，應用椿草，就于附近廠内取用。人夫不足，會同各該管河官，随宜調倩。俱自五月上堤九月回任，完日敘勞呈請奬勸。徐、邳一帶俱係要害，每歲須嚴行。該州掌印官，動支廬、鳳協濟夫銀，雇募遊夫五百名，防守伏秋。自五月十五日起至九月十五日止，每名日給銀三分，分爲二枝，每枝二百五十名。總管府同知、通判，各領一枝，平時協同正夫幇培。堤岸水發，不必駐定，在于分管地方，往來巡邏，但遇緊急去處，相兼正夫晝夜防守，務保萬全。

高寶邵伯諸湖險要各堤，殘缺單薄，一值伏水暴漲，風浪拋激，頃刻傾坍。須嚴督各該掌印管河官，躬詣查勘。殘缺者補葺，单薄者加幇，務令堅厚。每至伏秋，仍添委官員，協同管河官晝夜防守。

淮揚河堤浸漏，每因修築不堅，及奸民盜泄所致頃爾不塞，漸至崩潰，動費千金，爲害匪細。防微杜漸，惟在管河官時時加察耳。須嚴諭各該官員，督率夫老常川補葺。若係奸民盜洩，即以故壞河防拏問。

盛按：近來失防，無罪利決，有侵河道，所以日敝。奸能欺隱，害不上聞，防守所以日弛。職官畫地分土固矣。宜責成印河官，承行書手，亦分地具結。如防守不預一體重治追賠，吏書方有所憚而遵行。且河身日高，將横潰決裂，各堤急宜加築廣厚。如蘇家嘴馬邏等險工，或去彼岸之突沙，或從本堤退後作一厚岸以防之。仍盖房撥募夫居住，看守椿木，防伏秋之水。其夫不得別調，但做本工可也，詳見條議。又按蘇家嘴北岸近長淤灘，黄流進逼本嘴，勢甚危急。惟有于此灘之内量挑引水河渠導黄北刷淤灘，則河勢北徙，南岸蘇家嘴自可無虞。此亦山陽外河之喫緊者。

勤疏濬。高郵、寶應諸湖，及山陽、黄浦、平河橋等處，伏秋之際水勢汪洋，無處分洩，往往衝損堤岸，漂没田廬，爲患甚烈。須督行管河官，將各平水并瓜、儀等閘，及芒稻等河通江通海去處，悉行開放，分殺暴漲，但順下流支渠，即便量起附近田夫，濬治通利，庶便宣洩，以保民田。

淮揚河道舊制，淺船專爲撈濬。邇來船隻俱發，每湖淺一尺則加堤一尺，歲月既久，湖底墊高。今議增置淺船，以復古制。除水發防守幫修堤岸外，水消之日，即行管河官，責令夫老駕船常川撈濬，所撈泥土即幫潤湖堤，止許深湖，不許高堤。

高寶、興化、鹽城各處支河，乃引洩湖水入海故道，節被壟斷之徒密張魚簖，壅滯水利，淹漫民田，歸咎閘水。今議不時行掌印管河官親詣究革，不可徒付之省義等官，反滋奸獘。

盛按：疏濬有諸獘，一在衙官積書借以扣曠，實不督工；一在奸夫包攬，官至則來，官去則散；一在市豪利于淺剥，多方阻撓。如界首、雍愛等之類，非河官躬親查督，嚴杜奸獘疏濬不可得也。然必撈濬有具而後可。今淺船俱廢，造設爲難，議令州縣將捉獲鹽船改爲淺船。但獲時爲鹽快所匿，交管爲淺夫所沉，河衙亦利于無船起船，上下相蒙，無有實行之者，可哀也。

一、儹粮運。黄河二月有桃花水，三月有清明水，四月有麥黄水，然止瀰灘或平岸而已，不害運。惟五月至秋九月爲伏。秋水多者四次，少者三次；高者丈五餘，下者丈餘。此運船之所必避也。每歲須督管運管河等官，將過淮粮運夙夜催儹，務乘四月以前盡數過洪入閘，令免怒河覆溺之患。

盛按：運船不儹則清口不築，清口不築則黄河不戢，尤治本之急務也。

一、候交代。本司節奉部□如遇陞遷給由等項，將一應錢粮卷簿并原給關防，交與新任接管，方許離任。

盛按：治河治虜，俱以諳練爲首。河道利獘百端，總河潘公疏重交代，使新舊相告，誠爲良法。而尤重久任，使河丞以下廉明習熟者加銜任之，河道自治，已詳載于左。

《河防一覽》諸條附

古今言治河者衆矣，未有善于《河防一覽》者也。蓋潘公既陳其石畫，復採輿論以入之，俱係上裁，迄今可以遵守。故盛既採其全疏之有關南河者，列章奏復，删河議辨惑入雜議，而摘其諸條于左。

一、重久任以便責成。先該給事中尹瑾題，該工部覆議：河道關係最重，任久乃可責成及要。大小官員俱令久任，或考滿加陞，或積勞超叙，與夫就近遴補，交代親承，最爲治河先務，合咨吏部查照。隆慶六年題奉明旨，都著久任事理。凡管河部屬司道及府州縣佐二等官，果有熟諳機宜、懋著積效者，考滿即與陞級，照舊管事。資深即與超遷，用勸異勞，有缺就近遴補，取其濡染習熟。臨行新舊交代，令其傳告精詳。至于，待異等者，一如待邊，臣由道而撫，由撫而督，由督而本，兵不恡焉。合咨臣等年終薦舉，預儲可代之才。遇缺揭咨，必求因才而代，徑咨吏部，仍知會本部，以憑會同遵行。其有才志庸劣及不候交代，輒先離任者，聽其不時奏劾，該臣等覆議爲照。治河固難，知河不易。如中、南、北三管河郎中，夏鎮、南旺二主事，皆係專職俱，應交代。至如潁州、臨清、天津、霸州、大名五道，雖兼河道，干係頗輕，俱免交代。其徐州海防二道，則爲河湖喫緊之區，山東、河南二道，則爲黄河要害之地。四道憲職并其所轄府州縣佐二管河官，如遇陞調去任等項，與同各管河分司，俱應比照巡撫衙門事例守候交代，如不候代輒先離任者，容總理河漕衙門查照工部題准事例，指名糸奏。伏望勑下該部，再加查議。擬議上請行，臣等遵奉施行，則人情既便，政體畫一，而河務聿興矣。

一、甃石堰以固要衝。勘得大澗口極窪去處計長三千丈，合派南河分司三百丈，徐、淮、潁三道各九十丈，每堰長一丈，應砌高一丈，内外用石二層，共該石六萬丈。採辦脚價，工食每丈該五錢九分，共該銀三萬五千四百兩。合用船隻，除南河所有混江龍船免造外，每道造九十隻，共二百七十隻，每隻五十兩，共銀一萬三千五百兩。每船雇募水手六名，每名歲給工食七兩二錢，以四年爲期，共該銀四萬六千六百五十六兩。募夫搬石，大約每丈費銀三錢，共一萬八千兩，每砌石一丈用石灰二斗，共該二百四十兩。樁木，每丈約長杉木二十五根，共計七萬五千根，每根一錢三分，共該九千七百五十兩。樁手每丈三十工，該一兩二錢，共該三千六百兩。管工官廩糧，比照大工事例，府佐二員，每員廩給一錢；書辦一名，粮銀四分；州縣佐貳官十二員，每員日給六分；書辦一名，口粮三分；陰醫、省祭等官三十員，每員日給四分。計每年該銀九百七十二兩共銀三千八百八十八兩以上通共一十三萬一千三十四兩，應于大工用剩銀十二萬奏請留用，再于原留用剩銀内動支定限四年，以裏工完能于限前早竣，工堅費省者破格優處。

一、濬閘河以利漕艘。該臣等覆議：照得清江浦至頭、二、三舖一帶裡河，先臣平江伯陳瑄議爲每歲一挑之法，盖因河自新莊閘外入口多納黄流，歲有積沙，勢不得不爾也。今改閘通濟，則全納清流，宜無俟于挑濬。特因往年黄流久注，淤沙久填，水溢沙上，舟因水浮。去歲頭舖、二舖便覺淺澁曾勞挑濬。是以該科目擊其事，議復挑濬之法。盖見外河既已順軌，内河尤須利涉，誠運渠之首務也。然舍歲挑之法，而欲比照南旺事例，定爲三年二挑之制者，盖知通濟閘之納清異于天妃閘之納濁，故不必復仍歲挑之勞也。合無始自今歲冬初，查將應濬裡河并烏沙河淤淺去處，築壩断流，多募夫役，大加挑濬，不得苟且。了事工完之日，聽南河分司覈實造册奏繳，以後河深利涉，姑免挑濬。如有淺澁即照南旺事例，三年兩濬。其揚、儀河道，去歲挑濬之後，目前尚自深廣，以後如有淺阻，小則量濬，大則加挑，臨時酌擬施行，務求漕舟通利，不致虛費工力。

一、歲防高堰。夫高堰，爲淮揚門户，隄防不可不嚴修守，不可不預幇護之法。須於冬春間，椿内貼蓆二層，緊綑草牛，挨蓆密護，毋使些須漏縫。然後土堅，至于密植橛柳、茭葦，以爲外護，須于水落即種，庶免淹漫。是在當事者加之意耳。

一、歲防河堤。諸湖堤岸，加幇高厚，且多減水閘，尋常之水，似可無虞矣。但或淫潦彌月，山水并發，則又不可不預爲之計也。查得沙壩并芒稻、白塔二河，俱可洩水，當事者慮私販鹽徒出入，築壩断流，殊不知欲禁舟航，何須築塞河，心密佈樁柵，仍委白塔巡檢，嚴防越度船隻？瓜、儀諸閘，一體開放，閘口攔以木柵，則湖水可洩，而鹽政亦無妨矣。

一、歲防清江浦外河。夫清河内外河僅隔一綫之堤，最爲喫緊。況黄河自清河縣出口，由西射東，勢甚湍急，然埽灣迎溜之處不過百五十丈止，是捲築磯嘴六道，每道相去二三十丈不等，阻隔來流，復于磯嘴中間，捲埽護岸，即可支持。然倉卒措辦，未免張皇，須于冬春之間，捲築大埽，亦如防高堰之法，自可無虞。『磯嘴』，即順水壩之俗名也。

一、議守八淺堤。寶應之西十餘里有白馬湖，其當湖心而東，所謂八淺堤也。往歲堤決，湖水奔逸，舟楫遇風輒溺，決處既不可塞，乃議從湖心淺處築西堤以捍。其外仍于河之南北截壩二道，暫令船隻越湖而行。堤壩成則八淺正決，瀦水不流，以故捧土而塞。是築西堤者，乃所以塞東決也。但東決雖塞，西堤終不可棄，必須歲加修築，仍密種橛柳、茭葦之類，使其能當浪濤，則東堤不守自固矣。

一、嚴閘禁。河口諸閘之設，先臣平江伯殊有深意，蓋節宣有度，則外河之水不得突入，運河之水不得盈漕。非惟清江、板閘一帶堤岸易守，而寶應諸湖亦緩，此一派急流矣。但啟閉之法，非嚴不可。如啟通濟閘，則福、清二閘必不可啟。啟清江閘，則福、通二閘必不可啟。啟福興閘，則清、通二閘必不可啟。河水常平，船行自易。單日放進，雙日放出。滿漕方放，放後即閉。時將入伏，即于通濟閘外填築軟壩，秋杪方啟，悉照先年舊規與近日題准事例行之，其于河道關係不小也。

一、歲守淮城北岸遥堤。查得柳浦灣至戴百户營遥堤，共八千一百五十六丈，乃淮安城北外捍。如有汕刷，隨宜修補，倘遇大有損動，即于堤内有産之家量起夫役，相幇修築。伏秋之時，選撥省祭、陰醫等官，畫地分守。仍須預備樁、草繩、葦之類，各安置要害處，以待不時之需。每歲冬春之交，即預行申飭山陽掌印官可也。

一、防清口淤塞。清口乃黄、淮交會之所，運道必經之處，稍有淺阻，便非利涉。但欲其通利，須令全淮之水，盡由此出，則力能敵黄，不爲沙墊。偶遇黄水先發，淮水尚微，河沙逆上，不免淺阻。然黄退淮行，深復如故，不爲害也。往歲高堰潰決，淮從東行，黄亦随之，而東清口遂爲平陸。今高堰築，猶慮王家口等處，淮水過盛，從此決出，則清口之力微，故築堤以防其決。工若甚緩，而關係甚大，已經題奉明旨，專責清河掌印官，差的當員役看守，如遇塌損，即便修築。更有一事可虞，河南、鳳、泗商販船隻，最利由此直達，每爲盗決，須嚴防之。

一、移建管河官衙舍以重責成。夫淮南之通濟閘至黄浦一帶河道及高家堰、柳浦灣二堤，已經題准，專責淮安府清軍同知管理。若本官仍駐淮城，則遼遠難于照應。查得通濟以上新莊鎮，地方空濶，且堤堰閘座附近，相應建設管河同知衙舍，既可以監率官夫修守堤堰，又便于約束軍民，催護粮船。其山陽管河主簿，即應移駐黄浦鎮。揚州河道，惟高、寶二湖堤岸最宜防守。管河通判衙舍應建于邵伯鎮，寶應管河主簿則當移駐瓦店，高郵州管河判官則當移駐界首，江都管河主簿則當移駐腰舖，儀真管河主簿則當移駐響水閘。各行州縣，將各官原署拆赴河濱，仍查境内圮、廢寺觀及應拆書院，酌量移湊。其夫匠工食，量于河工銀内動支，不許擾派小民，使諸官得不時巡視，修守不許營求别差，庶衙舍不爲虚設，而官夫皆得應用矣。

一、議責成州縣正官。責專親民，故民易驅而事易集。柰何相沿之弊，視河患如秦越，視管河官爲贅疣，即以分司部属臨之蔑如也。其間部臣稍欲盡職，則有司群然詈爲生事，妨工僨事，實由于此。今如仍前□□，派辦失宜，以致夫役逃散，該司道官即時条呈，以憑奏治，庶事權歸一人，無推避而大工易舉矣。

一、議激勸。各工委官，除府佐縣正外，其州縣佐貳府衛首領，及雜職陰醫義民等官，或管領人夫，或措辦樁埽，衆務紛紜，如臂使指。其出入泥淖，櫛風沐雨，艱辛畢萃，殊可矜憫。有功而薄其賞，誤事獨重其罰，此人心之所以懈弛，而事功之所以隳墮也。工完之後，容臣等逐一精覈，如有實心任事，破格超擢。間有劣陞，王官准與改擢，其陰醫等官原有部劄冠帶者，厚加獎犒，義民則給官帶榮身與陰醫一體免其本等差徭，庶人心争奮而百事易集矣。

一、及時給散以杜侵剋。河工全賴人夫，夫役全資工食。河道錢、粮俱貯府庫，管河官不得自由。必至河岸衝決，方議調人夫，請支錢粮，已無及矣。須于春時，該道行管河同知、通判等官，赴府領銀，分發沿河州縣，專聽不時之需。遇有河患，一面募夫，一面申請，事完稽查，庶河夫、工、食，俱聽該府管河官督同各縣掌印官，眼同包封，唱名給散，再不許令各縣部夫官總領，致滋奸弊。如府管河官偶在别縣督工，一時不暇者，聽各縣掌印管河官竟自給散，如是庶扣減之弊除，而夫役之逃免矣。

一、議修埽壩以防危急。淮安自西門皇華亭抵清江浦，約三十餘里，内外二河僅間一堤。至于王公堤一段，最爲喫緊。先年兩河之濱相去里許，居民比密，後因黄、淮逼流偏向南徙，衝刷日甚，民居蕩柝，僅隔丈餘，雖有石堤，止存浮面，濁流掃根，利如矛戟，以如綫之堤而當排山之勢，必無幸也。萬一蟻穴潰防，泥丸難塞，則清江一帶蕩爲巨浸，不但無淮城，且無運道矣。每年樁埽費亦不貲，但因新于舊，續卑爲高，基址不實，隨填隨陷。合于本堤，海神廟起至孫瞻門首止，計長二百九十丈，出水三丈，捲丁頭埽五層，計埽二千五百箇。鴈翅之内，實以土、石、捲埽之外，密釘樁木。每堤二十丈，作順水壩一座，共計一十四座，逼水北流，以刷對岸之沙，庶堤可保，而運道有賴矣。

一、築寶應西堤以束漕流。夫固堤即所以導河，導河即所以利運。從來治河試有明驗，彰彰矣，何也？水之爲性，專則急，分則緩，而河之爲勢，急則通緩則淤，理固然也。寶應湖口三官殿米市、竹巷口一帶，無歲不淤，亦無歲不濬，邑恒患之。究其故則以未築西堤，水多肆溢，河流不束，赴下力微耳。合照山陽培築西堤一道，自黄浦南壩口至弘濟河北閘，計二十里，加築土堤，而該縣淤淺之患可去矣。

一、濬裡河之身以利漕艘。從來議治河者，不過曰築、曰濬而已。然而治黄河與閘河異，盖黄河濁流隨挑隨合，人力難施，閘河則愈挑愈深，功效立見。先臣平江伯創立裡河規制，每歲挑淤，法至善也，因循至今。惟知築堤，不知濬河，即歲時調度，夫役無多，遂至黄流漫緩灌淤，河腹日飽，兩堤夾水形如環堵，一遇衝擊，下無實土，將潰裂四出，而不可支矣。合無由淮安至儀真内河一帶，俟其重運過畢至六月間，清口大壩築完，乘此水涸，即當查復淺船，密布浅夫，多備器具，濬淺已深河，則水由地中而堤根皆係實土，斯可以杜決而防潰矣。

一、設山陽長夫以便河工。先年，總河部院題設民船，由閘税銀以濟河工。後知府邵元哲呈請民船仍舊車盤，俾小民藉有生計。乃于牙行埠頭，每年雇夫一千八百名，此山陽行夫之所由設也。但售雇者，非老弱不堪，即遊食無賴，朝點暮逃，全無實用。及至勾攝，輒以往返數日，廢時誤工，莫此爲甚。議將行夫二名合一，做工一年，每名日給工食二分，計該銀七兩二錢，責令牙行納銀在縣，選其年力精壯者，籍名在官。該實在人夫，計九百名，如王公堤險要處所，即註夫五百名，西橋禮壩各一百名，范家口二百名，刊刻木榜，註爲定規。責令各夫專聽河上應役，各衙門別項工作不得私役一名，違者聽總督部院叅究，庶夫有定額，而牙行無賠累之擾，派有常所，而河工獲實濟之用矣。

一、嚴啟閉以杜淤淺。查得先臣平江伯疏濬清江浦、裡河，慮黄河灌入泥沙易淤，設三閘以慎啟閉，鎖鑰掌于督臣，啟閉属之分司，運畢即行封鎖。一應官民并回空船隻，悉令車壩，法至善也。時久人玩，禁令廢弛。潘公季馴查復舊規，已奉聖旨：『這築壩、盤壩事宜俱依擬。有勢豪人等阻撓的，即便拏了問罪完日，於該地方枷號三箇月發落，干礙職官參奏處治。欽此。』一時人心肅然，啟閉以時，漕渠便之。及數年以來，閘規復廢。黄流內灌，河道墊淤，大有可虞矣。合無查照舊規，嚴行申飭。如山陽、通濟等閘，三月初運畢，即行封鎖。惟遇鮮貢船隻，啟一閉二，官民船隻照舊車盤。其在瓜洲二閘，俟蘇、浙運畢即行封鎖，庶不失先年建閘肅規之意，而於運道大有裨矣。

一、催粮運以謹河防。查得通濟等閘，止許漕艘鮮貢經行，啟一閉二，至六月初旬始行築壩，此舊例也。夫築壩者，政恐黄水內灌，運道淤阻耳。然節氣之早晚不齊，黄河之驟發靡定，今各省漕粮俱二月終盡數過淮，及鮮貢等物各以時至，猶可言也。獨白粮船聽其自便，遲速不齊。至有六月中旬尚逶迤不前者，管河官謂此內府錢粮，必使盡出而後築壩，則黄流業已內灌，每歲挑濬所費不貲，十一年之覆轍可鑒也。請勅漕運總督衙門，比照漕粮事例，填注限单，嚴加賞罰，務使四月中旬盡數出閘，隨發隨築，毋拘六月初旬舊例，庶免衝淤之患而省挑濬之費矣。

一、定賢否以便責成。夫吏部給文憑填注，專管河道，不許營求別委，法甚善也。乃賢否則各衙門主之，而部司不與焉。合無查照清江造船廠官事例，凡係管河官專屬河道，部司年終考覈，分別賢否，徑呈督撫咨部施行，不許別謀。差委及查濱河處所，俱有各官公署，仍量行修理，常川駐劄，毋使混居府城，以妨職業，庶賢否定而人心趨，責成專而分理便矣。

一、議近轉以勵人心。語云：耕當問奴，織當問婢。故任河務者，非得忠勤任事之人，久任而責成之不可也。第州縣佐貳官卑祿薄，數年不調，其志易隳，欲勵人心，莫若近轉。倘主簿缺則推大使，判官缺則推主簿，縣令缺則推判官，否則加銜，以竢遇缺推補。其同知、通判等官亦照此行，但宜慎重考核，果有顯績，方得推舉，則雖陞遷，不出淮揚四府。異日舉大役興大工，令此素習者爲之，蔑不濟矣！夫既叨顯榮，而又知苟且之無所逃罪，有不視河事如家事者乎？

一、議錢粮以濟河工。淮揚歲額銀不過三萬兩，而歲修銀至有六七萬者。如淮城之石工，高、寶之支河，以錢粮不繼，工遂難完。如樁、草、磚、灰、湖塘、地租、船稅、香銀等項，專備河道支用者也。近因人心玩愒，輒行借支別用，因而積猾人等通同侵分，及至查覈，則以災傷告蠲矣。合無逐一清查，每年額銀若干，歲用實該若干，有無足用，作何設處，凡額設河道、錢粮、某年、某項，原係若干，徵完若干，收頭某人，拖欠若干，曾否蠲免，明立文簿，每季終着落經手吏書，赴管河分司查比，勒限徵完貯庫，專聽河道支用，不許别項借支，庶錢粮有歸着而河工有濟矣！

一、稽工料以資實用。夫運河延袤千有餘里，歲用椿、草等料，所費不貲，而積猾商販，通同官老書識人等，賤開貴價，虛出實收，弊孔百端。及工完查盤，則料已入水，無從究詰。若夫役逃曠，工食虛冒，糜費甚多，盖緣任不得人，委肉于虎。合于柳浦灣鎮另建料廠一所。每年春初，動支歲修銀兩，買辦椿、草等物，務選廉幹職官管理。凡遇歲修工程，委府佐官親赴工所查驗明白，方許支給。如有工料不實，未久潰壞者，查追料價，職官一體糸處，則稽覈嚴而虛冒革矣。

卷之八

條議

朱司空疏云：水土之事，原有專門。虛浮之奸，鳌于習者，予亦謂，此中學問至廣大，至精微，非箇中人不能觧隻字，亦不能通隻字也。前喆談河務，條分縷析，如燭照數計，而龜卜者標不敏，亦以糸末議言，不期詳略，期于濟用耳。

河工條議原詳　太常　朱國盛

爲酌議河工修舉事宜，以祛積獘，以裨實政事。竊照淮揚爲南北要區，南由長江從瓜、儀入，北抵清口裡外河殆六百里。而清口爲黄、淮交會之處，二瀆湍悍，至是東而合以入於海，此何異馴天驕使爲我用？惟我意指之所向而不爲梗，其屡治屡決，屡淤舊矣。職受事以來，凛凛飲冰，毋敢昕久。暇而討求之問者，南歷江干，北遡黄流，往來幾匝月，縱觀浩渺，徒有望洋之嘆，而虞清口之淤淀，則盈縮相怪以爲神，而神不我據也。問嘗愽採圖册，坐卧思維，追昔人疏瀹之初意，究後來廢弛之何從。於是隨地設法，逢人輒問，而乃嘆水之爲大利大害也。又知其『三難』『三易』，而求易之卒不易也。何謂大利大害？如高堰一隄，橫截淮水，砥柱屹然，上以固祖陵萬葉之王氣，下以拯淮揚千里之田廬，此所謂大利也。然而歲月剥蝕，修守失宜，滔滔莫挽，則害大矣。又如黄、淮合流，清口當其衝，我國家藉以保陵達運。二瀆效靈，於今爲烈，此所謂大利也。然而萬里淼漫，伏秋水發，勢同奔馬，且淮不敵黄，濁沙灌入，內河淤墊。兩者不治，溢患、陸沉，淺礙舟楫，則害大矣。又如鳳、泗而西，岡阜相屬，聚七十二澗之支流，滙爲三十六湖之鉅浸。西高東下，勢所必趨。范光、射陽，邵伯諸湖，積水綿連，一望二三百里。瀦之可以養稼穡，引之可以濟轉輸，此所謂大利也。然而修築守防之不講，閘壩啟閉之不時，水行地上，田入湖心，則害大矣。至於堵塞，於水發之時，賁育覩之失色，水涸根見，事半功倍，此以得時、失時分難易者也。挽□於□救之日，每事見其張皇夙搆，防微有備無患，此以□□□分難易者也。撫卹勤勞，鼓舞衆力，全在經理之官。稍不得人，偷惰罔功，此以有官、無官分難易者也。此『三難』『三易』之説也。人情因循已久，下之奸僞日叢，上之掣肘日甚，侵冒以爲固常，清理以爲怨謗，河官以爲職掌，有司以爲贅疣，此急而彼故緩，我呼而人不應，此易而終歸不易者也，顧念職守所關，自不得不審擇於難易之間，而力圖其不易。兹不揣臚列淮、揚兩郡切要事宜，理合呈請等因，并將條議各款，詳蒙總河部院陳公道亨批。淮、揚河政，廢弛已久，年來積奸獘竇叢生，據詳條議修舉河工諸欵，實與陵運民生，利害相關。酌時預備，經理得人，權其難易而輕重布之，務盡剔夙蠹以圖維新，河道其永賴乎。仰淮徐道，會同揚州道，覆議詳報。該淮徐道，查得條議各款，係屬淮海道，本管河道相應關會等因到道。該淮海道条政宋統，殷看得，河道有通塞，而運事因之本道。雖以新設，而有河道之責，分司之事即本道事也。頃常於此中河道扼腕者，久之亦擬謬攄一時，以佐萬全，而不謂分司先發其覆也。詳下徐道會同揚道覆議。緣事屬本道轄內，今據徐道，□□前來，並揚道，酌議回覆到道，因逐欵条詳，大都憂深□□遠，識明而見定，以覈獘則洞如觀火，以肇利則熱比菩提。如一事必有一事之指歸，既已顯明而可按一事，必有一事之方略，又非迂遠。而不情意見不妨互条，苟足以佐公家之急，何必求同？事勢原有定形，既有以盡情理之變，何必立異？本道所以竊附分司之後，而深幸其議之可行，不必再爲標榜者也。又該揚州道条政郭士望，看得條議內，除事屬淮、泗者不贅外，惟是揚郡南自瓜、儀，北抵高、寶，舉欵內興革與目擊利病，試覆而按之。照得水者，天下之大利而大害也。治洪河者防其決，治渠河者謹其洩。惟此汪汪一泓，軍國數百萬粮儲實賴飛輓，而萬貨之轉輸亦由之兩涯，護防如匹練之有幅，百道分瀉若漏，卮之可虞。當其澇則泛濫是慮，當其旱則涓滴可惜。昔人所謂：『興一利毋寧除一弊。弊去而利自生，利收而害自遠者是也。』嘗試論塞流者務清其源，議中不有河官任宜專且久者乎？否則水勢之險夷不諳，堤岸之堅隳不通，工作之巧拙不悉，誰能權輕重緩急而布其宜也？又不有所謂淺夫廩□□嚴者乎？否則或豪俠包占，淺夫祇供紙上之虛名。或多寡影射工食，半填猾胥之虎橐，安得胼手胝足而盡力於水濵也？又不有所謂險隄根本宜培護者乎？否則斬一簣於垂成，敗九仞於一旦，瓶罄罍恥，那堪此浪費耶！又不有所謂芒稻河滚壩宜建者乎？否則漲漫虞衝決之患，淺澁愁轉運之艱，況驚波又可懼也。是皆源之弊也。獨扼其要，載修載舉，何患流之不清哉？然本既固矣，標亦所當治焉。若議封貯物料修廠者，是即一木、一石，似於河工之需無幾，而帑金之費宜省取之，盡錙銖而用之，可泥沙乎？所謂修復淺舖而訓計之者，是寓畜衆於容民，而藏犀渠於畚鍤，豈獨漕堤資防守之備，而粮艘省護衛之煩，民載亦息萑苻之警矣！所謂修造淺船者，是有船則朝夕疏濬者易爲功，得豫備於事先。至若撥占民船者，難爲力且誤運於臨期矣！所謂算土工以行賞罰者，是賞當則怠者激勸於有功，罰不濫，而勞者益奮於不逮矣！標治則本益固，鉅細弗遺，而去疾莫若盡者，亶其然乎？即數欵已悉，楊属之利病非躬勞其境，嘔心厥任，安能洞若觀火，談如抵掌，鑿鑿保障，云爾哉？允矣，水部之宏議，河道之碩畫。其造福我國運民生，豈渺小哉？修舉方恨其晚，謹粗陳其略，敢布執事等因，具揭到道，隨該淮海道具由會詳，除呈河、漕二部。□并按鹽漕院外，隨蒙總河部院房公批云：據該道覆詳諸欵及揚州道覆議揭帖其於委官辦料、夫役、錢粮、修築挑濬，剔蠹釐奸，計畫甚周，纖悉俱備，有裨河道，良非淺鮮，悉如詳行。語云：爲治不在多言，顧力行何如耳。本部院期與該司道，矢心殫力圖之，仍刊刻書册，頒布諸属，永久遵行繳。又蒙漕撫軍門都御史呂公批云：據覆各欵，專責成，覈工料，清冒占，嚴濬築，督夫訓武，修岸障田，諸凡興革，井然有條，釐奸剔蠹之金針，濟運護陵之石畫也。非胸有全河，安能利弊析秋毫若此？仰道移會該司，着實舉行務收成效，仍候總河部院詳行繳。又蒙巡漕御史姚公批云：據議專官修濬河隄，稽覈夫工、廠、料，諸款洞悉時宜，河道維新，式嘉賴之，俱如議，着實行繳。又蒙巡按御史崔公批云：據議剔夙蠹釐積奸諸款，洞悉河務之淵源，誠與陵運民生均有永賴。候各院詳行繳。蒙此俱經移會到司，除遵行外，所有詳允各款，合行開列施行。

一、嚴專官以重職守。夫防河道如防驕虜，選河官如選邊□。一不得人，則二陵風氣、一方生靈、百萬漕餉受害非小，宜咨吏部，慎重其選。如老腐昏迷之劉體□、吴可先，及奸狡攫金之黄基、李學懋、鄒仕梁，皆大妨河務，前車不遠。至於郡邑。有差宜照《河防一覽》題准，及遵明旨，屢禁河官，不許別差，聽其營謀妄委。如有遷轉丁憂事故，結勘明白，方許離任。一面預詳司道，選委廉能帶管。盖防守事宜極瑣極暗，即專官練識二三月未能悉知，不宜輕委代庖，視爲傳舍也。其中有異能者，加銜久任，如主簿加州判，州判加通判，使其駕輕就熟，所利河道甚大。若山陽外河高堰堤，長百里已設有大使管理。柳浦灣堤，一百三十里，乃徒委之省義等官，侵料悮事，連年衝決，倚爲利藪，桑田或爲巨浸。宜以馬邏，就近六十餘里，委之馬邏巡檢。柳浦灣就近五十餘里，委板閘大使專管，以清江閘大使，兼管板閘。遇有決口歲修，如鄰田農隙，照田起夫，麥秋農忙，仍於額夫調用，即擇有田殷實者，同鄉約予以物料，董以夫役。彼各自爲其田廬，無不竭蹷趨事。惟是府縣、工房、河廳、河衙、吏書，各無責成，未免滋弊。委省義則於省義索錢，委殷實則。以殷實魚肉。全在縣官嚴禁，又須各定分管工程，承行開報司道。工吏新条役滿，經手錢粮亦要交代明白，轉報方許起送。已經會行淮、揚二道，通詳各院允行，庶河官專理得人，河防責成無悮，吏書稽核有法，而河政亦可振舉矣。

一、嚴辦料以杜侵費。夫河工無料，猶徒手而搏虎，買料虛冒猶畫餅以充饑。苟爲無蓄，罔不臨時束手，是買料爲河工第一義也。若長吏不暇料理，委官必至侵漁，委之商人必至包攬悮事。先臣總河潘公，疏責長令以一事權，深中肯綮。今議必責之印官親買，若運船稍帶木植甚多，買之甚易。如或遠買，不如召殷實商人，向在地方開行者，取其鄉保、房主、地鄰，限期結狀。至於領銀，該州縣先行觧司，驗足封識，禁絶各衙門使用。方喚木商，當堂交給。若採買木到，大者入行，中者供料，商人得利，河工得用，全在印官以撫字爲催辦，以綜核爲節省，與親買同。其柴、繩、麻等項，印官須擇各販行殷實者，亦取鄉保、地鄰、結狀，方始給銀。惟要印官精察，盡除書皂需索諸弊。其買到木植等料，一齊到廠，速報本司，親往查驗，秤量如式，面給各工。亦取鄉保、居民同收領狀。如物料大小、輕重、價值，刊有成書，今昔微異，亦從印官量爲裒益，詳行給發。再查買木一事。先年河工用樁，皆二三尺圍圓，尚有板木廂護。邇來議料省便，如河陡崖二三丈者，所估不逾一尺七八寸，委官復有使費，買到一尺一二寸之木，安能砥柱狂流？豈若稍益其價，買用大樁，密排深釘之可久也？總之最得力者，在預備有料，免於臨渴掘井，仍應酌量歲修之費，預期發銀，責成有司辦料，以備緩急之用。若候估計，迨至駁減，詳請允行，已逼水發之期，方領銀辦料，往返躭延，值有潰決，噬臍無及矣！此預行買辦，尤爲河務喫緊者耳！已經會詳各院允行。

一、嚴核在庫錢粮，以杜那移之弊。夫錢粮之弊，莫甚於那移。況河工錢粮，功令最嚴，干係尤急，謂水至不測，難以停待故也。向經題准在卷，嗣後屢奉憲禁。有司通不遵行，工庫吏書沿習故智，那甲爲乙，甚至侵費，久且悉歸烏有。及河工告急，輙又展轉支吾。迨至行提，雇倩代杖。官有遷代，吏利朋侵，錢粮終無清楚。合請憲檄，移會漕院，每歲過運之日，即委本處推官查盤追究招詳。其庫貯河銀，合當嚴行申飭，不論府州縣庫，悉另貯一匣，從司道僉封詳報，必待河工有急乃用，即他項至急，不得輕行那借，聽司道不時稽查，違者官条吏究，永遠遵守。已經會詳允行，庶河銀永絶侵那之弊，河用亦可得濟燃眉之急矣！

一、嚴查冒破以清侵漁之弊。夫理棼絲者必求其緒，而清濁流者必澄其源。一應在廠物料，有名無實，源頭不清。委官沾染，粉飾捏報，末流終難挽回。如本司親查閘座、繩、板、舖蓬、舊址，及裡河樁板，各石工有無倒卸，眼目所易見者，尚多虚縻。若夫各廠、各料，舊存者化爲烏有，新置者徒具料數。既下樁埽，難問之水濵。冬春歲工，難保之秋夏。及巡歷蘇家嘴、范口一帶，所云木幾千者，影響全無。委官祇爲攫金之人，侵費乃爲故常之事，深可浩嘆！今後印官買備物料，必親查明交廠，毋得徇情容隱。如有動支，須報本司同河廳查發。河廳即親至各廠，查明是否昨所交料，如木樁必長若干，蘆柴、紅草、繩索，必重若干，唤鄉約、居民監收下工，亦取結狀驗訖，即報司道，河廳隨時親督。又令州縣河官往來稽查，每親往一次，仍報司道，不時勘閲，以行賞罰。如交廠工料差池，即將經手員役重處，究贓書皂同究。如做工未久旋壞者，定將委官重處，追賠重治以罪。至於莊夫給米，米未到工，衙役先已折去。及到委官，又從中包折，故夫無實惠，工難速成。今後決口，估定米數，選本鄉殷實老成之人，同鄉約領去，召夫興築，取結呈報河廳印官嚴查其實，申報司道，必信其法，河事其可濟也。已經會詳批允庶廠弊可杜，而包折之弊永可祛矣！

一、議内外河料修官廠，以便封貯夫料。無廠貯與無料同，廠不修建與無廠同。今既清物料矣，而山陽内外河廠，本司親視，俱無藩垣之限。木料亂堆，繩蔴腐朽，任人盜換，莫可稽查。帑上空文，十無五六。今查新河邊，原有衙舍可修葺，以貯裡河之料。清江浦有廠可盖房，以貯外河之料。甘羅城有同知衙門空地可建屋，以貯近隄及高堰武墩之料。俱該管河同知，時常親驗、親封、親給，造報司道查核，不宜落於衙官吏書之手，任其乾没。若册載所存舊料，嘉靖年來毫無影響，仍載在册，登報一番，抹去則格於舊套沿襲故事，近於欺罔。合行河廳官從實開報，司道覆查，應爲消除者也。然一料、一物皆屬河鏹，以後廠料，宜著爲令，凡舊年所剩之料，即與本年新料照數抵用。若用之不盡，新者又留爲次年之用。一轉移間，料皆常新，可備河之急需。已經會詳批允，庶有備無患，而物料可免夫朽腐浥爛之虞矣。

一、議清復淺夫，補造淺舖夫。以淺名，爲淺設也；舖以淺名，爲臨河住夫設也。今各淺夫，如山陽縣一百二十名，清河縣三十五名，江都縣一百七十二名；儀真縣五十七名，高郵州二百名，寶應縣一百八十八名，因循日久，火老、衙門、人役，各有包占，有名無實。每遇上官查點，霎時雇募，應名撈淺防隄者十無一二，其中獘竇不可究詰。該本司對簿，逐淺查閱，每淺不過五六人耳。故不避怨勞，凡包占侵銀，宜追曠一年；而今止量追私頂應名者，併筭扣追，轉詳重造名册，細開面身、疤、痣，父、子、居址，選殷實一人專管隄石、樁板，一人專管種柳、防守，偷伐柳樹，補栽茭葦，責成獨專，不令推卸。而猶慮夫影射者之，易於聚散也。每淺設教師一名，訓以武藝，寓兵於夫。本司不時調閱，加以賞罰。實查夫於兵，夫可虛應兵難驟習，從此夫可清矣。但舖屋久坍，何以責其日夕在隄？今議將缺夫工食銀，每間給發七八錢，造盖小房，每夫給屋一間，使之携帶妻子居住隄上，給以小船、鉄搭、鏟□，常川撐駕撈淺。有屋住夫，有夫執役，庶可稽查。盖管河官『四防』『二守』之責，夫不離隄，載在功令。邇且泄泄，然略不介意，補夫之時，衙官利取例金，將城市遊棍或豪覇，餘丁遠占名缺，皆非近堤土著之民。歲修樁埽，漫無責守，舖舍不修，誰肯露宿巡警，以致工料旋修旋壞，附近居民，往來船隻互相竊取，此在內河，宜亟申飭。而山陽外河長一百三十里，今議蘇家嘴、馬邏等險要之處，造房撥夫，永住防守，不得別差。其餘每工長者設三舖，次者二舖，其餘一舖。惟取土坯、故樁、餘剩柴草，即可搆一間，或以曠工銀給造，令做工之日，衆夫得爲棲址，完工掣夫之日，多者十名，少者五名。日則運土幇隄，夜則分布各舖支更巡邏。仍每舖置鑼梆、鎗棒一處，有賊首尾恊擒，不特防樁埽，實亦防鄰封盗決不測之患也。至於附近新栽柳樹，併責以澆灌防守，必使夫有責成而隄可保固。已經會詳允行，庶夫近隄住，呼吸相應，而守料、栽柳、武備均有賴矣。

一、議實給夫食以除朘剥。夫築隄濬淺，勢必資於夫役，而夫食不繼，焉能枵腹施工？況積棍任肆包攬，弱肉强食，多所虧剋，而使貧夫嗷嗷從事，何以責其實効耶？淮揚淺閘等夫不下二千五百餘名，合通行所屬，按季具領，掛號驗□，轉發印官，唱名給散，於法甚善。邇年法久獘生，奸欺種種。在淮屬則有地棍、總頭、包夫，放債重索利銀，在揚屬則有房庫、奸胥，私買票領，半虧額數。又有夫老工書，通同作獘，包占均分。所在人夫，或圖其預借，甘聽扣除；或畏其威權，任從剥削。所以夫日貧而力日懈，河工調用屢催不前，侵帑誤工，殊可痛恨！除已嚴行兩府河官轉行所屬，令其照例掛領驗給外，今議各夫工食，鮮驗之後，如印官事冗不暇，聽司道揀委廉官當堂唱散，仍出示嚴禁前項積獘，永杜侵漁。如有書吏私扣者，許諸人首告，從重究處，俾夫得沾實惠，已經會詳允行，庶河蠹可除，貧夫有濟矣。

一、議復各舖淺船，以備修濬，以寬民力。夫河身淤墊日高，今日急務，患在無船撈濬。查得舊略所載各淺船：山陽三十隻，清河四隻，高郵七十三隻，寶應一百一十九隻，江都二十二隻，儀真六隻。原爲修濬興築而設，取之官不擾之民，意甚善也。日久事弛，均屬烏有。故一遇興作，勢必派撥民間。在淮屬，出自埠牙，俱被積棍包攬，替雇，通同管工官老，任其影射，十無一二到工。及有稽查，却雇倩附近小船，應點，點畢即去，仍復無船。又有假借各衙門優免，抗不赴工者。若揚屬則出自里遞舖，分工房吏書沿習奸獘，每每用少派多，差貧賣富。及至分發各工，管工官復利其錙銖，不無包折。又有市棍，假借請託，用强阻撓。是不但爲河工之病，而反滋地方之擾矣。以故決處不得速堵，淺淤不得濬深，爲無船耳。近本司移文鹽院淮、揚二道，轉行所屬，將捉獲鹽盗犯船改作淺船，隨獲隨改，務期足額。如不足額，設法補造，以備工用。議於山陽縣造三十隻，清河四隻，高、寶各造二十五隻，江都縣十隻，儀真六隻。其船定式，長則一丈五尺，濶則四尺，頭方尾平，必須如式堅固，計用工料、什物，每隻大約不出六兩，就支河道或曠工銀兩置造。若鹽盗等船，原估價值，少則幾錢，多不過兩，較爲極省。但初獲之時，捕快即以敝舟相易，有完好者，即私下領去。若用之河工，書阜利其速朽，可以别差民船。今後修好，印官選殷實淺夫管之，予以年限。其原值修費，俱就河道銀內扣補。如各屬興工船不足用，不妨鄰邑通融調用。設若彼此工作同興，用船實多，則又相時呈詳司道，不得已而取之里遞埠牙，務須痛革前弊，以毋重累吾民。已經會詳允行，似船有實用，而民無科派之擾矣。

一、議造給撈淺、築堤各器。語曰：工欲善其事，必先利其器。向來撈淺苦於無船，今議有船，又苦於無器，徒手難施，往往十人不得一人之用。近議各夫撈淺，利用杏葉鉄扒，濶齒鉄搭，久爲不撈而廢。今給銀給式打造，分發各夫。至挖掘乾土用鉄搭，殊勝用鍬。若築隄須備小錘、大夯，先重後輕，令土堅實。至堤兩旁必用粗木，長錘密密打實，方不稀鬆。以上各器，誠隄工之不可缺者。已經會詳允行，庶器具有備，而濬淺築堤兩有裨矣。

一、議計方積土筭工法以行賞罰。夫各夫動以無船、無器爲觧，縱十百成群，工程實無尺寸。役夫虛捱時日，官府浪擲銀錢，良可痛恨。此無他皆緣稽查無法，勤惰不分，賞罰不明故也。今議筭工之法，一以先任尚書潘量土之法爲準。查得《河防一覽》載修守事宜云：凡創開河者，每方廣一丈，每夫日開深一尺爲一工；挑濬河水相半者，減十分之五；全係水中撈取者，減十之七八；取土登岸而築隄者，亦以半折筭焉。方廣一丈，每日每人開深一尺，是去方一尺之土百區也；泥水相半者，十之五是去方一尺之土五十區也；全係水中撈者，十減七八。今水深四五尺中，撈取更難，只以一分二釐半筭，亦應撈深方丈河底一寸二分半方尺之土一十二區半也。以此爲準，每人每日，大則方丈起例，小則方尺積筭，又以信樁準之，又以土堆計之，巧拙難施，百不爽一。所謂『信樁』者，查《常熟縣水利全書》，内載量水之法，如挑新計方，量土易明，即舊河壩水車乾，現出河底，先將木樁釘入土中，其樁齊土處仍用横木爲限，使無動摇，但看木樁出土一尺，便開深一尺矣，出土二尺便開深二尺矣。若量水之法，與量土相同。其法專倚兩岸信樁爲主，其岸上量丈尺派工者，名曰『工樁』，岸下水際各釘木一根，務令兩岸相平，名曰『信樁』。釘入土中，亦用横木爲限，乃用繩就樁拽平，方用丈竿入水量之。上至樁繩，下至河底，如竿高四尺，中空亦四尺矣。待撈深之後，再用竿測，竿高五尺，是去土一尺也，竿高六尺，是去土二尺也。但河底有水，恐尖插入污泥，將竿頭加板數寸，百無誤也。稽查既有定法，勤者賞以銀錢，惰者加以枷責，則偷惰難容，人皆樂於趨事。已經會詳允行，庶計方給夫，賞罰自定，□工不嚴自舉矣。

一、議栽柳全在責成，以濟工用。夫先事之綢繆，猶□□□之宜預。河工需柳最急，若捲埽無柳枝，譬屋之無柱，便簽樁不牢，而卧柳枝葉亦能護隄。今淮、揚二屬，老柳盡斫，新柳全無，竟若彼其濯濯矣。蓋因澆灌看守無所責成，且無奈行人漫折、盗斫、畜齧，與酷日爲虐耳。在裡河一帶，須選淺夫殷實者，責成栽培實活。每冬月生意含藏之時，取大柳椽七八尺，枝幹浸坑厠中，交立春前十日，空處每丈止栽一株，護以棘刺，壘以泥圍，以時澆灌，其生必茂。須就防河岸脚，使枝葉蓬蔽隄身，根蔓盤護隄脚，再種卧柳，任其横生遮土。淺夫有船，時常沿隄巡視，但露出木樁，便爲擁土淤塞。今栽柳喜植隄面，而岸脚反稀，猶未實收其用也。其在外河，種多不若種少，屬官不若屬民。防護如前法，凡各莊居民應派栽，而遠涉不便者，即於本莊前後左右，押令層栽密布，既免人畜作踐，而澆灌看守又便，不三五年，且森然茂蔭。凡河工取用，令居民自斫，率夫挑用，適可而止，以留滋生。仍嚴禁勿伐，民間舊存者，再於沿河淤灘空地、險工處所種植柳園一區，官爲市買，柳椽令在工人夫培植看管。一隅即植千株，三年可成叢林，不徒省柴草之億萬，更可備緩急於不虞。若倚士宦軍衛抗違不栽者，治無貸。已經會詳允行，若有司誠心舉行，亦河工一大利也。

一、議培護險堤根本以垂永久。夫河堤之決，爲築不堅固如法故也。五行以土爲主，水之爲患，土能遏之，柰河堤工不培本土而專言樁埽、物料。凡堤之卑薄處，倘能於裡身用老土幇培不已，則二三年間，一望平原，高阜何患衝決，又安用樁木、柴草於外口歲歲不已之修乎？即磚石、樁板，堤俱以培護根脚爲要，蓋堤土恃磚石，而磚石恃脚，樁杉木之性，入土數百年，入水亦如之。惟土少樁露，堅者可三四十年，嫩者僅一二十年必爛。須於水落時，將堤脚培土幾尺，不令脚樁見水，木既無壞，磚石可恃久存矣。此護堤長久之要法也。山陽外河，如馬邏鎮、蘇家嘴、安樂鄉等處，皆喫緊當培之地。裡河如洋信港、包家圍、將軍廟等處，俱先經衝決之區。既不能遽然一體遠幫，而度其狹者，培至五六丈，斷不可少。如下樁帮者，亦必填土以實之。若平日行令取土幫培，而夯杵不如法，及下樁虛懸，外水下埽，僅以散柴塗塞者，即挐究重治，以警其餘。至於取土宜遠，堤式宜坡，幫培必在堤裡，下埽必須土多，省料用土，必擇真泥，簽樁必用長壯木，入土稍深。堤之衝灣者，或再造遥堤以爲備。此向來良法，胡可不講也？已經會詳允行，似爲目今徹桑之要務，固堤之良策也。

一、議趣一年銷筭，預辦物料以時興工。夫防河如防虜，虜重秋防水患。時伏苟虜至，而後治兵則必爲虜所乘。河漲而後鳩工，則必爲河所乘。此事理一定而歲修可不預爲之計哉！近來錢粮不趂年銷筭，直待次年清楚。及至銷筭明白，正當興作之期，方始估議本年歲修，查候詳允，領銀給委辦料，窃恐道路往返日月，躭延料物備齊。時伏已至，萬一不測，爲害不小。況有買料經年不至，秋後始去修餙者乎？合嚴行河官，於秋防告竣，即於九月間將本年歲修截筭未完者，併入來年之數即行估報，遵照淮徐道條議預估料物，隨行申明府庫。凡河工錢粮，文到即發，不許該房勒索稽遲。委官務於冬初物價未騰之時，買完充廠，十一月開工，二月竣事。時值水涸，不但易於用工，抑且下樁，下埽皆能着底堅固。工完之後，量撥人夫再加防守，即遇伏秋，有備無患。已經會詳允行，必如是而後估計如期，無臨渴掘井之患。

一、議料完興作刻期報竣以免虛糜。夫河道之變在呼吸，畚鍤之工宜定期。凡事始必細終必巨細。易爲力，巨難爲功。故工有大小預估報期例也。向來在工委官，只患夫之不多，不患料之不至，利於料之不至，而夫可長在工也。每見其小不圖及大不可收拾者，有一月之工延至三五月者，糜費無筭。今後水至潰決之工，必嚴令當時鳩集堵塞，毋使漫延。即云某石工應挖槽、抬石、清基以待料矣，亦須刻定日期，勒要清完，使夫又爲別用。即云土工當預先積土以待捲埽矣，亦須計土之遠近，論人之多寡，每日限以土方，庶無偷惰。倘物料未完，工程緊急，當先做一半以禦水，亦須扣日限完，夫無閑曠。如可緩之工，必須料完動作，庶不遷延。惟在河官實心任事，分委得人，河廳綜覈稽查，無避勞怨，不時揭報司道查處，方爲有濟。已經會詳允行，遵此而後，夫得實用，工得實効耳。

一、議稽查各閘器具以嚴啟閉。夫通漕資於閘座，必啟閉嚴而蓄洩不悞，又必器具備而啟閉有需。淮揚攔河大閘，自清口至瓜、儀凡十九座，皆漕運咽喉第一要害。近來閘規全廢，官夫懈弛，侵漁閘具，任其大開，滔滔南注，以致黄□内灌，河身淤淺，深爲運事之憂。今議通行兩府河官，□□管大小閘座，一應蔴板、繩纜，盡數查出，冊報司道，以便稽查。有官夫者責之官夫，無官夫者責之地方淺老，具領着守，時其啟閉，但有侵欺，即行查究。至於高堰大堤，及淮南沿堤各減水閘洞，原爲上河尾閭之洩，非爲民間灌溉設也。近年士民不察初意，每遇天旱，則苦懇放閘，引水救苗。潦則惟恐開放致妨己業，甚且阻撓河官，賄通夫□，圖便一己，而漕運之梗、堤岸之潰，均所不顧。雖嚴加申飭，然無柰陳乞之紛紛也。今議於前項閘洞之外，置立信石，高若干以爲準。如河水過石，則開閘保堤；如水稍落，則閉閘濟運。有私開私閉者，治之以法，倘亢暘不雨，苗稿民饑，時值重運過盡，河水有餘，暫准開放，以救民艱。當俟臨期斟酌，然亦不可爲例也。已經會行淮、揚二道，僉稱所議妥便，而置立信石一節，尤前人之所未發。通詳允行，俾閘座蓄洩得宜，而漕運亦無壅滯也。

一、議重運起卸私貨以免濡滯。按漕運議单內載，運軍，每船許帶土宜六十石，多者照數入官，不許附搭客商貨物。又《河防一覽》總河潘公題：淮內開，運船入瓜、儀至淮安通濟閘，責之南河郎中盤驗。凡違禁多帶貨物入官，違犯運官指名糸究。邇來法久，人玩任奸，夾帶客貨并及木竹板斤，沿途逗留，每到馬頭，延緩數日，假以挨幇，實爲脱貨。即今江廣等船，多帶竹木，堆積如山，匪獨船重難行，且又排擠滿河，阻壓後運及至過淮違限，駕言河淺稽遲，殊爲陋習可恨，節經嚴行催儹，而官旗藐抗不遵。今議通行兩府河閘等官，每遇重運入境，即嚴催前進，查係某衛、某所、某官、某旗，挨記時日。除照舊揭報各院司道外，每五日一次揚州河廳関會淮安河廳，稽其遲速，俟過淮畢日類報漕院查考，聽其分別糸處外，仍令官旗將所帶木植卸寄河干，留下一人守賣。或聽印官用價平買，專聽河工支用。倘有抗違，貨物入官，運官指名糸究。再照粮運稽遲，槩由夾帶，亦有故壓白糧帮船，索賄千金者，若非痛革申飭，祇爲故事，而回空攬載，尤覺爲害。甚至私鹽充斥聯幇橫行，地方官員莫可誰何，則漕運安得不遲？河道安得順利？相應嚴行稽查，一併從重究處。已經會詳允行，庶積獘可釐，而飛輓自速，於河道亦有裨矣！

一、議黃流灌入清口，裡河濬淺築堤。夫徙薪者，貴在於未燃；濬淺者，莫要於先事。與其沙積而始鬪，孰若勤濬以深河？方今淮不敵黃，黃水挾沙而行，濁流灌入清口，裡河淤淺，勢不能免，法當時常撈濬以通船運，查《河防一覽》三年兩挑，每三月運盡即築壩大挑，所挑之土即用幇闊堤身。而各閘啟一閉二，鎖鑰掌於督院，啟閉屬之分司。今廢弛日久，二十餘年，運船日遲，水汛期早，沙土淀淤，河身墊高。據測水平者言之，水長之日高淮城二尺，特爲堤閘所束，窵遠平望，人情不覺耳。若堤外低田明落水底，咫尺平分，動逾尋丈，此可舉目而知也。如是而遇旱，船運安得不礙？遇潦城市安得不没？辛酉夏月，霪雨浹旬，淮城内浸者三四尺，此亦必然之勢也。惟有撈淺一法，逐節疏通，可爲救時急務。嘗親抵浦口，復遣沿途探測，已得淤淺數處，肇製扒罱分地，派官剋日加工。又該本司立法，先濬新河，令其行運，再將正河築壩斷流，大加挑掘，剋期完工，放水仍歸正河，務使運船通行無滯。自後每歲十月至三月止，河官遵照規則，率夫挨段撈濬，積土幫堤，歲以爲常。有民居者，各照門面，自備紅草，雇夫幫築，河崖使地步寬舒，車馬縴路稱便，庶河身漸深，俾淮城永奠而運可無虞。已經會詳允行，若印河官照此極力遵行，則水由地中，田出水上，民可耕而漕永利矣。

一、議高堰歲修。夫高堰之築，始於漢陳登，以迄我朝平江伯陳瑄。萬曆初年，水漲堤壞，是時淮水南注，淮揚昏墊，泗州亦被渰漫，幾及祖陵矣。迨自崔鎮塞而高堰成，遂使淮黄合流，清口洗刷深廣，二瀆直趨雲梯以入於海，不獨沮洳之地爲稼穡之區，且俾祖陵有合襟之水，蓄千萬年之王氣，關係最巨。以故該堤設有官與夫矣。然歲月滋削，堤石傾圮，不從小小罅隙預爲補葺，迨水發不測，爲禍匪輕，而工費亦不貲矣。今查武家墩迤南石工，舊無丁石、鐵錠、鐵鋦，現有倒卸浪窩，宜急糾工修築，計丈下丁、下鉄，庶保無虞，可圖永久。其在堤存剩物料，務要查追明白，貯廠鑰歸河廳。夫後錢粮，亦要清查有無包占，及雇募應名查出，即行選補扣曠入册。再加申飭堰官，將書皁堤老各分信地防守，秋伏如遇迎溜，即捲築以制其衝。如遇埽灣，即幫培以防其汕；如遇坍塌小隙，即修補以令其堅。併查專管，看柳人役有無種種偷斫，及堤工、木石諸項，按月開報，本司不時親行查勘，已經會詳允行，庶高堤堅固，爲淮揚兩郡之永利，亦護陵、刷河之大端也。

一、王公堤修築防護。按王公堤逼繞大河，辛酉之夏，潰決幾處，民憂其魚，今已興工修砌。然相度水勢，黄流自清河縣而來，會合淮水，直射堤身，特恃堤之一線以當其衝，約二百丈許。竊計清江浦，比屋聯綿，不下萬家。而堤臺民居薄者不過數丈，倘風狂水溢，有尋丈之決，而市舍陸沉，淮城亦沼矣。如此險要，可忘防護？夫水性直射則衝，遇灣則緩。今議王公堤西北一二百丈有灘去處，添下磯嘴埽，使當其鋒，埽下一二十丈之後，定然流緩土淤。即有淺灘又下一埽，若接聯五六埽，漸近漸積，庶因積以成灘，恃灘以當衝，而王堤避其鋭氣矣。清江浦百萬生民，卧可貼席，此工之最喫緊者也。已經會詳允行，永爲清江褆福。

一、查理額夫以祛包占。夫築堤防河、建閘蓄水，設夫備修築、司啟閉，時不可缺者也。今淮、揚河夫向多影冒包占，該本司親歷淺閘查點，僅存十之二三。除行河廳分別去留，選補酌量扣曠，造册報司轉詳外，惟是淮郡□行。夫載在《河防一覽》，舊額九百名，專供河道，後因夫力不齊，前任司道議令該縣徵銀募夫，以期實用。未久奸蠹爲窟，銀復拖欠。雖各牙歲增，河額歲減，以致五季無餉無夫。本司慮河工之稽誤念夫食之久懸，政清查間，據生員、牙行多人以工房隱侵之弊具稟，及閱府送底册。内載牙行一萬三千四十二名，其不在册者，猶倍萬千，乃知正額及占免之外，工房真多弊隱，行廳究查未報。彼時有諸生擁稟求寬優免，隨移書該府酌量調劑，務合情法，裨益河工。近該淮徐道詳定額夫九百名，行委管河府佐設櫃徵銀，移會到司。弔閲夫册，内多私冒公、大作小，彼即此，詭秘多端。除行提作弊吏書會審明白，究贓正罪詳行。茀虞法久弊生，合無仍行兩府河官，在淮募夫之銀，除正額允不許虧缺外，其餘俱歸河工正項，以待不時酌量之用。工房不得通同作奸，再蹈前轍，違則如律重懲。在揚徭夫，如瓜洲閘等處，向以詐害得利，立有項首。行查半載，河官卒未選補，且欲借查革之名，以彰拽運之無人問之，乃元凶盤踞，父子、祖孫如土酋世襲，易姓不易人者。是在河官實心奉行，精選鄉民，力汰凶惡。其缺者扣銀，還之官庫。如遇重運，即調江高之夫補之，方有挽拽之用，而拔奸蠹之根。各閘亦然，堤淺人夫必用真實壯丁正身充當。如選用官兵，事例編立年貌册籍，官習其面，夫習其事，庶無悮工。是皆責成河官查理，即此是其專職，毋厭薄爲安静虚名也。已經會詳允行，若河官遵奉，加意則一人得一人之用，夫弊可清，河道有實効矣。

一、議新河工程。清口至夏不築大壩，伏秋黄沙灌入，即正河挑濬，旋必告淤，則新河之開，先臣爲漕運慮至深遠也。自清口文華寺而南，至楊家廟止，約七十里。内有管家湖、徐家湖二澤貯水，又有兩閘，可以蓄洩。其中淺阻必須時加撈濬深通，庶正河可以間挑，免阻漕之患。即二澤泄水，或東或南，亦可由此而出，兩閘亦當預修，以備不虞者也。已經詳允挑濬訖。

一、議芒稻河建壩濬淺以便疏洩。按：江都境内有金灣三大閘，仰受正河及諸湖之水，入芒稻河洩而入江。其下有閘曰『芒稻閘』，每視旱潦爲啟閉。先時，鹺司慮私販通江，申明閉塞。上年高、寶水溢，印河官爲漕堤、民生計，請開此閘以殺横流。然鄰閘居民不樂於開，致州縣官民各持一見。不知《河防一覽》内，開減水閘僅可洩尋常盈溢之水，至伏秋霪潦，與天長六合諸山之水陡發，共注於湖，止憑瓜、儀二閘宣洩不及。查得揚州原有運鹽官河一道，内由芒稻河直達大江，勢甚通便。即慮及私販，如《一覽》所載，置樹柳，梗其中流，亦無不便，何必築塞動費多金？該本司親勘芒稻一河，果上流之咽喉也。今將金灣閘照各閘置板立石，責夫看守，相時啟閉。其閘下支河，務令附近淺夫及田頭人等撈濬深通，俾其旱而有蓄，澇而不漫。如遇横漲，任其宣洩。若復開閘，恐擾多事。今議於下流堤邊，添置滚水石壩二道，以圖堅久。再置涵洞二處，以備緩急。其壩不得亢之，使高以阻滚洩。須量水平，隨地勢之高下而低昂之，使水由壩上，不頻開閘。

或修建閘座，設人專管。啟閉之責，河官司之。水道自然疏通，漕堤、民生兩有裨益，而私販亦不得潛渡矣！議經會詳允行，但近奉鹽院給銀數千，爲一郡造福，先被委官馮經歷等侵蠹，方行查究。而閘下有田者，又不利開挑深廣，以救上流之淹溺。是在印河官，設誠而致行之也。

一、議高郵中堤。夫中堤，南起城外金門閘，北抵陸漫溝閘，長四十餘里。堤久不修，傾缺頗多。每年夏秋水發之後，恐堤力不支，農田受没。南壩、金門北壩陸漫，騷擾民間不貲。而各船俱由大河，風濤澎湃，屢見颺没，所傷人命歲不下數十百人。此堤之修，勢不容已。今宜酌其緩急，分難易三工，用土幫，用椿板，用石砌，而西岸河堤，并加畚鍤。兩堤横截甓社諸湖，護田千百萬頃，安得不爲亟計也？已經會詳允行，將本司所清包隱夫銀八百兩，呈詳佐築，分爲三年，興舉以垂永利。

一、議堤工兼用磚石。夫水性避堅而就脆，故堤必石可久。但石産於山，近境無山可採，勢必渡江以南。如龍潭巉峨，往返八百餘里，無論運石之價，幾及買石之價。惟是長江裝運，歲月難期，風波不測。如往歲運石十七船，止到二船，餘十五船俱付之飄没中，可惜也。今議砌堤，每堤用盖椿石一層，上用盖面石一層，中用磚砌十餘層。磚石互用，亦可堅久。只須多用煉熟沙灰黏聯緊砌，結成一塊，其固不減於石者。查得高郵磚最堅，有名於二毗。但令窯户多砌窯竈，實給工價，分頭燒造，自可刻日而得用也。就地燒磚，就近搬運，既省登山之採，又免渡江之險，似爲甚便。查舊堤所用城磚長僅一尺五寸，濶約五六寸，厚亦如之。恐磚太厚火力難透，不得堅固。今議磚式，利用其長。長則堤身平濶，可恃不傾。須用真實堅土，細熟做坯，長要一尺六寸，濶約五寸三分，厚止三寸，務要燒造如式，砌時一直一横，彼此騎縫相壓。如横三塊，即可壓一長塊，不得大小參差，更加熟煉沙灰，澆灌使無罅隙，其堅久必與石等。如定磚價以舊堤之磚，與新燒之磚較秤爲準。自有畫一之規。議經會詳批行，凡先年堤工，俱費不貲，用磚較爲倍省，淮揚兩郡利於通行者也。

一、議寶應河堤。夫治河者，莫要於利運長民者，又在於護田。寶應河堤，内護民田，外資行運，誠兩利之道也。久圮不修，殊爲失策。合應分别難易三工，如磚石堤剥蝕傾圮，便當撈補挖砌。不甚衝激者，修繕椿板，其衝激要害者，不得不用磚石，以爲永護。至於河身東西兩岸，利害相倚。今河西堤岸，一望皆倒，不惟風浪蕩漾，行舟不便。而東岸堤工，亦多衝激易潰，故西岸堤工刻期並舉。亦議分難易三工，如係低田淪没處，堤岸雖卑，灘大可倚，但宜築一土堤，可恃無恐。責令管田業主築其半，官夫助其半，仍禁絶騷擾。如缺陷處，或間用椿板工。如湖口汪洋處，非用磚石不能遏其狂瀾也。總在印河官因時制宜調度，責成衙官實心行事，撫馭有方，毋因田以厲民，毋縱下以生擾耳。已經會詳允行，似運道、民生均有利賴，湖堤障險亦足恃也。

一、議築露筋廟缺口。夫廟口，當大河衝激。每遇風濤，粮艘、民船每每損傷，視爲畏途，必用磚石堤三里方可避險。今議外用磚石，内用木板，其堤始成。先運土積令成灘，種茭植柳，培其根基，而後築之。已經會詳允行，今本司查有謝應奎、徐良、徐朝宗并兩總院案下侵占夫銀，樊繼芳、樊世美、姚廷輔等，及瓜洲閘蠹晏聯芳、閔大憲等，各名下贓贖等銀，齊備磚、木、灰、石，委高郵州王判官，江都縣賴主簿，分地刻期砌築完固，粮艘、民船永避湖險。

一、議查復官塘以免侵占，以裨河漕。夫設塘以濟運，前人之立法甚善。而占塘以爲田，豪民之兼併難清，然輸租無幾侵占已多，若影射没塘，尤當亟理。如揚屬原有蓄水官塘、儀真之陳公北山塘、茅家山塘、劉塘，江都之上雷塘、下雷塘、小新塘、句城塘、鴛鴦等塘，高郵州之白馬塘、茅塘、柘塘、裴公塘、麻塘、盤塘，寶應之白水塘、羨塘、黄浦溪等處。自唐宋以及我□或命大臣修築，或議夫役撈濬。盖平時用以蓄水溉田，旱年用以決水濟運。《志》議紀略開載明悉，嗣年久失修，漸成平陸。有司召民，領佃徵租，以助河工，寖失初意矣！柰何愈久愈弛，屡查屡混，軍民豪右，賄買奸胥，不影射以役官租，則侵占以爲己業，日蝕月蠹，漫無可稽。今江都雷塘，該府力欲清復，良爲有見。近高郵生員陳邦化等，清出百户，劉道夥同軍丁，影占柘塘。除行州親詣勘覆外，恐占塘者不獨高郵一處爲然。今議通行管河府佐，督同州縣印官，將境内蓄水官塘逐一清丈，務與志書相孚。侵占者酌量計筭追租。宜令塘基照數還官，仍分高下，高者可以耕種，召人佃租，聽候河工支用；下者照舊存留，蓄水濟運。即有離河窵遠，不關蓄洩，應令民佃者，亦留其基址，立以界石，各註籍在官，但不許書皂需索擾民，庶得愛禮存羊之意，而於河漕亦少裨益。已經會詳允行，但有司狃於習俗，牽於情面，利於些須之租，將歷代池塘尚聽其爲烏有。有漕河之思者，安得不汲汲清釐也。

一、議勸諭民田分築圍岓。夫治河以築堤濬淺爲急，而農田以圍岸，開溝爲先。如江南農田，專務開濬支河，使遇旱可蓄，遇潦可洩。今臨堤一望田落水底，動經尋丈，農家倚仗，止在運堤，萬一疎虞，禾田成沼，此豈長策？今宜倣江南治田之法，田傍通濬支河，或一塍、兩塍，多至三四塍，田不得去河及二百丈。支河所闢之土，用築堤岸，圍土成田，以養稼穡。何至歲祲相仍，展轉溝壑，但圍大者不過三千畝，小者千畝。猝遇潦没，尤易車救其法。須田户出食，佃户出力，彼此不得推諉。縣官但出示曉諭而已，務使一圍之内，計畝均費，通力合作，此係自捍己田，不論士宦優免，不許豪猾規避。有能倡義濬築者，即當獎以力田之科。縣官給示，督率本地里老督工，不得遣人入鄉騷擾，尤見愛民實意，而富庶之風，不難漸致矣。

此當專責成於印官者也。蓋水之爲道，大利大害存焉。若察天之時，則地之宜自無不可轉害爲利。其於淮揚水田，尤切而易舉。已經會詳允行，此議行而官之富民，即以裕國民之力田，即以護堤。若有興作，將見相率子來其利，何可枚舉。

附修防塞決遺議六欵：

一、遵功令以預修防。夫河道歲修，估計原期，於秋深水落之時，買料應完，於冬盡春初之候，乃克有濟。近總河部院朱疏内，申飭功令，問水宜勤之欵内開，當問于十月秋防之後，務于本月中旬，估勘分别三等。十一月初類報覆核興工，通限正月報完，誠今時對症之藥石也。近年有司河官，悠悠泛泛，春深方始估計，秋後方始興工，以致河道廢弛，潰堤阻運，無所不有。而其弊在于上下相蒙，法紀蕩然，即買料一事最爲喫緊。如大使汪玄琯，領銀二百二十餘兩，採買修王公堤石塊，何无悌領銀三百二十餘兩，採買修通濟閘石塊，延經二年，尚未報完，猶宜三尺，弊將何已？今後河廳與州縣印河官，宜遵功令，易轍更弦，蚤爲曲突徙薪之謀；毋貽臨渴掘井之誚，躬親料理，實給銀錢買料，毋委卑官躭延，必加嚴處，無徇私情，無長奸蠹，問水尋源，朝夕匪懈。其于漕運民生，庶有裨乎。

一、驗工程以杜虚冒。夫黄河修防遥縷二堤，内河繕濬，堤岸淤淺，每歲估費不貲。近有積猾河蠹，謀充部夫、委官、總甲、火頭，通同州縣河官，領出夫銀，侵分入已，雇寬短工寥寥數十名在工虚應。其築堤也，不尋真土，夾雜浮沙，又不夯杵，堅實，一遇水漲盈漕，豈能堵禦其濬淺也？或爲假崖而不挑深，或爲鼓腹而寬濶失度，悮河悮運職此之由。今議宜申飭該管河道府佐，嚴督印河官，如歲修河工額夫，募夫俱造面貌、疤痣文册，親自點驗。實在

一、闢清口淤沙以衛陵寢。夫泗州祖陵，爲國家之根本。淮、黄二瀆蟺蜿而來，總於清口合襟，形家所謂『水會天心』，爲億萬年無疆之基，誠重地也。萬曆三年，奉祀朱宗唐請行南京工部主事郭子章，會潁州道勘修陵工，包砌石堤長二百二十六丈。巡按御史邵陛，亦修泗州護城石堤。萬曆十七年，總河潘公又請加堤三尺，添建子堤，陵寢高峙，泗城亦已外固。惟是黄、淮會合，最慮清口沙澱，以致淮水壅阻。如萬曆二十二年，黄强淮弱，清口陡漲，門限淤沙，淮流被遏，反挾阜陵，諸湖與山溪之水暴浸，陵麓殨。雖分黄導淮以爲宣洩，然清口之沙時壅。該本司屢駐清口，嚴督所司常加闢濬深通。每遇夏秋，行泗、盱州縣探報水汛，而本司仍不時恭閲，驗水之大小而爲料理，故南河以衛陵爲首務，而闢沙尤爲要着。清口之沙既闢，則黄淮會而直趨於海。二瀆合抱，風氣攸聚，粮運通行，出口無艱，所裨匪小。查《河防一覽》稱，祖陵較泗州城址高二丈三尺一寸。夏秋水發，須以此測驗水勢焉。司河者先闢清口之淤，又嚴高堰之防，始淮有所歸，而收其全利耳。

人夫委用職官，部領分工僨做，務要真淤老土，夯杵得法，濬河亦要疏瀹深廣，逐段合式，通于水前，運前竣事，即速報司道，照依盛條議内計方筭工、信樁量水之法，丈量如式。若有前弊，責令官夫從新賠做，一律高深。其挑出泥土，遠送離岸三十餘丈，不許堆積河邊，致雨淋填塾，違者一併重治究觧。庶工有實在，黄有遥縷之束，而不致泛濫，河有深通之利，而運無梗阻矣。

一、防盗決以固河堤。夫時伏之際，水必盈漕，若霪雨浹旬，勢必大漲，在在危險，是以《河防一覽》有官守、民守之規。然地方之民，慮恐潦没田廬，漂淌禾黍。又有以鄰國爲壑者，乘防守少踈，即黑夜盗決。如上年河南脾沙堽之盗決，爲患不小，竭費財力，始得堵塞，後雖獲究，已悔噬臍，故防秋之内盗決尤爲喫緊。今後但遇水發之期，除派官夫晝地分守外，仍宜量撥官兵恊守，晝夜巡邏，伏秋事竣，方許撤放。盖洪水旬日即退，恐愚民驚慌僨事。印河官俱宜常川在堤，獎率彈壓。數旬之後，水自可平而無失事之憂矣。

以上三欵，俱防患于未然，修防之要着，毋論黄泇運河皆當如此。

一、勘塞決口以免延刷。夫歲工已修，物料有備。倘届時伏河勢頂衝，或靈雨暴漲，少有浸漫，即速運料搶護，如搶護弗及，必潰決爲患豈小。須印河官急若拯溺救焚，毋頃刻漫視。又須府佐親督印河官，照《河防一覽》裹頭之法，先干兩頭用埽裹護，勿致延刷愈大，轉費收拾。次須相度水勢，或上流築逼水壩，以分其勢，或下流開引水河，以導其流。然後帶領埽手竿篙，備細探量，要見決口見長，濶若干丈。中泓水深若干丈，兩旁水深若干丈。募調人夫若干，每日兩頭進埽幾個，每埽用某料，某料各若干。每馬頭埽一個，用夫若干。自興工下埽起至合龍門止，共該若干日。完工務照日計筭埽工，照工計定期限。印河官親駐決口，分督堵塞。遇有公務，不妨工所兼理。其估計物料，除廠貯外，他如草葦等料，如本地所有掌印官逐日買料若干，即親給銀若干，不得轉委卑官侵漁滋弊。如有違限悞工，印河官均不得辭其咎矣。此決河親勘料理堵塞之法，依而行之，事半功倍，足爲桑榆之晚收也。

一、監驗下埽以責實効。夫塞決，印官已親料理矣。兩頭下埽勗勷者，可無其人乎？故兩頭仍各委職官一員，每日專駐工所，督率埽手、河夫，照依原估埽料，如式捆捲，務要堅實，不許虚鬆，易致衝淌。下水簽樁，亦要硪打深入，埽個必要着庢，埽面泥土夯杵堅固。如捲埽不實，下樁不深，楸頭不牢，用土不厚，故留孔隙透水，漂失埽個，希圖冒破物料者，委官埽手一併究觧。埽手枷責，仍照漂失埽價追賠。委官戒飭，定註劣考，庶工有實在，而決口堵塞易易矣。

一、嚴禁運料需索以恤民困。夫決口埽料本地收買，寔爲省便。至於用費不貲，勢必□之鄰封。如分派各屬之柳枝，邳州之𦺇蔴，清桃之紅草，靈睢之草繩，安東之蘆柴，發銀彼處印官買運，印官派之於里遞，里遞派之于鄉村，收買之價一而鮮費之價十，何也？有裝運船脚之費，有盤剥之費，有陸運車駝之費，即抵工所矣，而收料委官下役，百分□索，賄足則變輕爲重，以少冒多，批收可以早獲。倘不知□，則守候彌月，多方勒掯，竟無一收。弹丸河濵，胡以□□□？必折價收料，員役虚冒作數，方獲批收，小民安得不□、廠料安得實在乎？夫以河決需料，不翅望梅，此則百凡刁索悞工累民，是以歐陽公有失火、放火之喻也。合議收料，永不許委卑官，要印官親理，一以撫字爲心，随到随收，入廠登簿，印紀即發，批收仍嚴禁下役需索，有取分文者，□示究鮮，庶鮮費省而廠料充，河弊其永杜矣。

以上三欵，雖若塞決細事，然實切近時肯綮，故積弊不祛，決流愈大。如上年黄堌、朱旺等處，以數十丈而決至數百丈，糜費金錢數十萬，虚耗物力無筭。語云：涓涓不塞，流成江河。慎之哉！

附《續呈治河條議》

天啟五年，專管漕務、督理糧儲兼巡視河道，山東布政使司左条政兼按察司、僉事朱國盛，呈爲治水未悉涓涘，憂時尚深杞慮，謹効桑土綢繆之計，以預曲突徙薪之謀事。竊見今天下最巨最急者三，無如治兵、治河、治漕。而患之漸致，始玩而不圖，終駴而莫及，患之已見，初群聚而相謀，旋席危而宴處，比比皆然。自奴變妖氛，京庚已竭於中邊，而漕粮已厄於涷阻，斯亦不支矣。而河之上決、下壅、高墊，險溜禍且梗漕，費且數十萬而難於挽回者。荷蒙諸臺丹心貫日，石畫匡時，其於河道諸欵，首陳切要，奉旨申飭。職濫叨知恩，仍備理漕視河之末員，豈以離河專任而遂忘河患？故河漕利害相須之説，前已具呈而未竟其緒，請以職屬南河之境而扼全河之勢者言之。黄自西北萬里迤邐而來，於清河縣之清口會淮，即借淮轉頭，同向東北繇雲梯關趨海。淮自西南來，至清口直下，附黄相携而入海口，即所謂淮子口也。而清口初廣二百餘丈，乃諸水滙合之處，正當運河通濟閘之交。黄河濁水帶泥而行，行遲則泥止，泥止則河淤，下淤則上決，必得清水相貫，然後通利入海。雖蟻穴必塞，乃可借全淮之力，以衝刷而不使之淤。先年科臣耿随龍曾疏及此，督臺潘題請欽依。在伏秋之前，運艘鮮船俱過。六月初一日，即築攔河大壩，循嘉靖三十以前之舊跡，追平江伯陳瑄，經始之初意，復仁、義、禮、智、信之五壩，嚴諸閘之啟閉以時，禁無敢干者。凡以使淮併而北，黄乃迅而東，深刷海口，以順就下之性。下愈迅則上愈刷，建瓴而赴壑，於是河身無積高之病，而上流無潰決之虞。以其性湍悍難制，逸之則爲吾害，而約之則爲吾利也。而河之借淮以刷，盖自古以然。宋条政張洎有云：禹治水，北自積石至於龍門，歷砥柱、大伾洚水至于大陸，播爲九河，復同爲逆河以入海。於南亦自滎澤分爲陰溝，引注東南以通淮。故漢武《瓠子之歌》有：『齧桑浮兮淮泗滿』之句。漢、宋、金、元，河雖屢決，然南行不過數途。或繇滎澤中牟出潁州入淮；　或繇渦至亳入淮；　或繇趙皮寨、朱家口、符離橋出宿遷；　或繇曹、單、沛、碭下徐州。而我朝弘治間，原武之決，白侍郎築濬導以入淮。黄陵岡之決，劉忠宣公開賈魯河繇曹下徐，又導水南行繇中牟至□以入淮，又濬四府營下歸德灑爲二流，一入宿遷，一□□□于淮，河寧而漕道復通。嘉靖初，河決無常，季年決魚沛之間，開新河成西堤。萬曆初年，崔鎮之決，入海路阻，運道爲梗。議者欲濬海口，督臺潘謂：海口難濬，惟以水治水，導河即以濬海也。河未易導，治防即以導河也。河決上流，則下流宜疏。河決下流，無所事疏，海亦無可着力。於是黄、淮俱築長堤，運河申嚴壩閘，使淮畢趨清口，會河而海口自通。萬曆二十一年，淮水大漲，高寶、高良澗諸堤盡決。二十二年，黄水大漲，清口沙墊，水迴及陵。科臣吴應明歸咎于海口之未闢，謂蘆灘之宜開，而以清口爲淮、泗入河之區，務須決之使導。按臣牛應元歸咎于高堰之一築，議分流以導淮，而以盡闢清口淤沙爲第一。夫海口潮險，終覺濬之一説近迂。高堰束淮，畢竟分之洞閘爲漏，而總主於清口之當闢。此庚辰辛巳間，黄下徐州，而淮被遏之時也。迨壬寅癸卯間，河半入淮，以淮之全資河之半，合力刷口，而清口之中泓，衝深五丈有餘。運河消落，水俱北滙于口。略如陳平江以湖引漕之日，此正水繇地中之効也。迨今河不入淮，衹以拒淮。而通濟閘，前六月不壩，淮流反跳清口，漸淤海口，亦窒中飽。上格徐、邳之上，下作淘溜灌名城，黄强淮弱之病至此始極。則欲去海口門限之沙，當先刷清口門限之沙。而合淮刷黄，必仍壩清口而後可。而無柰空重船之遲于夏秋也，則治河安得不先治漕也？速漕之法，仰荷上臺蒿目劇心，陳議無遺，急船南下，而今水次未齊，米珠益窘，二麥被雨，萬姓呼號。所賴憲令方嚴，于上，諸郡邑，調劑于下，設法處粮船到即兑兑者即行；　嚴行各府粮官督押過淮，申盗折之禁，犯者叅究；　嚴行各處河官，遂程押行，如押空之法取限、取結，遲者提治。而又預禁各運官尅剥旗軍之陋規，預禁奸旗圖謀截留之故智；　預禁北船延緩，待南船之混擠，兼查運河濬淺之錢粮，預防夏秋之乾旱。又查外河剥船之五百一十五，裏河剥船之四百二十，泓剥船之六百五十，河西務之剥船八百，如鄭司農所云者，毋致爲臨渴之掘。又題飭各衙門書吏皂快，使費之常例經紀、脚夫起剥魚肉窮軍之各項，僥天之幸自可轉遲而爲速。唯是合算天下大計，當急圖運蚤一年之法。或乘秋收那銀買米預貯近地；　或就荊、襄産木丁蔴之處，多造船隻，盡復運規，于淮洪實督挑築于冬春，而後清口可以六月壩也，黄淮可以伏秋合也。黄淮合流，即大禹同爲逆河入海之意。

海水洶湧必河之衆流合併，方可敵潮，故曰『逆』也。即今督臺鋭思□溺，業開洛馬湖以濟漕，爲避黄百世之永利。而黄身既已積高，則随處虞決，随處虞淤。宿遷清桃一帶，能保其無事，不爲磨□庄河心陸閘之故轍乎？倘如先年黄堌口、崔鎮等決，流沙一過，便爲平陸，運道不通，將多費金錢百萬，用夫亦數十萬數，遣勘河使者，南北奏牘滿於公車，陵運、民生俱逢其害，悔亦何及？且無論賈魯石人之謡也。而況奴禍方張，黔兵復衄，京庾無一歲之粮，太倉無十萬之帑，何恃而不恐？如一病人，寒熱交作，兼以腹臓逆吐，其可支乎？則今日之河漕，是而其要在清口海口之關係，故職屬近於海口，曾行查濬理，而歷攷前人可議終不可行也。職屬止於清口，亦嚴行去沙。而淮流既漏，□扒拖刷之力終不勝多沙也。則河漕利害相須之勢，豈可厝火積薪，而求焦頭爛額之人？風雨飄揺，而尋綢繆牖户之策乎？圖之此其時矣。若治河有法，黄大司空曰：『未決則遠其堤岸，使水有所遊衍；既決則疏其下流，使水有所歸向。』朱子曰：『治水者，從低處下手。』總之分疏以導流，倣九河之遺意；深下以歸壑，倣逆河之遺意也。使如宋人必欲挽河不北，而徒强水使東，今人必欲禁河不南，而反漏淮使墊，是謂無策耳。治河事宜，有要如先督臣潘、曹諸條陳，若『四防』『二守』，重久任、稽錢糧，專責成、别賞罰、嚴啟閉、議近轉、查工料、建廠舖，明職掌、禁那借之類，載在成書者，皆如兵之紀律，廢一不可。而近來督臺所陳治水約法，尤關於陵運、民生，允爲當今對病之藥也。而似緩而實急者，更不可縷述。如高江五塘盡被强占矣，倘清口已刷，如萬曆三十年河流北向，惜水如金，塘水不能接運，將柰之何？則佔塘何可以不清，每年奏繳，據州縣印册以爲常。本司不敢受過，而隆萬年間繩索、采灰浥爛烏有之料物，不妨查確開銷，廼今尚登其數，不類欺罔乎？此職行查而未獲報者也。淺夫、淺船、淺舖、淺器、種柳之類，每鰓鰓及之，多廢而不講，即講而不遵，至有河官全不以河爲事，而有司亦以河官爲可以别差，别管之官，部司固不能令，令亦不行，上下相蒙，迄於大壞而不可救，此職搤腕於河綱，而嘆息於波靡者也。伏乞台臺主持國是，俯察愚誠，倘念杞人之憂，以備採擇之末，當不使王延世、賈讓擅任議於前，而治河漕、治兵並告急於今也。

按《禹貢》：『海岱及淮，惟徐州。』『浮于淮，泗達于河。』是淮之通于河，已非一日。淮、海惟揚州沿于江、海，達于淮、泗，此江之通于淮，原自北流會合，若千萬年凝結之王氣，四大瀆咸朝宗于祖陵而篤生聖人者。今河身墊高，清口之水南流，非古也。若謂河必入淮，不知者輒有近陵之虞。盛亦非謂必復入淮之舊，但借淮刷黄爲不易之理。

刷清口而深淮，自合黄、江，自朝陵刷海口，而深水自歸壑河，淮自寧矣。姑陳臆見，以俟再攷。

卷之九

條議

河夫議

徐　標

河夫之役，名目至不一矣。以標所隸者，有淺夫，有閘夫，有堰夫；　以標所聞者，有溜夫，有洪夫，有堤夫，有堡夫，有舖夫，有泉夫，有壩夫、徭夫、白夫、遊夫、橋夫之類。或撈濬，或修築，或防守，或挽拽，皆河上所急需者也。額設有數，則工食亦額設有數。坐派有定處，支發有定時。果其腹而後可盡其力，此舊制也。緣歷年來河司輕于弁髦，河政廢于掣曳。夫有包占、虛冒矣，有分調影射矣，工食有那借、扣尅矣，有要挾、刁勒矣。夫不能得食之用，河亦不能得夫之用。奸蠹叢生，莫可窮詰。標受事後往來淮、揚間，日與夫親，日在工所，則各夫之虛冒影射者固種種，俱窮其隱，而各夫之不避寒烜、不辭風雨、夙夜勞瘁、神殫力痡者，亦復種種剌心、種種酸鼻，乃不時泣訴，則盡稟工食。有稱某處已支，獨某處未支者；　有稱某夫已領，某季獨某夫一季或二三季未領者；　有稱本縣已徵在官，那移他解者；　有稱原銀派屬他縣屢牒不發者；　有稱工書需索常創不肯按季請詳者；　有稱工書通同户書，拘給各夫小票，令各鄉村打討，積年零星欠户，十不得七者；　有稱部院批詳已下，司道號領已給，庫吏刁難勒索，久候支吾，谿壑難饜者。印官不暇照顧，河官不敢頻瀆，衆夫嗷嗷，殊不堪聞。即差役四出，嚴行□□，如數日不至，更行催給。淮南諸夫，得工食之□者，視前較爲稍快。兹蒙憲繳軫念夫役之苦，加意支給以時，痛□。夫先後，多寡之不均，虛實、甘苦之不平。行司通查，務額夫額食分合結總、坐派積欠逐一開註。或打點挪移之應究，或包攬刁勒之應創，或某年、某季已領、未領之應□，或某某速找、某某截支之應核，細查明確，條護畫一，册揭轉報，則所以搜剔奸蠹者，嚴以密矣。又諭留心細畫，立一□□具題，將以該司之法訓督諸司，圖共濟焉，則所以責成本司者，□以篤矣。遵行各屬，逐令窮究到底，揭議詳明，期于工有實夫，夫有實餼，無負兹恤。夫急工之美意，尚未經造報標，光憑愚臆，熟經籌畫者，謬爲設法，以飭其將來俾一誤無容再誤，似亦可杜厥弊而永爲守。仰祈財□酌示焉。

一、設法杜包占之弊。河官、委官、積老、猾胥，以及豪僕、劣衿、市棍、河霸、富室、大姓、總頭、攬頭、包夫，冒領者不一而足。近令造花名册，逐填年貌、籍貫、疤痣，印給腰牌，以備查點，似亦詳矣。然臨期以肖形者應名，轉眼而烏合者，星散，未善也。細思包占虛冒，未有不通同該管官者，或受其餌，或受其制，因以欺罔恣肥。今議惟嚴該管夫官，或河官，或閘官，或堰官、洪官、泉官，寬其舊愆，許令舉首向來包占，盡爲汰去，招令土著精壯効力者補之，補完足額，具一實在甘結存案。如中有容隱、包攬、冒領工食，或訪出，或被人詰出者，即以冒領之銀坐贓拏問，重加懲治。則各官自愛其身家，必不肯姑容于情面。每更一夫，必先詳報；每遇年終，即取一結。河司、河廳再不時查核，非奉詳文，不許分調，一切委官不許支領，則包占不攻而自退矣。

一、設法杜曠玩之弊。每年每月，有曠工、曠役，槩領工食，苦樂懸殊。近立曠工比簿，令各查曠夫，計曠若干，扣銀若干，登記報上河道正支，以儆怠玩，似亦詳矣。而支銀□留數金，河官捏填數名，反令大家偷安，未善也。今議每夫十名立一夫頭，取其連名，互結在卷，固防包冒，亦便催督。凡遇撈濬、修築、防守、挽拽，各頭糾約各夫齊集效役，晝地課工，計日算餼。如某頭中某夫某日不至，本頭指名具報本官，本官類報，即以作曠扣銀。如互隱匿報，併究該頭。如捏名濫扣，併究該官。正工之隙，春則栽柳，夏則植草，秋則採草，冬則積土。計人定數，使無曠閒。若有實心督夫作事之官，即曠金之盈縮，可不問也。

一、設法杜那移稽遲之弊。額夫工食，近慮其冒爲領，混于支行，令本部院請詳司道，掛號封銀，解驗轉發支給，似亦詳矣。而請詳則批，掛號則印，解驗則發，此可必之上者。若應詳不詳，應掛不掛，應解不解，應給不給，則無憑以問之下也。今議各州縣，各造一工食循環簿，部院印發，前註某項額夫共若干名，額設工食共若干兩，出自本縣何項，徵給或坐派何縣，解給每季計該若干兩，分列四季，各註已支、未支二款。如春季定于正月請詳，二月掛號支給，三月終送簿併粘原號，領部院報查。如已支，則已支款下註實支過原額銀若干兩，號領附驗，未支下註無。如未支，則未支款下浮票登荅因何未支。或本縣未徵在官，或他縣催解未到，即行牌提催，立限報完，違限懲處。夏秋冬季，俱倣此例，展簿一閱，完欠瞭然。若一年支給以時，則争先趍事，河政可知。若一年支給失時，則夫潰工隳，河政可知。甄別官吏此亦其一，支之考成不緩于解之考成，猶復溷爲那借一任逋拖者，應無此理也。

一、設法杜需索刁勒之弊。各夫欲得應支工食，以濟燃眉，請詳掛號，工書勒索拆封支銀，庫吏勒索賃領作券，稱貸營求，銀未到手已去其半，銀一到手蕩然盡矣。標修河十議，嚴夫蠹一款，已言及此。邇來本司因各夫告禀不時，守提各縣工食當同解役，原封押發，河官立監鑿鑿，唱名給散。取河官收管各夫領狀限日繳查，令衆夫不見庫吏之面，則庫吏難生見面之心。衙無騙局，夫有實惠，河上諸夫欣欣有喜，似所省者多也。今議各夫工食，既有按季查比之簿，則請詳掛號，工書自不敢怠。至解銀赴驗，則勿令原解帶回歸庫，河司專役押發，該管官立令分給。止是河閘、洪、泉、堰、堤等官，先期請一印□，遇銀到日，即將發下銀數、給過夫數按季登記，季終將在官收管。各夫領狀，附簿送查，則夫不到庫，吏不見夫，侵扣之蠹與賄賂之費、債息之苦俱可捄藥矣。抑標猶有説焉。往年河工應有暇時，河夫多奉裁革，乃今則河漕急迫，忙苦甚矣。修濬，督輓額夫不足，益以軍民、多夫乃可竣事。軍民偶語，輒望補復。標議裁革多役，即一時不可盡復。而查其裁革工食額銀，仍令各縣徵收貯庫，按季報完。至嚴迫增夫之時，即以作雇募協夫之值，則不致閑時之虚靡，更可作忙時之實用。恐諸河亦有然者，亦通變可久之計也。又見山陽縣板閘、福興閘，河淤閘廢久不通舟。板閘尚有夫五名，福興閘尚有夫三十名，閘官一員，頃因清河口閘額夫太少，重運過淮時曾調兩閘夫，協濟挽拽，則閘之不存，官夫亦復何用？議此夫半應裁貯，如前項作事急募夫之值半，應酌補通濟閘夫之不足。此官應爲請裁，令其赴部改選，乃爲官無虚設，夫無虚役，恐諸河亦有然者也。

南河修濬議　徐標

昔潘印川先生經略兩河，止是淮、揚、徐、邳一帶河工，便疏請支銀近七十萬，處處加修，處處加濬，迄今猶利賴之。嗣後併未大作，雖二三年内間一歲修，不過補塞罅漏之術，下之估計近百近千，便恐駁減，若曰其餘，姑待後年再議可也。年復一年，今忽遭此大水，如積虚之人，又患大病者，非深厉淺揭，疾呼大叫，往來修救，恐一切閘、壩、堤、堰盡蕩然矣。試一親勘，有一處不堤上加堤者乎？有一處不堤外護堤者乎？留一尺皆與水力争一尺，留一丈皆與水力争一丈者也。至高家堰砥柱淮、黄，所關陵、運、民生最鉅，何啻東南半壁之長城。昨已水與堤平，各處漫湧，而修守不決，心殫力痡，敢云人事，必有神工，恐不可再誤已。春履其地，所見堅厚無虞者，今以年久，水暴欹卸種種矣。思昔此堰之修費幾多，金錢動幾多，夫役集幾多，賢能畫地，督修方有底績。今欲新之，以固保障。若仍是拆寸砌尺，數百金付一河官，補葺虚糜，何裨永久？當事者每慮朝廷空虚，節省裕國。標思一勞永逸，所全者大，但此堰不潰，有人、有土、有財、有用，東南財賦，孰一非天儲耶？至行運，漕河自清口以至瓜、儀，黄流倒灌，歲積泥沙，河底日高，水行地上，久未大挑矣。年議修堤，而修堤客土，雨溜亦是沉河，即歲修撈濬，亦是補救目前之計，一遇水發漫決下注，城沼民魚所必然者。若綜數年修堤之費用之挑河，河深而堤可不修，運可不淺，河深而堤可不決，民可不災。閭閻之錙銖，又内府之億萬也。二者並急，似修堰尤急于挑河，或擇其最受淤者一挑之亦可耳。芻蕘末議，惟執事裁而教之。

徙河全城議　徐標

竊惟河、淮爲天下兩大瀆，即爲天下兩大害地方，偶經其一，古今稱爲大患，乃萬水下東南，匯二瀆以交灌。淮揚河身日高，下流益暴，有如建瓴。淮安之城池、官民宛在釜底。故伏秋一漲，諸河俱決，運河直衝城之西門。西湖水直決三城壩，以衝城之西北。南湖水決將軍廟，以衝城之西南。淮城無三年不受水患者，職此之故。若水漫護城堤，則水與門平，寖可湧入此，而築之可使在山雉堞以傾危若累碁已。即澗河所去甚微，亦止可洩三城積雨之水，非可引巨浸入城，而東注者也。兹因黃、淮氾濫，駕一葉舟于巨浪中，往來山清之間，經理疏防。履西湖觜而北望，登甘羅城而南望，竚清江浦而上下望，再考之《河漕全書》、今昔河志與郡邑志，乘勢必徙城乃爲平土，而徙城不如徙河，似非城西，因而導之，另闢一河，水自西北來，即引之東南就下，使其離城稍遠紆迴而南，有萬萬不可者，厝火而寢之積薪之上，非久安長治之策也。方今烏沙河之南決，而南入南湖，衝楊家廟而下，全河行之甚順。水之東過淮城者，止二三分，而城以安。使驟塞此口，全淮攻城，城又必危，其利害可見矣。且此湖固閒地也，因而濬之。又水之道地，以掘之土爲夾河之堤，亦事半而功倍也。河成則壩正河，使水南注，城離河二三里，亦復何憂土人？因而廣聚室廬成一都會，更爲保障矣。前人見高、寶巨湖多覆舟，因開弘濟、康濟二河數十里，以避湖險，至今利之，況淮安三城。

中丞鎮撫于兹，監司、守令莅數萬生靈于兹，所關抑何重大？事機抑何危急？且疏此一河，僅數里耳，近見洪流橫溢，官民日夜皇皇，無非欲固此城池，以保此一方。然日前築堰塞門皆屬小補，欲爲萬世之利，以奠金湯，以保城社，似一得之愚，尚可採而行之也。即曰：時詘難以舉，盈然爲下，而因川澤力逸而費省，擇利必于大，擇害必于輕，一河之疏，視三城之陷緩急，安危必有能辨之者。

責成河官議　徐標

河漕事務，功令森然。責成河官，□于斧鉞。若非常駐河堤，時時修濬，刻刻催儹，則不能依期速效，故本司履任，隨有恪奉聖諭，敬循職掌，俯陳末議，以奠河防一疏，首列河官之責成宜專，內云：欽遵勅諭管理淮安天妃閘以南至儀真一帶河道，提督各該所屬軍衛有司、掌印、管河并閘堰官吏人等，及時挑濬淤淺，修築堤岸。臣甫抵秦郵，往來河上，用杆打探某處水約幾尺應行深濬，某處水約幾尺應行量濬，閘、壩、堤、岸某處塌損極險應行急修，某處衝刷次險，應行徐修，隨行各該印河官指授撈濬修築之法，借郡邑力以嚴考成。固非印官不可，然河官則專司也。厭局中之艱者，轉牽以局外之紛。希局外之圖者，轉卸夫局中之擔。官守之謂何？臣勞而彼寧得逸？查弘治三年令，各府州縣管河官，帶領家人，專在該管去處管理河道，不許私回衙門，營幹他事，則未始不可做而行也。議今復各該管河官，務在本屬地方，各修本管職業。如臣所限工限程，而課之完者，不得以旁鶩廢事等因具題。奉聖旨：漕河事宜，勅書開載原詳。管河官只循職綜理，自能剔弊奏功。這條議具見振刷，着即與議覆。該部知道。欽此。欽遵。當蒙本部覆議前事，責成河官一款，看得河官自有職掌，旁役實以隳官。南河郎中徐標所奏，欲以專責河官，蓋慮本官營及于職以外，故不得兼理于職以內。官住河干，夫分信地，一切解銀、巡捕，俱宜申飭，庶官守嚴而河漕有濟耳，等因題覆。又奉有奏內事款，着與嚴飭，如玩視不遵，即行糸處，該部即與飭行之旨。備劄到司，奉此除欽遵通行申飭外，惟照淮安府山清同知及揚州府管河通判，固本司左右臂也，倚任實切。至高郵之判官，江都、寶應、山陽之主簿，清河、儀真之典史，高堰之大使，皆管河專官。濬淺、修堤『四防』『二守』，原其職掌。況今漕運倍急，河務最煩，本司一人不避寒烜，不辭勞瘁，經歲無家，往來守督，催料鳩夫，稽工儹運，碌碌牛馬，不啻夫頭、老人，而諸河官皆以奉委雜差，借口卸擔，反如局外人，□數百里內欽限工程，必欲本司茹苦圖成，此實難已，本司所以心而泣血也。恭遇本部院忠勤漕事，慮周河防，急切焦勞，精詳指授本司敢不益加黽勉？但分工督役，必須各屬河官仍識本來面目，仍修本等職業，乃可衆擎易舉，事有底績。而差委河官者，更仰祈台憲威靈，再加申飭，務令各屬查照欽依。河官不得他委事理，永爲遵守。如仍前忽玩，故違明旨，容本司從實糸呈，聽候奏請議處，庶官方振，而河政修所裨固陵、速運、保護民生非淺尠矣。

塞淮東河決事宜

徐　標

一、新溝河決三百五十丈，蘇觜河決一百五十丈，黃、淮交注，災浸七城。築塞之議朝野僉同，而工鉅費煩，時艱役重，經營未易。本司二月二十四日移駐淮東，寢食風雨一蘆棚中，與淮海道周副使夙夜督催，鳩夫集料，設法指示，分人責效，計日課程，尺寸錙銖必經心目，守督百餘日，不敢擅離回署。

一、揀選委官，僉定義民，支發銀兩，督催辦料募夫，淮安府理刑推官王用予嘔心儹督，不辭勞怨。山陽縣知縣王正志、鹽城縣知縣馬文耀分猷宣力，拮据茹苦。

一、夙夜在工調揆官夫，料理土埽工程，查核收支物料，淮安府山清同知趙應垣往來儹督，倍極苦心。海口同知徐朝元、捕粮通判劉文蔚協力省試暑雨忘勞。

一、新溝決口三百五十丈，北岸乾出五十九丈堤基老土，督夫運取好土作堤，底闊三丈六尺，頂闊一丈六尺，高七尺。南岸乾出五十餘丈，督夫運取好土作堤，前出埽臺底，闊四丈二尺，頂闊三丈六尺，高七尺。止用順埽幇護，未用大埽物料。

一、兩岸分作兩工，揷南、北二廠。每廠收料官一員，支料官一員，義民一名。每工土塘勘土，沿途催土官一員，部夫、義民六名，料理埽官二員，埽手二名。埽夫纏埽心、經埽繩、鋪埽、捲埽、捲土牛，樁夫打簽樁，留橛夯土等項，用夫各百名。運土填埽眼墊埽臺、實埽腹、壓埽頂，多用泥土。乞沙二三尺，取土遠二三里，担運土夫各一千名。

一、兩頭下埽，中閉龍門，從來舊規。本司見時日已迫，工程遼遠，轉眼水發中泓，不閉溜衝。成河萬有餘喪，與河廳議中起一工，水中探一淺處，調高寶、江都各埽手、淺夫，揀太樁木，四面用船，竪下排樁，横纏撕木。管頭中下井樁，界爲九區，區各重笆，實填土牛，突起埽臺，一處縱横四丈餘，屹立波心。取小船五十隻，自東灘至臺，聯成浮橋，上鋪榛木，多夫運料，運土，如走平路，謂之中工。止增支料官一員，支兩廠所收之料。督工官一員，委官、義民、埽夫、土夫即量減。兩工者，調取中工應用，停分爲三，不用增設。又添一工，每工日下埽二丈，則日得埽六丈矣。

一、每埽長三丈五尺，大小以水淺深爲度，深水埽一丈，再加肚埽。淺水，埽亦必七尺，以防水漲，不用肚埽。一丈埽每日下二箇，兼肚埽一箇，七尺埽每日下三箇，每埽土壓、埽壓，可壓闊尺餘。各工每日各得工二丈二三尺也。

一、鋪埽時令埽官執司廳原發印鈐小票，上填某工埽官某取支官某物料，開後計取幾尺、幾寸，樁木若干根，柴若干束，每束重若干斤，草若干束，每束重若干斤，麻繩若干條，每條重若干斤，大蘆纜若干條，小蘆纜若干條，草繩若干套，每套重若干斤，柳若干束，每束重若干斤，某月某日取搬運，某字號夫頭，某支官。即照此票給一付票，上填某工支官某支付埽官某物料，開後計支數、尺寸、斤數與取數同，各執其一備照。支官發籌埽官收籌，經司廳面前經過，信手取一秤驗，絶無通同混冒之弊。每日每埽用過物料，日報司廳。

一、支料官令執司廳原發印鈐掛號小票，上填某工支官某支過某廠收料官某物料，開後計支幾尺、幾寸，樁木若干根，柴若干束，每束重若干斤，草若干束，每束重若干斤，麻繩若干條，每條重若干斤，大蘆纜若干條，小蘆纜若干條，草繩若干套，每套重若干斤，柳若干束，每束重若干斤，某月某日支搬運，某號夫頭，某收料官發籌，支料官收籌。司廳間一抽查，以妨他弊，支完支官即登記。司廳原發掛號印簿，每晚送查，票簿自山字一號起至幾十號幾百號，止印半鈐簿、半鈐票，頗覺清楚。

一、辦料官領各義民送料到工，即稟揭司廳批發各廠。收料官即時查收。收料官隨取司廳原發印鈐掛號小票，上填某廠委官、某收辦料委官、某下義民、某物料，開後付照計收某料若干，尺寸若干，斤兩若干，某月某日廠夫某，書記某付義民某收執，前赴刑廳查比。完欠收完，即登記司廳原發掛號印簿，每晚送查，票簿亦自山字一號起至幾十號幾百號止，印半鈴票、半鈴簿，頗覺清楚。

一、收料官司廳查照估册發與一示：每柴一束重三十斤，每草一束重十斤，每草繩一套重九斤，每柳一束重三十斤。各義民領銀，原照漕規估册領辦者，交束、交套與册懸絶，定以斤兩作束、作套，不以其束、其套溷朦作數出票。又慮逐秤煩瑣，于每百中擇其大者五、小者五，合秤之，得若干斤，可槩其百其千，便註爲斤兩確數。爲辦、爲收、爲支、爲用，悉照此數，四面比對相同，銷筭最爲直捷，可杜異日借名通融折筭、欺隱混冒之弊。

一、埽纔下水，或已打簽樁，或候面埽方打簽樁，最怕摇動。夜遇暴風作浪，人夫睡熟，游移可慮。每工埽手、樁手數名，即就寢埽臺常備燈籠，不時查勘，見留橛揪頭略有不穩，即呼衆打簽樁，務求堅固。

一、各廠收料官，每三日將收過料數移會料理埽官，細開在廠某料若干，某料若干。如某料酌不足用，數日前埽官即傳收料官，收料官即時揭報廳縣，催辦料官務速運濟急，勒限到工。如臨期無料，夫匠停手誤工，各官行查究處。

一、埽官、夫舖埽完，即鳴鑼集夫捲下，前拽後推牽行，繩留活纜，非夫二三百名不可，呼多不應，則亦誤事。議定字號，夫輪流上埽，如今日用天字、地字號夫，明日則用玄字、黄字號夫。先行派定埽官，知會各督夫官，至日遥聽埽上鳴鑼，委官、義民即執旗領夫，赴埽齊力推拽，捲完下水，仍散歸工，照舊擔土埽事頗速。

一、各廠堆積物料如丘陵，最防盗竊，尤懼風火。日夜撥夫巡邏，查勘牌示，各官跟隨人役夫馬及在工夫役，有擅動料廠一柴、一草、竹頭、木屑者，即以偷盗官物拏問。枷示工完，踈放各夫窩舖，俱令遠處安挿，勿近各廠，早起晚散，各官、各埽、各棚止用燈籠，禁用火把、燈燭，以戒不虞。

一、本司一人關各官役、人夫之勤惰，不敢不身率先勞。本司早起晚回，各官夫自是勤渠。每五鼓畢，本司先起，放銃一聲，鳴鑼一次，各工、各鳴鑼一次，傳各火頭作飯。各夫早起，少頃飯熟，放銃一聲，鳴鑼一次，各工各鳴鑼一次，傳各夫吃飯。少頃飯畢，黎明放銃一聲，鳴鑼一次，各工各鳴鑼一次，傳催各委官督各義民，各義民領各夫上工。各委官、義民查各名下夫不到者，即揭報拏責。午飯晚飯不能齊一，聽各埽官鳴鑼放飯。或埽臺完，或舖埽完，或下埽完，方可放工也。示各夫不聽鑼上工、放工者，許各義民禀處。義民先違者，許各委官禀處。委官先玩者，查出戒斥。

一、督夫委官各編定天、地、玄、黄、宇、宙、洪、荒等字號。每委官一員，領義民六名，每義民一名，募夫五十名，一字號夫三百名，亦有不足者，每夫十名，火頭一名，鍪手二名。各字號各置五色旗一杆爲招號，上寫某字幾號，某日則揷于土塘，引以運土。各置高燈籠一杆爲招號，上寫某字幾號，某夜則揷于土塘，引以運土。各字號委官輪流，或土塘督掘，或沿路催担。又各工沿途添縣早快三四名，排列傳催，五鼓而起，一鼓而散，運料担土，各夫亦無瞬息偷安之處。

一、各船隻灣泊，雜人居處多在南岸，北工頗遠。本司早起即赴北岸，經過南工、中工以至北工，踰近巡遠，則無人不悚。自遠視近則無處不見，不必用鞭笞，號呼之力，而人自奮勉警策矣。

一、匠作夫役三工各分，用數相若。其工食食米，每十日一次支放。南工山陽義民蘇士龍、北工鹽城義民王宁各總領，司道查驗官封，分散義民，各給各夫。蘇、王二義民，忠實殷富而好義，支發公平，絕無侵扣之弊。

一、本司嚴禁各官員役諸色人等，有需索文錢，厘銀、根菜、壺酒者，從重坐贓，依律究遣。許被害者即時扭稟。若暗自行賄，不行稟首者，以打點衙門論罪。引例遣戍與者，先懼罪有他腸者，何所取鬼蜮魍魎之奸，皆遠避之。

一、黃河一帶素如沙漠之埸。近人煙頗集，市柴米、市茶飯者從便，禁止不許賣酒。各夫人衆聚而飲酒，則昏醉爭鬧，因致多事。且又爲衙役索取酒食之地，不如杜之。各夫省一壺酒，可存半升米也。

一、時已入夏，一刻千金，計日下埽，以望其成者，非兼晝、兼夜、兼雨、兼風，以經營之，必成延誤。最畏者雨，雨一日即誤一日。司廳行催蓑笠一二千副，以備雨日工作。

一、埽以繩纜爲皮，以柴草爲肉，以束柳爲心，以柳之幹柯爲骨，柳之枝條爲觔，以土爲腹，以蘆纜箍頭，以麻纜束腰，以麻繩揪頭，以大樁爲留橛。一處不停安則一處受病，及至下水受病，始議圖之，晚矣，一壞俱壞矣。水力甚大，有隙即潰，應用物料不得借省致敗，但以小爲大，以少爲多，以輕爲重，以短爲長，以無爲有者，冒破必究，禁混冒一分，即節省一分矣。部院所謂可用則用，可省則省，誠修河不易之石畫也。

一、各夫工食銀，每十日一給散。總管蘇、王二義民，領散各工義民，義民即散各夫。刑廳以城市稍遠□未供炊未便，發稻米數百石轉運本工，照時價作工食，給散各夫，應手炊爨，以供饔餐，人皆稱快。

一、夫役數千，巢舖濕熱，衆□□穢，水土不習，易感疫痢。本司發銀買蒼术、海艾、芸香數十斤，令外河主簿分散各火頭焚燒。大暑後，再煎香□飲幾補飲之，可避瘟□。河廳又取醫生二名，以醫病者，藥資官給。續奉總河部院傳紫金丹方，本司製施，可治諸病。

一、新溝埽工，二月二十五日經始，五月初二日閉。泓埽出水止三四尺，慮伏秋水溢爲患，埽上復加壓頂堤，挨排丁頭埽二層，每埽高五尺，長八尺，向外與大埽齊上各壓土三尺，裏面填土，濶與大埽齊高，與外堤等，各加長大簽、樁簽至埽底。

一、埽身原估止濶三丈五尺，恐虞浮浪湧或有游動。又堅築戧堤，以抵外埽。雨日中分，各官夫遥取好土，竭力下填。水塘內又下樁埽，以護積土，濶可數丈，高與頂堤等，則埽堤又增厚數丈矣。

淮陰捄水議

徐標

兩歲懷襄，百年災異。計地自燕薊以至淮揚，無處不霪霖。計河自潞渾以達黃淮，無水不氾濫，二三千里，漕梗民魚，具厪宸憂。不獨山清爲然。山、清二瀆滙瀾萬川爲壑，則尤甚也。其受病則以淮、黃通運，節制失宜，釀之爲禍，蔓難圖耳。永樂間，漕以海運，淮爲樂土，洎陳恭襄闢清江浦，河引湖而北會淮濟運，置天妃五閘節宣之，復以天妃閘受濁流，改之三里溝，又改之甘羅城今通濟閘是也。而福興清江板閘，啟一閉二，于今尤嚴，鎖鑰掌之部院，啟閉主之分司，于漕善矣。漕貢舟竣，六月初旬，通濟閘外修築輭壩。九月，水手始開，一切官、民、船皆繇五壩車盤。伏秋水溢，兩河交漲，會流而東以注之海，不得湧灌淮揚，浸城害稼，于民善矣。且黃流不入則河不淤澱，舟行無膠，堤不潰決，運事無滯。民善而漕亦善矣。且惠濟祠前，全淮衝蕩，河以淮□，沙限不壅，淮水經鳳、泗挾諸湖□高堰來者其下如洩，漕善民善，于陵亦善矣。此萬世之利也。厥後漕運愆期，壩規寖廢，民漕交困，總河潘部院力請于朝，尋復築壩舊例，隨奉俞旨，嚴阻撓之令，如日如霜共恪守之。嗣是而糧儲日遲一日，終歲行漕，口壩不築久矣。閘河仰吸洪流滔滔奔瀉，水小則害小，水大則害大。兩閘已淤，舊河石堤淤數仞，下歲累泥沙，堰而爲堤，苦無好土，又當險溜水發，漫決民田、民舍，胥爲陸沉，三城如在釜底，良有以也。今漕限已復，口壩可築，標曾與部院議之，道府廳議之，而未敢輕舉者，私計官民久習于便，驟塞恐滋多口，且冰鮮進貢，或稍遲延，船廠榷關，或因稽誤，甚或商羊大浸，濡及陵園。當事者不諳水土之微，輒指爲下流之滯，其誰任之？因惴惴于首事耳。茲淮學士大夫慮切，已溺計周，未陰集思借箸，具議『四端』，固言曲而中，而撮，而籌之，使築壩舊例可循。祇是清口一壩，則壩外一任警，予壩內總屬平土，諸議蔽之矣。方決之口可塞，而久疏之月河不必實填也。北河凡閘，皆有月河，以殺水保閘者也，以分溜挽運者也。一議可省也。壩後河水盡涸，運道可濬，督集官夫，極力大挑，所挑泥土厚築堤防。其民間乘便取土備用者聽，近民居乘便取土幇修者聽，則河掘一尺，堤增一尺，河底自深，河岸自崇。二議可施也。淮强黃弱，則不敢分黃，黃、淮勢平，亦不必分黃，惟萬一黃强淮弱，懼上壅以嚙高堰、災泗陵，下溢以撼王公堤，衝新蘇馬邏堤。則倣分黃導淮之議，濬桃源新河故道，引黄入黄家嘴，繇灌口歸海。三議可酌用也。惟祈部院查照當年欽依築壩事例，俯從輿論，力拯時艱，具疏陳請，乞如神宗嚴旨飭行，再請勅漕運過淮，永如三月初限南京貢舟，定令五月終完。淮黄運口，堅築大壩，伏秋專委一官多夫防守，無分風雨晝夜，保固者奬賞，滲疎者重治，則淮海無波，邗江聿又儲艘遄濟，陵寢永康，一舉而諸善備焉。陳恭襄修河明德復睹于今日矣。

卷之十

雜議

河漕經理，天下之大利大害也。取精多而用物弘矣，故集衆思以廣益，事乃成，執兩端以用中，知斯大。朱都水因舊規條继臚條議，而復慱所蒐茹，無議不收，凡百波臣勞心荒度，披覽此而思過半矣。

全河説

太常卿余毅中

惟我國家定鼎北燕，轉漕吴楚，其治河也，匪直祛其害，而復資其利，故較之往代爲最難。然通漕于河，則治河即以治漕。會河于淮，則治淮即以治河。合河淮而同入于海，則治河淮即以治海，故較之往代亦最利。邇歲以來，委寄靡專，論議滋起。于是有以決口爲不必塞，而且欲就決爲漕者。不知水分勢緩，沙停漕淤，雖有旁決，將安用之？無論沮洳難舟、田廬咸沼也，是索途于冥者也。又有以縷堤爲足恃，而疑遥堤之無益者。不知河挾萬流，湍激異甚。堤近則逼迫難容，堤遠則容蓄寬廣，謂遥不如縷，是貯斛于盂者也。又有謂海口淺墊，須別鑿一口者。不知非海口不能容二瀆，失其注海之本體耳。使二瀆仍復故流，則海口必復故額。若人力所開，豈能幾舊口萬分之一？別鑿之説，是穿咽于脅者也。又有謂高堰築則泗州溢，而欲任淮東注者。不知堰築而後淮口通，淮口通而後入海順，欲拯泗患而訾堰工，是求前于却者也。它如絶流而挑，方舟而濬，疏渠以殺流，引洫以灌溉，襲虚舊之談，而懵時宜之窾者。紛紛藉藉，載道盈庭。至于釣奇之士，則又欲舍其舊而新是圖。于是有泇、膠、睢三河之説焉。不知既治河而又別治漕，是以財委壑也。又有興復海運之説焉。不知歲用民賦，又歲用民命，是以民委壑也。嗟嗟！謀室于路，則三年靡成，回車于岐，則千里坐失，又何惑乎？漕幾成陸而民胥爲魚也。然爲前議者，豈故好是鑿且奇哉？總之，不達于水可攻，水之理耳。蓋黄河之性，合則流急，分則流緩，急則蕩滌而疏通，緩則停滯而淤塞。故以人力治之，則逆而難；以水力治之，則順而易。今太子少保潘公，屡膺河寄，洞炤委原，才諝精誠，並稱絶世。爰偕故右都御史江公筴，上請事，悉具兩河經略疏中大都，盡塞諸決則水力合矣，寬築隄防，則衝決杜矣。多設減壩，則遥堤固矣。并堤歸仁，則黄不及泗矣。築高堰，復閘壩，則淮不東注矣。堤柳浦繕西橋，則黄不南浸矣。修寶應之堤，濬揚儀之淺，則湖捍而渠通矣。故自告竣以來，河益深，而河之赴海也急；淮口益深，而淮之合河也急。河淮併力，以推滌海淤，而海口之宣洩二瀆也急。用是河嘗秋漲而涯畛屹然，淮嘗夏溢而消耗甚速。貢賦舳艫，若履枕席，轉徙孑遺，寢緣南畝，盖借水攻、沙之效，已較然顯白矣。若謂水馴于分、湧于合，恐其合而湧也，則堤址既遥，而奔騰可恣，是寓分于合矣。若謂胡不用濬，而純用築也，則築堅而水自合，水合而河自深，是藏濬于築矣。若謂胡不使黄、淮分背，而乃使淮助河勢，河扼淮勢也，則合流之後，海即大闢，盖河不決固自深，得淮羽翼則益深，是用淮于河矣。若謂河決爲天數，不可以人力强塞，故曰故道難復也。然既塞之後，河即安瀾，是全天于人矣。若謂胡不創開一渠而拘，拘膠柱爲也。則二百年地紀之故道、天儲之懿規，本無庸創，而自今復之是兼創於守矣。若謂閘壩之復，行旅稍滯，然河渠既奠，而行旅益通，何便如之？是含速于滯矣。記禮者謂其數可陳也，其義難知也。治河之事良亦類此，是故排河、淮非難，而排天下之異議難，合河淮非難，而合天下之人情難。史遷氏曰：『甚哉！水之爲利害也。』余則曰：甚哉！人情之爲利害也。故今日之功，非當事大臣暨余等諸臣之功，皆聖明之功也。盖知河固難，而知知河之人尤難，知知河之人固難，而任知河之人尤難。語曰：千夫輿瓢，不如一人負而趨也。千夫牧羊，不如一人驅而走也。使非聖明之併合河漕，而事權歸一也，其何能功縶騏驥之足，則難望其必至？

縛孟賁之手，則難望其必敵。使非聖明之寬假便宜而不從中制也，其何能功蜚蝗蔽天，則農稷不能善稼？奔駟曳轍，則王造亦廢馳驅。使非聖明之不惑浮言，而私撓必黜也，其何能功千仞而坡，則牧豎陵其阜數尺而峭，則楼季不敢踰。使非聖明之嚴懲墮窳，而凛莫可干也。其何能功空柯無刃，則公輸不能以斲虚篙，之粒則易牙不能以炊。使非聖明之破格折兑而大費不恡也，其何能功張鵠以行賞，然後人罔不射，計程以齊足，然後人罔不奔。使非聖明之綜覈明允而微勞必録也，其何能功昔晉富平津河橋之成？武帝謂杜預曰：非卿此橋不立。預曰：非陛下聖明不成。今日之功，良亦類此善乎。部疏有云：其本在明良之相遇，其機在賞罰之必行，真識體之論哉！後之治河者，其尚仰體君相任人圖治之心，俯察河臣嘔心腐舌之意，相與踵而行之，期于勿壞。勿以事既即安而玩愒，勿以功非己出而更張。如周郊之有陳、畢，終始恊心，如漢法之有蕭、曹，寧一作頌。如此則漕河之允翕，當與國家億萬年靈長之祚同垂罔極也。斯豈非國家甚盛隆事哉？

條議兩河水患　郎中許應逵

為議處兩河水患，以固運道，以奠民生事。照得慮事，當有萬全之策，治事貴得因時之宜。故千金之隄潰於蟻穴，一葦之微可以淩波，盖審其勢而後功可圖、利可久也。本司謬承任使，奉命以來，日夕惴惴，惟稱塞之難是懼。故凡可以為陰雨□土之計者，靡不殫思竭慮，以圖報效於萬一。今該本司會同前任徐州兵備道督同各官，自越城起歷高堰達清口，遡清江出草灣，由赤晏廟以至安東，復由高嶺馬家窪、蒯家窪、張家窪、金家窪、柳浦灣、范家口、海神廟、禮字壩、遺惠莊、臨淮莊，以至西橋往回三百餘里間，勘得河勢有曲折，地形有高下，隄防有緩急，數年以來，雖修守如法，但隄每潰於衝激，地易變於陵谷，非詳加修理，不足以彌洚洞之水，而救昏墊之民。待決一口方修一口，不惟錢粮糜費無筭，而運道所關、民生所係，柰何以屢試也？查得先年黄河自宿桃至於清河，奪清淮入海之道，淮河勢弱，退讓而不敢争，始穿高家堰入高寶湖，而汎濫於高、泰、山、寶、興、鹽之間，民為魚鱉，運道亦以水泛而淺。黄河因無淮水之刷，浮沙積滯，塞於清河。桃源不能即流，遂由崔鎮等處，四出散漫，國計民生胥病矣。近高堰既築，淮不南溢，清口積沙，借淮以衝。運道既通，高、寶民亦鮮患。但黄、淮各自為派，尚能衝隄。况以淮城一線之土，能當兩水之流哉？先年衝王公隄，衝西橋，俱以砌石而免。今歲衝遺惠莊、禮字壩、范家口、柳浦灣、金家窪、張家窪、蒯家窪、馬家窪，皆以剥膚漱根，僅以范家口既決，諸窪得以無恙。鹽、興、高、寶等處雖幸高堰阻之於上，不幸范口決之於下，仍然沮洳。而安東雲梯關正河返被沙淤，舊河深者既淺，而新流之漫未深。下者未洩，上者益壅，將來黄河必尋他道，淮水亦積泗、盱潰決可慮。至高堰一隄，爲淮揚門户，尤爲要緊。今被水剥嚙過半，誠非細故。夫事圖於未然，況已著乎。司道會同各官從長計議，必須培高堰之圮潰，濬隄内之積潦，使淮達清口以刷黄流之淤沙。清口而下四十里，舊有草灣一河，先年曾濬以殺水勢而保淮城，但河身屈曲，近日河口少淤，則河身日狹，致水勢全奔於淮城，而范家口等處不足以禦之矣。今當濬之使深，闢之使廣，引水十分之五，由草灣而下，出於赤晏廟頭舖，復會於河，并出雲梯關，以刷海口之沙。其淮城遺惠莊、禮字壩、范家口以經衝過者，地勢經水而卑，用石包砌，以垂永圖。其柳浦灣、金家窪、張家窪、蒯家窪、馬家窪，雖經衝而未決者，另築重隄，密釘樁木，以防未然。高嶺以東地勢既高，儼然天成之障，不必議築，以省煩費。蓋高堰修則淮達於河，清口始闢而運道通。草灣濬則水勢兩分，淮隄可保，而山陽等處，民命始安。赤晏廟頭舖兩河復□，則併力齊勢，而雲梯九套之淤沙可滌。衆論僉同，似爲長策，隨經會行淮安府。知府張允濟，同知徐仲等，各詣險要地方，逐一查勘，應築、應砌、應濬各工。去後續據淮安府回稱，各工木石料價、人夫工食、員役口粮、犒賞等費，共計七萬一千六百九兩，零緣由列，欵備呈前來。據此看得，不一勞者不永逸，惜小費者妨大謀。即今州縣災疲之民，仰荷皇上既蠲各縣數十萬之租，又發内帑三萬，以恤窮困。會計各工所用數至七萬餘兩，不爲無費，然能迴瀾之勢，障兩河而東之，無論淮、揚兩府百萬生靈幸免胥溺之患，而比所蠲、所賑，不啻數倍矣。查得淮安府庫，貯修砌歸仁、隄支剩銀料八千兩，本部事例銀二萬二千兩，堪以動支外，不足之數，應否遵照勅諭内事理，題借鹽課銀兩接濟。況今水患頻仍，饑民載道，若於春間青黄不接之時，散工食而養貧民，既除其患，又全其養，尤爲計之得者。今經司道覆覈無異，委屬相同，應俯從次第舉行。除呈總督部院題請外，理合列欵具揭以聞。

五塘定議　太僕寺卿盛儀

江都縣有上、下雷塘，小新塘，儀真縣有句城塘、陳公塘，今之所謂五塘也。初自漢高帝時，吴王濞有雷陂釣臺陂，即塘也。後江都王建游雷陂，蓋古有陂而二王以爲釣游之地。至獻帝建安四年，下邳陳登爲廣陵太守，治山陽築塘，民享其利，號曰『陳公塘。』按史，登有威名，性兼文武，其所築豈止於真州？凡淮揚之塘堰，皆其經理也。考之地勢，西高而東下，壽在西，淮揚在東，水直瀉去，何利之有？登之塘自壽而來，不止一重，水有蓄洩，高卑皆利。其在揚也，五塘在上流，漕隄在其中，捍海堰則其下也。晉、隋、唐、宋，均爲漕農之重，故盡心焉。我朝漕艘、鹽筴、軍屯、民田，咸資其利，故以其事屬之平江，而平江集古人之大成，要之自登始也。唐貞觀十八年，揚州大都督李襲譽，引雷陂渠，又築句城塘，以溉田八百頃，有敬愛陂水門。開元初，青苗使杜佑，爲淮南節度使，決雷陂以廣灌溉，斥海瀕棄地爲良田，積至十餘萬萬。真元四年，節度使杜亞，自蜀岡之右，引陂水趨城隅，以通漕運，溉夾陂田。寶慶二年，鹽鐵使王播自閶門外古七里港，引陂渠注官河，以便漕運。此唐人之用塘，見於《唐書》者如此也。宋熙寧九年正月壬午，劉瑾言高郵陳公塘等，可興置，乞令轉運司按覆，從之。宣和二年九月，以真揚等州，運河淺澁，委陳亨伯措置。三年，詔發運司，以車□水。四月，詔今運河歲淺澁，當詢陂塘瀦水之地，講究措置攸久之利，以濟不通。淳熙七年，漕臣錢冲之言：真州之東二十里，有陳公塘，乃漢朝陳登濬源爲塘，用救旱饑。大中祥符間，江、淮置制發運司治於真州，歲藉此塘灌注長河，疏通漕運。其塘週回百里，東、西、北三面，倚山爲岸。其南帶東則係前人築疊成隄，以受啟閉。廢壞既久，見有古來基址，可以修築，爲旱灌田之備，爲水瀦蓄之渠。凡諸鹽場、鹽綱、粮食、漕運使命往來舟艦，皆仰之以通流，其利甚溥。本司自發卒，貼築週迴塘岸，建置斗門、石磋各一所，乞於楊子尉階銜內帶『兼主管陳公塘』六字，或有損壞，隨時補築，庶幾久遠，責有所歸。其屬李道，傳爲記。道傳爲楚州司户叅軍加葺境內陳公塘，有灌溉之利。靖康時，朝廷方督運綱，運渠壅塞，詔淮南運使陳遘，引句城陳公塘達於河渠，漕路甫通。而朱勔花石綱塞道，官舟不行。遣捕繫其人，而上章自劾，上爲黜勔，而進遘徽猷閣待制。此宋人之用塘，見於《宋史》者如此也。元人海運踈於漕河，而至元十八年猶造閘于上雷塘者，盖漕河非塘水，則南北不通故也。

國朝洪武八年，開平王北征，軍需器械船至灣頭河，淺不能前進。奏開四塘，下水三尺五寸，宮河水增二尺六寸，一時□濟。十四年旱乾，觧京御鹽船至灣頭，淺不行，開塘放水，其船始達。是時兩淮運司專理塘也。永樂二年，平江伯陳瑄總漕，全資塘水以濟運舟。十五年，欽取皇木，值河淺阻滯，時亦開塘下水以濟之。是時各塘立塘長二名、塘夫七十名，常川看守。塘內積水常八九尺，非遇至旱、運河淺澁，不敢擅放。宣德八年大旱，四塘乾枯，運舟淺澁，無水接濟。盖由塘長怠玩，不時督夫修葺塘岸，致水走泄而然，隨加罪治，修復如初。十年，知府李貞奏改五塘屬府，專修濟運。成化四年，侍郎王恕奏發帑銀三千，於上下雷塘各築石閘一座、水磋二座，於句城塘、陳公塘各增築隄岸石閘一座、水磋二座，皆以瀦水，旱則由烏塔溝放水，南流入運河接濟運舟，甚以爲便。時郎中郭昇，董其役也。正德十六年大旱，四塘圮廢，水利不修，運舟淺□。□□都御史□鳳□修五塘。嘉靖十三年，知府侯秩建議重修句城塘，漕撫都御史馬卿下其議，與運司會勘。府司覆之曰：『句城塘週圍六十里，一十六汊內有大小二基，東西浮橋二座，實係右蹟，蓄洩水利，有裨運道百六十年，不可不復。』□公瞿然曰：『是予責也。』亟發帑金六百，購石、磚、灰、椿、楗，悉具僉在城。七十二舖夫，塘下一十四總甲，淺夫，莊頭、脚夫、塘夫，閘壩、市鎮、船隻馱載，明年到塘，增修大閘一座，減水閘二座，添設塘長一名，塘夫七十名，用水有節，運舟攸濟，民田亦溉利焉。十八年，運河水涸，管河郎中畢鸞，查復五塘以濟之。白于漕撫都御史周金，河道都御史郭持平，皆曰此漕規也，復之便。巡鹽御史焦璉曰：『此余之所攝，盖憲典也，可不復乎？』于是知府劉宗仁，肩其事，以屬之。江都知縣張纓、儀真知縣楊仲孫，各理其邑役。督工者通判張默。分管則知事趙洲也。所修上下雷塘、小新塘、陳公塘、東塘、柳塘、橫塘、鴨塘。凡江儀之塘，一十有三，今之所修，盖九費帑金五百。修塘閘外爲昭佑祠官亭三間，舖舍五座，責令塘長率夫晝夜防守，不時加葺。二十二年，修塘委官查觧占塘妨運三十七人，久停不報。二十四年，巡鹽御史齊宗道查覈占塘妨運三十七人，罪狀明白，咸寘之法，而塘復治。《府志》耆舊之言如此。余聞是後有倚勢占塘者，將塘毁拆，移爲他用。於是時水暴至，不能節制，徑入高、寶、山、陽諸湖，溢決運隄，東方之州縣盡没，而灣頭以南河道淺涸，運舟阻滯，濬亦不通矣。然運河蓄水，全賴運隄，塘不修則隄壞，歲歲覩之，而議者，急於隄而不急於塘，亦猶淮人之惡水患而不究堰也，大抵不復古之過也。

《諸塘議》

何堅

漕渠必培其源始蓄，疏其委始輸，能使旱不滯舟，潦不決隄，可與國家論大計，籌生民休戚矣。江都五塘，儀真四塘，高郵三塘，寶應二塘，山勢則西北皆高，東南皆下，循就下之性，因岡嶺之勢，於東南築隄，引山澗諸水障之爲塘，灌民田、資漕運，歷漢唐迨明興未之有改。成化間王端毅公，工部侍郎郭公，於二雷塘各造石閘一、水礎二。句城陳公如之。正德間，撫院臧公疏復修諸塘。嘉靖間，撫院周公，河院郭公，鹽院戴公、洪公、焦公，工部郎畢公，先後檄郡守侯公、劉公、朱公，委邑令江都谷公、張公、儀真楊公，督工修築。歷百七十年，名卿碩輔，苟留心經濟，未有不謀繕治者，豈無見哉？顧隣甿倔强盜種，尚畏官法，未敢明爲己業，二雷、小新陂塘，漸爲勢豪謀佃，因而侵越，猶未遽廢也。邇年，巨猾投獻權貴，明鬻句城，官爲泒給，莫敢異同。則諸塘攘臂侵占盡矣。稽陞賦之入，率多滋弊，合諸邑僅二千金。廼豪猾逋負，租吏侵尅，工所冒濫，無裨於國，不利于民。何至上干厲禁，下遺饑阻，廼大壞漕運壯圖，俾歷代經略遠計。聖朝深慮，隱憂蕩然，無復顧忌。何哉？率由守令轉遷不常，監司無暇遠慮。僥倖無事，事過即已不思，在昔定鼎金陵，江北適當畿輔難守，近不逞襲故智，即中原坐困，杞人之憂。當路所宜軫念也。鄙見欲盡復廢塘，先築壩堰，以次修復閘、磽。考景泰先規，分屬運司資其恊治，除厲禁許令積水灌禾，旱則洩之濟運。思患預防，緩急有備，誠億萬斯年之利也。惟諸塘久廢，爲民耕墾，視猶已業。彼愚民久假不歸，烏知非有一旦復之於官？則蘇軾之論不爲無見，必廣詢芻蕘，務合人情，宜土俗，其間受佃之家，固多荒廢不舉，亦有苦於逋負，自願還官。有疲于旱潦徒而之他，亦有昔富今貧，欲求轉佃。復有官爲泒給，恐貽子孫之累，殆什居六七，尚餘二三可曲處而得也。詢之既廣，得之必真。即爲還官等，務察其心，不强其所不欲，懷之以恩，體之以恕，而論之以義，明示諸塘爲漕渠要害，中原命脉。有不能狥民私情而忘國家隱憂者，民雖至愚，即獧狡負固，可以理諭。或地居上游，過費壅治，則給還佃值。或授新墾民田，給流徙故業及買荒廢易之。處以理，不迫以威，行有漸不驅以勢，焉有不樂以從者乎？惟身任國事，痛卹民隱，不牽于毁譽，不怵于利害，則水利可興，漕源可蓄，安得不重望當路乎？必俟非常之才，始建非常之業，謂世無陳元龍、李襄舉、范文正公、王端毅公，吾不信也。

論高家堰利害

陳應芳

淮南之有高堰，猶室家之墻垣也。《傳》曰：『人之有墻，以蔽恶也。』墻之隙壞，誰之咎也？執此可以論高堰之利害也。堰之地去寶應高可一丈八尺，去高郵高可二丈二尺。而高寶隄去興化、泰州田有至一丈而高者，有至八九尺而高者。則其去堰愈下，不啻三丈而奇矣。參差如是，天建地設，莫之能改也。乃信前人不得已而築堰，使淮不南下而北，非故障而北之也，夫亦因其勢而利導之云爾。不然淮一南下，因三丈之地勢，灌千里之平原，安得有此數郡縣而淮南儼然一都會哉？禹跡不可考矣。漢陳登爲揚州刺史，大興水利，此堰實其所創築，而堰下所匯湖有名洪澤者、名阜陵者、名沙者，仰而淮、泗之水瀦於一區，仍復折而北，東入于海，泗州故不爲害。歷唐而宋，則轉運使張綸大脩之。歷元而明，平江伯陳瑄重脩之。又二百餘歲而至萬曆七年，總河大臣復因而再脩之。夫歷世久遠，非一朝一代之事也。上下千有餘年，非一朝一夕之故也。當事者豈不能別創一畫，又豈不能因勢一決？然而固守成事，有其舉之莫敢廢之，是遵何道哉？毋亦審於南北之大勢，有所不可耶？議者不求其故，怵於泗人之噪，而專咎堰之爲害也。則漢之登、宋之綸，皆與有責焉爾矣。泗人之説曰：淮之害，在陵寢也，則誠是矣。夫自陵寢言之，視淮南百萬生靈孰爲輕，孰爲重？即捐生靈以護陵寢，臣子分義宜然耳，而運道咽喉係之矣。予謂運道於陵寢，亦何可並言。假令運道而埂也，尚可別求而治之。陵寢而震蕩也，安可顧運道而聽陵寢之震蕩哉？權以子貢，必不得已。何先之説，則雖別求運道以安陵寢，庸何傷然？而高堰之決也，又不足滅泗州之水，而盡登之平成也，則嘗以頃年巳事徵之矣。萬曆二十一年，淮水四溢，漫高堰堤上且數尺。周家橋口，原自通行，而又加決也，決高良澗至七十餘丈而多也，南奔之勢洶若倒海。高寶、邵伯諸湖堤，一日崩者，至百十餘處，而泗城之水，減不過尺許，則何以故也？蓋泗州之下，與淮南五州縣之地形一也，皆所謂釜底也。淮自西來，歷世不爲患者。以下流無壅，得望海而直趨也。故泗州不倒灌，淮南無決堤，因是以得兼有其利爾。乃清口之壅，則自近年始。惟清口之壅也，泗州以釜底，不得不蒙倒灌之害，淮南以釜底，不得不受決堤之害。其地形均也，其爲害亦均也。然則高堰雖決，而泗州之水不甚得減，匪以是故也。而誰實尸之今也，不咎清口之壅，而專咎高堰之塞。是徒揣其末，而不齊其本者也。嗟夫！滔滔淮流，萬古一日。何有高堰以來，歷漢、宋千有餘年，泗州無恙，而獨今日始咎有此堰也。徒曰高堰未脩，泗州不爲波；高堰既脩，泗州日苦水。顧不曰清，口沙未塞，淮水通流，而不害；清口沙既長，淮水阻抑而不行，則甚矣。其惑也，豈清口門限，因有高堰而滋之長耶？知清口之塞，不由高堰之脩，則知泗水之利害，不在高堰之有無也。故清口而闢也，即不開高堰，無損也。清口而未闢也，即大開高堰無益也。大較可睹已。或曰清口之闢，功難而費鉅，高堰之開，功易而費省。姑從易且省者，爲之急，則治標之畫也。而不知人之有疾治之急而壞者，常十之八九，治之緩而壞者，不十一二三。闢清口之沙雖難、雖鉅、雖緩，而其爲利也，兼而慱其究也。又有益而可久譬之治疾者，善切人之脉理，扶其元氣，通其關膈，不惟病可去體而壽，且日躋平康者也。決高堰之口，雖易、雖省、雖急，而其爲利也鮮，而偏其究也。又貽害而罔功，譬之治疾者不視人之虚實，刳其腸胃，多其汗下，不惟病未必中，而命亦隨以就斃者也。此治病標本之數，可坐而策也。或曰淮決而南，自由瓜、儀入江，能使泗不害，高、寶亦不害，豈不兩利而俱存乎？而不知淮南之地，由高寶而東則俱下；由邵伯而南則又昂。淮之不得達於江也，地限之也，何以明其然也。漕河高於湖者六尺有餘，鑿之使深，以通湖流，達於瓜、儀，僅可轉漕耳。今亭廟一帶方四十里，兩岸之聳，殆如山峙，稍遇旱乾，常若淺澁，然且儲五塘之水，豫接濟之防。今五塘雖壞，故跡猶存。古人建置良有深意，頃年湖水爲患，籍令可直洩於江，則隄不至決，水不盡東，豈不便計？然而不能者，其故可想已。萬曆五年，大闢通江諸口矣。湖水減不盈尺，漕河舟楫三十里內，幾不爲通。萬曆二十年，又開金家灣、芒稻河矣，隄決如故，湖水東奔，魯未能少殺其汪洋之百一，此南北低昂之形，可坐而照也。由斯以譚，其與高堰決，而泗州之水不爲減者，理有一致也乎。夫捐民生、梗運道，而可以安陵寢也，可爲也。然而利不勝害也，捐民生、梗運道而未必可以安陵寢也，不可爲也。是一舉而利與害兩失之也。而況陵寢之必不可水也，運道之必不可梗也，民生之必不可捐也。深長之慮，兼利之策，宜在彼而不在此矣。若陵寢之高玄宮，原未濱水，泗人之噪訛言出自浪傳，則有諫議之疏在，又何敢輕置喙焉？予淮南人也，盛言高堰之不可開，泗人盛言高堰之必可開也。有如聚訟，得無各爲其鄉也與哉？顧泗人所言者，情也，而揆諸理則非是，專利於已，而志其隣國爲壑者也。予所言者，亦情也，而揆諸理則誠思兼利於人，而欲其天下爲公者也。天下事，非一家私事，予故直敢謂高堰必不可決，淮水必不可南，惟自信諸理而已矣，而敢求同於俗乎？今總河督臣，主分黄，謂高堰不可開矣。漕撫督臣主導淮，謂高堰難輕廢矣。奉使科臣主勘議，謂高堰不得縱淮而下矣。按塩漕江諸臣僉，謂高堰不得棄置，而清口急宜疏濬矣。司空之評，覆不爽，廟堂之主裁甚確，即予安用此喋喋爲哉？第恐水性何常，人言易惑，歲修之石畫不守，危隄之蟻穴難防。有謂任其自削而聽之者，淮南他日之憂，政未歇也。雖然國家萬年之鼎業方崇。東南億數之氣運攸繫，豈區區一堰而有他虞者？予之爲此論著也，儻亦曲突徙薪之先圖，而杞人憂天之過計乎？

開高家堰施家溝議

顧雲鳳

議者以黄河南徙，挾淮並漲，恐妨陵麓，故開高家堰施家溝之説，日紛紛焉。此孰非憂國之深慮，救時之良謀哉？然但就陵論陵，而未常以淮南之大勢統論陵也。夫祖陵，萃山川之秀，結穴於沙陡塔影諸湖之間，真龍突起於水中，舊圖具在可考也。陵之峙，淮之流，自天造地設而已。然者淮本不得而淹之，惟是黄匯於淮，將來叵測。臣子爲國家根本之慮，誠不可不汲汲者。第所慮在黄，則所治亦當在黄。黄不決則是高堰無病於陵，即無高堰無救於陵。而況乎高堰之利害，與議者紛紛，更有大相背馳者，何也？淮由清口以至安東雲梯關入海，即《禹貢》所謂導淮，自桐栢東，會於泗沂，東入於海，故道也，自神禹以來未有改者。孟氏誤以爲排淮、泗而注之江，則朱註已辯之矣。夫淮之趨高寶，似便其東流入海，似稍迂迴神禹之智，豈其不出此與？而漢陳登又築高堰以防之，迄今治河能臣守其舊而不變，抑又何説也？盖水以海爲歸者也。高寶信下也，其東南濱江、濱海之處，則曰廣陵、曰海陵、曰蜀岡，又曰阜、曰嶺，不可殫述，皆以高亢得名。水無所出，即有所出，而江潮、海嘯互爲吞吐，故瓜、儀之有四閘者，非徒節其出，抑亦制其入。而通、泰、興、塩諸郡縣尸祝，范希文無已者，以范公堤之建，爲能防其倒灌逆流，而拯民於魚鱉耳。以此思之，則江湖之水勢，可知宣洩之難易，又可知淮非由清口安東以入於海，別無可爲歸宿之地矣。而後之人，又虞其泛濫而四出也。□又□之以堰，語曰障百川。而東之高家堰者，障之之説也。譬之人焉，猶一時之便而養之癰，不若審血脉之宜而週其適，不待智者而後辨也。然則武墩、高良、周橋諸閘之建非乎？曰：

此豈可以盡非也？蓋惟有堰則平時有所節宣，可以枵高寶諸湖之腹，而緩急有所容；惟有閘則伏秋有所灌輸，可以洩淮、泗暴溢之水，而高堰可無潰。是閘之收其功，亦由堰之節其力也。然則施家溝之闢，何異於武墩諸閘乎？曰：是不同。武墩諸閘濶丈餘耳，而施家溝則濶數十丈矣。武墩諸閘之水，夏秋則流，冬春則涸。高寶湖堤猶得乘其稍涸之時，而施其補葺之計。今施家溝當水涸之時，已與武墩諸閘同其用矣。若更從而闢之，是使淮、泗無餘蓄，而高寶無餘地也。水無時不滿，湖無時不漲，堤之坍卸即欲修築，無所措手。況高寶諸湖，不過盈溢而止耳。平時先已盈溢，又何以容伏秋暴發之水乎？且施家溝之闢何爲哉？凡以爲潦，非爲涸也。涸則不必闢，潦則自能灌輸，無所容其闢，又安用耗無益之費，貽無窮之害也？議者徒知淮揚之有子嬰溝、芒稻河、涇河、澗河，以爲出路既多，淮有所受。不知子嬰、涇、澗三河之水，不過入射陽一湖。射陽湖視白馬、汜光諸湖更隘溢，則入高、寶、興、泰諸民田而已。其所謂石䃮口、白駒場下海之竇，湮塞久矣。惟芒稻河一線之流，可爲出水之路。而遡淮水從入之路，則有清江浦矣，稍南則有武家墩矣，又南則爲高良澗矣，又再南則爲周家橋矣。由此而再南，則爲古溝，爲施家溝。水退雖涸，而水漲之時，皆流衍充盈，沛然東注。夫一芒稻河之出，豈能當諸閘、諸溝建瓴之勢乎？況又從而濬之也。蓋嘗譬之，淮泗百石之甕也，高寶諸湖升斗之罌也，芒稻河杯勺之斟也。以罌之腹，而欲受甕腹之所受，其數不勝也。以罌之口，而欲出甕口之所出，其數又不勝也。滿則溢，溢則傾，傾則散漫，旁流不可收拾。即欲復歸之甕而節宣由我，不可得已。議者又曰：今所急，惟陵運耳。苟有利於陵、運，奚暇復爲昏墊計乎？不知古之聖人，視民溺由己溺。淮南數州縣生靈，本仁人所當軫念。且使病民而無病於運，則民可輕，妨運而無妨於陵，即運亦可輕，而不知陵運、民生其利病正相須也。請以時事證。慶曆以來，惟二十一年水勢最大，秋水一發，漕堤衝決者數千丈，興化城不浸者三版。然當其時，漕隄尚□，今漸高矣。五月以來，霪雨五日，水遂陡漲，視二十一年而過之，漕隄報漏、報坍殆無虛日，民間室廬、田舍盡沉水底。離流之狀，啼號之聲，耳不忍聞，目不忍見。夫此時伏秋之水未發也，淮、黃之漲未聞也，不數日之雨而淪胥若是，何哉？以二十九年好事者，倡爲濬闢武家墩、高良澗、周家橋諸閘之議。先實諸湖之腹水無所受，故一雨而即盈耳。向使施家溝之議蚤定，則此時湖已出於隄上，即錮之鉄，能無崩崩？則運道安在，無問民矣。是病民，未嘗不病運也，而猶未也。此一淮水耳，入湖之分數多，則入海之分數少，而淮弱矣。淮弱則黃躡其後，而清口淤矣。異日者入湖而湖不能容，入海而海不能入，將縈迴泛濫，合盱、泗、高、寶而爲一，此其滔天之勢，爲陵害更不烈乎？雖曰杞人過慮，萬不至此。然涓涓不塞，將成江河，而況滔滔不止，何難陸沉哉？昔白馬、氾光、甓社、邵伯諸湖，始何嘗不分，而今安辨其爲某湖某湖也，則泛濫之明驗也。古今治水莫如禹，禹所治莫大於江、淮、河、漢，其萬古不變者，則萬古無患。惟齊桓公塞九河爲一河，闕八流以自廣，遂爲萬世無窮之害。所幸江淮尚仍禹舊，柰之何輕變古而更生一患哉？王介甫欲泄梁山泊之水以爲田，而憂水無所貯。劉貢父曰：别穿一梁山泊，則足貯此水矣。介甫大笑而止。今者必欲使洪澤、阜陵化爲桑田，高、寶、興、泰化爲魚鱉，而其究且復病運妨陵，是齊桓之過計，而貢父之所姍笑也。議者不察，輒文其名曰『導淮』。夫導人者，當導之於正，不當導之於邪。導淮者，當導之入海，不可導之入湖，湖非民田乎？又嘗譬之，淮爲泗患，淮即泗之寇也。爲泗計者，宜逐之出境，而誘之四出，使抄掠内地可乎？黄爲淮患，黄即淮之寇也。爲淮計者，宜堅壁以待，而預自退縮，使黄得乘勝長驅可乎？況今淮黄且合從而至也。上不圖守之於要害，下不圖洩之於尾閭，而今日曰撤堰，明日曰開溝，是不知割地之，難於自完，而滅虢之，終於取虞也。置淮、黄於泗傍，而欲使泗無恙，非策矣。至於形家之説謂淮、黄合襟爲祖陵形勝，而淮水反跳有傷王氣。此人人能言之，不敢援引附會。要之關係最重，亦不可不講也。然則爲陵計，柰何曰治黄河使歸故道而已？次則濬海口，闢石䃮、白駒等閘而已？黄復故道，則外無所侵，濬闢開閘，則内有所受。如是而陵寢可奠，運道可通，民生可安，一舉而衆善備焉。且黄爲宇宙間第一巨瀆，非導之入海，將東馳西騖，害無時已。不惟當治，亦不可不治也。不然而舍本治標，忘利導之謀爲曲防之術，愈□而愈決裂矣。不佞鳳闇於識，拙於辯，一切株守蠖伏□□，隨人牛馬惟命，無敢置一詞，亦無能置一詞也。惟是職守所在，歷覽周游，旁諮廣詢，妄有私臆，縱不敢遂，謂一得之愚，而心所獨覺脂韋附會，如職守何如？良心何用？陳末議破此紛紜，如曰戇騃，不諳大計，願先褫奪以聽更張，決不忍坐視淮南陸沉也。

河議辨惑

潘季馴

或有問于馴曰：河有神乎？曰：有。曰：神之所舍，孰能治之？曰：神非他，即水之性也。水性無分于東西，而有分于上下。西上而東下，則神不欲決，而西；北上而南下，則神不欲決而北。間有決者，必流緩而沙墊，是過顙在山之類也。孟子曰：『禹之治水，水之道也。』道即神也。歸天、歸神，誤事最大，故馴不敢不白之首也。或曰宋歐陽脩有云：黄河已棄之故道自古難復，而公舍復故道之外無有也，無乃不可乎？曰脩之言未試之言也。嘗考之史，自漢武瓠子之塞，復禹舊跡，而梁楚之地無水災。夫禹舊跡非故道乎？禹掘地而注之海。朱子釋曰掘地，掘去壅塞也。蓋天地開闢之初，百川一瀆，朝宗于海，高卑上下，脉絡貫通。原不假于人力，歲久

□淤。禹惟去其淤壅，以復天地之故道耳。即如賈魯治河，亦以復故爲主，藉令欲棄故道，而鑿新河，無論其無所也，即鑿之，將置黄河于何地乎？且故而能淤，新獨不能淤。盡信書，則不如無書，脩言不足信也。或曰沙墊底高之説何如曰河底甚深，沙墊則高，理所有也。然以之論於旁決之時？則可，非所論於河水歸漕之後也。蓋旁決則水去沙停，其底自高，歸漕則沙随水刷，自難墊底，但沙最易停，亦易刷。即一河之中，溜頭趨處則深，平緩處則淺。此淺彼深，總不出我範圍，此挽水歸漕之策，必不可緩。而欲挽水者，非塞決築隄不可也。宋蘇軾吕梁詩云：『坐觀入市卷閭井，吏民走盡餘王尊。歲寒霜重水歸壑，但見屋瓦留沙痕。』則比時黄河之水□嘗入市，而河流之沙高於屋矣。自宋迄今，墊而疏，疏而墊者，不知其幾，豈可以此而遂欲棄故河哉？或曰河以海爲壑，自海嘯之後，沙塞其口，以致上流遲滯，必須疏濬。或别尋一路，另鑿海口之爲得也。曰海嘯之説，未之前聞。蓋上決而後下壅，非下壅而後上決也。馴嘗親往海口，茫茫萬頃，此身若浮。蚤暮兩潮，疏濬者何處駐足？若欲另鑿一口，不知何等人力，遂能使之深廣如舊。假令鑿之易矣，又安保其海之不復嘯，嘯之不復塞乎？舊則塞，新鑿者則不塞，非馴之所觧也。或曰河由草灣入海何如？曰河由淮城北西橋地方入海，此故道也。嘉靖三十年間，河忽衝開草灣，而西橋正河遂塞，未幾自塞，河復故道。萬曆十六年，河水仍歸草灣，而故河復淤，淮城之民恃以安枕矣。查得正河之面三百餘丈，草灣闊僅三分之一。譬之咽喉狹小，吞嚥不及，則徐、邳之水消洩未免遲滯，此則可慮耳。二三年間，恐當復歸正河姑俟之可也。或曰：賈讓有云，土之有川，猶人之有口也。治土而防其川，猶止兒啼而塞其口。故禹之治水以導，而今治水以障，何也？無乃止兒啼而塞其口乎？曰昔白圭逆水之性，以隣爲壑，是謂之障。若順水之性，隄以防溢，則謂之防。防之者，乃所以導之也。河水盛漲之時，無隄則必旁溢，旁溢則必泛濫而不循軌。豈能以海爲壑耶？故隄之者，欲其不溢而循軌，以入於海也。故河以海爲口，障旁決而使之歸於海者，正所以宣其口也。再考之《禹貢》云：『九澤既陂，四海會同。』傳曰：『九州之澤，已有陂障，而無決潰。』四海之水，無不會同而各有所歸，則禹之導水，何嘗不以隄哉？曰：隄以防水似矣。水高隄高，不將隆隄于天乎？曰：若謂隄之外即水耶，隄外爲岸，岸下爲河。平時水不及岸，隄若贅疣。伏秋異常之水始出岸，而及隄不久，復歸于漕。馴隄成之後逾十年矣，未嘗有分寸之，加何須隆之于天也。或曰：賈讓有云，今行上策，徙冀州之民，當水衝者，治隄歲費且萬萬，出數年治河之費，以業所徙之民，且以大漢方制萬里，豈其與水爭尺寸之地哉？此策可施於今否？曰：民可徙也。歲運國儲四百萬石，將安適乎？問者曰：決可行也。曰：崔鎮之決最大，越三四年而深丈餘者，僅去口一二十丈，間稍入坡內，止深一二尺矣。蓋住址、陸地，非若沙淤可刷，散漫無歸之水，原無漕渠可容，且樹樁基磉在在有之，運艘經行之處，雖裹河亦欲築隄以便牽挽，乃可令之由決乎？然則賈讓中策，所謂據堅地，作石堤，開水門，旱則開東方下門溉異州，水則開西方高門分河流，何如？曰：河流不常，與水門每不相值。或併水門而淤漫之，且所溉之地亦一再歲而高矣。後將何如哉？矧旱則河水已淺，難於分溉，潦固可泄，而西方地高，水安可往？丘文莊謂古今無出此策，夫乃身未經歷耶。惟宋任伯雨曰：『河流混濁，淤沙相半。流行既久，迤邐淤澱。』久而決者，勢也。爲今之策，止宜寬立隄防，約欄水勢，使不大段湧流耳。此即馴近築遥堤之意也。循兩河之故道，守先哲之成矩，便是行所無事。舍此他圖，即孟子所謂惡其鑿矣。或曰：黄、淮原爲二瀆，今合而爲一矣。若多穿支河以殺其勢，何如？曰：黄流最濁，以斗計之，沙居其六。若至伏秋，則水居其二矣。以二升之水載八升之沙，非極汛溜，必致停滯。若水分則勢緩，勢緩則沙停，沙停則河塞；河不兩行。自古記之，支河一開，正河必奪。故草灣開，而西橋故道遂淤，崔鎮決而桃清以下遂塞，崔家口決而秦溝遂爲平陸，近事固可鑒也。問者曰：禹疏九河何如？曰：九河非禹所鑿，特疏之耳。蓋九河乃黄河必經之地，勢不能避，故仍疏之，而禹仍合之。同爲逆河入於海，其意盖可想也。然則如賈讓所云多穿漕渠，使民得以溉田，分殺水怒可乎？曰：此法行於上源河清之處或可，若蘭州以下水少沙多，一灌田中，禾爲沙壓，尚可食乎？然則淮清其可分矣。曰：引淮而西，其勢必與黄會，引淮而東，則與決高堰，而病淮揚無異也。蓋河水經行之處，未有不病民者。向有欲自盱眙鑿通天長六合，出瓜埠入江者，無論中亘山麓必不可開，而天長、六合之民，非我赤子哉？且所籍以敵黄而刷清口者，全淮也。淮若中潰，清口必塞，運艘從何經行？更有可慮。夫清口北與黄會，乃祖陵之水口也。若從東再添一口，使淮水反跳而去，大爲堪輿家所忌。臣子何忍爲之？或曰：治河之法凡三，疏、築、濬是也。疏之不可，奚不以濬，而惟以築乎？曰：河底深者，六七丈，濶者一二里，沙飽其中，不知其幾千萬斛，安能挑而盡也？隄之不築，水復旁溢，則沙復停塞，可勝挑乎？以水刷沙，如湯沃雪，刷之云難，挑之云易，何其愚且枸也。或曰淮不敵黄，故決高堰，避而東也。今公復合之，無乃非策乎。曰：《禹貢》云，導淮自桐栢東會于泗、沂東入于海。按：泗、沂即山東汶河諸水也。歷徐、邳至清口而與淮會。自宋神宗十年七月，黄河大決于澶州，北流断絶，河遂南徙，合泗、沂而與淮會矣。自神宗迄今六百餘年，淮、黄合流無恙，乃今遂有避黄之説耶。蓋高堰決，而後淮水東，崔鎮決而後黄水北隄決。而水分非水合，而隄決也。問者曰：兹固然矣。數年以來，兩河分流，小潦即溢。今復合之，溢將柰何？馴曰：水分則勢緩，勢緩則沙停，沙停則河飽。尺寸之水，皆由沙面，止見其□。水合則勢猛，勢猛則沙刷，沙刷則河深，尋丈之水，皆由河底，止見其卑築隄束水，以水攻沙，水不奔溢於兩旁，則必直刷乎河底。一定之理，必然之勢，此合之所以愈于分也。或曰：河既隄矣，可保不復決乎？復決可無患乎？曰：縱決亦何害哉？蓋河之奪也，非以一決即能奪之。決而不治，正河之流日緩，則沙日高，沙日高則決日多，河始奪耳。今有遥隄以障其狂，有減水壩以殺其怒，縱使偶有一決，築後即成安流。故治河者，惟以定議論鬫紛更爲主，河決未足深慮也。或曰：隄以遥言何也？曰：縷隄即近河濵，束水太急，怒濤湍溜，必至傷隄。遥隄離河頗遠，或一里餘或二三里。伏秋暴漲之時，難保水不至隄。然出岸之水必淺，既遠，且淺，其勢必緩，緩則隄自易保也。或曰：兩堤並峙，重門禦暴，又何需於減水壩也。與其多費以築減水之壩，寧若留決之爲愈乎？且與支河何異也？曰：防之不可不周，慮之不可不深。異常暴漲之水，則任其宣泄，少殺河伯之怒，則隄可保也。決口虚沙水衝則深，故掣全河之水以奪河。壩面有石，水不能汕，故止減盈溢之水，水落則河身如故也。俱建□，北岸者，欲其從灌口入海也。或曰：高家堰之築，淮揚甚以爲便，而泗州人苦其停蓄淮水何也？曰：此非知水者之言也，史稱漢陳登築堰禦淮。至我朝平江伯陳瑄復大葺之，淮揚恃以爲安者。二百餘年，歲久剥蝕，而私販者利其直達，以免關津盤詰，往往盜決之。至隆慶四年大潰，淮湖之水洚洞東注，合白馬、氾光諸湖，決黄浦八淺，而山陽、高寶、興鹽、諸邑滙爲巨浸。每歲四五月間，淮陰畚土塞城門，穴竇出入，而城中街衢尚可舟也。淮既東，黄水亦躡其後，濁流西泝清口，遂堙而決，水行地面，宣洩不及清口之半，不免停注上源。而鳳陽、壽、泗間亦成巨浸矣。故此堰爲兩河關鍵，不止爲淮河隄防也。馴戊寅之夏，詢之泗人曰：鳳、泗之水畜於高堰，未決之前乎，抑既決之後也？僉曰：高堰決而後畜也。清口塞於高堰未決之前乎，抑既決之後也？僉曰：高堰決而後塞也。馴曰：堰決而塞築則必通，堰決而畜築則必達。堰成而清口自利，清口□而鳳泗水下馴，何疑乎？遂鋭意董諸臣築之。二月決工告竣，而清口遂闢，七月隄工告成，而清口深闊如故。高堰外水及隄址者，僅一百五十丈餘，皆乾地。再詢泗州之水盡已歸漕，膏腴可耕，而泗州人士始謂高堰之當築矣。問者曰：然則每歲伏秋，泗水何復漲也？曰：淮水發源於河南之桐栢山，挾汝決窮潁、肥、濠等處，七十二溪之水至泗州，下流龜山，横截河中，即《祖陵賦》中所云『下口龜山不等閒灣，如牛角勢樣非凡』者是也。故至泗則湧，譬之咽喉之間，湯飲驟下，吞吐不及，一時扼塞，其勢然也。且淮漲於泗，即黄漲於河南徐、邳也。每歲伏秋皆然，自古及今無異。且黄、淮二河合襟，謂之水會天心，實祖陵鍾靈毓秀之喫緊處也。今欲縱淮出高堰，是分兩河爲二道；且過宫反跳爲堪輿家大忌。淮漲于泗，惟有護堤一事，更無別策。毁堰之説，委難輕議。或曰高堰之築是矣，而南有越城并周家橋，淮水暴漲，從此溢入白馬湖，寶應縣湖水遂溢，此與高堰之決何異？曰：　馴與司道勘議，已確籌之熟矣。其不同者有三，而其必不可築者一。夫高堰地形甚卑，至越城稍亢，越城迤南則又亢，故高堰決則全淮之水内灌，冬春不止。若越城、周家橋則大漲，乃溢，水消仍爲陸地。每歲漲不過兩次，每溢不滿再旬。其不同一也。高堰逼近淮城，淮水東注，不免盈溢漕渠，圍遶城廓。若周家橋之水即入白馬諸湖，容受有地，而淮城晏然。其不同二也。淮水從高堰出，則黄河濁流必遡流而上，而清口遂淤。今周家橋止通漫溢之水，而淮流之出清口者如故。其不同三也。當淮河暴漲之時，正欲藉此以殺其勢，即黄河之減水壩也。若併築之，則非惟高堰之水增溢難守，即鳳、泗亦不免加漲矣。然則即於周家橋疏鑿成河，以殺淮河之勢，何如？馴曰：　漫溢之水不多，爲時不久，故諸湖尚可容受。若疏鑿成河，則必能奪淮河之大勢，而淤塞清口，泛濫淮揚之患又不免矣。況私鹽商舶由此直達，寧不壞鹺政而虧清江板閘之税耶？或曰老黄河之説何如？曰：　老黄河之説，吾未之前聞也。考之《郡志》，止有大清河、小清河，註云，即泗水之末流，源出泰安州，至縣西北三汊口分爲二河，大清河由治東北入淮，小清河由治西南入淮，是黄未會淮之時，泗、沂之水或經於此，並無所謂老黄河者。今據淮人云，自桃源縣三義鎮，經毛家溝、漁溝等處，出大河口，謂之老黄河故道。殊不知大河口去見行清口僅五里許，至此復與黄會，何能遽殺清浦、泗州水勢？若如近議，欲改從葉家衝、周伏三莊、瓦子灘入顔家河，則自漁溝而北又非老黄河故道矣。既非志乘有據之言，又非合衆通方之論。執己見以淆國是，如之何其可哉！

潘季馴《河工未盡事宜疏》内云：　高寶、江都、山陽年例歲脩之堤，向緣錢粮缺乏，工力不敷，每歲止是支吾目前，未能加幇高厚，及興、鹽、高、泰以裏洩水舊渠，向因黄浦八淺潰決，濁流浸灌，淤墊頗多，誠今日所當議者。又高寶、江都堤内田地，及興、泰、山、鹽州縣地方，外受各減水閘之餘瀝，而内蓄時伏連綿之積雨，皆由射陽湖經朦朧喻口，出廟灣以入海，乃其故道也。渠道見存，止宜疏濬。此皆原議未舉事宜，務在明歲伏前報完，方克有濟。況高寶迤南諸湖，聯絡清江浦外，湍溜不多，而關係内河不小。各該堤岸雖係大工之所未及，實亦運道之所必資，循例歲脩，殊屬虚應，尋常僅可支持，暴漲不免衝塌，加幇堤岸，脩改閘壩，濬灣頭河之淤淺，以殺外河之横流，疏射陽湖之故道，以洩内地之積潦，運道、民生庶幾有賴矣。

《脩守事宜疏》内云：　治河之法，别無奇謀秘計，全在束水歸漕。歸漕非他，即先賢孟軻所謂水由地中行，而宋臣朱熹釋之曰地中兩崖間也。東水之法，亦無奇謀秘計，惟在□築堤防。隄防非他，即《禹貢》所謂『九澤既陂，四海會同。』而先儒蔡沉釋之曰『陂障』也。九州之澤，已有陂障而無決潰，四海之水，無不會同而各有所歸也。故堤固則水不泛濫，而自然歸漕；歸漕則水不上溢，而自然下刷，沙之所以滌，渠之所以深，河之所以導而入海，皆相因而至矣。然則固堤非防河之第一義乎？

《停寢砦家營工疏》內云：據鮑家營正當王家營之上，砦家營之下，既非運道，又非民居。先年不議築堤，留以分殺暴漲之勢。今清江浦外隄加築高厚，而黃河大漲，果由此分洩，自娘子莊徑由㵎橋古寨以入于海。不勞工力，不費財用，而盈溢之勢可殺。清浦外堤可保，真天開之砦家營也。若慮水落之後難保不淤，而來歲水漲勢必復洩淤，則平時無奪河之患。洩則臨漲有分洩之功，誠于河防有益無損。呈乞本部詳示，將本口照舊存留，以備分洩。惟于兩岸用埽包裹，以成河口。二三年後，時和年豐，再舉砦營之議未爲晚也。

治河論

黃克纘

論曰：河防之事，昔人言之詳矣。自宋以前河尚北流，故治河者多寘力於北。自宋以後，河始南流，故治河者，每紛爭於南。余讀宋臬政張洎疏，則知禹蹟不惟導河北過洚水，至於大陸，播爲九河，以入於海，於南亦自滎澤分爲陰溝，引注東南，以通淮、泗。洎之言蓋必有所考據。漢武帝作瓠子之歌云『齧桑浮兮淮泗滿』，則河自漢時已入淮、泗，而丘文莊謂宋神宗時，河始入淮，殆不然矣。漢、宋、金、元，河雖屢決，然南行不過數途，或由滎澤，中牟出潁川入淮，或由渦至亳入淮，或由趙皮寨、朱家口、符離橋出宿遷，或由曹、單、沛、碭下徐州。其舍也必有以拒之，其趨也必有以來之，水何心哉？弘治間，河決黃陵岡，至張秋運道淤塞。劉忠宣公開賈魯河，由丁家道口下徐，又濬孫家渡口，導水由中牟至潁州入於淮，又濬四府營下歸德入宿遷。小河口蓋三分其勢，使之南行，豈非以漕渠在北，河北徙且無漕乎？夫既不欲其北，則當縱之東南行，稍加疏導，以順適其性，豈可限以一途，令其數百年不他徙？此必無之理也。蓋河濁水也，帶泥而行，行遲則泥土，泥止則河淤，下淤則上決，故近歲黃堌口之決，則堅城集、李吉口之淤爲之也。蒙牆寺之決，則堅城集未通，而黃堌遽塞爲之也。迨李吉口開矣，王家口塞矣。而蘇莊復大決，則堅城以下全未疏通爲之也。議河者既人私其地，不聽河行；又力排於上，不求下通，如是而欲其無決，爲河伯者不亦難乎？且夫開河之利害，亦可以覩矣。集三省人夫數十萬，居於河干，斤席爲屋，臥土爲牀，狂風大雪而無所避，炎日飛塵而無所蔽，鑿冰斠水則指常龜裂，入河淘沙則足每瘴瘃。十步之內，污穢積聚，一席之中，數人穴居，冬傷於寒，春夏必發，人氣薰蒸，疾疫盛行。

一或得病，則懼其相染，口尚呻吟，而身已棄中野矣。初猶坎地一埋千人，旬日之外，亦不復□，禽獸飽人之肉，河渠積人之骨，長平、新安未足爲喻。且夫計土受直，終日鑿土，所得不及一分。貧者不肯應募，富者論地派夫。有一人而募百夫者，有一夫而預給六金者，破家鬻産，不能勝役。孤子嫠婦，無所控訴，故請之於朝者，名曰百萬，而費之於民者，實五六百萬也。至於採柳之役，取之尚易，運之甚難。河決之地，道路不通，舟楫難行。一金之柳，十金運之。及至埽塌，非賄不受，計其所費，與運相等。椿木、麻蕡，採辦亦然。近河諸郡，苦無寧日，故歐公有失火放火之喻，誠篤論也。然則河不可治乎？曰：未決則遠其堤岸，使水有所遊衍。既決則疏其下流，使水有所歸。向如是而已矣。不得已而興役，亦當體恤民隱，慱採公議，未可以胸臆決事也。曰：河若南行且侵祖陵，柰何？曰：河南行未必爲陵害也。凡水之力小，固不能敵大，横出固不能敵奔流。余嘗南遊楚西遊豫章矣。九江之水，下洞庭而入大江，每爲江水所擠，周旋而不得出，故滙而爲洞庭寬廣幾八百里。章貢之水下彭蠡而入大江，亦爲江水所遏，回復而不得出，故滙而爲彭蠡，寬廣五六百里。今淮之不能敵黃，亦明矣。洪澤湖之滙，則黃故之以也。

庚辰辛巳間，黃河下徐州無恙，而淮被遏，不得出，上侵祖陵，松栢枯者數十株。壬寅癸卯間，河半入淮，以淮之全資河之半，合力駛流，清河口之沙刷洗殆盡，而泗州祖陵瀝水皆涸，河入淮河嘗爲陵病哉？但宋宿之人，不欲河由南行淹其田地，如武安君田蚡者，於今尤多。往往以陵藉口，其言公，而其意私也。臣子受國厚恩，誠不願河近祖陵。若由符離橋下宿遷，此則去陵甚遠，有重岡高丘爲之限，亦何必障之使北哉？今河已北下徐州，而猶復言之者，恐河尚有南行日也。余至齊魯，凡再覩決河，三遇塞河，兩與開河之役。於河之利害，覩之頗熟。暇日歷考載籍，上下三千五百餘年，凡有事於河者，採其議論方略，疏遵障塞之詳，具載於篇，亦河防得失之林也，後之觀者，得有所考鏡焉。

六柳議

朱國盛

五行中，土能制水，而水大反能潰土，木能尅土。而堤有藉之以固土者，其惟植柳乎？柳易長之物也，根株糾結，既足以護堤身，條幹扶疎復可以供埽料，堤之宜植柳也明矣。然種無其法，取不以時，未能得柳之性，而稀疎散漫，或生或枯，拱把未成，斧斤先及，又豈能得柳之用乎？《傳》曰：『居之十歲，種之以木。』唯柳可以速成，而亦不可以旦夕求效也，必種之數年，而其利始溥。昔神禹治水八年，於外楚尹執政必示其新。今治河之臣，不能如禹之久柳堤之築，必新舊相仍，而後績可收，敢靳楚尹之告乎？余之典南河，以種柳爲第一義，惜猶未盡其法。因閱劉天和《六柳説》，深□□焉。因採以俟後來者。一曰

『臥柳』。凡春初築堤，每用土□□。即於堤内外兩邊，各横鋪如銅錢拏指大柳條一層。每一小尺許一枝，不許稀踈；土内横鋪二小尺餘，不許短淺；土面上止留二小寸，不許留長。自堤根直栽至頂，不許間少。二曰『低柳』。凡舊及新堤，不係栽柳時月修築者，俱候春初，用小引橛於堤内外，自根至頂俱栽柳如錢如指大者，縱横各一小尺許，即栽一株。亦入土二小尺許，土面亦止留二小寸。三曰『編柳』。凡近河數里緊要去處，不分新舊堤岸，俱用柳椿。如雞子大，四小尺長者，用引橛先從堤根密栽一層，六七寸一株，入土三小尺，土面留一尺許。却將小柳臥栽一層，亦内留二尺，外二三寸。却用柳條將柳椿編高五寸，如編籬法，内用土築實平滿。又臥栽小柳一層，又用柳條編高五寸，於内用土築實平滿，如此二次，即與先栽一尺柳椿平矣。却於上退四五寸，仍用引橛密栽柳椿一層，亦栽臥柳、編柳各二次，亦用土築實平滿，如堤高一丈。俱依此栽十層，即平矣。以上三法，皆專爲固護堤岸。蓋將來内則根株固結，外則枝葉綢繆，名爲活龍尾埽，雖風浪衝激，可保無虞。而枝稍之利，亦不可勝用矣。北方雨少草稀，歷閱舊堤，有築已數年而草猶未茂者，切不可輕忽前法。運河、黄河通用可也。四曰『深柳』。因前三法，止可護堤防淤溢之水，難防倒岸衝堤之水。故凡離河數里及觀河勢將衝之處，堤岸雖遠，俱宜急栽深柳。將所造長四尺、長八尺、長一丈二尺、長一丈六尺、長二丈五尺等鐵裹，引橛自短而長，以次釘穴，俾深二丈許。然後將勁直帶稍柳枝，如根稍俱大者爲上，否則不拘大小，惟取長直但下如雞子，上儘枝稍長條二丈者，皆可用。連皮栽入，即用稀泥灌滿穴道，毋令動摇。上儘枝稍，或數枝全留，切不可单少，其出土長短不拘，然亦須二三尺以上。每縱横五尺，即栽一株。仍視河勢緩急，多栽則十餘層，少則四五層。數年之後，下則根株固結，入土愈深；上則枝稍長茂，將來河水衝嚙，亦可障禦。或因之外編巨柳長椿，内實稍草埽土，不猶愈于臨水下埽，以繩繫岸，以椿釘土，随下随衝，勞費無極者乎？五曰『漫柳』。凡波水漫流去處，難以築堤。惟沿河兩岸密栽低小檉柳數十層，俗名『随河柳』，不畏渰没，每遇水漲既退，則泥沙委積，即可高尺餘，或數寸許。随淤随長，每年數次。數年之後，不假人力自成巨堤矣。如沿河居民，各照地界，自築一二尺餘縷水小堤，上栽檉柳，尤易淤積成高。一二年間，堤内即可種麥，用工甚省，而爲效甚大。掌印管河等官，務宜着實舉行。六曰『高柳』。照常於堤内外，用麤大長柳密栽成行，不可稀少，一則以護堤土之崩，一則以垂繂夫之蔭。黄河運河俱得其利矣。凡此六柳，均欲護堤，然在相度地勢而用之得宜。『内臥柳』『低柳』因築堤而植之，『編柳』則于要害之處植之，使其根深盤結，可以護堤防溢，視培土廂護遇水輒潰者，奚啻什百矣。若河水衝要，預爲汕潰之防，必樹『深柳』，俾入土之本，足以當作堰之長椿，出土之稍足以當束埽之薪草。此與塞決釘樁隨下隨没者，不大徑庭乎？至於『漫柳』之聚土，『高柳』之成陰，均大有利于河防而當加之意者也。唯今之栽柳者，止云栽植而不知所以栽植之法。堤雖有柳，而栽于曠野蘆葦中者，既失澆灌之方，又無芟薙之力。其間植于沿堤者，又多採折枯損而莫適。看管之人，常年督行所司轉行河官，全憑夫役虛揑柳數，繪圖轉報，而河堤竟如彼其濯濯也。以至易、至益之事，而無着實奉行之人。及河患一亟，方行横取于各地方，累及鄉民。又取船隻自遠裝運，擾害多端，而河工急不能得一臂之力，可勝浩嘆。盛故表而出之，以爲治河栽柳者留意焉。

溝洫議

火蘊必熾，水積必暴，非黄之獨能爲中國患也。宗趨之者多端，分析之者無術也。吾考諸《尚書》，稽諸水脉，料諸國用，察諸民情，而知溝洫之政宜舉矣。夫天下者，亘古之天下也。溝渠之通塞，泉源之盈涸，不無古今歲時之殊。至於疆域之廣，慱水性之趨下，豈有今異於昔者乎？何神禹之易于汩鴻，今人之難於翕河也？夫河發源星宿，歷萬里而入中國，合涇、渭、汭、漆、沮、汾、沁，及伊、洛、瀍、澗諸名川，水輻輳於東南，其勢固已洶湧矣。而三伏之霖潦歸焉，諸山之泉源注焉，合天下之水而以一淮爲咽喉，使之吐納而入海，其不横奔傍溢，潰堤岸沉城郭者，無是理也。今之論治水者，惟有束洩黄、淮二策，而未嘗究其源。吾以爲天下之水，當以天下分之。天下有溝洫，天下皆容水之地，黄河何所不容？天下皆修溝洫，天下皆治水之人，黄河何所不治乎？禹之論治水也，曰決九川距四海，濬畎澮距川。夫川不止於九説者，以爲九州之川也。決九州之川，以達于海。濬九州之畎澮，以達于川，則九州之地，皆可以容水，而九州之川，皆可以達於海也。故仲尼賛禹曰『卑宫室而盡力乎溝洫』，蓋禹之決流疏河，所以堙洪水也，其盡力溝洫所以防洪水也。溝洫之廢久矣，自齊桓公取近河之地以廣田居，而九河只存其一。戰國時齊、趙、魏各築堤以自衛。迨至商鞅開阡陌，以廣地植穀，填溝洫以爲汙邪。霖潦無所容，陂池無所蓄，而河之患濫觴矣。今欲治河於一隅，則莫若治河于天下。舉溝洫之政，使天下之田皆闢，天下之水脉皆通，近而京畿，遠而邊裔，人安于耕，水安于壑，又豈河之之足患乎？竊嘗以天下之形勢論之，江北之地倍于江南。幽、薊之間，厥賦上上；先聖所都，民豊物阜。他若關中沃壤，齊地富饒韓魏殷實，兩淮豊登，見諸史策，則吴之菰蘆，越之草萊，厥賦下下者也。自高皇帝定鼎金陵，即以東南爲天府，然猶藉商人之力，募民屯田以充北邊之需。及成祖都薊，漕輓□北，人心懈弛，而屯田之祖制廢。向所稱上上賦者，誠不及吴越萬分之一，而齊、魯之郊，燕、趙之境，赤地數千里，三河兩淮，秦隴巴漢，千里不聞雞犬聲者有之矣。高者黄埃散漫，卑者巨浸汪洋。乃吴越之人，耜磨耒□，略無尺寸之隙地，何向所稱菰蘆草莱者，今盡爲墾闢，□稱十千惟偶者，今遂不可耕耶。溝洫之政不修，而人狃于偷安也。夫土自有高下而宜于荒度，民不可與慮始而可與樂成。吴越之土下而多水，易于溝洫，不勸而田自闢矣。燕、岱、齊、趙上高而燥，難於溝洫，故雨集則平野爲巨浸，雨退則良田爲塵沙。而人不習耕，官無久任，事求速效，即欲溝洫不可得也。至于近河之地，數被衝激，卑者聽其魚鱉，高者任其汙莱。人見後之西成難，必前之工力空施，向者之逋税未蠲，將來之科歛已及，即欲溝洫，不敢也。此愚民難于慮始之故，其咎常在上而不在下，經國者何不取天下之大勢大計而觀之？蓋大塊爲元氣一盂，霖潦爲無障之川瀆。水不障而聽其趨，有不共歸于盂底者乎？此黄河之所以決也。以天下溝洫，盛天下霖潦，以天下之大川，歸天下之大壑，斯則地平天成，黄可安流入海矣。此溝洫所以宜修也。且溝洫之鑿非止于抑黄患也。四海之田皆墾，而國計可無虞矣。今東南民力已竭，而箕歛不息，三邊戰争未已，而呼庚難支。設南北四方之多故，安能復恃一線之漕渠？則變通管仲、商鞅富國之意，而盡收古今開闢之功，惟溝洫爲第一義。誠使天下有溝洫，天下無横潦，復以天下之汙邪，供天下之蒼黎，害者盡去，利者盡興，此爲經世之大猷，實當與鑄山煑海而並行者。夫土高難于穿渠，卑下難于築障，高穿渠而無水則渠廢，卑築障而數潰則害耕。就地遠近，必求水脉以通之旁疏曲引，合四時霖潦而聚之，則渠不涸而可灌溉矣。築障必于冬月水枯之際，取乾土堅築，度水勢而定堤之崇廣，□田若干頃。潦則戽堤内之水以出之，乾則戽堤外之水以入之。堤堅而不潰，苗得其養而歲登矣。舉事必先慮其難，餘可迎刃而解也。京畿、齊魯多沙土，溝洫開者易于堙塞，論者以爲難行。此不深察地脉耳。不耕之地，塵沙堆積，深不踰尺，真土自見。即有石礓者，避其堅而鑿其脆，烏在乎不堪渠也？若江漢之間未盡地力，徐淮之境現有□□，□尤溝洫之易通者耳。然數千年不修之政，頓然舉行，必有駭爲非常之原者，盍亦觀諸古人察諸近□乎？趙充國之屯田，朝論非之不容口，李化龍之鑿泇河□□以爲決不可成之役。二公行之而卒成大功者，以趙嘗十上書，李亦三奏疏也。今請粗陳其議，家談巷説，□□□然可行，然後聞諸朝廷，行諸各府、州、縣。凡有□□□溝洫者，咸用此法。法行而渠開，水積而田墾，一則免黄河之大患，一則均天下之賦役，誠萬世之利也。方略扵左。

一度地形以立圖册。凡各府、州、縣，有赤土無溝洫者，地方官會同鄉老，相土勢之高下、泉脉之流通，知某處有水，就其下流畫爲大渠，令可布散于一方，潦則有所分，旱則有所積，繪圖造册以備開濬。

一就畎畝以分枝流。凡我所謂繪圖立册者，皆大渠也。小渠則就田之灌溉而別分之。按《尚書》止稱畎澮，

《周禮》復有遂溝洫之種。今不能一一循古，但就地形小大因之，庶幾水勢有所分，禾苗得所灌，不失先王之遺意云耳。

一量土力以定緩急。大役之興，非可旦夕求效，須當事者察其緩急，而分先後。必先鑿大渠，後開小渠，二年之久，始可責成，則無見小欲速之弊矣。

一就窪下以築陂塘。陂所以障，塘所以蓄，溝洫之鑿，但以行水未能多有所蓄，故必擇窪下之地以爲塘，淺者濬之使深，有停水者，築堤以防其溢，庶俾有所蓄積也。

一築半堰以節涓流。大渠之穿以深爲貴，深則霖潦有所歸矣。但高地之渠一瀉即涸，故必築半堰。水溢則外有所洩，水枯則內有所積，庶幾苗可灌溉矣。

一驅戍配以供夫役。凡充軍問徒者，所在有之，軍到衛之後，即求脱逃。土人受賂，頂名食粮。徒夫到驛，驛丞輒有所需索。有錢者縱之還鄉，倩人影射，無錢者饑餓，鎖扭無所控訴。諸凡此類，悉使開渠墾田，家道豊盈者，聽其出錢當官包替軍，則遇赦放還。徒則如期而釋，倘服業已久，不□還鄉者聽。

一罷屯操以遺耕農。凡兩京軍人，除守都城及巡哨外，其他散居畿甸者，徒有屯操之名耳。今宜悉罷之，令習耕種，使供役屯操指揮，即以爲田大夫。一歲考其開渠墾田之多寡以定賞罰，指揮等官墾荒多熟者超用，受賄廢公者奪黃除名，軍校無功者奪月粮，募夫代耕。凡省直俱用此法。

一復漢利以褒力田。漢設孝悌力田之科，而人篤于行。唐以詩賦取士，而人趨于浮。今時□雖曰明經，而經術之用于世務者鮮矣。溝洫既行，仍設此科，以示作興。倘此科不復，則宜假爵秩，以勸好義之民，溝洫之政，久始獲利。凡所在良民好義奉公，招募供役，量其多寡遥授以爵，其助自百及千者，准加納例授官。所開之田，永聽本人管業。三年之後，量議與小民一體需粮云。

一就土着以分疆里。古者方里而井，八家居之。今不能一如井田之制，然就鄉堡之中，亦須就田多寡分畫小渠。如富民有田數頃者，許自爲一區，鑿渠環之。田不及區者，合數姓以滿數，鑿渠如法，大道阡陌，交通小徑，架橋來往。夜則斷之，亦守望相助之意。若邊地尤宜用此法，以斷夷馬蹂踐。

一募流民以墾積荒。歲饑民流，國家恒有。遼黔失守，移徙尤多。今若募民興作，必有雲會而響應者。然須給以牛種，處以廬舍，俾若鳩鷹之集中。澤則渠得其鑿，田得其墾，化斥鹵爲膏腴矣。其近渠之田，宜永勿起科，俾年年盡力于疏鑿，無使堙没方得收溝洫之利。

一嚴里甲以考勤惰。鄉必有里，里必有甲。今之甲長，古之里正也。溝洫既設官矣，十里之細，必有里正以主之。凡渠之深淺、田之墾蕪，一切責成於里正，渠深而田墾者賞，渠淺而田蕪者罰。編諸令甲每歲遵守，庶幾鄉無惰民，溝洫得永利矣。

一捐逋稅以返流亡。凡近河之民，數被淹没，田或可耕，避逋稅而逃亡，不返則逋愈積，田愈荒矣。今宜一切免之使傷還故業，開渠築堤以圖必熟之計，庶卑下之田無不墾者。

一寬科徵以獎勤力。大渠已開之後，有勤力小民，各穿枝渠，以務開墾。崇本可嘉，有司特寬其稅，十年之後一體需粮，庶幾有所獎勸。

一禁流丐以務本業。凡中都兩淮之民，不務本業，每于秋成之後，連舫巨艦，携婦挈弱以乞丐爲生。甚至掠人幼稚剔目斷手足，驅迫以前行。今應設禁捕，得精壯男子，即使本地開渠，准遣戍例，老弱釘歸原籍，庶幾國無遊民，田得所墾矣。

一委久任以責成功。凡行溝洫之政，非一手一足所能管攝。除江南不開外，江北諸省各選南、北科道官一人，總理其事，差以三年爲滿，即轉京堂。各府州縣選廉能佐貳官一人，董之三歲，奏績諒加優擢，其資深宜遷擢者，加銜久任，庶幾久于其道，而功可奏也。

一定確論以絶浮議。商鞅行法，徙木立信，雖曰霸道，然委任行令之臣，未有不自持議論而能有成者。溝洫事關國計，須任之專責之重，毋使旁觀者得掣其手，妄言者得时其足，而後事要其成，不廢于半塗耳。

卷之十一

碑記

古人豐功偉績，輒銘之金石，俾後死者考世論事，識其勞于不忘。又或棠茇思深，峴山慕切，則以永之貞珉。行河先哲，嘔心胼胝，而瘁志舟檝，史不絶書，寧得謂玄圭一錫，遂□隻千秋，而繼美多賢没世可諼耶。敬録其關南河者。

恭襄祠記

祭酒吴節

恭襄侯，諱瑄，字彦純，號樂善，姓陳氏。其先合肥人。自少穎敏，善騎射，遇飛禽應弦而下。洪武中，隨父懷遠公官成都。以舍人絛侍大將征大蕃散毛諸□，所向克捷。及父職同知右衛事，奉檄征越□□井諸夷，皆連破之，生擒渠寇賈哈剌，以見于朝。繼會大兵征雲南百夷，累功陞四川都指揮同知。尋陞右軍都督僉事，總舟師于江上。

太宗文皇帝入靖內難，正位宸極，以公功存翊運，進爵平江伯。時乘輿巡北京，命公歲通漕百萬石，繇海道給足行在。繼復奉命，屢于閩海等處備倭，修築海門至鹽城抵堤八百餘里。又于近海太倉築高丘二十餘丈，以爲海舟表識，名曰『寶山』，碑刻具存。及北京都邑成，罷海漕，命繇淮徐穿衛入潞河以運，公遂建議于通州、天津、德清及淮、徐諸處，皆置厫倉以貯南粟，造淺舸八千餘艘，導山東沂、泗、汶、洸諸水，以灌濟寧二閘，遂循濟北度安山、南旺，孫村、湖，梁山耐牢陂，取道築長堤百餘里，以杆漫流。又從沛邑引昭陽湖、鳳池口諸水，暨黃河支流，以灌徐、呂二洪，遞接迤南諸舟。遇冬水涸，則督工開鑿中流巨石，以殺湍勢。又開泰州白塔河四十餘里，以通大江。築高郵，寶應、氾光、白馬諸湖長堤，構梁以度縴道，自潞抵淮，計程三千六百有奇。設淺鋪七百餘所。置守卒導引沿岸栢柳，濬井以便夏月行者。又疏瓜洲、儀真二壩淤塞，以接海潮。沿途建石畚、土爲楔，閘水以時啟縱。其閘以座計者，凡五十有奇。所輸官粟視河漕一百萬石，後加至五百萬石。初淮波險悪，難于遡流，計工開清江浦五十餘里，自管家湖鴨陳口通淮湖，築堤置移風清江閘，以達于河，而淮道通矣。其他疏鑿以便稼穡者，不可以數計。此皆南北所經，一覽而俱見者也。洪熙初，詔求直言，公首陳時事之大者凡七，承制獎荅，勑有司行之。又誥贈三代皆伯爵。宣德初，命鎮守兩淮，仍督諸軍、領漕事。時公年彌高，屢乞遜避，詔加勞慰。然公晚得脾疾，陰雨間作，猶躬聽治，罔有滯事。暨疾劇，仲子儀侍蒙特遣，醫來不能起。以癸丑子月十一日薨逝，春秋六十有九。子佐襲伯爵，孫預繼襲。今以功進爵爲侯。淮人念甘棠之愛，愈久愈至，既請于朝，以定春秋二祀。又歲時、伏臘有迎賽之典，亦惟公祠是瞻是虔，兹又江淮舊俗然也。

白塔河記

侍郎王璵

維揚郡治東北兩舍，許宜陵鎮側有河名『白塔』，蓋古運河支流，以南屬于江，北達于淮者也。皇明宣德壬子，平江伯陳公瑄釃濬舊道，建新開大橋、潘家江口四閘，以蓄洩水，以便江南漕運。歷歲滋久，中多壅淤，舟既不通，閘亦隨毀廼者。成化癸巳冬，巡河郎中郭君昇以爲言，上其事于總督漕運都御史李公裕，以詢于衆，得修河事宜，以屬郭君而總其成焉。郭君于是召集旁近兵民二萬餘人，疏舊河二十里，築東、西捍水堤四十里，復建閘二座，其大橋新開閘之故，存者咸修復之。又增建土壩三，夏月潮漲則由閘，冬月水涸則由壩。又建減水閘五，以防泛濫，淺鋪五，以備疏瀹。至于涖事有廳，享神有祠，保障有巡檢司。凡有益于河者，無不爲之。經始于丁酉三月，以是年六月畢工。通判鮑克寬具事顛末，來請記。予嘗考之，吴城邗溝，昉於《左傳》，渠通江湖，載之《遷史》。唐漕江淮，撤閘置堰，宋至紹興，易堰以閘，則漕河之出于揚境者，最爲切要。漕法之講於先儒者，最爲詳備，漕數之給于縣官者，最爲豊溢。大抵建國于西北爲不拔之基，取材于東南，供不貲之費。由今視昔，初無少異。興事勸功，有待于人，此白塔之所爲濬理于今日也。雖然古人嘗謂潤州北距瓜步沙尾紆滙六十里，舟多敗溺，遂涉漕路。由京口埭沿伊婁渠以達楊子，歲無覆舟，且減運錢數萬。今京口埭既淤淺不勝重載，則由常州孟瀆河入江，遡流而趨伊婁，回還百八十里，視六十里既兩倍之，而大江風濤之險，漂溺之患月所不免，又非但歲中見之而已也。斯河既成，則江南漕舟出孟瀆者，可徑投斷腰洪，入夾江三十里，入河又四十里，而達揚境，脱不測之淵，以即安流亡盜竊之虞，而游樂土，蒸徒歡呼，無事轉挽篙工，捖師□卧而至，其爲省費又奚翅數萬而已也。使非李公之經略，郭君之籌畫，而欲望其力排群議，茂績成蹟，施加當時，敷被後世，如此役者，庸可得乎？

康濟河記　大學士劉健

弘治二年秋，河決汴，溢於山東諸縣，損運道。山東守臣上其狀，請官濬治。天子憂之，勑户部左侍郎白公昂□傳以□河。既訖功，乃視運道自山東抵揚州，議所以濬治。時監察御史孫君衍、工部郎中吴君瑞董河事，與巡撫右都御史李公昂、漕帥署都督僉事都公勝、署都指揮同知郭君鋐合議，高郵州運道九十里，而三十里入新開湖。湖東直南北爲堤，舟行其下。自國初以來，董河官司障以椿木，固以磚石，決而復修者不知其幾。其西北則與七里、張良、珠甓社、石丘、平阿諸湖通，瀰迴數百里。每西風大作，波濤洶湧，舟與沿堤故椿石遇輒壞，多沉溺，人甚病焉。前此董河事者，嘗議修湖東，鑿複河以避風濤，便往來，不果行，今日議欲舉運道之便利，宜莫先于此者。白公議允，遂相地興工開鑿，起州北三里之杭家嘴，至張家灣而止，長竟湖廣十丈，深一丈有奇，兩岸皆擁土爲堤，椿木，磚石之固。如湖岸首尾有閘，與湖通岸之東，又爲閘四，爲涵洞一。每湖水盛時，使從此減殺焉。以三年三月始，事凡四閲月而成。自是舟經高郵者，出複河無復風濤之虞，人獲康濟。白公因采衆議，聞之上，名曰『康濟河』。河始開，白公徵入京進掌亳憲，吴君亦以休告去。孫君又繼至，巡撫右副都御史張公瑋、巡按監察御史伊公宏、工部郎中李君景繁継其功是役也。工費皆以萬計，工起于淮、揚二郡，給之傭直，其賞半出帑藏，餘亦二郡所措。凡費錢以緡，計一萬五千；粮以石計，一萬六千。盖淮安郡守徐君鏞、揚州郡守馮君忠，二守方君□、郡倅王君珎等主之，而身親其事，則以委揚州二守李紱、高郵守毛實海、州守陳廷珪、通州守傳錦如、臯令張善及揚州衛指揮李淮等諸君，皆得人宜，其告成之易且□也。耆民葛璘等覩兹成功，謂當有記，以白郡守。二郡守有嘗識余者，乃具事狀，遣揚州衛經歷毛君間來請記。余惟國朝財賦之需，東南過半。自海運不行，官舫客舟悉由于此，舳艫相啣，晝夜無虛時，而高郵當南北之要衝，故湖水爲險，事誠有缺，諸公或奉勑，或承委於玆，乃能急所先務，易風濤爲坦途，以康濟往來。且工以雇募費出帑藏，使民不勞而事集，有足嘉者，遂爲之書。

新開湖記

大學士劉健

高郵州之西南湖曰『新開』，與甓社湖通，而天長以東諸水盡滙于此。其南北運道，自杭家嘴至張家溝，凡三十餘里，颶風或起，則巨浪掀天，舟行遇之多致覆溺。弘治初，户部左侍郎白公昂奉勑整理河道，乃于湖東開夾河一道，曰『康濟河』，以通行舟，往來便焉。然湖之老岸歲久，激于西北風浪，日就頹壞，而康濟難保無虞。九年，都憲李公蕙適總督漕運，嘗委揚州府施君淵董工修築，未幾遷官去，乃以通判韓君琚代之。工未竟而李公亦物故，都憲張公敷華、張公縉相繼其任，工部郎中謝公緝、張公瑋、劉公浩相繼管理。凡工力措置，悉委揚州府知府王君坦、許君節、王君恩，而督勵益至。老岸之下頹樁廢石積久未除，岸之不堅，職此之故。命夫匠□水悉出之，然後釘樁下石，以次修築，迄十六年八月也。湖東夾河之間民田千餘頃困於積水，乃干河底作涵洞□以泄之。歲久而湮塞，河之新岸又日漸衝決，田没于水而税如故，凡業田之民，流亡殆盡。諸君患之，仍委韓君等督工修理，僅三閲月而完，田既可又民之流亡者復業。又自淮安至儀真一帶河岸，低者增之，缺者補之，視舊有加。故近年以來，雖大水無所患，而舟經行者咸目爲坦途焉。

題名碑記

工部郎中凃君楗記曰：治水之官尚矣。其在唐虞、伯禹作司空平水土，周有川衡掌川澤。秦漢以來迄元季，咸有其官，雖職秩不盡同，謂之都水，則相沿也。肆我太宗文皇帝都燕，據形勝深惟儲偫，乃濬元會通河遺迹，導汶水分流浮江達淮，轉輸京師，停海運，始命侍從之臣，成化丁酉專命都水司郎中或員外者二人，受璽書分理。自沙河南達儀真，故謂之南河云，行署往寓徐州，正德丙寅，改建高郵州治西隅。嘉靖乙未，予來治徐、沛漕渠爲中丞。松石劉公疏留蒞任，詢前此歷官名氏無所徵，乃考質文獻，得其可知者三十七人，鑱石示後。夫官因事建政，以人成君。子居其位則思其職，故曰：有死無二，不敢廢官。古之人自一命以上皆然也，矧今日外都水之設，越惟漕河，攸司國計。斯繫治水之責，顧輕且易乎哉？是故因勢順導之謂知，決汰疏鑿之謂勇，瀦節宣殺之謂義，防制陂鄣之謂仁。能是四者，治水無餘職矣。靖共夙夜，無爽厥德，時惟丕績非存乎？其人邪夫，前事之不忘，後事之師，彰往者鑒今者也。覩名知人摭跡，論世懲前毖後，能不惕然以懼？懼則思，思則勉，勉則政成。是名之題，固不徒志爵里、歲月而已也。

應公祠記

祭酒萬浩

神京北奠，凡百食貨資給東南，官漕商販自儀真抵于潞河，運經寶應，汎湖以達。其湖堤修廢，上干國計，下切民事，厥繫特重，故隸河道分司冬官卿兼而董之。嘉靖四十一年，洪水横衝，堤決四十餘丈，其漭湧之勢，舟楫觸之輒覆以裂。時值田未垂熟，沿漫高郵、興化數州縣，盡没而萎。自夏迄秋，工費千金，圮潰益甚。有司復估三千有奇，阻商羈旅，運土供作。數月之間，嗟聲載道，群情洶洶，罔測所究。方山應公莅任，遑遑躬詣決所，顧彼商旅久羈于役，人疲物斃，喟然嘆曰：『未見利民先以厲之，吾其忍乎？』遂釋羈通阻，便其往來，深察往事之弊，徐圖善處之方，默于決次挿草標識，越晨視之草堅如昨。復嘆曰：『土堅若是，胡爲屢潰？』迨此方憸小忌，成幸敗陰壞而冒利也。矧流急則剛，宜制以柔。前者徒恃木樁，斯相激而易摧也。遂令廣纜索，伐柳枝、席草，捲土束把投塞，枝護草濡土疑而堤成焉。用止三十四金，計省百倍，功成不日，民咸神之，知此百姓禱于泰山天姥之神，至是建祠，鎮綏其上。今以所羡香錢，恊濟班夫、里甲，歲省千踰金矣。其時會首徐宸、范堅、金蕙等三十餘人，槩邑士民具呈本縣，申請諸司建祠立牌昭思感距。今星霜七易，東、西二鄉及上下州縣田穀年登，賦足漕治，農歌于畝，商謡于途，禱符顛愜，神人胥懽，父老仰而涕下，曰：今日之利孰遺之耶？難公賜也。前雖祠宇之建、牌位之立，曷足稱吾民之情哉？又相率請縣肖像勒石以垂永久。厥令湯君一賢，即從民志賛而成之。以其初末因監助鄭君如瑾請爲之記。惟公體國憂民，本以實心，且聰明周悉，事握其要，故用約而功博。他如瓜洲開河，往費二萬二千，止用八百金。儀真修閘已估踰百，用止二金，每次開河築口，必派樁木，惟起月河舊樁用辦，而商民不擾。至其沙洋之築，永爲荆沔百年之利，惟誠與才合，游刃每有餘地。噫！大受遠到斯足徵哉！公名存性，字成之，别號方山，浙之僊居人。嚴翁司寇，暨予叔太宰先兄中丞，夙有道誼之雅，通家之好。予與鄭君同也？故樂道其善，兼以嘉斯民之厚。云詞曰：四海爲富藉之漕賦，寶應其衝，湖當其路，維湖有堤，以捍以注。水昔爲災，防決障頽，田淤稻萎，舟傾楫摧。公臨董治，庶民子來潰者忽止，偃者復起，農商興頌神人，胥喜功成有年。民思弗諼祠搆，奕如像肖，儼然猗歟。盛德名位方赫，陽春不偏佇遍四國，彝鼎待銘肇于兹刻。

砥柱亭碑記

条政陳文燭

砥柱亭者，水部張大夫修高堰成而名之者也。余按《水經》，盖有砥柱山，云其在汾、濟、渭、洛之交乎。而禹疏以通河，故曰導河積石至于龍門，東至于砥柱封山表烈，乾坤終始焉。乃高堰既成，而大夫以名其亭，盖澗口未塞，其流甚急。既塞其堤，若砥柱。云淮人得平土而居之，比于神禹。荀卿氏謂途人可爲禹也。況吾儕乎？況其功較明彰著乎？登斯亭也，興河洛之思焉。且高家堰當淮、泗之衝，創自漢陳登，而國朝陳平江瑄，尤經畫焉。自堰壞而山寶、鹽、興、高、泰之間，連三十六湖滙爲巨浸矣。大夫毅然築之長堤，高厚延袤萬丈。始大夫之築高堰也，冒兩風，犯寒暑，大澗屢塞而決。議者猶然難之，乃大夫持論不撓，始志益奮鼓，大營鋭士，及齊魯滁和之役，合萬人而成之。澗口始塞，淮、泗交流，同歸于海。所謂河定人安，千載無患，得上策者，非耶？昔蠙珠之貢、九鼎之潛，皆江淮大治之徵。兹亭盛事也，異代不侈談，與予爲大夫頌焉。大夫曰：往大中丞吴興潘公上經略兩河疏也，聖天子俞允，師相張公主之，司空李公賛之，潘公躬臨堰上，策力畢屈，胼胝不遑，以身禱天，神人協應，與左司徒新安江公同心圖成，又清江虞部主政陳君大糸、游君憲副、張君咸共濟焉。將佐則俞都司尚志韓、同知相鄭、同知國彦、曹運副鉷王、通判一鳳暨諸吏士，靡不分猷宣力，備極勞勩，不穀得成其事。皆奉廟堂之威靈，總臺之指畫，及諸君勗勷之所致也。不穀何能爲役？亭名砥柱，蓋表成之惟艱，屹然如山，俾來者加一簣而永九仞云爾。余于大夫偉其功、高其識。憶隆慶庚午辛未間，淮水大泛，臨海王公撫淮，而文燭知府事曾修高堰。丁文恪公在翰林大書碑焉，謂范文正公修海堰，蘇文忠公築杭堤，民到今祀之。余入蜀而堰失守甚愧，其言即取文恪之語頌大夫也。其有辭于永世哉！大夫名譽，字德徵，登辛未進士，江西新建人。其治水功最多余不論，而論名亭之大者書諸石。

平水閘記

兵部侍郎萬恭

淮揚，水國也。范計然扁舟五湖故在焉，彼固自爲瀦耳，未堤也。秦併南服，徧列郵舍，通南服萬里《貢賦》，第擇五湖高阜置之郵，命之曰『高郵』，未堤也。晋謝安始堤揚州之北隅，遏水田，以不敗民思之，以爲甘棠之澤，命之曰邵伯堤。雖堤焉，不濟運。隋煬帝續堤高郵、寶應，南接邵伯，而北貫淮揚，西邀七十二河之水，以聯絡五湖。導龍舟，自汴踰淮而徑達廣陵，以爲娱堤，乃延袤三百餘里。諸湖巨浸至周遭七百里，雖長堤焉，不濟運。唐以降，餉道始藉之。永樂中，會通河成，歲漕四百萬，而江南之粟獨得五四焉。高、寶、江都、山陽長堤，屹爲餉道襟帶矣。陳公瑄經略其事，以謂湖漕弗堤，與無漕同；湖堤弗閘，與無堤同。蓋五湖滙七十二河之水，滔天而獨以儀真孔入于江，清江孔入于淮。障而蔽之，是歲以隄決也，乃置數十減水閘於長堤之間，令丁夫時啟閉，湖溢則瀉之，以利堤，湖落則閉之以利漕完計也，顧百八十年都水使者弗之察。一閘壞，輒堙一閘；一堤圮，輒崇一堤，勢乃湖日以高，堤日以敗，餉道大壞，計臣懷凛凛之危。隆慶壬申，余治水，舟上下，循諸堤，湖駸駸且沉堤矣。周覽數百里，求陳平江減水故跡不可復得矣。亟上疏，請大治平水閘，悉改減水舊制。其法：一準諸湖水之淺者，而諸閘視之以高下其底焉，止蓄瀦水，大都深四尺爲度，令可運舟而已。勿設板，勿籍夫，湖溢以閘之口洩而殺旃，湖落以閘之底，截而遏旃，湖自爲補瀉耳。人弗復與也。又閘欲密欲狹，密則水疏，亡脹悶之患；狹則勢緩，亡嚙決之虞。疏上，制曰可。余乃檄先都水使者吴君自新，今都水使者熊君子臣而敷治焉。在高郵設平水閘者六，以萬曆元年九月成之；在江都設平水閘者四，以萬曆元年十月成之；在寶應設平水閘者八，以隆慶六年十一月暨萬曆元年十月成之；在山陽設平水閘者二，以萬曆元年十二月成之。又禁民私置涵洞，得自爲閘曰『民閘』。寶應城北隅爲泰山祠，祠後引湖水旋遶，禮祠者若市。令願設閘引水，洞橋環神室者聽，不日成之也，曰靈應閘，皆從平水之制，蓋長堤蛇連，諸閘洞開，上之湖水灌輸無恐，下之膏腴旱澇有備，斯公私百世之利也。司馬氏喜而記之，特勒堅石豎于南河公署之前楹，曰後來都水使者，接于目而概于中也，毋遂堙閘，毋徒崇堤，惟此安流，不盈不涸，以期萬年，永此平水之業。

高家堰記

學士丁士美

山陽舊有高家堰，違郡城西南四十里許，而圮廢久矣。其最關水利害者，則大澗口也。先是堰屢決屢築，工皆不鉅，邇者決益甚，工益鉅，當事始難之矣。按堰迤西，當淮、泗二水合流之衝，二水東北與黄河會，胥入于海。比歲河流衝決，則淮、泗汎濫，勢必由澗口建瓴下注，滙于津湖，甚者穿漕堤入射陽湖。而山陽鹽瀆之間，以及海陵諸地，通爲巨浸，茫無際涯。黄河亦爲牽引，而漕渠日就湮淤，是其害不直在民生，而且移之國計也。是故郡乘獨不之載，故欲極民之溺者無徵焉。先後議築者凡逾二紀，而喙□紛如大都，唯者十一，否者十九。其唯者率如前指，曰棄之□，石者輒稱財詘，至有執道旁之見上不便狀者，故屢議屢罷，不果行。邇者郡守陳公治淮之明年，諸墜具修，雅意問水。至是特因士民之請，親至其地，用中而荒度之已。而慨然曰：淮之休戚，將是焉在？可弗圖乎？是余之責也夫！是余之責也夫！顧民力竭矣，難重勞也。夙夜籌之，不置將有待而舉者，會督撫王公至灌輸之暇，問俗亹亹廉堰，狀爲愕然曰：淮之休戚，將是焉在，可緩圖乎？彼稱不便者，值財詘，爾余能以官帑成之。遂發帑金萬二千有奇，令募民築之。以其事屬諸陳公，然，公計此已甚稔矣。公因肩其事，廼以其役屬諸致政周君于德等，曰：『惟茲堰事，盍爲余往董之？惟桑梓是念，勿我辭也。』周君等唯唯承指，惟謹相與，環堰而棲處焉。是時饑者載道，聞募而至者，七千有奇，翕然趨事，其扶携老稚而就食者又倍蓰不啻也。工始于隆慶六年九月，訖于萬曆元年春正凡五閱月而堰成。云堰隨地高下，其高者，約一丈許，面濶五丈，底濶十五丈，濶口水深一丈，實土與之等，濶三十七丈，堰築于其上，外爲偃月堤，長三百丈，高六尺。水小至或能禦之，大至雖勢能襄堤，比至堰，力已殺矣。其貝溝、六安溝、舊漕河等口，皆爲月堤以護之。其崇如墉，觀者曰壯。又導堰内湖澗諸水由畢溝入西湖，數十里間爲膏腴，可樹可藝。云堰延袤五千四百丈，用帑金六千有奇，民不勞而事就緒，皆督撫之石畫、郡守之經理也。淮人請刻石以垂不朽，函書屬余記之。聞之《語》云：『非常之原黎民懼焉。』民之難與慮始也，自昔然矣。其堰之謂與。余嘗觀，宋天聖中海潮漫爲鹹鹵，范文正公時監泰州西溪倉議築捍海，堰於通、泰、海三州之境，長數百里以衛田。逾年堰成，民享其利，三州之民生祠之。又元祐中，杭之西湖多葑田，六井幾廢。蘇文忠公時守杭，遂濬茅山鹽橋二河，復完六井，又取葑田，積湖中南北徑三十里爲長堤。以通行者，杭人名『蘇公堤』。家有畫像飲食，必禱于公。今茲堰之舉，視文正、文忠，又奚異也？淮民之尸祝二公也，無疑矣。世嘗謂古今人不相及，非然哉！非然哉！

老堤記

高郵州守吴顯

督撫吴公以堤工焦勞嘔血而没，未幾月，而共事之人四散殆盡。余以深春到堤上，物是人非，不免有回首西州之感，且恐事遠人湮，後之人又誰知之。適郵人構祠於堤上，以世世報也。余於是乎直書其事以爲記。夫事出於庸衆之所易，而君子取而加之身，未足以爲難。惟英雄豪傑竭謀集思，斂手驚愕而不敢前者，吾獨以身任之而不辭，此非其忠智過人者，未可與議也。蓋吴公之老堤是已。堤長亘四十里，國初永樂年間，平江伯陳公瑄，役丁夫數十萬，鳩磚石而砌之。弘治年間，白公昂以總河至，又於堤之内越民田三里許，鑿河通餉，以避湖波之險，是謂『中堤』。其捍隔民田一堤，則謂『東堤』。中堤之中有田數十萬頃，則謂『圈田』。蓋是時三堤無恙，越河安流，圈田悉爲沃壤，高郵成樂土已。嘉靖三十年以來，有司狃於故常，當道憚於區畫，遂使淮、泗長奔，三堤殘壞，民田廬舍長爲魚蝦之穴，而高郵遂狼狽而不可收拾矣。顯於萬曆三年八月來牧是州，適清水潭大決，漂物畜不可數計。當道傍徨，遂請於朝，括税銀一萬二千兩，并築是堤，淹官吏，擾雞豚，顯亦以劬勞而病死者，三日廼堤完，未十日又復大決，鉅萬之費付於東流。越明年二月，吴公起疾來督淮北，公見百姓呷嘎載道，長淚沾襟，集耆老而詢之，有何策而能振汝郵者？□以修復老堤，對公慨然曰：『是吾治揚時籌之熟矣。』時洪水大漲，公親駕小艇，沿波上下，既而舍舟登陸，閲於東堤□召耆老而訊之曰：『爾知老堤不守之故乎？越三里而爲河，非策也。彼其相離太遠，民不復知有老堤者已百年矣。日缺月壞，至於極敝，圈田之爲巨浸，無惑也。圈田既壞，二堤安能獨存也哉？向使當時傍老堤而爲越河，俾官得以省其殘破而亟理之，將老堤世世無壞也。而又安有今日也哉？』僉曰然。公於是亟上疏爲復老堤計，又亟議開越河於傍，以爲保全老堤計。時聖天子軫念淮方，日以高寶爲憂。疏上，得嘉旨，而彼拘常攣俗，遐聽旁觀，方且蜂蟻，謂老堤必不可復。欲復老堤，工非十餘年，費非數百萬必不可。又謂中、東二堤不可廢，廢二堤其勢必梗運而不可成。惟天子重公才望也，而又以公夙知揚州，其耳目覩記，非可以浮議撓也。下命公專制展采，公於是鳩磚石，則取之蘇、常、鎮、揚、徐州、洞庭等處，集灰木則取之池、泗、瓜、儀、天寧等處，號夫役則取之廬鳳、淮、揚等處，掄官材則取泰州知州蕭景訓、寶應縣知縣李淶、泰興知縣劉伯淵、如皋知縣鄭人逵、興化知縣王三餘，而顯以不才與焉。重督閱則前淮揚兵備副使程學博兵備陳文煥、水利僉事黄猷吉，而鳳陽府通判王師性、揚州府同知張民範，通判蔡玠則又分地以董其事焉。分畫既定，漸次修舉，則萬曆四年八月初三日也，維時老堤漂没已百餘年，而圈田浩蕩茫如滄海，稍有一二磚石，又爲湖波衝洗不可置，即置且不久也。亟以請之公，公曰：『此其計必越壩也。』迺或主水櫃，或主捲埽。公曰：『此其計必實土也。』果以得濟，雖隆冬天寒不以勞瘁辭，報完於萬曆五年二月初十日。而越河之功繼之矣。其爲南工八百丈，則以揚州通判蔡玠董之，其爲中工二千六百丈，則以顯與寶應知縣李淶董之其爲北工一千三百丈，則判官、邢文誥董之。其五月二十日工完，而洪水忽至，老堤少壞。前持議者攘臂而起。公來閲曰：『是當以排樁而障之也，彼洪濤不得踰堤上，又安得壞我堤也哉？』復上疏以破浪護樁請，得命而行之。越十一月初十日，而兩堤之護木俱完矣。夫公起事時，物料未齊也，人工未便也。自上世以來，計議趦趄者已百餘年。公獨奮然任之於身，而告成於期年之間，是何修何謍也？前呼後擁，高官大吏奔走而不敢仰視者，帥臣之體。而公之視堤也，寒不提爐，暑不張盖，即饑餓且忍之也。智踈於曲突，謀雜於築舍，以至左坑右谷、群言淆亂遜避而無所主持。人情之常而公之□採群言，出自獨斷，其易越河、築護樁一策，即百司庶僚無及也。虚張功蹟，塞責目前，冀得旦暮鮮手而不復爲經久計，吏事之態，而公一木一石出自胸臆，俾世世可藉而安。至於易簣之時，爲全保堤工之計，剌剌語不休，又任事者所未有也。嗚呼！公今已矣。方其決筴借籌而群議沸騰，非公孰與執之？洪流滂湃，垂成幾敗，非公孰與終之？昔漢廷號稱多士，而宣房之役，令帝臨流悲嘆，毋有一人能捐其軀以爲朝廷分憂。共事者視公之奮不顧身者何如？故曰非忠智者未足以議也。公諱桂芳，號自湖，由嘉靖甲辰科進士，於萬曆四年内蒞淮。及五年十一月工完，而公逝矣。今事纔幾月，而共事之人行取陞遷，盖已星稀霧散，無有存者。惟顯以五載株守是邦，即數年後又孰知其拮据！勞苦之如此乎？故備書之，使後之履是堤者，得以考世論事，而識公之勞於不忘也。若其功績之美有裨於國計，則太史記之矣，顯又何言？

張公治水記

淮南吴敏道

水部張公者，南河工部郎中張公譽也。張公前爲清江浦工部主事，于時河、淮交漲，不用故道，直奪高家堰南走，水不得注海，海口沙日益起上屢遣督府治之不效，張公日夕問水便宜，於是言於大司空新建吴公，即欲治水，計無出築高家堰上者。吴公條其議以聞晉張公。本部郎中管堰事會中有齟齬者，于是人人争言堰非便宜計，且必不可就適。上以新安江公爲中丞兼左司徒總漕務，又以吴興潘公爲大中丞兼左司空總河務。張公則又持堰議言兩督府，兩督府決筴會疏請上，時戊寅夏五月也。于是淮北則塞崔鎮決，築遥堤，建滚水壩。淮南則塞板閘、鄭家口，築柳灣堤，築白馬堤，甃氾光湖石堤，濬揚州河渠，修清江福、興二閘，皆分屬諸執事，而築高家堰、建通濟閘、開新河口、塞黄浦決、塞天妃閘、塞朱家口、築趙家口堤、修建方信二壩，則盡以屬張公。高家堰盖六十里，若大澗湯恩渌洋貝溝，尤空洞沉水中，水湍駛如箭。巳卯正月，張公率傜夫先塞堰，決塞且半，會颶風從西北起，堰復壞，人人遂争言堰果不可就。或言堰之北自史家莊至武家墩，又北至清口堰之南，自石家莊至越城，又南至白水塘，地勢稍高，功或可舉。張公黜其議曰：『今所塞者三千丈耳，何至棄之遠事數千里乎？』卒操初議不移，然潘公與張公盖憂之甚，日相對畫所以塞堰者，其夜兩公並夢神人稱漢將軍關公□以堰可就狀，詰旦兩公相見，語合大異之，曰：『此神明贊我矣。』于是公奮膺立堰上矢于衆曰：『所不同心立堰者，有如此水。』適淮安府同知鄭國彦、兩淮運副曹銑率夫八千至東昌府，通判王一鳳率夫四千至，都司俞尚志率營兵二千至邳州，判官胡傅率夫一千至。張公部署其衆，聞金而進，望幟而趨，司絙者，以絙進司柳葦者以柳葦進，司土者以土進，諸文武之屬，亦無不鼓氣攘臂，于是湯思□、□貝溝以明日塞，大澗僅五日塞，若神助焉。人多言大澗有鼉窟，其下鼉鳴則風雨至。比塞大澗之夜，有聞鼉鳴云，先是堰未塞，堰外内皆水，無從得土，既塞堰決，則堰内水落土大出，傜夫兢擔土培堰。秋堰高一丈五尺，廣五丈，址廣十五丈。大澗又爲月堰。九月高家堰及所工盡告成。諸役惟高堰最艱，然堰不築即諸役何庸興哉！堰成淮水始得與，河水合流入海，兩河盡復故道矣！是役也，潘公主畫于□江，公同心助之，然所謂首事肩鉅者張公也。道淮南布衣，得愉怡田野間，爲太平之民。幸甚！乃紀其事，以藏之山中。論曰：聖明御世，風雨助順，百神效靈，信乎高家堰塞決之時。西風大作，驅水東入海，即水孽無所盤據，兩龍蜕骨黄浦而去異矣哉！都人士則謂張公蒙霧露觸風雨，泥淖没脛，飛濤撲面，即徭卒所不能任者公任之，斯其精誠勞瘁，亦足以感格皇祇矣！

寶應弘濟河記

大學士沈一貫

淮、揚之間有巨浸焉，受天長、盱眙諸水，雜而稱之曰邵伯、高郵、寶應湖云。邵伯故無梗，高郵有白康敏越河，獨寶應謂之汜光，直黄蕩口。黄蕩口居湖中心，相距百餘里，勢既浤汩，加爲西風之衝，槐角楼一堤如箕如縷，不能獨拒。守吏常苦憊矣。方波忽濤罷鼓不時，三老長年望雲測景而後行，如遭其平，揚帆若無，偶逢其怒，□柁棲如葉耳。蓋陽侯之欲無厭，而魚鱉數飽，如壬午秋並岸巫招者，纍纍不可計也。故計漕莫如寶應急，且湖以東田無慮百萬頃，決輒爲沮洳，興、鹽諸邑之萍可食乎？生理盡矣！故計湖以東亦莫如寶應急。水部郎中許應逵任夫也，是倡越河，議中格不行。涇陽李公來督漕，許郎理前語李公曰：『吾聞是役之不可已也，顧無煩主計。』李公朝鳳陽遣鹺使者而問焉：『吾欲堤寶應而假資于君，君鹺鍰今十六萬，能捐其半相助乎？』鹺使者曰：『均公也，胡爲不可？』於是李公更請資于留儲，再往復，亦報可，廼與部使者偕言上。而陳給事者，通州人也，習知其鄉水利害爲上，縷縷分别之。大司空因覆請，得俞旨，將筮日鳩工。而李公以留司馬遷，黄岡王公來，載咨載程，矢諸大夫宣力不勸，自三官廟抵南郭外延袤三十六里，而三分其工。許郎暨海防参政舒君大猷董其北中河。郎中陳君瑛、徐州兵備副使莫君與齊董其中，理刑主事羅君用敬、漕儲条政馮君敏功董其南。即舊堤爲西而别堤，其東杵薪累石，實以剛土，樹以榆柳，廣可以行騶馬，引水注之舟行。其中兩堤又皆築滚水壩三，以時疏洩，水暴長則越河注支河，道射陽、廣洋而入海，殺其太過，無令留害。始卒八月亟成，而堅費鹺鍰，暨南司農金各十萬，而會□繈悉贏二萬餘伶矣。河成而舟銜艫至，若行溝涂，昔之惕號辟易者，歌謣許以若嬉。又徵寧漕堤以東，皆舍搴茭爲索綯以業。所謂百萬頃者，田長老言，往往不獨苦澇，亦苦旱，重堤而不敢浥一泐也。今食蓄洩之利，盡上上壤矣！告成上甚嘉悦，賜河名曰『弘濟』，疏爵賞有差。予惟縣官以漕爲命。自嘉隆來，歲歲言治漕，汶、濟、淮、泗、河、海畚鍤具徧而乃稍息肩，盖水性不可知，嘗議之，而嘗作之利不無而害時有，故且言其便夕告棄也。舉大事，決謀難矣。謀決矣，工鉅費繁，請帑藏不可括，閭閻不可取，資又難矣。資具矣，重臣數易，在職者蘧廬目前，任事則又難矣。今費省而利弘，人不勞而効捷，是策臣之計定，而廟堂之聽審哉！諸大夫又家視國，私視公，騈工協勞如手足耳目之相爲力而無二顧，謂盛朝之縷□非耶！故版築如雲，無輕蟻璺，尺水横流，長堤不守矣！遠猶如石，必有同心，一夫疑貳，群策不發矣！夫使慮海内者盡諸大夫也，何績不成而太平何有？是宜書李公名世達、王公名廷瞻，典留儲者魏公名學曾，鹺使者蔡公名時，鼎部使者馬公名允登，給事中陳公名大科，大司空楊公名兆，諸具碑陰。

寶應越河記

郡人龔元成

許公應逵，自癸未秋奉璽書入南河視事蒞任，甫二月即有寶應越河之議。蓋寶應汎光湖者，歲所覆溺，爲害至慘。公任清江時，每見舟人語覆溺狀，輒刺刺痛心，恨不能爲手援，以故一入南河遂以身任越河之役。十三年四月二十六日事竣，按臺品第効勞官員以聞，聖天子嘉其功，惟公承特旨差滿任補京堂，賞銀一十五兩，賜越河名曰『弘濟河』云。公感激異數，益思圖報，凡所以爲越河善後之計者，日斤斤籌之。公於斯河罄碩書，圖永賴，亦勞瘁極矣！昔白康敏公開高郵康濟河四十里，所用銀七十一萬。公開弘濟河三十五里，用銀僅一十七萬有奇。工作相等而節省則倍蓰矣。遂使江淮諸郡縣沮洳之塲皆爲沃壤，南北往來漂泊之衆登於坦途，此豈直一時一方利？實萬世萬民永賴之利乎。高郵運堤皆係濵湖險害，每以歲修累民。公查寶應大工餘料，調各州縣河道等銀，燒磚包砌護城堤，杭家嘴六百餘丈，小湖口五百三十丈，宛如金湯，不惟風氣完固，而郵民永免歲修之苦。至於郭真、新開、渌洋等湖草租一千餘兩，郵歲水患，田化爲湖，草無從生，租安從出，乃刊木蠲免，以杜郵民首累，公于郵可謂洪纖畢舉矣！

《詹公祠記》

都御史李植

蓋予嘗考載記，凡以顯庸遺愛祠於民者代不乏人，然必誠信惠愛，旁皇周浹，其民懽欣翊戴之詞，如出一口。至相與尸祝之而繫思以碑，則報德之盛，舉人情之大公也。詹公筮仕工部，主營繕，既以憂起復，補是職，逡巡郎署者幾十年所蓋有聲水曹久矣！癸巳歲，天子以漕餉爲重，特簡命巡視南河，南河實東南運道之咽喉，至重地也。淮以北引山東諸水，與黄河之支流洶湧而南，時有壅塞。淮以南一線之堤，障三十六湖之巨浸，亦每有崩決淤淺之虞。頃者天吴失御，黄河南徙，合流淮、泗，沙壅水漲，沿及陵寢，衝撼城廓。議者欲決高良而注高寶。公至駐節秦郵，殫謀極慮，日與郵牧伯許公及父老子弟圖所爲百年桑土者，力持分黄導淮議，毅然建白，條陳利害，悉中□窾。當事者可其筴，疏入天子忻然從之，遂一意開黄家壩以分黃、闢清口沙以導淮，復自淮至揚，潛涇河，開子嬰，東漸之海；疏茅塘，鑿芒道，南注之江。築減水閘則時其啟閉。決石塔口則通其下流。上受高堰諸閘之洪波，下洩高寶諸湖之巨滙。經營者且三載，續用告成，肆今淮、泗底於安瀾，陵寢奠於泰山，高、寶七邑之民免於魚鱉，而漕粟數百萬之轉輸藉以安堵者，秋毫皆公造也。且公之德、之澤爲郵所利賴者，獨水利也乎？凡禦菑捍患、興利剔蠹、懲憝庇良田不留神，故時有拊循而慰勞者，即嚴冬如暴春陽，時有芟夷而振刷者耶！又盛夏如負霜雪，公真慈父母之於赤子哉！寒而絮，餒而哺，蹶而持，痛而撫，郵之民亦不啻日在襁褓中也。天子嘉其績，遽有潁州兵憲之擢，郵之民胡忍舍公而去，且欲報公而未從者，乃薦紳大夫士及父老子弟等謀建祠於康濟河之隄玩珠樓之側，以生祀公，題其額曰『南河報德祠』，志去思也。祠成，復謀紀德政於貞珉，屬貢生孫君承烈鴻、臚丞李君士彬徵文不佞，不佞何能文，顧秦郵、廣陵接壤也，桑梓所居，田粮所寄，沐公之德而景慕者有口矣，又何敢以不文辭？語曰：無翼而飛者，聲無根而固者情。公之聲稱達於海宇，而民情之戀戀，乃爾公真入神矣！真古之遺愛矣！愛召伯者，猶愛甘棠，況其人乎？今之舉也，姑以展圖報於萬一耳。予故曰此報德之盛舉，人情之大公也，因爲立祠者記之。

邵伯越河碑銘

南河郎中顧雲鳳

《志》所載，淮以南爲湖者，無慮三十餘，而今運所必由者四，曰邵伯、高郵、界首、寶應。四者相屬，而西屬於諸湖，始未嘗無洲渚疆畔，而後稍侵嚙滅没也。今則千里一滙矣。四湖當天下員官之處，既拜入諸湖，相挾爲暴。又其地四高，所從出水之路少，仰受天、合、盱、泗七十二溪之水，所從來者，多加以霖潦便灌怒溢莫洩，其湍悍爲災也甚！於是高、寶二地先後爲越河避之，而獨邵伯歲所敗官民船無算，督河大臣、勘河科臣屢疏引高、寶已。事言邵伯越河者，而計筭金錢非二十餘萬不可，度無所出，議格不行者數矣。己亥，都部院劉公東星既行視河，覩河水澒洞澎湃狀，又埶溺日聞，惻然心傷，決欲治之。終以費用不足爲憂，下鳳議。鳳議之曰：『今論者欲運土築堤，非計也。瀕湖地下無所取土，所取土者道里紆迴，曠日費繁，荷鍤之功，什百於覆簣，堤胡以就？即倖堤就，而隩隈塍埒，相錯於□葅萑葦之間，卒爲舟患。吾因河於田，即因堤於河，廣堤以其河之濶，崇堤以其河之深，此爲治河而得堤，則費可十而裁四。夫木石所以益貴而集益遲者，賈憚出納之吝陰，卬直以市官，官苦貨物之稽明，卬直以市賈，而奸胥駔儈因而□缘乾没其間，如此展轉，其費自倍。今吾以見錢召賈官面給之，物速售則價平，賈輻輳則物賤，姦猾無所侵漁則物直大。當此三者，亦當再倍費矣！則可十而裁六。吾百丈立長，三長立督，而吾以舟爲廨，以步爲輿，東西南北非時猝至，即諸督長無所不至，而工無所不疾，兼之以土，土具以木石，木石具工無休作以待者，此亦當再倍費也。可十而裁八。議上，劉公以爲然，一切假鳳便宜。鳳因得與觀察使楊公荒度地形，迂者直之，漫者收之，量功命日，分財用，平板幹，稱畚築，程土物，具糇粮，度有司，七月而成，費凡三萬三千，視舊議不啻十減其八矣！諸工作丈尺，同事諸臣具載碑陰。其節省所餘物料，以治界首越河，自有記。余維二湖之於國家員官之一梗也，當事者憂之數十年，於今聖天子之愛民甚矣！即度支匱乏，何所不辦？二十萬金而歲以百千民命爲秦越，即先後當事者，豈其智皆出劉公下，費可損十八而不知所裁？何則蔽于高實成費，見謂不貲，恐用卒不繼，受首事名因仍以待用之集，用訖不集，而河亦訖不就，匪不憂漕念民，未嘗毛舉縷析損益劑量覈之于實也。初劉公豈意河之亟成若此哉？凡以爲國運民生計便，利巳不得憚其任，諸臣不得憚其勞，國家不得憚其費，且竭其力之所能暨者，即有不給，度無大相遠。胥後計耳，公又豈知有餘以治界首也？語曰：『思之思之，鬼神通之。』又曰：『一夫善射，千人拾決。』是役也，雖與事諸臣所同心協力，率作勞來之功爲多。要之堅持獨斷，不憚首事之難，不懼半途之費，上信下孚，卒有成績，則皆以劉公矣！鳳竊窺聖天子惠民至意，及劉公之所以刱議董成者，以爲不可使後無所考而爲之銘。銘曰：『楊州之瀦，爰有諸湖。左淮右海，襟江負河。仰受百谿，爲厥尾閭。千里澔汧，不風而波。震駭憑怒，以憂儲胥。昔在孝宗，首闢康濟。逮於萬初，弘濟竣事。維邵維界，所未就蕆。有夷康弘，相錯於阨。或扼之吭，或潰之眷。譬彼堂室，棟撓户室。譬彼裳衣，未要未襋。帝念民漕，簡命元臣。劉公沓沓，周爰咨詢。曰嗟諸湖，墊愁吾人。采于芻蕘，啟道湖濵。彼濵沮洳，蕪穢不治。因深爲高，乃河乃堤。田徙千腴，漕徙于夷。裁厥成費，既倍且蓰。倬彼金堤，新河洋洋。何以固之？揭葵長楊。舳艫相啣，順河安行。遥望湖中，四河茫茫。惟帝念民，淮揚庇績。畚鍤雲布，是資民力。董之率之，諸司庀職。誰考厥成，劉公之策。四方攸同，永永無極。請徵民口，以徵斯石。』

界首越河記　顧雲鳳

萬曆巳亥夏，方有事邵伯越河，而寶應令宋濬者，道經界首湖，遭風大敗，僅而獲免。事聞都部院劉公，下鳳往勘界首湖便害狀。余因前悉湖形險與三湖略等而往勘之，日適有七舟，同被溺者。喟然嘆曰：『嗟乎！此河伯告我以湖患乎？夫余河官也，語固言治河者，寸壤之瑕，而全河任之。今獨不當言，數里之險，全漕任之乎？且天子軫念民漕，業巳不惜數十萬之費，患在寶應則治寶應，患在高郵則治高郵，患在邵伯則治邵伯，民嚮其利，國亦賴之，何獨難是十數里之河，令狐裘而羔袖焉？』議上，界首越河之計始決。會邵伯河成，所節省木石略足辦此，遂踵前河起事。其自界首鎮南北者爲河，於田以避湖，其與鎮值者爲堤於湖，以避鎮居民之廬井墳墓無動，而行者得乘安流矣。是役也，爲河身長十五里，濶二十餘丈。築東堤一千七百二十餘丈，濶六丈，高可五之一。築湖心大壩一百二十五丈，濶五丈，高可三之一。築土埂一道，長一百三十七丈，濶二丈五尺，高可五之一。建南北石閘二座，改建子嬰溝石閘二座。自萬曆二十八年十一月初七日興工，二十九年八月十二日完工，計費凡一萬九千七百有零其一時共事者，督理則揚州府通判趙性粹，徵發，則有高郵州知州孔祖潁、寶應縣知縣冷鳳陽，分委則有高郵州判官王萬育，寶應縣主簿盛治世、王之臣，率夫則有巡檢沈希孔，大使吴從周、龔自德、羅佳，省祭、張爽、李綸、丘應麟、季來、徐元旦、姚惠文、顧楝、成器、楊晚、季延。凡庀材鳩工、植栽柳蘆，一如邵伯云。余惟界首一湖，形勢差狹，然南北廣淵，吞激注射，稍束隘之，其怒益疾，故三湖越河雖成，不治界首猶爲免之虎口，而糜之修蛇之牙。今界首越河成，而淮揚之間始不復知有湖，民有安流，國有全漕，則三河皆得界首始完哉！爲記其工役歲日如此。

總河尚書晉川劉公祠記　都御史李植

歲巳亥，晉川劉公總督河漕，毅然以濟運便民爲任，與河防僚屬胼手胝足，升丘降隰，徧察土宜，窮探水勢，考訂謨於故實，採群策於野老，因得夫疏導興建之宜，精心内畫，具有成筭，以爲諸湖險處，非通建越河，風濤患決不能免。於是條其便宜，疏請於天子，明命一意委諸南河都水瑞菴顧公專司其事。兩公肝膽相照，謀斷相資，劑量錢穀之盈虛，酌調夫役之多寡，易樁木、採堤石、度地、分工、鳩工儲食，諸所規畫犁然既備，然後鍤畚兼施，工役並舉，力殫吏勤，晨昏有課，不再歲而功告竣焉。計所建越河有二：一曰『邵伯越河』。南起三溝舖，北至露觔廟止，堤凡二千五百三十一丈，通湖閘二，減水閘一。二十八年三月興工，本年十月報完。一曰『界首越河』，南起永興港口，北至雙橋口止，凡一千八百九十丈，通湖閘二，減水閘二。二十八年十月興工，次年八月報完。邵伯河堤直從舊堤以東，買取民田築之，迤邐宛然，勢如常山之蛇。界首鎮界居民千有餘家，皇華館驛隸焉。如堤直建舊堤之東，本鎮棄之新堤之西，則千家井竈、百年郵亭不免丘墟。則自本鎮稍南，以至本鎮稍北，造爲越堤，環抱一鎮之外，居民竟免遷徙之擾，舊驛亦省改作之費。先是兩工初議估勘工費，始以二十萬計，既十萬餘計，而開河、築堤、採石、運木，各建砌南北二閘，夫工匠作餼廩諸費，及告成之日，稽美錢穀所費，僅僅公五萬餘金，視十萬半之，二十萬繞四分之一耳。用力少成功多，是遵何術哉？蓋經理之得其人也。自此重堤夾衛，舟行中流，積水汪洋雖如故而風濤化爲安瀾，舟楫往來雖不殊而涉湖如履康衢。昔者顛覆昏墊之災，皆不復再見矣！士民戴績，祠公而尸祝之，因謀勒諸貞珉，使芳猷茂績來杞可考。余不敏，因編次如左，以紀其槩。

顧公界首越河祠記　祭酒李思誠

吾揚沿漕堤而湖者四，蓋大澤也。自高堰外決，黃河內灌，淮、泗之地驟溢而高無所受水，遂爲陵寢患，治河者計無復之，不得已主決水之計。吾揚仰受衆流，諸湖澎湃汪洋浩無涯。渼湖益增之而險，幾與洞庭、彭蠡埒，歲溺公私之載不勝數。而越河之議起，高郵、寶應二湖最巨，最先成而邵伯界首，數十年來寔未有□□也！然使國家之緡則與估人行旅之往來者，踰江遡湖出數千里之遠而獲至於此，皆相慶脱于險矣！而復傾敗數里間，良足惋惜。屬河伯告變，萬櫓皆停，日役水衡錢以從事，於徐、邳而東支則西傾，左闢則右塞，縱念此安及乎？顧公來，乃始慨然嘆曰：『柰何以近害廢全利，以小悋丧大功？即匱乏未可緩也。』乃請之總河劉公，報可。先開邵伯河，越歲界首河亦告成。長堤蜿蜒屹如山峙，閭閻未嘗苦徵發，而公帑又未聞其虞資費也。自是過者若履坦然，猝有風濤，而榜人之声固出湖水之外矣！蓋吾揚北抵淮，南抵瓜儀，纔二百餘里耳。湖之據其中者，凡四使三者，長年一日之中神沮色變，惄惄然惧不免于陽侯之灾。在數百年間於湖無所不患，數十年間於河尚有有所患。夫使之有所患，則數百年之害未全去也。不能使之無所患，則數百年之功未全收也。自公舉是役，而數百年未全去之害、未全收之功，一呼吸定矣。噫！公之所就，豈淺淺耶？抑是役也，與它湖稍異。他湖堤也，界首之爲堤者，與民之跨而室者相半。河成則民居以一線之土，孤懸波濤中，無論虞潰決，即出入安置焉？公惻然憫之復爲請之。

總河劉公視民居所踞者，隄于湖中以成河，以與所開之河合。夫隄於湖中，工非不繁，費非不鉅，然使數百家之衆，得席業而蒙安者，誰德耶？以存數百家之命，視過費公家之千緡，誰重耶？則公之仁心與豐伐，又自不容掩矣！因相率搆祠祀公而問記于予。予曰：爾毋私公也，以爾所稱，尤其小者耳。夫今治水者，計惟有舉淮、泗決之下注已耳。揚之諸湖不能受，計唯從子嬰溝、涇河諸閘放之下注已耳。總之治上流不治下流。昔禹以爲河所從來者，高水湍悍，難以行平，地數爲敗。宋王安石□漳河之役曰，使河不由地中行，則或東或西爲害一也。今諸湖河堤成矣，然以當湍悍之水，從天而下，能不虞敗乎？即不然，高寶而下長波迅□，日夜奔流，數千百萬家之田廬，謂何能不爲害乎？公嘗告予曰：將竣是役，而濬諸海口，謀所以爲尾閭之洩。今計工之檄旁午，而至畚鍤計日興矣，非公意哉？蓋公不忍舉界首數百家而棄之也。抑予有感於公而知天下事在人爲耳。界首河堤而緩則緩矣，置數百家於水則水矣！置高河以下數千百萬家於溺則又溺矣！公起而任之，而天下始得免於全湖之害；則是役未見可後也。數百家轉灾而祥，直舉手耳，則堤於湖不爲費也。河之下數千百萬家待之以生，并虛之以受，則治下流安見其非良策也？故事在人爲，予之心折公者深矣。昔司馬子長從負薪塞宣房，乃作《河渠書》。予亦親覩公之拮据是役也，安能無以勒之七尺之石哉？公名雲鳳，丙戌科進士，吴之常熟人。

顧公祠記

都御史李植

顧公之去郵也，蓋以枲藩行省濟上，云乃郵之寮屬，及博士弟子與諸父老，驚相謂濟、泗、淮、揚，即限南北共漕道耳。不謂朝廷以顧公久習南事，故遷公而北，獨不念南故要扼，一旦水決隄敗，疇爲砥柱哉？誠謂公勞勩，特召而寵異之，胡不以璽書加公爵等？而終惠公於郵，乃徒命賢者往來南北，奪我公去也。謀尼公行，不可得爲，當公行相率而走百里外，泣祖於江之濆，因歸而建祠河上，尸祝公以寄不忘，則又相率走百里外，納篚於不佞植而請勒諸珉。不佞喟然嘆曰：昔西門豹，魏之能臣，漳水遺利，史遷著書紀之，豈非以有功於魏哉？矧公之功爲天下利也，惡能辭？顧公者，名雲鳳，吴之常熟人，以丙戌進士起家名州晉水部郎。始以南河屬公，行部高郵凡六年于兹。夫郵介淮、揚間，爲甓、社湖自邵伯、界首、寶應延袤二百餘里。凡四湖瀰漫衍溢，爲洪濤巨浪，即敗亡覆没無完艘者，何可勝數？況於漕艘粟之所輓，尤民之膏脂，縣官百吏六軍之所待給者哉！故策糧餉者曰：沿高寶而峻其隄，築則漕不患。策陵寢者曰：決高堰而注之高寶諸湖，則亦不患。其生靈萬億置之勿問，抑烏知夫有高寶之生靈席恬而枕安？後有高寶之漕隄，徐運而靡驚，不決高堰而保高寶之漕隄，後不縱澎湃之河流，而固陵寢之風氣，三者容可分治之乎？公固曙之晰已，故當時論糾紛之日，抗辨萬餘言，議乃止。公蓋謂數十年來沿築雖密，顧南有邵伯，北有界首，尚爾汪洋，漕患如故。公因以兩湖越河之議請，得行，不越歲而邵伯告成，又不越歲而界首亦告成。而後漕者、旅者始，皆得挂席安流，不知有湖患已。是吾揚爲天下之咽喉，而今始厝於無患。吾郵爲吾揚之咽喉，而今始脱於陸沉而亦無患。吾揚爲天下淮黄之下流，而高堰之決，自公而止。吾郵爲吾揚之下流，而諸湖之越河自公而始成，舉向之有所患而數百年之害未盡去者，今且全去，向之不能無所患而數百年之功未全收者，今且全收。上不惟爲陵寢、輓漕之便，即郵之報公再造，又寧有終期也乎哉？因紀其事而係之銘，其詞曰：

『粤維淮揚，牛鬥沃都。枕高席寶，中滙四湖。沆瀁忭瀜，洸滌淮漢。襄陵廣斥，瀰漫浩汗。於是鼓怒，濁浪排空。決帆摧檣，腹葬黿宫。三老長年，眩目沮色。爲我漕患，咽喉阨塞。公來水衡，南望其咨。兩濬越河，手足胼胝。長堤蜒蜿，屹焉山立。剔彼陽侯，淵渟頓戢。容裔蕩漾，恍惚安瀾。千艘雲飛，借之羽翰。委輸全漕，四百萬石。而今而後，脱魚龍厄。昔在召伯，蔽芾甘棠。勿剪勿伐，播之詩章。而況於公，是尸是祝。匪直尸祝，我歌以續。甓之左兮金隄，隄之右兮膏畦。白叟兮謳悲，青衿兮致詞疇。食汝食兮衣，汝衣薰蒸兮蘭。養湛酤□□□。公不來兮注余思，帝命真宰兮代饗之。司水上兮沛□□，公欲歆兮亮非一。郵民世兮不倍德，將衮衣兮綏南國。

間雅別署記

吏部員外王納諫

漢氏聞人若劉子政、楊子雲以及東都張蔡，皆稱於學無所不窺，或乃手校鍾律，目意渾像其著論通天地。人曰儒不虛言者，後浸婾棄不能紀遠。然而流風未已，若陶弘景方外之雋也，一物不知，以爲深耻，彼豈應科目干禄於此世哉？退之亦云雖今之仕進者不要此道，然古之人未有不通此而能爲大賢君子者。噫嘻！余每誦此言撫几三嘆。夫使士績學，若賈待售而已耳，售則爲之，不售則不爲也。區區經義論策，有腐心没齒於其中者，焉遑問其他？理學先生則又曰：急性命，遺事物而空之至如前古絶學，若象緯鍾律之屬，皆疇人專官殫極幽眇而世罕傳習，百存一二，轉弗復顧惜，甚者訾以爲非務，距以爲不解，必□使先生微意薰歇燼滅，用愚黔首。烏虖！亦忍矣。仁和李我存先生，今世碩學，自天官星土曆律測候極數徵象，靡不殫洽而冲素自將。頃以都水使者涖事，秦郵始至謁先聖視學。宫且圮而軒懸缺不具，如有慨然。既而裁□□干金爲修葺費，更制樂器，遴良伐材，躬自校定，都爲一部《鏘鳴式序》，暇則集諸士談藝往復，諸士以故人人心折先生，諸士亦安能微先生殫見洽聞也歟哉！而先生爲訓，若曰用志不苟，有如此樂矣。緬若氣，微若声，夫猶神而存之，而況其章徹者乎？神明之牖，惟目與耳。目内有形，以《詩》《書》致養焉，有形可循，故《詩》《書》日益博。耳内無形，以律吕致養焉，無形不可，即故律吕日益斁。假令耳目之官，課職如一，并力幽討，寧不足通，天地人爲大儒，即區區經義論策，有不眇衆慮而爲言者乎？又何精麤小大之樊哉？先王於大雅灰冷之際，迓續微學，俾不墜地，是其篤志好古懷不能已，非如世學者集於苑而不集於枯者也。充斯類也，求有不爲爵勸，不爲禄勉，以憂社稷者，其惟先生乎？諸士志之先生，今所職治水，而水與土爲妃，融結者有端。觀《禹貢》所導山川脉絡，若一畝之澮其溝瀆。禹雖足迹徧天下，旋其面目瀰望而眩矣。奚以導地脉若一畝之宫，其亦有表微洞幽，不循有形者，而世失不傳耶？先生蓋有以辨此矣。先生随刻嘉績，又以其餘力，爲秦郵脉土闢南北關，宣節風氣。鄉大夫、士既心折先生，請於州，刱別署數楹阜比先生。而武原王使君適下車，與先生同里同志，□雅悦學。於是諸士得請而問序於余。余服膺先生之學，徤其志將往問業焉，以爲諸士先，而未之逮也，不容無言。

平成別署記

祭酒李思誠

今國家河渠之使郡縣州佐不下什百，天子特簡一大吏總其事，復以三水部扼要津而駐之，節分董之，一治中河，一治北河，一治南河，若列鼎焉。豈不足障海若之狂，而制陽侯之横也哉？乃三鎮之中，獨東南半壁由江入淮，由淮而至濟上延袤二千餘里，幾天下半而于四瀆已有其三。百川萬壑合派于斯，漕艘千群遡流於斯，其驚湍怒濤與飛檣危楫，日夜相催擊，其間至險要也，比之三鎮，更號難治。紹虹先生以兩浙循良治河，吾土春則自郵而涉揚子，審其孔道之通塞，以及濟州。秋則自郵而遡濟州，察其水勢之平陂，以及揚子。不問帑金，不發斗粟，而旱潦卒頓以無虞。郵之城西隅曰『窑港口』者，長堤千尺，河水嚙之，積有歲月，城幾爲弛者，屢矣！少徐之則魚鱉生靈，漏洩風氣，所關於州治者不細。先生奮袂而起，鳩工集事，不匝月而已告成。其垂秦郵無窮之利，即婦人、女子皆知德之。暇則留心學校，捐其禄入，月進諸生，而與之商業三年中，但見文化蔚起。雖鞭蒲之声稀聞，交戟之内群然鶴唳而已。至於春風醇酒，使人不飲而醉，又其餘者也。蓋先生欲瀾常净，識浪不興，自其賦性而又充之以粹養，故以之治民能調其躁懊不平之習，而歸之純樸與卓魯同功。以之治河又何難？疏其横溢汎決之勢，不南走江北走海，而與神禹争烈哉！無怪乎郵之鄉紳，暨其父兄子弟，不憚割地、捐資，相與征繕，不曰必欲俎豆於賢人之間，而後即安也。昔狄梁公巡撫江南，奏毁淫祠千八百，而存者特大禹、秦伯、季子、伍員四祠。夫禹平成之績，至今永賴，其祠萬世，宜已如伯、如札，僅以讓著。若伍相國，其復仇之義，雖耀於春秋，然覇吴覆楚忠孝之際，不免遺議，乃廟貌之儼真與禹並。况身有其功，而恂恂退讓，不矜不伐，如先生者乎？即天壤共敝可也。先生甘棠蔽芾，属余梓里。余身被河潤而欲揄揚休美有年矣！今於郵之士大夫以序相征也，其何敢辭？若曰以年稚而阿所好，則非余立言之意矣。

龍神感應記

大學士葉向高

天啟元年辛酉，余蒙召北上，行至淮陰属，前數日風雨大作，黄流乍漲，淤泥乘之而下，清口壅塞且二十里。余與大行吕君奇策，各令人往測之，且淺處不能盈尺，即輕舟亦不得渡。管河郡丞趙君廷琰，欲用力挑濬而其勢不能。余不得已謀陸行，復以病不能輿，進退維谷，僉謂金龍四大王可禱也。余迂其説，然試爲文告于神，長年輩亦醵錢血牲，属吕君肅拜以請，忽一人爲神言：『此河属張將軍，吾當問之。若外河，則我當護送已。』又一人爲將軍言：『更數日乃可濟。』龍神言：『此太遲不可至，一二日亦不可。』乃曰：『詰朝即有水可通舟矣。』余殊不信而視河水寢長，晨起則增至數尺，淤泥盡去，舟人歡呼，牽挽而前，沛然無礙。既出口復苦風逆，余復禱于神，遂得便風過清口。見黄水澎湃，奔湍迅急，挽舟者進寸退尺，甚有戒心。幸藉風力，一日至桃源，次日風大利，遂至宿遷，蓋百二十里矣。是日有蛇附舟之柁，蜿蜒蟠伏，以一紙盖其上，不知其所由來。舟人驚詫曰：『此龍也，勿動。』薄暮升柁楼，倏忽不見，外河護送之言，此其驗歟。

余之庸劣，何以致神惠然？河塞而通，水消而長，蛇而登舟，登舟而得風，事皆甚奇！豈聖天子之召，命寵靈實式臨之，故得此歟？昔夫子不語怪，乃吾鄉天妃之著靈于海，與兹神之著靈于河，随叩随應，捷于桴鼓，耳目所及，不可一端盡要。以國家數百萬軍儲之轉輸，南北數千里舳艫之來往，皆于此寄命，断有神以可之，而非渺茫迂遠之談耳，余既述此，俾趙君石于廟。更三歲謝事歸，重拜廟下，讀前記，間有未詳。偶與行河使者藩臬朱君國盛、管河郡丞張君元弼、山陽令孫君肇興，談而異之，因增一二語，礱舊石重刻，使往來者得悉其事，亦爲神添一段佳話焉。

重開二河記

朱國盛

舊志載，運河之鑿始於宋，今非其舊蹟矣。吾明運河改鑿于平江伯陳瑄，司空潘季馴更其口以向淮者也。新河鑿自漕撫淩雲翼，厥後嘗一濬之而塞，至今歲而始疏云。二河之分，自淮城楊家廟，流七十里而合于清口。夫俱入清口，而兩鑿之者何？疏新政爲疏運也。運之所以易淤者何？黄之奔沙奪淮壅之也。故凡論治黄者，必以淮之清刷黄之濁，而使河身深。論治運者，必以淮之清避黄之濁，而使漕梗。去昔平江伯慮運道之回遠，鑿此而直達諸黄矣。潘復更其口以向淮者，就其清也。故既設閘以啟閉，復于每歲仲夏運舫已盡之際，築壩以攔塞，所以抗黄之濁、翼淮之清者，慮亦周矣。數十年來，法綱浸弛，有司因循，漕輓多後。至夏秋而巨艦猶相望于途，則閘不可下，壩不可築，濁流所積，遂至停橈，輓之過者，輒募艑艋代運，虚舫而後渡。盛履任之初，覩其間關爲之低回者屡矣。即圖所以排決之，而淮帑若洗，躊躇維谷，因與淮道宋公仰屋而籌無畫也。先是潘大司空以列肆傍河而擅河之利者，令出夫以供役，衷之得千八百名，倍其力，以九百從事，而牙行倩應率多流丐，不堪用。厥後袁公應泰、李公之藻，議每名折夫價九兩七錢，輸官備募，歲久法弊。夫長胥人影射乾没，行店日增，夫數日減，餉不時給，工亦廢弛，以致運道淤淺，潰決叵測，奸囼蠹窟，莫之究詰。將圖大舉，敢辭怨勞？會廳縣陳匱乏狀，士民有言宜清覈者，除減免五千外，歲徵入庫者，始獲萬有七千金。廼奸夫復躭躭謀季廩如昨。時大中丞吕公初莅任，許司道駿詰，夫詞窮奪其春餼千一百五十入公帑。僉聚而謀曰：疏河所以通運。今運卒候輪而絶之，可乎？請先開新河，以通回空之船，而後運河可鑿也。且二河俱七十里而遥，工極煩劇，須調度得宜，耗竇盡塞，給直于趨役之先，動衆于可悦之地，使人人子來，不煩鞭朴，而後大功可立舉也。府邑諸官屬皆以爲然。爰具畚鍤，構篷廠，調淮揚廪夫以穿新河，不足即以冒破之金增募之。計先後所費僅千二百金，歷數月而久壅之，渠潺潺矣。新河既通，始定治運河之方略。初測水，計估費不貲，謀諸孫大令，乃先于下流作壩，決而涸之，戽水出庄。相其高下，度河之徑，析爲三命，三簿分督之，復析以屬諸鄉約，俾若臂之運指。立旗幟以分界，設信樁以測土。如十丈之中，隆者七、窪者三，則七之隆者半，窪者半則半之，丈丈尺尺均輕重，定多寡，而預給若直。令曰先竣者賞，司道以下出金錢犒勞，鼓舞不絶，衆皆歡呼，踴躍争趨工如闖以內事。於是淤者盡去，舉茸坎而一之。河庄舊有平江伯石堤與故閘，坍圮者數觸舟，至是盡發，漕賴以通，特以黄河身高，入口作溜，鑒昨歲阻船之多，發壩之險，復于通濟閘作月閘以時啟時壩而濟運之窮。攔黄之入役之初興，度費二萬餘金，至是用未十之三而工竣，民無怨讟，工不逾時，蓋以處置省金錢，非以節省飾觀聽者。南北通津，檣櫓交錯。昔何以壅？今何以疏？途之人盡知之，寗如向者問之水濱、竭之尾閭乎？是役也，荷聖天子之寵靈，奉司農吕公之條教，暨巡按劉公、巡漕練公之閲視，所與僇力同心，左提右挈，引翼成功者，枲知宋公統殷也。旦視夕省，躬親土石，竭蹶忘倦者，淮守宋公祖舜也。督理有方，信賞必罰，不憚勤渠者，河廳張君元弼也。戴星出入，調發以時，殫精悉慮者，山陽孫君肇興也。遵教令効胼胝，若主簿季子寗、汪瀚顧，乃德盖不勝紀云。役告成于天啟甲子孟夏，廉荷決者僅兩月。然荒度經營，按夫出賦，量工命日，預爲之慮者，則自壬戌孟春始。噫！二河雖澮，而運期未正、黄暴未翕，其敢貪天之功，謂漕可永世無虞乎？必復先臣之舊制。正仲春之運期，葺堤築壩，斂戢水維，啟一閉二，無墜閘禁，則黄不嬲淮，相携歸海，俾江潮復遠于清口，諸水交會，而朝宗祖陵王氣，鬱葱萬年。漕運、民生永利百世，須藉大有力者挽回之，而非愚臣所能及也。雖然，余别有説焉。夫河洛思功，饑溺思過。余出地方之賦以佐地方之役，其可以自爲痛。唯總兩河長堤之費，視一歲夫徵之入僅逾千耳。不以逝波貽納溝，聊以寡吾過也。急國家之重計，忘功罪之世緣，恃有忠信，以歆于河，公乃大中丞漕使者，先後上其勞。余懼其隕越也，聊勒諸石如左。

淮上石堤記

朱國盛

淮郡當二河之衝，而淮之三城最下平水者，從清口遠眺，覺睥睨波光，遥相薄也。就地形論之，淮之衆庶岌岌然，皆從釜庄居矣。每歲伏秋之際，黄必先溢，而淮繼之，二水俱溢，勢能排山，豈一線土堤之足捍乎？故一決于范口，而淮人懸釜，再決于王公祠，而城中水深四尺，三決于磨盤莊等七口，而市有遊魚，瓦有沙痕。水將至，中丞以下俱親投璧督薪，行備河之官，露宿堤上，巨浪掀撼，岸骨摇摇若浮舟，郵亭入于波心，艅艎出于地面。令民户出蒲包裹土，築子堤，塞門垣。淮俗素貧，荐臻凋瘵，老弱婦女相望泥塗，蒲至踴價數倍。水之怒號，吏之呵督，鮮不蹙額抆涕，蹋蹐呼天者。閭左維魚，城門如穴，累累丸封，載胥及溺。噫！淮之備河計亦窮矣。盛以天啟辛酉之秋受事，會河有高堰等諸決，躬親董塞。目擊淮人危窘狀，淮道宋公統殷喟然曰：『吾虞城之欲沼也。惜哉！其不以諸堤之石併石我淮也。余實心頷之，顧帑藏虛匱，不能作無米炊。』俄而清夫出賦，藉郡邑之力，畢二河之濬，始鋭精是舉焉。按《河防一覽》，先臣總河潘公，築高堰石堤三千丈，計費以十三萬。即近時高、寶肇堤，鮮不丈至十金者。以時之不易，河郎不佞，何以及此？大工第嘗以所清曠銀八百，試于高郵之中堤有磚石兼砌法，費可減十之三，下山陽河官議，每丈估九兩，因循前法，損俸八十金，載磚石以往，親築十丈爲率。謂淮無泥土、物料，俱取諸揚屬，其途頗迂。縣大令復議加灰米，爲百世計永利，稍益其資。於是分委官屬預備物料，瓜洲主採木，儀令主運石，清河鑠砿，山、清、高、江、寶五州邑各陶磚料，既具構數廠，木工治樁，磚工鎔堊，厮養粉秫，百度齊舉。然後立木以引繩，就户以分價，析料以屬居民，計直以給工匠，量才以任河屬。督下樁者，内河季簿也。督甃砌者，外河汪簿也。簿所不及，則分委諸鄉約董治之。礭手椓杙，居人實土復丈給以八緡者，示無擾也。築堤之法，下埋石四層以固其根，中布磚十二層以堅其身，上覆石二層以膠其□，裹湊石二層以實其腹。一自包家圍至洋信港，官自任之；一自西湖嘴至許家閘，民共視之。凡一千六百丈，措料有方，給直有法，動衆弗擾，人思自衛，以故不督而勸成，欣躍以趨事，歷四旬而工竟矣。時天啟甲子仲冬也。夫洩水須疏，防水須障，固釜庋之城，拯魚鱉之衆，蜿蜒長虹，湖光映帶，室廬相慶，衆驚爲神。自有此淮，何可無此堤哉？雖然，建豎者在當事，保護者在後人。余奉大中丞吕公教令，藉憲使宋公同心，郡侯宋公祖舜、郡丞張公元弼，邑侯孫公肇興僉謀有年矣，而成之一朝厥工匪易。倘歲克繕修，弗令頹圮，淮郡庶幾其永賴乎。是爲記。運河鑿于平江伯，而淮堤鮮石，水至恐魚，每年運艘輒又閣淺敗柁。及決河，而視之西堤數里，舊有石以障湖，其在河心者，突屹中央，如砥柱之不可圮，今始盡鑿□而不爲梗。乃先年河、淮合流，清口深刷，江水皆自南而北，至爲閘以留之，故淮之人文盛而國家之土氣昌。今昔桑滄，大河且奪淮以拒江，堤閘亦因時而異勢，盛之萬目挽回，又不獨河、漕矣。

露筋堤記

朱國盛

幅隕秦郵者，皆湖也，其西南三十里有邵伯堤焉。晉謝太傅安之所築也。堤之下爲南北孔道，孔道所歷曰『邵伯越河』先朝劉、顧二公所荒度避外湖之險者也。河之西岸曰『露筋廟』，唐代之貞女也。廟之傍三里許曰『小湖口』，曩所通湖而未堤者也。口之外漭沆數百里，未有測其垠鍔者，新開甓社，諸湖之所彙也。洪濤撼天，飄舟如葉，運舫、商船至此口者，輒低回莫敢渡。遇颶，舟相填壓，或觸岸而決，或逐波而沉，遭墊溺者踵相接也。舟所艤泊堤傍，居人擅其利，鮮有樂其塞者。盛履任之始，乘小艇徧觀南河之地形，至是口惻然憫之，因歎曰：『昔禹之治水，思天下有溺者由已溺之。余典南河，而是口弗塞，非余溺之而誰，然造堤水，心難矣。料無見價，役無見粮，更難也。因請二院，求批贓鍰佐之。時閘蠹則有晏聯芳、閔大憲等，民蠹則有謝應魁，役蠹則有徐良等，夫蠹則有樊継芳、樊世美等，行蠹則有徐朝宗。此數犯者，各有部落爲之羽翼，或苛歛商人，或蠶食夫役，或買訪以含沙，或逞兇而暴衆。既發擿而伏其辜矣。課其贓鍰，在上者無幾，勿令下没，在下者無幾，弗敢己私。州縣先後追貯官庫，即令州縣分給以供役。湖口之界，江、高各居其半，廼命高郵判官王國祚、江都主簿賴子崇，分督之。因躬親董率，以授方略。天根始見，水落灘出，投土以實其基，樹茭柳以固其築。然後徐下樁木，外濱大湖壘以石，内薄通津葺以板，費節而工可舉也。淺船運土，巨艦載石，相屬于道，旬日一省視焉。衙胥皁有蝕夫漁餉者，立置之于理。工用告成。起于天啟三年九月，竣于四年十一月，凡費千六百金。孔子有言：『敬事後食』。漢《樂府》亦言：『狗逐狡兎，廼食君禄。』夫君之禄，豈易食哉？必効犬馬之誠而後可耳。盛之領南河也，河慮其決，堤慮其圮，漕慮其梗，舟慮其溺，四者無日不籌之，苦矣。賴宗社之靈，當局之庇，葺堤濬河，稍有成効，庶幾得免素餐乎。是爲記。

修中堤記

朱國盛

運道所歷以越名河者四，其稱『康濟』者，秦郵城北之境也。康濟本白公昂所鑿，去外堤三里許。厥後堤多殘缺，吴公桂芳以爲遠而難守，命郎中陳詔州守吴顕傍堤而穿越河，則因白之舊址而西徙矣。故康濟有三堤，其西石堤曰『老堤』。平江伯瑄所奏，而吴公重葺，以捍外湖之洪濤者也。其中土堤曰『中堤』，則陳、吴二公所築，久而頽圮者也。中堤之東曰『東堤』，則以河徙而廢，爲汙邪之畔而已。夫外湖之濤，老堤禦之，越河復溢，則中堤之墊不足捍，而民田爲巨浸。比年有司不以崇堤爲務，而惡啼掩口塞南、北金門二閘，以節水勢。然其築也，騷黔驅醜，箕歛出貲，夏築冬開，累歲相襲，名曰爲民而實擾民者多矣。夫白公之穿康濟也，挽行客于陽侯，而登諸枕席也。今築金門，則運船、民舫復行外湖四十里始收漕河，石尤莫測，舟楫失墜，巫陽相屬，一歲中殆不知幾何人。先哲拯溺之意安在？盛受事之初，睹牆烏之遭厄，即以爲河臣之辜。於是躬率揚屬，度堤之綿亘，峻坎之廣狹，其居窅者若干丈，值帑之匱，量貲而舉，施盤壘□。先務其窪，堅可名金，波不能嚙。畹畦之糜芑，登漕輓之帆檣。逸罷金門之築，民之躑躅謳歌者載道。估客晝眠于浪静，舟人夜語于漣猗矣。夫平江之築老堤二百年，失守而揚幾爲沼。陳吴之築中堤不百年，而疇可設曾，石土之力殊也。余葺是堤，固其三分之一矣，餘因臯而舍之，慮高岸爲谷，非盡石之不可，而他役並興，螳臂有限，將以竢夫繼之者。余典南河，大治畚鍤者五，而以中堤爲知犒矢云。

珠湖别署記　朱國盛

珠湖别署者，秦郵諸生講秇之所也。不佞以水曹覽聽之餘，□虫雕于麗澤，逢掖之頋從遊者，咸颷趨而景從焉。苐衙宇之下非可以羅鉛槧，擁牙籤，爲多士林思别搆，然藜之室而未遑，邦之賢士大夫欒子弟之糜，然向風也。因相與卜築城南之爽塏爲别墅，有堂噲噲而納月。有楼峩峩以干雲。虛庀，而候落如之舒，闢徑而期帶草之菁。□不半歲而落成，挾策之士爛其盈門矣。昔文翁守蜀，立學官以育俊乂、餉刀布、訓六藝，躬親課督，是以錦江儒風，齊魯勿及，西京遂以翁爲循吏首。不佞非守土臣，謬爲諸子所宗，依衆君子復茳而舘舍之，豈以不佞爲董之幃、馬之帳乎？夫搴芳揚彩，培蔴矯蓬，爲髦士前驅者，不佞拳拳之鄙思也。窺三嗽六，鈎賾搜奇，探驪龍頷下者，諸子用世之宏業也。入室之士，矯矯直上，不寄人廊廡，其何藉于别墅之托足哉。雖然，大鵬之舉也，非以扶摇羊角之掖，而後能騰騫也。至于背負青天而莫知天閼者，果孰爲之後先與不佞？是舉未必無補于諸子也。且我聞之，得諸山者其人靈，得諸水者其人秀。是邦之甓社，非所謂泙渫揚波，其人磊砢而英多者耶。試登樓迥眺，闌勢珠光，朗然在目，向之燭天而稱瑞者，獨不可見諸今日乎？況聖代休明，重熙累洽，環材逴躒，邁于前朝，何孫莘老之足遜也？然余更有説焉。世道、江河、綱淪、法斁，居是室者，言忠言孝，不獨以文藝望諸生而窮討聖贀之微，以毋忘孔氏之訓，是又自愛其珠者乎。因以珠湖名署而記之如此。

濬路馬湖記　禮部尚書董其昌

國家轉漕惟河，是仰謀國者急防河如邊備云。嘗讀《漢史》，以武帝之雄略，能命將出師，犂王庭而空之大漠之外。至宣房之役，沉璧束薪，欒異横汾，歌殊寶鼎，有甚於防虜者，良以衛、霍在事，則天驕落膽，而賈讓未出，則河伯衡命。平成永賴之績，豈不在所任哉？明興談河事者，其書充棟，廟堂亦數採其言，不惜糜大農、水衡金錢，隨時修捄，屢試罔效。歲在甲子，予應容臺之召，道出維揚，則吾鄉朱奉常敬韜時以水部開署社湖，爲留連信宿，抵掌漕事，詢所謂分黄開泇者。其言曰：『兵法有之，攻堅則瑕者堅，攻瑕則堅者瑕。以河流之遄悍，方薄我於險，而分一黄是增一險也，此攻瑕喻也。趙營平之討羌，羌夷欲一戰而死且不可得。鄧艾破蜀，舍瞿唐三峽舟師而疾趍階文夫，是之謂攻瑕。今治河者，欲如營平，即不當以漕顯仰於河，欲鄧艾則必因利乘便，有以濟漕於河之外，蓋偏師取奇，開泇有焉。』千灑然異之。雖然，此非鑿空語也。賈讓先之矣。其願捐數百里之地以予河，而不與之爭利，意亦近是。第彼爲民居，此爲國計，上策之中又有策焉耳。比予自北請南，自南請老，敬韜已拜漕臬，先時所任衆怨，覈河工金錢歲一萬七千者，至是用之將作，不煩帑藏，卒成路馬湖之役。盖有泇河，則徐、吕二洪之險漕不任受，有路馬湖則十三溜之險，漕亦不任受。而敬韜之意，猶不止此。必自馬陵山而上，桃、宿之東谿井兒頭，濬石崇湖，以暢泇之脉，庶幾燕然。山銘所謂一勞久逸，暫費永寧云耳。原夫泇河之議決於条知梅大夫，而李少保能成之，路馬湖之議決於敬韜，而司空朱上愚主持之。淮安張郡丞征河工乾没以終之，師克在和後起者，勝使橫門授鉞，有臣若此，於以係奴夷之頸何有？梅大夫，予同年之長也。工成請急，莫爲訟言，官同禦魅，老即懸車，乃敬韜撝謙勇退，三讓崇班，經國訏謨，卷懷不試。二臣之際遇，亦差相等矣。惟是鄭白之□難泯，峴山之石可書，因張郡丞諸公之請而記之。

議修文游臺約序

徐標

高沙陵谷與風亭月觀，代換屡遷，獨是東隅一阜，屹爾千秋。若爲江淮砥柱，共天壤不敝者，曰『文游臺』，則當年蘇子瞻、秦少游、王定國、孫莘老四賢所游樂處也。後世貌其人、繪其勝，紀其蹟，群指之爲泰山而崇禮之如望孟、如仰韓。又孔子登泰山而小天下，文在兹也。四賢德行、事業、節義、辭章具足，紹往聖而開來學，登斯臺也穆然，斯文之統不墜，賢者存之矣。予尚論古之人幾心折而慨慕焉已。已奉治水邗溝之命，署視臺相去在咫尺間，文游四賢又刻刻在夢想間。時漕令肅甚，河務因之，鞅掌於畚挿，轉運之役，夙夜匪遑不克，步斯臺爲四賢一瞻拜。再越歲，年友王六謙招予集飲於此臺上，予繇武寧門往觀之，錦水霞城，烟村繡錯，得景自別。臺之陽士人祠泰嶽之神併五嶽之神，而祠之楼閣莊嚴，金朱輝奕，嵬然奇搆也哉！乃文游臺屹爾一阜，止蒼松古栢林林於野，蔓平沙際。四賢故宇，瓦礫邐迤，幾不蔽風日。載詢遺像，燼巳久矣。徘徊瞻顧，頗似杜陵老所云『溪回松風長，蒼鼠竄古瓦。憂來藉草生，浩歌淚盈把』者。予與六謙相對愀然，曰：天之將喪斯文也歟，後苑者不得與于斯文也歟！天之未喪斯文也歟，後苑者抑舍此何適也歟？文游一聚，百世爲師，君子所履，小人所視于是焉在。予約慱士弟子相與朝夕課業，而以文臺命社示所宗也，起而新之，繄維是後賢者之責，其又何辭焉？六謙可予言，屬予首厥議，爲郡士大夫先。予曰：『夫何言哉？予履是邦，而見賢哲雲蒸，人文蔚發，庸詎知非斯臺之鍾靈，而四賢之後身也耶？試登斯臺，有不儀四賢之文儼然如在者乎？有不快四賢之游欣然如同堂者乎？有不弔四賢文游之勝蹟，愴然如有玄感，惻然如有餘情者乎？是吾人心心此文，文之所以不息也。吾人心心此賢，賢之所以不朽也。文其文，賢其賢，以臺興非關臺也。』予與諸士大夫新斯臺，恭置四賢之主是，則是儆異日四賢祠中，將有彬彬濟濟，争光俎豆，千秋仰泰山之高者矣！予官雖貧，朝廷養我廉者得五十金，可捐以經始也。凡我同志，豈其自外於斯文？

卷之十二

列傳

《傳》稱：太上立德，其次立功。德每見諸行事，功必著于竹帛。故没世無聞，賢士之耻，有勛弗録，史臣之罪也。余脩是志，經畫方略，庶幾可觀矣。而古來名臣有功于南河者，其勛績泯泯不無憾焉。因考古史及吾明傳記諸書，作治河諸名臣小傳，自張文紀始。

漢　張綱　馬稜　陳登

張綱，字文紀，蜀犍爲人。漢安元年，遣八使巡行郡國，綱獨埋輪都亭，奏梁、冀等十五事。帝知綱言直不能用，以爲廣陵太守。是時，張嬰等寇亂揚、徐間，積十餘年。前遣郡守多率兵禦之，嬰等不爲下。綱乃单車徑詣嬰壘，喻以逆順禍福，嬰等面縛歸降。綱因置酒大會散部衆，任其所之，人情悦服，南川晏然。又于揚東陵村開渠，引太石湖水灌利農田，民至今呼爲『張公渠』云。被疾，揚人咸爲禱祀。及卒，老幼相携赴哀者不可勝數。嬰等五百餘人制服行喪，送至犍爲，負土成墳。順帝詔追褒之，官其子，續爲郎，賜錢百萬。

馬稜，章和初爲廣陵太守。時穀貴民饑，奏罷鹽官，以利百姓。賑貧羸，薄賦税，興復陂湖，溉田二萬餘頃，吏民刻石頌之。

陳登，字元龍，建安中爲廣陵太守。沉謀有威，所治當東南之湊。時皇綱弛維，亂臣分擾。登鎮是邦，挺然自固，武力既宣，文教亦浹。又以休暇行城之西二十里，濬源爲塘，溉浸田疇，用獲豐稔，民咸愛而敬焉。遂以名其陂曰『愛敬陂』，即今陳公塘也。其高家堰亦登所築，民至今祠焉。

贊曰：文紀直節，埋輪都亭。朝論不合，出守廣陵。温温馬君，愛民如子。奏罷鹽官，與俗更始。元龍傲睨，卧百尺樓。起而爲守，惟民是憂。三子煒煒，勛績並樹。造福是邦，于水獨著。渠有張號，塘以陳名。生我百穀，流千載聲。

晉　謝安

謝安，字安石，陽夏人。鎮廣陵，築新城，以壯保障。時城北四十里有湖，每水漲没田。安爲築平水埭，随時蓄洩，歲用豐稔，至今民呼其埭曰『邵伯埭』，比邵伯甘棠之惠也。城東法雲寺乃安故居，手植雙檜猶存。天寧寺亦其别墅云。

贊曰：安石東山，高卧眷望。出扶典午，支吾板蕩。西秦之衆，投鞭斷流。以我碁局，殄彼貔貅。出鎮維揚，長堤是築。既障狂瀾，爰生百穀。其人則往，其績則留。召伯之號，輝映千秋。

隋　張孝徵　元暖

張孝徵，爲東海令，嘗築西捍海堰，自是民免水患。元暖，爲東海令，於縣境西南接蒼梧山，東北至巨平山築兩堰，外捍海潮，内貯山水，民獲灌溉之利。

贊曰：隨之虐衆，如燎如沉。彼二令者，民事爲心。築堰障海，潮不泛濫。一方賴之，用免昏墊。

唐　齊澣　李襲譽　劉晏　杜佑　杜亞　李吉甫　杜令昭

齊澣，爲潤州刺史，以潤北距瓜步沙尾淤塞者六十里，舟多敗，請徙漕路，由京口渡江穿伊婁河二十五里，以達揚子縣。自是免漂溺之患，以歲無敗舟減運錢數十萬，即今瓜洲運河也。

李襲譽，字茂實，隴西狄道人。通敏有識，度爲揚州大都督府長史。時俗喜商賈，不事農業。襲譽爲引雷陂水築句城塘，溉田八百頃，以盡地利，民漸歸本焉。襲譽爲人嚴毅，所得廪禄盡散之宗戚，以餘貲録書，既罷揚州，書遂數車。

劉晏，字士安，曹州南華人。廣德二年爲江淮轉運租庸常平使。晏即鹽利，顧傭分吏督之，随江、汴、河、渭所宜。舊時轉運船由潤州陸運至揚子，斗米費錢十九。晏命囊布而載以舟，減錢十五，由揚州距河陰，斗米費錢百二十。晏爲歇艎支江船二千艘，每船受千斛，十船爲綱，每綱三百人，篙工五十人，自揚州遣將部送至河陰上三門，米斗減錢九十。調巴蜀、襄漢麻枲、竹、篠爲綯，挽舟以朽索，腐材代薪，物無棄者。未數年，人人習河險，歲轉粟百一十萬石，無升斗沉溺。晏始于揚子造船，每一船破錢千貫。或譏其妄費，晏曰：『大國不可小道理，凡所創造，須謀經久。』迺于揚子縣置十船場，差專知官十人。不數年間，皆至富贍。凡五十餘年，船無破敗，餽運亦不缺絕。晏理鹽鐵，惟置官於出鹽之鄉，取鹽戶所煮鹽鬻于商，任其所之，無鹽州縣不復置官，曰『官多則民擾也。』其始江、淮鹽利不過四十萬緡，季年六百餘萬緡，末年更踰十倍，而人不厭苦。古今稱善理財者，獨歸晏云。

杜佑，字君卿，京兆萬年人。德宗建中元年爲江淮水陸轉運使，決雷塘以廣灌溉，海濱斥鹵地盡爲田，積米至五十萬斛。所著有《通典》行于世。

杜亞，興元中爲淮南節度使。自江都西循蜀岡疏新城湖愛敬陂，起堤貫城，以通官河大舟。

李吉甫，字弘憲。憲宗元和三年，以宰相出爲淮南節度使。居三載，奏蠲逋負數百萬。築富人、固本二塘，溉田萬頃。以漕渠卑下不能居水，乃築堤以爲蓄洩，名曰『平津堰』。會江淮旱，浙東西尤甚，有司不爲請，吉甫□以時捄卹，帝急馳使分道賑之。吉甫雖居外，每朝廷得失輒以聞。會裴垍病免，召吉甫還秉政。卒，謚忠懿。

杜令昭，元和十四年爲海州刺史。值海漲，居民漂溺，令昭築永安堤以防民患，閭里歌之。

贊曰：有唐三百，循吏如林。江淮諸宦，盖多德音。是邦土著，水利爲務。決渠葺隄，七賢足慕。尊自玄衮，卑及銅魚。親版鍤者，有善必書。士安度支，離群出域。以勒以宣，爲南河則。

宋　陳承昭　李溥　喬維嶽　吴中甫　薛奎　賈宗　范仲淹　胡令儀　吴遵路　沈起　羅拯　蔣之奇　羅適　王宗望　陳遘　向子諲　盧宗原　張綸　柳廷俊　陳敏　李孟傳　陳損之　賈涉　袁申儒　葉秀發

陳承昭，建隆元年太祖命導閔河，自新鄭與蔡水合，貫京師。南歷陳潁，達于壽春，以通淮右。

李溥，太宗時制置江、淮等路，兼發運使。時江、淮歲運米輸京師止五百餘萬斛，溥增至六百萬，而諸路猶有餘蓄。高郵軍新開湖水散漫，多風濤患。溥令漕舟東下者還過泗州，因載石輸湖中，積之爲長堤，自是舟行無患，公私便之。

喬維嶽，字伯周，太平興國中任淮南轉運使。時淮河西流三十里曰山陽灣，水湍悍，舟多覆溺。維嶽規度，開故沙河，自末口至淮陰磨盤口，凡四十里。又建安軍有五堰，運舟皆卸粮，而過，舟時壞失綱，卒缘而侵盜。維嶽始創二斗門于河西，第三堰二門，相距踰五十步，設懸門積水，俟潮平乃洩之。建横橋，岸上築土壘石，以固其址，自是弊盡革而運舟往來無滯矣。卒，贈兵部侍郎。

吴中甫，江淮發運使。嘗自洪澤鑿渠六十里，以避長、淮漕運之險。

薛奎，字宿藝，絳州人，累遷江淮發運使。疏真揚漕河，廢三堰，舟楫便之。歲上粟八百萬斛供京師費。累官条知政事。

賈宗，天禧中任發運使。時歲漕自真揚入淮歷堰者五，官私煩費。宗請濬漕渠，廢三堰以均水勢，歲省費十萬。渠成，漕舟無阻。

范仲淹，字希文，蘇州人，天禧中爲發運使。時瀕江有灣數里，風濤爲險，迺開長蘆西河以避之，漕者利焉。常監泰州西溪倉，議，築捍海堰於通、泰、海三州之境，長數百里，以衛田。逾年堰成，民享其利，三州之民生祠之。

胡令儀，陳留人，天禧中爲淮南發運使。時命下使究捍海堰脩築可否，令儀熟知其便，抗章力請其成。

吴遵路，字安道，潤州丹陽人，爲發運使。于真泰、高郵軍置斗門十九，以畜洩水利。廣屬縣常平倉，儲蓄以待凶歲。凡所規畫，後皆便之。

沈起，字興宗，鄞人。至和中，令海門。先是，海潮間作，溺民田舍，民至棄業以避。起爲築堤七十里，引江水以灌其田，民遂復業。王介甫爲之記。御史中丞包拯薦爲監察御史，累官天章閣侍制。

羅拯，字道濟，祥符人進士，熙寧中爲發運副使。江淮故無積倉，漕船繫岸下，俟糴入乃行。蓋官吏以淮南不受陳粟，内外譴計。拯始請，凡米至，不可上供者以廩軍，自是漕增費省。轉爲發運使。

蔣之奇，字潁叔，宜興人，熙寧中爲發運副使。歲歉民流，之奇募使脩水利以食流者，所活甚衆。又鑿新河，免覆溺之患。其所經度，皆爲一司故事，以治行稱焉。

羅適，字正之，海寧人。元豐中任江都令，脩復大石湖，改名『元豐』，廣袤數百步，溉田千有餘頃，歲收皆倍。於是顧復陂塘者相屬，適皆親爲經營，凡水利興復者五十有五。歲滿代去，民爲祀像于邵伯埭，高郵秦觀爲之記。

王宗望，江淮發運使。楚州沿淮至漣州風濤險惡，舟多溺。宗望開支氏渠引水入運河，爲公私利。

陳遘，字亨伯，永州人。政和間，帝易置發運使，命選諸道。計臣有閥閲者，因進遘爲使。時方督綱餉，運渠壅澁。詔遣決句城、陳公二塘，達於漕渠。路甫通爲朱勔花石所阻，官舟不得行。遘捕繫其人，上章自劾，帝爲黜勔，弗加罪焉。

向子諲，字伯恭，臨江人，宣和初補録事。初淮南歲漕不通，有欲濬河與江、淮平者，内使主其議，無敢可否。發運司陳亨伯檄子諲行之。子諲言：『運河高江、淮數丈，而欲濬之使平，不可。昔有司置閘堰三，日一啟閉，復作澳潴水。故水不乏，比年行直達之法，啟閉無節，堰閘率不存。今若脩復之，宜于真州太子港築壩一以復懷子河故道，於瓜洲河口作壩一以復龍舟堰，於海陵河口作壩一以復茱萸待賢堰，使諸塘水不爲瓜洲、真泰所分。於北神相近作壩，權閉滿浦閘，復朝宗閘，則上下無壅矣。』亨伯用其言而漕復通。

盧宗原，宣和間爲淮南轉運使。開靖安河直抵城下，免大江風濤之險，漕舟及江行者咸荷其利。

張綸，字昌言汝南人，爲江、淮發運使。築高郵等處湖堤二百餘里，旁固以巨石，間爲平閘，以泄横流。及范仲淹議築捍海堰，綸嘉之，即爲奏上其事。且自請知泰州，躬督其役。踰年堰成，流傭歸而復業者三千餘户。又奏除通泰州鹽户逋□□萬民德之，爲立生祠，范仲淹爲作頌焉。

柳廷俊，宣和元年爲發運使。嘗脩高郵楚泗運河，□□□□七十九座。

陳敏，字元功，南康人，以觀察使知高郵軍事，復詔入覲。久之，上以高郵江、淮要地，非威望素著者莫能守，乃復命敏鎮撫之。敏在郡，自寶應至高郵，脩復石𥕢十二所，自是運河通洩無衝決之患焉。

李孟傳，楚州司户条軍，单車赴官。公退，閉户讀《易》，郡守部使者不待。以屬吏加葺徐積墓，脩復陳公塘，有灌溉之利。

陳損之，爲提舉水利。以楚州、高郵之間陂湖渺漫、茭葑瀰滿，宜創立堤堰以爲潴泄。自江都經高郵、楚州、寶應，北至淮陰，達于淮，亘六百餘里。鑿新河自高郵入興化，東至鹽城，極于海。又于高郵等處置石埭十三、斗門八、盪水河三十有五、涵管四十有五，引水由泰州海陵南至泰興入于江，經畫甚具，溉澤鹵田□□□□，兩淮之民賴焉，爲立祠于儒學。近日議入江入海水道，當以此爲據焉。

賈涉，字濟川，天台人。嘉定八年，令寶應濬望直港通射陽湖，民便之。擢知楚州，治邊有方，金人不敢犯。李全畏其威，歸附焉。

袁申儒，知真州。嘉定中上言便宜十二事，作翼城，置營運庫，開茆家山塘，築堤置閘，匯諸水溉城以防敵。是年春，虜騎果至，俄迫翼城，疑不敢前，遁去。

葉秀發，字茂叔，紹定元年以承議郎知軍事。時三十六湖水高田下，隄防少有不固，則百里一壑。秀發建石埭以疏水勢，瀦洩有常。後郵守馬公追思之，爲立祠樊良堤上祀之。宋景濂有傳。

贊曰：古今治河，惟宋無策。二十五賢，江、淮是式。堤不善潰，漕無壅沙。滮池溉粳，汙邪滿車。崇德報功，亦祠亦社。序而列之，以竢來者。

元　詹士龍　湯福新

詹士龍，字雲卿，光州固始人。令興化，脩築捍海堰三百餘里，數郡利之。轉兩淮運司判官，改淮安路總管府推官，拜江南行臺御史。以上章弹劾奸佞，退隱興化。葺草堂于得勝湖，若將終身焉。

湯福新，字壽之，清河人。至正初，嘗築隄障淮水。以僉憲孛羅檄，捐貲濬邗溝通漕，貸納桃源海運米五千石，以寬貧户。□漣沭二水，通舟楫，今名湯家澗。

贊曰：雲鄉令長，壽之義豪。障海築堰，決邗通漕。直隸有聲，代輸寬衆。生不逢時，爲腥羶用。皇皇聖代，片善不遺。録兹青簡，以勵頑痴。

國朝 陳瑄 宋禮 徐有貞 劉大夏 陳泰 白昂 盛應期 朱衡 吴桂芳 劉東星 潘季馴 吴顒 毛實 李紱 羅文翰 聞人銓 韓介 劉廷瓚 趙訥 張寧 張隆 徐志高 栢叢桂

陳瑄，字彦純，合肥人，以功授四川都指揮同知，進右軍都督僉事，後封平江伯。永樂初開海漕，溢栅没隄圻，因命瑄以四十萬卒脩之。起海門縣，歷通泰州，至鹽城，里凡八百，列墩堠于上，以識漕途。尋罷海運，移瑄鎮淮安，始開裏河之運，乃造淺船，自儀真、瓜洲接運，直達京輔。又于瓜洲、淮安諸路建倉，以節轉輸。築高郵湖堤，内鑿渠亘四十里以通舟。南北造梁，以便行旅。每十里置一淺舖，沿途鑿井植柳以飲庇。戍兵牽輓者，嘗以真楊諸港潮入，濁泥積，易淤淺，請著爲令，三年通起江南北丁夫大濬，每歲止令郡丁疏之，國計賴以不匱。瑄善任，使均勞逸，秋毫無擾於民。卒，謚恭襄，廟食淮、徐。子豫、孫□俱嗣總漕，稱濟美云。

宋禮，字大本，永寧人，洪武中以國子生授山西按察僉事。文皇即位，累擢工部尚書。是時海運損失頗多，濟寧州同知潘叔正上言：『元會通河四百五十餘里，其淤塞者三之一。濬而通之，實國家無窮之利。』遂命禮及刑部侍郎金純都督周長，發山東六郡丁夫十餘萬，開濬以復故道。禮乃築壩于汶上之戴村，横亘五里，遏汶東流。令盡出于南旺，分爲二流，四分往南以接徐、沛，六分北流以達臨清。又相地勢高下，增脩水閘，以時啟閉。自分水至臨清地降九十尺，爲閘十有九，而達于漳、御；南至沽頭地降百十有六尺，爲閘二十有一而達于淮。自是河成，而平江伯瑄亦疏鑿維揚一帶，南北遂通。上嘉勞，賜寶鏹二百錠、文繡二襲，後卒于官。主事王寵上疏請祠祀，遂建于南旺，以金純、周長配焉。

徐有貞，字元玉，蘇之吴縣人。年十三即能爲古文詞，習兵法及刑名、水利諸家，言於天文風角，占驗尤精。宣德中舉進士，以庶吉士授翰林編脩。既負材諝，急欲大顯，乃以玉帶獻内閣陳循。是時，河南山東之沙灣隨築隨決，餉道沮而役卒疲甚。循乃議進有貞爲右僉都御史治之。即乘輕航究河源，遂□濟、汶至衛、沚，循大河，道濮、范，還乃爲渠以疏之，制閘以節宣之。渠起金堤張秋之首，凡百餘里，而至于大澤之潭，踰范暨濮，又上數百里，經澶淵以接河、沚，用平水勢。凡河流之傍出而不順者則堰之。堰有九，長各萬丈，□以水門，繚以虹堤。堰之崇三十餘尺，其厚十之，長百之，門之廣三十有六，丈厚倍之。隄之厚如門，崇如堰，長倍之，用平水性。水性平，濬漕渠至數百里。復建閘于東昌之龍灣、魏灣者八，積水過丈，則開而洩之，皆道古河以入于海，盖三年而告成。景帝召對而褒勉之，進左副都御史，以迎太上皇于南宫，封武功伯。

劉大夏，字時雍，楚之華容人。志在功業，每請居外。時河決張秋大夏，以右副都御史治之。乃自上流孫家渡疏其壅，可三十里；復疏四府營之壅，可十里。聯長堤，以分大名山東水勢，而別河張秋之南，以通運艘。河就馴而運艘無滯，功重而費輕。□璽書褒賞，入爲户部右侍郎。乞致仕，起爲兵部尚書。在上前論事侃侃，不避鱗逆。後以逆瑾所中，戍甘肅。瑾誅，復爵，杜門教子弟爲敦睦耕。稍羸，即以貸子姻，屬天下猶以其存□爲重輕云。卒，贈太保，謚忠宣。

陳泰，字吉亨，邵武人。永樂癸卯領鄉舉，以薦爲監察御史。景泰間爲左僉都，疏理徐州、吕梁二洪及運河。英廟時，復督漕運。成化六年卒。公操守清白，有才力。爲御史時，貪墨望風引去。歷仕六朝，居官五十餘載。

白昂，字廷儀，南直武進人。弘治十年，以户部左侍郎出治河道，相度水勢，慮水復趨張秋，發卒數萬于陽武、封丘諸縣，築堤捍之。遂導河自中牟洪口至尉氏，下潁州，經塗山，合淮水入海。又脩汴堤，樹萬柳，使不崩頹。又濬宿州古睢河入運道，以分徐州之勢。又築蕭縣、徐集等口，以□汴、徐之勢。又自魚臺，歷德州，至吴橋，脩古河堤。又自東平至興濟，鑿小河十二道，引水入大清河及古黄河以入海。河口各作石堰，相水盈縮，以時啟閉，於是河不爲害。又見高郵之甓社湖風浪時作，多□□，乃行相視。即其東開□河四十里，引舟内行，以避其患，河成，上賜名『康濟』。又奏揚州管河判官居瓜洲鎮，使軍民有□□□。官至邢部尚書，卒，謚康敏。今崇祀高郵州名宦祠。

盛應期，字思徵，蘇之吴江人也。初爲都水主事，管濟寧牐。牐當孔道，公東以法，而時啟閉之。時吴寬以少宰赴召時，方封牐蓄水濟漕。寬守牐旬日乃聽過，公之守法類如此。累遷工部侍郎，會河決徐沛，漕渠不通。廷議治水者僉以公名對，遂以右都御史總督河道。議開新河于昭陽湖之東，先治舊河，使通漕船，堅築堤岸，以障河衝。復濬趙皮寨、侯家渡諸處，以殺上流之勢。乃擇吏之能者以任新河之役，量地授工，計功授食。役不告勞，財不告匱。垂成而以謗去，時論惜之。

朱衡，字士，南吉之萬安人，以工部尚書兼右副都御史總理河漕。時河決徐方，運道堙塞。公星夜馳至，視河所決，道漲爲平陸，濬之沙隨水壅，横流汗漫，舟行樹杪，力無所施。令吏民父老有能以河事獻者立召見，乃得新渠規度焉。先是，盛應期曾鑿而未就者在昭陽湖之東，公以河即横決，得湖而止，勢必不未鑿之，當無河患。於是晝夜調度，目不交睫，與役夫同甘苦。其明年渠成，起南陽至留城，凡一百四十二里，而漕通。上嘉其功，爲賦詩四章志喜。會徐、邳河決，漂没官船八百餘艘，上又以公經理之。公爲疏汶、濟之淺，築徐、邳之堤，塞豐、沛之決，鐫海門之壅，數月告成，加太子太保。

吴桂芳，號自湖，更號潭石，江西新建人。居官有氣節，不附分宜。以兩廣總督乞休。時漕計方艱，朝廷以公夙望，仍以兵部侍郎召入抵任。即疏開草灣以通海口，築高郵老堤以捍湖波，則運路不梗。天子覩奏俞行之績且奏，而兩都言官以爲河流尚漫，淮揚爲巨浸，河臣與漕不相統，非大更革，設總督不足以集事。於是晉公工部尚書總督河漕事，而公亦以新授重任，移官定計，百度悉舉，焦心勞思，往疾頓作，卒于官。其績見《吴顯老堤記》中。天子痛悼，加贈太子少保，祭典優渥，縉紳相與哀挽之。

劉東星，字子明，别號晉川，山西沁水人。萬曆戊戌，河決單之黄堌，運道告堙。起家爲工部左侍郎兼都察院右僉都御史，併河漕之政。公既巡行河堤，相度便利，以爲漕渠梗塞，其治在標，河流横決，其治在本，兩利而並舉之。于是議開趙渠，起商虞以下至于彭城。元賈魯河故道也，行可二百餘年，至嘉靖末北徙，潘大司空嘗議開之，計費四百萬，遂止。及河決黄堌，稍蕩成渠，惟曲里鋪至三僊臺四十里阜陸如故，公因而鑿焉。又起三僊臺，屬之小浮橋，開支渠若干里。又濬漕渠，自徐邳至宿凡若干里，通費可十萬，諸部吏民若罔聞焉。邵伯、界首二湖，揚之巨浸，游波泱漭，數爲舟害。至是，俱鑿越河，初議費二十萬，用十之八而河成，行旅宴然。郎中顧雲鳳有記。又開泇口河，河在滕嶧之間，受沂、沭下流，南通淮海、漕河，一奇道也。隆慶以來，數遣近臣行視，莫能決策。舒大司空嘗鑿韓莊，中作而罷。至是，公遂成之，初議百二十萬費，且七萬有渠形矣。而會河決宋中故道，填不可舟，衆謂『泇口若成，明年新運可無乞靈河也』，而公竟不起矣。方公疾時，督漕御史過濟視諸榻前，公子泣拜，請疏乞休，累詔不允，則從牀簀治書經理河事。嘆曰：『吾所謂「鞠躬盡瘁，死而後已」耶！』公生平廉而不激，惠而不昵，虚心正已，奉公矢節，凛然古貞臣風焉。

贊曰：玄圭之績，陳宋居先。大本北統，平江南專。厥用通漕，罷兹航海。國計賴之，遵而弗改。武功才勝，忠宣德優。俾之疏鑿，何適弗休。泰濬吕梁，昂穿康濟。新河之開，盛朱相繼。力則能克，公則罔愆。以身殉事，吴劉有焉。矯矯十臣，南河良翰。以式以宗，百川永衎。

潘季馴，字時良，别號印川，浙之吴興人。由庚戌進士授九江府推官，拜侍御史，累遷右都御史、工部尚書，總督河道。嘉靖乙丑，黄決沛縣之飛雲橋，穀亭、沙河、留城、境山一帶河渠盡塞。議者請開夏鎮高原，自南陽出茶城口。公遡流而西，問故道于土老篙師。喟然嘆曰：

『漢瓠子之役，沉璧投馬，不過曰復禹舊迹而已。即賈魯亦一切以復。故爲主宜仍故道，便而夏鎮，業有成議』。遂躬行勘視，不三旬而告成。隆慶庚午，河稍南徙，決睢寧。公復以故節來蒞事，而廢址盡復，出官民之舟于積淤者以萬數。坐浮議罷去。公去，而黄決崔鎮以北，淮決高堰以東，清桃塞海口湮，而淮揚高、寶、興、鹽諸郡邑滙爲巨浸。於是天子思公功，凡再廢再起，治河具有成績。其大者塞崔鎮，堤歸仁，而黄水悉歸故河，築高堰黄浦八淺，而淮水復出清口會黄，東入于海，而海口不疏而闢。復築遥堤十餘萬丈以爲外護，所加築土堤、縷堤、月堤、格堤、長堤、横堤、子堤、守泗堤凡三十四萬七千八百二十五丈，磯閘、料廠凡二十有四座，石壩、土壩、月壩、護壩凡五十一道，濬淤淺，塞決口，鑿老土凡三十萬一千一百丈，栽護堤柳八十三萬有奇，前後十餘年，軺車所至更數千里。公與役夫雜處畚鍤葦蕭間，沐風雨，畏霜露，髮白面黧，而後兩河合軌，數萬艘轉漕無害，緣河之民始復見室廬丘壠、烟火彌望焉。公之言曰：『通漕于河，則治河即以治漕；會河于淮，則治淮即以治河；合河、淮而同入于海，則治河、淮即以治海』。故竟公在事，止以築堤束水，借水攻沙，爲萬全第一義，具載《河防一覽》中。士大夫探圖而覆讀之，且不能竟。即竟，而或茫然不得其要領。嗟乎！是宜公没後而議者猶嘵嘵也。蓋以高堰之築，好事者挾陵而議，而公辨之已詳。且高堰剏築于陳登，而吾朝平江伯修之，正所以束全淮之水使出雲梯，減泗之害，非貽泗之害也。幸聖断明決，堰得無廢，而言者坐譴去。嗟乎！此所謂『息壤在彼，功以此成，謗亦以此集歟』。公壯于河，老于河，病于河。乞骸之日，猶奉旨，輿疾行部，且請開夏鎮裡河。又手疏八事以歸，歸已疾革，猶喃喃河防不去口。嗟乎！人臣勞苦，有功至此，自非聖神，誰能保二十年後鍼芒甕口之不漏？後之人固不妨從宜補塞。爲公益友，若盡毁成事，以功爲罪，則余不知之矣。

贊曰：維王作則，萬幾充斥。厥重伊何，籌邊翕河。談兵勝筭，廷臣浩汗。測水之維，匪公其誰？卓矣時良，今之神禹。識河攸趨，復故爲主。克廣修備，載壩載堤。黄淮入海，伯仲相携。蛟室黿居，烟火相望。黍稌禾登，有得無喪。補偏救敝，後將無虞。繼者鮮淑，豈公之辜？二紀拮据，日胼月胝。巨愳弗及，横生萋斐。勛高者忌，力任者勞。公□□在，屬之吾曹。

河史氏曰：自平江伯至潘大司空十一人，俱係治河先哲，勛庸標炳，載于國史者，俱得採而傳之矣。至於在位諸公，鼎勳方赫，厥圖未央，其績著于南河者，《河考》載之，他無敢置喙也。本司先臣，若郭公昇、楊公最、張公譽、許公應逵、顧公雲鳳、黄公曰謹、沈公季文、詹公在泮俱宜立傳，而懿行鮮稽其可紀者，非見碑記，即載《考》中，餘俟司馬彪續之耳。州府邑長，本司僚屬，僇力于河，見諸郡邑志者，間採數人附于後，庶幾有□，必收云。近代，荒度之功，泇河居最。開于劉公東星，成于李公化龍。劉既有傳，李獨無傳者，以泇非南河域也。

吴顒，字景猷，福建漳浦縣人，由進士知六安州。五閲月，會高寳湖堤壞，總河難守，郵者特疏以顒，請遂更調。至則奉當道檄，鳩築老堤，已又修越河之役。時洪濤大漲，顒奔走拮据，風餐艇宿五載。又慮河勢靡常，徧植楊柳於左右岸，厥後三堤屹然。督撫吴自湖旌顒爲首伐焉。時江陵方厲驛禁，會其太夫人公子省覲，每役驛夫八百餘名，估金累百，所至公帑幾空。顒力争曰：『是奉相公法，不敢糜費。』張使據署詬誶，公子□登舟，盛氣凌鑠。太夫人出數婢奪州印入，顒即戒僕夫觧組。會直指監司聞變，馳至曲意調停，得反所奪印，公子入都，泣陳於江陵，爲諸朝貴所寬，觧卒無術以中之。後稍遷比部副郎，輕車出郭，行李蕭然，民爲之卧輪罷市。

毛實，字世誠，餘姚人，由進士授高郵州知州。實下車百廢並舉，不爲衝要所困。高郵新開湖險要，舟行者苦之。實白于侍郎白公昻，奏開河四十里，民今立祠祀焉。

李紱，定綬之，山西高平人，成化十七年爲淮安同知。紱蒞任即誓不取民間一物，篤意卹民。泰興瀕江田廬歲爲風潮所蝕，紱築長堤捍之，民獲耕輸。滿九載，揚民赴銓部請留，特加四品服色，後卒于官。

羅文翰，湖廣沅江人，萬曆間爲管河判官。任甫半月，泗水大發，下注高寳，南北運堤多有决者，郵之清水潭堤最爲要害難塞。至是，决百餘丈。文翰奉檄督其事，晝夜勤勞，多方杜築，以煩苦致疾，尤扶疾渡決口指□工役。溺死焉，潭急屍不可得。知州許一誠爲勒石碣表揚，設神主于平水廟之側，春秋配享焉。

聞人詮，字邦正，餘姚人。游陽明先生門，起家進士，知寳庻縣，事政尚平，恕以循良。稱暇與諸生談説先王，確有理趣。時旱蝗而運河水且涸，漕運都御史、都水郎中並檄縣蓄水以行運艘，毋啟閘。詮命啟之。曰：『民命是甦，即吾獲重譴于當道，無憾也。』是歲旱不爲災，以邑有湖患，力主開越河之議。試築樣工，尋應召補山西道御史，條陳開河事宜，竟獲俞旨。後督學南畿，邑人追思之，祠于北湖舘。

韓介，風度端凝，壁立萬仞。嚴禁賭博，人不敢干以私。奉旨丈田，不三月輙畢其事。請于督府大濬支河，功最著。會開越河，司道官若府縣正佐有事河工者，無論數十。公曰：『若責儲偫于我寳應，吾民何支也？』遂白督府罷諸執事儲偫，于是自肇工至竣事一無所擾。應召將行，湖水暴溢，西飈大作，南城角堤將決。公出而立堤上，集千人培以剛土，堤得不決。

劉廷瓚，成化十六年任興化。時堤堰久湮，歲苦旱潦。瓚糾工築之，踰月而竣，民永賴之，號曰『劉堤學士。』錢溥爲之記。歷官副都御史。

趙訥，字孟敏，孝義人。嘉靖間，以調繁移江都令，警敏有吏幹，政務大體，多所興革。時河堤善崩，有議開花園港建閘以洩水者。訥曰：『不若濬白塔河便。』於是白諸當道，從之。先是，江都以□□無志，至訥始作志焉。

張寧，襄城人。萬曆間爲江都令。邵伯南五里許有金家灣，地最洿下。寧甫涖事，督濬新河以通江。胼胝從事，爲畚鍤者先，周歲而竣。自金灣至運鹽河十四里，横絶芒稻河，又十八里由山陽南淮水入江之道，莫捷于此。所著有《漕堤議》《五塘議》，皆切中利弊焉。

張隆，義烏人，任寶應縣主簿，管河。終歲視運河隄上，課督淺夫，至無虚日。白馬湖茭葑，皆隆所植也。

徐志高，山東恩縣人，任寶應縣主簿，管運河堤石工。凡志高所督修者，堅固密緻，水不能嚙，至今宛然。過者皆指之曰：『此徐公所修堤也。』設管河者，盡如志高，可永永無堤決之患矣！』

栢叢桂，寶應人。素以梗直服其鄉人。洪武二十八年，建言邑中水利，請築塘岸四十里，以備衝決。先是，言于有司，寢不行，乃私自相度，以地多淤泥、草莽不可行，以牛步準程，無甚差爽。經理會計，陳説利害，畫圖奏于朝。詔許發淮揚丁夫五萬六千餘人，令叢桂董其役，期月而成，今自槐樓至界首是也。邑人至今以爲美，談曰『栢氏舊堰』云。

河史氏曰景猷以抗直聞，而治河之績亦著，故首採焉。世誠進籌綏之茹□，抑其次也。文翰蹇蹇，以身殉公，亦足悲矣。五令二簿，勤敏足埒，無□厥□。至于叢桂一鄉，老耳首進，石畫見收。聖祖草昧之際，英奇□伏不虚哉！

卷之十三

詩文

孟堅志漢，特紀藝文；　蔚宗傳劉，亦推文苑。文固盛世所重也。南河非守土之官，亦足以稱江湖長彼、臨河濯纓、衡波弄月、激羽流商者，余安得略而弗採？且詩非徒作，間有關于玄衣。如漢武一歌，氣雄千古，足徵人主惻怛憂民之思，取以冠南河韻語之首。

瓠子歌　漢武帝

瓠子決兮將柰何，浩浩洋洋兮慮殫爲河。殫爲河兮地不得寧，功無已時兮吾山平。吾山平兮鉅野溢，魚弗鬱兮柏冬日。正道弛兮離常流，蛟龍騁兮方遠遊。歸舊川兮神哉沛，不封禪兮安知外。爲我謂河伯兮何不仁，泛濫不止兮愁吾人。　齧桑浮兮淮泗滿，久不反兮水維緩。　河湯湯兮激潺湲，北渡回兮迅流難。　搴長茭兮沉美玉，河伯許兮薪不屬。　薪不屬兮衛人罪，燒蕭條兮噫乎何以禦水。　隤林竹兮楗石菑，宣防塞兮萬福來。

渡淮　隋煬帝

平淮既淼淼，曉露復霏霏。　淮甸未分色，泱漭共晨暉。　清霞轉孤嶼，錦帆出長圻。　潮魚時躍浪，沙禽鳴欲飛。　會待高秋晚，愁因逝水歸。

和前　諸葛潁

涉潁倦紆迴，浮淮欣迴直。　遥村舍水氣，遠浦澄天色。　□濤稍欲近，仙嵓行可識。　玄覽屬□辭，風雲有餘力。

和前　蔡允恭

久倦川途曲，忽此望淮沂。　波浪汎淼淼，眺迴情依依。　稍覺金烏轉，漸見錦飄稀。　欲知仁化洽，謳歌滿路歸。

和前　弘執恭

□情欣逸賞，臨汎入淮淝。　棹聲喧岸席，飄影出雲飛。　清流含日彩，犇浪蕩霞暉。　還如漳水曲，鳴笳啟路歸。

和前　虞世南

良晨喜利涉，解纜入淮潯。　寒流汎鷁首，霜吹響哀吟。　潛鱗波裏躍，水鳥浪前沈。　邗溝非復遠，悵望悦神襟。

伊婁河餞族叔貴

唐·李白

齊公鑿新河，千古疏不絶。豐功利生人，天地同朽威。兩橋對雙閣，芳樹有行列。愛此如甘棠，誰云敢攀折。吴關倚此固，天險自茲設。海水落斗門，河平見沙汭。我行送季父，弭棹徒流悦。楊花滿江來，疑是龍山雪。惜此林下興，愴爲山陽別。瞻望清洛塵，歸來空寂滅。

泊舟盱眙

常　建

泊舟淮水次，霜降夕流清。夜久潮侵岸，天寒月近城。平沙依雁宿，候館聽鷄鳴。鄉國雲霄外，誰堪羈旅情。

赴楚州次白田途中阻淺問張南史

劉長卿

楚州今近遠，積藹寒塘暮。水淺舟且遲，淮湖在何處。

宿淮浦寄司空曙

李　端

愁心一倍長離憂，夜思千重戀舊遊。秦地故人成遠夢，楚天涼雨在孤舟。諸溪近海潮皆應，獨樹邊淮葉盡流。別恨轉深何處寫，前程惟有一登楼。

宿淮陰酬伯熊

皇甫冉

淮陽日落上高楼，喬木荒城古渡頭。浦外野風吹入户，牕中海月早知秋。滄波一望通千里，盡角三聲起百憂。獨立宵分遠來客，煩君步履忽相求。

隋隄

白居易

隨堤柳，歲久年深盡衰朽。風颯颯兮雨蕭蕭，三株兩株汴河口。老枝病葉愁殺人，曾經大業年中春。大業年中煬天子，種柳成行傍流水。西自黄河東接淮，緑陰一千三百里。大業末年春暮月，柳色如烟絮如雪。南幸江都恣佚遊，應將此樹蔭龍舟。紫髯即將護錦纜，青蛾御女直粧楼。海内財力此時竭，舟中歌笑何日休？上荒下困勢不久，宗社之危如贅□。煬天子，自言歡樂殊無極，豈知明年正朔歸武德。煬天子，自言福祚垂無窮，豈知明年皇子對酇公。龍舟未入彭城閣，義旗已入長安宫。蕭墻禍生事大變，晏駕不得歸秦中。土墳數尺何處葬，吴公臺下多悲風。二百年來汴河路，露草水烟朝復暮。後王何以鑒前王？請看隋家亡國樹。

渡淮

前　人

淮水東南地，無風渡亦難。孤烟生乍直，遠樹望多團。春浪棹聲急，夕陽帆影殘。清流宜映月，今夜重吟看。

汴渠

汪　遵

隋皇意欲汎龍舟，千里昆崙水別流。還待東風錦帆煖，柳陰相送到揚州。

夜泊淮陰　項　斯

夜入楚家烟，烟中人未眠。望來淮岸盡，坐到酒楼前。燈影半臨水，箏聲多在船。乘流向東去，别去易經年。

淮上阻風　宋·范仲淹

一棹危于葉，傍觀亦損神。他時在平地，無忽險中人。

射陽湖　前　人

渺渺指平湖，烟波急望初。縱横皆釣者，何處得嘉魚。

淮上遇風　唐　介

聖宋非狂楚，清淮異汨羅。平生伏忠信，今日任風波。舟楫顛危甚，蛟鼉出没多。斜陽幸無事，沽酒聽漁歌。

過寶應湖　吕存中

半升濁酒試□羮，賤買魚蝦已厭烹。淺水依蒲有船過，淡煙籠日更人行。

寶應道中　梅堯臣

買魚問水客，始得鯽與魴。操刀欲割鱗，跳怒鬐鬣張。

渡淮　戴屏山

鳴鼙渡長淮，霏烟散清晨。皎皎初日光，照耀草木新。横林渡餘碧，疊嶂開嶙峋。移橈失向背，烟波浩無垠。兒童相棹歌，余心亦欣欣。輕帆互相踰，□鷁映流津。徘徊望洲渚，悠然獨懷人。樵漁有棲遯，寂莫誰問鄰。暮風翻法濤，魚蝦亦有神。四顧天地黑，孤舟恐飄淪。

發洪澤阻風復還　蘇　軾

風波忽如此，吾行欲安歸。掛帆却西邁，此計未爲非。洪澤三十里，安流去如飛。民居見我還，勞問亦依依。携酒就船賣，此意厚莫違。醒來夜已半，岸水聲向微。明日淮陰市，白魚能許肥。我行無南北，適意乃所祈。何勞弄澎湃，終夜摇牕扉。妻孥莫憂色，更典篋中衣。

甓社湖呈孫莘老　黄廷堅

甓社湖中有明月，淮南草木借光輝。故應剖蚌登王府，不若行沙弄夕暉。

五湖　前　人

九陌黄塵烏帽底，五湖春水白鷗前。扁舟不爲鱸魚去，收取聲名四十年。

邗溝　秦　觀

霜落邗溝積水清，寒星無數傍船明。菰蒲深處疑無地，忽有人家笑語声。

雷塘煬帝葬處　蘇大年

吴公臺下雷塘路，錦纜牙檣行樂處。當年玉樹後庭花，夢裡相逢惜春暮。君不見東家西家人未歸，落花滿地蝴蝶飛。

過新開河　楊萬里

遠遠人烟點樹梢，船門一望一魂消。幾行野鴨數聲雁，來鳥湖天破寂寥。

過高郵　前　人

觧纜維揚破夕陽，過舟覆盎已晨光。夾河漁屋多編荻，背日船篷尚滿霜。城外城中四通水，堤南堤北萬垂楊。一州斗大君休笑，國士秦郎此故鄉。

發崔鎮　文天祥

高雁空秋興，寒蛩破曉眠。凌烟白似海，野水碧於天。興廢嗟何及，行藏信自然。南人乍騎馬，北客半乘船。

出寶應湖雪中舟行　元王惲

避冷乘官舸，風篷去若奔。兩陂雲影黑，一片雪花繁。景與詩相會，寒無酒可温。汎橋投宿處，寒日暮鴉昏。

射陽湖雜詠九首　薩都剌

飄蕭樹稍風，淅瀝湖上雨。不見打魚人，菰蒲雁相語。

秋風吹白波，秋雨鳴敗荷。平湖三十里，過客感秋多。

雨濕鼓聲重，風勻湖面平。官船南北去，帆影掛新晴。

秋水落紅衣，秋波日瀟洒。不見採蓮人，惟逢捕魚者。

霜落大湖淺，漁家懸破罾。此時生計別，小艇賣秋菱。

捕魚湖水中，賣魚城市裡。夫婦一葉舟，白頭共生死。

野鶴如人長，迎風理毛羽。獨立秋雨凉，人來忽飛去。

白鷺爱秋水，獨立仍自行。得春固偈爾，驚飛亦常情。

大罾一丈濶，小舟一葉輕。相傳子與孫，終古無人争。

過界首湖二首　前　人

清氣撲人湖面水，幽声到耳樹頭風。麥黄蠶老櫻桃熟，恰是淮南四月中。

平湖過雨天開鏡，落日放船人打魚。野老柳陰沽黍酒，行人馬上得家書。

再過界首　前　人

二月好風吹渡淮，滿湖春水緑如苔。官船到岸人多識，楚舘題詩客又來。近水人家楊柳暗，禁烟時節杏花開。一官迢□三山遠，海上星槎幾日回。

夜過寶應　前　人

滿湖風浪拍隄沙，雪壓黄蘆没釣槎。卧聽隔船歌白苧，起來和月岸烏紗。故鄉近別無多地，歸夢應知已到家。何日弟兄携子侄，海天烟雨藝桑麻。

瓜洲　陳　孚

烟際繫孤舟，蘆花滿棹秋。江空雙雁迥，天濶一星流。急鼓西津渡，殘燈北固樓。商人茅店下，沽酒話揚州。

高郵即事　楊　基

蒼烟斜日照孤城，嗟我重來却倦登。田家白蹄高似鹿，野蚊花股大如蠅。人家結屋多蘆葦，官府收租半藕菱。莫向西風詢往事，旅懷蕭索豈堪勝。

珠湖篇　明・汪廣洋

湖光倒浸玻璃冷，湖水瀰漫幾千頃。中有峰頭玉井蓮，靚理凝粧照秋影。湖邊老翁塵外仙，鶴髮蕭蕭垂兩肩。手

扶蘭槳覽容與，爲我附髀陳當年。當年四海無虞日，桴皷不鳴風浪息。老蚌銜珠高射天，夜夜寒芒耀奎璧。奎璧聯輝清夜長，美人亭上掬珠光。春秋一經究終始，重在黜覇先尊王。江淮風俗近淳古，米穀年豐賊如土。驚犬何曾吠暮村，多材已覺登天府。後來明珠歸海東，野鷗摇蕩月朦朧。盡船盡日載歌舞，滿眼嬌雲花鬬紅。嬌雲滿眼看不足，緑柳新蒲戲雙玉。公子新裁描綉衣，舘娃學寫連珠曲。曲譜漸繁愁漸多，夕陽流水竟如何。一朝萬事隨轉燭，伐皷鳴鉦戰艦過。戰艦飛來截湖水，綵幟牙檣半空起。列郡摧殘灰燼餘，生民痛死溝壑裡。老翁既言長嘆嗟，側身遥望日西斜。殺氣憑陵氛翳合，散爲愁雲東向遮。我聞老翁如此語，暫尓停舟坐脩渚。聖人有作朝明堂，五日一風十日雨。古來治亂信有時，天運豈伊人力爲。終見明珠出海底，致彼俗尚還雍熙。翁聞我言不肯住，浪采蘋花入雲去。回看天水兩茫茫，欸乃酣歌入煙樹。

珠湖　黄　綺

家住珠湖上，生涯擬種田。麟經消暇日，蛙皷卜豊年。籬有水黄犢，囊無子母錢。一犂春雨足，便是養生篇。

甓社湖讀書宅　胡　儼

幽人讀書不記年，夜夜珠光紅滿川。只今一片蘼蕪緑，時

有漁歌聞扣舷。

又

無名氏

碧水涵虛天，湖波湛明潔。中有螭龍潛，清霄走靈月。祥光徧二千，依依見金闕。

〔無題〕[一]

潘季馴

題復通濟閘，閘外議開運渠二百丈，夫役咸集，將有事于興舉。十一月十七日，河忽自開，與原定河址方向不争丈尺，時以爲神，志喜。

遥遥玉帶碧天浮，一水平分兩岸秋。萬艘東南開故道，百年淮泗割清流。經營豈俟人爲力，穿鑿應疑鬼運籌。好繪河圖報天子，老臣今已効謀猷。

水部張公臨閲神河志喜

潘季馴

枕上泠泠新水聲，朝來門外一溝盈。憑誰淮浦開三里，恐有河神遣六丁。千頃桑田還古岸，一溪鷗鷺浴初晴。回天自是張公力，媿指功名許後生。

珠湖望月

朱國盛

誰云莘老後無珠，天際靈光夜夜殊。萬頃琉璃連碧落，一輪冰玉見虛無。分輝到樹驚烏起，墮響當秋搗藥孤。但使金波長在目，便從汀蓼結屠蘇。

淮上石堤成志感

朱國盛

長川繚繞一堤成，使者非魴尾亦頳。飲衽截流河伯去，握香盈市郡人迎。九重敢謂涓埃荅，三載常随畚鍤生。倘于都水問，鳥魚無復舊淮城。

新開河

薛瑄

高郵湖裡雪中過，雪片無聲點白波。天水渺茫遥自接，煙雲杳靄暗相和。寒簑满眼漁翁少，畫舫随風去客多。還似滄浪水清濁，只應難覔扣舷歌。

過新開湖

李東陽

地拆山平野，烟深水抱城。湖天四面濶，風舸一時輕。鸛鶴飛揚意，魚龍出没情。相看總相得，吾亦爱歸程。

寶應湖二首

王世貞

波摇匹練界長空，天濶千帆處處風。入霧楼臺先暝黑，隔林楓葉後霜紅。

長天漠漠水淙淙，鼓吹中流引畫艭。南人過此看不足，北人即怕莫推窗。

[一] 此處本無標題，整理者加，餘同。

次寶應　徐禎卿

鴨群無數夕陽洲，蒲草平沙晚漲浮。欲識澄湖三萬頃，憑君須上驛前樓。

過寶應湖　高穀

緑楊欹側岸沙崩，高塔凌虚見幾層。南去北來成底事，夕陽西下見漁罾。

過寶應湖　湛若水

疾風吹洪濤，洶洶起春天。天際浩無涯，極目空茫然。千艘與萬艘，對之不敢前。回飈一借力，犯險互争先。何哉利害心，人命相輕軒。

七夕過寶應湖　周天球

遠水浮空入絳河，悠然自泛野航過。烟中鷺下翩翩雪，天際雲生渺渺波。欲采芙蓉秋尚早，且看牛女夜如何。諸君不淺□槎興，莫問風濤往日多。

寶應湖玩月　陸　深

我生爱月仍爱奇，着意欲到西湖西。不然巨區三萬六千頃，坐此一色銀玻璃。今宵寶應湖南路，桂魄皎皎風凄凄。水光四接上下合，冰柱十尺雲天低。楼船不渡南北断，危檣密鎖烏鳶栖。我携二客恣清賞，試選高岸成攀躋。寒光滿射白玉鏡，斗柄倒浸青雲梯。人間天上非還是，翻疑海外問天鷄。瑶華臺殿雲母障，水晶宫闕黄金泥。胡床老子興不淺，揮手秉雲沿長堤。菰蒲何心爛不起，鮫鱷有恨蟠猶啼。南中卑暑不耐老，况復風雨猶難齊。兹行所得差足慰，未覺嚴沍欺袍□人言春月媚秋月，春月花柳空萋迷。争如冬月有勁氣，復此淮南水連溪。酒懷逸氣俱浩蕩，霜明雪晴供品題。君不見漢家中郎持漢節，風槩凛凛，海上甘牧羝。

過寶應湖　王　洪

茅屋自成聚，門前湖水流。平蕪遥見塔，小港曲通舟。墻日留飛燕，帆風起白鷗。江湖多逸興，况是及春遊。

過邵伯高郵寶應湖二首　趙　鶴

坐向蘿陰爱静便，祠頭風磬午時天。每聞使客來津鼓，更有村農送社錢。殘雨半收崖下樹，浮鷗不離水中烟。肩輿竟避湖波去，却憶經行四載前。

湖口人家住處幽，桃花蹊下晚驅牛。水耕誰信爲農苦，春望何妨作客遊。落日波声侵短竹，平沙風色帶眠鷗。送行最爱長堤柳，直到官河緑未休。

〔無題〕 楊一清

過高郵，由康濟河至界首驛東，風徹夜作吼。入寶應湖，風定波澄，衆心胥悦，偶賦一絶

渺渺三湖混太清，盡船簫鼓坐空明。東風也避王師路，萬頃波濤一霎平。

三月過汜水 儲瓘

好風貪利涉，半日隔秦郵。雜鳥鳴芳甸，閒花占遠洲。酒從今雨醉，春及故鄉遊。老大空麋禄，西湖欲繫舟。

阻風白馬湖柬朱振之 王寵

白日狂風嘯，青天退鷁翻。浪高湖色怒，鄉近客心燔。燈火踈淮甸，雲霾蔽海門。故人一水隔，愁絶浣花村。

過汜光湖 高穀

甓湖纔過却，萬頃復湯湯。風捲濤聲急，雲連樹影長。狎鷗驚使節，鮮鯉避鳴榔。白首朝天去，凝眸望帝鄉。

過汜光湖 沈靖

昨宵經甓社，今過汜光湖。巨浪粘天湧，征帆帶雨徂。雲山還靉靆，烟樹淡模糊。旌旆如雲集，奔趍驛吏呼。

過邵伯湖 李東陽

蒼蒼霧連空，冉冉月墮水。飄飄雙鬢風，恍惚無定止。輕帆不用楫，驚浪常在耳。江湖日浪蕩，行役方未已。覊懷正愁絶，况乃中夜起。

邵伯湖 浦瑾

湖上晝□氲，帆前近不分。灘声兼梜雨，水氣自成雲。飛鳥每雙下，驚雷時一聞。明朝看日出，花柳散晴氛。

除夕過射陽湖 王竑

去年除夕客江都，今歲巡行在半途。兩篋簿書淮海道，一帆風雨射陽湖。方期强梗歸仁化，未信流離復版圖。報國戢民誠我願，不知天意遂心無。

曉起見湖中城現 吴禮

曙色纔能辨，參差幻影横。蜃楼初的歷，雉堞轉分明。沙鳥飛難度，村翁見總驚。湖中開赤縣，雲裡落青城。日出光猶閃，烟消氣漸清。忽然芳泝外，依舊緑波平。卜築何年事，徘徊此日情。欲觀靈異境，豈必向蓬瀛。

廣洋湖 許曰孚

夜泊東湖岸，風生南澗濵。群鷗嬌不起，片月冷相親。笛

奏清谿曲，盤行紫玉鱗。年華未銷歇，猶是夢周人。

邗溝　高履謙

邗溝新月照金杯，錦纜牙檣望不回。千古興亡一江水，楊花落盡李花開。

邗溝　張萱

不盡邗溝水，微茫日夜流。潮連楊子渡，烟散海門秋。樹影浮荒堞，蟬聲到客舟。興亡無限意，落木共悠悠。

又　李應徵

蕪城木葉落，十月雨霜繁。淮浦寒雲斷，江山夕照昏。人烟餘井色，草樹尚郊原。寧是空流水，哀鴻起夜村。

東湖曲　朱應辰

曲岸香風起，汀洲採白蘋。鴛鴦浮緑水，偷眼蕩舟人。

淮堤行　皇甫濂

蘭橈擊汰長淮下，去去清漣向東瀉。翠荻捎烟隱釣竿，垂楊吐月嘶騮馬。南國由來此地還，每因淺泊在人間。亦知叢桂年年緑，空對浮雲憶小山。

瓜洲　歐大任

擊楫過瓜洲，楚歌怨風雨。江門春浪生，夜夜蛟龍語。

召伯埭　毆大任

謝公鎮廣陵，甘棠人弗剪。君見東山雲，何似召伯堰。

康澤侯廟　趙鶴

渺渺湖祠指落曛，平蕪望處兩流分。半山風竹常排日，萬頃春波只浸雲。夕艇每隨歸鷺渡，夜鐘偏得老龍聞。無邊澤國祈靈事，贘有中朝祭典文。

露筋廟　徐階

露筋祠下草離離，祠上閒雲覆短碑。一片貞心誰共語，碧流千頃自相知。

前題　陸弼

古廟無名氏，蕭條湖水濱。露筋空往事，雪涕自行人。山霧羅巾薄，庭花玉貌新。南宮詞不愧，獨與表貞珉。

前題　朱曰藩

水殿不生塵，荷花作四隣。乞靈巫媪醉，失歲野甿貧。行雨豈堪賦，分風又送人。前林霜月白，千古見清真。

前題　朱國盛

誰能視死竟如飴，烈女中心自有知。血盡任教筋骨露，差將狼籍勝胭脂。

何必鬚眉數丈夫，疾風勁草有嬌姝。千秋憑吊孤祠下，清操還同甓社珠。

前題　張　溍

死義庸圖後世知，此心肯有自欺時。蛟鼉苟惜佳人命，應被帷中嫂笑癡。

日暮途窮數已奇，可憐姑嫂志成岐。從來烈死知多少，獨幸佳人尚有祠。

前題　唐孟莊

等死鴻毛肯就帷，甘心蛟腹古今悲。湖邊日夜輪民血，銷骨黃蒿欲訴誰。

蚊市捐生事絶幽，翻憐不與姓俱留。因思止宿耕帷者，今日還能入廟不。

嫂姑相倚欲何之，畏露應先一死期。藉使不罹嘘螫□，尋常淪没有誰知。

渡通惠閘　唐汝詢

力泝不可上，疾流奔撼空。身疑過雷澤，舟在沸湯中。險設資漕輓，渠疏補化工。所嗟民膏血，無歲不從東。

〔無題〕　朱國盛

壬戌秋末黄淮大漲，阻漕艦四千。漕使者憂形于色，爲啟通濟閘，月壩諸堤皆動摇。時露宿堤上，感而即事

無端屏翳號白晝，怒濤秋合黃淮鬬。督漕使者憂形色，防河小臣面如垢。堤心露宿胆不寒，身世頓欲隨奔湍。昔人撫龍若蝘蜓，臨難肯令强禦干。輸粟舳艫四千舫，畏浪砰訇不能上。促召衆夫發月壩，踰河舟楫平如掌。漕無滯艦心始舒，咫尺更慮三城魚。何當盡地作保障，集澤歸鴻皆燕如。

南河曲七首　唐·陳彝

江風十月始淒淒，夜越長川路不迷。行客盡能歌瓠子，南河使者善修堤。

不煩龍畫亦通靈，金簡銀編治水經。是處虹塘皆砥柱，標雲肯讓昔人亭。

王程五百盡通波，千石舟輕一葉過。睿詔比來無問輓，亦知檣不滯南河。

浪花浮處即天池，河口飄船怕可知。今日露筋堤下過，榜人高唱竹枝詞。

決口淮防歲歲增，市中簷瓦見沙凝。石堤成後馮夷遁，五色雲長護祖陵。

水行堤下稻盈衢，康俗勳堪邵伯俱。甓社不須誇老蚌，使臣同日産雙珠。

防河五奏大工成，心與珠湖水共清。官舍獨餘兖供石，歸時且莫慮舟輕。

甲子九月大觀楼迎練侍御任鴻

朱國盛

兩度登楼江水長，天門一柱立中央。千檣風燕語吴越，萬叠雲峦寫晉唐。秋盡玉浮瑶海碧，月生金點紫峰霜。竹西隱隱聞歌吹，遥望星槎下古揚。

行河謾詠

徐　標

一東

波臣苦與戍邊同，一錨年年風雨中。江上轉漕天未曉，星馳行水又淮東。

二冬

冷廨長堤野蔓封，扁舟千里逐蛇龍。艱難王事多凶懼，悄悄憂心惄似舂。

三江

河汜淮瀰未肯降，海天荒度白淙淙。二陵我欲扶王氣，萬水何能一柱扛。

四支

甘羅城下亂流澌，正是乘橇急渡時。月夜林空烟市迥，一燈獨對古神祠。

五微

暮雲叆叇雪霏霏，落木寒鴉送夕暉。浩渺洪濤争一綫，石矼、千仞壩天妃。

六魚

淮南淮北歎維魚，爲繪流民一上書。嘔盡肝腸高作堰，終□明德不如初。

七虞

路浦江清叫夜烏，鉢池山静老菰蒲。霜天栗烈吹駭浪，沙外猶傳水部呼。

八齊

柳灣烟絶草萋萋，斷岸平蕪入望迷。旅食千朝蘆一屋，鳥憐巢扂築金堤。

九佳

城郭浮沉半是蛙，烏沙流水遍浮骸。纔投璧馬歆河瀆，又理兵戈靖虎豺。

十灰

汜湖烟雨漲楼臺，八寶光寒没草萊。縹緲孤帆何處泊，隨風出入水雲隈。

十一真

綰組河官不可臣，勞予湖海獨逡巡。昨朝緑鬢今朝雪，衣滿黄沙面滿塵。

十二文

伏雨初過日已曛，黄河水檄報紛紜。忙□索□趨風溦，急着征衫欸火雲。

十三元

淮江雷雨地天昏，七尺沉淪逐浪奔。過此傷心聊致醮，恐予沙際有驚魂。

十四寒

聞得風聲膽欲寒，蹣跚湖上幾回看。怕他怒激千層浪，蟻穴功成瓠子難。

十五刪

幾點寒星月半彎，凌晨鼓枻鳥關開。蕪城夜渡魚人問，江上黃花□客顏。

十六先

北堂話别是新年，梅閣香消猶未旋。八十衰慈穿望眼，有懷來夕不成眠。

十七蕭

陰風颯颯雨瀟瀟，炬火連天十里囂。爲控咽喉飛輓急，不辭寒苦牐攔潮。

十八肴

纔過海口又江坳，雪滿江城鼓亂□。風送驚濤喧别，潴衜曉月上林稍。

十九豪

楊子流分水一篙，平沙淺淺不勝艘。威尊性命真如芥，□足行催晝夜撈。

二十歌

小築黃茅帶薜蘿，空庭竹樹鳥聲多。家徒四壁無餘物，其若門東叫怒何。

二十一麻

十旬九不到寒衙，人説河臣未有家。官事半銷煙水際，一航白露滿蒹葭。

二十二陽

甓社城荒水作鄉，不堪積雨暗滄浪。可憐纔了湖塘役，南北修河事又忙。

二十三庚

村村兒女泣三更，拯溺倉皇夙夜征。安得五湖枯見底，萬年平土樂深耕。

二十四青

湖上田園半已零，天涯浪跡逐飄萍。百年事業如春夢，憔悴江干話獨醒。

二十五蒸

戰戰皇綸莫敢承，警予災祲又頻仍。捐縻幹國腸猶熱，無柰彫傷力不勝。

二十六尤

蔫花客裏總成愁，辜負春江明月樓。寶帶河邊頻問水，不聞歌吹到揚州。

二十七侵

一領鶡袍歲月深，八年辛苦到於今。胸前透濕千行淚，剩得残軀積病侵。

二十八覃

叩闕哀辭草一函，乞休骸骨反湖南。司空悼我勞人苦，日日飛鳴樹再三。

二十九鹽

稜稜俠骨懶趨炎，偃蹇霜毫以漸添。吏隱但能清夢穩，升潛不必卦爻占。

三十咸

岱峰高處掛青衫，太白樓頭醉賀監。聞説三神山島近，姓名我□□□□。

浮淮賦

魏・王粲

從王師以南征兮，浮淮水而遐逝。背渦浦之曲流兮，望馬丘之高澨。汎洪櫓于中潮兮，飛輕舟乎濱濟。建衆檣以成林兮，譬無山之樹藝。於是汎風興濤，征鼓若雷。旌麾翳日，飛雲天迴，蒼鷹飄逸，遞相競軼。凌驚波以高騖，馳駭浪而赴質。加舟徒之巧極，美榜人之閑疾。白日未移，前驅已届。群師按部，左右就隊。軸轤千里，名卒億計。運茲威以赫怒，清海隅之芥蔕。濟元勳於一舉，垂體績於來裔。

珠湖賦

元・崔公度

高郵西北，有湖名甓社，近歲夜見大珠，其光燭天。嘗問諸漁，皆言或遇於他湖中。有竊謀之者，則風輒引船而去，終莫能至。賦曰：

萬物之精，上爲列星。其在下者，因物而成形。故在天下之偉寶，不妄其所託，託物之主，實内鍾乎神靈。吾嘗臨東海，旅南溟，汎江淮之湯湯，濟岳陽之洞庭，觀其溶液衍裕，蓋天地之委藏，秘怪恍惚，蛟虬峥嶸，豈世人之敢指名哉！若乃雲夢震澤，浮梁合浦，獸潛宫亭，神見牛渚。直湘沅以南浮，懷涇渭而北顧。導東而成滄浪，激西而爲灩澦。延平誕奇，漢皐殊遇。率傳載之雜出，爲異物之所處。或設限於藩服，或效琛於王府。鑠高郵之經，治裂揚州之故。部有湖隸旁，將三十所，大或萬頃，小亦千畝，迤邐兮聯絡，參錯兮駢布。由畢以自處，傾十數州之羨沃。窮山大野，谿谷原□。晝夜走險，越千里而來赴者，蓋不知其幾千百處。壓東南之淤漫，勢瀏漭而無涯，魚，則鰋、鯉、鯿、鱖、鯩、鰱、鱨、魦，鳥，則鵁、鶄、鳧、鷺、鳭、鶤、鴻、□。翥若煙海，會如泥沙。蟲螺蟹若鰕蛤，卉菱芡而荷華。水不數舟，陸無筽車。灌溉乎民田，漕引乎國家。夾堞長陂，程水壤之固護。飭官命屬，厭功利之紛拏。迨夫地脉泉源孰爲要遮？潛合陰附，應淮海之谽谺，微風翻瀾，矧其甚耶。其或駭怒決溢，隄防之所不加。泱漭千里，農民播溺，宛轉流離而不相救。又況其廬舍之與桑麻。噫！是亦涉者之龐觀矣。瑰祥恢怪，庶幾乎託焉。間乃省貢書、考圖編所陳者，特盤殖之微。固不聞有把握之貴，爲當世之所傳。發詠乎川琭，翱翔乎水邊。爰有蘆人漁子相語而來前曰：先生之念者，貨也。若夫川澤之精，理則不然，不寶於人，獨寶於天。今此有夜光之珠，産於深淵，我意其神。先生辯旃其始也。天和景晴，湖波夜平，煙冉冉以肆收，萬籟息而無聲，則是珠也。凛氣將之，若海月之升，含彩吐耀，周隅皆明。□紺石而爲宫，被緑苔以垂纓。挹奔星之光芒，吸沆□之精英。木散影兮扶踈，草露實兮紅青。林鳥驚而移枝，群犬愕而争鳴。於是印人徐呼，上流俱起，撫鴻□以先趋，領罾笱之已試。連徽挺扠，灑綱扶柤。嗟！雖鑒其眉睫，疑未曉其機器，方詭智之漸張，果造形而已逝。而况伏見靡時，欻彼倏此，與蛟龍之爲朋，會風雨而作衛。彼能三足而在□，鼈九肋而充饋。漢蛟鮓之青骨，鄭黿羮之異味。勍牛悦水，而黄奪澤。馬□繩而足躓，犀狎猬而解角，翠因媒而折翅。江使被執於行役，巨魚爲腊於貪餌。文貝琇瑁出禍其膓腹，金華玉英坐窮於淘絀。鏖蜃胎寒，熠燿自喜，狀絶意於遐引，適足殺其軀而已矣。是故號數選者，我固謂之貨也，能不爲珠之笑耶？予曰：嗚呼！噫嘻！信乎，言也！既明且哲，則大雅君子者耶！不常所居，擇利害而去就者耶！用以晦明知在己者耶！色斯舉矣。學孔子之徒者耶！薄泥塗而不辱，不耻下賤者耶！川不涸，岸不枯，有德鄉里者耶！久之不聞其遯世者耶！既而復曰：嗚呼！噫嘻！照魏王之乘耶，燭隋侯之室耶。謂上幣耶，飾冠冕而佩耶。客有聞者亦瞿然而興曰：嗚呼！噫嘻！吾聞諸石室之書云，王者得之，長有天下，四夷賓服，然則得之者，或非其心獨王者之心耶。

濟淮賦

明・徐禎卿

惟神淮之巨體兮，綽后土而紆流。遡遐睇以□源兮，指桐柏之靈丘。求禹甸之鴻跡兮，引襟抱於揚州。樹南國之險限兮，輔皇畿之壯猷。放洪波而東注兮，徂日夜之滔滔。沛汾汾以騰衍兮，淩震怒於陽侯。川風馮馮而卒奏兮，雲景曖而上浮。鼉魚翔而汎踊兮，鳴重淵之卧虬。榜人戒舟以並濟兮，奮群檝而泝游。乘中流而極望兮，驚長湍之不遒。

祭河文

後魏文帝

維大和十九年，皇帝告于河瀆之靈：坤元涌溢，黄瀆作珍，浩浩洪流，實裨陰淪。通源導物，含介藏鱗。啟潤萬品，承育蒼昊。惟聖作則，惟禹克遵。浮檝飛帆，洞厥百川。朕承寶曆，克纂乾文。騰鸞淮方，旋鵠河□。龍舲御瀆，鳳旆乘雲。汎汎棹舟，翾翾泝津。宴我皇遊，光余夷濵。肇開水利，漕典載新。千艫桓桓，萬艘斌斌。保我大儀，惟爾作神。

祭淮文

隋・薛道衡

元帥晉王，謹以清滌制幣太牢之奠，敬祭于東瀆大淮之靈：蓋聖德應期，神功宰物，上齊七政，下括四海。自晉人喪道，彝倫攸斁，天隔內外，地毀東南。三吴成危亂之邦，百越爲逋逃之藪。皇帝肇開鼎業，光有神器。圖出龜龍，鏡懸金玉。憂勞庶績，無忘寤寐。言念蒼生，情深矜養。河源海外，莫不來庭。冒頓呼韓，歲時拜誦。僞陳蕞爾，尚阻聲教。妖賊叔寶，借竊遺緒。毒流江左，冤結人神。上軫皇情，義申吊伐。猥蒙朝寄，撫寧淮甸。仰惟導源桐柏，長邁蓬萊。摽四瀆而引百川，擅五林而含七德。庶憑流惡之靈，克成除暴之舉，使水陸旌旗，所向無前。吴會君長，束手歸服，謹申薦醴，惟神尚響。

淮上石堤成告河伯文

朱國盛

維天啟四年冬，書雲之旦，淮上石堤成。南河郎中朱國盛，陳幣薦牲，告爾河伯：馮夷之靈，曰：盖聞兵飭者弗犯，備脩者莫侮。是以朔方城而玁狁襄，長茭搴而宣防塞。淮固案衍壇曼之境也，清淮濁河之所交也。文命艱逢宛書，鮮覯饕餮飽私囊之實，役夫鮮荷鍤之攻，遂至故堤賨窳，不啻蟻孔，新漕沙蝕，似委龍畫。以故尔得縱其潎洌之勢，奮其滂濞之稜，魚我民人，沼我廬舍，憑陵我城郭，充牣我餉道。諸凡仇我大邦者，不可指而屈也。是皆瞷我無備，乘敝搗虚，以逞尔志耳。吾敝明威德，汪濊紛紜。三百年來，江依海戢，蠢尔馮夷，掘强未庭。今天子鼎革之初，軫念昏墊，遣臣盛旬宣河濵，拮据三載，□冰茹蘖。按賦給資，趋役者踴躍于途，行犒者壺漿于道。排淤伐礫，玉溜潺湲，壘石亘雲，金堤勃窣。士女鬻釵鈿以相慶，群靈仰恩信而懷□尔。尚能撼吾疆埸，擾我鴻域乎？舉世混濁，清士乃見尔，豈謂濁之終能勝清乎？且灝瀁潢漾，安翔徐回者，爾之性也。馳波跳沫，汩漫漂疾者，爾之怒也。我惟守我之防爾，亦歸爾之壑，相安于無事，豈不休哉！爾若恃百川之能長，眇淮瀆之可陵，則東海若亦嘗胡盧爾之沾沾矣！漢帝沉璧馬以餉爾，而我惟藉管城爲斧鉞爾。速向化弗殄，馨香謹告。

遺事

志之內鮮遺矣，盍亦求諸志之外乎？志外堪述者，遺事也。於是考諸郡志，詢諸故老，得珠河以下數條。恨好事者稀，聞見未廣，不能多紀云。

高郵甓社湖孫莘老，讀書其上夜，坐見紙窓，忽明如晝，因步于湖濵，見大珠其光燭天。是年登進士，嘗問諸漁，皆言或遇于他湖中。有竊謀之者，風輒引船去，終莫能得。

徐有貞治河時，嘗欲築一決口，下木石則若無者，而怪之。一僧居山中，有道術。有貞往叩焉，僧無所答，第云：『聖人無欲』。有貞沉思竟日而始悟曰：『僧盖言龍有欲也，此其下必有龍穴。吾聞之龍惜珠，吾有以制之矣。』鐵能融珠，□鎔鐵數萬斤，沸而下之，龍，一夕徙而決口塞。

萬曆二十一年，揚州知府于城南三里許開河以繞府治。于河底得玉帶一條、漢壽亭侯銅印一顆，因以寶帶名河，今貯府庫。

寶應縣西堤三官廟前湖水盡涸，得沙灘約有十餘頃，自生蘆葦，每歲賣以供河道費，後歸之州學。蘆葦之區盡生野柳，遂作柳城，爲本學風氣之護。近没于奸胥，復檄而出之。

萬曆七年，寶應黄浦決口，于三月築完。本月十八日，風雨雷電大作，舊口之南平地忽穴丈餘方、廣約二十八丈，商船居民于穴内楸取龍骨數多。又居民郭松屋後遺有一物，狀如馬頭，堅實如石，云是『龍首』，舐之黏舌。維時總河潘公季馴、行郎中張譽勘確，稱是高堰築完，黄浦口塞，龍無所藏，故脱骨騰昇。潘公奏于朝，即其地建脱龍亭。

潘季馴築高堰時，夢壽亭侯手書四字曰『結歡人主』，且命□兵持帚以示之。公覺而思曰：『帚，埽也。其命我束埽投石乎？』之而洪流遂斷。

潘公嘗乘小艇往來巡視，忽颶風吸舟入決口，左右戟泣，無復喘声。忽有樹杪，擁舟底得脱，明日探之無有也。父老立石于河湄，曰『潘公再生處。』

萬曆六年，築高家堰，河流湍急，板築無所施。郎中張譽奮曰：『役夫有敢退避者，必投諸流』。夫皆出死力以作堰，遂成。先時，堤傍有鼉鳴吼，波濤輒起。一夕譽夢關帝告曰：『汝但殫精，我將助汝』。自後波勢稍緩，壘石遂定。堤成之日，鼉猶一吼，盖若戀其故穴也，非神明之力，何以驅之使去云。

甘羅城土中得銅錢二穴，鑄造關聖神像于高堰，立廟輒多靈應。萬曆二十年，洪水泛漲，水平堰面，勢如累卵。本司黄曰，謹禱于廟，因謁總漕。夜歸，見本堰上燈火明如白日，齊入廟中，及詢居人，皆云無有。次日波勢漸平，堤堰盡築，始知神之顯靈云。

甓社、寶應諸湖，昔各有界，今則混爲一區。相傳本州城所□，土人每于宿霧將收之際，水面忽見城郭，雉堞宛然，盖即人所謂化城也。近代吴禮泊舟河側，覩之甚詳，有詩紀□已載本卷中。

河決高郵敵楼北，張譽乘舫泊堤下，塞堤之料甚具。時濤勢拍天，人懷懼心，適有一道姑載神像三尊求爲立廟，譽許之□遂塞，因于堤傍建奶奶廟。

高郵城南有義塚，余捐俸所置。一夕夢有神告余，將與爾二子，是歲正月初七，同時二母各産兒。事雖誕，識之以勸陰行善者。

卷之十四

文移附

朝廷體尊，通之以章奏，□僚分隔，定之以文移，所以達上下之志意，審規畫之當否者也。河務旁午，簿書盈石，五百里内藉以昭宣。兹特録河工重務數條付剞劂，不忍以信牒常套而盡委之胥人耳。

議築露筋石堤詳文

爲議築險要石堤，保漕衛民事。竊惟本司承乏河干，謬叨任使。凡一切興除事宜，苟有裨于河防者，靡不竭蹷勉圖，以副德意。如淮屬山、清裡外塞決、濬淺之工，高堰武墩幫培修砌之工，通濟閘、金門上下拆砌之工，揚屬高、寶西中各堤修建之工，與各屬上年歲修堤岸、閘座、蓬廠之工，皆賴本部院主之，在上次苐竣役以報。惟是高郵州城南三十里江都搭界，地名『露筋』，又名『小湖口』一帶河道，約長一百六十丈，通湖極險，原無束水西堤，一望汪洋，實爲巨澤。每遇西風微作，浪輒掀天，往來糧馬等船動遭震簜，向來溺傷民命不知其幾矣。計必建築石堤，庶可捍禦。本司履任之初，亟欲興築，但以時詘舉盈，未敢輕議公帑，切恐將來日甚一日，湖水漫延，東堤汕□，一有不測，干係匪輕。近據高郵州申詳，歛詐行凶犯人謝應魁、徐良等罰追料物計銀三百兩，率同河官即日下土，可以培本堤之根。又瓜閘代報犯人晏聯芳等，淮安侵占夫銀犯人樊繼芳等，各詳允贓贖大約計銀三千餘兩。若以之採買石木等料，可以竟本堤之役。第奸計延挨，一時未肯全完，惟陸續追收，陸續儲料，似亦通便。此外存餘銀兩，仍聽作正支銷。又有本司追貯山陽庫内各夫歇曠及開榮、晉爵等贓贖并遺漏夫銀，皆係節省，稽核所存，可以通融動支，以爲添募人夫、論工犒賞及開工告成等項之用，庶公帑不費，興作有需，其于漕運、民生均有利賴矣。至于督工，則有高江管河官給銀稽料，程功則有高江掌印官往來催督，與臨工查核則有司道與該府管河官上下協襄，竣工似易。但前項□允贓罪係兩部院項下之銀，皆有司所當經理之事，非本司所可得而專擅者。緣前蒙詳批，贓銀聽河道等用，又值庫帑匱乏之秋，重以仰體本部院保漕恤民至意，故敢冒昧以請，合無請乞本部院特賜裁酌，詳示下司，會同該道轉行管河府官，督同該州縣印河官，躬親勘估，造册繪圖，轉報定奪。伏乞照詳施行。撫院批：修築險要堤工，誠保漕衛民永利，如議行。仍詳河院行繳。

中堤估計詳文

爲議築險要中堤以固運道，以安民生事。據揚州府管河通判于範呈稱，蒙本司案驗前事，照得高郵州北河中堤，計長四十餘里，卑薄危險，水發議塞兩閘。金門雖防衛本堤，而外湖舟行險阻，常致覆溺傷人，誠不忍見聞者，關係國計民生匪細。仰職行州管河官，查勘某段低窪極險應首先包石若干丈，某段稍險應次第砌石，共該工價若干，作速回報，以憑議舉。等因。蒙此遵行該州查估。去後，今據申稱，會同管河官勘得，中堤量長三千一百零九丈，内分極險亟宜包砌石工一十二段，計長六百四十四丈，筭該工料銀五千二百七十五兩六錢二分一釐；又有稍險應次砌石先幇高厚工長二千四百六十五丈，已經造册候詳。又奉河廳信牌，該蒙本司牌。蒙欽差總理河道陳憲牌，爲申飭歲修工程以無悮河工事。又蒙欽差總督漕撫軍門部院李憲牌，爲修飭河防事。皆屬先事預防，合請轉達，俯於淮揚，府庫積有河道官銀動支，趂此時水未發，亟爲轉詳修理。等因。造册到廳，呈詳到司。看得中隄单薄滲漏，逼於秋水，輙閉金門二閘。築壩之費大擾民間，而一切船由外湖屢遭覆溺，往來士夫有身驚漂淌者，本地土民有口訴慘傷者。本司痛思極溺，亦屢謀及此，而無柰時之不易也，物力之不充也。今當就估數酌爲三年之計，先一面糾工幇土，擇險中之險者量爲包石，其可支月日者姑爲樁板，歲逓加石焉，一勞而永逸，力徐而易舉，似爲事省功倍。唯見年起夫作何調度，或照田照里，從其便可也。樁板在原估之外，此欲俟後二年，而爲此不得已之計耳。仰州從長細議速報，以便轉詳批行。去後，續據該州回稱，隨經督同本州管河判官徐賢詣堤覆估，續准本官牒報。極險堤工六百四十四丈，今於内擇其至險勢不可緩者，計五段量長二百四十丈，估該工料銀一千九百六十五兩八錢一分。其餘四百零四丈，留俟下年次第包石，一面鳩集里夫村船運土，幇培高厚，以禦伏水。等因。覆詳前來又該本司勘得，所估過浮，難以轉詳，議將本堤磚石相兼甃砌，其中工料可減。查得先年小湖口估用河磚，每塊長一尺四寸，濶六寸，厚四寸，價銀八釐。今本司親置式樣，每塊長一尺六寸，濶五寸三分，厚三寸，與舊磚折筭價銀六釐五絲七忽二微五纖，堤長二百四十丈。原估砌高八層，今一槩磚石相兼，上下用石，中間河磚，費省工堅，可恃經久。原册發回，刪減改造。其窑户燒磚并江南採石俱不可緩。查該州歲報册開，見有庫貯河道銀兩，於内先動銀三百兩，分給窑户、山户燒磚、採石之用，似属通便。覆行。去後，隨據該州申稱，遵照發去磚式，減估計堤長二百四十丈，議以磚石相堅包砌，足垂經久，於内減去銀二百九十三兩七錢九分九釐四毫八絲，外實該工料銀一千六百七十二兩一分五毫二絲，俱係實用之數，再難刪減。查照改正造册外，一面動支庫貯河道銀三百兩，分給山户、木商、窑户陳文聊月等領買木石，造坯燒磚，聽候應用。其餘銀兩，合候詳示至日，另行找領。等因。造册申詳到司。據此今該司道勘得，該州濱臨湖險，素稱澤國。其城北中堤四十餘里，俱係漕運經行要路，土堤卑矮，每遇水發浸漫，閉閘保堤，船由外湖往來，風浪叵測，每每覆舟溺人，是漕河所宜亟理者也。至于築壩，費用夫船，借動料物，尤多擾害。即本司履任之始，首議本堤包石以免決裂衝傷之患，但因時詘舉盈，遽難興工。今據所估險工六百四十餘丈，酌量緩急，議以三年帶修，誠爲妥便。先擇最險二百四十丈亟宜甃砌。及查高寶諸堤，凡砌石工一丈，大約用銀十兩有奇。淮屬王公堤砌石一丈，用至二十餘兩。今此堤以磚石兼用，每丈僅及七兩之數，似爲省費，委屬可行。至于估定料銀一千六百七十二兩一分五毫二絲，據稱並無虚冒，難以删減。除將該州庫貯河道銀内動支三百兩先給辦料外，尚該一千三百七十二兩零，應于本府庫貯由閘銀内動支。其高、寶、江、儀四州縣淺閘人夫，清出曠銀七百九十九兩三錢一分九釐四毫，聽另詳追貯府庫，或抵前項中堤之用，或聽别項支銷，□候批示遵行外，今據前因相應呈請。合無請乞本部院軫念漕堤險害係關國計民生，俯賜詳示司道，轉行揚州府并管河于通判，轉行高郵州，具領掛號支領。本府庫貯由閘船税銀一千三百七十二兩一分五毫二絲，聽掌印官分投採買木石，燒造河磚，擇日興工儹做，勒限一月報完。所修工程務要如式堅固，足恃經久。管河府官往來催督，仍聽司道不時臨工查驗，如有苟且虚應，工程不堅，管工委官定行拿究重治。通候工完造册覈實銷筭，惟復别有定奪。伏乞照詳施行。

總漕李批：由閘銀准動支修造，候河院詳行繳。總河陳批：據詳，修砌高郵中堤以固河防，可免閉閘行舟涉險覆溺之患，委宜急舉。第時詘費鉅，一時難措。今議次第甃砌，誠得緩急之宜。又酌以磚石兼用，非但費省，抑且工堅。該司道調停苦心，裨益運道、民生非小。先估險工銀一千六百有奇，除已動該州河銀三百兩外，餘銀于清出曠工銀内動支，不足者找支由閘船税銀。速行該州採石辦料，府廳往來催督，限一月工完，覈實册報，毋容虚冒。繳。

議清行夫并挑新舊二河詳文

爲敬循職掌，再申河道喫緊事宜，以嚴修濬，以裨運務事。竊惟本司猥以淺昧，承乏河干，凡於修守啟閉之宜，冒濫侵漁之禁，與河官之不許别委，河銀之不許那支，業已仰遵成議，轉行申飭，并於去歲五月間具呈條議二十八欵，蒙批該道詳覆外，所據淮揚河道自清口至瓜儀，延袤幾五百里，誠爲漕運咽喉。其中屢決屢淤，变遷難治者，惟山、清爲最。始因先年黄流内灌，走沙墊淤，迄今二十餘年，船運漸遲，未能作壩大挑，旱潦時常爲患。如去歲夏秋水發，工程停止，冬春水涸，復行挑濬，本司慮恐鳩工之難，成工之緩，又調集高、寶人夫并本處淺募等夫協同撈浚，河已深通。夫船撤放未經旬日，又復淤淺，皆由天亢不雨，河水未發，風色不定，長落不常，殆未可恃爲久計也。又經嚴行各官，時其調度，尅期完報。去後，目下重運已臨，回空未盡，再復淺阻，干係匪輕。先經行據府縣各官，議將楊家廟新河一面丈量估計挑浚，一面將舊河大加撈治，期無悞運，俟新河既通，再行挑濬。但以人心易怠，經費不貲，尚須商確，或用錢糧，或議查理行夫銀兩，逐段開報浚通。事在燃眉，時難再緩，所當請明嚴行各官加意料理，以備緩急者也。河工用力，全賴人夫，除各屬堤、淺、閘、堰等夫歲給工食出自議定條鞭，由閘等項銀內按季掛領支給，已有定規。各夫專供築堤、浚淺、栽柳、採草，事有專責，無容別議外，惟是山陽縣設有行夫九百名，歲額工食銀八千餘兩，出自槩淮牙行徵銀募夫，原宜隨時僱募者也。乃有積年奸棍，通同工房積蠹，謀充老人、火頭，每五十名爲一单，設老人一名爲单頭，召集四方流棍克數，遂常川每名日給工食二分七釐，每逢給散，盡是火老總領，散夫食不充賎，通無實惠。本司往來堤上查看，未見募夫築有堤工及調撥浚淺，往往假做土堆，旋點旋散，盡属虛應，以致河淺，糧運爲梗。近議從春季革去，計工給銀。如板閘一帶撈濬，據河廳呈稱，計土論方，每日該銀不過一分上下，則平時虛冒不問可知。小夫既無實沾，工程又無實効，名存募夫六百，實十無一二，並無花名、年貌可考，不過積棍借以瓜分耳。夫以民間千萬金錢徵之何其難，而奸棍乾没費之何其易！况夫既曰募，自與徭役不同，銀可額支，又與徭夫無異，而權其聚散，律以工程，大相懸絶。本司目擊此弊，病國、病河，思逐工覈實，則曰吾常川在工者也，及取花名、年貌，則曰吾已墊銀短僱者也。河官緫一清理，便欲蜚語抗凌，法紀蕩然，將何抵極，除春季工食銀一千五百八十一兩有零已經會驗發縣貯庫，司道議定候量給。今正計浚新河，已經會行該府河官督同該縣，將前項募夫從長計議，或行縣從舊老人精選壯丁二三百名，常川領銀供役，或行縣審用殷實夫頭，隨時僱募，計工給銀，以課實用。再查九百名額內存餘夫銀貯於何處，當此國家多事，帑藏空虛，前項餘銀或作每年歲工之用，或作河上不時之需，務須司道逐季會驗，明白封識，不許移借。禆河有實工，夫有實用，上不病國，下不病夫。其積奸盤踞，蠹河剥衆者，嚴懲一二，以警其餘。目下濬河正急，用夫正殷，所當請明嚴行各官作速議妥，著爲定例，以禆實用者也。治河必須專官實心任事，方可責成，向來因循惰悞，幾不可理，屢經司道極力清查，稍稍就緒。維時新任張同知未曾到任，惟帶河通判連躍，早夜勤渠，克襄厥事，即今晐重運船往來如織，繕堤、挑淺工作繁興，一切程督稽催，誠不可頃刻乏人者。近聞連通判奉委徐州監兑，遺下河務，又將改委，竊恐繼事者未必稔知河性，而日遲一日，未免顧彼失此，有悮運事，所當請明轉行該府，或選委府佐，或仍留本官着實經理，以無悮河漕之重者也。至於近河一帶，萬頃汪洋，皆負郭膏腴之田。河身既深，田水可瀉，滰則民有賠糧之苦，疏則民有爭奪之事。或着庄頭預報出夫助工，候田出領種或一槩工成，量爲升科助工，亦就近利便，所當併議以資工役者也。以上數事，或爲粮運急圖，或爲河防修守，或爲公私兩便，皆司道職掌所宜言者。然而語多迂踈，心實懇切，故不知忌諱，輒敢冒昧以請。合無請乞本部院特賜裁酌，詳示司道，轉行府縣各官速爲議覆，各另轉詳請奪，庶修濬以勤，漕河無悮，而於重責成、袪積弊均有賴矣。惟復別賜定奪，伏乞照詳施行。

總漕吕批：據議浚河濟運，計夫程工，與專官督理，均于河漕有裨，悉如議行。此繳。總河房批：據前三欵，疏濬河道、嚴核夫銀、責成河官俱中肯綮，足見該司道實心任事，勞怨不辭矣。速行府縣議妥覆確，各另詳報。

挑新正二河詳文

爲緊急河工事。查得山、清正河，向以黃沙內灌淤澱旁決之患，無歲無之勢，必大挑庶免後患。然欲挑正河，必先挑新河，新河既通，再挑正河，次第舉行，誠不容已。惟是帑藏空虛，難以議動。所有本年春季募夫工食銀一千五百八十一兩九錢三分，既勘無實工，即應全扣，因念各夫積習之餘待食日久，屡次控告，河廳代爲申請。該司道公同議給四百兩以恤其貧，其餘一千一百八十一兩九錢三分即抵前項工用，不足銀數于夏季折夫銀內找支，不必議及公帑，似爲妥便。但所估土方，每方該銀八分者，今估一錢一分，于數既浮，而所議深濶，尚需加挑，以防淺隘。除已先動前銀六百兩，司道面給老人金成等募夫，行委連通判督率山陽縣主簿季子寗、吳茂才分工挑濬，俟廳縣再議展拓加深丈尺工料的數，至日司道核實，轉詳定奪。前項緣由，已經會呈本部院，未蒙批示。五月二十等日，據管工主簿季子寗等禀稱：新河工多夫少，難期速効，乞調徭夫幇做。等情。據此看得：各屬歲工興舉，隄防宜慎，徭役人夫，各有專責，若復調撥，不無妨悮。查得先年淮安裏外河，但有大役，即借營兵，駢力用工，尅期竣事，此無他，謂防虜、防河均爲王事，而一切食餉之人，均爲王臣也。今歲之河患，實倍于往昔，在河之夫役皆狃于平時，雖催檄如雨，而推調如故，將來悮運，害可勝言？再照司道上年清出行夫，除河工正額九百名外，其餘佐兵餉者，尚多以食河銀之兵，而効河工之力，較往年徑行調用容有差矣。合無酌議，應否會詳議撥營兵若干，專委連通判分派新河并各段淺處，恊力用工，以期速効，完日仍歸本營應役。如或勞逸少異，即于正支月糧之外，每日量議加增，以示鼓舞，其在河有實効者，即照營伍功蹟陞補，以酬劳勤。總之正河爲漕運直捷要道，新河爲一時預備間道，前以天旱水涸，議挑新河備運，要亦治標之急着，兼爲治本之久着也。若正河不議大挑淤淺，徒事撈濬，竊恐日甚一日，年復一年，積沙愈堅，爲力非易，將併淮南俱成淺阻，其患庸可勝言哉！但此役工費既繁，獨任怨勞匪易，須衆謀僉同協應，方無掣肘。若非台臺夙命主持，則任事者恐反挾好事之譏，而優游者坐博得安静之名矣。是非河道之幸也。擬合呈報。

淮安挑新舊二河并築護堤詳文

爲河道事。抄蒙欽差總理河道軍門部院房憲牌前事，案據淮海道詳開，南河分司條議一欵，堤工兼用磚石。該本道看得，河非堤不成，而堤非石不久。揚屬石堤尚多，淮屬石堤甚少，即以郡城之際，上下僅六七里，不過一縷土堤。辛酉堤決城陷職此之由，淮安重地如此危險而久不議及，殊可恠也。今若上自西湖嘴下至楊家廟内起，建石堤磚石，兼用保障三城數千萬生命，是萬世之利也。酌勢度時，委屬喫緊，伏候台裁。等因。據此看得：淮安，地方當南北要區，黄、淮會津，每歲伏秋水漲最係危險。如天啟元年，衝決王公祠等口，淮城陷溺，民幾爲魚。今若以近城土堤而以磚石兼用甃砌，一勞永逸，不惟郡城免衝陷之虞，抑且淮民無昏墊之苦。合行速勘，仰司即便轉行淮安府掌印管河官，自西湖嘴起至楊家廟一帶，逐一相度，某叚近城土堤卑矮，應建石工堤、岸磚、石兼用，某叚堅固，離城尚遠，仍用土堤，分别緩急舉行。要見夫役作何調派，錢糧作何設處，料物應委何官，買辦工程應委何官董理，務要嚴禁虚冒料，必速辦工，須實在計期竣役，保障郡城。文到作速勘明，具由詳院施行。等因。蒙此，本司遵依，會同淮海道牌行淮安府掌印管河官，即自西湖嘴起至楊家廟一帶，逐一相度，勘明造册，呈詳司道，以憑會核。轉詳。去後，續千本年九月初三日，該淮海道抄蒙欽差總督漕運軍門吕批狀：據各地方鄉民金梓毛恩等，稟爲祈夫拯水患，以固城池，以利國計民生事。又據淮安府軍民鄒桂芳等，連名呈爲保郡安民事。又據山陽縣儒學生員陳継晟等、鄉民周文升等，呈爲急救水災酌議，永利以保民生，以完糧税事。各稱淮城地勢居下，水患靡常，乞要建堤濬河，保固城社，護衛田廬，民漕兩便。等情。據此會同轉行淮安府并管河張同知，轉行山陽縣親勘造册呈來，聽候轉詳定奪。去後，續據山陽縣申送挑濬新舊二河，并建築淮安近城石堤工料。文册，内開：先挑新河行運，復估原挑新河未完工程，并續奉文加挑深廣土方，共該夫工土方銀一千三百零四兩六錢；議挑運河，估計土方築壩夫工等項，共該銀一萬六千九百三十二兩七錢；近城堤工共長二千二百六十一丈，估用工料銀四萬五千九百六十四兩二錢九分六釐。三項通共估銀六萬四千二百零一兩五錢九分六釐。緣由申詳到司，該本司看得：公帑匱乏，各工所估太浮，駁行張同知痛加删減，分别各另造册，其城堤照高寶石工事例，估動錢糧。應否先行燒磚，備辦木石諸料，至于濬河，先完新河之工，次挑正河，俱候水勢消落興舉。仰廳作速議妥呈詳，轉請總院施行。等因。去後，續據本官呈稱：遵依督同山陽縣管河主簿季子寧親詣裏河一帶查勘，除新河土方原係乾工，今蒙本司明示，每方估給土方銀八分，今共估銀一千二百零四兩六錢。但正河土方，因河水盈溢尚未消落，恐内有淤灘寬窄，河身高低不等，增虧相補，折算槩估挑深五尺，口濶十丈，底濶六丈，河底中泓沙淤泥陷，較比乾工不同，每土一方估給工銀一錢，并築攔河大壩二道，連土方共估銀一萬六千九百三十二兩七錢，無庸再減。又查勘近城石堤，原據該縣估長二千二百六十一丈，共估工料銀四萬五千九百六十四兩二錢九分六釐。該職按册逐段細加丈勘，内查高阜堤岸六百五十一丈免建石工，并應減樁石等項，共減銀二萬零六百一十二兩二分六釐，其應砌石工長一千六百一十丈，實估工料銀共二萬五千三百五十二兩二錢七分。以上三項原估通共銀六萬四千二百零一兩五錢九分六釐。今石工内減去銀二萬零六百一十二兩零二分六釐，三項通共實估銀四萬三千五百八十九兩五錢七分外，爲照挑河閘淺，建砌近城石堤，實部院司道爲國爲民久長之計。本職仰遵憲檄，覆減明白，俱係實用之數，備造文册，相應轉呈。惟是預估終屬於懸度，致用乃便於實稽。待料齊興工，先將一丈深濶當面懸其饰置，或有以多爲貴，或有以裏爲益者，總未可知。中肯未盡事宜，不妨臨期通融酌議，再行請詳外，合無請乞本司俯賜裁奪，批示下職，庶便遵行。等因。據此，該本司看得：所估各工銀數仍爲浩繁，先將城堤估册分欵標駁詳批。據議，近城堤工内有磚石層數與燒磚工匠等價，尚屬浮泛，該廳所謂預估，終□懸度，致用乃便實稽，俟料齊興工，先以一丈爲率，就中裏益，極中肯綮。仰照欵酌量減估，從實詳奪。其濬河工程，估費頗奢，更宜核實。仍候另文發册，删定轉詳。等因。批行。去後，續據淮安府經歷司呈詳到司，據此看得：詳内議處錢糧，分委僚屬與鳩工儲料，并綜理稽察，賞戒勤惰等項，皆井然有條，足仞該府留心河務，嘉惠民生，允協部院，憂國憂民至意，務在及時興舉，俾本司得藉手以報，斯則萬世金湯之利，微獨安瀾利濟已也。除近城堤工，俟該廳減估造册至日，覆核會詳外，所據挑濬新、舊運河一節，誠爲喫緊要務，但工程浩大，關係匪輕，必須詳議妥確，方可轉呈。案查本年六月内，該本司看得：淮揚河道自瓜儀抵清口，延袤幾五百里，皆爲漕運咽喉。其中屢決屢淤，變遷難治者，惟山陽爲最。先年糧運過盡，即于清口預築攔河大壩，以禦橫流。迄今三十年來，清口之壩不築，内河之底日高，以故遇水則決，稍旱則淤。如節年直隸廠、謝家墩及楊家廟等處之衝決，幾于浸城，福興閘上下暨板閘、移風閘等處之淤淺，幾爲平陸雖以司道躬親調度，倖免僨事，而帑金、民力所費亦不貲矣。未幾而深者復淺，淺者益涸，先年靳于人力，今日諉之天時，均非所以爲善後計也。本司目擊時事，憂心如焚，節經嚴檄河廳及該縣印官，俾其上下恊衷，以圖一勞永逸之計，而廳縣亦皆有見于此，故有先闢新河、後濬正河之議，先後申呈到司，俱經批行。去後，續該司道備將前由會呈漕河二部院。續蒙總河部院房詳批：據詳三欵，疏濬河道，嚴核夫銀，責成河官，俱中肯綮，足見該司道實心任事，勞怨不辭矣。速行府縣議妥覆確，各另詳報。蒙此。又蒙漕撫部院吕詳批：據議濬河濟運計，夫程工與專官督理，均于河漕有裨，悉如議行。此繳。蒙此，行據該廳縣造送估濬新河工價銀數文册前來，已經司道面給土方官銀，行委河廳開濬新河，以備糧運。如正河之水不淺，新河之壩不開，萬一告急，以此應援，要亦酌時措之宜，從廳縣之請也。譬之病然，病不除根，有觸即舉，將來日甚一日，年復一年，黄沙愈積，深谷爲陵，國家數百萬之軍糈，淮城數十萬之命脉，士風民業與各項之税餉徵輸，一旦閉塞不通，其患庸可勝言哉？故欲爲一勞永逸計，莫若舍標而治本。治本謂何？治正河是也。欲治正河，預開新河是也。本司職專治河，期于河治，断不敢因循其事，傳舍其官，以艱貽之後人。惟是工程繁鉅，人心未齊，尚須諏諮以協輿論。随經出示曉諭，槩淮鄉耆士民人等，凡有念切地方者，不妨據實陳説要見。正河不早濬治，將來淤墊害事作何區畫，以爲良圖？新河暫議開挑，秋冬大濬正河，永杜沙淤，是否便益？正河挑時，不過匝月可以竣役，不挑而遇枯竭，既于漕運税餉有悮，又于文風地脉相妨，行止兩端，孰爲輕重？凡我士民皆可籌度，毋拘成案，毋狥偏見，随事随宜，陸續商訂，以爲定論，則食土之毛者，皆能勤王之事。本司且喜江淮間有此同志，亦寧以臆見廢名言哉？等因。出示，及將挑河築堤等欵先經條列，呈詳兩部院，批行淮、揚二道議覆轉行。間節蒙憲檄，前因，蒙此，該司道行據該府廳縣先後申呈前來。據此，爲照挑河以濟漕運，建堤以保民生，除邇來不虞之患，作千年兼利之圖。此自本部院司道護衛民漕素志，屡屡見之公移，當無俟鄉民有呈而後議批駁至再而後詳也。第時詘未易舉盈，慎終不如謹始，宜于今當稽于昔，清其源可遏其流。而一切紏夫計土，與夫防沙禦水之方，誠不可不講也。合再查議。又經會行淮安府并張同知查照，節行事□文到，作速議妥，造册通詳司道，立等會核轉詳施行。去後，續准淮海道手本，抄蒙漕撫吕批：據淮安府軍民鄒桂芳、畢夢龍等亦禀爲保郡安民事。蒙批仰淮海道速查報，又准本道手本，内云挑濬正河及建砌石堤，工程浩繁，非群力廣助不能必其工之疾速，而調□营兵之舉，自是宜然。本道已面懇漕撫部院允行，相應移會，煩爲併詳。等因。到司，續據張同知呈將新、舊二河應挑各叚口底寬濶并挑河深淺丈尺、估計土方、應用夫兵，并城堤採運木石、分燒磚塊，實估銀數併及減估近城堤工，實該工料銀數緣由文册到司。又據淮安府經歷司呈稱，行淮本府管河張同知關送覆估，挑濬山陽縣新、舊二河，並近城磚石堤工各土方料價數目文册到府，內開應用錢糧，各候本府議處轉呈。等因。准此查得：本府漕、阜二庫，見在河道銀二萬五十四兩八分二釐九絲，已經開報，應聽司道裁酌動用外，所有前項濬築河堤緣由，呈乞轉達。等因。據此該司道會看得：淮安河道當黄淮衝戧之餘，值水旱頻災之會，河身挑濬既失三年兩度之常，漕運過淮又遲，秋盡冬初之候，累年運遲。又在伏秋水漲之後，清口大壩已不能築，流沙內灌，烏得不淤？即每年估用歲修，率皆冒破愆期，故淺阻旁決之患無歲無之，而魚民梗運之虞，亦無日不廑上念也。荷蒙台臺軫兹要害，採及芻蕘，特檄查議，以爲民漕千萬世之計。司道仰體德意，親督府縣印河各官躬詣估勘，見河心淤高，河堤卑薄，追及往患，更切近憂，則挑河築堤之役，誠有不容已者。既經該府廳詳報前來，又經司道屢次駁減，除新河工程自本年四月開工給過土方銀六百兩外，今估未完土方及加挑深廣共銀一千三百零四兩六錢，近城堤工料價等項共估銀一萬四千一十三兩七錢五釐五毫，俱係屢減實需應用之數，無庸再減外，其挑濬正河原估四千二百丈，係在水面丈量，恐其中高下不一，難以懸度，且估費不貲，更煩區處。今議止挑二千八百丈，以省繁費。其土方工銀，原估一錢一方者，應照新河事例，亦以八分筭給，計該土方工食并築壩等價，共銀九千九十二兩七錢。以上三項共實估銀二萬四千四百一十一兩五釐五毫。查淮安府庫貯河銀止二萬五千四兩零，尚有歸仁等堤及各屬歲工需用于此，似難全動及。查徐屬雙溝并高郵、康濟河等工原有各郡邑協濟之例，今權議三停，措辦淮庫，止動一分，現徵行夫銀內凑用一分，或行別處，并不得已而于揚州府庫貯河道由閘銀內協濟一分，共足前數，及時興舉，庶爲妥便。然此該司道再四核減之數，實爲節約，工興之後倘有增虧稍異，不妨彼此通融，總期于實工實用，以無負台臺之委任而已。若夫先做樣工之料價，與不時臨工之小犒，則有本司清出人犯晉爵、開荣等罪贖夫銀可以充用，無煩別處，所據分工、買料、設廠、收支、稽核、銷筭等項，該府雖已詳議，司道雖已欵開，然而未盡事宜，可續爲商確者尚多也，仍候臨期酌議請詳。至于揚庫應否動支、營兵應否調撥、料物應否派辦，俱請台臺裁示奉行，非司道所敢必也。他如許家石閘并通濟月河小閘河西一帶土堤及外河高堰等處應修工程，清口以外防沙禦水要務，容司道督催，該府廳詳報，至日陸續轉請定奪。所有估定挑濬新、舊二河并近城堤工土方、料價銀兩數目，覆核明白，備造文册，相應呈請，合候本部院詳示，司道轉行府縣并山清管河等官照欵遵行。其議動錢糧，仍照往例，行令該縣具領，赴司道掛□支領，下縣聽印官親自收支，及時燒磚、辦料，次第興工，完日會核造册銷筭，惟復别賜定奪。司道未敢擅便，擬合呈請。爲此今將前項緣由，開具書册文册，同原蒙憲牌，理合具呈，伏乞照詳施行。計開：

一、議錢粮。查《河防一覽》每遇大工興作，或儘用現銀，或議留改折，預備物料，以資興舉，增裕物價，以均苦樂。今該府庫貯河銀雖有二萬五十四兩八分二釐九絲，尚有歸仁等堤并各屬歲修河工待用，勢不得不循先年協濟舊例，議及别庫，并足以現徵行夫之銀，庶幾有濟。其工料除灰、石、土方、工食、賞犒原有定規外，惟樁木有河工召商二價，盈縮稍異，恐本工需木緊急，承買員役藉口躭延，故從府縣印、河各官之請，折中估價，以期如式速交。其河磚長一尺六寸，濶五寸三分，厚三寸，每塊價銀六釐五絲七忽一微五纖，係準高、寶舊河磚尺寸折筭定價，原無虧減。今因槩淮磚窑不多，取土稍遠，府縣初議每塊一分二釐，則倍蓰矣。今亦折中定以九釐一塊，俾其樂于趍事，計日交工。若木有短細，磚有黄碎，違限、悮工，買料、督催，與收料等官，各有責任，自難狥情容縱，自取不便。一切價銀，須司道府縣印、河各官公同散給，痛革扣剋等弊，庶價有實領，料有實辦。如有故違需索者，盡法□處。至于工完銷筭，則在該府掌印與理刑各官，悉心嚴核，據實呈報，加以司道覆核，斯無負部院委任耳。

一、議支放。查《河防一覽》，凡鳩工、聚材、出納、銷筭，務嚴稽核，以防冒破。今本工估費委屬不貲，若收貯錢粮、給散料價，府議專委山陽縣印官掌之，司道又議公同驗給，可釐剋落之弊矣。但料物交收，往弊最大不私出，收管則通同盗賣，以致料無實用，工不堅固。今此大工，河、粮二廳與該縣印官，務要躬親查驗出納，惟明收放。一切料物，先設請司道印簿，隨時登記，以備吊查。工完之日，聽司道親勘，將合式堤工内拆一二丈，掘起地樁，逐一量筭，以爲各工用料之準。作奸侵盗者，盡法究追，亦稽料之一端也。

一、議分督。查《河防一覽》，凡河工浩繁，道里遥遠，若非多官分理，不免顧此失彼。分工之後，即遇陞遷，不許離任。今該府堤工估砌一千六百餘丈，可謂浩繁矣。新、舊二河延長六七十里，可謂遥遠矣。若專責一河廳，不但顧此失彼，竊恐無以底績。所當比照往例，多委府佐，或分委隣近州縣勤能官員，畫地分管，以□大役者也。

一、議責成。查《河防一覽》，州縣正官職專親民，故民易驅而事易集。今此大工，該府文内業屬之該縣印官矣，一切稽核夫工、催督料物，自其職掌。工興之日所當遵照成議，躬親料理，以一事權者也。三城保障，百世尸祝，于是焉在。其餘各官，上下相成，左右手相爲，總體兩部院嘉惠漕運民生之心，爲地方垂萬年之利。若有枘鑿齟齬敗乃事者，請以憲法治之，毋容少貸，庶人心始肅而大工可集矣。

一、議激勸。查《河防一覽》，凡在工佐領等官，查有効勞實跡者，分別等第，題請超擢。中間如有劣陞王官等項，亦准改擢，或從另議優處，其餘或重加獎勵，或題給冠帶，俾人心争奮，不至疑畏。今此大工，相應一體遵照舉行，以示激勵。其或怠厥職、悮厥事者，該府稽察既嚴，司道經臨亦邇，断不至徇情面滋隳墮也。

一、議優恤。查《河防一覽》，凡在河人夫，辛苦萬狀，除工食外准免丁石一年。今此大役用夫最多，立法稽查極其嚴督，不有優恤，何以鼓舞？合無將一應夫匠，除領土方工食者，風雨量議多募犒賞外，其餘下椿、挖槽等項調用徭役等夫，每日加給銀一分，或米一升，即于本工土方節省，或曠工銀内通融支給，類册開銷，如是而有不子來者，未之有也。

一、議息浮言。查《河防一覽》，治河固難，知河不易。勞民動衆之事，怨咨易興，其中以是爲非，變黑爲白者，未必盡無。今此大工興舉，司道秖奉憲文，督同勘估，矢公矢慎，以期民、漕兩便，爲千百年永利計。而一時在事各官，皆踴躍恊賛，以循職掌，諒無矛盾顧忌之心。但清出夫銀，奪自虎狼之口，而核减料物，頓除貓鼠之奸。向之漁獵河工者，既不得肆其貪饕之志，近之弁髦河務者，又疇能禁其雌黄之言。政所謂當局任事者甚難，而旁觀論事者甚易，亦何怪乎？河日病而治河之權日輕也。合無請賜憲檄大加申飭，以奠成功。庶幾狂瞽潜消，聽聞不雜，而共事于地方者皆無掣肘之虞矣。

以上數欵皆司道就事論事，一時荒唐之語，其中闕略尚多，忌諱未避，統乞台臺裁酌施行。

總河房批：據詳挑浚新、舊二河并近城堤工、土方、料價、銀兩數目，既經覆核明白，准作速興工。其動支揚庫調撥營兵，派辦物料，原有通融之例，不妨另詳。至於條議七欵，有裨工役，悉如議行，仍候漕撫部院詳。行繳。

總漕吕批：據詳，築堤濬河，關運道通塞、淮城安危，亟應修舉。然必新河役竣而後堤工可興，必新河深濶，能通重運，而後堤工不至廢於半塗。是在司道嚴加督責。其錢糧支放、分督責成、激勸優恤并調撥營兵等項，悉如議。仍侯總河部院詳。行繳。

報建通濟月閘驗文

爲河道事。抄蒙欽差漕撫部院吕憲牌前事備由，仰司即查月河建閘合用工料錢粮，何日興工、報完，速議詳報。蒙此，先該本司看得：通濟閘爲漕河第一門户，每年至夏築壩以拒黄水，月壩向不易開。秖因今歲重運愆期，暫開濟急，原非得已。未幾而裡河數决，殊費經營。即今運已過完，水已消落，併力築壩，萬難遲緩，已經屢行山清張同知嚴督官夫，下埽堵塞，業報完六丈矣。除勒限完工另報外，爲照月河既爲緩急之備，則先事當爲經久之謨，若僅以泥土築塞，苟安目前，一遇開放，流害内地，恐終非久計也。今奉明示，相應于月壩口内添建石閘一座，以備日後不時之需，而壩身頗長，亦宜併砌石堤，接聯舊閘，方免衝突之患。先于本年九月初七日，牌行山清河務張同知酌議。去後，并運周、王二閘廢石湊用興工。理合具呈。又經催令本官作速甃砌，工已將竣，合候會核，另文呈報。今蒙前因，合先回報。爲此今備前由，理合具呈，伏乞照驗施行。

編審長夫詳文

爲審編長夫事。照得淮屬牙役、長夫，專供河道之役，先年題准遵行已久。秪因奸役弊隱，歷年串同私占，以致夫額不足，河道失修。本司自客秋到任以來，徧歷河道，凡物料侵冒，樁板稀疏，蓬廠不飭，淺具無存，長堤崩坍，決口甚多，不勝浩嘆。若清口爲糧運咽喉，以黃沙淤淀，去秋水溢，幾至灌城，今春水涸輒爲平陸。問其何以不濬不撈，皆由無夫無餉。查《河防一覽》，先任總院潘疏以牙夫一千八百名合爲九百名，專聽河工應役，各衙門別工不得私役一名，違者糸究。奉旨欽行已久，嗣後生齒漸繁，牙行遞增者不啻數十倍于前。而法久弊生，每年該縣編審，富牙營爲占免，窮牙派在河工，自九百遞減八百七百。至天啟二年之編夫，更少至五百三十餘名。行據山陽縣申稱，募夫缺額已久，夫銀屢徵不前。等因。又據山清管河廳呈稱，縣編舊額既缺，又申免死者，大總又免費貢生，夫名少而又少，募夫春盡入夏，並無分文食用。等因。到司。時回空新運正當鱗集，本司惴惴，惟悮漕是懼，遂駐舟福興，親督濬撈。該廳奔走，督築清口越壩，相與四顧，咨嗟無措。士紳有言工房吏書隱夫之弊者，查行間該淮徐道清查，編補移會到司。准此，節據生員張四聰火頭、孟志等，牙行胡邦安等，各以山陽縣工房吏書弊端具告，已經行提犯人樊繼芳、樊世美、陳繼文等到司審供，夫數彼此異同，奸宄百出，事關河道錢糧，合應會審。行據淮安府關催管河同知趙庭琰前來，會同高郵州知州陳嗣虞提審。間陳知州聞報交代，改委該州管河判官徐賢隨同該廳屢次研審，明白具招造册到司。據此，除覆覈另招詳報外，續據署山陽縣印連通判申稱，奉委徵收折夫銀兩，悉遵院道部司嚴諭，痛革宿弊，設櫃徵收，期以首益河夫，次資兵餉。及查各行向來以大作小，私收幇貼，串同胥役，詭弊多端。荷蒙本司清查，洞晰底裏。不意若輩如鬼如蜮，有神機莫測。其隱者頃以東省多事，貿易蕭條，各行牙役多係五方無藉之徒，或以避亂而歸原籍，或以利微而遁他方。有懼其追徵唆令小夫逃走者，有恃其奸狡拖延不納，而故違繳帖者，種種巧智，莫可端倪。今且藉以更新，誰知安心逋舊，盖清之於平定之時易，而清之於變故之時難也。合無請乞本司，俯念地方多事，徐徐調停，則法度可施，財賦自裕，是亦權宜兩便之術也。等因。到司。據此看得：公家夫役，盡入私門，奸詭占欺，幾無法紀設使避怨避劳，終是缺夫缺餉，河道胡由整飭？末流何所底止？本司篙目時艱，既已身當强禦，安得顧慮因循？據各犯供寫各衙門公占夫三千零七十三名，各鄉宦舉人優免夫二千四百三十二名，生員優免夫二千四百五十二名，各牌頭各鄉村漏報未註公占夫三千二十九名，各犯隱占夫七百八十八名，其中牙人小船埠頭俱四名合爲一名，稍自分別。其外有行無帖并有帖未供者尚多遺奸，雖鬼蜮之計無方，而詭弊之槩已睹。即就河廳同州官會審造册，而盡法窮之，非苛也。第爲治，去其太甚，智者不能違時。竊念牙儈多五方流寓之民，聚散不一，地方當一時有警之際，行市蕭條，奸人方有味于逋舊，巨猾必不樂于更新，誠有如該廳所謂「清之于平定之時易，清之于變故之時難」者。譬之琴瑟不調，則必起而更張之，既更則必從而徐調之。天禍諸奸自相告發，自吐自供，河夫之半没者既可以補九百之額，占免與遺漏者復可以濟一時之窮。本司不受旁撓也。初以該廳該縣之告急，自當首任其怨。今以該廳該縣之申詳，似應詳議其妥，本司不復過求也。此惟就心力之可到，爲清查之一途。在本衙門之已清者，請以各衙門之寬嚴爲準；在各項夫之未盡清者，請以院道之號帖爲準。則大名小名之間，悉聽司土者相時酌議，爲經久之謨。稟自上裁耳。第職掌所宜預言者，行夫本爲河工而設，今所查富行、鹽布、經紀、埠頭等夫，爲各犯詭隱者，宜盡歸之河工，不應復以貧牙抵數。妖賊震隣，以地方之夫銀供地方之兵餉，誠目前第一義。候兵撤之日，仍還河工，總之爲地方事也。查出夫數可以佐公家急需，亦可以寬窮牙之幇貼。府議每夫減免銀兩，極得嘉惠良意，而舊設河工九百名，每名九兩七錢二分，今以減免少虧，應以本司清出之夫數相償者也。等因。呈詳河、漕二部院，請批准安府清審編補，著爲定例。徑詳請奪外，并將有罪犯人樊繼芳、樊世美、陳繼文、張一鳴、李逢春、朱有光俱照原擬准徒五年，姚廷輔徒三年，左應春、晉爵、李世成、李應節、劉貴俱不應杖罪，各分別追贓，未到工房吏書王士爵、鍾惟顕、楊恒丘、愛孫潘加俸、陳所成、李日苞、郭衛邦、鄭尚仁、陳永寧、顧禮、張士進、胡應科、劉琰、高尚志、董盛時、習大成、張世太、徐學禮、薛明鄉、孫應奎、吴應龍、尹尚元、楊應禎、屠惟哲、顔奎各占夫數不等，俱另行提結，并郭衛邦洗補手本，晉爵、劉貴等各執照李友换、木勾手韓偉合同晉爵，原買僧人雪懷、脚夫行帖合同及姚廷輔吏劄俱塗抹附卷。等因。具招，呈詳河、漕二部院。去後，續蒙漕撫軍門部院李詳批：樊繼芳等盤結作奸，侵占夫銀以千萬計，今得減追倖矣。各徒何辭，依擬與晉爵等分别贖完革役發落，餘如照取實收繳，王士爵等另結。又蒙總理河道軍門部院陳詳批：樊繼芳等以積書串吏姚廷輔等，通同作弊，表裏爲奸，詭冒優免之名，影射牙行，侵占夫役錢糧，需索常例，種種不法，殊可駭異，既經該司審明，依擬樊繼芳等七名贖徒，晉爵等四名贖杖，劉貴的決俱革役發落，郭衛邦等手本、執照、合同脚夫行帖，并姚廷輔吏劄追塗附卷未到，犯人王士爵等另行提結。其各犯贓銀三千三百餘兩原係減免量追，但恐各奸延捱難完，反致遲緩，姑再酌減三分之一，應追銀數勒限追完還官，聽河道等項支用，餘如照通取實收，仍候總漕部院詳。行繳。蒙此，除案行淮安府管河廳及高郵、山陽二州縣查追贓贖，聽候河道等項支用，及將有罪未到人犯嚴提另結外，所有通查行夫的數屢催未據前來。及查山陽縣額設河工長夫九百名，每名歲給工食銀九兩七錢二分，每歲共計該銀八千七百四十八兩，出自槩淮牙行徵銀募夫。夫募之云者，原出隨時僱募者也，乃有積年奸棍通同工房積蠹謀充老人火頭，每五十名爲一单，設有老人一名爲单頭，召集四方流棍充數，遂常川每名日給工食二分七釐，每逢給散，盡是火頭總領，散夫食不克腹，通無實惠。本司往來堤上查看，未見募夫築有堤工及調撥濬淺，往往假做土堆，旋點旋散，盡屬虛應，以致河淺，糧運爲梗。近議從春季革去，計工給銀。如板閘一帶撈濬，據河廳呈稱，計土論方，每日該銀不過一分上下，則平時侵蝕爲數不貲。小夫既無實沾，工程又無實效，名存募夫六百，實十無一二，並無花名、年貌可考，不過積棍借以派分耳。夫以民間千萬金錢徵之何其難，而奸棍乾没費之何其易！况夫既曰募，自與徭役不同，銀可額支，又與徭夫無異，而權其聚散，律以工程大相懸絶。本司目擊此弊，病國、病河，思逐工核實，則曰吾常川在工者也，及取花名、年貌，則曰吾已墊銀短僱者也。河官纔一清理，便欲蜚語抗凌，法紀蕩然，將何抵極？除春季工食銀一千五百八十一兩有零已經會驗發縣貯庫，司道議定量給四百兩。今正計濬新河，已經會行該府河官督同該縣，將前項募夫從長計議，或行縣從舊老人精選壯丁二三百名，常川領銀供役，或行縣審用殷實，夫頭隨時僱募，計工給銀，以課實用。再查九百名額内存餘夫銀貯于何處，當此國家多事，帑藏空虛，前項餘銀或作每年歲工之用，或作河上不時之需，務須司道逐季會驗，明白封識，不許移借，俾河有實，工夫有實，用上不病國，下不病夫。其積奸盤踞，蠹河剥衆者，嚴懲一二以警其餘。目下濬河正急，用夫正殷，所當明嚴行各官作速議妥著爲定例，以裨實用。等因。先經會呈河、漕二部院，并案行淮安府及山、清管河官火速查明，造册呈報。去後，續據帶管山清河務連通判開報，清理過槩淮大小牙行共夫一萬四千七百七十一名，内除減免外，每年實徵銀一萬七千八十七兩三錢二分九釐九毫。數目到司。據此，爲照前項行夫已被山陽工房巧構乾没，今自清吐十之七八，以足河工之舊額，而釐積蠹之奸欺，上益漕河，下恤民瘼。歷觀巡按御史王、南京户科給事中歐陽之疏，及户部之題覆，總河部院之明問，皆懇懇然及此。其爲國計民生意何切也！至于減免夫銀一節，原爲寬恤窮牙，不爲富行而蠲。今閲册内鹽牙經紀十六名，鹽船埠頭九名，又布行棉花經紀與擡鹽脚夫一槩議減，不但不服窮牙之心，而將來見之奏章似亦不便。牌行連通判即查前項夫數銀數是否的確，臨行經紀等行何以槩免，此外久匿未吐，如工房吏書鍤惟顯、丘愛孫等隱占。凡載在各犯供册者尚多，并事在地方者，聽道府通查酌議外，其河工九百名，每名九兩七錢二分，專委糧廳徵收，逐計觧赴司道封識。自是額規永難虧缺，即借作兵餉者終是河工之需，亦當註河道銀兩之籍，以備臺省。計本部之清核，該廳始終其事，勞勩著聞，務爲鑿鑿經久之謨，以杜漸漸暗消之計。等因。備行。去後，今據本官册報，仍照前開，總計牙夫一萬四千七百七十有奇，歲徵一萬七千八十七兩三錢二分零數目前來。於前件内稱，查得原文詳過實徵銀一萬八千零三兩四分，後據清江滿浦代頭合食脚頭、斛夫、官斛及辛店北鄉雜糧、斗手六行，因人多利寡，不能應夫，告蒙詳准，每名於額徵夫銀七兩七錢二分之内減去七錢二分，實徵銀七兩整，共減去銀一千二百四十八兩，止實存銀一萬六千七百五十五兩零四分。今以見在實徵銀一萬七千零八十七兩三錢二分九釐九毫爲率較比減定之數外，尚餘剩銀三百三十二兩二錢八分九釐零，以備牙役之中有事故告繳失額之數。其續有詳准優免人數，俱在額供河夫九百名之外開銷。其額徵夫銀之内，續准本府詳允関發，優免公占每歲免銀九百二十七兩三錢五分一釐，另文呈報。等因。據此看得：行夫之設，其來既久，歲徵之額爲數頗多，乃奸人藐

法盡歸私橐，以故由九百而減至五百，即五百亦無徵。而五季無餉，山陽河道外決内淤，司道臨河蒿目坐困，向非多方集夫親督撈浚，將東南四百萬之軍糈咽喉梗塞，悞國悞河，誰爲厲階？本司忝屬河員，敢溺河職，故不避勞怨。查此河夫，要見清銀原得二萬二千有奇，内除減免者五千餘金，尚存一萬七千零。昔何以廳縣申詳，苦無分文？今何以萬千現徵，還有未盡，此隱占之定案，難容奸謀翻倒。若夫乾没之餘，查有前數九百名額夫之外，贏餘實多，該府借以佐兵，兵與河皆爲王事，本司亦不過藉手捄敝，斷不敢貪天爲功。惟是目前清查載在册籍者固難更張，而歷年侵蝕夫銀，奉詳追贓之罪犯，延及二年未完十分之一，捏詞推調，意啚翻倒。又招内另提同侵夫數之工房，與明盗廠木、假寫硃票之工書，仍在該房應役，未經究問，均可駭異。所當請明定立期限，嚴行追提，照數還官，以清積案者也。司道清夫，殫厥心力，始得清銀二萬二千零者，要亦十之七八，其未清者尚多也。既而寬恤貧牙，減去五千餘金，實存一萬七千八十餘兩，減之爲數不貲矣。近該廳報又有優免九百餘兩之數，及面稟重名繳帖退減。徵銀之説，雖云不損正額，已與原文不侔，皆由帖無憑清數，得以影射詭隱，以致牙行逐日新增，夫銀侵尋告減。竊恐日甚一日，年復一年，將來借編補之名，爲消磨之計，不數年又踵五百無徵，五季無餉之轍矣。是更可惜矣。今議以一萬七千八十七兩爲準，期于永毋虧缺。凡牙行

見充及新增納銀者，俱請司道號票爲照。告退者，銷票准退，無票不許私充，私充者告發治罪。牙行消長，與收過夫銀按季填報，司道具數轉呈本部院查考，以絶每年編審工房百出之弊。河夫額銀照舊觧驗，仍以銀之盈縮，課徵收委官之殿最，總于年終會呈獎戒，所當請明嚴行申飭以垂久計者也。再照前項夫銀開徵，始于去歲秋季，則三月清查之後，尚有一季未徵，大約四千餘兩未據聲説，不知諸犯復將此銀置於何地？其各犯之供報未吐者，及塩埠布行之舊額當仍者，俱應亟爲清查，以完前件。至于論工募夫，計土給價，并他日撤兵歸河之餉，均非細務，相應及時酌量，以永益漕河，永祛奸蠹，著爲一定不移之規，共作地方維新之政。所當請明會行該府，該廳仰遵憲令，恊衷綜核，以無負同舟之誼者也。伏乞照詳施行。

本院批：據議，行夫宿蠹，洞于觀火，欲祛虧額私充之弊，法無善于司道號票，見充新增者給告退者銷。其牙行銷長收過夫銀按季填報，委官以徵銀多寡爲殿最，年終獎戒，悉如詳行。至于前此一季未徵之銀，及論工募夫、計土給價，并撤兵歸河之餉，與夫奉追未完之贓銀，照提未結之工吏、工書，仰司仍會同該道查議併結。繳。

《條議河漕事宜詳文》

爲敬陳河漕管見職掌寸册，以備採擇，以明愚悃事。

職以淺昧之才，謬叨南河之任。復以漕運之厄，正當河患之殷日，凛凛以溺職爲懼，殫精三載之餘，置身怨勞之數。荷蒙兩總院留任築濬諸役，幸已拮据告成，雖竭犬馬之愚，尚有蒭蕘之見，可以仰報任使萬一者，敢不一一陳之？竊念黄河萬里奔流至清口會淮以入於海，不但上爲祖陵之合襟，下關淮揚之命脉，而四百萬漕糧藉爲咽喉，黄强淮弱，向來已然。近歲上決下淤，奪淮內灌，河身日高，運渠日墊，清口黄沙横積，將有萬曆初年水回盱、泗之漸，其作溜阻漕，見爲運梗。

新任總河部院近有治水一疏，已灼見本原，與漕撫部院吕極論治漕諸欵合之，已無遺慮，而職請申言其説所以避河之害、全漕之利者，竊謂必治河而後可以治漕，尤必治漕而後可以治河也。夫河之好決自周、漢已然。先任總河部院潘歷試諸艱，築堤塞決，束水歸漕，借淮刷黄，以水治水，故河、漕不相爲厄而交相爲用。今歲運之過淮，幸新、舊河大挑無阻，而磨兒庄上下輙阻溜一十二處者，何也？伏秋水漲，水居其二，沙居其八，有水緩沙停之處，即有溜急衝深之處也。昔嘗深通無阻，而今顧沉城梗運者，何也？有上流之決口散漫，又有下流之分水漏胎也。蓋上愈決則下愈壅，下一分則上必緩，決而壅，分而緩，則沙停而河飽，爲今之計，必上流諸決口盡塞，遥堤盡固，而後迅流直刷乎河底。又必循舊，六月之初即築清口大壩，各閘啟一閉二，而後借淮携黄以歸海，如是而漕必無淺溜阻也。是治河正所以治漕也。然回空至秋仲未盡，漕何以速？重船至秋後方盡，清口何以壩？必如漕撫部院所陳申飭，與户部倉場近疏，確遵功令，務正運期在初夏以前過盡，其鮮貢諸船亦照先年仲夏以前過閘，清口可仍大壩，淮必併而北，黄必勇而東，溜淺俱刷，海口俱闢，是治漕正所以治河也。不然黄河去年之溜，今年必倍，運河今年雖濬，異日旋淤，行將無河，安望有運乎？

台臺心切禹思，忠存國計，職故不禁狂言之無當也。

至於河道錢糧徵收、出納，皆由府縣稽查數目，則由司道自歲修決工，冒破多端，而侵漁影占，弊竇百出。惟減估一分則存一分，於公家多清一分，則還一分於實用。故職自蒞任以來，節省減估共以萬計，清追亦以六千餘計，俱有□卷册籍可查。然節者節公帑之不足，非節其有餘者也。清者清侵蝕於已無，非清其見有者也。苟有利於國家，誠無顧於怨毒矣！而清查淮安行夫之銀爲最艱。

先總河潘以濵河牙行定夫九百名供役，副使袁應泰、郎中李之藻更爲徵銀八千七百四十八兩以募夫。至職蒞任五季，無夫、無餉，廢濬、廢築，故天啟二年二月内與副使宋統殷任怨清查，會議寬嚴之中，詳委府佐歲徵銀一萬七千八十七兩三錢二分九釐九毫，俱該府貯庫，司其筦鑰，爲每歲募夫河工之用。淮郡凋瘵最貧，如派尤窘，官帑如洗，河患日深。中河青田之役，因河南協濟銀二萬兩，未得如議，奉前任總河部院房憲牌，取揚州府由閘等銀一萬兩、江都縣曠銀一千二百七十兩零、寳應縣河道銀一千八百三十二兩零，共一萬三千餘兩以應之。第行夫九百名，額銀八千七百四十八兩，此係募夫正項，不可移動。其在額外者，因鄒、滕有警，清口募兵五百餘名防守。該府議借爲餉比即呈，俟兵銷之後仍歸正項。今存兵一百七十餘名，尚支銀二千餘兩，一切實在支銷，該府有册，纖毫不由司道。而商賈盛衰，店行消長，繳帖領帖，日異月殊，故寧存之地方聽有司酌量新舊抵補，冀不失額以待河道不時之需，亦未敢指爲定額奏聞，貽地方以不堪。然自天啟二年秋季七月，府佐徵銀歷季拖欠遂至六千餘兩。奉漕撫部院吕憲牌嚴催，職與宋叅政勒限親比，始漸報有收納。一番稽覈，一番任怨，無論盡洗衙門之陋規，抑亦且置禍機於度外，殊非見成易得之物。前科臣歐陽鮮兩見之疏中，職亦登之奏繳，并具册於本部堂矣。乃户部餉院節次行文到司，欲借以抵挑鹽加派，責職以濡滯，蒙總院檄下司道，司道檄下該府。該府初以一千四百兩議抵，既以水衡錢不敢議覆，復聞槩淮加派。先年止據州縣回册多少互錯，今自可覈以相抵。見蒙漕撫部院吕行府清查，職以爲田糧自田，河銀自河，工部之屬司宜清工部之工用，似宜據職掌一明之。又思在彼在此，總歸公家，或多或少，皆裨國計，何必遲遲以自抹其苦心？第奉總河部院朱疏明那移抵借之禁，新奉功令，且河患方殷，經費無極，是宜具文請詳，不宜輒自專擅。故先嚴徵比逋銀，據同知張元弼開櫃徵收，報有陸續納銀五千七百三十九兩零，見貯府庫。職敢任怨，不敢任濡滯之罪，與擅專之罪也。淮工已完，具文請代，所有任内事宜，除節省減估以萬餘計，不必言也。所有清追銀兩，共計六千二百九十七兩九錢五分零，其正項開銷并見追見貯，悉留之以爲河道之儲，另具揭帖開報。要之，涓滴無加於河海，纖毫必殫其血誠而已。伏乞俯察愚誠，倘所言河漕有當者，或採之施行以濟時艱。至於行夫銀兩，再鑒徵比者府廳，收貯者府正，出入皆有司存。職惟竭蹷稽覈，除正額外餘銀應否抵補鹽挑加派，多寡應否俟府查粮清補，夫銀仍歸河道，特賜主持，回咨户部及移文餉院，以免職執法清查者之罪，庶犬馬得終其微勞，而芻蕘少裨於國用矣。爲此具呈。伏乞照詳施行。

按：河漕利害，載在河防諸書甚明，非盛創説。至於泇河爲避黄、利漕之捷徑，其功匪小。邇年宿遷以上多溜阻船，皆由沙壅水激而然。訪有董、陳二溝，駱馬湖接泇僅六十里，中有二十里尚無縴堤，及今湖身淺涸，因鑿爲深，因土爲岸，所費無幾，而漕免紆迴百里之害，真稱永利。見邳、宿同知宋士中鑿鑿言之。盛故陳之河、漕兩臺，以成其是。近補儲道，亟備一議。

整理人：王英華，高級工程師。二〇〇三年進入中國水利水電科學研究院工作，主要從事水利史與水文化研究，近年來出版《清口水利樞紐的形成與演變》《中國防洪與灌溉史》（合著）、《中國大運河遺産構成及價值評估》（合著）。

劉建剛，高級工程師，主要參與出版作品：《大運河文化遺産保護技術基礎》《南水北調工程安全生産管理工作指南》等。

中國水利史典　編輯出版人員

總　編　輯　湯鑫華

總責任編輯　陳東明

副總責任編輯　穆勵生　馬愛梅

總執行編輯　馬愛梅　宋建娜

運河卷一

責任編輯　王　藝

審稿編輯　穆勵生　馬愛梅　王　藝　宋建娜　楊春霞
　　　　　張小思　朱　莉　趙　耀　王　勤　張南冰

裝幀策劃　馬愛梅　黃勇忠　蘆　博　宋建娜　張小思　楊春霞

裝幀設計　蘆　博

版式設計　孫立新　黃雲燕

責任排版　吴建軍　郭會東　孫　静　丁英玲　聶彦環

責任校對　張　莉　梁曉静　黃　梅

責任印制　崔志强　帥　丹　孫長福　王　凌